水土保持设计手册

· 专业基础卷 ·

中国水土保持学会水土保持规划设计专业委员会
水利部水利水电规划设计总院 主编

中国水利水电出版社
www.waterpub.com.cn
·北京·

内 容 提 要

《水土保持设计手册》是我国首次出版的水土保持设计专业的工具书，分3卷：《专业基础卷》《规划与综合治理卷》《生产建设项目卷》。本书为本手册的《专业基础卷》，主要介绍水土保持相关的专业基础知识，涉及力学、地学、植物学、生态学、农学、林学、牧草、园林、园艺、水利工程等学科。主要内容包括：气象与气候，水文与泥沙，地质地貌，土壤学，植物学，生态学，自然地理与植被区划，水土保持原理，水土保持区划，力学基础，农、林、园艺学基础，水土保持调查、测量与勘察，水土保持试验与监测，水土保持设计基础。

本手册可作为各行业从事水土保持设计、研究及应用的技术人员的常备工具书，同时也可作为大专院校相关专业师生的重要参考书。

图书在版编目（CIP）数据

水土保持设计手册. 专业基础卷 / 中国水土保持学会水土保持规划设计专业委员会，水利部水利水电规划设计总院主编. -- 北京 ：中国水利水电出版社，2018.8(2022.2重印)
ISBN 978-7-5170-6784-9

Ⅰ. ①水… Ⅱ. ①中… ②水… Ⅲ. ①水土保持－设计－手册 Ⅳ. ①S157-62

中国版本图书馆CIP数据核字(2018)第205215号

书　　名	水土保持设计手册　专业基础卷 SHUITU BAOCHI SHEJI SHOUCE　ZHUANYE JICHU JUAN
作　　者	中国水土保持学会水土保持规划设计专业委员会 水利部水利水电规划设计总院　主编
出版发行	中国水利水电出版社 （北京市海淀区玉渊潭南路1号D座　100038） 网址：www. waterpub. com. cn E-mail：sales@waterpub. com. cn 电话：(010) 68367658（营销中心）
经　　售	北京科水图书销售中心（零售） 电话：(010) 88383994、63202643、68545874 全国各地新华书店和相关出版物销售网点
排　　版	中国水利水电出版社微机排版中心
印　　刷	北京中科印刷有限公司
规　　格	184mm×260mm　16开本　58.25印张　1972千字
版　　次	2018年8月第1版　2022年2月第2次印刷
印　　数	2001—3000册
定　　价	**398.00元**

《水土保持设计手册》

编 撰 委 员 会[*]

主 任　刘　震

副主任　陈　伟　牛崇桓　张新玉　吴　斌　王玉杰

　　　　崔　鹏　朱党生　鲁胜力　潘尚兴　王治国

　　　　黄会明

委　员　（按姓氏笔画排序）

王玉泽　王正杲　王亚东　王岁权　王克勤

王瑞增　方少文　左长清　史志平　白中科

白晓军　吕中华　朱　青　朱太山　乔殿新

刘　霞　刘利年　许伍德　李亚农　吴发启

邱振天　余　乐　沈雪建　张　芃　张　惠

张文聪　张先明　陈　舟　陈宗伟　陈晨宇

周宗敏　周晓华　郑国权　段喜明　贺前进

贾立海　夏广亮　郭成久　郭明凡　黄炎和

韩　鹏　韩凤翔　喻卫奇　曾怀金　蒲朝勇

蔡继清　蔡崇法　戴方喜

---

[*] 《水土保持设计手册》编撰委员会由《关于成立〈水土保持设计手册〉编撰委员会的通知》（水保测便字〔2012〕3号）确定。

《水土保持设计手册 专业基础卷》

编 写 单 位

主编单位　水利部水利水电规划设计总院
　　　　　北京林业大学
参编单位　黄河勘测规划设计有限公司
　　　　　山东农业大学
　　　　　中国电建集团贵阳勘测设计研究院有限公司
　　　　　中国电建集团成都勘测设计研究院有限公司
　　　　　中国地质大学（北京）
　　　　　河南省水利勘测设计研究有限公司
　　　　　山西省水利水电勘测设计研究院
　　　　　长江勘测规划设计研究有限责任公司
　　　　　长江水利委员会长江科学院
　　　　　浙江省水利水电勘测设计院
　　　　　青海省水利水电勘测设计研究院
　　　　　沈阳农业大学
　　　　　山西省水土保持科学研究所
　　　　　黄河水利委员会黄河水利科学研究院
　　　　　西南林业大学
　　　　　黑龙江农垦勘测设计研究院
　　　　　云南省水利水电勘测设计研究院
　　　　　江西省水土保持科学研究院
　　　　　福建农林大学
　　　　　西北农林科技大学
　　　　　西南大学
　　　　　安徽省水利水电勘测设计院
　　　　　广东省农业科学院
　　　　　华中农业大学
　　　　　中国电建集团华东勘测设计研究院有限公司

《水土保持设计手册　专业基础卷》

编 写 人 员

主　　　编	陈　伟　朱党生　王治国　王玉杰
副　主　编	张洪江　潘尚兴　张光灿　白中科　王　晶
	王云琦　张习传
技术负责人	王治国　张洪江
统　稿　人	王治国　王　晶
主要校核人	纪　强　闫俊平　王春红　孟繁斌　程金花
	董　智　贺前进　苗红昌　任增平
主　　　审	孙保平　左长清　马毓淦　司富安

前　言

　　我国疆域广阔，地形起伏，山地丘陵约占全国陆域面积的 2/3。复杂的地质构造、多样的地貌类型、暴雨频发的气候特征、密集分布的人口及生产生活的影响，导致水土流失类型复杂、面广量大，是我国突出的环境问题。根据全国第一次水利普查水土保持情况调查，全国水力和风力侵蚀总面积 295 万 km²，其中水蚀面积 129 万 km²，风蚀面积 166 万 km²。同时，在青藏高原、黑龙江、新疆等地还存在相当面积的冻融侵蚀。严重的水土流失导致耕地毁坏、土地退化、生态环境恶化，加剧山区丘陵区贫困、江河湖库淤积和洪涝灾害，削弱生态系统的调节功能，加重旱灾损失和面源污染，严重影响国家粮食安全、防洪安全、生态安全和饮水安全以及区域经济社会的可持续发展。

　　新中国成立以来，党和政府高度重视水土保持工作，开展了大规模水土流失治理工作。为了加强预防和治理水土流失，保护和合理利用水土资源，减轻水、旱、风沙灾害，改善生态环境，发展生产，1991 年国家制定了《中华人民共和国水土保持法》，水土保持开始逐步纳入了法制化轨道。在水土保持规划的基础上，开展了水土流失综合防治工程的设计和有效实施，提高了决策的科学性和治理的效率。在治理水土流失的同时，开展了全国水土保持监测网络建设工作，加强了对水土保持的动态监控，强化了对生产建设项目或活动的水土保持监督和管理。通过 60 多年长期不懈的努力，水土流失防治取得了显著成效。截至 2013 年，累计综合治理小流域 7 万多条，实施封育 80 多万 km²。全国水土流失面积由 2000 年的 356 万 km² 下降到 2011 年的 295 万 km²，降低了 17.1%；中度及以上水土流失面积由 194 万 km² 下降到 157 万 km²，降低了 19.1%。

　　进入 21 世纪，党和国家更加重视生态文明建设，水土保持作为生态文明建设的重要组成部分，工作力度不断加大，事业发展迅速，东北黑土区水土流失综合治理、岩溶区石漠化治理、国家水土保持重点工程、丹江口库区水土保持、坡耕地综合治理、砒砂岩沙棘生态工程等一批水土保持生态建设项目正在实施；长江三峡、南水北调东中线一期工程、青藏铁路、西气东输、京沪高铁等国家重大基础设施建设项目水土保持设施顺利通过专项验收，生产建设项目水土保持方案编报、实施和验收工作稳步推进，生产建设项目水土流失防治成效显著。同时，水土保持各类规划、综合治理及专项治理工程设计、生产建设项目水土保持设计的任务越来越繁重。为此，水利部组织制定了一系列水土保持规划设计方面的标准，但尚不能完全满足水土保持工程规划设计工作的需要。经商水利部水土保持司，同意由中国水土保持学会水土保持规划设计专业委员会和水利部水利水电规划设计总院组织有关单位，在总结多年来水土保持规划设计经验的基础上，以颁布的和即将颁布的水土保持规划设计技术标准为依据，参考《水工设计手册》（第2版）以及水土保持相关的国家和行业规范标准，组织编撰《水土保持设计手册 专业基础卷》《水土保持设计手册 规划与综合治理卷》《水土保持设计手册 生产建设项目卷》，以期能够有效地规范和提高水土保持设计人员的技术水平，保证水土保持规划设计成果的质量，提高水土保持规划设计工作的效率。

一

水土保持是一门多学科综合和交叉的科学技术。水土流失综合治理各类工程规模小、形式多，但其相互之间又有机结合，呈整体分散和局部连片分布的特点；而生产建设项目水土保持工程相对复杂多样，立地条件差，植被恢复有较大难度。总结多年来小流域水土流失综合治理与生产建设项目水土保持设计及实施的经验，可以看出，水土保持规划涉及农、林、水、国土、环保等多部门和多行业，而水土保持工程设计则以小型工程设计为主，植物措施设计、工程措施与植物措施相结合的设计更独具特色。因此，水土保持规划设计与水利水电工程规划设计有着明显区别，水工设计方面诸多标准和手册难以完全适用于水土保持设计。在现有水土保持规划设计标准规范的基础上，立足当前，总结经验、抓住机遇、提升理念、直面挑战，编撰一部《水土保持设计手册》，对于水土保持专业发展及其规划设计走向正规化和规范化是十分必要的，其必要性主要体现在以下五个方面。

第一是建设生态文明、实现美丽中国的迫切需要。党中央明确提出包含生态文明在内的中国特色社会主义事业"五位一体"总布局，水土保持工作面临新的更高要求。实现生态文明和美丽中国的宏伟目标，水土保持任务艰巨，必须进一步强化水土保持在改善和促进生态安全、粮食安全、防洪安全、饮水安全方面的作用。从水土保持工程设计与实施看，编撰一部立意深远、理念先进的《水土保持设计手册》显得尤为迫切。

第二是树立水土保持设计新理念的需要。近些年水土保持设计中涌现出了一些新理念、新思路，清洁小流域、生态防护工程、生态型小河小溪整治等不断发展，需要进行梳理和总结；同时深入贯彻落实科学发展观，建设美丽中国，认真贯彻中央水利工作方针，更需要不断创新水土保持设计理念。落实生态文明建设新要求，需要广大技术人员树立水土保持新理念，在水土保持设计中加以应用。

第三是确保设计成果质量的需要。《水土保持设计手册》作为标准规范的延伸和拓展，在现有技术标准体系的基础上，充分总结水土保持工程建设和生产实践经验，对标准和规范如何运用进行详细说明，并提供必要的设计案例，以提高广大技术人员对标准规范的理解水平和应用能力，从而保障和提高设计成果质量。

第四是系统总结经验、促进学科发展的需要。水土保持是一门综合性学科，涉及水利、农业、林业、牧业、国土、环保、水电、公路、铁路、机场、电力、矿山、冶金等多个部门或行业，随着科学技术的进步，水土保持领域有关基础理论研究不断深入，水土保持新技术、新方法和新工艺应用水平稳步提高，信息化和现代化水平显著提升，这些均需要进行系统的总结和归纳，以全面反映水土保持发展最新成果和动态，这也是水土保持学科良性发展的迫切需要。

第五是满足水土保持从业者渴求的需要。水土保持事业迅速发展造就了一大批从事科学研究、技术推广、规划设计、建设管理的水土保持工作人员和队伍，广大从业者迫切需要一本系统阐述水土保持基础理论、规划设计标准和技术应用实践的权威工具书。

二

《水土保持设计手册》是我国首次出版的水土保持设计方面的工具书。同时也是"十三五"国家重点图书出版规划项目，并获得了国家出版基金的资助。它概括了我国水土保持规划设计的发展水平及发展趋势，不同于一般的技术手册，更不同于一般的技术图书，它是一部合理收集新中国成立以来水土保持规划设计经验，符合新时期水土保持工作需要的综合性手册。编写《水土保持设计手册》遵循的原则：一是科学性原则，系统总结、科学归纳水土保持设计的新理念、新理论、新方法、新技术、新工艺，体现当前水土保持工程规划设计、科学研究和工程技术发展的水平；二是实用性原则，全面分析总结水土保持工程规划设计经验，充分发挥生态建设和生产建设项目各行业设计单位的技术优势，从水土保持工具书和辞典的角度出发，力求编撰成为一本广大水土保持从业人员得心应手的实用案头书；三是综合性原则，水土保持设计基础理论涉及多个学科，水土保持工作涉及多个部门和行业，必须坚持统筹兼顾、系统归纳，全面反映水土保持设计所需的理论知识和应用技术体系，并兼顾专业需要和科学普及知识需要，使之成为一本真正的综合性手册；四是协调性原则，手册编撰要充分处理好水土保持生态建设项目和生产建设项目的差异性，遵循建设项目基本建设程序要求，协调处理好不同行业水土保持设计内容、深度和标准问题，对于不同行业水土流失特点和水土保持设计的关键内容，在现有标准体系框架下尽可能予以协调，确有必要时可以结合行业特点并行介绍。

三

为了做好《水土保持设计手册》编撰工作，2012 年水利部水土保持司成立了由水利、水电、电力、交通、铁路、冶金、煤炭等行业有关单位和高等院校、科研院所主要负责人担任委员的《水土保持设计手册》编撰委员会，并发布了《关于成立〈水土保持设计手册〉编撰委员会的通知》（水保测便字〔2012〕3号）。水土保持司原司长刘震担任编委会主任，具体工作由中国水土保持学会水土保持规划设计专业委员会和水利部水利水电规划设计总院承担。为了充分发挥水土保持设计、科研和教学等单位的技术优势，在各单位申报编制任务的基础上，由水利部水利水电规划设计总院讨论确定各卷、章主编和参编单位以及各卷、章主要编写人员。主要参与编写的单位有120家，参加人员约500人。

《水土保持设计手册》共分3卷，其中《专业基础卷》由水利部水利水电规划设计总院和北京林业大学负责组织协调编撰、咨询和审查工作；《规划与综合治理卷》由水利部水利水电规划设计总院和黄河勘测规划设计有限公司负责组织协调编撰、咨询和审查工作；《生产建设项目卷》由水利部水利水电规划设计总院负责组织协调编撰、咨询和审查工作。

全书经编撰委员会逐卷审查后，由中国水利水电出版社负责编辑、出版、发行。

四

《水土保持设计手册》是我国首部内容涵盖全面的水土保持设计方面的专业工具书，资料翔实、内容丰富，编入了大量数据、图表和新资料、标准，实用性强，全面归纳了与水土保持设计有关的专业知识，对提高设计质量和水平具有重要意义。

《专业基础卷》主要介绍水土保持相关的专业基础知识，包括气象与气候，水文与泥沙，地质地貌，土壤学，植物学，生态学，自然地理与植被区划，水土保持原理，水土保持区划，力学基础，农、林、园艺学基础，水土保持调查、测量与勘察，水土保持试验与监测，水土保持设计基础。

《规划与综合治理卷》包括规划篇和综合治理篇。规划篇内容包括水土保持规划概述，综合规划，专项工程规划，专项工作规划，专章规划；综合治理篇内容包括综合治理概述，措施体系与配置，梯田工程，淤地坝，拦沙坝，塘坝、滚水坝，沟道滩岸防护工程，截排水工程，支毛沟治理工程，小型蓄引用水工程，农业耕作与引洪漫地，固沙工程，林草工程，封育治理和配套工程等。

《生产建设项目卷》内容包括概述，建设类项目弃渣场，生产类弃渣场，拦挡工程，斜坡防护工程，截洪（水）排洪（水）工程，降水利用与蓄渗工程，植被恢复与建设工程，泥石流防治工程，土地整治工程，防风固沙工程，临时防护工程，水土保持监测设施设计。

五

2011 年，水利部水利水电规划设计总院组织有关人员研究制定《水土保持设计手册》编撰工作顺利开展的工作方案，并推动成立了筹备工作组。在此之后，经反复讨论与修改，征求行业各方面意见，草拟了工作大纲。2012 年，《水土保持设计手册》编撰委员会成立，标志着编写工作全面启动。全体编撰人员将撰写《水土保持设计手册》当作一项时代赋予的重要历史使命，认真推敲书稿结构，反复讨论书稿内容，仔细核对相关数据，整个编撰工作历时六年之久，召开技术讨论与编撰工作会议达 50 余次，才最终得以完成。

在编撰《水土保持设计手册》工作中，得到了中国水土保持学会的鼎力支持，得到了有关设计、科研、教学等单位的大力帮助。国内许多水土保持专家、学者、教师及中国水利水电出版社的专业编辑直接参与策划、组织、撰写、审稿和编辑工作，他们殚精竭虑，字斟句酌，付出了极大的心血，克服了许多困难。在《水土保持设计手册》即将付梓之际，谨向所有关怀、支持和参与编撰出版工作的领导、专家、学者、教师和同志们，表示诚挚的感谢，并诚恳地欢迎读者对手册中存在的疏漏和错误给予批评指正。

《水土保持设计手册》编撰委员会

2018 年 7 月

目　　录

第5章 植 物 学

第6章 生 态 学

第7章　自然地理与植被区划

第8章　水土保持原理

总　　论

章主编　王治国　王　晶
章主审　孙保平　余新晓

本章各节编写及审稿人员

节次	编写人	审稿人
0.1	王治国	孙保平 余新晓
0.2	王治国　王　晶	
0.3	王治国　王　晶	

总　　论

我国是历史悠久的农业大国，在长期的农业生产实践活动中，劳动人民积累了丰富的平治水土的经验，发展了一系列诸如保土耕作、沟洫梯田、造林种草、打坝淤地等水土保持措施，但是作为水土保持学科，其发展历史却很短。20世纪20年代，受西方科学传入的影响，国内少数科学工作者才开始进行水土流失试验研究，并通过不断实践，提出"水土保持"这一科学术语。新中国成立后，在党和政府的重视与关怀下，水土保持事业进入一个全新的历史时期，水土流失预防、治理、监测和监督管理的技术体系在实践中不断发展丰富，形成了我国独具特色的水土保持学科，并从20世纪80年代起制定并形成一系列的技术标准，水土保持从实践提升凝练到理论，再从理论指导到实践并不断发展、创新，为《水土保持设计手册》的编撰提供了坚实的理论与实践基础。

0.1　我国水土保持实践历程

0.1.1　历史上的水土保持实践

西周以前，我国铁器未普遍时，农业生产以游耕、休耕为主要方式，对自然植被和土壤的扰动与破坏能力有限，水土流失问题很小。随着铁器普遍使用及农业技术发展，人类改造自然的能力增强，林草植被不断被垦殖为耕地，水土流失问题显现，人们开始关注水土流失的治理。秦汉时期，人口增加迅速，黄土高原地区土地开垦面积不断扩大，使一部分草地和林地受到人为干扰的破坏，原始生态环境破坏严重。《汉书·沟洫志》上曾记载有"泾水一石，其泥数斗""河水重浊，号为一石水而六斗泥"，黄河泥沙含量高的特点已经出现。汉之后，朝代更迭，天下分分合合，虽有短时间的北方游牧民族南迁使北方草原植被得以恢复的情况，但为了镇守边疆，实施屯垦，北方草原与森林植被的破坏情况日益严重。同时东汉后期至宋元时期，大批中原士民为避灾荒战乱而南迁，南方山地丘陵垦殖面积扩大，植被破坏，水土流失加剧。在清代中后期，人口不断增加，1840年达到4亿人，粮食短缺严重，16世纪传入我国的玉米、花生、甘薯、马铃薯等外来作物，因适于山坡地种植而在全国得以普遍推广，山区丘陵区毁林开荒和垦殖加剧，加之伐木烧炭、经营木材、采矿冶炼等导致水土流失十分严重。据史念海教授分析研究，周代黄土高原森林覆盖率为53%，而到20世纪50年代初仅有8%。

水土流失治理实践的发端可追溯到夏商周时期（公元前16—前11世纪），当时山林、沼泽设官禁令，并采用区田法、平治水土等措施来防止水土流失和水旱灾害，使"土返其宅，水归其壑"。据《尚书·舜典》所记，"帝曰：'俞，咨！禹，汝平水土'"，言平治水土，人得安居也。《尚书·吕刑》篇有"禹平水土，主名山川"的记载。《诗经》中有"原隰既平，泉流既清"的词。从"平治水土"开始，伴随着农业生产发展，我国劳动人民在生产实践中创造了一系列蓄水保土措施，并提出了沟洫治水治田、任地待役、师法自然等有利于水土保持的思想。民国时期，国家内忧外患，政府很难在国家层面上开展水土保持工作，只能开展小范围试验研究，值得一提的是，20世纪30—40年代，针对治黄开展了采取水土保持措施防止泥沙入河的研究试验，既是水土保持实践的重要转折，也为现代水土保持学科的建立奠定了基础。

0.1.2　新中国成立以来水土保持实践

新中国成立之前，尽管在当时的金陵大学和北京大学森林系开设有保土学课程，但水土保持尚不能称为学科。新中国成立之后，党和政府对水土保持工作十分重视，水土保持才成为一门独立的学科。

1952年，政务院发出《关于发动群众继续开展防旱、抗旱运动并大力推行水土保持工作的指示》，1956年成立了国务院水土保持委员会，1957年国务院发布了《中华人民共和国水土保持暂行纲要》，1964年国务院制定了《关于黄河中游地区水土保持工作的决定》，1955—1982年先后召开了4次全国水土保持工作会议。1982年6月30日，国务院批准颁布了《水土保持工作条例》。1991年6月29日，第七届人大常委会第20次会议通过了《中华人民共和国水土保持法》之后，我国水土保持步入法制化建设的轨道。2010年第十一届全国人大常委会十八次会

3

议对《中华人民共和国水土保持法》进行了修订，进一步强化了水土保持地位和有关要求。

20 世纪 80 年代初，我国开始对水土保持进行全面的总结和推广，国家从 1983 年开始安排财政专项资金实施国家水土保持重点治理工程，1986 年安排中央水利基建投资，实施黄河中游治沟骨干工程，逐步形成了以小流域为单元山水田林路综合治理的一整套技术体系。1988 年长江流域发生洪灾，水土保持在治理江河中的作用再次受到关注，1989 年国家在长江上中游实施水土保持综合治理工程，经过近 20 年的努力，形成了以坡耕地整治、坡面水系工程、林草措施相互结合且适应于该地区的综合治理技术体系。1998 年长江流域再一次发生特大洪水灾害，水土保持问题引起国家高度重视。1998 年以后，国家在继续实施并扩大原有水土保持重点工程建设规模的基础上，又先后启动实施了中央财政预算内专项资金水土保持重点工程、晋陕蒙砒砂岩区沙棘生态工程、京津风沙源区水土保持工程、首都水源区水土保持工程、黄土高原淤地坝工程、黄土高原世界银行贷款水土保持一期及二期项目，重点工程建设进入全面推进阶段。水土保持的任务除治理江河外，仍然是改善农村基础设施条件以及解决农村生产和生活问题，目的是使农民脱贫致富。

2000 年之后，随着国家经济发展和综合国力的提升，国家将生态保护提到了议事日程，但粮食安全、"三农"发展仍是国家长久需要解决的问题。为了保护和抢救土壤资源，保障粮食安全，2000 年国家又在东北黑土区、珠江上游南北盘江石灰岩区开展水土流失综合防治试点工程。2007 年 6 月，国务院又批准开展西南地区石漠化防治规划，之后又批复开展全国坡耕地水土流失综合治理，重点区域水土保持综合治理工程、京津风沙源综合治理、国家农业综合开发水土保持项目等建设范围进一步扩大，同时还实施了丹江口库区水土流失与水污染防治、云贵鄂渝世界银行贷款水土保持等项目。随着我国生态建设规模和内容的不断扩大与丰富，最终提升到生态文明建设的高度。水土保持也在清洁小流域建设、水源地面源污染防治及水质保护、城市水土保持等方面不断拓展，水土保持进入新的历史发展阶段。但我国老少边穷地区水土流失面积占全国水土流失面积的 82%，防治水土流失、保护土壤、提高土地生产力、发展农村经济，仍是水土保持的重要任务。

20 世纪 90 年代中后期，随着国家基本建设规模的不断扩大，生产建设项目水土流失问题引起国家的高度关注。根据《中华人民共和国水土保持法》的规定，预防监督逐步深入。在生产建设项目水土保持方案编制和审批以及水土保持设施建设、监理、监测、执法检查和竣工验收方面形成了一整套完整的制度和技术体系，进一步完善了水土保持学科实践体系。

回顾我国水土保持 60 多年的历程，不难发现，20 世纪 50—70 年代水土保持主要集中在黄土高原地区，特别是 20 世纪 70 年代，兴修水利，大搞基本农田建设，黄土高原水土保持在淤地坝、机修梯田、引水拉沙、引洪漫地等方面技术得到快速发展。此间水土保持的任务主要是减少入河泥沙、整治国土、建设基本农田，促进粮食生产，发展农村经济。20 世纪 90 年代后，水土保持将促进农村经济发展寓于综合治理措施之中，将国家的宏观生态效益寓于农民的微观经济活动中，将治理水土流失与群众治穷致富有机地结合起来，着力改善农村生产生活条件，改变农村面貌，实现水土资源合理开发、利用和保护，促进经济、社会和环境的协调发展。近年来，水土保持不断向改善生态环境、保护水源地、维护人居环境方面拓展。但就全国而言，水库、江河、湖泊普遍存在着泥沙淤积，干旱、洪涝灾害以及由此而引起的粮食安全、农村经济发展滞后等，仍是需要长期解决的问题。

总结我国水土保持实践与发展历程，分析社会经济发展状况和趋势，可以看出我国水土保持内涵是保护和合理利用水土资源，通过小流域水土流失综合治理，充分发挥其在江河整治、耕地保护、粮食安全、生产发展、农村经济发展、生态环境保护等方面的作用。随着国家经济社会的发展，水土保持外延在不断拓展，一是生产建设项目水土保持，即有效遏制因基本建设造成的水土流失，解决边治理边破坏的问题；二是饮用水源地保护，即通过水土保持，维护和增加水源涵养和水质维护功能，在保障饮水安全方面发挥作用；三是结合新农村建设和乡村振兴，通过山水田林草路湖综合整治，改善农村基础设施和生产生活条件。

0.2　我国水土保持的学科体系

水土保持是涉及力学、地质地貌学、生态学、土壤学、气象学、自然地理学等众多基础学科，以及水利工程、林业、农业、牧业、园林、园艺、监督管理等领域的应用学科的交叉性和综合性学科。通过相当长时期的生产实践，在几十年的教学、科研试验的基础上，经过不断地总结提升，水土保持已在勘测、规划、设计、施工、教育、科学、推广等方面形成完整的学科体系。

0.2.1　学科形成与发展过程

我国水土保持学科形成始于 20 世纪 20 年代。1922—1927 年，受聘南京金陵大学森林系的美国著名林学家、水土保持专家罗德民（Walter Clay Lowdermilk）教授，对山西黄河支流及淮河等地进行森林植被与水土保持的调查研究，对治理黄河提出一些探索性意见，同时也为我国培训了一批水土保持专业人才。1940 年李仪祉先生提出治黄方略，认为黄河中游水土流失治理是黄河泥沙的根本措施，故黄河水利委员会成立林垦设计委员会（后改名为水土保持委员会）。1941 年我国土壤学家黄瑞采首先提出"水土保持"这一科学术语，当时的黄河水利委员会筹建了我国国内第一个水土保持试验机构——陇南水土保持试验区。之后，在重庆歌乐山建立水土保持示范场，在福建长汀设立水土保持试验场，在甘肃天水设立了水土保持实验区（天水水土保持试验站的前身），同时开展一系列保土植物实验与繁殖、坡田保土蓄水试验、径流小区试验、土壤渗漏测验、沟冲控制、柳篱挂淤示范和荒山造林试验研究等。1945 年还在重庆成立了中国水土保持协会。虽然限于历史条件，难以形成真正的一门学科，但当时水土保持科学试验研究为我国水土保持学科的形成与发展奠定了一定的基础。

新中国成立后，黄河水利委员会建立了完整的试验研究机构，中国科学院成立了水土保持研究机构，在水土保持重点省份建立了水土保持研究机构，1958 年原北京林学院（现北京林业大学）在"森林改良土壤学"课程的基础上成立了水土保持专业，1980 年成立了水土保持系，1992 年成立了水土保持学院，1986 年之后西北农林科技大学（原西北林学院）、西北农业大学、内蒙古农业大学、山西农业大学等 20 多所高等院校先后成立水土保持专业，并有多个硕士、博士点及博士后流动站，水土保持学科成为国家生态建设方面重要的学科之一。

2010 年 12 月 25 日修订颁布的《中华人民共和国水土保持法》明确规定：水土保持是指对自然因素和人为活动造成水土流失所采取的预防和治理措施，水土保持的目的是保护和合理利用水土资源，减轻水、旱、风沙灾害，改善生态环境，发展生产。从法律层面上分析，水土保持包括由自然因素造成的水土流失的防治和由人为因素造成的水土流失的防治，前者实际上就是以小流域为单元的综合治理及相应的配套措施；后者就是生产建设项目水土保持。水土保持的根本任务是保护和合理利用水土资源、减少入河（江、湖、库）泥沙、防灾减灾，最终落足点是改善生态和促进农村发展；同时，明确了我国水土保持工作实行"预防为主、保护优先、全面规划、综合治理、因地制宜、突出重点、科学管理、注重效益"的方针。国家将《中华人民共和国水土保持法》归属于资源法的范畴，充分反映了我国国情。

从水土保持学科划分方面分析：中国科学院将其划入自然地理与土壤侵蚀学科；教育部先将其划入林学科，后改划入环境生态学科；农业部将其划入农业工程学科；水利部将其划入水利工程学科，学科定位问题可谓长期纷争，时至今日仍没有解决，实质上也反映了我国水土保持作为一门新兴交叉学科，尚需不断发展和完善。关君蔚先生很早就提出水土保持学科应具有自己的特色，其是集科学性、生产性和群众性于一体的学科，是以地学、生态学、生物学为基础，农、林、牧、水多方面理论与实践的综合。

《中国大百科全书 水利卷》定义水土保持学为一门研究水土流失规律和水土保持综合措施，防治水土流失，保护、改良与合理利用山丘区和风沙区的水土资源，维护和提高土地生产力，以利于充分发挥水土资源的生态效益、经济效益和社会效益的应用技术科学。从技术角度看，水土保持是一门通过研究地球表层水土流失规律，并采取工程、植物和农业等技术防治水土流失，并达到改善生态环境，改善农民生产生活条件和促进农村经济发展目的的综合性技术学科。目前，我国水土保持学科体系基本建立健全，与美国、英国的土壤保持学、日本的砂防学、德国的荒溪治理学相比内容更为广泛，并独具中国特色。

0.2.2　水土保持学科体系

水土保持学科涉及地质地貌、气象、土壤、植物、生态、水利工程、农业、林业、牧业等多方面，主要包括基础理论与应用技术体系、水土保持规划与设计技术体系、水土保持施工技术体系和水土保持监督管理体系。在实践层面上表现为水土保持规划与设计技术体系、施工技术体系及监督管理体系（图 0.2-1）。

0.2.2.1　基础理论与应用技术体系

1. 水土保持原理与区划规划应用技术

水土保持原理是水土保持学科基础理论与应用技术的核心，是以土壤侵蚀学为基础融合地理学、生态学、植物学及工程技术原理而形成的水土流失综合防治的基本原理，主要包括水土流失发生发展规律及影响因素、水土流失预测预报、水土流失防治的生态控制理论及生态经济理论、水土流失防治途径与技术。应用水土保持原理对区域水土流失类型及特点、经济社会发展状况深入研究，建立分级水土保持区划体系，并提出不同分区的水土流失防治方略和工作方

5

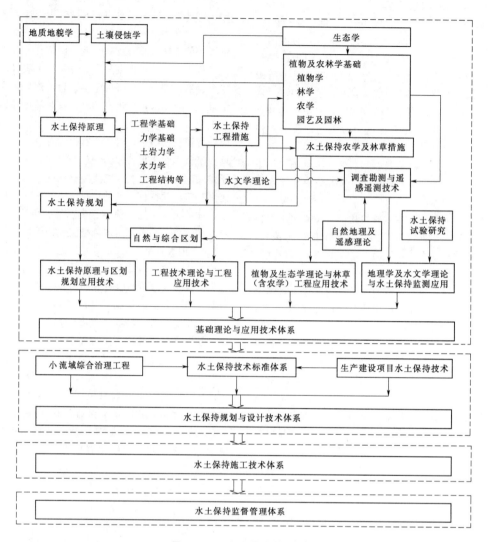

图 0.2-1　水土保持学科体系

向、途径与技术措施及配置。以此为基础，通过应用实地调查统计、地理信息技术、人文科学理论对区域水土保持进行规划。水土保持区划与规划技术是体现水土保持学科综合性的最重要环节，也是水土保持所有应用技术的总纲和指针。

2. 水土保持工程基础理论与应用技术

工程基础理论包括理论力学、材料力学、结构力学等基础力学理论，以及水文学、工程地质、水力学、土力学和岩石力学等专业基础理论，是各类水土保持工程措施的配置与设计原理和方法的基础支撑。水土保持应用技术则是应用工程专业基础理论，吸纳小型水利工程、小流域综合治理经验及生产建设项目水土保持工程的实践经验形成的，主要包括以下几种。

（1）坡面及边坡防护工程：梯田、截水沟埂、水平沟、水平阶、水簸箕、鱼鳞坑、削坡开级、抗滑减载工程等。

（2）沟道治理工程：拦沙坝、淤地坝、谷坊、沟头防护工程。

（3）滩岸防护工程：护地堤、顺坝、丁坝等。

（4）截水排水排洪工程：坡面截流沟、排水沟、截排洪工程等。

（5）小型蓄水用水工程：水窖（旱井）、涝池、蓄水池、塘堰（陂塘）、滚水坝、小型引水和灌溉工程等。

（6）泥石流防治工程：拦沙坝（格栅坝、桩林等）、排导槽、停淤场等。

（7）土地整治工程：引洪漫地、引水拉沙造地、生产建设项目扰动土地整治工程等。

（8）弃渣场防护工程：弃渣拦挡工程、弃渣坡面防护工程等方面的技术。

3. 植物及生态学理论与林草（含耕作）工程应用技术

林草（含耕作）措施是防治水土流失的根本措施。在吸纳造林学、草（牧草、草坪、草原）学、经济林栽培学、园林植物学等相关学科技术基础上，形成的不同立地或生境条件下各类林草（含耕作）措施的配置原理与技术原理及方法是林草工程设计的重要基础，其基础理论主要包括植物学及植物生理学基础、生态学基础、森林生态学、农田生态学、景观生态学，核心是植物及生态学，重点是生态系统中生物之间和生物与环境相互关系的理论。主要应用技术包括水土保持林、水源涵养林、防风固沙、经济林的营造技术，种草及草原经营管理技术，侵蚀劣地绿化、弃渣场绿化、高陡边坡绿化、废弃土地绿化、景观绿化等技术以及保土保水耕作技术等。

4. 地理学及水文学理论与水土保持监测应用技术

水土保持监测技术是水土保持动态监控、预报和管理的基础，其主要基础理论是地理学与水文学，特别集中体现现代地理学理论、方法和技术的地理信息系统（GIS），水文学相关水文循环、流域的产流汇流、产沙及输沙等方面的理论。地理学及水文学理论与数学及信息技术的结合，使得区域数字地形模型、土壤侵蚀模型、小流域水文动态模型及产流产沙模型，水土保持效益评价模型等广泛应用于水土保持监测预报，同时也应用于生产建设项目水土流失及其防治效果的监测。水土保持监测技术主要包括水土流失调查与动态监测、滑坡泥石流预警预报和水土保持效果监测等技术，主要包括普查、抽样调查、遥感调查、定位观测等技术。

0.2.2.2 水土保持规划与设计技术体系

1. 技术标准体系

我国地域广大，不同区域工作方向、水土流失防治措施不相同，建立规划与设计技术标准体系十分重要。2001 年水利部发布了《水利技术标准体系表》，水土保持技术标准的制定有序进行，近几年对水土保持规划与设计技术标准修订或制定工作基本完成，和规划与设计相关的标准主要有《水土保持规划编制规范》（SL 335）、《水土保持工程项目建议书编制规程》（SL 447）、《水土保持工程项目可行性研究报告编制规程》（SL 448）、《水土保持工程初步设计报告编制规程》（SL 449）、《水土保持工程调查与勘测标准》（GB/T 51297）、《水土保持工程设计规范》（GB 51018）、《水土保持治沟骨干工程技术规范》（SL

289）、《水坠坝设计规范》（SL 302）、《开发建设项目水土保持技术规范》（GB 50433）、《开发建设项目水土流失防治标准》（GB 50434）、《水利水电工程水土保持技术规范》（SL 575）等。鉴于小流域综合治理调查与勘测工作量大，今后仍需根据不同分区小流域治理技术措施及配置模式，建立适应于我国各水土保持分区的小流域治理水土保持设计规范，特别是不同水土保持分区的水土保持植被配置设计规范、生产建设项目水土保持技术规范方面，还需总结现有生态边坡防护技术，研究制定高陡边坡生态防护设计规范。

2. 区划与规划体系

水土保持规划是水土保持工作的顶层设计，而水土保持区划是规划的基础。2015 年国务院批复了《全国水土保持规划》，其中全国水土保持区划采用三级分区体系。全国水土保持区划方案并分级分区制定了水土流失防治方略、工作方向、区域布局，同时以三级区水土保持主导基础功能为依据，拟定了各三级区的防治途径与技术体系。以全国水土保持区划为基础，进一步开展省级水土保持区划，共同构建我国不同层级完整区划体系。以区划体系为基础建立不同区域不同功能条件下水土流失综合防治途径与模式是水土保持规划设计的重要依据。

水土保持规划包括综合规划和专项规划。综合规划主要解决区域总体布局、防治目标与任务、区域与项目布局、综合治理、预防保护和综合监管规划等。综合规划主要包括国家水土保持战略性规划（纲要）、流域规划和区域规划。目前，全国水土保持规划已批复，开展流域、各省（自治区、直辖市）、市、县不同层级的水土保持规划并最终形成分流域、分区域、分层次的统一协调的水土保持规划体系是今后一段时间水土保持工作的重要任务。专项规划包括专项工程规划与专项工作规划，专项工程是针对特殊区域水土流失防治工程而进行的，如《东北黑土区水土流失综合防治规划（2006—2020 年）》《丹江口库区及上游水污染防治和水土保持规划（2004—2020 年）》《珠江上游南北盘江石灰岩地区水土保持工程建设规划（2006—2020 年）》《南方崩岗防治规划（2008—2020 年）》等；专项工作规划是针对某专项工作而进行的，如《全国水土保持预防监督纲要（2004—2015 年）》《全国水土保持监测纲要（2006—2015 年）》《全国水土保持科技发展纲要（2008—2020 年）》《全国水土保持信息化发展纲要（2008—2020 年）》等。

3. 设计技术体系

水土保持设计技术体系是水土保持工程建设的基础与保障。水土保持工程措施与林草措施类型宽泛、规模小。受区域范围与地形限制，设计多采用单项设计与典型设计结合，初步设计与施工图设计结合，并以满足施工要求为前提的简化设计方法，即淤地坝、拦沙坝、塘坝、拦渣坝等相对较大的工程采用单项设计；林草措施以及梯田、谷坊、沟头防护等小型工程采用典型设计。需要注意的是，区域水土流失综合治理设计应注重生态与经济相结合，着力将综合治理与生态环境改善与农村生产生活条件改善、农村经济发展相结合，此类除少数淤地坝、塘坝等单项工程需进行单项设计外，大部分措施分布在一定的区域范围内，设计调查与勘测工作量大、设计技术则相对简单，通常在初步设计阶段等需逐小班进行设计；生产建设项目水土保持则应更加注重水资源与植被的保护，在主体工程安全的前提下，优先考虑生态与植物措施，经济合理地配置各项目措施。

经过多年的实践，水土保持设计技术体系已基本形成。包括两大部分：一是水土保持设计基础，主要包括设计理念与原则、设计阶段划分与要求、工程级别与设计标准、设计计算、工程类型与结构、调查与勘测、工程制图、工程量计算、施工组织设计、工程概预算、效益分析及国民经济评价等；二是区域水土流失综合治理工程设计与生产建设项目水土保持工程的各类措施具体设计原则、原理与方法，详见本手册《规划与综合治理卷》和《生产建设项目卷》。

4. 施工技术体系与监督管理体系

施工技术体系是工程实施建设的关键，主要包括施工方法、施工技术要点；监督管理体系则包括法律法规体系、执法监督体系、工程建设管理体系等，此部分内容不作详细讨论，只是在各项目措施设计中简要介绍施工技术要求。

0.3 《水土保持设计手册》结构与内容

为了加强水土保持规划设计技术体系建设，分析水土保持学科体系及所需知识结构，依据现有水土保持规划与水土保持工程设计技术标准，充分总结水土保持规划设计与工程建设的实践经验，考虑已出版的《生产建设项目水土保持设计指南》《水工设计手册第3卷 征地、移民、环境保护与水土保持》的应用情况，编写《水土保持设计手册》，以完整建立健全我国水土保持规划设计体系。

鉴于目前我国水土保持规划与工程设计工作集中在两个方面，一是以小流域水土流失综合治理为主的水土保持生态建设；二是生产建设项目水土流失防治。从规划与设计所需专业基础知识方面没有本质的区别，只是在具体措施配置及设计内容和要

求方面有所区别。因此，本手册分3卷进行编撰，即《专业基础卷》《规划与综合治理卷》和《生产建设项目卷》。

为了保证水土保持学科知识体系的完整性，《专业基础卷》包括了工程和植物两大方面的专业基础知识，涉及力学、地学、植物学、生态学、农学、林学、牧草、园林、园艺、水利工程等，同时考虑到水土保持生态建设和生产建设水土保持均需相应的工程和林草设计基础，因此将设计理念与原则、设计计算、工程类型与结构、工程制图、施工组织设计、工程管理、水土保持投资编制和效益分析与经济评价等列入。

水土保持规划主要是针对水土保持生态建设工作，同时也涵盖对生产建设项目监督管理的顶层设计。但其主要是服务于小流域综合治理的，因此将其合并为一卷。综合治理与生产建设项目水土保持采取的措施有不同的也有相同的。为了避免重复，根据措施在这两方面工作中使用的频率大小，确定列入。如泥石流防治和滑坡治理技术措施多应用于生产建设项目，个别情况也在小流域治理中应用，故将其列入生产建设项目卷；再如防风固沙工程在两个方面均有应用，但大面积应用于水土保持生态建设，所以将其主要内容列入规划与综合治理卷。在生产建设项目卷做简要说明。

参 考 文 献

[1] 王治国. 试论我国水土保持学科的性质与定位——川陕"长治工程"中期评估考察的思考 [J]. 中国水土保持科学, 2007, 5 (6)：87-92.

[2] 王治国, 王春红. 对我国水土保持区划与规划中若干问题的认识 [J]. 中国水土保持科学, 2007, 5 (1)：105-109.

[3] 王治国, 郭索彦, 姜德文. 我国水土保持技术标准体系建设现状与任务 [J]. 中国水土保持, 2002 (6)：16-17.

[4] 李贵宝, 叶伊兵. 水土保持技术标准 (一) [J]. 南水北调与水利科技, 2010 (2)：159-160.

[5] 张长印, 陈法扬. 试论我国水土保持技术标准体系建设 [J]. 中国水土保持科学, 2005, 3 (1)：15-18.

[6] 王向东, 高旭彪, 李贵宝. 水土保持标准剖析与标准体系完善建议 [J]. 水利水电技术, 2009, 40 (4)：66-69.

[7] 田颖超. 关于制定水土保持规划技术标准的探讨 [J]. 水土保持通报, 1996, 16 (1)：32-35.

[8] 王治国, 朱党生, 张超. 我国水土保持规划设计体系建设构想 [J]. 中国水利, 2010 (20).

[9] 姜德文. 水土保持学科在实践中的应用与发展 [J].

中国水土保持科学，2003，1（2）：88 - 91.

[10] 王卫东，孙天星，郑合英．浅谈水土保持学科体系的组成 [J]．中国水土保持，2003，9：17 - 18.

[11] 关君蔚．中国水土保持学科体系及其展望 [J]．北京林业大学学报，2002，24（5）：273 - 276.

[12] 吴发启．水土保持学科教学体系构建的思考 [J]．中国水土保持科学，2006，4（1）：5 - 9.

[13] 全国水土保持规划领导小组办公室，水利部水利水电规划设计总院．中国水土保持区划 [M]．北京：中国水利水电出版社，2016.

[14] 史念海．黄土高原历史地理研究 [M]．郑州：黄河水利出版社，2001.

第1章　气　象　与　气　候

章主编　张光灿　王治国　张淑勇
章主审　贺康宁　赵　成

本章各节编写及审稿人员

节次	编写人	审稿人
1.1	张光灿　王治国	贺康宁 赵　成
1.2	张淑勇　王　晶	
1.3	贺康宁　史常青	
1.4	张淑勇　王治国	
1.5	王治国	

第1章 气象与气候

1.1 基本概念

1.1.1 大气与天气

1.1.1.1 大气

大气即大气圈,是指在地球周围聚集的一层很厚(约3000km)的大气分子,是地球生命的繁衍、人类的发展环境基础之一,其状态和变化时时处处影响到人类的活动与生存。大气有氮、氧、氩等常定的气体成分,二氧化碳、一氧化二氮等含量大体上比较固定的气体成分,也有水汽、一氧化碳、二氧化硫和臭氧等变化很大的气体成分。其中还常悬浮有尘埃、烟粒、盐粒、水滴、冰晶、花粉、孢子、细菌等固体和液体的气溶胶粒子。大气随高度分布的特征分成对流层、平流层、中间层、热层和散逸层。近地面的大气层(即对流层)状态对人类生产、生活影响较大,其厚度因纬度和季节的不同而不同:热带较厚,寒带较薄;夏季较厚,冬季较薄。赤道地区对流层厚度可达16~18km,中纬度地区10~12km,两极地区7~8km。在大气中的各种自然现象称为大气现象。

1.1.1.2 天气

天气是指某一个地方距离地表较近的大气层(主要是对流层)在短时间内的具体状态。而在一定区域的某时段内(如一天或几天),近地层的几种大气现象往往综合或相继出现,代表该区域的天气特征,称为天气现象,其主要表现形式见表1.1-1。天气现象具有短时性(一般在两周内)、即时性和易变性的特点。某一地区的天气现象随时间的变化过程称为天气过程。

表 1.1-1　天气现象主要表现形式

天气现象		主要表现形式
降水	液态降水	雨、阵雨、毛毛雨
	固态降水	雪、冰针、雹、霰、冰粒
	混合型降水	雨夹雪、阵性雨夹雪

续表

天气现象	主要表现形式
地面凝结	露、霜、雾凇、雨凇
视程障碍	雾、轻雾、吹雪、雪暴、烟幕、霾、沙尘暴、扬沙、浮尘
雷电	雷暴、闪电、极光
风	大风、飓风、龙卷风、尘卷风等

1.1.2 气象与气候

1.1.2.1 气象

气象即大气物理现象的统称。气象学研究范围包括大气层内各层大气运动的规律、对流层内发生的天气现象和地面上旱涝冷暖的分布等。由于与人类日常生产、生活更密切的是对流层内发生的天气现象,因此气象通常是对流层内发生的天气现象,如风、雨、云、雪、霜、雾、雷电以及冷热、干湿等各种物理现象和物理过程的总称。广义地讲,气象还包括高层大气中的化学反应现象。

1.1.2.2 气候

气候是全球或某一地区长时期内气象要素和天气状况的综合表现,亦即全球或某地区、某时段(月、季、年)的气象要素和天气现象在长时期(多年)的平均或统计状态。气候状况常以冷、暖、干、湿这些基本特征来衡量。气象要素的各种统计量(均值、极值、概率等)是表述气候状况的基本依据。气候现象具有长期性(一般几十年)、平均性和稳定性的特点。

气候与人类社会有密切关系,许多国家很早就有关于气候现象的记载。中国春秋时代用圭表测日影以确定季节,秦汉时期就有二十四节气、七十二候的完整记载。

由于太阳辐射在地球表面分布的差异,以及海洋、陆地、山脉、森林等不同性质的下垫面在到达地表的太阳辐射的作用下所产生的物理过程不同,使气候除具有温度大致按纬度分布的特征外,还具有明显的地域性特征。按水平尺度大小,气候可分为大气候、中气候与小气候。大气候是指全球性和大区域的

13

气候,如热带雨林气候、地中海气候、极地气候、高原气候等;中气候是指较小自然区域的气候,如森林气候、城市气候、山地气候以及湖泊气候等;小气候是指更小范围的气候,如贴地气层和小范围特殊地形下的气候(如一个山头或一个谷地)。

1.1.3 气象要素与气候要素

气象要素是描述大气物理状态、物理现象的各种要素。主要有气温、大气湿度、气压、降水、太阳辐射、风速和风向等天气现象特征值。若以某一时段统计值表达,即为气候要素。

1.1.3.1 降水

(1)降水:指从云中降落的液态水和固态水,如雨、雪、冰雹等。

(2)多年平均年降水量:指某地多年降水量总和除以年数得到的均值,或某地多个观测点测得的年降水量均值。

(3)最大24h降雨:任意24个相连的降雨时段的降水量。

(4)降水强度:按一次降水量的大小划分为若干强度等级,见表1.1-2和表1.1-3。

(5)设计暴雨:为防洪等工程设计拟定的、符合指定设计标准、当地可能出现的暴雨。

表 1.1-2 降水强度划分标准

等级	降水强度	
	mm/d	mm/h
微量	<0.1	<0.10
小雨	0.1~9.9	0.10~2.49
中雨	10.0~24.9	2.50~7.99
大雨	25.0~49.9	8.00~15.99
暴雨	50.0~99.9	≥16.00
大暴雨	100.0~199.9	
特大暴雨	≥200	

表 1.1-3 降雪强度划分标准

24h降水量/mm	0.1~2.4	1.3~3.7	2.5~4.9	3.8~7.4	5.0~9.9	7.5~14.9	≥10
等级	小雪	小到中雪	中雪	中到大雪	大雪	大到暴雪	暴雪

1.1.3.2 气温

1. 概念

(1)气温:指大气的温度,表示大气冷热程度的

量。气温的表示方式为摄氏度(℃)和华氏度(℉),其换算关系如下:

$$华氏度 = 摄氏度 \times 1.8 + 32 \quad (1.1-1)$$
$$摄氏度 = (华氏度 - 32) \div 1.8 \quad (1.1-2)$$
$$5 \times (华氏度 - 50) = 9 \times (摄氏度 - 10)$$
$$(1.1-3)$$

(2)地面大气温度:一般指地面以上1.25~2.00m之间的大气温度。

(3)气温变化过程:指一天或一年内气温高低的周期性变化。

2. 表示方法

(1)年极端最高(低)温度:指某年中最热(冷)时刻的温度,用从该年各月极端最高温度中挑取最高值的方法予以确定。

(2)平均气温:指某一段时间内,各次观测的气温值的算术平均值。根据计算时间长短不同,可有某日平均气温、某月平均气温和某年平均气温等。日平均气温是指一天24h的平均气温。天气学上通常用一天2h、8h、14h、20h 4个时刻的平均气温作为一天的平均气温(即4个气温相加除以4)。

(3)生物学温度:指所有对生物生命活动起作用的温度。生物学伤害温度和生物学致死温度是使植物包括农作物和树木受到伤害或致死的温度,其温度值或者在生物学最低温度以下,或者在生物学最高温度以上。

(4)界限温度:对植物包括农作物和林木的生长发育有指示和临界意义的温度,称为界限温度。

1.1.3.3 积温

广义上讲,积温可分为气候学积温、生物学积温和生物气候积温3种。气候学积温是表示某地热量状况,即作物生长的整个时期日平均温度的总和;生物学积温是对生物有影响的日平均温度的总和。它对作物有普遍的针对性;生物气候积温是两者的结合,兼有气候和生物两种意义,对作物有积极的影响。

积温的单位通常为摄氏度(℃)。计算多采用几何图形法和数学计算法,目前普遍应用数学计算法。不同积温的计算方法包括以下几种。

(1)累积温度表达式为

$$K = \sum_{i=1}^{n} \overline{t_i} \quad (1.1-4)$$

式中 K——累积温度,℃;

$\overline{t_i}$——第i天的日平均气温,℃;

n——界限期间的天数,d。

(2)正积温,即不低于0℃的日平均气温的总和,当日平均气温小于零时以零计算。其表达式为

$$K_0 = \sum_{i=0}^{n} \overline{t_{\geqslant 0i}} \qquad (1.1-5)$$

式中 K_0——正积温，℃；

$\overline{t_{\geqslant 0i}}$——第 i 个日均温不小于 0℃ 的温度；

n——日均温 0℃ 天数，d。

（3）负积温，就是小于 0℃ 的日平均气温的总和，当日平均气温大于 0℃ 时不计入。0℃ 以下时间的长短及负积温的多少是衡量一个地区冬季寒冷程度的指标。表达式为

$$K_{<0} = \sum_{i=1}^{n} \overline{t_{<0i}} \qquad (1.1-6)$$

式中 $K_{<0}$——负积温，℃；

$\overline{t_{<0i}}$——第 i 个日均温小于 0℃ 的温度；

n——日均温小于 0℃ 天数，d。

（4）活动积温，即活动温度的累积。其表达式为

$$K_{\geqslant 0} = \sum_{i=1}^{n} T_{\geqslant 0i} \qquad (1.1-7)$$

式中 $T_{\geqslant 0i}$——第 i 个高于生物学零度（由于温度降低使生物的某种生理活动停止时的温度值）的温度值，℃；

$K_{\geqslant 0}$——活动积温，是指作物或林木某一生长发育期或整个生长发育期内全部活动温度的总和，℃；

其余符号意义同前。

（5）有效积温，是指有效温度（活动温度与生物学零度的差值）的累积，有效积温对植物的生长发育有积极的影响意义。其表达式为

$$K_{T'} = \sum_{i=1}^{n} (\bar{t}_{\geqslant T_{\geqslant 0i}} - T_0) \qquad (1.1-8)$$

式中 $K_{T'}$——有效积温，是指作物或林木某一生长发育期或整个生长发育期内全部有效活动温度的总和；

其余符号意义同前。

1.1.3.4 湿度

表示大气中水汽含量多少的物理量，称为大气湿度，大气湿度状况与云、雾、降水等有着密切的关系，大气湿度常用的表示方法包括以下几种。

（1）绝对湿度（a）：指单位体积空气中所含的水汽质量，也称水汽密度，单位是 g/m^3。绝对湿度是个理论值，实际无法直接测量。

（2）水汽压（e）：指大气压力中水汽的分压力，和气压一样用 hPa 表示。

（3）饱和水汽压（E）：指在一定温度下空气中水汽达到饱和时的分压力，称为饱和水汽压。饱和水汽压随着气温的升高而迅速增加。

（4）饱和水汽压差（d）：指在一定温度下，饱和水汽压与空气中的实际水汽压之间的差值，它表示的是实际空气距离水汽饱和状态的程度，即空气的干燥程度。饱和水汽压差影响着植物气孔的闭合，从而控制着植物蒸腾、光合作用等生理过程，对生态系统蒸散过程以及水分利用效率有着重要影响。饱和水汽压差可由空气相对湿度（U，%）和气温（T）估算得出。计算公式为

$$d = 0.611 \times \frac{17.27T}{e^{T+237.3}} \times \left(1 - \frac{U}{100}\right) \qquad (1.1-9)$$

（5）相对湿度（U）：指单位体积空气内实际所含的水汽压（用 e 表示）和同温度下饱和水汽压（用 E 表示）的百分比。

$$U = \frac{e}{E} \times 100\% \qquad (1.1-10)$$

1.1.3.5 风

（1）风速。风速是指空气相对于地球某一固定地点，单位时间内空气沿水平方向流动的距离，风速的常用单位是 m/s 或 km/h。通常都是以风力来表示风的大小。风力等级共分为 17 级，陆地上一般见不到 12 级以上的飓风（表 1.1-4）。

表 1.1-4   风 力 等 级 划 分

风级	名称	风速/(m/s)	陆地地面物象	海面波浪	一般浪高/m	最大浪高/m
0	无风	0.0~0.2	静，烟直上	平静	0.0	0.0
1	软风	0.3~1.5	烟示风向	微波峰无飞沫	0.1	0.1
2	轻风	1.6~3.3	感觉有风	小波峰未破碎	0.2	0.3
3	微风	3.4~5.4	旌旗展开	小波峰顶破裂	0.6	1.0
4	和风	5.5~7.9	吹起尘土	小浪白沫波峰	1.0	1.5
5	清风	8.0~10.7	小树摇摆	中浪折沫峰群	2.0	2.5
6	强风	10.8~13.8	电线有声	大浪白沫离峰	3.0	4.0
7	劲风	13.9~17.1	步行困难	波峰白沫成条	4.0	5.5

续表

风级	名称	风速/(m/s)	陆地地面物象	海面波浪	一般浪高/m	最大浪高/m
8	大风	17.2~20.7	折毁树枝	浪长高有浪花	5.5	7.5
9	烈风	20.8~24.4	小损房屋	浪峰倒卷	7.0	10.0
10	狂风	24.5~28.4	拔起树木	海浪翻滚咆哮	9.0	12.5
11	暴风	28.5~32.6	损毁重大	波峰全呈飞沫	11.5	16.0
12~17	飓风	>32.7	陆上少见，摧毁力巨大	海浪滔天		

注 表中所列风速是指平地上离地10m处的风速值。

（2）风向。风向是指风的来向。风向分8个或16个罗盘方位观测，累计某一时期内（1季度、1年或多年）各个方位风向的次数，并以各个风向发生的次数占该时期内各方位总次数的百分比来表示。某地区某一时段的风向频率状况常用风玫瑰图来表示，风玫瑰图是在极坐标底图上点绘出的某一地区在某一时段内各风向出现的频率或各风向的平均风速的统计图，图1.1-1。

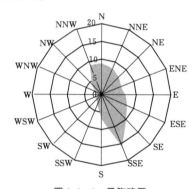

图1.1-1 风玫瑰图

（注：图上数值为风速，m/s）

1.1.3.6 日照时数

1. 太阳高度（h）

太阳高度角简称太阳高度（其实是角度）。太阳高度是决定地球表面获得太阳热能数量的最重要的因素。它在数值上等于太阳在地球地平坐标系中的地平高度。太阳高度角随着地方时和太阳的赤纬的变化而变化。太阳赤纬（与太阳直射点纬度相等）以δ表示，观测地地理纬度用φ表示（太阳赤纬与地理纬度都是北纬为正，南纬为负），地方时（时角）以t表示，太阳高度角的计算公式为

$$\sin h = \sin\phi\sin\delta + \cos\phi\cos\delta\cos\omega \quad (1.1-11)$$

对于太阳位于天顶以北的地区而言，$h=90°-(\phi-\delta)$；对于太阳位于天顶以南的地区而言，$h=90°-(\delta-\phi)$；在晨昏线上的各地太阳高度为0°，表示正经历昼夜更替；在昼半球上的各地太阳高度大于0°，表示白昼；在夜半球上的各地太阳高度小于0°，表示黑夜。太阳高度变化直接影响日照时数。

2. 可照时数

可照时数也称天文可照时数或理论日照时数，是根据天文学的日出时间和日落时间计算得出，指在无任何遮蔽条件下，太阳中心从某地东方地平线到进入西方地平线，其光线照射到地面所经历的时间。可照时数由公式计算，也可从天文年历或气象常用表查出。北纬地区各月的可日照时数日平均值N见表1.1-5。

表1.1-5　　　　　　　　北纬地区各月的可日照时数日平均值N　　　　　　　　单位：h

北纬	1月	2月	3月	4月	5月	6月	7月	8月	9月	10月	11月	12月
50°	8.8	10.1	11.8	13.8	15.4	16.3	15.9	14.5	12.7	10.8	9.1	8.1
48°	8.8	10.2	11.8	13.6	15.2	16.0	15.6	14.3	12.6	10.9	9.2	8.3
46°	9.1	10.4	11.9	13.5	14.9	15.7	15.4	14.2	12.6	10.9	9.5	8.7
44°	9.3	10.5	11.9	13.4	14.7	15.4	15.2	14.0	12.6	11.0	9.7	8.9
42°	9.4	10.6	11.9	13.4	14.6	15.2	14.9	13.9	12.6	11.1	9.8	9.1
40°	9.6	10.7	11.9	13.3	14.4	15.0	14.7	13.7	12.5	11.2	10.0	9.2
35°	10.1	11.0	11.0	13.1	14.0	14.5	14.3	13.5	12.4	11.3	10.3	9.8
30°	10.4	11.1	12.0	12.9	13.6	14.0	13.9	13.2	12.4	11.5	10.6	10.2

续表

北纬	1月	2月	3月	4月	5月	6月	7月	8月	9月	10月	11月	12月
25°	10.7	11.3	12.0	12.7	13.3	13.7	13.5	13.0	12.3	11.6	10.9	10.6
20°	11.0	11.5	12.0	12.6	13.1	13.3	13.2	12.0	12.3	11.7	11.2	10.9
15°	11.3	11.6	12.0	12.5	12.8	13.0	12.9	12.6	12.2	11.8	11.4	11.2
10°	11.6	11.8	12.0	12.3	12.6	12.7	12.6	12.4	12.1	11.8	11.6	11.5
5°	11.8	11.9	11.0	12.2	12.3	12.4	12.3	12.3	12.1	12.0	11.9	11.8
0°	12.1	12.1	12.1	12.1	12.1	12.1	12.1	12.1	12.1	12.1	12.1	12.1

注 本表引自《作物需水量》，1977 年联合国粮农组织（FAO）出版。

3. 日照时数

日照时数是指太阳在一地实际照射的时数。在一给定时间内，日照时数定义为太阳直接辐照度达到或超过 $120W/m^2$ 的各段时间的总和，以小时为单位，取一位小数。日照时数也可称实照时数。日照时数主要用于表征当地气候，描述过去天气状况等。

夏季中国北方的日照时数多于南方。另外，纬度越高，昼夜长短变化幅度越大，夏季越向北昼长越长。而青藏高原是因为海拔高，空气稀薄，晴朗天气多，故日照时数多。与青藏高原相反的是四川盆地，纬度相近，但水汽多，受地形限制，所以多云，日照时数就少。

日照时数＝可照时数×日照百分率

日照百分率－日照时数/可照时数×100%

1.1.3.7 太阳辐射

太阳辐射是指太阳向宇宙空间发射的电磁波和粒子流。

1. 大气上界的太阳辐射

（1）太阳辐射能：指太阳辐射所传递的能量。太阳辐射能按波长的分布称太阳辐射光谱（0.4～0.76μm 为可见光区，能量占 50%；0.76μm 以上为红外区，占 43%；紫外区小于 0.4μm，占 7%）。不同太阳高度时可见光中各色能量分布（占可见光总能量的百分数）见表 1.1－6。到达地球大气上界的太阳辐射能量，称为天文太阳辐射量。

表 1.1－6 不同太阳高度时可见光中各色能量分布（占可见光总能量的百分数） ％

太阳高度	红	黄	绿	蓝	紫
90°	26	23	20	20	11
50°	28	22	21	18	11
30°	32	22	20	18	9
10°	49	25	14	11	2
5°	65	21	7	6	1
3°	83	13	5	0	0

（2）太阳常数（S_0）：指地球位于日地平均距离处时，地球大气上界垂直于太阳光线的单位面积在单位时间内所受到的太阳辐射的全谱总能量。

2. 到达地面的太阳辐射

地球所接受到的太阳辐射能量仅为太阳向宇宙空间放射的总辐射能量的 22 亿分之一，但却是地球大气运动的主要能量源泉，也是地球光热能的主要来源。到达地面的太阳辐射由两部分组成：一部分是太阳以平行光的形式直接投射到地面上的，称为直接辐射（S_b）；另一部分是经过大气散射后到达地面的，称为散射辐射（S_d）。两者的和称为到达地面的太阳总辐射（S_t）。

（1）直接辐射（S_b）：指未被地球大气层吸收、反射及折射，仍保持原来的方向直达地球表面的这部分太阳辐射，用式（1.1－12）表示。

$$S_b = S_t \sin h = P^m S_0 \sin h \qquad (1.1-12)$$

式中 S_b——太阳直接辐射强度，W/m^2；

S_0——太阳常数，$1367W/m^2$；

P——大气透明系数，表征大气透明度的特征量，是指透过一个大气质量的透射辐射与入射辐射之比，其大小与大气所含水汽、水汽凝结物和尘埃杂质的多少成正比；

h——太阳高度角，（°）；

m——大气相对质量数，m，位于天顶时，单位面积太阳光束所穿过大气柱的质量作为 1 个大气质量，大气质量数与太阳高度角（h）有关，$m=1/\sin h$。

（2）散射辐射（S_d）：指经过大气和云层的反射、折射、散射作用，改变了原来的传播方向达到地球表面且并无特定方向的这部分太阳辐射。

$$S_d = \frac{1}{2} S_0 (1-P^m) \sin h \qquad (1.1-13)$$

式中 S_d——散射辐射强度，W/m^2；

其余符号意义同前。

（3）太阳总辐射（S_t）：指到达地面的散射太阳辐射和直接太阳辐射之和，用式（1.1-14）表示。

$$S_t = S_b + S_d \qquad (1.1-14)$$

式中符号意义同前。

3. 地面对太阳辐射的反射

（1）地面反射辐射（S_r）：指到达地面的总辐射中，有一部分被地面反射回大气的现象。

（2）地面反射率（a）：指地面反射辐射量与总辐射量的比值。

$$a = \frac{S_r}{S} \times 100\% \qquad (1.1-15)$$

陆地表面的平均反射率为 $10\% \sim 35\%$，新雪面反射率最大，可达 95%。水面反射率随太阳高度角而变，太阳高度角越小反射率越大。对波浪起伏的水面来讲，反射率平均为 $7\% \sim 10\%$。地面反射率的大小取决于下垫面的性质和状态。一般来说，深色土壤的反射率比浅色土壤小，潮湿土壤的反射率比干燥土壤小，粗糙表面的反射率比平滑表面小，见表 1.1-7 和表 1.1-8。

表 1.1-7　典型下垫面的反射率

地面性质	反射率/%
裸地	$10 \sim 25$
沙漠	$25 \sim 46$
草地	$15 \sim 25$
森林	$10 \sim 20$
农作物	$20 \sim 30$
雪（紧、洁）	$75 \sim 95$
雪（湿、脏）	$25 \sim 75$
海面（太阳高度角大于等于 25°）	<10
海面（太阳高度角小于 25°）	$10 \sim 70$
黑钙土	$5 \sim 12$
砂土（平坦、干燥、褐色）	35
白砂	$34 \sim 40$
灰砂	$18 \sim 23$
浅色灰壤	31

注　本表引自《大气科学辞典》，《大气科学辞典》编委会编，1994 年气象出版社出版。

表 1.1-8　典型土壤干湿条件下的地表反射率

地表状态	干黄土	湿黄土	干黑土	湿黑土	干白砂	湿白砂	干栗钙土	湿栗钙土
反射率/%	27	14	12	7	40	18	14	9

注　本表引自《气象学（第 3 版）》，贺庆棠、陆佩玲主编，2010 年中国林业出版社出版。

1.1.3.8　地面辐射和大气辐射

1. 地面辐射（L_0）

地球表面在吸收太阳辐射的同时，又将其中的大部分能量以辐射的方式传送给大气。地表面这种以其本身的热量日夜不停地向外放射辐射的方式，称为地面辐射。由于地表温度比太阳低得多，因而，地面辐射的主要能量集中在 $1 \sim 30 \mu m$ 之间，其最大辐射的平均波长为 $10 \mu m$，属红外区间，与太阳短波辐射相比，称为地面长波辐射。可采用以下公式计算：

$$L_0 = \varepsilon \sigma T^4 \qquad (1.1-16)$$

式中　ε——地面发射率，见表 1.1-9；

σ——斯蒂芬-玻尔兹曼常数，$\sigma = 5.67 \times 10^{-8}$ $W/(m^2 \cdot K^4)$；

T——物体的绝对温度，K。

表 1.1-9　不同下垫面的发射率 ε

下垫面	发射率	下垫面	发射率
黑垆土	0.66	黑土	0.90
已耕作田地	0.38	浅草	0.92
沙子	0.76	森林	0.98
砂土	0.91	果园	0.96
砂岩	0.67	水	0.95
黄土	0.98	雪	0.99

地面辐射是长波辐射，除部分透过大气奔向宇宙外，大部分被大气中水汽和二氧化碳所吸收，其中水汽对长波辐射的吸收更为显著。因此，大气，尤其是对流层中的大气，主要靠吸收地面辐射而增热。

2. 大气辐射（L_i）

大气吸收地面长波辐射的同时，又以辐射的方式向外放射能量，大气这种向外放射能量的方式，称为大气辐射。由于大气本身的温度也低，放射的辐射能的波长较长，故也称为大气长波辐射。

3. 大气逆辐射（L_a）

大气吸收地面长波辐射的同时，又以辐射的方式向外放射能量。大气辐射的方向既有向上的，也有向下的，大气辐射中向下的部分，因为与地面辐射方向相反，称为大气逆辐射。大气逆辐射强弱主要取决于大气层的温度和湿度的垂直分布以及云分布等，但没有显著的日变化。大气逆辐射主要来自大气本身的热辐射，以及云的热辐射。云量多，空气湿度大，大气逆辐射强。

4. 地面有效辐射（L_n）

地面发射的长波辐射与地面吸收的大气逆辐射之差，称为地面有效辐射。大气对地面起着保温作用。地面有效辐射为

$$L_n = L_0 - L_a$$

5. 地面净辐射（B）

地面净辐射是指在一定时间内，单位面积的地面吸收的辐射和放出的辐射之差，即地面吸收的太阳总辐射和地面有效辐射之差，其表达式为

$$B = S(1-a) - L_n$$

引起地面净辐射日变化的原因是太阳高度角的变化，其变化趋势基本由地表温度决定。地面净辐射季节变化规律是由太阳高度和地表状况的变化引起的。地表净辐射最大值通常出现在夏季，最小值出现在冬季。我国的地面净辐射季节变化随地理条件和纬度而变，东北、华北和内蒙古地区的最大值是雨季到来前的 5 月或者 6 月，东南沿海则出现在梅雨后的 7 月。我国地面净辐射的最高值在海南岛，最低值在川黔盆地，浙闽地区较小，珠江流域、黄淮地区及华北地区较大。再向北数值随纬度的增高而减小。

6. 辐射能的净收入（B_s）

如果把大气和地面看作一个整体，其辐射能的净收入为

$$B_s = S_t(1-a) + q_a - F_\infty \qquad (1.1-17)$$

式中　q_a——大气所吸收的太阳辐射，W/m^2；

　　　F_∞——大气上界的有效辐射，W/m^2；

　　　a——地面反射率。

1.1.4　气象灾害

1.1.4.1　气象灾害的概念

（1）气象灾害：指大气极端现象对人类的生命财产和国民经济建设以及国防建设等造成的直接或间接的伤害。

一般包括天气（短期）灾害、气候（长期）灾害和气象次生、衍生灾害。其中天气和气候灾害是指因暴雨（雪）、大风、台风、龙卷风、雷暴、冰雹、沙尘暴、大雾、高温、低温、霜冻、寒潮、干旱、干热风、洪涝等极端气象因素直接造成的灾害。气象次生、衍生灾害是指因气象因素引起的山体滑坡、泥石流、风暴潮、森林火灾、酸雨、空气污染等灾害。气象灾害发生的直接原因是灾害性天气。

（2）灾害性天气：指对人民生命财产有严重威胁，对工农业生产和交通运输造成重大损失的天气。灾害性天气可发生在不同的季节，一般具有突发性。

1.1.4.2　主要的气象灾害

（1）暴雨：指 24h 降水量为 50mm 或以上的雨。按其降水强度大小又分为三个等级，即 24h 降水量为 50～99.9mm 称暴雨，100～249.9mm 以下称大暴雨，200mm 以上称特大暴雨。

（2）大风：指风速不低于 17m/s（8 级）以上的

风力。按成因分为：冷锋后偏北大风，高压后偏南大风，温带低压发展时的大风、台风、龙卷风、雷暴大风（飓风）等。

（3）高温：指日最高气温达到或超过 35℃ 时的天气。连续数天（3d 及以上）的高温天气过程称为高温热浪（或称高温酷暑）。

（4）低温：指受强冷空气影响导致气温大幅度下降，同时天空中云层笼罩太阳光线极少或全无，并且持续几天而形成的灾害性天气。

（5）寒潮：指盘踞在高纬度地区上空的冷空气，在特定的天气形势下突然离开源地，大规模南下，造成沿途剧烈降温，并伴有偏北大风、霜冻、雨雪、风沙等天气现象的天气过程。

（6）台风：指发生在热带洋面上，具有暖中心结构的、强烈的热带气旋。并不是每一个热带气旋都能达到台风强度。

（7）霜冻：指在植物生长季内，由于土壤表面、植物表面（即近地气层）的温度降到 0℃ 以下，引起植物体冻害的现象。

（8）冷害：指农作物生育期间遭受到 0℃ 以上（有些甚至可达 20℃ 左右）的低温危害，引起农作物生育期延迟，或使生育器官的生理活动受阻，造成农业减产的天气灾害。根据低温对作物危害的特点及作物受害的症状，可将冷害分为障碍型冷害、延迟型冷害和混合型冷害。

（9）冻害：指越冬作物、树木以及人畜在越冬期间遭遇到较长时间的低于 0℃ 的低温或剧烈降温（最低气温在 0℃ 以下，有时可达 -20℃ 以下），引起体内结冰或躯干冻伤，丧失生理活力，继而造成整体死亡或部分死亡的现象。根据冻害发生的时间可分为入冬剧烈降温型、冬季严寒型和早春冻融型。

（10）冰雹：指坚硬的球状、锥状或形状不规则的固态降水。一般出现在对流活动较强的夏秋季节，尤以中纬度内陆地区为多。

（11）龙卷风：指强烈积雨云底部伸出来的强烈旋转的漏斗状的涡旋云柱，出现在陆地上叫陆龙卷，出现在水面上叫水龙卷。

（12）洪涝：指一种常见的自然灾害，是因大雨、暴雨引起的水过多或过于集中，所形成的诸如水道急流、山洪暴发、河水泛滥、淹没农田、毁坏环境与各种设施等灾害现象。

（13）山洪：指山区溪流或小河流发生的洪水。

（14）泥石流：指在山区或者其他沟谷深壑、地形险峻的地区，因为暴雨、暴雪或其他自然灾害引发的山体滑坡并携带有大量泥沙以及石块的特殊洪流。

（15）干旱：通常指淡水总量少，不足以满足人

19

的生存和经济发展的气候现象。

（16）大气干旱：指空气温度高，相对湿度低，导致作物体内水分平衡被破坏而发生凋萎的一种干旱现象。

《天气干旱等级》（GB/T 20481）国家标准中将干旱划分为五个等级，并评定了不同等级的干旱对农业和生态环境的影响程度。

1）无旱：特点为降水正常或较常年偏多，地表湿润。

2）轻旱：特点为降水较常年偏少，地表空气干燥，土壤出现水分轻度不足，对农作物有轻微影响。

3）中旱：特点为降水持续较常年偏少，土壤表面干燥，土壤出现水分不足，地表植物叶片白天有萎蔫现象，对农作物和生态环境造成一定影响。

4）重旱：特点为土壤出现水分持续严重不足，土壤出现较厚的干土层，植物萎蔫、叶片干枯、果实脱落，对农作物和生态环境造成较严重影响，对工业生产、人畜饮水产生一定影响。

5）特旱：特点为土壤出现水分长时间严重不足，地表植物干枯、死亡，对农作物和生态环境造成严重影响，对工业生产、人畜饮水产生较大影响。

1.2　气候带、气候类型与气候区划

1.2.1　气候带与气候类型

1.2.1.1　气候带和气候类型的概念

（1）气候带：指根据气候要素的纬向分布特性而划分的带状气候区。太阳辐射是气候带形成的基本因素，这主要取决于太阳高度角，而太阳高度角随纬度增高而递减，所以地球气候呈现出按纬度分布的地带性，通常每个半球 5.5 带，即赤道带（热带）南、北半球各半带，其余南北半球各有 5 个带，分别为热带、副热带、温带、亚寒带（冷温带）、极地带（寒带）共 11 个气候带。

（2）气候类型：指同一个气候带因地理环境和环流性质等的不同，出现不同的气候类型；相反，不同气候带也会因地理环境和环流性质等的相似，而存在相同的气候类型，即非地带性气候高原高山气候在大部分气候带中均存在。主要的气候类型有海洋气候、大陆气候、季风气候、地中海气候、雨林气候、草原气候、沙漠气候、高山高原气候等。

1.2.1.2　全球气候带与气候类型分布及特征

气候带和气候类型是相互联系又有区别的。在气候区划中常将两者结合起来进行划分和描述。热带气候类型主要有热带雨林气候、热带草原气候、热带季风气候、热带沙漠气候；亚热带气候类型主要有季风和季风性湿润气候、地中海气候；温带气候类型主要有大陆性气候、海洋性气候、季风气候；亚寒带气候类型主要有大陆气候；寒带气候类型主要有冰原气候、苔原气候。此外，非地带性气候主要有高山高原气候。

全球主要气候带与气候类型分布规律、成因与气候特征见表1.2-1。

表 1.2-1　　　　全球主要气候带与气候类型分布规律、成因与气候特征

气候带	气候类型	分布规律	成因	气候特征
热带	热带雨林气候	南、北纬 10°之间（包括云南南部、海南、台湾南部）	赤道低气压带控制	全年高温多雨
	热带草原气候	南、北纬 10°到南、北回归线之间（雨林两侧）	赤道低压、信风带交替	全年高温，干、湿季交替，年降水量小于 1000mm，最高月降水量小于 400mm
	热带季风气候	云南南部、海南、台湾南部、广东雷州半岛	风带气压带移动及海陆热力性质差异	全年高温，旱、雨两季，降水量 1500～2000mm，最高月降水量 400mm 以上
	热带沙漠气候	南、北回归线至南、北纬 30°之间大陆内部、西岸	副热带高气压带或信风带控制	全年高温少雨
亚热带	亚热带季风气候	我国东部秦岭-淮河以南	海陆热力性质差异	夏季高温多雨，冬季温和少雨
	季风性湿润气候	北美、南美、澳大利亚东南部	海陆热力性质差异，但季风不明显	年降水量 1000mm 以上，夏季高温多雨，冬季温和湿润
	地中海气候	南、北纬 30°～40°之间大陆西岸	副热带高压带和西风带交替	冬季温和多雨，夏季炎热干燥

续表

气候带	气候类型	分布规律	成因	气候特征
温带	温带季风气候	我国东部秦岭-淮河以北	海陆热力性质差异	冬季寒冷干燥，夏季炎热多雨
	温带海洋性气候	南、北纬40°~60°之间大陆西岸	全年受西风带控制	冬季温和，夏季凉爽，全年湿润
	温带大陆性气候	以我国大兴安岭、贺兰山为界的西部	距海洋远，大陆气团控制	冬季寒冷，夏季炎热，降水较少，略集中在夏季
亚寒带	亚寒带大陆气候	北极圈附近	极地大陆（海洋）气团	冬季寒冷漫长，夏季温暖短促，降水较少，略集中在夏季
寒带	苔原气候	北半球极地附近临海	极地气团控制	全年严寒
	冰原气候	南半球极地附近内陆	极地气团控制	全年酷寒
非地带性气候	高山高原气候	青藏高原及一些高山	气温和降水随高度变化而变化	气温随海拔升高而降低，降水山腰最多

1.2.1.3 气候类型的判定方法

1. 根据降水量和温度判断气候类型

将气温和降水特点（可通过等温线和等降水量线分析）结合起来分析判定气候类型是最常用的方法，见表1.2-2。如全年各月降水均匀时，为热带雨林

表 1.2-2 气候类型判定

步骤	依据	因素变化	结论
判定半球	气温	6月、7月、8月气温高（气温曲线呈波峰型）	北半球
		12月、1月、2月三个月气温高（气温曲线呈波谷型）	南半球
判定所属温度带	最低月气温与最高月气温	最冷月气温15℃	热带气候
		最冷月气温0~15℃　最热月均温大于25℃	亚热带气候
		最冷月气温0~15℃　最热月均温10~20℃	温带海洋性气候
		最冷月气温0℃以下　最热月均温20℃以上	温带季风气候、温带大陆性气候
		最冷月气温0℃以下　最热月均温10~20℃	亚寒带针叶林气候
		最冷月气温0℃以下　最热月均温0~10℃	寒带苔原气候
		最冷月气温0℃以下　最热月均温0℃以下	寒带冰原气候
确定气候类型	降水季节分配	年雨型	热带雨林气候、温带海洋性气候
		少雨型	热带沙漠气候、温带大陆性气候、极地气候
		夏雨型	热带季风气候、亚热带季风气候、温带季风气候、热带草原气候
		冬雨型	地中海气候

气候和温带海洋性气候；冬季温和多雨时，为地中海气候；降水集中于夏季，有热带草原气候（年降水量750~1000mm）、热带、亚热带、温带季风气候（雨热同期）；年降水量大于2000mm，则为热带雨林气候；年降水量1500~2000mm，为热带季风气候；全年高温年降水量小于125mm，为热带沙漠气候；夏季气温较高且季节变化很大，则温带大陆性气候；如果降水少，多云雾，全年低温，则可推断为极地气候。

2. 根据干旱指数判断气候类型

干旱（干燥）指数，也称干燥度（K），指气候干燥度，是表征一个地区干湿程度的指标，一般以某个地区水分收支与热量平衡的比值来表示（表1.2-3），其倒数称为湿润指数。干旱指数是判断气候类型最常用的方法，我国干燥度分级指标（一般通用法）见表1.2-4。

表 1.2-3 干旱指数的表达方法

提出者	表达式	参数意义
布迪柯	$K=\dfrac{R}{Lr}$	R 为辐射差额；r 为同期降水量；L 为蒸发潜热
张宝堃	$K=\dfrac{E}{r}=\dfrac{0.16\sum t}{r}$	E 为蒸发力；r 为同期降水量；$\sum t$ 为日平均气温$\geq 10℃$期间的活动积温
一般通用	$K=\dfrac{E}{r}$	E 为蒸发力；r 为降水量

表 1.2-4 干燥度分级指标

K值	0.35~1.10	1.10~2.30	2.30~3.40	>3.40
划分	森林带	草原带	半荒漠带	荒漠带
K值	<1.0	1.0~1.49	1.5~3.99	≥4.0
划分	湿润	半湿润	半干旱	干旱

3. 根据位置判断气候类型

因为气候因素决定着气候类型的分布规律，各气候类型都处在一定的气候带、气压带、风带及海陆位置，地理位置特点与各气候类型的分布规律相对应，即可作出合理判断。这种方法就是地理坐标定位法，即气候类型分布模式图，最后确定所属气候类型。

1.2.2 我国气候特征与气候区划

1.2.2.1 我国气候特征

我国幅员辽阔，地形复杂，位于亚欧大陆东部，太平洋西岸，漠河位于北纬 53°以北，属寒温带，最南的南沙群岛位于北纬 3°，属赤道气候，而且高山深谷、丘陵盆地众多，青藏高原 4500m 以上的地区四季常冬，南海诸岛终年皆夏，云南中部四季如春，其余绝大部分四季分明。我国气候主要表现为以下几个特征。

（1）季风气候明显。我国是全球著名的季风气候区，按所处纬度位置，大致在北纬 30°以北为西风带，北纬 30°以南为副热带高压带和东北信风带，东、西风气流交界处（北纬 25°～35°）基本气流的季节变化最为明显，冬季受西风气流支配，夏季则受东风气流制约。我国的夏季风源地主要是：印度洋的西南季风，在阿拉伯海一带形成一支低空急流，经过印度半岛影响我国西南及华南地区；澳大利亚北部的东南信风，越过赤道后与第一支气流及北半球的东北信风会合成赤道辐合带；北太平洋副热带高压，即为主要影响中国东部地区的东南季风和南季风。它与从北方来的冷空气相遇后形成一条大雨带，通常以这条大雨带表示夏季风的活动。同时青藏高原强烈影响高空气流的运行，且导致高原季风生成，使我国季风呈现出复杂现象。

（2）大陆性气候强。我国大陆性气候强，温差大，降水年际变化大，影响的范围广。与同纬度其他地区相比，冬季我国是世界上同纬度最冷的国家，1 月平均气温东北地区比同纬度其他地区平均要偏低 15～20℃，黄淮流域偏低 10～15℃，长江以南偏低 6～10℃，华南沿海也偏低 5℃；夏季则是世界上同纬度平均最热的国家（沙漠除外）。7 月平均气温东北地区比同纬度其他地区平均偏高 4℃，华北偏高 2.5℃，长江中下游偏高 1.5～2℃。

（3）雨热同季。我国大部分地区雨热同季，冬冷夏热，温度自南向北降低，南北温差冬季远大于夏季；降水量的空间分布不均，降水量季节分配不均，冬季干旱少雨，夏季雨量充沛，且年际变化很大。夏季降水最多，又是高温季节。水热条件配合得当，有利于我国农业、林业的发展。同时夏雨集中易涝，季节分布不均易旱。强烈的冬季风形成的寒潮，也常使作物遭受冷害而减产。

（4）气候类型复杂。我国纵跨纬度近 50°，按照温度的不同，从北到南，包括寒温带、中温带、暖温带、亚热带、热带和赤道带等 6 个温度带和 1 个特殊的青藏高寒区；按照水分条件（干湿状况），从东南向西北依次出现湿润、亚湿润、亚干旱和干旱 4 种不同的干湿地区；不同的温度带和干湿地区相互交织使气候类型复杂。由于地理环境的巨大差异，如距海远近、地形高低、山脉屏障及走向等，又可分为高山气候、高原气候、盆地气候、森林气候、草原气候和荒漠气候等多种气候类型。我国高山高原地气候垂直分异十分明显，使气候类型更加复杂多样。

总体而言，我国是冬冷夏热，冬干夏雨，四季分明。特别是雨热同季的气候特点对农林牧业生产十分有利，冬季植物停止生长，一般并不需要太多水分，夏季植物生长旺盛，正是需要大量水分的季节，这种气候正好适应植物的生长。我国降水量的季节分配与同纬度地带相比，在副热带范围内和美国东部、印度相似，但与同纬度的北非相比，那里是极端干燥的沙漠气候，年降雨量仅 110mm，而我国华南地区年降雨量在 1500mm 以上；撒哈拉沙漠北部地区降水只有 200mm，而我国长江流域年降雨量可达 1200mm；黄河流域年降雨量 600 多 mm，比同纬度的地中海多 1/3，而且地中海地区雨水集中在秋冬。因此，我国特别是东部地区，是全球不可多得具有社会经济条件的地区。

1.2.2.2 我国气候区划

1. 我国气候带类型

气候带是根据温度高低而进行划分的，具有纬度地带性特点，包括热带气候带、温带气候带、寒带气候带。

气候型是在气候带内，由于地形、洋流、距海远近等因素，再进行划分的气候类型。如热带气候带内包括赤道多雨气候、热带干湿季气候、热带干旱半干旱气候、热带海洋性气候等。

2. 我国气候区划指标

（1）气候带指标。第一级为气候带。将多年 5d 滑动平均气温稳定通过（≥10℃）的天数作为划分气候带的主要指标，在边缘热带、中热带和赤道带用 ≥10℃积温作为进一步划分指标，见表 1.2-5。

（2）气候大区指标。第二级为气候大区。将多年平均年干燥度作为划分气候大区的指标，见表 1.2-6。

表 1.2-5 气候带指标

代码	气候带名称	≥10℃天数/d	≥10℃积温/℃
11	寒温带	<100	
12	中温带	100~170	
13	暖温带	171~217	
21	北亚热带	218~238	
22	中亚热带	239~284	
23	南亚热带	285~364	
31	边缘热带	365	7500~9000
32	中热带	365	9000~10000
33	赤道热带	365	>10000
41	高原寒带	0	
42	高原亚寒带	1~50	
43	高原亚温带	51~140	
44	高原温带	>140	

注 本表引自《中国气候区划名称与代码 气候带和气候大区》(GB/T 17297—1998),1998 年中国标准出版社出版。

表 1.2-6 气候大区年干燥度指标

代码	气候大区干湿程度	年干燥度 K
A	湿润	<1.0
B	亚湿润	1.0≤K<1.6
C	亚干旱	1.6≤K<3.5
D	干旱	3.5≤K<16.0
E	极干旱	K≥16.0

注 干燥度 K 指最大可能蒸发量与降水量之比,用来反映各区的气候干湿情况。K≥1 表示降水量不敷需要,K<1 表示降水量有余。所谓最大可能蒸发量,是指在土壤经常保持湿润状态(或接近湿润状态)的条件下,土壤和植被(以绿色矮草地为标准)蒸发与蒸腾的水量。最大可能蒸发量用彭曼公式计算。在湿润、亚湿润、亚干旱、干旱和极干旱等气候类型区,分别对应有森林、森林草原、草原、半荒漠和荒漠等自然景观。

(3)我国气候带和气候大区。我国气候带和气候大区名称及代码见表 1.2-7。

表 1.2-7 我国气候带和气候大区名称及代码

代码	气候带和气候大区名称
11	寒温带
11A	寒温带湿润型气候大区
12	中温带
12A	中温带湿润型气候大区
12B	中温带亚湿润型气候大区
12C	中温带亚干旱型气候大区

续表

代码	气候带和气候大区名称
12D	中温带干旱型气候大区
12E	中温带极干旱型气候大区
13	暖温度
13A	暖温带湿润型气候大区
13B	暖温带亚湿润型气候大区
13D	暖温带干旱型气候大区
13E	暖温带极干旱型气候大区
21	北亚热带
21A	北亚热带湿润型气候大区
22	中亚热带
22A	中亚热带湿润型气候大区
23	南亚热带
23A	南亚热带湿润型气候大区
23B	南亚热带亚湿润型气候大区
29	其他亚热带
29A	亚热带湿润型气候大区(指达旺—察隅地区)
31	边缘热带
31A	边缘热带湿润型气候大区
31B	边缘热带亚湿润型气候大区
32	中热带
32A	中热带湿润型气候大区
33	赤道热带
33A	赤道热带湿润型气候大区
41	高原寒带
41D	高原寒带干旱型气候大区
42	高原亚寒带
42A	高原亚寒带湿润型气候大区
42B	高原亚寒带亚湿润型气候大区
42C	高原亚寒带亚干旱型气候大区
43	高原亚温带
43A	高原亚温带湿润型气候大区
43B	高原亚温带亚湿润型气候大区
43C	高原亚温带亚干旱型气候大区
44	高原温带
43B	高原温带亚湿润型气候大区
43C	高原温带亚干旱型气候大区

注 本表引自《中国气候区划名称与代码 气候带和气候大区》(GB/T 17297—1998),1998 年中国标准出版社出版。

1.3 森林气象与气候

1.3.1 森林气象水文效应

森林气象水文效应,是森林对蒸发、降水、径流等水平衡要素及河流、地下水、泥沙等水文情况的影响,又称流域森林影响。

1.3.1.1 大气与森林的相互影响

主要涉及两方面:①森林群落中的气象场结构特征及其对周围大气场的影响,包括造林后对改造局部地区气候、防止大气污染的影响和对生态系统所起的平衡作用等;②气象因子对林木生长、发育和演替的影响。

1.3.1.2 森林在水分循环中的作用

地球上主要的蓄水库是海洋。从海洋表面蒸发的水分要多于降下来的,多余的水汽就被携带到陆地上。据推算,每年由海洋提供给陆地的水量约为 4×10^{13} t,而相等数量的水每年又通过江河流回海洋(图 1.3-1)。从全球规模来看,来自海洋的水分仅占陆地降水量的 40%;其余的部分由陆地表面特别是植被的蒸散作用所提供,土壤表面的蒸发作用平均占蒸散总量的 5%~20%,植被特别是广大的森林植被在水分小循环过程中起着重要的作用。

1.3.1.3 森林对降水的重新分配

由于森林的存在,使到达林区的降水与空旷区有很大不同。到达林区的大气降水要发生两次再分配过程。

首先,大气降水到达林冠作用层以后,一部分被林冠截留,一部分通过林冠空隙直接到达林地表面,一部分直接蒸发返回到大气中,一部分顺着枝条和树干流到林地表面,形成树干径流(茎流或干流),而大部分以水滴或雪团的形式从枝叶上滴落到林地表面,形成滴流,这是降水的第一次再分配过程(图 1.3-1)。

到达林地的降水,要发生第二次再分配。其中一部分向地下渗透;一部分沿地表形成径流。在下渗部分中,一部分被土壤吸附,改变土壤含水量;一部分渗入到土壤中,通过地中而流出,成为土壤径流;一部分渗透到深层去,形成地下径流;再有一部分被土壤直接蒸发到大气中,或由乔灌木、活地被物的根部吸收,通过蒸腾作用返回到大气中(图 1.3-1)。林冠截持降水的蒸发、土壤蒸发和森林植物蒸腾共同构成森林蒸散量,林区降水主要消耗于森林的蒸散上。

林区的降水量为收入,森林蒸散量和林地径流量的损失为支出,收支相抵后剩余部分储存在森林土壤中,引起土壤含水量的变化。

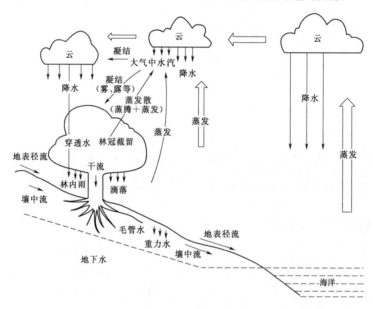

图 1.3-1 水分循环及森林在水分循环中的作用示意

1.3.2 森林气候特征

1.3.2.1 森林净辐射平衡

净辐射是某一作用面的辐射能收入与支出之差,即一切辐射的净通量,也称为辐射平衡或辐射净额。

净辐射是供给蒸发和蒸腾、土壤和空气的热通量交换以及光合作用的有效能量源泉。森林净辐射平衡是森林小气候形成的物理基础,也是影响森林生态系统生产力的重要生态因子。

森林净辐射用下式表示：

$$R_n=(1-\alpha)Q-F_e \qquad (1.3-1)$$

式中　R_n——森林净辐射，$J/(m^2\cdot s)$；

　　　α——下垫面反射率，可通过表 1.3-1 和图 1.3-2 确定；

　　　Q——太阳总辐射，$J/(m^2\cdot s)$；

　　　F_e——地表有效辐射，$J/(m^2\cdot s)$。

表 1.3-1　不同自然下垫面反射率

自然表面	反射率
针叶林	$0.13\sim0.15$
阔叶林	$0.15\sim0.17$
灌木丛	$0.16\sim0.18$
森林草原（田野）	$0.15\sim0.20$
干草原（半沙漠）	$0.25\sim0.30$
沙漠	$0.25\sim0.35$
草原	$0.20\sim0.25$
水面	$0.06\sim0.08$

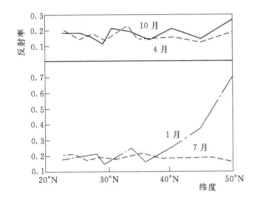

图 1.3-2　我国不同季节地面反射率随纬度的变化

地表有效辐射 F_e 可以采用如下经验公式。

（1）Penman 公式：

$$F_e=\sigma T_k^4(0.56-0.079\sqrt{e_a})(0.10+0.90n/N) \qquad (1.3-2)$$

（2）邓云根公式：

$$F_e=\sigma T_k^4(0.32-0.026\sqrt{e_a})(0.30+0.70n/N) \qquad (1.3-3)$$

以上两式中　σ——斯蒂芬-玻尔兹曼常数，其值为 $5.673\times10^{-8}J/(m^2\cdot s\cdot K^4)$；

　　　T_k——绝对温度，K；

　　　e_a——实际空气水汽压强，hPa；

　　　n——实际日照时数，h；

　　　N——可照时数，h；

　　　n/N——日照率。

1.3.2.2　森林水量平衡

森林水量平衡的研究是以质量守恒定律为基础，研究森林植被中的水分运动规律，对水分的收入和支出进行定量的分析，这是一种动态的平衡。森林物种组成、林冠结构和生物量的不同，对森林水分循环和水量平衡各分量的数量变化和运动规律产生影响，进而形成不同的森林水文效应。

森林对降水进行两次重新分配，分为林冠层、林地，并分别产生一定的森林水文效应。在这两个作用面上可以对森林的水量平衡分别进行研究。

1. 林冠层水量平衡

林冠层水量平衡公式为

$$P=T+S+I_c \qquad (1.3-4)$$

式中　P——总降水量，mm；

　　　T——穿透降水，mm；

　　　S——树干径流，mm；

　　　I_c——林冠截留，mm。

2. 林冠截留

林冠截留是指无法到达林地的那部分降水，数量上等于总降水减去穿透降水和树干径流。林冠截留包括林冠层容纳的水量（蓄水容量）和降水期间蒸发掉的那部分降水，公式为

$$I_c=C+\alpha P \qquad (1.3-5)$$

式中　C——蓄水容量，mm；

　　　α——降水期间蒸发掉的比例。

式（1.3-5）是用降水的线性函数表示林冠截留的通式，在这种情况下，系数 C 和 α 假定在一个季节内或一年内是不变的，并且假定其物理意义微不足道。用 $\hat{C}$ 作为 C 的统计值，用 $\hat{\alpha}$ 代表 α，较长时期内总林冠截留量可以用下式表示：

$$I_c=\hat{C}N+\hat{\alpha}P \qquad (1.3-6)$$

式中　N——降水总次数或测到降水的总天数；

　　　$\hat{C}$，$\hat{\alpha}$——经验系数，取决于森林特点。

对于林冠截留的测定应用最多的是间接方法，并在研究过程中形成了很多降水截留模型，早期的有 Horton、Leonard、Helvey 等经验模型，但由于缺乏对降水强度、林分特征等因素的考虑，在野外观测中难以推广，随后出现了以 Rutter 模型为代表的概念模型，在一定程度上考虑了气象条件、林分结构等影响因素，之后 Gash 在 Rutter 模型的基础上进行改进，形成了应用更为广泛的 Gash 模型。

（1）Rutter 模型。Rutter 模型的理论基础为水量平衡原理，其突出的特点是用蒸发理论来处理附加截留理论。在测定气象要素的基础上，利用 Penman-

Monteith 理论公式估算降水期间的蒸发量。其缺点是气象要素测定和计算比较繁琐，见式（1.3-7）。

$$\sum P = \sum T + \sum E \pm \Delta C \tag{1.3-7}$$

$$I_C = \sum E \pm \Delta C \tag{1.3-8}$$

其中

$$E = \begin{cases} E_P C / S & C \leqslant S \\ E_P & C > S \end{cases}$$

$$\Delta C = C_T - C_0$$

以上二式中　I_C——降水截留量，mm；

　　T——穿透降水量，mm；

　　E——林冠层截留水的蒸发量，mm；

　　ΔC——林冠蓄水变量，mm；

　　E_P——用 Penman-Monteith 公式计算的大气蒸发强度，mm；

　　C——林冠蓄水量，mm；

　　S——使树体表面湿润的最小林冠蓄水量，mm；

　　C_T、C_0——t 时刻和 t_0 时刻的林冠蓄水量，mm。

（2）Gash 模型。Gash 模型基于 Horton 模型的截流机制，将林冠截留进一步分成林冠吸附、树干吸附和附加截留，并按照林冠和树干是否吸附饱和降水量分成两种情况，见式（1.3-9）。Gash 模型设计参数很多，其中饱和林冠的平均蒸发强度（E）是成功运用模型的关键，模型对 E 具有很高的敏感性。确定 E 值常用 Penman-Monteith 公式，但 Penman-Monteith 公式主要考虑林冠表面的热力蒸发而忽略了 DOCIORI 现象，雨强较大时，Penman-Monteith 公式的模拟值会小于实测值。

$$\sum_{j=1}^{n+m} I_j = n(1 - f_t - f_s)P_s + (E/R)\sum_{j=1}^{n}(P_j - P_s)$$
$$+ (1 - f_t - f_s)\sum_{j=1}^{m} P_j + f_s \sum_{j=1}^{n+m-q} P_j \tag{1.3-9}$$

式中　I_j——次降水截留量，mm；

　　n——林冠达到饱和的降水次数；

　　m——林冠未达到饱和的降水次数；

　　q——树干吸附达到饱和（产生干流）的降水次数；

　　f_t——自由穿透降水系数；

　　f_s——树干径流系数（干流率）；

　　P_s——使林冠达到饱和所需降水量，mm；

　　E——饱和林冠的平均蒸发速率，mm/h；

　　R——平均降水强度，mm/h；

　　P_j——次降水量，mm。

1）穿透降水。穿透降水指的是直接到达林地或从树叶和枝条上滴下的那部分降水。数量上等于降水量减去林冠截留量和树干径流量之和。

$$T = P - I_C - S \tag{1.3-10}$$

式中　T——穿透降水量，mm；

　　P——降水量，mm；

　　I_C——林冠截流量，mm；

　　S——树干径流量，mm。

穿透降水必须靠测量取得，因为它不能全部由其他量的值来表示。穿透降水随着林冠截留的增加而减少，与林冠密度呈反比；一般在比较稀疏的森林类型中，或耐荫树种、先锋树种以及阔叶林中，穿透降水都比较大。任何特定的林分内，降水与穿透降水之间的关系很难确定，除了降水很小的情况下，多假设这种关系是线性的，利用回归分析进行确定。

2）树干径流。树干径流在整个降水中所占的比重很小，年干流总量通常不超过年降水总量的 5%，在森林水量平衡中处于次要地位。

$$S = P - I_C - T \tag{1.3-11}$$

式中符号意义同前。

树干径流在生态学上的作用也许重要，但其大小与其他量的误差相差不大，因此，在定量水文学中，树干径流的数据是否有用还存在疑问。不同森林类型和不同的树种之间，甚至同一树种不同个体之间，树干径流也各不相同。因此，要获得准确的数值很困难。

1.3.2.3　森林水量平衡公式

森林水量平衡公式为

$$P = E_\Sigma + F_\Sigma + \Delta W + \Delta q + \Delta S \tag{1.3-12}$$

$$E_\Sigma = E_1 + E_2 + E_3 + E_4 \tag{1.3-13}$$

$$F_\Sigma = F_1 + F_2 + F_3 \tag{1.3-14}$$

以上各式中　P——降水量，mm；

　　E_1——林冠的物理蒸发量，mm；

　　E_2——林冠的蒸腾量，mm；

　　E_3——林下地面的物理蒸发量，mm；

　　E_4——林下植物的蒸腾量，mm；

　　F_1——地表径流量，mm；

　　F_2——地中径流量，mm；

　　F_3——深层入渗量，mm；

　　ΔW——土壤存储水量变化，mm；

　　Δq——空气中水汽量变化，mm；

　　ΔS——植物体含水量变化，mm。

对于森林流域，ΔW 多年平均值为 0，Δq 的范围在 0.005～1.2mm，也可视为 0，ΔS 与林木生长量和季节有关，范围在 1～5mm，与降水量相比也可视为 0，因此森林水量平衡方程式可简化为

$$P = E + F \tag{1.3-15}$$

1. 森林蒸发散

森林蒸发散是森林热量平衡和水量平衡的一个重

要因子，包括植被群落内的全部物理蒸发和生理蒸腾。森林植被蒸发散是发生在土壤-森林植被-大气复杂系统内的连续过程，迄今并不能直接大范围精确测量。考虑到森林蒸发散的影响因素，很多学者推导出各种计算公式。

（1）布德科公式：

$$E=\sqrt{\frac{Rr}{L}\,\mathrm{th}\,\frac{rL}{R}\left(1-\mathrm{ch}\,\frac{R}{rL}+\mathrm{sh}\,\frac{R}{rL}\right)}$$

（1.3-16）

（2）史拉别尔公式：

$$E=r\left(1-\mathrm{e}^{-\frac{R}{rL}}\right)$$

（1.3-17）

（3）奥里杰科普公式：

$$E=\frac{R}{L}\,\mathrm{th}\,\frac{rL}{R}$$

（1.3-18）

以上各式中 R——辐射平衡值，W/m^2；

r——降水量，mm；

L——蒸发潜热，其值为 $597\times4.186J/g$；

th——双曲正切函数；

ch——双曲余弦函数；

sh——双曲正弦函数。

（4）彭曼公式：

$$E_{pt}=\frac{\gamma e_a+R_0\Delta}{\gamma+\Delta}$$

（1.3-19）

$$R_0=(1-\alpha)R_a\left(0.18+0.55\,\frac{n}{N}\right)$$
$$-\sigma t^4(0.56-0.092\,\sqrt{e_d})\left(0.10+0.90\,\frac{n}{N}\right)$$

（1.3-20）

$$e_a=0.175(1+1.07v_2)(e_s-e_d)$$

（1.3-21）

式中 E_{pt}——月均日蒸散量，mm/d；

γ——干湿表常数；

Δ——在平均湿球温度 t（℃）时的饱和水蒸气压曲线的梯度，Pa/℃；

R_0——有效辐射热量，mm/d [$1mm/d=59cal/(cm^2\cdot d)$]；

α——水面反射系数，0.05；

R_a——假设无大气条件下最大可能辐射量，mm/d；

n——实际日照时数，h；

N——可照时数，h；

n/N——日照率；

σt^4——在日照平均温度 t 条件下的黑体散射；

σ——斯蒂芬-玻尔兹曼系数，mm/d；

e_a——在理想的水面蒸发量条件下的参数，即风速和饱和差的函数，m/d；

v_2——地上 2m 范围内的平均风速，m/s；

e_s——对应于日平均气温的饱和水蒸气压强，

$mmHg$；

e_d——在日平均气温下的实际水蒸气压强，mmHg。

2. 森林径流

径流系数是指同一流域面积、同一时段内径流量与降水量的比值，公式为

$$\alpha=F/P$$

（1.3-22）

式中 α——径流系数；

F——径流深度，mm；

P——降水深度，mm。

α 值变化于 0~1 之间（表 1.3-2），湿润地区 α 值大，干旱地区 α 值小。

通过式（1.3-23）可以计算森林内径流深，公式为

$$F=\alpha P$$

（1.3-23）

式中符号意义同前。

表 1.3-2　中国径流系数地带分布

径流系数	分　布　地　区
>0.8	青藏高原高山地区
0.5~0.8	东南和华南沿海地区、台湾、海南、云南西南部及西藏东南部
0.4~0.6	长江流域大部、淮河流域南部、西江上游、云南大部、黄河中上游小部分地区
0.2~0.4	大兴安岭、松嫩平原一部分、三江平原、辽河下游平原、华北平原大部、燕山和太行山、青藏高原中部、祁连山山区、新疆西部山区
0.1	松辽平原中部、辽河上游地区、内蒙古高原南部、黄土高原大部、青藏高原北部及西部部分丘陵地山区
0~0.03	内蒙古高原、河西走廊、柴达木盆地、准噶尔盆地、塔里木盆地、吐鲁番盆地

1.3.2.4　森林的气候特征

森林气候通常是指森林地区的局地气候，由林区地理位置、环境条件、面积大小、地形特点、林木种类、林型结构等综合影响而形成，属中、小气候范畴。广义则指地球上森林地带的气候类型，包括不同气候带中各种森林气候，如热带雨林气候、亚热带常绿阔叶林气候、温带落叶阔叶林气候、温带针叶林气候等，属大气候范畴。

1. 森林气候特点

（1）太阳辐射和日照时数比空旷地区少。阳光投射到林冠时，有一部分被反射，大部分被吸收，仅有一小部分透过林冠到达林内，且强度和性质都发生了变化。

（2）森林内气温变化和缓。白天林内阳光弱，树木蒸腾耗热，气温比林外空旷地区低，夜间林外空旷

27

地区强烈放热冷却，而林内热量却不易散失，气温降低较慢，故夜间林内气温高于林外。总的说来，森林地区年平均气温略低于空旷地区。

（3）森林内风速小。风进入森林后，由于摩擦和阻挡作用，风速很快减小。森林附近风速比空旷地区小，一般背风面风速降低的距离数倍于迎风面，其值视林地面积、林高和林型结构而定。

（4）森林内的相对湿度和绝对湿度比空旷地区大。这是因为林内风速小，乱流交换弱，树木蒸腾作用和气温偏低所造成。其相对湿度和绝对湿度的最大差值均出现在早晨和傍晚。相对湿度最小差值出现在日出之前；绝对湿度最小差值出现在日出前和正午前后。一年中，林内绝对湿度和相对湿度的日变化夏季大，冬季小；林内外差值夏季最大，冬季最小。

（5）树冠截留部分降水，致使林内所形成的径流强度比较小。成熟的栎树林可截留降水 10% 左右，松林 13%～16%，稠密的云杉林达 32%。森林中还有特殊的水平降水和夜雨现象。

1）由于森林及其附近湿度大，夜间辐射冷却，往往产生如雾、露、霜等水汽凝结物。有时气流携云雾经过山区，其中水滴被树干、枝叶截留，或凝结成雾凇，白天融化后落地流入土壤。这种现象称为森林的水平降水。

2）潮湿地区的夏季午夜以后，林冠由于辐射冷却作用不断加强，森林中湿空气随气温降低而逐渐趋于饱和，在林木枝叶上凝成水滴，最后从枝叶上落下，形成森林夜雨。清晨日出后，气温回升，凝结作用停止，水滴蒸发，夜雨结束。

（6）森林中的地温日较差比空旷地区小，并随土壤

深度的增加而减小。林外地温变化幅度大于林内。中、高纬度地区，林内地温夏季低于林外，且差值大；冬季林内地温高于林外，但差值小。低纬度地区，一年中林内地温均低于林外，日较差和年较差均小于林外。

2. 中国森林分布

（1）东部季风气候区。光、热、水配合较好的类型，森林分布的垂直、水平地带性明显。

1）由南向北植被纬向分布。亚热带潮湿森林→暖温带潮湿森林→暖温带干旱森林→冷温带干旱森林→冷温带草原→北方潮湿森林。

2）由东向西植被经向分布。

$$\dfrac{\text{暖温带潮湿森林}}{\text{亚热带潮湿森林}} \rightarrow \dfrac{\text{暖温带干旱森林}}{\text{亚热带干旱森林}}$$

$$\dfrac{\text{冷温带潮湿森林}}{\text{冷温带草原}} \rightarrow \text{冷温带灌丛}$$

（2）青藏高原气候区。光足、热少、干湿型，森林水平地带性与垂直地带性相似。植被的纬向分布和经向分布实际上是植被垂直分布的形式。

1）由南向北植被分布。亚热带温湿森林→暖温带湿润森林→冷温带雨林→北方雨林→高山雨苔原→亚高山湿润苔原→高山荒漠。

2）由东向西的植被分布。冷温带湿润森林→北方雨林→亚高山雨苔原→高山荒漠。

（3）西北干旱气候区。光足、温和、水少型，森林的经向、纬向、垂直地带性不明显，只能小范围区域尺度加以考察。

3. 中国森林植被气候区划

中国森林各植被气候区特征见表 1.3 - 3。

表 1.3 - 3   中国森林各植被气候区特征

植被区域	地带		平均 BT /℃	年降水量 /mm	可能蒸散率 PER	所属生命地带 （Holdridge 系统）
Ⅰ 寒温带针叶林地带	大兴安岭山地		5.6	451	0.74	北方森林生命地带
Ⅱ 温带针叶阔叶混交林地带	东北温带针叶阔叶混交林	北部地带Ⅱa	7.8	556	0.82	冷温带湿润森林地带
		南部地带Ⅱb	8.8	768	0.69	
Ⅲ 暖温带落叶阔叶林地带	华北暖温带落叶阔叶林	北部地带Ⅲa	11.3	584	1.16	冷温带草原生命地带
		南部地带Ⅲb	13.3	743	1.08	暖温带干旱森林生命地带
Ⅳ 亚热带常绿阔叶林地带	东部亚热带常绿阔叶林北部地带Ⅳa₁		15.1	967	0.92	暖温带湿润森林生命地带
	北部亚热带常绿阔叶林Ⅳa₂		16.7	1350	0.74	
	南部亚热带常绿阔叶林Ⅳa₃		18.1	1451	0.75	亚热带湿润森林生命地带
	东部亚热带常绿阔叶林南部地带Ⅳa₄		21	1464	0.86	
	亚热带的西部Ⅳb		—	—	—	暖温带湿润森林生命地带

植被区域	地 带		平均BT/℃	年降水量/mm	可能蒸散率PER	所属生命地带（Holdridge系统）
V 热带雨林、季雨林地带	南部的热带雨林和季雨林地带的北部 V a₁		22.4	1709	0.79	亚热带湿润森林生命地带
	南部的热带雨林和季雨林地带的南部 V a₂		24.2	1684	0.95	热带湿润森林生命地带
	南海珊瑚礁地区 V b		26.5	1506	1.04	热带干旱森林生命地带
VI 温带草原地带	北方温带草原植被地带	北部 VI a	8.0	386	1.25	冷温带草原生命地带
		南部 VI b	9.2	382	1.54	
VII 温带荒漠地带	温带荒漠的西部地带 VII a		9.8	116	5.46	冷温带荒漠生命地带
	东部的阿拉善荒漠亚地带 VII b		9.7	110	6.6	
	南疆的塔里木荒漠亚地带 VII c		12.1	41.4	19.3	冷温带向暖温带过渡的极端荒漠生命地带
	柴达木高盆地荒漠 VII d		5.2	177	4.85	亚高山荒漠生命地带
VIII 青藏高原高寒草甸地带	青藏高原东部 VIII a		3.5	551	0.38	亚高山草甸生命地带
	高原中部的高寒草原地带 VIII b		2.6	298	0.50	高山草原生命地带
	高原南部河谷的温性灌丛草原地带 VIII c		7.6	402	1.13	山地草原或旱生灌丛生命地带
	高原西部的阿里荒漠 VIII d		4.1	172	1.39	亚高山旱生灌丛生命地带

根据 Holdridge 系统对中国进行计算的结果，中国生物温度（BT）、可能蒸发散（PET）和可能蒸发率（PER）有明显的地理地带性。这三个气候变量与地理三维坐标（纬度L、经度G和海拔高度H）密切相关，其回归关系为

$$BT = 44.5275 - 0.488664L - 0.109246G - 0.00352548H \quad (r^2 = 91.7\%)$$

$$(1.3-24)$$

$$PET = 2626.64 - 28.7953L - 6.4565G - 0.208039H \quad (r^2 = 91.7\%)$$

$$(1.3-25)$$

$$PER = 10^{(6.6935 + 0.05817L - 0.074054G - 0.00048954H)} \quad (r^2 = 67.5\%)$$

$$(1.3-26)$$

式（1.3-24）～式（1.3-26）表明：在中国，每向北增加一个纬度，BT 降低 0.49℃，PET 减少 28.8mm；每向东增加一个经度，BT 降低 0.11℃，PET 减少 6.5mm；每升高 100m，BT 降低 0.35℃，PET 减少 20.8mm。

1.3.3 气候与林木生长发育

1.3.3.1 太阳辐射与树木生长

光照强度及光照时间对森林有着重要作用。太阳辐射的光量和光照强度对林木生长发育和生产力意义很大。同一树种，在各个发育阶段中的需光量是不同的；同一发育阶段，又因树种及其他环境条件不同，对光的需求也有差异，光照过弱，林木光合作用制造的有机物质比呼吸作用消耗的还多，这时林木就停止生长。林冠下的幼树，有时因光照不足，可以导致叶子和嫩枝枯萎，以致死亡。当光照强度在补偿点以上时，林木才能正常生长。所谓补偿点，即林木光合作用制造的有机物质与呼吸作用消耗的有机物质相等时的点。一般情况下，光合作用的强度随着光照强度的增大而增强，但是光照过强时，也会破坏原生质，引起叶绿素分解，或者使细胞失水过多而促使气孔关闭，造成光合作用减弱，甚至停止。所以，只有在光照强度适宜的情况下，光合作用最强，林木生长发育良好，生长量最高。不同树种要求的最适宜光照强度是不同的。这是由于不同树种长期处在不同光照条件下，对光的需要量及光照强度产生了一定的适应性，它包含在树种的遗传性内。有些树种喜光，要求在全光下生长，如山杨、桦木、马尾松等，这类树种称为喜光树种。有些树种比较耐荫，要求在一定的蔽荫条件下生长，如云杉、冷杉等，这类树种称为耐荫树种。树种的喜光和耐荫程度决定于补偿点的高低，也就是决定于呼吸作用的强度。树木的需光量，是随树

木年龄的增长而增加的。

光照强度对树木外形的影响也很大。生长在空旷地的孤立木，常常是树干粗矮，树冠庞大。在光照强度比较弱的条件下生长的林木，则树干细长，树冠狭窄且集中于上部，节少挺直，生长均匀。

光照强度也影响林内下木和活地被物的种类数量及林木的天然更新。根据研究，如果林内地表的光照强度是空旷地的 0.6% 以下，则草本植物不生长，当光照强度达 2%～3%，才能良好地发育生长。如果林内下层的光照强度是空旷地的 4%～6%，不仅下木而且幼树也能生长。

光照强度的突然变化，有时可以使树木生长减弱，树叶枯黄，甚至死亡。例如间伐后，林缘木突然暴露于强光下，或由于上层林木被砍去，幼树处于全光照射下，都可能发生上述现象。

光的来向对林木的生长发育也有影响。单方面的光可以引起树木发育不平衡，向光面的枝条茂盛粗壮，背光面的枝条稀疏细弱，有时还可以导致树干偏斜，髓心不正，尤其是松树和刺槐表现很明显。

强光有利于果树果实的发育，相对的弱光有利于营养生长。已形成花芽的树木如光照不足，会因养分不足而早期退化或死亡；树木开花期和幼果期如光照不足，会使果实停止发育及落果。对喜光树种需要有充足的阳光；而耐荫树种强光则会使其生长停滞，甚至死亡。

光照时间长短对森林植物也有影响。可照时数是从日出到日没太阳可能照射的时间，如果加上晨昏蒙影，光照时间会长一些。各地纬度不同，地形和海拔以及天气及气候不同，实际日照时间长短各异，影响各地获得太阳光的时间不同，植物生长和产量也不同。

植物对昼夜交替及其延续时间长度有不同的适应，它影响到开花、落叶、休眠、营养器官及贮藏器官包括地下块茎生长。

树木对日照或黑夜长短的反应，称为光周期现象。当延长白天日照时数而开花，缩短日照时数则不开花的树木，称为长日照树木；相反，称为短日照树木。生长季时，南方白昼比北方短，所以南方多数为短日照树木，北方则多数为长日照树木。据计算，树木形成 $1m^3$ 木材需太阳能 $468×10^8 cal$[●]，树木同化 $1g\ CO_2$，消耗太阳能 $2500cal$。一般情况下，树木光合作用利用太阳能仅 1%～2%，最多不超过 5%。

1.3.3.2　降水对林木生长的影响

降水量与林业生产关系很大。在我国华北和西北干旱地区，由于降水量少，水分不足，使造林成活困难。降水量也是限制森林分布、形成各地树种不同的主要原因之一。各种形式的降水，对森林生长发育和产量有不同影响。台风能毁坏林木，冰雹能打伤或折断新芽嫩枝，击落花果，毁灭幼苗和幼树。暴雨会造成洪涝，冲毁林木。降雪虽可增加水分，冻死病虫害，但大雪能造成林木被雪压、雪折和雪倒。雾可增加水分来源，但对林木授粉不利，也是病虫害发生的适宜条件。雾凇和雨凇常使林木受害，但露水却能补充林木白天失去的水分。

各地区的水分条件不一样，使树种和森林类型也不同。某一地区的水分条件决定于蒸发量与降水量的比值。降水量相同的地方，如果温度较高，蒸发量较大，则显得比较干燥些；如果温度较低，蒸发量较小，则显得湿润些。因此可以用气温的高与低间接表示可能蒸发量。我国在实际工作中常用的指标是张宝堃在《中国自然区划》一文中提出的干燥度 K，其中的系数 0.16 是根据我国实际情况，假定秦岭、淮河一线的可能蒸发量等于降水量，即 $K=1$，并对照各地自然景观而确定的；$K<1$ 时，说明降水量多于可能蒸发量，降水有余，水文条件温润；$K>1$ 时，说明降水量小于可能蒸发量，降水量不足，K 值越大，说明水文条件越干旱。

1.3.3.3　温度与林木生长的关系

1. 林木生长对温度的适应范围

林木的各种生命活动过程，如光合作用、呼吸作用、蒸腾作用以及林木的生长发育、地理分布等，都与土壤温度和空气温度有密切关系。对于林木生长发育的各种生理活动起作用的温度称为生物学温度。生物对最低需求温度和能忍受的高温都有一定的界限。

生物学温度通常用三个温度指标来表示；即生物学最低温度、生物学最适温度、生物学最高温度。生物学最低温度是林木生理活动过程起始的下限温度；生物学最适温度是林木生理活动过程最旺盛、最适宜的温度；生物学最高温度是林木生理活动过程能忍受的最高温度。例如对于林木种子发芽来说，生物学最低温度一般为 0～5℃，生物学最适温度为 25～30℃，生物学最高温度为 35～40℃，超过这一温度就对种子发芽产生有害作用。又如林木的光合作用在温带生长的大部分树种，生物学最低温度为 5～6℃，最适温度为 20～30℃，最高温度为 40～50℃。

2. 极限温度对森林林木生长的危害

极限温度对森林的危害很大，温度过低会使林木

---

❶ 1cal＝4.1868J。

发生寒害和冻害；温度过高会使幼小林木发生皮烧、灼伤等危害，甚至干枯死亡（表 1.3-4）。

表 1.3-4　极限温度对森林的危害

危害原因	危害类型	危害定义
低温害	冻害	林木 0℃以下低温丧失生理活力而受害或死亡
	寒害	0℃以上低温对热带、亚热带林木生长发育造成的危害
	冻拔	因土层结冰抬起林木而造成的危害
	冻裂	树木是热的不良导体，温度骤降时树干表皮比内部收缩快而造成的危害
高温害		外界温度高于林木生长所能忍受的高温极限时，造成酶功能失调，最终导致细胞死亡所造成的危害

温度对森林的病虫害也有直接影响。一些病虫寄存器的发生需要具备一定的温度条件。为了防治森林病虫害，就必须掌握这一规律，选择一定天气进行防治。

3. 温度对森林类型与分布的影响

太阳是地球万物之热源，地球日月变化和地理环境差异，使地球由赤道向两极划分为热带、亚热带、暖温带、温带和寒温带。青藏高原上还有高山寒带和全年冻雪气候带，这种自然景观的巨大差异，主要是由于温度不同而造成的，这些气候带又决定了中国森林的分布规律。森林的形成及分布规律是长期与气候相互作用和适应的结果。根据《中国植被》森林地域分布 1983 年资料，中国各森林类型的温度变化见表 1.3-5。

积温是指生物各生长发育阶段和整个生育期所需要的热量条件。林木的生长发育除了要求一定的温度范围和温度持续期外，对持续期温度的逐日累积总数也有一定的要求。只有积累到一定温度总数才能完成其生长发育。积温是被用作林业区划的主要指标，这是因为不小于 10℃的积温是一个比较重要的林业界限温度。不同树种或同一树种的不同生长发育期，要求不同的积温。虽然某些地区对某一树种生长发育积温达不到，但是有时这一树种也能生长，这是由于环境因子有着相互作用、互相补偿的结果。温度对森林类型与分布的影响见表 1.3-5。

1.3.3.4　风对林木生长的影响

森林对空气运动有阻碍作用。林木的高大树干和稠密枝叶是空气流动的障碍。它可以改变气流运动的速度、方向和结构，使风廓线变形。在森林与邻近的旷野之间还可形成局地环流。

当风由旷野吹向森林时，受到森林的阻挡，大约在森林的向风面，距林缘 2～4 倍林带高处，风速开始减弱。在距林缘 1.5 倍林带高处，大部分气流被迫抬升，小部分气流进入林内。被抬升的气流在森林上

表 1.3-5　　　　　　　　　　温度对森林类型与分布的影响

气候带	气候特征	地理位置	森林类型
寒温带	年均温 -2.2～5.5℃，最冷月均温 -28～-38℃，绝对最低温 -50.0℃，最热月均温 16～20℃，全年无霜期 80～100d，≥10℃的日数 120d，年积温 1100～1700℃	大兴安岭北部地区	耐寒针叶林
温带	年均温 2～8℃，最冷月均温 -2.5～-10℃，绝对最低温 -40℃，最热月均温 21～24℃，全年无霜期 100～180d，≥10℃的日数 120～150d，年积温 1600～3200℃	松辽平原、东北东部、燕山、阴山山脉以北和北疆等地	
暖温带	年均温 9～14℃，最冷月均温 -13～-2℃，绝对最低温 -30～-20℃，最热月均温 24～28℃，全年无霜期 180～240d，≥10℃的日数 210～270d，年积温 3200～4500℃	华北、黄土高原、甘肃、新疆部分地区	落叶阔叶林
北亚热带	年均温 14～16℃，最冷月均温 2.2～4.8℃，最热月均温 28～29℃，全年无霜期 240～250d，≥10℃的日数 220～240d，年积温 4500～5000℃	秦岭、大巴山之间和长江中下游平原	落叶阔叶、常绿阔叶混交林
中亚热带	分东西两部分：东部年均温 16～21℃，最冷月均温 5～12℃，最热月均温 28～29℃，全年无霜期 270～300d，≥10℃的日数 250～280d，年积温 5000～6500℃；西部在海拔 2000m 云南高原上，年均温 16℃，最冷月均温 9℃，最热月均温 20℃，全年无霜期 250d，≥10℃的日数 250d，年积温 4000～5000℃，比东部温度偏低	东部包括长江以南至南岭之间的广大地区及四川盆地；西部包括云南高原及青藏高原东南部	东部为常绿阔叶林；西部为常绿阔叶混交林

气候带	气候特征	地理位置	森林类型
南亚热带	年均温 20～22℃，最冷月均温 12～14℃，最热月均温 28～29℃，≥10℃ 的日数 300d，年积温 6500～8000℃	珠江流域、西江流域、闽粤东南部、桂中、滇中南及台湾大部分	季风常绿阔叶林、海边红树林
热带	年均温 22～26℃，最冷月均温 16～21℃，最热月均温 29℃，全年 365d 均温均在 10℃ 以上，年积温 8000～9000℃，寒潮偶有，但影响较小	雷州半岛、海南岛、台湾南部、南海诸岛以及滇南和西藏东南的部分地区	季雨林、雨林、海边红树林
高寒区	由于海拔 4000～5000m，年均温 −4～0℃，最冷月均温 −18～−12℃，绝对最低温 −42～−22℃，最热月均温 8～10℃	青藏高原	暗针叶林

空造成密集流线，使风速增大，由于林冠的起伏不平，引起可达数百米高度的强烈乱流运动。当气流越过森林以后，形成一股下沉气流。大约在背风面 10 倍林带高处，气流向各方向扩散。在 30～50 倍林带高处恢复到原来的风速。进入林内的小部分气流，由于受到树干、枝叶的阻挡、摩擦、摇摆，使气流分散，消耗了动能，从而使风速减小，而且随着离林缘距离的增加，风速迅速减小。

由于森林与邻近空旷地的增热和冷却情况不同，在林缘附近会形成一种热力环流。白天，林内气温低于空旷地，低空空气由林地流向旷野，而上空空气则由旷野流向森林；夜间，由于林冠阻挡长波辐射，林内比旷野降温缓慢，则形成与白天相反的空气环流。这种由于热力差异而形成的空气环流，称为林风。林风只有在静稳天气条件下才会表现出来。由于林内、外温度差异不大，所产生的风力也较小，一般只有 1m/s。这种局地环流虽然很微弱，但对林缘附近的水汽水平输送和牵制扩散有一定的影响。

1.3.4　气候与林木病虫害

1.3.4.1　侵染性病害

1. 温度

各种病害的病原菌的发育都需要一定的温度，主要病害的病原菌的发育温度最低为 5～10℃，最高为 30～40℃，发育的最适温度一般为 20～30℃。不同的病原菌或同一病原菌的不同发育阶段（如孢子形成、飞散、孢子发芽等）都有不同的最适温度、最低温度或最高温度。

温度是季节性病害发生的决定性因素，也是决定病害地理分布的关键因子，病原菌侵入树木后，潜伏期的长短也主要取决于温度条件。

2. 湿度与降水

湿度是病害发生的重要限制因子。绝大多数病害都发生在湿度高的地方。病原菌的孢子形成、飞散、发芽、侵入等都需要充分的湿度，大多数病菌孢子只

有在水滴中才能萌芽，湿度还影响病害的地理分布。

土壤湿度对树木病害影响也很大。不仅影响病原体的孢子形成、发芽等，还影响树木的抗病力。降水可通过增加空气和土壤湿度来影响树木病害，含有病原菌的雨水飞溅时，使病害得以传播。积雪可使林木抗病力下降，并有利于病原菌的繁殖。

3. 风

病原体的传播主要靠风力，风力有利于孢子的释放和短距离传播，而且还可使某些病原体远距离传播。大风能使树木发生机械损伤，成为病原体侵染的门户。

1.3.4.2　生理病害

树木的生理病害种类很多，由不良的气象条件下引起的病害最多。树木的不同部位、不同发育期所适应的最高温度各有不同，超过其限度时，树木就会出现落叶，苗木就会出现灼伤，形成茎腐病，对干树皮薄而光滑的树木，如大叶杨、桦树、枫、冷杉等，则易引起日灼病。

树木在非自然分布区以北地区生长时，易受低温危害。树木受冻害、霜害、霜裂、冻拔、冻裂痕等低温危害以后，茎部皮层剥落，出现溃疡。水分不足可引起树木叶子失色、凋萎、提早落叶，以致死亡。在暖热干旱地区，叶子因水分损失过多，又不能从根部得到补偿，就会使叶片在边缘及叶脉间呈现褐色死亡区域的叶焦病，水分过量时又引起树木的水肿病，花期如阴雨过多，常发生落果。

1.3.5　气象与森林火灾

1.3.5.1　森林火灾等级与条件

从广义上讲，凡是失去人为控制，在林地内自由蔓延和扩展，对森林、森林生态系统和人类带来一定危害和损失的林火都称为森林火灾。森林火灾按照受损程度和过火面积，可分为 4 个等级，见表 1.3-6。

森林火灾的发生必须具备 3 个条件：①可燃物（包括树木、草灌等植物）是森林火灾发生的基础；②火险天气是森林火灾发生的重要条件；③火源是森

林火灾发生的主导因素。

表 1.3－6　森林火灾等级评价

森林火灾等级	受灾面积/hm²	死亡人数	重伤人数
一般森林火灾	<1	1～3（不含）	1～10（不含）
较大森林火灾	1～100（不含）	3～10（不含）	10～50（不含）
重大森林火灾	100～1000（不含）	10～30（不含）	50～100（不含）
特别重大森林火灾	≥1000	≥30	≥100

注　受灾面积、死亡人数、重伤人数三个标准只要满足其一，即为相应等级火灾。

1.3.5.2　森林火灾与气候条件

森林火灾，尤其是特大森林火灾的发生往往和天气有着重要的联系，尤其是持续干旱、大风、高温等天气类型，而像热带雨林终年降水、林内湿度大，植物体内水分含量高，一般不宜发生火灾。

火灾的发生和气象因子之间存在一定的规律性。

1. 湿度

空气湿度的大小影响着可燃物质的水分蒸发，降水稀少导致森林存在大面积的干燥地被物，为火灾的发生奠定了物质基础，一旦遭遇火源，会很容易向外大面积扩散。因此，干旱年或者一年内的干季往往容易发生火灾，被称为火灾期。像我国南方的春季、冬季，北方的春季、秋季，是火灾多发季。在一般情况下，相对湿度大于75%（含）时不会发生火灾，湿度在55%（含）～75%时可能发生火灾，相对湿度小于55%容易发生火灾，相对湿度小于30%可能发生特大火灾。

2. 温度

气温升高使得可燃物本身的温度也升高而容易点燃，根据统计资料，月平均气温低于－10℃时一般不会发生森林火灾，月平均气温为－10～0℃时可能发生火灾，月平均气温为0～10℃时发生火灾的可能性最大，月平均气温为1～15℃时，草木返青，火灾发生的可能性降低。

3. 风

风可以加速地被物水分的蒸发，同时加快空气的流动，使得风借火势而迅速蔓延，因而风往往是导致火灾灾情加剧、损失增大的主要因素。根据大兴安岭的统计资料发现，大火灾和特大火灾的发生80%以上在5级以上大风天气出现。

1.4　农业气象与气候

农业生产对象包括农作物、果树、蔬菜、花卉、牧草、牲畜、家禽、鱼类等方面，其生长与发育、产量与品质、农业技术实施、产后流程等气象条件之间的密切关系，直接影响农业生产的光、温、水、气等基本要素的时空分布。农业气象要素时空分布变化即农业气候条件的分析评价对于农业的区划和规划、作物合理布局、人工调节小气候和农作物的栽培管理等具有重要影响，农业气象预报和情报服务对以合理利用气候资源发展农业生产具有十分重要的意义。本书仅介绍主要气象气候要素对作物相互影响以及农艺措施的小气候效应。

1.4.1　气象气候要素与作物

1.4.1.1　温度与作物

温度与作物的关系是非常密切的，它直接影响作物的分布、生长和产量。除年均气温、1月和7月温度、无霜期外，对作物生长发育最为重要的是某一区域极端最高温度、极端最低温度、积温。

1. 作物生命活动的基本温度

作物的每一个生命过程都有三个基点温度，即最适温度、最低温度和最高温度。不同植物种类的三基点温度不同，见表1.4－1。

表 1.4－1　不同植物种类的三基点温度

单位：℃

作物种类	最低温度	最适温度	最高温度
水稻	10～12	25～32	35～38
小麦	3～5	20～25	30～32
棉花	10～12	25～32	40～45
玉米	8～10	30～32	40～44
油菜	4～5	20～25	30～32

2. 积温对作物生长发育的影响

农作物的生长发育，除了要求一定的温度范围和温度持续周期外，还对持续期内温度的逐日累积总量有一定的要求，只有累积到一定的温度总量才能完成其生长发育的过程。一些常见作物不同类型所需≥10℃的活动积温，见表1.4－2。主要作物不同发育期生物学最低温度和有效积温，见表1.4－3。

表 1.4－2　一些常见作物不同类型所需≥10℃的活动积温　单位：℃/a

作物种类	早熟型	中熟型	晚熟型
水稻	2400～2500	2800～3200	
棉花	2600～2900	3400～3600	4000
冬小麦		1600～2400	

续表

作物种类	早熟型	中熟型	晚熟型
玉米	2100～2400	2500～2700	>3000
高粱	2200～2400	2500～2700	>2800
谷子	1700～1800	2200～2400	2400～2600
大豆		2500	>2000
马铃薯	1000	1400	1800

表 1.4-3　主要作物不同发育期生物学
最低温度和有效积温　单位：℃

作物种类	发育期	最低温度	有效积温
水稻	播种～出苗	10～12	30～40
	出苗～拔节	10～12	600～700
	抽穗～黄熟	10～15	150～300
冬小麦	播种～出苗	3	70～100
	出苗～分蘖	3	130～200
	拔节～抽穗	17	150～200
	抽穗～黄熟	13	200～300
春小麦	播种～出苗	3	80～100
	出苗～分蘖	3～5	150～200
	分蘖～拔节	5～7	80～120
	拔节～抽穗	7	150～200
	抽穗～黄熟	13	250～300
棉花	播种～出苗	10～12	80～130
	出苗～现蕾	10～13	300～400
	开花～裂铃	15～18	400～600

1.4.1.2　水分与作物

水是影响作物生长与发育的最基本要求，自然界用于植物的水分主要是土壤水，而土壤水则主要取决于区域降水、大气温度和湿度等因子，表现为干燥度，其通过作物的水分临界期及耗水量等共同影响着作物的生长。

1. 作物的水分临界期

作物对水分最敏感时期，即水分过多或缺乏对产量影响最大的时期，称为作物水分临界期。临界期不一定是植物需求量最多的时期。各种作物需水的临界期不同，几种主要作物的水分临界期见表 1.4-4。

2. 作物需水量及其确定

作物需水量是指正常发育状况和最佳水肥条件下，作物整个生育期中，农田消耗于蒸散的水量。

表 1.4-4　几种主要作物的水分临界期

作物	临界期
冬小麦	孕穗到抽穗
春小麦	孕穗到抽穗
水稻	孕穗到开花（花粉母细胞形成）
玉米	"大喇叭口"期到乳熟
马铃薯	开花到块茎形成
甜菜	抽苔到开花期
大豆、花生	开花
向日葵	花盘形成到开花
高粱、谷子	孕穗到灌浆
棉花	开花到成铃
西红柿	结实到果实成熟
瓜类	开花到成熟

作物需水量确定，一般可采用布兰尼（H. F. Blanney）提出的计算作物需水量的公式，即

$$U=\sum Kf \qquad (1.4-1)$$
$$f=tp$$

式中　U——所考虑时期的耗水量，mm；

K——月耗热系数；

f——月耗水因子；

t——月平均温度，℃；

p——该月白昼时数（不是日照时数）占全年白昼总时数的百分数，%。

某些作物的月耗热系数 K 见表 1.4-5。

表 1.4-5　某些作物的月耗热系数 K

作物	水稻	玉米	豆类	棉花	小麦	马铃薯	苜蓿	水果等
月耗热系数 K	25.4	19.1	16.5	17.8	19.1	17.8	21.6	16.5

1.4.1.3　风与作物

风是风媒授粉作物传粉的动力源，风能调节植物体温和影响着水分的蒸散，风能调节 CO_2 影响光合作用。同时风对农业也造成了危害，其中大风和干热风对作物生长发育及产量影响危害较大。此外，热带气旋、寒潮大风、温带气旋大风、雷暴大风、龙卷风都会对农作物产生危害。

1. 大风

大风是指风速在 17m/s（8 级）以上的风，一天中只要出现一次就称一个大风日，某一地区大风情

况，用一年的大风日数表示。大风对农业生产可造成直接和间接危害，直接危害主要是造成土壤风蚀沙化，对作物的机械损伤（如倒伏）、生理危害（如枯顶或枯萎、冻害）等。同时，也影响农事活动和破坏农业生产设施。间接危害是指传播病虫害和扩散污染物等。

2. 干热风

干热风也称"干旱风""热干风"，习称"火南风"或"火风"。干热风时，温度显著升高，湿度显著下降，并伴有一定风力，造成蒸腾加剧，根系吸水不及，往往导致作物（如小麦）灌浆不足，造成颗粒不饱满甚至枯萎死亡。干热风分为高温低湿型和雨后热枯型。

（1）高温低湿型。高温低湿型又分为轻干热风和重干热风。轻干热风为日最高气温 $29\sim34℃$，14时风速 $2\sim3m/s$；重干热风为日最高气温 $32\sim36℃$，14时相对湿度不大于 $20\%\sim30\%$，14时风速 $2\sim4m/s$。

（2）雨后热枯型。小麦成熟前 10d 内有一次降雨过程，雨后转晴升温，$2\sim3d$ 内日最高气温达 $30℃$以上。

我国干热风天气从 4—8 月均可出现，$2\sim4$ 年出现一次危害严重年。5—7 月发生的干热风对小麦危害最大。中国小麦受干热风的危害，东南部早于西北部。危害的轻重程度地区间、年际间均不相同。受干热风危害的主要地区为华北平原、黄土高原河谷地带、黄淮平原以及西北地区的河套平原、河西走廊及新疆盆地。

1.4.1.4 太阳辐射与作物

太阳辐射是作物生长的能量源泉，作物光合作用与太阳辐射之间发生着最本质的联系。

（1）作物表面对反射率的影响。由于不同作物表面太阳辐射可见光部分的选择发射作用，导致不同作物表面平均反射率不同，见表 1.4-6。

表 1.4-6　几种主要作物表面的平均反射率

%

表面特征	a	表面特征	a
冬小麦	$16\sim25$	绿色高草	$18\sim20$
水稻田	12	黄熟作物	$25\sim28$
棉花	$20\sim22$	松树	14

（2）土壤湿度对反射率的影响。土壤湿度的增加使土表的发射率减小，表 1.4-7 反映了地面反射率在干湿状况下的对比。

表 1.4-7　各种土壤在干湿状况下的反射率 a

土壤种类	反射率 $a/\%$	
	干	湿
黑土	12	7
栗钙土	14	9
淡灰土	32	18
黄土	37	14

（3）土壤表面对反射率的影响。不同耕作方式对土壤表面粗糙度影响不同，因而发射率也不同，各种不同土壤表面与反射率的关系见表 1.4-8。

表 1.4-8　各种不同土壤表面与反射率的关系

土壤表面	反射率/%
平坦	$30\sim31$
细土粒覆盖	25
粗土粒覆盖	20
新耕地	17

（4）作物叶片对农田辐射的影响。对于不同的作物，或者同一作物的不同生育期，单个叶片对太阳辐射，吸收和透射能力是不同的。不同植物叶子的反射率、透射率和吸收率，见表 1.4-9。

表 1.4-9　不同植物叶子的反射率、透射率和吸收率

作物名称	反射率	透射率	吸收率	叶片特征
包心菜	0.23	0.21	0.56	绿叶
黄瓜	0.23	0.28	0.52	绿叶
甜菜	0.24	0.28	0.48	绿叶

（5）农田中的净辐射。农田植被就其整体来说，是一个由地面至植被上表面的活动层，在这一层中作物通过吸收太阳辐射，以及各种能量交换过程，形成固有的农田小气候特征。晴天三种农田净辐射及其各分量的日变化，见表 1.4-10。

（6）光合有效辐射。光合有效辐射是指植物在光合作用过程中吸收的太阳辐射中使叶绿素分子呈激发状态的那部分光谱（波长为 $0.380\sim0.710\mu m$）能量，其是植物生命活动、有机物质合成和产量形成的能量来源。一般可以采用光合有效辐射系数（即直接辐射中的光合有效辐射与太阳直接辐射之比）表达，该系数随太阳高度角的增大和大气浑浊度的减小而增高，其比值随时间的变化是晴天快，一般早晚低，正午前后高而稳定，夏季高，冬季低。晴朗的冬季，当太阳

高度从 $10°$ 增加到 $45°$ 时，光合有效辐射系数由 0.35 增加到 0.45；夏季则由 0.47 增加到 0.48。散射辐射中的光合有效辐射系数基本上不随太阳高度角改变，但在晴、阴不同的天气类型下，却存在一定变化，并比直接辐射中的光合有效辐射系数偏大，介于 0.50 $\sim$ 0.60 之间。

表 1.4-10　　　　　晴天三种农田净辐射及其各分量的日变化　　　　　单位：kW/m^2

项目及田块		时　间								
		06：00	08：00	10：00	12：00	14：00	16：00	18：00	20：00	22：00
总辐射		0.154	0.489	0.803	0.956	0.834	0.530	0.161		
反射辐射	棉田	0.038	0.094	0.144	0.161	0.138	0.084	0.027		
	小麦田	0.035	0.084	0.109	0.119	0.110	0.082	0.032		
	水稻田	0.045	0.076	0.091	0.101	0.092	0.070	0.024		
有效辐射	棉田	0.087	0.126	0.202	0.269	0.267	0.251	0.155	0.080	0.077
	小麦田	0.087	0.105	0.114	0.149	0.144	0.125	0.107	0.064	0.061
	水稻田	0.073	0.083	0.087	0.114	0.124	0.156	0.129	0.084	0.075
净辐射	棉田	0.028	0.269	0.456	0.527	0.429	0.202	0.021	−0.080	−0.070
	小麦田	0.031	0.300	0.580	0.628	0.581	0.330	0.021	−0.064	−0.061
	水稻田	0.035	0.329	0.625	0.741	0.618	0.311	0.007	−0.120	−0.075

光合有效辐射可用仪器直接测定。

（7）光能利用率。光能利用率一般是指单位土地面积上，农作物通过光合作用所产生的有机物中所含的能量（即化学潜能），与同期同面积这块土地所接受的太阳总辐射之比。也可以用更为准确的光合有效辐射利用率，即化学潜能与光合有效辐射的比。理论上光能利用率可达 6.0%～8.0%，一般农田光能利用率平均只有 0.4%，管理好的可达 2.0%，北方最高达到 4.0%（产量 15000kg/hm² 以上）；南方可达 5.0%（产量 22500kg/hm² 以上），藻类光能利用率可更高。

（8）光谱与作物生长发育。太阳辐射包括紫外线、可见光和红外线，不同波长的光对植物生长有不同的影响。可见光中的蓝光、紫光与青光对植物生长及幼芽的形成有很大作用，使植物在生长过程中形成矮而粗的形态；同时蓝光、紫光也是支配细胞分化最重要的光线；蓝光、紫光还能影响植物的向光性。紫外线使植物体内某些生长激素的形成受到抑制，从而也就抑制了茎的伸长；紫外线也能引起向光性的敏感，并和可见光中的蓝光、紫光和青光一样，促进花青素的形成。可见光中的红光和不可见光中的红外线，都能促进种子或者孢子的萌发和茎的伸长。红光还可以促进二氧化碳的分解和叶绿素的形成。此外，光的不同波长对于植物的光合作用产物也有影响，如红光有利于碳水化合物的合成，蓝光有利于蛋白质和有机酸的合成。不同光谱成分对作物生长的影响不同，见表1.4-11。

表 1.4-11　不同光谱成分对作物生长的影响

光谱成分	波长/μm	作用
紫外线	0.32～0.40	对植物起成形和着色作用，引起植物变矮，颜色变深，叶片变厚，这对提高作物抗倒伏能力有一定意义
	<0.32	对大多数植物有害
	<0.28	能杀死植物，称灭生性辐射
可见光	0.40～0.51	其中的蓝光、紫光被叶绿素和黄色素强烈吸收，表现强光合作用与成形作用
	0.51～0.61	其中的绿光表现低光合作用与弱成形作用
	0.61～0.72	红光、橙光被叶绿素强烈吸收，光合作用最强
红外线	2.0～3.0	植物可吸收其中的 80%～90% 获得热能并提高其温度，低于或高于这一波谱范围的红外线，植物吸收很少
	<1.0	对植物生长起一定作用
	>1.0	能为植物提供热能，不能参与植物的生化作用

1.4.1.5　光照与作物

1. 光照强度

光照强度是阳光在物体表面的强度，正常人的视力对可见光的平均感觉、光照强度的大小决定于可见光的强弱。在自然条件下，由于天气状况、季节变化和植株度的不同，光照强度有很大的变化：阴天光照强度小，晴天则大；一天中，早晚的光照强度小，中午则大；一年中，冬季的光照强度小，夏季则大；植株密度大时光照强度小，植株密度小时光照强度大。

光照强度影响作物的外形，生长在空旷地的植物，光照强度强，茎秆粗矮；生长在光照强度较弱条件下的植物，则茎秆细长，节少挺直，生长均匀。光照强度影响植物的生长速度，当光照强度越强，作物积累的有机物质越多，作物的生长速度越快；反之，植物生长速度减慢。光照强度与作物生长速度呈正相关，但光照强度超过光的饱和点时，作物生长速度减慢。光照强度的突然变化，有时使树叶枯黄，树木生长减弱，甚至死亡。

2. 光照时间

植物在光照时间长于某一时数时才能开花。延长光照时间可以使其提前开花。长日照植物一般原产于高纬度。长日照植物对于光照强度也有要求的阈值。对于短日照植物来讲，光照时间要短于某一时数才能开花。缩短光照时间，可使其提前开花。短日照植物大多原产于低纬度。对中间植物来讲，开花不受光照时间的影响。不同作物与品种具有不同的光周期性和感光性，而不同地区的光照时间是不同的。短日照作物的北方品种向南方引种时，由于光照变短，温度增高，导致生育期缩短，可能出现早穗现象，穗小粒少；南方品种向北引种时，由于光照变长，温度降低，导致延迟成熟，甚至不能抽穗开花。

3. 光周期

光照与黑暗的交替及其时间长短，影响着植物开花结实、发育、落叶、休眠期的开始，以及地下块根、块茎等营养贮藏器官的形成，这种现象称为光周期现象。不同植物发育的光周期有所不同，白天的光照和夜间黑暗交替，即它们的持续时间对植物的开花、结实、休眠期等系列发育过程有很大的影响。根据植物的光周期要求，可以把植物分为长日照作物、短日照作物和中性作物等，见表1.4-12。

1.4.2 农艺措施与小气候

1.4.2.1 耕作措施的小气候效应

翻耕、松土、镇压和垄作等耕作措施，主要可改变土壤热性质和水文特性，使土壤热交换和水分交换发生变化，从而对土壤的温度、湿度起调节作用。

翻耕使土表疏松，土壤中空气含量增多、土壤热容量和导热率减小。翻耕措施的温度效应，见表1.4-13。另外，翻耕切断或减弱了土壤上、下层毛

细管的联系，减小了下层土壤水分的损失，提高了土壤的蓄水能力，见表1.4-14。

表1.4-12　不同植物的光周期要求

分类	作物品种	光周期要求
长日照植物	小麦、大麦、燕麦、豌豆、扁豆、胡萝卜、葱、蒜、菠菜等	要求长光照与短黑夜交替。即只有光照长度大于某时数后才开花，如缩短光照时数就不开花结实。长日照植物原产于高纬度地区
短日照植物	水稻、大豆、玉米、高粱、粟、甘薯、麻类等	只有在光照长度小于某一时数才能开花，如延长光照时数就不开花结实。短日照植物原产于热带和亚热带低纬度地区
中日照植物	早稻、四季豆、黄瓜、西红柿等	开花不受光照长度的影响，只要其他条件适宜，在长短不同的任何光照下都能开花结实
特殊性植物	某些甘蔗品种	只能在一定光照长度范围内开花结实，较长、较短的光照都不能开花

表1.4-13　耕翻措施的温度效应

时间（时：分）	05：00			15：00		
深度/cm	0	5	10	0	5	10
耕地温度/℃	9.6	12.4	16.4	36.4	29.0	23.8
未耕地温度/℃	11.6	13.8	15.4	31.0	27.6	24.2
差值/℃	-2.0	-1.4	+1.0	+5.4	+1.4	-0.4

表1.4-14　新乡棉田中耕土壤的湿度效应

深度/cm	0~5	5~10	10~15
中耕/%	12.7	17.8	19.3
未中耕/%	14.7	18.6	19.0
差值/%	-2.0	-0.8	+0.3

镇压使土壤紧密，孔隙度减小，因而使土壤的导热率和热容量显著增大、土壤热交换加快。一般来讲，镇压在白天有降温效应，夜间有增温效应，见表1.4-15。

1.4.2.2 栽培措施的小气候效应

农作物的种植行向、种植密度和种植方式的不同，可使农田中透光、透风、温度和湿度状况有所差异，造成不同的农田小气候效应。种植密度对农田净辐射、乱流热交换和蒸发耗散都有很大影响，见表1.4-16。间作套种主要通过合理布置田间作物，改善农田通风透光条件。

表1.4-15 镇压与未镇压区地面温度变化

时间（时：分）	01：00	03：00	05：00	07：00	09：00	11：00	13：00	15：00	17：00	21：00	23：00
镇压小麦田/℃	−7.1	−7.8	−7.9	−8.2	−1.0	+8.7	+11.8	+6.8	−1.7	−3.4	−5.1
未镇压小麦田/℃	−8.5	−9.5	−9.8	−10.0	−2.6	+9.0	+13.5	+8.9	−2.8	−4.1	−5.4

表1.4-16 不同密度水稻田热量平衡各分量的日总量和百分率

热量平衡分量	日总量/[J/(cm²·d)]			百分率/%		
	密度/(万苗/hm²)					
	240	360	720	240	360	720
净辐射	1551.2	1492.3	1422.9	100	100	100
蒸发耗散	1321.7	1340.9	1351.8	85.2	89.9	95.0
乱流热交换	178.9	112.0	38.5	11.5	7.5	2.7
土壤热交换	50.6	39.0	32.6	3.3	2.6	2.3

1.4.2.3 覆盖的小气候效应

1. 温室的小气候效应

温室是指在土壤和作物上加以遮盖物，对热量和水汽传递起到屏障作用，调节覆盖物下生长作物的小气候环境。常见温室覆盖物对不同波长光的透光特性见表1.4-17。晴天观测塑料薄膜温室的内外净辐射变化，见表1.4-18。不同天气条件对温室的增温效应，见表1.4-19。

表1.4-17 常见温室覆盖物对不同波长光的透光特性

光的类型	波长/μm	常见温室覆盖物		
		聚氯乙烯 透光特性/%	聚乙烯 透光特性/%	玻璃 透光特性/%
可见光	0.55	87	77	88
	0.65	88	80	91
紫外线	0.28	0	55	0
	0.30	20	60	0
红外线	1.5	94	91	90
	5.0	72	85	30

表1.4-18 晴天观测塑料薄膜温室的内外净辐射变化　　　　单位：W/m²

时间（时：分）	07：00	10：00	13：00	16：00	19：00	22：00	01：00	04：00
R_1（膜外）	237.3	732.7	739.7	132.6	−111.7	−69.7	−83.7	−83.7
R_2（膜内）	83.7	432.6	383.8	0.0	−181.4	−174.5	−139.6	−111.7
R_1-R_2	153.6	300.1	355.9	132.6	69.7	104.8	55.9	28.0

注　本表引自南京气象学院观测资料。

表1.4-19 不同天气条件对温室的增温效应　　　　单位：℃

日期	天气条件	最低气温		增温	最高气温		增温	平均气温		增温
		内	外		内	外		内	外	
12月25日	晴	9.7	−5.8	15.5	29.0	0.9	28.1	16.1	−2.8	18.9
1月15日	晴间多云	9.5	−9.0	18.5	25.0	2.9	22.1	14.8	−1.7	16.5
12月27日	阴有小雨	9.2	−10.0	19.2	9.2	−2.8	12.0	8.6	−7.3	15.9
12月30日	连阴三天	7.4	−4.2	11.6	14.5	−0.8	15.3	9.6	−2.9	12.5

2. 地膜覆盖的小气候效应

地膜覆盖通过覆盖土壤来改善作物生长的外部环境，可起到改善光照条件（表1.4-20）、提高土壤温度（表1.4-21）、减小土壤水分蒸发等的作用。

1.4.2.4 农田林网与小气候

农田林网是指农田四周的林带保护，农田林网建设能改善农田小气候，改良土壤，提高肥力，减轻干热风和倒春寒、霜冻、沙尘暴等灾害性气候危害，减少水土流失，增强农作物抗御伏旱能力，促进粮食等作物高产稳产，同时能美化环境及增加农民收入等。林网由主林带与副林带组成，主林带原则上与主害风方向垂直。

表 1.4 - 20 地膜覆盖与对照田直射光强、散射光强的增加幅度

时间（时：分）	增加幅度/%		说明
	直射光强	散射光强	
08：00	1.46	83.41	5月15日至7月6日 13d 平均值
14：00	0.00	46.21	
18：00	7.74	129.31	
日平均	1.61	64.08	
08：00	1.33	33.33	5月15日全天阴天的观测值
14：00	1.54	60.00	
18：00	7.69	60.00	
日平均	2.72	52.03	

表 1.4 - 21 地膜覆盖与对照田的土温的变化

时间（时：分）	0~20cm 土温的平均温度/℃		
	盖膜	对照	差值（+）
00：00	23.8	19.3	4.5
02：00	21.8	16.8	5.0
04：00	21.0	15.3	5.7
06：00	21.0	16.0	5.0
08：00	20.9	18.1	2.8
10：00	23.3	20.4	2.9
12：00	29.8	23.4	6.4
14：00	32.1	25.3	6.8
16：00	33.6	27.4	6.2
18：00	32.5	26.3	6.2
20：00	29.6	24.5	5.1
22：00	25.5	20.8	4.7

1. 林带的防风效能

林带的防风效能常用式（1.4 - 2）表示：

$$\varphi = \frac{u_0 - u}{u_0} \qquad (1.4 - 2)$$

式中 φ——防风效能，%；

u_0——旷野风速，m/s；

u——距背风林缘一定距离内风速减低区的平均风速，m/s。

林带背风面一定距离内的风速见表 1.4 - 22。

表 1.4 - 22 林带背风面一定距离内的风速

观测点	项目	旷野	0H	5H	10H	15H
A	风速/(m/s)	21	15.7	12.5	18.2	17.7
	相对风速/%	100	75	60	87	84
B	风速/(m/s)	17.7	14.6	10.9	14.4	15.4
	相对风速/%	100	83	62	82	87
C	风速/(m/s)	13.1	10.7	7.9	10.9	11.9
	相对风速/%	100	82	61	83	90
D	风速/(m/s)	6.7	5.5	3.8	5.0	5.3
	相对风速/%	100	82	57	75	79

注 H 为林带高度。

2. 林带的水分效应

林带背面由于乱流热交换减弱，使得蒸发力减弱，林网内外蒸腾蒸发发生了变化，见表 1.4 - 23 和表 1.4 - 24。林带对近年干热风危害作用也十分明显。此外，林带可使网格内的土壤湿度有所提高。

表 1.4 - 23 林带前后相对蒸发力的比较 %

林带类型	迎风面蒸发力	背风面蒸发力						
	25H	4H	4H	5H	10H	15H	20H	25H
通风林带	100	61.6	69.6	70.3	79.7	91.1	91.0	91.3
紧密林带	100	95.2	81.7	79.3	86.5	96.8	99.2	102.3

注 H 为林带高度。

表 1.4 - 24 林网内外小麦地中蒸发条件比较

测点	农田总蒸发量	蒸腾量	无效蒸腾量	蒸散量
旷野/mm	173	84	89	455
带间/mm	217	137	80	349
带间/旷野	1.25	1.63	0.90	0.77

1.5 城 市 气 候

在大气候或区域气候的背景条件下，由于城市的发展，改变和破坏了原来的自然条件。如绝大部分的自然植被被建筑物、沥青或水泥马路所代替；人们的生产活动和生活活动增加了额外的热源；城市工业排放出的大量烟尘和气溶胶等，使城市形成的一种特殊的局地气候或小气候，即城市气候。城市与郊区气候相比较发生了很大变化（表 1.5 - 1）。城市气候特征可归纳为热岛、湿岛、干岛、雨岛、混浊岛等"五岛"特征。

表 1.5-1　　城市与郊区气候特征比较表

要素	市区与郊区比较
大气污染物	市区凝结核比郊区多 10 倍，微粒多 10 倍，气体混合物多 5～25 倍
辐射与日照	市区比郊区太阳总辐射量少 0～20%；紫外辐射冬季少 30%，夏季少 5%；日照时数少 5%～15%
云和雾	市区比郊区总云量多 5%～10%；雾冬季多 1 倍，夏季多 30%
降水量	市区比郊区降水总量多 5%～15%，小于 5mm 雨日数多 10%，雷暴多 10%～15%
降雪量	市区比郊区降雪量少 5%～10%，城市下风方向多 10%
气温	市区比郊区年平均气温高 0.5～3.0℃，冬季平均最低气温高 1～20℃，夏季平均最高气温高 1～30℃
相对湿度	市区年平均相对湿度比郊区小 6%，冬季相对湿度比郊区小 2%，夏季相对湿度比郊区小 8%
风速	市区比郊区年平均风速小 20%～30%，大阵风少 10%～20%，静风日数多 5%～20%

注 本表引自《气象学与气候学（第三版）》，周淑贞、张如一、张超编，1997 年高等教育出版社出版。

1.5.1　热岛效应

城市气温比郊区气温高的现象，称为城市热岛效应。热岛效应是城市气候最直观、最典型的表现特征。

城市热岛的形成主要原因是现代化大城市中人们的日常生活发出了更多的热量。城市中建筑群密集，沥青和水泥路面比郊区的土壤、植被具有更大的热容量而反射率小，使得城市白天吸收储存太阳能比郊区多，夜晚城市降温缓慢仍比郊区气温高。城市热岛是以市中心为中心，城市较强的暖气流与郊区相对冷空气的上升与下沉，形成城郊环流，空气中的各种污染物在这种局地环流的作用下，聚集在城市上空，如果没有很强的冷空气，城市空气污染将加重，形成严重的雾霾。热岛强度有明显的日变化和季节变化。日变化表现为夜晚强、白天弱，最大值出现在晴朗无风的夜晚，上海观测到的最大热岛强度达 6℃ 以上。季节分布还与城市特点和气候条件有关，北京是冬季最强，夏季最弱，春秋居中，上海和广州以 10 月最强。年均气温的城乡差值为 1℃ 左右，如北京为 0.7～1.0℃，上海为 0.5～1.4℃，洛杉矶为 0.5～1.5℃。城市热岛可影响近地层温度，并达到一定高度。城市热岛还在一定程度上影响城市空气湿度、云量和降

水。对植物的影响则表现为提早发芽和开花、推迟落叶和休眠。

1.5.2　混浊岛效应

城市市区由于厂矿企业集中、机动车辆众多、人口密集，致使排出的污染气体和空气中的尘埃等混浊程度都大大高于周边地区，形成"混浊岛"。而尘埃等混浊物恰恰是云层中的水汽变成降雨最需要的"凝结核"，于是产生了这样的效应：城市上空的凝结核越多，水汽就越容易在此凝结造成降水，从而增加雨量。如上海城市混浊岛效应具体表现在大气质量的市区和郊区差异，低云量及以低云量为标准的阴天日数分布和太阳辐射混浊因子的地区差异等。

1.5.3　干岛和湿岛效应

城市对大气湿度的影响比较复杂，既与下垫面因素有关，也与天气条件密切相关。在白天太阳照射下，下垫面通过蒸散（含蒸发和植物蒸腾）过程而进入低层空气中的水汽量，城市却小于郊区，特别是在盛夏季节，郊区农作物生长茂密，城、郊之间自然蒸散量的差值更大。城区由于下垫面粗糙度大（建筑群密集、高低不齐），又有热岛效应，其机械湍流和热力湍流都比郊区强。通过湍流的垂直交换，城区低层水汽向上层空气的输送量又比郊区多，这两者都导致城区近地面的水汽压强小于郊区，形成城市干岛。到了夜晚，风速减小，空气层结稳定，郊区气温下降快，饱和水汽压减低，有大量水汽在地表凝结成露水，存留于低层空气中的水汽量少，水汽压强迅速降低，城区因有热岛效应，其凝结量远比郊区少，夜晚湍流弱，与上层空气间的水汽交换量小，城区近地面的水汽压强仍高于郊区，出现城市湿岛。城郊凝结量不同而形成的城市湿岛称为凝露湿岛。城市湿岛大都在日落后 1～4h 内形成，在日出后因郊区气温升高，露水蒸发，很快又转变成城市干岛。此外，城市湿岛还表现为雨天湿岛、雾天湿岛、结霜湿岛和雪天湿岛等，在城市干岛和湿岛出现时必伴有城市热岛。

1.5.4　雨岛效应

把城市中林立的高楼大厦比喻为"钢筋水泥的森林"。而随着"森林"密度不断地增加，尤其一到盛夏，建筑物空调、汽车尾气更加重了热量的超常排放，使城市上空形成热气流，热气流越积越厚，最终导致降水形成。这种效应被称之为雨岛效应。很多观测事实和理论分析表明，城市化有使城市云量增多的效应，低云量的增加更为明显。历史资料显示，城市云量有随城市的发展而逐渐增多的趋势。城市和郊区农村的低云量表现出明显的差异。根据上海汛期（5—9 月）平均降水量分布图，最大降水量中心位于

市区，向外逐渐减小，市中心的降水比郊区约多
60mm。其他城市也观察到相同的结果，有人将这种
现象称为雨岛。现在美国方面的研究证实，大城市及
其下风向雨岛效应明显。由于雨岛效应集中出现在汛
期和暴雨之时，这样易形成大面积积水，甚至形成城
市区域性内涝。

此外，城市市区雷暴和雹暴的出现次数也比郊区
多，这是因为市区受城市化的影响，发生强对流的机
会要比郊区多。

参 考 文 献

［1］ 贺庆棠. 中国森林气象学［M］. 北京：中国林业出
版社，2001.

［2］ 陆鼎煌. 气象学与林业气象学［M］. 北京：中国林
业出版社，1994.

［3］ GB/T 31164—2014 森林火险气象预警［S］. 北京：
中国标准出版社，2015.

［4］ 王立斌，刘巧红. 气象在林业生产中的地位与作用探
析［J］. 农业与技术，2013（3）：153.

［5］ 周艳春. 森林火灾对流域蒸散发和径流的影响研究
［D］. 大连理工大学，2013.

［6］ 余新晓，史宇，王贺年，等. 森林生态系统水文过程
与功能［M］. 北京：科学出版社，2013.

［7］ 张志强. 森林水文：过程与机制［M］. 北京：中国
环境科学出版社，2002.

［8］ 陆佩玲，贺庆棠. 中国木本植物物候对气候变化的响
应研究［D］. 北京：北京林业大学，2006.

［9］ 李兆明. 林火与气象及林分组成的关系［J］. 森林防
火，1985（2）：32 - 35.

［10］ 王桂芝，庞万才. 森林火灾与气象因子的关系［J］.
森林防火，1988（1）：29 - 32.

［11］ 孔淑芬. 森林火灾与气象前兆因子的关系［J］. 中国
林业，1998（1）：30.

［12］ 段若溪，姜会飞. 农业气象学（修订版）［M］. 北
京：气象出版社，2013.

［13］ 周淑贞，等. 气象学与气候学［M］. 3 版. 北京：
高等教育出版社，2009.

［14］ 刘怀屺，刘克长. 农业气象学［M］. 北京：中国农
业大学出版社，1993.

［15］ 吴伯雄，等. 气象学［M］. 南京：江苏科学技术出
版社，1979.

［16］ 王绍武. 气候系统引论［M］. 北京：气象出版
社，1994.

［17］ 傅抱璞，等. 小气候学［M］. 北京：气象出版
社，1994.

［18］ 程纯枢. 中国的气候与农业［M］. 北京：气象出版
社，1991.

［19］ 刘汉中. 普通农业气象学［M］. 北京：中国农业大
学出版社，1991.

［20］ 钟阳和，等. 农业小气候学［M］. 北京：气象出版
社，2009.

［21］ 姜会飞. 农业气象观测与数据分析［M］. 北京：科
学出版社，2009.

［22］ 周淑贞，束炯. 城市气候学［M］. 北京：气象出版
社，1994.

第 2 章 水 文 与 泥 沙

章主编 张建军 姚文艺 杨才敏 纪 强
章主审 纪 强 方增强

本章各节编写及审稿人员

节次	编写人	审稿人
2.1	张建军 张守红	纪 强 方增强 朱太山
2.2	张建军	
2.3	张建军 杨才敏 姚文艺 王小云 张守红 王 晶	
2.4	张建军 姚文艺 杨才敏 张守红 焦 鹏	
2.5	纪 强 方增强	

第2章 水 文 与 泥 沙

2.1 基 本 原 理

2.1.1 水分循环

2.1.1.1 水分循环的概念

水分循环是指地球上各种形态的水，在太阳辐射的作用下，通过蒸发、水汽输送上升到空中并输送到各地，水汽在上升和输送过程中遇冷凝结，在重力作用下以降水形式回到地面、水体，最终以径流的形式回到海洋或其他陆地水体的过程。地球上的水分不断地发生状态转换和周而复始运动的过程称为水分循环，见图2.1-1。

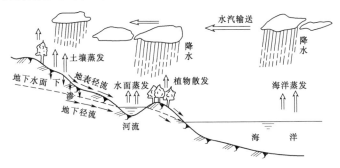

图 2.1-1　水分循环示意图

水分循环一般包括蒸散发、水汽输送、降水和径流四个阶段。在有些情况下水分循环可能没有径流这一过程，如海洋中的水分蒸发后在上升过程中遇冷凝结又降落到海洋之中，这个水分循环就没有径流这一阶段。

2.1.1.2 水分循环的类型

根据水分循环过程可将水分循环分为大循环和小循环。

1. 大循环

大循环又称为外循环，是海洋水与陆地水之间通过一系列的过程所进行的相互转化。通过这种循环运动，陆地上的水不断得到补充，水资源得以再生，同时在大循环过程中引发水土流失。

2. 小循环

小循环又称为内循环，是发生在陆地与陆地之间或海洋与海洋之间的局部水分循环。

2.1.1.3 流域水分循环

流域是地表水和地下水天然汇集的区域。流域水分循环主要指降水经植物截留、拦蓄、填洼后，一部分渗入土体，一部分以径流形式汇入河川，被植物截留、拦蓄以及渗入土体的水分经蒸散发再次回到大气中，汇入河川的水分大部分以径流的形式从流域出口流出，还有一小部分渗入河床和以蒸发的形式回到大气。在流域水分循环的过程中大气水、地表水、土壤水、地下水不断地发生相互转化。

流域的水分循环过程中，降水、蒸散发、径流、水汽运移等均随时间、空间而变化，这四个环节之间相互影响，从而形成了流域的水文现象。其中降水起主导作用，是流域水分循环中最大的输入项，而蒸散发往往是最大的输出项或损失项，径流和流域储水量的变化受降水和蒸散发的共同影响。流域水分循环示意见图2.1-2。

2.1.2 水量平衡

2.1.2.1 水量平衡原理

水量平衡原理是指任意时段内，任何区域收入（或输入）的水量和支出（或输出）的水量之差，一定等于该时段内该区域蓄水量的变化。任意时段可以是分钟、小时、日、月、年或更长的时间尺度。任何区域可以是全球、某个洲、某个流域、某个单元地段。

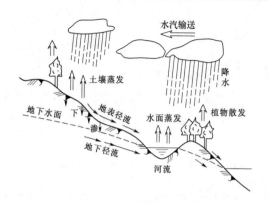

图 2.1-2 流域水分循环示意图

2.1.2.2 水量平衡方程

根据水量平衡原理，水量平衡方程为

$$I - A = \Delta W \qquad (2.1-1)$$

式中 　I——研究时段内输入区域的水量，m^3；

　　　A——研究时段内输出区域的水量，m^3；

　　　ΔW——研究时段内区域蓄水量的变化，可正可负，当为正值时表明在该时段内区域蓄水量增加，反之则表明蓄水量减少，m^3。

1. 通用水量平衡方程

根据水量平衡原理，某区域在某一时期内，水量收入和支出差额等于该区域蓄水量的变化量。通用的水量平衡方程式可表达为

$$P + E_1 + R_表 + R_{地下} = E_2 + r_表 + r_{地下} + q + \Delta W$$
$$(2.1-2)$$

式中 　P——时段内该区域的降水量，m^3；

　　　E_1——时段内该区域水汽的凝结量，m^3；

　　　$R_表$——时段内从其他区域流入该区域的地表径流量，m^3；

　　　$R_{地下}$——时段内从其他区域流入该区域的地下径流量，m^3；

　　　E_2——时段内该区域的蒸发量和林木的蒸散量，m^3；

　　　$r_表$——时段内从该区域流出的地表径流量，m^3；

　　　$r_{地下}$——时段内从该区域流出的地下径流量，m^3；

　　　q——时段内该区域的用水量，m^3；

　　　ΔW——时段内该区域蓄水量的变化，m^3。

如果令 $E = E_2 - E_1$ 为时段内的净蒸发量，则

$$P + R_表 + R_{地下} = E + r_表 + r_{地下} + q + \Delta W$$
$$(2.1-3)$$

式（2.1-3）就是通用的水量平衡方程式。

2. 流域水量平衡方程

流域有闭合流域和非闭合流域之分，闭合流域是地面分水线与地下分水线重合的流域，闭合流域与相邻流域间没有水分交换。非闭合流域是地面分水线与地下分水线不重合的流域，非闭合流域与相邻流域间有水分交换。

（1）非闭合流域的水量平衡方程。对于非闭合流域，因与其他流域有水分交换，根据通用的水量平衡方程，非闭合流域的水量平衡方程为

$$P + R_{地下} = E + r_表 + r_{地下} + q + \Delta W$$
$$(2.1-4)$$

令 $r_表 + r_{地下} = R$，R 称为径流量，如不考虑用水量，即 $q = 0$，则非闭合流域的水量平衡方程可以改写为

$$P + R_{地下} = E + R + \Delta W \qquad (2.1-5)$$

（2）闭合流域的水量平衡方程。对于闭合流域，由其他流域进入的地表径流和地下径流都等于零。因此，闭合流域的水量平衡方程为

$$P = E + R + \Delta W \qquad (2.1-6)$$

如果研究闭合流域多年平均的水量平衡，由于历年的 ΔW 有正、有负，多年平均值趋近于零，则有

$$P_{平均} = E_{平均} + R_{平均} \qquad (2.1-7)$$

式中 　$P_{平均}$——流域多年平均年降水量，mm；

　　　$E_{平均}$——流域多年平均年蒸发量，mm；

　　　$R_{平均}$——流域多年平均年径流量，mm。

从式（2.1-7）可见，某一闭合流域多年的平均年降水量等于蒸发量和径流量之和。

如果将 $P_{平均} = E_{平均} + R_{平均}$ 两边同除以 $P_{平均}$，可以得出

$$R_{平均}/P_{平均} + E_{平均}/P_{平均} = 1 \qquad (2.1-8)$$
$$\alpha + \beta = 1$$

式中 　α——多年平均径流系数，即 $R_{平均}/P_{平均}$；

　　　β——多年平均蒸发系数，即 $E_{平均}/P_{平均}$；

　　　其余符号意义同前。

α 和 β 之和等于 1，表明径流系数越大，蒸发系数越小。在干旱地区，蒸发系数一般较大，径流系数较小。可见，径流系数和蒸发系数具有强烈的地区分布规律，它们可以综合反映流域内的干湿程度，是自然地理分区上的重要指标。

3. 海洋水量平衡方程

海洋的水分收入项为降水量 $P_海$ 和大陆流入的径流量 $R_陆$，支出项有蒸发量 $E_海$。海洋储水量的变化量为 $\Delta W_海$，从长期看，海洋储水量的变化量 $\Delta W_海$ 为 0。

海洋的水量平衡方程为

$$P_海 + R_陆 = E_海 + \Delta W_海 \qquad (2.1-9)$$
$$P_海 + R_陆 = E_海 \qquad (2.1-10)$$

这说明由陆地流入海洋的径流量与海洋上的降水量之和等于海洋上的蒸发量。

4. 陆地水量平衡方程

陆地上的水分收入项有降水量 $P_陆$，支出项有蒸发量 $E_陆$ 和流入大海的径流量 $R_陆$。陆地储水量的变化量为 $\Delta W_陆$，从长期看，陆地储水量的变化量 $\Delta W_陆$ 为 0。

陆地的水量平衡方程为

$$P_陆 = E_陆 + R_陆 + \Delta W_陆 \qquad (2.1-11)$$

多年平均情况下陆地的水量平衡方程可写为

$$P_陆 = E_陆 + R_陆 \qquad (2.1-12)$$

这表明陆地上的降水量等于径流量和蒸发量之和，蒸发量相对大的地区，径流量相对较小；而径流量较多的地区，蒸发量相对较少。

5. 全球水量平衡方程

地球由陆地和海洋组成，因此，全球的水量平衡应为陆地水量平衡与海洋水量平衡之和，即

$$\left. \begin{aligned} P_陆 + P_海 + R_陆 &= E_陆 + R_陆 + E_海 \\ P_陆 + P_海 &= E_陆 + E_海 \\ P &= E \end{aligned} \right\} \qquad (2.1-13)$$

式 (2.1-13) 即全球多年水量平衡方程式。它表明，对全球而言，多年平均年降水量与多年平均年蒸散发量是相等的。

我国主要河流流域水量平衡要素见表 2.1-1。

表 2.1-1　我国主要河流流域水量平衡要素

河名	水量平衡要素			平均径流系数	平均蒸发系数
	降水量/mm	蒸发量/mm	径流深/mm		
松花江	525	380	145	0.28	0.72
黄河	492	416	76	0.15	0.85
淮河	929	438	191	0.21	0.79
长江	1055	513	542	0.51	0.49
珠江	1438	666	772	0.54	0.46
雅鲁藏布江	699	225	474	0.68	0.32
台湾地区各河流	1903	887	1016	0.53	0.47

2.2　坡面水文与泥沙

2.2.1　坡面径流

坡面径流是指在坡面上沿地表或地下运动向河网汇集的水流。

2.2.1.1　坡面径流的类型

沿地表运动的水流称为地表径流；在土壤中的相对不透水层上运动的水流称为壤中流；沿地下岩土空隙运动的水流称为地下径流。

由降水形成的径流为降水径流；由冰雪水融化形成的径流为融雪水径流。

2.2.1.2　径流的表示方法

(1) 流量 (Q)：指单位时间通过某一断面的水量，单位为 m^3/s。有日平均流量、月平均流量、年平均流量、最大流量、最小流量等。

(2) 径流总量 (W)：时段 T 内通过河流某一断面的总水量，单位为 m^3 或亿 m^3。在流量过程线上时段 T 内流量过程线以下的面积，即为时段 T 的径流总量。有时也用其时段平均流量与时段的乘积表示，即 $W = \overline{Q}T$。

(3) 径流深 (R)：若将径流总量平铺在整个流域面积上所求得的水层厚度，单位为 mm。

$$R = \frac{\overline{Q}T}{1000F} \qquad (2.2-1)$$

式中　R——径流深，mm；

F——流域面积，km^2；

$\overline{Q}$——时段 T 内的平均流量，m^3/s。

(4) 径流模数 (M)：流域出口断面流量与流域面积的比值，即单位时间单位面积上产生的水量。

(5) 径流系数 (α)：同一时段内径流深与降水深的比值，$0 < \alpha < 1$。径流系数反映了流域降水转化为径流的比率，综合反映了流域自然地理因素和人为因素对降水径流的影响。如 $\alpha \to 0$，说明降水主要用于流域内的各种消耗，其中最主要的消耗为蒸发。如 $\alpha \to 1$，说明降水大部分转化为径流。

(6) 模比系数 (K)：某一时段的径流量与同一时段多年平均径流量之比。该值反映某一时段内径流量偏丰 ($K > 1$) 或偏枯 ($K < 1$) 的程度。

2.2.1.3　坡面径流的形成

坡面径流形成过程是指从降水开始到水流沿坡面进入河网的整个过程。降水的形式不同，径流的形成过程也各异。径流形成过程是一个非常复杂的物理过程，根据各个阶段的特点，把坡面径流形成过程划分为蓄渗过程和汇流过程。

1. 蓄渗过程

降水开始时，首先要遇到植物的拦截，一部分降水消耗于植物截留、枯枝落叶吸水、下渗、填洼。这个消耗过程就是蓄渗过程。

(1) 植物截留。植物截留是指降水过程中植物枝叶拦蓄降水的现象。降水过程中植物枝叶吸附的雨水量为植物截留量。在降水开始阶段，枝叶比较干燥，截留量随降水成正比例增加，经过一段时间后，截

留量将不再随降水量的增加而增加，而是稳定在某一个值，此时达到最大截留量。截留过程贯穿在整个降水过程中，积蓄在枝叶上的雨水不断被新的雨水替代。在降水过程中，穿过植物枝叶空隙直接到达地面的降水称为穿透降水；由枝叶表面滴下到达地面的降水称为滴下降水；穿透降水和滴下降水之和称为林内降水；由枝叶汇集沿枝干流到地面的降水称为树干流。降水停止后，植物截留的降水最终耗于蒸发。

植物截留量与降水量、降水强度、风、植被类型、郁闭度等有关。一般情况下，降水量越大，植物截留量越大；降水强度越强，截留量越小；风越大，截留量越小；不同的植被有着不同的截留量，郁闭度越高，截留量越大。截留量可以达到年降水量的30%。在湿润地区截留量对减少地表径流的形成有积极作用。但是，在干旱地区，如何调节截留量，使更多的雨水到达地面，进入土壤，用于林木生长，是旱区造林工作中面临的课题。

（2）枯枝落叶吸水。穿过林冠层的降水到达地表之前，还要遇到枯枝落叶层的阻拦。枯枝落叶层一般都较为干燥，具有较强的吸收降水的能力。枯枝落叶层吸收降水的能力取决于枯枝落叶的特性和含水量大小。枯枝落叶层含水量越低，吸收的降水量越大。枯枝落叶不但可以吸收雨水，而且还可以减缓地表径流流速，促使更多的径流渗入土壤，同时还可以过滤地表径流中携带的泥沙。

通过造林种草恢复植被，就是增加地面枯枝落叶量，通过枯枝落叶防止雨滴击溅侵蚀，拦蓄、吸收、过滤地表径流，防止地表侵蚀的发生。

（3）下渗。当降水穿过枯枝落叶层到达土壤表面时，水分开始下渗。下渗发生在降水期间和降水停止后地面尚有积水的地方。

当降水强度大于土壤的入渗强度时，多余的降水便在地表形成地表径流，这种产流方式称为超渗产流。

当降水强度小于土壤的入渗强度（能力）时，所有到达地表的降水全部渗入土壤之中，当土壤中所有孔隙都被水充满后，多余的水分在地表形成径流，这种产流方式称为蓄满产流。

下渗强度的空间变化很大，有些地方下渗能力强，有些地方下渗能力弱，如果下渗强度大于降水强度，有可能形成蓄满产流，反之形成超渗产流。

水土保持植物措施是通过改良土壤孔隙状况，以增大降水的下渗量来减少径流形成的，而水土保持工程措施是通过改变地表坡度，以增加降水下渗时间来减少径流形成。

（4）填洼。坡面上各处的土壤特性、土层厚度、土壤含水量、地表状况等因素各不相同，所以坡面上不同地点出现超渗产流或蓄满产流的时间也不同。

最早产生地表径流的地方是入渗强度小或蓄水能力小的地方，这些地方形成径流沿坡面向下流动，但在流动过程中还要填满流路上的洼坑，称为填洼。这些洼坑所能积蓄的水量称为填洼量。水土保持工程措施中的鱼鳞坑、水平条等能够增加降水过程中的填洼量，从而减少了径流的形成。

在一次降水过程中，当降水满足了坡面上各处的蓄渗量以后，便形成了地表径流。坡面上各处蓄渗量及蓄渗过程的发展是不均匀的，因此，地表径流产生的时间有先有后，先满足蓄渗的地方先产流。

随着降水过程的持续，渗入土壤的水分不断增加，当土壤层中某一界面以上的土壤达到饱和时，在该界面上就会有水分沿土层界面侧向流动，形成壤中径流。

如果降水继续进行，下渗水分到达地下水面后，以地下水的形式沿坡地土层汇入河槽，从而形成地下径流。

在蓄渗过程中产生三种径流形式：地表径流、壤中流和地下径流。因此，蓄渗过程也是产流过程。在蓄渗过程中降水必须满足植物截留损失、枯枝落叶吸收损失、下渗损失、填洼损失，因此蓄渗过程也称损失过程。各种水土保持措施就是通过增大降水过程中的蓄渗量，从而减少了径流量。

2. 汇流过程

扣除植物截留、入渗、填洼后的降水在坡面上以片状流、细沟流的形式沿坡面向溪沟流动的现象称为坡面汇流。坡面汇流首先发生在蓄渗容易得到满足的地方。在坡面汇流过程中，坡面径流一方面继续接受降水的直接补给而增加地表径流；另一方面又在运行中不断地消耗于下渗和蒸发，使地表径流减少。地表径流的产流过程与坡面汇流过程是相互交织在一起的，前者是后者发生的必要条件，后者是前者的继续和发展。

壤中流及地下径流也同样沿坡地土层进行汇流，但它们都是在有孔介质中的水流运动。因此，流速要比地表径流慢。壤中流和地下径流所通过的介质性质不同，所流经的途径各异，沿途所受的阻力也有差别，因此，壤中流和地下径流的汇流速度也不等。壤中流主要发生在近地面透水性较弱的土层之上，它是在临时饱和带内的非毛管孔隙中侧向运动的水流，其运动服从达西定律。通常壤中流汇流速度比地表径流慢，但比地下径流快得多，有些学者称其为快速径流。

壤中流的多少与土壤和地质条件密切相关，当表层土层薄而透水性好，且下伏有相对不透水层时，可能产生大量的壤中流，从而使壤中流为河川径流的主要组成部分。壤中流与地表径流有时可以相互转化。

地下径流因埋藏较深，受地质条件的影响其运动速度缓慢，变化也慢，对河流的补给时间长，补给量稳定，是构成基流的主要成分。地下径流是否完全通过本流域的出口断面流出，取决于地质构造条件。

地表径流、壤中流、地下径流的汇流过程，构成了坡地汇流的全部内容，就其特性而言，它们之间的量级有大小，过程有缓急，出现时刻有先后，历时有长短之差别。但对一个具体的坡面而言，地表径流、壤中流、地下径流并不一定同时存在于一次径流的形成过程中。

在坡面径流的形成中，坡地汇流过程是对各种径流成分在时程上的第一次再分配作用，降水停止后坡地汇流仍将持续一定时间。

2.2.1.4 坡面产流机制

产流机制是指在一定的降水与下渗条件下水分沿土层的垂向运行中各种径流成分的产生原理和过程。

1. 超渗地表径流的产流机制

降水开始至任一时刻的地表径流量 R_s 可用下述水量平衡方程表达：

$$R_s = P - I_n - E - S_d - F \qquad (2.2-2)$$

式中　P——降水量，mm；

I_n——截留量，mm；

E——蒸发量，mm；

S_d——填洼量，mm；

F——累积下渗量，mm。

地表径流的产生取决于降水与植物截留、雨间蒸散发、填洼及下渗的对比关系。但是降水期间蒸发量 E 甚小，而 I_n 和 S_d 数量不大且其比较稳定，是一个缓变因素，同时截留和填洼水量最终消耗于蒸散发和下渗。下渗量 F 则是一个多变的因素，下渗量随降水特性、前期土壤湿润情况不同而不同，其数值可占一次降水量的百分之几到接近百分之百，其绝对量从几毫米到近百毫米，下渗在地面产流过程中，具有决定性的意义。因此：

$$R_s = P - F$$

对上式两边微分得到：

$$dR_s/dt = dP/dt - dF/dt$$

即

$$r_s = I - f \qquad (2.2-3)$$

式中　r_s——地面径流的产流强度，mm/h；

I——降水强度，mm/h；

f——下渗强度，mm/h。

由于降水强度及下渗强度均是时间的函数，所以

r_s 也是随时间而变的量。

只有当 $I > f$ 时，才有地表径流发生，即 $r_s > 0$。所以 r_s 又称超渗产流。而当 $I \leqslant f$ 时，则无地表径流产生，即 $r_s = 0$，此时降水将全部耗于下渗，且 $f = I$。

2. 壤中流的产流机制

发生于非均质或层次性土壤中的易透水层与相对不透水层的交界面上的径流称为壤中流。在自然界中广泛存在着这种具有层理的土层界面，如森林地区的腐殖层、山区的表土风化层、密实结构土壤的耕作层等。壤中流虽然比地表径流运动缓慢，但其数量可能较大，特别是在中强度暴雨时壤中流数量较多。

在稳定供水的情况下，设土层由两种不同质地的土壤构成，上层为粗粒土 A 层，下层为细粒土 B 层。各层饱和传导度 K_s、毛管传导度 K 及下渗率 f 具有下列关系：

$$K_A > K_B$$
$$K_{sA} > K_{sB}$$
$$f_A > f_B$$

如降水强度 $I \leqslant K_{sA}$，则在土层 A 中最终出现传导度 K_A 小于降水强度 I 的垂直水分剖面，水分以 K_A 向下渗透。B 层由于传导能力小，其透水率比上层小得多，在 B 层界面上便产生积水。随着上层的不断供水，在界面以上逐渐形成临时饱和带，从而形成侧向流动的壤中流，其产流率为

$$r_{ss} = f_A - f_B \qquad (2.2-4)$$

式中　r_{ss}——壤中流产流率，mm/h；

f_A——上层界面下渗强度，mm/h；

f_B——下层界面下渗强度，mm/h。

当 $I < f_B$ 时，无地表径流，也无壤中流；$f_B < I < f_A$ 时，可产生壤中流，无地面径流；当 $I > f_A$ 时，既有地表径流，也有壤中流。

壤中流产生的条件包括：包气带中存有透水性不同且下层比上层透水能力小的层理分布土壤的交界面；上层界面的供水强度 f_A 大于下层下渗强度 f_B；界面上产生积水，界面还需具备一定的坡度。

3. 饱和地表径流的产流机制

在具备壤中流产生条件的界面上，当雨强 I 小于上层土壤下渗率 f_A 而大于下层下渗率 f_B 时，且 $f_A > f_B$，界面上可形成临时饱和带，并产生壤中流。此后降水持续，相对不透水层界面上的积水不断增加，最终将达到地面，此时界面以上的土层含水量达到饱和，后续降水基本上不再发生下渗，直接在地表形成径流，这就是饱和地表径流。

饱和地表径流的形成条件不是取决于上层土层本身的或表面的下渗能力，而是取决于土层内部相对不

透水层界面的下渗能力以及上层土层本身达到全层饱和时的蓄水量。

饱和地表径流的产流率 r_{sat} 为

$$r_{sat} = I - (r_{ss} + f_B) \qquad (2.2-5)$$

式中　r_{sat}——饱和地面径流的产流率，mm/h；

　　　I——降水强度，mm/h；

　　　r_{ss}——壤中流产流率，mm/h；

　　　f_B——相对不透水层下渗强度，mm/h。

饱和地表径流的产流条件，可概括为必须具备壤中流的发生条件；界面以上的上层土壤全部达到饱和。

4. 地下径流的形成机制

当地下水埋藏较浅，包气带厚度不大，土壤透水性较强，在连续降水过程中，下渗锋面到达毛管水带上缘，这时表层土层水与地下水建立了水力联系。同时包气带含水量超过田间持水量，产生自由重力水补给的地下水时，形成地下径流。

对均质土壤，根据水量平衡原理，下渗率 f_c 应等于地下径流的产流率 r_g：

$$r_g = f_c$$

对于非均质层次土壤，由于土层内部产生侧向流动的壤中流 r_{ss}，故地下产流率 r_g 为

$$r_g = f_c - r_{ss} \qquad (2.2-6)$$

式中　r_g——地下产流率，mm/h；

　　　r_{ss}——壤中流产流率，mm/h；

　　　f_c——下渗率，mm/h。

可见地下径流的产流也同样取决于供水与下渗强度的对比，其产流条件基本与壤中流相同，只是其界面是包气带的下界面。

2.2.1.5　水土保持措施对产汇流过程的影响

1. 坡面措施影响

坡面措施主要包含生物措施、工程措施和耕作措施等。

（1）生物措施主要是造林种草。其中水土保持林对产汇流的影响主要有四方面：一是树冠截留降水，根据黄龙水土保持试验站的观测，一般降水强度情况下，树冠可以截留降水的 15%～30%；二是枯枝落叶层吸水，据测定，1kg 的枯枝落叶可以吸水 2～5kg，而且当枯枝落叶层吸水饱和后，可以让更多的水分渗入土壤中，变为地下水；三是林地土壤透水，森林有改善土壤的作用，可以增加土壤的透水能力，据试验，林地土壤的透水性是草地和农地土壤的 3～10 倍；四是根系固持土壤，增加土壤的抗蚀能力，减少冲蚀发生，影响坡面流的汇集。

草被对产流的影响主要是可以遮拦降水，加大地表糙率，阻缓径流，其根系可以疏松土壤，加大土壤渗透能力，减少地表径流。据测定，生长一年的草木樨地，较一般农地的入渗量和入渗率增加 51%。另据天水、西峰、离石、绥德等水土保持科学试验站的多年观测，草本植被较农地、荒地减少径流量的 37.5%。但是，草被对径流的影响存在着降水阈值，如黄河一级支流皇甫川流域的实测资料表明，面平均雨量大于 35mm、中心最大日降水量大于 50mm 时，草被的作用会明显降低，在高强度降水下对径流的调控作用很小。

（2）工程措施主要有梯田、水簸箕、截水坑、截水沟等。工程措施对产汇流的影响主要是直接拦蓄径流，减少流域径流量。对径流影响最大的工程是水平梯田。坡地修建梯田后，地面拦蓄水量增加，增强了区域内土壤-植被-大气的水分小循环，使大循环减弱，减少了河川径流总量。尤其是水平梯田较其他类型的梯田对产汇流有更大影响作用，水平条田的田面宽平、形状规则，它改变了原有微地形，坡度减缓，土壤入渗强度增加，使部分降水直接入渗转入壤中流；梯田埂坎阻截坡面汇流，减缓径流速度，增加降水入渗量；修建梯田增加了土壤层厚度，提高了土壤蓄水能力，减少地表产流。根据陕西水土保持局实测资料分析，坡地改为 3°以下梯田，一次可以拦蓄降水 70～100mm，平均拦蓄地表径流量达 70%～95%。

（3）耕作措施主要有两方面含义：第一，在一块地面上种植不同品种和类型的植物，利用其成熟期不同，或植株高矮疏密不同，增加地面被覆程度，防止雨滴直接冲击地表；第二，采用水土保持耕作法，改变微地形条件，减缓坡度、缩短坡长，增加田面粗糙度，截阻地表径流，增加地面蓄水拦沙能力。

2. 沟道措施影响

沟道措施主要有淤地坝、小水库、沟头防护工程、谷坊等，其主要通过阻截和拦蓄径流，调节汇流过程，通过减少支流的入汇流量，从而影响流域汇流过程。淤地坝是黄河高原地区常见的水土保持工程之一，由于其有一定的滞洪库容，从而可调节洪水，削减洪峰，拦截泥沙，当遇较大暴雨时，滞洪减沙效益更加明显。如陕西省绥德县的王茂沟小流域（韭园沟支流），流域面积 5.97km²，目前已建成完善的淤地坝系统，几十年来基本上达到洪水泥沙不出沟。根据王茂沟与邻近自然条件相似但淤地坝较少的李家寨小流域的对比观测，1959 年 8 月 19 日和 1961 年 8 月 1 日两次暴雨中，王茂沟洪峰流量为 4.0m³/s 和 2.1m³/s，而李家寨为 43.0m³/s 和 18.0m³/s，削减洪峰作用达 90.7% 和 88.3%。

根据黄河一级支流皇甫川、三川河的实测资料，流域治理对径流的调控作用大小还与生物措施、工程

措施等措施的配置比例有关，当坝库的控制面积低于10%时，尽管其他措施配置比例很高，但对大暴雨的产流汇流控制作用却很有限。

2.2.2 坡面产沙及其过程

坡面产沙是指坡面的表层物质在水、风、重力、温度变化等作用下向坡下输移的过程。

坡面侵蚀包括雨滴击溅侵蚀、面蚀、沟蚀、冻融侵蚀。由雨滴击溅引起的土壤颗粒的溅散量一般不作为坡面产沙量，发生雨滴击溅侵蚀时，虽然有侵蚀发生，但不能成为有效的产沙量。水力侵蚀区在风作用下形成的风沙移动一般较小，因此坡面产沙以径流冲刷侵蚀、冻融侵蚀为主。

2.2.2.1 面蚀

分散的地表径流从地表冲走表层土壤土粒的现象称为面蚀。面蚀主要发生在没有植被或植被稀少的坡地上。

坡面径流形成初期，水层很薄，流速较慢，在地形起伏的影响下坡面径流往往处于分散状态，没有固定的流路，能量不大，冲刷力微弱，只能较均匀地带走土壤表层中细小的土壤颗粒和松散物质，从而形成层状的侵蚀。被侵蚀下来的土壤颗粒和细小物质主要以悬浮状态随地表径流移动。

当地表径流形成并沿坡面向下漫流时，汇集地表径流的面积不断增大，同时沿途又继续接纳降水，因而流量和流速不断增加。当汇流面积增大到某一程度或径流流经一定距离后，坡面径流的流速、流量成倍增加，冲刷能力也相应增大，从而产生强烈的坡面冲刷，引起地面凹陷。随后地表径流进一步集中，侵蚀力加强，在地表上逐渐形成细小而密集的沟，称细沟侵蚀。在细沟侵蚀形成前最初出现的是斑状侵蚀或不连续的侵蚀点，之后这些斑状侵蚀或不连续的侵蚀点相互串通成为连续的细沟，这种细沟很小，而且位置和形状不固定，耕作后即可平复。细沟的出现，标志着面蚀的结束和沟蚀的开始。

降水是影响面蚀的关键要素。当降水强度大于土壤的入渗强度时就形成了地表径流，地表径流沿坡面流动的过程中就产生面蚀。另外，降水强度较大时，雨滴直径和速度相对较大，因而高雨强的降水具有较大的能量，对表层土壤的击溅作用十分强烈，从而产生严重的面蚀。

地形因素中坡度、坡长对面蚀影响较大。坡度是地表径流流动的动力所在，坡度越大，地表径流流速越快，侵蚀能力越强，因此面蚀随坡度的增大而增大。但是当坡度增大到某一临界值以后，随坡度的增加地表径流的流程加大，入渗损失随之增加，地表径

流量反而会减少，面蚀量也随之减少。如在黄土高原水蚀的临界坡度为28.5°。小于28.5°时，侵蚀强度与坡度呈正相关；大于28.5°时，侵蚀强度与坡度呈负相关。坡长对侵蚀量的影响主要是当坡度一定时，坡长越长，其接受降水的面积越大，因而径流量越大，同时坡长较长时坡面径流具有较大势能，当其转化为动能后能量也大，冲刷力较强，从而产生较大的侵蚀强度。

2.2.2.2 沟蚀

汇集成股的暂时性线状地表径流对土壤及其母质冲刷形成沟壑的侵蚀形式，是水土流失的主要方式之一。沟蚀形成的沟壑称为侵蚀沟，根据侵蚀沟的形态特征，将沟蚀分为浅沟侵蚀、切沟侵蚀和冲沟侵蚀。沟蚀多发生在植被稀少、地面坡度较大、土层深厚且质地疏松、降水集中且暴雨频发的地区，如黄土高原地区。

浅沟侵蚀是在细沟侵蚀的基础上，地表径流进一步集中，由小股径流汇集成较大的径流后既冲刷表土又下切底土，从而形成横断面为宽浅槽形（沟宽大于沟深）的浅沟，这种侵蚀形式称为浅沟侵蚀。浅沟侵蚀是侵蚀沟发育的初级阶段，其特点是没有明显的沟头跌水，正常的耕作措施已经无法将其填平。

切沟侵蚀由浅沟侵蚀发育而成。当地表径流进一步汇集和集中，其流量、流速进一步加大，径流的下切力和冲刷力，明显大于母质层和风化物底层的抵抗力，从而使沟床切入母质层和风化物底层，形成具有沟头、沟缘、沟壁、沟底和沟口的侵蚀沟，这种侵蚀沟就是切沟。切沟的特点是侵蚀沟横断面呈 V 形，沟头有一定高度的跌水，沟床比降大于坡面比降。切沟侵蚀是沟蚀发育最为激烈的阶段，沟头前进（溯源侵蚀）、沟底下切、沟岸扩张均很剧烈。切沟的出现表明坡面侵蚀已经十分严重，是亟须治理和很难治理的侵蚀形式。

冲沟侵蚀由切沟侵蚀发展而来，在更加集中的水流作用下，沟底下切深度越来越大，沟壁向两侧持续扩展，侵蚀沟的横断面已经呈 U 形，沟床纵断面已经与坡面完全不同，其下部已经接近平衡剖面，处于此阶段的侵蚀沟称为冲沟，这种侵蚀形式称为冲沟侵蚀。冲沟是侵蚀沟发育的末期，此时沟底下切已经趋于缓和，但沟头的溯源侵蚀和沟岸坍塌等仍在持续，还未达到稳定阶段。

从浅沟发展到冲沟的过程就是侵蚀沟的发展过程，这一过程是在地表径流的溯源侵蚀、下切侵蚀、侧向侵蚀的作用下完成的，在这一过程中被侵蚀下来的物质随地表径流以悬移、推移的方式从侵蚀沟内搬运出来，并随时发生着沉积、再侵蚀、再搬运的过

程,最终逐渐演化成较为稳定的大型沟谷。

坡面降水经过复杂的产流和汇流,沿坡面向下流动的过程中,水量逐渐增加,流速逐渐加大,这是形成沟蚀的主要原因。由于地表凹凸起伏、地表物质渗透性能和抗蚀性不同、地表植被覆盖度差异等导致坡面地表径流出现分异和兼并,形成许多切入坡面的线状水流,因此,在易侵蚀的地方首先出现浅沟侵蚀,并逐渐演化为切沟侵蚀,最终形成冲沟侵蚀。地表径流在集中的过程中还产生侵蚀沟兼并的现象。

2.2.2.3 冻融侵蚀

由于土壤及其母质孔隙中或岩石裂缝中的水分在冻结时体积膨胀,使裂隙随之加大、增多所导致整块土体或岩石发生碎裂,并顺坡向下方产生位移的现象。

在岩层或土层中,存在着大小不等的溶隙、裂隙和孔隙等各种空隙,它们常被水分充填,随着冬季和夜晚气温的下降,水分逐渐冻结、膨胀,使空隙不断扩大。至夏季或白昼因温度上升,冰体融化,地表水可再度乘隙注入。这种因温度周期性变化而引起的冻结与融化过程交替出现,造成坡面土(岩)层破碎松解,这种作用称为冻融风化。冻融风化造成地面物质的松动崩解,形成了大量碎屑物质,成为坡面产沙的来源之一。

冻融作用是高寒冻土区塑造地形的主要营力。冻融作用表现形式主要为冰冻风化和融冻泥流。冰冻风化是冻土区最普遍的一种特殊物理风化作用。渗透到基岩裂隙中的水冻结时不仅可把岩石胀裂(冰劈作用),而且由于膨胀所产生的压力还可以向外传递,把裂隙附近的坚硬岩层压碎形成石块和更细的物质,为其他外力作用创造了有利条件。融冻泥流是在冻土区平缓至中等坡度(17°~27°)的斜坡地形下,夏季融化的上部土层沿着下伏冰冻层表面或基岩面向坡下缓慢滑动的现象。

不同地区、不同坡向和地貌部位接受的太阳辐射不同,其积雪厚度、冻土深度和解冻速度不同,从而造成冻融侵蚀的强度也不相同。保护和恢复坡面上的植被,增强根系对土壤颗粒的网络固结能力,延缓融雪速度,分散调节地表径流,是控制冻融侵蚀的主要途径。

2.2.2.4 重力侵蚀

在重力侵蚀作用下,土体失去平衡而产生破坏、迁移和堆积的一种侵蚀过程。重力侵蚀也是坡面产沙的来源之一。常见于山地、丘陵、河谷和沟谷的坡地上。根据土体物质破坏和位移的方式不同,重力侵蚀主要分为崩塌、滑坡、泻溜、蠕动、陷穴等。

(1)崩塌。坡面上的岩屑或块体在重力作用下,快速向下坡移动称为崩塌。在山区进行各种工程建设时,如不顾及自然地形条件,任意开挖,常使山坡平衡遭到破坏而发生崩塌。另外,任意砍伐森林和在陡坡上开垦荒地也常引起崩塌。

(2)滑坡。坡面的岩土体沿着贯通的剪切破坏面所发生的滑移地质现象称为滑坡。滑坡是某一滑移面上剪应力超过了该面的抗剪强度所致。

(3)泻溜。在石质山区、红土或黄土地区,土体表面受干湿、冷热和冻融等变化影响而引起物体的胀缩,造成碎土和岩屑的疏松破碎,在重力作用下顺坡而下地滚落或滑落下来,形成陡峭的锥体,这种现象称为泻溜。

(4)蠕动。土层、岩层和它们的风化碎屑物质在重力作用控制下,顺坡向下发生的十分缓慢的移动现象称为蠕动。

(5)陷穴。陷穴是黄土地区特有的一种陷落现象,地表水沿黄土中的裂隙或孔隙下渗,对黄土产生溶蚀和侵蚀,并把可溶性盐类带走,致使下边掏空,当上边的土体失去顶托作用时,在重力作用下引起黄土的陷落,形成陷穴。

2.2.3 坡面产流产沙的测定与计算

坡面是最基本的地貌单元,更是水土流失发生发展的最小单元,观测坡面的水土流失是探索坡面水土流失防治措施的关键,是正确评价水土保持效益的基础,是水土保持研究和监测的基本方法。因此,坡面水土流失的观测是水土保持监测中最重要的内容。

降水或融雪时形成的沿坡面向下流动的水流往往携带着部分侵蚀物质进入沟道。目前坡面径流量、侵蚀量多采用径流小区进行观测。坡面径流小区是坡面水蚀观测的基本设施,多个坡面径流小区集中在一起组成径流泥沙观测场,简称径流小区。

2.2.3.1 坡面产流产沙的测定

坡面的产流产沙一般用坡面径流小区观测。

1. 径流小区的选择

(1)径流小区应选择在地形、坡度、土壤、地质、植被、地下水和土地利用情况有代表性的地段上。

(2)坡面尽可能处于自然状态,不能有土坑、道路、坟墓、土堆等影响径流流动的障碍物。

(3)径流小区的坡面应均匀一致,不能有急转的坡度,植被覆盖和土壤特征应一致。

(4)植被和地表的枯枝落叶应保存完好,不应遭到破坏。

(5)径流小区应相对集中,交通便利,以利于进行水文气象观测，同时也利于进行人工降水试验。

2. 径流小区的设计

（1）径流小区的大小和形状。在平整的坡地上研究径流泥沙的径流小区（小区）多呈长方形，典型布设为100m²，即长20m（水平距离），宽5m。但有时可以根据研究地区的实际情况如坡度、坡长、土壤等作适当的调整。常见径流小区的尺寸有5m×10m、10m×20m、20m×40m、10m×40m等多种规格，为了配合人工降水，径流小区的尺寸可以略小一些，常采用2m×5m或2m×10m。布置径流小区时应使长边垂直于等高线，短边平行于等高线，如图2.2-1所示。

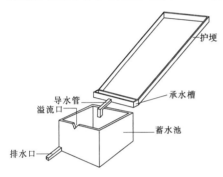

图2.2-1 径流小区示意

（2）径流小区的组成。径流小区由保护带、护埂、承水槽、导水管、蓄水池等几部分组成。

1）保护带：是设置在径流小区上方和两侧（护埂外）用于防止外来径流侵入的区域，保护带的宽度和深度视具体地形而定，必须保证上方来水和两侧径流不会进入径流小区。

2）护埂：是设置在径流小区上方和两侧用于防止小区内径流外流的设施，可以用金属、木板、预制板等材料做成。护埂应高出地面15~30cm。

3）承水槽：位于径流小区的下方，用于承接径流小区产生的径流，并通过导水管把径流导入蓄水池。承水槽一般为矩形，可以用混凝土、砌砖水泥护面、铁皮等制成，不论用何种材料制作，必须保证不漏水。承水槽上面应加盖盖板，以防雨水直接进入承水槽而影响观测精度。承水槽的断面应根据当地频率为1%的暴雨径流计算确定。

4）导水管：是连接承水槽与蓄水池的设施，导水管的输水能力应能够及时将承水槽中的径流导入蓄水池。

5）蓄水池：是收集地表径流和泥沙的设施，蓄水池的容积应该根据1%的暴雨所能产生的径流量进行设计，必须保证蓄水池能够容纳径流小区产生的所有径流。当径流小区产生的径流量较大，蓄水池无法全部容纳时应该采用分水设施，或在蓄水池上安装溢

流堰和水位计，通过测定溢流堰的水位变化，计算出从溢流堰流出的水量。

3. 径流泥沙观测方法和仪器

径流量的观测可以采用体积法和溢流堰法。

（1）体积法。体积法就是根据蓄水池中水位的变化确定一定时间内的径流量。体积法只能观测到一定时间内的径流总量，不能观测径流过程，为此，经常在蓄水池上安装水位计或量水计以观测径流过程。体积法是观测径流总量较为准确的方法，但蓄水池的大小必须保证能够观测到符合设计标准的最大的径流量，同时又能节省开支。另外，蓄水池不能漏水。为了减小蓄水池的尺寸，可以采用分水箱，这样蓄水池的尺寸就可以选择小一些。

（2）溢流堰法。在蓄水池的一边安装锐缘的溢流堰，根据堰上水头的变化，利用水力学公式计算径流量。水位可以用自记水位计观测，也可以用水尺或测针直接观测。溢流堰法能够观测径流的整个过程，但事先必须对溢流堰进行率定。

泥沙的观测方法最为常用的是在蓄水池中采取单位水样，利用过滤烘干法测定含沙量，从而计算泥沙总量。取样器可以采用瓶式或其他形式。用体积法观测径流时可在雨后一次性取样，取样前先测定蓄水池中的泥水总体积，然后对泥水进行搅拌，分层取样。泥水样体积一般为1L。取样后在室内过滤、烘干，计算泥沙含量。泥沙过程的测定可以采用泥沙取样器进行。

2.2.3.2　径流量及冲刷量的计算

利用坡面径流小区观测径流和泥沙后，用下述公式进行计算。

$$净水率(kg/L) = (泥水量 - 干泥重)(kg)/泥水样体积(L)$$

$$净水量(kg) = 净水率(kg/L) \times 泥水总量(L)$$

$$径流量(mm) = \frac{净水量(kg)}{水的密度(kg/L) \times 径流小区面积(m^2)}$$

$$径流系数(\%) = \frac{径流量(mm)}{降水量(mm)} \times 100\%$$

$$净泥率(kg/L) = 干泥重(kg)/泥水样体积(L)$$

$$净泥量(kg) = 净泥率(kg/L) \times 泥水总量(L)$$

$$冲刷量(kg/hm^2) = 净泥量(kg) \times 10000/径流小区面积(m^2)$$

2.3　小流域水文与泥沙

2.3.1　小流域基本特征

2.3.1.1　小流域的概念

流域是汇集地表水和地下水的区域，即分水线

所包围的区域。水土保持中涉及的流域一般为面积小于 $50km^2$ 的小流域。分水线包括地面分水线和地下分水线，地面分水线构成地面集水区，地下分水线构成地下集水区，如图 2.3-1 所示。由于地下分水线通常不易观察和确定，所以通常所说的流域实际上是指地面分水线所包围的区域。由于受地质构造和河床下切的影响，有时地面分水线和地下分水线不完全重合，两个相邻流域将会发生水量交换。

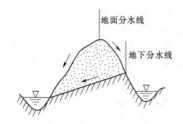

图 2.3-1　地面分水线和地下分水线示意图

地面、地下水的分水线重合的流域为闭合流域，闭合流域与邻近流域无水量交换。地面、地下分水线不重合的流域为非闭合流域，非闭合流域与邻近流域有水量交换。实际上很少有严格意义上的闭合流域。但对于流域面积较大，河床下切较深的流域，因其地下分水线与地面分水线不一致引起的水量误差很小，一般可以视为闭合流域。

2.3.1.2　小流域的基本特征

1. 面积

流域面积是指地表分水线在水平面上的投影所环绕的范围，单位为 km^2。流域面积是河流的重要特征。流域面积是影响径流的重要参数，必须对其进行精确测量，可先在地形图上画出地表分水线，再用求积仪法、数方格法、称重法等进行测定，或用地理信息系统进行计算。结合工作需要，一般宜采用 1：1000 或 1：10000 的地形图进行测量。流域总面积包括干流的流域面积和支流的流域面积。河流从河源至河口，因干流的流域面积随河长而增加，以及沿途接纳支流，故总的流域面积是随着河长而增加的。

2. 长度和平均宽度

流域长度为河源到河口几何中心的长度，即从河口起通过横断该流域的若干割线的中点而达流域最远点的连线长度，单位为 km。如果流域左右岸对称，一般可以用干流长度代替。具体求算时以河口为中心，任意长为半径，画出若干圆弧，各交流域的边界于两点，这些弧线中点的连线的长度即为流域长度。流域长度直接影响地表径流到达出口断面所需要的时间。流域长度越长，这一时间也越长，河槽对洪水的调蓄作用越显著，水情变化也就越缓和。

流域平均宽度是流域面积与流域长度的比值。流域长度决定了地面上的径流到达出口断面所需要的时间。比较狭长的流域，水的流程长、汇流时间长、径流不易集中，河槽对洪水的调蓄作用较显著，洪峰流量较小。反之，径流容易集中，洪水威胁大。

3. 形状系数

流域形状系数（K_e），又可称为流域完整系数，是流域分水线的实际长度与流域同面积圆的周长之比。当将流域概化为矩形时，流域的形状系数可定义为流域面积和流域长度的平方的比值。

$$K_e = F/L^2 = B/L \qquad (2.3-1)$$

式中　K_e——流域形状系数；

　　　F——流域面积，km^2；

　　　L——流域长度，km；

　　　B——流域平均宽度，km。

流域形状与圆的形状相差越大，K_e 值越大。K_e 值越大，流域形状越狭长，径流变化越平缓。K_e 值接近于 1 时，说明流域的形状接近于圆形，这样的流域易造成大的洪水。流域形状系数反映了流域的形状特征。如扇形流域的形状系数较大，而羽状流域的形状系数则很小。

4. 不对称系数

流域的不对称系数（K_a）是河流左右岸面积之差与左右岸面积之和的比值，表示流域左右岸面积分布的不对称程度。这种不对称程度对径流的来临时间以及径流的形式，有很大的影响。当 K_a 愈大时，流域愈不对称，左、右流域面积内的来水也愈不均匀。径流不易集中，调节作用大。不对称系数可用下式计算：

$$K_a = (F_A - F_B)/(F_A + F_B) \qquad (2.3-2)$$

式中　K_a——流域的不对称系数；

　　　F_A——河流左岸流域面积，km^2；

　　　F_B——河流右岸流域面积，km^2。

5. 平均高度

平均高度指流域范围内地表的平均高程。流域平均高度是流域特征的重要指标之一，流域的平均高度越高，其平均温度越低，相应的平均湿度、降水量等影响流域径流的指标也会发生相应变化。因此，必须对流域的平均高度进行测算。常用的方法是面积加权法，计算公式为

$$H = \frac{\sum_{i=1}^{n} a_i h_i}{A} \qquad (2.3-3)$$

式中　H——流域平均高度，m；

　　　a_i——相邻两等高线间的面积，km^2；

　　　h_i——相邻两等高线的平均高度，m；

A——流域总面积，km^2。

6. 平均坡度

流域的平均坡度是影响坡地汇流过程的主要因素，在小流域洪水汇流计算中是必须考虑的重要参数。

$$J=(a_1J_1+a_2J_2+\cdots+a_nJ_n)/A \qquad (2.3-4)$$

式中　　　　　J——流域平均坡度；

J_1，J_2，$\cdots$，J_n——相邻两等高线间的平均坡度；

a_1，a_2，$\cdots$，a_n——相邻两等高线间的面积，km^2；

A——流域面积，km^2。

在相同自然地理条件下，不同高度上的河流，因水源补给条件不同，在水系组成、水量变化等方面均有不同特征。一般随着流域高度的增加，降水量增多，流域坡度也增大，因此，山区河流流域的河网密度最大，集流快，流速大，水情变化大。故流域的平均高度和平均坡度可间接表明流域产流和汇流条件。

2.3.2　小流域的水循环要素

小流域的水循环要素主要包括降水、蒸散发、下渗、径流。

2.3.2.1　降水及其测定

大气中的水以液态或固态的形式到达地面的现象称为降水。

降水是一个地区河川径流的来源和地下水的主要补给来源，降水的空间分布与时间变化是形成水资源空间分布不均及年内分配不均的主要原因，也是引起洪涝灾害的直接原因。

根据降水强度的大小可以把降水分为小雨、中雨、大雨、暴雨、特大暴雨、小雪、中雪、大雪。

1. 降水的基本要素

降水的基本要素是描述降水的基本指标，有降水量、降水历时、降水时间、降水强度、降水面积、降水过程线、降水量累积曲线。

（1）降水量。降水量指一定时间段内降落在某一面积上的总水量，单位为 mm。描述降水的指标有：次降水量、日降水量、月降水量、年降水量、时段最大降水量、时段最小降水量等。

（2）降水历时和降水时间。降水历时指一场降水从开始到结束所经历的时间。一般以小时、分钟表示；降水时间指对应于某一降水量的时间长，一般是人为划定的，如一日降水量、一月降水量，此时的一日、一月即为降水时间。

降水历时和降水时间的区别在于降水时间内降水并不一定连续，而在降水历时内降水一定是连续的。

（3）降水强度。降水强度指单位时间内的降水量，单位为 mm/min 或 mm/h。

（4）降水面积。降水面积指某次降水所笼罩的水平面积，单位为 km^2。

（5）降水过程线。降水过程线是以时间为横坐标，降水量为纵坐标绘制成的降水量随时间的变化曲线，如图2.3-2所示。

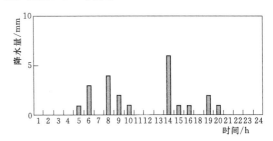

图 2.3-2　降水过程线

（6）降水量累积曲线。以降水时刻为横坐标，以到某一时刻的总降水量为纵坐标绘制成的曲线。它是一条递增曲线或折线。在累积曲线上可以明确的表达到某一时刻降水量。累积曲线上任一点的斜率就是该时刻的降水强度，如图 2.3-3 所示。

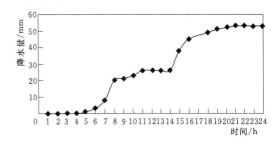

图 2.3-3　降水量累积曲线

2. 降水量的测定

对于较小面积的标准地，一般将标准雨量筒（或雨量计）水平放在空旷地上进行测定，也可用架在林冠上面的雨量筒（或雨量计）测定。为了减少林分对降水的干扰，雨量筒应放置在离林缘距离约等于树高 1～2 倍处。测定径流小区的降水量时，雨量测点应布置在径流小区的附近。

降水量目前采用标准雨量筒和自记雨量计进行测定。

在水文分析研究时，需要全流域（较大面积）的平均降水量。为了测定流域的平均降水量，首先要根据流域面积大小，确定降水观测站的数量，见表2.3-1。

表 2.3-1　　降水观测站点数量

面积 /km^2	<0.2	0.2～ 0.5	0.5～ 2	2～5	5～ 10	10～ 20	20～ 50	50～ 100
雨量 站数	1	1～3	2～4	3～5	4～6	5～7	6～8	7～9

选择观测点时，应充分考虑观测点所在地的海拔高度、坡向等地形条件。降水量观测点的数量一般根据流域面积的大小和精度要求而定，在山区由于地形条件复杂，降水观测点要增加。

当地形变化显著，以及有大面积森林时，降水测点的数目应增加。在开阔的平原条件下，雨量测点按面积均匀分布；在森林流域，降水观测点应设置在空旷地上。如果在流域内只设置一个降水观测点，则它应设在流域的中心；有两个降水观测点时，一个设在流域的上游，另一个设在流域的下游。

3. 流域平均降水量的计算

流域平均降水量的计算方法主要包括算术平均法、加权平均法、泰森多边形法等。

（1）算术平均法。对于地形起伏不大，降水分布均匀，测站布设合理或较多的情况下，算术平均法计算简单、而且也能获得满意的结果。

$$P = (P_1 + P_2 + \cdots + P_n)/n \qquad (2.3-5)$$

式中　P_1，P_2，…，P_n——各测站点的降水量，mm；

　　　　P——流域平均降水量，mm；

　　　　n——测站数。

（2）加权平均法。在对流域基本情况如面积、地类、坡度、坡向、海拔等进行勘察基础上，选择有代表性的地点作为降水观测点，每个测点都代表一定面积的区域，把每个测点控制的面积作为各测点降水量的权重，按下列公式计算流域平均降水量：

$$P = (A_1 P_1 + A_2 P_2 + \cdots + A_n P_n)/A \qquad (2.3-6)$$

式中　　　　　P——流域平均降水量，mm；

　　　　　　　A——流域面积，hm^2 或 km^2；

A_1，A_2，…，A_n——每个测点控制的面积，hm^2 或 km^2；

P_1，P_2，…，P_n——每个测点观测到的降水量，mm。

（3）泰森多边形法。流域内的观测点分布不均，有的站偏于一角，采用泰森多边形法计算平均降水量较算术平均法更为合理。

在地图上将降水观测点两两相连，构成三角形网，然后对每个三角形各边作垂直平分线，用这些垂直平分线与流域边界构成以每个测站为核心的多边形，每个雨量站的控制面积即为此多边形面积，如图 2.3-4 所示。

流域平均降水量 P 的计算公式如下：

$$P' = (A_1' P_1' + A_2' P_2' + \cdots + A_n' P_n')/A \qquad (2.3-7)$$

式中　　　　　P'——流域平均降水量，mm；

　　　　　　　A——流域面积，hm^2 或 km^2；

A_1'，A_2'，…，A_n'——每个泰森多边形的面积，hm^2 或 km^2；

图 2.3-4　泰森多边形法示意

P_1'，P_2'，…，P_n'——每个泰森多边形内观测到的降水量，mm。

泰森多边形法的前提是假设测站间的降水是线性变化，因此没有考虑地形对降水的影响。如站网稳定不变，该方法使用方便，精度较高。如果某一测站出现漏测时，则必须重新计算各测站的权重系数，才能计算出全流域的平均降水量。

2.3.2.2　蒸散发及测定

蒸散发是水分循环的重要环节之一，是估算某一地区水量平衡、热量平衡、水资源的重要指标。蒸散发包括蒸发和蒸腾。

蒸发是液态水或固态水表面水分子的能量足以超过分子间吸力，不断地从水体表面逸出的现象。蒸发包括：水面蒸发、土壤蒸发、植物蒸散。蒸发面是水面的称为水面蒸发，蒸发面是土壤表面的称为土壤蒸发，蒸发面是植物体的称为植物蒸腾。

蒸散发的大小一般用蒸散发量或蒸散发率表示，单位时间内从蒸发面跃出的水分子数量与返回水面的水分子数量之差，即单位时间内从蒸发面蒸发散出的水量称为蒸散发量或蒸散发率。

1. 水面蒸发

水面蒸发的过程是一个耗热的过程，消耗的热量用潜热或汽化潜热表示，潜热是单位水量从液态变为气态所吸收的热量。

影响水面蒸发的因素有气象要素和水体自身的状况。气象要素主要有太阳辐射、饱和水汽压差、温度、湿度、风等；水体本身状况包括水质、水面情况等。

水面蒸发一般用小型蒸发皿或蒸发器进行测定。

2. 土壤蒸发

土壤为多孔介质，它是水分贮存和运动的场所，水分通过土壤表面进入空气的过程称为土壤蒸发。根据土壤含水量的高低，土壤蒸发过程可以划分为稳定蒸发阶段、蒸发速率下降阶段、蒸发速率微弱阶段三个阶段。

影响土壤蒸发的因素包括气象因素和土壤自身的

因素，气象因素包括太阳辐射、温度、湿度、风速等，土壤自身的因素包括土壤质地、土壤颜色、土壤表面状况、土壤含水量、地下水埋藏深度等。

土壤蒸发能力是指在特定气象条件下充分供水时土壤的蒸发量，土壤蒸发能力也称土壤可能最大蒸发量或潜在蒸发量。实际蒸发量总是小于或等于土壤蒸发能力。

土壤蒸发取决于两个条件：一是土壤蒸发能力，二是土壤的供水条件，土壤蒸发量的大小决定于以上两个条件中较小的一个，并且大体上接近这个较小值。

土壤蒸发的测定就是测定单位时间内土层中水量的变化量，常用的方法有称重法和水量平衡法。

3. 植物蒸散

植物蒸散是指植物在生长过程中水分从枝叶表面进入大气的过程，包括两部分：一部分是通过植物体表面的蒸发，这部分蒸发量较小；另一部分是通过气孔的水汽扩散，这部分就是植物蒸腾，其蒸发量较大。

影响植物蒸散的因素主要有三类。分别是气象因素、土壤因素、植物自身的因素。气象因素包括太阳辐射、光照、温度、湿度、风速等，土壤因素包括土壤含水量、土壤的通气状况等。植物自身的因素包括植物的种类和不同生长阶段的生理差别。

植物蒸散的测定与计算最常用的方法为以能量平衡为基础的波文比法（EBBR 法）。根据能量守恒律，植被层接受的能量等于支出的能量，其能量平衡方程为

$$R = LE + H + G + F + A \qquad (2.3-8)$$

式中　R——辐射差额，$J/(s \cdot cm^2)$；

　　　LE——蒸散耗热，$J/(s \cdot cm^2)$；

　　　H——乱流交换热通量，$J/(s \cdot cm^2)$；

　　　G——土壤的热通量，$J/(s \cdot cm^2)$；

　　　F——植物体贮热量的变化，$J/(s \cdot cm^2)$；

　　　A——光合作用消耗的热量，$J/(s \cdot cm^2)$（小于 R 的 3%，一般忽略）。

方程中的辐射差额 R、土壤的热通量 G、植物体贮热量的变化 F 均可实测，只有蒸散耗热 LE 和乱流交换热通量 H 为未知数。为此假定乱流交换热通量与蒸散耗热的比为波文比 B，即

$$B = \frac{H}{LE} = r \times \Delta\theta / \Delta e \qquad (2.3-9)$$

式中　r——干湿表常数，$kPa/℃$；

　　　H——乱流交换热通量，$J/(s \cdot cm^2)$；

　　　E——蒸散量，$kg/(cm^2 \cdot s)$；

　　　L——汽化潜热，J/kg；

　　　$\Delta\theta$——两个观测高度上的温度差，$℃$；

　　　Δe——两个观测高度上的绝对湿度差，kPa。

蒸散量：

$$E = \frac{R - G - F}{L(1+B)} \qquad (2.3-10)$$

另外植物蒸散量的测定方法还有快速称重法、器测法（Li-1600、Li-6400、液流计）、水量平衡法、示踪法等。

2.3.2.3　下渗及其测定

下渗是指水分通过土壤表面垂直向下进入土壤和地下的运动过程，也称为入渗。下渗将地表水、土壤水、地下水联系起来，是径流形成过程、水分循环的重要环节。下渗水量是径流形成过程中降水损失的主要组成部分，它不仅直接影响地面径流量的大小，也影响土壤水分及地下水的增长。

下渗是在重力、分子力、毛管力的综合作用下进行的，下渗过程就是这三种力的平衡过程，整个下渗过程按照作用力的组合变化和运动特征，可以划分为渗润、渗漏、渗透三个阶段。

下渗过程中根据土壤含水量的多少和变化情况可以把土壤剖面划分为饱和层、过渡层、传递层、湿润层四个层次。

当降水结束或地表积水消耗完以后，下渗过程结束，但土壤剖面中的水分在水势作用下仍继续向下运动。其结果是原先饱和层中的水分逐渐排出，含水量逐渐降低，而原先相对较为干燥层次中的水分逐渐增加，这就是土壤水分的再分配。

描述下渗的指标有：下渗速率、下渗量等。下渗速率也称为下渗强度或下渗率，是单位时间内下渗的水量，常用 mm/min 表示；下渗量是指单位面积上在某一时段内进入土壤中的水量，常用 mm 表示。

土壤中水分的移动速度常用导水率表示，即通过垂直于水流方向的单位土壤截面积的水流速度，又称土壤渗透系数。水在饱和土壤中的运动速度称为饱和导水率，水在非饱和土壤中的运动速度称为非饱和导水率。

影响下渗的因素主要包括土壤特性、降水特性、植被、地形、人类活动等方面。土壤特性中透水性能及前期含水量对下渗的影响最大。降水特性中对下渗影响最大的因素主要有降水强度、降水历时、降水过程。植被及地面上枯枝落叶具有增加地表糙率，降低流速的作用，从而增加了径流在地表的滞留时间，可减少地表径流，增大下渗量，植物根系改良土壤的作用使土壤孔隙状况明显改善，从而增加了下渗速度和下渗量。当地面起伏较大，地形比较破碎时，水流在坡面的流速慢，汇流时间长，下渗量大；坡度大，流

速快，历时短，下渗量就小。

描述下渗的方程主要有菲利普方程和霍顿方程。

菲利普方程：

$$f(t)=\frac{1}{2}St^{-\frac{1}{2}}+A \qquad (2.3-11)$$

$$F(t)=St^{\frac{1}{2}}+At \qquad (2.3-12)$$

式中　$F(t)$——某时段内的下渗量，mm；

$\quad\quad$ $f(t)$——某时刻的下渗率，mm/min；

$\quad\quad$ t——下渗时间，min；

$\quad\quad$ A——常数（稳渗速率），mm/min；

$\quad\quad$ S——吸水系数，mm/min$^{\frac{1}{2}}$。

霍顿方程：

$$f_p(t)=f_c+(f_0-f_c)e^{-kt} \qquad (2.3-13)$$

式中　$f_p(t)$——t 时刻的下渗率，mm/h；

$\quad\quad$ f_0——初始下渗率，mm/h；

$\quad\quad$ f_c——稳定下渗率，mm/h；

$\quad\quad$ k——经验参数，1/h。

目前，在野外测定下渗时通常采用双环法，室内测定时常用定水头法。

2.3.2.4　河川径流及其测定

小流域的河川径流是指在降水过程中经过植物截留、枯枝落叶拦蓄、下渗、填洼、蒸发等损失后，沿坡面以地表径流、壤中流、地下径流的形式汇入河道，经过河岸调节和河床容蓄作用后，从流域出口流出的水流。

小流域河川径流量是地表水资源的主要组成部分，通常采用断面法或量水建筑物法测定。

在监测河川径流时必须选择观测断面，观测断面的选择必须遵循如下原则。

（1）布设在流域出口，以控制全流域的径流和泥沙。

（2）布设在河道顺直、没有支流汇水影响的地方，且与河道水流方向垂直。

（3）布设在地质条件稳定的地方。

（4）布设在交通方便、便于修建量水设施的地方。

断面法是利用天然河道断面或人工断面进行河川径流量观测的方法。断面法不需要修建专门的测流建筑，费用较低，测流范围大，但精度较低。

测流建筑物法是利用专门修建的测流建筑物进行观测，测流建筑物法观测便利而又精确，但造价比较昂贵，测流范围也有一定的限制。常用的测流建筑物有测流槽和测流堰，测流槽有矩形槽、三角槽、巴歇尔槽等；测流堰有薄壁堰、宽顶堰、三角形剖面堰等。

河川径流流量一般无法直接观测，主要是通过测定断面面积和流速间接计算得到。河川径流的断面面积与水深密切相关，流速也与水深密切相关，河川径流测定中最关键的就是水深的测量，也就是常说的水位测量。通过测定水位，计算出流量后，可以建立水位-流量关系曲线。有了水位-流量关系曲线，只要测定出河川径流的水位变化过程，便可以计算得到径流量的变化过程。

1. 水位观测

水位是水体在某一地点的水面离标准基面的高度。标准基面有两类：一类为绝对基面，指国家规定的、作为高程零点的某一海平面，其他地点的高程均以此为起点。中国规定黄海基面为绝对基面。另一类为假定基面，指为计算水文测站水位或高程而暂时假定的水准基面，常采用河床最低点以下一定距离处作为本站的高程起点，一般在测站附近没有国家水准点，或者在一时不具备条件的情况下使用。

常用的水位观测设备有水尺与水位计两大类。水尺是传统的有效的直接观测水位（水深）的工具，实测时水尺上的读数加水尺零点高程即得水位。水位计是利用浮子、压力和超声波等能提供水面涨落变化信息的原理制成的仪器。水位计能直接记录水位变化过程线。水位计记录的水位必须要利用水尺实测的数据进行校验。

2. 流量计算

瞬时流量 Q_i 是某一时刻对应的某一水位的流量，即用水位-流量关系计算出的流量或利用断面面积乘以断面流速得出的流量。

时段水量 W_i 是指某一时段内从量水建筑物上或观测断面流出的水量，等于时段初的瞬时流量与时段末的瞬时流量平均后乘以时段长。

径流总量 W 是指到某一时刻为止，从量水建筑物上或观测断面流出的总水量，等于该时刻前所有时段水量 W_i 之和，如图 2.3-5 所示。

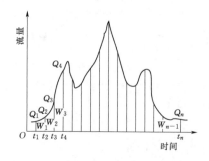

图 2.3-5　流量计算示意图

$$W=W_1+W_2+\cdots+W_{n-1} \qquad (2.3-14)$$

$$W_i = (Q_i + Q_{i+1})/2 \times (t_{i+1} - t_i) \quad (2.3-15)$$

式中 W——径流总量，m^3；

    W_i——某一时段内从量水建筑物上或观测断面流出的水量，m^3；

    Q_i——某一时刻对应的某一水位的流量，m^3/s；

    t_i——时间，s。

3. 断面法测流

（1）选择观测断面。观测断面一般选择在流域出口，以观测整个流域的径流量。观测断面处的河道应该平缓顺直，没有跌水等突变点，沟床稳定，没有支流汇水影响的地方。

（2）观测断面的测量。选择好观测断面后进行断面面积的测量，观测断面面积是计算流量的主要依据，断面面积测量误差的大小直接影响测流精度的高低。测定时可以使用经纬仪准确测量，绘制测量断面图，如图2.3-6所示。由于河道断面是不规则形状，因此，在测量断面时对河道断面上的地形突变点必须在断面图上标注出来，并在这些突变点上作测深垂线。测深垂线将整个断面划分为多个梯形，观测断面的面积等于这些梯形面积之和。

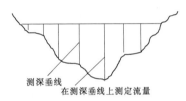

在测深垂线上测定流量

图 2.3-6 观测断面示意图

（3）水深测定。在测深垂线上用水尺测定水深，测定时水尺一定要保持垂直状态。

（4）流速测定。在测定水深的同时，用流速仪测定流速。流速仪是测量流速最常用、最精确的仪器，在我国，最为常用的流速仪有旋杯式和旋桨式两种。在河流中，因不同深度处的流速不同，在测深垂线上测定流速必须在不同深度处进行测定，然后求测深垂线上的平均流速。测定流速时常用一点法、二点法、三点法、五点法，见表2.3-2。

表 2.3-2 流速测点设定

测深垂线水深 h	方法名称	测点位置
$h < 1m$	一点法	$0.6h$
$1m \leq h < 3m$	二点法	$0.2h$、$0.8h$
	三点法	$0.2h$、$0.6h$、$0.8h$
$h \geq 3m$	五点法	水面、$0.2h$、$0.6h$、$0.8h$、河底

垂线平均流速的计算：

五点法 $v = (v_0 + 3v_{0.2} + 3v_{0.6} + 2v_{0.8} + v_{1.0})/10$

三点法 $v = (v_{0.2} + 2v_{0.6} + v_{0.8})/4$

二点法 $v = (v_{0.2} + v_{0.6})/2$

一点法 $v = v_{0.6}$ 或 $v = k_1 v_0$ ($k_1 = 0.84 \sim 0.87$)

               或 $v = k_2 v_{0.2}$ ($k_2 = 0.78 \sim 0.84$)

式中 v——垂线平均流速，m/s；

    v_i——相对水深为 i 处的测点流速，m/s。

（5）流量计算。某一时刻相邻两测深垂线间的部分流量 Q_{tg}：

$$Q_{tg} = \frac{v_g + v_{g-1}}{2} \times S_g \quad (2.3-16)$$

某一时刻断面总流量：

$$Q_t = \sum Q_{tg}$$

一次洪水的总流量：

$$Q = \frac{\sum (Q_t + Q_{t-1})}{2} \times \Delta t \quad (2.3-17)$$

以上各式中 v_g——第 g 条测深垂线上的平均流速，m/s；

    Q_{tg}——某一时刻相邻两测深垂线间的部分流量，m^3/s；

    Δt——时间差，s；

    S_g——相邻两测深垂线间断面面积，m^2。

4. 测流建筑物法测流

测流建筑物法是利用专门修建的测流建筑物进行观测，如图2.3-7所示。断面法不修建专门的测流建筑，费用较低，测流范围大，但精度较低。测流建筑物法观测便利而又精确，但造价比较昂贵，测流范围也有一定的限制。

量水建筑物是用于测定小流域径流量和径流过程的建筑物，常用的量水建筑物有测流堰和测流槽，包括薄壁堰、宽顶堰、三角形剖面堰、平坦V形堰、长喉道槽、短喉道槽。薄壁堰中最具代表性的为三角堰、矩形堰、梯形堰；长喉道槽有矩形长喉道槽和梯形长喉道槽；短喉道槽中代表性的有巴歇尔槽。选择测流建筑物时一般根据当地的降水情况、监测流域面积的大小、历年最大和最小流量等资料进行选择。较小流域一般采用测流堰，较大流域采用测流槽。

量水建筑物一般由观测室、观测井、进水口、导水管、堰体、引水墙、沉沙池、水尺等组成。观测室是安置水位计等观测仪器的小屋，一般修建在量水建筑物的一侧，屋内有观测井，观测井通过导水管、进水口与量水建筑物上的水体相通。堰体是量水建筑物的主体，不同的量水建筑物其建筑材料和尺寸各不相同，但堰体上水流的流动必须平稳。引水墙是将河道内所有水流导入量水建筑物的构件，一般成"八"字

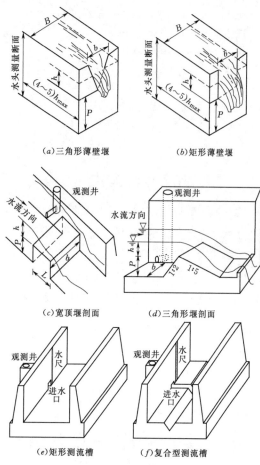

（a）三角形薄壁堰　　　　（b）矩形薄壁堰

（c）宽顶堰剖面　　　　（d）三角形堰剖面

（e）矩形测流槽　　　　（f）复合型测流槽

图 2.3-7　测流建筑物示意图

形，经常采用混凝土浇筑。沉沙池是修建在量水建筑物上游，收集推移质泥沙的构件，一般用混凝土浇筑而成，其大小以能容纳一次洪水携带的所有推移质泥沙量为原则。水尺是安装在量水建筑物上用于人工观测水位的观测设备。

利用量水建筑物测定径流就是通过观测量水建筑物上水位的变化过程，根据量水建筑物的水位-流量关系曲线，就可以计算出径流量的变化过程。因此，利用量水建筑物测定径流的关键就是水位的观测。

（1）水位测定。水位的测定有两种方法，第一种方法是利用安装在量水建筑物上的水尺观测，观测时人工读取水位数据，并记录该水位出现的时间，人工观测应该从河道中水位上涨时开始观测，直到水位回落并稳定后结束，人工观测的时间间隔可以固定（如 1h），也可以根据水位变化随时观测。第二种方法是在测流建筑物上安装自记水位计，自动观测和记录水位变化。

利用水尺观测水位变化时，观测的时间间隔不尽相同，为了计算日平均水位，可以采用面积包围法。

面积包围法就是以时间为横坐标，以水位为纵坐标，绘制 00：00—24：00 的水位过程线，水位过程线与时间轴围成的面积除以 24h 即为日平均水位，如图 2.3-8 所示。

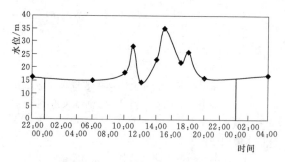

图 2.3-8　面积包围法计算日平均水位

如果利用自记水位计观测水位变化，由于观测时间间隔相等，可以直接用算术平均法求得日平均水位，即将各时刻的水位值求平均得出。利用水位计观测水位时，必须保证水位计计时准确，同时每隔一定时间必须对水位计的读数进行人工验证，利用人工实测的水位值订正水位计的记录值，每次订正均要有明确的订正记录，以供数据整理人员在整理与分析数据时参考。

水位计是能够自动观测水位变化过程的仪器，常用的水位计有浮子式水位计、压力式水位计、超声波水位计。

浮子式水位计是将水面漂浮的浮子用钢丝和一重锤相连后挂在定滑轮上，重锤和浮子处于平衡状态，当水位上升或下降时，在浮子和重锤的作用下定滑轮会旋转，在一定时间内水位上升或下降的高度可以通过定滑轮旋转的角度记录在记录纸上，或保存在数据存储器中。浮子式水位计是最常用的自记水位计，有两种记录方式。一种是将水位变化画在记录纸上，记录纸上的横坐标是时间，纵坐标是水位，浮子式水位计能够将水位的变化过程在记录纸上如实地画出来，但每次观测后需要数据分析人员在室内按时间摘录水位数据；另一种是把浮子上升或下降的高度（水位变化量）转化成数字信号，保存在数据存储器中，观测一定时段后直接将数据存储器中的数据下载到计算机中，形成水位和相应时间的数据文件。利用浮子式水位计观测水位时，因浮子是放在观测井中，如果观测井中淤积泥沙的高度高于进水口的水位，浮子式水位计就不能如实反映量水堰中的水位变化，因此，每次降水后必须清理观测井中和进水口的淤泥，以保证量水堰水位和观测井水位变化的一致性。

压力式水位计利用水压力与水深成正比的原理测定水位变化，是一种数字式的水位计，体积小，使用方便。使用时可以直接将压力式水位计固定在量水堰中进行观测（容易丢失），也可以将压力式水位计放入观测井中进行观测（容易受泥沙淤积的影响）。但水的压力与水中所含物质（特别是泥沙含量）密切相关，在相同的水深条件下，水体中泥沙含量越高，水的比重越大，水压力也越大。因此，用压力式水位计观测清水和浑水所得的水位数据往往会相差很大，即使是在一次洪水过程中水深相同，但由于泥沙含量不同，压力式水位计测出的水位数据也会相差很大，因此压力式水位计一般比较适合于观测泥沙含量较低的径流，尤其适合测定地下水位的变化。另外，压力式水位计是投入水体中进行观测的，观测到的压力是水压力和大气压力之和，而大气压力在一天中的变化也较为剧烈，不同的天气状况下也有着不同的大气压力，因此用压力式水位计测定水位变化时，必须消除大气压力变化的影响。消除大气压力变化影响的方法有两种：一种是在压力式水位计上增加通气管，以消除大气压力的影响；另一种是使用两台压力式水位计，一台投入水中观测，一台放在空气中观测，两台仪器观测值的差值就是水位值。

超声波水位计是利用超声波在空气中传播速度恒定这一原理观测水位的，当超声波发生器到水面距离一定时（即在某一水位时），从超声波发生器发出的超声波到达水面再返回到接收器所用的时间 T 也为定值，当水位升高或下降后，时间 T 就会减小或增加。水位升高或下降的高度与时间 T 减小或增加的量成正比。超声波水位计也是一种非接触的数字式水位计，安装在量水堰正上方直接观测水面的变化，因此不受水体中泥沙含量与泥沙淤积的影响，但超声波水位计的准确度受温度影响很大，大多数超声波水位计均有温度自动修正和补偿功能，但水位误差仍然较大。另外，大气压力和空气中的粉尘对超声波在空气中的传播速度影响也较大，这也会影响超声波水位计的观测精度。所以在使用超声波水位计的过程中必须利用人工观测数据，定期对超声波水位计的观测数据进行校核。

不论使用哪种水位计，都必须定期对安装在量水堰上的水位计进行巡查，巡查时检查进水口是否有泥沙淤积或杂物堵塞，检查观测井泥沙淤积是否高于进水口，如果泥沙淤积严重必须及时清淤。另外，巡查时通过量水堰上的水尺读取水位数据（或直接用钢尺测定进水口的水深），并记录相应的时间，该巡查记录可作为水位计观测数据的补充，还可用于水位计观测数据的校正。每次巡查时必须对水位计的记录值与水尺上的读数进行比对，以检查水位计读数的准确性，如果有误差，必须对水位计进行校正，并做好水

位计校正记录，以作为后期数据整编时的依据。同时必须对水位计的时间进行校对，检查水位计的电池、电瓶电量是否充足，如果电量不足应立刻更换。

（2）水位-流量关系曲线的标定。利用量水建筑物测流就是通过观测量水建筑物上水位的变化，通过水位-流量关系曲线计算出流量。因此，对野外量水建筑物的水位-流量关系曲线必须进行标定后才可以使用。量水建筑物的水位-流量关系曲线一般可以用流速-面积法进行标定。

流速-面积法就是利用流速仪测定平均流速，同时测定量水建筑物上的水位，通过水位和量水建筑物的断面尺寸计算出过水断面面积，流速与断面面积的乘积就是流量。以水位为横坐标，流量为纵坐标，点绘出水位-流量关系曲线，或用数学方法拟合出水位-流量方程。

（3）径流量的计算。通过在量水建筑物上安装的自记水位计，观测得到水位变化过程（或人工观测出量水堰上的水位）后，就可以利用标定出的水位-流量关系曲线计算流量过程。具体计算方法如图 2.3-5 所示。

2.3.3 小流域的年径流量计算

在一个年度内，通过河川某一断面的水量，称为该断面以上流域的年径流量。河川径流在时间上的变化过程有一个以年为周期循环的特征，这样，就可以用年为单位分析每年的径流总量以及径流的年际与年内分配情况，掌握它们的变化规律，用于预估未来各种情况下的变化情势。

2.3.3.1 年径流量的概念

河川径流量是以降水为主的多因素综合影响的产物，表现为任一河流的任一断面上逐年的天然年径流量是各不相同的，有的年份水量一般，有的年份水量偏丰，有的年份则水量偏枯。年径流量的多年平均值称为多年平均年径流量，用 Q 表示。

$$Q = \sum Q_i / n \qquad (2.3-18)$$

式中 $\sum Q_i$——各年的年径流量之和，m^3；

n——年数。

在气候和下垫面基本稳定的条件下，随着观测年数的不断增加，多年平均年径流量 Q 趋向于一个稳定数值，这个稳定数值称为年径流量。

显然，年径流量是反映河流在天然情况下所蕴藏的水资源，是河川径流的重要特征值。在气候及下垫面条件基本稳定的情况下，可以根据过去长期的实测年径流量，计算多年平均年径流量。

2.3.3.2 年径流量的计算

根据观测资料的长短或有无，年径流量的推算方

法有三种：有长期实测资料、有短期实测资料和无测资料。

1. 有长期实测资料时年径流量的计算

有长期实测资料的含意是实测系列足够长，具有一定的代表性，由它计算的多年平均值基本上趋于稳定。根据我国河流的特点和资料条件，一般具有二三十年以上可作为有长期资料处理。由于各个流域的特性不同，其平均值趋于稳定所需的时间也是会不相同的。对于那些年径流的变差系数 C_v 变化较大的河流，所需观测系列要长一些，反之则短些。所谓代表性一般是指在观测系列中应包含有特大丰水年、特小枯水年及大致相同的丰水年群和枯水年群。

当满足以上条件时，可用算术平均法式（2.3-18）直接计算出多年平均年径流量。

此法的关键是分析资料的代表性，即在实测资料的系列中必须包含河川径流变化的各种特征值，同时还要同临近有更长观测资料的流域进行对比分析，进一步确定实测资料的代表性。

2. 有短期实测资料时年径流量的推算

短期实测资料是指一般仅有几年或十几年的实测资料，且代表性较差。此时，如果利用算数平均法直接计算将会产生很大的误差，因此，计算前必须把资料系列延长，提高其代表性。

延长资料的方法主要是通过相关分析，即通过建立年径流量与其密切相关的要素（称为参证变量）之间的相关关系，然后利用有较长观测系列的参证变量来延展研究变量年径流量的系列。

（1）参证变量的选择。延展观测资料系列的首要任务是选择恰当的参证变量，参证变量的好坏直接影响精度的高低。一般参证变量应具备以下三个条件。

1）参证变量与研究变量在成因上是有联系的。当需要借助其他流域资料时，参证流域与研究流域也需具备同一成因的共同基础。

2）参证变量的系列要比研究变量的系列长。

3）参证变量与研究变量必须具有一定的同步系列，以便建立相关关系。

当有好几个参证变量可选时，可以选择与研究变量关系最好的作为首选参证变量，也可以同时选择好几个参证变量，建立研究变量与所选参证变量间的多元相关关系。总之，以研究成果精度的高低作为评判参证变量选择好坏的标准。目前，水文上常用的参证变量是年径流量资料和年降水量资料。

（2）利用年径流量资料延展插补资料系列。在研究流域附近有长期实测年径流量资料，或研究站的上、下游有长期实测年径流量资料的水文站。经分析，证明其径流形成条件相似后，可用两者的相关方程延长插补短期资料。当资料很少，不足以建立年相关时，也可先建立年月相关，延展插补月径流量，然后计算年径流量。

【例 2.3-1】　今有某河流拟在乙站处修建水库，乙站具有 1976—1979 年、1983—1985 年共 7 年实测年径流量资料。乙站上游的甲站有 1972—1989 年共 18 年较长系列资料，经分析甲站可作为参证站（见表 2.3-3）。求乙站的年径流量。

表 2.3-3　甲、乙两站各年实测年径流量

单位：km^3

年份	1972	1973	1974	1975	1976	1977	1978	1979	1980
甲站	8.73	16.5	17.6	10.1	10.1	8.19	15.0	4.67	6.61
乙站					15.4	12.5	25.0	7.0	
年份	1981	1982	1983	1984	1985	1986	1987	1988	1989
甲站	8.13	10.2	25.9	7.46	2.36	8.93	7.07	5.65	6.26
乙站			40.4	12.0	3.76				

解： 首先用两站同期实测资料（1976—1979 年、1983—1985 年）点绘相关图（图 2.3-9）。

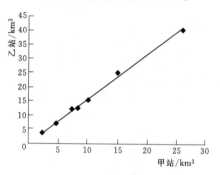

图 2.3-9　甲、乙两站径流量相关图

可见，两站相关点据密集，可通过相关点群中心定一条单一曲线，乙站缺测资料年份即可用此相关线插补和外延，最后可得 18 年资料，计算 18 年的算术平均值即为乙站年平均径流量，成果见表 2.3-4。

表 2.3-4　乙站年径流量插补延长　单位：km^3

年份	1972	1973	1974	1975	1976	1977	1978	1979	1980
乙站	13.7	26.0	27.8	15.9	15.4	12.5	25.0	7.0	10.4
年份	1981	1982	1983	1984	1985	1986	1987	1988	1989
乙站	12.8	16.1	40.4	12.0	3.8	14.1	11.1	8.9	9.8
年平均径流量					16.0				

（3）利用年降水量资料延展插补资料系列。一般降水量资料容易取得，资料系列也较径流量资料长，

当不能用径流量资料延长时，可用流域内或流域外的降水量资料进行延展插补。但必须分析降水量与径流量的关系密切与否。一般在湿润地区降水充沛，径流系数大，径流量与降水量间的相关关系较密切，而在干旱地区或半干旱地区，蒸发量大，大部分降水消耗于蒸发，年径流量与年降水量之间的关系不够密切，此时，可适当增加参证变量，如降水强度等。当资料很少时，也可通过建立月降水量与月径流量间的相关关系，然后推算年径流量。

【例 2.3 - 2】 某河流上有甲、乙两站，乙站位于下游，有 1973—1975 年、1979—1989 年实测年径流量资料，而甲、乙两站同时具有较长期的降水量资料（表 2.3 - 5）。需插补乙站缺测年份年径流量资料。

解： 由于甲站无实测径流量资料，乙站缺测年份的年径流量资料只能用本流域的降水-径流关系插补。乙站以上流域平均降水量，可用甲、乙两站年降水量算术平均值求得。

表 2.3 - 5 甲、乙两站年径流量及年降水量

站名	年份	1973	1974	1975	1976	1977	1978	1979	1980	1981
乙站	径流量/km³	22.4	55.6	24				23.1	24.2	20.5
	降水量/mm	1345.7	2305.4	1396.2	1598.6	1603.2	1073.8	1576.8	1604.8	1487.3
甲站	降水量/mm	1559.9	2493	1526.6	1961.6	1712.4	1313.6	1660.4	1681.6	1577.3

站名	年份	1982	1983	1984	1985	1986	1987	1988	1989	1990
乙站	径流量/km³	19.8	17.2	15.7	15.6	20.8	21	11.4	26.5	
	降水量/mm	1530.8	1292.8	1276.8	1298.7	1504.7	1478.6	1204.4	1589.4	1542.3
甲站	降水量/mm	1594.4	1452.2	1491	1461.5	1571.7	1603.4	1186.2	1771.6	1631.7

以乙站各年径流量与流域平均降水量点绘关系图（图 2.3 - 10）。由图 2.3 - 10 可见，关系尚密切，可以定线使用。根据年降水-径流相关图，就可以由平均雨量资料插补乙站缺测年份之年径流量，然后计算年径流量，成果见表 2.3 - 6。

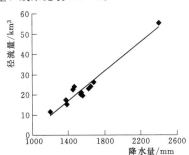

图 2.3 - 10 径流量与降水量关系

表 2.3 - 6 利用降水量资料插补年径流量资料成果

年份	1976	1977	1978	1990
年径流量/km³	31.5	27.1	10.4	24.8

注 多年平均年径流量为 22.8km³。

3. 无实测资料时年径流量的推求

由于我国的水文站网还不是很完善，只在一些较大的河流上有水文观测站，而在水土保持实际工作中常常遇到的小流域，根本没有径流量的观测资料，甚

至连降水资料也没有。因此，在计算年径流量时，常采用的方法有等值线图法、水文比拟法、径流系数法和水文查勘法。

（1）等值线图法。把相同数值的点连接起来的线称为等值线。在地形图上把观测到的水文特征值标记出来，然后把相同数值的各点连成等值线，即可构成该特征值的等值线图。水文特征值的等值线图表示水文特征值的地理分布规律。利用年径流量的等值线图，可推算无实测资料地区的多年平均年径流量。由于径流量的多寡与流域面积的大小有直接关系，为了消除这项影响，多年平均年径流量等值线图一般以径流深或径流模数为度量单位。目前各省（自治区、直辖市）编制的水文手册一般都绘有本省（自治区、直辖市）的多年平均年径流深和各种频率的年径流深等值线图。

应用等值线图推求多年平均年径流深时，先在图上勾绘出研究流域的分水线，而后根据等值线内插到研究流域的多年平均年径流深。如果流域面积较大或地形复杂，等值线分布不均匀，也可用加权平均法推算，即

$$Y_0 = (y_1 f_1 + y_2 f_2 + \cdots + y_n f_n)/F \tag{2.3 - 19}$$

式中　Y_0——多年平均年径流深，mm；

$y_1, y_2, \cdots, y_n$——相邻两径流深等值线的平均值，mm；

f_1，f_2，…，f_n——相邻两等值线间面积，m^2；

F——流域面积，m^2。

等值线图法一般对大流域查算的结果精度高一些。对于小流域，因其可能不闭合和河槽下切不深，不能汇集全部地下径流，所以使用等值线图有可能导致结果偏大或偏小，应结合具体条件加以适当修正。

（2）水文比拟法。由于水文现象具有地区性，如果某几个流域处在相似的自然地理条件下，则其水文现象具有相似的发生、发展、变化规律和相似的变化特点。与研究流域有相似自然地理特征的流域称为参证流域。水文比拟法就是以流域间的相似性为基础，将参证流域的水文资料移用至研究流域的一种简便方法。使用时可以参证流域的径流模数、径流深度、径流量、径流系数以及降水径流相关图直接应用到研究流域。但是，地球上不可能有两个流域完全一致，或多或少存在一些差异，倘若参证流域与研究流域之间仅在个别因素上有些差异时，可以考虑不同的修正系数以加修正。

若研究流域与相似流域的气象条件和下垫面因素基本相似，仅流域面积有所不同，这时只考虑面积的影响，则研究流域的年径流量有如下关系式：

$$Q_研/F_研 = Q_参/F_参 \qquad (2.3-20)$$

式中　$Q_研$、$Q_参$——研究流域与参证流域的年径流量，km^3；

$F_研$、$F_参$——研究流域与参证流域的面积，km^2。

若两流域的年降水量不同时，则

$$Q_研/P_研 = Q_参/P_参 \qquad (2.3-21)$$

式中　$P_研$、$P_参$——研究流域与参证流域的年降水量，mm。

水文比拟法是在缺乏等值线图时一个较为有用的方法。即使在具有等值线图的条件下，因研究流域面积较小，它的年径流量受流域自身特点的影响很大，因此对研究流域影响水文特征值的各项因素进行一些分析，可以避免盲目地使用等值线图而未考虑局部下垫面因素所产生的较大误差。因此，对于较小流域，水文比拟法更有实际意义。

（3）径流系数法。当小流域内（或附近）有年降水量资料，且年降水量与径流关系密切时，可利用多年平均降水量乘以径流系数计算年径流量。可由下式计算：

$$W = 1000CPF \qquad (2.3-22)$$

式中　W——多年平均年径流总量，m^3；

C——该地区年径流系数，与研究区植被、地形、地质、主河道长度等因素有关，可通过调查并参考各省（自治区、直辖

市）编制的水文手册确定；

P——研究地区多年平均年降水量，可从省（自治区、直辖市）的水文手册查出，或向附近水文站、雨量站查询，mm；

F——研究流域的集水面积，km^2。

本方法计算成果的准确程度取决于径流系数，如所选径流系数精度较高，可获得比较正确的结果。

（4）水文查勘法。对于完全没有资料，也找不到相似流域的小河或间歇性河流，此时可进行水文查勘，收集水文资料，进行年径流量的估算。这项任务一般是通过野外实地查勘访问，了解多年期间典型水位过程线、河道特性，建立水位-流量关系曲线，从而推算出近似的流量过程线，并估算其年径流量。水文查勘工作，不仅对完全无资料的小河有必要，就是对有资料的大流域也是不可缺少的。

除上述几种方法外，还可利用经验公式推求年径流量（或以多年平均年径流量代替）。由于经验公式都是根据各地实测资料分析得出的，有其局限性，这些经验公式一般可以在当地的水文手册中查得。

但需要指出：为满足工程设计或规划的需要，同时为慎重起见，一般不只用一种方法计算，往往运用几种方法推算的成果相互验证，以保证计算成果的精度。

2.3.4　径流量的年际变化

年径流量反映了河流拥有水量的多少，但并不反映具体某一年的水量，这是因为径流量是一个随机变量，每年的数值都不相同所致，即径流量具有年际变化。

由于河川径流是流域自然地理因素综合影响的产物，而气候因素具有明显的年际变化特征，即使较为稳定的下垫面因素每年都不尽相同，因此，受其影响的河川径流量也具有明显的年际变化。所谓年际变化就是径流量每年都不相同，有些年份大，有些年份小。每一条河川年径流的变化，都具有本流域自然地理条件所赋予的特点，这些特点主要是反映在径流年变化的幅度上。在雨量丰沛的地区（如我国东南沿海及华南一带），年降水量变化小，因而年径流变化也小；而在雨量相对较少而且在时间分配上相当集中的地区，如华北、西北地区，降水量的年际变化大，径流量的年际变化也大。

径流量的年际变化最好用成因分析法进行推求，但由于年径流量在时间上的变化是气候因素和自然地理因素共同作用、相互综合的产物，而这些因素本身又受其他许多因素的影响和制约，因果关系相当复杂，现阶段的科学水平尚难完全应用成因分析法可靠

地求出其变化规律。同时，前后相距几年的年径流之间并无显著的关系，各年径流间可以认为彼此独立，其变化具有偶然性。因此，只能利用概率论和数理统计的方法研究其发生、变化的情势。

重现期是水文计算中最常用的概念，其含义是等量或超量的水文特征值平均多少年出现一次，如100年一遇的洪水中的"100年"就是重现期，100年一遇并不是指100年才出现一次，而是指这种洪水出现的频率是1%，即

$$重现期＝1/频率$$

对于洪水，其频率小于50%，而对于枯水，其频率大于50%，计算枯水的重现期的公式为

$$重现期＝1/（1－频率）$$

利用实测资料计算出的频率为经验频率，经验频率的计算公式为

$$P=\frac{m}{n+1}\times 100\%\qquad (2.3-23)$$

式中 m——研究序列由大到小排列时的序号；

n——序列总长，即研究数据的数量。

2.3.4.1 有实测资料时设计年径流量的计算

具有实测年径流量资料时年际变化的计算，就是要确定某一指定频率的年径流量。常用的计算方法为适线法。计算工作大致可分为以下几个步骤。

（1）将实测资料由大到小排序，并利用 $P=m/(n+1)\times 100\%$ 计算经验频率、绘经验频率曲线。

（2）计算年径流量的多年平均值：

$$Y=\sum Y_i/n$$

（3）计算变差系数 C_v 值：

$$C_v=1/Y\times [\sum (Y_i-Y)^2/(n-1)]^{1/2}$$

（4）假设 C_v 与 C_s 的比值（如 $C_s/C_v=2$），查皮尔逊－Ⅲ型曲线表得出相应于某一频率的模比系数 K_p。

（5）选配理论频率曲线。将频率和对应的径流量值点绘在频率曲线图上，并与经验频率进行对比，如果二者比较吻合，则选配的理论频率曲线是合理的，由此计算的年径流量值也满足要求。否则，应重新假设 C_v 与 C_s 的比值，重复以上步骤。

（6）利用得出理论频率曲线按照某一指定频率推求年径流量。

2.3.4.2 缺乏实测资料时设计年径流量的计算

缺乏实测年径流量资料时年际变化的计算，关键是通过其他间接资料确定统计参数 C_v、C_s 和多年平均年径流量 Q，其中 Q 可由前面介绍的方法求得，剩下的问题就是如何求变差系数 C_v 和偏差系数 C_s。确定 C_v 的方法主要有以下几种。

1. 等值线图法

年径流量的 C_v 值，主要取决于气候因素的变化程度及其他自然地理因素对径流的调节程度。由于气候因素具有缓慢变化的地区分布规律，这便是绘制和使用年径流量 C_v 值等值线图的依据。一般流域机构和省（自治区、直辖市）都绘制有年径流量变差系数 C_v 的等值线图。但是 C_v 与流域面积大小有关，当其他条件相同时，流域面积越大，其调节性能就越大，C_v 则越小。而 C_v 等值线图一般是用较大流域资料绘制的（因为小河目前尚缺乏较长的实测资料），因此，使用 C_v 等值线图时要注意研究流域的面积是否在使用面积范围之内。

2. 水文比拟法

在缺乏实测资料时，也可设法直接移用邻近测站年径流量的 C_v 值，但要注意参证流域的气候条件、自然地理条件与设计流域应基本相似。如不符合上述条件，会造成很大的误差。

3. 经验公式法

利用已经建立的 C_v 值的经验公式直接计算。由于各地自然地理条件的差异，对 C_v 起决定作用的影响因子和各影响因子所起的作用是不同的。因此，经验公式都具有很大的局限性，使用时一般不能超出经验公式所规定的允许范围。

中国水利水电科学研究院水文研究所对于 $F<1000\text{km}^2$ 的流域给出的经验公式为

$$C_v=\frac{1.08(1-a)}{(a_0+0.10)0.8}C_{vP}\qquad (2.3-24)$$

式中 C_{vP}——流域年降水量的变差系数；

a——多年平均径流系数（以小数计）；

a_0——地下径流占总径流量的百分数（以小数计）。

嘉陵江流域的经验公式为

$$C_v=\frac{0.426}{M_0^{0.21}}\qquad (2.3-25)$$

缺乏资料地区年径流量的偏差系数 C_s 值，一般通过 C_v 与 C_s 的比值定出。在多数情况下，常采用 $C_s/C_v=2.0$。对于湖泊较多的流域，因 C_v 较小，可采用 $C_s<2C_v$，半干旱及干旱地区则常用 $C_s\geqslant 2C_v$。

2.3.5 设计洪水的计算

符合某一设计标准（频率）的洪水称为设计洪水。在水利、水土保持工程规划设计中确定拦洪、泄洪设备能力时所依据的洪水（洪峰、洪量或过程线）就是"设计洪水"，有时也称为洪水标准。

设计永久性水工建筑物所采用的洪水标准，又分为正常运用（设计标准）和非常运用（校核标准）两种情况。正常运用的洪水标准较低（即出现概率较

大），称为设计洪水，用它来决定水利水电枢纽工程、水土保持工程的设计洪水位、设计泄洪流量等。正常运用时工程遇到设计洪水时应能保持正常运用。当然，河流还可能发生比设计洪水更大的洪水，因而也需要一个标准，这就是校核标准。当工程遇到校核标准的洪水时，主要建筑物仍不得破坏，但允许一些次要建筑物损毁或失效，这种情况称为非常运用情况。校核洪水大于设计洪水。

设计洪水的内容一般包括设计洪峰流量、洪水总量、洪水过程线，常用的方法为推理公式法。

2.3.5.1　推理公式的基本形式

推理公式是以等流时线原理为基础，通过产流、汇流分析，由暴雨推求洪水的一种方法。

出口断面上的流量是由流域上形成的径流汇集而成的，流域上不同地点形成的径流汇集到流域出口所需时间不同，把径流（净雨）从流域上某点流到出口断面的时间称为汇流时间，流域最远点的径流（净雨）流到出口断面所需要的时间为流域汇流时间。在一个流域中汇流时间相等的点的连线称为等流时线，相邻两条等流时线间的面积称为等流时面积。

降水时从径流开始形成到径流结束所需的时间称为产流历时（t_c）。对于某一场具体的降水而言，产流历时是一个固定值，流域汇流历时（τ_m）也是一个固定值。产流历时与流域汇流历时在数值上存在 $t_c > \tau_m$、$t_c < \tau_m$、$t_c = \tau_m$ 三种情况。

（1）当 $t_c < \tau_m$ 时：

$$Q_m = F_0 h / \Delta t$$

小流域一般假定为矩形流域，对于矩形流域：

$$F / \tau = F_0 / \Delta t$$

$$Q_m = F_0 h / \Delta t = F h / \tau = F i \Psi \quad (2.3-26)$$

式中　Q_m——洪峰流量，m^3/s；

$\quad\quad F_0$——流域中的面积最大的等流时面积，km^2；

$\quad\quad h$——径流深，mm；

$\quad\quad \Delta t$——时段长，h；

$\quad\quad F$——流域面积，km^2；

$\quad\quad \tau$——产流历时，h；

$\quad\quad i$——暴雨强度，mm/h；

$\quad\quad \Psi$——成峰径流系数。

洪峰流量是由流域中面积最大的等流时面积上的径流形成的，把这种洪峰流量由部分流域面积的径流汇集而成的方式称为部分汇流。

（2）当 $t_c = \tau_m$ 和 $t_c > \tau_m$ 时：

$$Q_m = F h / \Delta t = i \Psi F \quad (2.3-27)$$

式中符号意义同前。

洪峰流量是由整个流域上的径流形成的，把这种洪峰流量由全部流域面积上的径流汇集而成的方式称为全面汇流。

不论是部分汇流还是全面汇流，虽然推理公式的形式是一样的，但成峰径流系数 Ψ 的内涵和计算完全不同。

2.3.5.2　设计暴雨的计算

设计暴雨是对应于某一频率的一定时段的暴雨量或平均暴雨强度。对于小流域的设计暴雨，应着重分析参与形成洪峰流量的那部分雨量，即雨强最大的暴雨核心部分。小流域集水面积小，流域汇流时间 τ_m 较小，通常设计暴雨历时 t 都大于 τ_m，参与形成洪峰流量的只是设计暴雨中雨强最大、历时为 τ 的净雨量 h_τ。其余部分雨量并不影响洪峰流量。

暴雨强度大小一般取决于历时 t 和频率 P。一般而言，频率越小，历时越短，暴雨强度越大。常用的暴雨强度计算公式为

$$i_P = S_P / t^n \quad (2.3-28)$$

式中　i_P——历时为 t 的设计暴雨平均强度，mm/h；

$\quad\quad S_P$——设计暴雨的雨力，即 $t=1h$ 的最大暴雨强度，随地区和重现期而变，mm/h；

$\quad\quad t$——设计暴雨历时，h；

$\quad\quad n$——暴雨衰减指数，随地区及历时长短而变。

设 t 时段的雨量为 H_t，则

$$H_t = it = St^{1-n}$$

对 $i_P = S_P / t^n$ 和 $H_t = St^{1-n}$ 两边取对数得

$$\lg i_P = \lg S_P - n \lg t \quad (2.3-29)$$

$$\lg H_t = \lg S + (1-n) \lg t \quad (2.3-30)$$

式（2.3-29）和式（2.3-30）在双对数坐标中为直线关系，$\lg S$ 为截距，n 和 $(1-n)$ 为斜率，S 就是在 $t=1h$ 的暴雨强度。

在双对数坐标中 i-t 关系线往往在 $t=1h$ 处出现折点，此时可将 i-t 关系线绘成两段不同斜率 n 的折线。当 $t<1h$ 时，取 $n=n_1=0.4\sim0.6$；当 $t=1h$ 时，取 $n=n_2=0.6\sim0.8$，1h$<t<$24h 时，$n=n_2=0.6\sim0.8$，暴雨强度与历时的关系如图 2.3-11 所示。

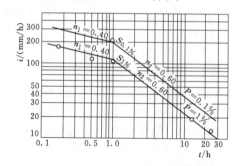

图 2.3-11　暴雨强度与历时的关系

对于无资料地区可用各省（自治区、直辖市）水文手册中的 S_P 等值线图和 n 值分区图计算暴雨强度。如缺少 S_P 等值线图，可根据各省（自治区、直辖市）水文手册查得设计地区的暴雨统计参数 H_{24}、C_v 和 C_s，采用适线法计算出 $H_{24,P}$ 后，以 $t=24\text{h}$ 作为控制时间，利用式（2.3-31）计算出 S_P。

$$S_P = H_{24,P} \times 24^{n-1} = K_P H_{24} \times 24^{n-1}$$
$$(2.3-31)$$

式中　S_P——符合某一频率的暴雨雨力；

　　　H_{24}——多年平均的 24h 降水量；

　　　n——衰减指数；

　　　K_P——符合某一频率的 24h 降水量的模比系数。

【例 2.3-3】 北京怀柔县雁溪河柏崖厂修建一水库，欲求 $\tau=5.3\text{h}$，50 年一遇的暴雨平均强度。

解： 根据水库所在的流域中心，查《北京市水文手册》得 $H_{24}=110\text{mm}$，$C_v=0.7$，$C_s=3.5C_v$，$n=0.588$。根据 C_v、C_s 及 $P=2\%$ 查皮尔逊-Ⅲ曲线表，得 $K_{2\%}=3.12$，则

$$S_{2\%}=K_{2\%}\times H_{24}\times 24^{n-1}=3.12\times 110\times 24^{0.588-1}$$
$$=92.61(\text{mm/h})$$
$$i_{2\%}=S_{2\%}/t^n=92.61/5.3^{0.588}=34.7(\text{mm/h})$$

2.3.5.3 产流计算

产流计算就是由暴雨推求净雨的计算，设计暴雨扣除设计条件下的损失即为设计净雨，常采用径流系数法。产流计算实质上是求成峰径流系数 Ψ，Ψ 是汇流历时 τ 内径流（净雨）量 h_τ 和暴雨量 H_τ 的比值。

$$\Psi=h_\tau/H_\tau=(H_\tau-\gamma_\tau)/H_\tau=1-\gamma_\tau/H_\tau$$
$$(2.3-32)$$

式中　γ_τ——τ 历时内的损失量，mm。

由于产流历时 t_c 与流域汇流历时 τ_m 之间存在 $t_c>\tau_m$、$t_c<\tau_m$、$t_c=\tau_m$ 三种情况，因此成峰径流系数 Ψ 的计算也有三种类型，而且需要首先确定 t_c。

1. 产流历时 t_c 的确定

在小流域上，洪峰流量主要是降水中主雨峰形成的。主雨峰的最大降水量公式为

$$H_t=St^{1-n}$$

将其对 t 进行微分得到

$$\mathrm{d}H_t/\mathrm{d}t=\mathrm{d}(St^{1-n})/\mathrm{d}t=(1-n)St^{-n}$$

即

$$i_t=(1-n)St^{-n}$$

得

$$t=[(1-n)S/i_t]^{1/n} \qquad (2.3-33)$$

式中　i_t——最大降水过程中历时为 t 的瞬时降水强度，mm/h。

设 u 为降水平均损失强度，单位为 mm/h。当 $i_t=u$ 时，即当降水过程中最小瞬时降水强度达到产流

的临界点时，此历时即为产流历时 t_c，则式（2.3-33）可改写为

$$t_c=[(1-n)S/u]^{1/n} \qquad (2.3-34)$$
$$u=(1-n)S/t_c^n=(1-n)i_{tc} \qquad (2.3-35)$$

2. 成峰径流系数 Ψ 的确定

（1）当 $t_c>\tau_m$ 时：

$$\Psi=h_\tau/H_\tau=(H_\tau-u_\tau)/H_\tau=1-u_\tau/H_\tau$$

因

$$H_\tau=S\tau^{1-n}$$

故

$$\Psi=1-u\tau^n/S$$

（2）当 $t_c<\tau_m$ 时：

$$\Psi=h_R/H_\tau$$
$$h_R=H_{tc}-ut_c=(i_{tc}-u)t_c=[i_{tc}-(1-n)i_{tc}]t_c$$
$$=ni_{tc}t_c=nS_Pt_c^{1-n}$$
$$H_\tau=S_P\tau^{1-n}$$
$$\Psi=h_R/H_\tau=n(t_c/\tau)^{1-n}$$

（3）当 $t_c=\tau_m$ 时，由 $\Psi=h_R/H_\tau=n(t_c/\tau)^{1-n}$，得到：$\Psi=n$。

3. 损失系数 u 值的计算

在推求 t_c 及 Ψ 的公式中，都需要定出平均损失强度 u（又称 u 为损失系数），u 是产流期间内损失强度的平均值。它反映了地面平均入渗能力。它的大小与土壤的渗水性、植被、地貌、暴雨特性、土壤前期含水量等有关。

$$h_R=nS_Pt_c^{1-n}$$
$$t_c=[(1-n)S_P/u]^{1/n}$$

合并可得

$$h_R=nS_P[(1-n)S_P/u]^{(1-n)/n}$$
$$u=(1-n)n^{n/(1-n)}(S_P/h_R^n)^{1/(1-n)} \qquad (2.3-36)$$

式中　h_R——设计暴雨所产生的地面径流总深度。

h_R 可利用设计暴雨量与流域所在地区单峰暴雨-径流关系来确定，也可用最大 24h 降水量 $H_{24,P}$ 所产生的径流深计算：

$$h_R=aH_{24,P} \qquad (2.3-37)$$

式中　a——24h 降水量的径流系数。

【例 2.3-4】 已知 $H_{24,1\%}=343\text{mm}$，$n=0.588$。当 $H_{24,1\%}=343\text{mm}$，$t=24\text{h}$ 时，从暴雨-径流历时关系中查得 $h_{24}=232\text{mm}$，求 u。

解： $S_P=H_{24}/24^{1-n}=343/24^{1-0.588}=92.61$
$$S_P/h_{24}^n=92.61/232^{0.588}=3.76$$

代入公式 $u=(1-n)n^{n/(1-n)}(S_P/h_R^n)^{1/(1-n)}$，计算可得 $u=4.9\text{mm/h}$。

4. 汇流计算

（1）汇流历时 τ 的确定。汇流计算的目的是推求汇流历时 τ。流域汇流过程按其水力特性不同可分为坡面汇流和河槽汇流两个阶段。

流域汇流历时：

$$\tau=0.278L/v \qquad (2.3-38)$$

式中　L——流域的汇流长度，包括坡面和主河道的长度，km；

　　　v——流域平均汇流速度，m/s；

　　0.278——单位换算系数。

流域平均汇流速度 v 可近似地用下式计算：

$$v = mQ_m^{1/4} J^{1/3} \qquad (2.3-39)$$

式中　m——汇流参数；

　　　Q_m——待求的洪峰流量，m³/s；

　　　J——沿流程的平均纵比降，以小数计。

合并式（2.3-38）和式（2.3-39）得

$$\tau = \frac{0.278L}{mQ_m^{1/4} J^{1/3}} \qquad (2.3-40)$$

$$Q_m = 0.278 \frac{S_P}{\tau^n} \Psi F \qquad (2.3-41)$$

$$\tau = \tau_0 \Psi^{1/(4-n)} \qquad (2.3-42)$$

$$\tau_0 = \frac{0.278^{3/(4-n)}}{\left(\dfrac{mJ^{1/3}}{L}\right)^{4/(4-n)} (S_P F)^{1/(4-n)}} \qquad (2.3-43)$$

以上各式中　τ——流域汇流时间，h；

　　　L——流域的汇流长度，包括坡面和主河道的长度，km；

　　　m——汇流参数；

　　　Q_m——设计洪峰流量，m³/s；

　　　J——沿流程的平均纵比降；

　　　S_P——设计暴雨雨力，mm/h；

　　　n——暴雨衰减指数；

　　　Ψ——成峰径流系数；

　　　F——流域面积，km²；

　　　τ_0——流域最长汇流时间，h。

（2）汇流参数 m 的确定。汇流参数 m 的确定是汇流计算的关键，它是反映洪水汇流特征的参数，与植被、地形、河网分布、河槽断面形状、河道糙率等因素有关。

m 值一般是根据实测暴雨径流资料用 $v = mQ_m^{1/4} J^{1/3}$ 推求。

m 值求出后，再用地区综合的办法，建立 m 与有关因素的关系，供无资料地区使用。许多省（自治区、直辖市）水文手册都给出了本地区 m 值的经验公式，供设计时使用。

$$v = mQ_m^{1/4} J^{1/3} \qquad (2.3-44)$$

$$m = \frac{v}{Q_m^{1/4} J^{1/3}} = \frac{0.278L}{\tau Q_m^{1/4} J^{1/3}} \qquad (2.3-45)$$

（3）流域特征参数的确定。

流域面积 F：在地形图上勾出分水线后量得。

流域长度 L：在地形图上量取自出口断面沿主河道至分水岭的最长距离。

流域平均比降 J：自出口断面起，根据沿流程比降变化特征点高程及河长计算。

5. 设计洪峰流量 Q_m 的计算

$$Q_m = 0.278 \Psi i F = 0.278 \Psi (S_P / \tau^n) F$$

$$(2.3-46)$$

求解洪峰流量 Q_m 有两个困难：其一，τ 在计算前是未知量，无法判断是属于全面汇流还是部分汇流；其二，方程组中不能将已知量和未知量分开，因而不能采用代入法求解。因此，常用试算法进行计算，步骤如下。

（1）确定 7 个参数，即流域特征参数 F、L、J；暴雨特性参数 S_P、n；经验性参数 u、m。

（2）求产流历时：

$$t_c = [(1-n)S_P / u]^{1/n}$$

（3）假定一个 Q_m，并代入公式 $\tau = 0.278L_m^{-1} Q_m^{-1/4} J^{-1/3}$，求得 τ；将 τ 与 t_c 比较，选定 Ψ 的计算式，如果 $t_c > \tau$，全面汇流，$\Psi = 1 - u/S_P \times \tau^n$；如果 $t_c = \tau$，全面汇流，$\Psi = n$；如果 $t_c < \tau$，部分汇流，$\Psi = n(t_c/\tau)^{1-n}$。

（4）将 τ 和 Ψ 代入 $Q_m = 0.278 \Psi F S_P / \tau^n$，算出 Q_m。

（5）比较计算出的 Q_m 和假设的 Q_m 是否相等，如不相等，重新假设 Q_m，再进行试算，直至十分相近为止。

在计算 Q_m 时，如给出的 n 为 n_1 和 n_2，对于面积较小的流域，首先设 $n = n_1$，如算出的 $\tau > 1$h 时，则改 $n = n_2$，一般流域取 $n = n_2$；如求出 $n < 1$h 时，改 $n = n_1$。

6. 设计洪水总量 W_P 和洪水过程线的推求

$$W_P = h_R F$$

$$W_P = H_{24,P} a_{24} F = h_{24,P} F \qquad (2.3-47)$$

式中　h_R——设计净雨深或径流深，mm；

　　　a_{24}——降水历时等于 24h 的径流系数；

　　　$h_{24,P}$——频率为 P 的 24h 暴雨量 $H_{24,P}$ 的径流深，mm。

一般小流域多采用三角形洪水过程线，它是由实测洪水过程线概化出来的，如图 2.3-12 所示。设计洪水的总历时：

$$T = t_1 + t_2 = 2W_P / Q_m \qquad (2.3-48)$$

式中　T——设计洪水过程线总历时，h；

　　　t_1——涨洪历时，即汇流历时 τ；

　　　t_2——退洪历时，$t_2/t_1 = \lambda$，λ 一般为 1～3；

　　　W_P——设计洪量，m³；

　　　Q_m——设计洪峰流量，m³/s。

【例 2.3-5】　怀柔县雁栖河柏崖厂拟修一水库

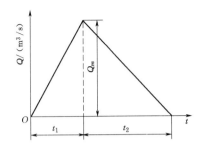

图 2.3－12　概化三角形法求洪水过程线

$F=92\text{km}^2$，$L=29\text{km}$，$J=0.0202$，$H_{24,1\%}=343\text{mm}$，$n=0.588$，当 $H_{24}=343\text{mm}$，$t=24\text{h}$ 时，从暴雨径流历时关系中查得 $h_{24}=232\text{mm}$，求 $Q_{m,1\%}$。

解：

（1）$S_P=H_{24}/24^{1-n}=343/24^{1-0.588}=92.61\text{mm}$

$u=(1-n)n^{n/(1-n)}(S_P/h_Rn)^{1/(1-n)}=4.9\text{mm/h}$

$\theta=L/J^{1/3}=29/0.0202^{1/3}=106.5$

水库位于洪水分区，查看各省（自治区、直辖市）水文手册中的有关图表可知：

$m=0.01\theta=0.01\times106.5=1.07$

（2）$t_c=[(1-n)S_P/u]^{1/n}$

$=[(1-0.588)92.61/4.9]^{1/0.588}$

$=32.8\text{（h）}$

（3）设 $Q_{m,1\%}=750\text{m}^3/\text{s}$，则

$\tau=0.278Lm^{-1}Q_m^{-1/4}J^{-1/3}$

$=0.278\times29\times1.07^{-1}\times750^{-1/4}\times0.0202^{-1/3}$

$=5.278\text{（h）}$

$\tau<t_c$，全面汇流，$\Psi=1-u/S_P\times\tau^n=1-4.9/92.61\times5.287^{0.588}=0.859$。

（4）$Q_m=0.278\Psi FS_P/\tau^n$

$=0.278\times0.859\times92\times92.61/5.287^{0.588}$

$=764.3\text{（m}^3/\text{s）}$

与假设不符。

（5）重设 $Q_{m,1\%}=767\text{m}^3/\text{s}$，则

$\tau=0.278Lm^{-1}Q_m^{-1/4}J^{-1/3}$

$=0.278\times29\times1.07^{-1}\times767^{-1/4}\times0.0202^{-1/3}$

$=5.257\text{（h）}$

$\tau<t_c$，全面汇流，$\Psi=1-u/S_P\times\tau^n=1-4.9/92.61\times5.257^{0.588}=0.86$。

$Q_m=0.278\Psi FS_P/\tau^n$

$=0.278\times0.86\times92\times92.61/5.257^{0.588}$

$=767.7\text{（m}^3/\text{s）}$

与假设一致，故 $Q_{m,1\%}=767\text{m}^3/\text{s}$ 即为所求。

2.4　小 流 域 输 沙 量

2.4.1　输沙量的概念

单位时间内从流域出口断面输出的泥沙量称为输沙量，可用输沙模数表示。输沙模数是单位时间单位流域面积上的输沙量，单位时间一般为一年。黄河多年平均含沙量 36.6kg/m^3，干流最大含沙量可以达到 590kg/m^3，多年平均年输沙量为 16 亿 t，是世界上输沙量最大的河流。长江多年平均含沙量 0.51kg/m^3，年输沙量 4.7 亿 t。

小流域的泥沙主要来源于流域坡面的侵蚀和河床的冲刷，坡面侵蚀和河床冲刷的泥沙是否全部从流域出口输出取决于河流的泥沙输移比。泥沙输移比是流域内被侵蚀的泥沙量与流域出口输出的泥沙量之比，当泥沙输移比等于 1 时，流域内侵蚀下来的泥沙全部从流域出口输出，而当泥沙输移比小于 1 时，侵蚀下来的泥沙有一部分淤积在流域内。

一般河流的年输沙量多集中在汛期，汛期的输沙量占全年总沙量的 $60\%\sim70\%$。河流中能随水流移动的泥沙主要有悬移质泥沙和推移质泥沙。悬移质泥沙是指悬浮在水中同水流一起运动的泥沙，其颗粒较细，运动速度相对较快，是河流泥沙中的主要成分。推移质泥沙是在河床表面以跳跃、滚动、滑动方式移动的泥沙，其颗粒较粗，运动速度相对较慢。

2.4.2　输沙量的影响因素

影响小流域输沙量的主要因素包括气候、下垫面和人类活动等。

2.4.2.1　气候因素

影响小流域输沙量的主要气候因素是气温和降水。在没有植被的地表，太阳直接照射，表层土壤十分干燥，若遇暴雨，则松软土层极易被暴雨产生的地面径流冲走。春季急速融雪形成的洪水也常常引起表土流失。气温的变化是造成岩石风化的主要原因，寒冷、土壤含水量较大的地区，常常发生冻融侵蚀，从而增加河流泥沙。降水是地表径流的来源，地表径流沿坡面向沟道汇集并向流域出口流动的过程中形成水力侵蚀、诱发重力侵蚀，从而使小流域输沙量大幅增加。

2.4.2.2　下垫面因素

下垫面因素主要包括流域的地质、地形、土壤和植被特性等。如小流域的基岩容易风化，流域内风化后形成的松散堆积物量多，降水时很容易形成土壤侵蚀而增加小流域的输沙量。小流域的平均坡度愈大，重力侵蚀和水力侵蚀越容易发生，土壤流失也愈严

重，小流域的输沙量也就越多。土壤抗蚀抗冲性越强，降水时产生的侵蚀量就越少，河流中输出的泥沙也就越少。植被是防治坡面侵蚀的积极因素，它既可保护土壤免受降水直接冲击，也可阻滞地面径流的发生和发展，减少甚至完全控制水土流失，从而减少小流域的输沙量。

2.4.2.3　人类活动

人类活动通过改变流域下垫面的形状和性质，进而对河流输沙产生影响。如采用不合理的耕作制度和方式，盲目砍伐森林、无计划地开发土地等，都使地表侵蚀加剧，增加河流的输沙量，相反若采取积极有效的水土保持措施，如植树造林、坡地改梯田、农业耕作措施等，就能防治水土流失，减少河流的输沙量。

2.4.3　多年平均年输沙量的估算

2.4.3.1　悬移质多年平均年输沙量的估算

在有长期悬移质泥沙观测资料的小流域，可采用算术平均法求出其多年平均年输沙量。

$$W = (W_1 + W_2 + \cdots + W_n)/n \qquad (2.4-1)$$

式中　W——多年平均年输沙量，t；

　　　W_n——某年的输沙量，t；

　　　n——观测年数。

水土保持工作中的大多数小流域泥沙资料短缺，计算悬移质多年平均年输沙量 W 时，需采用各种方法展延原有的资料系列，或由短期的平均值来推求多年平均值等。在完全没有资料的情况下，则只能利用经验公式计算。

1. 利用年径流量估算

当有短期悬移质输沙量资料，且有长期的径流资料时，如果悬移质年输沙量与年径流量之间的相关关系较好，流域下垫面因素变化不大时，可利用较长期的年径流量资料展延悬移质年输沙量资料，然后求其多年平均年输沙量。这种方法在我国南方地区应用较多。

如果汛期降水侵蚀作用强烈，尤其是在超渗产流的地区悬移质年输沙量与年径流量之间的关系不密切，则可用汛期径流量占年径流量的比值作参数，或直接建立悬移质年输沙量与汛期径流量之间的相关关系。也可以在年输沙量与汛期径流量的关系中加入降水强度等影响流域侵蚀产沙的要素，以改善输沙量与径流量之间的关系。

当悬移质实测资料年限过短，难以建立上述各种相关关系时，则粗略地认为悬移质年输沙量与年径流量的比值固定，并选择年径流量与多年平均年径流量接近的年份作为参证年份，以此年的输沙量来估算多年平均年输沙量，即

$$W/Q = W_参/Q_参 \qquad (2.4-2)$$

式中　W——多年平均年输沙量，t；

　　　Q——多年平均年径流量，m^3；

　　　$W_参$——参证年多年平均年输沙量，t；

　　　$Q_参$——参证年多年平均年径流量，m^3。

2. 利用多年平均输沙模数分区图估算

缺乏悬移质实测资料时，可根据所在自然地理区域内的其他河流悬移质资料，按照输沙模数的地区分布规律（输沙模数分区图），估算研究流域的多年平均年输沙量。

输沙模数是单位时间（年）单位面积上的输沙量，可用式（2.4-3）计算：

$$M_0 = W/F \qquad (2.4-3)$$

式中　M_0——输沙模数，t/km^2；

　　　W——多年平均年输沙量，t；

　　　F——流域面积，km^2。

当没有输沙模数分区图时，可以多年平均侵蚀模数分区图得到研究流域的侵蚀模数，然后乘上流域面积和当地的泥沙输移比，即得该设计断面的悬移质多年平均年输沙量。

3. 利用经验公式估算

小流域产沙量经验公式较多，按时间尺度可分为小流域次暴雨产沙量经验公式和小流域多年平均产沙量经验公式。

（1）中国科学院水利部水土保持研究所公式。根据陕北、晋西、陇南黄土丘陵沟壑区沟道小流域实测资料，建立了黄土丘陵沟壑区小流域次暴雨产沙模数经验公式。

$$M_S = 0.37 W_M^{1.15} JKP \qquad (2.4-4)$$

式中　M_S——次暴雨的产沙模数，t/km^2；

　　　W_M——次暴雨的洪量模数，m^3/km^2；

　　　J——流域平均坡度，以小数计；

　　　K——土壤可蚀性因子，以黄土中细砂加粉粒组成比例表示，以小数计；

　　　P——侵蚀被覆系数，与流域植被度有关，查图 2.4-1。

（2）黄河水利委员会黄河水利科学研究院公式（一）。根据陕北黄土丘陵沟壑区面积 0.1～187km²、沟长 0.5～24.1km、比降 0.017～0.27 的 14 条沟道小流域实测资料，建立了次暴雨输沙总量经验公式。

$$W_S = 1.16 W_T^{1.38}/L^{0.92} \qquad (2.4-5)$$

式中　W_S——次暴雨输沙总量，t；

　　　W_T——次暴雨洪水总量，m^3；

　　　L——主沟道长度，km。

（3）北京林业大学公式。根据晋西黄土丘陵沟壑区外业调查资料，推求出年平均土壤侵蚀量经验公式。

$\ln W_e = -2.65013 + 0.96185S + 0.00218L^2 + 8.41429L^{0.5}$

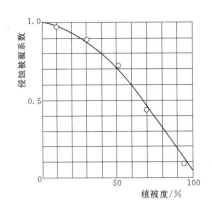

图 2.4-1 植被度与侵蚀被覆系数关系

$$-4.16176L^{2/3}+3.21596B^{0.5}-1.45913B^{2/3}$$
$$-2.22697T+2.45561T^2-1.39288C^2 \quad (2.4-6)$$

式中 W_e——流域年平均侵蚀量，t；

　　　S——流域土壤类别，黄土 $S=1$，林地褐土
　　　　　　$S=0$；

　　　L——流域长度，10^2 m；

　　　B——流域平均宽度，10^2 m；

　　T、C——梯田面积与流域面积之比、林地面积
　　　　　　与流域面积之比。

（4）黄河水利委员会黄河水利科学研究院公式
（二）。根据岔巴沟、小理河等 8 个小流域资料，推求
出小流域年平均产沙量经验公式。

$$M_{S0}=0.095\eta M_0^{2.0}J_0^{0.28}L^{0.25} \quad (2.4-7)$$

式中 M_{S0}——多年平均年输沙模数，万 t/km²；

　　　η——修正系数，平均取 1.24；

　　　M_0——多年平均年径流模数，万 m³/km²；

　　　J_0——沟道平均比降；

　　　L——流域长度，km。

（5）尹国康经验方程。根据山西、陕西、甘肃黄
土丘陵沟壑区 58 个小流域（0.193～329km²）的观
测和调查资料，通过主导因子筛选，得到小流域年产
沙经验方程。

$$M_{sa}/M_{ua}=31.83I^{0.83} \quad (2.4-8)$$
$$I=R_h^{0.6}D_h^{0.2}R_p^{-0.8}R_s^{-3.5} \quad (2.4-9)$$
$$D_h=Dh$$

式中 M_{sa}——年产沙模数，t/km²；

　　　M_{ua}——年径流模数，m³/km²；

　　　R_h——流域高差比，%；

　　　D_h——地面崎岖度；

　　　R_p——流域治理度，即治理措施有效面积与
　　　　　　流域总面积之比，%；

　　　R_s——地面组成物质的抗蚀性指标，见表

2.4-1；

　　　D——沟壑密度，km/km²；

　　　h——沟壑切割深度，m。

表 2.4-1　地表组成物质抗蚀性指标相对值

组成物质		抗蚀性指标 R_s
现代冲积土		0.5～1.0
马兰黄土		1～2
离石黄土		1.5～2.5
午城黄土		2～3
保德黄土		3～5
残积坡积土		3～15
残积坡积土 （粒径小于 2mm 颗粒含量）	≥90%	3～4
	90%～80%	4～5
	80%～70%	5～6
	70%～60%	6～7
	60%～50%	7～8
	50%～40%	8～9
	40%～30%	9～10
	30%～20%	10～11
	20%～10%	11～12
	<10%	12～15

2.4.3.2　推移质多年平均年输沙量的估算

具有多年推移质资料时，求其算术平均值，即为
多年平均年输沙量。当缺乏实测推移质资料时，常用
系数法进行估算，即假定推移质与悬移质在数量上具
有一定的比例关系：

$$W_{推}=\beta W_{悬} \quad (2.4-10)$$

式中 $W_{推}$——多年平均推移质年输沙量，t；

　　　β——推移质输沙量与悬移质输沙量的比值，
　　　　　　平原地区取 0.01～0.05，丘陵地区取
　　　　　　0.05～0.15，山区取 0.15～0.30；

　　　$W_{悬}$——多年平均悬移质年输沙量，t。

通过不同途径及方法求出悬移质和推移质的多年
平均年输沙量后，将二者相加，即可求得小流域设计
断面的多年平均年输沙总量。

2.4.4　输沙量的测定

输沙量是指单位时间内从小流域出口断面随径流
一起输出的泥沙量，有年输沙量、场次降水输沙量之
分。年输沙量是指一年中从流域出口断面输出的泥沙
量，场次降水输沙量是一场降水形成的径流从流域出
口输出的泥沙量。输沙量与流域面积关系很大，一般
情况下大流域输出的泥沙量多，而小流域输出的泥沙
量较少，因此直接用输沙量无法对比两个面积不同流

域土壤侵蚀量的大小。为了便于对比不同流域的侵蚀量的大小，常用输沙模数表示一个流域输沙量的多少，输沙模数是指单位时间内单位面积上的输沙量，单位为 $t/(km^2 \cdot a)$，利用输沙模数就可以直接对比两个不同流域土壤侵蚀的强弱。输沙模数越大，流域内的土壤侵蚀越强烈，产生的泥沙也就越多。

泥沙观测是水土流失监测的主要内容。小流域输出的泥沙有悬移质泥沙和推移质泥沙之分。悬移质泥沙是悬浮在水体中随水流一起移动、颗粒较细的泥沙。在紊流作用下悬移质泥沙常远离河床面悬浮在水中。悬移质泥沙多由黏土、粉砂和细砂等组成。悬移质泥沙经常用取样器取样，在室内用过滤烘干法测定。

推移质泥沙是在水流的拖曳力作用下，沿河床滚动、滑动、跳跃或层移的泥沙。通常粗泥沙（如砾、砂）做滚动或滑动搬运，较细泥沙（如细砂、粉砂）则呈跳跃搬运。泥沙颗粒的搬运方式可随水流速度的变化而变化，当水流流速增大，滑动或滚动的泥沙颗粒可变为跳跃，跳跃可变为悬浮，流速降低时则发生相反的转变。推移质与悬移质之间也经常发生交换。推移质泥沙因在河床表面附近移动，测定异常困难，常在河床附近安装卵石采样器和砂石采样器测定。

2.4.4.1　小流域悬移质泥沙的测定

目前，小流域悬移质泥沙的输沙量一般采用取样法测定，取样有人工取样和自动取样两种。

人工取样是在降水时每隔一定时间，用取样器在量水建筑物上取泥水样。当水深较浅时可直接将取样器放入量水堰上的径流中取泥水样，当水深较深时应该分层取样，即在不同深度上用取样器取泥水样，每次取样时需要测定水位、记录取样时间。取样体积一般为 1000mL。在一次洪水过程中，泥沙含量并不是均匀分布的，尤其在洪峰前后泥沙含量的变化很大，因此在测定输沙量时应该从洪水起涨点开始进行连续取样，一直到洪水结束，在水位剧烈时、洪峰出现前后应该缩短取样间隔，增加取样次数，以把握洪水的输沙过程。

自动取样需要配备泥沙自动取样器，如美国生产的 ISCO6712 泥沙自动取样器。ISCO6712 泥沙自动取样器由雨量计、超声波水位计、控制器、取样瓶、取样头等几个主要部件组成。雨量计用于测定降水量，水位计用于测定量水建筑物上水位的变化，雨量计和水位计的观测数据均保存在控制器中，用于控制泥沙自动取样器的启动条件。控制器是泥沙自动取样器的大脑，可以设置取样器的取样时间、取样间隔、取样条件（降水条件和水位变化条件）、取样方式、取样体积等，并保存取样报告，也可以在控制器上直接查看雨量、水位数据和取样报告。在取样报告中主

要记录泥沙自动取样器的启动条件、启动时间、每个样品的取样时间、取样方式、样品的数量等信息。取样瓶是装泥水样品的，ISCO6712 中最多可以放置 24 个取样瓶，该仪器可以将某一时刻泥水样装入不同的取样瓶中，也可以将不同时刻的泥水样装入同一取样瓶。取样头是放入量水建筑物上的径流中吸取泥水样的部件，泥水样在控制器控制下通过取样头将一定体积的泥水吸入取样瓶保存。泥沙取样器中记录的降水数据、水位数据、取样报告等均可以通过专门的软件 Flowlink 用笔记本电脑下载，降水数据、水位数据均可以保存为 Excel 表格，取样报告可以保存为文本文件。

用泥沙自动取样器观测小流域的输沙量最为关键的是设置启动条件。启动条件有 5 种，分别为人工启动、定时启动、降水启动、水位启动和降水水位联合启动。人工启动是每次降水形成径流后，由观测人员按启动按钮，泥沙取样器按照事先设定好的取样间隔和取样体积自动完成取样过程。定时启动是事先在取样程序中设定好启动时间，当到了启动时间，泥沙自动取样器按照设定的取样程序完成取样。降水启动是事先在启动程序中输入降水启动条件，如降水启动条件设置为大于 1.0mm/min，当雨量计观测到的降水强度大于 1.0mm/min 时，泥沙取样器就会启动，按照事先设置好的取样程序完成取样过程。水位启动是事先在启动程序中输入水位启动条件，如水位启动条件设置为大于 3cm，当水位计观测到的水位大于 3cm 时，泥沙取样器就会启动，按照事先设置好的取样程序完成取样过程。降水水位联合启动是事先在启动程序中输入降水和水位两个启动条件，如设置降水强度大于 1.0mm/min、水位大于 3cm，可以设置降水条件和水位条件全部满足时启动泥沙取样器，也可以设置满足降水或水位条件时启动泥沙取样器。总之，泥沙取样器是一款功能强大、设置简单的仪器，具体操作请参阅说明书。

另外需要说明的是，泥沙自动取样器的取样头是放入量水建筑物上的径流中吸取泥水样的部件，当流量较大时，在水流的作用下，该取样头往往会漂浮在水面上，致使每次抽取的泥水样只是表层水样，而泥沙含量在整个观测剖面上并不是均匀分布的，尤其是表层的含沙量很难代表整个剖面的含沙量，为此在安装取样头时应该将其固定在一个能够随水位变化而浮动的浮子上，以保证取样头总是在水面以下一定深度处，这样采取的水样才更具有代表性。

泥水样取回后在室内进行处理，处理的方法为过滤烘干法。首先将取样瓶擦拭干净后称泥水样和取样瓶的总重 W，用量筒测定取样体积 V，用滤纸过滤泥水样，然后将滤纸和泥沙一起放入 105℃ 的烘箱中烘

干至恒重，用感量为 0.01g 的电子天平称烘干后的滤纸和干泥重 W_1，如果干滤纸的重量为 $W_滤$，取样瓶的重量为 $W_瓶$，则

$$净泥率 = (W_1 - W_滤)/V \quad (2.4-11)$$
$$净水率 = (W - W_瓶 - W_1 + W_滤)/V$$
$$(2.4-12)$$

悬移质泥沙的时段输沙量 W_i 用下式计算：

$$W_i = \left(\frac{Q_t + Q_{t-1}}{2}\right)\left(\frac{P_t + P_{t-1}}{2}\right)T$$
$$(2.4-13)$$

式中　W_i——时段输沙量，kg；

Q_t——时段末的瞬时流量，m^3/s；

Q_{t-1}——时段初的瞬时流量，m^3/s；

P_t——时段末的泥沙含量，kg/m^3；

P_{t-1}——时段初泥沙含量，kg/m^3；

T——时段长，s。

悬移质泥沙的总输沙量 W 用下式计算：

$$W = \sum W_i \quad (2.4-14)$$

悬移质泥沙的输沙模数＝总输沙量/小流域面积。

2.4.4.2 小流域推移质泥沙的测定

推移质泥沙因在河床表面附近移动，泥沙颗粒较粗，是河道、水库淤积的主要泥沙，尤其在我国南方水土流失区，推移质泥沙所占比重较大。由于推移质泥沙和悬移质泥沙在水流条件发生变化时会相互转化，同一粒径的泥沙在水流流速较慢时可能是推移质，当水流流速加快时，有可能转变为悬移质，这就使得推移质泥沙的准确测定变得异常困难。目前，推移质泥沙的测定主要采用采样器法和坑测法进行。

1. 采样器法

采样器有砂质推移质采样器和卵石采样器两类。砂质推移质采样器采集的是粒径为 0.05～2mm 的泥沙，卵石采样器采集的是 2～16mm 的泥沙。测定时在测沙垂线上将采样器紧贴河底放置一定时间（10min）后，将采样器取出，倒出采样器中收集的推移质泥沙，带回室内烘干称重。在每条测沙垂线上重复测定 2 次以上。测沙垂线一般可以与测深垂线和测速垂线重合。在一次洪水过程中应该从洪水起涨点开始观测，直至洪水结束，这样就可以测定出整个推移质的输沙过程。为了计算一次洪水的推移质输沙量，首先要计算出某一时刻测沙垂线的推移质输沙率，然后计算该时刻两条测沙垂线间的推移质输沙率，即部分断面的推移质输沙率，再计算该时刻整个观测断面的推移质输沙率，最后计算整个洪水过程的推移质输沙率，如图 2.4-2 所示。

某一时刻某条测深垂线上推移质输沙率 S_i 采用下式计算：

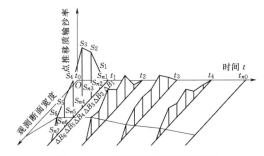

图 2.4-2　推移质输沙率计算示意图

$$S_i = \frac{W_i}{Tb} \quad (2.4-15)$$

式中　S_i——某条测深垂线上的推移质输沙率，kg/（m·s）；

W_i——在某条测深垂线上测得的推移质泥沙干重，kg；

T——每次取样的时间长，s；

b——取样器宽度，m。

某一时刻部分断面的推移质输沙率 S_{ni} 采用下式计算：

$$S_{ni} = \frac{S_i + S_{i-1}}{2} \times \Delta B_i \quad (2.4-16)$$

式中　S_{ni}——第 i 个部分断面的推移质输沙率，kg/s；

S_i——第 i 条测深垂线上的推移质输沙率，kg/（m·s）；

S_{i-1}——第 $i-1$ 条测深垂线上的推移质输沙率，kg/（m·s）；

ΔB_i——第 i 个部分断面的底宽，也就是第 i 条和第 $i-1$ 条测深垂线的间距，m。

某一时刻的观测断面的推移质输沙率 G_{ti} 采用下式计算：

$$G_{ti} = \sum_{i=1}^{n} S_{ni} \quad (2.4-17)$$

如果一次洪水测定过程中，分别在 t_1、t_2、…、t_n 时刻进行了推移质输沙率的测定，每次测定的断面输沙率为 G_1、G_2、…、G_n，则该次洪水的推移质输沙量 G 为

$$G = [G_1(t_1 - t_0) + (G_1 + G_2)(t_2 - t_1) +$$
$$(G_2 + G_3)(t_3 - t_2) + \cdots + (G_{n-1} + G_n) \times$$
$$(t_n - t_{n-1}) + G_n(t_{n0} - t_n)]/2$$
$$(2.4-18)$$

式中　t_0、t_{n0}——洪水起涨和结束的时间。

推移质的输沙模数用下式计算：

$$M = \frac{W}{F} \quad (2.4-19)$$

式中　M——推移质输沙模数，t/m^2；

W——推移质输沙量，t；

F——观测小流域的面积，m^2。

2. 坑测法

推移质泥沙在河床表面分布很不均匀，利用采样器测定又是在水下进行操作，测定误差较大，观测结果需要进行校正，常用的校正方法为坑测法。坑测法就是在河道的观测断面处（如有量水建筑物，可在量水建筑物的下游或上游）用混凝土修筑一定体积的测定坑，坑的宽度与河道宽度一致，以保证河道中的推移质能够全部进入测定坑。坑的上沿与河底齐平，坑的体积以能够容纳一次洪水的全部推移质为准。一次洪水后测定测坑中推移质的量，并取样烘干，计算出推移质的干重。每次测定后将测定坑中的推移质泥沙清理干净。如果一次洪水后观测坑没有被推移质泥沙淤满，说明该次洪水过程中所有的推移质泥沙全部沉积在测定坑中，这种情况下测定结果应该是真实可靠的。如果一次洪水过后观测坑被泥沙全部淤满，这说明观测坑体积过小，没有能够将全部推移质泥沙沉积在测定坑中，有一部分推移质随洪水流走，则测定结果就不能代表该次洪水携带推移质的总量。如果观测的小流域中有长流水，在每次观测推移质前需要测量一下观测坑中已有的推移质量，洪水过后应该把测定坑中已有的推移质量扣除。

坑测法推移质的输沙模数用下式计算：

$$M = \frac{W}{F} \qquad (2.4-20)$$

式中　M——推移质输沙模数，t/m^2；

　　　W——观测坑中的泥沙干重，t；

　　　F——观测小流域的面积，m^2。

2.4.5　泥沙输移比

从流域面上侵蚀的泥沙，要输移到流域出口断面，有一个经由坡面、毛沟、支沟、干沟、支流到干流的输移过程。在泥沙的整个输移过程中会发生淤积，流域出口断面的输沙量与流域的侵蚀量一般不相等。在一定时段内通过流域出口断面的输沙量（流域产沙量）与流域出口断面以上的总侵蚀量之比，称为泥沙输移比：

$$D_R = \frac{W_s}{W_e} = \frac{M_s}{M_e} \qquad (2.4-21)$$

式中　D_R——泥沙输移比；

　　　W_s——流域出口断面的输沙量（流域产沙量），t；

　　　M_s——流域产沙模数，$t/(km^2 \cdot a)$；

　　　W_e——流域总侵蚀量，t；

　　　M_e——流域侵蚀模数，$t/(km^2 \cdot a)$。

据研究，在黄河中游黄土丘陵沟壑区第一副区的中小流域，从长时段看，输移比接近于 1.0；长江流

域的输移比大约为 0.25。美国的鸽栖溪实验流域内有 12 个子流域（$0.98 \sim 129 km^2$），其输移比为 $0.28 \sim 0.76$ 不等。哈德利-肖恩（1976）指出，在美国的科罗拉多州西北梁恩溪（Ryan Gulch）流域（$124.8 km^2$），许多小流域只有小于 30% 的泥沙能输移进入主河谷，然后又是只有 30% 的泥沙输移到流域出口。韦德等（1978）所承担的全美范围的 105 个农业生产区的研究表明，泥沙输移范围为总侵蚀量的 0.1%～37.8%。戈卢贝弗（Golubev，1982）报道，苏联的奥卡河（Oxa）流域，只有 10% 的总侵蚀量输移到较大河流，60% 沉积于斜坡下部，20% 沉积于季节性河道，10% 沉积于河网的小河流。

对于一定的流域，因在不同时段，流域内的水力、水文及下垫面条件有一定的差异，其产沙量与土壤侵蚀量的比值不可能固定不变，但从多年平均看，一定流域的泥沙输移比是一个相对比较稳定的值，如在黄土高原丘陵沟壑区往往把小流域多年平均泥沙输移比取为 1.0。但对于次暴雨来说，由于泥沙输移是一个非平衡过程，其泥沙输移比变化往往较大，是降水过程、径流过程、流域面积和坡降、植被度和泥沙物理特性等时间、状态变量的函数，而不是一个稳定的值。

2.4.5.1　影响泥沙输移比的主要因素

影响泥沙输移比的主要因素是地貌及环境因子，包括流域面积、形态、沟道水网特征、侵蚀物质组成、植被及土地利用状况，以及产沙方式、水土保持措施和水利工程措施的规模与布局、人类活动等。

对于气候、地形、土壤和植被比较均匀的流域，输移比随着流域面积的增加而减小。然而，景可等通过分析长江干流、黄河干流、长江上游、黄河中游主要支流及任意流域 3 个层面的流域输沙模数与流域面积的关系，认为黄河中游输沙模数与流域面积不呈反比关系，而长江上游无论是干流还是支流或任意流域的流域输沙模数与流域面积不一定呈反比关系，间接地说明了泥沙输移比与面积的相关程度并不明显，流域输沙模数与流域面积的真正关系不受控于流域面积的大小，而取决于流域所在区域的地质构造单元的性质、地貌类型及土地利用的合理性等多个因素。

2.4.5.2　泥沙输移比的计算

泥沙输移比的估算公式一般都是经验公式，且地区性很强。

牟金泽等对黄河中游丘陵沟壑区陕北大理河流域的资料分析表明，泥沙输移比与水流条件关系较差，只是某一特定流域特征值的函数，认为沟道密度和流域面积是影响输移比 D_R 的主要因素。

$$D_R = 1.29 + 1.37 \ln R_C - 0.025 \ln F \qquad (2.4-22)$$

式中 R_c——沟道密度，km/km^2；

  F——流域面积，km^2。

王玲玲、姚文艺等根据黄土丘陵沟壑区小流域观测资料，建立了次暴雨泥沙输移比计算公式：

$$D_R = 3.7e^{-2.9\frac{t_m}{t_p}} \left(\frac{Q_m W \rho}{F} \times \frac{\gamma_m}{\gamma_s - \gamma_m} \right)^{0.03} \quad (2.4-23)$$

式中 t_m——降水峰值发生时间，min；

  t_p——次降水总历时，min；

  Q_m——洪峰流量，m^3/s；

  W——径流量，m^3；

  ρ——水体密度，kg/m^3；

  F——流域面积，km^2；

  γ_m、γ_s——浑水、泥沙重度，kg/m^3。

我国部分河流的泥沙输移比 D_R 见表 2.4-2。

表 2.4-2   我国部分河流的泥沙输移比 D_R

流域	计算说明和计算条件	D_R
黄土高原地区	绝大多数地区接近	1.00
黄土高原	多年平均值未治理时	0.75~1.38
	多年平均值治理时	0.314~0.478
	次降水	0.36~1.85
无定河流域	天然状况下，接近	1.00
	20 世纪 60 年代开展治理后	0.20~0.40
无定河支流大理河流域	多年平均（1959—1969 年）	0.80~1.31
大理河岔巴沟流域	次暴雨	0.29~1.63
	年度	0.48~1.4
	多年平均	0.85~0.99
米脂县泉家沟小流域	1987 年资料	0.84
晋西羊道沟流域	多年平均	1.00
	年度	0.36~1.12
泾河、北洛河	周河	0.912
	金佛坪	0.908
	北洛河支流刘家河	0.91
	泾河支流马莲河洪德站	0.914
	庆阳（西）	0.905
	雨落坪	0.89
淳化、洛川	21 个集水区分布范围	0.27~0.97
	21 个集水区平均值	0.664
黄河中游地区	次暴雨	0.7~1.0
	多次暴雨平均	0.80
黄土丘陵沟壑区	多年平均接近	1.00

2.4.6 流域产沙数学模型

与流域产沙经验公式相比，产沙数学模型具有以下优势：一是数学模型更具有物理基础，可进行较高精度的外延，有较大的适用范围；二是数学模型可以更精确地表达侵蚀和产沙的物理过程，能够预测预报土壤侵蚀和产沙在时间和空间上的变化。

1. 科罗拉多州立大学水流泥沙推演模型

该模型把流域产水产沙过程概化为以下四个子过程。

（1）地表水分循环子过程。包括暴雨、截留、渗透、土壤含水量。

（2）产沙子过程。包括前期暴雨剥离下来的松散土壤储存量、降水击溅造成的土壤分离量、地表径流造成的土壤分离量。

（3）暴雨径流的水流推算子过程。其推算采用水流连续方程、运动波近似能量方程以及不同水力条件下的一组阻力系数。

（4）暴雨径流的泥沙推算子过程。流域泥沙输移可划分为地表径流和沟河系统两部分，地表径流的泥沙输移量一般与雨强呈指数关系；沟河系统采用梅叶-彼得公式推算推移质输沙量，采用爱因斯坦公式推算悬移质输沙量。

2. 陈国祥、汤立群小流域产沙过程模型

该模型将小流域按自然水系划分为若干单元流域，将每个单元流域按土壤侵蚀和产沙特点划分为如下三个区域：梁峁坡、沟谷坡和沟槽。该模型对于水文模拟，采用霍顿下渗公式计算净雨量，用一维运动波方程的数值解演算坡面流，用马斯京根法算河槽流。对于泥沙模拟，不同侵蚀区域（梁峁坡、沟谷坡、沟槽）采用不同的侵蚀公式计算土壤侵蚀率，根据黄土丘陵沟壑区中的小流域泥沙输移比接近 1 这一特点，流域出口断面各单元流域土壤侵蚀率错开一个汇流时段相加即可得小流域出口断面输沙率过程。

此外，我国符素华、郑粉莉和姚文艺等也都建立了流域侵蚀产沙的分布式预测评估模型。

2.5 面源污染与水质

2.5.1 水土流失与面源污染

2.5.1.1 面源污染及其特点

1. 面源污染

面源污染，也称非点源污染，是指溶解的和固体的污染物从非特定地点，在降水或融雪的冲刷作用下，通过径流过程而汇入受纳水体（包括河流、湖泊、水库和海湾等）并引起有机污染、水体富营养化或有毒有害等其他形式的污染。相对于点源污染而言，面源污染既无固定的排污口，也没有稳定的污染物输送通道。

随着农业的发展，化肥和农药施用量逐年增加，其过量使用造成大量化肥和农药随降水或灌溉用水流入水域，面源污染负荷所占的比重也逐年增加。在许多水域，面源污染负荷已经超过点源污染负荷，成为水体污染的主要来源之一。然而，时至今日公众对由农田施用化肥和农药等引发的污染以及农业生产过程中产生的污染缺乏足够的认识，对隐蔽性强、分散的村落污水垃圾及畜禽粪便等有机废弃物给水环境带来的危害也缺乏重视。

根据面源污染发生区域和过程的特点，可分为农村面源污染和城市面源污染两大类。

（1）农村面源污染。农村面源污染是指在农村生活和农业生产活动中，溶解的或固体的污染物，如农田中的土粒、氮素、磷素、农药重金属、农村禽畜粪便与生活垃圾等有机或无机物质，从非特定的地域，在降水和径流冲刷作用下，通过农田地表径流、农田排水和地下渗漏，使大量污染物进入受纳水体（河流、湖泊、水库、海湾）所引起的污染。

村镇生活污水、农村固体废弃物、农田农药化肥、水土流失和暴雨径流为主要面源污染。农村面源产生的有机物的COD、总氮、总磷是污染物负荷主要来源。

（2）城市面源污染。城市面源污染主要是由降水径流的淋溶和冲刷作用产生的，城市降水径流主要以合流制形式，通过排水管网排放，径流污染初期作用十分明显。特别是在暴雨初期，由于降水径流将地表的、沉积在下水管网中的污染物，在短时间内，突发性冲刷汇入受纳水体，而引起水体污染。城市面源是引起水体污染的主要污染源，具有突发性、高流量和重污染等特点。

城市面源污染的影响因素主要有城市土地利用类型、大气污染状况、地面清扫状况、降水量、降水历时和降水强度等。

2. 面源污染的特点

与通过集中排污口排放的点源污染相比，面源污染具有以下特点。

（1）随机性。面源污染的随机性主要是其发生具有随机性，从面源污染的起源和形成过程分析，面源污染与区域的降水过程密切相关，受水文循环过程的影响和支配，因此，降水的随机性决定了面源污染的形成具有较大的随机性。

（2）广泛性。随着经济的发展，人类向环境排放污染物的种类和排放途径逐渐增多，这些污染物或是以污水的形式通过排污口进入水体，或是进入大气，或是累积在地表。当降水发生时，随着产汇流过程，累积在地表的污染物将随着径流进入水体，这一过程在空间范围上具有分散、范围广等特点。

（3）滞后性。以农业面源污染为例，农田中农药和化肥施用造成的污染，在很大程度上与降水和径流密切相关，即只有在降水驱动下才能发生污染。因此，施用在农田的农药和化肥可能长时间的累积在地表，只有在降水条件下，发生产汇流过程，才会出现污染，在时间角度上具有滞后性。

（4）不确定性。影响面源污染的因子复杂多样，例如地形、土壤条件、人类活动等。由于缺乏明确固定的污染源，排放点不固定，排放具有间歇性等，因而其污染物的来源、污染负荷等均存在很大的不确定性，因而使得面源污染控制变得更加困难。

（5）难监测性。面源污染的发生主要受到气候条件如降水等因素的影响，其强度强烈受到地理条件的影响，其不确定性、滞后性等一些特性造成，对面源污染的监测及其在水体污染中贡献率的客观评价十分困难。

（6）难治理性。难治理性是由上述几个特点决定的，即其来源的复杂性、不确定性和形成滞后性，在研究和控制面源污染方面具有较大的难度，传统的点源污染控制采取的末端治理技术很难有效地控制面源污染。

水源地面源污染源主要包括投放到农田中的化肥和农药、土壤侵蚀、累积在街道的地表沉积物，畜禽养殖产生的粪便、污水和垃圾，矿山的固体废弃物，农村随意堆放的生活垃圾和随意排放的生活污水等，污染过程如图2.5-1所示。

图 2.5-1 面源污染过程示意图

2.5.1.2 水土流失与面源污染的关系

水土流失是面源污染发生的重要形式和运输的主要载体。水土流失带来的径流和泥沙不仅本身就是一种面源污染物，而且是有机物金属磷酸盐以及其他毒性物质的主要携带者，所以水土流失会给水体水质带来严重影响。具体表现为面源污染是伴随着水土流失的发生与发展而形成的降水-径流-侵蚀-水污染负荷输出的过程，即污染物在降水所产生的径流冲刷作用下，由径流和泥沙携带，最终达到受纳水体，进而破坏水体环境。目前，我国许多水库以及多数湖泊都面临着水体富营养化的威胁，水土流失更加直接的影响就是使水资源的供需矛盾加剧，对饮用水的安全构成了极大的威胁。

根据北京市山区坡面径流小区实际观测资料进行的山区非点源污染与水土流失关系的分析结果表明，水土流失是非点源污染物的载体和水体污染的主要途径，影响非点源污染物流失和水土流失的主要因素一致，污染物流失量随着水土流失量的加大而加大。目前，北京市在非点源污染治理方面，已实现了从以"末端治理为主"向从"源头上控制为主"的综合治理的转变，生态清洁小流域建设将水土流失和面源污染防治作为治理目标，在小流域内构筑"生态修复、生态治理、生态保护"三道防线，已在水源保护方面取得了显著的效益。

2.5.1.3 水土流失面源污染的影响因素

水土流失面源污染的防控与其影响因素密切相关，面源污染物的产生主要以水土流失为途径，因此影响水土流失的主要因素（自然因素和人为因素）对面源污染也有很大影响。

自然因素包括降水坡度、下垫面条件、土壤初始含水率、植被覆盖率等，近地表土壤水文条件对坡面的侵蚀过程产生显著影响，进而影响到面源污染物的迁移过程。

人为因素主要指对土地的不合理利用等，尤其是施肥和农业耕作对面源污染有很大影响。水土流失产生的泥沙一方面给水体带来物理、化学、生物等方面的污染，另一方面当水环境条件发生改变时，由废水、污水携带的泥沙吸附的污染物质被解吸到水相中造成二次污染，故土壤与化学物质之间的相互作用（吸附与解吸）等是决定泥沙和径流携带化学物质浓度的关键因素。

2.5.1.4 水土流失面源污染的危害

水土流失面源污染的危害主要表现在以下几个方面。

1. 增加了水体中的悬着物

当发生水土流失后，被侵蚀掉的土壤在到达河流或其他水体以前，大部分在径流中沉积下来，但仍有一部分到达某个水体，形成水体中的悬着物，增加了水的浑浊度，形成一种物理污染。以黄河为例来说，由于黄土高原强烈的水土流失，致使大量泥沙进入黄河，使黄河的平均含沙量高达 $37.60 kg/m^3$，对黄河

的水质造成污染，使水质下降，开发利用难度加大，成本增高。

2. 增加了水体的富营养化

水体富营养化是由于各种营养物质大量进入水体，使其浓度增高，促使各种藻类的大量繁殖，从而影响水生动物生存和人类用水的现象。在降水侵蚀过程中，雨滴到达地表，一方面分离土壤，另一方面溶解土壤中的营养物质。当产生径流后，这些物质与泥沙一起进入水体。同时主要来自于土壤的泥沙作为人类施用化肥及其他农用化合物的载体，也将大量营养物质带入水体，增加了水体的富营养化程度。Abrams 对美国杜阿拉丁流域的磷含量进行了分析，认为周围农耕地土壤中的磷随水土流失而进入流域，是本流域的面源污染源之一。

2.5.2 地表水水质评价

水质，即水体质量的简称，它标志着水体的物理（如色度、浊度、臭味等）、化学（无机物和有机物的含量）和生物（细菌、微生物、浮游生物、底栖生物）的特性及其组成的状况。

为了反映水体的水质状况，必须规定一系列水质指标，一般情况下评价江河湖库等水体，主要包括三个方面的水质指标，见表2.5-1。

表 2.5-1 地表水水质指标

指标分类		指标名称
物理性指标	感官物理指标	温度、色度、嗅和味、浑浊度、透明度等
	其他物理性指标	总固体、悬浮固体、挥发性固体、溶解性固体、电导率等
化学性指标	一般化学性指标	pH值、碱度、硬度、各种阳离子、阴离子、总含盐量、一般有机物质等
	有毒化学性指标	各种重金属、氰化物、多环芳烃、各种农药等
	氧平衡指标	溶解氧DO、化学需氧量COD、生化需氧量BOD
生物学指标		细菌总数、总大肠菌群等

富营养化是由于人类活动的影响，生物所需的氮、磷营养物质的富集，引起藻类及其他浮游生物迅速繁殖、水体溶解氧量下降、鱼类及其他生物大量死亡、水质恶化的现象。富营养化是水体生长、发育、老化、消亡整个生命史中必经的天然过程，其过程漫长，常常需要以地质年代或世纪来描述其进程，而因人为排放含营养物质的工业废水和生活污水所引起的水体富营养化现象，它演变的速度非常快，可在短期

内使水体由贫营养状态变为富营养状态。

随着我国工农业迅速发展，城市化进程加速，以及农药、化肥的大量使用，大大增加了氮、磷等营养物质向水体的排放和积累，加快了水体富营养化的进程。目前，巢湖、滇池、太湖等均已达到超富营养化或富营养化阶段。我国水体富营养化日趋严重，已经成为影响当地社会经济可持续发展的突出问题。

水体出现富营养化现象时，浮游藻类大量繁殖，形成"水华"。由于占优势的浮游藻类的颜色不同，水面往往呈现蓝色、红色、棕色、乳白色等。从污染源和发生机理来看，面源污染是造成水体富营养化的主要原因，从面源污染物组成成分和其演化过程分析，和面源污染比较密切的水质指标主要包括 COD、BOD 等有机污染指标，氨氮（$NH_3 - N$）、总磷等富营养化指标，溶解氧（DO），以及有关农药化肥成分的水质指标。

2.5.3 面源污染防控体系

面源污染与点源污染的发生机制存在明显差异，两者采取的控制对策和措施也截然不同。点源污染控制主要是通过修建污水处理工程实现，属于"末端处理"；而针对面源污染，目前国际上仍然缺乏有效的控制和监测技术。借鉴欧美等发达国家经验，多采用源头控制策略，即在全流域内对面源污染进行分类别控制。就农业面源污染而言，主要推行农田最佳养分管理措施（BMP），分别就轮作方式、施肥量、施肥期、施肥方式等作出限制性规定。城市径流面源污染控制，主要通过管网改造建设、路面材料替代、线性污染源（主要为机动车辆）控制等方法进行治理。畜禽养殖面源污染控制，主要通过制定畜禽养殖场农田最低配置（指畜禽数量必须同可容纳畜禽粪便的农田面积匹配）、化粪池容量、密封性等规定实现源头控制。

2.5.3.1 水土流失控制技术

水土保持措施能够吸收、过滤、迁移和转化土壤或水体中的一些有害物质，防治面源污染，优化流域或区域水环境。因此，研究不同水土保持措施在防控化肥农药和有机肥等面源污染方面的作用，采取有效的水土保持措施控制水体污染，是面源污染水土保持控制技术研究的主要内容。

水土保持措施，尤其是生物措施，通过提高植物覆盖度改善土壤质地，增强土壤团粒结构，增加土壤微生物种类和数量，改善土壤水分条件等，对化肥、农药、重金属等污染物的植物吸收、微生物降解、化学降解等具有显著的正向促进作用，能减少污染源系统的污染物通量。此外，工程措施通过控制侵蚀和搬运过程来控制面源污染物的扩散，截断面源污染的污染链和减少污染量，主要表现在拦蓄径流、泥沙，从

而减少吸附的营养盐和有毒元素等，达到净化径流水质、保护水体功能的目的。

我国学者采用设置径流小区进行天然降水观测和人工模拟降水试验等方法，对生物毯、生物带、秸秆覆盖、鱼鳞坑、梯田、台地等不同水土保持措施防治面源污染的效果进行了研究。此外，生态清洁型小流域建设是防治流域内水土流失和面源污染的主要措施，如 2006 年北京市综合治理后的小流域比未治理的小流域平均削减总氮 34.8%、总磷 20.8%，小流域出口的水质达到地表水Ⅲ类标准以上。

水土流失治理措施概括起来主要有以下几方面。坡面工程技术，包括梯田、蓄水沟、截留沟、拦沙挡、卧牛坑、蓄水涵和鱼鳞坑等；梯田工程技术，包括水平梯田、斜坡梯田和隔坡梯田等，无论梯田是何种形式，都具有切断坡面径流，降低流速，增加水分入渗量等保水保土作用；沟道工程技术，包括沟头防护工程（撇水沟、天沟、跌水工程、陡坡工程）、谷坊工程（土谷坊、石谷坊、柴梢谷坊、混凝土谷坊）和沟道防护工程（拦沙坝、淤地坝、透水坝）等。

针对坡面水土流失，采取坡改梯、配套坡面工程，配合营造水土保持林草措施（水土保持林、经济林果、种草）；针对沟道水土流失采取拦沙坝、支沟整治和塘堰整治等措施。

另外，在人口较稀少地区，实行封山禁牧，设置必要的网围栏和封禁标牌，对于疏幼林采取补植措施；开展舍饲养畜，减少对林草植被的破坏，依靠自然修复能力，减少水土流失。

2.5.3.2 农业面源污染治理

农田径流污染问题已引起国内外的极大关注，污染控制技术方法有几十种之多，包括免耕法、退田还林还草法、轮作法等，有一些技术方法虽然污染控制效果较好，但牺牲土地，在人多地少的中国难以实施。根据我国国情，总结吸收国内外多年来的研究实践经验，归纳出四种不同技术方法，包括坡耕地改造技术、水土保持农业技术、农田田间污染控制工程技术以及农田少废管理技术。

目前，欧美国家用于控制农田引起面源污染的技术标准主要包括：①对水源保护区、水源涵养地的轮作类型的限定；②对水源保护区、水源涵养地肥料类型、施肥量、施肥期、施肥方法的限定。各国的经验显示，在水源保护区或者面源污染严重的水域，因地制宜地制定和执行限定性农业生产技术标准，实施源头控制，是进行氮、磷总量控制，减少农业面源污染最有效的措施。

饮用水水源保护区内面源污染控制工程主要是农田径流污染控制工程，通过坑、塘、池等工程措施，

减少径流冲刷和土壤流失，并通过生物系统拦截净化面源污染。

1. 农田径流污染控制工程

农田径流是农田污染物的载体，大量地表污染物在降水径流的侵蚀冲刷下，随着农田径流进入保护区，对保护区水体产生污染影响。

农田径流主要来自降水和灌溉，通过一定规格的沟渠进行收集，依次流入缓冲调控系统和净化系统串联而成的人工湿地。缓冲调控系统的主要作用是调节径流，增加径流的滞留时间，沉降吸附含氮、磷等污染物的颗粒态泥沙，同时利用高等水生生物吸收部分氮、磷等污染物，使水体得到初步净化。净化系统的主要作用是利用系统中的天然填料及湿地植物吸附、吸收径流中溶解态的氮、磷等污染物。净化后的水经出水口排入附近水体或回用。农田径流污染控制工程示意如图2.5-2所示。

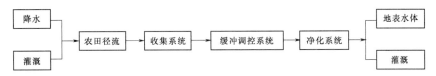

图 2.5-2　农田径流污染控制工程示意图

2. 农业生态工程

对农业结构和产品结构进行调整，大力发展精品农业、种子农业、观光农业等现代农业，积极推广有机食品、绿色食品，加强新技术开发，促进生态农业的建设。

通过推广环境友好型缓释化肥、提高有机肥施用量等措施，控制、减少化肥使用量，减少化肥对水源的污染。

积极开展农业病虫害综合防治技术工作，通过推广采用物理、生物等防治技术，逐步减少农药使用量，严格限制并禁止使用高毒、高残留农药。

应在饮用水水源保护区内规划实施以控制农药、化肥等农用化学品使用量为主要内容的农业生态工程建设，推广使用立体种植技术和共生互利养殖技术、以生物防治为主的病虫草害等综合防治技术、农业有机废弃物资源化利用等新技术，使农业资源得到合理利用，减少因施用农用化学物质造成的环境污染，实现农业的清洁生产。

3. 农村生活污染治理

农村生活污染主要来自两方面，一是污水，包括生活污水和雨水地表径流；二是固体废弃物，包括生活垃圾、农业废弃物。

(1) 农村废水处理。在中国大多数农村地区，农村污水收集系统建设滞后，许多村落没有管网系统，污水四溢，而建有收集系统的村落，也多为明渠，渠道淤积堵塞严重，雨季污水泛滥。鉴于中国农村经济状况，农村村落废水适合采用合流制暗渠收集，该系统具有投资少，易于管理，环境影响小等优点。对于经济较发达的农村地区，也可采用合流制暗管，甚至分流制收集系统。

(2) 农村固体废弃物处理。在中国广大农村地区，农村生活垃圾和农业废弃物不可能收集后焚烧，一方面投资大，管理难；另一方面不符合农村实际情况，浪费有机肥料。卫生填埋亦不可行，集中填埋造成运输困难和有机肥料浪费，分散填埋是农村地区长期以来处理固体废弃物的手段之一，随着土地资源日益缺乏，适当的填埋场地越来越难寻找，若简单堆存填埋，将造成严重的环境污染，这种处理方法在农村造成严重的环境影响。农村生活垃圾与固体废弃物中除含有渣土外，还含有大量的有机组分，如食品、蔬菜叶、植物残枝落叶等，可以通过回收处理，变废为宝，生产沼气和肥料，满足居民生活和生态农业对有机肥的需求。因此，堆肥和沼气工程是处理农村固体废弃物的最佳途径。有些地方结合养殖，建起了畜圈、厕所、大棚、沼气联合运用的沼气池，深受农民欢迎。据调查，一个沼气池一年可产气7个月，节省薪柴1500kg，相当于2.55亩❶薪炭林或4.95亩封山的年产柴量。

另外，以农户为单位的牲畜圈改造，以自然村为单位垃圾处理和厕所改造亦需进行。

(3) 农村环境管理。把环境保护措施建设纳入村镇发展规划，包括村镇排水管网、废水处理工程、垃圾收集系统、垃圾处理工程；加强宣传，树立环保意识，优美清洁的居住环境是和谐社会建设的良好体现；将保护环境，保护环境工程设施列入村规民约，加强管理力度；建设专职或义务的环境管理和环卫队伍、维护环境保护设施的正常运行，及时清运垃圾和处理污染问题。

---

❶　1 亩≈666.67m²。

参 考 文 献

［1］ 张增哲. 流域水文学［M］. 北京：中国林业出版社，1992.

［2］ 余新晓. 水文与水资源学［M］. 北京：中国林业出版社，2010.

［3］ 张建军. 水土保持监测指标测定方法［M］. 北京：中国林业出版社，2013.

［4］ 黄锡荃. 水文学［M］. 北京：高等教育出版社，1993.

［5］ 中野秀章. 森林水文学［M］. 北京：中国林业出版社，1983.

［6］ 芮孝芳. 水文学原理［M］. 北京：中国水利水电出版社，2004.

［7］ 梁学田. 水文学原理［M］. 北京：水利电力出版社，1992.

［8］ 范荣生. 水资源水文学［M］. 北京：中国水利水电出版社，1996.

［9］ 陈家琦. 水资源学概论［M］. 北京：中国水利水电出版社，1996.

［10］ 华东水利学院，西北农学院，武汉水利电力学院. 水文及水利水电规划［M］. 北京：水利出版社，1980.

［11］ 武汉水利电力学院. 河流泥沙工程学［M］. 北京：水利出版社，1980.

［12］ 中国水利学会泥沙专业委员会. 泥沙手册［M］. 北京：中国环境科学出版社，1992.

［13］ 姚文艺. 风力侵蚀及其预报方法［J］. 中国水土保持，1994，3：16-19.

［14］ 史传文，祁孝珍. 小流域产沙与控制［M］. 北京：中国水利水电出版社，1997.

［15］ 张瑞瑾. 河流泥沙动力学［M］. 北京：中国水利水电出版社，1998.

［16］ 姚文艺，汤立群. 水力侵蚀产沙过程及模拟［M］. 郑州：黄河水利出版社，2001.

［17］ 姚文艺，李占斌，康玲玲. 黄土高原土壤侵蚀治理的生态环境效应［M］. 北京：科学出版社，2005.

［18］ 徐宗学. 水文模型［M］. 北京：科学出版社，2009.

［19］ 姚文艺. 土壤侵蚀模型及工程应用［M］. 北京：科学出版社，2011.

第3章 地 质 地 貌

章主编　闫汝华　咸付生　林发贵
章主审　司富安　任增平

本章各节编写及审稿人员

节次	编写人	审稿人
3.1	咸付生　刘军伟	司富安 任增平
3.2	闫汝华　刘海心　王　晶	
3.3	林发贵　刘永涛　咸付生　王　晶	

第3章 地 质 地 貌

3.1 基 础 地 质

3.1.1 地质年代

地质年代是指地质体形成或地质事件发生的年代，它有两层含义：①地质体形成或地质事件发生的先后顺序，称为相对地质年代；②地质体形成或地质事件发生距今有多少年，称为绝对地质年代。

3.1.1.1 相对地质年代

地层是指在一定地质时期内因沉积作用或岩浆喷出活动形成的地层总称，包括固结的岩石（沉积岩、岩浆岩、变质岩）和没有固结的堆积物。

地层层序律是指年代较老的地层在下，年代较新的地层叠覆其上。地层层序律是确定同一地区地层相对地质年代的基本方法，适用于沉积物单纯纵向堆积作用。

3.1.1.2 绝对地质年代

绝对地质年代是以绝对的天文单位"年"表示地质时间的方法，可以用来确定地质事件发生、延续和结束的时间。目前较常见也较准确的测年方法是放射性同位素法。主要有铀-铅（U-Pb）法、钾-氩（K-Ar）法、氩-氩（Ar-Ar）法、铷-锶（Rb-Sr）法、

钐-钕（Sm-Nd）法、碳（C）法、裂变径迹法等，可根据所测定地质体的情况和放射性同位素的不同半衰期，选用合适的方法测试。

3.1.1.3 地层单位及地质年代表

1. 地层单位

目前，国际上多以生物演化的不同阶段作为划分地层单位的依据，每一地层单位都严格与地质年代单位相对应，见表3.1-1。

表3.1-1　地层单位与地质年代单位对照

使用范围	地层划分单位	地质年代划分单位
国际性	宇 界 系 统	宙 代 纪 世
全国性或 大区域性	（统） 阶 带	（世） 期
地方性	群 组 段 层	时代、时期

2. 地质年代表

地质年代见表3.1-2。

表3.1-2　　　　　　　地 质 年 代 表

地质年代、地层单位及其代号				同位素年龄/百万年		构造阶段		生物演化阶段		中国主要地质、生物现象
宙（宇）	代（界）	纪（系）	世（统）	时间间距	距今年龄	大阶段	阶段	动物	植物	
显生宙（宇）PH	新生代（界）Kz	第四纪（系）Q	全新世（统）Q₄ 或 Qh	0.012	0.012	联合古陆解体	喜马拉雅阶段	人类出现　哺乳动物繁盛	被子植物繁盛	
			更新世 Q_P　晚（上）　Q₃ 中（中）更新世（统）Q₂ 早（下）　Q₁	2~3	2.48					冰川广布，黄土生成
		新近纪（系）N	上新世（统）N₂	2.82	5.3					西部造山运动，东部低平，湖泊广布
			中新世（统）N₁	18	23.3					哺乳类分化
		古近纪（系）N	渐新世（统）E₃	13.2	36.5					蔬果繁盛，哺乳类急速发展
			始新世（统）E₂	16.5	53		燕山阶段			我国尚无古新世地层发现
			古新世（统）E₁	12	65					

续表

宙(字)	代(界)	纪(系)	世(统)	时间间距	距今年龄	大阶段	阶段	动物	植物	中国主要地质、生物现象
显生宙(字)PH	中生代(界)Mz	白垩纪(系)K	晚(上)白垩世(统)K₂ / 早(下)K₁	70	135	联合古陆解体	燕山阶段	爬行动物繁盛	被子植物繁盛	造山作用强烈，岩浆岩活动矿产生成
		侏罗纪(系)J	晚(上)J₃ 中(中)J₂ 早(下)侏罗世(统)J₁	73	208				裸子植物繁盛	恐龙极盛，中国南山俱成，大陆煤田生成
		三叠纪(系)T	晚(上)T₃ 中(中)T₂ 早(下)三叠世(统)T₁	42	250	联合古陆形成	印支阶段			中国南部最后一次海侵，恐龙哺乳类发育
	古生代(界)Pz — 晚(上)古生代(界)Pz₂	二叠纪(系)P	晚(上)P₂ 早(下)二叠世(统)P₁	40	290		海西阶段	两栖动物繁盛	蕨类植物繁盛	世界冰川广布，西南最大海侵，造山作用强烈
		石炭纪(系)C	晚(上)C₃ 中(中)C₂ 早(下)石炭世(统)C₁	72	362					气候温热，煤田生成，爬行类昆虫发生，地形低平，珊瑚礁发育
		泥盆纪(系)D	晚(上)D₃ 中(中)D₂ 早(下)泥盆世(统)D₁	47	409			鱼类繁盛、海生无脊椎动物繁盛	裸蕨植物繁盛	森林发育，腕足类鱼类极盛，两栖类发育
	早(下)古生代(界)Pz₁	志留纪(系)S	晚(上)S₃ 中(中)S₂ 早(下)志留世(统)S₁	30	439		加里东阶段			珊瑚礁发育，气候局部干燥，造山运动强烈
		奥陶纪(系)O	晚(上)O₃ 中(中)O₂ 早(下)奥陶世(统)O₁	71	510			硬壳动物繁盛		地势低平，海水广布，无脊椎动物极繁，末期华北升起
		寒武纪(系)∈	晚(上)∈₃ 中(中)∈₂ 早(下)寒武世(统)∈₁	60	570			裸露动物繁盛	藻类及菌类繁盛、真核生物出现	浅海广布，生物开始大量发展
元古宙(字)PT	元古代(界)Pt — 新元古代Pt₃	震旦纪(系)Z	晚(上)Z₂ 早(下)震旦世(统)Z₁	230	800		晋宁阶段			地形不平，冰川广布，晚期海侵加广
		青白口纪(系)Qₙ		200	1000	地台形成				沉积深厚，造山变质强烈，岩浆岩活动矿产生成
	中元古代Pt₂	蓟县纪(系)Jₓ		400	1400					
		长城纪(系)Cₕ		400	1800				绿藻	早期基性喷发，继以造山作用，变质强烈，花岗岩侵入
	古元古代Pt₁			700	2500		吕梁阶段		原核生物出现	
太古宙(字)AR	太古代(界)Ar — 新太古代Ar₂			500	3000					
	古太古代Ar₁			800	3800	2800陆核形成		生命现象开始出现		
冥古宙(字)HD					4600					地壳局部变动，大陆开始形成

3.1.2 地质构造

3.1.2.1 岩层与层理

1. 岩层和层理的分类

(1) 按岩层厚度分类,见表3.1-3。

表3.1-3   按岩层厚度分类

描述	极薄层	薄层	中厚层	厚层	巨厚层
单层厚度 h/cm	$h<5$	$5 \leqslant h<20$	$20 \leqslant h<50$	$50 \leqslant h<100$	$h \geqslant 100$

(2) 按层理形态分类,见表3.1-4。

表3.1-4   按层理形态分类

类型	形成环境	识别特征
水平层理	在沉积环境相当稳定,水介质平稳的条件下形成,多形成于海(湖)深水地带、闭塞海湾、牛轭湖等	细层界面平直,相互平行且平行于岩层面,常见于黏土岩,砂岩和碳酸盐岩中
波状层理	在震荡运动环境中形成,多形成于湖海沿岸的浅水地带	细层界面呈起伏状,总体方向平行于岩层面,常见于细砂岩等细碎屑岩中
斜层理	单向斜层理的细层均向同一方向倾斜,倾斜方向即水流的方向,多见于河流沉积物中;交错斜层理由倾斜方向不同的细层组成的层系相互交错、切割,多形成于湖海滨岸地带	由一系列与岩层面斜交的细层组成,上部与主层理截交,下部与主层理相切

2. 岩层的产状和接触关系

(1) 岩层的产状要素由走向、倾向和倾角(真倾角、视倾角)组成(图3.1-1),用象限角或方位角表示。

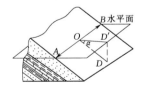

图 3.1-1   岩层产状要素

AOB—走向;OD′—倾向;α—倾角

(2) 岩层的接触关系从成因上分为整合和不整合两种基本类型,见表3.1-5。

表3.1-5   岩层的接触关系

接触关系		产状特征
整合		上、下地层在沉积层序上没有间断,岩性或所含化石都是一致的或递变的,各层产状基本一致
不整合	平行不整合	沉积接触的上、下两套地层之间有明显的沉积间断,不整合面上、下两套地层产状一致,但在两套地层之间缺失了一些时代的地层,不整合面上常可见冲刷或风化的痕迹,常有底砾岩
	角度不整合	上、下两套地层之间既缺失部分地层,产状又不同,上覆较新地层层面与不整合面基本平行,下伏较老地层层面与不整合面相截交

3.1.2.2 褶皱

岩层在构造运动中受力形成的连续弯曲变形称为褶皱,褶皱构造是地壳中最广泛的构造形式之一,褶皱虽然改变了岩层的原始形态,但岩层并未丧失其连续性和完整性。

1. 褶皱的基本类型

褶皱的基本类型和野外识别方法见表3.1-6。

表3.1-6   褶皱的基本类型和野外识别方法

基本类型	岩层形态	野外识别方法
向斜	岩层向下弯曲	核部地层新,外侧地层较老,两翼岩层对称出现
背斜	岩层向上弯曲	核部地层老,外侧地层较新,两翼岩层对称出现

2. 褶皱要素

褶皱的基本单位为褶曲,是岩层的一个弯曲,两个或多个褶曲的组合称为褶皱。褶皱的各个组成部分即褶皱要素见图3.1-2。

(1) 核部:褶皱的中心部位。

(2) 翼:褶皱核部两侧对称出露的岩层。

(3) 轴面:平分褶皱两翼的对称面。

(4) 轴迹:轴面与水平面的交线。

(5) 枢纽:褶皱中同一岩层层面与轴面的交线。

(6) 转折端:褶皱面从一翼过渡到另一翼的弯曲部分。

(7) 脊线、槽线:同一褶皱面上沿着背斜最高点的连线为脊线,沿着向斜最低点的连线为槽线。

3. 褶皱主要形态分类

褶皱按其剖面或平面形态可分为下列类型。

(1) 根据褶皱轴面和两翼产状划分,见表

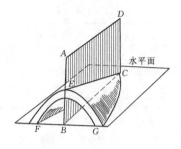

图 3.1-2 褶皱要素示意图
B—核部；ABCD—轴面；BC—轴迹；
EC—脊线（枢纽）；EF、EG—两翼

3.1-7 和图 3.1-3。

表 3.1-7 褶皱类型根据轴面和两翼产状划分

褶皱类型	轴面产状特征	两翼产状特征
直立褶皱	轴面近直立	两翼倾向相反，倾角近似相等
倾斜褶皱	轴面倾斜	两翼倾向相反，倾角不等
倒转褶皱	轴面倾斜	两翼向同一方向倾斜，一翼地层倒转
平卧褶皱	轴面近水平	一翼地层正常，另一翼地层倒转
翻卷褶皱	轴面弯曲的平卧褶皱	

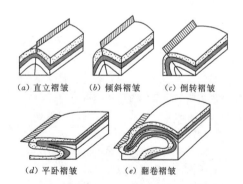

（a）直立褶皱　（b）倾斜褶皱　（c）倒转褶皱

（d）平卧褶皱　　（e）翻卷褶皱

图 3.1-3 根据轴面和两翼产状划分褶皱的类型

（2）根据褶皱面弯曲形态划分，见表 3.1-8 和图 3.1-4。

表 3.1-8 褶皱类型根据褶皱面弯曲形态划分

褶皱类型	形 态 特 征
扇状褶皱	两翼岩层倒转，转折端宽缓，横剖面呈扇形弯曲
箱状褶皱	两翼陡倾，转折端宽展，横剖面呈箱形
尖棱褶皱	转折端呈尖角状，两翼平直相交，横剖面呈锯齿状
挠曲	缓倾斜岩层突然变陡，横剖面呈膝状或台阶状弯曲

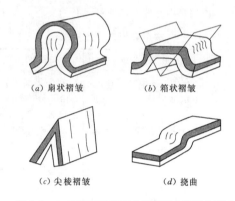

（a）扇状褶皱　　　（b）箱状褶皱

（c）尖棱褶皱　　　（d）挠曲

图 3.1-4 根据褶皱面弯曲形态划分褶皱的类型

（3）根据褶皱纵剖面和脊线产状划分。
水平褶皱：脊线（枢纽）为一水平线。
倾伏褶皱：脊线（枢纽）是倾伏的。
倾竖褶皱：脊线（枢纽）、轴面和两翼都近乎直立。
（4）根据褶皱的对称性划分。
对称褶皱：褶皱的轴面与包络面垂直，两翼的长度与厚度基本相等。
不对称褶皱：褶皱的轴面与包络面斜交，两翼的长度和厚度不相等。
（5）根据褶皱在平面上的出露形态划分，见表 3.1-9 和图 3.1-5。

表 3.1-9 褶皱类型根据平面出露形态划分

褶皱类型	褶皱平面出露形态特征
线性褶皱	长度与宽度之比大于 5:1，呈狭长形的褶皱
短轴褶皱	长度与宽度之比介于 5:1～3:1 之间的褶皱
穹窿构造	长度与宽度之比小于 3:1 的背斜构造
盆地构造	长度与宽度之比小于 3:1 的向斜构造

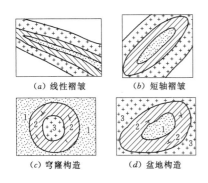

（a）线性褶皱 （b）短轴褶皱

（c）穹隆构造 （d）盆地构造

图 3.1-5 褶皱的类型（根据平面出露形态划分）
1、2、3—代表地层由老到新层序

3.1.2.3 断裂

断裂是指岩体在构造应力作用下所产生的破裂。根据断裂两侧岩层沿破裂面有无明显的相对位移，可分为节理、劈裂和断层三类。

1. 节理

节理是岩石中的裂隙，其两侧岩石未发生明显位移，是没有明显位移的断裂。节理是地壳上部岩石中最广泛发育的一种断裂构造。

（1）节理分类。

1）根据节理成因分类，分为原生节理和次生节理两大类。原生节理是成岩过程中形成的节理，如沉积岩中因缩水造成的泥裂或岩浆岩冷却收缩而成的柱状节理等。次生节理是成岩后形成的节理，包括构造节理和非构造节理，构造节理是由构造变形而成；非构造节理是由外动力作用形成的，如风化作用、山崩或地滑等引起的节理，常局限于地表浅部。

2）根据节理与岩层走向关系分为：走向节理、倾向节理、斜向节理、顺层节理。

3）根据节理与褶皱轴向关系分为：纵节理、横节理、斜节理。

4）根据节理力学性质分为剪节理和张节理两类，剪节理是由剪应力产生的破裂面，张节理是由张应力产生的破裂面，其特征见表 3.1-10。

表 3.1-10　　　　　　　　　　　节理力学性质分类及特征

类型	产状、延伸情况	节理面特征	张开或填充情况	发育情况
剪节理	产状较稳定，延伸较远，常穿切岩石中的硬质物或颗粒，如砾岩和砂岩中的砾石和砂粒等粒状物	节理面较平直光滑，常有擦痕	未被矿物质充填时闭合或稍张开，如被充填，脉宽较为均匀，脉壁较为平直	常组成共轭 X 形节理系，主剪裂面由羽裂组成
张节理	产状不甚稳定，延伸不远，常绕过岩石中的硬质物或颗粒	节理面粗糙不平，无擦痕	多张开，常被矿脉（石英、方解石脉等）充填，脉宽变化大，脉壁不直	常呈树枝状、网状，一组节理有时呈侧列状

（2）节理发育程度。在实际工作中，常根据节理密度评价岩体节理发育程度或岩体完整程度。节理密度是指垂直于节理走向上单位长度内的节理条数（条/m），也称为节理的线密度。根据线密度可划分岩体节理发育程度，具体见表 3.1-11。

表 3.1-11　节理发育程度分级

节理发育程度分级	间距 d /m	节理发育特征
不发育	$d \geqslant 2$	规则节理少于 2 组，延伸长度小于 3m，多闭合，无充填
较发育	$2 > d \geqslant 0.5$	规则节理 2~3 组，一般延伸长度小于 10m，多闭合，无充填，或有少量方解石或岩屑充填
发育	$0.5 > d \geqslant 0.1$	一般规则节理多于 3 组，延伸长短不均，多超过 10m，多张开、夹泥
极发育	$d < 0.1$	一般规则节理多于 3 组，并有很多不规则节理，杂乱无序，多张开、夹泥，并有延伸较长的大裂隙

（3）节理的调查方法。

1）测线法。测线法是在野外选定的露头上，用皮尺或测绳测量节理的出露位置，描述和记录节理产状、延伸长度、张开宽度、节理面特征和充填物情况的方法。测线法具有较好的测量精度及简单易行的优点。

2）统计窗法。统计窗法是在野外平面露头中，选取一定宽度和高度的矩形区域，作为调查节理分布及几何特征的方法，所有节理的调查内容均在此窗口中进行。与测线法相比，统计窗法的困难是准确确定每组节理。

（4）节理图及其应用。在工程实践中，为了应用的方便，地质工作者常将观测到的节理绘制成各种节理图，节理图最常见的有节理玫瑰花图、节理极点图和节理等密图，见表 3.1-12。

2. 劈裂

劈裂是指在构造应力作用下，岩体沿一定方向分裂成大致平行排列的密集（间距在几厘米以内）的细

表 3.1 - 12 节 理 图

图名		适用范围	优缺点	编制方法
节理玫瑰花图	节理走向玫瑰花图	反映节理走向和性质，用于节理走向的节理统计	编制简单，反映节理的走向和性质明显。但不能反映节理确切的产状，只能定性地用于构造分析等	（1）将所测量节理的走向按 10°或 5°分组，并统计每组节理的条数和平均走向。 （2）在标有方位的半圆上，按每组节理平均走向，自圆心引出直线，直线长度代表该组节理的条数。 （3）连接各组节理直线段端点（若某个方位组内无节理，则端点应与圆心相连）
	节理倾向倾角玫瑰花图	用于节理倾向的节理统计，特别是用于统计走向一致，倾向不同的共轭节理		（1）倾向节理玫瑰花图的编制同走向玫瑰花图，只需将走向换成倾向。 （2）倾角玫瑰花图的编制同上，只需将沿半径一定长度的线段换成代表各组节理的平均倾角，并用不同颜色区分表示
节理极点图		适用于各种条件，常用的投影网有等面积网（施氏网）和等角距网（吴氏网）	编制简单，能反映节理确切的产状，能定性地反映节理发育的优势方位	在等面积网上，半径方位代表节理倾向，半径长度代表节理倾角。按每条节理的倾向、倾角，在网上找到相应的半径与同心圆的交点，即该节理的投影极点
节理等密图		适用于各种条件	能定量地准确反映节理发育程度和优势方位	节理等密图是在节理极点图上编制的。若极点图是在等面积网上制作的，则用密度计统计节理极点；若节点图是在吴氏网上制作的，则用普洛宁网统计节理极点。在标有节理极点密度的透明纸上，用插入法绘出节理极点等值线，并将各等密度线区间的节理极点数换算成极点百分数

微破裂面，它是比节理更次一级的构造。劈裂的发育多见于受构造变动强烈的褶皱和断层带附近及某些变质岩中。

劈裂按其力学成因可分为流劈裂、破劈裂和滑劈裂三类，其特征见表 3.1 - 13。

表 3.1 - 13 劈裂的力学成因分类

名称	成 因	主要特征
流劈裂	在压应力作用下形成，性质上属塑性变形中的流变构造	矿物颗粒沿垂直于压应力方向平行排列，沿劈裂面易裂开，多发育在泥质软弱岩中，如板岩中的板状劈裂
破劈裂	剪应力造成，性质上属断裂构造	间距为几毫米至几厘米的密集剪裂隙，裂面间矿物颗粒无定向排列，多发育于脆性岩
滑劈裂	剪裂属流劈裂与破劈裂的中间类型	劈裂面附近矿物呈平行排列，在两劈裂面中间则无定向，多见于细粒层状泥岩，有微小位移

3. 断层

断层是岩层或岩体顺破裂面发生明显位移的构造。断层在地壳中广泛发育，是地壳中最重要的构造之一。断层常常构成一定地区的构造格架。

（1）断层的几何要素。断层的几何要素包括断层的基本组成部分及与阐明其错动性质有关的几何要素，包括断层面、断层线、断层带、断盘、断距等，见图 3.1 - 6。

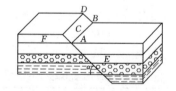

图 3.1 - 6 断层要素

AB—断层线；C—断层面；E—上盘；
F—下盘；DB—总断距；α—断层倾角

1）断层面。断层面是指岩层或岩体沿其发生相对位移的破裂面。断层面的空间位置用产状要素描述。断层面往往不是一个产状稳定的平直面，可以是沿走向和倾向均有变化的曲面。

2）断层线。断层线是指断层与地面的交线，即断层在地面的出露线。断层线的形态取决于断层面产状和地形。断层面越陡立，地形越平缓，则断层线越趋向直线状；反之，则趋向曲线状。

3）断层带。断层带包括断层破碎带和断层影响带，是指断层面之间的岩石发生错动破坏后，形成的破碎部分，以及受断层影响使岩层裂隙发育或产生牵引弯曲的部分。

4）断盘。断层面两侧沿断层面发生位移的岩体。当断层面倾斜时，位于断层面上侧的一盘为上盘，位于断层面下侧的一盘为下盘。当断层面直立时，则按断盘相对于断层面走向的方位描述为东盘、西盘或南盘、北盘。

5）断距。断层上下盘沿断层面发生相对位移的实际距离称为总断距；在垂直方向上的相对位移称为垂直断距；在水平方向上的相对位移称为水平断距。

（2）断层的基本类型。

1）按断层两盘相对位移分类。

正断层：上盘沿断层面相对下降，下盘则沿断层面相对上升。正断层的断层面倾角一般较陡，多在45°以上，而以60°～70°最为常见，见图 3.1-7（a）。断层带内岩石破碎相对不太强烈，角砾岩多带棱角。由两条或数条走向基本一致的正断层组合的形态有：地堑、地垒、阶梯状断层。

逆断层：上盘沿断层面相对上升，下盘则相对下降，见图 3.1-7（b）。逆断层断裂带较紧密，断层面呈舒缓波状，常出现擦痕和断层泥。根据断层面倾角大小分为：①冲断层（倾角大于45°）；②逆掩断层（倾角在45°～25°之间）；③辗掩断层（倾角小于25°）。逆断层中最常见的组合形态为叠瓦式构造。

平移断层：两盘沿断层面走向相对移动，见图 3.1-7（c）。

2）按断层面走向与地层产状的关系，分为走向断层、倾向断层、斜向断层、顺层断层。

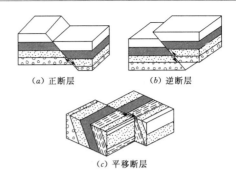

（a）正断层 （b）逆断层

（c）平移断层

图 3.1-7 断层的类型

3）按断层面走向与褶皱轴向的关系分为：纵断层、横断层、斜断层。

4）按断层的力学性质分类。

压性断层：由压应力派生的剪力作用形成，也称压性结构面，多呈逆断层形式，断层面为舒缓的波状，断裂带宽大，常有断层角砾岩。

张性断层：由张（拉）应力派生的剪力作用形成，也称张性结构面，多呈正断层形式，断层面粗糙，多呈锯齿状。

扭性断层：由扭（剪）应力作用形成，也称扭性结构面，并成对出现，断层平直光滑，常出现大量擦痕。

压扭性断层：具有压性断层兼扭性断层的力学特征，如部分平移逆断层。

张扭性断层：具有张性断层兼扭性断层的力学特征，如部分平移正断层。

（3）断层的识别。断层活动的特征会在产出地段的有关地层、构造、岩石或地貌等方面反映出来，这些特征即所谓的断层标志，它是识别断层的主要依据。具体见表 3.1-14。

表 3.1-14　　　　识别断层的标志

地貌标志	构造标志	断层面及破碎带	地层标志	岩浆活动和矿化作用
断层崖；断层三角面；错断的山脊；山岭和平原的突变；串珠状湖泊洼地；泉水呈带状分布	线状或面状地质体沿走向突然中断或被错移。构造强化现象，包括：岩层产状急变；节理化、劈理化带突然出现；小褶皱急剧增加；挤压破碎现象和各种擦痕；构造透镜体；揉皱带	断层面上擦痕一般表现为一端粗而深、一端细而浅的"丁"字形，其细而浅端和阶步的陡坎一般指示对盘的运动方向。断层面附近常形成断层角砾岩和断层泥，断层角砾岩由保持原岩特点的岩石碎块组成	地层的重复和缺失；沉积岩相和厚度的急变	切割较深的大断裂往往是岩浆和热液运移的通道和储聚场所，如岩体、矿化带或硅化等热液蚀变带沿一条线断续分布，一些放射状或环状岩墙也指示放射状或环状断裂的存在

（4）活动性断裂。

1）断裂活动直接判别标志。活断层可根据下列标志直接判定。

a. 错动晚更新世（Q₃）以来地层的断层。

b. 断裂带中的构造岩或被错动的脉体，经绝对年龄测定，最新一次错动年代距今 10 万年以内。活断层的活动年龄应根据：①断层上覆未被错动地层的年龄；②被错动的最新地层和地貌单元的年龄；③断层中最新构造岩的年龄综合判定。

c. 根据仪器观测，沿断裂有大于 0.1mm/a 的位移。

d. 沿断层有历史或现代的中、强震震中分布或有晚更新世以来的古地震遗迹，或者有密集而频繁的近期微震活动。

e. 在地质构造上，证实与已知活断层有共生或同生关系的断裂。

2）断裂活动间接判别标志。工程中可根据勘察确定的直接标志来判定断层活动性，但在实际工作中遇到上述有充分依据的情况是不多的，可寻找一些间接地质现象作为断层活动性的佐证。具有下列标志之一的断层，可能为活断层，应结合其他有关资料，综合分析判定。

a. 沿断层晚更新世以来同级阶地发生错位；在跨越断裂处水系、山脊有明显同步转折现象或断裂两侧晚更新世以来的沉积物厚度有明显的差异。

b. 沿断层有断层陡坎，断层三角面平直新鲜，山前分布有连续的大规模的崩塌或滑坡，沿断裂有串珠状或呈线状分布的斜列式盆地、沼泽和承压泉等。

c. 沿断层有水化学异常带、同位素异常带或温泉及地热异常带分布。

（5）中国新构造分区特征。中国新构造特点之一是不同区域的差异性，存在明显的分区现象。根据《中国岩石圈动力学地图集》（李志义等，1989），各区新构造特征简述如下。

1）中国西部在印度洋和欧亚板块直接碰撞和影响下，主压应力方向以北北东-北东为主，新构造运动表现为大幅度上升和块体间的明显水平位移，并形成特有的地壳结构和断裂系统。在地质地貌上可分为三个不同的新构造区，即板块碰撞强烈隆起区（喜马拉雅山）、雅鲁藏布江以北的面状强烈隆起区，以及昆仑-阿尔金以北的相对稳定地块与新生代造山带相间分布的大幅度断隆、断陷区（新疆大部及甘肃东北部）。

2）中国东部总的特点表现为幅度不等的断块差异运动。这种差异既表现在东西方向上，也表现在南北方向上。东西向的差异表现为明显的地貌台阶及地球物理和地质发展史等方面的不同，如大兴安岭、太行山及武陵山东侧即为一明显的地形台阶，并且表现为显著的重力梯度带。南北向的差异又使中国东部明显地分成华南、华北和东北三个大区。华南地区以幅度不大的整体抬升为主，主压应力方向为北西向，主要构造线方向以北北东-北东向为主。华北地区在第三纪早期形成大量北东向的裂谷构造（如渤海、汾渭地堑等），到晚第三纪及新构造时期在北东-北东东区域应力场作用下仍保持一定的活动性；在平面格局上主要表现为大范围的断块升降，同时又在广泛的沉降和抬升构造单元中形成次一级的雁行排列的新断陷。东北地区主要由大兴安岭、小兴安岭、东部山地隆起及松辽平原组成，差异运动幅度大大小于华北地区；但这里的岩浆喷发强烈，显示出不同的新构造运动表现方式。

3）中国的新构造特征是在印度洋板块、欧亚板块及太平洋板块的相互运动过程中塑造出来的。中国西部主要受印度洋板块与欧亚板块碰撞的影响，中国东部主要受太平洋板块向欧亚板块俯冲作用的影响，新构造应力场以水平应力为主，水平变形量与垂直变形量比值大约为 2～8。中国西部的上升和东部的下降均同巨大的挤压、走滑和张性运动断裂构造带相伴生，主要的新构造分区界线也由活动断裂构造带控制。喜马拉雅、青藏、川滇高原及其周围主要为规模巨大的挤压和走滑断层，而华北平原地区则广泛发育张性产状断层。中国大陆在东、西两个不同性质的板块碰撞和俯冲机制作用下，形成了特有的、相互联系的和有规律的新构造特征。

中国主要的活动构造带、活动断裂带及其特征见表 3.1-15。

表 3.1-15　　　　　　中国主要的活动构造带、活动断裂带及其特征

区域	构造带、断裂名称		新构造活动性质	主压应力及轴方向	主要地震活动
西部	喜马拉雅弧形带		为欧亚与印度洋板块缝合线，南坡以逆掩-辗掩断层为主，由北向南推覆；北坡以逆断层为主	NNE-NE，但弧内侧震源深度在 20km 以上为 NW-EW	
	唐古拉-川滇弧形带	西段：喀喇昆仑大断裂	右旋平移逆断层	NE	
		中段：唐古拉断裂	逆断层		
		东南段：川滇带	高角度逆断层，走向 NW-SN，沿断裂发育一系列串珠状挤压型盆地	一般为 NE	嵩明（$M=8$，1833 年） 炉霍（$M=7.9$，1973 年） 昭通（$M=7.1$，1974 年） 玉树（$M=7.1$，2010 年）

区域	构造带、断裂名称	新构造活动性质	主压应力及轴方向	主要地震活动
西部	昆仑-川西弧形带、昆仑北缘深断裂； 龙门山构造带	逆断层（具右旋性质），长1100km，走向EW； 逆掩断层（具右旋性质），走向N40°E	NNE‐NE，NWW	迭溪（$M=7.5$，1933年） 松潘（$M=7.2$，1976年） 汶川（$M=8$，2008年）
	祁连构造带	NW向逆断层发育，并有同向新褶皱		
	祁连山北缘断裂	平移逆断层，北侧河西走廊第四系沉积厚度达1000m以上，1932年昌马地震时，产生116km长的地震断层	NE	昌马（$M=7.6$，1932年）
	阿尔金断裂	左旋平移断层，长1600km，走向N50°E		
	新疆断块、可可托海-二台断裂	右旋平移逆断层	NE‐NNE	富蕴（$M=8$，1931年）
	天山北缘断裂	右旋平移逆断层		
	南天山-兴都库什阿尔金断层、西昆仑北缘深断层	逆断层； 左旋平移断层，走向N50°E	SN	
东部	华北区 银山地堑兰（州）-宝（鸡）断层	新生界沉积厚度大于3500m，有一条断层已切穿长城，走向NW		平罗银川（$M=8$，1739年） 海原（$M=7$，1920年） 华县（$M=8$，1556年） 临汾（$M=8$，1695年）
	华北区 渭河地堑 汾河雁行地堑系	新生界沉积厚度大于5000m； 新生界沉积厚度400～600m		
	华北平原 NE‐NEE向断裂系	新生界沉积厚度大于8500m，断块由一系列NE‐NEE向的张性或张扭性断裂组成	NE‐NNE	
	华北平原 营口-郯城、庐江断裂	右旋平移断层		郯城（$M=8.5$，1668年） 渤海（$M=7.4$，1969年） 海城（$M=7.3$，1975年）
	华北平原 太行山山前断裂（近EW向断裂）	张性或张扭性，太行山山前断裂长约620km，由一系列NE‐NNE向断裂左型斜列组成		邢台（$M=7.2$，1966年） 磁县（$M=7.5$，1830年）
	华北平原 阴山-燕山构造带	正断层，走向EW		唐山（$M=7.8$，1976年）

注 表中 M 为震级。

3.1.3 地质作用

地质作用就是形成和改变地球的物质组成、外部形态特征与内部构造的各种自然作用。分为内力地质作用与外力地质作用两类。

内力地质作用，主要以地球内热为能源并主要发生在地球内部，包括地壳运动、地震、岩浆作用、变质作用。外力地质作用，主要以太阳能以及日月引力能为能源并通过大气、水、生物因素引起，包括风化作用、剥蚀作用、搬运作用、沉积作用、固结成岩作

用。内力地质作用与外力地质作用都同时受到重力和地球自转力的影响。

3.1.3.1 地震

地震是大地的震动。地震作用指地震时地面运动对结构物所产生的动态作用，包括水平地震作用和竖向地震作用。

1. 地震分类

地震按震动性质分为天然地震、人工地震和脉动三类。对于天然地震常见分类见表3.1-16。

表 3.1-16　天然地震常见分类

分类依据	名称	特　征
按成因	构造地震	由地下岩层突然发生错断引起，全球 90% 以上的地震都属构造地震
	火山地震	由火山作用（喷发、气体爆炸）引起，约占全球地震的 7%
	陷落地震	由地层陷落引起，约占全球地震的 3%
按震源深度	浅源地震	震源深度小于 70km，破坏性最大的地震都属于浅源地震，约占全球地震总数的 90%，其震源深度多集中在地表以下 5~20km
	中源地震	震源深度 70~300km
	深源地震	震源深度大于 300km，已记录到的最深震源深度约为 700km
按震级	弱震	$M<3$
	有感地震	$3 \leqslant M \leqslant 4.5$
	中强震	$4.5<M<6$
	强震	$M \geqslant 6$，其中 $M \geqslant 8$ 的地震又称巨大地震
按震中距离	地方震	震中距离小于 100km
	近震	震中距离介于 100~1000km
	远震	震中距离大于 1000km

注　表中 M 为震级。

2. 地震震级

震级是表示地震本身的强度尺度，它取决于一次地震所释放的总能量。震级的计算是取距离震中 100km 处由标准地震仪记录的地震波最大振幅的对数值，即

$$M=\lg A$$

式中　M——震级；

A——标准地震仪在距离震中 100km 处记录到的以微米为单位的最大水平地动位移。

震级直接与震源释放的能量大小有关，震级 M 与地震释放能量 E 的关系见式（3.1-1）以及表 3.1-17。

$$\lg E=11.8+1.5M \qquad (3.1-1)$$

表 3.1-17　不同震级地震所释放的能量

震级 M	能量 E/J	震级 M	能量 E/J
0	6.3×10^4	5	2×10^{12}
1	2×10^6	6	6.3×10^{13}
2	6.3×10^7	7	2×10^{15}
2.5	3.55×10^8	8	6.3×10^{16}
3	2×10^9	8.5	3.55×10^{17}
4	6.3×10^{10}	8.9	1.4×10^{18}

3. 地震烈度

（1）地震烈度的概念。地震烈度表示地震对地表及工程建筑物影响或破坏的强弱程度。这种影响是通过人的感觉、物体反应、人工结构物的损坏、自然现象的变化等四大方面的宏观等级描述来标定的，通常用字母 I 表示。将地面上等烈度的点连成线，称为等震线。对一般的浅源地震，震中烈度（I_0）与震级（M）的关系见式（3.1-2），震中烈度与震级和震源深度的关系见表 3.1-18。

$$M=0.66I_0+0.98 \qquad (3.1-2)$$

表 3.1-18　震中烈度与震级和震源深度关系

震级 M	震源深度/km				
	5	10	15	20	25
	震中烈度				
2	3.5	2.5	2	1.5	1
3	5	4	3.5	3	2.5
4	6.5	5.5	5	4.5	4
5	8	7	6.5	6	5.5
6	9.5	8.5	8	7.5	7
7	11	10	9.5	9	8.5
8	12	11.5	11	10.5	10

（2）地震基本烈度及其演变。

1）地震烈度区划图。国家按照一定原则，以地震烈度为指标，对我国进行地震烈度区划，编制成地震烈度区划图，作为建设工程抗震设防依据。区划图中的标示烈度被称为"地震基本烈度"。我国从 20 世纪 50 年代开始至 90 年代，相继编制了三次地震烈度区划图。

2）地震动参数区划图。21 世纪初，以地震动参数（地震动峰值加速度和地震动反应谱特征周期）为指标编制了《中国地震动参数区划图》（GB 18306—2001），不再采用地震基本烈度。现行有关技术标准中涉及地震基本烈度概念的，应逐步修正。在技术标准等尚未修订之前，可以参照以下方法确定。

a. 抗震设计验算直接采用 GB 18306 提供的地震动参数。

b. 当涉及地基处理、构造措施或其他防震减灾措施时，地震基本烈度值可由《中国地震动参数区划图》查取地震动峰值加速度并由表 3.1-19 确定，也可根据需要做更详细的划分。

表 3.1-19　地震动峰值加速度分区与地震基本烈度值对照表

地震动峰值加速度分区	<0.05g	0.05g	0.10g	0.15g	0.20g	0.30g	≥0.40g
地震基本烈度值	<Ⅵ	Ⅵ	Ⅶ	Ⅶ	Ⅷ	Ⅷ	≥Ⅸ

3.1.3.2　风化作用

风化是指在外因作用下，岩石发生机械崩解或化学分解，变为松散的碎屑物及土壤。按照风化作用的性质和方式分为物理（机械）风化作用、化学风化作用和生物风化作用。

岩石按其风化程度的强弱分为新鲜、微风化、弱风化、强风化、全风化。

影响岩石风化的因素，除气候、地形、地下水等外界因素外，岩石本身的矿物化学成分和结构、构造都将使岩石风化程度和风化特征产生很大差异。

岩石抗风化能力大小首先取决于其矿物化学成分。常见造岩矿物相对的抗风化稳定性见表 3.1-20。

按岩石类型说，岩浆岩和变质岩抗风化能力低于沉积岩。一般细颗粒结构岩石、等粒结构岩石抗风化能力大于粗颗粒结构和不等粒结构岩石，且片状构造、薄层状构造岩石较易风化。自然界最易风化岩石是花岗岩、片麻岩、千枚岩、云母片岩、绿泥石片岩和泥质胶结的砂岩、板岩、黏土岩等。

表 3.1-20　常见造岩矿物相对的抗风化稳定性

相对稳定性	造岩矿物
极稳定	石英
稳定	白云母、正长石、微斜长石、酸性斜长石
不大稳定	普通角闪石、辉石类
不稳定	基性斜长石、碱性角闪石、黑云母、普通辉石、橄榄石、海绿石、黄铁矿、方解石、白云石、石膏、盐岩

3.1.3.3　剥蚀与搬运作用

剥蚀作用是指在外营力作用下，使地表岩石产生破坏并将其产物剥离原地的作用。剥蚀作用按方式分为机械、化学和生物剥蚀作用三种。按照作用营力的不同，剥蚀作用可进一步划分为地面流水、地下水、海洋、湖泊、冰川、风等的剥蚀作用。

地表风化和剥蚀作用的产物分为碎屑物质和溶解物质。它们除少量残留在原地外，大部分都要被运动介质搬运走。风化、剥蚀的产物被外营力搬运到他处的过程称为搬运作用，按方式分为机械（推移、跃移、悬移、载移）、化学（胶体溶液搬运、真溶液搬运）和生物搬运作用三种。常见营力剥蚀与搬运作用的特点见表 3.1-21。

表 3.1-21　常见营力剥蚀与搬运作用特点

营力类型	剥蚀与搬运作用方式	搬运作用特点	剥蚀作用特点	作用产物
地面流水	机械作用为主，化学作用	河流上游推移、跃移、悬移，中游跃移、悬移为主，下游悬移为主。洪流中推移、跃移、悬移；片流中推移、跃移为主	(1) 河流的侵蚀作用（下蚀、侧蚀）。 (2) 洪流的冲蚀作用。 (3) 片流的洗刷作用	(1) 河床加深、加宽、变弯曲、裁弯取直。 (2) 形成冲沟
地下水	化学作用为主	(1) 胶体溶液搬运。 (2) 真溶液搬运	岩溶作用	溶沟与石芽、溶洞、溶蚀漏斗
海洋（湖泊）	机械作用为主，化学作用	滨海以波浪推移搬运为主，在峡湾或潮汐通道以潮流悬移、跃移搬运为主，半深海与深海以洋流悬移搬运为主	(1) 海蚀作用（潮流、洋流）。 (2) 湖泊的剥蚀、搬运与海洋类似，但其动能比海洋小得多	(1) 海蚀凹槽、海蚀崖。 (2) 潮流侵蚀谷、潮水沟。 (3) 海底峡谷
冰川	机械作用	(1) 载移。 (2) 搬运能力很大	(1) 刨蚀作用。 (2) 挖掘、磨蚀作用	(1) 冰蚀谷、冰斗。 (2) 冰溜面、条痕石、羊背石
风	机械作用	(1) 悬移、跃移为主。 (2) 搬运能力小，但范围大	(1) 风蚀作用。 (2) 吹扬、磨蚀作用	(1) 风蚀洼地、风蚀湖。 (2) 风蚀残丘

3.1.3.4 斜坡重力作用

斜坡重力作用指在斜坡上的岩石或土的块体，在重力牵引下顺坡向下移动的地质作用。根据运动方式和速度，以及参与运动的物质属性，可将斜坡上的重力作用分为崩落作用、滑动作用、流动作用和蠕动作用。前三者运动速度都较快，后者运动速度很慢。

1. 崩塌

崩塌是指较陡斜坡上的岩土体在重力作用下突然脱离母体，崩落、滚动、堆积在坡脚的动力地质现象。依据崩塌体的物质成分，可分为土崩和岩崩两类。按照崩塌体的规模（由小到大），可分为剥落、坠落和崩落（规模很大的又称山崩）三种类型。

发生崩塌的地质条件有如下几个。

(1) 地形条件。一般发生在坡度大于 $60°\sim70°$ 的陡坡或陡崖处。地形切割强烈、高差大、反向坡的地形条件是发生崩塌的严重区域。

(2) 岩体介质类型。崩塌一般发生在厚层坚硬脆性岩体中。当斜坡由软硬相间的岩层组成时，因抗风化能力不同，软层受风化剥蚀而凹进，上覆硬层便悬空断裂而坠落；另外，还可因斜坡底座岩层软弱，产生沉陷或蠕动变形，引起上覆岩体拉裂错动而造成崩塌。

(3) 地质构造条件。节理、断裂发育部位，斜坡岩体易形成分离岩体，发生崩塌。大规模的崩塌经常发生在新构造运动强烈的、地震频发的高山地区。高陡斜坡被平行于坡面的裂隙深切，在重力作用下向外倾倒拉裂、折断而崩落。

除上述地质条件外，风化作用、降水、震动、采矿挖空等诱发崩塌的外界因素，均可造成或触发高陡边坡的崩塌。

2. 滑坡

滑坡是指斜坡上的岩土体在重力作用下沿一定的软弱面整体下滑的动力地质现象。

(1) 滑坡要素。滑坡发生后常形成一些特有的地质地貌形态，根据这些形态特征可以识别是否有滑坡体存在及其成因和稳定情况。

滑坡一般具有以下几个基本要素。

1) 滑坡体：指所有与原岩分离并向下滑动的岩土体。

2) 滑动面与滑动带：滑坡体沿稳定不动的岩土体下滑的分界面称滑动面，常沿着地质软弱面形成。滑动面上部受滑动揉皱而形成一定厚度的扰动带称滑动带。

3) 滑坡床：在滑动面之下未发生滑动的稳定岩土体。

(2) 滑坡形态特征。滑坡的形态特征是认识滑坡体的重要依据，它包括以下几种类型。

1) 滑坡台阶：由于滑坡体上下各段滑动速度不同或几个滑动面滑动时间不同，在滑坡体上形成的阶梯状地面。

2) 滑坡壁：滑坡体滑动后，与斜坡上方未发生滑动岩土体之间的分界线，常有擦痕出现。

3) 滑坡洼地：滑坡体与滑坡壁之间形成的月牙形洼地。

4) 滑坡舌和滑动鼓丘：滑坡体前缘形成的如舌状的伸出部分称为滑坡舌。滑坡体前缘受阻而隆起的小丘称为滑坡鼓丘。

此外，滑坡体滑动过程中，由于受力状况不同会产生不同性质的裂隙。

(3) 滑坡的分类及特征，见表 3.1-22。

表 3.1-22　滑坡的分类及特征

分类依据	名称	特征
按滑坡体物质组成	黄土滑坡	不同时期的黄土层中的滑坡，多群集出现，常见于高阶地前缘斜坡上
	黏土滑坡	岩土体本身变形滑动，或沿与其他土层接触面、基岩接触面滑动
	堆积层滑坡	各种不同性质的堆积层（洪积、坡积、残积）体内滑动，或沿基岩面滑动
	岩层滑坡	软弱岩层的滑坡，或沿同类基岩面、不同岩层接触面及岩体中的某些连续结构面的滑动
按滑动面与岩层层面关系	均质滑坡	发生在层理不明显的均质岩土体中，滑动面均匀光滑
	顺层滑坡	沿岩层面、裂隙面、基岩不整合面滑动，或沿残坡积体与基岩接触面滑动
	切层滑坡	滑动面与岩层面相切，常沿倾向斜坡外的一组结构面发生，多分布于逆向斜坡上
按滑坡力学性质	牵引式滑坡	滑坡体下部先行变形滑动，使上部岩土体失去支撑而变形滑动
	推移式滑坡	滑坡体上部先行滑动，挤压下部岩土体而促使下部变形滑动
	平移式滑坡	滑动面较平缓，始滑部位分布在滑动面的许多点，这些点同时滑动，然后逐渐发展连接起来

续表

分类依据	名称	特 征
按滑坡体厚度	浅层滑坡	滑坡体厚度小于 6m
	中层滑坡	滑坡体厚度介于 6～20m
	深层滑坡	滑坡体厚度大于 20m
按滑坡体规模	小型滑坡	滑坡体积小于 10 万 m^3
	中型滑坡	滑坡体积介于 10 万～100 万 m^3
	大型滑坡	滑坡体积介于 100 万～1000 万 m^3
	巨型滑坡	滑坡体积大于 1000 万 m^3
按形成时代	古滑坡	更新世或更早时代发生滑动，现今稳定的滑坡
	老滑坡	全新世以来发生滑动，现今稳定，可复活重新滑动的滑坡
	新滑坡	正在反复滑动或者停止滑动不久，仍然存在滑动危险的滑坡
	正在发展中滑坡	刚开始形成或正在形成的滑坡

3. 泥石流

泥石流是持续时间很短，突然发生的挟带有大量泥沙与石块等固体物质的一种特殊水流。

(1) 泥石流的形成条件。形成泥石流的基本条件有三个：陡峻的便于集水、集物的地形地貌；丰富的松散物质；短时间内有大量的流水来源。

1) 地形地貌条件。在地形上具备山高沟深、地势陡峻，沟床纵向降大、流域形态便于水流汇集。在地貌上，泥石流的地貌一般可分为形成区、流通区和堆积区三部分。上游形成区的地形多为三面环山、一面出口的瓢状或漏斗状，地形比较开阔、周围山高坡陡、山体破碎、植被生长不良，这样的地形有利于水和碎屑物质的集中；中游流通区的地形多为狭窄陡深的峡谷，谷床纵向降大，使泥石流能够迅猛直泻；下游堆积区的地形为开阔平坦的山前平原或河谷阶地，使碎屑物有堆积场所。

2) 松散物质来源条件。泥石流常发生于地质构造复杂、断裂褶皱发育、新构造活动强烈、地震烈度较高的地区。地表岩层破碎，滑坡、崩塌、错落等不良地质现象发育，为泥石流的形成提供了丰富的固体物质来源；另外，岩层结构疏松软弱、易于风化、节理发育，或软硬相间成层地区，因易受破坏，也能为泥石流提供丰富的碎屑物来源；一些人类工程经济活动，如滥伐森林造成水土流失，开山采矿、采石弃渣等，往往也为泥石流提供大量的物质来源。

3) 水源条件。水既是泥石流的重要组成部分，又是泥石流的重要激发条件和搬运介质（动力来源）。泥石流的水源由暴雨、冰雪融水和水库（池）溃决水体等形成。我国泥石流的水源主要是暴雨、长时间的连续降水等。

(2) 泥石流的分类。不同区域泥石流类型和特征不同，其对潜在危险对象的危害方式、破坏能力及影响程度均不同。如黏性泥石流危害主要以淤埋为主，稀性泥石流主要以冲刷为主；溃决泥石流洪峰流量放大，泥石流总量增多，堵河可能性增大。对泥石流进行明确分类，确定并制定出有针对性、合理的防治措施非常重要。泥石流的分类标准和方式也很多，其中主要包括以下几种分类方法。

1) 根据泥石流形成必备水源和物源条件划分。根据泥石流形成必备水源和物源条件分类见表 3.1-23。

表 3.1-23　按水源和泥石流物源条件分类

水体供给		土体供给	
泥石流类型	特征	泥石流类型	特征
暴雨泥石流	泥石流一般在充分的前期降水和当场暴雨激发下形成，激发雨量和实时雨强因不同沟谷而异	坡面侵蚀型泥石流	坡面侵蚀、冲沟侵蚀和浅层坍滑提供泥石流形成的主要土体。固体物质多集中于沟道中，在一定水力条件下形成泥石流
冰川泥石流	主要水源为融雪水、冰崩和冰川融水。冰雪融水冲蚀沟床，侵蚀沟岸而引发泥石流。有时也有降水的作用	崩滑型泥石流（混合型泥石流）	固体物质主要由滑坡、崩塌等重力侵蚀提供，也有滑坡直接转化为泥石流
		冰碛型泥石流	主要固体物质是冰碛物
溃决泥石流	由于水流冲刷、地震、堤坝自身不稳定性引起的各种拦水堤坝溃决和形成堰塞湖的滑坡坝、终碛堤溃决，造成突发性高强度洪水冲蚀而引发泥石流	火山型泥石流	主要固体物质是火山屑堆积物或喷发物
		弃渣型泥石流	形成泥石流的主要固体物质主要由开渠、筑路、矿山开挖的弃渣提供，是一种典型的人为泥石流

2) 按规模和暴发频率分类。按泥石流暴发频率可分为高频泥石流、中频泥石流、低频泥石流和极低

频泥石流，见表 3.1-24。按一次堆积物体积的大小可分为特大型、大型、中型和小型四个级别，见表 3.1-25。

表 3.1-24　按泥石流发生频率分类

高频泥石流	中频泥石流	低频泥石流	极低频泥石流
1 年多次至每 5 年 1 次	每 5~20 年 1 次	每 20~50 年 1 次	超过 50 年 1 次

表 3.1-25　按泥石流暴发规模分级

分级指标	特大型	大型	中型	小型
泥石流一次堆积总量/万 m³	>100	10~100	1~10	<1
泥石流洪峰流量/(m³/s)	>200	100~200	50~100	<50

3）按泥石流灾情与危害程度分类。泥石流的灾情与危害程度分级是根据泥石流灾害一次造成的死亡人数或经济损失为依据进行划分，共分为特大型、重大型、较大型和一般四个等级，见表 3.1-26。

表 3.1-26　按泥石流灾害灾情与危害程度分级

指标	特大型（特大）	重大型（大）	较大型（中）	一般（小）
伤亡人数/人	>30	10~30	3~10	<3
经济损失/万元	>1000	500~1000	50~500	<50
威胁人数/人	>1000	500~1000	100~500	<100

注　1. 根据《泥石流灾害防治工程勘查规范》（DZ/T 0220—2006）整理。

　　2. 潜在危险性等级的两项指标不在一个级次时，按从高原则确定灾度等级。

4）按泥石流产出的沟谷地貌特征分类。按泥石流产出的沟谷地貌特征分为坡面泥石流和沟谷泥石流，见表 3.1-27。

表 3.1-27　按泥石流沟谷地貌特征分类

类型	特征
坡面泥石流	（1）主要发生在 25°~30°的山坡，无恒定地域与明显沟槽，只有活动周界；是水土流失剧烈的表现形式。 （2）在同一坡面上可多处同时发生，成梳状排列。突发性强，无固定流路，往往可以进一步发育为沟谷型泥石流。 （3）物源以地表覆盖层为主，活动规模小，破坏机制更接近于塌滑。 （4）发生时空不易识别，成灾规模及损失范围小。总量小，分布空间广

续表

类型	特征
沟谷泥石流	（1）有明显的坡面和沟槽汇流过程，物源体主要来自坡面和沟槽两岸及沟床堆积物的再搬运，除在堆积扇上流路不确定外，在沟口以上基本集中归槽；以流域分水岭为周界，受沟谷制约。 （2）以沟槽为中心，形成区松散堆积体分布在沟槽两岸及河床上，崩塌、滑坡、沟蚀作用强烈，活动规模大。形成、堆积和流通区较明显，由洪水、泥沙两种汇流形成，更接近于洪水。 （3）根据山口大河所在区段的地形特征又可分为峡谷区泥石流沟和宽谷区泥石流沟。 （4）分布具有一定时空规律性，可识别，成灾规模及损失范围大；总量大，有一定的可知性，可防范

5）按泥石流体中的物质组成分类。按泥石流体中的物质组成可分为泥流型、泥石型和水石型，分类情况见表 3.1-28。

表 3.1-28　按泥石流物质组成分类

分类指标	泥流型	泥石型	水石型
密度/(t/m³)	≥1.60	≥1.30	≥1.30
物质组成	粉砂、黏粒为主，粒度均匀，98% 的粒径小于 2.0mm	可含黏粒、粉粒、砂粒、砾石、卵石、漂石，各级粒度很不均匀	粉砂、黏粒含量极少，多为大于 2.0mm 的各级粒度，粒度很不均匀（水沙流较均匀）
流体属性	多为非牛顿体，有黏性，黏度为 0.3~0.15Pa·s	多为非牛顿体，少部分可以是牛顿体。有黏性的，也有无黏性的	为牛顿体，无黏性
泥浆残留	有浓泥浆残留	表面不干净，有泥浆残留	表面较干净，无泥浆残留
沟床比降	较缓	较陡（>10%）	较陡（>10%）
分布区域	多集中分布于黄土及火山灰地区	广见于各类地质体及堆积体中	多见于火成岩及碳酸盐岩地区，风化不严重的火山岩、灰岩和花岗岩等基岩地区

6）按泥石流流体性质分类。按泥石流流体性质可分为稀性泥石流和黏性泥石流，见表 3.1-29。

表 3.1-29　按泥石流流体性质分类

性质	稀性泥石流	黏性泥石流
浆体组成	由不含或少含黏性物质组成	由富含黏性物质（黏土、小于 0.01mm 的粉砂）组成
浆体特征	黏度值小于 0.3Pa·s，不形成网格结构，不会产生屈服应力，为牛顿体	黏度值大于 0.3Pa·s，形成网状结构，产生屈服应力，为非牛顿体
粗颗粒组成	由大小石块、砾石、粗砂及少粉砂黏土组成	由大于 0.01mm 粉砂、砾石、块石等固体物质组成
流态	紊动强烈，固液两相做不等速运动，有垂直交换，有股流和散流现象。泥石流体中固体物质易出、易纳，表现为冲、淤变化大，无泥浆残留现象	呈伪一相层状流，有时呈整体运动，无垂直交换，浆体浓稠，浮托力大，流体具有明显的铺床减阻作用和阵发性运动，流体直进性强，弯道爬高明显，浆体与石块掺混好，石块无易出、易纳特性，沿程冲淤变化小，由于黏附性能好，沿流程有残留物
堆积物特征	有一定分选性，平面上呈龙头状堆积和侧提式条带状堆积；沉积物以粗粒物质为主，在弯道处可见典型的泥石流凹岸淤、凸岸冲的现象，泥石流过后即可通行	呈无分选泥砾混杂堆积，平面上呈舌状，仍能保留流动时的结构特征；沉积物内部无明显层理，但剖面上可明显分辨不同场次泥石流的沉积层面；沉积物内部有气泡，某些河段可见泥球，沉积物渗水性弱，泥石流过后易干涸
密度 /(t/m³)	1.3～1.8（1.6）	1.8～2.3

7）按泥石流活动性分类。目前泥石流危险性的划分主要根据泥石的活动情况及可能出现的灾情，将其危险性现状分为低、中、高、极高四个级别，见表 3.1-30。

4. 蠕变

蠕变是指斜坡岩体的蠕动变形现象，它是在上部岩体的重力作用下，使表部岩层发生长期而缓慢的变形及松动的现象，以层状岩体中最为发育。蠕变的力学含义是指在应力不变的条件下，应变随时间延长而增加的现象。

表 3.1-30　按泥石流活动性分类

泥石流活动特点	灾情预测	活动性分类
能发生小规模的极低至低频率泥石流	致灾轻微，不会造成重大灾害和严重危害	低
能够间歇性发生中等规模的泥石流，较易由工程治理所控制	致灾轻微，较少造成重大灾害和严重危害	中
能发生大规模的高、中、低频率的泥石流	致灾较重，可造成大、中型灾害和危害	高
能发生大规模的高、中、低、极低频率的泥石流	致灾严重，来势凶猛，冲击破坏大，可造成特大灾难和严重危害	极高

（1）蠕变发育阶段及其特征。蠕变随时间的延续大致分为以下三个阶段。

1）初始蠕变或过渡蠕变阶段，应变随时间增加而增加，但增加的速度逐渐变慢。

2）稳态蠕变或等速蠕变阶段，应变随时间增加而匀速增加，该阶段持续时间较长。

3）加速蠕变阶段，应变随时间增加而加速增加，直达破坏点。

一般应力越大，应变的总时间越短；应力越小，应变的总时间越长。但是每种材料都有一个最小应力值，应力低于该值时不论经历多长时间也不破裂，或者说蠕变时间无限长，这个应力值称为该材料的长期强度。一般岩石的长期强度约为其极限强度的 2/3。

（2）岩体蠕变基本类型。

1）倾倒：指反倾向或陡倾层状结构的边坡，岩层逐渐向外弯曲、倾倒的现象。

2）溃决：指顺倾向的层状结构边坡，岩层倾角与坡角大致相等，边坡下部岩层逐渐向上鼓起，产生层面拉裂或脱开的现象。

3）张裂：指双层结构的边坡，下部软岩产生塑性变形或流动，使上部硬质岩层发生扩张、移动张裂和下沉的现象。

（3）岩体蠕变破坏模式。

1）岩体挠曲变形：岩体无明显拉张破坏迹象，主要表现为连续的轻微挠曲变形，变形岩体与正常岩体无明显差别；弯曲蠕变体内，愈靠近地表岩体的弯曲蠕变程度愈严重。

2）岩层张裂、架空和错位：挠曲变形超过一定程度时，岩层被折断，在脆性岩层中形成架空结构或错位。

3）连续折断或阶梯状正断型错位：张裂错位进一步发展，强持力层被折断，在重力作用下产生向下位移，构成锯齿状或阶梯状错位，在宏观上形成比较连续的潜在折断滑动面。

4）倾倒变形：在泥板岩厚度大且集中的地段，由于岩层中的塑性变形大而张裂错位相对较少见，主要表现为逐步弯曲直至倾倒的变形过程。

5）滑坡：当倾倒变形折断面和错动面进一步发展，在条件成熟时形成滑坡。

岩体弯曲蠕变的内因是岩性和岩体结构。如层状结构岩体、厚薄不等、软硬相间、反坡向展布、层理面发育，是边坡岩体弯曲蠕变赖以进行的物质基础。外因是要具备弯曲变形空间和使岩体弯曲变形的力矩，形成弯曲变形空间和岩层弯曲变形的力矩需要有外因参与作用，包括构造作用、地下水、地表水、坡脚下切、地表形态和风化作用等。

3.1.4　矿物与岩石

3.1.4.1　矿物概述

矿物是指由地质作用所形成的天然单质或化合物，具有相对固定的化学组成，是组成岩石和矿石的基本单元。由于化学成分与结构不同，不同矿物有不同性质与特征，根据矿物的形态、光学与力学性质进行识别与鉴定。

（1）矿物形态。单体形态可分为一向伸长（如柱状、针状，集合体常为纤维状、毛发状）、两向延展（如板状、片状，集合体常为鳞片状）、三向等长（如立方体、八面体，集合体常为粒状、块状或土状）三类。

（2）光学性质。包括透明度、光泽、颜色、条痕。

（3）力学性质。包括硬度、解理、断口。

（4）其他性质。如密度、磁性等。

自然界中已发现的矿物有3300多种，但主要的和常见的造岩矿物仅有几十种，根据其化学成分可分为五大类，具体见表3.1-31。

表 3.1-31　　　　　　　　　常 见 矿 物 分 类

序号	分类		摩氏硬度								
			1～2	2～3	3～4	4～5	5～6	6～7	7～8	8～9	9～10
Ⅰ	自然元素		石墨、硫	金、银、铜		铂					金刚石
Ⅱ	硫化物	硫化物	辉钼矿、雄黄、雌黄	方铅矿、辉铜矿、辰砂	闪锌矿、斑铜矿	磁黄铁矿、黄铜矿	毒砂、白铁矿	黄铁矿			
		含硫盐		硫砷银、黝铜矿、硫锑铅矿	镍黄铁矿	磁黄铁矿					
Ⅲ	卤化物	氯化物		钾盐	岩盐、光卤石						
		氟化物		冰晶石	萤石						
Ⅳ	氧化物和氢氧化物	氧化物			软锰矿、沥青铀矿		钛铁矿、蛋白石、晶质铀矿、铬铁矿	磁铁矿、赤铁矿、金红石、锡石	石英、石髓、燧石、碧玉、玛瑙	刚玉、尖晶石	
		氢氧化物	铝土矿	氢氧镁石、三水铝石		水锰矿	针铁矿				
				褐铁矿		硬锰矿					

序号	分类		摩氏硬度								
			1~2	2~3	3~4	4~5	5~6	6~7	7~8	8~9	9~10
V	含氧盐	碳酸盐			方解石	白云石、文石、孔雀石、菱锰矿、蓝铜矿	菱镁矿、菱铁矿				
		硫酸盐		石膏、芒硝	无水芒硝	硬石膏、重晶石、明矾石					
		硅酸盐	滑石、叶蜡石、蒙脱石、蛭石、高岭石、石棉	绿泥石、海绿石、黑云母、白云母、金云母、蛇纹石	钠闪石	硅灰石、沸石、蓝晶石	斜方辉石、普通辉石、顽火辉石、透辉石、透闪石、角闪石、阳起石、白榴石	钾微斜长石、蓝晶石、透长石、正长石、斜长石、绿帘石、符山石、硅线石、橄榄石	锆石、绿柱石、红柱石、石榴子石、电气石、堇青石、十字石	黄玉	
		铬酸盐		铬铅矿							
		硼酸盐		硼砂							
		磷酸盐		铀云母		磷灰石	独居石				
		硝酸盐	钠硝石、钾硝石								
		钨酸盐				白钨矿、黑钨矿					

3.1.4.2 主要造岩矿物及其特征

主要造岩矿物特征见表3.1-32。

表 3.1-32　　　　　主要造岩矿物特征

色度	矿物名称	颜色	条痕	光泽	硬度	解理	断口	形态（单体）	形态（集合体）	其他特征	分布岩类及伴生矿物
浅色矿物	滑石	白、灰、淡黄、淡绿	白	油脂、珍珠	1	完全	贝壳状	六方或菱形片状	块状	极软、有柔性、具滑腻感	蛇纹岩等超基性岩、白云岩和富镁结晶片岩
	石膏	白、灰、黄褐、红	白	玻璃、绢丝	1.5~2	完全或极完全	参差或平坦	板状、条状	纤维状、粒状、块状	可溶于盐酸，略溶于水，遇盐酸不起泡	黏土岩、石灰岩或泥灰岩与黏土相伴生的沉积矿床中，常见于金属硫化物矿床的氧化带中
	蒙脱石	白、浅灰、粉红、淡绿			2~2.5	完全			土状	具滑腻感、浸水后膨胀	由基性岩浆岩及凝灰岩在碱性介质条件下风化而成的黏土矿物
	高岭石	白、黄、淡蓝	白		2~3.5	无	土状		土状、块状	有滑感、黏性	为长石等铝硅酸盐矿物在低温、低压及酸性介质中的风化产物
	伊利石	白		油脂	2~3	完全		细小片状	土状、块状	有油脂感	白云母风化成黏土矿物的中间过渡产物，是组成黏土或黏土岩的主要矿物成分

色度	矿物名称	颜色	条痕	光泽	硬度	解理	断口	形态 单体	形态 集合体	其他特征	分布岩类及伴生矿物
浅色矿物	白云母	白、灰	白	珍珠、玻璃	2.5～3	极完全		假六方形板状和柱状	鳞片状	绝缘，薄片半透明，具弹性	多产于中酸性侵入岩中，其碎片常出现在碎屑岩中
	方解石	白、灰	白	玻璃	3	完全（菱形）		菱面体	晶簇粒状、钟乳状	性脆，遇盐酸剧烈起泡	为石灰岩和大理岩的主要造岩矿物，或为中、低温热液矿床的脉石填物及岩溶区洞穴堆积，如石灰华、钟乳石
	白云石	白、灰、浅黄	白	玻璃	3.5～4	完全		菱面体晶面有挠曲	粒状、块状	遇热盐酸有反应，具条纹	为白云岩的主要造岩矿物，为盐度较高的原生海物沉积，但大量的系由石灰岩被含镁溶液置换形成，也可作为金属矿脉的脉石矿物出现
	正长石	肉红、浅黄、灰白	白	玻璃	6	完全	平整	短柱、厚板状	块状		酸性、中性或碱性岩浆岩、变质岩、沉积岩
	斜长石	白、灰	白	玻璃	6～6.5	完全	平整	板状、柱状	粒状	性脆，解理面上可见红蓝、绿等色条纹	分布极广，各类岩浆岩、片岩、片麻岩和混合花岗岩等变质岩及沉积岩中都有分布
	石英		乳白	油脂、玻璃	7	完全	贝壳状	六方柱和菱面体聚形	晶簇粒状、块状	性脆，坚硬，抗风化能力强	普遍
暗色矿物	石墨	黑、铁灰	黑	金属	1～2	极完全		六方薄板状	鳞片状土状	重量轻，有滑感，可在纸上书写，薄片具挠性，良导电性	煤层或含沥青质、碳质的沉积岩，经区域变质或接触变质的变质岩，以及岩浆岩与灰岩的接触带
	绿泥石	浅绿、深绿	浅绿	玻璃、珍珠	2～2.5	完全		假六方板状、片状	鳞片状	有滑腻感，薄片具挠性	产于结晶片岩（如绿泥石片岩）及各种中、低温热液蚀变岩中，与滑石、蛇纹石等共生
	黑云母	黑、棕、绿	白	珍珠、玻璃	2.5～3	极完全		假六方片状、板状、柱状	鳞片状	薄片半透明，有弹性，不良导体	酸性、中性岩浆岩及片麻岩、结晶片岩中
	辉石	黑绿、褐绿	白带绿	玻璃	5～6	完全		八边形短柱	粒状		基性岩浆岩，少数见于中性岩浆岩，与斜长石、橄榄石、角闪石等共生
	角闪石	绿、褐、黑	白带绿	玻璃	5.5～6	完全		六边形长柱	纤维状、粒状		酸性岩浆岩及深变质岩中
	黄铁矿	金黄、浅黄	黑	玻璃	5～6.5	无	参差状	立方体	粒状、块状	晶面上常有三组正交斜纹、风化褐色，燃烧时有臭味	矿脉及接触带中，各类岩均可见

续表

色度	矿物名称	颜色	条痕	光泽	硬度	解理	断口	形态 单体	形态 集合体	其他特征	分布岩类及伴生矿物
暗色矿物	橄榄石	橄榄绿	淡绿	玻璃、油脂	6.5~7	不完全	贝壳状	短柱、厚板状	粒状	性脆，在绿色矿物中是硬度较大的	基性、超基性岩浆岩中，也可见于变质岩及岩浆岩与灰岩、白云岩的接触带中，常与辉石、角闪石、基性斜长石、铬铁矿、磁铁矿共生，不与石英共生

3.1.4.3 岩石成因及分类

岩石按成因可分为岩浆岩、沉积岩和变质岩三大类。

1. 岩浆岩

岩浆岩是由岩浆侵入地壳或喷出地表冷凝固结形成的岩石，根据岩浆岩产状特点（图3.1-8），分为侵入岩和喷出岩两大类。在地表以下冷凝的称侵入岩，依其侵入地壳中的部位可分为深成岩（大于3km）和浅成岩（0.5~3km）。喷出地表冷凝的称喷出岩（又称火山岩），包括熔岩和火山碎屑岩。

岩浆岩通常按其成因、产状和岩石的化学与矿物成分进行分类和定名，主要岩浆岩分类见表3.1-33。

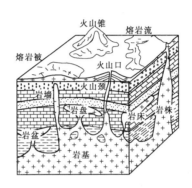

图 3.1-8　岩浆岩产状示意图

表 3.1-33　主要岩浆岩的分类

酸基性			超基性	基性	中性		酸性
SiO$_2$含量/%			<45	45~52	52~65		>65
颜色			黑	黑、灰黑	灰、灰绿	肉红、灰红	肉红、灰、灰白
化学成分			含铁、镁为主		含硅、铝为主		
矿物成分	主要矿物		橄榄石、辉石	辉石、斜长石	角闪石、斜长石	正长石	石英、正长石
	次要矿物		角闪石	角闪石、橄榄石、黑云母	辉石、黑云母	角闪石、黑云母、辉石	黑云母、角闪石
产状	构造	矿物特性 结构	无长石	斜长石多于正长石		正长石多于斜长石	
			无石英	石英极少（含量小于10%）		石英含量大于15%	
喷出岩	火山锥	流纹气孔杏仁层状块状	玻璃质	火山玻璃岩（黑岩、珍珠岩、松脂岩、浮岩等）			
	熔岩流		隐晶质或斑状	玄武岩	安山岩、安山玢岩	粗面岩	流纹岩
浅成岩	岩脉、岩墙、岩床、岩盘	块状	伟晶、斑状细粒	煌斑岩		细晶岩	伟晶岩
			斑状、细粒	辉绿岩、辉绿玢岩	闪长玢岩、细粒闪长岩	正长斑岩	石英斑岩、花岗斑岩
深成岩	岩盆、岩株、岩基	块状、条带状	中—粗粒	橄榄岩、辉石岩	辉长岩	闪长岩	正长岩	花岗岩

2. 沉积岩

沉积岩是在地壳表层，由风化作用、生物作用、火山作用及其他地质营力作用下改造的物质，经搬运、沉积、成岩等地质作用形成的岩石。常见沉积岩分类见表 3.1-34。

表 3.1-34 常见沉积岩的分类

岩类		岩石名称		碎屑粒径 /mm	物质成分	结构特征	其他特征
碎屑岩类	火山碎屑岩类	凝灰岩		＜2	火山碎屑物（岩屑、晶屑、玻屑）	碎屑结构	火山灰胶结
		火山角砾岩		2~100	熔岩角砾、火山碎屑、火山灰		
		火山集块岩		＞100	火山碎屑、熔岩块、火山灰		
	沉积碎屑岩类	砾岩、角砾岩		＞2	岩屑、矿物碎屑	砾状结构	分选差
		砂岩	粗砂岩	2~0.5	石英、长石、云母、岩屑	砂状结构	有一定分选，颗粒均匀
			中砂岩	0.5~0.25			
			细砂岩	0.25~0.05			
		粉砂岩		0.05~0.005		粉砂状结构	
黏土岩类		高岭石黏土岩		＜0.005	以高岭石为主	泥质结构	遇水易软化
		蒙脱石黏土岩			以蒙脱石为主		加盐酸起泡，遇水膨胀
		泥岩			黏土矿物、碎屑矿物、自生矿物以及有机质	泥质、粉砂泥质结构	遇水易软化
		页岩					易剥成页状、片状
化学和生物化学岩类		泥灰岩			黏土矿物与碳酸钙质混合物	隐晶质结构、微粒结构	加冷稀盐酸起泡
		石灰岩			以方解石为主	结晶粒状、鲕状结构	
		白云岩			以白云石为主	隐晶质结构、碎屑结构	加热盐酸起泡

3. 变质岩

变质岩是指在变质作用条件下，使地壳中已经存在的岩石（可以是岩浆岩、沉积岩及先成的变质岩）变成具有新的矿物组合及结构、构造特征的岩石。变质作用分为：区域变质作用、接触变质作用（包括热接触变质作用、接触交代变质作用）、动力变质作用、混合岩化作用。

变质岩常具有某些特征性矿物，这些矿物只能由变质作用形成，包括红柱石、蓝晶石、夕线石、硅灰石、石榴子石、滑石、十字石、透闪石、阳起石、蓝闪石、透辉石、蛇纹石、石墨等。这些矿物可作为鉴定变质岩的重要标志。常见变质岩的分类见表3.1-35。

3.1.5 第四纪地质

3.1.5.1 第四纪地层的划分

第四纪地层的划分，可以根据古气候、古生物、古人类与考古及地貌发育阶段等标志作为依据来进行，我国第四纪划分综合对比表见表3.1-36，主要区域第四纪地层见表3.1-37。

表 3.1 - 35   常 见 变 质 岩 的 分 类

变质作用类型		岩石名称	主要矿物	结构、构造
接触变质	热接触变质	角岩	董青石、红柱石、石榴子石等	细粒粒状变晶结构，块状构造
		大理岩	方解石、白云石，常含硅灰石、透闪石、透水石等	粒状变晶结构，块状、条带状构造
		石英岩	石英含量大于 75%，常含长石、云母、绿泥石、海绿石等	粒状变晶结构，块状构造，有时具定向构造
	接触交代变质	矽卡岩	钙、镁硅酸盐矿物为主，石榴子石、辉石、符山石、硅灰石等	粒状、柱状、放射状变晶结构，块状、斑杂状构造
		蛇纹岩	蛇纹石为主，含磁铁矿、橄榄石、辉石、滑石等	隐晶质、显微鳞片或纤维结构，块状、带状、交代角砾状构造
		云英岩	石英、白云母为主，含黄玉、电气石、萤石等	鳞片变晶结构，块状构造
区域变质		板岩	绢云母、绿泥石、石英、长石等	致密隐晶质、变余结构，板状构造，具片理
		千枚岩	绢云母、绿泥石、石英、长石等	鳞片、斑状变晶结构，千枚状构造
		片岩	云母、绿泥石、角闪石、透闪石、阳起石、石英、长石等	鳞片、粒状、柱状变晶结构，片状构造
		片麻岩	长石、石英、云母、角闪石为主，含石榴子石、夕线石、电气石等	鳞片、粒状变晶结构，片麻状构造，变晶粒度大于 0.5mm
		变粒岩	长石、石英为主，含石榴子石、角闪石、辉石等	细粒、等粒变晶结构，块状构造，变晶粒度小于 0.5mm
		角闪岩	角闪石、斜长石为主，含石英、黑云母、绿帘石、透辉石等	柱状、粒状变晶结构，块状构造，变晶粒度变化较大
		麻粒岩	长石、紫苏辉石、透水石、石英为主，含石榴子石、橄榄石等	粒状变晶结构，块状、眼球状构造
动力变质		构造角砾岩	各种矿物，与原岩密切相关，常见少量新生矿物绢云母、绿泥石、绿帘石、方解石等	碎裂角砾结构
		碎裂岩		碎裂、碎斑结构
		糜棱岩		糜棱、碎斑结构，眼球状、片麻状构造
混合岩化		混合岩	脉体数量在 15%～50% 之间，混合岩化作用中等	交代结构明显，眼球状、条带状、片麻状构造等
		混合片麻岩	脉体数量大于 50%，混合岩化作用强烈	具各种交代结构构造
		混合花岗岩	基体基本消失，混合岩化作用很强烈	具各种交代结构构造

表 3.1 - 36　　　　　　　　　我国第四纪划分综合对比表

地质时代	古气候	哺乳动物		华北地文明	人类文化		考古期	距今年代/万年
		华北	华南					
全新世		四不像鹿动物群		皋兰期	现代人		铁器时代 铜器时代 新石器时代 中石器时代	
晚更新世	雨期	山顶洞动物群，萨拉乌苏动物群（纳玛象-晚期鬣狗）	资阳动物群（新人，猛犸象动物群）	板桥期	山顶洞人 资阳人	晚旧石器时代	山顶洞文化	—1.2—
	Ⅲ间雨期			马兰期	长阳人 马坝人	中旧石器时代	河套文化 丁村文化	—15—
	Ⅲ雨期			清水期	河套人 丁村人			—20—
中更新世	Ⅱ间雨期	Ⅱ′₂间雨期	周口店动物群（北京猿人-肿骨鹿动物群）	万县动物群（大熊猫-剑齿象动物群）	周口店期	北京猿人	早旧石器时代	周口店文化	—40—
		Ⅱ₂雨期							
	Ⅱ雨期	Ⅱ′₁间雨期							
		Ⅱ₁雨期			渑水期	蓝田猿人			—60—
早更新世	Ⅰ′间雨期	泥河湾动物群（长鼻三趾马-真马动物群）	柳城动物群（巨猿动物群）	泥河湾期 汾河期	元谋猿人		西候度遗址	—100—
	Ⅰ雨期							—200—

3.1.5.2　第四纪堆积物特点

第四纪堆积物与其他地质时期的沉积物不同，具有以下特点。

（1）陆地上第四纪堆积物除在特殊条件下固结坚硬外，一般呈松散状态或半固结状态。

（2）在松散堆积物中，生物化石保存较丰富，在海相地层中，微体生物遗体化石分布广泛。

（3）第四纪堆积物因受内力地质作用、外力地质作用、地貌、岩石性质、气候、水文等因素影响，形成不同类型的堆积物，所以无论在地层性质、厚度以及空间分布上都多变化。有时在很短的距离内，同一时代的堆积物相变较大，有时在同一层位中所含的化石也很不稳定。第四纪堆积物在形成时，同时遭受外界营力破坏，很难保存其原始状态，由于地貌部位遭受到破坏，使得第四纪堆积物处于不同高度，增加了地层对比的困难。

（4）第四纪是人类出现与发展的时代，人类化石与文化遗址成为第四纪地层的重要标志之一，是研究第四纪地质的重要内容。

3.1.5.3　第四纪堆积物成因分类

第四纪堆积物的成因类型见表 3.1 - 38。不同成因类型的第四纪堆积物特征见表3.1 - 39。

表3.1-37　　我国主要区域第四纪地层

地质时代	吉林	松辽平原	华北	黄河中游	河西走廊	滇东北	川西	粤西	江西	长江三角洲
全新世（统）Q_4	冲积层	近代冲积、湖积，温泉河组	冲积层	次生黄土和砂砾层，北部有风成砂	河床冲积层，风成沙丘、山前坡积层	冲积层厚28～45m	冲积层：含沙金、厚数米至十余米	冲积层	河流沉积黏性土、砂砾	残积、坡积、洪积和冲积物等
晚（上）更新世（统）Q_3	顾乡屯组新黄土；诺敏河组；吉舒冰碛层	诺敏河组；哈尔滨组；五大连池玄武岩组	马兰组	马兰黄土：疏松质地均匀，具大孔隙，垂直节理，厚20～40m	黄土状土：厚10m，小于度0.08m；湖沼相及化学沉积，厚80m；戈壁砾石层	龙街粉砂层：底部具角砾，厚35m；棕黄色土、砂土，砂黏土互层，厚5～10m；湖积层	成都黏土：含钙质，胶结性、结核	田洋组（石壁组）	庐山冰碛组：松散的泥砾	下蜀黄土：黏性土，中部有钙质核，下部有铁质胶结膜与锈斑，结核状、块状石灰结核；底部常夹砾石；厚13～18m
中更新世（统）Q_2	上老黄土；小丰满玄武岩；东富水冰碛层	大青沟组：粉砂、细砂层，厚60～140m；荒山组：黏性土，厚度2～15m	周口店洞穴堆积，角砾、砂、砾土与黏土的互层；陕县组：红角砾及砂砾，厚17～50m	离石黄土：红色黄土，上部致密下部松软，厚90～100m；陕县组：砂和砾互层，厚10～20m	酒泉胶结砾石层，有时夹条带状黏土和砂层，厚5～105m	石灰华、河组：河上盖钙华层，厚2m；棕色黏土、棕色砂类土，厚2m；黑隆江胶结砾石层：胶结砾石成，无层次，下部泥灰质，1.5m泥灰层	江北与卵石砂粒组成，无层次，胶结坚固；雅安散砂黏土与砂胶结的砾石，厚20～50m	湖光岩组：砾石砂层夹砂及黏土（火山岩）	大姑冰碛层：红色泥砾多，具黄石条网纹	网纹红土：上部无网纹，铁质核结核富集，厚度小于3m；中部白条网纹，厚30m；下部泥砾，厚1～2m
早（下）更新世（统）Q_1	青杨木沟组；白土山组	罗家窝棚组；白土山组	泥河湾组：砂、泥灰岩、玄武岩、砾石砂夹土层，厚125m；三门组：砾石砂夹土厚30m	午城黄土：致密坚硬，厚15～20m；三门组：黏土、泥及砂土夹透镜状砂，厚60～80m	玉门砾石层：夹有透镜状砂层，厚100～650m	元谋组：黏土、砂岩及砾石层，厚57～156m		北海组	鄱阳冰碛层：泥砾，网纹状黏土	雨花台组：砾石层夹砂层或透镜体，常见玛瑙，厚20～40m

表 3.1-38 第四纪堆积物的成因类型

成因	成因类型	主导地质作用
风化残积	残积	物理、化学风化作用
重力堆积	坠积	较长期的重力作用
	崩塌堆积	短促间发生的重力破坏作用
	滑坡堆积	大型斜坡块体重力破坏作用
	土溜	小型斜坡块体表面的重力破坏作用
大陆流水堆积	坡积	斜坡上雨水、雪水间由重力的长期搬运、堆积作用
	洪积	短期内大量地表水流搬运、堆积作用
	冲积	长期的地表水流沿河谷搬运、堆积作用
	三角洲堆积（河、湖）	河水、湖水混合堆积作用
	湖泊堆积	浅水型的静水堆积作用
	沼泽堆积	潴水型的静水堆积作用
海水堆积	滨海堆积	海浪及岸流的堆积作用
	浅海堆积	浅海相动荡及静水的混合堆积作用
	深海堆积	深海相静水的堆积作用
	三角洲堆积（河、海）	河水、海水混合堆积作用
地下水堆积	泉水堆积	化学堆积作用及部分机械堆积作用
	洞穴堆积	机械堆积作用及部分化学堆积作用
冰川堆积	冰碛堆积	固体状态冰川的搬运、堆积作用
	冰水堆积	冰川中冰下水的搬运、堆积作用
	冰碛湖堆积	冰川地区的静水堆积作用
风力堆积	风积	风的搬运堆积作用
	风-水堆积	风的搬运堆积作用后，又经流水的搬运堆积作用

表 3.1-39 不同成因类型的第四纪堆积物特征

成因类型	堆积方式及条件	堆积物特征
残积	岩石经风化作用而残留在原地的碎屑堆积物	碎屑物由表部向深处逐渐由细变粗，其成分与母岩岩性密切相关，一般不具层理，碎块多呈棱角状，土质不均，具有较大孔隙，厚度在山丘顶部较薄，低洼处较厚，厚度变化较大

续表

成因类型	堆积方式及条件	堆积物特征
坡积或崩积	风化碎屑物由雨水或融雪沿斜坡搬运；或由本身重力作用堆积在斜坡上或坡脚处形成	碎屑物岩性成分复杂，与斜坡高处的岩性组成直接相关，碎屑物从坡上向下逐渐变细，分选性差，层理不明显，厚度变化较大，厚度在斜坡较陡处较薄，在坡脚地段较厚
洪积	由暂时洪流将山区或高地的大量风化碎屑物携带至沟口或平缓地带堆积形成	具有一定分选性，但往往颗粒大小混杂，碎屑多呈次棱角状，洪积扇顶部颗粒较粗，层理紊乱呈交错状，透镜体及夹层较多，边缘颗粒较细，层理清楚，其厚度一般离山区或高地近处较大，远处较小
冲积	由长期地表水流搬运，在河谷、冲积平原和三角洲地带堆积形成	一般在河流上游颗粒较粗，向下游逐渐变细，分选性和磨圆度较好，水平层理或交错层理清楚，除牛轭湖及某些河床相沉积外，厚度较稳定
冰积	由冰川融化携带的碎屑物堆积或沉积形成	粒径相差较大，无分选性，磨圆度差，一般不具层理，因冰川形态和规模的差异，厚度变化大
淤积	在静水或缓慢的流水环境沉积，并伴有生物、化学作用而成	颗粒以粉粒、黏粒为主，且含有一定数量的有机质或盐类，一般土质松软，有时为淤泥质黏性土、粉土与粉砂互层，具清晰的薄层理
风积	在干旱气候条件下，碎屑物被风吹扬搬运，降落堆积形成	主要由粉粒或砂粒组成，土质均匀，质纯，具有大孔隙，结构松散

3.2 地 貌 基 础

3.2.1 概述

地貌即地球表面各种形态的总称，是内、外营力对地壳综合作用的结果。地表形态多种多样，成因也不尽相同，并且是不断变化发展的。变化发展受构造运动、外营力和时间三个因素的影响。构造运动造成了地表的起伏，控制了海陆分布的轮廓及山地、高原、盆地和平原的地域配置，决定了地貌的构造格架。而外营力（流水、风力、太阳辐射能、大气和生物的生长和活动）地质作用，通过多种方式，对地壳表层物质不断地进行风化、剥蚀、搬运和堆积，从而形成了现代地面的各种形态。

按成因、形态及发展过程的不同又划分为不同的地貌单元。在第四纪沉积发育的地区，研究地貌的形态和成因更有特殊的意义，因为不同类型的地貌形态，往往控制着第四纪成因类型的岩性、岩相和结构的变化。例如：①不同的地貌单元代表不同的成因类型，而成因不同决定着沉积物的物质组成和分布特点；②不同地貌单元或同一地貌单元的不同部分呈现不同的地层组合特点，洪积扇的山前部分（锥顶相）以粗粒为主，而冲积平原普遍具有上细下粗的二元结构；③不同地貌单元或同一地貌单元的不同部分一般属于不同的地质时代，不同时代的土层固结度、强度有显著差别；④不同地貌单元的分界往往与土体工程地质单元相吻合；⑤不同地貌单元或同一地貌单元的

不同部位地下水埋藏、分布和补给、径流、排泄条件则各不相同，如洪积扇的山前锥顶相富含潜水，中间相和边沿相往往存在层间承压水或有自流泉水出露。掌握了不同地貌单元的分布特征，有助于指导工程地质和水文地质工作的开展。

3.2.2 地貌类型及划分

由于地貌形态、内外营力及其发育过程的复杂性，目前尚没有一个完全统一的分类方案，一般采用形态分类和成因分类方法。按形态划分的地貌类型见表 3.2 - 1。

表 3.2 - 1　　　　　　　　　　　　　按形态划分的地貌类型

类型	名称			绝对高度 /m	相对高度 /m	备　　注
陆地地貌	山地		极高山	>5000	>1000	其界线大致与现代冰川和雪线相等
		高山	高山	3500~5000	>1000	以构造作用为主，具有强烈的冰川刨蚀切割作用
			中高山		500~1000	
			低高山		200~500	
		中山	高中山	1000~3500	>1000	以构造作用为主，具有强烈的剥蚀切割作用和部分的冰川刨蚀作用
			中山		500~1000	
			低中山		200~500	
		低山	中低山	500~1000	500~1000	以构造作用为主，受长期强烈剥蚀切割作用
			低山		200~500	
	丘陵			<500	<100	丘陵与低山的差别不在于绝对高度的大小，而在于相对高度和形态上的不同
	高原			>600		
	平原	高平原		200~600		
		平原		0~200		
	洼地			海面以下		
海底地貌	大陆边缘	大陆架		0~-200		分布在大陆边缘浅海区海底平原
		大陆坡		-1400~-3200		分布在大陆架外缘，宽 20~90km 不等，最大坡度有达 20°以上者
		大陆基		-2000~-5000		分布在大陆坡与大洋盆地之间，为大陆坡麓堆积物所覆盖
		岛弧		海面以上		如太平洋西部边缘所见的呈弧形分布的岛屿群
		海沟		-6000 以下		一般分布在岛弧靠大洋一侧，为长条状的巨型洋底洼地
	大洋盆地洋中脊	深海盆地		-4000~-5000		山形开阔，其中最平坦部分称深海平原
		海山、海峰、平顶山和海底高地		海面以下		分布于深海盆地或深海平原中的高地，其中孤立的锥形海山称海隆，部分海山顶部被波浪削平，称海底平顶山（盖约特），比较开阔隆起区称海底高地
		洋中脊			高出海底 2000~4000	大洋底部巨大线状的隆起，连绵数万千米，宽 1000km 以上
		中央裂谷				洋中脊中间的裂谷深 1000km

按成因划分：根据外营力划分，有斜坡堆积地貌、流水地貌、风成地貌、黄土地貌、喀斯特地貌、冰川地貌、海岸地貌等。根据内营力划分，有大地构造地貌、褶曲构造地貌、断层构造地貌、火山与熔岩

流地貌等。

中国陆地地貌的主要类型见表 3.2 - 2。

表 3.2 - 2　　　　　　　　　　　中国陆地地貌的主要类型

类型		成因	特征	分布地区举例
堆积平原	冲积平原	河流沉积	地势开阔平坦，通常是由很厚的淤积层组成，有个别的丘陵突出在平原之上	华北平原、东北平原、渭河平原、汾河平原、河套平原
	湖积平原	湖泊淤积	位于现代湖泊边缘或古代湖泊遗址。常与冲积平原混杂而形成湖积冲积平原或冲积湖积平原，如江汉平原、鄱阳湖滨平原	兴凯湖北峰平原、罗布泊附近
	洪积平原	间歇性暂时水流搬运沉积	地面倾斜，组成物质比较粗，与冲积平原常组成混合类型的洪积冲积平原或冲积洪积平原	天山山麓、太行山麓
	海成平原	海底上升	见于海边狭窄地带，面积不大，地表多为滨海相沉积物	
剥蚀地貌	平原	各种外营力将风化疏松物质运走而形成	地表有起伏，覆盖层薄，颗粒粗，可见残丘突露	山东低山外围
	高平原	剥蚀平原隆起形成		呼伦贝尔高平原
	高原	地势强烈隆起形成		黔西高原
黄土地貌	黄土塬	古地形控制或洪积成因	地表平坦，周围有深沟	陕西、陇东、山西黄土高原
	黄土丘陵	古地形控制及黄土堆积后的侵蚀作用	为黄土覆盖的波状起伏的地形	六盘山以西、甘肃中部
侵蚀山地	高山中山低山	河流侵蚀作用为主	分布于轻微上升地区	大兴安岭、小兴安岭、东北东部，秦岭、大巴山、南岭、横断山南部
岩溶山地	中山低山	碳酸盐类岩石溶蚀和侵蚀作用	主要发育于轻微隆起地区，形成峰林、漏斗、落水洞等岩溶地貌	广西、贵州、滇东
冰川、寒冻、泥流作用高山		冰川、寒冻、泥流作用	分布在强烈隆起地区，山顶、山谷有常年积雪和冰川，古代冰川遗迹分布很广	喜马拉雅山、喀喇昆仑山、西藏高原（指具有山脉的高原）
干燥剥蚀作用山地（中山、低山）		干燥剥蚀作用	受极端大陆气候影响，山地物理风化作用强烈、山坡有很厚的岩屑和乱石堆，坡度陡，地表分割不强烈	河西走廊北山地区
火山地貌		第三纪和第四纪火山喷发	现在地表仍很少被破坏，多成为熔岩台地、高原和具有波状起伏的分割轻微的高原，即台原地形	长白山区、张家口、坝上一带

3.2.3　主要地貌类型及特征

3.2.3.1　构造剥蚀地貌

1. 山地

按高程和起伏度特征定义为海拔 500m 以上、相对高差 200m 以上的高地，起伏大，坡度陡峻，沟谷幽深，一般多呈脉状分布，是一个众多山所在的地域，有别于单一的山或山脉。进一步细分为极高山、高山、中山和低山，见表 3.2 - 1。

按构造形态分为断块山、褶皱断块山、褶皱山。

（1）断块山。由于断裂作用上升形成的山地称为断块山。断块山最初形成时具有完成的断层面和明显

的断层线，断层面成为山前陡崖，断层线则是谷底的轮廓线。断层崖坡面受风化剥蚀，断层崖后退，坡度变缓，如被沟谷切割破坏，残留的断层崖形成三角形的崖面，崖底的断层线也被巨厚的碎屑物所覆盖。

（2）褶皱断块山。在构造形态上具有被断裂作用分离的褶皱岩层，曾经是构造运动剧烈和频繁的地区。

（3）褶皱山。具有背斜或向斜构造的山地，构造形态上并不复杂，除了简单的背斜或向斜曲外，有时还有次生的小褶曲。山脉走向常与褶皱轴的方向一致，在向斜构造的褶皱山区，河流常沿向斜轴部发育

成狭长的沟槽地形。在背斜构造的褶皱山区，由于背斜轴部张节理发育容易遭受风化剥蚀，同样也容易产生狭长的槽沟地形。

2. 丘陵

丘陵是经过长期剥蚀切割、外貌成低矮而平缓的起伏地形。其绝对高度小于 500m，相对高度小于 200m。丘陵地区基岩一般埋藏较浅，顶部常直接裸露，风化一般严重，有时表层为残积物掩盖；谷底堆积有较厚的洪积物、坡积物或冲积物等；在边缘地带常堆积有结构松散的新近堆积物。丘陵地区地下水的分布较复杂，一般丘顶部分无地下水，边缘和谷底常有上层滞水或潜水型的孔隙水。

3. 剥蚀残山（丘）

低山在长期的剥蚀过程中极大部分的山地都被夷平成为准平原，但在个别地段形成了比较坚硬的残丘，称为剥蚀残山，一般常成几个孤零屹立的小丘，有时残山与河谷交错分布。

4. 剥蚀准平原

低山经过剥蚀和夷平，外貌显得更为低缓平坦，具有微弱起伏的地形，分布面积一般不大，基岩常裸露地表，低洼地段覆盖有不厚的残积、坡积物。剥蚀平原的地下水一般埋藏较深，或只有一些上层滞水，地下水位随地形起伏而略有起伏。

3.2.3.2 斜坡堆积地貌

1. 坡积裙

坡积裙是由山坡上的面流将碎屑物搬运至山麓地带，并围绕坡脚堆积而成的裙状地貌。坡积裙的物质组成直接来源于山坡，因此，一般分选性差，大小颗粒混杂在一起，有时由于重力作用，粗颗粒堆积在临近山麓，细颗粒则堆积在稍远的位置。

2. 倒石堆

倒石堆是斜坡上岩土体在重力作用下，突然地、迅速地向坡下垮落的崩积物所形成的半锥形体地貌，平面形状大多呈半圆形或三角形，有时多个倒石堆连接在一起呈带状。倒石堆的表面纵剖面坡度除与岩屑本身的休止角有关外，与岩屑下部基坡的坡度大小也有关系，基坡缓，倒石堆的坡度也缓。组成倒石堆的物质多为大小不一、棱角分明的碎石，结构松散、杂乱、无层序，一般较大的岩块可以滚落到倒石锥的边缘部位，而一些较小的碎屑多堆积在倒石堆的顶部。随着山坡坡度逐渐平缓，崩塌作用也逐渐减小，崩塌的碎屑也变小，所以倒石堆发育的后期，其表面堆积的则是比较小的岩屑。实际工作中，如果发现组成倒石堆物质是大块碎石，而且山坡很陡，说明倒石堆正在发育，如果倒石堆表面大多为细小岩屑，并有植物生长，甚至发育了土壤，而且山坡也比较平缓，说明

倒石堆不再发育，山坡停止崩塌。

3. 滑坡圈谷

滑坡圈谷是斜坡上的岩土体在重力、水和其他有利于滑动的因素作用下沿着一定的软弱面整体缓慢滑动形成的一种地质地貌，也即由滑坡形成的地貌。

3.2.3.3 流水地貌

地表流水在陆地上是塑造地貌最重要的外动力，在流动过程中，不仅能侵蚀地面形成各种侵蚀地貌（如河谷和冲沟），而且把侵蚀的物质经搬运后堆积起来形成各种堆积地貌（如冲积平原），这些由流水作用形成的侵蚀和堆积地貌统称为流水地貌。主要包括河谷地貌、暂时性流水地貌、冲积平原、河口区地貌等。

1. 河谷地貌

（1）河谷。河谷是由水流侵蚀作用形成的长条形凹地，由谷底、谷坡和谷缘（或谷肩）组成。谷底包括河水占据的河床和河水能淹没的河漫滩，特大洪水能淹没的部分称高漫滩；谷坡是由河流侵蚀作用形成的岸坡，它可能是单纯的侵蚀坡，也可能发育有河流阶地，谷坡常受重力作用改造；谷缘是谷坡上的转折点（或带），它是计算河谷宽度、深度的标志。

河谷分类见表 3.2-3，河谷横剖面结构如图 3.2-1 所示。

河谷地貌单元分类见表 3.2-4。

表 3.2-3　　河谷分类

分类原则	河谷类型		基本特征
按发育阶段	少年期河谷	隘谷	谷坡陡峻或近于直立，河谷上部宽度和谷底大致相同，谷底极窄，且全被水所淹没
		障谷	两侧谷坡较隘谷分得开，但仍为陡壁，谷底较隘谷为宽，坡麓具有陡壁或缓坡，常有基岩或砾石滩露出水面以上
		峡谷	横剖面呈 V 形，两壁较陡峭，常有阶梯状陡坎，谷底出现岩滩及砂砾滩洪积冲积物，大多数峡谷的谷底被水淹没
	壮年期河谷		横剖面呈不对称的 U 形，河床只占谷底一小部分，侧向侵蚀为主，河曲发育，晚期有牛轭湖生成，原始地形受到强烈破坏
	老年期河谷		河谷宽阔，结构复杂，有阶地、蛇曲、牛轭湖，两岸谷坡常不对称，堆积作用特别显著

续表

分类原则	河谷类型		基本特征
按地质构造	横向谷（横谷）		河谷延伸方向与岩层走向正交（60°～90°）
	斜向谷（斜谷）		河谷延伸方向与岩层走向斜交（30°～60°）
	纵向谷（与岩层走向一致）	背斜谷	沿着背斜褶皱轴的方向延伸的河谷
		向斜谷	沿着向斜褶皱轴的方向延伸的河谷
		单斜谷	沿着单斜构造的地层走向发育的河谷
	断层谷		沿断层发育的河谷
	地堑谷		沿地堑构造发育的河谷
按成因	侵蚀河谷		由地表水切割成的河谷
	构造河谷		由地壳错动产生的低地，后又经水流作用形成的河谷
	火山河谷		分布在火山裂隙处，后又经水流作用形成的河谷
	冰川河谷		经过冰川作用形成的河谷
	岩溶河谷		岩溶地区地表水、地下水活动形成的河谷

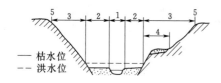

— 枯水位
-- 洪水位

图 3.2 - 1　河谷横剖面结构图
1—河床；2—河漫滩；3—谷坡；4—阶地；5—谷肩

表 3.2 - 4　河谷地貌单元分类

地貌单元	特征
河床	河谷中枯水期水流所占据的谷底部分。由于受河流侧向侵蚀作用而弯来弯去，经常改变河道的位置，河床底部的冲积物就复杂多变。一般来说，山区河流河床底部大多为岩石或大粒径的碎石、卵石，但由于侧向侵蚀的结果常带来大量的细小颗粒，并可能有软土存在。特别是当河流两侧有许多冲沟交叉时，冲沟支叉带来的细小颗粒往往和河流挟带的粗大颗粒交错在一起使河床下的堆积物变得复杂化。 平原地区河流的河床一般有河流自身堆积的细颗粒物质组成。 河床在发展过程中，由于不同因素影响侵蚀和堆积作用，在河床中形成各种地貌，如浅滩、深槽、沙坡、山地基岩河床中的壶穴和岩槛

续表

地貌单元	特征
河漫滩	河流洪水期淹没的河床以外的部分。平原河流河漫滩发育，较宽广，常分布在河流两侧，或只分布在河流的凸岸，山地河谷狭窄，洪水期水位高，河漫滩的相对高度比平原河流的河漫滩要高，宽度也较小。 河流上游，河漫滩往往由碎石卵石所构成，且处于不稳定状态，再一次洪水到来时可能被冲走；河流中游，河漫滩一般由砂性土组成，河流下游，河漫滩一般由黏性土组成。河漫滩地下水位一般较浅，在干旱地区往往形成盐渍地。由于河流挟带的碎屑物不断地堆积在河流的两侧，有时靠河床一侧的河漫滩地形较其他部分高，河漫滩上的低洼部分则逐渐形成河漫滩湖泊或河漫滩沼泽地
牛轭湖	又称弓形湖，是曲流发展中被遗弃的一段河流，是河流产生蛇曲的结果，由河流发展过程中"裁弯取直"而成，在枯水和平水期牛轭湖内长满水草，渐渐淤积成为沼泽。在洪水期，有时就与河流相接成为溢洪区。牛轭湖一般是泥炭、淤泥堆积的地区
河谷阶地	地壳上升、河流下切形成的阶梯台状地貌。多分布在凸岸一侧，沿河往往分布不连续。超出最新的河漫滩的阶地为一级阶地，其上分别为二级、三级等

河谷发展成牛轭湖示意见图 3.2 - 2，河谷阶地分布及形成示意见图 3.2 - 3。

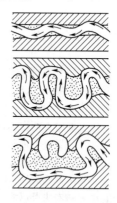

图 3.2 - 2　河谷发展成牛轭湖示意图

（2）河谷阶地。河谷阶地由阶面、阶坡（侵蚀陡坎）、前缘、后缘等组成，河流阶地的形态类型是根据阶面与阶坡组成物质、阶地基座高度和阶地冲积层时代与接触关系划分的，分为侵蚀阶地、堆积阶地和两者过渡的基座阶地三类 7 种。河谷阶地分类见表 3.2 - 5，河谷阶地类型示意见图 3.2 - 4，图中Ⅰ、Ⅱ、

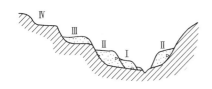

图 3.2-3 河谷阶地分布及形成示意图

Ⅰ、Ⅱ—堆积阶地；Ⅲ—基座阶地；Ⅳ—侵蚀阶地

Ⅲ、Ⅳ分别为一级、二级、三级、四级阶地代号。

表 3.2-5 河谷阶地分类

分类		基 本 特 征
侵蚀阶地		全由基岩组成，仅阶地面上有时保存有极少的冲积物，常分布在山区及新构造上升剧烈地区的河流两岸
基座阶地（侵蚀堆积阶地）		常见于山区及新构造上升较剧烈的河流，河流切割深度超过原有冲积层厚度形成，阶面和阶坡上部为冲积物组成，阶坡下半部露出基岩
堆积阶地	上叠阶地	河流在切割河床堆积物时，河流的切割深度逐渐变小，侧向侵蚀也不能达到原有的范围，致使新的阶地堆积物质置在较老的阶地冲积物之上
	内叠阶地	河流在切割河床堆积物时，切割深度超过了原有堆积物的厚度，甚至切割了基岩，而新堆积的阶地范围和厚度一次比一次小，使新的冲积阶地套叠在较老阶地之内
	嵌入阶地	后期河床比前一期河床下切要深，阶面和阶坡都为冲积物组成，阶地斜坡无基岩出露，不同时代冲积物呈嵌入切割接触，低阶地阶面高于高阶地基座面
	掩埋阶地	地壳下降，早期阶地被新的冲积物或新的阶地所掩埋，老的阶地称为掩埋阶地，阶地的结构复杂
	坡下阶地	由于斜坡重力作用，被近期重力堆积物或坡积层掩埋的各种阶地

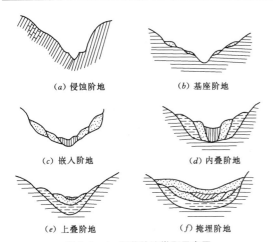

(a) 侵蚀阶地　　(b) 基座阶地

(c) 嵌入阶地　　(d) 内叠阶地

(e) 上叠阶地　　(f) 掩埋阶地

图 3.2-4 河谷阶地类型示意图

2. 暂时性流水地貌

在降水、融雪之后，在暂时性片流及洪流作用下所产生的各种地貌类型称为暂时性流水地貌，主要类型见表 3.2-6。

表 3.2-6 暂时性流水地貌类型

分类		基 本 特 征
侵蚀地貌	纹沟	由斜坡上片状水流汇聚成的细流对坡面侵蚀而造成，纹沟相互穿插，呈网状
	细沟	规模不大，宽度小于0.5m，深度0.1~0.4m，长度数米至数十米，坡度平缓，在平面上呈大致平行的线状，纵剖面与所在坡地表面的坡度一致
	切沟	宽度、深度可达1.2m，有明显的谷缘，横剖面在上游呈V形，下游呈U形，纵剖面多呈阶梯状，有明显的跌水陡坎、纵坡与所在坡面不一致
	冲沟	沟谷加深，向源侵蚀作用明显。沟头出现陡坎，同时，面旁蚀作用加强，使沟谷两侧发生崩塌，沟谷加宽、沟坡较陡
	坳沟	纵剖面上陡坎被展平，至上凹形曲线，向源侵蚀和下蚀作用逐渐减弱，仅侧向侵蚀使沟谷继续加宽，沟底平坦，甚至生长植物，又称干沟
堆积地貌	洪积扇	山区洪流沿沟谷流出山口时，流速减小，搬运能力急剧减弱，洪流搬运的碎屑物质在山口逐渐堆积下来，形成洪积扇。一般呈由山口向山前倾斜的半圆扇形锥状堆积体。沉积物扇顶较组，至扇缘变细，磨圆度及分选性大部分较好，孔隙大，透水强
	冲积锥	体积不太大，表面弯曲相当大，曲率半径小，组成圆锥体的角度大；沉积物顶部由角砾、砾石、砂等粗碎屑组成，分选性差，下部和边缘由砂壤土和壤土等组成。小冲积锥有时大小混杂无分选性。一般透水性较弱。地下水面高，有泉点出露
	山前洪积平原	暂时性流水在山前堆积了大量的洪积物，这些洪积物与山坡上面流水所携带的坡积物堆在一起，形成宽广的山前倾斜平原。在新构造运动上升区，洪积扇向平原方向移动，山前平原不断扩大，如果山区上升过程中曾有过几次间歇，在山前平原上就产生高差明显的山麓阶地

3. 冲积平原

巨大型河流的中下游，河谷非常开阔，发生大量堆积而形成的广阔平原称冲积平原。在新构造运动表现为长期沉降的条件下，堆积了巨厚的第四系沉积物，且以细粒为主。根据地貌部位和作用营力可分为山前平原、中部平原和滨海平原。

（1）山前平原是从山前到平原的过渡带，成因上属冲积型。

（2）中部平原是冲积平原的主要部分，沉积物以冲积为主，夹有湖相沉积及风成堆积。中部平原坡度较缓，河流分叉，水流流速小，沉积物颗粒较细。洪水时，河水往往溢出河谷，大量悬浮物也随洪水一起溢出，首先在河谷两侧堆积成天然堤，天然堤随每次洪水上涨而不断增高。如果天然堤不破坏，河床也将继续淤高，最后甚至高于河道之间的冲积平原，形成地上河。在河道之间的低洼地，常形成湖泊或沼泽。有时天然堤被洪水冲溃，河流沿决口处改道，形成很大范围内的决口扇。洪水退去后，决口扇上的砂粒被风吹扬，形成沙丘和沙地，如我国豫东地区大面积的沙丘和沙地就是黄河南岸多次决口带来的砂料再经风的作用形成的。冲积平原上的河道经常改道，在平原上留下古河道的遗迹，并常保留沙堤、沙坝、迂回扇、牛轭湖、决口扇和洼地等地貌。由于地壳不断沉降，被埋藏的古河道赋存丰富的地下水，是浅层地下水的主要含水层。我国华北平原是由黄河、淮河、海河形成的冲积平原。

（3）滨海平原成因属冲积-海积平原，其沉积物颗粒很细，因周期性的海潮侵入陆地，形成海积层和冲积层相互叠压现象。在滨海平原常有大面积湖沼和海岸沙堤或贝壳堤、潟湖、沙嘴等地貌。

　4. 河口区地貌

河流入海或入湖地段是河流与海洋或湖泊相互作用的区域，称为河口区。如果河流带来的泥沙超过海洋或湖泊的搬运能力，形成向海或湖突出的堆积体，平面形态像一个尖顶向陆的三角形，称为河口三角洲地貌，按其地貌特征又可分为三角洲平原、三角洲前坡、三角洲外缘海底三个地貌单元。如果河流、海洋或湖泊的侵蚀作用大于河口区的堆积作用，则形成一个喇叭形的河口，称为三角湾或三角港地貌。

3.2.3.4　大陆停滞水堆积地貌

大陆停滞水堆积地貌是湖泊堆积和沼泽堆积作用形成的，地貌类型见表3.2-7。

表 3.2 - 7　大陆停滞水堆积地貌分类

类型	成因与特征
湖阶地	呈环形或半环形绕湖分布，其成因与气候变化或构造运动有关。若湖泊底部由于不均匀的堆积则可造成湖阶地的不对称耳状分布。湖阶地成因与气候变化或构造运动有关
湖泊平原	由于地表水流将大量的风化碎屑物带到湖泊洼地，使湖岸堆积、湖边堆积和湖心堆积不断地扩大和发展，形成了大片向湖心倾斜的平原，称湖泊平原。 湖泊平原由于是在静水条件下堆积起来的，淤泥和泥炭的总厚度很大，其中往往夹有数层很薄的水平层理的细砂和黏土夹层，很少见到圆砾或卵石。土的颗粒由湖岸向湖心逐渐变细。湖泊平原上地下水位一般都很浅，土质软弱
沼泽地	湖泊洼地中水草茂盛，大量有机物在洼地中积聚，久而久之产生了湖泊沼泽化，当喜水植物逐渐长满了整个湖泊洼地，便形成了沼泽地。 在平原河流弯曲地段，容易产生沼泽地，大多曾是河漫滩湖泊和牛轭湖的地方。当河流流经沼泽地时，由于沼泽地的土质松软，侧向侵蚀强烈，河道往往迁回曲折，有时形成许多小的牛轭湖。 山区山坡较平缓的堤段，由于地表水排泄不畅，或由于地下水的出露，亦可形成沼泽地

3.2.3.5　岩溶地貌

岩溶作用是指地表水和地下水对可溶性岩石进行以化学溶蚀为主，机械侵蚀和重力崩塌作用为辅，引起岩石的破坏及物质的带出、转移和再沉淀的综合地质作用。由岩溶作用所形成的地表形态、地下洞穴系统，称为岩溶地貌。岩溶地貌又称喀斯特（Karst）地貌，在我国分布非常广泛。广西桂林峰林和云南路南石林皆闻名于世。岩溶地貌的主要类型见表3.2-8。

表 3.2 - 8　　　　　　　　　　　岩溶地貌的主要类型

名称	成因	类型	特征
溶沟	地表水对可溶岩表面裂痕溶蚀和侵蚀而成的凹槽		宽度十余厘米到数百厘米，深以米计，长度不等
石芽	溶沟之间残留的"石脊"和"笋状"的石柱	山脊式	状如尖刀，深为1～2m，沟很窄
		棋盘格式	溶沟沿两组裂隙发育，所留的石脊交叉排列
		石林式	石柱非常高大、陡峭，高达数十米，密布如林
漏斗	地表为圆形或椭圆形、上大下小、形如漏斗的洼地，为地表水沿垂直裂隙溶蚀或由溶洞顶崩塌而成	碟状漏斗	深度较浅，约为开口直径的1/3或更小
		漏斗状漏斗	形如漏斗，深度和宽度相差不大
		井状漏斗	形如井，深度比宽度大得多，壁陡峭，底部常有落水洞

名称	成 因	类型	特 征	
落水洞	地表洼地底部通向地下暗河或溶洞的通道，宽度小，深度大；大小不一，形态不同	缝隙状落水洞	形态很狭长	
		井状落水洞	形态如井	
		竖井状落水洞	宽度和深度均较井状落水洞为大，深度可达百米	
溶蚀洼地	由大规模的盲谷发展而成，或是由相邻的漏斗逐渐扩大加宽合并而成		在峰林和峰丛之间呈封闭或半封闭的洼地，平面形态为圆形或椭圆形，长轴常沿构造线发育，面积达数平方米至数十平方千米，洼地底部高低不平，有厚度不等的残余红黏土及冲积红黏土	
坡立谷	溶蚀洼地进一步发展而成，又称溶蚀平原，代表岩溶发展的后期阶段	溶蚀坡立谷	岩溶洼地的扩大、合并，溶洞、暗河顶部的崩塌；盲谷的加深、扩大而成	底部平坦、冲积层发育，四周有时发育有峰林地形，平原内部峰林稀疏，只有孤峰、溶丘
		构造陷落坡立谷	在构造陷落谷的基础上，岩溶继续发育而成，四周为断层崖	
峰林	可溶岩侵蚀成柱形和锥形的陡峭山峰，高可达百米以上，内部发育其他岩溶地貌	孤峰	孤立分布	
		群峰	成群分布	
		丛峰	根部相连的峰林	
		残林	矮小、分散、孤立的石峰，进一步发育成残丘	
天生桥	两相邻的漏斗或落水洞扩大时，于洞顶残留下的部分		跨越于溶洞顶或峡谷上的天然岩桥	
溶洞	由地下水的溶蚀、侵蚀及崩塌所形成的地下洞	水平溶洞	洞身延伸近于水平	
		阶梯式溶洞	水平溶洞与落水洞相连接而成	
		倾斜溶洞	近河谷地段及顺倾斜岩层面发育	
		盲洞	溶洞只有一个出口	
		穿洞	溶洞有两个出口	
盲谷	当地表河流流入落水洞时，下游断流的河谷		水流的末端被相当大的台阶所阻挡，台阶下有落水洞	
干谷	河水沿岩溶通道流入地下，使地表河流干涸成干谷	干谷	全年无水	
		半干谷	谷底岩溶发育程度不高，在暴雨季节或地下水排泄不畅时，干谷有水	
		悬谷	原有的干谷，因近期地壳上升而高悬于现代深切峡谷之上	
暗河	又称地下河，是具有主要河流特征的位于岩溶区地下的有水通道		位于地下水位以下，常与干谷相伴生	
岩溶湖	岩溶区与岩溶作用有成因联系的湖泊	地表岩溶湖	由漏斗、坡立谷等被黏土充填后积水成湖或岩溶上升泉出口处的洼地积水成湖	
		地下岩溶湖	位于地下水面以下的深潭。枯水季节积水成湖或位于饱气带的水平溶洞洞底被黏土充填而积水成湖	

岩溶地貌也和其他成因地貌一样，有其产生、发展和消亡的过程，即从幼年期、青年期、壮年期发展到老年期，从而完成一个岩溶旋回。

（1）幼年期。可溶性岩石裸露，地表流水开始对可溶岩进行溶蚀作用，地表常出现石芽、溶沟及少量漏斗。

（2）青年期。河流进一步下切，河流剖面逐渐趋于均衡剖面，地表水绝大部分转为地下水，这时，漏斗、落水洞、干谷、盲谷、溶蚀洼地广泛发育，地下溶洞也很发育，有许多地下河。

（3）壮年期。地表河流受下部不透水岩层阻挡，或地表河下切侵蚀停止，溶洞进一步扩大，洞顶发生塌陷，许多地下河转为地上河，同时发育许多溶蚀洼地、溶蚀盆地和峰林。

（4）老年期。当不透水岩层出露地面时，地面高度接近地方侵蚀基准面，地表水文网发育，形成宽广的溶蚀平原，平原上残留着一些孤峰和残丘。

3.2.3.6 风成地貌

风对地面吹蚀、搬运和堆积过程中形成的各种地貌称为风成地貌。

1. 风蚀地貌

风的吹蚀作用仅限于一定高度，因风挟沙量在近地表 10cm 高处最多，跃移的砂粒上升高度一般不超过 2m，所以风蚀地貌在近地表处最明显，主要风蚀地貌类型及特征见表 3.2-9。

表 3.2-9　风蚀地貌类型及特征

类型	基本特征
风蚀壁龛（风蚀洞或石窝）	受风沙的吹蚀和磨蚀，在岩石悬崖和陡壁表面形成的大小不等、形态各异的风蚀坑，大的凹坑称壁龛，小的凹坑称石格子窗，形如屋檐者称为石檐
风蚀蘑菇	突起的孤立岩石，受风蚀作用而呈上部大、下部小的蘑菇状地形。后期因顶部失去稳定而坠落。若顶部虽脱离，但维持不倒者，称摇摆石
风蚀垄槽（雅丹）	在极干旱地区一些干涸的湖底，常因干缩裂开，风沿裂隙不断吹蚀，裂隙越来越大，形成垄槽地形，维吾尔语称为"雅丹"。其沟槽较宽，垄脊呈鳍形，沟深可达十余米，长条状延伸数十米到数百米不等
风蚀洼地	松散物组成的地面，经风吹蚀后形成的椭圆形洼地，沿主风向伸展，背风面陡达 30°，也有些洼地呈新月形，突出的一端面对主风向。单纯由风蚀形成的洼地，规模一般较小，直径只有几十米，深度仅 1m 左右，而在流水侵蚀基础上，经风蚀改造形成的洼地规模较大，深度可达 10m 左右。 洼地内积水并含盐，可成为盐湖。如风蚀作用达到了地下水面附近，则可形成水草丰盛的"绿洲"
风蚀谷	风沿着暂时性洪水所形成的冲沟，使谷底进一步扩大而成；风蚀谷两侧壁立，谷底高低不平，谷壁下部常堆积着崩塌碎屑，谷壁上常发育有大大小小的石窝
风蚀残丘	长期风蚀作用下，风蚀谷不断扩大，谷与谷之间原始地面不断缩小，最后形成一些孤立的小丘
风城	在较软弱的水平岩层（或缓倾斜岩层）分布区，风蚀作用常形成一些平顶层状山丘，类似断壁残垣的千载古城，称为风城

2. 风积地貌

前进中的风沙流在遇障碍物（植物、山体、凸起的地面或建筑物）时，就会因受阻而产生涡漩或减速，使其动能降低而发生堆积，形成各种风积地貌。

风积地貌的形成和含沙气流结构、运动方向以及含沙量的多少有关。根据含沙气流结构等特征，将风积地貌分成信风型风积地貌、季风-软风型风积地貌、对流型风积地貌和干扰型风积地貌四类。各类型风积地貌及特征见表 3.2-10。

表 3.2-10　风积地貌类型及特征

类型		基本特征
信风型风积地貌	沙堆	风沙流在前进中遇到障碍物（植物等）时，便在其背风面发生沉积，形成各种不规则的沙体，是不稳定的堆积体
	新月形沙丘	平面形状呈新月的沙丘，其纵剖面有两个不对称的斜坡，迎风坡微凸而平缓，延伸较长，坡度 5°～20°，背风坡微凹而陡，坡度为 28°～34°。这种沙丘的高度不大，一般很少超过 15m
	纵向沙垄	大致顺着主要风向延伸的长垄状沙丘，高度一般 10～30m，也有更低或更高的，长数百米至数十千米，两坡较对称而平缓，丘顶浑圆
	抛物线沙丘	形态与新月形沙丘相反，沙丘的两个翼角指向风源方向，沙丘的凹侧迎风，平面上像一条抛物线，一般高 2～8m。抛物线沙丘是由横向沙垄演变而来，前进中的横向沙垄遇到障碍时，局部未受阻部分则继续前进，使沙丘弧形弯曲，随着风的继续作用而形成
季风-软风型风积地貌	新月形沙丘链	在两个方向相反的风的交替作用下，新月形沙丘的翼角彼此相连形成
	横向沙垄	一种巨型的复合新月形沙丘链，长 10～20km，一般高 50～100m，沙垄整体比较平直，两侧不对称，背风坡陡，迎风坡平缓。缓坡上常形成许多次一级的沙丘链或新月形沙丘
	梁窝状沙地	由隆起的沙脊梁与半月形的沙窝相间组成，由横向沙丘链发展而成。在两个风向相反而风力不等的风的交替作用下，形成摆动前进向新月形沙丘链，如果在略有植被覆盖的地区，有一部分沙丘链前进受阻，一部分沙丘和另一部分沙丘链相连，就形成梁窝状沙地
对流型风积地貌	蜂窝状沙地	龙卷风作用形成，强烈的龙卷风把沙漠地面吹成圆形洼地，被吹蚀的砂粒堆积在洼地的四周，形成丘状沙埂，这种地貌在温带沙漠中最发育

续表

类型		基本特征
干扰型风积地貌	金字塔形沙丘	具有明显三角形棱面和一个尖顶的高大沙丘，形似金字塔，又称锥形沙丘，它的高度可达 100m 以上，每个沙丘有 3~4 个棱面，最多达 5~6 个，两棱面间有一狭窄沙脊，每一棱面往往代表一个风向
	格状沙丘	在半固定沙地，地面稍有植被，气流受到干扰，改变方向，形成格状沙丘

3. 荒漠地貌

荒漠地区气候干燥，降水量很少，地面植被贫乏，景象荒凉。从山地到山前平原（盆地）形成干旱区特有的地貌组合，在山前带由山地前缘、山麓剥蚀面和岛山组成，在封闭的盆地中有宽广的洪积扇带和盐湖、沙丘分布。根据荒漠地貌特征和地表物质组成，把荒漠分成岩漠、砾漠、沙漠和泥漠四种类型。荒漠地貌类型及基本特征见表 3.2-11。

表 3.2-11　荒漠地貌类型及基本特征

类型	基本特征
岩漠	干旱区山麓地带分布的各种风蚀地貌的基岩裸露区。地貌结构表现为在山地边缘有山麓剥蚀面和由较坚硬岩石组成的岛山，有的分布有干盐湖
砾漠	地面由砾石组成的荒漠，又称戈壁，荒漠中的各种沉积物以及基岩风化后的碎屑残积物，在强烈的风力作用下，细粒的沙和粉尘被吹走，留下砾石覆盖着地面
沙漠	沙漠是整个地面覆盖着大量流沙，并发育有时代不同的各种沙丘组合的荒漠，是最大的荒漠，以风积地形为主，也有风蚀地形。河流、湖泊和洪积扇的沉积物中的细颗粒或风化残积物中的细颗粒物质经风吹扬、搬运、分选堆积而成。沙漠中沙丘移动常造成灾害
泥漠	形成于干旱区的低洼地带或封闭盆地中心，由洪流自山区搬来的黏土质淤积而成。一些泥漠中有龟裂，有的泥漠土干如砖

3.2.3.7　黄土地貌

黄土具有多孔隙、富含碳酸钙、垂直节理发育、透水性强、易湿陷等特性。黄土在流水作用下形成各种黄土地貌。黄土多数地处半干旱地区，生态平衡脆弱，植被稀疏，暴雨集中，黄土易被冲刷，造成严重的水土流失。

我国黄土分布在干旱和半干旱区，位于北纬 $34°~45°$ 之间，呈东西向带状分布。黄土区的西面和北面与沙漠相连，从西北向东南依次为戈壁、沙漠、黄土，西北部靠近沙漠的黄土颗粒较粗，越往东南距离沙漠越远，黄土粒度逐渐变细。

我国黄土和黄土状土分布总面积 63.5 万 km²（分布情况见表 3.2-12），其中黄河中下游的陕西北部、甘肃中部和东部、宁夏南部和山西西部是我国黄土分布最集中的地区。

表 3.2-12　中国黄土分布简表

分布区域		分布面积/km²		分布区域简述
		黄土	黄土状土	
松辽平原		11800	81000	长白山以西，小兴安岭以南，大兴安岭以东的松辽平原及周围山界内侧
黄河流域	下游	26000	3880	三门峡以东，太行山东麓，冀北山地南麓，河北北部和山东丘陵地带
	中游	275600	2400	乌鞘岭以东，三门峡以西，长城以南和秦岭以北
	青海高原	16000	8800	刘家峡、亨堂以西地区，湟水流域和青海湖附近
甘肃河西走廊		1200	15520	乌鞘岭以西，玉门以东，北山以南，祁连山以北的走廊地带
新疆	准噶尔盆地	15840	91840	天山以北地区
	塔里木盆地	34400	51000	天山以南地区
	总计	380840	254440	

黄土地貌是中国半干旱区的主要地貌。按主导地质营力分为黄土堆积地貌、黄土侵蚀地貌、黄土潜蚀地貌和黄土重力地貌。堆积地貌和侵蚀地貌是黄土地貌的主体，潜蚀地貌和重力地貌重叠发生在前两者之上。形成黄土地貌的原因，除了黄土本身的特点外，还受黄土堆积前的古地形和黄土区的各种外营力作用，如流水作用、重力作用、地下水作用和风的作用等。黄土地貌类型见表 3.2-13。

表 3.2-13   **黄 土 地 貌 类 型**

类型		基 本 特 征
黄土高原		一般分布在新构造运动的上升区，如陕北、陇东和山西高原，是由黄土堆积，形成高而平坦的地面。受现代水流切割形成塬、梁、峁地形
黄土塬		黄土高原台面受到冲沟切割后保留下来的大型平坦地面，常以地名命名，陇中盆地的白草塬、陕北盆地的洛川塬、晋西的吉县塬等。塬周边为沟谷环绕，并因沟谷溯源侵蚀，边缘支离破碎，平面上常呈花瓣状，但塬面侵蚀微弱
黄土梁	平梁	平行沟谷的长条状高地
		顶部平坦，倾斜 1°～3°，仍具有黄土平台特征，宽度数十米至几百米，长度可达几千米
	斜梁	顶部倾斜度比平梁大，宽度比平梁小，从梁顶以下坡度由缓转急，横剖面呈弧形
	峁梁	在长条状高地上，有明显的峁和鞍
黄土峁	连续峁	独立的黄土丘，系黄土梁进一步切割而成
		黄土梁切割而成，平面呈圆形或椭圆形，峁顶地形呈圆穹形，峁与峁之间为地势稍凹下的宽浅分水鞍部
	孤立峁	孤立的馒头形黄土丘陵
黄土丘陵		若干峁连接起来形成和缓起伏的梁峁统称黄土丘陵，黄土丘陵比黄土塬分布广泛，水土流失严重，重力崩塌造成的地质灾害时常发生
黄土平原		分布在新构造运动下降区，如渭河平原，是由黄土堆积形成的低平原，局部倾斜地面上发育沟谷系统，但无梁、峁地形。较大型的黄土区侵蚀地形有大型河谷、冲沟等
黄土潜蚀地貌	黄土碟	地表水沿黄土中的裂隙或孔隙下渗，对黄土进行潜蚀（溶蚀和侵蚀），形成大的孔隙和空洞，引起黄土的陷落而形成
		分布在黄土地面上的一种碟形凹地，深数米，直径 10～20m
	漏斗状陷穴	黄土碟进一步发展、沉陷，形成深度大于宽度的陷穴，呈漏斗状，口径约 2m，深度小于 10m，底部有小孔，可漏水，又称落水洞
	竖井状陷穴	呈井状，口径较小，但深度较大
	串珠状陷穴	多个陷穴连续分布，呈串珠状，底部有孔道相通，多分布在坡面长或坡度大的梁峁斜坡上
	黄土桥	数个陷穴间下部由地下水流串通、陷穴崩塌后的残余洞顶，呈桥形
	黄土柱	流水沿着黄土垂直节理侵蚀及崩塌，使残留的黄土呈柱形，是黄土陡坡经崩塌残留的黄土部分，高度几米到十几米

3.2.3.8 火山和熔岩地貌

火山是喷发的岩浆和固体碎屑堆积而成的一种地貌形态。

火山喷发时，有大量气体、熔融的岩流和固体碎屑（火山灰和火山砾等）通过火山喉管从地球深部喷发出来，大量碎屑物质随气体喷到空中，再落下堆积成锥形的火山体，称火山锥。熔融岩浆溢出地面后，顺坡流动形成缓缓的火山斜坡和微微凸起的熔岩盖和波状起伏的熔岩垄岗。火山锥中心有一喷发气体、岩浆和火山碎屑的火山口，它是一圆形洼地。

火山和熔岩地貌见表 3.2-14。

3.2.3.9 其他地貌

1. 海岸地貌

海岸带是陆地和海洋的接触带，又称滨海。现代海岸带由海岸、潮间带及水下岸坡三部分组成。海岸是指高潮线以上狭窄的陆上地带，其陆上界线是波浪作用的上限。潮间带是高、低潮海面之间的地带，高潮时被海水淹没，低潮时则露于陆地。水下岸坡为低潮线以下至波浪有效作用于海底的下限地带。

表 3.2-14   **火山和熔岩地貌**

类型		基 本 特 征
火山地貌	火山锥 — 火山碎屑锥	呈圆锥形，上部坡度稍大，下部较缓，锥顶端有一个火山口
	火山锥 — 火山熔岩锥	坡度很小的熔岩堆积体，主要由火山口或裂隙喷出的熔岩形成
	火山锥 — 火山混合锥	由熔岩和火山碎屑交互成层组成
	火山锥 — 火山熔岩滴丘	体积不大，周边较陡的熔岩锥
	火山口	火山锥顶上的凹陷部分，平面近圆形，口大底小呈漏斗状
	火山喉管	岩浆从地下喷出时的中央通道，常被熔岩和火山碎屑充填，常位于两条断层相交部位

续表

类型		基 本 特 征
熔岩地貌	熔岩丘	熔岩组成的圆形或椭圆形小丘，高度从几米到几十米
	熔岩垄岗	熔岩沿地表流动形成长条形的龙岗地形，熔岩垄岗的下伏地层表面常被熔岩烘烤而有热变质现象
	熔岩盖	在地形平坦地区，熔岩流从中心向四周流动，成为宽广的熔岩原野
	熔岩隧道	熔岩内形成的狭长通道
	熔岩堰塞湖	熔岩溢出地表后长流到河谷内，阻塞河谷，形成熔岩堤坝，使上游河谷积水成湖

河口是海岸的海、河交互作用地区，具有特殊的水动力条件。

海岸地貌是波浪、横向流和沿岸流对海岸进行塑造，在海岸带形成的一系列海蚀、海积地貌。海岸地貌类型见表 3.2-15。

表 3.2-15　海岸地貌类型

名称		基 本 特 征
海蚀地貌	海蚀崖	海浪冲蚀坚硬岩石而形成的高而险峻的陡壁
	海蚀穴（海蚀壁龛）	海蚀崖底部，由于波浪及其所携带的物质冲蚀磨蚀岩石岸坡而形成的凹槽或洞穴
	海蚀窗	海蚀洞（穴）后端，上部的岩石裂隙崩塌，形成与海蚀崖上部沟通的窗
	海蚀拱桥	两个方向相反的海蚀穴，被蚀穿相连，成为拱桥状地形
	海蚀柱	海蚀拱桥继续受冲蚀，其拱顶受重力而崩坍，残留下的柱状地形。海蚀崖后退过程中遗留下来的蚀余岩柱，再受侵蚀亦可形成
	海蚀平台	海蚀崖后退，其底面受磨蚀的平台。平台面微向海面倾斜，其上可以覆盖部分砂砾石，当海岸上升，平台高出于海面时，则成为海蚀阶地
海积地貌	海滩	平行于海岸线伸展的平缓堆积地形、微微倾向大海，可分为砾质海滩、砂质海滩、淤泥质海滩
	海积阶地	由海水的堆积作用和海岸边的上升而形成的海边平坦宽阔台阶状堆积地形
	沿岸堤	海滩上条带状垄岗地形，与海岸线平行。砾石岸堤高度大、宽度小、坡度大；砂质岸堤高度小、坡度小、宽度大

续表

名称		基 本 特 征
海积地貌	水下砂堤	砂在水下堆积而成方向不规则的长条形砂堤
	离岸坝	水下砂堤向岸移动，堆积体加大，逐渐露出水面而成。当远离海岸成岛状者，则称为岛状坝（堆积沙岛）
	潟湖	部分海面因海岸堆积地形发展而与大海相隔离，封闭而成。当潟湖被水草填满时，就成为海滨沼泽
	砂嘴	在海岸拐角处，岸流流速降低，携带的泥沙堆积成一端连接陆地、另一端伸入海中的堆积地形
	拦湾砂坝	在海湾地段，砂嘴继续发展，最后可伸展到对岸而形成的封闭地形
	连岛砂坝	岛屿靠海岸一方，泥沙堆积成的，可使海岛同海岸连接起来的堆积地形

2. 冰川地貌

在高山和高纬度地区，气候严寒，年平均温度在 0℃以下，常年积雪，当降雪的积累大于消融时，地表积雪逐年增厚，经一系列物理过程，积雪就逐渐变成冰川冰。冰川冰受自身重力或冰层压力作用沿斜坡缓慢运动，形成冰川。古冰川作用的地区和现代冰川发育地区，地表都经受过冰川的强烈塑造，形成一系列冰川地貌，按成因分为冰蚀地貌、冰碛地貌和冰水堆积地貌。冰川地貌类型见表 3.2-16。

表 3.2-16　冰川地貌类型

类型		基 本 特 征
冰蚀地貌	冰斗	三面为陡崖包围的簸箕状盛雪洼地，由冰斗底、冰斗肩、冰斗壁和冰斗坎几部分组成，多发育在雪线附近
	围谷	是由数个冰斗汇合而成的规模巨大的洼地，呈半圆形，三面为陡坡，坡上有时发育着冰斗。底部平坦或略倾斜，出口和幽谷相连，常残留有湖泊，又名冰窖
	刃脊	两个冰斗或冰谷间所夹的山岭，被侵蚀而成的尖锐陡峻的山脊
	角峰	三个或三个以上的冰斗之间所夹的山峰，呈金字塔状，孤立而尖锐
	冰川谷	横剖面一般为 U 形，谷底宽平，谷坡陡峭，壁上有冰蚀擦痕和磨光面。纵剖面常成台阶状，在平面上较平直

续表

类型		基　本　特　征
冰蚀地貌	悬谷	冰川谷的两侧支谷高悬于主谷底之上，高差常达数十米，甚至数百米
	羊背石	冰川谷底，冰蚀后残留的石质小丘，远望犹如伏地的羊群。呈椭圆形，其长轴的方向就是冰川流动方向。两坡不对称，迎冰面为缓坡，较圆滑，有冰川擦痕或磨光面。背冰面为陡坡，坎坷不平
	盘谷	多条山谷冰川，汇集于山前地带，掘蚀而成的洼地。盘谷淤填后是有利于地下水汇集、储存的地方
冰碛地貌	基碛丘陵（冰碛丘陵）	冰体消融时，将所挟带的物质沉落在底碛之上，构成低矮、坡缓、波状起伏的丘陵。组成物质为冰碛土，颗粒较粗，大小不一，磨圆度不同，略具层理，有冰水沉积物的黏性土夹层
	冰碛阶地	冰川后退后，河流切入有基碛覆盖的冰川谷底而成
	侧碛堤	冰川两侧的堆积物，常沿冰川谷的边缘，成连续或断续分布的长堤
	终碛堤	冰川的末端，堆积而成的与冰川流动方向垂直的弧形堤。后期流水侵蚀可成孤丘，其组成物质有漂砾至砂层夹黏性土，具明显的粗层理
	冰碛扇（冰碛扇）	由冰川漂砾堆积成的扇形地，有的是大片冰流直接一次造成，更多的是由多次冰川作用形成
	鼓丘	分布在终碛堤的内侧，由基岩核心和冰碛泥组成的椭圆形和狭长形的小丘，其长轴和冰流方向一致，尖端指向下游，大小不等。成因是冰川在接近末端，底碛翻越凸起的基岩时，搬运能力减弱，发生堆积而成的
冰水堆积地貌	冰水扇	冰融水携带大量砂砾从冰川末端流出，在终碛堤的外围堆积成扇形地，有一定的分选性和层理，含有大漂砾
	冰水平原	一系列冰水扇连接起来构成冰水平原
	冰水湖	冰融水流到冰川外围注地中形成冰水湖泊。冰水湖的水体和沉积物有明显的季节变化。一年中不同季节湖泊内沉积了颜色深浅不同、粗细相间的两层湖泥（称纹泥或季候泥）
	冰碛阜	平顶圆形或不规则形状的土丘，靠近终碛堤成群分布，由有层次、分选性好的细粉砂组成，通常在冰碛阜的下部有一层冰碛层。冰碛阜是冰面上小河或小湖的沉积物，在冰川消融后沉落到底床堆积而成

续表

类型		基　本　特　征
冰水堆积地貌	锅穴	圆形凹地，直径几米至几十米，深约数米，由冰水沉积物中埋藏的冰块融化沉积物坍陷而成，常成群串列
	冰砾阜阶地	冰川两侧融化较快，堆积着有层次的冰水沉积物。冰川融化以后，突出于冰川谷的两侧，似阶地，只发育在山地冰川谷中
	蛇形丘	顺冰水流动方向的狭长而曲折的岗地，如蛇形蜿蜒伸展，丘脊狭窄，丘顶平缓，高达 15～30m，甚至 70m，长度几十米至几十千米，组成物质为成层的砂砾，偶夹冰碛层透镜体，主要分布在大陆冰川区

3. 冻土地貌

在多年冻土区地下土层常年冻结，地表发生季节性的冻融作用，形成一些特殊的地貌，称冻土地貌，我国多年冻土分布在东北北部地区、西部高山区及青藏高原地区。多年冻土区的冻土分上、下两层，上层为活动层，每年夏季融化，冬季冻结；下层为永冻层，常年处于冻结状态。冻土地貌类型见表 3.2-17。

表 3.2-17　　冻土地貌类型

名称	基　本　特　征
石海	寒冻风化作用下，岩石崩解破坏，形成大片巨角砾，就地堆积在平坦的地面上，大石块很少移动，缺少细颗粒，水分也较少
石河	山坡上寒冻风化产生的大量碎屑滚落到沟谷，堆积厚度逐渐加大，在重力作用下发生整体运动
石冰川	冰川退却后，聚集在冰斗和冰川槽谷中的冰积物在冻融作用下顺谷底移动形成，由尖角岩屑组成，平面形状像冰川舌，内部常夹冰川冰
冰楔	第四纪松散沉积物组成的平坦地面上，冻融和冻胀作用使地面形成多边裂隙，构成网状，地表水周期性地注入裂隙中再冻结，裂隙不断扩大为冰体充填，剖面上呈楔形，平面上呈网状
砂楔	与冰楔形态相似，但裂隙中填充的不是冰脉，而是松散的沙土
石环	较细粒土和碎石为中心，周围圆边为较大砾石
石圈	斜坡上发育的石环在重力作用下常成椭圆形，它的前端由大石块构成石堤
石带	在较陡的山坡上石圈前端常分开，经冻融分选的最大岩块集中分布纵长延伸的裂隙中

续表

名称	基 本 特 征
冰核丘	平面呈圆形或椭圆形,顶部扁平,周边较陡,可达 40°~50°,顶部表面因地表隆起变形,产生许多方向不一的张裂隙
土溜阶坎	冻融时地表过湿的松散沉积物沿坡向下流动,前端形成的陡坎
热喀斯特洼地	温度升高地下冰融化引起的地面塌陷形成的各种洼地

3.3 岩土体工程地质特征与地下水

3.3.1 概述

岩土是坚硬岩石和松散土的简称,它们都是地质作用的产物。无论坚硬岩石还是松散土,一般都是由固相、液相、气相组成的多相体系,并且都是矿物集合体。但两者在工程地质性质上却有很大差别。岩石的矿物颗粒具有牢固的结晶连接或胶结连接,因而强度高,在外力作用下变形量小;土的颗粒间连接弱或无连接,故强度低,易变形。

岩土体是由岩、土组成的地质体。在形成过程中以及形成后,在内外力地质作用下,可形成各种不连续面,使岩土体表现出非均质性和各向异性特点。因此,岩土体的性质不仅与岩土本身的性质有关,更重要的还与岩土体的结构有关。

任何建筑物都是修建在地壳表层的岩土体中,均

以岩土体作为建筑地基(如房基、坝基、路基)、建筑介质(地下洞室围岩、边坡工程)或建筑材料(如土料、砂料、石料),因此,岩土体的性质是决定工程活动与地质环境相互制约的形式和规模的根本条件,任何地质问题都是在地壳表层岩土体中产生和演化的。因此,在实际工作中,不论是分析建筑物场地的工程地质条件,论证工程地质问题,进行工程地质评价,还是提出改善保护地质环境的措施,都必须研究岩土体的工程地质性质。

地下水是生活和工农业供水的宝贵资源,也是重要的地质作用因素,各种工程建设都和地下水有直接关联。工程勘察中,除要调查研究地区地下水的空间分布、形成规律、运移条件、物理性质和化学成分等性质外,还必须专门研究地下水对工程建设的不利影响及其防治措施。

3.3.2 岩土的工程地质特征

3.3.2.1 土的工程地质特征

1. 一般土的工程地质特征

一般土按粒度成分和联结特征可分为砾类土、砂类土和黏性土三类,前两类常统称为无黏性土。无黏性土的工程地质性质主要取决于粒度成分和紧密程度,直接决定着土的孔隙性、透水性和力学性质;黏性土的性质主要取决于其联结情况(稠度状态)和密实度,与土中黏粒含量、矿物亲水性及水与土粒相互作用有关。一般黏性土和无黏性土的不同特点和常见的一些指标见表 3.3-1。砾石类土密实度野外鉴定可参照表 3.3-2 进行。

表 3.3-1   一般黏性土和无黏性土的不同特点和常见的一些指标

特 点	砾类土	砂类土	黏性土		
			砂壤土	壤土	黏土
黏粒含量/%		<3	3~10	10~30	>30
主要矿物	岩屑和残余矿物,亲水性弱		次生矿物,有机物,亲水性强		
孔隙水类型	重力水	重力水,毛细水	结合水为主,毛细水、重力水为次		
联结类型	无	无或毛细水联结	结合水联结为主		
结构类型	单粒结构		团粒结构		
孔隙大小	很大	大	小		
孔隙率 n/%	33~38	35~45	38~43	40~45	43~50
孔隙比 e	0.5~0.6	0.55~0.80	0.60~0.75	0.67~0.80	0.75~1.0
重度/(kN/m³)	19~21	17~20	17~19	17.5~19.5	18~20
土粒比重	2.65~2.75	2.65~2.70	2.65~2.70	2.68~2.72	2.72~2.76
塑性指数			3~7	7~17	>17

续表

特 点	砾类土	砂类土	黏性土		
			砂壤土	壤土	黏土
液限/%			20～27	27～37	37～55
塑限/%			17～20	17～23	20～27
水中崩解	散开		很快	慢	很慢
渗透系数/(m/d)	>50	50～0.5	0.5～0.1	0.1～0.001	<0.001
透水性	极强	强	中等	弱—微	
压缩性	低	低	中等	中等—高	
压缩过程	快	快	较快	慢	极慢
凝聚力 c/kPa	不定	接近 0	5～20	10～40	10～50
内摩擦角/(°)	35～45	28～40	18～28	12～24	8～20
决定土性质的主要因素	粒度成分和密实度		联结程度（稠度）和密实度		

表 3.3 - 2　　　　　　　　　　　　　砾石类土密实度野外鉴定

密实度	骨架颗粒及充填物状态	开 挖 情 况	钻 探 情 况
密实	骨架颗粒含量较多，呈交错排列接触；或虽只有部分骨架颗粒连续接触，但充填物呈密实状态	锹镐挖掘困难，用撬棍方能松动，井壁一般较稳定	钻进极困难，冲击钻探时，钻杆、吊锤跳动剧烈。孔壁较稳定
中密	骨架颗粒交错排列，部分连续接触，充填物包裹骨架颗粒，且呈中密状态	锹可挖掘，井壁有掉块现象。从井壁取出大颗粒时，能保持颗粒凹面形状	钻进较困难，冲击钻探时，钻杆、吊锤跳动不剧烈。孔壁有坍埋现象
稍密	骨架颗粒含量较少，排列混乱，大部分不接触，充填物包裹大部分骨架颗粒，且呈疏松状态或未填满	锹可以挖掘，井壁易坍塌。从井壁取出大颗粒后，砂性土立即塌落	钻进较容易，冲击钻探时，钻杆稍有跳动。孔壁易坍塌

2. 几种特殊土的工程地质特征

（1）黄土。黄土是在干燥气候条件下形成的第四纪陆相沉积物，一般呈黄色或褐黄色粉状土。未经次生扰动、不具层理的称原生黄土；原生黄土经过流水侵蚀、搬运重新沉积形成的黄土称为次生黄土或黄土状土。

在一定压力下受水浸湿，水溶盐类被溶解或软化，土体结构迅速破坏，并发生显著附加下沉的黄土，称为湿陷性黄土。第四纪各时期都有黄土沉积，可分为老黄土（午城黄土 Q_1、离石黄土 Q_2）、新黄土（马兰黄土 Q_3、黄土状土 Q_4^1）和新近堆积黄土 Q_4^2 等。

1）黄土湿陷性的判别。

a. 黄土湿陷性的初判。

a）早更新世 Q_1 黄土应判为无湿陷性；中更新世 Q_2 黄土除晚期顶部部分外判为无湿陷性；无大孔隙、致密坚硬、呈块状结构、浅棕色的黄土，宜判为

无湿陷性。上更新世 Q_3 与全新世 Q_4 黄土判为具有湿陷性。

b）在典型黄土塬区完整的黄土地层剖面中，自地表向下第一层黄土（Q_3）宜判为强湿陷性或中等湿陷性；第二层黄土（Q_2 上部）宜判为轻微湿陷性；第三层及以下各层黄土（含古土壤层）可判为无湿陷性。第一层与第二层（$Q_3 \sim Q_2$ 上部）所夹的古土壤层宜判为轻微湿陷性。

c）上更新世 Q_3 黄土的天然含水率超过塑限时，宜判为轻微湿陷性或无湿陷性。

b. 黄土湿陷性的复判。室内浸水（饱和）压缩试验在 200kPa 压力下湿陷性系数等于或大于 0.015 的土，应定为湿陷性黄土；在 200kPa 压力下，现场浸水载荷试验的附加湿陷量与承压板宽度之比等于或大于 0.023 的土应定为湿陷性黄土。

2）黄土湿陷性评价。

a. 湿陷性程度分类。可根据湿陷系数 δ_s 值的大

小进行划分，见表3.3－3。

表3.3－3　黄土湿陷性程度分类

分类名称	湿陷程度	δ_s 值
湿陷性黄土	轻微	$0.015 \leqslant \delta_s \leqslant 0.03$
	中等	$0.03 < \delta_s \leqslant 0.07$
	强烈	$\delta_s > 0.07$

b. 场地湿陷类型。当自重湿陷量实测值Δ'_{zs}或计算值$\Delta_{zs} \leqslant 70mm$时，应定为非自重湿陷性黄土场地；当自重湿陷量实测值Δ'_{zs}或计算值$\Delta_{zs} > 70mm$时，应定为自重湿陷性黄土场地。当自重湿陷量实测值和计算值出现矛盾时，应按自重湿陷量实测值判定。

c. 地基湿陷等级。湿陷性黄土地基湿陷等级，应根据湿陷量计算值Δ_s和自重湿陷量计算值Δ_{zs}判定，见表3.3－4。

表3.3－4　湿陷性黄土地基的湿陷等级

Δ_s/mm	非自重湿陷性场地 $\Delta_{zs} \leqslant 70mm$	自重湿陷性场地 $70mm < \Delta_{zs} \leqslant 350mm$	自重湿陷性场地 $\Delta_{zs} > 350mm$
$\Delta_s \leqslant 300$	Ⅰ（轻微）	Ⅱ（中等）	—
$300 < \Delta_s \leqslant 700$	Ⅱ（中等）	Ⅱ①（中等）或Ⅲ（严重）	Ⅲ（严重）
$\Delta_s > 700$	Ⅱ（中等）	Ⅲ（严重）	Ⅳ（很严重）

① 当湿陷量计算值$\Delta_s > 600mm$、自重湿陷量计算值$\Delta_{zs} > 300mm$时，可判为Ⅲ级，其他情况可判为Ⅱ级。

3）黄土的物理力学性质。湿陷性黄土的颗粒组成以粉粒为主，塑性较弱，具有欠压密性。含水率及饱和度愈小，湿陷性愈大。在结构强度未被破坏或软化的压力范围内，表现出压缩性较低、强度较高等特性，但当水溶盐类被溶解、结构遭受破坏时，其力学性质将呈现屈服、软化、湿陷等性状。

（2）软土。

1）软土分类。软土是指天然孔隙比大于或等于1.0、天然含水率大于或等于液限的细粒土，包括淤泥、淤泥质土、泥炭、泥炭质土等。软土的分类标准见表3.3－5。

表3.3－5　软土的分类标准

土的名称	划分标准	备注
淤泥	$e \geqslant 1.5$，$I_l > 1$	e 为天然孔隙比；I_l 为液性指数；W_u 为有机质含量
淤泥质土	$1.0 \leqslant e < 1.5$，$I_l > 1$	
泥炭	$W_u > 60\%$	
泥炭质土	$10\% < W_u \leqslant 60\%$	

2）软土的成因类型和分布。软土的成因类型和分布见表3.3－6。

表3.3－6　软土成因类型和分布

成因类型	主要分布区域	地层特征
滨海沉积土	天津塘沽、连云港、上海、舟山、杭州、宁波、温州、福州、厦门、泉州、漳州、广州	表层常有黄褐色黏性土的硬壳，下部为淤泥或淤泥夹粉、细砂透镜体，常含贝壳等生物残骸。三角洲相有明显交错层
湖泊沉积土	洞庭湖、洪泽湖、太湖、鄱阳湖四周、古云梦湖、仁宗海	具有明显层理，时而有泥炭透镜体
河滩沉积土	长江中下游、珠江下游、淮河平原、松辽平原	成分不均匀，常呈带状或透镜状
沼泽沉积土	昆明滇池周边、贵州水城、盘县	多伴以泥炭

3）软土的物理力学性质。软土多由黏土矿物组成，粉粒和黏粒为主，具典型的蜂窝状和海绵状结构，层理发育，天然状态下含水率高，密度低，孔隙比大，透水性弱，强度低，压缩性高，承载力低，具有一定的触变性和蠕变性。

（3）膨胀土。

1）膨胀土的定义和判别。膨胀土是指含有大量亲水性黏土矿物、吸水膨胀、失水收缩，具有明显胀缩变形且变形受约束时产生较大应力的黏土。具有下列特征的土初判为膨胀土。

a. 多分布二级或二级以上阶地，山前丘陵或盆地边缘。

b. 地形平缓，无明显自然陡坎，常见浅层滑坡和地裂。

c. 土体裂隙发育，常有光滑面和擦痕，有的裂隙中充填灰白色或灰绿色黏土，干时坚硬，遇水软化，自然条件下呈坚硬或硬塑状。

d. 浅部膨胀裂隙中含上层滞水，无统一地下水位，水量较贫且随季节变化明显。

e. 自由膨胀率一般大于40%。

f. 新开挖边坡工程易发生坍塌，地基未处理的建筑物破坏严重，刚性结构较柔性结构严重，建筑物裂缝宽度随季节变化。

膨胀土地基分类包括膨胀潜势分类和地基胀缩等级划分。膨胀土膨胀潜势分类见表3.3－7；膨胀土地基胀缩等级划分见表3.3－8。

表 3.3-7   膨胀土膨胀潜势分类

自由膨胀率 δ_{ef} / %	膨胀潜势
$40 \leqslant \delta_{ef} < 65$	弱
$65 \leqslant \delta_{ef} < 90$	中
$\delta_{ef} \geqslant 90$	强

表 3.3-8   膨胀土地基的胀缩等级划分

地基分级变形量 s_c /mm	胀缩等级
$15 \leqslant s_c < 35$	I
$35 \leqslant s_c < 70$	II
$s_c \geqslant 70$	III

2）膨胀土的成因类型和分布。膨胀土的成因类型和分布见表 3.3-9。

表 3.3-9   膨胀土的成因类型和分布

成因类型	岩　性	分 布 地 区
湖积	黏土，灰白、灰绿色为主，灰黄、褐色次之	平顶山、邯郸、宁明、个旧、鸡街、蒙自、曲靖、昭通、襄樊
	黏土，灰色及灰黄色	
	粉质黏土，灰黄色	
冲积	黏土，褐黄、灰褐色	郧县、荆门、枝江、安康、汉中、临沂、成都、合肥、南宁
	粉质黏土，褐黄、灰白色	
滨海沉积	黏土，灰白、灰黄色，层理发育，有垂向裂隙，含砂	湛江、海口
	粉质黏土，灰色、灰白色	
残积 — 碳酸盐岩地区	上部黏土，棕红、褐色等色	昆明、砚山
	下部黏土，褐黄、棕黄色	贵县、柳州、来宾
残积 — 老第三系地区	黏土，灰、棕红、褐色	开远、广州、中宁、盐池、哈密
	粉质黏土	
残积 — 火山灰地区	黏土，褐红夹黄、灰黑色	儋县

3）膨胀土的物理力学性质。膨胀土的液限、塑限和塑性指数均较大，常处于硬塑或坚硬状态，天然

状态下膨胀土一般具有较高的强度和承载力，但遇水特别是干湿交替情况下强度降低较快，是建筑物或边坡破坏的重要原因之一。

（4）红黏土。

1）红黏土的定义和判别。红黏土是指碳酸盐类岩石在湿热气候条件下，经溶蚀和风化淋滤作用，氧化铝和氧化铁相对富集的高塑性黏土。

红黏土的颜色为棕红或褐黄色，覆盖于碳酸盐岩系之上，液限大于或等于 50% 的高塑性黏土，应判定为原生残积红黏土。原生红黏土经搬运沉积后，仍保持原有基本特征且其液限大于 45% 的黏土，可判定为次生红黏土。

红黏土具有明显胀缩性，主要表现为收缩，裂隙发育，其基本特征见表 3.3-10。

表 3.3-10   红黏土的基本特征

项目	一 般 特 征
地貌	分布在盆地、洼地、山麓、山坡、谷地或丘陵等地区，形成缓坡、陡坎、坡积裙等地貌，有时因塌陷形成土坑、碟形洼地
含水状态	由地表向下，上部呈坚硬或硬塑状态，占红土层的大部分。软塑、流塑状态的土，多埋藏在溶沟或溶槽底部
厚度	由于受基岩顶面起伏的影响，土层厚度变化很大，在同一地点相距 1m，厚度可有 4～5m 之差
裂隙	裂隙很发育，常具网状裂隙，一般可延伸到地下 3～4m，深达 6m，常有裂隙水活动，易形成崩塌或滑坡
土洞	土层中可能有地下水或由于地表水活动形成的土洞

2）红黏土的成因类型和分布。红黏土是在气候湿热、雨量充沛的条件下，年降水量大于蒸发量，形成酸性介质环境，碳酸盐类岩石经强烈的化学风化成土作用（红土化作用），形成残积、坡积或残坡积土层，多属上新世及早更新世、中更新世沉积物。

红黏土在我国的西部主要分布于较低的溶蚀夷平面及岩溶洼地、谷地内；中部主要分布于峰林谷地、孤峰准平原及丘陵洼地；东部主要分布于高阶地以上的丘陵区。在我国主要分布于南方，以贵州、云南和广西最为典型和广泛；其次，在四川盆地南缘和东部、鄂西、湘西、湘南、粤北、皖南和浙西等地也有分布。

3）红黏土的物理力学性质。红黏土矿物主要成分为高岭石、伊利石和绿泥石，颗粒组成以黏粒、胶粒为主，土层具有失水干硬、龟裂、遇水软化的特

点，常有铁锰质结核和土洞分布，天然含水率、孔隙比、塑限、液限均较高，但具有较高的力学强度和较低的压缩性；抗渗性能好，但收缩量和膨胀量大，压实性差。由于裂隙的存在，使土体和土块的力学参数尤其是抗剪强度指标相差较大。

红黏土的状态、结构、复浸水特性见表3.3-11~表3.3-13。

表 3.3-11　红黏土的状态分类

状态	坚硬	硬塑	可塑	软塑	流塑
含水比 a_w	$a_w \leqslant 0.55$	$0.55 < a_w \leqslant 0.70$	$0.70 < a_w \leqslant 0.85$	$0.85 < a_w \leqslant 1.00$	$a_w > 1.00$
液性指数 I_L	$I_L \leqslant 0$	$0 < I_L \leqslant 0.33$	$0.33 < I_L \leqslant 0.67$	$0.67 < I_L \leqslant 1.00$	$I_L > 1.00$

注　含水比 a_w 指天然含水率与液限的比值。

表 3.3-12　红黏土的结构分类

土体结构	致密状	巨块状	碎块状
裂隙发育特征	不发育，偶见	较发育，较多	发育，富有
裂隙密度/(条/m)	<1	1~5	>5

表 3.3-13　红黏土的复浸水特性分类

类别	I_r 与 I'_r 关系	复浸水特性	特　征
Ⅰ	$I_r \geqslant I'_r$	收缩后复浸水膨胀，能恢复到原位	复水后随含水率增大而解体，胀缩循环呈现胀势，缩后土样高度大于原始高度，胀量逐次积累，以崩解为终结；风干复水，土的分散性和塑性恢复，表现出凝聚与胶溶的可逆性
Ⅱ	$I_r < I'_r$	收缩后复浸水膨胀，不能恢复到原位	复水后含水率增量微小，外形完好，胀缩循环呈现缩势，缩量逐次积累，缩后土样高度小于原始高度；风干复水，干缩后形成的团粒不完全分离，土的分散性、塑性和液塑比降低，表现出胶体的不可逆性

注　I_r 为液塑比，指液限与塑限的比值；I'_r 为界限液塑比，$I'_r = 1.4 + 0.0066 W_L$。

（5）冻土。

1）冻土的定义和判别。冻土是指具有负温或零温度并含有冰的土。按冻土含冰特征，可分为少冰冻土、多冰冻土、富冰冻土、饱冰冻土和含土冰层。按冻土冻结状态持续时间，可分为多年冻土、隔年冻土和季节冻土。

含有固态水且冻结状态持续两年或两年以上的土，应判定为多年冻土；冬季冻结而翌年夏季并不融化的土，应判定为隔年冻土；在一年之内出现一次或多次融化的土，应判定为季节性冻土。

2）冻土的工程地质特性。冻土由固体颗粒（包括冰）、液态水和气体三部分组成。冻土中冰多以结晶颗粒形式存在，并起胶结联结作用。土层若长期处于稳定冻结状态，则具有较高的强度和较小的压缩性，甚至不具有压缩性。在冻结过程中，却有明显的冻胀性，对地基不利；融化时体积缩小、土粒间的联结削弱、力学性能降低，压缩变形较大，使地基产生融化沉陷。当自然条件改变时，冻土将产生冻胀、融陷、热融滑塌等特殊不良地质现象。冻土的融沉性与土颗粒粒径和含水量有关。一般土颗粒越粗，含水量越小，融沉性越小，反之则越大。

（6）盐渍土。

1）盐渍土的定义与判别。盐渍土指含有较多易溶盐类如石膏、芒硝等硫酸盐或氯化物的土。

易溶盐含量大于 0.3%，并具有溶蚀、溶陷、盐胀、腐蚀等特性的土应判定为盐渍土。

2）盐渍土的成因类型和分布。盐渍土是当地下水沿土层的毛细管升高至地表或接近地表，经蒸发作用，水中盐分被析出并聚集于地表或地下土层中形成的。一般形成于干旱半干旱气候、内陆盆地以及农田、渠道地区。

盐渍土按分布区域可划分为滨海盐渍土、内陆盐渍土、冲积平原盐渍土。滨海盐渍土主要分布在渤海沿岸、江苏北部等地区；内陆盐渍土分布于甘肃、青海、宁夏、新疆、内蒙古等地区；冲积平原盐渍土分布于东北的松辽平原、山西、河南等地区。

盐渍土按含盐类的性质可划分为氯盐类（NaCl、KCl、$CaCl_2$、$MgCl_2$）、硫酸盐类（Na_2SO_4、$MgSO_4$）和碳酸盐类（Na_2CO_3、$NaHCO_3$）三类。其所含盐的性质，主要以土中所含阴离子 Cl^-、SO_4^{2-}、CO_3^{2-}、HCO_3^- 的含量（每100g土中的毫摩尔数）的比值来表示。盐渍土按含盐化学成分分类见表3.3-14。

表 3.3-14　盐渍土按含盐化学成分分类

盐渍土名称	氯盐渍土	亚氯盐渍土	亚硫酸盐渍土	硫酸盐渍土	碱性盐渍土
$c(Cl^-)/2c(SO_4^{2-})$	>2	1~2	0.3~1	<0.3	—
$[2c(CO_3^{2-}) + c(HCO_3^-)]/[c(Cl^-) + 2c(SO_4^{2-})]$	—	—	—	—	>0.3

注　表中 $c(Cl^-)$ 表示氯离子在每100g土中所含的毫摩尔数，其他离子表示相同。

盐渍土按含盐量分类见表3.3-15；按粒度组成

可分为细粒盐渍土、粗粒盐渍土。

表 3.3 - 15　盐渍土按含盐量分类

盐渍土名称		弱盐渍土	中盐渍土	强盐渍土	超盐渍土
平均含盐量/%	氯及亚氯盐	0.3～1	1～5	5～8	>8
	硫酸及亚硫酸盐	—	0.3～2	2～5	>5
	碱性盐		0.3～1	1～2	>2

3）盐渍土的物理力学性质。盐渍土在干燥状态时，强度较高，承载力较大；但在浸水后，强度和承载力迅速降低，压缩性增大。土的含盐量越高，水对强度和承载力的影响越大，当土的含水量等于液限时，其抗剪强度接近于 0，丧失强度。氯盐类的溶解度随温度变化甚微，吸湿保水性强，使土体软化；硫酸盐类则随温度的变化而胀缩，使土体变软；碳酸盐类的水溶液有强碱性反应，使黏土胶体颗粒分散，引起土体膨胀。对金属管道和混凝土等具有腐蚀性。

根据资料，只有干燥和稍湿的盐渍土才具有溶陷性，且大都具有自重溶陷性。溶陷性的判定分为初步判定和进一步判定。初步判定时，当符合下列条件之一的盐渍土地基，可判定为非溶陷性或不考虑溶陷性对建筑物的影响。

a. 碎石类盐渍土中洗盐后粒径大于 2mm 的颗粒超过全重的 70% 时，可判定为非溶陷性土。

b. 碎石土、砂土盐渍土的湿度为很湿至饱和，粉土盐渍土的湿度为很湿，黏性土盐渍土的状态为软塑至流塑时，可判定为非溶陷性土。

当需进一步判定时，可采用溶陷系数 δ 值进行判定：$\delta < 0.01$ 时，为非溶陷性土；$\delta \geqslant 0.01$ 时，为溶陷性土。溶陷系数可由室内压缩试验或现场浸水载荷试验测定。盐渍土地基溶陷等级划分见表 3.3 - 16。

表 3.3 - 16　盐渍土地基的溶陷等级

地基的溶陷等级	Ⅰ	Ⅱ	Ⅲ
分级溶陷量 Δ/cm	7<Δ≤15	15<Δ≤40	Δ>40

注　当 Δ<7cm 时，按非溶陷性土考虑。

（7）填土。

1）填土分类。填土是由人类活动而堆积的土。根据物质组成和堆填方式分为素填土、杂填土和冲填土三类。经分层压实的成为压实填土。

素填土：由天然土经人工扰动或搬运堆积而成，不含杂质或含杂质很少，一般由碎石、砂或粉土、黏性土等一种或几种材料组成。按主要组成物质分为碎石素填土、砂性素填土、粉性素填土、黏性素填土等。

杂填土：含有大量建筑垃圾、工业废料或生活垃圾等杂物的填土。按其组成物质成分和特征分为建筑垃圾土、工业废料土和生活垃圾土。

冲填土：又称吹填土，是由水力充填泥沙形成的填土，主要是由于整治或疏通江河航道，或因工农业生产需要填平或填高江河附近某些地段时，用高压泥浆泵将挖泥船挖出的泥沙，通过输泥管排送到填高的地段及泥沙堆积区，经沉淀排水后形成大片冲填土层。

2）填土的工程性质。

素填土：取决于它的均匀性和密实度。在填筑过程中未经人工压实者，一般密实度较差，若堆积时间较长，在土的自重作用下，也能达到一定的密实度，如堆积时间超过 10 年的黏性土、超过 5 年以上的粉土、超过 2 年的砂土，均具有一定的密实度和强度，可以作为一般建筑物的天然地基。

杂填土：由于杂填土的堆积条件、堆积时间，特别是物质来源和组成成分复杂和差异性，导致杂填土性质不均，厚度和密实度变化大，具高压缩性和浸水湿陷性，强度低，孔隙大，透水性不均匀。

冲填土：在纵、横剖面上不均匀，多成透镜体或薄层状出现，含水量大，呈流塑或软塑状态，透水性能弱，排水固结差，多属未完成自重固结的高压缩性软土。

压实填土：其工程性质取决于填土的均匀性、压实时的含水量和密度。压实填土作为地基时，不得使用淤泥、耕土、冻土、膨胀土以及有机质含量大于 5% 的土做填料。当填料内含有碎石土时，其粒径一般不大于 200mm。压实填土地基承载力及边坡坡度容许值见表 3.3 - 17。

表 3.3 - 17　压实填土地基承载力及边坡坡度容许值

填土类型	压实系数	承载力标准值 f_k/kPa	边坡坡度容许值（高宽比）	
			坡高小于 8m	坡高 8～15m
碎石、卵石	0.94～0.97	200～300	1:1.5～1:1.25	1:1.75～1:1.5
砂夹石（其中碎石、卵石占全重的 30%～50%）		200～250	1:1.5～1:1.25	1:1.75～1:1.5
土夹石（其中碎石、卵石占全重的 30%～50%）		150～200	1:1.5～1:1.25	1:2.0～1:1.5
黏性土（10<I_p[①]<14）		130～180	1:1.75～1:1.5	1:2.25～1:1.75

①　I_p 为塑性指数。

（8）分散性土。分散性土系指土颗粒能在水中散凝呈悬浮状态，被雨水或渗流冲蚀带走而引起土体破坏的土。在塑性图上，分散性土位于 A 线以上，介于黄土和膨胀土之间。分散性土被水冲蚀破坏，是一个复杂的物理化学过程，其破坏具有快速、隐蔽的特点，具有潜在危险性，常造成坝基、坝体及建筑物地基失稳。

黏性土具分散性一般需要三个条件：①有一定含量的蒙脱石矿物，交换阳离子中钠的数量很多；②土中有机质、碳酸盐和游离铁铝氧化物等起胶结作用的物质极少；③土中水是低盐度的，为碱性介质。

分散性土易被水冲蚀的现象比细砂和粉土还严重，因此在土石坝防渗料及堤防填料选择时，一般不宜直接使用，如要使用，必须进行改性处理或采取工程措施。

分散性土分布区常发育溶蚀微地貌，如溶蚀小沟、溶蚀洞穴等。室内鉴定常采用针孔试验、孔隙水可溶盐试验、双比重计试验和碎块试验。

分散性土的工程地质特性主要为低渗透性和低抗冲蚀能力，渗透系数一般小于 10^{-7} cm/s，防渗性能好，但抗冲蚀流速小于 15cm/s。

3. 土壤形成与岩层关系及岩性与植物生长的关系

由于岩石性质不同，风化后形成的母质在性质上是有区别的，在这些不同母质上形成的土壤，它们的物理性质和化学性质也会有所不同。母质对土壤肥力的产生和发展有着巨大的作用。母质虽然有各种不同的类型，但归根结底都是岩石风化的产物，是自然土壤形成的物质基础。母质对土壤的物理性质和化学性质的影响极为明显，对生长在表层土壤中的植物影响也很突出。如花岗岩中的长石、云母易风化，并富含钾素；而石英则不宜风化，经常呈砂粒残留在土壤中，因此在花岗岩母质上发育的土壤，往往砂黏比例适中。由于页岩是由富含黏土的物质经过固结后形成的，所以在其风化产物上形成的土壤质地较黏重。石英砂岩主要是由石英颗粒组成，因此在其风化产物上形成的土壤，往往砂性较强，营养较少，含有较多的石砾。

从土壤的产生性能方面考虑，不同质地的土壤具有不同的特性。如沙土通气良好，保水保肥性不良；黏质土壤通气不好，但保水保肥性能良好；壤质土的通气透水性能良好，保水保肥性也好，一般情况下是有利于植物生长的。

土壤养分是植物生长发育所必需的物质基础，在自然土壤中，土壤养分主要来源于土壤矿物和土壤有机质。土壤矿物质营养的最基本的来源是土壤矿物质

风化所释放的养分。不同成土母质的矿物组成不同，所以，风化产物中释放的养分种类和数量也是不同的。

（1）钾。富含钾的岩浆岩主要有正长岩、流纹岩和花岗岩，含 K_2O 量均在 4% 以上，安山岩、闪长岩、玄武岩含 K_2O 较少，约 2% 左右；辉长岩和橄榄岩含 K_2O 均少于 1%。此外，云母片岩含钾也较丰富。

（2）钙。含钙最多的为石灰岩，含 CaO 约 42.7%。岩浆岩类含钙较多的是辉长岩（CaO 约 10.99%），玄武岩含 CaO 约 8.9%，闪长岩、安山岩、正长岩等含 CaO 为 4%～6%，花岗岩、流纹岩、橄榄岩含 CaO 较少，一般均在 1% 左右。

（3）镁。在岩浆岩中含镁最多的是橄榄岩（含 MgO 达 46.32%），但这种岩石分布很少，较常见的玄武岩、辉长岩一般含 MgO 6%～8%，闪长岩、安山岩、正长岩等含 MgO 较少，为 2%～4%，而花岗岩、流纹岩含 MgO 则不到 1%。

（4）磷。岩浆岩类中玄武岩含磷量较多，含 P_2O_5 约 0.34%，闪长岩含 P_2O_5 约 0.25%，花岗岩含 P_2O_5 约 0.13%，沉积岩类的砂岩含磷较少（P_2O_5 约 0.08%），石灰岩含磷更少（P_2O_5 约 0.04%）。

（5）铁。岩浆岩类的玄武岩含铁最多，含 FeO 达 11.75%，安山岩、闪长岩、辉长岩含 FeO 均在 6% 以上，花岗岩、流纹岩和正长岩含 FeO 在 4% 以下。

（6）硼、锌和钴。在玄武岩等基性岩中有较多的分布。

（7）钼。在超基性岩和酸性岩（如花岗岩）中有较多的分布。

（8）铜和锰。均较均匀地分布在各类岩石中。

变质岩和沉积岩中所含有的养分数量，随其矿物组成不同，有较大的变化。

3.3.2.2 岩（石）体的工程地质特征

1. 不同成因岩石工程地质特征

（1）岩浆岩的工程地质特征。深成岩浆岩是结晶岩，矿物颗粒与颗粒之间是靠分子力联结的，因此结合强度很高，孔隙率极小，透水性差，抗冻性能较高，其抗风化能力随着矿物成分的变化而变化，一般深色矿物（如角闪石、辉石、黑云母）的含量越高就越易风化，由浅色矿物组成的岩石中，长石含量高的（如正长岩、二长岩）易于风化。

浅成岩浆岩为小侵入体，产出时岩性较复杂，多属结晶岩，不过多成细粒结晶结构或粗粒斑状结构，前者强度高、透水性小，抗风化能力较强；后者稍次。

喷出岩的结构构造是多种多样的，产状不规则，厚度变化大，岩性很不均一。致密块状构造岩石，物理力学性良好；具有气孔状构造和流纹状构造的岩石，物理力学性则有显著降低，透水性增大。

（2）沉积岩的工程地质特征。一般较岩浆岩差。由于层状构造的存在使沉积岩的物理力学性质表现出明显的各向异性，在垂直层理方向上和平行于层理方向上的性质大不相同。

常见碎屑岩的力学性质取决于胶结物的成分、胶结方式和碎屑物成分、特点。如硅质胶结的岩石强度高、抗水性强，而钙质、石膏质、泥质胶结的岩石，强度较低，抗水性弱，在水的作用下可被溶解或软化。此外，孔隙胶结形式岩石较坚硬，透水性较弱，而接触胶结形式的岩石强度较低，透水性较强；基底胶结形式的岩石的强度主要取决于胶结物。

黏土岩的工程地质性质较差，特别是红色岩层的页岩、泥岩，厚度薄，常呈互层或透镜体，为钙质、泥质所胶结抗水性能差、易软化，强度低，透水性小。

化学岩是一种可被水溶解的岩石，由于被水溶蚀往往使岩石中原有的裂隙加宽或造成空洞，对工程产生不良影响。多数的石灰岩和白云岩结构致密，坚硬，强度较高，关键问题在于是否存在岩溶。泥灰岩是黏土岩和石灰岩之间的过渡类型，强度低，遇水易软化。

（3）变质岩的工程地质特征。变质岩的性质与变质作用的特点以及原岩的性质有关。大多数变质岩具有牢固的结晶联结，结构较致密，力学强度较高，孔隙较少，抗水性较强，透水性较弱。但当变质岩的片理或片麻状构造发育时，使联结减弱，力学性质呈现各向异性，强度降低，且由于某些矿物成分（如黑云母、绿泥石、基性斜长石）的影响，使一些变质岩（如云母片岩、绿泥石片岩、滑石片岩）稳定性较差，容易风化。

2. 岩体的工程地质特征

岩体是工程影响范围内的地质体。它由处于一定应力状态的和被各种结构面所分割的岩石组成。一个岩体的规模大小，可视所研究的工程地质问题所涉及的范围和岩体的特点而定，它可由一种岩石或几种岩石组成甚至可以是不同成因岩石的组合体。岩体的工程地质特性主要包括岩体的坚硬程度、风化程度、完整程度、结构类型、含（透）水性等。

（1）抗压强度。在岩石的物理力学指标中，抗压强度最能简单明了地反映岩石的力学性质，根据其大小可将岩石分为硬质岩（$R_c > 30\text{MPa}$）和软质岩（$R_c \leq 30\text{MPa}$）。一般由硬质岩石组成的完整、新鲜岩体，作为建筑物地基或围岩是比较稳定的，当岩体被结构面切割不完整，甚至较破碎时，则岩体的工程地质性质就比较差。因此，硬质岩石组成的岩体的工程地质性质主要受结构面控制。软质岩特别是极软岩岩石组成的岩体，由于岩石本身的强度很低，结构面的作用有时不突出，这种岩体的工程地质性质不仅受结构面控制，而且受岩性控制。对于软硬岩交替的岩体，当整个岩体中软弱岩石所占比例较大，则岩体的稳定性更多地受岩性支配；当软弱岩石所占比例较小，则岩体的稳定性更多地受结构面和软弱夹层所控制。

（2）风化程度。风化作用的结果，使岩体发生了变化，越接近地表，岩体风化程度越剧烈，岩体的工程地质性质越差。水利水电工程地质工作中，采用的岩体风化带划分见表 3.3-18。

表 3.3-18　　　　　　　　　　岩 体 风 化 带 划 分

风化带	岩矿颜色	岩体结构变化特征	矿物成分变化特征	开挖方法	锤击声	风化岩与新鲜岩纵波速之比
全风化	全部变色、光泽消失	岩石的组织结构完全破坏，已崩解和分解成松散的土状或砂状，有很大的体积变化，但未移动，仍残留有原始结构痕迹	除石英外，其余矿物大部分风化蚀变为次生矿物	矿物手可捏碎，用锹可以挖动	锤击有松软感，出现凹坑	<0.4
强风化	大部分变色，只有局部岩块保持原有颜色	岩石的组织结构大部分已破坏；小部分岩石已分解或崩解成土，大部分岩石呈不连续的骨架或心石，风化裂隙发育，有时含大量次生夹泥	除石英外，长石、云母和铁镁矿物已风化蚀变	岩石大部分变酥、易碎，用镐锹可以挖动，坚硬部分需爆破	哑声	0.4~0.6

续表

风化带		岩矿颜色	岩体结构变化特征	矿物成分变化特征	开挖方法	锤击声	风化岩与新鲜岩纵波速之比
弱风化	上带	岩石表面或裂隙面大部分变色，断口色泽较新鲜	岩石原始组织结构清楚完整，但大多数裂隙已风化，裂隙壁风化剧烈，宽度一般5～10cm，大者可达数十厘米	沿裂隙铁镁矿物氧化锈蚀，长石变得浑浊、模糊不清	用镐难挖，需要爆破	哑声	0.6～0.8
	下带	岩石表面或裂隙面大部分变色，断口色泽新鲜	岩石原始组织结构清楚完整，沿部分裂隙风化，裂隙壁风化较剧烈，宽度一般1～3cm	沿裂隙铁镁矿物氧化锈蚀，长石变得浑浊、模糊不清	开挖需要爆破	较清脆	
微风化		岩石表面或裂隙面有轻微褪色	岩石组织结构无变化，保持原有完整结构，大部分裂隙闭合或为钙质薄膜充填	仅沿大裂隙有风化蚀变现象，或有锈膜浸染	开挖需要爆破	清脆	0.8～0.9
新鲜		保持新鲜色泽，仅大的裂隙面轻微褪色	岩石组织结构无变化，保持原有完整结构，裂隙面紧密，完整或焊接状充填	仅个别裂隙面有锈膜浸染或轻微蚀变	开挖需要爆破	清脆	0.9～1.0

（3）岩体完整程度。分割岩体的任何地质界面，统称为结构面，也称不连续面。它们是使岩体工程地质性质显著下降的重要结构因素。根据其成因，可以将岩体的结构面划分为表3.3-19中所示的基本类型。

表 3.3-19　　　　　　　　　结 构 面 基 本 类 型

成因类型	原生结构面			构造结构面	次生结构面
	沉积结构面	火成结构面	变质结构面		
涵义	沉积岩在成岩过程中形成的地质界面	岩浆侵入及冷凝过程中形成的原生结构面	在变质过程中形成的结构面	构造运动作用形成的结构面	外动力地质作用形成的结构面
主要地质类型	层理、层面、沉积间断面（不整合面、假整合面）、原生软弱夹层	侵入体与围岩的接触面蚀变带、原生节理、流层、流线	片麻理、片理、板理、软弱夹层	断层、构造裂隙、劈理、层间滑动面	风化裂隙、风化夹层、卸荷裂隙、爆破裂隙、次生充填泥化夹层

各种成因的结构面，最后总是综合地对岩体工程地质性质产生作用，当结构面间距很小时，岩体十分破碎，工程地质性质大大变差，结构面的发育频率影响岩体的完整程度；当软弱结构面形成不利于岩体稳定的组合时，虽然岩体比较完整，但也可能发生诸如坝基失稳、边坡滑动、硐室围岩坍塌等现象。岩体的完整程度可按表3.3-20定性划分。

（4）岩体结构类型。从工程地质观点考虑，结构面是岩体的重要组成部分。岩体工程地质性质与其分割的岩石块体显著不同，一般远远低于后者。因此，岩体中结构面的存在和它的性质，对于岩体的工程地质性质影响极大。此外，由于结构面的存在，还赋予岩体明显的非均质性和各向异性。

结构面的切割，破坏了岩石的完整性，使岩体成为岩石块体的组合体。结构体的形状一般都很不规则，但可归纳为块状、柱状、菱状、楔状、锥状和板状六种基本形状。

表 3.3-20　　岩体完整程度定性划分

名称	结构面发育程度		主要结构面结合程度	主要结构面类型	相应结构类型
	组数	平均间距/m			
完整	1～2	>1.0	结合好或结合一般	节理、裂隙、层面	整体状或巨厚层状结构
较完整	1～2	>1.0	结合差	节理、裂隙、层面	块状或层状结构
	2～3	1.0～0.4	结合好或结合一般		块状结构
较破碎	2～3	1.0～0.4	结合差	节理、裂隙、层面、小断层	碎裂块状或层状
	>3	0.4～0.2	结合好		镶嵌碎裂结构
			结合一般		薄层状

续表

名称	结构面发育程度		主要结构面结合程度	主要结构面类型	相应结构类型
	组数	平均间距/m			
破碎	>3	0.4～0.2	结合差	各种类型结构面	裂隙块状结构
		<0.2	结合一般或结合差		碎裂结构
极破碎			结合很差		散体状结构

岩体结构可以划分为四个基本类型,其中包括八个亚类。岩体结构基本类型见表 3.3-21。

(5)不同结构岩体的工程地质特征。岩体的工程地质性质首先取决于岩体结构类型与特征,其次

才是组成岩体的岩石的性质(或结构体本身的性质)。因此,在分析岩体的工程地质性质时,必须首先分析岩体的结构特征及其相应的工程地质性质,其次再分析组成岩体的岩石的工程地质性质,有条件时配合必要的室内和现场岩体(或岩块)的物理力学性质试验,加以综合分析,才能确切地把握和认识岩体的工程地质性质。不同结构类型岩体的工程地质特征如下。

1)整体块状结构岩体的工程地质特征。整体块状结构岩体因结构面稀疏、延续性差、结构体块度大且常为硬质岩石,故整体强度高、变形特征接近于各向同性的均质弹性体,变形模量、承载能力与抗滑能力均较高,抗风化能力一般也较强,所以这类岩体具有良好的工程地质性质,往往是较理想的各类工程建筑地基、边坡岩体及洞室围岩。

表 3.3-21   岩 体 结 构 基 本 类 型

岩体结构类型		地质背景	结构面特征	结构体特征
类	亚类			
整体块状结构	整体结构	岩性单一,构造变形轻微的巨厚层沉积岩、变质岩和火成熔岩,巨大的侵入体	结构面少,一般不超过 3 组,延续性差,多呈闭合状态,一般无充填物或含少量碎屑	巨型块状
	块状结构	岩性单一,受轻微构造作用的厚层沉积岩、变质岩和火成熔岩侵入体	结构面一般为 2～3 组,裂隙延续性差,多呈闭合状态,层间有一定的结合力	块状、菱形块状
层状结构	层状结构	受构造破坏轻或较轻的中厚层状岩体(单层厚大于 30cm)	结构面 2～3 组,以层面为主,有时有层间错动面和软弱夹层,延续性较好,层面结合力较差	块状、柱状、厚板状
	薄层状结构	单层厚小于 30cm,在构造作用下发生强烈褶皱和层间错动	层面、层理发达,原生软弱夹层、层间错动和小断层不时出现。结构面多为泥膜、碎屑和泥质充填物	板状、薄板状
碎裂结构	镶嵌结构	一般发育于脆硬岩中,结构面组数较多,密度较大	以规模不大的结构面为主,但结构面组数多、密度大,延续性差,闭合无充填或充填少量碎屑	形态不规则,但棱角显著
	层状碎裂结构	受构造裂隙切割的层状岩体	以层面、软弱夹层、层间错动带等为主,构造裂隙较发育	以碎块状、板状、短柱状为主
	碎裂结构	岩性复杂,构造破碎较强烈;弱风化带	延续性差的结构面,密度大,相互交切	碎屑和大小不等的岩块,形态多样,不规则
散体结构		构造破碎带,强烈风化带	裂隙和劈理很发育,无规则	岩屑、碎片、岩块、岩粉

2)层状结构岩体的工程地质特征。层状结构岩体中结构面以层面与不密集的节理为主,结构面多为闭合到微张开、一般风化微弱、结合力不强,结构体块度较大且保持着母岩岩块性质,故这类岩体总体变

形模量和承载能力均较高。作为工程建筑地基时,其变形模量和承载能力一般均能满足要求。但当结构面结合力不强,又有层间错动面或软弱夹层存在,则其强度和变形特性均具各向异性特点,一般沿层面方向

的抗剪强度明显地低于垂直层面方向的抗剪强度。一般来说，在边坡工程中，这类岩体当结构面倾向坡外时要比倾向坡内时的工程地质性质差得多。

3）碎裂结构岩体的工程地质特征。碎裂结构岩体中节理、裂隙发育，常有泥质充填物质，结合力不强，其中层状岩体常有平行层面的软弱结构面发育，结构体块度不大，岩体完整性破坏较大。其中镶嵌结构岩体因其结构体为硬质岩石，尚具较高的变形模量和承载能力，工程地质性能尚好，经局部处理后仍不失为良好地基，在边坡过陡时以崩塌形式出现，不会构成巨大的滑坡体，对地下工程若跨度不大，塌方事故很少。而层状碎裂结构和碎裂结构岩体则变形模量、承载能力均不高，工程地质性质较差。

4）散体结构岩体的工程地质特征。散体结构岩体节理、裂隙很发育，岩体十分破碎，岩体强度较低，接近松散介质，稳定性差，在坝基和人工边坡上要做清基处理，在地下工程进、出口处也应进行适当处理。

3.3.3 地下水

3.3.3.1 地下水类型及其特性

1. 自然界中水的分布、循环

地球上的水以气态、液态和固态三种形态存在于大气圈、水圈和岩石圈之中。地球上总水量约为 $1.4 \times 10^9 \, \mathrm{km^3}$，占地球体积的 1%。水在自然界的分布见表 3.3 - 22。

表 3.3 - 22　　　　　　　　　　　　水 在 自 然 界 的 分 布

水的分布	大气圈	岩石圈	水圈		
			海洋	河流、湖泊	固态水
水的体积/km³	1.29×10^4	2.4×10^7	1.34×10^9	1.90×10^5	2.4×10^7
概略比（大气圈内水量为1）	1	200	100000		

大气圈、水圈、岩石圈及生物圈中的水，通过水循环实现彼此之间的转化。水从海面蒸发，凝结降水至陆地，以径流形式（地表径流和地下径流）返回海洋，即完成一次循环，称为大循环或外循环，即大气圈、水圈和岩石圈之间的循环过程。

当海面上水蒸发重新降至海面，或由江、河、湖水蒸发及植物蒸腾再降至陆地，即完成一次循环，称为小循环，即陆地或海洋水单独进行循环的过程。

地球上任一区域在一定时间内，进入的水量与输出水量之差等于该区域内的蓄水变化量，这一关系称为水量均衡。

2. 地下水的主要类型及其特征

赋存在地面以下岩土体空隙中的水称为地下水，主要由大气降水、江河湖海中的地表水渗入地下形成的。岩土体空隙可分为三类：一是松散土层和弱胶结岩层的孔隙；二是各种岩层岩体中的裂隙；三是可溶岩层中溶蚀空隙。地下水常按照含水介质的差异划分为孔隙水、裂隙水和岩溶水三类。按埋藏条件分为包气带水、潜水和承压水。

（1）地下水的主要类型见表 3.3 - 23。

表 3.3 - 23　　　　　　　　　　　　地 下 水 的 主 要 类 型

地下水类型	含 水 介 质		
	孔 隙 水	裂 隙 水	岩 溶 水
包气带水	土壤水；沼泽水；上层滞水（局部隔水层上季节性存在的重力水）；沙漠及滨海沙堆、沙丘中的水	各类基岩风化壳中季节性存在的水；熔岩流及凝灰角砾岩顶部风化裂隙带中的水	垂直渗入带中由于局部相对隔水岩层之上形成的重力水
潜水	冲积层及洪积、坡积、湖积、冰碛和冰水沉积透水层中具有自由水面的水	基岩上部裂隙带中的呈层状或脉状的重力水；沉积岩层层间裂隙水	裸露岩溶岩层中的层状或脉状溶洞水和裂隙岩溶水
承压水	松散岩类构成的盆地（含自流）、单斜和山前平原（含自流）等具有隔水顶板限制的含水层中的水	在构造盆地和向斜及单斜岩层中充满于两个隔水岩层间的裂隙水；构造断层带及不规则裂隙中局部或深部承压水	构造盆地和向斜及单斜岩溶岩层中充满于两个隔水岩层的（溶隙）溶洞水

（2）各类地下水的主要特征见表 3.3 - 24。

表 3.3 - 24　　　　　　　各类地下水的主要特征表

基本类型	形成条件	来源（成因）	补给条件	水循环与动态特征	地下水面	应用价值	备注
包气带水	非饱和带中局部隔水层之上的重力水	主要为渗入成因，局部有凝结成因	补给区与含水层分布区一致；在分布区可以蒸发排泄	受当地气候影响动态变化大，一般为季节性存在的暂时性水	随局部隔水层的起伏而变化	可用于分散性生活供水，或小型暂时性供水	一般水量不大，易受污染
潜水	饱和带中第一个较稳定隔水层之上具有稳定自由水面的含水层中的水			水位、水温、水质等受当地气象因素影响敏感，有季节性变化特征	潜水面形状随相对隔水层的出现、含水层厚度及下部隔水层顶板的起伏而变化	城镇、企业供水与灌溉用水的主要对象	较易污染
承压水	充满于两个隔水层之间的含水层中的水	渗入和沉积成因	补给区仅分布于含水岩层出露较高的地区，在含水层出露较低的一侧向外界排泄	受当地气象影响不显著，水位升降决定于水压力的传递	承压水面为虚构的平面，当含水层被揭穿时才显现出来	淡水可用于各类供水；热矿水可作为医疗、发电及提取矿物原料和有用元素等	不易污染；一旦污染就很难治理

（3）不同含水介质地下水的水文地质特征。地下水赋存并运移于其中的各类含水介质地质体，其空间形态、展布及其边界条件各不相同，有岩层（层状）、岩脉（脉状）、构造（断层、裂隙）带（带状）、透镜体或火成岩体（体状）等。据之可界定各类型地下水体的特征。

1）第四系孔隙含水层的主要水文地质类型与特征见表 3.3 - 25。

2）裂隙水的水文地质类型与特征见表 3.3 - 26。

3）岩溶水的主要水文地质类型与特征见表 3.3 - 27。

表 3.3 - 25　　　　　　第四系孔隙含水层的水文地质类型与特征

类型		地质构造和地貌条件	主要水文地质特征	实例
山前平原地下水	山前洪积平原地下水	由山麓至低地，在地貌上由山前冲积洪积扇组成的洪积平原过渡为冲积细土平原。冲积砂与洪积物互相叠置，使岩性复杂化	由山麓至低地，可分为潜水补给-径流带、潜水溢出带、潜水蒸发带。含水层由单层潜水过渡为多层承压水。一般富水性强，水质好。广泛用作供水水源	河西走廊
	山前洪积冲积平原地下水			太行山东麓平原
河谷平原地下水	狭窄河谷地下水	河谷内多为山区季节性流水侵蚀后堆积的粗颗粒物质，分选性较差，河谷纵坡较大	潜水由降水、地表水和基岩水补给，汇水条件与地形和围岩的岩性有关。潜水与河水关系密切，流向与河水一致；一般纵坡较大，水质好，可开采利用	各山间河谷
	宽阔河谷地下水	在河谷盆地内沉积着厚达数百米的第四系，上部为冲积层，下部常为湖积层，山前带往往有洪积层。现代地貌形态与基底构造轮廓相似。有常年河流通过，多级阶地发育	以基岩为隔水底板，形成良好的储水构造，分布着潜水与层间承压水。地下水补给条件好，沿岸开采时可获得河水补给，便于开采利用	渭河谷地
山间平原地下水		由断陷和侵蚀等成因造成的盆地，一般四周环山，常有过境河流穿过，盆地常沿某一河流成串珠状分布。盆地内由湖相堆积物组成，有的流水沉积与静水沉积交错发育；有的上部以冲积物为主，下部以湖积物为主	有潜水和层间承压水分布。补给条件与周围山地的汇水条件有关，有时有自流水。水质好，易于开采利用	云南祥云-云南驿盆地

类型		地质构造和地貌条件	主要水文地质特征	实例
冲积平原地下水	冲积平原地下水	为多层冲积砂层，常呈条带状分布，颗粒较细，古河道带与河间带相间分布，与湖积物共存者含水层发育较差	地下水径流较迟缓，水位埋藏较浅，常有咸水存在。古河道地带水量丰富，水质较好，可作为供水水源	黄河下游冲积平原
	湖积-冲积平原或冲积-淤积平原地下水			江汉平原
滨河平原地下水	海陆交互沉积的辽阔平原地下水	多层状的含水结构，淡水含水层主要为颗粒较细的陆相沉积物	以层间承压水为主，常有咸水存在。深部常为较好的淡水，可开采利用	苏北滨海平原
	海相堆积狭窄平原地下水	海积层一般分布面积不太大，厚度一般不超过数十米	以潜水为主，淡水呈透镜体存在，可作为散供水水源	较大海岛的海积平原
黄土层中的地下水	塬区黄土层地下水	塬面积为几十至几百平方千米，表面平坦。塬体由上、中、下更新统黄土及黄土状土组成，尤以中更新统最厚。下伏各个时代的基岩	地下水主要受雨水垂直渗入补给，在塬边沟谷以泉的形式排泄。水质良好，可作为中小型供水水源	陇东董志塬
	沟谷黄土层地下水	构成黄土丘陵区的负地形；按形态又分为掌型地、杖型地。沟谷堆积物为更新统至全新统的黄土及黄土状土。多以新近世红色岩层为基底	潜水受雨水或地表水的渗入补给。水量较小，在有利于渗入的地段，包气带脱盐较好，形成淡水体。可作为当地生活用水水源	陇西黄土丘陵区
戈壁沙漠中沙丘地下水		细砂为主，沙丘厚度十米至上百米	地势较低处，水位埋藏较浅，一般水量不大，补给条件较好时，矿化度较低，可就地开采利用	内蒙古西部沙漠区

表 3.3 - 26   **裂隙水的水文地质类型与特征**

类型	沉积岩	火成岩	变质岩
风化裂隙水	由沉积岩构成的丘陵山区的风化带中，一般均含风化裂隙潜水，呈面状分布，厚度一般在 30～50m 之间。富水性与岩性、风化程度、深度及地形条件等有关	火成岩风化壳可分为强风化带和弱风化带，均含水，属孔隙-裂隙潜水。富水性与岩性、风化程度、地貌部位有关。花岗岩弱风化带富水性好	古老片麻岩分布区的表层普遍存在风化带，含孔隙-裂隙潜水。富水性取决于风化带厚度和汇水面积的大小
层间裂隙水	含水层与相对隔水层互层，地下水赋存于期间含水层中，呈层状分布，一般具承压性。富水性与岩性、厚度、区域裂隙发育程度和补给条件有关	主要见于火山碎屑岩中，分布于软硬岩层相间的裂隙发育的脆性岩石（如玄武岩）中，一般水量不大	大理岩走向延伸较远，且厚度较大者，能形成含水岩层，富水性取决于出露面积、岩层厚度、裂隙发育、构造和地貌部位
构造裂隙水	脆性岩石的构造破碎带中，裂隙发育，赋存有丰富的地下水。可为脉状或带状分布，具有一定方向性。富水性与构造破碎带的规模和补给条件有关	地下水赋存于有一定规模的断裂带和破碎岩脉中。富水性与断裂带的性质、规模、补给条件有关	脉状裂隙水出现在断层破碎带以及岩脉阻水地段，常具有承压性

表 3.3 - 27   **岩溶水的主要水文地质类型与特征**

类 型		埋藏条件	动态特征	空间分布特性
裸露型岩溶区地下水	岩溶裂隙潜水	在弱岩溶化的白云岩、薄层灰岩山区，赋存于各种裂隙中的水，埋藏浅，有的可形成上层滞水	视补给范围固定，一般动态变化大	不均一
	地下河水	岩溶强烈发育的山区，由强烈差异溶蚀作用形成地下管道，地下水在其中构成地下河、地下河带，有一定的汇水面积和主要地下河道	动态变化很大	极不均一
	地下湖水	在岩溶化岩体内，因溶蚀和冲刷形成较大的地下空间（洞），聚集地下水形成湖泊	动态变化复杂	极不均一

续表

类　　型		埋藏条件	动态特征	空间分布特性
覆盖型岩溶区地下水	脉状岩溶裂隙水	赋存在断裂带中或岩溶与非岩溶地层接触面附近	水位变幅不大	不均一
	地下河系	断裂发育地区，地下水主要集中在破碎带的溶洞及裂隙中，各带相互连通而成地下水系	水位变幅小	不均一
埋藏型岩溶区地下水	层间裂隙岩溶水	岩溶与非岩溶地层互层，赋存于层间岩溶地层中的承压水	动态稳定	较均一
	脉状裂隙岩溶水	赋存在构造破碎带和条带状灰岩中，循环深者，水温增高	动态稳定	较均一

注　覆盖型岩溶区，系指岩溶岩层被松散地层所覆盖的地区；埋藏型岩溶区系指岩溶岩层被非岩溶基岩覆盖的地区。

3. 泉的主要类型及其特征

泉是地下水涌出地表的天然水点。泉的分类方法很多。根据泉水的补给来源（含水层埋藏条件）和成因（出露条件），可以把泉分为两大类7种形式，见表3.3-28。

表3.3-28　泉的类型、形式与特点

泉的类型及特点	泉的形式及其特点	
下降泉 由上层滞水或潜水补给，泉的流量、水温、水质随季节而变化，且多与气象要素变化一致	悬挂泉	由上层滞水补给，多分布于裂隙发育的基岩陡坡和河谷阶地前缘陡坎上，多为季节性出露
	侵蚀泉	由于河流或冲沟的下切，揭露了潜水含水层水面而出露的泉。多分布于沟谷坡或坡脚处
	接触泉	潜水沿含水层的隔水底板的接触面涌出的泉
	溢流泉	沿地下水流向，潜水含水层岩性的变化或不透水层的阻隔，使潜水水位壅高溢出地表而成的泉。泉水往往有类似上升泉向上涌出的现象。在山前洪积扇的溢出带，常成群出现
上升泉 由承压水补给，泉的流量、水温、水质较稳定，随季节变化小	侵蚀（自流斜地）上升泉	单斜式承压含水层被地形切割或在排泄区地下水流出地表而形成的泉；或具有承压水的向斜或构造盆地的含水层，受水文网（河流、冲沟）的切割，使承压水涌出地表形成的泉
	断层泉	承压含水层被断层所切，地下水沿断层破碎带上升涌出地表而形成的泉。多呈线状出露于断裂带上
	接触带泉	深部地下水沿岩脉（岩浆侵入体）接触裂隙带上升涌出地表而形成的泉。多表现为地下热泉水

3.3.3.2　地下水物质组分与水质指标

1. 水中的物质组分

水中的物质组分按其存在状态可分为三类：悬浮物质、溶解物质和胶体物质。

悬浮物是由大于分子尺寸的颗粒组成，它们靠浮力和黏滞力悬浮于水中。溶解物质则由分子或离子组成，它们被水的分子结构所支承。胶体物质则介于悬浮物质与溶解物质之间。

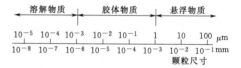

图3.3-1　水中物质按颗粒大小分类

2. 水质指标

水质是指水与其中所含的物质组分所共同表现的物理、化学和生物学的综合特性。各项水质指标则表示水中物质的种类、成分和数量，是判断水质的具体衡量标准。

水质指标主要分为物理的、化学的和生物学的三大类指标。

（1）物理性水质指标。感官物理性状指标，如温度、色度、嗅和味、浑浊度、透明度等。

其他的物理性水质指标，如溶解性总固体、悬浮固体、可沉固体、电导率（电阻率）等。

（2）化学性水质指标。一般的化学性水质指标，如pH值、碱度、硬度、各种阳离子、各种阴离子、总含盐量、一般有机物质等。

有毒的化学性水质指标，如各种重金属、氰化物、多环芳烃、卤代烃、各种农药等。

氧平衡指标，如溶解氧（DO）、化学需氧量（COD）、生物需氧量（BOD）等。

（3）生物学水质指标。一般包括细菌总数、总大肠菌数、各种病原细菌、病毒等。

3.3.3.3 地下水的运动与循环

1. 地下水运动

（1）地下水渗流的形态。地下水在岩（土）体孔（空）隙中的运动称渗流，其发生渗流的区域称渗流场。

根据水流质点的运动形式，渗流分为层流、紊流、混合流三种。水在渗流场内的运动，根据运动要素（水位、流速、流向等）随时间变化表现形式不同，其特征各异。地下水运动基本形式见表 3.3 - 29。

表 3.3 - 29　　　　　地下水运动基本形式

划分依据	运动要素随时间的变化程度		运动要素在空间表现的形式			运动水流质点的形式		
运动形态	稳定运动	非稳定运动	线性运动（一维流）	平面运动（二维流）	空间运动（三维流）	层流运动	紊流运动	混合流运动
运动特点	渗流场中任意点的水头变化与时间无关	渗流场中任意点的水头随空间、时间而变化	渗流场中任意点的水头（或流速）变化仅与一个方向有关	渗流场中任意点的水头（或流速）仅在平面方向上有变化，正交该平面上的分速度等于零	渗流场中任意点的水头（或流速）随空间三个坐标而变化	以彼此不相混杂的流束形式运动	流束彼此混杂而无秩序的运动	层流和紊流同时存在的过渡的运动状态

（2）地下水渗流运动的基本定律，见表 3.3 - 30。

表 3.3 - 30　地下水渗流运动的基本定律

渗流运动状态	运动定律表达式	符号意义
层流	$Q = kI\omega$ $v = kI$	Q 为渗透流量，$\mathrm{m^3/d}$ 或 $\mathrm{L/s}$；ω 为过水断面面积，$\mathrm{m^2}$；I 为水力坡度；v 为渗透速度，$\mathrm{m/d}$ 或 $\mathrm{cm/s}$；k 为层流渗透系数，$\mathrm{m/d}$ 或 $\mathrm{cm/s}$；m 为介于 1 和 2 之间的流态指数
紊流	$Q = kI^{1/2}\omega$ $v = kI^{1/2}$	
层流与紊流同时存在的"混合流"	$Q = kI^{1/m}\omega$ $v = kI^{1/m}$	

（3）地下水流态的判定方法。

1）根据两个观测孔的抽水资料判定地下水流态，见表 3.3 - 31。

表 3.3 - 31　根据两个观测孔抽水资料判定地下水流态

公式	判定指标	适用条件	符号意义
$\dfrac{y_2^{m+1} - y_1^{m+1}}{z_2^{m+1} - z_1^{m+1}} = \dfrac{Q_1^m}{Q_2^m}$	$m=1$ $m=2$ $m=1\sim2$	潜水	m 为地下水流态指数；Q_1、Q_2 为第一次和第二次水位降低时的涌水量，$\mathrm{L/s}$；y_1、y_2 和 z_1、z_2 为第一次和第二次抽水时观测孔 1 和观测孔 2 的动水位，m；x_1、x_2 为主孔至观测孔 1 和观测孔 2 的距离，m，见图 3.3 - 2
$m = \dfrac{\lg(z_2 - z_1) - \lg(y_2 - y_1)}{\lg Q_2 - \lg Q_1}$		承压水	

注　地下水为径向混合流时，m 值应为一变值，$m = f(x)$。越近井中心，m 值越大。为了简化计算，式中的 m 值近似地看作井作用区内各流态指数的平均值，即不随井距变化的某一固定值。

对潜水可用试算图解法求得 m 值，具体方法如下：

$$a = \frac{y_2^{m+1} - y_1^{m+1}}{z_2^{m+1} - z_1^{m+1}} \left.\begin{aligned} & \\ & \end{aligned}\right\} \qquad (3.3-1)$$
$$b = \frac{Q_1^m}{Q_2^m}$$

代入不同的 m 值（如 $m = 1$、1.25、1.5、1.75、2，…），求出相应的 a 值和 b 值。然后取直角坐标，横坐标为 m 值，纵坐标为 a 值或 b 值，分别绘出 $a = f(m)$ 和 $b = f(m)$ 两条曲线，其交点则为所求的 m 值，见图 3.3 - 3。

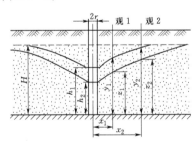

图 3.3 - 2　潜水井降落漏斗图

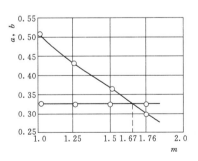

图 3.3 - 3　确定流态指数 m 图解

2）根据二次抽水试验资料判别地下水流态。若二次抽水试验资料满足或接近式（3.3 - 2）和式

(3.3-3)，则为层流；否则为紊流。

$$承压水： \quad \frac{Q_1}{Q_2}=\frac{S_1}{S_2} \qquad (3.3-2)$$

$$潜水： \quad \frac{Q_1}{Q_2}=\frac{(2H-S_1)S_1}{(2H-S_2)S_2} \qquad (3.3-3)$$

式中　Q_1 和 Q_2——水位降为 S_1 和 S_2 时的流量，L/s；

　　　　H——潜水位，m。

2. 地下水的循环

地下水不断获得外界水（大气降水、地表水体等）的补给，通过其径流输送到排泄区排出，构成地下水补给、径流、排泄的循环系统。

（1）地下水的补给。

1）大气降水对地下水的补给。大气降水，一部分产生地表径流，其余部分涌入包气带。入渗的水分，一部分滞留于包气带中，一部分在雨后通过蒸发、蒸腾返回大气圈，部分下渗地下水含水层。

影响大气降水对地下水补给量的因素较复杂，主要与降水总量、降水特征（降水强度、降水历时等）、包气带岩性及厚度、地形、植被等有关。

大气降水降水量越大，历时越长，对地下水的入渗补给量越大。

地下水位埋深反映了包气带（也称非饱水带）是否有接受降水入渗的蓄水能力和入渗的渗透距离，直接影响降水入渗补给量。

包气带岩性是降水入渗的窗口，岩性颗粒较粗、分选性好、孔隙较大，均有利于降水入渗。

2）地表水对地下水的补给。当地表水体（河流、湖泊、坑塘等）水位高于地下水位时，地表水补给地下水。河水与地下水的补给关系沿河流纵剖面而变化。山区河谷深切，一般河水位低于地下水位，起排泄地下水的作用。山前地带在河流的堆积作用下河床较高，河水补给地下水。冲积平原与盆地的某些部位其补排关系随季节变化，洪水期河水补给地下水，枯水期河水排泄地下水。某些地区的冲积平原中，河床因强烈堆积作用形成"地上河"，河水经常补给地下水。河水与地下水的补给关系见图 3.3-4。

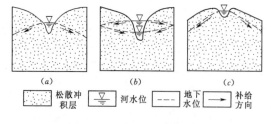

| (a) | (b) | (c) |

松散冲积层　▽ 河水位　---- 地下水位　→ 补给方向

图 3.3-4　河水与地下水的补给关系

3）凝结水的补给。在高山、沙漠等昼夜温差显著的地区，夏季的白天，大气和土壤都吸热增温；夜

间土壤散热快，大气散热慢。当地温降到一定程度，土壤孔隙中的水汽达到饱和时则水汽凝结成水滴，绝对湿度随之降低。此时由于气温较地温高，大气绝对湿度较土壤湿度大，水汽不断由大气向土壤孔隙运动。如此不断补充、不断凝结，当形成足够的液滴状水时，便下渗补给地下水。

4）人类某些活动对地下水的补给。人类建造水库、灌渠、农田灌溉及工业、生活废水的排放，均会对地下水形成补给。近年来，为了补充地下水资源，采用地面渗漏坑、渗漏池及井、孔灌注等方式，进行地下水人工补给。

（2）地下水的排泄。

1）泄流排泄。当河流切至含水层地下水位之下时，地下水沿河流呈带状排泄补给河水，形成河川径流的基流量，称为地下水泄流排泄，其排泄量可用基流分割等方法获得。

2）泉水排泄。泉是地下水天然排泄露头点。山前地带的沟谷，坡脚地带常有泉水排泄点，而平原地区则很少出现。地下水集中排泄于河底、湖底、海底时则为水下泉。

3）蒸发排泄。

a. 包气带土壤水的蒸发。包气带土壤的悬挂毛细水、孔角毛细水等，由液态转化为气态而蒸发排泄。土壤水的蒸发虽然不与潜水面发生直接联系，但会造成包气带水分亏缺，间接影响饱水带（也称饱和带）接受大气降水补给份额。土壤水的蒸发强度取决于气候与包气带的岩性。

b. 饱水带潜水蒸发。饱水带上部的包气带分布着支持毛细水（毛细破碎带），支持毛细水是沿潜水毛细孔隙上升而成。当潜水面埋藏较浅，支持毛细水带上缘离地表较近时，大气相对湿度小于饱和湿度，毛细弯液面的水不断由液态转为气态而蒸发，潜水在毛细作用下源源不断地上升补给支持毛细水，使蒸发持续不断地进行。

气候条件、潜水位埋藏深度、包气带岩性等条件，是影响地下水蒸发强度的重要因素。

气候干燥，相对湿度小，潜水蒸发强烈，大风天气比无风日潜水蒸发强烈。西北地区大气相对湿度小，而且大风日较多，地下水蒸发强烈。潜水位埋藏愈浅，蒸发愈强烈。

包气带岩性不同，其毛细上升高度与速度各异，因而影响潜水蒸发量。一般来讲，具有黏性的粉土类土毛细上升高度较大，上升速度较快，潜水蒸发强烈；黏性土毛细上升速度低，砂性土毛细上升高度小，潜水蒸发量小。

4）植被蒸腾排泄。植被生长过程中，由根系吸收的水分，由叶面及茎转化成气态水而蒸发，称为蒸腾。蒸腾作用的影响深度受植被根系发育深度控制。

在实际计算潜水蒸发量时，分别计算土壤水蒸发、植被蒸腾和潜水蒸发量相当困难。因此，多利用气象部门陆地蒸发强度或蒸发系数统一计算。

（3）地下水径流。径流是连接地下水补给与排泄的中间环节，也就是说地下水由补给处流向排泄处的运移过程称为径流。地下水的径流包括径流方向、径流条件、径流强度及径流量等。地下水的径流特征见表 3.3-32。

表 3.3-32　　　　　　　　　地下水径流特征

类　型		径　流　方　向		平面运动形态
		水平运动	垂向运动	
基岩裂隙水	碎屑岩裂隙水	从补给区向排泄区运移，即由源向汇运动	大气降水沿孔隙、裂隙、溶隙等渠道呈垂直-水平-垂向复杂运动，向含水层入渗；排泄区在地下水头作用下，其下部的地下水可向上排泄；如含水层之间存在水头差并有联系通道时，则发生垂向越流运动	呈脉状、网状的复杂运动
	可溶岩岩溶裂隙水			呈脉状或由几个强径流带组成树枝状运动
松散岩类孔隙水	山前洪积冲积平原孔隙水	从山前洪积平原向冲积平原、湖积平原运移	大气降水（灌溉水）通过包气带向含水层垂向入渗；排泄区在地下水头作用下，其下部的地下水可向上排泄；如含水层之间存在水头差并有联系通道时，则发生垂向越流运动	沿含水层呈层状运动
	山间平原孔隙水	从周围山前向中部低洼地或河流运移		
	河谷平原孔隙水	从两侧山前向河谷运移		
	河间地块孔隙水	由河间高地向两侧河谷运移		

径流强度可用单位时间通过单位断面的流量来表征。因此，径流强度与含水层的透水性、补给区到排泄区的水头差成正比，与流动距离成反比。

一个地区以地下径流形式存在的地下水流量的大小，可用断面法、地下径流模数法等方法计算。

（4）土壤中地下水位变动对植物生长的影响。地下水能通过支持毛细水的方式供应高等植物的需要。土壤水饱和层与其上面的不饱和层之间有一个饱和度逐渐降低的过渡层，水力传导数值也随含水量的降低而相应变小，到大孔隙完全充气的层次水力传导度就较小。这个过渡层的支持毛细水具有较快的上升速度，称为毛细水活动区，从地下水面至支持毛细水上端明显湿润的界限，即为毛细水强烈上升高度。

土壤毛细水强烈上升高度，在轻质土上为 1.45～1.70m，在黏土上仅为 0.6m 左右。支持毛细水上行的速度较快，若其强烈上升高度达到植物主要吸收根群分布层，就可以源源不断地供给植物吸收。在干旱条件下，由于土壤水蒸发很快，如果地下水位过高，就会使水溶性盐类随水的蒸发向表层土壤集中，特别是在地下水矿化度高的情况下，这种向上的运动，就会使土壤表层的含盐量增加到有害的程度，即所谓盐

渍化，从而影响植物的生长；地下水矿化度低时，可发生夜潮现象，有利于植物生长。在湿润地区，如地下水过高，会使土壤过湿，使大多数高等植物不能生长，这就是沼泽化。若其强烈上升高度不能达到植物主要吸收根群分布层，将会直接影响植物根系水分吸收，从而对植物生长造成危害。

地下水的适宜深度可根据式（3.3-4）确定：

$$H_c = h_p + \Delta h \qquad (3.3-4)$$

式中　H_c——地下水适宜深度，m；

h_p——毛细水强烈上升高度，m；

Δh——植物主要根群分布的厚度，m。

（5）三水转化及其关系。三水转化是指大气降水、地表水、地下水三者之间的相互转化关系及转化量，其转化关系见图 3.3-5。地下水资源的形成不仅与地下水自身的补给、径流、排泄有关，而且与降水、地表径流、包气带的入渗能力及储存能力有关。分析、计算各要素之间的循环和转化量，对计算、评价地下水资源量及总水资源量（地下水、地表水总量）有着重要意义，而且对水资源的开发利用规划有着重要的指导意义。

大气降水、地表水、地下水三水之间的转化循环，是大气循环中各要素以不同速度和数量，不断循

135

环转化和相互制约的结果。就地下水而言，其转化特征与包气带的入渗能力、地下水含水层岩性及储水能力，地下水自身补给、径流、排泄循环系统有关。

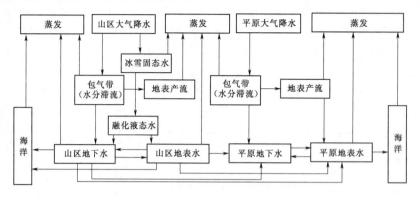

图 3.3 - 5 三水转化关系框图

在地形、地貌条件控制下，地下水由高处向低洼的河谷汇集运动，在河流侵蚀切割作用下，地下水以悬挂泉、侵蚀下降泉等形式排泄于河谷，转化为地表水，形成河川径流量的基流量，少部分形成河谷潜流。

由于地下水具有年内及多年调节能力，因此不同时期（丰水期、平水期、枯水期）基流量占河川径流的比例不同。丰水期，降水量增大，河川径流量迅速增大，基流量也增大，但其在河川径流中所占的比例则减少。枯水期，河川径流量减少，基流量也减少，但其在河川径流量中所占的比例则增大。

1）岩溶水。岩溶分布区的地表水与地下水的转化较频繁，相互转化量较大，地表水向地下水转化地段，大都集中在岩溶地下水系统的补给径流区，并发生在节理、断裂构造发育地带。因其岩溶发育程度较高，形成地表水集中渗漏地段，大量的地表水转化为地下暗河。岩溶地下水转化为地表水，是以泉水排泄的形式或地下水潜流补给地表水。

我国北方地区，气候干燥，降水较少，地壳运动以缓慢升降运动为主，构造条件一般较简单，所以岩溶发育程度较低，以溶隙、溶孔为主。大气降水一部分通过溶孔、溶隙垂直下渗形成岩溶水，大部分降水形成地表径流汇入沟谷、河川，在岩溶发育地段形成地表水渗漏段，集中转化为地下水，形成强径流带。一个岩溶地下水系统，可形成一个或多个呈树枝状的地下水强径流带系统。在排泄区又以泉水溢出转化为地表水，完成三水转化全过程。

在南方地区，气候湿润，降水充沛。地壳运动以强烈的差异性升降运动为主，构造条件较复杂。岩溶发育程度较高，溶孔、溶隙发育，而且发育有大量的岩溶洞穴，多相互连通。大气降水一部分通过溶孔、溶隙溶洞垂直下渗形成岩溶水；部分降水形成地表径流，在流经岩溶洼地、溶蚀洼地、坡立谷、河谷等地，当遇到落水洞、岩溶漏斗等地下渗漏通道时，大量地表水流入地下，补给岩溶地下水，形成地下暗河、伏流。地表则形成干谷、半干谷、盲谷等地表岩溶景观。在地质、地形地貌、水文地质条件制约下，地下水又溢出地表补给地表水。

2）平原区浅层孔隙水。大气降水对地下水的转化量受包气带岩性、厚度和降水量、降水强度等条件制约，因此，不同地区不同降水条件下，大气降水对地表水、地下水的转化量各不相同。当包气带有足够的储存空间，而降水强度小于包气带岩性的入渗能力时，降水量对地下水的转化量近似正比关系。随着降水量的增大，则转化为地下水量逐渐趋于常量，当包气带岩性和降水量相同的条件下，随着包气带厚度的增大，降水对地下水的转化量由小逐渐变大再趋于稳定，或由小变大再变小。

大气降水对包气带的入渗量，并不都是对孔隙地下水的转化量。其中部分储存于包气带中，部分被蒸发重新返回大气层；另一部分到达孔隙含水层转化为地下水，这部分水量称为大气降水入渗补给地下水量。因此，大气降水补给地下水量是入渗补给和蒸发消耗相互作用的结果。当地下水位埋深较小时，包气带和饱水带蒸发作用较强烈，则大气降水入渗大部分或全部被蒸发；随着地下水位埋深的增大，蒸发作用则随之减小，地下水获得的补给量则逐渐增大。在包气带蒸发作用趋近零的深度上，地下水可获得最大的补给量。包气带岩性为轻亚砂土（粉土）的降水入渗-蒸发曲线见图 3.3 - 6。

当地下水位高于地表水体水位时，在水头压差的作用下，地下水向地表水体排泄，地下水转化为地表水。一般山间盆地孔隙水多向河谷排泄，使部分地下水转化为地表水。当地表水体水位高于地下水位时，

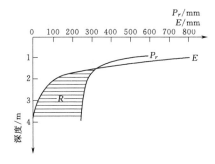

图 3.3－6 包气带岩性为轻亚砂土（粉土）
的降水入渗-蒸发曲线（1985）

P_r—降水入渗量；E—包气带蒸
发量；R—降水入渗补给地下水量

地表水体向地下水补给，地表水转化为地下水。如桃花峪以东黄河下游区，黄河河床高出两岸地面，黄河水常年补给地下水。

人为活动亦会造成地表水转化为地下水，如引地表水进行农田灌溉时，渠道渗漏和田间灌溉水的回渗，使地表水转化为地下水。跨地区、跨流域引水及水库（尤其是平原水库）的修建等，均会造成地表水体向地下水渗漏，使地表水转化为地下水。

（6）三水转化量计算。

1）大气降水量。根据气象站提供的多年平均降水量，按计算区进行计算；也可以根据多年平均降水量等值线图，按计算区计算。

2）大气降水对地表水的转化量。依据河流水系设置的水文站测流资料，经还原后，利用陆地水文法计算大气降水对地表水的转化量；或依据水利系统提供的地表水深等值线图，按计算区计算大气降水对地表水的转化量，即地表水天然资源量。

3）大气降水对地下水的转化量计算方法，见表3.3－33。

表 3.3－33 大气降水对地下水的转化量计算方法

计算方法	计算公式	符 号
水均衡法	$\overline{P}-\overline{R}-E=Q$	$\overline{P}$ 为多年平均大气降水量，mm；$\overline{R}$ 为多年平均地表水径流量，mm；E 为多年平均水面、陆地蒸发量，mm；Q 为大气降水对地下水的转化量；a 为降水入渗参数；p 为降水量，mm；F 为计算区面积，m^2；M 为地下径流模数，L/(s·km²)；$\sum Q_排$ 为地下水各项排泄量之和
降水入渗补给量法	$apF=Q$	
地下径流模数法	$MF=Q$	
排泄量法	$\sum Q_排=Q$	

4）地下水对地表水的转化量计算方法，见表

3.3－34。

表 3.3－34 地下水对地表水转化量计算方法

计算方法	计算公式	符 号
基流分割法	$Q_D=Q_G$	Q_D 为地下水的转化量；Q_G 为河川基流量；$Q_枯$ 为枯水期河川径流量；T 为枯水期时段，月；q 为暗河出口或泉口流量；Q_Q 为暗河出口或泉口潜流量；k 为地下水渗透系数；I 为地下水水力梯度；ω 为过水断面面积
枯水流量法	$Q_D=\dfrac{Q_枯}{T}\times12$	
排泄点流量法	$Q_D=q+Q_Q$	
断面法	$Q_D=kI\omega$	

5）地表水对地下水的转化量计算方法，见表3.3－35。地表水对地下水的转化量中，既有河川洪流转化为地下水量，又有河川基流转化为地下水量，而河川基流量是河川上游地下水对地表水的转化量。对区域而言，则形成地下水与地表水之间的循环转化。因此，在区域水资源计算时，应注意计算重复量问题。

表 3.3－35 地表水对地下水转化量计算方法

计算方法	计算公式	符 号
断面测流法	$Q_R=Q_上-Q_下$	Q_R 为地表水对地下水的转化量；$Q_上$ 为地表水渗漏段上游测流断面流量；$Q_下$ 为地表水渗漏段下游测流断面流量；Q_S 为单位长度渗漏量；l 为渗漏段长度
断面法	$Q_D=kI\omega$	
单位长度补给量法	$Q_R=Q_Sl$	

注 河流补给地下水的补给段两侧，采用断面法计算。

3.3.3.4 水文地质试验

1. 地下水流向、流速测定

（1）地下水流向。可用三角法测定，并可根据等水位线或等压线图来确定。三点法是利用三个钻孔或井组成一个三角形（孔距根据地形陡缓确定）测量各钻孔水位标高，绘制等水位线图，由高水位向低水位作垂线的方向，即为含水层内地下水流向。三点法求流向见图3.3－7。

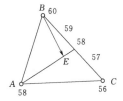

图 3.3－7 三点法求流向示意图

A、B、C—钻孔编号；56～60—水位标高，m；
BE—地下水流向

（2）地下水流速测定。一般采用指示剂法测定。在已知地下水流向上布置两个钻孔，在上游钻孔投入食盐（或荧光红等无毒染色剂），定时从下游孔内取样测定水内氯离子的含量（或着色的程度），绘制氯离子含量（或着色浓度）与时间的关系曲线，从投入食盐（或染料）到关系曲线上出现峰值的这段时间除以两孔（井）的间距，即可求出地下水实际流速 μ。

实际流速 μ 乘以含水层的孔隙度，可得渗透流速 v。

如果不便于钻孔取样试验，利用已有钻孔（井），借物探方法也可测定地下水流速。

2. 钻孔抽水试验

钻孔抽水试验是野外测定含水层渗透系数、涌水量及含水层水力联系的主要方法，一般在井或钻孔内进行。抽水试验是从钻孔（井）中抽水，降低地下水位，直至水位降深 S 与涌水量 Q 达到要求和稳定位置。一般应进行三次降深抽水。

抽水试验分单孔抽水和多孔抽水两种。多孔抽水是由一个进行抽水的主孔和数个用来测定抽水时水位下降的观测孔所组成。抽水试验渗透系数计算、常用公式和内业整理可查阅抽水试验相关规程。

3. 钻孔压水试验

钻孔压水试验是测定岩体透水性的一种常用方法，对于地下水面以上包气带裂隙岩体，则是测定透水性的主要手段。

在一定压力下，把清水压入钻孔内某段（即试验段，一般 5m 左右）岩体裂隙中，使岩体内的钻孔周围形成倒漏斗状的水压面，当压入流量 Q 和试段压力 P 趋于稳定后，可计算试段长度 L 范围岩体的透水率 q(Lu)。透水率表示试验段压力为 1MPa 时，每米试段的压入水流量（L/min）。

试验方法、计算公式和内业整理可查阅钻孔压水试验相关规程。

4. 试坑渗水试验

试坑渗水试验是野外测定包气带非饱和岩（土）层渗透系数的简易方法，最常用的有试坑法、单环法和双环法。渗水试验方法见表 3.3 - 36。

表 3.3 - 36　　　　　　　　　　　渗 水 试 验 方 法

试验方法	装置示意图	优缺点	备　注
试坑法		（1）装置简单。 （2）受侧向渗透影响较大，试验结果精度差	当圆形坑底的坑壁四周有防渗措施时：$$F = \pi r^2$$当坑壁无防渗措施时：$$F = \pi r(r + 2Z)$$式中　r——试坑底的半径，cm；　　　Z——试坑中水层厚度，cm
单环法		（1）装置简单。 （2）没考虑侧向渗透影响，试验结果精度稍差	
双环法		（1）装置复杂。 （2）基本排除了侧向渗透影响，试验结果精度较高	

（1）试验方法。

1）试坑法。在表层挖一试坑，坑深 30～50cm，坑底 30cm×30cm（或直径 37.75cm 的圆形），坑底距潜水位 3～5m，坑底铺 2cm 厚的砂砾石层，控制流量连续均衡，并保持坑中水层厚 Z 为常数值（10cm），当注入水量达到稳定，并保持 2～4h，试验即可结束。求出单位时间内从坑底渗入的水量 Q，除以坑底面积 F，即得出平均渗透速度 v。当坑内水柱高度不大（等于 10cm）时，可以认为水头梯度近于 1，因而 $k = v$。

2）单环法。在试坑底嵌入一高 20cm、直径 35.75cm 的铁环，该铁环圈定的面积为 1000m²。在试验开始时，用马利奥特瓶控制环内水柱保持在 10cm 高度上。试验一直进行到渗入水量 Q 保持不变为止，渗入流量除以铁环底面积即得渗透流速，也即渗透系数。

3）双环法。在试坑底嵌入两个铁环，外环直径可取 0.5m，内环直径可取 0.25m。试验时往铁环内注水，用马利奥特瓶控制外环和内环的水柱保持在同一个高度上（例如 10cm）。根据内环所取得数据按前述方法确定岩土层的渗透系数。

（2）根据渗水试验资料计算土层的渗透系数。当渗水试验进行到渗入水量趋于稳定时，可按式（3.3 - 5）较好地计算渗透系数 k（cm/min）（考虑了毛细压力的附加影响）：

$$k = \frac{Ql}{F(H_k + Z + l)} \qquad (3.3 - 5)$$

式中　Q——稳定的渗入水量，cm³/min；

F——试坑（内环）渗水面积，cm^2；

Z——试坑（内环）中水层高度，cm；

H_k——毛细压力水头（一般取试验层毛细上升高度之半），cm；

l——试验结束时水的渗入深度（试验后开挖确定），cm。

3.3.3.5 地下水的不良地质作用及处理

1. 渗透变形

（1）渗透变形分类。渗透变形的主要形式有两种：流土和管涌。还有接触冲刷和接触流失等其他形式。

1）流土。在渗流作用下，水流出逸处土体处于悬浮状态的现象称为流土。它与地下水的动压力有密切关系，当地下水的动压力大于土粒的浮重度，地下水的水力坡度大于临界水力坡度时就会产生。流土多发生在颗粒较细、级配均匀的无黏性土中，有时在黏性土中也有发生。流土通常是由于工程活动引起的，但在有地下水出露的斜坡、岸边或有地下水出逸的地表也可能发生。流土发展的后果是使地基发生滑动或使上部建筑物发生倾覆。图3.3-8为流土破坏示意图。

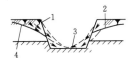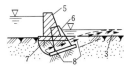

（a）斜坡条件时　　　　（b）地基条件时

图3.3-8　流土破坏示意图

1—原地面；2—流土破坏后坡面；3—流土堆积物；4—地下水位；
5—建筑物原位置；6—流土破坏建筑物原位置；
7—滑动面；8—流土发生区

2）管涌。在渗流作用下，土中细颗粒随渗流水从自由面往内部逐渐流失形成管状通道的现象。管涌破坏多发生在颗粒粒径差别较大、级配不均匀，并缺少某些粒径的无黏性土中。管涌发展的后果是增加地基渗水量、淘空地基或挡水建筑，使地基或挡水建筑物变形、失稳。管涌通常是由于工程活动而引起的，但在有地下水出露的斜坡、岸边或有地下水溢出的地带也有发生。图3.3-9为管涌破坏示意图。

（2）渗透变形类型的判别。

1）黏性土：黏性土由于有凝聚力，渗透变形形式为流土和接触流失，一般不发生管涌。

2）无黏性土：不均匀系数小于5的土可判定为流土；不均匀系数大于5的土，可根据细颗粒含量 P 的大小判定。$P \geqslant 35\%$ 时判定为流土，$P < 25\%$ 时判定管涌，介于其间的为过渡型。细粒含量根据级配

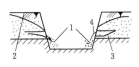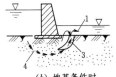

（a）斜坡条件时　　　　（b）地基条件时

图3.3-9　管涌破坏示意图

1—管涌堆积颗粒；2—地下水位；3—管涌通道；4—渗流方向

曲线或计算确定。

（3）临界水力比降和允许水力比降的确定。

1）临界水力比降 J_{cr} 的确定：

流土型：

$$J_{cr} = (G_s - 1)(1 - n) \qquad (3.3-6)$$

式中　G_s——土粒比重；

n——土的孔隙度（以小数计）。

管涌型或过渡型可采用式（3.3-7）计算：

$$J_{cr} = 2.2(G_s - 1)(1 - n)^2 \frac{d_5}{d_{20}} \qquad (3.3-7)$$

式中　d_5、d_{20}——小于该粒径的含量占总土重的 5% 和 20% 的颗粒粒径，mm。

管涌型也可采用式（3.3-8）计算：

$$J_{cr} = \frac{42 d_3}{\sqrt{\dfrac{k}{n^3}}} \qquad (3.3-8)$$

式中　k——土的渗透系数，cm/s；

d_3——小于该粒径的含量占总土重的 3% 的颗粒粒径，mm。

2）允许水力比降可采用下列方法确定。临界水力比降是处于极限稳定状态的比降，直接用于判别渗透变形是危险的，为防止偶然因素所引起的渗透变形和破坏，通常使用允许水力比降作为判别标准。允许水力比降等于临界水力比降除以 1.5～2.0 的安全系数，对水工建筑物的危害较大时，取 2.0 的安全系数，对于特别重要的工程也可取 2.5 的安全系数。

无试验资料时，无黏性土允许水力比降可根据表 3.3-37 选取经验值。

表3.3-37　无黏性土允许水力比降

允许水力比降	渗透变形型式					
	流土型			过渡性	管涌型	
	$C_u \leqslant 3$	$3 < C_u \leqslant 5$	$C_u > 5$		级配连续	级配不连续
$J_{允许}$	0.25～0.35	0.35～0.50	0.50～0.80	0.25～0.40	0.15～0.25	0.10～0.20

注　本表不适用于渗流出口有反滤层的情况。

（4）渗透变形的防治措施。土的渗透变形是堤坝、基坑、边坡失稳的主要原因之一，设计时应给予足够重视。

防治渗透变形的措施有：采用不透水材料完全阻断渗流途径，或者增加渗透路径，减少水力比降；在渗流出逸处布置减压、压重或反滤层，防治管涌和流土的发生。

2. 基坑突涌

当基坑下有承压水存在，开挖基坑减小了含水层上覆不透水层的厚度（图3.3-10），在厚度减小到一定程度时，承压水的水头压力能顶裂或冲毁基坑底板，造成突涌现象。基坑突涌将会破坏地基强度，并给施工带来很大困难。

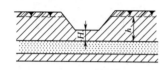

图3.3-10 基坑底部最小不透水层的厚度

（1）基坑突涌的形式。

1）基底顶裂，出现网状或树枝状裂缝，地下水从裂缝中涌出，并带出下部土颗粒。

2）基坑底发生流沙现象，从而造成边坡失稳和整个地基悬浮流动。

3）基坑底发生类似于"沸腾"的喷水冒沙现象，使基坑积水，地基土扰动。

（2）基坑突涌稳定性验算。基坑突涌稳定性可按式（3.3-9）验算，当验算不满足要求时，可能产生突涌破坏，应采取截水、减压等措施。

$$\gamma_m H / \gamma_w h \geqslant 1.1 \qquad (3.3-9)$$

式中　　γ_m——透水层以上土的饱和重度，kN/m^3；

H——基坑底面至透水层顶面的土层深度，m；

γ_w——水的重度，kN/m^3；

h——承压水高出含水层顶板的高度，m。

（3）基坑降水。基坑降水方案的选择和设计应满足下列要求：

1）基坑开挖及地下结构施工期间，地下水位保持在基底以下$0.5\sim1.5m$。

2）深部承压水不引起坑底隆起。

3）降水期间邻近建筑物及地下管线正常使用。

4）基坑边坡稳定。

降低地下水的方法有集水明排和降水井。降水井类型应根据基坑规模、深度、环境条件、土层的渗透性和降低水位的深度等合理选择。常用降水井类型和适用范围见表3.3-38。

表3.3-38　常用降水井类型及适用范围

降水井类型	渗透系数/(cm/s)	降水深度/m	土质类型
轻型井点及多层轻型井点	$1\times10^{-7}\sim$ 2×10^{-4}	<6 6~10	含薄层粉砂的壤土、粉土、粉细砂
喷射井点	$1\times10^{-7}\sim$ 2×10^{-4}	8~20	含薄层粉砂的壤土、粉尘、粉细砂
电渗井点	$<1\times10^{-7}$	根据选定的井点确定	黏土、淤泥质黏土、粉质黏土
管井	2×10^{-6}	>10	含薄层粉砂的壤土、粉土，各类砂土，砾砂，卵石

3. 水库、坝区渗漏及防治

水库蓄水后，在适宜的地形、岩性、地质构造和水文地质条件下，库水将通过地下通道向库外渗漏，从而影响工程效益或大坝的安全。库水向外渗漏的途径通常有两种：其一是通过库岸的分水岭向邻谷（或相邻洼地），或经由河湾部分渗向坝下游的河道，以及通过库盆底部渗向远处低洼地区；其二是通过坝基或绕过坝肩渗向坝下游（图3.3-11），前者称为库区渗漏，后者称为坝区渗漏。

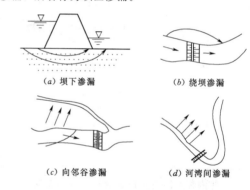

（a）坝下渗漏　　　（b）绕坝渗漏

（c）向邻谷渗漏　　（d）河湾间渗漏

图3.3-11 库、坝区渗漏途径示意图

（1）库区渗漏的地质条件分析。库区渗漏，必须具备适宜的地形、构造、岩性和水文地质条件。判断库区是否会发生渗漏，应从以下几个方面进行综合分析研究。

1）地貌条件。山区水库，如四周山体单薄，邻近又有低谷或洼地，且其底面标高又低于水库正常水位，当有渗漏通道时，库水将不断流向邻近低谷（或洼地）形成渗漏。邻谷切割越深，与库水位高程相差越大，渗漏的水量也越大，见图3.3-12（a）；反之，如邻谷切割不深，谷底高程高于正常水位时，则不会产生向邻谷的渗漏，见图3.3-12（b）。

平原地区，由于河谷分布稀疏，且一般河谷深度

图 3.3 - 12 邻谷高程与水库渗漏的关系

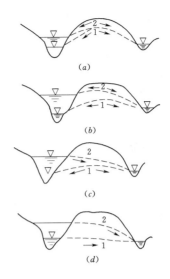

图 3.3 - 14 分水岭地带水库渗漏示意图
1—水库蓄水前地下水分水岭；2—水库蓄水后地下水分水岭

不大，库水壅高较小，渗透坡降不大。因而一般库水通过河间地带向邻谷渗漏的可能性小，或者不会渗漏。但是，应注意水库通过河曲地段或古河床产生严重渗漏的可能性，因为河曲地段常常有河道多次变迁所堆积的冲积物，其结构复杂，常有透水性大的砂砾石层，故有可能产生严重渗漏。

2）岩性和地质构造条件。基岩地区可能产生大量渗漏的条件，主要是在分水岭或河湾地带有岩溶通道［图 3.3 - 13 (b)］，宽大的断层破碎带［图 3.3 - 13 (c)］，褶曲转折部位以及某些节理发育、透水性强的岩层。此外，分水岭单薄、基岩风化壳较厚的地带，或分水岭地区有古河道或冰水沉积的砂砾石层分布［图 3.3 - 13 (a)］，也会产生严重的渗漏。

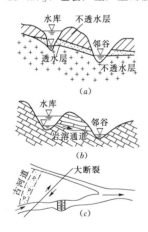

图 3.3 - 13 适宜于库水向邻谷渗漏的岩性
及地质构造条件

3）水文地质条件。库区地下水埋藏与运动的特点，是判断库水外渗的又一重要标志。

分水岭地带的地下水为潜水时，根据地下水分水岭的位置或泉水在地表出露的高程与水库正常水位的关系，可以判断库水是否会向邻谷渗漏，见图 3.3 - 14。

分水岭地区有承压水存在时，如果承压水透水层在邻谷出露的高程低于库水位，则库水就有可能沿透水层渗向邻谷。

上述条件，是库水向邻谷或相邻洼地渗漏所必需的。因此，在判断水库是否发生渗漏时，首先对河谷两岸的地形地貌，即单薄分水岭垭口、河湾及库外

相邻沟谷（或洼地）等的高程加以特别注意。然后了解这些地带有无渗漏通道，即透水岩层、断裂破碎带和岩溶通道等的存在，并结合地质构造，判断其连通性。最后，再根据水文地质条件，如地下分水岭的高程及其与库水位的关系等加以综合分析，从而作出对库区渗漏的评价。

（2）坝区渗漏的地质条件分析。大坝建成后，坝上游水位抬高，在上、下游水位差的作用下，库水可能通过坝基或坝肩岩层中的孔隙、裂隙、破碎带向下游渗漏，前者称为坝基渗漏，后者称为绕坝渗漏。对于坝区渗漏应当特别重视，因坝区水头高、渗透途径短，渗漏量可能很大。

坝区渗漏形式分为均匀渗漏和集中渗漏两种。前者，如通过砂砾石层和基岩中较为均布的风化裂隙的渗漏；后者，如通过较大的断裂破碎带和各种岩溶通道的渗漏。

1）松散地层坝区的渗漏条件。松散地层地区建坝，渗漏主要是通过透水性强的砂砾石层发生。一般在河谷狭窄、谷坡高陡的坝区，砂砾石层仅分布于谷底，因此，坝区渗漏主要发生在坝基。而在宽谷区谷坡上分布有多级阶地时，库水除沿坝基渗漏外，还可能发生绕坝渗漏。如果砂砾石层上有足够厚的而且分布稳定的黏土层时，则有利于防渗。但是，当黏土层较薄或其连续性遭到破坏时，仍将产生渗漏。另外，此类坝区当其两坝肩地形受侵蚀切割严重，形成单薄分水岭时，容易发生严重的绕坝渗漏。

2）裂隙岩层坝区的渗漏条件。在裂隙岩层分布区，由于岩层中各种结构面的透水能力不同，以及河谷地貌和地质构造的差异，使建坝所导致的渗漏，在

141

不同地区或地段内有显著的不同。

a. 岩层中结构面及其透水性对坝区渗漏的影响。坝基与坝肩岩层中的各种结构面，常构成渗漏的通道，如顺河断层、跨河缓倾断层、岸坡卸荷裂隙、纵谷陡倾岩层和横谷倾向下游的缓倾岩层及层面裂隙等。其中，顺河向张开的（无充填或充填差的）、大而密集的并贯通坝基（肩）上、下游的断裂破碎带，常是造成大量渗漏的通道。

各种原生结构面，透水性差异性较大。沉积结构面的层面、不整合面等，延续性强，分布广，有时透水性较强；喷出岩的柱状节理、气孔构造和间隙喷发的熔岩接触面，往往因无充填或接触不良，容易构成集中渗漏的通道。

b. 河谷地貌与地质结构条件对坝区渗漏的影响。河谷地貌特征在一定程度上控制着坝区的渗漏条件。根据河谷平面形态对渗漏条件的影响，可分为三种类型，见图3.3-15。

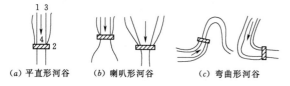

图 3.3-15 河谷平面形态类型示意图
1—河道；2—坝体；3—水库回水线；4—河流流向

平直形河谷：坝址上、下游渗入和排泄条件一般较差。

喇叭形河谷：当坝址上游为窄谷、下游为宽谷时，库水渗入条件差，排泄条件好；反之，渗入条件好，排泄条件差。

弯曲形河谷：当坝建于河曲地段时，凸岸库水渗入和排泄条件比凹岸好。

以上三类河谷，当坝址处的上、下游支流沟谷发育时，坝肩地形遭受不同程度的切割破坏，常造成坝上游迎水或坝下游泄水的临空面，为库水渗入和排泄创造了有利条件。

3）岩溶的渗漏条件。岩溶的渗漏直接受通道的影响，其渗漏通道主要有下列三种基本类型。

a. 溶洞、暗河、落水洞、竖井等，沿这些通道，常常形成较大规模的集中渗漏，应特别注意。

b. 溶蚀的断裂带，往往形成仅次于第一类通道的集中渗漏，溶蚀不严重的呈网状渗透，是岩溶地区分布最广、最普通的一种通道。

c. 岩溶裂隙及孔隙，岩溶化程度远弱于上述两类，其渗漏形式为面状或带状，渗漏量一般较小。

（3）防渗措施简介。防渗处理的主要目的，在于减少渗透流量，降低坝基扬压力，防止坝基地质条件因渗漏而恶化及避免渗透变形的产生。防渗措施很多，必须根据地质条件和工程具体情况，因地制宜，选用合理、有效的方法。松散地层、裂隙岩层和岩溶地区的防渗措施见表3.3-39。

表 3.3-39 松散地层、裂隙岩层和岩溶地区的防渗措施

地质条件	防渗措施		适用条件
松散地层	垂直截渗	截渗槽	坝基松散岩层厚度小于20m，地下水埋藏深，涌水量小，适于开挖，附近有黏土
		帷幕灌浆	深厚砂砾石地基，开挖截渗槽有困难，可灌比大于5
		混凝土防渗墙	适用于各种地层，对防渗要求较高的部位
		高压喷射灌浆板墙	可用于砂壤土层、砂层、卵砾石层
	水平铺盖		当砂砾石层厚度很大时，做截水墙防渗比较困难，且又无条件采用帷幕灌浆时，铺盖防渗是简单易行的方法
	排水减压	水平排水	表层为弱透水且较薄的双层结构地基
		减压井	表层为弱透水层，但厚度较大的双层结构或多层结构地基
裂隙岩层	帷幕灌浆		在坚硬岩层中，帷幕灌浆是普遍采用的最主要的防渗措施
	防渗井		适用于处理断层破碎带
岩溶地区	铺盖法		是处理库内呈面状或带状分散渗漏的一种常用方法
	堵塞法		是处理集中渗漏通道（如落水洞、竖井、漏井、溶洞、地下暗河等）的有效办法
	截水墙或灌浆法		适用于坝基岩溶不很发育，没有大的溶洞和溶蚀裂隙漏水的条件
	围井或隔离法		适用于库区回水范围内的反复泉或直径较大的落水洞

参 考 文 献

[1] 水力发电工程地质手册编委会. 水力发电工程地质手册 [M]. 北京：中国水利水电出版社，2011.

［2］ 水利电力部水利水电规划设计院.水利水电工程地质手册［M］.北京：水利电力出版社，1985.

［3］ 工程地质手册编委会.工程地质手册［M］.4版.北京：中国建筑工业出版社，2007.

［4］ 杨景春，李有利.地貌学原理（修订版）［M］.北京：北京大学出版社，2005.

［5］ 曹伯勋，等.地貌学及第四纪地质学［M］.武汉：中国地质大学出版社，1995.

［6］ 林宗元，等.岩土工程勘察设计手册［M］.沈阳：辽宁科学技术出版社，1996.

［7］ 水利部水利水电规划设计总院，长江水利委员会长江勘测规划设计研究院.水利水电工程地质勘察规范：GB 50487—2008［S］.北京：中国计划出版社，2009.

［8］ 水利部湖南省水利水电勘测设计研究总院.中小型水利水电工程地质勘察规范：SL 55—2005［S］.北京：中国水利水电出版社，2005.

［9］ 中华人民共和国住房和城乡建设部标准定额研究所.建筑地基基础设计规范：GB 50007—2011［S］.北京：中国建筑工业出版社，2011.

［10］ 陕西省建筑科学研究设计院.湿陷性黄土地区建筑规范：GB 50025—2004［S］.北京：中国建筑工业出版社，2004.

［11］ 冶金工业部建筑研究总院.建筑基坑工程技术规范：YB 9258—97［S］.北京：冶金工业出版社，1998.

［12］ 中国建筑科学研究院.膨胀土地区建筑技术规范：GB 50112—2013［S］.北京：中国建筑工业出版社，2012.

［13］ 地质矿产部水文地质工程地质技术方法研究队.水文地质手册［M］.北京：地质出版社，1985.

［14］ 郭见扬，谭周地，等.中小型水利水电工程地质［M］.北京：水利电力出版社，1995.

［15］ 唐大雄，刘佑荣，等.工程岩土学［M］.北京：地质出版社，1999.

［16］ 王大纯，张人权，等.水文地质学基础［M］.北京：地质出版社，1980.

［17］ 顾晓鲁，钱鸿缙，等.地基与基础［M］.3版.北京：中国建筑工业出版社，2003.

［18］ 范士凯.土体工程地质的宏观控制论［J］.资源环境与工程，2006，11（增刊）：585-594.

第4章 土 壤 学

章主编 白中科 吴发启 史东梅 黄炎和 蔡崇法

章主审 王治国 张洪江

本章各节编写及审稿人员

节次	编写人	审稿人
4.1	史东梅 吕 刚 刘益军	王治国 张洪江
4.2	查同刚 刘喜云 陈立欣	
4.3	黄炎和 林金石	
4.4	蔡崇法 陈家宙 白中科 张晓明	
4.5	吴发启	
4.6	白中科 王金满	

第4章 土 壤 学

4.1 土 壤 物 理 性 状

4.1.1 土壤质地及三相比特征

土壤中各级土粒所占的质量百分数称为土壤机械组成（土壤颗粒组成）。机械组成相近的土壤常常具有类似的水、肥、气、热效应。为了区分由于土壤机械组成不同所表现出来的性质差别，按照土壤中不同粒级土粒的相对比例归并土壤组合，称为土壤质地。

土壤是由固、液、气三相构成的分散系。固体物质包括土壤矿物质、有机质和微生物通过光照抑菌灭菌后得到的养料等。液体物质主要指土壤水分。气体是存在于土壤孔隙中的空气。土壤固、液、气三类物质构成了一个矛盾的统一体，它们互相联系，互相制约，为作物提供必需的生活条件，是土壤肥力的物质基础。水、空气、土居生物都在土壤骨架内部的孔隙中移动、生活。

4.1.1.1 土壤质地分级及剖面质地

1. 土壤质地分级

土壤质地粗分为砂土、壤土和黏土三类。几种国内外使用多年的土壤质地分类制，包括国际土壤质地分类制、美国农部制、卡庆斯基制和中国质地制。

（1）国际土壤质地分类制。1930年在第二届国际土壤学会上通过。根据砂粒（0.02～2mm）、粉砂粒（0.002～0.02mm）和黏粒（<0.002mm）三粒级含量的比例，划定12个质地名称（表4.1-1）。

表4.1-1　国际土壤质地分类制

质地类别	质地名称	各粒级含量/%		
		黏粒（<0.002mm）	粉砂粒（0.002～0.02mm）	砂粒（0.02～2mm）
砂土类	砂土及壤质砂土	0～15	0～15	85～100
壤土类	砂质壤土	0～15	0～45	55～85
	壤土	0～15	30～45	40～55
	粉砂质壤土	0～15	45～100	0～55

质地类别	质地名称	各粒级含量/%		
		黏粒（<0.002mm）	粉砂粒（0.002～0.02mm）	砂粒（0.02～2mm）
黏壤土类	砂质黏壤土	15～25	0～30	55～85
	黏壤土	15～25	20～45	30～55
	粉砂质黏壤土	15～25	45～85	0～40
黏土类	砂质黏土	25～45	0～20	55～75
	壤质黏土	25～45	0～45	10～55
	粉砂质黏土	25～45	45～75	0～30
	黏土	45～65	0～35	0～55
	重黏土	65～100	0～35	0～35

（2）美国土壤质地分类制。根据砂粒（0.05～2mm）、粉粒（0.002～0.05mm）和黏粒（<0.002mm）3个粒级的比例，划定12个质地名称（图4.1-1）。

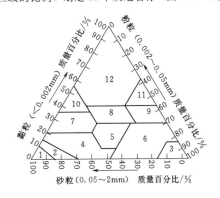

图4.1-1　美国土壤质地分类三角图

1—砂土；2—壤质砂土；3—粉土；4—砂壤；5—壤土；
6—粉壤；7—砂黏壤；8—黏壤；9—粉黏壤；
10—砂黏土；11—粉黏土；12—黏土

（3）卡庆斯基土壤质地分类制。苏联卡庆斯基提出的质地分类简明方案应用广泛。其特点是考虑到土壤类型的差别对土壤物理性质的影响。划分质地类型时，不同类型土壤同一质地的物理性黏粒和物理性砂粒含量水平不等。仅以土壤中物理性砂粒或物理性黏粒的质量百分数为标准，将土壤划分为砂土、壤土和黏土三类9级（表4.1-2）。

表4.1-2　卡庆斯基土壤质地分类（简明方案）

质地类别	质地名称	物理性黏粒 (<0.01mm) 含量/%			物理性砂粒 (≥0.01mm) 含量/%		
		灰化土类	草原土及红黄壤类	碱土及碱化土类	灰化土类	草原土及红黄壤类	碱土及碱化土类
砂土	松砂土	0～5	0～5	0～5	100～95	100～95	100～95
	紧砂土	5～10	5～10	5～10	95～90	95～90	95～90
壤土	砂壤土	10～20	10～20	10～15	90～80	90～80	90～85
	轻壤土	20～30	20～30	15～20	80～70	80～70	85～80
	中壤土	30～40	30～45	20～30	70～60	70～55	80～70
	重壤土	40～50	45～60	30～40	60～50	55～40	70～60
黏土	轻黏土	50～65	60～75	40～50	50～35	40～25	60～50
	中黏土	65～80	75～85	50～65	35～20	25～15	50～35
	重黏土	>80	>85	>65	<20	<15	<35

表4.1-2中数据仅包括粒径小于1mm的土粒，粒径大于1mm的石砾另行计算，按粒径大于1mm石砾百分含量确定石质程度（0.5%～5%为轻石质，5%～10%为中石质，>10%为重石质），冠以质地名称之前。

（4）中国土壤质地分类制。结合中国土壤特点，1987年《中国土壤》中公布的"中国土壤质地分类"分为三大组12类（表4.1-3）。对石砾含量较高的土壤制订了石砾性土壤质地分类标准：当石砾小于1%时为无砾质（质地名称前不冠名），1%～10%时为少砾质，大于10%为多砾质。

表4.1-3　中国土壤质地分类

质地类别	质地名称	各粒级含量/%		
		砂粒 (1～0.05mm)	粗粉粒 (0.05～0.01mm)	细黏粒 (<0.001mm)
砂土	极重砂土	>80		
	重砂土	70～80		
	中砂土	60～70		<30
	轻砂土	50～60		
壤土	砂粉土	≥20	≥40	
	粉土	<20		
	砂壤土	≥20	<40	
	壤土	<20		

续表

质地类别	质地名称	各粒级含量/%		
		砂粒 (1～0.05mm)	粗粉粒 (0.05～0.01mm)	细黏粒 (<0.001mm)
黏土	轻黏土			30～35
	中黏土			35～40
	重黏土			40～60
	极重黏土			>60

2. 土壤剖面质地

就整个土体来说，上、下层土壤之间的质地粗细和厚度常常存在差异。不同质地层次在同一土体构型中的排列状况称为土壤质地层次性，也称土壤质地剖面。由于形成因素的复杂性，导致土壤质地剖面的表现多样化，一般的模式有通体均一型（通体黏、通体壤、通体砂）、上轻下重型（砂盖黏）、上重下轻型（黏盖砂）、中间夹层型（黏夹砂、砂夹黏、壤夹砂、壤夹黏）等，华北平原土壤质地剖面见图4.1-2。

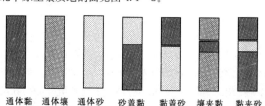

通体黏　通体壤　通体砂　砂盖黏　黏盖砂　壤夹黏　黏夹砂

▨ 黏土层　▦ 壤土层　▢ 砂土层

图4.1-2　华北平原土壤质地剖面图

耕层为砂壤～轻壤，下层为中壤～重壤的质地剖面，上层疏松，通气透水；下层保水保肥，温度稳定。上、下质地综合表现出较好的植物生长条件，是一种良好的质地剖面类型，称之为"蒙金土"；在黏土～壤土剖面中，如果黏土层厚度大，因其紧实而通气透水性差，干时坚硬，湿时膨胀闭结，不利于植物生长发育，是一种不良的质地剖面类型，称之为"倒蒙金"；如果砂土剖面有中位或深位黏土夹层，也可增强土壤的保水抗旱和保肥能力；但若黏土夹层超过2cm即减缓水分运行，而超过10cm时即可阻止来自地下水的毛管水上升，在盐渍土中可有效地防止可溶性盐分上行。

4.1.1.2　不同土壤类型的土壤颗粒组成特征值

土壤颗粒组成与成土母质及其理化性状和侵蚀强度密切相关，土壤的粒径分布在某种程度上决定了土壤的结构和性质，常被用来分析和预测土壤性质的重要指标，在土壤模型研究和土工试验方面有广泛的用途。我国主要土壤类型颗粒组成见表4.1-4。

表 4.1-4　　　　　　　　　我国主要土壤类型颗粒组成

土壤类型	土层深度/cm	各级颗粒含量/%					三相比（土：水：气）	采样地点
		石块（>10mm）	石砾（10~1mm）	砂粒（1~0.5mm）	粉砂（0.05~0.005mm）	黏粒（<0.005mm）		
黑土	0~20	0	0	9.0	42.8	48.2	11.59：6.03：1	黑龙江省嫩江市
	20~50			6.6	39.1	54.3		
	50~90			4.0	37.9	58.1		
	90~140			5.8	39.1	55.1		
	140~220			12.0	35.1	52.9		
淡栗钙土	0~8	0	0	23.4	42.1	34.5	4.49：1：3.30	内蒙古自治区乌兰察布市
	15~25			33.5	37.6	28.9		
	40~50			32.1	39.3	28.7		
	90~100			51.4	13.9	34.7		
	135~145			30.3	43.4	26.2		
栗钙土	0~20	0	0	78.1	10.1	11.8	3.73：1：1.93	内蒙古自治区武川县上秃亥乡
	20~43			84.9	5.7	9.4		
	43~76			94.5	0.7	4.8		
	76~112			97.5	0.3	2.2		
	112~130			95.0	1.7	3.3		
棕钙土	0~18	0	4.1	72.5	18.1	9.4	5.8：1：3.2	内蒙古自治区鄂尔多斯市西部
	20~30		6.9	63.2	10.9	25.9		
	40~50		10.1	51.6	8.4	40.0		
	90~100		1.1	57.9	20.3	21.8		
	145~155		0	49.0	21.9	29.1		
	180~200		9.5	50.0	16.7	33.3		
灰漠土	0~20	0	0	29	33	38	8.14：1：5	新疆
灰棕漠土	0~1	0	48.8	54.2	35.0	10.8	2.57：1：1.19	甘肃省张掖市甘州区
	1~7		13.1	52.5	17.4	30.1		
	7~13		53.4	68.4	7.9	23.7		
	13~32		47.8	84.0	5.0	11.0		
	32~60		37.4	88.4	4.3	7.3		
棕漠土	0~2	0	12.9	68.4	6.8	27.4	5.43：1：5.93	新疆艾比湖
	2~9		58.3	74.5	4.5	24.3	5.43：1：5.93	
	9~18		60.5	85.3	7.9	12.3	4.27：1：3.81	
	18~40		48.8	72.9	7.8	23.9		
黄绵土	0~190	0	0	17	60	23	3.79：1：2.36	陕西省安塞市
黑垆土	0~230	0	0	24	55	21	2.79：1.47：1	陕西省洛川市
褐土	0~148	0	0	26	46	28	5：3：2（深度小于60cm）	山西省晋城市泽州县
潮土	0~50	0	0	11	49	40	3.27：1：2.19	湖北省武汉市洪山区和平乡
黄棕壤	0~11	0	0	4.47	57.9	37.8	1：0.65：0.67	江苏省南京市
	11~22	0	0	2.10	57.4	38.0	1：0.61：0.18	
	>22	0	0	5.23	47.01	47.8		

续表

土壤类型	土层深度/cm	各级颗粒含量/%					三相比（土：水：气）	采样地点
		石块（>10mm）	石砾（10~1mm）	砂粒（1~0.5mm）	粉砂（0.05~0.005mm）	黏粒（<0.005mm）		
黄壤	0~20 20~40	0	0	21	26	53	1.70:1.53:1 2.24:1.16:1	福建省武夷山市
红壤	0~20 20~40	0	0	24	23	53	2.49:2.17:1 3.26:1.53:1	福建省武夷山市
赤红壤和砖红壤	0~100	0	0	19	23	58	2.72:1:1.83	深圳市笔架山公园
紫色土	0~50	0	0	20	40	40	3.37:1:2.37	四川盆地南部
水稻土	0~12 12~20 20~40	0 0	0 0	5 4.3	69.5 68.9	25.5 26.8	2.96:2.50:1 3.62:2.63:1	江苏省江都市

4.1.1.3　土壤颗粒组成特征值的意义及应用

土壤三相组成与土壤容重、土壤孔隙度等参数一起，可评价农业土壤的松紧程度和宜耕状况，也是土工试验和水利工程设计中常用的参数。

土壤颗粒组成数据是分析土壤特征最基本的资料之一，尤其是在土壤模型研究和土工试验应用方面。主要表现在土壤比面估算、确定土壤质地和土壤结构性评价。土壤颗粒组成发生的变化对生态效应产生的影响，主要表现在土壤表层截留的降水增加，促进浅根系草本植被层的发育；土壤黏结力和结持性能提高，抗风蚀能力增强，土壤基质稳定性增强；促进土壤—植被系统的良性循环，加速恢复进程。土壤颗粒组成的变化和差异，可用来判断土地退化的强弱和发展强度，是土地退化过程中最普遍而有代表性的现象，土地一旦发生退化，首先表现为地表物质颗粒组成的变化。

对于生产建设项目产生的弃渣而言，颗粒反映了弃渣的抗蚀能力。弃渣颗粒组成中所含基岩及未风化物成分多，发生机械破坏后，大粒径颗粒所含比例较高且占绝对优势；而原地貌表层土壤的颗粒径级分布比较均匀，从大颗粒到细粒成分逐渐减少，且细粒成分明显大于弃渣。因此，原生土壤有较好的土壤构架，易于黏结形成团聚体，抗蚀能力较强；而弃渣颗粒分散，不易黏结，细粒容易在降水和水流冲刷下发生侵蚀，抗蚀能力较差。颗粒组成可用于评价生产建设项目对原生地表的破坏程度和土地退化程度，同时也可用于评价土壤的抗蚀能力。

4.1.2　土壤结构特征

土壤结构是由土壤中的原生颗粒经过各种作用而形成的团聚体所构成的，是土粒（单粒和复粒）的排列组合形式。土壤结构具有不同程度的稳定性，以抵抗机械破坏（力稳性）和泡水时不致分散（水稳性）。其按形状可分为块状、片状和柱状三大类型；按其大小、发育程度和稳定性等，再分为团粒、团块、块状、棱块状、棱柱状、柱状和片状等结构。

4.1.2.1　不同土壤类型的土壤结构特征值

土壤结构是土壤固相颗粒（包括有机的、无机的；单粒和复粒）的排列形式、孔隙性及其稳定度。我国主要土壤结构特征值见表 4.1-5。

表 4.1-5　我国主要土壤结构特征值

土壤类型	土层深度/cm	土壤大团聚体		土壤微团聚体		采样地点
		非水稳性/%	水稳性/%	非水稳性/%	水稳性%	
黑土	0~22 25~33 40~50	64.35 65.05 66.30	65.36 57.61	35.65 34.95 33.70	34.64 42.39	黑龙江省原赵光农场
栗钙土	0~20 20~40 40~60	61.9 70.1 52.8	11.50 33.67 23.08	38.1 29.9 47.2	88.50 66.33 76.92	青海省乐都县马营乡
灰棕漠土	0~20	30.52		69.48		甘肃省张掖市甘州区沙井镇
黄绵土	0~5 5~10 10~30	79.27 78.07 94.38	18.09 17.94 12.90	10.73 11.93 5.62	81.91 82.06 87.10	甘肃农业大学旱农实验站

续表

土壤类型	土层深度/cm	土壤大团聚体		土壤微团聚体		采样地点
		非水稳性/%	水稳性/%	非水稳性/%	水稳性%	
黑垆土	0～10	71.32	45.42	28.68	54.58	甘肃省泾川县高平镇上湾村平凉农科所试验场
	10～20	72.05	37.21	27.95	62.79	
褐土	0～20	60	93.3	40	6.7	中国农业大学曲周试验站
	20～40	72.1	48.3	27.9	51.7	
潮土	0～20		36.08		63.92	福建省武夷山市
	20～40		45.08		54.92	
黄棕壤	0～20		27.30		72.70	江苏省南京市东郊
黄壤	0～20		84.48		15.52	福建省武夷山市
	20～40		83.60		16.40	
红壤	0～10	89.5	55.5	10.5	44.5	浙江省杭州市
赤红壤和砖红壤	0～20		18.11		81.89	海南省儋州市中国热带农业科学院热带作物品种资源研究所试验基地十队
紫色土	0～20	93.74	47.90	6.26	52.10	重庆市北碚区、潼南县
	20～40	96.42	60.71	3.58	39.29	
水稻土	0～15	90.9	66.2	9.1	33.8	江西省鹰潭市余江县

4.1.2.2 不同土壤结构特征值的意义及应用

土壤结构影响着地表水分入渗速率和土壤生物量，进而影响着土壤侵蚀的发生程度，对土壤侵蚀的防治具有重要意义。致密土壤中的孔隙状况得到改善，可解决土壤中的水、气矛盾，有利于生物活动，促进养分活化，也可解决土壤中供肥和保肥的矛盾。

土壤团聚体是指土粒通过各种自然过程作用而形成的直径小于10mm的基本结构单位，在保证和协调土壤中的水、肥、气、热，影响土壤酶的种类和活性，维持和稳定土壤疏松熟化层等方面具有重要作用。土壤团聚体的稳定性影响土壤水分运输与保留、土壤结壳与养分循环，特别是与降水入渗和土壤侵蚀关系密切，其数量和特征不仅反映了不同条件下土壤结构与土壤功能的改变，土壤团聚体水稳定性和大于

0.25mm土壤水稳性团聚体含量可以用来评定土壤结构稳定性和抗侵蚀能力，对评价土壤质量状况具有重要的诊断作用。

对生产建设项目产生的弃渣而言，土壤结构特征及物质组成特点反映了弃渣的抗蚀能力，并决定其土壤侵蚀的发生特点。大量岩土剥离物堆放场地，由于其侵蚀的和搬运的物质已不是传统意义上的土壤和岩石风化物，而是包括土壤、母岩、基岩和一些固体废弃物所组成的混合物，所以构成了形态独特的岩土侵蚀类型。堆积平台和运渣道路是开挖弃土、弃渣堆积过程的大型机械运输弃渣的通道，难以形成植被覆盖；原本松散、结构已被破坏的岩土，经重型机械的碾压，使其结构得到重塑，使岩土混合物在超负荷的碾压作用下土体容重增大至1.6g/cm³以上，使得堆积平台和运渣道路水分入渗率低，径流系数大，在降水时堆积平台和运渣道路成为汇集和形成地表径流的场地，并且是排泄地表径流的通道；而弃渣堆积边坡的岩石和土壤混合物的结构已经被破坏，大粒径物质含量高，自然胶结力差。在岩土自然堆倒过程中，物料松散，处于极限稳定状态，在水力和重力的作用下容易被破坏而形成泻溜、崩塌等侵蚀形式。弃渣的结构特征是分析其土壤侵蚀机理的基础，同时也是选择弃渣场生态修复植被的重要因素。

4.1.3 土壤孔隙特征

4.1.3.1 土壤孔隙计算

1. 土壤孔隙的数量

土壤孔隙的数量一般用孔隙度（简称孔度）表示，即单位土壤容积内孔隙所占的百分数，它表示土壤中各种大小孔隙度的总和。由于土壤孔隙复杂多样，要直接测定并度量它，目前还很困难，一般用土粒密度和干容重两个参数计算得出。

$$土壤孔隙度 = \left(1 - \frac{干容重}{土粒密度}\right) \times 100\%$$

(4.1-1)

土粒密度通常采用平均值2.65g/cm³来计算土壤孔隙度。

如测得土壤的容重为1.32g/cm³，则

$$土壤孔隙度 = \left(1 - \frac{1.32}{2.65}\right) \times 100\% = 50.2\%$$

一般土壤孔隙度在30%～60%之间，对农业生产来说，土壤孔隙度以50%或稍大于50%为好。土壤孔隙的数量，也可以用土壤孔隙比来表示。它是土壤中孔隙容积与土粒容积的比值，其值为1或稍大于1为好。

$$土壤孔隙比 = \frac{孔度}{1-孔度}$$

例如：土壤的孔度为 55%，即土粒占 45%，则

$$土壤孔隙比 = \frac{55}{45} = 1.12$$

2. 土壤孔隙的类型

土壤孔隙的形状和连通情况极其复杂，孔径的大小变化多样，难以直接测定，一般用孔隙直径描述。土壤学中所谓的孔隙直径，是指与一定土壤水吸力相当的孔径，称为当量孔径或有效孔径。

土壤水吸力与当量孔径的关系按下式计算：

$$d = \frac{3}{T} \qquad (4.1-2)$$

式中　d——当量孔径，mm；

　　　T——土壤水吸力，毫巴（mbar）或厘米水柱（cmH_2O）。

当量孔径与土壤水吸力成反比，孔隙愈小土壤水吸力愈大。每一当量孔径与一定的土壤水吸力相对应。一般根据土壤孔隙的粗细分为非活性孔隙、毛管孔隙和非毛管孔隙。

（1）非活性孔隙（无效孔隙）。这种孔隙是土壤中最微细的孔隙，当量孔径小于 0.002mm，土壤水吸力在 1.5bar（1.5×10^5 Pa）以上。在这种孔隙中，几乎总是被土粒表面的吸附水所充满。土粒对这些水有极强的分子引力，使它们不易运动，也不易损失，不能为植物所利用，因此称为无效水。这种孔隙没有毛管作用，也不能通气，在农业利用上是不良的，故称为无效孔隙。在最微细的无效孔隙（<0.0002mm）中，不但植物的细根和根毛不能伸入，而且微生物也难以侵入，使得孔隙内部的腐殖质分解非常缓慢因而可以长期保存。

（2）毛管孔隙。这种孔隙是土壤中毛管水所占据的孔隙，其当量孔径为 $0.002\sim0.02$mm。毛管孔隙中的土壤水吸力为 $0.15\sim1.5$bar（$0.15\times10^5\sim1.5\times10^5$ Pa）。植物细根、原生动物和真菌等也难进入毛管孔隙中，但植物根毛和一些细菌可在其中活动，其中保存的水分可被植物吸收利用。

（3）非毛管孔隙。这种孔隙比较粗大，其当量孔径大于 0.02mm，土壤水吸力小于 0.15bar（0.15×10^5 Pa）。这种孔隙中的水分，主要受重力支配而排出，不具有毛管作用，成为空气流动的通道，所以称为非毛管孔隙或通气孔隙。

通气孔按其直径大小，又可分为粗孔（直径大于 0.2mm）和中孔（直径在 $0.02\sim0.2$mm 之间）两种。前者排水速度快，多种作物的细根能伸入其中；后者排水速度不如前者，植物的细根

不能进入，常见的只是一些植物的根毛和某些真菌的菌丝体。

3. 各种孔隙度的计算

按照土壤中各级孔隙占的容积计算如下：

$$非活性孔隙度 = \frac{非活性孔容积}{土壤总容积}\times100\%$$
$$(4.1-3)$$

$$毛管孔隙度 = \frac{毛管孔容积}{土壤总容积}\times100\% \quad (4.1-4)$$

$$非毛管孔隙度 = \frac{非毛管孔容积}{土壤总容积}\times100\%$$
$$(4.1-5)$$

$$总孔隙度 = 非活性孔隙度 + 毛管孔度 + 非毛管孔度$$
$$(4.1-6)$$

如果已知土壤的田间持水量和凋萎含水量，则土壤的毛管孔隙度按下式计算：

$$非活性孔隙度 = 凋萎含水量\times容重 \quad (4.1-7)$$
$$毛管孔隙度 = （田间持水量-凋萎含水量）\times容重$$
$$(4.1-8)$$

过去习惯上把土壤孔隙只分为两级：毛管孔隙和非毛管孔隙。这里的"毛管孔隙"实际上包括现在所理解的非活性孔隙和毛管孔隙两者，总称为小孔隙。非毛管孔隙则称为大孔隙。毛管孔隙度可用下式计算：

$$毛管孔隙度 = 田间持水量\times容重 \quad (4.1-9)$$
$$非毛管孔隙度 = 总孔隙度-毛管孔隙度$$
$$(4.1-10)$$

4. 不同土壤孔隙特征的意义及应用

土壤总孔隙度反映土壤所容纳水分和空气的空间能否满足植物正常生长。大小孔隙之比反映土壤的水、气协调程度。许多试验证明，作物对孔隙总量及大、小孔隙比例的要求是：一般旱作土壤总孔隙度应为 $50\%\sim56\%$，非毛管孔隙度即通气孔隙大于 10%，大小孔隙比在 $1:4\sim1:2$ 较为合适，无效孔隙尽量减少，毛管孔隙尽量增加。这样的孔径分布才有利于保证作物正常生长发育。因此，在评价其生产意义时，孔径分布比孔隙度更为重要。

4.1.3.2 不同土壤类型的土壤孔隙特征值

我国不同土壤类型、不同土壤质地土壤孔隙度特征值见表 4.1-6 和表 4.1-7。

表 4.1-6　　　　　　　　　我国不同土壤类型的土壤孔隙特征

土壤类型	土层深度/cm	土粒密度/(g/cm³)	土壤容重/(g/cm³)	土壤紧实度/kPa	土壤总孔隙度/%	土壤毛管孔隙度/%	土壤非毛管孔隙度/%	土壤松散系数 最初（挖方）	土壤松散系数 最后（填方）	采样地点
塿土	0~10	2.65~2.75	1.19	231.7	35~50	25~97	10~75	1.08~1.45	1.01~1.20	陕西关中
	10~20		1.45	1471						
	20~30		1.56	2158.4						
紫色土	0~15	2.4~2.76	1.5	120~2500	43.1	30~80	20~60	1.14~1.28	1.02~1.05	湖南邵阳
	15~44		1.56		39.5					
	44~100		1.63		38.1					
棕壤	0~5	1.5~2.7	0.62	100~1500	76.6	30~90	20~70	1.08~1.28	1.01~1.05	新疆阿尔泰
	0~11		1.05		60.38					
	11~28		1.19		55.09					
黑土	0~37	1.5~2.7	1.08	100~1500	58.3	30~90	20~70	1.08~1.28	1.01~1.05	黑龙江克东县
	37~58		1.21		54					
	58~112		1.34		49.7					
	112~150		1.4		47.8					
暗棕壤	0~9	1.5~2.7	0.7	100~1500	60	24	37	1.08~1.28	1.01~1.05	黑龙江黑河西峰山
	9~20		1		50	37	13			

注　由于土壤的可松性，天然密实土挖出来后体积将扩大（称为"最初松散"），将这部分土转到填方区压实时，压实后的体积也比最初天然密实土的体积要大（称为"最后松散"）。在工程设计中，通常把土分成 8 类。

表 4.1-7　不同质地类型土壤的孔隙特征

土壤质地名称	总孔隙度/%	毛管孔隙度/%	非毛管孔隙度/%
砂土	30~35	25~35	65~75
砂壤土	35~45	45~55	45~55
壤土	40~47	65~85	15~35
黄土性壤土	40~55	50~65	35~50
黏土	45~50	90~97	3~10
黑钙土	55~60	40~45	55~60
泥炭土	80~85	95~98	2~5

4.1.4　土壤水分特征

4.1.4.1　不同土壤水分特征值的意义及应用

土壤水分类型包括吸湿水、膜状水、毛管水和重力水。土壤水分特征值包括最大吸湿量或吸湿系数、凋萎系数、田间持水量、饱和持水量等。

吸湿水不能被植物吸收，属于无效水。膜状水对植物来说，部分属于有效水，凋萎系数作为土壤有效水的最低限。毛管水对植物来说，属于有效水，田间持水量是土壤有效水的上限，可作为灌溉用水的参考

依据。重力水对植物来说属于无效水，但在下大暴雨时，增加土壤入渗、减轻地表径流；对盐碱地而言，还起到洗盐、压盐作用。

1. 土壤含水量

土壤含水量一般是指土壤绝对含水量，即 100g烘干土中含有若干克水分，也称土壤含水率。土壤含水量的表示方法有以下几种：质量含水量、容积含水量、水层厚度、水体积、土壤相对含水量。

土壤的水分状况又称为墒情，是农民用于反映土壤含水量的方法。在农业生产中，及时掌握墒情很重要。利用感官检验土壤墒情，具有简便、快速等特点。饱墒含水量为 18.5%~20%，土色深暗发黑，用手捏之成团，抛之不散，可搓成条，手上有明显的水迹。饱墒为适耕上限，土壤有效含水量最大。适墒含水量为15.5%~18.5%，土色深暗发暗，手捏成团，抛之破碎，手上留有湿印。适墒是播种耕作适宜的墒情，有效含水量较高。黄墒含水量为 12%~15%，土色发黄，手捏成团，易碎，手有凉爽感觉。黄墒适宜耕作，有效含水量较少，播种出苗不齐，需要灌溉。干土含水量在 12% 以下，土色灰白，土块硬结，细土松散。干土无作物可吸收的水分，不适宜耕作和播种。

2. 田间持水量的意义及应用

田间持水量指在地下水较深和排水良好的土地上充分灌水或降水后，允许水分充分下渗，并防止蒸发，经过一定时间，土壤剖面所能维持的较稳定的土壤水含量（土水势或土壤水吸力达到一定数值）。

田间持水量长期以来被认为是土壤所能稳定保持的最高土壤含水量，也是土壤中所能保持悬着水的最大量，是对作物有效的最高的土壤水含量，对一定质地的土壤来说是一个常数，常用来作为灌溉上限和计算灌水定额的指标。但它是一个理想化的概念，严格来说不是一个常数。虽在田间可以测定，但却不易再现，且随测定条件和排水时间而有相当的出入。故至今尚无精确的仪器测定方法。

田间持水量是土壤保水性能的一个重要指标，也是设计田间排灌沟渠、拟定灌排水定额的重要参数。当土壤含水量高于田间持水量时，土壤中开始出现重力水，大孔隙充水，缺少空气，作物根部环境条件恶化。当土壤含水量正好为田间持水量时，土壤水势压强为 $-14\sim-65$ kPa，由于不同质地土壤的含水量与水势之间关系不一样，不同质地土壤的田间持水量差别很大，见表 4.1 - 8。

表 4.1 - 8　　　　　不同质地土壤的田间持水量　　　　　%

湿度类别	紧砂土	砂壤土	轻壤土	中壤土	重壤土	轻黏土	中黏土	重黏土
质量湿度	16～22	22～30	22～28	22～28	22～28	28～32	25～35	30～35
容积湿度	26～32	32～42	30～36	30～35	32～42	40～45	35～45	40～50

3. 土壤萎蔫持水量的意义及应用

土壤萎蔫持水量是指植物发生永久萎蔫时，土壤中尚存留的水分含量（以土壤干重的百分率计）。它用来表明植物可利用土壤水的下限，土壤含水量低于此值，植物将枯萎死亡。土壤萎蔫持水量因土壤质地、作物、气候等的不同而不同。一般质地越黏重，萎蔫系数越大。在实际生产中应该确保土壤中水分含量大于土壤萎蔫含水量，当土壤含水量较低时应及时灌溉补充土壤水分。

4. 土壤饱和导水率的意义及作用

土壤饱和导水率 K_s 反映了土壤的饱和渗透性能，任何影响土壤孔隙大小和形状的因素都会影响饱和导水率，因为在土壤孔隙中总的流量与孔隙半径的 4 次方成正比。所以通过半径为 1mm 的孔隙的流量相当于通过 10000 个半径 0.1mm 的孔隙的流量，显然大孔隙对饱和流的影响较大。因此研究土壤饱和导水率，可直接得出土壤质地和结构，砂质土壤通常比粉质、黏质土壤具有更高的饱和导水率；同样，具有稳定团粒结构的土壤比具有不稳定团粒结构的土壤，传导水分要快得多，后者在水分含量较大时结构就被破坏，细的黏粒和粉砂粒能够阻塞较大孔隙的连接通道，天气干燥时龟裂的细质地土壤最初能让水分迅速移动，但之后，这些裂缝因尘粒膨胀而闭塞起来，会把水的移动减少到最低程度。

在研究中饱和导水率的确定有助于土壤质地类型的确定，从而为进一步的研究提供可靠依据。

5. 土壤蒸发量的意义及作用

土壤中的水分通过上升和汽化从土壤表面进入大气的过程，称为土壤蒸发。土壤蒸发影响土壤含水量的变化，是水文循环的一个重要环节。蒸发作用的强弱常以蒸发强度表示，即单位时间内单位面积土地上所蒸发的水量。

土壤蒸发是自然界水循环的重要一环，也是造成土壤水分损失、导致干旱的一个主要因素。研究单位时间单位面积的土壤蒸发量即蒸发强度有助于充分了解土壤蒸发特性，采取适当的措施进行中耕，防止土壤水分损失，导致干旱引起土壤沙化或盐渍化。例如土表蒸发的第一阶段的蒸发强度最大，是土壤水分损失最快的阶段，在该阶段进行中耕或采取其他保墒措施效果最好。

4.1.4.2　不同土壤类型的土壤水分特征值

我国水平地带性和非地带性分布土壤的水分物理特征分别见表 4.1 - 9 和表 4.1 - 10。

表 4.1 - 9　　　　　我国水平地带性分布土壤的水分物理特征

土壤类型	土层深度 /cm	土壤含水量 /%	土壤田间持水量 /%	土壤萎蔫持水量 /%	土壤饱和导水率 /(mm/min)	土壤蒸发量 /(mm/a)	采样地点
暗棕壤	0～10	28.50	60.93				黑龙江省尚志市东北林业大学帽儿山实验林场椴树蒙古栎林
	10～20	17.53	39.04				
	20～30	14.43	36.05				
	30～40	14.42	45.34				

续表

土壤类型	土层深度/cm	土壤含水量/%	土壤田间持水量/%	土壤萎蔫持水量/%	土壤饱和导水率/(mm/min)	土壤蒸发量/(mm/a)	采样地点
暗棕壤	表层				2.6～4.2		辽宁东部山区森林土壤
暗棕壤						1251	吉林东南部龙井（此蒸发量为气象资料）
漂灰土	表层	8.1	30.4	10.4		1095～9285.6	四川攀枝花市盐边县二滩水电站红格移民安置区农耕地
棕壤	0～10	16.78					山西西部吕梁山脉中段关帝山八道沟华北落叶松林内
	10～20	11.78					
	20～30	11.93					
棕壤	表层				0.11		鲁东大学试验地内（草地）
棕壤	表层					720	辽宁东部山区系长白山脉西南部的落叶松幼龄林
黄棕壤	0～11	50	24.6	11.7			南京市郊区蔬菜地（此处含水量为饱和含水量）
	11～22	29.6	23.0	12.5			
	22～200	22.4	22.9	17.0			
红壤	0～25	38.55	22.70	12.37			湖南红壤丘陵地区典型旱地（此处含水量为饱和含水量）
	25～32	27.25	20.21	14.11			
	32～42	32.93	20.72	13.35			
	42～100	40.77	22.21	15.44			
红壤	0～40	5.3			0.45		湖南桃源县盘塘乡马家峪村坡耕地0～40cm土层
红壤	表层				240.9～474.5		中国科学院桃源农业生态试验站茶园
黄壤	0～20		29.02	26.5			贵州中部的修文县久长镇旱耕地
	20～30		27.66	25.25			
	30～67		28.81	26.5			
	67～100		33.29	31.5			
黄壤	0～5	14.95			140.7		湖北宜昌市大老岭林区和夷陵区境内竹林湾暖性针叶林山地黄壤区
	5～20	20.13			82.63		
	20～55	12.79			4.97		
黄壤	0～10	30.13			1.11		广西环江毛南族自治县大才乡中国科学院环江喀斯特农业生态系统观测研究站（菜地）
	10～20	32.87			0.80		
	20～50	47.05			2.14		
	50～80	54.5			5.87		

续表

土壤类型	土层深度/cm	土壤含水量/%	土壤田间持水量/%	土壤萎蔫持水量/%	土壤饱和导水率/(mm/min)	土壤蒸发量/(mm/a)	采样地点
赤红壤	0～20		25.8				南亚热带丘陵赤红壤试验区
	20～40		25.1				
	40～60		25.6				
	60～80		23.7				
	80～100		25				
砖红壤	0～100					1764	雷州半岛桉林
黑土	0～20	22.54	31.10		0.32		黑龙江哈尔滨市香坊区黑土耕地
	40～60	20.25	24.50		0.43		
	80～100	22.14	25.40		0.53		
黑土	0～10		40	18.5			国营农场九三管理局农业科学研究所试验区的深厚黑土
	10～20		40	18.5			
	20～30		35	18.5			
	30～40		32	17.0			
	40～50		31	17.0			
	50～60		31	17.0			
	60～70		31	17.0			
	70～80		30	17.0			
	80～90		30	17.0			
	90～100		30	17.0			
黑土	表层					440～450	松嫩平原黑土区
黑钙土	0～10	51.7	29.1				黑龙江农业科学院嫩江农科所的农场无灌溉条件的缓坡地上（此处的含水量为全持水量）
	10～20	45.7	28.8				
	20～30	45	27.9				
	30～40	48.9	28.3				
	40～50	44.2	28.8				
	50～60	42	28.8				
	60～70	41.3	29.1				
	70～80	40.5	28.7				
	80～90	36.5	25.7				
	90～100	43.5	25.2				
黑钙土					1.3		黑龙江齐齐哈尔市富区绿源基地土类（水头为5cm时的稳渗速率）
栗钙土	0～20	5.57	15.83				宁夏盐池县马儿庄节水灌溉优质牧草种植示范项目区（天然草地）
	20～40	6.83	18.84				
	40～60	6.19	16.27				
	60～80	7.35	19.76				
	80～100	8.04	19.10				

土壤类型	土层深度/cm	土壤含水量/%	土壤田间持水量/%	土壤萎蔫持水量/%	土壤饱和导水率/(mm/min)	土壤蒸发量/(mm/a)	采样地点
栗钙土	表层				0.5		河北张北县小二台乡的农业部张北农业资源与生态环境重点野外科学观测实验站的多年免耕地
栗钙土						2100	山西吕梁山附近
棕钙土			10～12	2～3			内蒙古呼伦贝尔盟地区
灰漠土	0～50		10～12	1～2			内蒙古呼伦贝尔盟地区
灰棕漠土	0～50		16～18	1～2			内蒙古呼伦贝尔盟地区
棕壤	0～10	16.78					山西西部吕梁山脉中段关帝山八道沟华北落叶松林内
	10～20	11.78					
	20～30	11.93					
棕壤	表层				0.11		鲁东大学试验地内（草地）
棕壤	表层					720	辽宁东部山区系长白山脉西南部的落叶松幼龄林
褐土	0～10	8.43					山西吉县蔡家川流域阳坡刺槐林
	10～20	7.72					
	20～30	7.84					
	30～40	7.42					
	40～60	6.88					
	60～80	6.97					
	80～100	7.0					
褐土	表层				5.85		山西中阳县的车鸣峪林场（农地）
褐土						1700	山西吕梁山附近
栗褐土	0～50		16～18	3～4			内蒙古呼伦贝尔盟地区
栗褐土						1700～2100	山西吕梁山附近
黑垆土	0～20	14.1	21.5	7.4			甘肃东部陇东旱源地（此处含水量为有效含水量）
	20～50	13.69	21.09	7.4			
	50～100	13.67	21.67	8.0			
	100～150	14.36	22.06	7.7			
	150～200	13.78	21.58	7.8			

续表

土壤类型	土层深度/cm	土壤含水量/%	土壤田间持水量/%	土壤萎蔫持水量/%	土壤饱和导水率/(mm/min)	土壤蒸发量/(mm/a)	采样地点
黑垆土	0～300					193.45～886.95	陕西长武县作物种植地
黄绵土	0～30	14.82			0.36		黄土高原丘陵沟壑区第二副区的延安市燕沟（梯田）
灰钙土	0～50		12～14	0.8～1			内蒙古呼伦贝尔盟地区
灰钙土	0～30			0.8			宁夏中卫市沙坡头区环香山地区的农田
棕漠土						2236	南疆西部莎车县（此处为水面蒸发量）

表 4.1-10　　　　　　　　我国非地带性分布土壤的水分物理特征

土壤类型	土层深度/cm	土壤含水量/%	土壤田间持水量/%	土壤萎蔫持水量/%	土壤饱和导水率/(mm/min)	土壤蒸发量/(mm/a)	采样地点
白浆土	0～25		31	13.18			三江平原的 8511 农场科研所的白浆土和牡丹江农管局第一研究所的草甸白浆土及 856 农场的潜育白浆土
	25～48		26	13.11			
	48～88		33.07	22.29			
	88～120		27.11	22.87			
白浆土	0～20	20.1					黑龙江 853 农场
	20～40	15.25					
	40～60	18.75					
白浆土	0～10	58.5	34.9	12.7			黑龙江牡丹江农管局科研所（此处土壤含水量为饱和含水量）
	10～20	49.8	34	12.8			
	20～30	42.3	24.8	12.6			
	30～40	33	24.7	13.6			
	40～50	36.2	30	17.4			
	50～60	32.4	25.7	15.7			
	60～80	32.4	28.6	16.2			
	80～100	31.9	26.3	15.2			
燥红土	0～20	22.76	32.14	9.38			滇中高原北部金沙江南岸（此处含水量指有效含水量）
	20～40	12.24	26.36	14.12			
燥红土	表层				0.1224		云南元谋县苴林乡境内的元谋干热河谷沟蚀崩塌观测研究站内
燥红土		26.99				363.18	云南元谋县以南 6km 的老城乡公路梁子（自然草坡）

续表

土壤类型	土层深度/cm	土壤含水量/%	土壤田间持水量/%	土壤萎蔫持水量/%	土壤饱和导水率/(mm/min)	土壤蒸发量/(mm/a)	采样地点
风沙土	1～14	30.1		3.93			内蒙古、甘肃和宁夏三省（自治区）接壤地区固定风沙土（此处的含水量是饱和含水量）
	14～24	30.73		3.88			
	24～42	28.09		2.77			
	64～100	26.43		0.97			
风沙土	表层					3.65	阜康荒漠生态系统观测试验站主站区和毗邻的古尔班通古特沙漠南缘
风沙土	表层	23.25	3.24～3.45	0.54			内蒙古、甘肃和宁夏三省（自治区）接壤地区流动风沙土（此处含水量为饱和持水量）
风沙土	表层				16.2（流动沙丘）16.8（半固定沙丘）12（洼地）		腾格里沙漠东南缘的中卫市沙坡头区境内，试验地点在中国科学院风沙科学观测场内
紫色土	0～5	18.45					四川资阳县松涛镇响水滩流域
	5～10	20.10					
	10～20	21.18					
	20～30	22.08					
	30～50	21.89					
紫色土					5.39		湖南衡阳市紫色土丘陵坡地灌丛
紫色土	表层	41.37	31.6	11.52		490.56～1024.9	四川盆地南部低山丘陵区棕紫泥土（此处的含水量为饱和持水量）
草甸土	0～20	29.28	30.6		1.02		黑龙江绥化市北林区草甸土耕地
	40～60	27.87	23.9		0.48		
	80～100	26.32	21.7		0.28		
砂姜黑土	0～22		26.3	9.9			河南项城市南部三张店乡黄庄行政村试验区
	22～45		25.9	11.7			
	45～62		23.3	11.9			
	62～98		18.9	9.5			
	98～120		22.4	6.8			
砂姜黑土	表层				0.5～0.7		安徽淮北平原

续表

土壤 类型	土层深度 /cm	土壤含水量 /%	土壤田间持水量 /%	土壤萎蔫持水量 /%	土壤饱和导水率 /(mm/min)	土壤蒸发量 /(mm/a)	采样地点
潮土	0～20	17.34	22.9	5.6			河南开封市朱仙镇开封沙地中心试验区（此处的含水量为有效含水量）
	20～60	16.59	22.3	5.7			
	60～100	15.62	21.2	5.6			
	100～150	16.49	22.1	5.6			
潮土	0～18	30.5	24.7	4.7		449.6	河北东部冲积平原黑龙港地区（此处的含水量为饱和含水量）
	18～35	21.6	19.7	4.7			
	35～60	30.1	19.6	6.4			
	60～130	34.8	32.2	11.2			
盐碱土	0～10	7.86	25.74	7.43			旱田盐碱地轻度盐化草甸土（滨海盐土）
	10～25	19.17	23.29	7.05			
	25～45	20.9	26.79	1.89			
	45～65	32.36	25.07	1.79			
	65～100	33.5	22.92	1.82			
盐碱土	表层				0.04		山西应县盐碱荒滩（大临河）
盐碱土	表层					47.45～1350.5	新疆阜康荒漠生态系统观测试验站主站区和毗邻的古尔班通古特沙漠南缘
水稻土	0～12	39.8	33.9	15.3			太湖流域宜兴的白土
	12～20	33.6	29.0	16.1			
	20～29	25.1	22.0	12.3			
	29～55	31.6	28.0	22.0			
	55～100	28.2	26.5	21.3			
灌淤土	0～20	4.85					甘肃石羊河下游民勤县泉山区薛百乡绿洲—荒漠过渡带
	20～30	9.89					
	30～100	6.10					
亚高山灌丛草甸土	0～10	62.88					祁连山森林生态站西水实验区旱季高山灌丛林
	10～20	51.16					
	20～40	29.98					
	40～60						
亚高山灌丛草甸土	0～10	45.09	57.73				祁连山中段西水林区排露沟流域灌丛林
	10～20	47.02	62.59				
	20～30	50.51	62.22				
	30～40	49.04	59.88				
湿土	0～20	116.47					尕海沼泽湿地
	20～40	177.93					
	40～60	138.43					
	60～80	204.74					

4.1.5 土壤耕性

4.1.5.1 土壤耕性的意义及应用

土壤耕性是指土壤在耕作过程中反映出来的特性，它是土壤物理机械性的综合表现，及在耕作后土壤外在形态的表现。土壤耕性的好坏，一般表现为耕作的难易（土壤在耕作时对农机具产生阻力的大小）、耕作质量的好坏（耕作后土壤表现的状态及其对作物生长发育产生的影响）、适耕期的长短（最适于耕作时土壤含水量范围的宽窄，或适宜耕作时间的长短）。土壤耕作主要有两方面的作用。

（1）改良土壤耕作层的物理状况，调整其中的固、液、气三相比例，改善耕层构造。对紧实的土壤耕层，耕作可增加土壤空隙，提高通透性，有利于降水和灌溉水下渗，减少地面径流，保墒蓄水，并能促进微生物的好氧分解，释放速效养分；对土粒松散的耕层，耕作可减少土壤空隙，增加微生物的厌氧分解，减缓有机物的消耗和速效养分的大量损失，以协调水、肥、气、热等肥力因素，为作物生长提供良好的土壤环境。

（2）根据当地自然条件的特点和不同作物的栽培要求，使地面保持符合农业要求的状态。如平作时地面要平整，垄作时地面要有整齐的土垄，风沙地区地面要有一定的粗糙度以防风蚀，山坡地要有围山大垄或水平沟等。这样可达到减少风蚀、保持水土、保蓄土壤水分、提高土壤湿度或因势排水等目的。

4.1.5.2 不同土壤类型的耕性特征

我国不同土壤质地的物理机械性见表 4.1-11，土壤的结持状态与土壤水分、耕性的关系见表 4.1-12。

表 4.1-11　不同土壤质地的物理机械性

土壤质地类型	物理机械性				宜耕状态
	黏结性	黏着性	可塑性	胀缩性	
砂土	弱	弱	无可塑性或可塑性很弱	无胀缩性或胀缩性很弱	宜耕范围大
壤土	介于砂土和黏土之间	介于砂土和黏土之间	介于砂土和黏土之间	介于砂土和黏土之间	介于砂土和黏土之间
黏土	在一定含水量条件下强	强	强	强	宜耕范围小且宜耕期短

表 4.1-12　　　　　　　土壤的结持状态与土壤水分、耕性的关系

含水量状况	干	润	潮	湿	饱和	过饱和
土壤结持度	坚硬	酥软	可塑	黏韧	黏滞	液态流动
主要物理性状	黏结力强，固结，不能揉捏	松散，无塑性，可揉捏成条成团	有塑性，无黏着性	有塑性和黏着性	浓浆呈厚度流动	悬浮稀浆呈薄片层流动
耕作阻力	大	小	大		小	
耕作质量	成硬块	成土团	成大垡	成湿泥条	成稠泥浆	成稀泥浆
宜耕性	不宜	宜	不宜		稻田宜耕耙	

4.1.6 土壤生物特征

土壤生物包括土壤动物和土壤微生物等，其中土壤动物、微生物种类繁多。土壤动物是有机质的消费者和分解者，在土壤中有搅动、粉碎和吞食有机质的功能，故在土壤有机质转化中具有重要作用。土壤微生物繁殖快，具有多种多样的生命活动类型，它们对土壤有机质进行分解和合成，故在土壤物质转化和循环中起重要作用。土壤生物与土壤环境有直接关系。

4.2 土壤化学性状

4.2.1 土壤有机质

4.2.1.1 土壤有机质概念

广义上，土壤有机质包括土壤中各种动物、植物残体及微生物分解和合成的有机物质；狭义上，土壤有机质主要指有机物质残体经微生物作用形成的一类特殊的、复杂的、性质比较稳定的高分子有机化合物，即腐殖质。土壤有机质的含量在不同土壤中差异很大，高的可达 20% 或 30% 以上（如泥炭土、某些肥沃的森林土壤等），低的不足 1% 或 0.5%（如荒漠土和风沙土等），高标准基本农田土壤耕作层有机质含量在 20mg/kg 以上。一般把含有机质含量大于 20% 的土壤称为有机土壤，小于 20% 的土壤称为矿质土壤。土壤有机质的含碳量平均为 58%，所以土壤有机质含量约是有机碳含量的 1.724 倍。

4.2.1.2 土壤有机质来源和类型

1. 土壤有机质的来源

（1）植物残体：包括各类植物的凋落物、死亡的植物体及根系，是自然状态下土壤有机质的主要来源。中国林业土壤每年归还土壤的凋落物干物质量按气候植被带划分，依次为热带雨林、亚热带常绿阔叶林和落叶阔叶林、暖温带落叶阔叶林、温带针叶阔叶混交林、寒温带针叶林。其中热带雨林凋落物干物质量可达 $16700kg/(km^2 \cdot a)$，而荒漠植物群落凋落物干物质量仅为 $530kg/(km^2 \cdot a)$。

（2）动物、微生物残体：包括土壤动物、非土壤动物及各种微生物的残体。这部分来源相对较少，但微生物是原始土壤中有机质的最早来源。

（3）动物、植物、微生物的排泄物和分泌物：来源量很少，但对土壤有机质的转化起着非常重要的作用。

（4）人为施入的各种有机肥料（绿肥、堆肥、沤肥等）、工农业和生活废水、废渣等，以及各种微生物制品和有机农药等。

2. 土壤有机质类型

（1）新鲜的有机物：指进入土壤中尚未被微生物分解的动、植物残体，它们仍保留着原有的组织形态等特征。对森林土壤而言，一般指凋落物的 L（Litter）层。

（2）分解的有机物：包括有机质分解产物和新合成的简单有机化合物，进入土壤中的动、植物残体在微生物作用下分解，失去原有组织形态等特征，相互缠结，多呈褐色。对森林土壤而言，一般指凋落物层中的 F（Fermetation）层。

（3）腐殖质：指有机质经过微生物分解后并再合成的一种褐色或暗褐色的大分子胶体物质。腐殖质常与土壤矿物质颗粒紧密结合，占土壤有机质总量的 $85\%\sim90\%$，是土壤有机质存在的主要形态类型。相当于森林土壤凋落物层中的 H（Humus）层。

4.2.1.3　土壤腐殖化系数

土壤中单位重量有机物质经过一年后所形成的腐殖物质的数量称为腐殖化系数。表 4.2-1 为我国不同地区耕地土壤中有机物质的腐殖化系数。

表 4.2-1　我国不同地区耕地土壤中有机物质的腐殖化系数

有机物料	项目	东北地区	华北地区	江南地区	华南地区
作物秸秆	范围	0.26～0.65	0.17～0.37	0.15～0.28	0.19～0.43
	平均	0.42 (9)	0.26 (33)	0.21 (53)	0.34 (18)
作物根	范围	0.30～0.96	0.19～0.58	0.31～0.51	0.32～0.51
	平均	0.60 (5)	0.40 (14)	0.40 (54)	0.38 (14)
绿肥	范围	0.16～0.43	0.13～0.37	0.16～0.37	0.16～0.33
	平均	0.28 (14)	0.21 (46)	0.24 (33)	0.23 (31)
厩肥	范围	0.28～0.72	0.28～0.53	0.30～0.63	0.20～0.52
	平均	0.46 (11)	0.40 (21)	0.40 (38)	0.31 (8)

注　括号内为样品测定个数。

4.2.1.4　土壤有机质的调节

1. 调控土壤有机质的矿化速率

可通过调节土壤温度、土壤含水量、土壤动物和微生物以及 C:N 来调控土壤有机质的矿化速率。如土壤有机质在不大于 0℃时不分解，在 0～35℃ 分解随温度而加强，每升温 10℃，分解速率提高 2～3 倍。其中 25～35℃ 时分解较快。当 C:N=25:1 时分解率适宜，C:N > 25:1 时分解速率降低，C:N < 25:1 时分解率增大。

2. 增加土壤有机质

增加土壤有机质的常用措施包括优化耕作措施（免耕或少耕）、施用有机肥、种植绿肥、秸秆还田等，同时退耕还林等植被恢复措施也是增加土壤有机质的有效途径。

3. 有机肥施用量计算

有机肥施用量计算式为

$$M = \frac{WaO - CRO_r}{bt} \qquad (4.2-1)$$

式中　M——有机肥（物）料施用量，kg/亩；

　　　W——单位面积耕层土壤重量，kg/亩，一般按 15 万 kg/亩计算；

　　　a——土壤有机质矿化率，%；

　　　O——原土壤中有机质含量，g/kg；

　　　C——根茬的腐殖化系数；

　　　R——耕层中根茬残留量，kg/亩；

　　　O_r——根茬中有机质含量，g/kg；

　　　b——有机肥（物）料的腐殖化系数；

　　　t——有机肥（物）料中有机质含量，g/kg。

4.2.2　土壤胶体与土壤供肥性

4.2.2.1　土壤胶体的概念与类型

1. 概念

土壤胶体是指粒径小于 $1\mu m$ 或 $2\mu m$ 的土壤微粒，常带负电荷。

2. 类型

土壤胶体可分为有机胶体、无机胶体、有机无机复合胶体，见表 4.2-2。

表 4.2-2　主要胶体类型及其性质

胶体类型		名称	比表面积/(m²/g)	电荷性质	阳离子交换量/(cmol/kg)
有机胶体		腐殖质	1000	可变	300～500
无机胶体	硅酸盐胶体	高岭石	30	永久/可变	6
		水云母	100	永久/可变	30
		蒙脱石	800	永久/可变	100
	水合氧化物胶体	水合氧化铁、铝、硅等		可变	

4.2.2.2 土壤吸附性与离子交换

1. 土壤吸附性

土壤胶体通常综合表现为带负电，故在胶体上吸附的离子主要为阳离子。土壤中常见的吸附性阳离子有 Ca^{2+}、Mg^{2+}、Na^+、K^+、NH_4^+、Fe^{3+}、Fe^{2+}、Al^{3+} 和 H^+ 等。其中，Al^{3+} 和 H^+ 称为致酸离子，它们和土壤酸度有密切关系。其他阳离子和阴离子形成盐类，称为盐基离子。

盐基饱和度（base saturation，BS）：土壤胶体上交换性盐基离子占全部交换性阳离子的百分数，即：

$$盐基饱和度 = \frac{交换性盐基量(mmol/kg)}{阳离子交换量(mmol/kg)} \times 100\%$$

盐基饱和度可反映土壤交换态养分的多少，直接反映土壤肥沃程度。一般认为盐基饱和度大于 80% 则土壤肥沃，盐基饱和度小于 50% 则土壤瘠薄。

2. 离子交换

土壤离子交换指固体颗粒所吸附的一种离子被溶液中的另一种离子所取代的过程。在特定 pH 值条件下，土壤吸附的所有可交换性阳离子之和称为土壤的阳离子交换量（cation exchange capacity，CEC），土壤能吸附的所有可交换性阴离子之和称为阴离子交换量（anion exchange capacity，AEC）。其单位为 cmol/kg。土壤阳离子交换量反映了土壤具有的保肥供肥能力以及环境缓冲能力。

一般认为阳离子交换量大于 20cmol/kg 为保肥力强，10~20cmol/kg 为保肥力中等，小于 10cmol/kg 为保肥力弱。

4.2.2.3 土壤养分状况与供肥性

1. 土壤养分有效化

根据植物对营养元素吸收利用的难易程度，不经转化就可被植物直接吸收利用的养分称为速效养分，只有经分解转化为速效态才能被植物利用的养分称为迟效养分，不能被植物吸收利用的养分称为无效养分。

土壤胶体上吸附的养分离子对植物的有效性的影响因素主要包括以下几个。

（1）离子的饱和度。某种离子饱和度越大，该离子被解吸和交换的机会越多，有效性也越大。

（2）互补离子的影响。与某种交换性阳离子共存的其他交换性阳离子称为互补离子。如互补离子与胶粒的吸附力强，则与之共存的阳离子更易于解吸，有效性较高；反之，与之共存的阳离子有效性较低。

（3）黏土矿物的种类。在一定的盐基饱和度范围，蒙脱石类矿物吸附阳离子一般位于晶层之中，吸附比较牢固，有效性较低。而高岭石类矿物吸附阳离子通常位于晶格的外表面，吸附力较弱，有效性较高。

2. 土壤供肥性

土壤在作物整个生育期内，持续不断地供应作物生长发育所必需的各种速效养分的能力和特性，称为土壤的供肥性能。

土壤供肥性能主要可从以下方面进行判断。

（1）作物的长势。作物整个生长期生长好产量高，说明土壤供肥作用好。

（2）耕作层深厚、土色深暗、砂黏适中，土壤结构良好松紧适度的土壤供肥性能好。

（3）土壤样品室内分析的结果。应根据测土结果进行配方施肥。

4.2.3 土壤酸碱性

土壤酸碱性的强弱常以酸碱度来衡量。中国土壤的酸碱性反应，大多数 pH=4.5~8.5。在地理分布上有"东南酸西北碱"的规律性。大致可以长江为界（北纬 33°~35°），长江以南的土壤为酸性或强酸性，长江以北的土壤多为中性或碱性。我国土壤的酸碱性南北差异很大，如吉林、内蒙古、华北的碱土 pH 值可高达 10.5，而台湾省的新八仙山和广东省鼎湖山、五指山的黄壤，pH 值可低至 3.6~3.8。

4.2.3.1 土壤酸度

1. 土壤酸度的类型

（1）土壤活性酸度。土壤固相处于平衡态时，土壤溶液中游离的 H^+ 所表现的酸度。用 pH 值（pH=$-\lg[H^+]$）表示。

（2）土壤潜性酸度。由土壤胶体上吸附的 H^+、Al^{3+} 和羟基离子所可能产生的酸度。

2. 土壤酸度的指标（液相指标）——pH 值

我国土壤酸碱度分级见表 4.2-3。

表 4.2-3　我国土壤酸碱度分级

酸碱度分级	pH 值
极强酸性	<4.5
强酸性	4.5~5.5
酸性	5.5~6.0
弱酸性	6.0~6.5
中性	6.5~7.0
弱碱性	7.0~7.5
碱性	7.5~8.5
强碱性	8.5~9.5
极强碱性	>9.5

3. 土壤酸度的数量指标（固相指标）——潜性酸量

土壤胶体上吸附的 H^+、Al^{3+} 所反映的潜性酸量，可用交换性酸或水解性酸表示，两者都是表示土壤酸度的容量指标，可作为酸性土壤改良时进行石灰需要量估算的重要参数。

（1）交换性酸度（pH KCl）。当用中性盐溶液如 1mol KCl 或 0.06mol $BaCl_2$ 溶液（pH=7）浸土壤时，土壤胶体表面吸附的 Al^{3+} 与 H^+ 的大部分均被浸提剂的阳离子交换而进入溶液，此时，不仅交换性 H^+ 进入溶液，交换性 Al^{3+} 由于水解作用也增强了溶液酸性。浸出液中 H^+ 及由 Al^{3+} 水解产生的 H^+，用标准碱液滴定，根据消耗的碱量换算，单位为 cmol/kg。

（2）水解性酸度（pH NaOAc）。用弱酸强碱的盐类溶液（常用的是 pH=8.2 的 1mol NaOAc 溶液）浸提，再以标准碱液滴定浸出液，根据消耗的碱量换算，单位为 cmol/kg。

4. 土壤酸度间关系

（1）土壤总酸度。活性酸和潜性酸的总和，称为土壤总酸度。活性酸是土壤酸度的起源，代表土壤酸度的强度；潜性酸是土壤酸度的主体，代表土壤酸度的容量。

（2）活性酸与潜性酸的关系。土壤活性酸和潜性酸是属于一个平衡系统中的两种酸，它们能相互转化。土壤潜性酸要比活性酸多得多，相差 3~4 个数量级。

4.2.3.2 土壤碱度

1. 土壤碱度的液相指标

（1）pH 值。土壤溶液中 OH^- 浓度大于 H^+ 浓度，pH>7，土壤表现为碱性。

（2）总碱度。总碱度是指土壤溶液或灌溉水中碳酸盐和重碳酸盐总量，即

$$总碱度 = CO_3^{2-} + HCO_3^-　（cmol/L）$$

土壤碱性反应是由于有弱酸强碱盐的水解，其中最重要的是碳酸根和重碳酸根的碱金属（Na、K）和碱土金属（Ca、Mg）盐类存在。

Na_2CO_3 和 $NaHCO_3$ 是可溶性的，对土壤碱度影响很大。$CaCO_3$ 和 $MgCO_3$ 由于溶解度低，所以石灰性土壤 pH 值不会太高，最高 pH=8.5。碳酸盐在弱酸条件下反应称为石灰反应，这类土壤称为石灰性土壤。

2. 土壤碱度的固相指标

（1）碱化度（exchangeable sodium percentage，ESP）。土壤胶体吸附的交换性钠离子占阳离子交换量的百分率，计算方法如下：

$$ESP = \frac{交换性钠}{CEC} \times 100\%　（4.2-2）$$

我国将碱化层的 ESP>20% 称为碱土，ESP=5%~20% 时称碱化土。碱化土中，ESP=5%~10% 为轻度碱化土壤，ESP=10%~15% 为中度碱化土壤，ESP=15%~20% 为强碱化土壤。

（2）钠吸附比（sodium adsorption ratio，SAR）。

$$SAR = \frac{[Na^+]}{\sqrt{\dfrac{[Ca^{2+} + Mg^{2+}]}{2}}} = \frac{[Na^+]}{\left(\dfrac{[Ca^{2+} + Mg^{2+}]}{2}\right)^{1/2}}$$

$$（4.2-3）$$

式中　Na^+、Ca^{2+}、Mg^{2+}——土壤饱和水浸提液中的阳离子浓度，mmol/L。

（3）钠交换比。溶液中交换性 Na^+ 与交换性 Ca^{2+}、Mg^{2+} 浓度之和的比值。

4.2.4　土壤缓冲性

4.2.4.1　概念

土壤的缓冲性是为了作物的正常生长，维持土壤条件的相对稳定性，保持土壤 pH 值在一定范围的能力，即土壤抵抗酸碱物质，减缓 pH 值变化的能力。土壤缓冲能力可以看作表征土壤质量及土壤肥力的指标。

4.2.4.2　土壤缓冲性的容量

指土壤溶液改变一个单位 pH 值所需要的酸或碱的量，是表示土壤缓冲能力强弱的指标，常以测定缓冲曲线形式表示。一般来说，土壤缓冲性由强到弱的顺序是腐殖质土、黏土、砂土，故增加土壤有机质和黏粒，就可增加土壤的缓冲性。

4.2.5　土壤酸碱性调节

土壤反应过酸或者过碱，都可以采取适当的措施加以调节，以适应植物生长的需要（表 4.2-4）。

表 4.2-4　主要造林树种 pH 值适生表

树种	pH 值	树种	pH 值
红松	5.0~6.0	枫树	6.0~7.5
云杉	4.0~5.0	苔藓	3.5~5.0
悬铃木	6.0~7.5	黑橡	6.0~7.0
核桃	6.0~8.0	白橡	5.0~6.5
白蜡	6.0~7.5	火炬松	5.0~6.0
山毛榉	5.0~6.7	苹果	5.0~6.5
白桦	4.5~6.0	杏	6.0~7.0
雪松	4.5~5.0	侧柏	6.0~7.5
石松	4.5~5.0	樱	6.0~7.0
冷杉	5.0~6.0	山楂	6.0~7.5
石楠	4.5~6.0	桃	6.0~7.5
铁杉	5.0~6.0	苜蓿	6.2~7.8
落叶松	5.0~6.5		

4.2.5.1 土壤酸度调节

土壤酸度过强（pH 值过低），不利于作物生长，需要提高土壤 pH 值。通常以施用石灰或石灰粉来调节，包括生灰石（CaO）、熟石灰 [Ca(OH)$_2$] 和石灰石粉（CaCO$_3$）。对使用石灰反应较喜好的作物有：紫花苜蓿、草木樨、红三叶、莴苣等。使用石灰对有些植物如草莓、蓝莓、西瓜、月桂和杜鹃花属等可能产生阻碍。

1. 石灰需要量

把酸性土壤调节到要求的 pH 值范围所需要的石灰用量，称为石灰需要量，计算方法如下：

$$Q = V \times \rho_b \times CEC \times (1-BS) \times \frac{C}{2}$$

式中　Q——单位面积石灰需要量，kg/hm^2；

　　　ρ_b——容重，kg/m^3；

　　　V——土壤体积，m^3；

　　　CEC——阳离子交换量，cmol/kg；

　　　BS——盐基饱和度，%；

　　　C——所用石灰的化学式量。

田间使用石灰，由于石灰和土壤混合不匀，局部土壤酸度的变化差异很大。因此，上述石灰需要量的理论值，要乘以一个经验系数（也称石灰常数）后，才得出石灰的需要量。石灰系数因石灰化学形态不同而不同。如施用作用缓和的石灰粉（CaCO$_3$），虽然施用不均匀，但局部 pH 值增加不多，所以经验系数一般取 1.3。若施用作用强烈的生石灰（CaO），施用不匀可使局部土壤 pH 值升高至 8 以上，所以经验系数一般取 0.5。

2. 石灰施用方法

(1) 施用方法。石灰最好使用在耕翻的土地上，并在苗床整地时耙入土中，使石灰与耕层的上半部混合。除永久性草地以外，一般不宜提倡追施和表施石灰。石灰与土壤混匀是关键要求，依靠石灰迁移中和酸度作用是有限的。

(2) 施用石灰季节。一般在秋冬季完成，保证了播种和石灰施用有一个时间间隔。对于轮作制，应施在喜好石灰作物（如豆科作物、牧草等）的生长季节里。

4.2.5.2 土壤碱度调节

1. 施用酸性物质

把酸性物质与土壤混合以降低土壤 pH 值，如松针叶、果腐叶、树皮、木屑和沼泽泥炭等，经过堆腐可以应用。

2. 施用化学物质

杜鹃花属等植物及需要大量铁的其他植物，如蓝

草莓和红草莓等。常使用硫酸亚铁，通过水解作用形成硫酸，降低土壤 pH 值。

3. 使用硫磺粉

降低土壤 pH 值，它的作用比硫酸亚铁大 4～5 倍。硫磺价格低廉，适宜推广应用。另外施用石膏也是改良碱土的措施。

4.2.6　土壤环境化学

土壤环境是指岩石经过侵蚀和风化作用，在地貌、气候等因素共同长期作用下形成的，陆地表面具有肥力，能生长植物和微生物的疏松表层环境。

4.2.6.1　土壤背景值

在未受人类活动（特别是人为污染）影响的情况下，土壤环境本身的化学元素组成及其含量，也称本底值。土壤背景值只是代表土壤环境发展中特定历史阶段的、相对意义上的数值。

1. 调查方法

一般的，土壤或植物中的化学元素及其含量在一定的区域范围内均与环境效应存在良好的相关性。所以，通过广泛深入的调查研究，可以建立土壤-植物之间的数学模式，获得与植物中元素差别值相当的土壤元素含量。为剔除被污染的土壤样品数据，采用统计方法处理分析结果，常用方法有差异检验法、富集系数法、平均值加标准差法等。

2. 表示

土壤环境背景值可以分为：①几何平均值或算术平均值加减标准差；②平均值；③根据区域土壤元素概率分布类型，用算术平均值或几何平均值加减一个或两个标准差等方法进行表征。

4.2.6.2　土壤环境容量

土壤环境容量是一定环境单元、一定时限内遵循环境质量标准，既保证农产品产量和生物学质量，又不造成环境污染时，土壤所能容纳污染物的最大负荷量。

1. 土壤静容量

根据土壤环境背景值和环境标准的差值推算容量的一种简易方法。它从静止的观点来度量土壤的容纳能力。

$$C_s = M(C_i - C_{Bi}) \qquad (4.2-4)$$

式中　M——土壤重，kg/hm^2；

　　　C_i——i 元素的土壤临界含量，mg/kg；

　　　C_{Bi}——i 元素的土壤背景值，mg/kg。

2. 土壤动容量

污染物在土壤中输入与输出，残留量与输入量之比为累积率，即

$$k=\frac{Q-Q'}{Q} \qquad (4.2-5)$$

若干年后土壤中某污染物的积累总量：

$$A_T=Q+Qk+Qk^2+\cdots+Qk^n \qquad (4.2-6)$$

n 年内土壤中污染物的累积总量：

$$A_T=k_n\{k_{n-1}\{\cdots k_2[k_1(B+Q_1)+Q_2]+\cdots+Q_{n-1}\}+Q_n\}$$
$$(4.2-7)$$

当 $k_1=k_2=\cdots=k_n$，$Q_1=Q_2=\cdots=Q_n=Q$ 时，则

$$A_T=Bk^n+Qk(1-k^n)/(1-k) \qquad (4.2-8)$$

4.2.6.3　土壤污染评价

土壤污染是指由于自然及人类活动所产生的污染物质进入土壤，其数量和速度超过了土壤的容纳能力和净化速度，使土壤的自然动态平衡遭到破坏、功能失调、质量恶化，导致植物产量和质量下降，引发水体或大气的次生污染，并最终对动物和人类构成危害的现象。

1. 土壤污染物的种类与来源

（1）有机污染物。农药是主要有机污染物，目前主要分为有机氯和有机磷两大类，如 DDT、六六六、狄氏剂（有机氯类）和马拉硫磷、对硫磷、敌敌畏（有机磷类）。此外工业"三废"中的石油、多环芳烃、多氯联苯、酚等，也是常见的有机污染物。

（2）无机污染物。主要来自工业废水和固体废物。硝酸盐、硫酸盐、氯化物、可溶性碳酸盐等是常见且大量存在的无机污染物。

（3）重金属污染物。汞、镉、铅、砷、铬、锌等重金属会引起土壤污染。这些重金属污染物主要来自冶炼厂、矿山、化工厂等工业废水渗入和汽车废气沉降。

（4）固体废物。主要指城市垃圾和矿渣、煤渣、煤矸石和粉煤灰等工业废渣。

（5）病原微生物。生活和医院污水、生物制品、制革与屠宰的工业废水、人畜的粪便等是土壤中病原微生物的主要来源。

（6）放射性污染物。主要源于核试验和原子能工业中所排出的"三废"。由于自然沉降、雨水冲刷和废弃物堆积而污染土壤。

2. 土壤污染的评价方法

目前对于土壤污染的评价方法，常用的有如下几种。

（1）与背景值比较。以土壤中同一元素的一般含量或平均含量为背景值，视其超过背景值多少评价土壤的污染程度。

（2）单因子指数法。通过单因子评价，确定主要污染物及其危害程度，同时也是多因子综合评价的基础。一般以污染指数 p_i 来表示：

$$P_i=C_i/S_i \qquad (4.2-9)$$

式中　P_i——污染物 i 的单因子指数；

　　　C_i——土壤（沉积物）中污染物 i 的实测浓度；

　　　S_i——土壤环境质量标准。

通常以 P_i 大小划分污染等级，P_i 数值越大，说明受到污染的程度越高，见表 4.2-5。

表 4.2-5　土壤环境质量评价分级

等级	P_i 值	污染评价
Ⅰ	$P_i\leqslant 1$	无污染
Ⅱ	$1<P_i\leqslant 2$	轻微污染
Ⅲ	$2<P_i\leqslant 3$	轻度污染
Ⅳ	$3<P_i\leqslant 5$	中度污染
Ⅴ	$P_i>5$	重度污染

（3）内梅罗综合指数法及其改进方法。单因子指数只能反映各个重金属元素的污染程度，不能全面地反映土壤的污染状况，而内梅罗指数法是当前国内外进行综合污染指数计算的最常用的方法之一。该方法先求出各因子的分指数（超标倍数），然后求出各分指数的平均值，取最大分指数和平均值计算。计算方法如下：

$$P_{综}=\sqrt{\frac{\overline{P}^2+P_{imax}^2}{2}} \qquad (4.2-10)$$

$$\overline{P}=\frac{1}{n}\sum_{i=1}^{n}P_i$$

式中　$P_{综}$——采样点的综合污染指数；

　　　P_{imax}——i 采样点重金属污染物单项污染指数中的最大值；

　　　$\overline{P}$——单因子指数平均值。

但内梅罗综合指数在运用时，可能会过分突出污染指数最大的重金属污染物对环境质量的影响和作用，在评价时可能会人为地夸大或缩小一些因子的影响作用，使其对环境质量评价的灵敏性不够高，在某些情况下，它的计算结果难以区分土壤环境污染程度的差别。由于不同重金属对土壤环境、生态环境的影响不同，采用加权计算法来求平均值比较合适，改进公式如下：

$$\overline{P}=\frac{\sum_{i=1}^{n}w_iP_i}{\sum_{i=1}^{n}w_i} \qquad (4.2-11)$$

对于权重 w 的确立，Swaine 按照重金属对环境的影响程度，将环境研究中人们都比较关注的微量元素分成了三类，因一类、二类、三类微量元素环境重

要性逐渐下降，分别赋值为3、2、1作为权重。涉及的几种重金属污染物对环境的重要性分类和权重值见表4.2-6。

表4.2-6　重金属污染物对环境的重要性分类和权重值

重金属	Hg	Pb	Cd	As	Zn	Cu	Cr	Ni
类别	I	I	I	I	II	II	II	II
权重	3	3	3	3	2	2	2	2

土壤综合污染程度分级标准见表4.2-7。

表4.2-7　土壤综合污染程度分级标准

土壤综合污染等级	土壤综合污染指数	污染程度	污染水平
I	$P_综 \leqslant 0.7$	安全	清洁
II	$0.7 < P_综 \leqslant 1.0$	警戒线	尚清洁
III	$1.0 < P_综 \leqslant 2.0$	轻污染	污染物超过最初污染值，作物开始污染
IV	$2.0 < P_综 \leqslant 3.0$	中污染	土壤和作物污染明显
V	$P_综 > 3.0$	重污染	土壤和作物污染严重

（4）地累积指数法。地累积指数又称Mull指数，用于评价沉积物中的重金属污染程度，其表达式为

$$I_{geo} = \log_2 [C_n/(kB_n)] \qquad (4.2-12)$$

式中　C_n——元素n在沉积物中的含量；

B_n——沉积物中该元素的地球化学背景值；

k——消除各地岩石差异可能会引起背景值变动的转换系数（一般取值为1.5）用来表征沉积特征、岩石地质及其他影响。

以全国土壤元素背景值和研究区土壤元素背景值为地累积指数分级的背景含量，分别计算研究区表层土壤中重金属元素的污染情况。该方法也可用来评价土壤中重金属的污染程度及其分级情况，见表4.2-8。

表4.2-8　地累积指数分级

污染分级	地累积指数	污染程度
I	$I_{geo} \leqslant 0$	无污染
II	$0 < I_{geo} \leqslant 1$	轻度～中等污染
III	$1 < I_{geo} \leqslant 2$	中等污染
IV	$2 < I_{geo} \leqslant 3$	中等～强污染
V	$3 < I_{geo} \leqslant 4$	强污染
VI	$4 < I_{geo} \leqslant 5$	强～极严重污染
VII	$5 < I_{geo} \leqslant 10$	极严重污染

地累积指数法不但考虑到了人为因素和地球化学背景值，还考虑到了自然成岩作用可能对背景值产生的变动，能较全面和综合地反映出重金属元素的污染程度。

4.3　土壤分类与分布

4.3.1　土壤形成

4.3.1.1　土壤形成的因素

土壤是母质、气候、地形、生物、时间和人为活动等综合作用的产物。

母质：岩石风化的产物，它是土壤形成的物质基础。母质是土壤矿物质和其他物质的来源。

气候：直接影响土壤的水热状况，决定着土壤发育的方向。

地形：影响地表的物质和热量再分配，制约土壤形成过程。

生物：起着主导作用，影响土壤与动植物之间的物质和能量交换。

时间：成土年龄或区域地质年龄，分为绝对年龄和相对年龄两种。

人为活动：人为活动在短时期内能改变土壤的性质，还可改变成土作用的方向。

4.3.1.2　土壤形成过程

根据成土过程中物质、能量的交换、迁移、转化、累积的特点，土壤形成过程主要有12个过程，见表4.3-1。

表4.3-1　土壤主要形成过程

形成过程	主　要　特　征
原始成土过程	在裸露的岩石表面或薄层的岩石风化物上着生低等植物，如地衣、苔藓及真菌、细菌等微生物，在低等植物和微生物的作用下开始累积有机质，并为高等植物的生长发育创造了条件
灰化过程	土体表层二氧化物、三氧化物及腐殖质淋溶、淀积而SiO_2残留的过程。土体上部的碱金属和碱土金属淋失，土壤矿物中的硅铝铁发生分离，铁铝胶络合淋溶淀积于下部，SiO_2则残留在土体上部，从而在表层形成一个灰白色淋溶层次，称灰化层
黏化过程	土体中黏粒的生成或淋溶、淀积而导致黏粒含量增加的过程。尤其在温带和暖温带、半湿润半干旱地区，土体中水热条件比较稳定，发生较强烈的原生矿物分解和次生黏土矿物的形成，或表层黏粒向下机械淋洗。一般在土体中、下层有明显的黏粒聚积，形成一个相对较黏重的层次，称黏化层

续表

形成过程	主 要 特 征
富铝化过程	在湿热气候条件下，土壤形成过程中原生矿物强烈分解，盐基离子和硅酸大量淋失，铁、铝、锰在次生黏土矿物中不断形成氧化物并相对积累，这种铁、铝的富集称富铝化过程。由于伴随着硅以硅酸形式的淋失，也称为脱硅富铝化过程。由于铁的氧化染色作用，土体呈红色，甚至出现大量铁结核或铁磐层
钙化过程	碳酸盐在土体中淋溶、淀积的过程。在干旱、半干旱气候条件下，由于季节性淋溶，使矿物风化过程中释放出的易溶性盐类大部分被淋失，而硅铁铝等氧化物在土体中基本上不发生移动，而最活跃的元素钙、镁，则在土体中发生淋溶、淀积，并在土体的中、下部形成一个钙积层
盐渍化过程	易溶性盐类在土体上部的聚集过程。在干旱少雨气候带及高山寒漠带常见的现象，特别是在暖温带漠境，土壤盐类积聚最为严重。成土母质中的易溶性盐类，富集在排水不畅的低平地区或凹地，在蒸发作用下，使盐分向土体表层聚集，形成盐化层
碱化过程	碱化和盐化是有密切联系的，但也有本质区别。土壤碱化是指土壤吸收复合体上钠的饱和度很高，即交换性钠占阳离子交换量的20%以上，水解后，释出碱质，其pH值可高达9以上，呈强碱性反应，并引起土壤物理性质恶化的过程。从土壤吸收复合体上除去钠离子，称脱碱化
潜育化过程	指终年积水的土壤发生的还原过程，又称灰黏化作用或潜水离铁化。由于土层长期被水浸润，空气缺乏，处于缺氧状态，由嫌气微生物进行分解有机质的同时，高价铁、锰被还原为低价铁、锰。由于铁、锰还原的脱色作用，使上层颜色变为蓝灰色或青灰色，这个过程称为潜育化作用，这个还原层次称为潜育层或青泥层
潴育化过程	指土壤中水分直渗及上下升降和侧向流动，同时有一定的干湿交替过程，使土壤的铁、锰物处于还原和氧化的交替过程，在这种干、湿交替下，土体中形成锈纹、锈点、黑色铁锰斑或结核、红色胶膜或"鳝血斑"等新生体层次，称为潴育层
白浆化过程	指土壤表层由于上层滞水而发生的潴育漂洗过程。多发生在质地黏重或冻层顶托水分较多的地区，土壤表层经常处于周期性滞水状态，在有机质参与的还原条件下，加上侧渗水和直渗水活动，而带走被还原的铁、锰，与此同时，土壤黏粒也发生机械淋洗。因此，腐殖质层之下出现白色土层，称为白浆层。这是白浆化过程的主要特征

续表

形成过程	主 要 特 征
腐殖化过程	指在草系及草甸植被条件下，土层上部积累大量有机质，出于气候、母质等因素作用，大量累积的有机质不能彻底分解，进行着以嫌气过程为主的转化作用。未彻底分解的有机质及中间产物，在微生物的作用下，进行着强烈的腐殖质化过程，在土壤表层累积为腐殖质层
泥炭化过程	指在排水不良的地方有机物质的厚层聚集。这些有机物在过湿条件下，不被矿化或腐殖化，而大部分形成了泥炭，有时可保留有机体的组织原状

4.3.2 中国土壤分类系统

4.3.2.1 中国土壤地理发生学分类

1. 分类原则

土壤发生坚持成土因素、成土过程和土壤属性相结合作为土壤发生学分类的基本依据，但以土壤属性为基础。还必须将耕作土壤和自然土壤作为统一的整体进行土壤类型的划分。

2. 土壤类型的划分方法

我国现行的根据土壤发生分类的土壤分类系统，是在1992年汇总第二次全国土壤普查成果编撰《中国土壤》时而拟定的《中国土壤分类系统》（席承藩，1998）。该系统从上至下共设土纲、亚纲、土类、亚类、土属、土种等6级分类单元。

土纲、亚纲、土类、亚类属高级分类单元，土属为中级分类单元，土种为基层分类的基本单元，以土类、土种最为重要。高级分类单元反映了土壤发生学方面的差异，而低级分类单元则较多地考虑了土壤在生产利用方面的不同。

该分类系统包括了12个土纲，29个亚纲，61个土类，230个亚类。土纲的分布和主要特征见表4.3-2。

4.3.2.2 中国土壤系统分类

1. 分类原则

中国土壤系统分类是以诊断层和诊断特性为基础的系统化、定量化土壤分类。根据所建立的一系列诊断层和诊断特性作为鉴别土壤和进行分类的依据。

诊断层：用于鉴别土壤类别的，在性质上有一系列定量规定的特定土层称为诊断层。

诊断特性：如果用于分类目的的不是土层，而是具有定量规定的土壤性质（形态的、物理的、化学的），则称为诊断特性。

诊断特性与诊断层之间的不同在于所体现的土壤性质并非一定为某一土层所特有，而是可出现于单个土体的任何部位，通常是泛土层的或非土层的。

表 4.3-2 土纲的分布和主要特征

土纲名称	分布	鉴别	主要土类
铁铝土纲	主要分布于热带、亚热带高温多雨环境下	土壤经不同强度的脱硅富铁铝风化,氧化硅随碱金属或碱土金属经碱性溶解迁出土体,导致岩石或成土母质的晶格遭到不同程度的破坏,游离氧化铁、铝不同程度累积,土色呈红或黄色,有1:2~1:1型黏粒矿物形成,pH值为4.5~5.5	主要包括砖红壤、赤红壤、红壤和黄壤4种土类
淋溶土纲	主要分布于湿润的北亚热带及热带、亚热带较高山地、暖温带、温带以至寒温带的原生林下,或原生林木已毁,生长次生林草,或为稳定耕作土壤	土壤中游离石灰已遭到充分淋洗,移出土体。它可以分为湿暖淋溶土、湿暖温淋溶土、湿温淋溶土、湿寒温淋溶土四大亚纲,其划分主要依据土壤形成的湿、温状况差异,是我国林区的主要土壤类型,分布区域跨度很大,不少的淋溶土为垂直带谱,在海拔较高的中、高山地区呈规律的分布	主要包括黄棕壤、黄褐土、棕壤、暗棕壤、白浆土、棕色针叶林土、漂灰土、灰化土等土类
半淋溶土纲	主要分布于我国广阔的暖温带半湿润及部分亚热带焚风环境区	具有弱淋溶的共性:钙质的移动与积累明显,大部分剖面或在一定土层中含有游离性石灰;随着石灰的淋移,具有明显的黏粒形成和移动累积,有的也发生铁、锰新生体的初步形成	主要包括燥红土、褐土、灰褐土、黑土和灰色森林土等土类
钙层土纲	主要分布于半干旱温带及局部半湿润暖温带草原	有不同草类生长,气候愈趋干旱,植被由高草草原混生到矮生草原草类生长,土壤中均匀分解的腐殖质累积,最深厚者如黑钙土,均腐殖层可厚达0.5m以上;逐渐趋向缺水干旱区,草被矮小、稀疏,有机质累积逐渐减少。总体特征:在腐殖质层下,可见明显的钙积层,有时钙积层坚硬成盘	主要包括黑钙土、栗褐土和黑垆土等土类
干旱土纲	分布在我国干旱和荒漠地区	土壤中硅、铁、铝等元素基本未发生移动,但土体中的碳酸盐类在土壤剖面中溶解、移动与淀积,形成明显的钙积层。干旱土是土壤水分缺乏条件下形成的,但与处于极端干旱环境形成的土壤有区别(如漠土等)	主要包括灰钙土、棕钙土等土类
漠土土纲	主要分布在新疆、甘肃西部与宁蒙西陲,年降水量仅为50~100mm的区域	地表具有黑色漆皮,石灰、石膏的表聚,盐分的表聚或分层聚积的共性。在黑色漆皮下见明显漠境结皮层,是漠土所共有的特征土层。它在极端干旱下,物质运动的表聚特点形成的较坚实的结皮层。有的漠土表层盐分聚积,形成明显的石膏磐和盐磐,还可见不同程度的铁质染色体。这些特征主要由于在极端干旱条件下,易溶盐类和溶性物质表聚性甚强所致	主要包括漠土、灰棕漠土和棕漠土等土类
初育土纲	主要分布于四川盆地东部、西北黄土地区和严重土壤侵蚀的区域	凡成土母质特性明显的土壤均属本土纲。坚硬固结岩石风化而成的土状物质,土体内未经明显的物质移动与累积;或成土母质经水力、风力搬运与沉积,尚无明显剖面发育的土壤,均属初育土范畴	主要包括紫色土、龟裂土、新积土、火山灰土、石质土和粗骨土等土类
半水成土纲	广泛分布于河流冲积平原、近代冲积物上,以及平浅洼地及湖泊边缘	土壤地下水的地面蒸发与潜水位升降活动,潜水毛管先锋可达地表,并直接参与土壤成土过程所形成的土壤类型均属半成成土壤。由于地下水升降活动频繁,在心土、底土层中氧化还原交替,由氧化铁的移动与累积可形成锈色斑纹,甚至形成铁子和小型铁锰结核等。另外,由于土壤地下水位高,一旦地下水矿化度增高,因地面蒸发,盐随毛管水上升,可出现地表盐积,使土壤盐化甚至碱化。因此,在半水成土纲中还包括积盐与钠质化的土壤类型	主要包括草甸土、潮土和砂姜黑土等土类

续表

土纲名称	分 布	鉴 别	主 要 土 类
水成土纲	主要分布于多水的积水洼地中	地下水位接近地表，甚至季节性地表淹水或长期积水，促使土壤处于嫌气还原状态，土壤具有土粒充分分散、还原作用强烈、潜育层明显的特征。多有茂密的水生植物生长，有机质积累多	主要包括沼泽土和泥炭土等土类
盐碱土纲	主要分布于干旱、半干旱地区以及滨海平原和岛屿四周	当土壤盐分累积或交换性钠含量增高，土壤性质发生突变，并具有盐碱土纲中各土类特征	主要包括滨海盐土、漠境盐土、碱土、草甸盐土和寒原盐土等土类
人为土纲	几乎遍及全国，约占全国土地面积的 3.6%	在长期经过平整的土地、淹水灌溉、水下翻耕等人为活动影响下，引起土壤性质发生了质的变化的土壤，可从土壤剖面形态特征和理化性状加以明显区分的土壤类型	主要包括水稻土、灌淤土和灌漠土等土类
高山土纲	主要分布于青藏高原，海拔 4000～5200m	在森林线以上高山、亚高山上的土壤，微生物活动微弱，土层厚度在 20～50cm。土壤矿物以原生矿物为主，冻融交替频繁	主要包括（亚）高山草甸土、（亚）高山草原土、山地灌丛草原土、（亚）高山漠土和高山寒漠土等土类

诊断现象：中国土壤系统分类中还把在性质上已发生明显变化，不能完全满足诊断层或诊断特性规定的条件，但在土壤分类上具有重要意义，即足以作为划分土壤类别依据的称为诊断现象（主要用于亚类一级）。

2. 土壤类型的划分方法

中国土壤系统分类为多级分类，共 6 级，即土纲、亚纲、土类、亚类、土族和土系。

土纲：我国土纲划分的总原则与美国等国家的土壤系统分类基本上是一致的，都是根据成土过程产生的或影响成土过程的性质，即诊断层或诊断特性确定类别。

亚纲：亚纲是土纲的辅助级别，主要根据影响现代成土过程的控制因素所反映的性质（如水分状况、温度状况和岩性特征）而划分。

土类：土类是亚纲的续分。土类类别多根据反映主要成土过程强度，或次要成土过程，或次要控制因素所表现的性质而划分。

亚类：亚类是土类的辅助级别，主要根据是否偏离中心概念，是否具有附加过程的特性和是否具有母质残留特性划分的。除普通亚类外，还有附加过程的亚类。

土族：土族是土壤系统分类的基层分类单元。它是在亚类范围内，主要反映与土壤利用管理有关的土壤理化性质发生明显分异的续分单元。

土系：土系是中国土壤系统分类最低级别的基层分类单元，它是发育在相同母质上，由若干剖面性态特征相似的单个土体组成的聚合土体所构成。

在命名上采用分段连续命名，即土纲、亚纲、土类和亚类高级单元为一段。在此基础上，加颗粒大小级别、矿物组成、土壤温度状况等构成土族名称。而其下的土系则另列一段，单独命名。高级单元名称结构以土纲名称为基础，加前缀反映亚纲、土类和亚类性质的术语，以分别构成亚纲、土类和亚类的名称。性质的术语尽量限制为 2 个汉字，这样土纲名称一般为 3 个汉字，亚纲为 5 个汉字，土类为 7 个汉字，亚类为 9 个汉字。个别类别由于性质术语超过 2 个汉字，或采用复合名称时可略高于上述数字。

3. 中国土壤系统分类的主要土壤类型与特征

中国土壤系统分类中的各土纲类型与特征见表 4.3-3。

表 4.3-3　　　　　中国土壤系统分类中的各土纲类型和特征

土纲名称	分 布	鉴 别	主 要 类 型
有机土	主要分布于寒温带和温带，多集中在青藏高原东部、北部边缘和东北地区的山地与平原	有机土以具有有机土壤物质为其诊断特征，即具有高含量有机碳的有机土壤物质。自土表至 40cm 范围内，矿物质黏粒含量不小于 600g/kg 时有机碳含量应为不小于 180g/kg；矿物质黏粒含量小于 600g/kg 时有机碳含量不小于 [120+（黏粒含量×0.1）] g/kg；不含黏粒时，有机碳含量为不小于 120g/kg	有机土按土壤温度状况续分为永冻有机土和正常有机土。其下续分为落叶、纤维、半腐或高腐有机土类

土纲名称	分　布	鉴　别	主要类型
人为土	人为土分布几乎遍及全国，约占全国土地面积的3.6%	具有人为诊断层是人为土区别于其他土纲的鉴别特征。在长期植稻条件下形成的具有水耕表层和水耕氧化还原层的水耕人为土，在灌淤条件下形成的具有灌淤表层的灌淤旱耕人为土，在长期栽培蔬菜条件下形成的具有肥熟表层和磷质耕作淀积层的肥熟旱耕人为土以及在人为堆垫条件下形成的泥垫或土垫表层的泥垫旱耕人为土或土垫旱耕人为土。水耕人为土的水耕表层包括耕作层和犁底层，水耕氧化层常有铁氧化淀积层和锰氧化淀积层的区别；肥熟旱耕人为土的肥熟表层一般大于25cm，磷质耕作淀积层则大于10cm。泥垫旱耕人为土常受土壤氧化还原状况的影响，土垫旱耕人为土剖面中可见到老熟化层的古耕层	人为土根据水分状况续分为水耕人为土和旱耕人为土；旱耕人为土再细分为肥熟旱耕人为土、灌淤旱耕人为土，及根据有无水成特点分为泥垫旱耕人为土和土垫旱耕人为土
灰土	主要分布于大兴安岭北端，长白山北坡及青藏高原南缘的山地垂直带中，台湾也有分布	灰土的诊断层是灰化淀积层，其中有腐殖质和铁铝的淀积。灰土通常表层有枯枝落叶层（O_i），然后为腐殖质（A），通常所称的灰化层（E）紧接其下，而最有诊断意义的是灰化淀积层，包括腐殖质淀积层（B_h）、腐殖质-铁淀积层（B_hs）和铁淀积层（B_s）	灰土根据灰化淀积层的特性分为腐殖灰土和正常灰土
火山灰土	主要分布于黑龙江省的五大连池、吉林省的长白山、辽宁省的宽甸盆地、云南省的腾冲，以及青藏高原和台湾北部	火山灰特性是鉴别火山灰土的唯一标准，即土壤中火山灰、火山渣或其他火山碎屑物占全土重量的60%或更高，矿物组成中以水铝英石、伊毛缟石、水硅铁石等短序矿物占优势，草酸铵提取的铝和铁的总量至少为2%，细土部分体积质量不大于0.9g/m³，磷的吸持量至少85%。在火山灰土剖面中，腐殖质层以下为具火山灰特性的B层，包括B_w层或B_t层，其下则为火山渣或其他火山碎屑物	按土壤温度和水分状况和岩性特征划分为寒性火山灰土、玻璃火山灰土和湿润火山灰土
铁铝土	主要分布于海南、广东、福建和台湾，以及云南的部分地区	铁铝土的诊断层是铁铝层，该层至少在30cm以上。黏粒含量不小于80g/kg，并可能呈现假粉砂粒状结构；表观阳离子交换量和表观实际阳离子交换量分别为小于16cmol/kg的黏粒和小于12cmol/kg的黏粒；可风化矿物含量小于100g/kg，或全钾含量（K_2O）小于10g/kg；保持岩石构造的体积小于5%，或在含可风化矿物的岩屑上有二氧化物和三氧化物包膜。表层为腐殖质层（A），其下诊断层为铁铝层［包括铁铝氧化物层（BO）或铁铝氧化物网纹层（BO）］，其下逐渐过渡至母质层或母岩	铁铝土只有一个亚纲，湿润铁铝土亚纲，其下续分为暗红湿润铁铝土、黄色湿润铁铝土和简育湿润铁铝土
变性土	变性土分布较分散，潮湿变性土主要分布淮北平原的安徽蒙城、涡阳、利辛等地，河南项城、汝南、新蔡等地和江苏的泗洪、宿迁、沭阳、新沂、东海一带。湿润变性土主要见于福建漳浦、龙海一带，广西右江的百色和田东盆地以及明江的宁明和上思盆地，广东雷州半岛和海南岛也有分布。干润变性土主要见于云南金沙江及其支流龙川河谷的元谋等地和磐龙河谷的砚山等地	变性特征是这一土纲的鉴别特征。具高胀缩性黏质土壤的开裂、翻转、扰动特征，黏粒含量大于300g/kg，开裂时裂缝宽度不小于0.5cm，有自吞过程，常有发亮且有槽痕的土壤结构滑擦面，有楔形结构和挤压地形等。有机质层以下常有过渡层或黏淀层，主要特点是具有变性特征的B层、B_{v1}、B_{v2}等	根据土壤水分状况划分为潮湿、干润和湿润变性土亚纲

续表

土纲名称	分 布	鉴 别	主 要 类 型
干旱土	主要分布于西北和青藏高原的干旱地区。西起中哈边境,东到苏尼特右旗-达尔旱戊明安旗-鄂托克旗-盐池-兰州一线,北抵中蒙边境,南到北纬30°左右的青藏高原,包括新疆、甘肃、宁夏、内蒙古、青海和西藏部分地区	干旱表层是干旱土的诊断层。孔泡结皮是干旱表层最主要、最突出的形态特征。它是由低腐殖质、无结构和干透的表土浸湿后引起的物理分散作用所产生。当干透的表土突然浸湿后,孔隙中的空气受到压缩,一方面引起团聚体崩解,土壤消散,土壤垒结重排列和结皮形成;另一方面,当雨后结皮上部变干时,由于土体胀缩使正在起泡的空气封闭起来,形成泡孔状孔隙。干旱土的鉴别特征为干旱表层,包括孔泡结皮层和片状层。在土表至100cm范围内有紧实层(黏化层)或钙积层,或石膏层,甚或盐积层等	根据土壤温度状况划分为寒性干旱土和正常干旱土两个亚纲,其下续分为钙积(盐积)、石膏、黏化和简育寒性/正常干旱土
盐成土	主要分布范围大致沿淮河—秦岭—巴颜喀拉山—念青唐古拉山—冈底斯山一线以北的干旱、半干旱、荒漠地带,以及东部和南部沿海低平原,还有海岛沿岸也有零星分布	盐积层和碱积层是盐成土的诊断层。盐积层的含盐量在干旱或半干旱地区盐成土中含盐量不小于20g/kg,其他地区不小于10g/kg;碱积层交换性钠饱和度$ESP \geqslant 30\%$,pH≥9.0,表层土壤含盐量小于5g/kg。盐成土中正常盐成土(盐土)具有盐聚表层;碱积盐成土(碱土)有钠聚表层,有柱状或棱柱状结构的碱积层	根据碱积层的有无划分碱积盐成土和正常盐成土,碱积盐成土下续分为龟裂、潮湿和简育碱积盐成土;正常盐成土下可续分为干旱和潮湿正常盐成土
潜育土	主要分散分布于全国各地在山区多见于山间汇水盆地、山前洼地、沟谷地、冲积扇前和扇间洼地;在平原地区多见于河流洼泽地、河流汇合地、古河道及无尾河下游地带。此外,滨海洼地、潟湖、湖滩地、熔岩盆地及风蚀洼地等也有分布	潜育土是以潜育特征为其诊断特性。潜育土在矿质土表至50cm范围内出现厚度至少10cm具有潜育特征的土层。具有潜育特征的土壤处于还原状态,铁氰化钾$[K_3Fe(CN)_6]$水溶液呈深蓝色。土壤除腐殖质(A)外,常有带氧化斑的腐殖质层(A_g)或过渡层(AB),其下为潜育层(G),剖面呈蓝灰色	根据土壤温度状况和水分状况可分为永冻潜育土、滞水潜育土和正常潜育土
均腐土	主要分布在黑龙江、吉林、辽宁、内蒙古、山西、陕西、宁夏、甘肃、青海和新疆等省(自治区),在亚热带岩溶地区和热带南海诸岛也有少面积分布	均腐土是以暗沃表层和均腐殖特性为其鉴别标准。暗沃表层有机碳含量大于6g/kg,C∶N<17,盐基饱和度不小于50%。土表至20cm与土表至100cm的腐殖质储量比$R_h \leqslant 0.4$。暗沃层厚度一般至少为18cm;颜色较深暗,具有较低的明度和彩度,主要是粒状结构,其下为过渡层或B层;干润均腐土通常具有碳酸盐聚层,母质层因地而异,溶岩区可见石灰岩,南海诸岛为珊瑚贝壳砂	按岩性特征和土壤水分状况分为岩性均腐土、干润均腐土和湿润均腐土
富铁土	主要分布于海南、广东、广西、福建、台湾、江西、浙江、湖南、贵州和云南等省(自治区),及湖北、安徽省南部的一些地方	富铁土的诊断层是低活性富铁层。至少有30cm或更厚的土层,其质地比极细砂或壤质极细砂更细,游离氧化铁含量不小于20g/kg,或游离铁占全铁的40%以上,但其表观阳离子交换量小于24cmol/kg黏粒。通常剖面较深厚,色调为5YR或更红。在腐殖层(A)之下为黏化层(B_t)或弱发育土层(B)或网纹层(B_L)	根据土壤水分状况分为干润、常湿和湿润富铁土
淋溶土	主要分布在受季风影响的东北、华北和华东等地,西北山地、青藏高原东南部和华南西南部等地区也有分布	黏化层是淋溶土的诊断层,可通过形态学、微形态学或颗粒分析的方法辨别,通常B层与A层黏粒含量之比为1.2,或黏粒胶膜大于5%。同时,黏粒的表观阳离子交换量$CEC \geqslant 24$cmol/kg黏粒。在腐殖质层(A)之即为黏化层(B_t),有时可细分为B_{t1}和B_{t2},其下为过渡层(BC)或母质层(C)。漂白淋溶土剖面中还有E层	根据土壤温度和水分状况分为冷凉、干润、常湿和湿润淋溶土

续表

土纲名称	分　布	鉴　别	主　要　类　型
雏形土	雏形土是我国分布面积最广的一个土纲，从东北的温带到华南的热带、亚热带，从西部的干旱、半干旱地区到沿海的湿润区，从低海拔的盆地到高海拔的高山，都有雏形土分布	雏形层是雏形土的诊断层，或有其他土壤发育特征的土层或特性存在。是处于具 A-C 剖面的新成土和具有 A-B-C 剖面的淋溶土之间的土壤。剖面的典型特点是有雏形层，有有机表层，或暗沃表层，或暗瘠表层	根据土壤温度和水分状况分为寒冻、潮湿、干润、常湿和湿润雏形土
新成土	主要分布在全国各地的大小河流的冲积物上，特别是大江、大河的冲积平原和河口三角洲是冲积新成土集中分布的地区；干旱地区风沙物质所在地是大面积砂质新成土集中分布区；各基岩风化物上也有各种新成土的分布；在人为活动强烈的地区，经人为扰动堆积或引洪放淤可形成人为新成土	新成土的特点是没有其他土壤具有的诊断层和诊断特性。为 A-C 剖面。除表层外，母质层视成土物质来源不同而异	根据物质来源分为人为、砂质、冲积和正常新成土

4.3.2.3　中国土壤分类参比

　　土壤分类参比是根据某一类型代表性剖面的土壤形态特征、理化性质及矿物学特性，鉴别出其具有的诊断层和/或诊断特性，并通过检索系统，对不同分类系统的土壤类型进行参比。分类参比适合于把土壤发生分类的类型名称转换为系统分类的类型名称时参考使用。表 4.3-4 为按中国土壤发生分类和中国土壤系统分类检索建立的土壤分类参比表。

表 4.3-4　按中国土壤发生分类和中国土壤系统分类检索建立的土壤分类参比表

中国土壤发生分类[①]		中国土壤系统分类检索[②]
土类	亚类	
砖红壤	砖红壤	暗红湿润铁铝土
	黄色砖红壤	黄色湿润铁铝土
赤红壤	赤红壤	简育湿润铁铝土
	黄色赤红壤	黄色-黏化富铝湿润富铁土
	赤红壤性土	铝质湿润雏形土
红壤	红壤	黏化温润富铁土
	黄红壤	黄色铝质湿润雏形土
	棕红壤	铝质湿润淋溶土
	山原红壤	黏化-暗红富铝湿润富铁土
	红壤性土	铝质湿润雏形土

续表

中国土壤发生分类[①]		中国土壤系统分类检索[②]
土类	亚类	
黄壤	黄壤	铝质常湿淋溶土
	表潜黄壤	有机滞水常湿雏形土
	漂洗黄壤	漂白滞水常湿雏形土
	黄壤性土	铝质常湿雏形土
黄棕壤	黄棕壤	铁质湿润淋溶土
	暗黄棕壤	腐殖铝质常湿雏形土
	黄棕壤性土	铁质湿润雏形土
黄褐土	黄褐土	铁质湿润淋溶土
	黏盘黄褐土	黏磐湿润淋溶土
	白浆化黄褐土	漂白铁质湿润淋溶土
	黄褐土性土	铁质湿润雏形土
棕壤	棕壤	简育湿润淋溶土
	白浆化棕壤	漂白湿润淋溶土
	潮棕壤	斑纹简育湿润淋溶土
	棕壤性土	简育湿润雏形土
暗棕壤	暗棕壤	暗沃冷凉湿润雏形土
	白浆化暗棕壤	漂白冷凉湿润雏形土
	草甸暗棕壤	斑纹冷凉湿润雏形土
	潜育暗棕壤	暗沃简育滞水浅育土
	暗棕壤性土	湿润正常新成土

续表

中国土壤发生分类①		中国土壤系统分类检索②
土类	亚类	
白浆土	白浆土	暗沃漂白冷凉淋溶土
	草甸白浆土	斑纹漂白冷凉淋溶土
	潜育白浆土	潜育漂白冷凉淋溶土
棕色针叶林土	棕色针叶林土	暗瘠寒冻雏形土
	漂灰棕色针叶林土	滞水暗瘠寒冻雏形土
	表潜棕色针叶林土	滞水暗瘠寒冻雏形土
漂灰土	漂灰土	漂白暗瘠寒冻雏形土
	暗漂灰土	漂白暗瘠寒冻雏形土
灰化土	灰化土	寒冻简育正常灰土
燥红土	燥红土	简育干润富铁土
	褐红土	铁质干润雏形土
褐土	褐土	简育干润淋溶土
	石灰性褐土	简育干润雏形土
	淋溶褐土	简育干润淋溶土
	潮褐土	斑纹简育干润淋溶土
	塿土	土垫旱耕人为土
	燥褐土	简育干润雏形土
	褐土性土	简育干润雏形土
灰褐土	灰褐土	简育干润淋溶土
	暗灰褐土	黏化简育干润均腐土
	淋溶灰褐土	简育干润淋溶土
	石灰性灰褐土	钙积干润淋溶土
	灰褐土性土	简育干润雏形土
黑土	黑土	简育湿润均腐土
	草甸黑土	斑纹简育湿润均腐土
	白浆化黑土	漂白滞水湿润均腐土
	表潜黑土	有机滞水潜育土
灰色森林土	灰色森林土	黏化简育干润均腐土
	暗灰色森林土	黏化暗厚干润均腐土
黑钙土	黑钙土	暗厚干润均腐土
	淋溶黑钙土	暗厚干润均腐土
	石灰性黑钙土	钙积干润均腐土
	淡黑钙土	简育干润均腐土
	草甸黑钙土	斑纹暗厚干润均腐土
	盐化黑钙土	斑纹暗厚干润均腐土
	碱化黑钙土	弱碱简育干润均腐土

续表

中国土壤发生分类①		中国土壤系统分类检索②
土类	亚类	
栗钙土	暗栗钙土	普通钙积干润均腐土
	栗钙土	黏化钙积干润均腐土
	淡栗钙土	普通钙积干润均腐土
	草甸栗钙土	斑纹钙积干润均腐土
	盐化栗钙土	钙积干润均腐土
	碱化栗钙土	弱碱钙积干润均腐土
	栗钙土性土	简育干润雏形土
	栗褐土	简育干润雏形土
	淡栗褐土	简育干润雏形土
	潮栗褐土	斑纹简育干润雏形土
黑垆土	黑垆土	堆垫干润均腐土
	黏化黑垆土	堆垫干润均腐土
	潮黑垆土	斑纹堆垫干润均腐土
	黑麻土	堆垫干润均腐土
棕钙土	棕钙土	钙积正常干旱土
	淡棕钙土	钙积正常干旱土
	草甸棕钙土	斑纹钙积正常干旱土
	盐化棕钙土	钙积正常干旱土
	碱化棕钙土	钠质钙积正常干旱土
	棕钙土性土	简育正常干旱土
灰钙土	灰钙土	钙积正常干旱土
	淡灰钙土	钙积正常干旱土
	草甸灰钙土	斑纹钙积正常干旱土
	盐化灰钙土	钙积正常干旱土
灰漠土	灰漠土	钙积正常干旱土
	钙质灰漠土	黏化钙积正常干旱土
	草甸灰漠土	斑纹钙积正常干旱土
	盐化灰漠土	简育正常干旱土
	碱化灰漠土	钠质简育正常干旱土
	灌耕灰漠土	简育干润雏形土
灰棕漠土	灰棕漠土	钙积正常干旱土
	石膏灰棕漠土	石膏正常干旱土
	石膏盐盘灰棕漠土	石膏-磐状盐积正常干旱土
	灌耕灰棕漠土	简育干润雏形土

续表

中国土壤发生分类①		中国土壤系统分类检索②
土类	亚类	
棕漠土	棕漠土	钙积正常干旱土
	盐化棕漠土	钙积正常干旱土
	石膏棕漠土	石膏正常干旱土
	石膏盐盘棕漠土	石膏-磐状盐积正常干旱土
	灌耕棕漠土	简育干润雏形土
黄绵土	黄绵土	黄土正常新成土
红黏土	红黏土	饱和红色正常新成土
	积钙红黏土	石灰红色正常新成土
	复盐基红黏土	湿润正常新成土
新积土	新积土	正常新成土
	冲积土	冲积新成土
	珊瑚砂土	磷质湿润正常新成土
龟裂土	龟裂土	龟裂简育正常干旱土
风沙土	荒漠风砂土	干旱砂质新成土
	草原风沙土	干润砂质新成土
	草甸风沙土	潮湿砂质新成土
	滨海风沙土	湿润砂质新成土
石灰土	红色石灰土	钙质湿润淋溶土
	黑色石灰土	黑色岩性均腐土
	棕色石灰土	棕色钙质湿润淋溶土
	黄色石灰土	钙质常湿雏形土
火山灰土	火山灰土	简育湿润火山灰土
	暗火山灰土	暗色简育寒性火山灰土
	基性岩火山灰土	火山渣湿润正常新成土
紫色土	酸性紫色土	酸性紫色湿润雏形土
	中性紫色土	普通紫色湿润雏形土
	石灰性紫色土	石灰紫色湿润雏形土
磷质石灰土	磷质石灰土	磷质钙质湿润雏形土
	硬盘磷质石灰土	磷质钙质湿润雏形土
	盐渍磷质石灰土	磷质钙质湿润雏形土
石质土	酸性石质土	石质湿润正常新成土
	中性石质土	石质湿润正常新成土
	钙质石质土	石质干润正常新成土
	含盐石质土	弱盐干旱正常新成土
粗骨土	酸性粗骨土	石质湿润正常新成土
	中性粗骨土	石质干润正常新成土
	钙质粗骨土	钙质湿润正常新成土
	硅质粗骨土	正常新成土

续表

中国土壤发生分类①		中国土壤系统分类检索②
土类	亚类	
草甸土	草甸土	普通暗色潮湿雏形土
	石灰性草甸土	石灰淡色潮湿雏形土
	白浆化草甸土	漂白暗色潮湿雏形土
	潜育草甸土	潜育暗色潮湿雏形土
	盐化草甸土	弱盐淡色潮湿雏形土
	碱化草甸土	弱碱暗色潮湿雏形土
潮土	潮土	淡色潮湿雏形土
	灰潮土	淡色潮湿雏形土
	脱潮土	底锈干润雏形土
	湿潮土	淡色潮湿雏形土
	盐化潮土	弱盐淡色潮湿雏形土
	碱化潮土	淡色潮湿雏形土
	灌淤潮土	淡色潮湿雏形土
砂姜黑土	砂姜黑土	砂姜钙积潮湿变性土
	石灰性砂姜黑土	砂姜钙积潮湿变性土
	盐化砂姜黑土	砂姜钙积潮湿变性土
	碱化砂姜黑土	钠质砂姜潮湿雏形土
	黑黏土	简育潮湿变性土
林灌草甸土	林灌草甸土	叶垫潮湿雏形土
	盐化林灌草甸土	弱盐叶垫潮湿雏形土
	碱化林灌草甸土	钠质叶垫潮湿雏形土
山地草甸土	山地草甸土	有机滞水常湿雏形土
	山地草原草甸土	冷凉湿润雏形土
	山地灌丛草甸土	有机滞水常湿雏形土
沼泽土	沼泽土	有机正常潜育土
	腐泥沼泽土	有机正常潜育土
	泥炭沼泽土	有机正常潜育土
	草甸沼泽土	暗沃正常潜育土
	盐化沼泽土	弱盐简育正常潜育土
	碱化沼泽土	钠质简育正常潜育土
泥炭土	低位泥炭土	正常有机土
	中位泥炭土	正常有机土
	高位泥炭土	正常有机土
盐土	草甸盐土	普通潮湿正常盐成土
	结壳盐土	结壳潮湿正常盐成土
	沼泽盐土	潜育潮湿正常盐成土
	碱化盐土	弱碱潮湿正常盐成土

续表

中国土壤发生分类[①]		中国土壤系统分类检索[②]
土类	亚类	
滨海盐土	滨海盐土	海积潮湿正常盐成土
	滨海沼泽盐土	弱盐简育正常潜育土
	滨海潮滩盐土	海积潮湿正常盐成土
酸性硫酸盐土	酸性硫酸盐土	含硫潮湿正常盐成土
	含盐酸性硫酸盐土	含硫潮湿正常盐成土
漠境盐土	干旱盐土	普通干旱正常盐成土
	漠境盐土	石膏干旱正常盐成土
	残余盐土	洪积干旱正常盐成土
寒原盐土	寒原盐土	潮湿寒冻雏形土
	寒原草甸盐土	寒冻潮湿正常盐成土
	寒原硼酸盐土	潮湿寒冻雏形土
	寒原碱化盐土	寒冻潮湿正常盐成土
碱土	草甸碱土	潮湿碱积盐成土
	草原碱土	简育碱积盐成土
	龟裂碱土	龟裂碱积盐成土
	盐化碱土	弱盐潮湿碱积盐成土
	荒漠碱土	龟裂碱积盐成土
水稻土	潴育水稻土	铁聚水耕人为土
	淹育水稻土	简育水耕人为土
	渗潴水稻土	铁渗水耕人为土
	潜育水稻土	潜育水耕人为土
	脱潜水稻土	简育水耕人为土
	漂洗水稻土	漂白铁聚水耕人为土
	盐渍水稻土	弱盐简育水耕人为土
	成酸水稻土	含硫潜育水耕人为土
灌淤土	灌淤土	普通灌淤旱耕人为土
	潮灌淤土	斑纹灌淤旱耕人为土
	表锈灌淤土	水耕灌淤旱耕人为土
	盐化灌淤土	弱盐灌淤旱耕人为土
灌漠土	灌漠土	灌淤干润雏形土
	灰灌漠土	灌淤干润雏形土
	潮灌漠土	斑纹灌淤干润雏形土
	盐化灌漠土	弱盐灌淤干润雏形土
草毡土	草毡土	草毡寒冻雏形土
	薄草毡土	石灰草毡寒冻雏形土
	棕草毡土	草毡寒冻雏形土
	湿草毡土	草毡寒冻雏形土

续表

中国土壤发生分类[①]		中国土壤系统分类检索[②]
土类	亚类	
黑毡土	黑毡土	草毡寒冻雏形土
	薄黑毡土	石灰草毡寒冻雏形土
	棕黑毡土	酸性草毡寒冻雏形土
	湿草毡土	草毡寒冻雏形土
寒钙土	寒钙土	钙积简育寒冻雏形土
	暗寒钙土	钙积暗沃寒冻雏形土
	淡寒钙土	钙积简育寒冻雏形土
	盐化寒钙土	钙积简育寒冻雏形土
冷钙土	冷钙土	寒性干润均腐土
	暗冷钙土	钙积暗沃寒冻雏形土
	淡冷钙土	简育寒性干旱土
	盐化冷钙土	钙积简育寒冻雏形土
冷棕钙土	冷棕钙土	钙积冷凉干润雏形土
	淋淀冷棕钙土	冷凉干润雏形土
寒漠土	寒漠土	简育寒冻雏形土
冷漠土	冷漠土	钙积寒性干旱土
寒冻土	寒冻土	永冻寒冻雏形土

① 引自《土壤发生与系统分类》(第3版)(科学出版社,2007)。
② 引自《中国土壤系统分类检索》(中国科学技术大学出版社,2001)。

4.3.3 土壤分布

4.3.3.1 中国土壤分布水平地带性

土壤的水平分布主要受纬度地带性和经度地带性的共同制约,它们与大地形状控制了广域的土壤水平分布格局,以中国土壤系统分类为基础的土壤系列分布模式见图4.3-1。

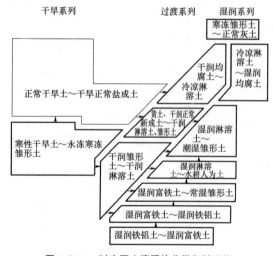

图 4.3-1 以中国土壤系统分类为基础的
土壤系列分布模式(龚子同等,2007)

1. 土壤纬度地带性

土壤分布的纬度地带性是指因太阳辐射从赤道向极地递减，气候、生物等因子也按纬度方向呈有规律的变化，导致地带性土壤相应地呈大致平行于纬线的带状变化特性。纬度地带宽度为南北向4～8个纬度。

中国东部从北向南土壤依次为：灰土（灰化土）→淋溶土（暗棕壤～棕壤～黄棕壤）→富铝土（红壤、黄壤～砖红壤性红壤）。

中国内陆地区从北向南土壤依次为：弱淋溶土（灰色森林土）→湿成土（黑土）→钙积土（黑钙土～栗钙土～棕钙土～灰钙土）→荒漠土。

2. 土壤经度地带性

土壤分布的经度地带性是指因海陆分布的差异，以及由此产生的大气环流和不同地理位置所受海洋影响的程度不同，使水分条件和生物等因素从沿海到内陆发生有规律的变化，土壤相应地呈大致平行于经线的带状变化特征。经度地带宽度为东西向6～12个经度。

中国北部从东北到宁夏的温带范围，由东往西土壤带为：淋溶土（暗棕壤）→湿成土（黑土）→钙积土（黑钙土～栗钙土～棕钙土）→荒漠土。

中国南部暖温带由东向西土壤带为：淋溶土（棕壤）→弱淋溶土（褐土）→钙积土（黑垆土～灰钙土）→荒漠土（棕漠土）。

4.3.3.2 中国土壤分布垂直地带性

土壤因地形高耸，生物气候条件和土壤性质随着海拔高度的上升而发生变化，形成一系列土壤垂直谱，称为土壤分布垂直地带性。表4.3-5所列为我国主要山地的土壤垂直谱。

表 4.3-5　　　　　　　我国主要山地土壤垂直谱

（赵其国等，土壤资源概论，2007）

土纲	气候区	土壤垂直谱	代表地点
铁铝土	湿润	海拔小于300m：简育湿润铁铝土； 海拔300～700m：强育湿润富铁土、雏形土； 海拔700～1300m：铝质常湿淋溶土、雏形土	广西十万大山、马耳夹南坡
		海拔100～800m：简育湿润铁铝土； 海拔800～1500m：铝质常湿淋溶土、雏形土； 海拔1500～2300m：铝质湿润雏形土、淋溶土； 海拔2300～2800m：简育湿润雏形土、淋溶土或暗沃冷凉湿润雏形土； 海拔2800～3600m：有机滞水常湿雏形土	台湾玉山西坡
		海拔450～500m：黄色湿润铁铝土； 海拔500～800m：黄色简育湿润富铁土、雏形土； 海拔800～1200m：铝质常湿雏形土、淋溶土； 海拔1200～1290m：有机滞水常湿雏形土	海南吊罗山东北坡
富铁土	湿润	海拔400～500m：简育湿润富铁土； 海拔500～700m：简育常湿淋溶土、雏形土； 海拔700～1600m：铝质常湿雏形土、淋溶土； 海拔1600～1867m：有机滞水常湿雏形土	海南五指山东北坡
		海拔小于700m：简育湿润富铁土； 海拔600～850m：湿润雏形土和铝质常湿雏形土、淋溶土； 海拔大于850m：铁质湿润雏形土、淋溶土	湖南衡山东南坡
		海拔小于700m：简育湿润富铁土； 海拔700～1400m：铝质常湿雏形土、淋溶土； 海拔1400～1800m：铁质湿润雏形土、淋溶土； 海拔1800～2120m：有机滞水常湿雏形土	福建武夷山西北坡
		海拔小于400m：黏化湿润富铁土、湿润雏形土； 海拔1300～1700m：铝质常湿雏形土、淋溶土； 海拔1700～2200m：有机滞水常湿雏形土	福建武夷山黄岗山
		海拔小于700m：简育湿润富铁土； 海拔700～1200m：铝质常湿雏形土、淋溶土； 海拔1200～1840m：铁质湿润雏形土、淋溶土或有机滞水常湿雏形土	安徽黄山

续表

土纲	气候区	土 壤 垂 直 谱	代表地点
富铁土	干润	海拔小于 500m：简育干润富铁土； 海拔 1000～1600m：简育湿润富铁土； 海拔 1600～1900m：富铝湿润富铁土； 海拔 1900～2600m：铝质常湿雏形土、淋溶土； 海拔 2600～3054m：铁质湿润雏形土、有机滞水常湿雏形土	云南哀牢山
淋溶土	常湿	海拔 500～3035m：铝质常湿淋溶土、铝质常湿雏形土—淋溶土、铁质湿润淋藩土—雏形土—白冷凉湿润雏形土—漂白暗瘠寒冻雏形土、有机滞水常湿雏形土	四川峨眉山
淋溶土	湿润	海拔 600～1100m：黏盘湿润淋溶土； 海拔 1100～2300m：铁质湿润雏形土； 海拔 2300～2570m：简育湿润雏形土、淋溶土和有机滞水常湿雏形土	大巴山北坡
淋溶土	湿润	海拔小于 50m：简育湿润淋溶； 海拔 50～800m：简育湿润雏形土、淋溶土； 海拔 800～1100m：暗沃冷凉湿润雏形土	辽宁千山山脉
淋溶土	干润	海拔 80～100m：铁质干润淋溶土； 海拔 100～350m：酸性湿润淋溶土、雏形土； 海拔 350～650m：铝质湿润淋溶土、雏形土及铁质湿润雏形土； 海拔 700～1200m：铝质常湿雏形土、淋溶土； 海拔 1200～1412.1m：有机滞水、铝质常湿雏形土	海南尖峰岭
淋溶土	干润	海拔小于 600m：简育干润淋溶土； 海拔 600～900m：简育干润淋溶土、雏形土； 海拔 900～1600m：简育湿润雏形土； 海拔 1600～2000m：暗沃冷凉湿润雏形土； 海拔 2000～2050m：有机滞水常湿雏形土	河北雾灵山
淋溶土	冷凉	海拔小于 800m：暗沃漂白冷凉淋溶土； 海拔 800～1200m：暗沃冷凉湿润雏形土； 海拔 1200～1900m：漂白暗瘠寒冻雏形土； 海拔 1900～2170m：永冻寒冻雏形土	长白山北坡
均腐土	湿润	海拔小于 500m：简育湿润均腐土； 海拔 500～1200m：暗沃冷凉湿润雏形土； 海拔 1200～1700m：漂白暗瘠寒冻雏形土	大兴安岭北坡
均腐土	干润	海拔小于 4600m：寒性干润均腐土； 海拔 4800～5100m：钙质寒性干旱土； 海拔 5100～5500m：草毡暗沃寒冻雏形土； 海拔大于 5500m：永冻寒冻雏形土	西藏希夏邦马峰北坡
均腐土	干润	海拔 1000～2500m：堆垫干润均腐土—黏化钙积干润均腐土（＋）—简育干润雏形土、淋溶土—冷凉湿润雏形土	甘肃云雾山
均腐土	干润	海拔小于 1200m：黏化钙积干润均腐土； 海拔 1200～1700m：简育干润雏形土（＋）； 海拔 1700～2200m：简育干润淋溶土（－）或暗厚干润均腐土（＋）	内蒙古阳木乌拉山北坡
均腐土	干润	海拔小于 1300m：暗厚干润均腐土； 海拔 1300～1900m：暗沃冷凉湿润雏形土； 海拔 1900～2000m：有机滞水常湿雏形土	大兴安岭黄岗山
干旱土	正常	海拔 700～1100m：钙积正常干旱土； 海拔 1100～1500m：黏化钙积干润均腐土； 海拔 1500～1800m：暗厚干润均腐土（＋）、黏化简育干润均腐土（－）； 海拔 2100～2500m：草毡寒冻雏形土； 海拔大于 2500m：草毡、暗沃寒冻雏形土	新疆阿尔泰山阿勒泰山区

土纲	气候区	土壤垂直谱	代表地点
干旱土	正常	海拔小于1700m：石膏钙积正常干旱土； 海拔1700～2000m：钙积正常干旱土； 海拔2500～2600m：钙积干润均腐土； 海拔2600～2700m：简育干润淋溶土（部分阴坡、3000m）、钙积暗沃寒冻雏形土（＋）； 海拔2700～3200m：草毡寒冻雏形土； 海拔大于3200m：草毡暗沃寒冻雏形土	新疆天山南坡吐鲁番山区
		海拔2600～3500m：石膏正常干旱土； 海拔3500～4200m：钙积正常干旱土； 海拔4200～4500m：寒性干润均腐土； 海拔4500～5200m：简育寒冻雏形土	昆仑山内部山脉新藏公路赛图拉山区
	寒性	海拔4200～4700m：钙积寒性干旱土； 海拔4700～5500m：钙积简育寒冻雏形土； 海拔5500～6000m：永冻寒冻雏形土； 海拔大于6000m：冰雪	西藏班公湖以西山地
		海拔4200～4500m：弱石膏简育寒性干旱土； 海拔4500～5500m：钙积简育寒性雏形土； 海拔5500～6200m：永冻寒冻雏形土	西藏班公湖东部山地
雏形土	常湿	海拔1540～2600m：铝质常湿雏形土、淋溶土； 海拔2600～2800m：漂白铁质湿润淋溶土； 海拔2800～3000m：铁质湿润雏形土、淋溶土； 海拔3000～3300m：酸性冷凉湿润雏形土、漂白暗瘠寒冻雏形土	西藏察隅嘎村以下山地
	湿润	海拔小于500m：黄色铝质湿润雏形土； 海拔500～1300m：铝质常湿淋溶土； 海拔1300～1700m：有机、漂白滞水常湿雏形土； 海拔1700～2300m：铁质湿润淋溶土、雏形土； 海拔2300～2572m：有机滞水常湿雏形土	贵州梵净山
		海拔小于500m：黄色铝质湿润雏形土、淋溶土； 海拔500～1200m：铝质常湿淋溶土； 海拔1200～1700m：铁质湿润雏形土； 海拔大于1700m：有机滞水常湿雏形土	湖南雪峰山
		海拔小于750m：铁质湿润雏形土； 海拔750～1350m：简育湿润淋溶土、雏形土； 海拔1350～1450m：有机滞水常湿雏形土	安徽大别山
		海拔1800～2400m：铁质湿润雏形土； 海拔2400～3000m：简育湿润淋溶土、雏形土； 海拔3000～3700m：酸性冷凉湿润雏形土； 海拔大于3700m：有机滞水常湿雏形土	西藏小吉隆附近山地
	干润	海拔小于800m：简育干润雏形土； 海拔1200～1800m：暗厚干润均腐土； 海拔1800～2400m：简育干润均腐土； 海拔2400～3300m：永冻寒冻雏形土	新疆阿尔泰山布尔泰山区
	寒冻	海拔4500～5150m：普通简育寒冻雏形土； 海拔5150～5300m：钙积简育寒冻雏形土； 海拔5300～5900m：永冻寒冻雏形土； 海拔大于5900m：冰雪	西藏冈底斯山北坡雄巴附迁山地
		海拔4900～5200m：钙积简育寒冻雏形土； 海拔5200～5400m：草毡、暗沃寒冻雏形土； 海拔5400～5800m：永冻寒冻雏形土； 海拔大于5800m：冰雪	西藏羌塘高原美马错地区
		海拔5000～5200m：龟裂简育寒冻雏形土、钙积简育寒冻雏形土； 海拔5200～5600m：永冻寒冻雏形土； 海拔大于5600m：冰雪	昆仑山木孜塔格峰

注 （一）表示阴坡，（＋）表示阳坡。

4.3.3.3　地带性土壤

我国的地带性土壤（从南到北分布的典型土壤分布范围、特性）主要有铁铝土、富铁土、淋溶土、灰土、均腐土、干旱土等。具体分布范围与诊断特征见表 4.3 - 6。

表 4.3 - 6　我国地带性土壤分布范围与诊断特征

土壤类型	分布范围	诊断特征
铁铝土	铁铝土分布于海南、广东、广西、福建、台湾及云南的部分地区。年均气温为 19.8～24.9℃，年降水量为 1000～2500mm。地形部位上一般分布于地势略呈起伏、坡度平缓、地表相对稳定的低丘阶地上	铁铝层是铁铝土特有的一个诊断层。铁铝层必须同时符合下列各条鉴别标准：①厚度不小于 30cm；②具有砂壤或更细的质地，黏粒含量不小于 80g/kg；③表观阳离子交换量（CEC）小于 16cmol/kg 和表观实际阳离子交换量（ECEC）小于 12cmol/kg；④50～200μm 粒级中可风化矿物小于 10%，或细土全钾（K）含量小于 8g/kg（K₂O 含量小于 10g/kg）；⑤保持岩石构造的体积小于 5%，或在含可风化矿物的岩屑上有 R₂O₃ 包膜；⑥无火山灰特性。铁铝土剖面构型为 $A_h - B_{ms} - BC - C$。其中腐殖质层 A_h 层厚度一般为 15～35cm，土壤颜色呈暗红色（即 2.5YR）；淋溶淀积层 B_{ms} 层厚度为 50～200cm，最厚可达 200cm，呈棕红色，紧实黏重，块状结构，土壤结构体表面常有棕红色胶膜或者铁锰结核；土壤剖面底部多为红色富含铁锰结核的网纹层
富铁土	主要分布于江苏、江西、浙江、安徽、湖南、湖北、四川、福建的大部分地区，以及广东、广西、海南、台湾、贵州、云南、西藏的部分地区。地形主要为丘陵低山，但在中亚热带仅限于低丘陵及山地外围的高丘陵，在南亚热带及热带则多出现在高丘陵及低山上，在东部地区其分布的海拔高度上限自北向南逐渐增高	具有中度风化作用，B 层的黏粒含量除少数受特殊母岩母质的影响外，大部分为 30%～50%，且其细粉对黏粒含量的比率多集中在 0.3～0.6 范围内。有强烈盐基淋失作用，富铁土 B 层的水浸提 pH 值为 4.0～5.5，交换性盐基饱和度大多在 30% 以下。还有明显脱硅和铁铝氧化物富集作用。富铁土剖面构型为 $A_h - B_s - C$。其中，腐殖质层 A_h 层厚度一般为 20～40cm，土壤颜色呈暗棕红色（即 5YR）；淋溶淀积层 B_s 层厚度为 50～200cm，呈棕红色，紧实黏重，块状结构，土壤结构体表面常有棕红色胶膜
淋溶土	主要分布区为中国东部、中部及西部某些山地的垂直带。年均气温低到 -1～17℃；年降水量低到 600～1500mm；年均干燥度多数为 0.5～1.0。地形主要为山地（低山为主，中山次之）、丘陵和黄土岗地	黏化作用是形成淋溶土的重要的成土作用。不同黏化作用的发生而导致土壤性质的差异，是鉴别土壤类型的重要指标。淋溶土具有淀积黏化作用和次生黏化作用，相应地具有淀积黏化层和次生黏化层，两者统称为黏化层（B_t 层）。淋溶土的土体构型为 $O - A - B_t - C$ 型，表层为枯枝落叶层，即 O 层，受生物气候条件的影响，其有机物组成及其厚度差异较大；其下为暗棕色或淡色的腐殖质层，即 A 层；心土层为次生黏土矿物聚积的、质地黏重的棕色淀积层，即 B_t 层；剖面下部为母质层，即 C 层
灰土	主要分布于大兴安岭北端、中国长白山北坡及青藏高原南缘和东南缘的山地中，台湾玉山山地也有部分灰土分布。灰土分布区冬季寒冷而漫长，暖季短促，气温年较差大	灰土是具有灰化淀积层的一类土壤。灰化淀积层是灰土纲独有的一个诊断层。灰化淀积层必须具有以下两个条件：①厚度大于等于 25cm，一般位于漂白层之下；②由不小于 85% 的灰化淀积物质组成，其指标为：pH≤5.5，有机碳不小于 12g/kg，色调为 5YR，明度为 4，彩度为 6；或色调为 7.5YR，明度不大于 4，彩度为 3、4 或 6；或在色调为 7.5YR，润态明度不大于 4，彩度为 3、4 或 6 时，其形态为单个土体被有机质和铁、铝胶结，胶结部分结持紧实。灰土典型的土壤剖面构型为 $O - A - E - B_{sh} - C$ 型，表层为暗色的枯枝落叶层，即 O 层，其厚度在 3～10cm 不等；其下部为暗灰色的腐殖质累积层，即 A 层，其厚度为 20～25cm；心土层为灰白色的淋溶层，即 E 层，其中富含白色硅质粉末，呈现薄片状结构，其厚度在 28cm 左右；土壤剖面下部为黄棕色的淀积层即 B_{sh} 层，其中常有氧化铁和氧化锰的胶膜，其厚度不足 25cm。淀积层向下逐渐过渡到由冰冻风化物组成的冻土层
均腐土	集中分布在中国北方的温带、暖温带半干旱及半湿润地区，包括黑龙江、吉林、辽宁、内蒙古、河北、山西、陕西、青海等省（自治区），在一些山地垂直带中也有均腐土分布。均腐土分布的地形复杂多样，包括高平原、平原、丘陵、山地以及礁岛等	均腐土是具有暗沃表层和均腐殖质特性，腐殖质层 C∶N＜17，或表层无厚度不小于 5cm 有机土壤物质，且在黏化层上界至 125cm 范围内，或在矿质土表至 180cm 范围内，或在矿质土表至石质或者准石质接触面之间盐基饱和度不小于 50% 的土壤。均腐土的剖面层次十分清楚，其土壤剖面构型为 $A_h - A_B - B_k - C$。腐殖质层呈黑灰色～黑色，具有团粒状结构，其土层厚度为 30～50cm，且具有舌状腐殖质下渗的灰棕色过渡层；心土层多具有灰白色的菌丝状、斑块状的碳酸盐淀积物

续表

土壤类型	分布范围	诊断特征
干旱土	主要分布在中国西部地区,即内蒙古苏尼特右旗—达尔罕茂明安联合旗—鄂托克旗至甘肃盐池—兰州一线以西地区,包括新疆、甘肃、宁夏、内蒙古西部以及青海和西藏的部分地区	干旱土形成的主要特征是气候干旱、降水少和渗透浅,土壤水分状况属于非淋溶型。干旱土主要有以下特征:①干旱表层;②无碱积层;③10年中有6年或6年以上每年土表至50cm范围内无任一层次被水饱和;④上界在土表至100cm范围内的一个或更多土层:黏化层、雏形层、钙积层、超钙积层、石灰磐、石膏层、超石膏层、盐积层、超盐积层或盐磐;⑤呈现碳酸盐在上,石膏居中,易溶盐在下的盐分剖面分异特征。其土壤剖面构型为 $A_c - A_d - B_x - B_k - B_y - B_z$。在土表至100cm范围内有紧实层($B_x$)或钙积层($B_k$)

4.4 土壤退化

4.4.1 土壤退化概念

1. 土壤退化

土壤退化是指在自然环境的基础上,因人类开发利用不当而加速的土壤质量和生产力下降的现象和过程。简单地说,土壤退化是土壤数量减少和质量降低。土壤数量减少包括表土或整个土体丧失、非农占用等使土壤面积减少;土壤质量降低表现为土壤的物理、化学、生物学性能降低与恶化。对农业生产而言,土壤退化的标志是土壤肥力和生产力下降,对生态环境而言,是土壤质量的下降。

2. 土地退化

土地退化是指人类对土地的不合理开发利用而导致其自然属性下降的过程,如森林退化、草场退化、水系退化、水资源恶化,更主要是指土壤退化。因此,土地退化的概念比土壤退化更广泛,土壤退化是土地退化中最集中的表现,是最基础最重要且具有生态环境连锁效应的退化现象。目前,国际上倾向于不区分土地退化或土壤退化,而用土壤退化替代土地退化。

4.4.2 土壤退化分类

4.4.2.1 联合国粮农组织对土壤退化的分类

国际上对土壤退化分类还没有一个权威的看法和统一的分类标准。联合国粮农组织将土壤退化分为13大类,即土壤侵蚀、土壤盐碱化、有机废料污染、传染性生物污染、工业无机废料污染、农药污染、放射性污染、重金属污染、肥料污染、洗涤剂污染、旱涝障碍、土壤养分亏缺、耕地非农占用等。

4.4.2.2 我国对土壤退化的分类

中国科学院南京土壤研究所根据我国情况,按照土壤退化的表现形式,将土壤退化分为二级6类18种,见表4.4-1。

表4.4-1 我国土壤退化分类

一级分类	二级分类
A 土壤侵蚀	A1 水蚀,A2 冻融侵蚀,A3 重力侵蚀
B 土壤沙化	B1 悬移风蚀,B2 推移风蚀
C 土壤盐化	C1 盐渍化与次生盐渍化,C2 碱化
D 土壤污染	D1 无机物污染,D2 农药污染,D3 有机废物污染,D4 化学肥料污染,D5 污泥、矿渣和粉煤灰污染,D6 放射性物质污染,D7 寄生虫、病原菌和病毒污染
E 土壤性质恶化	E1 土壤板结,E2 土壤潜育化和次生潜育化,E3 土壤酸化,E4 土壤养分亏缺
F 耕地的非农占用	

对农耕地,人为因素是引起土壤物理的、化学的、生物的性质发生改变和恶化的主要原因,据此把农耕地土壤退化划分为3类15种(表4.4-2)。

表4.4-2 农耕地土壤退化类型

种类	土壤退化的原因
物理的	毁林开荒
	生物质焚烧
	土壤剥离
	顺坡耕作
	动物、人和机械压实
	过度放牧
	单一种植
化学的	污水过度灌溉
	排水不良
	无机化肥使用不当
	施用工业、城市废弃物
生物的	移除、焚烧秸秆残留物
	有机肥使用太少
	单作换茬时无覆盖作物
	过度耕作

4.4.3 我国土壤退化的现状态势

我国土壤退化严重，因水土流失、盐渍化、沼泽化、土壤肥力衰减、土壤污染、土壤酸化等造成的土壤退化总面积约 4.6 亿 hm^2，占全国土地总面积的 40%，占全球土壤退化总面积的 25%。

（1）我国土壤退化发生区域广、类型多。全国东、西、南、北、中发生着类型不同、程度不等的土壤退化现象，已影响到我国 60% 以上的耕地。简要而言，东北主要是土壤肥力退化、华北主要发生盐化与碱化、西北主要发生荒漠化与沙漠化、黄土高原和长江上中游主要是水土流失、西南发生石质荒漠化、东部和南部地区主要表现为肥力退化和土壤环境污染。

（2）我国土壤退化发生面积大，强度大。据不完全统计，我国水土流失发生面积 165 万 km^2，荒漠化面积 262 万 km^2，沙化土壤面积 174 万 km^2，污染土壤面积约 100 万 km^2，2010 年前耕地非农占用总面积达 866.7 万 hm^2。

（3）我国土壤退化发展迅速、影响深远。我国目前每年耕地非农占用达 15 万～30 万 hm^2，每年耕地剥离 10 万 hm^2，土壤荒漠与沙漠化面积每年仍以 50 万 hm^2 的速度扩张，每年退化的草地面积在 130 万 hm^2 以上，土壤酸化面积每年扩大 10 万 hm^2。

（4）我国土壤环境污染形势严峻、污染状况总体不容乐观。部分地区土壤污染较重，耕地土壤环境质量堪忧，工矿业废弃地土壤环境问题突出。环境保护部和国土资源部 2014 年公布的首次全国土壤污染状况调查数据表明，全国土壤总的点位超标率（土壤超标点位的数量占调查点位总数量的比例）为 16.1%，其中，轻微、轻度、中度和重度污染点位比例分别为 11.2%、2.3%、1.5% 和 1.1%。从土地利用类型看，耕地、林地、草地土壤点位超标率分别为 19.4%、10.0%、10.4%。从污染类型看，以无机型为主，有机型次之，复合型污染比重较小，无机污染物超标点位数占全部超标点位的 82.8%。就目前而言，经济越发达的地区，土壤污染越严重。

4.4.4 我国土壤退化的主要类型

4.4.4.1 土壤盐渍化与次生盐渍化

1. 概念

土壤盐渍化是指易溶性盐分在土壤表层积累的现象和过程，主要发生在干旱、半干旱、半湿润地区。这些地区土壤蒸发强烈，土壤水分运行以上行为主，如果地下水矿化度高，则形成积盐环境条件。当土壤

中易溶性盐分（钾、钠、钙、镁的氯化物和硫酸盐、重碳酸盐等），在表土含量超过 0.1%～0.3% 时，影响植物生长，形成盐碱灾害。我国盐渍化土壤盐分分级指标见表 4.4-3。

表 4.4-3 盐渍化土壤盐分分级指标 %

盐分	轻度盐渍化	中度盐渍化	重度盐渍化	盐土
苏打 $(CO_3^{2-}+HCO_3^-)$	0.1～0.3	0.3～0.5	0.5～0.7	>0.7
氯化物 (Cl^-)	0.2～0.4	0.4～0.6	0.6～1.0	>1.0
硫酸盐 (SO_4^{2-})	0.3～0.5	0.5～0.7	0.7～1.2	>1.2

2. 分布

世界各个国家和地区有各种类型盐渍土面积 9.5438 亿 hm^2，约占全球陆地总面积的 1/4。我国盐渍土壤总面积约 1 亿 hm^2，其中，现代盐渍化土壤约 3700 万 hm^2，残余盐渍化土壤 4500 万 hm^2，潜在盐渍化土壤 1700 万 hm^2。盐渍化土壤大部分分布在新疆、甘肃的河西走廊、青海的柴达木盆地、内蒙古的河套平原、宁夏的一些低洼地区、黄淮海平原、东北平原的西部及滨海地区。按自然地理条件及土壤形成过程，我国盐渍土划分为滨海湿润-半湿润海浸盐渍区、东北半湿润-半干旱草原-草甸盐渍区、黄淮海半湿润-半干旱旱作草甸盐渍区、甘新漠境盐渍区、青海极漠境盐渍区、西藏高寒漠境盐渍区等 8 个分区。

3. 危害

土壤盐渍化和次生盐渍化危害巨大，制约了目前世界上灌溉农业地区的农业持续发展，造成农作物减产或绝收。盐渍化土壤"旱、涝、盐、碱、瘦"五害俱全，影响植被生长，并间接造成生态环境恶化，严重的盐渍化，使土地的利用率降低，造成盐渍荒漠化，加剧人多地少的矛盾。盐渍荒漠化是一种重要的荒漠化类型，在我国荒漠化地区有着广泛的分布，占荒漠化土地总面积的 8.9%。

防治次生盐渍化关乎全球可持续发展，是困扰人类的一个世界性的重大问题。在当前的技术水平下，现代盐渍化土壤和残余盐渍化土壤，不可能得到有效利用，潜在盐渍化土壤需要根据当地气候和水资源条件防止盐渍化。

4.4.4.2 土壤潜育化与次生潜育化

1. 概念

土壤潜育化是一个成土过程，是土壤常年受地下水、饱和或过饱和水长期浸润，在 1m 土体中某

些层段氧化还原电位低于 200mV，并出现土壤铁锰氧化物被还原而生成潜育层（灰色斑纹层、腐泥层、泥炭层或青泥层）的现象与过程。水稻土因人为耕作或灌溉不当，从非潜育型转变为潜育型水稻土的过程称为次生潜育化，次生潜育化的水稻土常在高位（50～60cm 土体内）出现青泥层，严重降低稻田生产能力。

2. 分布

在我国山丘谷地和湖区滩地等低洼排水不良的地方，稻田受冷水、冷泉、冷地下水浸渍，发生严重的潜育化，形成深厚的潜育层，这种稻田称为冷浸田，是主要的低产水田。根据水稻土潜育化程度、潜育部位、土体构型剖面特征，将潜育化水稻土划分为 3 个类型：①表层潜育型（滞水性）；②中层潜育型（裹水性）；③全层潜育型（沼泽性）。

3. 危害

潜育化与次生潜育化稻田对水稻生长危害极大：①还原性有害物质毒害；②土温、水温低，导致稻田僵苗不发，迟熟低产；③养分转化慢，速效养分缺乏；④耕性差，呈烂泥状，产量低。

潜育化和次生潜育化是水稻土质量退化的主要原因，是我国农业发展的又一障碍。我国南方有潜育化或次生潜育化的稻田 400 多万 hm^2。潜育化稻田广泛分布于南方山区谷地、丘陵低洼地、平原湖沼低洼地，以及山塘、水库堤坝的下部、古海湾地区，如珠江三角洲平原、鄱阳湖平原、洞庭湖平原、太湖区、洪泽湖地区，尤以长江中下游平原为最，这些地区的稻田约 20% 存在潜育化，是稻田提高单产的主要障碍因素之一。

4.4.4.3 土壤酸化

1. 概念

土壤酸化是指土壤中盐基离子被淋失而氢离子增加导致土壤酸度增高的过程。土壤酸化的基本过程是酸性物质进入土壤而碱性物质淋失，这两个过程破坏土壤酸碱平衡，使土壤 pH 值逐渐降低。

2. 分布

自然过程和人为因素均可导致土壤酸化。土壤自然酸化过程非常缓慢，但经过成千上万年的成土过程，我国南方形成了大面积的酸性土壤，而且这一过程还在不断进行，土壤酸化是我国热带和亚热带地区土壤发生演变的重要方向。人类活动使土壤酸化过程大大加快（如酸沉降诱发土壤酸化），不当的农业措施主要是施肥引起土壤酸化。我国酸性土面积 203.5 万 km^2，占全国总面积 21%。我国南方红黄壤地区大部分土壤 pH<5.5，很大一部分 pH<5.0 甚至 4.5。当前，由于酸沉降的加剧和生理酸性肥料的大量施用，我国亚热带地区农田土壤酸化呈加速发展趋势。

3. 土壤酸化危害

土壤酸化的后果主要有：①恶化土壤化学性质，降低土壤肥力，酸化导致 Ca、Mg、K 等营养性盐基离子淋失，阳离子交换量下降，对阳离子的吸附能力和保肥能力降低，使 P、Mo 养分有效性降低；②导致 H^+、Al、Mn 等对植物毒害，影响植物正常生长；③使污染土壤中重金属活性增强，对作物的毒性提高，作物减产，作物可食部分重金属含量增加，危害人类健康；④抑制土壤微生物的生长和活动，土壤酶活性降低，影响土壤有机质分解和 C、N、P、S 等元素循环；⑤恶化土壤物理性质，加速土壤板结。土壤酸化导致的土壤酸性环境严重影响土壤性质和环境，是这类土壤作物生长不良的主要原因。

4.4.4.4 土壤养分贫瘠化

1. 概念

广义上，土壤肥力退化是指土壤物理、化学和生物学性质和生态系统功能衰退，导致土壤供应养分和协调植物生长的能力降低的过程，实际上就是土壤质量退化的过程。狭义上，土壤肥力退化是指土壤养分元素亏缺与贫瘠化。土壤在维持植物生长过程中，不断消耗植物所需的 N、P、K、Ca、Mg、S 等营养元素，其养分库含量、有效性、供应能力下降，不能满足植物生长，就是土壤养分贫瘠化，是耕地土壤退化的标志。

2. 分布

我国因生态环境恶劣或土壤肥力低下，而难以被农业利用的土壤占总面积 1/4，耕地的中低产土壤占到 37%。耕地土壤有机质含量低于 1% 的面积占 25.98%，低于 0.6% 的占 11%。土壤氮素养分与有机质状况相似，含量水平整体偏低，土壤全氮含量大于 1g/kg、0.75～1g/kg 和小于 0.75g/kg 的面积分别占 45.06%、21.34% 和 33.60%。我国约 59% 的耕地缺 N 和 P，23% 的耕地缺 K。

3. 土壤肥力退化表现与评价指标

土壤肥力退化的主要表现为：①耕作层变浅，犁底层增厚；②结构恶化，容重增加，孔隙度降低；③耕层养分库含量下降；④有效养分下降；⑤化肥效益下降。

可以从土壤物理学、化学和生物学等指标评价土壤肥力退化，土壤肥力评价指标体系见表 4.4-4。

表 4.4 - 4　　　　　　土壤肥力评价指标体系（孙波等，1999；徐建明等，2010）

第一级指标	第二级指标	第三级指标	第四级指标
综合肥力指标	物理学肥力指标	土体结构和耕性	表土层厚度、障碍层厚度和位置、机械强度
		土壤结构	颗粒组成、孔隙度组成、容重、团聚体（数量、组成、稳定性）
		持水性	田间持水量、有效水含量、蒸发速率、吸水速率、渗透速率等
		通气、导热性	土壤温度（变幅）、土壤氧扩散率
	化学肥力指标	养分元素	全氮、全磷、速效磷、全钾、缓效钾、速效钾、中微量元素全量和有效量（Mo、B、Zn、Fe、S、Cu、Mn、Si）
		化合物	农药、激素
		化学环境	酸度（pH 值、盐基饱和度、铝饱和度）、缓冲性能（CEC）、电导率、氧化还原电位
	生物学肥力指标	有机物	有机质含量和品质（胡敏酸、富里酸）
		微生物	微生物数量（微生物生物量碳）、组成（细菌、真菌和放线菌比例、多样性）和活性（呼吸商、AWCD 每孔平均颜色变化率）
		动物	土壤动物的数量、多样性和活性
		酶活性	脲酶、转化酶、过氧化氢酶、多酚氧化酶、蛋白酶、酸性磷酸酶

根据土壤肥力与植物生长的关系，可把土壤养分贫瘠化划分为肥沃、轻度贫瘠、中度贫瘠和重度贫瘠等不同等级，不同地区的土壤有不同养分贫瘠化等级划分标准，表 4.4 - 5 是土壤养分贫瘠化等级划分标准，适合于我国东南红壤区，可供其他土壤参考。

表 4.4 - 5　　　　　　土壤养分贫瘠化等级划分标准（孙波等，2011）

利用方式	贫瘠化等级	有机质 /(g/kg)	全氮 /(g/kg)	全磷 /(g/kg)	全钾 /(g/kg)	速效磷 /(mg/kg)	速效钾 /(mg/kg)
水田	肥沃	>30	>2.0	>0.10	>2.5	>15	>150
	轻度贫瘠	22.5～30	1.35～2.0	0.07～0.10	1.75～2.5	10～15	100～150
	中度贫瘠	15～22.5	0.75～1.35	0.04～0.07	1.0～1.75	5～10	50～100
	重度贫瘠	<15	<0.75	<0.04	<1.0	<5	<50
旱地	肥沃	>20	>1.5	>0.10	>2.5	>15	>150
	轻度贫瘠	15～20	1.0～1.5	0.07～0.10	1.75～2.5	10～15	100～150
	中度贫瘠	10～15	0.5～1.0	0.04～0.07	1.0～1.75	5～10	50～100
	重度贫瘠	<10	<0.5	<0.04	<1.0	<5	<50
林地	肥沃	>60	>2.5	>0.10	>2.5	>15	>150
	轻度贫瘠	40～60	1.75～2.5	0.07～0.10	1.75～2.5	10～15	100～150
	中度贫瘠	20～40	1.0～1.75	0.04～0.07	1.0～1.75	5～10	50～100
	重度贫瘠	<20	<1.0	<0.04	<1.0	<5	<50

注　本划分标准适合于我国红壤土，可供其他土壤参考。

4.5　土壤抗侵蚀性

4.5.1　可蚀性

4.5.1.1　可蚀性概念

在当其他因素不变时，土壤特性对侵蚀量的影响即为可蚀性，也就是单位侵蚀力所产生的土壤流失量。用土壤可蚀性因子 K 表示土壤可蚀性的大小。

4.5.1.2　可蚀性计算

土壤可蚀性 K [t·h/(MJ·mm)] 的获取是在坡长 22.1m，宽 1.83m，坡度 9% 的标准小区内测定的。小区内没有任何植被，完全休闲，无水土保持措施。降水后收集沉沙池内的泥沙烘干称重，然后由下式计算：

$$K = A/R \qquad (4.5-1)$$

式中　A——单位面积年平均土壤流失量，$t/(hm^2 \cdot a)$；

　　　R——年降水侵蚀力值，$MJ \cdot mm/(hm^2 \cdot h \cdot a)$。

土壤可蚀性 K 值的大小主要受土壤质地、土壤结构及其稳定性、土壤渗透性、有机质含量和土壤深度等因素的影响。当土壤渗透性大时，K 值就低，反之则高；抗侵蚀能力强的土壤 K 值低，反之则 K 值高。一般情况下 K 值的变幅为 $0.02 \sim 0.75 t \cdot h/(MJ \cdot mm)$。

4.5.1.3　可蚀性分级

美国将土壤颗粒组成、土壤有机质含量、土壤结构和土壤渗透性等与 K 值有关的土壤特性编成土壤可蚀性诺模图。据此可查得不同类型土壤可蚀性 K 值。

以下为土壤特性及分级。

（1）土壤颗粒组成及标示方式，细粒土加细砂（粒径 $0.002 \sim 0.10mm$）的百分含量，取值范围 $0 \sim 100\%$，保留整数。

（2）土壤有机质百分含量，保留一位小数，可分为 0、1%、2%、3%、5% 等。

（3）土壤结构分为颗粒状（特细粒、细粒、中粒等）、块状、片状、柱状、棱柱状、屑状或土块。

（4）土壤渗透性分为 6 级：快、中快、中、中慢、慢、特慢。

4.5.1.4　查图

查图步骤为：在图中先找到淤泥和细砂的百分含量值；然后依次对应上砂粒的百分含量值、有机质百分含量值、土壤结构和渗透性的数值；最后即可找到与此相对应的 K 值。

4.5.2　抗蚀性

4.5.2.1　抗蚀性概念

土壤抗蚀性指土壤抵抗径流对土壤分散和悬浮的能力，其强弱主要取决于土粒间的胶结力及土粒和水的亲和力。胶结力小且与水亲和力大的土粒，容易分散和悬浮，结构容易受到破坏和分解。

4.5.2.2　抗蚀性计算

土壤抗蚀性指标主要包括水稳性团聚体含量、水稳性团聚体风干率［（风干土水稳性团聚体含量/毛管饱和水稳性团粒含量）×100％］和以微团聚体含量为基础的各抗蚀性指标，如团聚状况、团聚度、分散系数与结构系数、分散率等。

1. 团聚状况

团聚状况表示土壤颗粒的团聚程度，其值越大，抗蚀性越强。

团聚状况＝大于 0.05mm 微团聚体分析值

—大于 0.05mm 机械分析值

2. 团聚度

以大于 0.05mm 微团聚体占土壤相应粒级的百分含量表示土壤抗蚀性强弱。

$$团聚度 = \frac{团聚状况}{大于 0.05mm 微团聚体的分析值} \times 100\%$$

$$(4.5-2)$$

3. 分散系数

$$分散系数 = \frac{小于 0.001mm 微团聚体分析值}{小于 0.001mm 机械分析值} \times 100\%$$

$$(4.5-3)$$

$$结构系数 = 1 - 分散系数 \qquad (4.5-4)$$

4. 分散率

分散率是表示土壤易蚀性的指标，以微团聚体分析中低于 0.05mm 的粒级含量与机械分析中相应粒级含量的比值表示土壤的分散性，越分散的土壤在微团聚体分析中小于该粒级颗粒含量越高，分散越大。

$$分散率 = \frac{小于 0.05 微团聚体分析值}{小于 0.05mm 机械分析值} \times 100\%$$

$$(4.5-5)$$

4.5.3　抗冲性

4.5.3.1　抗冲性概念

土壤抗冲性指土壤抵抗径流的机械破坏和搬运的能力。

4.5.3.2　抗冲性计算

评价土壤抗冲性的指标是土壤抗冲系数，指每次冲刷走 1g 干土所需的水量和时间的乘积，单位为 $L \cdot min/g$。它直观反映了土壤抵抗径流冲刷破坏的能力。

土壤抗冲性试验用原状土抗冲槽冲刷法。土壤抗冲系数计算式为

$$K_c = \Delta h \pi R^2 t/k \qquad (4.5-6)$$

式中　K_c——抗冲系数，$L \cdot min/g$；

　　　Δh——冲刷后与冲刷前供水桶内的水位差，cm；

　　　R——供水桶底圆面的半径，cm；

　　　t——冲刷时间，min；

　　　k——冲刷掉的干土质量，g。

4.6　土壤资源利用与改良

4.6.1　我国土壤资源的特点

（1）土壤资源类型丰富，土壤适宜性广泛。据全国第二次土壤普查结果，我国境内形成分布的土壤类型有 12 个土纲、29 个亚纲、61 个土类、230 个亚类。我国各土纲的土壤分布面积见表 4.6-1。多样

化的土壤类型具有不同的适宜性，宜农、宜林、宜牧土壤均有一定比例，大多数土壤类型具有多宜性，这为大农业全面发展和综合开发利用提供了优越条件。

表4.6-1 我国各土纲的土壤分布面积

土纲	面积/万 hm²	占总面积/%
铁铝土	10185.29	11.62
淋溶土	9911.26	11.30
半淋溶土	4247.41	4.84
钙层土	5806.89	6.62
干旱土	3186.93	3.63
漠土	5959.07	6.79
初育土	16110.57	18.36
半水成土	6114.89	6.97
水成土	1408.79	1.61
盐碱土	1619.76	1.83
人为土	3222.19	3.67
高山土	19883.34	22.66

（2）空间分异明显，地区差别大。东部湿润季风区面积不足全国土地总面积的1/2，却集中了全国约72%的耕地、80%的人口。城市化及快速发展的经济已对土壤资源构成了巨大压力，土壤生态环境问题，特别是土壤污染较为突出。

中部干润地区由于自然生态环境相对脆弱，再加上人类农业开垦历史悠久，土壤退化（如水土流失、土壤风蚀沙化）明显。

西部干旱地区虽然地域辽阔，但由于干旱或者寒冷，利用较难，农业仅限于河谷和滨湖的绿洲区域。

另外，我国山地和丘陵地占总面积的66%。山区地形高低起伏，不同部位具有明显的小气候变化特征，特别是在高山区还形成明显的气候条件垂直变化带谱，加上山区土壤母质类型多样，所形成的土壤各有特色。

（3）土壤资源自然条件优越，生产潜力较大。中国西北部广大干旱区，年降水量小，水分极端匮缺，在很大程度上限制了土壤资源的开发利用。然而，该区四周高山环抱，这些山脉的海拔在4000m以上，气温低，山区年降水量200～700mm，山顶冰雪覆盖。春夏季节山顶冰雪开始融化，融水顺流而下，灌溉着渠系两侧农田，形成干旱区内的绿洲。该地区光照条件优越，昼夜温差大，所生产的农产品品质好，成为我国小麦、长绒棉及哈密瓜、葡萄等特产的生产区。

我国西南部的青藏高原，大多数地区海拔在4000～4800m，享有"世界屋脊"之称，如此高海拔的区域，国际上通常列为无农业区。但我国青藏高原所处纬度较低（25°～35°），即使海拔高，仍可接受较高的热量辐射，在一些深切河谷地区7月平均气温可达18～23℃，仍可发展种植业，特别是在雅鲁藏布江干、支流和藏东三江河中热量条件较好，为主要农业区，种植青稞、小麦、豌豆、油菜等。青藏高原的盆地、湖盆宽谷地及河谷地为良好的天然牧场，适应牦牛、绵羊、山羊等牲畜生长繁育。在高原南部，森林也占有一定面积，为我国第二大林区。

上述优越的自然条件，决定了我国土壤资源具有较大的生产潜力。从目前粮食作物实际产量与潜在产量之间的量差距看，水稻、小麦、玉米、大豆等主要粮食作物实际单产仅为品种区试产量的58%～78%，为区域高产示范水平的48%～63%，粮食单产提高潜力很大。

（4）人均耕地面积少，障碍因素多。我国土地面积居于世界第三位，但人均土地面积仅为0.714hm²，相当于世界人均土地的1/3；据国土资源部《2008年国土资源公报》数据，中国现有耕地面积1.21716亿hm²，人均耕地面积远低于世界平均水平。

我国耕地土壤总体质量不高，存在的障碍因素类型多，限制程度大。据第二次全国土壤普查统计，在全国耕地中，一等和二等耕地（通称高产田）仅占全国耕地总面积的21.5%；有一种或两种低产障碍因素，生产水平中等的耕地（三等和四等耕地）约占耕地面积的37.2%；生产条件差、障碍因素多、土壤肥力低的低产耕地约占总耕地面积的41.3%。

4.6.2 国土资源部关于全国耕地质量等别的调查与评定

根据国土资源部统一部署安排，自2011年年底开始，以基于第一次全国土地利用现状调查的耕地质量等别成果为基础，通过开展补充调查和更新评价，形成了基于第二次全国土地调查的最新耕地质量等别成果，更加精准地查清了全国耕地质量等别及其分布状况。耕地质量等别调查与评定以土地利用现状调查的耕地图斑为评价单元，从气候条件、地形状况、土壤状况、农田基础设施条件、土地利用水平等方面综合评定耕地质量等别，反映了耕地生产能力的高低。主要数据成果公布如下。

4.6.2.1 全国耕地质量等别面积结构

全国耕地质量等别调查与评定总面积为13507.2

万 hm²（202609 万亩），全国耕地评定为 15 个等别，1 等耕地质量最好，15 等最差。其中以 7～13 等耕地为主，面积均大于 1000 万 hm²，占全国耕地评定总面积的 78.5%。

采用等别面积加权法，计算得到全国耕地平均质量等别为 9.96 等，等别总体偏低。与平均质量等别相比，高于平均质量等别的 1～9 等地占全国耕地评定总面积的 39.8%，低于平均质量等别的 10～15 等地占 60.2%（表 4.6-2）。

表 4.6-2 全国耕地质量等别面积比例

等别	面积		比例/%
	万 hm²	万亩	
1	42.5	637	0.3
2	57.9	869	0.4
3	113.4	1702	0.8
4	171.4	2571	1.3
5	363.8	5457	2.7
6	888.4	13326	6.6
7	1134.5	17018	8.4
8	1199.5	17992	8.9
9	1410.6	21159	10.4
10	1802.9	27044	13.3
11	2038.1	30571	15.1
12	1897.7	28465	14.1
13	1117.4	16761	8.3
14	759.6	11394	5.6
15	509.4	7642	3.8
合计	13507.1	202608	100.0

将全国耕地按照 1～4 等、5～8 等、9～12 等、13～15 等划分为优等地、高等地、中等地和低等地。其中，优等地面积为 385.2 万 hm²（5779 万亩），占全国耕地评定总面积的 2.8%；高等地面积为 3586.2 万 hm²（53793 万亩），占全国耕地评定总面积的 26.6%；中等地面积为 7149.3 万 hm²（107239 万亩），占全国耕地评定总面积的 52.9%；低等地面积为 2386.4 万 hm²（35797 万亩），占全国耕地评定总面积的 17.7%，见图 4.6-1。

4.6.2.2 全国耕地质量等别空间分布

从优等地、高等地、中等地、低等地在全国的分布来看，优等地主要分布在湖北、广东、湖南 3 个

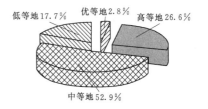

图 4.6-1 全国优等地、高等地、中等地、低等地面积比例构成

省，总面积为 349.0 万 hm²（5235 万亩），占全国优等地总面积的 90.6%；高等地主要分布在河南、江苏、山东、湖北、安徽、江西、广西、四川、广东、湖南、河北、浙江等 12 个省（自治区），总面积为 3205.0 万 hm²（48075 万亩），占全国高等地总面积的 89.4%；中等地主要分布在黑龙江、吉林、云南、辽宁、四川、新疆、贵州、安徽、河北、山东等 10 个省（自治区），总面积为 5283.2 万 hm²（79247 万亩），占全国中等地总面积的 73.9%；低等地主要分布在内蒙古、甘肃、黑龙江、河北、山西、陕西、贵州等 7 个省（自治区），总面积为 2131.0 万 hm²（31965 万亩），占全国低等地总面积的 89.3%。

4.6.2.3 区域耕地质量等别状况

东部地区和中部地区耕地平均质量等别较高，分别为 8.29 等和 8.00 等；东北地区和西部地区耕地平均质量等别较低，分别为 11.23 等和 11.35 等。

西部地区。全区耕地评定总面积为 5001.1 万 hm²（75016 万亩），质量等别为 3～15 等，平均质量等别为 11.35 等，以 9～14 等为主，占全区评定总面积的 75.2%。

东北地区。全区耕地评定总面积为 2797.2 万 hm²（41958 万亩），质量等别为 6～14 等，平均质量等别为 11.23 等，以 10～12 等为主，占全区评定总面积的 78.2%。

中部地区。全区耕地评定总面积为 3073.3 万 hm²（46099 万亩），质量等别为 1～15 等，平均质量等别为 8.00 等，以 5～10 等为主，占全区评定总面积的 72.8%。

东部地区。全区耕地评定总面积为 2635.7 万 hm²（39536 万亩），质量等别为 1～15 等，平均质量等别为 8.29 等，以 6～10 等为主，占全区评定总面积的 74.0%。

4.6.2.4 耕地质量等别成果应用

充分共享应用全国耕地质量等别成果。各级国土资源管理部门在相关规划编制、基本农田调整划定、耕地占补平衡考核、土地整治项目管理等方面应充分

应用耕地质量等别成果，切实发挥成果的基础性作用，推动成果的广泛应用，为实现耕地数量质量并重管理、坚守耕地质量红线提供重要支撑。

4.6.3 农业部全国耕地质量等级调查与质量评价

2012 年年底，农业部组织完成了全国耕地质量等级调查与质量评价工作，以全国 18.26 亿亩耕地为基数，以耕地土壤图、土地利用现状图、行政区划图叠加形成的图斑为评价单元，从立地条件、耕层理化性状、土壤管理、障碍因素和土壤剖面性状等方面综合评价耕地地力，在此基础上，对全国耕地质量等级进行了划分。

4.6.3.1 全国耕地质量总体情况

全国耕地按质量等级由高到低依次划分为一～十等。面积比例及主要分布区域见表 4.6 - 3。其中，评价为一～三等的耕地面积为 4.98 亿亩，占耕地总面积的 27.3%。这部分耕地基础地力较高，基本不存在障碍因素，应按照用养结合方式开展农业生产，确保耕地质量稳中有升。评价为四～六等的耕地面积为 8.18 亿亩，占耕地总面积的 44.8%。这部分耕地所处环境气候条件基本适宜，农田基础设施条件较好，障碍因素不明显，是今后粮食增产的重点区域和重要突破口。到 2020 年，按照耕地基础地力平均提高 1 个等级测算，可实现新增粮食综合生产能力 800 亿 kg 以上。评价为七～十等的耕地面积为 5.10 亿亩，占耕地总面积的 27.9%。这部分耕地基础地力相对较差，生产障碍因素突出，短时间内较难得到根本改善，应持续开展农田基础设施和耕地内在质量建设。

表 4.6 - 3　全国耕地质量等级面积比例及主要分布区域

耕地质量 等级	面积 /亿亩	比例 /%	主要分布区域
一等地	0.92	5.1	东北区、黄淮海区、长江中下游区、西南区
二等地	1.43	7.8	东北区、黄淮海区、长江中下游区、西南区、甘新区
三等地	2.63	14.4	东北区、黄淮海区、长江中下游区、西南区
四等地	3.04	16.7	东北区、黄淮海区、长江中下游区、西南区
五等地	2.89	15.8	长江中下游区、黄淮海区、东北区、西南区
六等地	2.25	12.3	西南区、长江中下游区、黄淮海区、东北区、内蒙古及长城沿线区

续表

耕地质量 等级	面积 /亿亩	比例 /%	主要分布区域
七等地	1.89	10.3	西南区、长江中下游区、黄淮海区、甘新区、内蒙古及长城沿线区
八等地	1.39	7.6	黄土高原区、长江中下游区、西南区、内蒙古及长城沿线区
九等地	1.06	5.8	黄土高原区、内蒙古及长城沿线区、长江中下游区、华南区、西南区
十等地	0.76	4.2	黄土高原区、内蒙古及长城沿线区、黄淮海区、华南区、长江中下游区
合计	18.26	100.0	—

注　青藏区耕地面积较小，耕地质量等级主要分布在七～九等，占青藏区耕地面积的 79.1%。

4.6.3.2 不同区域耕地质量情况

按照中国综合农业区划，将我国耕地划分为东北、内蒙古及长城沿线、黄淮海、黄土高原、长江中下游、西南、华南、甘新、青藏等 9 个区。各区耕地质量等级情况分述如下。

1. 东北区

东北区包括黑龙江、吉林、辽宁（除朝阳外）三省及内蒙古东北部大兴安岭，总耕地面积 3.34 亿亩，占全国耕地总面积的 18.3%。评价为一～三等的耕地面积为 1.44 亿亩，主要分布在松嫩三江平原农业区，以黑土、草甸土为主，土壤中没有明显的障碍因素。评价为四等的耕地面积为 0.81 亿亩，主要分布在松嫩三江平原农业区和辽宁平原丘陵农林区，以白浆土、黑钙土、栗钙土、棕壤为主，土壤质地黏重，易受旱涝影响。评价为五～六等的耕地面积为 0.87 亿亩，主要分布在松辽平原的轻度沙化与盐碱地区以及大小兴安岭的丘陵区，以暗棕壤、白浆土、黑钙土、黑土、棕壤为主，主要障碍因素包括低温冷害、水土流失、土壤板结等。评价为七～八等的耕地面积为 0.22 亿亩，主要分布在大小兴安岭、长白山地区，以及内蒙古东北高原、松辽平原严重沙化与盐碱化地区，以暗棕壤、栗钙土、褐土、风沙土、盐碱土为主，主要障碍因素包括水土流失、土壤沙化、盐碱化及土壤养分贫瘠等，这部分耕地土壤保肥保水能力差、排水不畅，易受到干旱和洪涝灾害的影响。东北区没有九～十等地。东北区耕地质量等级比例分布见图 4.6 - 2。

2. 内蒙古及长城沿线区

内蒙古及长城沿线区包括内蒙古包头以东（除大

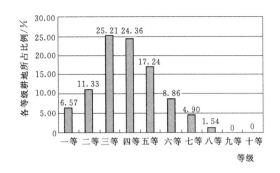

图 4.6-2　东北区耕地质量等级比例分布

兴安岭外)、辽宁朝阳、河北承德和张家口、北京延庆、山西北部及西北部、陕西榆林、宁夏盐池和同心，总耕地面积 1.33 亿亩，占全国耕地总面积的7.3%。评价为一～五等的耕地面积为 0.41 亿亩，主要分布在长城沿线农牧区和内蒙古中南部农牧区，以栗钙土、草甸土为主，土壤中没有明显的障碍因素。评价为六等的耕地面积为 0.20 亿亩，主要分布在内蒙古中南部农牧区和长城沿线农牧区，以褐土、栗钙土、黑钙土、草甸土为主，土壤质地较为黏重。评价为七～八等的耕地面积为 0.41 亿亩，主要分布在长城沿线农牧区和内蒙古中南部农牧区，以栗钙土、暗棕壤以及存在盐渍化的潮土与草甸土为主，主要限制因素是土质黏重、耕性较差。评价为九～十等的耕地面积为 0.31 亿亩，主要分布在内蒙古中南部农牧区和长城沿线农牧区，以栗钙土、盐化或碱化的草甸土为主，主要障碍因素是风沙、盐碱、土壤养分贫瘠等，且这部分耕地淡水资源缺乏，干旱威胁严重，内蒙古及长城沿线区耕地质量等级比例分布见图 4.6-3。

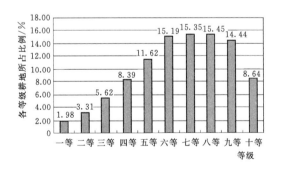

图 4.6-3　内蒙古及长城沿线区耕地
质量等级比例分布

3. 黄淮海区

黄淮海区位于长城以南、淮河以北、太行山及豫西山地以东，包括北京大部、天津、河北大部、河南大部、山东、安徽与江苏的淮北地区，总耕地面积3.46 亿亩，占全国耕地总面积的 18.9%。评价为一～

三等的耕地面积为 1.18 亿亩，主要分布在燕山太行山山麓平原、黄淮平原和冀鲁豫低洼平原，以褐土和潮土为主，没有明显障碍因素。评价为四～六等的耕地面积为 1.67 亿亩，主要分布在黄淮平原、冀鲁豫低洼平原、山东丘陵地带，以潮土、棕壤、褐土及黄泛区的风沙土为主，有一定的盐渍化和水土流失及旱涝灾害。评价为七～十等的耕地面积为 0.61 亿亩，主要分布在山东丘陵地带与滨海盐碱土地区，其中，山东丘陵地带以土层浅薄或含大量砂砾的褐土与棕壤为主，主要障碍因素是水土流失、土壤养分贫瘠、土层较薄及干旱缺水；滨海盐碱土地区以盐化潮土、滨海盐土为主，主要障碍因素是盐碱危害与土壤养分贫瘠，黄淮海区耕地质量等级比例分布见图 4.6-4。

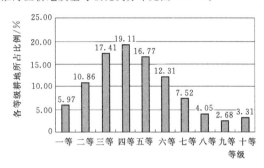

图 4.6-4　黄淮海区耕地质量等级比例分布

4. 黄土高原区

黄土高原区位于太行山以西、青海日月山以东、伏牛山及秦岭以北、长城以南，包括河北西部、山西大部、河南西部、陕西中北部、甘肃中东部、宁夏南部及青海东部，总耕地面积 1.53 亿亩，占全国耕地总面积的8.4%。评价为一～六等的耕地面积为 0.58 亿亩，主要分布在汾渭谷地农业区和晋东豫西丘陵山地农林牧区，种植历史悠久，以褐土、娄土为主，土层深厚，保水保肥性能强。评价为七等的耕地面积为0.18 亿亩，在全区均有广泛分布，以褐土、潮土、新积土为主，土壤有机质含量低、养分缺乏。评价为八～九等的耕地面积为 0.52 亿亩，主要分布在陇中青东丘陵农牧区和晋陕甘黄土丘陵沟壑农林牧区，以黑垆土、黄绵土、风沙土为主，主要障碍因素是土壤养分贫瘠、干旱缺水、水土流失严重等。评价为十等的耕地面积为 0.25 亿亩，主要分布在晋陕甘黄土丘陵沟壑区和陇中青东丘陵区，以黄绵土、黑垆土、灰钙土、风沙土为主，水土流失剧烈、土壤退化严重，生态环境恶化、自然灾害频繁，土壤养分贫瘠、生产力低下，黄土高原区耕地质量等级比例分布见图 4.6-5。

5. 长江中下游区

长江中下游区位于淮河—伏牛山以南、福州—英

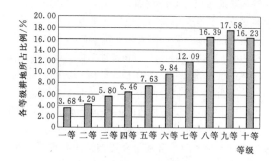

图 4.6-5　黄土高原区耕地质量等级比例分布

德—梧州以北、鄂西山地—雪峰山以东，总耕地面积为 3.30 亿亩，占全国耕地总面积的 18.1%。评价为一～二等的耕地面积为 0.39 亿亩，主要分布在洞庭湖区、鄱阳湖区和江汉平原，以性状良好的潴育型水稻土为主，没有明显障碍因素。评价为三～六等的耕地面积为 2.07 亿亩，主要分布在长江下游平原丘陵区和江南丘陵山地农林区，其次为豫皖鄂平原山地农林区和长江中游平原区，以水稻土、红壤、潮土、黄褐土、黄棕壤、石灰（岩）土为主，有一定水土流失和洪涝灾害，土壤微酸、质地黏重，增产潜力较大。评价为七～十等的耕地面积为 0.84 亿亩，主要分布在江南丘陵山地农林区、长江中游平原区和浙闽丘陵山地地区，以石灰（岩）土、水稻土、潮土、黄棕壤为主，土壤质地黏重，酸性较强，土壤养分贫瘠，土层较薄，水土流失严重，长江中下游区耕地质量等级比例分布见图 4.6-6。

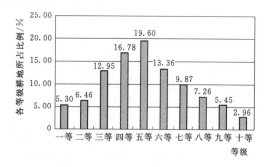

图 4.6-6　长江中下游区耕地质量等级比例分布

6. 西南区

西南区位于秦岭以南、百色—新平—盈江以北，宜昌—溆浦以西、川西高原以东，包括陕西南部、甘肃东南部、西川和云南大部、贵州全部、湖北和湖南西部以及广西北部，总耕地面积 2.92 亿亩，占全国耕地总面积的 16.0%。评价为一～三等的耕地面积为 0.62 亿亩，主要分布在四川盆地农林区，以性状良好、养分含量高的水稻土为主，没有明显障碍因素。评价为四～六等的耕地面积为 1.52 亿亩，主要

分布在四川盆地农林区和黔桂高原山地区，以水稻土、紫色土、黄壤、石灰（岩）土为主，主要障碍因素是土层薄、砾石含量多、水土流失严重，这部分耕地分布零散且耕作不便。评价为七～十等的耕地面积为 0.78 亿亩，主要分布在川滇高原山地农林牧区，以高山区棕色石灰土、红色石灰土、黄色石灰土等石灰（岩）土及性质恶劣的水稻土为主，这部分耕地海拔高、气温低、季节性干旱严重，且土壤养分瘠薄，缺乏灌溉条件，大多仅能种植一季作物，西南区耕地质量等级比例分布见图 4.6-7。

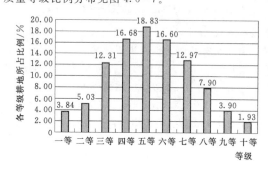

图 4.6-7　西南区耕地质量等级比例分布

7. 华南区

华南区位于福州—大埔—英德—百色—新平—盈江以南，包括福建东南部、广东中南部、广西南部和云南南部，总耕地面积 1.32 亿亩，占全国耕地总面积的 7.2%。评价为一等的耕地面积为 0.07 亿亩，主要分布在粤西桂南农林区和闽南粤中地区，以性状良好的潴育型水稻土和土体深厚的砖红壤、赤红壤为主，没有明显障碍因素。评价为二～六等的耕地面积为 0.75 亿亩，主要分布在粤西桂南农林区、闽南粤中农林水产区及琼州、雷州、南海诸岛农林区，以水稻土、赤红壤、砖红壤、石灰（岩）土、紫色土为主，土壤质地黏重、水土流失严重，这部分耕地土壤熟化度低，供肥性能较差。评价为七～十等的耕地面积为 0.50 亿亩，主要集中在滇南农林区，以石灰（岩）土、燥红壤、砖红壤、赤红壤、水稻土为主，土壤存在"黏、酸、瘦、薄"等障碍因素，耕性较差，华南区耕地质量等级比例分布见图 4.6-8。

8. 甘新区

甘新区位于包头—盐池—天祝以西、祁连山—阿尔金山以北，包括新疆全境、甘肃河西走廊、宁夏中北部及内蒙古西部，总耕地面积 0.93 亿亩，占全国耕地总面积的 5.1%。评价为一～四等的耕地面积为 0.38 亿亩，主要分布在南疆农牧区和蒙宁甘农牧区，有良好稳定的灌溉水源和充足的光热，以灌漠土、灌淤土、草甸土为主，没有明显的障碍因素。评价为五～六

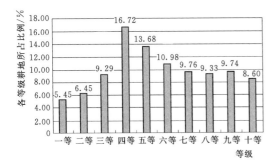

图 4.6-8　华南区耕地质量等级比例分布

9. 青藏区

青藏区包括西藏、青海大部、甘肃甘南及天祝、四川西部、云南西北部，总耕地面积 0.13 亿亩，占全国耕地总面积的 0.7%。评价为一～六等的耕地面积为 0.02 亿亩，主要分布在川藏林农牧区，以亚高山草甸土、冷棕钙土为主，海拔低、水热条件好，没有明显的障碍因素，应兴修水利、发展灌溉，严格控制坡地耕垦。评价为七～十等的耕地面积为 0.11 亿亩，主要分布在青藏高寒牧区，以高山草原土、高山草甸草原土、高山荒漠草原土、高山漠土为主，这部分耕地海拔高、气候干燥、气温低，且土层较薄、土壤养分贫瘠，耕地生产能力较低，青藏区耕地质量等级比例分布见图 4.6-10。

等的耕地面积为 0.17 亿亩，主要分布在蒙宁甘农牧区，以具有一定灌溉条件的草甸土、栗钙土、棕钙土、灰钙土、灰漠土、棕漠土为主，耕地中没有明显障碍因素，但这部分耕地水利设施不配套，生产力水平不高。评价为七～八等的耕地面积为 0.32 亿亩，主要分布在北疆农林牧区，以草甸土、潮土、灰漠土、灰棕漠土为主，这部分耕地土壤荒漠化严重、有效灌溉程度低、土壤养分贫瘠、生产力水平较低。评价为九～十等的耕地面积为 0.06 亿亩，主要分布在蒙宁甘农牧区和北疆农林牧区，以潮土、棕钙土、灰漠土、灰棕漠土、风沙土为主，这部分耕地水资源缺乏、灌溉条件差、养分含量低、盐分含量高、沙化、荒漠化严重，甘新区耕地质量等级比例分布见图 4.6-9。

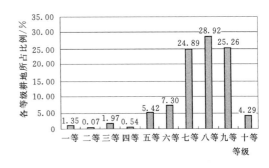

图 4.6-10　青藏区耕地质量等级比例分布

4.6.4　土壤资源利用中存在的主要障碍因素

4.6.4.1　按自然土壤障碍层次类型划分

我国常见的土壤障碍层次有白浆层、砾石层、钙磐层、黏磐层、铁磐层、脆磐层、潜育层等，见表 4.6-4。由于障碍层次的存在，影响水分、养分、空气、热量在土体中的传导和移动，影响土壤水分和养分的有效性，也增大了植物根系在土壤中穿插阻力，从而严重地影响植物生长发育，如果这些层次距地表较近，还影响对土壤的耕作管理。

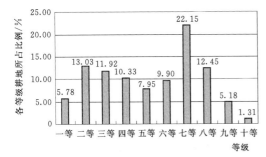

图 4.6-9　甘新区耕地质量等级比例分布

表 4.6-4　　　　常见的土壤障碍层次及其利用改良途径（王秋兵，2003）

主要土壤障碍层次类型	土层特点	利用改良途径
白浆层	土壤物质中以漂白物质占优势的土层。土壤季节性上层滞水，氧化还原交替进行，在黏粒和（或）游离氧化铁、氧化锰淋失后，使得原土层脱色成为灰白色土层。土壤有机质含量低，养分总贮量较少；土壤呈微酸性，pH＝6.0～6.5	施用石灰，增施有机肥，培肥土壤
砾石层	洪积、坡积、河流冲积等原因形成的以砾石或石块为主的层次。细土极少，容纳或保持水分养分的能力极差，巨大孔隙的存在截断了土壤水分、养分在土体中的上下移动，土壤漏水、漏肥	种植适宜的浅根作物；客土加厚土层；清除砾石
钙磐层	由碳酸钙胶结或硬结，形成连续或不连续的磐层	种植耐旱喜钙作物；深耕，加厚耕作层

续表

主要土壤障碍层次类型	土层特点	利用改良途径
黏磐层	黏粒含量很高的坚实磐层	深耕,加厚耕作层;客土改良土壤质地(掺砂)
铁磐层	由氧化铁硬结形成的厚度不等的磐层	种植适宜的浅根作物
脆磐层	干时坚硬、湿时脆碎的土层	种植适宜的浅根作物
积盐层	可溶性盐积聚形成的高含盐量土壤表层,或由易溶性盐胶结或硬结的磐层	种植耐盐作物;灌溉洗盐
潜育层	在潜水长期浸渍下土壤发生潜育化作用,高价铁锰氧化物还原成低价铁锰化合物,颜色呈蓝绿色或青灰的土层。土壤分散无结构,土壤质地不一,常为粉砂质壤土,有的偏黏	种植水生、湿生植物;开发水田,种植水稻;修台田、条田,挖排水沟,排出过多的水分

4.6.4.2 按农业部中低产田类型划分

农业部 1996 年 12 月作为农业行业标准发布了《全国中低产田类型划分与改良技术规范》(NY/T 310—1996)。在 NY/T 310—1996 中,全国中低产田被划分为干旱灌溉型、渍涝潜育型、盐碱耕地型、坡地梯改型、渍涝排水型、沙化耕地型、障碍层次型、瘠薄培肥型等 8 种类型。参考 NY/T 310—1996,并结合土壤改良要求的技术特点,将我国土壤存在的主要限制因素划分为以下 8 种类型:水土流失型、盐碱型、风蚀沙化型、渍涝潜育型、干旱型、障碍层次型、瘠薄缺素型、污染型。

1. 水土流失型

一般认为,水土流失是地表土壤或岩石在人为因素和自然因素的共同作用下,以雨滴和地表径流为营力而发生的剥离、搬运和堆积。从这一定义可以看出,水土流失包括以下三个含义。

(1) 侵蚀动力或外营力。水土流失是一种加速侵蚀过程,水是直接动力,属于土壤侵蚀中的水蚀范畴,水营力之所以能直接导致加速侵蚀的形成,是因为有自然因素和人为因素的共同作用,特别是人类活动破坏,减弱和限制水营力作用的生态环境稳定功能。

(2) 侵蚀对象。水蚀对象为地表物质(土壤和岩石),地表物质的理化性质也决定了外营力性质,如灰岩地质侵蚀外营力形式为溶式。

(3) 侵蚀过程。侵蚀过程包括侵蚀物质的剥离、搬运和堆积这一完整过程。受水土流失型限制的土壤包括全国山地、丘陵区各类土壤,其主导障碍因素为土壤侵蚀,以及与其相关的地形、地面坡度、土体厚度、土体构型与物质组成、耕作熟化层厚度等。

2. 盐碱型

盐碱型土壤是受盐渍化影响的土壤。土壤盐渍化包括土壤盐化和碱化过程,主要发生在干旱、半干旱和半湿润地区,它是指易溶性盐分在土壤表层积累的现象或过程。土壤的盐化和碱化过程有密切联系,又有质的差别,盐化是指可溶盐类在土壤表层及土体中的积累;碱化通常是指土壤胶体表面吸附一定数量的钠离子,随着钠离子水解而导致土壤理化性质的恶化。受盐碱影响的土壤主要是由于土壤可溶性盐含量和碱化度超过限量,影响作物正常生长的多种盐碱化土壤,包括盐土、碱土以及各种盐化、碱化土壤,其主导障碍因素为土壤盐渍化,以及与其相关的地形条件、地下水临界深度、含盐量、碱化度、pH 值等。

3. 风蚀沙化型

土壤风蚀沙化是由于植被破坏,或草地过度放牧,或开垦为农田,土壤中水分状况变得干燥,土壤颗粒分散缺乏凝聚,被风吹蚀,细颗粒含量逐步降低。而在风力过后或减弱的地段,风沙颗粒逐渐堆积于土壤表层而使土壤沙化。因此,土壤沙化包括土壤的风蚀过程及在较远地段的风沙堆积过程。我国风蚀沙化土地主要分布在西北部内陆沙漠、北方长城沿线干旱和半干旱地区、黄淮海平原黄河故道和老黄泛区。其主导障碍因素为风蚀沙化,以及与其相关的地形起伏,水资源开发潜力、植被覆盖率、土体构型、引水放淤与引水灌溉条件等。

4. 渍涝潜育型

渍涝潜育型包括河湖水库沿岸、堤坝水渠外侧、天然汇水盆地等,因局部地势低洼、排水不畅,造成常年或季节性渍涝的土壤或由于季节性洪水泛滥及局部地形低洼、排水不良,以及土质黏重、耕作制度不当引起滞水潜育现象的土壤。主要包括全国各地的沼泽土、泥炭土、白浆土,以及各种沼泽化、白浆化土壤。其主导障碍因素为土壤渍涝、土壤潜育化,与其相关的地形条件、地面积水、地下水深度、土体构型、质地、排水系统的宣泄能力等。

5. 干旱型

干旱型土壤是指由于降水量不足或季节分配不合理，缺少必要的调蓄工程，以及由于地形、土壤原因造成的保水蓄水能力差等，在作物生长季节不能满足正常水分需要的土壤。据统计，全国缺水型旱地面积为5040.0万hm²，主要集中分布在长城沿线、内蒙古东部、华北平原、黄土高原以及江南红土丘陵，尤以黄土高原区和西北干旱区最多，分别为1066.7万hm²和980.0万hm²；东北、华北、西南三大区也在666.7万hm²以上；长江中下游区为520.0万hm²。

6. 障碍层次型

障碍层次型土壤主要是指在剖面构型方面有严重缺陷的土壤，如土体过薄、剖面1m左右内有沙漏、砾石、黏盘、铁子、铁盘、砂姜、白浆层、钙积层等障碍层次。障碍程度包括障碍层物质组成、厚度、出现部位等。

7. 瘠薄缺素型

瘠薄缺素型土壤是指受气候、地形等难以改变的大环境（干旱、无水源、高寒）影响，以及距离居民点远，施肥不足，土壤结构不良，养分含量低，产量低于当地高产农田，当前又无见效快、大幅度提高产量的治本性措施，只能通过长期培肥加以逐步改良的耕地。如山地丘陵雨养型梯田、坡耕地和黄土高原很多产量中等黄土型旱耕地。

8. 污染型

在自然或人为因素影响下，将有毒有害物质输入到土壤当中，使土壤正常的生态功能受到破坏或干扰，对人类和动物健康产生巨大风险。这种现象的出现与工业化程度和化学物质的使用量有直接关系。

4.6.5 土壤改良的主要技术对策

4.6.5.1 水土流失型土壤的改良

水土保持的技术措施可以分为工程措施、植物措施和农艺措施，以及以小流域为单位，实施水土保持综合治理。其中，小流域综合治理的内容包括建立小流域综合防治体系、综合开发利用土地资源、拦蓄降水、开发水利等。

4.6.5.2 盐碱型土壤的改良

盐碱型土壤改良的措施与方法包括水利改良措施、农业与生物改良措施、化学改良措施等。应根据半干旱半湿润地区的盐碱化土地、干旱半干旱地区的盐碱化土地、滨海地区的盐碱化土地进行整治。

4.6.5.3 风蚀沙化型土壤的改良

风蚀沙化型土壤的改良措施可分为工程措施、植物措施、农牧生产措施。对于半干旱地区风蚀沙化土壤的防治，应在半干旱地带内，农牧交错区沙漠化土

壤的防治要从合理划分农牧用地着手，调整土地利用结构，加大退耕还草的力度，集约经营水土条件较好的耕地，压缩质量差的耕地，扩大林草比重，促进农牧结合。对已沙漠化的土地要采取乔灌草结合，封育等综合治理措施。草原牧区沙漠化土地防治首先应从合理确定载畜量，以草定畜入手；其次要建立轮牧制度、轮牧轮封。对已沙漠化的土地要减轻放牧强度或天然封育，使草地得以休养生息，促进天然植被恢复。有条件的地区可进行人工补播牧草和灌木。对于干旱荒漠地区风蚀沙化土壤的防治，应在干旱荒漠地区进行，沙漠化土地防治要与水资源利用结合，以绿洲为中心建立绿洲内部护田林网，绿洲乔灌结合的防沙林带和绿洲外围沙丘固定设施（机械沙障与障内栽植固沙植物）相结合的完整的防沙体系。对于半湿润地区风蚀沙化土壤的防治，主要应采取平整沙地、培肥土壤、营造护田林网和建设水利设施等措施。

4.6.5.4 渍涝潜育型土壤的改良

渍涝潜育型土壤的改良措施包括排洪除涝控制外来水、降潜治渍改善土壤内排水、水旱轮作改善土壤通透性，以及垄畦栽培、半旱式耕作管理等。

4.6.5.5 干旱型土壤的改良

干旱型土壤的改良措施包括土地整理、调整种植结构、加厚耕层、暄活土体、土壤培肥等。

4.6.5.6 污染型土壤的改良

污染型土壤的改良措施包括工程修复措施、生物修复措施、农艺措施。

1. 工程修复措施

工程修复常见的方法有：客土法、换土法、水洗法、隔离法。

客土法是向污染土壤中加入大量的非污染土壤覆盖在表层或混匀，以降低污染物质的浓度。只有当污染物的浓度低于临界危害浓度以下时，才能真正起到治理的作用。客入的土壤一般选择质地黏重、有机质含量高的土壤。

换土法是部分或全部把污染土壤取走，换入新的土壤。这是对小面积严重污染土壤进行治理的有效方法。但是对换出的土壤应妥善处理，以防二次污染。

水洗法是用清水或加有某种化学物质的水把污染物从土壤中洗去的方法，采用此法应注意次生污染，要将洗出液集中处理。水洗法适合于轻质土壤。

隔离法就是用各种防渗材料，如水泥、黏土塑料板等把污染土壤就地与未污染土壤或水体分开，以减少或阻止污染物质扩散到其他土壤或水体中。隔离法适用于污染物质易扩散、易分解，污染严重的情况。

2. 生物修复措施

生物修复是应用生物技术和方法将环境污染物质转化为无毒或低毒的成分,使受污染的环境,部分或完全地恢复到原始状态的过程。具有成本低、效果好、不破坏土壤环境、无二次污染等特点。生物修复可利用连续种植超积累植物方法以降低土壤重金属含量。超积累植物对重金属元素的吸收量超过一般植物的 100 倍以上,其积累的 Cr、Co、Ni、Cu、Pb 的含量在 0.1% 以上,积累的 Mn、Zn 含量一般在 1% 以上。目前已发现有 400 多种超积累植物。土壤中某些动物对污染土壤也有一定的修复作用。如蚯蚓能吸收土壤重金属、降解农药。但蚯蚓吸收重金属后可能再释放到土壤中造成二次污染;鼠类也能吸收重金属,但对庄稼有危害。因而,利用土壤中的动物修复污染土壤有待进一步研究。在实际中多利用微生物的修复作用,即根据土壤污染状况,人工分离、培养、接种对污染物有较高降解能力或缓解污染物毒性的微生物,以达到治理的目的。如无色杆菌、假单胞菌能使亚砷酸盐氧化为砷酸盐,从而降低其毒性;在厌氧的条件下,H_2S 细菌产生的 H_2S 与 Cd、Pb 等结合产生硫化物沉淀。微生物对农药、矿物油等的降解是修复污染土壤最有效、最彻底的方法。据报道,一般情况下,降解烃类的微生物只有微生物群落总数的 1%,而当有石油污染物质存在时,降解者的比例可增加到 10%,因此,可以利用微生物对该物质的适应能力和降解功能治理石油污染。

3. 农艺措施

针对污染物的种类、土壤受污染的程度,以及土壤本身的性状等因素,可采用改变耕作制度、选育抗污染作物品种、加强土壤水肥管理等农艺措施进行土壤污染治理。例如,在污染较严重的农田,可改种植非食用作物(花卉、苗木、棉花等)或改种耐污染作物和部分污染物积累少的食用作物。研究表明,不同作物种类、同一种类的不同品种对污染物质的积累不同。如大麦、生菜、玉米、大豆、烟草的不同品种对重金属的吸收有明显的差异。因此,筛选部分积累污染物质少的食用作物品种,进行选育抗污染作物品种以减少农产品中污染物质的浓度。土壤的氧化还原状况影响污染物质的存在形态、生物活性和迁移转化规律,特别是对重金属元素的影响更明显。因而可以通过调节土壤水分来控制污染物的行为。例如对受 Cd、Hg、Pb 等元素中度、轻度污染的土壤,可以通过淹水种植使重金属在还原条件下形成硫化物沉淀,降低其毒性;相反,在 As 污染的土壤中适宜旱作,因为砷酸根(AsO_4^{3-})在氧化条件下是稳定的,在还原条件下会转化为对植物毒性更强的亚砷酸根(AsO_3^{3-})。

施用堆肥、厩肥、腐质酸类物质等有机肥,提高土壤有机质的含量,增加土壤胶体对重金属和农药的吸持能力,提高土壤的缓冲性和净化能力。在有机质的矿化分解过程中,消耗土壤中的氧气,使土壤处于还原状态,有利于重金属元素如 Cd、Hg、Pb、Cu 等活性的降低。在非石灰性土壤中增施石灰、炉渣、矿渣、粉煤灰等碱性物质,提高土壤 pH 值,降低重金属的溶解度,减少重金属在植物体内的含量。

参 考 文 献

[1] 黄昌勇. 土壤学 [M]. 北京:中国农业出版社,2000.

[2] 林大仪,王秋兵,白中科,等. 土壤学 [M]. 北京:中国林业出版社,2000.

[3] 中国科学院南京土壤研究所. 中国土壤 [M]. 北京:科学出版社,1978.

[4] 孔祥飞,赵雨森,辛颖,等. 黑龙江省东部山地天然次生林土壤水分的研究 [J]. 森林工程,2009,25(4):6-9.

[5] 王秀芬,曹成有,刘玉学,等. 辽宁东部山区森林土壤渗透性能和蓄水功能 [J]. 辽宁林业科技,1997(2):21-23.

[6] 慈恩,杨林章,马力,等. 起源于暗棕壤和红壤的水稻土有机质特性研究 [J]. 土壤学报,2009,46(6):1162-1167.

[7] 魏朝富,李瑞雪,高明,等. 二滩水电站移民区土壤水分特性的研究 [J]. 水土保持学报,2000,14(1):72-76.

[8] 宁鹏,杨庆华,张燕,等. 关帝山华北落叶松林下土壤水分空间异质特征 [J]. 山西农业科学,2007,35(8):48-51.

[9] 刘继龙,张振华,谢恒星,等. 烟台棕壤土饱和导水率的初步研究 [J]. 农业工程学报,2007,23(11):129-132.

[10] 张德成,殷明放,白冬艳,等. 测算辽东山区主要林分类型的蒸发散量 [J]. 西北林学院学报,2007,22(4):25-29.

[11] 赵炳梓,姚贤良,徐富安. 黄棕壤的结构特性及其改良 [J]. 土壤,1993(2):79-82.

[12] 方堃,陈效民,张佳宝,等. 红壤地区典型农田土壤水力学特性及土壤水库容研究 [J]. 土壤通报,2010,41(1):23-27.

[13] 邹焱,陈洪松,苏以荣,等. 红壤积水入渗及土壤水分再分布规律室内模拟试验研究 [J]. 水土保持学报,2005,19(3):174-177.

[14] 王晓燕,陈洪松,王克林. 红壤坡地不同土地利用方式土壤蒸发和植被蒸腾规律研究 [J]. 农业工程学报,2007,23(12):41-45.

[15] 蒋太明,魏朝富,谢德体,等. 贵州中部喀斯特地区

黄壤持水性能的研究 [J]. 水土保持学报, 2006, 20 (6): 25 – 29.

[16] 刘目兴, 杜文正, 张海林. 三峡库区不同林型土壤的入渗能力研究 [J]. 长江流域资源与环境, 2013, 22 (3): 299 – 306.

[17] 刘建伟, 陈洪, 张伟, 等. 盘式入渗仪法测定喀斯特洼地土壤透水性研究 [J]. 水土保持学报, 2008, 22 (6): 202 – 206.

[18] 张秉刚, 郭庆荣, 钟继洪, 等. 南亚热带丘陵赤红壤水分循环特征及其意义 [J]. 水土保持学报, 1997, 3 (3): 83 – 87.

[19] 钟继洪, 廖观荣, 李淑仪, 等. 雷州半岛桉林-砖红壤水分状况及其意义 [J]. 水土保持通报, 2001, 21 (6): 43 – 45.

[20] 郑蕾, 张忠学. 黑龙江省黑土、草甸土耕地土壤与荒地土壤水分入渗试验研究 [J]. 东北农业大学学报, 2010, 41 (11): 53 – 58.

[21] 介樵, 沈善敏, 曾昭顺. 东北北部黑土水分状况之研究——II. 黑土农业水分状况及水分循环 [J]. 土壤学报, 1979, 16 (4): 329 – 338.

[22] 孟凯, 隋跃宇, 张兴义. 松嫩平原黑土区农业水分供需状况分析 [J]. 农业系统科学与综合研究, 2000, 6 (3): 228 – 231.

[23] 何福玉, 何连壁, 刘百韬, 等. 黑龙江省西部半干旱地区黑钙土水分来源及动态规律的研究 [J]. 干旱地区农业研究, 1987 (1): 43 – 52.

[24] 张玉柱, 俞冬兴, 曹志伟, 等. 黑龙江省中西部地区典型土壤入渗特征及影响因素 [J]. 防护林科技, 2013 (7): 23 – 26.

[25] 何秀珍, 宋乃平, 刘孝勇, 等. 荒漠草原区不同类型草地土壤水分特征研究 [J]. 干旱区资源与环境, 2012, 24 (4): 117 – 122.

[26] 冯丽肖, 张继宗, 王新路. 冀西北寒旱区砂质栗钙土水分入渗和径流特征研究 [J]. 安徽农业科学, 2011, 39 (15): 8961 – 8964.

[27] 张毓庄, 郑家烷. 山西栗褐土 [J]. 山西农业大学学报, 1987, 7 (2): 237 – 247.

[28] 云文丽, 侯琼, 李友文, 等. 内蒙古地区土壤水文特征的空间分布 [J]. 干旱区资源与环境, 2013, 27 (2): 193 – 197.

[29] 张德成, 殷明放, 白冬艳, 等. 测算辽东山区主要林分类型的蒸发散量 [J]. 西北林学院学报, 2007, 22 (4): 25 – 29.

[30] 孙一琳, 王洪英, 刘秀萍. 黄土高原人工刺槐林土壤水分特征 [J]. 青岛农业大学学报 (自然科学版), 2007, 24 (2): 123 – 126.

[31] 张君玉, 程金花, 吕湘海, 等. 晋西不同土地利用方式下土壤饱和导水率的影响因素 [J]. 水土保持通报, 2013, 33 (6): 57 – 61.

[32] 周广业, 王宏凯, 方社会. 旱地黑垆土水分动态规律及合理利用途径研究 [J]. 土壤通报, 1991, 22 (4): 149 – 152.

[33] 张孝中. 黑垆土水分循环特征 [J]. 干旱地区农业研究, 1988 (4): 31 – 38.

[34] 李贵玉, 胡慧方, 廖建文, 等. 黄土丘陵区不同地类土壤入渗性能研究 [J]. 中国水土保持, 2010 (12): 36 – 39.

[35] 王占军, 蒋齐, 何建龙, 等. 宁夏环香山地区压砂地土壤水分特征曲线及入渗速率的特征分析 [J]. 土壤通报, 2013, 44 (6): 1364 – 1368.

[36] 关欣, 钟骏平, 张凤荣. 南疆灌耕棕漠土的基层分类 [J]. 土壤通报, 2003, 34 (3): 165 – 169.

[37] 霍云鹏, 刘兴久, 张宏. 白浆土的水分物理性质与白浆土的改良 [J]. 东北农学院学报, 1983 (3): 69 – 75.

[38] 孟庆英. 白浆土不同层次土壤含水量及微生物研究 [J]. 黑龙江农业科学, 2012 (1): 40 – 41.

[39] 叶教林, 姜国庆, 蔡万达. 白浆土水分状况及其调节措施的探讨 [J]. 土壤通报, 1984 (3): 102 – 104.

[40] 何毓蓉, 黄成敏, 张信宝. 我国燥红土的水分状况及节水农业利用研究 [J]. 水土保持研究, 1996, 3 (3): 63 – 69.

[41] 陈安强, 张丹, 魏雅丽, 等. 元谋干热河谷冲沟沟头土壤结构对入渗性能的影响 [J]. 水土保持学报, 2011, 25 (1): 47 – 52.

[42] 王建英, 王克勤. 元谋干热河谷植被恢复中水平阶整地对土壤蒸发的影响 [J]. 水土保持研究, 2006, 13 (2): 10 – 13.

[43] 张继贤. 沙坡头地区风沙土的水热状况 [J]. 中国沙漠, 1997, 17 (2): 154 – 158.

[44] 翟翠霞, 马健, 李彦. 古尔班通古特沙漠风沙土土壤蒸发特征 [J]. 干旱区地理, 2007, 30 (6): 805 – 811.

[45] 赵景波, 马延东, 邢闪, 等. 腾格里沙漠宁夏回族自治区中卫市沙层水分入渗研究 [J]. 水土保持通报, 2011, 31 (3): 12 – 16.

[46] 崔灵周, 丁文峰, 李占斌. 紫色土丘陵区农用地土壤水分动态变化规律研究 [J]. 土壤与环境, 2000, 9 (3): 207 – 209.

[47] 陈璟, 杨宁. 衡阳紫色土丘陵坡地不同植被恢复过程中土壤水文效应 [J]. 中国生态农业学报, 2013, 21 (5): 590 – 597.

[48] 魏朝富. 四川盆地南紫色土水分特征及抗旱性能的研究 [J]. 中国农业气象, 1992, 13 (4): 40 – 43.

[49] 周守明. 项城县夏庄试区砂姜黑土水分物理性状的初步探讨 [J]. 河南科学, 1985 (3): 83 – 91.

[50] 于玲. 砂姜黑土平原区降水入渗补给地下水规律分析 [J]. 地下水, 2001, 23 (4): 188 – 189.

[51] 孔祥旋, 杨占平, 王恒宇. 砂质潮土农田土壤水分定位研究 [J]. 干旱地区农业研究, 2000, 18 (3): 76 – 82.

[52] 张利, 张彩云. 黑龙港潮土区土壤水分动态规律的研究 [J]. 干旱地区农业研究, 1987 (2): 49 – 57.

[53] 任玉民, 吴芝成. 辽河下游滨海地区旱田盐碱土土壤水分物理性质及水分状况的研究 [J]. 盐碱地利用,

1984 (2): 1 - 13.

[54] 樊贵盛, 李尧, 苏冬阳, 等. 大田原生盐碱荒地入渗特性的试验 [J]. 农业工程学报, 2012, 28 (19): 63 - 70.

[55] 吴华山, 陈孝民, 叶民标, 等. 太湖地区主要水稻土水力特征及其主要影响因素 [J]. 水土保持学报, 2005, 19 (1): 181 - 184.

[56] 张凯, 冯起, 吕永清, 等. 民勤绿洲荒漠带土壤水分的空间分异研究 [J]. 中国沙漠, 2011, 31 (5): 1149 - 1155.

[57] 成彩霞, 张学龙, 刘占波, 等. 祁连山西水林区土壤水分物理性质特征分析 [J]. 内蒙古农业大学学报 (自然科学版), 2007, 28 (4): 33 - 38.

[58] 王金叶, 田大伦, 王彦辉, 等. 祁连山林草复合流域土壤水分状况研究 [J]. 中南林学院学报, 2006, 26 (1): 1 - 5.

[59] 王元峰, 王辉, 马维伟, 等. 尕海 4 种湿地类型土壤水分特性研究 [J]. 干旱区研究, 2012, 29 (4): 598 - 603.

[60] 孙波. 红壤退化阻控与生态修复 [M]. 北京: 科学出版社, 2011.

[61] 孙波, 赵其国. 红壤退化中土壤质量的评价指标和评价方法 [J]. 地理科学进展, 1999, 18 (2): 118 - 128.

[62] 徐建明, 张甘霖, 谢正苗, 等. 土壤质量指标与评价 [M]. 北京: 科学出版社, 2010.

第5章 植 物 学

章主编 李红丽 李新辉 董 智
章主审 王治国 刘世尧 贺康宁

本章各节编写及审稿人员

节次	编写人	审稿人
5.1	王克勤 李新辉 李红丽	王治国 刘世尧 贺康宁
5.2	董 智 刘 霞 张光灿	
5.3	王克勤 张光灿 李红丽 李新辉 王 晶	

第5章 植 物 学

5.1 植物形态分类基础

5.1.1 根的形态

根是植物的营养器官，通常位于地表下面，负责吸收土壤里面的水分及溶解其中的离子，并且具有支持，储存合成有机物质的作用。

5.1.1.1 根的组成与基本形态

根是由主根、侧根和不定根组成，可分为直根系和须根系，如图 5.1-1 所示。

主根：种子萌发后，由胚根发育的根，称为主根。

侧根：与主根相对应，在主根侧面生出的次生性根。

不定根：植物的茎或叶上所发生的根。

直根系：主根发达、明显，极易与侧根相区别，根系由主根及其各级侧根组成的根系。

须根系：主根不发达，整个根系形如须状的根系。

（a）直根系　　　（b）须根系

图 5.1-1　根的形态

5.1.1.2 根的变态

变态根是某些植物才具有的贮藏根（肉质直根、块根）、气生根（支柱根、呼吸根、攀援根）和寄生根，变态根的基本类型见表 5.1-1。

表 5.1-1　变态根的基本类型

名称	定　义	图例
肉质直根	由根以及胚轴的上端部分膨大形成	
块根	块状，由植物侧根或不定根膨大而成	
支柱根	由下部茎节发出的、有支撑作用的不定根	

续表

名称	定　义	图例
呼吸根	生活在海滩地带的大部分红树植物的根系，会产生许多向上生长的支根，这些根伸出泥土表面以帮助植物体进行气体交换呼吸	
攀援根	通常从草本植物的茎藤上长出不定根，并使其细长柔弱的茎通过不定根攀附于其他物体向上生长	
寄生根	某些寄生植物，如桑寄生和菟丝子等，其不定根可以钻入寄主组织内，以吸取寄主的营养为生，也称为吸器	

5.1.2 茎的形态

茎是植物的营养器官之一，是植物体胚芽向上生长在地面上形成的中轴部分，具有直立、匍匐、缠绕、漂浮等形态，其主要功能是运输和支持，有些植物茎还具有进行光合作用、储藏营养物质和繁殖的功能。

5.1.2.1 茎的形态（长短枝）

在木本植物中，节间明显伸长的枝条称为长枝；节间短缩，各个节间紧密相连，甚至难于分辨的枝条称为短枝。茎的形态如图 5.1-2 所示。

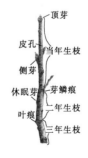

图 5.1-2　茎的形态

5.1.2.2 芽的类型

芽是尚未发育成长的枝或花的雏体。芽由茎的顶端分生组织及基叶原基、腋芽原基、芽轴和幼叶等外围附属物所组成。有些植物的芽，在幼叶的外面还包有鳞片。花芽由未发育的一朵花或一个花序组成，其外面也有鳞片包围。芽的类型见表 5.1-2。

表 5.1-2　　　芽 的 类 型

划分标准	类型	定　　义	图例
按位置	定芽	从茎尖或叶腋等位置生出的芽为定芽；生长在主干或侧枝顶端的定芽称顶芽；生长在枝的侧面叶腋内的定芽为腋芽	
	不定芽	从叶、根或茎节间等通常不形成芽的部位生出的芽	
按芽鳞有无	鳞芽	芽的外面包有鳞片的芽，如杨树、松树	
	裸芽	芽的外面没有芽鳞，仅被幼叶包着，如黄瓜、棉花	
按将形成的器官	叶芽	芽开放后形成枝叶的芽	
	花芽	发育成花和花序的芽	
	混合芽	展开后可成为叶或花的芽	
按生理活动状态	活动芽	在生长季节萌发的芽，可形成新枝、花或花序的芽	
	休眠芽	在生长季节里，枝条上腋芽不活动且暂时保持休眠状态的芽	

5.1.2.3　茎的生长习性

为适应外界环境，使得叶子在空间合适地伸展，得以获得更多的资源，植物的茎有各自的生长习性，如直立、缠绕、匍匐等，如图 5.1-3 所示。

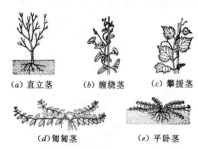

(a) 直立茎　　(b) 缠绕茎　　(c) 攀援茎

(d) 匍匐茎　　　(e) 平卧茎

图 5.1-3　茎的生长习性

5.1.2.4　茎的分枝方式

茎的分枝是植物生长时的普遍现象，常见的有单轴分枝、合轴分枝和假二叉分枝三种方式，如图 5.1-4 所示。

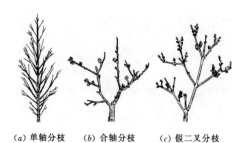

(a) 单轴分枝　　(b) 合轴分枝　　(c) 假二叉分枝

图 5.1-4　茎的分枝

5.1.2.5　茎的变态

茎由于功能改变引起的形态和结构都发生变化的称为变态茎，可以分为地上茎变态和地下茎变态两种类型，其常见类型见表 5.1-3，变态茎的类型如图 5.1-5 所示。

表 5.1-3　　　茎 的 变 态

地上茎变态				地下茎变态			
茎刺	茎卷须	叶状茎	小鳞茎	小块茎	根状茎	块茎	鳞茎	球茎

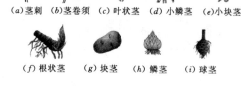

(a) 茎刺　(b) 茎卷须　(c) 叶状茎　(d) 小鳞茎　(e) 小块茎

(f) 根状茎　　(g) 块茎　　(h) 鳞茎　　(i) 球茎

图 5.1-5　变态茎的类型

5.1.3　叶片的形态

叶是高等植物的营养器官，发育自植物茎的叶原基。叶内含有叶绿体，是植物进行光合作用的主要场所。

5.1.3.1　叶的组成

叶是维管植物营养器官之一。一片完全叶包含叶片、叶柄和托叶三部分，如缺叶柄或托叶的称为不完全叶。叶片指的是完全叶上扁平的主体结构；叶柄是连接叶片与茎节的部分；托叶是着生于叶柄基部两侧或叶腋处的小叶状物。双子叶植物叶的组成如图 5.1-6所示。

托叶 叶柄 叶片

图 5.1-6　双子叶植物叶的组成

5.1.3.2 叶序

叶片在茎或枝条的节上按照一定规律排列的方式称为叶序。基本上有互生、对生、轮生、簇生等类型，如图5.1-7所示。

5.1.3.3 单叶与复叶

一个叶柄上只着生一枚叶片的叶称为单叶，一个叶柄上着生两片或以上叶片的叶称为复叶。复叶再根据小叶的数目和排列的形状等可以分为掌状复叶、奇数羽状复叶、偶数羽状复叶等。总叶柄两侧有羽状分枝，分枝两侧再着生羽状复叶，如此复叶称二回羽状复叶。以此类推，有三回羽状复叶乃至多回羽状复叶，单叶与复叶的类型如图5.1-8所示。

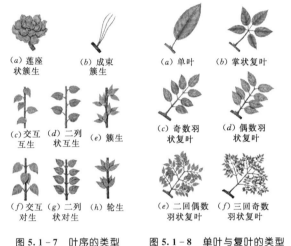

（a）莲座状簇生　（b）成束簇生　（a）单叶　（b）掌状复叶

（c）交互互生　（d）二列状互生　（e）簇生　（c）奇数羽状复叶　（d）偶数羽状复叶

（f）交互对生　（g）二列状对生　（h）轮生　（e）二回偶数羽状复叶　（f）三回奇数羽状复叶

图5.1-7　叶序的类型　　图5.1-8　单叶与复叶的类型

5.1.3.4 叶形

叶片的形状即叶形，也就是叶片的轮廓。主要是以叶片的长宽比和最宽处的位置来决定的，主要有针形、披针形、条形、卵形等，如图5.1-9所示。

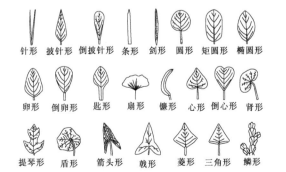

针形　披针形　倒披针形　条形　剑形　圆形　矩圆形　椭圆形

卵形　倒卵形　匙形　扇形　镰形　心形　倒心形　肾形

提琴形　盾形　箭头形　戟形　菱形　三角形　鳞形

图5.1-9　叶形

5.1.3.5 叶脉

叶脉是由贯穿在叶肉内的维管束和其他有关组织

组成的，位居叶片中央最大的为中脉或者主脉，从中脉上发出的分支称为侧脉，其余从侧脉上发出的分支称为细脉。叶脉在叶片上呈现出各种有规律的分布方式称为脉序。脉序主要有平行脉、网状脉和叉状脉等类型，如图5.1-10所示。

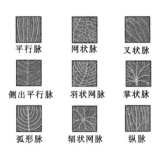

平行脉　网状脉　叉状脉

侧出平行脉　羽状网脉　掌状脉

弧形脉　辐状网脉　纵脉

图5.1-10　叶脉的类型

5.1.3.6 叶尖

叶尖是叶片的尖端部分。一般呈平面状，叶尖有种种不同的角度，主要形态有渐尖、急尖、尾尖、锐尖等，可以作为植物种类的鉴别特征，如图5.1-11所示。

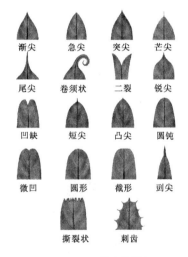

渐尖　急尖　突尖　芒尖

尾尖　卷须状　二裂　锐尖

凹缺　短尖　凸尖　圆钝

微凹　圆形　截形　刿尖

撕裂状　刺齿

图5.1-11　叶尖的形态

5.1.3.7 叶基

叶基是指叶片的基部，通过叶柄或直接与茎连接，亦称下部。主要形状有楔形、截形、心形、盾形等，此外还有耳形、抱茎、下延等，如图5.1-12所示。

5.1.3.8 叶缘

叶缘指叶片的边缘或周边，连接叶尖与叶基。常见的类型有全缘、波状、皱波状、锯齿、细锯齿、重锯齿等形态，如图5.1-13所示。

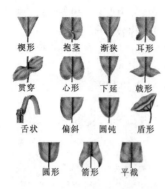

图 5.1 - 12 叶基的形态

图 5.1 - 13 叶缘的形态

5.1.3.9 叶片的毛被

某些植物叶片表面附着的各种毛状物，称为毛被。主要类型有腺毛、星状毛、绒毛等，在植物的分类上具有一定的指示意义，如图 5.1 - 14 所示。

图 5.1 - 14 叶片的毛被

5.1.3.10 叶的变态

普通叶片的作用是制造有机养分，但有些植物的叶片为适应特殊生活或特殊功用目的，通过演化而使叶片构造及功能发生不同的变化，呈特殊的变态。此外，苞片、总苞、子叶也是变态叶的类型。常见叶的变态类型如图 5.1 - 15 所示。

5.1.4 花的形态

花常被称为花朵，是被子植物特有的繁殖器官，

图 5.1 - 15 常见叶的变态类型

其生物学意义是结合雄性精细胞与雌性卵细胞以产生果实和种子。

5.1.4.1 花的组成

一朵完全的花通常由花萼、花冠、雄蕊群和雌蕊群等四部分组成。花萼由萼片组成；花冠由花瓣组成；花萼与花冠合称花被；花萼、花冠、雄蕊和雌蕊的着生处称为花托。不完全花为缺少其中 1～3 个部分的花。花的组成如图 5.1 - 16 所示。

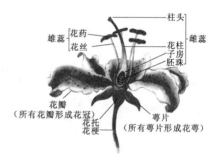

图 5.1 - 16 花的组成

一朵花中雄蕊和雌蕊都有的，称为两性花；某些植物的花中只有雄蕊或雌蕊，称为单性花，分别为雄花或雌花。雌花和雄花同在一植株上的称为雌雄同株，雌花与雄花各自着生在不同植株上的称为雌雄异株。

5.1.4.2 花冠的形状

花冠由花瓣组成，不仅有各种鲜艳的颜色，而且它们或分离或联合，形成各种形状的花冠。常见的花冠类型如图 5.1 - 17 所示。

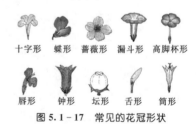

图 5.1 - 17 常见的花冠形状

5.1.4.3 雄蕊群和花药

雄蕊是种子植物产生花粉的器官，是花的雄性生

殖器官，由花丝和花药两部分组成。数目因植物种类而异，一朵花中全部雄蕊总称雄蕊群。而雄蕊群有时会有不同的排布或者联合方式的不同，如一朵花中有6枚雄蕊，其中4长2短的，称四强雄蕊，如十字花科植物；花药完全分离，而花丝联合成一束的，称单体雄蕊，如蜀葵、棉花等。常见的雄蕊排布或联合方式如图5.1-18所示。

聚药雄蕊　四强雄蕊　二强雄蕊　二体雄蕊　单体雄蕊

图 5.1-18　常见的雄蕊的排布或联合方式

花药是花丝顶端膨大呈囊状的部分，是雄蕊的重要组成部分。花药在花丝上的着生方式有不同的情况，有基着药、全着药、丁字着药等。花药成熟后，花粉囊会自行破裂散药，花粉囊破裂的方式也不尽相同，有纵裂、横裂、孔裂等。花药着生与花粉囊破裂方式如图5.1-19所示。

基着药　全着药　丁字着药　瓣裂　孔裂　横裂　纵裂

图 5.1-19　花药着生与花粉囊破裂的方式

5.1.4.4　雌蕊群

雌蕊群是一朵花中雌蕊的总称，由柱头、花柱和子房三部分组成。胚珠是着生在子房内的卵形小球，往往形成肉质突起，称为胎座。子房相对于花托的位置、胚珠的类型以及胎座的情况，在不同的植物中也有很多变化，并具有分类的指示意义。子房位置、胎座形态和胚珠着生情况如图5.1-20所示。

5.1.4.5　花序

被子植物的花，有的单独一朵花着生在茎枝顶上或者叶腋部位，称为单生花，如莲花、芍药等。而多数植物的花，在花梗上按一定的方式排列着生在总花柄上，形成花序，这是植物的固有特征之一。根据花序轴的分枝方式和开花顺序，花序可以分为无限花序和有限花序。无限花序的开花顺序是由基部向顶端或由外围向中心开放，而有限花序的开花顺序是先顶端后基部，或先中心后侧边。无限花序如图5.1-21所示，有限花序如图5.1-22所示。

5.1.5　果实的类型

花经过授粉、受精以后，子房或与之相连的部分迅速生长发育形成果实。根据果实的形态结构，可分为单果、聚合果和聚花果。单果又可分为肉质果与干

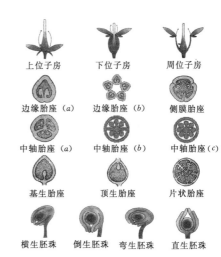

上位子房　下位子房　周位子房
边缘胎座(a)　边缘胎座(b)　侧膜胎座
中轴胎座(a)　中轴胎座(b)　中轴胎座(c)
基生胎座　顶生胎座　片状胎座
横生胚珠　倒生胚珠　弯生胚珠　直生胚珠

图 5.1-20　子房位置、胎座形态和胚珠着生情况

总状花序　伞房花序　伞形花序　穗状花序
荑葇花序　肉穗花序　头状花序　隐头花序

图 5.1-21　无限花序

螺状　蝎尾状
单歧聚伞花序　二歧聚伞花序　多歧聚伞花序

图 5.1-22　有限花序

果，常见的单果类型如图5.1-23所示。聚合果是由许多小果聚生在花托上而形成的，分为聚合瘦果（如

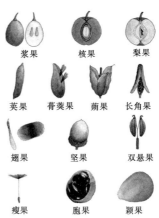

浆果　核果　梨果
荚果　菁葖果　蒴果　长角果
翅果　坚果　双悬果
瘦果　胞果　颖果

图 5.1-23　常见的单果类型

草莓)、聚合核果(如悬钩子)、聚合坚果(如莲等)和聚合蓇葖果(如八角、芍药等)等类型。聚花果是由整个花序形成的果实,如桑葚。

5.2 植物分类系统

5.2.1 植物分类的等级

植物分类有一系列基本等级,即界、门、纲、目、科、属、种,种是分类等级中的基本单位,界是最高等级。每一级内可再分亚门、亚纲、亚目、亚科和亚属。种下可以设亚种、变种和变型等等级。

5.2.2 植物的命名

在国际学术界,植物采用拉丁语双名法命名,即用两个拉丁词或拉丁化的词命名,第三个词为命名人的姓。拉丁学名用斜体,命名人姓用正体,植物命名与拉丁学名如图5.2-1所示。

图 5.2-1 植物命名与拉丁学名

5.2.3 植物界的基本类群

植物在长期演化过程中,形成了丰富多样的类群,根据植物形态结构、生活习性和亲缘关系等,通常将植物界分为藻类植物、菌类植物、地衣植物、苔藓植物、蕨类植物和种子植物,其中前三类为低等植物,后三类为高等植物。各大类中包括的植物基本类群见表5.2-1。

表 5.2-1 植物界的基本类群

类 别		门
低等植物	藻类(Algae)	绿藻门(Chlorphyta)
		不等鞭毛藻门(Heterokontae)
		金藻门(Chrysophyta)
		硅藻门(Bacillariphyta)
		褐藻门(Phaeophyta)
		红藻门(Rhodophyta)
		蓝藻门(CYanophyta)
	菌类(Fungi)	细菌门(Bacterla)
		粘菌门(Myxomycophyta)
		真菌门(Eumycophyta)
	地衣类(Lichenes)	地衣门(Lichens)

续表

类 别		门
高等植物	苔藓	苔藓植物门(Bryophyia)
	蕨类	蕨类植物门(Pteridophyta)
	种子	种子植物门(Spemaiophyla)
		裸子植物亚门(Gymnospermae)
		被子植物亚门(Angiosperlmae)

5.2.4 植物分类三大系统简介

1. 恩格勒系统

恩格勒系统是德国分类学家恩格勒(A. Engler)和勃兰特(K. Prant)于1897年在其《植物自然分科志》巨著中所使用的系统,是分类学史上第一个比较完整的系统,该系将植物界分13门,第13门为种子植物门,种子植物门再分为裸子植物和被子植物两个亚门,被子植物亚门包括单子叶植物和双子叶植物两个纲,并将双子叶植物纲分为离瓣花亚纲(古生花被亚纲)和合瓣花亚纲(后生花被亚纲)。该系统共有62目,344科,其中双子叶植物48目、290科,单子叶植物14目、54科。恩格勒系统有以下两个特点。

(1)以假花说为基础,将葇荑花序类植物(即木本植物种花单性、无花被、有葇荑花序者,如杨柳科)作为双子叶植物种的原始类群,放置在系统的最低位置,整个系统的安排是无花被—有花被、单被—双被、花被分离—合生、单性—两性,花各部由少数—多数、简单—复杂、风媒—虫媒。

(2)合瓣花被认为是较为进化的类群。

2. 哈钦松系统

哈钦松系统是英国植物学家哈钦松(J. Hutchinson)于1926年和1934年在其《有花植物科志》I、II中所建立的系统。在1973年修订的第三版中,共有111目、411科,其中双子叶植物82目、342科,单子叶植物29目、69科。该系统有以下三个特点。

(1)两性花比单性花原始,花部分离,螺旋状排列的比花各部合生、定数、轮生的进化,虫媒比风媒原始。在现代被子植物中,多心皮类包括木兰目和毛茛目是最原始的。

(2)单被花和无被花是次生的,来源于双被花类;葇荑花序类群较进化,起源于金缕梅目。

(3)单子叶植物和双子叶植物有共同的起源,木本植物起源于木兰目,草本植物起源于毛茛目。

目前在我国,建立较晚的标本室,如中国科学院的昆明植物所、华南植物所、广西植物所、福建和贵州的经济植物标本室，多用哈钦松系统。

3. 克朗奎斯特系统

克朗奎斯特系统是美国植物学家克朗奎斯特（A. Cronquist）于 1968 年在其《有花植物的分类和演化》一书中发表的系统，1981 年经过修订。该系统共有 83 目，388 科，其中双子叶植物 64 目，318 科；单子叶植物 19 目，65 科。该系统有以下四个特点。

（1）以真花说为理论，被子植物起源于种子蕨，现存的被子植物不可能由现存的原始类群发展而来，而只能是已灭绝的类群。

（2）木兰目是现存被子植物中的原始类群。

（3）荑荑花序类起源于金缕梅目。

（4）单子叶植物起源于类似现代睡莲目的祖先，并认为泽泻亚纲是百合亚纲进化线上近基部的一个侧枝。

人工栽培种植的植物以种子植物为主，种子植物门主要科的特征见表 5.2-2。

表 5.2-2 种子植物门主要科的特征

科	特 征				
	茎	叶	花序	花	果
木兰科	木本，具托叶环痕	单叶互生，全缘，托叶早落	花单生	花两性，萼片、花瓣不分，花托柱状	聚合蓇葖果，稀翅果或浆果
腊梅科	木本，小枝四方形至近圆柱形，具油细胞	单叶对生，全缘或近全缘	花单生	花两性，辐射对称，雄蕊 2 轮，心皮离生，花托杯状	聚合瘦果
樟科	木本或草本，具油细胞	单叶互生或对生，革质，托叶早落	圆锥、总状、伞形或丛生花序	两性或单性，辐射对称	核果或浆果
五味子科	藤本	单叶互生，有腺点，托叶缺	花单生	花单性，花被数至多枚	穗状聚合果，浆果
胡椒科	草本或木本	单叶互生，少有对生或轮生	密集成穗状花序或由穗状花序再排成伞形花序	花小，两性、单性雌雄异株或间有杂性	浆果小，具肉质、薄或干燥的果皮
毛茛科	草本，少有灌木或木质藤本	叶多互生或基生，分裂或为复叶	花单生，或为总状花序、圆锥花序等	花两性，少有单性，雌雄同株或雌雄异株，辐射对称，稀为两侧对称	聚合蓇葖果或聚合瘦果，少蒴果或浆果
小檗科	木本或草本，茎具刺或无	单叶互生，稀对生或基生或 1～3 回羽状复叶	花单生、簇生或成总状、穗状、伞形、聚伞花序或圆锥花序	花两性，辐射对称，花被通常 3 枚，偶 2 枚	浆果，蒴果，蓇葖果或瘦果
马桑科	木本或草本，小枝具棱角	单叶，对生或轮生，全缘，无托叶	单生或排列成总状花序	花两性或单性，辐射对称，花 5 数	浆果状瘦果
罂粟科	草本或木本，有时具刺毛，常有乳汁或有色液汁	基生叶通常莲座状，茎生叶互生，稀上部对生或近轮生状，无托叶	花单生或排列成总状花序、聚伞花序或圆锥花序	花两性，规则辐射对称至极不规则的两侧对称	蒴果，稀有蓇葖果或坚果
连香树科	木本，短枝有重叠环状芽鳞片痕	单叶，纸质，边缘有钝锯齿，有叶柄，托叶早落	花单生	花单性，雌雄异株，先叶开放	蓇葖果

科	特 征				
	茎	叶	花序	花	果
悬铃木科	木本，树皮苍白色，薄片状剥落	单叶互生，有长柄，掌状分裂；托叶明显，基部鞘状，早落	头状花序	花单性，雌雄同株	聚合坚果
金缕梅科	木本	单叶互生，少对生，通常有明显叶柄；托叶早落	头状花序、穗状花序或总状花序	两性，或单性而雌雄同株，稀雌雄异株，有时杂性；异被，放射对称	蒴果
杜仲科	木本	单叶互生，具羽状脉，边缘有锯齿，具柄，无托叶	雄花簇生，雌花单生	花雌雄异株，无花被，先叶开放	长椭圆形的翅果
榆科	木本	单叶互生，稀对生，常两列，基部偏斜；托叶常膜质，早落	单生或簇生或聚伞花序	单被花两性，稀单性或杂性，雌雄异株或同株	翅果、核果、小坚果
桑科	木本或藤本，稀草本，通常具乳液	单叶互生，稀对生，托叶2枚，常早落	花序腋生，总状，圆锥状，头状，穗状或壶状，稀为聚伞状	单性，雌雄同株或异株，无花瓣	瘦果或核果状，或聚花果
胡桃科	木本，具树脂，有芳香，被有橙黄色盾状着生的圆形腺体	叶互生或稀对生，无托叶，奇数或稀偶数羽状复叶	雄花序常荑葇花序，雌花序穗状，顶生，或有多数雌花而成下垂的荑葇花序	花单性，雌雄同株	核果状的假核果或坚果状
杨梅科	木本，具芳香，被有圆形而盾状着生的树脂质腺体	单叶互生，具叶柄，羽状脉	穗状花序单一或分枝，花序单生或簇生	花单性，无花被，无梗，雌雄异株或同株，稀具两性花而成杂性同株	核果小坚果状
壳斗科	木本	单叶互生，极少轮生，革质，托叶早落	雄花多排列成荑葇花序，雌花1~3朵生于总苞内	花单性同株，稀异株，或同序；花被1轮，4~6（或8）枚，基部合生	坚果半包或全包于壳斗内
桦木科	木本，小枝有时具树脂腺体或腺点	单叶互生，叶缘具重锯齿或单齿，托叶分离早落	雄花序顶生或侧生，雌花序为球果状、穗状、总状或头状	花单性，雌雄同株	小坚果或坚果
木麻黄科	木本，小枝轮生或假轮生，具节，常有沟槽或具棱	叶退化为鳞片状，4枚至多枚轮生成环状，与小枝下一节间完全合生	雄花序通常为顶生的穗状花序；雌花序为顶生的球形或椭圆体状的头状花序	花单性，雌雄同株或异株，无花梗	小坚果顶端具膜质的薄翅
藜科	草本或木本，茎和枝有时具关节	叶互生或对生，扁平或圆柱状或半圆柱状，较少退化成鳞片状，无托叶	单生	单被花，两性，较少为杂性或单性，单性时，雌雄同株	胞果，很少为盖果
苋科	多草本，少木本	叶互生或对生，全缘，少数有微齿，无托叶	花簇生在叶腋内，成疏散或密集的穗状花序、头状花序、总状花序或圆锥花序	两性或单性同株或异株，或杂性	胞果或小坚果，少数为浆果

科	特 征				
	茎	叶	花序	花	果
石竹科	草本，稀木本，茎节通常膨大，具关节	单叶对生，稀互生或轮生，全缘，基部多少连合；托叶有膜质或缺	聚伞花序或聚伞圆锥花序，稀单生，少数呈总状花序、头状花序、假轮伞花序或伞形花序	花辐射对称，两性，稀单性	蒴果，稀浆果或瘦果
蓼科	草本，稀木本；通常具膨大的节，稀膝曲，具沟槽或条棱	单叶互生，稀对生或轮生，边缘通常全缘；托叶成鞘状，膜质	穗状、总状、头状或圆锥状花序	两性，稀单性，雌雄异株或雌雄同株，辐射对称	瘦果，具3棱或双凸镜状，极少具4棱，有时具翅或刺
山茶科	木本	叶革质，单叶互生，羽状脉，具柄，无托叶	单生或数花簇生	花两性稀雌雄异株	蒴果，或不分裂的核果及浆果状
猕猴桃科	木本或藤本	单叶互生，无托叶	花序腋生，聚伞式或总状式，或花单生	花两性或雌雄异株，辐射对称；萼片5片，花瓣5片或更多	浆果或蒴果
椴树科	木本或草本	单叶互生，稀对生，具基出脉；托叶早落或缺	聚伞花序或圆锥花序	花两性或单性雌雄异株，辐射对称	核果、蒴果、裂果，有时浆果状或翅果状
梧桐科	木本、藤本或草本，树皮常有黏液和富于纤维	单叶互生，稀为掌状复叶，全缘、具齿或深裂，通常有托叶	圆锥花序、聚伞花序、总状花序或伞房花序，稀为单生花	花单性、两性或杂性；萼片5片，花瓣5片或无花瓣	蒴果或蓇葖果，极少为浆果或核果
木棉科	木本，主干基部常有板状根	叶互生，掌状复叶或单叶，常具鳞秕，托叶早落	花序腋生或近顶生，单生或簇生	花两性，大而美丽，辐射对称，花萼杯状，花瓣5片	蒴果
锦葵科	草本、木本	叶互生，单叶或分裂，叶脉通常掌状，具托叶	花序腋生或顶生，单生、簇生、聚伞花序至圆锥花序	花两性，辐射对称；萼片3~5片，分离或合生；花瓣5片，彼此分离	蒴果
半日花科	草本、木本	单叶，通常对生，稀互生，具托叶或无托叶	花单生，或集成总状聚伞花序或圆锥状聚伞花序	两性，整齐；萼片5片，花瓣5片（稀3片），早落	蒴果革质或木质
柽柳科	木本	叶小，多呈鳞片状，互生，无托叶，通常无叶柄，多具泌盐腺体	总状花序或圆锥花序，稀单生	通常两性，整齐；花萼4~5深裂，宿存；花瓣4~5片，分离	蒴果
秋海棠科	肉质草本，稀木本，茎直立，匍匐状或仅具根状茎、球茎或块茎	单叶互生，偶为复叶，通常基部偏斜；具长柄；托叶早落	聚伞花序	花单性，雌雄同株偶异株	蒴果，有时呈浆果状
杨柳科	木本，树皮光滑或开裂粗糙	单叶互生，稀对生，托叶鳞片状或叶状，早落或宿存	葇荑花序，先叶开放，或与叶同时开放	花单性，雌雄异株，罕有杂性	蒴果
杜鹃花科	木本	叶革质，少纸质，互生，稀交互对生，被各式毛或鳞片，不具托叶	花单生或组成总状、圆锥或伞形总状花序，顶生或腋生	花两性，辐射对称或略两侧对称；具苞片；花萼4~5裂	蒴果或浆果，少有浆果状蒴果

科	特 征				
	茎	叶	花序	花	果
鹿蹄草科	草本或木本	叶为单叶，基生，互生，稀丛生或轮生，无托叶	花单生或聚成总状花序、伞房花序或伞形花序	两性花，整齐；萼片5片（2～4片或6片）；花瓣5片，稀3～4片或6片，雄蕊10枚	蒴果或浆果
柿科	木本，不具乳汁，少数有枝刺	单叶互生，少对生，排成两列，全缘，无托叶，具羽状叶脉	雌花腋生，单生，雄花常生在小聚伞花序上或簇生，或为单生	花多半单性，通常雌雄异株，或为杂性	浆果多肉质
报春花科	草本，稀木本	具互生、对生或轮生叶，或叶全部基生，并常形成稠密的莲座丛	花单生或组成总状、伞形或穗状花序	花两性，辐射对称；花萼通常5裂，宿存	蒴果
景天科	草本或木本，常有肥厚、肉质的茎、叶，无毛或有毛	叶互生、对生或轮生，常为单叶，或为单数羽状复叶，不具托叶	聚伞花序，或为伞房状、穗状、总状或圆锥状花序，有时单生	花两性，或为单性而雌雄异株，辐射对称，花各部常常为5数或其倍数	蓇葖果，稀蒴果
虎耳草科	草本、木本或藤本	单叶或复叶，互生或对生，一般无托叶	聚伞状、圆锥状或总状花序，稀单花	花两性，稀单性，多双被花，花被4～5枚，稀6～10枚；花冠辐射对称	蒴果、浆果、小蓇葖果或核果
蔷薇科	草本或木本，有刺或无刺	叶互生，稀对生，单叶或复叶，有显明托叶	花单生，伞形或总状花序	花两性，稀单性；萼片和花瓣同数，通常4～5片	蓇葖果、瘦果、梨果或核果，稀蒴果
含羞草科	草本、木本或藤本	叶互生，二回羽状复叶，叶柄具显著叶枕，叶轴或叶柄上常有腺体	头状、穗状或总状花序或再排成圆锥花序	两性或杂性（雄花、两性花同株），通常4～5数，辐射对称	荚果
云实（苏木）科	木本或藤本，少草本	叶互生，一回或二回羽状复叶，稀为单叶，托叶常早落	总状花序或圆锥花序	花两性，很少单性，通常或多或少两侧对称，极少为辐射对称，花5（或4）数	荚果开裂或不裂而呈核果状或翅果状
豆科	木本或草本	互生，稀对生，常为一回或二回羽状复叶，少数为掌状复叶或3小叶或单叶	总状花序、聚伞花序、穗状花序、头状花序或圆锥花序	花两性，稀单性，辐射对称或两侧对称，花被2轮；萼片3～5片（6片）	荚果
胡颓子科	木本或藤本，全体被银白或褐色盾形鳞片或星状绒毛	单叶互生，稀对生或轮生，全缘，羽状叶脉，具柄，无托叶	单生或数花组成叶腋生的伞形总状花序	花两性或单性，稀杂性	果实为瘦果或坚果
千屈菜科	草本、灌木或乔木；枝通常四棱形，有时具棘状短枝	叶对生，稀轮生或互生，全缘，托叶细小或无托叶	单生或簇生，或组成顶生或腋生的穗状、总状或圆锥花序	花两性，通常辐射对称，稀左右对称	蒴果革质或膜质
瑞香科	木本，稀草本；茎通常具韧皮纤维	单叶互生或对生，革质或纸质，边缘全缘，基部具关节，具短叶柄，无托叶	头状、穗状、总状、圆锥或伞形花序，有时单生或簇生，顶生或腋生	花辐射对称，两性或单性，雌雄同株或异株	浆果、核果或坚果，稀蒴果

科	特 征				
	茎	叶	花序	花	果
桃金娘科	木本	单叶对生或互生，具羽状脉或基出脉，全缘，常有油腺点，无托叶	单生或排成各式花序	花两性，有时杂性；萼片4～5片或更多；花瓣4～5片或不存在	蒴果、浆果、核果或坚果
石榴科	木本，合轴分枝；小枝常有膨大的节	单叶，通常对生或簇生，有时呈螺旋状排列，无托叶	花顶生或近顶生，单生或几朵簇生或组成聚伞花序	花两性，辐射对称；萼片5～9片，花瓣5～9片	浆果
红树科	木本	单叶交互对生，具托叶，稀互生而无托叶，羽状叶脉；托叶在叶柄间，早落	单生或簇生于叶腋或排成疏花或密花的聚伞花序	花两性，稀单性或杂性同株，萼片4～16片，宿存；花瓣与萼片同数	果实革质或肉质
蓝果树科（珙桐科）	木本	单叶互生，有叶柄，无托叶，卵形、椭圆形或矩圆状椭圆形，全缘或边缘锯齿状	花序头状、总状或伞形	花单性或杂性，异株或同株，常无花梗或有短花梗。花瓣5片，稀更多	核果或翅果
山茱萸科	木本，稀草本	单叶对生，稀互生或近于轮生，通常叶脉羽状，稀为掌状叶脉，边缘全缘或有锯齿；无托叶或托叶纤毛状	圆锥、聚伞、伞形或头状等花	花两性或单性异株，花3～5数	核果或浆果状核果
檀香科	草本或木本	单叶，互生或对生，有时退化呈鳞片状，无托叶	聚伞花序、伞形花序、圆锥花序、总状花序、穗状花序或簇生	花辐射对称，两性或单性败育的雌雄异株，稀雌雄同株	核果或小坚果
卫矛科	木本或藤本	单叶对生或互生，少以三叶轮生并类似互生；托叶细小，早落或无	聚伞花序1至多次分枝	花两性或退化为功能性不育的单性花，杂性同株，较少异株，花4～5数	蒴果，亦有核果、翅果或浆果
冬青科	木本	单叶互生，稀对生或假轮生，叶片通常革质、纸质，稀膜质，具柄；托叶早落	腋生、腋外生或近顶生的聚伞花序、假伞形花序、总状花序、圆锥花序或簇生	花小，辐射对称，单性，稀两性或杂性，雌雄异株，花4～6数	浆果状核果
黄杨科	木本或草本	单叶，互生或对生，全缘或有齿牙，羽状脉或离基三出脉，无托叶	总状或密集的穗状	花小，整齐，无花瓣；单性，雌雄同株或异株	蒴果，或肉质的核果状果
大戟科	木本或草本，稀藤本；通常无刺；常有乳状汁液，白色，稀为淡红色	单叶互生，少有对生或轮生，稀复叶，或叶退化呈鳞片状，托叶2片，脱落后具环状托叶痕	单花或组成各式花序，通常为聚伞或总状花序	花单性，雌雄同株或异株	蒴果，或为浆果状或核果状
鼠李科	木本，稀草本，通常具刺	单叶互生或近对生，具羽状脉，或3～5基出脉；托叶小，或变为刺	聚伞花序、穗状圆锥花序、聚伞总状花序、聚伞圆锥花序	花小，整齐，两性或单性，稀杂性，雌雄异株	核果、浆果状核果、蒴果状核果或蒴果

科	特 征				
	茎	叶	花序	花	果
葡萄科	木质藤本，稀草质藤本，具卷须或直立无卷须	单叶、羽状或掌状复叶，互生；托叶通常小而脱落，稀大而宿存	伞房状多歧聚伞花序、复二歧聚伞花序或圆锥状多歧聚伞花序	花小，两性或杂性同株或异株，4～5数；花瓣与萼片同数	浆果
远志科	草本或木本	单叶互生、对生或轮生，具柄或无柄，叶片纸质或革质，全缘，具羽状脉，通常无托叶	总状花序、圆锥花序或穗状花序，腋生或顶生	花两性，两侧对称，花5数	蒴果，或翅果、坚果
无患子科	木本或草本	羽状复叶或掌状复叶，少单叶，互生，通常无托叶	聚伞圆锥花序，顶生或腋生	花单性，很少杂性或两性，辐射对称或两侧对称，花瓣4片或5片	蒴果，浆果状或核果状
七叶树科	木本	叶对生，3～9片小叶组成的掌状复叶，无托叶，叶柄通常长于小叶	聚伞圆锥花序，侧生小花序系蝎尾状聚伞花序或二歧式聚伞花序	花杂性，雄花常与两性花同株，花瓣4～5片	蒴果
槭树科	木本	叶对生，具叶柄，无托叶，单叶稀羽状或掌状复叶，不裂或掌状分裂	花序伞房状、穗状或聚伞状	花小，整齐，两性、杂性或单性，花瓣5片或4片	翅果
橄榄科	木本，有树脂道分泌树脂或油质	奇数羽状复叶，互生，一般无腺点	圆锥花序或极稀为总状或穗状花序，腋生或有时顶生	花小，3～6数，辐射对称，单性、两性或杂性；雌雄同株或异株	核果
漆树科	木本，稀草本，韧皮部具裂生性树脂道	叶互生，稀对生，单叶，掌状三小叶或奇数羽状复叶，无托叶或托叶不显	顶生或腋生的圆锥花序	花小，辐射对称，两性或多为单性或杂性，通常为双被花，稀为单被或无被花；花3～5数	多为核果，或假果
苦木科	木本，树皮通常有苦味	叶互生，有时对生，通常成羽状复叶，少数单叶；托叶缺或早落	花序腋生，成总状、圆锥状或聚伞花序，少穗状花序	花小，辐射对称，单性、杂性或两性；花3～5数	翅果、核果或蒴果
楝科	木本	叶互生，很少对生，通常羽状复叶，很少3小叶或单叶；小叶对生或互生	圆锥花序，间为总状花序或穗状花序	花两性或杂性异株，辐射对称，花通常5数	蒴果、浆果或核果
芸香科	木本或草本，通常有油点，有或无刺	叶互生或对生，单叶或复叶，无托叶	聚伞花序，稀总状或穗状花序，更少单花，甚或叶上生花	花两性或单性，稀杂性同株，辐射对称，花5数	蓇葖果、蒴果、翅果、核果、浆果
酢浆草科	草本，稀木本	指状或羽状复叶或小叶萎缩而成单叶，基生或茎生，无托叶或有而细小	单花或组成近伞形花序或伞房花序，少有总状花序或聚伞花序	花两性，辐射对称，花5数	蒴果或为肉质浆果

科	特　征				
	茎	叶	花序	花	果
五加科	木本，稀草本，有刺或无刺	叶互生，稀轮生；单叶、掌状复叶或羽状复叶；托叶通常与叶柄基部合生成鞘状	伞形花序、头状花序、总状花序或穗状花序，通常再组成圆锥状复花序	花整齐，两性或杂性，稀单性异株，花瓣5～10片	浆果或核果
伞形科	草本，稀木本，茎通常圆形，稍有棱和槽，或有钝棱，空心或有髓	叶互生，叶片通常1回掌状分裂或1～4回羽状分裂的复叶，或1～2回三出式羽状分裂的复叶，通常无托叶	复伞形花序或单伞形花序，很少头状花序	花小，两性或杂性，花5数	双悬果
夹竹桃科	木本或草本，具乳汁或水液；无刺，稀有刺	单叶对生、轮生，稀互生，羽状脉，通常无托叶或退化成腺体	聚伞花序，顶生或腋生	花两性，辐射对称，花5数，稀4数	浆果、核果、蒴果或蓇葖
茄科	草本或木本，具皮刺，稀具棘刺	单叶互生或二叶对生，有时为羽状复叶，无托叶	花单生，簇生或为蝎尾式、伞房式、伞状式、总状式、圆锥式聚伞花序，稀总状花序	两性或稀杂性，辐射对称或稍微两侧对称；通常5数，稀4数	多汁浆果或干浆果，或者为蒴果
花荵科	草本或木本	叶通常互生，或下方或全部对生，无托叶	二歧聚伞花序，圆锥花序，有时穗状或头状花序	花两性，整齐或微两侧对称；花萼5裂宿存，花冠合瓣	蒴果
马鞭草科	木本，极少草本	叶对生，很少轮生或互生，单叶或掌状复叶，无托叶	花序顶生或腋生，多数为聚伞、总状、穗状、伞房状聚伞或圆锥花序	花两性，极少杂性，左右对称；花萼宿存	核果、蒴果或浆果状核果
唇形科	草本或木本，常具含芳香油的表皮，有毛，茎四棱，枝条对生或轮生	叶为单叶，稀为复叶，对生，稀3～8片轮生	花序聚伞式、二歧聚伞花序、单歧聚伞花序或总状，穗状，圆锥状复合花序	花两性，两侧对称，稀辐射对称，稀杂性	小坚果，稀核果状
木犀科	木本	叶对生，稀互生或轮生，单叶、三出复叶或羽状复叶；具叶柄，无托叶	通常聚伞花序排列成圆锥花序，或为总状、伞状、头状花序，顶生或腋生，稀花单生	花辐射对称，两性，稀单性或杂性；雌雄同株	翅果、蒴果、核果、浆果或浆果状核果
玄参科	草本或木本	叶互生，下部对生而上部互生，或全对生，或轮生，无托叶	花序总状、穗状或聚伞状，常合成圆锥花序	花常不整齐；萼下位，常宿存，5数少有4数	蒴果，少有浆果状
紫葳科	木本，稀草本	叶对生、互生或轮生，单叶或羽叶复叶，稀掌状复叶，无托叶或具叶状假托叶	聚伞花序、圆锥花序或总状花序或总状式簇生	花两性，左右对称，花冠合瓣	蒴果
桔梗科	草本，少木本或藤本，大多数种类具乳汁管，分泌乳汁	叶为单叶，互生，少对生或轮生	聚伞花序，假总状花序，或圆锥、头状花序	花两性，稀少单性或雌雄异株，花瓣大多5片，辐射对称或两侧对称	蒴果，或为不规则撕裂的干果，少为浆果

211

科	特 征				
	茎	叶	花序	花	果
忍冬科	木本，少草本；茎干有皮孔或否，常有发达的髓部	单叶对生，少轮生，有时为单数羽状复叶；叶柄短，通常无托叶	聚伞或轮伞花序，或由聚伞花序集合成伞房式或圆锥式复花序；或总状、穗状花序	花两性，极少杂性，整齐或不整齐；花5数或4数	浆果、核果或蒴果
菊科	草本，木本；有时有乳汁管或树脂道	单叶通常互生，稀对生或轮生，无托叶	头状花序或为短穗状花序；头状花序单生或数个至多数排列成总状、聚伞状、伞房状或圆锥状	花两性或单性，极少有单性异株，整齐或左右对称，5数	瘦果
槟榔科	木本，茎通常不分枝，单生或几丛生，表面有刺	叶互生，羽状或掌状分裂，叶柄基部通常扩大成具纤维的鞘	肉穗花序，花序通常大型多分枝，被一个或多个鞘状或管状的佛焰苞所包围	花单性或两性，雌雄同株或异株，有时杂性，花3数	核果或硬浆果
露兜树科	木本，稀草本，茎多呈假二叉式分枝，常具气根	叶狭长带状，硬革质，3～4列或螺旋状排列；叶缘和背面脊状凸起的中脉上有锐刺；脱落后枝上留有密集的环痕	花序腋生或顶生，呈穗状、头状、圆锥状或肉穗状，常为数枚叶状佛焰苞所包围，佛焰苞和花序多具香气	花单性，雌雄异株，花被缺或呈合生鳞片状	卵球形或圆柱状聚花果
天南星科	草本，稀木本，富含苦味水汁或乳汁	叶单一或少数，通常基生，如茎生则为互生，2列或螺旋状排列；叶片多种形状	肉穗花序；花序外面有佛焰苞包围	花常极臭，花两性或单性。花单性时雌雄同株（同花序）或异株，花被2数或3数	浆果，稀聚合果
莎草科	草本，大多数具有三棱形的秆	叶基生和秆生，一般具闭合的叶鞘和狭长的叶片，或有时仅有鞘而无叶片	穗状、总状、圆锥、头状花序或长侧枝聚伞花序；小穗单生、簇生或排列成穗状或头状	花两性或单性，雌雄同株，少有雌雄异株	小坚果
禾本科	草本或木本；茎多为直立，一般具有节与节间两部分；节间中空，有鞘环和在鞘上方的秆环两部分	叶为单叶互生，常以1/2叶序交互排列为2行，一般可分叶鞘、叶舌和叶片3部分，叶片多种形状	花常无柄，在小穗轴上交互排列为2行以形成小穗，由小穗再组合成为着生在秆端或枝条顶端的各式各样的复合花序	花两性，由外稃、内稃、鳞被、雄蕊3～6枚、雌蕊1枚组成	颖果
香蒲科	草本	叶2列，互生；鞘状叶很短，基生；条形叶直立，全缘；叶脉平行，叶鞘长，抱茎或松散	穗状花序	花单性，雌雄同株	小坚果
凤梨科	草本，茎短	单叶互生，狭长，常基生，莲座式排列，平行脉	顶生穗状、总状、头状或圆锥花序	花两性，少单性，辐射对称或稍两侧对称，花3数	浆果、蒴果，有时为聚花果

续表

科	特征				
	茎	叶	花序	花	果
鹤望兰科（旅人蕉）	草本	叶 2 列于茎顶，呈折扇状；叶柄长，具鞘	花序腋生，蝎尾状聚伞花序	花两性，花 3 数	蒴果
芭蕉科	草本，茎或假茎高大，不分枝，有时木质，或无地上茎	叶螺旋排列或两行排列，由叶片，叶柄及叶鞘组成；叶脉羽状	顶生或腋生的聚伞花序	花两性或单性，两侧对称，花 3 数	浆果或蒴果
美人蕉科	直立草本	叶大，互生，有明显的羽状平行脉，具叶鞘	顶生穗状花序、总状花序或狭圆锥花序	花两性，不对称，花 3 数	蒴果
百合科	具根状茎、块茎或鳞茎的草本，稀木本	叶基生或茎生，茎生叶多互生，少对生或轮生，通常具弧形平行脉	花单生或聚集成各式各样的花序	花两性，稀单性异株或杂性，通常辐射对称，稀两侧对称；花 3 数	蒴果或浆果，较少为坚果
鸢尾科	草本，地下部分通常具根状茎、球茎或鳞茎	叶多基生，少茎生，条形、剑形或丝状，基部成鞘状，具平行脉	单生、数朵簇生或多花排列成总状、穗状、聚伞及圆锥花序	花两性，辐射对称，少为左右对称；花对生、互生或单一；花被裂片 6 片	蒴果
百部科	草本或半灌木，通常具肉质块根	叶互生、对生或轮生，具柄或无柄	花序腋生或贴生于叶片中脉	花两性，整齐，通常花叶同期；花被 4 枚	蒴果
兰科	草本，稀藤本	叶基生或茎生，后者通常互生或生于假鳞茎顶端或近顶端处，基部具或不具关节	花葶或花序顶生或侧生，花常排列成总状花序或圆锥花序	花两性，通常两侧对称；花被 6 枚，2 轮	通常为蒴果，较少呈荚果状

5.2.5 植物类型划分

5.2.5.1 依据植物性状或生活型划分

依据植物性状或生活型可将种子植物划分为木本、草本和藤本三类，见表 5.2-3。

表 5.2-3 依据植物性状划分的植物类型

分类		特征	代表植物种
木本植物	乔木	有明显主干，分枝部位距地面较高	油松、旱柳
	灌木	主干不明显，于基部分枝，呈丛生状	紫穗槐、锦鸡儿
	小灌木	高度在 1m 以下的低矮灌木	猫头刺、红砂
	半灌木	茎基部木质化，上部枝冬季枯萎	蒿属
草本植物	一年生	生活周期较短	狗尾草、沙米
	二年生	生活周期为两年	独行菜、草木樨
	多年生	地下部分生活多年	芦苇、紫花苜蓿

续表

分类		特征	代表植物种
藤本植物	草质藤本	柔弱的茎依附其他物体生长	爬山虎、五叶地锦
	木质藤本	木质化茎依附其他物体生长	葡萄、南蛇藤

5.2.5.2 依据植物生长环境划分

依据植物生长环境可将植物划分为陆生、水生、附生、寄生，见表 5.2-4。

表 5.2-4 依据植物生长环境划分的植物类型

分类	主要特征	代表植物种
陆生植物	茎生于地上，而根生于地下	杨、柳
水生植物	生长于水中，植物体部分或全部沉浸在水中，分挺水植物、浮水植物、沉水植物	荷花、睡莲、金鱼藻
附生植物	植物体附着生长于他种植物体上，无需吸取被附着者的养料而独立生活的植物	兰花、凤梨
寄生植物	植物寄生于他种植物体上	菟丝子

5.2.5.3　依据植物的水分需求性状划分

依据植物的水分需求性状划分为旱生、中生、湿生、水生，见表5.2-5。

表 5.2-5　依据植物的水分需求性状划分的植物类型

分类		主要特征	代表植物
旱生植物	避旱植物	短命植物以种子或孢子阶段避开干旱的影响，该类植物不具抗旱植物形态特征，不能忍耐土壤干旱	沙米
	肉质旱生植物（肉质防旱植物）	茎叶肥厚，内有贮水的薄壁组织，表皮角质厚，气孔少，蒸腾强度极小	仙人掌
	硬叶旱生植物（硬叶防旱植物）	茎叶机械组织极发达，表皮角质厚，气孔多深陷于叶背的凹穴或沟槽中，并有毛或蜡质围绕，以防止水分蒸腾	针茅、羽茅
	软叶旱生植物（耐旱植物）	叶片有程度不等的旱生结构，但较柔软，在缺水季节以落叶来适应	绵刺
	小叶或无叶植物（适旱植物）	植物幼茎表面绿色，可以进行光合作用，叶退化变小，甚至消失	梭梭、沙拐枣
中生植物		介于旱生植物和湿生植物之间，不能忍受严重干旱或长期水涝	陆生绝大部分植物
湿生植物		生长在潮湿环境中，不能忍受较长时间水分不足的植物类型。是抗旱能力最弱的陆生植物	莎草类植物
水生植物[①]		生活在水中	荷花、睡莲

① 水生植物的生活方式又分为挺水植物（荷花、芦苇、香蒲）、浮叶植物（睡莲、菱角）、沉水植物（苦草、金鱼草）和漂浮植物（浮萍、凤眼莲）以及湿生植物（蒲草、泽泻）。

5.3　植物的生物学与生态学特性

5.3.1　植物的生物学特性

植物在整个生命过程中，形态和生长发育上所表现出来的特点和需要的综合，称为植物的生物学特性，包括植物生长发育、繁殖的特点和有关性状。如种子发芽，根、茎、叶的生长，花果种子发育、生育期，分蘖或分枝特性、开花习性、受精特点，各生育时期对环境条件的要求等。

5.3.1.1　植物的生长发育规律

生长：植物个体、器官、组织和细胞在体积、重量和数量的增加，是一个不可逆的量变过程。生长的快慢可用生长速率来表示，即单位时间内植物体重量、体积（林木材积）、高度、地径、胸径等的相对或绝对变化量。

发育：细胞的分化、组织器官功能的特化过程，也就是植物发生形态、结构和功能上质的变化，有时发育是可逆的过程。发育是由细胞的分化形成根、茎、叶、花、果等器官来实现的。

生长发育具有从种子到幼苗、开花、结实，再到种子的顺序性和周期性、阶段性和重叠性，而且整个周期的生长发育呈S形。植物生长发育周期见图5.3-1。

种子——→幼苗——→植株——→新种子——→新幼苗——→新植株
　　　　　└─────生长周期─────┘

图 5.3-1　植物生长发育周期

5.3.1.2　植物的生育期与生育时期

1. 生育期

就草本植物而言，生育期指种子萌发出苗（返青）到新种子成熟所经历的总天数。就树木而言，生育期指从雌雄性细胞受精形成合子开始，到发育成种子，种子萌发到个体生长、繁殖、死亡的整个时期。

2. 生育时期

在草本植物的一生中，在外部的形态特征和内部的生理特性上，都会发生一系列变化，根据这些变化，特别是形态特征上的显著变化，可将其整个生育期划分若干个生育时期。

3. 树木生育时期

生育时期包括树木个体生长发育的季节/年周期、生命周期和群体生长规律。

（1）树木个体生长发育的季节/年周期。树木每年呈现的萌芽、开花、枝叶生长、芽分化、落叶休眠的规律性变化过程称为季节/年周期，见表5.3-1。温带树种最明显，可分为生长期和休眠期。生长期指从春季开始萌芽生长到秋季落叶止的整个生长季节。休眠期指从秋季树木正常落叶到次春萌芽前止。

表 5.3-1　树木个体生长发育的季节/年周期

发育期	特征
萌芽	树木由休眠转入生长的标志，萌芽期因树种、树龄、环境条件不同而异
芽形成与分化	植物茎生长点分生出叶片、腋芽转变分化出花序或花朵的过程，是由营养生长向生殖生长转变的生理和形态标志

续表

发育期	特 征
开花	花萼和花冠开放，雌蕊和雄蕊露出，开花类型分先花后叶型、花叶同放型和先叶后花型
枝叶生长	枝梢生长使树冠不断扩大，新梢生长包括伸长生长和加粗生长，通常伸长生长比加粗生长早
果实生长发育	从花谢后至果实达到生理成熟时止，营养物质的积累转化等过程
落叶与休眠	从秋季树木正常落叶到次春萌芽前止，在气候温暖的亚热带和热带地区，常绿树种通常周年生长，没有集中的落叶期、无休眠

（2）树木个体生命周期。树木个体生命周期包括种子期（胚胎期）、幼年期、青年期、壮年期和衰老期，见表5.3-2。由无性繁殖长成的树木，没有种子期，也可能没有幼年期（或幼年期很短），一生只经历青年期、壮年期和衰老期。

表5.3-2　　树木个体生命周期

生命周期	内涵与特征
种子期（胚胎期）	从卵细胞受精形成合子开始，至种子萌发时为止
幼年期	种子萌芽之后，根、茎、叶等器官分化生长形成成熟植株并具有第一次开花的潜能
青年期	从第一次开花结实到结实能力大幅上升止，即开始开花结实后的若干年。以营养生长为主，结实量小、生殖能力渐强，但种实可塑性大
壮年期	从结实能力大幅上升到大幅下降止，即树木开花结实的旺盛时期。营养生长渐慢，树冠定型；生殖生长强旺并在相当长的时期内保持稳定，是树木发挥其绿化功能的重要时期
衰老期	结实量大幅下降到衰老死亡止。生理功能显著衰退，抗逆性和可塑性大大下降。树木长势衰退，骨干枝渐枯死，新梢生长量小；开花结实能力急剧下降，以致不能正常形成花果；抗逆性显著下降

（3）树木群体生长规律。树木群体在其生长过程中随着年龄的增长，内部结构和对外界环境的要求均有所不同，并表现出一定的阶段性，分幼树阶段、幼龄林阶段、中龄林阶段、成熟林阶段和过熟林（衰老）阶段，见表5.3-3。

表5.3-3　　林木发育阶段及其相应的树龄

林木生长发育阶段	内涵与特征	树龄/年	
		一般树种	速生树种
幼树阶段	定植成活后到郁闭前，分为成活阶段和郁闭前阶段	1~3	1~2

续表

林木生长发育阶段	内涵与特征	树龄/年	
		一般树种	速生树种
幼龄林阶段	林分郁闭后的5~10年，是森林形成时期，由个体生长转向群体生长阶段	4~20	3~10
中龄林阶段	经过幼龄林阶段而进入中龄林阶段，形成较稳定的森林外貌，结构基本定型，由树高和直径速生期转入树干材积速生期	21~40	11~20
成熟林阶段	高生长明显减缓，冠形稳定；材积和生物量生长量达高峰，在后期趋于下降	41~60	21~30
过熟林阶段	林木生长显著减缓，健康度下降，抗逆性降低，开花结实量急剧下降	>60	>30

4. 草本植物生育期

草本植物生育期主要分为禾本科和豆科两大类草本植物的生育期。

（1）禾本科草本植物生育期，可划分为出苗期（返青期）、分蘖期、拔节期、孕穗期、抽穗期、开花期、成熟期、再生期，见表5.3-4。

表5.3-4　　禾本科草本植物的生育期

生育期	内涵与特征
出苗期（返青期）	种子萌发后的幼芽露出地面的时期；越年生、二年生和多年生禾草越冬后萌发，绿叶开始旺盛生长的时期
分蘖期	植株基部分蘖节长出侧枝时为分蘖期
拔节期	植株主秆的第一茎节开始伸长，茎节已露出地面1~2cm
孕穗期	植株的剑叶全部露出叶鞘，花被包在剑叶中而未显露出来，茎秆中上部呈现纺锤形
抽穗期	幼穗从茎秆顶部叶鞘中露出，但未授粉
开花期	穗中部小穗花瓣张开，花丝伸出颖外，花药成熟散粉，具有受精能力
成熟期	禾草受精后，胚和胚乳开始发育，进行营养物质转化、积累的过程，分为乳熟期、蜡熟期、完熟期
再生期	采用第一茬生育时期记载所用的术语

（2）豆科草本植物的生育期，可划分为出苗期

（返青期）、分枝期、现蕾期、开花期、结荚期、成熟期、再生期，见表5.3-5。

温危害有皮烧、根茎灼伤。不同植物对低温和高温均会表现出一定的耐受性，分别称为耐热性与耐寒性。耐热性高的植物称为耐热，耐热性低的植物称为不耐热。耐寒性高的状态称为耐寒，耐寒性很低的称为不耐寒。

表 5.3-5　豆科草本植物的生育期

生育期	内涵与特征
出苗期（返青期）	种子萌发子叶露出地表或真叶伸出地表、芽叶伸直的时期；越年生、二年生和多年生豆科牧草越冬后萌发，绿叶开始生长的时期
分枝期	植株主茎基部侧芽伸长，上有一小叶展开的时期
现蕾期	植株上部叶腋开始出现花蕾的时期
开花期	植株上花朵旗瓣和翼瓣张开的时期
结荚期	植株上个别花朵萎谢后，花瓣能见到绿色幼荚的时期
成熟期	植株上荚果脱绿变色（黄、褐、紫、黑等色），籽粒呈本种（品种）所固有的形状、大小、色泽和硬度的时期，分为绿熟期、黄熟期、完熟期
再生期	果后生育期记载采用第一茬生育时期记载所用的术语

5.3.2　植物的生态学特性

5.3.2.1　光照与耐荫性

树种忍耐荫蔽的能力，即在荫蔽条件下，完成其正常生长发育的能力称为耐荫性。根据耐荫性的差异把植物种分为喜光植物、耐荫植物和中性植物3种，见表5.3-6。

5.3.2.2　温度与耐热性、耐寒性

温度剧变或异常均会使植物产生伤害，甚至于使植物难以越夏或越冬，造成植物死亡。常见的低温危害有冷害、冻害、冻拔、冻裂与生理干旱，常见的高

表 5.3-6　耐荫特性及其典型植物种

耐荫特性	喜光植物（阳性植物）	耐荫植物	中性植物
主要特征	植物不能忍耐荫蔽，在荫蔽环境下一般不能完成更新，只能在全光照条件下才能正常生长发育	能忍受荫蔽，在荫蔽环境下可以正常更新	介于喜光与耐荫之间，随年龄、环境不同而表现出不同程度的偏喜光或偏耐荫特性
典型树种	落叶松、油松、马尾松、樟子松、白桦、杨属、柳属、桉树、相思树、刺槐、臭椿	云杉、冷杉、杜英、甜槠、白楠、建柏、竹柏、紫杉、红豆杉	红松、椴树、榆、水曲柳、杉木、毛竹、侧柏、香樟、榕树

5.3.2.3　水分与耐旱性

按植物对水分的适应不同而划分为水生植物、中生植物和旱生植物。耐旱性指能耐受干旱而维持生命的性质，一般以植物在无雨期间可生长时间的长短来表示。高等植物的耐旱性是由土壤中根的吸水量、植物体内水分的贮藏能力、蒸腾或萎蔫后可能恢复的最低含水量等关系而决定的。按旱生植物对缺水的适应方式可分为避旱植物、抗旱植物，抗旱植物又可分防旱植物、耐旱植物和适旱植物3种。

5.3.3　常用水土保持植物类群及特性

北方、南方常用水土保持树种、草种的生物学、生态学特性及其主要繁殖方法、适宜区域见表5.3-7。

表 5.3-7　常用水土保持树种、草种特性表

植物名称	科名	植物性状	主要分布区	适宜生境	一般高/m	根系分布	生长速度	萌生能力	主要繁殖方法
油松 *Pinus tabulaeformis* Carr.	松科	常绿乔木	辽宁、河北、山东、河南、山西、宁夏、甘肃、青海、四川等地	中生植物、喜光、喜温暖气候、抗寒、耐瘠薄、耐旱	25	深根	快	较强	播种
樟子松 *Pinus sylvestris* var. *mongolica* Litv.	松科	常绿乔木	黑龙江、吉林、辽宁和内蒙古东北部	中生、喜光、耐寒、抗旱	30	深根	快	较强	播种
白皮松 *Pinus bungeana* Zucc. ex Endl.	松科	常绿乔木	内蒙古、北京、河北、山东、河南等地	中生、喜光、耐寒、抗旱	25	深根	快	较强	播种

续表

植物名称	科名	植物性状	主要分布区	适宜生境	一般高/m	根系分布	生长速度	萌生能力	主要繁殖方法
赤松 *Pinus densiflora* Seb. et. Zucc.	松科	常绿乔木	华东及北部沿海、北亚热带地区	阳性树种，极喜光、耐寒、抗旱、耐土壤瘠薄	10～15	深根	较慢	较强	播种
黑松 *Pinus thunbergii* Parl.	松科	常绿乔木	旅顺、大连、山东沿海地带和武汉、南京、上海、杭州等地	阳性树种，喜光、耐干旱瘠薄、不耐水涝、不耐寒、抗海风、耐海雾	30	深根	较快	较强	播种
杜松 *Juniperus rigida* Sieb. et Zucc.	柏科	常绿乔木	黑龙江、吉林、辽宁、河北、山西、陕西、甘肃及宁夏	中生强阳性树种，喜光、喜冷凉气候、抗旱、抗海风	11	深根	较慢	较强	播种嫁接
圆柏 *Sabina chinensis* Ant.	柏科	常绿乔木	华北、西北、华东、华中、华南、西南	中生、喜光、耐荫、耐旱、耐热、对土壤要求不严	20	深根	中等	较强	播种
侧柏 *Platycladus orientalis* （L.）Franco.	柏科	常绿乔木	除台湾、海南岛、黑龙江外均有分布	中生、耐寒、耐旱、对土壤要求不严，较抗盐碱	20	浅根	较快	强	播种
华北落叶松 *Larix principis-rupprechtii* Mayr.	松科	落叶乔木	辽宁、内蒙古、河北、山西、北京	中生、喜光、耐寒、耐干旱瘠薄、对土壤要求不严	30	浅根	较快	较强	播种
胡杨 *Populus euphratica* Oliv.	杨柳科	落叶乔木	内蒙古、宁夏、甘肃、青海、新疆	中生、喜光、耐盐碱、耐涝、耐旱、耐热	30	深根	速生	强	播种扦插、根蘖
山杨 *Populus davidiana* Dode.	杨柳科	落叶乔木	东北、华北、西北、西南、华中	中生、喜光、较抗旱、耐土壤瘠薄	20	浅根	速生	强	埋条、扦插、嫁接、留根、分蘖
小叶杨 *Populus simonii* Carr.	杨柳科	落叶乔木	东北、华北、西北、四川及淮河流域	中生、喜光、不耐荫、耐旱、耐寒、耐热、对土壤要求不严、较耐碱、抗风蚀、耐水蚀	22	浅根	速生	强	播种、埋条、扦插、分蘖
新疆杨 *Populus alba* L. var. *pyramidalis* Bge.	杨柳科	落叶乔木	新疆、陕西、甘肃、内蒙古、宁夏、北京等	中生、喜光、耐旱、耐寒、耐干热、耐盐碱	30	浅根	快	较强	扦插、嫁接
加拿大杨 *Populus×canadensis* Moench	杨柳科	落叶乔木	除广东、云南、西藏外的各省区	中生、喜光、抗旱、抗寒、较耐盐碱	10	浅根	快	强	播种、扦插
旱柳 *Salix matsudana* Koidz.	杨柳科	落叶乔木	东北、华北、华中、西北及江苏、安徽、四川等地	中生、喜光、抗旱、抗寒、较耐盐碱	10	深根	快	强	播种、扦插
垂柳 *Salix babylonica* L.	杨柳科	落叶乔木	东北、华北、华中、西北及江苏、安徽、四川等地	中生、喜光、喜水湿、较耐寒、较耐湿	15	浅根	快	强	播种、扦插

植物名称	科名	植物性状	主要分布区	适宜生境	一般高/m	根系分布	生长速度	萌生能力	主要繁殖方法
白桦 *Betula platyphylla* Suk.	桦木科	落叶小乔木	东北、华北、西北、西南	中生、喜光、强阳性、耐寒、耐瘠薄、喜酸性土壤	25	深根	较快	强	播种
蒙古栎 *Quercus mongolica* Fisch. et Turcz.	壳斗科	落叶乔木	东北及河南、山东、河北、山西等地	中生、喜光、耐寒、喜凉爽气候、耐干旱瘠薄	30	深根	中等偏慢	较强	播种
麻栎 *Quercus acutissima* Carruth.	壳斗科	落叶乔木	北自东北南部、华北，南达两广，西至甘肃、四川、云南等地	中生、喜光、喜湿润气候、耐寒、耐干旱瘠薄，对土壤要求不严	25	深根	快	强	播种萌芽
槲树 *Quercus dentata* Thunb.	壳斗科	落叶乔木	东北、华北至长江流域	中生、喜光，稍耐荫、耐寒、耐旱，抗烟尘及有害气体，耐火力强	25	深根	中等	强	播种萌芽
板栗 *Castanea mollissima* Blume.	壳斗科	落叶乔木	北自东北南部，南至两广，西达甘肃、四川、云南等地均有栽培	中生、喜光、较耐寒、耐旱，对土壤要求不严	20	深根	中等	强	播种、嫁接、分蘖
核桃 *Juglans regia* L.	胡桃科	落叶乔木	从东北南部到华北、西北、华中、华南及西南均有栽培	中生、喜光、喜温暖气候、耐干冷、不耐湿热	30	深根	中等	中等	播种、嫁接
白榆 *Ulmus pumila* L.	榆科	落叶乔木	东北、华北、西北、华东、华中及西南	旱中生、喜光、耐干冷、耐寒、耐土壤瘠薄、耐盐碱、不耐水湿	25	深根	快	较强	播种、分蘖
大叶朴 *Celtis koraiensis* Nakai.	榆科	落叶乔木	东北南部、华北，经长江流域至西南（川、滇）、西北（陕、甘）各地	中生、喜光、稍耐荫、耐寒	20	深根	较慢	强	播种
构树 *Broussonetia papyrifera* (L.) Vent.	桑科	落叶乔木	华北、华中、华南、西南、西北各省	中生、喜光而稍耐荫、耐寒、耐旱、耐土壤瘠薄、弱耐盐碱	16	浅根	快	强	播种、分根、插条、压条
国槐 *Sophora japonica* L.	豆科	落叶乔木	全国各地	中生、喜光、耐旱、耐土壤瘠薄	25	深根	中等	较强	播种、埋根、扦插、压条
刺槐 *Robinia pseudoacacia* L.	豆科	落叶乔木	全国各地引种栽培	强阳性树种，喜光不耐荫蔽、较耐干旱瘠薄、轻度耐盐碱	10～20	浅根	速生	强	播种、分蘖、根插
山荆子 *Malus baccata* Borkh.	蔷薇科	落叶乔木	东北及内蒙古、山东、山西、河北、陕西、甘肃等地	中生、喜光、抗寒、抗旱、耐瘠薄土壤	5～10	深根	中等	较弱	播种

植物名称	科名	植物性状	主要分布区	适宜生境	一般高/m	根系分布	生长速度	萌生能力	主要繁殖方法
山楂 *Crataegus pinnatifida* Bunge	蔷薇科	落叶乔木	东北、华北等地	中生、喜光稍耐荫、耐寒、耐干旱瘠薄	3~6	深根	中等	强	播种、分株
山杏 *Prunus ansu* Kom.	蔷薇科	落叶乔木	东北南部、华北、西北地区	中生、喜光、耐寒、耐干旱瘠薄	1.5~5	深根	中等	较强	播种
文冠果 *Xanthoceras sorbifolia* Bunge	无患子科	落叶乔木	东北、华北和西北	中生、喜光、耐寒、耐干旱瘠薄	4~10	深根	中等	较差	播种、插根
梭梭 *Haloxylon ammodendron* Bunge	藜科	落叶乔木	西北荒漠区	强旱生沙生植物、喜光不耐荫、抗旱、耐热、耐寒、耐土壤瘠薄、强耐盐碱、抗风蚀	1~4	深根	中等	较差	播种
臭椿 *Ailanthus altissima* Swingl	苦木科	落叶乔木	东北南部、华北、西北至长江流域各地均有分布	中生、喜光、耐干旱瘠薄、不耐水湿、耐中度盐碱、较耐寒	30	深根	较快	强	播种
五角枫 *Acer mono* Maxim.	槭树科	落叶乔木	东北、华北、西北和长江流域各地	中生、弱阳性、稍耐荫、抗旱、耐寒、耐贫瘠、对土壤要求不严	20	深根	中等	较强	播种
栾树 *Koelreuteria paniculata* Laxm.	无患子科	落叶乔木	北自东北南部，南到长江流域及福建，西到甘肃东南部及四川中部均有分布	中生、喜光、耐半荫、耐寒、耐干旱瘠薄、耐盐渍及短期水涝	15	深根	中等	强	播种、分蘖、根插
沙枣 *Elaeagnus angustifolia* L.	胡颓子科	落叶乔木	东北、华北及西北	中旱生、喜光、耐寒、耐旱、耐水湿、耐盐碱、耐瘠薄	5~10	浅根	快	强	播种、扦插
大叶白蜡 *Fraxinus rhynchophylla* Hance.	木犀科	落叶乔木	河北、山西、山东、北京、天津及河南北部、辽宁南部、陕西、甘肃	中生、阳性、喜光、较耐旱、耐寒、耐盐碱、耐瘠薄	10~15	深根	快	强	播种
绒毛白蜡 *Fraxinus velutina* Torr.	木犀科	落叶乔木	黄河中、下游及长江下游	中生、阳性、喜光、较耐旱、耐寒、强度耐盐碱、耐水湿	10~18	深根	快	强	播种
沙地柏 *Sabina vulgaris* Ant.	柏科	常绿针叶灌木	西北、华北、东北	中旱生、阳性、喜光略耐荫、耐寒、极耐干旱瘠薄、抗风蚀沙埋	1~2	浅根	较快	强	播种、扦插、埋条
北沙柳 *Salix psammophila* C. Wang et C. Y. Yang	杨柳科	落叶灌木	陕西北部、宁夏东部、内蒙古西部	中生、喜光也耐荫、耐寒且耐热、喜湿、耐旱、耐低湿盐碱、抗风蚀沙埋	2~4	浅根	快	强	播种、扦插、埋条
黄柳 *Salix gordejevii* Y. L. Chang et Skv.	杨柳科	落叶灌木	内蒙古、辽宁西部	旱中生、喜光、耐寒、耐旱、耐低湿盐碱、抗风蚀沙埋	1~2	浅根	快	强	播种、扦插、埋条

植物名称	科名	植物性状	主要分布区	适宜生境	一般高 /m	根系分布	生长速度	萌生能力	主要繁殖方法
沙木蓼 *Atraphaxis bracteata* A. Los.	蓼科	落叶灌木	内蒙古、宁夏、甘肃西部、陕西北部、青海	沙生旱生、喜光、耐寒、耐旱、抗风蚀沙埋	1～2	深根	快	强	播种、扦插
沙拐枣 *Calligonum mongolicum* Turcz.	蓼科	落叶灌木	内蒙古、甘肃西部及新疆东部	沙生旱生、喜光、耐寒、耐旱、抗风蚀沙埋	0.5～1.5	深根	较快	较强	播种
细叶小檗 *Berberis poiretii* Schneid.	小檗科	落叶灌木	辽宁、吉林、内蒙古、河北、山西等省（自治区）	中生、喜光、耐寒、耐旱、耐瘠薄	0.5～2.0	浅根	较快	强	播种、扦插
土庄绣线菊 *Spiraea pubescens* Turcz	蔷薇科	落叶灌木	东北及内蒙古、河北、河南、山西、甘肃、陕西、山东、安徽、湖北等地	中生、喜光、耐寒、耐旱、耐瘠薄	1～2	浅根	较快	强	播种、分株、扦插
玫瑰 *Rosa rugosa* Thunb.	蔷薇科	落叶灌木	全国各地	中生、喜光、耐寒、耐旱、对土壤要求不严、不耐涝	1～2	浅根	快	强	分株、扦插
黄刺玫 *Rosa xanthina* Lindl.	蔷薇科	落叶灌木	东北、华北至西北	中生、喜光、耐寒、耐旱、耐瘠薄	1～2	浅根	快	强	分枝、压条、扦插
蒙古扁桃 *Prunus mongolica* Maxim	蔷薇科	落叶灌木	内蒙古、宁夏、甘肃等省（自治区）	旱生、喜光、耐寒、耐旱、耐瘠薄	1～1.5	深根	慢	较强	分枝、压条、扦插
沙冬青 *Ammopiptanthus mongolicus* Cheng f.	豆科	常绿阔叶灌木	新疆、内蒙古和宁夏	强旱生、喜光、耐寒、耐旱、耐瘠薄	1～2	深根	慢	中等	播种
柠条锦鸡儿 *Caragana korshinskii* Kom.	豆科	落叶灌木	东北、华北	中生、喜光、耐荫、耐寒、耐旱、耐瘠薄	1～2	浅根	较快	强	播种
狭叶锦鸡儿 *Caragana stenophylla* Pojark.	豆科	落叶灌木	甘肃、宁夏、内蒙古、山西、陕西、新疆等省（自治区）	旱生、喜光、耐荫、耐寒、耐旱、耐瘠薄、耐热、抗风沙	0.2～1.0	深根	中等	强	播种
紫穗槐 *Amorpha fruticosa* L.	豆科	落叶灌木	东北中部以南、华北、西北，南至长江流域	中生、喜光、耐寒、耐旱瘠薄、耐盐碱	1～2	浅根	快	强	播种
细枝岩黄芪 *Hedysarum scoparium* Fisch. et	豆科	落叶灌木	甘肃、宁夏、内蒙古、新疆等省（自治区）	旱生沙生、喜光、耐旱、抗风蚀沙埋、耐严寒酷热	1～3	深根	快	强	播种、扦插
白刺 *Nitraria sibirica* Pall.	蒺藜科	落叶灌木	东北、华北、西北	中生、喜光、耐旱、耐盐碱、抗风蚀沙埋	0.5～1	浅根	快	强	播种
黄栌 *Cotinus coggygria* scop.	漆树科	落叶灌木	西南、华北和浙江	中生、喜光、耐半荫、稍耐寒、耐干旱瘠薄、耐碱性土壤、不耐水湿	3～5	浅根	快	强	播种、压条、根插、分株

植物名称	科名	植物性状	主要分布区	适宜生境	一般高/m	根系分布	生长速度	萌生能力	主要繁殖方法
柽柳 *Tamarix chinensis* Lour.	柽柳科	落叶灌木	西北、华北、海河流域、黄河中下游及淮河流域	中生、喜光、耐寒、耐干旱瘠薄、耐盐碱	2~5	浅根	快	强	播种、扦插
中国沙棘 *Hippophae rhamnoides* L. ssp. sinensis Rousi	胡颓子科	落叶灌木	内蒙古、河北、山西、陕西、甘肃、宁夏、青海、新疆、四川、云南、贵州、西藏等省（自治区）	中生、喜光、不耐荫、耐寒、耐干旱瘠薄、耐热、耐盐碱	1~5	浅根	快	强	播种、扦插、压条、分蘖
黄荆 *Vitex negundo* L.	马鞭草科	落叶灌木	全国各地	中生、喜光、耐干旱瘠薄	5	浅根	快	强	播种、分株
枸杞 *Lycium chinense* Mill.	茄科	落叶灌木	全国各地	中生、喜光、抗旱、稍耐寒、对土壤要求不严，耐碱性强	1~2	浅根	快	强	播种、扦插、压条、分枝
地肤 *Kochia scoparia* (L.) Schrad	藜科	一年生草本	全国各地	中生、喜温、喜光、耐干旱瘠薄、耐寒、耐热、对土壤要求不严，较耐碱性土壤	0.5~1.0	浅根	快	强	播种
紫花苜蓿 *Medicago sativa* L.	豆科	多年生草本	向北到北纬50°，向南到江苏、湖南、湖北和云南的高山地区	中生、喜温、喜光、耐干旱瘠薄、耐寒、耐热、中度耐盐碱、对土壤要求不严格，不耐湿热	0.5~1.0	深根	快	强	播种
草木樨 *Melilotus officinalis* (L.) Lamarck	豆科	二年生草本	东北、华北、西北及山东、江苏、安徽、江西、浙江、四川和云南等地	中生、喜温、喜光、耐干旱瘠薄、耐寒、耐热、耐酸碱，对土壤要求不严	0.5~1.2	深根	快	强	播种
草木樨状黄芪 *Astragalus melilotoides* Pall.	豆科	多年生草本	东北、西北、华北部分地区	旱生、喜光、耐干旱瘠薄、耐寒、对土壤要求不严	0.5~1.5	浅根	快	强	播种
沙打旺 *Astragalus adsurgens* Pall.	豆科	多年生草本	东北、华北、西北和西南地区	旱生、喜光、抗旱、耐寒、耐瘠薄、耐盐碱、抗风蚀沙埋	0.2~1.0	浅根	快	强	播种
红三叶草 *Trifolium pratense* L.	豆科	多年生草本	西南、华中、华北南部、东北南部和新疆等地	中生、喜光、较抗旱、耐潮湿与短期淹水、较耐酸性，但耐碱性较差	0.2~0.6	浅根	快	强	播种
白三叶草 *Trifolium repens* L.	豆科	多年生草本	东北及新疆、云南、贵州、湖南、湖北、江西、浙江等地	中生、喜光、较耐荫、耐寒耐热性较强，不耐旱和长期积水，对土壤要求不严，较耐酸性，但耐碱性较差	0.15~0.5	浅根	快	强	播种、分株

植物名称	科名	植物性状	主要分布区	适宜生境	一般高/m	根系分布	生长速度	萌生能力	主要繁殖方法
小冠花 *Coronilla varia* L. （CrownVetch.）	豆科	多年生草本	江苏、山西、江西、湖北、湖南、陕西、山东、河北、河南、辽宁、北京等省（直辖市）	中生、喜光、抗寒、耐旱、耐瘠薄、耐高温，对土壤要求不严、耐盐碱	0.6~1.1	浅根	快	强	播种、分株、扦插
毛苕子 *Vicia villosa* Roth.	豆科	一年或二年生草本	黄河、淮河、海河流域	耐荫、耐寒不耐热、耐旱不耐水淹，对土壤要求不严，耐盐碱性强	0.4~1.0	深根	快	强	播种、分株、扦插
聚合草 *Symphytum officinale* L.	紫草科	多年生草本	黄河、淮河、海河流域	中生、较耐荫、较抗旱、耐寒	0.5~1.5	浅根	快	强	分株、切根、扦插
罗布麻 *Apocynum venetum* L.	夹竹桃科	多年生草本或半灌木	西北、华北、华东、东北	耐寒、耐旱、耐热、强度抗盐碱，对土壤要求不严	0.5~2	深根	快	强	种子、根茎、分株
冰草 *Agropyron cristatum* （L.）Gaertn.	禾本科	多年生草本	东北、华北、西北等地	旱生、强耐旱、耐寒，对土壤要求不严，耐瘠薄、耐盐碱、不耐涝	0.3~0.8	浅根	快	强	种子
拂子茅 *Calamagrostis epigeios* Roth.	禾本科	多年生草本	东北、华北、西北等地	旱生，对土壤要求不严，耐瘠薄、耐盐碱水湿	0.5~1.0	浅根	快	强	种子、根茎
菅草（黄背草） *Themeda triandra* Forsk. var. *japonica* （Willd.）Makino.	禾本科	多年生草本	除新疆、青海、内蒙古等省（自治区）以外几乎均有分布	旱生，对土壤要求不严，耐旱耐瘠薄	0.8~1.5	浅根	快	强	种子、根茎
鸭茅 *Dactylis glomerata* L.	禾本科	多年生草本	华北、华中及青海、甘肃、陕西、吉林、江苏、湖北、四川及新疆等地	中生、喜光也耐荫、耐旱性较强、耐寒性差、耐荫，对土壤要求不严	0.7~1.2	浅根	快	强	播种
无芒雀麦 *Bromus inermis* Leyss.	禾本科	多年生草本	东北、华北和西北等地	中生、喜光、耐旱、耐寒，对土壤要求不严，轻度耐盐碱、耐水淹	0.5~1.4	浅根	快	强	播种
老芒麦 *Elymus sibiricus* L.	禾本科	多年生草本	东北及内蒙古、河北、山西、陕西、甘肃、青海、新疆、四川、西藏等地	旱中生、喜光、较耐旱、耐寒性强，对土壤要求不严，耐瘠薄、耐弱酸、微碱	0.3~0.8	浅根	快	强	播种
垂穗披碱草 *Elymus nutans* Griseb.	禾本科	多年生草本	西藏、西北、华北等地	中生、喜光、耐旱性较强、耐寒性极强，对土壤要求不严，耐瘠薄	0.5~1.2	浅根	快	强	播种

植物名称	科名	植物性状	主要分布区	适宜生境	一般高/m	根系分布	生长速度	萌生能力	主要繁殖方法
羊草 *Leymus chinensis* (Trin.) Tzvel.	禾本科	多年生草本	东北平原，内蒙古高原的东部和华北的山区、平原，黄土高原，西北各省份	中旱生、耐旱、耐寒、耐盐碱	0.3～1.0	浅根	快	强	播种、根茎
苇状羊茅 *Festuca arundinacea* Schreb.	禾本科	多年生草本	北方暖温带的大部分地区及南方亚热带	中旱生、抗寒又耐热，对土壤适应性广，耐旱亦耐湿、耐盐碱亦耐酸性土壤	0.5～1.4	浅根	快	强	播种、根茎
碱茅 *Puccinellia distans* (L.) Parl.	禾本科	多年生草本	华北及内蒙古、甘肃、宁夏、青海、新疆等地	中生、喜光不耐荫、抗寒力强、耐旱，对土壤要求不严	0.2～0.6	浅根	快	强	播种、根茎
星星草 *Puccinellia tenuiflora* (Griseb.) Scribn. et Merr.	禾本科	多年生草本	辽宁、吉林、黑龙江、内蒙古、河北、甘肃、青海、新疆等地	中生、耐寒，对土壤要求不严，耐瘠薄、喜潮湿、微碱性土壤	0.2～0.6	浅根	快	强	播种、根茎
大米草 *Spartina anglica* C. E. Hubb.	禾本科	多年生草本	北起辽宁锦西县南至广西海滩的沿海滩涂	阳性、湿生、耐淹不耐干旱、不耐蔽荫、耐淤积、耐高温、较耐寒、不耐酸、抗风	0.2～1.5	浅根	快	强	分株
龙须草 *Eulaliopsis binata* (Retz.) C. E. Hubb.	禾本科	多年生草本	西南、华中及陕西、台湾、两广等地	阳性、喜光耐荫、喜温耐热惧寒、较抗旱、耐贫瘠，对土壤要求不严，耐一定程度的酸碱	0.3～0.8	浅根	快	强	播种、分丛
柏木 *Cupressus funebris* Endl.	柏科	常绿乔木	分布很广，产于浙江、福建、江西、湖南、湖北、四川、贵州、广东、广西、云南	喜温暖湿润的气候条件，对土壤适应性广，中性、微酸性及钙质上均能生长。耐干旱瘠薄，也稍耐水湿，耐寒性较强	35	浅根	快	较强	播种
西藏柏木 *Cupressus torulosa* D. Don	柏科	常绿乔木	西藏东部及南部	在中性、微酸性和钙质土上均能生长，以在湿润、深厚、富含钙质的土壤上生长最快，耐贫瘠的山地	20	深根	快	较强	播种
柳杉 *Cryptomeria fortunei* Hooibr. ex Otto &Dietrich	杉科	常绿乔木	特有树种，产于浙江天目山、福建南屏及江西庐山等地；江苏南部、浙江、安徽南部、河南、湖北、湖南、四川、贵州、云南、广西及广东等地均有栽培	幼龄能稍耐荫，在温暖湿润的气候和土壤酸性、肥厚而排水良好的山地生长较快	40	深根	快	较强	播种

植物名称	科名	植物性状	主要分布区	适宜生境	一般高/m	根系分布	生长速度	萌生能力	主要繁殖方法
杉木 *Cunninghamia lanceolata* (Lamb.) Hook.	杉科	常绿乔木	长江流域、秦岭以南地区栽培最广、经济价值高的用材树种	较喜光，喜温暖湿润、多雾静风的气候环境，不耐严寒及湿热、怕风、怕旱	30	浅根	快	强	播种、插条、根株萌芽
华山松 *Pinus armandii* Franch.	松科	常绿乔木	山西南部、河南西南部、陕西南部、甘肃南部、四川、湖北西部、贵州中部及西北部、云南及西藏等地	气候温凉而湿润、酸性黄壤、黄褐壤土或钙质土，稍耐干燥瘠薄的土地，能生于石灰岩石缝间	35	深根	快	强	播种
思茅松 *Pinus kesiya* Royle ex Gord.	松科	常绿乔木	云南南部地区；云南中部、四川西昌地区有栽培	喜光树种，喜高温湿润环境，不耐寒，不耐干旱瘠薄土壤	30	深根	快	较强	播种、扦插
华南五针松 *Pinus kwangtungensis* Chun ex Tsiang	松科	常绿乔木	我国特有树种，产于湖南、贵州、广西、广东及海南	喜生于气候温湿、雨量多、土壤深厚、排水良好的酸性土壤及多岩石的山坡与山脊上，常与阔叶树及针叶树混生	30	深根	快	强	播种
云南松 *Pinus yunnanensis* Franch.	松科	常绿乔木	我国云南、西藏东南部、四川、贵州、广西等地	为喜光性强的深根性树种，适应性强，能耐冬春季干旱气候及瘠薄土壤，能生于酸性红壤、红黄壤及棕色森林土或微石灰性土壤上	30	深根	快	强	播种
马尾松 *Pinus massoniana* Lamb.	松科	常绿乔木	江苏、安徽、河南西部、陕西、长江中下游各省份	喜光、不耐荫，喜温暖湿润气候，能生于干旱、瘠薄的红壤、石砾土及砂质土，或生于岩石缝中，不喜钙质土壤，不耐盐碱	45	深根	快	强	播种、根株萌芽
滇油杉 *Keteleeria evelyniana* Mast.	松科	常绿乔木	我国特有树种，产于云南、贵州西部及西南部、四川西南部	喜光，喜生于气候温暖或温凉、干湿明显的地区，抗旱性强，不耐荫	40	深根	快	强	播种
乌桕 *Sapium sebiferum* (L.) Roxb.	大戟科	常绿乔木	黄河以南各省份，北达陕西、甘肃	对高温有较强的适应能力，喜湿、喜光，对土壤要求不严，既能耐一定的水湿条件，同时也忍耐一定的干旱和贫瘠	15	深根	快	强	播种
余甘子 *Phyllanthus emblica* L.	大戟科	常绿灌木	江西、福建、台湾、广东、海南、广西、四川、贵州和云南等省份	极喜光，耐干热瘠薄环境	23	深根	快	强	播种

植物名称	科名	植物性状	主要分布区	适宜生境	一般高/m	根系分布	生长速度	萌生能力	主要繁殖方法
亮叶桦 *Betula luminifera* H. Winkl.	豆科	落叶乔木	云南、贵州、四川、陕西、甘肃、湖北、江西、浙江、广东、广西	暖湿润气候及肥沃酸性砂质壤土	20	深根	快	强	播种
桤木 *Alnus cremastogyne* Burk.	桦木科	落叶乔木	我国特有树种，四川各地普遍分布，亦见于贵州北部、陕西南部、甘肃东南部	喜光，喜温暖气候，固氮树种，对土壤适应性强，喜水湿、耐瘠薄	30～40	深根	快	强	播种
枫香 *Liquidambar formosana* Hance	金缕梅科	落叶乔木	我国秦岭及淮河以南各省份，北起河南、山东，东至台湾，西至四川、云南及西藏，南至广东	性喜阳光，性耐火烧	30	深根	快	强	播种
滇青冈 *Cyclobalanopsis glaucoides* Schott.	壳斗科	常绿乔木	四川、贵州、云南	较强的适应性，稍耐荫，喜生于微碱性、中性至微酸性土壤中	20	深根	快	强	播种
青冈 *Cyclobalanopsis glauca* （Thunb.）Oerst.	壳斗科	常绿乔木	陕西、甘肃、江苏、安徽、浙江、江西、福建、台湾、河南、湖北、湖南、广东、广西、四川、贵州、云南、西藏等省（自治区）	较强的适应性，稍耐荫，喜生于微碱性、中性至微酸性土壤中	20	深根	快	强	播种、萌芽
栓皮栎 *Quercus variabilis* Bl.	壳斗科	落叶乔木	辽宁、河北、山西、陕西、甘肃、山东、江苏、安徽、浙江、江西、福建、台湾、河南、湖北、湖南、广东、广西、四川、贵州、云南等省（自治区）	喜光，对气候、土壤的适应性强。耐干旱、瘠薄，而以深厚、肥沃、适当湿润而排水良好的壤土和砂质壤土最适宜，不耐积水	30	深根	快	强	播种
川楝 *Melia toosendan* Siebold & Zucc.	楝科	落叶乔木	甘肃、湖北、四川、贵州和云南等省	喜温暖湿润气候，喜阳，不耐荫蔽	10	深根	快	强	播种
马桑 *Coriaria nepalensis* Wall.	马桑科	落叶灌木	云南、贵州、四川、湖北、陕西、甘肃、西藏	适应性强，对土壤要求不严	2.5	深根	快	强	播种
木棉 *Bombax malabaricum* DC.	木棉科	落叶乔木	云南、四川、贵州、广西、江西、广东、福建、台湾等省（自治区）亚热带	喜高温高湿的气候环境，耐寒力较低，喜光，不耐荫蔽，耐烈日高温，对土壤要求不严	25	深根	快	强	播种
白蜡 *Fraxinus chinensis* Roxb.	木犀科	落叶乔木	南北各省份	阳性、喜光、较耐旱、耐盐碱、耐瘠薄	12	深根	快	强	播种

植物名称	科名	植物性状	主要分布区	适宜生境	一般高/m	根系分布	生长速度	萌生能力	主要繁殖方法
黄连木 *Pistacia chinensis* Bunge.	漆树科	落叶乔木	长江以南各省份及华北西北	喜光、稍耐荫、喜温暖畏寒、抗风力强	20	深根	较慢	强	播种
南酸枣 *Choerospondias axillaris* (Roxb.) Burtt et Hill.	漆树科	落叶乔木	西藏、云南、贵州、广西、广东、湖南、湖北、江西、福建、浙江、安徽	强阳性树种,生长快、适应性强,浅根性,不耐高温和严寒,有一定的耐旱涝能力	20	浅根	快	强	播种
油茶 *Camellia oleifera* Abel.	山茶科	灌木或中乔木	从长江流域到华南各地广泛栽培	喜温暖、怕寒冷,对土壤要求不甚严格,一般适宜土层深厚的酸性土	5	深根	快	强	播种
木荷 *Schima superba* Gardn. et Champ.	山茶科	落叶乔木	浙江、福建、台湾、江西、湖南、广东、海南、广西、贵州	喜光,幼年稍耐荫,适应亚热带气候,对土壤适应性较强,酸性土如红壤、红黄壤、黄壤上均可生长	25	深根	快	强	播种
鹅掌柴 *Schefflera octophylla* (Lour.) Harms	五加科	乔木或灌木	西藏(察隅)、云南、广西、广东、浙江、福建和台湾	喜温暖、湿润和半阴环境,生长适温为16~21℃,喜湿怕干。土壤以肥沃、疏松和排水良好的砂质壤土为宜	15	深根	快	强	播种
滇杨 *Populus yunnanensis* Dode	杨柳科	落叶乔木	云南、贵州和四川	适于长江以南山区生长,较耐湿热,要求年平均温度15℃左右,年降水量1200mm,在沟旁、河边土层深厚的冲积土上生长迅速	20	深根	快	强	插条
四蕊朴 *Celtis tetrandra* Roxb.	榆科	落叶乔木	西藏南部,云南中部、南部和西部,四川(西昌),广西西部	喜光,适温暖湿润气候,对土壤要求不严,有一定耐干能力,适应力较强	30	深根	快	强	播种
猪屎豆 *Crotalaria pallida* Ait.	豆科	灌木状草本	福建、台湾、广东、广西、四川、云南、山东、浙江、湖南	荒山草地及砂质土壤	1~2.5	浅根	快	强	播种
狗牙根 *Cynodon dactylon* (L.) Pers.	禾本科	多年生草本	黄河以南各省份	中生、喜光稍耐荫、耐热,有一定的抗旱、抗盐碱能力,不耐寒、耐水淹,对土壤要求不严	0.1~0.3	浅根	快	强	播种、分株、切茎撒压、块植、条植
知风草 *Eragrostis ferruginea* (Thunb.) Beauv.	禾本科	多年生草本	南北各地	很强的抗旱性和抗寒性,适于在干燥寒冷的地区生长,不耐盐碱,也不耐涝	0.3~1.1	浅根	快	强	播种、分株繁殖

植物名称	科名	植物性状	主要分布区	适宜生境	一般高/m	根系分布	生长速度	萌生能力	主要繁殖方法
画眉草 *Eragrostis pilosa* (L.) Beauv.	禾本科	一年生草本	全国各地	喜温暖气候和向阳环境	0.1～0.6	浅根	快	强	播种
剪股颖 *Agrostis matsumurae* Hack. ex Honda	禾本科	多年生草本	我国四川东部、云南、贵州及华中、华东各省份	有一定的耐盐碱力，耐瘠薄，不耐水淹	0.2～0.5	浅根	快	强	播种
结缕草 *Zoysia japonica* Steud.	禾本科	多年生草本	东北、河北、山东、江苏、安徽、浙江、福建、台湾	喜光，耐践踏，耐盐碱和贫瘠	0.2	浅根	快	强	播种、插茎
马唐 *Digitaria sanguinalis* (L.) Scop.	禾本科	一年生草本	西藏、四川、新疆、陕西、甘肃、山西、河北、河南及安徽等地	喜湿、好肥、嗜光照，对土壤要求不严，在弱酸、弱碱性的土壤上均能良好地生长	0.8	浅根	快	强	播种
早熟禾 *Poa annua* L.	禾本科	一年生或冬性禾草	广布我国南北各省份	喜光，耐荫性也强，耐旱性较强，抗热性较差，对土壤要求不严，耐瘠薄，不耐水湿	0.3	浅根	快	强	播种

参 考 文 献

[1] 崔大方. 植物分类学 [M]. 3版. 北京：中国农业出版社，2010.

[2] 邓桂香，雷玮，李江. 思茅松扦插繁殖潜在优势及生产模式探讨 [J]. 西南林学院学报，2006 (02)：87-92.

[3] 冯玉元. 云南油杉 [J]. 云南林业，2004 (06)：21.

[4] 冯育才，邓小敏. 亮叶桦育苗栽培技术 [J]. 林业实用技术，2006 (10)：22.

[5] 富象乾. 植物分类学 [M]. 北京：中国农业出版社，1990.

[6] 胡刚. 桂林岩溶石山青冈栎群落生态学研究 [D]. 桂林：广西师范大学，2007.

[7] 黄杏，刘崇欣，周应书. 浅谈藏柏两段育苗技术 [J]. 农业装备技术，2013 (04)：39.

[8] 李滨生. 治沙造林学 [M]. 北京：中国林业出版社，1990.

[9] 李冬林，黄栋，王瑾，等. 乌桕研究综述 [J]. 江苏林业科技，2009 (04)：43-47.

[10] 李俊清. 森林生态学 [M]. 北京：高等教育出版社，2010.

[11] 李令，郑道爽. 栓皮栎的特征特性及栽培技术 [J]. 现代农业科技，2010 (05)：189.

[12] 陆时万，徐祥生，沈敏健. 植物学 [M]. 2版. 北京：高等教育出版社，1991.

[13] 李义. 黄连木在园林中的应用 [J]. 特种经济动植物，2009 (12)：30.

[14] 林志鹏. 马尾松切根育苗技术 [J]. 林业科技开发，1999 (01)：15-16.

[15] 刘继红. 河南省野生植物种类及其在园林绿化中的应用 [J]. 现代农业科技，2012 (20)：173，180.

[16] 刘莉，胡涛，傅金民. 中国沿海地区野生结缕草属分布现状调查与耐盐性评价 [J]. 草业科学，2012 (08)：1250-1255.

[17] 刘晓庚，谢兴红，文芳华，等. 赣南山区经济林——南酸枣 [J]. 国土与自然资源研究，1995 (02)：64-67.

[18] 申关望，沈光辉，扶定. 城市行道树杉木栽培技术及应用 [J]. 现代农村科技，2013 (17)：52.

[19] 沈国舫. 森林培育学 [M]. 北京：中国林业出版社，2001.

[20] 孙保平. 荒漠化防治工程学 [M]. 北京：中国林业出版社，2000.

[21] 孙学华. 栓皮栎特征特性及其人工林栽培技术 [J]. 现代农业科技，2013 (19)：206-209.

[22] 唐欣，向佐湘，苏鹏. 狗牙根研究进展 [J]. 作物研究，2009 (05)：383-386.

[23] 汪远. 植物形态学术语图解. http://blog.sina.com.cn/s/blog_86a5ebee010171m9.html.

[24] 吴兆录. 思茅松研究现状的探讨 [J]. 林业科学，1994 (02)：151-157.

［25］ 吴征镒，路安民，汤彦承．中国被子植物科属综论［M］．北京：科学出版社，2003．

［26］ 武吉华，张绅．植物地理学［M］．北京：高等教育出版社，2004．

［27］ 闫敏．柏木栽培技术及应用［J］．现代农村科技，2013（18）：54．

［28］ 张光灿，胡海波，王树森．水土保持植物［M］．北京：中国林业出版社，2011．

［29］ 张军．三种不同药剂对鹅掌柴生根的影响试验［J］．农村科技，2008（04）：25 - 26．

［30］ 中国植物志编辑委员会．中国植物志［M］．7～80卷．北京：科学出版社，1978 - 2002．

［31］ 中华本草编委会．中华本草：8 卷［M］．上海：上海科技出版社，1999．

第6章 生 态 学

章主编　李传荣　张光灿　苏芳莉　刘　霞
章主审　王治国　贺康宁

本章各节编写及审稿人员

节次	编写人	审稿人
6.1	李传荣　苏芳莉　张光灿　李海福　田　赟　刘　霞	王治国 贺康宁
6.2	贺康宁　苏芳莉　李传荣　高　鹏　牛健植　张光灿　王　晶	

第6章 生 态 学

6.1 生态学基础

6.1.1 生态学的基本概念

生态学是研究生物与环境之间相互关系及其作用机理的科学。生态学的研究内容广泛，并形成很多分支学科，按研究的生物类别可划分为植物生态学、动物生态学、微生物生态学、人类生态学等；按生物系统的结构层次可划分为个体生态学、种群生态学、群落生态学、生态系统生态学等；按生物栖居的环境类别可划分为陆地生态学和水域生态学，其中前者又可分为森林生态学、草原生态学、荒漠生态学、土壤生态学等，后者可分为海洋生态学、湖沼生态学、流域生态学等；按照应用的领域可分为农业生态学、工业资源生态学、环境生态学、生态保育、生态信息学、城市生态学、生态系统服务学、景观生态学等。一般的，生态学可以从个体、种群、群落、生态系统和人与环境的关系由小到大进行讨论与叙述。与水土保持关系最为密切的分支学科主要有森林生态学、植物生态学、草地生态学、农业生态学、景观生态学、湿地生态学等。按生物系统结构层次划分的生态学常用的基本概念见表6.1-1。

**表 6.1-1 按生物系统结构层次划分的
生态学基本概念**

分类	名称	定 义
个体生态学	生态因子	指在所有的环境因子中，对生物有作用的被称为生态因子，它强调"影响生物的性状和分布的环境条件"，或称为生态因素
	主导因子	指那些在一定条件下时常对植物或其他因子的变化起着更大的制约作用的生态因子
	限制因子	指限制生物生存和繁殖的关键性因子
	生境	指具体的生物个体和群体生活地段上的生态环境
	植物环境	指植物生存地点外周围空间（包括地上和地下部分）的一切因素总和

分类	名称	定 义
种群生态学	种群	指在特定的时间和一定的空间中生活和繁殖的同种个体所组成的群体。简而言之，在一定空间中同种个体的总和。是物种在自然界存在的基本单位
	种内关系	指在同一种群及内部成员之间的关系。主要包括种内竞争、种内互助等
	种间关系	指不同种群之间的相互作用所形成的关系。两个种群的相互关系可以是间接的，也可以是直接的相互影响，包括竞争、捕食、寄生、中性、共生、互惠、偏利、偏害等
群落生态学	生物群落	指在一定时间内，居住于一定区域或生境内的各种生物种群的集合。它们相互联系、相互影响，构成一个统一的整体单元，根据群落的组成特点，可分为植物群落、动物群落和微生物群落三大类
	生态演替	指同一地段一个植物群落被另一个植物群落所替代的过程。主要表现为优势种的改变和群落外貌结构的改变；其实质是群落组成成分更替和群落环境的更替
	演替序列	群落的演替是连续进行的，同一地段上一个植物群落相继为另一个植物群落所替代的总过程
	生态交错区	指两个或多个生态地带（或群落）之间的过渡区域，称为生态交错区或生态环境脆弱带，如森林和草地之间的林缘
	边缘效应	指生态交错区内的物种多样性特别高的现象，既有出现在交错区本身的种，也有来自相邻两个群落的种
	生态位	指一个种与其他种相关联的特定时间位置、空间位置和功能地位
	生物多样性	指在一定时间和一定地区所有生物（动物、植物、微生物）物种及其遗传变异和生态系统的复杂性总称，包括遗传多样性、物种多样性和生态系统多样性三个层次

续表

分类	名称	定　义
群落生态学	物种多样性	物种多样性是生物多样性的简单度量，即物种的数量，其他的度量还有种群的稀有程度，以及它们具备的进化稀有特征的数量
	遗传多样性	又称为基因多样性。同种个体间因为其生活环境的不同，经历长时间的天择、突变所产生的结果。遗传多样性越高，则种群中可提供环境天择的基因愈多，对环境的适应能力就愈强，有利于族群的生存及演化
	生态系统多样性	是一个地区的生态多样化程度，涵盖生物圈之内现存的各种生态系统（如森林生态系统、草原生态系统、湿地生态系统等），也就是在不同物理大背景中发生的各种不同的生物生态进程
生态系统生态学	生态系统	指在一定的地域中，生物与生物之间，生物与环境之间相互影响、相互制约形成的一个有机整体
	食物链	指生态系统中生产者固定的能量和物质，通过一系列的取食与被食关系在系统中传递，这种生物成员之间通过取食与被食的关系所联系起来的链状结构称为食物链。按照生物与生物之间的关系可将食物链分为捕食食物链、腐食食物链和寄生性食物链
	食物网	指自然界中的许多食物链彼此交织形成的复杂的网状营养结构
	生态平衡	指在一定时间内生态系统中的生物和环境之间、生物各个种群之间，通过能量流动、物质循环和信息传递，使它们相互之间达到高度适应、协调和统一的状态

6.1.2　个体生态学

　　个体生态学的主要研究内容是生物与环境的关系，重点是生物个体与其主要生态因子之间的关系，主要内容包括各生态因子的生态效应、对生物的影响以及生物的抗性和适应。为研究方便，通常将生态因子划分为如下类型，见表 6.1-2。

表 6.1-2　　生态因子的类型

生态因子类型	主　要　内　容
气候因子	包括光、热、温度、水分、空气、雷电等，对生物的形态、结构、生理生化、生长发育、生物量及地理分布都有不同的作用

续表

生态因子类型	主　要　内　容
土壤因子	包括土壤结构、理化性质及土壤生物等
地形因子	地形是个间接因子，如海拔、坡度、坡向、坡位等，它的变化影响气候（如光、温、水等）
生物因子	与植物发生相互关系的动物、植物、微生物，包括它们之间的生态作用及其相互关系
人为因子	主要指人类对资源的利用、改造，以及破坏过程中给生物带来的影响
火因子	是自然环境的一部分。尤其对温带地区的森林作用巨大

6.1.2.1　植物与太阳辐射

　　自地球上生命诞生以来，就主要依赖太阳提供的热辐射能生存。太阳表面温度高达 6000℃，主要以不同波长的辐射到达地面。因地球主轴相对于太阳有一个 23.5°的倾斜范围，使太阳辐射在一年中垂直到达地面的部位不同而产生了温度和日照长度的季节性变化，形成了赤道附近热带地区气候炎热，从赤道至两极地区温度越来越低的气候分布格局，影响了全球大气循环与水分循环，并最终决定着全球范围内的生物分布。太阳辐射主要通过辐射光谱、辐射强度和辐射时间对生物产生影响。

　　1. 太阳辐射光谱的生态效应

　　太阳辐射光谱的生态效应见表 6.1-3。其中，被植物色素吸收具有生理活性的波段称为光合有效辐射，与可见光的范围相符，是生态学上研究的重点。由于不同光具有不同的生态效应，农业生产上常采用彩色薄膜实现增产和提高作物品质的目的，如黄色薄膜可使黄瓜增产 0.5～1 倍；使芹菜、莴苣生长高大，抽薹推迟。

表 6.1-3　太阳辐射光谱的生态效应

辐射区	生　态　效　应
紫外线	杀菌，抑制细胞分裂；促进维生素 D 的合成
红光、橙光	叶绿素吸收最多，红光杀菌，抑制细胞分裂；促进维生素 D 的合成，亦能促进叶绿素和利于糖的形成
蓝光、紫光	亦可被叶绿素、类胡萝卜素吸收；蓝光利于蛋白质的形成；它们与青光能抑制植物伸长生长，使植物形态矮小，向光性更敏感，促进植物色素的形成
绿光	很少被植物利用，因被叶子透过和反射
红外线	是一种热线，提高植物体的温度，促进茎的延长生长，有利于种子和孢子的萌发

2.太阳辐射强度的生态效应

太阳辐射强度主要影响植物光合作用和植物形态的形成。通常弱光下植物根、茎减小，根系不发达，茎通直，分枝少，蔽荫则导致其死亡。相应地在不同光照强度下同一植物叶片也会出现适光变态，主要反映在阳生叶和阴生叶的差异上。植物的光合作用必须在一定的光照条件下才能完成。自然条件下，植物同化器官中当光合作用吸收的 CO_2 与呼吸释放的 CO_2 相等时的光照强度称为光补偿点。当光照强度超过光补偿点时，光合强度随光照强度的增加而增加，当增加到一定值后，光合强度不再增加时的光照强度称为光饱和点。通常二者差值越大，光合生产力越高。根据植物对不同光强的要求，可将植物分为如下三种类型：阳性植物，如杨树、柳树、桦树、槐树、油松、木棉、梭树、木麻黄、椰子树、芒果树等；阴性植物，如红豆杉、三尖杉、粗榧、香榧、铁杉、可可、咖啡、肉桂、萝芙木、珠兰、茶、地锦、紫金牛、中华常春藤、草果、黄连、细辛、麦冬等；耐荫植物，如罗汉松、竹柏、山楂、椴树、栾树、君迁子、桔梗、棣棠、珍珠梅、虎刺及蝴蝶花等。

3.太阳辐射时间的生态效应

太阳辐射时间（日照时间）对植物的生态作用主要是信息作用，对植物主要是诱导花芽的形成和开始休眠。生物长期适应日照时间有规律的变化，借助于自然选择和进化而形成了各类生物所特有的反应方式，这就是生物中普遍存在的光周期现象。根据开花、休眠和器官的形成可划分为：开花的光周期现象、地下器官形成的光周期现象和休眠的光周期现象。根据对日照时间反应类型可把植物分为长日照植物、短日照植物、中日性（照）植物和日中性植物。长日照植物通常在日照时间超过一定时数时才开花，否则只进行营养生长，如牛蒡、凤仙花、冬小麦、大麦、油菜等；短日照植物通常在日照时间短于一定时数时才开花，否则只进行营养生长而不开花，多半起源于低纬度地区，也包括早春或晚秋开花的花卉，如菊、腊梅、大豆、玉米等；中日性植物只能在一定的日照长度范围内才能够开花，种类较少，如甘蔗属的一些种；有些植物则与日照长短无关，只要其他条件合适，都可以开花，称为日中性植物，如黄瓜、番茄、蒲公英等。

6.1.2.2　植物与水分

水是生命组织的必要组分，有的植物含水量达90%以上。同时，生物的一切代谢活动必须以水为介质，生物体内营养的运输、废物的排出、激素的传递以及生命赖以生存的各种生物化学过程，都必须在水溶液中才能进行，而所有物质也必须以溶解状态才能

进入细胞，生物体与其环境之间时时刻刻都在进行着水交换。因此，水对植物异常重要，农林业生产常根据需水量采取适当措施来实现优质、高效、稳产、高产。

对陆生植物来说，植物每生产 1g 干物质需水 $300\sim1000g$，如狗尾草需水量 285g，玉米需水量 349g，小麦需水量 557g，油菜需水量 714g，紫苜蓿需水量 844g。植物在正常的气体交换过程中所损失的水要比动物多得多，植物从环境中吸收的水约 99% 用于蒸腾，仅有 1% 保存在体内。所以，如何减少水分散失和保持体内水分平衡是一个非常重要的问题。植物在长期适应不同的水环境下，形成了水生植物、陆生植物两类适应类型。在外部形态、内部组织结构、抗旱能力、抗涝能力以及植物景观上不同。水生植物根据植物在水中的位置分为沉水植物（如狸藻、金鱼藻、黑藻等）、浮水植物（如凤眼莲、浮萍、睡莲等）、挺水植物（如芦苇、香蒲等）；陆生植物根据植物忍耐干旱缺水的能力分为湿生植物（如水稻、灯芯草、半边莲等）、中生植物（分布最广、数量最多）、旱生植物（如刺叶石楠、骆驼刺等）。

6.1.2.3　植物与温度

温度是一个重要的生态因子。任何生物都是生活在具有一定温度的外界环境中并受着温度变化的影响。地球表面的温度总是在不断变化，在空间上随纬度、经度、海拔和各种小生境的变化而变化；在时间上随季节和昼夜的变化而变化。

生物体内的生理生化反应过程必须在一定的温度范围内才能正常进行。一般生理生化反应随着温度升高而加快，从而加快生长发育速度；反之减慢生长发育速度。植物的光合作用对温度非常敏感，在适宜温度范围内，光合作用率随着温度的增加而增加，高达一定程度反而因高温导致酶和蛋白质的损伤使光合作用率下降，直至为零。故植物具有高温的调节机制而维持其生命。陆生植物叶的大小和形状与对流和蒸发散热有关，很多植物形成了深裂叶和复叶以增加散热，而水生植物仅靠对流散热。

温度影响生物的分布，当环境温度高于或低于生物所能忍受的温度范围时，生长发育就会受阻，甚至造成死亡。生物对温度的适应范围是长期在一定温度下生活所形成的生理适应，一般情况下植物都不能忍受冰点以下的温度，这是因为细胞中冰晶会使蛋白质结构受到致命的损伤。同时，温度变化能引起环境中其他生态因子如湿度、降水、风、氧的变化，从而也间接影响生物，温度与光和湿度联合起作用，共同影响生物的各种功能。

6.1.2.4 植物与土壤

土壤是岩石圈表面的疏松表层，是陆生植物生活的基地。土壤是生物和非生物环境的一个极为复杂的复合体，不仅为植物提供必需的营养和水分，也是生态系统中物质与能量交换的重要场所。植物根系与土壤有着极大的接触面，它们之间进行着频繁的物质交换，通过控制土壤因素能够影响植物生长和产量。土壤中的生物活动不仅影响着土壤本身，而且也影响着土壤上面的生物群落。生态系统中分解氮和固氮等过程是在土壤中进行的，特别是固氮过程是土壤氮肥的主要来源。生物遗体只有通过分解过程并转化为腐殖质和矿化物才能被植物再利用，植物与土壤的物质与能量交换是整个生物圈物质循环所不可缺少的过程。

地面上植物的生长能够控制土壤侵蚀和减少土壤流失，并能影响土壤中营养物质的含量。植物根系能够潜入母质使其破碎，并能够把深层的营养物吸到表面，对风化后进入土壤的无机物进行重复利用。植物通过光合作用捕获的太阳能成为植物体的一部分，同时又以有机碳的形式补充到土壤中去。而植物残屑中所含有的能量又维持了大量细菌、真菌、蚯蚓和其他生物在土壤中的生存。

6.1.2.5 植物与养分

植物的生长和发育需要至少 30 种化学元素。其中，对有些元素的需求量很大，俗称大量营养物，如碳、氧、氢、氮、磷、钙、钾、镁、硫、钠、氯等；对另一些元素的需求量很小，俗称微量营养物，如铁、铜、锌、硼、碘、钴、钼、锰。

营养物质的量及其可利用性对植物生存、生长和繁殖有直接影响。植物叶片内含氮量越高，其光合作用率就越高。植物对土壤中营养物质的摄取决定于营养物质的供应量和植物需求量，通常植物的摄取率随土壤中营养物质浓度的增加而增加，但是达到一定限度之后则不会再增加。当土壤中的氮素供应不足（贫瘠环境）时，植物将降低光合作用率延长光合时间或增加根系的生产量，以适应其贫营养环境，故在贫瘠环境下植物的生长率较低。

6.1.2.6 自然环境胁迫与植物的适应

对植物产生伤害的环境称为逆境，又称胁迫。胁迫因素包括生物因素和非生物因素，生物因素主要有病害、虫害和杂草。非生物因素主要包括低温、高温、干旱、盐渍等。植物为适应胁迫条件作出的反应称为抗性，主要包括抗寒性、抗热性、抗旱性、抗涝性、抗盐性和抗病性。

1. 植物的抗寒性

植物的抗寒性是指植物对低温危害的抵抗力。喜温生物在 0℃ 以上受害和死亡的现象，称为冷害，主要原因是低温引起生理机能障碍，造成植物代谢紊乱，膜性改变和根系吸收力降低等。温度降到冰点（0℃）以下，生物组织发生冰冻而引起的伤害称为冻害，主要原因为细胞间隙形成冰晶，导致细胞失水而死亡。因此，植物的抗寒性也分为抗冷性和抗冻性。

植物主要通过调节膜脂不饱和度来维持膜的流动性，以适应低温条件。低温地区分布的植物体内的不饱和脂肪酸含量较高，同时还有较多的亚油酸和油酸，植物的抗寒性较强。从高温地区移植至低温地区的植物经过低温锻炼，能忍受轻度至中等的低温胁迫。

植物随温度的下降，植株的吸水量会减少，使体内含水量逐渐减低，束缚水量相对增多，有利于提高植物的抗寒性。植物的呼吸随着温度的降低也会逐渐减弱，以利于对不良环境的抵抗。多年生树木，随温度降低，体内脱落酸含量会增加，抑制茎的生长，形成休眠芽，叶子脱落，并进入休眠期，提高抗寒力。植物在温度下降时，体内的淀粉水解成糖的过程加强，使体内淀粉含量减少，可溶性糖含量增加，以提高植物的抗冷能力。

植物在长期进化过程中，对冬季的低温，在生长习性方面有各种特殊适应方式。一年生植物主要以种子形式越冬；大多数多年生草本植物越冬时地上部分死亡，以地下器官（如鳞茎、块茎等）形式度过寒季；大多数木本植物形成或加强保护组织（如芽鳞片、木栓层）和落叶相适应。

2. 植物的抗热性

由高温引起植物伤害的现象，通称为热害。植物受高温危害后，通常有两种危害类型，一是日灼，主要由于强烈的太阳辐射，使树木形成层和树皮组织局部死亡，多发生在成年林木上；二是根茎灼伤，主要由于土表温度增高，灼伤苗木柔弱的根茎，杀死输导组织和形成层，多发生在苗圃。受到高温危害后，常出现的主要症状是：树干（特别是向阳部分）干燥、裂开；叶片出现死斑，叶色变褐、变黄；鲜果（如葡萄、番茄）烧伤，并在受伤处形成木栓，甚至死亡；出现雄性不育，花序或子房脱落等异常现象。

不同生长习性的高等植物的耐热性是有差异的。一般生长在干燥和炎热环境中的植物耐热性大于生长在潮湿和阴凉环境中的植物。耐热性较强植物的细胞质黏性大，束缚水含量高，自由水含量低，蛋白质分子不易变性，耐热性强。另外通过外界高温的刺激，植物细胞内蛋白质分子一些亲水键断裂，形成一些强的硫氢键，使整个分子重新恢复其空间结构，其热稳定性更大，耐热性增强。同时植物在受高温刺激时，体内会产生一种热激蛋白，进一步提高细胞的抗热性。

3. 植物的抗旱性

当植物耗水量大于吸水量时，其组织内就出现水分亏缺，即为干旱。干旱分为大气干旱和土壤干旱。大气干旱主要由于大气温度高而相对湿度低（10%～20%），蒸腾大大加强，破坏了植物体内的水分平衡。这种情况下，植物就会出现暂时萎蔫现象。如在炎热的夏季正午，蒸腾强烈而水分供应不及时，会导致叶片和嫩茎萎蔫；而到了晚间，蒸腾下降，即使不浇水也能通过土壤吸水恢复原状。土壤干旱是指大气持续干旱，不断地蒸发蒸腾散失水分，会导致造成土壤水分不足，使植物永久萎蔫，发生死亡。土壤干旱造成的受害情况比大气干旱严重。

长期生活在干旱地区的植物具有很强的抗旱性，在获取更多的水分、减少水分的消耗和贮水等方面具有特殊的适应特征，其形态特征一般表现为：①根系发达，根冠比大，如沙漠地区的骆驼刺，地面只有几公分，地下可深达15m，扩展的范围达623m；②植物体叶面积减小，如叶片小而退化，仙人掌科叶退化为刺，光棍树无叶，梭梭、柽柳、松柏类、木麻黄叶退化为针状或鳞片状；③叶片角质层发达，常有蜡质、茸毛等（绝热、反射），如夹竹桃叶表面被有很厚的角质层或白色的绒毛，能反射光线；④气孔少而下陷，如松柏；⑤缺水时，叶片脱落或卷曲和躲避光照的运动，秋季落叶是防止冬旱的一个措施，如金雀花在旱季落去1/5～1/3的叶，羽茅属植物旱季卷成筒状等；⑥具有发达的贮水组织，如美洲沙漠的仙人掌树，高达15～20m，可贮水2t。生理上表现出增加细胞液浓度，从而增加抗脱水能力；在早晚温度低湿度高时气孔打开，通过气孔交换CO_2和水分，而气温高而湿度低的情况下关闭气孔减少蒸腾失水，利用先前交换的CO_2进行光合作用；水分不足时，植物体内的合成酶活性降低而分解酶的活性增加，此时抗旱植物会减小合成酶活性下降幅度，同时抑制分解酶活性增加的幅度，保证合成大于分解，从而维持正常的生理活动。

4. 植物的抗涝性

水分过多对植物的伤害分为湿害和涝害。湿害是指土壤水分达到饱和时对旱生植物的伤害。涝害是指地面积水，淹没了植物一部分或全部而造成的伤害。

植物是否适应淹水胁迫，很大程度取决于植物体内有无通气组织。例如水稻根和茎有发达的通气组织，能把地上部分吸收的氧输送到根部，所以抗涝性强。小麦的茎和根也有通气组织，也能适应一定程度的水淹。

5. 植物的抗盐性

盐害是指土壤中盐分过多对植物造成的伤害。通常把含$NaCl$和Na_2SO_4为主的土壤称为盐土；把含Na_2CO_3和$NaHCO_3$为主的土壤称为碱土。二者常常同时存在，因此统称为盐碱土。一般土壤含盐分在0.2%～0.5%时就不利于植物的生长，含盐量达1%以上，将严重地伤害植物。土壤盐分过多，特别是易溶性的盐类（如$NaCl$和Na_2SO_4等）过多时，对大多数植物是有害的。盐分过多会导致植物根系吸水困难，同时，大量盐离子进入植物体后，对其细胞的原生质产生毒害，造成细胞膜破坏、代谢紊乱等伤害，严重时导致植物死亡。

把植物对盐渍的适应与抵抗能力称为抗盐性。根据植物抗盐能力的大小，人们习惯把植物分为盐生植物和非盐生植物（或甜土植物）。盐生植物可在含盐量在1.5%～2.0%的土壤中生活，如碱蓬、海蓬子等；甜土植物的耐盐范围仅为0.2%～0.8%，其中甜菜、高粱等的抗盐能力较强，棉花、向日葵、水稻、小麦等次之，荞麦、亚麻、大麻、豆类等最弱。

不同植物对盐胁迫的适应方式不同。例如，柽柳吸收盐分后，把盐分从茎叶表面的盐腺排出体外，本身不积存盐分。长冰草根细胞对Na^+和Cl^-的透性较小，不吸收，所以细胞积累的Na^+和Cl^-也较少。

6. 植物的抗病性

植物对病原微生物侵染的抵抗力，称为植物的抗病性。植物被病原微生物侵染后，植物会表现出水分平衡失调，出现萎蔫和猝倒等症状；呼吸作用加强，以满足染病组织的呼吸需求；染病的组织叶绿体受到破坏，光合作用下降；受侵染的植物会出现病害症状（如形成肿瘤、偏上生长、生长速率猛增等），改变正常的生长特性。

植物的抗病性是相对的。在寄主和病原物相互作用中抗病性表现的程度有阶梯性差异，可以表现为轻度抗病、中度抗病、高度抗病或完全免疫。一种植物或一个植物品种的抗病性，一般都由综合性状构成，每一性状由基因控制。在病原物侵染寄主植物前和整个侵染过程中，植物以多种因素、多种方式、多道防线来抵抗病原的侵染和危害。植物在受到病原微生物入侵时，入侵部位的氧化酶活性加强，以抵抗病原微生物；加速受感染细胞的死亡，促进受害组织的死亡，使病原得不到适合的环境而死亡；植物体内产生植物防御素、木质素、抗病蛋白、激发子（一类能激活寄主植物产生防卫反应的特殊化合物）等对病原微生物有抑制作用的物质，因而使植物有一定的抗病性。

6.1.3 种群生态学

种群指在一定时间内占据一定空间的同种生物的集合体。种群中的个体并不是机械地集合在一起，而是彼此可以交配，并通过繁殖将各自的基因传给后代，是进化的基本单位，同一种群的所有生物共用一个基因库。研究种群数量动态与环境相互作用关系以及种内关系的科学即种群生态学。种群生态学的核心是种群动态，即研究种群数量在时空上的变动规律。

6.1.3.1 种群的数量特征

种群具有个体所不具备的总体特征，种群的数量是不断变化的，表现为由出生、死亡、迁入和迁出的变化。造成此种变化的因素是多方面的。通常采用统计指标进行描述，主要有种群密度、初级种群参数和次级种群参数三类。

1. 种群密度

种群密度是指单位面积或空间内的某一种群的个体数，常以 N 表示，是最基本的种群数量特征。一般地，单位总空间的个体数称为粗密度；种群实际占据空间的个体数称为生态密度。根据调查方法的不同，密度可分为绝对密度和相对密度两种。绝对密度是指种群在单位面积（或体积）中的个体数量。相对密度是指在一定空间范围内，某一物种的个体数占全部物种个体数的百分比，它只是衡量种群数量多少的相对指标。样方法和标志重捕法是调查种群密度（绝对密度）常用的方法。前者主要针对植物，可选取具有代表性的区域——样方，计数一定面积或体积中的个体，再推算种群的绝对密度。其计算公式为

$$d = N/S \qquad (6.1-1)$$

式中　d——种群绝对密度；

　　　N——样地内某个种群的个体数目；

　　　S——样地面积（体积），m^2（m^3）等。

实际调查时，反映种群数量特征的指标还有多度、频度和盖度等。

（1）多度是种群在群落中个体数目的多少或丰富程度（个体数目的数量比例），又称丰富度。密度和多度可查清数量。

（2）频度是指群落中某种植物出现的样方数占整个样方数的百分比。表明个体分布的均匀程度，或个体与不同空间部分的关系，亦称为频度指数，是更新评价中常用的统计量。

（3）盖度是指植物地上部分垂直投影面积占样地面积的百分比，即投影盖度，常针对灌草和幼苗。实际操作中，进一步细分为分盖度（种盖度）、层盖度（种组盖度）和总盖度（群落盖度）。后来又出现了"基盖度"的概念，即植物基部的覆盖面积。草原群落调查时按离地面 2.54cm 高度的断面积计算；森林群落则按林木胸高（1.3m 处）断面积计算。林业上常用郁闭度来表示林木层的盖度。通常，分盖度或层盖度之和大于总盖度。群落中某一物种的分盖度占所有分盖度之和的百分比即相对盖度。某一物种的盖度与盖度最大物种的比值称为盖度比。

2. 初级种群参数

初级种群参数包括出生率、死亡率、迁入率和迁出率。出生和迁入是使种群增加的因素，死亡和迁出是使种群减少的因素。种群在某个特定时间内数量变化式为

$$N_{t+1} = N_t + (B-D) + (I-E) \qquad (6.1-2)$$

式中　　　N_t——时间 t 时的种群数量；

　B、D、I、E——出生、死亡、迁入、迁出的个体数；

　　　N_{t+1}——时间 $t+1$ 时的种群数量。

相应地，出生率$=B/N_t$；死亡率$=D/N_t$；迁入率$=I/N_t$；迁出率$=E/N_t$。

3. 次级种群参数

次级种群参数包括性比、年龄结构和种群增长率等。

种群的年龄结构也称为年龄组成，即种群内个体的年龄分布状况，也就是各龄级个体占种群总个体的百分比。它与种群的出生率、死亡率密切相关。

种群年龄结构常用年龄锥体（年龄金字塔）来表示。通常将种群中个体按年龄级分成若干组，每组个体数按比例画成方框图，然后从幼年组至老年组垒起来排列，即构成了年龄锥体。从年龄锥体的形状可以看出种群发展趋势（动态）和生产性特点。年龄锥体可划分为三种基本类型：增长型锥体、稳定型锥体和下降型锥体，见图 6.1-1。

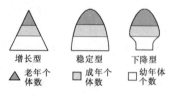

图 6.1-1　种群的年龄锥体

6.1.3.2 种群的空间分布格局

种群中个体的空间分布方式或配置特点，称为种群的空间分布格局。空间分布格局是植物种群的基本特征，反映了环境因子对个体的影响及个体自身的迁移状况。从小范围看，不同种生物个体的分布差别很大，一般有三种基本类型：均匀分布、随机分布和集群（成群）分布（图 6.1-2）。

上述分布可以简单地通过统计检验式（6.1-3）

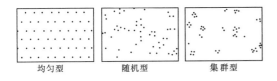

图 6.1-2 种群空间分布的基本类型

来判断：

$$S^2 = \frac{\sum(x-m)^2}{n-1} \qquad (6.1-3)$$

式中 S^2——方差；

　　　x——某一调查样方内的个体数。

当 $S^2 = 0$ 时为均匀分布；当 $S^2 > m$ 时为集群分布；$S^2 = m$ 时为随机分布。

6.1.3.3 种群的增长

生物种群在数量上的变化是种群动态的重要标志。种群动态一般指种群的消长以及种群消长与种群参数（如出生、死亡、迁入、迁出等）间的数量关系，其可以用数学模型来表述和刻画。

种群的增长有离散（由一个世代构成，世代不重叠）增长和连续（世代重叠）增长两类，每一类的增长模式都与资源与环境相关。假定种群环境中食物、空间不受限制，这种情况下的增长与密度无关，可称为非密度制约性增长或与密度无关的增长；反之则为密度制约性增长。如食物资源充足，空间充足，1 对老鼠 1 胎产 7 子，年产 3 胎，则 3 年可产 60 万只老鼠，增长速度极其惊人。然而通常食源、空间有限，再加上天敌捕食等，种群的数量总是稳定在一水平线上。以下介绍资源有限与无限条件下的两种模式。

1. 种群在无限环境中的指数增长模型

若种群相继世代之间没有重叠，种群增长就属于离散型。例如栖息于草原季节性小水坑中的水生昆虫，每年雌虫产一次卵，卵孵化长成幼虫，蛹在泥中度过旱季，到第二年才变为成虫，世代不相重叠。相反，世代之间有重叠，种群就接近连续增长型。

（1）世代不相重叠种群的离散增长型（差分方程）。假定种群没有迁入和迁出，从一个繁殖季节 t_0 开始，有 N_0 个雌体和同等量的雄体（这样就能简单地以雌体产生雌体来代表种群增长），其产卵量为 B，总死亡为 D，那么到下一年，t_1 时，其种群数量 $N_1 = N_0 + B - D$。以周限增长率 λ 代表种群两个世代的比率：$\lambda = N_1/N_0$；如果种群在无限环境中年复一年地以这个速率增长，则

$$N_{t+1} = N_t \lambda$$

或

$$N_t = N_0 \lambda^t \qquad (6.1-4)$$

式中 λ——周限增长率。

这种种群增长形式称为几何级数式增长或指数式增长。

（2）世代重叠种群的连续增长模型（微分方程）。若世代之间有重叠，种群数量以近似连续的方式改变，通常就用微分方程来描述。对于在无限环境中瞬时增长率保持恒定的种群，种群增长仍表现为指数式增长过程，即

$$dN/dt = rN \qquad (6.1-5)$$

其积分变换的积分式为

$$N_t = N_0 e^{rt} \qquad (6.1-6)$$

式中 e——自然对数的底；

　　　r——种群的瞬时增长率。

2. 种群在有限环境下的增长模式

通常资源和空间是有限的，种群数量按照指数式增长是不现实的，学者提出了与密度有关的增长模式，也有两种情况。

（1）不连续的增长模型。在空间、食物有限的环境中，比较现实的是出生率随密度上升而减小，死亡率随密度上升而增加。最简单的方式是假设种群周限增长率随密度的关系是线性的，如图 6.1-3 所示，则

$$\lambda = 1.0 - B(N_t - N_{eq}) \qquad (6.1-7)$$

$$N_{t+1} = \lambda N_t = [1.0 - B(N_t - N_{eq})]N_t \qquad (6.1-8)$$

式中 B——回归线斜率，表示偏离平衡密度一个单位，种群增长率增加或减少 B。

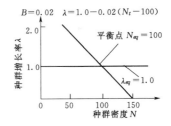

图 6.1-3 种群在资源有限条件下的不连续增长

（2）连续增长模型。假定种群增长有一个环境所允许的最大种群值，称为容纳量，通常以 K 表示。当种群大小达到 K 时，种群不再增长，即 $dN/dt = 0$。另假定随着种群密度上升，种群增长率的降低是逐渐的、按比例的，即每增加一个个体的影响是 $1/K$。根据这两个假定，种群增长曲线呈 S 型，即逻辑斯谛方程。

$$\frac{dN}{dt} = rN\left(\frac{K-N}{K}\right) = rN\left(1 - \frac{N}{K}\right) \qquad (6.1-9)$$

积分变换得

$$N_t = \frac{K}{1+e^{a-rt}} \qquad (6.1-10)$$

式中 r——种群潜在增长率；

　　　K——种群数量的最大值，即环境的容

纳量;

$(1-N/K)$——种群增长率随密度增加而按比例减少的修正项，其生物学意义为未被个体占领的"剩余空间"，每增加一个个体，它的影响因子为 $1/K$，称为拥挤效应或环境阻力。

由此，逻辑斯谛方程可用语言表达为：种群增长率等于种群潜在的最大增长率与最大增长的实现程度的乘积。式中新增加的参数 a 的数值取决于 N_0，表示 S 形曲线对原点的相对位置。

6.1.3.4　种群调节

种群的数量变动，反映着两组相互矛盾的过程（出生和死亡，迁入和迁出）相互作用的综合结果。因此，影响出生率、死亡率和迁移率的一切因素，都同时影响种群的数量动态。存在季节消长、不规则波动和周期性波动、种群大暴发、平衡、衰落、灭亡和生态入侵等变化。它是种群迁入、迁出、出生和死亡的结果，凡是能影响上述因素的都能引起种群的数量波动。有时，由于人类有意识或无意识地把某种生物带入适宜其栖息和繁衍的地区，种群不断扩大，分布区逐步稳定地扩展，即为生态入侵。如 Austin（1859）引入澳大利亚的欧洲穴兔种群扩展成灾；植物中也有很多实例，如仙人掌、紫茎泽兰惊人的扩展等。

从逻辑斯谛模型可以看出，种群数量不可能无限制地增长，当种群数量达到环境最大容纳量时，种群数量不再增加。但这一过程不是恒定的，而是或基本稳定在 K 上，或上、下波动（以 K 为中心，减幅振荡），即种群的数量趋于保持在最大环境容纳量水平上的现象，这就是种群调节。

6.1.3.5　进化对策

各种生物在进化过程中形成各种特有的生活史，实际也就是生物在生存斗争中获得生存的对策，称为生态对策，或生活史对策。事实上生物的生态对策是综合的，近代生态学中生态策略的概念被广泛接受，也发现了某一方面（如防御）的最佳策略不见得是另一方面（如取食）的最佳策略。因此，提出生物进化的总体最佳策略，例如生殖策略、防卫策略、资源获取和分配策略、取食策略、生活史策略等。1976 年，MacArthur 和 Wilson 按栖息环境和进化对策把生物分成 r-对策者和 K-对策者两类，并提出 r-K 对策理论，见表 6.1-4。r-对策者是新生境的开拓者；K-对策者是稳定环境的维护者。一般地，一年生植物，裸地的先锋草种属于 r-选择，大多数森林树种属于 K-选择。

表 6.1-4　r-选择和 K-选择的有关特性的比较

项目	r-选择	K-选择
气候	多变，不稳定，难以预测	稳定，可预测
死亡率	常是灾难性的，无一定的规律，非密度制约的	比较有规律，密度制约的
存活曲线	幼体存活率低	幼体存活率高
种群大小	时间上变动大，不稳定，远远低于环境承载力	时间上稳定，种群稳定，常常临近 K 值
种内、种间竞争	变动性大，通常不紧张	经常保持紧张
选择倾向	1. 快速发育； 2. 增长力高； 3. 提早生育； 4. 体型小； 5. 一次繁殖	1. 缓慢发育； 2. 高竞争力； 3. 生殖开始延迟； 4. 体型大； 5. 多次繁殖
寿命	短，通常小于 1 年	长，通常大于 1 年
最终结果	高繁殖力	高存活率

1977 年，J. P. 格里姆针对环境中的逆境（营养缺乏及光照、气温不足等）和破坏（动物取食、细菌致病或人类损害等）的程度将植物的生长和生殖策略划分为 3 类，即竞争型（C-）、逆境耐受型（S-）和杂草型（R-）生长和生殖对策。

竞争型（C-，competition-）：资源丰富的可预测生境中的选择，主要将资源分配给生长，最佳竞争者将分配得到主要资源。这种类型存在于资源仅便于竞争种利用的生境。

逆境耐受型（S-，stress-）：资源胁迫生境中的选择，主要将资源分配给维持。在资源有限或由于生理胁迫限制了资源利用的生境中，植物将主要的资源用于维持存活，这就是胁迫忍耐种。

杂草型（R-，ruderal-）：资源丰富的临时生境中的选择，主要将资源分配给繁殖。说明是临时性的和经常受干扰的生境，其选择适应等同于 r-选择的物种。

实验证明，能够在逆境（如干旱）中生活良好的植物，不一定是优良的竞争者，因此可以把逆境耐受型和竞争型分别作为独立的型。杂草型与 r-策略者相当，逆境耐受型与 K-策略者相当（因为环境破坏程度低、种群相对较大）。但还要增加一个维度来描述竞争型，如图 6.1-4 所示。

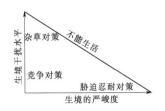

图 6.1 - 4　J. P. 格里姆的 CSR 生境和生活史分类法

6.1.3.6　种内和种间关系

1. 种内关系

在植株稀疏和环境条件良好的情形下，枝叶茂盛，构件数量多；相反，在植株密生和环境不良的情况下，可能只有少数枝叶，构件数很少。这种植物可塑性密度对于植物的影响，与动物有明显的区别。植物的密度效应有两个特殊的规律。

（1）最后产量衡值法则。在高密度（或者说，植株间距小、彼此靠近）情况下，植株彼此之间竞争光、水、营养物激烈，在有限的资源中，植株的生长率降低，个体变小（包括其中构件数少）。结果发现，在很大播种密度范围内，其最终产量是相等的。

$$Y = wd \qquad (6.1 - 11)$$

式中　Y——总产量，kg/hm^2；

$\quad\quad w$——平均每株重量，$kg/株$；

$\quad\quad d$——密度，$株/hm^2$。

（2）-3/2 自疏法则。若播种密度进一步提高和随着高度播种下植株的继续生长，种内对资源的竞争不仅影响到植株生长发育速度，而且影响着植株存活率。在高密度空间中，有些植株死亡了，于是种群开始出现"自疏现象"。自疏导致密度与生物个体大小之间的关系在双对数图上具有典型的 -3/2 斜率。这种关系叫作 Yoda 氏 -3/2 自疏法则，简称 -3/2 自疏法则。

$$Y = wd^{-3/2} \qquad (6.1 - 12)$$

式中 Y、d、w 意义同上。

2. 种间关系

自然界生物的种间关系普遍存在相生相克现象。就植物而言，无论花草，还是树木，不同的科、属、种之间，有的能和平共处，有的却水火不容。具体来说，生物种内、种间交互作用表现为其中一方可获益，或是受害，或是不受影响。植物物种之间的相互关系包括中立、竞争、寄生、捕食等，详见表 6.1 - 5。

表 6.1 - 5　种间相互作用类型

种间相互作用类型	物种		相互作用特征
	Ⅰ	Ⅱ	
1. 中立	0	0	互不影响
2. 竞争 （1）直接干涉型 （2）资源利用型	- -	- -	直接抑制另一个，排斥 资源缺乏时间接抑制
3. 偏害	-	0	Ⅰ受抑制，Ⅱ无影响
4. 寄生	+	-	Ⅰ寄生者，较宿主Ⅱ 个体小
5. 捕食	+	-	Ⅰ捕食者，比Ⅱ大
6. 偏利	+	0	Ⅰ偏利者，Ⅱ无影响
7. 原始合作	+	+	二者有利但不必然
8. 互利共生	+	+	二者必然有利

注　"+"为得益，称为正相互作用；"-"为受害，称为负相互作用；"0"为不受影响。

6.1.4　群落生态学

6.1.4.1　群落的基本特征

广义的群落是生态系统中生物成分的总和。狭义的群落是某一分类单元物种数目的总和，如植物群落、动物群落、鸟类群落和昆虫群落等。群落具有一定的结构、一定的种类组成和一定的种间相互关系，并在环境条件相似的不同地段可重复出现，其基本特征是：

（1）具有一定的种类组成。一个群落总是包含着很多生物（动物、植物和微生物）。植物种群是构成群落结构的基础。群落中各种生物的数量是不一样的，物种间的相对数量是各种生物数量之间的比例。相对数量的多少一定程度上决定其是否是优势物种。群落多样性可以用很多指标表达，最简单的方法是识别组成群落的各种生物并列出名录，物种越多则多样性越丰富。

（2）具有一定的外貌。组成群落的各种植物常常具有不同的外貌，根据植物的外貌可以将其分成不同的生长型，如乔木、灌木、草本、苔藓和地衣。对每一个生长型还可以做进一步的划分，如把乔木分为阔叶树和针叶树等。不同的生长型将决定群落的层次性。稳定的群落具有多物种和多层次的结构。

（3）不同物种之间的相互影响。种群构成群落有两个条件：一是必须共同适应它们所处的无机环境；二是它们内部的相互关系必须取得协调和发展。组成群落所有物种并不都对群落性质起决定性作用，只有少数物种才能够凭借自己的大小、数量和活力对群落产生重大影响，即群落的优势种。优势种具有高度的生态适应性，很大程度上决定着群落内部的环境条件，对其他物种的生存和生长有很大影响。

（4）形成群落环境。不同种群形成群落后，改变了环境，如温度、湿度等，是定居生物对生活环境的改造结果。

（5）具有一定的结构。包括形态结构、生态结构、营养结构。其中营养结构指群落中各种生物之间的取食关系，即捕食者和被捕食者的关系。这种取食关系决定着物质和能量的流动方向（植物—植食动物—肉食动物—顶级肉食动物）。

（6）一定的动态特征。组成群落的不同种群之间的发育动态存在差异，导致群落表现出季节动态、年际动态、演替与演化。

（7）一定的分布范围。生物群落总是存在于一个特定的地段或特定的生境。

（8）群落的边界特征。生物群落具有明确或不明确的边界。

6.1.4.2　群落的基本结构

构成群落的每个生物种群需要一个较为特定的生态条件。在不同的结构层次上，有不同的生态条件，如光照强度、温度、湿度、食物和种类等。所以群落中的每个种群选择生活在具有适宜生态条件的结构层次上，就构成了群落的空间结构，包括水平结构和垂直结构。另外，不同植物种类的生命活动在时间上的差异，就导致了结构部分在时间上的相互配置，形成了群落的时间结构。

群落的结构越复杂，对生态系统中的资源的利用就越充分，如森林生态系统对光能的利用率就比农田生态系统和草原生态系统高得多。群落的结构越复杂，群落内部的生态位就越多，群落内部各种生物之间的竞争就相对不那么激烈，群落的结构也就相对稳定一些。下面以植物群落为例说明群落结构。

1. 垂直结构

植物在群落中按高度（深度）的垂直配置，形成了群落的层次，即群落的成层现象。动物、土壤、水体也存在着成层现象。对典型森林群落，主要有乔木、灌木、草本、苔藓、层外植物5个层次。但是通常受环境的制约，只具有其中的一个或几个层次，如果园、农田等。在创造群落内特殊的小气候生境中起主要作用，称为主要层。在创造群落环境中，起次要作用的称为次要层。

群落垂直结构主要是由植物的生长型和生活型所决定的。苔藓、草本植物、灌木和乔木自下而上分配在群落的不同高度，形成了群落的垂直结构。

根据各物种在群落中的作用来划分群落成员，对群落的结构和环境的形成有明显控制作用的物种是优势种。优势种的主要识别特征常是指某一营养级个体数量多（或生物量大）而言。优势层的优势种我们称为建群种。其他还有亚优势种、伴生种、偶见种或罕见种。

由于不同植物分布在不同的层次内，单位面积上可容纳的生物数目加大，能更完全、更充分地利用环境条件，显著提高了利用环境资源的能力。另外成层现象大大减弱了它们之间竞争的强度。因此多层群落比单层群落有较大的生产力。

2. 水平结构

植物群落水平结构指群落的水平配置状况或水平格局，是群落水平分化的一个结构部分，即群落水平格局，其形成原因主要是群落内部环境因子的不均匀性，例如小地形和微地形的变化，土壤温度和湿度的差异，光照的强弱以及人与动物的影响等。

群落水平格局主要的表现特征是镶嵌性，即植物种类在水平方向不均匀配置，使群落在外形上表现为斑块相间的现象。具有这种特征的群落称为镶嵌群落。在镶嵌群落中，群落中不同地点存在不同的植物或动物构成的小组合，即小群落或从属群落。小群落具有一定的种类成分和生活型组成，它们是整个群落的一小部分，但仍脱离不了整个群落的影响，还不是一个独立的群落，它们的形成和存在是由其所在的群落所决定的。例如，在森林中，林下阴暗的地点有一些植物种类形成小型的组合，而在林下较明亮的地点是另外一些植物种类形成的组合。

3. 时间结构

植物群落的不同植物种类的生命活动在时间上的差异，形成了群落的时间结构，即群落的时间格局。群落的时间结构是指群落的组成和外貌随时间而发生有规律的变化，也称为群落的季相。在某一时期，某些植物种类在群落生命活动中起主要作用；而在另一时期，则是另一些植物种类在群落生命活动中起主要作用。它包含两个方面：一是环境因素的周期变化；二是群落发展过程中的演替。在温带地区，草原和森林的外貌在春、夏、秋、冬有很大不同。

4. 层片结构

植物对综合环境条件的长期适应，使不同的群落在外貌上具有不同的特征，即反映出不同的植物类型，称为生活型，是垂直结构变化的结果。同一生活型植物不但体态上是相似的，而且在形态结构、形成条件，甚至某些生理过程也具相似性。植物生活型有不同分类划分方法和系统。对某一地区或群落进行植被调查并记录所有种的生活型，且依据其数量对比关系列成的表称为生活型谱。其意义在于反映某一区域中植物与环境（特别是气候）的关系，据此可判断该地区的气候特点。

目前较为普遍认同的，是 1907 年丹麦植物学家瑙基耶尔（Raunkiaer）依据植物休眠芽或复苏芽（更新芽）所处的位置和受保护方式而划分提出了生活型分类系统（表 6.1 - 6）。这一分类系统的缺点是完全没有低等植物，如苔藓、地衣等；另外对适宜季节的形态特征反映不够。《中国植被》（科学出版社，1980 年）提出的生活型分类系统更为完善（表 6.1 - 7）。

表 6.1 - 6　植物的主要生活型分类系统

类型	主要植物及特点
一年生植物	包括叶状体一年生植物（黏菌和霉菌）、苔藓一年生植物、蕨类一年生植物和一年生种子植物（直立的、攀援的和匍匐的）
隐芽植物	包括真菌地下芽植物（如根菌的子实体在地下）、寄生的地下芽植物（寄生根）和真地下芽植物（如鳞茎、根茎和根地下芽植物）
地面芽植物	包括叶状体地面芽植物（固着藻类、壳状地衣和叶状苔藓）和生根的地面芽植物
地上芽植物	多年生的枝和芽位于地面以上大约25cm处
高位芽植物	包括灌木高位芽植物（0.25～2m）、乔木高位芽植物（2m以上）、草本高位芽植物和攀援藤本高位芽植物

表 6.1 - 7　植物的主要生活型分类系统（中国植被）

类型	特征	主要植物
树木	大都是高达3m以上的高大木本植物	包括针叶树、阔叶常绿树、硬叶常绿树、阔叶落叶树、多刺树、莲座树等
藤本植物	攀缘生长	木本攀缘植物、藤本植物
灌木	一般指比较小的本木植物，通常高不及3m	包括针叶灌木、阔叶常绿灌木、阔叶落叶灌木、常绿硬叶灌木、莲座灌木、多刺灌木、半灌木和矮灌木
附生植物	地上部分完全依附在其他植物体上生长	主要为一年生草本植物
草本植物	没有多年生的地上木质茎	包括蕨类、禾本科类植物和阔叶草本植物
藻菌类植物	藻类与菌类的共生体	包括地衣、苔藓等低等植物

6.1.4.3　群落演替

在生物群落发展变化的过程中，一个群落代替另一个群落的演变现象，称为群落演替。它能够揭示群落（如森林）发展变化过程的模式、原因、速度等，可由现状推测过去，预见未来；可以使群落经营符合自然发展规律。判断演替是否完成主要考察优势种和群落外貌结构是否发生改变。其实质是群落组成成分更替和群落环境的更替。群落演替完全决定于物种之间的交互作用以及物流、能流的平衡特征，一方面取决于环境条件的限制，一方面依赖于所含物种。

群落演替的过程分为侵入定居阶段（先锋群落阶段）、竞争平衡阶段和相对稳定阶段。群落演替的时间进程与生态系统内主要生物的生活史有关。所有演替类型的一个共同特征，即在演替的早期阶段，物种成分变化很快，但随着演替的进行，这种变化就会越来越慢。

1. 群落演替类型划分

植物群落演替可根据起始条件、基本性质、趋向、形式、主导因子等划分。演替的主要类型见表 6.1 - 8。

表 6.1 - 8　演替的主要类型

划分原则	类　　　型
按起始条件	原生演替、次生演替
按基质性质	水生演替、旱生演替
按演替方向	进展演替、逆行演替和循环演替
按演替时间进程	世纪演替、长期演替和快速演替
按演替代谢特征	自养演替、异养演替
按主导因子	内因演替、外因演替、内外因混合演替

2. 干扰与演替关系

群落内环境改变，为另外物种的侵入创造了条件，当积累到一定程度时，反而对原有植物的生存和繁殖不利，于是就发生演替。其中，干扰发挥着重要的作用。干扰是群落外部不连续存在，间断发生因子的突然作用或连续存在因子的超"正常"范围波动，这种作用或波动能引起有机体或种群或群落发生全部或部分明显变化，使群落生态系统的结构和功能发生位移。干扰对群落演替的趋势和方向产生相当大的影响，有时是决定性的。

干扰类型有自然干扰如自然火灾、风、雪、干旱等，人为干扰如采伐、开垦、烧山等，详见表 6.1 - 9。自然干扰与人为干扰均对演替的进程产生不同影响，人为干扰与自然干扰的结果明显不同，群落演替在人为干预下可能加速、延缓、改变方向以至于向相反的方向进行。

表 6.1-9　　　　　干 扰 类 型

分类原则	类型	备　注
按干扰起因	自然干扰	不可抗拒的自然力。如火干扰、气候性干扰、土壤性干扰、地因性干扰、动物性干扰、植物性干扰、污染性干扰
	人为干扰	如森林砍伐、过度放牧、樵采、垦荒、采矿、修路以及水体、大气和土壤污染等，以及一些新的形式——旅游和探险等
按干扰后的恢复程度	可恢复干扰	结构和功能上的一致
	不可恢复干扰	如修建水库
按干扰来源	内部干扰	如树倒、机械摩擦、种间竞争和生物相克作用等
	外部干扰	如火灾、风暴、沙暴、冰雹、霜冻、洪水、雪压、干旱和人为砍伐及放牧等
按干扰性质	破坏性干扰	多数自然或/和人为干扰会导致森林正常结构的破坏，生态平衡失调和生态功能退化，有时甚至是毁灭性的。干扰是退化的驱动力
	增益性干扰	有些干扰是人类经营利用森林的正常活动，从生物意义上讲，有些干扰还是积极的，甚至是必要的

3. 演替序列

群落演替是连续进行的，同一地段上一个植物群落相继为另一个植物群落所替代的总过程，称为演替序列。演替序列主要有两种类型。

（1）原生演替序列是以裸岩、水面为代表，无干扰趋于中生化。始于裸岩的旱生演替序列，一般经历地衣、苔藓、草本、灌木和木本植物 5 个阶段；从积水发生的原生演替为水生演替序列，一般经历自由漂浮、沉水、浮水、挺水、湿生、木本植物 6 个阶段；始于具有一定肥力土壤母质的为中生演替系列，一般经历裸露矿质土、草本植物和木本植物 3 个阶段。

（2）次生演替序列是在一定地段遭破坏后，则形成次生裸地（退化），或恢复先前的水平（复生）。如森林采伐后发生的一系列演替阶段。

4. 演替的学说

在演替开始时，群落中的物种数目将迅速增加，但最终会达到一个基本稳定的数目，不再继续增加。演替所达到的最终状态或者成熟阶段称为顶极群落。顶极群落生产力并不最大，但生物量达到极值而净生态系统生产量很低或甚至达到零；物种多样性可能最后又有降低，但群落结构最复杂而稳定性趋于最大。群落演替的学说见表 6.1-10。

表 6.1-10　　　　　　　　　　　　　群 落 演 替 的 学 说

学说	代表人物	顶极内涵	顶极数量	影响因素	连续与否
单元顶极学说	H. C. Cowle, F. E. Clements, 1916	最终达到与该气候区适应的最稳定、最平衡的状态	1 个	气候或土壤等其他因子	否
多元顶极学说	A. G. Tansley, 1939	基本稳定、能自行繁殖并结束演替过程即顶极	多个	局部气候、土壤、地形、火等	否
顶极格式假说	R. H. Whittaker, 1953	环境的梯度变化各类型顶极群落连续变化	多个	环境因子的梯度变化	是

三种学说都承认顶极群落是经过单向的变化后，已经达到稳定状态的群落。它在时空上的变化和分布，都和生境相适应。其不同点在于：单元顶极理论认为，只有气候才是演替的决定因素，其他因素只是第二位的，但可阻止群落发展成为气候顶极；其他两个理论则强调各个因素的综合影响，除气候以外的其他因素，也可以决定顶极的形成；顶极格式假说认为，顶极的变化，也会因为一个新的种群分布格局而产生新的顶极。

5. 演替的物种替代机制

Connell 和 Slatyer 1977 年提出了三种可能的机制。

（1）促进模型。认为物种之所以相互取代是因为

在演替的每一个阶段，物种都把环境改造得对自身越来越不利而对其他物种越来越适宜定居。因此演替是一个有序的、有一定方向的和可以预见的过程，从一个简单的先锋群落最终发育为顶极群落。

（2）抑制模型。认为演替具有很强的异源性，物种的取代不一定是有序的，任何一个地点的演替都取决于谁先到达那里，每一个物种都试图排挤和压制任何新来的定居者，使演替带有很强的个体性。没有一个物种会对其他物种占有竞争优势，首先定居的物种不管是谁，都将面临所有后来者的挑战。演替通常是由短命植物发展为长寿植物，但这不是一个有序的取代过程。

（3）忍耐模型。认为早期演替物种的存在并不重

要，任何物种都可以开始演替。某些物种可能占有竞争优势，这些物种最终在顶极群落中有可能占有支配地位。较能忍受有限资源的物种将会取代其他物种，演替是靠这些物种的侵入或原来定居物种逐渐减少而进行的，主要决定于初始条件。

6.1.5 生物多样性及其保护

6.1.5.1 生物面临的主要威胁

随着人类社会对自然不断透支式的索取，给自然生态系统带来了诸多威胁。

1. 生境破坏

生境破坏直接威胁生物的生存。如森林破坏导致大量动植物栖息地丧失，导致生物多样性锐减；由于人类活动频繁，季节性干旱气候下的许多生物群落退化成了人工沙漠，使沙漠化面积不断扩大，同时也成为导致全球生物多样性减少的重要原因。

2. 生境破碎

生境破碎指因某种原因，导致大的且连续生境分割成面积较少的两个或更多片段的过程，由此引起边缘效应增加，使影响生物生存的重要因子如温度、湿度和风力发生较大波动性，不利于生物的生存，或增加被捕食的威胁和火灾的发生，也可能增加野生生物与家养生物接触的机会，增加了疾病的传播。

3. 生境退化和污染

人类活动，如工业和人类居住地释放的杀虫剂、化学品和污水，工厂和汽车排放的废气以及土壤侵蚀等，导致的生境退化和环境污染，对水质量、空气质量甚至地区气候具有显著影响，威胁到生物的适应性和生存。

4. 过度开发

随着全球人口的不断增加，人类攫取生活必需品，以及满足奢靡生活的需要，对土壤、森林、矿产、水电等不断开发利用，且强度越来越大，破坏河流、山地、草原、沼泽等环境，导致了很多物种的衰落和灭绝。据估计，人类造成的过度开发威胁到大约1/3的濒危、易危和稀有脊椎动物物种。

5. 外来物种的引入

物种分布范围因地理隔离、环境和气候屏障等作用受到限制，特别是地理隔离导致生物区系的演化与形成。出于某种目的的全球范围引种，尤其是高度发达的交通条件，会从根本上改变这种格局，使外来物种在没有天敌或资源丰富没有竞争的环境中迅速繁殖，威胁乡土物种的生存，导致当地物种的灭绝。因而在水土保持设计中不宜采用外来入侵种。按气候类型区，在国内出现频率较高的入侵植物约有48种，见表6.1-11。

表 6.1-11　　　　　　　　　　　国内出现频率较高的入侵植物类型

气候区	序号	名　　称	原产地	出现频率
热带-南亚热带区	1	紫茎泽兰（*Eupatorium odenophora spreng*）	中南美洲	0.96
	2	马缨丹（*Lantana camara*）	南美洲、西印度	0.95
	3	含羞草（*Mimosa pudica*）	美洲	0.91
	4	胜红蓟（*Ageratum conyzoides*）	南美洲	
	5	刺苋（*Amaranthus spinosus*）	美洲	0.86
	6	小飞蓬（*Conyza canadensis*）	北美洲	
	7	飞扬草（*Euphorbia hirta*）	非洲	
	8	五爪金龙（*Ipomoea cairica*）	美洲	0.82
	9	空心莲子草（*Alternathera philoxeroides*）	美洲	0.77
	10	三叶鬼针草（*Bidens pilosa*）	美洲	0.73
	11	金腰箭（*Synedrella nodiflora*）	美洲	
	12	土荆芥（*Chenopodium ambrosioides*）	美洲	
	13	假臭草（*Eupatorium catarium*）	美洲	
	14	地毯草（*Axonopus compressus*）	美洲	0.68
	15	赛葵（*Malvastrum coromandelianum*）	美洲	
	16	铜锤草（*Oxalis corymbosa*）	美洲	

气候区	序号	名　称	原产地	出现频率
热带- 南亚热带区	17	三裂蟛蜞菊（*Wedelia trilobata*）	美洲	0.64
	18	蓖麻（*Ricinus communis*）	非洲	
	19	野茼蒿（*Cynura crepidioide*）	非洲	0.59
	20	飞机草（*Eupatorium odoratum*）	美洲	
	21	野甘草（*Scoparia dulcis*）	美洲	
	22	望江南（*Cassia occidentalis*）	美洲	
中亚热带- 北亚热带区	1	一年蓬（*Erigeron annuus*）	美洲	0.96
	2	小飞蓬（*Conyza canadensis*）	北美洲	0.93
	3	刺苋（*Amaranthus spinosus*）	美洲	0.79
	4	土荆芥（*Chenopodium ambrosioides*）	美洲	
	5	北美独行菜（*Lepidium virginicum*）	美洲	
	6	美洲商陆（*Phytolacca Americana*）	美洲	0.75
	7	牛筋草（*Eleusine indica*）	亚洲	0.71
	8	紫茉莉（*Mirabilis jalapa*）	非洲	
	9	水花生（*Alternathera philoxeroides*）	美洲	0.68
	10	三叶鬼针草（*Bidens pilosa*）	美洲	0.64
	11	裂叶牵牛（*Pharbitis nil*）	美洲	
	12	野燕麦（*Avena fatua*）	欧洲	
	13	凤眼莲（*Eichhornia crassipes*）	美洲	
	14	野老鹳草（*Geranium caroliniamum*）	美洲	
	15	皱果苋（*Amaranthus viridis*）	非洲	0.61
	16	野茼蒿（*Cynura crepidioide*）	非洲	
	17	曼陀罗（*Datura stramoniu*）	美洲	
	18	阿拉伯婆婆纳（*Veronica persica*）	亚洲	
	19	圆叶牵牛（*Pharbitis purpurea*）	美洲	0.57
	20	野胡萝卜（*Daucus carota*）	亚洲	
温带区	1	反枝苋（*Amaranthus retroflexus*）	美洲	0.96
	2	小飞蓬（*Conyza canadensis*）	北美洲	0.88
	3	圆叶牵牛（*Pharbitis purpurea*）	美洲	0.69
	4	一年蓬（*Erigeron annuus*）	美洲	0.63
	5	野西瓜苗（*Hibiscus trionum*）	非洲	
	6	杂配藜（*Chenopodium hybridum*）	欧洲	0.58
	7	苦苣菜（*Sonchus oleraceus*）	欧洲	0.54
	8	野燕麦（*Avena fatua*）	欧洲	
	9	曼陀罗（*Datura stramonium*）	美洲	
	10	皱果苋（*Amaranthus viridis*）	非洲	0.5
	11	王不留行（*Vaccaria segetalis*）	欧洲	0.46
	12	裂叶牵牛（*Pharbitis nil*）	美洲	

6.1.5.2 生物多样性保护

1. 种群水平的生物保护

种群水平的生物保护是以保护小种群为目的，Frankel 和 Soule 1981 年提出了"50/500 规则"，即近期规则和恒久规则。前者主张最小的种群数是 50；后者是 200～500，这样才能保证生物的存在。据此可确定最小保护面积。主要的方式为就地保护、迁地保护和建立全球性的基因库。就地保护是长期保护生物多样性的最佳策略，指在野外保护自然群落和种群；迁地保护指把某些单独或成群的生物个体从自然生境中移除，然后放到圈养环境里进行繁育，或保存其遗传繁殖群。迁地保护的主要设施包括动物园、猎物农场、水族馆、圈养繁殖计划、植物园、树木园等。建立全球性的基因库是为了保护作物的栽培种及其会灭绝的野生亲缘种，如洛阳牡丹基因库。现在大多数基因库贮藏着谷类、薯类和豆类等主要农作物的种子。

2. 群落水平的生物保护

群落水平的生物保护是整个生物多样性保护最有效的方法。政府划定建立保护区，颁布相关法规，限制对保护区内资源的利用和开发。我国保护区体系主要包括自然保护区、森林公园、风景名胜区和公益林等部分组成。根据世界自然保护联盟（IUCN）的划分，保护区分为严格的自然保护区和公共草原区、国家公园、国家历史遗迹和文物地、有管理的野生动物禁猎区和自然保护区、陆地和海洋景观保护区、资源保护区、自然生物区和人类学保护区、多用途管理区。

6.1.6 生态系统生态学

生态系统是生态学领域的一个主要结构和功能单位。生态系统小到一滴水，大到生物圈均可看作为一个生态系统；最为复杂的生态系统是热带雨林生态系统，人类主要生活在以城市和农田为主的人工生态系统中。

6.1.6.1 生态系统的结构

生态系统结构是生态系统的基础属性，它由 3 个方面决定：①构成系统的组分；②组分在系统内的时空分布；③组分间联系和相互作用的方式和特点。即生态系统结构包括生物组分的物种结构（多物种配置）、空间结构（多层次配置）、时间结构（时序排列）、营养结构（物质多级循环），以及这些生物组分与环境组分构成的格局。它们之间是相互联系、相互渗透和不可分割的。

1. 生态系统的组分结构

自然生态系统包括非生物组分（或称环境组分）和生物组分（图 6.1-5）。前者包括气候因子、无机物质、有机物质和土壤等；后者则可分为生产者、消费者和分解者三大功能类群。

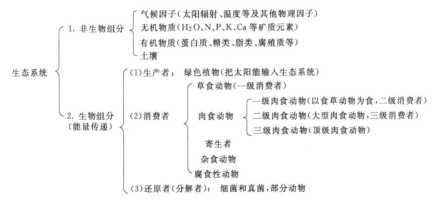

图 6.1-5 生态系统的基本结构（组成部分）

（1）非生物成分。非生物成分是生态系统的物质和能量来源，包括气候因子（如温度、压力、太阳辐射、磁场等物理条件）、无机物质（如 C、N、CO_2、Ca、S、P、K、Na 等参加物质循环的无机元素和化合物）和有机物质（如蛋白质、糖类、脂类和腐殖质等联系生物与无机物之间的成分）等，是生态系统的重要组成部分，也是生态系统中生物赖以生存和发展的物质基础。

太阳辐射。包括太阳直射辐射和散射辐射，是生态系统的主要能源。太阳辐射能通过自养生物的光合作用被转化为有机物中的化学潜能。同时太阳辐射也为生态系统中的生物提供生存所需的温热条件。

无机物质。包括来自大气的 O_2、CO_2、N_2、H_2O 及其他物质，以及来自土壤的 N、K、Ca、S、Mg、H_2O、O_2 和 CO_2 等。

有机物质。主要是来源于生物残体、排泄物及植物根系分泌物。它们是连接生物与非生物部分的物质，如蛋白质、糖类、脂类和腐殖质等。

土壤。是生态系统的特殊环境组分，不仅是无机物和有机物的储藏库，同时也是支持陆生植物最重要的基质和众多微生物、动物的栖息场所。

（2）生物组分。根据生物组分在生态系统的物质循环和能量转化中的作用以及它们获取营养的方式，将其分为生产者、消费者和分解者。不同生物组分在生态系统中扮演着不同的功能，见表 6.1-12。

表 6.1-12　生态系统中生物组分的地位和作用

项目	生产者	消费者	分解者
营养方式	自养（包括光能自养和化能自养两种类型）	异养型生物	异养型生物
主要生物	主要是绿色植物，还有蓝藻、自养型细菌等生物	主要是动物，包括草食性、肉食性、杂食性动物；还包括寄生性动物和微生物	营腐生生活的动物和微生物
地位	生态系统的主要成分、基石	生态系统的非必需成分	生态系统的必需成分
作用	制造有机物，储存能量，为消费者提供食物和栖息场所	加快生态系统的物质循环，有利于植物的授粉和种子传播	分解动植物的遗体和排泄物，归还环境供生产者重新利用

1）生产者。指利用太阳能把简单的无机物制造成有机物的自养生物，主要是绿色植物和化能合成细菌等。生产者是生态系统的必要成分并在生态系统的生存和发展中起主导作用，其合成的产物是地球上一切生命活动的能源。农业生态系统（主要是作物和林木）通过光合作用，把从环境中摄取的无机物质合成为有机物质——碳水化合物、脂肪和蛋白质等，同时将吸收的太阳能、化学能储存起来，供本身和其他消费者利用，是维持人类生存的最基本的物质来源。

2）消费者。是除了微生物以外的异养型生物，主要指直接或间接利用生产者所制造的有机物质为食物和能量来源的各种动物，是生态系统物质和能量转化的重要环节。农业生态系统中主要是以畜牧、渔业和虫业养殖为主的生物。根据食性，又分为草食性动物、肉食性动物、寄生动物、腐生性动物和杂食性动物。

3）分解者。主要以动植物残体为生的异养型微生物，包括真菌、细菌、放线菌，也包括一些原生动物和腐食性动物，如食枯木的甲虫、蠕虫、白蚁和蚯蚓等。分解者又称为还原者。从消费食物的角度看，它们也属于广义的消费者。它们数量大且分布广，把

复杂的生产者和消费者的有机残体分解为简单的有机化合物，最终使之成为无机物归还到周围环境中，从而被生产者再吸收和利用。在物质循环、废物消除和土壤肥力形成中发挥巨大作用。

生态系统中各成分相互影响，互为依存，通过复杂的营养关系结合为一个整体。其中非生命环境以及生产者和分解者是不可或缺的基本成分；而消费者是非基本成分，缺少它们不会影响生态系统的根本性质，如农田。

2. 生态系统的时空结构

生态系统中生物种类、数量及其空间配置（水平、垂直）、时间变化（发育和季相），与群落结构特征一致。生态系统的结构发生明显而有规律的季节变化。例如夏季与冬季的食物网就明显不同。

3. 生态系统营养结构

生态系统组分之间建立起来的营养关系，构成了生态系统的营养结构。它以食物关系为纽带，把生物及其无机环境联系起来，使物质循环和能量流动得以进行。

6.1.6.2　生态系统的功能

生态系统的功能实际就是生态系统的整体代谢，是全部的生命活动，主要包括能量流动、物质循环、稳态调节与信息流三个方面。

1. 生态系统中的能量流动

能量是生态系统的驱动力。绿色植物固定的能量称为初级生产量，是生态系统能量流动的发端和基础，是食物链的最低端，无绿色植物则无生命（包括人类）。森林、农田、渔场、草原等的经营管理就是掌控能量的输入和输出途径及其限制因素，设法调整生态系统的能量分配关系，使能量流向对人类最有益的部分，以达到高产的目的。

生态系统中生产者固定的能量和物质，通过一系列的取食与被食关系在系统中传递，这种生物成员之间通过取食与被取食的关系所联系起来的链状结构称为食物链。食物链是生态系统营养结构的基本单元，是物质循环、能量流动、信息传递的主要渠道。食物链通常是从生态系统中能量传递起始的绿色植物（生产者）开始，食物链中有多种生物，后者可以取食前者。各种作物和杂草是生产者，在食物链上处于第一营养级；植食性昆虫以作物、杂草为食，处于第二营养级；肉食性昆虫和两栖类以植食性昆虫为食，处于第三营养级；如果有蛇存在，蛇捕食两栖类，处于第四营养级。再如鼠类以作物为食，处于第二营养级，而鼬以鼠类为食，处于第三营养级。各种生物以营养为纽带，形成若干条链状营养结构，并进而形成食物网状营养结构。生态系统中的能量流动是从初级生产

者开始到高级消费者的能量输入、传递和散失的过程（图6.1-6）。

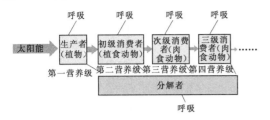

图6.1-6　生态系统能量流动图解

生态系统中生物间以食物网彼此交错联结，形成网状营养结构，是生态系统中物质循环、能量流动和信息传递的主要途径，不同的生态系统其食物网存在很大的差异。

能量在生态系统内的传递和转化规律服从热力学定律，能量流动是单方向和不可逆的，并在流动过程中逐渐减少，每一个营养级生物的新陈代谢活动（呼吸）都会消耗相当多的能量，并最终以热的形式消散到周围的空间中。任何生态系统都需要不断得到来自系统外的能量补给，以维持生态系统的正常功能。以森林生态系统为例，所固定的能量中有相当大的部分沿着碎屑食物链流动，表现为枯枝落叶和倒木被分解者所分解；还有一部分经人类砍伐后以木材的形式移出了森林；而沿着捕食食物链流动的微乎其微。陆生生态系统，动植物体的自然死亡、腐烂和分解是能量流动的主要渠道。

2. 生态系统的物质循环

生态系统的物质循环是指无机化合物和单质通过生态系统的循环运动，如图6.1-7所示是生态系统物质循环图解。

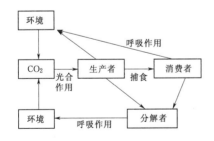

图6.1-7　生态系统物质循环（碳循环）图解

生态系统内部化学元素的交换，称为生物地球化学循环。生态系统中物质流动是循环的，各种物质都能以可被植物利用的形式重返环境。植物在系统内就地吸收养分，又通过落叶就地归还，绝大多数的养分可以有效地保留并积累于系统内。

能量流动和物质循环都是借助于生物之间的取食过程而进行的，但这两个过程是密切相关不可分割的，因为能量储存在有机分子键内，当能量通过呼吸过程被释放出来用以做功时，该有机化合物被分解并以较简单的物质形式重新归还到环境中去。

3. 稳态调节与信息流

（1）稳态调节。稳态调节是生态系统所具有的抵御环境压力并保持平衡状态的能力，调节是通过负反馈机制实现。反馈的结果与原趋势相反，又称为"负反馈"。例如水体自净、森林火灾或砍伐后恢复的调节机制，种群的个体数量与食物的反馈调节机制等。自我调节能力有一定限度，超过该限度将导致系统结构和功能不可恢复。如水体污染超过自净能力、森林大面积砍伐、草原过度放牧等。

（2）信息流。在生态系统的各组分及各组分的内部，存在着各种形式的信息传递或传输，即信息流。信息流主要包括以下4种。

1）营养信息。通过营养信息，从一个种群传递给另一个种群，或从一个个体传递给另一个个体。食物链与食物网，如灰喜鹊和松毛虫。

2）化学信息。在某些特定的条件或发育阶段，分泌某些特殊的化学物质，在生物种群或个体之间起着某种信息作用。如昆虫分泌性外激素，猫、狗标记活动区域；臭鼬放出臭气抵抗敌害；白蚁传递生殖信息等。

3）物理信息。通过光、色、电等向同类或异类传达的信息，可以表达安全、警告、恫吓、危险、求偶等多方面信息，如求偶的鸟鸣、兽吼等。

4）行为信息。有些动物通过特殊的行为方式向同伴或其他生物发出识别、挑战等信息，如蜜蜂通过舞蹈告诉同伴花源的方向、距离等；人类的哑语；雄鹿吼叫、战斗等。

6.1.6.3　生态平衡

生态系统由非生物的物质和能量（无机物质、有机物质、气候因子）、生产者、消费者、分解者4部分构成。该系统中生物与环境之间相互影响、相互制约，并在一定时期内处于相对稳定的动态平衡状态，即生态平衡。

自然界生态系统的一个很重要的特点是它通常趋向于达到一种稳态或平衡状态，使系统内的所有成分彼此相互协调。生态平衡是生态系统通过发育和调节所达到的一种稳定状况，包括结构上的稳定、功能上的稳定和能量输入输出上的稳定。

生态平衡是一种动态平衡，因为能量流动和物质循环总在不间断地进行，生物个体也在不断地进行更新。一种平衡被打破，新的平衡就会形成。

6.2 应用生态学

应用生态学是根据动植物生产、资源和环境管理等实践需要，研究应用过程中的生态学原理和方法，其将理论生态学中的基本规律和关系应用到生态保护、管理和建设实践之中，使人类社会实践符合自然生态规律，实现人与自然和谐相处、协调发展。以下仅介绍与水土保持专业基础关系最为密切的几个分支学科。

6.2.1 森林生态学

6.2.1.1 森林群落的结构组成

1. 森林群落的垂直结构

森林群落的垂直结构，主要指森林群落的分层现象。森林群落的林冠层吸收了大部分光辐射，随着光照强度减弱，自上而下依次分为林冠层、下木层、灌木层、草本层、地被层等层次。温带落叶阔叶林地上成层现象最明显，寒温带针叶林地上成层结构简单，而热带森林的成层结构最为复杂。

2. 森林群落的水平结构

森林群落中，某些地点植物种类的分布是不均匀的，例如，林下阴暗的地方有一些植物种类形成小型的组合，而在较明亮的地点有另外一些植物种类形成的组合。森林群落内部这些小群落是整个群落的一部分，在二维空间中不均匀配置，在外形上表现为斑块相间的镶嵌群落。

3. 森林群落的外貌和季相

群落的外貌是认识和区分不同植被类型的主要标志。群落的外貌是群落之间、群落与环境之间相互关系的反映。陆地群落常根据其外貌特征区分为森林、草原和荒漠等，森林又可以根据外貌特征区分为针叶林、夏绿阔叶林、常绿阔叶林和热带雨林等。

森林群落中，优势和亚优势乔木树种及各层植物的物候变化使整个群落在不同季节里呈现出不同的外貌，称为群落的季相。

4. 森林群落交错区与边缘效应

当两个不同群落相邻存在时，群落之间可能有一个过渡带，这个过渡带是相邻生物群落的生态张力区，称为群落交错区，也称为生态交错区或生态过渡带。不同优势树种构成相邻群落，或者森林与采伐迹地相邻时，也存在这种交错区。在天然次生林区，就存在许多所谓的"森林边缘"地带，实际也存在群落交错。

在生态交错区内的物种种类和个体数目都比邻近生态系统里要多的这种现象，称为边缘效应。

6.2.1.2 森林群落物种组成的性质

森林群落中，乔木层、灌木层、草本层和地被层分别存在各自的优势种，制约着森林生态系统的稳定性。根据各物种在群落中的作用来划分群落成员型，相关概念和特点见表6.2-1。

表6.2-1 森林群落的相关概念和特点

相关概念	主要特点及举例
优势种	指对森林群落的结构和群落环境的形成有明显控制作用的植物种。它们通常是那些个体数量多、投影盖度大、生物量高、体积较大、生活能力强，即优势度较大的种
建群种	优势层（乔木层）的优势种起着构建群落环境的作用，称为建群种，如兴安落叶松林的建群种为兴安落叶松
亚优势种	指个体数量与作用都次于优势种，但在决定群落性质和控制群落环境方面仍起一定作用的植物种
关键种	一个物种在群落中占有独一无二的作用，而且这种作用对于群落又是至关重要的，该物种称为关键种
伴生种	指群落中常见种，它与优势种相伴存在，但在决定群落性质和控制群落环境方面不起主要作用
偶见种	指那些在群落中出现频率极低的物种，多半数量稀少，如兴安落叶松中偶尔可以见到的红皮云杉（*Picea koraiensis*）等

6.2.1.3 森林群落一般发展过程

森林群落的发生发展一般都具有迁移、定居、竞争、反应4个过程。森林群落发育时期分为3个时期，即群落发育的初期、盛期和末期（表6.2-2）。

表6.2-2 森林群落的一般发生过程与发育时期特点

发展过程与发展时期		内 容 与 特 点
森林群落一般发展过程	迁移	从繁殖体开始传播到新定居的地方为止的过程称为迁移。所谓繁殖体包括植物的种子、孢子以及能起繁殖作用的植物体的任何部分（如地下茎、能无性繁殖的枝和干等）。迁移能力决定于繁殖体的构造特征和数量

续表

发展过程与发展时期		内 容 与 特 点
森林群落一般发展过程	定居	繁殖体迁移到新的地点后即进入定居过程，包括发芽、生长、繁殖3个环节。各环节能否顺利通过，决定于种的生物学、生态学特性和定居地的生境。定居能否成功，首先决定于种子的发芽力（率）与发芽条件；其次是幼苗的生长状况。发芽时着生部位的水肥供给条件、温度的高低及变化、动物影响等都直接关系着幼苗的命运
	竞争	在一定的地段内，随着生物个体的增长、繁殖，或不同种的侵入，必然导致营养空间和水、养分等的竞争，结果是"最适者生"。竞争者的能力决定了个体或种的适应性和生长速度。在一定的生境中只能由最适应的一种或几种生存，其他种即使能发芽、生长，也只能是短暂的，最终必将被排挤掉。群落中的不同植株，即使种类、年龄相同，也必然会在形态（主要指高度和直径）、生活力和生长速度上表现出或大或小的差异，这种现象在森林群落中称为"林木分化"。林木分化反映竞争能力的强弱，剧烈的生存竞争必然加速分化的进程。结果导致森林群落随年龄的增加单位面积上林木株数不断减少，即自然稀疏
	反应	通过定居过程，群落内生物与非生物环境间的能量转换和物质循环不断进行，原来的生境条件逐渐发生相应的变化，这就是反应。这种变化是由初期侵入的种类引起的，已经变化了的生境往往不适于初期种类本身的生存而导致另外一些更适应种类的侵入，即另外一个新群落形成的开始
森林群落发育时期	初期	群落建群种的良好发育是一个主要标志。由于建群种的调控作用，引起了其他植物种类的生长和个体数量上的变化。因此，一个群落的发育初期，种类成分不稳定，每种植物个体数量的变化也较大，群落的结构尚未定型，主要表现在层次分化不明显，每一层中的植物种类也不稳定。群落所特有的生境正在形成中，特点还不突出。同时，群落的生活型组成和植物的物候进程都还未明显表现出来
	盛期	大多数适应于该生境的植物种类存在，并得到了良好的发育。群落的植物种类组成相对一致，分布均匀和具有其一致性，从而有别于其他群落。其次，这一时期中群落的结构已经定型，主要表现在层次上有了良好的分化，每一层都有一定的植物种类，呈现出一种明显的结构特点，即具有典型的群落的生活型组成及季相变化，以及群落内生境
	末期	一个群落发育的整个过程中，改造环境的作用不断加强，当这一改造作用达到一定程度时，往往对它本身产生不利的影响，表现在原来的建群种生长势逐渐减弱，更新不良；同时，一批新的植物侵入和定居，并且旺盛生长。此时，群落种类成分又出现一种混杂现象，原来群落的结构和生态环境特点也逐渐发生变化。一个群落的发育末期，必然孕育着下一个群落的发育初期。原有群落的特点，往往要延续到下一个群落开始进入发育盛期的时候才会全部消失

6.2.1.4 森林生态系统的结构与功能

森林生态系统是以树木为主体的生物群落及其环境所组成的生态系统，是一个由生物、物理和化学成分相互作用、相互联系形成的非常复杂的功能系统，逐渐发展成自我维持和稳定的系统，是陆地生态系统中利用太阳能最有效的类型。

1. 养分（物质）循环

森林生态系统中的生物从环境中吸收的养分元素，在植物体内合成有机物，并通过食物链从一个营养级转移到下一个营养级，最后所有的生物残体或废物（又称枯落物）又被分解者分解，以简单化合物或元素的形式归还到环境中，又被植物重新吸收利用。这种元素在森林生态系统中被一次又一次的循环利用的现象称为森林生态系统养分循环。

（1）养分（物质）循环的类型。森林生态系统养分循环有3种类型，其特点见表6.2-3。

表 6.2-3 森林生态系统养分（物质）循环的类型及特点

循环类型	循环特点	举例
地球化学循环	指元素在不同生态系统之间进行的迁移与交换。可分为气态循环和沉积循环	
	气态循环将大气和海洋相联系起来，具有明显的全球性。元素或化合物可以转化为气体形式，通过大气进行扩散，弥漫于陆地或海洋上空，在短时间内可以为森林植物重新利用，循环比较迅速，容易自我调节	如 CO_2、N_2、O_2 和 H_2O（气）等

续表

循环类型	循环特点	举例
地球化学循环	沉积循环：矿物元素储存库在地壳里，经过自然风化和人类开采，从陆地岩石中释放出来，为植物所吸收，并沿食物链转移，然后，动植物残体或排泄物经微生物的分解作用将元素返回环境中，除一部分保留在土壤中供植物吸收利用外，一部分以溶液或沉积物状态随流水进入江河，汇入海洋，经过沉积和成岩作用变成岩石，当岩石被抬升并遭受风化作用时，再次被释放出来，完成一次循环	如磷（P）循环和硫（S）循环
生物地球化学循环	指森林生态系统内各组分之间化学元素的交换过程	如树木根系从分解的枯落物中吸收氮元素进入新生的树叶，秋季叶脱落后，氮又归还于林地
生物化学循环	指养分在生物体内的再分配，森林植物不只单靠根和叶吸收氧分满足其高生长，同样还会将储存在植物体内的养分转移到需要养分的部位，是森林保存养分的重要途径	如从植物的叶子转移向幼嫩的生长点或将其贮存在树皮和体内某处

（2）分解作用。森林生态系统的分解作用是动植物残体逐步降解、无机元素从有机物质中释放出来的过程，也称为矿化。分解作用包含碎裂、异化和淋溶3个过程。由于物理的和生物的作用，把枯落物分解为颗粒状的碎屑称为碎裂；有机物质在酶的作用下分解，从聚合体变成单体，进而成为矿物成分，称为异化；淋溶是可溶性物质被水淋洗出，是一种纯物理过程。

2. 能量流动

森林生态系统的能量流动是其生态系统的基本功能之一。森林生态系统中，采伐的木材占净初级生产量的70%，实际上很少被利用的树根占净初级生产量的30%，通过分解过程返还给了森林。森林植物通过光合作用所固定的太阳能或所制造的有机物质称为森林生态系统的初级生产或第一生产量。森林生态系统初级生产的主要测定方法及特点见表6.2－4。

表 6.2－4　森林生态系统初级生产的主要测定方法及特点

测定方法	内容与特点
收获量测定法	常用于净初级生产力测定，主要采用测树学的方法，即皆伐实测法或平均木法。做法是定期收割植被，烘干至恒重，以此获得生物量，以每年每平方米干物质重量表示。取样测定干物质的热当量，并将生物量换算为能量 $[J/(m^2 \cdot a)]$
	皆伐实测法，是将一定面积的林木全部伐倒，进行实测（包括干、枝、根和叶）的材积或重量，并根据其密度或烘干重换算成生物量。其精度高，测定值可作为标准来检查其他方法的精确度
	平均木法，采伐并测定具有林分平均断面积的树木的生物量，再乘以总株数。可采伐多株平均断面积的样木，测定其生物量，再计算出单位面积的生物量
CO_2测定法	用塑料帐将群落的一部分罩住，测定进入和抽出的空气中 CO_2 的含量。如黑白瓶方法比较水中溶解氧容量那样，本方法也要用暗罩和透明罩，也可用夜间无光条件下的 CO_2 增加量来估计呼吸量。测定空气中 CO_2 含量的仪器是红外气体分析仪，或用经典的 KOH 吸收法
模型估测法	现有的净初级生产力（NPP）模型大体分为气候生产力模型、生理生态过程模型、光能利用率模型和生态遥感耦合模型4类。各模型之间的比较详见表6.2－5
叶绿素测定法	通过薄膜将自然水过滤，然后用丙酮提取，将丙酮提出物在分光光度计中测量光吸收，再通过计算，算出每平方米有叶绿素多少克。叶绿素测定法最初应用于海洋和其他水体，较用 ^{14}C 测定法简便，花费的时间也较少
森林生态系统微气象法碳通量观测法	通过微气象法为主体的通量观测方法对典型森林生态系统植被-大气界面的 CO_2 及水热量通量进行长期连续观测，掌握其动态变化规律，分析森林生态系统碳源/汇的时空分布特征，探讨森林生态系统碳收支和水热平衡过程及其对环境变化的响应。使用条件和方法见《森林生态系统长期定位观测方法》（LY/T 1952—2011）（王兵等，2011）

不同 NPP 估算模型优缺点比较见表6.2－5。

表 6.2 - 5 不同 NPP 估算模型优缺点比较

模型类型	模型举例	优 点	缺 点	适用条件
气候生产力模型	Miami Thornthwaite Chichugo	(1) 模型简单。 (2) 气候参数易获取	(1) 生理生态机制不是很清楚。 (2) 估算结果以点代面。 (3) 估算误差较大，是一种潜在的 NPP	适用于区域潜在 NPP 的估算
生理生态过程模型	Century Tem Biome - BGC	(1) 生理生态机制清楚。 (2) 可以模拟、预测全球变化对 NPP 的影响。 (3) 估算结果较准确	(1) 模型复杂。 (2) 所需参数较多，而且难以获得。 (3) 区域尺度转换困难	适用于空间尺度较小、均质斑块上的 NPP 估算
光能利用率模型	CASA, GLO - PEM SDBM	(1) 区域尺度转换容易，适宜于向区域及全球推广。 (2) 许多植被参数可由遥感获得。 (3) 可以获得 NPP 的季节、年际动态	(1) 缺乏可靠的生理生态基础。 (2) 无法实现 NPP 的模拟及预测。 (3) 光能传递及转换的过程中还存在许多不确定性	适用于区域及全球尺度上的 NPP 估算
生态遥感耦合模型	BEPS, 改进的PEM 模型	(1) 遥感数据在获取 NPP 空间分布信息时得到了有效利用。 (2) 具有模拟、预测功能，可以获得 NPP 的季节、年际动态。 (3) 植被变化信息能立即反映在 NPP 估算上	(1) BEPS 模型比较复杂，所需参数较多，在参数确定上人为因素影响较大。 (2) 改进的 PEM 模型虽然对生理生态过程作了简化，但 NPP 估算精度受 LAI 影响较大	适用于小面积样区、区域及全球尺度上的 NPP 估算

3. 森林生态系统的信息流与信息传递

生态系统中的各种信息在生态系统的各成员内部的交换、流动称为生态系统的信息流。信息的传递包括信息的发送处理、传输处理和接收处理等环节。森林生态系统中，射入的阳光给植物光合作用带来了能量，同时也带进了信息，即一年四季及昼夜日照变化。流入森林的河流滋润着土壤，并带来了外界的各种养分，同时，河水的涨落、水中养分的变化也都给森林带进了信息。这些信息主要从时间不均匀性上体现出来。另外，不同的土质、射入森林的阳光被枝叶遮挡后光强、光质的变化等，都是物质能量空间分布不均匀性的例子。

6.2.1.5 森林生态系统的主要类型与分布

气候条件决定着土壤及生物的分布，从而森林植被有明显的地理分布，既与生物、气候条件相适应，表现为广域的（地带性）水平分布规律和垂直分布规律，也与地方性（地域性）的母质、地形、土壤类型相适应，表现为地域性的分布规律。广域分布的不同的森林植物类型所构成的不同森林生态系统，称为地带性森林生态系统。

我国主要森林生态系统类型及分布特征见表 6.2 - 6。

表 6.2 - 6 我国主要森林生态系统类型及分布特征

主要森林生态系统	主要分布区域	区域特征	群落特征	典型植被
寒温带针叶林生态系统	大兴安岭北部及其支脉伊勒呼里山的山地	低山丘陵地貌，呈明显老年期特征，河谷开阔，谷底宽坦，山势和缓，山顶浑圆而分散孤立。气候具有显著大陆性，冬季寒冷漫长，夏季较短，年均降水量 360~500mm。土壤主要为棕色针叶林土	森林植被的组成种类较贫乏，群落结构简单，林下草本植物不发达	以耐寒的兴安落叶松为主组成的明亮针叶林；灌木以杜鹃为主，其次为狭叶杜香、越橘等；乔木层中混生樟子松，尤其在北部较为多见。地势较低的东南部，受毗邻的温带针阔混交林区的影响，常混生温带阔叶树种，以较耐寒的蒙古栎、黑桦等为主

主要森林生态系统	主要分布区域	区域特征	群落特征	典型植被
温带针阔混交林生态系统	包括东北平原以北、以东的广阔山地，南端以丹东至沈阳一线为界，北部延至黑龙江以南的小兴安岭山地，全区呈一新月形	低山丘陵地貌，山峦重叠，地势起伏显著。气候具有海洋性温带季风气候特征，年均降水量500～600mm，夏季气温较高，生长季较长，适宜植物生长。土壤以地带性土壤山地暗棕壤为主	植物种类丰富，并且有较多特有种和孑遗种，以长白山植物区系最为独特；地带性植被为以红松为主的温带性针阔叶混交林	以红松为主的针阔叶混交林。南部地区还有沙冷杉及少量紫杉和朝鲜崖柏。阔叶树有紫椴、枫桦、水曲柳、花曲柳、黄檗、糠椴、千金榆、核桃楸、春榆及各种槭树等。林下灌木有毛榛、刺五加、暴马丁香、猕猴桃、山葡萄、北五味子等。草本植物主要有山荷叶等
暖温带落叶阔叶林生态系统	北以沈阳丹东一线与温带针阔叶混交林区域为界，南以秦岭分水岭、伏牛山南麓、淮河一线为界，东至渤海和黄海之滨，西自天水向西南经礼县至武都与青藏高原相分	整体上西高东低，地貌有山地、丘陵和平原。东为辽东半岛和胶东半岛，中为华北平原和淮北平原，西为黄土高原南部和渭河平原，以及甘肃城徽地，大致成一三角形。气候特点夏季酷热而多雨，冬季严寒而干燥，年均降水量400～800mm或更多。土壤以褐土和棕壤、黄棕壤为主	落叶阔叶林分布在山地和丘陵区，平原主要是农业区，天然林已不存在。其植物区系是邻近各地区植物区系的汇合，具有明显的过渡性特点，同时也有其独特性	地带性植被为落叶阔叶林，以栎林为代表。由于热量和降水不同，南部主要建群种为麻栎、栓皮栎等，向北逐渐被蒙古栎和辽东栎取代。近海蒙古栎和麻栎占优势，离海较远则以辽东栎和栓皮栎为主。东部沿海各省为赤松林，向西则为油松林；此外，在山区还可见到侧柏（石灰岩山地），中高山地有云杉、冷杉和华北落叶松所组成的针叶林
亚热带常绿阔叶林生态系统	北界在淮河—秦岭分水岭以南一线，南界大致在北回归线附近，东界为东南海岸和台湾岛以及所属的沿海诸岛屿，西界基本上是沿西藏高原的东坡向南延至云南西藏国界线上	地势西高东低，地貌类型有平原、盆地、丘陵、高原和山地。北部和中部可区分为秦岭、淮阴山地、四川盆地、长江中下游平原、江南丘陵等单元；南部可分为云贵高原、南岭山地和台湾山地三部分。气候属于东亚的亚热带季风气候，气候温暖湿润，年均降水量800～1600mm。土壤以黄壤、红壤为主	高等植物种类特别丰富，具有多种植物区系成分，而且富有热带起源的古老性以及含有一些特有属和孑遗种。常绿阔叶林是该区域代表性的森林类型	东部（湿润）常绿阔叶林亚区：①北亚热带常绿、落叶阔叶混交林，为亚热带至暖温带的过渡植被类型；②中亚热带的常绿阔叶林，优势种主要是壳斗科的青冈属、栲属、石栎属；杉木林、毛竹林分布也很广泛；③南亚热带的偏湿性的季风常绿阔叶林，优势种以壳斗科和樟科的热带性属。西部（半湿润）常绿阔叶林亚区的典型群落是以壳斗科的青冈属和栲属的一些种为主组成
热带季雨林和雨林生态系统	东起台湾省静浦以南，西至西藏南部亚东、聂拉木附近。北界北回归线以南（北纬21°～24°），到云南西南部，北界上升到北纬25°～28°；到西藏的东南部，则上升到北纬29°。南界南沙群岛的曾母暗沙，属于赤道热带的范围	地势从东到西逐渐上升。东部地势较平缓，多为丘陵台地，西部属云南高原的南缘和东喜马拉雅山南翼的侧坡。气候属热带季风气候类型，高温多雨，年均降水量1200～2000mm或更多。土壤为砖红壤、赤红壤，在丘陵山地随海拔增高逐步过渡为山地红壤、黄壤和草甸土的范围	植物种类和植被类型多样，以热带植被类型为主，山地植被自下而上垂直分布为季雨林、雨林、山地的雨林、常绿阔叶林及针叶林等；东部地区偏湿润性的类型和西部地区偏干性的类型，栽培植被更为多样复杂	具有代表性的是热带季雨林、雨林，在海滨及珊瑚岛上因基质条件特殊，分布着红树林及珊瑚岛植被

6.2.1.6　森林生态系统的退化

1. 森林生态系统的平衡

森林生态系统是陆地生态系统中最强大的生态系统，森林生态平衡是陆地生态平衡的核心，是指森林生态系统中植物、动物、微生物与环境之间，以及所有生物种群之间，通过能量流动、物质循环和信息传递，使它们相互之间达到高度适应、协调和统一的状态。在此种状态下，森林系统内各组成成分之间保持一定的比例关系，能量、物质的输入与输出在较长时间内趋于平衡，结构和功能处于相对稳定的状态；生产者、消费者、分解者和非生物环境之间，在一定时间内保持能量与物质输入、输出动态的相对稳定状态；当受到外来干扰时，能通过自我调节恢复到初始的稳定状态。

2. 森林生态系统的退化过程

森林退化是指由于人类活动（如过牧、过度采伐和重复火干扰）或病虫害、病原菌以及其他自然干扰（如风、雪害等）导致森林面积减少，或者变成疏林等现象，即森林在人为或自然干扰下形成偏离干扰前（或参照系）的状态，与干扰前（或参照系）相比，在结构上表现为种类组成和结构发生改变；在功能上表现为生物生产力降低、土壤和微环境恶化、森林的活力、组织力和恢复力下降，生物间相互关系改变以及生态学过程发生紊乱等。

3. 森林生态系统的退化评估

对森林生态系统稳定性和功能退化评估的指标方法为：①生物学稳定性由树种组成、林分生长量、林下更新种类、林地草本盖度、林分郁闭度5项指标组成；②抵抗力稳定性由落叶指数、感病指数组成；③林分功能稳定性评价由地表输沙量、土壤容重、孔隙度、持水量、机械组成等土壤物理性质和N、P、K、有机质含量等化学性质及其林内温湿度等小气候效益指标构成；④利用主成分分析法对林分生物学稳定性、抵抗力稳定性、功能稳定性进行综合评价。

6.2.1.7 森林生态系统的恢复

1. 退化森林生态系统的恢复方法

针对不同的退化系统类型，根据退化的主要原因、机理以及退化程度、阶段，必须遵循生态学原理和演替规律，应采取不同的恢复技术措施。

（1）次生林生态系统的恢复。依据林木培育价值（生长潜力）、目的树种组成、林木疏密度、林龄和林分卫生状况以及地形、土壤等特征，次生林的恢复模式可划分为生长抚育型、优化抚育型、林分改造型和封山育林型等4类，见表6.2-7。

表6.2-7　次生林生态系统的恢复模式类型及特点

模式类型	模式内容与特点
生长抚育型	主要采取疏伐和生长伐，对林木伐劣保优，人为稀疏，促进优良林木的生长，增加林分的生长率、生物量和蓄积量

模式类型	模式内容与特点
优化抚育型	主要适用于树种组成复杂多样，既有目的树种，也有非目的树种，林木生长潜力不一、疏密不均，甚至郁闭度很大的林分，通过透光伐、疏伐等方法，在林木株间有目的地割灌、割蔓和除草，或在杂木林中伐掉一部分非目的树种、有害木或一些先锋树种的个体，以改善目的树种的光照与营养条件，促进建群种的生长，培育优良木，促进群落向地带性顶极群落演替
林分改造型	对于低价值林分，采取调整树种组成与林分结构、培育合理的林分密度的方法，以提高林分的生物产量、质量和经济价值。林分改造，特别是次生林的林分改造必须严格掌握尺度，注意保护森林生态环境，充分发挥林地的生产力以及原有林木的生产潜力，尤其是要保留好有培育前途的林木
封山育林型	封山育林是一种在排除和减少人为干扰影响的前提下，通过封禁手段，借助林木的天然下种或萌蘖更新能力，促进新林形成和自然演替的有效措施

（2）天然林生态系统的保护。按照森林的起源、演替的阶段、群落特征和所受的干扰程度不同，天然林划分为原始林、过伐林、派生林和次生林，其中后三者均属于次生群落，见表6.2-8。

表6.2-8　天然林各类型特点

天然林类型	特点
原始林（原始型天然林）	由原生裸地上发育的植物群落，通过一系列原生演替形成的森林。原始林是从未进行经营活动或破坏的天然林。原始林已经达到非常长久的年龄而没有遭到显著的干扰，从而表现出独特的生态特征，并可能被归类为顶极群落。原生特性包括多层树冠和树冠间隙多、很大变化的树高和直径，多样化的树种和大小不一的木质残体等，同时也有多样化的野生动物栖息地，最能体现森林生态系统的生物多样性。我国东北、西藏、神农架等地还有原始林分布
过伐林（原始型天然林）	原始型天然林曾一度遭受外因干扰（如不合理的采伐）后，又恢复到内因演替形成的森林；或原始型天然林经常遭受到外因轻度干扰（如过度放牧等），天然林群落仅在量的方面有所变化，但地带性建群树种仍保存较完整的森林。如新疆天山和甘肃祁连山的云杉林，它是介于原始林和次生天然林之间的一种类型

续表

天然林类型	特　点
派生林 （派生天然 次生林）	原始天然林经过反复采伐，更新跟不上，原始地带性树种被非地带性喜光树种（山杨、桦类等）更替形成的天然林，或经过封山育林后恢复起来的天然林。主要特征是森林群落由喜光树种组成，仅残留有个别地带性树种的林分和幼树，不同程度地保存着原始林的生态功能，立地条件具有多样性、差异性和复杂性，林分质量低劣
次生林 （转型天然 次生林）	林分由抗旱性强、繁殖力强的树种组成，阔叶树多为萌生起源、丛状生长的矮林，质量低劣，立地条件恶劣，陡峭地形呈荒漠化，常与农田、灌丛、草地镶嵌分布。与前两者不同，它是原始林受大面积的反复破坏（不合理的樵采、火灾、垦殖、过度放牧等）后，在次生裸地上经次生演替而形成的次生群落。主要是由那些传播能力强、有无性繁殖能力的、耐极端生境或具有抗火能力的树种组成的群落，稳定性低，种间竞争表现激烈，演替速度较快，树种组成丰富，种类繁多，生长速度快

　　我国除西藏地区、少量高山峡谷地带及原始林自然保护区外，大部分天然林已损失殆尽。代之而起的是大面积分布的天然次生林。应根据不同类型天然林的功能进行分类和区划，划分出生态公益林加以保护，对重点生态公益林结合自然保护区、森林公园、风景区等建设，实施重点保护。调整森林资源经营方向，促进天然林的保护、培育和发展。

　　2. 退化森林生态系统的恢复与管理

　　退化森林生态系统的恢复首先应在科学研究的基础上，分析退化机理、原因和退化程度，明确森林生态恢复的目标，根据生态系统的稳定性及其变化、物种对系统退化环境的响应与适应、生态系统退化和恢复重建机理等情况选择不同的方案进行。

　　（1）恢复模式的多样性和可持续性。通过保护现有乡土植被，栽植目的树种，形成针阔混交、乔灌配置的异龄、复层林分结构，实践证明是比较通用的退化森林生态系统恢复的基本模式。但具体到不同地区、不同退化类型及不同退化阶段，派生的恢复模式应有所不同。如对于次生林，在恢复早期的树种选择上，黄土高原区应选择抗旱性强的灌木；南方生境条件较好，对先锋树种改良生境的要求不是很迫切，可以直接栽种目的树种。生态环境恢复与重建的一个最终目标是保护恢复后的自我持续性状态，这就要求在

树种选择、配置上充分考虑可持续性。如有些地方在营建生态公益林时不注重对土壤、水肥的保育，大量发展对地力消耗较大的经济林树种或对水分需求大的耗水树种，结果造成林分产量低，并出现"小老头"树。

　　（2）注重动态与结构恢复。林木是森林生态系统功能的主要载体。森林的生态功能可能因为林木的砍伐而一夜消失。森林生态功能的恢复必须通过恢复植被、形成一定结构的林分后才逐渐显现出来，这是一个漫长的过程。在这个过程中，应该根据退化植被的基底和植被对生境的改善程度，动态地选择相应的恢复措施。森林结构是森林功能的依托。一个区域退化森林生态系统的恢复要注重林分立体结构和植被类型的水平配置，绝不能把大面积营造纯林作为恢复植被的终极目标。同时应注重乡土植物的运用，充分利用其较强的适应性，以改善初始环境、土壤水肥条件，对森林结构与功能的恢复具有重要价值。

　　（3）应注重空间尺度并与区域经济发展相结合。我国退化生态系统恢复与重建模式尚处于试验示范研究阶段，是小尺度的、局部的区域范围内或单一的群落或植被类型恢复。从流域整体或系统水平的区域尺度的综合研究与示范仍有待进一步开展工作。

　　我国的生态恢复与重建必须充分考虑与区域产业和经济发展的结合，否则最终的生态恢复与重建将可能难以真正实现。

6.2.2　草地生态学

6.2.2.1　草地生态系统的定义

　　草地生态系统是在一定草地空间范围内共同生存于其中的所有生物（即生物群落）与其环境之间不断进行着物质循环、能量流动和信息传递的自然综合体。草地生态系统包括天然草地生态系统、人工草地生态系统及二者结合的复合生态系统。不论何种草地生态系统，都是以草地为基础的。

6.2.2.2　草地生态系统的主要类型与分布

　　我国草地生态系统因纬度、海拔差异，其类型主要分为地带性草原生态系统、典型草甸生态系统、高寒草甸生态系统、盐生草甸生态系统、沙地草甸生态系统。具体分布和特点见表6.2-9。

6.2.2.3　草地生态系统服务功能

　　草地生态系统服务功能主要有产品生产、水土保持、土壤形成、净化空气、调节气候、防风固沙、维持碳氧平衡等。

表 6.2-9　　　　　　　　　　　　　　我国草地生态系统分布和特点

类型	分布区域	分布特点	气候特点	主要植物及特点
地带性草原生态系统	分布于温带内陆地区,位于欧亚大陆草原东半部。东南部与温带、暖温带森林生态系统相连,西部与温带荒漠生态系统接壤。集中分布的地区大致从北纬51°起,南达北纬35°,从东北平原到湟水河谷,东西绵延达2500km	自东南向西北,依次为草甸草原、典型草原和荒漠草原,呈较明显的经度地带性规律。由于寒冷、干旱的高原大陆性气候的影响,在青藏高原地区形成了垂直地带性草原植被类型,即高寒草原	水热条件大体保持在温带半干旱到半湿润的水平,年平均温度3~9℃,≥10℃积温1600~3200℃,最冷月平均温度-7~-29℃,年降水量150~600mm,干燥度1~3.5	因分布区随纬度的地带性差异,植被类型多样。主要植物有冷蒿、大针茅、芨芨草、长芒草、冰草、冠芒草、狗尾草、沙芦草、拂子茅、铁杆蒿、寸苔草、尖针藜、赖草、蒿蓄、苔草、尖叶棘豆、糙隐子草、大丁草等
典型草甸生态系统	温带森林区域和草原区域,此外也见于荒漠区和亚热带森林区海拔较高的山地	在温带森林区,多分布于林缘、林间空地及遭反复火烧或砍伐的森林迹地。在草原区域,多出现在山地垂直带和沟谷、河漫滩等低湿地段	中温、中湿环境	森林区,多种杂类草为主,常混生大量林下草本植物。在草原区与荒漠区,根茎禾草和疏丛禾草草甸占有较大比例,种类组成比较单纯。主要植物有早熟禾、鸢尾、栗草、拉拉藤、鸭茅、针茅、狐茅、异燕麦、康穗、冷蒿、冰草、苜蓿、狗尾草等
高寒草甸生态系统	高海拔、高寒而干旱的地区,主要分布在青藏高原东部和高原东南缘高山以及祁连山、天山和帕米尔等亚洲中部高山,向东延伸到秦岭主峰太白山和小五台山南台,海拔3200~5200m	由于山地地形的影响,降水多,加之山地冰雪融水的补给,土壤湿润,气候寒冷,高寒草甸构成了山地垂直带谱中的重要组成部分,其分布界线随着地区气候由湿润变干旱,自南而北和由东往西逐渐升高	高寒、中湿、日照充足、太阳辐射强、风大。年平均气温一般在0℃以下,最冷月的平均气温低于-10℃,年降水量350~550mm,多集中在6—9月	寒、旱生多年生丛生禾草、根茎苔草为建群种构成的植物群落和与之相适应的动物、微生物组成。主要植物有紫狐茅、狐茅、早熟禾、三毛草、发草、高山火绒草、珠芽蓼、冰岛蓼、伏地龙胆、雪报春花、高飞燕草、翠雀、牛扁、雪莲等
盐生草甸生态系统	温带干旱、半干旱地区所特有,广泛分布于草原和荒漠地区的盐渍低地、宽谷、湖盆边缘与河滩。在落叶阔叶林区的盐化低地和海滨也有一些分布	分布没有地带性规律	中温、干旱	适盐、耐盐或抗盐特性的多年生盐性植物。主要植物有拂子茅、沼泽兰、苔草、水麦冬、羊胡子草、海乳草、灯芯草、芦苇、碱蓬、碱茅、韭菜等
沙地草甸生态系统	温带和暖温带地区的草原地带,分布相当普遍。集中分布在呼伦贝尔高原海拉尔河流域的沙地、辽河平原的科尔沁沙地、锡林郭勒高原的小腾格里沙地、鄂尔多斯高原的毛乌素沙地、黄河河套大湾右岸的库布齐沙带等	沙地草甸类型主要分布在典型草原和草甸草原地带内,常与二者形成生态复合体	干旱、半干旱气候	旱生性植物,具有适应干旱的形态特征和生理功能。主要植物以莎草科为主。其他植物有蒿类、优若藜、无芒隐子草、沙生针茅、白草、芨芨草、棘豆、沙竹金匙叶草等

1. 产品生产

草地是家畜重要的饲料来源,草地上生长的草本植物尤其是禾本科、豆科植物大都是优良的牧草,草地上发展的畜牧业为人类提供了大量的肉、蛋、奶、皮、毛等产品。草地上也生长着一些可以供人类直接食用的绿色植物,菌类、药用植物,如蕨菜、黄花菜、白蘑、黄芪、人参、党参等。草地还是许多经济作物的生产基地,草地上生长有多种纤维植物、蜜源植物、野生花卉、资源动物、珍稀动植物、家畜等。

2. 水土保持

草地的水土保持功能十分重要。草本植物的根系发达，而且主要都是直径不大于 1mm 的细根，这样的根系具有强大的固结土壤、防治侵蚀的能力；草本植物地表茎叶的覆盖，可以减少降水对地表的冲刷。因此，草本植物在保水固土方面作用突出。据中国科学院水利部水土保持研究所测定，种草的坡地在大雨状态下比裸地减少地表径流约 47%，减少冲刷量约 77%。

3. 土壤形成

在土壤的形成过程中，草地的作用尤为重要。栗钙土、黑钙土、草甸土、沼泽土等的形成均是草地植被作用的结果。与木本植物相比，草地植被对土壤的形成和改良作用更加明显，草地植被在土壤表层下面具有稠密的根系并残留大量的有机质，这些物质在土壤微生物的作用下可以改良土壤的理化性状，并能促进土壤团粒结构的形成；草地中的豆科植物根系上共生大量的固氮菌；草地植被对土壤中矿质元素的吸收、积累和分解，对土壤碳酸钙淋溶与淀积，对钙积层的形成，对黏土矿物的形成，都有一定的作用。

4. 净化空气

草本植物通过光合作用促进碳循环，吸收空气中的 CO_2 并释放出 O_2。据测定，$1m^2$ 草地每小时可吸收 $1.5g$ CO_2，如果每人每天呼出 CO_2 平均为 $0.9kg$，吸进 O_2 $0.75kg$，每人平均需要 $50m^2$ 的草地就可以把呼出的 CO_2 全部还原为 O_2。草地还能吸收、固定大气中某些有毒、有害气体。据研究，草坪能把氨、硫化氢气体合成为蛋白质，能把有毒硝酸盐氧化成有用的盐类。另外，茂密的草地可不断地接受、吸附空气中的尘埃，起到降尘作用。

5. 调节气候

草地调节气候的功能，主要表现在 3 个方面：①草地可以截留降水，草地比裸露地的渗透率高，对涵养水分有积极的作用；②草地的蒸腾作用具有调节空气温度和湿度的作用，草地上的空气湿度一般比裸地高 20% 左右；③草地可以吸收辐射，降低地表温度。

6. 防风固沙

风蚀是土地退化的主要形式之一，风蚀使表土变粗，有机质减少，导致土地生产力下降，对土地生产力，作物产量的影响非常大。草地生态系统对防止土壤风力侵蚀，减少地面径流防止水力侵蚀具有显著作用。草地中根系对土体有良好的穿插、缠绕、网络、固结作用，同时增加土壤有机质，改良土壤的结构，因而可有效防止土壤冲刷和提高草地抗蚀能力。

7. 维持碳氧平衡

草地植物通过光合作用进行物质循环的过程中，可吸收空气中的 CO_2 并放出 O_2，在维持碳氧平衡中具有重要作用。有研究表明，草地可吸收 CO_2 $900kg/hm^2$，同时放出 O_2 $600kg/hm^2$。有些牧草可形成封闭式的二氧化碳循环，大幅度降低大气中 CO_2 的浓度，缓解地球上的温室效应。因而，草地被誉为保护生态环境的绿色"卫士"。与森林等生态系统相比，草地生态系统吸取大量的碳作为土壤有机质并储存于土壤中。当草地被耕作或转变为农田时，碳会迅速转移到大气中。草地中还有很多植物对空气中的一些有毒气体具有吸收转化能力。

此外，草地生态系统是长期适应独特气候环境的一种独特的自然景观，还具有特色的民族文化多样性、精神和宗教价值、社会关系、知识系统、教育价值、灵感、美学价值及文化遗产价值，具有得天独厚的生态旅游资源。

6.2.2.4 草地生态系统的退化

草地退化指草地生态系统在外来干扰下，背离顶极的逆向演替过程中，表现出的植物生产力下降，质量降级和土壤理化性状和生物学性状恶化等现象。

1. 草地生态系统退化的危害

草地退化导致草原产草量降低、牧草质量下降、载畜量下降，造成草原上的牲畜因缺少食物而死亡，草原畜牧业受损，造成巨大的经济损失。严重的草原退化，导致土地沙化、沙尘暴频发。20 世纪下半叶，我国遇到了由于不合理的开发导致的土地沙化与沙尘暴。

草地退化引发的其他生态灾难还有水土流失和洪水等。我国 1998 年发生的长江流域洪灾，普遍的解释是气候因素，即与降水有关，但造成如此巨大的灾害，也与长江源头及中游地区草地植被的破坏、草地生态系统退化、草地蓄水能力下降、水土流失严重有关。

2. 草地生态系统退化的表现形式

草地退化表现为草地生态系统的结构特征和能流与物质循环等功能的恶化，即草地生态系统服务功能（草地的物质生产以及其他生态系统服务功能）的衰退现象。事实上，草地退化就是指在一定的生境条件下，草地植被与该生境的顶极或亚顶极植被状态的背离。我国北方草原退化面积已达 8700 万 hm^2，每年还以 133 万 hm^2 的速度增加，各类草地产草量近 20 年来下降 30%～50%，牧草质量也已大幅度下降。

3. 草地生态系统退化的原因

草地退化原因可以划分为自然原因和人为原因两

大类。

自然原因主要有气候原因、地质灾害、病虫害等。其中，最常见的气候原因如长期干旱、雪灾、低温冻害、风蚀、沙尘暴、洪水与水蚀等；其次是病虫害的爆发，地址灾害如地震等也会造成草地退化。

人为原因主要有不合理放牧、开垦、樵采、狩猎、开矿和旅游等。由于对草原可持续承载力认识不足，缺乏与草原生态系统和社会发展相协调的放牧体制，家畜数量的过高增长等不合理放牧导致草原退化是首要原因，盲目开垦也是导致草原退化和沙化的重要原因。

4. 草地生态系统退化的类型

草地退化可按其所在区域、退化原因及表现等大致分为草地荒漠化、生境破坏型退化、杂草（灌木）入侵型退化3种类型。

（1）草地荒漠化。荒漠化指土地的生物潜力破坏并导致其生态环境像荒漠一样，是草地严重的退化类型。主要发生在非洲撒哈拉、中亚、蒙古和中国西北干旱、半干旱温带典型草原或荒漠草原地区。它是目前全球草地退化的最主要的形式之一。在干旱地区，草地长期无休止退化的结果就是荒漠化，直至变为沙漠。与荒漠化密切相关的还有土壤盐渍化和风沙等问题。

（2）生境破坏型退化。主要发生在欧洲的石灰质草地上，主要是由于城市发展、交通基础设施建设或草地农垦而引发的草地生境的大规模破坏。随着草地生境的消失，生物多样性也显著下降，很多物种的种群已在当地灭绝。

（3）杂草（灌木）入侵型退化。主要发生我国北方温带典型草原地区，在过度放牧及鼠害等作用下，优良牧草被过度啃食而不能恢复，原来优质牧草为优势种的草地演变为杂草或灌木为优势种的植物群落。例如，我国北方草原上常见的棘豆、醉马草、狼毒等，这类植物不但没有利用价值，家畜误食之后还会中毒甚至死亡。

6.2.2.5 退化草地生态系统的恢复

1. 退化草地生态系统的恢复方法

草地恢复有两种方法：一种是改进现存的退化草地，另一种是建立新的草地。

（1）建立人工草地，减轻天然草地压力。合理选择草种是人工种草措施成功的关键。如青海省果洛藏族自治州草原站在达日县旦塘区对超过40hm²严重退化的草地进行翻耕，播种披碱草后，鲜草产量高达2.1万 kg/hm²，极大地提高了畜牧生产力，同时植被覆盖率的提高起到了很好的防治水土流失的作用。也可利用多年生人工草地进行幼畜放牧育肥，即在青

草期利用牧草，冬季来临前出售家畜，可改变以精料为主的高成本育肥方式，解决长期困扰草地畜牧业畜群结构问题。

（2）建立半人工草地，恢复天然草地植被。主要是通过草地施肥和毒杂草防除，提高产草量。此外，还应防止和减少自然灾害。

2. 退化草地生态系统的恢复与管理

退化的草原生态系统主要是进行自然恢复和人工恢复重建。对于生态系统具备自我修复能力与条件的，在排除使其退化的因素后，在一定的时间内，通过自然演替得以恢复；对破坏严重、自然恢复比较困难的退化生态系统，应因地制宜采取松土、浅耕翻、增施肥料、补播乡土优良牧草等措施以增加植被恢复速度，同时应通过合理放牧、轮牧等措施人工促进恢复。

对尚未退化的草原进行合理的生态系统管理。防治退化的策略是根据不同的土地类型定制不同的放养策略，尽量利用就地水源，控制家畜养殖量，了解植被动态，实行家畜放养动态管理。

6.2.3 农业生态学

6.2.3.1 基本概念

农业生态系统是在一定时间和地区内，人类从事农业生产，利用农业生物与非生物环境之间以及与生物种群之间的关系，在人工调节和控制下，建立起来的各种形式和不同发展水平的农业生产体系。农业生态系统也是由农业环境因素、绿色植物、各种动物和各种微生物四大基本要素构成的物质循环和能量转化系统，具备生产力、稳定性和持续性三大特性。

其中，以农田利用发展的生态系统是农田生态系统，其核心是作物，是以作物为中心，由光、气、土、肥、虫、草、树、微生物、动物等组成的综合体，以生产粮食、蔬菜、瓜果为经济目标的生态系统。

6.2.3.2 农业生态系统的结构

农业生态系统类似于自然生态系统，其基本组成也包括生物和非生物环境两大部分。但由于受到人类的参与和调控，其组分的构成不同于自然生态系统，是以人类驯化的农业生物为主，环境也包括了人工改造的环境部分。农业生态系统是受人类管理的半自然生态系统，与周围自然生态系统相比具有较高的生物量和稀少的植物物种，因而，其结构和功能与周围自然生态系统有明显的差别。

1. 农业生态系统的组分结构

农业生态系统是由农业人口、农业生物（包括农

作物、家禽、微生物）和农业环境组成的整体，包括生命-环境系统和经济-技术系统两个子系统。

农业生态系统的环境组分包括自然环境组分和人工环境组分。前者是从自然生态系统继承下来的，但已受到人类不同程度的调控和影响。例如：作物群体内的温湿度、土壤理化性质等，甚至大气成分都受到了各种活动的影响而有所改变。后者包括生产、加工、储藏设备和生活设施，例如温室、禽舍、水库、渠道、防护林带、加工厂、仓库和住房等。其中，人工环境组分是自然生态系统中没有的，通常以间接的方式对系统中的生物产生影响。一般情况下，研究时常常把人工环境组分的部分或全部划在农业生态系统的边界之外，归于社会系统范畴。

农业生态系统的生物组分也可以分成以绿色植物为主的生产者、以动物为主的消费者和以微生物为主的分解者。然而，农业生态系统中占据主要地位的生物是经过人工驯化的农业生物，包括各种大田作物、果树、蔬菜、家畜、家禽、养殖水产类、林木等，也包括农田杂草、病、虫等有害生物。更重要的是生物组分中还增加了最重要的调节者和主体消费者——人类。由于人类有目的地选择和控制，农业生态系统中其他生物种类和数量一般较少，其生物多样性往往低于同地区的自然生态系统。

农业生态系统中的生物种类见表 6.2 - 10。

表 6.2 - 10　农业生态系统中的生物种类

生物	种类	举　　　例
农业生物	粮食作物	小麦、玉米、水稻、高粱、甘薯等
	经济作物	大豆、花生、棉花、甘蔗、烟草等
	饲料作物	苜蓿、三叶草、紫云英等
	园艺作物	各类蔬菜、果树、花卉等
林业生物	经济林木	油茶、板栗、核桃、文冠果、橡胶、油桐、漆树等
	用材林木	松树、杉树、柏树、桉树、杨树、竹等
牧业生物	家畜	猪、牛、羊、马、兔等
	家禽	鸡、鸭、鹅等
渔业生物	淡水鱼类	草鱼、鲤鱼、鳙鱼、鲢鱼等
	海洋鱼类	刀鱼、鲅鱼、黄花鱼等
	滩涂养殖类	对虾、蛤、扇贝、海带、紫菜、蚌等
虫类生物	小动物	蚯蚓、福寿螺等
	昆虫类	蜜蜂、蚕、寄生蜂等
菌类生物	微生物	食用菌、曲酶、甲烷菌（沼气）、杀螟杆菌等

农业生态系统的生命-环境子系统是由作物和环境要素组成的生态系统，作物在空间分布上有水平结构，也有垂直结构。农业生态系统中的生物要从环境中获得营养，因此还具有营养结构，营养结构通过食物链连接起来，而且食物链关系彼此交错，形成复杂的食物网。

在农业生态系统的经济-技术子系统中，输电网、配电网、渠道网、农业流程网等组成复杂的网络系统。各个部门和各种产品之间有投入、产出的关系。在劳动、能量和物质上有直接的消耗关系，也有间接的消耗关系。经济-技术子系统中所有的物质、能量、产品、价值构成了复杂有序的立体网格结构。

2. 农业生态系统的营养结构

农业生态系统的营养结构是由人与农业生物、农业生物与农业生物之间，以及与其所处环境之间通过能量转化和物质循环而形成的结构。其实质主要是由人类按食物供需关系从植物开始，连接多种动物和微生物建立起来的多种链状结构和网状结构，即食物链结构和食物网结构。

和自然生态系统相比，农业生态系统的营养结构受到人类的控制。农业生态系统不但具有与自然生态系统类同的输入、输出途径，如通过降水、固氮的输入，通过地表径流和下渗的输出，而且有人类有意识增加的输入，如灌溉水、化学肥料、畜禽和鱼虾的配合调料；也有人类强化了的输出，如各类农林牧渔的产品输出。有时，为了扩大农业生态系统的生产力和经济效益，常采用食物链"加环"来改造营养结构；为了防止有害物质沿食物链富集而危害人类的健康与生存，而采用食物链"解列"来中断食物链与人类的连接，从而减少对人类健康的危害。

3. 农业生态系统的时间结构

农业生态系统中环境因子，例如光照强度、日照长短、温度、水分、湿度等，随着季节变化而变化，农业生物生长发育所需的自然资源和社会资源也都是随着时间（季节）的推移而变化，使得植物和动物的生长、发育、繁殖、种类数量有明显的季节变化。在社会资源中，劳动力的供应有农忙与农闲之分，电力、灌溉、肥料等的供应亦有松紧之分。因此，农业生产表现有明显的时间节奏，即农业生产有明显的季节性。

农业生态系统的时间结构是指在农业生态系统内部，根据各种资源的时间规律和农业生物的生长发育规律，从时间上合理安排各种农业生物种群，使自然资源和社会资源得到最有效的利用，使它们的生长发育及生物量积累时间错落有序，形成农业生态系统随着时间推移而表现出来的时序结构。涉及的因素有环境条件的季节性和生物的生长发育规律。时间结构的变化反映了生物为适应环境因素的周期性变化而引起整个生态系统组成外貌和季相上的变化，同时也反映了生态系统环境质量好坏的波动。

一般来说，环境因素在一个地区是相对稳定的。因此，时间结构在农业生产上的体现主要是农业生物的安排，即根据各种生物的生长发育时期及对环境条件的要求，选择搭配适当的物种，实现高产高效的周年生产。在农业生产中，常根据作物生长期的长短，在一年内将作物的种植安排加以合理布局，其目的是更好地利用土地、光照等资源。调节农业生态系统时间结构的方式有单作、多作、套作、育苗移栽等。

4. 农业生态系统的时空结构

（1）农业生态系统水平结构。农业生态系统水平结构指在一定的生态区域内，各种作物种群在水平空间上所占面积比例、镶嵌形式、聚集方式等水平分布特征。

在农业生态系统的水平结构中，生态系统中生物的种类、密度等在二维平面的不均匀分配，形成了生态系统的镶嵌性。生态系统内部环境因子的不均匀性，如小地形和微地形的变化、土壤湿度和盐渍程度的差异及人与动物的影响，是形成镶嵌的主要外因。在农业生产上，人类的耕作是影响水平结构的主要因素。农业生态系统的镶嵌现象产生的内因是物种间竞争的结果，取胜的物种是该小环境中生活力最强的。所以，农业生态系统的镶嵌性提高了水平空间的利用效率。

农业生态系统最佳的水平空间结构，即通常所说的区划或布局，应与自然资源组合的特点相适应，并满足经济社会的需求。

我国种植业与环境条件关系密切，从北到南，不同气候类型条件下适宜种植的农作物和耕作制度存在较大差异。农业生态系统水平结构主要受热量和水分条件影响。耕地复种指数与不同地区环境温度、湿度有明显关系，从东到西，降水逐渐减少，复种指数呈下降趋势。热量条件是首要条件，其决定着复种可能性与复种程度。一般地，某一地区年平均气温 8℃ 以下为一年一熟，8～12℃ 为两年三熟区与套作二熟，12～16℃ 一年二熟，16～18℃ 一年三熟；无霜期 140～150d 为一年一熟，150～250d 为一年二熟，250d 以上为一年三熟；以 ≥10℃ 日数 160～180d 以下为一年一熟，180～230d 为一年二熟，230d 以上为一年三熟；≥10℃ 积温低于 2600℃ 为一年一熟，2600～3600℃ 为二年三熟，复种生育期短的作物和绿肥，或者可实行套作二熟，3600～5000℃ 为一年二熟，5000℃ 以上可以一年三熟。某一地区热量满足要求的情况下，能否复种及复种程度受水分条件限制，一般旱作作物一熟需水量为 250～600mm，水稻需水量为 600～800mm；一年二熟需水量为 600～1000mm，一年三熟需水量为 1200mm 以上。故年降水量 600mm 以下

地区的旱作农田只能实行一年一熟，年降水量 600～1000mm 地区的旱作农田可实行二熟或套作二熟，年降水量 1200mm 以上地区旱作农田可实行三熟制。

（2）农业生态系统的垂直结构。农业生态系统的垂直结构又称立体结构，是植物群体在土地上的纵向序列和层次，其地上序列为：按株高由低到高、需光由弱到强、喜阳性植物在上而耐荫性植物在下；地下序列则浅根在上深根在下。

一定单位面积上（或水域、区域）的农业生物，是根据自然资源特点和不同农业生物特征、特性，在垂直方向上由多物种共存、多层次配置、多级质能循环利用的立体种植、养殖等构成的生态系统，有助于最大化地利用自然资源，增进土壤肥力，减少环境污染，获得更多的物质产量。

农业生态系统的垂直结构，在不同的地理位置条件下，受气候、地形、土壤、水分、植被等生态因子的综合影响而呈现出一定规律的变化。

6.2.3.3 农业生态系统的功能

农业生态系统的生产力，即一定期间内所能获得的生物产量，是生态系统能量转化和物质循环功能的最终表现，包括初级生产力、次级生产力以及腐屑食物链的生产力，其高低是衡量种植业生产水平的标准。在农田条件下，每年每平方米初级生产的生物产量为 0.1～4kg，平均为 0.65kg。次级生产力及腐屑食物链的生产力，则视不同生物种群而异，如 1 头牛每天消耗饲料（干草）7.5kg，增重 0.9kg；人工栽培的食用菌，每天每平方米能生产 0.035kg 干蛋白质等。因此，农业生态系统中种植业的初级生产和动物饲养业以至腐屑食物链生物的次级生产都应受到重视。

为了提高系统的总体生产力，还需要建立系统内各个生物种群之间相互配合、相辅相成、协调发展的高效能转化系统。一个生物种群常常只利用整个农业资源的一部分，而不同生物种群的合理组合，能使系统内物质和能量在其循环、转化过程中得到多层次、多途径的利用，通过彼此间的相互调剂、相互补偿和相互促进，其综合效益往往大于生物种群各个分项效益的总和。这种合理的生态结构，在中国农业生产中随处可见。如在鱼塘中放养草鱼、鲢、鳙、鲮和鲤等多种食性不同的鱼种，构成一个多层次的营养结构，所产生的综合效益远远超过单养某个鱼种。农田中高秆和矮秆作物间种、套种，可以提高单位面积的光能利用率；禾谷类作物与豆科作物间种、套种，可以兼收培肥地力和充分利用光能的效果。在稻作-养猪-养鱼相结合的生态结构下，用粮饲猪、猪粪喂鱼、鱼塘泥作稻田肥料，其农、牧、渔业相互促进的综合生态效果，可超过种稻、养猪、养鱼单项生态和经济效益的总和。

系统总体生产力的提高还在很大程度上取决于人类投入系统中的肥料、杀虫剂、除草剂、杀菌剂和石油燃料等形式的物质和能量，投入增加可使农业增产。但并非在任何条件下投入越多，系统总体生产力就越大，不适当地使用化肥会破坏土壤结构；单纯使用某一种杀虫剂或杀菌剂会由于害虫、病菌产生抗药性而失去药效；此外，投入物中还通常含有镉、汞、铅、镍等重金属，一旦被作物吸收之后，通过食物链的传递和生物浓缩，其浓度可成百倍、成千倍地增加。由此造成的有害物质的富集，不但会严重影响动植物的生长发育，降低系统的总体生产力，而且还会损害人体健康。

对农业生态系统来讲，作为一个人工调控系统有两个基本功能：①生产功能，即为人类提供粮食、蔬菜、纤维等农副产品；②还原功能，即通过物质和能量的代谢，以保证农业资源的永续利用和农业生产的持续、稳定发展。农业生态系统的这两个基本功能持续和实现需以农业生态系统物质循环、能量流动等平衡来实现。

6.2.3.4 我国农业生态系统的可持续发展

可持续农业是按照生态学原理组织和发展农业，充分考虑农业系统生产力的整体效应。与粗放型的传统农业相比，可持续农业是良性高效循环的农业，可充分利用自然资源，提高资源转换率。与现代化农业相比，现代农业化强调通过片面的化学措施和机械措施来实现有限的近期经济增长目标，但其中却潜伏着未来农业萎缩的危机；而可持续农业则强调通过生态措施，实现农业生产与资源、环境之间的协调互补，同步发展，是既有益于当代，又着眼于长远利益和发展的模式，已成为世界各国普遍接受的农业发展理论。

1. 生态农业

生态农业是可持续农业的一种，是一种多投入、多输出、多时空变化的人工复合生态系统，属生物性再生资源生产体系，具有自养组织的性质和能力，以及强烈的自然地域性，与光、热、水、气、土、肥、物种等资源和生产要素都有密不可分的关系。首先，农林植物是初级生产者，是系统能量流动的初级驱动力和基础，而家禽、家畜、鱼类的饲料和食用菌的培植则通过草食、肉食和杂食动物以及非绿色植物、微生物的生命活动来实现。加上介乎其间的农副产品利用和加工活动，既能维持系统的生态特征，又能有较高的农产品的产出，是现代可持续农业的基础类型。

2. 复合农林业

复合农林业是具有农林结构的复合生态系统，通常是以目的树种为主要结构，以农作物为主要组分的混农系统。复合农林业是以生态学原理为基础，遵循技术和经济规律而建立起来的一种具有多种群、多层次、多序列、多功能、多效益、低投入、高产出的高效、持续而稳定的复合生态系统。复合农林生态系统突破了传统农业、林业生产单一的生产方式，形成以林为主的一个复合的、开放的、具有整体效应的生态系统。这种复合生态系统能有效地提高土地资源利用率，促进太阳能和有关物质在系统内的多项循环利用，实现整个系统在空间和时间上的高效利用。由于复合农林业不仅关注农田生态系统自身的质量维护，也关注对外部生态环境的影响，如对水土流失的控制。因此，复合农林业是一种可持续农业。退化农业生态系统恢复与重建，特别是极度退化的类型，应该考虑复合农林业的构建，利用目的树种来改变退化系统的生态条件，以有利于农作物生长。

在我国目前可持续发展的农业生态系统模式很多，典型农业生态系统见表 6.2-11。

表 6.2-11 我国典型农业生态系统

名　称	采取的主要方法和特点	示范区
黄淮海平原资源节约型高效农业	(1) 形成了良种高产群体结构的栽培技术。 (2) 建立了完整的玉米产业，开发了低聚糖系列产品。 (3) 废物综合利用，玉米芯生产木糖醇和糖醛，木糖醇渣和糖醛渣生产食菌，玉米秸秆加工为青贮饲料。 (4) 技术创新，利用生物质发电	山东省禹城市"中国功能糖城"
长江中下游稻麦优化施肥模式	改变施肥前重后轻的习惯，建立优化施肥模式： (1) 建立作物轮作制度，小麦-水稻一年二熟，秸秆全量或部分还田。 (2) 施肥模式：小麦氮肥 40%基肥，20%分蘖肥，40%穗肥；水稻 30%基肥，30%分蘖肥，40%穗肥。 (3) 省肥效果：小麦节氮 45～75kg/hm²，水稻节氮 60～75kg/hm²。 (4) 增产效果：小麦 3000kg/hm² 增加至 5000kg/hm²；水稻 6000kg/hm² 增加至 9000kg/hm²	太湖地区

续表

名　称	采取的主要方法和特点	示范区
四川盆地紫土区小流域泥沙与非点源污染控制技术	（1）坡顶低效纯柏林生态系统结构优化。引入适生的落叶乔木、漆树和灌木、藤本和牧草，同时逐步间伐柏树，发展成"常绿-落叶乔木＋落叶灌木-藤本＋牧草-本地杂草"的复杂林间结构，并逐步形成枯枝落叶层，辅以封禁管理，促进林下灌草丛的形成。 （2）坡耕地粮食作物和经济作物弹性结构间种与农业结构调整。在聚土免耕的基础上构建坡地水土保持耕作体系，同时实施全土秸秆覆盖，建立网格耕作与秸秆覆盖相结合的水土保持耕作体系。 （3）坡耕地养分优化管理与非点源污染控制。利用坡耕地秸秆还田，既可控制水土流失，又能减少化肥使用量，还可维持系统生产力水平，实现坡地养分的优化管理，从源头控制非点源污染。同时利用沟谷塘库与水稻田的低洼位置汇集径流、泥沙与养分物质，能通过小流域增汇减控泥沙与非点源物质负荷	四川盐亭
生态清洁流域治理模式	（1）改变传统的流域治理思路，提出山、水、林、田、路统一规划的流域治理新模式。 （2）提出生态修复区、生态治理区、生态保护区"三道防线"治理理论与划分方法。 （3）把水源保护、污染控制、产业开发、人居环境改善、新农村建设等有机结合起来，形成以居民点为中心，道路为骨架，建立近、中、远环状措施配置模式。生态修复区主要实行全面封禁；生态治理区重点治理生活污水垃圾和生产过程中的"三废"污染；生态保护区主要采取谷坊、排洪渠、方塘、临河护岸及河岸防护林带等措施	北京市密云水库上游

6.2.3.5 农业生态系统退化与恢复

1. 农业生态系统退化类型

农业生态系统退化主要指其土壤理化结构的变化导致土壤系统和作物系统功能的退化。正常的农业生态系统处于一种动态平衡状态，系统的结构和功能是协调的，通过能量流动和物质循环、水分和养分的平衡来维持负载在其上的生物群落的生产力。若农业的结构和功能在干扰下发生变化，其结果会打破原有生态系统的平衡状态，使系统的结构和功能发生变化和障碍，形成破坏性波动或恶性循环，使土壤肥力不断下降，相应地，所承载的生物生产力也下降。

农业生态系统退化的类型主要有土壤侵蚀、沙化、石漠化、土壤贫瘠化（土壤肥力减退）、土地污染等。表层土壤的损失是造成农业生态系统功能退化的主要原因，而农田中形成 1cm 厚的土层一般需要 80～400 年。表层土厚度的下降会造成农作物的产量大大降低，有研究表明表层土厚度每下降 2.8cm，农作物产量约下降 7%。农业生态系统退化有如下主要表现形式。

（1）土壤侵蚀与土壤肥力下降。我国是世界上水土流失最严重的国家之一，水蚀与风蚀总面积达 295 万 km^2，全国每年土壤流失量达 42 万 t。东北黑土地区的土壤侵蚀造成的危害十分严重，导致土壤肥力下降，部分地区重用轻养，有机肥投入减少，加之肥料结构不合理，氮磷钾比例失调，严重缺磷、缺钾，导致土壤肥力下降、地力衰退。全国土壤普查结果表明，我国耕地中缺磷土壤面积占 59.1%，缺钾土壤面积占 22.9%，有机质低于 0.6% 的土壤面积占 13.8%，中低产田面积占耕地面积的 79.2%。

（2）土地沙漠化与石漠化。土地沙漠化是指在脆弱的生态系统下，由于人为过度的经济活动，破坏其平衡，使原非沙漠的地区出现了类似沙漠景观的环境变化过程。也就是人为乱砍树木，破坏土地平衡，变成沙子。我国沙漠、戈壁和沙化土地普查及荒漠化调研结果表明，土地沙漠化（风蚀荒漠化）面积最大达 160.7 万 km^2。石漠化主要是指亚热带湿润气候地区的岩溶发育区（即喀斯特地貌）受人为活动的干扰和破坏，我国土地石漠化主要发生在西南岩溶地区的云南、贵州、广西等 8 个省（自治区）。

（3）土壤次生盐渍化。对农田灌溉不合理，大水漫灌，有灌无排，注淀、平原水库、河渠蓄水位高，周边又无截渗排水设施，水稻与旱作插花种植，以及农业技术管理粗放等，导致盐分在土壤表层积累，土壤次生盐渍化面积不断扩大。根据《中国盐渍土地资源分布图》资料，我国盐渍化土地总面积达 9900 万 hm^2，其中现代盐渍土壤为 3690 万 hm^2，潜在盐渍化土壤为 1730 万 hm^2。根据《中国 1:100 万土地资源图》的统计，全国耕地中存在盐碱限制因素的面积约为 690 万 hm^2。

（4）水稻土次生潜育化。对水稻田灌排不当，排灌不分开，渠系不配套，串灌、漫灌、深水久灌，使水稻土耕作层下部和作物长期遭受渍害，加上不合理耕作制度和耕作技术，促使土壤经常处于还原状态，导致次生潜育化的发展，土地生产能力降低，产量比正常水稻田减少一半以上。据调查，现在我国南方诸省潜育化水稻土面积占水田面积的 20%～40%，在 400 万 hm² 以上，东起浙江、福建，西抵云南、贵州、四川，南到广东、广西、海南，往北一直延伸到湖北和河南的南阳盆地，均有相当大的潜育化水稻田面积分布。

(5) 土地污染。工业"三废"未经处理直接排放，不但造成水体、大气污染，而且也造成了土地污染。主要表现在：工业排放的废气及烟尘中，汞、铅、铬等重金属造成的土地污染，二氧化硫等形成的酸雨使土壤酸化；引工业废水和城市生活污水灌溉农田或废水被雨水冲刷进入耕地，恶化土壤并污染农产品；工业废渣、煤矿煤矸石、城市垃圾等，对其周围农田的侵理，导致土地污染；工业等污水直接或间接排入江河湖泊，污染水域，危害鱼类等。

2. 农业生态系统退化表现形式

(1) 生物种群结构退化。农业生态系统的生物结构状况，主要可以从其植物、动物、微生物的种群数量、种群结构以及群落水平结构、主体结构等层次进行分析。生物结构不合理会影响农田的内在特性和要求，从而不可能形成健康的生态系统。

(2) 环境质量退化。农业生态系统在其生物生产过程中，与生态系统中的水、土、气、生等各个因子相互依存，相互作用。环境质量不高的农业生态系统，将直接影响到农产品的产量和质量。

(3) 生产力低下。农业生态系统是形成初级生产力和食物的基本单元，这是一个健康农业生态系统的基本功能。农田生产力低下反映了系统中物质、能量

流动速率和资源利用效率低下，也反映出农业生态系统的活力低下。

(4) 可持续性不强。良好的农业生态系统应保持可持续的高产稳产，而不是某一种或某一时期的高产。可持续性不强，主要体现在生态适应性、稳定性和抗逆能力低下。

(5) 管理不善。作为典型的人工生态系统，离开人类的理性干预，是难以实现健康农业生态系统的。退化农田生态系统，总是管理不善的系统，管理的科学水平决定着系统的健康质量。

3. 退化农业生态系统的恢复

退化农业生态系统的恢复程序一般包括：①研究当地土地历史、乡土作物、人类活动、土壤特征，以及农用动物、植物、微生物关系，分析退化原因；②针对退化症状进行样方试验；③进行土壤改良和作物品种改良；④控制污染并合理用水；⑤恢复后评估及改进。

6.2.4　湿地生态学

6.2.4.1　湿地生态系统定义

湿地是介于陆地生态系统和水生生态系统之间的过渡带，是地球上独特的生态系统和重要的自然景观。根据《国际湿地公约》（1971）的定义，湿地包括天然或人工、长久或暂时的沼泽地、湿原、泥炭地或水域地带，由静止或流动，淡水或半咸水或咸水水体组成，也包括低潮时水深不超过 6m 的水域。

湿地主要特征是：①以水的存在为特征，且水在表面或根带内；②通常具有不同于邻近高地的独特土壤条件；③适宜湿生、水生植物生长。

6.2.4.2　湿地生态系统类型

湿地生态系统一般按来源与功能进行分类，见表 6.2-12。

表 6.2-12　　　　　　　　　　　　　　　湿地生态系统类型划分

类型划分		特点与功能	主要生产者	存在问题
按来源划分	自然湿地	陆域和自然水生生态系统之间的过渡区域，区域内全年或部分月份土壤处于水淹状态。天然湿地一般分为海岸湿地、河口海湾湿地、河流湿地、湖泊湿地、沼泽和草甸湿地等 5 大类	以多年生的湿生草本和木本为主。常见的如芦苇湿地、红海滩、红树林湿地等	自然湿地面积退化日益严重
	人工湿地	无自然湿地的地方，人为创造水湿条件及种植相应湿地植物等发展成的湿地	以不同气候类型区耐湿、耐水淹的湿生和水生植物为主	重要的湿地组成部分
按功能划分	景观湿地	在某一地方，人工构建一个野生生物生境，以保护当地的植物和动物区系具有景观功能的湿地，称为景观湿地	与景观类型及周围景观相协调的水生和湿生植物	多注重恢复景观，对自然物种保护不够
	洪水控制湿地	蓄滞洪区利用储存自然洪水所形成的大小不同的湿地，与分洪量及蓄滞时间有关，蓄滞时间短时需进行人工补水等措施	以挺水植物为主	洪水过后需辅以人工恢复

续表

类型划分		特点与功能	主要生产者	存在问题
按功能划分	水培湿地	用来栽培湿地植物、饲养水生经济动物生产食物和纤维的湿地称为水培湿地	水稻、空心菜、水芹、水葱等具有经济产出的水生和湿地植物	与自热湿地存在用地冲突
	处理湿地	用于处理废水、改善水质的湿地称为（污水）处理湿地，以人工湿地为主，湿地基质通常由矿石和粗砂组成，能够提供较多的空隙以使污水能迅速渗漏到整个基质床。此类湿地按运行方式分为表面流湿地、垂直流湿地和潜流湿地。按处理污水的类型，分为城市污水湿地、矿业废水湿地、暴雨和非点源污水湿地、垃圾填埋区渗滤液处理湿地、农业污水处理湿地等类型	耐污能力强、抗性强、净化效率高、寿命长的水生和湿地植物。如芦苇、蒲草、池杉等	湿地运行后的维护管理不同步，净化效果低

6.2.4.3 湿地生态系统服务功能

湿地是地球上水陆相互作用形成的独特生态系统，与森林和海洋生态系统并称为全球三大生态系统。在种群、生态系统和全球生态尺度上都具有重要的生态功能，被誉为"地球之肾"和"物种基因库"。

1. 蓄水补水、调蓄洪水

湿地有巨大的蓄水能力，有"天然蓄水库"之称，具有蓄水、补给地下水、调节径流和控制洪水等生态功能，对维持区域水平衡有着重要作用。湿地土壤孔隙度大、渗透率高，相对减少地表径流、出水能力高，可保持大于其本身重量 $3 \sim 9$ 倍甚至更高的水量。同时，能够将过量的水分储存起来并缓缓释放从而进行再分配。湿地能通过蓄积洪水、减缓洪水流速、削减洪峰、延长水流时间等作用调节河川径流，减轻洪水灾害。

2. 促进养分循环

湿地土壤处于生物、水体和气体界面，在水分、养分、沉积物、污染物、温室气体的运移中处于重要地位。湿地土壤具有独特的氧化还原过程，对化学循环中特别是 CO_2、CH_4、N_2O 等温室气体的固定与释放中起着重要的"开关"作用。湿地具有良好的水热条件，植物生长茂盛，同时因其土壤经常处于过湿状态，使生物残体难以分解，处于腐解和半腐解状态，形成泥炭土、沼泽土等，其有机质、全氮等养分含量很高。如东北黑土，很大程度上是湿地土壤开垦后形成的，土壤肥力很高。同时，湿地生态系统中的植物也具有拦截降水、削弱溅蚀、阻截径流、蓄积水分、减少径流冲刷、固住土壤等多种生态功能。

3. 防止自然灾害

沿海地区是风、沙、水、旱、潮等自然灾害多发区，尤其是台风。湿地通过植物根系及堆积的植物体来稳固基地、削弱海浪和水流的冲击，通过沉降沉积物、提高滩地高度来防止自然力的破坏，保护海岸线

及控制侵蚀。

4. 调节区域气候

湿地及湿地植物能够调节区域内的风、温度、湿度等气候要素，从而减轻干旱、风沙、冻灾、土壤沙化过程，防止土壤养分流失，改善土壤状况。

5. 物种的源、汇和转换器

如果一湿地向下游或毗邻生态系统中输送的某种元素或物质多于其他系统的输入量，则认为此湿地是该元素或物质的源；如果一湿地对某种元素有净保留量，则认为此湿地是该元素的汇；如果一湿地对某种化学物质只改变其存在形式，如从溶解状态转化为离子态而不改变其输移量，则认为此湿地为该物质的转化器。一般认为湿地是 CO_2 的汇，CH_4 和 N_2O 的源，是全球尺度气候的"稳定器"。

6. 滞留沉积物、净化污染

湿地具有特殊的吸附、降解和排除污染物、悬浮物和营养物的功能，是自然环境中自净能力最强的生态系统之一，能减缓水流速度，促进沉积物沉降、沉积物吸附化学物，有利于周边及下游地区保持良好的水质。同森林相比，其净化能力是同等面积森林的 1.5 倍。

7. 提供动植物生境及维持生物多样性

湿地栖息着种类繁多的野生动植物，如水生植物、湿生植物、湿地鸟类、鱼类、水生哺乳动物、两栖类动物以及大量无脊椎动物等，生物多样性丰富。湿地也是重要的遗传基因库，对维持野生物种种类的存续、筛选，以及改良物种、维持生物多样性等均具有重要意义。

8. 自然资源供给

湿地是地球上水陆相互作用的独特生态系统，兼有水域和陆地景观的特性，蕴藏有丰富的淡水、动植物、矿产以及能源等自然资源。湿地以其丰富的自然资源和极高的生产力为工农业生产和人民生活水平提

高提供重要支持，如水资源、食物、药材、原材料、矿物资源和能源。

9. 旅游休闲、科研教育

湿地独特的生境、多样的动植物群落、濒危物种等，不仅为人类提供观赏、娱乐、旅游的场所，也为教育和科学研究提供了对象、材料和试验基地。

6.2.4.4 湿地生态系统退化

1. 湿地退化的危害

湿地水文过程退化。水文过程是维系湿地生态系统物质循环和能量流动的基础。湿地水文过程的退化主要影响湿地径流、蒸散和降水截流，改变湿地的水补给方式和水循环动态，削弱湿地的蓄水和防洪能力，造成湿地生态系统功能退化和破坏其生态平衡。

湿地生物多样性减少。湿地动植物资源的变化是湿地生态系统退化最直接的表现。湿地退化造成湿地植物资源的减少，进而引起动物生境的减少，使湿地生物群落出现逆行演替，导致湿地生物保护功能的丧失，生物多样性的锐减，加剧濒危物种的灭绝风险。

生物地球化学循环过程退化。该过程是一个生态系统得以持续发展的基础。湿地退化造成湿地生态系统营养元素的吸收、积累、分配及归还、凋落物分解、沉积物、温室气体排放和碳负荷量、初级生产者与次级生产者及消费者之间的物质和能量循环受阻，造成一些元素的"源""库"角色将发生转换，从而深刻影响湿地生物地球化学循环过程，导致湿地生态系统平衡的破坏和功能的丧失。

2. 湿地生态系统退化的影响因素

湿地生态系统退化就是湿地资源衰退、湿地功能弱化或消失，其影响因素包括自然因素和人为因素。

(1) 自然因素。湿地生态系统受到气候变化、地球运动、火灾、外来物种侵入等自然干扰而发生退化。气候是控制湿地消长的最根本的动力因素，对湿地生态系统的物质循环、能量流动、湿地生产力、湿地面积及其时空分布均会产生重大影响。因地壳运动和气候变化、风暴潮等引起的海平面上升对湿地生态系统影响明显。海平面升高导致海水入侵，影响湿地补充淡水的功能；使滨海湿地分布状况发生变化，向内陆移动。火对植被的影响仅次于水文和水质变化，火干扰可以加速湿地枯枝落叶的矿化速率，增加土壤养分、改善土壤结果、改变区域小气候，并对物种结构产生影响。外来物种入侵会改变湿地生态系统的物种结构和生产力，进而引起一系列的生态变化，包括促淤造陆、土壤养分动态平衡的变化等。

(2) 人为因素。人为活动是造成湿地生态系统退化的关键因素，影响湿地生态系统的水文过程、能量过程、基质侵蚀过程、水和土壤的污染过程以及生物

物种的组成。影响与干扰的方式主要包括农业开垦、城市建设、水利工程、水产养殖、油气开采、道路建设、采矿活动、生物收割和捕捞、旅游活动等。

6.2.4.5 退化湿地生态系统的恢复

所谓湿地恢复，是指通过生态技术或生态工程对退化或消失的湿地进行修复或重建，再现干扰前的结构和功能，以及相关的物理、化学和生物学特性，使其发挥应有的作用并实现湿地生态环境的良性循环，为人类提供可持续利用的生活资源和种质资源。湿地恢复需要实现如下几个方面的目标：①实现生态系统地表基底的稳定性，地表基底是生态系统发育的载体，基底不稳定就不可能保证生态系统的演替与发展；②恢复湿地良好的水环境，一是恢复湿地的水文条件，二是通过污染控制，改善湿地的水环境质量；③恢复植被和土壤，保证一定的植被覆盖率和土壤肥力；④增加物种组成和生物多样性；⑤实现生物群落的恢复，提高生态系统的生产力和自我维持能力；⑥恢复湿地景观，为人类提供户外娱乐场所；⑦实现区域社会、经济与生态的可持续发展。

湿地的恢复方法通常包括工程治理和生物治理两大部分，采取工程治理与生物治理相结合的方针。

6.2.5 景观生态学

景观生态学是研究景观单元的类型组成、空间配置及其与生态学过程相互作用的综合性学科，其核心是生态系统的时空异质性，重点强调空间异质性、等级结构和尺度。研究内容主要包括：①景观结构，即景观组成单元的类型、多样性及其空间关系；②景观功能，即景观结构与生态过程的相互作用，或景观结构单元之间的相互作用；③景观动态，即景观在结构和功能方面随时间推移发生的变化。

景观生态学可提供水土保持规划者和设计者两项重要的资讯：①以人类实用的空间尺度来描述生物和物理结构；②描述时间和空间的动态过程以及探讨结构如何影响过程。

6.2.5.1 景观要素

1. 斑块

斑块泛指与周围环境在外貌或性质上不同，并具有一定内部均质性的空间单元。斑块可以是植物群落、湖泊、草原、农田或居民区等，不同类型斑块的大小、形状、边界以及内部均质程度都会表现出很大的不同。属性有：①面积的大小和数量；②边界和边缘；③形状。斑块的属性对生产力、生物多样性、土壤、水分有着重要的影响。

由于不同斑块的起源和变化过程不同，有5种斑块类型，它们的大小、形状、类型、异质性以及边界

特性变化较大，因而对物质、能量和物种的分布和流动产生不同的作用，见表 6.2-13。

表 6.2-13　斑块的动态与持久性

起源类型	成因	自然演替方向	变化速度
干扰斑块	干扰	进展演替	快
残余斑块	干扰	退化-恢复	快
环境资源斑块	环境的异质性	稳定	慢
更新斑块	天然更新	进展演替	快
引进斑块	人工引入	不确定	较快

2. 廊道

廊道是指景观中与相邻两边环境不同的线性或带状结构，常见的廊道包括农田防风林带、河流、道路、峡谷等。廊道的作用是将景观分离或连接。主要体现在运输、保护、资源和观赏等方面。与斑块的起源类似，廊道有干扰廊道、残余廊道、环境资源廊道、更新廊道和引入廊道 5 种类型。

在水土保持工程中，河流廊道具有重要的意义：控制河水及周围陆地进入河流的物质流动；影响河流本身的运输；侵蚀、养分流、地表径流、洪水、沉积作用、水的质量都与廊道的宽度有关；为物种的迁移和栖息提供了条件；为人类提供运输航道、物质资源、保护作用。

3. 基底

基底，也称本底或基质，是指景观中分布最广、连通性最大的背景结构，常见的有森林基底、草原基底、农田基底、城市用地基底等。斑块、廊道和基底的区分往往是相对的。基底是组成景观的三个基本要素之一，在景观功能（主要指能流、物流和物种流）上起主要作用。本底的判定标准可根据面积大小、连接度高低、动态控制能力强弱，以及以上三个标准结合进行。

4. 网络

廊道的相互交叉或相连就形成网络。道路、河流、小径及树篱均可形成网络。一些分布不广泛的走廊也形成网络，如滑雪线、高尔夫球道、动力线、输油管线、沟渠、防护林、动物的足迹及铁路。网络上的移动物体、网格大小、直线程度等，均在区域尺度上对生态进程起极其重要的影响。

6.2.5.2　景观分类

1. 景观分类的特征

景观生态系统特征可以分四方面：空间形态、空间异质性组合、发生过程、生态功能。景观分类既是景观结构与功能研究的基础，又是景观生态规划、评价及管理等应用研究的前提条件，理论与应用研究的

纽带。

根据景观生态分类的特征及指标选取，建立分类体系通常采取功能与结构双系列制。功能性分类根据景观生态系统的整体特征，主要是生态功能属性来划分归并单元类群，同时体现人的主导和应用方向的意义，包括：①类型单元间的空间关联与耦合机制，组合成更高层次地域综合体的整体特征；②系统单元对人类社会的服务能力。结构性分类是主体部分，包括系统单元个体的确定及其类型划分和等级体系的建立，以景观生态系统的固有结构特征为主要依据。

2. 景观分类的步骤

首先，根据遥感影像解译，结合地形图和其他图形文字资料，加上野外调查成果，选取并确定区域景观生态分类的主导要素和依据，初步确定个体单元的范围及类型，构建初步的分类体系。第二，详细分析各类单元的定性和定量指标，表列各种特征。通过聚类分析确定分类结果，逻辑序化分类体系。第三，依据类型单元指标，经由判别分析，确定不同单元的功能归属，作为功能性分类结果。实际上，前两步是结构性分类，第三步属功能性分类。初始分类的主要指标，一是地貌形态及其界线；二是地表覆被状况，包括植被和土地利用等。

6.2.5.3　景观结构

景观结构即景观组成单元的类型、多样性及其空间上的排列和组合形式，或者说是景观要素的类型、分类属性及其数量特征关系。景观结构单元之间的相互作用实际就是景观的功能。景观结构在一定程度上决定景观功能，结构的形成和发展又受到功能的影响。

描述景观的结构通常采用斑块的大小、形状及其分布、破碎度等表示。景观多样性是组成景观的斑块在数量、大小、形状和景观的类型、分布及斑块间的连接度、连通性等结构和功能上的多样性。

景观的水平结构主要有以下四种类型。

（1）分散的斑块景观。特点是以一种生态系统或景观要素类型作为优势的本底，而以另一种或多种类型分散其内，如带绿洲的荒漠、热带稀树草原。

（2）网状景观。特点是在景观中以相互交叉的廊道为优势，如农田、林网。

（3）交错景观。特点是占优势的两种景观要素，彼此犬牙交错，但共有一个边界，如山区农田与林地分布。

（4）棋盘状结构。由相互交错的棋盘状格子组成，如人为管理的伐区。

6.2.5.4　景观异质性与空间格局

1. 景观异质性

景观的异质性包括空间异质性、时间异质性和功

能异质性。

（1）空间异质性是指某种生态学变量在空间分布上的不均匀性及复杂程度，是空间斑块性和空间梯度的综合反映。斑块性强调斑块的种类组成特征及其空间分布与配置关系，梯度强调沿某一方向景观特征有规律性地逐渐变化的空间特征（例如大尺度上的海拔梯度，或小尺度上的斑块边缘-核心区梯度）。空间异质性依赖于尺度（粒度和幅度），粒度和幅度对空间异质性的测量和理解有重要影响。空间异质性的确定还与数据类型有关，对于点格局数据，空间异质性可以根据点的密度和最近邻体距离的变异性来测定；对于类型图（如土地利用图、植被图），空间异质性可以根据其斑块组成和配置的复杂性来测定，斑块组成包括斑块类型的数目和比例，斑块配置包括斑块的空间排列、斑块形状、相邻斑块之间对比度、相同类型斑块之间的连接度、各向异性特征（不同方向上的异质性有不同的现象）；对于数值图（如生物量分布图、水分或养分含量图），空间异质性可根据其变化趋势、自相关程度、各向异性特征来描述。

（2）时间异质性主要指景观动态。

（3）功能异质性是景观结构的功能指标，如物质、能量和物种流等空间分布的差异性（土壤地带性、土地破碎化）。

2. 景观尺度

尺度是指在研究某一物体或现象时所采用的空间或时间单位。尺度可分为空间尺度、时间尺度和组织尺度等。组织尺度是指在由生态学组织层次（如个体、种群、群落、生态系统、景观等）组成的等级系统中的相对位置（如种群尺度、景观尺度等）。景观尺度往往以粒度和幅度来表达，空间粒度指景观中最小可识别单元所代表的特征长度、面积或体积（如样方、像元），时间粒度指某一现象或事件发生的（或取样的）频率或时间间隔；幅度是指研究对象在空间或时间上的持续范围或长度。

景观尺度不同于地理学或地图学中的比例尺，其大尺度（或粗尺度）是指大空间范围或时间幅度，往往对应于小比例尺、低分辨率；而小尺度（或细尺度）则常指小空间范围或短时间，往往对应于大比例尺、高分辨率。与尺度有关的另一个重要概念是尺度推绎。尺度推绎是指把某一尺度上所获得的信息和知识扩展到其他尺度上，为跨尺度信息转换，包括尺度上推和尺度下推，需用采用数学模型和计算机模拟完成。

3. 景观格局

景观格局即景观的空间格局，是景观要素的类型、组成配置及其变化规律，是景观结构与生态过程

共同作用的结果。景观格局是各种景观生态演变过程中的瞬间表现，其形成反映了不同的景观生态过程，并影响着景观的演变过程。

景观格局是生态过程的载体，格局变化会引起相关的生态过程改变；而生态过程中包含众多塑造格局的动因和驱动力，其改变也会使格局产生一系列的响应。景观格局与生态过程二者相互作用，驱动着景观的整体动态。格局变化改变了生态过程的量与趋势，过程则反作用于格局，从而使格局进一步变化，如此循环往复，塑造了景观的整体动态。

6.2.5.5 景观生态过程

生态过程是景观中生态系统内部和不同生态系统之间物质、能量、信息的流动和迁移转化的总称，即景观的功能，通过景观的流主要有能量流、养分流、物种流。景观元素之间相互作用通常通过风、水、飞行动物、地面动物和人等 5 种媒介物来实现。图 6.2-1 所示为景观中的养分运动。

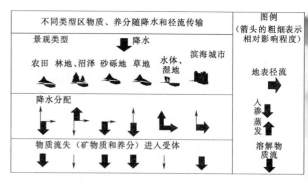

图 6.2-1 景观中水分和养分的运动

6.2.5.6 景观动态

景观的结构和功能是随时间而变化的。景观变化的过去、现状和未来的趋势就是景观的动态，见图 6.2-2。

1. 景观的变化曲线

Forman 和 Godron 用 3 个独立参数表征景观的变化曲线（图 6.2-3）：变化的总趋势（上升、下降和水平趋势），围绕总趋势的相对波动幅度（大范围和小范围）和波动的韵律（规则和不规则）。

2. 景观变化的驱动力

景观变化的驱动力包括自然驱动因子和人为驱动因子。其中：自然驱动因子常在较大的时空尺度上作用，可引起大面积的景观变化；人为驱动因子包括人口、技术、政经体制、政策和文化等因子。对景观的影响十分重要，但还需要进一步研究它们的作用方式、影响景观的程度，以及确定和景观之间关系的研究方法。

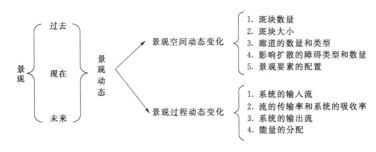

图 6.2 - 2 景观的动态变化

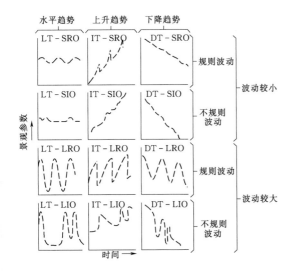

图 6.2 - 3 景观的变化曲线

LT—level trend（水平趋势）；IT—increase trend（上升趋势）；DT—decrease trend（下降趋势）；"－"后第一个字母 S（L）—small（large），波动范围小（大）；第二个字母 R（I）—regular（irregular），波动规则（波动不规则）；最后一个字母 O—oscillation，波动

景观干扰是指发生在一定地理位置上，对景观及其生态系统结构造成直接损伤的、非连续性的物理作用或事件。景观干扰影响景观结构和功能，它由系统、事件和尺度域 3 个方面构成，系统具有一定的尺度域，而干扰事件来自于系统外部，并发生在一定尺度上。景观干扰可改变食物网结构以及物流和能流的路径，可导致景观异质性结构的变化，以及斑块形成过程或斑块空间分布方面的变化，而景观结构的变化会进一步造成对景观内部的群落和生态系统结构和功能的影响。不同的干扰强度会带来不同的结果：波动、恢复、建立新的平衡和景观替代（图 6.2 - 4）。

（1）极度（突变性）干扰。当作用力大于 R，导致景观替代产生新景观，如乡村变为城市。

（2）强度（严重）干扰。作用力大于 N，景观不能恢复到原来的平衡状态；景观成分并未发生绝对变化，只是相对地位有所改变，景观产生新的平衡，如

多年干旱、耕作、人口迁移，景观要素比例发生变化。

（3）中度（适度）干扰使景观发生很大变化，可产生超过平衡的波动，但停止干扰仍可恢复到原有的平衡状态，如连续几年干旱、河流干涸，气候正常可恢复原有景观。但快慢不一。

（4）弱度干扰使景观产生围绕中心点的波动，如小的森林火灾。

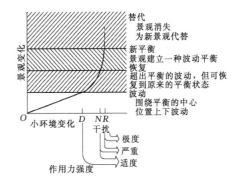

图 6.2 - 4 不断增大的作用力对生态系统
（一个景观）的影响

6.2.5.7 研究方法与应用

景观生态学的研究方法主要包括：①遥感技术和地理信息系统；②景观指数，如镶嵌度、聚集度、分维度、间隙度等；③空间统计学和地统计学方法，如自相关分析、空间插值法、波谱分析、尺度方差、小波分析、趋势面分析等；④计算机模拟和景观模型的建立。

景观生态学在水土保持上的应用可以概括为以下方面。

（1）采用斑块-廊道-基质模式可以用来进行措施配置分析。将林、草、梯田等面状措施作为斑块，道路、林带等作为廊道，土地利用类型作为基质。

（2）采用景观结构、格局和功能理论来分析措施结构、功能与效果。在小流域综合治理的不同措施可以看作各种景观要素，在同一流域内不同的结构所体

现的水土保持功能与效果不同。

（3）等级理论和尺度推绎理论对水土流失及其防治效果进行模拟与预测。水土保持样地、小班、小流域、中流域、大流域实际就是等级关系，也是尺度关系，采用尺度推绎理论建立模型，将中小尺度的调查研究成果推绎更大范围。

（4）景观生态理论可以在水土保持区划与规划中应用，对大范围的规划更具有重要意义。

6.2.6 恢复生态学

6.2.6.1 主要研究内容

恢复生态学是研究生态系统退化的过程与原因、退化生态系统恢复的过程与机理、生态恢复与重建的技术和方法的科学。不同地区生态退化的机制不同，恢复的目的、技术与方法也有很大差异。对于其内涵和外延，主要是对"恢复"的理解，一种是指生态系统原貌或其原先功能的再现；另一种则认为生态系统一旦破坏是不可能完全恢复的，而应重建或再造，营造一个不同于过去的甚至是全新的生态系统。因此，生态恢复应是指改良和重建退化的自然生态系统，及其恢复系统的生物学潜力，最关键的是系统功能的恢复和合理结构的构建。恢复生态学是 20 世纪 80 年代迅速发展起来的现代应用生态学的一个分支，主要致力于那些在自然灾变和人类活动压力下受到破坏的自然生态系统的恢复与重建，对生态系统建设和优化管理以及生物多样性的保护具有重要的理论和实践意义。

恢复生态学的主要内容包括：生态系统在各种干扰条件下的受损过程、机制与响应，即退化生态系统的形成原因与机理；生态系统退化的监测与评价，退化生态系统的恢复与重建的技术体系。实际应用中，退化生态系统恢复技术主要是采取人工措施对退化土壤的改良以及对植被的恢复。

恢复生态学是一门多学科的高度综合。涉及环境、经济、社会、自然诸多因素，除需要生态学理论，特别是演替理论的指导外，同时也与其他学科，如农、林、水、土壤、国土整治、环境保护、管理科学和土木工程等密切相关，并且特别强调实际应用和最终结果。

6.2.6.2 恢复生态学基本理论

在学科理论体系中，恢复生态学主要吸收了基础生态学的许多理论，作为生态恢复实践的理论指导，主要包括生物群落演替理论、干扰-稳定性理论、阈值理论、生物多样性原理、景观生态学原理、自我设计理论、密度制约理论及竞争关系理论等。其中，生物群落演替理论是指导退化生态系统重建的重要基础

理论。最有效的和最省力的方法是顺从演替发展规律。

1. 生物群落演替理论

生物群落演替可通过人为手段调控，改变演替速度或演替方向。生物群落演替理论能够提供生态恢复计划的依据（物种的替代）。其衍生的促进和抑制理论为生态修复的对立统一关系提供了非常有益的理论框架，可以全面指导生态恢复项目的成功实施。强调的偶然性对生态恢复目标的顺利实现至关重要，通过研究微生境（立地条件）、定居者的行为、演替发展过程，可以更好地利用生态学理论设计或改进恢复计划。

2. 干扰-稳定性理论

干扰作用下，生态系统功能和结构将发生改变。干扰作用的大小取决于类型、强度、频率、尺度。还有生态系统对干扰事件的响应，其中弹性力和抵抗力是生态恢复的主要动力；不稳定状态是指无法通过恢复措施使其恢复到原先的状态（图 6.2-5）。

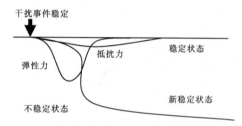

图 6.2-5　干扰与景观的稳定性之间的关系
（改自 Aber 和 Mellio，1991）

3. 阈值理论

生态阈值对于生态学来说是一个比较新的概念，不同的生态系统对于不同的生态因子都存在生态阈值现象。生态系统吐故纳新、自我修复的能力范围，也就是生态阈值。物种层面上，由于长期自然选择的结果，一生物种对某一生态因子的适应范围较宽，而对另一因子的适应范围很窄，在这种情况下，生态幅常常为后一生态因子所限制。每个种都有其特定的适应范围，其对环境因子适应范围的大小即生态幅。在生物的不同发育时期，物种对生态因子限制的忍耐度，就是生态阈值的体现。生态阈值与物种之间的联系体现在物种种群的增长上。在理想状态下，种群将呈现出指数增长的状态，但是，现实中种群却呈现出一种 S 形增长状态，即逻辑斯蒂增长状态，生物种群数量只能趋近于最大环境容量（K），可以看作为种群增长的一个限制阈值，而这个限制阈值是由许多因素共同决定的。生态阈值与生态系统的关系主要体现在生态承载力理论上。生态承载力是指生态系统的自

我维持、自我调节能力，资源与环境子系统的供容能力，及其可维持的社会经济活动强度和具有一定生活水平的人口数量。在生态承载力理论中，最重要的因素就是资源。因此，必须清楚另外几个概念，即资源承载力、最大资源承载力、适度资源承载力以及生态资源承载力。其中，生态资源承载力指在不超出生态系统弹性限度的前提下的资源承载能力。要维护生态系统的稳定和连续，就要使各种干扰不至于破坏生态系统的自我恢复、自我调节的能力，即不超出生态系统的弹性，这个弹性，就是阈值。在这个阈值范围内，生态系统既不受到损害，所承载的生物种类和数量也达到最大。当外界干扰超过其阈值时，生态系统就会受损破坏。在牧区，人们通过研究，可以得到一个草地生态系统在保持连续放牧条件下得以维持基本生态功能的生态阈值。生态系统的演替是一个动态过程，只要外界干扰不超过生态系统恢复的阈值，退化生态系统就能自然恢复。

4. 生物多样性原理

生物多样性是指地球上动物、植物、微生物等生物种类的丰富程度。退化生态系统在系统结构方面，物种多样性、生化物质多样性、结构多样性和空间异质性低。其中物种多样性是衡量一定地区生物资源丰富程度的一个客观指标，因而在生态恢复的实践中必须充分重视。生物多样性增加，具有高生产力的种类出现的机会增加，营养的相互关系更加多样化，能量流动可选择的途径多，各营养水平间的能量流动趋于稳定。同时，被干扰后对来自系统外种类入侵的抵抗能力增强，植物病体的扩散降低，各个种类充分占据已分化的生态位，系统对资源利用的效率有所提高。

5. 景观生态学原理

许多土地利用和自然保护问题只在景观尺度下才能有效解决。其基本原理如下：

(1) 景观结构和功能原理。在景观尺度上，每一独立的生态系统（或景观生态元素）可看作是一宽广的斑块、狭窄的廊道或基质。生态学对象在景观生态元素间是异质分布的。景观生态元素的大小、形状、数目、类型和结构是反复变化的，其空间分布由景观结构所决定。

(2) 生物多样性原理。景观异质性程度高，造成斑块及其内部环境的物种减少，同时也增加了边缘物种的丰度。

(3) 物种流动原理。景观结构和物种流动是反馈环中的链环。在自然或人类干扰形成的景观生态元素中，当干扰区有利于外来种传播时，会造成敏感物种分布的减少。

(4) 养分再分配原理。矿质养分可以在一个景观中流入和流出，或被风、水及动物从景观的一个生态系统带到另一个生态系统重新分配。

(5) 能量流动原理。空间异质性增加，会使各种景观生态元素的边界有更多能量的流动。

(6) 景观变化原理。在景观中，适度的干扰常常可建立更多的嵌块或廊道，增加景观异质性；当无干扰时，景观内部趋于均质性；强烈干扰可增加亦可减少异质性。

(7) 景观稳定性原理。景观稳定性起因于景观干扰的抗性和干扰后复原的能力。

6. 恢复生态学自身的基本理论

自我设计与人为设计理论是唯一从恢复生态学中产生的理论 (Vander Valk, 1999)。其中，自我设计理论指退化生态系统将根据环境条件合理地组织并会最终改变其组分（自然恢复演替）。人为设计理论指通过工程和植被重建恢复退化生态系统，但恢复类型可能是多样的（人为恢复演替）。通过利用生态系统的自我维持、自我组织、自我调节能力，结合人为促进措施，可以合理恢复退化生态系统。

基于上述理论，恢复生态学获得了认识论的基础。即在生态建设服从于自然规律和社会需求的前提下，在群落演替理论指导下，通过物理、化学、生物的技术手段，控制待恢复生态系统的演替过程和发展方向，恢复或重建生态系统的结构和功能，并使系统达到自维持状态。

6.2.6.3 恢复生态学的技术和方法

土壤恢复是生态恢复的首要环节，是其植被恢复的前提。不同的退化生态系统采取的措施不同，归纳起来有三种：一是土地整理与土壤回覆，即对破坏的地形进行整治，然后回覆土壤或更换土壤；二是对土壤进行改良，对土壤肥力条件差的采取施肥措施；对土壤 pH 值太高或太低的施用含钙化合物，改变土壤酸碱性；三是对被污染的土壤采用化学或物理方法去除污染物，如采用动电修复法除去重金属污染，施加微生物并通过其新陈代谢活动使土壤无毒化等。

植被恢复是废弃地生态恢复的关键。退化生态系统物种多样性破坏，甚至植被与种质库全部丧失，依赖植被群落的原生演替，恢复过程将极为缓慢，在改良后的土壤上正确选择种植适宜生长的植物种，并采取必要的措施以恢复植被。

以采矿废弃地的生态恢复为例，如首先是采取措施治理水土流失，对排土石场和采掘平台进行拦挡防护、建立排水系统、覆土绿化；然后对开采坡面则应根据坡度及物质组成等具体情况采取爆破燕窝复绿、阶梯整形覆土绿化、挂网喷浆植草、喷混植生等方法。

参 考 文 献

［1］ 尚玉昌. 普通生态学 ［M］. 3 版. 北京：北京大学出版社，2010.

［2］ 潘瑞炽. 植物生理学 ［M］. 5 版. 北京：高等教育出版社，2004.

［3］ 郑昭佩. 恢复生态学概论 ［M］. 北京：科学出版社，2011.

［4］ 王德利，杨利民. 草地生态与管理利用 ［M］. 北京：化学工业出版社，2004.

［5］ Richard Primack. 保护生物学基础 ［M］. 季维智译. 北京：中国林业出版社，2000.

［6］ Andrew S. Pullin. 保护生物学 ［M］. 贾竞波编译. 北京：高等教育出版社，2005.

［7］ 孙书存，包维楷. 恢复生态学 ［M］. 北京：化学工业出版社，2005.

［8］ Steven G. Whisenant. 受损自然生境修复学 ［M］. 赵忠，等编译. 北京：科学出版社，2008.

［9］ 杨允菲，祝廷成. 植物生态学 ［M］. 北京：高等教育出版社，2011.

［10］ 孙书存，包维楷. 恢复生态学 ［M］. 北京：化学工业出版社，2005.

［11］ 陈发先，王铁良，柴宇，等. 人工湿地植物研究现状与展望 ［J］. 中国农村水利水电，2010（2）：1-4.

［12］ 李林锋，年跃刚，蒋高明. 人工湿地植物研究进展 ［J］. 环境污染与防治，2006，28（8）：616-620.

［13］ 韩大勇，杨永兴，杨杨，等. 湿地退化研究进展 ［J］. 生态学报，2012，32（4）：1293-1307.

［14］ 陈永华，吴晓芙，等. 人工湿地植物配置与管理 ［M］. 北京：中国林业出版社，2012.

［15］ 崔理华，卢少勇. 污水处理的人工湿地构建技术 ［M］. 北京：化学工业出版社，2009.

［16］ 孙洪烈. 生态系统综合研究 ［M］. 北京：科学出版社，2009.

［17］ 林文雄. 农业生态学 ［M］. 北京：高等教育出版社，2015.

［18］ 王兵，鲁绍伟，李红娟，等. 森林生态系统长期定位观测方法：LY/T 1952—2011 ［S］. 无锡：凤凰出版社，2011.

第 7 章　自然地理与植被区划

章主编　张建军
章主审　王治国　张洪江

本章各节编写及审稿人员

节次	编写人	审稿人
7.1	张建军　吴秀芹　杨文涛	王治国 张洪江
7.2	张建军　张　岩　张　新	
7.3	张建军　张学霞	
7.4	张建军　魏天兴	

第7章 自然地理与植被区划

7.1 自然地带性规律

自然地带性规律也称地域分异规律或空间地理规律，是指自然地理环境整体及其组成要素在某个确定方向上保持特征的相对一致性，而在另一确定方向上表现出差异性的规律。地表的地域分异规律包括纬度地带性规律和非纬度地带性规律。

7.1.1 纬度地带性

纬度地带性指自然地理环境各组成成分及自然综合体大致沿纬线方向延伸并按纬度方向有规律地变化，是由于太阳能按纬度方向呈带状分布所引起的温度、降水、蒸发、气候、风化和成土过程、植被等呈带状分布的结果。

1. 全球性地域分异

热量带及在其基础上形成的气候带，贯穿海洋与陆地，热量地域分异是全球性的。热力即辐射平衡值分布与气温分带呈纬度地带性分布，由于热量影响，气压、湿度、降水量和风等的分布也具有纬度地带性特征，从而使得自然地理植被、土壤等的分布亦相应

呈地带性分布。格里高里耶夫和 М. И. 布迪科在 20 世纪 50 年代依据辐射平衡划出了地表的热力带，见表 7.1−1。

表 7.1−1　　地球表层的热力分带

热能基础−辐射平衡值 R /[kJ/(cm²/a)]	热力分带
<84	寒带
84~146	亚寒带
146~209	温带
209~314	亚热带
>314	热带

2. 大陆地带性地域分异

在全球热力分带基础上，大陆纬度地带性又进一步分异。大陆从赤道到极地可划分为赤道带、热带、亚热带、暖温带、中温带、寒温带、亚寒带、寒带等热量−温度带，其不仅有热量−温度特征，而且在气压、降水、陆地水文等方面有相应的特征，而且生物群落，如森林景观也具有明显的分带，见表 7.1−2。

表 7.1−2　　陆地主要森林景观地带及相应指标

地　带	年辐射差额 /(kJ/cm²)	昼夜温差≥10℃ 的积温/℃	年降水量 /mm	年蒸发量 /mm	年径流量 /mm	净初级生产量 /[t/(hm²/a)]
冻原带	54.4~83.7	<600	300~500	100~250	200~300	2.5
泰加林带	104.7~125.6	1000~1800	300~800	250~500	100~350	7.0
亚泰加林带	125.6~146.5	1800~2400	500~800	400~500	100~300	8.0
阔叶林带	146.5~230.3	2400~4000	600~1000	400~600	150~400	13.0
亚热带常绿林带	272.1~293.1	4500~7000	1000~1500	500~900	300~800	20.0
热带季雨林带	272.1~293.2	9000~9500	1200~1600	600~1000	400~800	16.0
赤道雨林带	251.2~272.1	9000~9700	1500~2000	900~1250	500~1000	40.0

3. 带段性地域分异

带段性地域分异是指存在于地带性地域分异所形成的自然带或地带上的某一个段落，即在某一纬度带或地带呈现出分离的地段，也称为带段或地带段。

我国东部地区南北跨纬度广，南北方向的热量和降水量差异明显，从而出现南北方向更替的自然地带差异，形成了从针叶林到热带雨林的非常完备的纬度地带谱。由南向北的自然带主要有：热带季雨林带、

亚热带常绿阔叶林带、暖温带落叶阔叶林带、中温带落叶阔叶林带、针叶混交林带、寒温带针叶林带。

7.1.2　非纬度地带性

非纬度地带性是不以太阳辐射分布条件为转移的一种规模大小不一的地域分异现象。非纬度地带性规律根源于地球内力因素，其规模大小不一。地球内力因素导致海底增生，地壳板块移动、碰撞和大陆漂移，形成地球表面海洋与陆地的随机分布，致使地壳断裂、褶皱、隆升或沉降，形成深埋海底的大洋中脊、深海盆地、海沟和大陆上的山系、高原、沉陷-断陷盆地。因此可以说，海陆分异，海底地貌分异，陆地上大至沿海-内陆间的水分分异，小至区域地质、地貌、岩性分异，以及山地、高原的垂直分异，均属非地带性分异范畴。非纬度地带性分异表现在植被及生态系统方面也是十分明显的。

7.1.2.1　大尺度非地带性地域分异

1. 海陆分异

地质板块构造使地球表面分成四大洋和七大陆（洲）。海洋和陆地在地质地貌、气候、水文和生物方面都有显著差异，并分别形成截然不同的陆地和海洋景观。海陆分异的形成主要是地幔软流圈长期对流的结果，地壳均衡说、大陆漂移说、海底扩张说和板块构造说等都曾给予相应解释。软流圈的对流作用使大洋中脊不断有深部物质溢出，构成推动板块的主要动力。大洋板块与大陆板块接触时，俯冲于大陆板块下部，并生成大陆外围的山地、岛弧和深海沟。

海陆起伏分异是在非地带性因素控制下的大尺度地域分异现象，是任一具体区域自然地理垂直带性分异的基本背景。地球硬表面形态可分为山地和高原、平原和丘陵、大陆棚或大陆架（0～200m深）、大陆坡（200～2500m深）、大洋盆和深海沟6类。大洋底部和陆地表面成为地球硬表面两个高度相差极大的水平面，即大洋盆（平均深度3800m）和大陆（平均高度875m）。呈巨大高原形状的大陆，平均高出大洋底部4675m。

2. 陆地干湿度分带性

陆地干湿度分带性主要是指在热量背景相同或近似的各纬度区域内部，以年降水量由沿海向大陆腹地方向递减所引发的区域自然景观及其各组成要素的变化，尤以季风区比较明显。气候上的差异必然引起地表水、生物、土壤的相应变化，因而景观由沿海向内陆发生变化。中纬度沿海地区多为森林地带，随着向内陆的深入，自然景观依次转变为森林草原地带、草原地带、荒漠草原地带和荒漠地带。

在北半球中纬度地区自沿海到内陆由森林带变为草原带、沙漠带。土壤带谱从沿海至内陆呈大致平行于海岸线的带状分布规律，依次出现湿润森林土类、半湿润森林草原土类、半干旱草原土类及干旱荒漠土类，以中纬度地区表现最为典型。

3. 构造地貌形成的区域性分异

由构造及构造运动形成的不同地貌单元与景观（例如，高原、盆地、山地、丘陵、平原等），由于发生学上的一致性，各个构造地貌单元内部自然环境具有相对一致性，而各个构造地貌单元之间却有比较大的差异。如青藏高原的寒旱特征，与周围地区均不相同，构成了自身的特殊性。

7.1.2.2　中尺度非地带性地域分异

1. 高原、山地、平原内部地貌差异

高原实际上是由凸起的山脉和凹陷的盆地组成，因地质运动和流水作用，一些地区切割成深峡谷，而另一些地区则发育成冲积平原，从而产生高原内部次级自然分异。在平原区实际从中尺度分析也是有分异的，如华北平原从东部沿海到西，可分海滨平原、交接洼地带、冲积洪积扇等。这种分异不仅导致地貌、土壤、植被的差异，不同条件的人类经济活动也有差别。

2. 地方气候和地方风引起的地域分异

海岸气候、湖区气候、森林气候、灌溉区气候、城市气候等不同地方气候影响下而形成各具特点的自然地理环境。海岸气候相对湿度较高，湖区气候比较温暖湿润，海岸和湖岸可形成带有偏低纬度特征的地方气候，森林和灌区局地可使相对湿度增加和温差也发生变化，城市局地气候则气温较高、湿度低。

某一区域在平流天气的影响下，受到地形地貌约束，可以产生特殊的地方风，地方风既影响地方气候，也影响自然地理环境的地域分异。

3. 山地垂直带性分异

垂直地带性是指达到一定高度的山体，温度分布随高度迅速降低（每1000m下降6℃多），水分状况也因此发生变化，从而使自然环境特别是土壤和植被发生变化，形成了自下而上具有规律性的山地垂直自然带谱。

垂直带谱中不出现比基带纬度偏低的带。从低纬至高纬地区，除了基带随着垂直带所在水平地带而更替以外，带幅会逐渐变小。随着基带的更替及其带幅的变小，带谱的性质也随之变化，带谱结构亦趋简单。山地纬度越低、相对高度越大、垂直带性分异越显著，垂直带谱也可能越完备。亚热带高山通常有8～9个垂直带，高纬度地区的高山若以泰加林甚或苔原为基带，则至多只有 2～3 个垂直带如苔原带和永久冰雪带。以长白山和珠穆朗玛峰为例，长白山位于北纬 41°处，珠穆朗玛峰位于北纬 27°处，这两个山地海拔都比较高，所以带谱都比较复杂。但是长白山的基带为高山苔原景观带，而珠穆朗玛峰的基带为山地亚热带常绿阔叶林带。

长白山山地南部（千山山脉）属暖温带，以夏绿阔叶林为主。中北部海拔 500m 以下河谷或盆地主要形成草甸植被带；海拔 500～1200m 形成典型的温带针阔叶混交林带；海拔 1200～1800m 形成针叶林带；海拔 1800～2000m 为山地岳桦林带；海拔 2000m 以上则为山地苔原带。

青藏高原东南部山地受湿润气流影响较大，垂直带以山地森林各分布带为主体；腹地和西北部寒冻、干旱剥蚀作用普遍，植被以寒旱化或旱生类型为主，以高山草甸、草原或荒漠带占优势。各垂直带类型有一定的区域变化。图 7.1－1 为珠穆朗玛峰地区的垂直分带。

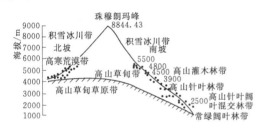

图 7.1－1　珠穆朗玛峰地区的垂直分带

7.1.2.3　小尺度非地带性地域分异

1. 地貌部位-小气候变化引起的分异

地貌部位的差别是小尺度地域分异的重要因素。不同地貌部位因外动力作用的方式、强度以及物质迁移过程的差异性，物质与能量进行重新分配，加剧或延缓地表的侵蚀、搬运和堆积作用，从而影响水热条件形成不同的小气候，导致局部地域分异；另外，不同的地貌部位其地表排水条件和地下水埋藏条件也有较大差异。这些分异均影响植被和土壤的非地带性分异。

2. 岩性、地表组成物质和排水条件引起的地域分异

在地貌和小气候相同的地段，由于岩性、土质和排水条件等的差别，也会形成不同的景观。在剥蚀侵蚀的山地丘陵区，岩性的差异对小尺度地域分异具有更明显的作用。岩性不同，导致岩石风化后土质的矿物成分、机械组成、酸碱程度不同，影响土壤的理化性质，并直接影响自然植物的生长和植物群落的形成。

7.2　中国自然地理区划

7.2.1　自然地理区划原则和方法

自然地理区划（简称自然区划）是根据自然地理环境及组成成分发展的共同性、结构的相似性和自然地理过程的统一性，将地域划分为若干具有等级系统的区域。自然地理区划是合理利用自然资源、因地制宜进行生产布局和制定各种规划的基础，也是认识区域生态环境的宏观框架、改善生态环境和制定区域可持续发展战略的基础。

广义的自然区划包括部门自然区划和综合自然区划。自然区划着重于自然地理成分，是在研究地域分异规律的基础上，根据自然地理环境及其组成成分，主要是温度、水分、土壤、植被等要素的特征、变化和分异而进行的区域划分。综合自然区划更着眼于自然地理环境的整体结构，对自然综合体进行区域划分，是以地域分异规律为指导，根据区域发展的统一性、区域空间的完整性和区域综合自然特征的一致性，建立一定形式的地域等级系统，并逐级划分或合并自然地域单位。

7.2.1.1　自然区划的原则

自然区划的理论基础是地域分异规律学说。在具体区划时必须遵循以下原则。

1. 发生统一性原则

发生统一性原则，或简称发生学原则。自然地域是不同地理因素作用下的一个自然历史体，同一区域应有共同的历史发生发展道路，具有发生学上的统一特征；不同区域则有不同的历史发生发展道路，因此区划必须遵循这一原则。

2. 相对一致性原则

相对一致性原则，即在划分区域单位的内部特征的一致性，其是相对的，不是绝对的，而且不同等级的区域单位应各有其一致性的标准。相对一致性原则适用从高到低的地域单位划分以及从低到高的地域单位合并。

3. 空间连续性原则

空间连续性原则，又称区域共轭性原则，是指自然区划中区域单位必须保持空间连续性和不可重复性。取大去小的区域共轭性原则是从低级向高级合并必须遵循的原则。如某一低山丘陵，尽管有山间盆地存在，且形态也与其邻近丘陵存在很大差别，但占的比例小，就将其合并在低山丘陵这一高级区域单位。

4. 综合性原则

地域分异规律是包括区域组成成分及其整体特征的发生发展规律，不同的区域，会有明显的地域分异"烙印"，即地带性和非地带性。但实际上自然界又可

以说没有纯粹地带性和非地带性的自然区域。综合自然区划必须综合分析地带性和非地带性分异因素之间的相互作用及其表现程度和结果，总结出所有成分和整体特征的相似性和差异性，据此划分区域界线。

5. 主导因素原则

影响综合自然区划的因素纷繁复杂，但其中必有一个或几个起主导作用的因素，即主导因素，其对区域特征的形成、不同区域的分异有重要影响，其变化不仅使区域内部组成和结构产生量的变化，而且还可导致质的变化，从而影响区域的整体特征。自然区划必须综合分析找出主导因素，并选取主导标志作为划分自然区域的依据。

7.2.1.2　自然区划的方法

自然区划常用的方法有以下 6 种。

1. 部门区划叠置法

部门区划叠置法就是通过将各部门区划（气候区划、地貌区划、土壤区划、植被区划等）图叠合，以相重合的网络界线或它们之间的平均位置作为区域界线。因部门区划划分区域的依据各不相同、区划详细程度不一、原始材料的质量不等，以及区划方法存在有差异。因此，采用叠置法进行区划不能机械地叠置各部门区划的结果，而是要在充分分析比较各部门区划轮廓的基础上来确定界线。

2. 地理相关分析法

地理相关分析法是运用各种专门地图、文献资料以及统计资料对各种自然要素之间的相互关系作相关分析后进行区划的方法。此法是目前区划工作中运用较广泛的一种区划方法，与叠置法配合使用效果更好。其步骤是：①选定区划所需的有关文献资料、统计数据和专门地图等材料，并标注在带有坐标网格的工作底图上；②对资料进行地理相关分析，并按照其相关关系的密切程度编制出具有综合性的自然要素组合图；③据此逐级进行综合自然区域的划分。

3. 主导标志法

主导标志法是选取反映地域分异主导因素的指标作为确定区界的主要依据，同一级分区必须按照相同的指标划分，也是自然区划中使用最广泛的方法。应当注意每一个区域单位都存在自己的分异主导因素，但反映这一主导因素的不仅仅是某一主导标志，而往往是一组相互联系的标志和指标，区划时可选具有决定意义的某一主导标志。为了保证所划区域单位的内部相对一致，在运用主导标志和指标（如某一气候指标等值线）确定区界时，还参考其他自然地理要素和指标（如其他气候指标、地貌、水文、土壤、植被等）对区界进行订正。

4. 古地理法

古地理法是通过实地古地理和历史自然地理遗迹的考察，并借鉴有关古籍文献及地质历史研究资料，分析区域分异产生的原因与过程，并据此对自然区域逐级分区。不同等级的区域单位，应体现出其具有不同的历史背景；同一等级的各个区域单位，应体现出各自的综合自然特征在发生条件方面的差异。目前古地理法仍缺乏成熟的经验，且很多情况下地理资料相当缺乏，故一般把此法作为综合自然区划中必要的辅助方法。

5. 顺序划分法和合并法

顺序划分法即"自上而下"的区划法。此法先着眼于地域分异的普遍规律——地带性与非地带性，按区域的相对一致性和区域共轭性划分出最高级区域单位，然后逐级向下划分低级的单位。

合并法又称"自下而上"的区划方法。这种方法是从划分最低级的区域单位开始，然后根据地域共轭性原则和相对一致性原则把它们依次合并为高级单位。

在实际工作中，经常将两种方法结合使用，即采取先"自上而下"高级和次级单位，然后再"自下而上"进行合并调整和校订。

7.2.2　中国自然区划方案

7.2.2.1　中国自然区划发展

我国综合自然地理区划始于 1954 年，当时林超和冯绳武等提出中国第一部完整的综合自然地理区划方案。1957 年教育部在此分区方案基础上，修订为 8 区、36 副区的综合区划方案。任美锷等（1959）和黄秉维（1961）又提出两个区划方案，并全面、系统地发展了区划方法论。1963 年侯学煜提出了两级区划方案，突出了景观地带特征。中国农业资源调查与农业区划委员会于 1980 年完成了中国自然区划方案。20 世纪 50 年代以来，先后提出了 10 多种中国综合自然区划方案（表 7.2-1），确定了全面的区划原则，其中关于自上向下区域划分方法、地带性和非地带性等级单位系统处理方法、高级区划单位的认定、单一指标与多指标区划方法等成为区划理论的经典。

7.2.2.2　主要自然区划方案

1. 推荐方案——郑度方案

从水土保持专业角度，本书推荐郑度于 2008 年出版的《中国生态地理区域系统研究》中提出的方案，该方案确定了适合中国特点的区域划分原则和方法，系统地阐述了中国生态地理区域分区方案，将全国划分出 11 个温度带，21 个干湿地区、49 个自然区，见表 7.2-2。

表 7.2 - 1 中国综合自然区划方案比较

代表者	区域划分体系	年份	特殊与意义
林超　冯绳武	10 大气候区，31 个地貌区和 10 个亚地区	1954	建立了我国综合自然地理区划方法论的基本框架
罗开富	按季风影响分为东西 2 大区，7 个基本区，23 个副区	1954	
黄秉维	3 大自然区，6 个温度带，18 个自然地区和亚地区，28 个自然地带和亚地带，90 个自然省	1959	全面、系统地发展了区划方法论，成为我国综合自然区划经典方法论的标志
任美锷　杨纫章	8 个自然区，23 个自然地区和 65 个自然省	1961	
侯学煜	6 带 1 区，29 个自然区	1963	突出景观地带
全国农业区划委员会	3 大区域，13 个温度带，44 个区	1980	建立了综合自然地理区划与行政县域相衔接的区划方法论
赵松乔	3 大区，7 个自然地区和 33 个自然副区	1983	提出有土地类型向上组合自然小区的研究方向
席承藩	3 大区，14 个自然带，49 个自然区	1984	为农业服务
《中国自然地理》教材	3 大区，7 个自然地区，35 个自然地理副区	1995	为中国自然地理教学服务
傅伯杰等	3 个生态大区，13 个生态地区，57 个生态区	2001	明确提出区划的目的是为生态环境建设和环境管理政策的制定提供科学依据
郑度等	11 个温度带，21 个干湿地区，49 个生态自然区	2008	

表 7.2 - 2 中国生态地理区域系统

温度带	干湿地区	自 然 区
Ⅰ 寒温带	A 湿润地区	Ⅰ A1 大兴安岭北段山地落叶针叶林区
Ⅱ 中温带	A 湿润地区	Ⅱ A1 三江平原湿地区 Ⅱ A2 小兴安岭长白山地针叶林区 Ⅱ A3 松辽平原东部山前台地针阔叶混交林区
	B 半湿润地区	Ⅱ B1 松辽平原中部森林草原区 Ⅱ B2 大兴安岭中段山地草原森林区 Ⅱ B3 大兴安岭北段西侧森林草原区
	C 半干旱地区	Ⅱ C1 西辽河平原草原区 Ⅱ C2 大兴安岭南段草原区 Ⅱ C3 内蒙古东部草原区 Ⅱ C4 呼伦贝尔平原草原区
	D 干旱地区	Ⅱ D1 鄂尔多斯及内蒙古高原西部荒漠草原区 Ⅱ D2 阿拉善与河西走廊荒漠区 Ⅱ D3 准噶尔盆地荒漠区 Ⅱ D4 阿尔泰山地草原、针叶林区 Ⅱ D5 天山山地荒漠、草原、针叶林区
Ⅲ 暖温带	A 湿润地区	Ⅲ A1 辽东胶东低山丘陵落叶阔叶林、人工植被区
	B 半湿润地区	Ⅲ B1 鲁中低山丘陵落叶阔叶林、人工植被区 Ⅲ B2 华北平原人工植被区 Ⅲ B3 华北山地落叶阔叶林区 Ⅲ B4 汾渭盆地落叶阔叶林、人工植被区
	C 半干旱地区	Ⅲ C1 黄土高原中北部草原区
	D 干旱地区	Ⅲ D1 塔里木盆地荒漠区

续表

温度带	干湿地区	自 然 区
Ⅳ北亚热带	A 湿润地区	ⅣA1 长江中下游平原与大别山地常绿落叶阔叶混交林、人工植被区 ⅣA2 秦巴山地常绿落叶阔叶混交林区
Ⅴ中亚热带	A 湿润地区	ⅤA1 江南丘陵盆地常绿阔叶林、人工植被区 ⅤA2 浙闽与南岭山地常绿阔叶林区 ⅤA3 湘黔高原山地常绿阔叶林区 ⅤA4 四川盆地常绿阔叶林、人工植被区 ⅤA5 云南高原常绿阔叶林、松林区 ⅤA6 东喜马拉雅南麓山地季雨林、常绿阔叶林区
Ⅵ南亚热带	A 湿润地区	ⅥA1 台湾中北部山地平原常绿阔叶林、人工植被区 ⅥA2 闽粤桂低山平原常绿阔叶林、人工植被区 ⅥA3 滇中南亚高山谷地常绿阔叶林、人工植被区
Ⅶ边缘热带	A 湿润地区	ⅦA1 台湾南部山地平原季雨林、雨林区 ⅦA2 琼雷山地丘陵半常绿季雨林区 ⅦA3 西双版纳山地季雨林、雨林区
Ⅷ中热带	A 湿润地区	ⅧA1 琼南与东、中、西沙诸岛季雨林、雨林区
Ⅸ赤道热带	A 湿润地区	ⅨA1 南沙群岛区
Ⅹ高原亚寒带	B 半湿润地区	ⅩB1 果洛那曲高原山地高寒灌丛草甸区
	C 半干旱地区	ⅩC1 青南高原宽谷高寒草甸草原区 ⅩC2 羌塘高原湖盆高寒草原区
	D 干旱地区	ⅩD1 昆仑高山高原高寒草原区
Ⅺ高原温带	A 湿润/B 半湿润地区	ⅪA1/B1 川西藏东高山深谷针叶林区
	C 半干旱地区	ⅪC1 祁连青东高山盆地针叶林、草原区 HⅡC2 藏南高山谷地灌丛草原区
	D 干旱地区	ⅪD1 柴达木盆地荒漠区 ⅪD2 昆仑北翼山地荒漠区 ⅪD3 阿里山地荒漠区

2. 罗开富方案

罗开富方案最初发表于 1954 年。它首先将全国分为东、西两半壁，东为季风影响显著区域，西为季风影响微弱或无影响区域。然后提出最冷、最热、最干和空气稀薄 4 个相对极端的区域，其间再划出几个过渡区。最后将全国划分为 7 个基本区，即东北区、华北区、华中区、华南区、康滇区、青藏区和内蒙古新疆区，基本区下以地形为主要依据又划分了 23 个副区。

3. 黄秉维方案

1958 年在各个部门地理区划基础上，黄秉维运用地带性规律，将全国分为 3 大自然区（东部季风区、蒙新高原区、青藏高原区）、6 个温度带、18 个自然地区和亚地区、28 个自然地带和亚地带、90 个自然省，并编制了《中国综合自然区划》(1959)，该方案是我国自然区划史上等级单位最完备和内容最丰富的方案。

4. 任美锷、杨纫章方案和任美锷、包浩生方案

1961 年任美锷、杨纫章依据自然差异的主要矛盾，以及利用改造自然的不同方向，将全国分为 8 个自然区，即东北区、华北区、华中区、华南区、西南区、内蒙古区、西北区和青藏区，下分 23 个自然地区、65 个自然省。该方案因大兴安岭南段划入内蒙古区，辽河平原划入华北区，横断山脉北段划入青藏区，以及柴达木盆地划入西北区等引发地理学界争论。

1988 年任美锷、包浩生在继承任-杨方案特点的基础上，提出又一个方案，包括 8 个区、30 个亚区。该方案将柴达木盆地与阿尔金山、祁连山东昆仑山北翼全部划入西北区。

5. 赵松乔方案

1983 年赵松乔提出将全国分为东部季风区、西北干旱区和青藏高原区 3 大自然区，得到大多数学者的认同。自然区之下，再按温度、水分条件的组合及其在土壤、植被等方面的反映，又分出 7 个自然地区和 33 个自然副区。

6.《中国自然地理》教材中的方案

赵济在高等教育出版社出版的《中国自然地理》（第一版、第二版、第三版）中，根据自然区划的原则、中国自然地理的特点和地域分异规律，参考前人所做的工作，将全国分为东部季风区、西北干旱区和青藏高原区 3 个一级区；东北地区、华北地区、华中地区、华南地区、内蒙古地区、西北地区和青藏地区 7 个二级自然地区；二级区下再划分出 35 个三级区，即自然地理副区。

7. 全国农业区划委员会方案

1984 年，全国农业区划委员会编制了中国自然区划方案。首先把全国划分为 3 大区域（东部季风区域、西北干旱区域和青藏高寒区域），再按温度状况把东部季风区域划分为 9 个带（寒温带、中温带、暖温带、北亚热带、中亚热带、南亚热带、边缘热带、中热带和赤道热带），把西北干旱区域分为两个带（干旱中温带、干旱暖温带），青藏高寒区域也分为两个带（高原寒带、高原温带），然后根据地貌条件将全国划分为 44 个区（东部季风区 25 个区，西北干旱区 11 个区，青藏高原 8 个区）。

7.2.2.3 水土保持区划

水土保持区划是一个部门综合区划，是以土壤侵蚀区划为基础，结合经济社会发展情况而进行的。黄秉维先生 1955 年编制了《黄河中游流域土壤侵蚀区域图》，按三级分区划分类、区、副区，该分区图得到了广泛承认。

水土保持区划遵循的一般原则与综合自然区划大体一致，但在主导指标选取上更注重水土保持功能及社会经济发展对水土保持的需求。赵岩、王治国等在编制中国水土保持区划方案时有 5 条原则：①区内相似性和区间差异性原则；②主导因素和综合性相结合原则；③区域连续性与取大去小原则；④自上而下与自下而上相结合原则；⑤水土保持主导功能的原则。采用自上而下与自下而上相结合和定性与定量相结合的分区方法，并采用综合自然地理区划及其他部门区划的成果作为辅助和校正材料。

2012 年开始试行的《全国水土保持区划》，采用三级分区体系，一级区为总体格局区，二级区为区域协调区，三级区为基本功能区。全国共划分为 8 个一级区，41 个二级区，117 个三级区。具体内容参考本书"第 9 章 水土保持区划"。

7.3 中国植被地带性规律

7.3.1 中国植被类型和分布规律

7.3.1.1 中国植被类型

中国植被类型丰富，种类多样，中国有维管束植物 353 科，3184 属，27150 种，根据植被自身特征可分为 11 个植被型组。

1. 针叶林

针叶林是指以针叶树种，即松科、杉科、柏科的植物，为建群种所组成的各种森林植被的总称，是中国分布最广的一种植被型组。针叶林的立木通常高大、挺直，单位面积蓄积量很高，是我国木质用材的主要来源，并能提供大量林副产品，具有重要的经济价值。针叶林在保持水土、改善环境以及在维持生物圈的动态平衡方面均有重要作用。

2. 针阔混交林

针阔混交林是寒温带针叶林和夏绿阔叶林间的过渡类型。通常由栎属、槭属、椴属等阔叶树种与云杉、冷杉、松属的一些种类混合组成。分布在东北，以及北方山地和南方山地。

3. 阔叶林

阔叶林系由阔叶树种构成群落。中国的阔叶树种类非常丰富，不同性状、不同树种的适应性特点各异，在不同的自然环境条件下，构成了各种各样的阔叶林群落，主要分布在东北东部、华北大部，秦岭以南、横断山及西藏东南部以东的中国东半部地区。

4. 灌丛

灌丛包括一切以灌木占优势的植被类型，生态适应幅度和分布很广，类型复杂。群落高度一般在 5～6m 以下，盖度大于 30%～40%，建群种多为簇生的灌木生活型，有具有一定覆盖度（40%～50%）的植被层。灌丛多是中生性的，包括原生类型和次生类型。

5. 荒漠

荒漠是地球上旱生性最强的一类植物群落。它是以强旱生的半乔木、半灌木和灌木或者肉质植物占优势的群落，分布在极端干燥地区，具有明显的地带性特征。

6. 草原植被

草原植被是陆地生物地理圈的重要结构部分之一，草原植被区域处于湿润的森林区域和干旱的荒漠区域之间，占据着由半湿润到干旱气候梯度之间的特定空间位置。

7. 草丛

草丛是指中生和旱中生多年生草本植物为主要建

群种的植物群落，多数情况是由于森林、灌丛等群落被破坏后形成的次生植被群落，除草本植物外还散生着稀疏的矮小灌木。草丛分布在温带到热带的各个植被带内，森林的基带到树线之间，集中分布区在我国第三级阶梯地貌上。可以说，存在植被的地方，就可能出现草丛。

8. 草甸

草甸是指以低温或温凉气候的多年生中生草本植物为优势的植被类型。中生植物包括典型中生植物，旱中生植物，湿中生植物以及适盐、耐盐的盐生中生植物。草甸的形成与分布是与中、低温度和适中的水分条件紧密相关的，一般不呈地带性分布。

9. 沼泽

沼泽是在土壤过湿或地表季节性积水而形成的以沼生植物占优势的植被类型，沼泽是以沼生即湿生植物为建群种的植物群落。中国的沼泽绝大多数都是受地下水的影响，除极个别沼泽外，并不反映大气降水规律，所以被认为是"非地带性"或"隐域性"的植被类型，散布在各个植被带内。

10. 高山植被

高山植被是指森林树线或灌丛带以上到常年积雪带下限之间的、由适冰雪与耐寒的植物群落成分组成的植被类型。高山植被包括高山苔原、高山垫状植被和高山稀疏植被三个类型。

11. 栽培植被

栽培植被是指采取了改造植物本身和改善生态环境的一系列措施（如育种、选种、耕翻土壤、播种、灌溉、除草、施肥、防治病害虫、埋土越冬、覆盖防寒害等）后，人工栽培所形成的植物群落。栽培植被的分布和生长状况明显地受到人为培育和经营管理的影响，但也同时具有自然植物群落的某些特征。

7.3.1.2　中国植被的地带分布规律

植被在陆地上的分布，主要取决于气候条件，特别是其中的热量和水分条件，以及二者状况。植被的地带性分布包括水平地带性和垂直地带性分布。

1. 水平地带性

植被的水平地带性包括纬度地带性和经度地带性。

纬度地带性是因热量由南向北有规律地变化导致植被沿纬度呈带状有规律分布，在北半球呈现从低纬度到高纬度依次出现热带雨林、亚热带常绿阔叶林、温带夏绿阔叶林、寒温带针叶林、寒带冻原和极地荒漠。

经度地带性是由于海陆位置、大气环流、洋流、大地形等因素的综合影响而导致降水量从沿海到内陆逐渐减少，在同一热量带，各地水分条件不同，植被

分布也发生明显的变化，从而使植被从沿海到内陆呈带状有规律分布。沿海空气湿润，降水量大，分布夏绿阔叶林；离海较远的地区，降水减少，旱季加长，分布着草原植被；到了内陆，降水量更少，气候极端干旱，分布着荒漠植被。

我国地域辽阔，北部和南部植被的经度地带性分布存在显著差别。以昆仑山、秦岭、淮河一线为界，北部为暖温带、温带和小片寒温带，从东到西依次出现森林、草原和荒漠；南部为亚热带和小片热带，东部为森林，西部为青藏高原高寒植被。在草原带，植被从东到西依次出现草甸草原、典型草原和荒漠化草原。在荒漠带，从东到西依次出现半荒漠、典型荒漠和极旱荒漠。

根据纬度地带性变化的不同，通常将我国划分为东部湿润区和西部干旱/半干旱区两大部分，其分界线为大兴安岭、吕梁山、六盘山和青藏高原的东缘。在东部湿润区，由北向南依次出现寒温带针叶林→温带针阔混交林→暖温带落叶阔叶林→亚热带常绿阔叶林（北亚热带含常绿成分的落叶阔叶林、中亚热带常绿阔叶林、南亚热带常绿阔叶林）→热带雨林和季雨林。耕作植被受到热量条件的影响也出现相应的分异：在寒温带和温带分别为一年一熟的喜凉作物和耐旱作物；在暖温带可以达到两年三熟或三年四熟；在亚热带以一年两熟为主；在热带地区则为一年三熟。在西部干旱、半干旱区，由北向南依次出现温带半荒漠→荒漠带→暖温带荒漠带→高寒荒漠带→高寒草原带→高寒山地灌丛草原带。耕作植被也相应地出现明显地带性分异规律。在温带和暖温带、荒漠带，依次为一年一熟的旱作以及两年三熟或一年一熟的旱作。在高寒荒漠带则无农业植被。在高寒草原带，只能局部种植青稞。在高寒山地灌丛草原带则为一年一熟的青稞或春小麦。

2. 垂直地带性

植被的垂直地带性分布是指植被随着海拔的上升，而表现为与等高线大致平行的条带状更替。山地植被垂直带的组合排列和更替的顺序形成一定的体系，称为植被垂直带谱。主要是因为山体随海拔上升而年平均气温逐渐降低，且降水量增加（在一定海拔范围），风速加大，辐射增强，土壤条件也发生相应的变化，植物生长季节逐渐缩短导致的。我国湿润的大东南区域的热量变化是引起植被垂直带结构和性质变化的主导因素。从最南端的南海诸岛至最北部的大兴安岭北端，≥10℃ 的积温由 9000℃ 以上减低至 1700℃ 以下，变化幅度很大，而水分状况在此间的差别却不明显，干燥度都在 1 上下。由东至西，随离海距离增大，气候越干旱，从沿海年降水量几百至上千

到新疆沙漠地区不足 100mm。同时青藏高原隆起又对南北和东西向气候产生影响，而其本身又有独特的气候和植被分布特点。

我国山地植被垂直带结构的规律是：第一，山地植被垂直带结构因自然地带而异。就是在不同的水平地带内出现不同的植被垂直带结构：垂直基带、垂直带数目、各带分布高度、优势垂直带等都各异。这些反映了所在水平地带的自然性质，同时也说明植被垂直带性是从属于植被水平地带性的。第二，山地植被垂直带结构在湿润区域内具明显的纬度变化，在干旱区域内则发生与距海远近相联系的方向变化。

纬度变化，从南向北，植被垂直带谱的基带随自然纬度地带发生下列规律的更替：季雨林、雨林带→季风常绿阔叶林带→常绿阔叶林带→常绿落叶阔叶混交林带→落叶阔叶林带→针叶阔叶混交林带→寒温带针叶林带。垂直基带与所在纬度地带的地带性植被类型完全一致。

经度变化，植被垂直带谱的基带出现下列顺序的更替：森林草原（灌丛草甸草原）带→典型草原带→荒漠草原带→荒漠带。垂直基带与所在干燥度地带的地带性植被类型也完全一致。由东至西，优势垂直带规律性变化：在有森林分布的山地，森林与草原结合的森林草原带是优势垂直带；而在无林的山地，草原（典型草原、荒漠草原、草甸草原）带和荒漠带则成为优势垂直带。在极端干旱的山地几乎全部为荒漠所覆盖。这一点和纬向变化中的情况很不同。

在青藏高原区域内，山地植被垂直带结构的变化类似于西北区域，所不同的是全部带谱结构都很简单、带幅也很窄，而高山带相反地扩展。

7.3.2　中国典型地区植被类型

7.3.2.1　东部季风区

根据我国东部季风区各地 ≥10℃ 积温大小的不同，中国自北向南有寒温带、中温带、暖温带、亚热带、热带等温度带，以及特殊的青藏高寒区，各地的热量条件差异明显，加之降水量自北向南增加，植被地带分布明显，类型多样。

1. 热带植被类型

热带雨林，是耐荫、喜湿、喜高温、结构层次不明显、层间植物丰富的常绿木本植物群落，主要分布于南北纬度 10° 之间的区域，全球可分为美洲雨林、亚洲雨林和非洲雨林 3 个群系。我国处于亚洲雨林群系的北方边缘，并不十分典型，分布于台湾、广东、广西、西藏、云南南部等地区。群落中绞杀植物较多，龙脑香科的种类较少。

季雨林，是分布在周期性干湿季节交替地区的森林类型，是热带季风气候下形成的一种稳定的植被类型。季雨林不连续分布在亚洲、非洲和美洲的热带地区，其中以亚洲东南部最为发达，有落叶季雨林、半常绿季雨林、石灰岩季雨林 3 种类型。半常绿季雨林在中国热带北部分布最广，种类数量和典型性都不如雨林，有榕树—白颜树—鸭脚木林等群系。石灰岩季雨林是生长在石灰岩地区的一类植被型，主要分布在广西南部、云南南部山地。

稀树草原，指在草原背景上具有少量散生木本植物的热带旱生草本群落。云南干热河谷、海南岛北部、雷州半岛和台湾的西南部均有分布。稀树草原大多数是由于森林受到人为破坏后产生的，是一种次生性的植被，但局部也有一些是由于季节性干旱影响引起的。

红树林，是分布在热带海滩上的一类（盐生）常绿木本植物群落。此类群落是由红树科植物或其他胎生植物组成，统称为红树林。红树林主要分布于广东、海南、福建的沿海，广西和台湾等地也有分布。以海南岛的红树林生长最为茂盛，高度可达 10～15m。向北，随着热量条件的减弱，多形成茂密的灌丛，高度在 2～3m 不等。我国红树林植物共有 24 种，其中 85% 为中南半岛、菲律宾及印度所共有，显示出彼此的密切关系。

2. 南亚热带植被类型

南亚热带在气候带上位于中亚热带和北热带（边缘热带）之间，冬季的气候表现为高温少雨，而夏季的气候表现为潮湿闷热。南亚热带主要植被类型有亚热带雨林、山地照叶林（常绿阔叶林）、次生植被、山顶常绿矮林、海岸植被（在某些滨海港湾淤泥滩有红树林，在滨海潮湿带附近有盐沼植被或沙生植被），以及人工栽培植被。

南亚热带雨林由于人为砍伐等生态干扰频繁，更新不及时，常呈次生萌芽林或稀疏阳性林，或各种过渡类型，如各种针阔混交林、马尾松林、灌丛或草坡。典型的亚热带雨林其森林类型主要由桃金娘科、番荔枝科、野牡丹科等热带性科属和许多亚热带的壳斗科的属种组成，以厚壳桂、红椿、米槠等为主。

季风常绿阔叶林是我国南亚热带的地带性植被类型，主要分布在台湾玉山山脉北半部，福建戴云山以南，两广南岭山地南侧等海拔 800m 以下的丘陵、台地以及云南中南部、贵州南部、东喜马拉雅山南侧等海拔 1000～1500m 的盆地、河谷地区，其向南延伸成为热带山地垂直带上的重要类型。

3. 中亚热带植被类型

中亚热带跨江苏、安徽、湖北等省的南部，浙江、福建、江西、湖南、贵州、四川、重庆等省（直辖市）的全部或大部，以及云南、广西、广东的北部，向西延伸至西藏自治区喜马拉雅山南麓，地域范围十分广阔，面积约占中国陆地面积的 16.5%。

常绿阔叶林是中亚热带最典型的类型，分布面积最为广泛。常绿阔叶林的主要树种由壳斗科、樟科、山茶科构成，它们是林木层的基本成分，也是常绿阔叶林区别于其他森林类型的重要标志。此外，蔷薇科、杜鹃花科、豆科种类多，在林木下层中占据主要地位。群落的优势种集中在少数的属中，如壳斗科的栲属、石栎属和青冈属等。

常绿阔叶林以常绿阔叶高位芽植物为主。我国常绿阔叶林生活型谱变化的总趋势是，高位芽植物的比例从南向北逐渐减少，其中落叶种类逐渐增加。从东向西，地面芽、地下芽植物比例逐渐增加。该植被类型在群落结构上表现出多层的结构。在发育良好的森林里，乔木、灌木和草本层均可分出几个亚层。层间植物亦很丰富。在发育成熟的乔木林内，存在着数种乔木共占优势的趋向。

典型常绿阔叶林被人们反复采伐破坏后，常形成以乌饭树、檵木、映山红等为主的常绿阔叶灌丛，破坏更甚者变成由芒、白茅等组成的草坡。

4. 北亚热带植被类型

北亚热带分布在行政区上包括江苏、浙江、安徽、江西、福建、湖南、湖北、贵州、广西、广东、四川等省（自治区）的全部或部分地区。常绿阔叶林作为该区最典型的地带性植被类型。组成林木层的优势树种主要是壳斗科的青冈属、栲属、石栎属，山茶科的木荷属，樟科的润楠属、楠木属、樟属的种类。乔木层还混有木兰科的含笑属、木莲属，山矾科的山矾属以及蔷薇科樱属的常绿稠李类。

亚热带山地广泛分布亚热带常绿、落叶阔叶混交林，是落叶阔叶林与常绿阔叶林之间的过渡类型。既是北亚热带低山的代表类型，也是中亚热带山地垂直地带的类型之一，其一般无明显优势种，因有落叶树的存在，群落有明显的季相变化，在落叶季节，林冠呈间断分布。亚热带常绿、落叶阔叶混交林的植物种类组成中，分布有不少暖温带落叶阔叶树种，如落叶栎类、槭属、桦木属等植物，以及水青冈属、化香属、合欢属等。常绿阔叶树的种类有青冈属、栲属、石栎属和木荷属等。灌木层植物的科属特征与亚热带针叶林相似。

北亚热带落叶阔叶林与暖温带落叶阔叶林的区别是，前者含有常绿林种。亚热带中山地带落叶阔叶林是山地垂直带的组成部分。组成落叶阔叶林的树种有壳斗科的栎属、水青冈属、栗属等，其内还混生有一些壳斗科的常绿树种，如青冈属、栲属和石栎属的种类。灌木层的组成有常绿和落叶的种类，常见的有桦木属、冬青属、杜鹃花属等。草本植物以蕨类植物、禾本科植物的种类为主。

5. 暖温带植被类型

暖温带位于中温带与北亚热带之间，在北纬 32°～43°，其轮廓呈扇形，西部狭窄，约以兰州南部为起点，向东展开，直抵渤海和黄海。南界沿秦岭—伏牛山，经淮河苏北总干渠一线。暖温带典型地带性植被为落叶阔叶林，但间有常绿阔叶林成分。

落叶阔叶林分布在北纬 30°～50° 的温带地区，以落叶乔木为主，因冬季落叶，夏季绿叶，所以又称夏绿林，其分布气候特点是：四季分明，夏季炎热多雨，冬季寒冷。最热月平均温度 13～23℃，最冷月平均温度约 6℃。年降水量 500～1000mm。构成温带落叶阔叶林的主要树种是栎、山毛榉、槭等，其都具有较宽的叶子，叶子上通常无或少茸毛，厚薄适中。芽有包的很紧的鳞片，树干和枝桠也有很厚的树皮，以适应冬季寒冷环境的结构。

常绿阔叶植被分布北界在秦岭—淮河一线，但在暖温带部分地区也有野生的常绿阔叶植物分布。如在秦岭北坡、山东青岛崂山沿海一带，以及崂山以南经胶南沿海到苏北连云港一带。由于在气候上稍具冬暖夏凉的特点，且水分条件好，有天然生长的常绿阔叶植物，如青岛崂山的长门岩岛上有山茶、大叶胡颓子群落。该区域林下的常绿和半常绿灌木甚多，如竹叶椒、山胡椒、狭叶山胡椒等，藤本植物如胶东卫矛、展伏卫矛、扶芳藤等。如秦岭北坡的秦岭植物园常绿阔叶木本植物 10 科 11 属 14 种，多为亚热带成分，并处于其分布的边缘。

6. 中温带植被类型

中温带是指长城以北至黑龙江南部，为北纬 40°30′～46°30′ 的区域和准噶尔盆地，是冷暖逐步过渡地带，无明显界限。受日本海的影响，具有海洋型温带季风气候的特征：夏季温暖，冬季寒冷，干湿季分明，全年湿度较大。年均温为 −1～6℃，冬季长达 5 个月以上，生长期 125～150d。年降水量为 600～800mm，多集中于 6—8 月。地带性土壤为暗棕壤，低地则为草甸土和沼泽土。中温带的典型植被类型是针阔混交林和温带草原。

中温带典型针阔混交林，最主要的特征是由红松为主构成的针阔混交林，一般称为"红松阔叶混交林"。针叶树种除红松外，在靠南的地区还有沙冷杉以及少量的紫杉和朝鲜崖柏。阔叶树种有紫椴、枫桦、水曲柳及各种槭树等。林下层灌木比较丰富，一般有 20 余种，主要有毛榛、刺五加、暴马丁香等。草本植物也有不少本地特有种，如人参、山荷叶等。

该区的垂直分布带较明显。基带的上限为海拔 $700\sim900\mathrm{m}$，其上则广泛分布着山地针叶林带，树种组成单纯，以耐荫性常绿针叶树——云杉和冷杉为主。

温带草原，按水分生态可分为草甸草原、干旱草原和荒漠草原；按温度生态类型可分寒温型草原、中温型草原和暖温型草原。干旱草原也称为典型草原，主要分布在松辽平原、内蒙古高原中部、鄂尔多斯高原东部、黄土高原东部。干旱草原包括大针茅草原、克氏针茅草原和羊草草原。干旱草原以禾本科草类层为主，伴生种或亚优势种也多为多年生丛生禾草，分别是隐子草属、冰草属、早熟禾属的一些种。杂类草一般不丰富。草层高 $30\sim60\mathrm{cm}$，植被盖度为 $30\%\sim50\%$，草层分层明显，主要建群种多为禾本科丛生草本，每平方米植物种数为 $15\sim20$ 种，每公顷产草 $1000\mathrm{kg}$ 左右。

7. 寒温带植被类型

寒温带地区一般是指积温小于 $1600℃$ 的地区，作物熟制为一年一熟。该区冬季长而寒冷，夏季短而凉爽，南北温差大，北部甚至长冬无夏。寒温带针叶林是寒温带大兴安岭北部一带的地带性植被类型，是中国分布面积广、资源丰富的森林类型。寒温带针叶林能适应寒冷、潮湿或干燥的气候条件，其分布界限是森林上线。寒温带针叶林一般可分为寒温带落叶针叶林和寒温带常绿针叶林两类。

寒温带常绿针叶林由常绿的云杉、冷杉、松和圆柏所组成，种类比较简单。林下灌木常见忍冬、蔷薇、槭树等。林下草本植物多为喜阴植物，如酢浆草、深山露珠草、山尖子等。云杉、冷杉林的苔藓层比较发达，不仅覆盖在地面，而且在树干和枝条上都有苔藓植物生长。

寒温带落叶针叶林是由冬季落叶的各种落叶松所组成的落叶松林，又称为明亮针叶林，是北方和山地干燥寒冷气候下最具代表性的植被。落叶松喜光、耐寒、适应性强，在大兴安岭，它从河岸、沼泽地、沟塘一直到山坡和山顶均有分布，形成浩瀚林海，其中间杂有少量的云杉、冷杉和桦木。由于林冠透光，林下灌木和草本的种类比较丰富，灌木有各种忍冬、蔷薇、绣线菊，草本植物有蕨类、唐松草和地榆。

7.3.2.2　西北干旱区

西北干旱区按纬度地带性分异为：暖温带、中温带。其界限自西而东沿天山—马鬃山—祁连山东段的山脊线，此线以南相当于暖温带，以北属于中温带。本区植被由南而北大致分为：暖温带荒漠→中温带荒漠→中温带北部的荒漠草原。

1. 暖温带植被类型

暖温带包括塔里木盆地、东疆山间盆地和哈顺戈壁、河西走廊西北部及柴达木盆地。除柴达木盆地之外，大部地区年平均 $8\sim12℃$，$≥10℃$ 积温 $4000\sim4500℃$，年降水量一般都在 60mm 以下，因此气候强烈干旱。典型土壤为石膏棕漠土。柴达木盆地虽然位于暖温带的纬度范围内，但在自然地理综合区划上通常作为青藏高原的一部分，是高原内部的干旱湖盆，因海拔较高而温度偏低，特别是下半年的温度偏低，盆地底部年平均温度一般不足 $5℃$，土壤为灰棕漠土。

植物生活型以超旱生小灌木和半灌木为主，其中超旱生小灌木比重较大。河岸有较大面积的胡杨林、灰杨林。山地植被的垂直带谱结构简单并旱化，基本缺失森林、草甸等中生植被类型。荒漠沿山坡上升得很高，甚至抵达亚高山带，在带谱中占有绝对优势的地位。

柴达木盆地虽地处青藏高原，但其植被并不属于高寒植被范围，其地带性植被也是灌木与半灌木荒漠，尖叶盐爪爪、木本猪毛菜、柴达木沙拐枣等，均为古地中海的亚洲中部或干旱亚洲种。

天山以南的塔里木盆地与东疆盆地，在夏季主要受干热的副热带大陆性气团影响，为暖温带荒漠气候，冬季虽不免受到寒流的侵袭。但因北部山脉的屏障作用，其地带性的荒漠植被为极稀疏的亚洲中部类型的灌木、半灌木荒漠，主要建群种：泡泡刺、霸王、裸果木等，以及中亚—亚洲中部的梭梭和琵琶柴。在条件严酷的砾石戈壁与流动性沙漠中，则全然光裸无植被。

在东、西两方湿气流影响极微的干旱核心带，年降水量不足 50mm。该地带包括诺敏与北山戈壁、东疆盆地与哈顺戈壁、罗布泊低地、塔里木盆地东部与柴达木西部一带，出现了最贫乏稀疏的荒漠植被，或是大面积裸露无植被的砾石戈壁、石质残丘、风蚀"雅丹"、流动沙丘或盐滩。

2. 中温带植被类型

中温带包括北疆的准噶尔盆地和其西面的塔城-伊犁谷地、诺敏戈壁、阿拉善高原、鄂尔多斯高原西北部及内蒙古高原，在温带荒漠带北缘的阿尔泰山山麓，还分布有一条狭窄的荒漠草原带，向北过渡到西伯利亚的泰加林带。中温带温度比暖温带低，年平均 $4\sim8℃$，$≥10℃$ 积温 $3000\sim3900℃$，大部分地区的年降水量都在 100mm 以上，仅古尔班通古特沙漠和艾比湖周围地区的年降水量略少于 100mm，所以干旱程度较弱。典型土类为灰棕漠土，荒漠边缘接近草原的区域分布着淡棕钙土。

植物以超旱生的半木本植物，即半乔木和半灌木占优势，胡杨林的面积也较小。山地植被的垂直带结

283

构较复杂和完整，具有森林和草甸等中生植被类型，以山地草原带、森林草原带占优势地位。

西风控制下的荒漠区域西北部——准噶尔盆地（东端除外），相对而言，有较多的冬春降水（可达年降水量的 40%～50%），全年降水的季节分配较均匀。地带性植被以多种中亚荒漠成分为建群种，如白梭梭、沙拐枣、旱蒿等，但也有不少中亚荒漠的广布成分：梭梭、琵琶柴和亚洲中部成分膜果麻黄、短叶假木贼、合头草等构成的荒漠群系出现。

阿尔泰山南麓与其相邻的准噶尔北部河谷与平原有过渡化的草原化荒漠，向东延入蒙古的外阿尔泰戈壁，再转向南与东阿拉善的草原化荒漠连成一带。北准噶尔的气候寒冷，地带性植被为由旱生草原加入的盐柴类小半灌木荒漠，建群种为小蓬、无叶假木贼、盐生假木贼等。

准噶尔北部和东阿拉善—西鄂尔多斯出现草原化荒漠，该区域在北、东和东南三面与欧亚草原接壤，属于与欧亚草原相连的过渡区。该区域气候稍湿润，植被以一些草原荒漠的特有群系，如东阿拉善—西鄂尔多斯的沙冬青、绵刺、四合木等为特征，群落中有较多的草原成分加入。

草原化荒漠带以北，逐渐偏离欧亚大陆中心的干旱地区的边缘，为荒漠草原带。这里草原植被发育未受到水分因素的明显限制，使群落的高度、密度都显著增高，是一类半郁闭的矮草草原。土壤因与荒漠相连出现盐渍化、砂质化与砾质化。荒漠植被在局部生境中有岛状分布，盐化草甸及盐生植物群落成为隐域性植被的主要类型，沙生植被及耐旱的砾石性群落也有发育。植被建群种为强旱生小型针茅，并含有强旱生小半灌木组成的特殊片层。小型针茅的代表种类是戈壁针茅、短花针茅、沙生针茅，旱生小半灌木的代表种是女蒿、薯状亚菊、灌木亚菊等。

沿森林草原带的西侧呈带状从东北伸向西南的区域内，地带性植被为典型草原。北面则与蒙古国典型草原带相连，西北侧逐渐向荒漠草原带过渡，西南边缘与青藏高原上的高寒草原带相邻。该区域以典型草原植被占绝对优势，森林植被及中生植被类型无法生存，仅在沙地上有榆树疏林及蒿类半灌木丛分布。

7.3.2.3　青藏高原区

青藏高原植被地带性变化从东到西为亚热带山地针叶林—高寒灌丛与高寒草甸—高寒草原—山地荒漠；从南到北为热带山地森林—山地灌丛草原—高寒草原—高寒荒漠。根据气候以及植被地带的性质分为山地亚热带、高原温带、高原亚寒带、高原寒带。

1. 山地亚热带植被类型

山地亚热带包括西藏东南缘的山地森林区，向东与川西滇北亚热带山地森林结成一片，向西沿喜马拉雅南坡与不丹、锡金、尼泊尔和印度西部的森林连为一带，是受西南季风强烈湿润的高山峡谷区域。主要的植被组成是印度-马来成分和东亚的中国-喜马拉雅成分。

喜马拉雅南侧热带山地森林地带，东喜马拉雅海拔 1100m 以下的前山地带，年平均温度在 20℃ 以上，年降水量在 2500mm 以上，仅有 2～3 个月的旱季。该区域有繁茂的热带山地河谷雨林和半常绿雨林（或称季节性雨林）。山麓河谷主要为龙脑香、橄榄、大叶木菠萝等多种印度-马来成分的常绿乔木构成的热带雨林；在海拔 600～1000m 的低山上则为樫木、千果榄仁、阿丁枫等旱季半落叶乔木与下层丰富的常绿乔木构成的热带山地半常绿雨林。林内有板根、老茎生花等现象，多藤本与附生植物，并出现树藤。由山麓以上顺序出现一系列的热带北缘山地植被带谱，其主要特色是高山温带类型与低山热带类型相组合。

藏东南亚热带山地针叶林地带包括切入高原东南部的雅鲁藏布江中游及其支流——尼洋河、野贡曲与泊龙藏布，以及东部的三江（怒江、澜沧江、金沙江）峡谷与山地。印度洋和部分南海的潮湿季风通过这些峡谷渗入高原的一隅，郁密的森林植被随之散布在河谷两侧山坡和支谷中。这里的降水已比喜马拉雅南侧显著减少，年降水量在 50～1000mm 之间。在河流上游，海拔升高，内部湿气减少，森林逐渐稀少甚至绝迹。该地带植被属山地垂直带植被，其基带位于海拔 2000～2500m 处，分布有富含东亚热带植物成分、栎类为主的山地亚热带常绿阔叶林；海拔 2500～3200m 之间为针阔混交林带，分布有高山松林、丽江云杉林与巴郎栎林等；海拔 3200m 以上的暗针叶林分布最广，其上限海拔高达 4300～4600m，各地的树种组成不同，其下半部为云杉林，东部为川西云杉、西部为林芝云杉；上半部为冷杉林（阳坡出现较耐旱的大果圆柏或密枝圆柏林），东部为鳞皮冷杉与中甸冷杉，西部为喜马拉雅冷杉和乌蒙冷杉；巨柏则在西部森林草原山坡上构成疏林；林线以上高山植被主要为小叶型的高山杜鹃灌丛和矮嵩草高山草甸。在三江峡谷的干热谷底则出现特殊耐旱的有刺灌丛，以白刺花或头花香薷为主构成，最南部逸散野生仙人掌。

2. 高原温带植被类型

高原温带分布在喜马拉雅山与昆仑山之间的广阔高原上，地貌由相对高差不大的山脉与台原、湖盆、宽谷相间组成。高原面东南部海拔约为4500m，西北部则在海拔5000m以上，仅南部与东南部的谷地可下陷到海拔3000m。该区属于因干燥寒冷的大陆性高原气候，植被类型以高寒旱生的草原和高寒草甸植被为主，由东向西旱化加强，甚至出现荒漠；植物区系方面东部和南部的草甸与草原中多中国-喜马拉雅成分与青藏高原特有成分；中部与西部广大草原、荒漠中则以青藏成分与亚洲中部成分占优势；西部有古地中海旱生成分。主要植被类型为高寒草甸—灌丛、嵩草高寒草甸、谷地灌丛草原和矮嵩草高寒垫状草甸。

高寒草甸—灌丛主要分布在那曲地区，其海拔一般在4000～4500m，气候寒冷而较湿润，年降水量400～700mm，夏季多冰雹与雷暴，冬春积雪较丰厚，年平均温在±3℃之间，无霜冻期20～100d，植被以矮嵩草或以圆穗蓼共建的高寒草甸占优势，东部出现由高寒草甸与常绿革质小叶的杜鹃亚高山灌丛，以及柳、金露梅、鬼箭锦鸡儿等为主的落叶灌丛相结合的灌丛植被；在河谷的沼泽化滩地则有较发育的大嵩草构成的塔头型高寒沼泽草甸。

嵩草高寒草甸主要分布在青藏高原及其邻近的天山、阿尔泰山东南部、祁连山等大陆性高山山地，其建群种为嵩草属，植物区系为中国—喜马拉雅成分和青藏特有成分，以及亚洲中部成分。

谷地灌丛草原分布雅鲁藏布江谷地，纵贯于青藏高原南部，河谷海拔3500～4500m，因河谷比高原面低700～1000m，且受喜马拉雅雨影作用，谷地年降水量仅为300～500mm，气温较高，谷地两侧山坡普遍发育灌丛草原植被，群落植被为三刺草、长芒草、白草为优势种的中温型的草原禾草以及西藏狼牙刺、薄皮木与细刺蓝芙蓉等组成的旱生灌木；在海拔4400m以上的山坡过渡为以高寒旱生的紫花针茅为主的高寒草带；西部河源地区亦以紫花针茅的高寒草原占优势，山麓与山坡上广泛分布变色锦鸡儿灌丛。

矮嵩草高寒垫状草甸分布青藏高原东部海拔4600～5400m及西部海拔5000～6000m的山地与高原，是由矮嵩草高寒草甸与苔状蚤缀和垫状点地梅构成的垫状高山植被；再向上为高山亚高寒带，其岩屑坡上生有稀疏的高山草类，岩石面上着生零星壳状地衣。

3. 高原亚寒带植被类型

高原亚寒带植被类型主要分布在那曲亚寒带半湿润高原季风气候地区、羌塘（藏北高原）亚寒带半干旱高原气候地区、阿里亚寒带干旱气候地区。

羌塘亚寒带高寒草原位于冈底斯—念青唐古拉山与昆仑山之间广阔的高原面上，地带性植被为紫花针

茅高寒草原，常有苔状蚤缀、垫状点地梅等垫状植物。但在北部随地势变高，气候趋于寒旱，植被趋向高寒荒漠化，高寒荒漠草原以青藏苔草与垫状驼绒藜占优势。在羌塘中部的改则湖盆地出现亚洲中部荒漠草原成分的沙生针茅草原，表征着荒漠化的迹象。该地带的山地植被垂直谱结构相当简单，通常为紫花针茅高寒草原基带在上部被青藏苔草为主的高寒草甸草原所代替，形成高寒草原带的两个亚带，再向上则直接过渡为高山亚冰雪稀疏植被带。

阿里西部荒漠高原分布在西藏的西端，西北喜马拉雅山与喀喇昆仑山之间谷地的海拔在南部为3800m，北部为4300m。植被是以古地中海成分的驼绒藜和亚洲中部成分的灌木亚菊为主的荒漠群落，常有较多的亚洲中部成分的沙生针茅、羽柱针茅与短花针茅等草原禾草，使其具有草原化荒漠性质。草原化的驼绒藜荒漠分布在羌臣摩山，海拔高达5200m。阿里西南隅的象泉河（萨特累季季河）谷地海拔低达2900m，气候暖热，河谷中出现了一些地中海亚热带成分，如鱼鳔槐等。

那曲亚寒带半湿润荒漠群落具有较浓厚的古地中海与中亚细亚荒漠色彩，有藏籽蒿、鸦葱、驼绒藜等，并散布短命植物，如舟果荠等。山地植被具有荒漠型的垂直带谱结构：荒漠或草原化荒漠—荒漠草原—草原化高山垫状植被—高山亚冰雪稀疏植被。

山地荒漠草原主要由沙生针茅与驼绒藜所构成，向上为紫花针茅和青藏苔草的高寒草原，在南部山地有大量变色锦鸡儿形成的灌丛草原或草原灌丛。高山上缺乏高寒草甸，而为稀疏的草原化垫状植被，以苔状蚤缀与囊种草为主。各植被垂直带的位置均较东部为高，植被上限可达海拔4600～5700m。农业种植上限也很高，在北纬34°处的喀喇昆仑山南坡，青稞田分布海拔高达4780m。

4. 高原寒带植被类型

高原寒带植被类型主要分布在昆仑寒带干旱高原气候地区，也称藏西北高寒荒漠高原地带，位于羌塘高原的西北部、昆仑山和喀喇昆仑山之间，海拔在5000m以上。该植被类型为适应高寒旱生的垫状小半灌木—垫状驼绒藜构成的稀疏高寒荒漠，并有大面积光裸的高原砾质戈壁与石质山坡。在东经80°以东的湖盆与山地，植被渐趋茂盛，宽坦的具永冻层和含盐的古湖相平原为垫状驼绒藜高寒荒漠所占据，起伏的砂砾质地段和山麓坡积—洪积扇则为青藏苔草为主的高寒荒漠草原，这是青藏高原特有的植被类型。该区域植被垂直分带十分简单，在高寒荒漠与荒漠草原的基带以上有一道狭窄的、垂直幅度不过20m的青藏苔草的高寒草原带，再向上即为有个别小雪莲、无瓣

女娄菜等高山草类与垫状植物分布的高山亚冰雪稀疏植被带，分布至海拔 6000m 雪线。

7.4　中　国　植　被　区　划

7.4.1　中国植被区划的原则和等级

7.4.1.1　植被区划原则

植被的三向地带性和非地带性相结合是植被区划的原则，而植被本身的特征（类型组合和植物区系）则是分区的依据。植被区划坚持地带性、主导因素、自然发生学的三原则。

1. 植被区划的地带性原则

植被分布的纬度地带性（热量）和经向地带性（水分），即水平地带性，是确定植被区划高级单位的原则。从极地到赤道的地带性热量差异反映着地理环境和植被地带差异，这是最根本和普遍的。水分状况则与离海洋远近、气团运行、风向和风的湿润或干燥程度有密切关系，由此导致自沿海向内陆递变的地理环境和植被的分异。当然水分状况分布实际也决定于太阳热能沿地球表面分布的规律性。因此，地带性，特别纬度地带性是植被区划遵循的最根本原则。

2. 主导因素原则

我国地跨热带、亚热带、温带和寒温带，气候的大陆性与海洋性变化极端显著，加以复杂的地貌与地势，使水热分异明显，植被区划应从地带性与地区性特征的综合性和复杂性中分析把握其起主导作用的因素与特征，通常同一热量条件下，植被组合分化取决于水分状况的分化；在相同水分条件下，植被的分化则取决于热量条件的变化。因此，可根据垂直地带性或非地带性的地貌结构所决定的植被组合划分低级植被区划单位。

3. 植被自然发生学原则

在某一地带或区域的植被类型是在其特定的地理环境因素中长期历史发展演变分化形成，同一地带或区域具有地质发育的共同性和地貌成因的统一性，因而植被发生发育也具有一致性，这既与现代的气候和地壳形态相适应，又有着历史发展的渊源与痕迹，这就是自然发生学原则，实际上也遵循着植物地带性。我国植被自然地理区域的形成与第三纪以来的山地隆起，第四纪以来的冰川进退，尤其是青藏高原及一系列巨大山系的抬升，古地中海与鄂毕海西撤与消失等有关。

7.4.1.2　植被区划的依据和指标

植被区划是在植被分布地理规律性的总原则指导下，依据植被类型、植物区系，以及气候（热量和水分状况）、地貌与土壤等的特征和指标等进行划分的。

1. 植被类型

植被区划最重要的依据是植被类型，区划的高级单位的依据是反映大气候条件的地带性的植被型；植被区划中、低级单位的依据是中、低级单位的植被类型；重要的非地带性植被类型也可以作为较低级区划单位的依据。植被区划并不是完全根据某一植被类型划分的，更多是依据若干地带性植被类型的组合、地带性植被类型与非地带性植被类型的组合、一系列垂直带植被的组合——垂直带谱以及水平地带植被与垂直带植被的组合等。同时，又必须根据这些指标组合中占优势的、具有代表性的植被类型来确定一个植被地理区的基本性质和该区在区划系统中的归属位置。

在农业垦殖历史悠久的华北、华东和华南的平原与丘陵地区，天然植被已遭破坏而存留无几，农作物、园艺作物和栽培林木等各种栽培植被则是植被分区的重要依据。即使在天然植被保存较多的地区，栽培植被在反映热量分带方面仍然可作为有价值的参考指标。但是，在利用栽培植被作为区划依据时，应根据那些经过多年栽培、面积较大、产量与品质基本稳定、不需特殊培育和保护措施的作物种类进行划分。在人工管理条件下，排除了生物竞争因素，创造了较优越的水肥和小气候条件，从而扩大了栽培植物的分布区，它只能在一定程度上反映天然植被的生态环境。

2. 植物区系

植物区系是某一地区（或某一时期）某一植被型的所有植物种类的总称，如秦岭山脉生长的全部植物的科、属、种即是秦岭山脉的植物区系，是植物界在一定自然环境中长期发展演化的结果，其包括自然植物区系和栽培植物区系。通常植被区划依据是以自然植物区系为主的。植物区系特征包括发生发展的重要特征，如地理成分、发生成分、迁移成分、历史成分、生态成分等。植物区系的植被建群种、优势种以及一些标志种对于植被区划具有标志性的意义。植被区划与植物区系的分区密切相关，也有人认为植被区划与植物区系分区相结合或统称为植物地理区划。但由于二者依据的侧重点不同，前者以植被类型及其组合为对象，后者在于区内植物成分的一致性，因而在实际上难以完全统一。

3. 生态因素

植被区域分异是一定自然历史地理过程的必然产物，它们与气候、地貌土壤等因素，尤其是主导的生态因素具有密切的联系和在空间上相对的一致性。因此，植被区划理应与气候、地貌、土壤等自然地理要素的区划单位相符合，或至少是基本上相对应。某些重要的生态气候指标，如降水量及其季节分配、积温、生长期或无霜期、干燥度或湿润系数、最冷月与最暖月均温或极端温度等，可作为植被区划的重要数量指标。

大的地貌单元及其组成部分乃是各级植被区划单位的基础。地貌虽然主要是地壳构造的产物，但在巨大的山体、高原、盆地、洼地和谷底等形成的过程中，也伴随着一系列植被类型的发生和演变。因此，各个地貌单元与植被分区之间有着同一性。尤其是巨大的山脉和高原，不仅本身形成特殊的垂直自然景观，而且往往也是大气候的分界线，因而通常作为植被区划的重要自然界线。

当然，地理要素只是植被区划的辅助性依据或参考指标，它们并不能代表植被本身。但是，在天然植被受到重大改变或破坏的情况下，在植被类型交错的过渡地带，或对当地植被类型的生态性质不够确定的情况下，综合考虑这些自然地理指标对于植被区划的合理性和完整性有重要意义。表 7.4-1 为中国各植被区域的区划依据和自然地理要素指标。

7.4.1.3 植被区划的单位

中国植被区划的单位从高级至低级分为植被区域、植被地带、植被区、植被小区。

1. 植被区域

植被区域是区划的最高级单位，是具有一定水平地带性的热量-水分综合因素所决定的一个或数个"植被型"占优势的区域。区域内具有一定的、占优势的植物区系成分，如温带草原区域、亚热带常绿阔叶林区域等。

2. 植被地带

在植被区域或亚区域内，由于南北向的光、热变化，或由于地势高低所引起的热量分异而表现出植被型的差异，可划分成地带或亚地带。如东部亚热带常绿阔叶林可分为：北亚热带夏绿、常绿阔叶混交林地带，中亚热带常绿阔叶林地带和南亚热带季风常绿阔叶林地带。

3. 植被区

区划的低级单位，在植被地带内可根据内部的水热状况，尤其是由地貌条件造成的差异，利用占优势的中级植被分类单位，划分出若干植被区。

4. 植被小区

在植被区内根据优势的基本植被类型单位（群丛组），划分出小区。

根据上述原则、依据和单位，中国的植被分区可划分出 8 个植被区域以及 12 个植被亚区域、28 个植

被地带以及 15 个植被亚地带、119 个植被区和 453 个植被小区。

7.4.2 寒温带落叶针叶林区域

7.4.2.1 区域概况

中国东北的寒温带针叶林区域是中国最北部的植被区域，横贯欧亚大陆北部的欧亚针叶林区的最南端，属于东西伯利亚的南方明亮针叶林向南延伸的部分。包括东经 127°20′以西、北纬 49°21′以北的大兴安岭北部及其支脉伊勒呼里山的山地。行政区划包括呼玛、塔河县全境，爱辉、嫩江县的一部分。

该区域地势大体是东南部较低，西北部较高，中间平缓。山势不高，一般海拔 700~1100m，平均约 1000m，黑龙江沿岸海拔 400~500m。区域内丘陵起伏很大，横谷较多，山脉主要呈北北东—南南西走向，高峰大多在 1400m 左右，主要山峰有奥科里多山，海拔 1530m，英吉里山海拔 1460m，白卡鲁山海拔 1410m。这些山顶部大多浑圆、平阔，大部分被覆森林，仅少数较高的峰顶，岩石裸露，残生地衣类植物。地貌属于中山、低山和台原。在地貌发育阶段上呈明显的老年期特征，河谷开阔，谷底宽坦，山势和缓，山顶浑圆分散孤立，几无山峦重叠的现象，而古老的准平原清晰可见，缺乏形成特殊小气候的条件，大大减弱了植被的复杂性。山体主要由石英粗面岩、玄武岩、安山岩、玢岩和花岗岩构成。地带性土壤为棕色针叶林土，但海拔升高所引起的气候变化使土壤具有明显的垂直变化。

该区域属于寒温带，为中国最寒冷的地区，冬季受蒙古高气压和阿留申低气压控制，夏季受太平洋高气压和大陆低气压影响，具有季风特点，年平均气温为 $-5.6 \sim -1.2℃$，冬季异常严寒、干燥，少雪而漫长。最冷月份（1月）均温为 $-38 \sim -28℃$，绝对最低温度可达 $-52.3℃$（漠河）；夏季均温不小于 $10℃$ 时期自 5 月上旬开始至 8 月末结束，长达 $70 \sim 100d$，年积温仅 $1100 \sim 1700℃$，但最暖月份（7月）平均气温为 $15 \sim 20℃$，绝对最高温度可达 $35 \sim 39℃$。所以年日温差皆极悬殊，夏日最高与最低的绝对温度相差可达 $25℃$ 以上。一般自 5 月下旬进入无霜期，延续到 9 月上旬，$90 \sim 110d$。年降水量平均为 $360 \sim 500mm$，80% 集中于温暖季节，水热条件相对有利于植物生长，但因冻层普遍而持久，水分除滞留地表而使沼泽遍布，且形成径流泻入河流而排掉，加之蒙古旱风作用，水分涵养能力较差，尤其 5—6 月间常有明显旱象，形成云雾少、日照强、湿度低的气候特点，常在陡阳坡造成小面积草原化的无林地段，且

表 7.4－1　中国各植被区域的区划依据和自然地理要素指标

植被区域	区划依据					主要气候指标							季节特征
	地带性植被型	主要植物区系成分	基本地貌特征	地带性土类	大气环流系统	年平均温度/℃	最冷月平均温度/℃	最暖月平均温度/℃	≥10℃积温/℃	无霜期天数/d	年降水量/mm	干燥度	
I 寒温带针叶林区域	寒温带针叶林	温带亚洲成分、北极高山成分	大兴安岭为南北向低矮和缓低山，海拔400~1100m，山峰1500m，谷地开阔	灰化针叶林土	雨季受太平洋南季风尾闾影响，其他皆为西伯利亚反气旋控制	-2.2~-5.5	-28~-38	16~20	1100~1700	80~100	350~550		长冬（达9个月）无夏，降水集中于7~8月
II 温带针阔叶混交林区域	温带针阔叶混交林	温带亚洲成分、东亚（中国-日本）成分	北部丘陵状的小兴安岭，海拔300~800m，南部长白山地较高，散布海拔1500m。东部河网密布，有具沼泽低平的三江低平原	暗棕色色森林土及棕色森林土	夏季受太平洋气流影响、冬季受西伯利亚反气旋控制	2~8	-10~-25	21~24	1600~3200	100~180	500~800~1000		长冬（5个月以上）短夏，降水集中于6~8月
III 暖温带落叶阔叶林区域	落叶阔叶林	东亚（中国-日本）成分、中国-喜马拉雅温带亚带成分	北部、西部海拔1500m以上的燕北、太行山以上的黄土高原，中部为辽阔的华北与辽河冲积平原，海拔50m以下，东部沿海具有海拔100~500m的丘陵	褐色森林土与棕色色森林土	夏季受东南与西南季风作用，在冬季蒙古-西伯利亚反气旋高压控制下	9~14	-2~-13.8	24~28	3200~4500	180~240	500~900		春、夏、秋、冬四季，雨季在5~9月，干季在9~10月
IV 亚热带常绿阔叶林区域	常绿阔叶林、常绿落叶阔叶混交林、季风常绿阔叶林	东亚（中国-日本）成分、中国-喜马拉雅成分	东部为秦岭之间的丘陵、山地海拔一般1000m左右，中有四川盆地和长江中下游平原，西部为云贵高原，海拔1000~2000m，西缘横断山脉在3000m以上，为高山峡谷地貌	黄棕壤、黄壤与砖红壤、红壤与砖红壤性红壤	夏季受太平洋东南季风、南海季风影响，冬季东部受寒潮，西部受蒙古大陆干热气团影响	14~22	2.2~13	28~29	(4000)4500~7500(8000)	240~350	800~3000	0.75~1(1.3)	东部分四季（南部无冬），春夏多雨，湿季明显，冬春多暖
V 热带季雨林、雨林区域	季雨林（季节性）雨林	热带东南亚成分	东部海拔500m以下的低山丘陵，同有冲积平原，中部多石灰岩山，西部为山间盆地与海拔1500~2500m的山地，南海诸岛多为珊瑚礁岛	砖红壤性红壤	雨季受热带赤道气团-台风作用，干季东部受寒潮影响，西部受热带大陆气团控制	22~26.5	16~21	26~29	(7500)8000~9000(10000)	基本全年无霜	1200~3000(5000)		分干季（11月至翌年4月）、湿季（5~10月）

续表

植被区域	地带性植被型	主要植物区系成分	基本地貌特征	地带性土类	大气环流系统	年平均温度/℃	最冷月平均温度/℃	最暖月平均温度/℃	≥10℃积温/℃	无霜期天数/d	年降水量/mm	干燥度	季节特征
					区划依据				主要气候指标				
VI 温带草原区域	温性草原	亚洲中部成分、干旱成分，亚洲成分，世界成分	东起松辽平原（海拔120～400m），中部为内蒙古高原（海拔1000～1500m），西南为黄土高原（海拔1500～2000m），其间有大兴安岭—阴山—吕梁山—燕山与山脉分隔，西部有阿尔泰山	黑钙土、栗钙土、棕钙土、黑垆土	夏季多受东南季风影响，冬季处在蒙古高压控制下，但西部可受西北气候影响	-3～8	-7～-27	18～24	1600～3300	100～170	150～450（550）	1～4	春、夏、秋、冬四季，降水集中夏季，春季为明显旱期，西部各季降水分布均匀
VII 温带荒漠区域	温性荒漠	亚洲中部成分，中亚（中亚—亚洲中部）成分，干旱成分，亚洲中部成分，青藏成分	具有阿拉善、塔里木等木盆地、准噶尔盆地（海拔500～1500m）与荒漠木盆地（海拔2600～2900m），同以天山、连山、昆仑山等海拔逾5000m的巨大山系，以及一些较低矮的山地	灰棕壤与棕漠土	为亚洲—西伯利亚反气旋高压亚控制，东部夏季稍有海洋气流影响，西北部夏季受西来气流湿润，冬季为大陆气团控制	4～12	-6～-20	20～30	2200～3900～4500	140～210	210～250	4～16～60	春夏秋冬四季，降水集中夏季，西部北部降水较少，均匀全年干旱
VIII 青藏高原高寒植被区域	高寒灌丛与高寒草甸高寒草原高寒荒漠	东亚（中国—喜马拉雅）成分，亚洲中部成分，青藏成分	为海拔4500m以上的整体山原，边缘与内部有海拔6000～7000m以上的高山山系为最高峰，东南部为横断山系与三江峡谷，切割剧烈	高原草甸土、高原草原土与高寒荒漠土	高原面冬季为西风带控制，形成青藏高压，夏季有高原季风辐合作用，东南部夏季受西南季风湿润	8～-2～0～-10	0～-14～-12～-20	16～9～12～5	2250～80～650～0	180～20～50～0	800～500～200～<50	0.9～1.2～1.5～6	干季（10月至翌年5月）与湿季（6～9月）分明

注 1. 本表引自《中国植被》，吴征镒主编，1980年科学出版社出版。
　　2. 青藏高原区域的气候指标按指标从高寒灌丛亚区域→高寒草甸亚区域→高寒草原亚区域→高寒荒漠亚区域的顺序列出。
　　3. 括号内数字表示极端值。

该季节森林火险高。

该区域地带性植被是寒温带针叶林，野生维管束植物约 800 余种。经初步分析，除广布种外，东西伯利亚植物区系成分占 51%，并有 38% 左右的种为小兴安岭—长白山区的植物区系成分。区域植被建群种或优势种全部属东西伯利亚植物，如兴安落叶松、樟子松、白桦、越橘、笃斯越橘、岩高兰和杜香等；并混有紫椴、水曲柳及黄檗等东亚成分；亦有少量蒙古植物区系成分，如贝加尔针茅和线叶菊等。该区域也是我国主要用材林基地之一，森林植被覆盖率达 70% 以上。兴安落叶松是该区域占绝对优势的树种，其次为次生的白桦林、蒙古栎林、黑桦林和山杨林以及小面积原生的红皮云杉和沿河生长的钻天柳林、甜杨林。此外，在局部地段还有草甸、沼泽等。

7.4.2.2　植被区划

该区域地理范围不大，南北跨越纬度不足 4°，东西相距经度不到 4°，所以，该区域中只包括 1 个植被地带、3 个植被区和 5 个植被小区。

Ⅰ寒温带落叶针叶林区域

　Ⅰi 南寒温带落叶针叶林地带

　　Ⅰi-1 大兴安岭北部山地含藓类的兴安落叶松林区

　　Ⅰi-2 大兴安岭中部中低山含兴安杜鹃和樟子松的兴安落叶松林区

　　Ⅰi-3 大兴安岭南部山地含蒙古栎林的兴安落叶松林区

7.4.3　温带针叶、落叶阔叶林混交林区域

7.4.3.1　区域概况

该区域南端以宽甸至本溪一线为界，北部延至黑龙江省东部小兴安岭山地。在地理位置上位于北纬 $40°20'\sim50°20'$，东经 $123°55'\sim134°$。全区域为新月形，境内山峦重叠，形成复杂的山区地形。主要山脉包括小兴安岭、完达山（那丹哈达岭）、张广才岭（小白山）、老爷岭及长白山、龙岗山、吉林哈达岭及千山北段等山脉，其海拔大多不超过 1300m，只有长白山的白云峰海拔达 2691m。长白山是由火山喷发所形成的山体，周围为玄武岩台地，白云峰系台地上突出的主要部分。在长白山顶部有火山湖，称为天池，直径有 5～6km，水深达 370m，北面有一出口，形成长白瀑布，高达 68m。

该区域地处欧亚大陆东缘，濒临日本海，深受海洋的影响，所以气候具有海洋型温带季风气候的特征。降水量较丰富，年降水量达 500～800mm（个别地区可达 1000mm），并多集中于夏季（6～8 月），占全年降水量的 70% 以上，加以夏季气温较高，如 7

月平均气温多在 20℃ 以上，最高可达 39℃。

该区域与俄罗斯阿穆尔州及沿海地区、朝鲜北部属于同一植物区系，全球植物区系区划为泛北极植物区。中国-日本森林植物亚区是一个独立的植物区，习惯称为东北植物区，是我国主要用材林基地之一。区内森林生长良好，植物种类比较丰富，近 1900 种，占中国东北植物种类的 3/5 以上。其代表植被是以红松为主的温带针叶、落叶阔叶混交林，组成中特产植物很多，如红松、沙冷杉、紫杉、长白侧柏等针叶树种，以及拧筋槭、假色槭、白牛槭、水曲柳、山槐、核桃楸、黄檗、大青杨和香杨等阔叶树。

7.4.3.2　植被区划

该区域面积广阔，南北相距甚远，跨越纬度达 10° 左右，植物组成存在分异，总体以东北植物区系为主，但因从北向南由于水热指标递增，使混生的东西伯利亚、蒙古呈递减趋势，华北植物区系渐增趋势。该区域可划分为 2 个亚地带、6 个植被区、12 个植被小区。

Ⅱ温带针叶、落叶阔叶混交林区域

　Ⅱi 温带北部针叶、落叶阔叶混交林地带

　　Ⅱi-1 小兴安岭红松、落叶阔叶混交林区

　　Ⅱi-2 完达山-张广才岭山地蒙古栎、槲栎、红松混交林区

　　Ⅱi-3 穆棱-三江平原草甸、苔草沼泽区

　Ⅱii 温带南部针叶、落叶阔叶混交林地带

　　Ⅱii-1 长白山东北部阔叶树—红松、赤松、沙冷杉混交林，栽培植被区

　　Ⅱii-2 长白山西部低山丘陵次生落叶阔叶林区

　　Ⅱii-3 长白山南部栎类、红松、沙冷杉、油松混交林区

7.4.4　暖温带落叶阔叶林区域

7.4.4.1　区域概况

该区域位于北纬 $32°20'\sim43°20'$，东经 $102°10'\sim125°40'$ 的范围内，南北跨纬度最宽处为 11°，最窄处不到 2°，全区域东部宽阔偏向东北而西部狭窄，略呈三角形状。东部濒临渤海与黄海，北、西、南三面都是大陆，包括辽宁省的南部和西南部丘陵山地和平原，北京市、天津市、河北省除坝上以外的全部，山西省恒山至兴县一线以南，山东省全部，陕西省的黄土高原南部、渭河平原以及秦岭北坡，甘肃省的徽成盆地，河南省豫西、豫西北山地，淮河以北，安徽省和江苏省的淮北平原。该区域属于华北地块的范围，介于燕山与秦岭山地之间，地势西高东低，由冀北山地、山西高原、秦岭山地、辽东半岛和山东丘陵地

区、辽河平原、黄淮海平原组成，其间有河北省的白洋淀、山东省的南四湖和江苏省的洪泽湖等湖泊，东部有漫长的海岸线。北部和西部山地高度平均超过海拔1500m（个别山峰达3000m以上，如太白山）。区域内年平均气温一般为8～14℃，由北向南递增，除沿海，一般是冬季寒冷，夏季较热。1月平均气温多在0℃以下（-22～-3℃）7月平均气温为24～28℃，无霜期5～7个月。极端最高气温一般在40℃以上，渭河谷地和黄河下游，夏季常受焚风影响，气温可达41.7℃；极端最低温多数在-20℃以下，沈阳为-30.5℃，太原为-38.4℃，北京为-27.4℃，西安为-13.7℃，而淮河沿岸的绝对最低温也可达到-20℃。该区域年降水量平均在500～1000mm，个别地区可达1000～1200mm，由东南向西北递减，区域的西北部分降水最低，多在600mm以下，雨量的季节分配极不均匀，冬季仅占年降水量的3%～7%，春季占10%～14%，夏季雨水相当充沛，可占60%～70%。

该区域暖温带落叶阔叶林，东北接温带针阔叶混交林区域，北接温带草原区域，西部与青藏高原植被区域相连，南界是东部亚热带常绿阔叶林亚区域。目前天然落叶阔叶林已破坏殆尽，山地和高原多为次生落叶阔叶林，森林中占优势的是针叶林，其中山西中北部、河北北部山地森林中占优势的是落叶松林；丘陵区次生落叶阔叶林或栽培植被；平原大部分为栽培植被；沿海岸线分布耐盐、抗风的植被。

该区域广泛分布着暖温带落叶阔叶林破坏后形成的灌丛和灌草丛，以及少量草甸、沼泽、水生植物等非地带性植被类型，该区域植物区系是典型北温带区系，草本类型占主要地位，在所有植物区系组成中，草本植物约占总数的2/3，木本植物只有1/3左右。广泛分布的植物种类有禾本科、蔷薇科、菊科、十字花科、百合科、毛茛科、伞形科、玄参科、石竹科、唇形科、桦木科、豆科、松科、柏科、槭树科、杨柳科等。区域南部出现一些热带、亚热带成分的乔木、灌木种类，如各地较普遍分布的构树、臭檀、臭椿、苦木、漆树、黄栌、酸枣、雀儿舌头、孩儿拳头、河朔荛花、黄背草和白羊草等，说明其植被起源与热带、亚热带植被有密切联系，这些植物是从西南或华南向北分布到达该区域。此外，许多热带起源的喜马拉雅成分和西南成分经西南而达华北，如小金露梅等。

该区域有6个月以上的温暖天气，降水期和植物最需要水分的时期相吻合，同时又受到海洋湿气的影响，适合温带农作物生长发育，农业植被是该面积最大的植被，主要种类有小麦、棉花、玉米、谷子、

花生、豆类等。

7.4.4.2 植被区划

该区域地势西高东低，南北跨十多个纬度，东西相距20多个经度，因此东西南北的水热条件差别明显。植被组成也各不相同。该区域划分为2个植被地带、17个植被区、78个植被小区。

Ⅲ暖温带落叶阔叶林区域

 Ⅲi暖温带北部落叶栎林地带

  Ⅲi-1 辽东丘陵赤松、蒙古栎、麻栎林区

  Ⅲi-2 辽河平原栽培植被区

  Ⅲi-3 辽西低山丘陵灌丛，油松、栎林区

  Ⅲi-4 冀辽山地、丘陵油松、辽东栎、槲栎林区

  Ⅲi-5 冀北间山盆地灌丛草原区

  Ⅲi-6 冀西山地落叶阔叶林、灌丛区

  Ⅲi-7 黄河、海河平原栽培植被区

  Ⅲi-8 晋中山地丘陵、盆地油松、辽东栎、云杉林区

  Ⅲi-9 晋南油松林、辽东栎林区

  Ⅲi-10 延河流域黄土丘陵残林、灌丛区

  Ⅲi-11 洛河中游森林、灌丛区

 Ⅲii暖温带南部落叶栎林地带

  Ⅲii-1 胶东丘陵栽培植被、赤松、麻栎地区

  Ⅲii-2 鲁中南山地、丘陵栽培植被，油松、麻栎、栓皮栎林区

  Ⅲii-3 黄淮平原栽培植被区

  Ⅲii-4 豫西、晋南山地丘陵、台地栽培植被，油松、栓皮栎、锐齿槲栎林区

  Ⅲii-5 汾河、渭河平原、山地栽培植被，油松、华山松、栓皮栎、锐齿槲栎林区

  Ⅲii-6 秦岭山地落叶阔叶林、针叶林区

7.4.5 亚热带常绿阔叶林区域

7.4.5.1 区域概况

该区域是我国面积最大的植被区域，占全国植被总面积的1/4左右。其北界在淮河、秦岭、洪泽、宝应、盐城一线，大致为北纬34°，只是在淮河主流一带折向南降低到北纬32°；南界大致是在云南、广西南部及广西、广东沿海和台湾南端；东界为东南海岸和台湾岛以及所属的沿海诸岛屿；西界基本上是沿西藏高原的东坡向南延至云南的西部边境。南、北界之间纬度相距11°～12°；东、西界横跨经度约28°，包括浙江、福建、江西、湖南、湖北、贵州、重庆等省（直辖市）全境，江苏、安徽、四川等省的大部分地

区，河南、陕西、甘肃等省的南部和云南、广西、广东、台湾等省（自治区）的中、北部，以及西藏的东部，共涉及18个省（自治区、直辖市）。

该区域地貌的类型复杂多样，平原、盆地、丘陵、高原和山地皆有，在北部和中部有秦岭、淮阳山地、四川盆地、长江中下游平原、江南丘陵等单元。从四川到安徽，山地丘陵星罗棋布，构造复杂。秦岭、淮阳山地是天然分隔华北和华中的山脉。江南丘陵以黄山、幕阜山至雪峰山一带为基干，是加里东运动褶皱形成的江南古陆，长江中下游平原是凹陷中的沉积区。四川盆地是填充着红色物质并经过燕山运动褶皱形成的盆地。长江中下游平原，山地与平原交错，河流坡降缓和而水量充足，交通航运发达。南部地貌单元可分为云贵高原、南岭山地和台湾山地等三部分，各单元均有其较明显的侵蚀区与沉积区，各地河流都较短且多独流入海。山岭作东北-西南走向，入海河流与山岭成正交，形成格状水系与众多峡谷。云南、广西、贵州各省（自治区）都发育了大规模的岩溶地貌，因为有独特的石灰岩山地植被。

该区域是世界上面积最大的湿润型亚热带季风气候区。≥10℃年积温4500～7500℃；最冷月平均气温为0～15℃；无霜期250～350d；年降水量在1000mm以上，最高可达3000mm以上；干燥度小于1.0。

该区域范围辽阔，植物区系发展历史悠久，在世界植物区系的起源上，我国亚热带地区处于古北极和古热带两个植被区系相交接地带。因受第四纪冰川影响较小，中低山区面积较大，气候长期温暖湿润等历史和地理条件，使我国亚热带植物区系植物种类有不少与热带地区所共有科、属，或者说亚热带植被种类组成上有较多热带区系成分，而且还有过渡性的植被类型延伸至中热带南半部，在北纬26°以南的局部地区，尚有沟谷雨林存在。当然，随着纬度增加，越往北部，则热带植物区系成分也就越少。

我国亚热带常绿阔叶林植物组成中热带性科占相当比例，估计有98科之多。如裸子植物中的苏铁科、罗汉松科、买麻藤科；被子植物的樟科、番茄枝科、山柑科、胡椒科、山龙眼科、桃金娘科、大风子科、天料木科、无患子科、橄榄科、金刀木科、第伦桃科、五列木科、姜科、棕榈科、芭蕉科等。按我国特有属统计，全国198个特有属中，亚热带地区就拥有148属之多，说明了其植物区系成分丰富，群落类型多样化。

7.4.5.2　植被区划

该区域首先根据地带性典型植被类型——亚热带常绿阔叶林的生态外貌及其所反映的生境水湿条件差异，划分为东部和西部两个亚区域，即ⅣA东部湿润常绿阔叶林亚区域、ⅣB西部半湿润常绿阔叶林亚区域。然后，根据植被所反映的生境热量差异，在两个亚区域内各按纬向划分出若干植被地带和亚地带。

Ⅳ亚热带常绿阔叶林区域

　　ⅣA东部湿润常绿阔叶林亚区域

　　　　ⅣAi北亚热带常绿、落叶阔叶混交林地带

　　　　　　ⅣAi-1 江淮平原栽培植被区

　　　　　　ⅣAi-2 江淮丘陵栎类、苦槠、马尾松林区

　　　　　　ⅣAi-3 桐柏山、大别山山地丘陵落叶栎类、青冈栎林，台湾松林区

　　　　　　ⅣAi-4 秦巴山地丘陵栎类林、巴山松、华山松林区

　　　　ⅣAii 中亚热带常绿阔叶林地带

　　　　　　ⅣAiia 中亚热带常绿阔叶林北部亚地带

　　　　　　　　ⅣAiia-1 浙皖山地丘陵青冈栎、苦槠林、栽培植被区

　　　　　　　　ⅣAiia-2 浙闽山丘甜槠、木荷林植被区

　　　　　　　　ⅣAiia-3 两湖平原栽培植被及沼泽区

　　　　　　　　ⅣAiia-4 湘赣丘陵栽培植被，青冈栎、栲类林区

　　　　　　　　ⅣAiia-5 三峡、武陵山地栲类、润楠林区

　　　　　　　　ⅣAiia-6 四川盆地栽培植被，润楠、青冈栎林区

　　　　　　　　ⅣAiia-7 川西山地峡谷云杉、冷杉林区

　　　　　　ⅣAiib 中亚热带常绿阔叶林南部亚地带

　　　　　　　　ⅣAiib-1 浙南、闽北山丘栲类、细柄蕈树林区

　　　　　　　　ⅣAiib-2 南岭山地栲类、蕈树林区

　　　　　　　　ⅣAiib-3 黔东、桂东北山地栲类、木荷林、石灰岩植被区

　　　　　　　　ⅣAiib-4 贵州高原栲类、青冈林、石灰岩植被区

　　　　　　　　ⅣAiib-5 川滇黔山丘栲类、木荷林区

　　　　　　　　ⅣAiib-6 台湾北部常绿阔叶林、栽培植被区

　　　　ⅣAiii 南亚热带季风常绿阔叶林地带

　　　　　　ⅣAiii-1 台湾中部丘陵山地栽培植被，青钩栲、厚壳桂林区

　　　　　　ⅣAiii-2 闽粤沿海丘陵栽培植被、刺栲、厚壳桂林区

　　　　　　ⅣAiii-3 珠江三角洲栽培植被、蒲桃

黄桐林区

ⅣAiii - 4　粤桂丘陵山地越南桴、黄果厚
壳桂林区

ⅣAiii - 5　黔桂石灰岩丘陵山地青冈栎、
仪花林区

ⅣB 西部半湿润常绿阔叶林亚区域

ⅣBi 中亚热带常绿阔叶林地带

ⅣBi - 1　滇中滇东高原、盆地、谷地，滇
青冈、栲类、云南松林区

ⅣBi - 2　川滇金沙江峡谷云南松林，干热
河谷植被区

ⅣBi - 3　滇西山地纵谷具铁杉、冷杉垂直
带的森林区

ⅣBii 南亚热带季风常绿阔叶林地带

ⅣBii - 1　滇桂石灰岩丘陵润楠、青冈栎、
细叶云南松林区

ⅣBii - 2　滇中南山地峡谷栲类、红木荷、
思茅松林区

ⅣBiii 亚热带山地寒温性针叶林地带

ⅣBiii - 1　横断山北部山地峡谷云杉、冷
杉林区

ⅣBiii - 2　横断山南部山地峡谷云杉、冷
杉林，硬叶栎林区

ⅣBiii - 3　雅鲁藏布江中下游常绿阔叶
林区

7.4.6　热带季雨林、雨林区域

7.4.6.1　区域概况

该区域位于中国最南部，东西狭长，从西到东包
括西藏、云南、广西、广东、台湾等省（自治区）的
南部和海南省，跨东经 83°～123°。而纬向则参差不
齐，西部偏高，从云南南部的北纬 23°～25°，到西藏
的东南部上升到北纬 28°～29°；东段偏低，一般在北
纬 22°～23°。区域的最南端处在北纬 4°附近的南海南
部，即南沙群岛的曾母暗沙，此已属赤道的范围。

该区域地貌类型复杂多样，有冲积平原、珊瑚
岛、台地、丘陵、山地、高原和石灰岩峰林等。地势
则从东部到西部逐渐上升，而显出东、西地形有明显
的差异：东部属于东南沿海孤山丘陵地区，地势起伏
小，丘陵台地海拔 150m 以下，孤山丘大多在海拔
300～500m 之间。石山峰林、峰丛陡峭而分割，盆骨
发育，并发育着多种的石灰岩植被类型。其气候属于
亚热带季风气候类型，高温而多雨。年平均气温一般
都在 20～22℃，南部偏高，达 25～26℃，最冷月平
均气温 12～15℃，≥10℃ 年积温 7500～9000℃ 以上，
极端最低气温多年平均一般在 5℃ 以上，全年基本无

霜。年降水量最大都超过 1500mm，降水量的分配多
集中在 11 月，是雨季，其余为少雨或称干季，表现
出有干、湿季分明的特点。

该区域的地带性土壤为砖红壤，其特点是：成土
过程中富铝化作用进行得比较充分，缺乏盐基物质，
土壤为砖红色，呈酸性反应。

该区域热带季雨林和雨林组成种类丰富。根据植
被区域组成的特点，区域的东、西半部有较大的差
异：东半部的植物区系中以马来西亚东部区系的植物
为主，次为大洋洲及中国 - 日本植物区系的植物；西
部的植物区系则以印度 - 缅甸的成分为主，并有喜马
拉雅植物区系。该区域低平地和丘陵台地雨林的主要
层次植物种类有龙脑香科的龙脑香属、青皮属、望天
树属、娑罗双属，梧桐科的银叶树属、翅子树属、苹
婆属，楝科的葱臭木属、米仔兰属、红螺属等及桑
科、大戟科、山榄科、苏木科、五桠果科、含羞草
科、壳斗科、樟科、山茶科、金缕梅科、桃金娘科、
杜英科等。

7.4.6.2　植被区划

该区域分东部偏湿性热带季雨林、雨林亚区域，
西部偏干性热带季雨林、雨林亚区域和南海珊瑚岛植
被亚区域 3 个亚区域、5 个植被地带、11 个植被区。

Ⅴ 热带季雨林、雨林区域

ⅤA 东部偏湿性热带季雨林、雨林亚区域

ⅤAi 北热带半常绿季雨林、湿润雨林地带

ⅤAi - 1 台南丘陵山地季雨林、雨林区

ⅤAi - 2 粤东南滨海丘陵半常绿季雨林区

ⅤAi - 3 琼雷台地半常绿季雨林，热带灌
丛草丛区

ⅤAi - 4 桂西南石灰岩丘陵、山地季雨
林区

ⅤAii 南热带季雨林、湿润雨林地带

ⅤAii - 1 琼南丘陵山地季雨林，湿润雨
林区

ⅤAii - 2 南海北部珊瑚岛植被区

ⅤB 西部偏干性热带季雨林、雨林亚区域

ⅤBi 北热带季节雨林、半常绿季雨林地带

ⅤBi - 1 滇东南峡谷山地半常绿季雨林、
湿润雨林区

ⅤBi - 2 西双版纳山地、盆地季节雨林、
季雨林区

ⅤBi - 3 滇西南河谷山地半常绿季雨林区

ⅤBi - 4 东喜马拉雅南翼河谷季雨林、雨
林区

ⅤBi - 5 中喜马拉雅山地季雨林区

ⅤC 南海珊瑚岛植被亚区域

ⅤCi 季风热带珊瑚岛植被地带

ⅤCii 赤道热带珊瑚岛植被地带

7.4.7　温带草原区域

7.4.7.1　区域概况

该区域是欧亚大陆草原区域的一个重要组成部分，面积十分辽阔，南北延伸 17 个纬度，东西绵延 44 个经度，垂直方向上海拔 100～5000m。热量是从南往北或从低到高逐渐降低，水分则从沿海往内陆逐渐减少，从而引起明显的草原植被地带分异，自南向北可分为中温草原、暖温草原与高寒草原。

中温草原地带：处于中国最北部，包括松嫩平原及内蒙古高原的主体部分。平均气温 −7～6℃，≥10℃的年积温 1600～2800℃，以广泛分布的贝加尔针茅草原、大针茅草原、克氏针茅草原、戈壁针茅草原等蒙古高原群系为特征。

暖温草原地带，为冀北山地至阴山山脉以南，主要包括黄土高原与鄂尔多斯高原，年平均气温 5～10℃，≥10℃的积温 2600～3300℃，以白羊草草原、本氏针茅草原、短花针茅草原大面积分布为特征。

高寒草原地带：为青藏高原的主体部分，海拔多在 4500m 以上，年平均气温 −5～0℃。全年温度低，即使夏季也会出现霜冻，≥10℃的积温多在 500℃以下。以广泛分布的紫花针茅草原与嵩草草甸为特征，是著名的牦牛、藏绵羊、藏山羊等产区。

总体来看，自北向南年降水量有所增加。森林草原和典型草原的界线在呼伦贝尔与 350mm 的等雨量线相符合，而黄土高原则大致与 450mm 的等雨量线一致，南北雨量相差达 100mm。从森林区与草原区，从典型草原带—荒漠草原带—荒漠区均可有类似规律。

该区域大兴安岭北段处于森林区，南段伸入草原区。草原区的山体高度多在 1700m 以下，起伏比较大，其西侧为内蒙古高原，高原海拔 650～700m，为典型草原；至山前丘陵，海拔上升到 700～800m，为山地桦林草原；海拔 850m 以上出现了连续的白桦林；海拔 900～950m 发育了兴安落叶松为主的山地针叶林。大兴安岭东侧为松辽平原，海拔多在 300m 以下，基带发育了以山杏、大针茅为主的灌木草原，海拔 350～400m 丘陵则是以线叶菊为主的草甸草原与岛状桦林，海拔 450～900m 为蒙古桦、黑桦为主的落叶阔叶林，海拔 900m 以上为兴安落叶松针叶林。

7.4.7.2　植被区划

根据《中国植被区划》总体方案，草原植被区划单位共分为 6 级，分别是草原区域、草原亚区域、草原地带、草原亚地带、草原区和草原小区。

我国只有 1 个草原区域，就是温带草原区域。温带草原区域划分为 2 个草原亚区域、3 个草原地带。其中东部草原亚区域分为 2 个草原地带、3 个亚地带；西部草原亚区域只包含 1 个草原地带、1 个亚地带。区域系统如下：

Ⅵ 温带草原区域

　Ⅵ A 东部草原亚区域

　　Ⅵ Ai 温带北部草原地带

　　　Ⅵ Aia 温带北部草甸草原亚地带

　　　　Ⅵ Aia − 1 松嫩平原外围蒙古栎林，草甸草原区

　　　　Ⅵ Aia − 2 大兴安岭山地中南部森林，草甸草原区

　　　　Ⅵ Aia − 3 大兴安岭西麓和南部山地森林，草甸高原区

　　　　Ⅵ Aia − 4 松嫩平原杂类草草甸平原区

　　　　Ⅵ Aia − 5 辽河平原羊草草甸草原区

　　　Ⅵ Aib 温带北部典型草原亚地带

　　　　Ⅵ Aib − 1 西辽河平原大针茅、杂类草草原区

　　　　Ⅵ Aib − 2 内蒙古高原东部大针茅、克氏针茅草原区

　　　Ⅵ Aic 温带北部荒漠草原亚地带

　　　　Ⅵ Aic − 1 乌兰察布高原小针茅荒漠草原区

　　　　Ⅵ Aic − 2 东南阿尔泰山地小针茅、小画眉草草原区

　　Ⅵ Aii 温带南部草原地带

　　　Ⅵ Aiia 温带南部森林（草甸）草原亚地带

　　　　Ⅵ Aiia − 1 辽西、冀北山地油松、蒙古栎林，乔草草原区

　　　　Ⅵ Aiia − 2 围场坝上白桦、白杆林，杂类草草原区

　　　　Ⅵ Aiia − 3 阴山山地油松、辽东栎林，灌丛草原区

　　　　Ⅵ Aiia − 4 晋北山地森林草原区

　　　　Ⅵ Aiia − 5 陕北黄土丘陵灌木草原区

　　　　Ⅵ Aiia − 6 陇东黄土高原中部草甸草原区

　　　　Ⅵ Aiia − 7 青海黄土高原西部短花针茅、长芒草山地森林草原区

　　　Ⅵ Aiib 温带南部典型草原亚地带

　　　　Ⅵ Aiib − 1 鄂尔多斯高原长芒草、克氏针茅草原区

　　　　Ⅵ Aiib − 2 宁夏中部黄土高原长芒草、嵩类草原区

ⅥAiic 温带南部荒漠草原亚地带

    ⅥAiic－1 西鄂尔多斯高平原灌木，禾草、蒿类荒漠草原区

    ⅥAiic－2 宁夏中北部、陇西黄土高原短花针茅荒漠草原区

ⅥB 西部草原亚区域

ⅥBi 温带北部草原地带

ⅥBia 温带北部荒漠草原亚地带

    ⅥBia－1 西北阿勒泰山含山地针叶林的沙生针茅、沟叶羊茅、短生杂类草草原区

    ⅥBia－2 塔尔巴哈台－萨乌尔山地沟叶羊茅、蒿类、短生杂类草山地草原区

7.4.8 温带荒漠区域

7.4.8.1 区域概况

该区域是亚非荒漠区位于其东段，约在东经108°以西，北纬36°以北，包括准噶尔盆地与塔里木盆地、柴达木盆地、阿拉善高平原、诺敏戈壁和哈顺戈壁，约占中国面积的1/5，其中沙漠与戈壁面积约有100万 km²，涉及新疆、青海、甘肃、宁夏、内蒙古等省（自治区），区域范围约220万 km²。

该区域极高山带在各大山系均多冰川积雪，且因降水丰富，有利于高山草原与草甸植被的发育。祁连山与天山北坡的中山带，不仅降水较多，而且径流丰富，生物化学风化作用活跃。天山南坡、昆仑山与阿尔金山的中山地带极为干旱，山坡的干燥剥蚀与侵蚀作用均强烈，坡面陡峭，谷地深邃，山坡上发育着荒漠与草原植被。低山地带如天山北坡、昆仑山西段北坡以及祁连山北坡的前山覆有黄土和亚砂土，形态浑圆，流水侵蚀较弱，偶有山顶剥蚀面，草原与荒漠植被发育较好。荒漠盆地之间的山地如西准噶尔山地、北山阿拉善山地多属块状隆起的中山或低山、残丘，因山势低矮，其上不发育现代冰川与常年积雪，以风化剥蚀作用占优势，低山与残丘常为强度石质化的荒漠山地，极度干燥，植物十分稀少。

该区域是我国光热资源丰富的地区，是气温年较差和日较差最大的地区，也是中国降水最少，相对湿度最低，蒸发量最大的干旱区。日照时数长2000～3600h，多数地区大于3000h，日照百分率高达50%～80%。大多数平原地区≥10℃积温大于2500℃。塔里木盆地、吐鲁番盆地和哈密地区年平均气温8.0～14.0℃，1月平均气温－10.0～0℃。

该区域年降水量一般小于200mm。区域地带性（显域）的土壤为各种荒漠土，主要有棕钙土、荒漠灰钙土、灰漠土和龟裂土。

该区域高等植物约计3900种，分属于130科、817属。约占全国植物区系科数的43.2%，总属数27.4%，而种数仅占15.8%。以其具有全国1/5的辽阔幅员来讲，种类颇为贫乏，但所占科数不多，表明该区域多单属科、单种属与寡种属，主要科有藜科、蔷薇科、豆科等。

7.4.8.2 植被区划

根据植被及其生境特点，温带荒漠区域分为2个亚区域、3个地带、15个区。其中西部荒漠亚区域分为1个地带、4个区；东部荒漠亚区域分为2个地带、11个区。区划系统如下：

Ⅶ 温带荒漠区域

ⅦA 西部荒漠亚区域

ⅦAi 温带半灌木、矮乔木荒漠地带

    ⅦAi－1 准噶尔盆地梭梭、半灌木荒漠区

    ⅦAi－2 塔城谷地蒿类荒漠、山地草原区

    ⅦAi－3 天山北坡山地寒温性针叶林、山地草原区

    ⅦAi－4 伊犁谷底蒿类荒漠、山地寒温性针叶林、落叶阔叶林区

ⅦB 东部温带荒漠亚区域

ⅦBi 温带半灌木、灌木荒漠地带

ⅦBia 温带灌木、乔草半荒漠亚地带

    ⅦBia－1 阿拉善草原化荒漠、半灌木半荒漠区

ⅦBib 温带灌木、半灌木荒漠亚地带

    ⅦBib－1 河西走廊、阿拉善灌木、半灌木荒漠区

    ⅦBib－2 东祁连山山地寒温性针叶林、山地草原区

    ⅦBib－3 西部祁连山山地半灌木荒漠草原区

    ⅦBib－4 将军戈壁半灌木、矮禾草荒漠区

ⅦBic 温带灌木、半灌木、裸露荒漠亚地带

    ⅦBic－1 西阿拉善极旱荒漠区

    ⅦBic－2 马鬃山－诺敏戈壁稀疏灌木、半灌木荒漠区

    ⅦBic－3 柴达木盆地半灌木、灌木荒漠、盐沼区

ⅦBii 暖温带灌木、半灌木荒漠地带

ⅦBiia 暖温带灌木、半灌木荒漠亚地带

    ⅦBiia－1 天山南坡－西昆仑山山地半荒漠、草原区

ⅦBiia‒2 中昆仑‒阿尔金山地半灌木
荒漠区

ⅦBiib 暖温带灌木、半灌木极旱荒漠亚
地带

ⅦBiib‒1 东疆盆地—噶顺戈壁稀疏
灌木荒漠区

ⅦBiib‒2 塔里木盆地沙漠稀疏灌木、
半灌木荒漠区

7.4.9 青藏高原高寒植被区域

7.4.9.1 区域概况

该区域主要涉及西藏、青海,还包括新疆南部和
西南部以及川西北部和甘南西隅的部分地区。青藏高
原高寒植被区域东界在地貌上不明显,大致南自马尔
康东北部的羊拱山,沿黄河与岷江的分水岭向北至洮
河上源,经碌曲、同仁、贵德至青海南山东端,并分
别与该线以东的亚热带常绿阔叶林区域、暖温带落叶
阔叶林区域、温带草原区域相毗邻。幅员辽阔,面积
约 250 万 km²;地势高亢,平均海拔 4500m 以上。由
南往北依次布列着基本上呈东西走向的喜马拉雅山
脉、冈底斯山—念青唐古拉山脉、昆仑山(南支)—
巴颜喀拉山脉、昆仑山(北支)—阿尔金山—祁连山
山脉等山系;高原东南部则分布着呈南北走向的著名
的横断山脉。

该区域气候受到高原季风的强烈影响,东南部和
东北部边缘地区还分别受到太平洋东南季风和北方寒
流的一些影响,总体表现为寒冷、干旱、太阳辐射强
烈、日温差大、年温差小、多冰雹和大风等高原特
征。同时,气候的地区分异十分明显,高原东南部气
候比较温暖,降水较为充沛;越向西北和高原内部,
随着地势的升高,气温逐渐降低,降水越来越少,及
至羌塘高原西北部和昆仑山内部山原地区,气候极端
寒冷,降水量也少,成为高原寒旱的中心。从季节而
言,冬半年在西风环流控制影响下,天气寒冷晴燥,
干旱少雨,多大风;夏季主要受西南季风的影响,气
候温凉,降水较多,多雷暴冰雹天气。东南部的川、
藏、青、甘交界毗邻地区,由于受沿高原东南部大江
大河谷地北上的西南暖温气流的影响大、时间长,气
候冷凉,年均气温−3~4℃,降水量较多,在 400~
700mm 之间,属寒冷半湿润气候;羌塘高原及青南
高原西部一带,年平均气温多在−5~0℃,年降水量
约 150~300mm,属寒冷半干旱气候;大陆性气候更
强烈的羌塘高原西北部及喀喇昆仑山与昆仑山之间的
宽阔平原区地带,平均海拔在 5000m 左右,年均温
差−10~−8℃,年降水量仅为 20~50mm,成为世
界上最寒冷和最干旱的区域。

该区域植被类型分布及主要植物种类:高寒草甸
为高寒灌丛草甸的主体植被,分布于青藏高原东北
部,优势种有高山嵩草、高原嵩草、青藏嵩草、喜马
拉雅嵩草、藏北嵩草等;高寒灌丛仅呈小片分布在条
件较好的小环境中,或以单个散生于高寒草甸中,主
要优势种类有毛嘴杜鹃、雪层杜鹃、刚毛杜鹃、毛冠
杜鹃、银露梅、金露梅、山生柳、鬼箭锦鸡儿等;高
寒草原分布于高原腹地,紫花针茅是高寒草原中最重
要、最具代表性的类型,其次为羽状针茅、沙生针
茅、昆仑针茅和座花针茅等;另有青藏苔草、藏白
蒿、藏沙蒿及冻原白蒿等,高寒荒漠分布于青藏高原
的最西部与西北部,主要植物有垫状驼绒藜、藏亚菊
粉花蒿、千叶棘豆等。

7.4.9.2 植被区划

该植被区域划分为 3 个亚区域、6 个地带、12 个
植被区。其中高原东部高寒灌丛、草甸亚区域分为 2
个地带、2 个区;高原中部草原亚区域分为 2 个地
带、6 个区;高原西北部荒漠亚区域分为 2 个地带、
4 个区。区划系统如下:

Ⅷ青藏高原高寒植被区域

ⅧA 青藏高原东部高寒灌丛、高寒草甸亚区域

ⅧAi 高寒灌丛、高寒草甸地带

ⅧAi‒1 川西、藏东、青南高寒灌丛,高
寒草甸区

ⅧAii 高寒草甸地带

ⅧAii‒1 那曲‒玛多高寒草甸区

ⅧB 青藏高原中部高寒草原亚区域

ⅧBi 高寒草原地带

ⅧBi‒1 江河源高原高寒草原区

ⅧBi‒2 南羌塘高原高寒草原区

ⅧBi‒3 北羌塘高原高寒荒漠草原区

ⅧBii 温性草原地带

ⅧBii‒1 藏南山原地湖盆高寒草原、亚高
山灌丛区

ⅧBii‒2 雅鲁藏布江中游谷地亚高山灌
丛、草原区

ⅧBii‒3 雅鲁藏布江上游宽谷高寒草原区

ⅧC 青藏高原西北部高寒荒漠亚区域

ⅧCi 高寒荒漠地带

ⅧCi‒1 昆仑内部高原高寒荒漠区

ⅧCi‒2 帕米尔高原高寒荒漠区

ⅧCii 温性荒漠地带

ⅧCii‒1 中阿里山地宽谷湖盆荒漠区

ⅧCii‒2 西南阿里山地荒漠草原区

参 考 文 献

［1］ 张新时 . 中国植被及其地理格局——中华人民共和国植被图（1∶1000000）说明书［M］. 北京：地质出版社，2007.

［2］ 林超，冯绳武，关伯仁 . 中国自然地理区划大纲（草案）［Z］. 北京大学地质地理系，1954.

［3］ 罗开富 . 中国自然地理分区草案［J］. 地理学报，1954，20（4）：379 – 394.

［4］ 黄秉维 . 中国综合自然区划草案［J］. 科学通报，1959（18）：594 – 602.

［5］ 任美锷，杨纫章 . 中国自然区划问题［J］. 地理学报，1961（27）：66 – 74.

［6］ 侯学煜，姜恕，陈昌笃，等 . 对于中国各自然区的农、林、牧、副、渔业发展方向的意见［J］. 科学通报，1963（9）：8 – 26.

［7］ 中国农业资源调查与农业区划委员会 . 中国自然区划概要［M］. 北京：科学出版社，1984.

［8］ 赵松乔 . 中国综合自然地理区划［J］. 中国自然地理（总论）. 1985（10）：187 – 413.

［9］ 杨勤业，李双成 . 中国生态地域划分的若干问题［J］. 生态学报，1999，19（5）：596 – 601.

［10］ 傅伯杰，刘国华，等 . 中国生态区划方案［J］. 生态学报，2001，21（1）：1 – 6.

［11］ 张超，王治国，王秀茹，等 . 我国水土保持区划的回顾与思考［J］. 中国水土保持科学，2008，6（4）：100 – 104.

［12］ 伍光和，蔡运龙 . 综合自然地理学［M］. 2版 . 北京：高等教育出版社，2004.

［13］ 郑度，欧阳，周成虎 . 对自然地理区划方法的认识与思考［J］. 地理学报，2008，63（6）：563 – 573.

［14］ 赵岩，王治国，孙保平 . 中国水土保持区划方案初步研究［J］. 地理学报，2013，68（3）：307 – 317.

［15］ 郑度，等 . 中国生态地理区域系统研究［M］. 北京：商务印书馆，2008.

［16］ 刘鸿雁 . 植物学［M］. 北京：北京大学出版社，2005.

［17］ 侯学煜 . 论中国植被分区的原则、依据和系统单位［J］. 植物生态学与地植物学丛刊，1964（3）：153 – 179，270 – 276.

［18］ 祁承经 . 中国亚热带植被研究综述［M］. 北京：中国林业出版社，2012.

［19］ 伍光和，王乃昂，胡双熙，等 . 自然地理学［M］. 北京：高等教育出版社，2008.

［20］ 应俊生，陈梦玲 . 中国植物地理［M］. 上海：上海科学技术出版社，2011.

［21］ 方精云 . 也论我国东部植被带的划分［J］. 植物学报，2001（5）：522 – 533.

［22］ 方精云 . 探索中国山地植物多样性的分布规律［J］. 生物多样性，2004（1）：14，213.

［23］ 秦大河，陈宜瑜 . 中国气候与环境演变［M］. 北京：科学出版社，2005.

［24］ 中国植被编辑委员会 . 中国植被［M］. 北京：科学出版社，1980.

［25］ 何跃青 . 中国自然地理［M］. 北京：外文出版社，2013.

第8章 水土保持原理

章主编　张洪江　王玉杰　吴发启　蔡崇法
章主审　孙保平　王治国

本章各节编写及审稿人员

节次	编写人		审稿人
8.1	张洪江　王玉杰　程金花		
8.2	张洪江　程金花　王云琦		孙保平 王治国
8.3	张洪江　吴发启		
8.4	张洪江　王玉杰　吴发启　蔡崇法　王云琦　程金花 丁国栋　高甲荣　王　彬　马　超		

第8章 水土保持原理

8.1 水土流失成因与类型

8.1.1 水土流失概念与内涵

8.1.1.1 土壤侵蚀

《中国水利百科全书 水土保持分册》（2004 版）对土壤侵蚀的定义为：土壤或其他地面组成物质在水力、风力、冻融、重力等外营力作用下，被剥蚀、破坏、分离、搬运和沉积的过程。

8.1.1.2 水土流失

水土流失在《中国水利百科全书 水土保持分册》（2004 版）中定义：在水力、重力、风力等外营力作用下，水土资源和土地生产力遭受的破坏和损失，包括土地表层侵蚀及水的损失，亦称水土损失。土地表层侵蚀是指在水力、风力、冻融、重力以及其他外营力作用下，土壤、土壤母质及岩屑、松软岩层被破坏、剥蚀、转运和沉积的全部过程。水土流失的形式除雨滴溅蚀、片蚀、细沟侵蚀、浅沟侵蚀、切沟侵蚀等典型的土壤侵蚀形式外，还包括河岸侵蚀、山洪侵蚀、泥石流侵蚀以及滑坡等侵蚀形式。从目前我国法律所赋予的水土流失防治工作内容看，水土流失的含义已经相应扩大，其不仅包括水力侵蚀、风力侵蚀、重力侵蚀、泥石流等，还包括水损失及由此而引起的面源污染（非点源污染），即除土地表层侵蚀之外，还包括水损失和面源污染。

8.1.1.3 土壤侵蚀与水土流失关系

水土流失一词在中国早已被广泛使用，最先应用于中国的山地和丘陵地区，主要描述水力侵蚀作用，水冲土跑，即水土流失。自从土壤侵蚀一词传入国内以后，从广义理解常被用作水土流失的同义语。

从土壤侵蚀和水土流失的定义中可以看出，两者虽然存在着共同点，即都包括了在外营力作用下土壤、母质及浅层基岩的剥蚀、搬运和沉积的全过程；但是也有明显差别，即水土流失中包括了在外营力作用下水资源和土地生产力的破坏与损失，而土壤侵蚀中则没有。

虽然水土流失与土壤侵蚀在定义上存在着明显差别，但因"水土流失"一词源于我国，故科研、教学和生产上应用较为普遍。而"土壤侵蚀"一词则为由国外传入我国的外来语，其涵义相对于水土流失的涵义来讲更为狭窄。我国的水土流失的内涵与外延比土壤侵蚀更宽泛，实际上已经超出了国际上土壤侵蚀的范畴。

随着水土保持这一学科逐渐发展和成熟，在教学和科研方面人们对两者的差异给予了越来越多的重视，而在生产上人们常把水土流失和土壤侵蚀作为同一词语来使用。

8.1.1.4 影响水土流失的内营力和外营力

影响水土流失的内营力作用是由地球内部能量所引起的。地球本身有其内部能源，人类能感觉到的地震、火山活动等现象已经证明了这一点。地球内部能量主要是热能，而重力能和地球自转产生的动能对地壳物质的重新分配与地表形态的变化也具有很大的作用。内营力作用的主要表现是地壳运动、岩浆活动、地震等。

影响水土流失的外营力的主要能源来自太阳能。地壳表面直接与大气圈、水圈、生物圈接触，他们之间发生复杂的相互影响和相互作用，从而使地表形态不断发生变化。外营力作用总的趋势是通过剥蚀、堆积（搬运作用则是将两者联系成为一个整体）使地面逐渐夷平。外营力作用的形式很多，如流水、地下水、重力、波浪、冰川、风沙等。各种作用对地貌形态的改造方式虽不相同，但是从过程实质来看，都经历了风化、剥蚀、搬运和堆积（沉积）等环节。

风化作用是指矿物、岩石在地表新的物理、化学条件下所产生的一切物理状态和化学成分的变化，是在大气及生物影响下岩石在原地发生的破坏作用。岩石是一定地质作用的产物，一般来说，岩石经过风化作用后都是由坚硬转变为松散，由大块变为小块。由高温高压条件下形成的矿物，在地表常温常压条件下就会发生变化，失去它原有的稳定性。通过物理作用和化学作用，又会形成在地表条件下稳定的新矿物。所以，风化作用是使原来矿物的结构、构造或者化学成分发生变化的一种作用。对地面形成和发育来说，风化作用是十分重要的一环，它为其他外营力作用提供了前提。

各种外营力作用（包括风化、流水、冰川、风、波浪等）对地表进行破坏，并把破坏后的物质搬离原地，这一过程或作用称为剥蚀作用。狭义的剥蚀作用仅指重力和片状水流对地表侵蚀并使其变低的作用。一般所说的侵蚀作用，是指各种外营力的侵蚀作用，如流水侵蚀、冰蚀、风蚀、海蚀等。鉴于作用营力性质的差异，作用方式、作用过程、作用结果不同，一般分为水力剥蚀、风力剥蚀、冻融剥蚀等类型。

风化、剥蚀而成的碎屑物质，随着各种不同的外营力作用转移到其他地方的过程称为搬运作用。根据搬运的介质不同，分为流水搬运、冰川搬运、风力搬运等。在搬运方式上也存在很多类型，有悬移、拖曳（滚动）、溶解等。

被搬运的物质由于介质搬运能力的减弱或搬运介质的物理、化学条件改变，或在生物活动参与下发生堆积或沉积，称为堆积作用或沉积作用。按沉积的方式可分为机械沉积、化学沉积、生物沉积等。

内营力形成地表高差和起伏，外营力则对其不断地加工改造，降低高差，缓解起伏，两者处于对立的统一之中，这种对立过程，彼此消长，统一于地表三维空间，且互相依存，决定了水土流失发生、发展和演化的全过程。

8.1.1.5 水流失

水土流失中水的流失主要是指正常的水分局部循环被破坏情况下的地面径流损失，主要是指大于土壤入渗强度的雨水或融雪水因重力作用，或土壤不能正常储蓄水分情况下产生的流失现象。如植被与土壤破坏后产生的水流失、地面硬化产生的水流失等。其流失量取决于地面组成物质或土壤特性、降水强度、地表形态及地表植被状况。在干旱地区或半干旱地区，通过保水措施可以达到充分利用天然降水为旱作农业服务及解决人畜用水等目的。

8.1.1.6 水土流失与土壤养分流失

土壤养分流失是指土壤颗粒表面的营养物质在径流和土壤侵蚀作用下，随径流泥沙向沟道及下游输移，从而造成养分损失的自然现象。养分流失将使土壤日益贫瘠、土壤肥力和土地生产力降低，并造成下游水体污染或富营养化。

土壤的养分包含大量的氮、磷、钾，中等含量的钙、镁和微量的锰、铁、铜、锌、钼等元素，其中有离子态速效性养分，也有经过分解转化的无机或有机速效性养分。土壤侵蚀使这些养分大量流失。

在流失的养分中，氮、磷、铜、锌等元素对水体的污染最严重，水体中过剩的氮、磷引起绿藻的旺盛生长，加速水体富营养化过程。水土流失是导致养分流失加剧的主要因素。因此，防止土壤养分流失的有效措施是认真做好坡面水土保持，以减少水分损失，增强土壤持水能力。

8.1.1.7 水土流失与面源污染

面源污染，也称非点源污染，是指污染物从非特定的地点，在降水（或融雪）的冲刷作用下，通过径流过程汇入受纳水体（河流、湖泊、水库和海湾等），并引起水体的富营养化或其他形式的污染。一般而言，面源污染具有以下特点：污染源以分散形式间歇地向受纳水体排放污染物，这种时间上的间歇性与气象因素相关联，污染产生的随机性较强；污染物分布于范围很大的区域，并经过很长的陆地迁移后进入受纳水体，成因复杂；面源污染的地理边界和发生位置难以识别与确定，无法对污染源进行监测，也难以追踪并找到污染物的确切排放点。

面源污染与水土流失密切相关，水土流失在输送大量径流与泥沙的同时，也将各种污染物输送到河流、湖泊、水库及海湾等。土壤侵蚀与富营养化是自然现象，但人类活动加速此过程时就会导致水质恶化。

城市和农村地表径流是两类重要的面源污染源。病原体、重金属、油脂和耗氧废物污染主要由城市径流产生；而我国农村目前不合理地使用农药、化肥，养殖业产生的畜禽粪便，以及未经处理的农业生产废弃物、农村生活垃圾和废水等，在降水或灌溉过程中，经地表径流、农田排水、地下渗漏等途径进入受纳水体，是造成面源污染的最主要因素。

8.1.2 土壤侵蚀类型划分

根据土壤侵蚀研究和其防治的侧重点不同，土壤侵蚀类型的划分依据也不一样。最常用的依据主要有三种，即按导致土壤侵蚀的外营力种类、土壤侵蚀发生的时间或土壤侵蚀发生的速率来划分土壤侵蚀类型。

8.1.2.1 按外营力种类划分

按导致土壤侵蚀的外营力种类进行土壤侵蚀类型的划分，是土壤侵蚀研究和土壤侵蚀防治等工作中最常用的一种。一种土壤侵蚀形式的发生往往主要是由一种或两种外营力导致的，因此这种分类方法就是依据引起土壤侵蚀的主导外营力种类划分出不同的土壤侵蚀类型。

在我国引起土壤侵蚀的外营力种类主要有水力、重力、水力和重力的综合作用力、风力、温度作用力（由冻融作用而产生的作用力）、冰川作用力、化学作用力和人类活动等，因此土壤侵蚀可分为水力侵蚀、风力侵蚀、重力侵蚀、冻融侵蚀、冰川侵蚀、混合侵蚀、化学侵蚀和生物侵蚀，见图8.1-1。

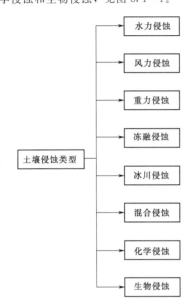

图 8.1-1　依据引起土壤侵蚀的主导外营力种类划分的土壤侵蚀类型

8.1.2.2　按土壤侵蚀发生的时间划分

以人类在地球上出现的时间为界，将土壤侵蚀划分为两大类：一类是人类出现以前所发生的侵蚀，称为古代侵蚀；另一类是人类出现之后所发生的侵蚀，称为现代侵蚀。

1. 古代侵蚀

古代侵蚀是指人类未出现以前的漫长时期内，由于外营力作用，地球表面不断产生的剥蚀、搬运和沉积等一系列侵蚀现象。这些侵蚀有些较为激烈，足以对地表土地资源产生破坏；有些则较为轻微，不足以对土地资源造成危害。但是其发生、发展及其所造成的灾害与人类的活动无任何关系。

2. 现代侵蚀

现代侵蚀是指人类在地球上出现以后，由于地球内营力和外营力的影响，并伴随着人们不合理的生产活动所发生的土壤侵蚀现象。这种侵蚀有时十分剧烈，可给生产建设和人民生活带来严重恶果，此时的土壤侵蚀称为现代侵蚀。

8.1.2.3　按土壤侵蚀发生的速率划分

依据土壤侵蚀发生的速率大小和是否对土地资源造成破坏将土壤侵蚀划分为加速侵蚀和正常侵蚀。

1. 加速侵蚀

加速侵蚀是指由于人们不合理活动，如滥伐森林、陡坡开垦、过度放牧和过度樵采等，再加之自然因素的影响，使土壤侵蚀速率超过正常侵蚀（或称自然侵蚀）速率，导致土地资源的损失和破坏。一般情况下所称的土壤侵蚀就是指发生在现代的加速土壤侵蚀部分。

当陆地形成以后土壤侵蚀就不间断地进行着。自从人类出现后，人们为了生存，不仅学会适应自然，更重要的是开始改造自然。距今5000年以来，人类大规模的生产活动逐渐改变和促进了自然侵蚀过程，这种加速侵蚀的侵蚀速度快、破坏性大、影响深远。

2. 正常侵蚀

正常侵蚀是指在不受人类活动影响的自然环境中，所发生的土壤侵蚀，其速率小于或等于土壤形成速率。这种侵蚀不易被人们所察觉，实际上也不至于对土地资源造成危害。

8.1.2.4　地质侵蚀

现代侵蚀现象中，有的是由于人类不合理活动导致的，而有的则与人类活动无关，主要是在地球内营力和外营力作用下发生的，将这一部分与人类活动无关的现代侵蚀称为地质侵蚀。因此，地质侵蚀就是在地质营力作用下，地层表面物质产生位移和沉积等一系列破坏土地资源的侵蚀过程。地质侵蚀是在非人为活动影响下发生的一类侵蚀，它包含所有的古代侵蚀和现代侵蚀中的正常侵蚀，见图8.1-2。

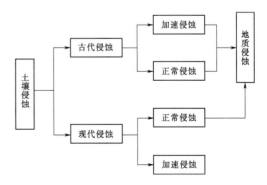

图 8.1-2　按土壤侵蚀发生的时间和发生速率划分的土壤侵蚀类型

8.1.3　土壤侵蚀强度及分级

土壤及其母质在各种侵蚀营力作用下被剥蚀、搬运和沉积的物质量称为土壤侵蚀量，以 t 或 m³ 计。而单位面积单位时间内产生的土壤侵蚀量，则称为土壤侵蚀强度，它能定量地表示和衡量某区域土壤侵蚀数量的多少和侵蚀的强烈程度。

8.1.3.1 土壤侵蚀强度

1. 土壤侵蚀模数和侵蚀深

土壤侵蚀模数和侵蚀深是表示侵蚀强度最直观的指标，可比性强，常为水土保持工作所应用。单位面积上每年侵蚀土壤的平均重量，称为土壤侵蚀模数，单位为 $t/(km^2 \cdot a)$，其计算式为

$$M_S = \frac{\sum W_S}{FT} \qquad (8.1-1)$$

式中　M_S——侵蚀模数；

W_S——年侵蚀总量，t；

F——侵蚀（产流）面积，km^2；

T——侵蚀（产流）时限，a。

侵蚀深（h）是将上述侵蚀模数转化成土层深度（mm），表示侵蚀区域每年平均地表侵蚀的厚度。转化式为

$$h = \frac{1}{1000} \times \frac{M_S}{\gamma_S} \qquad (8.1-2)$$

式中　γ_S——侵蚀土壤密度，t/m^3。

2. 沟谷密度和地面割裂度

沟谷密度和地面割裂度可形象地表示侵蚀强度。通常把单位面积上沟谷的长度称为沟谷密度，单位为 km/km^2；把沟壑面积占流域（某区域）总面积的百分数称为地面割裂度。它们形象地表示已经侵蚀的强度大小。

此外人们为了对比不同时空的侵蚀，还提出用特定径流深（如 50mm 径流深）或特定降水量（如 10mm 降水量）产生的侵蚀深度表示侵蚀强度的大小。

8.1.3.2 土壤侵蚀程度

土壤侵蚀程度是反映土壤侵蚀总的结果和目前的发展阶段，以及土壤肥力水平的又一土壤侵蚀指标，它是以土壤原生剖面已被侵蚀的程度或厚度作为判别的依据。例如面蚀，以无明显侵蚀（土壤剖面保持完整）的土壤剖面作为标准剖面，再利用剖面比较法确定土壤侵蚀程度，一般可分为轻度、中度、强度、极强度及剧烈 5 级。

在土壤侵蚀中常用的另一个概念是土壤侵蚀潜在危险性，它是指由人为不合理活动及自然因素诱发，可能导致土壤侵蚀及其所造成的危害或灾害。它既包括了土壤潜在侵蚀诱发的可能性大小，也包括侵蚀发生后所产生的危害程度。土壤侵蚀潜在危险有明显的地域性，如地震多发区、旱涝频繁区、岩层破碎的陡

石山区、母岩风化层深厚区、农牧交错的风沙区以及其他生态脆弱区等。

8.1.3.3 容许土壤流失量

容许土壤流失量是指在长时期内能保持土壤的肥力和维持土地生产力基本稳定的最大土壤流失量，也就是说容许土壤流失量是不至于导致土地生产力降低而允许的年最大土壤流失量。陆地表面自形成以来，就有侵蚀的发生，但同时在生物作用下也不断地产生新的土壤。当土壤流失率大于土壤的生成速率时，地表的熟化土壤层逐渐减薄，直至完全消失。相反，如果土壤的流失率小于土壤的生成率，土壤层则越来越厚，只有当土壤的流失量和土壤的生成量相等，才能保持地表土壤层的厚度不变。这样条件下的土壤流失量，称为土壤的容许流失量。

目前，对于容许土壤流失量的理解有两种：一种是从成土速率和流失速率比较确定容许侵蚀量；另一种是从土壤有机质和养分的流失对作物生长是否产生影响的角度出发来确定容许侵蚀量。前者实际上是从土壤发生学角度出发，通过侵蚀速率与岩石或其他母质的风化物在生物作用下土壤的生成速率的对比关系确定容许侵蚀量。侵蚀和风化成土作用平衡关系见图 8.1-3。如果把土壤作为一种可更新的资源，必须达到下面的平衡关系：

$$W = T + D \qquad (8.1-3)$$

$$T = WP_S \qquad (8.1-4)$$

式中　W——基岩减少速率；

T——土壤表层流失速率；

D——土壤的溶蚀移动速率；

P_S——基岩转化为土壤的速率。

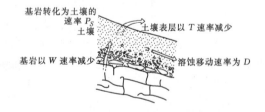

图 8.1-3　侵蚀和风化成土作用平衡关系

式（8.1-3）表示每年基岩总的风化量，式（8.1-4）表示侵蚀量应与基岩或母质转化成熟土壤数量相平衡；式（8.1-3）、式（8.1-4）联解，获得容许土壤流失量 T 值的计算式为

$$T = D\left(\frac{P_S}{1 - P_S}\right) \qquad (8.1-5)$$

式（8.1-5）中 T 是容许侵蚀量的理论值（mm/

a），T 值取决于母质风化的土壤转化率与土壤中可溶物质的淋溶流失量。

目前，更多的是以土壤养分的损失和流失与作物生产量的对比关系来确定容许侵蚀量，即在自然状态下，土壤生成过程中的养分积累量与作物生长至成熟吸收的养分达到平衡，这时的土壤流失量即为容许流失量。

除上述两种确定容许流失量方法外，苏联有的学者利用考古法确定埋藏土的成土速率，如在最近的 750～780 年中，亚速海北部沿岸黑土层厚度增加了 21～22cm，可见这一增长速度为 0.28mm/a 或 35.0t/（hm² · a），那么这一地区的土壤的最大容许侵蚀量是 0.28mm/a 或 35.0t/（hm² · a）。通过这个区域的成土速率，也可以用于确定与此条件相似区域的容许土壤流失量为 0.28mm/a 或 35.0t/（hm² · a）。

无论采用哪种方法，当前都未能获得有科学依据的容许土壤流失量。这是由于土壤的成土过程是一个极其缓慢的过程，同时各地的成土条件、影响侵蚀的因素都不尽相同，理论上各地的容许流失量也不相同。一般来说，对土层厚、渗透性好、排水通畅的土壤（如厚层的粉沙土）的容许流失量为 10～11t/（hm² · a），而土层薄、底土差的容许土壤流失量为 3～5t/（hm² · a），其他土壤在这两个限量之间。根据《土壤侵蚀分类分级标准》（SL 190—2007），各侵蚀类型区容许土壤流失量见表 8.1-1。

表 8.1-1　各侵蚀类型区容许土壤流失量

侵蚀类型区	容许土壤流失量 /[t/(km² · a)]
西北黄土高原区	1000
东北黑土区	200
北方土石山区	200
南方红壤丘陵区	500
西南土石山区	500

8.1.3.4　土壤侵蚀分级

依据 SL 190—2007，土壤侵蚀分级包括了土壤侵蚀强度分级、土壤侵蚀程度分级和土壤侵蚀潜在危险度分级等内容。

1. 土壤侵蚀强度分级

（1）水力侵蚀强度分级标准见表 8.1-2，面蚀（片蚀）强度分级指标见表 8.1-3，沟蚀强度分级指标见表 8.1-4。

表 8.1-2　水力侵蚀强度分级标准

级别	平均侵蚀模数 /[t/(km² · a)]	平均流失厚度 /(mm/a)
微度	<200, <500, <1000	<0.15, <0.37, <0.74
轻度	200～2500, 500～2500, 1000～2500	0.15～1.9, 0.37～1.9, 0.74～1.9
中度	2500～5000	1.9～3.7
强烈	5000～8000	3.7～5.9
极强烈	8000～15000	5.9～11.1
剧烈	>15000	>11.1

注　1. 水力侵蚀强度为微度的平均侵蚀模数应分别小于容许土壤流失量（表 8.1-1）。

　　2. 水力侵蚀强度为轻度的平均侵蚀模数为容许流失量到微度平均侵蚀模数之间。

　　3. 平均流失厚度按土壤密度 1.35g/cm³ 折算，各地可按当地土壤密度计算。

表 8.1-3　面蚀（片蚀）强度分级指标

地类		地面坡度/(°)				
		5～8	8～15	15～25	25～35	>35
非耕地 林草盖度 /%	60～75	轻度				强烈
	45～60					
	30～45	中度			强烈	极强烈
	<30					
坡耕地		轻度		强烈	极强烈	剧烈

表 8.1-4　沟蚀强度分级指标

沟谷占坡面面积比/%	<10	10～25	25～35	35～50	>50
沟壑密度/(km/km²)	1～2	2～3	3～5	5～7	>7
强度分级	轻度	中度	强烈	极强烈	剧烈

（2）重力侵蚀强度分级指标见表 8.1-5。

表 8.1-5　重力侵蚀强度分级指标

崩塌面积占坡面面积比/%	<10	10～15	15～20	20～30	>30
强度分级	轻度	中度	强烈	极强烈	剧烈

（3）混合（泥石流）侵蚀强度分级。黏性泥石流、稀性泥石流、泥流侵蚀的强度分级，应以单位面积年平均冲出量为判别指标，见表 8.1-6。

（4）风力侵蚀强度分级，日平均风速不小于 5m/s、全年累计 30d 以上，且多年平均年降水量小于 300mm（但南方及沿海风蚀区，如江西鄱阳湖滨湖地区、滨海地区、福建东山等，则不在此限值之内）的砂质土壤地区，应定为风力侵蚀区。风力侵蚀强度分级见表 8.1-7。

表 8.1-6　　　　　　　　　　　　　泥石流侵蚀强度分级表

级别	每年每平方公里冲出量 /[万 m^3/($km^3 \cdot a$)]	固体物质补给形式	固体物质补给量 /(万 m^3/km^2)	沉积特征	泥石流浆体密度 /(t/m^3)
轻度	<1	由浅层滑坡或零星坍塌补给，由河床质补给时，粗化层不明显	<20	沉积物颗粒较细，沉积表面较平坦，很少有大于 10cm 以上的颗粒	1.3～1.6
中度	1～2	由浅层滑坡及中小型坍塌补给，一般阻碍水流，或由大量河床质补给，河床有粗化层	20～50	沉积物细颗粒较少，颗粒间较松散，有岗状筛滤堆积形态，颗粒较粗，多为大漂砾	1.6～1.8
强烈	2～5	由深层滑坡或大型坍塌补给，沟道中出现半堵塞	50～100	有舌状堆积形态，一般厚度在 200m 以下，巨大颗粒较少，表面较为平坦	1.8～2.1
极强烈	>5	以深层滑坡和大型集中坍塌为主，沟道中出现全部堵塞情况	>100	有垄岗、舌状等黏性泥石流堆积形成，大漂石较多，常形成侧堤	2.1～2.2

表 8.1-7　　风力侵蚀强度分级

级别	地表形态	植被覆盖度/%（非流沙面积）	风蚀厚度 /(mm/a)	侵蚀模数 /[t/($km^2 \cdot a$)]
微度	固定沙丘，沙地和滩地	>70	<2	<200
轻度	固定、半固定沙丘，沙地	70～50	2～10	200～2500
中度	半固定沙丘，沙地	50～30	10～25	2500～5000
强烈	半固定、流动沙丘，沙地	30～10	25～50	5000～8000
极强烈	流动沙丘，沙地	<10	50～100	8000～15000
剧烈	大片流动沙丘	<10	>100	>15000

2. 土壤侵蚀程度分级

（1）有明显土壤发生层的土壤侵蚀程度分级见表 8.1-8。

表 8.1-8　　按土壤发生层的侵蚀程度分级

侵蚀程度分级	指　　标
无明显侵蚀	A 层、B 层、C 层三层剖面保持完整
轻度侵蚀	A 层保留厚度大于 1/2，B 层、C 层完整
中度侵蚀	A 层保留厚度大于 1/3，B 层、C 层完整
强烈侵蚀	A 层无保留，B 层开始裸露，受到剥蚀
剧烈侵蚀	A 层、B 层全部剥蚀，C 层出露，受到剥蚀

注　A 层为表土层，B 层为心土层，C 层为底土层。

（2）按活土层的侵蚀程度分级，当侵蚀土壤系由母质甚至母岩直接风化发育的新成土（无法划分 A、B 层），且缺乏完整的土壤发生层剖面进行对比时，应按表 8.1-9 进行侵蚀程度分级。

表 8.1-9　　按活土层的侵蚀程度分级

侵蚀程度分级	指　　标
无明显侵蚀	活土层完整
轻度侵蚀	活土层小部分被蚀
中度侵蚀	活土层厚度 50% 以上被蚀
强烈侵蚀	活土层全部被蚀
剧烈侵蚀	母质层部分被蚀

3. 土壤侵蚀潜在危险度分级

（1）土壤侵蚀潜在危险度评级标准见表 8.1-10。

由总分值的多少按表 8.1-11 的总分值确定土壤侵蚀潜在危险度的等级。总分值的计算式为

$$P = \sum_{i=1}^{n=8} f_i \omega_i \qquad (8.1-6)$$

（2）水蚀区潜在危险度分级见表 8.1-12。

（3）滑坡、泥石流潜在危险度分级。滑坡、泥石流潜在危险度可用 100 年一遇的泥石流冲出量，或滑坡滑动时可能造成的损失作为危险度分级指标，见表 8.1-13。

表 8.1－10 土壤侵蚀潜在危险度评级标准

级别	评分值	侵蚀因子							
		f_1	f_2	f_3	f_4	f_5	f_6	f_7	f_8
		人口环境容量失衡度①/%	年降水量/mm	植被覆盖度/%	地表松散物质厚度/m	坡度/(°)	土壤可蚀性	岩性	坡耕地占坡地面积比例/%
1	0～20	<20	<300	>85	<1	0～8	黑土、黑钙土类、高山及亚高山草甸土类	硬性变质岩、石灰岩	<10
2	20～40	20～40	300～600	85～60	1～5	8～15	褐土、棕壤、黄棕壤土类	红砂岩、砂砾岩	10～30
3	40～60	40～60	600～1000	60～40	5～15	15～25	黄壤、红壤、砖红壤土类	第四纪红土	30～50
4	60～80	60～100	1000～1500	40～20	15～30	25～35	黄土母质类土壤	泥质岩类	50～80
5	80～100	>100	>1500	<20	>30	>35	砂质土、砂性母质土类、漠境土类、松散风化物	黄土、松散风化物	>80
权重（ω_i）		(ω_1)0.20	(ω_2)0.15	(ω_3)0.14	(ω_4)0.13	(ω_5)0.12	(ω_6)0.10	(ω_7)0.08	(ω_8)0.08

① 人口环境容量失衡度系指实有人口密度超过允许的人口环境容量的百分数。

表 8.1－11 土壤侵蚀潜在危险度的分级

潜在危险分级	总 分
无险型	<10
轻险型	10～30
危险型	30～50
强险型	50～80
极险型	>80

表 8.1－12 水蚀区潜在危险度分级

级 别	临界土层①的抗蚀年限②/a
无险型	>1000
轻险型	100～1000
危险型	20～100
极险型	<20
毁坏型	裸岩、明沙、土层不足10cm

① 临界土层系指农、林、牧业中林、草、作物种植所需土层厚度的低限值，此处按种草所需最小土层厚度10cm 为临界土层厚度。

② 抗蚀年限系指大于临界值的有效土层厚度与现状年均侵蚀深度的比值。

表 8.1－13 滑坡、泥石流潜在危险度分级

类别	等级	指 标
较轻	1	危及孤立房屋、水磨等安全，危及人数在 10 人以下
中等	2	危及小村庄及非重要公路、水渠等安全，并可能危及 50～100 人安全
	3	威胁乡、镇所在地及大村庄，危及铁路、公路、小航道安全，并可能危及 100～1000 人安全
严重	4	威胁县城及重要乡、镇所在地，危及一般工厂、矿山、铁路、国道及高速公路，并可能危及 1000～10000 人安全或威胁Ⅳ级航道
	5	威胁地（市）级行政所在地，重要县城、工厂、矿山、省际干线铁路，并可能危及 10000 人以上人口安全或威胁Ⅲ级及以上航道

8.1.4 水土流失危险程度及分级

8.1.4.1 基本概念

1. 水土流失危险程度

水土流失危险程度指植被遭到破坏或地表被扰动

后，引起或加剧水土流失的可能性及其危害程度的大小，也称为土壤侵蚀危险程度。

2. 抗蚀年限

植被遭到破坏或地表被扰动后，超过临界土层厚度的土层全部流失所需的时间，称为抗蚀年限。

3. 植被自然恢复年限

地表植被遭到破坏后，依靠自然能力，植被盖度达到 75% 所需的时间，称为植被自然恢复年限。

8.1.4.2 分级原则

1. 侵蚀危险程度等级

水力侵蚀、风力侵蚀危险程度等级划分为微度、轻度、中度、重度、极度共 5 级。滑坡、泥石流危险程度等级划分为轻度、中度、重度共 3 级。

2. 侵蚀危险程度等级判别

水力侵蚀危险程度等级应按其地表裸露情况下，水土流失对其表土资源的损毁或植被自然恢复难易程度进行判别。风力侵蚀危险程度等级应按其地表形态遭扰动后，生态系统自然恢复的难易程度进行判别。

3. 各类型区土层厚度的确定

(1) 西北黄土高原区采用黄土层厚度。

(2) 东北黑土区采用黑土层厚度。

(3) 北方土石山区、南方红壤丘陵区、西南土石山区以及西北黄土高原区的土石山区采用可耕作层及以下强风化的母质层厚度。

8.1.4.3 分级标准

1. 水力侵蚀

水力侵蚀危险程度等级应采用抗蚀年限，或植被自然恢复年限和地面坡度因子进行划分。

(1) 采用抗蚀年限判别水力侵蚀危险程度等级的划分标准见表 8.1-14。适用于东北黑土区、北方土石山区、南方红壤丘陵区、西南土石山区以及西北黄土高原区的土石山区。

表 8.1-14　按抗蚀年限判别水力侵蚀危险
程度等级的划分标准

等级	微度	轻度	中度	重度	极度
抗蚀年限[①] /a	>100	80~100	50~80	20~50	<20

① 抗蚀年限取值采用超过临界土层厚度的土层厚度与可能的年侵蚀厚度的比值。

(2) 采用植被自然恢复年限和地面坡度判别水力侵蚀危险程度等级的划分标准见表 8.1-15。适用于西北黄土高原区（不含土石山区）。

表 8.1-15　按植被自然恢复年限和地面坡度判别
水力侵蚀危险程度等级的划分标准

地面坡度[①] /(°)	植被自然恢复年限/a				
	1~3	3~5	5~8	8~10	大于 10 或难以恢复
<5, <8	微度				
5~8, 8~15		轻度			
8~15, 15~25			中度		
15~25, 25~35				重度	
>25, >35					极度

① 地面坡度在东北黑土区按小于 5°、5°～8°、8°～15°、15°～25°、大于 25°划分，其他土壤侵蚀类型区按小于 8°、8°～15°、15°～25°、25°～35°、大于 35°划分。

水力侵蚀区植被自然恢复年限判别条件见表 8.1-16。

表 8.1-16　水力侵蚀区植被自然恢复
年限判别条件

植被自然恢复年限/a	指　　标
1~3	土层厚度大于 10cm，年降水量大于 800mm
3~5	土层厚度大于 10cm，年降水量为 600~800mm
5~8	土层厚度大于 10cm，年降水量为 400~600mm
8~10	土层厚度大于 10cm，年降水量为 200~400mm
大于 10 或难以恢复	明沙、土层厚度不足 10cm 或年降水量小于 200mm

2. 风力侵蚀

风力侵蚀危险程度等级应采用气候干湿地区类型和地表形态（或植被覆盖度）因子进行划分。风力侵蚀危险程度等级划分标准见表 8.1-17。

3. 滑坡

滑坡危险程度等级宜采用潜在危害程度和滑坡稳定性两个因子进行划分。滑坡危险程度等级划分标准见表 8.1-19。

滑坡、泥石流潜在危险度分级见表 8.1-13。

表 8.1-17 风力侵蚀危险程度等级划分标准

地表形态	植被覆盖度/%	气候干湿地区类型①				
		湿润区	半湿润区	半干旱区	干旱区	极干旱区
固定沙丘，沙地，滩地	>70	微度				
固定沙丘，半固定沙丘，沙地	50~70		轻度			
半固定沙丘，沙地	30~50			中度		
半固定沙丘，流动沙丘，沙地	15~30				重度	
流动沙丘，沙地	<15					极度

① 气候干湿地区类型划分与分布见表 8.1-18。

表 8.1-18 气候干湿地区类型划分与分布

气候干湿地区类型	年降水量/mm	干燥度指数	分布地区	植被
湿润区	>800	<1	秦岭—淮河以南、青藏高原南部、东北三省东部	森林
半湿润区	400~800	1~1.5	东北平原、华北平原、黄土高原大部、青藏高原东南部	森林-草原
半干旱区	200~400	1.5~4	内蒙古高原、黄土高原的一部分、青藏高原大部，新疆中北部的部分地区	草原
干旱区	50~200	4~20	新疆、内蒙古高原西部、青藏高原西北部	荒漠
极干旱区	<50	>20	塔里木盆地大部、柴达木盆地、准噶尔盆地的部分地区，河西走廊西北部的部分地区	荒漠

4. 泥石流

泥石流危险程度等级宜采用潜在危害程度和泥石流发生可能性两个因子进行划分，泥石流危险程度等级划分标准见表 8.1-20。

表 8.1-19 滑坡危险程度等级划分标准

滑坡稳定性	潜在危害程度				
	Ⅰ 较轻	Ⅱ 中等		Ⅲ 严重	
	1	2	3	4	5
稳定	轻度				
较稳定			中度		
不稳定				重度	

注 滑坡稳定性判别应按《滑坡崩塌泥石流灾害调查规范（1:50000）》（DZ/T 0261—2014）中 7.1.4 的规定执行。

表 8.1-20 泥石流危险程度等级划分标准

泥石流发生的可能性	潜在危害程度				
	Ⅰ 较轻	Ⅱ 中等		Ⅲ 严重	
	1	2	3	4	5
小	轻度				
中			中度		
大				重度	

泥石流发生的可能性判别条件见表 8.1-21。

表 8.1-21 泥石流发生的可能性判别条件

泥石流发生的可能性	指标
小	沟道比降小于 105‰，沿沟固体松散物储量密度小于 $1 \times 10^4 \text{m}^3/\text{km}^2$，暴雨强度指标 $R < 4.2$
中	沟道比降为 105‰~213‰，沿沟固体松散物储量密度为 $1 \times 10^4 \sim 10 \times 10^4 \text{m}^3/\text{km}^2$，暴雨强度指标 $R = 4.2 \sim 10$
大	沟道比降大于 213‰，沿沟固体松散物储量密度大于 $10 \times 10^4 \text{m}^3/\text{km}^2$，暴雨强度指标 $R > 10$

8.1.5 水损失类型

8.1.5.1 地表水损失及其危害

地表水损失因地表和地下岩土植被扰动的程度和方式不同而不同，表现形式有以下几种。

1. 地表径流损失

当地表植被破坏、地表机械碾压、道路硬化、地形变陡、地表疏松土层被剥离，使岩土体下渗和容蓄水分能力降低时，地表水损失表现为地表径流迅速汇集而流失，易产流汇流，不仅造成地表水损失，而且使边坡产生沟蚀，同时也导致土壤干旱，植被生长不良。

2. 地表水浅层渗漏损失

当地表被机械挖掘、爆破震动而松动、开裂或地表堆置固体废弃松散物时，地表水损失表现为水分向浅层岩土中迅速渗漏，使表层 0～50cm 的植物根系得不到充足的水分供应，而导致植被生长不良或死亡，如露天矿覆盖黄土后，由于黄土中的水分迅速向底部松散岩土渗漏，而招致复垦植被生长缓慢，甚至枯萎。

3. 地表水深层渗漏损失

当地下储水结构破坏并引起地面塌陷或裂缝时，地表水损失表现为水分向深层渗漏而转化为地下水。若地下水层组和浅层储水层组隔离而失去连接，潜水位迅速下降，地表水又不能长时间保蓄在表层土壤中，结果导致地表严重干旱，植物干枯死亡。

8.1.5.2 地下水损失及其危害

地下水损失指在人类活动影响下，由于对地下水的使用不当或措施不合理造成的地下水损失，主要包括由于地下水排水不当引起的地下水损失和由于工程建设活动引起的地下水损失。

1. 排水引起的地下水损失

排水包括地下开采的矿坑水和露天矿疏干水的排放，其目的不是利用水，而是为了保证采矿生产的正常进行（当然不排除部分排水可为其他工艺直接利用）。大力排水的结果是区域地下水储量大幅度下降，造成矿区及周围区域水资源严重浪费和短缺，同时导致含水层围岩破坏、地面沉降等一系列水环境问题。

2. 工程建设活动引起的地下水损失

工程建设活动引起的地下水损失主要包括钻井、穿山凿洞、地下水超采等造成的地下水损失。例如：山西省临县林家坪钻探煤田，地下水涌出，形成一股高达数米、流量相当大的喷泉，因含硫量很高，不仅造成水损失，而且使湫水河下游水质恶化，无法灌溉。

8.2 土壤侵蚀类型分区

8.2.1 几个基本问题

8.2.1.1 分区目的与任务

土壤侵蚀类型分区的目的在于制订分区的水土流失防治方案，以达到合理利用水土资源的目的。土壤侵蚀类型分区的任务是在详细了解土壤侵蚀特征的基础上，全面认识土壤侵蚀的发生、发展特征和分布规律，并考虑影响土壤侵蚀的主导因素，根据土壤侵蚀和治理的区域差异性，提出分区方案，划分不同的侵蚀类型区系列。

8.2.1.2 分区原则

土壤侵蚀分区主要反映不同区域土壤侵蚀特征及其差异性，要求同一类型区自然条件、土壤侵蚀类型和防治措施基本相同，而不同类型区之间则有较大差别。因此，分区原则是同一区内的土壤侵蚀类型和侵蚀强度应基本一致，影响土壤侵蚀的主要因素等自然条件和社会经济条件基本一致，治理方向、治理措施和土地利用方式基本相似。侵蚀分区以自然界线为主，适当考虑行政区域的完整性和地域的连续性。

8.2.1.3 分区的主要依据和指标

土壤侵蚀分区的主要依据和指标选取主要考虑地貌特征（海拔、相对高差、沟壑密度等）、土壤侵蚀类型、侵蚀强度和农业发展方向与水土保持治理方向和措施。

8.2.2 分区方案

8.2.2.1 土壤侵蚀类型分布特征

我国土壤侵蚀类型分布基本遵循地带性分布规律。干旱区（38°N 以北）是以风力侵蚀为主的地区，包括新疆、青海、甘肃、内蒙古等省（自治区），侵蚀方式是吹蚀，其形态表现为风蚀沙化和沙漠戈壁。半干旱区（35～38°N）风力侵蚀、水力侵蚀并存，为风蚀、水蚀类型区，包括甘肃、内蒙古、宁夏、陕西、山西等省（自治区），风蚀以吹蚀为主，反映在形态上是局部风蚀沙化和鳞片状的沙堆；水蚀方式为面蚀和沟蚀，形态表现为沟谷纵横、地面破碎，这一区域是我国的强烈侵蚀带。湿润地区（35°N 以南）为水蚀类型区，主要侵蚀方式是面蚀，其次是沟蚀。我国一级地形台阶和二级地形台阶区的高山以及东北寒温带地区是冻融侵蚀类型区，主要表现形式为泥流蠕动。重力侵蚀类型区散布各类型区中，主要分布在一级、二级地形台阶区的断裂构造带和地震活跃区，表现形式是滑坡、崩塌、泻溜等。

土壤侵蚀类型受降水、植被类型、盖度和活动构造带等因素控制。年降水量 400mm 等值线以北的地区属风蚀类型区，为非季风影响区，区内降水少，起风日多，风速大，而且沙尘暴日数多，植被为干草原和荒漠草原；年降水量 400～600mm 等值线的区域是风蚀、水蚀区，本区虽具有大陆性气候特征，冬春风沙频繁，但仍受季风的影响，夏季降水集中，多暴雨，因而既有风蚀类型，又有水蚀类型；年降水量 600mm 等值线以南的地区为水蚀类型区；在高山、青藏高原以及寒温带地区以冻融侵蚀类型为主。以上侵蚀类型受地带性因素控制。重力侵蚀类型主要分布在我国西部地区地震活动带或断裂构造的地区,受非地带性因素控制。

8.2.2.2 几种方案介绍

我国的土壤侵蚀分区始于20世纪40年代。1947年,朱显谟等人在江西完成了第一张土壤侵蚀分区图,1955年,黄秉维完成了黄河中游流域土壤侵蚀分区图。1986年,中国科学院水土保持研究所完成了长江流域土壤侵蚀分区研究。1982年,辛树帜、蒋德麒提出了我国土壤侵蚀类型分区方案(表8.2-1)。2007年,水利部发布了SL 190—2007,对土壤侵蚀类型分区作了规定,见表8.2-2。

表 8.2-1 辛树帜、蒋德麒土壤侵蚀类型分区方案

一级区	二级区	三级区
I 水力侵蚀为主类型区	I₁ 西北黄土高原区	I₁₁ 黄土丘陵沟壑区
		I₁₂ 黄土高原沟壑区
	I₂ 东北低山丘陵和漫岗丘陵区	I₂₁ 低山丘陵区
		I₂₂ 漫岗丘陵区
	I₃ 北方山地丘陵区	
	I₄ 南方山地丘陵区	I₄₁ 大别山山地丘陵区
		I₄₂ 湘中、湘东山地丘陵区
		I₄₃ 赣南山地丘陵区
		I₄₄ 福建、广东东部沿海山地丘陵区
		I₄₅ 台湾山地丘陵区
I 水力侵蚀为主类型区	I₅ 四川盆地及周围山地丘陵区	
	I₆ 云贵高原区	
II 风力侵蚀为主类型区		
III 冻融侵蚀为主类型区		

注 本表引自《中国水土保持概论》,辛树帜、蒋德麒主编,1982年中国农业出版社出版。

表 8.2-2 土壤侵蚀类型分区

一级区	二级区	三级区
I 水力侵蚀类型区	I₁ 西北黄土高原区	I₁₁ 黄土丘陵沟壑区
		I₁₂ 黄土高原沟壑区
		I₁₃ 土石山区
		I₁₄ 林区
		I₁₅ 高地草原区
		I₁₆ 干旱草原区
		I₁₇ 黄土阶地区
		I₁₈ 冲积平原区
	I₂ 东北黑土区(低山丘陵和漫岗丘陵区)	I₂₁ 大小兴安岭山地区
		I₂₂ 长白山千山山地丘陵区
		I₂₃ 三江平原区
	I₃ 北方土石山区	I₃₁ 太行山山地区
		I₃₂ 辽西—冀北山地区
		I₃₃ 山东丘陵区
		I₃₄ 阿尔泰山地区
		I₃₅ 松辽平原区
		I₃₆ 黄淮海平原区
	I₄ 南方红壤丘陵区	I₄₁ 江南山地丘陵区
		I₄₂ 岭南平原丘陵区
		I₄₃ 长江中下游平原区
	I₅ 西南土石山区	I₅₁ 四川山地丘陵区
		I₅₂ 云贵高原丘陵区
		I₅₃ 横断山山地区
		I₅₄ 秦岭大别山鄂西山地区
		I₅₅ 川西山地草甸区

续表

一级区	二级区	三级区
Ⅱ 风力侵蚀类型区	Ⅱ₁ "三北"戈壁沙漠及沙地风沙区	Ⅱ₁₁ 蒙新青高原盆地荒漠化强烈风蚀区
		Ⅱ₁₂ 内蒙古草原中度风蚀水蚀区
		Ⅱ₁₃ 准噶尔绿洲荒漠草原轻度风蚀水蚀区
		Ⅱ₁₄ 塔里木绿洲轻度风蚀水蚀区
		Ⅱ₁₅ 宁夏中部风蚀区
		Ⅱ₁₆ 东北西部风沙区
	Ⅱ₂ 沿河环湖滨海平原风沙区	Ⅱ₂₁ 鲁西南黄泛平原风沙区
		Ⅱ₂₂ 鄱阳湖滨湖沙山区
		Ⅱ₂₃ 福建及海南滨海风沙区

续表

一级区	二级区	三级区
Ⅲ 冻融侵蚀类型区	Ⅲ₁ 北方冻融土侵蚀区	Ⅲ₁₁ 大兴安岭北部山地冻融水蚀区
		Ⅲ₁₂ 天山山地森林草原冻融水蚀区
	Ⅲ₂ 青藏高原冰川侵蚀区	Ⅲ₂₁ 藏北高原高寒草原冻融风蚀区
		Ⅲ₂₂ 青藏高原高寒草原冻融侵蚀区

注　本表引自《土壤侵蚀分类分级标准》（SL 190—2007），2007 年中国水利水电出版社出版。

全国各级土壤侵蚀类型区的范围及特点见表 8.2-3。

表 8.2-3　　　　　　　　全国各级土壤侵蚀类型区的范围及特点

一级类型区	二级类型区	范围与特点
Ⅰ 水力侵蚀类型区	Ⅰ₁ 西北黄土高原区	大兴安岭—阴山—贺兰山—青藏高原东缘一线以东；西为祁连山余脉的青海日月山；西北为贺兰山；北为阴山；东为管涔山及太行山；南为秦岭。 主要流域为黄河流域。 地带性土壤：在半湿润气候带自西向东依次为灰褐土、黑垆土、褐土；在干旱及半干旱气候带自西向东依次为灰钙土、棕钙土、栗钙土。 土壤侵蚀分为黄土丘陵沟壑区（下设 5 个副区）、黄土高原沟壑区、土石山区、林区、高地草原区、干旱草原区、黄土阶地区、冲积平原区等 8 个类型区，是黄河泥沙的主要来源
	Ⅰ₂ 东北黑土区（低山丘陵区和漫岗丘陵区）	南界为吉林省南部，东、西、北三面被大兴安岭、小兴安岭和长白山所绕，漫川漫岗区为松嫩平原，是大兴安岭、小兴安岭延伸的山前冲积洪积台地。地势大致由东北向西南倾斜，具有明显的台坎，坳谷和岗地相间是本区重要的地貌特征。主要流域为松辽流域。低山丘陵主要分布在大小兴安岭、长白山脉；漫岗丘陵则分布在东、西、北侧等地区。 （1）大兴安岭、小兴安岭山地区。系森林地带，坡缓谷宽，主要土壤为花岗岩、页岩发育的暗棕壤，轻度侵蚀。 （2）长白山千山山地丘陵区。系林草灌丛，主要土壤为花岗岩、页岩、片麻岩发育的暗棕壤、棕壤，轻度～中度侵蚀。 （3）三江平原区（黑龙江、乌苏里江及松花江冲积平原）。古河床自然河堤形成的低岗地，河间低洼地为沼泽草甸，岗洼之间为平原，无明显水土流失
	Ⅰ₃ 北方土石山区	东北漫岗丘陵以南，黄土高原以东，淮河以北，包括东北南部，河北、山西、内蒙古、河南、山东等部分。本区气候属暖温带半湿润、半干旱区。主要流域为淮河流域、海河流域。按分布区域，可分为以下 6 个主要的区。 （1）太行山山地区。包括大五台山、小五台山、太行山和中条山山地，是海河五大水系发源地。主要岩性为片麻岩类、碳酸盐岩等；主要土壤为褐土；水土流失为中度—强烈侵蚀，是华北地区水土流失最严重的地区。

一级 类型区	二级 类型区	范围与特点
I 水力 侵蚀类 型区	I₃ 北方 土石 山区	（2）辽西—冀北山地区。主要岩性为花岗岩、片麻岩、砂页岩；主要土壤为山地褐土、粟钙土；水土流失为中度侵蚀，常伴有泥石流发生。 （3）山东丘陵区（位于山东半岛）。主要岩性为片麻岩、花岗岩等；主要土壤为棕壤、褐土，土层薄，尤其是沂蒙山区；水土流失属中度侵蚀。 （4）阿尔泰山地区。主要分布在新疆阿尔泰山南坡；山地森林草原；无明显水土流失。 （5）松辽平原及松花江、辽河冲积平原，范围不包括科尔沁沙地。主要土壤为黑钙土、草甸土；水土流失主要发生在低岗地，水土流失强度为轻度侵蚀。 （6）黄淮海平原区。北部以太行山、燕山为界，南部以淮河、洪泽湖为界，是黄河、淮河、海河三条河流的冲积平原；水土流失主要发生在黄河中下游、淮河流域、海河流域的古河道岗地，流失强度为中度、轻度
	I₄ 南方 红壤丘 陵区	以大别山为北屏，巴山、巫山为西障（含鄂西全部），西南以云贵高原为界（包括湘西、桂西），东南直抵海域并包括台湾省、海南省及南海诸岛。主要流域为长江流域。主要土壤为红壤、黄壤，是我国热带及亚热带地区的地带性土壤，非地带性土壤有紫色土、石灰土、水稻土等。按地域分为以下3个区。 （1）江南山地丘陵区。北起长江以南，南到南岭，西起云贵高原，东至东南沿海，包括幕阜山、罗霄山、黄山、武夷山等。主要岩性为花岗岩类、碎屑岩类；主要土壤为红壤、黄壤、水稻土。 （2）岭南平原丘陵区。包括广东、海南岛和桂东地区。以花岗岩类、砂页岩类为主，发育赤红壤和砖红壤。局部花岗岩风化层深厚，崩岗侵蚀严重。 （3）长江中下游平原区。位于宜昌以东，包括洞庭湖、鄱阳湖平原、太湖平原和长江三角洲；无明显水土流失
	I₅ 西南 土石 山区	北接黄土高原，东接南方红壤丘陵区，西接青藏高原冻融区，包括云贵高原、四川盆地、湘西及桂西等地。气候以热带、亚热带。主要流域为珠江流域。岩溶地貌发育；主要岩性为碳酸岩类，此外，还有花岗岩、紫色砂页岩、泥岩等；山高坡陡、石多土少；高温多雨、岩溶发育。山崩、滑坡、泥石流分布广，发生频率高。按地域分为以下5个区。 （1）四川山地丘陵区。四川盆地中除成都平原以外的山地、丘陵；主要岩性为紫红色砂页岩、泥页岩等；主要土壤为紫色土、水稻土等；水土流失严重，属中度、强烈侵蚀，并常有泥石流发生，是长江上游泥沙的主要来源区之一。 （2）云贵高原山地区。多高山，有雪峰山、大娄山、乌蒙山等；主要岩性为碳酸盐岩类、砂页岩；主要土壤为黄壤、红壤和黄棕壤等，土层薄，基岩裸露，坪坝地为石灰土，溶蚀为主；水土流失为轻度—中度侵蚀。 （3）横断山地区。包括藏南高山深谷、横断山脉、无量山及西双版纳地区；主要岩性为变质岩、花岗岩、碎屑岩类等；主要土壤为黄壤、红壤、燥红土等；水土流失为轻度—中度侵蚀，局部地区有严重泥石流。 （4）秦岭大别山鄂西山地区。位于黄土高原，黄淮海平原以南，四川盆地、长江中下游平原以北；主要岩性为变质岩、花岗岩；主要土壤为黄棕壤，土层较厚；水土流失为轻度侵蚀。 （5）川西山地草甸区。主要分布在长江中上游、珠江上游，包括大凉山、邛崃山、大雪山等；主要岩性为碎屑岩类；主要土壤为棕壤、褐土；水土流失为轻度侵蚀
风力侵 蚀类型 区	II₁ "三北" 戈壁沙 漠及沙 地风沙 区	主要分布在西北、华北、东北的西部，包括青海、新疆、甘肃、宁夏、内蒙古、陕西、黑龙江等省（自治区）的沙漠戈壁和沙地。气候干燥，年降水量为100~300mm，多大风及沙尘暴、流动和半流动沙丘，植被稀少；主要流域为内陆河流域。按地域分为以下6个区。 （1）内蒙古、新疆、青海高原盆地荒漠强烈风蚀区。包括准噶尔盆地、塔里木盆地和柴达木盆地，主要由腾格里沙漠、塔克拉玛干沙漠和巴丹吉林沙漠组成。 （2）内蒙古高原草原中度风蚀水蚀区。包括呼伦贝尔、内蒙古和鄂尔多斯高原，毛乌素沙地、浑善达克（小腾格里）和科尔沁沙地，库布齐和乌兰察布沙漠。主要土壤：南部干旱草原为栗钙土，北部荒漠草原为棕钙土。 （3）准噶尔绿洲荒漠草原轻度风蚀水蚀区。围绕古尔班通古特沙漠，呈向东开口的马蹄形绿洲带，主要土壤为灰漠土。 （4）塔里木绿洲轻度风蚀水蚀区。围绕塔克拉玛干沙漠，呈向东开口的绿洲带，主要土壤为淤灌土。 （5）宁夏中部风蚀区。包括毛乌素沙地部分，腾格里沙漠边缘的盐等区域。 （6）东北西部风沙区。多为流动和半流动沙丘、沙化漫岗，沙漠化发育

313

续表

一级类型区	二级类型区	范围与特点
风力侵蚀类型区	II₂ 沿河环湖滨海平原风沙区	主要分布在山东黄泛平原、鄱阳湖滨湖沙山及福建、海南滨海区。湿润或半湿润区，植被覆盖度高。按地域分为以下3个区。 (1) 鲁西南黄泛平原风沙区。北靠黄河、南临黄河故道；地形平坦，岗坡洼相间，多马蹄形或新月形沙丘；主要土壤为砂土、砂壤土。 (2) 鄱阳湖滨湖沙山区。主要分布在鄱阳湖北湖湖滨，赣江下游两岸新建区流湖乡一带；沙山分为流动型、半固定型及固定型三类。 (3) 福建及海南滨海风沙区。福建海岸风沙主要分布在闽江、晋江及九龙江入海口附近一线；海南海岸风沙主要分布在文昌沿海
III 冻融侵蚀类型区	III₁ 北方冻融土侵蚀区	主要分布在东北大兴安岭山地及新疆的天山山地。按地域分为以下2个区。 (1) 大兴安岭北部山地冻融水蚀区。高纬高寒，属多年冻土地区，草甸土发育。 (2) 天山山地森林草原冻融水蚀区。包括哈尔克山、天山、博格达山等。为冰雪融水侵蚀，局部发育冰石流
	III₂ 青藏高原冰川冻土侵蚀区	主要分布在青藏高原和高山雪线以上。按地域分为以下2个区。 (1) 藏北高原高寒草原冻融风蚀区。主要分布在藏北高原。 (2) 青藏高原高寒草原冻融侵蚀区。主要分布在青藏高原的东部和南部，高山冰川与湖泊相间，局部有冰川泥石流

注　本表引自《土壤侵蚀分类分级标准》(SL 190—2007)，2007年中国水利水电出版社出版。

8.3 水土保持主要基础理论概述

水土保持是生态环境建设的主体，涉及社会、经济和环境等多个方面。水土保持的最终目的是实现区域的可持续发展。

水土保持是社会可持续发展的基础。首先，水土保持是流域水资源持续开发利用的根本措施。自然力和人为活动使得土壤结构破坏，使保水保肥功能降低甚至丧失，构成土壤侵蚀和水土流失，没有水土保持，也就无法保土养水，更不可能具有可持续发展的环境。其次，环境和发展是水循环基本属性，水循环是环境和发展的基本条件，水资源可持续开发利用需要一个良性的水文循环的环境，而水土保持是促进水文良性循环的重要措施，维护自然生态平衡的重要手段。再次，水土保持是水资源可持续开发利用不可缺少的环节。

水土保持要以小流域为基本单元，山、水、林、田、路统一规划，综合治理，农、林、牧、副、渔各业协调发展，在流域内根据社会经济发展的不同程度，实现种、养、加一体化的多元经济，逐步实现流域生态环境优美、社会和谐发展、居民安居乐业。

8.3.1 流域水文学原理

8.3.1.1 流域水文循环

水文循环是把水圈中的所有水体，包括海洋与陆地上的地表水、土壤水与地下水以及构成自然界（包括生物圈）的水联系在一起。水循环直接涉及自然界中一系列物理的、化学的和生物的过程，如地貌形成中的侵蚀、搬运与沉积，地表化学元素的迁移与转化，土壤的形成与演化，植物生长中最重要的生理过程蒸腾以及地表大量热能的转化等。

由于水文循环，造成地球上各种形式的水源以各自不同的速度不断地交换更新，从而使水资源不同于其他一些自然资源（如石油、煤炭等矿产，这些资源的储量是随着开采而减少的），水资源不停地循环复原，是其非常重要的特性。这种特性称为水的交换周期，在美国称为滞留期，在苏联称为交换活动性。

交换周期 d（日或年）的计算式为

$$d = S/\Delta S \qquad (8.3-1)$$

式中　S——水资源项的容量，m^3 或 km^3；

　　　ΔS——该项水资源参加水平衡的活动量，m^3/d 或 km^3/a。

水量平衡表示水文循环的连续性。在一定的时域空间内，水的运动保持着质量守恒，这是水量平衡的基本原理。

对于一个天然流域，如果地面分水线与地下分水线一致（称为闭合流域），则不可能有水从外流域经地表或地下流入，给定时段的水量平衡方程可写为

$$P = E + R + \Delta S_w \qquad (8.3-2)$$

如果所取计算时段为一年，则式 (8.3-2) 为闭

合流域年水量平衡方程。此时 P 为流域平均年降水量，R 为流域年径流量，ΔS_w 为年终与年初流域蓄水量的增量。如 ΔS_w 为正值，则表示年内的降水一部分消耗于径流和蒸发，其余则储蓄在流域之内；如 ΔS_w 为负值，表示年径流和蒸发不仅来源于降水，还有一部分取自流域原有的蓄水量。

由于年蓄水增量 ΔS_w，对于不同的年份有正有负，所以对于多年平均情况，正、负值可抵消，故 ΔS_w 的多年平均值接近于零。据此可得出闭合流域多年平均水量平衡方程：

$$P=E+R \tag{8.3-3}$$

式中　P——流域的多年平均年降水量；

　　　R——流域的多年平均年径流量；

　　　E——流域的多年平均年蒸发量。

式（8.3-3）表明，对于闭合流域，流域的多年平均年降水量等于多年平均年径流量与多年平均年蒸发量之和。由此可见，降水、蒸发和径流是水量平衡中的三个基本要素。由于降水和径流易通过观测取得比较可靠的数据，而流域蒸发是流域上水面蒸发、土壤蒸发和植物散发的综合值，一般难以直接观测，所以当已知流域多年平均年降水量和年径流量时，可以通过式（8.3-3）推求流域多年平均年蒸发量，这一原理，被广泛用于水资源评价及其他水文计算工作中。

8.3.1.2　流域侵蚀与泥沙运动原理

美国土壤保持学会（1971）关于土壤侵蚀的解释是："土壤侵蚀是水、风、冰或重力等营力对陆地表面的磨损，或者造成土壤、岩屑的分散与移动。"英国学者 N.W. 哈德逊（1971）在其所著的《土壤保持》一书中对土壤侵蚀的定义为："就其本质而言，土壤侵蚀是一种夷平过程，使土壤和岩石颗粒在重力的作用下发生转运、滚动或流失。风和水是使颗粒变松和破碎的主要应力。"美国土壤保持学会及 N.W. 哈德逊对土壤侵蚀所下的定义都忽视了沉积这一过程。

土壤在外营力作用下产生位移的物质量，称为土壤侵蚀量。单位面积单位时间内的侵蚀量称为土壤侵蚀速度（或土壤侵蚀速率）。土壤侵蚀量中被输移出特定地段的泥沙量，称为土壤流失量。在特定时段内，通过小流域出口某一观测断面的泥沙总量称为流域产沙量。

8.3.1.3　生态控制系统工程原理

生态控制系统工程主要是基于东方思维方式的一门综合性系统科学，针对人类赖以生存的地球的可再生水、土和生物等资源及其环境问题，以既能满足当代人及其后代的需要，又能保持相对稳定持续发展为目标，以系统动力学中运动稳定性为基础及其推导的方法为依据，运用控制论的方法，经系统分析、研究，进行动态跟踪监测预报，达到控制生物生产和生态系统的动态，并向稳定持续的方向发展的目的。

8.3.1.4　流域可持续经营理论

人类历史发展到今天，已经达到了与自然资源和环境难于维持平衡的关键阶段。我们只有一个地球，而地球上的自然资源是有限的，地球上的自然环境也正向不利于人类生存的方向演变。现代人类活动的规模和性质已经对人类后代的生存构成了威胁。在这个背景情况下，"可持续性"就成为对所有自然资源开发利用及一切人类经济活动的准则，当然也是流域管理活动的准则。流域可持续经营体系包括多种社会效益、多种经济效益、相关机构及基础设施、生物多样性、生态经济系统生产力、土壤保持、水的保持、森林生态系统的健康和活力、区域性生态循环的贡献。

（1）多种社会效益。指标包括：粮食和安全的保证，对管理措施体系的功能及作用认可，流域内多样的、稳定的劳动与就业机会，保证措施体系全部功能持续发挥的管理机制、为农民或当地居民提供充分的原材料和生态效益，文化的、精神的和美学的价值（历史纪念性场地，医疗的、景观的）的提供、游憩和旅游价值的提供、多种补充性功能（如提供狩猎、放牧、药材生产等）的提供。

（2）多种经济效益。指标包括：持续提高物资供应和社会服务的能力，维持多样的收入及就业机会，建立效益评价及成本核算的机制。

（3）相关机构及基础设施。指标包括：规划（水土资源调查、分析、评价，合理的资源利用规划），法制，制定适当的条例、法规（如水土保持法规及实施细则），经济政策（奖惩条例），群众有效参与的程度，科研与教育，具有支持流域资源可持续经营的教育和科研计划，具有联系流域管理部门和公众部门的渠道。

（4）生物多样性（物种多样性、景观多样性）。指标包括：生态系统的结构成分，与天然生态系统相比较的实际多样性，森林景观的连贯性，森林景观破坏程度和速度，野生动物迁移走廊的提供，生境的变化，创造或维持多种经营的规模和速度，单位面积的景观多样性，单位面积的生态系统多样性，单位面积和林型内种的多样性（包含种的消失速度），单位面积和林型内的基因多样性，生态系统的更新能力。

（5）生态经济系统生产力。指标包括：生态经济系统总生物量，生物种的种群监测，生物量的转移及破坏，有机体的生殖力，生态系统受干扰的速度，土壤养分状况。

（6）土壤保持（包括侵蚀及山地灾害）。指标包括：土体快速移动的事件（如泥石流、滑坡等），土体缓慢移动的事件（如土体蠕动、山体变形等），土壤侵蚀状况（类型、程度、强度），土壤养分状况，土壤微植物区系及微动物区系，土壤质量。

（7）水的保持（包括水的数量和质量）。指标包括：水的数量（流域产水量），水的化学质量（如 pH 值、DOC、阴离子组成）与等级，水的生物质量（如水生生态系统多样性）。

（8）森林生态系统的健康和活力（包括人工林系统）。指标包括：昆虫、病害的非生物灾害事件，生态系统组分的健康与活力，生态系统的恢复力及抗逆性，生态系统的适应能力，种和基因的多样性，人为潜在干扰影响的水平（如污染、UV-B 辐射、小气候变化等），捕食者种群的活力。

（9）区域性生态循环的贡献。指标包括：森林对大气质量、水质的影响，森林对放射性气体散发的影响，总的碳收支量（包括计算森林散发及吸收 CO_2 量），水文循环改善（缓洪、削峰、增枯），种间相互作用（包括种的越界迁移）。

8.3.2 生态修复原理

8.3.2.1 生态平衡与演替原理

生态平衡是指生态系统内部能量和物质输入输出基本相等，生物与生物之间、生物与环境之间在结构和数量上保持稳定，具有复杂的食物链关系及符合能量流动的金字塔营养层次，这时即使受到外来因素的干扰，生态系统也能自我调节以恢复原来的稳定状况。

生态平衡在数量上是有限度的，这个限度称阈值 E。小于 E 的变化被系统消化和吸收，大于 E 的变化则超过系统的承受能力。因此，E 是系统的转折点和临界点。

生态平衡是一种动态平衡，它靠自我调节能力来维持，这种调节能力来自系统内部的负反馈机制。在自然生态系统中，这种自我调节机制来自系统的食物链和营养结构，通过它可以实现系统内的物质循环和能量流动；在人工生态系统中，则需要通过人工调控来实现这种稳定。但系统的调节能力是有限度的，如果外来的压力或冲击超出界限，调节就难以奏效。改变了生态系统的食物链和营养结构关系，就会使某些生物数量急剧减少、生产力衰退、抗逆性减弱，最终可能导致整个生态系统的崩溃。

8.3.2.2 环境容量限制原理

环境容量指某一环境对污染物的最大承受限度，在这一限度内，环境质量不致降低到有害于人类生活、生产和生存的水平，环境具有自我修复外界污染物所致损伤的能力。

一般的环境系统都具有一定的自净能力。如一条流量较大的河流被排入一定数量的污染物，由于河中各种物理、化学和生物因素的作用，进入河中的污染物浓度可迅速降低，保持在环境标准以下。这就是环境（河流）的自净作用使污染物稀释或转化为非污染物的过程。环境的自净作用越强，环境容量就越大。

一个特定环境的环境容量的大小，取决于环境本身的状况。如流量大的河流比流量小的河流环境容量大一些。污染物不同，环境对它的净化能力也不同。如同样数量的重金属和有机污染物排入河道，重金属容易在河底积累，有机污染物可很快被分解，河流所能容纳的重金属和有机污染物的数量不同，这表明环境容量因物而异。

研究环境容量对控制环境污染很有用处。由于环境有一定的自净能力，经过严格测算，可允许一部分污染物稍加处理后排入环境，让环境将这些污染物消化掉。排放污染物的时间、地点、方式要合适，排放的数量不得超过环境容量。因为环境容量总是有限的，如果超出限度，环境就会被污染。了解某一环境对各种污染物的环境容量很重要，根据环境容量可以制订出经济有效的污染控制方案，确定哪些污染物由环境去净化，哪些必须先经处理，以及处理到何种程度为宜。

8.3.2.3 生态自我调节与修复原理

生态修复是指对生态系统停止人为干扰，以减轻负荷压力，依靠生态系统的自我调节能力与自组织能力，使其向有序的方向进行演化，或者利用生态系统的这种自我恢复能力，辅以人工措施，使遭到破坏的生态系统逐步恢复或使生态系统向良性循环方向发展。

1. 生态系统修复基本原则

退化生态系统的恢复与重建要求在遵循自然规律的基础上，通过人类的作用，根据技术上适当、经济上可行、社会能够接受的原则，使受害或退化生态系统重新获得健康并有益于人类生存与生活的生态系统重构或再生。生态恢复与重建的原则一般包括自然法则、社会经济技术原则、美学原则 3 个方面（图 8.3-1）。自然法则是生态恢复与重建的基本原则，也就是说，只有遵循自然规律的恢复重建才是真正意义上的恢复与重建，否则只能是背道而驰。社会经济技术原则是生态恢复重建的后盾和支柱，在一定尺度上制约着恢复重建的可能性、水平与深度。美学原则是指退化生态系统的恢复重建应给人以美的享受。

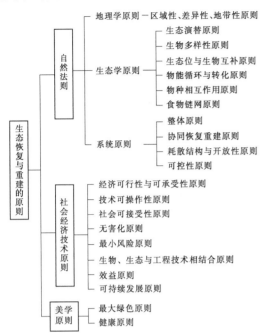

图 8.3－1　退化生态系统恢复与重建的基本原则

2. 生态系统修复技术

生态系统修复技术是恢复生态学的重点研究领域，但目前是一个较为薄弱的环节。由于不同退化生态系统存在着地域差异性，加上外部干扰类型和强度的不同，结果导致生态系统所表现出的退化类型、阶段、过程及其响应机制也各不相同。因此，在不同类型退化生态系统的恢复过程中，其恢复目标、侧重点及其选用的配套关键技术往往会有所不同。

8.3.3　流域综合治理原理

8.3.3.1　生态系统的整体性原理

生态系统整体不等于它的部分之和，系统要素的运动往往依赖于和影响着其他要素的运动，每一要素都要在某种或某些要素的作用下，才能对整体发挥作用。系统整体行为依赖于要素的行为，而要素的行为又必须受整体行为的控制，并协调于系统整体行为。

8.3.3.2　生态系统的结构质变原理

系统内部各组成要素之间在空间或时间方面的有机联系与相互作用的方式或顺序称为系统的结构。系统对物质、能量、信息的转换能力和对环境的作用称为系统的功能。系统的结构是系统功能的基础，功能是结构的体现，结构决定功能，系统的质变过程即系统结构的变化过程。

8.3.3.3　生态系统的反馈调节原理

系统通过其输出和输入值来调节系统自己的行为。反馈调节有正反馈调节和负反馈调节。反馈调节机制存在于一切能进行自我调节的系统之中，它是自我调节系统的一般特性。

8.3.3.4　生态系统的层次和演化原理

系统具有不同的等级和层次，不同层次的系统具有不同的性质，并遵守不同的规律，各层次之间存在着相互联系、相互作用，而且层次之间可以转化。

系统总是随时间不断发展和演化的，发展使系统趋向稳定，演化使系统从一种稳态结构向另一种稳态结构过渡。

8.3.3.5　生态经济学原理

生态经济学包括部门生态经济学、理论生态经济学、专业生态经济学、地域生态经济学。生态经济学是研究生态系统与经济系统的复合系统——生态经济系统的矛盾运动发展规律及其应用的经济学分支。

流域（或区域）生态经济系统是由流域生态系统和流域经济系统相互交织而成的复合系统。它具有独立的特征和结构，有其自身运动的规律性，与系统外部存在着千丝万缕的联系，是一个能够经过调控，优化利用流域（或区域）内各种资源，形成生态经济合力，产生生态经济功能和效益的开放系统。

在生态系统和经济系统中，包含着人口、环境、资源、物资、资金、科技等基本要素，各要素在空间和时间上，以社会需求为动力，通过投入产出链渠道，运用科学技术手段有机组合在一起，构成了生态经济系统。

1. 生态经济系统组成

（1）组成要素。生态系统的组成要素主要有人口、环境、资源、物资、资金、科学技术等几个方面。

1）人口。人口是指具有一定数量和质量的人口总称。人具有自然和社会的二重性。人口是流域生态经济系统的核心要素，人不但可以能动地调节控制人口本身，而且可以能动地与环境、资源、物资、资金、科技等要素相连接，构成丰富多彩的生态经济关系。

2）环境。环境是环绕着人群的空间中可以直接、间接影响到人类生活和发展的一切自然因素和社会因素的总体，称为流域环境。

3）资源。资源指生产资料或生活资料的天然来源。由于流域所处的地理位置不同，资源的种类和数量也有很大区别，资源的差异性形成了不同类型的流域生态经济系统。

4）物资。物资是生产和生活上所需的物质资料。物资是生态经济中已经社会化了的物的要素，是自然资源经过劳动加工转化而来的社会物质财富。

5）资金。资金是用货币形式表现的再生产过程中物质资源的价值。

6）科学技术。构成生态经济要素的科学技术是指与该系统有内在联系的人化的、物化形态的科学技术，包括具有一定身体素质、科学知识、生产经验、劳动技能的人和科学技术物化了的劳动资源。

（2）组成要素的结合。组成要素的结合主要关注以下方面：

1）结合的动力。人类的要求大体经历了 3 个阶段，即单纯生存需求阶段、物质享受阶段和包括优美环境在内的全面需求阶段。不同的需求直接制约着各要素的不同结合方式。人类需求是生态经济系统要素结合的内在动力。

2）结合的渠道。生态经济系统内部各要素的相互结合，不但要有需求作动力，而且还必须通过生态经济系统投入、产出渠道，才能完成各要素之间的相互结合。

生态系统中的农田生态经济系统产出的部分农副产品，可以作为牧业生态经济系统的投入物资，牧业生态经济系统的部分产出物，又可作为渔业生态经济系统的投入物资。农、林、牧、渔各生态经济系统的产品，又可作为加工业或其他工业的投入物资，而上述各个生态经济系统的下脚料和废弃物，又可作为农田生态经济系统的投入物资。农、林、牧、渔、工等生态经济系统，通过投入、产出生产链，有机地构成了流域生态经济系统。

3）结合的手段。生态经济系统内部各要素经过投入、产出生产链渠道相互结合，并不是自发进行的，而是运用一定的科学技术手段交织连接的结果。

科技作为生态经济要素的结合手段，主要指人们在对自然规律和经济规律认识的基础上，充分运用自身所掌握的科技知识和劳动资料，在人化和物化的技术手段直接改造生态系统，使生态系统经济化，经济系统生态化。

（3）自然、经济及人口再生产的统一。在生态经济再生产过程中，不仅有自然力的投入，而且有劳动力的投入，由自然力与人类劳动相结合，共同创造使用价值，有产品参与和影响经济、社会、自然再生产，而且包括经济再生产和人口再生产。

自然再生产是生物与自然环境之间进行物质能量交换、转化、循环的自然生物再生产过程。这一过程是按自然规律，通过植物生产、动物生产、有机物分解等环节循环运转完成的。

经济再生产是人类有目的的生产经营活动。它是以一定的生产关系联系起来的人们通过利用自然物质

而创造物质财富的过程。经济再生产过程包括生产、分配、交换、消费四个环节，其中生产处于首要地位。

人口再生产，从生态意义来看，是种群的再生产，从社会经济意义来看，是劳动力的再生产。

没有一定数量和素质的人口，就没有社会经济的再生产；经济再生产和人口再生产，都需要自然再生产提供食物、原料和最基本的生产资料；而自然再生产同样受人口再生产和经济再生产的影响。3 种再生产过程相互联系、相互制约、相互交织，使生态系统成为一个有机联系的统一整体。

2. 生态经济系统的结构

（1）有序性。生态经济系统是一个开放系统，它一刻不停地与外界环境进行着能量、物质和信息的交换。系统内部不同元素之间存在着非线性的机制，因此，生态经济结构是一种典型的有序的组织结构—耗散结构。

（2）网络结构。生态经济系统各要素之间的相互组合，不仅是点的结合和单链条上的结合，而且是纵横交织的网络结合。

（3）立体结构。生态经济系统结构，有明显的三维空间特征。生态环境立体和水平方面的差异性，造成生物群落与自然环境相适应的明显空间垂直和水平分化。

综上所述，生态经济系统结构是一个有序、网络、立体的结构，了解流域生态经济系统结构的这些特征，对创立优化的流域生态经济系统，搞好山区生态经济建设，有十分重要的现实意义。

3. 生态经济系统的功能

生态经济系统的生产和再生产过程是物流、能流、信息流和价值流的交换和融合过程。因此，生态经济系统具有物质循环、能量流动、信息传递三大功能。

（1）物质循环。生态经济系统的物质循环是流域自然生态系统的物质循环与流域社会经济系统的物质循环的有机结合和统一，是生态经济系统中自然物质与经济物质相互渗透、互相转化、不断循环的运动过程。这一运动过程是以农业、能源、矿产等生产部门为渠道进行的，农业生产部门利用太阳光能生产出植物和动物产品，除供人们生活消费外，部分产品提供给工业部门作为原料，这些流动着的物质最后经过生化分解过程，以简单的物质形态重新释放到生态系统中，归还于环境。

（2）能量流动。生态经济系统的能量是指做功的能力，包括正在做功的能量和未做功但具有潜在做功能力的能量。生态系统的太阳能、生物能、矿化能和

各种潜能称为自然能量，自然能量投入经济系统中，按照人类经济活动的意图，沿着人们的经济行为、技术行为所规定的方向传递和变换，便成为经济系统的经济能量。

（3）信息传递。在生态经济系统中，生态系统与经济系统之所以能相互连接成为一个有机整体，除了能量和物质的交换外，还存在着信息传递现象。

综上所述，生态经济系统是通过物质循环、能量流动和信息传递把人口、自然、社会连接在一起，构成生态经济有机整体。物质循环、能量流动、信息传递、价值增值，是生态经济系统的四大基本功能，四者之间的相互联系和相互作用，推动着生态经济系统不断运动、变化和发展。

8.4 主要水土流失类型防治原理与措施

8.4.1 水损失防治

水的损失包括水的数量的损失和质量的降低。关君蔚（1985）提出了水的损失包括蒸发蒸腾水分损失、径流损失和土地水分亏缺。从《中华人民共和国水土保持法》的定义出发，水损失的控制和利用包括不合理的水流失的控制和利用、减轻水旱灾害、水质下降的控制、水的时空分布的控制和利用。水损失的控制和利用实际上是指在水的循环过程中，减少水的损失，减轻水的灾害以及维持和提高水的质量，保护和合理利用水资源。水损失的控制与利用原理主要包括如下内容。

8.4.1.1 土壤水分保持原理

土壤水分的保持原理从实际上来说就是对土壤水全时空调控，也就是从整个时间与空间上调控土壤水，增加土壤水可利用量，抑制土壤水无效耗失。

1. 改良土壤提高土壤储水能力

土壤系统储水能力主要取决于土壤类型和结构，如土壤岩性、孔隙状况、田间团块分布、土壤渗透性垂向变化等。土壤孔隙大小及其组成比例影响土壤的持水能力、通透性、水分运动及保持。地表粗粒团块对抑制地表蒸发，增加土壤渗透性具有明显作用。表土透水性好能多吸纳降水，使雨水或灌浸水较多地渗入底土，减少土面蒸发，增加底土储水量。降低土壤干密度，增大土壤孔隙度，土壤持水能力增强。改变土壤负压与含水量之间的分布关系，可降低土壤凋萎含水量，使土壤水理论无效库容降低，相对增大土壤水的可利用量。

田间试验表明，长期施用有机肥的土壤持水性较好，土壤水可利用量及饱和导水率增大。因为有机肥

可使土壤团聚度增高，地表土壤黏粒成分减少，土壤孔隙度增加，表土硬度降低，透水性增强。秸秆还田也有利于改善土壤物理条件，降低土壤干密度，增加通气孔隙及大粒径团聚体。因此，施有机肥和秸秆还田可以提高土壤的储水能力和调节库容。此外还可以采用保水剂等手段，改良土壤的水分存储能力。

2. 抑制土壤水无效耗失

减少土面蒸发；利用深部土壤水，可以提高土壤水利用效率。抑制蒸发的措施包括采取地表覆盖技术（如地膜覆盖、秸秆覆盖等），施加抗蒸发剂。

3. 改变土壤的地表条件

减少土壤水无效蒸发，增加降水入渗，如通过微地形改造、改变土壤系统的环境条件，同样可以增加降水入渗，减少土壤蒸发，保持水分。

8.4.1.2 径流调控原理

径流调控原理是通过各种手段合理控制坡面径流，其基础是坡面径流运行规律。坡面径流是指降水产流形成的、在重力作用下沿坡面运动的浅层水流，也称为坡面漫流。坡面流水深一般较小，流动边界条件复杂，与一般的明渠水流相比有很多的不同之处，它受土壤类型、植被覆盖、流量、土地利用类型、降水特征及其扰动、含沙量、流道等天然或人工因素影响。由于坡面径流水力条件的复杂性，要单纯从理论上来描述和确定它几乎是不可能的。目前一般做法是对坡面流过程进行简化处理。

径流调控利用就是按照水土保持学、水利学、水文学和系统工程学等原理，利用雨水的可储性、可移动性、时空上的可再分配性，把各项径流调控工程和径流利用技术进行优化组装，以降水径流为主要水资源，以截流与分流结合、聚流与储用结合，集水、储水、供水、节水有机结合，化害为利，综合利用为主要功能的系统工程。

分流是坡面径流调控中的主体。分流从广义来说，应该包括两方面：一是尽量减少坡面径流量，增强土壤入渗；二是将强降水型的坡面径流分散疏导开来，这又是分流中的核心。分流应依据影响坡面径流、流速及运行态势的相关因素的特征状况，进行宏观（指小流域）和微观（指一个微地形部位）的综合布局，有针对性地采取不同的调控途径和具体实施方法，从而达到坡面径流在一个特定的暴雨雨型情况下，将坡面径流导致的水土流失量降低到最低程度，使受水土流失危害的损失也减少到最低程度。在考虑暴雨径流分流时，一定要有全面的视野，不能囿于局部环境。因为坡面径流运行的基本规律是从上往下、从高往低流动，而自然界往往是极其复杂多样的，那么坡面径流的运行规律也是多变的。因此，必须因势

利导,依坡面径流运行轨迹布设拦挡和疏导分流措施。所谓分散径流,就是把产生的坡面径流,从多条途径有序分散开,不使其集中,千方百计地削弱其动能,达到合理调控的目的。

聚流也是径流调控体系中重要的组成部分。从广义来说,聚流也是分散疏导中的重要一环,其目的都是减少坡面径流量,削弱坡面径流冲刷土壤的能量。当然,与分流不同的是做法和功能方面还有所区别。实际上,聚流与分流是对立的统一。在不同自然条件下,聚流与分流的顺序不同,有的是先分后聚,有的是先聚后分,有的是边分边聚。聚流就是通过径流聚集工程,将降水径流拦蓄起来。在坡面上径流汇集的地方,布设与地形、径流量相适应的聚流工程,可以在地下,也可以是露天的。具体的径流调控工程包括如下内容。

1. 径流截流分流工程

根据一定的设计标准(或防治目标),有计划地拦截分散径流,处理好产流与蓄流的关系,可以使水不乱流,变无序径流为有序径流,便于蓄用;又可以使过量径流有出路,防止冲刷、洪溢,化害为利。截流分流工程体系,是通过工程、植物和保土耕作等综合治理措施,增强截分降水径流、涵养水源能力,有效地分散坡面径流,延缓径流的汇集时间,提高沟道、支流的过流量。有截有分,就地分散拦蓄,抑制洪水灾害的发生,并把大多以洪水形式流失的大雨、暴雨径流变成可利用的水资源,为实现径流资源化创造条件。

径流截流分流工程主要包括山坡截流分流工程、梯田截流分流工程、截流引流工程、沟道截流工程、洪漫区截流分流工程、崩岗区截流分流工程、泥石流区截流分流工程、城区截流分流工程等。

2. 径流聚集工程

径流聚集工程主要包括坡面径流聚集工程和人工聚流场以及自然集流场,把降水径流收集到特定场所,防止径流损失,使坡面径流资源化。坡面径流聚集工程包括坡耕地径流聚散工程,荒坡地径流聚散工程,村庄、道路等径流聚散工程等;人工聚流场,就是利用降水径流的可储性,通过人工修建的各类聚流面汇集降水径流,把汇集的坡面径流引入贮流工程(水窖)存储变为可调节的水资源,通过输出设施,即可变为宝贵的生产要素。人工聚流场必须具备两个条件:一是地表不渗漏;二是产流快,还要求坡陡、表面光滑,减少水流摩阻力。因此,聚流场主要有混凝土面、压实土面、高分子化合物喷涂面、塑膜、塑料大棚等。自然集流场,包括道路、场院、沟道、山坡、天然草地和湿地等。荒山、草地以其广阔的集雨

面积、深厚的枯枝落叶层及糙率很大的草灌植物承接降水,以自然集水区蓄滞径流。自然聚流场通过分流沟、引流渠与沟道贮流工程连接,是山丘区的重要水源地。湿地主要包括沼泽地、泥炭地、湿草甸及湖泊、泛江平原、河口三角洲、滩涂等季节性或常年积水地域。湿地不仅为人类的生产、生活提供多种生物资源,而且具有巨大的环境功能和效益,是在抵御洪水、调节河川径流、蓄洪防旱、控制污染、抑制土地侵蚀、促淤造地、涵养水源、补给地下水、调节和稳定小区域温度和湿度、美化环境、保护生物多样性等方面具有重要作用的生态系统。

3. 水土保持植物聚流分流

一是以工程聚流促进植物聚流分流。植物是一种活的聚流分流工程,有一个生长发育的过程,而这个过程的长短又取决于植物快速生长所需的客观条件。特别是西部干旱半干旱地区,要缩短植物承担聚散坡面径流作用的时间,必须要认真搞好工程聚流,以改善和满足植物生长发育的微供水环境,工程聚流是植物聚流的基础。工程聚流搞得越好,植物聚流分流的作用就显得早些、强些,否则难以达到预期目的。二是提高植被度。植物调控坡面径流的关键是植被覆盖地面的程度,特别是看是否形成多层次、高密度、有枯枝落叶层的植物群落。

水土保持耕作聚流分流,包括等高耕作(如等高水平沟种植、等高沟垄种植、起垄耕作等)、集流聚肥耕作(如丰产沟耕作法、抽槽聚流、蓄水聚肥耕作、聚流坑种植等)、免耕、少耕、深耕、渗水孔耕作、地膜覆盖等。

4. 径流储用工程

径流储用工程是根据降水径流的可储性、可移动性和可再分配性,通过修建蓄水池、水窖、堰坝、塘库等径流储蓄工程,利用自然集流面和人工聚流场,把多个坡面的降水径流和不同时段的降水径流聚集贮存起来,减少水分的无效消耗,增加作物生长期的水分供应,实现降水径流资源化和在时空上的再分配,提高降水径流的集蓄利用效率。

8.4.2 水力侵蚀防治

水力侵蚀是在降水、地表径流、地下径流的作用下,土壤、土体或其他地面组成物质被破坏、剥蚀、搬运和沉积的全部过程。

我国是一个水土流失严重的国家,据水利部2013年全国第3次水土流失普查数据显示,全国水力侵蚀面积达356.92万km^2,占全国国土总面积的37.2%。作为世界范围内分布最广的一种侵蚀形式,在山区或丘陵区,只要有坡的地方,降水时就可能产生水力侵蚀。

8.4.2.1　防治原则

1. 调控地表径流

作为水力侵蚀的主要外营力，应提高土壤透水及持水能力，避免产生或将产生的地表径流安全排导至坡面水系工程，吸收、分散或调节径流的侵蚀能力。以预防水力侵蚀发生为主，使保水与保土相结合。

2. 防治并重，治管结合

多年来，由于轻视或忽视对自然资源的保护和对水力侵蚀的预防，以及只治不管，造成对水力侵蚀防治是在治理与破坏的交替过程中进行的，致使几十年的成就又有被新的人为加速侵蚀所抵消的趋势，甚至个别地区破坏大于治理。因此，在防治并重的基础上，强调预防和管护，有着深刻而长远的意义。

3. 以小流域为单元坚持综合治理

小流域是产流产沙的基本单元，也是水力侵蚀综合防治的基本单元。不但要科学规划农、林、牧、副各业，加强基本农田建设，注重植被的环境保护作用；而且要长期坚持治理和不断扩大治理面积，才能巩固治理效果。同时应积极推进小流域综合治理的试验和建设，发挥其示范作用。

4. 坡沟兼治，加强治坡

坡面既是人类经济开发活动的场所，也是径流产生汇集的主要地段。因此，加强治坡既消减了径流泥沙，又确保了沟道工程的安全和使用寿命。综合运用农业、生物、工程三大措施，坚持沟坡兼治，才能取得农、林、牧、副生产的综合发展和生态、经济和社会的同步效益。

5. 治理与开发相结合

从治理中求效益，以效益促开发，以开发促治理，使某一区域（或流域）的经济发展建立在生态环境不断得以改善的基础上。既有效地治理水力侵蚀，又符合农业可持续发展的要求。

6. 注重城市及生产建设项目水力侵蚀的防治

近些年，随着国家退耕还林还草工程的实施，以前乱垦滥伐和不合理耕作方式等原因导致的水力侵蚀已经逐渐减少，但经济快速发展导致的城市和生产建设速度加快所引发的水力侵蚀正不断加剧。因此，应更加注重城市及生产建设项目水力侵蚀的防治。

8.4.2.2　防治措施与布设

1. 溅蚀

溅蚀是水力侵蚀最初的形式，由于降水造成的溅蚀面积大，凡是裸露的土壤都可能发生。溅蚀不仅破坏表层土壤结构，而且为径流挟带土粒创造条件，加剧了水土流失。溅蚀的发生过程见图8.4-1。

要采取各种措施，消除溅蚀的破坏。对溅蚀的防治一方面要改良土壤结构，提高抗溅蚀能力；另一方面要采取措施，保护地表，消除雨滴能量，溅蚀防治措施见表8.4-1。

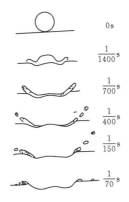

图 8.4-1　溅蚀的发生过程

表 8.4-1　　　溅蚀防治措施

一级类	二级类	作　用
工程措施（减少坡度、缩短坡长）	梯田	"平粮斜牧"，梯壁植草能保护梯壁免受降水的溅蚀
	水平阶	减少坡度、缩短坡长，拦蓄径流使坡面水深等于3倍水雨滴直径
	水平沟	
	鱼鳞坑	
林草措施	水土保持林	林冠截留降水量，吸收动能
农业措施	等高耕作	改变地面微小地形，增加地面糙率为主
	等高沟垄耕作	
	草田轮作	增加地面被覆为主
	间作、套种与混作	
	少耕	秸秆覆盖，减少对地表土壤结构扰动
	免耕	
	深耕	改良土壤理化性质为主
生物措施	地表枯落物及水土保持种草	蓄水、降低降水侵蚀力；改良土壤理化性质，根系固土

2. 面蚀

面蚀是薄层均匀水流对地表进行的一种比较均匀的侵蚀，它主要发生在没有植被或没有采取可靠的水土保持措施的坡耕地或荒坡上。面蚀又依其外部表现形式划分为层状面蚀、砂砾化面蚀、鳞片状面蚀和细沟状面蚀等，面蚀防治措施见表8.4-2。

3. 沟蚀

沟蚀是土壤侵蚀剧烈发展的具体表现形式，造成大量土壤流失，毁坏农田和切断交通，运用综合治理方式在不同的地貌部位采取相应防治措施，遏制侵蚀沟的发展。黄土丘陵沟壑区防治措施见表8.4-3。

4. 山洪侵蚀

山洪侵蚀分布广，频度高，在分析山洪灾害分布、成因及特点的基础上，以小流域为单元，因地制宜地制订以非工程措施为主，非工程措施与工程措施相结合的综合措施防治山洪的发生。

（1）山洪侵蚀防治非工程措施。山洪侵蚀防治非工程措施包括防灾知识宣传、监测通信预警系统、防灾预案及救灾措施、搬迁避让、政策法规和防灾管理等。

表 8.4-2　　面蚀防治措施

一级类	二级类	三级类
工程措施	梯田	水平梯田
		坡式梯田
		反坡梯田
		隔坡梯田
	坡面蓄水工程	蓄水池
		山塘
		水窖
	坡面防护暨造林整地工程	水平阶
		水平沟
		鱼鳞坑
	沟渠工程	截水沟
		排水沟
	蓄水拦沙工程	地埂
		水簸箕
农业措施	改变地面微小地形，增加地面糙率为主；增加地面覆被为主；改良土壤理化性质为主	等高耕作
		等高沟垄耕作
		区田
		圳田
		草田轮作
		间作、套种与混作
		沙田
		深耕
		少耕
		免耕
生物措施	水土保持林	塬面、塬边防护林
		梁峁顶部防护林
	人工种草	草种的选择与配置
	封山育林	枯落物

表 8.4-3　　黄土丘陵沟壑区防治措施

治理出发点	不同部位	具体措施	政策措施
遏制土地破碎及退化	沟底	小型拦蓄工程、排灌工程、淤地坝、治沟骨干工程；护崖林、沟底防冲林；生态防护经济林草	水土保持政策、生态建设政策、产业经济政策
	沟坡	坡面防护工程；护坡林草；生态防护经济林草	
	峁缘	地埂、工程防护埂、截流沟；植物护埂；生态防护经济林草	
恢复地力，减少侵蚀	梁峁坡	田间工程措施、梯田果园、耕作措施	控制人口、调整产业结构、发展农业产业化
	梁峁顶		

（2）山洪侵蚀防治工程措施。山洪侵蚀防治工程措施见表8.4-4。

表 8.4-4　　山洪侵蚀防治工程措施

具体措施	说　明
山洪沟治理	因地制宜地采用护岸及堤防工程、排洪渠、沟道疏浚工程等措施进行综合治理： （1）对洪水发源于河流中上游并直接汇入河道，纵坡陡、下切深的山洪沟，采取排导、拦挡措施，如疏通宣泄洪沟或建堤防、淤地坝、滚水坝、丁坝、谷坊等。 （2）对洪水产流于山坡或山前冲积扇，汇流后在平原灌区分流消散，地形较陡，汇流后局部下切的山洪沟，采取上游疏导或在陡坎处修筑人工跌水；若山洪沟凹岸处有居民区或重要建筑物时，在沿岸修筑浆砌块石或混凝土堤防，中下游分洪，并引投灌淤。 （3）对洪水量较大的山洪沟，结合灌溉、发电、防洪，修建水库，拦蓄调节洪水，削减洪峰

续表

具体措施	说　明
泥石流沟治理	对泥石流沟防治的指导思想是，坚持"防治结合，以防为主；拦排结合，以排为主"的方针。具体措施：在泥石流沟上游，采取植物护坡措施，并布设截流沟、小水库等工程措施，调蓄径流；在砂石补给区采取固土固沙措施；在中下游采取拦截、停淤措施等
滑坡治理	对滑坡体的治理，采取"上拦、下挡、中间削"的防治措施。即在滑坡体的上部开挖截流沟、排洪沟等，以减少水的作用；在滑坡体的下部修筑挡墙或布设抗滑片石堆等抗滑建筑物，以支挡滑坡体下滑；在滑坡体的中部分级削坡，提高边坡稳定性，并结合护坡等进行综合治理
病险水库除险加固	（1）对防洪能力不足、达不到设计防洪标准的水库，采取加宽、加深、改造溢洪道泄流断面，扩大泄洪能力；或加高大坝或修建防浪墙，防止洪水漫顶。 （2）对出现滑（塌）坡、裂缝和渗漏的土石坝，按照"上堵下排"的原则，进行防渗处理。 （3）对淤积严重的水库，改造或新建冲沙闸，或进行人工清淤
水土保持	搞好水土保持，改善生态环境，是减轻山洪灾害的有效途径。其水土流失的防治对策是：在水土保持治理分区基础上，以小流域为单元，按照山水田林（草）路统一规划，实行工程措施、植物措施和耕作措施优化配置，对陡坡耕地退耕还林还草，集中连片，形成规模，层层设防，节节拦蓄，建立多功能的水土保持工程防护体系，充分发挥水土保持工程的整体防护效能，增强防灾减灾能力

5. 海岸侵蚀

在我国漫长的海岸线，无论是从地域空间（北起鸭绿江，南至北仑河口）上，还是从海岸类型（基岩、砂砾、淤泥、生物海岸）上，皆存在程度不同的海岸侵蚀问题。海岸侵蚀的产生原因既有自然因素，也有人为因素。海岸侵蚀防治措施的共同点就是使造成海岸侵蚀的动力因素在远离海岸之前就消能，既可节省经费又可美化海岸，也有利于今后的海岸开发，海岸侵蚀防治措施见表8.4-5。

表8.4-5　　海岸侵蚀防治措施

措施类型	类型介绍	适用条件
丁坝	丁坝是当前中国海岸防护采用较多的一种保滩保淤工程，它主要的功能是拦流拦沙，对入射波也起着一定的掩护作用	丁坝的促淤效果取决于丁坝的方向、高度、长度以及它们的间距。丁坝的高度相当于最高水位时，从坝顶越过的波浪对邻近海滩不再起冲刷作用，达到较好的淤积效果。一般丁坝轴线与主波向线交角以110°～120°最佳
护坎坝	护坎坝是保护海堤前缘高滩免受蚀退的一种工程形式，其目的也是使堤前滩地稳定，以达到保护海堤的目的，其防护原则与筑堤护坡一致	护坎坝建成后，随着坝前滩地的蚀低，波浪对护坎坝的作用力不断加大，很容易被破坏。因此，对于侵蚀强烈的海岸不宜采用这种方法
潜堤	潜堤是一条平行于海岸的抛石堤。高潮时，堤潜入水中，主要目的是使外来的波浪在到达海堤前经过一次破碎消能，减少波浪直接对海堤的冲击	这种工程一般建在有一定防御能力的海岸地段
离岸堤	离岸堤是一种距水边线有一定距离而又平行于岸线的露出水面的防护建筑物。离岸堤常采用离岸堤组的形式。它的主要功能是使海浪受堤阻拦而发生绕射，消耗入射波能，在堤后形成波影区，促使泥沙在堤后及受到保护的岸段淤积	成功实例：20世纪80年代在江苏小丁港、吕四港等地海岸防护中进行了多处实验，均收到良好的效果
生物护滩	在海滩上种植某种生物，达到固滩促淤的目的。加强中国海岸防护林体系建设。利用海防林遏制风能，缓阻水流，增强保岸护坡固滩（堤）功能	这种措施一般在侵蚀强度不大的海滩上使用

6. 湖岸侵蚀

局部湖岸在湖浪冲蚀下形成崩塌侵蚀陡岸，不断被侵蚀、坍塌。湖岸侵蚀防治措施见表8.4-6。

表8.4-6　　　湖岸侵蚀防治措施

措施种类	具体措施	说　明
削岸护坡工程措施	削坡措施	主要是针对易崩塌岸线地质地貌特点的工程治理
	景观生态护岸	采用自然柔性护坡，增加城市森林绿化量和景观层次，提高人民生活环境质量
	亲水护岸	生态硬质护岸
	湖滨护岸	位于高档别墅区或休闲娱乐区，与亲水护岸间隔布置，护岸采用格宾形式
	游船码头护岸	在湖岸的坡脚抛石，既可以防风浪，又可以美化湖岸
	生态州岛护岸	生态州岛围堰采用袋装砂，使岛屿临水侧植物能很好地生长
兴建湖岸绿化植被带	在高水位和低水位之间的湖滩地上要种植一些耐水性强的植物，如柳树、芦苇和杨树等	减少拍岸浪和风直接对岸线的作用。应严禁在湖滩上种植油菜等经济作物，否则对湖滩的开垦将造成进一步的湖岸崩塌等生态问题
科学控制水位	在夏季因为防汛或抗旱灌溉等需要根据当年降水情况科学控制水位	出露大量湖滩，有利于植物生长，合理的植物分布可以有效地阻止拍岸浪的淘蚀作用
进行全流域生态环境恶化综合治理	首要的是控制泥沙淤积问题，大力营造生态涵养林提高森林覆盖率，合理利用土地资源，改善植被条件，控制水土流失，加强行政监督管理	严禁在堤身和护堤内放牧、挖掘草皮或任意砍伐毁坏林木等；严禁在堤身或保护范围取土、挖洞、建窑、开沟、爆破等

7. 库岸侵蚀

水库库岸由于水位变幅高、水位降低快，库岸工程地质条件显著变差，在风浪拍打等作用下，极易失稳、坍塌，形成库岸侵蚀。库岸侵蚀防治措施见表8.4-7。

表8.4-7　　　库岸侵蚀防治措施

库岸类型	主要灾害	具体措施	说明
土质岸坡	岸坡物质胶结差，抗冲刷能力差，容易发生塌岸	护坡或护岸工程，构筑生态型护坡	减弱纵向水流和横向环流对库岸的侵蚀，也有利于减小波浪的作用
	库区蓄水后，消落带面临侵蚀再造和植被缺失	绿维护岸结构	选择适合的草种，通过混播或者喷播等种植方式，有助于消落带植被重建
	岸坡内的地下水	挡水墙＋挡土墙	防止水流对岸坡坡脚的冲刷，起到支撑岸坡岩土体稳定岸坡的作用
	已经失稳滑动变形的岸坡	削坡、减重反压、设置抗冲刷挡墙等措施	要特别注意的是此类岸坡不但要提高它的抗滑能力，还要进行护坡处理来提高它的抗冲刷能力
	岸坡为松散堆积物	将其夯实；如果是块石堆积可先用填土碎石充填再行夯实	
	为冲洪积层构成的阶地（如黄土状土岸坡）	蓄水前其脚部抛石填渣，使其形成平缓的斜坡，再在其上砌石护坡或修筑挡水防浪墙，阻挡浪蚀	因其前缘陡立，常被风浪掏蚀，失稳坍塌
	地表水和地下水对边坡的影响	地表排水一般采用设置外围截水沟的方法。同时，还要对岸坡坡面进行整平夯实，减少坑洼及裂隙，并做好岸坡的绿化工作。地下排水一般采用排水洞、排水孔、支撑盲沟、截水暗沟等措施	

续表

库岸类型	主要灾害	具体措施	说明
岩质边坡的治理	有裂隙的坚硬岩质岸坡地区	用锚固或预应力锚固措施	增强滑面的正压力以提高沿滑面的抗滑力或为了固定松动危岩
	一些高陡岩质岸坡	先采取措施剥除危岩，削缓岸坡，然后再进行锚固处理	因岩体受节理裂隙面的切割较为破碎，就可能产生崩塌、坠石等岸坡局部失稳现象
	比较破碎的坚硬岩石岸坡	采用浅层锚固喷射混凝土护面或钢丝网喷浆处理	为防止其进一步开裂掉块，保护水工建筑物的安全
	地表水和地下水	对于地表水要修筑集水沟和排水沟，进行拦截排出；地表裂缝要封闭，防止地表水下渗；对于地下水可采取防水帷幕截断，并采用水平排水孔、竖直集水井、泄水洞、洞孔联合、井洞联合等方法排出地下水	
	坡面	采取灌浆、抹面、填缝、喷浆、嵌补等措施防止被水流侵蚀和风化	
土岩复合岸坡	土岩分界面一般就是不稳定的滑动面	对土岩结合岸坡一般可采用滑坡的治理措施，即削坡、减重反压、设置抗滑挡墙、抗滑桩、注浆法、锚固或预应力锚固等措施	

8.4.3　风力侵蚀防治

风力侵蚀系指由于风的作用使地表土壤物质脱离地面被搬运的过程以及气流中的颗粒对地面的磨蚀作用。风力侵蚀是地球表面一种重要的土壤侵蚀形式，发生区域相当普遍，但风力侵蚀严重的区域主要是地球陆地表面的干旱、半干旱区。那里日照强烈，气温日、年较差大，物理风化盛行；降水量少，蒸发量大，土壤干燥，地表径流贫乏，流水作用微弱；植物覆盖率低，疏松的砂质地表裸露；在强劲、频繁、持续的大风作用下，风力侵蚀作用极其剧烈，由此形成了广泛分布的风蚀地貌和风积地貌形态，并成为风蚀荒漠化的发生区。

8.4.3.1　风力侵蚀防治原则

风力侵蚀作用是由风的动压力及风沙流中沙粒的冲蚀、磨蚀作用，使地表物质被吹蚀和磨蚀，造成土壤养分流失，质地粗化，结构变差，生产力降低，沙丘及劣地形成等土地退化的作用过程。因而风蚀荒漠化的实质就是土地的风蚀退化过程。制定风力侵蚀防治的技术措施主要依据土壤风蚀原因及风沙运动规律，即蚀积原理。产生风蚀必须具备一定的条件，即一要有强大的风，二要有裸露、松散、干燥的砂质地表或易风化的基岩。根据风蚀产生的条件和风沙流结构特征，所采取的技术措施多种多样。

1. 增大地表粗糙度

当风经过地表时，对地表土壤颗粒（或沙粒）产生动压力，使沙粒运动，风的作用力大小与风速大小直接相关，作用力 P 与风速 v 的二次方成正比。所以当风速增大，风对沙粒产生的作用力就增大；反之，作用力就小。同时根据风沙运动规律，输沙率也受风速大小影响，风速越大，其输沙能力就越大，对地表侵蚀力也越强。所以只要降低风速就可以降低风的作用力，也可降低风携带沙子的能量，使沙子下沉堆积。近地层风受地表粗糙度影响，地表粗糙度越大，对风的阻力就越大，风速就被削弱降低。因此，可以通过植树种草或布设障蔽以增大地表粗糙度，降低风速，削弱气流对地面的作用力，达到固沙和阻沙作用。

2. 阻止气流对地面直接作用

风及风沙流只有直接作用于裸露地表，才能对地表土壤颗粒吹蚀和磨蚀，产生风蚀。因而可以通过增大植被覆盖度，使植被覆盖地表，或使用柴草、秸秆、砾石等材料铺盖地表，对沙面形成保护壳，以阻止风及风沙流与地面的直接接触，也可达到固沙作用。

3. 提高沙粒起动风速

使沙粒开始运动的最小风速称为起动风速，风速只有超过起动风速才能使沙粒随风运动，形成风沙流产生风蚀。因而只要加大地表颗粒的起动风速，使风速始终小于起动风速，地面就不会产生风蚀作用。起动风速大小与沙粒粒径大小及沙粒之间黏着力有关，粒径越大，或沙粒之间黏着力越强，起动风速就越大，抗风蚀能力就越强。所以，可以通过喷洒化学胶结剂或增施有机肥，改变沙土结构，增加沙粒间的黏着力，提高抗风蚀能力，使得风虽过而沙不起。

4. 改变风沙流蚀积关系

根据风沙运动规律，以风力为动力，通过人为控制，降低地面粗糙度，改变风沙流蚀积关系，从而拉平沙丘造田或延长饱和路径输导沙害，以达到治理目的。

8.4.3.2　风力侵蚀防治措施

1. 风蚀生物防治措施

干旱区绿洲防护体系主要由三部分组成，一是绿洲外围的封育灌草固沙沉沙带；二是骨干防沙林带；三是绿洲内部农田林网及其他有关林种。

（1）封育灌草固沙沉沙带。该部分为绿洲最外防线，它接壤沙漠戈壁，地表疏松，处于风蚀风积都很严重的生态脆弱带。

（2）防风阻沙带。防风阻沙带是干旱绿洲的第二道防线，位于灌草带和农田之间。通过继续削弱越过灌草带的风速，沉降风沙流中的沙粒，进一步减轻风沙危害。此带因地而异，根据当地实际情况进行合理设置。

在沙丘带与农田之间的广阔低洼荒滩地，大面积造林，应用乔灌结合，多树种混交，形成一种紧密结构。大沙漠边缘、低矮稀疏沙丘区以选用耐沙埋的灌木，其他地方以乔木为主。

（3）绿洲内部农田林网。农田防护林是干旱绿洲第三道防线，位于绿洲内部，在绿洲建成纵横交错的防护林网格，起到防止绿洲内部土壤风蚀起沙和阻沙的作用。

2. 风蚀工程防治措施

风蚀工程防治措施主要是指机械沙障。机械沙障按防沙原理和设置方式方法的不同，划分为平铺式沙障和直立式沙障两大类。平铺式沙障按设置方法不同又分为带状铺设式和全面铺设式。直立式沙障按高矮不同又分为：高立式沙障，高出沙面 50～100cm；低立式沙障，高出沙面 20～50cm（也称半隐蔽式沙障）；隐蔽式沙障，几乎全部埋入与沙面平，或稍露障顶。直立式沙障也可按透风度不同分为透风式、紧

密式、不透风式三种结构类型。

3. 化学固沙措施

化学固沙是属于工程治沙措施之一，其作用和机械沙障一样，为固沙型措施，是一种治标措施，也是植物治沙的辅助、过渡和补充措施。

沥青乳液固沙，其组成主要为石油沥青、乳化剂（用硫酸处理过的造纸废液或油酸钠）和水。

沥青化合物固沙，其组成主要为 30%～50% 的沥青或黏油、30%～50% 的矿石粉、30%～35% 的水。

涅罗森固沙，其组成主要为含氮物质 0.3%，石炭酸 0.3%，酚类化合物 21.4%，沥青质酸 0.7%，中性沥青质 13.3%，中性油、烃和中性氧化物 64%。

油-胶乳固沙，其组成主要为橡胶乳。

沙粒结块固沙法，在沙中加黏结剂，增加沙粒团聚成分，同时栽植固沙植物，以此来达到固定流沙的目的。

4. 风力治沙措施

（1）渠道防沙。渠道防沙的基本要求是在渠道内不要造成积沙，这就必须保证风沙流通过渠道时成为不饱和气流，即渠道的宽度必须小于饱和路径长度，或者采取措施，从气流中取走沙量，使过渠气流成为非饱和气流。

防沙堤和护道在渠道迎风面上，距岸一定距离筑一道 1m 的堤，这个堤就称为防沙堤。堤到渠边的距离称为护道。这个距离最好根据试验因地制宜确定，原则上根据饱和路径长度和沙丘类型、移动速度而定。一般最好小于饱和路径长度，大于沙丘摆动幅度，使渠道处于饱和路径的起点。

（2）拉沙修渠筑堤。利用风力修渠筑堤，共同方法是设置高立式紧密沙障，降低风速，改变风沙流结构。使沙子聚集在沙障附近，当沙障被埋一部分后，或向上提沙障，或加高沙障到所需要的高度。修渠可按渠道设计的中心线设置沙障，先修下风一侧，然后修上风一侧。沙障距中心线的距离计算公式为

$$I = \frac{1}{2}(b+a) + mh \qquad (8.4-1)$$

式中　I——沙障距渠道中心线的距离，m；

　　　b——渠堤底宽，m；

　　　a——渠堤顶宽，m；

　　　m——边坡系数（沙区一般为 1.5～2）；

　　　h——渠堤高度，m。

（3）筑堤。筑堤是指在干河床内横向修筑堤坝，引洪淤地，改河造田。

（4）拉沙垫土。拉沙改土是利用风力拉平沙丘，使丘间低地掺沙，改良土壤。对于沙丘是以输沙为目

的，对于丘间低地是以积沙为目的，既改变沙丘，又改良丘间沙地。黏质土壤掺沙改土不仅改变土壤机械组成，而且可以改善土壤水分和通气条件，对抑制土壤盐渍化也有作用。风力拉沙改土必须掌握两个技术环节：首先要有一定的沙源，保证较短时间内供给足够的沙子；其次要造成很有效的积沙条件。

5. 水力治沙措施

(1) 引水拉沙修渠。拉沙修渠是利用沙区河流、海水、水库等的水源，自流引水或机械抽水，按规划的路线，引水开渠，以水冲沙，边引水边开渠，逐步疏通和延伸引水渠道。它是水利治沙的具体措施。

(2) 引水拉沙造田。引水拉沙造田是利用水的冲力，把起伏不平、不断移动的沙丘改变为地面平坦、风蚀较轻的固定农田。这是改造利用沙地和沙漠的一种方法，是水利治沙的具体措施。拉沙造田必须与拉沙修渠进行统一规划，分期实施。造田地段应规划在沙区河流两岸、水库下游和渠道附近或有其他水源的地方。拉沙造田次序应按渠道的布设，先远后近，先高后低，保证水沙有出路，以便拉平高沙丘，淤填低洼地，见图 8.4-2。

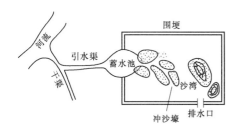

图 8.4-2 拉沙造田田间工程布设示意图

8.4.4 重力侵蚀防治

重力侵蚀是一种以重力作用为主引起的土壤侵蚀形式。它是坡面表层土石物质及中浅层基岩，由于本身所受的重力作用（很多情况还受下渗水分、地下潜水或地下径流的影响），失去平衡，发生位移和堆积的现象。重力侵蚀的发生多在大于 25°的山坡和丘坡，在沟坡和河谷较陡的岸边也常发生重力侵蚀，由人工开挖坡脚形成的临空面、修建渠道和道路形成的陡坡也是重力侵蚀多发地段。

严格地讲，纯粹由重力作用引起的重力侵蚀现象是不多的，重力侵蚀的发生是与其他外营力参与有密切关系的，特别是在水力侵蚀及下渗水的参与下，重力侵蚀才能够发生。根据土石物质破坏的特征和移动方式，一般可将重力侵蚀分为崩塌、滑坡、错落、蠕动、溜沙坡、崩岗、陷穴和泻溜等形式。

8.4.4.1 重力侵蚀防治对策

重力侵蚀的治理难度大，多以预防为主，在工程建筑中为了防止和抑制重力侵蚀，经常采取排水工程、削坡、减重和反压填土措施、支挡工程、锚固工程、护坡工程、滑动带加固、落石防护及植物固坡等技术进行预防和防治，重力侵蚀主要防治对策见表 8.4-8。

表 8.4-8 重力侵蚀主要防治对策

措施	类型	方法或手段	作　用
排水工程措施	地表水排除工程	防渗工程和排水沟工程	拦截已发生重力侵蚀斜坡以外的地表水；防止已发生重力侵蚀斜坡内的地表水大量渗入
	地下水排除工程	渗沟、明暗沟、排水孔、排水洞和截水墙	排除和截断渗透水
削坡、减重和反压填土措施		抗滑土堤	防止中小规模的土质滑坡和岩质斜坡崩塌，可以使边坡变缓、滑体重量减轻；起反压作用，增加抗滑力
支挡工程措施	挡土墙	重力式、半重力式、倒 T 形或 L 形、扶壁式、支垛式、棚架扶壁和框架式	防止崩塌、小规模滑坡及大规模滑坡前缘的再次滑动
	抗滑桩	木桩、钢桩、混凝土桩或钢筋（钢轨）混凝土桩	防止滑坡发生，其穿过滑坡体将其固定在滑床的桩柱
锚固措施		预应力钢索、钢杆锚固	增大抗滑力、固定危岩
护坡工程措施		干砌片石和混凝土砌块护坡、浆砌片石和混凝土护坡、格状框条护坡、喷浆和混凝土护坡、锚固法护坡	防止崩塌
滑动带加固措施		普通灌浆法、化学灌浆法和石灰加固法	防止沿软弱夹层的滑坡，提高滑动带强度；防止软弱夹层恶化

续表

措施	类型	方法或手段	作用
落石防护措施		防落石栅、挡墙加拦石栅、囊式栅栏、利用树木的落石网和金属网覆盖	拦截、阻挡落石
植物固坡措施		坡面防护林、坡面种草和坡面生物	防止径流对坡面的冲刷，在坡度不很大（<50°）的坡上，能在一定程度上防止崩塌和小规模滑坡

8.4.4.2 重力侵蚀防治措施

1. 崩塌防治措施

防治崩塌灾害的基本途径是提高易崩塌岩体的稳定程度，防止或削弱崩塌活动；保护受灾对象，避免或减轻灾害损失，崩塌的主要防治措施与作用见表8.4-9。

表 8.4-9　　崩塌的主要防治措施与作用

措施	作用
遮挡	即遮挡斜坡上部的崩塌落石。这种措施常用于中、小型崩塌或人工边坡崩塌的防治中，通常采用修建明洞、棚洞等工程进行，在铁路工程中较为常用
拦截	对于仅在雨季才有坠石、剥落和小型崩塌的地段，可在坡脚或半坡上设置拦截构筑物，如设置落石平台和落石槽以停积崩塌物质；修建挡石墙以拦坠石；利用废钢轨、钢钎及钢丝等编制钢轨或钢钎栅栏来挡截落石。这些措施也常用于铁路工程中
支挡	在岩石突出或不稳定的大孤石下面，修建支柱、支挡墙，或用废钢轨支撑
护墙、护坡	在易风化剥落的边坡地段，修建护墙，对缓坡进行水泥护坡等。一般边坡均可采用
镶补勾缝	对坡体中的裂隙、缝、空洞，可用片石填补空洞、水泥砂浆勾缝等，以防止裂隙、缝、洞的进一步发展
刷坡（削坡）	在危石、孤石突出的山嘴以及坡体风化破碎的地段，采用刷坡来放缓边坡
排水	在有水活动的地段，布置排水构筑物，以进行拦截疏导

2. 滑坡防治措施

滑坡的防治要贯彻"及早发现，预防为主；查明情况，综合治理；力求根治，不留后患"的原则，结合边坡失稳的因素和滑坡形成的内外部条件，滑坡的

主要防治措施与作用见表8.4-10。

表 8.4-10　　滑坡的主要防治措施与作用

措施	作用
堵缝	对地表上已有张开裂缝的潜在滑坡，可用黏土或水泥土夯实，并做成鱼背状
排水	在潜在滑坡体边界设环形排水沟，排除滑坡体外地表径流；在滑坡体界内修建树枝状排水沟，将水导出滑坡体外，排水沟壁进行防渗处理。在滑坡体内可设置地下排水暗沟和垂直排水井、孔等，用于疏干滑坡体或滑动面，减少土壤含水量
支撑	在滑坡体脚设挡土墙、抗滑桩、锚固等。对于滑坡体积不大，采用挡土墙较好。对于滑坡体积物不厚的滑坡，可用木桩、钢轨、钢管、钢筋混凝土桩直接打入稳定的地基；对于厚度较大的滑坡体，可钻孔或冲抓套井回填混凝土或钢筋混凝土，增强滑坡的稳定性
削坡减重	削缓斜坡，减少滑坡体上部的重量，适用于治理"上陡下缓、头重脚轻"的滑坡或推移式滑坡，可使滑坡体外形改善，斜坡高度降低，坡度减小，滑坡体的重心降低，从而提高滑坡体的稳定性
种植植被	在滑坡体四周植树，在坡体上宜种植灌草，达到固土防裂、防渗的作用。对土层较薄的滑坡体以种草为宜，由于暴雨时，狂风吹动，在滑坡体上种植乔木，会增加荷载，加重滑坡的可能
护坡脚	对于滑坡体坡脚在水边的，为防治河水、库水对滑坡体坡脚的冲刷，避免坡脚被冲刷淘空失稳，导致滑坡。主要采取的工程措施有：一是在滑坡严重冲刷地段上游筑丁字坝，促使主流偏向滑坡体对岸，保护滑坡脚免遭河流冲刷；二是在滑坡前缘抛石、铺设石笼等，使坡脚的土体免受河水冲刷。上述措施主要应用于江边、库边的滑坡体治理

3. 错落防治措施

对于可能产生较大错落的地段或者区域，应该尽可能地避绕；对于可以采用工程措施预防或者治理的错落区，主要技术措施与作用见表8.4-11。

表 8.4-11　　错落的主要防治措施与作用

措施	作用
支挡	在错落体前部修筑支挡建筑物，如支柱、支撑墙、支撑山体稳定
削坡减重	在错落体后部采用减重措施，增加山体稳定性
排水	在有水活动的地段，布置排水系统或者筑物，疏干错落体前部水流

4. 蠕动防治措施

蠕动的主要防治措施为支挡，其主要作用是在蠕动山体上修筑支挡建筑物，如支柱、支挡墙，阻止坡面发生蠕动。

5. 溜沙坡防治措施

溜沙坡的基本特点就是松散物质得到上部斜坡源源不断地补给，无论坡脚是否有工程活动，溜沙坡的坡面均处于不稳定状态，因此其治理难度较大，主要的防治措施与作用见表 8.4-12。

表 8.4-12　溜沙坡的主要防治措施与作用

措施	作　　用
挡沙墙	挡沙墙是溜沙坡防治的最常用的工程措施，适用于沙源区已基本稳定，无明显的沙粒、碎屑溜动的溜沙坡地区
植物固坡	喷撒快速生长的低等生物种子，使已经松动的岩块、沙粒稳定在陡坡上，同时减缓岩体风化
木桩排网	用于活动性较弱、附近有木桩原料的溜沙坡表部加固，它工程投资少，施工方便，可以取得立竿见影的效果
排沙渡槽	排沙渡槽适用于已有明显溜沙凹槽，且沙源区不断向凹槽供沙的溜沙坡

6. 崩岗防治措施

崩岗治理难度很大，单一的治理措施很难奏效。以工程措施和植物措施相结合的综合治理方法是崩岗治理的有效途径，崩岗的主要防治措施与作用见表 8.4-13。

表 8.4-13　崩岗的主要防治措施与作用

措施	作　　用
截流沟工程	截流沟是在崩口上方和两侧坡面沿等高线开挖的水平沟，用以拦截坡面径流，防止径流对崩壁的冲刷、切割作用
护坡工程	根据崩岗地形条件和建筑材料来源，在确保工程安全的前提下，选择经济合理的护坡工程形式，目前主要采取"人"字形骨架内草皮护坡、拱形骨架内草皮护坡和鱼鳞式骨架内草皮护坡三种
谷坊	一般用于拦截崩岗泥沙的谷坊有土谷坊、石谷坊（浆砌石谷坊、干砌石谷坊）、柴谷坊等
排水沟	排水沟沿崩岗脊走向设置，承接坡面来水，排除径流，防止冲刷

7. 陷穴防治措施

陷穴防治的宗旨是预防为主、防治结合。其预防工程主要是排水工程，治理工程主要是回填工程，陷穴的主要防治措施与作用见表 8.4-14。

表 8.4-14　陷穴的主要防治措施与作用

措施	作　　用
排水工程	修建横向、纵向排水坡，防止地表水下渗
回填工程	对于洞穴没有坍塌，但地表洞口外露的地下空洞，可以采用向空洞内灌沙、泥浆等措施，也可以向洞内捣填灰土、水泥土等

8. 泻溜防治措施

一般来说，泻溜侵蚀的防治，应先着手于流域的综合治理，如果在流域综合治理的基础上，在泻溜面上直接实施治理措施，则会更加迅速地制止泻溜侵蚀，泻溜的主要防治措施与作用见表 8.4-15。

表 8.4-15　泻溜的主要防治措施与作用

措施	作　　用
挡土墙	固定泻溜面的坡脚，拦蓄坡面泻溜物
削坡减重	固定泻溜面的坡脚
谷坊	拦截泥沙
植物固坡	在泻溜面上植树种草，改良土壤，恢复植被，蓄水保土

8.4.5　混合侵蚀防治

在我国，混合侵蚀的形式主要为泥石流。泥石流是山区沟谷中由暴雨、冰雪融水等水源激发、含有大量泥沙石块的特殊洪流。泥石流具有极强的破坏力，可在短时间内搬运大量固体物质，加剧河流泥沙灾害，并对山区城镇、交通、工矿、农田等造成严重危害。

在进行泥石流防治工程设计和综合规划时，应遵循以下准则：防治工程消除或减轻设计标准内泥石流对防护对象的危害；防治工程以安全可靠、技术可行、经济合理、施工方便为总的原则；泥石流灾害治理与公路建设、河道整治相结合；在确保防护对象安全的前提下，力争工程投资节省，社会、经济效益高，治理工程的布置考虑经济和施工条件的合理性。

1. 泥石流排导槽工程措施

泥石流排导槽工程具有结构简单、施工和维护方便、造价低、效益明显等优点，一般布设于泥石流沟流通段及堆积区。排导工程可单独使用，也可在综合防治中与拦蓄工程配合使用。当地形等条件对排泄泥石流有利时，可优先考虑布设该项工程，泥石流的排导槽工程应具备以下地形条件：①具有一定宽度长条形地段，满足排导槽工程过流断面需要，使泥石流在流动过程中不产生漫溢；②排导槽工程布设区应有足够的地形坡度，或采取一定工程措施后，能开挖出足够陡的纵坡，使泥石流在运行过程中不产生危害建筑物安全的淤积或冲刷破坏；③排导槽工程布设场地顺直，或通过裁弯取直后能达到比较顺直，利于泥石流排泄；④排导槽工程尾部应有充足停淤场所，或被排泄的泥沙、石块能较快地由大河等水流挟带至下游，在排导槽尾部能与其大河交接处形成一定落差，以防大河河床抬高或河水位大涨大落，导致排导槽等内严重淤积、堵塞，使排泄能力减弱或失效；⑤排导槽纵向轴线布置力求顺直，与河流主流中心线一致，尽可能利用天然沟道随弯就势，出口段与主河应锐角相交。

（1）排导槽工程平面布设。排导槽工程自上而下由进口段、急流段和出库段三部分组成，由于各部分的作用和功能不同，对平面布局的要求也不一样。排导槽的总体布置应根据防护区范围及沟道等有利地形，力求达到线路顺直、长度较短、纵坡大、排泄顺畅、安全、占地少，工程投资节省，便于施工和运行管理。排导槽一般沿沟布设，必要时亦可沿扇形地的一侧或走扇脊及扇间凹地，还应与现有公程及沟道的防治规划保持一致。

（2）排导槽主要类型。排导槽可分尖底槽、平底槽和 V 形固床槽。而尖底槽又有 V 形和圆形之分，见图 8.4 - 3；平底槽则有梯形与矩形之别；V 形固床槽则呈阶梯门坎形，见图 8.4 - 4。

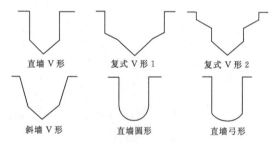

图 8.4 - 3　尖底槽主要断面形式

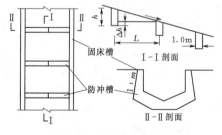

图 8.4 - 4　V 形固床槽示意图

（3）排导槽横断面设计。通常情况下，排导槽底部由含纵、横坡度的两个斜面组成重力束流坡，其坡降 $I_束$ 根据两者的关系式确定，即

$$I_束 = \sqrt{I_横^2 + I_纵^2} \qquad (8.4 - 2)$$

根据经验：$200‰ \leqslant I_束 \leqslant 350‰$，$10‰ \leqslant I_纵 \leqslant 350‰$，$100‰ \leqslant I_横 \leqslant 300‰$ 时，排导槽效果最佳。

（4）排导槽槽宽设计。排导槽宽度设计，要有适度的深宽比控制。槽底过宽，水深就小，不利于排泄，槽底磨蚀范围大，维修养护工作量大。槽宽亦不能过小，过小将影响泥石流体内最大石块并排运行，导致堵塞漫流危害。因此，排导槽出口槽宽设计不得小于泥石流流体的最大石块直径的 2.5 倍。深、宽比以 1：1～1：3 为宜。

（5）排导槽边墙设计。排导槽边墙分直墙式和斜墙式。设计边墙应视地质、地形、水文、泥沙情况，综合经济技术比选而定。通常直边墙受力较大，宜造于曲线外侧和填方地段。可降低泥石流弯道超高值，作用、抗侧压力较好。斜边墙宜造于挖方和直线段，按护墙受力设计，省圬工。

（6）排导槽主要尺寸与圬工规格。排导槽主要尺寸与圬工规格取决于泥石流流速 v_c，具体有如下规定。

1）当 $v_c < 8m/s$ 时，沟心最大厚度用 0.6m。边墙顶宽用 0.5m。槽底用 M10 级水泥砂浆砌片石、块石镶面，其宽度设为 B。边墙用 M5.0 级水泥砂浆砌片石；沟心设马鞍面。

2）当 $8m/s \leqslant v_c \leqslant 12m/s$ 时，沟心最大厚度用 0.8m。边墙顶宽用 0.6m。槽底用 M10 级水泥砂浆砌片石，并在沟心 0.4B 槽宽范围内用坚硬块石镶面；或用 C15 级混凝土，钢纤维混凝土护面 0.2m，并在沟心 0.4B 槽宽范围内设纵向旧钢轨滑床防磨蚀，钢轨底面向上，增大防磨面积，轨距 5～10cm。边墙用 M7.5 级水泥砂浆砌片石。

3）当 $v_c > 12m/s$ 时，沟心最大厚度用 1.0m。边墙顶宽用 0.7m。槽底用 C20 级混凝土、钢纤维混凝土护面 0.3m，沟心 0.4B 槽宽范围内用坚硬块石或铸石镶面；或设纵向旧钢轨滑床防磨蚀，钢轨底面向上，增大防磨面积，轨距 5～7cm；或采用钢板防护沟心。边墙用 M10 级水泥砂浆砌片石。排导槽主要尺寸与瓦工规格见图 8.4 - 5。

（7）排导槽实践经验。根据成昆线 200 余条排导槽十多年来的实践证明，排泄泥石流固体物质效果是好的，但较普遍存在的问题是沟底磨蚀大。为克服这一缺陷，建议排导槽纵坡设计，可略小于堆积扇纵坡，以减小流速和磨蚀力；排导槽横坡适当用陡些，使固体物质尽量集中，以缩小磨蚀范围；集中力量加

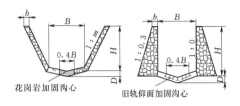

图 8.4-5　排导槽主要尺寸与瓦工规格

强沟心 $0.4B$ 范围内的防磨蚀措施和在沟心设马鞍面，尽可能减小维修养护范围。

2. 泥石流渡槽工程

泥石流渡槽为一种凌空架设结构物，槽体依靠墩、墙支撑，槽身为空腹、结构脆弱、构造复杂、施工困难，跨度、过流断面形式受泥石流固体物质运动的特殊要求和泥石流的不确定性因素影响。因此，渡槽规模常受地形、地质和泥石流流体特性所控制，通常只适宜于架空地势较为优越的中、小型泥石流沟。一般在线路通过泥石流沟时，上游沟槽明显，易于引导，建筑物处于浅挖方、半挖方、桥（涵）下净空不够以及下游沟槽坡度平缓，排导泥石流不通畅时，用以抬高排泄泥石流的基面，借此提高位能，增强排导势能为目的的凌空排导工程。当泥石流明洞（棚洞）式渡槽，洞顶有回填土时，为非凌空架构建筑物，可按排导槽进行设计。

（1）渡槽类型特征和适用条件。泥石流渡槽工程类型较多，但还在试用阶段，规模一般都较小，费用也比较高。目前常用的有如下几种。

1）按渡槽结构型式分架式渡槽〔简支梁（板）式、连续梁式〕、拱式渡槽（板拱、双曲拱、肋拱）和框架式渡槽（整体浇灌式、拼装焊接式）。

2）按渡槽建筑材料分钢筋混凝土渡槽、圬工渡槽（石砌、砖砌、混凝土）和钢材渡槽。

3）按渡槽过流断面形状分 V 形、矩形、箱形、半圆形断面渡槽，见图 8.4-6。

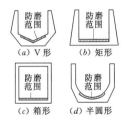

图 8.4-6　按渡槽过流断面划分的渡槽类型

V 形断面渡槽纵坡适应范围较大，适应泥石流流体性质较强。主要优点是：集中防磨范围小，无需预留残留层厚度的加高高度，无清淤工作，施工方便。

矩形断面渡槽纵坡要求较大，一般应大于

150‰，适宜于颗粒细小的稀性泥石流，施工方便。需设计全槽底防磨加强措施、预留残留层加高高度和清淤条件。

箱形断面渡槽纵坡要求比矩形槽更大，净空亦要更高，适宜于颗粒细小的水石流，特点是结构性能较好。全槽底均需防磨加强措施，要预留足够的残留层厚度和方便的清淤设施。

半圆形断面渡槽纵坡适应范围大，流体性质适应性强，利于排泄泥石流固体物质，槽底圆形加固防磨范围比 V 形槽大，无需预留残留层厚度和清淤条件。但施工难度大，不易推行。

（2）泥石流特征条件。泥石流渡槽设计的流量、流速、密度、泥深、最大颗粒直径、堵塞系数以及残留层厚度等基本数据，必须科学、准确、可靠；泥石流处于急剧发展阶段，其前景无法控制，规模较大的高频泥石流沟，不宜采用泥石流架空渡槽，应以较长的明洞渡槽通过为佳；根据泥石流过坝后的跌落冲刷深度和射流长度，对泥石流渡槽进口处的挡墙和出口处悬空跌落部位进行处理。

（3）渡槽设计要点。泥石流渡槽是排导槽、拦沙坝、桥梁三位一体的混合构造物，三者既有共性，又有特殊性，本书着重讨论其特殊性要求，共性部分可参考桥梁设计相关内容。泥石流渡槽最佳设计是：水文泥沙数据准确可靠，结构稳定安全，进口流向通顺，槽内只排不淤，出口跌落冲刷无害。泥石流渡槽平面示意见图 8.4-7。

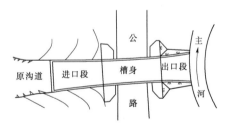

图 8.4-7　泥石流渡槽平面示意图

（4）渡槽平面设计。泥石流渡槽由连接段、槽身、出口段等三部分组成，各部分特点和要求分述如下。

1）渡槽进口段平面与原泥石流沟用倒喇叭形束流顺直平滑连接。渡槽进口连接段不得强行压缩底宽，避免突然收缩和突然扩宽，不得布设在原沟道的急弯或束窄段，进口以上需有 15～20 倍于槽宽的直线引流段。在可能条件下，连接段应布设成直线。若上游自然沟道与渡槽同宽，则连接段不需太长，只要紧密顺接即可。当沟槽宽度小于沟床宽度时，则连接段长度应大于槽宽的 10～15 倍，且不小于 20m。连接段首先应布设为上宽下窄的喇叭形或圆弧形,逐渐收缩到与渡槽宽度一致的渐变段,然后再以与渡槽过流断面形状一致的、长度为1~2倍渡槽长的直线形过渡连接段与渡槽入口衔接。

2)槽身部分应为均匀的等断面直线段,除跨越物的横向净宽之外,槽身长度应延伸一定长度(为1~1.5倍槽宽)。

3)渡槽出口段应与槽身连接成直线,要避免在槽尾附近就地散流停淤成新的堆积扇,最好能将泥石流直接泄入主河(凹岸一侧)或荒废凹地。

渡槽的出口段最好能与地面或大河水面之间有一定的高差,以防止出流口以下淤积或洪水位阻碍渡槽的正常排泄,甚至因溯源淤积而使渡槽过流能力很快减弱。

渡槽出口和沟道衔接出流段布置形式应避免由于出流不畅产生槽外淤积。由累积性槽外淤积阻碍槽的出流,甚至溯源在槽内阻塞,影响渡槽的过流能力。同时应避免由于出口流速过高,基础耐冲力不够而产生局部冲刷,对渡槽正常使用构成威胁。

(5)渡槽纵、横断面设计。渡槽纵坡设计必须满足槽下梁底最低净空要求(可按隧道限界规定)。槽身纵坡应设计成单一的坡度,不应有多坡段变坡点,避免泥石流在变坡点产生不稳定的冲击作用和不确定的冲击荷载。槽身纵坡的设计泥石流由量不得小于泥石流流体内的最大颗粒的起动流速,确保槽内无泥石流积物。按最大颗粒计算流速。槽底设计纵坡应等于或接近天然沟道的流通段平均纵坡,即不得小于泥石流运动的最小坡度,或按下列公式设计纵坡。

对于稀性泥石流和水石流:

$$I_f = 0.59 \frac{D_r^{\frac{2}{3}}}{H_c} \qquad (8.4-3)$$

式中　I_f——渡槽槽底纵坡;

　　　H_c——石块平均粒径,mm;

　　　D_r——平均泥深,m。

对于黏性泥石流

$$I_b < I_f \leqslant 150\text{‰} \qquad (8.4-4)$$

式中　I_b——沟道相应段的天然沟床纵坡。

按设计最大流量计算的横断面面积是渡槽的有效过流横断面面积,加上计算高度和安全超高得到渡槽的设计横断面尺寸。计算槽深值应当用阵性泥石流的龙头高度计算值或调查值予以验算。渡槽槽身边墙高度应留有高出设计泥石流水深1.0m的安全高,并用高一级的设计泥石流流量校核其风险度。

渡槽的宽深比按下列公式计算:

$$\beta = \frac{B_c}{H_c} = 2 \left(\sqrt{1+m^2} - m \right) \qquad (8.4-5)$$

式中　β——断面宽深比;

　　　H_c——渡槽宽度,m;

　　　B_c——渡槽过流深度,m;

　　　m——渡槽的边坡系数。

纵、横断面初算结果用不同规模泥石流流量计算流速与渡槽和沟道的耐冲流速作比较。不满足时,可对纵坡进行调整,然后重新计算横断面并反算流速,直至达到要求时为止。另外,渡槽的宽度还应大于泥石流流体中最大漂砾直径的1.5~2倍。

3.泥石流拦沙坝工程

(1)拦沙坝作用。拦沙坝可以控制或提高沟床局部地段的侵蚀基准面,防止淤积区内沟床下切,稳定岸坡崩塌和滑坡体的移动,对泥石流形成与发展将起到抑制作用;随着拦沙坝高度与库容的增加,将在坝址以上拦截大量泥沙,从而可以改变泥石流性质,减少泥石流的下泄规模;使泥石流沟沟床拓宽,坡度减缓,减小流体流速,也可使流体主流线控制在沟道中间,减轻山洪泥石流对岸坡坡脚的侵蚀速度;拦沙坝下游沟床,因水头集中,水流速度加快,有利于输沙与排泄。

(2)拦沙坝类型。按拦沙坝所处地形、地质条件、采用材料和设计、施工要求,将拦沙坝分为不同类型,常用坝体型式有重力坝、拱坝、平板坝、爆破筑坝和格栅坝等。按建筑材料分,有浆砌石重力坝、混凝土(含钢筋混凝土)坝、钢结构坝、干砌石坝和土坝等。

1)浆砌石重力坝,是我国泥石流防治中最常用的一种坝型,适用于各种类型和规模的泥石流防治,坝高不受限制。在石料充足地区,可就地取材,施工技术条件简单,工程投资较少。

2)干砌石坝,适用于规模较小的泥石流防治,要求断面尺寸大,坝前应填土防渗和减缓冲击,过流部分应采用一定厚度(大于1.0m)浆砌块石护面。坝顶最好不过流,而另外设置排导槽(溢洪道)过流。此类坝型包括定向爆破砌筑的堆石坝。

3)混凝土或浆砌石拱坝,当地缺少石料、沟道两侧沟壁地质条件又较好时,可采用节省材料的拱坝拦截泥石流。坝的高度及跨度不宜太大,并常用同心等半径圆周拱坝。此类坝的缺点是抗冲击及震动较差,不适宜含巨大漂砾的泥石流沟防治。

4)土坝,多适用于泥流或含漂砾很小、规模又不很大的泥石流防治。优点是能就地取材,结构简单,施工方便。缺点是不能过流,需另行设置溢洪道,而且需要经常维护。若需坝面过流,则坝顶及下游坝面需用浆砌块石或混凝土板护砌,并设置坝下防冲消能;在坝体上游应设带土隔水墙,减少坝体内的渗水压力。护面土坝剖面示意见图8.4-8。

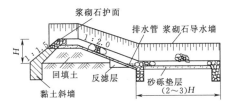

图 8.4-8 护面土坝剖面示意图

5）格栅坝，主要适用于稀性泥石流及水石流防治，目前已修建的有钢结构或钢筋混凝土结构两大类，坝高多为3~10m的中小型坝。具有节省建筑材料、施工快速（可装配施工）、使用期长等优点。

6）钢筋混凝土板支墩坝，这种坝适用于无石料来源、泥石流的规模较小、漂砾含量少的泥石流地区。坝顶可以溢流，坝体两侧的钢筋混凝土板与支墩的连接为自由式，坝体内可用沟道内砂砾土回填，可据需要设置一定数量排水孔（管）。

（3）拦沙坝平面布局。拦沙坝最好布置在泥石流形成区的下游，或置于泥石流形成区和流通区的衔接部位；从地形上讲，拦沙坝应设置于沟床的颈坎（峡谷入口处）。坝址处两岸坡体稳定，无危岩、崩滑体存在。沟床基岩出露、坚固完整，具有很强的承载能力。在基岩窄口或跌坎处建坝，可节省工程投资，对排泄和消能都十分有利；拦沙坝宜设置在能较好控制主、支沟泥石流活动的沟谷地段；拦沙坝宜设置在靠近沟岸崩塌滑坡活动的下游地段，应能使拦沙坝在崩滑体坡脚的回淤厚度满足稳定崩塌滑坡的要求；从沟床冲刷下切往下游开始，逐级向上游设置拦沙坝，使坝上游沟床被淤积抬高、展宽，从而达到防止沟床继续被冲刷，进而阻止沟岸崩滑活动的发展。

拦沙坝应设置在有大量漂砾分布及活动的沟谷下游，拦沙坝高度应满足回淤后长度能覆盖所有漂砾，使漂砾能稳定在拦沙坝库内。拦沙坝在平面布置上，坝轴线尽可能按直线布置，并与流体主流线方向垂直。溢流口应居于沟道中间位置，溢流宽度和下游沟道宽度保持一致，非溢流部分应对称。坝下游设置消能工，可采用潜槛或消力池构成的软基消能工。若拦沙坝本身不过流时，应在坝的一侧设置排洪道工程。

（4）拦沙坝荷载计算。作用在拦沙坝上的基本荷载有坝体自重、泥石流压力、堆积物的土压力、过坝泥石流的动水压力、水压力、扬压力、冲击力等。泥石流拦沙坝的荷载计算方法有多种（图8.4-9），推荐《泥石流灾害防治工程设计规范》（DZ/T 0239—2004）中的荷载计算公式。

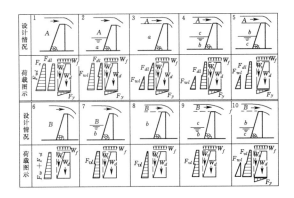

图 8.4-9 泥石流拦沙坝10种荷载组合图

1）单宽坝体自重 W_b：

$$W_b = V_b \gamma_b \qquad (8.4-6)$$

式中　W_b——坝体自重，kN；

　　　V_b——坝体体积，m^3；

　　　γ_b——坝体密度，一般浆砌块石取 24kN/m^3。

2）土体重 W。土体重是溢流面以下堆积物垂直作用于上游坝面及伸延基础面上的重力，对于不同密度堆积土层，应分层计算，并求其和。

3）泥石流体重 W_f。为泥石流体作用在坝体上的重力强度，为设计溢流体厚度与其密度乘积。

$$W_f = h_d \gamma_c \qquad (8.4-7)$$

式中　h_d——设计溢流体厚度，m；

　　　γ_c——设计泥石流体密度，kg/m^3。

4）流体侧压力。流体侧压力就是流体作用于坝体迎水面上的水平压力。

对于稀性泥石流体：

$$F_{dl} = \frac{1}{2} \gamma_{ys} h_s^2 \tan^2\left(45° - \frac{\varphi_{ys}}{2}\right) \qquad (8.4-8)$$

$$\gamma_{ys} = \gamma_{ds} - (1-n)\gamma_w$$

式中　γ_{ys}——浮砂密度，g/cm^3；

　　　γ_{ds}——干砂密度，g/cm^3；

　　　γ_w——水体密度，g/cm^3；

　　　n——孔隙率；

　　　h_s——稀性泥石流堆积厚度，cm；

　　　φ_{ys}——浮砂内摩擦角，（°）。

对于黏性泥石流，采用朗肯主动土压力计算：

$$F_{ul} = \frac{1}{2} \gamma_c H_c^2 \tan^2\left(45° - \frac{\varphi_a}{2}\right) \qquad (8.4-9)$$

式中　γ_c——黏性泥石流密度，g/cm^3；

　　　H_c——泥石流体密度，g/cm^3；

　　　φ_a——黏性泥石流的内摩擦角，一般取 4°~10°。

对于水流而言，侧压力按水力学计算，即

$$F_{ul} = \frac{1}{2} \gamma_w H_w^2 \qquad (8.4-10)$$

式中 γ_w——水体密度，g/cm^3；

H_w——水深度，m。

5）过坝泥石流动水压力 σ：

$$\sigma = \frac{\gamma_c}{g} v_c^2 \qquad (8.4-11)$$

式中 γ_c——泥石流体密度，kg/m^3；

v_c——泥石流体平均速度，m/s。

6）作用在迎水面坝踵处的扬压力 F_y：

$$F_y = K \frac{H_1 + H_2}{2} B \gamma_w \qquad (8.4-12)$$

式中 K——折减系数；

H_1——坝上游水深，m；

H_2——坝下游水深，m；

B——坝底宽度，m；

γ_w——水体密度，g/cm^3。

7）冲击力计算。冲击工程为墩、台或柱以及建筑物为坝、闸或拦栅时，冲击力可按式（8.4-13）计算。

$$Ft = \Delta Mv \qquad (8.4-13)$$

式中 F——平均作用力，N；

t——时间，s；

M——物体质量，kg；

v——速度，m/s。

（5）荷载组合。根据不同泥石流类型、过流方式及库内淤积情况，荷载组合见图 8.4-9。对稀性黏性泥石流荷载组合，均可分为空库过流、未满库过流及满库过流 3 种情况，共计 10 种组合类型。当坝高、断面尺寸、坝体排水布设、基础形状大小均相同时，经对比计算分析，可以得出以下结论。

1）对任何一种泥石流来说，空库过流时的荷载组合对坝体安全威胁最大。特别是对稀性泥石流过坝危险性更大；相反，库满过流则偏于安全；对于未淤满库过流，则介于空库与满库之间。当过流方式相同，稀性泥石流比黏性泥石流对坝体安全的威胁更大。

2）当不同密度堆积铺成层分布时，若下层为黏性泥石流堆积，则对坝体安全有利。若整个堆积物均为黏性泥石流堆积物，坝体会更安全。空库过流时，作用荷载有：坝体自重、水石流土体重、溢流体重、水平水压力、过坝水石流的动水压力、水石流水平压力以及扬压力（未折减），以及与地震力的组合。

3）未满库过流时，作用荷载有坝体自重、土体重、溢流体重、水石流水平压力、水平水压力、过坝水石流的动水压力和扬压力（考虑折减），以及与地震力的组合。对于泥石流，作用在拦挡坝的荷载组合，只将水石流产生的水平压力换为泥石流的水平水压力。在满库过流计算土重时应分层考虑。空库运行时，拦挡坝的稳定性最差，坝后淤积越高，拦挡坝稳定性越好。

（6）拦沙坝结构设计参数计算。推荐王礼先（1991）提出的计算方法。

拦沙坝的高度除受控于坝址段地形、地质条件外，还与拦沙效益、施工期限、坝下消能等多种因素有关。一般来说，坝体越高，拦沙库容越大，固床护坡效果越明显。但工程量和投资则随之急增，故宜选择合理坝高。

1）按坝高与库容关系曲线拐点法确定。该方法与确定水库坝高类似，不同点是水库水面基本是水平的，而拦沙库表面则是与泥石流性质有关的斜线或折线，因此计算得到的总库容大于同等坝高的水库库容。

2）对以稳定沟岸崩塌、滑坡体为主的拦沙坝高，可按回淤长度或回淤纵坡以及需压埋崩滑体坡脚的泥沙厚度确定，即淤积厚度下的泥沙所具有的抗滑力，应大于或等于崩塌、滑坡体的下滑力。相应计算泥沙淤积厚度 H_s 的公式为

$$H_s^2 \geqslant \frac{2Wf}{\gamma_s \tan^2\left(45° + \dfrac{\varphi}{2}\right)} \qquad (8.4-14)$$

式中 W——高出崩滑动面延长线的淤积物单宽重量，kN/m；

f——淤积物内摩擦系数；

γ_s——淤积物密度，kg/m^3；

φ——淤积物内摩擦角，$(°)$。

拦沙坝的高度可按下式计算：

$$H = H_s + H_1 + L(i - i_0) \qquad (8.4-15)$$

式中 H_s——泥沙淤积厚度，m；

H_1——崩滑坡体临空面距沟底的平均高度，m；

L——回淤长度，m；

i——原沟床纵坡比；

i_0——淤积后的沟床纵坡比。

3）根据坝址和库区地形地质条件，按实际所需拦淤大小确定坝高。当单个坝库不能满足防治泥石流的要求时，则可采用梯级坝系。在布置中，各单个坝体之间应相互协调配合，使梯级坝系能构成有机整体。梯级坝系总高度和拦淤量应为各单个坝有效高度和拦淤量之和。

鉴于泥石流拦沙坝坝下消能防冲和坝面抗磨损等技术问题，一直未能得到很好解决，故从维护坝体安全和工程失效后可能引发不良后果考虑，在泥石流沟内的松散层上修建的单个拦沙坝高最好小于30m。梯级坝系中的单个溢流坝，应低于10m。位于强地震区

和具备潜在危险（如冰湖溃决、大型滑坡）的泥石流沟，更应限制坝的高度。

拦沙坝的间距，由坝高和回淤坡度确定。在布置时，可先根据地形、地质条件确定坝的位置，然后计算坝高。亦可先选定坝高，然后计算坝间距离。拦沙坝建成后，沟床泥沙的回淤坡度与泥石流活动强度有关。可采用比拟法，对已建拦沙坝的实际淤积坡度 i_0 与原沟床坡度 i 进行比较确定。

$$i_0 = ci \tag{8.4-16}$$

式中 c——比例系数，一般为 0.5～0.9 之间，若泥石流为衰减期，坝高又较大时，则用下限值；反之，选用上限值。

（7）拦沙坝断面设计。拦沙结构设计中，坝体坡率计算往往较为复杂。推荐采用《泥石流灾害防治工程设计规范》（DZ/T 0239—2004）中的参数对比法确定坝体结构尺寸。

拦沙坝断面型式，对重力拦沙坝的抗滑、抗倾覆稳定、结构应力比较有利的合理断面是三角形或梯形。在水利水电工程实际应用中，坝体结构尺寸可按《泥石流灾害防治工程设计规范》（DZ/T 0239—2004）中的参考值确定。

1）非溢流坝坝顶高度 H。非溢流坝坝顶高度 H 等于溢流坝高 H_d 与设计过流泥深 H_a 和相应标准安全超高 H_a 之和。可根据廖育民（2003）提出的计算公式进行确定：

$$H = H_d + H_c + H_a \tag{8.4-17}$$

2）坝顶宽度 B。坝顶宽度 B 应按运行管理、交通、防灾抢险和坝体再次加高的需要综合确定。对于低坝，$B = 1.2～1.5\text{m}$；对于高坝 $B = 3.0～4.5\text{m}$。

3）坝身排水孔。对于一般单个排水孔尺寸，可用 $0.5\text{m} \times 0.5\text{m}$。孔洞横向间距一般为 4～5 倍孔径，纵向间距为 3～4 倍孔径。上、下层之间可按"品"字形分布。起调节流量作用的大排水孔，孔径应大于 1.5～2 倍最大漂砾直径。

4）坝顶溢流口宽度。坝顶溢流口宽度可按相应设计流量计算。为减少过坝泥石流对坝下游冲刷和对坝面严重磨损，应尽量扩大溢流宽度，以减小过坝单宽流量。

5）坝下齿墙。坝下齿墙起增大抗滑、防止渗流和防止坝下冲刷等作用。齿墙深视地基条件而定，最大可达 3～5m。齿墙为下窄上宽的梯形断面，下齿宽度多为 0.1～0.15 倍坝底宽度，上齿宽度为下齿宽度的 2～3 倍。

（8）拦沙坝稳定性计算。拦沙坝稳定性验算，主要包括抗滑、抗倾覆稳定，坝体和坝基应力及下游抗冲刷稳定计算。拦沙坝类型不同，其结构计算方法亦不一样。这里介绍重力拦沙坝稳定性验算，推荐采用《泥石流灾害防治工程设计规范》（DZ/T 0239—2004）中提出的计算方法与公式。对其他型式拦沙坝计算可参阅有关资料。

1）抗滑稳定性验算。

$$k_0 = \frac{f \sum N}{\sum P} \geq k_c \tag{8.4-18}$$

式中 k_0——抗滑安全系数，可根据防治工程安全等级及荷载组合取值；

f——砌体同坝基之间的摩擦系数；

N——垂直方向作用力（包括坝体重、水重、泥石流体重、淤积物重、基底浮托力及渗透压力），kN；

P——水平方向作用力（如水压力、流体力、冲击力和淤积物侧压力），kN；

k_c——抗滑安全性系数，一般取 1.05～1.15。

2）抗倾覆验算。

$$k_y = \frac{\sum M_N}{\sum M_P} \tag{8.4-19}$$

式中 k_y——抗倾覆安全系数，可根据防治工程安全等级及荷载组合取值，一般要求为 1.3～1.6；

M_N——抗倾力矩，kN·m；

M_P——倾覆力矩，kN·m。

3）地基承载力应满足下式：

$$\left. \begin{array}{l} \sigma_{\max} \leq [\sigma] \\ \sigma_{\min} \geq 0 \end{array} \right\} \tag{8.4-20}$$

其中

$$\left. \begin{array}{l} \sigma_{\max} = \dfrac{\sum N}{B}\left(1 + \dfrac{6e_0}{B}\right) \\ \sigma_{\min} = \dfrac{\sum N}{B}\left(1 - \dfrac{6e_0}{B}\right) \end{array} \right\} \tag{8.4-21}$$

式中 $\sigma_{\max}$——最大地基应力，kN/m^2；

$\sigma_{\min}$——最小地基应力，kN/m^2；

B——坝底宽度，m；

e_0——偏心矩，m；

$[\sigma]$——地基容许承载力，kN/m^2；

其余符号意义同式（8.4-18）。

4）边缘主应力。坝体上游面的一对主应力：

$$\left. \begin{array}{l} \sigma_{a1} = \dfrac{\sigma' - \gamma_c y \cos^2 \theta_{a1}}{\sin^2 \theta_{a1}} \\ \sigma_{a2} = \gamma_c y \end{array} \right\} \tag{8.4-22}$$

坝体下游面的一对主应力：

$$\left. \begin{array}{l} \sigma_{b1} = \dfrac{\sigma''}{\sin^2 \theta_{b1}} \\ \sigma_{b2} = 0 \end{array} \right\} \tag{8.4-23}$$

式中 σ'、σ''——同一水平面上游、下游边缘正应力，

kN/m^2；

θ_{a1}、θ_{b1}——上游、下游坝面与计算水平截面的夹角，（°）；

y——计算断面以上的泥位，m；

γ_c——泥石流密度，g/cm^3。

5）边缘剪应力。

坝体上游面的边缘应力：

$$\tau_a = \frac{\gamma_c y - \sigma'}{\tan\theta_{a1}} \qquad (8.4-24)$$

坝体下游面的边缘剪应力：

$$\tau_b = \frac{\sigma''}{\tan\theta_{a2}} \qquad (8.4-25)$$

式中 τ_a——坝体上游面的边缘剪应力，kN/m^2；

τ_b——坝体下游面的边缘剪应力，kN/m^2；

其余符号意义同式（8.4-22）和式（8.4-23）。

τ_a 和 τ_b 应低于筑坝材料的允许应力值。

4. 泥石流灾害预警工程

在进行泥石流勘察以及合理配置防治工程措施后，为保障受威胁对象和施工人员的安全，除了开展必要的泥石流防治工程外，还要辅以泥石流灾害的预警工作，以在泥石流发生前作出迅速响应，尽量避免不必要的人员伤亡和财产损失。而且，在防治工程不能及时开展及其有效实施的前提下，开展预警工作是必不可少的措施，还可以为防治工程重要参数设计提供依据。

泥石流预警分为预报和警报。泥石流预报是在泥石流预测基础上，主要是把握泥石流激发因素的动态变化，如固体物质累积程度、水源大小、沟谷发育程度、泥石流暴发频率等预测泥石流暴发的危险度、频率、激发雨量以及泥石流体性质，在泥石流暴发前根据泥石流发生临界阈值发出的通报，根据时间和地域可分为中长期、短期预报，区域泥石流和单沟泥石流预报。泥石流预报层次及其预报信息见图8.4-10。

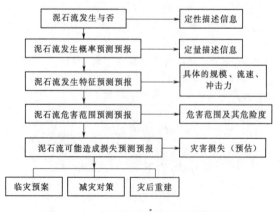

图 8.4-10 泥石流预报层次及其预报信息

（1）泥石流预报。

1）区域预报。区域预报是对一个较大区域内泥石流活动状况和发生情况的预报，帮助政府制定泥石流减灾规划和减灾决策，从宏观上指导减灾。区域预报主要体现在泥石流危险性区划研究中，根据泥石流形成的背景条件和已知的泥石流沟分布和活动状况，进行泥石流危险度区划。

最新区域泥石流危险度评价模型：

$$H = 0.33Y_i + 0.14x_{i1} + 0.1x_{i3} + 0.02x_{i6} + 0.17x_{i8}$$
$$+ 0.12x_{i9} + 0.07x_{i11} + 0.05x_{i16}$$

$$(8.4-26)$$

式中 Y_i——泥石流沟分布密度，条/km^2；

x_{i1}——第 i 个评价单元岩石风化程度系数（取倒数）；

x_{i3}——第 i 个评价单元断裂带密度，条/km^2；

x_{i6}——第 i 个评价单元大于等于 25°坡地面积百分比；

x_{i8}——第 i 个评价单元洪灾发生频率；

x_{i9}——第 i 个评价单元月降水量变差系数；

x_{i11}——第 i 个评价单元年平均大于等于 25mm 的大雨日数；

x_{i16}——第 i 个评价单元大于等于 25°坡耕地面积百分比；

i——评价单元编号。

式（8.4-26）中 Y_i 为主要因子，x_i 为次要因子。

Y_i，X_{ij} 需要进行标准化处理，Y_i 标准化处理按式（8.4-27）进行：

$$Y_i = \frac{y_i - y_{min}}{y_{max} - y_{min}} \qquad (8.4-27)$$

式中 Y_i——第 i 个评价单元泥石流沟分布密度极差变换后的数值；

y_i——第 i 个评价单元泥石流沟分布密度的数值；

y_{min}——全部评价单元中泥石流沟分布密度的最小值；

y_{max}——全部评价单元中泥石流沟分布密度的最大值；

i——评价单元编号。

X_{ij} 标准化处理按式（8.4-28）进行：

$$X_{ij} = \frac{x_{ij} - x_{min,j}}{x_{max,j} - x_{min,j}} \qquad (8.4-28)$$

式中 X_{ij}——第 i 个评价单元第 j 个次要因子极差变换后的数值；

x_{ij}——第 i 个评价单元第 j 个次要因子的数值；

$x_{\min,j}$——全部评价单元中第 j 个次要因子的最小值；

$x_{\max,j}$——全部评价单元中第 j 个次要因子的最大值；

j——次要因子编号，$j = 1$，3，6，8，9，11，16。

2）单沟预报。单沟预报是针对沟谷尺度上的预报，主要有泥石流沟的判识、泥石流发生可能性（敏感性）分析和危险范围的确定这 3 个方面。泥石流沟的判识主要依据泥石流流域背景条件、泥石流活动痕迹。如沟谷碎屑物堆积总量和暴发泥石流碎屑物最低标准之比，泥石流形成背景指标赋值和分类、评分，对泥石流堆积特征判识，沟谷自然属性与泥石流体积、冲出距离之间的经验关系以及基于数值模拟的泥石流泛滥区危险性分析。

最新的单沟泥石流危险度评价公式：

$$H = 0.29M + 0.29F + 0.14S_1 + 0.09S_2 + 0.06S_3$$
$$+ 0.11S_6 + 0.03S_9$$

$$(8.4-29)$$

式中 M——泥石流规模；

F——发生频率；

S_1——流域面积；

S_2——主沟长度；

S_3——流域相对高差；

S_6——流域切割密度；

S_9——不稳定沟床比。

式（8.4-29）中，危险度和各危险因子 M、F、S_1、S_2、S_3、S_6、S_9 的替代数值均介于 0～1 之间。

3）中长期预报。中长期预报主要确定泥石流的发生周期和频率，通过对历史资料的统计分析，对引起泥石流的自然条件和人为因素进行综合分析预测泥石流的发展趋势。

4）短临预报，又称为泥石流警报。临报是灾害即将发生前的紧急通报，即所谓的临阵预报。泥石流临报是根据已经降下的雨量以及降水强度按指定的预报模式以及阈值判断做出的。其可靠性比一般预报高很多，提前时间短。降水泥石流预报的分类见表 8.4-16。

5）空间预报。空间预报指通过划分泥石流沟、危险度评价和编制危险区划图来确定泥石流危害地区和危害部位。空间预报包括单沟空间预报和区域空间预报。泥石流空间预报对土地利用规划、山区城镇建设规划和工程建设规划等经济建设布局具有重要的指导意义。

表 8.4-16 降水泥石流预报的分类

预报分类	预报类型	预报形式	预报对象	预报主要信息依据
背景预测（长期预报）	超长期（10年）	远期趋势预测	省、地、市、州	气候长期变化，地震活动规律，太阳活动规律
	长期（1～12年）	长期趋势预测	省、地、市、州	气候与环境变化趋势，地震活动长期趋势
	中长期（3～12个月）	当年趋势预测	省、地、市、州	气候年报，环境演变过程趋势，地震活动中期趋势
预案预报（中期预报）	长中期（1～3个月）	近期险情预报	地、市、州、县	气候与气象季、月预报，降水规律，地震活动中期趋势
	中期（10～30d）	中期险情预报	地、市、州、县	气候和天气过程月、旬预报，地震活动短期预报
	短中期（3～10d）	短期险情预报	地、市、州、县	气候和天气过程旬、周预报，天气自然周期，地震活动短期预报
判断预测（短期预报）	中短期（1～3d）	近期防灾预报	县、乡、村、镇	天气过程持续时间预报，地震临震前预报
	短期（1～24h）	短期防灾预报	县、乡、村、镇	每日定时天气预报和重要天气信息，重要预报预警，地震临震预报
	超短期（6～12h）	临近防灾预报	县、乡、村、镇	每小时天气图和卫星云图，气象警报，水文情报，地震发震警报
确定预报（临报）	短临报（3～6h）	短期灾情预测	机关、群众、村民	雨量实图，灾情，雨势监测情报
	临报（1～3h）	临近灾情预测	机关、群众、村民	雨量监测网络，雨量临界条件，危险性前兆识别
	警报（0～1h）	紧急灾情预测	机关、群众、村民	警戒警报仪器监测信息，灾情判定信息

337

以泥石流形成背景条件为主线,根据泥石流分布和泥石流活动情况进行区域泥石流危险度区划研究;根据泥石流流域背景条件、活动历史和痕迹对单沟泥石流发生可能性进行分析和划定危险范围。在此项研究中,危险度区划研究已经非常成熟,但在划定危险区范围方面仍存在不足之处。

以水源触发为主线,泥石流触发的水源条件主要为降水、溃决洪水等。暴雨是导致泥石流暴发的最直接的触发因素。降水泥石流预测预报的研究,主要是通过对雨量资料的统计分析,确定泥石流临界雨量和触发雨量。目前众多的研究多集中在此类研究中。

(2) 泥石流监测预警。泥石流监测可以综合山洪和滑坡监测技术,重点是对降水量进行监测。我国泥石流的触发条件主要是降水量及雨强。因地方小气候的关系很大,不同地区触发临界雨量也不同。所以,泥石流的监测系统既应该有区域降水监测(类似山洪),也应该建立局部重点区、沟谷的降水监测点,并结合我国泥石流主要类型的形成过程和机理,对含水量、孔隙水压力、液位、地温、水势等进行监测,有助于泥石流防治工程设计。

1) 监测点选点原则。对城市和重点集镇、重要工矿企业、军要专业设施或重要的农村点的安全构成潜在威胁的区域和点;对公路设施和交通设施的安全运行构成潜在的威胁的地段。

2) 监测点类型划分。一级监测点,保护对象重要,动态复杂,采用专业技术设备进行综合监测;二级监测点,保护对象次重要,动态较复杂,采用少量专业技术设备进行监测;三级监测点,保护对象一般,动态简单,采用监测和群测群防相结合。

3) 监测的主要方法。

a. 降水监测。降水监测是泥石流监测预报的基础,包括对区域降水天气过程监测和流域内降水过程监测。区域内降水天气过程的监测是对预报区域大范围内降水天气过程的监测,为泥石流预报提供较大尺度区域降水参数,主要由气象部门利用卫星云图和气象雷达实施。通过对短期、中期和长期气象预报,进而开展泥石流监测预报。如短期预报时根据每小时雨量图、雨势情报,对泥石流发生的危险前兆,由监测仪等作出判断。

b. 流域内降水过程监测流域内降水过程监测是对泥石流流域内降水过程的监测。根据流域大小,在流域内设立 1~3 个控制性自记式雨量观测站,定期巡视观测。对降水量监测数据进行分析处理,供泥石流预报使用。根据实时监测的流域雨量,与该地区泥石流发生的临界雨量值加以比较,来判断是否会发生泥石流。

c. 含水量监测。最新国内外大量泥石流形成过程监测和一些模型试验结果表明:泥石流形成过程中土体不饱和,而且在基于"有效前期降水和实时雨量"的通用泥石流预警模型中,前期雨量也主要影响了泥石流体的含水量条件。因此,可借助土壤体积含水量传感器、GPRS 无线网络传输、太阳能板、蓄电池对降水过程中泥石流体内部含水量变化进行监测。

d. 泥位监测。若泥石流过流断面稳定,则泥位与流量成正比。泥位直接反映了泥石流的规模大小和潜在的危害程度,故泥位监测与泥石流规模报警有直接关系。利用超声波泥位计可以对泥位实现实时监测。超声波是利用探头发射声波,在均匀介质中以一定的速度传播,当遇到不同介质的界面时(遇到障碍物)由界面反射,由发射间距和接收的时间就可以算出发射探头到界面的距离。由于超声波泥位计是通过测量过流断面泥位变化来实现报警的,因此探头需安装在稳定的河段内,若超声探头在冲淤变化较大的断面处,那么这种检测会因为断面冲淤变化而引起较大误差,甚至可能误报和错报。另外,超声波泥位计仅用于预报发生。

e. 水位监测。在沟道顺直段,观测沟道水位,结合周围雨量站资料,将暴雨和测流断面处及径流场内的水位和流量资料相对比,可得到坡地上和河床内来水量不同时,汇流区各带的降水量与径流量之间的定量关系式,为泥石流防治工程中的流量设计提供参数。

f. 振动监测。泥石流运动过程中摩擦、撞击沟床和岸壁而产生震动,在岩土体中传播,称为泥石流地声。泥石流地声与其他振动波一样,有其自身的特征值,如频率和波形振幅,且与其他环境噪声(如水、刮风、雷电等)有很大的差异。地声强度(振幅)与泥石流流量成正比关系。使用地声传感器,观测泥石流运动过程中在岩土体中传播的振动波,采集的信号超过预设的阈值时进行报警。根据地声原理制成的警报器需要不同岩性条件下的各种不同性质和大小泥石流的地声频谱值,因此每条沟的泥石流差异情况很大,适用于某一条泥石流沟的地声警报器不一定能在另外一条泥石流沟适用。泥石流在流域源区形成和沟床中运动时,其声发射中的次声部分,以约 344m/s 的速度、以空气介质向四周发射,它远大于泥石流的运动速度。泥石流次声信号为已确定性信号,其波形为简谐正弦波;卓越频率为 5~15Hz,大于背景噪声 10dB 以上。由成都山地所研制的泥石流地声警报器,自 1994 年以来,该警报器以及后续产品经历国内外 20 次原型泥石流应用,无一漏报、错报。由于该警报器是基于声波研发的,也可以用于崩塌、滚石预警。

8.4.6 冻融侵蚀防治

冻融侵蚀是由于土壤及其母质孔隙中或岩石裂缝中的水分在冻结时，体积膨胀，使裂隙随之加大、增多导致整块土体或岩石发生碎裂，消融后其抗蚀稳定性大为降低，在重力作用下岩土顺坡向下产生位移的现象。

冻融侵蚀主要是在温度作用下形成的，一方面是由于土体中形成一层不透水层，当积雪融化或发生降水时，表层水分不能正常入渗而加剧了地表径流；另一方面，冻融作用能够通过改变土壤的密度、孔隙度等物理性质及土壤剪切强度等力学性质而使其侵蚀加剧。其侵蚀形式分为冰冻风化、冰冻扰动、融冻泥流、热融滑塌、冰川侵蚀 5 种。冻融侵蚀的防治应围绕其表现形式和机理等因素按照统筹兼顾、分类处理原则开展。

8.4.6.1 冻融侵蚀分类及防治原则

同其他土壤侵蚀类型一样，冻融侵蚀也表现出多种侵蚀形式，主要有冰冻风化、冰冻扰动、融冻泥流、热融滑塌。

冻土给人类带来的危害主要表现在三方面：一是不均匀冻胀和融化下沉会使冻土区的各种工程构筑物大量毁坏；二是寒旱区地表次生盐渍化和盐胀，制约农业和工程建筑的发展；三是植被退化和土地沙化。

1. 冰冻风化

冰冻风化是冻土区最普遍的一种特殊物理风化作用。渗透到基岩裂隙中的水冻结时不仅可以把岩石胀裂（冰劈作用），而且由于膨胀所产生的压力还可以向外传递，把裂隙附近的坚硬岩层压碎成石块和更细的物质，从而为其他外力作用的进行创造有利条件。

（1）石海。冰冻风化作用的直接结果是石海。在平坦而排水较好的山顶或山坡上，经冰冻风化形成的大小石块，直接覆盖在基岩面上。这种平坦山顶上布满石块的地形称为石海。

（2）石川。在不太陡的山坡和凹地中，大量的风化产物——巨砾块在重力作用下沿着下伏的湿润细粒土层表面整体地或部分地向下滑动，这移动着的石块群体称为石川或石河。石川的运动主要发生在春季以后，因为这时下伏细粒土层开始解冻，变为湿润的土体，这种土体为石块的移动提供了极好的滑动面。

2. 冰冻扰动

冰冻扰动是指某一土层或整个剖面内发生的一些土壤物质与另一些土壤物质之间的冰冻机械掺混过程。在冻土层表面，常出现碎石按几何图案做规

则排列的现象，具有这种现象的冻土称为冰冻结构土。冰冻结构土的形成是冰冻搅动所产生的分选作用的结果（融冻分选）。冰冻结构土一般发育在 $0°\sim15°$ 的坡度范围内，可进一步划分为石环、石圈、石带等类型。

（1）石环。在垂直分选和水平分选联合作用下，不断把活动层深部的砾石抬举到上部，然后又推到土体边缘集中起来，形成一个被砾石所环绕的无砾石（或很少）的细粒土带（分选殆尽带）。这种细粒土带的外围砾石，在地表上常排列呈多边形，称为石多边形。在水平地面上，当各多边形体之间互不接触时，则多边形体的石边就会加宽，最后趋向于圆形形成石环。

（2）石圈。在坡度为 $2°$ 或更缓的斜坡上，融冻分选伴有沿坡下滑的泥流作用，使石环或石多边形拉长呈椭圆形，称石圈。

（3）石条。当坡度在 $6°$ 以上时，融冻泥流的下滑作用加强，并导致环圈散开，成为碎石与细粒土带相间的、顺山坡延伸的石条。当坡度为 $15°$ 左右时，融冻泥流逐渐使石条瓦解。

3. 融冻泥流

在一个平缓至中等坡度（$17°\sim27°$）的斜坡上，覆盖着含水量很高的细粒土或含碎石的细粒土，当每年夏季冻土层上部融化时，就使上部土层充满了过饱和的水，这种水使土体变成一种具有可塑性的软泥，在重力作用下，这些软泥沿着下伏的冰冻层表面或基岩面向坡下缓慢地滑动，这样的滑动过程被称为融冻泥流作用，该缓慢滑动着的土体被称为融冻泥流。融冻泥流作用是发生在冻土区平缓至中等斜坡上的一种最主要的外力作用。

融冻泥流堆积，是在融冻泥流作用下形成的堆积物。它的厚度一般是 $1.5\sim4m$。融冻泥流堆积物的一般特征是没有层理和分选性差，其成分与上部坡地的组成物质相同。

泥流阶地，是融冻泥流作用中形成的最典型的地貌形态。其发育在 $5°\sim10°$ 甚至更陡的斜坡上。当土体在泥流作用下向下滑动的过程中遇到阻挡时就会停滞不前，积累成为台阶状小高地，可称为泥流阶地。另外，由于斜坡上不同部位的泥流体流经的地形不同或由于流动性能（黏滞性大小）的差异就会使泥流体在斜坡的不同部位上停留下来，形成很多高度各不相同的台阶，称为泥流阶地群。

4. 热融滑塌

热融滑塌是由于斜坡上的地下冰融化，土体在重力作用下沿冻融面移动形成的。热融滑塌开始时呈新月形，以后逐渐向上方溯源发展，形成长条形、分叉

形等。大型的热融滑塌体长达 200 余 m，宽数十米，后壁高度 1.5～2.5m。

5. 防治原则

(1) 统筹兼顾原则。在根据冻融侵蚀形式及机理等因素确定各项工程布局，采取任何防治措施的时候，都不能只顾一时、一地、一事的利益而不考虑全局的得失，必须全面考虑，照顾到方方面面，考虑到该地区的开发利用和工程建设所带来的效益和后果，从而确定最佳方案，力争整体最优。

(2) 分类处理原则。冻融侵蚀受到气候、土质、

水分条件、温度状况、人为因素等影响，应按照不同的情况加以处理，因地制宜地采取各项防治措施。

8.4.6.2 冻融侵蚀防治措施

1. 冻胀防治措施

地基土的冻胀作用及其强度主要取决于土壤本身性质、土中及外界水分条件、外界寒冷条件、外部荷载压，即所谓土、水、温和力四大因素。因此，在防治措施上应根据具体情况，抓住主要矛盾进行治理，见图 8.4-11。

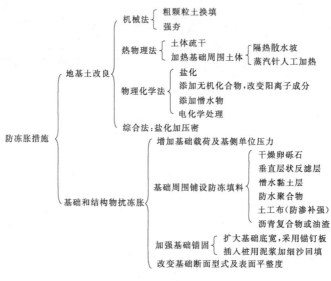

图 8.4-11　防冻胀措施体系图

(1) 机械法防治冻胀。在温度、梯度等其他条件相同时，冻土中不同质地土壤的水分迁移量由大至小分别为粉粒、黏粒、砂粒。从而导致其他条件相同的情况下，粉粒含量高的土具有较强的冻胀性。机械法防治冻胀是基于改变土颗粒的粒度成分或接触条件，减少水分迁移量的原理，挖除粉粒含量高的土并用较纯净的砂砾石换填，以减少冻胀破坏的方法，主要是利用粗颗粒土的以下特性：①饱水粗颗粒土冻结时，水分不向冻结锋面迁移，而向相反方向迁移（即不是吸水而是排水），因此可避免强烈地分凝冻胀；②非饱和粗颗粒土冻结时，虽然水分是向冻结锋面迁移的，但水分迁移量比其他粒级的土要小得多。

(2) 强夯法防治冻胀。强夯法防治冻胀是立足于改变土颗粒间的接触条件，利用强夯方法增大土的密度，使土颗粒之间的接触类型从固-液-固型或固-固-液-固型尽量向固-固型转化，切断土中毛细管之间的联系或减薄土颗粒外围水膜的厚度，从而达到减少水分迁移量的目的。强夯法实践效果良好，但消耗能量较多，应从理论上探明其作用机理，进一步提高其效

率，降低成本；经历冻融作用后，土的结构构造会发生不可逆的变化（团块结构及脉状裂隙增多）。因此，此法的长期效果如何还有待进一步研究。

(3) 热物理法防治冻胀。热物理法防治冻胀是基于改变土中的水热状况，减少水分迁移量的原理。铺设隔热层不但可改变隔热层下土中的温度进程，而且可把一维的水热输运问题转化为二维问题，以此来改变水分迁移的方向和强度。但铺设隔热层方法防治冻胀对细颗粒土或不饱水沙土是有效的，对饱水沙土不但无效，而且会导致更坏的后果。

(4) 物理化学法防治冻胀。物理化学法防治冻胀是基于添加某种化学试剂改变土壤水的成分和性质，或者改变土颗粒的集聚状态，减少水分迁移量的原理。

1) 盐化法是通过在土中添加化学试剂，改变土中水溶液的溶质成分或浓度，降低土的冻结温度，使土层即使在负温下仍处于未冻状态，或在较低的负温下才冻结。可以通过加入甲基、乙基、丙基或苯基硅酸钠溶液，使分散的土颗粒胶结起来；也可以在土中

加入某种土壤改良剂、苯乙烯与硫酸甲酯共聚物、聚乙烯醇或三氯化铁，可使土中粉黏粒聚集成粒径大于0.1mm的团粒；还可以在土中加入磷酸盐，例如四磷酸钠、六偏磷酸钠、三聚磷酸钠等，可使土颗粒进一步分散，黏粒含量增大。这些胶结、团聚和分散法都是通过添加剂使土颗粒向两极（砂砾级和黏粒级）分化，从而达到减少土的渗透性和水分迁移量、减少冻胀量的目的。

2）采用阳离子表面活性剂（如双十八烷基乙二胺）与柴油等体积混合后，配制成浓度为1%或0.5%的水溶液，喷雾或与土拌和，使土颗粒表面形成憎水性，从而减少地下水的上升量和地表水的入渗，减少水分迁移量和冻胀量。

3）电化学法是用电化学的方法，通过阳极端向阴极端的疏干排水，使土的渗透性降低、力学性能提高和冻胀量显著下降。

物理化学方法防治冻胀，一般来说，如果方法使用得当，其效果是显著的。这类方法的主要缺点是代价昂贵，且效果随冻融循环次数增多而减弱。

（5）增大上部载荷可有效防治冻胀。季节冻土区内，土层由地表向下冻结，水分由下向上迁移，上部载荷通过基础底面向下传递。因此，由应力梯度引起自上而下的水分迁移抵消了部分由温度梯度引起的自下而上的水分迁移量。试验表明，土的冻胀量随上部载荷增大按指数规律衰减。

2. 冰锥防治措施

整治冰锥的主要方法是改变整个冰锥的水文地质条件，切断补给水源，加强其排水能力。主要措施如下。

（1）冻结沟。在冰锥场或冻胀丘场的上游开挖与地下水流向垂直的天沟，在冻结季节前它是排水沟；在冻结季节，沟下土层首先冻结，便形成了一道冻结"墙"，也起到拦截地下水的作用。实践表明，这种方法适合于含水层较薄、隔水底板埋藏不深的地段。

（2）截水墙。截水墙可以单独使用，也可以和冻结沟联合配置，在东北白阿铁路上已取得成功。

（3）保温排水渗沟。保温排水渗沟将冰锥场或冻胀丘场的地下水排到河谷或远离建筑群的洼地，是有效的。

（4）抽水形成降位漏斗。如果含水层较厚，用前面几种措施未能奏效，则要设开采孔以抽取地下水，形成降位漏斗。

3. 热融危害防治措施

防治热融危害的各类措施，其基本出发点是尽量避免扰动厚层地下冰和融沉性较强的多年冻土。如果难以避免扰动，就预先融化或换填之。在不同的地质

条件下，对不同的工程，可采用不同的措施。热融危害防治措施体系见图8.4-12。

对各类非采暖建筑物，如铁路和公路路基，应尽量用填方而避免挖方，尽量使路堤高度高于临界高度。确定临界高度的基本要求是使路堤下的多年冻土上限不致下降，地下冰不致剧烈融化而导致土的强烈融化下沉。

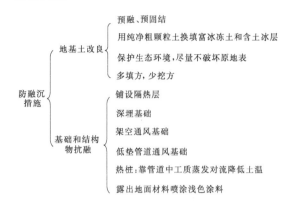

图 8.4-12 热融危害防治措施体系

在有地表水下渗和地下水活动的情况下，单靠加高路堤高度也未能完全解决融沉危害问题，而排水是保护冻土防治融沉的重要一环。

为避免采暖房屋下的厚层地下冰或含土冰层、饱冰冻土融化而导致破坏性下沉，通常采用架空通风措施。并且在一些重要的热源较大的房屋和建筑群，应通过热工计算选择合适的通风方式，做出正确的设计。

热桩技术是利用制冷工艺在密闭容器中的汽液两相转换循环，将高温端热量迁移至低温端，从而使高温端冷却。实践证明，它在防止冻土热融下沉和提高冻土强度方面是有效的，尤其是在昼夜气温差和年气温差和风速都比较大的地方，其效果更好。应用热桩，要注意防止工艺对容器的腐蚀，要保证容器密封良好并易于检查和维修。

4. 热融滑坍防治措施

在厚层地下冰地段成饱冰冻土地段开挖路堑，如不加特殊处理或处理不当，便会产生严重的热融滑坍。防治人工开挖或其他原因造成的热融滑坍的原则和主要措施是基本相同的。

在满足工程建筑物及边坡稳定的条件下，尽可能减少对冻土的扰动。

对边坡及坡脚进行清理，将难以保持稳定的部分地下冰或富饱冰冻土予以清除，换填其他土料（如砂砾石、黏性土、草皮等）和保温材料。

放缓边坡或在坡脚加支挡，以建立新的稳定的热

平衡和力平衡。

加强排水措施，垫顶设挡水埝和埝后排水沟，坡脚设浅宽侧沟，以防止在水的作用下重新加剧热融滑塌。

此外，对于集中在农用地及大江大河源头的冻融侵蚀防治方面，可适当采用水土保持工程措施、植物措施以及农业技术相结合的方式进行综合治理。如良好的植被覆盖可使土壤免受融雪水的冲刷，采取沟头埝、排导沟等措施拦蓄沟头以上融雪水和分散从沟岸进入沟道的融雪水，防止沟头和岸坡侵蚀等。

8.4.7 冰川侵蚀防治

冰川侵蚀是冰川地质作用的一种方式。冰川侵蚀作用，又称刨蚀作用，是指冰川及其挟带的岩石碎块对冰川基岩的破坏作用。冰川的侵蚀方式主要分为拔蚀和磨蚀作用两种，都是冰川对基岩的机械破坏作用，另外还有冰楔作用和撞击作用。

8.4.7.1 冰川侵蚀分类及防治原则

在雪线以上的积雪，积累到一定厚度并转化成冰川冰后，如地面或冰面有一坡度，冰川冰就能沿坡向下移动，形成各种冰川。现按冰川的形态、规模和所处的地形条件，把冰川划分为以下四种类型。

1. 山岳冰川

山岳冰川是发育在高山上的冰川，主要分布在中纬度和低纬度地区。山岳冰川形态和所在的地形条件有很大的关系，根据冰川的形态和部位可分为冰斗冰川、悬冰川和山谷冰川三种。

（1）冰斗冰川是分布在雪线附近或雪线以上的一种冰川。这种冰川的规模大的可达数平方千米，小的不及 $1km^2$。冰斗冰川的三面围壁较陡峭，在一方有一短小的冰川舌流出冰斗，冰斗内常发生频繁的雪崩，这是冰雪补给的一个重要途径。

（2）悬冰川是发育在山坡上的一种短小的冰川，或当冰斗冰川的补给量增大，冰雪开始向冰斗以外的山坡溢出，形成短小的冰舌悬挂在山坡上，称悬冰川。这种冰川的规模很小，面积往往不到 $1km^2$。悬冰川的存在取决于供给冰量，所以悬冰川随气候变化而消长。

（3）山谷冰川是当有大量冰雪补给时，冰川迅速扩大，大量冰体从冰斗中溢出，并进入山谷形成的。山谷冰川以雪线为界，有明显的冰雪积累区和消融区。山谷冰川长可达数公里至数十公里，厚度达数百米。单独存在的一条冰川，称为单式山谷冰川；由几条冰川汇合的冰川，称为复式山谷冰川。

2. 大陆冰川

大陆冰川是在两极地区发育，面积广、厚度大的

一种冰川。它不受下伏地形影响。如冰川表面中心形状凸起似盾状，叫冰盾；还有一种规模更大的、表面有起伏的大陆冰体，叫冰盖。格陵兰冰盖和南极冰盖是目前世界上最大的两个冰盖。南极洲东部冰层最厚达 $4267m$，冰面平均海拔为 $2610m$，下伏陆地平均高度为 $500m$。南极洲西部冰面平均海拔 $1300m$，但下伏地面大部分在海面以下，平均为 $-280m$。由于大陆冰川有很厚的冰体，在强大的压力下，从冰川中心向四周呈放射状流动。

3. 高原冰川

高原冰川是大陆冰川和山谷冰川的一种过渡类型，由于它发育在起伏和缓的高地上，所以叫高原冰川，又称冰帽。有时，在高原冰川的周围伸出许多冰舌。斯堪的纳维亚半岛的约斯特达尔冰帽，长 $90km$，宽 $10\sim12km$，面积达 $1076km^2$，在冰帽的东、西两侧伸出许多冰舌。冰岛东南部的伐特纳冰帽规模更大，面积达 $8410km^2$。我国西部高山地区，常在古夷平面发育一种平顶冰川，和高原冰川属同一种类型，祁连山西南部最大的平顶冰川面积达 $50km^2$。

4. 山麓冰川

当山谷冰川从山地流出，在山麓带扩展或汇合成一片广阔的冰原，叫山麓冰川。阿拉斯加在太平洋沿岸就有许多山麓冰川，最著名的是马拉斯平冰川，它由 12 条冰川汇合而成，面积达 $2682km^2$，冰川最厚处达 $615m$，冰川覆盖在一个封闭的低洼地上，这个洼地的地面比海面低 $300m$。马拉斯平冰川目前处于退缩阶段，冰面多冰碛，生长着云杉和白桦，有些树木已有 100 年左右。

各种不同类型的冰川可以相互转化。当雪线降低，山岳冰川逐渐扩大并向山麓地带延伸，就成为山麓冰川。如果气候不断变冷变湿，积雪厚度加大，范围扩展，山麓冰川则不断向平原扩大，同时由于冰雪加厚而掩埋山地，就成了大陆冰川。当气候变暖时，则向相反的方向发展。但是，并不是所有冰川都按上述模式发展。例如北美第四纪大陆冰川的古劳伦冰盖中心在哈德逊湾西部，周围没有高地可作为古冰川的最初发源地，因而认为古劳伦冰盖的发育主要是受西风低压槽的控制，冰期时这里南北气流交换频繁，降雪量大增，在平原上首先形成常年不化的雪盖，然后逐年增厚形成广阔的大陆冰流。

5. 防治原则

对于冰川危害，多在下游受害区采用各种工程措施，拦截、排导，变水害为水利，固定冰碛物不使其流失迁移。

同时，冰川侵蚀的防治过程中依然要坚持统筹兼顾原则和分类处理原则，如果部署某项工程、选定某

项措施，只对该局部有利，但对整体来说是不利的，这个方案也不可取。反之，如果对整体来说是最优的而对局部并不最佳，也应选取这个方案，并采取措施以消除对局部的不良影响。要选定最佳方案，就应统筹全局，从多方案比选中选出对全局最为有利的方案。

8.4.7.2 冰川侵蚀防治措施

1. 冰川湖溃决洪水防治

冰川湖溃决洪水的主要防治措施有：加强河道工程建设。如加强坡岸的防护、提高河道的设计标准等水利工程措施；进行水位的观测和预警；加强水库调节能力；加强居民点、交通设施等基础设施的防护措施，如护村坝、护场坝等。

2. 冰川泥石流防治

冰川泥石流多分布在人烟稀少、交通不便和经济落后的边远山区。目前，除在个别有居民点和有公路通过的冰川泥石流分布地区采取及时清淤和一些防护措施外，总的来说，防治冰川泥石流的工作还做得较少。

通过多年观察，发现由冰湖溃决而引起的冰川泥石流破坏力极大，危害最严重，加之它们分布在人烟稀少的高山高寒地区，人类经济活动较少涉及。所以，在目前技术和财力有限的条件下，应以"避"为主。对于处于危险状态的冰湖，则应采取加强监测和及时报警的办法，并提前疏浚堵塞口，不断以小流量逐渐排泄冰湖中的蓄水，从而避免其突发溃决成灾。对于跨越冰川泥石流地区的公路桥梁，应该布设在沟道顺直和外淤变化不大的地段。在桥梁设计中，应坚持深基础、大跨度、抗力强、单桥孔的原则。

在川藏公路通过冰川泥石流的某些路段，交通部门曾就地取材，利用当地丰富的木材资源修建了木结构的防泥石流走廊（类似于明洞），使得冰川泥石流从走廊上部流过并排入旁边的大河中，而车辆与行人可在其下安然通过。在西藏比通沟口曾修建大跨度（主孔 30m）和净空高（18m）的桥梁，并加固基础，使冰川泥石流从桥下顺畅流过，多年来屡经冰川泥石流外淤，该桥依然完好。西藏工布江达的群众在沟口修建干砌块石和铅丝笼石坝以及导流堤，拦挡和排导冰川泥石流，还在出现溃决危险前选择有利地点炸坝，适当放走湖中积水，对防止冰湖溃决泥石流的发生起到了积极作用。

3. 雪崩工程防治

雪崩工程治理必须符合经济、合理、有效的方案。对已建成的交通线路和厂矿区，在雪崩发生频繁且规模较大，同时道路等级又高时，以工程治理为主，机械清雪为辅，逐步扩大植树造林，个别地段采

取人工引发雪崩等综合治理措施。而对雪崩发生次数少、规模小，且道路使用率不高时，则主要采取机械清雪的措施。在选择工程措施时，应注意就地取材，在可能采取土石型工程（如土丘、水平台阶、土石型导雪堤等），以节省水泥、钢材和木材等材料，如采用土石型措施有困难时，可采用其他工程类型（如水泥柱铁丝网栅栏、浆砌石楔等），只有个别地段才选用巡藏建筑物（如防雪崩走廊等）。

根据上述原则，我国公路工程技术人员和科研工作者，近 20 年来在新疆、西藏，尤其是在天山地区，通过中型、小型工程试验，积累了许多宝贵的经验。这些工程充分利用了当地土石材料；少数山坡陡峻、土层瘠薄、土石工程施工困难地段，则设轻型钢木结构；在公路紧靠 U 形坡，且雪崩频繁、其他工程又难以奏效的地段，则采用人工建筑（如防雪崩走廊、防雪崩渡槽等）。在工程布设上，根据地形条件合理配置工程种类和类型，最大限度地发挥各种类型工程的最佳效应，使其防治的社会经济效益得以充分体现，并创出一条适合我国经济发展情况的治理雪崩道路。适合我国雪崩防治的工程类型可分为防、稳、导、缓、阻等主要类型。

（1）防止雪崩源头风吹雪措施。一般设置于平缓分水岭及迎风山口或山坡处。目的在于阻止大量风吹雪，避免在积雪盆堆雪过厚和形成雪楞。主要工程类型有防雪栅栏、防雪土墙和石墙等。

（2）稳定山坡积雪措施。一般从雪崩构槽顶端或山坡源头开始，沿等高线在相邻一定距离内逐级排列修建台阶或栅栏，分段撑托山坡积雪，改变积雪层的力学性质，将积雪稳定于山坡上，不使其移动或滑动。同时，亦可阻挡较短距离的坡面滑雪。它主要适用于相对高度较小、雪崩源头面积不大的雪崩区。属于这种工程类型的措施很多，包括稳雪地、水平台阶、水平沟、地桩障、篱笆障、各种结构和材料的稳雪栅栏、防雪网、防雪桥和防雪塔等。

（3）导雪工程措施。导雪工程是设在沟槽一侧与雪崩运动主流线斜交（交角一般不大于 300°）的一种治理雪崩的措施，其作用是改变雪崩体的运动方向，将雪崩引导到预定的堆雪场地，使雪崩体不致直接危害道路通行，或防止雪崩体破坏厂房、电杆或电网设施等。属于这类工程的措施类型有导雪堤、破雪堤、渡雪槽和遮蔽建筑物等。

（4）缓冲阻止雪崩措施。这是设在雪崩运动区的一种工程，目的在于肢解雪崩体。当其运动时，可使雪的块体互撞，以减缓雪崩速度，缩短雪崩抛程，消耗雪崩体运动的能量。此外，还可阻挡滞留部分雪崩雪在其上方堆积。

参 考 文 献

[1] 程龙飞，易忠玖．绿维护岸结构在三峡库岸消落带的应用研究 [A]//自主创新与持续增长第十一届中国科协年会论文集 (1) [C]．中国重庆，2009：580 - 584．

[2] 代明侠，徐倩．溅蚀的研究及防治 [J]．黑龙江水利科技，2005，33 (5)：67．

[3] 范昊明，蔡强国．冻融侵蚀研究进展 [J]．中国水土保持科学，2003，1 (4)：50 - 55．

[4] 景国臣，张丽华，李爽．黑龙江省融雪水侵蚀形式及防治技术 [J]．黑龙江水利科技，2008，36 (6)：37 - 39．

[5] 雷廷武，李法虎．水土保持学 [M]．北京：中国农业大学出版社，2012．

[6] 李永乐．三门峡水库库岸坍塌成因分析与防治措施研究 [J]．水土保持学报，2003，17 (6)：129 - 132．

[7] 马建华，胡维忠．我国山洪灾害防灾形势及防治对策 [J]．人民长江，2005，36 (6)：3 - 5．

[8] 孟令钦，李勇．东北黑土区沟蚀研究与防治 [J]．中国水土保持，2009 (12)：40 - 42．

[9] 彭绍先．三门峡水库塌岸灾害与根治对策新议 [J]．河南地质，1989，7 (4)：48 - 53．

[10] 阮成江，谢庆良，徐进．中国海岸侵蚀及防治对策 [J]．水土保持学报，2000，14 (1)：44 - 47．

[11] 王大齐，胡恩金．巢湖生态系统之优化 [J]．中国环境科学，1994，14 (3)：177 - 181．

[12] 王秀茹．水土保持工程学 [M]．2 版．北京：中国林业出版社，2009．

[13] 吴发启，张洪江．土壤侵蚀学 [M]．北京：科学出版社，2012．

[14] 徐学祖，王家澄，张立新．冻土物理学 [M]．北京：科学出版社，2001．

[15] 张洪江，程金花．土壤侵蚀原理 [M]．3 版．北京：科学出版社，2014．

[16] 张胜利，吴祥云．水土保持工程学 [M]．北京：科学出版社，2012．

[17] 张裕华．中国海岸侵蚀危害及其防治 [J]．灾害学，1996，11 (3)：15 - 21．

[18] 周存旭，金世海．河南省山洪灾害的危害、成因及防治对策 [J]．自然灾害学报，2008，17 (3)：148 - 151．

[19] 周幼吾，邱国庆，程国栋，等．中国冻土 [M]．北京：科学出版社，2000．

[20] 周忠学，孙虎，李智佩．黄土高原水蚀荒漠化发生特点及其防治模式 [J]．干旱区研究，2005，22 (1)：29 - 34．

第9章 水土保持区划

章主编　王治国　张　超　纪　强
章主审　孙保平　张洪江

本章各节编写及审稿人员

节次	编写人	审稿人
9.1	王治国　张　超	孙保平 张洪江
9.2	王治国　纪　强　张　超　王　晶	
9.3	张　超　李小芳　纪　强	
9.4	王治国　纪　强　张　超　李小芳	

第9章 水土保持区划

9.1 水土保持区划的概念与原则

9.1.1 水土保持区划概念

依据《水土保持术语》（GB/T 20465—2006），水土保持区划指根据自然和社会经济条件、水土流失类型、强度和危害，以及水土流失防治方法的区域相似性和区域间差异性进行的水土保持区域划分，并对各区分别采取相应的生产发展布局（或土地利用方向）和水土流失防治措施布局的工作。

水土保持区划是一种部门综合区划。具体而言，水土保持区划是在土壤侵蚀区划（或水土流失类型区划分）和其他自然区划（植被地带区划、自然地理区划等）的基础上，根据自然条件、社会经济情况、水土流失特点及水土保持现状的区域分异规律（区内相似性和区间差异性），将区域划分为若干个不同的分区（根据情况可以进一步划分出若干个亚区），并因地制宜地对各个分区分别提出不同的生产发展方向和水土保持治理要求，以便指导各分区科学地开展水土保持，做到扬长避短，发挥优势，使水土资源得到充分合理利用，水土流失得到有效控制，实现良好的经济效益、社会效益和生态效益。水土保持区划是水土保持的一项基础性工作，将在相当长的时间内有效指导水土保持综合规划与专项规划。

9.1.2 水土保持区划原则

1. 区内相似性和区间差异性原则

水土保持区划遵循区域分异规律，即保证区内相似性和区间差异性。

（1）同一类型区内，各地的自然条件、社会经济情况、水土流失特点应有明显的相似性；不同类型区之间则应有明显的差异性。相似性和差异性可以采用定量和定性相结合的指标反映。

（2）同一类型区内生产发展方向（包括土地利用调整方向、产业结构调整方向等）、水土流失防治途径及措施总体部署应基本一致；不同类型区之间应有明显差异。

2. 以土壤侵蚀区划为基础的原则

土壤侵蚀区划属于自然区划，它是不考虑行政区界和社会经济因素的，一般均按水土流失类型（如水蚀、风蚀、重力侵蚀、冻融侵蚀）划分。

3. 按主导因素区划的原则

水土保持区划的依据是影响水土流失发生发展的各种因素，应从众多的因素中寻找主导因素，以主导因素为主要依据划分。

（1）在自然条件中，对水土流失发生发展起主导作用的因素是地貌（包括大地貌和地形）、降水、土壤和地面组成物质、植被。根据地貌可明确划分为高原、山区、丘陵、盆地与平原；根据水热条件（降水、温度）因素可明确划分为温带干旱半干旱区、暖温带湿润区、亚热带湿润区等；根据地面组成物质可分为黄土覆盖、基岩裸露、明沙、荒漠等；根据植被因素可分为森林区、森林草原区、草原区等。

（2）在自然资源中，对水土流失发生发展起主导作用的因素包括土地资源、水资源、植物资源、矿藏资源等。应根据自然资源特点和开发利用程度等划分。如晋陕蒙接壤区煤炭资源丰富，开发利用程度高，人为水土流失严重，资源开发造成的水土流失防治是水土保持的主要工作，因此，黄土高原水土保持区划时可考虑将其划为一个亚区。

（3）在社会经济情况中，对水土流失发生发展起主导作用的因素是人口密度、土地利用现状（主要是农耕地比重）、经济与产业结构等。以土地利用状况和产业结构比例可分为农区、林区、牧区等。

4. 自然区界与行政区界相结合的原则

水土保持区划的性质是部门经济区划，是在自然区划的基础上进行的，因此首先应考虑流域界、天然植被分界线、等雨量线等自然区界；同时必须充分考虑行政管理区界，适当维持行政区划的完整性；二者综合考虑，应尽量保证地貌类型的完整性。

5. 自上而下与自下而上相结合的原则

水土保持区划可分为国家级、省级（或中大流域级）、地（市）级、县（市）级等，省级以上区划着重宏观战略，地（市）和县（市）级区划相对具体并应能指导相关规划设计。在国家级和省级区划中属同一类型区的，在地（市）级和县级区划中可能还需再划分为亚区。因此，在进行区划时应由上一级部门制订初步方案，下一级据此制订相应级别的区划，然后再反馈至上一级，上一级根据下一级的区划汇总并对初步方案进行修订。这样自上而下与自下而上多次反复修改最终形成各级区划。

9.2　水土保持区划的目的、任务和内容

9.2.1　水土保持区划的目的和任务

水土保持区划的目的是为分类分区指导水土流失防治和水土保持规划提供基础性科学依据。其任务是在调查研究区域水土流失特征、防治现状、水土保持经验、区域经济发展对水土保持要求和存在问题的基础上，正确处理好水土保持和经济社会发展的关系，提出分区生产发展方向、水土流失防治途径、任务和措施部署。

9.2.2　水土保持区划内容

9.2.2.1　区划指标

根据自然条件、社会经济情况、水土流失特征筛选确定划分指标体系。主要从以下几方面考虑。

1. 自然条件

（1）地貌地形指标：大地貌（山地、丘陵、高原、平原等）、地形（地面坡度组成、沟壑密度）。

（2）气象指标：年均降水量、汛期雨量、年均温度、≥10℃积温、干燥指数、无霜期、大风日数、风速等。

（3）土壤与地面组成物质指标：岩土类型（土类、岩石、明沙、荒漠等）、土壤类型（褐土、红壤、棕壤等）。

（4）植被指标：林草覆盖率、植被区系、主要树种草种等。

2. 社会经济情况

（1）人口密度、人均土地、人均耕地。

（2）耕地占总土地面积的比例、坡耕地面积占耕地面积的比例。

（3）人均收入、人均产粮等。

3. 水土流失特征

（1）水土流失类型指标：水蚀（沟蚀、面蚀）、重力侵蚀、风力侵蚀、冻融侵蚀、混合侵蚀。

（2）土壤侵蚀状况：土壤侵蚀强度和程度。

（3）人为水土流失状况：生产建设项目规模与分布。

（4）水土流失危害：土地退化、洪涝灾害、湖库淤积等。

9.2.2.2　明确分级体系和分区方案

根据区域大小确定分级体系和分区方案，当一级分区不能满足工作需要时，应考虑二级以上分区，同时应明确分级分区界限确定原则（自然区界与行政区划结合）及各级分区的区划指标。一级区以第一主导因素为依据，二级、三级区划以相对次要的主导因素为依据，并最终确定水土保持逐级分区方案。

例如，黑龙江省水土保持区划可采取四级分级体系：一级区以水土流失类型和主要气候特征为指标；二级区以地貌和地面组成物质为指标；三级区以降水和植被为指标；四级区以土壤侵蚀类型与强度和土地利用方向为指标。

9.2.2.3　区划命名

区划命名的目的是反映不同类型区的特点和采取的主要防治措施，使之在规划与实施中能更好地指导工作。命名的组成有单因素、二因素、三因素、四因素四类，不同层次的区划，应分别采用不同的命名。目前，我国水土保持区划的命名采取多段式命名法，即地理位置（区位）＋优势地貌类型（或组合）＋水土流失类型和强度＋防治方案。

（1）单因素和二因素命名。一般适用于高层次区，如全国水土保持区划一级区命名为东北黑土区、西北黄土高原区、青藏高原区等。

（2）三因素命名。在上述二因素基础上，再加侵蚀类型和强度，共三因素组成，一般适用于次级分区。如黄土高原北部黄土丘陵沟壑剧烈水蚀防治区、阴山山地强烈风蚀防治区等。

（3）四因素命名。在上述三因素基础上，再加防治方案。一般适用于更次一级区。如北部黄土丘陵沟壑剧烈水蚀坡沟兼治区、南部冲积平原轻度侵蚀护岸保滩区等。

9.2.2.4　生产发展方向与防治途径及总体部署

根据分区特征和分区方案，明确区域概况、发展方向和防治途径。

（1）区域范围、优势地貌特征和自然条件。

（2）水土流失现状及存在的主要问题。

（3）各区的水土流失防治途径（主攻方向）、措施总体部署、主要防治措施及其配置模式。

9.3　水土保持区划的步骤与方法

水土保持区划是水土保持的一项重要基础性工

作，应作为全局性和战略性任务来做好。水土保持区划工作有如下具体方法和步骤。

（1）组织队伍，制订计划。根据区划需要由各级政府和业务部门领导与技术人员组成区划工作组，技术队伍应按专业特长分工分组。制订工作大纲和技术细则，并组织培训技术人员。

（2）收集资料，实地调查。收集与水土保持区划有关的自然、社经、农林牧等各方面的资料和成果，进行归类整编。同时进行实地调查，核实分析。

（3）资料分析，专题研究。对收集到的各种图表、文字资料，要认真分析研究，从中找出区划需要的依据或指标，对关键性问题进行专题研究。

（4）综合归纳，形成成果。集中力量，对各组分析的资料和专题讨论成果进行综合归纳，归纳过程中可结合数值区划方法进行，如主成分分析、聚类分析、灰色系统理论、模糊数学及数量化理论等。主要是确定各级区划的主要指标、范围、界限，然后绘制区划图表，编写区划报告，征求意见，修改审定，形成成果。

9.4　全国水土保持区划概述

9.4.1　区划体系

全国水土保持区划采用三级分区体系。

一级区为总体格局区，主要用于确定全国水土保持工作战略部署与水土流失防治方略，反映水土资源保护、开发和合理利用的总体格局，体现水土流失的自然条件（地势构造和水热条件）及水土流失成因的区内相对一致性和区间最大差异性。

二级区为区域协调区，主要用于确定区域水土保持布局，协调跨流域、跨省区的重大区域性规划目标、任务及重点。反映区域特征优势地貌特征、水土流失特点、植被区带分布特征等的区内相对一致性和区间最大差异性。

三级区为基本功能区，主要用于确定水土流失防治途径及技术体系，作为重点项目布局与规划的基础。反映区域水土流失及其防治需求的区内相对一致性和区间最大差异性。

9.4.2　区划指标与方法

9.4.2.1　区划指标

依据三级分区体系，我国气候、地貌、水土流失特点以及人类活动规律等特征，从自然条件、水土流失、土地利用和社会经济等影响因子或要素中，选定各级划分指标。包括主导指标和辅助指标，见表 9.4-1。

表 9.4-1　全国水土保持区划指标

分区	主　导　指　标	辅助指标
一级区	海拔、≥10℃积温、年均降水量和水土流失成因	干燥度
二级区	特征优势地貌类型和若干次要地貌类型的组合、海拔、水土流失类型及强度、植被类型	土壤类型、水热指标
三级区	地貌特征指标（海拔、相对高差、特征地貌等）、社会经济发展特征指标（人口密度、人均纯收入等）、土地利用特征指标（耕垦指数、林草覆盖率等）、土壤侵蚀强度指标	土壤类型、水热指标

9.4.2.2　区划方法

在收集已有相关区划及分区成果、上报系统数据以及第一次全国水利普查水土保持情况普查成果的基础上，对数据进行整理复核分析，形成数据库，建立以地理信息系统为基础的全国水土保持区划协作平台。在定性分析的基础上，依托协作平台，运用相关统计分析方法，以县级行政区为分区单元，适当考虑流域边界和省界、历史传统沿革，借鉴相关区划成果，遵循上述区划原则进行区划，并充分征求流域机构和地方部门意见，多次协调，形成区划成果。

9.4.2.3　三级区水土保持功能评价

水土保持功能是指某一区域内水土保持设施所发挥或蕴藏的有利于保护水土资源、防灾减灾、改善生态、促进社会经济发展等方面的作用，包括基础功能和社会经济功能。

水土保持基础功能是指某一区域内水土保持设施在水土流失防治、维护水土资源和提高土地生产力等方面所发挥或蕴藏的直接作用或效能。水土保持基础功能共 10 项，见表 9.4-2。

表 9.4-2　水土保持基础功能分类

基础功能	定义	重要体现区域	辅助指标
土壤保持	水土保持设施发挥的保持土壤资源、维护和提高土地生产力的功能	山地丘陵综合农业生产区	耕地面积比例、大于 15°土地面积比例
蓄水保水	水土保持设施发挥的集蓄利用降水和地表径流以及保持土壤水分的功能	干旱缺水地区及季节性缺水严重地区	降水量、旱地面积比例、地面起伏度

续表

基础功能	定义	重要体现区域	辅助指标
拦沙减沙	水土保持设施发挥的拦截和减少入江（河、湖、库）泥沙的功能	多沙粗砂区及河流输沙量大的地区	土壤侵蚀模数
水源涵养	水土保持设施发挥或蕴藏的调节径流、保护与改善水质的功能	江河湖泊的源头、供水水库上游地区以及国家已划定的水源涵养区	林草覆盖率、人口密度
水质维护	水土保持设施发挥或蕴藏的减轻面源污染，有利于维护水质的功能	河湖水网、饮用水源地周边面源污染较重地区	耕地面积比例、人口密度
防风固沙	水土保持设施减小风速和控制沙地风蚀的功能	绿洲防护区及风沙区	大风日数、林草覆盖率、中度以上风蚀面积比例
生态维护	水土保持设施在维护森林、草原、湿地等生态系统功能方面所发挥的作用	森林、草原、湿地	林草覆盖率、人口密度、各类保护区面积比例
防灾减灾	水土保持设施发挥或蕴藏的减轻山洪、泥石流、滑坡等山地灾害的功能	山洪、泥石流、滑坡易发区及工矿集中区	灾害易发区危险区面积比例、工矿区面积比例
农田防护	水土保持设施在平原和绿洲农业区发挥的改善农田小气候，减轻风沙、干旱等自然灾害的功能	平原地区的粮食主产区	耕地面积比例、平原面积比例
人居环境维护	水土保持设施发挥的维护经济发达区域的城市及周边环境的功能	人均生活水平高的大中型现代化城市	人口密度、人均收入

水土保持社会经济功能是水土保持基础功能的延伸，指某一区域内水土保持设施对社会经济发展起到的间接作用，包括粮食生产、综合农业生产、林业生产和牧业生产等生产功能，以及城镇道路工矿企业防护、绿洲防护、海岸线防护、河湖源头保护、减少河湖库淤积、水源地保护、自然景观保护、生物多样性

保护、河湖沟渠边岸保护、饮水安全保护和土地生产力保护等保护功能。

水土保持功能评价是以三级区为单元，在调查分析区域自然条件和社会经济条件、水土流失现状特点及水土保持现状的基础上进行，明确区域存在的水土保持基础功能类型与重要性，分析确定主导基础功能及对应的社会经济功能。

9.4.3 区划成果

依据确定的区划指标和方法，将全国划分为8个一级区、41个二级区、117个三级区。

9.4.3.1 东北黑土区

东北黑土区，即东北山地丘陵区，包括黑龙江、吉林、辽宁和内蒙古4省（自治区）共244个县（市、区、旗），土地总面积约109万 km^2，共划分为6个二级区、9个三级区，见表9.4-3。

表9.4-3　东北黑土区分区方案

一级区代码及名称	二级区代码及名称	三级区代码及名称	
东北黑土区（东北山地丘陵区）Ⅰ	Ⅰ-1 大小兴安岭山地区	Ⅰ-1-1hw	大兴安岭山地水源涵养生态维护区
		Ⅰ-1-2wt	小兴安岭山地丘陵生态维护保土区
	Ⅰ-2 长白山-完达山山地丘陵区	Ⅰ-2-1wn	三江平原-兴凯湖生态维护农田防护区
		Ⅰ-2-2hz	长白山山地水源涵养减灾区
		Ⅰ-2-3st	长白山山地丘陵水质维护保土区
	Ⅰ-3 东北漫川漫岗区	Ⅰ-3-1t	东北漫川漫岗土壤保持区
	Ⅰ-4 松辽平原风沙区	Ⅰ-4-1fn	松辽平原防沙农田防护区
	Ⅰ-5 大兴安岭东南山地丘陵区	Ⅰ-5-1t	大兴安岭东南低山丘陵土壤保持区
	Ⅰ-6 呼伦贝尔丘陵平原区	Ⅰ-6-1fw	呼伦贝尔丘陵平原防沙生态维护区

东北黑土区是以黑色腐殖质表土为优势地面组成物质的区域，主要分布有大小兴安岭、长白山、呼伦贝尔高原、三江及松嫩平原，大部分位于我国第三级地势阶梯内，总体地貌格局为大小兴安岭和长白山地拱卫着三江及松嫩平原，主要河流涉及黑龙江、松花江等。该区属温带季风气候，大部分地区年均降水量300～800mm。土壤类型以灰色森林土、暗棕壤、棕色针叶林土、黑土、黑钙土、草甸土和沼泽土为主。植被类型以落叶针叶林、落叶针阔混交林和草原为主，林草覆盖率55.27%。区内耕地总面积2892.3万hm²，其中坡耕地230.9万hm²，以及亟须治理的缓坡耕地356.3万hm²。水土流失面积25.3万km²，以轻中度水力侵蚀为主，间有风力侵蚀，北部有冻融侵蚀分布。

东北黑土区是世界三大黑土带之一，森林繁茂、江河众多、湿地广布，既是我国森林资源最为丰富的地区，也是国家重要的生态屏障。三江平原和松嫩平原是全国重要商品粮生产基地，呼伦贝尔草原是国家重要畜产品生产基地，哈长地区是我国面向东北亚地区对外开放的重要门户，是全国重要的能源、装备制造基地，是带动东北地区发展的重要增长极。该区由于森林采伐、大规模垦殖等历史原因导致森林后备资源不足、湿地萎缩、黑土流失。

1. 水土保持方略

东北黑土区水土保持方略是以漫川漫岗区的坡耕地和侵蚀沟治理为重点，加强农田水土保持工作、农林镶嵌区的退耕还林还草和农田防护、西部地区风蚀防治，做好自然保护区、天然林保护区、重要水源地的预防和监督管理，构筑大兴安岭-长白山-燕山水源涵养预防带。

2. 区域布局

东北黑土区区域布局包括：增强大小兴安岭山地区（Ⅰ-1）嫩江、松花江等江河源头区水源涵养功能；加强长白山-完达山山地丘陵区（Ⅰ-2）坡耕地及侵蚀沟道治理、水源地保护，维护生态屏障；保护东北漫川漫岗区（Ⅰ-3）黑土资源，加大坡耕地综合治理，大力推行水土保持耕作制度；加强松辽平原风沙区（Ⅰ-4）农田防护体系建设和风蚀防治，推广缓坡耕地水土保持耕作措施；控制大兴安岭东南山地丘陵区（Ⅰ-5）坡面侵蚀，加强侵蚀沟道治理，防治草场退化；加强呼伦贝尔丘陵平原区（Ⅰ-6）草场管理，保护现有草地和森林。

3. 三级区范围及防治途径

东北黑土区三级区范围及防治途径见表9.4-4。

表9.4-4　　　　　　　　　　　　东北黑土区三级区范围及防治途径

三级区代码及名称		范围	防治途径
Ⅰ-1-1hw 大兴安岭山地水源涵养生态维护区	黑龙江省	大兴安岭地区呼玛县、漠河县、塔河县	加强天然林保护与管理
	内蒙古自治区	呼伦贝尔市鄂伦春自治旗、牙克石市、额尔古纳市、根河市	
Ⅰ-1-2wt 小兴安岭山地丘陵生态维护保土区	黑龙江省	哈尔滨市通河县，鹤岗市向阳区、工农区、南山区、兴安区、东山区、兴山区、萝北县，伊春市伊春区、南岔区、友好区、西林区、翠峦区、新青区、美溪区、金山屯区、五营区、乌马河区、汤旺河区、带岭区、乌伊岭区、红星区、嘉荫县、铁力市，佳木斯市汤原县，黑河市爱辉区、逊克县、孙吴县	加强森林资源的培育与管理，重视农林镶嵌地区水土流失综合治理，加大自然保护区的管理力度
Ⅰ-2-1wn 三江平原-兴凯湖生态维护农田防护区	黑龙江省	鸡西市虎林市、密山市，鹤岗市绥滨县，双鸭山市集贤县、友谊县、宝清县、饶河县，佳木斯市桦川县、抚远县、同江市、富锦市	营造农田防护林和推行保土性耕作，提高兴凯湖等湿地周边水源涵养能力，加强鸡西、鹤岗等矿区预防监督
Ⅰ-2-2hz 长白山山地水源涵养减灾区	黑龙江省	鸡西市鸡冠区、恒山区、滴道区、梨树区、城子河区、麻山区、鸡东县，七台河市新兴区、桃山区、茄子河区、勃利县，牡丹江市东安区、阳明区、爱民区、西安区、东宁市、林口县、绥芬河市、海林市、宁安市、穆棱市	加强第二松花江、鸭绿江和图们江源头区水源涵养林建设与保护

续表

三级区代码及名称		范　围	防治途径
Ⅰ-2-2hz 长白山山地水源涵养减灾区	吉林省	通化市东昌区、二道江区、通化县、集安市,白山市浑江区、江源区、抚松县、靖宇县、长白朝鲜族自治县、临江市,延边朝鲜族自治州延吉市、图们市、敦化市、珲春市、龙井市、和龙市、汪清县、安图县	加强第二松花江、鸭绿江和图们江源头区水源涵养林建设与保护
	辽宁省	抚顺市新宾满族自治县、清原满族自治县,本溪市桓仁满族自治县,丹东市元宝区、振兴区、振安区、宽甸满族自治县	
Ⅰ-2-3st 长白山山地丘陵水质维护保土区	黑龙江省	哈尔滨市依兰县、方正县、延寿县、尚志市、五常市,双鸭山市尖山区、岭东区、四方台区、宝山区,佳木斯市向阳区、前进区、东风区、郊区、桦南县	农林镶嵌地区侵蚀沟道和坡耕地治理,促进退耕还林;保护大伙房、桓仁等水源地
	吉林省	吉林市昌邑区、龙潭区、船营区、丰满区、永吉县、蛟河市、桦甸市、舒兰市、磐石市,辽源市龙山区、西安区、东丰县、东辽县,通化市辉南县、柳河县、梅河口市	
	辽宁省	鞍山市岫岩满族自治县,抚顺市新抚区、东洲区、望花区、顺城区、抚顺县,本溪市平山区、溪湖区、明山区、南芬区、本溪满族自治县,丹东市凤城市,铁岭市银州区、清河区、铁岭县、西丰县、开原市	
Ⅰ-3-1t 东北漫川漫岗土壤保持区	黑龙江省	哈尔滨市道里区、南岗区、道外区、平房区、松北区、香坊区、呼兰区、阿城区、宾县、巴彦县、木兰县、双城市,齐齐哈尔市依安县、克山县、克东县、拜泉县、讷河市、富裕县,黑河市嫩江县、北安市、五大连池市,绥化市北林区、望奎县、兰西县、青冈县、庆安县、明水县、绥棱县、海伦市、安达市、肇东市,大庆市萨尔图区、龙凤区、让胡路区、红岗区、大同区、肇州县、肇源县、林甸县	营造坡面水土保持林,采取以垄向区田为主的耕作措施,实施水土保持工程措施控制侵蚀沟发育,结合水源工程和小型水利水保工程建立高标准农田;漫岗丘陵地区,还应加强以坡改梯为主的小流域综合治理
	吉林省	长春市南关区、宽城区、朝阳区、二道区、绿园区、双阳区、农安县、九台市、榆树市、德惠市,四平市铁西区、铁东区、梨树县、伊通满族自治县、公主岭市,松原市宁江区、前郭尔罗斯蒙古族自治县、扶余市	
	辽宁省	铁岭市调兵山市、昌图县,沈阳市康平县、法库县	
Ⅰ-4-1fn 松辽平原防沙农田防护区	黑龙江省	齐齐哈尔市昂昂溪区、富拉尔基区、龙沙区、铁锋区、建华区、梅里斯达斡尔族区、泰来县,大庆市杜尔伯特蒙古族自治县	加强农田防护体系建设,结合水利工程建设高标准农田,推广缓坡耕地的水土保持耕作措施;实施封育禁牧,治理退化草场,防治风蚀;加强湿地保护和油气开发及重工业基地的监督管理工作
	吉林省	四平市,双辽市,松原市长岭县、乾安县,白城市洮北区、镇赉县、通榆县、洮南市、大安市	
	内蒙古自治区	通辽市科尔沁区、科尔沁左翼中旗、科尔沁左翼后旗、开鲁县	

续表

三级区代码及名称	范　围		防治途径
I-5-1t 大兴安岭东南低山丘陵土壤保持区	黑龙江	齐齐哈尔市碾子山区、甘南县、龙江县	治理坡耕地和侵蚀沟道；推进封山育林、退耕还林、营造水土保持林；加强农田保护和草场管理，大力实施封育保护和退化草场修复，防治土地沙化
	内蒙古自治区	通辽市扎鲁特旗，呼伦贝尔市阿荣旗、莫力达瓦达斡尔族自治旗、扎兰屯市，霍林郭勒市，兴安盟乌兰浩特市、科尔沁右翼前旗、科尔沁右翼中旗、扎赉特旗、突泉县、阿尔山市，赤峰市林西县、巴林左旗、巴林右旗、阿鲁科尔沁旗	
I-6-1fw 呼伦贝尔丘陵平原防沙生态维护区	内蒙古自治区	呼伦贝尔市海拉尔区、鄂温克族自治旗、陈巴尔虎旗、新巴尔虎左旗、新巴尔虎右旗、满洲里市	合理开发和利用草地资源，加强草场管理，严禁超载放牧和开垦草场，退牧还草，防止草场退化沙化，保护现有湿地和毗邻大兴安岭林区的天然林

9.4.3.2　北方风沙区

北方风沙区，即新甘蒙高原盆地区，包括甘肃、内蒙古、河北和新疆4省（自治区）共145个县（市、区、旗），土地总面积约239万km²，共划分为4个二级区、12个三级区，见表9.4-5。

表9.4-5　北方风沙区分区方案

一级区代码及名称	二级区代码及名称	三级区代码及名称
II 北方风沙区（新甘蒙高原盆地区）	II-1 内蒙古中部高原丘陵区	II-1-1tw 锡林郭勒高原保土生态维护区
		II-1-2tx 蒙冀丘陵保土蓄水区
		II-1-3tx 阴山北麓山地高原保土蓄水区
	II-2 河西走廊及阿拉善高原区	II-2-1fw 阿拉善高原山地防沙生态维护区
		II-2-2nf 河西走廊农田防护防沙区
	II-3 北疆山地盆地区	II-3-1hw 准噶尔盆地北部水源涵养生态维护区
		II-3-2rn 天山北坡人居环境维护农田防护区
		II-3-3zx 伊犁河谷减灾蓄水区
		II-3-4wf 吐哈盆地生态维护防沙区
	II-4 南疆山地盆地区	II-4-1nh 塔里木盆地北部农田防护水源涵养区
		II-4-2nf 塔里木盆地南部农田防护防沙区
		II-4-3nz 塔里木盆地西部农田防护减灾区

北方风沙区是以砂质和砾质荒漠土为优势地面组成物质的区域，主要分布有内蒙古高原、阿尔泰山、准噶尔盆地、天山、塔里木盆地、昆仑山、阿尔金山，区内包含塔克拉玛干、古尔班通古特、巴丹吉林、腾格里、库姆塔格、库布齐、乌兰布和沙漠及浑善达克沙地，沙漠戈壁广布；主要涉及塔里木河、黑河、石羊河、疏勒河等内陆河，以及额尔齐斯河、伊犁河等国际河流。该区属于温带干旱、半干旱气候区，大部分地区平均年降水量25～350mm。土壤类型以栗钙土、灰钙土、风沙土和棕漠土为主。植被类型以荒漠草原、典型草原以及疏林灌木草原为主，局部高山地区分布森林，林草覆盖率31.02%。区内耕地总面积754.4万hm²，其中坡耕地面积20.5万hm²。水土流失面积142.6万km²，以风力侵蚀为主，局部地区风力侵蚀和水力侵蚀并存，土地沙漠化严重。

北方风沙区绿洲星罗棋布，荒漠草原相间，天山、祁连山、昆仑山、阿尔泰山是区内主要河流的发源地，生态环境脆弱，在我国生态安全战略格局中具有十分重要的地位，是国家重要的能源矿产和风能开发基地。该区是国家重要农牧产品产业带；天山北坡地区是国家重点开发区域，是我国面向中亚、西亚地区对外开放的陆路交通枢纽和重要门户。区内草场退化和土地沙化问题突出，风沙严重危害工农业生产和群众生活；水资源匮乏，河流下游尾间绿洲萎缩；局部地区能源矿产开发颇具规模，植被破坏和沙丘活化现象严重。

1. 水土保持方略

北方风沙区水土保持方略为以草场保护和管理为重点，加强预防，防治草场沙化退化，构建北方边疆防沙生态维护预防带；保护和修复山地森林植被，提高水源涵养能力，维护江河源头区生态安全，构筑昆仑山—祁连山水源涵养预防带；综合防治农牧交错地带水土流失，建立绿洲防风固沙体系，做好能源矿产基地的监督管理。

2. 区域布局

北方风沙区区域布局包括：加强内蒙古中部高原丘陵区（Ⅱ-1）草场管理和风蚀防治；保护河西走廊及阿拉善高原区（Ⅱ-2）绿洲农业和草地资源；提高北疆山地盆地区（Ⅱ-3）森林水源涵养能力，开展绿洲边缘冲积洪积山麓地带综合治理和山洪灾害防治，保障绿洲工农业生产安全；加强南疆山地盆地区（Ⅱ-4）绿洲农田防护和荒漠植被保护。

3. 三级区范围及防治途径

北方风沙区三级区范围及防治途径见表9.4-6。

表9.4-6　　　　　　　　　　　　北方风沙区三级区范围及防治途径

三级区代码及名称		范　　围	防治途径
Ⅱ-1-1tw	锡林郭勒高原保土生态维护区	内蒙古自治区	锡林郭勒盟锡林浩特市、阿巴嘎旗、苏尼特左旗、东乌珠穆沁旗（乌拉盖管理区）、西乌珠穆沁旗	加强浑善达克沙地的防风固沙工程建设，加强轮封轮牧和草库仑建设，合理利用草场资源，推广农区水土保持耕作
Ⅱ-1-2tx	蒙冀丘陵保土蓄水区	河北省	张家口市张北县、康保县、沽源县、尚义县	加强丘陵区水土流失综合治理，做好西辽河、滦河、永定河源头区草地资源和水源涵养林保护与建设
		内蒙古自治区	乌兰察布市化德县、商都县、察哈尔右翼中旗、察哈尔右翼后旗，锡林郭勒盟太仆寺旗、镶黄旗、正镶白旗、正蓝旗	
Ⅱ-1-3tx	阴山北麓山地高原保土蓄水区	内蒙古自治区	包头市白云鄂博矿区、达尔罕茂明安联合旗，锡林郭勒盟二连浩特市、苏尼特右旗，乌兰察布市四子王旗，巴彦淖尔市乌拉特中旗、乌拉特后旗	加强阴山和大青山的封山禁牧和植被保护，对局部坡耕地进行整治并配套小型蓄水工程，做好白云鄂博等工矿区的监督管理
Ⅱ-2-1fw	阿拉善高原山地防沙生态维护区	内蒙古自治区	阿拉善盟阿拉善左旗、阿拉善右旗、额济纳旗	加强腾格里沙漠、巴丹吉林沙漠南缘固沙工程和植被保护，控制沙漠合拢南移，保护黑河下游湿地，建设恢复乌兰布和沙漠东缘植被
Ⅱ-2-2nf	河西走廊农田防护防沙区	甘肃省	酒泉市肃州区、肃北蒙古族自治县（马鬃山地区）、瓜州县、玉门市、敦煌市、金塔县，张掖市甘州区、临泽县、高台县、山丹县、肃南裕固族自治县（皇城镇），嘉峪关市，金昌市金川区、永昌县，武威市凉州区、民勤县、古浪县	加强河西走廊绿洲保护，合理配置水资源，推广节水节灌，保障生态用水，保护湿地，加强马鬃山地区草场管理和祁连山—阿尔金山山麓小流域综合治理，做好金昌等工矿区监督管理
Ⅱ-3-1hw	准噶尔盆地北部水源涵养生态维护区	新疆维吾尔自治区	塔城地区塔城市、额敏县、托里县、裕民县、和布克赛尔蒙古自治县，阿勒泰地区阿勒泰市、布尔津县、富蕴县、福海县、哈巴河县、青河县、吉木乃县、北屯市	加强阿尔泰山森林草原、额尔齐斯河和乌伦古河（湖）周边植被带的保护和建设，做好草场管理，维护水源涵养功能
Ⅱ-3-2rn	天山北坡人居环境维护农田防护区	新疆维吾尔自治区	乌鲁木齐市天山区、沙依巴克区、新市区、水磨沟区、头屯河区、达坂城区、米东区、乌鲁木齐县，克拉玛依市独山子区、克拉玛依区、白碱滩区、乌尔禾区，昌吉回族自治州昌吉市、阜康市、呼图壁县、玛纳斯县、吉木萨尔县、奇台县、木垒哈萨克自治县，博尔塔拉蒙古自治州博乐市、阿拉山口市、精河县、温泉县，伊犁哈萨克自治州奎屯市，塔城地区乌苏市、沙湾县，自治区直辖县级行政单位石河子市、五家渠市	加强绿洲农业防护，改善城市和工矿企业集中区人居环境，做好输水输油管道沿线风蚀防治

续表

三级区代码及名称		范　　围	防治途径
II-3-3zx	伊犁河谷减灾蓄水区	新疆维吾尔自治区	伊犁哈萨克自治州伊宁市、伊宁县、察布查尔锡伯自治县、霍城县、巩留县、新源县、昭苏县、特克斯县、尼勒克县	加强绿洲边缘冲积洪积山麓带综合治理和山洪灾害防治，做好天山森林植被的保护与建设，提高水源涵养能力
II-3-4wf	吐哈盆地生态维护防沙区	新疆维吾尔自治区	吐鲁番地区吐鲁番市、鄯善县、托克逊县，哈密地区哈密市、巴里坤哈萨克自治县、伊吾县	加强天然植被保护，建立绿洲防护林体系，发展高效节水农业，提高水利用效率
II-4-1nh	塔里木盆地北部农田防护水源涵养区	新疆维吾尔自治区	巴音郭楞蒙古自治州库尔勒市、铁门关市、轮台县、尉犁县、和静县、焉耆回族自治县、和硕县、博湖县，阿克苏地区阿克苏市、温宿县、库车县、沙雅县、新和县、拜城县、乌什县、阿瓦提县、柯坪县，自治区直辖县级行政单位阿拉尔市	加强绿洲农田防护，推进节水灌溉，做好天山南麓、塔里木河源头及沿岸和博斯腾湖周边的植被保护和建设，提高水源涵养能力，合理配置水资源，保障下游生态用水
II-4-2nf	塔里木盆地南部农田防护防沙区	新疆维吾尔自治区	巴音郭楞蒙古自治州若羌县、且末县，和田地区和田市、和田县、墨玉县、皮山县、洛浦县、策勒县、于田县、民丰县	南部加强昆仑山—阿尔金山北麓植被保护和水资源合理利用，保护绿洲农田，减少风沙危害，做好油气资源开发监督管理
II-4-3nz	塔里木盆地西部农田防护减灾区	新疆维吾尔自治区	喀什地区喀什市、英吉沙县、泽普县、莎车县、叶城县、麦盖提县、塔什库尔干塔吉克自治县、疏附县、疏勒县、岳普湖县、伽师县、巴楚县，自治区直辖县级行政单位图木舒克市，克孜勒苏柯尔克孜自治州阿图什市、乌恰县、阿克陶县、阿合奇县	加强绿洲农区农田防护林建设，做好水资源管理与利用，减少河道淤积

9.4.3.3　北方土石山区

北方土石山区，即北方山地丘陵区，包括河北、辽宁、山西、河南、山东、江苏、安徽、北京、天津和内蒙古10省（自治区、直辖市）共662个县（市、区、旗），土地总面积约81万km²，共划分为6个二级区、16个三级区，见表9.4-7。

表9.4-7　北方土石山区分区方案

续表

一级区代码及名称	二级区代码及名称	三级区代码及名称	
III 北方土石山区（北方山地丘陵区）	III-1 辽宁环渤海山地丘陵区	III-1-1rn	辽河平原人居环境维护农田防护区
		III-1-2tj	辽宁西部丘陵保土拦沙区
		III-1-3rz	辽东半岛人居环境维护减灾区
	III-2 燕山及辽西山地丘陵区	III-2-1tx	辽西山地丘陵保土蓄水区
		III-2-2hw	燕山山地丘陵水源涵养生态维护区
	III-3 太行山山地丘陵区	III-3-1fh	太行山西北部山地丘陵防沙水源涵养区
		III-3-2ht	太行山东部山地丘陵水源涵养保土区
		III-3-3th	太行山西南部山地丘陵保土水源涵养区
	III-4 泰沂及胶东山地丘陵区	III-4-1xt	胶东半岛丘陵蓄水保土区
		III-4-2t	鲁中南低山丘陵土壤保持区
	III-5 华北平原区	III-5-1rn	京津冀城市群人居环境维护农田防护区
		III-5-2w	津冀鲁渤海湾生态维护区
		III-5-3fn	黄泛平原防沙农田防护区
		III-5-4nt	淮北平原岗地农田防护保土区

续表

一级区代码及名称	二级区代码及名称	三级区代码及名称	
Ⅲ 北方土石山区（北方山地丘陵区）	Ⅲ-6 豫西南山地丘陵区	Ⅲ-6-1tx	豫西黄土丘陵保土蓄水区
		Ⅲ-6-2th	伏牛山山地丘陵保土水源涵养区

北方土石山区是以棕褐色土状物、粗骨质风化壳及裸岩为优势地面组成物质的区域，主要包括辽河平原、燕山太行山、胶东低山丘陵、沂蒙山泰山以及淮河以北的黄淮海平原等。区内山地和平原呈环抱态势，主要河流涉及辽河、大凌河、滦河、北三河、永定河、大清河、子牙河、漳卫河，以及伊洛河、大汶河、沂沭泗河。该区属于温带半干旱区、暖温带半干旱区及半湿润区，大部分地区年平均降水量 400～800mm。土壤主要以褐土、棕壤和栗钙土为主。植被类型主要为温带落叶阔叶林、针阔混交林，林草覆盖率 24.22%。区内耕地总面积 3229.0 万 hm²，其中坡耕地面积 192.4 万 hm²。水土流失面积 19.0 万 km²，以水力侵蚀为主，部分地区间有风力侵蚀。

北方土石山区中环渤海地区、冀中南、东陇海、中原地区等重要的优化开发和重点开发区域是我国城市化战略格局的重要组成部分，辽河平原、黄淮海平原是我国重要的粮食主产区，沿海低山丘陵区为农业综合开发基地，太行山、燕山等区域是华北重要供水水源地。该区除西部和西北部山区丘陵区有森林分布外，大部分为农业耕作区，整体林草覆盖率低；山区丘陵区耕地资源短缺，坡耕地比例大，江河源头区水

源涵养能力有待提高，局部地区存在山洪灾害；区内开发强度大，人为水土流失问题突出；海河下游和黄泛区潜在风蚀危险大。

1. 水土保持方略

北方土石山区水土保持方略为以保护和建设山地森林植被，提高河流上游水源涵养能力，维护饮用水水源地水质安全为重点，构筑大兴安岭-长白山-燕山水源涵养预防带；加强山丘区小流域综合治理、微丘岗地及平原沙土区农田水土保持工作，改善农村生产生活条件；全面实施对生产建设项目或活动引发的水土流失监督管理。

2. 区域布局

北方土石山区区域布局包括：加强辽宁环渤海山地丘陵区（Ⅲ-1）水源涵养林、农田防护和城市人居环境建设；开展燕山及辽西山地丘陵区（Ⅲ-2）水土流失综合治理，提高河流上游水源涵养能力，推动城郊及周边地区清洁小流域建设；提高太行山山地丘陵区（Ⅲ-3）森林水源涵养能力，加强京津风沙源区综合治理，维护水源地水质，改造坡耕地发展特色产业，巩固退耕还林还草成果；保护泰沂及胶东山地丘陵区（Ⅲ-4）耕地资源，实施综合治理，加强农业综合开发；改善华北平原区（Ⅲ-5）农业产业结构，推行保护性耕作制度，强化河湖滨海及黄泛平原风沙区的监督管理；加强豫西南山地丘陵区（Ⅲ-6）水土流失综合治理，发展特色产业，保护现有森林植被。

3. 三级区范围及防治途径

北方土石山区三级区范围及防治途径见表 9.4-8。

表 9.4-8　　　　　　　　北方土石山区三级区范围及防治途径

三级区代码及名称		范围	防治途径
Ⅲ-1-1rn	辽河平原人居环境维护农田防护区	辽宁省	沈阳市和平区、沈河区、大东区、皇姑区、铁西区、苏家屯区、东陵区、沈北新区、于洪区、辽中县、新民市，鞍山市铁东区、铁西区、立山区、千山区、台安县、海城市，营口市站前区、营口市西市区、老边区、大石桥市，辽阳市白塔区、文圣区、宏伟区、弓长岭区、太子河区、辽阳县、灯塔市，盘锦市双台子区、兴隆台区、大洼县、盘山县	保护和建设水源涵养林，加强农田防护，加快城市人居环境建设和采矿区的综合整治
Ⅲ-1-2tj	辽宁西部丘陵保土拦沙区	辽宁省	锦州市古塔区、凌河区、太和区、黑山县、义县、凌海市、北镇市，阜新市海州区、新邱区、太平区、清河门区、细河区、阜新蒙古族自治县、彰武县，葫芦岛市连山区、龙港区、南票区、绥中县、兴城市	坡面和侵蚀沟道治理，加强风蚀防治

三级区代码及名称		范　围	防治途径
Ⅲ-1-3rz 辽东半岛人居环境维护减灾区	辽宁省	大连市中山区、西岗区、沙河口区、甘井子区、旅顺口区、金州区、长海县、瓦房店市、普兰店市、庄河市，丹东市东港市，营口市鲅鱼圈区、盖州市	加强小流域综合治理，发展特色产业，沿海地区保护滨海湿地和构建沿海防护林，改善城镇人居环境
Ⅲ-2-1tx 辽西山地丘陵保土蓄水区	内蒙古自治区	赤峰市红山区、元宝山区、松山区、敖汉旗、喀喇沁旗、宁城县、克什克腾旗、翁牛特旗，通辽市库伦旗、奈曼旗，锡林郭勒盟多伦县	加强低山丘陵区小流域综合治理，发展特色产业，做好北部退耕还林还草及风沙源治理
	辽宁省	朝阳市双塔区、龙城区、朝阳县、北票市、喀喇沁左翼蒙古族自治县、凌源市、建平县，葫芦岛市建昌县	
Ⅲ-2-2hw 燕山山地丘陵水源涵养生态维护区	北京市	昌平区、延庆县、怀柔区、密云县、平谷区	维护水源地水质，保护与建设水源涵养林，建设清洁小流域，做好局部地区水土流失综合治理及废弃工矿土地整治和生态恢复
	天津市	蓟县	
	河北省	承德市双桥区、双滦区、鹰手营子矿区、滦平县、承德县、围场满族蒙古族自治县、隆化县、丰宁满族自治县、兴隆县、平泉县、宽城满族自治县，张家口市下花园区、桥东区、桥西区、宣化区、宣化县、怀来县、崇礼县、赤城县，唐山市遵化市、迁西县、迁安市、滦县，秦皇岛市山海关区、海港区、北戴河区、青龙满族自治县、抚宁县、卢龙县、昌黎县	
Ⅲ-3-1fh 太行山西北部山地丘陵防沙水源涵养区	河北省	张家口市万全县、蔚县、阳原县、怀安县、涿鹿县	加强京津风沙源治理，提高水源涵养能力，防治水土流失及面源污染，维护供水水源地水质安全，做好大同、朔州等能源矿产基地监督管理
	山西省	大同市南郊区、新荣区、阳高县、天镇县、广灵县、灵丘县、浑源县、大同县、左云县，朔州市朔城区、平鲁区、山阴县、应县、怀仁县、右玉县，忻州市忻府区、定襄县、五台县、代县、繁峙县、原平市、宁武县	
	内蒙古自治区	乌兰察布市集宁区、兴和县、丰镇市、察哈尔右翼前旗	
Ⅲ-3-2ht 太行山东部山地丘陵水源涵养保土区	河南	安阳市文峰区、北关区、殷都区、龙安区、安阳县、林州市、汤阴县，鹤壁市鹤山区、淇县，焦作市解放区、中站区、马村区、山阳区、修武县，新乡市卫辉市、辉县市	加强黄壁庄、岗南等水库水源地水土保持，保护和营造水源涵养林，防治局部地区山洪灾害
	北京	石景山区、门头沟区、房山区	
	河北	石家庄市井陉矿区、井陉县、行唐县、灵寿县、赞皇县、平山县、元氏县、鹿泉市，保定市满城县、涞水县、阜平县、唐县、涞源县、易县、曲阳县、顺平县，邯郸市峰峰矿区、邯山区、丛台区、复兴区、邯郸县、涉县、磁县、武安市，邢台市桥东区、桥西区、邢台县、临城县、内丘县、沙河市、隆尧县	
Ⅲ-3-3th 太行山西南部山地丘陵保土水源涵养区	山西省	阳泉市城区、矿区、郊区、平定县、盂县，晋中市榆社县、左权县、和顺县、昔阳县、寿阳县，长治市城区、郊区、长治县、襄垣县、屯留县、黎城县、长子县、潞城市、武乡县、沁县、沁源县、平顺县、壶关县，晋城市陵川县	加强坡改梯改造为主的小流域综合治理，发展特色产业，加强南水北调中线工程左岸沿线山洪灾害防治，加强阳泉、潞安等矿区的监督管理

三级区代码及名称		范 围	防治途径
Ⅲ-4-1xt 胶东半岛丘陵蓄水保土区	山东省	青岛市市南区、市北区、黄岛区、崂山区李沧区、城阳区、胶州市、即墨市、平度市、莱西市、烟台市芝罘区、福山区、牟平区、莱山区、长岛县、龙口市、莱阳市、莱州市、蓬莱市、招远市、栖霞市、海阳市，威海市环翠区、文登市、荣成市、乳山市	加强小流域综合治理和雨水集蓄利用，促进特色产业发展；建设清洁小流域和沿海生态走廊
Ⅲ-4-2t 鲁中南低山丘陵土壤保持区	江苏省	连云港市连云区、新浦区、赣榆县、东海县	加强以坡改梯为主的综合治理，建设生态经济型小流域，发展生态旅游和特色农业产业，做好泰山、沂蒙山区植被建设与保护
	山东省	济南市历下区、历城区、槐荫区、长清、市中区、章丘市、平阴县，淄博市临淄区、张店区、周村区、淄川区、博山区、沂源县、桓台县，枣庄市市中区、薛城区、峄城区、台儿庄区、山亭区、滕州市，潍坊市坊子区、青州市、高密市、昌乐县、安丘市、诸城市、临朐县，济宁市泗水县、曲阜市、邹城市、微山县，泰安市泰山区、岱岳区、新泰市、宁阳县、东平县、肥城市，日照市东港区、岚山区、莒县、五莲县，莱芜市莱城区、钢城区，临沂市兰山区、河东区、罗庄区、临沭县、蒙阴县、沂南县、平邑县、费县、莒南县、苍山县、郯城县、沂水县，滨州市邹平县	
Ⅲ-5-1rn 京津冀城市群人居环境维护农田防护区	北京市	东城区、西城区、朝阳区、丰台区、海淀区、通州区、顺义区、大兴区	加强城市河流生态整治和城郊清洁小流域建设，改善人居环境，完善农田防护林体系，做好生产建设项目监督管理
	天津市	和平区、河东区、河西区、南开区、河北区、红桥区、东丽区、西青区、津南区、北辰区、武清区、宝坻区、宁河县、静海县	
	河北省	廊坊市安次区、广阳区、固安县、永清县、香河县、大城县、文安县、大厂回族自治县，廊坊市霸州市、三河市，保定市新市区、北市区、南市区、清苑县、定兴县、高阳县、容城县、望都县、安新县、蠡县、博野县、雄县、涿州市、定州市、安国市、高碑店市、徐水县，石家庄市长安区、桥东区、桥西区、新华区、裕华区、正定县、栾城县、高邑县、深泽县、无极县、赵县、辛集市、藁城市、晋州市、新乐市，沧州市肃宁县、任丘市、河间市，衡水市饶阳县、安平县、深州市，邢台市宁晋县、柏乡县，唐山市古冶区、开平区、路南区、路北区、丰润区、玉田县	
Ⅲ-5-2w 津冀鲁渤海湾生态维护区	河北省	唐山市曹妃甸区、丰南区、乐亭县、滦南县，沧州市黄骅市、海兴县	重点保护海岸及河口自然生态，加强滨河滨海植被带保护与建设，改造盐碱地，提高土地生产力
	天津市	滨海新区	
	山东省	滨州市无棣县、沾化县，东营市东营区、河口区、垦利县、利津县、广饶县，潍坊市寒亭区、潍城区、奎文区、寿光市、昌邑市	

续表

三级区代码及名称		范　　围	防治途径
Ⅲ-5-3fn	黄泛平原防沙农田防护区	河北省	沧州市新华区、运河区、沧县、献县、泊头市、东光县、盐山县、南皮县、吴桥县、孟村回族自治县、青县，衡水市桃城区、枣强县、武邑县、武强县、故城县、景县、阜城县、冀州市，邢台市任县、南和县、巨鹿县、新河县、广宗县、平乡县、威县、清河县、临西县、南宫市，邯郸市临漳县、成安县、大名县、肥乡县、永年县、邱县、鸡泽县、广平县、馆陶县、魏县、曲周县	加强预防，保护和建设河岸植被带及固沙植被，完善农田防护林体系，推行保护性耕作，做好监督管理
		江苏省	徐州市丰县、沛县	
		安徽省	宿州市砀山县、萧县	
		山东省	济南市天桥区、济阳县、商河县，淄博市高青县，济宁市市中区、任城区、鱼台县、金乡县、嘉祥县、汶上县、梁山县、兖州市，德州市德城区、陵县、宁津县、庆云县、临邑县、齐河县、平原县、夏津县、武城县、乐陵市、禹城市，聊城市东昌府区、阳谷县、莘县、茌平县、东阿县、冠县、高唐县、临清市，滨州市滨城区、惠民县、阳信县、博兴县，菏泽市牡丹区、曹县、单县、成武县、巨野县、郓城县、鄄城县、定陶县、东明县	
		河南省	郑州市管城回族区、金水区、惠济区、中牟县，开封市龙亭区、顺河回族区、鼓楼区、禹王台区、金明区、杞县、通许县、尉氏县、开封县、兰考县，安阳市滑县、内黄县，鹤壁市浚县，新乡市卫滨区、红旗区、牧野区、凤泉区、获嘉县、新乡县、原阳县、延津县、封丘县、长垣县，焦作市武陟县、温县、沁阳市、博爱县，濮阳市华龙区、清丰县、南乐县、范县、台前县、濮阳县，商丘市梁园区、睢阳区、民权县、睢县、虞城县、夏邑县、宁陵县、永城市，许昌市鄢陵县、长葛市，周口市川汇区、扶沟县、西华县、淮阳县、太康县	
Ⅲ-5-4nt	淮北平原岗地农田防护保土区	江苏省	徐州市鼓楼区、云龙区、贾汪区、泉山区、睢宁县、新沂市、邳州市，连云港市灌云县、灌南县，淮安市清河区、淮阴区、清浦区、涟水县，盐城市响水县、滨海县，宿迁市宿城区、宿豫区、沭阳县、泗阳县、泗洪县	完善农田防护林体系，实施丘岗地区综合治理，加强淮北等矿区的监督管理
		安徽省	蚌埠市淮上区、怀远县、五河县、固镇县，淮南市潘集区、凤台县，淮北市杜集区、相山区、烈山区、濉溪县，阜阳市颍州区、颍东区、颍泉区、临泉县、太和县、阜南县、颍上县、界首市，宿州市埇桥区、灵璧县、泗县、亳州市谯城区、涡阳县、蒙城县、利辛县	
		河南省	许昌市魏都区、许昌县，漯河市源汇区、郾城区、召陵区、舞阳县、临颍县，商丘市柘城县，周口市商水县、沈丘县、郸城县、鹿邑县、项城市，驻马店市平舆县、新蔡县、西平县、上蔡县、正阳县、汝南县，信阳市淮滨县、息县	

续表

三级区代码及名称		范　围	防治途径
Ⅲ-6-1tx	豫西黄土丘陵保土蓄水区	河南省	郑州市上街区、巩义市、荥阳市，洛阳市涧西区、西工区、老城区、瀍河回族区、洛龙区、伊滨区、吉利区、孟津县、新安县、偃师市、伊川县、宜阳县、栾川县、嵩县、洛宁县，省直辖县级行政单位济源市，焦作市孟州市，三门峡市湖滨区、灵宝市、陕县、卢氏县、渑池县、义马市	加强坡改梯为主的小流域综合治理，发展节水灌溉农业，促进特色产业，做好义马、济源等工矿区监督管理
Ⅲ-6-2th	伏牛山山地丘陵保土水源涵养区	河南省	郑州市二七区、中原区、新密市、新郑市、登封市，洛阳市汝阳县，平顶山市新华区、卫东区、湛河区、石龙区、宝丰县、鲁山县、叶县、郏县、舞钢市、汝州市，许昌市禹州市、襄城县，南阳市南召县、方城县，驻马店市驿城区、泌阳县、遂平县、确山县	加强小流域综合治理，改造现有梯田，提高梯田综合生产能力；做好天然次生林保护和山区封育治理，营造水源涵养林

9.4.3.4　西北黄土高原区

西北黄土高原区包括山西、陕西、甘肃、青海、内蒙古和宁夏6省（自治区）共271个县（市、区、旗），土地总面积约56万km²，共划分为5个二级区、15个三级区，见表9.4-9。

表 9.4-9　西北黄土高原区分区方案

一级区代码及名称	二级区代码及名称	三级区代码及名称
Ⅳ 西北黄土高原区	Ⅳ-1 宁蒙覆沙黄土丘陵区	Ⅳ-1-1xt 阴山山地丘陵蓄水保土区
		Ⅳ-1-2tx 鄂乌高原丘陵保土蓄水区
		Ⅳ-1-3fw 宁中北丘陵平原防沙生态维护区
	Ⅳ-2 晋陕蒙丘陵沟壑区	Ⅳ-2-1jt 呼鄂丘陵沟壑拦沙保土区
		Ⅳ-2-2jt 晋西北黄土丘陵沟壑拦沙保土区
		Ⅳ-2-3jt 陕北黄土丘陵沟壑拦沙保土区
		Ⅳ-2-4jf 陕北盖沙丘陵沟壑拦沙防沙区
		Ⅳ-2-5jt 延安中部丘陵沟壑拦沙保土区
	Ⅳ-3 汾渭及晋城丘陵阶地区	Ⅳ-3-1tx 汾河中游丘陵沟壑保土蓄水区
		Ⅳ-3-2tx 晋南丘陵阶地保土蓄水区
		Ⅳ-3-3tx 秦岭北麓-渭河中低山阶地保土蓄水区

续表

一级区代码及名称	二级区代码及名称	三级区代码及名称
Ⅳ 西北黄土高原区	Ⅳ-4 晋陕甘高塬沟壑区	Ⅳ-4-1tx 晋陕甘高塬沟壑保土蓄水区
	Ⅳ-5 甘宁青山地丘陵沟壑区	Ⅳ-5-1xt 宁南陇东丘陵沟壑蓄水保土区
		Ⅳ-5-2xt 陇中丘陵沟壑蓄水保土区
		Ⅳ-5-3xt 青东甘南丘陵沟壑蓄水保土区

西北黄土高原区是以黄土及黄土状物质为优势地面组成物质的区域，主要有鄂尔多斯高原、陕北高原、陇中高原等，涉及毛乌素沙地、库布齐沙漠、晋陕黄土丘陵、陇东及渭北黄土台塬、甘青宁黄土丘陵、六盘山、吕梁山、子午岭、中条山、河套平原、汾渭平原，位于我国第二级地势阶梯，地势自西北向东南倾斜。主要河流涉及黄河干流、汾河、无定河、渭河、泾河、洛河、洮河、湟水河等。该区属暖温带半湿润区、半干旱区，大部分地区平均年降水量250～700mm。主要土壤类型有黄绵土、棕壤、褐土、垆土、栗钙土和风沙土等。植被类型主要为暖温带落叶阔叶林和森林草原，林草覆盖率45.29%。区内耕地总面积1268.8万hm²，其中坡耕地面积452.0万hm²。水土流失面积23.5万km²，以水力侵蚀为主，北部地区水力侵蚀和风力侵蚀交错。

西北黄土高原区是中华文明的发祥地，是世界上面积最大的黄土覆盖地区和黄河泥沙的主要策源地；是阻止内蒙古高原风沙南移的生态屏障；也是我国重要的能源重化工基地。汾渭平原、河套灌区是国家的农产品主产区，呼包鄂榆、宁夏沿黄经济区、兰州—西宁和关中—天水等国家重点开发区是我国城市化战略格局的重要组成部分。该区水土流失严重，泥沙下泄，影响黄河下游防洪安全；坡耕地众多，水资源匮乏，农业综合生产能力较低；部分区域草场退化沙化严重；能源开发引起的水土流失问题十分突出。

1. 水土保持方略

西北黄土高原区水土保持方略为建设以梯田和淤地坝为核心的拦沙减沙体系，保障黄河下游安全；实施小流域综合治理，发展农业特色产业，促进农村经济发展；巩固退耕还林还草成果，保护和建设林草植被，防风固沙，控制沙漠南移，改善能源重化工基地的生态。

2. 区域布局

西北黄土高原区区域布局包括：建设宁蒙覆沙黄土丘陵区（Ⅳ-1）毛乌素沙地、库布齐沙漠、河套平原周边的防风固沙体系；实施晋陕蒙丘陵沟壑区（Ⅳ-2）拦沙减沙工程，恢复与建设长城沿线防风固沙林草植被；加强汾渭及晋城丘陵阶地区（Ⅳ-3）丘陵台塬水土流失综合治理，保护与建设山地森林水源涵养林；做好晋陕甘高塬沟壑区（Ⅳ-4）坡耕地综合治理和沟道坝系建设，建设与保护子午岭和吕梁林区植被；加强甘宁青山地丘陵沟壑区（Ⅳ-5）坡改梯和雨水集蓄利用为主的小流域综合治理，保护与建设林草植被。

3. 三级区范围及防治途径

西北黄土高原区三级区范围及防治途径见表9.4-10。

表 9.4-10　　　　　　　　　西北黄土高原区三级区范围及防治途径

三级区代码及名称		范围	防治途径
Ⅳ-1-1xt	阴山山地丘陵蓄水保土区	内蒙古自治区	呼和浩特市新城区、回民区、玉泉区、赛罕区、土默特左旗、托克托县、武川县、包头市东河区、昆都仑区、青山区、石拐区、九原区、土默特右旗、固阳县，巴彦淖尔市临河区、五原县、磴口县、乌拉特前旗、杭锦后旗，乌兰察布市卓资县、凉城县	加强东部雨水集蓄利用和小流域综合治理，建设河套平原地区周边防风固沙及农田防护体系，恢复乌兰布和沙漠内蒙古河套段东缘植被，防止风沙入黄，做好包头、呼和浩特等城市水土保持监督管理
Ⅳ-1-2tx	鄂乌高原丘陵保土蓄水区	内蒙古自治区	鄂尔多斯市鄂托克前旗、鄂托克旗、杭锦旗、乌审旗，乌海市海勃湾区、海南区、乌达区	加强黄土丘陵地带小流域综合治理和小型蓄水工程建设，做好退耕还林还草，恢复与建设毛乌素沙地、库布齐沙漠的林草植被
Ⅳ-1-3fw	宁中北丘陵平原防沙生态维护区	宁夏回族自治区	银川市兴庆区、西夏区、金凤区、永宁县、贺兰县、灵武市，吴忠市红寺堡区、利通区、青铜峡市、盐池县，中卫市沙坡头区、中宁县，石嘴山市大武口区、惠农区、平罗县	营造防风固沙林和农田防护林，构建沿黄生态植被带，防止风沙淤积黄河河道和危害灌渠，加强贺兰山地预防保护和封禁治理
Ⅳ-2-1jt	呼鄂丘陵沟壑拦沙保土区	内蒙古自治区	鄂尔多斯市东胜区（含康巴什新区）、达拉特旗、准格尔旗、伊金霍洛旗，呼和浩特市和林格尔县、清水河县	实施以拦沙工程建设为主的小流域综合治理和砒砂岩沙棘生态工程
Ⅳ-2-2jt	晋西北黄土丘陵沟壑拦沙保土区	山西省	忻州市神池县、五寨县、偏关县、河曲县、保德县、岢岚县、静乐县，太原市娄烦县、古交市，吕梁市离石区、岚县、交城县、交口县、兴县、临县、方山县、柳林县、中阳县、石楼县，临汾市永和县	加强以沟道坝系、坡面治理和雨水集蓄利用为主的小流域综合治理，改造中低产田，恢复林草植被
Ⅳ-2-3jt	陕北黄土丘陵沟壑拦沙保土区	陕西省	榆林市府谷县、神木县、佳县、米脂县、绥德县、吴堡县、子洲县、清涧县，延安市子长县、延川县	建立以沟道淤地坝建设为主的拦沙工程体系，实施小流域综合治理，加强神府煤田区监督管理

三级区代码及名称		范　围		防治途径
Ⅳ-2-4jf	陕北盖沙丘陵沟壑拦沙防沙区	陕西省	榆林市榆阳区、横山县、靖边县、定边县，延安市吴起县	加强丘陵地带沟道治理，恢复长城沿线防风固沙林草植被
Ⅳ-2-5jt	延安中部丘陵沟壑拦沙保土区	陕西省	延安市宝塔区、延长县、安塞县、志丹县	加强以沟道坝系建设为主的小流域综合治理，发展坝系农业，巩固退耕还林成果，营造水土保持林，做好油田及煤炭开发的监督管理
Ⅳ-3-1tx	汾河中游丘陵沟壑保土蓄水区	山西省	临汾市尧都区、安泽县、霍州市、洪洞县、古县、浮山县，晋中市榆次区、祁县、太谷县、平遥县、介休市、灵石县，太原市小店区、迎泽区、杏花岭区、尖草坪区、万柏林区、晋源区、阳曲县、清徐县，吕梁市文水县、汾阳市、孝义市	加强汾河阶地缓坡耕地改造、丘陵沟壑小流域综合治理和小型蓄水工程建设，发展经济林，做好汾西及霍州矿区的土地整治和生态恢复
Ⅳ-3-2tx	晋南丘陵阶地保土蓄水区	山西省	晋城市城区、沁水县、阳城县、泽州县、高平市，临汾市翼城县、曲沃县、襄汾县、侯马市，运城市盐湖区、绛县、垣曲县、夏县、平陆县、河津市、芮城县、临猗县、万荣县、闻喜县、稷山县、新绛县、永济市	加强黄土残塬沟壑小流域综合治理和雨水集蓄及沟道径流利用，发展果品产业，建设和保护中条山、太岳山水源涵养林，做好晋城矿区监督管理
Ⅳ-3-3tx	秦岭北麓-渭河中低山阶地保土蓄水区	陕西省	西安市新城区、碑林区、莲湖区、灞桥区、阎良区、未央区、雁塔区、临潼区、长安区、蓝田县、周至县、户县、高陵县，咸阳市秦都区、渭城区、杨凌示范区、三原县、泾阳县、礼泉县、乾县、兴平市、武功县，渭南市临渭区、华县、潼关县、华阴市、大荔县、蒲城县、富平县，宝鸡市金台区、陈仓区、渭滨区、陇县、千阳县、麟游县、岐山县、凤翔县、眉县、扶风县，商洛市洛南县	加强渭北旱塬和秦岭北麓地带以坡改梯为主的综合治理，结合文化旅游建设，加大植被建设，发展特色林果产业，改善西安-咸阳地区人居环境
Ⅳ-4-1tx	晋陕甘高塬沟壑保土蓄水区	山西省	临汾市隰县、大宁县、蒲县、吉县、乡宁县、汾西县	做好坡耕地综合整治和沟道坝系建设，进一步扩大果品产业规模；加强子午岭、黄龙、吕梁山南段的植被保护及周边地区的退耕还林和封山育林；加强晋西南、铜川等矿区的监督管理
		甘肃省	平凉市崆峒区、泾川县、灵台县、崇信县，庆阳市西峰区、正宁县、宁县、镇原县、合水县	
		陕西省	铜川市王益区、印台区、耀州区（含铜川新区）、宜君县，延安市甘泉县、富县、宜川县、黄龙县、黄陵县、洛川县，咸阳市永寿县、彬县、长武县、旬邑县、淳化县，渭南市合阳县、澄城县、白水县、韩城市	
Ⅳ-5-1xt	宁南陇东丘陵沟壑蓄水保土区	宁夏回族自治区	固原市原州区、西吉县、隆德县、泾源县、彭阳县，吴忠市同心县，中卫市海原县	加强雨水集蓄利用和坡改梯为主的小流域综合治理，发展特色农业产业，加强六盘山、秦岭北麓水源涵养林植被保护和建设
		甘肃省	庆阳市环县、庆城县、华池县，天水市秦州区、麦积区、清水县、甘谷县、武山县、张家川回族自治县、秦安县，定西市通渭县、陇西县，平凉市华亭县、庄浪县、静宁县	
Ⅳ-5-2xt	陇中丘陵沟壑蓄水保土区	甘肃省	兰州市城关区、西固区、七里河区、红古区、安宁区、永登县、榆中县、皋兰县，白银市白银区、平川区、靖远县、景泰县、会宁县，临夏回族自治州永靖县、东乡族自治县，定西市安定区	推广以砂田覆盖为主的保水耕作制度，做好黄灌区的节水节灌，保护和建设兰州周边地丘陵的植被，加强白银等矿区监督管理

续表

三级区代码及名称		范　围	防治途径
Ⅳ-5-3xt 青东甘南丘陵沟壑蓄水保土区	甘肃省	临夏回族自治州临夏市、临夏县、康乐县、广河县、和政县、积石山保安族东乡族撒拉族自治县，定西市临洮县、渭源县、漳县	实施湟水河和洮河中下游小型蓄水工程建设和坡耕地改造，河谷阶地地带兴修蓄、引、提工程，发展节水节灌农业，加强大通河流域、湟水河和渭河源头退耕还林还草、森林保护和草场管理
	青海省	西宁市城东区、城中区、城西区、城北区、湟中县、湟源县、大通回族土族自治县，海东地区平安县、民和回族土族自治县、乐都县、互助土族自治县、化隆回族自治县、循化撒拉族自治县，黄南藏族自治州同仁县、尖扎县，海南藏族自治州贵德县、门源回族自治县	

9.4.3.5　南方红壤区

南方红壤区，即南方山地丘陵区，包括江苏、安徽、河南、湖北、浙江、江西、湖南、广西、福建、广东、海南、上海、香港、澳门和台湾15省（自治区、直辖市、特别行政区）共888个县（市、区），土地总面积约128万 km²，共划分为9个二级区、32个三级区，见表9.4-11。

表 9.4-11　南方红壤区分区方案

一级区代码及名称	二级区代码及名称	三级区代码及名称
Ⅴ 南方红壤区（南方山地丘陵区）	Ⅴ-1 江淮丘陵及下游平原区	Ⅴ-1-1ns 江淮下游平原农田防护水质维护区
		Ⅴ-1-2nt 江淮丘陵岗地农田防护保土区
		Ⅴ-1-3rs 浙沪平原人居环境维护水质维护区
		Ⅴ-1-4sr 太湖丘陵平原水质维护人居环境维护区
		Ⅴ-1-5nr 沿江丘陵岗地农田防护人居环境维护区
	Ⅴ-2 大别山-桐柏山山地丘陵区	Ⅴ-2-1ht 桐柏大别山山地丘陵水源涵养保土区
		Ⅴ-2-2tn 南阳盆地及大洪山丘陵保土农田防护区
	Ⅴ-3 长江中游丘陵平原区	Ⅴ-3-1nr 江汉平原及周边丘陵农田防护人居环境维护区
		Ⅴ-3-2ns 洞庭湖丘陵平原农田防护水质维护区
	Ⅴ-4 江南山地丘陵区	Ⅴ-4-1ws 浙皖低山丘陵生态维护水质维护区

续表

一级区代码及名称	二级区代码及名称	三级区代码及名称
Ⅴ 南方红壤区（南方山地丘陵区）	Ⅴ-4 江南山地丘陵区	Ⅴ-4-2rt 浙赣低山丘陵人居环境维护保土区
		Ⅴ-4-3ns 鄱阳湖丘岗平原农田防护水质维护区
		Ⅴ-4-4tw 幕阜山九岭山山地丘陵保土生态维护区
		Ⅴ-4-5t 赣中低山丘陵土壤保持区
		Ⅴ-4-6tr 湘中低山丘陵保土人居环境维护区
		Ⅴ-4-7tw 湘西南山地保土生态维护区
		Ⅴ-4-8t 赣南山地土壤保持区
	Ⅴ-5 浙闽山地丘陵区	Ⅴ-5-1sr 浙东低山岛屿水质维护人居环境维护区
		Ⅴ-5-2tw 浙西南山地保土生态维护区
		Ⅴ-5-3ts 闽东北山地保土水质维护区
		Ⅴ-5-4wz 闽西北山地丘陵生态维护减灾区
		Ⅴ-5-5rs 闽东南沿海丘陵平原人居环境维护水质维护区
		Ⅴ-5-6tw 闽西南山地丘陵保土生态维护区

续表

一级区代码及名称	二级区代码及名称	三级区代码及名称	
南方红壤区（南方山地丘陵区）V	南岭山地丘陵区 V-6	V-6-1ht	南岭山地水源涵养保土区
		V-6-2th	岭南山地丘陵保土水源涵养区
		V-6-3t	桂中低山丘陵土壤保持区
	华南沿海丘陵台地区 V-7	V-7-1r	华南沿海丘陵台地人居环境维护区
	海南及南海诸岛丘陵台地区 V-8	V-8-1r	海南沿海丘陵台地人居环境维护区
		V-8-2h	琼中山地水源涵养区
		V-8-3w	南海诸岛生态维护区
	台湾山地丘陵区 V-9	V-9-1zr	台西山地平原减灾人居环境维护区
		V-9-2zw	花东山地减灾生态维护区

南方红壤区是以硅铝质红色和棕红色土状物为优势地面组成物质的区域，包括大别山、桐柏山山地、江南丘陵、淮阳丘陵、浙闽山地丘陵、南岭山地丘陵及长江中下游平原、东南沿海平原等。大部分位于我国第三级地势阶梯，山地、丘陵、平原交错，河湖水网密布。主要河流湖泊涉及淮河部分支流，长江中下游及汉江、湘江、赣江等重要支流，珠江中下游及桂江、东江、北江等重要支流，钱塘江、韩江、闽江等东南沿海诸河，以及洞庭湖、鄱阳湖、太湖、巢湖等。该区属于亚热带、热带湿润区，大部分地区平均年降水量 800～2000mm。土壤类型以棕壤、黄红壤和红壤等。主要植被类型为常绿针叶林、阔叶林、针阔混交林以及热带季雨林，林草覆盖率 45.16%。区域耕地总面积 2823.4 万 hm²，其中坡耕地面积 178.3 万 hm²。水土流失面积 16.0 万 km²，以水力侵蚀为主，局部地区崩岗发育，滨海环湖地带兼有风力侵蚀。

南方红壤区是我国重要的粮食、经济作物、水产品、速生丰产林和水果生产基地，也是我国有色金属

和核电生产基地。大别山山地丘陵、南岭山地、海南岛中部山区等是我国重要的生态功能区；洞庭湖、鄱阳湖是我国重要湿地；长江、珠江三角洲等城市群是我国城市化战略格局的重要组成部分。该区人口密度大，人均耕地少，农业开发强度大；山丘区坡耕地以及经济林和速生丰产林林下水土流失严重，局部地区崩岗发育；水网地区局部河岸坍塌，河道淤积，水体富营养化严重。

1. 水土保持方略

南方红壤区水土保持方略为加强山丘区坡耕地改造及坡面水系工程配套，采取措施控制林下水土流失，开展微丘岗地缓坡地带的农田水土保持工作，大力发展特色产业，对崩岗实施治理；保护和建设森林植被，提高水源涵养能力，构筑秦岭-大别山-天目山水源涵养生态维护预防带、武陵山-南岭生态维护水源涵养预防带，推动城市周边地区清洁小流域建设，维护水源地水质安全；做好城市和经济开发区及基础设施建设的监督管理。

2. 区域布局

南方红壤区区域布局包括：加强江淮丘陵及下游平原区（V-1）农田保护及丘岗水土流失综合防治，维护水质及人居环境；保护与建设大别山-桐柏山山地丘陵区（V-2）森林植被，提高水源涵养能力，实施以坡改梯及配套水系工程和发展特色产业为核心的综合治理；优化长江中游丘陵平原区（V-3）农业产业结构，保护农田，维护水网地区水质和城市群人居环境；加强江南山地丘陵区（V-4）坡耕地、坡林地及崩岗的水土流失综合治理，保护与建设河流源头区水源涵养林，培育和合理利用森林资源，维护重要水源地水质；保护浙闽山地丘陵区（V-5）耕地资源，配套坡面排蓄工程，强化溪岸整治，加强农林开发水土流失治理和监督管理，加强崩岗和侵蚀劣地的综合治理，保护河流上游森林植被；保护和建设南岭山地丘陵区（V-6）森林植被，提高水源涵养能力，防治亚热带特色林果产业开发产生的水土流失，抢救岩溶分布地带土地资源，实施坡改梯，做好坡面径流排蓄和岩溶水利用；保护华南沿海丘陵台地区（V-7）森林植被，建设清洁小流域，维护人居环境；保护海南及南海诸岛丘陵台地区（V-8）热带雨林，加强热带特色林果开发的水土流失治理和监督管理，发展生态旅游。

3. 三级区范围及防治途径

南方红壤区三级区范围及防治途径见表 9.4-12。

表 9.4－12　　　　　　　　　　　　南方红壤区三级区范围及防治途径

三级区代码及名称	范　围		防治途径
V－1－1ns 江淮下游平原农田防护水质维护区	上海市	崇明县	农田保护与排灌系统的建设，加强滨河滨湖滨海植物保护带建设，维护水质
	江苏省	淮安市淮安区、洪泽县、金湖县，扬州市广陵区、邗江区、江都市、仪征市、宝应县、高邮市，盐城市亭湖区、盐都区、东台市、大丰市、阜宁县、射阳县、建湖县，南通市崇川区（含南通市富民港办事处）、港闸区、通州区、启东市、如皋市、海门市、海安县、如东县，泰州市海陵区、高港区、姜堰市、兴化市、靖江市、泰兴市	
V－1－2nt 江淮丘陵岗地农田防护保土区	江苏省	淮安市盱眙县	做好堤路渠生态防护，保护农田，加强江淮分水岭丘岗水土流失综合治理
	安徽省	合肥市瑶海区、庐阳区、蜀山区、包河区、庐江县、长丰县、肥东县、肥西县，巢湖市，淮南市大通区、田家庵区、谢家集区、八公山区，滁州市琅琊区、南谯区、天长市、明光市、来安县、全椒县、定远县、凤阳县，安庆市桐城市，马鞍山市含山县，六安市寿县，蚌埠市禹会区、蚌山区、龙子湖区	
V－1－3rs 浙沪平原人居环境维护水质维护区	上海市	黄浦区、徐汇区、长宁区、静安区、普陀区、闸北区、虹口区、杨浦区、闵行区、宝山区、嘉定区、浦东新区、金山区、松江区、青浦区、奉贤区	重视水源地、城市公园、湿地公园等风景名胜区预防保护，加强河道生态整治和堤岸防护林建设
	浙江省	嘉兴市南湖区、秀洲区、海宁市、平湖市、桐乡市、嘉善县、海盐县，湖州市南浔区	
V－1－4sr 太湖丘陵平原水质维护人居环境维护区	江苏省	常州市天宁区、钟楼区、戚墅堰区、新北区、武进区、溧阳市、金坛市，苏州市姑苏区、虎丘区、吴中区、相城区、工业园区、吴江区、常熟市、张家港市、昆山市、太仓市，无锡市崇安区、南长区、北塘区、锡山区、惠山区、滨湖区、江阴市、宜兴市	保护和建设太湖周边低山丘陵的植被，开展清洁小流域建设，建立景观、生态、防洪护岸体系
V－1－5nr 沿江丘陵岗地农田防护人居环境维护区	江苏省	南京市玄武区、白下区、秦淮区、建邺区、鼓楼区、下关区、浦口区、栖霞区、雨花台区、江宁区、六合区、溧水县、高淳县，镇江市京口区、润州区、丹徒区、丹阳市、扬中市、句容市	完善农田防护林网，加强丘岗梯台地整治和植被建设，保护和建设河道沟渠景观植物带，改善沿江城市群人居环境
	安徽省	芜湖市镜湖区、弋江区、鸠江区、三山区、芜湖县、无为县，马鞍山市花山区、雨山区、博望区、当涂县、和县，铜陵市铜官山区、狮子山区、郊区、铜陵县，安庆市迎江区、大观区、宜秀区、枞阳县、宿松县、望江县、怀宁县，宣城市郎溪县	
V－2－1ht 桐柏大别山山地丘陵水源涵养保土区	安徽省	安庆市潜山县、太湖县、岳西县，六安市金安区、裕安区、舒城县、金寨县、霍山县、霍邱县	建设和保育大别山及沿江丘陵植被，提高淮河源头及重要水源地水源涵养能力，加强以坡耕地和坡地经济林地改造为主的小流域综合治理，调蓄坡面径流，发展特色林果产业，治理局部山洪灾害
	河南省	信阳市浉河区、平桥区、罗山县、光山县、新县、商城县、固始县、潢川县，南阳市桐柏县	
	湖北省	孝感市大悟县、安陆市，武汉市新洲区，随州市曾都区、广水市、随县，黄冈市黄州区、红安县、罗田县、英山县、麻城市、浠水县、蕲春县、黄梅县、武穴市、团风县	

三级区代码及名称		范　围	防治途径
V-2-2tn 南阳盆地及大洪山丘陵保土农田防护区	河南省	南阳市宛城区、卧龙区、高新区、南阳新区、官庄工区、鸭河工区、镇平县、社旗县、唐河县、邓州市、新野县	进行以坡耕地和四荒地改造为主的小流域综合治理，加强岗地地表径流拦蓄及利用，建设和保护河道两侧、城市及其周边植被；完善平原农田防护林网
	湖北省	荆门市京山县、钟祥市，襄阳市襄州区、襄城区、樊城区、老河口市、枣阳市、宜城市	
V-3-1nr 江汉平原及周边丘陵农田防护人居环境维护区	湖北省	武汉市江岸区、江汉区、硚口区、汉阳区、武昌区、青山区、洪山区、东西湖区、汉南区、蔡甸区、江夏区、黄陂区、新洲区，黄石市黄石港区、西塞山区、下陆区、铁山区，宜昌市猇亭区、枝江市，鄂州市梁子湖区、鄂城区、华容区，荆门市掇刀区、沙洋县，孝感市孝南区、孝昌县、云梦县、应城市、汉川市，荆州市沙市区、荆州区、江陵县、监利县、洪湖市，省直辖县级行政单元仙桃市、潜江市、天门市	加强农田防护林和滨河滨湖植物带建设，保护丘岗及湖泊周边植被，稳定湿地生态系统，结合河湖连通工程建设生态河道，维护城市群及周边地区人居环境
V-3-2ns 洞庭湖丘陵平原农田防护水质维护区	湖北省	荆州市公安县、石首市、松滋市	做好丘陵岗地区水土流失综合治理，结合蓄滞洪区建设，适度退田还湖，实施垸、堤、路、渠、田、村综合整治，保护农田，加强洞庭湖周边地区监督管理，减轻面源污染，维护水质
	湖南省	岳阳市岳阳楼区、云溪区、君山区、岳阳县、华容县、湘阴县、汨罗市、临湘市，常德市武陵区、鼎城区、安乡县、汉寿县、澧县、临澧县、津市市，益阳市资阳区、赫山区、南县、沅江市	
V-4-1ws 浙皖低山丘陵生态维护水质维护区	安徽省	黄山市屯溪区、黄山区、徽州区、歙县、休宁县、黟县、祁门县，池州市贵池区、东至县、石台县、青阳县，芜湖市南陵县、繁昌县，宣城市宣州区、广德县、泾县、绩溪县、旌德县、宁国市	结合自然保护区和风景区建设，加强黄山、天目山现有植被保护，建设清洁小流域，整治山体缺口，加强坡耕地、茶园、板栗林水土流失防治
	浙江省	杭州市余杭区、西湖区、拱墅区、下城区、江干区、上城区、桐庐县、淳安县、建德市、富阳市、临安市，湖州市吴兴区、德清县、长兴县、安吉县，衢州市开化县	
V-4-2rt 浙赣低山丘陵人居环境维护保土区	江西省	上饶市信州区、上饶县、广丰县、玉山县、铅山县、横峰县、弋阳县、婺源县、德兴市，鹰潭市贵溪市，景德镇市昌江区、珠山区、浮梁县、乐平市	保护和培育森林资源，结合经济林建设，巩固退耕还林还草成果，加强坡耕地改造，结合城乡建设，发展生态旅游和绿色产业，改善人居环境，做好有色金属矿区监督管理
	浙江省	杭州市萧山区、滨江区，绍兴市越城区、绍兴县、上虞市、新昌县、诸暨市、嵊州市，金华市婺城区、金东区、浦江县、兰溪市、义乌市、东阳市、永康市，衢州市柯城区、衢江区、常山县、龙游县、江山市	
V-4-3ns 鄱阳湖丘岗平原农田防护水质维护区	江西省	南昌市东湖区、西湖区、青云谱区、湾里区、青山湖区、南昌县、新建县、安义县、进贤县，九江市庐山区、浔阳区、共青城市、九江县、永修县、德安县、星子县、都昌县、湖口县、彭泽县，鹰潭市月湖区、余江县，抚顺市东乡县，上饶市余干县、鄱阳县、万年县	建设农田防护体系，防止滨湖平原农田区风害；加强丘岗沟谷侵蚀治理，改造坡耕地；结合风景区建设、湿地保护，开展清洁小流域建设，维护水质

续表

三级区代码及名称		范 围	防治途径
V-4-4tw 幕阜山九岭山山地丘陵保土生态维护区	湖北省	咸宁市咸安区、通城县、崇阳县、通山县、嘉鱼县、赤壁市、黄石市阳新县、大冶市	加强坡耕地改造及配套水系工程，保护现有植被，实施退耕还林和封山育林，合理培育和利用人工林资源
	江西省	九江市武宁县、修水县、瑞昌市，宜春市奉新县、宜丰县、靖安县、铜鼓县	
V-4-5t 赣中低山丘陵土壤保持区	江西省	萍乡市安源区、湘东区、上栗县、芦溪县，新余市渝水区、分宜县，宜春市袁州区、万载县、上高县、丰城市、樟树市、高安市，抚州市临川区、南城县、黎川县、南丰县、崇仁县、乐安、宜黄县、金溪县、资溪县，吉安市吉州区、青原区、吉安县、吉水县、峡江县、新干县、永丰县、泰和县、安福县	改造坡耕地配套坡面水系工程，治理柑橘园、茶园等林下水土流失，加强崩岗防治，减轻山洪灾害
V-4-6tr 湘中低山丘陵保土人居环境维护区	湖南省	长沙市芙蓉区、天心区、岳麓区、开福区、雨花区、望城区、长沙县、宁乡县、浏阳市，株洲市荷塘区、芦淞区、石峰区、天元区、株洲县、攸县、茶陵县、醴陵市，湘潭市雨湖区、岳塘区、湘潭县、湘乡市、韶山市，衡阳市珠晖区、雁峰区、石鼓区、蒸湘区、南岳区、衡阳县、衡南县、衡山县、衡东县、祁东县、耒阳市、常宁市，岳阳市平江县，益阳市桃江县、安化县，郴州市苏仙区、永兴县、安仁县，娄底市娄星区、双峰县、新化县、冷水江市、涟源市，邵阳市双清区、大祥区、北塔区、邵东县、新邵县、邵阳县、隆回县、新宁县、武冈市，永州市冷水滩区、零陵区、祁阳县、东安县	改造坡耕地，实施沟道治理和塘堰工程；改造荒山、荒坡、疏残林地，扩大森林植被，改善长株潭城市群人居生态环境
V-4-7tw 湘西南山地保土生态维护区	湖南省	怀化市鹤城区、中方县、沅陵县、辰溪县、溆浦县、会同县、麻阳苗族自治县、芷江侗族自治县、靖州苗族侗族自治县、通道侗族自治县、新晃侗族自治县、洪江市，邵阳市洞口县、绥宁县、城步苗族自治县，常德市桃源县，湘西土家苗族自治州泸溪县	实施坡改梯及坡面水系工程，发展特色产业，注重自然修复，保护现有森林植被
V-4-8t 赣南山地土壤保持区	江西省	赣州市章贡区、赣县、信丰县、宁都县、于都县、兴国县、会昌县、石城县、瑞金市、南康市，抚顺市广昌县，吉安市万安县	加强崩岗和侵蚀劣地治理，改造马尾松等人工纯林，提高林分稳定性和蓄水保土能力，加大坡耕地改造，发展柑橘、茶等经济林，结合红色旅游，发展特色生态产业
V-5-1sr 浙东低山岛屿水质维护人居环境维护区	浙江省	宁波市海曙区、江东区、江北区、北仑区、镇海区、鄞州区、慈溪市、余姚市、奉化市、象山县、宁海县，舟山市定海区、普陀区、嵊泗县、岱山县，台州市椒江区、路桥区、黄岩区、三门县、临海市、温岭市、玉环县，温州市瓯海区、龙湾区、鹿城区、乐清市、洞头县、瑞安市、平阳县、苍南县	加强水源地预防保护、清洁小流域建设和岛屿雨水集蓄利用，营造海堤、道路、河岸基干防风林带，保护低岗丘陵植被和建设岛屿景观防护林

三级区代码及名称	范　围		防　治　途　径
V-5-2tw	浙西南山地保土生态维护区	浙江省	丽水市莲都区、松阳县、云和县、龙泉市、遂昌县、景宁畲族自治县、庆元县、青田县、缙云县、金华市磐安县、武义县、温州市永嘉县、文成县、泰顺县、台州市仙居县、天台县	加强低丘缓坡地，尤其是坡耕地、园地、经济林地水土流失综合治理，保护现有植被，加强封山育林和疏林地改造，发展农村小水电、沼气、煤气等替代能源
V-5-3ts	闽东北山地保土水质维护区	福建省	宁德市蕉城区、寿宁县、福鼎市、福安市、柘荣县、霞浦县，福州市罗源县、连江县	加强坡改梯配套小型水利水保工程，实施园地草被覆盖，推进清洁小流域建设，加强沿海岛屿雨水集蓄利用，控制面源污染，改善水质
V-5-4wz	闽西北山地丘陵生态维护减灾区	福建省	福州市闽清县、永泰县，南平市延平区、武夷山市、光泽县、邵武市、顺昌县、浦城县、松溪县、政和县、建瓯市、建阳市，三明市梅列区、三元区、将乐县、泰宁县、建宁县、沙县、尤溪县、明溪县，宁德市周宁县、古田县、屏南县	结合自然保护区和风景名胜区建设，保护闽江上游植被，实施低山坡耕地和坡园地综合治理，促进退耕还林，治理崩岗，防治山洪灾害
V-5-5rs	闽东南沿海丘陵平原人居环境维护水质维护区	福建省	福州市鼓楼区、台江区、仓山区、马尾区、晋安区、闽侯县、长乐市、福清市、平潭县，莆田市城厢区、涵江区、荔城区、秀屿区，泉州市鲤城区、丰泽区、洛江区、泉港区、泉州市惠安县、南安市、晋江市、石狮市、金门县，厦门市思明区、海沧区、湖里区、集美区、同安区、翔安区，漳州市芗城区、龙文区、漳浦县、云霄县、东山县、龙海市	保护现有植被，建设沿海防护林体系，建设清洁小流域，加强岛屿雨水集蓄利用，做好开发区、核电基地等的监督管理，维护人居环境
V-5-6tw	闽西南山地丘陵保土生态维护区	福建省	龙岩市新罗区、长汀县、武平县、永定县、漳平市、连城县、上杭县，三明市宁化县、清流县、永安市、大田县，莆田市仙游县，泉州市德化县、永春县、安溪县，漳州市长泰县、诏安县、南靖县、华安县、平和县	加强坡耕地整治，治理崩岗，保护耕地和生产生活设施，做好茶园水土流失和侵蚀劣地的综合治理，结合红色和名居旅游，保护和建设森林植被，加强经济开发和产业开发的监督管理
V-6-1ht	南岭山地水源涵养保土区	湖南省	郴州市北湖区、宜章县、桂阳县、嘉禾县、临武县、汝城县、桂东县、资兴市，株洲市炎陵县，永州市双牌县、道县、江永县、宁远县、蓝山县、新田县、江华瑶族自治县	保护现有森林植被，合理利用森林资源，控制桉树为主的纸浆林下水土流失；治理崩岗，保护耕地，减轻山洪灾害，发展亚热带果品产业；岩溶分布地区建设坡改梯及配套水系工程，结合旅游开发，治理南雄盆地红色页岩侵蚀劣地，搞好桂林及漓江植被建设
		广东省	韶关市武江区、浈江区、曲江区、始兴县、仁化县、翁源县、乳源瑶族自治县、乐昌市、南雄市，清远市阳山县、连山壮族自治县、连南瑶族自治县、英德市、连州市	
		广西壮族自治区	桂林市秀峰区、叠彩区、象山区、七星区、雁山区、阳朔县、临桂县、永福县、灵川县、龙胜各族自治县、恭城瑶族自治县、全州县、兴安县、资源县、灌阳县、荔浦县、平乐县，来宾市金秀瑶族自治县，贺州市富川瑶族自治县	
		江西省	赣州市大余县、崇义县、上犹县，萍乡市莲花县，吉安市遂川县、井冈山市、永新县	

续表

三级区代码及名称		范　围	防治途径
V-6-2th	岭南山地丘陵保土水源涵养区	江西省	赣州市安远县、龙南县、定南县、全南县、寻乌县	实施梅州、赣南等地的崩岗治理，发展生态农林业；保护现有植被，重点加强东江上游水源地水源涵养林保护和建设，对山坡地营造桉树纸浆林等农林开发实施严格管理
		广东省	惠州市博罗县、龙门县，梅州市梅江区、梅县、大埔县、丰顺县、五华县、兴宁市、平远县、蕉岭县，汕尾市陆河县，揭阳市揭西县，河源市源城区、紫金县、龙川县、连平县、和平县、东源县，韶关市新丰县，清远市清城区、清新区、佛冈县、肇庆市端州区、肇庆市鼎湖区、广宁县、怀集县、封开县、德庆县、四会市，广州市从化市，阳江市阳春市，茂名市信宜市、高州市，云浮市云城区、郁南县、罗定市、新兴县、云安县	
		广西壮族自治区	贺州市八步区、昭平县、钟山县、平桂管理区，梧州市万秀区、蝶山区、长洲区、苍梧县、藤县、蒙山县、岑溪市，贵港市桂平市、平南县，玉林市容县、兴业县、北流市	
V-6-3t	桂中低山丘陵土壤保持区	广西壮族自治区	贵港市港南区、港北区、覃塘区，来宾市兴宾区、合山市、武宣县、象州县，南宁市横县、武鸣县、上林县、宾阳县，柳州市城中区、鱼峰区、柳南区、柳北区、柳江县、柳城县、鹿寨县	加强以坡改梯和坡面水系工程为主的小流域综合治理，抢救土壤资源，建设小型水利水保工程，做好雨水集蓄和岩溶水利用，提高农业生产能力
V-7-1r	华南沿海丘陵台地人居环境维护区	广东省	汕头市龙湖区、金平区、濠江区、潮阳区、澄海区、南澳县，潮州市湘桥区、潮安县、饶平县，揭阳市榕城区、揭东区、惠来县、普宁市，汕尾市城区、海丰县、陆丰市，惠州市惠城区、惠阳区、惠东县，广州市荔湾区、越秀区、海珠区、天河区、白云区、黄埔区、番禺区、花都区、南沙区、萝岗区、增城市，深圳市罗湖区、福田区、南山区、宝安区、龙岗区、盐田区，佛山市禅城区、南海区、顺德区、三水区、高明区，江门市蓬江区、江海区、新会区、台山市、开平市、鹤山市、恩平市，珠海市香洲区、金湾区、斗门区，阳江市江城区、阳西县、阳东县，茂名市茂南区、茂港区、电白县、化州市，湛江市赤坎区、霞山区、麻章区、坡头区、吴川市、遂溪县、徐闻县、廉江市、雷州市，肇庆市高要市，东莞市，中山市	保护和建设林草植被，提高水源涵养能力，建设清洁小流域和滨河滨湖植物带，加强城市和经济开发区的监督管理，结合城市水系整治，建设生态景观，提升城市生态质量，维护人居环境，加强崩岗治理和岩溶分布区的坡改梯工程
		广西壮族自治区	南宁市青秀区、良庆区、兴宁区、江南区、西乡塘区、邕宁区，北海市海城区、银海区、铁山港区、合浦县，防城港市防城区、港口区、东兴市、上思县，钦州市钦南区、钦北区、灵山县、浦北县，玉林市玉州区、陆川县、博白县、福绵管理区	
		香港特别行政区		
		澳门特别行政区		

续表

三级区代码及名称		范　围	防治途径
V-8-1r	海南沿海丘陵台地人居环境维护区	海南省	海口市龙华区、美兰区、秀英区、琼山区、三亚市，省直辖行政单位琼海市、儋州市、文昌市、万宁市、定安县、澄迈县、临高县、陵水黎族自治县	结合生态旅游业，提高防治标准，加强河湖沟道整治，减少坡耕地和橡胶等林下水土流失，维护综合农业生产环境，做好琼海、文昌沿海防风固沙林建设，做好海口和三亚等城市及周边地区人居环境维护工作，强化城市及工矿区监督管理
V-8-2h	琼中山地水源涵养区	海南省	省直辖行政单位五指山市、屯昌县、白沙黎族自治县、保亭黎族苗族自治县、琼中黎族苗族自治县、昌江黎族自治县、乐东黎族自治县、东方市	结合现有的自然保护区、生态旅游区等，加强五指山等山地水源涵养林保护与建设，保护原始植被，提高水源涵养功能，加强橡胶、咖啡、槟榔和木薯等特色林果业林下水土流失治理，加强东方、乐东、昌江沿海防风固沙林建设
V-8-3w	南海诸岛生态维护区	海南省	三沙市	保护南沙岛礁植被，维护自然生态
V-9-1zr	台西山地平原减灾人居环境维护区	台湾省	台北市、新北市、基隆市、桃园县、新竹市、新竹县、苗栗县、台中市、彰化县、云林县、嘉义市、嘉义县、台南市、高雄市、屏东县、宜兰县、南投县、连江县（马祖）、澎湖县	
V-9-2zw	花东山地减灾生态维护区	台湾省	台东县、花莲县	

9.4.3.6　西南紫色土区

西南紫色土区，即四川盆地及周围山地丘陵区，包括四川、甘肃、河南、湖北、陕西、湖南和重庆7省（直辖市）共254个县（市、区），土地总面积约51万 km²，共划分为3个二级区、10个三级区，见表9.4-13。

表9.4-13　西南紫色土区分区方案

续表

一级区代码及名称	二级区代码及名称	三级区代码及名称
VI 西南紫色土区（四川盆地及周围山地丘陵区）	VI-1 秦巴山山地区	VI-1-1st 丹江口水库周边山地丘陵水质维护保土区
		VI-1-2ht 秦岭南麓水源涵养保土区
		VI-1-3tz 陇南山地保土减灾区
		VI-1-4tw 大巴山山地保土生态维护区
VI 西南紫色土区（四川盆地及周围山地丘陵区）	VI-2 武陵山山地丘陵区	VI-2-1ht 鄂渝山地水源涵养保土区
		VI-2-2ht 湘西北山地低山丘陵水源涵养保土区
	VI-3 川渝山地丘陵区	VI-3-1tr 川渝平行岭谷山地保土人居环境维护区
		VI-3-2tr 四川盆地北中部山地丘陵保土人居环境维护区
		VI-3-3zw 龙门山峨眉山山地减灾生态维护区
		VI-3-4t 四川盆地南部中低丘土壤保持区

西南紫色土区是以紫色砂页岩风化物为优势地面组成物质的区域，分布有秦岭、武当山、大巴山、巫山、武陵山、岷山、汉江谷地、四川盆地等。该区大部分位于我国第二级地势阶梯，山地、丘陵、谷地和盆地相间分布，主要涉及长江上游干流，以及岷江、沱江、嘉陵江、汉江、丹江、清江、澧水等河流。该区属亚热带湿润气候区，大部分地区平均年降水量800～1400mm。土壤类型以紫色土、黄棕壤和黄壤为主。植被类型以亚热带常绿阔叶林、针叶林及竹林为主，林草覆盖率57.84%。区域耕地总面积1137.8万hm²，其中坡耕地面积622.1万hm²。水土流失面积16.2万km²，以水力侵蚀为主，局部地区山地灾害频发。

西南紫色土区是我国西部重点开发区和重要的农产品生产区，也是我国重要的水电资源开发区和重要的有色金属矿产生产基地，是长江上游重要水源涵养区。区内有三峡水库和丹江口水库，秦巴山山地是嘉陵江与汉江等河流的发源地，成渝地区是全国统筹城乡发展示范区以及全国重要的高新技术产业、先进制造业和现代服务业基地。该区人多地少，坡耕地广布，森林过度采伐，水电、石油天然气和有色金属矿产等资源开发强度大，水土流失严重，山地灾害频发，是长江泥沙策源地之一。

1. 水土保持方略

西南紫色土区水土保持方略为加强以坡耕地改造及坡面水系工程配套为主的小流域综合治理，巩固退耕还林还草成果；实施重要水源地和江河源头区预防保护，建设和保护植被，提高水源涵养能力，完善长江上游防护林体系，构筑秦岭-大别山-天目山水源涵养生态维护预防带、武陵山-岷岭生态维护水源涵养预防带；积极推行重要水源地清洁小流域建设，维护水源地水质；防治山洪灾害，健全滑坡泥石流预警体系；做好水电资源及经济开发的监督管理。

2. 区域布局

西南紫色土区区域布局包括：巩固秦巴山山地区（Ⅵ-1）治理成果，保护河流源头区和水源区植被，继续推进小流域综合治理，发展特色产业，加强库区移民安置和城镇迁建的水土保持监督管理；保护武陵山山地丘陵区（Ⅵ-2）森林植被，结合自然保护区和风景名胜区建设，大力营造水源涵养林，开展坡耕地综合整治，发展特色旅游生态产业；强化川渝山地丘陵区（Ⅵ-3）以坡改梯和坡面水系工程为主的小流域综合治理，保护山丘区水源涵养林，建设沿江滨库植被带，综合整治滨库消落带，注重山区山洪、泥石流沟道治理，改善城市及周边人居环境。

3. 三级区范围及防治途径

西南紫色土区三级区范围及防治途径见表9.4-14。

表9.4-14　　　　　　　　　　西南紫色土区三级区范围及防治途径

三级区代码及名称	范围		防治途径
Ⅵ-1-1st 丹江口水库周边山地丘陵水质维护保土区	河南省	南阳市西峡县、内乡县、淅川县	加强坡耕地综合治理，建设高标准农田，防护沟道，推广植物篱，结合植被建设与保护建设清洁小流域，减少水土流失造成的面源污染
	湖北省	十堰市茅箭区、张湾区、郧县、郧西县、丹江口市	
	陕西省	商洛市商州区、丹凤县、商南县、山阳县	
Ⅵ-1-2ht 秦岭南麓水源涵养保土区	陕西省	宝鸡市凤县、太白县，汉中市汉台区、留坝县、佛坪县、略阳县、勉县、城固县、洋县、西乡县，安康市汉滨区、宁陕县、石泉县、汉阴县、旬阳县、白河县，商洛市镇安县、柞水县	加强森林预防保护和封育管护，推进能源替代，增强水源涵养能力；在人口集中的低山丘陵区，加强坡耕地改造和沟道防护，保护耕地资源，发展特色经济林果
Ⅵ-1-3tz 陇南山地保土减灾区	甘肃省	陇南市武都区、成县、文县、宕昌县、康县、西和县、礼县、徽县、两当县，甘南藏族自治州舟曲县、迭部县、临潭县、卓尼县，定西市岷县	加强坡耕地改造和坡面水系配套，实施沟道综合整治，建设水土保持林，减轻泥石流、山洪等危害
	四川省	阿坝藏族羌族自治州九寨沟县	

续表

三级区代码及名称		范 围	防治途径
Ⅵ-1-4tw	大巴山山地保土生态维护区	陕西省	汉中市宁强县、镇巴县、南郑县，安康市平利县、镇坪县、紫阳县、岚皋县	实施以坡耕地改造和沟道治理为主的坡面综合整治；加强森林植被的保护与抚育，发展清洁能源，维护区域生态
		四川省	广元市利州区、朝天区、青川县、旺苍县，巴中市南江县、通江县，达州市万源市	
		重庆市	城口县、巫山县、巫溪县、奉节县、云阳县	
		湖北省	十堰市竹山县、竹溪县、房县，襄阳市谷城县、南漳县、保康县，宜昌市夷陵区、远安县、兴山县、秭归县、当阳市，省直辖县级行政单元神农架林区，荆门市东宝区，恩施土家苗族自治州巴东县	
Ⅵ-2-1ht	鄂渝山地水源涵养保土区	湖北省	宜昌市西陵区、伍家岗区、点军区、宜都市、长阳土家族自治县、五峰土家族自治县，恩施土家苗族自治州恩施市、利川市、建始县、宣恩县、来凤县、鹤峰县、咸丰县	开展荒山荒坡地造林和次生低效林的改造，加强河流源头区水土保持林和水源涵养林建设与保护；实施坡改梯和溪沟整治，建设植物篱和坡面蓄引排灌配套工程；做好岩溶分布地区土壤资源抢救和蓄水工程建设
		重庆市	黔江区、武隆县、石柱土家族自治县、酉阳土家族苗族自治县、彭水苗族土家族自治县、秀山土家族苗族自治县	
Ⅵ-2-2ht	湘西北山地低山丘陵水源涵养保土区	湖南省	常德市石门县，张家界市永定区、武陵源区、慈利县、桑植县，湘西土家族苗族自治州花垣县、保靖县、永顺县、吉首市、凤凰县、古丈县、龙山县	结合自然保护区和风景名胜区保护，加强森林植被建设与保护，封山育林与人工造林相结合，开展荒山荒地造林，改造次生低效林，促进石山植被恢复，提高森林涵养水源和保土能力；采取坡改梯，配套坡面水系，建设小型蓄水工程，修建沟道拦沙防崩防冲工程，完善田间道路，提高土地生产力
Ⅵ-3-1tr	川渝平行岭谷山地保土人居环境维护区	四川省	达州市通川区、达县、宣汉县、开江县、大竹县、渠县，广安市邻水县、华蓥市	实施坡改梯配套水系工程为主的小流域综合治理，注重水库移民生产用地建设，保护三峡水库库周及库岸植被，结合城镇发展，建设沿江滨库植被带，综合整治滨库消落带，改善城市人居环境
		重庆市	万州区、涪陵区、渝中区、大渡口区、江北区、沙坪坝区、九龙坡区、南岸区、北碚区、渝北区、巴南区、长寿区、梁平县、丰都县、垫江县、忠县、开县、南川区、綦江区	
Ⅵ-3-2tr	四川盆地北中部山地丘陵保土人居环境维护区	四川省	成都市青白江区、锦江区、青羊区、金牛区、武侯区、成华区、新都区、温江区、金堂县、郫县，绵阳市涪城区、游仙区、三台县、盐亭县、梓潼县，德阳市旌阳区、中江县、罗江县、广汉市，南充市顺庆区、高坪区、嘉陵区、南部县、营山县、蓬安县、仪陇县、西充县、阆中市，遂宁市船山区、安居区、蓬溪县、射洪县、大英县，广安市广安区、岳池县、武胜县，巴中市巴州区、平昌县，广元市元坝区、剑阁县、苍溪县	巩固综合治理成果，健全坡面水系工程，建设稳产高产农田；保护和建设林草植被，发展柑柚为主的特色经济林，山、田、院、路综合治理，发展庭院经济，改善人居环境

续表

三级区代码及名称	范　围		防治途径
Ⅵ-3-3zw 龙门山峨眉山山地减灾生态维护区	四川省	阿坝藏族羌族自治州汶川县、茂县，绵阳市安县、北川羌族自治县、平武县、江油市，德阳市什邡市、绵竹市，成都市大邑县、都江堰市、彭州市、邛崃市、崇州市，雅安市雨城区、名山区、荥经县、天全县、芦山县、宝兴县、汉源县、石棉县，乐山市金口河区、沐川县、峨眉山市、峨边彝族自治县、马边彝族自治县，宜宾市屏山县，眉山市洪雅县	实施松散山体综合治理，建设沟道拦沙及排导工程，结合地质灾害气象预报预警，综合防治山洪泥石流等灾害；结合退耕还林还草，建设和保护森林植被，加强草原管理，发展舍饲养畜，建设人工草场
Ⅵ-3-4t 四川盆地南部中低丘土壤保持区	四川省	宜宾市翠屏区、南溪区、宜宾县、江安县、长宁县、高县，成都市龙泉驿区、蒲江县、双流县、新津县，眉山市东坡区、丹棱县、彭山县、青神县、仁寿县，资阳市雁江区、安岳县、乐至县、简阳市，乐山市市中区、沙湾区、五通桥区、犍为县、井研县、夹江县，泸州市江阳区、纳溪区、龙马潭区、泸县、合江县，自贡市自流井区、贡井区、大安区、沿滩区、荣县、富顺县，内江市市中区、东兴区、威远县、资中县、隆昌县	推广以格网式垄作为主的农业耕作措施，实施坡改梯配套坡面水系工程，建设集中连片的高标准农田；保护陡坡森林植被，发展特色经果林；加强坡面径流调控，建设拦沙蓄水为主的塘堰工程
	重庆市	江津区、永川区、合川区、大足县、荣昌县、璧山县、潼南县、铜梁县	

9.4.3.7　西南岩溶区

西南岩溶区，即云贵高原区，包括四川、贵州、云南和广西 4 省（自治区）共 273 个县（市、区），土地总面积约 70 万 km²，共划分为 3 个二级区、11 个三级区，见表 9.4-15。

表 9.4-15　西南岩溶区分区方案

一级区代码及名称	二级区代码及名称	三级区代码及名称
Ⅶ 西南岩溶区（云贵高原区）	Ⅶ-1 滇黔桂山地丘陵区	Ⅶ-1-1t　黔中山地土壤保持区
		Ⅶ-1-2tx　滇黔川高原山地保土蓄水区
		Ⅶ-1-3h　黔桂山地水源涵养区
		Ⅶ-1-4xt　滇黔桂峰丛洼地蓄水保土区
	Ⅶ-2 滇北及川西南高山峡谷区	Ⅶ-2-1tz　川西南高山峡谷保土减灾区
		Ⅶ-2-2xj　滇北中低山蓄水拦沙区
		Ⅶ-2-3w　滇西北中高山生态维护区
		Ⅶ-2-4tr　滇东高原保土人居环境维护区

续表

一级区代码及名称	二级区代码及名称	三级区代码及名称
Ⅶ 西南岩溶区（云贵高原区）	Ⅶ-3 滇西南山地区	Ⅶ-3-1w　滇西中低山宽谷生态维护区
		Ⅶ-3-2tz　滇西南中低山保土减灾区
		Ⅶ-3-3w　滇南中低山宽谷生态维护区

西南岩溶区是以石灰岩母质及土状物为优势地面组成物质的区域，主要分布有横断山山地、云贵高原、桂西山地丘陵等。该区地质构造运动强烈，横断山地为一级、二级阶梯过渡带，水系河流深切，高原峡谷众多；区内岩溶地貌广布，主要河流涉及澜沧江、怒江、元江、金沙江、雅砻江、乌江、赤水河、南北盘江、红水河、左江、右江。该区大部分属于亚热带和热带湿润气候，大部分地区平均年降水量 800～1600mm。土壤类型主要分布有黄壤、黄棕壤、红壤和赤红壤。植被类型以亚热带和热带常绿阔叶林、针叶林、针阔混交林为主，干热河谷以落叶阔叶灌丛为主，林草覆盖率为 57.80%。区内耕地总面积 1327.8 万 hm²，其中坡耕地面积 722.0 万 hm²。水土流失面积 20.4 万 km²，以水力侵蚀为主，局部地区存在滑坡、泥石流。

西南岩溶区少数民族聚居，是我国水电资源蕴藏最丰富的地区之一，也是我国重要的有色金属及稀土等矿产基地。云贵高原是我国重要的生态屏障，云南是我国面向南亚、东南亚经济贸易的桥头堡，黔中和滇中地区是国家重点开发区，滇南是华南农产品主产区的重要组成部分。该区岩溶石漠化严重，耕地资源短缺，陡坡耕地比例大，工程性缺水严重，农村能源匮乏，贫困人口多；山区滑坡、泥石流等灾害频发；水电、矿产资源开发导致的水土流失问题突出。

1. 水土保持方略

西南岩溶区水土保持方略为保护耕地资源，紧密围绕岩溶石漠化治理，加强坡耕地改造和小型蓄水工程建设，促进生产生活用水安全，提高耕地资源的综合利用效率，加快群众脱贫致富；加强自然修复，保护和建设林草植被，推进陡坡耕地退耕；加强山地灾

害防治；加强水电、矿产资源开发的监督管理。

2. 区域布局

西南岩溶区区域布局包括：加强滇黔桂山地丘陵区（Ⅶ-1）坡耕地整治，大力实施坡面水系工程和表层泉水引蓄灌工程，综合利用降水及小泉小水，保护现有森林植被，实施退耕还林还草和自然修复；保护滇北及川西南高山峡谷区（Ⅶ-2）森林植被，对坡度较缓的坡耕地实施坡改梯配套坡面水系工程，提高抗旱能力和土地生产力，促进陡坡退耕还林还草，加强山洪泥石流预警预报，防治山地灾害；保护和恢复滇西南山地区（Ⅶ-3）热带森林，治理坡耕地及以橡胶园为主的林下水土流失，加强水电资源开发的监督管理。

3. 三级区范围及防治途径

西南岩溶区三级区范围及防治途径见表 9.4-16。

表 9.4-16　　　　　　　　　西南岩溶区三级区范围及防治途径

三级区代码及名称		范　围	防治途径
Ⅶ-1-1t	黔中山地土壤保持区	贵州省	贵阳市南明区、云岩区、花溪区、乌当区、白云区、观山湖区、开阳县、息烽县、修文县、清镇市，遵义市红花岗区、汇川区、遵义县、绥阳县、凤冈县、湄潭县、余庆县、正安县、道真仡佬族苗族自治县、务川仡佬族苗族自治县，安顺市西秀区、平坝县、普定县、镇宁布依族苗族自治县、紫云苗族布依族自治县，黔南布依族苗族自治州都匀市、福泉市、贵定县、瓮安县、长顺县、龙里县、惠水县，铜仁市碧江区、万山区、江口县、石阡县、思南县、德江县、玉屏侗族自治县、印江土家族苗族自治县、沿河土家族自治县、松桃苗族自治县，黔东苗族侗族自治州凯里市、黄平县、施秉县、三穗县、镇远县、岑巩县、麻江县	实施坡改梯配套排蓄水及表层泉水利用工程，提高土地生产力，促进退耕还林，实施封禁治理
Ⅶ-1-2tx	滇黔川高原山地保土蓄水区	云南省	昆明市宜良县、石林彝族自治县，曲靖市麒麟区、马龙县、陆良县、师宗县、罗平县、富源县、沾益县、宣威市，玉溪市红塔区、江川县、华宁县、通海县、澄江县、峨山彝族自治县，红河哈尼族彝族自治州个旧市、开远市、蒙自市、建水县、石屏县、弥勒县、泸西县，昭通市镇雄县、彝良县、威信县	大力修筑石坎梯田，合理利用土壤资源；综合利用地表径流、岩溶泉水，改善灌溉条件；加强岩溶盆地落水洞治理，保护周边耕地；促进退耕还林，实施自然修复，荒坡地营造水土保持林
		四川省	泸州市叙永县、古蔺县，宜宾市珙县、筠连县、兴文县	
		贵州省	六盘水市钟山区、六枝特区、水城县、盘县，遵义市桐梓县、习水县、赤水市、仁怀市，安顺市关岭布依族苗族自治县，黔西南布依族苗族自治州兴仁县、晴隆县、贞丰县、普安县，毕节市七星关区、威宁彝族回族苗族自治县、赫章县、大方县、黔西县、金沙县、织金县、纳雍县	

续表

三级区代码及名称		范围	防治途径
Ⅶ-1-3h	黔桂山地水源涵养区	贵州省	黔南布依族苗族自治州三都水族自治县、荔波县、独山县，黔东南苗族侗族自治州天柱县、锦屏县、剑河县、台江县、黎平县、榕江县、从江县、雷山县、丹寨县	保护现有森林，实施退耕还林还草和疏幼低产林的抚育管理，采取封育治理恢复石质山区植被；加强坡改梯，配套水系工程；结合民族旅游建设发展特色产业
		广西壮族自治区	柳州市融安县、融水苗族自治县、三江侗族自治县	
Ⅶ-1-4xt	滇黔桂峰丛洼地蓄水保土区	广西壮族自治区	百色市右江区、德保县、靖西县、那坡县、凌云县、乐业县、田林县、西林县、隆林各族自治县、田阳县、田东县、平果县、河池市金城江区、南丹县、天峨县、凤山县、东兰县、巴马瑶族自治县、罗城仫佬族自治县、环江毛南族自治县、都安瑶族自治县、大化瑶族自治县、宜州市，南宁市隆安县、马山县、来宾市忻城县，崇左市大新县、天等县、龙州县、凭祥市、宁明县、江州区、扶绥县	加强山体中上部的植被保护和降水及小泉小水利用；大力实施坡麓地带坡耕地改造并配套水系工程，实施陡坡退耕还林还草，治理落水洞，保护耕地，发展亚热带农业特色产业
		贵州省	黔西南布依族苗族自治州兴义市、望谟县、册亨县、安龙县，黔南布依族苗族自治州罗甸县、平塘县	
		云南省	文山壮族苗族自治州文山市、砚山县、西畴县、麻栗坡县、马关县、广南县、富宁县、丘北县	
Ⅶ-2-1tz	川西南高山峡谷保土减灾区	四川省	攀枝花市西区、东区、仁和区、米易县、盐边县、凉山彝族自治州西昌市、盐源县、德昌县、普格县、金阳县、昭觉县、喜德县、冕宁县、越西县、甘洛县、美姑县、布拖县、雷波县、宁南县、会东县、会理县	开展以坡耕地改造为主的小流域综合治理，加强坡面径流集蓄和梯田埂坎利用，综合整治泥石流沟道，做好山洪灾害预警预报，保护中高山林草植被，推进退耕还林，开展荒地造林
Ⅶ-2-2xj	滇北中低山蓄水拦沙区	云南省	昆明市东川区、禄劝彝族苗族自治县，昭通市昭阳区、鲁甸县、盐津县、大关县、永善县、绥江县、水富县、巧家县，曲靖市会泽县，丽江市永胜县、华坪县、宁蒗彝族自治县，楚雄彝族自治州永仁县、元谋县、武定县	做好坡耕地整治，加强坡面径流的调蓄利用，建立复合农林系统；治理山洪泥石流沟道，控制泥沙入河，实施退耕还林还草和封山育林，改造疏林地和实施干热河谷造林种草；加强水电开发监督管理
Ⅶ-2-3w	滇西北中高山生态维护区	云南省	丽江市古城区、玉龙纳西族自治县，怒江傈僳族自治州泸水县、兰坪白族普米族自治县，大理白族自治州剑川县、漾濞彝族自治县、巍山彝族回族自治县、永平县、云龙县、洱源县、鹤庆县	加强植被保护和建设，实施封山育林、退耕还林，结合澜沧江等防护林体系建设，营造水土保持林；河谷地区整治坡耕地配套小型蓄排水工程，建设基本口粮田，加强山洪泥石流沟道治理和灾害预警预报，做好水电及矿产开发、公路建设等监督管理

续表

三级区代码及名称		范 围		防治途径
Ⅶ-2-4tr	滇东高原保土人居环境维护区	云南省	昆明市五华区盘龙区、官渡区、西山区、呈贡区、晋宁县、富民县、嵩明县、寻甸回族彝族自治县、安宁市，楚雄彝族自治州大姚县、楚雄市、牟定县、南华县、姚安县、禄丰县，大理白族自治州宾川县、大理市、祥云县、弥渡县，玉溪市易门县	加强以坡耕地整治和坡面水系为主的小流域综合治理，改善农业灌溉条件；保护与恢复中低山区植被，提高水源区水源涵养能力；结合洱海、滇池的水质维护，做好城市周边水土保持，维护人居环境
Ⅶ-3-1w	滇西中低山宽谷生态维护区	云南省	保山市腾冲县，德宏傣族景颇族自治州瑞丽市、芒市、梁河县、盈江县、陇川县	结合生态旅游加强自然修复，实施封山育林，建设与保护森林植被，宽谷盆地区以坡耕地综合整治为主，加强坡面水系配套，发展特色农林产业
Ⅶ-3-2tz	滇西南中低山保土减灾区	云南省	临沧市临翔区、凤庆县、云县、永德县、镇康县、双江拉祜族佤族布朗族傣族自治县、耿马傣族佤族自治县、沧源佤族自治县，保山市隆阳区、施甸县、龙陵县、昌宁县，大理白族自治州南涧彝族自治县，普洱市景谷傣族彝族自治县、景东彝族自治县、镇沅彝族哈尼族拉祜族自治县、墨江哈尼族自治县、宁洱哈尼族彝族自治县、孟连傣族拉祜族佤族自治县、澜沧拉祜族自治县、西盟佤族自治县，玉溪市元江哈尼族彝族傣族自治县、新平彝族傣族自治县，楚雄彝族自治州双柏县，红河哈尼族彝族自治州元阳县、红河县、金平苗族瑶族傣族自治县、绿春县、屏边苗族自治县、河口瑶族自治县	以小流域为单元，加强坡面治理，完善坡面蓄排水工程，发展热带特色经济林果，加大退耕还林还草力度；建设上游防护林体系，实施封山育林，保护天然林；实施沟道治理，做好泥石流、滑坡等灾害预警，加强水电及矿产资源开发等监督管理
Ⅶ-3-3w	滇南中低山宽谷生态维护区	云南省	普洱市思茅区、江城哈尼族彝族自治县，西双版纳傣族自治州景洪市、勐海县、勐腊县	以森林植被的保护和建设为主，实施封山育林，退耕还林还草，做好人为水土流失的监督管理；加强宽谷盆地区水土流失综合整治，发展橡胶、药材、热带水果等特色产业

9.4.3.8 青藏高原区

青藏高原区包括西藏、甘肃、青海、四川和云南5省（自治区）共144个县（市、区），土地总面积约219万km²，共划分为5个二级区、12个三级区，见表9.4-17。

表9.4-17 青藏高原区分区方案

一级区代码及名称	二级区代码及名称	三级区代码及名称
Ⅷ 青藏高原区	Ⅷ-1 柴达木盆地及昆仑山北麓高原区	Ⅷ-1-1ht 祁连山山地水源涵养保土区
		Ⅷ-1-2wt 青海湖高原山地生态维护保土区
		Ⅷ-1-3nf 柴达木盆地农田防护防沙区

续表

一级区代码及名称	二级区代码及名称	三级区代码及名称
Ⅷ 青藏高原区	Ⅷ-2 若尔盖-江河源高原山地区	Ⅷ-2-1wh 若尔盖高原生态维护水源涵养区
		Ⅷ-2-2wh 三江黄河源山地生态维护水源涵养区
	Ⅷ-3 羌塘-藏西南高原区	Ⅷ-3-1w 羌塘-藏北高原生态维护区
		Ⅷ-3-2wf 藏西南高原山地生态维护防沙区
	Ⅷ-4 藏东-川西高山峡谷区	Ⅷ-4-1wh 川西高原高山峡谷生态维护水源涵养区
		Ⅷ-4-2wh 藏东高山峡谷生态维护水源涵养区

续表

一级区代码及名称	二级区代码及名称	三级区代码及名称	
Ⅷ 青藏高原区	Ⅷ-5 雅鲁藏布河谷及藏南山地区	Ⅷ-5-1w	藏东南高山峡谷生态维护区
		Ⅷ-5-2n	西藏高原中部高山河谷农田防护区
		Ⅷ-5-3w	藏南高原山地生态维护区

青藏高原区是以高原草甸土为优势地面组成物质的区域，主要分布有祁连山、唐古拉山、巴颜喀拉山、横断山脉、喜马拉雅山、柴达木盆地、羌塘高原、青海高原、藏南谷地。该区以高原山地为主，宽谷盆地镶嵌分布，湖泊众多。主要河流涉及黄河、怒江、澜沧江、金沙江、雅鲁藏布江。青藏高原区从东往西由温带湿润区过渡到寒带干旱区，大部分地区平均年降水量 50～800mm。土壤类型以高山草甸土、草原土和漠土为主。植被类型以温带高寒草原、草甸和疏林灌木草原为主，林草覆盖率为 58.24%。区域耕地总面积 104.9 万 hm²，其中坡耕地面积 34.3 万 hm²。在以冻融为主导侵蚀营力的作用下，冻融、水力、风力侵蚀广泛分布，水力侵蚀和风力侵蚀总面积 31.9 万 km²。

青藏高原区是我国西部重要的生态屏障，也是我国高原湿地、淡水资源和水电资源最为丰富的地区。青海湖是我国最大的内陆湖和咸水湖，青海湖湿地是

我国七大国际重要湿地之一；三江源是长江、黄河和澜沧江的源头汇流水区，湿地、物种丰富。该区地广人稀，冰川退化，雪线上移，湿地萎缩，植被退化，水源涵养能力下降，自然生态系统保存较为完整但极端脆弱。

1. 水土保持方略

青藏高原区水土保持方略为维护独特的高原生态系统，加强草场和湿地的预防保护，提高江河源头水源涵养能力，治理退化草场，合理利用草场资源，构筑青藏高原水源涵养生态维护预防带；加强水土流失治理，促进河谷农业发展。

2. 区域布局

青藏高原区区域布局包括：加强柴达木盆地及昆仑山北麓高原区（Ⅷ-1）预防保护，建设水源涵养林，保护青海湖周边的生态及柴达木盆地东端的绿洲农田；强化若尔盖-江河源高原山地区（Ⅷ-2）草场管理和湿地保护，防治草场沙化退化，维护水源涵养功能；保护羌塘-藏西南高原区（Ⅷ-3）天然草场，轮封轮牧，发展冬季草场，防止草场退化；实施藏东-川西高山峡谷区（Ⅷ-4）天然林保护，加强坡耕地改造和陡坡退耕还林还草，做好水电资源开发的监督管理；保护雅鲁藏布河谷及藏南山地区（Ⅷ-5）天然林，轮封轮牧，建设人工草地，保护天然草场，实施河谷农区两侧小流域综合治理，保护农田和村庄安全。

3. 三级区范围及防治途径

青藏高原区三级区范围及防治途径见表 9.4-18。

表 9.4-18　青藏高原区三级区范围及防治途径

三级区代码及名称	范　围		防　治　途　径
Ⅷ-1-1ht 祁连山山地水源涵养保土区	甘肃省	武威市天祝藏族自治县，酒泉市阿克塞哈萨克族自治县、肃北蒙古族自治县，张掖市肃南裕固族自治县、民乐县	加强水源涵养林建设，封山育林，保护与恢复森林植被；治理退化草场，改良天然草场，发展草场灌溉；在人口密集区实施综合治理
	青海省	海北藏族自治州祁连县	
Ⅷ-1-2wt 青海湖高原山地生态维护保土区	青海省	海北藏族自治州海晏县、刚察县，海南藏族自治州共和县，海西蒙古族藏族自治州乌兰县、天峻县	青海湖周边山地加强植被保护与建设，农牧区发展围栏养畜，封沙育草，防止草场退化和沙化，综合治理水土流失，发展生态畜牧业和特色旅游业，改善青海湖周边生态
Ⅷ-1-3nf 柴达木盆地农田防护防沙区	青海省	海西蒙古族藏族自治州格尔木市、德令哈市、都兰县	保护绿洲，推进农田防护林建设，加强草场管理，防治土地沙化，保护公路、铁路等基础设施；做好人为水土流失监督管理

三级区代码及名称		范　围	防治途径
Ⅷ-2-1wh	若尔盖高原生态维护水源涵养区	四川省	阿坝藏族羌族自治州阿坝县、若尔盖县、红原县	加强草场保护与管理，治理局部农耕区水土流失；保护山地森林植被，推进退耕还林还草，实施湿地保护，维护区域生态环境
		甘肃省	甘南藏族自治州合作市、玛曲县、碌曲县、夏河县	
Ⅷ-2-2wh	三江黄河源山地生态维护水源涵养区	四川省	甘孜藏族自治州石渠县	全面推行封育保护和退耕退牧还林还草，加强湿地保护和草场管理，治理沙化退化草场，发展围栏养畜，轮封轮牧，治理"黑土滩"，加强监督管理，严禁乱采滥挖，维护三江源区的森林、草场、湿地等生态系统
		青海省	海南藏族自治州同德县、兴海县、贵南县、果洛藏族自治州玛沁县、甘德县、达日县、久治县、玛多县、班玛县、玉树藏族自治州称多县、曲麻莱县、玉树县、杂多县、治多县、囊谦县，海西蒙古族藏族自治州格尔木市（唐古拉山乡部分）、黄南藏族自治州泽库县、河南蒙古族自治县	
		西藏自治区	那曲地区那曲县、聂荣县、巴青县	
Ⅷ-3-1w	羌塘藏北高原生态维护区	西藏自治区	那曲地区安多县、申扎县、班戈县、尼玛县、双湖县，拉萨市当雄县，阿里地区日土县、革吉县、改则县	加强预防保护，轮封轮牧，发展冬季草场，保护天然草地
Ⅷ-3-2wf	藏西南高原山地生态维护防沙区	西藏自治区	日喀则地区仲巴县，阿里地区普兰县、札达县、噶尔县、措勤县	实行封育保护、轮封轮牧和限载限牧等措施，加强草场恢复和保护；防治村庄农田周边的风沙和山洪灾害，控制人为水土流失
Ⅷ-4-1wh	川西高原高山峡谷生态维护水源涵养区	四川省	阿坝藏族羌族自治州理县、松潘县、金川县、小金县、黑水县、马尔康县、壤塘县，甘孜藏族自治州康定县、丹巴县、九龙县、雅江县、道孚县、炉霍县、甘孜县、新龙县、德格县、白玉县、色达县、理塘县、巴塘县、乡城县、稻城县、得荣县、泸定县，凉山彝族自治州木里藏族自治县	加强天然林保护和高山草甸区合理轮牧，高山远山地区适度实施生态移民，保护河道两侧和平坝农田，实施坡耕地改造和陡坡退耕还林；做好金沙江、雅砻江、大渡河等大型水电站建设的监督管理
Ⅷ-4-2wh	藏东高山峡谷生态维护水源涵养区	云南省	怒江傈僳族自治州福贡县、贡山独龙族怒族自治县，迪庆藏族自治州香格里拉县、德钦县、维西傈僳族自治县	保护和建设森林植被，合理采集利用和保护中药材资源，维护生物多样性；结合自然保护区和风景名胜区建设，发展区域特色农业产业和生态旅游业；加强人口集中区域的坡耕地综合整治和发展中小型水电及水利灌溉，做好泥石流等灾害的预警与防治以及水电资源开发的监督管理
		西藏自治区	昌都地区昌都县、江达县、贡觉县、类乌齐县、丁青县、察雅县、八宿县、左贡县、芒康县、洛隆县、边坝县，那曲地区比如县、索县、嘉黎县	
Ⅷ-5-1w	藏东南高山峡谷生态维护区	西藏自治区	山南地区隆子县、错那县，林芝地区林芝县、米林县、墨脱县、波密县、朗县、工布江达县、察隅县	保护和管理天然林，维护生物多样性；加强林芝等河谷地区的农田保护和坡耕地改造；采取封禁轮牧等措施修复天然草场，建设人工草场，实施舍饲养畜；做好尼洋河等流域的水电资源开发监督管理

续表

三级区代码及名称		范　　围	防治途径
Ⅷ-5-2n	西藏高原中部高山河谷农田防护区	西藏自治区	拉萨市城关区、林周县、尼木县、曲水县、堆龙德庆县、达孜县、墨竹工卡县，山南地区乃东县、扎囊县、贡嘎县、桑日县、琼结县、曲松县、加查县，日喀则地区日喀则市、南木林县、江孜县、萨迦县、拉孜县、白朗县、仁布县、昂仁县、谢通门县、萨嘎县	加强"一江两河"河滩和山地坡脚林灌结合的防护带建设，以及村庄和农田傍山一侧沟道综合治理，防治山洪灾害，保护农田和村庄，建设农村"林卡"和农田防护林，改造河谷阶台地的坡耕地和营造薪炭林，推广新能源代燃料工程
Ⅷ-5-3w	藏南高原山地生态维护区	西藏自治区	山南地区措美县、洛扎县、浪卡子县，日喀则地区定日县、康马县、定结县、亚东县、吉隆县、聂拉木县、岗巴县	保护林草植被，加强封育保护，草场管理，防治土地沙化，综合治理河谷农区两侧小流域，防治山洪灾害，做好亚东等条件较好地区的坡耕地改造和发展特色经果林

参 考 文 献

[1] 全国水土保持规划编制工作领导小组办公室，水利部水利水电规划设计总院. 中国水土保持区划 [M]. 北京：中国水利水电出版社，2016.
[2] 王治国，张超，孙保平，等. 水土保持区划理论与方法 [M]. 北京：科学出版社，2016.
[3] 王治国，张超，孙保平，等. 全国水土保持区划概述 [J]. 中国水土保持，2015 (12)：12-17.
[4] 王治国，张超，纪强，等. 全国水土保持区划及其应用 [J]. 中国水土保持科学，2016，14 (6)：101-106.
[5] 张超，王治国，凌峰，等. 水土保持功能评价及其在水土保持区划中的应用 [J]. 中国水土保持科学，2016，14 (5)：90-99.
[6] 王治国，王春红. 对我国水土保持区划与规划中若干问题的认识 [J]. 中国水土保持科学，2007，5 (1)：105-109.
[7] 张超，王治国，王秀茹，等. 我国水土保持区划的回顾与思考 [J]. 中国水土保持科学，2008 (4)：100-104.
[8] 赵岩，王治国，孙保平，等. 中国水土保持区划方案初步研究 [J]. 地理学报，2013，68 (3)：307-317.
[9] 刘震. 全国水土保持规划主要成果及其应用 [J]. 中国水土保持，2015 (12)：1-4.

第 10 章 力 学 基 础

章主编　王玉杰　姚文艺　谢光武　魏　浪　丁国栋
章主审　马毓淦　贺前进　纪　强　杜运领

本章各节编写及审稿人员

节次	编写人	审稿人
10.1	谢光武　操昌碧　朱永刚　邹兵华　叶三霞　王　晶	马毓淦 贺前进 纪　强 杜运领
10.2	张习传　易仲强　秦　杨　赵　俊　王　晶　李永勇 原军伟	
10.3	王玉杰　丁国栋　赵　谊　冀晓东　刘　问　张会兰 陈　凡　朱茂宏　易仲强　赵　俊	
10.4	姚文艺　焦　鹏　李　勉	

第 10 章　力　学　基　础

10.1　工程力学基础

10.1.1　物体的受力与平衡

10.1.1.1　力学基本概念

1. 力与力系

力为物体之间的相互作用。力的作用使物体机械运动状态发生变化或使物体形状发生改变，前者称为力的外效应或运动效应，后者称为力的内效应或变形效应。力为定位矢量，国际制单位为牛顿（N）或千牛顿（kN），其三要素为力的大小、方向及作用点。如图 10.1-1 所示，用有向线段 AB 表示一个力矢量，其中线段长度表示力的大小，线段方位指向力的方向，线段起点（或终点）表示力的作用点，线段所在的直线称为力的作用线。

图 10.1-1　力的矢量图

如果两物体接触的面积很小，可将其抽象为一个点，即力的作用点，此时作用力称为集中力；反之，若两物体接触面积较大，力分布地作用在接触面上，此时作用力称为分布力，若力的分布是均匀的，称为均匀分布力（简称均布力）。分布力分为线分布力、面分布力及体分布力。单位面积上的作用力为荷载强度，计算式为

$$q = \lim_{\Delta S \to 0} \frac{\Delta F}{\Delta S} \qquad (10.1-1)$$

式中　ΔS——分布力作用的面积，m^2；

　　　ΔF——作用于该部分范围内的分布力的合力，kN；

　　　q——荷载强度，kN/m^2。

力系为作用在物体上的多个力。对于同一物体，若有两组不同力系对该物体的作用效果完全相同，则这两组力系称为等效力系。一个力系用其等效力系来

代替，称为力系的等效替换。用一个最简单的力系等效替换一个复杂力系，称为力系的简化。若一个力与某力系等效，则此力称为该力系的合力，而该力系的各力称为此力的分力。

2. 刚体

在力的作用下，大小和形状都不变的物体称为刚体，即在力的作用下物体内部任意两点间的距离始终保持不变。在受力状态下不变形的物体是不存在的，因此，刚体是一种理想化的力学模型。当物体的变形很小，在研究问题性质时该微小变形可忽略不计，则物体可近似看作刚体。

3. 平衡

物体相对于惯性参考系（地面）保持静止或做匀速直线运动的状态称为平衡。

根据牛顿第一定律，物体上作用的力系只要满足一定的条件，物体即可保持平衡，这种条件称为力系的平衡条件。满足平衡条件的力系称为平衡力系。

4. 静力学公理

为了研究力系简化与平衡条件的规律，人们经过长期实践积累与检验，总结出一些符合客观实际的最普遍、最一般的静力学规律，称为静力学公理。静力学公理概括了力的基本性质，是建立静力学理论的基础。

（1）公理 1：力的平行四边形法则。作用在物体上同一点的两个力可合成为一个合力。此合力也作用于该点，合力的大小和方向由以这两个力为邻边构成的平行四边形的对角线确定，如图 10.1-2（a）所示，即合力矢等于原两个力矢的几何和。

$$\vec{F}_R = \vec{F}_1 + \vec{F}_2 \qquad (10.1-2)$$

应用此公理，可做一个力三角形来求两汇交力合力矢的大小和方向，即依次将 F_1 和 F_2 首尾相接画出，最后由第一个力的起点至第二个力的终点形成三角形的封闭边，即为此二力的合力矢 F_R，如图 10.1-2（b）、图 10.2-2（c）所示。

（2）公理 2：二力平衡条件。作用于同一刚体上的两个力，使刚体处于平衡的充要条件是这两个力大小相等、方向相反，且在同一直线上，如图 10.1-3

(a) 力的平行
四边形法则

(b) 力的平行四边形法
则三角形法应用1

(c) 力的平行四边形法
则三角形法应用2

图 10.1 - 2　力的平行四边形法则示意图

所示。该两力的关系可用如下矢量式表示：

$$\vec{F}_1 = -\vec{F}_2 \qquad (10.1-3)$$

图 10.1 - 3　二力平衡条件示意图

这一公理揭示了作用于刚体上最简单的力系平衡时所必须满足的条件，满足上述条件的两个力称为一对平衡力。对于刚体来说，这个条件为充分必要条件，但对于变形体来说，这个条件是必要非充分条件。

只在两个力作用下而平衡的刚体称为二力构件。根据二力平衡条件，二力构件两端所受两个力大小相等、方向相反，作用线为沿两个力的作用点的连线，如图 10.1 - 4 所示。注意：二力构件不计自重。

(a) 弯曲二力构件　　　(b) 直二力构件

图 10.1 - 4　二力构件示意图

（3）公理 3：加减平衡力系公理。在已知任意力系上加上或减去任意一个平衡力系，并不改变原力系对刚体的作用。该公理是研究力系等效替换与简化的重要依据。

根据公理 3 可导出如下两个重要推论。

1）推论 1：力的可传性。作用于刚体上某点的力，可沿其作用线移到同一刚体内任意一点，而不改变该力对刚体的作用效应。对刚体而言，力的作用点不是决定力作用效应的要素，它已为作用线所代替。因此，作用于刚体上力的三要素：力的大小、方向和作用线。作用于刚体上的力可沿其作用线移动，这种矢量称为滑移矢量。

2）推论 2：三力平衡汇交定理。作用于刚体上三个相互平衡的力，若其中两个力的作用线汇交于一点，则此三力必在同一平面内，且第三个力的作用线通过汇交点。

（4）公理 4：作用与反作用定律（牛顿第三定律）。两个物体间的作用力与反作用力总是同时存在，且大小相等，方向相反，沿同一条直线，分别作用在两个物体上。

（5）公理 5：刚化原理。变形体在某一力系作用下处于平衡，若将此变形体刚化为刚体，其平衡状态保持不变。

10.1.1.2　受力分析

作用在物体上的力可分为两类：一类是主动力，如重力、风力、气体压力等，主动力通常称为荷载；另一类是被动力，即约束力。

1. 约束与约束反力

空间位移不受限制的物体称为自由体，如飞行中的飞机、炮弹和火箭。空间位移受到一定限制的物体称为非自由体，如沿轨道运动的火车、绕轴线转动的电动机转子、由钢索吊住的重物。对非自由体位移起限制作用的周围物体称为约束，如铁轨对于机车、轴承对于电动机转子、钢索对于重物等，都是约束。

约束能够起到改变物体运动状态的作用，约束对物体的作用称为约束反力，简称反力。约束反力的方向与该约束所阻碍的位移方向相反。约束反力的大小由约束反力和主动力（物体受的其他已知力）组成的平衡力系的平衡条件求解。

（1）柔性约束。各种柔体（如绳索、钢丝绳、胶带、链条等）对物体形成的约束称为柔性约束。由于柔体只能限制物体沿柔体中心线伸长方向的运动，而不能限制物体沿其他方向的运动，所以柔体的约束方向必定沿柔体的中心且背离被约束物体，即柔体只能承受拉力，如图 10.1 - 5 和图 10.1 - 6 所示。

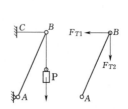
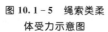
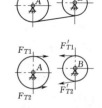

图 10.1 - 5　绳索类柔体受力示意图　　**图 10.1 - 6　链条、皮带受力示意图**

（2）光滑接触面约束。物体受到光滑平面或曲面的约束称作光滑接触面约束。这类约束不能限制物体沿约束表面切线的位移，只能限制物体沿接触表面法线并指向约束的位移。因此约束反力作用在接触点，方向沿接触表面的公法线，并指向被约束物体，如图 10.1 - 7 和图 10.1 - 8 所示。

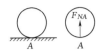

图 10.1-7 光滑平面　　图 10.1-8 光滑曲面
　　　约束示意图　　　　　　约束示意图

（3）光滑圆柱铰链约束。如图 10.1-9（a）、（b）所示，在两个构件 A、B 上分别有直径相同的圆孔，再将一直径略小于孔径的圆柱体销钉 C 插入该两构件的圆孔中，将两构件连接在一起，这种连接称为铰链连接，两个构件受到的约束称为光滑圆柱铰链约束。受这种约束的物体，只可绕销钉的中心轴线转动，而不能相对销钉沿任意径向方向运动。这种约束实质是两个光滑圆柱面的接触［图 10.1-9（c）］，其约束反力作用线必然通过销钉中心并垂直圆孔在 D 点的切线，约束反力的指向和大小与作用在物体上的其他力有关，所以光滑圆柱铰链的约束反力的大小和方向都是未知的，通常用大小未知的两个垂直分力表示，如图 10.1-9（d）所示。光滑圆柱铰链的简图如图 10.1-9（e）所示。

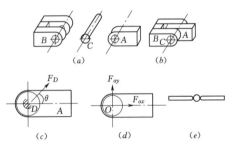

图 10.1-9　光滑圆柱铰链示意图

（4）固定铰支座。固定铰支座［图 10.1-10（a）］约束可认为是光滑圆柱铰链约束的演变形式，两个构件中有一个固定在地面或机架上，其结构简图如图 10.1-10（b）所示。这种约束的约束反力作用线不能预先确定，可以用大小未知的两个垂直分力表示，如图 10.1-10（c）所示。

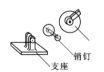

（a）固定铰支座实体图　（b）固定铰支座简化图　（c）固定铰支座
　　　　　　　　　　　　　　　　　　　　　　　　　受力分析图

图 10.1-10　固定铰支座示意图

（5）滚动铰支座。在桥梁、屋架等工程结构中经常采用滚动铰支座约束，如图 10.1-11（a）、（b）所示为桥梁采用的滚动铰支座及其简图，这种支座可以

沿固定面滚动，常用于支承较长的梁，它允许梁的支承端沿支承面移动。因此这种约束的特点与光滑接触面约束相同，约束反力 F_{NA} 垂直于支承面指向被约束物体，如图 10.1-11（c）所示。

（a）滚动铰支座　（b）滚动铰支座简图　（c）滚动铰支座受力分析图

图 10.1-11　滚动铰支座示意图

（6）球形铰支座。物体的一端为球体，能在球壳中转动，如图 10.1-12（a）、（b）所示，这种约束称为球形铰支座，简称球铰。球铰能限制物体任何径向方向的位移，所以球铰的约束反力的作用线通过球心并可能指向任一方向，通常用过球心的 3 个互相垂直的分力 F_{Ax}、F_{Ay}、F_{Az} 表示，如图 10.1-12（c）所示。

（a）球形铰支座　（b）球形铰支座　（c）球形铰支座受力
　　实体图　　　　　简化图　　　　　　分析图

图 10.1-12　球形铰支座示意图

（7）轴承。轴承是机械中常见的一种约束，常见的轴承有两种形式，一种是径向轴承［图 10.1-13（a）］，它限制转轴的径向位移，并不限制它的轴向运动和绕轴转动，其性质和圆柱铰链类似，图 10.1-13（b）为其示意简图，径向轴承的约束反力用两个垂直于轴长方向的正交分力表示，见图 10.1-13（c）。另一种是径向止推轴承，它既限制转轴的径向位移，又限制它的轴向运动，只允许绕轴转动，其约束反力用 3 个大小未知的正交分力表示，如图 10.1-14 所示。

（a）径向轴承实体图　（b）径向轴承简化图　（c）径向轴承受力分析图

图 10.1-13　径向轴承示意图

（a）径向止推轴承　（b）径向止推轴承　（c）径向止推轴承
　　实体图　　　　　　简化图　　　　　　受力分析图

图 10.1-14　径向止推轴承示意图

（8）固定端约束。有时物体会受到完全固结作用，如深埋在地里的电线杆，如图 10.1－15（a）所示。这时物体的 A 端在空间各个方向上的运动（包括平移和转动）都受到限制，这类约束称为固定端约束。其简图如图 10.1－15（b）所示。其约束反力可这样理解：一方面，物体受约束部位不能平移，因而受到一约束反力 F_A 作用；另一方面，也不能转动，因而还受到一约束反力偶 M_A 的作用，如图 10.1－15（c）所示。约束反力 F_A 和约束反力偶 M_A 均作用在接触部位，而方位和指向均未知。在空间情形下，通常将固定端约束的约束反力画成 6 个独立分量。符号为 F_{Ax}、F_{Ay}、F_{Az}、M_{Ax}、M_{Ay}、M_{Az}，如图 10.1－15（d）所示。对平面情形，则只需画出 3 个独立分量 F_{Ax}、F_{Ay}、M_{Az}，如图 10.1－15（e）所示。

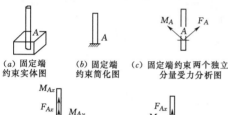

（a）固定端　　　（b）固定端　　（c）固定端约束两个独立
约束实体图　　　约束简化图　　　分量受力分析图

（d）固定端约束 6 个独立　　（e）固定端约束 3 个独立
受力分析图　　　　　　分量受力分析图

图 10.1－15　固定端约束示意图

（9）二力杆约束。两端用光滑铰链与其他物体连接，中间不受力且不计自重的杆件，即为二力杆。二力杆两端所受的两个力大小相等、方向相反，作用线沿着两铰接点的连线，二力杆受拉还是受压则可假设。图 10.1－16（a）的结构中，杆件 AB、CD 为二力杆，其受力如图 10.1－16（b）所示。

（a）二力杆约束实体图　　（b）二力杆约束受力分析图

图 10.1－16　二力杆约束示意图

常用约束类型及受力分析简表见表 10.1－1。

表 10.1－1　常用约束类型及受力分析简表

约束类型	描述	简图	约束力
柔性约束	各种柔体（如绳索、钢丝绳、胶带、链条等）对物体形成的约束		

约束类型	描述	简图	约束力
光滑接触面约束	物体受到光滑平面或曲面的约束		
光滑圆柱铰链约束	两个铰链连接的构件受到的约束		
固定铰支座	光滑圆柱铰链连接的两个构件中有一个固定在地面或机架上		
滚动铰支座	支座可以沿固定面滚动，常用于支承较长的梁，它允许梁的支承端沿支承面移动		
球形铰支座	物体的一端为球体，能在球壳中转动		
轴承	径向轴承：限制转轴的径向位移，并不限制轴向运动和绕轴转动		
轴承	径向止推轴承：既限制转轴的径向位移，又限制它的轴向运动，只允许绕轴转动		
固定端约束	物体的一端在空间各个方向上的运动（包括平移和转动）都受到限制		
二力杆约束	两端用光滑铰链与其他物体连接，中间不受力且不计自重的杆件		

2. 荷载分类与受力分析

（1）荷载按随时间的变异可分为以下几类。

1）永久作用（永久荷载或恒载）。在设计基准期内，其值不随时间变化；或其变化可以忽略不计。如结构自重、土压力、预加应力、混凝土收缩、基础沉降、焊接变形等。

2）可变作用（可变荷载或活荷载）。在设计基准期内，其值随时间变化。如安装荷载、屋面与楼面活荷载、雪荷载、风荷载、吊车荷载、积灰荷载等。

3）偶然作用（偶然荷载、特殊荷载）。在设计基准期内可能出现，也可能不出现，而一旦出现其值很大，且持续时间较短。例如爆炸力、撞击力等。

（2）荷载按结构的反应分为以下几类。

1）静态作用或静力作用。不使结构或结构构件产生加速度；或所产生的加速度可以忽略不计。如结构自重、住宅与办公楼的楼面活荷载、雪荷载等。

2）动态作用或动力作用。使结构或结构构件产生不可忽略的加速度。例如地震作用、吊车设备振动、高空坠物冲击作用等。

（3）荷载按作用面大小分为以下几类。

1）均布面荷载 Q。建筑物楼面或墙面上分布的荷载，如铺设的木地板、地砖、花岗石、大理石面层等重量引起的荷载。均布面荷载 Q 的计算，可用材料的重度 γ 乘以面层材料的厚度 d，得出增加的均布面荷载值，即 $Q=\gamma d$。

2）线荷载。建筑物原有的楼面或层面上的各种面荷载传到梁上或条形基础上时，可简化为单位长度上的分布荷载，称为线荷载 q。

3）集中荷载。当在建筑物原有的楼面或屋面承受一定重量的柱子，放置或悬挂较重物品（如洗衣机、冰箱、空调机、吊灯等）时，其作用面积很小，可简化为作用于某一点的集中荷载。

（4）荷载按作用方向可分为：①垂直荷载，如结构自重、雪荷载等；②水平荷载，如风荷载、水平地震作用等。

将所研究的物体或物体系统从与其联系的周围物体或约束中分离出来，并分析它受几个力作用，确定每个力的作用位置和作用方向，这一过程称为物体受力分析。物体受力分析过程包括如下两个主要步骤。

1）确定研究对象，取出分离体。待分析的某物体或物体系统称为研究对象。明确研究对象后，需要解除它受到的全部约束，将其从周围的物体或约束中分离出来，单独画出相应简图，这个步骤称为取分离体。

2）画受力图。在分离体图上，画出研究对象所受的全部主动力和所有去除约束后的约束反力，并标明各力的符号及受力位置符号。这样得到的表明物体受力状态的简明图形，称为受力图。

3．力平衡

物体处于静止或匀速直线运动状态即为平衡状态。力的平衡是物体平衡的本质条件，物体平衡是力平衡的效果。物体的平衡条件是作用在物体上所有力的合力为 0，即 $F_{合}=0$。

由此可得出以下平衡条件的推论。

（1）二力平衡：如果物体在两个共点力的作用下处于平衡状态，这两个力必定大小相等、方向相反，为一对平衡力。

（2）三力平衡：如果物体在三个共点力的作用下处于平衡状态，其中任何两个力的合力一定与第三个力大小相等、方向相反。

（3）多力平衡：如果物体受多个力作用处于平衡状态，其中任何一个力与其余力的合力大小相等、方向相反。

10.1.2 平面力系

10.1.2.1 平面力系和平衡

根据力系中诸力的作用线在空间的分布情况，可将力系进行分类。力的作用线均在同一平面内的力系称为平面力系；力的作用线为空间分布的力系称为空间力系；力的作用线均汇交于同一点的力系称为汇交力系；力的作用线互相平行的力系称为平行力系；若组成力系的元素都是力偶，这样的力系称为力偶系；若力的作用线的分布是任意的，既不相交于一点，也不都相互平行，这样的力系称为任意系。此外，若诸力的作用线均在同一平面内且汇交于同一点的力系称为平面汇交力系，依此类推，还有平面力偶系、平面任意系、平面平行力系以及空间汇交力系、空间力偶系、空间任意系、空间平行力系等。实际工程问题中，需将复杂的受力情况进行等效简化。平行力系、汇交力系及力偶系的简化理论如下。

1．平行力系

平行力系是任意系的一种特殊情形，其简化结果可以从任意系的简化结果直接得到。根据力线平移定理，平行力系向任一点简化时，由于附加力偶总是与力垂直，因此，平行力系向一点 O 简化时，主矢 $\vec{F_R'}$ 与主矩 $\vec{M_O}$ 必然是互相垂直的，即 $\vec{F_R'} \cdot \vec{M_O}=0$，所以，平行力系简化的最后结果只有平衡、合力偶和合力三种情形。平行力系向一点 O 简化的主矢 $\vec{F_R'}$ 与主矩 $\vec{M_O}$ 可表示为

$$\left. \begin{array}{l} F_R'=\sum F_i \\ M_O=\sum M_O(F_i) \end{array} \right\} \qquad (10.1-4)$$

当 $F_R' \neq 0$ 时，平行力系有合力 $F_R=F_R'$，且与各力线平行；当 $F_R'=0$，$M_O \neq 0$ 时，平行力系简化为合力偶；当 $F_R'=0$，$M_O=0$ 时，平行力系平衡。

2．汇交力系

（1）几何法。设汇交于 A 点的汇交力系由 n 个

力 F_1、F_2、$\cdots$、F_n 组成。根据力的三角形法则，将各力依次合成，即 $F_1+F_2=F_{R1}$、$F_{R1}+F_3=F_{R2}$、$\cdots$、$F_{R(n-1)}+F_n=F_R$，F_R 为最后的合成结果，即原力系的合力。将各式合并，则汇交力系合力的矢量表达式为

$$\vec{F}_R=\vec{F}_1+\vec{F}_2+\cdots+\vec{F}_n=\sum \vec{F}_i \qquad (10.1-5)$$

以平面汇交力系为例说明简化过程，如图 10.1-17 (a) 所示，作用在刚体上的 4 个力 F_1、F_2、F_3 和 F_4 汇交于点 O，如图 10.1-17 (b) 所示。为求出通过汇交点 O 的合力 F_R，连续应用力三角形法则得到开口的力多边形 $abcde$，最后力多边形的封闭边矢量 $\overline{ae}$ 就确定了合力 F_R 的大小和方向，这种通过力多边形求合力的方法称为力多边形法则。改变分力的作图顺序，力多边形改变，如图 10.1-17 (c) 所示，但其合力 F_R 不变。

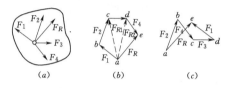

图 10.1-17　平面汇交力系合成示意图

由此看出，汇交力系的合成结果是一合力，合力的大小和方向由各力的矢量和确定，作用线通过汇交点。对于空间汇交力系，按照力多边形法则，得到的是空间力多边形。

（2）解析法。用几何法求解平面汇交力系问题，虽然比较简便，但精度不高，工程上应用较多的还是解析法，此法以力在坐标轴上的投影为基础。

若已知力 F 与直角坐标系 $Oxyz$ 三轴间的正向夹角分别为 α、β、γ，如图 10.1-18 所示，则力 F 在这三个轴上的投影可表示为

$$\left.\begin{array}{l}F_x=F\cos\alpha\\F_y=F\cos\beta\\F_z=F\cos\gamma\end{array}\right\} \qquad (10.1-6)$$

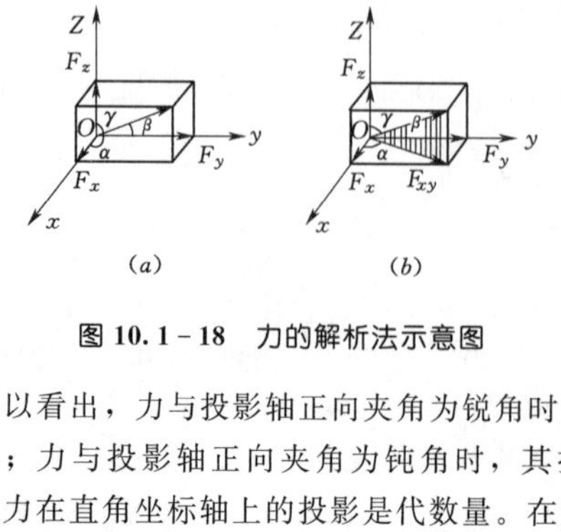

图 10.1-18　力的解析法示意图

可以看出，力与投影轴正向夹角为锐角时，其投影为正；力与投影轴正向夹角为钝角时，其投影为负。故力在直角坐标轴上的投影是代数量。在直角坐标系中，分力的大小和投影的绝对值相等，但投影是代数量，分力是矢量。平面汇交力系的合力在任一轴上的投影等于各分力在同一轴上投影的代数和，此即合力投影定理。

根据合力投影定理，由式（10.1-4）可得出式（10.1-7）：

$$\left.\begin{array}{l}F_{Rx}=\sum F_{ix}\\F_{Ry}=\sum F_{iy}\\F_{Rz}=\sum F_{iz}\end{array}\right\} \qquad (10.1-7)$$

由合力的三个投影可得到汇交力系合力的大小和方向余弦：

$$F_R=\sqrt{F_{Rx}^2+F_{Ry}^2+F_{Rz}^2} \qquad (10.1-8)$$

$$\left.\begin{array}{l}\cos(F_R,x)=\dfrac{F_{Rx}}{F_R}\\[6pt]\cos(F_R,y)=\dfrac{F_{Ry}}{F_R}\\[6pt]\cos(F_R,z)=\dfrac{F_{Rz}}{F_R}\end{array}\right\} \qquad (10.1-9)$$

3. 力偶系

若刚体上作用有由力偶矩 M_1、M_2、$\cdots$、M_n 组成的力偶系，根据力偶的等效性，保持每个力偶矩矢大小、方向不变，可以将各力偶矩矢平移至任一点，而不会改变原力偶系对刚体的作用效果，得到的力偶系与前面介绍的汇交力系同属汇交矢量系，其合成方式与合成结果完全类同。由此可知，力偶系合成结果为一合力偶，合力偶矩矢 $\vec{M}$ 等于各偶矩矢的矢量和，即

$$M=\sum M_i \qquad (10.1-10)$$

合力偶矩矢在各直角坐标轴上的投影分别为

$$\left.\begin{array}{l}M_x=\sum M_{ix}\\M_y=\sum M_{iy}\\M_z=\sum M_{iz}\end{array}\right\} \qquad (10.1-11)$$

合力偶矩的大小和方向余弦分别为

$$M=\sqrt{M_x^2+M_y^2+M_z^2} \qquad (10.1-12)$$

$$\left.\begin{array}{l}\cos\alpha_{(M,x)}=\dfrac{M_x}{M}\\[6pt]\cos\beta_{(M,y)}=\dfrac{M_y}{M}\\[6pt]\cos\gamma_{(M,z)}=\dfrac{M_z}{M}\end{array}\right\} \qquad (10.1-13)$$

由于平面力偶矩是代数量，对平面力偶系 M_1、M_2、$\cdots$、M_n 合成结果为该力偶系所在平面内的一个力偶，合力偶矩为各力偶矩的代数和。

10.1.2.2　平面简单桁架的内力计算

桁架是由杆件彼此在两端用铰链连接形成的几何形状不变的结构。桁架中所有杆件都在同一平面内的

桁架称为平面桁架。桁架中的铰链接头称为节点。为简化桁架计算，工程实际中采用以下几个假设：①桁架的杆件都是直杆；②杆件用光滑铰链连接；③桁架所受力都作用到节点上且在桁架平面内；④桁架杆件重量忽略不计，或平均分配在杆件两端节点上。这样的桁架，称为理想桁架，如图10.1-19所示。

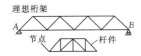

图 10.1-19　理想桁架示意图

1. 节点法

桁架内每个节点都受平面汇交力系作用，为求桁架内每个杆件的内力，逐个取桁架内每个节点为研究对象，求桁架杆件内力的方法即为节点法。

【例 10.1-1】　平面桁架尺寸和支座如图10.1-20所示，在节点 D 处受一集中荷载 $F=10kN$ 作用，试求桁架各杆件所受内力。

解：先以整体为研究对象，受力如图10.1-20所示。

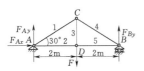

图 10.1-20　理想桁架受力分析图

由 $\sum F_x = 0$，得 $F_{Ax} = 0$。

由 $\sum M_A(F) = 0$，得 $2F - 4F_{By} = 0$。

由上两式可得：

$$F_{By} = 5kN$$

由 $\sum F_y = 0$，得 $F_{Ay} + F_{By} - F = 0$，计算可得 $F_{Ay} = 5kN$。

再分别以节点 A、C、D 为研究对象，受力如图10.1-21所示。

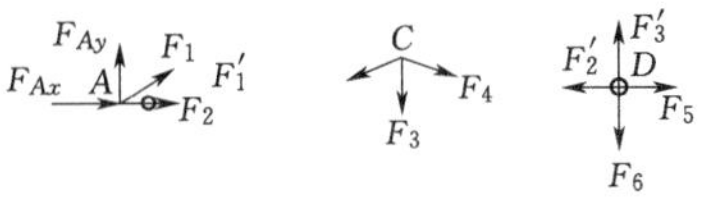

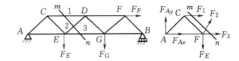

图 10.1-21　理想桁架节点受力分析图

节点 A：$F_{Ay} = F_1 \sin 30° = 0$

$F_1 \sin 60° + F_2 = 0$

节点 C：$\sum F_x = 0$，$F_4 \cos 30° - F_1' \cos 30° = 0$

$\sum F_y = 0$，$-F_3 - (F_1' + F_4) \sin 30° = 0$

节点 D：$\sum F_x = 0$，$F_5 - F_2' = 0$

由上述平衡方程即可求得 $F_1 = -10kN$，$F_2 = 8.66kN$，$F_3 = -10kN$，$F_4 = 10kN$，$F_5 = -8.66kN$。

2. 截面法

用假想的截面将桁架截开，取至少包含两个节点以上部分为研究对象，考虑其平衡，求出被截杆件内力，称为截面法。

【例 10.1-2】　如图10.1-22所示平面桁架，各杆长度均为1m，在节点 E、G、F 上分别作用荷载 $F_E = 10kN$、$F_G = 7kN$、$F_F = 5kN$。试求杆1、2、3的内力。

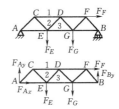

图 10.1-22　理想桁架整体法受力分析图

解：取整体分析。

由 $\sum F_x = 0$，得 $F_{Ax} + F_F = 0$。

由 $\sum M_B(F) = 0$，得 $F_E \times 2 + F_G \times 1 - F_F \sin 60° \times 1 - F_{Ay} \times 3 = 0$。

由上述两个平衡方程即可求得 F_{Ax}、F_{Ay} 的数值。

为求1杆、2杆、3杆的内力，可作一截面 $m-n$ 将三杆截断，选定桁架左半部分为研究对象。假定所截断的三根杆都受拉力，受力分析如图10.1-23所示，为一平面任意力系。

图 10.1-23　理想桁架截面法受力分析图

由 $\sum M_E(F) = 0$，得 $-F_1 \sin 60° \times 1 - F_{Ay} \times 1 = 0$。

$\sum F_y = 0$，得 $F_{Ay} + F_2 \sin 60° - F_E = 0$。

$\sum M_D(F) = 0$，得 $F_E \times 0.5 + F_3 \sin 60° \times 1 - F_{Ay} \times 1.5 + F_{Ax} \sin 60° \times 1 = 0$。

由上述三个平衡方程即可求得 $F_1 = -8.726kN$、$F_2 = 2.821kN$、$F_3 = -110.316kN$。

10.1.3　空间力系

10.1.3.1　力矩

1. 力对轴的矩

如图10.1-24所示，力对轴的矩定义为力在与该轴垂直面上的投影对该轴与此垂直平面交点的矩，即表示为式（10.1-14）：

$$M_Z(F) = M_O(F_{xy}) = \pm F_{xy}h = \pm 2A_{\triangle Oab}$$

$$(10.1-14)$$

力对轴的矩是力使刚体绕该轴转动效果的度量，

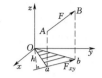

图 10.1-24 力对轴的矩示意图

是一个代数量。

符号规定：从 z 轴正向看，若力使刚体逆时针转取正号，反之则取负号。也可按右手螺旋法则确定其正负号。

由定义可知：① 当力的作用线与轴平行或相交（共面）时，力对轴的矩等于零；② 当力沿作用线移动时，它对轴的矩不变。

2. 力对点的矩

如图 10.1-25 所示，力 F 与点 O 位于同一平面内，称为力矩作用面。点 O 为矩心，点 O 到力作用线的垂直距离 h 称为力臂。力对点之矩是一个代数量，它的绝对值等于力的大小与力臂的乘积，如式 (10.1-15)。正负按下法确定：力使物体绕矩心逆时针转动时为正，反之为负。

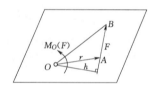

图 10.1-25 力对点的矩示意图

$$M_O(\vec{F}) = \pm Fh \qquad (10.1-15)$$

力矩 M 具有如下特性：

(1) $M_O(\vec{F})$ 是代数量。

(2) $M_O(\vec{F})$ 是影响转动的独立因素，当 $F=0$ 或 $h=0$ 时，$M_O(\vec{F})=0$。

(3) 单位为 N·m 或 kN·m。

(4) $M_O(\vec{F})=2\triangle AOB=Fh$，两倍三角形的面积。

力对点之矩与力对轴之矩的关系：力对点之矩矢量在某一轴上投影，等于这一力对该轴之矩。

10.1.3.2 空间力系和平衡

1. 空间力系向一点的简化

任意力系不是汇交矢量系，因而不能像汇交力系或力偶系那样直接求矢量和得到最终简化结果，但可以将各力作用线向某点平移得到汇交力系以利用前面已得到的结论。为此，先介绍力线平移定理。

力线平移定理：可以把作用在刚体上某点的力 F 平移到任意点，但必须同时附加一个力偶，这个附加

力偶的力偶矩矢等于原来力对新作用点的力矩矢量。这个定理称为力线平移定理。

设刚体上作用空间任意力系 F_1、F_2、$\cdots$、F_n［图 10.1-26 (a)］。根据力线平移定理，将各力平移至任一指定点 O［图 10.1-26 (b)］，得到与原力系等效的两个力系：汇交于 O 点的空间汇交力系 F_1'、F_2'、$\cdots$、F_n' 和力偶矩矢分别为 M_1、M_2、$\cdots$、M_n 的附加空间力偶系。点 O 称为简化中心。

根据前面讨论可知，这个空间汇交系可以进一步简化为作用于简化中心的一个力 $\vec{F_R'}$，附加空间力偶系进一步简化则得到一合力偶 M_O，如图 10.1-26 (c) 所示。

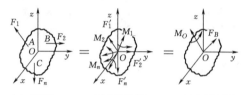

(a) 空间任意力系　(b) 空间任意力系向一点平移　(c) 空间任意力系向一点简化

图 10.1-26 空间任意力系向任意一点的简化示意图

由力线平移定理可知，空间汇交力系中各力矢量分别与原力系中各相应力矢量相等：

$$\vec{F_1}'=\vec{F_1}, \vec{F_2}'=\vec{F_2}, \cdots, \vec{F_n}'=\vec{F_n} \qquad (10.1-16)$$

所得附加空间力偶系中各附加力偶矩矢量分别与原力系中各相应的力对简化中心的力矩矢量相等：

$$M_1=M_O(\vec{F_1}), M_2=M_O(\vec{F_2}), \cdots, M_n=M_O(\vec{F_n}) \qquad (10.1-17)$$

则有

$$\left. \begin{array}{l} \vec{F_R}=\sum\vec{F_i'}=\sum\vec{F_i} \\ M_O=\sum M_i=\sum M_O(\vec{F_i}) \end{array} \right\} \qquad (10.1-18)$$

式 (10.1-17) 表明，矢量 $\vec{F_R}$ 等于原力系中各力矢的矢量和，将 $\vec{F_R}$ 称为原力系的主矢量，简称主矢。合力偶矩矢 M_O 等于原力系中各个力对简化中心 O 点力矩的矢量和，将 M_O 称为原力系对 O 点的主矩。

由以上分析可知，空间任意力系向任一点简化，可得一个力和一个力偶。这个力的大小和方向等于该力系的主矢，作用线通过简化中心；这个力偶的力偶矩矢等于该力系对简化中心的主矩。并且主矢与简化中心位置无关，主矩则一般与简化中心的位置有关。

在实际计算中，常采用解析法计算主矢 $\vec{F_R}$，主矢 $\vec{F_R}$ 的大小由式 (10.1-19) 计算。

$$\vec{F_R}=\sqrt{\vec{F_{Rx}'^2}+\vec{F_{Ry}'^2}+\vec{F_{Rz}'^2}} \qquad (10.1-19)$$

其中，$\vec{F_{Rx}}$、$\vec{F_{Ry}}$、$\vec{F_{Rz}}$ 分别表示主矢在 x、y、z 轴上

的投影，可由式（10.1-20）求得：

$$\left.\begin{array}{l} F'_{Rx}=\sum F_{ix}\\ F'_{Ry}=\sum F_{iy}\\ F'_{Rz}=\sum F_{iz} \end{array}\right\} \qquad (10.1-20)$$

主矢 $\vec{F}_R$ 与 x、y、z 轴的方向余弦关系由式（10.1-21）计算。

$$\left.\begin{array}{l} \cos\alpha_{(F'_R,i)}=\dfrac{F'_{Rx}}{F'_R}\\[2mm] \cos\beta_{(F'_R,j)}=\dfrac{F'_{Ry}}{F'_R}\\[2mm] \cos\gamma_{(F'_R,k)}=\dfrac{F'_{Rz}}{F'_R} \end{array}\right\} \qquad (10.1-21)$$

主矩 M_O 的大小为

$$M_O=\sqrt{M_{Ox}^2+M_{Oy}^2+M_{Oz}^2} \qquad (10.1-22)$$

其中，M_{Ox}、M_{Oy}、M_{Oz} 分别表示主矢在 x、y、z 轴上的投影，可由式（10.1-23）求得

$$\left.\begin{array}{l} M_{Ox}=[M_O(F_i)]_x=\sum M_x(F_i)\\ M_{Oy}=[M_O(F_i)]_y=\sum M_y(F_i)\\ M_{Oz}=[M_O(F_i)]_z=\sum M_z(F_i) \end{array}\right\} \qquad (10.1-23)$$

主矩 M_O 与 x、y、z 轴的方向余弦关系由式（10.1-24）计算。

$$\left.\begin{array}{l} \cos\alpha_{(M_O,i)}=\dfrac{M_{Ox}}{M_O}\\[2mm] \cos\beta_{(M_O,j)}=\dfrac{M_{Oy}}{M_O}\\[2mm] \cos\gamma_{(M_O,k)}=\dfrac{M_{Oz}}{M_O} \end{array}\right\} \qquad (10.1-24)$$

2. 空间任意力系的简化结果

空间任意力系向一点简化后，得到一个力 F'_R 与一个力偶 M_O，简化结果可能出现下列四种情况，即 ① $F'_R=0$，$M_O\neq0$；② $F'_R\neq0$，$M_O=0$；③ $F'_R\neq0$，$M_O\neq0$；④ $F'_R=0$，$M_O=0$。现就空间任意力系简化结果讨论如下。

（1）空间任意力系简化为一合力偶的情形。当空间任意力系向任一点简化时，若 $F'_R=0$，$M_O\neq0$，这时得一与原任意力系等效的合力偶，其合力偶矩矢等于原力系对简化中心的主矩。由于力偶矩矢是自由矢量，与矩心位置无关，因此，在这种情况下，主矩与简化中心位置无关。

（2）空间任意力系简化为一合力的情形。当空间任意力系向任一点简化时，若主矢 $F'_R\neq0$，$M_O=0$，这时得一与原任意力系等效的合力，合力作用线通过简化中心，其大小和方向与原力系主矢相同。

（3）当空间任意力系向一点简化结果为主矢 $\vec{F}_R\neq0$，$M_O\neq0$；且 $\vec{F}_R\perp\vec{M}_O$，如图 10.1-27（a）所示。这时，力 $\vec{F}_R$ 与力偶矩矢 $\vec{M}_O$ 的两个力 F_R、F''_R 在同一平面

内，这时可将它们进一步简化，得到作用于点 O' 的力 F_R，此力与原力系等效，即为原力系的合力，其大小和方向与原力系主矢相同，即式（10.1-25）成立。

$$F_R=F'_R=\sum F_i \qquad (10.1-25)$$

其作用线离简化中心 O 的距离由式（10.1-26）计算。

$$d=\dfrac{|M_O|}{F'_R} \qquad (10.1-26)$$

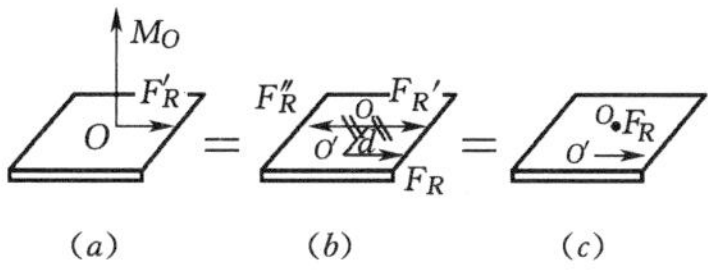

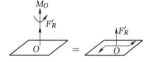

图 10.1-27　空间任意力系向一点简化结果示意图

（4）空间任意力系简化为力螺旋的情形。如果空间任意力系向一点简化后，主矢和主矩都不等于零，且 $\vec{F}_R$ 平行于 $\vec{M}_O$，此时力垂直于力偶的作用面，不能再进一步简化，这种结果称为力螺旋，如图 10.1-28 所示。例如螺丝刀拧螺丝时，手对螺丝刀既有垂直向下的力的作用，又有力偶矩作用，并且力矢量与力偶矢量平行，这就是力螺旋。

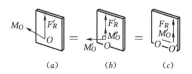

图 10.1-28　空间任意力系简化为力螺旋示意图（一）

力螺旋是由力系的两个基本要素力和力偶组成的最简单力系，不能再进一步简化。力螺旋的力作用线称为该力螺旋的中心轴。

如果 $F'_R\neq0$，$M_O\neq0$，且两者既不平行，又不垂直，如图 10.1-29（a）所示。此时可将 M_O 分解为两个分力偶 M'_O 与 M''_O，且 $M'_O\perp F'_R$，$M''_O/\!/F'_R$，如图 10.1-29（b）所示，则 M''_O 和 F'_R 进一步合成为 F_R。由于力偶矩矢量是自由矢量，可将 M'_O 平移至 F_R 作用线上，得到力螺旋，如图 10.1-29（c）所示，并且力螺旋的中心轴至原简化中心 O 的距离为

$$d=\dfrac{|M'_O|}{F'_R}=\dfrac{M_O\sin\theta}{F'_R} \qquad (10.1-27)$$

图 10.1-29　空间任意力系简化为力螺旋示意图（二）

3. 空间力系平衡方程

空间任意力系平衡方程如式（10.1-28）～式

391

（10.1-30）：

$$F'_R = 0, M_O = 0 \qquad (10.1-28)$$

$$\sum F_x = 0, \sum F_y = 0, \sum F_z = 0 \qquad (10.1-29)$$

$$\sum M_x(F) = 0, \sum M_y(F) = 0, \sum M_z(F) = 0$$

$$(10.1-30)$$

空间任意力系平衡的必要与充分条件为力系中各力在三个坐标轴上投影的代数和等于零，且各力对三个轴的矩的代数和也等于零。

10.1.3.3　重心和形心

1. 重心和形心的概念

重力是地球对物体的吸引力，如果将物体看成由无数质点组成，则重力便构成空间汇交力系。由于物体的尺寸比地球小得多，因此可近似地认为重力是平行力系，这个力系的合力就是物体的重量。不论物体如何放置，其重力的合力作用线相对于物体总是通过一个确定的点，这个点称为物体的重心，记为 C 点，则物体的重心位置如式（10.1-31）：

$$x_C = \frac{\sum P_i x_i}{\sum P_i}, y_C = \frac{\sum P_i y_i}{\sum P_i}, z_C = \frac{\sum P_i z_i}{\sum P_i}$$

$$(10.1-31)$$

对于均质物体、均质板、均质杆，其重心坐标分别如式（10.1-32）～式（10.1-34）。对均质物体而言，重心就是几何中心，即形心。

$$x_C = \frac{\int_V x\,dV}{V}, y_C = \frac{\int_V y\,dV}{V}, z_C = \frac{\int_V z\,dV}{V}$$

$$(10.1-32)$$

$$x_C = \frac{\int_V x\,dA}{A}, y_C = \frac{\int_V y\,dA}{A}, z_C = \frac{\int_V z\,dA}{A}$$

$$(10.1-33)$$

$$x_C = \frac{\int_V x\,dl}{l}, y_C = \frac{\int_V y\,dl}{l}, z_C = \frac{\int_V z\,dl}{l}$$

$$(10.1-34)$$

2. 确定物体重心的方法

（1）简单几何形状物体的重心。如果均质物体有对称面、对称轴或对称中心，则该物体的重心必相应地在这个对称面、对称轴或对称中心上。

（2）用组合法求重心。

1）分割法：如果一个物体由几个简单形状的物体组合而成，而这些物体的重心是已知的，那么整个物体的重心可由式（10.1-31）求出。

2）负面积法：若在物体或薄板内切去一部分（例如有空穴或孔的物体），则这类物体的重心，仍可应用与分割法相同的公式求得，只是切去部分的体积或面积应取负值。

【例 10.1-3】　求图 10.1-30 所示均质板的重心位置。

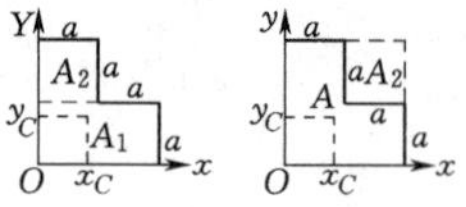

图 10.1-30　均质板的重心位置示意图

解一：分割法：

$$x_C = \frac{A_1 x_1 + A_2 x_2}{A_1 + A_2} = \frac{2a^2 a + a^2 \frac{1}{2}a}{3a^2} = \frac{5}{6}a$$

$$y_C = \frac{A_1 y_1 + A_2 y_2}{A_1 + A_2} = \frac{2a^2 \frac{1}{2}a + a^2 \frac{3}{2}a}{3a^2} = \frac{5}{6}a$$

$$(10.1-35)$$

解二：负面积法：

$$x_C = \frac{A_1 x_1 + A_2 x_2}{A_1 + A_2} = \frac{4a^2 a + (-a^2)\frac{3}{2}a}{4a^2 + (-a^2)} = \frac{5}{6}a$$

$$y_C = \frac{A_1 y_1 + A_2 y_2}{A_1 + A_2} = \frac{4a^2 a + (-a^2)\frac{3}{2}a}{4a^2 + (-a^2)} = \frac{5}{6}a$$

$$(10.1-36)$$

为了便于应用，表 10.1-2 列出了一般图形的重心与形心。

表 10.1-2　　一般图形的重心与形心表

图形名称	简图	重心	形心
三角形	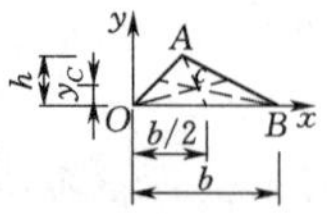	在中线的交点上，$y_C = \dfrac{h}{3}$	$x_C = \dfrac{b}{3}$ $y_C = \dfrac{h}{3}$
平行四边形	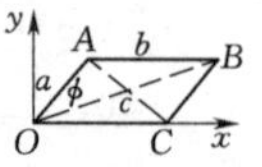	$x_C = \dfrac{b + a\cos\phi}{2}$ $y_C = \dfrac{a\sin\phi}{2}$	$x_C = \dfrac{b + a\cos\phi}{2}$ $y_C = \dfrac{a\sin\phi}{2}$
矩形	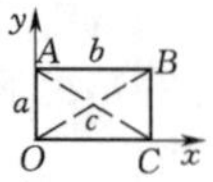	$x_C = \dfrac{b}{2}$ $y_C = \dfrac{a}{2}$	$x_C = \dfrac{b}{2}$ $y_C = \dfrac{a}{2}$

10.1.4　直杆的轴向拉伸与压缩

10.1.4.1　直杆的轴向拉伸与压缩杆的内力

1. 轴力概念

如图 10.1-31 所示，在轴向荷载 F 作用下，杆件横截面上的唯一内力分量为轴力 F_N。根据截面法，轴力 F_N 在数值上等于横截面一侧各轴向外力的代数和。轴力一般规定是拉力为正，压力为负。

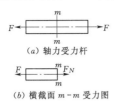

（a）轴力受力杆

（b）横截面 $m-m$ 受力图

图 10.1-31　轴力概念图

2. 轴力图

表示轴力与截面位置关系的图线，称为轴力图。作图时，以平行于杆轴线的坐标表示横截面的位置，用垂直于杆轴线的坐标表示横截面上轴力的数值，如图 10.1-32 所示。

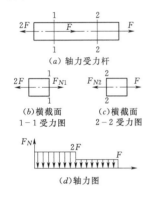

（a）轴力受力杆

（b）横截面　　　（c）横截面
1-1 受力图　　　2-2 受力图

（d）轴力图

图 10.1-32　轴力图绘制过程图

10.1.4.2　直杆的轴向拉伸与压缩杆的应力

1. 应力概念

受力杆件某一截面上一点处的内力集度，称为应力。某一点 M 处的总应力 P，令微面积 ΔA 无限缩小而趋于零时的平均集度，公式为

$$p = \lim_{\Delta A \to 0} \frac{\Delta P}{\Delta A} = \frac{\mathrm{d}P}{\mathrm{d}A} \qquad (10.1-37)$$

如图 10.1-33 所示，一般情况下，总应力 P 既不与截面垂直，也不与截面相切，可将其分解为垂直于截面的应力分量 σ 和与截面相切的切向分量 τ。法向分量 σ 称为正应力，切向分量 τ 称为切应力。

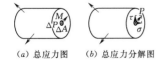

（a）总应力图　　（b）总应力分解图

图 10.1-33　应力概念图

2. 拉（压）杆横截面上的应力

假设拉（压）杆变形后，横截面仍保持平面，且仍与杆轴垂直，只是横截面间沿杆轴的相对平移

［此假设称为拉（压）杆的平面假设］，则横截面上各点处仅存在正应力 σ，并沿截面均匀分布，如式（10.1-38）、图 10.1-34 所示。

$$\sigma = \frac{F_N}{A} \qquad (10.1-38)$$

式中　σ——正应力，Pa；

　　　F_N——轴力，N；

　　　A——横截面面积，m^2。

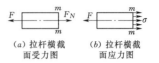

（a）拉杆横截　　（b）拉杆横截
面受力图　　　　面应力图

图 10.1-34　拉杆应力图

3. 拉（压）杆应力状态分析

利用截面法，沿任一斜截面 $m-m$ 将杆切开，该截面的方位以其外法线 on 与 X 轴的夹角 α 表示，如图 10.1-35 所示。则任一斜截面 $m-m$ 上应力为

图 10.1-35　拉杆斜截面应力图

$$\left. \begin{aligned} \sigma_a &= p_a \cos\alpha = \sigma\cos^2\alpha \\ \tau_a &= p_a \sin\alpha = \frac{\sigma}{2}\sin2\alpha \end{aligned} \right\} \qquad (10.1-39)$$

式中　α——斜截面的方位角，（°）；

　　　p_a——截面上的应力，Pa；

　　　σ_a——斜截面上的正应力，Pa；

　　　τ_a——斜截面上的切应力，Pa。

由式（10.1-39）可知，通过拉（压）杆内任意一点不同方位截面上的正应力 σ_a 和切应力 τ_a，其数值随 α 角作周期性变化。

（1）当 $\alpha = 0°$ 时，$\sigma_{\max} = \sigma_0$，$\tau_a = 0\mathrm{Pa}$，表明在轴向拉（压）杆内任意一点横截面上的正应力是各个斜截面上正应力的最大值，即主应力。

（2）当 $\alpha = 45°$ 时，$\tau_a = \dfrac{\sigma_0}{2}$，轴向拉（压）杆内任意一点 45° 斜截面上的切应力是各斜截面上切应力的最大值。

（3）当 $\alpha = 90°$ 时，$\sigma_a = 0$，$\tau_a = 0$，轴向拉（压）杆内任意一点与杆轴线平行的截面上无应力。

10.1.4.3　直杆的轴向拉伸与压缩杆的变形

1. 拉（压）杆上的变形

当杆件受轴向拉伸或压缩时，杆件长度和宽度都会发生变化。轴向拉伸杆，纵向伸长而横向缩短；轴向压缩杆，纵向缩短而横向增大。

表示杆的纵向变形程度可以用单位长度的纵向伸长（即 $\Delta l/l$）来表示，直杆单位长度的伸长（或缩短），称为纵向线应变，用 ε 表示：

$$\varepsilon = \frac{\Delta l}{l} \qquad (10.1-40)$$

$$\Delta l = l_1 - l \qquad (10.1-41)$$

式中　ε——杆件纵向线应变；

　　　l——杆件原长度，m；

　　　Δl——杆件的纵向变形量，m；

　　　l_1——杆件变形后长度，m。

杆在纵向变形的同时，还产生横向变形。表示杆的横向变形程度用单位宽度的横向缩短（即 $\Delta d/d$）来表示，直杆单位宽度的伸长（或缩短），称为横向线应变，用 ε' 表示：

$$\varepsilon' = \frac{\Delta d}{d} \qquad (10.1-42)$$

$$\Delta d = d_1 - d \qquad (10.1-43)$$

式中　ε'——杆件横向线应变；

　　　d——杆件原宽度，m；

　　　Δd——杆件的横向变形量，m；

　　　d_1——杆件变形后宽度，m。

2. 胡克定律

当荷载在一定限度内，杆的正应力不超过材料的比例极限时，其变形公式（胡克定律）为

$$\Delta l = \frac{F_N l}{EA} \qquad (10.1-44)$$

式中　E——材料的弹性模量，Pa；

　　　其余符号意义同前。

将式（10.1-38）和式（10.1-40）代入式（10.1-44），解得

$$\varepsilon = \frac{\sigma}{E} \qquad (10.1-45)$$

3. 横向变形系数

当荷载在一限度内，杆的正应力不超过材料的比例极限时，横向应变 ε' 与纵向应变 ε 之比的绝对值为一常数 μ，称为材料的横向变形系数或泊松比。

$$\mu = \left| \frac{\varepsilon'}{\varepsilon} \right| \text{ 或 } \varepsilon' = -\mu\varepsilon \qquad (10.1-46)$$

式中　μ——材料的泊松比，表示横向应变与纵向应变一个为拉，一个为压。

10.1.4.4　材料的拉伸和压缩时的力学性能

材料在外力作用下所呈现的有关强度和变形的特

性，称为材料的力学性能。材料的力学性能都是通过试验测定，下面主要介绍水土保持工程常用材料的力学性能。

1. 低碳钢的拉伸力学性能

低碳钢的应力-应变关系曲线依次经历弹性阶段、屈服阶段、强化阶段、颈缩阶段，直至破坏，如图 10.1-36 所示。

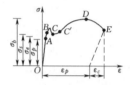

图 10.1-36　低碳钢拉伸应力-应变图

（1）弹性阶段：在加载的最初阶段，即由点 O 到点 B，材料的变形完全是弹性的，全部卸除荷载后，试样将恢复其原状。应力-应变曲线 OA 段为一直线，正应力与正应变成正比，线性阶段最高点 A 对应的正应力，称为材料的比例极限，并用 σ_p 表示。

过了点 A 以后，这种正比例关系就不存在了，但材料依然处于弹性变形，弹性阶段最高点 B 的应力叫做材料的弹性极限，并用 σ_e 表示。

实际中，点 A 和点 B 相距较近，试验中很难辨别，在忽略其微小的塑性变形后，可认为材料在达到弹性极限以前一直遵守胡克定律。

（2）屈服阶段：超过弹性极限 B 点后，使应力接近点 C 时，试样的变形急剧增加，并且在过点 C 一直到点 C' 时，几乎不增加荷载（即应力不变），而应变会继续迅速增加，这种现象称为材料的屈服。点 C 对应的应力叫做屈服极限，用 σ_s 表示。

如果材料表面光滑，则当材料屈服时，试样表面将出现与轴线约 $45°$ 的线纹。这些条纹是因为试件显著变形时材料的微小晶粒间发生了相互位移而引起的，通常称为滑移线（或剪切线），如图 10.1-37 所示。

图 10.1-37　滑移线图

（3）强化阶段：经过屈服阶段以后，钢材由于塑性变形使内部的晶体结构得到了调整，其抵抗能力又有所增强，应力又逐渐升高，即图 10.1-36 中 $C'D$ 段，这个阶段称为强化阶段。曲线最高点 D 代表材料在被拉断前所能承受的最大应力，叫做强度极限，用 σ_b 表示。

（4）颈缩阶段：应力到达强度极限 σ_b 以后，试

件的变形开始集中在某一小段内,使这一小段横截面面积显著缩小,这种现象称为颈缩。颈缩出现后,横截面面积缩小得非常迅速,以致拉力不但加不上去,反而会自动降下来,一直到试件被拉断。如图10.1-36中DE段曲线,这一阶段称为颈缩阶段。

材料的塑性:试样断裂时的残余变形最大,材料能经受较大塑性变形而不破坏的能力,称为材料的塑性或延性,用延伸率δ或断面收缩率ψ度量:

$$\delta = \frac{l_1 - l}{l} \times 100\% \qquad (10.1-47)$$

$$\psi = \frac{A - A_1}{A} \times 100\% \qquad (10.1-48)$$

式中 δ——材料的延伸率;

ψ——材料的断面收缩率;

A_1——材料断裂后断口处的最小横截面面积,m^2;

l_1——材料拉断后的长度,m。

2. 钢材的冷作硬化和时效

如果对钢试件预先施加轴向拉力,使材料达到强化阶段,随即卸载。则卸载时的应力与应变之间将保持直线关系,如图10.1-38中KO'所示,并且KO'与弹性阶段内的直线AO平行,OO'表示钢材在这个时候所残留的塑性变形。如果在卸载后又立即加载,则应力-应变曲线将沿$O'K$上升,并且在到达点K后转向原曲线KDE,最后到达点E。

这表示,如果使钢材先产生一定的塑性变形,则其比例极限、屈服极限可以得到提高,即由原来点A、点C对应的σ_p、σ_s提高到点K对应的σ'_s,但是塑性变形将减少,即由原来的$\varepsilon = OG$减少为$\varepsilon' = O'G$。把钢材的这种特性称为冷作硬化(冷硬)。

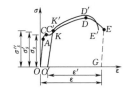

图 10.1-38 低碳钢材料拉伸
应力-应变图

在冷硬后,钢材的屈服极限和强度极限的数值并不稳定,如果在卸载后经过相当长的时间再加载,则钢材的应力-应变关系曲线将沿$O'KK'D'E'$发展,在到达新的屈服点K'以前,应力与应变仍成正比,这时屈服极限增加到与点K'对应的数值σ''_s。钢材冷硬后随时间增加而强度增加的现象称为时效。

3. 其他金属材料的拉伸力学性能

对于其他金属材料,应力-应变曲线并不都像低碳钢那样具备四个阶段。图10.1-39为另外几种典型金属材料在拉伸时的应力-应变曲线。可以看出,有些材料没有明显的屈服阶段,但它们的弹性阶段、强化阶段和颈缩阶段都比较明显;另外一些材料只有弹性阶段和强化阶段,而没有屈服阶段和颈缩阶段。对于没有明显屈服阶段的塑性材料,一般规定产生0.2%塑性应变时对应的应力值作为名义屈服极限,并用$\sigma_{0.2}$表示,如图10.1-40所示。

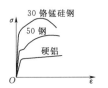 

图 10.1-39 其他金属材料
拉伸时应力-应变图
图 10.1-40 名义
屈服极限示意图

4. 混凝土的力学性能

混凝土和天然石料均为脆性材料,一般都用于抗压构件。混凝土的抗压强度是以标准立方试块(150mm×150mm×150mm),在标准养护条件下经过28d养护后进行测定。混凝土的强度就是根据其抗压强度标准值确定的。

混凝土压缩时的应力-应变曲线如图10.1-41所示。在加载初期有很短的一段直线段,以后明显弯曲,在变形不大的情况下突然断裂。混凝土的弹性模量以$\sigma = 0.4\sigma_b$时的割线斜率来确定。

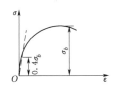

图 10.1-41 混凝土压缩
应力-应变图

混凝土在压缩试验中的破坏形式,与两端压板和试块接触面的润滑条件有关,当润滑不好,两端面的摩阻力较大时,压坏后呈两个对接的截椎体;当润滑较好,摩阻力较小时,则沿纵向开裂破坏。两种破坏形式所对应的抗压强度也有差异,因此,在这类材料的压缩试验中还应规定端部条件。

混凝土的抗拉强度很小,为抗压强度的1/5~1/20,故在用作抗弯构件时,其受拉部分一般用钢筋来加强(称为钢筋混凝土),在计算时就不考虑混凝土的抗拉强度。

为了便于应用,表10.1-3列出了部分常用材料在拉伸和压缩时的主要力学性能指标(常温、静载下)。

表 10.1 - 3　部分常用材料在拉伸和压缩时的主要力学性能指标（常温、静载下）

材料名称	牌号	屈服极限/MPa		强度极限/MPa		伸长率/%	
		σ_s	$\sigma_{0.2}$	拉伸 σ_b	压缩 σ_b	δ_5	δ_{10}
普通碳素钢	Q235	240		380~400		25~27	21~23
优质结构钢	35 号	315		529		20	16
优质结构钢	45 号	353		500		16	14
低合金钢	16Mn	280~340		470~510		19~21	16~18
合金钢	40CrNiMoA		830	980			12
灰口铸铁				98~390	640~1000		<0.5
球墨铸铁			410~550	590~780			>20
铝合金	LY12		370	450			15
聚碳酸酯玻璃钢	含玻璃纤维30%			120~160			6~8
环氧玻璃钢				490			
混凝土	C30~C40			2.6~3.8	30~40		
松木（顺纹）				96	310.2		

注　δ_5、δ_{10} 分别代表 $L=5d$、$L=10d$ 时标准试件的伸长率。

10.1.4.5　容许应力、安全系数、强度条件

1. 容许应力和安全系数

将材料的强度极限与屈服极限统称为材料的极限应力，用 σ_u 表示。

不同材料，极限应力 σ_u 选用不同的指标。对于脆性材料，强度极限为其唯一强度指标，因此以强度极限 σ_b 作为极限应力；对于有显著屈服阶段的塑性材料，由于其屈服极限小于强度极限，故通常以屈服极限 σ_s 作为极限应力；对于无显著屈服阶段塑性材料，则由名义屈服极限 $\sigma_{0.2}$ 作为极限应力。

在强度计算式中，把材料的极限应力除以一个大于 1 的系数（称为安全系数），作为构件工作时所允许的最大应力，即容许应力，用 $[\sigma]$ 表示。

塑性材料容许拉（压）应力为

$$[\sigma]=\frac{\sigma_s}{n_s} \text{ 或 } [\sigma]=\frac{\sigma_{0.2}}{n_s} \tag{10.1-49}$$

式中　n_s——材料屈服时的安全系数，一般取 $n_s=1.5\sim2.0$。

脆性材料的容许拉（压）应力为

$$[\sigma]=\frac{\sigma_b}{n_b} \tag{10.1-50}$$

式中　n_b——材料脆性断裂时的安全系数，一般取 $n_b=2.0\sim5.0$，随脆性增大可取到 $n_b=5.0\sim9.0$。

2. 强度条件

为了保证构件在外力的作用下安全可靠地工作，须使构件的工作应力小于其容许应力 $[\sigma]$，即满足构件正常工作的强度条件。

为确保杆件不致因强度不足而破坏的强度条件为

$$\sigma_{\max}\leqslant[\sigma] \tag{10.1-51}$$

对于等截面直杆，拉伸（压缩）时的强度条件，可变换为

$$\frac{N_{\max}}{A}\leqslant[\sigma] \tag{10.1-52}$$

式中　$N_{\max}$——等截面直杆的最大工作拉（压）力，N。

10.1.5　应力与应变状态分析

10.1.5.1　应力状态分类

1. 一点应力状态的表示

受力构件内一点处不同方位的截面上应力的集合，称为一点处的应力状态。

为了描述构件某点的应力状态，在该点附近的范围内，围绕点 M 取一微小的平行六面体，称之为单元体，如图 10.1 - 42 所示。每个面上同时有三个应力分量，单元体共有 9 个分量，即

$$\begin{Bmatrix} \sigma_x & \tau_{xy} & \tau_{xz} \\ \tau_{yx} & \sigma_y & \tau_{yz} \\ \tau_{zx} & \tau_{zy} & \sigma_z \end{Bmatrix}$$

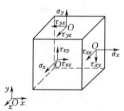

图 10.1 - 42　单元体

单元体上相互平行的平面上的应力大小相等，方

向相反；相互垂直面上的切应力大小相等，方向相反（切应力互等定理），即 $\tau_{xy} = -\tau_{yx}$、$\tau_{yz} = -\tau_{zy}$、$\tau_{xz} = -\tau_{zx}$。简化后一点应力状态有 6 个变量：σ_x、σ_y、σ_z、τ_{xy}、τ_{zx}、τ_{yz}。

2. 应力状态分类

当单元体各面上切应力 $\tau_{xy}=0$、$\tau_{yz}=0$、$\tau_{xz}=0$，即六个面上均没有切应力作用时，这种面叫特殊平面，并定义为主平面。该主平面上作用的正应力称为主应力，用 σ_1、σ_2、σ_3 表示（$\sigma_1 > \sigma_2 > \sigma_3$）。

根据不等于零的主应力数目，可把点的应力状态分为三类。

（1）单向应力状态。受力构件一点处只有一个主应力不为零的应力状态，称为单向应力状态。

（2）二向应力状态。受力构件一点处有两个主应力不为零的应力状态，称为二向应力状态或平面应力状态。

（3）三向应力状态。受力构件一点处三个主应力均不为零的应力状态，称为三向应力状态或空间应力状态。

10.1.5.2 二向应力状态下的应力分析

1. 斜截面上的应力

已知一平面二向应力状态单元体上的应力为 σ_x、τ_x 和 σ_y、τ_y，如图 10.1-43 所示。应用截面法，求该单元体与前、后两平面垂直的任一斜截面上的应力，设斜截面的外法线 n 与 x 轴间的交角为 α，将方位角为 α 的斜截面称为 α 截面，并规定从 x 轴到外法线 n 逆时针转向的方位角为正值。α 截面上的应力分量用 σ_α 和 τ_α 来表示。对正应力 σ_α，规定以拉应力为正，压应力为负；对切应力 τ_α，则以其对单元体内任一点的矩为顺时针转向者为正，反之为负。

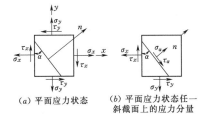

（a）平面应力状态　（b）平面应力状态任一斜截面上的应力分量

图 10.1-43　二向应力状态

$$\sigma_\alpha = \frac{\sigma_x + \sigma_y}{2} + \frac{\sigma_x - \sigma_y}{2}\cos 2\alpha - \tau_x \sin 2\alpha \quad (10.1-53)$$

$$\tau_\alpha = \frac{\sigma_x - \sigma_y}{2}\sin 2\alpha + \tau_x \cos 2\alpha \quad (10.1-54)$$

2. 应力圆

由式（10.1-53）和式（10.1-54）消除变量 2α 后，得

$$\left(\sigma_\alpha - \frac{\sigma_x + \sigma_y}{2}\right)^2 + \tau_\alpha^2 = \left(\frac{\sigma_x - \sigma_y}{2}\right)^2 + \tau_x^2 \quad (10.1-55)$$

由式（10.5-55）可见，当斜截面随方位角 α 变化时，其上的应力 σ_α、τ_α 在 $\sigma - \tau$ 直角坐标内的轨迹是一个圆，其圆心位于横坐标（σ 轴）上，距离原点的距离为 $\frac{\sigma_x + \sigma_y}{2}$，半径为 $\sqrt{\left(\frac{\sigma_x - \sigma_y}{2}\right)^2 + \tau_x^2}$，如图 10.1-44 所示，此圆称为二向应力圆，也叫莫尔圆。

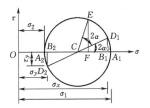

图 10.1-44　二向应力圆

3. 主应力 σ_{max}、σ_{min} 及其作用平面方向

由图 10.1-44 所示的应力圆可见，A_1 和 A_2 两点的横坐标分别为该单元体各截面上正应力中的最大值和最小值，且该两截面上的切应力均等于零，故 A_1 和 A_2 对应平面为该单元体的主平面，A_1 和 A_2 两点的横坐标为该单元体的两个主应力 σ_1 和 σ_2。

$$\sigma_1 = \frac{\sigma_x + \sigma_y}{2} + \frac{1}{2}\sqrt{(\sigma_x - \sigma_y)^2 + 4\tau_x^2} \quad (10.1-56)$$

$$\sigma_2 = \frac{\sigma_x + \sigma_y}{2} - \frac{1}{2}\sqrt{(\sigma_x - \sigma_y)^2 + 4\tau_x^2} \quad (10.1-57)$$

主平面的位置从应力圆上确定，圆上 D_1 点和 A_1 点分别对应于单元体上的 X 平面和 σ_1 所在的主平面，$\angle D_1 C A_1 = 2\alpha_0$，单元体上从 X 平面转到 σ_1 所在的主平面的转角是顺时针转向，α_0 为负值。

$$\tan(-2\alpha_0) = \frac{\overline{B_1 D_1}}{\overline{C B_1}} = \frac{\tau_x}{\frac{1}{2}(\sigma_x - \sigma_y)} \quad (10.1-58)$$

从而解得

$$2\alpha_0 = \tanh^{-1}\left(\frac{-2\tau_x}{\sigma_x - \sigma_y}\right) \quad (10.1-59)$$

式中　α_0——X 平面和 σ_1 所在的主平面法线夹角。

$\overline{A_1 A_2}$ 为应力圆的直径，因而，σ_2 所在的另一主平面与 σ_1 所在主平面垂直。

4. 切应力 τ_{max}、τ_{min} 及其作用平面的方向

由图 10.1-44 所示的应力圆可见，单元体的最大、最小切应力 τ_{max}、τ_{min} 为

$$\tau_{max} = \sqrt{\left(\frac{\sigma_x + \sigma_y}{2}\right)^2 + \tau_x^2} \quad (10.1-60)$$

$$\tau_{min} = -\sqrt{\left(\frac{\sigma_x - \sigma_y}{2}\right)^2 + \tau_x^2} \quad (10.1-61)$$

代入主应力值：

$$\tau_{\max}=\frac{\sigma_1+\sigma_2}{2} \qquad (10.1-62)$$

$$\tau_{\min}=\frac{\sigma_1-\sigma_2}{2} \qquad (10.1-63)$$

若用 α_0' 表示最大剪应力所在平面与 X 平面外法线夹角：

$$\tan2\alpha_0'=\frac{\sigma_x-\sigma_y}{2\tau_x} \qquad (10.1-64)$$

从而解得

$$2\alpha_0'=\tanh^{-1}\left(\frac{\sigma_x-\sigma_y}{2\tau_x}\right) \qquad (10.1-65)$$

对比式（10.1-59）和式（10.1-65）可知：

$$\alpha_0'=\alpha_0+45° \qquad (10.1-66)$$

说明最大剪应力所在平面与主平面相交成 45° 角。

10.1.5.3 三向应力状态

1. 斜截面上的应力

设主单元体的主应力 σ_1、σ_2 和 σ_3 皆为已知。斜截面的外法线 n 与主平面垂直的 x、y、z 三轴的夹角为 α、β、γ。斜截面上的总应力为 p，它沿 x、y、z 三轴的分量为 p_x、p_y、p_z。三向应力状态如图 10.1-45 所示。

（a）任意三向　　（b）任意斜截　　（c）三向应力状态斜
主应力图　　　　面位置图　　　　截面受力分解图

图 10.1-45　三向应力状态

以四面体 $OABC$ 为对象建立平衡微分方程，有

$$\left.\begin{array}{l}\sum F_x=0 \\ \sum F_y=0 \\ \sum F_z=0\end{array}\right\} \text{即} \left.\begin{array}{l}p_x\mathrm{d}A-\sigma_1(\mathrm{d}A\cos\alpha)=0 \\ p_y\mathrm{d}A-\sigma_2(\mathrm{d}A\cos\beta)=0 \\ p_z\mathrm{d}A-\sigma_3(\mathrm{d}A\cos\gamma)=0\end{array}\right\}$$
$$(10.1-67)$$

解得

$$\left.\begin{array}{l}p_x=\sigma_1\cos\alpha \\ p_y=\sigma_2\cos\beta \\ p_z=\sigma_3\cos\gamma\end{array}\right\} \qquad (10.1-68)$$

将总应力 p 分解成斜截面上的正应力 σ_n 和切应力 τ_n，则

$$p=\sqrt{p_x^2+p_y^2+p_z^2}=\sqrt{\sigma_1^2\cos^2\alpha+\sigma_2^2\cos^2\beta+\sigma_3^2\cos^2\gamma}$$
$$(10.1-69)$$

$$p^2=\sigma_n^2+\tau_n^2 \qquad (10.1-70)$$

$$\sigma_n=\sigma_1\cos^2\alpha+\sigma_2\cos^2\beta+\sigma_3\cos^2\gamma \qquad (10.1-71)$$

$$\tau_n=\sqrt{\sigma_1^2\cos^2\alpha+\sigma_2^2\cos^2\beta+\sigma_3^2\cos^2\gamma-\sigma_n^2}$$
$$(10.1-72)$$

2. 三向应力圆

由式（10.1-71）和式（10.1-72）可知，对于与 σ_3 平行的斜截面上的应力，由于 $\gamma=90°$，所以此斜截面上的 σ_n、τ_n 都与 σ_3 无关，而只取决于 σ_1 和 σ_2，即可由 σ_1 和 σ_2 所决定的应力圆确定。同理，与 σ_2 平行的斜截面上的应力，可由 σ_1 和 σ_3 所决定的应力圆确定；与 σ_1 平行的斜截面上的应力，可由 σ_2 和 σ_3 所决定的应力圆确定。三向应力圆如图 10.1-46 所示。

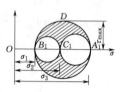

图 10.1-46　三向应力圆

与三个主应力都不平行的任意斜截面上的应力，可由图 10.1-46 中阴影区域内的一点来表示。

3. 最大应力分析

三向应力状态下，最大和最小正应力分别为最大、最小主应力，即

$$\sigma_{\max}=\sigma_1,\sigma_{\min}=\sigma_3 \qquad (10.1-73)$$

而最大切应力则为

$$\tau_{\max}=\frac{\sigma_1-\sigma_3}{2} \qquad (10.1-74)$$

二向应力状态可看作是三向应力状态的特例，在讨论其 $\sigma_{\max}$、$\sigma_{\min}$、$\tau_{\max}$ 时，必须考虑到为零的主应力。式（10.1-62）和式（10.1-63）若不考虑为零的主应力，所得结果只能代表平行于 σ_3 的各平面上最大、最小切应力。

10.1.5.4 应力与应变关系

1. 单向应力状态下应力与应变关系

在主应力 σ_1 作用下，单元体是要产生变形的，在 σ_1 方向上的线应变称纵向线应变，用 ε_1 表示；垂直于 σ_1 方向的线应变称横向线应变，用 ε_1' 表示。

$$\varepsilon_1=\frac{\sigma_1}{E} \qquad (10.1-75)$$

$$\mu=\left|\frac{\varepsilon'}{\varepsilon}\right| \qquad (10.1-76)$$

2. 纯剪应力状态下应力与应变关系

在纯剪应力作用下，产生的变形是剪应变，即直角的改变量 γ。

$$\tau=G\gamma \qquad (10.1-77)$$

式中　G——材料的剪切弹性模量，N/m^2。

3. 复杂应力状态下应力与应变关系

设正应力只产生线应变，剪应力只产生角应变，二者互不影响，则单元体上线应变 ε_x、ε_y、ε_z 为

$$\left.\begin{array}{l} \varepsilon_x=\dfrac{1}{E}[\sigma_x-\mu(\sigma_y+\sigma_z)] \\[2mm] \varepsilon_y=\dfrac{1}{E}[\sigma_y-\mu(\sigma_x+\sigma_z)] \\[2mm] \varepsilon_z=\dfrac{1}{E}[\sigma_z-\mu(\sigma_x+\sigma_y)] \end{array}\right\} \quad (10.1-78)$$

单元体上剪应变 γ_{xy}、γ_{zx}、γ_{yz} 为

$$\left.\begin{array}{l} \gamma_{xy}=\dfrac{\tau_{xy}}{G} \\[2mm] \gamma_{zx}=\dfrac{\tau_{zx}}{G} \\[2mm] \gamma_{yz}=\dfrac{\tau_{yz}}{G} \end{array}\right\} \quad (10.1-79)$$

式（10.1-78）和式（10.1-79）统称为一般的空间应力状态下，在线弹性范围内，小变形条件下各向同性材料的广义胡克定理。

广义胡克定理用主应力和主应变来表示：

$$\left.\begin{array}{l} \varepsilon_1=\dfrac{1}{E}[\sigma_1-\mu(\sigma_2+\sigma_3)] \\[2mm] \varepsilon_2=\dfrac{1}{E}[\sigma_2-\mu(\sigma_1+\sigma_3)] \\[2mm] \varepsilon_3=\dfrac{1}{E}[\sigma_3-\mu(\sigma_1+\sigma_2)] \end{array}\right\} \quad (10.1-80)$$

10.1.6 强度理论

10.1.6.1 常用强度理论及其等效应力

1. 强度理论概念

长期以来，人们根据对材料破坏现象的分析，提出各种各样的假说，认为材料的某一类型的破坏是由某种因素引起的，并根据这些假说建立了供工程设计计算的强度条件，通常把这些假说称为强度理论。

目前，材料的破坏形式大体可分为两类：脆性断裂和塑性屈服。强度理论也相应地分为两类。其中关于脆性断裂的强度理论有最大拉应力理论和最大拉应变理论；关于塑性屈服的强度理论有最大剪应力理论和形状改变比能理论。

2. 最大拉应力理论

最大拉应力理论是最早提出的强度理论，也称为第一强度理论。此理论根据：当作用在构件上的外力过大时，其危险点处的材料就会沿最大拉应力所在截面发生脆断破坏，即最大拉应力 σ_t 是引起材料脆断破坏的因素，不论在什么样的应力状态下，只要构件内一点处的三个主应力中最大拉应力 σ_t 达到材料的极限值 σ_u，材料就会发生脆断破坏。脆断破坏条件：

$$\sigma_t=\sigma_u \quad (10.1-81)$$

将式（10.1-81）等号右边的极限应力 σ_u 除以安全系数就得到材料的许用拉应力 $[\sigma]$，第一强度理论所建立强度条件为

$$\sigma_{r1}=\sigma_t\leqslant[\sigma] \quad (10.1-82)$$

式中　σ_t——构件的最大拉应力；

　　　σ_{r1}——第一强度理论的等效应力。

3. 最大拉应变理论

最大拉应变理论在最大拉应力理论之后提出，也称为第二强度理论。这个理论的根据：当作用在构件上的外力过大时，其危险点处的材料就会沿垂直于最大拉应变方向的平面发生脆断破坏，即最大拉应变 ε_t 是引起材料脆断破坏的因素，不论在什么样的应力状态下，只要构件内一点处的最大拉应变 ε_t 达到了材料的极限值 ε_u，材料就会发生脆断破坏。脆断破坏条件：

$$\varepsilon_t=\varepsilon_u=\dfrac{\sigma_u}{E} \quad (10.1-83)$$

由式（10.1-78）可知：

$$\varepsilon_t=\dfrac{1}{E}[\sigma_1-\mu(\sigma_2+\sigma_3)] \quad (10.1-84)$$

则

$$\sigma_1-\mu(\sigma_2+\sigma_3)=\sigma_u \quad (10.1-85)$$

将式（10.1-83）中极限应力除以安全系数，得到第二强度理论所建立强度条件为

$$\sigma_{r2}=\sigma_1-\mu(\sigma_2+\sigma_3)\leqslant[\sigma] \quad (10.1-86)$$

式中　σ_{r2}——第二强度理论的等效应力。

4. 最大切应力理论

最大切应力理论又称为第三强度理论。这个理论的根据：当作用在构件上的外力过大时，其危险点处的材料就会沿最大剪应力所在截面滑移而发生屈服失效，即最大切应力 τ_{max} 是引起材料屈服的因素。不论在什么样的应力状态下，只要构件内一点最大切应力 τ_{max} 达到了材料屈服时的极限值 τ_u，即发生屈服破坏。屈服破坏条件为

$$\tau_{max}=\tau_u \quad (10.1-87)$$

根据单轴拉伸试验和三向应力状态分析结果，式（10.1-87）可变换为

$$\dfrac{1}{2}(\sigma_1-\sigma_3)=\dfrac{1}{2}\sigma_s \quad (10.1-88)$$

将式（10.1-88）屈服极限除以安全系数，得第三强度理论所建立强度条件为

$$\sigma_{r3}=\sigma_1-\sigma_3\leqslant[\sigma] \quad (10.1-89)$$

式中　σ_{r3}——第三强度理论的等效应力。

5. 形状改变比能理论

形状改变比能理论又称为第四强度理论。这个理论的根据：形状改变比能 u_f 是引起材料屈服的因素，不论在什么样的应力状态下，只要构件内一点处的形

状改变比能 u_f 达到了材料的极限值 u_{fu}，该点处的材料就会发生屈服。屈服破坏条件为

$$u_f = u_{fu} \qquad (10.1-90)$$

第四强度理论所建立强度条件为

$$\sigma_{r4} = \sqrt{\frac{1}{2}\left[(\sigma_1-\sigma_2)^2+(\sigma_2-\sigma_3)^2+(\sigma_3-\sigma_1)^2\right]} \leqslant [\sigma]$$

$$(10.1-91)$$

式中 σ_{r4}——第四强度理论的等效应力。

10.1.6.2 莫尔强度理论及其等效应力

莫尔认为，根据材料在单向拉伸、压缩和纯剪切时所得到的在各种应力状态下的极限应力圆具有一条公共包络线，它与每个极限应力圆相切，是一条平滑曲线，可称为极限应力圆族的包络线，此包络线与横坐标轴相交于点 H。莫尔强度理论认为材料的破坏并不是简单由某一力学因素（例如应力、应变或比能）达到了极限值而引起的，它是以各种应力状态下材料破坏时的试验结果为依据绘制出一系列极限应力

圆，并基于此确定出公共包络线，从而建立起带有一定经验性的强度理论。

以材料在单轴拉伸和压缩时的许用拉应力 $[\sigma_t]$ 和许用压应力 $[\sigma_c]$ 分别作出单轴拉伸和单轴压缩时的容许应力圆，并作此两圆的公切线，如图 10.1-47 所示。莫尔强度理论建立条件为

$$\sigma_{rM} = \sigma_1 - \frac{[\sigma_t]}{[\sigma_c]}\sigma_3 \leqslant [\sigma_t] \qquad (10.1-92)$$

式中 σ_{rM}——莫尔强度理论的等效应力。

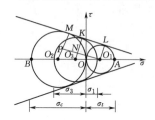

图 10.1-47 莫尔强度应力圆

10.1.6.3 各种强度理论的适用范围及其应用

各种强度理论的适用范围及其应用见表 10.1-4。

表 10.1-4　　　　　　　　　各种强度理论的适用范围及其应用

强度理论	等效应力公式	适用范围及其应用	备注
最大拉应力理论（第一强度理论）	$\sigma_{r1} = \sigma_t \leqslant [\sigma]$	塑性材料和脆性材料在三向拉应力状态下，发生脆性断裂破坏时	
最大拉应变理论（第二强度理论）	$\sigma_{r2} = \sigma_1 - \mu(\sigma_2+\sigma_3) \leqslant [\sigma]$	脆性材料在二向应力状态下，压应力绝对值比拉应力大时	
最大剪应力理论（第三强度理论）	$\sigma_{r3} = \sigma_1 - \sigma_3 \leqslant [\sigma]$	塑性材料除三向拉应力状态以外的其他各种复杂应力状态	第三强度理论计算塑性材料时，较第四强度理论更直观清晰，计算工作简便，计算结果偏于安全
形状改变比能理论（第四强度理论）	$\sigma_{r4} = \sqrt{\frac{1}{2}\left[(\sigma_1-\sigma_2)^2+(\sigma_2-\sigma_3)^2+(\sigma_3-\sigma_1)^2\right]} \leqslant [\sigma]$	塑性材料除三向拉应力状态以外的其他各种复杂应力状态；塑性材料和脆性材料在三向压应力状态下，发生屈服失效时	
莫尔强度理论	$\sigma_{rM} = \sigma_1 - \frac{[\sigma_t]}{[\sigma_c]}\sigma_3 \leqslant [\sigma_t]$	脆性材料在复杂应力状态下，最大、最小主应力分别为拉应力和压应力时	

10.2 土（岩）力学

10.2.1 土的基本性质

10.2.1.1 基本物理性指标

一般而言，土由矿物颗粒（土粒）、水与气三相组成。按各相所占的质量和体积，土的组成如图 10.2-1所示，土的物理性指标及换算关系见表10.2-1。

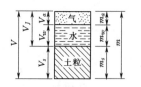

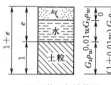

（a）土的三相组成图　　（b）土的三相计算图

图 10.2-1　土的组成

表 10.2-1 中各项指标可分为两类：①可通过试验直接测定的指标，称为基本指标，包括密度 ρ（或

容重 γ）、土粒比重 G_s 与含水率 ω；②可通过基本指标换算得到的指标。

10.2.1.2 黏性土的塑性指标及状态划分

1. 黏性土的塑性指标

黏性土的塑性指标及计算，见表 10.2-2。

2. 黏性土状态的划分

黏性土的状态可按液性指数 I_L 进行划分，见表 10.2-3。

3. 黏性土活动性的划分

黏性土的活动性可按 A 值进行划分，见表 10.2-4。

表 10.2-1　　　　　　　　　　土的物理性指标及其换算关系

指标名称	符号	定义	用基本指标换算的公式	备　注
密度/(g/cm^3)	ρ	$\rho=\dfrac{m}{V}$		试验测定，m 为土的质量，V 为土的体积
含水率	ω	$\omega=\dfrac{m_w}{m_s}\times100\%$		试验测定，m_w 为土中水的质量，m_s 为土粒质量
土粒比重	G_s	$G_s=\dfrac{m_s}{V_s\rho_w}$		试验测定，V_s 为土粒体积，ρ_w 为水的密度
干密度/(g/cm^3)	ρ_d	$\rho_d=\dfrac{m_s}{V}$		$\rho_d=\dfrac{G_s\rho_w}{1+e}$ $\rho_d=(1-n)G_s\rho_w$
孔隙比	e	$e=\dfrac{V_v}{V_s}$	$e=\dfrac{G_s\rho_w(1+w)-1}{\rho}$ （对于饱和土 $e=wG_s$）	$e=\dfrac{G_s\rho_w}{\rho_d}-1$ $e=\dfrac{wG_s}{S_r}-1$ $e=\dfrac{n}{1-n}$
孔隙率	n	$n=\dfrac{V_v}{V}\times100\%$	$n=1-\dfrac{\rho_d}{G_s\rho_w(1+w)}$	$n=\dfrac{e}{1+e}$ $n=1-\dfrac{\rho_d}{G_s\rho_w}\times100\%$
饱和度	S_r	$S_r=\dfrac{V_w}{V_v}\times100\%$	$S_r=\dfrac{wG_s\rho}{G_s\rho_w(1+w)-p}$	$S_r=\dfrac{wG_s}{e}$
饱和密度/(g/cm^3)	ρ_{sat}	$\rho_{sat}=\dfrac{m_s+V_v\rho_w}{V}$	$\rho_{sat}=\dfrac{(G_s-1)\rho}{G_s(1+w)}+\rho_w$	$\rho_{sat}=\dfrac{(G_s+e)\rho_w}{1+e}$ $\rho_{sat}=\rho'+\rho_w$
浮密度/(g/cm^3)	ρ'	$\rho'=\dfrac{m_s-V_s\rho_w}{V}$	$\rho'=\dfrac{(G_s-1)\rho}{G_s(1+w)}$	$\rho'=\dfrac{(G_s-1)\rho_w}{1+e}$ $\rho'=\rho_{sat}-\rho_w$
土的容重/(kN/m^3)	γ	$\gamma=\dfrac{W}{V}$	$\gamma=\rho g$	g 为重力加速度

表 10.2-2　　　　　　　　　　黏性土的塑性指标及计算

指标名称	符号	物　理　意　义	计算	备注
液限/%	w_L	土从可塑状态过渡到流动状态的分界含水率		试验测定
塑限/%	w_F	土从可塑状态过渡到半固态的分界含水率		
塑性指数	I_P	土处于可塑状态的含水率变化范围	$I_P=\omega_L-\omega_F$	以不带百分号的整数表示

续表

指标名称	符号	物 理 意 义	计算	备注
液性指数（或稠度）	I_L	反映天然土含水率在可塑范围内接近塑限的程度	$I_L = \dfrac{w - w_F}{I_F}$	
含水比	α_w	天然含水率与液限之比	$\alpha_w = \dfrac{w}{w_L}$	以小数表示
活动性	A	塑性指数与土中胶粒（<0.002mm）含量百分数 $P_{0.002}$ 之比[①]	$A = \dfrac{I_P}{\rho_{0.002}}$	

① 胶粒含量可查颗粒分配曲线（图10.2-2）。

表 10.2-3　黏性土状态的划分

状态	坚硬	硬塑	可塑	软塑	流塑
液性指数 I_L	$I_L \leqslant 0$	$0 < I_L \leqslant 0.25$	$0.25 < I_L \leqslant 0.75$	$0.75 < I_L \leqslant 1$	$I_L > 1$

表 10.2-4　黏性土活动性的划分

活动性	不活动	中等活动	活动
A	<0.75	0.75～1.25	>1.25

10.2.1.3　无黏性土的密度指标及状态划分

1. 无黏性土的密度指标

无黏性土的密度指标及计算公式见表10.2-5。

2. 按相对密度划分无黏性土状态

按相对密度 D_r 划分无黏性土状态，见表10.2-6。

3. 按孔隙比划分无黏性土状态

按孔隙比 e 划分无黏性土状态，见表10.2-7。

4. 按标准贯入击数划分砂土状态

按标准贯入击数 N 划分砂土状态，见表10.2-8。

表 10.2-5　无黏性土的密度指标及计算公式

指标名称	符号	物 理 意 义	计算公式	备注
最大孔隙比	$e_{\max}$	土处于最松状态的孔隙比	$e_{\max} = \dfrac{G_s \rho_w}{\rho_{d\min}} - 1$	$\rho_{d\min}$ 为最小干密度，由试验测定
最小孔隙比	$e_{\min}$	土处于最紧状态的孔隙比	$e_{\max} = \dfrac{G_s \rho_w}{\rho_{d\max}} - 1$	$\rho_{d\max}$ 为最大干密度，由试验测定
相对密度	D_r	土的天然状态在其最松与最紧状态范围内的相对位置	$D_r = \dfrac{e_{\max} - e}{e_{\max} - e_{\min}} = \dfrac{\rho_{d\max}(\rho_d - \rho_{\min})}{\rho_d(\rho_{d\max} - \rho_{\min})}$	e 为天然孔隙比，ρ_d 为天然干密度

表 10.2-6　无黏性土状态的划分（按相对密度 D_r）

相对密度 D_r	$D_r \leqslant 0.20$	$0.20 < D_r \leqslant 0.33$	$0.33 < D_r \leqslant 0.67$	$0.67 < D_r \leqslant 1$
状态	松散	稍密	中密	密实

表 10.2-8　砂土状态的划分

密实状态	密实	中密	稍密	疏松
标准贯入击数 N	$N \geqslant 30$	$15 \leqslant N < 30$	$9 \leqslant N < 15$	$5 \leqslant N < 9$

表 10.2-7　无黏性土状态的划分（按孔隙比 e）

土类	实密度			
	密实	中密	稍密	疏松
砾砂、粗砂、中砂	$e < 0.60$	$0.60 \leqslant e < 0.75$	$0.75 \leqslant e < 0.85$	$e > 0.85$
细砂、粉砂	$e < 0.70$	$0.70 \leqslant e < 0.85$	$0.85 \leqslant e \leqslant 0.95$	$e > 0.95$
粉土	$e < 0.75$	$0.75 \leqslant e \leqslant 0.90$	$e > 0.90$	

10.2.1.4　土的工程分类

1. 土的颗粒分布曲线

（1）颗粒分析。颗粒分析的试验结果可绘成图10.2-2所示的分布曲线。根据分布曲线，可计算各特征指标。颗粒分布的特征指标见表10.2-9。

（2）土的级配。土中各粒径组的相对含量反映土的级配情况。

1）良好级配。同时满足 $C_u \geqslant 5$、$C_c = 1 \sim 3$ 两个条件，如图10.2-2中曲线1所示。

2）不良级配。不能同时满足以上两个条件，曲线呈阶梯形或缺少中间粒径等，如图 10.2 - 2 中曲线 2 所示。

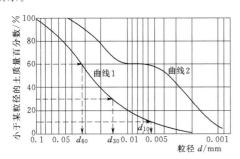

图 10.2 - 2　土的颗粒分布曲线

表 10.2 - 9　　　颗粒分布的特征指标

特征指标	符号	物　理　意　义	计　　算
有效粒径 /mm	d_{10}	小于该粒径的土重占总土重的 10%	由颗粒分布曲线直接查得
控制粒径 /mm	d_{30}	小于该粒径的土重占总土重的 30%	
	d_{60}	小于该粒径的土重占总土重的 60%	
不均匀系数	C_u	土中颗粒粗细分布越广，C_u 越大	$C_u = \dfrac{d_{60}}{d_{10}}$
曲率系数	C_c	反映粒径分布曲线上 $d_{10} \sim d_{60}$ 之间的曲线是否有台阶等形态	$C_c = \dfrac{d_{30}^2}{d_{10}d_{60}}$

2.《土的工程分类标准》（GB/T 50145—2007）的分类

（1）分类的依据和原则。土的分类主要依据以下指标确定：①土颗粒组成及其特征；②土的塑性指标，包括液限、塑限和塑性指数；③土中有机质含量。

在具体分类时，巨粒类土应按粒组划分，粗粒类土应按粒组、级配、细粒含量划分，细粒类土应按塑性图所含粗粒类别及有机质含量划分。当土的含量或指标等于界限值时，可根据使用目的按偏于安全的原则分类。

（2）土颗粒粒组划分见表 10.2 - 10。

（3）巨粒类土的分类见表 10.2 - 11。当试样中巨粒含量不大于 15% 时，可扣除巨粒，按粗粒类或细粒类土进行分类；当巨粒对土的总体性状有影响时，可将巨粒计入砾粒组进行分类。

（4）试样中粗粒组含量大于 50% 的土称为粗粒类土，其中砾粒组含量大于砂粒组含量的土称为砾类土，砾粒组含量不大于砂粒组含量的土称为砂类土。砾类土的分类见表 10.2 - 12，砂类土的分类见表 10.2 - 13。

表 10.2 - 10　　　土颗粒粒组及其主要性质

砾组	颗粒名称		粒径 d 范围 /mm	主要性质
巨粒	漂石（块石）		$d > 200$	无黏性，透水性大，毛细水上升高度极小，不能保持水分
	卵石（碎石）		$60 < d \leqslant 200$	
粗粒	砾粒	粗砾	$20 < d \leqslant 60$	
		中砾	$5 < d \leqslant 20$	
		细砾	$2 < d \leqslant 5$	
	砂粒	粗砂	$0.5 < d \leqslant 2$	无黏性，易透水，毛细水上升高度不大，遇水不胀，干燥不缩，无塑性，压缩性低
		中砂	$0.25 < d \leqslant 0.5$	
		细砂	$0.075 < d \leqslant 0.25$	
细粒	粉粒		$0.005 < d \leqslant 0.075$	透水性小，毛细水上升高度较大，湿润时有黏性，遇水膨胀与干燥收缩均不显著
	黏粒		$d \leqslant 0.005$	不透水，有塑性，黏性大，胀缩显著，压缩性大

表 10.2 - 11　　　巨粒类土的分类

土类	粒组含量		土类代号	土类名称
巨粒土	巨粒含量 > 75%	漂石含量 > 卵石含量	B	漂石（块石）
		漂石含量 ≤ 卵石含量	Cb	卵石（碎石）
混合巨粒土	50% < 巨粒含量 ≤ 75%	漂石含量 > 卵石含量	BS1	混合土漂石（块石）
		漂石含量 ≤ 卵石含量	CbS1	混合土卵石（碎石）
巨粒混合土	15% < 巨粒含量 ≤ 50%	漂石含量 > 卵石含量	S1B	漂石（块石）混合土
		漂石含量 ≤ 卵石含量	S1Cb	卵石（碎石）混合土

注　巨粒混合土可根据所含粗粒或细粒的含量进行细分。

表 10.2 - 12　　　砾类土的分类

土类		粒组含量	土类代号	土类名称
砾	细粒含量 < 5%	级配：$C_u \geqslant 5$，$1 \leqslant C_c \leqslant 3$	GW	级配良好砾
		级配：不同时满足上述要求	GP	级配不良砾
含细粒土砾		5% ≤ 细粒含量 < 15%	GF	含细粒土砾

续表

土类	粒 组 含 量		土类代号	土类名称
细粒土质砾	$15\%\leqslant$ 细粒含量 $<50\%$	细粒组中粉粒含量 $\leqslant50\%$	GC	黏土质砾
		细粒组中粉粒含量 $>50\%$	GM	粉土质砾

表 10.2-13 砂类土的分类

土类	粒 组 含 量		土类代号	土类名称
砂	细粒含量 $<5\%$	级配：$C_u\geqslant5$，$1\leqslant C_c\leqslant3$	SW	级配良好砂
		级配：不同时满足上述要求	SP	级配不良砂
含细粒土砂	$5\%\leqslant$ 细粒含量 $<15\%$		SF	含细粒土砂
细粒土质砂	$15\%\leqslant$ 细粒含量 $<50\%$	细粒组中粉粒含量 $\leqslant50\%$	SC	黏土质砂
		细粒组中粉粒含量 $>50\%$	SM	粉土质砂

（5）试样中的细粒含量不小于 50% 的土称为细粒类土，其中粗粒含量不大于 25% 的土称为细粒土；粗粒组含量大于 25% 且不大于 50% 的土称为含粗粒的细粒土；有机质含量小于 10% 且不小于 5% 的土称为有机质土。

细粒土根据图 10.2-3 所示的塑性图分类。各类细粒土的定名及定名区域见表 10.2-14。

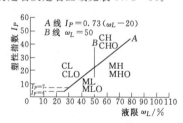

图 10.2-3 塑性图

注 1. 图中横坐标为土的液限，纵坐标为土的塑性指数。
   2. 图中的液限为用碟式仪测定的液限含水率或用质量76g、锥角为 30°的液限仪锥尖入土深 17mm 对应的含水率。
   3. 图中虚线之间区域为黏土-粉土过渡区。

表 10.2-14 细粒土的定名及定名区域

土的塑性指数与液限指标		土的代号	土类名称
$I_P\geqslant0.73(\omega_L-20)$ 和 $I_P\geqslant7$	$\omega_L\geqslant50\%$	CH	高液限黏土
	$\omega_L<50\%$	CL	低液限黏土

续表

土的塑性指数与液限指标		土的代号	土类名称
$I_P<0.73(\omega_L-20)$ 或 $I_P<4$	$\omega_L\geqslant50\%$	MH	高液限粉土
	$\omega_L<50\%$	ML	低液限粉土

注 1. 黏土-粉土过渡区（CL-ML）的土可按照相邻土层的类别细分。
   2. 含粗粒的细粒土应根据所含细粒土的塑性指标在塑性图中的位置及所含粗粒类别，按下列规定划分：①粗粒中砾粒含量大于砂料含量，称含砾细粒土，应在细粒土代号后加代号 G；②粗粒中砾粒含量不大于砂料含量，称含砂细粒土，应在细粒土代号后加代号 S。
   3. 有机质土应按表 10.2-14 进行分类，并在土类代号之后加代号 O。

（6）土的工程分类体系框图如图 10.2-4 所示。

3. 《岩土工程勘察规范（2009 年版）》（GB 50021—2001）的分类

（1）在 GB 50021—2001 中，将晚更新世 Q3 及其以前的土定为老沉积土；第四纪全新世中近期沉积的土定为新近沉积土。按土的地质成因，可划分为残积土、坡积土、洪积土、冲积土、淤积土和风积土等。

（2）土按颗粒级配和塑性指数可分为碎石土、砂土、粉土和黏性土四类。土的基本分类见表 10.2-15。

表 10.2-15 土 的 基 本 分 类

土的名称	颗粒级配或塑性指数 I_P
碎石土	粒径大于 2mm 的颗粒质量超过总质量的 50%
砂土	粒径大于 2mm 的颗粒质量不超总质量的 50%，粒径大于 0.075mm 的颗粒质量超过总质量的 50%
粉土	粒径大于 0.075mm 的颗粒质量不超过总质量的 50%，且 $I_P<10$
黏性土	$I_P\geqslant10$

（3）碎石土按颗粒形状和颗粒级配可分为漂石、块石、卵石、圆砾、角砾等六类。碎石土分类见表 10.2-16。

表 10.2-16 碎 石 土 分 类

土的名称	颗粒形状	颗 粒 级 配
漂石	圆形及亚圆形为主	粒径大于 200mm 的颗粒质量超过总质量的 50%
块石	棱角形为主	

续表

土的名称	颗粒形状	颗粒级配
卵石	圆形及亚圆形为主	粒径大于 20mm 的颗粒质量超过总质量的 50%
碎石	棱角形为主	
圆砾	圆形及亚圆形为主	粒径大于 2mm 的颗粒质量超过总质量的 50%
角砾	棱角形为主	

注 定名时，应根据颗粒级配由大到小以最先符合者确定。

（4）砂土按颗粒级配可分为砾砂、粗砂、中砂、细砂、粉砂等五类。砂土分类见表 10.2-17。

表 10.2-17　　　砂 土 分 类

土的名称	颗粒级配
砾砂	粒径大于 2mm 的颗粒质量占总质量的 25%～50%
粗砂	粒径大于 0.5mm 的颗粒质量超过总质量的 50%
中砂	粒径大于 0.25mm 的颗粒质量超过总质量的 50%
细砂	粒径大于 0.075mm 的颗粒质量超过总质量的 85%
粉砂	粒径大于 0.075mm 的颗粒质量超过总质量的 50%

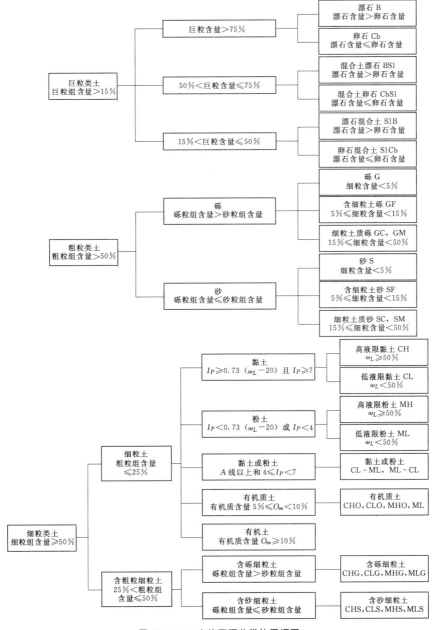

图 10.2-4　土的工程分类体系框图

（5）黏性土根据塑性指数进一步分为粉质黏土和黏土。塑性指数大于 10 且小于或等于 17 的土定名为粉质黏土，塑性指数大于 17 的土定名为黏土。

4.《堤防工程地质勘察规程》（SL 188—2005）中关于细粒土的分类

土的三角坐标分类如图 10.2-5 所示。

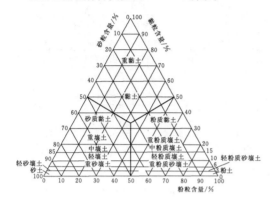

图 10.2-5　土的三角坐标分类

10.2.2　土的压实性

10.2.2.1　土的压实性表示

土的压实性指标通过室内击实试验和相对密度试验测得。表 10.2-18 给出了宜采用相对密度试验的土类。

10.2.2.2　细粒土的压实性

1. 细粒土压实性试验

细粒土的压实性通过室内击实试验测定，成果一般以一定击实功能下的击实干密度和含水率关系曲线、最大干密度和最优含水率等表示。表 10.2-19 为一般细粒土的最大干密度与最优含水率经验值。

2. 影响细粒料压实特性的主要因素

（1）含水率。在含水率较小时，击实干密度随着含水率增大而增大。当含水率增大至最优含水率时，击实干密度达到最大，此后击实干密度随水率的增大而减小。在最优含水率下击实时，土能击实至最密实状态，即最容易被击实。

表 10.2-18　　　　　　　　宜采用相对密度试验的土类

土　类	细粒（$d<0.075mm$）含量/%	土　名	相对密度试验
GW，GP SW，SP	<5	各种级配的纯砂、纯砾	宜
GW-GM，GW-GC GP-GM，GP-GC	<8	砾石含粉土 砾石含黏土	宜
SW-SM，SP-SM SP-QC	<12	砂石含粉土 砂石含黏土	宜
SM，SC		砂与粉土混合料 砂与黏土混合料	是否适宜，需视级配及塑性而定，有些 SM 中细粒含量达 16% 为宜

表 10.2-19　一般细粒土的最大干密度与最优含水率经验值（杨进良，2000）

塑性指标 I_P	最大干密度 $\rho_{dmax}/(g/cm^3)$	最优含水率 $\omega_{op}/\%$
<10	>1.85	<13
10~14	1.75~1.85（含）	（含）13~15
14~17	1.70~1.75（含）	（含）15~17
17~20	1.65~1.70（含）	（含）17~19
20~22	1.60~1.65（含）	（含）19~20

（2）土的级配。粗粒含量增加，或土料的级配良好，其最大干密度增大，最优含水率减小。

（3）击实功能。击实功能增大，最大干密度增加，最优含水率变小。但干密度的增加并不与击实功能增大成正比，当击实功能增大到一定程度，击实功能增大的影响将变小。

3. 压实标准

细粒料填筑的压实标准包括干密度和含水率两个指标。含水率应控制在最优含水率附近，其上、下限偏离最优含水率不宜超过±2%。干密度由压实度控制。填筑干密度的计算公式为

$$\rho'_d = P\rho'_{dmax} \qquad (10.2-1)$$

式中　P、ρ'_d、ρ'_{dmax}——压实度、填筑干密度、最大干密度。

《碾压式土石坝设计规范》（SL 274—2001）规定，对 1 级、2 级坝和高坝，P 应为 0.98~1.00，对于 3 级中低坝及 3 级以下中坝，P 应为 0.96~0.98。

10.2.2.3 无黏性土的压实性

无黏性粗粒土的压实性研究可采用大型击实试验或相对密度试验。

1. 影响粗粒料压实特性的主要因素

(1) 压实功能。当压实功能较小时，随压实功能的增大，干密度迅速增大。当压实功能增至某值以后，干密度增长率减小，压实功能增大的效果降低。

(2) 压实方法。对于无黏性粗粒土，振动法的压实效果最好，而且工效高。在土石坝施工中，重型振动碾被广泛应用。表 10.2-20 给出了对一些土样采用不同压实方法得到的干密度。

表 10.2-20　不同压实方法的干密度（郭庆国，1999）　单位：g/cm³

土料	压实方法	$P_5=$ 40%	$P_5=$ 50%	$P_5=$ 60%	$P_5=$ 70%	$P_5=$ 80%
砂卵石 (石头河)	振动法	2.200	2.275	2.350	2.345	2.260
	锤击法	2.130	2.196	2.262	2.258	2.253
砂砾石 (碧口)	振动碾压 8 遍		2.160	2.235	2.296	2.280
	机械夯压 2 遍			2.139	2.320	2.190
砂砾石 (大伙房)	拖拉机串、6t 平碾各 4 遍	1.950	2.020	2.070	2.130	
	机械夯压 2 遍	1.950	2.030	2.100	2.150	

注　P_5 为粗粒（$d>5\text{mm}$）含量，采用固定粒径 5mm 作为粗料与细料的分界粒径。

(3) 含水率。含水率对无黏性粗粒土压实效果的影响不如对细粒料的影响明显。而且，含水率对人工爆破堆石料与天然砂和砂砾石料的压实性的影响有所不同。

对于人工爆破堆石料，加水能明显改善强度较高的堆石的压实效果，对软弱的人工爆破堆石料也存在着最优含水率，在此含水率下压实，堆石料压实干密度可达到最大。表 10.2-21 给出了一些堆石料的最大干密度与最优含水率的变化范围。

表 10.2-21　堆石料的最大干密度与最优含水率数值（屈智炯，2002）

母岩性质		最大干密度 $\rho_{dmax}/(\text{g/cm}^3)$	最优含水率 $\omega_{op}/\%$
低强度	砾岩 低比重	1.85~1.90	10~15
	砾岩 高比重	2.04~2.24	7.0
高强度	闪长岩、片岩	2.05~2.25	9.5~11
	凝灰岩、千枚岩	2.28	>3.0

砂粒石料的干密度与含水率关系曲线呈双峰值。含水率为零时击实干密度值较大；然后，含水率增大，击实干密度反而减小，直至曲线上出现击实干密度值最小的谷点；谷点之后，击实干密度值随含水率增大而增大。

(4) 粗料含量。当粗料含量 P_5 较小时，干密度随粗料含量增大而增大，当粗料含量增至某值以后，干密度达最大值，对应的粗料含量为最优粗料含量。最优粗料含量后，干密度随粗料含量的增大而减小。最优粗料含量一般为 65%~75%。

(5) 母岩性质、级配与细粒含量。母岩比重越高，能达到的密实度就越大。母岩性质一定，级配成为影响堆石压实的主要因素。但对人工爆破堆石料而言，在压实工程中级配可能会发生显著变化，表 10.2-22 给出了几种不同岩类的人工爆破堆石料碾压前后的级配比较。

表 10.2-22　不同岩类的人工爆破堆石料碾压前后的级配比较

岩石名称	碾压遍数	颗粒组成 >200mm	200~150mm	150~100mm	100~80mm	80~60mm	60~40mm	40~20mm	20~5mm	<5mm	<2mm	d_{60} /mm	d_{10} /mm	C_u	碾压设备	水库名称
砂岩	0	22.9	26.2	27.0	12.7	3.9	1.9	1.7	1.47	10.23	1.9	165.0	70	24.00	1.34t 平碾	简阳石盘水库
	10	7.2	11.5	18.0	10.3	10.6	6.4	9.2	12.5	14.3	10.8	9.30	1.3	71.50		
	14	2.6	11.6	16.6	8.4	11.3	8.0	10.3	13.3	17.9	14.8	78.0	0.4	195.00		
黏土岩	0	32.4	16.2	29.5	14.0	4.5	1.2	0.9	0.9	4.7	3.0	175	83	2.10	15t 平碾	剑阁五一水库
	10	3.6	10.3	13.6	12.7	10.0	10.2	10.9	16.9	12	9.2	82	3.85	21.30		
	14	4.0	8.5	11.0	10.6	9.3	10.3	11.49	20.4	14	8.0	67	3.0	22.40		
灰岩黏土岩 (30%)	0	12.5	10.3	28.1	7.4	8.2	9.2	7.1	9.7	7.5	3.9	125	9	14.00	1.35t 平碾	容县红旗水库
	6	11.5	9.5	24.9	5.5	10.0	10.4	12.6	7.0	26		710	7	17.00		
千枚岩	0			24	7.5	13.5	12.0	19.0	19.6	4.4		70	8	8.75	2.0~2.2t 夯板	碧口土石坝
	2			15.0	4.0	8.5	7.0	25.3	30.6	10.7		35	4.0	8.75		
	3			10.0	7.0	11.0	8.0	14.0	26.0	24.0		30	2.5	12.00		

2. 压实标准

(1) 砂砾石的压实标准。砂砾石的密实程度以相对密度指标来表示。

(2) 人工爆破堆石料的压实标准。

1) 碾压施工参数控制。一般土石坝碾压堆石的压实标准（以孔隙率表示）主要根据前人的经验采用碾压施工参数控制，对重要工程或高坝还要适当通过一些现场碾压试验进行修正，以满足高土石坝的变形和稳定要求。

2) 根据大型击实试验确定。一般工程设计通常采用大型击实仪在功能（864.0kN·m/m³）下测得的最大干密度与最优含水率，以与我国目前现有的碾压机械条件相适应。石料石渣的压实标准可按式（10.2-2）确定：

$$\left. \begin{array}{l} \rho_{ds} = P\,\bar{\rho}_{d\max} \\ \omega_{op} = \bar{\omega}_{op} \end{array} \right\} \qquad (10.2-2)$$

式中　ρ_{ds}——设计干密度，g/cm³；

ω_{op}——设计最优含水率，%；

$\bar{\rho}_{d\max}$——标准击实功能下的最大干密度，g/cm³；

$\bar{\omega}_{op}$——标准击实功能下的最优含水率，%；

P——压实度。

10.2.2.4　含细粒粗粒土的压实性

1. 含细粒粗粒土压实性试验

含细粒粗粒土包括冰碛土、天然砾石土和人工掺砾（或碎石）土等。含细粒粗粒土的压实性试验一般采用大型击实试验。当不具备大型击实试验条件时，也可采用小型击实试验获得细料的最大干密度与最优含水率，然后结合经验公式确定全料的最大干密度与最优含水率。含细粒粗粒土像细粒土一样具有最大干密度与最优含水率。

2. 影响含细粒粗粒土压实特性的主要因素

(1) 击实功能。最大干密度随击实功能的增大而增大，最优含水率随击实功能增大而减小。但需要指出的是，击实密度也不能随击实功能增大而无限增大。

(2) 压实方法。不同的压实方法有不同的压实效果，这是由土料性质和作用力的特点所决定的。对含细粒粗粒土，振动法不如击实法效果好。

(3) 粗料含量。含细粒粗粒土存在一个最优粗料含量 P_5^0，当粗料含量 $P_5 < P_5^0$ 时，最大干密度随粗料含量的增大而增大；当 $P_5 > P_5^0$ 时，最大干密度又随粗料含量的增大而减小。

3. 压实标准

含细粒粗粒土的压实标准采用压实度控制。

(1) 粗粒含量小于 30%。粗粒含量小于 30% 时，

含细粒粗粒土的全料最大干密度和最优含水率可通过两种途径获得：①采用大型击实试验直接获得全料的最大干密度和最优含水率；②采用全料中小于 5mm 的细料按小型击实试验进行击实，获得细料的最大干密度和最优含水率，再按式（10.2-3）求得全土料不同粗粒的最大干密度和最优含水率：

$$\left. \begin{array}{l} \rho'_{d\max} = \dfrac{1}{\dfrac{P_5}{\rho_w G_{s2}} + \dfrac{1-P_5}{\rho_{d\max}}} \\ w'_{op} = w_{op}(1-P) \end{array} \right\} \qquad (10.2-3)$$

式中　$\rho'_{d\max}$、w'_{op}——校正后全料的最大干密度、最优含水率；

$\rho_{d\max}$、w_{op}——细料击实的最大干密度、最优含水率；

ρ_w——水的密度；

P_5、G_{s2}——粗颗粒含量、粗颗粒的土料比重。

应当指出，对于含风化粗粒不宜用式（10.2-3）换算，应当用大型击实仪通过击实试验来确定。

(2) 粗粒含量大于 30%～40%。必须用大型击实仪对不同粗粒含量的粗粒土进行击实试验，测定含水率与击实干密度的关系，从而确定其最大干密度和最优含水率，绘制最大干密度和最优含水率随砾石含量变化的关系曲线，然后再按压实度的要求和规定，确定填筑干密度和控制含水率。

10.2.3　土的渗流及计算

10.2.3.1　基本概念

流体在土中的流动称为渗流。达西定律揭示了渗流速度与水力坡降（又称为水力坡度）、渗透系数的关系，是描述饱和土体渗流的基本定律。

渗透系数是表示土渗流性的参数，其大小取决于土和流体的性质。土的性质主要包括矿物成分、结构、级配及孔隙大小等，其中级配和孔隙比是主要影响因素。

土的渗透系数主要通过试验测定，也可通过半经验公式估计。

渗流可以引起土体渗透变形或破坏。水工建筑物的坝基及坝体的渗透变形最常见区域是渗流出口和不同土层之间的接触部位。

土的渗透变形或破坏包括以下四种类型。

(1) 管涌。渗流带走土中的细小颗粒，使孔隙扩大，并形成管状渗流通道的现象。

(2) 流土。在渗流作用下，土体表面局部隆起、浮动或某一部分颗粒呈群体同时起动而流失。

(3) 接触流失。在层次分明、渗透系数相差很大的两土层之间发生方向垂直层面的渗流，使细粒层中

的细颗粒流入粗粒层的现象称为接触流失。表现形式可能是较细层中的单个颗粒进入粗粒层，也可能是细颗粒群体同时进入粗粒层。

（4）接触冲刷。渗流沿着不同级配土层的接触面带走细颗粒的现象。

实际建筑物及地基渗透破坏型式可能是上述四种型式之一，也可能是其中几种型式的综合反映。

土抵抗渗透变形的能力称为土体的抗渗强度，通常以临界水力坡降来表示，土的抗渗强度通过试验确定，也可以通过半经验公式估计。

10.2.3.2 达西定律

达西定律假定单位时间内通过截面积 A 的渗水量 Q 与上下游水头差（$h_1 - h_2$）成正比，与试样长度 L 成反比，即

$$Q = kA\frac{h_1 - h_2}{L} = kAJ \qquad (10.2-4)$$

其中

$$J = \frac{h_1 - h_2}{L}$$

式中 J——水力坡降。

渗流流速 v 为

$$v = \frac{Q}{A} = kJ \qquad (10.2-5)$$

式中 k——渗透系数。

试验表明，达西定律只适用于层流运动。达西定律的适用范围通常采用临界雷诺数进行判别。雷诺数为流体惯性力与黏滞力之比，流速增大，雷诺数增大，最终黏滞力失去主控作用，渗流将由层流转向紊流。如资料表明，在粗砾和一些堆石中，当渗流速度大于 0.5～0.7cm/s 时，渗流将不符合达西定律。

10.2.3.3 渗透力

渗流作用下的单元土粒，首尾两侧出现水头差，处于两个力的作用下：一个是垂直作用于颗粒表面的单元渗透水压力 P_i；另一个是沿土粒表面切线方向的单元渗透摩擦力 τ_i，摩擦力的总方向和渗流方向相一致。由于层流中的流速很小，流速水头可忽略不计。用矢量表示这两种单元力，可以得到渗流作用在单元颗粒上的合成单元力［图 10.2-6 (a)］。假如研究的是某一单位体积的土体，同样可找到渗流作用于单位体上的合力 R［图 10.2-6 (b)］。这个力 R 称为渗流作用下的单位渗透阻力，是一种体积力。一般将矢量 R 分解为两个分力：一个沿直线的矢量 W_1，它就是渗流作用下单位体积的浮托力，$W_1 = (1-n)\gamma_w$；另一个是沿流线切线方向的矢量 W_φ，该矢量称为单位体积的渗透力，简称为渗透力，其计算公式为

$$W_\varphi = -\gamma_w\frac{dh}{ds} = -\gamma_w J \qquad (10.2-6)$$

式中 γ_w——水的容重；

dh——在长度 ds 的路径上损失的测压管水头。

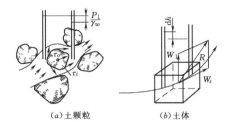

（a）土颗粒　　　　（b）土体

图 10.2-6　土体中渗透阻力示意图

有渗流的建筑物及地基均承受上述渗透力，作用于土体中的渗透力会引起土体的渗透变形。

10.2.3.4 土的渗透变形

1. 渗透变形的类型

无黏性土和黏性土的渗透变形特性显著不同。

无黏性土是指粗粒土，包括细砂、粗砂及砂砾石混合料。黏性土是指小于 0.075mm 的颗粒含量占 75% 以上的细粒土，又分为正常黏性土和分散黏性土两大类。

无黏性土的渗透变形型式有流土、管涌、接触流失及接触冲刷四种类型，流土和管涌主要出现在均质的土层中；接触流失和接触冲刷主要出现在多层地基或水工建筑物的反滤层中。

黏性土的渗透变形主要是流土，对于分散性土，也会出现管涌破坏的问题。当渗流方向向下时，黏性土的渗透变形型式主要是接触流土，常表现为土体表面向下剥蚀的型式，故又称为剥蚀。对于土石坝的防渗体，往往产生上下游贯通的呈水平方向的坝体裂隙，当水库蓄水后易产生裂隙冲蚀问题。

2. 无黏性土流土和管涌的判别方法

无黏性土渗透变形型式的判别方法可采用以下方法：

（1）$C_u \leqslant 5$ 的土渗透变形只有流土一种型式。

（2）对于 $C_u > 5$ 的土可采用下列判别方法。

1）流土型：

$$P \geqslant 35\% \qquad (10.2-7)$$

2）管涌型：

$$P < 25\% \qquad (10.2-8)$$

3）过渡型：

$$25\% \leqslant P < 35\% \qquad (10.2-9)$$

式中 P——土体中的细粒含量。

（3）接触冲刷宜采用下列方法判别：对双层结构的地基，当两层土的不均匀系数 $C_u \leqslant 10$，且符合式（10.2-10）规定的条件时不会发生接触冲刷，即

$$\frac{D_{10}}{d_{10}} \leqslant 10 \qquad (10.2-10)$$

式中 D_{10}、d_{10}——较粗、较细土层颗粒粒径，小于该粒径的土重占总土重的 10%，mm。

（4）接触流失宜采用下列方法判别：对于渗流方向向上的情况，符合下列条件时不会发生接触流失。

1）不均匀系数 $C_u \leqslant 5$ 的土层：

$$\frac{D_{15}}{d_{85}} \leqslant 5 \qquad (10.2-11)$$

式中 D_{15}——较粗一层土的颗粒粒径，小于该粒径的土重占总土重的 15%，mm；

d_{85}——较细一层土的颗粒粒径，小于该粒径的土重占总土重的 85%，mm。

2）不均匀系数 $5 < C_u \leqslant 10$ 的土层：

$$\frac{D_{20}}{d_{70}} \leqslant 7 \qquad (10.2-12)$$

式中 D_{20}——较粗一层土的颗粒粒径，小于该粒径的土重占总土重的 20%，mm；

d_{70}——较细一层土的颗粒粒径，小于该粒径的土重占总土重的 70%，mm。

（5）确定细料含量的方法。

1）级配不连续的土。当颗粒级配曲线中至少有一个粒组颗粒含量不大于 3% 的土，称为级配不连续的土。如工程中常见的砂砾石，粒径 $1 \sim 2$mm 和 $2 \sim 5$mm 的两种粒径组的总含量一般不大于 6%，此种土称为级配不连续的土。将不连续部分分为粗料和细料，并以此确定细料含量 P。对于天然无黏性土，不连续部分的平均粒径多为 2mm，小于 2mm 的粒径含量为细料含量。

2）级配连续的土。粗细料的区分粒径为

$$d = \sqrt{d_{70} d_{10}} \qquad (10.2-13)$$

式中 d_{70}——占土总质量 70% 的颗粒粒径，mm；

d_{10}——占土总质量 10% 的颗粒粒径，mm。

3. 黏性土临界水力坡降

（1）流土时的临界水力坡降为

$$J_{cr} = \frac{4c}{\gamma_w D_0} + 1.25(G_s-1)(1-n)$$

$$(10.2-14)$$

$$D_0 = 1.0\text{m}$$

式中 γ_w——水的容重；

G_s——土粒比重；

n——土的孔隙率，$\%$；

D_0——粗粒土的孔隙平均直径，mm；

J_{cr}——土的临界水力坡降。

（2）接触流土时的临界水力坡降。接触流土时的临界水力坡降分为两种情况。

1）渗流向上时：

$$J_{cr} = \frac{4c}{\gamma_w D_0} + 1.25(G_s-1)(1-n) \qquad (10.2-15)$$

$$D_0 = 0.63n D_{20} \qquad (10.2-16)$$

式中 c——土的黏聚力，按表 10.2-23 确定；

D_{20}——相邻粗层的等效粒径，小于该粒径的质量占总质量的 20%，cm。

表 10.2-23　黏性土的抗渗黏聚力 c

$\omega_L / \%$	50	40	30	$\leqslant 26$
c/kPa	$5 \sim 7$	$3.5 \sim 4.5$	$2.0 \sim 3.4$	$1.5 \sim 2.5$

2）渗流向下时：

a. 填土密实度为中等以上时，其临界水力坡降为

$$J_{cr} = \frac{24(1-n)}{(0.21-n_L+0.79n)(1+0.0057 D_{20}^2)}$$

$$(10.2-17)$$

式中 n_L——土体的含水率处于液限状态时的孔隙率。

b. 填土质量较低时，其临界水力坡降为

$$J_{cr} = \frac{114}{1+0.0057 D_{20}^2} \qquad (10.2-18)$$

（3）出现裂缝时的临界水力坡降。黏性土裂缝渗流冲蚀临界水力坡降分为两种情况。

1）裂缝出口有反滤保护：

$$J_{cr} = \frac{50 e_L^2}{\sqrt{D_{20}} - 0.4} \qquad (10.2-19)$$

式中 e_L——土体的含水率处于液限状态且全饱和时的孔隙比，即液限孔隙比；

其余符号意义同前。

2）裂缝出口无反滤层：

$$J_{cr} = 2.3 e_L^2 \qquad (10.2-20)$$

其中

$$e_L = \omega_L G_s \qquad (10.2-21)$$

式中 ω_L——液限含水率。

若安全系数取 2.5，则裂缝土的临界及允许水力坡降列于表 10.2-24。

表 10.2-24　裂缝土的临界及允许水力坡降

$\omega_L / \%$	$\leqslant 26$	30	40	50	>50
J_{cr}	1.13	1.54	2.78	4.32	5.0
$J_{允许}$	0.45	0.62	1.10	1.7	2.0

分散性土若无裂缝，则临界水力坡降可按无裂缝情况确定；若出现裂缝，且渗透水流是纯净的，不含金属阳离子，则临界水力坡降显著减小，裂缝冲蚀水

力坡降可按表10.2-25确定。

表10.2-25 分散性裂缝土的临界及
允许水力坡降

黏粒含量/%	<25	30	40	50
J_{cr}	0.05	0.06	0.08	0.15
$J_{允许}$	0.05	0.05	0.06	0.11

10.2.3.5 土的渗流计算

1. 渗流计算的水力学方法

渗流计算方法可分为水力学法、流体力学法、水力学-流体力学法、有限元法、流网法及电拟模型试验法等。

水力学方法的理论基础是裴布依公式，这个公式可以用来求解一维缓变流情况下的各类工程实用渗流问题。假定基本流线的曲率非常小，发散角也非常小，如图10.2-7所示。因此可以认为，断面1-1和断面2-2间沿各条流线方向的距离是相等的，表明缓变流的情况下，在所给的两个断面中，各条流线的水力坡降都相同，即

$$J = -\frac{\mathrm{d}h}{\mathrm{d}S} = 常数 \qquad (10.2-22)$$

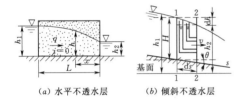

(a) 水平不透水层   (b) 倾斜不透水层

图10.2-7 一维缓变流渗流特征

其渗流量为

$$q = \frac{k(h_1^2 - h_2^2)}{2L} \qquad (10.2-23)$$

对于任一距离 x 处有

$$q = \frac{k(h^2 - h_2^2)}{2x} \qquad (10.2-24)$$

由式（10.2-23）和式（10.2-24）可解得任意距离 x 处的水深或水面为

$$h = \sqrt{h_2^2 + \frac{x}{L}(h_1^2 - h_2^2)} \qquad (10.2-25)$$

由式（10.2-25）可绘出近似的自由水面线，即浸润线。

如果基本流线不是缓变的，而是非常弯曲时，则不适合使用裴布依公式。

2. 渗流的基本方程式

连续性方程是质量守恒定律在渗流问题中的具体应用，它表明，流体在渗流介质中的流动过程中，其质量既不增加，也不减少。

在充满液体的渗流区域中取一无限小的平行六面体（图10.2-8），设六面体的各边长度分别为 Δx、Δy、Δz，且与相应的坐标轴平行，研究其水流的平衡关系。沿坐标轴 x、y、z 方向的渗透速度分量及液体的密度分别以 v_x、v_y、v_z 及 ρ 来表示。

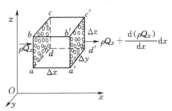

图10.2-8 渗流区域中的单元体

根据流体不可压缩的假设和水流连续条件，在体积不变条件下，对于饱和土流入微单元的水量必须等于流出的水量，则有

$$\frac{\partial v_x}{\partial x} + \frac{\partial v_y}{\partial y} + \frac{\partial v_z}{\partial z} = 0 \qquad (10.2-26)$$

根据达西定律

$$\left. \begin{array}{l} v_x = -k_x \dfrac{\partial h}{\partial x} \\[2mm] v_y = -k_y \dfrac{\partial h}{\partial y} \\[2mm] v_z = -k_z \dfrac{\partial h}{\partial z} \end{array} \right\} \qquad (10.2-27)$$

其中

$$h = \frac{P}{\gamma_w} + Z$$

式中 k_x、k_y、k_z——x、y、z方向土的渗透系数；

　　　h——某一点的测管水头，等于压力水头与位置高度之和；

　　　$\dfrac{P}{\gamma_w}$——压力高度，即该点的测压管水柱高度；

　　　P——该点的渗透水压力；

　　　Z——该点的位置高度。

将式（10.2-27）代入式（10.2-26），则得

$$k_x \frac{\partial^2 h}{\partial x^2} + k_y \frac{\partial^2 h}{\partial y^2} + k_z \frac{\partial^2 h}{\partial z^2} = 0 \qquad (10.2-28)$$

对于各向同性的土，$k_x = k_y = k_z$，则

$$\frac{\partial^2 h}{\partial x^2} + \frac{\partial^2 h}{\partial y^2} + \frac{\partial^2 h}{\partial z^2} = 0 \qquad (10.2-29)$$

这就是饱和各向同性土中三维渗流的基本微分方程，即拉普拉斯方程，渗流的计算分析也就求解拉普拉斯方程，其解可用等势线（等水头线）族和流线族来表示。

10.2.4 土中应力

土体中应力一般分为两种：①由土体本身重量引

起的，称为自重应力；②由上部建筑物重量和荷载引起的，称为附加应力。为了计算附加应力，要先求出基础底面传给地层表面的压力，即接触压力。

10.2.4.1　自重应力

地基任一深度处的自重应力，通常等于该高程单位面积以上的土柱重量，其计算公式为

$$\sigma_0 = \gamma_1 z_1 + \gamma_2 (z_2 - z_1) + \gamma_3 (z_3 - z_2) + \cdots \tag{10.2-30}$$

式中　　σ_0——自重应力（见图 10.2-9），kPa；

γ_1、γ_2、γ_3、……——各分层土的容重（在地下水位以下的土，在计算有效应力时，应采用<u>浮容重</u>），kN/m³；

z_1、z_2、z_3、……——从地面到各分层面的深度，m。

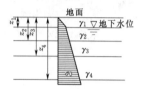

图 10.2-9　自重应力分布图

10.2.4.2　接触压力

绝对柔性基础的接触压力分布，与基础上的荷载分布图形相同。绝对刚性基础的接触压力的计算，见表 10.2-26。

表 10.2-26　　地基面接触压力计算

基础型式	荷载方式	图示	计算公式	说明
矩形	垂直、轴心		$p = \dfrac{P}{A}$	P 为总荷载；A 为基础面积
矩形	垂直、偏心		$p(x,y) = \dfrac{P}{A} \pm \dfrac{M_x}{I_x} y \pm \dfrac{M_y}{I_y} x$ $M_x = P e_y$，$M_y = P e_x$	M_x、M_y 为荷载对 x、y 轴的力矩；I_x、I_y 为基础底面积对 x、y 轴的惯性矩；x、y 为计算点的坐标
条形（长宽比大于10）	垂直、在轴上		$p = \dfrac{P}{B}$	P 为基础单位长度上的荷载；B 为基础宽度

续表

基础型式	荷载方式	图示	计算公式	说明
条形（长宽比大于10）	垂直、偏心		$p = \dfrac{P}{B}\left(1 \pm \dfrac{6e}{B}\right)$	e 为偏心矩；B 为基础宽度
条形（长宽比大于10）	垂直、水平荷载联合		$p = \dfrac{P}{B}\left(1 \pm \dfrac{6e}{B}\right)$ $q = \dfrac{Q}{B}$ （q 亦有按其他分布规律计算的）	求荷载 P、Q 合力 R 与基底的交点；在交点处，又将 R 分为 P 与 Q；计算垂直与水平接触压力 p 与 q

10.2.4.3　附加应力

求解地基中的附加应力时，一般假定地基土是连续、均匀、各向同性的完全弹性体，然后根据弹性理论的基本公式进行计算。

10.2.5　土的压缩性

10.2.5.1　压缩性指标

1. 压缩曲线

压缩曲线可以用 e-p 关系曲线［图 10.2-10（a）］或 e-$\lg p$ 关系曲线［图 10.2-10（b）］两种坐标表示。

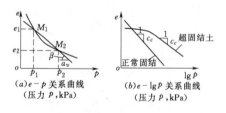

(a) e-p 关系曲线　　(b) e-$\lg p$ 关系曲线
（压力 p，kPa）　　　（压力 p，kPa）

图 10.2-10　压缩试验曲线

2. 压缩系数

压力 $p_1 \sim p_2$ 范围内的压缩系数 a_v 由压缩曲线求得［图 10.2-10（a）］，该系数取正值，即

$$a_v = \frac{e_1 - e_2}{p_2 - p_1} \tag{10.2-31}$$

式中　　a_v——压缩系数，kPa^{-1} 或 MPa^{-1}；

p_1——增压前土样压缩稳定的压力；

p_2——增压后土样压缩稳定的压力；

e_1、e_2——p_1、p_2 作用下压缩稳定时的孔隙比。

常用相应于 $p_1 = 100\text{kPa}$ 和 $p_2 = 200\text{kPa}$ 压力之间的压缩系数 a_{v1-2} 评价地基土：当 $a_{v1-2} < 0.1\text{MPa}^{-1}$ 时，为低压缩性土；当 $0.1\text{MPa}^{-1} \leqslant a_{v1-2} \leqslant 0.5\text{MPa}^{-1}$ 时，为中压缩性土；当 $a_{v1-2} > 0.5\text{MPa}^{-1}$ 时，为高压缩性土。

3. 体积压缩系数

体积压缩系数 m_v 可由压缩系数 a_v 换算得到：

$$m_v = \frac{a_v}{1+e_1} \qquad (10.2-32)$$

式中 e_1——土的起始孔隙比。

4. 压缩指数

$e - \lg p$ 关系曲线直线段斜率的绝对值为压缩指数 C_c，即

$$C_c = \frac{\Delta e}{\Delta(\lg p)} = \frac{e_1 - e_2}{\lg \dfrac{p_2}{p_1}} \qquad (10.2-33)$$

按压缩指数 C_c 评价地基土：$C_c < 0.2$，低压缩性土；$0.2 \leqslant C_c \leqslant 0.35$，中压缩性土；$C_c > 0.35$，高压缩性土。

太沙基（Terzaghi）提出，原状土的压缩指数 C_c 与土的液限 w_L（用碟式仪测定）的经验关系为

$$C_c = 0.009(w_L - 10\%) \qquad (10.2-34)$$

对于正常固结土，C_c 与 a_v 的关系为

$$a_v = \frac{C_c}{\Delta p} \lg \frac{p_1 + \Delta p}{p_1} \qquad (10.2-35)$$

式中 p_1——起始压力；

　　　Δp——压力增量。

5. 压缩模量

土在侧限条件下压缩，受压方向的应力 σ_z 与同一方向的应变 ε_z 的比值为压缩模量 E_s，即

$$E_s = \frac{\sigma_z}{\varepsilon_z} = \frac{1+e_1}{a_v} = \frac{1}{m_v} \qquad (10.2-36)$$

式中符号意义同前。

用相应于 $p_1 = 100\text{kPa}$ 至 $p_2 = 200\text{kPa}$ 范围内的 E_s 评价地基：$E_s < 4\text{MPa}$，高压缩性土；$4\text{MPa} \leqslant E_s \leqslant 15\text{MPa}$，中压缩性土；$E_s > 15\text{MPa}$，低压缩性土。

6. 静止侧压力系数和泊松比

（1）静止侧压力系数。土在侧限条件下压缩，对应于垂直方向的有效应力增量 $\Delta \sigma_z$，伴随有水平方向的有效应力增量 $\Delta \sigma_x$，后者与前者之比为静止侧压力系数 K_0，其计算公式为

$$K_0 = \frac{\Delta \sigma_x}{\Delta \sigma_z} \qquad (10.2-37)$$

土的静止侧压力系数可由专门仪器或三轴仪测定。对于正常固结黏土，静止侧压力系数的经验关系式为

$$K_0 = 1 - \sin \varphi' \qquad (10.2-38)$$

式中 φ'——土的有效内摩擦角。

（2）泊松比。土在无侧限条件下压缩，受压方向的应变为 ε_z，与其垂直方向上的应变为 ε_x，后者与前者之比为泊松比 μ，其计算公式为

$$\mu = \frac{\varepsilon_x}{\varepsilon_z} \qquad (10.2-39)$$

几种土的静止侧压力系数与泊松比参考值见表 10.2-27。

表 10.2-27　　土的静止侧压力系数与泊松比参考值

土类与状态		静止侧压力系数 K_0	泊松比 μ
碎石土		0.18～0.25	0.15～0.20
沙土		0.25～0.33	0.20～0.25
轻亚黏土		0.33	0.25
亚黏土	坚硬状态	0.33	0.25
	可塑状态	0.43	0.30
	软塑或流动状态	0.53	0.35
黏土	坚硬状态	0.33	0.25
	可塑状态	0.53	0.35
	软塑或流动状态	0.72	0.42

7. 变形模量

土在无侧限条件下压缩，受力方向的应力 σ_z 与同一方向的应变 ε_z 的比值，为变形模量 E。由于其中包括弹性变形与塑性变形，故又称为总变形模量，以区别于纯弹性体的弹性模量。变形模量 E 与压缩模量 E_s 间的理论关系为

$$E = \left(1 - \frac{2\mu^2}{1-\mu}\right) E_s \qquad (10.2-40)$$

10.2.5.2 先期固结压力

先期固结压力（又称为前期固结压力）p_c，系指天然地基土在历史上曾受到过的最大有效压力（常指垂直压力）。如果某土块在地基中现有的土层有效覆盖压力为 p_0，则称比值 $\dfrac{p_c}{p_0}$ 为超固结比，以 C_r 或 OCR 表示。按固结程度划分地基土的类型：$C_r = 1$，为正常固结土；$C_r > 1$，为超固结土或超压密土。先期固结压力由 $e - \lg p$ 压缩曲线借经验方法确定。

10.2.5.3 有效应力原理

1925 年太沙基提出了饱和土体的有效应力原理：①土体中任一点的总应力等于有效应力和孔隙水压力之和；②只有有效应力才引起土骨架体积改变和产生土的抗剪强度的摩擦分量。

饱和土体的有效应力为

$$\sigma' = \sigma - u \qquad (10.2-41)$$

式中 σ'——有效应力；

σ——总应力；

u——孔隙水压力。

非饱和土中的有效应力，工程中通常采用毕肖普提出的公式，即

$$\sigma' = \sigma - [u_a - \chi(u_a - u)] \qquad (10.2-42)$$

其中

$$\chi = \frac{A_w}{A}$$

式中 u_a——单位气体面积上的压力；

A——土体断面平均面积；

A_w——土体断面孔隙水面积。

10.2.5.4 地基的单向固结

在外荷载作用下，饱和土孔隙水排出，超静水压力消散，有效应力随之增加，直至变形达到稳定的过程称为固结。侧限条件下的固结为单向固结，固结是地基土沉降的主要原因。

1. 固结度

受压缩土层中的某一点 z 在 t 时刻的固结度 U_z（％），表示该点超静水压力的消散度，即

$$U_z = \left(1 - \frac{u_t}{u_0}\right) \times 100\% \qquad (10.2-43)$$

式中 u_0、u_t——时间为 0、t 时某一点的超静水压力。

厚度为 H 的整个压缩土层的平均固结度的计算公式为

$$U = 1 - \frac{\int_0^H u_t \, dz}{\int_0^H u_0 \, dz} \qquad (10.2-44)$$

在单向固结中，以超静水压力定义的固结度同时也表示地基沉降量完成的百分数，故式（10.2-44）又可表示为

$$U = \frac{S_t}{S} \qquad (10.2-45)$$

式中 S_t、S——压缩土层在 t 时刻、最终时刻的沉降量。

S 的计算方法见本书"10.2.7 地基沉降计算"内容。

在已知 U 与 S 后，沉降过程的计算公式为

$$S_t = SU \qquad (10.2-46)$$

假定在不同时刻 t，计算出的相应沉降量为 S_t，由此绘制的沉降过程线如图 10.2-11 所示。

2. 固结度计算

当地基压缩层（厚度 H）顶面为自由排水面，底面不透水，在地表面瞬时施加大面积均匀荷载 p

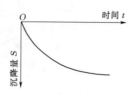

图 10.2-11 沉降过程线

（见图 10.2-12），则任一深度 z 处在加荷后 t 时刻的超静水压力 u 由下列微分方程求解得到：

$$\frac{\partial u}{\partial t} = C_v \frac{\partial^2 u}{\partial z^2} \qquad (10.2-47)$$

其中

$$C_v = \frac{k(1+e)}{a_v \gamma_w} \qquad (10.2-48)$$

式中 C_v——固结系数，可据压缩试验成果计算，cm^2/s（或 m^2/d）；

k、a_v、e——某级荷载下土的平均渗透系数、压缩系数、起始孔隙比；

γ_w——水的容重。

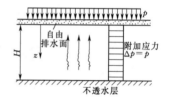

图 10.2-12 单向固结土层

固结系数 C_v 的参考值见表 10.2-28。

表 10.2-28 单向固结系数 C_v 的参考值

土　类	C_v 的一般变化范围
低塑性黏土	$6 \times 10^4 \sim 1 \times 10^5 \, m^2/d$ $(1.9 \times 10^{-3} \sim 3.2 \times 10^{-3} \, cm^2/s)$
中塑性黏土	$3 \times 10^4 \sim 6 \times 10^4 \, m^2/d$ $(9.5 \times 10^{-4} \sim 1.9 \times 10^{-3} \, cm^2/s)$
高塑性黏土	$6 \times 10^3 \sim 3 \times 10^4 \, m^2/d$ $(1.9 \times 10^{-4} \sim 9.5 \times 10^{-4} \, cm^2/s)$

当地基中的起始超静水压力沿土层深度均匀分布时，即 $u_0 = p$，式（10.2-47）的解为

$$u(z,t) = \frac{4}{\pi} p \sum_{n=1}^{n=\infty} \frac{1}{n} \sin \frac{n\pi z}{2H} e^{-\frac{\pi^2}{4} n^2 T_v} \qquad (10.2-49)$$

其中

$$T_v = \frac{C_v}{H^2} t \qquad (10.2-50)$$

式中　n——正整奇数 1，3，5，…；

　　　H——最大排水距离，本情况为土层厚度，如压缩层的顶面与底面均为自由排水面，则 H 为土层厚度的一半；

　　　T_v——时间因数（无因次）；

　　　t——瞬时加荷后经历的时间。

土层平均固结度为

$$U = 1 - \frac{8}{\pi^2}\left[e^{-\frac{\pi^2}{4}T_v} + \frac{1}{9}e^{-9\left(\frac{\pi^2}{4}T_v\right)} + \cdots\right]$$
$$(10.2 - 51)$$

式（10.2-51）中 $U = f(T_v)$ 的关系如图 10.2-13 中 $V=1$ 的曲线所示。当地基中的起始超静水压力不均匀但呈直线分布，可根据相应的 V 值，从图 10.2-13 中查取平均固结度。

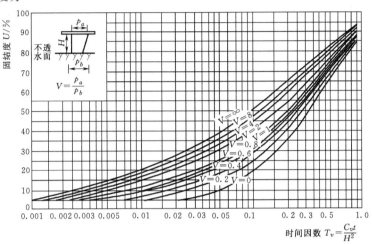

图 10.2 - 13　不同固结压力分布时的 $U - T_v$ 关系

图 10.2-13 中曲线也可近似写为

$$T_v = 0.25\pi U^2 \quad (U \leqslant 0.53)$$
$$[10.2 - 52\ (a)]$$
$$T_v = -0.085 - 0.9332\lg(1-U) \quad (U > 0.53)$$
$$[10.2 - 52\ (b)]$$

或以式（10.2-53）表示：

$$T_v = \frac{\pi U^2}{4(1-U^{5.6})^{0.357}} \quad (10.2 - 53)$$

以式（10.2-53）代替式（10.2-51）一般误差很小，只有当 $U = 90\% \sim 100\%$ 时，才有不超过 3% 的误差。

3. 固结系数 C_v 的确定

固结系数是反映土的固结速率的指标，固结速率越快，C_v 越大。C_v 可按图解法或计算法确定。

（1）时间平方根法。

1）将一级荷载下的压缩试验成果绘成压缩量 R 与相应时间平方根（$\sqrt{t}$）的关系曲线，如图 10.2-14 所示。在一般情况下，曲线的开始段为直线。

2）将直线段向上延长，交纵坐标轴于 d_s 点，称为理论零点。

3）从 d_s 作斜直线 $d_s g$，使其横坐标为试验所得直线的 1.15 倍。$d_s g$ 与试验曲线交于 f 点。f 点对应的横轴读数为试样固结度达 90% 时所需时间的平方根 $\sqrt{t_{90}}$。

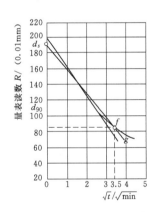

图 10.2 - 14　压缩量 R 与相应时间平方根的关系曲线（$p = 200\text{kPa}$）

4）计算 C_v：

$$C_v = \frac{T_v}{t}H^2 \quad (10.2 - 54)$$

式中　H——试样在一级荷载下的平均厚度的一半（双面排水）。

当固结度 $U = 90\%$ 时，T_v 的理论值为 0.848（图 10.2-13 中 $V=1$ 的曲线），故有

$$C_v = \frac{0.848}{t_{90}}H^2 \quad (10.2 - 55)$$

（2）时间对数法。

1）将一级荷载下的压缩量 R 与相应时间 t 的关

系绘成曲线，如图 10.2-15 所示。

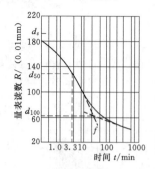

图 10.2-15　压缩量 R 与相应时间 t 的关系曲线

2）试验曲线的中段与尾段均为直线。分别延长两直线，相交于 f 点。该点为固结度达 100% 的理论终点 d_{100}。

3）按如下方法确定理论零点 d_s。在试验曲线开始段上选择两点：一点的时间为 t_1，另一点为 $4t_1$。将两点的压缩量的差值加到第一点上，得到点 d'_s。同样，另取两点，又得 d''_s。如此可得 d'''_s，……平行于横坐标轴，作出 d_s 的平均直线，交纵坐标轴于 d_s，即为理论零点。

4）d_s 与 d_{100} 中间点 d_{50} 所对应的时间，即为试样固结度达 50% 时所需的时间 t_{50}。例如在本情况中，$t_{50}=3.3\text{min}$。

5）当 $U=50\%$，理论上的 $T_{50}=0.197$，故有

$$C_v=\frac{0.197}{t_{50}}H^2 \qquad (10.2-56)$$

（3）三点法。利用某级荷载下试验所得的压缩量 R 与相应时间 t 的关系曲线，选取其上三点，建立三个方程，联立求解，可得理论零点 R_i、理论终点 R_f 与固结系数 C_v。

在试验曲线开始段（$U\leqslant0.53$），选取两时刻 t_1、t_2，相应的压缩量为 R_1、R_2，可得到以下两个方程：

$$\frac{C_v t_1}{H^2}=\frac{\pi}{4}\left(\frac{R_1-R_i}{R_f-R_i}\right)^2 \qquad (10.2-57)$$

$$\frac{C_v t_2}{H^2}=\frac{\pi}{4}\left(\frac{R_2-R_i}{R_f-R_i}\right)^2 \qquad (10.2-58)$$

解得

$$R_i=\frac{R_1-R_2\sqrt{\dfrac{t_1}{t_2}}}{1-\sqrt{\dfrac{t_1}{t_2}}} \qquad (10.2-59)$$

在试验曲线后段（$0.53<U<0.9$），选取第三个时刻 t_3，相应压缩量为 R_3，可写出：

$$\frac{C_v t_3}{H^2}=\frac{\pi}{4}\frac{\left(\dfrac{R_3-R_i}{R_f-R_i}\right)^2}{\left[1-\left(\dfrac{R_3-R_i}{R_f-R_i}\right)^{5.6}\right]^{0.357}}$$
$$(10.2-60)$$

解得

$$R_f=R_i-\frac{R_i-R_3}{\left\{1-\left[\dfrac{(R_i-R_3)\times(\sqrt{t_2}-\sqrt{t_1})}{(R_1-R_2)\times\sqrt{t_3}}\right]^{5.6}\right\}^{0.179}}$$
$$(10.2-61)$$

$$C_v=\frac{\pi}{4}\left(\frac{R_1-R_2}{R_i-R_f}\frac{H}{\sqrt{t_2}-\sqrt{t_1}}\right)^2 \qquad (10.2-62)$$

4. 单向固结模型试验条件

单向固结的模型试验条件可表示为

$$\frac{t}{T}=\left(\frac{h}{H}\right)^2 \qquad (10.2-63)$$

式中　h、H——模型、原位土层的最大排水距离；

　　　t、T——模型、原位土层达到某一相同固结度所需的时间。

10.2.6　土的强度

10.2.6.1　强度定律

强度理论研究不同应力状态下材料的破坏条件。

任意剪切面上土的抗剪强度 τ_f 均符合库仑公式，即

$$\tau_f=c+\sigma\tan\varphi \qquad (10.2-64)$$

直剪条件下，可以采用如图 10.2-16 所示的方法确定土的抗剪强度指标。

图 10.2-16 中各符号意义如下：

c——强度包线在纵坐标轴上的截距，称为黏聚力；

φ——强度包线对横坐标轴的倾斜角，称为内摩擦角。

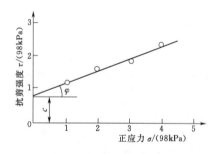

图 10.2-16　直剪条件下土的强度线的确定

根据有效应力原理，土的抗剪强度只取决于破坏面上的有效正应力 σ'，故库仑公式又可写成

$$\tau=c'+\sigma'\tan\varphi'=c'+(\sigma-u)\tan\varphi' \qquad (10.2-65)$$

式中　c'、φ'——土的有效黏聚力、有效内摩擦角；

　　　u——破坏面上破坏时刻的孔隙压力。

对于处于三轴应力状态的土体，其剪切破坏条件符合莫尔-库仑强度理论，即

$$\frac{\sigma_1-\sigma_3}{2}=\frac{\sigma_1+\sigma_3}{2}\sin\varphi+c\cos\varphi \qquad (10.2-66)$$

为便于应用，该破坏条件可以用图 10.2 - 17 土的强度包线表示。

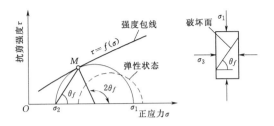

图 10.2 - 17　土的强度包线

（1）土体中某一点的应力圆与土的强度包线相切，切点对应的平面即为破坏面，如图 10.2 - 17 中所示的 M 点。

（2）当土体达到极限平衡时，作用于某一点的大、小主应力 σ_1、σ_3 符合下列条件：

$$\left.\begin{array}{l} \sigma_1 = \sigma_3 \tan^2\left(45° + \dfrac{\varphi}{2}\right) + 2c\tan\left(45° + \dfrac{\varphi}{2}\right) \\[2mm] \text{或}\quad \sigma_3 = \sigma_1 \tan^2\left(45° - \dfrac{\varphi}{2}\right) - 2c\tan\left(45° - \dfrac{\varphi}{2}\right) \end{array}\right\}$$
$$(10.2 - 67)$$

对于无黏性土，式（10.2 - 67）中的 $c = 0$。

10.2.6.2　总应力强度指标与有效应力强度指标

由抗剪强度试验成果绘制强度包线，若横坐标轴（σ）采用的是总应力，所得强度指标 c、φ 为总应力指标。单轴压缩试验与十字板试验测得的都是总应力强度指标。

若横轴采用的是有效应力 σ'，则相应的指标 c'、φ' 均为有效应力强度指标。三轴固结不排水剪试验同时测量试样破坏时刻的孔隙压力 u，按式（10.2 - 68）计算有效应力：

$$\sigma' = \sigma - u \qquad (10.2 - 68)$$

然后绘制有效应力圆，求得 c'、φ'，见图 10.2 - 18。

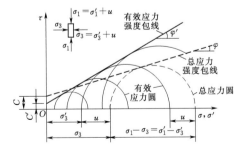

图 10.2 - 18　三轴剪切试验的强度包线

两种强度指标在应用时需考虑以下问题。

（1）总应力指标常被认为试验条件已模拟了土体的原位情况，在应用该指标时，不需要再考虑孔隙压力对强度的影响。

（2）应用有效应力指标计算时，需先估算出土体破坏面上在破坏时刻的孔隙压力，求出相应的有效应力，再按此强度指标分析。

10.2.6.3　砂土的抗剪强度

1. 强度指标及其测定

砂土的抗剪强度用直接剪切仪或三轴剪切仪测定。对于疏松砂，可近似地以其休止角 ρ 代替内摩擦角 φ。

一般干砂的黏聚力 $c = 0$。强度包线近似为一通过坐标原点的直线，其强度规律可表示为

$$\tau = \sigma \tan\varphi \qquad (10.2 - 69)$$

湿砂因毛细压力而具有微弱黏聚力，但浸水后即消失。

当压力增大时，紧砂的强度包线明显地向下弯曲（图 10.2 - 19），故按直线考虑偏不安全。应根据试验成果，确定压力 σ 与内摩擦角 φ 的关系，即 $\varphi = \varphi(\sigma)$，供设计采用。

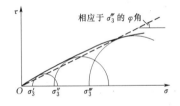

图 10.2 - 19　砂土在高压力时的强度包线

砂土的抗剪强度由两部分组成：①摩擦强度，沿剪切面土粒之间的摩擦阻力，松砂的强度基本上为这一分量；②咬合力或连锁力引起的阻力，此系紧砂在剪切时，因体积膨胀需反抗外力做功所增加的强度。

2. 影响抗剪强度的主要因素

（1）起始密度。密度越大，强度越高。

（2）颗粒形状与组成。带棱角的、级配良好的砂的强度较高。

（3）剪切时的体积变化。砂土剪切时会引起体积变化。这种因剪切引起体积变化的性质称为剪胀性。当体积增大时（紧砂），土体中的孔隙水压力为负值，使有效应力增大而提高土的强度；当体积减小时（松砂），孔隙水压力为正值，使有效应力减小而降低土的强度。

图 10.2 - 20 给出了砂土三轴试验的典型成果。同一种砂不同紧密度的试样剪切达一定位移（或轴向应变）后，体积趋于常量，两者的孔隙比逐渐接近于同一数值，该值称为临界孔隙比 e_{cr}。试验采用的围压力（三轴）或法向压力 σ（直接剪切）不同，e_{cr} 也

随之而异。

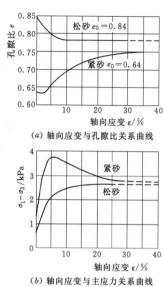

(a) 轴向应变与孔隙比关系曲线

(b) 轴向应变与主应力关系曲线

图 10.2－20 砂土三轴剪切试验成果
($\sigma_3 = 200$kPa)

工程地基土一般不允许出现大变形。紧砂在小应变时即达到峰值强度［图 10.2－20 (b)］，故紧砂可采用峰值强度。相反，松砂在较大应变时才能达到强度的最后值。

3. 强度指标的选用

砂土抗剪强度指标的参考值见表 10.2－29。选用强度指标时，可参考以下建议。

(1) 对于一般工程，可以采用峰值强度指标 φ。

(2) 若允许地基土有较大变形，可以采用 φ_c 值。

(3) 休止角相应于砂土处于疏松状态时的强度指标。

表 10.2－29　砂土抗剪强度指标的参考值

单位：(°)

土类	休止角 ρ	φ_c	φ	
			中密	紧密
粉土（无塑性）	26～30	26～30	28～32	30～34
均匀细砂、中砂	26～30	26～30	30～34	32～36
级配良好砂	30～34	30～34	34～40	38～46
砂砾石	32～36	32～36	36～42	40～48

注 本表的每一栏中，低值相应于圆粒、云母质含量高的砂，高值相应于坚硬带棱角的砂；法向压力高时应取低值。

当不易取得砂土的原状试样测定强度时，可参考表 10.2－30 根据标准贯入击数估计砂土的 φ 值。

表 10.2－30　按标准贯入击数估计砂土的 φ 值

标准贯入击数 N	相对密度 D_r /%	内摩擦角 φ/(°)	
		派克建议	梅叶霍夫建议
<4	<20	<29	<30
（含）4～10	（含）20～40	27～30（含）	30～35（含）
（含）10～30	（含）40～60	30～36（含）	35～40（含）
（含）30～50	（含）60～80	36～41（含）	40～45（含）
>50	>80	>41	>45

10.2.6.4　饱和黏性土的抗剪强度

1. 总应力强度间的一般关系

饱和正常固结黏性土的总应力强度主要取决于试验时的排水条件与固结压力。

以直接剪切试验说明饱和黏土在不同试验条件下总应力强度的基本概念。设地基土正常固结，且为均匀、各向同性的土料，地基内某土块的原位压缩曲线如图 10.2－21 (b) 中所示的曲线 MNP，该土块的原位状态可以 $N(\sigma_n, e_n)$ 点表示。用该原状土块进行三种总应力抗剪强度测定，其性状与试验成果见图 10.2－21 和表 10.2－31。

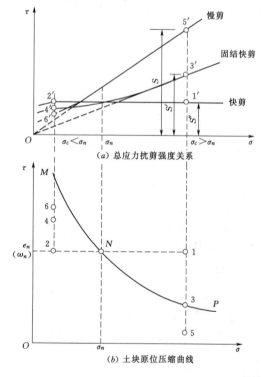

(a) 总应力抗剪强度关系

(b) 土块原位压缩曲线

图 10.2－21　饱和黏性土强度的一般关系
σ_n—试样在地基中的原位固结压力；σ_c—试验时的固结压力；
e_n—天然孔隙比；ω_n—天然含水量

表 10.2 - 31　　总应力强度的基本概念

试验固结压力 σ_c 与原位压力 σ_n 比较	试验方法	剪切时的状态用以下点表示	强度用以下点表示	试验时的状态
$\sigma_c > \sigma_n$ （正常固结）	快剪 (Q)	1	1′	全过程尽量不排水，试样含水率（或孔隙比 e）不变
	固结快剪 (R)	3	3′	由于固结，试样含水率减小，强度大于 1′
	慢剪 (S)	5	5′	固结与剪切均允许充分排水，含水率更小，强度高于 1′ 与 3′
$\sigma_c < \sigma_n$ （超固结）	快剪 (Q)	2	2′	全过程含水率不变，强度与 1′ 相同
	固结快剪 (R)	4	4′	剪切试样膨胀，含水率（或孔隙比 e）增大，强度小于 2′
	慢剪 (S)	6	6′	固结与剪切均允许充分膨胀，含水率最大，强度最低

2. 残余强度

在黏性土排水剪试验中，过峰值以后，剪应力逐渐减小，最终趋于常量。相应于最终剪应力的强度称为残余强度 τ_r。

残余强度的计算公式为

$$\tau_r = c_r' + \sigma \tan \varphi_r' \qquad (10.2-70)$$

式中　c_r'、φ_r'——残余强度的黏聚力、内摩擦角。

一般情况下 $c_r' = 0$。土的残余强度如图 10.2 - 22 所示。

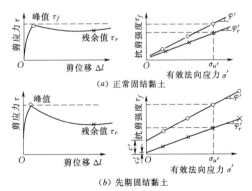

(a) 正常固结黏土

(b) 先期固结黏土

图 10.2 - 22　土的残余强度

峰值过后强度减小。土中黏粒含量越高，超固结

比 OCR 越大，峰值强度 τ_f 与残余强度 τ_r 的差值也越大。该差值与峰值之比称为脆性指数，即

$$I_B = \frac{\tau_f - \tau_r}{\tau_f} \qquad (10.2-71)$$

土的残余强度发生在大剪切位移时，可利用直接剪切试验的往复剪切或用环剪仪测定。

10.2.6.5　粗粒土的抗剪强度

随着高土石坝建设的发展和重型振动碾的应用，大量采用土石料，特别是大粒径的天然砂卵石料、人工爆破堆石料和开挖料等粗粒土作为筑坝材料。与黏土、粉土和砂土等细粒土相比，粗粒土的力学性质有明显的特点。近年人们研制了高压大型三轴仪，对粗粒土剪切特性进行了试验研究。

1. 粗粒土的剪切变形特性

粗粒土的剪切变形特性决定于试样的颗粒矿物成分、颗粒形状、粒径、级配、密度及有效围压力等因素。

对于一定围压下的粗粒土，在受剪初期，应力-应变关系曲线初始段近似直线，粗粒土表现准弹性特征，此时仅仅颗粒位置移动，某些颗粒移向相邻空隙，体积表现出剪缩。随着剪切变形的增加，相互咬合的颗粒很快出现转动、抬起和超越另一颗粒的剪胀现象，随后出现较大的颗粒破碎和重新排列。

随着试样干密度的增大，其应力-应变关系曲线的初始切线坡度愈陡，峰值强度也逐渐提高，相应的破坏应变也趋于减少。应力-应变关系曲线的形状也从低密度下塑性破坏的完全硬化型转为弱软化型，并进而变为软化型，表现出半脆性或脆性破坏的特征。对应的剪切体变也从较低密度下不发生颗粒破碎的完全剪缩状态转为高密度下剪胀变形的规律。当干密度一定时，应力-应变关系曲线的起始坡度和峰值强度都随围压的增加而变陡和提高。同时，低围压范围的曲线呈现弱软化型和软化型，但当围压升高后，颗粒不能向上超越使应力集中形成颗粒破碎现象，颗粒越粗破碎越厉害。此时，应力-应变关系为硬化型，脆性性质减弱。与其相应的体积变化由剪胀为主变化到剪缩为主。研究表明，高围压下主要是颗粒破碎和重新排列，在微观上表现为孔隙半径减小，而在宏观上则表现为体缩现象。

2. 粗粒土抗剪强度机理

粗粒土抗剪强度仍然可以采用莫尔-库仑破坏理论来描述。

粗粒土抗剪强度由三部分组成：①土颗粒滑动的摩擦阻力；②与咬合程度有关的剪胀阻力；③颗粒破碎、重排列和定向所需能量而发展的强度。

粗粒土抗剪强度各分量的大小、比例及变化取决于颗粒矿物成分、形状、粒径、级配、密度及有效围压力等。矿物颗粒间的摩擦阻力分量是由于颗粒接触面粗糙不平而产生的，对某种矿物通常是不变的。低应力粗粒土剪切时的剪胀阻力是由于发生剪胀而克服颗粒咬合力需要消耗能量而发展的强度；而高应力时，剪胀效应消失，颗粒破碎效应增强。

3. 抗剪强度表达式

(1) 线性表达式。在工程实际中，粗粒土破坏面上的抗剪强度仍可按库仑公式表示：

$$\tau_f = c + \sigma \tan\varphi \qquad (10.2-72)$$

式中　τ_f——抗剪强度；

　　　c——黏聚力（黏性土）或咬合力（无黏性土），kPa；

　　　φ——粗粒土的内摩擦角（它包括颗粒间摩擦阻力、颗粒破碎和重排列的综合效应），(°)；

　　　σ——作用于破坏面上的法向应力，kPa。

对于轴对称应力条件，莫尔-库仑破坏准则的表达式为

$$(\sigma_1 - \sigma_3)_f = 2c\cos\varphi + (\sigma_1 + \sigma_3)_f \sin\varphi \qquad (10.2-73)$$

式中　σ_1、σ_3——大、小主应力，kPa；

　　　$(\sigma_1 - \sigma_3)_f$——破坏强度，kPa；

　　　其余符号意义同前。

(2) 非线性关系式。邓肯（Duncan）等（1980）提出非线性强度参数关系式，在实际工程中得到了广泛应用，即

$$\tau_f = \sigma \tan\varphi \qquad (10.2-74)$$

$$\varphi = \varphi_0 - \Delta\varphi \lg \frac{\sigma_3}{P_a} \qquad (10.2-75)$$

式中　φ——过原点作某一破坏应力圆的切线与横坐标轴（σ）的夹角〔图 10.2-23、式 (10.2-76)〕；

　　　P_a——大气压力，kPa；

　　　φ_0、$\Delta\varphi$——强度参数（见图 10.2-24）；

　　　其余符号意义同前。

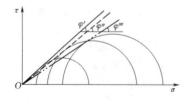

图 10.2-23　邓肯强度参数 φ（郭庆国，1999）

对于无黏性粗粒土，黏聚力 c 值为零，只有 φ 值，采用过原点各应力圆的切线，获得 φ 值即内摩擦角。对每个 σ_3 对应一个应力圆，得到一个 φ

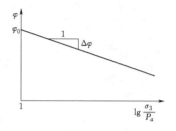

图 10.2-24　φ_0、$\Delta\varphi$ 定义示意图（郭庆国，1999）

值，即

$$\varphi = \sin^{-1}\left(\frac{\sigma_1 - \sigma_3}{\sigma_1 + \sigma_3}\right) \qquad (10.2-76)$$

式中符号意义同前。

4. 影响强度参数的主要因素

粗粒土的抗剪强度受很多因素的影响。

(1) 母岩性质和颗粒形状。粗粒土的母岩性质影响其抗剪强度。例如，较坚硬的花岗岩、石灰岩料就比较软的板岩、页岩料的抗剪强度大。

粗粒土的颗粒形状不同也影响其强度。如开采的堆石，多棱角，表面粗糙，易被压碎，其抗剪强度就较低；卵石漂石颗粒光滑圆润，不易被压碎，故抗剪强度也高。

(2) 颗粒组成。研究表明，粗料含量和细料性质是决定粗粒土抗剪强度的主要因素。无论是砂砾石、砂卵石还是砾石土及风化石渣，其共同特点是它们的抗剪强度都是由细料强度、粗料强度、粗细料之间的强度 3 部分组成。当粗料含量小于 30% 时，抗剪强度基本上仍决定于细料，随着粗料含量的增大，抗剪强度增大甚微；当粗料含量为 30%~70% 时，抗剪强度决定于粗、细料的共同作用，并随着粗料含量的增大而显著增大；当粗料含量大于 70% 时，抗剪强度主要决定于粗料，并随着粗料含量的增大，抗剪强度有所减小，如图 10.2-25 所示。

(3) 密度。孔隙比（又称为相对密度）对粗粒土的抗剪强度较之其他因素具有更为重要的影响。粗粒土的密度越大，其抗剪强度也越大。例如，不同孔隙比堆石的内摩擦角试验（图 10.2-26），松散堆石比紧密堆石的内摩擦角小得多。又如，砂砾石的抗剪强度随相对密度的增加有很大的增长。此外，石渣料和冰碛土的试验结果也得出了同样的规律。总之，这些试验及其他研究都说明，为了达到较大的抗剪强度，粗粒土必须有良好的级配，并且压实到较高的密度或临界密度（在剪切作用下不发生体积变化的密度称为临界密度）以上。

(4) 有效围压力。国内外粗粒土的大量试验成果表明，随着有效围压力的增大，粗粒土的内摩擦角降

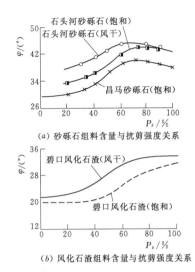

(a) 砂砾石组料含量与抗剪强度关系

(b) 风化石渣组料含量与抗剪强度关系

图 10.2 - 25 粗料含量（P_s）与抗剪强度
关系曲线（郭庆国，1999）

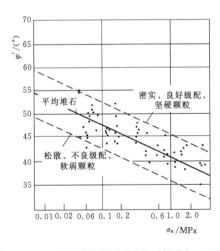

图 10.2 - 26 堆石的三轴试验成果（杨进良，2000）

低。对于密度高、级配好、颗粒坚硬的堆石料，围压力由 0.01MPa 增加到 4MPa，其内摩擦角可由 60°降低到 42°；而对于密度低、级配差、软弱颗粒的石渣料，围压力由 0.01MPa 增加到 4MPa，其内摩擦角可由 50°降低到 32°，如图 10.2 - 26 所示。河流冲积的砂卵砾石和冰碛土的试验结果也表明，其内摩擦角随围压力增大而降低。

粗粒土在高围压力作用下，其抗剪强度之所以会降低，主要是由于颗粒被压碎后细粒含量增大所致。但是一些试验表明，当法向应力超过 2～2.5MPa 时，颗粒不再被压碎或压碎甚少，内摩擦角不再降低，并保持一个常数。

5. 强度指标的确定

粗粒土的抗剪强度指标，应根据岩性、级配、密

度和围压力等条件综合决定。对于高坝和重要工程，一般需进行大型直剪仪或大型三轴仪试验，并尽量模拟现场的实际条件。

10.2.6.6　黏性土的抗拉强度

1. 抗拉强度的概念

土的抗拉强度指土体抵抗拉伸破坏的极限能力，其数值等于拉伸破坏时破坏面上的拉应力。大多数情况下黏性土抗拉强度值 σ_t 的变化范围为 10～50kPa。

2. 影响抗拉强度的因素

目前对土的抗拉强度的研究还较少，但国内外已有的研究结果表明，影响黏性土受拉时强度和变形特性的主要因素包括：土的矿物成分、干密度、含水率和拉伸时的应力状态。

10.2.7　地基沉降计算

10.2.7.1　概述

地基沉降量计算的主要目的有 3 个。

（1）预估建筑物各部位的沉降量、沉降差和倾斜度等，并控制在许可范围内，防止建筑物发生裂缝、倾斜或破坏。

（2）为建筑物基础预留合理超高。

（3）预估地基沉降发展过程，合理安排各部分的施工顺序及进程，以及确定地基加固所需的时间。

10.2.7.2　天然地基沉降量计算

1. 计算方法

常用固结沉降计算方法及其特点见表 10.2 - 32。这些方法只适用于黏性土地基，无黏性土地基的沉降量常根据原位试验成果或经验方法估算。

表 10.2 - 32　常用固结沉降计算方法及其特点

计算方法		特　　点
单向压缩分层总和法	按 $e-p$ 曲线计算	最基本的方法： 1. 不考虑瞬时沉降量。 2. 修正试验室曲线，以计及试样扰动影响。 3. 考虑地基土的应力历史
	按 $e-\lg p$ 曲线计算	
《建筑地基基础设计规范》（GB 50007—2002）建议的方法		实际上为单向压缩分层总和法，并乘以经验系数进行修正
计及三向变形效应的计算法：斯肯普敦-贝伦计算法		1. 考虑瞬时沉降量。 2. 间接考虑三向变形与应力历史
三向变形分层总和法：黄文熙方法		1. 考虑三向变形。 2. 计及应力水平与应力路径

一般黏性土地基的沉降量区分为 3 个部分，即瞬

时沉降量 S_i、固结沉降量 S_c、次压缩沉降量 S_s。按单向压缩（侧限条件）方法计算沉降量时，不考虑分量 S_i。除高塑性与有机质黏土外，一般地基不考虑 S_s 分量。

2. 瞬时沉降量计算

(1) 无限厚均质地基。当地基表面或接近表面处有圆形或矩形基础的均布荷载作用时，地基面的瞬时沉降量根据弹性理论计算，即

$$S_i = C_d p B \left(\frac{1-\mu^2}{E} \right) \qquad (10.2-77)$$

式中 p——均布荷载强度；

B——圆形基础的直径或矩形基础的宽度；

E、μ——地基土的不排水弹性模量、泊松比；

C_d——考虑荷载面形状和计算点位置的系数，见表 10.2-33。

表 10.2-33　　　系　数 C_d

基础形状		中心点	角点	短边中点	长边中点	平均
圆形		1.00	0.64	0.64	0.64	0.85
圆形（刚性）		0.79	0.79	0.79	0.79	0.79
方形		1.12	0.56	0.76	0.76	0.95
方形（刚性）		0.89	0.89	0.89	0.89	0.89
矩形	$\frac{L}{B}=1.5$	1.36	0.67	0.89	0.97	1.15
	$\frac{L}{B}=2$	1.52	0.76	0.98	1.12	1.30
	$\frac{L}{B}=3$	1.78	0.88	1.11	1.35	1.52
	$\frac{L}{B}=5$	2.10	1.05	1.27	1.68	1.83
	$\frac{L}{B}=10$	2.53	1.26	1.49	2.12	2.25
	$\frac{L}{B}=100$	4.00	2.00	2.20	3.60	3.70
	$\frac{L}{B}=1000$	5.47	2.75	2.94	5.03	5.15
	$\frac{L}{B}=10000$	6.90	3.50	3.70	6.50	6.60

注　L、B 分别为基础矩形的长度、宽度。

(2) 有下卧硬层的地基。如果在地面下 H 深度处遇下卧硬层，仍可按式（10.2-77）计算沉降量，但式中的 C_d 值应按表 10.2-34 和表 10.2-35 取值，这些系数是根据软硬层交界面处没有剪应力、水平位移两种极限情况的平均值给出的。

E、μ 采用 H 深度范围内可压缩土层土的相应指标。

表 10.2-34　系数 C_d（均布荷载，基础中心点，有下卧硬层）

$\frac{H}{B}$	圆形基础	矩形基础 $\frac{L}{B}=1$	$\frac{L}{B}=1.5$	$\frac{L}{B}=2$	$\frac{L}{B}=3$	$\frac{L}{B}=5$	$\frac{L}{B}=10$	条形基础 ($\frac{L}{B}\to\infty$)
0.00	0.00	0.00	0.00	0.00	0.00	0.00	0.00	0.00
0.10	0.09	0.09	0.09	0.09	0.09	0.09	0.09	0.09
0.25	0.24	0.24	0.23	0.23	0.23	0.23	0.23	0.23
0.50	0.48	0.48	0.47	0.47	0.47	0.47	0.47	0.47
1.00	0.70	0.75	0.81	0.83	0.83	0.83	0.83	0.83
1.50	0.80	0.86	0.97	1.03	1.07	1.08	1.08	1.08
2.50	0.88	0.97	1.12	1.22	1.33	1.39	1.40	1.40
3.50	0.91	1.01	1.19	1.31	1.45	1.56	1.59	1.60
5.00	0.94	1.05	1.24	1.38	1.55	1.72	1.82	1.83
∞	1.00	1.12	1.36	1.52	1.78	2.10	2.53	∞

注　H 为软土层厚度；对圆形基础，B 为直径；对矩形基础，L 为长度，B 为宽度。

表 10.2-35　系数 C_d（均布荷载，基础长边中点，有下卧硬层）

$\frac{H}{B}$	圆形基础	矩形基础 $\frac{L}{B}=1$	$\frac{L}{B}=1.5$	$\frac{L}{B}=2$	$\frac{L}{B}=3$	$\frac{L}{B}=5$	$\frac{L}{B}=10$	条形基础 ($\frac{L}{B}\to\infty$)
0.00	0.00	0.00	0.00	0.00	0.00	0.00	0.00	0.00
0.10	0.05	0.05	0.05	0.05	0.05	0.05	0.05	0.05
0.25	0.11	0.11	0.11	0.11	0.11	0.11	0.11	0.11
0.50	0.22	0.23	0.23	0.23	0.23	0.23	0.23	0.23
1.00	0.36	0.46	0.46	0.47	0.47	0.47	0.47	0.47
1.50	0.44	0.52	0.60	0.64	0.68	0.68	0.68	0.68
2.50	0.51	0.61	0.74	0.82	0.91	0.97	0.97	0.97
3.50	0.55	0.65	0.80	0.90	1.03	1.13	1.17	1.17
5.00	0.58	0.69	0.85	0.96	1.12	1.28	1.39	1.39
∞	0.64	0.76	0.97	1.12	1.35	1.68	2.12	∞

注　表中各符号意义见表 10.2-34 的表下注。

(3) 弹性常数的测定。土的泊松比 μ，对于饱和土取为 0.5。实际上，瞬时沉降量对 μ 的变化不

敏感。

土的弹性模量 E 有如下测定方法。

1)以地基原状土试样进行三轴压缩试验。先施加各向相等的围压力,使试样达完全固结。σ_3 等于试样在地基中的原位垂直覆盖压力。

2)在不排水条件下逐渐增大轴向压力,直至总轴向压力 σ_1 达到该点在地基中预计的最大垂直压力,然后将轴向压力增量减小到零。

3)按上述两步骤重复加荷、卸荷若干次循环(图 10.2-27),经过了五六次循环,在相当于轴向压力增量的一半处作加荷曲线的切线,由它确定的斜率称为重复加荷模量 E_r,计算瞬时沉降量时建议采用 E_r。

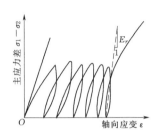

图 10.2-27 弹性模量 E 的确定

3. 单向压缩分层总和法(按 $e-p$ 曲线计算)

(1)基本计算公式。均质地基土的压缩层厚度为 H,土层半厚处的自重压力为 p_1,相应的孔隙比为 e_1。建筑物建成后,该点的附加压力为 Δp,故总垂直压力为 $p_2 = p_1 + \Delta p$,孔隙比相应变化至 e_2,如图 10.2-28、图 10.2-29 所示,则地面沉降量为

$$S = \frac{e_1 - e_2}{1 + e_1}H = \frac{a_v}{1 + e_1}\Delta p H = m_v \Delta p H$$

(10.2-78)

其中
$$m_v = \frac{a_v}{1 + e_1}$$

式中 e_1、e_2——按压力 p_1、p_2 从地基土的压缩曲线查取(图 10.2-29);

Δp——附加压力;

a_v、m_v——地基土在压力 p_1、p_2 范围内的压缩系数、体积压缩系数。

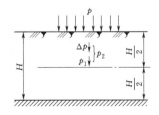

图 10.2-28 沉降量计算图

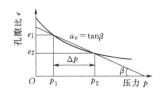

图 10.2-29 压缩曲线

(2)压缩层厚度的确定与土分层。当可压缩土层较厚时,需要规定一个计算深度。从基础底面到该计算深度处的垂直距离,称为压缩层厚度 H_c,该压缩层厚度按土层中的应力分布确定。假定地基中的附加应力(Δp)等于土层自重应力(p_1)的 20%(对于软土地基,有时采用 10%)的点为该厚度的下界。

计算自重应力时,对于地下水位以下的土体采用浮容重。可用图解法确定该压缩层厚度,见图 10.2-30。

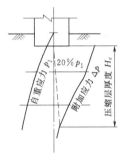

图 10.2-30 压缩层厚度的确定

为考虑地基土的实际不均质和土中附加应力随深度的曲线变化,常需要将压缩层厚度内的土进行分层,分别计算各分层的沉降量,然后叠加。分层原则如下。

1)每个分层厚度一般不大于基础宽度的 0.4 倍。

2)性质不同土层的分界面应取为分层面。

3)地下水位面取为分层面。

4)基础底面以下 1 倍基础宽度深度范围内分层应较薄,随深度加大,分层可加厚。

(3)地基的总沉降量。压缩层厚度范围内各分层的沉降量 S_i,均按式(10.2-78)计算,其总和即为地基的总沉降量 S,即

$$S = \sum_{i=1}^{n} S_i = \sum_{i=1}^{n} \frac{e_{1i} - e_{2i}}{1 + e_{1i}} H_i \qquad (10.2-79)$$

式中 i——第 i 分层,共有 n 个分层。

(4)基础沉降量的刚度校正。上述沉降量系假设基础为柔性结构求得,对于刚性基础,平面的基础底面沉降后应仍为平面,故应按下述经验方法修正计算值。对于条形基础,修正方法如下(图 10.2-31):①基础原底面为 ab;②底面的计算沉降线如图 10.2-

31 中 cgd；③连接 cd，凭目测绘 $ef//cd$，使面积 $cdfe =$ 面积 $cgdc$。假设沉降后的底面位置为 ef。

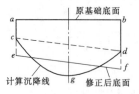

图 10.2-31 条形基础沉降量修正

若为矩形基础，沉降后的基底面应平行于以下三点决定的平面（图 10.2-32）：①沉降量最大的一点 S_3；②沉降量最小的一点 S_1；③其他两角点中的任意一点，其沉降量为该两角点沉降量的平均值。绘一平面平行于上述三点决定的面，使其所包围的沉降图体积等于计算沉降所包围的体积。假设所绘平面的位置即为沉降后的底面位置。

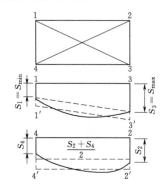

图 10.2-32 矩形基础沉降量校正

1′、2′、3′、4′—修正后基础角点的位置

（5）基础的倾斜度。倾斜度以转动角 θ 表示（图 10.2-33），其计算公式为

$$\tan\theta = \frac{S_1 - S_2}{B} \qquad (10.2-80)$$

式中 S_1、S_2——基础两边缘的沉降；

B——基础倾斜方向的边长。

基础的局部倾斜度，系指长条形砖墙或挡土墙等沿纵方向 6~10m 长度内，基础两点的沉降量差与其纵距的比值。

4. 单向压缩分层总和法（按 $e-\lg p$ 曲线计算）

单向压缩分层总和法的特点是：①采用土的压缩指数 C_c 作为压缩性指标；②压缩曲线事先要作修正，以消除试样扰动的影响。现根据地基土的不同应力历史，分别说明其计算方法。

（1）基本计算公式。地面的沉降量的计算公式为

$$S = \frac{C_c H}{1 + e_1} \lg \frac{p_2}{p_1} \qquad (10.2-81)$$

式中 C_c——压缩指数；

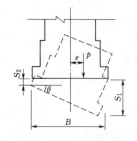

图 10.2-33 基础的倾斜

其余符号意义同前。

（2）正常固结土地基的沉降量计算。

1）考虑计算分层，其计算公式为

$$S = \sum_{i=1}^{n} S_i = \sum_{i=1}^{n} \frac{C_{ci} H_i}{1 + e_{1i}} \lg \frac{p_{2i}}{p_{1i}} \qquad (10.2-82)$$

式中 i——第 i 分层，共 n 个分层。

2）压缩指数 C_c 的采用。式（10.2-81）中的 C_c 应采用实验室压缩曲线经修正后所对应的指标值，如图 10.2-34 所示。

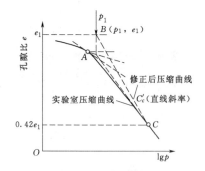

图 10.2-34 正常固结土压缩曲线的修正

（3）超固结土地基的沉降量计算。

1）先将实验室原状土压缩曲线加以修正（图 10.2-35）。

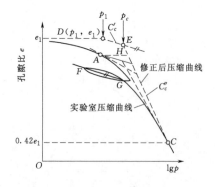

图 10.2-35 超固结土压缩曲线的修正

a. 图中粗线为实验室加荷—卸荷—再加荷的压缩曲线。

b. D 点表示试样在地基中的原位状态，e_1 为孔隙比，压力为取样处的有效土层覆盖压力 p_1，p_c 为该试样的先期固结压力。

c. 从 D 点绘平行于回环割线 FG 的直线，交 p_c 作用线于 E 点。

d. 在试验室曲线上定出 $e=0.42e_1$ 的点 C，连接 EC，则折线 DEC 为修正后的压缩曲线。两直线相应的斜率分别为压缩指数 C_c'、C_c''。

2）将地基压缩层范围内的土体，按应力历史分为以下两种情况。

a. $\Delta p \leqslant p_c - p_1$ 的土层（Δp 为土层中的附加应力）。在该层中的各分层沉降量计算中，同时应用指标 C_c'、C_c''。

b. $\Delta p \leqslant p_c - p_1$ 的土层。各分层的沉降量计算只采用 C_c'。

3）对于 $\Delta p > p_c - p_1$ 的每一分层，其计算沉降量的公式为

$$S_{1i} = \frac{1}{1+e_1}\left[C_c'\lg\left(\frac{p_c}{p_1}\right)+C_c''\lg\left(\frac{p_1+\Delta p}{p_c}\right)\right]$$
$$(10.2-83)$$

式（10.2-83）等号右端各项，均指第 i 分层的相应指标。

4）对于 $\Delta p \leqslant p_c - p_1$ 的每一分层，其计算沉降量的公式为

$$S_{2j} = \frac{HC_c'}{1+e_1}\lg\left(\frac{p_1+\Delta p}{p_1}\right) \quad (10.2-84)$$

式（10.2-84）等号右端各项，均指第 j 分层的相应指标。

5）地基的沉降量为上述各分层沉降量之和，即

$$S = \sum_{i=1}^{n}S_{1i} + \sum_{j=1}^{m}S_{2j} \quad (10.2-85)$$

式中 m、n——两种情况中的分层数。

（4）欠固结土地基的沉降量计算。

1）压缩曲线的修正方法，如图 10.2-36 所示。

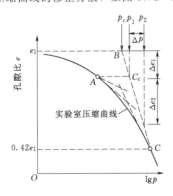

图 10.2-36 欠固结土压缩曲线的修正

2）沉降量的计算公式为

$$S = \sum_{i=1}^{n}\frac{C_{ci}H_i}{1+e_{1i}}\lg\left(\frac{p_{1i}+\Delta p_i}{p_{ci}}\right) \quad (10.2-86)$$

式中符号意义同前。

5. 我国规范建议的方法

《建筑地基基础设计规范》（GB 50007—2002）建议的方法，其计算原理与单向压缩分层总和法完全相同。但为简化计算，利用应力计算的角点法，求得不同计算分层的平均附加应力系数，并制成相应表格备查。此外，还规定了修正沉降量的经验系数 ψ_s。

（1）基本计算公式：

$$S = \psi_s S' = \psi_s \sum_{i=1}^{n}\frac{p_0}{E_{si}}(z_i\,\bar{\alpha}_i - z_{i-1}\,\bar{\alpha}_{i-1})$$
$$(10.2-87)$$

式中 S——地基最终变形量，mm；

S'——按分层总和法计算出的地基变形量；

ψ_s——沉降计算经验系数，根据地区沉降观测资料及经验确定，无地区经验时可采用表 10.2-36 所列数据；

n——地基变形计算深度范围内所划分的土层数（图 10.2-37）；

p_0——对应于荷载效应准永久组合时的基础底面处的附加压力，kPa；

E_{si}——基础底面下第 i 层土的压缩模量，应取土的自重压力至土的自重压力与附加压力之和的压力段计算，kPa；

z_i、z_{i-1}——基础底面分别至第 i、第 $i-1$ 层土底面的距离，m；

$\bar{\alpha}_i$、$\bar{\alpha}_{i-1}$——基础底面计算点分别至第 i、第 $i-1$ 层土底面范围内平均附加应力系数，可从表 10.2-37~表 10.2-40 查用。

表 10.2-36 沉降计算经验系数 ψ_s

基底附加压力	$\bar{E}_s$/MPa				
	2.5	4.0	7.0	15.0	20.0
$p_0 \geqslant f_k$	1.4	1.3	1.0	0.4	0.2
$p_0 \leqslant 0.75f_k$	1.1	1.0	0.7	0.4	0.2

注 $\bar{E}_s$ 为变形计算深度范围内压缩模量的当量值，应按 $\bar{E}_s = \sum A_i/(\sum A_i/\bar{E}_{si})$ 计算，其中，A_i 为第 i 层土附加应力系数沿土层厚度的积分值；f_k 为地基承载力标准值，表列数值可内插。

表 10.2 - 37　　　　　　矩形面积上均布荷载作用下角点的平均附加应力系数$\bar{\alpha}$

z/B	L/B												
	1.0	1.2	1.4	1.6	1.8	2.0	2.4	2.8	3.2	3.6	4.0	5.0	10.0
0.0	0.2500	0.2500	0.2500	0.2500	0.2500	0.2500	0.2500	0.2500	0.2500	0.2500	0.2500	0.2500	0.2500
0.2	0.2496	0.2497	0.2497	0.2498	0.2498	0.2498	0.2498	0.2498	0.2498	0.2498	0.2498	0.2498	0.2498
0.4	0.2474	0.2479	0.2481	0.2483	0.2483	0.2484	0.2485	0.2485	0.2485	0.2485	0.2485	0.2485	0.2485
0.6	0.2423	0.2437	0.2444	0.2448	0.2451	0.2452	0.2454	0.2455	0.2455	0.2455	0.2455	0.2455	0.2456
0.8	0.2346	0.2372	0.2387	0.2395	0.2400	0.2403	0.2407	0.2408	0.2409	0.2409	0.2410	0.2410	0.2410
1.0	0.2252	0.2291	0.2313	0.2326	0.2335	0.2340	0.2346	0.2349	0.2351	0.2352	0.2352	0.2353	0.2353
1.2	0.2149	0.2199	0.2229	0.2248	0.2260	0.2268	0.2278	0.2282	0.2285	0.2286	0.2287	0.2288	0.2289
1.4	0.2043	0.2102	0.2140	0.2164	0.2180	0.2191	0.2204	0.2211	0.2215	0.2217	0.2218	0.2220	0.2221
1.6	0.1939	0.2006	0.2049	0.2079	0.2099	0.2113	0.2130	0.2138	0.2143	0.2146	0.2148	0.2150	0.2152
1.8	0.1840	0.1912	0.1960	0.1994	0.2018	0.2034	0.2055	0.2066	0.2073	0.2077	0.2079	0.2082	0.2084
2.0	0.1716	0.1822	0.1875	0.1912	0.1938	0.1958	0.1982	0.1996	0.2004	0.2009	0.2012	0.2015	0.2018
2.2	0.1659	0.1737	0.1793	0.1833	0.1862	0.1883	0.1911	0.1927	0.1937	0.1943	0.1947	0.1952	0.1955
2.4	0.1578	0.1657	0.1715	0.1757	0.1789	0.1812	0.1843	0.1862	0.1873	0.1880	0.1885	0.1890	0.1895
2.6	0.1503	0.1583	0.1642	0.1686	0.1719	0.1745	0.1779	0.1799	0.1812	0.1820	0.1825	0.1832	0.1838
2.8	0.1433	0.1514	0.1574	0.1619	0.1651	0.1680	0.1717	0.1739	0.1753	0.1763	0.1769	0.1777	0.1784
3.0	0.1369	0.1449	0.1510	0.1556	0.1592	0.1619	0.1658	0.1682	0.1698	0.1708	0.1715	0.1725	0.1733
3.2	0.1310	0.1390	0.1450	0.1497	0.1533	0.1562	0.1602	0.1628	0.1645	0.1657	0.1664	0.1675	0.1685
3.4	0.1256	0.1334	0.1394	0.1441	0.1478	0.1508	0.1550	0.1577	0.1595	0.1607	0.1616	0.1628	0.1639
3.6	0.1205	0.1282	0.1342	0.1389	0.1427	0.1456	0.1500	0.1528	0.1548	0.1561	0.1570	0.1583	0.1595
3.8	0.1158	0.1234	0.1293	0.1340	0.1378	0.1408	0.1452	0.1482	0.1502	0.1516	0.1526	0.1541	0.1554
4.0	0.1114	0.1189	0.1248	0.1294	0.1332	0.1362	0.1408	0.1438	0.1459	0.1474	0.1485	0.1500	0.1516
4.2	0.1073	0.1147	0.1205	0.1251	0.1289	0.1319	0.1365	0.1396	0.1418	0.1434	0.1445	0.1462	0.1479
4.4	0.1035	0.1107	0.1164	0.1210	0.1248	0.1279	0.1325	0.1357	0.1379	0.1396	0.1407	0.1425	0.1444
4.6	0.1000	0.1070	0.1127	0.1172	0.1209	0.1240	0.1287	0.1319	0.1342	0.1359	0.1371	0.1390	0.1410
4.8	0.0967	0.1036	0.1091	0.1136	0.1173	0.1204	0.1250	0.1283	0.1307	0.1324	0.1337	0.1357	0.1379
5.0	0.0935	0.1003	0.1057	0.1102	0.1139	0.1169	0.1216	0.1249	0.1273	0.1291	0.1304	0.1325	0.1348
5.2	0.0906	0.0972	0.1026	0.1070	0.1106	0.1136	0.1183	0.1217	0.1241	0.1259	0.1273	0.1295	0.1320
5.4	0.0878	0.0943	0.0996	0.1039	0.1075	0.1105	0.1152	0.1186	0.1211	0.1229	0.1243	0.1265	0.1292
5.6	0.0852	0.0916	0.0968	0.1010	0.1046	0.1076	0.1122	0.1156	0.1181	0.1200	0.1215	0.1238	0.1266
5.8	0.0828	0.0890	0.0941	0.0983	0.1018	0.1047	0.1094	0.1128	0.1153	0.1172	0.1187	0.1211	0.1240
6.0	0.0805	0.0866	0.0916	0.0957	0.0991	0.1021	0.1067	0.1101	0.1126	0.1146	0.1161	0.1185	0.1216
6.2	0.0783	0.0842	0.0891	0.0932	0.0966	0.0995	0.1041	0.1075	0.1101	0.1120	0.1136	0.1161	0.1193
6.4	0.0762	0.0820	0.0869	0.0909	0.0942	0.0971	0.1016	0.1050	0.1076	0.1096	0.1111	0.1137	0.1171
6.6	0.0742	0.0799	0.0847	0.0886	0.0919	0.0948	0.0993	0.1027	0.1053	0.1073	0.1088	0.1114	0.1149
6.8	0.0723	0.0779	0.0826	0.0865	0.0898	0.0926	0.0970	0.1004	0.1030	0.1050	0.1066	0.1092	0.1129
7.0	0.0705	0.0761	0.0805	0.0844	0.0877	0.0904	0.0949	0.0982	0.1008	0.1028	0.1044	0.1071	0.1109
7.2	0.0688	0.0742	0.0787	0.0825	0.0857	0.0884	0.0928	0.0962	0.0987	0.1008	0.1023	0.1051	0.1090
7.4	0.0672	0.0725	0.0769	0.0806	0.0838	0.0865	0.0908	0.0942	0.0967	0.0988	0.1004	0.1031	0.1071
7.6	0.0656	0.0709	0.0752	0.0789	0.0820	0.0846	0.0889	0.0922	0.0948	0.0968	0.0984	0.1012	0.1054
7.8	0.0642	0.0693	0.0736	0.0771	0.0802	0.0828	0.0871	0.0904	0.0929	0.0950	0.0966	0.0994	0.1036
8.0	0.0627	0.0678	0.0720	0.0755	0.0785	0.0811	0.0853	0.0886	0.0912	0.0932	0.0948	0.0976	0.1020

z/B	L/B												
	1.0	1.2	1.4	1.6	1.8	2.0	2.4	2.8	3.2	3.6	4.0	5.0	10.0
8.2	0.0614	0.0663	0.0705	0.0739	0.0769	0.0795	0.0837	0.0869	0.0894	0.0914	0.0931	0.0959	0.1004
8.4	0.0601	0.0649	0.0690	0.0724	0.0754	0.0779	0.0820	0.0852	0.0878	0.0898	0.0914	0.0943	0.0988
8.6	0.0588	0.0636	0.0676	0.0710	0.0739	0.0764	0.0805	0.0836	0.0862	0.0882	0.0898	0.0927	0.0973
8.8	0.0576	0.0623	0.0663	0.0696	0.0724	0.0749	0.0790	0.0821	0.0846	0.0866	0.0882	0.0912	0.0959
9.2	0.0554	0.0599	0.0637	0.0670	0.0697	0.0721	0.0761	0.0792	0.0817	0.0837	0.0853	0.0882	0.0931
9.6	0.0533	0.0577	0.0614	0.0645	0.0672	0.0696	0.0734	0.0765	0.0789	0.0809	0.0825	0.0853	0.0905
10.0	0.0514	0.0556	0.0592	0.0622	0.0649	0.0672	0.0710	0.0739	0.0763	0.0783	0.0799	0.0829	0.0880
10.4	0.0496	0.0537	0.0572	0.0601	0.0627	0.0649	0.0686	0.0716	0.0739	0.0759	0.0775	0.0804	0.0857
10.8	0.0479	0.0519	0.0553	0.0581	0.0606	0.0628	0.0664	0.0693	0.0717	0.0736	0.0751	0.0781	0.0834
11.2	0.0463	0.0502	0.0535	0.0563	0.0587	0.0609	0.0644	0.0672	0.0695	0.0714	0.0730	0.0759	0.0813
11.6	0.0448	0.0486	0.0518	0.0545	0.0569	0.0590	0.0625	0.0652	0.0675	0.0694	0.0709	0.0738	0.0793
12.0	0.0435	0.0471	0.0502	0.0529	0.0552	0.0573	0.0606	0.0634	0.0656	0.0674	0.0690	0.0719	0.0774
12.8	0.0409	0.0444	0.0471	0.0499	0.0521	0.0541	0.0573	0.0599	0.0621	0.0639	0.0654	0.0682	0.0739
13.6	0.0387	0.0420	0.0448	0.0472	0.0493	0.0512	0.0543	0.0568	0.0589	0.0607	0.0621	0.0649	0.0707
14.4	0.0367	0.0398	0.0425	0.0448	0.0469	0.0486	0.0516	0.0540	0.0561	0.0577	0.0592	0.0619	0.0677
15.2	0.0340	0.0379	0.0404	0.0426	0.0446	0.0463	0.0492	0.0515	0.0535	0.0551	0.0565	0.0592	0.0650
16.0	0.0330	0.0361	0.0385	0.0407	0.0425	0.0442	0.0469	0.0492	0.0511	0.0527	0.0540	0.0567	0.0625
18.0	0.0279	0.0323	0.0345	0.0361	0.0381	0.0396	0.0422	0.0442	0.0460	0.0475	0.0487	0.0512	0.0570
20.0	0.0269	0.0292	0.0312	0.0330	0.0345	0.0359	0.0383	0.0402	0.0418	0.0432	0.0444	0.0468	0.0524

表 10.2-38　　矩形面积上三角形分布荷载作用下角点的平均附加应力系数$\bar{\alpha}$

z/B	L/B												
	0.2		0.4		0.6		0.8		1.0		1.2		1.4	
	1	2	1	2	1	2	1	2	1	2	1	2	1	2
0.0	0.0000	0.2500	0.0000	0.2500	0.0000	0.2500	0.0000	0.2500	0.0000	0.2500	0.0000	0.2500	0.0000	0.2500
0.2	0.0112	0.2161	0.0140	0.2308	0.0148	0.2333	0.0151	0.2339	0.0152	0.2341	0.0153	0.2342	0.0153	0.2343
0.4	0.0179	0.1810	0.0245	0.2084	0.0270	0.2153	0.0280	0.2175	0.0285	0.2184	0.0288	0.2187	0.0289	0.2189
0.6	0.0207	0.1505	0.0308	0.1851	0.0355	0.1966	0.0376	0.2011	0.0388	0.2030	0.0394	0.2039	0.0397	0.2043
0.8	0.0217	0.1277	0.0340	0.1640	0.0405	0.1787	0.0440	0.1852	0.0459	0.1883	0.0470	0.1899	0.0476	0.1907
1.0	0.0217	0.1104	0.0351	0.1461	0.0430	0.1624	0.0476	0.1704	0.0502	0.1746	0.0518	0.1769	0.0528	0.1781
1.2	0.0212	0.0970	0.0351	0.1312	0.0439	0.1480	0.0492	0.1571	0.0525	0.1621	0.0546	0.1649	0.0560	0.1666
1.4	0.0204	0.0865	0.0344	0.1187	0.0436	0.1356	0.0495	0.1451	0.0534	0.1507	0.0559	0.1541	0.0575	0.1562
1.6	0.0195	0.0779	0.0333	0.1082	0.0127	0.1247	0.0490	0.1345	0.0533	0.1405	0.0561	0.1443	0.0580	0.1467
1.8	0.0186	0.0709	0.0321	0.0993	0.0415	0.1153	0.0480	0.1252	0.0525	0.1313	0.0556	0.1354	0.0578	0.1381
2.0	0.0178	0.0650	0.0308	0.0917	0.0401	0.1071	0.0467	0.1169	0.0513	0.1232	0.0547	0.1274	0.0570	0.1303
2.5	0.0157	0.0538	0.0276	0.0769	0.0365	0.0908	0.0429	0.1000	0.0478	0.1063	0.0513	0.1107	0.0540	0.1139
3.0	0.0140	0.0458	0.0248	0.0661	0.0330	0.0786	0.0392	0.0871	0.0439	0.0931	0.0476	0.0976	0.0503	0.1008
5.0	0.0097	0.0289	0.0175	0.0424	0.0236	0.0476	0.0285	0.0576	0.0324	0.0624	0.0356	0.0661	0.0382	0.0690
7.0	0.0073	0.0211	0.0133	0.0311	0.0180	0.0352	0.0219	0.0427	0.0251	0.0465	0.0277	0.0496	0.0299	0.0520
10.0	0.0053	0.0150	0.0097	0.0222	0.0133	0.0253	0.0162	0.0308	0.0186	0.0336	0.0207	0.0359	0.0224	0.0379

z/B	L/B													
	1.6		1.8		2.0		3.0		4.0		6.0		10.0	
	1	2	1	2	1	2	1	2	1	2	1	2	1	2
0.0	0.0000	0.2500	0.0000	0.2500	0.0000	0.2500	0.0000	0.2500	0.0000	0.2500	0.0000	0.2500	0.0000	0.2500
0.2	0.0153	0.2343	0.0153	0.2343	0.0153	0.2343	0.0153	0.2343	0.0153	0.2343	0.0153	0.2343	0.0153	0.2343
0.4	0.0290	0.2190	0.0290	0.2190	0.0290	0.2191	0.0290	0.2192	0.0291	0.2192	0.0291	0.2192	0.0291	0.2192
0.6	0.0399	0.2046	0.0400	0.2047	0.0401	0.2048	0.0402	0.2050	0.0402	0.2050	0.0402	0.2050	0.0402	0.2050
0.8	0.0480	0.1912	0.0482	0.1915	0.0483	0.1917	0.0486	0.1920	0.0487	0.1920	0.0487	0.1921	0.0487	0.1921
1.0	0.0534	0.1789	0.0538	0.1794	0.0540	0.1797	0.0545	0.1803	0.0546	0.1803	0.0546	0.1804	0.0546	0.1804
1.2	0.0568	0.1678	0.0574	0.1684	0.0577	0.1689	0.0584	0.0697	0.0586	0.1699	0.0587	0.1700	0.0587	0.1700
1.4	0.0586	0.1576	0.0594	0.1585	0.0599	0.1591	0.0609	0.1603	0.0612	0.1605	0.0613	0.1606	0.0613	0.1606
1.6	0.0594	0.1484	0.0603	0.1494	0.0609	0.1502	0.0623	0.1517	0.0626	0.1521	0.0628	0.1523	0.0628	0.1523
1.8	0.0593	0.1400	0.0604	0.1413	0.0611	0.1422	0.0628	0.1441	0.0633	0.1445	0.0635	0.1447	0.0635	0.1448
2.0	0.0587	0.1324	0.0599	0.1338	0.0608	0.1348	0.0629	0.1371	0.0634	0.1377	0.0637	0.1380	0.0638	0.1380
2.5	0.0560	0.1163	0.0575	0.1180	0.0586	0.1193	0.0614	0.1223	0.0623	0.1233	0.0627	0.1237	0.0628	0.1239
3.0	0.0525	0.1033	0.0541	0.1052	0.0554	0.1067	0.0589	0.1104	0.0600	0.1116	0.0607	0.1123	0.0609	0.1125
5.0	0.0403	0.0714	0.0421	0.0734	0.0435	0.0749	0.0480	0.0797	0.0500	0.0817	0.0515	0.0833	0.0521	0.0839
7.0	0.0318	0.0541	0.0333	0.0558	0.0347	0.0572	0.0391	0.0619	0.0414	0.0642	0.0435	0.0663	0.0445	0.0674
10.0	0.0239	0.0395	0.0252	0.0409	0.0263	0.0403	0.0302	0.0462	0.0325	0.0485	0.0349	0.0509	0.0364	0.0526

表 10.2-39　　圆形面积上均布荷载作用下中点的平均附加应力系数 $\bar{\alpha}$

z/r	0.0	0.1	0.2	0.3	0.4	0.5	0.6	0.7	0.8	0.9	1.0
中点	1.000	1.000	0.998	0.993	0.986	0.974	0.960	0.942	0.923	0.901	0.878
z/r	1.1	1.2	1.3	1.4	1.5	1.6	1.7	1.8	1.9	2.0	2.1
中点	0.855	0.831	0.808	0.784	0.762	0.739	0.718	0.697	0.677	0.658	0.640
z/r	2.2	2.3	2.4	2.5	2.6	2.7	2.8	2.9	3.0	3.1	3.2
中点	0.623	0.606	0.590	0.574	0.560	0.546	0.532	0.519	0.507	0.495	0.484
z/r	3.3	3.4	3.5	3.6	3.7	3.8	3.9	4.0	4.1	4.2	4.3
中点	0.473	0.463	0.453	0.443	0.434	0.425	0.417	0.409	0.401	0.393	0.386
z/r	4.4	4.5	4.6	4.7	4.8	4.9	5.0				
中点	0.379	0.372	0.365	0.359	0.353	0.347	0.341				

表 10.2-40　　圆形面积上三角形分布荷载作用下边点的平均附加应力系数 $\bar{\alpha}$

z/r		0.0	0.1	0.2	0.3	0.4	0.5	0.6	0.7	0.8	0.9	1.0	1.1
点	1	0.000	0.008	0.016	0.023	0.030	0.035	0.041	0.045	0.050	0.054	0.057	0.061
	2	0.500	0.483	0.466	0.450	0.435	0.420	0.406	0.393	0.380	0.368	0.356	0.344
z/r		1.2	1.3	1.4	1.5	1.6	1.7	1.8	1.9	2.0	2.1	2.2	2.3
点	1	0.063	0.065	0.067	0.069	0.070	0.071	0.072	0.072	0.073	0.073	0.073	0.073
	2	0.333	0.323	0.313	0.303	0.294	0.286	0.278	0.270	0.263	0.255	0.249	0.242

z/r		2.4	2.5	2.6	2.7	2.8	2.9	3.0	3.1	3.2	3.3	3.4	3.5
点	1	0.073	0.072	0.072	0.071	0.071	0.070	0.070	0.069	0.069	0.068	0.067	0.067
	2	0.236	0.230	0.225	0.219	0.214	0.209	0.204	0.200	0.196	0.192	0.188	0.184

z/r		3.6	3.7	3.8	3.9	4.0	4.2	4.4	4.6	4.8	5.0		
点	1	0.066	0.065	0.065	0.064	0.063	0.062	0.061	0.059	0.058	0.057		
	2	0.180	0.177	0.173	0.170	0.167	0.161	0.155	0.150	0.145	0.140		

（2）地基变形计算深度。地基变形计算深度 z_n 应符合式（10.2-88）：

$$\Delta S_n' \leqslant 0.025 \sum_{i=1}^{n} \Delta S_i' \qquad (10.2-88)$$

式中 $\Delta S_i'$——在计算深度范围内，第 i 层土的计算变形值；

$\Delta S_n'$——由计算深度向上取厚度为 Δz（图10.2-37）土层计算的变形值，并按表10.2-41确定。

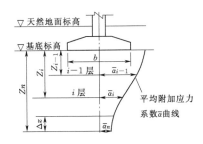

图 10.2-37 沉降计算分层

表 10.2-41　　　　Δz 值　　　　单位：m

b	$b \leqslant 2$	$2 < b \leqslant 4$	$4 < b \leqslant 8$	$b > 8$
Δz	0.3	0.6	0.8	1.0

如确定的计算深度下仍有较软土层时，应继续计算。

《建筑地基基础设计规范》（GB 50007—2002）还给出了当无相邻荷载影响，且基础宽度在 1～30m 范围内时，基础中点地基变形计算深度的简化计算方法。

当建筑物地下室基础埋置较深时，需要考虑开挖地基土的回弹，该部分回弹变形可按《建筑地基基础设计规范》（GB 50007—2002）进行计算。

10.2.7.3 天然地基的沉降过程计算

计算沉降过程旨在确定地基在某时刻 t 的固结度 U_t。而与固结度 U_t 相应的沉降量 S_t 的计算公式为

$$S_t = U_t S \qquad (10.2-89)$$

式中 S——地基的主固结沉降量。

地基的沉降过程系针对主固结阶段而言，并按固结理论求解。固结理论涉及两类课题：①单向固结理论，地基土单向排水，单向压缩；②三向（包括双向）固结理论，地基土三向（双向）排水，三向（双向）压缩。二维、三维固结很少采用手工计算，多运用计算机数值计算技术。

10.2.8 地基承载力

确定地基承载力的常用方法有理论计算法、原位试验法和规范法。

10.2.8.1 理论计算法

确定地基承载力的理论计算法，可以分为控制塑性区深度的弹塑性分析法（计算结果为容许承载力）和极限平衡分析法（计算结果为极限承载力）。

1. 按塑性区深度确定地基承载力（弹塑性分析法）

（1）临塑荷载公式。设条形基础宽度为 B，埋置深度为 D，地基土的容重为 γ，黏聚力为 c，内摩擦角为 φ。地基边缘刚出现塑性剪切区时的相应荷载（临塑荷载）的计算公式为

$$P_{cr} = \frac{\pi(\gamma D + c\cot\varphi)}{\cot\varphi - \frac{\pi}{2} + \varphi} + \gamma D \qquad (10.2-90)$$

（2）容许塑性区发展至一定深度的公式。若基础与地基的情况与上述式（10.2-90）中的相同，容许地基内塑性区发展的最大深度为基础底宽 B 的 $\frac{1}{3}$ 或 $\frac{1}{4}$，相应的容许荷载 $p\frac{1}{3}$ 与 $p\frac{1}{4}$ 的计算公式分别为

$$p\frac{1}{3} = \frac{\pi\left(\gamma D + \frac{1}{3}\gamma B + c\cot\varphi\right)}{\cot\varphi - \frac{\pi}{2} + \varphi} + \gamma D$$

$$\qquad (10.2-91)$$

$$p\frac{1}{4} = \frac{\pi\left(\gamma D + \frac{1}{4}\gamma B + c\cot\varphi\right)}{\cot\varphi - \frac{\pi}{2} + \varphi} + \gamma D$$

$$\qquad (10.2-92)$$

式（10.2-90）～式（10.2-92）也可用于矩形、

圆形等基础，且偏于安全。γ 为基础底面以下土的容重〔地基土处于地下水位以下采用浮容重 γ'；如果最高地下水位在基底以下的深度 $z>B$，采用天然容重 γ；如果最高地下水位在基底以下的深度 $z<B$，容重采用 $\gamma'+\dfrac{z}{B}(\gamma-\gamma')$〕。

2. 极限平衡分析法

（1）太沙基极限承载力公式。当地基土比较密实，受基础荷载作用，土的应力-应变关系曲线出现明显的转折（即整体剪切破坏情况），此时地基破坏形成连续的滑动面，导致地基的整体剪切破坏。相应的地基极限承载力计算公式为

$$q_d = cN_c + qN_q + \frac{1}{2}\gamma BN_\gamma \qquad (10.2-93)$$

其中 $\qquad\qquad q=\gamma D$

式中
q_d——基础底单位面积上的极限荷载；

c——土的黏聚力；

B——条形基础宽度；

q——埋置深度内的土层压力；

γ——基础底面以下土的容重，取值同式（10.2-92）；

N_c、N_q、N_γ——承载力因数，与土的内摩擦角 φ 及基底光滑程度等有关。

对于基底完全光滑的情况，地基承载力因数分别为

$$N_c = (N_q-1)\frac{1}{\tan\varphi} \qquad (10.2-94)$$

$$N_q = \tan^2\left(\frac{\pi}{4}+\frac{\varphi}{2}\right)e^{\pi\tan\varphi} \qquad (10.2-95)$$

$$N_\gamma = 1.8(N_q-1)\tan\varphi \qquad (10.2-96)$$

（2）迈耶霍夫极限承载力公式。迈耶霍夫认为，普朗特尔和太沙基等将滑动面的终点限制在与基底同一水平面上，并且不考虑基础两侧土的抗剪强度的影响是不符合实际的。因此，提出应该考虑到地基土的塑性平衡区随着基础的埋置深度的不同而扩展到最大可能的程度，并且应计及基础两侧土的抗剪强度对承载力的影响。以一定假定为基础，导出了条形基础受中心荷载作用时均质地基的极限承载力公式。

迈耶霍夫分别求出由于黏聚力 c、超载土和基底下土体自重引起的承载力，然后进行叠加，得出的地基极限承载力的计算公式为

$$q_u = cN_c + qN_q + \frac{1}{2}\gamma BN_\gamma \qquad (10.2-97)$$

承载力因数 N_c、N_q 由式（10.2-98）计算：

$$\left.\begin{array}{l} N_c = (N_q-1)\cot\varphi \\ N_q = \dfrac{(1+\sin\varphi)e^{2\theta\tan\varphi}}{1-\sin\varphi\sin(2\eta+\varphi)} \end{array}\right\} \qquad (10.2-98)$$

N_γ 无解析解，迈耶霍夫给出了图 10.2-38 承载力因数 N_γ 与 φ、β 及 m 的关系供查阅。

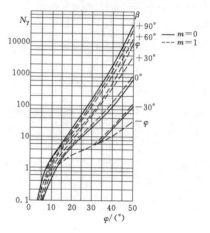

图 10.2-38 承载力因数 N_γ 与 φ、β 及 m 的关系

迈耶霍夫地基极限承载力公式有如下计算步骤。

1）假定 β，由式（10.2-99）计算 σ_0、τ_0。β 为公式推导时所作"等代自由面"与水平面的夹角，以作用于该面上的法向应力 σ_0、剪应力 τ_0 代替基础两侧土的抗剪强度的影响，即

$$\left.\begin{array}{l} \sigma_0 = \dfrac{1}{2}\gamma D\left(K_0\sin^2\beta + \dfrac{1}{2}K_0\tan\delta\sin2\beta + \cos^2\beta\right) \\[2mm] \tau_0 = \dfrac{1}{2}\gamma D\left[\dfrac{1}{2}(1-K_0)\sin2\beta + K_0\tan\delta\sin^2\beta\right] \end{array}\right\}$$
$$(10.2-99)$$

式中
K_0——土的静止土压力系数；

δ——土与基础侧面之间的摩擦角；

γ——基础底面以上土的容重。

2）根据 σ_0、τ_0 值作极限应力圆（图 10.2-39），并量得 η 和计算 $\theta = \dfrac{3\pi}{4}+\beta-\eta-\dfrac{\varphi}{2}$，由式（10.2-100）重新计算 β，得

$$\sin\beta = \frac{2D\sin\left(\dfrac{\pi}{4}-\dfrac{\varphi}{2}\right)\cos(\eta+\varphi)}{B\cos\varphi e^{\theta\tan\varphi}}$$
$$(10.2-100)$$

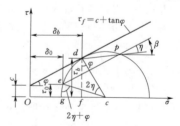

图 10.2-39 迈耶霍夫承载力公式 η、θ 的确定

3）如 β 的计算值与假定值不符，再假定 β 为计算值，重复1）、2），直到 β 的计算值与假定值相符为止。

4）m 的计算公式为

$$
\left.
\begin{aligned}
m &= \frac{(c+\sigma_b\tan\varphi)\cos(2\eta+\varphi)}{(c+\sigma_0\tan\varphi)\cos\varphi} \\
\sigma_b &= \frac{\sigma_0+\dfrac{c}{\cos\varphi}[\sin(2\eta+\varphi)-\sin\varphi]}{1-\dfrac{\sin\varphi}{\cos^2\varphi}[\sin(2\eta+\varphi)-\sin\varphi]}
\end{aligned}
\right\}
$$

(10.2-101)

5）由计算的 m、β 值，根据式（10.2-98）计算 N_c、N_q，并查得 N_γ，由式（10.2-97）计算出极限承载力 q_u。

迈耶霍夫建议 N_c、N_q、N_γ 的半经验公式为

$$
\left.
\begin{aligned}
N_c &= (N_q-1)\frac{1}{\tan\varphi} \\
N_q &= e^{\pi\tan\varphi}\tan^2\left(\frac{\pi}{4}+\frac{\varphi}{2}\right) \\
N_\gamma &= (N_q-1)\tan(1.4\varphi)
\end{aligned}
\right\}
$$

(10.2-103)

（3）汉森极限承载力公式。汉森公式的特点是，在一般的垂直极限荷载的公式中补充考虑了基础形状、荷载倾斜的影响。有倾斜荷载作用时，垂直极限荷载 q_{dv} 的计算公式为

$$
\left.
\begin{aligned}
\varphi>0, q_{dv}&=\frac{Q_{dv}}{A_e}=cN_cs_cd_ci_c+qN_qs_qd_qi_q+\frac{1}{2}\gamma B_eN_\gamma s_\gamma i_\gamma \\
\varphi=0, q_{dv}&=\frac{Q_{dv}}{A_e}=5.14cs_cd_ci_c+q
\end{aligned}
\right\}
$$

(10.2-104)

式中　　φ——内摩擦角；

q_{dv}——垂直极限荷载；

Q_{dv}——总极限荷载的垂直分量；

A_e、B_e——基础的有效面积、有效宽度；

γ——基础底面以下的土容重（水下的用浮容重）；

c——地基土的黏聚力；

q——基础底面以上的有效垂直向荷载，一般为基础埋置深度内的土层压力；

d_c、d_q——与基础埋置深度有关的深度系数；

N_c、N_q、N_γ——承载力因数，见表10.2-42；

s_c、s_q、s_γ——与基础形状有关的形状系数；

i_c、i_q、i_γ——倾斜系数。

式（10.2-104）适用 $\dfrac{D}{B}<1$ 的情况。

表 10.2-42　　汉森公式承载力因数

$\varphi/(°)$	N_c	N_q	N_γ
0	5.14	1.00	0
2	5.69	1.20	0.01
4	6.17	1.43	0.05
6	6.82	1.72	0.14
8	7.52	2.06	0.27
10	8.35	2.47	0.47
12	9.29	2.97	0.76
14	10.37	3.58	1.16
16	11.62	4.33	1.72
18	13.09	5.25	2.49
20	14.83	6.40	3.54
22	16.89	7.82	4.96
24	19.33	9.61	6.90
26	22.25	11.85	9.53
28	25.80	14.71	13.13
30	30.15	18.40	18.09
32	35.50	23.18	24.95
34	42.18	29.45	34.54
36	50.61	37.77	48.08
38	61.36	48.92	67.43
40	75.36	64.23	95.51
42	93.69	85.36	136.72
44	118.41	115.35	198.77
45	133.86	134.86	240.95

与基础形状有关的形状系数 s_c、s_q、s_γ 的计算公式分别为

$$s_c=s_q=1+0.2\frac{B_e}{L_e}$$

(10.2-105)

$$s_\gamma=1-0.4\frac{B_e}{L_e}$$

(10.2-106)

式中　L_e——基础的有效长度。

对于条形基础，$s_c=s_q=s_\gamma=1$。

与基础埋置深度有关的深度系数 d_c、d_q 的计算公式为

$$d_c=d_q=1+0.35\frac{D}{B_e}$$

(10.2-107)

与作用荷载倾斜率 $\tan\delta$ 有关的倾斜系数 i_c、i_q、i_γ，按土的内摩擦角 φ 与 $\tan\delta$ 查表10.2-43。若 $\tan\delta=0$，则

$$i_c=i_q=i_\gamma=1$$

利用汉森公式计算极限承载力，对于设计荷载组合，可采用固结快剪强度指标；饱和软黏土，可用快剪强度指标。若成层地基中的各层强度相差不大，可采用受力层深度以内的加权平均强度指标。受力层最大深度 Z_{max} 的计算公式为

$$Z_{max} = \lambda B_e \qquad (10.2-108)$$

式中 λ——系数，与假定的平均内摩擦角 φ_{av} 及 $\tan\delta$ 有关，见表 10.2-44。

表 10.2-43　　倾斜系数 i_c、i_q、i_γ

续表

$\varphi/(°)$	$\tan\delta=0.1$			$\tan\delta=0.2$			$\tan\delta=0.3$			$\tan\delta=0.4$		
	i_c	i_q	i_γ	i_c	i_q	i_γ	i_c	i_q	i_γ	i_c	i_q	i_γ
6	0.53	0.80	0.64									
7	0.64	0.83	0.69									
8	0.69	0.84	0.71									
9	0.73	0.85	0.72									
10	0.75	0.85	0.72									
11	0.77	0.85	0.73									
12	0.78	0.85	0.73	0.44	0.63	0.40						
13	0.79	0.85	0.73	0.50	0.65	0.43						
14	0.80	0.86	0.73	0.54	0.67	0.44						
15	0.81	0.86	0.73	0.57	0.68	0.46						
16	0.81	0.85	0.73	0.58	0.68	0.46						
17	0.81	0.85	0.73	0.60	0.68	0.47	0.30	0.45	0.20			
18	0.82	0.85	0.73	0.61	0.69	0.47	0.36	0.48	0.23			
19	0.82	0.85	0.72	0.62	0.69	0.47	0.40	0.50	0.25			
20	0.82	0.85	0.72	0.63	0.69	0.47	0.42	0.51	0.26			
21	0.82	0.85	0.72	0.64	0.69	0.47	0.44	0.52	0.27			
22	0.82	0.85	0.72	0.64	0.69	0.47	0.45	0.52	0.27	0.22	0.32	0.10
23	0.82	0.84	0.71	0.64	0.68	0.47	0.46	0.52	0.28	0.27	0.35	0.12
24	0.82	0.84	0.71	0.65	0.68	0.47	0.47	0.53	0.28	0.29	0.37	0.13
25	0.82	0.84	0.71	0.65	0.68	0.46	0.48	0.53	0.28	0.31	0.37	0.14
26	0.82	0.84	0.70	0.65	0.68	0.46	0.48	0.53	0.28	0.32	0.38	0.15
27	0.82	0.84	0.70	0.65	0.68	0.46	0.49	0.52	0.28	0.33	0.38	0.15
28	0.82	0.83	0.69	0.65	0.67	0.45	0.49	0.52	0.27	0.34	0.39	0.15
29	0.82	0.83	0.69	0.65	0.67	0.45	0.49	0.52	0.27	0.35	0.39	0.15
30	0.82	0.83	0.69	0.65	0.67	0.44	0.49	0.52	0.27	0.35	0.39	0.15
31	0.82	0.83	0.68	0.65	0.66	0.44	0.49	0.52	0.27	0.36	0.39	0.15
32	0.81	0.82	0.68	0.64	0.66	0.43	0.49	0.51	0.26	0.36	0.39	0.15
33	0.81	0.82	0.67	0.64	0.65	0.43	0.49	0.51	0.26	0.36	0.38	0.15
34	0.81	0.82	0.67	0.64	0.65	0.42	0.49	0.50	0.25	0.36	0.38	0.14
35	0.81	0.81	0.66	0.64	0.65	0.42	0.49	0.50	0.25	0.36	0.38	0.14
36	0.81	0.81	0.66	0.63	0.64	0.41	0.48	0.50	0.25	0.36	0.37	0.14
37	0.80	0.81	0.65	0.63	0.64	0.40	0.48	0.49	0.24	0.36	0.37	0.14
38	0.80	0.80	0.65	0.62	0.63	0.40	0.47	0.49	0.24	0.35	0.37	0.13
39	0.80	0.80	0.64	0.62	0.63	0.39	0.47	0.48	0.23	0.35	0.36	0.13
40	0.79	0.80	0.64	0.62	0.62	0.39	0.47	0.48	0.23	0.35	0.36	0.13
41	0.79	0.79	0.63	0.61	0.61	0.38	0.46	0.47	0.22	0.34	0.35	0.13
42	0.79	0.79	0.62	0.61	0.61	0.37	0.46	0.46	0.21	0.34	0.35	0.12
43	0.78	0.79	0.62	0.60	0.60	0.37	0.45	0.46	0.21	0.33	0.34	0.12
44	0.78	0.78	0.61	0.59	0.60	0.36	0.44	0.45	0.20	0.33	0.33	0.11
45	0.78	0.78	0.60	0.59	0.59	0.35	0.44	0.44	0.20	0.32	0.33	0.11

表 10.2-44　　系　数　λ

$\tan\delta$	$\varphi_{av} \leqslant 20°$	$\varphi_{av}=21°\sim 35°$	$\varphi_{av}=36°\sim 45°$
$\leqslant 0.2$	0.6	1.2	2
$0.21\sim0.30$	0.4	0.9	1.6
$0.31\sim0.40$	0.2	0.6	1.2

地基承载力的安全系数 K 的计算公式为

$$K = \frac{q_{av}}{\bar{p}} \qquad (10.2-109)$$

式中 $\bar{p}$——作用在基础底面上的平均垂直压力。

安全系数应满足以下要求：

1）计算中采用固结快剪强度指标时，安全系数 K 应不小于 2～3。对一级、二级建筑物取高值，对三级建筑物取低值。以黏性土为主的地基取高值，以砂土为主的地基取低值。

2）采用快剪强度指标时，安全系数 K 可酌情降低。

10.2.8.2 原位试验法

经常用来确定地基承载力的原位试验法包括平板载荷试验法、静力触探试验法、标准贯入试验法、旁压仪试验法等。

10.2.8.3 规范法

这里仅列出《建筑地基基础设计规范》（GB 50007—2002）、《港口工程地基规范》（JTJ 250—98）中确定地基承载力的有关规定。

1. 建筑地基基础设计规范

《建筑地基基础设计规范》（GB 50007—2002）规定，地基承载力特征值可由载荷试验或其他原位测试公式计算，并结合工程实践经验等方法综合确定。

当偏心距 e 不大于 0.033 倍基础底面宽度时，根据土的抗剪强度指标确定地基承载力特征值，其计算公式为

$$f_a = M_b \gamma b + M_d \gamma_m d + M_c c_k \qquad (10.2-110)$$

式中　　　f_a——由土的抗剪强度指标确定的地基承载力特征值；

M_b、M_d、M_c——承载力系数，按表 10.2-45 确定；

γ——基础下土的容重，地下水位以下取浮容重；

γ_m——基础下各土层的加权平均容重，地下水位以下取浮容重；

b——基础底面宽度，大于 6m 时按 6m 取值，对于砂土，小于 3m 时按 3m 取值；

c_k——基底下短边宽深度内土的黏聚力标准值。

表 10.2-45　承载力系数 M_b、M_d、M_c

$\varphi_k /(°)$	M_b	M_d	M_c
0	0	1.00	3.14
2	0.03	1.12	3.32
4	0.06	1.25	3.51
6	0.10	1.39	3.71
8	0.14	1.55	3.93

续表

$\varphi_k /(°)$	M_b	M_d	M_c
10	0.18	1.73	4.17
12	0.23	1.94	4.42
14	0.29	2.17	4.69
16	0.36	2.43	5.00
18	0.43	2.72	5.31
20	0.51	3.06	5.66
22	0.61	3.44	6.04
24	0.80	3.87	6.45
26	1.10	4.37	6.90
28	1.40	4.93	7.40
30	1.90	5.59	7.95
32	2.60	6.35	8.55
34	3.40	7.21	9.22
36	4.20	8.25	9.97
38	5.00	9.44	10.80
40	5.80	10.84	11.73

注　φ_k 为地基下面一倍短边宽深度内土的内摩擦角标准值。

当基础有效宽度大于 3m 或基础埋深大于 0.5m 时，从荷载试验或其他原位测试、经验值等方法确定的地基承载力特征值，尚应按式（10.2-111）进行修正：

$$f_a = f_{ak} + \eta_b \gamma(b-3) + \eta_d \gamma_m (d-0.5)$$
$$(10.2-111)$$

式中　　f_a——修正后的地基承载力特征值；

f_{ak}——按各种方法确定的地基承载力特征值；

η_b、η_d——基础宽度、埋深的地基承载力修正系数，按基底下土的类别查表 10.2-46 取值；

γ——基础底面下土的容重，地下水位以下取浮容重；

γ_m——基础底面以上土的加权平均容重，地下水位以下取浮容重；

d——基础埋置深度，m，一般自室外地面标高算起。

在填方整平地区，可自填土地面标高算起，但填土在上部结构施工后完成时，应从天然地面标高算起。对于地下室，如采用箱型基础或筏基时，基础埋置深度自室外地面标高算起；当采用独立基础或条形基础时，应从室内地面标高算起。

表 10.2－46　承载力修正系数表

土　类		η_b	η_d
淤泥和淤泥质土		0	1.0
人工填土；e 或 $I_L \geqslant 0.85$ 的黏性土		0	1.0
红黏土	含水比 $\alpha_w > 0.8$	0	1.2
	含水比 $\alpha_w \leqslant 0.8$	0.15	1.4
大面积压实填土	压实系数大于 0.95，黏粒含量 $\rho_c \geqslant 10\%$ 的粉土	0	1.5
	最大干密度大于 2.1t/m³ 的级配砂石	0	2.0
粉土	黏粒含量 $P_c \geqslant 10\%$ 的粉土	0.3	1.5
	黏粒含量 $P_c < 10\%$ 的粉土	0.5	2.0
e 及 $I_L < 0.85$ 的黏性土		0.3	1.6
密砂、细砂（不包括很湿及饱和时的稍密状态）		2.0	3.0
中砂、粗砂、砾砂和碎石土		3.0	4.4

注　强风化和全风化的岩石，可参照所风化成的相应土类取值，其他状态下的岩石不修正。

2. 港口工程地基规范

按《港口工程地基规范》（JTJ 250—98）规定，地基承载力应由原位测试并结合工程实践经验等综合确定。对非黏性土地基的小型建筑物及安全等级为三级的建筑物可按以下规定确定地基承载力。

当基础有效宽度不大于 3m，基础埋深为 0.5～1.5m 时，地基承载力设计值根据岩石和土的野外特征、密实度或标准贯入击数可分别按以下原则和表格确定，表中数值允许内插。

（1）岩石地基的承载力设计值。岩石地基的承载力设计值可按表 10.2-47 确定。

表 10.2－47　岩石地基的承载力设计值 $[f'_d]$

单位：kPa

岩石类别	风化程度			
	微风化	中等风化	强风化	全风化
硬质岩石	2500～4000	1000～2500	500～1000	200～500
软质岩石	1000～1500	500～1000	200～500	—

注　强风化岩石改变埋藏条件后如强度降低，宜按降低程度选用较低值，当受倾斜荷载时，其承载力设计值应进行专门研究。

（2）碎石土地基承载力设计值。碎石土地基承载力设计值可按表 10.2-48 确定。

表 10.2－48　碎石土地基承载力设计值 $[f'_d]$

单位：kPa

$\tan\delta$	密　实　度								
	密实			中密			稍密		
土类	0	0.2	0.4	0	0.2	0.4	0	0.2	0.4
卵石	800～1000	640～840	288～360	500～800	400～640	180～288	300～500	240～400	108～180
碎石	700～900	560～720	252～324	400～560	320～560	144～252	250～400	200～320	90～144
圆砾	500～700	400～560	180～252	300～500	240～400	108～180	200～300	160～240	72～108
角砾	400～600	320～480	144～216	250～400	200～320	90～144	200～250	160～200	72～90

注　1. 表中数值适用于骨架颗粒空隙全部由中砂、粗砂或液性指数 $I_L < 0.25$ 的黏性土所填充。

2. 当粗颗粒为中等风化或强风化时，可按风化程度适当降低承载力设计值；当颗粒间呈半胶结状时，可适当提高承载力设计值。

3. $\tan\delta = \dfrac{H}{V}$，$H$ 为作用在基础底面以上的水平方向合力，$\overline{V}$ 为相应的垂直方向合力。

（3）砂土地基的承载力设计值。砂土地基的承载力设计值可按表 10.2-49 确定。

（4）微风化硬质岩石的承载力设计值如选用大于 4000kPa 时应进行专门研究。

（5）全风化软质岩石的承载力设计值应按土考虑。

表 10.2－49　砂土地基承载力设计值 $[f'_d]$

单位：kPa

$\tan\delta$	$N=30\sim50$			$N=15\sim30$			$N=10\sim15$		
土类	0	0.2	0.4	0	0.2	0.4	0	0.2	0.4
中粗砂	500～340	400～272	180～122	340～250	272～200	122～90	250～180	200～144	90～65
粉细砂	340～250	272～200	122～90	200～180	160～144	90～65	180～140	144～112	65～50

注　N 为标准贯入击数。

当基础有效宽度大于 3m 或基础埋深大于 1.5m

时，地基承载力设计值可按表 10.2 - 47 确定。

表 10.2 - 47～表 10.2 - 49 查得的承载力设计值，应修正为

$$f'_d = [f'_d] + m_B \gamma_1 (B'_e - 3) + m_D \gamma_2 (D - 1.5)$$

$$(10.2 - 112)$$

式中　f'_d——修正后地基承载力设计值，kPa；

　　$[f'_d]$——按各表查得的地基承载力设计值，kPa；

　　γ_1——基础底面以下土的容重，水下用浮容重，kN/cm^3；

　　γ_2——基础底面以上土的加权平均容重，水下用浮容重，kN/cm^3；

　　m_B、m_D——基础宽度、基础埋深的承载力修正系数；

　　B'_e——基础有效宽度，m，当宽度小于 3m 时取 3m，大于 8m 时取 8m；

　　D——基础埋深，m，当埋深小于 1.5m 时取 1.5m。

基础宽度、基础埋深的承载力修正系数，可查用表 10.2 - 50 中的数值。

表 10.2 - 50　基础宽度、基础埋深的承载力修正系数

土类		$\tan\delta=0$		$\tan\delta=0.2$		$\tan\delta=0.4$	
		m_B	m_D	m_B	m_D	m_B	m_D
砂土	细砂、粉砂	2.0	3.0	1.6	2.5	0.6	1.2
	砾砂、粗砂、中砂	4.0	5.0	3.5	4.5	1.8	2.4
碎石土		5.0	6.0	4.0	5.0	1.8	2.4

注　微风化、中等风化岩石不修正；强风化岩石的修正系数按相近的土类采用。

10.2.9　土的动力特性

10.2.9.1　概述

土的动力特性主要是指土的动应力-应变关系和强度特性。其主要受土性因素、环境因素及动荷载性质等三方面影响。土性因素包括土粒矿物成分、颗粒大小、颗粒形状、颗粒级配、密度、饱和度、成因、地质历史、颗粒胶结及排列结构等。环境因素包括有效固结应力、应力水平、应力历史（路径）和排水条件等。动荷载可分为冲击性荷载和振动性荷载两种类型，主要表现为幅值、频率和持续时间等特性的不同。

在循环荷载作用下，土的动应力-应变关系主要表现出压硬性、非线性、动应变滞后性和残余变形累积等特性，动强度则表现为由于动孔隙水压力累积上升而下降，甚至发生液化的现象。压硬性是指土的变形模量和抗剪强度随固结应力的增大而增大的特性。非线性是指土的变形模量随应变的增大而减小的特性。滞后性是指由于阻尼的影响，应变对应力的滞后性，循环应力下土体应力-应变关系表现为滞回圈。变形累积性是指在循环应力作用下，随着荷载作用周数的增加，滞回圈中心不断朝一个方向移动，累积变形越来越大。

一般将综合反映上述不同因素对动应力-应变关系和强度特性影响的数学关系式称为土的动力本构关系。

土在循环荷载作用下的动力本构关系模型可分为三类：①黏弹性模型，包括线性黏弹性模型、等效线性黏弹性模型等；②真非线性模型，如以 Masing 准则为基础发展的非线性模型等；③弹塑性模型，又可分为经典弹塑性模型、套叠屈服面模型、边界模型、广义弹塑性模型和多机构塑性模型等。

当采用黏弹性模型、真非线性模型或经典弹塑性模型进行动力有效应力分析时，还需建立动孔隙水压力发展模型。动孔隙水压力模型一般可分应力模型、应变模型、内时模型、能量模型、有效应力路径模型以及瞬态模型等。为了计算动力残余变形，有时还需要建立包括残余剪应变和残余体积变形在内的动力残余变形模型。

地震引起的土体振动和破坏，主要是由基岩向上传播的水平振动剪切地震波产生的惯性力和动剪应力所引起的，主要考虑土的动力剪切变形特性。等效线性黏弹性模型在国内外得到了广泛应用，对于重要工程还采用真非线性模型进行比较，而弹塑性模型目前则还应用较少。

等效线性黏弹性模型的表达方式有许多，代表性的有 Hardin - Drnevich 模型和 Ramberg - Osgood 模型及沈珠江模型等。由于这些公式有时不能很好模拟试验结果，工程实践中经常采用以试验曲线为基础的插值法。

10.2.9.2　动荷载分类及其特征

土体可能经受的动荷载有多种，一般分为自然形成和人类活动形成的两类。动荷载分类及其特征见表 10.2 - 51。

10.2.9.3　地震动荷载的等效循环次数

实际地震动荷载为随机变化的不规则波，经常将其等效转化为等幅循环荷载。等效是指破坏意义上的等效，即分别把地震不规则波荷载和转化的等幅循环

表 10.2 - 51　动荷载分类及其特征

形成条件	动荷载	动荷载特征
自然形成的动荷载	地震荷载	作用时间短，往复循环，随机性强，幅值大，频率低，破坏性大
	风、波浪及水流荷载	作用时间长，往复循环，随机性
人类活动形成的动荷载	机器振动荷载	有规律，幅值小，频率高，历时长
	施工振动荷载	历时长，幅值小，无规律
	爆破冲击荷载	冲击荷载，幅值极大，历时极短
	火车、汽车在路面及土层上造成的重复及振动荷载	历时长，幅值小，随机性大，具重复性和循环性

荷载施加于相同试件，将产生相同的破坏效果，或达到相同的破坏应变、破坏标准。

10.2.9.4　土的动应力-应变关系

土的动应力-应变关系有线性黏弹性模型、等效线性黏弹性模型、真非线性模型及弹塑性模型等。

1. 线性黏弹性模型

线性黏弹性模型由并联的弹簧和阻尼器力学元件来模拟。土体的应力-应变关系表示为

$$\sigma = E\varepsilon + c\dot{\varepsilon} \qquad (10.2 - 113)$$

式中　σ——应力；

ε——应变；

$\dot{\varepsilon}$——应变速率；

E——弹性模量；

c——黏滞阻尼。

线性黏弹性模型难以反映真实的土体动力特性，实际工程中应用较少。

2. 等效线性黏弹性模型

等效线性黏弹性模型把土看作黏弹性体，采用等效剪切模量（又称为动剪切模量）G 和等效阻尼比（又称为动阻尼比）λ 两个参数来反映土的动应力-应变关系的非线性和滞后性两个基本特征。该模型的关键是要通过试验确定最大动剪切模量 G_{max} 与平均有效固结应力 σ_0' 的关系、动剪切模量比 G/G_{max} 和动阻尼比 λ 随动剪应变 γ_d 的变化关系等。

土在微小动应变幅作用下的动剪切模量称为土的最大动剪切模量 G_{max}。G_{max} 受多种因素的影响，包括平均有效主应力、孔隙比、超固结比、颗粒特征、饱

和度、加荷历史等，一定条件下的 G_{max} 扭剪共振柱试验结果可表示为

$$G_{max} = CP_a \left(\frac{\sigma_0'}{P_a} \right)^n \qquad (10.2 - 114)$$

其中　　　$\sigma_0' = \frac{1}{2}(\sigma_{10}' + \sigma_{30}')$

式中　σ_0'——平均有效固结应力；

σ_{10}'——轴向有效固结应力；

σ_{30}'——侧向有效固结应力；

C、n——模量系数、模量指数，由试验确定，它们包含了土颗粒矿物成分、颗粒大小、颗粒形状、颗粒级配、密度、饱和度及结构性等各种因素的影响。

在实际应用中还可以直接采用相应关系曲线来表征这种等价黏弹性特性。

根据试验测得动剪切模量比 $\frac{G}{G_{max}}$ 及动阻尼比 λ 与动剪应变幅 γ 的关系曲线，用参考剪应变 $\gamma_r = \frac{\tau_{max}}{G_{max}}$ 归一后，得到如图 10.2 - 40 所示的较为单一的 $\frac{G}{G_{max}} - \frac{\gamma}{\gamma_r}$ 关系曲线和 $\lambda - \frac{\gamma}{\gamma_r}$ 关系曲线。动力计算时输入相应关系曲线的控制数据，根据应力应变值进行内插和外延取值。

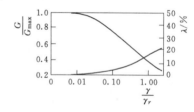

图 10.2 - 40　$\frac{G}{G_{max}} - \frac{\gamma}{\gamma_r}$ 关系曲线和 $\lambda - \frac{\gamma}{\gamma_r}$ 关系曲线

等价黏弹性模型概念明确，应用方便，在参数的确定和应用方面积累了较丰富的试验资料和工程经验，能为工程界所接受，实用性强，应用较为广泛。

10.2.9.5　土的动强度特性

在一定动荷载作用下，使土体达到某种破坏标准所需的动应力幅值称为土的动强度。动强度受荷载的频率和作用时间的影响，具有明显的速率效应和循环效应。动强度随加荷速率增大而增大，随振动次数的增大而减小。此外，合理地规定破坏标准是讨论动强度问题的基础。

周期荷载作用时，动强度指的是砂土试样在某循环振动次数 N_f 下，使试样达到某破坏标准的等幅动剪应力值。在固结不排水振动三轴试验中，常用以下三种破坏标准。

（1）初始液化，即动孔隙水压力最大值达有效侧向固结压力。

（2）极限平衡标准，即动孔隙水压力增量达到使土样处于极限平衡的临界孔隙水压力值 Δu_{cr}。

（3）轴向应变（对于等压固结，其应变值取为双幅轴向应变；对于不等压固结，其应变值为弹性应变与塑性应变之和）达到某规定值，如 2.5%、5% 或 10%。

实际上，对于具有不同应力状态和密度状态的试样，这些破坏标准表示了不同的状态条件。在土石坝的抗震稳定分析中，通常以 5% 轴向应变规定为破坏标准。

动强度基本试验结果以动剪应力比 $\dfrac{\Delta \tau_d}{\sigma_0}$ 与破坏振动次数 N_f 的关系曲线（$\dfrac{\Delta \tau_d}{\sigma_0} - \lg N_f$）表示，所涉及的物理量公式如下：

$$\Delta \tau_d = \frac{\sigma_d}{2} \qquad (10.2-115)$$

$$\sigma_0' = \frac{\sigma_{10}' + \sigma_{30}'}{2} \qquad (10.2-116)$$

式中　$\Delta \tau_d$——45°面上的剪应力；

σ_d——轴向动应力；

σ_0'——试样 45°面上的有效法向应力；

σ_{10}'——有效固结轴向应力；

σ_{30}'——有效固结围压力。

影响土的动强度的主要因素有土性条件、静应力状态和动应力特性三个方面，故土的动强度曲线除需标明破坏标准外，尚需标明试样土性条件（如颗粒级配特征、结构、密度与饱和度等）和试验前固结应力状态（以固结围压力 σ_{30} 和轴向应力 σ_{10} 或固结应力比 $K_c = \dfrac{\sigma_{10}}{\sigma_{30}}$ 表示）。密度越大，动强度越高，粒度越粗，动强度越大，动强度随相对密度 D_r 大致呈线性变化。动强度随平均粒径变化的情况具有如图 10.2-41 所示的趋势。

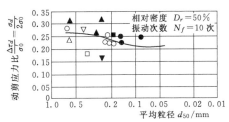

图 10.2-41　动强度随平均粒径变化的情况

10.2.9.6　砂土液化特性

1. 液化的概念与机理

物质从固体状态转化为液体状态的现象称为液化。对土体而言，土的抗剪强度降低到 0，不能承受剪应力，从而达到能够像液体一样流动的状态称为土的液化。就无黏性土而言，这种由固体状态到液体状态的转化是孔隙水压力增大、有效应力减小所致。

对无黏性土（包括仅有微弱黏聚力的少黏性土）的液化机理，汪闻韶将其概括为砂沸、流滑和循环活动性三种典型的液化机理。

（1）砂沸。砂沸是由于水的渗透而引起的液化。当饱和无黏性土发生由下向上的渗透，随着渗透比降增加，渗透力增大，当渗透比降等于或超过上覆土的浮密度时，土体就会发生上浮或"沸腾"现象，并丧失承载能力。这个过程与无黏性土的密实程度和体积应变无关，而常被考虑为"渗透不稳定"现象，但从物态转变行为来看，"砂沸"也属于土的液化的范畴。

（2）流滑。流滑是饱和松砂的颗粒骨架在单程或剪切作用下，呈不可逆体积压缩，在不排水条件下，引起孔隙水压力增大和有效应力减小，导致"无限度"的流动变形。Casagrande 将其称之为"实际液化"，曾先后提出过"临界孔隙比"和"流动结构"及"稳态线"等概念，以界定发生流滑的土体。

（3）循环活动性。循环活动性是指在循环荷载作用下，试件的剪缩和剪胀交替变化，从而形成了瞬态液化和有限度断续变形。循环活动性主要发现于相对密度较大（中密以上到紧密）的饱和无黏性土的固结不排水循环三轴、循环单剪和循环扭剪试验中。较密的砂土在偏应力较大时将发生剪胀，偏应力减小时发生剪缩。因此就一个荷载循环来说，孔隙水压力是波动的，当一个荷载循环结束时，将产生孔隙水压力积累增长。当孔隙水压力积累到一定程度时，在一个荷载循环的某一瞬间，孔隙水压力等于围压，即达到瞬时液化。瞬时液化一般发生在偏应力等于 0 的瞬间，此后随着偏应力的增长，砂土又发生剪胀，孔隙水压力减小，从而又获得一定的强度。循环活动性只能产生有限的变形，而不会产生无限制的流动。

2. 砂土地震液化

图 10.2-42 为砂土液化过程示意图。地震前，全部上覆压力由土颗粒组成的土骨架所承担，饱和砂层中的颗粒处于相对稳定的位置 [图 10.2-42（a）]。地震时，足够大的地震惯性力使砂土颗粒离开原来的稳定位置运动到新的位置以保持稳定，并使砂土趋于密实。砂土这种从分离到密实的过程，也就是颗粒挤压孔隙水的过程。

地震时主震过程一般只持续几十秒，在这短暂的时间里，受挤压的孔隙水来不及排出，因而导致孔隙水压力上升。当上升的孔隙水压力达到原来的土体所承受的全部压力时，土中的有效应力变为零 [图 10.2-42（b）]。此时，砂土颗粒不再传递应力，说明沙土颗粒已互不接触而处于悬浮状态，砂土的抗剪强度也就变为零，具备液体特性，即发生液化。

随着地震强度减弱或主震结束孔隙水不断排出，孔隙水压力逐渐消散，砂土颗粒又重新接触组成新的骨架，并传递压力，砂土层达到新的稳定状态。

因此，饱和、排水条件差及地震动是产生地震液化的必要条件。

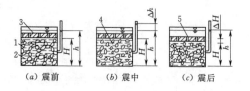

图 10.2 - 42 砂土液化过程示意图
1—砂土颗粒；2—孔隙水；3—覆盖压力；
4—液化状态；5—排水孔

3. 土体地震液化的影响因素

土体因震动而液化，取决于以下主要因素：土的类型、土的密度、固结压力、地震动强度和地震动持续时间等。

（1）土的类型。实际震害调查资料表明，液化大多数发生在无黏性土中。某些条件下少黏性土和砂卵石也有可能发生液化。

对于无黏性土来说，颗粒级配是影响液化特性的重要因素，级配均匀的土比级配良好的土更容易发生液化，不均匀系数越小，砂土越容易发生液化。不均匀系数大于 10 的砂土，一般不容易发生液化。对于级配均匀的土，如细砂、粉砂比粗砂、砾质土及少黏性土等更易液化。

（2）土的密度。相对密度越高，就越不容易液化。由于砂土的相对密度与标准贯入击数 $N_{63.5}$ 之间有着良好的相关关系，因此在现场经常通过标准贯入试验得到标贯击数 $N_{63.5}$ 来估计相对密度，从而判断液化的可能性。

（3）固结压力。在地震作用下，砂土层的液化可能性与固结压力的大小有关。固结压力越大，砂土越难液化。

（4）地震动强度。地震动强度越大，砂土越易液化。在试验研究中，地震动强度一般采用循环动应力幅值来表示，循环应力幅值越大，引起液化所需动应力循环次数越少。

（5）地震动持续时间。地震动持续时间也是影响液化的重要因素之一，如果地震历时较短，也可能不发生液化。这是因为土层在振动作用下，孔隙水压力的增长需要一定的时间才能达到最大值。此外，土体内的液化范围也是随时间而增大的。在实验室试验研究中，振动持续时间一般采用动应力循环次数来表示。动应力循环次数越多，引起液化所需的循环应力幅值越小。

（6）其他因素。除了上述各种因素以外，地下水位的高低和土层的排水条件，也影响砂土层液化的形成和发展。地下水位越高，土层就越容易液化；反之，越不易液化。土层排水条件良好时，由震动引起的孔隙水压力能够不断地消散，孔隙水压力的增长就不会像在无排水条件下那样快，将使液化可能性相对减小；反之，若饱水砂层在不透水黏土层的包围之中，呈透镜体埋藏，则受震后容易液化。

此外，在土的性质方面除了颗粒级配和相对密度以外，砂土结构性对于液化可能性也有影响。土粒的排列和均匀性不同以及有无胶结物，其抵抗液化的能力也不同。原状砂比试验室内制备的砂样难以液化，其抗液化的能力可达 1.5～2.0 倍。从土粒的排列状况看，土粒间架空的大孔隙越少，砂土就越不易液化；反之，就容易液化。

4. 地震液化可能性判别方法

判别砂土液化可能性的基本思路是对促使液化和阻扰液化方面的某种代表性物理量的大小进行对比，进而作出判断。

Casagrande（1936）提出了临界孔隙比法，认为存在一个剪切破坏时体积不发生改变（即不压实又不膨胀）的密度，其相应的孔隙比为临界孔隙比。后来又提出"流动结构"及"稳态线"等概念，以考虑固结应力状态的影响。

Seed（1971）提出了抗液化剪应力法，是目前国内外广泛应用的方法。汪闻韶（1978）提出的地震总应力抗剪强度方法在我国土石坝工程中得到了广泛应用。它们的关键在于正确确定出地震剪应力和抗液化剪应力或地震总应力抗剪强度。

根据《水利水电工程地质勘察规范》（GB 50487—2008）和《建筑抗震设计规范》（GB 50011—2010），土的地震液化判定工作可分初判和复判两个阶段。初判应排除不会发生地震液化的土层。对初判可能发生液化的土层，应进行复判。

土的地震液化初判应符合下列规定。

（1）地层年代为第四纪晚更新世 Q_3 或以前的土，可判为不液化。

（2）土的粒径小于 5mm 颗粒含量的质量百分率不大于 30% 时，可判为不液化。

（3）对粒径小于 5mm 颗粒含量质量百分率大于 30% 的土，其中粒径小于 0.005mm 的颗粒含量质量百分率（ρ_c）相应于地震地峰值加速度为 0.10g、0.15g、0.20g、0.30g 和 0.40g 分别不小于 16%、

17%、18%、19% 和 20% 时，可判为不液化；当黏粒含量不满足上述规定时，可通过试验确定。

（4）工程正常运用后，地下水位以上的非饱和土，可判为不液化。

（5）当土层的剪切波速大于式（10.2-117）计算的上限剪切波速时，可判为不液化。

$$v_{st} = 291 \sqrt{K_H Z r_d} \qquad (10.2-117)$$

式中 v_{st}——上限剪切波速，m/s；

K_H——地震动峰值加速度系数；

Z——土层深度，m；

r_d——深度折减系数。

（6）地震动峰值加速度可按《中国地震动参数区划图》（GB 18306）查取或采用场地地震安全性评价结果。

（7）深度折减系数可按下列公式计算：

$$r_d = 1.0 - 0.01Z \quad (Z=0\sim10\text{m})$$
$$(10.2-118)$$

$$r_d = 1.1 - 0.02Z \quad (Z=10\sim20\text{m})$$
$$(10.2-119)$$

$$r_d = 0.9 - 0.01Z \quad (Z=20\sim30\text{m})$$
$$(10.2-120)$$

土的地震液化复判应符合下列规定。

（1）标准贯入锤击数法。

1）符合下式要求的土应判为液化土：

$$N < N_{cr} \qquad (10.2-121)$$

式中 N——工程运用时，标准贯入点在当时地面以下 d_s（m）深度处的标准贯入锤击数；

N_{cr}——液化判别标准贯入锤击数临界值。

2）当标准贯入试验贯入点深度和地下水位在试验地面以下的深度，不同于工程正常运用时，实测标准贯入锤击数应按式（10.2-122）进行校正，并应以校正后的标准贯入锤击数 N 作为复判依据。

$$N = N'\left(\frac{d_s + 0.9d_w + 0.7}{d_s' + 0.9d_w' + 0.7}\right) \qquad (10.2-122)$$

式中 N'——实测标准贯入锤击数；

d_s——工程正常运用时，标准贯入点在当时地面以下的深度，m；

d_w——工程正常运用时，地下水位在当时地面以下的深度，m，当地面淹没于水面以下时，d_w 取 0；

d_s'——标准贯入试验时，标准贯入点在当时地面以下的深度，m；

d_w'——标准贯入试验时，地下水位在当时地面以下的深度，m，若当时地面淹没于水面以下时，d_w' 取 0。

校正后标准贯入锤击数和实测标准贯入锤击数均不进行钻杆长度校正。

3）液化判别标准贯入锤击数临界值应根据下式计算：

$$N_{cr} = N_0 [0.9 + 0.1(d_s - d_w)] \sqrt{\frac{3\%}{\rho_c}}$$
$$(10.2-123)$$

式中 ρ_c——土的黏粒含量质量百分率，%，当 $\rho_c <$ 3% 时，ρ_c 取 3%；

N_0——液化判别标准贯入锤击数基准值；

d_s——当标准贯入点在地面以下 5m 以内的深度时，应采用 5m 计算。

4）液化判别标准贯入锤击数基准值 N_0，按表 10.2-52 取值。

表 10.2-52　液化判别标准贯入锤击数基准值

地震动峰值加速度	0.10g	0.15g	0.20g	0.30g	0.40g
近震	6	8	10	13	16
远震	8	10	12	15	18

注　当 $d_s=3\text{m}$，$d_w=2\text{m}$、$\rho_c \leqslant 3\%$ 时的标准贯入锤击数称为液化标准贯入锤击数基准值。

5）式（10.2-123）只适用于标准贯入点地面以下 15m 以内的深度，大于 15m 的深度内有饱和砂或饱和少黏性土，需要进行地震判别时，可采用其他方法判定。

6）当建筑物所在地区的地震设防烈度比相应的震中烈度小 2 度或 2 度以上时定为远震，否则为近震。

7）测定土的黏粒含量时应采用六偏磷酸钠 $(N_aPO_3)_6$ 作分散剂。

（2）相对密度复判法。当饱和无黏性土（包括砂粒径大于 2mm 的砂砾）的相对密度不大于表 10.2-53 中的液化临界相对密度时，可判为可能液化土。

表 10.2-53　饱和无黏性土的液化临界相对密度

地震动峰值加速度	0.05g	0.10g	0.20g	0.40g
液化临界相对密度 $(D_r)_{cr}/\%$	65	70	75	85

（3）相对含水率或液性指数复判法。

1）当饱和少黏性土的相对含水率不小于 0.9 时，或液性指数不小于 0.75 时，可判为可能液化土。

2）相对含水率应按式（10.2-124）计算：

$$\omega_u = \frac{\omega_s}{\omega_L} \qquad (10.2-124)$$

式中 ω_u——相对含水率，%；

ω_s——少黏性土的饱和含水率，%；

ω_L——少黏性土的液限含水率，%。

3）液性指数应按下式计算：

$$I_L = \frac{\omega_s - \omega_p}{\omega_L - \omega_p} \qquad (10.2-125)$$

式中　I_L——液性指数；

ω_p——少黏性土的塑限含水率，%。

10.2.10　挡土墙土压力

10.2.10.1　挡土墙土压力分类

在实际工程中，由于墙的位移情况不同，可产生三种性质不同的土压力。挡土墙在侧向压力的作用下，产生离开土体的微小移动或转动时，将使墙对土体的侧向应力逐渐减小，墙后土体便出现向下滑动的趋势。这时土中逐渐增大的抗剪力抵抗这一滑动的产生。当墙体的位移达到某一数值且土的抗剪强度充分发挥时，土压力则减小到最小值，此时的土压力称为主动土压力，见图 10.2-43。

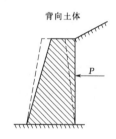

图 10.2-43　主动土压力

如挡土墙的移动或转动方向是推挤土体，则墙对土体的侧向应力将逐渐增大，土体出现向上滑动趋势，而土中逐渐增大的抗剪力阻止这一滑动的产生。当墙对土体的侧向应力增大到某一数值，土的抗剪强度充分发挥，土压力增长到最大值，此时的土压力即为被动土压力，见图 10.2-44。

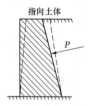

图 10.2-44　被动土压力

若挡土墙在土压力作用下无任何移动和转动，此时墙所受的土压力为静止土压力，见图 10.2-45。

10.2.10.2　挡土墙土压力计算

1. 静止土压力

建筑在坚硬基岩上刚度很大的挡土墙，或因构造特点使墙身在土压力作用下不能移动或转动的挡土

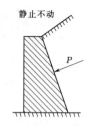

图 10.2-45　静止土压力

墙，前者如基岩上的重力式挡土墙，后者如涵洞的边墙等，因墙身及墙后填土变形极小，几乎可以忽略，土体应力相当于单向压缩试验中的应力条件。若假定墙背光滑直立，墙后填土表面水平，静止土压力分布图如图 10.2-46 所示，任意深度 z 处的静止土压力（侧向压力）p_0 与垂直压力 p_z 成正比关系，即

$$p_0 = K_0 p_z = K_0 \gamma z \qquad (10.2-126)$$

其中　　　　　　　$p_z = \gamma z$

式中　p_z——由土体自重产生的竖向压应力；

K_0——静止土压力系数；

γ——土的容重；

z——单元体所处深度。

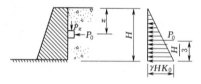

图 10.2-46　静止土压力分布图

作用在单位长度（1m）挡土墙上的总静止土压力 P_0 为

$$P_0 = \int_0^H K_0 p_z \, dz = \int_0^H K_0 \gamma z \, dz = \frac{1}{2} K_0 \gamma H^2$$

$$(10.2-127)$$

式中　H——挡土墙高度。

P_0 作用于距墙底部 $H/3$ 处。

2. 主动土压力

一般建造在土基上的独立挡土墙都受主动土压力的作用，见图 10.2-47。在挡土墙上沿垂直方向土压力强度分布大小为

$$p_a = p_z \tan^2 \left(45° - \frac{\varphi}{2} \right) - 2c \tan \left(45° - \frac{\varphi}{2} \right)$$

$$(10.2-128)$$

其中　　　　　　　$p_z = \gamma z$

式中　φ——土的内摩擦角；

c——土的内聚力。

3. 被动土压力

当挡土墙在某种外力作用下，墙向墙后土体方向

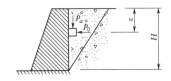

图 10.2-47 挡土墙所受的主动土压力

转动或移动推挤土体，土体出现向上滑动趋势，当土的抗剪强度充分发挥作用时，则土作用于墙上的土压力称为被动土压力。任意深度 z 处的被动土压力强度为

$$p_p = p_z \tan^2\left(45° + \frac{\varphi}{2}\right) + 2c\tan\left(45° + \frac{\varphi}{2}\right)$$
(10.2-129)

10.2.10.3 库仑土压力理论

（1）库仑土压力理论的基本假定。

1）假定挡土墙是刚性的。

2）假定墙后填土是无黏性砂土，即土是干的、均匀的、各向同性的散粒材料，有内摩擦力而无黏聚力，有抗压、抗剪能力的"理想土壤"。

3）土壤的天然坡角与土壤性质有关，在某一坡角范围内土体不会破裂和下滑，并假定该坡角为土壤的内摩擦角。

4）当墙身受土体的作用，产生塑性变形时，墙后回填土内出现裂缝，从静止土体中分裂出一块土楔形体（棱体）。如果土楔形体沿墙背和土破裂面向前、向下滑动，产生主动土压力；如果土楔形体沿墙背和土破裂面向后、向上滑动，产生被动土压力。

5）假定通过墙后趾与水平面交角为 η 的破裂面为一平面。

6）视滑动土楔形本本身是一个刚体。

7）在滑动平面上（即破裂面上），摩擦力是均匀分布的。

8）假定土压力 E 作用点位置距墙基底为 1/3 墙高，与墙背面法线成 δ 角，δ 为墙与土之间的摩擦角（或称墙摩擦角或外摩擦角）。

9）库仑土压力理论是从滑动楔体处于极限平衡状态时力的静力平衡条件出发，而求解主动和被动土压力的。

10）作为平面问题分析。

在使用库仑土压力理论的计算公式时，应特别注意上述假定，当土壤材料等不符合上述假定时，应对土压力计算公式作相应的修正和调整。本节下面列出了黏性土、超载和地下水等对土压力的影响。

库仑假定土压力如图 10.2-48 所示。

（2）主动土压力计算的一般公式。当墙向前转动或平移，使得墙后无黏性填土土楔 ABC（图

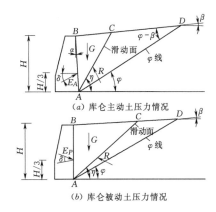

(a) 库仑主动土压力情况

(b) 库仑被动土压力情况

图 10.2-48 库仑假定土压力简图

10.2-49）沿着墙背 AB 和滑动面 AC 向下、向前滑动时，在这破坏的瞬间滑动楔体 ABC 处于主动极限平衡状态。取 ABC 为隔离体，其自重为 G，则墙背对滑动楔体的反力为 E，其作用方向与墙背的法线成 δ 角。滑动面 AC 与水平面的夹角为 η，AC 面上的反力为 R，其作用方向与 AC 面上的法线成 φ 角（φ 为土的内摩擦角），并位于法线的下方，如图 10.2-49 所示。

作用在滑动楔体 ABC 上的力，一共有 G、E 和 R 三个力，其中 G 的大小及方向、E 和 R 的方向均为已知，由此可绘出封闭的力三角形。根据静力平衡条件，由正弦定律，可得

$$\frac{E}{G} = \frac{\sin(\eta - \varphi)}{\sin[180° - (\eta - \varphi + \psi)]} = \frac{\sin(\eta - \varphi)}{\sin(\eta - \varphi + \psi)}$$
(10.2-130)

即

$$E = G \frac{\sin(\eta - \varphi)}{\sin(\eta - \varphi + \psi)}$$
(10.2-131)

其中

$$\psi = 90° - \alpha - \delta$$

式中符号意义如图 10.2-49 所示。

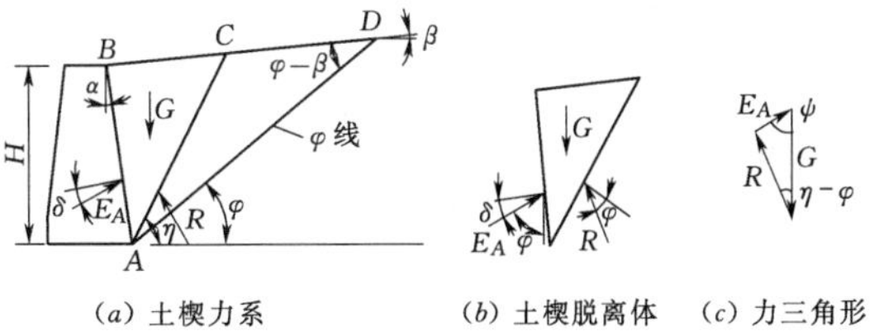

（a）土楔力系　（b）土楔脱离体　（c）力三角形

图 10.2-49 主动土压力

由于滑动面 AC 是任意选择的，所以，它不一定是所求的主动土压力。选定不同的滑动面，土压力 E 值也将随之不同。但是，挡土墙破坏时，填土体内只能有一个真正的滑动面，与这个滑动面相应的土压力才是所求的主动土压力 E_A。

把 E 看作是滑动楔体在自重作用下克服了滑动面 AC 上的摩擦力以后，向前滑动的力。可见 E 值越

大，楔体向下滑动的可能性也越大，当滑动面 AC 与水平面的夹角达到某一个 η 值时，E 值最大，这就是主动土压力 E_A。所以可以用 $\dfrac{dE}{d\eta}=0$ 确定 η 值，就是真正滑动面的位置。求得 η 值后，再代入式（10.2-131）就可得出主动土压力 E_A，即

$$E_A=\frac{1}{2}\gamma H^2\frac{\cos^2(\varphi-\alpha)}{\cos^2\alpha\cos(\delta+\alpha)\left[1+\sqrt{\dfrac{\sin(\delta+\varphi)\sin(\varphi-\beta)}{\cos(\delta+\alpha)\cos(\alpha-\beta)}}\right]^2}$$

$$(10.2-132)$$

令 $K_A=\dfrac{\cos^2(\varphi-\alpha)}{\cos^2\alpha\cos(\delta+\alpha)\left[1+\sqrt{\dfrac{\sin(\delta+\varphi)\sin(\varphi-\beta)}{\cos(\delta+\alpha)\cos(\alpha-\beta)}}\right]^2}$

$$(10.2-133)$$

则式（10.2-132）可改写成：

$$E_A=\frac{1}{2}\gamma H^2 K_A \qquad (10.2-134)$$

式中　γ——挡土墙后填土的重度，kN/m^3；

　　　φ——填土的内摩擦角，$(°)$；

　　　H——土压力的计算高度，m；

　　　α——挡土墙背面与铅直面的夹角，$(°)$；

　　　β——挡土墙墙后填土表面坡角，$(°)$；

　　　K_A——主动土压力系数；

　　　δ——挡土墙墙后填土对墙背的摩擦角，$(°)$，它与填土性质、墙背粗糙程度、排水条件、填土表面轮廓和它上面有无超载等因素有关，一般情况下可按表 10.2-54 取值。

表 10.2-54　　　　δ 值 表

挡土墙墙背面排水状况	δ
墙背光滑而排水不良	$(0.00\sim0.33)\varphi$
墙背粗糙且排水良好	$(0.33\sim0.50)\varphi$
墙背很粗糙且排水良好	$(0.50\sim0.67)\varphi$
墙背与填土之间不可能滑动	$(0.67\sim1.00)\varphi$

当其他条件相同时，φ 角越大，则 K_A 值越小；δ 角越大，则 K_A（或 E_A）值越小；当 α 角为负（即仰斜墙）时，其绝对值越大，则 K_A（或 E_A）值越小；当 α 角为正（即俯斜墙）时，其值越大，则 K_A（或 E_A）值越大；β 角越大，K_A（或 E_A）越大。当 $\beta>\varphi$ 时，K_A 将出现虚根，表明式（10.2-133）已不适用。因此，必须控制使 $\beta\leqslant\varphi$。了解上述关系，将有助于在挡土墙设计中减小主动土压力。

1）主动土压力强度及其作用点。当墙高为 z 时，

沿墙高 z 的主动土压力 $E_A=\dfrac{1}{2}\gamma z^2 K_A$，沿墙高 z 的主动土压力强度 $e_A=\dfrac{dE_A}{dz}=\gamma z K_A$。可见当 $z=0$ 时，$e_{A0}=0$；$z=H$ 时，$e_{AH}=\gamma H K_A$，主动土压力强度沿墙高按直线分布，分布图形为三角形，如图 10.2-50 所示。主动土压力 E_A 的作用点距墙底 $H/3$。

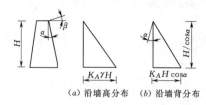

（a）沿墙高分布　　（b）沿墙背分布

图 10.2-50　主动土压力强度分布图

2）当墙背垂直（$\alpha=0°$），墙表面光滑（$\delta=0°$），填土表面水平（$\beta=0°$）且与墙顶齐平时，式（10.2-132）可以简化成：

$$E_A=\frac{1}{2}\gamma H^2\tan^2\left(45°-\frac{\varphi}{2}\right) \qquad (10.2-135)$$

（3）被动土压力计算的一般公式。被动土压力与主动土压力计算的不同之处在于滑动楔体上的反力（即被动土压力）E_P 和 R 均在法线的另一侧，且相应于 E_P 为最小时的滑动面才是真正的滑动面。

被动土压力 E_P 的计算公式为

$$E_P=\frac{1}{2}\gamma H^2\frac{\cos^2(\varphi+\alpha)}{\cos^2\alpha\cos(\alpha-\delta)\left[1-\sqrt{\dfrac{\sin(\delta+\varphi)\sin(\varphi+\beta)}{\cos(\alpha-\delta)\cos(\alpha-\beta)}}\right]^2}$$

$$(10.2-136)$$

$$E_P=\frac{1}{2}\gamma H^2 K_P \qquad (10.2-137)$$

式中　K_P——被动土压力系数；

　　　其余符号意义同前。

被动土压力 E_P 的作用点在距墙底 $H/3$ 处。

当墙背垂直（$\alpha=0°$），墙表面光滑（$\delta=0°$），填土表面水平（$\beta=0°$）且与墙顶齐平时，式（10.2-136）可以简化成

$$E_P=\frac{1}{2}\gamma H^2\tan^2\left(45°+\frac{\varphi}{2}\right) \qquad (10.2-138)$$

（4）黏性填土的土压力计算。挡土墙背后为黏性填土时，可以用以下三种不同的方法计算土压力。

1）认为黏性土的黏聚力是其抗剪强度的一部分，沿着滑动面均匀分布。在考虑滑动楔体的静力平衡时，除了 G、E 及 R 三个力以外，又增加了一个沿滑动面并与滑动方向相反而作用着的总黏聚力 c，它的大小（等于单位黏聚力与滑动面长度的乘积）和方向都是已知的，根据前述方法，就可求得主动或被动土压力。

对于墙背垂直、光滑，填土表面水平且与墙顶齐

平时，作用在墙背上的主动和被动土压力分别为

$$E_A = \frac{1}{2}\gamma H^2 \tan^2\left(45° - \frac{\varphi}{2}\right) - 2cH\tan\left(45° - \frac{\varphi}{2}\right) + \frac{2c^2}{\gamma}$$

$$(10.2-139)$$

$$E_P = \frac{1}{2}\gamma H^2 \tan^2\left(45° + \frac{\varphi}{2}\right) + 2cH\tan\left(45° + \frac{\varphi}{2}\right)$$

$$(10.2-140)$$

式中 c——土的黏聚力，kN/m^2；

其余符号意义同前。

2) 把填土的黏聚力折算成等值内摩擦角 φ_d（适当加大土的内摩擦角把黏聚力包括进去），而后按式

(10.2-132) 计算主动土压力，按式（10.2-136）计算被动土压力。

这样计算较简单，关键在于怎样确定等值内摩擦角。实际上，对一般黏性土，地下水位以上的等值内摩擦角常取为30°或35°，地下水位以下为 $25° \sim 30°$。但是等值内摩擦角并不是一个定值，随墙高而变化，墙高越小，等值内摩擦角越大。对于同一等值内摩擦角，高墙偏于不安全，低墙偏于保守。可以根据土的 c、φ 值来计算相应的 φ_d 值，每一种挡土墙的边界条件都可以求出一个等值内摩擦角 φ_d 值，参见表10.2-55。

表 10.2-55　　　　　　　　砂和黏土类土壤的 c 值及 φ 值

分类	项目	土壤特性值	孔 隙 比 ε											
			0.41~0.50		0.51~0.60		0.61~0.70		0.71~0.80		0.81~0.95		0.96~1.10	
			标准值	计算值	标准值	计算值	标准值	计算值	标准值	计算值	标准值	计算值	标准值	计算值
砂类土	砾砂和粗砂	$c/(\times 10^5 Pa)$	0.02	—	0.01	—	—	—	—	—	—	—	—	—
		$\varphi/(°)$	43	41	40	38	38	36	—	—	—	—	—	—
	中砂	$c/(\times 10^5 Pa)$	0.03	—	0.02	—	0.01	—	—	—	—	—	—	—
		$\varphi/(°)$	40	38	38	36	35	33	—	—	—	—	—	—
	细砂	$c/(\times 10^5 Pa)$	0.06	0.01	0.04	—	0.02	—	—	—	—	—	—	—
		$\varphi/(°)$	38	36	36	34	32	30	—	—	—	—	—	—
	粉砂	$c/(\times 10^5 Pa)$	0.08	0.02	0.06	0.01	0.04	—	—	—	—	—	—	—
		$\varphi/(°)$	36	34	34	32	30	28	—	—	—	—	—	—
黏土类土	9.5~12.4	$c/(\times 10^5 Pa)$	0.12	0.03	0.08	0.01	0.06	—	—	—	—	—	—	—
		$\varphi/(°)$	25	23	24	22	23	21	—	—	—	—	—	—
	12.5~15.4	$c/(\times 10^5 Pa)$	0.42	0.14	0.21	0.07	0.14	0.04	0.07	0.02	—	—	—	—
		$\varphi/(°)$	24	22	23	21	22	20	21	19	—	—	—	—
	15.5~18.4	$c/(\times 10^5 Pa)$	—	—	0.05	0.19	0.25	0.11	0.19	0.08	0.11	0.04	0.08	0.02
		$\varphi/(°)$	—	—	22	20	21	19	20	18	19	17	18	16
	18.5~22.4	$c/(\times 10^5 Pa)$	—	—	—	—	0.68	0.28	0.34	0.19	0.28	0.10	0.19	0.06
		$\varphi/(°)$	—	—	—	—	20	18	19	17	18	16	17	15
	22.5~26.4	$c/(\times 10^5 Pa)$	—	—	—	—	0.82	0.36	0.41	0.25	0.36	0.12		
		$\varphi/(°)$	—	—	—	—	18	16	17	15	16	14		
	26.5~30.4	$c/(\times 10^5 Pa)$	—	—	—	—	—	—	0.94	0.40	0.47	0.22		
		$\varphi/(°)$	—	—	—	—	—	—	16	14	15	13		

注　设计时应采用本表计算值。

当挡土墙的墙背垂直光滑，填土表面水平并与墙顶齐平时，等值内摩擦角的计算公式为

$$\tan\left(45° - \frac{\varphi_d}{2}\right) = \sqrt{\frac{\gamma H^2 \tan^2\left(45° - \frac{\varphi}{2}\right) - 4cH\tan\left(45° - \frac{\varphi}{2}\right) + \frac{4c^2}{\gamma}}{\gamma H^2}}$$

$$(10.2-141)$$

3) 不考虑土的黏聚力，仍按无黏性填土来计算。这样计算的主动土压力值偏大，偏于安全。

(5) 集中荷载作用时的附加主动土压力计算 (图 10.2-51)。当墙背填土面上距挡土墙墙顶 a 处作用有线荷载 Q_L 时，附加主动土压力的计算公式为

$$e'_h = \left(\frac{2Q_L}{h}\right)\sqrt{K_A} \qquad (10.2-142)$$

$$h = a(\tan\theta - \tan\varphi) \qquad (10.2-143)$$

$$\theta = 90° - \arctan\sqrt{K_A} \qquad (10.2-144)$$

式中　e'_h——h 范围内中点处附加主动土压力强度，kPa；

　　　h——附加主动土压力分布范围，m；

　　　Q_L——线荷载强度，kN/m；

　　　a——作用在墙顶填土面的线荷载至墙顶的水平距离，m；

　　　θ——墙后填土破裂面与水平面的夹角，(°)，当墙背垂直光滑且填土面水平时，取 $\theta = 45° + \varphi/2$；

　　　φ——挡土墙后回填土的内摩擦角，(°)。

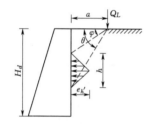

图 10.2-51　集中荷载作用时的附加主动土压力计算简图

(6) 条形均布荷载时附加主动土压力计算 (图 10.2-52)。当距挡土墙墙顶 a 处作用有宽度 b 的条形均布荷载 q_L 时，附加主动土压力计算公式为

$$e_h = q_L K_A \qquad (10.2-145)$$

式中　e_h——h 范围内最大附加主动土压力强度，kPa；

　　　q_L——局部均布荷载强度，kPa。

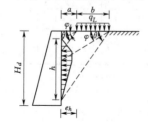

图 10.2-52　条形均布荷载时附加主动土压力计算

(7) 连续均布超载作用时的土压力计算。当墙背填土表面上作用有连续均布超载 $q(kN/m^2)$ 时，可把 q 的作用换算成一个高度为 $h(m)$、重度为 $\gamma(kN/m^3)$ 的等代土层来考虑，即 $h = q/\gamma$。

1) 当墙背垂直光滑、填土面水平并与墙顶齐平，其上作用有连续均布超载 q 时，主动土压力为

$$E_A = \frac{1}{2}\gamma H^2 \tan^2\left(45° - \frac{\varphi}{2}\right) + qH\tan^2\left(45° - \frac{\varphi}{2}\right)$$
$$(10.2-146)$$

被动土压力为

$$E_P = \frac{1}{2}\gamma H^2 \tan^2\left(45° + \frac{\varphi}{2}\right) + qH\tan^2\left(45° + \frac{\varphi}{2}\right)$$
$$(10.2-147)$$

2) 当墙背倾斜粗糙，填土表面倾斜并作用有连续均布超载 q 时，主动土压力的一般公式为

$$E_A = \frac{1}{2}\gamma H^2 K_A + \frac{qHK_A}{1 - \tan\alpha\tan\beta}$$
$$(10.2-148)$$

式 (10.2-148) 中的符号意义与式 (10.2-134) 中相同。式 (10.2-146) 和式 (10.2-147) 中等号右端第二项为连续均布超载对土压力的增量，为一个定值。

(8) 墙后填土分层时的土压力计算。墙后填土如系分层，且各层的重度和内摩擦角有显著差别时，应分别用各自的重度和内摩擦角算出每层的土压力强度分布图，然后再计算土压力及其作用点。在两层分界面上，因为重度和内摩擦角有突变，所以土压力强度也突变，每层土压力分布线的梯度也不相同，如图 10.2-53 所示。

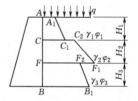

图 10.2-53　墙后填土分层时的土压力强度分布

当墙背垂直 ($\alpha = 0°$)，填土表面水平 ($\beta = 0°$)，不考虑墙背和土之间摩擦力 ($\delta = 0°$) 的情况下，填土分层时，土压力的计算以图 10.2-53 为例加以说明。墙后填土分三层，表面有连续均布荷载 q，各层土的重度 γ 和内摩擦角 φ 如下：$\gamma_1 < \gamma_2$，$\gamma_2 > \gamma_3$；$\varphi_1 > \varphi_2$，$\varphi_2 < \varphi_3$，则土压力强度 e_a 的分布图由折线 $AA_1C_1C_2F_1F_2B_1B$ 构成。计算某层 e_a 时，可将该层土以上的土重和荷载一并作为连续均布荷载考虑。按此原则，计算各层土压力强度 e_a 的公式为

$$AA_1 = q\tan^2\left(45° - \frac{\varphi_1}{2}\right) \quad (10.2-149)$$

$$CC_1 = (q + \gamma_1 H_1)\tan^2\left(45° - \frac{\varphi_1}{2}\right)$$
$$(10.2-150)$$

$$CC_2 = (q + \gamma_1 H_1)\tan^2\left(45° - \frac{\varphi_2}{2}\right)$$
$$(10.2-151)$$

$$FF_1 = (q + \gamma_1 H_1 + \gamma_2 H_2)\tan^2\left(45° - \frac{\varphi_2}{2}\right)$$
$$(10.2-152)$$

$$FF_2 = (q + \gamma_1 H_1 + \gamma_2 H_2)\tan^2\left(45° - \frac{\varphi_3}{2}\right)$$
$$(10.2-153)$$

$$BB_1 = (q + \gamma_1 H_1 + \gamma_2 H_2 + \gamma_3 H_3)\tan^2\left(45° - \frac{\varphi_3}{2}\right)$$
$$(10.2-154)$$

求出 e_a 图后，土压力 E_A 就是 e_a 的面积。土压力的作用点在通过 e_a 图的形心的水平线上。

在墙不高或各层土的 γ 和 φ 差别不太大时，γ 和 φ 值可以近似地按其厚度加权平均值来计算，即

$$\left. \begin{array}{l} \gamma_m = \dfrac{\sum \gamma_i H_i}{\sum H_i} \\[3mm] \varphi_m = \dfrac{\sum \varphi_i H_i}{\sum H_i} \end{array} \right\} \quad (10.2-155)$$

式中　γ_m、φ_m——整个土层的重度和内摩擦角的加权平均值；

γ_i、φ_i——各土层的重度和内摩擦角；

H_i——各土层的高度。

求出 γ_m、φ_m 后，即可把分层土作为均质土来计算土压力。

（9）填土表面成折线时的土压力计算（图10.2-54）。当墙背填土表面成折线时，作用在挡土墙墙背上的主动土压力强度可近似计算为

$$e_{a1} = \gamma H_d K_A \quad (10.2-156)$$
$$e_{a2} = \gamma H_0 K_A \quad (10.2-157)$$
$$e_{a3} = \gamma Z K_A \quad (10.2-158)$$

式中　e_{a1}——填土高度为 H_d、填土面为水平面时计算的主动土压力强度，kPa；

e_{a2}——填土高度为 H_0、填土面为水平面时计算的主动土压力强度，kPa；

e_{a3}——填土面坡角为 β、填土高度 z 以上的主动土压力强度，kPa；

γ——挡土墙后填土的重度，kN/m³；

H_d——挡土墙高度，m；

H_0——挡土墙的高度与超过墙顶的填土高度之和，m；

Z——墙顶填土斜坡面与墙背连线交点至墙底

的深度，m；

K_A——主动土压力系数。

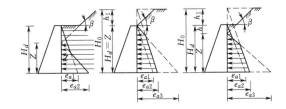

图 10.2-54　填土表面成折线时的土压力计算简图
（图中阴影线部分为相应假定情况下主动土压力的近似分布图形）

（10）折线形墙背的土压力计算。为了减小墙背主动土压力，或达到工程的其他目的，常把挡土墙墙背做成折线形，如图10.2-55所示。

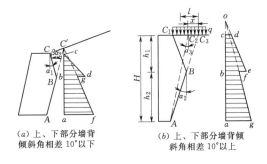

（a）上、下部分墙背　　　（b）上、下部分墙背倾
　　倾斜角相差10°以下　　　　斜角相差10°以上

图 10.2-55　折线形墙背的土压力计算图

折线形墙背主动土压力的计算，常采用延长墙背法，依次计算各段墙背所受的土压力强度分布。先按 BC 段墙背的倾斜角 α_1 和填土表面的倾斜角 β，计算 BC 段沿墙高的主动土压力强度分布图形，如图10.2-55（a）中 cbd 所示。如果墙土间摩擦角 $\delta > 0°$，则土压力方向与墙背 BC 的法线成 δ 角。然后，将墙背 AB 延长到填土表面，把 ABC' 视为一个假想的墙背，按 α_2 和 β 求出沿墙高 $C'a$ 的主动土压力强度分布图形 $C'afC'$。因为实际的墙背是 BC，而不是 BC'，土压力强度分布图形 $C'afC'$ 仅对墙的下段 AB 有效。所以，沿折线形墙背的整个墙高范围内的土压力是土压力强度图形 cbd 和 $bafg$ 之和，即 $cafgdc$。

因为所延长的墙背 BC' 处在填土中，并非真正的墙背，从而引起因忽视土楔 BCC' 的作用所带来的误差。所以，当折线形墙的上、下部分墙背的倾斜角相差10°以上时，应进行校正。这时，折线形墙背的土压力可以用半图解半数解法（苏联 Г.К.卡列恩法）来计算，如图10.2-55（b）的所示，具体步骤如下。

1）先计算上部分墙背 BC_1 的土压力 E_1。

2）计算校正重量 ΔG 的值。延长下墙墙背 AB 交地面于 C_3 点，量出 $\triangle C_1BC_3$ 面积，即

$$\Delta G = \Delta G_1 - \Delta G_2 \qquad (10.2-159)$$

$$\Delta G_1 = \gamma \Delta C_1 BC_3 + ql \qquad (10.2-160)$$

$$\Delta G_2 = E_1 \frac{\sin(\psi_1 - \psi_2)}{\sin\psi_2} \qquad (10.2-161)$$

其中
$$\psi_1 = 90° - \alpha_1 - \delta_1$$
$$\psi_2 = 90° + \alpha_2 - \delta_2$$

式中　ΔG_1——延长墙背与实际墙背之间土楔及填土面上的荷载重量；

ΔG_2——考虑延长墙背与实际墙背上土压力作用方向不同而产生的附加垂直分力；

α_1、α_2——上墙、下墙墙背倾角（下墙仰斜时，α_2 为负值）；

δ_1、δ_2——上墙、下墙墙背与填料之间的摩擦角。

3）确定校正墙背的位置。作直线 $C_2 A$，令 $x = C_2 C_3$，则

$$x = \frac{\Delta G}{q + \gamma\left(\dfrac{h_1 + h_2}{2}\right)} \qquad (10.2-162)$$

$$\tan\alpha_3 = \frac{l - x - h_1 \tan\alpha_1 + h_2 \tan\alpha_2}{h_1 + h_2}$$
$$(10.2-163)$$

$$\omega = \alpha_2 - \alpha_3 \qquad (10.2-164)$$

4）以 $C_2 A$ 为假想墙背，求出的土压力即为所求下墙 BA 的土压力 E_2。

5）沿折线形墙背的整个墙高的土压力强度分布图为 $cagfedc$。

（11）墙背呈 L 形时的土压力计算。当墙背俯斜很缓，即墙背倾角 α 比较大，或墙背呈"L"形时（图 10.2-56），AB 连线为假想墙背，假想墙背的倾角也较大。当墙身向外移动，土体达到主动极限平衡状态时，破裂土楔体不沿墙背滑动，而是沿着在土中相交于墙后趾 B 点的两个破裂面滑动。离墙背较远的 BF 称为第一破裂面，而离墙背较近的 BC 称为第二破裂面。此时如仍用库仑理论的假定来计算土压力就不适用了，并将导致错误的结果。这时，应按破裂面出现的位置来求算土压力。在工程中，常把出现第二破裂面时计算土压力的方法称为第二破裂面法。

1）确定第二破裂角：

$$\alpha_E = \frac{1}{2}(90° - \varphi) - \frac{1}{2}(\delta - \beta) \qquad (10.2-165)$$

$$\beta_E = \frac{1}{2}(90° - \varphi) + \frac{1}{2}(\varepsilon - \beta) \qquad (10.2-166)$$

式中　α_E——第二破裂面与铅直线的夹角；

β_E——第一破裂面与铅直线的夹角。

$$\varepsilon = \arcsin\frac{\sin\beta}{\sin\varphi} \qquad (10.2-167)$$

令 α_1 为墙顶 A 与墙后趾 B 两点的连线与铅直线的夹角。

当 $\alpha_1 > \alpha_E$ 时，则第二破裂面与墙后填土表面线相交；当 $\alpha_1 \leqslant \alpha_E$ 时，即以两点 AB 连线为第二破裂面。

2）找出第二破裂面后，就可以按下列公式计算主动土压力（图 10.2-56）。

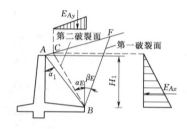

图 10.2-56　墙背呈 L 形时的土压力计算图

a. 墙后填土表面为水平，其上作用有连续均布荷载 q 时：

$$E_{Ax} = \frac{1}{2}\gamma H^2\left(1 + \frac{2q}{\gamma H}\right)(1 - \tan\varphi\tan\beta_E)^2\cos^2\varphi$$
$$(10.2-168)$$

$$E_{Ay} = E_{Ax}\tan(\alpha_E + \varphi) \qquad (10.2-169)$$

土压力强度分布图形为三角形，土压力作用点通过分布图形的形心。

b. 墙后填土表面倾斜时：

$$E_{Ax} = \frac{1}{2}\gamma H_1^2\sec^2\alpha\cos^2(\alpha - \beta)[1 - \tan(\varphi - \beta)$$
$$\tan(\beta_E + \beta)]^2\cos^2(\varphi - \beta) \qquad (10.2-170)$$

$$E_{Ay} = E_{Ax}\tan(\alpha_E + \varphi) \qquad (10.2-171)$$

土压力强度分布图形为三角形，土压力作用点通过分布图形的形心。

（12）板桩墙的土压力计算。板桩式挡土墙、锚碇墙或锚杆式挡土墙，其墙后主动土压力仍可按前面介绍的方法计算，也可根据当地经验，对土压力进行修正计算或采用考虑墙体弯曲变形的其他土压力计算公式。当填土面为水平、墙背为垂直时，可按下列方法进行计算，如图 10.2-57 所示。

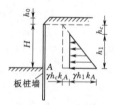

图 10.2-57　板桩墙的土压力计算图

1）作用在挡土墙上的主动土压力计算：

$$E_{Ax} = \frac{1}{2}\gamma h_1^2 K_A \cos\delta \qquad (10.2-172)$$

$$K_A = \frac{\cos^2\varphi}{\cos\delta\left[1+\sqrt{\dfrac{\sin(\varphi+\delta)\sin\varphi}{\cos\delta}}\right]^2}$$
(10.2-173)

$$h_1 = H - h_c \tag{10.2-174}$$

式中 E_{Ax}——主动土压力水平分力，kN/m；

φ——填土的内摩擦角，(°)；

δ——挡土墙墙后填土对墙背的摩擦角，(°)；

h_1——主动土压力为零处至墙前地面的高度，m；

H——墙前地面至墙顶的高度，m；

h_c——考虑墙后填土的黏聚力作用时，主动土压力为零处的深度，m，当墙顶水平面以上有超荷载作用时，填土面应按近似折算后的等代填土高度计算。

考虑墙后填土的黏聚力作用时，主动土压力为零处的深度 h_c 的计算公式为

$$h_c = 2c\,\frac{1+\sin(\varphi+\delta)}{\gamma\cos\varphi\cos\delta} \tag{10.2-175}$$

2）作用在挡土墙上的被动土压力计算。当墙后填土为均质无黏性土、填土面为非水平面、墙背为非垂直面时，被动土压力可按式（10.2-176）计算，被动土压力系数可按式（10.2-177）计算，即

$$E_{Px} = \left(\frac{1}{2}\gamma H_t^2 K_P + q H_t K_P\right)\cos\delta$$
(10.2-176)

$$K_P = k'\,\frac{\cos^2(\varphi+\alpha)}{\cos^2\alpha\cos(\delta-\alpha)\left[1-\sqrt{\dfrac{\sin(\varphi+\delta)\sin(\varphi+\beta)}{\cos(\delta-\alpha)\cos(\alpha-\beta)}}\right]^2}$$
(10.2-177)

式中 E_{Px}——被动土压力水平分力，kN/m；

γ——挡土墙后填土的重度，kN/m³；

φ——填土的内摩擦角，(°)；

α——挡土墙背面与铅直面的夹角，(°)；

β——挡土墙墙后填土表面坡角，(°)；

δ——挡土墙墙后填土对墙背的摩擦角，(°)；

q——作用在墙前填土面上的面荷载，kN/m²；

H_t——板桩、锚碇墙或沉井底置入土体的深度，m；

K_P——被动土压力系数；

k'——被动土压力折减系数，可由表 10.2-56 查得。

表 10.2-56　　　k' 值

$\varphi/(°)$	15	20	25	30	35	40
k'	0.75	0.64	0.55	0.47	0.41	0.35

当墙后填土为均质黏性土、填土面为水平面、墙背为垂直面时，被动土压力可按式（10.2-178）计算，被动土压力系数可按式（10.2-179）计算，也可采用等值内摩擦角按式（10.2-176）和式（10.2-177）进行简化计算。

$$E_{Px} = \left(\frac{1}{2}\gamma H_t^2 K_P + q H_t K_P + 2c H_t\,\frac{\cos\varphi}{1-\sin(\varphi+\delta)}\right)\cos\delta$$
(10.2-178)

$$K_P = \frac{\cos^2\varphi}{\cos\delta\left[1-\sqrt{\dfrac{\sin(\varphi+\delta)\sin\varphi}{\cos\delta}}\right]^2}$$
(10.2-179)

当计算锚碇墙墙前被动土压力时，应不考虑墙前填土面上的面荷载 q 作用；所计算的被动土压力还应乘以折减系数 k''，k'' 可由表 10.2-57 查得。

表 10.2-57　　　k'' 值

H_t/h	1.0	1.2	1.5	1.7	2.0	3.0
k''	1.00	0.95	0.88	0.86	0.83	0.78

注　h 为锚碇墙顶至地面的高度，m。

（13）带卸荷板（减压平台）时的土压力计算（图 10.2-58）。为了减小作用在挡土墙背的主动土压力，除了可采用仰斜墙或选择摩擦角较大的回填土外，往往采用卸荷板（或称减压平台）的结构型式。

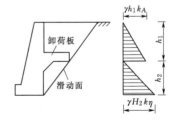

图 10.2-58　带卸荷板时的土压力计算

卸荷板一般设置在墙背中部附近，向墙后伸得越远，减压作用越大，以伸到墙后土楔滑动面上为最好。

带卸荷板时的土压力计算，以卸荷板划分上、下两部分。卸荷板以上部分墙背所受的主动土压力可按一般库仑（或朗肯）主动土压力公式计算，卸荷板以下部分墙背所受的主动土压力只与平台以下填土的重量有关。这时土压力计算公式为

$$E_A = E_{A1} + E_{A2} = \frac{1}{2}\gamma h_1^2 K_A + \frac{1}{2}\gamma h_2^2 K_A$$

$$(10.2-180)$$

土压力强度分布按上、下两个三角形分布，土压力的合力通过分布图形的形心。

（14）有限范围填土的土压力计算（图 10.2-59）。库仑土压力理论假定填土在墙后一定范围内都是均质的，而且在填土范围内产生滑动面。如果墙后不远有岩层坡面，而且岩体比较稳定，对墙无侧压力，或者墙后为修建挡土墙而开挖的稳定坡面。这些坡面比按库仑土压力理论所计算的滑动面要陡一些，这时计算滑动面将在稳定坡面以内。这就产生了所谓有限范围填土问题。

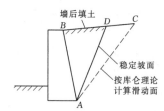

图 10.2-59　有限范围填土的土压力计算

计算有限范围填土的土压力，取上述岩层坡面或稳定坡面为墙后土楔的滑动面，以静力平衡条件并按墙后填土与稳定坡面（或岩层坡面）之间的抗剪强度来确定主动土压力。求得的主动土压力系数为

$$K_A = \frac{\sin(\alpha+\theta)\sin(\alpha+\beta)\sin(\theta-\delta_r)}{\sin^2\alpha\sin(\theta-\beta)\sin(\alpha-\delta+\theta-\delta_r)}$$

$$(10.2-181)$$

式中　θ——稳定坡面倾角，（°）；

α——挡土墙背面与铅直面的夹角，（°）；

β——挡土墙墙后填土表面坡角，（°）；

δ_r——稳定坡面与填土之间的摩擦角，（°），根据试验确定，无试验资料时，可取 $\delta_r = 0.33\varphi$（φ 为填土内摩擦角）。

这样算出来的主动土压力自然要比按库仑土压力理论求得的主动土压力小。

（15）有地下水作用时的土压力计算。当墙后填土因排水不良而积有地下水时，水的浮力作用使土减重。因此计算土压力时应考虑水对土的减重作用，同时计算作用在墙背上的静水压力。有地下水时，还要考虑黏性土的抗剪强度将会显著地降低，主动土压力系数会增大。砂性土的抗剪强度受浸水的影响较小，一般可认为内摩擦角不变。

1）砂性土在地下水作用下，φ 值不变，只考虑浮力影响时的土压力计算。在假设 φ 值不变的条件下，破裂角虽因浸水而略有变化，但对土压力的计算影响不大。为了简化计算，可以进一步假定破裂角不变。这样，水上部分土体的土压力计算同前；而水下部分应取土的有效重度进行计算，同时还应增加水位以下的静水压力。

作用于墙背上的主动土压力 E_A 的方向与墙背法线成 δ 角，其值为

$$E_A = \frac{1}{2}\gamma H_1^2 K_A + \gamma H_1 H_2 K_A + \frac{1}{2}\gamma_0 H_2^2 K_A$$

$$(10.2-182)$$

其中　　　　　$\gamma_0 = \gamma_{sat} - \gamma_w$

式中　H_1——水上部分填土高度，m；

H_2——水下部分填土高度，m；

K_A——主动土压力系数；

γ_0——填土的有效重度；

γ_{sat}——填土的饱和重度；

γ_w——水的重度。

2）黏性土在地下水作用下，φ 值降低时的土压力计算。因地下水作用，φ 值降低时，以计算水位为界，可以将回填土的上、下两部分视为不同性质的土层，按分层填土计算土压力。计算中，先求出计算水位以上填土的土压力，然后再将上层填土重量作为荷载，计算浸水部分的土压力。上述两部分土压力的向量和即为全墙土压力。同时还应计算作用在墙背上的水压力。

3）考虑动水压力作用时的土压力计算。在弱透水土体中，如果存在水的渗流，土压力的计算中应考虑动水压力的影响。这时可采用以下两种近似方法。

a. 假设破裂角不受影响。计算中，先不考虑动水压力的影响，而按一般浸水情况求算破裂角和土压力。然后再单独计算动水压力 D，并认为它作用于滑动楔体浸水部分的形心，方向水平并指向土体滑动的方向。其计算公式为

$$D = \gamma_w I \Omega \qquad (10.2-183)$$

式中　γ_w——水的重度；

I——水力梯度，采用土体中渗流降落曲线的平均坡度，见表 10.2-58；

Ω——滑动楔体浸水部分面积。

表 10.2-58　　渗流降落曲线平均坡度

土壤类别	卵石粗砂	中砂	细砂	粉砂	黏砂土	砂黏土	黏土	重黏土	泥炭
渗流降落平均坡度	0.0025 ~ 0.005	0.005 ~ 0.015	0.015 ~ 0.02	0.015 ~ 0.05	0.02 ~ 0.05	0.05 ~ 0.12	0.12 ~ 0.15	0.15 ~ 0.20	0.02 ~ 0.12

b. 考虑破裂角因渗流影响而发生变化。计算时，要考虑到挡土墙全部浸水，而墙前水位骤然降低这一

最不利情况。这时破裂楔形体所受的体积力中，除自重 G 外，还有动水压力 D，两者的合力 G' 为

$$G' = \frac{G}{\cos\xi} \qquad (10.2-184)$$

式中　ξ——合力 G' 与铅垂线之间的夹角。

$$\xi = \arctan\frac{D}{G} = \arctan\frac{\gamma_w I}{\gamma} \quad (10.2-185)$$

令

$$\left.\begin{array}{l} \gamma'_u = \dfrac{\gamma_u}{\cos\xi} \\[2mm] \delta' = \delta + \xi \\[2mm] \varphi' = \varphi - \xi \end{array}\right\} \qquad (10.2-186)$$

式中　γ_u——水中填土的浮重度。

以 γ'_u、δ'、φ' 代替 γ_u、δ、φ 就可按一般的库仑土压力公式计算有地下水并考虑动水压力影响时的土压力。

10.2.10.4　朗肯土压力理论

朗肯土压力理论系假定墙背和填土间没有摩擦力（即 $\delta = 0°$），然后按墙身的移动情况，根据填土体内任一点处于主动或被动极限平衡状态时，最大、最小主应力间的关系，求得主动或被动土压力强度以及主动或被动土压力（它等于土压力强度分布图形的面积）。由于没有考虑墙背和填土之间的摩擦力，这样求出的主动土压力值偏大，而被动土压力值偏小。因此，用朗肯土压力理论来设计挡土墙，总是偏于安全的，而且公式简单，便于记忆，所以也被广泛采用。

（1）主动土压力计算的一般公式。朗肯研究了半无限均质土体中任意点的应力状态，导出了土压力理论，并认为可以用挡土墙来代替半无限土体的一部分，结果并不影响土体其他部分的应力状态。主动土压力强度分布图呈三角形，强度分布图形的面积即等于作用在墙背上的主动土压力 E_A，即

$$E_A = \frac{1}{2}\gamma H^2 \tan^2\left(45° - \frac{\varphi}{2}\right) \qquad (10.2-187)$$

其作用点位于土压力强度分布图形的形心，在墙底以上 $\frac{1}{3}H$ 处，如图 10.2-60 所示。

当填土为黏性土时，作用在墙背上的主动土压力 E_A 为

$$E_A = \frac{1}{2}\gamma H^2 \tan^2\left(45° - \frac{\varphi}{2}\right) - 2cH\tan\left(45° - \frac{\varphi}{2}\right) + \frac{2c^2}{\gamma}$$

$$(10.2-188)$$

它的作用点在墙底以上 $\frac{1}{3}(H-z_0)$ 处，其中：

$$z_0 = \frac{2c}{\gamma}\tan\left(45° + \frac{\varphi}{2}\right) \qquad (10.2-189)$$

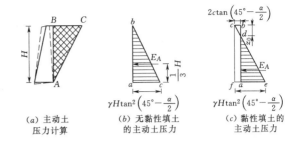

（a）主动土压力计算　（b）无黏性填土的主动土压力　（c）黏性填土的主动土压力

图 10.2-60　朗肯主动土压力计算

（2）被动土压力计算的一般公式。无黏性土作用在墙背上的被动土压力为

$$E_P = \frac{1}{2}\gamma H^2 \tan^2\left(45° + \frac{\varphi}{2}\right) \qquad (10.2-190)$$

当墙背填土为黏性土时，作用在墙背上的被动土压力为

$$E_P = \frac{1}{2}\gamma H^2 \tan^2\left(45° + \frac{\varphi}{2}\right) + 2cH\tan\left(45° + \frac{\varphi}{2}\right)$$

$$(10.2-191)$$

被动土压力强度分布如图 10.2-61 所示，其作用点就是压力强度分布图形的形心。

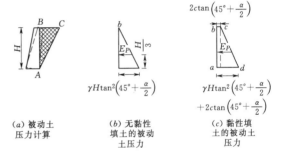

（a）被动土压力计算　（b）无黏性填土的被动土压力　（c）黏性填土的被动土压力

图 10.2-61　朗肯被动土压力计算

10.2.10.5　朗肯土压力理论和库仑土压力理论的比较

朗肯土压力理论和库仑土压力理论分别根据不同的假设，以不同的分析方法计算土压力，只有在最简单的情况下（$\alpha=0°$，$\beta=0°$，$\delta=0°$），用这两种理论计算结果才相同，否则便得出不同的结果。

朗肯土压力理论应用弹性半无限体中的应力状态和极限平衡理论的概念比较明确，公式简单，对于黏性土和无黏性土都可以用该公式直接计算，故在工程中得到广泛应用。但其必须假设墙背直立、光滑；墙后填土水平，因而使应用范围受到限制，并由于该理论忽略了墙背与填土之间摩擦的影响，使计算的主动土压力偏大，而计算的被动土压力偏小。

库仑土压力理论根据墙后滑动土楔的静力平衡条件推导得出土压力计算公式，考虑了墙背与土之间的摩擦力，并可用于墙背倾斜、填土面倾斜的情况，但

由于该理论假设填土是无黏性土，因此不能用库仑理论的原公式直接计算黏性土的土压力。库仑理论假设墙后填土破坏时，破裂面是一平面，而实际上却是一曲面。试验证明，在计算主动土压力时，只有当墙背的斜度不大，墙背与填土间的摩擦角较小时，破裂面才接近于一个平面，因此，计算结果与按曲线滑动面计算的有出入。在通常情况下，这种偏差在计算主动土压力时为 2%～10%，可以认为已满足实际工程所要求的精度。但在计算被动土压力时，由于破裂面接近于对数螺线，因此计算结果误差较大，有时可达 2～3 倍，甚至更大。

10.2.11　土坡稳定分析计算

10.2.11.1　无黏性土土坡稳定分析

1. 一般情况下的无黏性土土坡

对于均质的无黏性土土坡，无论是干坡还是在完全浸水条件下，由于无黏性土土粒间缺少黏聚力，因此，只要位于坡面上的单元土体能够保持稳定，则整个土坡就是稳定的。图 10.2-62 为一般的无黏性土土坡，坡角为 α。现从坡面上任取一侧面竖直、底面与坡面平行的单元土体，假定不考虑单元土体两侧应力对土体稳定性的影响。设单元土体的自重为 W，则使它下滑的剪切力就只有 W 在顺坡方向的分力：

$$T = W\sin\alpha \qquad (10.2-192)$$

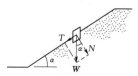

图 10.2-62　一般的无黏性土土坡

阻止土体下滑的力是此单元土体与下面土体之间的抗剪力，其所能发挥的最大值为

$$\tau_f = N\tan\varphi = W\cos\alpha\tan\varphi \qquad (10.2-193)$$

式中　N——单元土体自重在坡面法线方向的分力；

φ——土的内摩擦角。

而无黏性土土坡稳定安全系数的定义为最大抗剪力与剪切力之比，即

$$K_s = \frac{\tau_f}{T} = \frac{W\cos\alpha\tan\varphi}{W\sin\alpha} = \frac{\tan\varphi}{\tan\alpha} \qquad (10.2-194)$$

由此可见，对于均质无黏性土土坡，理论上只要坡角 α 小于土的内摩擦角 φ，土体就是稳定的。$K_s = 1$ 时，土体处于极限平衡状态，此时的坡角 α 等于无黏性土的内摩擦角 φ，称为休止角。

2. 有渗流作用时的无黏性土土坡

水库蓄水或库水位突然下降，都会使坝体砂壳受到一定的渗透力的作用，对坝体稳定性带来不利影响。此时在坡面上渗流逸出处取一单元土体，它除了本身重量 W 以外，还受到渗透力 J 的作用，如图 10.2-63 所示。若渗流为顺坡出流，则逸出处渗流方向与坡面平行，渗透力 J 的方向也与坡面平行，此时使土体下滑的剪切力为

$$T + J = W\sin\alpha + J \qquad (10.2-195)$$

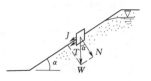

图 10.2-63　有渗流作用的无黏性土土坡

而单元土体所能发挥的最大抗剪力仍为 T_f，于是安全系数就成为

$$K_s = \frac{\tau_f}{T+J} = \frac{W\cos\alpha\tan\varphi}{W\sin\alpha + J} \qquad (10.2-196)$$

对单位土体来说，当直接用渗透力来考虑渗流影响时，土体自重 W 就是有效重度 γ'，则渗透力为

$$J = j = \gamma_w i \qquad (10.2-197)$$

式中　γ_w——水的重度；

i——渗流逸出处的水力坡降。

因为是顺坡出流，$i = \sin\alpha$，式（10.2-196）即可写成

$$K_s = \frac{\gamma'\cos\alpha\tan\varphi}{(\gamma'+\gamma_w)\sin\alpha} = \frac{\gamma'\tan\varphi}{\gamma_m\tan\alpha} \qquad (10.2-198)$$

式中　γ_m——土的饱和重度。

式（10.2-198）与没有渗流作用的式（10.2-194）相比，相差 γ'/γ_m 倍，此值接近于 0.5。因此，当坡面有顺坡渗流作用时，无黏性土土坡稳定安全系数将近乎降低 50%，应特别注意。

10.2.11.2　黏性土土坡极限平衡分析法

土质边坡极限平衡分析法是建立在摩尔-库仑强度准则基础上的，不考虑土体的本构特性，只考虑静力（力和力矩）平衡条件的稳定分析方法。也就是说，通过分析土体在破坏那一刻的静力（力和力矩）平衡来求解边坡的稳定问题。在大多数情况下，问题是静不定的。为解决这个问题，需要引入一些假定进行简化，使问题变得静定可解。引入假定虽然损害方法的严密性，但对计算结果的精度影响并不大，可以满足绝大多数工程设计需要，由此带来的好处是使分析计算工作大为简化，物理力学概念通俗明确，易于为广大工程技术人员接受和掌握，因此在工程中得到广泛应用。

1. 土质边坡中常用的极限平衡分析法

为求解土质边坡稳定问题，必须作出简化假设，才能使方程得解。由于简化假设条件的不同，就有不

同的方法，对同一稳定问题，不同的解法有不同的结果。总的来说这些结果相差不大。一般认为：能同时满足力和力矩平衡的为严格解，否则为非严格解。

（1）瑞典法。该方法有如下基本假定。

1）剖面图上剪切面为圆弧。

2）计算不考虑分条之间的相互作用力。边坡稳定系数定义为滑面上抗滑力矩之和与滑动力矩之和的比值。通过反复计算搜索稳定系数最小的滑面圆弧，得到边坡的稳定系数。

瑞典圆弧法的条块分析如图 10.2－64 所示，稳定安全系数计算公式为

$$K=\frac{R\sum\left[c_i'l_i+(W_i\cos\alpha_i-Q_i\sin\alpha_i-U_i)\tan\varphi_i'\right]}{R\sum W_i\sin\alpha_i+\sum Q_iZ_i}$$

$$(10.2-199)$$

式中　W_i——第 i 滑动条块重量；

Q_i——作用在第 i 滑动条块上的外力（包括地震力、锚索、锚桩提供的加固力和表面荷载）在水平向的分力（向左为正）；

U_i——第 i 滑动条块底面的孔隙水压力；

α_i——第 i 滑动条块底滑面的倾角；

l_i——第 i 滑动条块滑弧长度；

c_i'、φ_i'——第 i 滑动条块底面的有效黏聚力和内摩擦角；

R——圈弧半径；

Z_i——第 i 条块水平力 Q_i 的力矩；

K——安全系数。

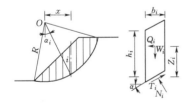

图 10.2－64　瑞典圆弧法的条块分析

由于瑞典法理论和其基本假定的局限性，应用经验证明，该法得到的稳定系数比其他方法偏低。当土坡中有较高的孔隙水压力时，由于把各个方向相同的孔隙水压力分解到滑面的法线方向，滑面上有效应力降低，使稳定系数降低较大，最大可达 60%。因此，许多专家不赞成采用该法。《水电水利工程边坡设计规范》（DL/T 5353—2006）和《碾压式土石坝设计规范》（SL 274—2001）中均未推荐瑞典法，但该法是最古老而又简单的方法，用来求解均质边坡安全系数初值非常方便，因此本书也将其纳入。

（2）简化毕肖普法。简化毕肖普法有如下基本假定。

1）剖面上剪切面是个圆弧。

2）条间力的方向为水平方向。该法通过垂直方向力的平衡求条底反力，通过对同一点的力矩平衡求解安全系数。其计算如图 10.2－65 所示，安全系数计算公式为

$$K=\frac{\sum\left\{\left[(W_i+V_i)\sec\alpha_i-u_ib_i\sec\alpha_i\right]\tan\varphi_i'+c_i'b_i\sec\alpha_i\right\}\dfrac{1}{1+\dfrac{\tan\varphi_i'}{K}\tan\alpha_i}}{\sum\left[(W_i+V_i)\sin\alpha_i+\dfrac{M_{Q_i}}{R}\right]}$$

$$(10.2-200)$$

式中　W_i——第 i 滑动条块重量；

V_i——作用在第 i 滑动条块上的外力（包括地震力、锚索、锚桩提供的加固力和表面荷载）在垂直向分力（向下为正）；

u_i——第 i 滑动条块底面的孔隙水压力；

α_i——第 i 滑动条块底滑面的倾角；

b_i——第 i 滑动条块宽度；

c_i'、φ_i'——第 i 滑动条块底面的有效黏聚力和内摩擦角；

M_{Q_i}——第 i 滑动条块水平向外力 Q_i 对圆心的力矩；

R——圈弧半径；

K——安全系数。

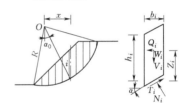

图 10.2－65　简化毕肖普法计算简图

简化毕肖普法的安全系数 K 出现在公式两侧，必须以迭代法求解。

迭代时，令公式右侧 $K=1$［即为 Krey 法，参见潘家铮《建筑物的抗滑稳定和滑坡分析》（1980）］，计算左侧 K 值；若计算 K 值与假定 K 值不等，则将计算得到的 K 值代入右侧 K 值，重新计算，直到两侧 K 值之差小于给定的误差时，计算结束，此时的 K 值即为边坡的安全系数 K。

简化毕肖普法考虑力矩平衡和垂直力平衡，对于垂直条分之间的传力分布方式不敏感，其解接近严格解。对于产生圆弧形破坏的边坡，DL/T 5353—2006 中推荐采用该法。

（3）詹布法。詹布法假设条间作用力合力位置在滑面以上 1/3 高度处，连接各作用点形成推力线。在条块侧面与作用力交点处作切线，求出作用力角度

α_i。各分条对其底面中点力矩总和平衡。

王复来曾对詹布法做过许多改进，根据《土石坝变形与稳定分析》（王复来，2008）中的阐述，现介绍如下：与其他方法不一样的，詹布法考虑条块之间一个相当薄的条块上的力矩平衡条件，即在任何两个相邻条块之间，认为尚存在一个宽度无限小的 db_{n+1} 趋于 0 的薄条块（图 10.2-66）。假定其总法向力 N_{n+1} 作用在土体重力 W_{r+1} 与底面相交处，按其上作用力对条块底面中点取矩的平衡条件，可得此薄条块上的作用力存在以下关系：

$$(E_{n+1}+dE_{n+1})\left(y_{n+1}+\frac{db_{n+1}}{2}\tan\theta_{n+1}-db_{n+1}\tan\delta_{n+1}\right)$$
$$-E_n\left(y_{n+1}+\frac{db_{n+1}}{2}\tan\theta_{n+1}\right)$$
$$+(V_{n+1}+dV_{n+1})\frac{db_{n+1}}{2}+V_{n+1}\frac{b_{n+1}}{2}-dQ_{n+1}\alpha_{n+1}=0$$
$$(10.2-201)$$

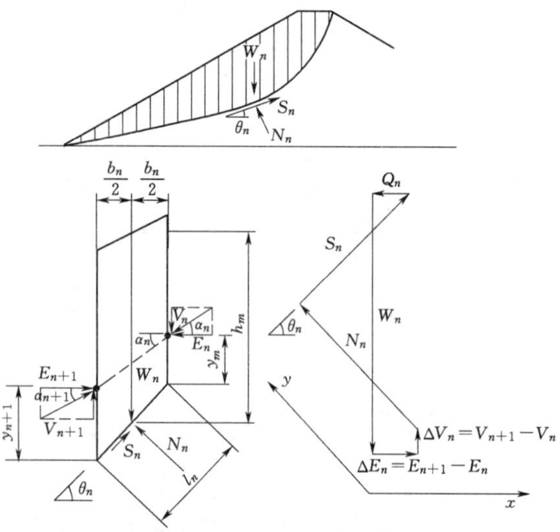

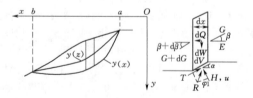

图 10.2-66 詹布法的条块分析

在忽略二次微量，予以整理后，得 n 与 $n+1$ 号条块之间的侧面作用力的竖向分力为

$$V_{n+1}=E_{n+1}\tan\delta_{n+1}-\frac{dE_{n+1}}{db_{n+1}}y_{n+1}+\frac{dQ_{n+1}}{db_{n+1}}\alpha_{n+1}$$
$$(10.2-202)$$

式（10.2-201）中 y_{n+1} 为 n 与 $n+1$ 号条块之间的推力线，即侧面作用力在滑动面上的高度。

$$\tan\delta_n\approx\frac{y_n+b_n\tan\theta_n+b_{n+1}\tan\theta_{n+1}-y_{n-2}}{b_n}$$
$$(10.2-203)$$

式（10.2-203）为 n 与 $n+1$ 号条块之间侧面上推力线的坡度。

$$\frac{dE_{n+1}}{db_{n+1}}\approx\frac{\Delta E_n+\Delta E_{n+1}}{b_n+b_{n+1}}\qquad(10.2-204)$$

式（10.2-204）为 n 与 $n+1$ 号条块之间侧面作用力的水平分力的微分变量。

$$\frac{dQ_{n+1}}{db_{n+1}}\alpha_{n+1}\approx\frac{(q_{n+1}b_{n+1}-q_nb_n)(\alpha_{n+1}+\alpha_n)}{b_{n+1}+b_n}$$
$$(10.2-205)$$

式（10.2-205）为 n 与 $n+1$ 号条块之间侧面上水平地震作用力对底部滑动面之矩的微分变量。

基于经典土力学理论中设定滑动土体的推力线位置，因而对于边界条件的合理性有严格要求，条块之间的侧面力不得为张拉力。为保证计算的迭代收敛，尚要求条分数 m 不能过大，须控制 $m\leqslant15$；使任何一个条块的宽高比 b_n/h_n 都在一个适宜的范围内，通常所要求的标准是

$$0.4<\frac{b_n}{h_n}<1.5\qquad(10.2-206)$$

只能应用整体平衡条件 $\sum_{n=1}^{m}\Delta E_n=0$ 作迭代解，且必须用水平推力法算得的 K 和 ΔE_n 作初始迭代值，否则将难以迭代收敛得解。具体迭代过程也不难理解，是按设定的 K_0，反复计算条块之间作用力 E、V 与安全系数 K，直至 K 的迭代计算误差满足要求，获解为止。由于不能设 K_0 为 K 的逼近值，故其计算迭代次数要多于滑动稳定通用法。

（4）摩根斯坦-普莱斯法。摩根斯坦-普莱斯法要求的力学平衡条件为：分条底面的法向力平衡；分条底面的切向力平衡；关于分条底面中点的力矩平衡。该法假设条块的竖直切向力与水平推力之比为条间力函数 $f(x)$ 和待定常数 λ 的乘积。该法经陈祖煜和摩根斯坦改进，推导出具有普遍意义的极限平衡微分方程，有些文献称之为陈-摩根斯坦法，绝大部分条分法都可以看作是陈-摩根斯坦法的特殊情况解。

摩根斯坦-普莱斯法计算如图 10.2-67 所示，计算公式为

图 10.2-67 摩根斯坦-普莱斯法计算简图

$$\int_a^b p(x)s(x)dx=0\qquad(10.2-207)$$

$$\int_a^b p(x)s(x)t(x)dx-M_e=0\qquad(10.2-208)$$

其中

$$p(x) = \left(\frac{dW}{dx} + \frac{dV}{dx}\right)\sin(\widetilde{\varphi}' - \alpha) - u\sec\alpha\sin\widetilde{\varphi}'$$

$$+ \widetilde{c}'\sec\alpha\cos\widetilde{\varphi}' - \frac{dQ}{dx}\cos(\widetilde{\varphi}' - \alpha)$$

$$(10.2 - 209)$$

$$s(x) = \sec(\widetilde{\varphi}' - \alpha + \beta)\exp\left[-\int_a^x \tan(\widetilde{\varphi}' - \alpha + \beta)\frac{d\beta}{d\zeta}d\zeta\right]$$

$$(10.2 - 210)$$

$$t(x) = \int_a^x (\sin\beta - \cos\beta\tan\alpha)\exp\left[\int_a^x \tan(\widetilde{\varphi}' - \alpha + \beta)\frac{d\beta}{d\zeta}d\zeta\right]d\zeta$$

$$(10.2 - 211)$$

$$M_e = \int_a^b \frac{dQ}{dx}h_e dx \qquad (10.2 - 212)$$

$$\widetilde{c}' = \frac{c'}{K} \qquad (10.2 - 213)$$

$$\tan\widetilde{\varphi}' = \frac{\tan\varphi'}{K} \qquad (10.2 - 214)$$

$$\tan\beta = \lambda f(x) \qquad (10.2 - 215)$$

式中　dx——条块宽度；

　c'、φ'——条块底面的有效黏聚力和内摩擦角；

　dW——条块重量；

　u——作用于条块底面的孔隙压力；

　α——条块底面与水平面的夹角；

　dQ、dV——作用在条块上的外力（包括地震力、锚索和锚桩提供的加固力和表面荷载）在水平向和垂直向分力；

　M_e——dQ 对条块中点的力矩；

　h_e——dQ 的作用点到条块底面中点的垂直距离；

　$f(x)$——$\tan\beta$ 在 x 方向的分布形状，一般可取 $f(x) = 1$；

　λ——确定 $\tan\beta$ 值的待定系数。

式（10.2-207）和式（10.2-208）中包含两个未知数，安全系数 K 隐含于式（10.2-213）和式（10.2-214）中，另一待定系数 λ 隐含于式（10.2-215）中，可通过迭代求解这两个未知数。

I. B. Donald 等以实际算例证明，摩根斯坦-普莱斯法得出的安全系数是所有下限解法中最高的。该法可以应用于任何形状的滑面，虽然计算过程比较复杂，但已开发出计算程序，因此，可以认为该法是令人满意的一种严格解法。SL 274—2001 和 DL/T 5353—2006 中，在任意形状滑裂面分析时，均推荐采用该法。

澳大利亚的 K. S. Li 在其《边坡稳定分析的统一解法》中，称经陈祖煜改进的摩根斯坦-普莱斯为

陈-摩根斯坦法，并论证常用的条分法几乎都是该法的特解。

2. 土质边坡常用极限平衡法的比较及适用范围

（1）极限平衡法的基本假定。

1）摩根斯坦（1995）把极限平衡法归纳为如下四点。

a. 滑动机制引起边坡破坏。

b. 为平衡扰动机制而需要的抗力由静力学解出。

c. 为平衡而需要的抗剪力与实际抗剪强度以安全系数的形式进行对比。

d. 与最小安全系数对应的力学机制由反复计算得出。

早期以圆弧法计算时，定义安全系数为沿滑面全部抗滑力矩与滑动力矩之比。以后毕肖普等将安全系数定义为沿滑面抗剪强度与实际剪应力之比，并定义为强度储备安全系数。

2）陈祖煜（2003）在《土质边坡稳定分析——原理　方法　程序》中对土边坡稳定分析极限平衡法的发展作了概括与评价。在处理上，各种条分法还在以下几个方面引入简化条件。

a. 对滑裂面的形状作出假定，如假定滑裂面形状为折线、圆弧、对数螺旋线等。

b. 放松静力平衡要求，求解过程中仅满足部分力和力矩的平衡要求。

c. 对多余未知数的数值或分布形状作假定。

3）前两项假定只是早期人工计算的需要。随着计算机技术的发展，完全可以不再引入这方面的简化。边坡稳定分析的通用条分法就是在这样的背景下提出的。为了弥补条分法中对多余未知量作假定的任意性，摩根斯坦-普莱斯（1965）、詹布（1973）等学者提出了土条侧向不应发生剪切和拉伸破坏的合理性要求。研究发现，在这个合理性要求的限制下，对超静定问题中多余未知量的假定被限制在一个很小的范围内。在这个范围内解得的安全系数都互相很接近。这样就在一定程度上弥补了这方面的缺陷。从工程实用的角度看，各种方法中引进假定并不影响最终求得的安全系数值。

4）在极限平衡理论体系形成的过程中，出现过一系列计算方法，诸如瑞典法、简化毕肖普法（1955）、斯宾塞法（1967）、詹布法（1973）等。摩根斯坦-普莱斯法是唯一在滑裂面的形状、静力平衡要求、多余未知数的选定各方面均不作任何假定的严格方法。

（2）各种条分法的比较。

1）S. C. Bandis（1999）将两个软件 SLOPE/W（Geoslope）和 SLOPE（Geosolve）中的极限平衡方

法特点列于表 10.2-59。

表 10.2-59 极限平衡方法比较 (S. C. Bandis)

方 法	力平衡 D1[①]	力平衡 D2[①]	力矩平衡	假设条件
常规法 (Ordinary)	是	否	是	忽略条间力
简化毕肖普法 (Bishop's Simplified)	是	否	是	条间合力为水平
简化詹布法 (Janbu's Simplified)	是	是	否	条间剪力用经验修正系数计算
通用詹布法 (Janbu's Generalized)	是	是	是/否[②]	条间法向力位置按假设推力线确定
斯宾塞法 (Spencer)	是	是	是	在滑体内条间合力坡度不变
摩根斯坦-普莱斯法 (Morgenstern-Price)	是	是	是	条间合力方向用一任意函数确定
工程师兵团法 (Corps of Engineers)	是	是	是	条间合力方向等于滑面起止点间平均坡度或平行地表
劳-卡拉菲亚斯法 (Lowe-Karafiath)	是	是	否	条间合力方向等于各条块地表与底滑面平均坡度

① 力的求和可以选择任意两个正交的方向。

② 力矩平衡时应计算条间剪力，力矩不平衡时不用计算条间剪力。

2）潘家铮在《建筑物的抗滑稳定和滑坡分析》（1980）中，对这些方法的基本假定及其适用性作过系统性分析，简括如下。

a. 瑞典条分法。假定剪切面是圆弧，不考虑分条间作用力。

b. 简化毕肖普法。不考虑分条间剪力，只考虑其间的水平作用力。

c. 传递系数法。假定分条间推力方向平行于上一分条的底面。

d. 詹布法。假定分条间推力作用点的位置（取在条块界面的下三分点）。

e. 假定分条间剪力分布方式的分析法。毕肖普、摩根斯坦-普莱斯等都曾提出此类方法，潘家铮也提出了较为简单的计算方法。

f. 分块极限平衡法。假定底滑面和分条间界面都达到极限平衡，潘家铮提出了简单情况的计算方法。萨尔玛法属此类。

10.2.11.3 数值分析法

数值分析法也即应力应变法，是目前岩土力学计算中使用较为普遍的一种分析方法。该方法起步于 20 世纪 70 年代，随着计算机技术的不断发展，数值分析法也不断完善，各种数值分析法和分析软件也层出不穷，归纳起来，数值分析法主要有有限元法（FEM）、有限差分法（FDM）、离散元法（DEM）、边界元法（BEM）、块体理论（BT）与不连续变形分析（DDA）、无界元法（IDEM）等。

10.2.12 工程岩体分级

工程岩体分级是以地质调查、简易岩石力学测试为基本手段，对决定工程岩体质量的主要因素进行定性与定量的评价，依据评价的结果，参照相应的岩体分级标准，将工程岩体分为若干级别，以综合评价工程岩体质量及稳定性，并据此确定可采用的岩石力学参数。工程岩体分级既是对岩体复杂性质与状况的分解，又是对性质与状况相近岩体的归并，由此区分出不同的岩体质量等级。按照不同的岩体质量等级，依据岩石力学试验参数统计分析，分别给出相应条件岩体的岩石力学参数值，使复杂岩体参数的取值更具针对性。

目前，国内关于水利水电工程岩体分类、分级方法，除《工程岩体分级标准》（GB 50218）以外，还有《水力发电工程地质勘察规范》（GB 50287）、《水利水电工程地质勘察规范》（GB 50487）和《锚杆喷射混凝土支护技术规范》（GB 50086）等规范中关于洞室围岩地质分类及坝基岩体工程地质分类等方法。国际上各种分级方法中，国内工程界应用较为广泛的有岩石质量指标 Q 的分级和岩体地质力学分级 RMR 等。

10.2.12.1 岩石的物理性质

岩石的物理性质是指岩石固有的物质组成和结构特征所决定的基本物理属性，包括颗粒密度（原比重）、块体密度（原容重）、吸水率、饱和吸水率、孔隙率、膨胀率、冻融系数、耐崩解指数等。对于膨胀类岩石，需做膨胀性试验；对于处于干湿交替状态的黏土岩类及风化岩石，一般需做耐崩解试验；对于经常处于冻结及融解条件下的工程岩体，需进行冻融试验。

1. 岩石颗粒密度

岩石颗粒密度是其固相物质的质量与体积的比值，有比重瓶法和水中称量法两种试验方法，前者适用于各类岩石，后者适用于除遇水崩解、溶解和干缩湿胀以及密度小于 $1g/cm^3$ 以外的其他各类岩石。

（1）比重瓶法。采用比重瓶法试验时，岩石的颗

粒密度计算公式为

$$\rho_p = \frac{m_d}{m_1 + m_d - m_2}\rho_w \qquad (10.2-216)$$

式中　m_d——试件烘干后的质量，g；

m_1——比重瓶和试液总质量，g；

m_2——比重瓶、试液和岩粉总质量，g；

ρ_p——颗粒密度，g/cm³；

ρ_w——试验温度条件下试液密度，g/cm³。

（2）水中称量法。采用水中称量法试验时，岩石的颗粒密度计算公式为

$$\rho_p = \frac{m_d}{m_d - m_w}\rho_w \qquad (10.2-217)$$

式中　m_w——强制饱和试件在水中的称量质量，g；

其余符号意义同前。

2. 岩石块体密度

岩石块体密度是指单位体积的岩石质量，是岩石试件的质量与其体积之比，分为天然密度、干密度和饱和密度三种，有量积法、水中称量法和密封法三种试验方法。量积法适用于能制备成规则试件的岩石；水中称量法适用于除遇水崩解、溶解和干缩湿胀以外的其他各类岩石；密封法适用于不能用量积法或直接在水中称量进行试验的岩石。采用水中称量法试验时，岩石块体密度计算公式为

$$\rho_0 = \frac{m_0}{m_s - m_w}\rho_w \qquad (10.2-218)$$

$$\rho_d = \frac{m_d}{m_s - m_w}\rho_w \qquad (10.2-219)$$

$$\rho_s = \frac{m_s}{m_s - m_w}\rho_w \qquad (10.2-220)$$

式中　ρ_0——岩石天然密度，g/cm³；

ρ_d——岩石干密度，g/cm³；

ρ_s——岩石饱和密度，g/cm³；

m_0——试件烘干前的质量，g；

m_d——试件烘干后的质量，g；

m_s——试件强制饱和后的质量，g；

其余符号意义同前。

3. 岩石吸水率与孔隙率

岩石吸水率分为自然吸水率（简称为吸水率）与饱和吸水率。前者是指岩石试件在常温、常压条件下，自然吸水状态时最大吸水量与试件固体质量的比值；后者是指在强制饱和状态下最大吸水量与试件固体质量的比值。岩石自然吸水率采用自由吸水法测定，饱和吸水率采用煮沸法或真空抽气法测定。其试验适用于遇水不崩解、不溶解和不干缩湿胀的岩石。

岩石自然吸水率、饱和吸水率计算公式为

$$\omega_a = \frac{m_a - m_d}{m_d}\times100\% \qquad (10.2-221)$$

$$\omega_s = \frac{m_s - m_d}{m_d}\times100\% \qquad (10.2-222)$$

式中　ω_a——岩石自然吸水率；

ω_s——岩石饱和吸水率；

m_a——试件浸水 48h 后的质量，g；

其余符号意义同前。

测定岩石的吸水性时，可以计算岩石的孔隙率，即孔隙体积与岩石总体积之比。其计算公式如下：

$$n = \left(1 - \frac{\rho_d}{\rho_p}\right)\times100\% \qquad (10.2-223)$$

式中　n——岩石孔隙率；

其余符号意义同前。

4. 岩石膨胀压力与膨胀率

测定岩石膨胀性的试验有自由膨胀率试验、侧向约束膨胀率试验和体积不变条件下膨胀压力试验等几种。岩石自由膨胀率是指岩石试件的轴向、径向膨胀变形与其原试件高度、直径之比。岩石侧向约束膨胀率是指岩石试件在有侧向约束、不产生侧向变形条件下的轴向膨胀变形与其原高度之比。岩石膨胀压力是岩石试件浸水后所产生的膨胀力。相应的计算公式如下：

$$V_h = \frac{U_h}{H}\times100\% \qquad (10.2-224)$$

$$V_d = \frac{U_d}{D}\times100\% \qquad (10.2-225)$$

$$V_{hp} = \frac{U_{hp}}{H}\times100\% \qquad (10.2-226)$$

$$P_s = \frac{P}{A} \qquad (10.2-227)$$

式中　V_h——轴向自由膨胀率；

V_d——径向自由膨胀率；

V_{hp}——有侧向约束的轴向膨胀率；

P_s——膨胀压力，MPa；

U_h——试件轴向变形量，mm；

H——试件高度，mm；

U_d——试件径向平均变形量，mm；

D——试件直径或边长，mm；

U_{hp}——有侧向约束的轴向变形量，mm；

P——轴向荷载，N；

A——试件截面积，mm²。

5. 岩石耐崩解性指数

岩石耐崩解性指数是指岩石试块经过干燥和浸水两个标准循环后试件残留的质量与原质量之比，表征岩石在干湿交替作用下抵抗崩解的能力。岩石的崩解性指数可通过耐崩解性试验获得，其计算公式如下：

$$I_d = \frac{m_r}{m_d}\times100\% \qquad (10.2-228)$$

式中　I_d——岩石耐崩解性指数；

　　　m_r——残留试件烘干质量，g；

　　　m_d——原试件烘干质量，g。

　　6. 岩石冻融系数与冻融质量损失率

　　岩石抗冻性指标包括岩石冻融系数（岩石试件经过反复冻融后饱和单轴抗压强度的变化）和岩石冻融质量损失率，由岩石冻融试验取得。冻融系数大于75%、质量损失率小于2%的岩石为抗冻性高的岩石。岩石吸水率小于0.05%时，可不进行冻融试验。

　　岩石的冻融系数与冻融质量损失率可由直接冻融法试验获得，计算公式如下：

$$K_f = \frac{\overline{R_f}}{\overline{R_s}} \qquad (10.2-229)$$

$$L_f = \frac{m_s - m_f}{m_s} \times 100\% \qquad (10.2-230)$$

式中　K_f——冻融系数；

　　　$\overline{R_f}$——冻融试验后的饱和单轴抗压强度平均值，MPa；

　　　$\overline{R_s}$——冻融试验前的饱和单轴抗压强度平均值，MPa；

　　　L_f——冻融质量损失率；

　　　m_s——冻融试验前试件饱和质量，g；

　　　m_f——冻融试验后试件饱和质量，g。

　　7. 岩石的比热与导热系数

　　岩石常用的热学性质有比热及导热系数。岩石的比热是指在不存在相转变的条件下，使单位质量的岩石温度升高单位温度时所需要的热量。常见矿物的比热为 $500 \sim 1000 \mathrm{J/(kg \cdot K)}$，其中 $700 \sim 950 \mathrm{J/(kg \cdot K)}$ 更为常见。

　　岩石的导热系数是指温度梯度为1时，单位时间内通过单位面积岩石的热量。常温下岩石的导热系数一般为 $1.6 \sim 6.1 \mathrm{W/(m \cdot K)}$。多数沉积岩和变质岩的热传导具有各向异性特征，沿层理方向的导热系数比垂直层理方向的导热系数平均高 $10\% \sim 30\%$。

10.2.12.2　岩石的力学性质

　　1. 岩石单轴抗压强度

　　岩石单轴抗压强度是试件在无侧限条件下受轴向力作用破坏时单位面积所承受的荷载，分为天然状态、饱和状态和烘干状态三种抗压强度。其定义为

$$R = \frac{P}{A} \qquad (10.2-231)$$

式中　R——岩石单轴抗压强度，MPa；

　　　P——破坏荷载，N；

　　　A——试件的截面面积，mm^2。

　　2. 岩石点荷载强度指数

　　将岩石试件（可用钻孔岩芯、方块体和不规则岩块）置于点荷载仪上、下两个球端圆锥之间，对试件施加集中荷载，直至试件破坏，由此所确定的强度参数为点荷载强度指数。岩芯直径为50mm时所测得的点荷载强度指数为标准值 $I_{s(50)}$，其他直径或形状所测得的点荷载强度指数 I_s 均应修正为 $I_{s(50)}$。

　　未经修正的岩石点荷载强度指数计算公式如下：

$$I_s = \frac{P}{D_e^2} \qquad (10.2-232)$$

式中　I_s——未经修正的岩石点荷载强度指数，MPa；

　　　P——破坏荷载，N；

　　　D_e——等价岩芯直径，mm。

　　每组岩芯试件的点荷载试验不得少于 $10 \sim 15$ 块，不规则试件每组不得少于20块。

　　岩石点荷载强度与单轴抗压强度之间有一定的经验关系，可用以间接获得岩石单轴抗压强度，即

$$R_c = 22.82 I_{s(50)}^{0.75} \qquad (10.2-233)$$

式中　R_c——岩石单轴抗压强度，MPa；

　　　$I_{s(50)}$——等价岩芯直径为50mm时所测得的点荷载强度指数，MPa。

　　3. 岩石抗剪强度

　　岩石的抗剪强度是表征岩石抵抗剪切破坏的能力，可以通过直剪试验或三轴压缩试验获得。

　　岩石直剪试验在中型剪力仪上进行。通过对岩石试件在不同法向应力作用下进行直接剪切，根据莫尔-库仑强度准则确定岩石的抗剪强度参数。

　　岩石三轴试验在室内三轴压力机上进行。通过对岩样施加不同的围压 σ_3，获得相应的轴向抗压强度 σ_1，建立 $\sigma_1 - \sigma_3$ 的关系曲线，通过下列公式计算获得内摩擦角 φ、黏聚力 c：

$$\varphi = \arctan \frac{F-1}{2\sqrt{F}} \qquad (10.2-234)$$

$$c = \frac{R}{2\sqrt{F}} \qquad (10.2-235)$$

式中　F、R——$\sigma_1 - \sigma_3$ 关系曲线的斜率、截距。

　　岩石三轴试验在一定程度上消除了直剪试验时剪切面上应力分布不均匀的缺点。直剪试验沿预定好的剪切面破坏，三轴试验则受应力控制，沿弱面或应力屈服面破坏。

　　4. 岩石抗拉强度

　　岩石抗拉强度是指岩石在受拉伸荷载作用破坏时单位面积上承受的荷载，分为天然含水状态、饱和状态和烘干状态三种抗拉强度。岩石抗拉强度一般为抗压强度的 $1/5 \sim 1/30$。

　　测定岩石抗拉强度的试验方法有轴向拉伸法、劈裂法、弯曲试验法、圆柱体或球体的径向压裂法等。

实际工作中劈裂法采用最多，轴向拉伸法次之，其他方法很少采用。

劈裂法试验是沿圆柱体试件直径轴面方向施加一对线荷载，使试件沿直径轴面方向劈裂破坏，由此测定岩石的抗拉强度。劈裂法又称为巴西法，为间接拉伸法。其计算公式如下：

$$\sigma_t = \frac{2P}{\pi DH} \qquad (10.2-236)$$

式中　σ_t——岩石抗拉强度，MPa；

　　　P——破坏荷载，N；

　　　D——试件直径，mm；

　　　H——试件高度，mm。

5. 岩石的变形模量与泊松比

岩石的变形参数有变形模量、弹性模量及泊松比等。岩石的变形模量是单轴压缩变形试验中应力-应变关系曲线原点与某级应力水平下应变点连线的斜率。根据试验规程，岩石变形模量一般取抗压强度50%时的应变点连线的斜率，又称为割线模量 E_{50}。岩石的弹性模量是应力-应变关系曲线直线段的斜率。岩石的泊松比是岩石试件在轴向应力作用下，横向应变与对应的轴向应变的比值。计算公式如下：

$$E_e = \frac{\sigma_b - \sigma_a}{\varepsilon_{hb} - \varepsilon_{ha}} \qquad (10.2-237)$$

$$\mu_e = \frac{\varepsilon_{db} - \varepsilon_{da}}{\varepsilon_{hb} - \varepsilon_{ha}} \qquad (10.2-238)$$

$$E_{50} = \frac{\sigma_{50}}{\varepsilon_{h50}} \qquad (10.2-239)$$

式中　E_e——岩石弹性模量，MPa；

　　　μ_e——岩石弹性泊松比；

　　　σ_a——应力与纵向应变关系曲线上直线段起始点的应力值，MPa；

　　　σ_b——应力与纵向应变关系曲线上直线段终点的应力值，MPa；

　　　ε_{ha}——应力取 σ_a 时的纵向应变值；

　　　ε_{hb}——应力取 σ_b 时的纵向应变值；

　　　ε_{da}——应力取 σ_a 时的横向应变值；

　　　ε_{db}——应力取 σ_b 时的横向应变值；

　　　E_{50}——岩石变形模量，即割线模量，MPa；

　　　σ_{50}——抗压强度50%时的应力值，MPa；

　　　ε_{h50}——应力取 σ_{50} 时的纵向应变值。

10.2.12.3 《工程岩体分级标准》（GB/T 50218）分级方法

《工程岩体分级标准》（GB/T 50218）采用两步走的方法进行工程岩体分级：先对岩体的基本质量划分级别，据此为工程岩体进行初步定级；再根据各类工程岩体（基础岩体、洞室围岩和边坡岩体）的具体条件，对已经给出的岩体基本质量级别作出修正，对各类型工程岩体作详细定级。基本质量分级主要考虑岩石的坚硬程度和岩体的完整程度两个相互独立的分级因素，采用定性与定量相结合、经验判断与测试计算相结合的方法进行。在分级过程中，定性与定量同时进行并对比检验，最后综合评定级别。

1. 岩石的坚硬程度

度量岩石坚硬程度的定量指标有岩石单轴抗压强度、弹性（变形）模量、回弹值等。在这些力学指标中，单轴抗压强度容易测得，代表性强，使用最广，与其他强度指标相关密切，同时又能反映出受水软化的性质。因此，分级标准采用岩石单轴饱和抗压强度 R_c 作为岩石的坚硬程度的定量指标。现场勘察时，直观地鉴别岩石的坚硬程度，可根据岩石的锤击难易程度、回弹程度、手触感觉和吸水反应来为岩石的坚硬程度作定性鉴定。岩石坚硬程度的划分标准见表 10.2-60。

表 10.2-60　岩石坚硬程度的划分标准

名称		定量鉴定 R_c /MPa	定性鉴定	代表性岩石
硬质岩	坚硬岩	>60	锤击声清脆，有回弹，震手，难击碎；浸水后，大多无吸水反应	未风化～微风化的花岗岩、正长岩、闪长岩、辉绿岩、玄武岩、安山岩、片麻岩、石英片岩、硅质板岩、石英岩、硅质胶结的砾岩、石英砂岩、硅质石灰岩等
	较坚硬岩	60～30	锤击声较清脆，有轻微回弹，稍震手，较难击碎；浸水后，有轻微吸水反应	(1) 中等（弱）风化的坚硬岩；(2) 未风化～微风化的熔结凝灰岩、大理岩、板岩、白云岩、石灰岩、钙质砂岩、粗晶大理岩等
软质岩	较软岩	30～15	锤击声不清脆，无回弹，较易击碎；浸水后，指甲可刻出印痕	(1) 强风化的坚硬岩；(2) 中等（弱）风化的较坚硬岩；(3) 未风化～微风化的凝灰岩、千枚岩、砂质泥岩、泥灰岩、泥质砂岩、粉砂岩、砂质页岩等

续表

名称		定量鉴定 R_c/MPa	定性鉴定	代表性岩石
软质岩	软岩	15～5	锤击声哑，无回弹，有凹痕，易击碎；浸水后，手可掰开	（1）强风化的坚硬岩；（2）中等（弱）风化～强风化的较坚硬岩；（3）中等（弱）风化的较软岩；（4）未风化的泥岩、泥质页岩、绿泥石片岩、绢云母片岩等
	极软岩	≤5	锤击声哑，无回弹，有较深凹痕，手可捏碎；浸水后，可捏成团	（1）全风化的各种岩石；（2）强风化的软岩；（3）各种半成岩

2. 岩体的完整程度

分级标准将影响岩体完整性的因素分为结构面的几何特征和结构面性状特征两类，又将几何特征综合为"结构面发育程度"，将结构面性状特征综合为"主要结构面的结合程度"分别进行定性划分，并参考主要结构面类型进行综合分析评价，进而对岩体完整程度进行定性划分，见表 10.2-61。

表 10.2-61 岩体完整程度的划分标准

完整程度	结构面发育程度		主要结构面的结合程度	主要结构面类型	相应结构类型	完整性系数 K_v
	组数	平均间距/m				
完整	1～2	>1.0	结合好或结合一般	节理、裂隙、层面	整体状或巨厚层状结构	>0.75
较完整	1～2	>1.0	结合差	节理、裂隙、层面	块状或厚层状结构	0.75～0.55
	2～3	1.0～0.4	结合好或结合一般		块状结构	
较破碎	2～3	1.0～0.4	结合差	节理、裂隙、层面、小断层	裂隙块状或中厚层状结构	0.55～0.35
	≥3	0.4～0.2	结合好		镶嵌碎裂结构	
			结合一般		薄层状结构	
破碎	≥3	0.4～0.2	结合差	各种类型结构面	裂隙块状结构	0.35～0.15
		≤0.2	结合一般或结合差		碎裂结构	
极破碎	无序		结合很差		散体状结构	≤0.15

表 10.2-61 中所谓"主要结构面"是指相对发育的结构面，即张开度较大、充填物较差、成组性好的结构面。结构面发育程度包括结构面组数和平均间距，它们是影响岩体完整性的重要方面。结合程度由结构面张开度、面壁粗糙度及充填物性质确定。

在岩性相同的条件下，岩体纵波速度（v_{pm}）与岩块纵波速度（v_{pr}）的差异反映了岩体不完整性对岩体物理力学性质的影响。根据岩体纵波速度和完整岩块纵波速度，可按下式计算岩体完整性系数 K_v 值：

$$K_v = \left(\frac{v_{pm}}{v_{pr}}\right)^2 \qquad (10.2-240)$$

式中 v_{pm}——岩体弹性纵波速度，m/s；

v_{pr}——岩块弹性纵波速度，m/s。

岩体完整性系数 K_v 是排除了岩性影响后，既反映岩体结构面的发育程度，又反映结构面的性状，较全面地从量上反映岩体完整程度的指标。

3. 岩体基本质量分级

由岩石坚硬程度和岩体完整程度这两个因素所决定的工程岩体性质，定义为"岩体基本质量"。岩体基本质量的定性特征是两个分级因素定性划分的组合，根据这些组合可以进行岩体基本质量的定性分级。岩体基本质量指标 BQ 是用两个分级因素定量指标计算求得的，根据所确定的 BQ 值可以进行岩体基本质量的定量分级。

岩体基本质量指标 BQ 的计算公式采用多参数法，是以两个分级因素的定量指标 R_c 及 K_v 为基本参数，根据大量工程实测数据采用逐步回归、逐步判别等方法建立起来的带两个限制条件的线性方程式：

$$BQ = 90 + 3R_c + 250K_v \qquad (10.2-241)$$

当 $R_c > 90K_v + 30$ 时，应以 $R_c = 90K_v + 30$ 和 K_v 代入式（10.2-241）计算 BQ 值；当 $K_v > 0.04R_c +$

0.4 时，以 $K_v = 0.04R_c + 0.4$ 和 R_c 代入式（10.2 - 241）计算 BQ 值。

根据得到的岩石坚硬程度和岩体完整程度以及 BQ 值，可按表 10.2 - 62 分别对岩体进行基本质量的定性分级和定量分级。定性分级与定量分级相互验证，可以获得较为准确的岩体基本质量级别。

表 10.2 - 62　岩体基本质量分级

基本质量级别	岩体基本质量的定性特征	岩体基本质量指标 BQ
Ⅰ	坚硬岩，岩体完整	>550
Ⅱ	坚硬岩，岩体较完整； 较坚硬岩，岩体完整	550～451
Ⅲ	坚硬岩，岩体较破碎； 较坚硬，岩体较完整； 较软岩，岩体完整	450～351
Ⅳ	坚硬岩，岩体破碎； 较坚硬岩，岩体较破碎～破碎； 较软岩，岩体完整～较破碎； 软岩，岩体完整～较完整	350～251
Ⅴ	较软岩，岩体破碎； 软岩，岩体较破碎～破碎； 全部极软岩及全部极破碎岩	≤250

初步定级一般是在可行性和初步设计阶段进行，此时勘察资料不全，工作还不够深入，工作要求的精度不高，可用基本质量的级别在整体上评价工程岩体的质量，而不必考虑坝基岩体、洞室围岩和边坡岩体的区别，将那些只对某类工程岩体影响大的因素暂时忽略掉。

4. 工程岩体级别的确定

对工程岩体进行详细定级时需要对岩体基本质量级别进行修正，即将对某种类型工程岩体特别有影响的因素考虑进去。不同类型的工程岩体需要考虑的因素不同，故进行的修正也不同。地下工程岩体需要考虑的修正因素包括地下水、起控制作用的软弱结构面和高初始应力，而边坡工程岩体还要考虑结构面的组合、结构面的产状与边坡坡面的关系等因素的影响。地下工程地下水、软弱结构面产状和初始地应力状态对岩体基本质量指标 BQ 值的影响修正系数 K_1、K_2、K_3，分别见表 10.2 - 63～表 10.2 - 65。根据这些修正因素按式（10.2 - 242）对岩体基本质量指标 BQ 值进行修正，得到工程岩体质量指标修正值 $[BQ]$，按表 10.2 - 62 定出工程岩体级别。

$$[BQ] = BQ - 100(K_1 + K_2 + K_3)$$
$$(10.2 - 242)$$

表 10.2 - 63　地下水影响修正系数 K_1

地下水出水状态	BQ				
	>550	550～451	450～351	350～251	≤250
潮湿或点滴状出水，$p \leqslant 0.1$ 或 $Q \leqslant 25$	0	0	0.1	0.2～0.3	0.4～0.6
淋雨状或线流状出水，$0.1 < p \leqslant 0.5$ 或 $25 < Q \leqslant 125$	0～0.1	0.1～0.2	0.2～0.3	0.4～0.6	0.7～0.9
涌流状出水，$p > 0.5$ 或 $Q > 125$	0.1～0.2	0.2～0.3	0.4～0.6	0.7～0.9	1.0

注　1. p 为地下工程围岩裂隙水压，MPa。

　　2. Q 为每 10m 沿长出水量，L/(min·10m)。

表 10.2 - 64　主要软弱结构面产状影响修正系数 K_2

结构面产状及其与洞轴线的组合关系	结构面走向与洞轴线夹角小于 30°，结构面倾角为 30°～75°	结构面走向与洞轴线夹角大于 60°，结构面倾角大于 75°	其他组合
K_2	0.4～0.6	0～0.2	0.2～0.4

表 10.2 - 65　初始应力状态影响修正系数 K_3

初始应力状态	BQ				
	>550	550～451	450～351	350～251	≤250
极高应力区（岩石强度应力比小于 4）	1.0	1.0	1.0～1.5	1.0～1.5	1.0
高应力区（岩石强度应力比为 4～7）	0.5	0.5	0.5	0.5～1.0	0.5～1.0

10.2.12.4　Q 系统分级方法

挪威学者巴顿（N. Barton）等根据对 212 个 50 余类岩石隧道工程资料的调查研究，于 1974 年提出了一种由 6 个因素综合评定岩体质量 Q 值的定量分级法。该方法按式（10.2 - 243）计算出 Q 值，再根据表 10.2 - 66 可得出相应岩体的级别。

$$Q = \frac{RQD}{J_n} \frac{J_r}{J_a} \frac{J_w}{SRF}$$
$$(10.2 - 243)$$

式中　RQD——岩石质量指标；

　　　J_n——节理组数；

　　　J_r——节理面粗糙度值；

　　　J_a——节理的蚀变指标；

　　　J_w——裂隙水的折减系数；

　　　SRF——地应力折减系数。

Q 系统中，相应 6 个因素取值的确定方法分别见表 10.2－67～表 10.2－72。

表 10.2－66　Q 系统分类岩体级别表

Q 值	岩体性质评价	级别
1000～400	极好	1
400～100	非常好	2
100～40	很好	3
40～10	好	4
10～4	一般	5
4～1	差	6
1～0.1	很差	7
0.1～0.01	非常差	8
0.01～0.001	极差	9

表 10.2－67　RQD 的确定

RQD 值/%	0～25	25～50	50～75	75～90	90～100
岩体质量评价	很差	差	一般	好	很好

注　1. RQD<10 时，在计算时一般采用 10。

2. RQD 值数值差值用 5 即可满足精度要求，如 100、95、90 等。

表 10.2－68　J_n 的确定

序号	取值条件	J_n 取值
A	整体，无或少量节理	0.5～1
B	1 组节理	2
C	1 组节理，并有随机节理	3
D	两组节理	4
E	两组节理，并有随机节理	6
F	3 组节理	9
G	3 组节理，并有随机节理	12
H	4 组或更多组节理，呈随机性分布的密集节理	15
J	破碎岩石，似土质	20

注　对于隧洞交叉部位，用 $3J_n$；对于隧洞入口处，用 $2J_n$。

表 10.2－69　J_r 的确定

序号	取值条件	J_r 取值
(1)	岩壁呈接触状态，或剪切错动小于 10cm	
A	不连续节理	4
B	粗糙，不规则，起伏状	3
C	平滑，起伏状	2
D	光面，起伏状	1.5
E	粗糙，不规则，平直	1.5
F	平滑，平直	1
G	光面，平直	0.5
(2)	错动时岩壁不接触	
H	节理面间充填有黏土矿物，其厚度能阻隔节理面直接接触	1
J	节理面间充填有砂、砾质，或挤压破碎带，其厚度能阻隔节理面直接接触	1

注　1. 对裂隙特征描述，按小尺度到中等尺度顺序。

2. 如果相关节理平均间距大于 3m，则 J_r 取值可在上述取值基础上加 1。

3. 对具定向擦痕的平直光面节理，可取 $J_r=0.5$，以表示在该方向上的低抗剪强度。

4. J_r 和 J_a 的确定主要针对在产状和抗剪强度方面对稳定性不利的节理组或不连续面。

表 10.2－70　J_a 的确定

序号	取值条件	φ_r（近似值）/(°)	J_a 取值
(1)	岩壁接触（无矿物充填，仅胶结状）		
A	裂隙紧密闭合，坚硬，无软化，不透水充填物充填，如石英、绿帘石等		0.75
B	节理面未产生蚀变，仅表面有锈膜浸染	25～35	1.0
C	节理壁轻微蚀变，无软化矿物黏附、砂粒、非黏性碎屑岩石等	25～30	2.0
D	粉粒或砂粒黏附，黏土含量少（非软化）	20～25	3.0
E	软化或低摩擦黏土矿物黏附，如高岭石、云母、绿泥石、滑石、石膏、石墨等矿物，以及少量膨胀性黏土	8～16	4.0
(2)	小于 10cm 剪切错动时，岩壁呈接触状（薄层矿物充填）		
F	砂粒，非黏土质碎屑岩等	25～30	4.0
G	高度超固结，非软化黏土矿物充填（连续充填，厚度小于 5mm）	16～24	6.0
H	中度或低度超固结、软化黏土矿物充填（连续充填，厚度小于 5mm）	12～16	8.0

序号	取 值 条 件	φ_r（近似值）/(°)	J_a 取值
J	膨胀性黏土充填，如蒙脱石矿物（连续，厚度小于 5mm）。J_a 值取决于膨胀性黏土颗粒的百分比以及含水量	6～12	8.0～12.0
(3)	剪切错动时岩壁不接触（矿物充填厚）		
K	裂隙带内含碎裂岩、碎屑岩及黏土	6～24	6.0
L			8.0
M			8.0～12.0
N	裂隙内含粉粒或砂质黏土，黏土含量低（非软化）		5.0
O	裂隙内厚的连续区域，黏土带状充填	6～24	10.0
P			13.0
R			13.0～20.0

表 10.2-71　J_w 的确定

序号	取 值 条 件	水压近似值/MPa	J_w 取值
A	干燥开挖，或小量渗水，如渗水量小于 5L/min	<0.1	1.0
B	中等渗水，或有压渗水，偶尔有节理充填物流失	0.1～0.25	0.66
C	硬岩中无充填节理内大流量渗流或高压渗流	0.25～1.0	0.5
D	大流量渗流或高压渗流，节理充填物有显著流失	0.25～1.0	0.33
E	爆破后大流量涌水或有压流，渗流量随时间衰减	>1.0	0.2～0.1
F	超大流量涌水或有压流，渗流量随时间无明显衰减	>1.0	0.1～0.055

注　表中，序号 C～F 中各因素条件下的取值是粗略的估计，如果有排水措施，则 J_w 值可增大。

表 10.2-72　SRF 的确定

序号	取 值 条 件	$\dfrac{\sigma_c}{\sigma_1}$	$\dfrac{\sigma_\theta}{\sigma_c}$	SRF 取值
(1)	软弱夹层与开挖面相交，隧洞开挖后软弱层的存在可能引起围岩松动			
A	多个软弱带，含黏土或化学性碎裂构造岩石，围岩松动严重（埋深不限）			10
B	单个软弱带，含黏土或化学性碎裂构造岩石，开挖埋深不大于 50m			5
C	单个软弱带，含黏土或化学性碎裂构造岩石，开挖埋深大于 50m			2.5
D	硬岩中多个剪切带（无黏土），围岩松动（埋深不限）			7.5
E	硬岩中单个剪切带（无黏土），开挖埋深不大于 50m			5.0
F	硬岩中单个剪切带（无黏土），开挖埋深大于 50m			2.5
G	松动的张开节理，节理密集发育（埋深不限）			5.0
(2)	不同应力条件下的坚硬岩			
H	岩石应力低，近地表，节理张开	>200	<0.01	2.5
J	中等应力，应力条件有利	10～200	0.01～0.3	1
K	高应力条件，非常紧密结构，通常便于稳定，也可能对边墙稳定不利	5～10	0.3～0.4	0.5～2
L	岩体开挖 1h 后，有中等板裂破坏发生	3～5	0.5～0.65	5～50
M	岩体开挖数分钟后，有板裂破坏及岩爆发生	2～3	0.65～1	50～200
N	岩体中有严重岩爆（应变岩爆）及快速的动力变形	<2	>1	200～400
(3)	挤压变形岩石，在高应力作用下发生塑性流动的软岩			
O	中等挤压变形		1～5	5～10
P	严重挤压变形		>5	10～20
(4)	膨胀岩，遇水发生化学膨胀行为			
R	中等膨胀			5～10
S	严重膨胀			10～15

注　对于强烈各向异性初始应力场，当 $5\leqslant\sigma_1/\sigma_3\leqslant10$，将 σ_c 减少至 $0.75\sigma_c$；当 $\sigma_1/\sigma_3>10$，将 σ_c 减少至 $0.5\sigma_c$。其中，σ_c 为单轴抗压强度；σ_1、σ_3 为最大、最小主应力；σ_θ 为由弹性理论计算出的最大洞室环向应力。

10.2.12.5 RMR 系统分级方法

岩体地质力学分类法（RMR）由宾尼威斯基（1973）提出。该方法采用岩石单轴抗压强度、岩石质量指标 RQD、裂隙间距、裂隙条件、地下水、裂隙产状与洞轴线的关系等 6 个因素的权值总数来综合确定岩体级别，评判标准见表 10.2 - 73。RMR 分级因素及评分标准见表 10.2 - 74。

表 10.2 - 73　由 RMR 权值总数确定岩体级别

总得分	100～81	80～61	60～41	40～21	≤20
岩体级别	I	II	III	IV	V
评价	很好	好	一般	差	很差

表 10.2 - 74　　RMR 分级因素及评分标准

序号	参数		评分标准						
1	完整岩石强度/MPa	点荷载强度	>10	4～10	2～4	1～2	对强度较低的岩体宜用单轴抗压强度		
		单轴抗压强度	>250	100～250	50～100	25～50	5～25	1～5	<1
		评分	15	12	7	4	2	1	0
2	岩石质量指标 RQD/%		90～100	75～90	50～75	25～50	<25		
	评分		20	17	13	8	3		
3	裂隙间距/cm		>200	60～200	20～60	6～20	<6		
	评分		20	15	10	8	5		
4	裂隙条件		裂隙面很粗糙，为闭合状，不连续，面壁未风化	裂隙面稍粗糙，张开度小于1mm，面壁微风化	裂隙面稍粗糙，张开度小于1mm，面壁强风化	连续延伸裂隙，且裂隙面光滑，或裂隙充填物小于5mm，或张开度1～5mm	连续延伸裂隙，且裂隙软弱充填物大于5mm，或张开度大于5mm		
	评分		30	25	20	10	0		
5	地下水	每10m洞长流量/(L/min)	0	<10	10～25	25～125	>125		
		裂隙水压力与最大主应力比	0	0～0.1	0.1～0.2	0.2～0.5	>0.5		
		状态	干燥	潮湿	点滴状	线状流水	涌流状		
	评分		15	10	7	4	0		

序号	参数		走向垂直洞线				走向平行洞线		其他走向
6	裂隙产状与洞轴线的关系		顺倾向开挖		逆倾向开挖				
			倾角45°～90°	倾角20°～45°	倾角45°～90°	倾角20°～45°	倾角45°～90°	倾角20°～45°	倾角0°～20°
	折减分		0	-2	-5	-10	-12	-5	-10

10.2.13　岩坡稳定性分析

10.2.13.1　分析方法及判据概述

有关边坡稳定性分析的基本理论、方法及判据很多，本节仅概要介绍，实际应用中可参考有关专著。

1. 边坡稳定性分析方法

边坡稳定性分析方法大致可以分为两大类，即定性分析方法和定量分析方法。此外，近年来，人们在前面两种分析方法的基础上，又引进了一些新的学科、理论等，逐渐发展起来一些新的边坡稳定性分析方法，如可靠性分析法、模糊分级评判法、系统工程地质分析法、灰色系统理论分析法等，这里暂且称之为非确定性分析方法。另外，还有地质力学模型等物理模型方法和现场监测分析方法等。

（1）定性分析方法。定性分析方法主要是通过工程地质勘察，对影响边坡稳定性的主要因素、可能的变形破坏方式及失稳的力学机制等进行分析，对已变形地质体的成因及其演化史进行分析，从而给出被评价边坡的一个稳定性状况及其可能发展趋势的定性说明和解释。其优点是能综合考虑影响边坡稳定性的多种因素，快速地对边坡的稳定状况及其发展趋势作出评价。常用的方法主要有：自然（成因）历史分析法、工程类比法、边坡稳定性分析数据库和专家系统、图解法、SMR 与 CSMR 方法。

1）自然（成因）历史分析法。该方法主要根据边坡发育的地质环境、边坡发育历史中的各种变形破坏迹象及其基本规律和稳定性影响因素等的分析，追溯边坡演变的全过程，对边坡稳定性的总体状况、趋势和区域性特征作出评价和预测，对已发生滑坡的边坡，判断其能否复活或转化。它主要用于天然斜坡的稳定性评价。

2）工程类比法。该方法实质上就是利用已有的自然边坡或人工边坡的稳定性状况及其影响因素、有关设计等方面的经验，并把这些经验应用到类似需要研究的边坡中，进行边坡的稳定性分析和设计。它需要对已有的边坡和目前的研究对象进行广泛的调查分析，全面研究工程地质等因素的相似性和差异性，分析影响边坡变形破坏的各主导因素及发展阶段的相似性和差异性，分析它们可能的变形破坏机制、方式等的相似性和差异性，兼顾工程的等级、类别等特殊要求。通过这些分析，来类比分析和判断研究对象的稳定状况、发展趋势、加固处理设计等。在工程实践中，既可以进行自然边坡间的类比，也可以进行人工边坡之间的类比，还可以在自然边坡和人工边坡之间进行类比。因而，可以说它是目前应用最广泛的一种边坡稳定性分析方法。

3）边坡稳定性分析数据库和专家系统。边坡工程数据库是收集已有的多个自然斜坡、人工边坡实例的计算机软件。它按照一定的格式，把各个边坡实例的发育地点、地质特征（工程地质图、钻孔柱状图、岩土力学参数等）、变形破坏影响因素、破坏形式、破坏过程、加固设计，以及边坡的坡形、坡高、坡角等收录进来，并有机地组织在一起。建立边坡工程数据库的目的主要仍是进行工程类比、信息交流。它可以直接根据不同设计阶段的要求和相关的类比依据，方便快捷地从中查得相似程度最高的实例进行类比，从而能更好地指导实践、节约费用。我国在"八五"国家科技攻关期间，已初步建立了"水电工程高边坡数据库"。

4）图解法。图解法可以分为诺模图法和赤平投影法。

a. 诺模图法是利用一定的诺模图或关系曲线来表征与边坡稳定有关参数之间的关系，并由此求出边坡稳定安全系数，或根据要求的安全系数及一些参数来反分析其他参数（φ、c、结构面倾角、坡角、坡高等）的方法。诺模图法实际上是数理分析方法的一种简化方法，如 Taylor 图解等。此法目前主要用于土质或全强风化的有弧形破坏面的边坡稳定性分析。

b. 赤平投影图法是利用赤平极射投影的原理，通过作图来直观地表示出边坡变形破坏的边界条件，分析不连续面的组合关系，可能失稳岩土体形态及其滑动方向等，进而评价边坡的稳定性，并为力学计算提供信息。常用的有赤平极射投影图法、实体比例投影图法、J. J. Markland 投影图法等。此法目前主要用于岩质边坡岩体的稳定性分析。

5）SMR 与 CSMR 方法。M. Romana 在 Z. T. Biniawski 的 RMR（Rock Mass Rating，岩体质量评价）方法的基础上，综合考虑边坡工程中不连续面产状与坡面间的组合关系以及边坡的开挖方式等，提出了 SMR（Slope Mass Rating）方法，其计算公式为

$$SMR = RMR - F_1 F_2 F_3 + F_4 \qquad (10.2-244)$$

式中　SMR——边坡岩体质量的最终得分值；

　　　RMR——岩体质量得分值；

F_1、F_2 和 F_3——岩体不连续面与坡面间产状组合关系调整值；

　　　F_4——边坡开挖方式调整值。

利用 SMR 方法来评价边坡岩体质量，方便快捷，且能够综合反映各种因素对边坡稳定性的影响，因此 SMR 体系在国际上获得广泛应用。SMR 方法综合考虑了岩体的单轴抗压强度、RQD、节理条件、结构面倾向、倾角与坡面倾角的相互关系、地下水等方面的因素对边坡稳定性的影响。但在应用的过程中也发现了 SMR 方法的一些不足，例如，该方法没能考虑边坡坡高等因素，对大型岩质边坡的整体稳定性的状况还不能够作出有效的分析，各个参数的具体取值过程中，还会带有很大的经验性，常会因人而异。

在此基础上，我国学者提出并引入了边坡高度和结构面条件因素的修正，形成 CSMR（Chinese Slope Mass Rating）体系。CSMR 体系依据 Romana 建议的方法，建立边坡稳定状态的评价经验公式为

$$CSMR = \xi RMR - \lambda F_1 F_2 F_3 + F_4 \qquad (10.2-245)$$

式中　$CSMR$——岩石边坡稳定性综合评价值；

　　　RMR——RMR 体系的评分；

　　F_1、F_3——边坡面对控制结构面的倾向与倾角之间差别的修正系数；

　　　F_2——结构面的倾角修正系数；

F_4——爆破开挖方法修正系数；

ξ——高度修正系数；

λ——结构面条件系数。

各参数的取值方法详见有关文献。

（2）定量分析方法。常用的边坡稳定性定量分析方法主要有极限平衡分析法、极限分析法、滑移线场法、数值分析法。

1）极限平衡分析法。极限平衡分析法是工程实践中应用最早，也是目前普遍使用的一种定量分析方法。极限平衡分析法是根据斜坡上的滑体或滑体分块的力学平衡原理（即静力平衡原理）分析斜坡各种破坏模式下的受力状态，以及斜坡体上的抗滑力和下滑力之间的关系来评价斜坡的稳定性。

目前已有了多种极限平衡分析方法，如：瑞典（Fellenius）法、毕肖普（Bishop）法、詹布（Janbu）法、摩根斯坦-普莱斯（Morgenstern - Price）法、剩余推力法、萨尔玛（Sarma）法、楔体极限平衡分析法等。对于不同的破坏方式存在不同的滑动面型式，因此采用不同的分析方法及计算公式来分析其稳定状态。圆弧滑坡可选择瑞典法和毕肖普法来计算；复合破坏面滑坡可采用詹布法、摩根斯坦-普莱斯法、斯宾塞（Spencer）法等来计算；对于折线型的滑坡可以采用剩余推力法、詹布法等来分析计算；对于楔形四面体岩质边坡可以采用楔形体法来计算；对于受岩体结构面控制而产生的滑坡可选择萨尔玛法来计算；此外还可以采用 Hovland 法和 Leshchinsky 法等对滑坡进行三维极限平衡分析。近年来，人们都已经把这些方法程序化了。

2）极限分析法（LAM）。极限分析法是应用理想塑性体或刚塑性（体）处于极限状态的普通原理——上限定理和下限定理，求解理想塑性体（或刚塑性体）的极限荷载的一种分析方法，极限分析方法建立至今虽然只有 30 年左右的历史，但它在岩土力学中得到了广泛的应用。在上限和下限分析中，其各自的关键是运动许可速度场和静力许可应力场的构造技术及其优化分析。

3）滑移线场法（SLM）。滑移线场法包括由Sokofovskii 等人提出的静力学理论和 Hansen 等人提出的运动学理论，它是一种分别采用速度和应力滑移线场的几何特性求解极限平衡偏微分方程组的数学方法。但是由于其数学算法上的困难，对于一般的边坡问题限制了其应用范围。

4）数值分析法。数值分析法是目前岩土力学计算中普遍使用的分析方法，包括有限单元法（FEM）、边界单元法（BEM）、快速拉格朗日分析法（FLAC）、离散单元法（DEM）、块体理论（BT）、不连续变形分析法（DDA）、无界元法（IDEM）、流形元法（NMM）、界面元法、无单元法等方法。

a. 有限单元法（FEM）。有限单元法（Finite Element Method，亦称有限元法）是 20 世纪 60 年代出现的一种数值计算方法。它的基础是变分原理和加权余量法，其基本求解思想是把计算域划分为有限个互不重叠的单元，在每个单元内，选择一些合适的节点作为求解函数的插值点，将微分方程中的变量改写成由各变量或其导数的节点值与所选用的插值函数组成的线性表达式，借助于变分原理或加权余量法，将微分方程离散求解，得到问题的近似解。由于大多数实际问题难以得到准确解，而有限元法不仅计算精度高，而且能适应各种复杂形状，因而成为行之有效的工程分析手段。

有限元法是目前使用最广泛的一种数值分析方法，它全面满足了静力许可、应变相容和应力、应变之间的本构关系。同时因为是采用数值分析方法，可以不受边坡几何形状的不规则和材料的不均匀性的限制，因此，应该是比较理想的分析边坡应力、变形和稳定性态的手段。

b. 边界单元法（BEM）。边界单元法（Boundary Element Method，亦称边界元法）是 20 世纪 70 年代兴起的另一种重要的工程数值方法。经过近 40 年的研究和发展，边界单元法已经成为一种精确高效的工程数值分析方法。在数学方面，不仅在一定程度上克服了由于积分奇异性造成的困难，同时又对收敛性、误差分析以及各种不同的边界单元法型式进行了统一的数学分析，为边界单元法的可行性和可靠性提供了理论基础。

c. 快速拉格朗日分析（FLAC）法。快速拉格朗日分析（Fast Lagrangian Analysis of Continua）法，是由 P. A. Cundall 提出的一种显式时间差分分析法，由美国 ITASCA 公司于 1986 年首次推出。可用于进行有关边坡、坝体、隧道、洞室等岩土介质的应力、变形模拟与分析，是一种专门求解岩土力学非线性大变形问题的拉格朗日分析法程序，但由于其单元节点的位移连续，因此本质上仍属于求解连续介质范畴的方法。

d. 离散单元法（DEM）。自从 1970 年 Cundall 首次提出离散单元 DEM（Distinct Elemet Method）模型以来，这一方法已在数值模拟理论与工程应用方面取得了长足的进展。离散单元法（亦称离散元法）的单元，从性质上分可以是刚性的，也可以是非刚性的。这一方法最初是用来解决二维的岩体力学问题的，但已经扩展到了粒状介质、分子流研究、混凝土和岩石中裂隙的发育、节理化介质中流体的流动和热传导、地下开挖和支护、动力问题以及三维分析。该方法的基本特征在于允许各离散块体发生平动和转动，甚至相互分离，弥补了有限元法或边界单元法的介质连续和小变形的限制，因而特别适合块裂介质的大变形及破坏问题的分析。

e. 块体理论（BT）。1982 年 Richard、E. Goodman 与石根华正式提出了块体理论（Block Theory），标志着块体理论基本成熟。随着国内外学者认识和研究的深入，块体理论日益被广泛接受。块体理论实际上是一种几何学的方法，它利用拓扑学和群论的原理，以赤平投影和解析计算为基础，来分析三维不连续岩体稳定性。在计算时，它根据岩体中实际存在的不连续面倾角及其方位，利用块体间的相互作用条件找出具有移动可能的块体及其位置，故也常被称为关键块（KB）理论。

f. 不连续变形分析（DDA）法。不连续变形分析（Discontinuous Deformation Analysis）法由石根华与 Goodman 于 1988 年提出，是基于岩体介质非连续性，利用最小位能原理发展起来的一种崭新的数值分析方法，该方法能充分考虑岩体的不连续特性，可以模拟块状结构岩体的非连续变形、大位移运动情形，可模拟出岩石块体的移动、转动、张开、闭合等全过程，据此可判断出岩体的破坏程度、破坏范围，从而对岩体的整体和局部的稳定性作出评价，特别适合于极限状态的设计计算。

g. 无界元法（IDEM）。为了克服有限元法在计算时其计算范围和边界条件不易确定的这一缺点，P. Bettess 于 1977 年提出了无界元法。它可以看作是有限元法的推广，它采用了一种特殊的形函数及位移插值函数，能够反映在无穷远处的边界条件，近年来已比较广泛地应用于非线性问题、动力问题和不连续问题等的求解。其优点是：有效地解决了有限元法的"边界效应"及人为确定边界的缺点，在动力问题中尤为突出；显著地减小了解题规模，提高了求解精度和计算效率，这一点对三维问题尤为显著。它目前常常与有限元法联合使用，互取所长。

h. 流形元法（NMM）。流形元法（Numerical Manifold Method）是石根华通过研究不连续变形分析与有限元的数学基础于 1995 年提出的，是不连续变形分析与有限元的统一形式。流形元法以最小位能原理和流形分析中的有限覆盖技术为基础，吸收有限元法与不连续变形分析法各自的优点，统一解决了连续与非连续变形的力学问题，该方法被用来计算结构体的位移和变形，在积分方法上采用与传统数值方法不同的单纯形解析积分形式。该法不仅可以计算不连续体的大变形，块体接触和运动，也可以像有限元那样提供单元应力和应变的计算结果，并且可有效地计算连续体的小变形到不连续体大变形的发展过程，可以统一解决有限元法、不连续变形分析法和其他数值方法耦合的计算问题。

i. 界面元法。界面应力元模型源于 Kawai 教授提出的适用于均质弹性问题的刚体——弹簧元模型。基于累积单元变形于界面的界面应力元模型是不连续介质变形体的新模型，界面元法建立了适用于分析不连续、非均质、各向异性和各向非线性问题、场问题以及能够完全模拟各类锚杆复杂空间布局和开挖扰动的界面元理论和方法，为复杂岩体的仿真计算提供了一种新的有效方法。

j. 无单元法。无单元法又称无网格法（Mesh-less Method），是有限元法的一种推广，近来已得到广泛的应用。此法采用滑动最小二乘法所产生的光滑函数近似场函数。它保留了有限元的一些特点，但摆脱了单元限制，克服了有限元的不足。无单元法只需节点信息而不需单元信息，处理简单，计算精度高，收敛速度快，提供了场函数的连续可导近似解。基于这些优点，无单元法具有广阔的应用前景。

（3）非确定性分析方法。

1）可靠性分析法。理论与实践均证明，影响岩质边坡工程稳定性的诸多因素常常都具有一定的随机性，它们多是具有一定概率分布的随机变量。20 世纪 70 年代中后期，加拿大能源与矿业中心和美国亚利桑那大学等开始把概率统计理论引用到边坡岩体的稳定性分析中来。

2）模糊分级评判法。影响边坡稳定性的诸因素除了具有前述的随机不确定性外，还具有一定的模糊不确定性。采用模糊分级评判或模糊聚类方法对边坡的稳定性作出分级评判，其具体做法通常是先找出影响边坡稳定性的各个因素，并赋予它们不同的权值，然后根据最大隶属度原则来判定边坡的稳定性。实践证明，模糊分级评判方法为多变量、多因素影响的边坡稳定性分析提供了一种行之有效的手段。这一方法主要应用于大型边坡的整体稳定性评价。

（4）物理模型方法。物理模型方法是一种发展较早、应用广泛、形象直观的边坡稳定性分析方法。它主要包括光弹模型、底摩擦试验、地质力学模型试验、平面框架模拟、离心模型试验等。这些方法通常能够形象地模拟边坡岩土体中的应力大小及其分布、边坡岩土体的变形破坏机理及其发展过程、加固措施的加固效果等。

（5）现场监测分析方法。边坡岩体的变形破坏是一个渐进过程。岩质边坡工程由稳定状态向不稳定状态的突变也必然具有某些前兆。捕捉这些前兆信息并对其进行分析和解释,可以更好地认识边坡岩土体变形的发展过程和失稳的征兆及其判据。人们在生产实践的过程中早已认识到这个问题,并对之越来越重视。人们在发展其他边坡稳定性分析理论与方法的同时,又开展了现场监测技术监测结果分析方法等的研究,力图通过现场监测所获得的信息如位移、位移速度、应力、声发射率、氡气-α、脉冲频率、地下水等有关特征量,来对边坡岩土体稳定性作出评价和预测,为加固处理设计提供服务,同时,又能对加固措施的加固效果进行检验,为施工的安全保障等提供信息。由于现场监测结果直观可靠,因而利用监测结果对边坡施工过程的稳定性进行分析,已成为目前边坡工程中稳定性评价极其重要的一种方法。

边坡稳定性评价是一个复杂的系统地质工程问题,不同的边坡工程常常赋存于不同的工程地质环境中,有极其复杂多变的特性,同时又有较强的隐蔽性。不同的边坡稳定性分析方法又各具特点,有一定的适用条件,分析结果、表示方式不一。如何根据具体的边坡工程地质条件,合理有效地选用与之相适应的边坡稳定性分析方法,是值得深思的问题。在实际工程中,应根据边坡工程的具体特点及使用目的,最好采用多种评价方法的综合动态评价进行综合分析验证,力求得出一个更加客观、可靠、合理的评价结果。

2. 稳定性判据

在边坡稳定性评价中一般采用应力和位移作为判据,而在边坡溃屈破坏中,则采用压杆失稳的稳定判据。

(1) 应力判据。用来表征岩石破坏应力条件的函数成为破坏判据或强度准则。强度准则的建立应能反映其破坏机理。在边坡稳定性分析评价中应用较广泛的准则有最大正应变准则、莫尔强度准则和库仑准则等。最大正应变准则适用于无围压、低围压及脆性岩石条件,如边坡的浅表部、应力重分布强烈区域,在数值分析中均以该准则判别岩体是否产生拉破坏。莫尔强度准则是岩石力学中应用最普遍的准则,为方便计算,莫尔强度准则的包络线形状有双曲线形、抛物线形和直线形。

(2) 位移判据。边坡上各点的位移是边坡稳定状态的最直观反映,也是边坡开挖过程中,各种因素共同作用的综合表现。位移监测信息获得比较简单方便。边坡位移判据有三类:最大位移判据、位移速率判据以及位移速率比值判据。由于边坡岩性、结构面性状、赋存环境和施工方法等复杂影响,目前还未获得普遍接受的准则和方法,但位移速率判据目前讨论最多。

(3) 安全系数。边坡稳定安全系数是边坡稳定的重要判据,其定义有多种型式,目前有三种方法,即强度储备安全系数、超载储备安全系数、下滑力超载储备安全系数。

1) 强度储备安全系数。1952 年,毕肖普提出了适用于圆弧滑动面的"简化毕肖普法",该方法将边坡稳定安全系数定义为土坡某一滑裂面上的抗剪强度指标按同一比例降低为 c/F_{s1} 和 $\tan\varphi/F_{s1}$,则土体将沿着此滑裂面处达到极限平衡状态,即

$$\tau = c' + \sigma\tan\varphi' \qquad (10.2-246)$$

其中

$$c' = \frac{c}{F_{s1}}$$

$$\tan\varphi' = \frac{\tan\varphi}{F_{s1}}$$

上述定义完全符合滑移面上抗滑力与下滑力相等为极限平衡的概念,其表达式为

$$F_{s1} = \frac{\int_0^l (c + \sigma\tan\varphi)\mathrm{d}l}{\int_0^l \tau\mathrm{d}l} \qquad (10.2-247)$$

将强度指标的储备作为安全系数定义的方法是经过多年实践而被国际工程界广泛认同的一种方法。这种安全系数只是降低抗滑力,而不改变下滑力。同时用强度折减法也比较符合工程实际情况,许多滑坡的发生常常是由于外界因素引起岩体强度降低而造成的。岩土体的强度参数有两个:c、$\tan\varphi$,但只有一个安全系数,这说明 c 与 $\tan\varphi$ 按同一比例衰减。此安全系数的物理意义更加明确,使用范围更加广泛,为滑动分析及土条分界面上条间力的各种考虑方式提供了更加有利的条件。

2) 超载储备安全系数。超载储备安全系数是将荷载(主要是自重)增大 F_{s2} 倍后,坡体达到极限平衡状态,按此定义有

$$1 = \frac{\int_0^l (c + F_{s2}\sigma\tan\varphi)\mathrm{d}l}{F_{s2}\int_0^l \tau\mathrm{d}l} = \frac{\int_0^l \left(\frac{c}{F_{s2}} + \sigma\tan\varphi\right)\mathrm{d}l}{\int_0^l \tau\mathrm{d}l}$$

$$= \frac{\int_0^l (c' + \sigma\tan\varphi)\mathrm{d}l}{\int_0^l \tau\mathrm{d}l} \qquad (10.2-248)$$

其中

$$c' = \frac{c}{F_{s2}}$$

从式 (10.2-248) 可以看出,超载储备安全系数相当于折减黏聚力 c 值的强度储备安全系数,对无黏性土 ($c=0$) 采用超载安全系数,并不能提高边坡稳定性。

3) 下滑力超载储备安全系数。增大下滑力的超载法是将滑裂面上的下滑力增大 F_{s3} 倍,使边坡达到

极限状态，也就是增大荷载引起的下滑力项，而不改变荷载引起的抗滑力项，按此定义有

$$F_{s3} = \frac{\int_0^l (c + \sigma\tan\varphi)\mathrm{d}l}{\int_0^l \tau\mathrm{d}l} \qquad (10.2 - 249)$$

可见，式（10.2-248）与式（10.2-249）得到的安全系数在数值上相同，但含义不同，这种定义在国内采用传递系数法显式求解安全系数时采用。

式（10.2-249）表明，极限平衡状态时，下滑力增大 F_{s3} 倍，一般情况下也就是岩土体重力增大 F_{s3} 倍。而实际上重力增大不仅使下滑力增大，也会使摩擦力增大，因此下滑力超载安全系数不符合工程实际，不宜采用。

10.2.13.2 岩质边坡分析基本规定

按照我国现行工程边坡设计规范的有关规定，在进行岩质边坡设计时，应依据岩质边坡的工程目的、工程地质条件和失稳破坏模式，确定边坡设计应该满足的稳定状态或变形限度，选择适当的稳定分析方法，通过对加固处理措施的多方案综合技术经济比较，选择处理措施。

岩质边坡稳定分析与评价方法主要包括极限平衡分析法、应力应变分析法、地质力学模型试验以及风险分析法等。岩质边坡稳定分析应按以下基本规定进行。

（1）对于滑动破坏类型的岩质边坡，稳定分析的基本方法是极限平衡分析法。对于层状岩体的倾倒变形和溃屈破坏，目前还没有成熟的分析计算方法。倾倒和溃屈都会形成岩层的折断，倾倒岩体不一定伴随有滑动，溃屈岩体一般伴随有滑动或崩塌。因此，对于倾倒和溃屈破坏，以工程地质条件和半定量分析为基础，研究确定边坡可能发生倾倒或溃屈的部位，再对发生倾倒或溃屈后的滑动破坏面进行抗滑稳定分析。对于崩塌破坏，根据地质资料，划定危岩和不稳定岩体范围，采取定性及半定量分析方法，评价其稳定状况。

（2）对于Ⅰ级、Ⅱ级边坡，采取两种或两种以上的计算分析方法，包括有限元、离散元等方法进行变形稳定分析，综合评价边坡变形与抗滑稳定安全性。对于特别重要的、地质条件复杂的高边坡工程，进行专门的应力变形分析或仿真分析，研究其失稳破坏机理、破坏类型和有效的加固处理措施，并根据工程需要开展岩质边坡的地质力学模型试验等工作。当需要进行边坡可靠度分析时，推荐采用简易可靠度分析方法。

（3）对于重要部位的边坡，除进行边坡自然状态、最终状态的稳定分析外，还要按边坡的开挖和锚固工程顺序，进行施工期间不同阶段的稳定分析，使其满足短暂状态的安全系数要求。按治理措施的实施步骤逐步对边坡稳定性作分析计算，可以减少处理量并解决好边坡的临时性支护和持久性稳定评价问题。

（4）对于正在进行工程施工的边坡，根据永久监测或临时监测系统反馈的信息进行稳定性复核。施工期间修改原有设计是正常的事，根据监测设施和安全巡视获取的边坡信息，进行边坡稳定性复核，增减或改变处理措施可以使设计更加合理。

10.2.13.3 边坡岩体结构与失稳模式分析

在开展岩质边坡设计和定量计算分析之前，根据工程地质勘察报告中的工程地质分析和评价意见，从宏观上确定边坡的岩体结构类型，判定边坡稳定基本条件和可能发生变形、破坏的机理与破坏模式，确定开展稳定分析和治理设计的边坡范围。对需要综合治理的边坡，可结合地质勘察和边坡工程施工及早建立安全监测系统，进行监测分析，随时掌握边坡工程动态。

岩质边坡按岩体结构类型可以分为块状结构、层状结构、碎裂结构和散体结构。对于不同结构类型的岩质边坡，采用以下基本原则进行失稳模式分析。

（1）对于块状结构的岩质边坡，根据地质资料分析岩体中各不同类型、不同规模结构面的组合情况，以空间投影或其他方法，分析在边坡内可能形成的规模不等的潜在不稳定岩体或块体。在有多条结构面组合的情况下，采用结构面由大到小进行分析的原则，首先分析由软弱结构面、软弱层带和贯穿性结构面组合形成的确定性块体；其次分析软弱结构面、软弱层带和贯穿性结构面与成组节理或层面裂隙组合构成的半确定性块体；在无软弱结构面和贯穿性结构面的岩体内，分析由成组结构面或层面裂隙构成的随机块体。

（2）对于层状结构的岩质边坡，根据层面产状与边坡坡面的相对关系，将其划分为层状同向、层状反向、层状横向、层状斜向、层状平叠等结构类型，从而判断其可能发生的变形与破坏型式。

（3）在滑动破坏类型的块状结构和层状结构岩质边坡中，按平面型滑动、楔形体滑动、复合滑面型滑动等滑动模式选取相应的抗滑稳定计算方法进行稳定分析。对于碎裂结构的岩质边坡，除对上述三种滑动模式进行分析外，还对弧面型滑动进行分析。散体结构岩质边坡的抗滑稳定分析可按土质边坡对待。

（4）对于岩质边坡中的双面滑动楔形岩体，应按三维计算。而对于一般滑坡体，其底面常大致呈弧面

型、中间较厚、两侧和前缘较薄，加之岩体内部裂隙切割，三维效应不大明显，作为安全储备，一般按二维计算。

（5）在进行二维计算时，沿平行滑动方向选取边坡稳定计算的代表性剖面。滑动方向可根据实测的平均位移方向，或根据滑动面或楔形体底面交线的倾向确定。每个代表性剖面应有其明确代表的区段范围。一个大型边坡或滑坡，其各区段滑动方向不尽相同，代表性剖面也不尽平行。在边坡代表性剖面上详细标注边坡岩层、风化、卸荷、构造、地下水等工程地质和水文地质信息。作为平面应变模型的代表性剖面，纵剖面间距宜不大于 30m。在与滑动位移方向正交的方向，做不少于两条的横剖面图。边坡代表性剖面图在垂直和水平方向上为等比例尺，比例尺不宜小于 1:1000。

10.2.13.4 边坡抗滑稳定分析

岩质边坡抗滑稳定分析的基本方法是平面极限平衡法。平面极限平衡法分为下限解法和上限解法。对于整体滑动破坏模式，如果沿滑面达到极限平衡，且假定滑体内的应力状态都在屈服面内，则相应的安全系数一定小于相应的真值，此即下限解。传统的圆弧法（如瑞典法、简化毕肖普法）、垂直条分法（如詹布法、摩根斯坦-普莱斯法）、传递系数法等均属于下限解法。对于整体或解体滑动破坏模式，相应于某一机动许可的位移场，如果确保滑面上和滑体内错动面上每一点均达到极限平衡状态，则相应的安全系数一定不小于相应的真值，此即上限解。萨尔玛法、潘家铮分块极限平衡法和能量法（EMU 法）均属于上限解法。

1. 岩质边坡常用的极限平衡法

此处重点介绍岩质边坡中常用的不平衡推力传递法、萨尔玛法等平面极限平衡法和楔形体法。有关瑞典圆弧法、简化毕肖普法、詹布法、摩根斯坦-普莱斯法等平顶极限平衡法的介绍参考本书"10.2.11 土坡稳定分析计算"中的土质边坡稳定分析方法。

（1）不平衡推力传递法（传递系数法）。

1）计算假定。

a. 滑面为多段折钱，可以分析任意形状滑面的滑坡，见图 10.2-68。

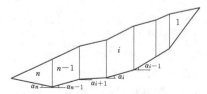

图 10.2-68　不平衡推力传递法滑动面示意图

b. 条块间的作用力，亦即上一条块的剩余下滑力，其方向与上一条块的底面平行，条块间传压不传拉，见图 10.2-69。

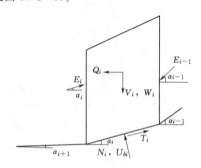

图 10.2-69　不平衡推力传递法计算简图

c. 滑坡整体的剩余下滑力，即最后一个条块的剩余下滑力为 0。

2）计算原理。

a. 把任意形状的滑面简化为多段折线，将滑体垂直分条自下而上进行编号（图 10.2-68）。取第 i 号条块作为脱离刚体进行分析（图 10.2-69）。对该条块沿平行和垂直条块底部方向建立力平衡方程。根据强度储备安全系数的定义，在建立方程时，将滑面的抗剪强度指标（黏聚力、摩擦角）降低 K 倍。

b. 假定一个 K 值，按照建立的平衡方程，自上而下逐条计算剩余下滑力，并将每一条块的剩余下滑力逐条下传，一直传到最后一个条块。需要注意的是，如果某个条块的剩余下滑力为负值，则不往下传递，即传压不传拉。如果最后一个条块的剩余下滑力为 0，则 K 即为所求的抗滑稳定安全系数。

可采用式（10.2-250）～式（10.2-254）直接进行计算：

$$K = \frac{\sum\limits_{i=1}^{n-1}\left(R_i\prod\limits_{j=i+1}^{n}\psi_j\right)+R_n}{\sum\limits_{i=1}^{n-1}\left(T_i\prod\limits_{j=i+1}^{n}\psi_j\right)+T_n} \quad (10.2-250)$$

$$R_i = \left[(W_i+V_i)\cos\alpha_i - U_i - Q\sin\alpha_i\right]\tan\varphi_i' + c_i'l_i$$
$$(10.2-251)$$

$$T_i = (W_i+V_i)\cos\alpha_i + Q_i\cos\alpha_i$$
$$(10.2-252)$$

$$\varphi_i = \cos(\alpha_{i-1}-\alpha_i) - \sin(\alpha_{i-1}-\alpha_i)\tan\varphi_i'/K$$
$$(10.2-253)$$

$$E_i = T_i - R_i/K + \varphi_i E_{i-1} \quad (10.2-254)$$

式中　R_i——第 i 滑动条块底面的抗滑力；

T_i——第 i 滑动条块底面的滑动力；

ψ_i——确定第 i 滑动条块界面推力的传递系数，$\psi_1 = 1$；

W_i——第 i 滑动条块自重；

Q_i、V_i——作用在第 i 条块上的外力（包括地震力、锚索和锚桩提供的加固力和表面荷载）在水平向和垂直向分力；

U_i——第 i 滑动条块底面的孔隙压力；

E_{i-1}——第 $i-1$ 滑动条块作用于第 i 滑动条块的推力；

E_i——第 $i+1$ 滑动条块对第 i 滑动条块侧面的反作用力，与第 i 滑动条块的推力大小相等，方向相反；

α_i——第 i 滑动条块底面与水平面的夹角；

l_i——第 i 滑动条块底面长度；

c_i'、φ_i'——第 i 滑动条块底面的有效黏聚力和内摩擦角；

K——安全系数。

（2）萨尔玛法。

1）计算假定。

a. 滑面为多段折线，可以分析任意形状滑面的滑坡。

b. 可以按照边坡岩体地质特性及结构面构造，对边坡进行斜条分以及不等距条分，使各个条块尽量能够模拟实际岩体。萨尔玛法滑动面示意图如图 10.2-70 所示。

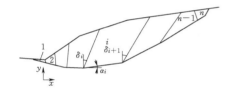

图 10.2-70 萨尔玛法滑动面示意图

c. 边坡处于极限平衡状态时，不仅滑动面上的各种力达到了极限平衡，侧面上也达到了极限平衡。

2）计算步骤。

a. 选择典型的、重要的软弱夹层、节理面、破碎带等结构面，记录其产状。

b. 根据滑裂面的形状以及结构面的产状，将边坡体划分为若干个条，其中也可以加入一些人工设定的条分界面。

c. 取第 i 条块作为脱离刚体进行分析，萨尔玛法计算简图如图 10.2-71 所示。对条块施加一个虚拟的水平向地震系数 K_c，然后建立水平向和竖直向的力平衡方程。

d. 将条块底部和条块分界面上的岩体强度参数都降低 K 倍，建立两个抗剪极限平衡方程。

e. 根据上述方程和边界条件，推导出水平向地震系数 K 的显式求解表达式。

f. 假定一个 K 值，求得相应的 K_c。如果 $K_c=0$，

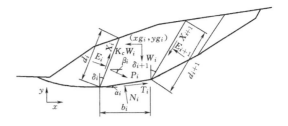

图 10.2-71 萨尔玛法计算简图

则 K 即为所求的安全系数；否则，按照一定的规则修改 K 值，再重复上述计算，直至 $K_c=0$ 为止。

相应某一安全系数 K 值，使边坡处于极限平衡状态的临界水平力系数 K_c 按式（10.2-255）计算。安全系数 K 是使 $K_c=0$ 的相应值，可通过迭代求解。

$$K_c=\frac{a_n+a_{n-1}e_n+a_{n-2}e_ne_{n-1}+\cdots+a_1e_ne_{n-1}\cdots e_3e_2+E_1e_ne_{n-1}\cdots e_1-E_{n+1}}{P_n+P_{n-1}e_n+P_{n-2}e_ne_{n-1}+\cdots+P_1e_ne_{n-1}\cdots e_3e_2}$$

（10.2-255）

$$a_i=\frac{R_i\cos\widetilde{\varphi}_{bi}'+W_i\sin(\widetilde{\varphi}_{bi}'-\alpha_i)+S_{i+1}\sin(\widetilde{\varphi}_{bi}'-\alpha_i-\delta_{i+1})-S_i\sin(\widetilde{\varphi}_{bi}'-\alpha_i-\delta_i)}{\cos(\varphi_{bi}'-\alpha_i+\widetilde{\varphi}_{si+1}'-\delta_{i+1})\sec\widetilde{\varphi}_{si+1}'}$$

（10.2-256）

$$P_i=\frac{W_i\cos(\widetilde{\varphi}_{bi}'-\alpha_i)}{\cos(\varphi_{bi}'-\alpha_i+\widetilde{\varphi}_{si+1}'-\delta_{i+1})\sec\widetilde{\varphi}_{si-1}'}$$

（10.2-257）

$$e_i=\frac{\cos(\widetilde{\varphi}_{bi}'-\alpha_i+\widetilde{\varphi}_{si}'-\delta_i)\sec\widetilde{\varphi}_{si}'}{\cos(\widetilde{\varphi}_{bi}'-\alpha_i+\widetilde{\varphi}_{si+1}'-\delta_{i+1})\sec\widetilde{\varphi}_{si+1}'}$$

（10.2-258）

$$R_i=\widetilde{c}_{bi}'b_i\sec\alpha_i-U_{bi}\tan\widetilde{\varphi}_{bi}' \quad (10.2-259)$$

$$S_i=\widetilde{c}_{si}'d_i-U_{si}\tan\widetilde{\varphi}_{si}' \quad (10.2-260)$$

$$S_{i+1}=\widetilde{c}_{si+1}'d_{i+1}-U_{si+1}\tan\widetilde{\varphi}_{si+1}'$$

（10.2-261）

$$\tan\widetilde{\varphi}_{bi}'=\frac{\tan\varphi_{bi}}{K} \quad (10.2-262)$$

$$\widetilde{c}_{bi}'=\frac{c_{bi}'}{K} \quad (10.2-263)$$

$$\tan\widetilde{\varphi}_{si}'=\frac{\tan\varphi_{si}}{K} \quad (10.2-264)$$

$$\widetilde{c}_{si}'=\frac{c_{si}'}{K} \quad (10.2-265)$$

$$\tan\widetilde{\varphi}_{si+1}'=\frac{\tan\varphi_{si+1}}{K} \quad (10.2-266)$$

$$\widetilde{c}_{si+1}'=\frac{c_{si+1}'}{K} \quad (10.2-267)$$

式中 c_{bi}'、φ_{bi}'——第 i 条块底面上的有效黏聚力和内摩擦角；

c_{si}'、φ_{si}'——第 i 条块第 i 侧面上的有效黏聚力和内摩擦角；

c_{si+1}'、φ_{si+1}'——第 i 条块第 $i+1$ 侧面上的有效黏聚

力和内摩擦角；

W_i——第 i 滑动条块自重；

U_{si}、U_{si+1}——第 i 条块第 i 侧面和第 $i+1$ 侧面上的孔隙压力；

U_{bi}——第 i 条块底面上的孔隙压力；

δ_i、δ_{i+1}——第 i 条块第 i 侧面和第 $i+1$ 侧面的倾角（以铅垂线为起始线，顺时针为正，反之为负）；

α_i——第 i 条块底面与水平面的夹角；

b_i——第 i 条块底面水平投影长度；

d_i、d_{i+1}——第 i 条块第 i 侧面和第 $i+1$ 侧面的长度；

K_c——地震（水平方向）临界加速度系数；

K——安全系数；

R_i——第 i 滑动条块底面的滑动力；

E_i——作用于第 i 滑动条块的法向力；

S_i、P_i、e_i——第 i 条块物理力学参数的函数。

（3）楔形体法。由两组不同倾向结构面构成的滑体呈楔状，由于两组结构面的倾向不同，且受切割面等边界条件限制，滑面的受力条件和滑动方向较为复杂。通常都假定滑体沿两结构面的交线（楔体棱线）方向滑动。

如图 10.2 - 72 所示，当滑动方向沿 CO 时，应采用式（10.2 - 268）～式（10.2 - 284）计算安全系数 K。

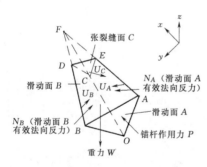

图 10.2 - 72 楔形体法计算简图

$$K=\frac{c'_A A_A+c'_B A_B+(qW+rU_C+sP-U_A)\tan\varphi'_A+(xW+yU_C+zP-U_B)\tan\varphi'_B}{m_{WS}W+m_{WS}U_C+m_{WS}P}$$

$$(10.2-268)$$

$$q=(m_{AB}m_{WB}-m_{WA})/(1-m_{AB}^2)$$

$$(10.2-269)$$

$$r=(m_{AB}m_{CB}-m_{CA})/(1-m_{AB}^2)$$

$$(10.2-270)$$

$$s=(m_{AB}m_{PB}-m_{PA})/(1-m_{AB}^2)$$

$$(10.2-271)$$

$$x=(m_{AB}m_{WA}-m_{WB})/(1-m_{AB}^2)$$

$$(10.2-272)$$

$$y=(m_{AB}m_{CA}-m_{CB})/(1-m_{AB}^2)$$

$$(10.2-273)$$

$$z=(m_{AB}m_{PA}-m_{PB})/(1-m_{AB}^2)$$

$$(10.2-274)$$

$$m_{AB}=\sin\psi_A\sin\psi_B\cos(\alpha_A-\alpha_B)+\cos\psi_A\cos\psi_B$$

$$(10.2-275)$$

$$m_{WA}=-\cos\psi_A \qquad (10.2-276)$$

$$m_{WB}=-\cos\psi_B \qquad (10.2-277)$$

$$m_{CA}=\sin\psi_A\sin\psi_C\cos(\alpha_A-\alpha_C)+\cos\psi_A\cos\psi_C$$

$$(10.2-278)$$

$$m_{CB}=\sin\psi_B\sin\psi_C\cos(\alpha_B-\alpha_C)+\cos\psi_B\cos\psi_C$$

$$(10.2-279)$$

$$m_{PA}=\cos\psi_P\sin\psi_A\cos(\alpha_P-\alpha_A)-\sin\psi_P\cos\psi_A$$

$$(10.2-280)$$

$$m_{PB}=\sin\psi_P\sin\psi_B\cos(\alpha_P-\alpha_B)-\sin\psi_P\cos\psi_B$$

$$(10.2-281)$$

$$m_{WS}=\sin\psi_S \qquad (10.2-282)$$

$$m_{CS}=\cos\psi_S\sin\psi_C\cos(\alpha_S-\alpha_C)-\sin\psi_S\cos\psi_C$$

$$(10.2-283)$$

$$m_{RS}=\cos\psi_S\sin\psi_P\cos(\alpha_S-\alpha_P)+\sin\psi_P\cos\psi_S$$

$$(10.2-284)$$

式中 A_A、c'_A、φ'_A——滑动面 A 的面积、有效黏聚力和内摩擦角；

A_B、c'_B、φ'_B——滑动面 B 的面积、有效黏聚力和内摩擦角；

ψ_A、α_A——滑动面 A 的倾角和倾向；

ψ_B、α_B——滑动面 B 的倾角和倾向；

ψ_C、α_C——张裂缝面 C 的倾角和倾向；

ψ_P、α_P——锚杆作用力 P 的倾角和倾向；

ψ_S、α_S——滑动面 A、滑动面 B 交线 OC 的倾角和倾向；

U_A——滑动面 A 上的孔隙压力；

U_B——滑动面 B 上的孔隙压力；

U_C——张裂缝面 C 上的孔隙压力；

W——楔形体自重；

P——锚杆作用力。

图 10.2 - 72 中 N_A、N_B、U_C、W 的倾角和倾向如下：N_A 的倾角、倾向分别为 $\psi_A-90°$，α_A；N_B 的倾角、倾向分别为如 $\psi_B-90°$，α_B；U_C 的倾角、倾向分别为 $\psi_C-90°$，α_C；W 的倾角为 $90°$。

2. 各种方法的比较及其适用范围

（1）各种岩质边坡稳定分析方法的比较。从计算假定及计算原理方面对前面介绍的几种岩质边坡稳定分析方法比较如下。

1）传递系数法采用垂直条分，萨尔玛法可以采用斜条分。

2）传递系数法只要求滑面达到极限平衡，而萨尔玛法要求滑面和条块侧面同时达到极限平衡。

3）传递系数法在滑面后缘较陡时其计算的稳定系数可能偏高，需要特别注意。主要原因是该方法采用垂直条分，且假定上一条块传递到下一条块的作用力方向与上一条块的滑面平行，因此在滑面后缘较陡时，两条块间的作用力方向也很陡（与水平方向夹角很大），从而导致两条块间的法向压力小、剪力大，超过其实际抗剪能力。

(2) 各种岩质边坡稳定分析方法的适用范围。在选择岩质边坡稳定分析方法时，需要注意以下几点。

1）上限解法必须满足滑动岩体内部达到临界平衡的条件，得出安全系数可能偏高，应慎重使用；对于内部变形能耗可以忽略的滑动岩体一般采用偏于保守的下限解法较为可靠。

2）对于新开挖形成的或长期处于稳定状态且岩体完整的自然边坡，可采用上限解法做稳定分析，可使用条块侧面倾斜的萨尔玛法。在计算中，侧面的倾角应根据岩体中相应结构面的产状确定。

3）对于风化、卸荷的自然边坡，开挖中无预裂和保护措施的边坡，岩体结构已经松动或发生变形迹象的边坡，宜采用下限解法作稳定分析，推荐采用摩根斯坦-普莱斯法，也可采用詹布法（这两种计算方法详见10.2.11小节的"土坡稳定分析计算"）。此外，传递系数法在我国铁路、建筑等行业使用广泛且积累了较丰富的工程经验，在规范中也允许使用。

4）对于边坡上潜在不稳定楔形体，推荐采用楔形体稳定分析方法。

(3) 岩质边坡稳定计算要求。在进行岩质边坡稳定分析时，需要满足以下要求。

1）具有次滑面的滑坡体，应计算分析沿不同滑面或滑面组合构成滑体的整体稳定性和局部稳定性。

2）对于具有特定滑面的滑坡，经过处理已经满足设计安全系数后，应检验在滑体内部是否存在沿新的滑面发生破坏的可能性。

3）同一边坡不同剖面计算出的安全系数不同。不能简单平均求整体安全系数，否则可能导致安全系数偏大的误差；也不宜简单取计算剖面中安全系数最低值，导致工程处理量偏大。

4）边坡稳定分析一般以平面应变二维分析为主，当三维效应明显时应在相同强度参数基础上作三维稳定性分析，其设计安全系数按标准规定不变。

5）在二维分析中，当同一滑坡或潜在不稳定岩体各段代表性剖面用同一种计算方法得出的安全系数不同时，可以按各段岩体重量以加权平均法计算边坡整体安全系数，或以实际变化区间值表示之；当安全系数相差较大时，应研究其局部稳定安全性。

6）岩质边坡内有多条控制岩体稳定性的软弱结构面时，应针对各种可能的结构面组合分别进行块体稳定性分析，评价边坡局部和整体稳定安全性。

7）对于碎裂结构、散体结构和同倾角多滑面层状结构的岩质边坡，应采用试算法推求最危险滑面和相应安全系数。

10.2.13.5　边坡应力应变分析

对于重要的或工程地质条件复杂的边坡，必须采用应力应变分析方法，对边坡的变形与稳定进行研究。目前，可用于岩质边坡应力应变分析的主要方法包括有限元法、离散元法、块体元法和有限差分法等。上述方法中，有限元法比较成熟且已得到广泛使用，其他方法则因有过多的假定或难以确定的岩体力学参数，有待进一步研究和发展。此处重点介绍采用有限元法进行岩质边坡应力应变分析时应该注意的一些问题，有限元法的基本原理可以参考有关文献。

1. 力学模型

根据岩质边坡的特性，将边坡岩体概化为各向同性或具有各向异性、正交异性等性质的连续单元。对于岩体中的软弱面或控制性结构面，一般将其概化为节理单元。按照岩体试验提供的应力应变关系，选择弹塑性或其他非线性本构关系。

2. 力学参数

边坡岩体物理力学参数的选择应满足以下规定：

(1) 对于特定岩层、结构面和抗滑结构体应选取符合标准的物理力学参数值。对于有多层分带的断层宜换算平均厚度和等效模量进行简化。

(2) 抗滑桩、抗剪洞等被动抗滑结构应采用经过结构安全储备系数折减的抗剪强度参数。预应力锚索应采用设计吨位的抗拉强度。

3. 几何模型

在建立几何模型时，可按照以下要求进行。

(1) 应力应变分析的计算范围应根据边坡地形地质条件和边坡自重应力场分布情况确定。一般来说：对峡谷区陡坡和悬崖，顶部应包括坡顶分水岭；对于斜坡、陡坡，可以取大致为所研究边坡的1倍坡高；顶部分水岭很远，边坡中部有较宽平缓地形而所研究坡体范围位于边坡下部时，计算范围顶部可以仅包括平缓地形部分；坡高小于400m时，分析范围应包括河谷底部以下所研究边坡1/2坡高的深度；当坡高大于400m时，可以按谷底以下200m确定；当所研究坡体范围达到谷底以下时，计算范围应包括对岸边坡，以研究河谷底部应力场和位移场的情况。

（2）有限元网格划分应满足对边坡岩层、控制性结构面、抗滑结构体、排水洞、排水井等的模拟要求，满足应力与位移计算的精度要求。对于不同的岩层、控制边坡整体稳定和局部稳定的滑动边界和软弱夹层及软弱结构面、几何尺寸较大的抗滑结构体，如抗滑桩、抗剪洞等应划分单元。对于成组出现的层面和断裂结构面、几何尺寸较小、成组布置的抗滑结构体，可按经过概化处理的几何特征，例如产状或方向、间距、深度等划分单元。对于应力或变形梯度变化大的部位，根据计算本身的精度要求划分单元。

4. 加载条件

在进行应力应变分析时，对于初始应力场及开挖加固过程的模拟应该满足以下要求。

（1）一般边坡应力场按自重应力场计算。在有残余构造应力时，宜以地应力测试回归得出的地应力作用于计算边界。

（2）加载或卸载应满足模拟施工开挖、加固和运行过程中荷载的变化规律。

5. 成果整理

有限元分析中整体安全系数的计算采用强度储备安全系数法，变形开始不收敛时的安全系数即为边坡安全系数。有限元分析计算成果应满足以下规定：

（1）边坡在天然条件下形成的初始位移场为零位移场。分析成果应是边坡及其荷载条件变化后的应力场和变位场。

（2）成果中应包括应力矢量图和等值线图、变位场的矢量图和等值线图以及点安全度分布图，塑性区、拉力区、裂缝和超常变形分布范围等。

（3）在滑面和控制稳定的结构图上计算点安全系数，点安全系数规定为该点抗剪强度与该点在滑动方向上的剪应力的比值。鉴于极限平衡法采用强度储备安全系数，且 c、f 值采用相同安全系数，为便于分析比较，有限元法也宜采用相同的处理方法。

10.2.13.6 边坡稳定可靠性分析

1. 概述

在岩土工程中存在许多先天固有的不确定和无法预测的因素，边坡稳定分析中此类因素尤为突出（如边坡稳定分析模型的近似性、岩土体参数的变异性等）。在工程技术还没有发展到能准确确定这些因素时，风险在边坡工程实践中是先天存在的，应运用安全与经济相平衡的原则对工程失事的风险进行分析计算。

目前风险分析方法在工程结构设计中的应用已较广泛，已形成了基于可靠度分析理论的定量风险分析方法和评价标准。在边坡稳定的可靠度分析方面，已有许多学者从不同角度进行了研究，研究方法主要是将某种边坡稳定性分析的极限平衡条分法（如简化毕肖普法、摩根斯坦-普莱斯法、斯宾塞法等）与某种可靠度分析方法（如中心点法、验算点法、蒙特卡罗法等）相结合，从而进行边坡稳定的可靠度分析。由于地质体的复杂性，风险分析方法和评价标准在岩土工程的应用仍处于探索和研究阶段，在工程实践中的应用主要是定性风险分析方法，基于可靠度理论的定量分析方法应用远没有达到成熟的地步。但是，可靠度分析理论较传统确定性方法对岩土工程的评价更加全面合理，已成为岩土工程（包括边坡工程）实践的发展趋势。

2. 可靠度的计算方法

（1）可靠度（可靠指标）和破坏概率的定义：

$$C_R = 1 - P_F \qquad (10.2-285)$$

式中　C_R——可靠度（Coefficient of Reliability）；

　　　P_F——破坏概率（Probability of Failure）。

采用可靠度是基于心理因素，即：可靠度 99% 比破坏概率 1% 更易于为业主所接受。但在实际评价中多采用破坏概率。下文中以 P_F 代表破坏概率。

（2）基于安全系数的可靠度的分析方法。基于安全系数的可靠度（或可靠系数）分析方法是在传统的安全系数计算的基础上，考虑计算安全系数的不确定性，计算边坡的可靠度和破坏概率，对边坡的失稳风险进行评价。在传统的确定性方法向可靠度分析方法过渡阶段，该法易于为广大工程技术人员接受，在《水电水利工程边坡设计规范》（DL/T 5353—2006）中，推荐该法作为边坡可靠度分析的基本方法。

1）基于安全系数的可靠度分析法。在传统安全系数基础上定义功能函数，即

$$F(x_1, x_2, \cdots, x_n) - 1 = 0 \qquad (10.2-286)$$
$$\ln F(x_1, x_2, \cdots, x_n) = 0 \qquad (10.2-287)$$

式中　　　F——安全系数；

$x_1, x_2, \cdots, x_n$——影响安全系数的因数，例如岩体自重、地下水压力、岩体抗剪强度参数等。

相应的可靠指标为

$$\beta = \frac{\mu_F - 1}{\sigma_F} \qquad (10.2-288)$$

或

$$\beta = \frac{\mu_F - 1}{\mu_F V_F} \qquad (10.2-289)$$

式中　μ_F——安全系数的平均值；

σ_F——安全系数的标准差；

V_F——安全系数的变异系数。

2）采用 J. M. Duncan 的简易分析方法。J. M. Duncan 的简易分析方法求安全系数的标准差，其步骤如下：

a. 确定影响边坡稳定性各有关因素的最可能值，并以常规的边坡稳定分析方法计算安全系数的最可能值 F_{MLV}。鉴于可靠度分析是基于统计概率基础上的评价方法，计算中岩土物理力学参数应取平均值。

b. 以试验统计方法或采用经验的平均值和变异系数或以"3σ准则"方法，估算各不确定性参数的标准差。这些不确定性参数一般是地下水压力和岩体及滑面的抗剪强度参数 f（或内摩擦角 φ）、c 等。所谓"3σ准则"方法即：认为不确定性参数服从正态分布，则其平均值（在正态分布情况下即为最可能值）加、减 3 倍标准差 σ 构成的分布范围将涵盖整个概率分布的 99.73%，因此可凭专业人员的经验，估计参数变化可能的上、下限值，将其差值除以 6，即可采用为该参数的标准差。例如，对摩擦系数 f 即有如下关系：

$$\sigma_f = \frac{f_{ub} - f_{lb}}{6} \qquad (10.2-290)$$

$$\mu_f = f_{ub} - 3\sigma_f \qquad (10.2-291)$$

或 $$\mu_f = f_{lb} + 3\sigma_f \qquad (10.2-292)$$

式中 μ_f——摩擦系数的平均值；

σ_f——摩擦系数的标准差；

f_{lb}——摩擦系数的经验下限值；

f_{ub}——摩擦系数的经验上限值。

对其他不确定性参数也可由此类推，根据经验的上、下限值求出其标准差或平均值。

c. 在保持其他参数为最可能值不变的情况下，将每一参数的最可能值加一个标准差和减一个标准差，分别计算出安全系数 F^+ 值和 F^- 值。若变化的参数一共有 n 个，就要进行 $2n$ 次计算。这将得出 n 个 F^+ 值和 n 个 F^- 值。根据每个参数的 F^+ 值和 F^- 值计算其 ΔF 值。按式（10.2-293）和式（10.2-294）计算安全系数的标准差 σ_F 和变异系数 V_F，即

$$\sigma_F = \left[\left(\frac{\Delta F_1}{2} \right)^2 + \left(\frac{\Delta F_2}{2} \right)^2 + \cdots + \left(\frac{\Delta F_n}{2} \right)^2 \right]^{1/2}$$
$$(10.2-293)$$

$$V_F = \frac{\sigma_F}{F_{MLV}} \qquad (10.2-294)$$

$$\Delta F_1 = F_1^+ - F_1^- \qquad (10.2-295)$$

式中 F_1^+——对第一个参数的最可能值增加一个标准差后计算出的安全系数；

F_1^-——对第一个参数的最可能值减少一个标

准差后计算出的安全系数；

F_{MLV}——安全系数最可能值。

例如，某一滑坡稳定分析中，孔隙水压力 U 和滑面的摩擦系数 f、黏聚力 c 是不确定参数。安全系数的标准差可按以下步骤求出：

a）首先保持摩擦系数和黏聚力平均值不变，即保持 μ_f 和 μ_c 不变，将孔隙水压力的平均值 μ_U 分别加、减孔隙水的标准差 σ_U，即：$\mu_U^+ = \mu_U + \sigma_U$，$\mu_U^- = \mu_U - \sigma_U$。分别与 μ_f 和 μ_c 一起代入稳定分析计算公式，求出相应的两个安全系数 F_U^+ 和 F_U^-。将这两个安全系数相减，得出 $\Delta F_U = F_U^+ - F_U^-$。

b）保持孔隙水压力和黏聚力平均值不变，即保持 μ_U 和 μ_c 不变，将摩擦系数的平均值 μ_f 分别加、减摩擦系数的标准差 σ_f，即：$\mu_f^+ = \mu_f + \sigma_f$，$\mu_f^- = \mu_f - \sigma_f$。分别与 μ_U 和 μ_c 一起代入稳定分析计算公式，求出相应的两个安全系数 F_f^+ 和 F_f^-。将这两个安全系数相减，得出 $\Delta F_f = F_f^+ - F_f^-$。

c）保持孔隙水压力和摩擦系数平均值不变，即保持 μ_U 和 μ_f 不变，将黏聚力的平均值 μ_c 分别加、减黏聚力的标准差 σ_c，即：$\mu_c^+ = \mu_c + \sigma_c$，$\mu_c^- = \mu_c - \sigma_c$。分别与 μ_U 和 μ_f 一起代入稳定分析计算公式，求出相应的两个安全系数 F_c^+ 和 F_c^-。将这两个安全系数相减，得出 $\Delta F_c = F_c^+ - F_c^-$。

d）将上述求得的 ΔF_U、ΔF_f 和 ΔF_c 代入式（10.2-296），可求出安全系数的标准差为

$$\sigma_F = \left[\left(\frac{\Delta F_U}{2} \right)^2 + \left(\frac{\Delta F_f}{2} \right)^2 + \left(\frac{\Delta F_c}{2} \right)^2 \right]^{1/2}$$
$$(10.2-296)$$

e）安全系数的变异系数计算公式为

$$V_F = \frac{\sigma_F}{\mu_F} \qquad (10.2-297)$$

（3）可靠指标。若认为安全系数呈对数正态分布，其可靠指标写为 β_{LN}，则其计算公式为

$$\beta_{LN} = \frac{\ln \frac{F_{MLV}}{(1+V_F^2)^{1/2}}}{\ln(1+V_F^2)^{1/2}} \qquad (10.2-298)$$

式中 F_{MLV}——安全系数最可能值；

V_F——安全系数的变异系数。

注意，J. M. Duncan 认为假设安全系数值按对数正态分布是较合理的近似。安全系数按对数正态分布并不意味各独立变量（γ_{ef}、$\tan\varphi$、γ_{bf}、γ_c）也按此类型分布。用这个方法没有必要对这些变量的分布作任何假定。

如果采用正态分布，则可以直接用式（10.2-298）计算。

（4）破坏概率。用计算得到的 F_{MLV}、V_F 或 β_{LN} 和 β 可以计算破坏概率 P_F 值，即

$$P_F = 1 - \Phi(\beta) \qquad (10.2-299)$$

式（10.2-299）中的 $\Phi(\beta)$ 为标准正态分布函数，可以查正态分布表求得 P_F 与 β 的关系。其主要对应值见表 10.2-75。

表 10.2-75　破坏概率 P_F 与相应的可靠度指标 β

破坏概率 P_F	可靠度指标 β
0.50	0
0.25	0.67
0.10	1.28
0.05	1.65
0.01	2.33
0.001	3.10
0.0001	3.72
0.00001	4.25

在不同的变异系数 V_F 情况下安全系数 F 与相应的破坏概率 P_F 可按表 10.2-76 内插得出，注意该安全系数是采用岩土力学强度平均值计算得出的。

表 10.2-76　边坡的安全系数 F 和破坏概率 P_F　%

安全系数 F	破坏概率 P_F									
	$V_F=0.10$		$V_F=0.15$		$V_F=0.20$		$V_F=0.25$		$V_F=0.30$	
	A	B	A	B	A	B	A	B	A	B
1.05	33.02	31.70	40.03	37.55	44.14	40.59	47.01	42.45	49.23	43.69
1.10	18.26	18.17	28.63	27.22	35.11	32.47	39.59	35.81	42.94	38.09
1.15	8.831	9.606	19.42	19.23	27.20	25.71	32.83	30.09	37.10	33.19
1.20	3.771	4.779	12.56	13.34	20.57	20.23	26.85	25.25	31.77	28.93
1.25	1.437	10.275	7.761	9.121	15.20	15.87	21.68	21.19	26.98	25.25
1.30	0.494	1.051	4.606	6.197	11.01	12.43	17.30	17.80	22.76	22.09
1.40	0.044	0.214	1.459	2.841	5.480	7.656	10.69	12.66	15.88	17.05
1.50	0.003	0.043	0.410	1.313	2.569	4.779	6.380	9.121	10.85	13.33
1.60	0	0.009	0.105	0.621	1.148	3.040	3.707	6.681	7.294	10.57
1.80		0	0.006	0.152	0.206	1.313	1.178	3.772	3.176	6.924
2.00			0	0.043	0.034	0.621	0.355	10.275	1.340	4.779
3.00					0	0.043	0.001	0.383	0.016	1.313

注　1. 表中 A 为按式（10.2-288）计算，认为安全系数为对数正态分布。

　　2. 表中 B 为按式（10.2-287）计算，认为安全系数为正态分布。

　　3. 表中 V_F 为安全系数的变异系数。若岩土体自重变化可忽略不计，地下水压力取最大值并视为定量，则此变异系数即是岩土体抗剪强度的变异系数。

3. 边坡工程可靠度分析评价标准的讨论

目前，工程界在边坡工程可靠度分析的评价标准上没有统一的规定，国内外均有一些研究成果。国外流行的做法是，对不同工程项目，根据其破坏造成人员伤亡数目后果确定其年破坏概率的要求指标。例如，Whitman 在 1984 年给出了一些工程项目的风险程度示意图（图 10.2-73）。

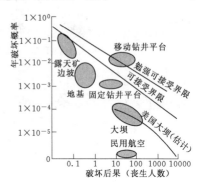

图 10.2-73　一些工程项目的风险程度示意图

图 10.2-73 中对于低层建筑物和交通量不大的桥，失事死亡人员少于 5 人时，要求年破坏概率不超过 $1\times10^{-2} \sim 1\times10^{-3}$（$C_R = 99\% \sim 99.9\%$），而对于失事可造成数百人死亡的大坝，其年破坏概率不得超过 $1\times10^{-4} \sim 1\times10^{-5}$（$C_R = 99.99\% \sim 99.999\%$）。

（1）挪威《潜在滑坡区建筑物与土木工程导则》（SBE，1995）规定的安全等级及允许最大年破坏概率见表 10.2-77。

表 10.2-77　挪威潜在滑坡区建筑设计导则安全等级规定

安全等级	滑动损失	最大年滑动概率
1	较小	1×10^{-2}
2	中等	1×10^{-3}
3	较大	$<1\times10^{-4}$

注意，表 10.2-77 中最高的安全等级是 3 级，最低的是 1 级，这与我国的做法相反。总体来说，挪威的边坡设计标准比较适中，其设计基准期为 50 年，设计单项最大破坏概率相应为 50%、5% 和 0.5%（大致相当于安全系数等于 1.0、1.3～1.4 和 1.5～1.7）。

（2）中国香港规定的每个生命个体年允许风险：对新建边坡为 1×10^{-5}，对已有边坡为 1×10^{-4}。又提出社会风险对边坡要求的两个方案，其失稳概率的规定见表 10.2-78。

表 10.2-78 中国香港土木工程署关于滑坡的规定

预期滑坡死亡人数	不可接受风险区下限年失稳概率	第一方案年失稳概率		第二方案年失稳概率
		适当可行区	可接受风险区	适当可行区
1	1×10^{-3}	$1 \times 10^{-3} \sim 1 \times 10^{-5}$	$< 1 \times 10^{-5}$	$< 1 \times 10^{-3}$
10	1×10^{-4}	$1 \times 10^{-4} \sim 1 \times 10^{-6}$	$< 1 \times 10^{-6}$	$< 1 \times 10^{-4}$
100	1×10^{-5}	$1 \times 10^{-5} \sim 1 \times 10^{-7}$	$< 1 \times 10^{-7}$	$< 1 \times 10^{-5}$
1000	1×10^{-6}	$1 \times 10^{-6} \sim 1 \times 10^{-8}$	$< 1 \times 10^{-8}$	$< 1 \times 10^{-6}$
1000~5000	$1 \times 10^{-6} \sim 5 \times 10^{-7}$	高度关注区		

（3）根据我国《水利水电工程结构可靠度设计统一标准》（GB 50199—94）规定，对于第一类破坏类型的结构物，其目标可靠指标及相应破坏概率见表10.2-79。

边坡属于第一破坏类型，但是它不是建筑结构物，从后面的分析可知，这一标准对于边坡来说过于严格，因此不能用于边坡设计。

刘汉东、汪文英的《水电工程高边坡安全度标准研究》参照国内外工程结构统一设计标准，结合国内外边坡和坝工方面的研究，通过工程类比法给出水电工程高边坡在正常荷载情况下安全度标准建议值，见表10.2-80。

表 10.2-79 《水利水电工程结构可靠度设计统一标准》（GB 50199—94）的相应要求

安全级别	目标可靠指标	可靠度	破坏概率	设计基准期/年	年破坏概率
Ⅰ	3.7	0.9998922	约 1×10^{-4}	100	1×10^{-6}
Ⅱ	3.2	0.9998129	约 1×10^{-3}	50	2×10^{-6}
Ⅲ	2.7	0.996533	约 1×10^{-2}	50	2×10^{-4}

表 10.2-80 水电工程高边坡在正常荷载情况下的安全度标准建议值

重要性等级	建议可靠指标 β	相应破坏概率	相应年破坏概率
重要边坡	3.90	4.81×10^{-5}	4.81×10^{-3}
普通边坡	3.10	9.68×10^{-4}	9.68×10^{-2}
次要边坡	2.33	9.90×10^{-3}	9.90×10^{-1}

注 该建议值认为服务期为100年。按《建筑结构统一标准》（GBJ 68—84），其值介于延性与脆性破坏之间。

10.3 水 力 学

10.3.1 水的主要物理性质

10.3.1.1 惯性

惯性是水体保持原有运动状态的物理性质，凡改变物体的运动状态，都必须克服惯性的作用。惯性力 F 计算公式为

$$F = -ma \qquad (10.3-1)$$

式中　F——惯性力，N；

　　　m——水体质量，kg；

　　　a——加速度，m/s²。

负号（—）是指作用于水体的惯性力方向与其加速度方向相反。

对于均质水体，密度是单位体积所包含的水体质量。密度 ρ 计算公式为

$$\rho = \frac{m}{V} \qquad (10.3-2)$$

式中　ρ——密度，kg/m³；

　　　V——均质水体的体积，m³；

　　　m——水体的质量，kg。

常温常压下可将水的密度视为常数，通常采用1个标准大气压下、4℃纯净水的密度（$\rho = 1000$kg/m³）作为水的密度。在1个标准大气压下，不同温度时水的密度见表10.3-1。

表 10.3-1 水的主要物理特性（在1个标准大气压下）

温度/℃	密度 ρ/(kg/m³)	容重 γ/(N/m³)	动力黏度 μ/(10^{-3}Pa·s)	运动黏度 ν/(10^{-6}m²/s)	表面张力 σ/(N/m)	汽化压强（绝对压强）p_v/kPa	体积弹性模量 E/GPa
0	999.8	9798.7	1.781	1.785	0.0756	0.61	2.02
5	1000.0	9800.0	1.518	1.519	0.0749	0.87	2.06
10	999.7	9797.4	1.307	1.306	0.0742	1.23	2.10
15	999.1	9791.2	1.139	1.139	0.0735	1.70	2.15
20	998.2	9782.4	1.002	1.003	0.0728	10.34	2.18
25	997.0	9770.6	0.890	0.893	0.0720	3.17	2.22
30	995.7	9757.9	0.798	0.800	0.0712	4.24	2.25
40	992.2	9723.6	0.653	0.658	0.0696	7.38	2.28
50	988.0	9682.4	0.547	0.553	0.0679	110.33	2.29
60	983.2	9636.6	0.466	0.474	0.0662	19.92	2.28
70	977.8	9582.4	0.404	0.413	0.0644	31.16	2.25

续表

温度 /℃	密度 ρ/(kg /m³)	容重 γ/(N/ m³)	动力黏度 μ/ (10⁻³ Pa·s)	运动黏度 ν/ (10⁻⁶ m²/s)	表面张力 σ/ (N/m)	汽化压强（绝对压强） p_v/kPa	体积弹性模量 E/GPa
80	971.8	9523.6	0.354	0.364	0.0626	47.34	2.20
90	965.3	9459.9	0.315	0.326	0.0608	70.10	2.14
100	958.4	93910.3	0.282	0.294	0.0589	101.33	2.07

10.3.1.2 重力特性

重力 G 是水体受到地球的万有引力作用，重力 G 计算公式为

$$G = mg \qquad (10.3-3)$$

式中　G——重力，N；

　　　m——水体的质量，kg；

　　　g——重力加速度，9.8m/s²。

容重 γ 是指单位体积水体的重力，其计算公式为

$$\gamma = \frac{G}{V} = \frac{mg}{V} = \rho g \qquad (10.3-4)$$

式中　γ——容重，N/m³；

　　　V——水体体积，m³；

　　　ρ——密度，kg/m³。

10.3.1.3 黏滞性

在运动状态下，水体质点之间由于相对运动产生内摩擦力以抵抗剪切变形，称为黏滞性。水体抵抗剪切变形的内摩擦力称为水体的黏滞力。

水体的黏滞力符合牛顿内摩擦定律，即

$$F = \mu A \frac{\mathrm{d}u}{\mathrm{d}y} \qquad (10.3-5)$$

式中　F——水体的内摩擦力，N；

　　　μ——水体的动力黏度（又称为动力黏滞系数），是对水体的黏滞性大小的度量，Pa·s；

　　　A——相邻液层的接触面积，mm²；

　　　$\dfrac{\mathrm{d}u}{\mathrm{d}y}$——速度在流层法线方向上的变化率，称为速度梯度。

水体的黏滞性也可以用运动黏度（又称为运动黏滞系数）ν 表示：

$$\nu = \frac{\mu}{\rho} \qquad (10.3-6)$$

水的黏滞性随温度的升高而降低，不同温度下，水的动力黏度 μ 值及运动黏度 ν 值见表 10.3-1。

10.3.1.4 热胀性

温度升高，水体宏观体积增大，温度下降后能恢复原状，这种性质称为热胀性，用热膨胀系数 β_T 表示：

$$\beta_T = -\frac{\dfrac{\mathrm{d}V}{V}}{\mathrm{d}T} = \frac{1}{\rho}\frac{\mathrm{d}\rho}{\mathrm{d}T} \qquad (10.3-7)$$

式中　β_T——水体的膨胀系数，表示在一定压强下，温度增加 1K 或 1℃，所引起的密度减小率，K⁻¹ 或 ℃⁻¹；

　　　V——在温度为 T 情况下的水体体积，m³；

　　　$\mathrm{d}V$——在温度增加 $\mathrm{d}T$ 后的体积增加值，m³；

　　　ρ——在温度为 T 的情况下的水体密度，kg/m³；

　　　$\mathrm{d}\rho$——温度增加 $\mathrm{d}T$ 后的密度减小值，kg/m³。

水的热膨胀系数随温度和压强的变化而变化，工程上一般不考虑。

10.3.1.5 冰的温度膨胀特性

冰在不同温度时，其温度膨胀系数 β_{it} 见表 10.3-2。

表 10.3-2　　冰的温度膨胀系数 β_{it}

t/℃	β_{it}/℃⁻¹
0	0.000276
−5	0.000213
−10	0.000171
−15	0.000128
−20	0.000123

10.3.2　水静力学

10.3.2.1 静水压强的表示方法

以完全真空状态作为度量基准的静水压强称为绝对压强，用符号 $\hat{p}$ 表示；以当地大气压强作为度量基准的压强称为相对压强或表压强，用符号 p 表示。相对压强 p 与绝对压强 $\hat{p}$ 的转换关系为

$$p = \hat{p} - \hat{p}_a \qquad (10.3-8)$$

式中　$\hat{p}$——绝对压强，Pa；

　　　$\hat{p}_a$——以绝对压强表示的当地大气压强值，Pa。

当绝对压强低于当地大气压强时为负压状态或真空状态，用真空度 p_v 表示：

$$p_v = \hat{p}_a - \hat{p} \qquad (10.3-9)$$

式中　p_v——真空度，Pa。

相对压强、绝对压强、真空度以及当地大气压强之间的关系如图 10.3-1 所示。

10.3.2.2 静水压强的分布

1. 重力作用下静水压强的分布规律

在静止水体中，任意一点的压强均满足静力学平

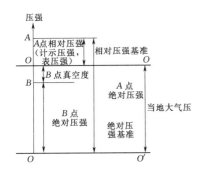

图 10.3 - 1　相对压强、绝对压强、真空度以及当地大气压强之间的关系

衡微分方程，又称为欧拉方程，即

$$
\left.
\begin{array}{l}
\dfrac{\partial p}{\partial x}=f_x \rho \\[2mm]
\dfrac{\partial p}{\partial y}=f_y \rho \\[2mm]
\dfrac{\partial p}{\partial z}=f_z \rho
\end{array}
\right\}
\qquad (10.3-10)
$$

式中　p——压强，Pa；

ρ——水体的密度，kg/m^3；

x、y、z——笛卡尔坐标，m；

f_x、f_y、f_z——单位质量力在 x、y、z 方向的分量，N/kg。

只受重力作用的静止水体中，取竖直向上为 z 轴正方向，则单位质量力在各坐标轴方向的分量为

$$
\left.
\begin{array}{l}
f_x=0 \\
f_y=0 \\
f_z=-g
\end{array}
\right\}
\qquad (10.3-11)
$$

重力作用下静止水体中任一参考点压强之间的关系为

$$
p=p_0-\rho g(z-z_0) \qquad (10.3-12)
$$

式中　p——对象点的压强，Pa；

p_0——参考点的压强，Pa；

z——对象点的竖直坐标，m；

z_0——参考点的竖直坐标，m；

ρ——水体的密度，kg/m^3；

g——重力加速度，m/s^2。

位置水头和压强水头之和称为测压管水头，静止水体中测压管水头为一常数，即

$$
z+\dfrac{p}{\rho g}=z_0+\dfrac{p_0}{\rho g} \qquad (10.3-13)
$$

式中　z——位置水头，m；

$\dfrac{p}{\rho g}$——压强水头，m；

ρ——水体的密度，kg/m^3；

g——重力加速度，m/s^2；

p_0——参考点的压强，Pa；

z_0——参考点的竖直坐标，m。

如果参考点位于自由水面上，对象点位于水面以下，则对象点压强为

$$
p=\rho g h=\gamma h \qquad (10.3-14)
$$

式中　p——对象点的相对压强，Pa；

h——对象点位于自由水面下的深度，m；

ρ——水体的密度，kg/m^3；

g——重力加速度，m/s^2。

重力作用下静止的连通水体内任一水平面均为等压面，该平面上任意一点的压强值都相等。互不相混合的静止液体的分界面必为等压面，水体内任一点的压强可以利用分界面的压强作为参考压强求得。

2. 重力和惯性力同时作用下静水压强的分布规律

若水体相对于地面虽有运动，而水体各质点之间没有相对运动，这种状态称为相对静止或相对平衡，有两种典型情况：在水平方向上等加速直线运动；在水平面内等角速度旋转运动。

重力和惯性力同时作用下的相对静止水体内，任意一点的压强平衡方程为

$$
\left.
\begin{array}{l}
\dfrac{\partial p}{\partial x}=-\rho a_x \\[2mm]
\dfrac{\partial p}{\partial y}=-\rho a_y \\[2mm]
\dfrac{\partial p}{\partial z}=-\rho g-\rho a_z
\end{array}
\right\}
\qquad (10.3-15)
$$

式中　a_x、a_y、a_z——加速度在 x、y、z 方向的分量，m/s^2。

对式（10.3-15）积分可得出相对平衡水体内的压强分布。

沿 x 轴正方向（水平方向）做等加速运动的相对平衡水体中，任一点压强为

$$
p=p_0-\rho a(x-x_0)-\rho g(z-z_0)
$$

$$
(10.3-16)
$$

式中　a——水体在 x 方向上的加速度，m/s^2；

x——对象点的水平坐标，m；

x_0——参考点的水平坐标，m。

相对平衡水体存在等压面，水体中等压面的表示方程为

$$
ax+gz=常数 \qquad (10.3-17)
$$

因此，自由水面为一等压面，做水平等加速运动水体的相对平衡如图 10.3-2 所示。

在水平面内做等角速度转动的相对平衡水体中，任一点压强为

$$
p=p_0+\dfrac{\rho \omega^2}{2}(r^2-r_0^2)-\rho g(z-z_0)
$$

$$
(10.3-18)
$$

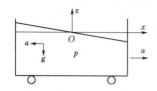

图 10.3 - 2 做水平等加速运动水体的相对平衡

式中 ω——水体转动的角速度，rad/s；

r——对象点的径向坐标，m；

r_0——参考点的径向坐标，m。

等角速度转动的相对平衡水体中等压面方程为

$$z - \frac{\omega^2}{2g}r^2 = 常数 \qquad (10.3 - 19)$$

自由水面为一等压面，水平面内做等速旋转运动水体的相对平衡如图 10.3 - 3 所示。

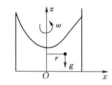

图 10.3 - 3 水平面内做等速旋转运动水体的相对平衡

10.3.2.3 静水总压力

1. 作用于平面上的静水总压力

作用于任意形状平面上的静水压力等于该平面形心点的压强与该平面面积的乘积，即

$$P = p_C A \qquad (10.3 - 20)$$

式中 P——总压力，N；

p_C——受压平面形心点的压强，Pa；

A——受压平面的面积，m^2。

静水总压力的方向与受力平面的内法线方向一致。以受压平面与水面的交线为 x 轴，平行于受压平面向下为 y 轴，如图 10.3 - 4 所示。静水总压力的作用点 D（压力中心）计算为

$$y_D = y_C + \frac{I_{xC}}{y_C A} \qquad (10.3 - 21)$$

$$x_D = x_C + \frac{\int_A (x - x_C) y \mathrm{d}A}{y_C A} \qquad (10.3 - 22)$$

式中 x_D、y_D——静水总压力作用点 D 的坐标，m；

x_C、y_C——受压面形心点 C 的坐标，m；

I_{xC}——受压平面绕通过形心点且平行于 x 轴面积惯性矩，m^4。

其他参数如图 10.3 - 4 所示。

2. 作用于曲面上的静水总压力

作用于任意形状的三维曲面上的静水压力在 x、

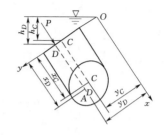

图 10.3 - 4 平面静水总压力

y、z 方向上的投影为

$$\left. \begin{array}{l} P_x = \rho g h_{xC} A_x \\ P_y = \rho g h_{yC} A_y \\ P_z = \rho g V_p \end{array} \right\} \qquad (10.3 - 23)$$

式中 P_x、P_y、P_z——曲面上静水总压力在 x、y、z 方向上的分量，N；

A_x、A_y——受压曲面在 yz、xz 平面上的投影面积，m^2；

h_{xC}、h_{yC}——受压曲面在 yz、xz 平面上的投影面形心位于液面下的深度，m；

V_p——压力体的体积，即受压曲面与其在自由液面上的垂直投影之间的液柱体积，m^3。

10.3.3 水动力学

10.3.3.1 流体运动的描述方法

流体运动的描述方法有两种：拉格朗日（Lagrange）法和欧拉（Euler）法。拉格朗日法是通过研究每个质点的运动规律来获得流体整体运动的规律性；欧拉法是把流体当作连续介质，通过分析物理量的空间变化规律及时间变化规律来把握水体整体运动规律的方法。拉格朗日法在几何上用迹线描述流体运动。迹线是流体质点的运动轨迹线，如图 10.3 - 5 所示。用式（10.3 - 24）表示：

$$\frac{\mathrm{d}x}{u_x(t, x_0, y_0, z_0)} = \frac{\mathrm{d}y}{u_y(t, x_0, y_0, z_0)} = \frac{\mathrm{d}z}{u_z(t, x_0, y_0, z_0)} = \mathrm{d}t$$

$$(10.3 - 24)$$

式中 x、y、z——流体质点的笛卡尔坐标；

u_x、u_y、u_z——流体质点运动速度在 x、y、z 方向的分量，m/s；

x_0、y_0、z_0——流体质点的初始位置坐标，m；

t——时间，s。

欧拉法在几何上用流线描述流体的运动。流线是流速场的矢量线，是某一瞬间在流场中绘出的曲线，其上每一点处的切线方向代表该点的流速方向，如图 10.3 - 6 所示。流线满足方程：

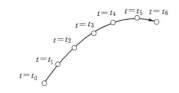

图 10.3 - 5　迹线

$$\frac{\mathrm{d}x}{u_x(x,y,z,t)} = \frac{\mathrm{d}y}{u_y(x,y,z,t)} = \frac{\mathrm{d}z}{u_z(x,y,z,t)}$$
$$(10.3 - 25)$$

式中　x、y、z——流线上任一点的笛卡尔坐标；

　　　u_x、u_y、u_z——流速在 x、y、z 方向的分量，m/s；

　　　t——时间，s。

图 10.3 - 6　流线

恒定流的流线与迹线相重合，非恒定流的流线与迹线不相重合。

10.3.3.2　恒定总流方程

1. 基本概念

通过流场中任意封闭曲线上各点的流线所构成的封闭管状曲面称为流管。充满以流管为边界的一束液流称为流束。与流束成正交的横断面称为过流断面。当流束的过流断面为无穷小面积时，该流束称为元流；当过流断面趋近于一点时，元流逼近一条流线。由无数元流组成的整个液流称为总流。

单位时间内通过某一过流断面的水体体积称为流量，用 Q 表示。总流流量等于所有元流流量之和，即

$$Q = \int_A u_n \mathrm{d}A \qquad (10.3 - 26)$$

式中　A——过流断面的面积，m^2；

　　　u_n——过流断面法线上的流速分量，m/s。

工程中常采用断面流速的平均值来代替个点的实际流速，称为断面平均流速，即

$$v = \frac{Q}{A} \qquad (10.3 - 27)$$

式中　v——过流断面 A 上的平均流速，m/s。

2. 恒定总流的连续性方程

如图 10.3 - 7 所示，在不可压缩水体的恒定总流中，任意两个过流断面所通过的流量相等，即

$$Q_1 = Q_2 \qquad (10.3 - 28)$$

式中　Q_1、Q_2——过流断面 1-1 和断面 2-2 上的总流流量，m^3/s。

不可压缩流体恒定总流的连续方程也可用断面平均流速表示，即

图 10.3 - 7　恒定总流示意图

$$Q = v_1 A_1 = v_2 A_2 \qquad (10.3 - 29)$$

式中　v_1、v_2——过流断面 1 和过流断面 2 的平均流速，m/s；

　　　A_1、A_2——过流断面 1 和过流断面 2 的面积，m^2。

如图 10.3 - 8 所示，若沿程有分流，则恒定总流的连续性方程表示为

$$Q_1 = Q_{2a} + Q_{2b} + Q_{2c} \qquad (10.3 - 30)$$

式中　下标 1 与 2a、2b、2c——在进流断面 1-1 与出流断面 2a - 2a、2b - 2b、2c - 2c 处取值。

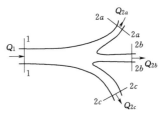

图 10.3 - 8　分流示意图

如图 10.3 - 9 所示，若沿程有汇流，则恒定总流的连续性方程表示为

$$Q_{1a} + Q_{1b} + Q_{1c} = Q_2 \qquad (10.3 - 31)$$

式中　下标 1a、1b、1c 与 2——在进流断面 1a - 1a、1b - 1b、1c - 1c 与出流断面 2-2 处取值。

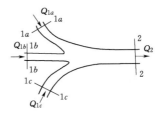

图 10.3 - 9　汇流示意图

3. 恒定总流的能量方程

对于理想流体，能量损失为零，恒定总流的能量方程为

$$z_1 + \frac{p_1}{\gamma} + \frac{\alpha_1 v_1^2}{2g} = z_2 + \frac{p_2}{\gamma} + \frac{\alpha_2 v_2^2}{2g} \qquad (10.3 - 32)$$

其中
$$\alpha = \frac{\int_A u^3 \mathrm{d}A}{v^3 A} \qquad (10.3-33)$$

式中　下标 1 和 2——在上游断面 1-1 和下游断面
2-2 处取值；

z——位置水头，m；

p——压强，Pa；

v——断面平均流速，m/s；

γ——流体的容重，N/m³；

g——重力加速度，m/s²；

α——动能修正系数；

u——断面上各处的流速，m/s；

A——过流断面面积，m²。

α 的大小取决于过流断面上流速分布情况，流速
分布愈均匀，α 值越接近于 1，流速不均匀分布时，α
值大于 1。在渐变流中，一般取 $\alpha = 1.05 \sim 1.10$。

流体在流动过程中须克服内摩擦阻力，产生能量
损失，因此，实际流体恒定总流的能量方程为

$$z_1 + \frac{p_1}{\gamma} + \frac{\alpha_1 v_1^2}{2g} = z_2 + \frac{p_2}{\gamma} + \frac{\alpha_2 v_2^2}{2g} + h_{w1-2}$$
$$(10.3-34)$$

式中　h_{w1-2}——断面 1-1 与断面 2-2 之间的水头损
失，m。

4. 恒定总流的动量方程

在直角坐标系中，恒定总流的动量方程为

$$\left. \begin{array}{l} \rho Q(\beta_2 v_{2x} - \beta_1 v_{1x}) = F_x \\ \rho Q(\beta_2 v_{2y} - \beta_1 v_{1y}) = F_y \\ \rho Q(\beta_2 v_{2z} - \beta_1 v_{1z}) = F_z \end{array} \right\} \qquad (10.3-35)$$

其中
$$\beta = \frac{\int_A u^2 \mathrm{d}A}{v^2 A} \qquad (10.3-36)$$

式中　F——作用在断面 1-1 和断面 2-2 之间流体
上的所有外力，N；

β——动量修正系数。

动量修正系数 β 值总是大于 1，其值取决于总流
过流断面的流速分布，在一般的渐变流中，$\beta = 1.02$
~ 1.05。

10.3.4　流动阻力与水头损失

10.3.4.1　流动阻力和水头损失的分类

根据流动边界情况，流动阻力和水头损失分为两
种类型：沿程阻力与沿程水头损失，局部阻力与局部
水头损失。

1. 沿程阻力和沿程水头损失

在边界不变（包括壁面形状、尺寸、流动方向都
不变等）的均匀流段上，流动阻力只有沿程不变的摩
擦阻力，称为沿程阻力。克服沿程阻力做功而引起的

水头损失则称为沿程水头损失，以 h_f 表示。

沿程水头损失均匀分布在整个流段上，计算采用
达西公式，表示为

$$h_f = \lambda \frac{l}{d} \frac{v^2}{2g} \qquad (10.3-37)$$

式中　h_f——沿程水头损失，m；

l——流段长度，m；

d——管径，m；

λ——沿程阻力系数或沿程水头损失系数。

2. 局部阻力和局部水头损失

在边壁形状沿程急剧变化，流速分布急剧调整的
局部区段上，集中产生的流动阻力称为局部阻力。克
服局部阻力引起的水头损失称为局部水头损失，以
h_j 表示。

局部水头损失一般发生在水流边界突变处附近，
计算公式为

$$h_j = \zeta \frac{v^2}{2g} \qquad (10.3-38)$$

式中　h_j——局部水头损失，m；

ζ——局部阻力系数或局部水头损失系数。

10.3.4.2　流体运动的两种形态

英国物理学家雷诺（O. Reynolds）通过实验发
现，水头损失规律之所以不同的原因是流体运动存在
着两种不同的形态：层流和紊流。同一种流体在同一
管道中流动，当流速较小时，各流层质点做有规律的
线状运动，彼此互不掺混，这种流动形态称为层流。
当流速较大，超过某一临界值时，流体质点的运动轨
迹极不规则，各流层质点相互掺混，这种流动形态称
为紊流。

以下介绍几种典型的流动形态判别方法。

（1）圆管流动。圆管流动形态用雷诺数判断。

$$Re = \frac{vd}{\nu} \qquad (10.3-39)$$

式中　Re——圆管雷诺数，无量纲；

d——管径，m；

v——断面平均流速，m/s；

ν——水体的运动黏度，m²/s。

临界雷诺数 $Re_c = 2000$。即 $Re < Re_c$，流动为层
流；$Re = Re_c$，流动为临界流；$Re > Re_c$，流动为
紊流。

（2）明渠水流和非圆形断面管流。对于明渠水流
和非圆形断面管流，同样采用雷诺数判别流动形态。

$$Re_R = \frac{vR}{\nu} \qquad (10.3-40)$$

$$R = \frac{A}{\chi} \qquad (10.3-41)$$

式中　Re_R——非圆管雷诺数，无量纲；

R——水力半径，m；

v——断面平均流速，m/s；

A——过流断面面积，m²；

χ——过流断面湿周，m。

临界雷诺数 $Re_{c,R}=500$。即 $Re_R<Re_{c,R}$，流动为层流；$Re_R=Re_{c,R}$，流动为临界流；$Re_R>Re_{c,R}$，流动为紊流。

10.3.4.3 水头损失计算

1. 圆管层流沿程水头损失

圆管层流的断面流速分布公式为

$$u=\frac{\rho g J}{4\mu}(r_0^2-r^2) \qquad (10.3-42)$$

式中 J——水力坡度；

r_0——圆管半径，m；

μ——流体动力黏度，Pa·s；

r——断面上该点到管轴的距离，m；

其余符号意义同前。

流体的最大流速发生在管轴处，即

$$u_{max}=\frac{\rho g J}{4\mu}r_0^2 \qquad (10.3-43)$$

圆管层流的断面平均流速为

$$v=\frac{Q}{A}=\frac{\rho g J}{8\mu}r_0^2=\frac{1}{2}u_{max} \qquad (10.3-44)$$

式中符号意义同前。

圆管层流的沿程水头损失为

$$h_f=\frac{32\mu l v}{\rho g d^2} \qquad (10.3-45)$$

式中符号意义同前。

在圆管层流中，沿程水头损失与断面平均流速的一次方成正比。沿程阻力系数为

$$\lambda=\frac{64}{Re} \qquad (10.3-46)$$

可见，圆管层流的沿程阻力系数只是雷诺数的函数，与管壁粗糙程度无关。

2. 圆管紊流沿程水头损失

圆管紊流的沿程水头损失采用达西公式计算。根据雷诺数大小，紊流分为三个阻力区：光滑管区、过渡管区和粗糙管区，在计算沿程水头损失时，一般先确定紊流所处的阻力区。

人工粗糙管与工业管道在判断所属阻力区时有不同的判定标准。圆管紊流阻力区的判别标准见表10.3-3。

表 10.3-3 圆管紊流阻力区的判别标准

阻力区	人工粗糙管	工 业 管 道
紊流光滑区	$Re_*\leqslant5$	$Re_*\leqslant0.3$ 或 $2000<Re\leqslant0.32\left(\dfrac{d}{k_s}\right)^{1.28}$
紊流过渡区	$5<Re_*$ $\leqslant70$	$0.3<Re_*\leqslant70$ 或 $0.32\left(\dfrac{d}{k_s}\right)^{1.28}<Re\leqslant1000\left(\dfrac{d}{k_s}\right)$
紊流粗糙区	$Re_*>70$	$Re_*>70$ 或 $Re>1000\left(\dfrac{d}{k_s}\right)$

注 Re_* 为粗糙雷诺数，$Re_*=\dfrac{v_*k_s}{\nu}$；k_s 为绝对粗糙度或当量粗糙度；ν 为运动黏度；v_* 为摩阻速度，$v_*=v\sqrt{\dfrac{\lambda}{8}}$；$v$ 为断面平均流速；λ 为沿程阻力系数；Re 为雷诺数；d 为管径。

计算沿程阻力系数 λ 的半经验公式主要有尼古拉兹（Nikuradse）公式与柯列勃洛克（Colebrook）公式。

根据尼古拉兹半经验公式，人工粗糙管紊流在光滑管区和粗糙管区的沿程阻力系数如下：

紊流光滑管区 $\dfrac{1}{\sqrt{\lambda}}=2\lg(Re\sqrt{\lambda})-0.8$ （10.3-47）

紊流粗糙管区 $\dfrac{1}{\sqrt{\lambda}}=2\lg\dfrac{3.7d}{k_s}$ （10.3-48）

式中 k_s——绝对粗糙度，mm。

当 k_s 采用当量粗糙度时，式（10.3-47）和式（10.3-48）同样适用于工业管道。

常见工业管道的当量粗糙度值见表10.3-4。

表 10.3-4　　　　　　常用工业管道的当量粗糙度 k_s 值

管 道 材 料 种 类 及 状 况	k_s/mm	
	变化范围	平均值
Ⅰ. 无缝金属管及玻璃管		
1. 整体拉制的、光滑的、新的玻璃管、黄铜管、铅管	0.001~0.01	0.005
2. 状况同1的铝管	0.0015~0.06	0.03
3. 无缝钢管		
(1) 新的，清洁的，敷设良好的	0.02~0.05	0.03
(2) 用过几年后加以清洗的；涂沥青的；轻微锈蚀的；沉垢不多的	0.15~0.3	0.2

管 道 材 料 种 类 及 状 况	k_s/mm	
	变化范围	平均值
Ⅱ．焊接钢管和铆接钢管		
1．小口径焊接钢管（只有纵向焊缝的钢管）		
（1）新的，清洁的	0.03～0.1	0.05
（2）经清洗后锈蚀不显著的旧管	0.1～0.2	0.15
（3）轻度锈蚀的旧管	0.3～0.7	0.50
（4）中等锈蚀的旧管	0.8～1.5	1.0
（5）严重锈蚀的或沉垢厚积的旧管	2.0～4.0	3.0
2．大口径钢管		
（1）纵缝和横缝都是焊接的，但都不束狭过水断面	0.3～1.0	0.7
（2）纵缝焊接，横缝铆接（搭接），一排铆钉	≤1.8	1.2
（3）纵缝焊接，横缝铆接（搭接），二排或二排以上铆钉	1.2～2.8	1.8
（4）纵横缝都是铆接（搭接），一排铆钉，且板厚小于或等于11mm	0.9～2.8	1.4
（5）纵横缝都是铆接（有垫板），二排或二排以上铆钉，或者板厚大于12mm	1.8～5.8	2.8
Ⅲ．镀锌钢管		
1．镀锌面光滑洁净的新管	0.07～0.1	
2．镀锌面一般的新管	0.1～0.2	0.15
3．用过几年之后的旧管	0.4～0.7	0.5
Ⅳ．铸铁管		
1．新管	0.20～0.50	0.3
2．涂沥青的新管	0.10～0.15	
3．涂沥青的旧管	0.12～0.30	0.18
4．已运行的自来水管	1.4	
5．已运行且有锈蚀或沉垢的管子	1～1.5	
6．已运行且沉积显著的管子	2～4	
7．多年运行后又清洗的管子	0.3～1.5	
8．清洗，但蚀损严重的管子	≤3	
Ⅴ．混凝土管及钢筋混凝土管		
1．没有抹灰面层的		
（1）钢模板，施工质量良好，接缝平滑	0.3～0.9	0.7
（2）木模板，施工质量一般	1.0～1.8	1.2
（3）木模板，施工质量不佳，模板错缝跑浆	3～9	4.0
2．有抹灰面层，且抹灰面经过抹光	0.25～1.8	0.7
3．有喷浆面层的		
（1）用钢丝刷仔细刷过表面，并经仔细抹光	0.7～2.8	1.2
（2）用钢丝刷刷过，且不允许喷浆脱落体凝结于衬砌面上	≥4	8
（3）喷浆层是仔细喷的，但既未用钢丝刷刷饰，也未经抹光	≤36	11
4．预制的混凝土管和钢筋混凝土管（离心法预制）	0.15～0.45	0.3
Ⅵ．石棉水泥管		
1．新的	0.05～0.1	0.09
2．用过的	0.60	
Ⅶ．塑料管		
1．硬聚氯乙烯（UPVC）管	0.01～0.03	

管道材料种类及状况	k_s/mm	
	变化范围	平均值
2. 聚乙烯（PE）管	0.01～0.03	
3. 高密度聚乙烯（HDPE）管	0.01～0.03	
Ⅷ. 水龙带及橡胶软管		0.03
Ⅸ. 岩石泄水管道		
1. 未衬砌的岩石		
（1）条件中等的，即已把突出的岩块除去，且使壁面有所修整	60～320	180
（2）条件不利的，即壁面很不平整，断面稍有超挖	1000	
2. 部分衬砌的岩石（部分湿周上有喷浆面层、抹灰面层或衬砌面层）	≥30	180

柯列勃洛克公式对工业管道紊流三个阻力区的沿程阻力系数提出了统一的计算公式，如下：

$$\lambda = 1.74 - 2\lg\left(\frac{2k_s}{d} + \frac{18.7}{Re\sqrt{\lambda}}\right) \quad (10.3-49)$$

柯列勃洛克公式适用于工业管道紊流的全部三个阻力区。

3. 非圆管管流沿程水头损失

对于非圆断面（矩形、方形等断面）管流，圆管流动的沿程水头损失、沿程阻力系数与雷诺数的计算公式仍然适用，但计算要用当量直径 d_e 代替直径 d。非圆形管道的当量直径是指与其水力半径相等的圆管直径。对水力半径为 R 的非圆形管道，当量直径为 $d_e = 4R$；对边长为 a 和 b 的矩形断面，$d_e = 2ab/(a+b)$；对边长为 a 的正方形断面，$d_e = a$。

非圆形管道沿程水头损失用达西公式计算，即

$$h_f = \lambda \frac{l}{d_e} \frac{v^2}{2g} \quad (10.3-50)$$

$$v = \frac{Q}{A} \quad (10.3-51)$$

式中 d_e——非圆形管道的当量直径，m。

非圆形管道的雷诺数计算公式为

$$Re = \frac{v d_e}{\nu} \quad (10.3-52)$$

用当量直径计算的雷诺数，也可近似用于判别非圆形管道的流动形态，其临界值仍然是 2000。

非圆形管道层流的沿程阻力系数为

$$\lambda = K \frac{64}{Re} \quad (10.3-53)$$

式中 K——形状系数，对于正方形渠道，$K = 0.888$，；对等边三角形渠道，$K = 0.833$；对矩形渠道，K 值与高宽比有关，见表 10.3-5。

表 10.3-5　矩形渠道的 K 值

h/b	1	1.5	2	3	4	5	6	7	8	10
K	0.888	0.919	0.970	1.070	1.137	1.193	1.230	1.278	1.285	1.322

非圆形管道紊流的沿程阻力系数为

$$\frac{1}{\sqrt{\lambda}} = -2\lg\left[\left(\frac{6.8}{Re}\right)^{0.9} + \frac{k_s}{3.7d_e}\right] \quad (10.3-54)$$

4. 明渠均匀流沿程水头损失

在实际工程中，对于渠道和天然河道等，其沿程水头损失计算通常采用谢才公式：

$$v = C\sqrt{RJ} \quad (10.3-55)$$

式中 C——谢才系数，$\text{m}^{1/2}/\text{s}$；
J——水力坡度，对于明渠均匀流，$J = i$（渠底坡度）。

谢才系数 C 和沿程阻力系数 λ 的关系为

$$C = \sqrt{\frac{8g}{\lambda}} \quad (10.3-56)$$

谢才系数的经验公式主要有曼宁（Manning）公式和巴甫洛夫（Павловский）公式。

（1）曼宁公式：

$$C = \frac{1}{n} R^{1/6} \quad (10.3-57)$$

式中 n——壁面粗糙系数，综合反映壁面对水流阻滞作用的糙率，各种壁面的粗糙系数 n 见表 10.3-6。

表 10.3-6　壁面粗糙系数 n 值

管道种类		粗糙系数 n
钢管、铸铁管	水泥砂浆内衬	0.011～0.012
	涂料内衬	0.0105～0.0115
	旧钢管、旧铸铁管（未做内衬）	0.014～0.018
混凝土管	预应力混凝土管（PCP）	0.012～0.013
	预应力钢筒混凝土管（PCCP）	0.011～0.0125
塑料管	UPVC 管、PE 管、玻璃钢管	0.009～0.011

曼宁公式形式简单，计算方便，对于 $n<0.02$、$R<0.5\text{m}$ 的小型渠道，适用性较好。

（2）巴甫洛夫公式

$$C=\frac{1}{n}R^y \qquad (10.3-58)$$

其中 $y=2.5\sqrt{n}-0.13-0.75\sqrt{R}(\sqrt{n}-0.10)$

$$(10.3-59)$$

其简化式为

$$\left.\begin{array}{l}y=1.5\sqrt{n}(R<1.0\text{m})\\y=1.3\sqrt{n}(R>1.0\text{m})\end{array}\right\} \qquad (10.3-60)$$

巴甫洛夫公式适用范围较广，为 $0.1\leqslant R\leqslant 3.0\text{m}$，$0.011\leqslant n\leqslant 0.04$。

5. 局部水头损失

无论管流还是明渠流，局部水头损失计算公式如下：

$$h_j=\zeta\frac{v^2}{2g} \qquad (10.3-61)$$

式中　ζ——局部阻力系数或局部水头损失系数，其值主要取决于水流的局部障碍，不同断面形式的 ζ 值见表 10.3-7；

　　　v——与 ζ 相应的断面平均流速，m/s。

表 10.3-7　　　　　　　　管道及明渠的局部阻力系数 ζ

名称	简　　图	局　部　阻　力　系　数　ζ

第一部分：管道

一、突然扩大

$\zeta_1=\left(1-\frac{A_1}{A_2}\right)^2$　应用公式 $h_j=\zeta_1\frac{v_1^2}{2g}$

$\zeta_2=\left(\frac{A_2}{A_1}-1\right)^2$　应用公式 $h_j=\zeta_2\frac{v_2^2}{2g}$

二、逐渐扩大

$h_j=\zeta\frac{v_1^2}{2g}$（$\zeta$ 值见右表）

$\dfrac{D}{d}$	θ										
	$<4°$	$6°$	$8°$	$10°$	$15°$	$20°$	$25°$	$30°$	$40°$	$50°$	$60°$
1.1	0.01	0.01	0.02	0.03	0.05	0.10	0.13	0.16	0.19	0.21	0.23
1.2	0.02	0.02	0.03	0.04	0.06	0.16	0.21	0.25	0.31	0.35	0.37
1.4	0.03	0.03	0.04	0.06	0.12	0.23	0.30	0.36	0.44	0.50	0.53
1.6	0.03	0.04	0.05	0.07	0.14	0.26	0.35	0.42	0.51	0.57	0.61
1.8	0.04	0.04	0.05	0.07	0.15	0.28	0.37	0.44	0.54	0.61	0.65
2.0	0.04	0.04	0.05	0.07	0.16	0.29	0.38	0.45	0.56	0.63	0.68
3.0	0.04	0.04	0.05	0.08	0.16	0.31	0.40	0.48	0.59	0.66	0.71

三、突然缩小

$h_j=\zeta\frac{v_2^2}{2g}$，　$\zeta=0.5\left(1-\frac{A_2}{A_1}\right)$

四、逐渐缩小

$h_j=\zeta\frac{v_2^2}{2g}$（$\zeta$ 值见右图）

名称	简　图	局 部 阻 力 系 数 ζ

五、进口

内插进口
$\zeta = 1.0$

切角进口
$\zeta = 0.25$

喇叭口
$\zeta = 0.01 \sim 0.05$

圆角进口
圆管 $\zeta = 0.1$
方管 $\zeta = 0.2$

直角进口
$\zeta = 0.5$

斜角进口
$\zeta = 0.5 + 0.3\cos\alpha + 0.2\cos^2\alpha$

六、出口

流入水池或水库 $\zeta = 1.0$

流 入 明 渠

$\dfrac{A_1}{A_2}$	0.1	0.2	0.3	0.4	0.5	0.6	0.7	0.8	0.9
ζ	0.81	0.64	0.49	0.36	0.25	0.16	0.09	0.04	0.01

七、弯管

$\theta = 90°$

$\dfrac{R}{d}$	0.5	1.0	1.5	2.0	3.0	4.0	5.0
$\zeta_{90°}$	1.2	0.80	0.60	0.48	0.36	0.30	0.29

任意角度，　$\zeta_\theta = \beta\zeta_{90°}$

θ	20°	30°	40°	50°	60°	70°
β	0.40	0.55	0.65	0.75	0.83	0.88
θ	80°	90°	100°	120°	140°	160°	180°
β	0.95	1.00	1.05	1.13	1.20	1.27	1.33

八、折管

圆　管

θ	30°	40°	50°	60°	70°	80°	90°
ζ	0.20	0.30	0.40	0.55	0.70	0.90	1.10

矩 形 管

θ	15°	30°	45°	60°	90°
ζ	0.025	0.11	0.26	0.49	1.20

名称	简 图	局 部 阻 力 系 数 ζ
九、岔管		普通 Y 形对称分岔管 $h_j = \zeta \dfrac{v_0^2}{2g}$, $\quad \zeta = 0.75$ 式中：v_0 为分岔前管内平均流速
		圆锥状 Y 形对称分岔管 （分岔开始后形成逐渐收缩的圆锥形） $h_j = \zeta \dfrac{v_0^2}{2g}$, $\quad \zeta = 0.50$ 式中：v_0 为分岔前管内平均流速
十、渠道收缩		$h_j = \zeta \left(\dfrac{v_2^2}{2g} - \dfrac{v_1^2}{2g} \right)$ 圆弧 $\zeta = 0.20$
		$h_j = \zeta \left(\dfrac{v_2^2}{2g} - \dfrac{v_1^2}{2g} \right)$ 直角 $\zeta = 0.4$
		$h_j = \zeta \left(\dfrac{v_2^2}{2g} - \dfrac{v_1^2}{2g} \right)$ 扭曲面 $\zeta = 0.10$
		$h_j = \zeta \left(\dfrac{v_2^2}{2g} - \dfrac{v_1^2}{2g} \right)$ 楔形 $\zeta = 0.20$
十一、渠道扩大		$h_j = \zeta \left(\dfrac{v_1^2}{2g} - \dfrac{v_2^2}{2g} \right)$ 圆弧 $\zeta = 0.50$
		$h_j = \zeta \left(\dfrac{v_1^2}{2g} - \dfrac{v_2^2}{2g} \right)$ 直角 $\zeta = 0.75$
		$h_j = \zeta \left(\dfrac{v_1^2}{2g} - \dfrac{v_2^2}{2g} \right)$ 扭曲面 $\zeta = 0.30$
		$h_j = \zeta \left(\dfrac{v_1^2}{2g} - \dfrac{v_2^2}{2g} \right)$ 楔形 $\zeta = 0.50$
十二、渠弯		$h_j = \zeta \dfrac{v^2}{2g}$ $\zeta = \dfrac{19.62 l}{C^2 R} \left(1 + \dfrac{3}{4} \sqrt{\dfrac{b}{r}} \right)$ 式中：R 为水力半径；b 为渠宽，对梯形断面应为水面宽；r 为渠弯轴线的弯曲半径；l 为渠弯长度；C 为谢才系数

10.3.5 孔口出流与管嘴出流

流体经孔口流出的现象称为孔口出流。当孔口具有锐缘，流体与孔壁只有在周线上接触，孔壁厚度不影响出流形态，称为薄壁孔口；否则，称为厚壁孔口。按孔口直径 d 与孔口形心点以上水头 H 的相对大小，可将孔口分为大孔口出流与小孔口出流两类。若 $d \leqslant 0.1H$，称为小孔口出流，可近似认为孔口断面上各点水头相等，忽略孔口上部和下部的出流差异；反之，称为大孔口出流。

根据孔口出流后周围介质的条件可分为自由出流和淹没出流。水体经孔口直接流入大气的出流，称为自由出流；反之，如果是在液面下由水体流入水体的出流，则称为淹没出流。孔口在出流过程中，作用水头不随时间变化的称为恒定出流；反之，称为非恒定出流。

10.3.5.1 恒定薄壁孔口出流

1. 薄壁小孔口出流

薄壁小孔口自由出流如图 10.3 - 10 所示，孔口自由出流流量的基本公式为

$$Q = v_c A_c = \varepsilon A \varphi \sqrt{2gH_0} = \mu A \sqrt{2gH_0}$$

$$(10.3 - 62)$$

其中

$$H_0 = H + \frac{\alpha_0 v_0^2}{2g}$$

$$v_c = \varphi \sqrt{2gH_0}$$

$$\varphi = \frac{1}{\sqrt{\alpha_c + \zeta_c}} \approx \frac{1}{\sqrt{1 + \zeta_c}}$$

$$\varepsilon = \frac{A_c}{A}$$

$$\mu = \varepsilon \varphi$$

式中　H_0——作用水头；

　　　v_c——收缩断面平均流速；

　　　φ——流速系数；

　　　ζ_c——孔口局部阻力系数；

　　　ε——孔口收缩系数；

　　　A——孔口面积；

　　　A_c——收缩断面面积；

　　　α_0——来流动能修正系数；

　　　α_c——收缩断面动能修正系数；

　　　μ——孔口流量系数。

在大雷诺数情况下，充分收缩的圆形锐缘小孔口收缩系数 $\varepsilon = 0.64$，阻力系数 $\zeta_c = 0.06$，流速系数 $\varphi = 0.97$，流量系数 $\mu = 0.62$。

孔口在壁面上的位置，对收缩系数有直接影响。当孔口的全部边界都不与相邻的容器底边和侧边重合时（图 10.3 - 11 中 a、b 处），孔口四周各方向流束都发生收缩，这种孔口称为全部收缩孔口；否则称为

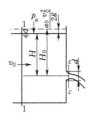

图 10.3 - 10　薄壁小孔口自由出流

非全部收缩孔口（图 10.3 - 11 中 c、d 处）。全部收缩孔口又有完善收缩和不完善收缩之分。凡孔口与相邻壁面的距离大于同方向孔口尺寸的 3 倍（$l > 3a$ 和 $l > 3b$），孔口出流的收缩不受距壁面远近的影响，为完善收缩（图 10.3 - 11 中 a 处）；否则称为不完善收缩（图 10.3 - 11 中 b 处）。

图 10.3 - 11　孔口在薄壁上的位置

对于非全部收缩孔口，可按式（10.3 - 63）计算：

$$\mu' = \mu \left(1 + c \frac{S}{\chi} \right) \qquad (10.3 - 63)$$

式中　μ——全部收缩时孔口流量系数；

　　　c——与形状有关的系数，对圆孔取 0.13，对方孔取 0.15；

　　　S——未收缩部分的周长；

　　　χ——孔口的全部湿周。

全部收缩中，对于不完善收缩的孔口，可按式（10.3 - 64）计算：

$$\mu'' = \mu \left[1 + 0.64 \left(\frac{A}{A_0} \right)^2 \right] \qquad (10.3 - 64)$$

式中　μ——全部收缩时孔口流量系数；

　　　A——孔口面积；

　　　A_0——孔口所在壁面的有水部分面积。

2. 薄壁小孔口淹没出流

薄壁小孔口淹没出流如图 10.3 - 12 所示，出孔水流淹没在下游水面之下，这种情况下流量的基本公式与自由出流情况的完全相同，流速系数亦相同。但在淹没出流情况下，孔口的水头 H 则取孔口上、下游的水面高差。因此，孔口淹没出流的流速和流量均与孔口的淹没深度无关，也无"大""小"孔口的区别。

10.3.5.2　薄壁大孔口

1. 薄壁大孔口自由出流

薄壁大孔口自由出流如图 10.3 - 13 所示，当水

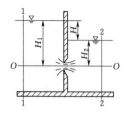

图 10.3-12 薄壁小孔口淹没出流

流通过大孔口出流时，大孔口可看作由许多小孔口组成，积分求其流量总和，在整个大孔口上积分，得大孔口流量公式为

$$Q = \frac{2}{3}\mu b \sqrt{2g}\left(H_2^{\frac{3}{2}} - H_1^{\frac{3}{2}}\right) \quad (10.3-65)$$

式中 H_1——孔口上缘处水深，m；

$\quad\quad H_2$——孔口下缘处水深，m；

$\quad\quad b$——孔口断面宽度，m；

$\quad\quad \mu$——大孔口自由出流的流量系数，由表 10.3-8 查取。

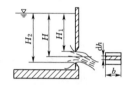

图 10.3-13 薄壁大孔口自由出流

表 10.3-8 大孔口自由出流的流量系数 μ

孔口形状和水流收缩情况	流量系数 μ
中型孔口，射流在各方面均有收缩，无导流壁	0.65
大型孔口，收缩不完善，但各方面均有收缩，来流条件较难确定	0.70
底部孔口，侧收缩影响较大	0.65~0.70
底部孔口，侧收缩影响适度	0.70~0.75
底部孔口，各侧来流均匀缓慢	0.80~0.85
孔口各侧来流都极为均匀缓慢	0.90

2. 倾斜壁面薄壁大孔口自由出流

倾斜壁面上矩形大孔口出流的流量公式为

$$Q = \frac{2}{3}\mu \frac{b\sqrt{2g}}{\sin\theta}\sqrt{2g}\left(H_2^{\frac{3}{2}} - H_1^{\frac{3}{2}}\right)$$

$$(10.3-66)$$

式中 θ——倾斜壁面与水平方向夹角；

$\quad\quad \mu$——大孔口自由出流的流量系数，可取 0.60~0.62；

其余符号意义同前。

3. 矩形大孔口淹没出流的流量公式为

$$Q = \mu A \sqrt{2gz_0} \quad (10.3-67)$$

其中

$$z_0 = z + \frac{v_0^2}{2g}$$

式中 A——孔口面积，m^2；

$\quad\quad z_0$——计入行近流速水头的作用水头，m；

$\quad\quad z$——上、下游的水位差，m；

$\quad\quad v_0$——来流流速，m/s；

$\quad\quad \mu$——大孔口自由出流的流量系数，由表 10.3-8 查取。

4. 矩形大孔口半淹没出流

矩形大孔口半淹没出流如图 10.3-14 所示，矩形大孔口半淹没出流的流量公式为

$$Q = \sigma\mu A \sqrt{2gH} \quad (10.3-68)$$

其中

$$H = \frac{1}{2}(H_1 + H_2)$$

式中 A——孔口面积，m^2；

$\quad\quad H$——孔口中心处的水头，m；

$\quad\quad \mu$——大孔口自由出流的流量系数，由表 10.3-8 查取；

$\quad\quad \sigma$——淹没修正系数，取决于淹没高度及孔口上、下缘的淹没水深，见表 10.3-9。

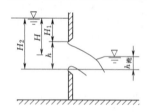

图 10.3-14 矩形大孔口半淹没出流

表 10.3-9 矩形大孔口半淹没出流的淹没修正系数 σ

$\eta = \dfrac{h_{淹}}{H_2}$	$\sigma = \dfrac{H_1}{H_2}$										
	0	0.1	0.2	0.3	0.4	0.5	0.6	0.7	0.8	0.9	1.0
0.1	0.991	0.989	0.987	0.985	0.983	0.981	0.979	0.977	0.975	0.973	—
0.2	0.981	0.977	0.973	0.968	0.963	0.958	0.953	0.948	0.945	—	—
0.3	0.970	0.963	0.956	0.945	0.934	0.922	0.914	0.907	—	—	—
0.4	0.956	0.947	0.932	0.917	0.898	0.879	0.866	—	—	—	—
0.5	0.937	0.923	0.901	0.874	0.840	0.816	—	—	—	—	—
0.6	0.907	0.885	0.845	0.803	0.756	—	—	—	—	—	—
0.7	0.856	0.817	0.762	0.679	—	—	—	—	—	—	—
0.8	0.776	0.712	0.577	—	—	—	—	—	—	—	—
0.9	0.621	0.426	—	—	—	—	—	—	—	—	—
1.0	—	—	—	—	—	—	—	—	—	—	—

5. 直立壁面上圆形大孔口自由出流

$$Q=\mu'\left[1-\frac{1}{32}\left(\frac{r}{H}\right)^2-\frac{5}{1024}\left(\frac{r}{H}\right)^4-\cdots\right]\pi r^2\sqrt{2gH}$$

$$(10.3-69)$$

式中 r——圆孔的半径，m;

H——孔口中心处的水头，m;

μ'——圆形大孔口自由出流的流量系数，由图 10.3-15 查取。

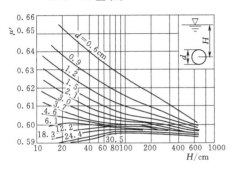

图 10.3-15 圆形大孔口自由出流的流量系数曲线

10.3.5.3 变水头下孔口与管嘴出流

变水头出流属非恒定出流。如容器中水位变化缓慢，可以忽略惯性水头，这样就把非恒定流问题转化为恒定流问题处理。容器及蓄水池的泄空问题皆可按孔口（或管嘴）的变水头出流问题计算。

变水头下孔口出流如图 10.3-16 所示，设某时刻 t，孔口的水头 h，容器内水的表面积为 Ω，孔口面积为 A，在微小时段 dt 内，经孔口流出的水体体积为 $Qdt=\mu A\sqrt{2gh}dt$，在同一时段内，容器内水面降落 dh，于是水体所减少的体积为 $dV=-\Omega dh$。由于从孔口流出的水体体积应该和容器中水体体积减小量相等 $Qdt=-\Omega dh$，因此，$\mu A\sqrt{2gh}dt=-\Omega dh$，得

$$dt=-\frac{\Omega}{\mu A\sqrt{2g}}\frac{dh}{\sqrt{h}}\qquad(10.3-70)$$

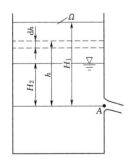

图 10.3-16 变水头下孔口出流

对式（10.3-70）积分，得到水头由 H_1 降至 H_2 所需时间为

$$t=\int_{H_1}^{H_2}-\frac{\Omega}{\mu A\sqrt{2g}}\frac{dh}{\sqrt{h}}\qquad(10.3-71)$$

若容器水体表面面积 $\Omega=\Omega(h)$ 为已知函数，则式（10.3-71）可积分求解。

当容器为柱体，$\Omega=$常数，则有

$$t=\frac{2\Omega}{\mu A\sqrt{2g}}(\sqrt{H_1}-\sqrt{H_2})\qquad(10.3-72)$$

当 $H_1=H$，$H_2=0$，即可得容器水面降至孔口处所需时间为

$$t=\frac{2\Omega}{\mu A}\frac{\sqrt{H}}{\sqrt{2g}}=\frac{2\Omega H}{\mu A\sqrt{2gH}}=\frac{2V}{Q_{max}}$$

$$(10.3-73)$$

式中 V——容器泄空体积;

Q_{max}——变水头下开始出流的最大流量。

式（10.3-73）表明，变水头出流时容器泄空所需要的时间，等于在起始水头 H 恒定作用下出流流出相同体积所需时间的 2 倍。

10.3.5.4 孔口出流时漏斗的估算

大孔口出流时，表面漩涡发展到一定阶段将产生掺气漏斗，使空气腔体贯穿整个泄水孔上部的水体进入泄水孔内，减少泄水孔的工作面积，从而降低其泄流能力。

底面孔口泄流如图 10.3-17 所示，若水深小于临界水深，即 $H<H_{cr}$，则空气开始钻入泄水孔内，形成不稳定的掺气漏斗，这时的临界水深为

$$H_{cr}=0.5D\left(\frac{v_0}{\sqrt{gD}}\right)^{0.55}\qquad(10.3-74)$$

式中 D——泄水孔直径，m;

v_0——孔口下方 0.5D 处收缩断面的平均流速，m/s。

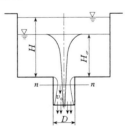

图 10.3-17 底面孔口泄流

若实际水深小于临界水深 $H<H_{cr}$，则空气持续钻入泄水孔内，形成稳定的掺气漏斗，这时的临界水深为

$$H_{cr,st}\leqslant 0.36D\left(\frac{v_0}{\sqrt{gD}}\right)^{\frac{2}{3}}\qquad(10.3-75)$$

式中符号意义同前。

10.3.6 有压管道中的恒定流

有压管道是指管道被水体完全充满，并且在其周界各点受到水体的压强作用。有压管道中的恒定流是指有压管道中流体运动要素不随时间而改变的流体流动。

管道按布置方式的不同可分为简单管道和复杂管道。简单管道是指单线管道的内径和沿程阻力系数不变的管道，并可根据沿程水头损失和局部水头损失在总水头损失中所占比重的不同分为长管和短管。长管是指管道中的水头损失以沿程水头损失为主，局部水头损失和流速水头所占的比重很小，在计算中可以忽略的管道；短管是指局部损失和流速水头具有相当的数值，在计算时不可以忽略的管道。复杂管道是由不同直径、不同长度的管道组合而成的管道系统，并根据多根管道连接方式的不同可分为串联管道、并联管道、枝状管网和环状管网。

10.3.6.1 简单管道中的恒定有压流

1. 流量的计算

一般有压管道，进口都是淹没的，而出口断面则分自由出流和淹没出流两种情况。

(1) 自由出流。管道出口水流流入大气的出流，称为自由出流，如图 10.3 - 18 所示。

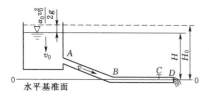

图 10.3 - 18　自由出流

管道自由出流的流量计算公式为

$$Q = \frac{1}{\sqrt{\alpha + \lambda \dfrac{l}{d} + \Sigma \zeta}} A \sqrt{2gH_0} = \mu_c A \sqrt{2gH_0}$$

$$(10.3 - 76)$$

其中

$$\mu_c = \frac{1}{\sqrt{\alpha + \lambda \dfrac{l}{d} + \Sigma \zeta}}$$

$$H_0 = H + \frac{\alpha_0 v_0^2}{2g}$$

式中　μ_c——管道系统流量系数；

α_0——动能修正系数；

A——管道断面面积；

d——管道内径；

l——管道计算段长度；

H_0——包括行近流速水头的作用水头；

H——不包括行近流速水头的作用水头；

v_0——行近流速；

λ——沿程水头损失系数；

$\Sigma \zeta$——管道计算段中各局部水头损失系数之和。

(2) 淹没出流。管道出口淹没于水面之下的出流，称为淹没出流，如图 10.3 - 19 所示。

淹没出流的管道流量计算式为

$$Q = \frac{1}{\sqrt{\lambda \dfrac{l}{d} + \Sigma \zeta}} A \sqrt{2gz_0} = \mu_c A \sqrt{2gz_0}$$

$$(10.3 - 77)$$

其中

$$\mu_c = \frac{1}{\sqrt{\lambda \dfrac{l}{d} + \Sigma \zeta}}$$

式中　μ_c——管道系统流量系数；

$\Sigma \zeta$——包括管道出口水头损失系数在内的计算段中各局部水头损失系数之和；

z_0——包括行近流速水头的上、下游水面高程差。

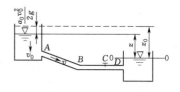

图 10.3 - 19　淹没出流

2. 测压管水头线

通过绘制测压管水头线，可获得管道系统各断面上的压强和压强沿程分布规律。测压管水头线的绘制如图 10.3 - 20 所示，其步骤如下：

(1) 选定基准线 0 - 0。

(2) 由计算获得的管道流量 Q，求出第 i 管段的流速 v_i 和流速水头 $\dfrac{v_i^2}{2g}$。

(3) 计算从起始断面到第 i 管段的沿程水头损失 Σh_{fi} 和局部水头损失 Σh_{ji}。

(4) 计算第 i 过水断面的总水头值：

$$H_i = H_0 - \Sigma h_{fi} - \Sigma h_{ji}$$

其中

$$H_0 = H + \frac{\alpha_0 v_0^2}{2g}$$

由基准线向上按一定比例尺可画出各断面的总水头，其连线称为总水头线。

(5) 由相应的总水头减去流速水头，即为测压管水头 $z_i + \dfrac{p_i}{\rho g} = H_i - \dfrac{\alpha_0 v_i^2}{2g}$，其连线即为测压管水头线。

图 10.3 - 21 为管道系统进口和淹没出口的总水头线和测压管水头线。

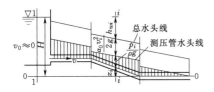

图 10.3 - 20 测压管水头线

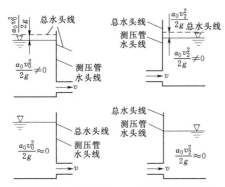

（a）管道系统进口处水头线　（b）淹没出口处水头线

图 10.3 - 21 管道系统进口和淹没出口的总水头线和测压管水头线

3. 管道直径 d 的选定

在确定了管线布置和运输流量 Q 后，确定管道断面尺寸（或管径 d）和计算作用水头 H。管径的确定需要进行技术经济的综合比较，一般经济管径可由下式计算：

$$d = \sqrt{\frac{4Q}{\pi v_e}} \quad (10.3 - 78)$$

式中　v_e——管道经济流速，见表 10.3 - 10。

表 10.3 - 10　各种类型管道的经济流速 v_e

管道类型	$v_e/(\text{m/s})$
水泵吸水管	0.8～1.25
水泵压水管	1.5～2.5
露天钢管	4～6
地下钢管	3～4.5
钢筋混凝土管	2～4
水电站引水管	5～6
自来水管（$d=100～200\text{mm}$）	0.6～1.0
自来水管（$d=200～400\text{mm}$）	1.0～1.4

由管道产品规格选用接近经济管径又满足输送流量要求的管道，然后由此管径计算管道系统的作用水头。

10.3.6.2　复杂管道中的恒定有压流

复杂管道系统有两种基本类型管道，即串联管道

和并联管道，一般都以沿程水头损失为主，按长管计算。

1. 串联管道

串联管道如图 10.3 - 22 所示。当串联管道中各管段的流量相等时，即 $Q_1 = Q_2 = Q_3 = Q$，串联管道的流量计算式为

$$Q = \frac{1}{\sqrt{\sum \dfrac{l_i}{K_i^2}}} \sqrt{H} \quad (10.3 - 79)$$

其中

$$K_i = \frac{\pi C_i d_i^{2.5}}{8}$$

式中　l_i——各串联管段的长度；

　　　H——计算作用水头；

　　　K_i——各串联管段的流量模数；

　　　d_i——第 i 段串联管段的内径；

　　　C_i——第 i 段串联管段的谢才系数；

　　　Q——串联管段的流量；

　下标 i——管段的号数。

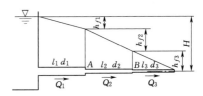

图 10.3 - 22　串联管道

2. 并联管道

并联管道是由两根或两根以上的管道并联所构成的管道。如图 10.3 - 23 所示的三根管道构成一组并联管道，其总流量计算式为

$$Q = \left(\frac{K_1}{\sqrt{l_1}} + \frac{K_2}{\sqrt{l_2}} + \frac{K_3}{\sqrt{l_3}} \right) \sqrt{h_f} \quad (10.3 - 80)$$

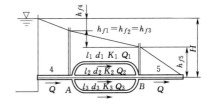

图 10.3 - 23　并联管道

两节点 A、B 间的水头损失为

$$h_f = \frac{Q_1^2}{K_1^2} l_1 = \frac{Q_2^2}{K_2^2} l_2 = \frac{Q_3^2}{K_3^2} l_3 \quad (10.3 - 81)$$

式中　Q_i、K_i、l_i——第 i 号管段的流量、流量模数、长度。

由式（10.3 - 80）和式（10.3 - 81）联立求解，可得出任意两节点间的水头损失和通过相应管段的流量。

10.3.7 有压管道中的非恒定流

在有压管道系统中，水体质点的运动要素不仅随空间位置变化，而且随时间过程变化，这就是有压管道中的非恒定流。在水土保持工程中，除少数情况下，如提水泵站的管道内水体发生急速变化时，为有压管道中的非恒定流，大部分管道水流计算可近似为有压管道中的恒定流，如遇有压管道非恒定流的计算，可参考《水工设计手册》的相关内容。

10.3.8 明槽恒定均匀流

在长直的明槽流动中，当过水断面形状尺寸、粗糙系数沿程不变，无任何阻水建筑时，槽内水流各种水力运动要素，如水深、流速、流量等都将沿程保持不变，称为明槽均匀流。这时，水力坡度、水面坡度和槽底坡度三者在数值上相等。明槽水流中的各种水力运动要素不随时间而变化的流动，称为明槽恒定流。

10.3.8.1 明槽水流的基本概念

1. 明槽的底坡

明槽的底坡如图 10.3 - 24 所示，其公式为

$$i = \sin\theta = \frac{z_{01} - z_{02}}{\Delta l} = \frac{\Delta z}{\Delta l} \qquad (10.3 - 82)$$

式中符号意义见图 10.3 - 24。

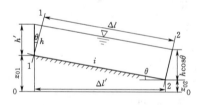

图 10.3 - 24 明槽的底坡

明槽水流的过水断面垂直于水流流动方向，因而水深 h 垂直于流向。为了量测和计算方便，也常取铅垂断面水深 h' 代替实际水深 h。由图 10.3 - 24 可知，$h' = h\cos\theta$。在底坡 $i \leqslant 0.1$（$\theta \approx 6°$）的情况下，以水平距离 $\Delta l'$ 代替 Δl。

明槽的槽底沿流程降低时（$z_{01} > z_{02}$），$i > 0$，为正坡；槽底高程沿流程不变时（$z_{01} = z_{02}$），$i = 0$，为平坡；槽底沿流程升高时（$z_{01} < z_{02}$），$i < 0$，为反坡。

2. 明槽的横断面

人工渠槽的断面形状既要考虑水力学条件，又要考虑结构合理、施工方便，一般开挖成矩形、梯形、圆形、马蹄形、拱形等。各类断面形式与几何要素见表 10.3 - 11。

10.3.8.2 明槽恒定均匀流的基本公式

1. 基本公式

流速公式：

$$v = C\sqrt{Ri} \qquad (10.3 - 83)$$

流量公式：

$$Q = Av = AC\sqrt{Ri} \qquad (10.3 - 84)$$

流量模数公式：

$$K_0 = \frac{Q}{\sqrt{i}} = AC\sqrt{R} \qquad (10.3 - 85)$$

式中　i——明槽的底坡；

　　C——谢才系数，$\mathrm{m}^{1/2}/\mathrm{s}$；

　　K_0——流量模数，m^3/s。

2. 谢才系数 C

(1) 水力光滑区：

$$C = 18\lg\left(\frac{2.87Re}{C}\right) \qquad (10.3 - 86)$$

其中

$$Re = \frac{4Rv}{\nu}$$

式中　R——水力半径；

　　Re——雷诺数，无量纲；

　　ν——运动黏滞系数。

(2) 过渡区：

$$C = 18\lg\left(\frac{C}{2.87Re} + \frac{k_s}{12.2R}\right) \qquad (10.3 - 87)$$

式中　k_s——绝对粗糙度，mm。

(3) 水力粗糙区。

1) 曼宁公式：

$$C = \frac{1}{n}R^{1/6} \qquad (10.3 - 88)$$

式中　n——壁面粗糙系数，综合反映壁面对水流阻滞作用的糙率，各种壁面的粗糙系数 n 见表 10.3 - 12。

2) 巴甫洛夫斯基公式：

$$C = \frac{1}{n}R^y \qquad (10.3 - 89)$$

其中　$y = 2.5\sqrt{n} - 0.13 - 0.75\sqrt{R}(\sqrt{n} - 0.10)$

$$(10.3 - 90)$$

其简化公式为

$$\left.\begin{array}{l} y = 1.5\sqrt{n} \quad (R < 1.0\mathrm{m}) \\ y = 1.3\sqrt{n} \quad (R > 1.0\mathrm{m}) \end{array}\right\} \qquad (10.3 - 91)$$

谢才系数 C 和沿程阻力系数 λ 随雷诺数 Re 和 $\frac{R}{k_s}$ 变化的曲线如图 10.3 - 25 所示。C、n 和 λ 三者之间的关系如下：

$$C = \frac{1}{n}R^{\frac{1}{6}} = \sqrt{\frac{8g}{\lambda}} \qquad (10.3 - 92)$$

图 10.3 - 25 中给出过渡区与粗糙区的分界为

$$\frac{Re/C}{R/k_s} = 90.55 \qquad (10.3 - 93)$$

当 $\frac{\sqrt{gRi}}{\nu}k_s < 5$ 时，明槽水流处于水力光滑区。

欲呈水力光滑区，粗糙度应小于式（10.3 - 94）所

表10.3-11　明槽断面的几何要素

断面形状	过水面积 A	湿周 χ	水力半径 $R=\dfrac{A}{\chi}$	水面宽 B	断面平均水深 $\bar h=\dfrac{A}{B}$	断面因素 $Z=A\sqrt{\dfrac{A}{B}}$
	bh	$b+2h$	$\dfrac{bh}{b+2h}$	b	h	$bh^{\frac{3}{2}}$
	$(b+mh)h$	$b+2h\sqrt{1+m^2}$	$\dfrac{(b+mh)h}{b+2h\sqrt{1+m^2}}$	$b+2mh$	$\dfrac{(b+mh)h}{b+2mh}$	$\dfrac{[(b+mh)h]^{\frac{3}{2}}}{\sqrt{b+2mh}}$
	$\dfrac{1}{8}(\theta-\sin\theta)d^2$	$\dfrac{1}{2}\theta d$	$\dfrac{1}{4}\left(1-\dfrac{\sin\theta}{\theta}\right)d$	$\left(\sin\dfrac{\theta}{2}\right)d$ 或 $2\sqrt{h(d-h)}$	$\dfrac{1}{8}\left(\dfrac{\theta-\sin\theta}{\sin\dfrac{\theta}{2}}\right)d$	$\dfrac{\sqrt{2}}{32}\dfrac{(\theta-\sin\theta)^{\frac{3}{2}}}{\left(\sin\dfrac{\theta}{2}\right)^{\frac{1}{2}}}d^{\frac{5}{2}}$
	$\dfrac{2}{3}Bh$	$B+\dfrac{8}{3}\dfrac{h^2}{B}$ ①	$\dfrac{2B^2h}{3B^2+8h^2}$ ①	$\dfrac{3}{2}\dfrac{A}{h}$	$\dfrac{2}{3}h$	$\dfrac{2\sqrt{6}}{9}Bh^{\frac{3}{2}}$
	$\left(\dfrac{\pi}{2}-2\right)r^2+(b+2r)h$	$(\pi-2)r+b+2h$	$\dfrac{\left(\dfrac{\pi}{2}-2\right)r^2+(b+2r)h}{(\pi-2)r+b+2h}$	$b+2r$	$\dfrac{\left(\dfrac{\pi}{2}-2\right)r^2}{b+2r}+h$	$\dfrac{\left[\left(\dfrac{\pi}{2}-2\right)r^2+(b+2r)h\right]^{\frac{3}{2}}}{\sqrt{b+2r}}$
	$\dfrac{B^2}{4m}-\dfrac{r^2}{m}(1-m\,\mathrm{arccot}\,m)$	$\dfrac{B}{m}\sqrt{1+m^2}-\dfrac{2r}{m}$ $\times(1-m\,\mathrm{arccot}\,m)$	$\dfrac{A}{\chi}$	$2m(h-r)+2r$ $\times\sqrt{1+m^2}$	$\dfrac{A}{B}$	$A\sqrt{\dfrac{A}{B}}$

① 当 $0<\chi\leqslant1$ 时（这里 $\chi=4\dfrac{h}{B}$），本式近似程度令人满意。当 $\chi>1$ 时，须采用精确公式 $\chi=\dfrac{B}{2}\left[\sqrt{1+x^2}+\dfrac{1}{x}\ln(x+\sqrt{1+x^2})\right]$。

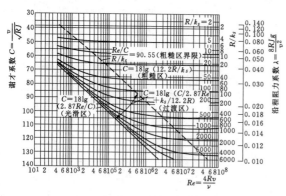

图 10.3 - 25 明槽谢才系数 C 和沿程阻力系数 λ 随雷诺数 Re 和 $\frac{R}{k_s}$ 变化的关系曲线

计算出的临界粗糙度。

$$k_{sc} = \frac{5C}{\sqrt{g}} \frac{\nu}{v} \tag{10.3 - 94}$$

一般明槽中的水流，大多属于紊流水力粗糙区的水流，但有时也属于紊流过渡区的水流，设计中应加以注意。

10.3.8.3 明槽粗糙系数

1. 明槽粗糙系数 n 值

粗糙系数 n 是衡量渠道壁面粗糙情况的综合系数。表 10.3 - 12 列出明槽不同衬砌材料的粗糙系数 n 值，结合养护条件综合选择。

表 10.3 - 12 明槽不同衬砌材料的粗糙系数 n 值

明槽类型及其说明	最小值	正常值	最大值
（一）水流半满的闭合水道（采用表 10.3 - 6 的数值）			
（二）衬砌的或建造的明槽			
Ⅰ. 金属			
1. 光滑的钢质表面			
（1）未涂油漆	0.011	0.012	0.014
（2）涂了油漆	0.012	0.013	0.017
2. 波形表面金属	0.021	0.025	0.030
Ⅱ. 非金属			
1. 水泥			
（1）净浆抹面	0.010	0.011	0.013
（2）水泥砂浆抹面	0.011	0.013	0.015
2. 木材			
（1）刨光，但未处理	0.010	0.012	0.014
（2）刨光，防腐油处理	0.011	0.012	0.015

明槽类型及其说明	最小值	正常值	最大值
（3）未经刨光	0.011	0.013	0.015
（4）有夹条的木板	0.012	0.015	0.018
（5）用屋面油纸护面	0.010	0.014	0.017
3. 混凝土			
（1）压平抹光面	0.011	0.013	0.015
（2）浮抹面	0.013	0.015	0.016
（3）抹面，但底面上有砾石	0.015	0.017	0.020
（4）表面未加工	0.014	0.017	0.020
（5）喷浆，良好的断面	0.016	0.019	0.023
（6）喷浆，带波状的断面	0.018	0.022	0.025
（7）浇筑于开挖良好的岩面上	0.017	0.020	—
（8）浇筑于开挖得不规则的岩面上	0.022	0.027	—
4. 混凝土槽底，浮抹过的，其两侧的边坡			
（1）浆砌琢石	0.015	0.017	0.020
（2）浆砌乱石	0.017	0.020	0.024
（3）水泥砌块石，抹面	0.016	0.020	0.024
（4）水泥砌块石	0.020	0.025	0.030
（5）干砌块石或乱石护坡	0.020	—	0.035
5. 砾石槽底，两侧边坡情况为			
（1）支模浇筑的混凝土	0.017	0.020	0.025
（2）浆砌乱石	0.020	0.023	0.026
（3）干砌块石或乱石护坡	0.023	0.033	0.036
6. 砖			
（1）上釉的	0.011	0.013	0.015
（2）水泥浆砌筑	0.012	0.015	0.018
7. 圬工			
（1）水泥浆砌块石	0.017	0.025	0.030
（2）干砌块石	0.023	0.032	0.035
8. 琢条石	0.013	0.015	0.017
9. 植物护面	0.030	—	0.500
（三）开挖的或疏浚的明槽			
1. 水流顺直一致的土槽			
（1）整洁，新完工	0.016	0.018	0.020
（2）整洁，泄过水	0.018	0.022	0.025
（3）有砾石，断面一致，整洁	0.022	0.025	0.030

明槽类型及其说明	最小值	正常值	最大值
（4）有小草，杂草不多	0.022	0.027	0.033
2. 水流弯曲，断面不一致的土槽			
（1）无植被披覆	0.023	0.025	0.030
（2）有长草、一些杂草	0.025	0.030	0.033
（3）有茂密的杂草或深槽中有水生植物	0.030	0.035	0.040
（4）土底，块石护坡	0.028	0.030	0.035
（5）石底，两岸杂草丛生	0.025	0.035	0.040
（6）卵石底面，边坡整洁	0.030	0.040	0.050
3. 拉铲挖土机开挖出来的土槽			
（1）无植物披覆	0.025	0.035	0.040
（2）两岸有少量的灌木	0.035	0.050	0.060
4. 岩石明槽			
（1）光滑且均匀一致	0.025	0.035	0.040
（2）凹凸不平的、不规则的	0.035	0.040	0.050
5. 未加养护的明槽，杂草与灌木未经刈除			
（1）支模浇筑的混凝土	0.017	0.020	0.025
（2）杂草密茂，同水流深度一般高	0.050	0.080	0.120
（3）槽底整洁，两侧边坡上有灌木	0.040	0.050	0.080
（4）槽底整洁，两侧边坡上有灌木，但为最高水位	0.045	0.070	0.110
（5）灌木丛生茂密，高水位	0.080	0.100	0.140
（四）天然河道			
1. 平原河流			

明槽类型及其说明	最小值	正常值	最大值
（1）整洁，顺直，满槽水位，无裂隙或深潭	0.025	0.030	0.033
（2）整洁，顺直，满槽水位，无裂隙或深潭，但有较多的石块与杂草	0.030	0.035	0.040
（3）整洁，河槽蜿蜒，有一些深潭和浅滩，灌木未经刈除	0.033	0.040	0.045
（4）整洁，河槽蜿蜒，有一些深潭和浅滩，但有一些杂草和石块	0.035	0.045	0.050
（5）整洁，河槽蜿蜒，有一些深潭和浅滩，但水位较低，不过水的无效边坡和断面较大	0.040	0.048	0.055
（6）整洁，河槽蜿蜒，有一些深潭和浅滩，但石块更多	0.045	0.050	0.060
（7）水流迟缓的河段，多杂草，有深潭	0.050	0.070	0.080
（8）杂草很多的河段，有深潭或树木及水下灌木严重阻水的洪水流路	0.075	0.100	0.150
2. 山区河流（槽中无植物，两岸通常是陡坡的，两岸上的树木和灌木在高水位时受淹）			
（1）河底：砾石、乱石和少量漂石	0.030	0.040	0.050
（2）河底：夹杂大漂石和卵石	0.040	0.050	0.070

　　天然河槽的粗糙系数 n 难以估准。我国不少省份都依据本省水文站实测资料，编制了本省河道的粗糙系数表。例如，原东北勘测设计院总结整理 100 多个水文站的实测资料后，编制了单式断面（或主槽）粗糙系数表（表 10.3-13）；又依据国内外已有的滩地粗糙系数表和各单位总结的粗糙系数资料，编制了滩地粗糙系数表（表 10.3-14）。

表 10.3-13　天然河道单式断面（或主槽）的较高水位部分之粗糙系数 n 值

类型		河 段 特 征			粗糙系数 n
		河床组成及床面特性	平面形态及水流形态	岸壁特性	
Ⅰ		河床为砂质组成，床面较为平整	河段顺直，断面规整，水流通畅	两岸侧壁为土质或砂质，形状较整齐	0.020～0.024
Ⅱ		河床为岩板、砂砾石及卵石组成，床面较为平整	河段顺直，断面规整，水流通畅	两岸侧壁为土质、砂质或石质，形状较整齐	0.022～0.026
Ⅲ	1	砂质河床，河底不太平整	上游顺直，下游接缓弯，水流不够通畅，有局部回流	两岸侧壁为黄土，长有杂草	0.025～0.029
	2	河底为砂砾和卵石组成，底坡较均匀，床面尚平整	河段顺直段较长，断面较规整，水流较通畅，基本上无死水、斜流或回流	两岸侧壁为土质、砂质或岩石，略有杂草、小树，形状较整齐	0.025～0.029

续表

类型		河 段 特 征			粗糙系数 n
		河床组成及床面特性	平面形态及水流形态	岸壁特性	
Ⅳ	1	细砂，河底中有稀疏水草或水生植物	河段不够顺直，上、下游附近弯曲，有挑水坝，水流不通畅	土质岸壁，一岸坍塌严重，为锯齿状，长有稀疏杂草及灌木；一岸坍塌，长有稠密的杂草或芦苇	0.030～0.034
	2	河床为砾石或卵石组成，底坡尚均匀，床面不平整	顺直段距上弯道不远，断面尚规整，水流尚通畅，斜流或回流不甚明显	一岸侧壁为石质，陡坡，形状尚整齐；另一侧岸壁为砂土，略有杂草、小树，形状尚整齐	0.030～0.034
Ⅴ		河底由卵石、块石组成，间有大漂石，底坡尚均匀，床面不平整	顺直段夹于两弯道之间，距离不远，断面尚规整，水流显出斜流、回流或死水现象	两侧岸壁均为石质，陡坡，长有杂草、树木，形状尚整齐	0.035～0.040
Ⅵ		河床为卵石、块石、乱石，或大块石、大乱石及大孤石组成，床面不平整，底坡有凹凸状	河段不顺直，上、下游有急弯，或下游有急滩、深坑等。河段处于 S 形顺直段，不整齐，有阻塞或岩溶较发育，水流不通畅，有斜流、回流、漩涡、死水现象。河段上游为弯道或为两河汇口，落差大，水流急，河中有严重阻塞，或两侧有深入河中的岩石，伴有深潭或回流等。上游为弯道，河段不顺直，水行于深槽峡谷间，多阻塞，水流湍急，水声较大	两岸侧壁为岩石及砂土，长有杂草、树木，形状尚整齐。两侧岸壁为石质砂夹乱石、风化页岩，崎岖不平整，上面生长杂草、树木	0.040～0.100

注　1. 天然河道粗糙系数表内列有三个方面的影响因素，河道粗糙系数是这三方面因素的综合反映。如实际情况与表列组合有变化时，n 值应适当变化。

2. 本表只适用于稳定河道。对于含沙量大的、冲淤变化严重的砂质河床，不宜采用本表。

3. 表中第Ⅵ类所列粗糙系数 n 值实际上已把局部损失包括在内，故 n 值很大。其所依据的资料数很少，使用时应加以注意。

表 10.3－14　　　　　　　滩 地 粗 糙 系 数 n 值

类型	滩 地 特 征			粗糙系数 n	
	平面和纵断面、横断面的形态	床质	植被	变化幅度	平均值
Ⅰ	平面顺直，纵断面平顺，横断面整齐	土、砂质、淤泥	基本上已无植被或为已收割的麦地	0.026～0.038	0.030
Ⅱ	平面、纵断面、横断面尚顺直整齐	土、砂质	稀疏杂草、杂树或矮小农作物	0.030～0.050	0.040
Ⅲ	平面、纵断面、横断面尚顺直整齐	砂砾、卵石堆或土砂质	稀疏杂草、小杂树或种有高秆作物	0.040～0.060	0.050
Ⅳ	上、下游有缓弯，纵断面、横断面尚平坦，但有束水作用，水流不通畅	土砂质	种有农作物或有稀疏树林	0.050～0.070	0.060
Ⅴ	平面不通畅，纵断面、横断面起伏不平	土砂质	有杂草、杂树或为水稻田	0.060～0.090	0.075
Ⅵ	平面尚顺直，纵断面、横断面起伏不平，有洼地、土埂等	土砂质	长满中密的杂草及农作物	0.080～0.120	0.100

续表

类型	滩地特征			粗糙系数 n	
	平面和纵断面、横断面的形态	床质	植被	变化幅度	平均值
Ⅶ	平面不通畅，纵断面、横断面起伏不平，有洼地、土埂等	土砂质	75%的地带长满茂密的杂草、灌木	0.011～0.160	0.130
Ⅷ	平面不通畅，纵断面、横断面起伏不平，有洼地、土埂阻塞物	土砂质	全断面有稠密的植被、芦柴或其他植物	0.016～0.200	0.180

注　植物对水流的影响，跟水深和植物高度的比值有密切关系，本表没有反映这一关系，使用时应加注意。

2. 组合粗糙系数

有时明槽底部与边壁的材料或土质不同，因而断面周界上各部分的粗糙系数 n 值不同，如图 10.3-31 所示。

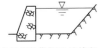

(a) 边壁为浆砌石、边坡和　　(b) 边壁为土、底部为
底部为岩石　　　　　　　浆砌卵石

图 10.3-26　由不同材料和土质构成的明槽

在这种情况下，谢才公式和谢才系数中的粗糙系数可用综合粗糙系数来代替。

10.3.8.4　允许不冲流速与允许不淤流速

1. 允许不冲流速

当明槽流速大于槽床土壤所能承受的最大不冲流速 $v_{不冲}$ 时，明槽将遭受水流的冲刷而破坏；反之，当明槽流速太小时，会使明槽淤积和滋生水草，增大明槽的粗糙系数，减小明槽的过水能力。不同土壤和砌护条件下明槽的最大允许不冲流速见表 10.3-15～表 10.3-19。

表 10.3-15　均质黏性土壤明槽（水力半径 R＝1.0m）最大允许不冲流速

土壤种类	干容重/(N/m³)	$v_{不冲}$/(m/s)
轻壤土	12740～16660	0.60～0.80
中壤土	12740～16660	0.65～0.85

续表

土壤种类	干容重/(N/m³)	$v_{不冲}$/(m/s)
重壤土	12740～16660	0.70～1.00
黏土	12740～16660	0.75～0.95

表 10.3-16　均质砂石明槽（水力半径 R＝1.0m）最大允许不冲流速

土壤种类	粒径/mm	$v_{不冲}$/(m/s)
极细砂	0.05～0.10	0.35～0.45
细砂和中砂	0.25～0.50	0.45～0.60
粗砂	0.50～2.00	0.60～0.75
细砾石	2.00～5.00	0.75～0.90
中砾石	5.00～10.00	0.90～1.10
粗砾石	10.00～20.00	1.10～1.30
小卵石	20.00～40.00	1.30～1.80
中卵石	40.00～60.00	1.80～2.20

表 10.3-17　岩石的允许不冲流速　　　　　　　　　　单位：m/s

岩石名称		水流平均深度（岩石表面粗糙）				水流平均深度（岩石表面光滑）			
		0.4m	1.0m	2.0m	≥3.0m	0.4m	1.0m	2.0m	≥3.0m
沉积岩	砾岩、泥灰岩、泥板岩和页岩	2.1	2.5	3.0	3.5	—	—	—	—
	多孔性石灰岩、紧密砾岩、片状石灰岩、石灰质砂岩、白云石灰岩	3.0	3.5	4.0	4.5	4.2	5.0	5.7	6.2
	白云砂岩、紧密的非成层石灰岩、硅质石灰岩	4.0	5.0	6.0	6.5	5.8	7.0	8.0	8.7
结晶岩	大理石、花岗岩、正长岩、辉长岩	16	20	23	25	25	25	25	25
	斑岩、响岩、安山岩、辉绿岩、玄武岩、石英岩	21	25	25	25	25	25	25	25

表 10.3 - 18　　　　　　　　　　明槽铺砌与加固物的允许不冲流速　　　　　　　　　单位：m/s

加固类型		水流平均深度			
		0.4m	1.0m	2.0m	≥3.0m
抛石（依石块粒径而异）		按无黏性土壤允许不冲流速查取			
编篱抛石（依石块粒径而异）		按无黏性土壤允许不冲流速查取，但加大 10%			
单层圆石铺面	圆石直径为 15cm	2.0	2.5	3.0	3.5
	圆石直径为 20cm	2.5	3.0	3.5	4.0
	圆石直径为 25cm	3.0	3.5	4.0	4.5
碎石层（层厚不小于 10cm）上的单层乱石铺面	石块尺寸为 15cm	2.5	3.0	3.5	4.0
	石块尺寸为 20cm	3.0	3.5	4.0	4.5
	石块尺寸为 25cm	3.5	4.0	4.5	5.0
碎石层（层厚不小于 10cm）上的单层乱石铺面，但石块正面经过选择并粗略地嵌入碎石层	石块尺寸为 20cm	3.5	4.5	5.0	5.5
	石块尺寸为 25cm	4.0	4.5	5.5	5.5
	石块尺寸为 30cm	4.0	5.0	6.0	6.0
M20 水泥砂浆层上的单层乱石铺砌	石块尺寸为 15cm	3.1	3.7	4.4	5.0
	石块尺寸为 20cm	3.7	4.4	5.0	5.5
	石块尺寸为 30cm	4.4	5.0	5.6	6.2
碎石层（厚度不小于 10cm）上的双层乱石铺面，下层石块为 15cm，上层石块为 20cm		3.5	4.5	5.0	5.5
梢捆褥垫（临时护面）	梢捆厚度 $\delta \approx 20 \sim 25cm$	—	2.0	2.5	—
	梢捆厚度 $\delta \neq 20 \sim 25cm$	—	$2.0 \times 0.2\sqrt{\delta}$	$2.5 \times 0.2\sqrt{\delta}$	—
柴排	柴排厚度 $\delta \approx 50cm$	2.5	3.0	3.5	—
	柴排厚度 $\delta \neq 50cm$	$2.5 \times 0.15\sqrt{\delta}$	$3.0 \times 0.15\sqrt{\delta}$	$3.5 \times 0.15\sqrt{\delta}$	—
石笼（尺寸不小于 0.5m×0.5m×1m）		达 4.2	达 5.0	达 5.7	达 6.2
草皮护面	槽底上的	0.9	1.2	1.3	1.4
	槽壁上的	1.5	1.8	2.0	2.2

表 10.3 - 19　　　　砖石砌体、混凝土、钢筋混凝土和木材的允许不冲流速　　　　　单位：m/s

砌体	材料的种类	水流平均深度（护面和加固）/m				建筑物和结构							
						水流平均深度（普通情况）/m				水流平均深度（难以进行修理的情况）/m			
		0.4	1.0	2.0	≥3.0	0.4	1.0	2.0	≥3.0	0.4	1.0	2.0	≥3.0
水泥砂浆砌体	砖砌体，水中极限抗压强度为 1.57～2.94MPa	1.6	2.0	10.3	2.5	2.9	3.5	4.0	4.4	1.4	1.7	2.0	2.2
	弱岩块石砌体和用密实的砖砌成的砌体	2.9	3.5	4.0	4.4	5.0	6.0	6.9	7.5	2.5	3.0	3.4	3.7
	耐火砖砌体，极限抗压强度为 11.77MPa	4.6	5.5	6.3	6.9	7.9	9.5	11	12	3.9	4.7	5.4	5.9
	中等岩石的块石砌体	5.8	7.0	8.1	8.7	10	12	14	15	5.0	6.0	6.9	7.5
	缸砖砌体，极限抗压强度为 24.52～29.42MPa	7.1	8.5	9.8	11	12	14	16	18	6.0	7.2	8.3	9.0

砌体	材料的种类	水流平均深度 （护面和加固）/m				建筑物和结构							
						水流平均深度 （普通情况）/m				水流平均深度 （难以进行修理的情况）/m			
		0.4	1.0	2.0	≥3.0	0.4	1.0	2.0	≥3.0	0.4	1.0	2.0	≥3.0
混凝土和钢筋混凝土（有水泥砂浆抹面或表面喷浆）仔细施工者	C20混凝土	7.5	9.0	10	11	25	25	25	25	15	18	21	23
	C15混凝土	6.6	6.8	9.2	10	25	25	25	25	13	16	19	20
木材	木材	—	—	—	—	25	25	25	25	12	15	17	18

2. 允许不淤流速

关于明槽的最小不淤流速 $v_{不淤}$ 的确定：如果明槽水流不含泥沙或泥沙量极少，一般 $v_{不淤}$ 在 $0.5\sim0.3$m/s 之间选取；如果明槽水流含有一定的泥沙，应使明槽设计流速不小于能挟带来水含沙量的流速。因此，明槽的最小不淤流速与水流中泥沙的性质有关，$v_{不淤}$ 可采用经验公式计算：

$$v_{不淤} = C'\sqrt{R} \qquad (10.3-95)$$

式中　$v_{不淤}$——最小不淤流速，m/s；

C'——根据明槽水流中泥沙性质而定的系数，见表 10.3-20；

R——水力半径，m。

表 10.3-20　　系数 C' 值

泥　沙	C'
粗颗粒泥沙	$0.65\sim0.77$
中颗粒泥沙	$0.58\sim0.64$
细颗粒泥沙	$0.41\sim0.45$
很细颗粒泥沙	$0.37\sim0.41$

10.3.8.5　水力最优断面

水力最优断面分为两类：①当明槽的底坡 i 和粗糙系数 n 及过水断面面积 A 给定时，要求过水能力达到最大，即通过的流量 $Q=Q_{max}$；②当底坡 i 和粗糙系数 n 及流量 Q 给定时，要求过水断面面积 $A=A_{min}$。满足上述任一条件的明槽断面则称为水力最优断面。五种水力最优断面的水力要素见表 10.3-21。

梯形断面，当边坡系数 m 为某一值时，使明槽断面成为水力最优断面，其底宽 b 与水深 h 之间的关系为

$$\beta_g = \frac{b}{h} = 2\left(\sqrt{1+m^2} - m\right) \qquad (10.3-96)$$

式中　β_g——最优宽深比；

b——梯形底度，m；

m——边坡系数。

表 10.3-21　　五种水力最优断面的水力要素

横断面	面积 A	湿周 χ	水力半径 R	水面宽度 B	平均水深 D
梯形，呈正六边形之半	$\sqrt{3}h^2$	$2\sqrt{3}h$	$\frac{1}{2}h$	$\frac{4}{3}\sqrt{3}h$	$\frac{3}{4}h$
矩形，呈正方形之半	$2h^2$	$4h$	$\frac{1}{2}h$	$2h$	h
半圆形	$\frac{\pi}{2}h^2$	πh	$\frac{1}{2}h$	$2h$	$\frac{\pi}{4}h$
抛物线形 $(B=2\sqrt{2}h)$	$\frac{4}{3}\sqrt{2}h^2$	$\frac{8}{3}\sqrt{2}h$	$\frac{1}{2}h$	$2\sqrt{2}h$	$\frac{2}{3}h$
静水垂曲线形	$1.39586h^2$	$2.9836h$	$0.46784h$	$1.917532h$	$0.72795h$

各种边坡系数的梯形水力最优断面的 β_g 值见表 10.3-22。

表 10.3-22　　梯形水力最优断面的 β_g 值

m	β_g	m	β_g	m	β_g
0.00	2.000	0.50	1.236	1.50	0.606
0.10	1.810	0.75	1.000	2.00	0.472
0.20	1.640	1.00	0.828	2.50	0.365
0.25	1.562	1.25	0.702	3.00	0.325

10.3.8.6　梯形断面明槽均匀流计算

梯形明槽均匀流各类计算方法，同样适用于矩形明槽和三角形明槽。对于矩形明槽，取边坡系数 $m=$

0；对于三角形明槽，取底宽 $b=0$。

明槽水力计算问题的基本类型如下。

（1）已知 b、h_0、m、n（或 k_s）、i，求 Q 和 v。

（2）已知 b、h_0、m、n（或 k_s）、Q，求 i。

（3）已知 Q、i、m、n（或 k_s），求 h_0 和 b。其中又分为两种情况：①给定 b（或 h_0），求 h_0（或 b）；②给定 β'_g，求 h_0 和 b。

（4）已知 Q、v、i、m、n（或 k_s），求 h_0 和 b。

1. 第一类问题解法

已知 b、h_0、m、n（或 k_s）、i，求 Q 和 v。

（1）第一种解法（认为水流处于水力粗糙区）。

1）按表 10.3-11 所列公式，计算 A、R。

2）若采用曼宁公式，按式（10.3-83）及式（10.3-84）计算 v 和 Q。

3）若采用巴甫洛夫斯基公式计算出 C 值，仍按式（10.3-83）和式（10.3-84）计算 v 和 Q。

（2）第二种解法（事先无法肯定水流处于水力粗糙区）。

1）暂假设水流处于水力粗糙区。

2）按第一种解法，求出 Q 和 v。

3）计算比值 $\dfrac{R}{k_s}$ 和雷诺数 $Re=\dfrac{4R\nu}{\upsilon}$。

4）由图 10.3-25，按 $\dfrac{R}{k_s}$ 和 Re 值，判别水流是否处于水力粗糙区；若是粗糙区，则第 2）步计算出的 Q 和 v 即为所求；若不是粗糙区，则应选用相应的阻力区公式计算 C 值，重新计算 v 和 Q。

2. 第二类问题解法

已知 b、h_0、m、n（或 k_s）、Q，求 i。

（1）第一种解法（认为水流处于水力粗糙区）。

1）按表 10.3-11 所列公式，计算 A、R，再求得 v。

2）若采用曼宁公式，则

$$i=\left(\frac{n\upsilon}{R^{\frac{2}{3}}}\right)^2=\frac{n^2\upsilon^2}{R^{\frac{4}{3}}} \qquad (10.3-97)$$

3）若采用巴甫洛夫斯基公式计算出 C 值，则

$$i=\frac{\upsilon^2}{C^2R} \qquad (10.3-98)$$

（2）第二种解法（事先无法确定水流处于水力粗糙区）。

1）按表 10.3-11 所列公式，计算 A、R，再求得 v。

2）计算比值 $\dfrac{R}{k_s}$ 和雷诺数 $Re=\dfrac{4R\nu}{\upsilon}$。

3）由图 10.3-25，按 $\dfrac{R}{k_s}$ 和 Re 值，查取相应的 C 值。

4）计算出：

$$i=\frac{\upsilon^2}{C^2R}$$

3. 第三类问题解法

（1）第一种解法（认为水流处于水力粗糙区）。

1）第一种情况：已知 Q、i、m、n、b（或 h_0），求 h_0（或 b）。

a. 试算法。任设一个 h_0（或 b）值，按"第一类问题的第一种解法"计算出 $Q_{试}$，若此 $Q_{试}$ 等于题给的 Q，则所设的 h_0（或 b）即为所求；否则，另设 h_0（或 b）值，重新计算，直至所设的 h_0（或 b）值能满足 $Q_{试}$ 等于题给的 Q 这一条件为止。整个试算过程可由计算机来完成。

b. 查图法。计算公式：

$$K_0=\frac{Q}{\sqrt{i}} \qquad (10.3-99)$$

由 K_0 计算 $\dfrac{h_0^{2.67}}{nK_0}$ 值。

由图 10.3-27 或图 10.3-28，按给定的 m 值和计算出的 $\dfrac{h_0^{2.67}}{nK_0}$ 值（或 $\dfrac{b^{2.67}}{nK_0}$ 值）查取比值 $\dfrac{h_0}{b}=\beta'_g$，计算 $h_0=b\beta'_g$（或 $b=\dfrac{h_0}{\beta'_g}$）。

2）第二种情况：已知 Q、i、m、n、β'_g，求 h_0 和 b。

a. 试算法。任设一个 b 值，计算 $h_0=b\beta'_g$。按"第一类问题的第一种解法"计算出一个 $Q_{试}$，若此 $Q_{试}$ 等于题给的 Q，则所设的 b 即为所求；否则，另设 b 值，重新计算，直至所设的 b 值能满足 $Q_{试}$ 等于题给的 Q 这一条件为止。上述试算过程可由计算机来完成。

b. 查图法。由图 10.3-28，按给定的 m 值和 $\beta'_g=\dfrac{h_0}{b}$ 查取 $\dfrac{b^{2.67}}{nK_0}$ 值，设此值为 A。

计算：

$$K_0=\frac{Q}{\sqrt{i}}$$

计算：

$$b=\sqrt[2.67]{nK_0A} \qquad (10.3-100)$$

计算：

$$h_0=b\beta'_g \qquad (10.3-101)$$

（2）第二种解法（事先不能肯定水流处于水力粗糙区）。

1）第一种情况：已知 Q、i、m、k_s（或 n）、h_0（或 b），求 b（或 h_0）。

a. 任设一个 b（或 h_0）值。

b. 按表 10.3-11 所列公式，计算 A 和 R 值。

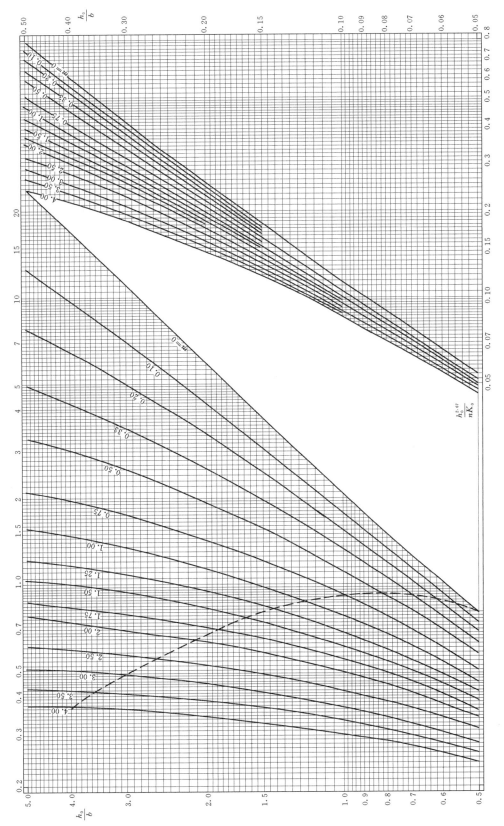

图 10.3 - 27 梯形断面明槽底宽求解曲线

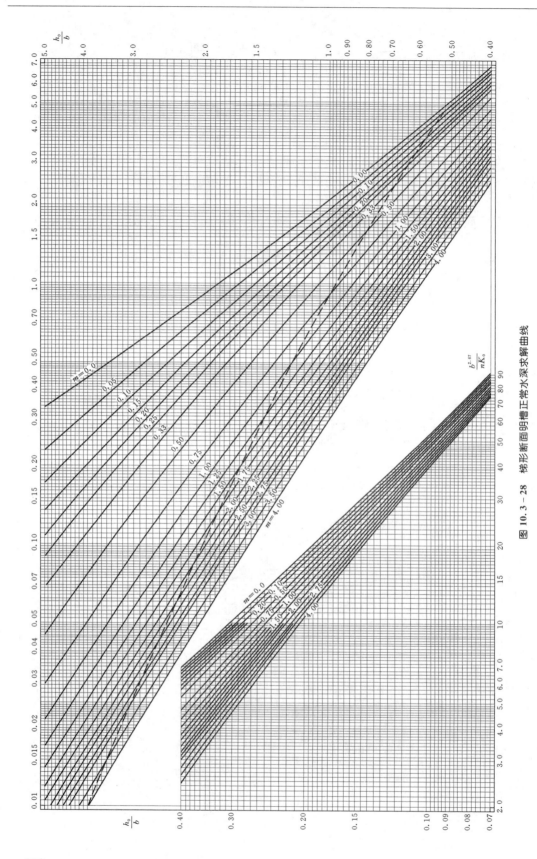

图 10.3 - 28 梯形断面明槽正常水深求解曲线

c. 计算 $v=\dfrac{Q}{A}$、$Re=\dfrac{4Rv}{\nu}$ 和比值 $\dfrac{R}{k_s}$。

d. 由图 10.3-25，按 $\dfrac{R}{k_s}$ 和 Re 值，查取 C 值，并计算出：

$$Q_{试}=AC\sqrt{Ri} \qquad (10.3-102)$$

e. 若 $Q_{试}$ 等于题给的 Q，则所设的 b（或 h_0）即为所求；否则，另设 b（或 h_0）值，重新计算，直至计算出的 $Q_{试}$ 等于题给的 Q 为止。

f. 在试算三次以上仍未成功，即可将各次试算结果，绘成 $Q=f(b)$ 或 $Q=f(h_0)$ 曲线；由此曲线按题给的 Q，查出所求的 b（或 h_0）。

2）第二种情况：已知 Q、i、m、k_s（或 n）、β'_g，求 h_0 和 b。

a. 任设一个 b 值，算出：

$$h_0=b\beta'_g \qquad (10.3-103)$$

b. 按表 10.3-11 所列公式，计算 A 和 R 值。

c. 计算 v、Re 和比值 $\dfrac{R}{k_s}$。

d. 由图 10.3-25，按 $\dfrac{R}{k_s}$ 和 Re 值，查取 C 值，并算出 $Q_{试}$。

e. 若 $Q_{试}$ 等于题给的 Q，则所设的 b 即为所求；否则，另设 b 值，重新计算，直至计算出的 $Q_{试}$ 等于题给的 Q 为止。

f. 在求得 b 之后，计算：

$$h_0=b\beta'_g \qquad (10.3-104)$$

4. 第四类问题解法

已知 Q、v、i、m、k_s（或 n），求 h_0 和 b。

（1）第一种解法（认为水流处于水力粗糙区）。

1）计算 $A=\dfrac{Q}{v}$。

2）若采用曼宁公式，则 $R=\left(\dfrac{nv}{\sqrt{i}}\right)^{\frac{3}{2}}$；若采用巴甫洛夫斯基公式计算 C 值，则 $R=\dfrac{v^2}{C^2i}$。

3）计算水力最优断面的 R_g：

$$R_g=\dfrac{1}{2}\sqrt{\dfrac{A}{2\sqrt{1+m^2}-m}} \qquad (10.3-105)$$

4）若第 2）步计算所得的 $R>R_g$，则无解；若第 2）步计算所得的 $R<R_g$，则有解，继续按以下步骤计算。

5）由下列二次方程解 h_0：

$$h_0^2-\dfrac{A}{R(2\sqrt{1+m^2}-m)}h_0+\dfrac{A}{2\sqrt{1+m^2}-m}=0$$

$$(10.3-106)$$

按技术经济考虑，从所得两个 h_0 中选取一个合用的 h_0 值即可（一般取较小的 h_0 值）。

6）按下式计算 b 值：

$$b=\dfrac{A}{h_0}-mh_0 \qquad (10.3-107)$$

（2）第二种解法（事先无法肯定水流处于水力粗糙区）。解法步骤同第一种解法，只是将第 2）步的算法变化如下：先设一个 R 值，计算比值 $\dfrac{R}{k_s}$ 和 $Re=\dfrac{4Rv}{\nu}$；由图 10.3-25 查取 C 值，按式 $R=\dfrac{v^2}{C^2i}$ 计算出 R 值，若此 R 值等于所设 R 值，则取所设 R 值作为第 2）步计算成果；否则，另设 R 值，重新计算，直至所设的 R 值与计算出的 R 值相等为止。

10.3.8.7 闭合断面均匀流计算

1. 无压圆管均匀流

当圆管未充满水时，仍属于明槽水流。圆形断面的 $\dfrac{Q}{Q_m}=f_1\left(\dfrac{h}{d}\right)$ 曲线及 $\dfrac{v}{v_m}=f_2\left(\dfrac{h}{d}\right)$ 曲线如图 10.3-29 所示。

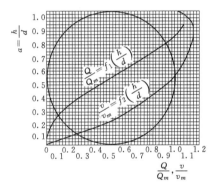

图 10.3-29 圆形断面的 $\dfrac{Q}{Q_m}=f_1\left(\dfrac{h}{d}\right)$ 曲线

及 $\dfrac{v}{v_m}=f_2\left(\dfrac{h}{d}\right)$ 曲线

Q、v—充水深度为 h 时的流量、流速；

Q_m、v_m—充满水时断面的流量、流速；

$\dfrac{h}{d}$—充满度

在充满水时（$h=d$）的面积 A_m、湿周 χ_m、水力半径 R_m 的计算公式分别为

$$\left.\begin{array}{r}A_m=0.785d^2\\\chi_m=3.142d\\R_m=0.25d\end{array}\right\} \qquad (10.3-108)$$

2. 无压隧洞专用断面

水土保持工程中无压引水隧洞专用断面如图 10.3-30 所示，其流量模数的比值 $\dfrac{K_s}{K_y}$ 见表 10.3-23。其中，K_s 为隧洞在某一充满度时的流量模数；K_y 为

圆管在同一断面面积充满度时的流量模数，由式（10.3-109）计算。

$$K_y = \frac{MQ_{m,y}}{\sqrt{i}} \qquad (10.3-109)$$

式中　i——隧道及圆管底坡；

M——由图 10.3-29 按充满度 $\frac{h}{d}$ 查得的 $\frac{Q}{Q_m}$ 值。

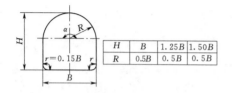

图 10.3-30　无压引水隧洞专用断面

H	B	1.25B	1.50B
R	0.5B	0.5B	0.5B

圆管充满水时的流量公式为

$$Q_{m,y} = \left(\frac{\pi}{4}d^2\right) C \sqrt{\frac{d}{4}i} \qquad (10.3-110)$$

推求隧洞在某一充满度下的流量，其计算步骤如下：

按式（10.3-110）计算 $Q_{m,y}$；

按图 10.3-29 查出 $\frac{Q}{Q_m} = M$ 的值；

按式（10.3-109）计算 K_y，按表 10.3-23 查出 $\frac{K_s}{K_y} = \kappa$ 值，计算出 $K_s = \kappa K_y$；

最后，计算 $Q_s = K_s\sqrt{i}$。

表 10.3-23　　隧洞断面的 $\dfrac{K_s}{K_y}$

充满度 $\dfrac{h}{H}$	隧洞断面		
	$H=B$	$H=1.25B$	$H=1.5B$
100%	0.98	0.97	0.96
80%	0.97	0.945	0.925

对于粗糙系数 $n=1.0$ 时的流量模数 K'_m 和断面面积 A_m，按以下两式计算：

$$K'_m = 2.2164 \left(\frac{H}{2}\right)^{2.7}$$

$$A_m = 3.544 \left(\frac{H}{2}\right)^2$$

上述隧洞断面在各种充满度 $\frac{h}{H}$ 时的 $\frac{K'}{K'_m}$ 和 $\frac{A}{A_m}$ 见表 10.3-24。

欲求所给粗糙系数 n 时的真正流量模数 K，须将表中查得的 K' 值，乘以 $\frac{1}{n}$。

表中的 K' 值，是按公式 $K' = AR^{\frac{1}{5}}\sqrt{R}$ 计算得出的，即取巴甫洛夫斯基公式 $C = \frac{1}{n}R^y$ 中的 $y = \frac{1}{5}$。

表 10.3-24　图 10.3-30 所示隧洞断面的 $\dfrac{K'}{K'_m}$ 和 $\dfrac{A}{A_m}$（粗糙系数 $n=1.0$）

$\dfrac{h}{H}$	$\dfrac{K'}{K'_m}$	$\dfrac{A}{A_m}$
0.10	0.490	0.105
0.20	0.150	0.218
0.30	0.278	0.330
0.40	0.415	0.443
0.50	0.565	0.557
0.60	0.720	0.670
0.70	0.866	0.775
0.80	0.990	0.870
0.90	1.066	0.955
0.95	1.075	0.985
1.00	1.000	1.000

10.3.9　明槽恒定非均匀渐变流

人工明槽或天然河槽中的水流绝大多数是非均匀流。在明槽非均匀流中，若流线接近于相互平行的直线，即流线间夹角极小，流线的曲率半径很大，这种水流称为明槽非均匀渐变流。

10.3.9.1　明槽水流的流态与判别

当给明槽水流施以局部干扰后，这种干扰对水流产生的影响，能同时影响到上下游的水流，这种水流流态为缓流。若只能影响到下游水流，对上游水流无影响，这种水流流态为急流。

明槽水流流态的判别有以下两种方法。

1. 流速判别法

当干扰对水流无影响时，该流速称为明槽水流的临界流速 v_c：

$$v_c = \sqrt{g\bar{h}}$$

$$\bar{h} = \frac{A}{B} \qquad (10.3-111)$$

式中　g——重力加速度；

$\bar{h}$——平均水深；

A——明槽过水断面面积；

B——明槽水面宽度。

用明槽水流的临界流速 v_c 与实际的断面平均流速 v 相比较，可以判别明槽水流的流态：当 $v < v_c$ 时为缓流；当 $v > v_c$ 时为急流；当 $v = v_c$ 时为临界流。

2. 弗劳德数 Fr 判别法

弗劳德数 Fr 表征流动中惯性力与重力的比值：

$$Fr = \frac{v}{\sqrt{g\bar{h}}} \qquad (10.3-112)$$

Fr 可以用于判别明槽水流的流态：当 $Fr<1$ 时为缓流；当 $Fr>1$ 时为急流；当 $Fr=1$ 时为临界流。

10.3.9.2　断面比能与临界水深

1. 断面比能

明槽中的水流流动状态还可以从能量的角度进行分析判断。明槽中，以某一断面的最低点为基准，写出其单位重量水体的总能量，称为比能或断面单位能量，以符号 E_s 表示，即

$$E_s = h\cos\theta + \frac{\alpha v^2}{2g} \qquad (10.3-113)$$

当明槽底坡较小，$\theta \leqslant 6°$，$\cos\theta \approx 1$，式（10.3-113）亦可写为

$$E_s = h + \frac{\alpha v^2}{2g} \qquad (10.3-114)$$

式中　α——动能修正系数，常取 $\alpha=1.0$ 或 $\alpha=1.1$；

v——断面平均流速；

h——正交于槽底方向的水深；

θ——明槽底坡与水平方向的夹角。

当明槽的断面形状、尺寸和流量均已给定时，可按式（10.3-114）绘出 E_s 与 h 的关系曲线——断面比能曲线，见图 10.3-31。相应于 $E_s=E_{smin}$ 的水深 h_c 为临界水深；当 $h=h_c$、$v=v_c$（临界流速）时，水流为临界流；当 $h>h_c$、$v<v_c$ 时，水流为缓流；当 $h<h_c$、$v>v_c$ 时，水流为急流。

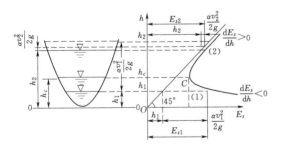

图 10.3-31　断面比能曲线

2. 临界水深

（1）基本公式。对于大底坡明槽，有

$$\frac{A^3}{B} = \frac{\alpha Q^2}{g\cos\theta} \qquad (10.3-115)$$

对于小底坡明槽，可取 $\cos\theta=1$。

（2）临界水深的求法。已知明槽的流量及断面形状、尺寸，可按下述方法之一，求出临界水深 h_c。

1）查图法。在小底坡明槽，且 $\alpha=1.0$ 的情况下，可以查图求 h。

a. 梯形、矩形、圆形断面的 h_c，可查图 10.3-32。

b. 图 10.3-33 所示的 Ⅰ 型、Ⅱ 型、Ⅲ 型断面的

h_c，可查图 10.3-34。

c. 椭圆形断面的 h_c，可查图 10.3-35。

图 10.3-32～图 10.3-35 中，长度均以 m 计，流量均以 m³/s 计。

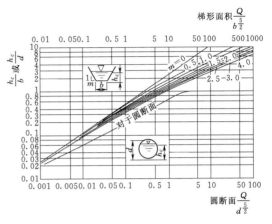

图 10.3-32　梯形、矩形、圆形断面的临界水深 h_c

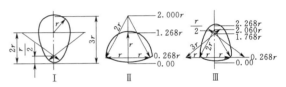

图 10.3-33　三种断面类型

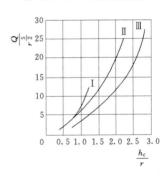

图 10.3-34　三种断面类型的临界水深 h_c

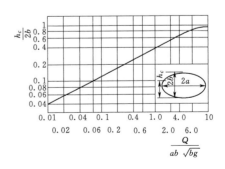

图 10.3-35　椭圆形明槽的临界水深 h_c

2）公式法。下述公式均就大底坡明槽而言。对

于小底坡明槽，可取 $\cos\theta=1$。

a. 矩形断面。临界水深计算式为

$$h_c=\sqrt[3]{\frac{\alpha Q^2}{b^2 g\cos\theta}}=\sqrt[3]{\frac{\alpha q^2}{g\cos\theta}} \quad (10.3-116)$$

式中　Q——流量，m^3/s；

b——底宽，m；

q——单宽流量，m^2/s；

Q——明槽底坡与水平方向的夹角。

b. 三角形断面。临界水深计算式为

$$h_c=\sqrt[5]{\frac{2\alpha Q^2}{gm^2\cos\theta}} \quad (10.3-117)$$

式中　m——边坡系数。

c. 抛物线形断面（设抛物线方程为 $x^2=2py$）。临界水深计算式为

$$h_c=\sqrt[4]{\frac{27}{64}\times\frac{\alpha Q^2}{gp\cos\theta}} \quad (10.3-118)$$

d. 圆形断面。临界水深可按以下经验公式计算：

$$h_c=0.573 Q^{0.52} d^{-0.3} \quad (0.05<\frac{h_c}{d}<0.85)$$
$$(10.3-119)$$

式中　d——圆管直径，m。

e. 梯形断面及其他任意断面。临界水深可采用试算法以及由计算机进行计算求解，步骤如下：

a) 设水深 h 值。

b) 计算相应的 A 和 B 值（有关公式见表10.3-11）。

c) 计算 $\frac{A^3}{B}$ 值。

d) 按给定的 Q 和 θ，选定 α 值，计算相应的 $\frac{\alpha Q^2}{g\cos\theta}$ 值。

若 c)、d) 两步所得之值相等，则所设的 h 值恰好为所求的临界水深 h_c；否则，另设 h 值，重新计算，直到 c)、d) 两步所得之值相等为止。以上过程可编制程序，由计算机进行试算（可参阅《微机计算水力学》，杨景芳编著，大连理工大学出版社出版，1991）。

10.3.9.3 临界底坡、缓坡与陡坡

临界底坡 i_c，是指在明槽过水断面形状、尺寸及粗糙系数均给定的情况下，能使某一流量 Q 的正常水深 h_0 恰好等于临界水深 h_c 时的底坡。流量不同时，i_c 不同。h_0 与 i 的关系如图 10.3-36 所示，当 $h_c=h_0$ 时，相应的底坡为临界底坡 i_c。

临界底坡 i_c 是为便于分析非均匀流而引入的一个概念。在一定的流量下，如果槽中形成均匀流，当实际槽底底坡 $i>i_c$ 时，槽中水深 $h_0<h_c$，将发生急流状态的均匀流，此时的明槽底坡为陡坡；当实际槽底底坡 $i<i_c$ 时，槽中水深 $h_0>h_c$，将发生缓流状态

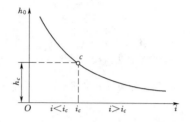

图 10.3-36　正常水深 h_0 与底坡 i 关系图

的均匀流，此时的明槽底坡为缓坡。

临界底坡的计算公式需联立求解下列均匀流公式（10.3-120）和临界流公式（10.3-121）：

$$Q=A_c C_c\sqrt{R_c i_c} \quad (10.3-120)$$

$$\frac{A_c^3}{B_c}=\frac{\alpha Q^2}{g} \quad (10.3-121)$$

由此可得

$$i_c=\frac{g\chi_c}{\alpha C_c^2 B_c} \quad (10.3-122)$$

式中　χ_c——与临界水深 h_c 相应的湿周。

对于宽浅河槽，$\chi_c=B_c$，则式（10.3-122）可简化为

$$i_c=\frac{g}{\alpha C_c^2} \quad (10.3-123)$$

10.3.9.4　明槽恒定非均匀渐变流的微分方程

1. 棱柱形明槽水深沿程变化的微分方程

$$\frac{\mathrm{d}h}{\mathrm{d}s}=\frac{i-J_f}{1-Fr^2} \quad (10.3-124)$$

式中　h——水深；

s——水流沿程距离；

J_f——沿程水头损失坡降，又称为摩阻坡度；

Fr——弗劳德数。

2. 非棱柱形明槽水深沿程变化的微分方程

$$\frac{\mathrm{d}h}{\mathrm{d}s}=\frac{i-J_f+\frac{\alpha Q^2}{gA^3}\frac{\partial A}{\partial s}}{1-\frac{\alpha Q^2}{gA^3}B-h\sin\theta\frac{\mathrm{d}\theta}{\mathrm{d}h}} \quad (10.3-125)$$

式中　Q——明槽的流量；

A——过水断面面积，对非棱柱形明槽，它是水深 h 和沿程距离 s 的函数；

B——水面宽度；

θ——明槽底坡与水平方向的夹角。

用式（10.3-125）可数值计算非棱柱形明槽水面曲线。

10.3.9.5　棱柱形明槽中恒定非均匀渐变流水面曲线分析

1. 水面曲线形状分析

水面曲线的定性分析，目的在于进行定量计算之

前，预先判断水面曲线的一般形状及其特性，以便预先知道可能出现何种类型的水面曲线。棱柱形明槽中可能出现的水面曲线见表 10.3 - 25，并附有工程实例，可供查阅。

由表 10.3 - 25 可见：对于平坡（$i=0$）及反坡（$i<0$）的情况，只需根据非均匀流水深 $h>h_c$ 或 $h<h_c$，便可断定水面曲线发生在 2 区或 3 区及水面曲线的型号。对于正坡（$i>0$）的情况，首先，需判别是 $i>i_c$（陡坡），还是 $i<i_c$（缓坡），或是 $i=i_c$（临界坡）。然后，在根据非均匀流水深 h、正常水深 h_0、临界水深 h_c 三者之关系，确定非均匀流发生在 1 区、2 区、3 区中哪一区，从而判断水面曲线的类型（见表 10.3 - 25）。

表 10.3 - 25 所列分析成果，是假定棱柱形明槽充分长，以致在条件合适时，正常水深 h_0 能出现于明槽中。因为临界水深及槽底附近的纵剖面并不能用渐变流理论予以准确地确定，因此在各图中均用虚线表示。

表 10.3 - 25　棱柱形明槽水面曲线类型及工程实例

情况	水面曲线类型	工程实例
$i<i_c$		
$i>i_c$		
$i=i_c$		
$i=0$		
$i<0$		

2. 底坡变化情况下水面曲线分析

由于明槽渐变流水面曲线比较复杂，在进行定量计算之前，有必要先对它的形状和特点作一些定性分析。

棱柱形明槽恒定渐变流微分方程表明，水深 h 沿流程 s 的变化与明槽底坡 i 及实际水流的流态（反映在弗劳德数 Fr 中）有关。因此，对于水面曲线的形

式应根据不同的底坡情况、不同流态进行具体分析。图 10.3 - 37 给出了槽底底坡骤变一次的各种水面曲线。

10.3.9.6　明渠恒定非均匀渐变流水面曲线计算

本书 10.3.9.5 部分主要分析了棱柱形明槽中恒定非均匀渐变流的各种典型水面曲线，10.3.9.4 部分给出了水面曲线的基本微分方程。理论上可直接求解这些微分方程，就可得出水深、水位沿程变化的解析表达式。但直接求解这些微分方程仍存在很多困难。目前采用比较多的数值解的方法是逐段试算法，亦称为分段法（或称为有限差分法）。该方法是将整个流动分段考虑，在每一个有限长的流段内认为断面单位能量或水位高程呈线性变化，并将微分方程改写成差分方程。对于流段上的沿程水头损失，认为非均匀流与均匀流规律相同，分段采用均匀流沿程水头损失计算公式 $J_f=\dfrac{Q^2}{K^2}=\dfrac{v^2}{C^2 R}$ 进行计算，式中 J_f 或 K 采用流段上、下游断面的平均值。如以下标 u 代表上游断面，下标 d 代表下游断面，则

$$J_f=\frac{\overline{v}^2}{\overline{C}^2\,\overline{R}} \qquad (10.3-126)$$

其中

$$\overline{v}=\frac{1}{2}(v_u+v_d)$$

$$\overline{R}=\frac{1}{2}(R_u+R_d)$$

$$\overline{C}=\frac{1}{2}(C_u+C_d)$$

人工渠槽（包括棱柱形槽或非棱柱形槽）中的非均匀渐变流，忽略局部水头损失后，其基本方程为

$$\frac{\mathrm{d}E_s}{\mathrm{d}s}=i-J_f \qquad (10.3-127)$$

式中　E_s——断面单位能量；

s——水流沿程距离。

将微分方程改写为如下差分形式：

$$\frac{\Delta E_s}{\Delta s}=i-J_f \qquad (10.3-128)$$

$$\Delta s=\frac{\Delta E_s}{i-J_f}=\frac{\left(h_d+\dfrac{v_d^2}{2g}\right)-\left(h_u+\dfrac{v_u^2}{2g}\right)}{i-J_f}$$

$$\qquad (10.3-129)$$

计算时，首先需要选择控制断面（水深已知、位置确定的断面）。渠槽中水流是急流时，在上游找控制断面，由上游向下游推算；渠槽中水流是缓流时，在下游找控制断面，由下游向上游推算。

计算时一般有以下两种情况。

（1）已知流段两端的水深 h_u 和 h_d，求流段长度 Δs，可直接用式（10.3 - 129）计算。

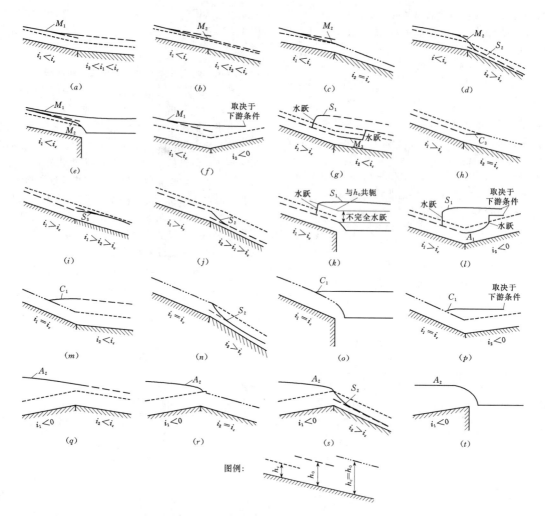

图 10.3－37　槽底底坡骤变一次的各种水面曲线

（2）已知一端断面的水深（h_u 或 h_d）以及流段长度 Δs，求另一端的水深（h_u 或 h_d），需通过试算求解。该方法主要用在非棱柱形渠槽的计算。

整个计算过程可编制程序，由计算机来完成（可参阅《微机计算水力学》，杨景芳编著，大连理工大学出版社出版，1991）。

10.3.9.7　天然河道水面线的计算

天然河道不同于人工渠槽，其特点是河床起伏不平，河道曲直相间，断面宽窄不齐，粗糙系数沿程变化。因此，天然河道水面线用水位高程的沿程变化表示。

计算过程中，对每一个流段，沿程水头损失 Δh_f 按均匀流考虑，算法同人工渠槽，$\Delta h_f = \dfrac{Q^2}{K^2}\Delta s$；局部水头损失 Δh_j 对于收缩段可以忽略不计，对于扩散段计算公式为

$$\Delta h_j = \zeta \frac{v_d^2 - v_u^2}{2g} \qquad (10.3-130)$$

式中　ζ——局部水头损失系数对于逐渐扩散的流段采用－0.33～－0.5，对于急剧扩散的流段采用－0.5～－1.0。

由于扩散段 $v_d < v_u$，为了使 Δh_j 为正值，故 ζ 取负号。

计算天然河道水面线的微分方程为

$$-\frac{\mathrm{d}z}{\mathrm{d}s} = (\alpha + \zeta)\frac{\mathrm{d}}{\mathrm{d}s}\left(\frac{v^2}{2g}\right) + J_f \qquad (10.3-131)$$

将其改写成差分方程为

$$-\frac{\Delta z}{\Delta s} = (\alpha + \zeta)\frac{\Delta\left(\dfrac{v^2}{2g}\right)}{\Delta s} + \frac{Q^2}{K^2} \qquad (10.3-132)$$

进一步改写为

$$z_u - z_d = (\alpha + \zeta)\frac{(v_d^2 - v_u^2)}{2g} + \frac{Q^2}{K^2}\Delta s$$

如河道断面变化不大，流量模数 K 的平均值用 $\frac{1}{K^2}=\frac{1}{2}\left(\frac{1}{K_u^2}+\frac{1}{K_d^2}\right)$ 计算，则方程两边可以分别写为上、下游两个断面的函数：

$$z_u+(\alpha+\zeta)\frac{v_u^2}{2g}-\frac{\Delta s}{2}\frac{Q^2}{K_u^2}=z_d+(\alpha+\zeta)\frac{v_d^2}{2g}+\frac{\Delta s}{2}\frac{Q^2}{K_d^2}$$
(10.3 - 133)

天然河道的水面线计算也是从控制断面的水位开始，假设另一端的水位值，用逐段试算法求解。基本方程式（10.3 - 133）的两端分别为该段上、下游水位的函数，若算得等号两端的值相等，说明假设的水位正确；若不等，则重新假设，直到相近为止。

10.3.10 明槽恒定非均匀急变流

明槽急变流是指在较短的槽段中水流的水面和流速分布都有急剧变化的一种流动。在明槽急变流中，由于水流的急剧变化和大量生成漩涡而产生集中的局部水头损失。流态偏离均匀流，流速分布规律远比渐变流复杂，过水断面上的压强分布不再满足静水压强分布规律。若以槽底为基准面，则断面上的平均测压管水头应为 $\beta h\cos\theta$，总水头为

$$E=\beta h\cos\theta+\frac{\alpha v^2}{2g}$$
(10.3 - 134)

式中 h——断面水深；

θ——槽底线与水平线的夹角；

E——总水头；

β——修正系数，与流动状况有关，对于向上凸的水流，离心惯性力使断面上压强小于均匀流压强，$\beta<1$，反之，对于向下凹的水流，$\beta>1$；

α——动能修正系数，常取 $\alpha=1.0$ 或 $\alpha=1.1$；

v——断面平均流速。

水跌、水跃、急弯水流、扩散段和收缩段的急流等，都是明槽急变流中的典型例子。

10.3.10.1 水跌

当明渠水流由缓流到急流的时候，水面会在短距离内急剧降落，这种水流现象称为水跌。水跌发生于明槽底坡突变或有跌坎处，其上、下游流态分别为缓流和急流，如图 10.3 - 38 和图 10.3 - 39 所示。

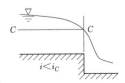

图 10.3 - 38   缓坡明渠末端跌坎上的水跌现象

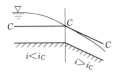

图 10.3 - 39   底坡突然改变引起的水跌现象

水跌上游的水面下降不会低于临界水深，水跌下游的水深小于临界水深，因此转折断面上的水深 h_D 应等于临界水深 h_C，在进行明槽恒定渐变流的水面曲线分析时，通常近似取 $h_D=h_C$ 作为控制水深。

对于自由水跌而言，受流线弯曲的影响，临界水深断面位于跌坎断面上游，根据试验测量其断面约在跌坎断面上游（$3\sim4$）h_C 处，跌坎断面的水深 h_D 约为 $0.7h_C$，如图 10.3 - 40 所示。

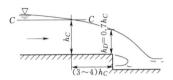

图 10.3 - 40   自由水跌临界水深位置

10.3.10.2 水跃

明槽水流从急流过渡到缓流时水面突然跃起局部水流的现象称为水跃。例如，闸、坝下泄的急流与下游的缓流相衔接时均会出现水跃现象，见图 10.3 - 41。

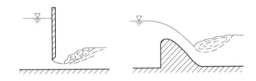

图 10.3 - 41   闸下和堰下水跃示意图

1. 水跃现象及其分类

（1）水跃现象。典型的水跃流动可以分为表面旋滚区和底部主流区，见图 10.3 - 42。表面旋滚区中充满着剧烈翻滚的漩涡，并掺入大量的气泡；在底部主流区中流速很大，主流接近槽底，受下游缓流的阻遏，在短距离内水深迅速增加，水流扩散，流态从急流转变为缓流。两个区域之间有大量的质量、动量交换，不能截然分开，界面上形成横向速度梯度很大的剪切层。

表面旋滚的前端和末端处的断面分别称为跃前断面和跃后断面，水深分别为跃前水深 h_1 和跃后水深 h_2，跃前断面和跃后断面之间的距离为水跃长度 L。

（2）水跃的分类。

1）按下游水深的影响可分为完整水跃、波状水

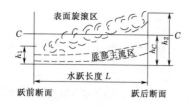

图 10.3 - 42 典型水跃

跃和淹没水跃。

a. 完整水跃。跃首、跃尾断面的急、缓流状态明确，水跃中表面旋滚区与主流区分区清楚。

b. 波状水跃。当下游水深较浅，跃前急流的弗劳德数 $Fr_1 < 1.7$ 时，水面不会发生旋滚，水面的升高是通过波状的连接，见图 10.3 - 43 (a)。

c. 淹没水跃。若下游水深很大，将建筑物出流的急流最小断面（收缩断面）淹没了，主流上面形成一个大的旋滚，一直壅到建筑物前，没有明确的跃前断面，见图 10.3 - 43 (b)。

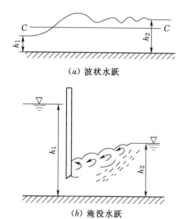

(a) 波状水跃

(b) 淹没水跃

图 10.3 - 43 水跃分类

2）按跃前断面急流的弗劳德数 Fr_1，可将具有表面旋滚的水跃分为以下四种：

当 $1.7 < Fr_1 \leqslant 2.5$ 时，为弱水跃。这种水跃表面发生许多小旋滚，其消能效果不大，消能效率一般小于 20%，但跃后水面较平稳。

当 $2.5 < Fr_1 \leqslant 4.5$ 时，为摆动水跃。其消能效率为 20%～45%，底板射流间歇地向上窜升，旋滚较不稳定，跃后水面波动较大，宜采取辅助消能措施。

当 $4.5 < Fr_1 \leqslant 9.0$ 时，为良好的稳定水跃。其消能效率较高，一般为 45%～70%，跃后水面也较稳定。

当 $Fr_1 > 9.0$ 时，为强水跃。其消能效率可高达 85%，但高速射流挟带间歇发生的水团不断滚向下游，产生较大的水面波动，常需采取辅助措施帮助稳流。

3）按明槽边界性质影响可分为以下几种形式的水跃：按水槽纵剖面的变化可分为平底槽水跃（包括纵坡较小可以忽略的情况）、大纵坡的斜坡水跃以及槽底有升坎等消能工的受迫水跃；按水槽横断面的变化可分为宽矩形槽水跃、棱柱形槽水跃、侧边扩展水跃以及突扩断面槽水跃等。

4）按水流的密度变化还有些特殊种类的水跃，如掺气水流水跃、分层流中的内部水跃等。

2. 水跃基本方程和共轭水深关系

平底棱柱形明槽的水跃基本方程为

$$\frac{\beta Q^2}{gA_1} + y_{c1}A_1 = \frac{\beta Q^2}{gA_2} + y_{c2}A_2 \tag{10.3 - 135}$$

式中　　Q——流量；

β——动量修正系数；

y_{c1}、y_{c2}——跃前、跃后过水断面的形心在水面下的深度；

A_1、A_2——跃前、跃后过水断面面积。

$J(h) = \dfrac{\beta Q}{gA} + y_c A$ 为水跃函数，在一定的流量和断面形状尺寸时，是水深 h 的函数。同一 J 值对应于跃前、跃后两个水深，分别小于和大于临界水深 h_c，因此，h_1 和 h_2 被形象地称为共轭水深。

由式（10.3 - 135）可以得出平底矩形断面明槽水跃共轭水深关系：

$$h_2 = \frac{1}{2}h_1(\sqrt{1 + 8Fr_1^2} - 1) \tag{10.3 - 136}$$

$$h_1 = \frac{1}{2}h_2(\sqrt{1 + 8Fr_2^2} - 1) \tag{10.3 - 137}$$

其中　　　　$Fr_1 = \sqrt{\dfrac{\alpha q^2}{gh_1^3}}$，$Fr_2 = \sqrt{\dfrac{\alpha q^2}{gh_2^3}}$

式中　q——单宽流量。

根据试验验证，上述水跃共轭关系式（10.3 - 136）和式（10.3 - 137）在 $1.7 < Fr_1 < 9$ 范围内基本正确。对于波状水跃 $1 < Fr_1 < 1.7$，有如下经验公式：

$$\left. \begin{array}{l} h_1 = \dfrac{1}{2}h_2(1 + Fr_1^2) \\ h_2 = \dfrac{1}{2}h_1(1 + Fr_1^2) \end{array} \right\} \tag{10.3 - 138}$$

对于其他断面形状的平坡明槽，已知 h_1 或 h_2，可以求解式（10.3 - 135）计算出另一个共轭水深。

3. 水跃长度

根据明槽流的形状和试验的结果，水跃长度的经验公式多以 h_1、h_2 及来流的弗劳德数 Fr_1 为自变量。常用的几个经验公式如下。

（1）水跃长度以跃后水深表示的。美国内政部垦务局公式：

$$L = 6.1 h_2 \qquad (10.3-139)$$

式（10.3-139）的适用范围是 $4.5 < Fr_1 < 10$。

（2）水跃长度以水跃高度表示的。Elevatorski 公式：

$$L = 6.9(h_2 - h_1) \qquad (10.3-140)$$

式（10.3-140）中，长江科学院根据资料将其系数取为 $4.4 \sim 6.7$。

（3）水跃长度以弗劳德数表示的。

1）成都科学技术大学公式：

$$L = 10.8 h_1 (Fr_1 - 1)^{0.93} \qquad (10.3-141)$$

2）陈椿庭公式：

$$L = 9.4 h_1 (Fr_1 - 1) \qquad (10.3-142)$$

3）切尔托乌索夫公式：

$$L = 10.3 h_1 (Fr_1 - 1)^{0.81} \qquad (10.3-143)$$

在上述公式的适用范围内，式（10.3-139）～式（10.3-142）的计算结果比较接近。式（10.3-143）仅适用于 Fr_1 值较小的范围，如 $Fr_1 < 4.5$；在 Fr_1 值较大的情况下，其计算结果与其他公式相比偏小。

10.3.10.3 弯道水流

弯道水流的水体质点除受重力作用外，同时还受到离心惯性力的作用，在这两种力的共同作用下，在横断面内产生一种次生的水流，称为副流。弯道水流的纵向流动与副流叠加在一起构成了螺旋流。做螺旋运动的水流质点是沿着一条螺旋状的路线前进，流速分布极不规则，动能修正系数与动量修正系数远远大于 1。

弯道表层水流的方向指向凹岸，后潜入河底朝凸岸流去，而水底水流方向则指向凸岸，后上升至水面流向凹岸，由于这个原因在河流弯道上形成明显的凹岸冲刷凸岸淤积的现象，人们常常利用弯道水流这些特性，在稳定弯道的凹岸布设取水口。有些工程上还专门设置人工弯道以达到防沙排沙的目的。

1. 横向水面超高

弯道横向水面方程为

$$dz = \alpha \frac{\bar{u}^2}{gr} dr \qquad (10.3-144)$$

式中 α——流速分布系数；

　　$\bar{u}$——铅垂线上平均流速；

　　r——弯道半径；

　　z——表面坐标。

对式（10.3-144）积分可得到横向水面超高：

$$\Delta h = \int_{r_1}^{r_2} \frac{\alpha \bar{u}^2}{gr} dr \qquad (10.3-145)$$

式中 r_1——凸岸的曲率半径；

　　r_2——凹岸的曲率半径。

流速分布系数有下列计算公式：

$$\alpha = 1 + 5.75 \frac{g}{C^2} \qquad (10.3-146)$$

$$\alpha = 1 + \frac{g}{\kappa^2 C^2} \qquad (10.3-147)$$

式中 κ——卡门常数；

　　C——谢才系数。

给定纵向流速沿河宽的分布和曲率半径，即可求得超高。针对实际的河道，列举两种近似的计算方法。

（1）在一般情况下，弯道水流轴线的曲率半径多为河宽的 $2 \sim 4$ 倍，纵向流速沿河宽的分布变化对超高的影响并不明显，因此，可以用断面平均流速 v 代替纵向流速，则有

$$\Delta h = \alpha \frac{v^2}{g} \ln \frac{r_2}{r_1} \qquad (10.3-148)$$

（2）以断面平均流速 v 代替纵向流速，以弯道水流轴线的曲率半径 r_0 代替式（10.3-145）中的 r，则有

$$\Delta h = \alpha \frac{v^2}{g} \frac{B}{r_0} \qquad (10.3-149)$$

式中 B——河道水面宽度。

2. 弯道设计的考虑

弯道外墙须比直线式明槽的外墙高出相应的横向超高量，而内墙仍可保持与直线式明槽一样的高度。弯道半径须大于 3 倍槽宽，以削弱螺旋流的冲淤影响。

10.3.11 堰流

在水土保持工程中，为了宣泄洪水，常修建溢流坝和溢洪道等泄水建筑物，以控制水库或渠道中的水位和流量。进行水力设计的主要目的是确定建筑物规模和过水能力。表征堰流的各项特征量如图 10.3-44 所示。

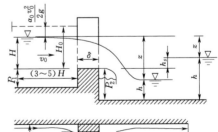

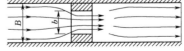

图 10.3-44　堰流

H—堰顶水头；H_0—堰上总水头；b—堰宽；

B—渠宽；P_1—上游堰高；P_2—下游

堰高；δ—堰顶厚度；z—上、下游水位差；

v_0—堰前行近流速；h—下游水深；

h_s—下游水位超过堰顶的高度

511

堰流是因为溢流坝等建筑物壅高上游水位，在重力作用下形成的水流运动，能量是将势能转化为动能，属于明渠急变流，能量损失主要是局部水头损失。根据下游水深是否影响堰的过流能力，堰流可分为自由出流和淹没出流。

10.3.11.1 堰流的类型及计算公式

1. 堰流的类型

过堰水流形态随堰坎厚度与堰顶水头之比 $\frac{\delta}{H}$ 而变，可按 $\frac{\delta}{H}$ 的大小将堰划分为薄壁堰、实用堰和宽顶堰三种基本类型。

（1）薄壁堰，$\frac{\delta}{H}<0.67$。水流越过堰顶时，过堰的水舌形状不受堰顶厚度 δ 的影响，水舌下缘与堰顶呈线接触。水面呈降落曲线，这种堰称为薄壁堰，如图 10.3-45 (a)、(b) 所示。薄壁堰流具有稳定的水位流量关系，常被用作量水工具。

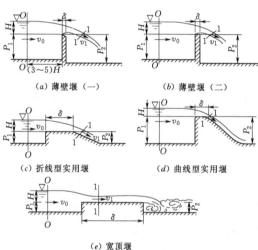

(a) 薄壁堰（一）　　　　(b) 薄壁堰（二）

(c) 折线型实用堰　　　　(d) 曲线型实用堰

(e) 宽顶堰

图 10.3-45　堰的基本类型

（2）实用堰，$0.67\leqslant\frac{\delta}{H}<2.5$。堰顶厚度 δ 对水舌有一定的顶托和约束作用，但堰顶水流主要还是在重力作用下自由下落。过堰水流受到堰顶的约束和顶托，水舌与堰顶呈面接触，但水面仍为单一的降落曲线，这种堰称为实用堰。实用堰分为折线型实用堰和曲线型实用堰两种，如图 10.3-45 (c)、(d) 所示。

（3）宽顶堰，$2.5\leqslant\frac{\delta}{H}<10$。堰顶厚度 δ 对水流的顶托作用十分明显，使得水流在进口处形成水面跌落。此后，在堰顶顶托作用下，形成一个水面与堰顶几乎平行的渐变流段，出堰水流出现第二次跌落，如图 10.3-45 (e) 所示。宽顶堰流的水头损失还主要

是局部水头损失，沿程水头损失可略去不计。

如果堰厚增至 $\frac{\delta}{H}>10$，则沿程水头损失已不能忽略，水流特性已不再属于堰流，需要按明渠水流计算。

2. 堰流计算基本公式

堰流计算基本公式为

$$Q=m\varepsilon\sigma_s b\ \sqrt{2g}H_0^{\frac{3}{2}} \qquad (10.3-150)$$

$$H_0=H+\frac{\alpha_0 v_0^2}{2g}$$

式中　H_0——堰上总水头；

$\quad\quad H$——堰顶水头；

$\quad\quad \frac{\alpha_0 v_0^2}{2g}$——行近流速水头，当堰较高时可忽略流速水头，有 $H_0\approx H$，m；

$\quad\quad b$——堰宽，m；

$\quad\quad m$——流量系数，与堰型、进口形式、堰高及堰顶水头 H 有关；

$\quad\quad \varepsilon$——侧收缩系数，与堰型、边壁的形式、淹没程度、堰顶水头、孔宽及孔数有关；

$\quad\quad \sigma_s$——淹没系数，与堰顶水头及下游水深有关。

10.3.11.2 薄壁堰流的水力计算

按要求所测流量的大小不同，薄壁堰的缺口形状不同，根据堰口形状，薄壁堰可分为三角形薄壁堰、矩形薄壁堰和梯形薄壁堰等。

1. 三角形薄壁堰流

当量测的流量较小（小于 $0.1\text{m}^3/\text{s}$），为提高量测精度，可采用三角形薄壁堰，如图 10.3-46 所示。

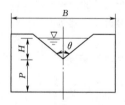

图 10.3-46　三角形薄壁堰流

三角形薄壁堰流量公式为

$$Q=\frac{4}{5}m_0\ \sqrt{2g}\tan\frac{\theta}{2}H^{\frac{5}{2}} \qquad (10.3-151)$$

式中　H——堰顶水头，m；

$\quad\quad m_0$——计及行近流速的流量系数；

$\quad\quad \theta$——薄壁堰等腰三角形顶角，常取直角。

堰口夹角一般为 $90°$，也有 $60°$ 或 $45°$ 的。对于直角三角形薄壁堰的流量公式可简化为

$$Q = C_0 H^{\frac{5}{2}} \qquad (10.3-152)$$

$$C_0 = 1.354 + \frac{0.004}{H} + \left(0.14 + \frac{0.2}{\sqrt{P}}\right)\left(\frac{H}{B} - 0.09\right)^2 \qquad (10.3-153)$$

式中　P——三角堰顶角的高度，m；

$\quad\quad B$——泄槽宽度，m。

式（10.3-153）的适用范围：$0.07\text{m} \leqslant H \leqslant 0.26\text{m}$，$0.1\text{m} \leqslant P \leqslant 0.75\text{m}$，$0.5\text{m} \leqslant B \leqslant 1.2\text{m}$，$B > 3H$。

汤姆逊（P. W. Thomson）给出直角三角形薄壁堰流量系数 $m_0 = 0.395$，则流量公式为

$$Q = 1.4 H^{\frac{5}{2}} \qquad (10.3-154)$$

式（10.3-154）的适用条件：$P \geqslant 2H$，$H = 0.05 \sim 0.25\text{m}$，$B \geqslant (3 \sim 4)H$，当满足 $Q < 0.1\text{m}^3/\text{s}$ 时有足够的精度。

金（H. W. King）提出另一个较为精确的经验公式，即在 $P \geqslant 2H$，$B > 5H$，$0.06\text{m} \leqslant H \leqslant 0.55\text{m}$ 条件下的流量公式为

$$Q = 1.343 H^{2.47} \qquad (10.3-155)$$

2. 矩形薄壁堰流

无侧收缩矩形薄壁堰自由出流时（$\varepsilon = 1$，$\sigma_s = 1$）的流量公式为

$$Q = m_0 b \sqrt{2g} H^{\frac{3}{2}} \qquad (10.3-156)$$

式中　b——堰宽，m；

$\quad\quad m_0$——计及行进流速的流量系数。

计及行近流速水头影响的流量系数 m_0 可按巴赞（Bazin）公式计算：

$$m_0 = \left(0.405 + \frac{0.0027}{H}\right)\left[1 + 0.55\left(\frac{H}{H+P_1}\right)^2\right] \qquad (10.3-157)$$

式中　H——堰顶水头，m；

$\quad\quad P_1$——上游堰高，m。

式（10.3-157）的适用条件为 $H = 0.1 \sim 0.6\text{m}$，$P_1 \leqslant 0.75\text{m}$，$b = 0.2 \sim 2.0\text{m}$，$\frac{H}{P_1} \leqslant 2$。后来纳格勒（F. A. Nagler）的试验证实，式（10.3-157）的适用范围可扩大为 $0.025\text{m} \leqslant H \leqslant 1.24\text{m}$，$P_1 \leqslant 1.13\text{m}$，$b \leqslant 2\text{m}$。

对于引渠宽度 $B > b$ 有侧向收缩影响的情况，黑格利（Hegly）提出来修正的巴赞公式为

$$m_0 = \left(0.405 + \frac{0.0027}{H} - 0.03\frac{B-b}{B}\right) \times \left[1 + 0.55\left(\frac{b}{B}\right)^2\left(\frac{H}{H+P_1}\right)^2\right] \qquad (10.3-158)$$

式中　B——引渠宽度，m；

其余符号意义同前。

另一广泛使用的雷伯克（T. Rehbock）公式为

$$m_0 = 0.403 + 0.053\frac{H}{P_1} + \frac{0.0007}{H} \qquad (10.3-159)$$

式（10.3-159）适用范围为 $H = 0.025 \sim 0.6\text{m}$，$P_1 = 0.1 \sim 1.0\text{m}$，$\frac{H}{P_1} \leqslant 2$。

设 z_c 为发生临界水跃的堰上、下游水位差。如图 10.3-47 所示，当堰上、下游水位差 $z < z_c$ 时，发生淹没水跃，因此薄壁堰的淹没标准为

$$z \leqslant z_c \qquad (10.3-160)$$

$$\frac{z}{P_2} = \left(\frac{z}{P_2}\right)_c \qquad (10.3-161)$$

$\left(\frac{z}{P_2}\right)_c$ 与 $\frac{H}{P_2}$ 和计及行近流速的流量系数 m_0 有关，可由表 10.3-26 查取。

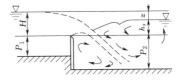

图 10.3.47　矩形薄壁堰流

表 10.3-26　薄壁堰相对落差临界值 $\left(\dfrac{z}{P_2}\right)_c$

m_0	$\dfrac{H}{P_2}$							
	0.10	0.20	0.30	0.40	0.50	0.75	1.00	1.50
0.42	0.89	0.84	0.80	0.78	0.76	0.73	0.73	0.76
0.46	0.88	0.82	0.78	0.76	0.74	0.71	0.70	0.73
0.48	0.86	0.80	0.76	0.74	0.71	0.68	0.67	0.70

淹没系数 σ_s 可用巴赞公式计算：

$$\sigma_s = 1.05\left(1 + 0.2\frac{h_s}{P_2}\right)\sqrt[3]{\frac{z}{H}} \qquad (10.3-162)$$

其中　　　　　　　$h_s = h - P_2$

式中　h_s——下游水位高出堰顶的高度，m。

试验证明，当矩形薄壁堰流为无侧收缩、自由出流时，水流稳定，测量的流量精度也较高。当下游水位影响过堰流量形成淹没出流时，下游水位波动影响过堰流量，因此，用于测量流量的薄壁堰不宜在淹没情况下工作。此外，矩形薄壁堰其宽度一般都与上游水槽相同，水流通过堰口时，不会产生侧向收缩。

堰顶应做成锐角薄壁或直角薄壁，以便水流过堰后不再与堰壁接触，使溢流水舌具有稳定的外形。同时，应在紧靠堰板下游侧设通气孔，保证水舌内缘具有稳定的流速分布与压强分布，从而保证堰流具有稳定的水头流量关系。

3. 梯形薄壁堰流

当渠道的流量大于三角堰所能测量的范围时，可

采用梯形堰。通过试验，当 $\tan\theta=\frac{1}{4}$ 及 $b>3H$ 时，流量计算公式为

$$Q=1.86bH^{\frac{3}{2}} \qquad (10.3-163)$$

式中　b——梯形堰底宽；

　　　H——堰顶水头。

10.3.11.3　实用堰流的水力计算

1. 实用堰流计算公式

在实际工程中，实用堰由闸墩和边墩分隔成数个等宽堰孔，实用堰的计算公式：

$$Q=c\varepsilon\sigma_s mnb\sqrt{2g}H_0^{\frac{3}{2}} \qquad (10.3-164)$$

$$H_0=H+\frac{\alpha_0 v_0^2}{2g}$$

式中　H_0——堰上总水头，对于上游面铅直的高堰，行近流速水头可忽略不计，m；

　　　m——流量系数；

　　　n——孔数；

　　　b——单孔净宽，m；

　　　ε——侧收缩系数，$\varepsilon\leqslant1$；

　　　σ_s——淹没系数，$\sigma_s\leqslant1$；

　　　c——上游堰面坡度影响修正系数，上游堰面为铅直时，$c=1.0$，堰面倾斜时，c 值可由表 10.3-27 查得。

表 10.3-27　WES 型上游堰面坡度影响修正系数 c

上游堰面坡度	P_1/H_d					
$\Delta y/\Delta x$	0.3	0.4	0.6	0.8	1.0	1.2
3:1	1.009	1.007	1.004	1.002	1.000	0.998
3:2	1.015	1.011	1.005	1.002	0.999	0.996
3:3	1.021	1.014	1.007	1.002	0.998	0.993

注　表中 P_1 代表堰高，H_d 代表剖面设计水头。

2. 实用堰流体型设计

（1）实用堰的剖面形状。根据其剖面形状，实用堰可分为曲线形和折线形两种。曲线形实用堰常用于中高水头溢流坝，具有较高的过流能力；折线形实用堰常用于小型溢流坝。

曲线形实用堰剖面如图 10.3-48 所示，由四部分组成：上流段 AB、曲线段 BC、下游直线段 CD 和与河底连接的反弧段 DE。曲线段 BC 对过流特性影响较大，是曲线实用堰剖面设计的最主要部分。

曲线形实用堰又分为非真空堰和真空堰两大类，都是针对剖面定型设计水头而言的。如果实际水头大于剖面定型设计水头，过堰流速加大，自由溢流

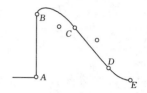

图 10.3-48　曲线形实用堰的剖面组成

水舌将脱离堰面，无真空剖面堰则实际成为真空剖面堰。

曲线形实用堰应满足下列要求：①堰的溢流面有较好的压强分布，不产生过大的负压；②流量系数较大，利于泄洪；③堰的剖面较瘦，经济稳定。

1）WES 型。WES 型剖面是美国陆军工程兵团水道实验站（Waterways Experiment Station）提出的标准剖面，见图 10.3-49。该剖面使用曲线方程表示，便于施工控制；堰面压强较理想，负压不大；剖面较瘦，节省工程量，该剖面为设计规范要求优先采用的一种剖面型式。

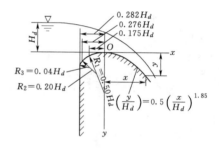

图 10.3-49　WES 型剖面

剖面堰顶下游采用幂曲线，曲线方程为

$$y=\frac{x^n}{kH_d^{n-1}} \qquad (10.3-165)$$

式中　H_d——堰面曲线定型设计水头；

　　　x、y——原点下游堰面曲线横、纵坐标；

　　　n——与上游堰坡有关的指数，n 值见表 10.3-28；

　　　k——系数，当 $\dfrac{P_1}{H_d}>1.0$ 时，k 值见表 10.3-28，当 $\dfrac{P_1}{H_d}\leqslant1.0$ 时，取 $k=2.0\sim2.2$；

表 10.3-28　WES 型剖面系数取值表

上游堰面坡度 $\dfrac{\Delta y}{\Delta x}$	k	n	R_1	R_2	b_1	b_2
垂直	2.000	1.850	$0.5H_d$	$0.2H_d$	$0.175H_d$	$0.282H_d$
3:1	1.936	1.836	$0.68H_d$	$0.21H_d$	$0.139H_d$	$0.237H_d$
1.5:1	1.939	1.810	$0.48H_d$	$0.22H_d$	$0.115H_d$	$0.214H_d$
1:1	1.873	1.776	$0.45H_d$	—	$0.119H_d$	

开敞式堰面堰顶上游堰头曲线可采用下列两种曲线：

a. 双圆弧曲线，如图 10.3 - 50 所示，图中 R_1、R_2、b_1、b_2 等参数取值见表 10.3 - 28。

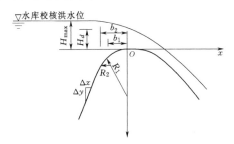

图 10.3 - 50　堰顶上游堰头为双圆弧曲线、
下游为幂曲线

b. 三圆弧曲线，上游堰面铅直，如图 10.3 - 51 所示。

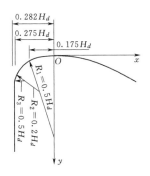

图 10.3 - 51　堰顶上游堰头为三圆弧曲线、
下游为幂曲线

WES 型堰剖面曲线形式主要取决于定型设计水头 H_d，因此在水头变化范围内合理确定 H_d 十分重要；一般情况下，对于上游堰高 $P_1 \geqslant 1.33 H_d$ 的高堰，取 $H_d = (0.75 \sim 0.95) H_{max}$，$H_{max}$ 为校核流量下的堰上水头。

2）折线型。由于地形、地质等因素的影响，常将过渡底坎作成高度较小的折线型实用堰，其剖面形式简单，整体稳定性较好，便于施工。折线型实用堰常用于中小型工程的当地材料坝，剖面形状多为梯形，如图 10.3 - 52 所示。其流量系数 m 与相对堰高 $\dfrac{P_1}{H}$、堰顶相对厚度 $\dfrac{\delta}{H}$ 以及上、下游坡度有关，可按表 10.3 - 29 选用。

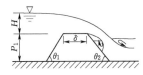

图 10.3 - 52　折线型实用堰剖面示意图

表 10.3 - 29　　折线型实用堰的流量系数

$\dfrac{P_1}{H}$	堰上游坡 $\cot\theta_1$	堰下游坡 $\cot\theta_2$	流量系数 m	
			$\dfrac{\delta}{H}=0.5\sim1.0$	$\dfrac{\delta}{H}=1.0\sim2.0$
3～5	0.5	0.5	0.40～0.38	0.36～0.35
	1.0	0	0.42	0.40
	2.0	0	0.41	0.39
2～3	0	1	0.40	0.38
	0	2	0.38	0.36
	3	0	0.40	0.38
	4	0	0.39	0.37
	5	0	0.38	0.36
1～2	10	0	0.36	0.35
	0	3	0.37	0.35
	0	5	0.35	0.34
	0	10	0.34	0.33

（2）流量系数。对于上游堰高 $P_1 \geqslant 1.33 H_d$ 的高堰，由于实用堰堰面形状及其尺寸对水舌有一定的影响，流量系数 m 主要取决于上游堰高与剖面定型设计水头之比 $\dfrac{P_1}{H_d}$（相对堰高）、堰上全水头与堰剖面定型设计水头之比 $\dfrac{H_0}{H_d}$（相对水头）和上游堰高坡度。

不同堰型，流量系数不同，重要工程流量系数需要通过模型试验确定。在初步估算中，真空堰 $m \approx 0.5$，非真空堰 $m \approx 0.45$，折线形实用堰 $m = 0.35 \sim 0.42$。

当 $H_0 = H_d$ 时，WES 型剖面堰的设计流量系数 $m_d = 0.502$；当 $H_0 < H_d$ 时，堰上压强增大，过流能力下降，$m < m_d$；当 $H_0 > H_d$ 时，堰面上将产生负压，过流能力增大，$m > m_d$。针对不同相对水头 $\dfrac{H_0}{H_d}$ 的流量系数 m 值可以由图 10.3 - 53 或表 10.3 - 30 查得。

$$m = 0.49\left[0.805 + 0.245\dfrac{H_0}{H_d} - 0.05\left(\dfrac{H_0}{H_d}\right)^2\right]$$

$$(10.3 - 166)$$

由此可计算出，当 $H_0 = H_d$ 时，$m_d = 0.49$。

（3）侧收缩系数。侧收缩系数 ε 与闸墩及边墩的平面形状、堰上水头、单孔宽度等因素有关。WES 型实用堰侧收缩系数可按下式确定：

$$\varepsilon = 1 - 0.2[\zeta_k + (n-1)\zeta_0]\left(\frac{H_0}{nb}\right) \tag{10.3-167}$$

式中 n——溢流孔数;

   b——每孔净宽,m;

   ζ_0——闸墩形状系数,与淹没度 $\dfrac{h_s}{H_0}$ 有关,当闸墩头部与堰上游面齐平时,可查表 10.3-31;

   ζ_k——边墩形状系数,可查表 10.3-32。

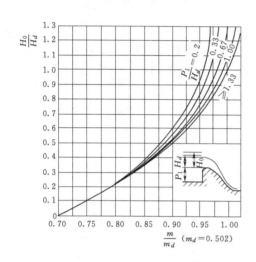

图 10.3-53 WES 型实用堰流量系数
H_0—总水头;H_d—堰剖面的设计水头

表 10.3-30 WES 型剖面堰的设计流量系数 m

$\dfrac{H_0}{H_d}$	$\dfrac{P_1}{H_d}$				
	0.2	0.4	0.6	1.0	≥1.33
0.4	0.425	0.430	0.431	0.433	0.436
0.5	0.438	0.442	0.445	0.448	0.451
0.6	0.450	0.455	0.458	0.460	0.464
0.7	0.458	0.463	0.468	0.472	0.476
0.8	0.467	0.474	0.477	0.482	0.486
0.9	0.473	0.480	0.485	0.491	0.494
1.0	0.479	0.485	0.491	0.496	0.501
1.1	0.482	0.491	0.496	0.502	0.507
1.2	0.485	0.495	0.499	0.506	0.510
1.3	0.496	0.498	0.500	0.508	0.513

注 本表适用于双圆弧、三圆弧及椭圆堰头曲线。

表 10.3-31 闸墩形状系数 ζ_0

淹没度 $\dfrac{h_s}{H_0}$	闸墩头部平面形状		
	矩形	半圆形	尖圆形
≤0.75	0.80	0.45	0.25
0.80	0.86	0.51	0.32
0.85	0.92	0.57	0.39
0.90	0.98	0.63	0.46
0.95	1.00	0.69	0.53

表 10.3-32 边墩形状系数 ζ_k

边墩形状	直角形	圆弧形	斜角形（八字形）
ζ_k	1.00	0.70	0.70

式（10.3-167）适用于 $\dfrac{H_0}{b} \leq 1$ 情况,但当 $\dfrac{H_0}{b} > 1$ 时,取 $\dfrac{H_0}{b} = 1$ 计算。

侧收缩系数 ε 也可用下式计算:

$$\varepsilon = 1 - a\frac{H_0}{b+H_0} \tag{10.3-168}$$

式中 a——考虑坝墩形状影响的系数,矩形坝墩 $a = 0.20$,半圆形坝墩或尖形坝墩 $a = 0.11$,曲线形尖墩 $a = 0.06$。

（4）淹没系数。淹没系数主要反映下游水位对堰流过流能力的影响程度。当下游水深与堰前水深满足 $\dfrac{h_s}{H_0} \geq 0.8$ 时,过堰水流即为淹没堰流,这时堰顶水流为缓流。在计算淹没堰流的过水能力时,需在自由堰流流量公式上乘一个反映淹没影响的系数 σ_s,主要随淹没度 $\dfrac{h_s}{H_0}$ 而变化,可由表 10.3-33 查得。

表 10.3-33 宽顶堰淹没系数 σ_s 值

$\dfrac{h_s}{H_0}$	0.80	0.81	0.82	0.83	0.84	0.85	0.86	0.87	0.88	0.89
σ_s	1.000	0.995	0.99	0.98	0.97	0.96	0.95	0.93	0.90	0.87
$\dfrac{h_s}{H_0}$	0.90	0.91	0.92	0.93	0.94	0.95	0.96	0.97	0.98	
σ_s	0.84	0.82	0.78	0.74	0.70	0.65	0.59	0.50	0.40	

10.3.11.4 宽顶堰流的水力计算

宽顶堰可以分为有坎宽顶堰（图 10.3-54）和无坎宽顶堰（图 10.3-55）。

图 10.3 - 54　有坎宽顶堰流

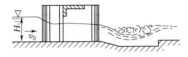

图 10.3 - 55　无坎宽顶堰流

宽顶堰水力计算的基本公式也采用式（10.3 - 150），且应根据不同形式的宽顶堰选用相应的流量系数、淹没系数和侧收缩系数。

1. 流量系数

流量系数 m 取决于堰顶进口型式、堰的相对高度 $\frac{P_1}{H}$，如图 10.3 - 54 所示。

别列津斯基根据试验结果，提出如下经验公式。

（1）堰顶入口为直角的宽顶堰：

$$m = 0.32 + 0.01\frac{3 - \frac{P_1}{H}}{0.46 + 0.75\frac{P_1}{H}} \quad \left(0 \leqslant \frac{P_1}{H} \leqslant 3\right)$$

$$(10.3 - 169)$$

$$m = 0.32 \quad \left(\frac{P_1}{H} > 3\right)$$

（2）堰顶入口为圆弧的宽顶堰：

$$m = 0.36 + 0.01\frac{3 - \frac{P_1}{H}}{1.2 + 1.5\frac{P_1}{H}} \quad \left(0 \leqslant \frac{P_1}{H} \leqslant 3\right)$$

$$(10.3 - 170)$$

$$m = 0.36 \quad \left(\frac{P_1}{H} > 3\right)$$

2. 淹没系数

试验表明，当 $h_s \geqslant (0.75 \sim 0.85) H_0$ 时，收缩断面的水深增大到 $h > h_c$，堰下游水位会影响到宽顶堰的泄流能力，形成淹没出流。宽顶堰流的淹没系数 σ_s 取决于相对高度 $\frac{h_s}{H_0}$，淹没系数随 $\frac{h_s}{H_0}$ 的增大而减小，可由表 10.3 - 34 查出。

表 10.3 - 34　　宽顶堰的淹没系数

$\frac{h_s}{H_0}$	0.80	0.81	0.82	0.83	0.84
σ_s	1.00	0.995	0.99	0.98	0.97
$\frac{h_s}{H_0}$	0.85	0.86	0.87	0.88	0.89
σ_s	0.96	0.95	0.93	0.90	0.87

续表

$\frac{h_s}{H_0}$	0.90	0.91	0.92	0.93	0.94
σ_s	0.84	0.82	0.78	0.74	0.70
$\frac{h_s}{H_0}$	0.95	0.96	0.97	0.98	
σ_s	0.65	0.59	0.50	0.40	

3. 侧收缩系数

自由式有侧收缩宽顶堰的流量公式为

$$Q = m\sigma_s\varepsilon b \sqrt{2g}H_0^{\frac{3}{2}} = m\sigma_s b_c \sqrt{2g}H^{\frac{3}{2}} \quad (10.3 - 171)$$

式中　b_c——收缩堰宽，$b_c = \varepsilon b$，m；

ε——侧收缩系数，影响 ε 的主要因素有闸墩与边墩的头部形状、相对堰高 $\frac{P_1}{H}$、相对堰宽 $\frac{b}{B}$、闸墩数目等。

对于单体宽顶堰，有

$$\varepsilon = 1 - \frac{a}{\sqrt[3]{0.2 + \frac{P_1}{H}}}\sqrt[4]{\frac{b}{B}}\left(1 - \frac{b}{B}\right) \quad (10.3 - 172)$$

式中　b——堰孔净宽，m；

B——上游引渠的宽度，m；

a——考虑墩头及堰顶入口形状的系数，当闸墩（或边墩）头部为矩形，堰顶入口边缘为直角时，$a = 0.19$，当闸墩（或边墩）头部为圆弧形，堰顶入口边缘为直角或圆弧形时，$a = 0.1$。

式（10.3 - 172）的适用范围为 $\frac{b}{B} \geqslant 0.2$ 及 $\frac{P_1}{H} \leqslant 3$。

当 $\frac{b}{B} < 0.2$ 时，取 $\frac{b}{B} = 0.2$；当 $\frac{P_1}{H} > 3$ 时，取 $\frac{P_1}{H} = 3$。

对于无闸墩单孔宽顶堰，式（10.3 - 172）中 b 采用两边墩间的宽度，B 采用堰上游的水面宽度。对于有边墩及闸墩的多孔宽顶堰，侧收缩系数应取边孔及中孔的加权平均值。

$$\overline{\varepsilon_1} = \frac{(n-1)\varepsilon_1' + 2\varepsilon_1''}{n} \quad (10.3 - 173)$$

式中　n——孔数；

ε_1'——中孔侧收缩系数，按式（10.3 - 172）计算时取 $b = b'$（b' 为中孔净宽）、$B = b' + d$（d 为闸墩厚）；

ε_1''——边孔侧收缩系数，按式（10.3 - 172）计算时取 $b = b''$（b'' 为边孔净宽）、$B = b'' + 2\Delta$（Δ 为边墩计算厚度，是边墩边缘与堰上游同侧水边线间的距离）。

10.4　泥沙动力学

泥沙是指在流体中运动或在流体及重力作用下沉积下来的粒状物质，其大小可以是极细的粉粒，也可以是较大的砾石或漂石等。泥沙来源于流域的土壤侵蚀，侵蚀物质由地表向某一过流断面输移的过程称之为产沙，输移量的多少可用输沙模数表示，一般指每年每平方千米输移的若干吨泥沙量。

组成河床表面静止的泥沙称床沙，其中河床是指坡面流或沟道、河道水流淹没的部分。按照泥沙的运动状态，可将泥沙分为推移质和悬移质。推移质是沿河床滑动、滚动及跳跃前进的泥沙，其运动范围在床面或床面附近的区域，推移质与床沙之间不断交换；悬移质是被水流挟带而远离床面悬浮于水中运动的泥沙，其运动速度与水流速度基本相同。在靠近河床附近，各种泥沙不断交换。泥沙运动过程包括侵蚀、输移和沉积，其运动规律不仅取决于水流运动特性和河床边界条件，还与泥沙本身的特性有关。

10.4.1　泥沙的基本特性

泥沙的基本特性主要包括几何特性、重力特性和水力特性等。

10.4.1.1　泥沙的几何特性

1. 单颗粒泥沙几何特性

泥沙颗粒几何特性是指泥沙颗粒的形状、大小等。

（1）泥沙颗粒形状。泥沙颗粒形状是指颗粒整体的几何形态。自然界中的泥沙因受矿物成分、磨蚀程度、搬运距离和环境等因素的影响，其颗粒外形各式各样。常见的砾石、卵石等较粗的泥沙颗粒，外形多呈圆球状、椭球状、圆片状等，无明显的尖角和棱线；较细的泥沙颗粒，如沙类和粉土类等，外形多呈不规则的多角形，尖角、棱线都较为明显；更细的泥沙颗粒，如黏土颗粒等，外形往往很不规则。

1）球度系数。泥沙颗粒形状常用球度系数或形状系数表征。

球度系数是指与泥沙颗粒等体积的球体表面积和泥沙颗粒的实际表面积之比，其表达式为

$$\psi = \frac{A'}{A} \qquad (10.4-1)$$

式中　ψ——球度系数；

　　　A'——与泥沙颗粒等体积的球体表面积，mm^2；

　　　A——泥沙颗粒表面积，mm^2。

球度系数 ψ 一般小于 1.0，ψ 值的大小反映泥沙颗粒偏离球体的程度，ψ 值越小泥沙颗粒偏离球体的程度越大。

2）形状系数。可以根据泥沙颗粒三个互相垂直的尺寸计算形状系数，其计算公式为

$$S_F = \frac{c}{\sqrt{ab}} \qquad (10.4-2)$$

式中　S_F——形状系数；

　　　a——泥沙颗粒的长轴长度；

　　　b——泥沙颗粒的中轴长度；

　　　c——泥沙颗粒的短轴长度。

形状系数 S_F 反映了泥沙颗粒接近球体的程度，S_F 越接近于 1.0，泥沙颗粒的形状越接近于球体。

（2）泥沙颗粒大小。通常用泥沙颗粒的直径 d 表示泥沙颗粒的大小，简称粒径。在自然界中，泥沙颗粒的形状、颗粒大小相差悬殊，为此，通常采用以下三种方法来表示泥沙颗粒的大小。

1）等容粒径。等容粒径就是与泥沙颗粒体积相等的球体直径，用以下公式求得：

$$d = \left(\frac{6V}{\pi}\right)^{\frac{1}{3}} \qquad (10.4-3)$$

式中　d——等容粒径；

　　　V——泥沙颗粒体积。

利用这种方法求泥沙颗粒的等容粒径时，可以先称出泥沙颗粒的重量，再除以泥沙的容重得泥沙颗粒的体积，然后按式（10.4-3）即可求得等容粒径。

此外，如果泥沙颗粒形状接近椭球体，还可通过泥沙颗粒长轴、中轴和短轴长度的算数平均或几何平均求得，即

$$d = \frac{1}{3}(a+b+c) \qquad (10.4-4)$$

$$d = \sqrt[3]{abc} \qquad (10.4-5)$$

式中　d——等容粒径；

　　　a——泥沙颗粒的长轴长度；

　　　b——泥沙颗粒的中轴长度；

　　　c——泥沙颗粒的短轴长度。

计算等容粒径需要测定泥沙颗粒的重量，或直接量测泥沙颗粒的长轴、中轴、短轴的长度，因此等容粒径方法适用于颗粒较粗的泥沙。对于不易测量体积或长轴、中轴、短轴长度的细颗粒泥沙，通常采用筛析法和水析法来确定其泥沙颗粒等容粒径。

2）筛孔粒径。筛孔粒径由筛析法确定，即用一套标准筛进行测量确定颗粒的大小。实际上是用刚可通过泥沙颗粒的筛孔尺寸 d_1 和刚未通过泥沙颗粒的筛孔尺寸 d_2 的平均值来表示的，可以采用算术平均值、几何平均值来计算筛孔粒径 d：

$$d = \frac{d_1 + d_2}{2} \qquad (10.4-6)$$

$$d = \sqrt{d_1 d_2} \qquad (10.4-7)$$

或采用：

$$d = \frac{d_1 + d_2 + \sqrt{d_1 d_2}}{3} \qquad (10.4-8)$$

在筛析法中，我国采用公制标准筛，筛号和孔径的关系见表10.4-1。

表10.4-1　公制标准筛筛号和孔径关系

筛号	孔径/mm	筛号	孔径/mm
3	6.35	40	0.420
4	4.76	50	0.297
6	3.36	60	0.250
8	2.38	70	0.210
10	2.00	100	0.149
12	1.68	140	0.105
16	1.19	200	0.074
20	0.84	270	0.053
30	0.59	400	0.037

3）沉降粒径。沉降粒径是指在24℃的静止蒸馏水中，在不受边界影响的条件下，与单颗粒泥沙有相同沉降速度（简称沉速）的同容重的球体直径。沉降粒径由水析法确定，通过测量泥沙颗粒在静水中的沉速，依据粒径与沉速的对应关系求得。

根据泥沙颗粒的大小可将泥沙分类，粒径分类定名的原则，既要表示出不同粒径泥沙某些性质上的显著差异和性质变化的规律性，又能使各类分级粒径尺度成为一定的比例。不同的学科其分类方法并不一样，我国《土工试验规程》（SL 237—1999）将泥沙粒径按大小分类，见表10.4-2；《河流泥沙颗粒分析规程》（SL 42—2010）的分类见表10.4-3。

表10.4-2　土工试验泥沙分类

粒组统称	粒组划分		粒径 d 范围/mm
巨粒组	漂石（块石）组		d＞200
	卵石（碎石）组		200≥d＞60
粗粒组	砾石（角砾）	粗砾	60≥d＞20
		中砾	20≥d＞5
		细砾	5≥d＞2
	砂石	粗砂	2≥d＞0.5
		中砂	0.5≥d＞0.25
		细砂	0.25≥d＞0.075
细粒组	粉粒		0.075≥d＞0.005
	黏粒		d≤0.005

表10.4-3　河流泥沙分类

泥沙类型	黏粒	粉砂	砂粒	砾石	卵石	漂石
粒径/mm	＜0.004	0.004～0.062	0.062～2.0	2.0～16.0	16.0～250.0	＞250.0

2. 群体泥沙级配

在实际问题中，群体泥沙的颗粒数量极大，颗粒的大小及形状各不相同，不可能测量所有泥沙颗粒的粒径。为反映群体泥沙颗粒的组合特性，一般用泥沙颗粒级配曲线及其统计特征值描述群体泥沙的几何特性。

（1）群体泥沙的级配曲线。群体泥沙的级配曲线就是小于某粒径的泥沙累积重量分数与该粒径之间的关系曲线。绘制级配曲线时，表示小于某粒径的泥沙在总沙样中所占的重量百分数的纵轴常用等分刻度，表示泥沙粒径的横轴常采用常用对数刻度。绘制级配曲线有如下具体步骤。

1）将代表沙样通过泥沙颗粒分析（筛析法或水析法），把沙样按粒径从小到大的顺序分为若干组，且每一组之间的粒径差异较小，求出每一组泥沙的重量。

2）计算每一组的泥沙重量占全部沙样重量的百分数 ΔP_i。

3）将各组重量百分数 ΔP_i 由小颗粒至大颗粒逐级累加，求得小于某粒径 d 的累积重量百分数 $P = \sum \Delta P_i$。

4）以累积重量百分数 P 为纵坐标，粒径 d 为横坐标，点绘 P 与 d 的关系曲线，即得泥沙颗粒的级配曲线，见图10.4-1。

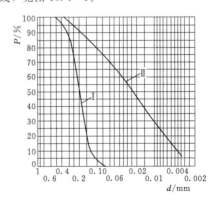

图10.4-1　泥沙颗粒的级配曲线

Ⅰ——粒径较均匀的沙样；Ⅱ——料径较细的沙样

泥沙颗粒级配曲线较全面地反映了群体泥沙的粒径变化范围和各粒径的分配情况。利用级配曲线的坡度陡缓程度可以判别泥沙组成的均匀程度。若曲线坡度较缓，说明粒径大小变化范围大，沙样颗粒组成不均匀；曲线坡度较陡，说明粒径大小变化范围小，沙颗粒组成较均匀。图 10.4-1 中，Ⅰ曲线颗粒组成比Ⅱ曲线均匀，Ⅰ曲线泥沙颗粒比Ⅱ曲线粗。

（2）泥沙级配统计特征值。泥沙级配曲线是一种累积频率分布曲线，一般采用算术平均粒径、中值粒径、非均匀系数等统计特征值表示频率分布特征。

1）算术平均粒径。算术平均粒径即累加各粒径组沙重百分数与相应粒径组的平均粒径乘积的加权平均值，由下式求得

$$d_m = \frac{\sum\limits_{i=1}^{n} \Delta P_i d_i}{\sum\limits_{i=1}^{n} \Delta P_i} \quad (10.4-9)$$

$$d_i = \frac{d_{max} + d_{min}}{2} \quad (10.4-10)$$

式中　d_m——沙样算术平均粒径，mm；

　　ΔP_i——第 i 组泥沙重量占总沙样重量百分数，%；

　　d_i——第 i 粒径组泥沙的平均粒径，mm；

　　d_{max}——第 i 粒径组的上界限粒径，mm；

　　d_{min}——第 i 粒径组的下界限粒径，mm。

算术平均粒径 d_m 能够反映每一粒径组的影响。对于同一个沙样，如果分组的方式和数目不同，会得出不同的算术平均粒径值，一般分组数目不应少于 7 组。目前水文测验的分级为 $d<0.002\text{mm}$、$d<0.004\text{mm}$、$d<0.008\text{mm}$、$d<0.016\text{mm}$、$d<0.031\text{mm}$、$d<0.062\text{mm}$、$d<0.125\text{mm}$、$d<0.25\text{mm}$、$d<0.5\text{mm}$、$d<1.0\text{mm}$、$d<2.0\text{mm}$。

2）中值粒径。中值粒径是全部沙样中，大于或小于这一粒径的泥沙重量相等，亦即泥沙级配曲线上纵坐标为 50% 对应的粒径，用 d_{50} 表示。

3）非均匀系数。泥沙的非均匀系数 φ 是表示泥沙级配分布均匀程度的一个指标，一般由式（10.4-11）表示：

$$\varphi = \sqrt{\frac{d_{75}}{d_{25}}} \quad (10.4-11)$$

式中　d_{75}——重量占泥沙总重量 75% 的泥沙粒径；

　　d_{25}——重量占泥沙总重量 25% 的泥沙粒径。

泥沙的非均匀系数 $\varphi \geqslant 1$，φ 值越接近 1.0，说明级配分布范围越窄，沙样越均匀；φ 值越大，则沙样越不均匀。

10.4.1.2　泥沙的重力特性

泥沙的重力特性主要包括容重、密度和水下休止角等。

1. 泥沙容重和干容重

容重 γ_s 是指泥沙颗粒的实有重量与实有体积的比值，其常用单位为 t/m^3、kg/m^3、N/m^3。由于泥沙的岩石成分不同，容重约在 $2.6 \sim 2.7\text{t/m}^3$ 之间，常取 2.65t/m^3。

泥沙干容重是指从淤积泥沙中取出的沙样，经过 $100 \sim 105℃$ 的温度烘干后，其重量与原状沙样体积的比值 γ'。由于原状沙样体积中包括了泥沙密实体积和孔隙体积，所以泥沙干容重 γ' 小于泥沙容重 γ_s，而且泥沙干容重的变化范围较大。

（1）对于水库新淤泥沙的干容重，由式（10.4-12）求得

$$\gamma'_0 = a_c P_c + a_m P_m + a_s P_s \quad (10.4-12)$$

式中　γ'_0——新淤泥沙的干容重，kg/m^3；

　　P_c、P_m、P_s——淤积泥沙中黏粒（小于 0.004mm）、粉砂（$0.004 \sim 0.062\text{mm}$）、砂粒（大于 0.062mm）含量的百分数，%；

　　a_c、a_m、a_s——黏粒、粉砂、砂粒的初期干容重，kg/m^3，由表 10.4-4 确定。

（2）对于水库运行 T 年后淤积的泥沙干容重，计算公式为

$$\gamma'_T = \gamma'_0 + 7k\left[\frac{T}{T-1}(\ln T) - 1\right] \quad (10.4-13)$$

$$k = K_c P_c + K_m P_m + K_s P_s \quad (10.4-14)$$

式中　γ'_T——水库运行 T 年后淤积泥沙的干容重，kg/m^3；

　　K_c、K_m、K_s——系数，由表 10.4-4 确定。

表 10.4-4　计算淤积泥沙干容重的系数值

水库运行情况	黏粒 a_c/(kg/m³)	黏粒 K_c	粉砂 a_m/(kg/m³)	粉砂 K_m	砂粒 a_s/(kg/m³)	砂粒 K_s
经常淹没	417	16.0	1123	5.7	1558	0
有时淹没有时暴露	562	8.4	1140	1.8	1558	0
经常空库	643	0	1156	0	1558	0
河槽中的泥沙	963	0	1172	0	1558	0

2. 浑水容重和含沙量

流域土壤侵蚀物质一般是通过水流挟带走的，含有泥沙的水流称为浑水或挟沙水流。浑水容重为单位体积浑水的重量。浑水中所含泥沙量的多少常用含沙量表示，含沙量的表示方法有以下三种。

（1）体积比含沙量 S_v。体积比含沙量是指单位体积浑水中所含的泥沙体积。

$$S_v = \frac{\text{浑水中泥沙所占体积}}{\text{浑水的体积}} \quad (10.4-15)$$

（2）重量比含沙量 S_w。重量比含沙量是指单位重量的浑水中所含的泥沙重量。

$$S_w = \frac{浑水中泥沙的重量}{浑水的重量} \quad (10.4-16)$$

（3）混合比含沙量 S。混合含沙量是指单位体积的浑水中所含的泥沙重量。

$$S = \frac{浑水中泥沙的重量}{浑水的体积} \quad (10.4-17)$$

浑水容重 γ_w 与含沙量之间存在如下关系：

$$\gamma_w = \gamma + (\gamma_s - \gamma)S_v \quad (10.4-18)$$

$$\gamma_w = \gamma + \left(1 - \frac{\gamma}{\gamma_s}\right)S \quad (10.4-19)$$

式中 γ_w——浑水容重，kg/m^3；

γ——清水容重，kg/m^3。

一般情况下，取 $\gamma_s = 2650kg/m^3$，$\gamma = 1000kg/m^3$，浑水容重又可表示为

$$\gamma_w = 1000 + 0.623S \quad (10.4-20)$$

3．泥沙的水下休止角

当泥沙颗粒的重力与颗粒间摩擦力达到平衡时，泥沙可以形成一定的倾斜面而不塌落，这个倾斜面与水平面的夹角称为泥沙的水下休止角 φ。泥沙水下休止角与粒径有关，泥沙粒径越小，休止角越小，试验成果表明，对于 $d = 0.20 \sim 4.37mm$ 的泥沙，有

$$\varphi = 32.5 + 1.27d \quad (10.4-21)$$

式中 φ——泥沙水下休止角，$(°)$；

d——泥沙粒径，mm。

10.4.1.3 泥沙的水力特性

泥沙的水力特性一般用泥沙沉速表征。泥沙沉速是指单颗粒泥沙在静止的清水中，不受周围边界条件干扰等速下沉的速度 ω。由于沉速与泥沙颗粒粗细程度有关，有时也把沉速称为水力粗度。

1．球体泥沙沉速

泥沙在静止的清水中下沉时，在铅垂方向受到的作用力主要为有效重力和水流的绕流阻力，泥沙等速沉降就是这两种力平衡的结果。

球体泥沙在静水中所受的有效重力 W 为

$$W = \frac{1}{6}\pi d^3 (\gamma_s - \gamma) \quad (10.4-22)$$

式中 γ——清水容重；

γ_s——泥沙容重；

d——泥沙粒径。

泥沙颗粒在静水中沉降时受到的绕流阻力 F_d 为

$$F_d = C_d A \frac{\gamma \omega^2}{2g} \quad (10.4-23)$$

式中 ω——泥沙在静水中的沉速；

A——泥沙颗粒在垂直于沉降方向平面上的投影面积；

C_d——绕流阻力系数，与泥沙颗粒的形状及运动状态有关；

其余符号意义同前。

当有效重力与扰流阻力相等时，有

$$\omega = \sqrt{\frac{4}{3C_d} \frac{\gamma_s - \gamma}{\gamma} gd} \quad (10.4-24)$$

阻力系数 C_d 与泥沙下沉时的运动状态有关，是砂粒雷诺数 Re_d 的函数。

$$Re_d = \frac{\omega d}{\nu} \quad (10.4-25)$$

当砂粒雷诺数 $Re_d < 0.5$ 时，泥沙颗粒在静水中呈直线下沉，这时颗粒沉降属层流状态；当砂粒雷诺数 $Re_d = 0.5 \sim 1000$ 时，泥沙颗粒以摆动形式下沉，这时颗粒沉降属于过渡状态；当砂粒雷诺数 $Re_d > 1000$ 时，泥沙颗粒脱离铅垂线以极大的紊动盘旋状态下沉，球体泥沙处于紊流状态。

在层流状态下，球体泥沙颗粒的沉速计算公式为

$$\omega = \frac{1}{18} \frac{\gamma_s - \gamma}{\gamma} \frac{gd^2}{\nu} \quad (10.4-26)$$

在紊流状态下，球体泥沙颗粒的沉速计算公式为

$$\omega = 1.72\sqrt{\frac{\gamma_s - \gamma}{\gamma} gd} \quad (10.4-27)$$

由于过渡状态下的泥沙颗粒受力较为复杂，所以目前还难以从理论上求出此状态下的沉速公式。由试验资料得紊流状态下球体泥沙颗粒的沉速计算公式为

$$\omega = 1.054\sqrt{\frac{\gamma_s - \gamma}{\gamma} gd} \quad (10.4-28)$$

2．天然泥沙的沉速

天然泥沙的形状并非球体，因此天然泥沙的沉速与球体泥沙的沉速有所不同。但是关于球体泥沙沉降的一般规律，对于天然泥沙仍是适用的。

过渡状态下天然泥沙的沉速公式为

$$\omega = \sqrt{\left(13.95\frac{\nu}{d}\right)^2 + 1.09\frac{\gamma_s - \gamma}{\gamma} gd} - 13.95\frac{\nu}{d}$$
$$(10.4-29)$$

层流状态下（即 $Re_d < 0.5$，或在常温下 $d < 0.1mm$），天然泥沙颗粒的沉速公式为

$$\omega = \frac{1}{25.6} \frac{\gamma_s - \gamma}{\gamma} \frac{gd^2}{\nu} \quad (10.4-30)$$

在紊流状态下（即 $R > 1000$，或在常温下 $d > 4mm$），天然泥沙颗粒的沉速公式为

$$\omega = 1.044\sqrt{\frac{\gamma_s - \gamma}{\gamma} gd} \quad (10.4-31)$$

《河流泥沙颗粒分析规程》（SL 42—2010）中推荐的泥沙沉速公式如下：

（1）当粒径不大于 0.062mm 时，采用斯托克斯公式，即

$$\omega = \frac{g}{1800} \left(\frac{\rho_s - \rho}{\rho} \right) \frac{d^2}{\nu} \qquad (10.4-32)$$

（2）当粒径为 0.062～2.0mm 时，采用沙玉清过渡区公式，即

$$(\lg S_a + 3.665)^2 + (\lg \varphi - 5.777)^2 = 39.00 \qquad (10.4-33)$$

其中

$$S_a = \frac{\omega}{g^{\frac{1}{3}} \left(\frac{\rho_s}{\rho} - 1 \right)^{\frac{1}{3}} \nu^{\frac{1}{3}}} \qquad (10.4-34)$$

$$\varphi = \frac{g^{\frac{1}{3}} \left(\frac{\rho_s}{\rho} - 1 \right)^{\frac{1}{3}} d}{10 \nu^{\frac{2}{3}}} \qquad (10.4-35)$$

式中　ω——泥沙的沉速，cm/s；

　　　S_a——沉速判数；

　　　φ——粒径判数；

　　　d——沉降粒径，mm；

　　　ρ_s——泥沙密度，g/cm³；

　　　ρ——清水密度，g/cm³；

　　　ν——水的运动黏滞系数，cm²/s。

（3）自然界浑水中的泥沙往往呈群体状，泥沙颗粒在沉降过程中彼此相互干扰，当含沙量大到一定程度时，沉速计算必须考虑含沙量的影响。对于含沙量较小的情况，粗颗粒均匀泥沙群体沉速公式为

$$\omega = \omega_0 (1 - 0.93 S_v^{\frac{1}{3}}) \qquad (10.4-36)$$

式中　ω——粗颗粒均匀泥沙群体沉速，cm/s；

　　　ω_0——单颗泥沙在清水中的沉速，cm/s；

　　　S_v——浑水体积比含沙量。

在含沙量较大情况下，粗颗粒均匀泥沙群体沉速公式为

$$\omega = \omega_0 (1 - S_v)^m \qquad (10.4-37)$$

式中　m——指数，随砂粒雷诺数 $Re_d = \dfrac{\omega d}{\nu}$ 变化而变化，见表 10.4-5。

表 10.4-5　指数 m 与砂粒雷诺数 Re_d 关系

Re_d	≤0.1	0.2	0.5	1	2	5	10	20	50	100	200	≥500
m	4.91	4.89	4.83	4.78	4.69	4.51	4.25	3.89	3.33	2.92	2.58	2.25

（4）细颗粒泥沙的群体沉降情况较为复杂，细颗粒泥沙往往使浑水的黏滞性增大，使得泥沙沉速减小。如果群体泥沙形成絮凝结构，会使泥沙颗粒连接成一个整体而下沉，使阻力加大，群体沉速会大大小于单颗沉速。

对于混合泥沙的沉速，若群体泥沙组成以粗颗粒为主，细颗粒泥沙含量不多，则可根据混合泥沙的中值粒径使用沙玉清公式计算：

$$\omega = \omega_0 \left(1 - \frac{S_v}{2\sqrt{d}} \right)^3 \qquad (10.4-38)$$

式中　ω——粗颗粒均匀泥沙群体沉速，cm/s；

　　　ω_0——单颗泥沙在清水中的沉速，cm/s；

　　　S_v——浑水体积比含沙量；

　　　d——混合沙中值粒径，mm。

10.4.2　泥沙运动形式

床面泥沙颗粒由静止状态转为运动状态，这一临界过程称为泥沙的起动。泥沙的起动与水流条件密切相关。由于水流的脉动性以及泥沙颗粒在床面位置的不同，床面上各处作用力不同，因此床面泥沙起动具有随机性。从力学角度讲，泥沙的起动就是床面上的泥沙在一定的水流条件下，破坏了原有的受力平衡，由静止状态转为运动状态的力学过程。因此，把床面上的泥沙颗粒从静止状态变为运动状态的临界水流条件，称为泥沙起动条件。目前判别泥沙起动的指标主要有三种：以泥沙起动时的水流流速作为指标，称之为起动流速；以泥沙起动时的床面切应力作为指标，称之为起动切应力（拖曳力）；以泥沙起动时的水流所付出的功率作为指标，称之为起动功率。由于起动功率在理论和公式具体形式上还都不完善，目前采用较少。

10.4.2.1　作用在泥沙颗粒上的力

位于群体中的床沙，在水流作用下，将受到两类作用力：一类为促使泥沙起动的力，如水流的推移力 F_D 和上举力 F_L，见图 10.4-2；另一类为抗拒泥沙起动的力，如泥沙的有效重量 W 及存在于细颗粒之间的黏结力 N。其中水流推移力 F_D 是水流绕过泥沙颗粒时出现的肤面摩擦及迎流面和背流面的压力差所造成的，其方向和水流方向相同；水流上举力 F_L 则是由于水流绕流使颗粒顶部流速大、压力小、底部流速小、压力大所造成的，计算公式分别为

$$F_D = C_D a_1 d^2 \gamma \frac{u_b^2}{2g} \qquad (10.4-39)$$

$$F_L = C_L a_2 d^2 \gamma \frac{u_b^2}{2g} \qquad (10.4-40)$$

式中　d——颗粒的粒径；

　　　γ——水体容重；

　　　C_D、C_L——推移力及上举力系数；

　　　a_1、a_2——垂直于水流方向及铅直方向的砂粒面积系数；

　　　u_b——作用于砂粒流层的有效瞬时流速。

对于孤立于光滑床面上的一颗圆球，面积系数 a_1、a_2 可取为 $\pi/4$，C_D、C_L 可通过试验确定。

泥沙的水下有效重力可写为

$$W = a_3 (\gamma_s - \gamma) d^3 \qquad (10.4-41)$$

式中 a_3——泥沙的体积系数,对于圆球,$a_3 = \pi/6$。

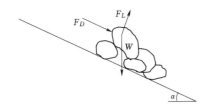

图 10.4-2 床面砂粒的受力情况

黏结力可分为原状黏土的黏结力和新淤黏性细颗粒的黏结力两类。影响原状黏土黏结力的物理化学因素很多,如土质结构、矿物组成、机械组成、干密度、亲水性能、塑性指数、有机物的种类含量等,很难用简单的数学关系式来表达。

10.4.2.2 泥沙的起动流速

1. 泥沙的起动流速

(1) 均匀散粒体泥沙的起动流速。沙莫夫根据大量实测资料,求得散粒体泥沙起动的流速为

$$U_c = 1.14 \sqrt{agd}\left(\frac{h}{d}\right)^{\frac{1}{6}} \quad (10.4-42)$$

对于天然泥沙,可取 $a = 1.65$,$g = 9.8\text{m/s}^2$,式 (10.4-42) 可简化为

$$U_c = 4.6 d^{\frac{1}{3}} h^{\frac{1}{6}} \quad (10.4-43)$$

式中 U_c——起动流速,m/s;
$\quad d$——泥沙颗粒的粒径,m;
$\quad h$——水深,m。

式 (10.4-43) 适用于 $d > 0.2\text{mm}$ 的均匀散粒体泥沙。由于该式包含了影响泥沙起动的主要因素 (h、d),且结构简单,因此得到了广泛的应用。

(2) 黏性泥沙的起动流速。大量试验表明,当泥沙粒径小于 $0.1 \sim 0.2\text{mm}$ 时,泥沙颗粒的粒径越小,起动流速反而越大。这种现象揭示了黏性细泥沙在床面上的受力状况不同于散粒体泥沙,黏性细泥沙还受到黏结力的作用。由于不同学者对黏结力的形成机理认识不同,故得到的黏性泥沙起动流速公式的形式有一定的差别。

张瑞瑾认为,黏结力是由颗粒间的结合水不传递静水压力而引起的,所建立的起动流速公式如下:

$$U_c = \left(\frac{h}{d}\right)^{0.14}\left(17.6\frac{\gamma_s-\gamma}{\gamma}d + 0.000000605\frac{10+h}{d^{0.72}}\right)^{\frac{1}{2}}$$

$$(10.4-44)$$

式中 U_c——起动流速,m/s;
$\quad d$——泥沙颗粒的粒径,m;
$\quad h$——水深,m;
$\quad \gamma_s$——泥沙颗粒的密实容重,kg/m^3;
$\quad \gamma$——清水容重,kg/m^3。

唐存本认为黏性细泥沙之间的黏结力,是由于泥沙颗粒表面与结合水的分子引力作用造成的。通过试验和推导,得出考虑黏结力时黏性细泥沙的起动流速公式为

$$U_c = \frac{m}{1+m}\left(\frac{h}{d}\right)^{\frac{1}{m}}\left[3.2\frac{\gamma_s-\gamma}{\gamma}gd + \left(\frac{\gamma'}{\gamma_c'}\right)^{10}\frac{C}{\rho d}\right]^{\frac{1}{2}}$$

$$(10.4-45)$$

式中 m——指数,$m = 4.7(h/d)^{0.06}$,对于天然河道,$m = 6$;
$\quad C$——黏结力系数,其值为 $2.9 \times 10^{-4}\text{g/cm}$;
$\quad \rho$——水的密度,$\rho = 1.02 \times 10^{-3}\text{g/cm}^3$;
$\quad \gamma'$——淤积泥沙的实际干容重,g/cm^3;
$\quad \gamma_c'$——淤积泥沙的稳定干容重,其值约为 1.6g/cm^3。

当 $d > 1\text{mm}$ 时,重力作用占主要地位,黏结力作用可以忽略不计;当 $d < 0.01\text{mm}$,黏结力作用占主要地位,重力作用可忽略不计。

(3) 非均匀泥沙的起动流速。非均匀泥沙和均匀泥沙的起动规律是不同的,主要表现在大颗粒泥沙对小颗粒泥沙的掩护作用方面。在由非均匀泥沙组成的床面上,颗粒之间相互影响,因粗颗粒对细颗粒的掩护作用,使细颗粒泥沙不易起动;与此相反,非均匀泥沙中的较粗颗粒,因突出于床面之上,受力较大,易于起动。从总体来讲,细颗粒比粗颗粒容易起动,因此也可以说,床沙的起动就是床面粗化的开始。随着床面粗化程度的不同,泥沙起动的条件也不相同。泥沙颗粒的大小、组成及相对排列等影响泥沙起动的因素均是变化的,就使得非均匀泥沙的起动条件相当复杂。

秦荣昱考虑床沙组成和变化(粗化和细化)对起动粒径 d 所施的附加阻力,得出非均匀泥沙起动流速公式为

$$U_c = 0.786\sqrt{\frac{\gamma_s-\gamma}{\gamma}g(2.5md_m + d)}\left(\frac{h}{d_{90}}\right)^{\frac{1}{6}}$$

$$(10.4-46)$$

式中 U_c——泥沙起动流速,m/s;
$\quad d$——非均匀泥沙中某一粒径,m;
$\quad h$——水深,m;
$\quad d_m$——床沙组成中的平均粒径,m;
$\quad d_{90}$——床沙组成中累计粒度分布数达到 90% 时所对应的粒径,m;
$\quad m$——非均匀沙的紧密系数,与不均匀程度 d_{60}/d_{10} 有关,可查图 10.4-3。

2. 起动拖曳力

泥沙起动拖曳力可使用希尔兹公式计算:

$$\frac{\tau_c}{(\gamma_s-\gamma)d} = f\left(\frac{U_* d}{\nu}\right) \quad (10.4-47)$$

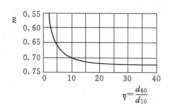

图 10.4-3 式 (10.4-46) 中 m 与不均匀参数关系

式中 τ_c——起动拖曳力；

γ_s——泥沙颗粒的密实容重；

γ——清水容重；

d——泥沙颗粒的粒径；

U_*——摩阻流速；

ν——水的运动黏滞系数。

图 10.4-4 是根据试验观测数据点绘的 $\tau_c / [(\gamma_s - \gamma)d]$ 与 $U_* d / \nu$ 的希尔兹曲线，通过试算查图可推算出泥沙的起动条件。

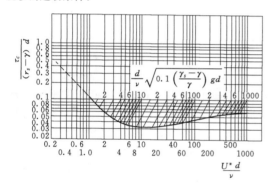

图 10.4-4 希尔兹曲线

已知 d、γ_s、ν，可计算出 $\dfrac{d}{\nu}\sqrt{0.1\left(\dfrac{\gamma_s - \gamma}{\gamma}\right)gd}$，在图 10.4-4 中辅助尺上找到这一点，通过这一点做与其他等值线平行的直线，交希尔兹曲线于一点，查出相应的纵坐标 $\dfrac{\tau_c}{(\gamma_s - \gamma)d}$ 值，乘以已知值 $(\gamma_s - \gamma)d$，即得所求的临界拖曳力。

10.4.3 水流挟沙力及悬移质输沙率

10.4.3.1 水流挟沙力

水流挟沙力是指在一定的水流和泥沙综合条件（包括水流平均流速、过水断面面积、水力半径、水流比降、泥沙沉速、水体密度和床面物质组成等）下，水流所能挟带的悬移质中床沙质的临界含沙量，常用符号 S_* 表示，单位与含沙量相同。水流挟沙力实际上就是在河道不冲不淤条件下的水流含沙量，所以水流挟沙力又称为水流饱和含沙量。当水流中悬移

质中的床沙质含沙量 S 大于这一水流临界含沙量 S_* 时，水流处于超饱和状态，河床将发生淤积；反之，当 $S < S_*$ 时，水流处于次饱和状态，河床将发生冲刷。

（1）张瑞瑾公式。张瑞瑾认为悬移质具有制紊作用，浑水在单位时间内的能量损失将比相同条件（即河宽、水深和平均流速）下清水的能量损失小，其差值应与水流悬浮泥沙所消耗的紊动动能有关。据此导出床沙质挟沙力公式：

$$S_* = K\left(\frac{U^3}{gR\omega}\right)^m \qquad (10.4-48)$$

式中 U——断面平均流速，m/s；

R——水力半径，m，对宽浅河道可用平均水深 h 代替；

ω——床沙质平均沉速，m/s；

K——包含量纲的系数，kg/m³；

m——指数；

S_*——水流的床沙质挟沙力，kg/m³。

式（10.4-48）中 K、m 值可由依据实测资料确定的图 10.4-5 查得，实测资料的范围含沙量 $10^{-1} \sim 10^2$ kg/m³；$\dfrac{U^3}{gR\omega}$ 为 $10^{-1} \sim 10^4$。对于高含沙宾汉流体情况，此公式就不适用。

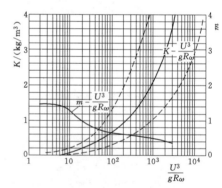

图 10.4-5 K、m 与 $\dfrac{U^3}{gR\omega}$ 的关系

当床沙质的粒径分布很广、粗细相差悬殊时，再用上述方法确定 ω，求出的床沙质挟沙力就会有较大误差。为解决这一问题，一般把床沙质沙样按粒径大小分为若干组，分别求各组中值粒径，再由各组中值粒径求各组平均沉速 ω_i，用 ω_i 代替床沙质平均沉速 ω，分别算得各组泥沙含量为 100% 时的挟沙力，即各组泥沙的可能挟沙力。各组泥沙的实际挟沙力则为可能挟沙力乘以各组泥沙在床沙质中所占的重量百分数，即

$$S_{*i} = \Delta P_i K\left(\frac{U^3}{gR\omega_i}\right)^m \qquad (10.4-49)$$

式中　ω_i——各组泥沙的平均沉速；

ΔP_i——各组泥沙占床沙质沙样的重量百分数；

$K\left(\dfrac{U^3}{gR\omega_i}\right)^m$——各组泥沙含量分别为床沙质沙样100％时的可能挟沙力；

S_{*i}——各组泥沙的实际挟沙力；

其余符号意义同前。

计算出各组泥沙的实际挟沙力 S_{*i} 后，用式 (10.4-50) 求出全部床沙质的挟沙力。

$$S_* = \sum_{i=1}^{n} S_{*i} \qquad (10.4-50)$$

式中　n——床沙质沙样分组的组数。

n 越大，计算出的 S_* 越准确。

（2）拜格诺公式。拜格诺将用于推求推移质输沙率的水流功率原理，用来推求床沙质水流挟沙力，通过分析试验资料得出

$$S_* = 0.01 \frac{\gamma_s}{ac^2}\left(\frac{U^3}{h\omega}\right) \qquad (10.4-51)$$

$$c = \frac{1}{n} h^{\frac{1}{6}}$$

$$a = \frac{\gamma_s - \gamma}{\gamma}$$

式中　γ_s、γ——泥沙、清水的容重，kg/m^3；

h——水深，m。

其余符号意义同前。

用我国长江、黄河资料检验式（10.4-51），所得的 S_* 显著偏小。因此，在解决实际生产问题时，需要实测资料对式（10.4-51）中的系数作出修正。

有一些情况下，需要确定包括冲泻质、床沙质在内的全部悬移质泥沙的水流挟沙力，又称之为悬移质泥移质水流挟沙力。因此，人们考虑了冲泻质受水流和流域因素共同影响的特点，结合实测资料，建立了不少悬移质挟沙力公式。例如，韩其为公式：

$$S_* = 0.000147\gamma_s\left[\frac{U^3}{\left(\frac{\gamma_s-\gamma}{\gamma}\right)gh\omega}\right]^{0.92} \qquad (10.4-52)$$

$$\omega = \left(\sum_{i=1}^{n} p_i\omega_i^{0.92}\right)^{\frac{1}{0.92}} \qquad (10.4-53)$$

式中　U——断面平均流速；

h——水深；

ω——悬移质代表沉速；

γ_s、γ——泥沙、清水容重；

n——悬移质泥沙分组的组数；

p_i——各组泥沙占悬移质泥沙沙样的重量百分数；

ω_i——各组泥沙的平均流速。

其他一些根据悬移质输沙率推导得到的水流挟沙力公式见表10.4-6。

表 10.4-6　　根据悬移质输沙率推导得到的水流挟沙力公式

公式名称	公 式 形 式	备 注
扎马林公式	$S_* = 0.022\left(\dfrac{U}{\omega}\right)^{\frac{3}{2}}\left(\dfrac{R}{J}\right)^{\frac{1}{2}}$	$0.002m/s < \omega < 0.008m/s$，公式单位以 m、kg、s 计
	$S_* = 11U\left(\dfrac{RJU}{\omega}\right)^{\frac{1}{2}}$	$0.0004m/s < \omega < 0.002m/s$，公式单位以 m、kg、s 计
娄波金公式	$S_* = \dfrac{4UJ^{0.5}}{n\omega h^{0.17}}$	ω 以 cm/s 计，其他单位以 m、kg、s 计
赫尔斯特公式	$S_* = k\dfrac{RJU}{\omega}$	公式单位以 m、kg、s 计
葛斯东斯基公式	$S_* = 3200\dfrac{J^{\frac{3}{2}}h^{\frac{1}{2}}}{\omega}$	公式单位以 m、kg、s 计
罗辛斯基-库兹明公式	$S_* = 0.024\dfrac{U^3}{h\omega}$	公式单位以 m、kg、s 计
范家骅公式	$S_* = 2.34\dfrac{U^4}{\omega R^2}$	ω 以 cm/s 计，公式单位以 m、kg、s 计
黄河河渠公式	$S_* = 70\left(\dfrac{U^3}{gR\omega}\right)^{\frac{3}{4}}\left(\dfrac{h}{B}\right)^{\frac{1}{2}}$	ω 以 cm/s 计，公式单位以 m、kg、s 计
黄河干支流公式	$S_* = 1.07\dfrac{U^{2.25}}{R^{0.74}\omega^{0.77}}$	ω 以 cm/s 计，公式单位以 m、kg、s 计

10.4.3.2　悬移质输沙率

单位时间通过过水断面的悬移质数量称为悬移质输沙率，常用符号 G_S 表示，单位为 kg/s 或 t/s。单位时间通过单位宽度过水断面的悬移质数量称为单宽悬移质输沙率，常用符号 g_s 表示，单位为 kg/(s·m) 或 t/(s·m)。悬移质输沙率的确定方法一般有两类。一类是建立包括水流、泥沙因子的理论、半理论半经验或经验公式，利用公式进行计算，这种方法称为理论计算方法；一类是由水文站实测资料确定，称为水文测量方法。

1. 理论计算方法

利用水流挟沙力公式计算，只要知道断面或垂线平均水力要素，如平均流速、平均水深或水力半径等，再加上来沙粒配曲线和床沙粒配曲线，就可以计

算断面或单宽悬移质输沙率。总的思路是分别求出 S_* 和 Q，再计算悬移质输沙率 G_*，即

$$G_* = S_* Q \qquad (10.4 - 54)$$

式中　　S_*——悬移质挟沙力；

　　　　Q——流量。

2. 利用含沙量及流速沿垂线分布公式计算

利用含沙量及流速沿垂线分布公式推求单宽悬移质输沙率的公式如下：

$$g_s = \sum_{i=1}^{n} \int_a^h S_i u \, \mathrm{d}y \qquad (10.4 - 55)$$

式中　　n——悬移质泥沙按粒径大小分组组数；

　　　　S_i——各粒径组含沙量沿垂线分布；

　　　　u——流速沿垂线分布；

　　　　h、a——悬移质沿垂线分布范围的上、下限；

　　　　g_s——单宽悬移质输沙率。

利用这种方法求单宽悬移质输沙率时，正确确定河底悬移质含沙量 S_a 以及选择合适的流速分布公式具有极为重要的意义，尤其是关于 S_a 的确定。

3. 水文测验法

水文测验法是在河道上选定断面，实测流速、含沙量、流量，经加权处理后得逐日、逐月、逐年平均悬移质输沙率，点绘出流量和悬移质输沙率关系曲线，作为各类工程的设计依据。一般情况下，流量和输沙率的关系为

$$G_s = KQ^\alpha \qquad (10.4 - 56)$$

式中　　Q——流量；

　　　　G_s——悬移质输沙率；

　　　　K、α——指数。

10.4.4　高含沙水流

高含沙水流是基于一般挟沙水流提出来的，也就是说挟沙水流可以分为一般挟沙水流和高含沙水流。有人将含沙量超过 $400\mathrm{kg/m^3}$ 的挟沙水流称为高含沙水流，也有人将含沙量超过 $200\mathrm{kg/m^3}$ 的挟沙水流称为高含沙水流。较为确切地讲，河道挟沙水流中，其含沙量及泥沙颗粒组成，特别细颗粒所占百分数使该挟沙水流在其物理特性、运动特性和输沙特性等方面基本上不能再用牛顿流体的规律进行描述时，这种挟沙水流称为高含沙水流。

10.4.4.1　高含沙水流的水力特性

1. 流变特性

所谓流变特性，是指流动液体在受剪切力作用时，其切向变形速率 $\dfrac{\mathrm{d}u}{\mathrm{d}y}$ 与剪切力 τ 的关系。表示流变特性的方程称为流变方程；表示流变特性的曲线，称为流变曲线。根据液体流变特性的不同，可将其分为不同的流型，这里主要介绍牛顿流体和宾汉流体

两种。

(1) 牛顿流体。含沙量较低、黏性细泥沙含量较少的浑水，流变特性与清水相同，都属于牛顿流体，只是浑水的动力黏滞系数与清水的不同而已。牛顿流体的流变曲线如图 10.4-6 中曲线 (a) 所示，牛顿流体的流变方程为

$$\tau = \mu \frac{\mathrm{d}u}{\mathrm{d}y} \qquad (10.4 - 57)$$

式中　　τ——剪切应力；

　　　　μ——动力黏滞系数；

　　　　$\dfrac{\mathrm{d}u}{\mathrm{d}y}$——流速梯度。

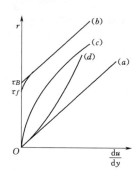

图 10.4-6　$\tau - \dfrac{\mathrm{d}u}{\mathrm{d}y}$ 关系

(2) 宾汉流体。含沙量很高、黏性细泥沙含量较多的浑水，属非牛顿流体。若流体的流变曲线如图 10.4-6 中曲线 (b) 所示，流体的流变方程符合式 (10.4-58)，则称之为宾汉流体。

$$\tau = \tau_B + \eta \frac{\mathrm{d}u}{\mathrm{d}y} \qquad (10.4 - 58)$$

式中　　τ_B——宾汉极限切应力；

　　　　η——刚性系数；

　　　　其余符号意义同前。

由于宾汉流体存在宾汉极限切应力 τ_B，因此宾汉流体可以抵抗小于 τ_B 的切应力而不流动，只有当浑水的切应力 τ 大于 τ_B 时，浑水才可能流动。

爱因斯坦假设泥沙颗粒为刚性球体，粒径相对于介质的分子而言较粗，含沙浓度很小，颗粒间距很大，可认为颗粒对周围介质流动的影响范围互不干扰，其间无相互作用力等条件下，推导出刚性系数的理论公式：

$$\mu_v = \frac{\eta}{\mu_0} = 1 + 2.5 S_v \qquad (10.4 - 59)$$

式 (10.4-59) 仅适用于低含沙流体，一些试验资料说明，当体积比含沙浓度大于 0.02 时，式 (10.4-59) 的计算结果与实际偏离较大。

当含沙浓度较高时，颗粒间距变小，颗粒之间互相有力的作用，促使黏度增大，特别是当含有细颗粒

泥沙时，颗粒周围有薄膜水存在，流体中出现絮网结构，此时应考虑薄膜水等因素对水流黏度增大的作用，更增加了问题的复杂性。在解决这类问题时，一般多采用试验方法，建立经验公式。

在爱因斯坦理论公式的基础上，钱宁和马惠民在1958年，对含沙浓度 $S_v = 8.7\% \sim 17.4\%$ 的郑州、官厅等8种泥沙进行试验分析，获得了相对黏度的公式：

$$\mu_v = \frac{\eta}{\mu_0} = (1 - KS_v)^{-2.5} \quad (10.4-60)$$

式中 μ_v——相对黏度；

μ_0——清水的动力黏滞系数；

S_v——以体积百分比计算的含沙浓度；

K——系数，变化于 $2.4 \sim 4.9$ 之间，与含沙浓度及粒径有关。

根据费祥俊的研究，浑水的流变参数 τ_B 及 η 均与 S_{vm} 有关。S_{vm} 是浑水刚性系数趋于无穷大时，泥沙的极限浓度，以体积比含沙量表示。费祥俊考虑泥沙组成，用黄土区沙样得到极限浓度 S_{vm} 与颗粒比表面积系数 $6\sum(p_i/d_i)$ 的关系，其中 d_i 和 p_i 分别为 i 粒径级的代表粒径和含量百分数，据此从图 10.4-7 极限浓度与颗粒比表面积系数关系得 S_{vm}。

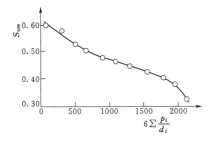

图 10.4-7 极限浓度与颗粒比表面积系数关系

当浑水含沙量达 S_{v0} 时，开始出现宾汉极限切应力 τ_B，S_{v0} 和 τ_B 的计算公式分别为

$$S_{v0} = AS_{vm}^{3.2} \quad (10.4-61)$$

$$\tau_B = 0.098\exp\left[\frac{B(S_v - S_{v0})}{S_{vm}} + 1.5\right]$$
$$(10.4-62)$$

式中 S_v——浑水的体积比含沙量，以体积百分比计；

S_{v0}——开始出现宾汉极限切应力时的浑水含沙量，以体积百分比计；

S_{vm}——极限含沙量，以体积百分比计；

τ_B——宾汉极限切应力，N/m²；

A、B——系数，对于天然泥沙，$A = 1.26$，$B = 8.45$。

刚性系数计算公式为

$$\eta = \mu\left(1 - \frac{S_v}{S_{vm}}\right)^{-2} \quad (10.4-63)$$

式中符号意义同前。

2. 流态特性

一般挟沙水流都是紊流，较高的泥沙浓度是借助浑水的较强紊动来维持的，一般挟沙水流均属牛顿流体。高含沙水流和一般挟沙水流不同，可能是层流，也可能是紊流；可能属于牛顿流体，也可能属于宾汉流体。

含有一定数量细颗粒泥沙的高含沙水流，随着含沙水流的增加，紊动随之减弱，内部会逐渐形成絮网结构，水流黏性急剧增加，表现为宾汉流体的流动特性，在这种低紊动条件下，泥沙的高浓度靠宾汉极限切应力和紊动扩散作用两方面来维持，高含沙水流属于紊流，是宾汉流体。当含沙量极高时，不同粗细的泥沙颗粒形成一个网状整体，紊动消失，整个水流属于层流，宾汉流体的流变特性表现得更加充分，维持泥沙悬浮的只是宾汉极限切应力。

10.4.4.2 高含沙水流的输沙特性

1. 含有细颗粒泥沙的高含沙紊流

黄河干支流上的高含沙水流最为普遍的是含有黏性细颗粒泥沙的紊流，属宾汉流体。但是宾汉极限切应力往往不足以支托全部泥沙不下沉，细颗粒泥沙靠宾汉极限切应力支托悬浮，粗颗粒泥沙的悬浮仍赖于水流的紊动，一般把这种含细颗粒泥沙的高含沙紊流看成是由清水与细颗粒泥沙混合而成的均质浑水挟带粗颗粒泥沙的运动。

粗、细泥沙判别公式和粗泥沙挟沙力公式分别为

$$d_0 = \sqrt{\frac{18\nu UJ}{\frac{\gamma_s - \gamma}{\gamma}g\left(1 - \frac{S_v}{2\sqrt{d_{50}}}\right)^3}} \quad (10.4-64)$$

$$S_{v*} = 0.00019\left(\frac{U^3}{\frac{\gamma_s - \gamma_\omega}{\gamma_\omega}gR\omega}\right)^{0.9} \quad (10.4-65)$$

$$\omega = \omega_0\left(1 - \frac{S_v}{2\sqrt{d_{50}}}\right)^3 \quad (10.4-66)$$

式中 U——断面平均流速；

J——水力坡度；

R——水力半径；

γ、γ_ω、γ_s——清水、浑水、泥沙的容重；

ν——清水的运动黏滞系数；

S_v——悬移质体积比含沙量；

ω_0、ω——粗泥沙在清水、浑水中的平均沉速；

d_{50}——悬移质中值粒径；

d_0——粗、细泥沙判别粒径；

S_{v*}——粗砂体积比挟沙力。

在使用式（10.4-64）和式（10.4-66）时，d_{50} 的单位为 mm，$\left(1-\dfrac{S_v}{2\sqrt{d_{50}}}\right)$ 不计单位。由式（10.4-64）计算出 d_0，悬移质中粒径小于 d_0 的泥沙属于细泥沙，粒径大于 d_0 的泥沙属于粗泥沙。由式（10.4-65）可知，在考虑了含沙量对 γ_ω 及 ω 的影响后，高含沙紊流的粗砂挟沙力与一般挟沙水流的挟沙力规律是一致的。但由于高含沙紊流中粗砂在浑水中的平均沉速 ω 及 $(\gamma_s-\gamma_\omega)/\gamma_\omega$ 均随含沙量增加而大幅度地减小，所以高含沙紊流的粗砂挟沙力比一般挟沙水流的挟沙力大许多多。

2. 含有细颗粒泥沙的高含沙层流

含有细颗粒泥沙的高含沙层流和含有细颗粒泥沙的高含沙紊流一样，也属于宾汉流体。但和高含沙紊流不同的是，高含沙层流中所有的泥沙均为宾汉极限切应力支托，水和泥沙混合成一种均质流。从这个意义讲，也就谈不上挟沙力问题，而成为含有细颗粒泥沙的高含沙层流如何克服阻力以维持流动的问题。单位时间沿单位流程浑水所提供的功率为 $\gamma_\omega AUJ$，为维持流动，必须克服由边壁切应力所形成的阻力，而边壁切应力最小为宾汉极限切应力 τ_B，克服 τ_B 的功率为 $\tau_B\chi U$，所以含有细颗粒泥沙的高含沙层流输移条件为

$$\gamma_\omega AUJ \geqslant \tau_B\chi U \qquad (10.4-67)$$

式中　γ_ω——浑水容重；

　　　A——过水断面面积；

　　　U——断面平均流速；

　　　J——水力坡度；

　　　χ——过水断面湿周；

　　　τ_B——浑水与固体边界之间的切应力。

因为 $R=A/\chi$，$U=Q/A$，$\tau_0=\gamma_\omega RJ$，故含有细颗粒泥沙的高含沙层流的流动条件可表示为

$$\tau_0 \geqslant \tau_B \qquad (10.4-68)$$

曹如轩利用张浩的宾汉极限切应力经验公式，在整理实测资料的基础上得出含有细颗粒泥沙的高含沙层流的流动临界含沙量条件为

$$S_{v*} = 7(\gamma_\omega RJ)^{\frac{1}{5}}d_{50}^{\frac{3}{5}} \qquad (10.4-69)$$

式中　S_{v*}——层流流动临界体积比含沙量；

　　　γ_ω——浑水容重，t/m^3；

　　　d_{50}——悬移质中值粒径，mm；

　　　R——水力半径，m。

当体积比含沙量小于临界体积比含沙量时，层流可以维持流动；反之，停滞不动。从这个意义上讲，含有细颗粒泥沙的高含沙层流仍然存在一个极限含沙量。

10.4.5　风力侵蚀

风力侵蚀不仅造成农田表土损失，危害农作物，掩埋道路和村庄，污染环境，同时还会直接增加河流泥沙。由于风蚀不能增加河流水量的输入，因此它所造成的河床淤积比水蚀更为严重。与水蚀研究相比，目前人们对风蚀的研究远远不够。虽然风蚀不像水蚀那样普遍发生，但其所造成的经济损失和环境恶化都是相当严重的。水蚀主要集中于一年中的几次大暴雨，而风蚀则是一年四季均可发生的一种连续侵蚀过程。从目前的研究现状看，风蚀的研究多是定性的、区域性的，有许多基础理论、生产实践问题亟须开展研究。下面将有关影响风蚀的因素和风蚀沙量预报方法的一些研究成果加以介绍。

10.4.5.1　影响风蚀的因素

1. 气候因素

（1）风速。风的吹飏是砂粒运动的能量来源。早在 20 世纪 30 年代，奥布赖恩和林德劳布就曾根据美国哥伦比亚河口的实测资料，得到风沙运动的推移质输沙率与风速的三次方成正比的结论。之后，拜格诺根据风洞试验结果进一步证明了奥布赖恩等人的结论。由此可见，风速对风蚀的影响极大。对于一定的地表土壤来说，只有当风速达到某一值时才可能发生侵蚀。土壤颗粒开始运移时的风速称为临界风速，有时也用临界剪切风速 U_{*c} 表示：

$$U_{*c} = \sqrt{\tau_c/\rho} \qquad (10.4-70)$$

式中　τ_c——土壤颗粒开始运动时地表附近的剪切应力；

　　　ρ——流体密度。

据内蒙古巴彦淖尔盟水土保持科学试验站对磴口县风蚀的观测，当距地面 2.0m 高处的风速达到 4.0m/s 时，粒径小于 0.25mm 的砂粒即开始移动；当风速达到 5.0m/s 时，该区砂粒全部能起动。拜格诺发现，当地面有泥沙运动时，风速分布遵循对数定律，愈靠近地面，由于受地表摩阻的影响，风速越小，反之风速就越大。据钱宁等人研究，砂粒运动主要以跃移形式为主，随着风速的增大，跃移层也逐渐增厚。风速大小对风成床面形态也有直接影响，沙波高度、波长等均随风速的增大而加大，其间有着密切关系。

（2）风向。风向是影响风蚀及入河沙量的主要因素之一。风向与防风林带走向平行时，其侵蚀能力要比垂直防风林带的大得多；风向与河道走向垂直时，风沙可以直接进入河流。

（3）降水。降水多寡将直接影响土壤湿度，而土壤抗风蚀能力与土壤湿度密切相关。土壤在湿润状态

下凝聚力强，不易发生风蚀，反之则易发生风蚀。吉勒特、尼柯林等人认为，黏土、黏壤土、壤土和砂壤土，由于降水形成的结皮及颗粒间黏结作用，月降水量超过 50mm 时，实质上可以使 U_{*c} 增大。然而，对于沙和砂质土壤，由于其土壤结构松散，高强度降水及超饱和土壤湿度的共同作用，会导致土壤结构破坏、土壤团聚体及地表"裂解"，所以，月降水量超过 50mm 时具有相反的作用。

2. 土壤因素

土壤因素包括土壤性状和表面粗糙度。土壤具有可蚀性与抗蚀性两种性质。土壤的可蚀性就是土壤对于侵蚀的敏感性，抗蚀性是指土壤抵抗外力侵蚀的能力，这二者的强弱取决于土壤性质，主要包括土壤颗粒组成、团粒稳定性、岩石成分以及黏土含量和类型。

土壤的水稳性团粒结构在抵抗风蚀方面起较大作用。据切尔皮分析，中等质地土壤的抗蚀力最大，因为淤泥颗粒具有很大的黏结力，不会出现裂隙和粒化现象；疏松的砂性物质，其结合力极弱，易于受风速影响而起动。土壤的抗蚀性也决定于土块的大小，一般易风蚀土壤的土块易碎，而抗风蚀性强的则不易碎。

土壤湿度和温度影响土壤的干燥情况，从而间接影响风蚀的程度。在水分长期亏损情况下，抗蚀性高的土壤可以变得易分散，非可蚀性土壤团聚体随之成为高可蚀性颗粒。

在裸露状态下，地表糙度在很大程度上取决于作物收获后及播种前的土壤是如何管理的。如果土壤表面在连续翻耕后是松软平整的，没有明显的土块及土垄，则其侵蚀临界风速要比具有土块或土垄的土壤要低些。

3. 植物因素

影响风蚀的植物因素包括植物的高度、枝叶的茂密程度以及群体的密度。高秆植物不仅可以使风速断面自地表上移，还可以消耗风的动能，从而使风蚀及运移土壤颗粒的能力降低。研究表明，防风林在下风相当长的距离内可以有效地减小风速；植物残茬和草皮可以增加地表糙度，减小作用于地表的风能，吸收跃移质砂粒动能，减轻风及跃移质砂粒对地表的破坏作用。据印度钦达恩当 2007m² 试验区的实测资料，移去草皮后 3 年内，年平均风蚀厚度达 17.7cm。

10.4.5.2 风沙的起动条件

1. 粗颗粒风沙的起动条件

研究表明，和流水中的泥沙起动一样，对于粗颗粒风沙来说，流体起动条件为

$$\frac{\tau_c}{(\gamma_s - \gamma)D} = f\left(\frac{U_* D}{\nu}\right) \quad (10.4-71)$$

把 $\tau_c = U_{*c}^2 \rho$ 代入式（10.4-71）后，即得

$$\frac{U_{*c}}{\sqrt{\frac{\gamma_s - \gamma}{\gamma} g D}} = f_1\left(\frac{U_* D}{\nu}\right) \quad (10.4-72)$$

在 $U_* D/\nu > 3.5$（对于风沙来说，一般相当于粒径大于 0.25mm 的泥沙）时，式（10.4-72）中的右侧接近一个常数。拜格诺根据均匀沙的试验结果，建议这个常数取 0.10。切皮尔则认为应在 0.09～0.11 之间变化。在砂粒雷诺数较大时，这条曲线接近一个定常值，其变化范围约在 0.04～0.06 之间。据莱尔斯及伍德鲁夫的试验结果，在风沙运动中：

$$\frac{U_{*c}}{\sqrt{\frac{\gamma_s - \gamma}{\gamma} g D}} = 0.17～0.20 \quad (10.4-73)$$

这就和流水中的试验结果比较接近。各家所确定的常数之所以有这样大的差别，一方面是因为判断泥沙起动没有严格的标准；另一方面也与确定摩阻流速的方法不同有关。

根据我国沙漠地区观测结果，风沙粒径与起动风速（距地貌 2m 处的风速）的关系见表 10.4-7，起动风速约与粒径的平方根成正比。

表 10.4-7　　我国沙漠地区风沙起动风速

粒径/mm	距地面 2m 处起动风速/（m/s）
0.10～0.25（含）	4.0
0.25～0.50（含）	5.6
0.50～1.00（含）	6.7
>1.00	7.1

2. 细颗粒风沙的起动条件

随着风沙粒径的减小，附面层流开始起到隐蔽作用。更细的颗粒常从大气中吸附水分，使颗粒与颗粒之间产生一定的黏结力。弗莱彻通过量纲分析和一系列试验，提出包括粗、细颗粒在内的统一的起动摩阻流速公式，即

$$U_{*c} = \left(\frac{\gamma_s - \gamma}{\gamma}\right)^{1/2} \left[0.13(gD)^{1/2} + 0.057\left(\frac{c}{\rho_s}\right)^{1/4}\left(\frac{\nu}{D}\right)^{1/2}\right]$$

$$(10.4-74)$$

式中　　ρ_s——泥沙的密度；

$\quad\quad\quad c$——泥沙颗粒之间的黏结力。

当黏结力很小时，式（10.4-74）就转化为前述拜格诺和切皮尔公式，只是弗莱彻所选用的常数要略大一些。

关于细颗粒泥沙的冲击起动条件，现在还不十分清楚。因为这样的颗粒一旦进入气流以后，常以悬移

的形式运动，而不是跳跃前进。如果有更粗的跃移质进入细颗粒泥沙组成的床面，则粗颗粒泥沙常陷在细颗粒泥沙中间，不久以后将会改变床面的性质。从目前已有的资料来看，对于较小的颗粒来说，冲击起动值似乎逐渐接近流体起动值。

细颗粒风沙不易起动，对我国黄土地区的地貌塑造过程具有重要意义。黄土地区的地面颗粒都比较细，即使在强风作用下也不容易吹动，但如受到干扰而一旦离开床面以后，又很容易被风卷走。这样，在村庄周围的道路由于经常受到羊群和大车的扰动，和附近黄土地面相比，存在着不同的风力吹蚀作用，从而使路面越降越低，往往形成了陡峭的峡谷。

10.4.5.3 风沙沿垂线的分布

日本河村龙马曾从理论上得出跃移质含沙量的垂线分布公式：

$$S(y) = J_0(x) \frac{2W_0}{\sqrt{gh}} \sqrt{\frac{2y}{h}} \qquad (10.4-75)$$

式中　$S(y)$——在高程 y 处的跃移质含量，g/cm^3；

　　　W_0——单位时间内落在单位面积床面上的泥沙量，$g/(s \cdot m^2)$；

　　　h——泥沙最大跳跃高度的平均值，m；

　　　$J_0(x)$——零阶贝塞函数。

Kawamura 进一步假定在跃移区内风速分布遵循指数定律，即

$$u(y) = a y^{1/2} \qquad (10.4-76)$$

这样就可以导出通过单位面积的跃移质输沙率沿垂线的分布，即

$$g_y = W_0 \left\{ 2\sqrt{2}\eta \left[J_0(\xi) - \beta \sqrt{\frac{h}{g}} J_1(\xi) \right] \right. $$
$$\left. + \frac{1}{\sqrt{2}} \frac{a\beta \sqrt{0.75h}}{g} \xi^2 [J_0(\xi) + J_2(\xi)] \right\}$$
$$(10.4-77)$$

其中

$$\xi = \sqrt{\frac{2y}{h}} \qquad (10.4-78)$$

$$\eta = \frac{\overline{u}_1}{\sqrt{2gh}} \qquad (10.4-79)$$

$$\beta = \frac{2\pi\mu D}{m} \qquad (10.4-80)$$

式中　$\overline{u}_1$——砂粒自床面跳出时的平均水平分速；

　　　m——砂粒的质量；

　　　$J_1(\xi)$、$J_2(\xi)$——一阶、二阶贝塞函数。

从试验结果来看，η 接近于常数 2，与风速关系不大。

10.4.5.4 风蚀预报经验模型

目前，应用中的各类经验模型所含基本变量及其形式各不相同，一般说来，风蚀方程可用如下函数式表达：

$$E = f(I', K, C, L, V') \qquad (10.4-81)$$

式中　E——年土壤流失量；

　　　I'——土壤可蚀性因子；

　　　K——地表粗糙度参数；

　　　C——气候因子；

　　　L——田间宽度参数；

　　　V'——植物被覆因子。

奥布赖恩等人以风速表征气候因子，所得到的单变量风沙推移质输沙率公式为

$$g_b = 0.022 U_{1.5}^3 \qquad (10.4-82)$$

式中　g_b——推移质单宽输沙率，$g/(s \cdot m)$；

　　　$U_{1.5}$——距地表 1.5m 处的风速，m/s。

英国泥沙专家 R. A. 巴格诺尔得以临界风速作为自变量，提出如下输沙率计算公式：

$$g_b = 1.5 \times 10^{-9} (v - v_c)^3 \qquad (10.4-83)$$

式中　v——风速，cm/s；

　　　v_c——临界起沙风速，cm/s。

拜格诺按照牛顿定律，结合风洞试验，得到一个半理论半经验性的风成推移质输沙率公式：

$$g_b = c \sqrt{D/D_1} \rho U_*^3 \qquad (10.4-84)$$

式中　D_1——0.25mm 标准砂的粒径；

　　　D——地表土壤颗粒平均粒径；

　　　c——地表形态及土壤团聚性的函数；

　　　ρ——砂粒密度；

　　　U_*——摩阻风速。

风沙入河沙量一般按沙量平衡原理推算，其计算式如下：

$$G_{sw} = G_{sd} - \sum G_{sl} + G_{se} + G_{sb} \qquad (10.4-85)$$

式中　G_{sw}——入河沙量；

　　　G_{sd}——计算河段最下断面输沙量；

　　　G_{sl}——计算河段各支流输沙量及最上断面输沙量；

　　　G_{se}——工农业用水引沙量；

　　　G_{sb}——河道冲淤量（淤积为正值，冲刷为负值）。

10.4.5.5 风蚀预报数理模型

现有数理模型中，一般将风蚀沙量区分为土壤通量和土壤流失量两个概念。前者是指土壤在田间从一个地方运动到另一个地方，即土壤在田间沿下风向呈水平运动的数量；后者是指土壤离开给定田块边界的沙量，为水平方向土壤通量的一部分，其通过田间下

风向的边界而从田间流失掉。由于风蚀的物理过程极其复杂，加上人们对风蚀机理还缺乏深入的了解，所以，完全从理论上建立起完整的数理模型是困难的。为解决生产实际问题，数理模型一般都是在半理论、半经验预报模型基础上研制出来的。由加拿大格拉弗大学尼柯林等人研制的 GWEAM 模型就是一例，现对其作一简介。

1. 模型原理

GWEAM 模型将风蚀视为作用于土壤表面的风力和土壤表面的抗蚀力两个相反的力相互作用的结果。在模型中，风的作用用 Weibull 双参数风速概率密度函数描述。土壤表面抗蚀力用临界剪切速度 U_{*c} 表示。U_{*c} 不仅考虑了泥沙运移阻力（例如粒径、表面糙度），同时也考虑了诸如作物残茬和植物等作用于土壤表面影响风力大小的因素。

2. 模型结构

图 10.4-8 为 GWEAM 模型的一般结构。第一模框为地块划分，包括选择合适的面积分解系数，将田间分解成次级单元。第二模框为土地概况及环境资料，需要输入诸如土壤结构、各次级单元土地利用情况、风和降水资料等土地信息。第三模框确定各单元田块相应的月剪切力系数和月临界风速。第四模框为计算田面宽，包括垂直风向的田间及各次级单元的计算。第五模框中为修正考虑防风林影响后各单元田块的土壤侵蚀估算量。第六模框为输出，包括田间各次级单元田块的月、年侵蚀估算量（土壤通量、流失量及尘埃扩散量）。

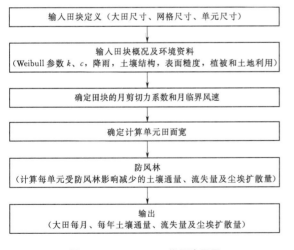

图 10.4-8　GWEAM 模型流程图

3. 参数处理

在 GWEAM 模型运行中，首选根据选定的面积分解系数将计算田地划分为具有变尺寸的网状田块。网格由一个预先明确编号系统的有限个（如 $100 \times$

100）方形面元组成。假如网格上顶边朝北，田间平面要作相应定位，由此反映相对于风向其田间方位的影响。

描述风能的 Weibull 双参数（即形状参数 k 和尺度参数 c）。k 描述风速分布的峰值（峰态）和不对称性（偏态），c 直接反映风速分布的平均状况。风速观测值与 8 个主方向域相对应，每一方向域用一个平均风向表示。然后，计算 Weibull 双参数，并根据风向坐标确定每月的参数值，反映风能在时间和方向上的变化。

在早期的风蚀模型中，剪切风速总是与土壤可蚀性因子相联系。在 GWEAM 模型中，U_{*c} 的确定则侧重于土壤侵蚀速率。制约 U_{*c} 的变量有土地利用、植物（作物）、植物残茬、土壤构造、土壤可蚀性、地表糙度和降水量。在模型运行中，对于用户所定义的冬季，认为无侵蚀发生。这是因为土壤冻结、雪被以及融雪使土壤饱和，U_{*c} 会达到很高。

GWEAM 模型认为田间长度并不是计算土壤通量的主要影响因素，而将田间计算宽度视为关键因素。所谓计算宽度，是指与一定风向相垂直的田面宽（图 10.4-9），每一单元田面都定义有相同的计算宽度。

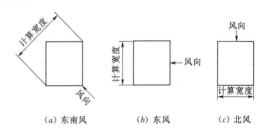

（a）东南风　（b）东风　（c）北风

图 10.4-9　计算单元田面宽

在模型运行中，对防风林之类的屏障要进行重新排列，原则是防风屏障可置于田间任一处，但必须沿各面元边界的大致方位（图 10.4-10），这是由于防风屏障对侵蚀影响的效应取决于侵蚀性风的方位。

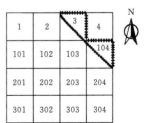

• 田间防风林　• 模拟防风林
图中数字为田块标示符

图 10.4-10　GWEAM 模型对防风林的模拟

按减蚀效能及各种植物制度将作物分为三个类

型，即冬季谷物、春季作物和夏季休闲作物。作物残茬量的确定视地表覆盖面积及腐烂率而定，土豆、豌豆和蚕豆等蔬菜类作物的残茬量极低。

模型输出有三个文件。在第一个文件中，给出每个单元田面的特定输出，即作物种类、土壤构造、垄高和间距以及面积；顺风向的月土壤通量、土壤流失量及尘埃扩散量，年、月总的土壤通量、土壤流失量和尘埃扩散量。第二个文件输出整个田间顺风向各月及每年的土壤通量、土壤流失量和尘埃扩散量。第三个为总信息文件，包括计算每单元田面侵蚀率用到的 U_c 值、总面积、总土壤通量、平均土壤通量、平均土壤流失量和平均尘埃扩散量。

4. GWEAM 模型评价

模型检验表明，实际土壤通量及其流失量与相应预报值的吻合程度是令人满意的，不过，该模型的不足也是显而易见的。如：有关土壤湿度对 U_c 的影响没能直接反映出来，而是综合到降水参数中；地面植物和枯枝落叶的枯萎腐烂随时间的变化未能在模型中得到描述，模拟精度必然受到限制。尽管如此，由于该模型考虑的因素较多，结构完整、合理，对研究风蚀预报仍具有很大的参考价值。

参 考 文 献

[1] 杜庆华．工程力学手册 [M]．北京：高等教育出版社，1994．

[2] 哈尔滨工业大学理论力学教研组．理论力学 [M]．北京：高等教育出版社，2000．

[3] 孙训方，方孝淑，关来泰，等．材料力学 [M]．北京：高等教育出版社，2001．

[4] 邓训，徐远杰．材料力学 [M]．武汉：武汉大学出版社，2007．

[5] 申向东．材料力学 [M]．北京：机械工业出版社，1998．

[6] 陈伟，等．水工设计手册 第3卷 征地移民、环境保护与水土保持 [M]．2版．北京：中国水利水电出版社，2011．

[7] 刘志明，等．水工设计手册 第1卷 基础理论 [M]．2版．北京：中国水利水电出版社，2011．

[8] 南京水利科学研究院．土的工程分类标准：GB/T 50145—2007 [S]．北京：中国计划出版社，2008．

[9] 建筑综合勘察研究设计院．岩土工程勘察规范：GB 50021—2009 [S]．北京：中国建筑工业出版社，2009．

[10] 长江水利委员会长江勘测规划设计研究院．堤防工程地质勘察规程：SL 188—2005 [S]．北京：中国水利水电出版社，2005．

[11] 南京水利科学研究院．土工试验规程：SL 237—1999 [S]．北京：中国水利水电出版社，1999．

[12] 杨进良．土力学 [M]．北京：中国水利水电出版社，2000．

[13] 黄河水利委员会勘测规划设计研究院．碾压土石坝设计规范：SL 274—2001 [S]．北京：中国水利水电出版社，2002．

[14] 郭庆国．粗粒土的工程特性及应用 [M]．郑州：黄河水利出版社，1999．

[15] 屈智炯，何昌荣，刘双光，等．新型石渣坝——粗粒土筑坝的理论与实践 [M]．北京：中国水利水电出版社，2002．

[16] Duncan J M，et，al. Strength，stress - strain and bulk modulus parameters for finite element alalysis of stress and movement in slil masses [R]．California：University of California，1980．

[17] Seed H B，Idriss I M. Soil moduli and damping factors for dynamic response analysis [R]．California：Earthquake Engineering Research Center，1970．

[18] 中国建筑科学研究院．建筑地基基础设计规范：GB 50007—2002 [S]．北京：中国建筑工业出版社，2002．

[19] 天津港湾工程研究所．港口工程地基规范：JTJ 250—1998 [S]．北京：人民交通出版社，1998．

[20] 水利部水利水电规划设计总院，长江水利委员会长江勘测规划设计研究院．水利水电工程地质勘察规范：GB 50487—2008 [S]．北京：中国计划出版社，2008．

[21] 中国建筑研究科学院．建筑抗震设计规范：GB 50011—2010 [S]．北京：中国建筑工业出版社，2010．

[22] 中国水电顾问集团西北勘测设计研究院，中国水电顾问集团贵阳勘测设计研究院．水电水利工程边坡设计规范：DL/T 5353—2006 [S]．北京：中国电力出版社，2006．

[23] 中华人民共和国水利部．工程岩体分级标准：GB 50218—1994 [S]．北京：中国计划出版社，1995．

[24] 水电水利规划设计总院．水力发电工程地质勘察规范：GB 50287—2006 [S]．北京：中国计划出版社，2008．

[25] 冶金部建筑研究总院．锚杆喷射混凝土支护技术规范：GB 50086—2001 [S]．北京：中国计划出版社，2001．

[26] 潘家铮．建筑物的抗滑稳定和滑坡分析 [M]．北京：水利出版社，1980．

[27] 王复来．土石坝变形与稳定分析 [M]．北京：中国水利水电出版社，2008．

[28] 陈祖煜．土质边坡稳定分析——原理 方法 程序 [M]．北京：中国水利水电出版社，2003．

[29] 王勖成．有限单元法 [M]．北京：清华大学出版社，2003．

[30] 崔云鹏，蒋定生．水土保持工程学 [M]．西安：陕西人民出版社，1998．

[31] 水电水利规划设计总院．边坡工程与地质灾害防治

［M］. 2 版. 北京：中国水利水电出版社，2013.

［32］ 李镜培，赵春风. 土力学 ［M］. 北京：高等教育出版社，2004.

［33］ 张伯平，党进谦. 土力学与地基基础 ［M］. 北京：中国水利水电出版社，2006.

［34］ Morgenstern，N. R. and Price，V. The analysis of the stability of general slip surface ［J］. Geotechnique，1965，15 (1)：79 - 93.

［35］ Janbu，N. Slope stability computations ［J］. Embankment Dam Engineering，1973，47 - 86.

［36］ Bishop，A. W. The use of the slip circle in the stability analysis of slopes ［J］. Geotechnique，1995，1 (1)：7 - 17.

［37］ Spencer，E. A method of analysis of embankments assuming parallel inter - slice forces ［J］. Geotechnique，1967 (17)：11 - 26.

［38］ 李天扶，王晓岚. 岩质边坡抗滑稳定分析中的潘家铮分块极限平衡法 ［J］. 西北水电，2007 (2)：4 - 8.

［39］ Robert V. Whitman. Evaluating Calculated Risk in Geotechnical Engineering ［J］. Journal of Geotechnical Engineering，1984，110 (2)：143 - 188.

［40］ 刘汉东，汪文英. 水电工程高边坡安全度标准研究 ［C］∥全国岩石力学与工程学术大会，1996.

［41］ 高海鹰. 水力学 ［M］. 南京：东南大学出版社，2011.

［42］ 洪惜英. 水力学（水土保持专业用）［M］. 北京：中国林业出版社，1992.

［43］ 刘鹤年. 流体力学 ［M］. 2 版. 北京：中国建筑工业出版社，2004.

［44］ 吴持恭. 水力学（上、下册）［M］. 4 版. 北京：高等教育出版社，2008.

［45］ 张志昌. 水力学（上、下册）［M］. 北京：中国水利水电出版社，2011.

［46］ 武汉水利电力学院. 河流泥沙工程学 ［M］. 北京：水利出版社，1980.

［47］ 中国水利学会泥沙专业委员会. 泥沙手册 ［M］. 北京：中国环境科学出版社，1992.

［48］ 姚文艺. 风力侵蚀及其预报方法 ［J］. 中国水土保持，1994 (3)：16 - 19.

［49］ 张瑞瑾. 河流泥沙动力学 ［M］. 北京：中国水利水电出版社，1998.

第11章 农、林、园艺学基础

章主编　张光灿　黄炎和　刘　霞
章主审　王治国　贺康宁

本章各节编写及审稿人员

节次	编写人	审稿人
11.1	杜瑞英　王治国	王治国 贺康宁
11.2	张光灿　刘　霞	
11.3	王治国　田　赟　董　智　王　贤	
11.4	黄炎和　蒋芳市　张淑勇	
11.5	于东明　张光灿	

第 11 章 农、林、园艺学基础

11.1 作物栽培与耕作学基础

11.1.1 作物及其相关概念

广义上的作物是指有利于人类而由人工进行栽培的植物;狭义上指农田大面积种植的农作物,即大田作物。

11.1.1.1 作物的生长发育

作物生长是指作物个体、器官、组织和细胞,在体积、重量和数量上的增加。它是一个不可逆的数量化过程,如营养器官(如根、茎、叶)的生长,通常用大小、长短、粗细、轻重和多少来表示。

作物发育是指其细胞、组织和器官的分化形成过程,也即在形态、结构和功能上发生本质性的变化。

作物的生长和发育是同时进行并互为基础。例如叶的长宽、厚重的增加谓之生长,而叶脉、气孔等组织和细胞的分化谓之发育。

作物生长发育相关概念详见表 11.1-1。

表 11.1-1 作物生长发育的相关概念

生长发育相关概念	含 义
作物生长过程	指依据作物随时间变化生长快慢而划分的生长阶段或时期。一般分为缓慢增长期、快速增长期、缓慢生长期等时期。一般的作物生长过程通常表现为作物器官、个体和群体的生长和产量的积累随时间延长呈 S 形曲线的变化
作物生育期	一般是指从播种到成熟收获所经历的时间(以所需日数表示),称为大田生育期。对需育秧移栽的作物,如水稻、甘薯以及烟草等的生育期分为秧田(出苗到移栽的天数)和大田两个生育期(移栽到成熟的天数)。对以营养器官为收获对象的作物,如麻类、薯类、牧草、甘蔗等的生育期是指从播种到收获适期的总天数
作物生育时期	也称生育阶段,是指作物在生长发育过程中,其外部形态和内部生理特性呈现显著变化的几个时期。如玉米,可分为出苗期、拔节期、大喇叭口期、抽雄期、吐丝期和成熟期 6 个阶段;豆类,可分为出苗期、分枝期、开花期、结荚期、鼓粒期和成熟期 6 个阶段

续表

生长发育相关概念	含 义
作物物候期	指作物生长发育在一定外界环境条件下所表现出来的形态特征。通常是人为制定一些具体指标以科学指导作物的生育进程。如玉米,分为出苗、拔节、抽雄、开花、吐丝、成熟 6 个时期

11.1.1.2 作物的耕作制度

作物耕作制度,又称农作制度,指一个地区或生产单位的作物种植制度(或栽培制度)以及与之相适应的养地制度(土壤管理制度)的综合技术体系。

作物种植制度,又称栽培制度,指一个地区或生产单位在一定历史时期内为适应当地自然和社会经济条件以及科学技术水平而形成的作物组成及其种植方式的技术体系,或者说是作物结构与布局、熟制与种植方式的总称。其中,种植方式包括单种、复种、间种、套种、混种、连作、轮作、休闲等,见表 11.1-2。

表 11.1-2 作物种植(栽培)制度的内容与概念

种植(栽培)制度		基 本 概 念
作物布局		指在某一种植区域(田地)上,对种植作物的种类(品种)及其种植地点和种植面积所做的安排(配置),是种植制度的中心。主要内容包括:明确对农产品的各种需要,查清作物生产的环境条件,确定适宜的作物种类,确定合理的作物配置,进行可行性鉴定和保证生产资料供应
作物熟制		中国对耕地利用程度的一种表示方法,它以年为单位表示收获农作物的季数。其中对一块田地上收获一次以上的熟制,称为多熟制
种植方式	单作	又称单种,是在同一块田地上种植一种农作物的种植方式
	复种	是指在同一田地上,一年内接连种植两季或两季以上农作物的种植方式,其形式有接茬复种、移栽复种、套种复种和再生复种 4 种。我国北方地区常见的有一年两熟,如小麦—玉米

续表

种植（栽培）制度		基本概念
种植方式	复种	两熟、小麦-大豆两熟；两年三熟，如春玉米-冬小麦-夏大豆。大田复种程度采用耕地复种指数来表示。耕地复种指数＝全年收获总面积/耕地总面积×100%
	间种	又称间作，是在同一田地上于同一生长期内，分行或分带相间种植两种或两种以上生育季节相近的农作物的种植方式；是集约利用地力空间的种植方式
	套种	又称套作，是在前作物生长后期，于其株行间播种或栽植后作物的种植方式，是一种集约利用空间和时间的种植方式
	混种	在同一田块内，两种或两种以上生育期相近的作物混合种植的方式
	连作	是在同一田地上连年种植相同种类农作物的种植方式，在同一田地上采用同一种复种方式
	轮作	在同一田地上有顺序地轮换种植不同种类农作物的种植方式，其中在多熟制条件下，轮作是由不同复种方式所组成，叫复种轮作。北方地区的主要轮作类型有一年一熟轮作、粮经作物复种轮作、水旱轮作和绿肥轮作
	休闲	指耕地在可种农作物的季节只耕不种或不耕不种，是一种恢复地力的技术措施，包括全年休闲和季节休闲两种

土壤管理制度，又称养地制度，是与种植制度相适应的且以提高土壤生产力为中心的一系列技术措施，包括农田基本建设、土壤培肥、水肥管理、土壤耕作以及农田保护等技术措施。

土壤耕作是根据土壤特性及作物对土壤的要求，应用机械方法改善土壤耕层结构和理化性状，以达到提高土壤肥力，消灭病虫杂草而采取的一系列耕作措施。

11.1.2　作物种类与分布

11.1.2.1　作物的主要种类

作物的种类很多，世界各地栽培的大田作物约 90 余种，我国种植的有 60 余种，它们属于植物学的不同科、属、种。作物的种类可根据作物的生理生态特性分类或根据作用用途和植物学系统相结合分类，见表 11.1-3。

11.1.2.2　中国的作物布局

根据发展种植业的自然条件与社会经济条件和作物结构、布局、种植制度，以及种植业发展方向、关键措施的区内相似性，在保持一定行政区界完整的原

则下，全国种植业区划委员会将中国种植业划分为 10 个一级区和 31 个二级区，见表 11.1-4。

表 11.1-3　作物的主要种类

作物分类			主要特点
根据作物的生理生态特性分类	按作物对温度条件的要求	喜温作物	生长发育的最低温度为 10℃左右，其全生育期需要较高的积温，如稻、玉米、高粱、谷子、棉花、花生、烟草等
		耐寒作物	生长发育的最低温度约在 1~3℃，需求积温一般也较低，如小麦、大麦、黑麦、马铃薯、豌豆、油菜等
	按作物对光周期的反应	长日照作物	是指光照时数必须超过临界日长才能正常生长、开花、结实的作物，如麦类作物、油菜等
		短日照作物	是指光照时数短于临界日长才能正常生长、开花、结实的作物，如稻、玉米、大豆、棉花、烟草等
		中性作物	是指那些对日照长短没有严格要求的作物，如荞麦
		定日照作物	只能在某一日照条件生长的作物，如甘蔗的某些品种，只能在 12h45min 的日照长度下才开花，长于或短于这个日长都不能开花
	按作物对 CO_2 的同化途径	碳三（C_3）作物	碳三作物光合作用的 CO_2 补偿点高，如水稻、小麦、大豆、棉花、烟草等
		碳四（C_4）作物	碳四作物光合作用的 CO_2 补偿点低，光呼吸作用也低，如玉米、高粱、谷子、甘蔗等；
			碳四作物在强光高温下光合作用能力比碳三作物高
根据作物用途和植物学系统相结合分类	粮食作物（或称食用作物）	谷类作物	也叫禾谷类作物，绝大部分属禾本科，主要有小麦、大麦（包括皮大麦和裸大麦）、燕麦（包括皮燕麦和裸燕麦）、黑麦、稻、玉米、谷子、高粱、黍、稷、稗、薏苡等。荞麦是蓼科，其籽粒可供食用，习惯上也将其列入此类

续表

作物分类		主要特点
粮食作物（或称食用作物）	豆类作物	亦称菽谷类作物，均属豆科，主要提供植物性蛋白质。常见的作物有大豆、豌豆、绿豆、赤豆、蚕豆、豇豆、菜豆、小扁豆、鹰嘴豆等
	薯芋类作物	也称根茎类作物，属于植物学上不同的科、属，主要是生产淀粉类实物，常见的有：甘薯、马铃薯、木薯、山药、芋等
根据作物用途和植物学系统相结合分类 经济作物（或称工业原料作物）	纤维作物	以生产纤维为目的的作物，分为有种子纤维，如棉花；韧皮纤维，如大麻、亚麻、洋麻、苘麻、苎麻等；叶纤维，如龙舌兰麻、蕉麻、菠萝麻等
	油料作物	以生产油料为目的的作物，常见的有花生、油菜、芝麻、向日葵、蓖麻、苏子、红花等；大豆有时也归于此类
	糖类作物	以生糖类为目的的作物，南方有甘蔗，北方有甜菜，此外还有甜叶菊、芦粟等
	其他作物	其他作物（有些是嗜好作物）主要有烟草、茶叶、薄荷、咖啡、啤酒花、代代花等，此外还有挥发性油料作物，如香茅草等
饲料和绿肥作物		此类作物常常既可作饲料，又可作绿肥。豆科常见的有苜蓿、苕子、紫云英、草木樨、田菁、三叶草、沙打旺等；禾本科中常见的有苏丹草、黑麦草、雀麦草等；其他如红萍、水浮莲等也属于此类

注 1. 上述分类不是绝对的，宜根据用途划分。例如大豆，既可食用，又可榨油；亚麻既是纤维作物，种子又是油料；玉米既可食用，又可青贮饲料；马铃薯既可作粮食，又可作蔬菜。

2. 在生产上，因播种期不同，可分为春播作物、夏播作物、秋播作物，在南方还有冬播作物。

11.1.3 作物栽培技术

常规作物栽培技术主要分为合理密植、播种与育苗移栽、覆盖栽培、营养调节、水分管理、作物保护、地膜覆盖栽培、收获、灾后应变栽培等，见表11.1-5。

表 11.1-4 中国种植业区划与作物布局

一级区（10个）	二级区		作物种类
	个数	名称	
东北大豆、春小麦、玉米、甜菜区	6	大、小兴安岭区	主要作物有大豆、玉米、春小麦、高粱；其次是水稻、谷子、马铃薯、甜菜、亚麻及早熟棉花
		三江平原区	
		松嫩平原区	
		长白山区	
		辽宁平原丘陵区	
		黑吉西部区	
北部高原小杂粮、甜菜区	3	内蒙古北部区	主要作物是旱粮、甜菜、油菜、胡麻和向日葵等
		长城沿线区	
		黄土高原区	
黄淮海棉、麦、油、烟、果区	5	燕山太行山山麓平原区	主要作物有冬小麦、棉花、花生、芝麻及烤烟，是我国重要的粮、棉、油、烟、果的集中产区
		冀、鲁、豫低洼平原区	
		黄淮平原区	
		山东丘陵区	
		汾渭谷地豫西平原区	
长江中下游稻、棉、油、桑[①]、茶[①]区	3	长江下游平原区	主要作物有水稻、棉花、油菜、麻类，是我国粮、棉、油、麻、丝[①]、茶[①]等重要产地
		鄂、豫、皖丘陵山地区	
		长江中游平原区	
南方丘陵双季稻、茶[①]、柑橘[①]区	2	江南丘陵区	主要作物有水稻、油菜、茶[①]、柑橘[①]等
		南岭山地丘陵区	
华南双季稻、热带作物、甘蔗区	4	闽、粤、桂中南部区	主要作物有水稻、甘蔗、热带作物、亚热带水果[①]
		云南南部区	
		海南岛、雷州半岛区	
		台湾区	
川陕盆地稻、玉米、薯类、柑橘[①]、桑[①]区	2	秦岭大巴山区	主要作物有水稻、玉米、甘薯、小麦、油菜、桑[①]、柑橘[①]、甘蔗、烤烟、药材等
		四川盆地区	
云贵高原稻、玉米、烟草区	2	湘西、黔东区	主要作物有水稻、玉米、烟草、药材等
		黔西、云南中部区	

续表

一级区 (10 个)	二级区		作物种类
	个数	名称	
西北绿洲麦、棉、甜菜、葡萄①区	2	蒙、甘、宁、青、北疆区	主要作物有小麦、玉米、棉花、甜菜、葡萄①、枸杞①等
		南疆区	
青藏高原青稞、小麦、油菜区	2	藏东南、川西区	主要作物有青稞、小麦、豌豆和油菜
		藏北、青南区	

① 木本经济植物。

表 11.1－5　作物栽培技术要点

栽培技术		主　要　内　容
合理密植技术	合理轮作	在一定程度上调剂土壤养分的消耗
	施肥养地	(1) 保证作物持续增产。 (2) 土壤快速培肥。 (3) 有机肥能够改善土壤的理化性质和土壤微生物状况，创造良好的土壤生态环境
	秸秆还田	培肥地力
	种植绿肥	直接翻压施用，翻入 10～20cm 土层，培肥地力
播种与育苗移栽技术	播种期的确定	(1) 保证发芽所需的各种条件。 (2) 使作物各个生育时期处于最佳的生育环境
	播种技术	(1) 种子清选，常用方法有筛选、风选、液体比重选等。 (2) 种子处理，主要有晒种、浸种、药剂拌种、浸种催芽和包衣等。 (3) 播种方式，主要有撒播、条播、穴播和精量播种等。 (4) 育苗与移栽
覆盖栽培技术	种植密度	综合作物种类、品种、茬口、土壤肥力、管理水平和气候条件等因素确定密度
	植株配置	(1) 充分利用光能，植株的均匀配置，至少在生育前期和中期对光照截获较好。 (2) 充分利用土壤营养和水分。 (3) 方便农事操作
营养调节技术	施肥原则	(1) 用养结合原则。 (2) 需要原则。 (3) 经济原则

续表

栽培技术		主　要　内　容
营养调节技术	肥料种类及特点	(1) 有机肥料（农家肥料）：来源广、成本低、养分含量全、分解释放缓慢、肥效长。 (2) 无机肥料（化学肥料）：易溶于水、肥效高、肥效快、能为作物直接吸收利用。 (3) 微生物肥料：改善土壤环境，提高土壤肥力
	施肥时期	(1) 基肥：播种前或移栽前施用。 (2) 种肥：播种或移苗时局部施用。 (3) 追肥：作物生育期间施用
水分管理技术	节水灌溉	充分有效地利用自然降水和灌溉水，最大限度地减少作物耗水过程中的损失，优化灌水次数和灌溉定额① 技术主要包括：地上灌（如喷灌、滴灌等）、地面灌（如膜上灌等）和地下灌 3 大系统
		通过调整土壤水分、土壤通气和温湿状况，为作物正常生长、适时播种和田间耕作创造条件
	排水技术	排水原则： (1) 排水蓄水要统一考虑。 (2) 排除涝水要与防渍排水、防盐碱化排水相结合。 (3) 争取自流排水，高水高排，防止高处的径流汇集到低洼地，加大低地的排水任务
作物保护技术	病虫害防治技术	执行"预防为主，综合防治"的方针
	化学调控技术	主要作用： (1) 打破休眠，促进发芽。 (2) 增蘖促根，培育矮壮苗。 (3) 促进籽粒灌浆，增加粒数和粒重。 (4) 控制徒长。 (5) 防止落花落果，促进结实。 (6) 促进成熟果实的发育受激素的控制
	人工控旺技术	主要作用： (1) 深中耕和人工松土，有利于禾谷类作物增加分蘖成穗。 (2) 压苗，促进根系生长。 (3) 晒田，促进根系发育，抑制茎叶徒长和控制无效分蘖。 (4) 打（割）叶，有利于生殖器官的生长发育。

续表

栽培技术		主 要 内 容
作物保护技术	人工控旺技术	（5）摘心（打顶），消除顶端优势，抑制茎叶生长，促进生殖器官的生长发育。 （6）整枝，减少营养消耗，改善株间通风透光
地膜覆盖栽培技术	地膜覆盖的作用	（1）增温效果。 （2）有良好的保墒效果。 （3）提墒效应。 （4）加速土壤营养的转化和吸收，减缓土壤侵蚀。 （5）增加土壤生物的数量和活性。 （6）增加土壤中二氧化碳和氧的含量。 （7）防除田间杂草。 （8）盐碱地区覆膜可抑制土壤盐分的上升
	地膜覆盖技术	（1）施足基肥。 （2）根据地区、作物和生产习惯，采用先覆膜后播种（定植）或先播种（定植）后覆膜。 （3）灌水追肥，前期应适当控水，促根下扎，中后期适当增加灌水，并结合追施速效性氮肥。 （4）防除杂草，封严压实，使地膜与地表间呈相对密闭状态；高温高湿栽培时，可选用黑色膜、绿色膜等除草专用地膜；喷洒除草剂时，用药量应较常规栽培减少1/3。 （5）病虫害防治，应随时调查病虫害发生状况，及时采取相应防治措施
收获技术	收获时期的确定[②]	（1）种子、果实的收获期，禾谷类、豆类、花生、油菜、棉花等作物生理成熟期即为产品成熟期。 （2）块根、块茎作物的收获期，一般以地上部茎叶停止生长，并逐渐变黄，地下部贮藏器官基本停止膨大，干物重达最大时为收获适期。 （3）以茎秆、叶片为产品的收获期，以工艺成熟为收获适期
	收获方法	（1）刈割法，用于禾谷类作物。 （2）摘取法，用于棉花、豆等作物。 （3）掘取法，用于块茎作物
	产后处理和种子贮藏	（1）种子干燥：禾谷类作物的籽粒含水量不高于12%～13%，油料作物的种子含水量不高于9%～10%。

续表

栽培技术		主 要 内 容
收获技术	产后处理和种子贮藏	（2）薯类保鲜：在收、运、贮过程中避免损伤破皮，入窖前严格选择，剔除病、虫、伤薯块，加强贮藏期间的管理。薯类作物贮藏的适宜温度为10～14℃，不低于9℃，相对湿度为80%～90%
灾后应变栽培技术	霜冻后应变技术	霜冻后的补救措施主要有改种其他作物、防治人为加重伤害、遮阳防日晒，以及配合水肥和松土等管理措施
	雹灾后应变技术	雹灾后的主要补救措施有补种或重播、改种、防止人为加重伤害，配合中耕松土、及时浇灌、适时追肥、及时防治虫害、合理整枝、分批收获等措施
	涝灾后应变技术	涝灾后的主要补救措施有抢收、排水、打捞漂浮物和洗苗、扶理、补苗、配合追肥、科学管水、防治病虫害等措施

① 作物生育期内的灌溉定额计算公式：

$$M = E - P_0 - (W_0 - W + K)$$

式中：M—灌溉定额，m^3/hm^2；

E—全生育期作物田间需水量，m^3/hm^2；

P_0—全生育期内有效降水量，m^3/hm^2；

W_0—播种前土壤计划层的原有储水量，m^3/hm^2；

W—作物生长期末土壤计划层的储水量，m^3/hm^2；

K—作物全生育期内地下水利用量，m^3/hm^2。

② 收获时期确定：禾谷类作物可在蜡熟末至完熟期收获。棉花、油菜等由于棉铃或果果部位不同，成熟度不一。棉花在吐絮时收获，油菜以全田70%～80%植株的角果呈黄绿色、分枝上部尚有部分角果呈绿色时为收获适期。花生、大豆以荚果饱满、中部及下部叶片枯落，上部叶片和茎秆转黄为收获时期。甘蔗、烟草、麻类等作物的产品也为营养器官，其收获常常不是以生理成熟为标准。

11.1.4 作物耕作技术

常规的作物耕作技术主要有：间混套作、复种、轮作、连作、土壤耕作、表土耕作、少耕和免耕等，见表11.1－6。

表 11.1－6 **作物耕作技术要点**

耕作技术		主 要 内 容
间混套作	技术要点	（1）选择适宜的作物和品种。 （2）建立合理的田间配置。 （3）栽培技术应做到：①适时播种；②适当增施肥料；③施用生长调节剂，协调各作物正常生长发育；④及时综合防治病虫；⑤早熟早收

续表

耕作技术		主要内容
间混套作	主要类型	（1）间作：根据作物类别可分为禾本科作物与豆科作物间作、禾本科作物与薯类作物间作、经济作物与其他作物间作、农林间作、果农间作等类型。 （2）套作：主要有以棉花为主的套作、以玉米为主的套作、以水稻为主作的套作和以花生为主的套作
复种	复种的条件	（1）热量条件：一般情况下≥10℃积温小于 3000℃ 为一年一熟；≥10℃积温 3000～3600℃ 时，为一年一熟或两年三熟；≥10℃积温为 3600～5000℃ 可实行两熟。 （2）水分条件：年降水量 400～500mm 的地区，一年一熟；年降水量 600mm 左右的地区，一年两熟；年降水量 800mm 地区以稻麦两熟为主；年降水量大于 1000mm 的地区则可满足双季稻和三熟要求。 （3）肥力条件：提高复种指数①，除安排必要的养地作物外，还必须扩大肥源，增施肥料。 （4）充足的劳畜力、机械化条件
复种	技术要点	（1）作物组合：适宜的作物组合，有利于充分利用当地光、热、水资源。 （2）品种搭配：生长季富裕地区应选用生育期较长的品种，生长季节紧张的地方应选用早熟高产品种。 （3）育苗移栽：是克服复种与生育季节矛盾的最简单方法，其主要作用是缩短大田生长期。 （4）早发早熟：前作及时收获，后作及时播种，减少农耗期，有利于后作早发；采用地膜覆盖栽培技术，有利于作物早发
轮作	主要作用	均衡利用土壤养分，减轻作物的病虫危害，减少田间杂草的危害，改善土壤理化性状
轮作	基本方式	（1）一年一熟：一般种几年粮食作物，种一茬豆科作物或休闲，以恢复地力。主要方式：春小麦→玉米→大豆，大豆→高粱→谷子。 （2）一年两熟或两年三熟：适合在生长期较长、劳畜力充裕、水肥条件较好的地区运用，主要方式有春杂粮（玉米、高粱等）→小麦→夏杂粮（玉米、高粱、谷子、甘薯等），冬小麦

续表

耕作技术		主要内容
轮作	基本方式	→夏作物（玉米、高粱、谷子等）→冬小麦→夏作物。 （3）水旱轮作：分布在水利条件较好的水稻产区。 （4）绿肥作物轮作：采用短期绿肥与农作物轮作
连作	技术要点	（1）选择耐连作的作物品种②。 （2）采样先进的栽培技术
土壤耕作	主要作用	（1）松碎土壤。 （2）翻转耕层，混拌土壤。 （3）平整地面。 （4）压紧土壤。 （5）开沟培垄，挖坑堆土，打埂作畦
土壤耕作	基本措施	（1）翻耕：主要作用在于翻土、松土、碎土。 （2）深松耕：耕深达 25～30cm，最深 50cm。 （3）旋耕：水田、旱田整地都可用旋耕机，实际运作中耕深 10～12cm
表土耕作	主要作用	破碎土块，平整土地，消灭杂草。表土耕作深度一般不超过 10cm
表土耕作	基本措施	（1）耙地：一般作用深度为 5cm 左右，是收获后、翻耕后、播种前甚至播种后出苗前、幼苗期所进行的一类表土耕作措施。 （2）耱地：一般作用深度为 3cm，多用于半干旱地区旱地和干旱地区灌溉地上，多雨地区或土壤潮湿时不能采用。 （3）镇压：一般作用深度为 3～4cm，重型镇压器可达 9～10cm，主要用于半干旱地区旱地和半湿润地区播种季节较旱时，在盐碱地或水分过多的黏性土壤不宜镇压。 （4）做畦：北方水浇地上做平畦，畦长 10～50m，畦宽 2～4m，四周做宽约 20cm，高 15cm 的畦埂。南方旱作常筑高畦，畦宽 2～3m，长 10～20m，四面开沟排水，防止雨天受涝。 （5）起垄：垄宽 50～70cm，按当地耕作习惯、种植的作物及工具而定

续表

耕作技术		主 要 内 容
少耕和免耕	主要作用	有蓄水保墒和防水蚀和风蚀作用，但杂草危害严重
	基本措施	（1）少耕：在常规耕作基础上减少土壤耕作次数或全田间隔耕种、减少耕作面积的一类耕作方法。（2）免耕：直接在茬地上播种，在播种后和作物生育期间也不使用农具进行土壤管理的耕作方法

① 复种指数是全年播种面积占耕地面积的百分比，公式：

$$复种指数=\frac{全年作物播种总面积}{耕地面积}\times100\%$$

② 根据作物耐连作程度的不同，可把作物分为：耐长期连作的作物，这类作物若施用较多的有机肥和化肥，精细管理，多年连作的产量也较稳定，如水稻、麦类、玉米、棉花、苕子、紫云英等；耐短期连作的作物，这类作物一般可耐 2~3 年（有的 3~5 年）连作而受害较小，若多年连作，会因某些土壤感染病虫害而减产，如豆科绿肥、薯类作物等；不耐连作的作物，这类作物对连作反应十分敏感，连作后生长发育不正常，病虫害迅速蔓延，严重减产，如大豆、豌豆、蚕豆、花生、烟草、甜菜、亚麻、向日葵、大麻、黄麻等。

11.2 造 林 学 基 础

11.2.1 林分及其相关的概念

11.2.1.1 森林与林分

森林是以乔木为主体的一种生物群落（植物群落、生物地理群落、陆地生态系统），是乔木与其他植物、动物、菌物、低等生物以及无机环境之间相互依存、相互制约、相互影响而形成的一个生态系统。

林分是指在外部形态与内部结构（树种组成、测树因子、年龄结构等）特性基本相同，与周围邻接部分有明显区别的森林地块。林分是划分森林类型的基本单元。

一个地区的森林，根据其发育、起源以及组成和结构特征的差异，划分成不同的林分类型，见表 11.2-1。

表 11.2-1 森林划分的依据及其林分类型

林分类型		基本概念
按发育与演替	天然林 原始林	又称自然林，是指天然下种，或萌生形成的林分，是在原始裸地上形成的林分
	次生林	次生林是原始林遭受破坏后自然恢复起来的林分

续表

林分类型		基本概念
按发育与演替	人工林	也叫工业人工林，是通过人工栽植培育而形成的林分
按繁殖与起源	实生林	由种子发育或人工培育而成的林分
	萌生林	由伐根或伐桩上萌芽长成的林分
按树种组成	单纯林	简称纯林，是指由一种主要树种组成或次要树种不足1成的林分
	混交林	是指由两种或两种以上的树种所组成的林分
按年龄结构（龄级①）	同龄林	是指林木年龄相差不到一个龄级的森林
	异龄林	是指林木年龄相差一个龄级以上的森林
按层次结构（林相）	单层林	是由单一树冠组成的林分
	复层林	是由两个或数个树冠组成的林分

① 龄级是为简化森林年龄统计而划定的林分年龄级。一般慢生树种以 20 年为一个龄级，比较速生的树种和中生树种以 10 年为一个龄级，速生树种以 5 年为一个龄级。

11.2.1.2 造林与林种

造林即人工造林。在无林地或原来不属于林地的土地上营造森林称为人工造林。在原来生长森林的迹地（采伐迹地、火烧迹地等）上造林称为人工更新或更新造林。用人工种植的方法营造的森林称为人工林。

林种是按森林的培育目的或森林的主要功能不同而划分的森林种类。

《中华人民共和国森林法》规定了五大类林种，即防护林、用材林、经济林、薪炭林和特种用途林（特用林），见表 11.2-2。另外，有四旁植树，即在路旁、水旁、村旁和宅旁进行植树的总称，相对于片林造林而言。四旁植树虽然本身不算作一个林种，但兼有生产、防护及绿化等功能，其重要性以及在林业或造林中的地位相当于一个林种。

表 11.2-2 我国的人工林林种划分

林种	基 本 概 念
防护林	以发挥森林的防护作用为主要目的的林分。又可依据防护对象或目的不同分为水源涵养林、水土保持林、防风固沙林、农田防护林、牧场防护林、护岸护路林等
用材林	以生产各种木材为主要目的的林分，包括以生产竹材为主要目的的竹林

续表

林种	基 本 概 念
经济林	经济林是生产木材以外的其他林产品（包括果品、食用油料、饮料、调料、工业原料和药材等）为主要目的的林分
薪炭林	以生产燃料为主要目的的林分
特用林	以国防、环境保护、科学实验等为主要目的的林分，包括国防林、实验林、母树林、环境保护林、风景林、名胜古迹和自然保护区的林分等

我国的森林分类经营中，将特种用途林、防护林划为生态公益林林种；将用材林、薪炭林、经济林划为商品林林种，见表 11.2 - 3。

表 11.2 - 3　我国森林分类经营的林种划分

一级林种	二级林种	三级林种
生态公益林	特种用途林	自然保护区林
		环境保护林
		风景林
		国防林
		实验林
		母树林
		名胜古迹和革命圣地林
	防护林	水源涵养林
		水土保持林
		防风固沙林
		农田防护林
		道路防护林
		护岸护坡林
商品林	用材林	短轮伐期用材林
		一般用材林
	薪炭林	薪炭林
	经济林	果树林
		食用油料林
		药材林
		调料林
		饮料林
		工业经济林

11.2.1.3　林草植被数量指标

表示一个地区（如行政区等）森林与草地（林草植被）等资源数量的多少，常用森林覆盖率、林木覆

盖率、林草覆盖率等指标。表示森林（林分）或草地群落中植物数量的多少或植被的茂密程度，常用林分密度、林分郁闭度或灌草植被盖度等指标。常见的林草植被数量特征的常用指标和基本概念见表 11.2 - 4。

表 11.2 - 4　林草植被数量特征的常用指标

林草植被数量指标		基 本 概 念
区域林草	森林覆盖率	森林覆盖率亦称森林覆被率，是一个地区森林面积占土地面积的百分比。森林面积包括有林地（林分郁闭度 0.2 以上的乔木林、竹林地）和国家特别规定的灌木林地的覆盖面积
	林木覆盖率	林木覆盖率是一个区域的林木覆盖面积占土地总面积的百分比。林木覆盖面积包括森林面积和林网以及四旁林木的面积
	林草覆盖率	林草覆盖率是指一个地区的有林地、灌木林（郁闭度 0.2 以上）与草地植被的面积之和占土地面积的百分比
林草群落	林分密度 — 株数密度	林分株数密度是指单位面积林地上林木单株的数量
	林分密度 — 郁闭度	林分郁闭度指林地上乔木树冠垂直投影面积与林地面积之比（以十分数表示）。林分郁闭度在 0.2 及以上的林地为有林地，在 0.2 以下的林地为疏林地
	林分郁闭度或灌草植被盖度	指植物群落总体或各个体的地上部分的垂直投影面积与样方面积之比例，习惯上林分郁闭度采用小数表示，如 0.2、0.3；灌草覆盖度采用百分数，如 50%、60%。两者均反映了植被的茂密程度

11.2.2　立地条件及类型划分

11.2.2.1　立地条件及类型相关概念

造林地或林地（林业用地）立地条件及类型划分的相关概念见表 11.2 - 5。

表 11.2 - 5　立地条件及类型划分的相关概念

名词	基 本 概 念
造林地（宜林地）	造林地又称为宜林地，指可供人工造林的地段。宜林地是林业用地的一个类别。造林地种类可分为 4 类：荒山荒地，农耕地和四旁，采伐迹地和火烧迹地，局部更新（次生林地和林冠下）造林地

续表

名词	基 本 概 念
立地条件	立地条件简称立地，是造林地与林分（林木）生长发育有关的自然环境因子的总称
立地因子	立地因子指立地条件中的各个自然环境因子。主要有气候、地形、土壤、水文、生物等因子。气候因子主要是降水、温度（热量）等；地形因子主要有海拔、坡向、坡位、坡度等；土壤因子主要有土壤种类、土层厚度、石砾含量、土壤质地、水分和养分等；生物因子包括动物、植物、微生物；水文因子主要有地下水深度、矿化度、盐分含量等
主导因子	立地主导因子指立地因子中对林分（林木）的生长发育起关键（主导或限制）作用的因子
生活因子	立地生活因子指立地因子中对林分（林木）生长发育所必需的因子。一般指光照、热量、水分、养分（即光、热、水、肥）因子
立地类型	立地类型即立地条件类型，是具有相同或相似立地条件及生产力水平，但在空间上不一定相连的各个地段归类的总称。立地类型是进行立地分类和造林设计的基本单位（或最小单元）

11.2.2.2 立地类型划分的方法

立地类型划分就是把立地条件相近，具有相同生产力水平但不一定相连的地段进行组合，划分为同一类型造林地。便于在实际工作中按立地类型设计造林技术和营林措施。常见的立地类型划分方法及其主要特点见表11.2-6。

表 11.2-6 立地类型划分的方法及其主要特点

方法	概念	特点	适宜条件
主导因子法	按立地主导因子（一般常用3～4个）的分级组合划分立地类型的方法	该方法的优点是简洁明了，易于掌握应用；在实际工作中应用较为普遍。缺点是比较粗放，难以反映立地条件中主导因子之外的某些差别。实例见表11.2-7	无林地、有林地
生活因子法	按立地生活因子（常用土壤水分和养分因子状况）的分级组合划分立地类型的方法	该方法的优点是反映的立地因子比较全面，生态意义明显。缺点是生活因子不易直接测定，划分标准难以掌握，尤其对山区造林地小气候因子难以反映等。除科学研究外，实际工作中用的很少。实例见表11.2-8	

续表

方法	概念	特点	适宜条件
立地指数法	按立地指数的大小划分立地类型的方法。立地指数是指某个树种在既定年龄（标准年龄）时林分优势木的高度	该方法的优点是立地指数可以通过调查编表后查定，并可通过多元回归与立地因子联系起来。缺点是只能用于有林地，而且立地指数只能反映效果，不能说明原因	有林地

表 11.2-7 冀北山地立地条件类型划分

编号	海拔/m	坡向	土层厚度/cm	备 注
1	>800	阴坡半阴坡	>50	
2	>800	阴坡半阴坡	25～50	
3	>800	阳坡半阳坡	>50	
4	>800	阳坡半阳坡	25～50	
5	>800	不分	>25	土层下为疏松母质或含70%以上石砾
6	<800	阴坡半阴坡	>50	
7	<800	阴坡半阴坡	25～50	
8	<800	阳坡半阳坡	>50	
9	<800	阳坡半阳坡	25～50	
10	<800	不分	>25	土层下为疏松母质或含70%以上石砾
11	不分	不分	<25及裸岩地	土层下为大块岩石

注　1. 本表引自《森林培育学》（第2版），沈国舫，翟明普主编，2011年中国林业出版社出版。
　　2. 立地主导因子及分级：海拔分2级，坡向分2级，土层厚度分3级。

表 11.2-8 华北石质山地立地条件类型划分

	土 壤 养 分		
土壤水分	贫瘠的土壤（A）<20cm粗骨土或严重的流失土	中等的土壤（B）20～60cm棕壤和褐土或深厚的流失土	肥沃的土壤（C）>60cm的棕壤和褐土
极干旱（0）（旱生植物，覆盖物≤60%）	A₀		

545

续表

土壤水分	土 壤 养 分		
	贫瘠的土壤（A）<20cm 粗骨土或严重的流失土	中等的土壤（B）20～60cm 棕壤和褐土或深厚的流失土	肥沃的土壤（C）>60cm 的棕壤和褐土
干旱（1）（旱生植物，覆盖物>60%）	A₁	B₁	C₁
湿润（2）（中生植物）		B₂	C₂
潮湿（3）（中生植物，有苔藓类）			C₃

注 本表引自《森林培育学》（第 2 版），沈国舫，翟明普主编，2011 年中国林业出版社出版。

11.2.3 适地适树与树种选择

11.2.3.1 适地适树

适地适树是造林工作的一项基本原则。"地"即造林地的立地条件，"树"即造林树种的生物学特性。现代造林工作不但要求造林地立地条件与树种的特性相适应，还要求与树种的一定类型（地理种源、生活型等）或品种相适应。

适地适树的基本概念及其主要标准与途径见表11.2-9。在适地适树的途径中，"选树适地（即树种选择）"是最经济实用和常见的途径，并经常与"改地适树（如整地等）"途径结合进行。

表 11.2-9　　适地适树的基本概念及其主要标准与途径

基本概念	主 要 内 容	
适地适树的概念	适地适树是使造林树种的生物学特性（主要是生态学特性）和造林地立地条件相适应，以充分发挥生态、经济或生产潜力，达到该立地在当前技术经济条件下可达到的最高水平	
适地适树的标准	适地适树的定性标准主要有 3 个方面：①树木能够成活、成林、生长旺盛和稳定；②基本能够发挥造林地和树种的生产潜力；③林分能够继续进行自然繁殖和自然更新	
适地适树的途径	选树适地	在已确定造林地的前提下，根据立地条件，选择适宜的造林树种，达到适地适树的要求。"选树"应首先选择乡土树种，其次考虑选择引进外来树种。外来树种必须是经过引种试验表明能很好地适应本地立地条件的树种

基本概念	主 要 内 容	
适地适树的途径	选地适树	在已确定造林树种的前提下，根据树种的生物学特性（尤其是生态学特性），选择立地条件适合该树种生长的造林地，达到适地适树的要求
	改地适树	通过一系列人工措施（包括造林地的整地、土壤改良和管理等），改变造林地的立地条件，使之满足林木成活、生长的需要，达到适地适树的要求
	改树适地	在"地"和"树"之间某些方面不太相适应的情况下，通过选种、引种驯化、育种等方法，改变树种的某些特性，使之与立地条件相适应，达到适地适树的要求

11.2.3.2 树种选择

树种选择是实现适地适树的最主要途径（选树适地），也是整个造林工作的首要任务。树种选择的基础是要充分了解不同树种的生物学（尤其是生态学特性）特性和林学特性。

1. 树种选择的原则

造林树种需要进行多方面的考虑，从普遍性上讲，造林树种选择的原则可概括为两个方面的四条原则，见表 11.2-10。

表 11.2-10　　造林树种选择的原则

适地适树原则		基 本 要 求
基本原则	定向性	定向性原则即所选择树种的各种性状（如经济和生态性状）符合既定的造林目的或培育目标（如不同林种）
	适应性	适应性原则即所选择树种的生物学（尤其是生态学）特性与造林地立地条件相适应，即适地适树原则
辅助原则	稳定性	稳定性原则即所选择树种营造的林分能形成稳定的群体结构和生物产量，并具有抵抗极端逆境的能力
	可行性	可行性原则即所选的造林树种要有足够的材料（种子或苗木）来源，并有与造林经费相适应的价格

2. 树种选择的要求

选择造林树种要依据造林的目的和要求。不同造林目的对树种选择的要求不同，而人工造林目的通常体现在林种上。不同防护林主要林种对树种选择的基本要求见表 11.2-11。

表 11.2-11 不同防护林主要林种对树种选择的基本要求

防护林林种	树种选择要求
水土保持林	要求树种的根系发达，根蘖性强的树种（如刺槐、旱冬瓜）或蔓生植物（如葛藤）；树冠浓密，落叶丰富且易分解，具有改良土壤的性能（如刺槐、胡枝子、沙棘等）；能适应不同类型水土保持林的特殊环境，如坡面林耐干旱瘠薄（柠条、杜梨），沟底防冲林及护岸林的树种能耐水湿（柳树、柽柳）
防风固沙林	要求树种的根系伸展广，根蘖性强，可固定流沙（如梭梭、沙拐枣）；耐风蚀沙埋（如沙柳、沙蒿），有生长不定根的能力，耐沙割（如沙地柏）；落叶丰富，能改良土壤；耐干旱、耐瘠薄、耐地表高温（如花棒、樟子松），或耐沙洼地的水湿及盐碱（如胡杨、柽柳）
农田防护林	要求树种的抗风力强，不易风倒、风折及风干枯梢，在次生盐渍化地区有较强的生物排水能力，生长迅速、树形高大、枝叶繁茂（如杨树、桉树等）；寿命相对较长，生长稳定，能长期具有防护效能；窄冠型（如箭杆杨等），主根下扎深，胁地影响较小（如泡桐），和农作物没有共同的病虫害；具有较高的经济价值，生产大量木材和其他林产品，如欧美杨、柳、水杉、桉树、刺槐等

11.2.4 人工林结构及其配置

在造林地及造林树种确定以后，需要进行林分结构设计与配置。人工造林的林分结构设计需要考虑两个方面，即人工林组成和造林密度（包括种植点配置）的设计。

11.2.4.1 人工林组成

1. 人工林组成及林分特点

人工林组成指构成人工林的树种成分及其所占的比例。人工造林时的树种组成以不同树种的株数占全林株数的百分比表示。按树种组成不同，可将人工林分为单纯林（纯林）和混交林。

纯林和混交林的群体结构不同，其生态功能和生产功能具有不同的特点。纯林和混交林的主要特点见表 11.2-12。

2. 混交树种分类与搭配

在营造混交林时，需要对林分结构配置进行合理的设计，包括混交树种的分类选择、确定混交方式和混交方法等，其基本概念和主要内容与特点见表11.2-13。

表 11.2-12 纯林和混交林的主要特点

林分组成	主要特点	
	优点	缺点
纯林	纯林只有一个树种组成，林分结构简单，没有种间竞争，只存在种内竞争，关系容易调节；造林技术简单、便于操作，造林施工和林分管理比较方便；主要树种或目的树种的生物量或产量较高	林分效益单一，生物多样性和生态功能较低；病虫害容易发生蔓延等。纯林主要适用于用材林（尤其是速生丰产林）、经济林和特种用途林的营造
混交林	能更充分利用立地条件或营养空间；能有效地改善和提高土地生产力；具有较高生物多样性、生物学稳定性、生态防护功能和抗逆性；能减少火灾、病虫害等灾害的发生和蔓延	造林技术相对复杂，造林施工难度较大；林分结构复杂，存在种间竞争，关系不易调节；造林树种选择或搭配不当容易失败。原则上防护林应营造混交林

表 11.2-13 人工混交林结构配置设计的基本概念和主要内容与特点

混交结构	基本概念		主要内容与特点
树种分类	依据树种的地位与作用划分的混交树种类型	主要树种	即培育的目的树种，应在造林地上最大限度地发挥经营目的和效益的树种。如用材林侧重收获木材，防护林侧重发挥防护效益，经济林则要求经济价值高
		伴生树种	指在一定时期与主要树种伴生，并促进其生长的乔木树种。伴生树种主要起辅助、防护和改良土壤的作用。伴生树种最好是较耐荫、生长缓慢的树种
		灌木树种	指在一定时期与主要树种生长在一起，发挥其有利特性的灌木。主要作用是利用灌木护土，改良土壤，抑制杂草生长，防止土壤侵蚀；要求灌木树种树冠大、分枝多、叶量丰富，根系密集、侧根发达、耐干旱瘠薄
混交类型	依据不同树种地位及其生物学特性而人为搭配在一起的树种组合类型	乔木混交	主要树种与主要树种混交类型，即两个或多个混交的树种都是目的树种。该混交类型适宜配置在立地条件较好的造林地
		主伴混交	主要树种与伴生树种混交类型，又称作针阔混交或阴阳混交（主要树种为阳性树种，伴生树种为阴性树种）

续表

混交结构	基本概念		主 要 内 容 与 特 点
混交类型	依据不同树种地位及其生物学特性而人为搭配在一起的树种组合类型	乔灌混交	主要树种与灌木树种混交类型，可用于立地条件较差的造林地
		综合混交	主要树种与伴生、灌木树种混交类型
混交方法	混交林不同树种的栽植位置在造林地上的配置或排列方式	株间混交	又称行内混交、隔株混交，是在同一行内隔株种植两个以上树种的混交方法，见图11.2-1（a）。此法造林施工比较麻烦。主要用于种间矛盾不大的树种混交，多用于乔灌混交
		行间混交	又称隔行混交，是一行某一树种与另一行其他树种依次配置的混交方法，见图11.2-1（b）。此法种间矛盾容易调节，施工简单，是常用混交方法
		带状混交	指一个树种连续种植3行以上构成一条"带"，与另一树种构成的"带"依次配置的混交方法，见图11.2-1（c）。此法栽植管理方便，主要用于种间矛盾大、初期生长速度悬殊的乔木树种混交
		块状混交	又称团状混交，是将某树种栽植成块状与另一树种的块状相间配置的混交方法，见图11.2-1（d）。此法施工简单，适用于种间矛盾大的乔木树种间的混交，以及地形破碎坡面上的乔灌混交
		星状混交	是将数量少的一个树种点状分散栽植于数量大的其他树种中的混交方法
		植生组混交	种植点为群状配置时，在一小块状地上密集种植同一树种，用相距较远的密集种植另一树种的小块状地相混交的方法

11.2.4.2 造林密度与种植点配置

造林密度和种植点配置决定着人工林的林分结构，是形成人工林合理结构的数量基础，对林分的生长发育、产量和质量以及生产和防护效益都有很大的影响。

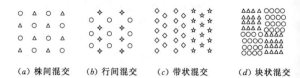

（a）株间混交　（b）行间混交　（c）带状混交　（d）块状混交

图 11.2-1　几种常见的混交方法

1. 造林密度

造林密度即初植密度，是指单位面积造林地上栽植点和播种穴的数量。造林密度大小对林分的郁闭过程、林木的生长过程、林分功能的发挥及其稳定性都有重要影响。

造林密度确定的原则是有利于形成林分的合理密度。合理密度即是林分充分利用林地的空间和地力，充分、稳定发挥个体生长水平及群体最大功能的密度。

合理密度的确定原则要考虑人工林的定向培育目标（如林种、材种等）、造林树种特性、造林地立地条件以及经济和技术水平方面的因素。

确定造林密度的主要方法见表11.2-14。我国主要树种造林密度见表11.2-15。

表 11.2-14　　确定造林密度的方法

方法	主 要 内 容 与 特 点
经验法	依据造林树种在以往相同的培育目的（林种）和立地条件时取得的成功的经验数据确定造林密度
试验法	通过不同密度的造林试验结果来确定合适的造林密度及经营密度。遵循下列原则：一是从科学试验和生产经验编制造林密度表；二是通过对现有不同密度林分的调查分析，找出具有较好效益的造林密度范围，作为新造林的参考；三是通过不同密度的造林试验结果，来确定适宜密度
图表法	对于某些主要造林树种（如落叶松、杉木），已进行了大量的密度规律研究，并制订各种地区性的密度管理图的基础上，查图表来确定造林密度
调查法	通过对现有的不同密度林分生长指标（初值密度与林木生长速度、密度与林冠大小）进行调查，采用数理统计方法，得出类似于密度试验林可提供的密度效应规律和有关参数，确定造林密度

2. 种植点配置

造林种植点配置是指栽植点或播种穴在造林地上的间距及排列方式。在造林密度一定时，通过合理配置种植点可以进一步合理分配利用光能和地力。

种植点配置方式对人工林的树冠发育、林木生长、造林施工、幼林抚育和防护效应都有一定的影响。造林种植点配置方式一般分为行状配置（图 11.2-2）与群状配置两类，详见表 11.2-16。

表 11.2-15　主要树种造林密度

单位：株（丛）/hm²

树种（组）	区域		
	三北区	北方区	南方区
马尾松、华山松、黄山松		1200～1800	1200～3000
云南松、思茅松			2000～3300
火炬松、湿地松			900～2250
油松、黑松	3000～5000	2500～4000	2250～3500
落叶松	2400～3300	2000～2500	1500～2000
樟子松	1650～2500	1000～1800	
红松		2200～3000	
云杉、冷杉	3500～6000	2200～3300	2000～2500
杉木			1050～2500
水杉、池杉、落羽杉、水松			1500～2500
秃杉、油杉			1500～3000
柳杉			1500～3500
侧柏、柏木	3500～6000	3000～3500	1800～3600
刺槐	1650～6000	2000～2500	1000～1500
胡桃楸、水曲柳、黄菠萝		2200～3300	
榆树	3330～4950	800～1600	
椴树		2000～2500	1200～1800
桦树	1500～2200	1600～2200	1500～2000
角栎、蒙古栎、辽东栎		1500～2000	
樟树			630～810
楠木、红豆树			1800～3600
厚朴			950～1650
檫木			750～1650
鹅掌楸			1250～2250
木荷、火力楠、观光木、含笑			1200～2500
泡桐		630～900	630～900
栲、红椎、米槠、甜椎、青檀、麻栎、栓皮栎、板栗		630～1200	810～1800
青冈栎、桤木			1650～3000

续表

树种（组）	区域		
	三北区	北方区	南方区
枫香、元宝枫、五角枫、黄连木、漆树		630～1200	630～1500
喜树			1100～2250
相思树			1200～3300
木麻黄			1500～2500
苦楝、川楝、麻楝		750～1000	630～900
香椿、臭椿	1600～3000	750～1000	2000～3000
南洋楹、凤凰木			630～900
桉树			1200～2500
黑荆			1800～3600
杨树类	1350～3300	600～1600	
毛竹、麻竹			450～600
丛生竹			500～825
秋茄、白骨壤、木榄			10000～30000
无瓣海桑、海桑、红海榄等			4400～6670
银桦、木棉（四旁）			330～550
悬铃木、枫杨（四旁）			405～630
柳树（四旁）		600～1100	500～850
杨树（四旁）		500～1000	250～850
山苍子			3000～4500
沙柳、毛条、柠条、桂柳	1240～5000		
花棒、踏朗、沙拐枣、梭梭	660～1650		
沙棘、紫穗槐、山皂角、花椒、枸杞	1650～3300	1650～3300	
锦鸡儿	1500～3000	800～1500	
山杏、山桃	450～650	350～500	
密油枝、黄荆、马桑			1500～3300

注　1. 三北区含黄河区和青藏高原区；北方区含东北区；南方区含长江区和东南沿海区。

　　2. 引自《生态公益林建设技术规程》（GB/T 18337.3—2001）附录 D。

表 11.2 - 16 造林种植点配置的方式

配置方式		特点
行状配置	长方形	造林行距（a）大于株距（b）的配置方式，也是人工造林最常用方式。山区造林行的方向应沿等高线平行布设。单位面积（A）栽植点的数量（N）计算公式为 $N=A/ab$
	正方形	造林行距（a）等于株距的配置方式，各株林木的营养空间比较均匀。单位面积栽植点的数量计算公式为 $N=A/a^2$
	三角形	相邻行的种植点错开排列成"品"字形的配置方式，也叫"品"字形的配置，在山地丘陵造林中常用。其中，常用正三角形配置（各个相邻种植点之间的距离相等），行距（a）小于株距，单位面积栽植点的数量计算公式为 $N=A/0.886a^2$
群状配置		也称簇式配置或植生组配置。即群内多株（3~5 株），苗木间距较小，呈簇状形成植生组，有利于群内提早郁闭和抵抗不良环境；簇群的间距较大，呈规则或不规则分布。群状配置有利于提高苗木成活率，适宜于立地条件较差的造林地，或用于林分改造

注 表中的 a、b 均指的是水平距离，坡地造林应依据坡度进行修订。

(a) 正方形   (b) 长方形   (c) 三角形

图 11.2 - 2 人工造林种植点的行状配置方式

11.2.5 造林施工与管理技术

11.2.5.1 整地技术

人工造林地的整地又称造林地整理，是人工造林的重要工序之一，也是人工造林或人工林培育技术的主要组成部分，又是实现适地适树（改地适树）的重要途径之一。采用合理的造林整地方法和技术，在改善造林地立地条件（土壤水分、养分、通气状况等）、保持水土、提高造林成活率、促进幼林生长、提高造林质量和效果等方面都有重要作用。

整地方式是对造林地的翻垦规模而言的，分全面整地和局部整地（局部翻垦）。全面整地是全部翻垦造林地土壤的整地方式；局部整地是局部翻垦造林地土壤的整地方式。整地方法是对局部整地的翻垦方法和断面形状而言的，又可分为带状整地（带垦）和块状整地（块垦）两类。常用的造林整地方式及方法详

见表 11.2 - 17。

表 11.2 - 17 常用的造林整地方式及方法

整地方式			整地方法
局部整地	带状整地	水平阶整地	一般沿等高线将坡面筑成狭窄的台阶状台面。阶面水平或稍向内倾斜，有较小的反坡；阶外缘培修土埂或不修土埂，阶面宽因地区而异（图 11.2 - 3）
		水平沟整地	沿等高线挖沟的一种整地方法，沟的横断面呈梯形或矩形，破土面低于原土面（图 11.2 - 4）
		反坡梯田整地	又称三角形水平沟，梯田面向内倾斜 3°~15°，田面宽 1~3m，田埂外坡约 60°，内侧坡也约 60°。修筑方法与水平阶相似（图 11.2 - 5）
		撩壕整地	先顺着等高线挖壕沟，壕沟的深度和宽度不完全相同，两壕相距 2.3~2.5m；整地时，沿着等高线从山坡下部开始挖起，先在坡下部挖一条壕，心土放在壕沟的下侧作埂，待壕沟挖到规定的深度后，再从坡上部相邻壕沟起出肥沃表土和杂草等，填入下边的壕沟中（图 11.2 - 6）
		高垄整地	连续的条状，翻土起垄，垄面高于地面 0.2~0.3m，垄面宽 0.3~0.4m，长度不限，垄两侧有排水沟（图 11.2 - 7）
	块状整地	鱼鳞坑整地	近似半圆形的坑穴，鱼鳞坑的布置是从山顶到山脚每隔一定距离成排的挖月牙形坑，每排坑在坡面上基本沿等高线布设，呈"品"字形错开排列（图 11.2 - 8）
		圆形整地	整地的横断面为圆形，又称穴状整地。穴的直径 0.3~0.5m，深度 0.3~0.6m
		方形整地	整地的横断面为正方形或矩形的坑穴。坑面保持水平，边长 0.4~1.0m，深度 0.4~1.0m，外侧修埂
		高台整地	破土面多为正方形，台面高于原地面 0.2~0.3m 以上，台面边长 0.3~0.5m 或 1~2m，一侧有排水沟（图 11.2 - 9）
全面整地			对造林地的土壤进行全部耕翻的整地方式

11.2.5.2 人工造林方法

造林方法是按造林所用材料的不同而划分的栽植

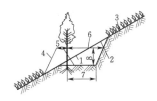

图 11.2-3 水平阶整地

1—自然坡度；2—内斜坡；3—植树斜面坡；
4—外斜面坡；5—土埂顶宽；6—沟上口宽；
7—沟底宽；8—沟深

图 11.2-4 水平沟整地

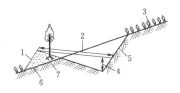

图 11.2-5 反坡梯田整地

1—自然坡度；2—田面宽；3—埂外坡；4—沟深；
5—内侧坡；6—心土；7—表土

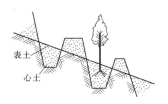

图 11.2-6 撩壕整地

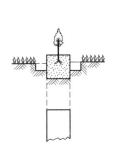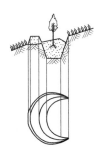

图 11.2-7 高垄整地 图 11.2-8 鱼鳞坑整地

或种植方法。可分为播种造林、植苗造林和分殖造林三种。植苗造林是以苗木（完整植株或根干部分）作为造林材料进行栽植的造林方法；播种造林（又称直播造林）是以种子为材料在造林地上直接播种的造林方法；分殖造林是利用树木的营养器官（如枝、干、根、地下茎等）作为材料直接栽植的造林方法。

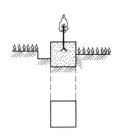

图 11.2-9 高台整地

不同造林方法具有不同的适用条件、技术特点和要求。在上述三种方法中，植苗造林是应用最广泛、比较可靠的方法，具有对造林地立地条件的适应性强、对不良环境的抵抗力较强、造林苗木成活率较高、幼林初期生长较快等优点。

植苗造林所用苗木常有裸根苗（根系不带土壤）和带土陀苗（根系带土壤或容器苗）。植苗造林方法的主要技术内容和要求见表 11.2-18。

表 11.2-18 植苗造林方法的主要技术内容和要求

植苗造林方法			技术内容及要求
裸根苗造林	苗木质量	苗木选择	选用生长健壮、根系完整发达、苗干木质化程度较高、无病虫害的苗木；针叶树苗木要有饱满的顶芽
		苗木保护	主要是保持苗木体内水分（减少散失）和根系吸水能力；要尽量缩短苗木从起苗至栽培的时间
		苗木处理	主要为保持苗木的水分平衡；阔叶树可采取去梢、修枝、截树干等措施减少水分散失；对根系可采取修根、蘸泥浆等措施增加其恢复生长与吸水能力
	栽植方法	穴植法	最常用的栽植方法。要做到：栽植深度适宜（适度深栽）；根系舒展（不窝根）；扶正踏实（根系与土壤密接）
		沟植法	一般人工造林应用的较少
		缝植法	

续表

植苗造林方法			技术内容及要求
裸根苗造林	造林季节	春季造林	适合绝大多数树种造林。栽植时期宜早不宜迟；一般在造林地区树木开始萌芽前1～2周栽植最为适宜
		雨季造林	主要适合针叶树或常绿叶树造林。栽植时期宜早不宜迟；宜在雨季来临即下过透雨且雨水稳定以后栽植
		秋季造林	主要适合部分落叶树种（如树杨、泡桐等）造林；栽植时期宜早不宜迟，应在苗木刚落叶至土壤结冰前栽植
		冬季造林	仅适合南方地区冬季气温和湿度较高、土壤不结冰的区域造林
容器苗造林			容器苗造林具有抗逆性强、成活率高的优点。主要用于针叶树造林，要求苗木植株健壮、无病虫害和根系发育良好，尤其要有饱满的顶芽，苗龄以两年生为宜；栽植方法采用穴植法，苗木的容器不易腐烂的，栽植时应将其去掉。造林季节主要为雨季（夏季）造林

11.2.5.3　幼林抚育管理

人工幼林的抚育管理，通常是指造林后至林分郁闭前一段时间里所采用的各种措施，包括林木抚育、土壤管理和林分保育等措施（表11.2-19），以保障幼树具有良好的生长环境，促进树木成活和成林。

表11.2-19　幼林抚育管理的主要技术措施

技术措施	主要内容
林木抚育	对人工防护林（水土保持林等）的土壤管理措施，在林木生长发育不良时，可采取平茬、修枝或除萌措施，以保障或促进幼树主干的形成和生长
土壤管理	对人工防护林（水土保持林等）的土壤管理措施，主要是松土和除草，以减少林地土壤水分蒸发散失、避免林地杂草对幼树成活及生长造成不良影响
林分保育	人工造林后，对林分应进行严格封禁保育，并采取相应措施做好防止火灾、防病虫害、防治人畜破坏、防止干旱与冻害等工作。对防护林（水土保持林等），尤其要做好地表植被与凋落物的保护

11.3　草学（含草地、草原）基础

11.3.1　草的分类、生长特点

11.3.1.1　草种的分类及生长特点

草种的分类依据及生长特点见表11.3-1。

表11.3-1　草种的分类依据及生长特点

依据	分类	特点	常见品种
区域气候特点	冷季型草	秋季或早春开始生长，产量形成于春秋。最适生长温度在15～24℃范围，分布在我国黄河以北地区	猫尾草、披碱草、黑麦草、草地早熟禾、鸭茅、高羊茅、紫花苜蓿、红豆草、百脉根
	暖季型草	春季或初夏开始生长，生长集中于最热的月份。最适生长温度在27～32℃范围，分布在我国长江以南地区	百喜草、地毯草、野牛草、象草、结缕草、狗尾草、假俭草、葛藤、银合欢、大翼豆
种植目的	草坪草	大部分是禾本科植物，有少量的非禾本科草	
	牧草	绝大部分是禾本科和豆科植物，还有少量的菊科、十字花科、莎草科、藜科、苋科、紫草科、蔷薇科、旋花科、茄科等植物	
	绿肥草	基本上是豆科	
	水土保持草	同牧草特点	
生长习性	一年生	播种当年就完成整个生活周期，开花结实后死亡	苏丹草、野豌豆、毛苕子、狗尾草、一年生黑麦草
	二年生	播种当年不能开花结实，仅为营养生长，第二年开花结实死亡	白花草木樨、黄花草木樨
	多年生	地上部分茎、枝一般进入冬季后枯死，地下部分能生长多年，靠营养繁殖，翌年又萌发新枝，寿命在2年以上	苜蓿、紫云英、红豆草、羊草、披碱草、狗牙根、象草
植株高矮及叶量分布	上繁草	植株高大，株高50～100cm以上，生殖枝及长营养枝占优势，叶片分布均匀，刈割时留茬重量不超过地上部总重量的5%～10%，适于刈割利用	无芒雀麦、燕麦、老芒麦、披碱草、羊草、象草、紫花苜蓿、红豆草、草木樨

续表

依据	分类	特点	常见品种
植株高矮及叶量分布	下繁草	植株矮小，高 40cm 以下，短营养枝占优势，生殖枝不多，叶量少，大量叶片集中于株丛基部，刈割留茬占总重量的 20%～60%。不宜刈割，适于放牧用	草地早熟禾、冰草、紫羊茅、狗牙根、白三叶草、草莓三叶草
	半上繁草	长营养枝与短营养枝约各占一半，介于上繁草与下繁草之间，植株高度 40～70cm，刈割或放牧后产生稠密而多叶的再生草，适合刈牧兼用	多年生黑麦草、草地羊茅、新麦草、史氏僵麦草、杂三叶草、红三叶草、黄花苜蓿
	莲座状草	根出叶形成叶簇状，没有茎生叶或很少。由于株体矮，产草量较低	串叶松香草、蒲公英、车前草
茎枝形成（分蘖、分枝）特点	根茎型	根茎主要分布在地下 5～20cm 土层中，根茎自母枝长出，形成节和节间。根茎顶端及节上的芽向上生长形成枝条；具有很强的无性繁殖能力，适合在土壤通气良好的地块上生长；不能固结地表，形成草皮	无芒雀麦、草地早熟禾、赖草、羊草、大拂子茅、芦苇、鹰嘴紫云英、蒙古岩黄芪
	疏丛型	茎基部为若干缩短的茎节，节上具分蘖芽。短茎节位于地表下 1～5cm，新枝条从株丛边缘的分蘖节上发生，侧枝与主枝呈锐角伸出地面，发育完全的侧枝又以同样方式形成新的侧枝。草皮不结实、易碎。草地维持年限少于 4～6 年	黑麦草、鸭茅、猫尾草、老芒麦、苇状羊茅、披碱草、鹅观草
	根茎-疏丛型	分蘖节位于地表下 2～3cm 处，株丛之间由数量众多的短根茎联系，这些短根茎可向上长出嫩枝，每一嫩枝又以疏丛型草的方式进行分蘖	早熟禾、紫羊茅、看麦娘、小糠草等
	密丛型	地表或接近地表的分蘖节上长出的幼枝，紧贴主枝平行向上生长，形成稠密的小丘状株丛；株丛中央紧贴地面最老，周围的分蘖枝高出地面；能在透气性不良或完全厌气的土壤上正常生长发育，产量不高，但耐牧性强；能形成致密的草皮，在一个地方可生长几十年	芨芨草、针茅属、羊茅、马蔺

续表

依据	分类	特点	常见品种
茎枝形成（分蘖、分枝）特点	匍匐茎	由分蘖节或根茎处，及贴地面的蔓茎上长出新枝、叶簇和不定根，独立生活。新株丛不断产生匍匐茎，放射性地进行无性繁殖	狗牙根、白三叶草、草莓三叶草、地三叶草、俯仰马唐草
	根蘖型	有垂直主根，从土层下 5～30cm 深的主根上长出水平生长的侧根。主根和侧根上均有不定根（蘖芽），向上生长到地面发育成新的地上茎枝；繁殖能力极强，在疏松和通气良好的土壤上生长极为茂盛	甘草、多变小冠花、黄花苜蓿、蓟、紫菀、蒙古岩黄芪
	根茎丛生型(轴根型)	具有粗壮的垂直主根，在根与茎连接处有一膨大的根颈，位于表土下 1～3cm 处。根茎上密生茎芽，能形成新的茎枝，与主轴成锐角向上生长，形成多枝的稀疏的株丛	紫花苜蓿、红三叶草、沙打旺
	粗壮须根型	没有明显向下生长的主根，具有短的根茎或强的分枝侧根；种子和营养繁殖能力都较强	酸模、车前

11.3.1.2 不同种植目的草种的分类及生长特点

1. 草坪草的分类及生长特点

除表 11.3-1 表达之外，草坪草的分类及特点见表 11.3-2。

表 11.3-2　草坪草的分类及特点

依据	分类	特点
草种高矮	低矮草坪草	一般在 20cm 以下，可形成低矮致密的草坪，如结缕草、细叶结缕草、狗牙根等
	高型草坪草	通常 30～100cm，一般为种子繁殖，生长快，如早熟禾、剪股颖、黑麦草等
植物种类	禾本科	早熟禾亚科（羊茅属、早熟禾属、剪股颖属、黑麦草属）；画眉草亚科（狗牙根属、结缕草属、野牛草属）；黍亚科（蜈蚣草属、钝叶草属、地毯草属、金须茅属、雀稗属、狼尾草属）
	非禾本科	莎草科（苔草属、蒿草属）、豆科（白三叶草、红三叶草、多变小冠花）、其他科（匍匐马蹄金、沿阶草、百里香、匍匐委陵菜）

553

续表

依据	分类	特 点
叶的宽度	宽叶草类	茎叶粗壮,生性强健,适应性强,适于大面积种植,如结缕草、地毯草、假俭草等
	细叶草类	茎叶纤细,可形成致密草坪,但长势较弱,要求日光充足、土质良好,如细叶结缕草、早熟禾等
草坪植物品种的组合	单纯草坪	由一种草种组成的草坪
	混合草坪	由两种或两种以上草坪植物混合组成的草坪
	缀花草坪	以禾本科草本植物为主,混播少量开花华丽的其他多年生草本植物组成的草坪
用途		草坪草主要分为观赏草坪、休息活动草坪、运动场草坪、飞机场草坪、疏林草坪、林下草坪、防护性草坪和其他草坪这八大类

2. 牧草的分类及生长特点

主要用作牧草的有禾本科、豆科、菊科、苋科、藜科、紫草科、莎草科、十字花科、蔷薇科等。除表 11.3-1 表达之外,牧草的分类依据及生长特点见表 11.3-3。

表 11.3-3 牧草的分类依据及生长特点

依据	分类		特 点
发育速度和寿命	一年生牧草		播种当年就完成整个生活周期,开花结实后死亡
	二年生牧草		播种当年不能开花结实,仅为营养生长,第二年开花结实死亡
	多年生牧草	短寿牧草	平均寿命为 3~4 年,如多年生黑麦草、高燕麦草、披碱草、红三叶等。这类牧草第一年、第二年产量最高,第三年产量显著下降,第四年几乎全部死亡
		中寿牧草	平均寿命为 5~6 年,大部分禾本科和豆科牧草属这一类,如猫尾草、苇状羊茅、鸭茅、紫苜蓿、白三叶等。在其生活的第二年、第三年产量最高,第四年、第五年产量显著下降
		长寿牧草	平均寿命为 10 年或 10 年以上,在其生活的第三年、第四年产量最高,如无芒雀麦、草地早熟禾、紫羊茅、小糠草等
牧草的需水量	耐旱牧草		需水量较少,能耐干旱,如冰草、鹅冠草、胡枝子等
	需水量中等的牧草		需水量介于耐旱牧草和喜水牧草之间,如鸭茅、多年生黑麦草、紫花苜蓿和红三叶等
	喜水牧草		需水量较多,能生长在低湿而排水不良的土地上,如意大利黑麦草、杂三叶、白三叶等

11.3.2 草地和草原

11.3.2.1 草地

按土地利用类型划分,主要用于牧业生产的地区或自然界各类草原、草甸、稀树草原等,均统称为草地。草地多年生长草本植物,可供放养或割草饲养牲畜。世界的草地主要分布在各大陆内部气候干燥、降水较少的地区,世界上的草地约占世界陆地面积的 20%。我国各类草地面积达 4 亿 hm^2,约占全国总面积的 23.5%。

草地有时也称草场,主要特指用于畜牧业生产的土地,生长有草本和木本饲用植物。草地是发展畜牧业不可缺少、不可代替的生产资料。

11.3.2.2 草原

草原的含义有广义与狭义之分。广义的草原包括在较干旱环境下形成的以草本植物为主的植被,主要包括热带草原(热带稀树草原)和温带草原;狭义的草原则只包括温带草原。因为热带草原上有相当多的树木。

草原是一种植被类型,通常分布在年降水量 200~300mm 的栗钙土、黑钙土地区,由旱生或中旱生草本植物组成的草本植物群落,其优势植物是多年生丛生或根茎型禾草和一些具有一定耐旱能力的各种杂草。根据生物学和生态特点,可划分为草甸草原、典型草原、荒漠草原、高寒草原四个类型。

中国草原一般可以划为五个大区:东北草原区、蒙宁甘草原区、新疆草原区、青藏草原区和南方草山草坡区,见表 11.3-4。

表 11.3-4 中国草原五大区分布

草原区	地理范围	基本情况	适宜草种
东北草原区	黑龙江、吉林、辽宁三省和内蒙古自治区的东北部,面积约占全国草原总面积的 2%	本区地处大陆性气候与海洋季风的交错地带,受东亚季风影响,属于半干旱半湿润地区,冬长而干寒,夏短而湿润;海拔为 130~1000m;土壤为黑土、栗钙土等	羊草、无芒雀麦、披碱草、鹅观草、冰草、草木樨、花苜蓿、山野豌豆、五脉山黧豆、胡枝子等

续表

草原区	地理范围	基本情况	适宜草种
蒙宁甘草原区	包括内蒙古、甘肃两省（自治区）的大部和宁夏回族自治区的全部，以及冀北、晋北和陕北的草原地区，面积约占全国草原总面积的30%	典型的季风气候，冬季寒冷干燥，夏季温湿多雨，春秋气候多变；土壤为栗钙土、棕钙土、灰棕荒漠土等 内蒙古草原是本区的主体，包括呼伦贝尔草原、锡林郭勒草原、乌兰察布草原和鄂尔多斯草原等	羊草、披碱草、雀麦、狐茅、针茅、隐子草、冰草、早熟禾、苜蓿、草木樨、冷蒿等
新疆草原区	北起阿尔泰山和准噶尔界山，南至昆仑山与阿尔金山之间，面积约占全国草原总面积的22%	本区距海洋十分遥远，周围高山环耸，海洋气流难以到达，因而干燥少雨，是典型的大陆性气候	羊茅、狐茅、鸭茅、苔草、光雀麦、车轴草等
青藏草原区	中国西南部，北至昆仑山和祁连山，南至喜马拉雅山，西接帕米尔高原，包括青海、西藏两省（自治区）的全部和甘肃的西南部，以及四川和云南两省的西北部等，面积约占全国草原总面积的32%	全区四面大山环绕，中间山岭重叠，地势高峻；海拔多在3000m以上	莎草科和禾本科在各类草原中均占优势，伴生有蓼科、豆科牧草约50余种（羊茅、早熟禾、野青茅、披碱草、鹅观草、野古草、须芒草及剪股颖等）

续表

草原区	地理范围	基本情况	适宜草种
南方草山草坡区	热带草山草坡区	分布于广东、海南、广西和云南等省（自治区）各种类型的山丘草场	蜈蚣草、华三芒、白茅、青香茅、桃金娘、鸭嘴草、班茅、芒草、须芒草、菅草、扭黄茅和龙须草、狗尾草、石珍芒、刺芒野古草和香茅等
	亚热带草山草坡区	在云南、贵州、广西、广东、湖南、湖北、江西、江苏、福建和台湾等省（自治区）各种类型的山丘草场 多数是在海拔1000m以下的丘陵山区，水热条件好	孟加拉野古草、丈野古草、龚氏金茅、白茅等，以高大的禾本科草为主，豆科草种类较多，但所占比重则较小

11.3.3　生境划分与草种选择

11.3.3.1　草坪草

草坪是指由人工建植或人工养护管理，起绿化美化作用的草地，可用于美化环境、园林景观、净化空气、保持水土、提供户外活动和体育运动场所。草坪草是草坪的基本组成和功能单位，指由人工栽培的矮性禾本科或莎草科多年生草本植物，具有以下特点：①植株低矮，分枝（蘖）能力强；②地上部分生长点位于茎基部；③一般为多年生；④繁殖能力强；⑤适应能力强；⑥有一定的弹性。草坪草一般具有密生的特性，通常需配合修剪以保持表面平整。

1. 中国草坪草气候区划

草坪草的选择是建植草坪的关键，草坪草分为冷季型草和暖季型草，不同的区域其气候条件不同，所选的草种也并不相同。中国草坪草气候区划见表11.3-5。

2. 草坪草种选择

草坪草种的选择遵循以下标准：①草坪草的质地、密度与覆盖性是选择草坪草的重要特性；②草坪草的颜色及绿期的长短是选择草坪草的基本指标；③对环境的适应性；④对外力的抵抗性；⑤感病性；⑥芜枝层产生的能力；⑦建植速度。根据草坪草选择原则与不同草坪气候区划的特点，各气候区划的主要草坪草草种见表 11.3-6。

表 11.3-5　中国草坪草气候区划

区域代码	气候带	年平均温度/℃	年均降水量/mm	月平均温度/℃ 1月	月平均温度/℃ 7月	月平均湿度/% 1月	月平均湿度/% 7月
I	青藏高原带	-14.0~9.0	100~1170	-23.0~8.0	-3.0~19.0	27~50	33~87
II	寒冷半干旱带	-3.0~10.0	270~720	-20.0~3.0	2.0~20.0	40~75	61~83
III	寒冷潮湿带	-8.0~10.0	265~1070	-20.0~6.0	9.0~21.0	42~77	72~80
IV	寒冷干旱带	-8.0~11.0	100~510	-26.0~6.0	2.0~22.0	36~65	30~73
V	北过渡带	-1.0~15.0	480~1090	-9.0~2.0	9.0~25.0	44~72	70~90
VI	云贵高原带	3.0~20.0	610~1770	-8.0~11.0	10.0~22.0	50~80	74~90
VII	南过渡带	6.5~18.0	735~1680	-3.0~7.0	14.0~29.0	57~84	75~90
VIII	温暖潮湿带	13.0~18.0	940~2050	1.0~9.0	23.0~34.0	69~80	74~94
IX	热带亚热带	13.0~25.0	900~2370	5.0~21.0	26.0~35.0	74~85	74~96

表 11.3-6　气候区划的主要草坪草草种

气候带	代表城市	基本情况	适宜草种
青藏高原带	西宁	属于青藏高原地区，是典型的草原地区	匍匐剪股颖、草地早熟禾、加拿大早熟禾、多年生黑麦草、高羊茅、硬羊茅、羊茅、邱氏细羊茅、匍匐紫羊茅、小糠草、白颖苔草
寒冷半干旱带	兰州	寒冷半干旱带降水量少是影响草坪的一大主要因素。但这一地区的草坪由于受降水量少和空气湿度低的影响，一般很少有病虫害危害	匍匐剪股颖、草地早熟禾、加拿大早熟禾、多年生黑麦草、邱氏细羊茅、高羊茅、野牛草、格兰马草、硬羊茅、匍匐紫羊茅、小糠草、白颖苔草、异穗苔草、狗牙根
寒冷潮湿带	沈阳	具冬、夏两季，几乎无春、秋，冬季多被雪覆盖，温差大，夏季凉爽多雨，空气湿度大	匍匐剪股颖、草地早熟禾、粗茎早熟禾、加拿大早熟禾、多年生黑麦草、邱氏细羊茅、匍匐紫羊茅、硬羊茅、高羊茅、细狐茅、丛生毛草、猫尾草、粗茎早熟禾
寒冷干旱带	乌鲁木齐	该区夏季酷热，土壤 pH 值较高	高羊茅、草地早熟禾、加拿大早熟禾、多年生黑麦草、硬羊茅、羊茅、细弱剪股颖、匍匐剪股颖、邱氏细羊茅、野牛草、结缕草、匍匐紫羊茅
北过渡带	北京	春旱多风，夏热多雨，秋高气爽，冬寒少雪。夏季冷季型草坪草表现较差，易发生病害；冬季暖季型草坪草越冬有问题。因此，过渡带的选种非常关键	匍匐剪股颖、草地早熟禾、多年生黑麦草、邱氏细羊茅、硬羊茅、匍匐紫羊茅、高羊茅、细狐茅、落草、细弱剪股颖、白颖苔草、异穗苔草、野牛草、结缕草、狗牙根
云贵高原带	昆明	冬暖夏凉，气候温和，是种植草坪最理想的地区之一。冷季型草坪草在该地区的绿期都在 330d 以上，暖季型的狗牙根绿期在 270d 以上	匍匐剪股颖、细弱剪股颖、多年生黑麦草、一年生黑麦草、匍匐紫羊茅、邱氏细羊茅、草地早熟禾、加拿大早熟禾、硬羊茅、羊茅、高羊茅、细羊茅、细狐茅、白颖苔草、异穗苔草、野牛草、结缕草、狗牙根
南过渡带	成都	南过渡带四季分明，夏季高温高湿，冬季温暖。该地区冷季型草坪草绿期长，耐寒性强，抗病和抗热性差，越夏困难；暖季型草坪草抗热性强、耐寒性差	匍匐剪股颖、草地早熟禾、多年生黑麦草、狗牙根、野牛草、结缕草、沟叶结缕草、细叶结缕草、高羊茅、紫羊茅、细羊茅、硬羊茅、马蹄金

续表

续表

气候带	代表城市	基本情况	适宜草种
温暖潮湿带	上海	一年四季雨水较为充足，气候温和，春、夏、秋、冬四季分明，夏季降水量大，空气相对湿度也大，冬季气候温和，不太寒冷	狗牙根、钝叶草、假俭草、地毯草、巴哈雀稗、高羊茅、草地早熟禾、结缕草、沟叶结缕草、细叶结缕草、多年生黑麦草、巴哈雀稗（百喜草）、马蹄金、匍匐剪股颖
热带亚热带	广州	雨水相对充足，空气湿度大，春、夏、秋、冬四季不是很分明，水热资源十分丰富，土壤偏酸性，适合这一地区种植的大多为暖季型草坪草	狗牙根、杂交狗牙根、马尼拉结缕草、细叶结缕草、假俭草、地毯草、钝叶草、巴哈雀稗、草地早熟禾、多年生黑麦草

3. 常见草坪草的生产特点和应用特性

常见草坪草的生产特点和应用特性见表11.3-7。

表 11.3-7　常见草坪草的生产特点和应用特性

草种	冷季型草						暖季型草					
	多年生黑麦草	苇状羊茅	细羊茅	匍匐剪股颖	细弱剪股颖	早熟禾	狗牙根	钝叶草	斑点雀稗	假俭草	结缕草	地毯草
定植迅度	K1	K2	K3	K4	K5	K6	K1	K2	K3	K4	K5	K6
叶子质地	C2	C1	C6	C5	C4	C3	C6	C2	C3	C4	C5	C1
枝条密度	D5	D6	D3	D1	D2	D4	D1	D3	D6	D4	D4	D5
抗寒性	D6	D5	D4	D3	D3	D2	D3	D2	D4	D5	D1	D5
耐热性	D6	D5	D4	D2	D3	D1	D2	D3	D4	D5	D1	D5
抗旱性	D6	D1	D4	D2	D3	D5	D1	D2	D4	D5	D3	D6
耐荫性	D6	D3	D1	D5	D4	D2	D5	D1	D3	D6	D2	D4
耐酸性	R6	R1	R2	R4	R3	R5	R6	R1	R5	R3	R2	R4
耐淹性	D5	D2	D1	D3	D4	D6	D6	D1	D2	D3	D4	D4
耐盐碱性	D3	D2	D1	D5	D4	D6	D1	D3	D2	D4	D6	D5
刈剪高度	D3	D1	D5	D6	D1	D4	D6	D2	D3	D5	D2	D3
刈剪质量	D6	D4	D5	D3	D2	D1	D2	D1	D6	D4	D3	D4

续表

草种	冷季型草						暖季型草					
	多年生黑麦草	苇状羊茅	细羊茅	匍匐剪股颖	细弱剪股颖	早熟禾	狗牙根	钝叶草	斑点雀稗	假俭草	结缕草	地毯草
需肥量	D4	D5	D6	D1	D2	D3	D1	D2	D6	D4	D3	D5
感病性	D5	D6	D3	D1	D2	D4	D2	D1	D5	D6	D3	D4
形成草皮能力	D5	D6	D4	D1	D2	D3	D1	D2		D4	D3	D5
再生性	D4	D6	D5	D3	D1	D2	D1	D3	D5	D6	D4	D2
耐磨性	D2	D1	D4	D5	D6	D3	D2	D1	D4	D3	D6	D5

注　D1～D6：表示高～低；K1～K6：表示快～慢；R1～R6：表示强～弱；C1～C6：表示粗糙～细致。

11.3.3.2 牧草区划与草种选择

牧草是指能被草食动物所采食的所有植物资源，包括放牧和刈割后饲喂的青草和干草、草粉、灌木和半灌木、乔木枝叶。因此，牧草包括的范围很广，种类很多，其中以豆科和禾本科牧草数量最多，也最重要，还有菊科、藜科、苋科及其他科植物。

1. 牧草草种选择标准

牧草草种的选择遵循以下标准：①选择的牧草品种要适合当地的土壤、气候条件；②根据所饲养的畜禽种类来确定所种植的牧草品种。

2. 牧草区划及各区主要牧草草种

牧草区划是根据生态环境、农业经济技术条件及畜牧业对牧草的需求而进行的牧草区域规划。牧草区划是科学种植牧草的前提，对引种栽培建立人工草地具有直接指导作用，对草业生产和发展畜牧业具有重要的现实意义。科学的牧草区划，可以为草地改良、人工草地建设及农业三元结构中的饲草饲料作物选择适当的草种，从而避免盲目引种造成不必要的损失。牧草区划采用地理方位或地形地貌特征加"当家"草种的双重命名法，"当家"草种一般标出两种豆科牧草和两种禾本科牧草。中国牧草区划及主要草种见表11.3-8。

11.3.3.3 水土保持草种

1. 水土保持草种选择的要求

水土保持草种选择的要求是草种的抗逆性强，保水性好，生长迅速，经济价值高。依据适地适草的原则，不同立地因子下草种选择的要求见表11.3-9。

2. 不同气候带水土保持草种的选择

不同气候带及生态环境下的主要水土保持草种见表11.3-10。

表 11.3-8　　　　　　　　　　　　中国牧草区划及主要草种

区划名称	分布区域	环境特征	主要栽培草种
东北羊草、苜蓿、沙打旺、胡枝子栽培区	黑龙江、吉林和辽宁三省全境及内蒙古自治区的呼伦贝尔盟和兴安盟所辖18个县（旗）	冬季严寒少雪，春季干旱多风，东部湿润，西部干旱；无霜期短；年降水量 450～650mm，湿润系数在 0.6 以上；土壤有黑钙壤、暗棕壤、沼泽土、火山灰土和白浆土等	羊草、苜蓿、沙打旺、无芒雀麦、二色胡枝子等。适宜的品种有肇东苜蓿、早熟沙打旺等
内蒙古高原苜蓿、沙打旺、老芒麦、蒙古岩黄芪栽培区	内蒙古自治区大部及河北坝上，宁夏平原，甘肃河西走廊等部分地区	冬季多风寒冷，夏季凉爽干燥，年降水量 50～450mm，春季多旱；无霜期短。土壤多为栗钙土和灰钙土	苜蓿、沙打旺、老芒麦、羊草、冰草、蒙古岩黄芪等。适宜的品种有润布勒苜蓿、塔落岩黄芪、蒙古冰草、诺丹、沙生冰草、山丹新麦草等
黄淮海苜蓿、沙打旺、无芒雀麦、苇状羊茅栽培区	位于长城以南，太行山以东，淮河以北，濒临渤海和黄海。包括北京、天津、河北、山东全部，河南东部、江苏北部及安徽淮北	地势平坦，气候暖温，夏季凉爽干燥，无霜期达 140～220d，年降水量 500～850mm；水土条件较为优越；多为棕壤和褐土；沿海地区多盐碱，适宜草业开发	苜蓿、沙打旺、无芒雀麦、苇状羊茅、葛藤、二色胡枝子、鸭茅、长穗冰草。适宜的品种有耐盐性较强的沧州苜蓿、无棣苜蓿、林肯无芒雀麦、小黑麦等
黄土高原苜蓿、沙打旺、小冠花、无芒雀麦栽培区	包括山西、河南全部，陕西中北部，甘肃东部，宁夏南部，青海东部	季风性大陆性气候，气温温和干燥，年降水量 350～700mm，地区间分布不均。土壤多为黄绵土和黑垆土，水土流失严重	苜蓿、沙打旺、小冠花、无芒雀麦、苇状羊茅、鸭茅、扁穗冰草。适宜的品种有晋南苜蓿、偏关苜蓿、关中苜蓿、陕北苜蓿、陇东苜蓿等地方品种，早熟沙打旺、宝石、宾吉夫特小冠花、卡尔顿无芒雀麦、甘肃红豆草等，也可种植狭叶野豌豆、苦荬菜、红苋等一年生牧草
长江中下游白三叶、黑麦草、苇状羊茅、雀稗栽培区	江西、浙江和上海三省（直辖市）全部，湖南、湖北、江苏、安徽四省的大部，以及河南南部的一小部分	亚热带和暖温带的过渡区，四季分明，冬冷夏热，生长季温暖湿润，水热资源丰富，年降水量 800～2000mm。土壤多为黄棕壤、红壤和黄壤	白三叶、多年生黑麦草、苇状羊茅、鸭茅、雀稗、狗牙根、红三叶等。适宜的品种有法恩苇状羊茅、盐城牛尾草、多花黑麦草等
华南宽叶雀稗、卡松古鲁狗尾草、大翼豆、银合欢栽培区	包括福建、广东、广西、台湾、海南五省（自治区）及云南南部	亚热带和热带海洋性气候，水热条件极为丰富。土壤为红壤、赤红壤、砖红壤，pH 值多在 4.5～5.5 间，偏酸，氮含量低，磷普遍缺乏	圭亚那柱花草、有钩柱花草、大翼豆、银合欢、宽叶雀稗、象草、杂交狗尾草等。适宜的品种有圭亚那柱花草、银合欢、摩特矮象草、多花黑麦草、苏丹草等
西南白三叶、黑麦草、红三叶、苇状羊茅栽培区	秦岭、大巴山及其间汉水上游河谷地，包括陕西南部、甘肃东南部、四川、云南大部、贵州、湖北、湖南南部	山地面积大，亚热带湿润气候，年降水量 800～1000mm。多为黄壤、紫色土、红壤，此外含黄泥土、山地石渣土、山地褐土、山地棕壤	白三叶、红三叶、多年生黑麦草、苇状羊茅、苜蓿、鸭茅、白花草木樨、草高粱、野大麦、燕麦、白豌豆、多花黑麦草、紫云英、紫羊茅、短柄鹅观草、糙毛鹅观草、串叶松香草、牛鞭草、百脉根、草地早熟禾
青藏高原老芒麦、垂穗披碱草、中华羊茅、苜蓿栽培区	西藏全部，青海大部，甘肃甘南及祁连山山地东段，四川西部，云南西北部	大陆性高原气候，寒冷干燥，冬长夏短，年降水量 100～200mm，太阳辐射强，无霜期短。土壤为草甸土和草原土	老芒麦、垂穗披碱草、中华羊茅、无芒雀麦、苜蓿、沙打汪、扁蓄豆、红豆草等。适宜的品种有甘南垂穗披碱草、早熟沙打旺等，亦可种燕麦作为饲草

续表

区划名称	分布区域	环境特征	主要栽培草种
新疆苜蓿、无芒雀麦、老芒麦、木地肤栽培区	新疆全境所辖 95 个县	气候干燥温暖，气温南疆高于北疆，降水量北疆高于南疆，北疆 150～200mm，南疆仅 20mm。土壤多盐土、灰钙土和棕钙土	苜蓿、无芒雀麦、老芒麦、木地肤、沙枣、红豆草等。适宜的品种有新疆大叶苜蓿、北疆苜蓿、紫花苜蓿、阿勒泰杂花苜蓿、无芒雀麦、紫泥泉新麦草、巩乃斯木地肤、伊犁蒿等

表 11.3 - 9　　　　　　　**不同立地因子下草种选择的要求**

立体条件状况	草种选择的要求
地面水分情况	干旱、半干旱地区选种旱生草类。其特点是根系发达，抗旱耐干，如沙蒿、冰草
	一般地区选种中生草类。其特点是对水分要求中等，草质较好，如苜蓿、鸭茅等
	水域岸边、沟底等低湿地选种湿生草类。其特点是需水量大、不耐干旱，如田菁、芦苇等
	水面、浅滩地选种水生草类。其特点是能在静水中生长繁殖，如水浮莲、茭白等
地面温度情况	低温地区选种喜温凉草类，如披碱草等。其特点是耐寒、怕热，高温则停止生长，甚至死亡
	高温地区选种喜温热草类，如象草等。其特点是在高温下能生长繁茂，低温下停止生长，甚至死亡
土壤酸碱度	酸性土壤，pH 值在 6.5 以下，可选种耐酸草类，如百喜草、糖密草等
	碱性土壤，pH 值在 7.5 以上，可选种耐碱草类，如芨芨草、芦苇等
	中性土壤，pH 值在 6.5～7.5 之间，可选种中性草类，如小冠花等
其他生态环境	在林地、果园内荫蔽地面，选种耐荫草类，如三叶草等
	风沙地选种耐沙草类，如沙蒿、沙打旺等

表 11.3 - 10　　　　　　　**不同气候带及生态环境下的主要水土保持草种**

土地类型	热带/南亚热带	中亚热带/北亚热带	南温带	中温带
荒山、牧坡	葛藤、毛花雀稗、剑麻、百喜草、知风草、山毛豆、糖密草、象草、坚尼草、芭茅、大结豆、桂花草	龙须草、弯叶画眉草、葛藤、坚尼草、知风草、菅草、芭茅、毛花雀稗	菅草、芭茅、沙打旺、龙须草、半茎冰草、弯叶画眉草、葛藤、多年生黑麦草、狗牙根	草木樨、沙打旺、苜蓿、野豌豆、羊草、红豆草、披碱草、野牛草、狗牙根、扁穗冰草、伏地肤、多年生黑麦草
退耕地、轮歇地	柱花草、香茅草、无刺含羞草、山毛豆、宽叶雀乳、印尼豇豆、紫花扁豆、百喜草、大翼豆	苇状羊茅、牛尾草、鸡脚草、象草、三叶草、无芒雀麦、印尼豇豆	草木樨、苇状羊茅、沙打旺、红豆草、苜蓿、红三叶、杂三叶、葛藤、冬棱草、牛尾草、无芒雀麦	苜蓿、白草、苏丹草、沙打旺、马兰、无芒雀麦、鹅冠草、披碱草
堤防坝坡、梯田坎、路肩	百喜草、香根草、凤梨、柱花草、黄花菜、紫秦、非洲狗尾草、岸杂狗牙根	岸杂狗牙根、串叶松香草、香根草、黄花菜、芒竹、弯叶画眉草、药菊、白三叶草、牛尾草、小冠花、细叶结缕草	小冠花、药菊、黄花菜、冰草、龙须草、结缕草、菅草、地毯草、狗牙根、早熟禾、小糠草	野牛草、鹅冠草、紫羊草、马兰、白草、黄花、芨芨草、沙生冰草、草地早熟禾
低湿地、河滩、库区	香根草、双穗雀稗、杂交狗尾草、小米草、稗草、毛花雀稗、非洲狗尾草	小米草、稗草、五节芒、杂交狼尾草、双穗雀稗、香根草、芦竹、杂三叶	芦苇、荻草、田菁、黄花菜、小米草、芭茅、冬牧 70 黑麦、双穗雀稗	芦苇、芭茅、黄花、扁穗、冰草、水烛、马兰

续表

土地类型		热带/南亚热带	中亚热带/北亚热带	南温带	中温带
幼林间作		鸡脚草、柱花草、大绿豆、糖密草、山毛豆、木豆、印尼豇豆、无刺含羞草、猪屎豆、竹豆	鸡脚草、三叶草、印尼豇豆、大绿豆、龙须草、弯叶画眉草、黑麦草	沙打旺、龙须草、红豆草、鸡脚草、草木樨、三叶草、冬棱草、小冠花	沙打旺、红豆草、野豌豆、鸡脚豆、毛叶苕子、黄芪、黄花菜
果园间作		印尼豇豆、紫花扁豆、山毛豆、百喜草、猪屎豆、竹豆、大翼豆	猪屎豆、黑麦草、大绿豆、印尼豇豆、中豇豆、鸡脚草、白三叶草	三叶草、毛叶茹子、黄花菜、小冠花、鸡脚草、红豆草、大绿豆	毛叶苕子、鸡脚草、野豌豆、红三叶草、红豆草
沙荒、沙地		香根草、大绿豆、印尼豇豆、中巴豇豆、大翼豆、仙人掌、蝴蝶豆	香根草、大绿豆、沙引草、印尼豇豆、蔓荆、瑞蕾苜蓿黄花菜	苜蓿、沙打旺、白草、小冠花、鸡脚草、沙毛叶茹子、草木樨、芨芨草	沙打旺、沙蒿、芨芨草、沙片、沙米、绵蓬、苜蓿、毛叶苕子、无芒雀麦、白草、披碱草
盐碱地含盐量/%	0.1～0.2	盖氏虎尾草、葛藤、俯仰马唐	无芒雀麦、冬牧70黑麦、黄花菜、葛藤、野大豆	野大豆、小冠花、冬牧70黑麦、白草、无芒雀麦、黄花菜	无芒雀麦、偃麦草、鹅冠草、野豌豆、冰草、芨芨草
	0.2～0.4	苏丹草	杂交狼尾草、苇状羊茅草、五节芒、茵陈蒿	苏丹草、苜蓿、草木樨、沙打旺、苇状羊茅	草木樨、苜蓿、苏丹草、羊草、毛叶苕子、弯穗鹅冠草
	0.4～0.8	大米草	芦苇、大米草、盐蒿、田菁	芦苇、大米草、盐蒿、田菁	田菁、芨芨草、芦苇、盐蒿、碱茅、地肤

注　本表引自《水土保持综合治理技术规范　荒地治理技术》(GB/T 16453.2—2008)，2008 年中国标准出版社出版。

11.4　经济林栽培学基础

11.4.1　经济林的概念及分类与分布

11.4.1.1　经济林的概念

《中华人民共和国森林法》对经济林的定义为以生产果品、实用油料、饮料、调料、工业原料和药材等为主要目的的林木。

11.4.1.2　中国经济林的分布

按不同的气候区域，中国经济林分布区域可划分为 8 个区，见表 11.4 - 1。

表 11.4 - 1　　　　　　　　　　　中国经济林分布区域

气候区域	地 理 位 置	气 候 特 点	主要经济树种
东北地区	黑龙江、吉林、辽宁大部	属于北温带和中温带，是全国热量资源较少的地区，≥0℃ 积温 2500～4000℃，无霜期 90～180d，年平均气温低于 10℃ 的达 180d。夏季气温高，冬季漫长且气候严寒，春、秋季时间短；年降水量为 400～1000mm，由东向西减少	核桃、蒙古栎、麻栎、红松、紫杉、山葡萄、五味子、刺五加、蓝莓、榛子等
内蒙古地区	内蒙古	属典型的中温带季风气候，降水量自东向西由 500mm 递减为 50mm 左右。从东向西由湿润、半湿润区逐步过渡到半干旱、干旱区，气温变化剧烈，冷暖悬殊甚大，风大沙多。气温平均日较差在 14℃ 以上	文冠果、山杏、橡子、蒙古栎、桑、榆、沙棘、山荆子、扁桃、花楸等

续表

气候区域	地 理 位 置	气 候 特 点	主要经济树种
甘新地区	新疆全部及内蒙古西部、甘肃北部	属典型的大陆性干旱、半干旱气候，日气温温差大，光照充足，太阳辐射强，干旱少雨，年降水量仅 20～300mm，高山区有的可达 500mm。年平均气温 4～13℃，气温日较差大，平原无霜期 150～220d	核桃、枸杞、杏、李、苹果、葡萄、梨、枣、沙棘、文冠果、巴旦杏、阿月浑子等
华北地区	河北、山东全境，山西中南部，甘肃东部，河南、安徽、江苏北部以及辽东半岛地区	属典型的暖温带半湿润大陆性季风气候，四季分明，降水偏少，夏季炎热多雨，冬季寒冷干燥，春、秋短促。年降水量 400～800mm，年平均气温 5～20℃，≥10℃ 活动积温为 3800～4900℃，无霜期 190～220d	板栗、枣、柿、核桃、花椒、银杏、盐肤木、山楂、苹果、梨、桃、葡萄、沙棘、文冠果、翅果油树、猕猴桃等
华中地区	江苏、安徽、河南、山西的南部，江西、湖南、浙江、湖北、贵州全部，以及广东、广西、福建的北部	属温带季风气候和亚热带季风气候，气候温和，四季分明；热量充足，降水集中；春温多变，夏秋多旱；严寒期短，暑热期长，以淮河为分界线，淮河以北为温带季风气候，以南为亚热带季风气候，平均年降水量 800mm 以上，平均气温为 15℃ 以上，无霜期 180～250d 或更长，适宜多种农作物生长	油茶、油桐、乌桕、漆、笋用竹、板栗、枣、柿、柑橘、梨、桃、李、猕猴桃、刺梨、银杏、杜仲、厚朴、山茱萸、金银花、核桃、油橄榄、山核桃、香榧、山苍子、白蜡、乌桕、五倍子、青檀等200余种
华南地区	福建、广东、广西的南部，广西的西部和海南、台湾	属南亚热带和热带地区，最冷月平均气温不小于 10℃，极端最低气温不小于 −4℃，日平均气温≥10℃的天数在 300d 以上。多数地方降水量为 1400～2000mm，高温多雨，四季常绿	经济树木种类繁多，除有华中地区的许多树种外，还有乌榄、蝴蝶果、橄榄、椰子、黄皮、潘石榴、木瓜、荔枝、龙眼、芒果、香蕉、胡椒、八角、肉桂、腰果、槟榔、紫胶、油棕等热带特有的经济林木
西南地区	云南、四川、重庆全部和西藏东南部	属亚热带季风气候，受东南风和西南风影响，夏季炎热多雨，地势较高就比较凉爽，年平均气温 14～18℃，极端最低气温不小于 −4℃，日平均气温≥10℃的天数在 300d 以上。多数地方降水量为 1000～1200mm	云南松、华山松、滇锥栎、栓皮栎、滇青冈、滇香樟、香叶树、滇八角、花椒等
青藏地区	青海及西藏大部	属高原气候，辐射强烈，日照多，气温低，积温少，大部分地区的最暖月均温在 15℃ 以下，1 月和 7 月平均气温都比同纬度东部平均低 15～20℃，气温随高度和纬度的升高而降低。除东南缘河谷地区外，全年无夏季。干湿分明，多夜雨；高原年降水量自藏东南 4000mm 以上向柴达木盆地冷湖逐渐减少，冷湖降水量仅 17.5mm	木姜子、花椒、核桃、桑、文冠果、杏、沙棘等

11.4.1.3 经济林树种的分类

根据《中华人民共和国森林法》的界定，经济林产品包括果实、种子、花、叶、皮、根、树脂、树液、虫胶、虫蜡等。根据利用目的，可把经济林的树种分为 15 大类（表 11.4-2），各类主要经济树种的特性及分布见表 11.4-3～表 11.4-14。

表 11.4 - 2   经 济 林 树 种 的 分 类

序号	类别	主 要 树 种
1	油料类	(1) 食用油类，如油茶、椰子、文冠果、香榧、文冠果、油橄榄、油棕、元宝枫等。 (2) 工业用油类，如油桐、乌桕、千年桐等
2	芳香油类	山苍子、桉树、樟树、玫瑰、柏木等
3	干果类	(1) 油脂类干果，如核桃、榛子、香榧、阿月浑子、巴旦木、松子、仁用杏等。 (2) 淀粉糖类干果，如锥栗、枣、板栗、柿、银杏等
4	鲜果类	猕猴桃、龙眼、荔枝、柿、杨梅、樱桃、木瓜、柚、苹果、桃、葡萄、梨、柑橘等
5	饮料类	(1) 茶叶类，如茶树、甜菜、苦丁茶、绞股蓝等。 (2) 果汁果露类，如仁用杏、核桃、桃。 (3) 咖啡可可类，如咖啡、可可
6	香料调料类	白兰花、茉莉花、桂花、八角、肉桂、花椒、胡椒等
7	蔬菜类	花椒、香椿、笋用竹、楤木等
8	药用类	杜仲、黄柏、萝芙木、红豆杉、厚朴、山茱萸、金银花、枸杞等
9	农药类	楝、臭椿、马桑、皂荚等
10	纤维类	(1) 编织类，如杞柳、竹子、白蜡、紫穗槐。 (2) 造纸类，如竹子、松树、青檀、山棉皮、雪花皮等。 (3) 纺织类，如杨树、构树、罗布麻、桑树等。 (4) 绳索类，如棕榈、蒲葵等
11	寄主树类	黄檀、白蜡树、盐肤木等
12	树液树脂类	(1) 胶料类，如橡胶、印度榕、杜仲等。 (2) 漆料类，如漆树、野漆树、柿树等。 (3) 树脂类，如各种松树。 (4) 糖料类，如糖槭、糖棕等
13	饲料类	泡桐、沙棘、桑、紫穗槐、胡枝子次槐等
14	工业原料类	(1) 栓皮类，利用树皮的栓皮层，如栓皮栎、栓皮槠等。 (2) 鞣料类，利用树皮和果实苞、托提制单宁，如黑荆、橡椀、化香、落叶松等。 (3) 染料类，如苏木、黄栌等。 (4) 色素类，如黄栀子等
15	放养类	(1) 蜜源类，如蕊枝、枣树、刺槐、椴树等。 (2) 蚕茧类，如桑、栎等

表 11.4 - 3   主要木本油料类经济树种及分布

科名	种 名	特征	含油率/%	适生区域	适 宜 生 境	繁殖方法
山茶科	油茶 *Camellia oleifera*	灌木或中乔木	41~58	华东、从长江流域到华南各地	喜温暖，怕寒冷，适宜土层深厚的酸性土	播种、扦插、嫁接
大戟科	油桐 *Vernicia fordii*	落叶乔木	48~71	陕西、河南、江苏、安徽、浙江、江西、福建、湖南、湖北、广东、海南、广西、四川、贵州、云南等	喜光，喜温暖，忌严寒，富含腐殖质、土层深厚、排水良好、中性至微酸性砂质壤土最适油桐生长	播种、嫁接

续表

科名	种　名	特征	含油率/%	适生区域	适　宜　生　境	繁殖方法
大戟科	木油桐 *Vernicia montana*	落叶乔木	49～58	浙江、江西、福建、台湾、湖南、广东、海南、广西、贵州、云南等	喜光，喜温暖，忌严寒	播种、嫁接
	乌桕 *Sapium sebiferum*	乔木	26～70	黄河以南各省，北达陕西、甘肃	各种土壤均能适应，抗盐性强	播种
漆树科	黄连木 *Pistacia chinensis*	落叶乔木	26～52	长江以南各省及华北、西北	喜光，幼时稍耐阴；喜温暖，畏严寒；耐干旱瘠薄，对土壤要求不严	播种
樟科	山苍子 *Litsea cubeba*	落叶灌木或小乔木	46～52	华东、华中、华南、西南	喜光或稍耐阴	播种
木犀科	油橄榄 *Olea europaea*	常绿小乔木	40	长江流域以南地区	抗寒性较强，喜中性土壤	嫁接

表 11.4 - 4　　　　　　　　　　　主要芳香油类经济树种及分布

科名	种　名	植物性状	利用部位	含油率/%	产区分布	适　宜　生　境	繁殖方法
樟科	山苍子 *Litsea cubeba*	落叶灌木或小乔木	果	4～6	华东、华中、华南、西南、台湾	喜光或稍耐阴	播种
	山胡椒 *Lindera glauca*	落叶灌木或小乔木	枝、叶	1	华北、华东、华中、华南、西南、陕西	喜光，耐干旱瘠薄，对土壤适应性广	播种、分株
	樟树 *Sassafras tzumu*	长绿乔木	叶	2～3	华南、华中	喜光，不耐阴，在土层深厚，排水良好的酸性红壤或黄壤上均能生长良好	播种
金缕梅科	枫香 *Liquidambar formosana*	落叶乔木	花	0.2	华东、华中、华南、西南	喜温暖湿润气候，性喜光，幼树稍耐阴，耐干旱瘠薄土壤，不耐水涝	播种
蝶形花科	紫穗槐 *Amorpha fruticosa*	落叶灌木，丛生	花	2.5	西北、东北、华北、华东、华中、西南	适种性强	播种、分株
芸香科	花椒 *Zanthoxylum bungeanum*	落叶小乔木	果、叶	4.9～9	西北、华北、华中、华南、西南	适宜温暖湿润及土层深厚肥沃壤土、砂壤土，耐旱，喜阳光，不耐涝	播种、嫁接
	香椒子 *Zanthoxylum schinifolium*	灌木	果、叶	4～9	华北、华东、华中、华南、四川、内蒙古、辽宁	耐干不耐涝	播种、嫁接
	柑橘 *Citrus reticulata*	小乔木	果	1.5～2	华东、华中、华南、西南、台湾	性喜温暖湿润气候	嫁接
	橙 *Citrus sinensis*	乔木	果	1～1.5	华东、华中、华南、西南、台湾	宜温暖、不耐寒、较耐阴，要求土质肥沃，透水透气性好	嫁接

续表

科名	种　名	植物性状	利用部位	含油率/%	产区分布	适　宜　生　境	繁殖方法
五加科	五加 Acanthopanax gracilistylus	乔木或灌木	茎皮	25	华东、华中、西南	适应性强	播种
木兰科	八角 Illicium verum	乔木	果	8～12	华南、西南、台湾	阴湿、土壤疏松	播种
	玉兰 Magnolia denudata	落叶乔木	花油	1～1.2	华东、华中、华南、西南、陕西、台湾	喜光，较耐寒，但不耐旱，要求肥沃砂质土壤，不耐碱，怕水淹	压条、分株
	厚朴 Magnolia officinalis	落叶乔木	茎皮	4～5	华东、华中、华南、西南、陕西、台湾	喜光，在土层深厚、肥沃、疏松、腐殖质丰富、排水良好的微酸性或中性土壤上生长较好	播种、压条、扦插

表 11.4-5　　　　　　　　　　　主要干、鲜果类经济树种及分布

科名	种　名	植物性状	产区分布	适　宜　生　境	繁殖方法
壳斗科	板栗 Castanea mollissima	落叶乔木	除青海、宁夏、新疆、海南等少数省份外广布南北各地	喜光，对土壤要求不严，喜肥沃温润、排水良好的砂质或砾质壤土	播种，嫁接
	锥栗 Castanea henryi	乔木	秦岭南坡以南、五岭以北各地	喜光，耐旱，要求排水良好	播种、嫁接
棕榈科	桄榔 Arenga pinnata	乔木	海南、广西及云南西部至东南部	喜阳，不耐寒，对土壤要求不严	播种
鼠李科	枣 Ziziphus jujuba	落叶小乔木	西北、东北、华北、华东、中南、西南	喜光，适应性强，喜干冷气候，也耐湿热，对土壤要求不严，耐干旱瘠薄，也耐低湿	分株、嫁接
柿树科	柿 Diospyros kaki	落叶乔木	西北、华北、华中、西南	柿树是深根性树种，又是阳性树种，喜温暖气候，充足阳光和深厚、肥沃、湿润、排水良好的土壤，适生于中性土壤，较能耐寒，但较能耐瘠薄，抗旱性强，不耐盐碱土	嫁接
胡桃科	核桃 Juglans regia	落叶乔木	华北、西北、西南、华中、华南和华东	喜光，耐寒，抗旱、抗病能力强，适应多种土壤生长，喜肥沃湿润的砂质壤土，喜水、肥，喜阳，同时对水肥要求不严	播种、嫁接
银杏科	银杏 Ginkgo biloba	落叶乔木	山东、浙江、江西、安徽、广西、湖北、四川、江苏、贵州	喜适当湿润而排水良好的深厚壤土。在酸性土（pH=4.5）、石灰性土（pH=8.0）中均可生长良好，不耐积水之地，较能耐旱	播种、嫁接
蔷薇科	山楂 Crataegus pinnatifida	落叶乔木	辽宁、内蒙古、河北、河南、山东、山西、陕西、江苏	适应性强，喜凉爽、湿润的环境，即耐寒又耐高温，喜光也能耐阴、耐旱，对土壤要求不严	播种、嫁接
	枇杷 Eriobotrya japonica	常绿小乔木	长江流域各省及陕西、甘肃、河南	喜光，稍耐阴，喜温暖气候和肥水湿润、排水良好的土壤，稍耐寒，不耐严寒	播种、嫁接

续表

科名	种 名	植物性状	产区分布	适 宜 生 境	繁殖方法
蔷薇科	梅 *Armeniaca mume*	落叶小乔木	全国各地	喜温暖气候，耐寒性不强，较耐干旱，不耐涝	播种、嫁接
	扁桃 *Amygdalus communis*	落叶乔木或灌木	新疆、陕西、甘肃等	喜光，不耐阴和密植，抗寒力强，对土壤的适应力很强	播种、嫁接
	李 *Prunus salicina*	落叶乔木	全国各地	对气候的适应性强，对土质要求不强，极不耐积水	嫁接、扦插、分株
桦木科	榛子 *Corylus heterophylla*	落叶灌木或小乔木	东北以及山西、内蒙古、山东、河南等	抗寒性强，喜湿润，较为喜光，对土壤的适应性较强	播种、分株、嫁接
漆树科	阿月浑子 *Pistacia vera*	落叶小乔木	新疆南部	抗旱，耐热，喜光	播种、嫁接、分株
	腰果 *Anacardium occidentalie*	落叶灌木或小乔木	海南和云南、广西、广东、福建、台湾	适应性极强，喜温，喜阳，耐干旱贫瘠	播种、嫁接、扦插
紫杉科	香榧 *Torreya grandis*	长绿乔木	江苏、安徽南部、福建北部、湖南、浙江、陕南、鄂西、四川、云南	喜温湿润、弱光凉爽，喜微酸性到中性的壤土	播种、嫁接
橄榄科	橄榄 *Canarium album*	长绿乔木	福建、广东、广西、台湾、四川、浙江等	生长力强，适应性广	播种、嫁接
大戟科	余甘子 *Phyllanthi Fructus*	常绿乔木	台湾、香港、江西、福建、广东、海南、广西、四川等	耐旱耐瘠，适应性非常强，喜光、喜温	播种、嫁接
杨梅科	杨梅 *Myrica rubra*	常绿乔木	江苏、浙江、台湾、福建、江西、湖南、贵州、四川、云南、广西和广东	喜酸性土壤	嫁接
无患子科	荔枝 *Litchi chinensis*	常绿乔木	中国南部、西南部和东南部	喜高温高湿，喜光向阳	扦插、嫁接、种子
	龙眼 *Dimocarpus longan*	常绿乔木	中国南部、西南部和东南部	耐旱，耐酸，耐瘠，忌浸	扦插、嫁接、种子
芸香科	橙 *Citrus sinensis*	常绿小乔木	四川、广东、台湾、广西、福建、湖南、江西、湖北等	宜温暖，不耐寒，较耐阴，要求土质肥沃，透水透气性好	种子、嫁接
	橘 *Citrus reticulata*	常绿小乔木或灌木	华东、华南、华中、西南	喜高温多湿的亚热带气候，不耐寒，稍能耐阴	种子、嫁接
石榴科	石榴 *Punica granatum*	落叶灌木或小乔木	全国各地	喜温暖向阳的环境，耐旱、耐寒，也耐瘠薄	播种、嫁接、扦插
猕猴桃科	猕猴桃 *Actinidia chinensis*	落叶藤本	全国各地	喜阴凉湿润，怕旱、涝、风，耐寒	扦插、嫁接

表 11.4‑6　　　　　　　　　　　　主要饮料类经济树种及分布

科名	种名	植物性状	利用部位	产区分布	适宜生境	繁殖方法
山茶科	茶 *Camellia sinensis*	常绿灌木或小乔木	叶	中国南部广大地区	喜湿润，适宜酸性土壤	播种、扦插
茜草科	咖啡 *Coffea canephora*	常绿小乔木或灌木	种子	广东、海南、云南等地有引种	喜欢白天温和不酷热的气温	播种、扦插、嫁接
梧桐科	可可 *Theobroma cacao*	常绿乔木	种子	海南和云南南部	喜温暖和湿润的气候，富于有机质的冲积土	播种，扦插
柿树科	柿 *Diospyros kaki*	落叶乔木	叶	中国长江流域，在辽宁西部、长城一线经甘肃南部，折入四川、云南，在此线以南，东至台湾省，各省份多有栽培	喜温，对土壤要求不严	播种、嫁接
银杏科	银杏 *Ginkgo biloba*	落叶乔木	叶	山东、浙江、江西、安徽、广西、湖北、四川、江苏、贵州	喜适当湿润而排水良好的深厚壤土。在酸性土（pH＝4.5）、石灰性土（pH＝8.0）中均可生长良好，不耐积水之地，较能耐旱	播种、嫁接
杜仲科	杜仲 *Eucommia ulmoides*	落叶乔木	叶	陕西、甘肃、河南、湖北、四川、云南、贵州、湖南及浙江等	喜阳光充足、温和湿润气候，耐寒，对土壤要求不严	播种
胡桃科	核桃 *Juglans regia*	落叶乔木	叶	华北、西北、西南、华中、华南和华东	喜光，耐寒，抗旱、抗病能力强，适应多种土壤生长，喜肥沃湿润的砂质壤土，喜水、肥，喜阳，同时对水肥要求不严	播种、嫁接

表 11.4‑7　　　　　　　　　　　　主要香料调料类经济树种及分布

科名	种名	植物性状	利用部位	产区分布	适宜生境	繁殖方法
木兰科	八角 *Illicium verum*	常绿乔木	果	广西西部和南部	喜冬暖夏凉气候，适宜种植在土层深厚，排水良好，肥沃湿润，偏酸性的砂质壤土或壤土上	播种、嫁接
樟科	肉桂 *Cinnamomum cassia*	常绿大乔木	树皮	华南、西南	喜温暖湿润、阳光充足的环境，喜光又耐阴，宜用疏松肥沃、排水良好、富含有机质的酸性砂壤	播种
樟科	月桂 *Laurus nobilis*	常绿小乔木或灌木状	叶	浙江、江苏、福建、台湾、四川及云南等	喜光，稍耐阴，喜温暖湿润气候，宜深厚、肥沃、排水良好的壤土或砂壤土，不耐盐碱，怕涝	播种、扦插、分株
蔷薇科	玫瑰 *Rosa rugosa*	落叶灌木	花	华北	喜阳光充足、耐寒、耐旱，喜排水良好、疏松肥沃的壤土或轻壤土	播种、分株、嫁接
芸香科	柠檬 *Citrus limon*	常绿小乔木	果		喜温暖，耐阴，怕热	播种、嫁接、扦插
芸香科	花椒 *Zanthoxylum bungeanum*	落叶乔木	果、叶	西北、华北、华中、华南、西南	适宜温暖湿润及土层深厚肥沃壤土、砂壤土，耐旱，喜阳光，不耐涝	播种、嫁接

续表

科名	种 名	植物性状	利用部位	产区分布	适 宜 生 境	繁殖方法
木犀科	桂花 *Osmanthus fragrans*	常绿乔木或灌木	花	中国西南部、四川、陕南、云南、广西、广东、湖南、湖北、江西、安徽、河南等地	喜温暖、湿润，抗逆性强，既耐高温，也较耐寒	扦插

表 11.4-8 主要药用类经济树种及分布

科名	种 名	植物性状	利用部位	产区分布	适 宜 生 境	繁殖方法
银杏科	银杏 *Ginkgo biloba*	落叶乔木	叶	山东、浙江、江西、安徽、广西、湖北、四川、江苏、贵州	喜适当湿润而排水良好的深厚壤土。在酸性土（pH=4.5）、石灰性土（pH=8.0）中均可生长良好，不耐积水之地，较能耐旱	播种、嫁接
杜仲科	杜仲 *Eucommia ulmoides*	落叶乔木	叶、皮、种子	陕西、甘肃、河南、湖北、四川、云南、贵州、湖南及浙江等	喜阳光充足、温和湿润气候，耐寒，对土壤要求不严	播种
木兰科	厚朴 *Magnolia officinalis*	落叶乔木	皮、花、果	华东、华中、华南、西南、陕西、台湾	喜光，在土层深厚、肥沃、疏松、腐殖质丰富、排水良好的微酸性或中性土壤中生长较好	播种、扦插
樟科	肉桂 *Cinnamomum cassia*	常绿乔木	茎皮	华南、西南	喜温暖湿润、阳光充足的环境，喜光又耐阴，宜用疏松肥沃、排水良好、富含有机质的酸性砂壤	播种
樟科	樟树 *Cinnamomum bodinieri*	常绿乔木	枝、干	华东、华中、华南、西南、台湾	喜温暖、湿润的气候和肥沃、深厚的酸性或中性砂壤土	播种
芸香科	吴茱萸 *Evodia rutaecarpa*	落叶小乔木或灌木	果	秦岭以南各地	土壤要求不严	扦插、分株
苦木科	臭椿 *Ailanthus altissima*	落叶乔木	树皮、果	全国各地	喜光，不耐阴，耐寒，耐旱，不耐水湿，对土壤要求不严	播种
木犀科	连翘 *Forsythia suspensa*	落叶灌木	果	北京、山西、陕西、山东、安徽西部、河南、湖北、四川	喜光，有一定程度的耐阴性；喜温暖、湿润气候，也很耐寒；耐干旱瘠薄，怕涝；不择土壤	播种、分株、压条
茄科	枸杞 *Lycium chinense*	落叶枝灌木	果、叶	全国各地	喜冷凉气候，耐寒，多生长在碱性土和砂质壤土，最适合在土层深厚、肥沃的壤土中栽培	播种、扦插
茜草科	栀子 *Gardenia jasminoides*	常绿灌木	果	长江流域以南各省	喜温暖湿润气候，好阳光但又不能经受强烈阳光照射，适宜生长在疏松、肥沃、排水良好、轻黏性酸性土壤中	播种、扦插
红豆杉科	红豆杉 *Taxus chinensis*	常绿乔木	果	华南、西南	喜阴，耐旱，抗寒	播种、扦插

表 11.4 - 9　　　　　　　　　　　主要农药类经济树种及分布

科名	种名	植物性状	利用部位	产区分布	适宜生境	繁殖方法
卫矛科	雷公藤 *Tripterygium wilfordii*	落叶藤本灌木	根、叶	台湾、福建、江苏、浙江、安徽、湖北、湖南、广西	喜温暖避风、湿润、雨量充沛的环境；抗寒能力较强	扦插
楝科	苦楝 *Melia azedarach*	落叶乔木	种子	中国黄河以南各省份	喜温暖、湿润气候，喜光，不耐阴，较耐寒；在酸性、中性和碱性土壤中均能生长；耐干旱、瘠薄	播种
夹竹桃科	夹竹桃 *Nerium indicum*	常绿乔木	叶、茎皮	福建、华南、云南、台湾	喜温暖、湿润，喜光、好肥	扦插、压条
豆科	皂荚 *Gleditsia sinensis*	落叶乔木或小乔木	果	东北、华北	喜光而稍耐阴，喜温暖、湿润的气候和深厚、肥沃适当的湿润土壤，但对土壤要求不严	种子
无患子科	无患子 *Sapindus mukorossi*	落叶大乔木	外果皮	华东、华南、西南	喜光，稍耐阴，耐寒能力较强。对土壤要求不严，深根性，抗风力强。不耐水湿，能耐干旱。萌芽力弱，不耐修剪	种子
樟科	樟树 *Cinnamomum camphora*	常绿乔木	木材、枝、叶	华东、华中、华南、西南、台湾	喜温暖、湿润的气候和肥沃、深厚的酸性或中性砂壤土	播种
锦葵科	木槿 *Hibiscus syriacus*	落叶灌木	树皮	全国各地	喜光而稍耐阴，喜温暖、湿润气候，较耐寒	播种、扦插
使君子科	使君子 *Quisqualis indica*	常绿攀援状灌木	果	福建、台湾、四川	喜温暖、湿润气候	扦插、压条
马钱科	马钱子 *Strychnos nux - vomica*	常绿乔木	种子	台湾、福建、广东、海南、广西和云南南部	喜热带湿润性气候，怕霜冻，而以石灰质壤土或微酸性黏壤土生长较好	播种
马桑科	马桑 *Coriaria nepalensis*	落叶灌木	果、树皮、叶	云南、贵州、四川、湖北、陕西、甘肃、西藏	喜光，耐寒，适应性强	分株、扦插
苦木科	臭椿 *Ailanthus altissima*	落叶乔木	树皮、叶	西北、华东、华中、华南、西南	喜光，不耐阴。适应性强，除黏土外，各种土壤和中性、酸性及钙质土都能生长，适生于深厚、肥沃、湿润的砂质土壤。耐寒，耐旱，不耐水湿	播种
	鸦胆子 *Brucea javanica*	常绿灌木或小乔木	种子	华南、福建、云南、台湾		播种
胡桃科	枫杨 *Pterocarya stenoptera*	落叶大乔木	叶	山东、江苏、浙江	喜深厚、肥沃、湿润的土壤，喜光，不耐阴，耐湿	播种

表 11.4 - 10　　　　　　　　　　　　　　主要纤维类经济树种及分布

科名	种　名	植物性状	利用部位	产区分布	适　宜　生　境	繁殖方法
卫矛科	南蛇藤 *Celastrus orbiculatus*	落叶藤本	茎皮	黑龙江、吉林、辽宁、内蒙古、河北、山东、山西、河南、陕西、甘肃、江苏、安徽、浙江、江西、湖北、四川	喜阳耐阴，分布广，抗寒耐旱，对土壤要求不严	压条、分株、播种
锦葵科	木芙蓉 *Hibiscus mutabilis*	落叶灌木或小乔木	茎皮	华东、华中、华南、西南	喜光，稍耐阴；喜温暖、湿润气候	扦插、压条、分株
	青檀 *Pteroceltis tatarinowii*	落叶乔木	树皮	华东	阳性树种，适应性较强，喜钙，喜生于石灰岩山地，也能在花岗岩、砂岩地区生长。喜光，抗干旱，耐盐碱，耐土壤瘠薄，耐旱、耐寒，不耐水湿	播种
梧桐科	梧桐 *Firmiana platanifolia*	落叶乔木	树皮	全国各地	喜光，喜温暖、湿润气候，耐寒性不强；喜肥沃、湿润、深厚而排水良好的土壤，在酸性、中性及钙质土中均能生长	播种
椴树科	椴树 *Tilia tuan*	落叶乔木	树皮	湖北、四川、云南、贵州、广西、湖南、江西	适生于深厚、肥沃、湿润的土壤；喜光，幼苗、幼树较耐阴，喜温凉、湿润气候	播种
榆科	榆树 *Ulmus pumila*	落叶乔木	茎皮、木材	东北、华北、西北及西南各省	阳性树，适应性强，能耐干冷气候及中度盐碱，但不耐水湿（能耐雨季水涝）。在土壤深厚、肥沃、排水良好之冲积土及黄土高原生长良好	播种、扦插
	榉树 *Zelkova serrata*	落叶乔木	茎皮	辽宁（大连）、陕西（秦岭）、甘肃（秦岭）、山东、江苏、安徽、浙江、江西、福建、台湾、河南、湖北、湖南和广东	阳性树种，喜光，喜温暖环境。适生于深厚、肥沃、湿润的土壤，对土壤的适应性强，酸性、中性、碱性土及轻度盐碱土均可生长；忌积水，不耐干旱和贫瘠	播种
杨柳科	杞柳 *Salix integra*	落叶灌木	枝条	河北燕山部分、辽宁、吉林、黑龙江三省的东部及东南部	喜光照，喜肥水，抗雨涝，以在上层深厚的砂壤土生长最好	扦插
	山杨 *Populus davidiana*	落叶乔木	木材	黄河、淮河流域	强阳性树种，耐寒冷、耐干旱瘠薄土壤，对土壤要求在微酸性至中性土壤皆可生长	扦插
柽柳科	柽柳 *Tamarix chinensis*	落叶乔木或灌木	枝条	西北、华北、华东、华南、西南	耐高温和严寒；喜光，不耐阴。能耐烈日曝晒，耐干又耐水湿，抗风又耐碱土	扦插、播种、分株
棕榈科	棕榈 *Trachycarpus fortunei*	常绿乔木	茎皮、果皮	南方各地	喜温暖、湿润气候，喜光。耐寒性极强，稍耐阴。适生于排水良好、湿润肥沃的中性、石灰性或微酸性土壤，耐轻盐碱，也耐一定的干旱与水湿	播种

续表

科名	种　名	植物性状	利用部位	产区分布	适　宜　生　境	繁殖方法
萝藦科	杠柳 *Periploca sepium*	落叶蔓性灌木	茎	吉林、辽宁、内蒙古、河北、山东、山西、江苏、河南、江西、贵州、四川、陕西和甘肃等	阳性，喜光，耐寒，耐旱，耐瘠薄，耐阴；对土壤适应性强	播种、扦插
桑科	构树 *Broussonetia papyrifera*	落叶乔木	茎皮	全国各地	喜光，适应性强，耐干旱瘠薄，也能生于水边，多生于石灰岩山地，也能在酸性土及中性土上生长；耐烟尘，抗大气污染力强	播种、扦插
	桑树 *Morus alba*	落叶乔木或为灌木	茎、枝	全国各地	喜光，幼时稍耐阴。喜温暖、湿润气候，耐寒。耐干旱，耐水湿能力极强。对土壤的适应性强，耐瘠薄和轻碱性，喜土层深厚、湿润、肥沃土壤。根系发达，抗风力强。萌芽力强，耐修剪。有较强的抗烟尘能力	播种、扦插
禾本科	毛竹 *Phyllostachys heterocycla*	常绿乔木	茎秆	秦岭、汉水流域至长江流域以南和台湾省，黄河流域	温暖湿润，肥沃、湿润、排水和透气性良好的酸性砂质土或砂质壤土的地方	分株
	Neosinocalamus affinis		茎秆	西南各省	喜温暖、湿润，不耐寒	分株

表 11.4－11　　　　　　　　　　　　　　主要寄主树类经济树种

虫种	科名	种　名	植　物　性　状	产　区　分　布
紫胶虫	蝶形花科	钝叶黄檀 *Dalbergia obtusifolia*	落叶乔木	云南、贵州、福建、广东、广西、四川
		思茅黄檀 *Dalbergia assamica*	落叶乔木	云南、贵州
		南岭黄檀 *Dalbergia balansae*	落叶乔木	浙江、福建、广东、海南、广西、四川、贵州
		木豆 *Cajanus cajan*	落叶直立灌木	云南、贵州、四川
		大叶千斤拔 *Flemingia macrophylla*	落叶直立灌木	云南、贵州、四川、江西、福建、台湾、广东、海南、广西
	含羞草科	山合欢 *Albizia kalkora*	落叶小乔木或灌木	四川、江西、湖南
		光腺合欢 *Albizia calcarea*	落叶乔木	四川
	桑科	聚果榕 *Ficus racemosa*	常绿乔木	云南
	梧桐科	火绳树 *Eriolaena spectabilis*	落叶灌木或小乔木	云南、贵州

续表

虫种	科名	种名	植物性状	产区分布
白蜡虫	木犀科	女贞 *Ligustrum lucidum*	常绿灌木或乔木	长江以南至华南、西南各省份，陕西、甘肃
		紫药女贞 *Ligustrum delavayanum*	常绿灌木	四川、云南、贵州
		长叶女贞 *Ligustrum compactum*	常绿灌木或小乔木	云南、贵州、四川、湖北、西藏
		散生女贞 *Ligustrum confusum*	常绿灌木或小乔木	云南
		白蜡 *Fraxinus chinensis*	落叶乔木	西南、华南、华东、华北等
		白枪杆 *Fraxinus malacophylla*	落叶乔木	云南、广西
	锦葵科	木槿 *Hibiscus syriacus*	落叶灌木	全国各地
倍蚜虫	漆树科	盐肤木 *Rhus chinensis*	落叶小乔木或灌木	除东北、内蒙古和新疆外，其余省份均有
		青麸杨 *Rhus potaninii*	落叶乔木	云南、四川、甘肃、陕西、山西、河南
		红麸杨 *Rhus punjabensis*	落叶乔木或小乔木	云南（东北至西北部）、贵州、湖南、湖北、陕西、甘肃、四川、西藏

表 11.4 - 12 **主要树液树脂类经济树种及分布**

科名	种名	植物性状	品名	产区分布	适宜生境	繁殖方法
松科	马尾松 *Pinus massoniana*	常绿乔木	松脂、松香	长江流域以南各省	阳性树种，不耐阴，喜光，喜温，对土壤要求不严格	播种
	油松 *Pinus tabuliformis*	常绿乔木	松脂、松香	吉林南部、辽宁、河北、河南、山东、山西、内蒙古、陕西、甘肃、宁夏、青海及四川	喜光，深根性树种，喜干冷气候，在土层深厚、排水良好的酸性、中性或钙质黄土上均能生长良好	播种
	落叶松 *Larix gmelinii*	落叶乔木	落叶松脂	东北、华北	喜光，最适宜在湿润、排水、通气良好，土壤深厚而肥沃的土壤条件下生长	播种
	红皮云杉 *Picea koraiensis*	常绿乔木	落叶树脂	东北、内蒙古	较耐阴	播种
漆树科	漆树 *Toxicodendron vernicifluum*	落叶乔木	生漆	除黑龙江、吉林、内蒙古和新疆外	属于高山种，性较耐寒	播种
桦木科	白桦 *Betula platyphylla*	落叶乔木	软木脂	东北、华北、河南、陕西、宁夏、甘肃、青海、四川、云南、西藏东南部	喜光，不耐阴，耐严寒，对土壤适应性强，喜酸性土	扦插、播种

续表

科名	种　名	植物性状	品名	产区分布	适宜生境	繁殖方法
龙脑香科	坡垒 *Hopea hainanensis*	常绿乔木	达麻脂	海南	炎热、静风、湿润以至潮湿的生境	扦插
金缕梅科	枫香 *Liquidambar formosana*	落叶乔木	苏合香脂	华东、华中、华南、西南	喜温暖、湿润气候，性喜光，幼树稍耐阴，耐干旱瘠薄土壤，不耐水涝	播种
瑞香科	沉香树 *Aquilaria sinensis*	常绿乔木	沉香脂	海南，广西，福建	喜土层厚、腐殖质多的湿润而疏松的砖红壤或山地黄壤	扦插
蝶形花科	槐树 *Sophora japonica*	落叶乔木	槐树胶	西北、华北	喜光而稍耐阴，能适应较冷气候。对土壤要求不严，抗风，也耐干旱、瘠薄	播种
大戟科	巴西橡胶树 *Hevea brasiliensis*	常绿大乔木	橡胶	原产巴西，中国台湾、福建南部、广东、广西、海南均有栽培，海南种植较多	喜湿润，适于在土层深厚、肥沃而湿润、排水良好的酸性壤土生长	播种、嫁接
杜仲科	杜仲 *Eucommia ulmoides*	落叶乔木	杜仲胶	陕西、甘肃、河南、湖北、四川、云南、贵州、湖南、浙江等	喜阳光充足、温和湿润气候，耐寒，对土壤要求不严	播种、扦插
槭树科	糖槭 *Acer negundo*	落叶乔木	枫糖	辽宁、内蒙古、河北、山东、河南、陕西、甘肃、新疆、江苏、浙江、江西、湖北	喜凉爽、湿润环境，以及肥沃、排水良好的微酸性土壤（pH＝5.5～7.3），pH 值过低会引起落叶。喜光，稍耐阴	播种、嫁接

表 11.4－13　　　　　　　　　　　　　主要饲料类经济树种及分布

科名	种　名	形态	利用部位	产区分布	适宜生境	繁殖方法
藜科	优若藜 *Eurotia ceratoides*	落叶灌木	叶	西北、内蒙古	抗旱、耐寒、耐瘠薄土壤	播种
豆科	胡枝子 *Lespedeza bicolor*	落叶灌木	叶、果	东北、西北、华北	耐荫、耐寒、耐干旱、耐瘠薄	播种
	葛 *Pueraria lobata*	落叶藤本	叶	中国南北各地（除新疆、青海及西藏外）	对气候的要求不严；以土层深厚、疏松、富含腐殖质的砂质壤土为佳	播种、扦插、压条
	柠条 *Caragana Korshinskii*	落叶灌木	枝叶	西北、华北、东北	抗旱、抗寒、耐盐碱	播种
	紫穗槐 *Amorpha fruticosa*	落叶灌木	枝叶	西北、东北、华北、华东、华中、西南	适种性强	播种
	银合欢 *Leucaena leucocephala*	常绿灌木或小乔木	枝叶	台湾、福建、广东、广西和云南	喜温暖湿润的气候条件，对土壤要求不严	播种
	沙枣 *Elaeagnus angustifolia*	落叶小乔木	叶	西北、内蒙古、华北西北部	抗旱，抗风沙，耐盐碱，耐贫瘠	播种、扦插

续表

科名	种　名	形态	利用部位	产区分布	适宜生境	繁殖方法
桑科	桑 *Morus alba*	落叶乔木	叶	全国各地	喜光，幼时稍耐阴。喜温暖湿润气候，耐寒。耐干旱，耐水湿能力极强。对土壤的适应性强，耐瘠薄和轻碱性，喜土层深厚、湿润、肥沃土壤	播种、嫁接
壳斗科	蒙古栎 *Quercus mongolica*	落叶乔木	叶	黑龙江、吉林、辽宁、内蒙古、河北、山东等	喜温暖、湿润气候，也能耐一定寒冷和干旱。对土壤要求不严，酸性、中性或石灰岩的碱性土壤上都能生长，耐瘠薄，不耐水湿	播种

表 11.4 - 14　　　　主要工业原料类经济树种及分布（鞣料、染料类）

科名	种　名	植物性状	利用部位	含量/%	产区分布	适宜生境	繁殖方法
含羞草科	台湾相思 *Acacia confusa*	常绿乔木	树皮	23.2～25.5	台湾、福建、广东、广西、云南	喜暖热气候，亦耐低温，喜光，亦耐半阴，耐旱瘠土壤，亦耐短期水淹，喜酸性土	播种
	山合欢 *Albizia kalkora*	落叶小乔木或灌木	树皮	35.8	华北、西北、华东、华南至西南部各省份	喜光，喜温湿气候	播种
胡桃科	化香树 *Platycarya strobilacea*	落叶小乔木	树皮、果、叶	6.9～15.4/ 22.8/20.24	甘肃、陕西和河南的南部及山东、安徽、江苏、浙江、江西、福建、台湾、广东、广西、湖南、湖北、四川、贵州和云南	喜温暖、湿润气候和深厚肥沃的砂质土壤，对土壤的要求不严，酸性、中性、钙质土壤均可生长，耐干旱瘠薄	播种、扦插
	圆果化香树 *Platycarya longipes*	落叶小乔木	树皮	41.8	广东、广西和贵州	喜光，喜湿润	播种、嫁接
松科	落叶松 *Larix gmelinii*	常绿乔木	树皮	9～16	东北	喜光，最适宜在湿润、排水、通气良好、土壤深厚而肥沃的土壤条件下生长	播种
	油松 *Pinus tabuliformis*	常绿乔木	树皮	7.02～13.47	吉林南部、辽宁、河北、河南、山东、山西、内蒙古、陕西、甘肃、宁夏、青海及四川	喜光，深根性树种，喜干冷气候，在土层深厚、排水良好的酸性、中性或钙质黄土中均能生长良好	播种
壳斗科	南岭栲 *Castanopsis fordii*	常绿乔木	树皮/木材	5.6/10.3	浙江、江西、福建、湖南四省南部，广东、广西东南部	较喜光，幼年耐阴	播种

续表

科名	种 名	植物性状	利用部位	含量/%	产区分布	适宜生境	繁殖方法
壳斗科	栓皮栎 *Quercus variabilis*	落叶乔木	树皮/壳斗	10.6/17.8～27.3	辽宁、河北、山西、陕西、甘肃、山东、江苏、安徽、浙江、江西、福建、台湾、河南、湖北、湖南、广东、广西、四川、贵州、云南等	喜光,但幼树以有侧方荫蔽为好。对气候、土壤的适应性强;在pH＝4～8的酸性、中性及石灰性土壤中均有生长,亦耐干旱、瘠薄,而以深厚、肥沃、适当湿润而排水良好的壤土和砂质壤土最适宜,不耐积水	播种
	麻栎 *Quercus acutissima*	落叶乔木	树皮/壳斗	5.6/21.6～35.81	辽宁、河北、山西、山东、江苏、安徽、浙江、江西、福建、河南、湖北、湖南、广东、海南、广西、四川、贵州、云南等	阳性,喜光,喜湿润气候。耐寒,耐干旱瘠薄,不耐水湿,不耐盐碱,在湿润肥沃深厚、排水良好的中性至微酸性砂质土上生长最好,排水不良或积水地不宜种植	播种
	辽东栎 *Quercus wutaishanica*	落叶乔木	叶/壳斗	10.29～15.28/7.33	黑龙江、吉林、辽宁、内蒙古、河北、山西、陕西、宁夏、甘肃、青海、山东、河南、四川等	喜光,阳性树种,耐干旱、瘠薄	播种
	蒙古栎 *Quercus mongolica*	落叶乔木	叶/壳斗	13～16/9.6～16.73	黑龙江、吉林、辽宁、内蒙古、河北、山东等	喜温暖、湿润气候,也能耐一定寒冷和干旱。对土壤要求不严,酸性、中性或石灰岩的碱性土壤上都能生长,耐瘠薄,不耐水湿	播种
蔷薇科	山刺玫 *Rosa davurica*	落叶灌木	茎皮/叶	14.3/15.9	黑龙江、吉林、辽宁、内蒙古、河北、山西等	喜暖,喜光,耐旱,忌湿,畏寒;适合于疏松、排水良好的砂质土	播种、扦插、分株
芸香科	降真香(山油柑) *Acronychia pedunculata*	常绿乔木	树皮	16.72	台湾、福建、广东、海南、广西、云南南部	喜潮湿的环境,喜欢生长在大石头边或扎根在石头底下盘着生长	播种、扦插
大戟科	石栗 *Aleurites moluccana*	常绿乔木	树皮	18.3	福建、台湾、广东、海南、广西、云南	喜光、耐旱、怕涝,对土壤要求不太严,只要光照充足,地下水位低的地方都可以种植,尤以土层深厚新开垦的坡地种植较好	播种

续表

科名	种　名	植物性状	利用部位	含量/%	产区分布	适宜生境	繁殖方法
大戟科	木油桐 *Vernicia montana*	落叶乔木	树皮	17.5	浙江、江西、福建、台湾、湖南、广东、海南、广西、贵州、云南等	喜光，喜温暖，忌严寒	播种
漆树科	南酸枣 *Choerospondias axillaris*	落叶乔木	树皮	7.3～19.6	西藏、云南、贵州、广西、广东、湖南、湖北、江西、福建、浙江、安徽	喜阳光，略耐阴；喜温暖、湿润气候，不耐寒；适生于深厚、肥沃而排水良好的酸性或中性土壤，不耐涝	播种
	黄栌 *Cotinus coggygria*	落叶灌木	叶	10.34	河北、山东、河南、湖北、四川	喜光，也耐半阴；耐寒，耐干旱瘠薄和碱性土壤，不耐水湿，宜植于土层深厚、肥沃而排水良好的砂质壤土中	播种、扦插
桑科	构树 *Broussonetia papyrifera*	落叶乔木	树皮/叶	8.45/14.8	全国各地	喜光，适应性强，耐干旱瘠薄，也能生于水边，多生于石灰岩山地，也能在酸性土及中性土上生长	播种、扦插
安石榴科	石榴 *Punica granatum*	落叶灌木或乔木	果皮/树皮	25～32/20～30	南北均有	喜温暖向阳的环境，耐旱，也耐瘠薄。对土壤要求不严，但以排水良好的夹沙土栽培为宜	播种、扦插、嫁接
五加科	刺楸 *Kalopanax septemlobus*	落叶乔木	树皮/叶	20～30/13	分布广，北自东北起，南至广东、广西、云南，西自四川西部，东至海滨的广大区域内均有分布	适应性很强，喜阳光充足和湿润的环境，稍耐阴，耐寒冷，适宜在含腐殖质丰富、土层深厚、疏松且排水良好的中性或微酸性土壤中生长	播种
山茱萸科	灯台树 *Bothrocaryum controversum*	落叶乔木	树皮	14.4～30	辽宁、河北、陕西、甘肃、山东、安徽、台湾、河南、广东、广西以及长江以南各省份	喜温暖气候及半阴环境，适应性强，耐寒，耐热，生长快。宜在肥沃、湿润及疏松、排水良好的土壤上生长	播种
漆树科	青楷槭 *Acer tegmentosum*	落叶乔木	果	15.8	黑龙江、吉林、辽宁等	喜光，喜暖，耐寒	播种

11.4.2　苗木的培育

11.4.2.1　实生苗的培育

利用种子播种培育成苗木，称实生苗。这种繁殖苗木的方法，叫实生苗繁殖法，其繁殖简便，短期内育苗量大。实生苗根系发达，生长健壮，寿命长，适应力强。但其不保持母树的优良性状，因此，在经济林栽培中，提倡使用嫁接苗。播种培育的实生苗主要用来作砧木，通过嫁接育苗，培育优良品种苗木。

11.4.2.2　无性繁殖苗的培育

无性繁殖是快速培育经济林优质苗木的重要技术手段。利用植物细胞具有全能性和再生能力的特点，使用植物体的某一营养器官，在适宜的条件下，通过体细胞的分裂、分化、发育成各种组织和器官，再形成完整的新植株。无性繁殖包括扦插繁殖和嫁接繁殖。扦插繁殖是指利用植物体营养器官的一部分，插入基质中，在适宜的条件下，使其形成独立的新个体。扦插繁殖包括叶插、茎插、根插、分株法、压条法等。嫁接繁殖是把经济林木的某一营养器官，接到另一株经济林木的枝、干或根上，使之形成一个新的植株。嫁接繁殖包括芽接、枝接、芽苗砧嫁接。无性繁殖的类型及技术要点见表11.4－15。

表 11.4－15　无性繁殖的类型及技术要点

无性繁殖类型	主要方法	技 术 要 点
扦插繁殖	叶插：用于能自叶上发生不定芽及不定根的树种	（1）全叶插：以完整叶片为插条（图11.4－1）。一是平置法，即将去叶柄的叶片平铺沙子表面，加针或竹签固定，使叶片下面与沙面密接；二是直插法，将叶柄插入基质中，叶柄直立于沙面上，从叶柄基部发生不定芽及不定根。（2）片叶插：将叶片分切为数块，分别进行扦插，每块叶片上形成不定芽
	茎插	（1）硬枝扦插：用已经木质化的成熟枝条进行的扦插［图11.4－2（a）］，如葡萄、石榴、无花果、月季等。（2）嫩枝扦插：又称绿枝扦插或带叶扦插。以生长季半木质化新梢为插穗［图11.4－2（b）］，如无花果、柑橘、杜鹃、一品红、虎刺兰和橡皮树等。（3）芽叶插：插条仅有一芽附一片叶，芽下部带有盾露芽尖即可（图11.4－3）。芽叶插适合于不易产生不定芽的种类，如山茶花、橡皮树、桂花、天竺桂等
	根插	利用根上能形成不定芽的能力扦插繁殖苗木的方法（图11.4－4）。适用于根插易于产生不定芽的树种，如枣、柿、山楂、梨、核桃等

无性繁殖类型	主要方法	技 术 要 点
扦插繁殖	分株法	将母株根茎或根部附近发生的萌蘖枝连根自母株分离栽植的方法。在栽培上常用分株繁殖的树种，如枣树、漆树等
	压条法	在不脱离母体的情况下，使枝条与土壤接触的部分生根，然后切取而成新的植株。包括直立压条、水平压条、顶端压条、高空压条（图11.4－5）
嫁接繁殖	芽接	用一个芽片作接穗的嫁接方法。优点是操作方法简便，嫁接速度快，成本低，适合于大量繁殖苗木。芽接方法有T字形芽接、方块形芽接、嵌芽接、工字形芽接、单开门芽接等（图11.4－6～图11.4－11）
	枝接	把带有芽子的接穗嫁接到砧木上。常见的枝接方法有切接、劈接、皮下接、切腹接、靠接、舌接和插皮舌接等（图11.4－12～图11.4－18）
	芽苗砧嫁接	用种胚苗作砧木进行嫁接的一种方法（图11.4－19），适用于核桃、油茶、板栗等大粒种子的树种
	根接	以根系作砧木，在其上嫁接接穗。用作砧木的根可以是完整的根系，也可以是一个根段。根接方法有劈接倒接、劈接正接、倒腹接、皮下接（图11.4－20）

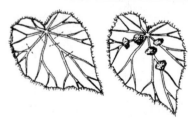

图 11.4－1　全叶插（何方，2007）

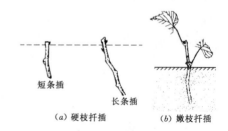

图 11.4－2　硬枝扦插、嫩枝扦插（何方，2007）

短条插　长条插　（a）硬枝扦插　（b）嫩枝扦插

图 11.4 - 3 芽叶插（何方，2007）

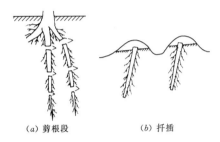

（a）剪根段　　（b）扦插

图 11.4 - 4 根插（何方，2007）

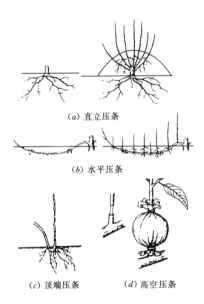

（a）直立压条

（b）水平压条

（c）顶端压条　　（d）高空压条

图 11.4 - 5 压条法（何方，2007）

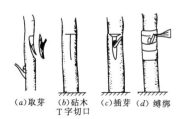

（a）取芽　（b）砧木
　　　　　T字切口　（c）插芽　（d）缚绑

图 11.4 - 6 T字形芽接（何方，2007）

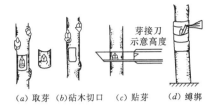

（a）取芽（b）砧木切口　（c）贴芽　（d）缚绑

图 11.4 - 7 方块形芽接（何方，2007）

（a）取芽　（b）嵌芽（c）缚绑

图 11.4 - 8 舌状形嵌芽接（何方，2007）

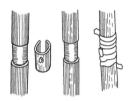

（a）取芽（b）砧木切口（c）缚绑

图 11.4 - 9 圆形嵌芽接（何方，2007）

图 11.4 - 10 工字形芽接（何方，2007）
1—取芽；2—砧木切口；3—嵌入接芽；4—缚绑

图 11.4 - 11 单开门芽接（何方，2007）
1—取芽；2—砧木切口；3—嵌入接芽；4—缚绑

577

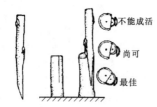

图 11.4 - 12　切接（何方，2007）

（a）老枝劈接　　　（b）嫩枝劈接

图 11.4 - 13　劈接（何方，2007）

图 11.4 - 14　皮下接（何方，2007）

图 11.4 - 15　切腹接（何方，2007）

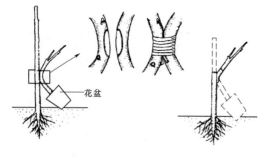

图 11.4 - 16　靠接（何方，2007）

11.4.2.3　容器育苗

容器育苗就是利用适宜材料做成一定形状的容器，装入营养土，播入种子或插入接穗的一种育苗方法。其优点是苗木质量高，栽植不受季节限制，且造林成活率高；缺点是育苗成本高，不宜长途运输。其容器包括营养砖、稻草泥杯、纸制营养杯、塑料薄膜营养袋、尼索拉塑料带等，容器育苗类型及其技术要

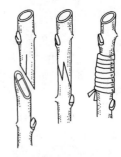

图 11.4 - 17　舌接（何方，2007）

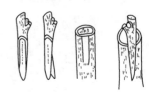

图 11.4 - 18　插皮舌接（何方，2007）

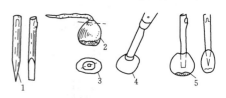

图 11.4 - 19　芽苗砧嫁接法（何方，2007）

1—接穗的正、侧面；2—发芽的板栗种子（虚线表示切割处）；3—切面切去了原始的枝和根（虚线表示刀切入的部位）；4—刀切入的情况；5—接好后的透视情况

（a）劈接倒接　（b）劈接正接　（c）倒腹接　（d）皮下接

图 11.4 - 20　根接法（何方，2007）

点见表 11.4 - 16。

表 11.4 - 16　容器育苗类型及其技术要点

容器育苗类型	技　术　要　点
营养砖	选择砂质壤土翻晒打碎，拣去植物根、茎及石块，施放土杂肥、火土灰、饼肥，按 1%～3%掺入过磷酸钙拌匀，形成营养土，再灌入适量水，拌调成半干湿泥浆然后填入砖模（图 11.4 - 21）。一架砖模中按 7cm×7cm×7cm，分成 100 个小方格，每一格即是一块营养砖，在砖上压出 2cm×2cm×3cm 播种穴。播种后盖松土

续表

容器育苗类型	技 术 要 点
稻草泥杯	制杯时，首先按照高15cm、直径10cm的规格，制作成一个圆柱木模型，然后将稻草和泥浆混合，混匀后即卷到圆柱木模上，厚度0.8～1cm，并封上底，随即拔出，晒干即成（图11.4-22）。在杯中加营养土，在杯中播种。苗木出圃时带杯造林
纸制营养杯	利用废旧报纸、书本纸等制成高8～12cm，直径6～10cm的平底圆筒袋，这种容器具有栽入造林地后，容易腐烂，苗根可以自由伸入土中（图11.4-23）。目前，国外采用蜂窝纸杯，这种纸杯六边形，是整张纸制造，每张纸片有六边形杯数十个，可以折叠，便于运输，育苗时打开呈蜂窝状，纸杯之间由溶解胶粘连在一起，潮湿后易于分解，造林时，纸杯可以一个一个分开栽植
塑料薄膜营养袋	利用塑料薄膜做成高8～15cm、直径4～8cm的圆筒，不封底，以便造林时将袋退出，每个营养袋可以使用2～3次（图11.4-24）。由于塑料薄膜不易降解，会污染环境，应做好废物的回收
尼索拉塑料带	将培养土相隔一定距离摊放在塑料带上然后卷直，立直仍是一个个小袋，在袋内播种，培育苗木，造林时一卷一卷上山，栽植时再分开（图11.4-25）。优点是运输方便

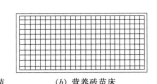

（a）营养砖苗　　（b）营养砖苗床

图11.4-21　营养砖（何方，2007）

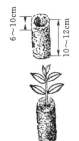

图11.4-22　稻草泥杯（何方，2007）

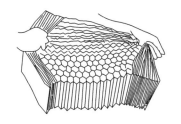

图11.4-23　纸制营养杯

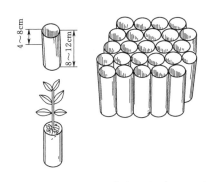

图11.4-24　塑料薄膜营养袋（何方，2007）

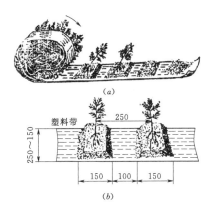

图11.4-25　尼索拉塑料带（单位：mm）

（何方，2007）

11.4.3　树种选择及造林地选择

11.4.3.1　树种选择

1. 适地适树

中国土地面积大，各地气候、土壤等环境条件差异大，加之各地经济林树种繁多，各树种的生物学特性对环境条件的要求也不一样，这就要求根据各地自然条件，在经济林区划和水土保持规划的指导下，因地制宜，适地适树。适地适树原则及途径详见11.2节中11.2.3小节。

2. 生态效益和经济效益兼顾

经济林栽培既是一种典型的商品生产，又是植被建设和生态环境治理的重要内容。在经济林树种选择中必须坚持生态和经济效益兼顾的原则，选择一些经济效益高、生态防护效益强的防护树种。

3. 选用良种（品种）

所谓良种，主要是高产、稳产、优质、抗逆性（对干旱、水涝、低温、高温、病虫害的抵抗能力）强，并在耐储藏等方面都优良的品种。良种选用的原则：一是选择对栽培区适应性和栽培性好的当地品种，如果当地没有合适的优良品种或外地有更好的品种，应按照引种程序和要求引种外地品种；二是能够保持母本的优良性状并提早收获，能够通过嫁接、扦插、组织培养等无性繁殖途径实现良种区域化。

11.4.3.2　造林地选择

选择的造林地应满足造林树种生物学、生态学要求，同时达到林产品质量要求的环境条件。

1. 灌溉用水

灌溉用水的 pH 值、有机污染物、重金属等含量应符合表 11.4 - 17 灌溉用水质量指标的要求。

表 11.4 - 17　灌溉用水质量指标　单位：mg/L

pH 值	氯化物	氰化物	氟化物	总汞	总砷	总铅	总镉	六价铬	石油类
5.5~8.5	≤250	≤0.5	≤3.0	≤0.001	≤0.1	≤0.1	≤0.005	≤0.1	≤10

2. 空气

空气中总悬浮颗粒物（TSP）、二氧化硫（SO_2）、氮氧化物（NO_x）、氟化物（F）和铅等 5 种污染物的含量应符合表 11.4 - 18 空气质量指标的要求。

表 11.4 - 18　空气质量指标

项　　目	季平均	月平均	日平均	时平均
总悬浮颗粒物（标准状态）/(mg/m³)			≤0.30	
二氧化硫（标准状态）/(mg/m³)			≤0.15	≤0.50
氮氧化物（标准状态）/(mg/m³)			≤0.12	≤0.24
氟化物（标准状态）/[μg/(dm²·d)]		≤10		
铅（标准状态）/(μg/m³)	≤1.5			

3. 土壤

土壤中有机污染物、重金属元素含量应不超过表 11.4 - 19 土壤质量指标的要求。

表 11.4 - 19　土　壤　质　量　指　标　单位：mg/kg

pH 值	总汞	总砷	总铅	总镉	总铬	滴滴涕
<6.5	0.30	40	250	0.30	150	0.5
6.5~7.5	0.50	30	300	0.30	200	0.5
>7.5	1.00	25	350	0.60	250	0.5

11.4.4　整地

根据造林地的地形、土壤、耕作习惯和水土流失现状等条件来确定，一般分为全面整地（全垦）和局部整地（带状整地、地块整地）。整地方式和技术要求参考本书表 11.2 - 17。

11.4.5　栽植技术

11.4.5.1　栽植密度

栽植密度即为单位面积上栽植苗木的株数。经济林栽植密度确定原则：

（1）因树种、品种的生物学和生态学特性不同而不同。每一株林木占土地的营养面积，不能小于它自身的树冠投影。树形高大树冠开阔的树种栽植株数少；树矮冠窄的则栽植株数多。

（2）因砧木类型不同而不同。嫁接苗如果是矮化砧，密度可以加大；如果是乔化砧，则密度要减小。

（3）因立地条件不同而不同。同一品种，立地条件好则生长快，树形高大，宜稀；立地条件差生长慢，树形矮小，宜密。

（4）因栽培模式不同而不同。实行林下间作的应稀植；实行纯林栽培的应密植。

（5）因气候条件的不同而不同。在低温、干旱、大风有碍经济林木生长的地区可以适当的密些，更能充分发挥群体抵御自然灾害的能力。

栽培密度确定主要方法参考本书表 11.2 - 14，栽培密度可参考本书表 11.2 - 15。

11.4.5.2　种植点的配置

种植点的配置，一般有正方形、正三角形、长方形以及狭株宽带形等。使用正三角形栽培单位面积上的株数，比相同株距的正方形要多 1.15%。为在野外工作方便，多用正方形。在林地不规整的情况也可随自然地形不规则地栽植。其计算方法参考本书表 11.2 - 16。

11.4.5.3　栽植季节

选择适宜的栽植季节，可以提高造林成活率，有利于树苗的生长发育，可参考本书表 11.2 - 18 的造林季节内容。

11.4.5.4　造林方法

造林方法可分为植苗造林、播种造林和分殖造林三种。其具体方法见 11.2 节中 11.2.5.2 小节。

11.4.5.5 经济林农林复合经营

经济林立体复合栽培经营是在同一土地上使用具有经济价值的乔木、灌木和草本植物共同组成多层次的复合人工林群落，达到合理利用光能和地力，形成相对稳定的高产量、高效益生态系统。经济林农林复合经营主要形式见表 11.4 - 20，经济林农林复合经营方式见表 11.4 - 21。

表 11.4 - 20　经济林农林复合经营主要形式

复合栽培模式	具 体 内 容
混交林	在同一块林地上栽培两种以上的树种
林下间作	在林下短期或长期种农作物（粮食作物、经济作物、药材等），以林为主，以耕代抚，长短结合
林下养殖	在林下养殖食用菌或畜禽

表 11.4 - 21　经济林农林复合经营方式

划分标准	经 营 方 式
以组成林分的结构和层次分	乔木-灌木-草本；乔木-灌木；乔木-草本；灌木-草本
按经营分	经济树木-药材-经济作物；经济树木-经济作物-蔬菜；经济树木-茶叶-作物（药材）；经济树木-牧草-养殖；经济树木（竹类）-食用菌；经济树木-养蜂-农作物
按地理位置分	城郊区：以水果为主，间种经济作物、蔬菜； 远郊区：以水果为主，结合经济作物、牧草、绿化苗木、花卉，笋用竹林 - 食用菌； 农村区：在山区可采用用材林-经济林-农作物，经济林-香料；在丘陵区可采用经济林-农作物，笋用竹林-食用菌；在平原区可采用用材林-经济林-农作物，经济林-农作物； 特区：某些经济林产品是名优产区，要保持原来的产品特性，进一步提高产量

11.4.5.6 混交林

混交林有长期混交和短期混交之别，混交树种中可区别为主要树种、伴生树种等。短期混交是指经过一定时期之后，去掉伴生树种，保留一个树种组成纯林，如桐-杉混交、茶-桐混交，其最后只保留油桐或者茶树。长期混交是林地自始至终保留两个及两个以上主要树种，银杏-茶叶混交。混交方法有株间和行间混交、带状混交、块状混交等。混交树种分类与搭

配方法见 11.2.4 小节中的表 11.2 - 13 和图 11.2 - 1。

11.4.6 经济林管理

11.4.6.1 林地土壤管理

1. 林地间作

林地间作是指在经济林地里利用其株行间的空隙地来间作收获期短的农作物、绿肥等。间种的作物有玉米、谷子、麦、花生、豆类、油菜、药材等作物。林地间作绿肥，把它翻埋压青，改良土壤有利林木生长。

2. 林地耕作

南北方林地耕作技术要求不同，北方夏季中耕松土除草，冬季越冬防寒。南方采取夏铲（10cm），消灭杂草，疏松土壤，减少林地蒸发，增加土壤透气性和蓄水保肥能力；冬挖，深挖（20~25cm），促进熟化土壤。

11.4.6.2 林地水分管理

经济林地灌溉水要求清洁无毒，并符合国家《农田灌溉水质量标准》（GB 5084—1992）的要求（表 11.4 - 17）。在山区可用开沟引水灌溉；在丘陵区和城郊区可用喷灌或滴灌；在干旱缺水地区，采取修建集蓄设施，利用天然降水进行灌溉。雨季要及时排除地表积水和地壤滞水，防止发生涝害。

11.4.6.3 林地施肥

1. 肥料种类及使用标准

林地施肥应做到化学肥料与有机肥料、微生物肥料配合使用，可作基肥或追肥。若是生产绿色食品的经济林，其肥料种类的选择可参考中国绿色食品发展中心制定的《生产绿色食品的肥料使用准则》，因地制宜地使用。允许使用的肥料类型见表 11.4 - 22。

表 11.4 - 22　允许使用的肥料类型

允许使用的肥料类型	种 类
有机肥料	堆肥、厩肥、沤肥、沼气肥、饼肥、绿肥、作物秸秆等
腐殖酸类肥料	泥炭、褐煤、风化煤等，以及微生物肥料（根瘤菌、固氮菌、磷细菌、硅酸盐细菌、复合菌等）
有机复合肥	两种或两种以上有机肥料复合
无机（矿质）肥料	矿物钾肥、硫酸钾、矿物磷肥、钙镁磷肥、石灰石等
叶面肥料	微量元素肥料，植物生长辅助物质肥料

要慎用城市垃圾肥料，林地施用腐熟的城镇生活垃圾和城镇垃圾堆肥工厂的产品，应符合《城镇垃圾

农用控制标准》（GB 8172—1987），详见表11.4-23。

表 11.4-23　城镇垃圾农用控制标准

项目	标准限量	项目	标准限量
杂物/%	≤3	总铬/(mg/kg)	≤300
粒度/mm	≤12	总砷/(mg/kg)	≤30
蛔虫卵死亡率/%	95～100	有机质/(g/kg)	≥100
大肠杆菌值/(mg/kg)	10^{-1}～10^{-2}	总氮/%	≥0.5
总镉/(mg/kg)	≤3	总磷/%	≥1.0
总汞/(mg/kg)	≤5	pH 值	6.5～8.5
总铅/(mg/kg)	≤100	水分/%	25～35

2. 施肥的方法

施用追肥时，在树木周围可采用放射状、环状、穴状和条状施肥。沟、穴的位置一般在树冠投影处，幼树则离树 1～2m 处。挖沟时从树冠外缘向内挖，沟宽 30～40cm，沟深 10～15cm，长度根据树冠大小而定。第二年开沟，开穴位置要变换。施肥后用松土覆盖，并稍加压实（图 11.4-26）。

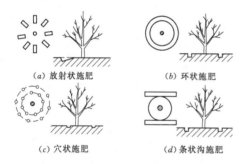

（a）放射状施肥　　　（b）环状施肥

（c）穴状施肥　　　（d）条状沟施肥

图 11.4-26　施肥方法（何方，2007）

11.4.6.4　林地病虫害防治

1. 化学药剂防治

农药类型包括禁止使用类、提倡使用类、有限制地使用类等，详见表 11.4-24。农药使用方法根据不同树种各类病虫害发生规律选择适宜农药类型并选用适用防治方法。

表 11.4-24　农药类型及种类

农药类型	种　类
禁止使用的农药种类	有机砷类杀菌剂福美胂，有机氯类杀虫剂六六六、滴滴涕、三氯杀螨醇，有机氯杀虫剂甲拌磷、乙拌磷、久效磷、对硫磷、甲基对硫磷、甲胺磷、甲基异硫磷、氧化乐果等

续表

农药类型	种　类
提倡使用的农药种类	微生物源杀虫、杀菌剂，如 Bt、白僵菌、阿维菌素、中生菌素、多氧霉素、农抗 120 等；植物源杀虫剂，如烟碱、苦参碱、除虫剂、鱼藤、茴蒿素、松脂合剂等；矿物源杀虫、杀菌剂，如机油乳油、柴油乳油、乳必清等
有限制地使用中等毒性农药	乐斯本、抗蚜威、灭少利、功夫、歼灭、杀灭菊酯、高效氯氰菊酯等

2. 生物防治

用人工放养害虫天敌消灭害虫。主要天敌有瓢虫、草蛉、捕食螨、蜘蛛、螳螂等；也可利用寄生性天敌和昆虫病原微生物，如寄生性昆虫、昆虫病原微生物等防治害虫。

11.4.7　整形与修剪

11.4.7.1　整形

整形是指在经济林木幼龄期间进行的树体定型修剪，应根据"因树修剪，随枝作形"的整形原则培育成"有形不死，无形不乱"的适宜树形。主要树型包括有中心主干形、无中心主干形、扇形、平面形、无骨干形等（表 11.4-25 和图 11.4-27）。

表 11.4-25　整形的主要类型及技术要点

整形类型	技　术　要　点
有中心主干形	适于主干性强的树种和品种，一般以主干疏层形较好。它的特点是树冠呈半圆形，骨架结构牢固，结果面积大，负载量高，主枝分层着生，通风透光良好，枝多，级别多，形成快，进入结果期早，产量高。整形最基本的技术措施，就是控制促主。在中心主枝附近的强壮侧枝要短截，削弱生长，促主枝生长 [图 11.4-27（a）、（b）、（k）、（l）、（m）]。根据主枝在主干上的排列，可以分为分层形和无层形两大类： 分层形：主枝在中心干上分层排列，树冠内主枝总数较少。一般主枝排列分为 2～3 层，各层主枝间有较大的层间距。主枝上有的还分生侧枝，次形符合果树大枝生长成层的特性 [典型树形见图 11.4-26（c）、（d）、（e）]。 无层形：果树由自然形加以适当修剪而成，树体有中心主干，主枝在中心干上排列不分层或分层不明显，树形较高 [典型树形见图 11.4-27（f）、（g）]

续表

整形类型	技　术　要　点
无中心主干形	适用于对光照要求高，主干性较弱的树种、品种。这种树体结构的特点是骨架枝接合牢固，不易劈裂，树冠成快，主从分明，果枝分布均匀，生长结构好。常见的树形有杯状形、自然杯状形、自然开心形、多主枝自然形、丝状形、主枝开心圆头形等［典型树形见图11.4-27（g）、（h）、（i）、（j）］
扇形	树形有主干或主干不明显，树冠扇形。包括：树篱形，适用于行距大、株距小、行内株与株间树冠相接的密植园。树冠有主枝无侧枝，枝组着生在主枝上［图11.4-27（o）］。篱架形，有支柱或篱架。如单干形、双臂形、双臂栅栏形等
平面形	树冠叶幕呈平面形。一般用于蔓性树种，如葡萄、猕猴桃等［图11.4-27（p）］
无骨干形	主要适用于灌木果树，无主干，就地分枝成丛状，或有较短不明显的主干，主要适用于灌木果树［图11.4-27（n）］

(a) 主干形　(b) 主干变侧形　(c) 层形　(d) 疏散分层形　(e) 十字形

(f) 自然圆头形　(g) 自然开心形　(h) 丝状形　(i) 杯状形　(j) 自然杯状形

(k) 纺锤形　(l) 扇形　(m) 圆锥形　(n) 棕榈叶形

(o) 篱架形　(p) 棚架形　(q) 匍匐形

图11.4-27　整形主要树形示意图（何方，2007）

11.4.7.2　修剪

　　修剪是在整形的基础上，逐年修剪枝条，调节生长枝与结果枝的关系，以保证均衡协调，达到连年丰产稳产。应因地因树制宜，同时要考虑可能达到的经营水平，调节营养生长和生殖生长的关系。

　　1. 修剪时期

　　（1）休眠期的修剪。其作用就是调节营养生长和生殖生长之间的关系，这不仅有利于生长、结果、形成花芽、提高果实质量，还有利于克服大小年，是解决经济林木果营养生长和生殖生长的基本矛盾。

　　（2）生长季的修剪。主要是利用和控制生长季果树营养物质的制造、输导、消耗、储存的运转规律，以解决果树生长与结果的矛盾。

　　2. 修剪方法

　　修剪包括疏剪、短剪、缩剪等，修剪方法及技术要点见表11.4-26。

表11.4-26　　　修剪方法及技术要点

修剪技术	技　术　要　点
疏剪	将枝条自分生处剪去，是减少树冠内枝条数量的修剪方法（图11.4-28）
短剪	又称短截，即剪去枝梢的一部分。短剪多用于冬季修剪，包括轻短剪、中短剪、重短剪、极重短剪（图11.4-29）。 　　轻短剪：即剪去枝梢全长的1/5左右。冬季轻剪一般多用于幼树的抚养枝。轻剪后生长势缓和，萌芽率提高，增加中、短枝数量，有利于结果。如果只剪去顶芽，称为摘心。 　　中短剪：即剪去枝梢的1/3左右。多用于骨干枝、延长枝的冬季修剪。 　　重短剪：即剪去枝梢的1/2或1/2以上。一般用于控制个别强枝，平衡枝势。 　　极重短剪：在枝条基部轮痕处或留2～3芽剪截
缩剪	即在多年生枝上短剪，又称"回缩"（图11.4-30）。一般修剪量大，刺激较差，有更新复壮的作用，多用于枝组或骨干枝更新复壮，以及控制树冠辅养枝等
刻伤（自伤）	适用各种破伤枝条，以削弱或缓和枝条生长，均属此法。如刻伤（图11.4-31）、环播、环播倒贴皮、拧枝、扭枝、拿枝软化等
改变生长方向和角度	改变枝条生长方向和角度，缓和枝条生长势的方法。如曲枝、盘枝、拉枝（图11.4-32）、别枝、撑枝（图11.4-33）等方法

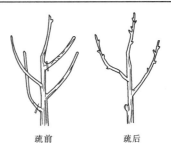

疏前　　　　　疏后

图11.4-28　疏剪（何方，2007）

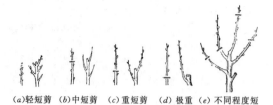

(a)轻短剪　(b)中短剪　(c)重短剪　(d)极重　(e)不同程度短
　　　　　　　　　　　　　短剪　　　剪的应用

图 11.4-29　短剪（何方，2007）

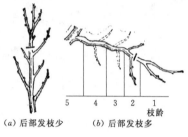

(a) 后部发枝少　　(b) 后部发枝多

图 11.4-30　缩剪（何方，2007）

(a) 里芽外蹬，抑制上芽　　(b) 光腿枝刻伤促发芽

(c) 芽上、芽下刻伤

图 11.4-31　刻伤（何方，2007）

图 11.4-32　拉枝

 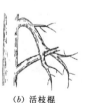

(a) 支撑　　　　(b) 活枝棍

图 11.4-33　撑枝

11.5　园林学基础

11.5.1　园林的定义及相关概念

园林是指在一定地域内运用工程和艺术手段，通过改造地形（或进一步筑山、叠石、理水），种植树木花草，营造建筑与小品，布置园路，设置水景等途径创造而成的自然环境和游憩境域，园林相关概念见表 11.5-1。

园林包括庭园、宅园、小游园、花园、公园、植物园、湿地、森林公园、风景名胜区、农业观光园，以及城市街区、机关、厂矿、校园、宾馆饭店内的附属绿地等。

表 11.5-1　　园林相关概念

名称	内容
园林工程	从艺术、生态、技术等各个层面出发，研究风景园林建设的工程技术和造景技艺。包括地形土方工程、园林给水排水工程、掇山置石工程、园林水景工程、园路与铺装工程、种植工程、供电与照明工程等
公园绿地	指向公众开放，以游憩为主要功能，兼具生态、美化、防灾等作用的绿地
园林植物	适用于园林绿化的植物，包括木本和草本的观花、观叶或观果植物，以及适用于园林、绿地和风景名胜区的防护植物与经济植物。室内花卉装饰用的植物也属园林植物。园林植物分为木本园林植物和草本园林植物两大类。此外还包括蕨类、水生、仙人掌多浆类、食虫类等植物种类
景物	指具有观赏、科学文化机制客观存在的物体，是风景名胜构成的基本要素，是具有独立欣赏价值的风景素材客体。景物的种类繁多，大致可以分为山、水、植物、动物、空气、光、建筑及其他 8 大类
景点	由若干相互关联的景物构成、具有相对独立性和完整性，并具有审美特征的基本境域单位
景区	根据景源类型、景观特征或游赏要求而划定的用地范围，包含有较多景物和景点或若干景群，形成相对独立的分区特征

11.5.2　园林构成要素

园林设计就是利用地形、植物、道路、水体、建筑及构筑物等造园要素，设计者将其有机组织，合理布局，将艺术构思变成实体形象，通过实体体现其内在的艺术内涵。园林构成要素及功能见表 11.5-2。

表 11.5 - 2　园林构成要素及功能

要素名称	基本内容	主要功能
地形	地形是地貌和地物形状的总称。地形构成园林的基本结构骨架，是其他园林要素的承载面。以坡度不同可分为平地、缓坡、陡坡、急坡、悬崖等	(1) 围合空间，形成不同的空间感受。 (2) 利用地形控制视线。 (3) 利用地形排水或蓄水。 (4) 利用地形创造小气候条件
植物	园林中具有生命力的、动态要素之一，构成园林的主体，使环境充满生机和美感	(1) 围合与组织空间，如开敞空间、半开敞空间、覆盖空间、封闭空间。 (2) 观赏功能，如体形、色彩、质地、季相变化等。 (3) 生态功能，如净化空气、水体和土壤，改善城市小气候，降低噪声，安全防护等
道路	园路像人体的脉络一样，贯穿全园，是联系各个景区和景点的纽带，方便游览、集散及绿地养护管理；园路的走向对园林的通风、光照、保护环境有一定的影响。按使用功能不同分为主路、支路、小路及专用道路	(1) 组织空间，引导游览。 (2) 组织交通。 (3) 构成园景。 (4) 暗示游览的速度与节奏。 (5) 依附道路，敷设管线
水体	水是变化较大的设计因素，它能形成不同的形态，给游人不同的精神享受。按水体边界形态可分为自然式、规则式和混合式。按水体的状态分为动水、静水	(1) 水运与交通。 (2) 灌溉。 (3) 创造小气候。 (4) 控制噪声。 (5) 提供娱乐条件
建筑及构筑物	园林中的建筑具有使用和观赏的双重作用，要求园林建筑达到可居、可游、可观	(1) 造景功能，即园林建筑本身就是被观赏的景观或景观的一部分。 (2) 观景功能，为游览者提供观景的视点和场所。 (3) 使用功能，如小卖部、茶座、餐厅、游客中心、展览馆、亭、廊、水榭等。 (4) 组织游线，通过园林建筑的布置，引导游人按一定游线游览

在园林景观中，为满足游人观赏、休憩、娱乐等需要而设立的建筑和设备等称为园林设施。园林中常规设施分类见表 11.5 - 3。

表 11.5 - 3　园林中常规设施分类

设施类型		设施项目举例
游憩设施		亭、廊、厅、榭、码头、棚架、园椅、园凳
服务设施		小卖部、茶座、咖啡厅、餐厅、摄影部、售票房、饮水点
公用设施	交通类设施	园路、园桥、广场、停车场、车库
	照明设施	园灯、变电室
	卫生设施	厕所、垃圾箱（站）
	运动设施	运动场（网球场、篮球场等）、儿童游乐场
	通信设施	电话亭、广播室
	信息类设施	路标、导游牌
管理设施		管理办公室、游客中心、治安机构、泵房、生产温室、荫棚、仓库

11.5.3　园林形式美的主要法则

园林是融汇多种艺术于一体的综合艺术。形式美法则也称美的形式原理，是人类在创造美的形式、美的过程中对美的形式规律的经验总结和抽象概括。园林形式美法则见表 11.5 - 4。

表 11.5 - 4　园林形式美法则

形式美法则		内容
多样与统一法则		把众多的事物通过某种关系联系在一起，获得和谐的效果
	多样	即风景的变化
	统一	指园林的组成部分，其体形、体量、色彩、线条、形式、风格等，要求有一定程度的相似性或一致性，给人以统一的感觉
对比与协调法则		运用构图中某一因素（形态、体量、色彩、空间）的差异以取得不同的艺术效果的表现形式
	对比	差异程度显著的表现，更加鲜明地突出各自的特点
	协调	差异程度较小的表现，产生完整的效果
对称与均衡法则		体现力学原则，以不同的组合方式形成稳定而平衡的状态

续表

形式美法则		内　容
对称与均衡法则	对称	有中轴线可循，给人以庄重、严整、宏伟、壮观的感觉，包括绝对对称和拟对称
	均衡	指在不对称的布置中求得平衡的处理方式，是视觉艺术的特性之一
比例与尺度法则		园林各组成部分之间的关系与尺寸
	比例	指整体与局部或局部与局部之间的大小关系。在园林构图中，园林景物本身、景物与景物、景物与总体之间都存在内在的长、宽、高的大小关系，其与具体尺寸无关
	尺度	指人与物的对比关系。以人的身高为标志，对比使用空间的度量关系
节奏与韵律法则		某些组成因素作有规律的重复，在重复中又有变化
	节奏	按照一定的条理秩序，重复连续地排列，形成一种律动形式。节奏是单调的重复
	韵律	韵律是节奏的深化，富于变化的节奏，是有规律但又自由地抑扬起伏变化
联系与分隔法则		园林构图中不同的组成空间或局部之间存在必要的联系与分隔
	联系	"联系"分为"有形的联系"与"无形的联系"。"有形的联系"如道路、廊道、水系、景窗、廊窗、门洞；"无形的联系"指景观上相互呼应、相互衬托、相互对称、相互对比，在空间构图上造成统一协调艺术效果的内在联系
	分隔	"分隔"指把不同景区、功能区、景点分隔开，形成各自特色，避免相互干扰，或创造对景，或构成闭锁的空间，或"俗则屏之"

11.5.4　园林造景手法

园林造景是指通过相应的艺术法则和造景手法，利用园林的各种要素创造所需要的景观。园林常用造景手法见表 11.5-5。

表 11.5-5　园林常用造景手法

造景手法		内　容　解　释
主景与配景	主景	主景是园林风景空间构图的主体，是园林艺术意境处理的主题，是全园视线的控制焦点
	配景	配景起衬托作用

续表

造景手法		内　容　解　释
对景与借景	对景	静观或动观时安排在游人前方的一些景物，借以免除视觉中的寂寞感
	借景	将园内视线所及的园外景色，有意识地组织到园内，成为园内景色的一部分。借景可分为远借、邻借、仰借、俯借、因时而借、因地而借等
隔景与障景	隔景	将园林绿地分隔为大小不同的空间景域而互不干扰，以获得园中有园、景中有景的艺术效果，丰富园林景观
	障景	又称抑景，在园林入口处安排一些景物，将全园风景做适当的遮掩，免于一览无余的抑障手法
框景与夹景	框景	用门、窗、亭、廊、山洞、树枝、树干等组成的框，有选择的摄取另一个空间的景色
	夹景	远景在水平方向视线很宽，而其中又非全部景色都很感人，因此，把左右单调的风景，用树木、土山或建筑等加以屏障，只留中间合乎画意的远景，形成狭长空间，把人的视线集中到夹景上。河流和道路上应用较多
透景与漏景	透景	当景物被高于游人视线的地上物遮挡住时，要开辟透景线，这种处理方法叫透景
	漏景	由框景发展而来，一种若隐若现的景物表现。利用疏林、柳丝、花枝、竹影、漏窗、花墙等依稀可见的景
添景与抑景	添景	为求得主景或对景有丰富的层次要求，在缺乏前景和背景的情况下，在景物前面增加建筑及小品，补种几株乔木或在景物后面增加背景，使空间层次丰富起来的一种艺术处理手法
	抑景	先藏后露，欲扬先抑，先抑后扬
俯景与仰景	俯景	视线与地平线相交，垂直地面的线组产生向下消失的感觉。景物开展在视点的下方，且显得愈加低、小。俯视景观易产生开阔、惊险的效果
	仰景	视线上仰，不与地面平行。与地面垂直的线条有向上消失的感觉。景物高度方面有较强的感染力，易形成雄伟、高大、严肃的气氛
前景、中景与背景		景色的空间层次模式可分为三层，即前景、中景与背景，也可称为近景、中景和远景

11.5.5 园林植物的分类及造景

11.5.5.1 园林植物分类

园林植物的分类方法有多种，主要有按照植物进化系统分类的植物分类学方法和按照原来应用的实用分类方法。前者依据植物的亲缘关系和进化地位，理论性更强；后者是人为的，以实用为主要原则，如按形态特征分类、按观赏特性分类、按在园林中的用途分类、按对环境因子的适应能力分类等。

1. 按形态特征分类

按形态特征分类主要依据植物的形态特征与生长习性，见表 11.5-6。

表 11.5-6　按形态特征分类的园林植物类型

类型	形态特征	举例
乔木	树体高大，通常 5m 以上，主干明显，分枝点高。20m 以上为大乔木，11~20m 为中乔木，5~10m 为小乔木	(1) 大乔木：毛白杨、鹅掌楸、水杉等。 (2) 中乔木：国槐、旱柳、五角枫等。 (3) 小乔木：樱花、丁香、海棠等。
灌木	植株矮小，通常 5m 以下，主干甚短或不明显，分枝点低	(1) 丛生灌木：千头柏、棣棠等。 (2) 匍匐灌木：匍匐云杉、铺地蜈蚣等。 (3) 半灌木：苦参、山楂叶悬钩子等。
藤本	自身不能直立生长，必须依附他物而向上攀缘的树种。按攀缘习性的不同，可分为缠绕类、卷须类、气生根、吸附类等	(1) 缠绕类：紫藤、葛藤、金银花、猕猴桃等。 (2) 卷须类：葡萄、蛇葡萄等。 (3) 气生根：薜荔、扶芳藤、常春藤等。 (4) 吸附类：爬山虎、五叶地锦等
草坪与地被	用多年生矮小草本植株密植，并经人工修剪成平整的人工草地称为草坪，不经修剪的长草地域称为草地。 地被植物是指一些生长低矮、扩展性强、控制高度在 1m 以下的植物，特别强调地面的使用价值或者具有观赏价值的植物	(1) 草坪：结缕草、狗牙根、黑麦草、早熟禾、剪股颖等。 (2) 地被植物：麦冬、紫花地丁、委陵菜、二月兰、鸢尾、马蔺、小龙柏、杜鹃、紫叶小檗、阔叶箬竹等
竹类		(1) 乔木型：毛竹、淡竹、粉单竹。 (2) 灌木型（地被型）：箬竹、鹅毛竹

注　1. 有些乔木因环境条件限制或人为栽培措施可能发育为灌木状。
　　2. 由于竹类生物学特性、生态习性和繁殖、栽培方式均比较特殊，不同于一般的园林树木，故常常单列为一类。

2. 按观赏特性分类

植物本身在大小、形态、色彩、质地等特征上，都各有变化，既有个体美，亦有群体组合美，以及由外在观赏特征体现出的精神内涵及意境风韵美。按观赏特性分类的园林植物类型见表 11.5-7。

表 11.5-7　按观赏特性分类的园林植物类型

类型	观赏特征	举例
花木类	观花树种，花朵秀美，或多而繁，以观花为主要目的	月季、樱花、玉兰、连翘、木棉、杜鹃
果木类	观果树种，果实色泽鲜艳，果形奇特，挂果期长	佛手、柑橘、火棘、柿树、紫竹、木瓜
叶木类	观叶树种，叶形奇特，或叶色美丽多变（包括常色叶、斑色叶、春色叶及秋色叶树种）	(1) 观叶形：构骨冬青、马褂木、羊蹄甲。 (2) 观叶色：槭树、银杏、火炬树、紫叶李、金叶榆、洒金珊瑚
干枝类	干枝形态奇特或色彩异样	(1) 观干色：白皮松、白桦、红瑞木、榔榆。 (2) 观干形：龙爪槐、佛肚竹
形木类	树形优美	(1) 圆柱形：杜松、新疆杨、铅笔柏。 (2) 尖塔形：雪松、辽东冷杉。 (3) 卵圆形：桂花、悬铃木、国槐。 (4) 伞形：合欢、凤凰木、榉树、鸡爪槭。 (5) 棕榈形：棕榈、蒲葵、椰子

注　1. 有的兼具两种或以上观赏特性，以其一为主。
　　2. 随年龄的变化，树形亦可能随之变化。

3. 按用途分类

因生态习性、观赏特性的差异，树木在园林中有不同的应用范围，如行道树、庭荫树、孤植树、绿篱及卫生防护林等。按用途分类的园林植物类型见表 11.5-8。

表 11.5-8　按用途分类的园林植物类型

类型	观赏特征	举例
绿荫树	枝叶茂密，防夏日骄阳，取绿荫为主要目的，同时供观赏，形成景观	国槐、香樟、悬铃木、青桐

续表

类型	观赏特征	举　例
园景树	孤植树、独赏树、标本树。个性强，观赏价值高，适于孤植的树种	雪松、银杏、皂荚、马褂木
绿篱树	又称之为境界树，用来分隔空间、屏障视线，作界定范围、防范用	木槿、枸橘、珊瑚树、大叶黄杨
花灌木	具有美丽芳香的花朵或色彩艳丽的果实的灌木或小乔木。种类繁多，是最重要的观赏材料	梅花、樱花、丁香、天目琼花、火棘
垂直绿化类	垂直绿化用	紫藤、金银花、爬山虎、木香、铁线莲
木本地被植物	覆盖地面用的低矮灌木和部分藤本植物	铺地柏、铺地蜈蚣、地被月季、箬竹、小叶扶芳藤
防护树类	防风、防火、抗污染	（1）防风：榆树、黑松。（2）防火：珊瑚树、银杏。（3）抗 SO_2：女贞、构树、臭椿。（4）抗 Cl_2：大叶黄杨。（5）抗 HF：垂柳
盆栽及造型类	适宜盆栽观赏和制作盆景，一般生长缓慢、耐修剪、易造型	榔榆、六月雪、油松、五角枫、罗汉松

4. 按对环境因子适应能力分类

植物与环境之间有着密切的关系，各种环境因子均影响植物的生长发育。按对环境因子适应能力分类的园林植物类型见表 11.5-9。

表 11.5-9　按对环境因子适应能力分类的园林植物类型

环境因子	类型	举　例
热量因子	热带树种	椰子、橡胶、荔枝、香蕉
	亚热带树种	柑橘、樟树、桂花、落羽杉、湿地松
	温带树种	桃树、杏树、榆树、毛白杨、银杏
	寒带树种	白桦、云杉、冷杉

续表

环境因子	类型	举　例
水分因子	耐旱树种	柽柳、沙拐枣、梭梭、侧柏、黄连木
	耐湿树种	水松、落羽杉、红树、池杉、枫杨
光照因子	阳性树种	油松、赤松、枣树、泡桐、合欢、木棉
	中性树种	华山松、国槐、四照花、丁香、木槿
	耐阴树种	紫杉、八角金盘、桃叶珊瑚、常春藤
空气因子	抗风树种	马尾松、黑松、榉树、胡桃、榕树
	抗污染树种	大叶黄杨、海桐、苦楝、龙柏、构树、臭椿
土壤因子	酸性土树种	栀子、含笑、桉树、山茶
	碱性土树种	侧柏、桑树、苦楝、合欢、绒毛白蜡、刺槐

11.5.5.2　园林植物选择

植物选择影响园林绿地的观赏效果、生态效益、社会效益与经济效益，选择时应考虑以下原则：

（1）乡土植物为主，体现地域特色。

（2）功能性原则，依据绿地中不同景区或景点的性质、功能、特点，因景选树。

（3）生态性原则，满足植物的生态习性，在满足绿地功能要求的前提下，尽量增加生物多样性。

（4）美学原则，考虑植物的观赏特点（大小、形态、色彩、质感等），展示个体美与群体组合美。

（5）低成本性原则，以资源节约型绿地建设为指导，尽量选用适应性强的植物材料，降低养护管理成本。

（6）常绿树与落叶树、乔木与灌木、速生与慢生相结合的原则。

供选择的园林植物可参考表 11.5-10 所示的常见园林植物。

表 11.5－10　　　　　　　　　　　　　　　常 见 园 林 植 物 （一）

分类	中文学名	拉丁学名	科名	分　布	主要观赏特性	主要生态习性	主要园林用途
针叶树类	辽东冷杉	*Abies holophlla*	松科	黄河以北地区	常绿乔木，圆锥形树冠，树干挺直壮丽，优美树姿；叶条形，深绿色有光泽；球果圆柱形，淡黄褐色	喜冷凉气候，耐寒能力强，耐阴；喜微酸性土壤，抗烟尘能力差	园景树
	云杉	*Picea asperata*	松科	云贵地区、西北地区	常绿乔木，圆锥形树冠，优美树姿；树皮淡灰褐色或淡褐灰色，裂成不规则鳞片或稍厚的块片脱落	喜欢凉爽湿润的气候和肥沃深厚、排水良好的微酸性砂质土壤，生长缓慢，浅根性树种	园景树，可孤植、丛植、片植
	青扦	*Picea wilsonii*	松科	云贵地区、西北地区、长江流域地区	常绿大乔木，圆锥形树冠，整齐优美树姿；幼叶淡黄绿色，老后为翠绿色；球果蓝绿色，果面略具白粉	喜凉爽湿润的气候；耐阴；生长能力强，适应性强	园景树，可孤植、丛植、片植
	金钱松	*Pseudolarix kaempferi*	松科	长江流域	落叶乔木，树冠圆锥形，树干挺直，树皮灰色或灰褐色；具长枝和矩状短枝；树叶秀丽，春叶嫩绿，秋叶金黄	宜生于温暖湿润气候；喜光性强；耐旱能力差，不耐积水；抗风，具菌根	园景树，可孤植、丛植、片植
	雪松	*Cedrus deodara*	松科	南北均有栽植	常绿乔木，树冠圆锥形；树皮灰褐色，裂成鳞片；树干直挺立，挺拔苍翠；球果椭圆至椭圆状卵形	喜光照，稍耐阴；喜温暖凉爽气候，耐寒性强；耐干旱，忌水湿；不耐烟尘；浅根性	园景树，可孤植、丛植、片植
	马尾松	*Pinus massoniana*	松科	长江流域及以南各地	常绿乔木，青壮年期树冠圆锥形，老年期开张如伞形；干皮红褐色；一年生小枝淡黄褐色；冬芽圆柱形	喜光性强；宜生于温暖湿润气候，不甚耐寒；耐干旱瘠薄；忌水涝及盐碱，喜酸性土壤	风景林，可丛植、片植
	油松	*Pinus tabulaeformis*	松科	华北地区、西北地区、东北地区	常绿乔木，老年树姿态似盘状伞形、似飞龙，古朴苍劲，可听"松涛"；当年生幼球果卵球形，黄褐色或黄绿色，直立	喜光照；耐寒，耐干旱瘠薄，忌水湿，忌盐碱；具菌根，寿命长	园景树，可孤植、丛植、片植
	黑松	*Pinus thunbergii*	松科	长江流域沿海、山东半岛	常绿乔木，枝干古拙，不仅赏形，且听"松涛"；树皮带灰黑色，刚强而粗；花紫色；球果至翌年秋天成，种子有薄翅	喜光照；喜温暖湿润的海洋性气候，耐海潮风和海雾，耐干旱瘠薄，对病虫害抗性较强	园景树，可孤植、丛植、片植
	白皮松	*Pinus bungeana*	松科	华北地区、西北地区	常绿乔木，老年树冠卵圆形或圆头形，树姿秀美；树干斑驳，老则乳白色	喜光照，稍耐阴；耐寒；耐瘠薄及轻盐碱土；抗二氧化硫及烟尘；寿命长	园景树，可孤植、丛植、片植

续表

分类	中文学名	拉丁学名	科名	分　布	主要观赏特性	主要生态习性	主要园林用途
针叶树类	华山松	*Pinus armandii*	松科	云贵地区、西北地区、华北地区	常绿乔木，观优美树姿；树冠广圆锥形；小枝平滑无形毛；叶 5 针一束，质柔软，边有细锯齿	喜光照；喜温凉湿润气候，耐寒，不耐炎热；喜排水良好、湿润土壤，忌盐碱	园景树，可孤植、丛植、片植
	日本五针松	*Pinus parviflora*	松科	长江流域	常绿乔木，枝干紧密，树姿端直；树冠圆锥形；幼树树皮淡灰色，平滑，大树树皮暗灰色，裂成鳞片状	喜光照，稍耐阴；宜生于温暖湿润气候，耐寒性差；喜深厚、排水良好土壤；抗海风	园景树、盆栽盆景
	杉木	*Cunninghamia lanceolata*	杉科	秦岭、淮河以南地区	常绿乔木，树冠圆锥形，树姿挺拔端正；幼树冠尖塔形，大树树冠圆锥形；叶螺旋状互生，边缘有细齿	宜生于温暖湿润气候，耐寒性差；喜光照；喜排水良好的酸性土壤，不耐水淹，浅根性，生长迅速	可群植、列植
	柳杉	*Cryptomeria fortunei*	杉科	长江流域及以南地区	常绿乔木，树姿圆整雄伟；树皮红棕色，纤维状；叶钻形略向内弯曲；球果圆球形或扁球形	宜生于温暖湿润气候，耐寒性差。喜空气湿度大；喜光照，稍耐阴，喜排水良好的酸性土壤；浅根性	可孤植、群植
	南洋杉	*Araucaria cunninghamii*	南洋杉科	东南沿海、华南地区及云贵地区	常绿大乔木，幼树冠尖塔形，老则成平顶状，树皮灰褐色或暗灰；树干挺直壮丽，优美树姿；种子椭圆形	喜温暖气候，光照柔和充足，耐寒性差，忌干旱；抗风；生长能力强，生长速度快	庭院树、园景树
	池杉	*Taxodium ascendens*	杉科	长江流域	落叶乔木，树冠窄圆锥形，优美；瓶湿处生长者具"膝根"，春叶嫩绿、秋叶鲜褐；主干挺直；叶钻形在枝上螺旋伸展；球果圆球形	宜生于温暖湿润气候；喜光照；极耐水湿，也颇耐旱，不耐碱性土壤；抗风力强；生长迅速	园景树，水边栽植
	水杉	*Metasequoia glyptostroboides*	杉科	南北均有栽植	落叶乔木，树冠圆锥形，树形优美，枝叶秀丽婆娑；春叶嫩绿、秋叶棕褐；球果蓝色，可食用；2 月开花，果实 11 月成熟	宜生于温暖湿润气候，耐寒；喜光照；耐旱能力差，忌积水；生长较快	园景树、风景林
	侧柏	*Platycladus orientalis*	柏科	南北均有栽植	常绿乔木，老年树冠广圆形古朴苍劲；球果阔卵形，近熟时蓝绿色被白粉；常见品种："千头柏""金枝""窄冠侧柏"等	喜光照；耐寒，适应干冷气候，也喜暖湿气候；耐干旱瘠薄和盐碱地，忌积水；喜钙质土，寿命长	园景树，可孤植、群植
	日本花柏	*Chamaecyparis pisifera*	柏科	长江流域	常绿乔木，树冠圆锥形，枝叶纤细秀丽；球果圆球形，熟时暗褐色；常见品种："线柏""绒柏""羽叶花柏"等	喜光照，较耐阴；宜生于温暖湿润气候及深厚砂壤土	园景树

续表

分类	中文学名	拉丁学名	科名	分　布	主要观赏特性	主要生态习性	主要园林用途
针叶树类	日本扁柏	*Chamaecyparis obtusa*	柏科	长江流域	常绿乔木，树冠圆锥形，枝叶美丽可观；常见品种："云片柏""孔雀柏""凤尾柏"等；树皮红褐色；球果圆球形，熟时红褐色	喜光照，较耐阴；喜凉爽而温暖湿润气候，耐寒性强	园景树
	圆柏	*Sabina chinensis*	柏科	南北均有栽植	常绿乔木，树皮深灰色；球果近圆球形，两年成熟，熟时暗褐色，被白粉或白粉脱落；常见品种："龙柏""金叶桧""塔柏""鹿角桧"等	喜光照；耐寒，耐热；对土壤适宜能力强；耐干旱瘠薄，也颇耐湿；根系深广，寿命长，耐修剪	园景树，可孤植、群植
	罗汉松	*Podocarpus macrophyllus*	罗汉松科	长江流域及以南地区	常绿乔木，树冠广卵形，优美；种子着生于肥大紫红色种托上，观赏性高	喜光照，耐阴；宜生于温暖湿润气候，耐寒性差；抗海潮风，耐修剪	园景树、盆栽盆景
	竹柏	*Podocarpus nagi*	罗汉松科	长江流域、华南地区	常绿乔木，枝叶青翠而有光泽，树冠浓郁，树形美观	耐阴；宜生于温暖湿润气候；对土壤要求较严，排水好、肥沃、酸性砂壤土	庭荫树，园路
	粗榧	*Cephalotaxus sinensis*	三尖杉科	长江流域及以南地区	常绿小乔木或灌木，枝叶翠绿，观优美树姿	喜温暖，较耐阴；具较强萌芽力，耐修剪，不耐移植	园景树
	苏铁	*Cycas revoluta*	苏铁科	华南地区	常绿，观优美树姿	喜温暖湿润，耐寒性差；喜光照，稍耐阴；喜酸性土壤	园景树、盆栽盆景
	铺地柏	*Sabina procumbens*	柏科	南北均有栽植	常绿灌木，枝匍匐状	喜光照；宜生于温暖湿润气候，耐寒性强；适应性强，不择土壤	地被、岩石园
	沙地柏	*Sabina vulgaris*	柏科	西北地区、华北地区	常绿灌木，枝匍匐状	喜光照；耐寒；耐干旱、瘠薄	地被、固沙
阔叶乔木类	银杏	*Ginkgo biloba*	银杏科	南北均有栽植	落叶，树干挺直；树姿雄伟，冠大荫浓；新叶嫩绿，秋叶金黄	喜光照，宜生于温暖湿润气候，耐寒性强，较耐旱，不耐积水，深根性，寿命长	庭荫树、行道树，可孤植、丛植、片植等
	毛白杨	*Populus tomentosa*	杨柳科	华北地区、西北地区	落叶，树冠卵圆形；树干挺直，树姿高大雄伟；风吹叶动沙沙作响	喜光照；喜凉爽湿润气候；抗烟尘及有毒气体；根萌蘖性强，生长迅速；寿命较长	庭荫树、行道树，可孤植、丛植、片植等

续表

分类	中文学名	拉丁学名	科名	分　布	主要观赏特性	主要生态习性	主要园林用途
阔叶乔木类	旱柳	*Salix mastudana*	杨柳科	华北地区、东北地区、西北地区	落叶，柔软嫩绿的枝叶，丰满的树冠，常见品种："馒头柳""绦柳""龙须柳"	喜光照；耐寒；耐水湿、耐干旱；抗风力强，不怕沙压；发叶早，生命力强；柳絮繁多	水边绿化、行道树、庭荫树
	垂柳	*Salix babylonica*	杨柳科	长江流域及以南地区、华北地区	落叶，枝条柔软多缕，细柔飘舞动人	喜光照；宜生于温暖湿润气候及潮湿深厚土壤；喜水湿，耐干旱	水边绿化、行道树
	枫杨	*Pterocarya stenoptera*	胡桃科	华北地区、长江流域、云贵区域	落叶，树冠广展，枝繁叶茂	喜光照，宜生于温暖湿润气候，颇耐寒；耐水湿；根系深广，萌蘖性强	行道树、庭荫树，水边绿化
	白桦	*Betula platyphyIla*	桦木科	东北区域	落叶，树冠卵圆形，树干修长，洁白可爱，具有独特的观赏价值，秋叶鲜黄，更具风采	喜光性强，耐寒；喜酸性土，耐瘠薄及水湿；适应性强，生长迅速	园景树、风景树
	榆树	*Ulmus pumila*	榆科	东北地区、华北地区、西北地区、长江流域	落叶，树冠圆球形；树体高大，老树古朴苍劲；常见品种："重枝榆"	喜光照，耐寒，耐旱；适应干凉气候；根系深广，萌芽力强，耐修剪	行道树、庭荫树、盆景
	榔榆	*Ulmus parvifolia*	榆科	华北地区、长江流域、云贵地区	落叶，树冠扁球形；姿态优美，干皮斑驳可爱	喜光照，宜生于温暖湿润气候；耐干旱瘠薄，抗有毒气体	庭荫树、园景树、盆景
	榉树	*Zelkova schneideriana*	榆科	秦岭、淮河以南地区	落叶，树冠倒卵形；枝细叶美，绿荫浓密，秋叶红艳，观赏性高	喜光照，宜生于温暖湿润气候；忌积水，耐烟尘，抗有毒气体，抗病虫害；深根性	庭荫树、行道树、风景林
	朴树	*Celtis tetrandra*	榆科	秦岭、淮河以南地区	落叶，树冠扁球形；绿荫浓郁，点点红果藏于叶间，饶有风趣	喜光照，稍耐阴；宜生于温暖湿润气候，对土壤适应能力强，耐轻盐碱，抗烟尘及有毒气体，深根性	庭荫树、行道树、盆景
	桑树	*Morus alba*	桑科	南北均有栽植	落叶，树冠倒卵形；姿态阔宽，苍劲入画，秋叶黄色，颇为美观，常见品种："龙桑"	喜光照，耐干旱瘠薄，耐水湿，耐轻盐碱，耐烟尘及有毒气体	庭荫树
	榕树	*Ficus microcarpa*	桑科	华南地区	常绿，下垂须状气生根，树体雄伟，浓荫覆地，树木成林，蔚为奇观	喜光照，稍耐阴；喜暖热多雨气候及酸性土壤，生长迅速，寿命长	行道树、庭荫树

分类	中文学名	拉丁学名	科名	分布	主要观赏特性	主要生态习性	主要园林用途
阔叶乔木类	玉兰	*Magonlia denudata*	木兰科	南北均有栽植	落叶，树冠卵圆形；花大洁白芳香，早春先叶而开；秋日蓇葖果红，似花点缀	喜光照，宜生于温暖湿润气候，耐寒能力强；肉质根，忌积水，较耐干旱；不耐修剪，不耐移植	传统花木，园景树
	广玉兰	*Magnolia grandiflora*	木兰科	华北地区南部及以南地区	常绿，树冠卵圆形；叶大亮绿；花大白色芳香，花期6—7月；秋日蓇葖果红、种子红色	喜光照，稍耐阴；宜生于温暖湿润气候，适应性强，抗烟尘及有毒气体	园景树、庭荫树
	厚朴	*Magnolia officinalis*	木兰科	中部及西部	落叶，叶大；花大，白色芳香，花期4—5月；蓇葖果红色	喜光照，耐侧方荫蔽，喜空气湿润、气候温和之地	庭荫树
	白兰花	*Michelia alba*	木兰科	华南地区、东南地区	常绿，冠大荫浓；花白色，浓香，花期4—9月，著名香花树	喜光照，喜暖热多湿气候及排水良好的酸性土壤，肉质根，忌积水	庭荫树、行道树，结合生产
	鹅掌楸	*Liriodendron chinensis*	木兰科	长江流域及以南地区	落叶，树体高大整齐；叶形似马褂，奇美；花黄绿色，花期4—5月；秋叶金黄	喜光照，宜生于温暖湿润气候，喜深厚肥沃、排水良好的微酸性土壤	庭荫树、园景树、行道树
	香樟	*Cinnamomum camphora*	樟科	长江流域及以南地区	常绿，树冠卵圆形，冠大荫浓，树姿雄伟	喜光照，稍耐阴，喜温暖湿润，耐寒性差；较耐水湿，耐旱能力差，抗烟尘及有毒气体	庭荫树、行道树，结合生产
	月桂	*Laurus nobilis*	樟科	长江流域及以南地区	常绿小乔木，树冠圆整，春天黄花缀满枝头，颇为美观	喜光照，稍耐阴；宜生于温暖湿润气候，耐干旱，耐修剪	园景树，结合生产，绿篱树
	紫楠	*Phoebe sheareri*	樟科	长江流域及以南地区	常绿，树形端庄，冠大叶浓	喜光照，耐阴；宜生于温暖湿润气候，深根性	庭荫树、风景林
	枫香	*Liquidambar formosana*	金缕梅科	长江流域及以南地区、云贵地区	落叶，树冠广卵形，树体高大雄伟；秋叶红艳，美丽壮观，是南方地区著名秋色叶树	喜光照，喜温暖湿润；耐干旱瘠薄，主根深长，抗风，萌芽性强，不耐修剪，不耐移植	庭荫树、风景林
	杜仲	*Eucommia ulmoides*	杜仲科	华北地区、长江流域、云贵地区	落叶，树冠圆球形，树形端正，枝叶茂密	喜光照，耐寒；适应性强，耐轻度盐碱，萌蘖性强	行道树、庭荫树，结合生产
	悬铃木	*Platanus acerifolia*	悬铃木科	长江流域及华北地区	落叶，树冠阔卵形，树姿雄伟，冠大荫浓	喜光照，宜生于温暖湿润气候；耐干旱瘠薄，耐湿；抗烟尘及有毒气体；耐修剪，耐移植	行道树、庭荫树

续表

分类	中文学名	拉丁学名	科名	分布	主要观赏特性	主要生态习性	主要园林用途
阔叶乔木类	山楂	*Crataegus pinnatifida*	蔷薇科	东北地区、华北地区	落叶小乔木，树冠圆球形，叶秀丽，花白色，花期 5 月，果红色，果期 10 月	喜光照，稍耐阴；耐寒，耐干旱瘠薄；萌蘖性强	庭园观赏，结合生产
	枇杷	*Eriobotrya japonica*	蔷薇科	长江流域及以南地区	常绿小乔木，叶大荫浓，冬日白花盛开，初夏黄果累累；著名水果	喜光照，稍耐阴；宜生于温暖湿润气候及排水良好的土壤	庭园观赏，结合生产
	海棠花	*Malus spectabilis*	蔷薇科	华北地区、东北地区	落叶小乔木，树姿俏丽，花粉红色，花期 4 月，果黄色，果熟期 8—9 月	喜光照，耐寒，耐旱，忌水湿	庭园观赏
	垂丝海棠	*Malus halliana*	蔷薇科	长江流域、云贵地区	落叶小乔木，树冠广卵形；树皮灰褐色；枝开张，叶卵形；花下垂，鲜粉红色，花期 4—5 月；果紫色，果熟期 8—9 月	喜光照，宜生于温暖湿润气候，耐寒性强	庭园观赏
	紫叶李	*Prunus cerasifera*	蔷薇科	南北均有栽植	落叶小乔木，树皮紫灰色；小枝淡红褐色；整株树干光滑无毛；终年叶色红紫，著名观叶树种；花淡粉红色，花期 4 月	喜光照，不耐阴；宜生于温暖湿润气候，耐寒性强	园景树
	杏	*Prunus armeniaca*	蔷薇科	长江流域及以北各地	落叶，树冠圆整；叶阔心形，深绿色；花淡红色至白色，花期 3—4 月，果黄色，带红晕，果熟期 6 月	喜光照，耐寒，耐热，耐旱，抗盐碱，不耐涝；根系发达	庭园观赏，林植，结合生产
	梅	*Prunus mume*	蔷薇科	黄河流域及以南各地	落叶，枝开展；花粉红、白、红色，芳香，冬季或早春开房；核果近球形，果黄绿色，5—6 月成熟	喜光照，宜生于温暖湿润气候，较耐干旱，不耐涝，寿命长	庭园观赏，林植，结合生产
	山桃	*Prunus davidiana*	蔷薇科	华北地区、云贵地区	落叶小乔木，树冠开展；树皮暗紫色，光滑，叶片卵状披针形；花淡粉红、白色，花期 3—4 月；果实近球形，淡黄色，外面密被短柔毛	喜光照，耐寒，耐旱，耐盐碱，忌水湿	散植、林植
	樱花	*Prunus serrulata*	蔷薇科	长江流域至东北地区	落叶，树皮光滑，呈紫褐色，花白色、淡粉红色，花期 4 月；果黑色，7 月成熟	喜光照，耐寒，耐旱，对烟尘及有毒气体抗性弱，浅根性	庭园观赏
	日本晚樱	*Prunus lannesiana*	蔷薇科	各地栽植	落叶，树皮带银灰色；新叶古铜色；花粉红、白色，重瓣，大而下垂，花期 4 月；核果近球形，熟时由红色变紫褐色	喜光照，耐寒能力强，适应性强	庭园观赏

续表

分类	中文学名	拉丁学名	科名	分布	主要观赏特性	主要生态习性	主要园林用途
阔叶乔木类	合欢	*Albizzia julibrissin*	豆科	华北地区至华南地区	落叶，树冠伞形，小叶长圆形至线形，两侧极偏斜；优美树姿，花粉红色，花期6—7月	喜光照，耐寒性强，耐干旱瘠薄，忌积水；树干皮薄	庭荫树、行道树
	台湾相思树	*Acacia confusa*	豆科	华南地区	常绿，姿态婆娑，树干灰色有横纹；叶形纤细；春夏黄花满树，芳香宜人；花后结扁平荚果	喜光照，不耐阴；喜暖热，耐干旱瘠薄，喜酸性土，抗风，萌芽力强	行道树、防护林
	羊蹄甲	*Bauhinia variegata*	豆科	华南地区	半常绿小乔木，树皮厚，近光滑，灰色至暗褐色；叶形奇特，花大，粉红色，花期5—6月	喜光照，喜暖热气候，耐干旱	行道树、园景树
	凤凰木	*Delonix regia*	豆科	华南地区、滇南	落叶，树形为广阔伞形；树皮粗糙，灰褐色；花大，鲜红色，花期5—8月，满树红花，如火如荼，观赏性高	喜光照，耐寒性差；生长迅速，根系发达，抗风，生长能力强	园景树、行道树
	皂荚	*Gleditsia sinensis*	豆科	南北均有栽植	落叶，树冠扁球形，宽广壮美；叶翠绿青秀；枝灰色至深褐色；刺粗壮，圆柱形，常分枝，多呈圆锥状	喜光照，稍耐阴，较耐寒，对土壤适宜能力强，抗污染；深根性，寿命长	庭荫树
	黄槐	*Cassia surattensis*	豆科	华南地区	落叶小乔木，小叶长椭圆形或卵形；花鲜红色，全年开花，9—10月最盛	喜光照，喜暖热气候	庭园观花
	槐树	*Sophora japonica*	豆科	华北地区至华南地区、云贵区域	落叶，树冠宽广，枝繁叶茂；卵状长圆形；花淡白色，花期6—8月；常见品种："龙爪槐""畸叶槐"	喜光照，略耐阴，喜干冷气候，也耐湿热；耐修剪，耐移植，深根性，寿命长	庭荫树、行道树
	刺槐	*Robinia pseusoacacia*	豆科	南北均有栽植	落叶，树冠倒卵形，树体高大，叶色鲜绿，花白色，串串下垂，芳香，花期4—5月；果实为荚果	喜光照，不耐阴；耐干旱瘠薄，不耐积水；浅根性，萌蘖性强	庭荫树、行道树
	刺桐	*Erythrrna variegata*	豆科	华南地区	落叶，树姿开展；树皮灰棕色；枝淡黄色至土黄色，密被灰色绒毛；花鲜红色，花期2—3月	喜光照，喜暖热气候	庭园观花、行道树、庭荫树
	红豆树	*Ormosia hosiei*	豆科	长江流域	常绿，树冠整齐端正，小叶片长椭圆形或长椭圆状卵形；花白、淡红色，花期4—5月；种子扁圆形，鲜红色具光泽	喜光照，喜肥沃湿润土壤；寿命较长，萌芽性强	行道树、庭荫树

分类	中文学名	拉丁学名	科名	分布	主要观赏特性	主要生态习性	主要园林用途
阔叶乔木类	黄檗	*Phellodendron amurense*	芸香科	东北地区、华北地区	落叶，树冠广阔，树形美观；树皮厚，外皮灰褐色，内皮鲜黄色；秋叶鲜黄	喜光照，耐寒，喜肥，喜温；深根性，萌芽力强，耐火烧	庭荫树、行道树、风景林
	臭椿	*Ailanthus altissima*	苦术科	东北地区、华北地区、西北地区至长江流域	落叶，树冠呈扁球形或伞形；树干挺直，树姿雄伟；春色叶红，有些植株秋季翅果艳红似花	喜光照，适应性强，耐寒，耐干旱、瘠薄及盐碱地，忌水湿，抗污染，深根性	行道树、庭荫树
	楝树	*Metia azedarach*	楝科	华北地区南部至华南地区、云贵地区	落叶，树冠倒伞形，侧枝开展；树皮灰褐色，浅纵裂；树干修长，羽叶舒展，春末紫花满树，淡雅芳香	喜光照，耐寒性强，对土壤适应性强；萌芽力强，生长迅速，寿命短	行道树、庭荫树
	重阳木	*Bischofia polycarpa*	大戟科	秦岭、淮河以南地区	落叶，优美树姿，树皮褐色；枝叶茂密，早春嫩叶鲜绿光亮，入秋叶色转红	喜光照，稍耐阴；喜温暖气候，对土壤适应能力强，耐水湿，抗风	庭荫树、行道树，水边栽植
	乌桕	*Sapium sebiferum*	大戟科	秦岭、淮河以南地区	落叶，树冠圆整；树皮暗灰色；叶菱形秀丽；穗状花序黄绿色，花期5—7月，秋叶艳红	喜光照，喜温暖气候及肥沃深厚土壤，耐水湿，抗风，抗火	庭荫树、团景树、风景林
	黄连木	*Pistacia chinensis*	漆树科	华北地区至华南地区、云贵地区	落叶，树冠浑圆，枝叶秀丽，叶卵状披针形，早春嫩叶红色，入秋叶色深红、橙黄	喜光照，耐寒性强，耐干旱瘠薄，深根性，抗风，萌芽力强	庭荫树、行道树、风景林
	南酸枣	*Choerospondias axillaris*	漆树科	长江流域以南、云贵地区	落叶，树干挺直；冠大荫浓；9—10月果熟	喜光照，耐寒性差，耐干旱瘠薄，忌水湿，浅根性	庭荫树、行道树
	丝棉木	*Euonymus bungeanus*	卫矛科	东北地区南部至长江流域	落叶，树冠圆形与卵圆形；枝叶秀丽，花小，白色，花期5月；萌果浅红色，假种皮橘红色	喜光照，稍耐阴，耐寒，耐干旱，耐水湿，深根性	庭园观赏，水边绿化
	元宝枫	*Acer truncatum*	槭树科	东北地区、华北地区至长江流域	落叶，树形圆整；叶形秀丽，早春黄花满树，嫩叶红艳，秋叶橙黄或橙红；花期在5月，果期在9月	喜光照，喜侧方阴；喜温凉气候，耐干旱，忌水湿；深根性，抗风	庭荫树、行道树、风景林
	五角枫	*Acer mono*	槭树科	东北地区至长江流域	落叶，优美树姿；叶基部常心形，叶形秀丽；花黄色；花期4月，春叶红，秋叶变亮黄色或红色	喜光照，稍耐阴，喜温凉湿润气候，对土壤适应能力强	庭荫树、行道树、风景林
	鸡爪槭	*Acer palmatum*	槭树科	华北地区南部至长江流域	落叶小乔木，树冠伞形，姿态雅丽；叶形秀丽，秋叶红艳常见品种："红枫""羽毛枫"等	喜光照，稍耐阴，耐寒性不强，喜肥沃湿润、排水良好的土壤	园景树

分类	中文学名	拉丁学名	科名	分布	主要观赏特性	主要生态习性	主要园林用途
阔叶乔木类	七叶树	*Aesculus chinensis*	七叶树科	华北地区、长江流域	落叶，树干挺直，树冠开阔，树姿雄伟；叶大形美；大型白色圆锥花序，花期 5—6 月	喜光照，稍耐阴，宜生于温暖湿润气候，耐寒性强，不耐移植，寿命长	庭荫树、行道树、园景树
	栾树	*Koelreuteria paniculata*	无患子科	华北地区、长江流域	落叶，树冠近圆球形；树皮灰褐色，细裂；春色叶嫩红，花金黄色，花期 6—7 月；秋叶黄色	喜光照，耐寒，耐干旱瘠薄，耐短期水湿及轻盐碱，抗烟尘，病虫害少，深根性	庭荫树、行道树
	无患子	*Sapindus mukurossi*	无患子科	长江流域及以南地区	落叶，树冠广卵形，绿荫浓密，秋叶金黄，10 月果实累累，橙黄美观，优良观叶、观果树种	喜光照，宜生于温暖湿润气候，深根性，不耐修剪	庭荫树、行道树
	糠椴	*Tilia mandshurica*	椴树科	东北地区、华北地区	落叶，树冠广卵形，树姿雄伟，叶大荫浓，花黄白色，芳香，花期 6—7 月；果实球形	喜光照，耐阴，耐寒；喜深厚、肥沃土壤，不耐烟尘，深根性，萌蘖性强	行道树、庭荫树
	蒙椴	*Tilia mongolica*	椴树科	华北地区、东北地区	落叶，树冠圆整，树姿清幽，花黄白色，芳香，花期 6—7 月，秋叶亮黄；核果或浆果，球形或椭圆形，果期 9—11 月	喜光照，耐阴，不耐烟尘，深根性	庭荫树、园路树
	木棉	*Gosampinus malabarica*	木棉科	华南地区、云贵地区	落叶大乔木，树冠整齐，树姿雄伟，花大，红色，花期 2—3 月	喜光照，喜暖热气候，耐干旱，耐火，深根性	庭荫树、园路树
	梧桐	*Firmiana simplex*	梧桐科	华北地区华南地区、云贵地区	落叶，树冠卵圆形，树干挺直，树皮翠绿，叶大形美，洁净可爱；夏季开淡黄绿色小花	喜光照，宜生于温暖湿润气候，忌水湿，不耐修剪，抗污染气体	庭荫树、行道树
	木荷	*Schima superba*	山茶科	长江流域以南地区	常绿，树冠广卵形，叶绿荫浓，春叶及秋叶红艳可观；花白色，花期 5—7 月；蒴果木质，扁球形	喜光照，耐阴，耐寒性差，耐干旱瘠薄，喜肥沃的酸性土	庭荫树、风景林
	山桐子	*Idesia polycarpa*	大风子科	长江流域、西北地区、云贵地区	落叶，树冠卵圆形，端正美观；枝叶疏密有致；花黄绿色，花期 4—5 月；秋日红果累累下垂，9—10 月成熟	喜光照，喜湿润凉爽气候，喜排水良好的微酸性土壤	行道树
	沙枣	*Elaeagnus angustifolia Linn*	胡颓子科	东北地区、华北地区	落叶，树冠开展，枝叶终年银白，花香似桂，花期 6—7 月；果形似枣，黄色，9—10 月成熟	喜光照，耐干冷，耐干旱，耐盐碱，抗风沙，深根性，耐修剪，萌芽力强	庭园观赏
	喜树	*Camptotheca acuminate*	蓝果树科	长江流域及以南各地	落叶，树冠宽展；树干通直，树皮灰色；叶卵形，叶荫浓郁	喜光照，稍耐阴，耐寒性差，较耐水湿，抗病虫害能力强	庭荫树、行道树

续表

分类	中文学名	拉丁学名	科名	分布	主要观赏特性	主要生态习性	主要园林用途
阔叶乔木类	大叶桉	*Eucalyptus robusta*	桃金娘科	南方地区	落叶，树干挺直；树皮宿存，深褐色；叶大荫浓，揉之有香气；春季开白花	喜光照，宜生于温暖湿润气候，耐水湿，生长迅速，抗风	行道树、庭荫树
	刺楸	*Kalopanax septemlobus*	五加科	东北地区南部至华南地区、云贵地区	落叶，树干高大，树形富有野趣，叶大掌状 5～7 裂，颇为美观；花白色；果球形	喜光照，适应性强，深根性，少病虫害	庭荫树，风景区栽植
	灯台树	*Cornus controversa*	山茱萸科	东北地区南部至华南地区、云贵地区	落叶，树形整齐，大侧枝呈层状生长，宛若灯台，形成美丽树姿；花白色，花期 5—6 月；核果近球形，果期 9—10 月	喜光照，稍耐阴，有一定耐寒性，喜湿润	庭荫树、行道树，孤植
	四照花	*Dendrobenthamia japonica var. chinensis*	山茱萸科	长江流域、华北地区	落叶小乔木，树形美观圆整呈伞状，叶片光亮，秋叶艳红；花期 5 月；果粉红色，9 月成熟	喜光照，稍耐阴，耐寒性强	庭园观赏
	柿树	*Diospyros kaki*	柿树科	华北地区至华南地区	落叶，树冠半球形，夏日一片浓绿，秋日红叶如醉；花黄白色；果实红色似火，观赏期长	喜光照，耐寒，耐干旱瘠薄，深根性，寿命长	庭荫树、行道树、风景林，结合生产
	白蜡树	*Fraxinus chinensis*	木犀科	东北地区至长江流域	落叶，树冠卵圆形，树体端正；树皮黄褐色；枝叶繁茂，秋叶橙黄；翅果倒披针形；花期 3—5 月；果 10 月成熟	喜光照，耐侧方蔽荫，喜温暖，也耐寒，对土壤适应能力强，耐轻盐碱，耐干旱，耐水湿，抗烟尘	行道树、庭荫树
	绒毛白蜡	*Fraxinus velutina*	木犀科	东北地区南部至长江流域	落叶，树冠广阔；树皮暗灰色光滑；叶绿荫浓	喜光照，耐寒，耐干旱瘠薄，耐水湿，耐盐碱，抗污染，抗病虫害	行道树
	暴马丁香	*Syringa reticulata*	木犀科	东北地区、华北地区	落叶小乔木，树姿开展；叶卵形至阔卵形；花白色，无香气，花期 5—6 月	喜光照，耐寒，喜潮湿土壤	庭园观赏
	流苏树	*Chionanthus retusus*	木犀科	华北地区至华南地区	落叶，观优美树姿；叶片革质或薄革质，长圆形、椭圆形或圆形；花白色，花期 5 月，花时如雪压树，野芳幽香	喜光照，耐寒，耐旱，花期怕旱风	庭园观赏
	女贞	*Ligustrum lucidum*	木犀科	华北地区南部至华南地区	常绿，树冠圆整端庄，树皮灰色、平滑；叶革质，宽卵形至卵状披针形；花白色，花期 6—7 月；核果长圆形，蓝黑色	喜光照，稍耐阴，耐寒性强，抗污染，萌芽力强，耐修剪	园路树

续表

分类	中文学名	拉丁学名	科名	分布	主要观赏特性	主要生态习性	主要园林用途
阔叶乔木类	桂花	*Os要manthus fragrans*	木犀科	长江流域	常绿小乔木，树冠卵圆整齐；叶革质，长椭圆形；花黄白色，浓香，花期9—10月，常见品种："丹桂""金桂""银桂""四季桂"	喜光照，耐阴，喜通风良好、温暖环境	庭园观赏，林植，结合生产
	泡桐	*Paulownia fortunei*	玄参科	长江流域以南地区	落叶，树冠宽卵圆形；树皮灰色、灰褐色或灰黑色；树干耸直，冠大荫浓；花乳白色，花期3—4月	喜光照，耐寒性不强，不耐水湿，抗污染	庭荫树、行道树
	毛泡桐	*Paulownia tomentosa*	玄参科	东北地区南部至长江流域	落叶，树冠宽大圆形，叶大荫浓，花外面淡紫色，有毛，内面白色，有紫色条纹，花期4—5月	喜光照，不耐阴蔽，耐寒，较耐干旱，忌水湿，喜肥，抗污染	庭荫树、行道树
	梓树	*Catalpa ovata*	紫葳科	东北地区至华南地区以北	落叶，树冠开展，冠大荫浓，呈倒卵形或椭圆形；树皮褐色或黄灰色；花淡黄色，花期5月；蒴果细长如豇豆，果熟期8—9月	喜光照，稍耐阴，耐寒，耐轻度盐碱，浅根性，抗污染	庭荫树、行道树
	楸树	*Catalpa bungei*	紫葳科	华北地区至长江流域	落叶，树干通直，主枝开阔伸展；花浅粉色，花期4—5月；往往开花而不结实	喜光照，不耐严寒，耐旱能力差及水湿，抗污染	庭荫树
	黄金树	*Catalpa speciosa*	紫葳科	南北均有栽植	落叶，树冠开展，叶大荫浓，宽卵形至卵状椭圆形；花白色，花期5月；蒴果粗如手指	喜光性强，耐寒性较差，喜深厚、肥沃的土壤	庭荫树、行道树
	棕榈	*Trachycarpus fortunei*	棕榈科	华北地区南部至华南地区、云贵区域	常绿，树干圆柱形，挺拔秀丽，掌状叶，花小集成圆锥花序，鲜黄色，花期4—5月	喜光照，耐阴，棕榈科中最耐寒种类，有一定的耐旱及耐水湿能力，抗污染，浅根性，易风倒	园景树、行道树，盆栽，结合年产
	蒲葵	*Livistona chinensis*	棕榈科	华南地区	常绿，树形优美，掌状叶，花小集成肉穗花序；核果椭圆形，状如橄榄，熟时亮紫黑色，外略被白粉	喜光照，稍耐阴，耐寒力不强，稍耐水湿，抗污染，耐移植	园景树、行道树，盆栽
	鱼尾葵	*Caryota ochlandra*	棕榈科	华南地区、滇南	常绿，观优美树姿，叶二回羽状裂，裂片似鱼鳍，优美奇特，肉穗花序下垂，小花黄色。果球形，成熟后紫红色	喜光照，耐阴，喜暖湿气候及酸性土壤	园景树、行道树，盆栽

续表

分类	中文学名	拉丁学名	科名	分布	主要观赏特性	主要生态习性	主要园林用途
阔叶乔木类	椰树	*Cocos nucifera*	棕榈科	华南地区、滇南	常绿，树干挺拔，叶羽状裂，果大，集于枝端，最能体现热带风光	喜光照，在高温湿润的海岸生长良好，不耐旱，深根性，抗风力强	园景树、行道树，结合生产
	假槟榔	*Archonthophoenix alexandrae*	棕榈科	华南地区、滇南	常绿，树干耸直，树冠秀美，叶羽状裂；花白色；果实卵球形，红色	喜光照，稍耐阴，粗放管理，大树移植容易成活	园景树、行道树
	槟榔	*Areca catechu*	棕榈科	华南地区	常绿，树干光滑挺拔，叶羽状裂，花白色，芳香；果实长圆形或卵球形，橙黄色；花果期3—4月	喜光照，稍耐阴，喜高温多雨气候	园景树、行道树，结合生产
	油棕	*Elaeis guineensis*	棕榈科	华南地区、滇南	常绿，树形优美，叶柄基部宿存，叶羽状裂；肉穗花序；果近似椭圆形，表皮光滑	喜光照，稍耐阴，喜高温高湿气候	园景树、行道树，结合生产
阔叶灌木类	无花果	*Ficus carica*	桑科	华北地区南部以南地区	落叶，干皮灰褐色，枝粗壮，叶大，掌状3～5裂，果梨形，熟时紫黄色或紫黑色	喜光照，宜生于温暖湿润气候，耐寒性不强，耐旱，根系发达	庭园观赏，结合生产
	牡丹	*Paeonia suffruticosa*	毛茛科	各地栽植	落叶，老茎灰褐色，当年生枝黄褐；花大优美，紫、红、黄、白、豆绿、复色等，花期4月，世界著名花木	喜光照，忌夏季曝晒，耐寒，喜凉爽，畏炎热；肉质根，忌积水	专类园，盆栽、切花
	小檗	*Berberis thunbergii*	小檗科	南北均有栽植	分枝密，姿态圆整，春开黄花，秋结红果，深秋叶色紫红，果实经冬不落，常见品种："紫叶小檗""金叶小檗"等	喜光照，耐阴，耐寒，耐干旱瘠薄；萌芽力强，耐修剪	基础栽植、刺篱、岩石园
	十大功劳	*Mahonia fortunei*	小檗科	长江流域	常绿，枝叶苍劲，花黄色，花期7—8月，果青紫色，被白粉；浆果圆形或长圆形，蓝黑色，有白粉	耐阴，宜生于温暖湿润气候	庭园观赏
	阔叶十功劳	*Mahonia bealei*	小檗科	中部及南部	常绿，姿态别致，叶宽厚，质硬，花黄色，花期3—4月，果蓝黑色	耐阴，喜温暖湿润，性强健，粗放管理	观赏、刺篱
	南天竹	*Nandina domestica*	小檗科	华北地区南部以南地区	常绿，姿态潇洒，老茎浅褐色；幼枝红色；叶秀丽，秋叶红；花白色，花期5—6月；果红色，经冬不凋；常见品种："玉果南天竹"	耐阴，喜温暖湿润，耐寒性强，钙质土指示植物	庭园观赏、盆栽、插花

分类	中文学名	拉丁学名	科名	分布	主要观赏特性	主要生态习性	主要园林用途
阔叶灌木类	含笑	*Michelia figo*	木兰科	长江流域及以南地区	常绿，枝丛丰满，花形小，呈圆形，肉质淡黄色，边缘常带紫晕，花润似玉，芳香宜人，花期3—5月，著名的香花花木	耐阴，喜暖热多湿气候及酸性土壤	庭园观赏，结合生产
	腊梅	*Chimonanthus praecox*	腊梅科	华北地区至长江流域	落叶，叶片椭圆状卵形或卵状披针形；花开于寒月早春，花黄如蜡，清香四溢，为冬春观赏佳品，著名香花花木	喜光照，稍耐阴，较耐寒，耐干旱，忌水湿，生长势及发枝力均强	丛植、片植、盆景
	太平花	*Philadelphus pekinensis*	虎耳草科	北方及西部	落叶，枝叶茂密；花乳黄而清香，花多朵聚集，颇为美丽，花期5—6月	喜光照，稍耐阴，耐寒，不耐积水	观赏，花篱
	溲疏	*Deutzia scabra*	虎耳草科	长江流域	落叶，小枝中空，红褐色；花白色或外面略带红晕，初夏白花满树，洁净素雅，花期5—6月	喜光照，稍耐阴，耐寒，萌芽力强，耐修剪	丛植、花篱
	八仙花	*Hydrangea macrophylla*	虎耳草科	长江流域及以南地区	落叶，枝圆柱形，紫灰色至淡灰色；花色粉红、蓝或白色，极美丽，花期6—7月	耐阴，耐寒性差，喜肥沃湿润酸性土壤，萌芽力强	庭园观赏，盆栽
	香茶藨子	*Ribes odoratus*	虎耳草科	华北地区、东北地区	落叶灌木；小枝圆柱形，灰褐色，花萼黄色，可观，花瓣小，紫红色，花芳香，花期5月；果期7—8月	喜光照，稍耐阴，耐寒，根萌蘖性强	观赏
	海桐	*Pittosporum tobira*	海桐科	长江流域及以南地区	常绿灌木或小乔木，叶亮绿有光泽，伞形花序，花白色，芳香，花期5月，种子鲜红色，10月果熟	喜光照，稍耐阴，耐寒性不强；萌芽力强，耐修剪，抗海潮风，抗污染	基础栽植、绿篱、盆栽
	蚊母树	*Distylium racemosum*	金缕梅科	华北地区至长江流域	常绿灌木或中乔木，叶革质；总状花序，树姿开展、优美，叶革质具光泽	喜光照，稍耐阴，耐寒性强，萌芽力强，耐修剪，抗污染	城市绿化树
	檵木	*Loropetalum chinensis*	金缕梅科	长江流域及以南地区	常绿，多分枝，小枝有星毛；叶革质，花瓣带状条形，黄白色，花期4—5月，变种：红花檵木	喜光照，耐阴，喜温暖湿润及酸性土壤	庭园观赏，风景林之下木
	笑靥花	*Spiraea prunifolia*	蔷薇科	山东、陕西以南地区	落叶灌木，小枝细长，稍有棱角，花白色，重瓣，3～6朵成伞形花序，花期4—5月，秋叶橙黄	喜光照，耐寒性强，粗放管理	丛植、基础栽植

续表

分类	中文学名	拉丁学名	科名	分布	主要观赏特性	主要生态习性	主要园林用途
阔叶灌木类	麻叶绣线菊	*Spiraea cantoniensis*	蔷薇科	长江流域及以南地区	落叶灌木；小枝细瘦，圆柱形，呈拱形弯曲，幼时暗红褐色，无毛，花白色，半球状伞形花序，花期 5—6 月	喜光照，耐寒力差，性强健	丛植，观赏
	珍珠梅	*Sorbaria sorbifolia*	蔷薇科	华北地区、西北地区、内蒙古	灌木，枝条开展；小枝圆柱形，稍屈曲，无毛或微被短柔毛，枝丛生，花白色，蕾时似珍珠，花期 6—8 月	喜光照，耐阴，耐寒，不择土壤，萌蘖性强，耐修剪	丛植，花径
	白鹃梅	*Exochorda racemosa*	蔷薇科	华北地区南部以南地区	落叶灌木，枝条细弱开展；小枝圆柱形，微有棱角，无毛，叶片椭圆形；枝叶秀丽，花白色，花期 4—5 月	喜光照，耐阴，耐寒性强，耐干旱瘠薄	庭园观赏
	平枝栒子	*Cotoneaster horizontalis*	蔷薇科	华北地区、西北地区、云贵地区	半常绿，枝匍匐开展，叶片近圆形或宽椭圆形；花粉红色，花期 5—6 月；果实近球形，果鲜红色，9—10 月成熟	喜光照，稍耐阴，耐干旱瘠薄，适应性强	基础栽植、地被
	火棘	*Pyracantha fortuneana*	蔷薇科	长江流域、云贵地区	常绿灌木，枝拱形下垂，花集成复伞房花序，花白色，花期 4—5 月；果亮红色，9—10 月成熟	喜光照，耐寒性不强，要求排水良好的土壤，耐修剪，枝易造型	丛植、刺篱、盆景、瓶插
	石楠	*Photinia serrulata*	蔷薇科	华北地区南部及以南地区	常绿灌木或小乔木；枝褐灰色，全体无毛；叶片革质，早春嫩叶鲜红；花白色，花期 4—5 月；果红色，9—10 月成熟	喜光照，稍耐阴，耐寒性强，耐干旱瘠薄，忌水湿	栽植于规则式园中更佳
	贴梗海棠	*Chaenomeles speciosa*	蔷薇科	华北地区及以南地区	落叶灌木，枝条直立开展，有刺；小枝圆柱形，微屈曲，无毛；花期 3—4 月，有香气；9—10 月成熟	喜光照，稍耐阴，耐寒性强，耐瘠薄，忌水湿	庭园观赏、花篱、基础栽植
	月季	*Rosa chinensis*	蔷薇科	长江流域及以南地区	常绿、半常绿低矮灌木，枝丛生，四季开花，一般为红色，或粉色，偶有白色和黄色，可作为观赏植物	喜光照，宜生于温暖湿润气候，夏季高温不利开花	庭园观赏、花篱、基础栽植
	玫瑰	*Rosa rugosa*	蔷薇科	南北均有栽植	落叶灌木；枝杆多针刺，枝直立丛生，花玫瑰红色，花期 5—6 月；果砖红色，9—10 月成熟	喜光照，耐寒，耐旱，不耐积水，萌蘖性强	专类园、花篱、丛植、结合生产
	黄刺玫	*Rosa xanthina*	蔷薇科	东北地区、华北地区、西北地区	落叶灌木；小枝褐色或褐红色，具刺，枝丛生，叶边缘有锯齿，花黄色，花期 4—5 月；果红褐色	性强健，喜光照，耐寒，耐干旱瘠薄，少病虫害	花篱、丛植、片植

续表

分类	中文学名	拉丁学名	科名	分布	主要观赏特性	主要生态习性	主要园林用途
阔叶灌木类	鸡麻	*Rhodotypos scandens*	蔷薇科	东北地区南部至长江流域	落叶, 小枝紫褐色, 嫩枝绿色, 光滑, 枝丛生, 花白色, 花期4—5月, 果期6—9月	喜光照, 稍耐阴, 耐寒, 耐旱, 易栽培	丛植、片植
	榆叶梅	*Amygdalus triloba*	蔷薇科	东北地区、华北地区	落叶灌木稀小乔木; 枝条开展, 具多数短小枝; 小枝灰褐色, 一年生枝灰褐色, 枝直立; 花粉红色, 花期4月	喜光照, 耐寒, 耐旱, 耐轻盐碱土, 忌水湿	丛植、片植
	郁李	*Cerasus japonica*	蔷薇科	东北地区至华南地区	落叶灌木, 小枝灰褐色, 嫩枝绿色或绿褐色, 无毛; 花粉红、白色, 花期4月; 果深红色	喜光照, 耐寒, 耐干旱, 较耐水湿	丛植、片植
	麦李	*Cerasus glandulosa*	蔷薇科	华北地区至长江流域	落叶灌木, 叶两面无毛或背面中肋疏生柔毛; 花粉红或近白色, 花期3—4月; 果红色; 常见品种: "重瓣白麦李""重瓣红麦李"	喜光照, 耐寒性强, 适应性强	丛植、片植
	紫荆	*Cercis chinensis*	豆科	华北地区至华南地区、云贵地区	丛生或单生灌木, 树姿俏丽, 叶心形, 光滑; 花紫红色或粉红色, 花期4月	喜光照, 耐寒性强, 耐干旱瘠薄, 忌水湿, 萌蘖性强, 耐修剪	丛植、片植
	金雀儿	*Cytisus scoparius*	豆科	华北地区、东北地区	落叶灌木; 小枝细长, 有棱; 叶状复叶互生, 呈掌状排列, 枝直立; 花黄色, 谢时变红色, 花期5—6月	喜光照, 耐寒, 耐干旱瘠薄; 易生细枝, 可自行繁衍	丛植、片植
	九里香	*Murraya exotica L*	芸香科	华南地区、云贵地区	常绿小乔木, 枝白灰或淡黄灰色, 但当年生枝绿色; 花序通常顶生, 花白色, 极芳香, 花期7—11月; 果朱红色	喜光照, 耐阴, 喜暖热气候, 耐干旱	庭园观赏, 盆栽
	枸橘	*Poncirus trifoliata*	芸香科	华北地区以南地区	落叶小乔木, 树冠伞形或圆头形, 枝绿色, 嫩枝扁, 有纵棱, 枝刺粗长; 花白色, 芳香, 花期4月; 果黄色, 有香气, 10月成熟	喜光照, 较耐寒; 发枝力强, 耐修剪	庭园观赏, 刺篱、花篱
	红背桂	*Excoecaria cochinchinensis*	大戟科	华南地区	常绿小灌木, 多分枝, 叶长椭圆形, 边缘有疏细齿, 正面深绿色, 背面紫红色	耐阴, 耐寒性差, 喜肥沃排水良好土壤	庭园观赏, 盆栽

分类	中文学名	拉丁学名	科名	分　布	主要观赏特性	主要生态习性	主要园林用途
阔叶灌木类	变叶木	*Codiaeum variegatum*	大戟科	华南地区	常绿，叶革质，叶形变化大，披针形、椭圆形或匙形，或中部中断；叶色绿、黄、红或杂色	喜光照，喜温暖，耐寒性差	庭园观赏，盆栽
	黄杨	*Buxus sinica*	黄杨科	华北地区南部至长江以南地区	常绿，多分枝，小枝四棱形，叶革质，光亮；花序腋生，头状，花密集，花期 3 月；果期 5—6 月	耐阴，宜生于温暖湿润气候，有一定耐寒力，抗污染，耐修剪	孤植、丛植、绿篱、盆栽
	雀舌黄杨	*Buxus bodinieri*	黄杨科	长江流域至华南地区、云贵地区	常绿，枝圆柱形小枝四棱形，被短柔毛，后变无毛，叶薄革质，通常匙形，分枝多而密集	喜光照，耐阴，喜温暖，耐寒性不强，萌蘖力强，耐修剪	绿篱、模纹花坛、盆栽
	黄栌	*Cotinus coggygria*	漆树科	华北地区、云贵地区	落叶小乔木或灌木，树冠圆形；单叶互生，叶片全缘或具齿，叶柄细，无托叶，叶倒卵形或卵圆形，秋叶艳红；花黄色	喜光照，耐阴，耐寒，耐干旱瘠薄，忌水湿；根系发达，萌蘖性强	丛植、风景林
	枸骨	*Ilex cornuta*	冬青科	华北地区南部以西地区	常绿灌木或小乔木，叶形奇特，碧绿光亮，四季常青，入秋后红果满枝，黄绿色，果鲜红色，经冬不凋	喜光照，耐阴，喜温暖，耐寒性强，抗污染，耐修剪	孤植、丛植、刺篱、盆栽
	大叶黄杨	*Euonymus japonicus*	卫矛科	华北地区南部	常绿灌木；小枝四棱，具细微皱突；叶革质，有光泽，倒卵形或椭圆形，先端圆阔或急尖，基部楔形，边缘具有浅细钝齿	喜光照，耐阴，喜温暖，耐寒性强，耐干旱瘠薄，抗烟尘，抗污染，耐修剪	绿篱、造型、盆栽
	文冠果	*Xanthoceras sorbifolia*	无患子科	华北地区、西北地区	落叶灌木或小乔木；小枝粗壮，褐红色，无毛；叶秀丽光洁，花序大而花密；花白色，基部有黄紫斑，花期 4—5 月	喜光照，耐阴，耐寒，耐干旱瘠薄，不耐涝；深根性，萌蘖力强	庭园观赏、风景林，结合生产
	木槿	*Hibiscus syriacus*	锦葵科	东北区域南部至华南地区	落叶灌木，小枝密被黄色星状绒毛；树姿俏丽，花淡紫色，花期 6—9 月；常见品种多，花色多为蓝、红	喜光照，喜温暖湿润，耐寒，耐干旱瘠薄，不耐积水；萌蘖性强，耐修剪	丛植、片植、花篱
	扶桑	*Hibiscus rosa - sinensis*	锦葵科	华南地区	落叶或常绿灌木；小枝圆柱形，疏被星状柔毛，叶绿具光泽，花大，鲜红色，雄蕊柱伸出花外，极美	喜光照，耐寒性差，喜肥沃湿润而排水良好的土壤	庭园观赏，盆栽

续表

分类	中文学名	拉丁学名	科名	分布	主要观赏特性	主要生态习性	主要园林用途
阔叶灌木类	木芙蓉	*Hibiscus mutabilis*	锦葵科	长江流域以南地区	落叶灌木或小乔木；小枝、叶柄、花梗和花萼均密被细绒毛；花大，花为淡红色，后转为深红色，色鲜艳，花期9—10月	喜光照，喜温暖，耐寒性差，抗污染	丛植
	山茶花	*Camellia japonica*	山茶科	山东、陕西以南地区	常绿，树姿端正，叶色翠绿；花顶生，红色，无柄，花期2—4月；常见品种花色多为白、红、紫等	喜光照，耐阴，宜生于温暖湿润气候，耐寒性强，喜肥沃、排水良好的酸性土壤	庭园观赏，盆栽
	金丝桃	*Hypericum monogynum*	藤黄科	河南、陕西以南地区	半常绿，小枝纤细且多分枝；叶纸质、无柄、对生，叶色粉绿；花鲜黄色，花期6—7月	喜光照，稍耐阴，喜温暖，耐寒性强	丛植、地被
	柽柳	*Tamarix chinensis*	柽柳科	华北地区、西北地区至华南地区、云贵地区	落叶，枝条细柔，姿态婆娑，开花如红蓼，颇为美观	喜光照，耐寒，耐热，耐干旱，耐水湿，耐盐碱，抗风，抗沙；萌芽力强，耐修剪	庭园观赏，盆景
	结香	*Edgeworthia chrysantha*	瑞香科	河南、陕西以南地区	落叶，幼枝常被短柔毛，韧皮极坚韧，叶痕大，花黄色芳香，花期3—4月	耐阴，喜温暖，耐寒性强，过旱和过湿都不适宜	丛植
	胡颓子	*Elaeagnus pungens*	胡颓子科	长江流域及以南地区	常绿直立灌木，具刺，刺顶生或腋生，叶革质，椭圆形或阔椭圆形，叶深绿，背面银白色；花银白色，芳香，花期10—11月；果红色，次年5月成熟	喜光照，耐阴，喜温暖，耐干旱，耐水湿，抗污染；耐修剪	庭园观赏，盆栽
	紫薇	*Lagerstroemia indica*	千屈菜科	华北地区及以南地区	落叶灌木或小乔木，树姿优美，树干光滑洁净，花色艳丽；开花时正当夏秋少花季节，花期长（6—9月）	喜光照，稍耐阴，有一定耐寒性，耐旱，怕涝；萌蘖性强，耐修剪	丛植、盆栽
	石榴	*Punica granatum*	石榴科	华北地区及以南地区	落叶乔木或灌木；单叶，常对生或簇生，无托叶；花顶生或近顶生，近钟形，花期5—7月；果古铜色	喜光照，耐寒性强，耐干旱，喜石灰质土壤	庭园观赏，盆栽，结合生产
	八角金盘	*Fatsia japonica*	五加科	长江流域	常绿，叶丛四季油光青翠，叶片像一只只绿色的手掌，掌状7～9裂，极美，花小，白色，夏秋开花	耐阴，宜生于温暖湿润气候	栽培观叶，盆栽

续表

分类	中文学名	拉丁学名	科名	分　布	主要观赏特性	主要生态习性	主要园林用途
阔叶灌木类	红瑞木	*Swida alba*	山茱萸科	东北地区、华北地区	落叶灌木，老干暗红色，树枝血红色；叶对生，椭圆形；聚伞花序顶生，花乳白色花期5—6月；果白色，8—9月成熟	喜光照，稍耐阴，耐寒，耐水湿	丛植、片植，尤点缀冬景
	杜鹃花	*Rhododendron simsii*	杜鹃花科	长江流域及以南地区	落叶，分枝多；叶革质，常集生枝端；花深红色，有紫斑，花期4—6月	耐阴，宜生于温暖湿润气候及酸性土壤	丛植、专类园
	云锦杜鹃	*Rhododendron fortunei*	杜鹃花科	长江流域	常绿，枝粗壮；叶厚革质，上面深绿色，有光泽，下面淡绿色；花大，浅粉红色，芳香，花期5月	耐阴，宜生于温暖湿润气候及酸性土壤	丛植、专类园
	连翘	*Forsythia suspensa*	木犀科	华北地区、东北地区至长江流域	落叶，早春先叶开花，花开香气淡艳，满枝金黄，枝细长开展呈拱形，花亮黄色，花期3—4月	喜光照，耐阴，耐寒，耐干旱，忌水湿，抗病能力强	丛植、花篱
	金钟花	*Forsythia suspensa*	木犀科	华北地区南部至长江流域	落叶灌木，枝棕褐色或红棕色，直立，小枝绿色或黄绿色，呈四棱形，叶片长椭圆形至披针形，花期3—4月	喜光照，稍耐阴，耐寒性强，耐干旱	丛植、花篱
	紫丁香	*Syringa oblata*	木犀科	东北地区、华北地区、西北地区	落叶灌木或小乔木，树皮灰褐色或灰色，枝叶茂密；花堇紫色，花期4月；变种：白丁香、紫萼丁香等	喜光照，稍耐阴，耐寒，耐干旱，忌低湿	丛植、专类园
	小叶女贞	*Ligustrum quihoui*	木犀科	华北地区及以南地区	半常绿小灌木；叶薄革质；花白色，香，无梗；花冠筒和花冠裂片等长，花期7—8月；果紫黑色	喜光照，稍耐阴，较耐寒，抗污染；萌枝力强，耐修剪	庭园观赏，绿篱
	金叶女贞	*Ligustrum vicaryi*	木犀科	华北地区至长江流域	半常绿，树冠圆整，叶色金黄，尤其在春秋两季色泽更加璀璨亮丽	喜光照，耐寒，耐干旱瘠薄，耐轻盐碱，抗污染	庭园观赏，彩叶篱
	茉莉	*Jasminum sambac*	木犀科	华南地区	常绿直立或攀援灌木，小枝被疏柔毛，枝细长，叶亮绿；花朵颜色洁白，香气浓郁，花期5—11月	喜光照，耐阴，喜高温湿润，耐寒性差，喜肥，喜酸性土壤；耐修剪	花篱、花丛
	迎春	*Jasminum nudiflorum*	木犀科	华北地区、西北地区、云贵地区	落叶，小枝细长直立或拱形下垂，呈纷披状，绿色；花黄色，花期2—4月	喜光照，耐阴，耐寒，喜湿润也耐干旱，怕涝；根萌发力很强	丛植、基础栽植、地被

续表

分类	中文学名	拉丁学名	科名	分布	主要观赏特性	主要生态习性	主要园林用途
阔叶灌木类	云南黄馨	*Jasminum mesnyi*	木犀科	长江流域及以南地区	常绿直立亚灌木，枝条拱形，枝条下垂；小枝四棱形，具沟，光滑无毛；花黄色，花期4月	喜光照，耐阴，宜生于温暖湿润气候，耐寒性差	丛植、盆栽
	夹竹桃	*Nerium indicum*	夹竹桃科	长江流域及以南地区	常绿直立大灌木，枝开展潇洒，聚伞花序顶生，着花数朵，花深红或粉红色，花期6—10月；常见品种："白花夹竹桃""重瓣夹竹桃"	喜光照，宜生于温暖湿润气候，耐寒性差，耐旱，抗烟尘，抗污染，萌蘖性强，病虫害少，植株有毒	城市绿化树种，盆栽，背景树
	海州常山	*Clerodendrum trichotomum*	马鞭草科	华北地区、云贵地区	落叶，花序大，花果美丽，一株树上花果共存，白、红、蓝色泽亮丽，花果期长，植株繁茂，花期6—11月	喜光照，稍耐阴，耐寒性强，耐旱，耐水湿，抗污染	丛植、片植，观花果
	紫珠	*Callicarpa bodinieri*	马鞭草科	华北地区、长江流域	落叶灌木，枝条柔细；小枝、叶柄和花序均被粗糠状星状毛，叶边缘有细锯齿花淡紫或近白色，花期6—7月；果亮紫色，10月成熟；常见品种："白果紫珠"	喜光照，稍耐阴，耐寒性强	丛植、观果、基础栽植
	枸杞	*Lycium chinensis*	茄科	东北地区南部至华南地区	落叶，枝细长拱形，叶翠绿，花淡紫，果实鲜红，是很好的盆景观赏植物，花果期5—11月	喜光照，稍耐阴，耐寒，耐干旱，耐碱土	丛植、观花果、盆栽
	栀子花	*Gardenia jasminoides*	茜草科	长江流域及以南地区	常绿，株形优美，小枝绿色，叶对生，革质呈长椭圆形，有光泽；花白色，浓香，花期6—8月；常见品种："玉荷花"	喜光照，耐阴，宜生于温暖湿润气候，耐热，耐干旱，喜酸性土；萌芽力、萌蘖力均强，耐修剪	丛植、林下地被、盆栽、结合生产
	六月雪	*Serissa japonica*	茜草科	东南部、中部	常绿，树最小而枝叶扶疏，枝低矮密生；开细白花，白色或淡粉紫色；有金边、重瓣常见品种	耐阴，喜温暖，不择土壤；萌芽力、萌蘖力均强，耐修剪	林下地被、盆栽
	锦带花	*Weigela florida*	忍冬科	华北地区、东北地区、长江流域以北地区	落叶，枝条开展，树形呈圆筒状，枝叶繁茂；花玫瑰红色，花期4—5月；常见品种："花叶锦带花""红王子锦带"等	喜光照，耐寒，耐干旱瘠薄，忌水湿，萌芽力、萌蘖力强	花丛、花篱
	海仙花	*Primula poissonii Franch*	忍冬科	华北地区至长江流域	落叶，植株较粗壮，伞房花序，花冠漏斗状钟形，花黄白色渐变为深红色，花期5—6月	喜光照，稍耐阴，耐寒性强，喜湿润肥沃土壤	丛植

续表

分类	中文学名	拉丁学名	科名	分　布	主要观赏特性	主要生态习性	主要园林用途
阔叶灌木类	猬实	*Kolkwitzia amabilis*	忍冬科	长江流域、华北地区、西北地区	落叶，多分枝直立灌木，观优美树姿；花粉红色，花期 5—6 月；果熟期 8—9 月，果小，形似刺猬	喜光照，耐寒性强，耐干旱瘠薄，耐粗放管理	庭园观赏，花篱
	糯米条	*Abelia chinensis*	忍冬科	华北地区及以南地区	落叶灌木，枝开展，花尊粉红色，聚伞花序生于小枝上部叶腋，花冠白色至粉红色，花期 7—9 月	喜光照，稍耐阴，耐寒性强，耐干旱瘠薄；适应性强，萌蘖力、萌芽力强	丛植、基础栽植、花篱
	金银木	*Lonicera maackii*	忍冬科	南北各地	落叶灌木，观优美树姿，枝叶丰满，叶纸质，形状变化较大；花先白后黄，芳香，花期 5 月；果红色，9 月成熟	喜光照，耐阴，耐寒、耐旱；耐粗放管理，病虫害少	丛植
	接骨木	*Sambucus williamsii*	忍冬科	南北各地	落叶，树势旺盛；花白色，圆锥形聚伞花序顶生，花期 4—5 月；果红色或蓝紫色，9 月成熟	喜光照，耐寒，耐旱；萌蘖性强，耐粗放管理	庭园观赏
	木本绣球	*Viburnum macroccphalum*	忍冬科	华北地区南部至西部	落叶，枝广展，树冠半球形；繁花聚簇，团团如球，花白色，4—5 月开大型球状花，聚伞花序，白色	喜光照，稍耐阴，耐寒性强；性强健，萌芽力、萌蘖力均强	庭园观赏，孤植、丛植
	天目琼花	*Viburnzcm sargentii*	忍冬科	东北区域至长江流域	落叶，枝清秀，小枝、叶柄和总花梗均无毛，叶绿花白果红，花开时似蝴蝶戏珠，逗人喜爱，花期 5—6 月，果期 9—10 月	喜光照，耐阴，对土壤适应能力强，生长能力强	庭园观赏
	珊瑚树	*Viburnum odoratissinum*	忍冬科	华北地区南部至华南地区	常绿，枝繁叶茂，枝灰色或灰褐色，有凸起的小瘤状皮孔；终年碧绿光亮，春日白花满树，秋季果实鲜红，状如珊瑚	喜光照，稍耐阴，耐寒性强、耐烟尘、抗污染、抗火；萌蘖力强，耐修剪，易整形，病虫害少	绿篱、绿墙、防火防护林
	棕竹	*Rhapis excelsa*	棕榈科	华南地区、云贵地区	常绿，丛生灌木，茎干直立圆柱形，有节，茎纤细如手指，不分枝，有叶节，上部被叶鞘，色绿似竹，叶掌状裂	耐阴，耐寒性差，适宜湿润、排水良好的微酸性土壤	耐阴下木，荫蔽处栽植观赏、盆栽
	散尾葵	*Chrysalidocarpus lutescens*	棕榈科	华南地区	常绿，丛生，干光滑淡绿色，如竹具环纹，叶羽状全裂，花序生于叶鞘之下，呈圆锥花序式，花期 5 月	耐阴，喜高温	荫蔽处栽植，观赏，盆栽

续表

分类	中文学名	拉丁学名	科名	分 布	主要观赏特性	主要生态习性	主要园林用途
阔叶灌木类	凤尾兰	*Yucca gloriosa*	百合科	华北地区及以南地区	常绿，干短，叶浓绿，表面有蜡质层，坚硬似剑，花序高大，花大而下垂，乳白色，花期6月、10月二次开花	喜光照，稍耐阴，耐寒性强，耐水湿	庭园观赏，丛植、片植
	丝兰	*Yucca smalliana*	百合科	华北地区及以南地区	常年浓绿，茎很短或不明显，叶基生，线状披针形，边缘具卷曲白丝，花白色下垂，花、叶皆美，花期6—8月	喜光照，稍耐阴，耐寒性强	庭园观赏，丛植、片植
藤本植物类	薜荔	*Ficus pumila*	桑科	华东地区、华中地区、西南地区	常绿，叶浓绿具光泽，果倒卵形，气生根具攀援性	耐阴，耐旱，喜温暖湿润气候，不耐寒，适应性极强	垂直绿化
	叶子花	*Bougainvillea spectabilis*	紫茉莉科	华南地区、西南地区	常绿，具枝刺，花期长，冬春季，有红花、白花、重瓣品种，花小，常3朵簇生于3片苞片内，苞片紫红色	喜温暖湿润、阳光充足的环境，不耐寒，耐干旱瘠薄，耐碱，忌积水，耐修剪，土壤以排水良好的砂质壤土最为适宜	攀援山石、墙垣、廊柱等
	杂种铁线莲	*Clematis jackmani*	毛茛科	南北各地	落叶，茎缠绕细弱，花大，堇紫色，花期7—10月，有淡粉、红、白、深紫等花色的栽培品种	喜光照，有一定耐寒力，喜肥沃、疏松、排水良好的土壤	攀援棚架、花柱、拱门、栅栏等
	野蔷薇	*Rosa multiflora*	蔷薇科	华北地区及以南地区	攀援灌木，落叶，具皮刺，花期5—6月，花白色或带粉晕，果褐红色；栽培品种："荷花蔷薇""七姊妹""白玉堂"	性强健，喜光照，耐半荫，耐寒，耐瘠薄，忌低洼积水，对土壤要求不严，以肥沃、疏松的微酸性土壤最好	花柱、花架、篱垣与栅栏、驳岸水边等
	木香	*Rosa banksiae*	蔷薇科	华北地区南部及以南地区	攀援小灌木，半常绿，具皮刺，叶绿有光泽，花期5—6月，花白、芳香，有黄花、重瓣等栽培品种	喜温暖湿润和阳光充足的环境，耐寒冷和半阴，怕涝，对土壤要求不严，但在疏松肥沃、排水良好的土壤中生长好，易于管理	棚架、绿廊
	紫藤	*Wisteria sinensis*	豆科	南北各地	落叶，茎缠绕，花期4—5月，花序下垂，花堇紫色、芳香，有白花、粉花、重瓣等栽培品种	喜光，耐干旱，耐水湿，不耐移植，对气候及土壤的适应性强	棚架、墙垣、水边、假山、盆景制作等

续表

分类	中文学名	拉丁学名	科名	分　布	主要观赏特性	主要生态习性	园林用途
藤本植物类	扶芳藤	*Euonymus fortunei*	卫矛科	华北地区南部及以南地区	常绿，茎具不定根，叶革质亮绿；花小，绿白色；蒴果淡红色，果 10 月成熟，假种皮橘红色	喜温暖湿润，耐阴，有一定耐寒力，耐干旱瘠薄，对土壤要求不严	墙垣、山石等
	葡萄	*Vitis vinifera*	葡萄科	南北栽培	落叶，具卷须，花小，淡绿色；果黄绿色或紫红色，8—9 月成熟	喜光，喜干燥及夏季高温气候，耐干旱，怕涝，对土壤的适应性较强	棚架、盆栽等
	乌头叶蛇葡萄	*Ampelopsis aconitifolia*	葡萄科	华北地区、西北地区	落叶，具卷须，叶纤秀美丽，花小，果红色，9—10 月成熟	性较抗寒，喜光，耐阴，耐寒，冬季不需埋土，喜肥沃而疏松的土壤，耐粗放管理	棚架、山石、篱垣等
	地锦	*Parthenocissus tricuspidata*	葡萄科	东北地区南部至华南地区、西南地区	落叶，具吸盘，攀援性强，枝繁叶茂，入秋叶色变红或橙黄，颇为美丽	喜光，耐阴，耐寒，对土壤、气候适应性极强，对土质要求不严，肥瘠、酸碱均能生长	攀援山石、墙垣、灯柱、树干、栅栏、边坡等
	五叶地锦	*Parthenocissus quinquefolia*	葡萄科	华北地区、东北地区	落叶，具吸盘，生长势旺，秋色叶红艳，极美	喜光，耐阴，耐寒，喜空气湿度大，吸盘攀援力较差，需人工牵引	墙垣、山石、边坡等
	猕猴桃	*Actinidia chinensis*	猕猴桃科	华北地区及以南地区	落叶，茎缠绕，叶圆形；花期 5 月，花大，白色，芳香；果黄褐色，8—10 月成熟	喜光，稍耐阴，喜温暖湿润气候，有一定耐寒力，怕旱、涝、风，耐寒，不耐早春晚霜	花架、庭廊、护栏、墙垣等的垂直绿化，结合生产
	中华常春藤	*Hedera nepalensis var. sinensis*	五加科	长江流域及以南地区	常绿，气生根攀援，叶亮绿；花期 8—9 月，花小，淡黄白色；果黄或红色，翌年 3 月成熟	耐阴，喜温暖湿润气候，稍耐寒，对土壤要求不严，但喜肥沃疏松的土壤	荫蔽处墙垣、山石，可作地被
	络石	*Trachelospermum jasminoides*	夹竹桃科	黄河流域及以南地区	常绿，具气生根，叶色浓绿；花期 5 月，白花繁茂、芳香	喜光，喜半阴湿润的环境，有一定耐寒力，耐干旱，对土壤要求不严，抗海潮风，萌蘖性强	墙垣、山石，可作耐荫地被
	炮仗花	*Pyroslegia ignea*	紫葳科	华南地区	常绿，具卷须，花期 1—2 月，花橙红、繁茂，累累成串，状似炮仗	喜光，喜温暖气候，不耐寒，喜酸性土壤	棚架、花廊
	凌霄	*Campsis grandiflora*	紫葳科	长江流域	落叶，气生根，攀援性较强，干枝虬曲多姿，翠叶团团如盖；花期 6—8 月，花大色艳，鲜红或橘红色	喜光，稍耐阴，喜温暖湿润气候，耐寒，忌积水，萌芽力、萌蘖力均强，喜排水良好、疏松的中性土壤	攀援墙垣、枯树、石壁、棚架、花门

续表

分类	中文学名	拉丁学名	科名	分　布	主要观赏特性	主要生态习性	园林用途
藤本植物类	美国凌霄	*Campsis radicans*	紫葳科	南北各地	落叶，气生根，攀援性较强，花期7—9月，花大，淡橘或深红色	喜光，稍耐阴，喜温暖湿润气候，耐寒，忌积水，萌芽力、萌蘖力均强	庭院、石壁、墙垣、假山、枯树下、花廊、棚架、花门
	金银花	*Lonicera japonica*	忍冬科	东北地区南部至华中地区、西南地区	半常绿，茎缠绕，植株轻盈；花期5—7月，花先白后黄、清香；栽培品种："红金银花""四季金银花"	喜光，耐阴，耐寒，耐旱，耐水湿，性强健，适应性强，对土壤要求不严，但以湿润、肥沃的深厚砂质壤土生长最佳	攀援棚架、墙垣、盆景等
竹类	毛竹	*Phyllostachys pubescens*	禾本科	河南、陕西、山东至华南地区中部	秆高，叶翠，秀丽挺拔；栽培品种："龟甲竹"，中下部节间短缩肿胀，交错成斜面	喜光，喜温暖湿润气候，喜空气湿度大，喜肥沃、排水良好的酸性土壤	风景林、背景林、专类园
	刚竹	*Phyllostachys viridis*	禾本科	华北地区至华南地区	秆挺拔，淡绿色，绿色栽培品种："槽里黄刚竹"，秆之纵槽淡黄色；"黄皮刚竹"，秆黄色，具绿色纵条	喜光，喜温暖湿润，有一定耐寒力，稍耐盐碱土，忌排水不良	庭园观赏、专类园、背景林
	黄槽竹	*Phyllostachys aureosulcata*	禾本科	华北地区至长江流域	秆绿，纵槽黄色，栽培品种："金镶玉竹"，秆金黄，纵槽及节间具绿色纵条；"金竹"，秆黄色	喜光，喜温暖湿润气候，耐寒力较强	庭园观赏、专类园、背景林
	紫竹	*Phyllostachys nigra*	禾本科	华北地区南部至长江流域、西南地区	幼秆绿色，老秆紫黑色，柔和发亮，隐于绿叶之下，甚为绮丽	喜光，耐阴，喜温暖湿润气候，有一定耐寒力，忌积水，适合砂质排水性良好的土壤，对气候适应性强	庭园观赏、专类园
	早园竹	*Phyllostachys propinqua*	禾本科	华北地区至华东地区	新秆深绿色，节紫褐色，挺拔强壮，姿态优美，是华北园林中栽培观赏的主要竹种	喜光，喜温暖湿润气候，耐旱力抗寒性强，适应性强，耐轻盐碱及低洼地	庭园观赏、专类园、背景林
	罗汉竹	*Phyllostachys aurea*	禾本科	长江流域	秆绿色，下部节间不规则短缩或畸形肿胀	喜光，喜温暖湿润，有一定耐寒力	庭园观赏、盆景
	方竹	*Chimonobambusa quadrangularis*	禾本科	西南地区、华东地区、华南地区	竹秆呈青绿色，上部秆圆形，下部数节秆略呈方形，叶薄而繁茂	喜光，喜温暖湿润气候，耐寒力差，喜肥沃、湿润、排水良好的土壤	庭园观赏

续表

分类	中文学名	拉丁学名	科名	分布	主要观赏特性	主要生态习性	园林用途
竹类	佛肚竹	*Bambusa ventricosa*	禾本科	华南地区	幼秆深绿色，稍被白粉，老时转榄黄色，秆有两种：一种是正常秆，节间长，圆筒形；另一种为畸形秆，短而粗，下部节间膨大呈佛肚状	喜光，喜温暖湿润气候，不耐寒，宜在肥沃、疏松、湿润、排水良好的砂质壤土中生长	庭园观赏、盆景
	黄金间碧玉竹	*Bambusa vulgaris var. striata*	禾本科	华南地区	秆高，鲜黄色，间以宽窄不等的绿色纵条纹	喜光，喜温暖湿润气候，耐寒性差，适应性强	庭园观赏
	菲白竹	*Sasa fortunei*	禾本科	华东地区	矮小丛生，株型优美，叶片绿色间有黄色至淡黄色的纵条纹	喜光，较耐荫，喜温暖湿润	地被
	阔叶箬竹	*Indocalamus latifolius*	禾本科	华东地区、华中地区	灌木状竹类，植株低矮，叶宽大	喜荫，耐阴，喜温暖湿润气候，较耐寒	地被

表 11.5-11   常 见 园 林 植 物 （二）

分类	中文学名	拉丁学名	科名	花色	花期	主要生态习性	园林用途
一、二年生花卉	翠菊	*Callistephus chinensis*	菊科	白、淡黄、粉红、淡红、淡蓝、紫或紫堇色	7—10月、5—6月	较耐寒，忌酷暑，不耐水涝，不宜连作；喜温暖、湿润和阳光充足的环境	花坛、花境、花带、盆栽、切花
	鸡冠花	*Celosia cristata*	苋科	白、黄、橙、红、玫瑰紫	8—10月	喜炎热而空气干燥，不耐寒，喜光，自播繁衍；不耐瘠薄，喜疏松肥沃和排水良好的土壤	花坛、花境、花带、花丛
	一串红	*Salvia splendens*	唇形科	红	7—10月	不耐寒，耐半荫，忌霜雪和高温，怕积水和碱性土壤，喜温暖和阳光充足环境	花坛、花境、花带、花丛、盆栽
	金盏菊	*Calendula officinalis*	菊科	黄	4—6月	较耐寒，忌酷暑，喜光，耐旱、耐瘠薄，对土壤要求不严，生长快，适应性强，可在干旱、疏松肥沃的碱性土中良好生长	花坛、花境、花带、盆栽、切花
	百日草	*Zinnia eLegans*	菊科	白、黄、红、紫、花期	6—9月	性强健，耐干旱，喜阳光，喜肥沃深厚的土壤，忌酷暑	花坛、花境、花丛、切花、花带、盆花
	万寿菊	*Tagetes erecta*	菊科	乳白、黄、橙、橘红、复色	7—9月	喜温暖，喜光，耐半荫；耐寒，耐旱，对土壤要求不严，抗性强；耐移植，栽培容易	花坛、花丛、花境、切花
	雏菊	*Bellis perennis*	菊科	白、粉、紫、洒金	4—6月	较耐寒，喜冷凉，忌炎热；喜光，耐半荫；对栽培地土壤要求不严格；品种易退化，采种时应严加选择	花坛、盆栽、花境、切花、地被

续表

分类	中文学名	拉丁学名	科名	花　色	花期	主要生态习性	园林用途
一、二年生花卉	石竹	*Dianthus chinensis*	石竹科	白、粉红	5—9月	耐寒，喜光，喜肥，耐瘠薄，适生于肥沃、疏松、排水良好及含石灰质的壤土或砂质壤土，忌水涝，好肥；通风良好；品种易退化	花坛、花境、岩石园、切花、花台
	波斯菊	*Cosmos bipinnatus*	菊科	红、白、粉、紫	6—9月	性强健，喜光，耐干旱瘠薄，喜排水良好的砂质壤土，肥水不宜过多；能大量自播繁衍	花坛、花境
	虞美人	*Papaver rhoeas*	罂粟科	白、粉、红	4—6月	耐寒，喜凉爽，喜阳光充足的环境，要求干燥通风，喜排水良好、肥沃的砂质壤土；不耐移植	花境、花坛
宿根花卉	菊花	*Dendronthema morifolium*	菊科	白、粉、红、黄、雪青、棕、淡绿、橙、紫	10—12月、4—5月	喜阳光，耐寒，喜凉爽；喜肥，不耐积水，适应性强，忌连作	花境、花丛、岩石园、盆栽、切花
	芍药	*Paeonia suffruticosa*	毛茛科	红、粉、黄、白、淡绿	4—5月	耐寒，喜光，喜冷凉气候，稍有遮荫开花好；忌积水低洼及盐碱；适应性强，耐粗放管理	专类园、花境、花坛、花丛、切花
	鸢尾类	*Iris spp.*	鸢尾科	蓝、淡紫、白、黄、橙、棕红	4—5月、5—6月	耐寒，喜光，个别种耐荫；不同种类对土壤水分要求差异大	专类园、花坛、花境、切花
	杂种楼斗菜	*Aquilegia hybrida*	毛茛科	紫红、深红、黄	5—8月	耐寒，喜半阴	花丛、花坛、花境、岩石园
	蜀葵	*Alcea rosea*	锦葵科	红、紫、褐、粉、黄、白	6—8月	喜光，耐寒，耐半阴；忌涝，耐盐碱能力强，在疏松肥沃、排水良好、富含有机质的砂质土壤中生长良好	花丛、花坛、花境
	玉簪	*Hosta plantaginea*	百合科	白	7—9月	性强健，耐寒；喜阴湿环境，忌直射光；要求土层深厚，排水良好且肥沃的砂质壤土	林下地被、岩石园、盆栽、切花
	紫萼	*Hosta ventricosa*	百合科	堇紫	6—7月	耐寒，喜荫，忌强烈日光照射，喜温暖湿润的气候；分蘖力极强，对土壤要求不严格	林下地被、岩石园、盆栽
	大花萱草	*Hemerocallis middendorfii*	百合科	黄、红等	7月	性强健，耐寒，喜光，耐半荫；对土壤要求不严，但以腐殖质含量高、排水良好的通透性土壤为好	花坛、花境

续表

分类	中文学名	拉丁学名	科名	花　色	花期	主要生态习性	园林用途
宿根花卉	宿根福禄考	*Phlox paniculata*	花葱科	紫、橙、红、白	7—9月	性喜温暖、湿润、阳光充足或半阴的环境，不耐热，耐寒，忌烈日暴晒，不耐旱，忌积水，宜在疏松、肥沃、排水良好的中性或碱性的砂壤土中生长	花坛、花境、切花、盆花
	荷包牡丹	*Dicentra spectabilis*	罂粟科	粉红	4—5月	耐寒，忌夏季高温；喜侧方遮阴，忌直射光；不耐干旱，喜湿润、排水良好的肥沃砂壤土	丛植、花坛、花境、地被、切花、盆栽
	桔梗	*Platycodon grandiflorum*	桔梗科	蓝紫	6—10月	喜凉爽湿润；喜光，耐寒，稍耐阴；喜排水良好、含腐殖质的砂质壤土	花境、岩石园、切花
	紫苑	*Aster tataricus*	菊科	淡紫	7—9月	耐寒，喜凉爽，忌夏季干燥；喜光，通风良好；耐涝，怕干旱，宜湿润、肥沃、深厚的土壤	花丛、花坛、花境
	八宝景天	*Sedum spectabile*	景天科	观肉质，绿色叶	7—10月	耐寒，喜光，通风良好；耐干旱瘠薄，适宜排水良好的砂壤土，忌雨涝积水。植株强健，耐管理粗放	花境、花坛、岩石园、盆栽、地被
球根花卉	百合类	*Lilium spp.*	百合科	橙、红、黄、白	5—6月、7月、8—10月	喜冷凉湿润，较耐寒，喜半阴；要求深厚、肥沃、排水良好的土壤；忌连作	花境、花坛、切花、盆栽
	石蒜类	*Lycoris spp.*	石蒜科	白、粉、红、黄、橙	7—8月、9—10月	性强健；喜温暖，耐寒；喜半阴，耐日晒；喜湿润，耐干旱；不择土壤	花坛、花境、盆栽、切花
	葱兰	*Zephyranthes candida*	石蒜科	白	7—10月	喜温暖、湿润，稍耐寒；喜光，耐半阴；喜排水良好、肥沃而略黏质的土壤	花坛、花境、地被
	铃兰	*Convallaria majalis*	百合科	白	4—5月	喜冷凉湿润，忌炎热，好凉爽，耐寒；要求富含腐殖质壤土及砂质壤土；不宜连作	林下地被、盆栽、插花
水生花卉	荷花	*Nelumbo nucifera*	睡莲科	花色多样，有红、白、黄、粉等；观叶	6—8月	喜温暖，耐寒；喜光；喜湿，忌干旱；喜肥	水生专类园、缸栽、碗栽、切花

续表

分类	中文学名	拉丁学名	科名	花 色	花期	主要生态习性	园林用途
水生花卉	睡莲	*Nymphaea tetragoma*	睡莲科	花通常白色,另有黄、粉、红等;观叶	7—8月	喜阳光,耐寒,喜温暖;喜水质清洁、通风良好的静水;对土质要求不严,以肥沃的黏质土为好	水生专类园、盆栽
	萍蓬草	*Nuphar pumilum*	睡莲科	黄	5—7月	喜温暖,较耐寒;喜光	水面绿化
	王莲	*Victoria rigia*	睡莲科	花色白,深红;观叶	6—8月	喜高温高湿,耐寒力极差;喜光;喜肥沃深厚的污泥,但不喜过深的水	温室水池栽培
	千屈菜	*Lythrum salicaria*	千屈菜科	玫瑰紫	7—9月	喜强光、湿润、通风良好的环境,耐寒性强,喜水湿,对土壤要求不严,在深厚、富含腐殖质的土壤上生长更好	水边(或陆地)丛植、花境、盆栽
	水葱	*Scirpus tabernaemontani*	莎草科	株形奇趣,株丛挺立,富有特别的韵味	6—8月	耐寒,喜凉爽;喜光;喜生于浅水或沼泽地	水边丛植、盆栽
	香蒲	*Typha orientalis*	香蒲科	观叶,叶丛细长如剑	6—7月	耐寒,喜光,栽植于浅水或沼泽地,喜深厚肥沃土壤	水生专类园、盆栽
	花叶芦竹	*Arundo donax var. versicolor*	禾本科	观叶,叶间具白色条纹	9月	多年生宿根草坪,喜光,喜温,也较耐寒	水边栽植

表 11.5-12   **常见园林植物(三)**

分类	中文学名	拉丁学名	科名	分 布	主要生态习性	园林用途
地被植物	二月兰	*Orychophragmus violaceus*	十字花科	东北地区、华北地区	一年、二年生草本植物,30~60cm,早春开花,耐阴,耐湿,耐寒性强,适应性强,自繁能力较强	林下地被、花坛
	白三叶	*Trrifolium repens*	豆科	东北地区、华北地区、华中地区、西南地区、华南地区	多年生草本植物,茎匍匐30~60cm,花叶兼优,喜温暖湿润气候,耐瘠薄,适应性广,抗热、抗寒性强	缀花草坪、固土护坡、绿化草坪
	土麦冬	*Liriope spicata*	百合科	除东北地区及内蒙古、青海、新疆、西藏各省份外	常绿多年生草本,15~20cm,喜温暖湿润气候,耐寒,耐阴	地被
	紫花地丁	*Viola philippica*	堇菜科	东北地区、华北地区	喜光,喜湿润的环境,耐荫,耐寒,不择土壤,适应性极强,繁殖容易	林下或向阳地被、缀花草坪、花坛
	马蔺	*Iris lactea var. chinensis*	鸢尾科	东北地区、华北地区、西北地区	耐盐碱,耐践踏,根系发达,极强的抗性和适应性,抗病虫害能力极强	花境、花坛、地被

11.5.5.3　园林植物配置

1. 园林植物的配置原则

（1）适地适树原则。根据园林植物的生态习性配置，因地选树，因树选地。

（2）艺术性原则。表现在植物的观赏特点、配置形式、空间的组织与围合、季相变化、立面层次、与其他园林要素的组合搭配、精神意蕴等方面。

（3）生态性原则。体现在植物种类与生物多样性、群落结构、树种之间的关系等方面。

（4）近期与远期相结合的原则。受种植密度、生长速度的影响，植物配置应兼顾近期与远期效果。

2. 园林植物的配置方式

园林植物包括乔木类、灌木类、草坪、地被类等，其配置方式不同。树木配置形式一般划分为自然式、规则式及混合式三种类型（表 11.5－13）；藤本植物分为附壁式、廊架式、篱垣式、立柱式和垂挂式五种，见表 11.5－14。

表 11.5－13　园林植木的配置方式及要求

植物配置方式	类型	要　求
自然式	孤植	孤植树在园林中，一是作为园林中独立的荫蔽树，也作观赏用。二是单纯为了构图艺术上需要。常用于大片草坪上、花坛中心、小庭院的一角与山石相互成景之处
	丛植	一个树丛由三五株同种或异种树木不等距离的种植在一起，是园林中普遍应用的方式，可用作主景或配景。配置宜自然，符合艺术构图规律，既能表现植物的群体美，也能表现树种的个体美
	群植	一两种乔木为主体，与数种乔木和灌木搭配，组成较大面积的树木群体。树木的数量较多，以表现群体为主，具有"成林"
	带植	林带组合原则与树群一样，以带状形式栽种数量很多的各种乔木、灌木。多应用于街道、公路的两旁。如用作园林景物的背景或隔离措施，一般宜密植，形成树屏
规则式	行植	在规则式道路、广场上或围墙边沿，呈单行或多行的，株距与行距相等的种植方法，叫作行植
	正方形栽植	按方格网在交叉点种植树木，株行距相等

续表

植物配置方式	类型	要　求
规则式	三角形栽植	株行距按等边或等腰三角形排列
	长方形栽植	正方形栽植的一种变形，其特点为行距大于株距
	环植	按一定株距把树木栽为圆环的一种方式，可有 1 个圆环、半个圆环或多重圆环
	带状种植	用多行树木种植，构成防护林带。一般采用大乔木与中乔木、小乔木和灌木作带状配置
混合式		规则式与自然式相结合，通常指群体植物景观，适用于绝大部分园林景观环境

表 11.5－14　藤本植物的配置方式及要求

植物配置方式	要　求
附壁式	适用于建筑物墙壁或墙垣基部附近；一般占地面积小，而绿化面积大
廊架式	适用于建筑小品或设施上，如花廊、花架；一般选用一种藤本植物，根据廊或架的大小种植一株或数株于边缘地面或种植台中
篱垣式	利用篱架、栅栏、矮墙垣、铁丝网等作为藤本植物依附物
立柱式	适用于建筑物的立柱、电信电缆立杆、绳索、立交桥桥墩及立柱等，依攀缘构筑物的性质不同，确定攀缘植物的生长高度是否控制
垂挂式	适用于屋顶边沿、遮阳板或雨篷上、阳台或窗台、大型建筑物室内走廊、立交桥等；须设计种植槽、花台、花箱或进行盆栽

参 考 文 献

[1]　何方，胡芳名.经济林栽培学 [M].2 版.北京：中国林业出版社，2007.

[2]　杨建民，黄万荣.经济林栽培学 [M].北京：中国林业出版社，2011.

[3]　王进鑫，陈存及.水土保持经济植物栽培学 [M].北京：科学出版社，2012.

[4]　彭方仁.经济林栽培与利用 [M].北京：中国林业出版社，2007.

[5]　谭晓风.经济林栽培学 [M].北京：中国林业出版社，2013.

［6］ 福建省水土保持学会技术咨询委员会．福建水土保持植物选择与适生性评价［M］．福州：福建科学技术出版社，2013.

［7］ 张光灿，胡海波，王树森．水土保持植物［M］．北京：中国林业出版社，2011.

［8］ 王文举，李小伟．经济林栽培学［M］．银川：宁夏人民出版社，2008.

［9］ 中国科学院中国植物志编辑委员会．中国植物志［M］．北京：中国科学出版社，2004.

［10］ 中华人民共和国国家质量监督检验检疫总局，中国国家标准化管理委员会．城镇垃圾农用控制标准：GB 8172—1987［S］．北京：中国标准出版社，2013.

［11］ 中华人民共和国国家质量监督检验检疫总局，中国国家标准化管理委员会．农产品安全质量无公害水果产地环境要求：GB/T 18407.2—2001［S］．北京：中国标准出版社，2001.

［12］ 中华人民共和国农业部．绿色食品肥料使用准则：NY/T 394—2013［S］．北京：中国标准出版社，2013.

［13］ 沈国舫．森林培育学［M］．2版．北京：中国林业出版社，2011.

第 12 章　水土保持调查、测量与勘察

章主编　刘　晖　孟繁斌　李世锋　邓争荣
章主审　司富安　纪　强　张习传

本章各节编写及审稿人员

节次	编写人	审稿人
12.1	李世锋　程冬兵　张平仓	司富安
12.2	刘　晖　李世锋　孟繁斌　马　力　郝咪娜	纪　强
12.3	邓争荣　咸付生	张习传

　　参加编写的人员还有：向能武、刘晓路、贾立海、田雪冬、郭成久、陈增奇、毋养利、王农、廖建文、朱红雷、刘雅丽、张海涛、田小雄、阮正、谢艾楠、廖奇志、林洪。

第12章 水土保持调查、测量与勘察

12.1 水土保持调查

12.1.1 调查内容与方法

12.1.1.1 调查内容

1. 一般调查内容

调查范围应根据项目任务和规模确定，调查可按流域或片区、生产建设项目防治责任范围为单元开展。水土流失综合治理调查包括地理位置、地质、地形地貌、气象、水文、土壤、植被等自然条件；社会经济及土地利用情况；水土流失类型、分布、强度及危害，区域内发生的自然灾害情况；水土流失综合治理情况；工程施工条件。

生产建设项目水土保持要素调查内容是在对主体工程的地质、地貌、水文等相关资料进行收集和分析

的基础上，根据《水土保持工程调查与勘测规范》的要求，对相关的调查内容适当简化。

具体调查内容分述如下。

(1) 地质。地质包括工程区地质构造、地表的地层岩性及其分布情况、重要单项工程的地质情况等。

(2) 地形地貌。地形地貌包括地貌单元及分布、小流域的特征与形态，其中小流域的特征与形态应包括小流域的面积、流域平均长度、流域平均宽度、流域形状系数、沟道比降、沟谷裂度、沟壑密度、地面坡度组成等。

(3) 气象。气象包括系列降水特征值、降水年内分布、平均年蒸发量、年均气温、≥10℃的年活动积温、极端最高气温、极端最低气温、年均日照时数、无霜期、最大冻土深度、年均风速、瞬时最大风速、主导风风向、大风日数等。主要气象特征调查成果见表12.1-1。

表 12.1-1　　　　　　　　　主要气象特征调查成果表

多年平均年降水量 /mm	多年平均年蒸发量 /mm	气温/℃			≥10℃ 积温 /℃	年日照时数 /h	无霜期 /d	最大冻土深度 /m	大风日数 /d	平均风速 /(m/s)	主导风风向
		年最高	年最低	年平均							

(4) 水文。水文包括工程区所属流域（水系）、地表径流量、年径流系数、年内分配情况、含沙量、输沙量、地下水位等状况。水土保持单项工程和沟道型弃渣场还应调查洪水径流系列资料。水文情况调查成果见表12.1-2。

(5) 土壤。土壤包括工程区地面组成物质、土壤类型及其分布、土壤厚度、土壤养分含量等。

(6) 植被。植被包括工程区主要植被类型、林草覆盖率和主要树(草)种等，特别是乡土适生种和引进适生种。植被调查有关成果见表12.1-3～表12.1-7。

表 12.1-2　　　　　　　　　水文情况调查成果表

所属流域	水系	地表径流量/m³	年径流系数/%	年内分配情况	含沙量 /(kg/m³)		输沙量/t	地下水		
					平均	最高		水位 /m	储量 /m³	可开采量 /m³

表 12.1－3　　　　　　　　　　　　　　不同线路植被调查表

土地利用类型		地貌类型	
海拔/m		坡向	
坡度/(°)		地表组成物质	
基岩种类		土壤类型	
其他			
线路调查线号		调查点	离起点距离/m

调查人：　　　　　填表人：　　　　　核查人：　　　　　　　　　　　　　填写日期：　　年　月　日

表 12.1－4　　　　　　　　　　　　　　乔 木 林 调 查 表

树种组成	林龄	$\overline{H}$ /m	$\overline{D}_{1.3}$ /cm	郁闭度	下层灌木		下地被物	
					高度 /cm	覆盖度 /%	草被覆盖度/%	枯枝落叶层厚度 /cm

调查人：　　　　　填表人：　　　　　核查人：　　　　　　　　　　　　　填写日期：　　年　月　日

表 12.1－5　　　　　　　　　　　　　　灌 木 林 调 查 表

树种组成	高度 /m	覆盖度 /%	生长状况	灌下草被及枯落物	
				草被覆盖度 /%	枯枝落叶层厚度 /cm

调查人：　　　　　填表人：　　　　　核查人：　　　　　　　　　　　　　填写日期：　　年　月　日

表 12.1－6　　　　　　　　　　　　　　草 坡 调 查 表

主要草种	高度/m	覆盖度/%	生长状况	分布情况	利用形式

调查人：　　　　　填表人：　　　　　核查人：　　　　　　　　　　　　　填写日期：　　年　月　日

表 12.1－7　植物样方调查记录表

样地号		地点	
样地面积/m²		经纬度	
海拔/m		坡向	
坡度/(°)		群落高/m	
总盖度/%		土壤类型	
乔木层高度/m		乔木层郁闭度	
灌木层高度/m		灌木层覆盖度/%	
草本层高度/m		草本层覆盖度/%	
乔木层			
……			
草本层			
……			

调查人：　　填表人：　　核查人：　　填写日期：　　年　月　日

（7）社会经济。社会经济包括工程区行政区划、人口总数、人口密度、人口自然增长率、农业人口、劳力总数、农村经济总收入、农村能源结构、农作物、经济作物、种植结构、农林牧渔产业结构、农业主导产业、人均耕地、人均基本农田、人均粮食产量、农民人均纯收入等情况、交通条件及水利设施现状，以及当地居民意愿等。社会经济情况调查成果表见表 12.1－8。

（8）土地利用。土地利用包括工程区土地利用现状及其存在的主要问题、土地利用规划等。土地利用现状调查成果见表 12.1－9，土地利用现状分类见表 12.1－10。

（9）水土流失。水土流失包括工程区水土流失类型、面积、强度、分布、土壤侵蚀模数，以及对当地及下游生产生活和生态环境造成的危害等。水土流失现状调查成果见表 12.1－11。

表 12.1－8　　　　　　　　　社会经济情况调查成果表

县	乡	项目区土地总面积/km²	辖区			人口						人均基本农田/亩	农业人均耕地/亩	粮食总产/万 kg	农业人均产粮/kg	农业总产值						农村经济总收入/万元	农民人均纯收入/元
			乡/个	村/个	户/户	总人口/万人	人口自然增长率/‰	农业人口/万人	农业劳力/万个	农业人口密度/(人/km²)						小计/万元	农业/万元	林业/万元	牧业/万元	副业/万元	其他/万元		

表 12.1－9　　　　　　　　土地利用现状调查成果表　　　　　　　　　　单位：hm²

工程区	耕地							园地	林地				草地				水域及水利设施用地				交通运输、城镇村及工矿用地					其他土地				
	水田	水浇地	旱地						有林地	灌木林地	其他林地	小计	天然牧草地	人工牧草地	其他草地	小计	河流水面	湖库水面	其他	小计	交通运输用地	住宅用地	工矿仓储用地	特殊用地	其他	小计	沼泽地	沙地	盐碱地	裸地	基地	小计
			坡耕地	梯田	旱平地	沟川坝地	小计																									

表 12.1－10　　　　　　　　土地利用现状分类表（水土保持）

一级类	二级类	三级类	四级类	备 注
耕地	指种植农作物的土地，包括熟地，新开发、复垦、整理地，休闲地（含轮歇地、轮作地）；以种植农作物（含蔬菜）为主，间有零星果树、桑树或其他树木的土地；平均每年能保证收获一季的已垦滩地和海涂。耕地中包括南方宽度小于1.0m，北方宽度小于2.0m，固定的沟、渠、路和地坎（埂）；临时种植药材、草皮、花卉、苗木等的耕地，以及其他临时改变用途的耕地			
	水田	指用于种植水稻、莲藕等水生农作物的耕地，包括实行水生、旱生农作物轮种的耕地		
	水浇地	指有水源保证和灌溉设施，在一般年景能正常灌溉，种植旱生农作物的耕地。包括种植蔬菜等的非工厂化的大棚用地		
	旱地	指无灌溉设施，主要靠天然降水种植旱生农作物的耕地，包括没有灌溉设施，仅靠引洪淤灌的耕地		
		旱平地	<1°	分布于北方，自然形成的小于5°的平缓耕地
			1°～5°	
		梯田	水平梯田	田面坡度小于1°的梯田
			坡式梯田	田面坡度大于1°的梯田，包括东北漫岗梯地
		坡耕地	5°～8°	实际应用中可根据情况适当归并
			8°～15°	
			15°～25°	
			25°～35°	
			>35°	
		沟川坝地	沟川（台）地	分布于北方的川台地
			坝滩地	由淤地坝淤地形成的坝地，包括引洪漫地
			坝平地	分布于南方的山间小盆地、川（台）地

一级类	二级类	三级类	四级类	备　　注
园地		指种植以采集果、叶、根、茎、汁等为主的集约经营的多年生木本和草本作物，覆盖度大于 50％和每亩株数大于合理株数 70％的土地，包括用于育苗的土地		
	果园	指种植果树的园地。果园的三级地类可根据实际情况按树种细分		
	茶园	指种植茶树的园地		
	其他园地	指种植桑树、橡胶、可可、咖啡、油棕、胡椒、药材等其他多年生作物的园地		
		经济林栽培园		经济林栽培园是指在耕地上种植的并采取集约经营的木本粮油等其他类的栽培园，四级地类可根据实际情况按树种细分
		其他园地		其他园地的四级地类可根据实际情况按树种细分
林地		指生长乔木、竹类、灌木的土地，及沿海生长红树林的土地，包括迹地，不包括居民点内部的绿化林木用地，铁路、公路征地范围内的林木，以及河流、沟渠的护堤林		
	有林地	指树木郁闭度不小于 0.2 的乔木林地，包括红树林地和竹林地		
		用材林		三、四级地类可根据需要按林业有关标准进行划分
		防护林		
		经济林	指种植木本粮油等经济林木的土地（非耕地）	
		薪炭林		
		特种用途林		
	灌木林地	指灌木覆盖度不小于 40％的林地		
		……		三、四级可依需要按林业有关标准划分
	其他林地	包括疏林地（指树木郁闭度 0.10～0.19 的林地）、未成林地、迹地、苗圃等要地		
		疏林地		树木郁闭度 0.10～0.19
		未成林造林地		
		迹地		
		苗圃		
		……		
草地		指生长草本植物为主的土地		
	天然牧草地	指以天然草本植物为主，用于放牧或割草的草地		
	人工牧草地	指人工种植牧草的草地		
	其他草地	指树木郁闭度小于 0.1，表层为土质，生长草本植物为主，不用于畜牧业的草地		
		天然草地	覆盖度大于 40％的天然生长的，以草本植物为主的，不用于畜牧业的草地	
		人工草地	覆盖度大于 40％的人工种植的，以草本植物为主的，不用于畜牧业的草地	
		荒草地	覆盖度不大于 40％的不用于畜牧业的其他草地	

续表

一级类	二级类	三级类	四级类	备注
交通运输用地		指用于运输通行的地面线路、场站等的土地，包括民用机场、港口、码头、地面运输管道和各种道路用地		
	铁路用地	指用于铁道线路、轻轨、场站的用地，包括设计内的路堤、路堑、道沟、桥梁、林木等用地		
	公路用地	指用于国道、省道、县道和乡道的用地，包括设计内的路堤、路堑、道沟、桥梁、汽车停靠站、林木及直接为其服务的附属用地		
	农村道路	指公路用地以外的南方宽度不小于1.0m、北方宽度不小于2.0m的村间、田间道路（含机耕道）		
	机场用地	指用于民用机场的用地		
	港口码头用地	指用于人工修建的客运、货运、捕捞及工作船舶停靠的场所及其附属建筑物的用地，不包括常水位以下部分		
	管道运输用地	指用于运输煤炭、石油、天然气等管道及其相应附属设施的地上部分用地		
水域及水利设施用地		指陆地水域、海涂、沟渠、水工建筑物等用地，不包括滞洪区和已垦滩涂中的耕地、园地、林地、居民点、道路等用地（本类可以根据设计需要适当简化归并）		
	河流水面	指天然形成或人工开挖河流常水位岸线之间的水面，不包括被堤坝拦截后形成的水库水面		
	湖泊水面	指天然形成的积水区常水位岸线所围成的水面		
	水库水面	指人工拦截汇集而成的总库容不小于10万m³的水库正常蓄水位岸线所围成的水面		
	坑塘水面	指人工开挖或天然形成的蓄水量小于10万m³的坑塘常水位岸线所围成的水面		
	沿海滩涂	指沿海大潮高潮位与低潮位之间的潮浸地带，包括海岛的沿海滩涂，不包括已利用的滩涂		
	内陆滩涂	指河流、湖泊常水位至洪水位间的滩地；时令湖、河洪水位以下的滩地；水库、坑塘的正常蓄水位与洪水位间的滩地。包括海岛的内陆滩地，不包括已利用的滩地		
	沟渠	指人工修建，南方宽度不小于1.0m、北方宽度不小于2.0m，用于引、排、灌的渠道，包括渠槽、渠堤、取土坑、护堤林		
	水工建筑用地	指人工修建的闸、坝、堤路林、水电厂房、扬水站等常水位岸线以上的建筑物用地		
	冰川及永久积雪	指表层被冰雪常年覆盖的土地		
城镇村及工矿用地		指城乡居民点、独立居民点以及居民点以外的工矿、国防、名胜古迹等企事业单位用地，包括其内部交通、绿化用地		
	城市	指城市居民点，以及与城市连片的和区政府、县级市政府所在地，镇级辖区内的商服、住宅、工业、仓储、机关、学校等单位用地		
	建制镇	指建制镇居民点，以及辖区内的商服、住宅、工业、仓储、学校等企事业单位用地		
	村庄	指农村居民点，以及所属的商服、住宅、工矿、工业、仓储、学校等用地		
	采矿用地	指采矿、采石、采砂（沙）场，盐田，砖瓦窑等地面生产用地及尾矿堆放地		
	风景名胜及特殊用地	指城镇村用地以外用于军事设施、涉外、宗教、监教、殡葬等的土地，以及风景名胜（包括名胜古迹、旅游景点、革命遗址等）景点及管理机构的建筑用地		
其他土地	设施农用地	指直接用于经营性养殖的畜禽舍、工厂化作物栽培或水产养殖的生产设施用地及其相应附属用地，农村宅基地以外的晾晒场等农业设施用地		本类可以根据设计需要适当简化归并。田坎、盐碱地、沼泽地、沙地、裸地可归并为未利用地
	田坎	主要指耕地中南方宽度不小于1.0m、北方宽度不小于2.0m的地坎		
	盐碱地	指表层盐碱聚集，生长天然耐盐植物的土地		
	沼泽地	指经常积水或渍水，一般生长沼生、湿生植物的土地		
	沙地	指表层为沙覆盖、基本无植被的土地，不包括滩涂中的沙地		
	裸地	指表层为土质，基本无植被覆盖的土地；或表层为岩石、石砾，其覆盖面积不小于70%的土地		

注　对比《土地利用现状分类》（GB/T 21010—2007），本表将商服用地、工矿仓储用地、住宅用地、公共管理与公共服务用地、特殊用地一级类和街巷用地、空闲地二级类归并为"城镇村及工矿用地"。

表 12.1-11　　　　　　　　　水土流失现状调查成果表

| 小流域总面积/km² | 水土流失面积 | | | | | | | | | | 侵蚀模数/[t/(km²·a)] | 沟壑密度/(km/km²) |
	合计/hm²	轻度面积/hm²	占比例/%	中度面积/hm²	占比例/%	强烈面积/hm²	占比例/%	极强烈面积/hm²	占比例/%	剧烈面积/hm²	占比例/%		

（10）水土流失综合治理。水土流失综合治理包括工程区已实施的水土保持措施类型、分布、面积、保存情况、防治效果、监督管理，水土流失防治主要经验及其存在的问题等。水土保持措施现状调查成果见表 12.1-12。

（11）工程施工条件。工程施工条件包括交通、材料、通信、供水、供电等情况。

（12）生产建设项目。除上述相关调查内容外，生产建设项目调查内容还包括主体工程规模、工程布置、施工组织（施工布置、土石料来源、施工水电、方法及工艺、土石方调配、工程征占地、施工进度等）、工程投资、拆迁安置，土地整治区的覆土来源、水源和灌溉设施调整和道路分布情况，同类型建设项目水土流失防治经验等。

2. 典型类型区特殊调查内容

典型类型区特殊调查内容见表 12.1-13。

表 12.1-12　　　　　　　　　水土保持措施现状调查成果表

| 小流域名称 | 总面积/hm² | 水土流失面积/hm² | 治理面积/km² | 治理程度/% | 工程措施 | | | | | | | | | | | | | | 林草措施 | | | | 封育措施 | |
| | | | | | 土坎梯田/hm² | 石坎梯田/hm² | 塘坝 | | 骨干工程 | | 淤地坝 | | 蓄水池（窖） | | 拦沙坝座 | 谷坊座 | 排灌渠道/m | 沟头防护工程/m | 排洪沟/m | 水土保持林 | | | 经济林栽培园和果园/hm² | 种草/hm² | 面积/hm² | 围栏/m |
							座数	总库容/万m³	座数	总库容/万m³	座数	总库容/万m³	数量	容量/万m³						乔木林/hm²	灌木林/hm²	经济林/hm²				

表 12.1-13　典型类型区特殊调查内容　　　　　　　　　　　　　　　　　　　　　　　　　　　　　　续表

典型类型区	特殊调查内容	典型类型区	特殊调查内容
东北黑土区	（1）侵蚀沟沟壑密度、沟头前进情况。 （2）冻土深度和冻融情况。 （3）农业机械化耕作条件、耕作制度	南方红壤区	（1）林下水土流失情况。 （2）岩石风化程度、崩岗侵蚀及分布。 （3）台风、梅雨的影响范围、时段、强度，可能引发的次生灾害及影响区域等
北方土石山区	（1）地面组成物质情况。 （2）裸岩面积比例。 （3）水源条件，降水蓄渗工程类型及雨水利用方式，污水处理现状及设施等	西南紫色土区	（1）耕地中岩石出露面积比例。 （2）灌溉水源及排水条件。 （3）植物篱类型及建设情况
西北黄土高原区	（1）第四纪红黏土出露面积比例。 （2）侵蚀沟沟壑密度、沟头前进情况及沟岸扩张情况。 （3）现有淤地坝建设及运行情况。 （4）雨洪利用设施建设和利用情况。 （5）适生抗旱植物种	西南岩溶区	（1）石漠化现状及耕地中岩石出露面积比例。 （2）地表物质组成情况。 （3）岩溶泉水、小溪流、小泉水、地下河出口、地表水资源枯竭及内涝情况。 （4）适宜于石灰岩区生长的植物物种
北方风沙区	（1）主害风向、年沙尘暴日数。 （2）地面覆盖明沙的程度、地表结皮、沙化土地扩大情况。 （3）滨海及河口风沙区的沙土厚度、土壤盐碱度、地下水位。 （4）次生盐渍化情况	青藏高原区	（1）河谷农田左右岸坡一侧水土流失危害情况。 （2）建立人工草场土壤及水源条件。 （3）适生于高原高寒条件下的植物物种。 （4）植被破坏后自然恢复的能力

12.1.1.2 调查方法

调查包括询问调查、收集资料、典型调查、普查、抽样调查、遥感调查等，各要素调查具体采用方法如下。

（1）地形地貌调查在项目建议书和可行性研究阶段宜采用收集资料和典型调查，初步设计阶段可进一步辅以地形图调绘、遥感判读等手段开展调查。

（2）土壤调查在项目建议书和可行性研究阶段宜采用收集资料调查，初步设计阶段宜采用收集资料和普查相结合的调查方法。

（3）植被调查在项目建议书和可行性研究阶段可采用询问调查、典型调查、抽样调查或收集资料等调查方法，初步设计阶段应辅以样线调查或样方调查等手段。

（4）土地利用现状调查在项目建议书和可行性研究阶段应以现有土地利用现状调查成果为基础开展工作，初步设计阶段应进行现场调绘和核查，也可辅以遥感判读等手段开展调查。

（5）水土流失和水土保持现状调查在项目建议书和可行性研究阶段宜采用收集资料、典型调查的方法，宜辅以遥感判读等手段开展调查；初步设计阶段应进行抽样调查和现场核查。

（6）应根据东北黑土区、北方土石山区、西北黄土高原区、北方风沙区、南方红壤区、西南紫色土区、西南岩溶区和青藏高原区等不同类型区的特殊要求，对可能影响水土保持工程设计的要素开展调查。

（7）崩岗治理、石漠化治理、滑坡和泥石流治理工程等还应开展专项调查。

1. 询问调查

（1）调查公众对水土保持政策法规的了解和认识程度、对水土流失及其防治的观点和看法、对水土流失和水土保持的认识与评价。

（2）调查专家对水土保持政策法规及科学技术的研究、推广和应用的认识、看法和观点。

（3）调查总结水土流失及其防治方面的经验、存在的问题和解决的办法。

（4）了解和掌握与水土保持有关的社会经济情况，弥补统计资料的遗漏与不足。

（5）询问调查原则。

1）询问调查时应合理确定调查内容与调查方式，保证调查资料的真实性和可靠性。

2）问卷设计应体现普遍性和代表性。应根据不同的任务和目的进行试验设计，并按试验区设计进行统计分析，由专家进行解释和诊断。

（6）调查内容和方法。

1）面谈或电话访问。应确定一个或若干主题进行讨论，并做记录分析。

2）邮寄访问或问卷回答。应设计详细的问卷，水土保持公众参与调查表见表12.1-14，调查单位可根据实际需要增加和删除有关内容。

表 12.1-14　　　　　水土保持公众参与调查表

填表人姓名_____　性别____　年龄____　职业_____

文化程度_____　职务_____　职称_____

所在单位_____

地址_____

是否知道水土流失与水土保持？熟悉□；了解□；不了解□

是否知道我国有《中华人民共和国水土保持法》？知道□；不知道□

是否知道《中华人民共和国水土保持法》对企业、单位、个人有无约束？知道□；不知道□

是否知道水土流失与您的生存和生活环境的关系？知道□；不知道□

是否知道水土保持与国家生态安全的关系？知道□；不知道□

您对国家采取的水土保持方针、政策了解吗？熟悉□；了解□；不了解□

是否知道有水土保持措施？熟悉□；了解□；不了解□

您认为您所在地区的水土保持工作情况如何？好□；一般□；不好□

您了解您周围曾经发生的水土流失灾害吗？试举一例_____

您周围的生产建设单位造成的水土流失严重吗？您对此有何看法？_____

_____

您对国家水土保持工作、科学研究有何建议？_____

调查人：　　　填表人：　　　核查人：　　　　　　　填写日期：　　年　月　日

2. 收集资料

(1) 资料内容。

1) 水土流失影响因子。水土流失影响因子包括地质、地貌、气象、水文、土壤、植被、土地利用等。

2) 与水土保持有关的一些社会经济资料，社会经济调查表见表 12.1-15。

表 12.1-15　　社会经济调查表

监测站或流域名称＿＿＿＿＿＿＿＿＿＿

项　目		单位	县	乡	村	备注
总土地面积		km²				
人口	合计	人				
	农业人口	人				
	非农业人口	人				
户数		户				
人口自然增长率		‰				
人口密度		人/km²				
农业劳力		万个				
人均土地		hm²/人				
人均耕地		hm²/人				
人均基本农田		hm²/人				
土地利用状况	耕地	hm²				
	林地	hm²				
	草地	hm²				
	果园（经济林园）	hm²				
	未利用地	hm²				
	居民点及工矿用地	hm²				
	其他	hm²				
农村产值	农业	元				
	林业	元				
	牧业	元				
	渔业	元				
	副业	元				
	合计	元				
人均年产值		元/人				
人均年收入		元/人				
粮食总产量		kg				
粮食单产		kg/hm²				
人均占有粮食		kg/人				
人均居住面积		m²/人				

调查人：　填表人：　核查人：　填写日期：　年　月　日

3) 其他相关资料。其他相关资料包括调查使用的图件、遥感资料以及水土保持规划、措施及防治效果等。

(2) 资料来源。

1) 与水土保持相关的国家和地方法规、政府文件等。

2) 已有的水土保持调查成果及相关部门的调查成果。

3) 相关业务部门专题资料，包括土地利用、水文、气象、林业、农业、土壤、地质资料等。气象资料调查表见表 12.1-16。

表 12.1-16　　气象资料调查表

监测站或流域名称＿＿＿＿＿＿＿＿＿＿

项　目		单位	数值	备注
太阳辐射		J/m²		
年日照时数		h		
温度	年平均气温	℃		
	1月平均气温	℃		
	7月平均气温	℃		
	绝对最高温度	℃		
	绝对最低温度	℃		
	≥10℃的积温	℃		
	≥0℃的积温	℃		
无霜期	始霜期			
	终霜期			
	无霜期	d		
封冻期	起时（终日不化）			
	止时（完全解冻）			
	封冻期	d		
	冻土厚度	cm		
降水量	多年平均年降水量	mm		
	最大年降水量	mm		
	最小年降水量	mm		
	多年平均汛期降水量	mm		
	1月降水量	mm		
	2月降水量	mm		
	3月降水量	mm		
	4月降水量	mm		
	5月降水量	mm		
	6月降水量	mm		

续表

项 目		单位	数值	备注
降水量	7月降水量	mm		
	8月降水量	mm		
	9月降水量	mm		
	10月降水量	mm		
	11月降水量	mm		
	12月降水量	mm		
蒸发量	多年平均年蒸发量	mm		
	最大年蒸发量	mm		
	最小年蒸发量	mm		
风	平均风速	m/s		
	最大风速	m/s		
	主导风风向			
	8级以上大风日数	d		
	沙尘暴日数	d		

调查人： 填表人： 核查人： 填写日期： 年 月 日

4）相关业务部门的统计资料，包括国家、行业及各级政府的年鉴、统计报表、统计台账等。

5）最新的卫星影像、航空照片、地形图资料以及业务部门的相关图件。

6）有关的网上资料。

（3）收集的资料数据需具有可靠性、完整性和代表性。

（4）对收集的资料分类、编目、汇总，并进行必要的统计分析，并在分析研究的基础上，剔除不可靠的资料数据。

3. 典型调查

（1）典型调查内容。

1）水土流失典型事例及灾害性事故调查，主要包括滑坡、崩岗、泥石流、山洪等。典型滑坡（含崩塌）调查表和典型泥石流调查表见表12.1-17和表12.1-18，山洪等其他调查应根据实际需要确定。

2）小流域综合治理典型调查，包括水土保持措施新技术采用的推广示范调查及水土保持政策法规执行情况和新的治理经验调查。

3）全国重点流域治理、重点示范流域的典型调查内容应根据每次调查的任务确定，应包括自然条件、社会经济、土地利用、水土流失及其危害等，典型或重点流域调查成果汇总表见表12.1-19。

（2）典型调查原则。

1）调查对象应具有很强的代表性，且分布合理。调查规模应适度。

2）应根据不同的调查目的和任务，确定调查细则。可以一次性调查，也可定期进行调查。调查应严格按照确定的细则进行，杜绝漏查。

表 12.1-17 典型滑坡（含崩塌）调查表

滑坡编号及名称_____
地理位置_____省_____县_____镇_____村
地理坐标 东经____至____；北纬____至____
1：10000 或 1：5000 地形图分幅编号及名称____
滑坡发生地的坐标 x_____；y_____

形成条件	地形地貌	
	地质构造	
	水文地质	
	滑坡体组成与结构	
	土地利用	
诱发原因	降水情况	
	滑体前缘水流冲刷	
	滑坡前的地震征兆	
	人为活动	
滑坡几何数据	滑壁最高点高程/m	
	后壁高差/m	
	宽度/m	
	体积/×10m³	
	滑舌高程/m	
	滑体中轴线长度/m	
	滑体最大厚度/m	
滑坡发生时间	新滑坡发生时间	
	老滑坡发生推测时间	
危害及经济损失		
防治情况		
滑坡形态及稳定性评价		
滑坡平面图		滑坡纵剖面图
备注		

调查人： 填表人： 核查人： 填写日期： 年 月 日

表 12.1－18　典型泥石流调查表　　　　　　　　　　　　　续表

沟道编号及名称_____

所属水系及主河名称_____

地理位置_____省_____县___镇___村

地理坐标　东经___至___；北纬___至___

形成条件与诱发原因	流域地貌	流域面积/km²	
		流域长度/km	
		流域平均宽度/km	
		流域形状系数	
		沟道比降/%	
		沟口海拔高程/m	
		相对最大高差/m	
		冲洪积扇面积/km²	
		冲洪积扇厚度/m	
	流域地质	所处大地构造部位	
		岩层构造	
		地震烈度	
		地面组成物质	
		地表岩石风化程度	
		沟道堆积物组成与厚度	
		滑坡、崩塌、沟蚀等规模、面积、活动情况	
形成条件与诱发原因	土地利用状态	农业用地/hm²	
		林业用地/hm²	
		牧业用地/hm²	
		水域/hm²	
		裸岩及风化地/hm²	
		其他用地面积/hm²	
	流域植被	森林覆盖率/%	
		林草覆盖率/%	
		林木生长及分布情况	
		灌草生长及分布情况	
		林草涵养水源功能	
		林草防蚀功能	
	气候	年均温度/℃	
		年温差/℃	
		年均降水量/mm	
		日最大降水量/mm	

形成条件与诱发原因	社会经济情况		
	各种诱发原因		
泥石流历史活动及危害情况			
典型泥石流发生情况	暴发时间	
	历时	
	容重/（t/m³）	
	流速/（m/s）	
	流态	
	流体性质	
	流量/（m³/s）	
	冲出物量/m³	
	沟口堆积情况及危害情况	
潜在危害及威胁对象			
防治情况			

调查人：　填表人：　核查人：填写日期：　年　月　日

表 12.1－19 **典型或重点流域调查成果汇总表**

流域名称 _____ 所属监测站 _____
地理位置 _____ 省 _____ 县 _____ 镇 _____ 村
地理坐标 东经_____ ；北纬_____
地貌类型_____；平均海拔_____ m，最高海拔_____ m，最低海拔_____ m
基岩种类_____；土壤类型_____；土壤厚度_____ cm

流域面积/km²		坡度组成/%						
流域长度/km		<3°	3°～5°	5°～8°	8°～15°	15°～25°	25°～35°	>35°
流域宽度/km								
流域形状		土壤侵蚀强度分级统计表/hm²						
沟壑密度/(km/km²)		微度	轻度	中度	强度	极强度	剧烈	
沟谷裂度/%								
沟道纵降/%		土地利用现状/hm²						
森林覆盖率/%		农地	林地	草地	果园	荒地	其他	
植被覆盖率/%								
耕垦指数/%		农业用地/hm²						
流域内人口		农田或水浇地	旱平地	梯田	沟坝地	<25°的坡耕地	>25°的坡耕地	
流域内劳力								
人均基本农田/hm²		林业用地/hm²						
平均粮食单产/(kg/hm²)		有林地	疏林地	经济林地	未成林造林地	苗圃		
人均粮食/(kg/人)								
农村生产总值/万元		主要水土保持工程						
人均纯收入/元		淤地坝/座	拦沙坝/座	谷坊/座	小型蓄水工程/处	水平梯田/hm²	引洪漫地/hm²	
流域综合治理度/%								

调查人： 填表人： 核查人： 填写日期： 年 月 日

（3）调查方法。

1）典型调查可采用资料搜集、实地考察和量测、开调查会、访问等多种形式。调查内容应填入调查表，并完成相应的图件和说明。必要时应编写调查报告。

2）典型调查可根据实际要求，布设样地或选择典型小流域、典型行政区域进行临时调查，也可设置固定连续观测点观测。

3）重点或示范小流域综合治理典型调查宜采用1∶10000 或 1∶5000 的地形图或相应比例的航片，逐个图斑进行调查、绘制。中大流域可采用 1∶10000～1∶50000 的地形图或相应比例的航片，也可采用卫星图片或卫星数据资料，逐个图斑进行调查、判读、绘制。

4．普查

（1）普查内容。

1）大面积的周期性水土流失与水土保持的逐级普查。

2）水土保持监测站网的例行任务和短期内完成的特定任务快速普查。

3）小流域或生产建设项目的水土流失与水土保持的详查。

4）与水土保持相关的地质、土壤、植被等的线路调查。

（2）普查原则。

1）应保证普查资料的时效性、准确性和可靠性。

2）普查项目应统一，不同时期的普查项目应保持一致。

3）线路调查时所选择的线路应具有代表性。

（3）普查方法。

1）周期性水土流失普查和水土保持调查，应根据《水土保持综合治理规划通则》（GB/T 15772）的规定确定调查内容。每次调查的内容应基本不变，保证资料的连续性和可比性。

2）水土流失监测站网的例行调查，应采用报表形式。

3）小流域或生产建设项目的水土流失与水土保持综合调查内容和方法见表 12.1-20 和表 12.1-21。

表 12.1-20　　　　　　　　　生产建设项目水土流失调查表

生产建设项目名称＿＿＿＿＿＿＿＿＿＿＿＿＿＿＿＿＿＿＿

地点	破坏和压占面积/m²	地面扰动类型	地形部位	地面组成物质	原地面坡度/(°)	现地面坡度/(°)	挖深或堆置高度/m	坡向	坡长/m	周边植被状况	植被恢复状况	土壤侵蚀类型	土壤侵蚀强度/[t/(km²·a)]	水土流失危害情况

调查人：　　　　填表人：　　　　核查人：　　　　　　　　　　　　填写日期：　　年　月　日

表 12.1-21　　　　　　　　　水土流失与水土保持综合调查表

图斑编号	图斑面积/hm²	土地利用类型	地貌部位	坡度/(°)	海拔/m	基岩类型	土壤类型	植被或作物种类	覆盖度	生长状况	水土流失		水土保持措施			
											类型	强度	数量	规格	质量

调查人：　　　　填表人：　　　　核查人：　　　　　　　　　　　　填写日期：　　年　月　日

4）植被的线路调查内容参见表 12.1-3，地质、土壤调查根据实际需要确定。

5. 抽样调查

（1）适用条件。

1）一定区域范围内土地利用类型变化和土壤侵蚀类型及其程度的监测。

2）综合治理和生产建设项目中水土保持工程质量的监测，包括水土保持措施防治效果及植被状况调查、遥感解译的实地检验。

（2）抽样调查由方案设计、踏勘、预备调查、外业测定、内业分析等环节构成。抽样方案必须保证抽样的随机性，即保证总体中每个单位都有均等的被选机会。应选择适宜的抽样方法，在一定的精度条件下，保证实现最大的抽样效果。

（3）抽样设计。

1）抽样方法与样地数。①1000km² 以上流域，调查应采用成数抽样法。抽样可靠性应为 90%～95%，精度应为 80%～85%，最小地类总成数预计值应为 1%～10%，通常采用 5%，以此为依据确定样地数。②1000km² 以下流域，采用随机抽样或系统抽样。变动系数小于等于 20%，应采用系统抽样；变动系数大于 20%，应采用随机抽样；抽样可靠性为 90%～95% 时，估计抽样误差小于 10%。以此为依据确定样地数。样地数计算结果应增加 10% 的安全系数。

2）样地形状与面积。宜采用正方形、长方形、圆形样地。样地面积，乔木林样地面积应大于 400m²，且宜为 600m²；草地调查应为 1～4m²；灌木林应为 25～100m²；耕地和其他地类根据坡度、地面组成、地块大小及连片程度确定，宜采用 10～100m²。一次综合抽样，各种不同地类的样地面积应保持一致，以 400～600m² 为宜。

3）样地类别。定期监测的、可复位的样地，应设置固定标志，作为固定样地；本期不复位或下一期不复查的样地，作为临时样地。只有样地号，无法设置和调查的样地，作为放弃样地。

4）样地布点。小流域范围内抽样调查林草生长状况、工程质量状况等，可根据确定的样地数，在 1:10000 地形图上采用网状布点。中流域或县域范围进行水土流失及防治措施调查，可根据确定的样地数，在 1:10000 或 1:50000 的地形图公里网交叉点上布点。大流域或县域以上范围则应在 1:50000 或 1:100000 的地形图公里网交叉点上布点。

5）样地定位与设置。样地应根据地形图上确定的位置，利用样地附近的永久性明显地物标志，现场采用高精度的全球定位系统接收仪确定其地面位置。

样地边界现场测定时，其各边方向误差应小于 1°，周长闭合误差应小于 1%。定期抽样调查时，固定样地应采用全球定位系统接收仪复位。复查时，发现固定样地位移值小于 50m，但符合随机抽样原则，可确认为复位样地。

6) 水土流失样地综合调查表见表 12.1-22。

表 12.1-22　水土流失样地综合调查表

编号__；标准地规格__m×__m；标准地面积__hm²
地理位置___省___市（县、区）___乡（镇）___村

土地利用类型	
地貌类型	
地貌部位	
海拔/m	
坡向	
坡度/(°)	
地表组成物质	
基岩种类	
土壤类型	
土层厚度/cm	
植物类型或作物类型	
植被覆盖度/%	
植被生长状况	
枯枝落叶层状况	
土壤侵蚀类型	
土壤侵蚀强度	
土壤侵蚀程度	
估计侵蚀量	
已采取的水土保持措施	

标准地所在地形条件下的位置略图

调查人：　填表人：　核查人：　填写日期：　年 月 日

7) 总体特征值估计与误差。总体特征值估计与误差计算公式，应按统计学要求进行。土壤侵蚀总体监测特征值的估计应根据土地利用类型的样地数计算出不同土地利用类型的面积系数，并根据系数和调查总体面积估计土地利用类型面积现状，再根据土地利用类型与土壤侵蚀的关系，最终计算出调查总体的土壤侵蚀特征值。土壤侵蚀年平均动态变化，应采用定期抽样调查的方法，以监测前、后期得到的土壤侵蚀面积成数平均数动态估计值，除以监测间隔年数，再乘以调查总体面积求得。动态估计达不到要求时，应增加样地数，进行补充调查，直到精度达到要求为止。

（4）小型工程（梯田、谷坊等）质量抽查，单个工程可作为独立的样地（点），大中型工程质量，应全面检查。水土保持工程质量抽检抽样比例表见表 12.1-23。

表 12.1-23　水土保持工程质量抽检抽样比例表

治理措施	检查总体	抽样比例/%		备注
		阶段抽检	竣工抽检	
梯田	<10hm²	7	5	
	10~40hm²	5	3	
	>40hm²	3	2	
造林、种草	<10hm²	7	5	
	10~40hm²	5	3	
	>40hm²	3	2	
封禁治理	40~150hm²	7	5	
	>150hm²	5	3	
保土耕作		7	5	
截（排）水沟		20	10	
水窖		10	5	
蓄水池		100	50	
塘坝		100	100	
引洪漫地		100	50	
沟头防护		30	20	
谷坊	≤100座	12	10	
	>100座	10	7	
淤地坝		100	100	
拦沙坝		100	100	

6. 遥感调查

（1）遥感影像选择。

1) 根据调查成果精度的要求，选择适宜的遥感影像空间分辨率。开展 1：250000、1：100000、1：50000、1：10000 比例尺精度的遥感调查，宜选择空间分辨率不低于 30m、10m、5m、2.5m 的遥感影像。

2) 影像的时相应根据任务要求，选择时相满足调查时段约定，易于区分土地利用、植被覆盖度、水土保持措施、土壤侵蚀等类型、变化特征的遥感影像。

3) 遥感影像采用的谱段范围一般为可见光、近红外、热红外和微波等。其中：可见光遥感影像中绿波段适用于植被类型，红波段适用于城市用地、道路、土壤、地貌与植被的区分；近红外遥感影像适用于植被类型、覆盖度与水体的识别；热红外遥感影像适用于土壤湿度与地表温度信息的提取；微波遥感影像适用于土壤湿度等信息的提取。工作中可根据实际情况选择。

4）卫星影像的选择质量要求。

a. 选择倾角较小、覆盖工作区域的全色或多光谱影像，影像时相尽可能一致或接近，要求层次丰富、影像清晰、色调均匀、反差适中、无噪声和条带缺失。

b. 相邻各景影像之间应有不小于影像宽度 4% 的重叠，特殊情况下重叠可小于上述指标。

c. 影像中云层覆盖应少于 3%，且不能覆盖重要地物。分散的云层，其面积总和不应超过作业区面积的 8%。

5）航空像片的选择质量要求。

a. 影像清晰，对比度适中，覆盖工作区域且区域内云层覆盖应少于 3%。分散的云层，其面积总和不应超过作业区面积的 8%。

b. 有立体观测要求时，像片的航向重叠应不少于 60%，旁向重叠应不少于 30%，相邻像片的航高差应小于 30m，航线的弯曲率应小于 3%。

（2）遥感影像预处理。

1）遥感影像应经过辐射校正、几何纠正和必要的增强、合成、融合、镶嵌等预处理。对于地形起伏较大的山区，遥感影像还应进行正射纠正。

2）影像的纠正、融合、镶嵌、增强等处理及质量参照《遥感影像平面图制作规范》（GB/T 15968）执行。

a. 根据搜集到的遥感信息，选择最佳波段组合，应利用数字图像处理方法进行信息增强。对特定目标的解译，宜选择与其相适应的信息增强处理方法。

b. 利用地形图选取控制点进行几何校正时，校正后图面误差不应大于 0.5 mm，最大不应大于 1mm。对于丘陵、山区侧视角较大的图像，可利用数字高程模型进行地形位移校正。

c. 采用影像对影像校正时，两者配准后的误差不应大于 0.5 个像元。

d. 涉及多源、多时相或多景遥感影像预处理时，应实现无缝镶嵌。

e. 正射纠正质量应符合《基础地理信息数字产品 1∶10000、1∶50000 数字高程模型》（CH/T 1008）的要求，检查与验收应符合《数字测绘成果质量检查与验收》（GB/T 18316）的要求。

3）影像分幅和编号应按《国家基本比例尺地形图分幅和编号》（GB/T 13989）的要求执行。

（3）解译标志建立。

1）遥感影像解译前，应根据监测内容、遥感影像分辨率、时相、色调、几何特征、影像处理方法、外业调查等建立遥感解译标志。其内容应包括有指导意义的土地利用、植被覆盖度等土壤侵蚀因子，土壤侵蚀状况和水土流失防治状况的典型影像特征。建立的解译标志应具有代表性、实用性和稳定性。一般根据解译经验，或遥感图像与实地对照，也可与相同地区既有的典型遥感解译成果对照。

2）解译标志应通过野外验证，并根据实地情况进行修改和补充。对典型的解译标志、重要的要素分类界线、空间变异间接引起解译标志差异的同质要素等，要实地拍摄照片、绘制野外素描图，并做好野外记录。

3）对各种解译标志应有详细的文字描述，并整理成册。

（4）信息提取。遥感调查提取信息主要包括土壤侵蚀因子（土地利用、植被覆盖度、坡度坡长、降水侵蚀力、地表组成物质）、土壤侵蚀类型和水土保持措施等。采用遥感手段不能或不易获取的部分土壤侵蚀或水土保持信息的获取，可结合地面调查、野外解译标志建立开展，并参照《水土保持综合治理 规划通则》（GB/T 15772）执行。

1）土地利用。土地利用因子获取以目视解译方法为主，计算机自动识别解译方法为辅。

a. 目视解译方法，可根据实际情况采用直接判读、逻辑推理或综合景观分析等多种方法，相互配合使用。

b. 计算机自动识别解译方法，可根据实际情况采用基于地物光谱分析自动识别、模型自动识别和专家系统自动识别等解译方法。

2）植被覆盖度。遥感影像提取植被覆盖度分为单时相植被覆盖度和多时相植被覆盖度。

a. 单时相植被覆盖度是采用单次遥感影像所对应的植被覆盖度值，因子的提取采用目视解译、归一化植被指数等方法。

目视解译方法应根据影像辐射定标情况，可采用直接判读法、对比法、邻比延伸法、证据汇聚法、影纹分类法等多种方法相互配合使用。

归一化植被指数方法应根据影像辐射定标情况，利用近红外波段和可见光红波段计算得到归一化植被指数，通过植被指数计算得到植被覆盖度。

b. 多时相植被覆盖度是采用多期单时相遥感影像获取的植被覆盖度值，一般分为旬、月和年植被覆盖度。可采用以下方法获取：旬植被覆盖度由多期单时相植被覆盖度最大值合成获取；月平均植被覆盖度由本月 3 个旬植被覆盖度计算获取；年平均植被覆盖度由本年 12 个月平均植被覆盖度计算获取。

根据实测数据获取的植被覆盖度季节变化曲线，计算旬、月、年植被覆盖度。

3）坡度坡长。坡度和坡长可通过遥感立体像对，利用数字摄影测量等技术获取适宜比例尺的 DEM，计算坡度坡长因子。

4）降水侵蚀力。降水侵蚀力可通过遥感影像并结合地面观测，获取降水强度指标，计算降水侵蚀力因子。

5）其他土壤侵蚀因子。

a. 土壤水分、地表温度可通过微波、热红外等遥感影像，结合地面观测数据等资料，获取土壤水分、地表温度等指标。

b. 地表组成物质可通过遥感影像，获取地表组成物质，并结合地面调查和土壤样品化验分析结果等，计算土壤可蚀性因子。

6）水土保持措施。对于遥感方法不能或不易获取的措施类型，应结合资料收集、地面调查等方法进行补充。

7）土壤侵蚀类型。土壤侵蚀类型通过遥感影像，结合 SL 190 和地面调查等资料综合确定。

8）质量要求。

a. 各类信息提取的最小成图图斑面积应为 4mm²，条状图斑短边长度不应小于 1mm。

b. 解译结果应抽取不少于总图斑数的 5% 进行核查。小流域（包括大中型生产建设项目、水土保持措施）、县（县级市、区、旗）：核查对象数量不小于 10%；省（自治区、直辖市）与水土流失重点预防区和重点治理区：核查对象数量为 5%～10%；全国与大江大河：核查对象数量不小于 5%。

c. 对核查对象不少于 10% 的样本进行实地验证，解译结果判对率应不小于 90%。

d. DEM 质量应符合《基础地理信息数字产品 1∶10000、1∶50000 数字高程模型》（CH/T 1008）的要求，检查与验收应符合《数字测绘成果质量检查与验收》（GB/T 18316）的要求。

（5）野外验证。

1）验证内容。

a. 解译标志检验。

b. 信息提取成果验证。

c. 解译中的疑点、难点以及需要补充的解译标志验证。

d. 与现有资料对比有较大差异的解译成果验证。

2）验证方法。一般采用抽样调查的方法进行验证。对不小于解译结果成图图斑数 5% 的核查对象，抽取 10% 作为验证样本进行实地验证。解译中疑点难点，应补充解译标志，并抽取不小于 20% 的样本进行验证。对解译结果与现有资料对比有较大差异的，应进行 100% 验证。

3）验证成果要求。

a. 野外验证应根据实际情况，修改补充解译标志，并根据新建立的解译标志进行校核，修改解译结果。

b. 对野外验证结果及时补充、填写验证记录表。

c. 验证点的实地平面位置误差应小于所使用的遥感影像 1 个像元大小，图斑属性判对率应大于 90%。

d. 经野外验证不能达到质量控制要求的，应重新解译。

（6）分析评价。

1）水力侵蚀、风力侵蚀和冻融侵蚀的分析方法主要包括综合评判法和模型法。

a. 采用综合评判法进行水力侵蚀、风力侵蚀分析的，应按《土壤侵蚀分类分级标准》（SL 190）要求执行。

b. 采用模型法进行土壤侵蚀分析的，应利用该区域成熟分析模型进行计算，其中水力侵蚀分析可参照 SL 190 提供的模型进行。

2）应结合水文泥沙观测、坡面径流小区观测、土壤侵蚀调查、水土流失防治等资料，对遥感调查结果进行合理性分析。

12.1.2 水土流失综合治理工程调查

水土流失综合治理各阶段的调查内容包括以下几个方面。

（1）规划阶段应根据规划区域的大小、工作任务和精度要求确定，原则上应在区划或分区的基础上进行，每一个区应不少于 1 个典型小流域（片区），并对其进行措施配置和比例等调研分析。

（2）项目建议书阶段，典型小流域的数量和面积应占治理小流域总数量和总面积的 3%～5%，且每个水土保持类型分区小流域数量不应少于 1 条。水土保持单项工程应选择典型工程，典型工程数量应占水土保持单项工程总数量的 5%～10%。

（3）可行性研究阶段，典型小流域的数量和面积应占治理小流域总数量和总面积的 10%～15%，且每个水土保持类型分区小流域数量应有 1～3 条。水土保持单项工程应选择典型工程，典型工程数量应占水土保持单项工程总数量的 10%～15%。

（4）初步设计阶段，土地利用及措施配置应按不小于 1∶10000 比例尺精度开展逐个小班调查。

12.1.2.1 淤地坝工程

1. 调查项目

淤地坝工程调查范围包括工程所在沟道及其下游可能影响区，调查内容包括：①暴雨、洪水、泥沙资料；②筑坝区地质条件及筑坝材料的分布与储量；③现有淤地坝、小型水库、塘坝、谷坊等的数量、分布以及工程控制流域面积、库容及运行情况等。

2. 技术要求

工作底图应采用 1∶10000～1∶5000 地形图。淤地坝建坝条件调查表见表 12.1－24。

表 12.1－24　淤地坝建坝条件调查表

序号	项　目　类　别	调查内容
1	坝名	
2	建设地点（所在沟道名称及所处行政村）	
3	坝址断面形状（V 形或 U 形）	
4	坝址处沟道平均底宽及沟槽深、宽/m	
5	右岸坡比	
6	左岸坡比	
7	沟道有无基岩出露，两岸有无滑坡体	
8	左岸坡基岩出露高度/m	
9	右岸坡基岩出露高度/m	
10	土或岩石覆盖厚度（左、右岸地质情况）/m	
11	单面取土还是双面取土	
12	料场位置及运距/m	
13	放水工程设置位置（左岸、右岸）	
14	有无溢洪道及设置位置	
15	可能淹没损失情况（农田、居民点、道路、输电线路种类及数量）	
16	坝址距最近输电线路的距离	
17	坝址上、下游距居民点距离	
18	需要新修施工临时道路长度/km	
19	沟道有无常流水及施工方式	

调查人：　填表人：　核查人：　填写日期：　年 月 日

12.1.2.2　拦沙坝工程

1. 调查项目

拦沙坝工程调查范围应包括工程所在沟道及其下游可能影响区，调查内容包括：①暴雨、洪水、泥沙资料；②筑坝区地质条件及筑坝材料的分布与储量；③崩岗类型、形态、分布、滑塌范围；④现有拦沙坝、小型水库、塘坝、谷坊等的数量、分布以及工程控制流域面积、库容和运行情况等。

2. 技术要求

工作底图应采用 1∶10000～1∶5000 地形图。拦沙坝建坝条件调查表同表 12.1－24。

12.1.2.3　塘坝工程

1. 调查项目

塘坝工程调查范围包括工程所在汇水区及其下游可能影响区，调查内容包括来水量和需水量，建筑材料来源，现有水源工程数量、蓄水量和运行情况等。

2. 技术要求

工作底图应采用 1∶10000～1∶5000 地形图。塘坝工程设计现状情况调查表见表 12.1－25。

12.1.2.4　谷坊工程

1. 调查项目

谷坊工程调查范围包括小流域支沟、毛沟实施工程区域及汇水区域，调查内容包括：

（1）沟道比降、长度、宽度、坝址以上汇水面积及来水、来沙情况。

（2）沟坡治理情况及自然植被覆盖情况。

（3）沟底与岸坡地形。

（4）建筑材料情况。

2. 技术要求

工作底图应采用 1∶10000～1∶5000 地形图。谷坊工程设计现状情况调查表见表 12.1－26。

表 12.1－25　塘坝工程设计现状情况调查表

村名	编号（小班号-塘坝编号）	来水量/m³	需水量/m³	上游汇水面积/km²	现有水源工程数量/处	现有水源工程蓄水量/m³	现有水源工程运行情况	建筑材料来源

调查人：　　　填表人：　　　核查人：　　　　　　　　　　　　　　填写日期：　　　年　月　日

注　1. 现有水源工程运行情况填"正常""损毁"或"部分损毁"。

2. 建筑材料来源填"外运"或"就地取材"。

表 12.1－26 　　　　　　　　　　　谷坊工程设计现状情况调查表

村名	编号（小班号-谷坊编号）	上游汇水面积 /km²	沟道比降 /%	沟道长度 /m	沟道宽度 /m	上游沟坡治理程度 /%	植被覆盖度 /%	来水量 /m³	年输沙量 /t	建筑材料来源

调查人：　　　　填表人：　　　　核查人：　　　　　　　　　　　　　　　填写日期：　　年　月　日

注 建筑材料来源填"外运"或"就地取材"。

12.1.2.5 沟头防护工程

1. 调查项目

沟头防护工程调查范围包括侵蚀沟头及其以上汇水区域，调查内容包括：

（1）沟头形态、溯源速度、沟壁扩张速度。

（2）侵蚀沟头以上汇水范围水土保持设施情况及来水、来沙情况。

（3）土地利用情况。

（4）建筑材料情况及周边适生植物。

2. 技术要求

工作底图应采用1：10000～1：5000地形图。沟头防护工程设计现状情况调查表见表12.1－27。

表 12.1－27 　　　　　　　　　　　沟头防护工程设计现状情况调查表

村名	编号（小班号-沟头防护工程编号）	上方汇水面积 /hm²	溯源速度 /(m/a)	沟壁扩张速度 /(m/a)	来水量 /m³	年输沙量/t	建筑材料来源	土地利用类型

调查人：　　　　填表人：　　　　核查人：　　　　　　　　　　　　　　　填写日期：　　年　月　日

注 建筑材料来源填"外运"或"就地取材"。

12.1.2.6 坡面水系工程

1. 调查项目

坡面水系工程调查范围包括项目实施区及周边来水、排水涉及范围，调查内容包括：

（1）坡面现有引、蓄、截（排）水情况。

（2）农用道路布设。

（3）耕地、园地及林（草）地分布。

（4）坡度、坡长、土层厚度、汇水面积。

（5）下游排水通道，缺水地区应调查需水量和天然水源等情况。

2. 技术要求

工作底图应采用1：10000～1：5000地形图。工程设计现状情况调查表见表12.1－28。

表 12.1－28 　　　　　　　　　　　梯田及坡面水系工程设计现状情况调查表

村名	小班（地块）号	原土地利用类型	面积 /hm²	上方汇水面积 /hm²	坡长 /m	坡度 /(°)	土壤类型	土层厚度 /m	道路情况	排水通道	水源情况	土石料来源

调查人：　　　　填表人：　　　　核查人：　　　　　　　　　　　　　　　填写日期：　　年　月　日

注 1. 道路情况填"有"或"无"；

　　2. 排水通道填"有"或"无"；

　　3. 水源情况填有无山泉水、浅层地下水和荒溪水等；

　　4. 土石料来源填"外运"或"就地取材"。

12.1.2.7 梯田工程

1. 调查项目

梯田工程调查范围包括项目实施区及周边来水、排水涉及范围，调查内容包括地形、下伏基岩、土层厚度、土（石）料来源、地面坡度、汇水面积、排水通道、降水及水源条件、道路等情况。

2. 技术要求

梯田实施区工作底图应采用1：2000地形图，汇水区工作底图应采用1：10000～1：2000地形图。梯田工程设计现状情况调查表见表12.1－28。

12.1.2.8 防风固沙工程

1. 调查项目

防风固沙工程调查范围包括项目实施区及周边影响区，调查内容包括：沙丘、沙地形态，风沙移动速度，害风风向、风速，地下水，沙障材料来源。

2. 技术要求

工作底图应采用 1:10000～1:5000 地形图。防风固沙工程设计现状情况调查表见表 12.1-29。

表 12.1-29　防风固沙工程设计现状情况调查表

村名	小班（地块）号	面积/hm²	可造林种草面积/hm²	原土地类型	沙丘形态	沙丘高度/m	坡长/m	坡向	坡度/(°)	坡位	地下水位/m	风沙移动速度/(m/a)	害风风向	沙障材料及来源

调查人：　　　填表人：　　　核查人：　　　　　　　　　　　　　　填写日期：　年 月 日

注　沙障材料来源填"外运"或"就地取材"。

12.1.2.9 林草工程

1. 调查项目

林草工程调查范围包括工程建设区及周边影响区，调查内容包括：立地类型及立地条件，当地适生树（草）种、病虫害防治情况。

2. 技术要求

工作底图应采用 1:10000～1:5000 地形图。林草工程设计现状情况调查表见表 12.1-30。

表 12.1-30　林草工程设计现状情况调查表

村名	小班（地块）号	面积/hm²	可造林种草面积/hm²	原土地类型	坡向	坡度/(°)	坡位	土壤类型	土层厚度/m	地下水位/m	植被盖度/%	适生树（草）种	主要病虫害

调查人：　　　填表人：　　　核查人：　　　　　　　　　　　　　　填写日期：　年 月 日

12.1.2.10 封育措施

1. 调查项目

封育工程调查范围包括工程建设区及周边影响区，调查内容包括：

(1) 主要的现有林分与草地的分布、现存主要树（草）种。

(2) 周边居民分布及畜牧情况，饲料、燃料、肥料条件。

2. 技术要求

工作底图应采用 1:10000～1:5000 地形图。封育措施设计现状情况调查表见表 12.1-31。

表 12.1-31　封育措施设计现状情况调查表

村名	小班（地块）号	面积/hm²	林地面积/hm²	草地面积/hm²	居民人口	畜牧情况	饲料条件	燃料条件	肥料条件

调查人：　　　填表人：　　　核查人：　　　　　　　　　　　　　　填写日期：　年 月 日

12.1.3 生产建设项目水土保持工程调查

(1) 应根据水土保持工程的规模、特点，开展相应的生产建设项目水土保持工程调查工作。

(2) 当需对水土保持工程进行同等深度方案比较时，应对各方案开展同等深度的调查、测量与勘察工作。

(3) 生产建设项目水土保持工程调查的工作深度，应与主体工程设计深度相适应，并满足主体工程方案比选的需要。

(4) 生产建设项目水土保持要素调查内容，应在对主体工程涉及的地质、地貌、水文等相关资料进行收集和分析的基础上进行。

12.1.3.1 主体工程区

(1) 调查范围应包括工程征地范围及周边影响区域。

(2) 调查内容应包括主体工程规模、工程布置、施工布置、施工方法及工艺、土石方调配、临时堆置、工程征占地面积及类型、表土厚度及成分、施工工期、拆迁安置、工程投资、边坡分布情况、植被分布情况及周边集水、排水和地下水情况。

(3) 工程施工条件调查应包括交通、材料、通信、供水、供电等情况。

(4) 工作底图应采用1：5000～1：2000地形图。

12.1.3.2　弃渣场区

(1) 调查范围应包括弃渣场占用地范围及上、下游影响区。

(2) 调查内容应包括：弃渣场地形、面积、容量、弃渣组成；弃渣场周边地质危害、交通运输条件、周边汇水情况及下游影响范围内居民点、重要基础设施等保护目标的分布情况；占地类型、覆土来源、水源及灌溉设施条件和道路情况；建筑材料情况。

(3) 工作底图应采用1：5000～1：2000地形图。

12.1.3.3　料场区

(1) 调查范围应包括料场占地范围及周边影响区。

(2) 调查内容应包括：料场地形、类型、储量、面积、剥采比、无用层厚度及方量、开采设计，周边汇水排水情况，周边影响范围内重要基础设施分布情况，占地类型、覆土来源、水源及灌溉设施条件和道路分布情况等。

(3) 工作底图应采用1：5000～1：2000地形图。

12.1.3.4　施工道路区

(1) 调查范围应包括道路占地范围及周边影响区。

(2) 调查内容应包括：地形、占地类型、路基路面结构、长度、位置、型式、宽度、现有道路情况，周边汇水情况及周边影响范围内重要基础设施分布情况等。

(3) 工作底图应采用1：5000～1：2000地形图。

12.1.3.5　施工生产生活区

(1) 调查范围应包括施工生产生活区占地范围及周边影响区。

(2) 调查内容应包括：施工生产生活区布置位置、数量、占地面积、临时堆料堆放场布置数量及位置，周边汇水排水情况，场地硬化情况等；覆土来源、水源及灌溉设施条件和道路分布情况等。

(3) 工作底图应采用1：5000～1：2000地形图。

12.1.3.6　拆迁安置区

(1) 调查范围应包括拆迁安置区占地范围及周边影响区。

(2) 调查内容应包括拆迁安置区布置、位置、面

积、人口、人均收入、产业结构、土地利用现状情况。

(3) 工作底图应采用1：5000～1：2000地形图。

12.1.4　专项调查

12.1.4.1　石漠化调查

石漠化是指在热带、亚热带湿润、半湿润气候条件和岩溶极其发育的背景下，受人为活动的干扰，使地表植被遭受破坏，导致土壤严重流失，溶岩大面积裸露或砾石堆积的土地退化现象。石漠化是岩溶地区土地退化的极端形式。

1. 调查内容

石漠化调查内容主要包括石漠化基本特征调查、地表堆积物特征调查、石漠化成因调查和石漠化危害调查。

(1) 基本特征调查包括：石漠化的分布范围、高程、面积与展布特征，石漠化发展速率，石漠化的发育程度，根据基岩岩石裸露面积所占的比例和裸露岩石分布形状、植被状况确定石漠化发育程度等级分区，并分析石漠化发展趋势。

(2) 地表堆积物特征调查包括：堆积物的赋存状态、分布特征、厚度及变化，土壤的成分、母岩岩性，主要植（作）物种类及生长情况。

(3) 石漠化成因调查包括：岩溶泉的分布、流量、出流持续性和岩溶泉补给区植被的覆盖情况；圈定地下河流域范围和补给区、径流区、排泄区，调查地下河水资源开发利用程度和地下河流向、水量；落水洞的数量、位置、大小、发育方向和通畅程度、过流能力；石漠化发生、发展的人为因素。

(4) 石漠化危害调查包括：石漠化发生前后的植被对比情况；泉眼数量和流量减少情况、地表河流断流情况和流量变化情况、人畜饮水困难情况；农田及其他设施受淹面积、持续时间，内涝面积和持续时间。

2. 调查方法与成果

(1) 土壤侵蚀调查和石漠化调查应采用现场调查的方法进行，有条件的宜采用遥感调查方法。

(2) 土壤侵蚀调查和石漠化调查成果应包括：小流域土壤侵蚀强度图、土壤侵蚀程度图、石漠化图和潜在石漠化图，以及各级土壤侵蚀强度、土壤侵蚀程度、石漠化和潜在石漠化面积表。

(3) 石漠化分等定级。

1) 土壤侵蚀强度分级。石漠化土壤侵蚀强度分级应以年平均侵蚀模数为判别指标。缺少侵蚀模数实测资料时，可根据有关地类（坡耕地、荒地）的参考判别指标进行，并根据《岩溶地区水土流失综合治理

技术标准》(SL 461—2009) 确定其侵蚀强度。

岩溶地区土壤侵蚀程度应以单位面积内基岩裸露率为指标进行划分,见表 12.1 - 32。

表 12.1 - 32 岩溶地区土壤侵蚀程度分级标准

土壤侵蚀程度	基岩裸露率/%
无明显	<5
轻度	5~30
中度	30~50
强烈	50~70
剧烈	>70

2) 石漠化强度分级。岩溶地区石漠化强度分级应以基岩裸露率为指标进行划分,见表 12.1 - 33。

表 12.1 - 33 石漠化强度分级标准

石漠化程度	基岩裸露率/%
无明显石漠化	<30
潜在石漠化	<30
轻度石漠化	30~50
中度石漠化	50~70
重度石漠化	>70

注 无明显石漠化的土壤侵蚀强度为微度侵蚀,潜在石漠化的土壤侵蚀强度为轻度侵蚀以上。

3) 岩溶地区潜在石漠化危险程度分级应以土壤侵蚀强度为判别指标,见表 12.1 - 34。

表 12.1 - 34 潜在石漠化危险程度分级标准

级 别	土壤侵蚀强度
较险型	轻度
危险型	中度
极险型	强烈以上

12.1.4.2 崩岗调查

1. 调查内容

调查崩岗发生的部位、类型、形态特征、崩岗面积、影响崩岗发育诸因素以及预测崩岗侵蚀的趋势,从而为制定合理的预防和治理措施提供科学依据。

(1) 基本情况调查。崩岗发生的地域(如乡、村、地块等)、集水面积、所在坡面的位置及坡面的凹凸状况、崩岗面积、侵蚀规模和程度等。

(2) 崩岗坡面调查。崩岗坡面植被种类及覆盖度、坡面切沟数量、最大切沟深度、平均切沟深度、

崩岗边缘距沟头距离,崩壁高度、倾角及稳定性,坡面裂隙数量、裂隙宽度及长度等。

(3) 崩岗堆积物调查。堆积物高度、坡度、数量、植被覆盖度及冲积扇面积。

(4) 崩岗类型及形态特征调查。

1) 活动型崩岗。崩岗沟仍在不断溯源侵蚀,崩壁有新的崩塌发生,崩岗沟口有新的冲积物堆积。

2) 相对稳定型崩岗。崩壁没有新的崩塌发生,崩岗沟口没有或只有极少量新的冲积物堆积,崩岗植被覆盖度达到 75% 以上。

3) 瓢形崩岗。在坡面上形成腹大口小的葫芦瓢形崩岗沟。

4) 条形崩岗。形似蚕,长大于宽 3 倍左右,多分布在直形坡上,由一条大切沟不断加深发育而成。

5) 爪形崩岗。一种为沟头分叉成多条崩岗沟,多分布在坡度较为平缓的坡地上,它由几条切沟交错发育而成,沟头出现向下分支,主沟不明显,出口却保留各自沟床。另一种为出口沟床向上分叉崩岗沟,由两条以上崩岗沟自原有河床向上坡溯源崩塌,但多条崩岗出口部分相连,形成倒分叉崩岗沟型地形。

6) 弧形崩岗。崩岗边沿线形似弓,弧度小于 180°。在河流、渠道、山坝一侧由于水流长期的沟蚀和重力崩塌(主要是滑塌)作用而形成。

7) 混合型崩岗(含崩岗群)。由两种以上不同类型崩岗复合而成。多处于崩岗发育中晚期。由于山坡被多个崩岗切割,呈沟壑纵横状,不同方向发育的崩岗之间多已相互连通,中间只有残留长条形脊背或土柱,地形破碎,这是崩岗群发育的后期阶段,侵蚀量大,治理难度也大。

(5) 崩岗危害调查。收集调查区域历年崩岗灾害损失资料,主要包括占压农田、损毁房屋、受灾人口、死亡人口、其他基础设施损毁数量及造成的经济损失等。

(6) 崩岗水土流失防治现状调查。收集调查区域内崩岗水土保持工作开展情况资料,包括治理成效、工作经验及存在的问题。

2. 调查方法

收集资料和典型调查结合。

(1) 基本情况调查、崩岗坡面调查、崩岗堆积物调查和崩岗类型及形态特征调查采用典型调查方法为主。

(2) 崩岗危害、崩岗水土流失防治现状以收集资料为主。

(3) 调查技术路线。崩岗调查应以乡(镇)为调查单元进行资料收集,并对乡(镇)内崩岗逐个开展

调查。以 1:10000 地形图为基础底图，对于面积在 $60\sim1000m^2$ 的崩岗只在地形图上以点状标注，面积大于 $1000m^2$ 的崩岗要求标注其在地形图上的范围。在地形图上按照从上到下、从左至右的顺序编码，标注在地形图上。

1）崩岗发生的地点。通过调查询问确定崩岗发生地的小地名，并用地形图或 GPS 确定崩岗的地理坐标。以崩岗出口线的中点为经纬度测点，混合型崩岗以多个崩口连线的中点为测点，崩岗群则选定中心位置的崩岗崩口作为测点。经纬度统一以"度""分"为单位，"分"位读数保留到小数点后两位。

2）崩岗面积。崩岗面积仅指崩塌区的投影面积，不包括洪积扇面积。采用 GPS 或传统测量的方法测定崩岗面积，对于面积较大的崩岗也可以在地形图上勾绘后量算，单位为 m^2。

3）平均深度。用传统测量的方法测出崩岗侵蚀沟沟口和沟头两个点的高程 H_1、H_2，利用公式 $S=(H_2-H_1)/2$ 求出平均深度，单位为 m。

4）沟口宽度。用传统测量的方法测出沟口的宽度，单位为 m。

5）崩岗防治区面积。崩岗防治区由集水区、崩岗区和冲积扇 3 部分组成。崩岗集水区面积用地形图勾绘并量算，洪积扇面积采取传统测量方法或符合精度要求的 GPS 测量计算，单位为 hm^2。

6）崩岗形态。根据崩岗的 5 种形态指标现场判定。

7）崩岗类型。按活动型与相对稳定型两种类型现场判定。

8）植被覆盖度。采用人工目估植被覆盖度的方式进行判定。

9）土壤类型。根据现有资料初步划定调查区土壤类型，现场调查验证。

3. 技术要求

崩岗的位置应准确定位并标注在图上，崩岗的编号不能重复并对应图上的崩岗进行标注；崩岗面积、平均深度等需测量获得的数据应满足两次测量误差不大于 10%；崩岗形态、崩岗类型、土壤类型等判别必须准确。

12.1.4.3 滑坡调查

1. 调查内容

滑坡调查的主要内容包括滑坡区调查、滑坡体调查、滑坡成因调查、滑坡危害情况调查及滑坡防治情况调查。

（1）滑坡区调查。

1）滑坡地理位置、地貌部位、斜坡形态、地面坡度、相对高度、沟谷发育、河岸冲刷、堆积物、地表水以及植被。

2）滑坡体周边地层及地质构造。

3）水文地质条件。

（2）滑坡体调查。

1）形态与规模。滑体的平面、剖面形状，长度、宽度、厚度、面积和体积。

2）边界特征。滑坡后壁的位置、产状、高度及其壁面上擦痕方向；滑坡两侧界线的位置与性状；前缘出露位置、形态、临空面特征及剪出情况；露头上滑床的性状特征等。

3）表部特征。微地貌形态（后缘洼地、台坎、前缘鼓胀、侧缘翻土埂等），裂缝的分布、方向、长度、宽度、产状、力学性质及其他前兆特征。

4）内部特征。通过野外观察和山地工程，调查滑坡体的岩体结构、岩性组成、松动破碎及含泥含水情况，滑带的数量、形状、埋深、物质成分、胶结状况，滑动面与其他结构面的关系。

5）变形活动特征。访问调查滑坡发生时间，目前的发展特点（斜坡、房屋、树木、水渠、道路、坟墓等变形位移及井泉、水塘渗漏或干枯等）及其变形活动阶段（初始蠕变阶段、加速变形阶段、剧烈变形阶段、破坏阶段、休止阶段），滑动方向、滑距、滑速；分析滑坡的滑动方式、力学机制和目前的稳定状态。

（3）滑坡成因调查。

1）自然因素。降水、地震、洪水、崩塌加载等。

2）人为因素。森林植被破坏、不合理开垦，矿山采掘，切坡、滑坡体下部切脚，滑坡体中上部人为加载、震动，废水随意排放，渠道渗漏，水库蓄水等。

3）综合因素。人类工程经济活动和自然因素共同作用。

（4）滑坡危害情况调查。

1）滑坡发生发展历史，破坏地面工程、环境和人员伤亡、经济损失等现状。

2）分析与预测滑坡的稳定性和滑坡发生后可能成灾范围及灾情。

根据滑坡和崩塌所危及的范围确定其危害对象，危害对象包括县城、村镇、主要居民点以及矿山、交通干线、水库等重要公共基础设施。危害对象的重要性和灾害损失程度按表 12.1-35 划分危害等级。

（5）滑坡防治情况调查。滑坡防治情况包括滑坡灾害勘查、监测、工程治理措施等防治现状及效果。

表 12.1-35　危害对象等级划分

危害等级		一级	二级	三级
潜在经济损失		直接经济损失大于 1000 万元或潜在经济损失大于10000万元	直接经济损失 500 万～1000 万元，或潜在经济损失5000 万～10000万元	直接经济损失小于 500 万元或潜在经济损失小于 5000万元
危害对象	城镇	威胁人数大于 1000 人	威胁人数500～1000 人	威胁人数小于 500 人
	交通道路	一级、二级铁路；高速公路	三级铁路；一级、二级公路	铁路支线；三级以下公路
	大江大河	大型以上水库，重大水利水电工程	中型水库，省级重要水利水电工程	小型水库，县级水利水电工程
	矿山	能源矿山，如煤矿	非金属矿山，如建筑材料	金属矿山，稀有矿、稀土矿

注　本表适用于滑坡和崩塌危害，引自《滑坡防治工程勘查规范》(DZ/T 0218—2006)，2006 年中国标准出版社出版。

2. 调查方法

滑坡调查以收集资料、典型调查为主，适当结合测绘与勘查手段。

(1) 收集资料。在野外调查中，部分滑坡是已经发生的，要了解滑坡发生时的情况往往需要通过访谈调查来实现。在访谈之前应明确调查的内容，并拟好调查大纲。访谈的对象主要为滑坡发生时的目击者。在访谈中，应详细调查滑坡发生的具体位置（同时标注在图上）、发生的时间、滑体规模、变形的特征，滑坡发生前或发生时是否下雨、雨量有多大、是否有地震发生，滑坡发生后造成的危害，滑坡发生时的瞬间动态特征（如声响、强光、烟雾等）。

(2) 典型调查。现场调查是滑坡调查中最重要的一项工作，是最直接观察认识滑坡的途径。因此，在现场调查中尽量将滑坡体的特征标注在地形图上，并记录所在区、县、乡、村及地点，在地形图上反查经纬度和 X、Y 坐标。在调查方法上应从宏观到微观，对整体形态的观察，可在远处或借助航片观察，然后登上滑坡体逐一对滑坡的局部特征进行调查。调查内容可填在滑坡调查登记表上，见表 12.1-36。

表 12.1-36　　　　　　　　　　　滑坡调查登记表

编号	名称	位置				类型	地形坡度	后(前)缘高程/m	规模				地层岩性	发生时间及稳定性	危害及潜在危害
		县	乡	村(地名)	坐标(X, Y)				长/m	宽/m	高/m	方量/万 m³			
1															
2															
3															
4															
5															
6															
备注		滑坡发生的雨情及详细灾情补充说明等项													

调查人：　　　　　　　　填表人：　　　　　　　　　　　　　　　　时间：　　年　月　日

在调查中要特别注意认识可能复活的古滑坡，对古滑坡认识上的失误往往会造成治理工程的失败。古滑坡由于发生时间较早，地表特征不明显，需访问居住在滑坡附近的老人，尤其是目击者。对大型滑坡的调查，最好借助于航片判译其整体形态，克服地表调查的局限性。

根据调查的任务不同，可将滑坡现场调查分为区域滑坡调查和典型滑坡调查两类，这两者是滑坡野外调查中点与面的关系。

区域滑坡调查是对一个区域内发育的滑坡进行调查，查明区域内滑坡发育多少，发生规模，发生类型，形成条件和诱发因素，以及滑坡发生过程的差异，从而认识区域内滑坡形成规律，进行滑坡区域预

测和危险度区划。因此，区域滑坡调查的方法强调对滑坡形成条件的认识。

典型滑坡调查是对某一个滑坡或滑坡群进行调查，查明滑坡形成条件、滑动规模、发育特征、变形过程和诱发因素等，从而认识滑坡的形成机理和发育趋势，提出相应的滑坡防治措施。因此，典型滑坡调查方法强调对滑坡发育特征和稳定性的认识。

12.1.4.4　泥石流调查

1. 调查内容

泥石流野外调查的主要内容包括地质条件、泥石流特征、诱发因素等。泥石流野外调查记录按表 12.1-37 逐一填写，不应遗漏泥石流主要要素。

表 12.1-37 　　　　　　　　　泥石流野外调查表

沟名		野外编号		统一编号		
沟口位置	经度：　°　′　″	地址		省　市　县　街道		
	纬度：　°　′　″	水系名称				
泥石流沟与主河关系	主河名称	泥石流沟位于主河道位置		沟口至主河道距离/m		
		□左岸 □右岸				

泥石流沟主要参数、现状及灾害史调查

水动力类型	□暴雨 □冰川 □溃决 □地下水		沟口巨石三轴向直径/m	ϕ_a	ϕ_b	ϕ_c
泥沙补给途径	□面蚀 □沟岸崩滑 □沟底再搬运		补给区位置	□上游 □中游 □下游		

降水特征值/mm	$H_{年最大}$	$H_{年平均}$	$H_{日最大}$	$H_{日平均}$	$H_{时最大}$	$H_{时平均}$	$H_{10min最大}$	$H_{10min平均}$

沟口扇形地特征	扇形地完整性/%		扇面冲淤变幅	±	发展趋势	□下切 □淤高
	扇长/m		扇宽/m		扩散角/(°)	
	挤压大河	□河形弯曲主流偏移 □主流偏移 □主流只在高水位偏移 □主流不偏				

地质构造	□顶沟断层 □过沟断层 □抬升区 □沉降区 □褶皱 □单斜		地震烈度	

不良地质体情况	滑坡	活动程度	□严重 □中等 □轻微	规模	□大 □中 □小
	人工弃体	活动程度	□严重 □中等 □轻微	规模	□大 □中 □小
	自然堆积	活动程度	□严重 □中等 □轻微	规模	□大 □中 □小

土地利用/%	森林	灌丛	草地	缓坡耕地	荒地	陡坡耕地	建筑用地	其他

防治措施现状	□有 □无	类型	□稳拦 □排导 □避绕 □生物工程
监测措施	□有 □无	类型	□雨情 □泥位 □专人值守

威胁危害对象	□城镇 □村寨 □铁路 □公路 □航运 □饮灌渠道 □水库 □电站 □工厂 □矿山 □农田 □森林 □输电铁路 □通信设施 □国防设施						
	威胁人口/人			威胁资产/万元			

灾害史	发生日期（年-月-日）	死亡人口/人	大牲畜损失/头	房屋/间		农田/亩		公共设施		直接经济损失/万元
				全毁	半毁	全毁	半毁	道路/km	桥梁/座	

泥石流特征	容重/(t/m³)		流量/(m³/s)		泥位/m	

调查人：　　　　　　填表人：　　　　　　　　　　　　　　　　时间：　　年　月　日

（1）地质条件调查。

1）形成区调查。调查地势高低，流域最高处的高程，山坡稳定性，沟谷发育程度，冲沟切割深度、宽度、形状和密度，流域内植被覆盖程度，植物类别及分布状况，水土流失情况等。

2）地形地貌调查。确定流域内最大地形高差，上、中、下游各沟段沟谷与山脊的平均高差，山坡最大、最小、平均坡度，各种坡度级别所占的面积比率。分析地形地貌与泥石流活动之间的内在联系，确定地貌发育演变历史及泥石流活动的发育阶段。

3）岩（土）体调查。重点对泥石流形成提供松散固体物质来源的易风化软弱层、构造破碎带的第四系分布状况和岩性特征进行调查，并分析其主要来源区。

4）地质构造调查。确定沟域在地质构造图上的位置，重点调查研究新构造对地形地貌、松散固体物质形成和分布的控制作用，阐明其与泥石流活动的关系。

5）地震分析。收集历史资料和未来地震活动趋势资料，分析研究可能对泥石流的触发作用。

6）相关的气象水文条件。调查气温和蒸发的年际变化、年内变化以及沿垂直带的变化，降水的年内变化及随高度的变化，最大暴雨强度及年降水量等。调查历次泥石流发生时间、次数、规模、次序，泥石流泥位标高。

7）植被调查。调查沟域土地类型、植物组成和分布规律，了解主要树、草种及作物的生物学特性，确定各地段植被覆盖程度，圈定出植被严重破坏区。

8）人类工程经济活动调查。主要调查各类工程建设所产生的固体废弃物（矿山尾矿、工程弃渣、弃土、垃圾）的分布、数量、堆放形式、特性，了解可能因暴雨、山洪引发泥石流的地段和参与泥石流的数量及一次性补给的可能数量。

（2）泥石流特征调查。

1）根据水动力条件，确定泥石流的类型。

2）调查泥石流形成区的水源类型、汇水条件、山坡坡度、岩层性质及风化程度，断裂、滑坡、崩塌、岩堆等不良地质现象的发育情况及可能形成泥石流固体物质的分布范围、储量。

3）调查泥石流沟谷的历史。历次泥石流的发生时间、频数、规模、形成过程、爆发前的降水情况和爆发后的灾害情况。

（3）泥石流诱发因素调查。调查水的动力类型。水的动力类型包括暴雨型、冰雪融水型、水体溃决（水库、冰湖）型等。

1）暴雨型。主要收集当地暴雨强度、前期降水量、一次最大降水量等。

2）冰雪融水型。主要调查收集冰雪可融化的体积、融化时间和可产生的最大流量等。

3）水体溃决（水库、冰湖）型。主要调查因水库、冰湖溃决而外泄的最大流量及地下水活动情况。

2. 调查方法

（1）收集资料。

1）收集地质灾害形成条件与诱发因素资料，包括气象、水文、地形地貌、地层与构造、地震、水文地质、工程地质和人类工程经济活动等。

2）收集地质灾害现状与防治资料，包括历史上所发生的各类地质灾害的时间、类型、规模、灾情和其调查、勘查、监测、治理及抢险、救灾等工作的资料。

3）收集有关社会、经济资料，包括人口与经济现状，发展基本数据，城镇、水利水电、交通、矿山、耕地等工农业建设工程分布状况和国民经济建设规划、生态环境建设规划，各类自然、人文资源及其开发状况与规划等。

4）收集各级政府和有关部门制订的地质灾害防治法规规划和群测群防体系等减灾防灾资料。

（2）典型调查。

1）野外调查工作手图。在一般调查区应采用1∶50000或更高精度的地形图；在重点调查区宜采用1∶25000或更高精度的地形图。

2）地面调查应采用穿越法与追索法相结合的方法。面上调查路线宜垂直岩层与构造线走向以及地貌变化显著的方向进行穿越调查；点上对危及县城、村镇、矿山、重要公共基础设施、主要居民点的地质灾害点和人类工程活动强烈的公路、铁路、水库、输气管线等应采用追索法调查。

3）观测路线与观测点的密度应根据地质条件的复杂程度、危害对象的重要性以及地质灾害点的密度合理布置。重点调查区观测路线间距宜为 1000～5000m，调查点数不应少于 1 点/km²，不得漏查地质灾害。一般调查区在遥感调查基础上进行野外核查，调查点数不应少于遥感解译总数的 80%。

4）对于危害较大或典型的泥石流应进行大比例尺的地面测绘，测绘的点数不低于调查点总数的 10%。

5）对于规模不大，且危害小的泥石流可视具体特征和分布位置做一般调查，但须填写调查卡片，并不得遗漏主要灾害要素。

6）对于泥石流较稀少的区段，可视具体情况做地质环境条件控制性定点调查。对县城、集镇、矿山，无论有无泥石流，均应布设控制性调查点；在地质条件复杂区，对于一般居民点均应布设控制性调查点。

7）对于同类群发泥石流，都应一点一表，不得将相邻的泥石流合定为一个观测点。对于同一地点存在的不同类型地质灾害，以主要灾害类型为主可以只定一点，但应做好其他类型灾害的记录。

8）野外调查记录须按照调查表规定的内容逐一填写，不得遗漏主要调查要素，并用野外调查记录本做沿途观察记录，附必要的示意性平面图、剖面图或素描图以及影像资料等。

9）图上观测点定位应符合以下规定：凡能在图上表示出面积和形状的灾害地质体，均应在实地勾绘在手图上，不能表示实际面积、形状的，用规定的符号表示；滑坡点定在滑坡后缘中部，泥石流点定在堆积区中部，崩塌点定在崩塌发生的前沿，不稳定斜坡点定在变形区中部；所有的调查点均采用 GPS 和微地貌相结合的方法定位，定位误差不得大于 10m，也不得误跨沟谷。

10）工作手图上的各类观测点和地质界线，应在野外采用铅笔绘制，转绘到清图上后应及时上墨。

（3）遥感调查。以遥感数据和地面控制为信息源，获取地质灾害及其发育环境要素信息，确定滑坡、崩塌、泥石流和不稳定斜坡的类型、规模及空间分布特征，分析地质灾害形成和发育的环境地质背景条件，编制地质灾害类型、规模、分布遥感解译图件。

12.2 水土保持测量

12.2.1 测量基本要求

12.2.1.1 测量阶段划分及测量任务

水土保持工程测量一般划分为勘测设计阶段和施工建设阶段，其测量的主要任务如下。

1. 勘测设计阶段（控制，测绘地形图）

运用各种测量仪器和工具，通过实地测量和计算，把小范围内地面上的地物、地貌按一定的比例尺测绘在工程建设区域的地形图上；为勘测设计提供各种比例尺的地形图和测绘资料。

2. 施工建设阶段（施工放样，竣工测量）

将图纸上设计好的建筑物平面位置和高程，按设计要求在实地上标定出来，作为施工的依据；在施工过程中，要进行各种施工测量工作，以保证所建工程符合设计要求。

12.2.1.2 测量内容及要求

（1）水土保持工程测量内容包括地形测量和断面测量。同一工程不同测量阶段的测量工作一般采用同一坐标系统。

（2）测量的地物和地貌要素需要根据水土保持工程的特点和任务要求确定。

（3）测量工作前，需要收集测区已有的地形图及平面、高程控制资料。

（4）平面基准宜采用 1980 西安坐标系。在已有平面控制网的地区，可沿用已有的坐标系统。需要

时，提供采用的坐标系统与当地统一坐标系统的换算关系。

（5）高程基准采用 1985 国家高程基准，当采用其他高程基准时，需要求得其与 1985 国家高程基准的关系。对远离国家水准点、引测困难、尚未建立高程系统的地区，可采用独立高程系统或以气压计测定临时起算高程。

12.2.1.3 测量程序

1. 测量工作步骤

测量工作必须按照"先整体后局部""先控制后碎部"的原则进行。

首先在整个测区范围内均匀选定若干控制点，以控制整个测区。将选定的控制点按照一定方式连接成网形，称为控制网。以较精密的测量方法测定网中各个控制点的平面位置和高程，这项工作称为控制测量。然后分别以这些控制点为依据，测定点位附近地物、地貌的特征点（碎部点），并勾绘成图，这项工作称为碎部测量。在布局上首先考虑整体，再考虑局部；工作步骤是先进行控制测量，再进行碎部测量。

由于建立了统一的控制系统，使整个测区各个局部都具有相同的误差分布和精度，尤其对于大面积的分幅测图，不但为各个图幅的同步作业提供了便利，同时也有效地保证了各个相邻图幅的拼接和使用。

2. 控制测量

控制测量的实质就是在测区内选定若干个有控制作用的控制点，按一定的规律和要求布设成几何图形或折线，测定控制点的平面位置和高程。

在全国范围内建立的控制网，称为国家控制网。它采用精密测量仪器和方法，依照《国家三角测量规范》（GB/T 17942）、《全球定位系统（GPS）测量规范》（GB/T 18314）、《国家一、二等水准测量规范》（GB/T 12897）和《国家三、四等水准测量规范》（GB 12898）施测，按精度分为四个等级，即一等、二等、三等、四等，按照"先高级后低级，逐级加密"的原则建立。它是全国各种比例尺测图的基本控制，并为确定地球的形状和大小提供研究资料和信息。

城市控制网是在国家控制网的基础上，为满足城市建设工程需要而建立的不同等级的控制网，以供城市和工程建设中测图和规划设计使用，也是施工放样的依据。

在小范围（面积一般在 15km² 以下）内建立的控制网称为小区域控制网，它是为满足大比例尺测图和建设工程需要而建立的控制网。小区域控制网应尽可能与国家或城市控制网联测，若不便联测，也可以

建立独立控制网。直接为测图建立的控制网称作图根控制网。

控制测量分为平面控制测量和高程控制测量，测定控制点平面位置的工作，称为平面控制测量；测定控制点高程的工作，称为高程控制测量。

（1）平面控制测量。平面控制测量由一系列控制点构成控制网，平面控制网以连续的三角形组成，测定其角度和边长，称为三角网，见图 12.2-1；平面控制网以连续的折线形式布设的称为导线，构成多边形网格的称为导线网，见图 12.2-2。

传统测量工作中，平面控制通常采用三角网测量、导线测量和交会测量等常规方法建立。现今，全球定位系统 GPS 也成为建立平面控制网的主要方法。

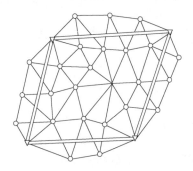

图 12.2-1 三角网

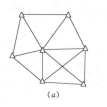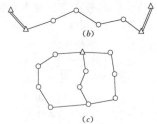

图 12.2-2 导线及导线网

用全球定位系统中相对定位方法测定平面位置和高程的控制点称为 GPS 点，应用 GPS 定位技术建立的控制网称为 GPS 控制网，按其精度分为 A、B、C、D、E 5 个不同精度等级。此方法是目前最先进、最精确的测定点位方法。

（2）高程控制测量。高程控制测量为由一系列水准点构成水准路线和水准网。高程控制主要通过水准测量方法建立，而在地形起伏大、直接进行水准测量较困难的地区及图根高程控制网，可采用三角高程测量方法建立。

平面控制点可用水准测量或三角高程测量测定其高程。

以国家水准网为基础，高程控制测量分为二等、三等、四等、五等。水准点间的距离，一般地区为 2~3km，一个测区至少设立 3 个水准点。各等级水准测量的主要技术指标见表 12.2-1。

表 12.2-1　　　　　　　水准测量的主要技术指标

等级	每千米高差全中误差/mm	路线长度/km	水准仪型号	水准尺	观测次数		往返测距较差、附合或环线闭合差	
					与已知点联测	附合或环线	平地/mm	山地/mm
二等	2	—	DS1	铟瓦	往返各一次	往返各一次	$\pm 4\sqrt{L}$	—
三等	6	≤50	DS1	铟瓦	往返各一次	往一次	$\pm 12\sqrt{L}$	$\pm 15\sqrt{L}$ 或 $\pm 4\sqrt{n}$
			DS3	双面		往返各一次		
四等	10	≤16	DS3	双面	往返各一次	往一次	$\pm 20\sqrt{L}$	$\pm 25\sqrt{L}$ 或 $\pm 6\sqrt{n}$
五等	15		DS3	单面	往返各一次	往一次	$\pm 30\sqrt{L}$	—

注　L 为附合路线或环线的长度，单位为 km；n 为测站数。

（3）控制测量的一般作业流程。控制测量作业流程包括技术设计、实地选点、标石埋设、观测和平差计算等。

控制测量的技术设计主要包括确定精度指标和设计控制网网形。在实际测量工作中，控制网的等级和精度标准需根据测区范围大小和控制网用途来确定。设计控制网网形时按照以下流程进行。

1）收集测区的地形图、已有控制点成果及测区的人文、地理、气象、交通、电力等技术资料，然后进行控制网的图上设计。

2）在收集到的地形图上标出已有控制点的位置和测区范围，依据测量目的对控制网的具体要求，结合地形条件在图上设计出控制网的网形，且选定控制点的位置。

3）实地踏勘，以判明图上标定的已有控制点是否与实地相符，并查明标石是否完好；查看预选的路线和控制点点位是否合适。

4）最终根据图上设计的控制网方案到实地选点，确定控制点的最适宜位置。

5）经选定确定的控制点点位，要进行标石埋设，并将其固定在地面上，绘制点之记图。

3. 碎部测量

在控制测量的基础上进行详细的地形图测绘或建筑工程的施工放样，称为碎部测量。碎部测量是利用全站仪或 GPS 等仪器在某一测站点上测绘各种地物、地貌的平面位置和高程的工作。根据临近的控制点来确定碎部点与控制点的关系。

（1）选择碎部点。碎部点是地物或地貌的特征点，测碎部时碎部点的选择若恰到好处，不仅能使勾绘出的地形图较好地反映实地情况，还可省时省力，完成测图任务。

1）地物点的选择。对不同的地物点，要有选择地进行测绘。

a. 人工建造的建（构）筑物的轮廓线转折点，由于一般建（构）筑物平面多为规则的几何图形，只需选择 1、2 两角点为碎部点，将它测定，然后用钢尺量出 23、34、15 各边的长度，即可用几何作图，将这座房屋的平面绘出，见图 12.2-3。

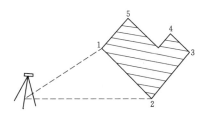

图 12.2-3 平板仪测房屋的碎部点

b. 对轮廓线为曲线的地物，如道路、河流、土地的边界等，在转弯处适当选点，见图 12.2-4。但一般测图规定，凡轮廓线在图上反映凸凹不超过 0.5mm 的，可将该段曲线当直线看待。反之，必须适当选择凸凹点作碎部点。

c. 独立的地物，如大树、电线杆等，选其中心点为碎部点。

2）地形（貌）点的选择。凡地形（貌）坡度及方向改变的地方，应选点测定。如坡脚、山峰顶、山脊、山谷、鞍部、断崖等起伏变化处，都要适当选择

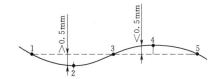

图 12.2-4 平板仪测曲线地物的碎部点

碎部点。

平坦地区或地形无显著变化的地区，根据视距要求，碎部点的最大间距和最大视距见表 12.2-2，适当选择碎部点。若高差不大，不便勾绘等高线的地区，可在该地区测图中心，用小圆点表示测点，在点旁注出该点的高程。

表 12.2-2　　碎部点的最大间距和最大视距

单位：m

测图比例尺	地貌点最大间距	最大视距			
		主要地物点		次要地物点和地貌点	
		一般地区	城市建筑区	一般地区	城市建筑区
1:500	15	60	50（量距）	100	70
1:1000	30	100	80	150	120
1:2000	50	180	120	250	200
1:5000	100	300	—	350	—

注　当垂直角超过 ±10° 的范围时，视距长度应适当缩短，平坦地区成像清晰时，视距长度可放长 20%。

（2）碎部点点位测定方法。

1）极坐标法。测水平角 β，并测量测站点至碎部点的水平距 D，即可求得碎部点的位置。如图 12.2-5 所示，测 β_1，并测量 D_1，即可确定点 1 的位置；测 β_2，并测量 D_2，即可确定点 2 的位置。

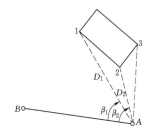

图 12.2-5 极坐标法

2）直角坐标法。当地面较平坦，待定的碎部点靠近已知点或已测的地物时，可测量 x、y 来确定碎部点。如图 12.2-6 所示，由 P 沿已测地物丈量 y_1 定一点，在此点上安置十字方向架，定出直角方向，再量 x_1，便可确定碎部点 1。

3）方向交会法。如图 12.2-7 所示，当地物点距控制点较远，或不便于量距时，欲测定河对岸的特

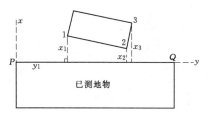

图 12.2-6　直角坐标法

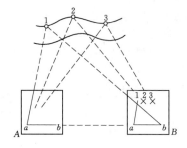

图 12.2-7　方向交会法

征点（1、2、3 等点），先将仪器安置在 A 点，经过对中、整平、定向后，瞄准 1、2、3 各点，并在图板上画出各方向线；然后将仪器安置在 B 点，再瞄准 1、2、3 各点，同样在图板上画出各方向线，同名各方向线交点，即为 1、2、3 各点在图板上的位置。

4）距离交会法。如图 12.2-8 所示，当地面较平坦，地物靠近已知点时，可用量距离来确定点位。要确定点 1，通过量 P1 与 Q1 距离，换为图上的距离后，用两脚规以 P 为圆心，P1 为半径作圆弧，再以 Q 为圆心，Q1 为半径作圆弧，两圆弧相交便得点 1；同法交出点 2。连 1、2 两点便得房屋的一条边。

5）方向距离交会法。如图 12.2-9 所示，实地可测定控制点至未知点方向，但不便于由控制点量距，可以先绘制一方向线，由临近已测定地物用距离交会定点。从测站 A 测绘 1、2 的方向线，再从 P 点量 P1、P2 的距离，以 P 点为圆心，P1 为半径画圆弧交 A1 方向线得点 1；同法，以 P 点为圆心，P2 为半径画圆弧交 A2 方向线得点 2。连 1、2 两点便得房屋的一条边。

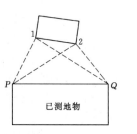

图 12.2-8　距离交会法　　图 12.2-9　方向距离交会法

12.2.2　测量工作原则

12.2.2.1　测量方法

测量方法主要有全站仪测图、GPS-RTK 测图和平板测图等。根据水土保持工程规模和测量精度要求的不同，所采用的测量方法也有所差异，一般常用几种测量方法相结合。具体的水土保持工程测量方法，可根据《水土保持工程调查与勘测规范》中的规定执行。

1. 全站仪测图

全站仪测图的工作内容包括数据采集、数据处理、图形编辑和图形输出。

数据采集的目的是获取数字化成图所必需的数据信息，包括描述地图实体的空间位置信息（坐标和连接关系）和属性信息。数据采集主要有两大类方法：外业采集和内业采集。

数据处理是将采集的数据进行处理，使之成为符合成图软件要求的数据，包括数据格式或结构的转换、投影变换、图幅接边、误差检验等内容。

图形编辑是对已经处理的数据所生成的图形（包括地理属性）进行编辑、修改的过程。

图形输出则是将已经编辑好的图形输出到所需介质上的过程，一般用绘图仪或打印机输出。图形输出也包括以某种指定的或标准的格式输出数据文件。

2. GPS-RTK 测图

RTK 是一种运用载波相位差分技术进行实时定位的 GPS 测量系统。其工作内容包括以下几个方面。

（1）基准站的选定。基准站的点位要便于接收设备的安置和操作，为防止数据链丢失和多路径效应，基准站周围应无 GPS 信号反射物并远离大功率无线电发射源和高压输电线路；基准站附近不得有强烈干扰接收卫星信号的物体。

（2）基准站的设置。在已知点上架设好 GPS 接收机和天线，按要求连接好全部电缆线后，打开接收机，输入基准站的 WGS-84 坐标系或西安 80 坐标系、天线高。待指示灯显示发出通信信号后，通过控制器选择 RTK 测量方式，启动流动站，流动站即可展开工作。

（3）流动站的工作。每次观测前通过手簿建立项目，对流动站参数进行设置，该参数必须与基准站和电台相匹配，用已知点的平面和大地坐标进行点位校正。接通流动站接收机和电台后，接收机在接到 GPS 卫星信号的同时，也接到了由数据通信电台发送来的伪距差改正数和载波相位测量数据，控制手簿进行实时差分及差分处理，实时得出本站的坐标及高程精度。

（4）点校正。在测量前必须对 WGS-84 坐标系进行坐标转换，即点校正；点校正结束后，就可进行野外数据采集。

（5）数据点的采集。校正后，RTK 接收机便可实时得到地形点在当地坐标系下的三维坐标。根据地形地貌的特征点进行数据采集，同时输入特征编码并画草图。

（6）内业数据处理。将 RTK 数据下载后，经过软件处理，实现 RTK 数据和测图软件的数据格式统一，为内业成图做好前期准备，删除多余点和错误点，展点并根据草图绘制地形图。

3. 平板测图

平板仪测图是传统的大比例尺地形测图的主要方法之一。其工作步骤如下。

（1）在测站上安置平板仪，进行对中、整平、定向工作，并量取仪器高。

（2）用照准仪瞄准碎部点上的视距尺，使照准仪的直尺边通过图板上测站点的刺孔，读取测站点至标尺的视距和竖角，并按视距测量公式计算碎部点的水平距离和高程。

（3）测图比例尺，用卡规截取水平距离的长度，沿照准仪的直尺斜边将碎部点刺于图板上，并在点位旁注记高程。

（4）重复（2）、（3）步，将测站四周所要测绘的全部碎部点测完为止。

（5）根据所测的碎部点，按规定的图式符号，描绘地物、地貌。

12.2.2.2 资料整理

资料整理包括：开展测量工作前收集测区已有的资料整理，测量过程中原始资料的整理，测量外业工作结束后测量报告编制的资料整理。整个测量工作均需按技术要求进行。

12.2.3 测量基础知识

12.2.3.1 测图比例尺

根据人的肉眼在图上能分辨出的最小距离，一般为 0.1mm，地形图上 0.1mm 所代表的实际长度，称为"比例尺的精度"。例如测量一张 1:2000 的地形图，图上 0.1mm 代表：

$$0.1mm \times 2000 = 200mm = 0.2m$$

0.2m 即为该图比例尺的精度。大比例尺精度见表 12.2-3。

根据地形图比例尺可以确定测图时量距的精度。如在比例尺为 1:500 的地形图上测绘地物，量距精度只需达到 ±5cm 即可。因为小于 5cm 的长度，已经无法展绘在图上。此外，用图需要表示地物、

地貌的详细程度，也可以确定所选用地形图比例尺。如要求测量能反映出量距精度为 ±10cm 的图，应选比例尺为 1:1000 的地形图。

表 12.2-3   大比例尺精度

比 例 尺	比例尺精度/m
1:5000	0.5
1:2000	0.2
1:1000	0.1
1:500	0.05

由此可见比例尺越大，其精度也越高，它所能表示的地物、地貌也越详尽。因此对测图比例，应根据水土保持工程规划和设计的需要，合理选用适当的比例尺，测图比例尺的选用可参见表 12.2-4。

表 12.2-4   测图比例尺的选用

比 例 尺	用 途
1:5000	可行性研究、初步设计等
1:2000	可行性研究、初步设计等
1:1000	初步设计、施工图设计等
1:500	

注 1. 对于精度要求较低的专用地形图，可按小一级比例尺地形图的规定进行测绘或利用小一级比例尺地形图放大成图。
  2. 对于局部施测大于 1:500 比例尺的地形图，除另有要求外，可按 1:500 地形图测量的要求执行。

12.2.3.2 地物测绘

1. 地物测绘的基本要求

地物一般分为两大类：一类是自然形成的地物，称自然地物，如河流、湖泊、森林、草地、独立岩石等；另一类是由人类进行生产活动创造出的人工地物，如房屋、铁路、高压输电线、桥梁等。所有地物都应在地形图上用相应的符号表示出来。地物在地形图上表示的原则有以下几个。

（1）凡是能依比例尺表示的地物，则将它们边界水平投影位置的几何形状相似地描绘在地形图上，如房屋、河流、运动场等，有些地物还需要在边界范围内绘上相应的地物符号，如森林、草地等。

（2）对于不能依比例尺表示的地物，在地形图上以相应的地物符号表示在地物的中心位置上，如水塔、烟囱、单线道路、单线河流等。

（3）测绘地物时需要根据地形图图式的要求合理选择地物的特征点。地物轮廓线不外乎折线和曲线，选择特征点时，并不是特征点选得越密越好，通常只要求两特征点的连线与该地物实际轮廓线之间的最大

偏差限制在图上的 0.4mm 以内即可。

2. 地物表示方法

地面上的地物与地貌，按国家测绘总局颁发的《地形图图式》中规定的符号表示在图形中。图式中的符号分为地物符号、地貌符号和注记符号三种。其中地物符号分为比例符号、非比例符号、半比例符号和地物注记四种。

（1）比例符号。将垂直投影在水平面上的地物形状轮廓线，按测图比例尺缩小绘制在地形图上，再配合注记符号来表示地物的符号，称为比例符号。如地面上的房屋、旱田、池塘等这些轮廓较大的地物，常采用比例符号，见图 12.2-10。

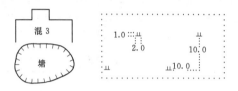

图 12.2-10　比例符号图式

（2）非比例符号。只表示地物的位置，而不表示地物的形状与大小的特定符号称为非比例符号。如导线点、气象站、路灯等地物，无法按比例尺缩绘，只能用特定的符号表示其中心位置。非比例符号上表示地物中心位置的点叫作定位点，见图 12.2-11。

图 12.2-11　非比例符号图式

（3）半比例符号。一些线状延伸的地物，如电力线、通信线等，其长度能按比例尺缩绘，而宽度不能按比例表示的符号，称为半比例符号，见图 12.2-12。

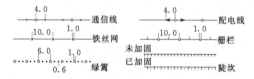

图 12.2-12　半比例符号图式

（4）地物注记。对地物用文字或数字加以注记和说明的称为地物注记，如建筑物的结构和层数、桥梁的长宽与载重量、地名、路名等，见图 12.2-13。

测定地物特征点后，要随即勾绘地物符号，如

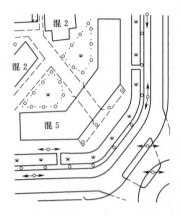

图 12.2-13　地物注记图式

建筑物的轮廓用线段连接，道路、河流的弯曲部分需逐点连成光滑的曲线；消火栓、水井等地物可在图上标定其中心位置，待整饰时再绘规定的非比例符号。

12.2.3.3　地貌测绘

1. 地貌测绘的基本要求

测绘地貌与测绘地物一样，首先要确定地貌特征点，然后连接成线，便得到地貌整个骨架的基本轮廓，再对照实地并考虑等高线的性质描绘出等高线。地貌特征点是指山顶、鞍部、山脊、山谷的地形变换点，山坡倾斜变换点，山脚地形变换点，悬崖、陡壁的边缘点等。

2. 地貌表示方法

地貌是指地表的高低起伏状态，包括山地、丘陵和平原等。测量工作中通常用等高线表示地貌。

（1）等高线、等距、等高线平距及坡度。

1）地面上高程相同的各相邻点所连成的闭合曲线，称为等高线。地貌的形态、高程、坡度决定了等高线的形状、高程、疏密的程度。因此，等高线图可以充分地表示地貌。

2）相邻等高线之间的高差称为等高距，一般用 h 表示。一般按测图比例尺和测区的地面坡度选择基本等高距，见表 12.2-5。在同一幅地形图上，等高距是相同的。

表 12.2-5　地形图的基本等高距　　　单位：m

地形类别	比例尺		
	1:500	1:1000	1:2000
平地	0.5	0.5	0.5 或 1
丘陵地	0.5	0.5 或 1	1
山地	0.5 或 1	1	2
高地	1	1 或 2	2

3）相邻等高线之间的水平距离称为等高线平距，一般以 D 表示。等高线平距随地面坡度而异，陡坡平距小，缓坡平距大，均坡平距相等，倾斜平面的等高线是一组间距相等的平行线。

4）坡度用角度表示，即 α；坡度还常用百分率或千分率表示，即 i，上坡为正，下坡为负。

令 i 为地面坡度，则

$$i=\frac{h}{D}=\frac{h}{dM} \tag{12.2-1}$$

$$i=\tan\alpha=\frac{h}{dM} \tag{12.2-2}$$

式中　h——等高距；

d——图上距离；

D——实地距离；

M——图比例尺。

（2）几种典型地貌的等高线图。

1）山头和洼地。如图 12.2-14 所示，山头和洼地（凹地）的等高线都是一组闭合的曲线。内圈等高线高程较外围高者为山头，反之为洼地。也可加绘示坡线（图中垂直于等高线的短线），示坡线的方向指向低处，一般绘于山头最高、洼地最低的等高线上。

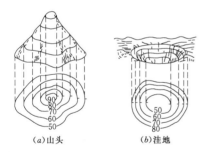

（a）山头　　　　　（b）洼地

图 12.2-14　山头和洼地

2）山脊和山谷。如图 12.2-15 所示，沿着一个方向延伸的高地称为山脊，山脊的最高棱线称为山脊线或分水线。山脊的等高线是一组凸向低处的曲线。两山脊之间的凹地为山谷，山谷最低点的连线称为山谷线或集水线。山谷的等高线是一组凸向高处的曲线。地表水由山脊线向两坡分流，或由两坡汇集于谷底沿山谷线流出。山脊线和山谷线统称为地性线。

3）鞍部。山脊上相邻两山顶之间形如马鞍状的低凹部位为鞍部，其等高线常由两组山头和两组山谷的等高线组成，见图 12.2-16。

4）陡崖和悬崖。近似于垂直的山坡称陡崖（峭壁、绝壁）；上部凸出、下部凹进的陡崖称悬崖。陡

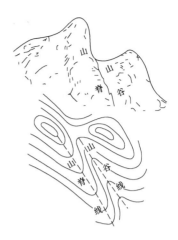

图 12.2-15　山脊和山谷

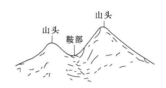

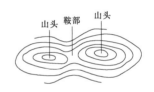

图 12.2-16　鞍部

崖等高线密集，图 12.2-17（a）表示土质陡崖，图 12.2-17（b）表示石质陡崖。悬崖上部等高线投影到水平面时，与下部等高线相交，俯视看隐蔽部分的等高线用虚线表示，见图 12.2-17（c）。

 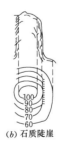 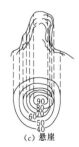

（a）土质陡崖　　　（b）石质陡崖　　　（c）悬崖

图 12.2-17　陡崖和悬崖

5）冲沟。冲沟是指地面长期被雨水急流冲蚀，逐渐深化而形成的大小沟壑。如果沟底较宽，沟内应绘等高线，见图 12.2-18。

12.2.3.4　测量仪器

测量仪器包括全站仪、GPS、经纬仪、水准仪、

图 12.2-18　冲沟

测绳、手持罗盘等设备。从水土保持工程实际出发，对沟头防护、谷坊、小型蓄水工程等常采用手持 GPS、皮尺、测绳、罗盘、手持水准仪等开展测量；对单项工程、梯田及坡面水系工程等常采用全站仪、经纬仪、水准仪等测量仪器开展测量。

测量仪器的基本特性见表 12.2-6。

12.2.4　水土流失综合治理工程测量

12.2.4.1　测量任务及要求

（1）水土流失综合治理工程的测量，其坐标系统可采用相对坐标、高程系统。

（2）各阶段水土保持工程测量工作深度应符合以下规定。

表 12.2-6　　　　　　　　　　　测量仪器基本特性一览表

设备名称	功能和用途	性能和特点	精度要求	应用范围
全站仪	（1）由光电测距仪、电子经纬仪、微处理仪及数据记录装置融为一体的电子速测仪。 （2）具有角度测量、距离（斜距、平距、高差）测量、三维坐标测量、导线测量、交会定点测量和放样测量等多种用途	（1）能同时测角、测距并自动记录测量数据。 （2）设有各种野外应用程序，能在测量现场得到归算结果。 （3）能实现数据流	全站仪的精度等级由两部分确定，即测角标准偏差和测距标准偏差。精度等级划分为 4 级，并使其分别靠向我国已有的经纬仪系 DJ1～DJ15	通过测量目标点的三维坐标，常用于定位放线、地图测量、地籍测量等，如拦沙坝、淤地坝、梯田及坡面水系工程、弃渣场及防护工程等测量
GPS 接收机	（1）接收全球定位系统卫星信号并确定地面空间位置的仪器。 （2）可同时测定测点的平面位置和高程，实时动态测量可进行施工放样	（1）GPS 点位选择灵活，可以自由布设。 （2）定位精度高，目前采用载波相位进行相对一位，精度可达 1ppm。 （3）观测速度快，目前根据要观测的精度不同，一般为 1～3h。 （4）功能齐全。 （5）自动化程度高。 （6）全天候、全球性作业	手持 GPS 的精度一般是误差在 10m 左右	应用于野外实地查勘、找点、定位测量，如样方调查、沟头防护、谷坊、小型蓄水工程等测量
经纬仪	（1）测量水平角和竖直角的仪器，由望远镜、水平度盘与垂直度盘和基座等部件组成。 （2）可以用于测量角度、工程定点放样以及粗略的距离测取	（1）测角。 （2）使用方便。 （3）读数直观	按精度从高精度到低精度分：DJ07、DJ1、DJ2、DJ6、DJ15、DJ60 等 6 个型号	广泛用于控制、地形和施工放样等测量，如单项工程、梯田及坡面水系工程等测量
水准仪	（1）测量两点间高差的仪器，由望远镜、水准器（或补偿器）和基座等部件组成。 （2）主要用于水准测量	（1）读数客观。 （2）精度高。 （3）速度快。 （4）效率高	按仪器所能达到的每千米往返测高差中数的偶然中误差这一精度指标划分：DS05、DS1、DS3、DS10、DS20 等型号	广泛用于控制、地形和施工放样等测量，如单项工程、梯田及坡面水系工程等测量
测绳	用于测量两点之间的斜线距离	（1）量距。 （2）使用方便		适用于样方调查、沟头防护、谷坊、小型蓄水工程等测量
手持罗盘	（1）野外地质工作不可缺少的工具。 （2）用于测量两点之间的方位角和仰角（俯角）	可测量方位、地形坡度、地层产状及草测地形图		适用于样方调查、沟头防护、谷坊、小型蓄水工程等测量

1）项目建议书和可行性研究阶段应以收集已有测量资料为主，典型小流域或片区应开展必要的测量，初步设计阶段小流域或片区均应开展测量。

2）各阶段的测量方法可根据水土保持工程的规模和测量精度要求确定，其中水窖、蓄水池、沉沙池、涝池和其他雨水集蓄利用工程、支毛沟治理工程等单个规模较小的水土保持工程地形测量应采用1:10000地形图作为底图开展工作，并应根据需要进行补充测量；梯田及坡面水系工程、引洪漫地、引水拉沙、经济林及果园工程测图中，对于地形变化较小的区域，可采用分类典型图斑的测量方式，应采用1:10000地形图作底图，实测标注相应特征地物及特征点。

（3）总平面布置的地形图测量比例尺，项目建议书和可行性研究阶段应为1:50000～1:10000；初步设计阶段应为1:10000～1:2000，单项工程的库区地形图比例尺应为1:5000～1:2000；施工图阶段为1:5000～1:500。

（4）主要建筑物的地形图测量比例尺，项目建议书和可行性研究阶段应为1:10000～1:2000；初步设计和施工图阶段应为1:2000～1:500，断面比例尺为1:500～1:100。

12.2.4.2　小沟道及坡面治理工程

小沟道及坡面治理工程测量应符合下列规定。

（1）沟头防护工程测量应沿工程布置的轴线测出地形起伏变化点的坐标和高程。

（2）小型蓄水工程及配套措施测量应测出汇水口、沉沙池、蓄水池的中心点及输水渠沿线地形起伏变化点的坐标和高程，并测出汇水区域面积。

（3）谷坊工程应测量沟道地形起伏变化点的坐标和高程，各测点之间水平距离宜为5～20m，并测量各谷坊坝轴线断面特征。

（4）截洪排水工程集水面积的地形测量比例尺不应小于1:10000，沟渠沿线地形图测量比例尺不应小于1:2000，测量范围应沿轴线两侧外扩10～20m；测量截洪排水渠纵断面，应根据地形起伏情况布置横断面，比例尺应为1:500～1:100。

（5）梯田及坡面水系工程应测量地形图，测量范围应包括规划田块，并适当外延，比例尺不应小于1:2000。应测量蓄水池中心点、沉沙池中心点及生产道路、连接道路、排水渠系等线性工程沿线地形起伏变化点的坐标和高程。规划田块纵向骨干排水渠应测纵断面，比例尺应为1:500～1:100。

12.2.4.3　引洪漫地和引水拉沙工程

引洪漫地和引水拉沙工程测量应符合下列规定。

（1）引洪漫地测量范围应根据拦洪坝、引洪渠（洞）、顺坝、格子坝、进出水口门总体布置情况扩大。拦洪坝可按《水利水电工程测量规范》（SL 197—2013）中有关枢纽（坝）的规定执行，顺坝、引洪渠（洞）可按SL 197—2013中11.2节的有关规定执行。

（2）引水拉沙测量范围应根据水源地、沙丘、渠道、顺坝、格子坝、进出水口门总体布置情况扩大。顺坝、渠道可按SL 197—2013中11.2节的有关规定执行。

12.2.4.4　塘坝、沟道（小河道）滩岸防护工程

塘坝、沟道（小河道）滩岸防护工程测量应符合下列规定。

（1）塘坝应参照SL 197—2013中11.2节的有关规定执行。

（2）沟道（小河道）滩岸防护工程应测量带状地形图，测量范围应为沟道中心线至耕地界以内10～20m，比例尺应为1:2000～1:500；应根据地形起伏情况布置横断面，比例尺应为1:500～1:100。

12.2.4.5　淤地坝

淤地坝的测量应符合下列规定。

（1）小型淤地坝坝址测量可测量坝轴线处沟道断面，包括沟底宽度和两岸坡度。坝轴线上下游10m范围内两岸岸坡有较大变化时，应在变化处增测1～2个断面。

（2）大中型淤地坝坝址地形图测量应包括淤地坝、放水建筑物、溢洪道布置区域及坝顶高程以上一定范围，标出料场的位置，比例尺应为1:1000～1:500。坝址应测横断面图和纵断面图。纵断面应沿坝轴线布置，比例尺应为1:500～1:100；横断面测量应包括上下坝脚线以外一定范围，比例尺应为1:200～1:100。

（3）小型淤地坝库区测量应测出库区沟底比降和平均宽度。

（4）大中型淤地坝库区测量应高出坝顶高程一定范围。若测库区地形图，比例尺不应小于1:2000；若测地形断面，断面间距为10～50m。

12.2.4.6　拦沙坝

拦沙坝的测量应符合下列规定。

（1）拦沙坝应测量坝址、库区地形图及坝址纵横断面。

（2）坝址地形图测量应包括拦沙坝、放水建筑物、溢洪道布置区域及坝顶高程以上一定范围，比例尺应为1:1000～1:500。纵断面沿坝轴线布置，比例尺应为1:500～1:100；横断面测量应包括上、

下坝脚线以外一定范围，比例尺应为 1：200～1：100。

（3）库区地形图测量范围应高出坝顶高程一定范围，比例尺应为 1：2000～1：1000。

12.2.4.7　滑坡及泥石流灾害防治工程

（1）滑坡防治工程测量应符合下列规定。

1）测量范围应包括后缘壁至前缘剪出口及两侧缘壁之间的整个滑坡，并外延到滑坡可能影响的一定范围。

2）地形图比例尺应为 1：2000～1：500。

（2）泥石流灾害防治工程测量宜按下列规定执行。

1）泥石流区地形图比例尺应为 1：10000～1：5000；形成区中堆积物沟道地形图比例尺应为 1：5000～1：1000。

2）拦挡工程和排导工程测量比例尺应为 1：2000～1：500。

12.2.5　生产建设项目水土保持工程测量

（1）生产建设项目水土保持工程各阶段测量工作深度应符合下列规定。

1）收集和利用主体工程地形图，并进行必要的相应深度的补充测量。

2）项目建议书和可行性研究阶段弃渣场、料场及其他重要的防护工程布置区地形图比例尺应为 1：10000～1：2000；初步设计和施工图阶段平地型弃渣场地形图比例尺应为 1：10000～1：5000，其他弃渣场地形图比例尺应为 1：5000～1：1000。其他生产建设项目水土保持工程的测量比例尺应与主体工程相应设计阶段的要求相一致。

3）项目建议书和可行性研究阶段主要防护构筑物布置区地形图测量比例尺应为 1：10000～1：2000；初步设计和施工图阶段地形图比例尺不应小于 1：2000，断面比例尺应为 1：500～1：100。

（2）弃渣场应进行地形测量，测量范围应包括弃渣场区、拦渣工程区、防洪排导工程区及周边一定范围，并应根据安全防护距离适当扩大。

（3）拦渣工程与防洪排导工程区还应进行纵横断面测量。纵断面应沿轴线布置，比例尺应为 1：500～1：200；横断面应根据地形起伏情况布置，建筑物两侧应外延一定范围，比例尺应为 1：200～1：100。

（4）料场测量范围应在主体工程已有地形图的基础上，根据防护和土地整治的要求确定，包括料场开采区及周边一定范围。

12.2.6　测量成果

（1）测量成果包含测量工作获取的各项成果，包括测量报告、原始观测记录簿、计算资料、各类图件、产品交付单、用户意见以及与测绘项目实施相关的文件等。

（2）测量报告由技术设计书、技术总结、检查（验收）报告、控制点成果、仪器设备检验资料等文件组成，主要包括下列内容。

1）技术设计书主要包括作业区自然地理概况与已有资料情况、引用的标准、规范或其他技术文件、成果主要技术指标和规格、测绘方案及各种规定、成果及其资料内容和要求、质量保证措施和要求、环境和职业健康安全保证措施、进度安排等。

2）技术总结主要包括概述、技术设计执行情况、成果质量说明和评价、上交和归档的成果及其资料清单等。

3）检查（验收）报告主要包括检查工作概况（包括仪器设备和人员组成情况）、检查的技术依据、主要质量问题及处理情况、对遗留问题的处理意见、质量统计和检查结论等内容。

4）控制点成果主要包括控制点成果表、点之记、标点竣工图等内容。

5）仪器设备检验资料分两类：一类是国家计量部门检定的证书；一类是项目实施前后和实施过程中按规范要求进行的有关仪器设备参数的测定资料。

（3）计算资料一般包括计算说明、控制网点观测布置图、平面高程平差计算结果等。

（4）图件一般包括各种比例尺地形图、接合图、纵横断面图等。

（5）测量成果包括纸质文件和电子文件，并分类装订、归档。

12.3　水 土 保 持 勘 察

建设工程勘察是指为满足工程建设的规划、设计、施工、运营及综合治理等的需要，对地形、地质等状况进行测绘、勘探、测试及评价，并提供相应成果和资料的活动。它是查明工程建设场地的地质环境特征，研究各种对工程建设的经济合理性有直接影响的岩土工程地质问题，及其与工程建设相关内容的综合性应用科学。水土保持工程勘察是工程勘察活动中的一类，涉及工程地质、工程测量、勘探（包括钻探、坑探、物探）、测试技术、遥感技术、计算机和信息技术等科学的应用，其中以工程地质为主，贯穿于整个活动中。

12.3.1　勘察的基本要求及工作原则

12.3.1.1　勘察阶段划分及勘察任务

水土保持工程勘察阶段划分为规划、项目建议书、可行性研究、初步设计和施工详图设计五个阶段。对工程地质条件简单的工程，可将可行性研究和初步设计阶段合并为一个阶段进行。水土保持工程勘察各阶段任务见表12.3-1。

表 12.3-1　水土保持工程勘察各阶段任务

勘察阶段	勘察任务
规划阶段	了解和分析工程区的工程地质条件，进行地质论证，并提供工程地质资料
项目建议书阶段	初步查明各类工程的地质条件及主要工程地质问题，对布置方案进行地质论证，作出初步评价，提供工程地质资料
可行性研究阶段	初步查明各类工程的地质条件及主要工程地质问题，对布置方案进行地质论证，作出初步评价，提供工程地质资料
初步设计阶段	查明各类工程的地质条件及主要工程地质问题，对建筑物的主要工程地质问题作出评价，并提供工程地质资料
施工详图设计阶段	根据初步设计审查意见和设计要求，补充论证专门性工程地质问题；并进行施工地质预测预报工作

12.3.1.2　勘察内容及要求

1．勘察内容

水土保持工程勘察内容应包括工程区的基本地质条件、主要工程地质问题评价，以及天然建筑材料的分布、储量、质量等。

2．勘察要求

（1）生产建设项目水土保持工程各阶段的勘察工作。

1）应根据生产建设项目水土保持工程的规模、特点开展勘察工作，深度应与主体工程设计深度相适应。

2）对弃渣场、料场及其他重要的防护工程应收集和利用主体工程地质勘察成果，并进行必要的相应深度的补充勘察。

3）可行性研究阶段对4级及以上弃渣场应进行勘察；初步设计阶段应对弃渣场及防护构筑物布置区进行勘察；施工图设计阶段应重视构筑物布置区的施工地质工作。

弃渣场级别按《水土保持工程设计规范》（GB 51018—2014）规定，根据堆渣量、堆渣最大高度以及弃渣场失事后对主体工程或环境造成危害程度，按表12.3-2的规定确定。

表 12.3-2　　弃渣场级别

渣场级别	堆渣量 V /万 m³	最大堆渣高度 H /m	渣场失事对主体工程或环境造成的危害程度
1	2000>V≥1000	200>H≥150	严重
2	1000>V≥500	150>H≥100	较严重
3	500>V≥100	100>H≥60	不严重
4	100>V≥50	60>H≥20	较轻
5	V<50	H<20	无危害

注　1．根据堆渣量、最大堆渣高度、渣场失事对主体工程或环境的危害程度确定的渣场级别不一致时，就高不就低。

　　2．渣场失事对主体工程的危害：指对主体工程施工和运行的影响程度；渣场失事对环境的危害：指对城镇、乡村、工矿企业、交通等环境建筑物的影响程度。

　　3．严重危害：相关建筑物遭到大的破坏或功能受到大的影响，可能造成人员伤亡和重大财产损失的；较严重危害：相关建筑物遭到较大破坏或功能受到较大影响，需进行专门修复后才能投入正常使用；不严重危害：相关建筑物遭到破坏或功能受到影响，及时修复可投入正常使用；较轻危害：相关建筑物受到的影响很小，不影响原有功能，无需修复即可投入正常使用。

（2）滑坡治理工程按《滑坡防治工程勘查规范》（DZ/T 0218）执行，泥石流治理工程按《泥石流灾害防治工程勘查规范》（DZ/T 0220），贮灰场治理工程按《火力发电厂贮灰场岩土工程勘测技术规程》（DL/T 5097），排泥场、矿山排土场、尾矿库的勘察按照《岩土工程勘察规范》（GB 50021）和《岩土工程勘察技术规范》（YS 5202）执行。

（3）各类水土保持工程的勘察要求详见表12.3-3。

12.3.1.3　勘察程序

1．一般程序

（1）编制勘察任务书。各阶段的工程地质勘察工作应根据勘察任务书或勘察合同的要求确定。勘察任务书或勘察合同应明确勘察阶段、规划设计意图、工程规模、天然建筑材料需用量及有关技术指标、勘察任务和对勘察工作的要求。

（2）资料收集和准备。在开展勘察工作前，应充分收集和分析已有地质勘察资料，进行现场踏勘，了解自然条件和工作条件。

（3）编制工程地质勘察大纲。工程地质勘察大纲应包括下列内容。

1）工程概况、任务来源、勘察阶段、勘察目的和任务。

表 12.3 - 3　　　　　　　　　　　　**各类水土保持工程的勘察要求**

工程名称	勘　察　要　求
拦沙坝	1. 库区工程地质勘察要求 （1）应以库区调查为主，应查明汇水面积及固体堆积物的来源、分布、储量等。 （2）对居民点、道路、桥梁等有影响的库岸变形段应进行专门性工程地质勘察。 2. 土石坝坝址工程地质勘察要求 （1）查明坝基基岩面起伏变化情况，沟谷谷底深槽的范围、深度及形态。 （2）查明坝基地层岩性，覆盖层的层次、厚度和分布。土质坝基应重点查明软土层、粉细砂、湿陷性黄土、膨胀土、架空层、漂孤石层等不良土层的分布情况；岩质坝基应重点查明坝基软弱岩体、断层破碎带、强风化层或强溶蚀层的厚度。 （3）查明岩溶塌陷或土洞、膨胀土胀缩性、地裂缝、滑坡体等不良地质作用及地质灾害的分布情况，评价其对工程的影响。 （4）查明坝址区主要构造发育特征，岸坡风化卸荷带的分布、深度。 （5）查明坝区岩溶发育规律、坝基主要岩溶洞穴的发育特性及分布。 （6）查明坝基水文地质结构，地下水埋深，土体与断层破碎带、强风化层或强溶蚀层的透水性。 （7）查明可能导致强烈渗透变形的集中渗漏带，提出处理的建议。 （8）提出有关岩土体物理力学参数、渗透系数以及主要土体、断层破碎带等的允许水力比降参数。对坝基不均匀沉陷、抗滑稳定、渗透变形、边坡稳定等问题作出评价。 3. 砌石或混凝土重力坝坝址工程地质勘察要求 （1）土质坝基的重力坝坝址除满足土石坝坝址的勘察要求外，还需查明下游冲刷区的覆盖层分层、厚度变化及其性状。 （2）岩质坝基的重力坝坝址除满足土石坝坝址的勘察要求外，还应包括以下内容： 1）查明坝基强风化层、强溶蚀层、易溶岩层、软弱岩层、软弱夹层等的分布、性状、延续性及工程特性。 2）查明断层、破碎带、裂隙密集带的具体位置、规模和性状，特别是顺沟断层和缓倾角断层的分布和特征。 3）查明坝基、坝肩主要结构面的产状、延伸长度、充填物性状及其组合关系。确定坝基、坝肩稳定分析的边界条件。 4）在喀斯特发育地区，应查明坝区喀斯特发育规律，主要喀斯特洞穴和通道的分布、规模与充填状况，喀斯特泉的位置和补给径流、排泄特征；重点查明坝基应力影响范围内分布的喀斯特洞穴与通道。 5）确定可利用岩面的高程，评价坝基工程地质条件，并提出对重大地质缺陷处理的建议。 6）查明泄流冲刷地段工程地质条件，评价泄流冲刷和雾化对坝基及岸坡稳定的影响。 7）根据需要提出主要岩体物理力学参数、断层破碎带的渗透系数与允许水力比降参数、主要软弱夹层与结构面的力学参数等。对坝基变形与抗滑稳定、渗透变形、边坡稳定等问题作出评价，提出处理的建议
大（1）型淤地坝	（1）库区工程地质勘察要求，可按拦沙坝库区勘察要求确定。 （2）坝址工程地质勘察要求，可按土石坝坝址勘察要求确定，均质黄土区可简化
弃渣场及防护工程	1. 弃渣场工程地质勘察要求 （1）查明弃渣场以及弃渣场外围汇水区域地形地貌特征，评价弃渣场堆渣后存在泥石流等次生灾害的可能性，并提出渣场排水与防冲刷的工程措施建议方案。 （2）查明堆渣区滑坡、泥石流等不良地质现象，范围应包括可能影响渣场稳定的区域。 （3）查明场地地层岩性，重点查明覆盖层的厚度、层次与软土、粉细砂等不良土层的分布情况。 （4）查明场地基岩面的形态、斜坡类型。斜坡类型的划分应符合《中小型水利水电工程地质勘察规范》（SL 55）的有关规定。 （5）查明岩体构造发育特征，重点查明顺坡向且倾角小于或等于自然斜坡坡角的软弱夹层、断层。 （6）提出主要土层的物理力学参数及渗透系数，主要软弱夹层、断层的抗剪强度参数。 （7）评价场地稳定性及堆渣后的整体稳定性。 （8）评价拦渣工程地基抗滑稳定、不均匀沉降、渗透变形等问题，并提出处理建议。 2. 弃渣场防洪排导工程地质勘察要求 （1）查明防洪排导工程沿线工程地质条件以及滑坡、泥石流等不良地质现象。 （2）提出主要岩土层的物理力学参数，评价防洪排导工程沿线建筑物地基、排水洞围岩及进出口边坡的稳定性，并提出处理建议。排水洞围岩分类应符合 SL 55 的有关规定
天然建筑材料	（1）应进行详查，确定所需天然建筑材料的质量、储量及开采、运输条件等，详查储量不得少于设计需要量的两倍。弃渣场拦挡及排导等工程所需的天然建筑材料可从主体工程所定的料场采取，亦可就近采取满足要求的建筑材料。 （2）天然建筑材料勘察宜按《水利水电工程天然建筑材料勘察规程》（SL 251）执行

2）勘察地区的地形地质概况及工作条件。

3）已有地质资料、前阶段勘察成果的主要结论及审查、评估的主要意见。

4）勘察工作依据的规程、规范及有关规定。

5）勘察范围、勘察内容与方法、重点研究的技术问题与主要技术措施。

6）勘探工作布置及计划工作量。

7）质量、环境与职业健康安全管理措施。

8）组织措施、资源配置及勘察进度计划。

9）提交成果内容、形式、数量和日期。

在勘察过程中，应根据具体情况的变化，适时对工程地质勘察大纲进行调整。

（4）工程地质调查或测绘。工程地质调查或测绘是水土保持工程勘察的基础工作。其任务是调查或测绘与水土保持工程有关的各种地质现象，分析其性质和规律，为评价工程建筑物区工程地质条件提供基本资料，并为勘探（轻型勘探、重型勘探）、试验和专门性勘察等工作提供依据。

（5）勘探与试验。勘探工作包括轻型勘探（物探、探坑、探槽、浅井、简易钻探等）、重型勘探（钻探、平洞、竖井、斜井等）。试验工作包括室内试验和现场试验，室内试验主要是岩石和土的物理力学性质试验；现场试验主要是岩体或土的变形试验、强度试验、水文地质试验及地质观测等。

（6）资料整理与分析。勘察过程中，要对工程地质调查或测绘、勘探、水文地质试验等原始资料及时进行整理与分析。

（7）成果编制。勘察外业结束后要进行地质报告和图件等成果编制。

2. 基本要求

（1）勘察工作应按勘察任务书（或勘察合同）的要求进行。

（2）结合勘察任务书与工程设计方案，编制工程地质勘察大纲。

（3）建筑物区勘察工作应遵循下列原则。

1）勘察工作应根据工程的类型和规模、地形地质条件的复杂程度综合运用各种勘察方法，且勘察方法应注重针对性和有效性。

2）在工程地质测绘基础上，应优先采用轻型勘探和现场简易试验，必要时可布置重型勘探工作。工程地质测绘应符合《水利水电工程地质测绘规程》（SL 299）的有关规定。

3）应抓住主要工程地质问题，充分运用已有工程经验，重视采用工程地质类比和经验分析方法。

（4）基岩的物理力学参数，可采用工程地质类比和经验判断方法确定，必要时应进行室内试验或现场

试验。土的物理力学参数、渗透系数、允许渗透比降应在试验成果的基础上，结合工程地质类比方法确定。岩土渗透性分级应符合《中小型水利水电工程地质勘察规范》（SL 55—2005）附录 D 的规定。

（5）对地震动峰值加速度在 $0.1g$ 及以上地区的饱和无黏性土、少黏性土地基的振动液化应作出评价。土的液化判别应符合《水利水电工程地质勘察规范》（GB 50487—2008）附录 P 的规定。

（6）在勘察工作中应及时整理和分析取得的地质资料，工作结束后，应提交工程地质勘察报告。

12.3.1.4　勘察工作

1. 勘察方法

水土保持工程常涉及的勘察方法包括工程地质测绘、工程地质坑探、工程地质钻探、工程地质物探、遥感技术应用、岩土试验、水文地质试验等。但其不同的工程，根据勘察要求不同，采用的勘察方法也会有所差异，一般将常用的几种勘察方法相结合。具体的水土保持工程勘察方法，可根据《水土保持工程调查与勘测规范》中的规定执行。

2. 资料整理

资料整理包括开展勘察工作前收集的已有资料整理、勘察过程中原始资料的整理、勘察外业工作结束后工程地质勘察报告编制的资料整理，均需及时按要求进行。

12.3.2　工程地质测绘

12.3.2.1　一般要求

1. 工程地质测绘范围及测绘比例尺

（1）工程地质测绘范围。生产建设项目水土保持工程各不同建筑物区及天然建筑材料场区工程地质测绘范围见表 12.3-4。

表 12.3-4　　工程地质测绘范围

工程名称	测　绘　范　围
拦沙坝	土石坝坝址区应包括建筑物场地和对工程有影响的地段；砌石或混凝土重力坝坝址区应包括建筑物场地和下游冲刷区
大（1）型淤地坝	坝址区应包括淤地坝、溢洪道及下游冲刷区等
弃渣场及防护工程	弃渣场工程包括弃渣场及周边一定区域，并根据安全防护距离适当扩大；拦渣工程与防洪排导工程应包括建筑物边界线外一定区域。 拦渣工程与防洪排导工程尚要沿建筑物轴线进行剖面地质测绘，对可能发生滑坡、泥石流等影响建筑物安全的区域，应扩大范围进行专门性问题的地质测绘
天然建筑材料	料场及周边一定区域

（2）工程地质测绘比例尺。生产建设项目水土保持工程各不同建筑物区工程地质测绘比例尺均属大比例尺，建筑物区工程地质测绘比例尺规定见表12.3-5。

表 12.3-5　建筑物区工程地质测绘比例尺规定

工程建筑物名称		测绘比例尺	
		平面图	剖面图
拦沙坝		1∶1000～1∶500	
大（1）型淤地坝		1∶2000～1∶500	
弃渣场及防护工程	弃渣场	1∶5000～1∶1000	
	拦渣与防洪排导工程	1∶2000～1∶500	1∶500～1∶200

天然建筑材料的勘察级别划分为普查、初查和详查，料场各个勘察级别均应开展地质测绘和调查工作，天然建筑材料各勘察级别地质测绘比例尺见表12.3-6。除普查1∶10000平面地质测绘属中比例尺外，其余均属大比例尺。

表 12.3-6　天然建筑材料各勘察级别地质测绘比例尺

勘察级别	测绘比例尺	
	平面图	剖面图
普查	1∶10000～1∶5000	
初查	1∶5000～1∶2000	1∶2000～1∶1000
详查	1∶2000～1∶1000	1∶2000～1∶500

2. 工程地质测绘精度要求

（1）工程地质测绘使用的地形图，必须是符合精度要求的同等或略大于地质测绘比例尺的地形图。当采用大于地质测绘比例尺的地形图时，须在图上注明实际的地质测绘比例尺。

（2）工程地质测绘中，对相当于测绘比例尺图上宽度大于2mm的地质现象，均应进行测绘并标绘在地质图上。对于评价工程地质条件或水文地质条件有重要意义的地质现象，即使图上宽度不足2mm，也应在图上扩大比例表示，并注明实际数据。

（3）为了保证工程地质测绘中对地质现象观察描述的详细程度，通常也采用单位面积上地质点的数量和观察线的长度来控制测绘精度。一般要求图上每4cm²范围内有一个地质点，地质点间距宜为相应比例尺图上2～3cm。地质点的分布不一定是均匀的，工程地质条件复杂的部位应多一些，而简单的地段可相对稀疏一些。

（4）为了保证精度，地质图上界线误差不得超过

2mm，因此，在工程地质测绘过程中，应注意对地质点及地质现象的精确定位。

3. 工程地质测绘填图单位

水土保持工程工程地质测绘比例尺均属大比例尺，其采用比例尺的工程地质测绘填图单位通常以岩性或工程地质岩组来划分。

4. 野外记录要求

（1）野外记录包括地质点描述、照片（素描）及原始图件，要求资料真实、准确、完整，相互印证、配套。

（2）凡图上表示的地质现象，都应有记录可查。

（3）地质点的描述应在现场进行，并注意点间描述和分析，内容全面，重点突出，对重要地质现象辅以照片、素描进行说明。

（4）地质点应统一编号，并采用专用卡片或电子记录。

12.3.2.2　工程地质测绘准备工作

1. 资料收集

为了解工作区研究深度，工程地质测绘开始前，要尽可能全面收集工作区有关资料，并进行分类和综合分析，研究其可利用的程度和存在的问题，编制有关图表和说明。资料收集主要包括以下内容。

（1）规划、设计资料，当地已有工程建设资料。

（2）地形资料。各类比例尺地形图，各类卫片、航片及陆摄照片等。

（3）区域地质、地震地质及地质灾害治理的相关成果，工程区前期勘察成果等。

（4）工作区水文气象、水文地质资料。

（5）工作区交通、行政区划、民风民俗等资料。

2. 现场踏勘

生产建设项目水土保持工程地质测绘比例尺除天然建筑材料普查1∶10000平面地质测绘属中比例尺外，其余均属大比例尺，在进行工程地质测绘前，应进行现场踏勘并编制工程地质测绘计划。踏勘线路可选择在代表工作区地层、地质构造特征以及有疑问的地段。踏勘的主要内容包括以下几个方面。

（1）了解测区基本地质条件，对已有成果进行现场验证，初步了解测区地质条件的复杂程度，初步确定具有代表性的实测剖面位置。

（2）了解现场工作条件，对相关的环境、安全条件进行评估，选择合适的工程地质测绘方法。

（3）根据现场地质情况和工作条件，明确测绘工作中需注意的问题等。

3. 工程地质测绘计划编制

工程地质测绘工作应根据勘察任务书和规范要求，编制工程地质测绘计划。充分了解设计内容、意

图、工程特点和技术要求，以便按要求进行工程地质测绘。工程地质测绘计划一般包括在工程地质勘察大纲内，特殊情况也可单独编制。其内容应包括以下几个方面。

(1) 任务要求、设计阶段与设计意图。

(2) 工作区地质概况，可能存在的主要工程地质问题。

(3) 工作方法、工作量和精度要求。

(4) 人员组织、装备投入、安全措施及质量保证措施。

(5) 计划线路、进度及完成日期。

(6) 工作条件及经费预算。

(7) 提交的成果。

12.3.2.3 工程地质测绘方法

1. 工程地质测绘基本方法

生产建设项目水土保持工程地质测绘基本方法采用地质点法。地质点法是通过对地质点的观察、分析，了解各点的地质现象，由不同地质点形成观察线，由不同观察线形成测绘面，根据测绘面的分析形成对地质体的全面认识。

地质点法的主要工作是野外地质点的布置、定位和观察。地质点法观察线路可根据需要采用横穿越法、界线追索法、全面查勘法。各种方法有如下特点。

(1) 横穿越法。观察线路横切岩层走向，可以最多地穿越测区不同地层，定出各类地质界线的位置，查清测绘地区地层分布情况及地质构造发育特点。在横穿线路与地质界线的交点部位，可以沿界线进行适当追索，以便对界线进行准确定位。

(2) 界线追索法。观察线路沿地质界线追索的方法，对主要地质界线逐条追索，并将结果反映在地质图上。

(3) 全面查勘法。全面观察测区内已有露头，把各种地质现象全部画在地质图上。

2. 工程地质测绘地质点定位

工程地质测绘地质点定位方法有估测与仪器测量两种。估测指用目测或简单地质罗盘交汇定位；仪器测量指采用满足精度要求的测量仪器进行定位。地质点定位方法的选择，与工程地质测绘精度密切相关。

生产建设项目水土保持工程地质测绘除天然建筑材料普查1∶10000平面地质测绘时，控制主要地质界线和地质现象的地质点应采用仪器测量定位外，其余工程地质测绘的地质点一般均应采用仪器测量定位。在合适的条件下，仪器测量可以选择满足精度要求的手持GPS进行现场定位。

12.3.2.4 工程地质测绘内容

1. 地貌

(1) 调查地貌形态特征和成因类型，划分地貌单元，分析各地貌单元的发生、发展及其相互关系，分析地貌与地层岩性、地质构造、第四纪地质等的内在联系，并划分各地貌单元的分界线。

(2) 调查地形的形态及其变化情况，植被的性质及其与各种地形要素的关系，重点调查冲沟的分布、密度、规模及形态特征，沟内水量、固体径流来源和产生坍塌、滑坡、泥石流的可能性，并分析其对工程建筑物的影响。

(3) 调查微地貌特征及其与地层岩性、地质构造和不良地质作用的联系，研究微地貌特点，确定工程建筑物区所属地貌类型或地貌单元。

(4) 调查河谷地貌发育史，河流阶地分布和河漫滩的位置及其特征，古河道、牛轭湖等的分布和位置。

(5) 调查地表水和地下水的运动、赋存与地貌条件的关系。

2. 地层岩性

地层岩性调查内容包括地层年代、分布变化规律、层序与接触关系，以及各地层岩性、岩相、厚度及变化特征。各类岩石的观察内容包括名称、颜色、矿物成分、结构和构造、坚硬程度、成因类型、厚度、标志特征、产状和接触关系等。

(1) 沉积岩地区。调查沉积岩沉积环境、沉积韵律、层理特征、层面构造、化石以及岩层或层组特征。

1) 碎屑岩类。调查碎屑矿物成分、颗粒大小、形状、分选情况、胶结情况（胶结类型、程度、物质）、层面、层理构造等。

2) 黏土岩类。调查矿物成分、结构、层面构造、胶结情况、泥化、崩解和失水干裂特征等。

3) 化学和生物岩类。调查矿物成分、结晶情况、特殊的结构和构造（如鲕状、竹叶状、瘤状及虎斑构造等）、层面特征、缝合线及岩溶现象等。

4) 在建筑物区，应着重调查软弱岩层或夹层的数量、厚度、层位、性状、分布情况及接触关系等。含煤地层应调查其层位及采空范围。

(2) 岩浆岩地区。调查岩浆岩成因类型、产出状态、规模、次序、与围岩的接触关系。

1) 侵入岩。深成或浅成，所处构造部位，与围岩穿插情况，流线、流层及蚀变情况等。建筑物区应重点研究侵入岩岩相，边缘接触面产状，岩墙、岩脉及其围岩风破碎情况，蚀变带、软弱矿物富集带分布情况。

2）喷出岩。岩性、岩相，分异变化情况，原生、次生构造，捕房体，韵律与旋回层序，喷发与溢流形式，喷溢次数，间歇情况，喷溢环境等。建筑物区应重点研究喷出岩的喷发间断情况（蚀变带、风化壳、黏土层、松散的砂砾石层等），层间接触关系以及熔渣、气孔和凝灰岩的泥化、软化、崩解等情况。

（3）变质岩地区。调查变质岩的成因、变质类型、变质程度和划分变质带，岩石的矿物成分、结构、构造、矿物的共生组合和交代关系等。

1）片麻岩类。片麻理构造，软硬矿物含量及风化特性，岩石的均一性和变化规律，岩体结构特点。

2）片岩类。片理、原岩层理的产状及其发育程度，软、硬矿物及片状矿物富集情况。

3）千枚岩、板岩类。原岩层理及产状，千枚状、片状或板状构造及劈开情况。

4）块状变质岩类。岩体完整性及裂隙，块状构造与片麻理构造的关系，大理岩的溶蚀情况等。

5）混合岩类。混合岩化程度，混合岩的类型，残留体的岩性及构造。必要时进行混合岩带的划分。

6）建筑物区应重点关注软弱变质岩带或软弱变质岩夹层的分布情况，岩脉的特性，千枚岩、片岩、板岩的软化、泥化和失水干裂现象。

（4）第四系地层地区。第四系地层调查内容包括成因类型、形成年代、土层名称、组成物质和性质、结构特征、厚度、均一性及变化情况等。第四系地层与工程建筑物关系密切，在建筑物区，应着重研究软土、分散性土、膨胀土、湿陷性黄土、粉细砂和架空的松散堆积层的性质、厚度、分布及其埋藏情况。

3. 地质构造

地质构造调查内容包括构造形迹的分布、形态、规模、结构面的性质、级别和组合方式，以及所属的构造体系，分析构造形迹的形成年代、相互关系和发展过程，研究各类构造的发育程度、分布规律、结构面的形态特征和构造岩的性质。

地质构造主要的构造类型有褶皱、断层、节理裂隙、劈理和片理等。

（1）褶皱。

1）褶皱类型、形态，两翼倾角，褶皱轴的位置、走向变化和倾伏方向、倾角。

2）组成褶皱的岩层年代、岩性、相变和两翼岩层厚度变化情况，褶皱内部小构造特征。

3）褶皱的形成时期、规模和组成形式。

4）对建筑物区发育的褶皱构造，应重点调查褶皱轴部岩层的破碎情况、两翼岩层层间错动情况，以及工程地质、水文地质特性。

（2）断层。

1）断层的位置、规模、性质、产状、空间分布和组合形式。

2）断层破碎带、影响宽度及充填和胶结情况。

3）断层破碎带的岩石破碎程度和物质结构情况，并进行构造岩分类或分带，可分为断层泥、碎粉岩、碎裂岩、碎块岩、角砾岩、片状岩。

4）断层两侧岩石层位，旁侧构造特征和断层面痕迹，判定两盘的相对错移方向和活动次数，并测定其断距。

5）断层切割的地层或岩脉以及断裂间的相互关系和性质的转化情况，分析断层的形成时期和发展过程。

6）在建筑物区，应着重调查区域性断层、活动层、顺河沟向大断层、缓倾角断层和断层交汇带的情况，并重点研究断层破碎带及影响带的宽度和构造岩的工程地质、水文地质特性。

（3）节理裂隙。

1）调查节理裂隙的产状、延伸长度、宽度、充填物质、节理裂隙间距和在不同岩性、不同构造部位中的变化情况及其发育程度。

2）节理裂隙面的形态特征，包括壁面粗糙、起伏、风化、蚀变等。可划分为明显台阶状、起伏粗糙、起伏光滑、平直粗糙和平直光滑五类。

3）主要节理裂隙组数和各组节理裂隙相互切割关系，以及节理裂隙密集带的分布情况。

4）缓倾角节理裂隙的分布位置、产状、连续性、宽度、形态特征和充填物性质，与其他结构面的组合形式。

5）应结合工程建筑物的位置，选择代表性地段及适当的范围，进行节理裂隙的详细调查。

（4）劈理和片理。调查劈理和片理所处构造部位、成因、产状、性质、规模、发育程度和与其他结构面的组合关系，以及劈理、片理的分布位置。

4. 水文地质

调查地下水类型、埋藏条件和运动规律，相对隔水层、透水层、含水层的分布及特征，水的物理性质、化学性质及动态变化，以及水文地质条件和水文地质作用对岩土体特性、建筑物和环境的影响。

（1）调查泉水的位置、高程、出流方向，出露处的地质条件、流量和动态，水的物理性质、化学成分和泉水沉积物情况，温泉的水温变化、成因及对工程的影响。

（2）了解水井的位置、井深、井口高程、井壁和井底的岩性与地质结构、井水位埋深、水位变幅、涌水量、水的物理性质和化学成分。

（3）调查地表水位置、分布范围、变化情况和所在层位，河、湖及溪沟等的流量、水位、性质。

（4）分析水的物理性质、化学类型及其补排关系和变化规律，对各种建筑材料的腐蚀性，研究含水层、透水层和相对隔水层的数目、层位、岩性、埋藏条件、分布情况、地下水分水岭位置及高程，分析透水层的透水性和相对隔水层的阻水可靠性，以及对建筑物的影响。

（5）建筑物区，应研究因水文地质条件的改变引起软弱岩层或软弱结构面性状的变化，及其对工程建筑物的影响。

5. 岩溶

调查可溶岩的分布、岩性、厚度、产状、结构、化学成分，岩溶地貌特征、类型，各种岩溶形态的分布位置、高程、规模，岩溶类型、组成形式、发育程度和发育规律，岩溶水文地质条件，分析岩溶对工程地段的渗漏条件和稳定性的影响。

（1）调查岩溶洼地、漏斗、落水洞的分布位置、形状、规模、层位、岩性、构造条件及地貌部位，落水洞地表水发育情况与下潜流量及其季节变化，各种形态的数量、密度及其空间分布规律，分析其与岩溶地下通道的关系。

（2）调查岩溶洞穴的位置、洞口、洞底高程、所在层位、岩性、构造情况、洞穴形态，洞内地下水、沉积物、堆积物性质以及洞体的完整性、稳定性，洞穴数量、密度、分布规律和连通情况；对溶蚀裂隙应调查其空间分布、规模、特征、延伸方向、充填情况以及与洞穴等的发育关系；判定岩溶洞穴的形成时期。

（3）调查各种岩溶泉的出露位置、高程、层位、岩性、构造条件及出水口的变迁情况。通过水温、流量测定，水质分析及连通试验或访问，了解其水位动态（特别是反复泉、多潮泉、涌泉等）和水力联系等，分析地下水的埋藏、补给、径流和排泄条件。对地下暗河还应测定其流量和流速。必要时，应对其方向、途径及水源区等进行专门调查。

（4）分析岩溶发育与地形地貌、岩性和岩组、地质构造、地文期和新构造运动、水文网的关系。

（5）在水库区，当可溶岩分布至邻谷或下游时，应扩大调查范围，了解其渗漏情况。

6. 物理地质现象

调查滑坡、崩塌、蠕变、泥石流、岩体风化及卸荷、冻土等的分布位置、形态特征、规律、类型和发育程度，分析产生的原因、发展趋势和对工程建筑物可能产生的影响。

（1）滑坡。

1）调查滑坡所处的地貌部位、滑坡体的分布位置、高程、范围、体积和形态特征。

2）调查滑坡体所在层位、岩性、构造部位、滑坡体的物质组成、原岩结构的破坏情况。

3）调查滑坡体的滑动面（带）位置、形态，滑动带物质组成、厚度、颗粒级配、矿物成分、含水状态等。

4）调查滑坡体的边界条件，分析其稳定性。

5）调查滑坡地区地震和水文地质条件、地表径流和地下水状况，以及人为因素的影响。

6）调查滑坡成因类型、形成时期及演化历史。

7）调查滑坡后缘山体的稳定性。

8）建筑物区和近坝库岸的滑坡体，应分析其稳定性、发展趋势及对工程的危害。

（2）崩塌。

1）调查崩塌体的位置、分布高程、范围和体积。

2）调查崩塌体的物质成分、结构和块体大小。

3）调查崩塌区的地层、岩性、地质构造、地貌和水文气象条件。

4）调查崩塌类型、成因和形成时期。

5）建筑物区，应着重分析崩塌区岩体和崩塌体的稳定性及其对工程的影响。

（3）蠕变。

1）调查蠕变体的位置、范围、高程、体积和形态特征。

2）调查蠕变体所在的地层、岩性、地质构造和岩体结构。

3）调查蠕变体的类型和成因。

4）建筑物区着重调查蠕动变形现象，对蠕变岩体进行分带，分析蠕变岩体的稳定性、发展趋势及对工程的影响。

（4）泥石流。

1）调查泥石流的位置、规模、物质组成和状态，以及泥石流发生的次数。

2）调查泥石流流域的地貌形态、地质结构及植被发育情况。调查形成区、流通区和堆积区的范围、规模，形成区可能启动物质的性质。

3）了解泥石流类型、流体性质、形成条件和形成时期。

4）分析对建筑物有影响的泥石流发展趋势、重新活动的可能性和对工程建筑物的影响。

（5）岩体风化卸荷。

1）调查岩体风化层的分布、形态特征，风化岩体的颜色、结构构造变化、破坏程度、风化裂隙发育情况、充填物及其性质、风化蚀变的次生矿物等，进行岩体风化程度分带。

2）分析岩体风化与岩性、构造、水文地质条件、地形地貌和气候等因素的关系，以及对工程建筑物的影响。

3）调查对建筑物有影响的卸荷岩体或卸荷裂隙的分布位置、产状、规模、发育深度和充填物性质。

（6）冻土。调查冻土的类型、埋深、冻融层厚度，多年冻土的分布、成分和厚度、低温结构和温度动态，冻土的物理力学性质及融解时的变化，冻胀和热融滑塌、沉陷的情况，冻土区的水文地质条件和物理地质现象。分析冻土工程对建筑物的影响。

（7）其他物理地质现象。调查对工程建筑物有影响的错落体、潜在不稳定体、塌陷区、采空区等的位置、规模和对工程建筑物的影响。

12.3.2.5 工程地质测绘资料整理

1. 原始资料的检查和整理

（1）检查各种原始资料及其内容是否齐全。

（2）整理野外测绘的资料和成果，包括野外原始记录、收集的资料、遥感技术资料、勘探试验成果、标本、照片和摄像资料等；编制各种综合分析图表，如镶嵌图、汇总表、分析图、素描图等。

（3）当测绘的资料与收集的资料出现矛盾，或存在疑难的、有争议的重大地质问题时，应进行野外复查和现场讨论，合理加以解决。

2. 工程地质测绘的成果

工程地质测绘成果包括图件和文字说明书（报告）。

（1）工程地质测绘图件包括实际材料图、综合地层柱状图、各类地质图、工程地质图、工程地质剖面图及其他需要编制的专门图件。

（2）工程地质测绘完成后，应根据需要编制工程地质测绘说明书或工程地质测绘报告。内容包括任务要求、测绘工作完成情况、测绘初步成果分析、存在问题及对地质勘察工作的建议。

3. 工程地质测绘成果的验收

工程地质测绘对后续勘察工作具有重要的影响，应对工程地质测绘成果进行验收。成果的验收主要包括以下内容。

（1）地质测绘采用的地形图精度是否满足要求。

（2）观察线路及地质点布置的合理性，包括线路和地质点位置选择的合理性，数量是否满足测绘精度控制要求，定点是否满足规定要求。

（3）野外描述内容的真实性和全面性，主要通过原始资料反映，对重要地质点、勘探点要进行现场复核、检查。

（4）图件内容的准确性、合理性，检查图件是否全面反映测绘工作内容，是否符合图件编制规定和要求等。

（5）文字报告的分析结论是否合理。

12.3.3 工程地质勘探

工程地质勘探主要包括物探、坑探、钻探三大类，其中坑探包含探坑、探槽、浅井、平洞、竖井、斜井等。

12.3.3.1 勘探工作布置原则

1. 勘探总体布置型式

工程地质勘探工作常用的布置型式有勘探点、勘探线、勘探网、结合建筑物基础轮廓等几种类型。

（1）勘探点。单一的勘探点控制的勘察范围较小，用于初步了解勘察区的基本地质条件或特殊地质现象。

（2）勘探线。按需要的方向沿线布置勘探点（等间距，或不等间距），用于了解沿线工程地质条件，初步判断地质体线状的变化特征。

（3）勘探网。勘探网点布置在相互交叉的勘探线及其交叉点上，形成网状，以了解工程区平面及立体的工程地质条件。

（4）沿建筑物基础轮廓线布置勘探点。勘探工作按建筑物基础类型、型式、轮廓布置，在勘探网布置的基础上，进一步查明选定建筑物地基地质条件。

2. 勘探布置基本原则

（1）勘探布置应在工程地质测绘基础上进行，遵循"由面到点""点面结合"的原则。

（2）考虑综合利用和适时调整的原则。无论是勘探的总体布置还是单个勘探点的布置，都要考虑综合利用，既要突出重点，又要兼顾全面，使各勘探点发挥最大的效用。在勘探过程中，与设计密切配合，根据新发现的地质问题，或设计意图的修改与变更，相应地调整勘探布置方案。

（3）勘探布置与建筑物类型和规模相适应的原则。不同类型的建筑物，勘探布置应有所区别。线型工程多采用勘探线的形式，主勘探线多沿建筑物轴线布置，且沿线隔一定距离布置一垂直于它的勘探剖面。土石坝、砌石或混凝土重力坝沿轴线并结合其上下游部位布置勘探点；排水洞按进出口、傍山和过沟地段、浅埋地段等布置勘探点。

（4）勘探布置应与地质条件相适应的原则。一般勘探线应沿着地质条件变化最大的方向布置。地貌单元及其衔接地段勘探线应垂直地貌单元界线，每个地貌单元应有控制点，两个地貌单元之间过渡地带应有勘探点。断层勘探点应在上盘布置坑孔，并穿过断层面。沿滑坡纵横轴线布孔、坑或井，其深度应穿过滑带到稳定岩土体。河谷部位勘探孔应垂直河流布置勘探线。查明陡倾地质界面，可采用斜孔或竖井，并使相邻两孔深度所揭露的地层相互衔接防止漏层。勘探点的密度应视工程地质条件的复杂程度而定。

（5）勘探布置密度与勘察阶段相适应的原则。不同的勘察阶段，勘探的总体布置、勘探点的密度、勘探手段的选择及要求均有所不同。一般而言，从初期后期的勘察阶段，勘探总体布置由线状到网状，范围由大到小，勘探点、线距由稀到密；勘探布置的依据，由以工程地质条件为主过渡到以建筑物的轮廓为主。

（6）勘探坑、孔的深度满足工程地质评价需要的原则。勘探坑、孔的深度应根据建筑物类型、勘探阶段、特殊工程地质问题、建筑有效附加应力影响范围、与工程建筑物稳定性有关的工程地质问题（如滑基移面深度、相对隔水层底板深度等）以及工程设计的特殊要求等综合考虑。对查明覆盖层的钻孔，孔深应穿过覆盖层并深入基岩，应大于最大孤石直径，防止误把孤石当基岩。

（7）勘探布置选取合理勘探手段的原则。在勘探线、网中的各勘探点，应视具体条件选择物探、轻型勘探、重型勘探等不同的手段，互相配合，取长补短。一般情况下，优先采用轻型勘探，必要时可选取重型勘探。

（8）勘探工作应以尽量减少对环境、安全生产的不利影响为原则。

3. 生产建设项目水土保持工程各不同建筑物区勘探布置原则

（1）拦沙坝、大（1）型淤地坝库区。

1）应以调查为主，查明汇水面积及固体堆积物的来源、分布、储量等。

2）对居民点、道路、桥梁等有影响的库岸变形段应进行专门性工程地质勘探，并符合 SL 55 中的有关规定。

（2）拦沙坝坝址。

1）土石坝。

a. 沿建筑物轴线应布置主勘探剖面线，地质条件复杂时可布置辅助勘探剖面线。主勘探剖面上坑、孔间距不宜大于100m，可根据地质条件变化加密或放宽，且勘探点不宜少于3个；辅助勘探剖面上的坑、孔间距可根据具体需要确定。

b. 当坑槽等轻型勘探方法无法揭示不良土层、基岩强风化或强溶蚀层时，在主勘探剖面上应有钻孔控制。

c. 基岩坝基钻孔深度应揭穿强风化或强溶蚀层，进入下部岩体深度不小于3m。土质坝基钻孔深度，当基岩埋深小于1倍坝高时，钻孔深度应进入基岩不小于3m；当基岩埋深大于1倍坝高时，钻孔深度应根据不良土层的埋深、厚度等综合确定，钻孔深度应能满足稳定、变形和渗透计算要求。

2）砌石或混凝土重力坝。

a. 勘探剖面线应根据具体地质条件结合建筑物特点布置，主勘探剖面线应沿坝轴线布置，勘探点间距宜为30～50m，且勘探点不少于3个，地质条件复杂区勘探点应适当加密。溢流坝段、非溢流坝段宜有代表性勘探纵剖面，纵剖面线下游延伸范围应包括下游冲刷区，勘探点间距可根据具体情况确定。

b. 坝轴线上应有钻孔控制。基岩坝基钻孔深度宜为坝高的1/3～1/2，且应揭穿强风化或强溶蚀层，进入下部岩体的深度不小于5m；覆盖层坝基钻孔深度，当下伏基岩埋深小于坝高时，钻孔进入基岩深度不小于5m；当下伏基岩埋深大于坝高时，钻孔深度应为建基面以下1.5倍坝高，在钻探深度内如遇有对工程不利影响的特殊性土层时，还应有一定数量的控制性钻孔，钻孔深度应能满足稳定、变形和渗透计算要求。

c. 勘探纵剖面上宜布置适量的钻孔，钻孔深度应根据具体地质条件与所处工程部位确定。

d. 对两岸岩体风化带、卸荷带、强溶蚀带以及对坝肩稳定有影响的断层破碎带等，宜布置平洞或探槽。

（3）大（1）型淤地坝坝址。

1）勘探方法应以轻型勘探为主，除均质黄土外，其余覆盖层坝基可辅以适量的重型勘探工作。

2）沿建筑物轴线应布置主勘探剖面线，地质条件复杂时可布置辅助勘探剖面线。主勘探剖面上坑、孔间距：丘陵峡谷区不宜大于50m，平原区不宜大于100m，可根据地质条件变化加密或放宽孔距，且勘探点不少于3个；辅助勘探剖面上的坑、孔间距可根据具体需要确定。

3）覆盖层坝基钻孔深度，当基岩埋深小于1倍坝高时，钻孔深度应进入基岩不小于3m；当基岩埋深大于1倍坝高时，钻孔深度应穿过对工程有不利影响的特殊性土层。溢洪道钻孔深度应进入设计建基面以下3～10m。

（4）弃渣场及防护工程。

1）弃渣场的勘探手段宜根据弃渣场类型、级别、地质条件等选择。以轻型勘探为主，对临河型、库区型与坡地型渣场宜布置钻探。

2）弃渣场堆渣区域勘探线宜垂直于斜坡走向布置，勘探线长度应大于规划堆渣范围。勘探线间距宜选用50～200m，且不应少于两条。每条勘探线上勘探点间距不宜大于200m，且不应少于3个，当遇到软土、软弱夹层等应适当增加勘探点。

3）拦渣工程主勘探线沿轴线布置，勘探点距离宜为20～30m，地质条件复杂区宜布置辅助勘探线。每条勘探线的勘探点不宜少于3个，地质条件复杂时可加密或沿勘探线布置物探对地质情况进行辅助判断。

4）在堆渣区，钻孔深度应揭穿基岩强风化层或表层强溶蚀层，进入较完整岩体 3～5m。在拦渣工程区，当松散堆积层深厚，钻孔不必揭穿其厚度时，孔深宜为设计拦渣体最大高度的 0.5～1.5 倍。

5）在弃渣场防洪排导工程的丁坝、顺坝、渡槽桩（墩）、排水洞进出口等部位，根据需要可布置适量的钻探工作。排水洞的勘察应符合 SL 55 的有关规定。

（5）天然建筑材料。应根据工程不同勘察阶段相对应的天然建筑材料勘察级别，宜按《水利水电工程天然建筑材料勘察规程》（SL 251）中的勘探布置规定执行。

12.3.3.2　物探

物探在工程地质勘察中是用来探测地层岩性、地质构造等有关地质问题的，且是较经济的轻便勘察方法。但其有些方法只能作为辅助判断，需要钻孔等作更进一步的勘探验证，如覆盖层厚度、分层等；有些方法在钻孔内实施，以便更进一步地查明地质条件，如主要结构面，喀斯特洞穴，软弱带的产状、分布、含水层和渗漏带的位置等，在勘察工作中应根据适用条件灵活选择。

生产建设项目水土保持工程各不同建筑物区采用的物探方法及作用如下。

1. 拦沙坝坝址

（1）土石坝。土石坝宜采用电法、地震波法探测覆盖层厚度、基岩面起伏情况及断层破碎带的分布；应根据需要进行孔内电视等方法探查喀斯特洞穴分布、含水层和集中渗漏带的位置。

（2）砌石或混凝土重力坝。砌石或混凝土重力坝宜进行钻孔声波、孔内电视、孔间层析成像、综合测井等方法探查结构面、喀斯特洞穴、软弱带的产状与分布、含水层和渗漏带的位置等。

2. 大（1）型淤地坝坝址

非均质黄土覆盖层分布区宜采用电法、地震法探测覆盖层厚度、基岩面起伏情况。

3. 弃渣场及防护工程

宜采用电法、地震波法探测覆盖层厚度、基岩面起伏情况。

12.3.3.3　轻型勘探

轻型勘探是指除物探（包括）外包含工程地质坑探中的探坑、探槽、浅井和工程地质钻探中为了解浅部土层的简易钻探。它是水土保持工程勘察中应优先采用的勘察方法，用来查明土层和浅表岩体风化带、卸荷带、溶蚀带以及断层破碎带等的地质条件。

1. 探坑

探坑深度小于 3m，开挖断面应满足地质勘察及施工的要求，一般呈矩形或圆形。探坑内有原位测试时断面应满足测试要求。开挖方法一般采用人工开挖。

2. 探槽

探槽深度一般小于 3m，开挖断面常呈矩形，施工方法采用人工开挖。

3. 浅井

浅井深度在 3～10m 之间，开挖断面一般呈矩形或圆形，开挖方法一般采用人工开挖。井壁松散、稳定性差的浅井，应进行必要的支护，可采用间隔支护、紧密支护、吊框支护、插板支护等形式。

4. 简易钻探

简易钻探包括小口径人力麻花钻钻进、小口径勺形钻钻进、洛阳铲钻进。

12.3.3.4　重型勘探

重型勘探包含工程地质坑探中的平洞、竖井、斜井等和常规工程地质机械岩芯钻探。它是水土保持工程勘察中，用来解决轻型勘探无法揭示的工程地质条件和需重点或进一步查明的工程地质条件的勘察方法。生产建设项目水土保持工程勘察对拦沙坝、大（1）型淤地坝、弃渣场及防护工程等各建筑物区所采取的重型勘探工作均有规定。

1. 平洞

平洞断面形状一般为方形或拱形。其断面尺寸应根据勘探目的、掘进长度、地质条件、施工方法等因素综合确定。平洞掘进完成后，应清理干净，需要时进行清洗，及时进行地质编录、样品采取等。洞内有原位测试时，清理时应对试验点做好保护。

2. 竖井、斜井

竖井深度不小于 10m，开挖断面一般呈矩形或圆形。其支护应满足开挖施工和地质编录、样品采取、原位测试等井内作业的安全要求；支护形式根据地层岩性条件和施工安全需要，可选用吊框支护、插板支护、锚杆支护等形式。

斜井开挖断面一般呈矩形、梯形、拱形，其井口选择应力求地形开阔，有足够的使用面积，满足井场布置的需要并避免干扰；支护应按需要和要求进行。

竖井、斜井开挖完成后，应将井壁、井底清理干净，需要时进行清洗，及时进行地质编录、样品采取等。井内有原位测试时，应对试验点做好保护。

3. 机械岩芯钻探

机械岩芯钻探是工程地质勘察中最广泛采用的一种勘探手段，即选择合适的钻机进行钻孔采取岩芯和孔内试验。钻探工作以查明地质条件为目的，应以地质勘察大纲或钻孔任务书为依据进行准备和施工。

钻孔孔深和钻孔结构应按工程地质提出的钻孔任务书要求进行；钻孔应严格控制非连续取芯钻进的回次进尺；岩芯钻探采取率亦应符合钻孔任务书要求；钻孔过程中应注意观测地下水位，量测地下水初见水位和稳定水位，如有多个含水层，应根据勘察要求决定分层量测水位；定向钻进的钻孔应分段进行孔斜测量，倾角和方位的量测精度应满足要求。

12.3.4 遥感技术应用

水土保持工程勘察中涉及遥感技术应用，如地貌单元划分、判定新构造活动情况和区域构造的位置与性质、地层岩性界线划分、库区汇水面积及固体堆积物的分布、不良地质作用与特殊岩土的分布、地下水露头的分布等可应用到遥感影像工程地质解译技术；地下洞室地质编录、岩质边坡地质测绘、开挖基坑地质编录等可应用到数码摄影地质编录技术。

12.3.4.1 遥感类型

1. 根据遥感平台的高度分类

按照遥感平台的工作高度，遥感可分为航天遥感、航空遥感、地面遥感，是工程地质勘察中常用的技术手段，详细特点及应用见表12.3-7。

表12.3-7 遥感按工作平台高度分类

分类	定 义	遥感平台	特点及应用
航天遥感（太空遥感）	从人造卫星轨道高度上对地球表面的遥感	地球人造卫星、航天飞机、宇宙飞船、航天空间站等	覆盖范围大，不受领空限制，可进行定期重复的轨道观测等。卫片在判明区域地质条件，特别是对活动断层分布特征的分析能发挥出独特的作用
航空遥感（机载遥感）	在航空飞行器的飞行高度上对地球表面的遥感	空中的飞机、飞艇、飞球等	机动性强，可以根据研究主题选用适当的遥感器、飞行高度和飞行区域。航片可作为大、中比例尺工程地质测绘底图，用于直观、准确地判明测绘区的基本地质条件，对研究区的崩塌、滑坡、泥石流等物理地质现象非常有效，多时相航片可用于某些地质现象的对比监测
地面遥感	遥感平台位于地球表面的遥感	高塔、车、船、三脚架等	可进行各种地物波谱测量。数码摄影地质编录技术和地面三维激光扫描技术是近几年新发展起来的地面遥感技术，适用于边坡、洞室、开挖基坑等小范围、大比例尺地质测绘，量测地物的产状、点坐标、迹线长、坡面积和挖填方量

2. 根据电磁波的波谱段分类

按传感器工作主要利用波谱段范围，遥感可分为紫外遥感（波谱段 $0.05\sim0.4\mu m$）、可见光遥感（波谱段 $0.4\sim0.76\mu m$）、红外遥感（波谱段 $0.76\sim14\mu m$）、微波遥感（$1\sim1000\mu m$）、多谱段遥感（波谱段 $0.4\sim1000\mu m$）、高光谱遥感（波谱段 $0.4\sim1000\mu m$）。

3. 根据电磁波来源分类

按电磁波来源，遥感可分为主动遥感和被动遥感。主动遥感又称有源遥感，指从遥感平台上的人工辐射源向目标发射一定频率的电磁波，再由遥感器记录其反射波的遥感系统；被动遥感又叫无源遥感，指用传感器从远距离接受和记录目标物自身发射的或反射自然物（太阳）辐射的电磁波，继而获取该目标物波谱特征的遥感。

12.3.4.2 遥感影像工程地质解译

1. 遥感图像解译概念

利用地质学、工程地质学等知识来识别与工程建设有关的地形地貌、地层岩性、地质构造、物理和化学地质现象、水文地质条件等地质作用和地质现象的过程，称为遥感图像的工程地质解译。

2. 遥感图像解译标志

遥感图像解译标志是指在遥感图像上能反映和判别目标物属性的图像特征，可分为解译直接标志和解译间接标志。

（1）解译直接标志。凡是能直接反映地质体和地质现象的影像特征，称为解译直接标志，包括目标物的形状、大小、阴影、色调、纹理、图案等。

（2）解译间接标志。通过研究、分析、推理、判断，能够辅助识别地物的一些现象，称为遥感图像的解译间接标志，包括水系、地貌形态、植物、水文、土壤、环境地质与人工、景观等。

3. 遥感影像解译的工作内容和方法

工程地质遥感工作一般分为准备工作、遥感图像处理、初步解译、外业调查验证与复核解译、最终解译与成果编制等内容。

（1）准备工作。准备工作包括资料搜集、遥感图像的质量检查和编录、整理等内容。

资料收集应包括以下内容。

1）按照勘察阶段不同，收集所需比例尺的地形图。

2）各种陆地卫星图像或图像数字磁带。

3）各种航空遥感图像（包括黑白航空相片和其他航空遥感图像）和热红外扫描图像（注意成像时间、气象条件、扫描角度、温度灵敏度、地面测温等资料）。

4）工程区的典型地物波谱特性资料。

5）拟建工程场址和线路位置等相关资料。

航空遥感图像质量检查的内容包括范围、重叠度、成像时间、比例、影像清晰度、反差、物理损伤、色调和云量等。

（2）遥感图像处理。遥感图像处理的目的是对初始遥感信息进行技术加工，突出工程所需的地质现象和信息，以满足地质解译、信息融合、专题制图等工程技术的要求。遥感图像处理分为光学图像处理和数字图像处理。遥感图像处理的要求如下。

1）遥感图像应进行几何纠正、色彩匹配、信息融合、镶嵌配准等处理，使之满足工程遥感勘察的精度要求。

2）应依据遥感图像的波谱特征、空间特性和时相特性以及阶段任务要求，选择相应的数学模型，采用相应的处理方法和方法组合。

（3）初步解译。初步解译前应根据工程需要、地质条件、遥感图像的种类及其可解译程度等，确定解译范围和解译工作量，制定解译原则和技术要求，建立区域解译标志。

1）遥感图像的可解译程度。遥感图像基岩和地质构造的可解译程度划分见表 12.3 - 8。

表 12.3 - 8　遥感图像基岩和地质构造的可解译程度划分

可解译程度	测　区　条　件
良好	植被和乔木很少，基岩出露良好，解译标志明显而稳定，能分出岩类和勾绘出构造轮廓，能辨别绝大部分的地貌、地质、水文地质细节
较好	虽有良好的基岩露头，但解译标志不稳定，或地质构造较复杂，乔木植被和第四系地层覆盖率小于50%，基岩和地质构造线一般能勾绘出来
较差	森林（植被）和第四系地层覆盖率达50%以上，只有少量基岩露头，岩性和构造较复杂，解译标志不稳定，只能判别大致轮廓和个别细节
困难	大部分面积被森林（植被）和第四系地层覆盖，或大片分布湖泊、沼泽、冰雪、耕地、城市等，只能解译一些地貌要素和地质构造的大体轮廓，一般分辨不出细节

2）遥感图像的调绘面积确定。遥感图像解译成果需用航测仪器成图时，应按规定划定的调绘面积。调绘范围在相片调绘面积内或压平线范围内进行；当相片上无压平线时，距相片边缘不应小于1.5cm。

3）遥感图像解译的方法和技术要求。

a. 详细研究各种资料，选择各类地物或地质现象中有代表性的影像特征，建立解译标志，并在解译中不断补充、修改、完善解译标志。

b. 对立体像对的图像，应利用立体解译仪器进行观察。

c. 遥感图像在解译过程中，应按"先主后次，先大后小，从易到难"的顺序，反复解译和辨认；重点工程应仔细解译和研究。

d. 应按规定的图例、符号和颜色，在航片上进行地质界线勾绘和符号标记。

4）遥感图像的调绘和解译内容见表 12.3 - 9。

表 12.3 - 9　遥感图像的调绘和解译内容

遥感目标物	调绘和解译内容
地形地物	（1）交通线位置和道路类型。 （2）居民点、耕地、植被、水系等的范围界线。 （3）地形划分出平原、丘陵和山区等地势范围
地貌	（1）各种地貌形态、类型以及地貌分区界线。 （2）地貌与地层（岩性）、地质构造之间的关系。 （3）地貌的个体特征、组合关系和分布规律
水系	（1）水系形态的分类、水系密度和方向性的统计，冲沟形态及其成因。 （2）河流袭夺现象、阶地分布情况及特点。 （3）水系发育与岩性、地质构造的关系。 （4）岩溶地区的水系应标出地表分水岭的位置
地层岩性	（1）根据已有的地质图，确定地层、岩性（岩组）的类型，并进行地层、岩性（岩组）划分，估测岩层产状。 （2）对工程地质条件有直接影响的单层岩石应单独勾绘出来。 （3）确定第四系地层的成因类型和时代。 （4）不同地层、岩性（岩组）的富水性和工程地质条件等的评价
地质构造	（1）褶皱的类型、褶皱轴的位置、长度和倾伏方向。 （2）断层的位置、长度和延伸方向，断层破碎带的宽度。 （3）节理延伸方向和交接关系，节理密集带分布范围。 （4）隐伏断层和活动断层的展布情况

续表

遥感目标物	调绘和解译内容
水文地质	(1) 大型泉水点或泉群出露的位置和范围。 (2) 湿地的位置和范围。 (3) 潜水分布和第四系地层的关系
不良地质作用与特殊岩土	(1) 各种不良地质作用的类型及其分布范围。 (2) 不良地质作用的分布规律、产生原因、危害程度和发展趋势。 (3) 特殊岩土的类型及其分布范围

初步解译后，应编制遥感地质初步解译图，其内容应包括各种地质解译成果、调查路线和拟验证的地质观测点等。

(4) 外业调查验证与复核解译。

1) 外业调查验证与复核解译的工作内容。

a. 对工程有影响或有疑问的地质现象或地质体。

b. 对工程有影响的重大不良地质作用和特殊岩土。

c. 尚未确定的地层、岩性（岩组）界线，地质构造线等。

d. 解译结果和现有资料不一致的地质问题。

2) 外业调查验证与复核解译的一般规定。

a. 在遥感图像上，每条地质界线应布设 1 个验证点，当地质界线显示不清晰时应增设验证点。

b. 航空遥感工程地质外业验证点平均密度确定见表 12.3 - 10。

c. 外业验证调查中应搜集和验证遥感图像的地质样片。

表 12.3 - 10　航空遥感工程地质外业验证点平均密度

测图比例	验证点数/(个/km²)	
	第四系覆盖地区	基岩裸露区
1：50000	0.1～0.3	0.5～1.0
1：25000	0.2～1.0	1.0～2.5
1：10000	0.5～2.0	1.5～4.5
1：5000～1：2000	2.0～5.0	6.0～15.0

(5) 最终解译与成果编制。外业验证调查结束后，应进行遥感图像的最终解译，全面检查遥感解译成果，并应做到各种地层、岩性（岩组）、地质构造、不良地质作用等的定名和接边准确。遥感图像和遥感工程地质成图的比例关系应符合有关规定。

12.3.4.3　数码摄影地质编录技术

1. 基本概念

数码摄影地质编录（测绘）技术是将遥感、摄影测量、三维虚拟仿真和计算机辅助绘图技术同工程地质理论与实践相结合，进行工程各类场地的地质编录（测绘）的综合应用技术。其以普通数码相机作为遥感器，以三脚架上架设数码相机方位控制装置作为平台，采用可见光摄影方式，在地面站点拍摄目标场地的数码图像，依据摄影测量原理，经过一系列人机交互操作，获得工程场地的立体影像模型，经图像地质解译和三维地质素描，提取地形地质空间属性数据，最终按照地质编录要求输出有关图表等成果。

2. 仪器设备组成与操作步骤

(1) 仪器设备组成。数码摄影地质编录系统一般由三脚架、操作控制台、普通数码相机、计算机等硬件设备和专门的摄影测量与地质编录软件组成。

(2) 操作步骤。数码摄影地质编录系统一般按照五个主要步骤进行，分别是拍摄模式优选、数码图像拍摄、三维影像模型建立、空间属性数据提取、空间属性数据利用，其工作步骤说明见表 12.3 - 11。

表 12.3 - 11　数码摄影地质编录系统工作步骤说明

工作步骤	使用硬件	使用软件	获得成果
拍摄模式优选	计算机	图像编辑	拍摄方案
数码图像拍摄	三脚架（可选）、操作台（可选）、数码相机	数码相机内置程序	数码图像
三维影像模型建立	计算机	摄影测量、三维建模	三维影像模型
空间属性数据提取	计算机	三维绘图、GIS	地形地质数据
空间属性数据利用	计算机	二维绘图、数据统计	地质编录图表

3. 工程地质应用

(1) 基本应用。

1）点坐标测量。点坐标测量可用于勘探点的布置和放样，以及地质变形体上监控点位移值的计算等方面。

2）产状量测。根据地质结构面产状特征点的获取方式，产状量测可分为全自动搜索、半自动计算和手工拾取三种方法，原理上都是依据地质结构面出露迹线或面上的三个或三个以上的点坐标，求算地质结构面平均产状和产状变化范围。

3）长度测量。长度测量可用于获取地质结构面延伸长度、地质体（例如滑坡、泥石流、崩塌体）的分布规模、地下洞室塌方的大小等信息。

4）面积测量。面积测量可应用于计算沟谷的汇水面积、边坡滑裂面面积、堆积体面积等。

5）体积测量。依据三维影像模型，以及判别的多组地质结构面，可分析计算边坡地质结构面与临空面形成的潜在不稳定块体的体积。在施工地质工作中，可将施工后的实际挖填地形与自然地形或设计坡面进行对比，可计算工程挖填方量、超欠挖方量和工程塌方方量等。体积测量可以选择实体三维建模和断面法两种方式计算。

（2）综合应用。

1）地下洞室地质编录。利用多站点拍摄的数码图像，通过系列人机交互操作，建立地下洞室三维影像模型，然后基于该模型判识并绘制地质结构面出露迹线，依据迹线的多点分布特征量测产状，最终将三维迹线转绘成地下洞室的二维展示图。

2）岩质边坡地质测绘。根据工程边坡的测绘范围大小、形状以及适合拍摄的位置和距离，图像拍摄可选择基本拍摄模式、扩展拍摄模式和条带拍摄模式，摄站点宜选择在能够近垂直角度拍摄边坡的位置。利用边坡的三维影像模型，不仅可以快速生成地形等高线，还可以直观地描绘地质结构面的出露迹线。在这些地形地质线的基础上，增加文字标注、图名、图例等，便可高效完成边坡地质测绘所要求的大部分内外业地质工作。

3）开挖基坑地质编录。图像拍摄采用条带式拍摄模式，分左岸、右岸、河床三个部分来完成，且摄站点选择在两岸的高位，即在坝肩槽的上游和下游各选定一个摄站点拍摄基坑在对岸或河床的部位。基于开挖基坑的三维影像模型，可以提取地质结构面出露迹线数据，完成基坑地质编录，绘制二维平面图和展示图。也可以为基坑开挖前后分别建立三维影像模型，将原始地形、开挖后地形和基坑设计开挖面三者作对比，则可以求算基坑实际开挖的方量和基坑局部的超欠挖方量。

4）其他工程地质应用。其他工程地质应用包括

潜在不稳定体地质调查和监测、天然建筑材料储量调查、溶洞地质调查等。

4．技术应用特点

（1）技术优点。

1）瞬间获取目标的大量几何信息和物理信息，适合对复杂工程目标的整体监测和分析，还能适应动态目标的测定。

2）非接触式的空间信息获取手段，更适合于人员难以直接到达或存在安全隐患的工程场地，可以部分替代传统作业任务。

3）现场工作量少，设备轻便，操作简单，作业速度快。

4）全数字化的内业数据整理，快速高效。

5）普通定焦单反数码相机容易购置，价格相对较低，适合在多个作业面同时配置。

（2）技术缺点。

1）采用被动式方法获取目标物的电磁波信息，必然受地表植被的影响而无法测得准确的地形数据。

2）采用可见光波段作业，数据采集能力受现场照明条件影响较大，在地下洞室的黑暗环境中需要配置辅助照明设备。

3）在空气温度非常不均匀或高温的环境中，数码相机拍摄的图像会发生变形而不能使用。

4）技术测量精度受多种因素影响，一般仅能达到厘米级，工程适用范围有限，不适合应用于岩土体或建筑物的微小变形观测。

12.3.5　常用的岩土体物理力学试验方法和参数

土体物理力学性质的研究成果，广泛应用于评价土质地基的承载与变形、坝基抗滑稳定、坝基渗漏与渗透稳定、坝基饱和砂土液化与软土震陷等问题及土质边坡稳定性，也是建筑土料质量评价的依据。

岩石（体）物理力学性质的研究成果，广泛应用于评价岩质地基的承载与变形、坝基（肩）抗滑稳定、坝基渗漏与渗透稳定、地下洞室围岩稳定、岩质边坡稳定等问题，也是建筑石料原岩质量评价的依据。

土体、岩石（体）物理力学性质测试，是使用测试装置通过实验或试验获取目标样本物理力学性质指标的技术过程。

12.3.5.1　常用的岩土体物理力学试验方法

1．土工试验方法

（1）室内土工试验。常用室内土工试验见表 12.3－12。

表 12.3 - 12　　　　　　　　　　　　**常用室内土工试验简介**

项目	方法	目　的	适 用 范 围
颗粒分析试验	筛分法	测定各粒组含量、小于某粒径试样质量占试样总质量的百分数，绘制土的颗粒大小分布曲线；确定土的特征粒径（如 d_{10}、d_{60} 等）；计算土的不均匀系数 C_u 和曲率系数 C_c；对土进行分类定名	粒径大于 0.075mm 且不大于 60mm 的各类土
	密度计法		粒径不大于 0.075mm 的细粒类土
比重试验	比重瓶法	测定土颗粒的比重 G_s，计算孔隙比 e 等指标	粒径不大于 5mm 的各类土
	浮称法		粒径不小于 5mm、但大于 20mm 的颗粒质量小于总质量 10% 的砾类土
	虹吸筒法		粒径 5～60mm 的砾类土
密度试验	环刀法	测定土的天然密度 ρ、计算干密度 ρ_d、孔隙比 e 等指标	易切削的砂类土和细粒类土的原状样和击实样
	蜡封法		易碎裂、含粗粒土或不规则的坚硬土
含水率试验	烘干法	测定土的含水率 ω、计算干密度 ρ_d、饱和度 S_r 等指标	各类土，是测定含水率的标准方法
	酒精燃烧法		细粒类土和砂类土
	炒干法		各类土，在现场无烘箱时使用
界限含水率试验	联合测定法	测定土的液限和塑限含水率 ω_L、ω_P，计算塑性指数 I_P	细粒类土。试验时需将土样中大于 0.05mm 粒径的颗粒筛除
	碟式仪法	测定土的液限含水率 ω_L	
	搓条法	测定土的塑限含水率 ω_P	
相对密度试验	相对密度仪法	测定试样的最小干密度 $\rho_{d\min}$ 和最大干密度 $\rho_{d\max}$，计算无黏性土在天然状态下的相对密度 D_r	砂类土
	振动台法		分为干法和湿法，适用于最大粒径为 60mm 且能自由排水的无黏性粗粒土
击实试验		绘制试样的干密度与含水率关系曲线；确定土的最大干密度 $\rho_{d\max}$ 和最优含水率 ω_{oP}	分为轻型击实和重型击实试验，击实功能分别为 592.2kJ/m² 和 2687.9kJ/m²。击实仪分为小型和大型两种，小型击实仪适用于粒径不大于 5mm 的黏性细粒土，做重型击实时可用于粒径不大于 20mm 的黏性土；大型击实仪适用于最大粒径为 60mm 的黏性粗粒土
毛细管水上升高度试验	直接观测法	测定土中毛细管水的上升高度	粗砂和中砂土
	土样管法		细砂和细粒类土
渗透试验	常水头法	测定土的渗透系数 K	主要用于无黏性土
	变水头法		主要用于黏性土
渗透变形试验	常水头法	测定土的渗透系数 K、临界水力比降 i_{cr}、破坏水力比降 i_f	各种土类。当将设计的反滤料装填在土样下游面并视需要施加反压力后进行试验时，即为反滤试验
固结试验	标准法	测定土的压力与变形、变形与时间等关系，计算压缩系数 a_v、压缩模量 E_s、体积压缩系数 m_v、压缩或回弹指数 C_c（C_s）、固结系数 C_v、先期固结压力 P_c	各种饱和土类。当只进行压缩试验时，可用于非饱和土类
	应变控制法		
	快速法	测定土的压力与变形关系，计算压缩系数 a_v、压缩模量 E_s	
黄土湿陷试验		测定湿陷性黄土的湿陷系数 δ_s、自重湿陷系数 δ_{zs}、溶滤变形系数 δ_{ul} 等	湿陷性黄土

续表

项目	方法	目　的	适　用　范　围
直接剪切试验	快剪（Q）	测定土在不固结不排水状态下的强度参数 c、φ	各类土
	固结快剪（CQ）	测定土在固结不排水状态下的强度参数 c、φ	
	慢剪（S）	测定土在固结排水状态下的强度参数 c、φ	
	反复剪（R）（残余剪）	测定土在多次剪切后趋于稳定的强度参数 c、φ	
三轴剪切试验	不固结不排水剪（UU）	测定土在不固结不排水状态下的总强度参数 c、φ	各类土
	固结不排水剪（CU、$\overline{CU}$）	测定土在固结不排水状态下的总强度参数 c、φ；测定孔隙水压力，计算土的有效强度参数 c'、φ'	
	固结排水剪（CD）	测定土在固结排水状态下的有效强度参数 c'、φ'	
应力应变参数试验		计算确定土的应力应变关系 $E-B$、$E-\mu$、$K-G$ 等数学模型的参数	各类土
孔隙压力消散试验		测定土的孔隙压力系数 B、某时刻孔隙压力消散百分数 D_c、孔隙压力消散系数 C'_v	饱和度大于 85% 的原状细粒土和含水率大于最优含水率的扰动细粒土
无侧限抗压强度试验		测定土的无侧限抗压强度 q_u 和土的灵敏度 S_t	原状饱和细粒土。需测定土的灵敏度时，应再测定其扰动无侧限抗压强度
静止侧压力系数试验		测定土在不同压力下的侧向压力，确定土的静止侧压力系数	粒径小于 0.5mm 原状土或击实土
膨胀试验	自由膨胀率试验	测定土的自由膨胀率 δ_{ef}	粒径小于 0.5mm 无结构状况下的黏性土
	膨胀率试验	测定土在有侧限条件下无荷载和有荷载时的膨胀率 δ_e、δ_{ep}	原状土和击实土
	膨胀压力试验	测定土在浸水后产生的膨胀压力 P_e	
抗拉强度试验		测定土的单轴抗拉强度	最大粒径小于 5mm 的黏质土
动力特性试验	振动三轴试验	测定土的动强度 c_d、液化应力比 τ_d/σ_0'、动弹性模量 E_d、动剪切模量 G_d、阻尼比 λ_d	砂类土和细粒类土
	共振柱试验	测定土的动弹性模量 E_d、动剪切模量 G_d、阻尼比 λ_d	

（2）现场土工试验。常用现场土工试验见表 12.3-13。

（3）钻孔土工试验。常用钻孔土工试验见表 12.3-14。

2. 常用的岩石（体）试验方法

（1）岩石试验。常用岩石室内试验见表 12.3-15。

表 12.3 - 13   **常用现场土工试验简介**

项目	方法	目　　的	适 用 范 围
密度试验	灌砂法	测定土的天然密度 ρ	各类土
	灌水法		
渗透试验	试坑注水法	测定土的渗透系数 K	渗透系数较小的土类
渗透变形试验	常水头法	测定土在原位或原状条件下的渗透系数、临界水力比降、破坏水力比降	具有一定黏结力的各类土或岩石软弱夹层
直接剪切试验	平推法	测定土的抗剪强度参数 c、φ	主要适用于粗粒土在尽可能保持土的原状结构不被扰动条件下测定其抗剪强度，也可用于地基土对混凝土板的抗滑试验
载荷试验	承压板法	测定土的承载力和变形模量	各类土。承压板采用圆形或正方形钢质板，承压板直径或边长与土中最大颗粒粒径之比不宜小于 5，面积不宜小于 $1000cm^2$

表 12.3 - 14   **常用钻孔土工试验简介**

项目	方法	目　　的	适 用 范 围
十字板剪切试验		测定饱和软黏土的不排水抗剪强度、残余强度和灵敏度	饱和软黏土。不宜用于较硬的黏土、砂土及粉土
标准贯入试验		据标准贯入击数判别土层变化，确定土的承载力	细粒土和砂类土
静力触探试验		测定探头贯入阻力和孔隙水压力等指标，计算得出贯入阻力、锥头阻力、侧壁摩阻力、摩阻比以及孔隙水压力、固结系数、消散度和静探孔压系数等指标。确定土的承载力	细粒土和砂类土
动力触探试验	轻型	测定圆锥探头用锤击的方式贯入土中时的击数，计算动贯入阻力。确定土的承载力	细粒土
	重型		砂类土和砾类土
	超重		砾类土、巨粒类土，以及软岩、风化岩
旁压试验	自钻式	测定土体的承载力、旁压模量、不排水抗剪强度指标	各类土
	预钻式		
波速试验	单孔法	测定波速，计算土的动剪切模量、动弹性模量、动泊松比等动力特性参数	各类土
	跨孔法		
	面波法		
注水试验	常水头法	测定土的渗透系数；判定土层渗透性	渗透性比较大的粉土、砂土和砂卵砾石层
	降水头法		渗透性比较小的黏性土

表 12.3 - 15　　　　　　　　　　　　　　常用岩石室内试验简介

项目	方法	目　的	适 用 范 围
比重试验	比重瓶法	测定岩石的比重 G_s	各类岩石
密度试验	量积法	测定岩石的密度 ρ	能制备成规则试件的各类岩石
	水中称量法		除遇水崩解、溶解和干缩湿胀的岩石
	密封法		不能用量积法或水中称量法进行测定的岩石
含水率试验	烘干法	测定岩石的含水率 ω	各类岩石
吸水性试验	自由浸水法	测定岩石自由吸水率 ω_a	遇水不崩解、不溶解和不干缩湿胀的岩石
	煮沸法或真空抽气法	测定岩石饱和吸水率 ω_{sa}	
膨胀性试验	自由吸水法	测定岩石自由膨胀率 V_H	遇水不易崩解的岩石
	侧向约束吸水法	测定岩石侧向约束膨胀率 V_D	各类岩石
	体积不变吸水法	测定岩石体积不变条件下的膨胀压力 V_{HP}	
耐崩解性试验	烘干、浸水反复循环法	测定岩石耐崩解性指数 I_{d2}	遇水易崩解的岩石
单轴抗压强度试验	无侧向约束加压法	测定岩块的烘干、饱和及天然抗压强度 R	能制成规则试件的各类岩石；对软岩宜采用天然状态，并配合物理性质进行
冻融试验	直接冻融法	测定岩石冻融系数 K_{fm}	能制成规则试件的各类岩石
单轴压缩变形试验	电阻应变片法或千分表法	测定岩石弹性模量 E 和泊松比 μ	能制成规则试件的各类岩石
三轴试验	等侧向压力轴向加压法	测定岩石抗剪强度参数 f、c 值	能制成圆柱形试件的各类岩石
抗拉强度试验	劈裂法	测定岩石抗拉强度 σ_t	能制成规则试件的各类岩石
	轴向拉伸法		
直剪试验	平推法	测定岩石、结构面以及混凝土与岩石接触面抗剪强度参数 f、c 值	各类岩石
点荷载强度试验	无侧向约束加压法	测定岩石点荷载强度 I_s	各类岩石
岩石磨片鉴定	偏光显微镜下鉴定法	进行岩石定名	各类岩石
岩块超声波测试	脉冲超声法和共振法	岩块纵波速度 v_{pr}	能制成规则试件的各类岩石

（2）岩体试验。常用岩体现场试验见表12.3-16。

表 12.3-16　　　　　　　　　　　　常用岩体现场试验简介

项目	方法	目　的	适用范围
岩体变形试验	洞、井承压板法	测定岩体变形参数（弹性模量 E、变形模量 E_0）	刚性承压板法适用于各类岩体，柔性承压板法适用于完整、较完整的岩体
	地表原位刚性承压板法		无专门勘探的开阔建基面、边坡内的各类岩体
	大面积中心孔承压板法		刚性承压板法适用于各类岩体，柔性承压板法适用于完整、较完整的岩体
	狭缝法		完整、较完整的岩体
	双（单）轴压缩法		完整、较完整的岩体
	钻孔径向加压法		钻孔膨胀计和钻孔压力计适用于完整、较完整的中硬岩和软质岩，钻孔千斤顶适用于完整、较完整的硬质岩
	径向液压枕法		有自稳能力的岩体
岩体强度试验	平推法或斜推法	测定岩体、结构面、混凝土与岩体接触面抗剪强度参数	各类岩体、结构面
	平推法	测定岩体软弱结构面蠕变参数	岩体中各类软弱结构面，试验应在恒温、恒湿的条件下进行
	等侧压加压法	测定岩体抗剪强度参数	各类岩体
岩体载荷试验	刚性承压板法	测定岩体变形模量 E_0 和比例界限压力 P_0、极限压力 P_{KP}	各类岩体
岩体弹性波测试	声波（穿透法或平透法）	测定岩体波速	各类岩体
	地震波法		
钻孔压水试验	吕荣法	测定岩体的透水率 q；判定岩体的透水性	钻孔无套管，清水钻进基岩段

12.3.5.2　常用的岩土体物理力学参数

1. 土体物理力学参数

（1）土体的物理力学参数取值原则。

1）土体的物理力学参数选取应以试验成果为依据。当土体具有明显的各向异性或工程设计有特殊要求时，应以原位测试成果为依据。

2）收集土体试验样品的原始结构、颗粒成分、矿物成分、含水率，以及试验方法、加载方式等相关资料，分析试验成果的可信程度。

3）试验成果按土体类别、工程地质单元、区段或层位分类，可采用数理统计法整理，在充分论证的基础上舍去不合理的离散值。

4）试验成果经过统计整理并考虑保证率、强度破坏准则后确定土体物理力学参数标准值。根据建筑物地基的工程地质条件、土体试样代表性、实际工作条件与试验的差别，对试验标准值进行调整，提出土体物理力学参数地质建议值。

（2）土体的物理力学参数取值方法。

1）土体的物理水理性质参数取值方法。土体的物理水理性质参数应以试验算术平均值作为标准值。

2）土体的渗透性参数取值方法。土体的渗透性参数取值方法见表12.3-17。

3）土体的承载及变形参数取值方法。有关地基土体承载力的定义见表12.3-18，土体的承载及变形参数试验标准值取值方法见表12.3-19。

表 12.3－17　土体的渗透性参数取值方法

渗透性参数	取值方法
渗透系数	（1）可根据土体结构、渗流状态，采用室内试验或原位（现场）的大值平均值作为标准值。 （2）用于水位降落和排水计算的渗透系数，应采用试验的小值平均值作为标准值
允许水力比降	（1）允许水力比降值应以土的临界水力比降为基础，除以安全系数确定。安全系数的取值，一般情况下取 1.5～2.0，即流土型通常取 2.0，对特别重要的工程也可取 2.5；管涌型一般可取 1.5。临界水力比降值等于或小于 0.1 的土体，安全系数可取 1.0。 （2）允许水力比降值也可参照现场及室内渗透变形试验过程中，细颗粒移动逸出时的前 1～2 级比降值选取其允许比降值，不再考虑安全系数。 （3）当渗流出口有反滤层保护时，应考虑反滤层的作用，这时土体的水力比降值应是反滤层的允许水力比降值

表 12.3－18　地基土体承载力的定义

名称	定义	备注
地基极限荷载	整个地基处于极限平衡状态时所承受的荷载	《地质辞典》（地质矿产部地质辞典办公室，1983）
地基容（允）许承载力	在保证地基稳定的条件下，建筑物的沉降量不超过容许值的地基承载能力	
地基承载力特征值 f_{ak}	由载荷试验测定的地基土压力变形曲线线性变形段内规定的变形所对应的压力值，其最大值为比例界限值。可由载荷试验或其他原位测试、公式计算，并结合工程实践经验等综合确定	GB 50007—2011
修正后的地基承载力特征值 f_a	从载荷试验或其他原位测试、经验值等方法确定的地基承载力特征值经深、宽修正后的地基承载力值。按理论公式计算得来的地基承载力特征值不需修正	

表 12.3－19　土体的承载及变形参数试验标准值取值方法

承载及变形参数	取值方法
承载力	（1）根据载荷试验成果的比例极限确定特征值。 （2）根据钻孔标准贯入试验、动力触探试验、静力触探试验、旁压试验等测试成果确定，以试验成果的算术平均值作为标准值

续表

承载及变形参数	取值方法
压缩模量 E_s	从压缩试验的压力-变形曲线上，以建筑物最大荷载下相应的变形关系选取试验值，或按压缩试验的压缩性能，根据其固结程度选定试验值，以试验成果值的算术平均值作为标准值；对于高压缩性软土，宜以试验压缩模量的小值平均值作为标准值
变形模量 E_0	从有侧胀条件下土的压力-变形曲线上，以建筑物最大荷载下相应的变形关系表示。以试验成果值的算术平均值作为标准值

以下为动力触探、标准贯入及静力触探试验土的允许承载力的确定。

a. 根据动力触探、标准贯入锤击数和静力触探比贯入阻力的标准值确定地基承载力特征值时，可查表 12.3－20～表 12.3－29，表中 N 为未经杆长修正的标准贯入锤击数。

b.《建筑地基基础设计规范》（GB 50007）规定，当基础宽度大于 3m 或埋深大于 0.5m 时，原位测试、经验值等方法确定的地基承载力需进行修正，获得修正后的承载力特征值。

4）坝（闸）基土体抗剪参数取值方法。

a. 混凝土坝（闸）基础底面与地基土间的抗剪强度，对黏性土地基，内摩擦角标准值可采用室内饱和固结快剪试验内摩擦角平均值的 90%，黏聚力标准值可采用室内饱和固结快剪试验黏聚力平均值的 20%～30%；对砂性土地基，内摩擦角标准值可采用室内饱和固结快剪试验内摩擦角平均值的 85%～90%，不计黏聚力值；对软土地基，力学参数标准值宜采用室内试验、原位测试，结合当地经验确定，其抗剪强度指标宜采用室内三轴压缩试验指标，原位测试宜采用十字板剪切试验。规划和可行性研究阶段，或当试验组数较少时，坝（闸）基础底面与地基土间的摩擦系数可结合地质条件选用经验值作为地质建议值。

b. 土的抗剪强度标准值可采用直剪试验峰值强度的小值平均值。当采用有效应力进行稳定分析时，土的抗剪强度标准值对三轴压缩试验成果宜采用试验平均值；对黏性土地基，应测定或估算孔隙水压力，以取得有效应力强度。

c. 当采用总应力进行稳定分析时，地基土的抗剪强度标准值应符合以下要求。

a）对排水条件差的黏性土地基，宜采用饱和快剪强度或三轴压缩试验不固结不排水剪切强度；对软土可采用原位十字板剪切强度。

表 12.3-20   碎石土承载力特征值 f_{ak} （一）

N_{120}	3	4	5	6	7	8	9	10	11	12	14	16
f_{ak}/kPa	240	320	400	480	560	640	720	800	850	900	950	1000

注 表中 N_{120} 指动力触探经杆长修正后的锤击数标准值。

表 12.3-21   碎石土承载力特征值 f_{ak} （二）

$N_{63.5}$	3	4	5	6	7	8	9	10	11	12	13	14	16	18
f_{ak}/kPa	140	170	200	240	280	320	360	400	440	480	510	540	600	660

注 1. 本表一般适用于冲积和洪积的碎石土，其 $d_{50} \leqslant 30\text{mm}$，不均匀系数不大于 120，密实度以稍密～中密为主。

    2. 表中 $N_{63.5}$ 指动力触探经杆长修正后的锤击数标准值。

表 12.3-22   中砂、粗砂、砾砂承载力特征值 f_{ak}

$N_{63.5}$	3	4	5	6	7	8	9	10
f_{ak}/kPa	120	150	200	240	280	320	360	400

注 1. 本表一般适用于冲积和洪积的砂土，且中砂、粗砂的不均匀系数不大于 6，砾砂的不均匀系数不大于 20。

    2. 表中 $N_{63.5}$ 指动力触探经杆长修正后的锤击数标准值。

表 12.3-23   砂土承载力特征值 f_{ak} （一）

N	10	15	20	25	30	35	40	45	50
中砂、粗砂 f_{ak}/kPa	180	250	280	310	340	380	420	460	500
粉砂、细砂 f_{ak}/kPa	140	180	200	230	250	270	290	310	340

表 12.3-24   砂土承载力特征值 f_{ak} （二）

p_s/MPa	3.0	4.0	5.0	6.0	7.0	8.0	9.0	10.0	11.0	12.0	13.0	14.0	15.0
粉细砂 f_{ak}/kPa	110	130	150	170	190	210	230	250	270	290	310	330	350
中粗砂 f_{ak}/kPa	140	180	220	260	290	320	350	380	410	440	470	500	530

注 1. p_s 为静力触探比贯入阻力。

    2. 以粉砂为主的粉砂与粉土、粉质黏土互层的 f_{ak} 值，应按下式取值：$f_{ak} = \dfrac{f_{ak\max} + f_{ak\text{avg}}}{2}$，式中：$f_{ak\max}$ 为三者 f_{ak} 的最大值，$f_{ak\text{avg}}$ 为三者的平均值。

表 12.3-25   粉土承载力特征值 f_{ak}

p_s/MPa	1.0	1.5	2.0	2.5	3.0
f_{ak}/kPa	90	100	110	130	150

注 1. p_s 为静力触探比贯入阻力。

    2. 以粉土为主的粉土与粉砂、粉质黏土互层的 f_{ak} 值，应取三者 f_{ak} 的平均值。

表 12.3-26   一般黏性土承载力特征值 f_{ak}

N	3	4	5	6	7	8	9	10	11	12
f_{ak}/kPa	85	100	120	140	160	180	200	230	260	290

表 12.3-27   淤泥质土、一般黏性土承载力特征值 f_{ak}

p_s/MPa	0.3	0.5	0.7	0.9	1.2	1.5	1.8	2.1	2.4	2.7	2.9
f_{ak}/kPa	40	60	80	100	120	150	180	210	240	270	290

注 1. p_s 为静力触探比贯入阻力。

    2. 以粉质黏土为主的粉质黏土与粉土、粉砂互层的 f_{ak} 值，应按下式取值：$f_{ak} = \dfrac{f_{ak\max} + f_{ak\text{avg}}}{2}$，式中：$f_{ak\max}$ 为三者 f_{ak} 的最大值，$f_{ak\text{avg}}$ 为三者的平均值。

表 12.3 - 28　　　　　　　　　　　黏性土承载力特征值 f_{ak}（一）

N	13	14	15	16	17	18	19	20	21	22
f_{ak}/kPa	330	360	390	420	450	480	510	540	570	610

表 12.3 - 29　　　　　　　　　　　黏性土承载力特征值 f_{ak}（二）

p_s/MPa	3.0	3.3	3.6	3.9	4.2	4.5	4.8	5.1
f_{ak}/kPa	320	360	400	450	500	560	610	660

b）对上、下土层透水性较好或采取了排水措施的薄层黏性土地基，宜采用饱和固结快剪强度或三轴压缩试验固结不排水剪切强度。

c）对透水性良好，不易产生孔隙水压力或能自由排水的地基土层，宜采用慢剪强度或三轴压缩试验固结排水剪切强度。

d. 当需要进行动力分析时，地基土的抗剪强度标准值应符合以下要求。

a）对地基进行总应力动力分析时，宜采用振动三轴压缩试验测定的总应力强度作为标准值。

b）对于无动力试验的黏性土和紧密砂砾等非地震液化性土，宜采用三轴压缩试验饱和固结不排水测定的总强度和有效应力强度中的最小值为标准值。

c）当需进行有效应力动力分析时，应测定饱和沙土的地震附加孔隙水压力、地震有效应力强度，可采用静力有效应力强度作为标准值。

5）边坡土体抗剪参数取值方法。

a. 边坡土体的抗剪强度，直剪试验宜采用峰值强度的小值平均值。

b. 砂性土质边坡，宜采用有效应力法进行稳定分析，抗剪强度参数可采用三轴固结排水剪强度（CD）的最小值作为标准值，或直接剪切慢剪强度（S）的小值平均值作为标准值。

c. 黏性土质边坡，宜采用有效应力法进行稳定分析，抗剪强度参数可采用三轴固结排水剪强度（CD）、三轴固结不排水剪强度（CU）的最小值作为标准值，或直接剪切慢剪强度（S）的小值平均值作为标准值。当采用总应力法计算时，抗剪强度参数可采用三轴固结不排水剪强度（CU）的最小值作为标准值，或直接剪切固结快剪强度（CQ）的小值平均值作为标准值。

d. 具有流变特性的特殊土边坡，抗剪强度参数应采用流变强度值。

e. 滑坡和大变形土体边坡的滑带土，抗剪强度参数可采用扰动土样残余强度的小值平均值作为标准值，应注意含水率变化对土体强度的影响，采用天然或饱和含水率。

f. 按边坡稳定状态采用相应的抗剪强度参数，稳定边坡和变形边坡以峰值强度作为标准值，已失稳边坡以残余强度作为标准值。

g. 可根据边坡的临界稳定状态反算推求滑面的综合抗剪强度参数。一般来说，变形边坡抗滑稳定安全系数取 1.00～1.05，失稳边坡抗滑稳定安全系数取 0.95～0.99。

（3）土体的物理、力学参数经验值。

1）土体的物理性质参数经验值。各类土体的物理性质参数经验值见表 12.3 - 30～表 12.3 - 36。

表 12.3 - 30　　　　　　碎石土（砾类土）的密实度与动力触探击数关系

密实度	松散	稍密	中密	密实	很密
重型动力触探击数 $N_{63.5}$	$N_{63.5} \leqslant 5$	$5 < N_{63.5} \leqslant 10$	$10 < N_{63.5} \leqslant 20$	$N_{63.5} > 20$	
超重型动力触探击数 N_{120}	$N_{120} \leqslant 3$	$3 < N_{120} \leqslant 6$	$6 < N_{120} \leqslant 11$	$11 < N_{120} \leqslant 14$	$N_{120} > 14$

注　$N_{63.5}$、N_{120} 为综合修正后的锤击数平均值。

表 12.3 - 31　　　　　　　砂土（无黏性土、砂类土）的紧密程度划分

紧密程度	松散	稍密	中密	密实
标准贯入击数 N	$N \leqslant 10$	$10 < N \leqslant 15$	$15 < N \leqslant 30$	$N > 30$
相对密度 D_r	$D_r \leqslant 0.2$	$0.2 < D_r \leqslant 0.33$	$0.33 < D_r \leqslant 0.67$	$D_r > 0.67$

表 12.3 - 32   砂土（无黏性土、砂类土）密实度按孔隙比 e 分类

砂土类别	密实度			
	密实	中密	稍密	松散
砾砂、粗砂、中砂	e<0.60	0.60≤e≤0.75	0.75<e≤0.85	e>0.85
细砂、粉砂	e<0.70	0.70≤e≤0.85	0.85<e≤0.95	e>0.95

表 12.3 - 33   砂土的湿度与饱和度和粉土的密实度与孔隙比、湿度与含水率关系

砂土		粉 土			
饱和度 S_r/%	湿度	孔隙比 e	密实度	含水率 ω/%	湿度
S_r≤50	稍湿	e<0.75	密实	ω<20	稍湿
50<S_r≤80	湿	0.75≤e≤0.90	中密	20≤ω≤30	湿
S_r>80	饱和	e>0.90	稍密	ω>30	很湿

表 12.3 - 34   黏土密度、含水率与标准贯入击数 N 的关系

标准贯入击数 N	1	2	3	4	5	6	7	8	9	10
密度 ρ /(g/cm³)	1.60~1.75	1.70~1.80	1.75~1.85	1.80~1.87	1.84~1.89	1.86~1.90	1.88~1.95	1.90~1.95	1.90~2.00	1.95~2.04
含水率 ω /%	60~40	55~37	45~35	40~32	38~30	36~29	34~28	32~27	30~25	<25

表 12.3 - 35   各膨胀土的物理水理性质参数

地质特征			物理水理性质								
			含水率 ω /%		密度 ρ /(g/cm³)		孔隙比 e		液限 w_L /%		自由膨胀率 δ_d /%	
时代	成因	岩性	范围值	平均值	范围值	平均值	范围值	平均值	范围值	平均值	范围值	平均值
N	湖积	以灰黄、灰白色黏土为主，其中夹有粉质黏土、粉土夹层或透镜体，裂隙很发育，且有滑动擦痕	15.0~28.0	11.0	1.92~2.16	2.06	0.42~0.85	0.62	31.0~51.0	45.0	49~76	59
Q₁	与冰川有关的湖积	以杏黄、棕红、灰绿、灰白等杂色黏土为主，其中含砂量不同，夹有不连续的砂、砾的薄层，裂隙很发育，且有擦痕	13.4~24.5	18.3	1.98~2.17	2.07	0.41~0.69	0.54	32.1~62.6	44.6	41~125	77
Q₂	湖积	以黄夹灰、棕黄色黏土为主，其中夹有较多的铁锰结核，有时富集成层或透镜体，裂隙发育，裂隙面上有灰白色黏土	30.0~42.0	37.0	1.76~1.90	1.82	0.96~1.25	1.11	67.0~88.0	79.0	54~124	85

续表

时代	成因	岩　性	含水率 ω /% 范围值	含水率 ω /% 平均值	密度 ρ /(g/cm³) 范围值	密度 ρ /(g/cm³) 平均值	孔隙比 e 范围值	孔隙比 e 平均值	液限 w_L /% 范围值	液限 w_L /% 平均值	自由膨胀率 δ_d /% 范围值	自由膨胀率 δ_d /% 平均值
		地质特征						**物理水理性质**				
Q_3	冲洪积	以褐黄、棕黄色黏土为主，其中含有较多的铁锰结核和少量的钙质结核，裂隙较发育，裂隙面上有时灰白色黏土	19.3～29.3	24.1	1.71～2.08	1.96	0.51～0.83	0.65	37.4～60.8	47.6	45～105	68
Q	坡残积	以棕红色黏土为主，上部裂隙少，下部裂隙多，在上部有时有小的岩石碎片	19.7～40.5	29.0	1.82～2.00	1.92	0.79～0.93	0.87	37.0～83.6	62.6	38～65	47

表 12.3－36　　　　　　红黏土的物理水理性质参数

指标	粒组含量/% 粒径/mm 0.005～0.002	粒组含量/% 粒径/mm <0.002	天然含水率 ω /%	最优含水率 ω_{op} /%	密度 ρ /(g/cm³)	最大干密度 $\rho_{d\max}$ /(g/cm³)	比重 G_s	饱和度 S_r /%	孔隙比 e	液限 w_L /%	塑限 w_p /%	塑性指数 I_P	液性指数 I_L
一般值	10～20	40～70	30～60	27～40	1.65～1.85	1.38～1.49	2.76～2.90	88～96	1.1～1.7	50～100	25～55	25～50	0.1～0.6

指标	相对含水率 ω_u	渗透系数 k /(cm/s)	三轴剪切 内摩擦角 $\varphi/(°)$	三轴剪切 黏聚力 c/MPa	无侧限抗压强度 q_u/MPa	比例界限 p_o/MPa	压缩系数 a_{1-2}/MPa⁻¹	压缩模量 E_s/MPa	变形模量 E_o/MPa	自由膨胀率 δ_{ef}/%	膨胀率 δ_{ep}/%	膨胀压力 p_e/kPa	体缩率 δ_v/%	线缩率 δ_s/%
一般值	0.50～0.80	$<10^{-6}$	0～3	0.05～0.16	0.2～0.4	0.16～0.3	0.1～0.4	6～16	10～30	25～69	0.1～2.1	14～31	7～22	2.5～8

2）土体的力学性质参数经验值。

a. 土体的承载与变形参数经验值见表 12.3－37～表 12.3－51。

b. 土体的抗剪参数经验值见表 12.3－52～表 12.3－56。

c. 土体的渗透性参数。土体渗透性分级见表 12.3－57，几种土的渗透性参数经验取值见表 12.3－58。

表 12.3－37　　　　　　黏土、粉质黏土压缩模量经验值

土的状态	坚硬	硬塑	可塑	软塑	流塑
液性指数 I_L	$I_L \leqslant 0$	$0 < I_L \leqslant 0.25$	$0.25 < I_L \leqslant 0.75$	$0.75 < I_L \leqslant 1$	$I_L > 1$
压缩模量/MPa	16～59	5～16			1～5

表 12.3－38　　　　　　砂土压缩模量经验值　　　　　　单位：MPa

密实度	粗砂	中砂	细砂 稍湿	细砂 饱和	粉砂 稍湿	粉砂 很湿	粉砂 饱和	粉土 稍湿	粉土 很湿	粉土 饱和
密实 ($D_r \geqslant 0.67$)	48	42	36	31	21	17	14	16	12	9
中密 ($0.33 < D_r < 0.67$)	36	31	25	19	17	14	9	12	9	5

表 12.3 - 39　　　　　　　　砂土变形模量 E_0 经验值　　　　　　　　单位：MPa

土类	泊松比 μ	孔隙比 e			
		0.41～0.50	0.51～0.60	0.61～0.70	0.71～0.80
砾砂、粗砂	0.15	50	40	30	—
中砂	0.20	50	40	30	—
细砂	0.25	48	36	28	18
粉砂	0.30～0.35	39	28	18	11

表 12.3 - 40　　　　　　　　粗粒土允许承载力 R 经验值　　　　　　　　单位：kPa

土　类		稍密	中密	密实
卵石		300～400	500～800	800～1000
碎石		200～300	400～700	700～900
圆砾		200～300	300～500	500～700
角砾		150～200	200～400	400～600
砾砂、粗砂、中砂		160～220	240～340	700～900
细砂、粉砂	稍湿	120～160	160～220	300
	很湿		120～160	200

注　本表适用于当基础宽度不大于 3m、埋深不大于 0.5m 时的地基土。

表 12.3 - 41　　　　砂土的允许承载力 R 与标准贯入击数 N 关系

标准贯入击数 N	10～15	15～30	30～50
允许承载力 R/kPa	140～180	180～340	340～500

注　本表适用于当基础宽度不大于 3m、埋深不大于 0.5m 时的地基土。

表 12.3 - 42　　　　黏性土的允许承载力 R 与标准贯入击数 N 关系

标准贯入击数 N	3	5	7	9	11	13	15	17	19	21	23
允许承载力 R/kPa	120	180	200	240	280	320	360	420	500	580	660

注　本表适用于当基础宽度不大于 3m、埋深不大于 0.5m 时的地基土。

表 12.3 - 43　　　　黏性土的允许承载力 R 与孔隙比 e 关系

孔隙比 e	允许承载力 R/kRa								
	$I_P < 10$			$I_P \geqslant 10$					
	$I_L = 0$	$I_L = 0.50$	$I_L = 1.00$	$I_L = 0$	$I_L = 0.25$	$I_L = 0.50$	$I_L = 0.75$	$I_L = 1.00$	$I_L = 1.20$
0.50	350	310	280	450	410	370	(340)		
0.60	300	260	230	380	340	310	280	(250)	
0.70	250	210	190	310	280	250	230	200	160
0.80	200	170	150	260	230	210	190	160	130
0.90	160	140	120	220	200	180	160	130	100
1.00	0.12	0.10	0.19	0.17	0.15	0.13	0.11		
1.10				0.15	0.13	0.11	0.10		

注　1. 本表适用于当基础宽度不大于 3m、埋深不大于 0.5m 时的地基土。

　　2. 表中有括号者数值仅供插值使用。

　　3. I_P 为塑性指数；I_L 为液性指数。

表 12.3-44　　　　　　　　　细粒土无侧限抗压强度 q_u 与孔隙比 e 关系

孔隙比 e		0.50~0.60	0.60~0.70	0.70~0.80	0.80~0.90	0.90~1.00	1.00~1.10	1.10~1.20	1.20~1.30	1.30~1.40	1.40~1.50	1.80
无侧限抗压强度 q_u/kPa	黏土	>300	300~180	180~120	120~85	85~65	65~52	52~43	43~38	38~33	33~30	28
	粉质黏土	250~150	150~100	100~65	65~42	42~27	—	—	—	—	—	—

表 12.3-45　　　　　　　　　细粒土无侧限抗压强度 q_u 与标准贯入击数 N 关系

标准贯入击数 N		1	2	4	6	8	10	12	14	16	18	20	22	24	26	28	30
无侧限抗压强度 q_u/kPa	黏土	25	35	60	90	120	140	170	200	230	250	280	310	330	360	390	420
	粉质黏土	20	30	50	80	110	130	160	190	220	240	270	300	320	350	380	410

表 12.3-46　　　　　　　　　湿陷性黄土的允许承载力 R 经验值　　　　　　　单位：kPa

液限 ω/%		22	23	24	25	26	27	28	29	30	31	32	33	34
$S_r=30\%$	$0.9<e\leqslant1.1$	190	195	200	205	210	215	220	225	230	235	240	245	250
	$1.1<e\leqslant1.3$					190	193	195	198	200	205	210	215	220
$S_r=40\%$	$0.8<e\leqslant1.0$	175	181	188	194	200	205	210	215	220	226	233	239	246
	$1.0<e\leqslant1.1$	170	175	180	185	190	195	200	205	210	216	223	229	235
	$1.1<e\leqslant1.3$					170	174	177	181	185	190	195	200	205
$S_r=50\%$	$0.8<e\leqslant1.0$	160	168	175	183	190	195	200	205	210	218	225	233	240
	$1.0<e\leqslant1.1$	150	155	160	165	170	175	180	185	190	198	205	213	220
	$1.1<e\leqslant1.3$					150	155	160	165	170	175	180	186	190
$S_r=60\%$	$0.8<e\leqslant1.0$	140	148	155	163	170	175	180	185	190	198	205	213	220
	$1.0<e\leqslant1.1$					150	154	158	163	167	173	180	187	193
	$1.1<e\leqslant1.3$					135	138	143	148	153	158	163	168	173
$S_r=70\%$	$0.8<e\leqslant1.0$	120	128	135	143	150	155	160	165	170	178	185	193	200
	$1.0<e\leqslant1.2$					120	125	130	135	140	145	150	155	160

注　1. 允许承载力 R 值根据液限、饱和度 S_r 和孔隙比 e 查表。

　　2. 当饱和度 S_r 和液限为中间值时，允许承载力 R 值按直线内插求得；当 $S_r<30\%$ 时，仍按 $S_r=30\%$ 采用；当 $S_r>70\%$ 且土仍具有湿陷性时，可按 $S_r=70\%$ 时的允许承载力 R 值乘以 0.8 采用。

　　3. 本表不适用于各种成因类型的新近堆积黄土、浸湿或由于地下水位上升已被饱和且已无湿陷性的黄土、经过处理后的人工地基。

　　4. 本表适用于当基础宽度不大于 3m、埋深不大于 0.5m 时的地基土。

表 12.3-47　　　　　　　　　各类软土的物理力学参数经验值

成因类型	天然含水率 ω/%	密度 ρ/(g/cm³)	天然孔隙比 e	抗剪强度		压缩系数 a_{v1-2}/MPa⁻¹	灵敏度 S_t
				φ/(°)	c/kPa		
滨海沉积软土	40~100	1.5~1.8	1.0~2.3	1~7	2~20	1.2~2.5	2~7
湖泊沉积软土	30~60	1.5~1.9	0.8~1.8	0~10	5~30	0.8~3.0	4~8
河滩沉积软土	35~70	1.5~1.9	0.9~1.8	0~11	5~25	0.8~3.0	4~8
沼泽沉积软土	40~120	1.4~1.9	0.52~1.5	0	5~19	>0.5	2~10

表 12.3-48　　　　滨海沉积软土的允许承载力 R 与天然含水率 ω_0 关系

天然含水率 ω_0/%	36	40	45	50	55	65	75
允许承载力 R/kPa	100	90	80	70	60	50	40

注　本表适用于当基础宽度不大于 3m、埋深不大于 0.5m 时的地基土。

表 12.3-49　　　　红黏土的允许承载力 R 与相对含水率 ω_u 关系

相对含水率 ω_u/%	0.50	0.55	0.60	0.65	0.70	0.75	0.80	0.85	0.90	0.95	1.00
允许承载力 R/kPa	350	300	260	230	210	190	170	150	130	120	110

表 12.3-50　　　　冻土的允许承载力 R 经验值

	土类	地温/℃					
		-0.5	-1.0	-1.5	-2.0	-2.5	-3.0
R/kPa	碎石土	800	1000	1200	1400	1600	1800
	砾砂、粗砂	650	800	950	1100	1250	1400
	中砂、细砂、粉砂	500	650	800	950	1100	1250
	黏土、粉质黏土、粉砂	400	500	600	700	800	900
	含土冰层	100	150	200	250	300	350

注　1. 冻土极限承载力按表中数据乘以 2 取值。
　　2. 本表适用于多年冻土的融沉性分级中Ⅰ、Ⅱ、Ⅲ类土。
　　3. 冻土含水率属于多年冻土的融沉性分级表中Ⅳ类时,黏性土取值乘以 0.8～0.6,碎石土和砂土取值乘以 0.6～0.4。
　　4. 含土冰层指包裹冰含量为 0.4～0.6。
　　5. 当含水率小于或等于未冻水量时,按不冻土取值。
　　6. 表中温度指使用期间基础底面下的最高地温。
　　7. 本表不适用于盐渍化冻土、泥炭化冻土。

表 12.3-51　　　　盐渍土的允许承载力 R 与静力触探比贯入阻力 p_s 的关系

粉土和粉质黏土	p_s/MPa	0.4	0.7	1.0	1.5	2.0	2.5	3.0	3.5	4.0	4.5	5.0	5.5	6.0	6.5
	R/kPa	50	70	90	110	130	150	160	180	190	200	220	230	240	250
粉细砂	p_s/MPa	3.0	3.5	4.0	4.5	5.0	6.0	6.5	7.0	8.0	9.0	10.0	11.0	12.0	14.0
	R/kPa	160	170	180	190	200	210	220	230	240	250	260	270	280	300
饱和粉细砂	p_s/MPa	0.5	1.0	1.5	2.0	2.5	3.0	3.5	4.0	4.5	5.0	6.0	6.5	7.0	8.0
	R/kPa	50	70	90	100	110	120	130	140	150	160	170	180	190	200

表 12.3-52　　　　坝(闸)基础底面与地基土之间摩擦系数

地基土类型	卵石、砾石	砂	粉土	黏土		
				坚硬	中等坚硬	软弱
摩擦系数 f	0.50～0.55	0.40～0.50	0.25～0.40	0.35～0.45	0.25～0.35	0.20～0.25

表 12.3-53 　　　　　　　　　砂土内摩擦角与矿物成分和粒径关系

矿物成分	不同粒径的内摩擦角 $\varphi/(°)$					
	2～1mm	1～0.5mm	0.5～0.25mm	0.25～0.1mm	0.1～0.06mm	0.06～0.01mm
云母	28	26	17.5	19	18	17
长石			39			17
棱角石英	66	56	46	27	21	15
浑圆石英	61		27	28	23	18.5

表 12.3-54 　　　　　　　　　　　砂土内摩擦角与孔隙比关系

孔隙比 e	内摩擦角 $\varphi/(°)$			
	砾砂、粗砂	中砂	细砂	粉砂、黏质粉土
0.80	—	—	26	22
0.70	36	33	28	24
0.60	38	36	32	28
0.50	41	38	34	30

表 12.3-55 　　　　　　　　　砂土内摩擦角与标准贯入击数关系

$N_{63.5}$（击数）		4	5	6	7	8
内摩擦角 $\varphi/(°)$	细砂	20	22	24	26	28
	粉砂、黏质粉土	16	18	20	22	24

表 12.3-56 　　　　　　　黏性土和粉土抗剪强度与液性指数关系

液性指数 I_L	黏土		粉质黏土		粉土	
	内摩擦角 φ /(°)	黏聚力 c /kPa	内摩擦角 $\varphi/(°)$	黏聚力 c /kPa	内摩擦角 φ /(°)	黏聚力 c /kPa
<0	22	100	25	60	28	20
0～0.25	20	70	23	40	26	15
0.25～0.50	18	40	21	25	24	10
0.50～0.75	14	20	17	15	20	5
0.75～1.00	8	10	13	10	18	2
>1.00	≤6	≤5	≤10	≤5	≤14	0

表 12.3-57 　　　　　　　　　　土 体 的 渗 透 性 分 级

渗透性等级	极微透水	微透水	弱透水	中等透水	强透水	极强透水
渗透系数 K /(cm/s)	$K<10^{-6}$	$10^{-6}\leqslant K<10^{-5}$	$10^{-5}\leqslant K<10^{-4}$	$10^{-4}\leqslant K<10^{-2}$	$10^{-2}\leqslant K<10^{0}$	$K\geqslant10^{0}$
土类	黏土	黏土～粉土	粉土～细粒土质砂	砂～砂砾	砂砾～砾石、卵石	粒径均匀的巨砾

表 12.3-58 　　　　　　　　　几 种 土 的 渗 透 系 数

土类	黏土	粉质黏土	黏质粉土	黄土	粉砂	细砂	中砂	粗砂	砾砂
渗透系数 K /(cm/s)	$<1.2\times10^{-6}$	1.2×10^{-6} ～ 6.0×10^{-5}	6.0×10^{-5} ～ 6.0×10^{-4}	3.0×10^{-4} ～ 6.0×10^{-4}	6.0×10^{-4} ～ 1.2×10^{-3}	1.2×10^{-3} ～ 6.0×10^{-3}	6.0×10^{-3} ～ 2.4×10^{-2}	2.4×10^{-2} ～ 6.0×10^{-2}	6.0×10^{-2} ～ 1.8×10^{-1}

2. 岩石（体）物理力学参数

（1）岩石（体）的物理力学参数取值原则与方法。

1）岩石（体）的物理力学参数取值原则。

a. 岩石（体）物理力学参数取值应以试验成果为依据。试验成果的整理应按相关岩石试验规程进行。分析试验成果的代表性及可信程度，经论证舍去不合理的离散值。按岩石（体）及结构面的层位、岩性、类别，对试验成果进行统计整理。整理方法一般采用算术平均法（平均值、小值平均值、大值平均值）。抗剪（断）强度试验成果的整理，还需研究试件的破坏机理，分析确定破坏类型（脆性、塑性、弹塑性），在剪应力-位移曲线上根据破坏类型选取相应的剪应力值（峰值、比例极限、屈服值、残余强度值、长期强度值），并点绘在剪应力-正应力关系图上，确定各单组试验的 c、φ，采用算术平均法对同一类别的岩体试验成果进行整理；或将同一类别岩体试验的剪应力、正应力试验成果点绘在关系图上，采用最小二乘法（点群中心法）、优定斜率法进行整理。

b. 岩石（体）物理力学参数取值通常分为三个步骤：① 根据试验成果分析整理得到试验标准值；② 根据试验条件、试件的地质代表性、尺寸效应等，结合工程地质类比，对标准值进行调整，提出地质建议值；③ 在地质建议值的基础上，结合建筑物工作条件及其他已建工程的经验确定设计采用值，应由设计、地质、试验三方共同研究确定。②、③两步骤可合并进行。

c. 规划与可行性研究阶段，或当岩石（体）试验资料不足时，可根据经验值结合地质条件进行折减，选用地质建议值。

2）岩石的物理力学参数取值方法。

a. 对均质岩石的密度、单轴抗压强度、抗拉强度、波速等物理力学性质参数，采用试验成果的算术平均值（可采用大值平均值、小值平均值作为范围值）作为标准值，进而提出地质建议值。

b. 对非均质的各向异性岩体，可划分成若干小的均质体或按不同岩性分别试验取值；对层状结构岩体，应按建筑物荷载方向与结构面的不同交角进行试验，以取得相应条件下岩石的单轴抗压强度、弹性波速等试验值的算术平均值（可采用大值平均值、小值平均值作为范围值），进而提出地质建议值。

c. 岩体变形参数取值宜根据现场原位岩体变形试验成果作为坝基岩体变形参数取值的依据。对试验成果可按岩体类别、工程地质单元、区段或层位归类进行整理，舍去不合理的离散值，采用试验成果的算术平均值作为标准值。鉴于岩体变形具有尺寸效应和时间效应，因此，可考虑选取试验成果的小值平均值

~平均值的幅度值作为地质建议值。

d. 岩体及结构面抗剪（断）强度参数取值方法：

a）混凝土坝基础底面与基岩间的抗剪（断）强度取值：①抗剪断强度应取峰值强度，抗剪强度应取比例极限强度与残余强度二者的小值或取二次剪（摩擦试验）峰值强度；②当采用各单组试验成果整理时，应取算术平均值作为标准值；③当采用同一类别岩体试验成果整理时，应取最小二乘法或优定斜率法的下限值作为标准值；④应根据基础底面和基岩接触面剪切破坏性状、工程地质条件和岩体应力对标准值进行调整，提出地质建议值；⑤对新鲜、坚硬的岩浆岩，在岩性、起伏差和试件尺寸相同的情况下，也可采用坝基混凝土强度等级的 $6.5\% \sim 7.0\%$ 估算黏聚力。

b）岩体抗剪（断）强度取值：①岩体试件呈脆性破坏时，抗剪断强度及抗剪强度取值同混凝土坝基础底面与基岩间的抗剪（断）强度取值；②岩体试件呈塑性破坏或弹塑性破坏时，抗剪断强度应取峰值强度，抗剪强度应取屈服或取二次剪峰值强度，整理方法同上述 a）中①方法；③应根据裂隙充填情况、试验时剪切变形量和岩体地应力等因素对标准值进行调整，提出地质建议值。

c）刚性结构面抗剪（断）强度取值：①抗剪断强度应取峰值强度，抗剪强度应取残余强度或取二次剪（摩擦试验）峰值强度；②当采用各单组试验成果整理时，应取算术平均值作为标准值；③当采用同一类别结构面试验成果整理时，应取最小二乘法或优定斜率法的下限值作为标准值；④应根据结构面的粗糙度、起伏差、张开度、结构面壁强度等因素对标准值进行调整，提出地质建议值。

d）软弱结构面抗剪（断）强度取值：①软弱结构面应根据岩块岩屑型、岩屑夹泥型、泥夹岩屑型和泥型四种类型分别取值；②抗剪断强度应取峰值强度，当试件黏粒含量大于30%或有泥化镜面、黏土矿物以蒙脱石为主时，抗剪断强度应取流变强度；③抗剪强度应取屈服或残余强度，整理方法同刚性结构面；④当软弱结构面有一定厚度时，应考虑充填物的影响；⑤当厚度大于起伏差时，软弱结构面应采用充填物的抗剪（断）强度作为标准值；⑥当厚度小于起伏差时，还应采用起伏差的最小爬坡角，提高充填物抗剪（断）强度试验值作为标准值；⑦根据软弱结构面的类型和厚度的总体地质特征进行调整，提出地质建议值。

（2）岩石（体）的物理力学参数经验值。

1）常见岩石的物理力学参数经验值见表12.3-59。

表12.3-59　常见岩石的物理力学参数经验值

岩石名称		密度 ρ /(g/cm³)	比重 G_s	孔隙率 n /%	吸水率 ω_a /%	饱和抗压强度 R_b /MPa	软化系数 η	纵波波速 v_p /(m/s)	抗拉强度 σ_t /MPa	弹性模量 E_e /GPa	变形模量 E_0 /GPa	泊松比 μ	抗剪断强度 f'	抗剪断强度 c' /MPa	抗剪强度 f	抗剪强度 c /MPa
岩浆岩类	花岗岩	2.40~2.85	2.50~3.00	0.18~2.54	0.47~1.94	75~200	0.69~0.90	4500~6500	3.1~10.0	14.0~65.0	9.0~38.0	0.18~0.33	1.05~1.50	>20.0	0.80~1.25	0.10~1.30
	正长岩	2.42~2.85	2.54~3.00	0.68~2.50	0.10~1.70	80~230	0.70~0.90	4500~6800	3.5~10.5	30.0~60.0	25.0~54.0	0.18~0.30	1.10~1.80	3.0~7.0	0.84~1.25	0.15~1.25
	闪长岩	2.52~2.99	2.60~3.10	0.25~3.19	0.18~1.00	110~240	0.70~0.92	>5000	4.0~12.0	47.0~100.0	16.0~38.0	0.14~0.33	1.23~1.70	1.6~3.18	0.73~1.18	0.23~1.07
	辉长岩	2.55~3.09	2.70~3.20	0.29~3.13	0.5~1.1	60~114	0.50~0.90	4500~6500	4.5~7.1	8.0~27.0	4.0~14.0	0.16~0.23	0.90~1.31	1.1~1.5	0.78~1.10	<0.30
	玢岩	2.40~2.84	2.60~2.90	0.27~4.35	0.07~0.65	100~160	0.78~0.91	4500~6000	>4.6	25.0~40.0	14.0~29.0	0.18~0.25	0.95~1.37	1.4~2.7	0.85~1.08	<0.30
	斑岩	2.60~2.89	2.70~2.90	0.29~2.75	<1.0	110~180	0.75~0.95	>4000	>4.0	9.0~23.0	6.0~15.0	0.22~0.27	1.00~1.64	1.8~2.8	0.82~1.21	<0.30
	花岗闪长岩	2.60~2.75	2.65~2.84	1.50~2.34	0.25~0.80	120 左右	0.66~0.90	>4500	5.0~7.3	24.0~38.0	14.0~26.0	0.18~0.22	0.95~1.70	1.1~3.3	0.90~1.30	0.10~0.40
	辉绿岩	2.53~2.97	2.60~3.10	0.29~6.38	0.2~1.0	60.0~114.0	0.50~0.90	4500~6800	4.5~7.1	17.0~37.0	14.0~24.0	0.18~0.26	0.94~1.31	1.1~2.5	0.78~1.10	<0.30
	流纹岩	2.49~2.65	2.62~2.72	1.1~3.4	0.14~1.65	100~180	0.70~0.90	4200~6500	5.0~8.5	18.0~60.0	10.0~26.0	0.16~0.20	1.17~1.38	>1.0	0.79~1.09	<0.30
	安山岩	2.30~2.80	2.40~2.90	0.29~4.35	0.4~1.0	90~170	0.70~0.85	4000~6500	4.5~6.5	23.0~48.0	12.0~24.0	0.20~0.26	0.93~1.24	1.5~2.4	0.75~1.10	0.20~0.30
	玄武岩	2.50~3.10	2.65~3.30	0.3~4.3	0.2~1.0	125~190	0.80~0.95	4500~6800	5.0~9.6	34.0~100.0	28.0~46.0	0.22~0.28	1.19~1.57	1.8~3.5	0.84~1.00	0.10~0.50
火山碎屑岩类	火山角砾岩	2.20~2.90	2.50~3.00	0.90~7.54	0.34~2.12	60~100	0.57~0.90	4000~6000	3.0~5.6	1.8~5.6	1.1~3.9	0.28~0.30	0.84~1.27	0.3~0.9	0.78~1.04	<1.00
	安山凝灰岩	2.58 左右	2.68 左右	1.58~4.59	0.18~1.55	31~56	0.52~0.75	3000~4500	1.5~2.5	1.3~3.2	0.9~1.9	0.30~0.35	0.76~0.94	0.1~0.5	0.65~0.80	<0.05
	凝灰质熔岩	2.60~2.65	2.80~2.90	5.05~5.10	3.30~3.40	30~35	0.46~0.70	3400~3600	1.8~2.2	1.5~1.7	7.0~11.0	0.30~0.35	0.70~0.83	0.1~0.5	0.58~0.75	<0.05

续表

岩石名称		密度 ρ /(g/cm³)	比重 G_s	孔隙率 n/%	吸水率 ω_a/%	饱和抗压强度 R_b/MPa	软化系数 η	纵波波速 v_p/(m/s)	抗拉强度 σ_t/MPa	弹性模量 E_e/GPa	变形模量 E_0/GPa	泊松比 μ	抗剪断强度 f'	抗剪断强度 c'/MPa	抗剪强度 f	抗剪强度 c/MPa
碎屑沉积岩类	硅质砾岩	2.62~2.70	2.70~2.77	0.4~4.0	0.16~1.40	80~150	0.65~0.97	4500~6500	3.1~7.5	14.0~36.0	9.00~18.00	0.16~0.30	0.88~1.34	1.1~2.8	0.75~0.90	<0.10
	钙质胶结砾岩	2.60~2.70	2.68~2.77	0.5~5.0	0.2~1.0	40~100	0.70~0.90	4000~5500	2.2~5.4	12.0~28.0	7.00~15.00	0.25~0.30	0.85~1.10	0.5~1.8	0.70~0.85	<0.08
	泥质胶结砾岩	2.55~2.64	2.66~2.74	1.5~6.5	0.62~5.1	17~32	0.58~0.75	2500~3500	1.2~1.8	2.4~4.0	1.20~2.60	0.25~0.35	0.70~0.85	0.3~1.2	0.60~0.75	<0.05
	混合胶结砾岩(钙、泥、铁质)	2.58~2.66	2.68~2.76	3.5~6.75	1.05~2.85	28~45	0.68~0.80	3000~4000	1.5~2.0	3.9~6.0	2.8~3.8	0.28~0.35	0.82~1.02	0.5~1.5	0.65~0.80	<0.05
	石英(硅质)砂岩	2.46~2.75	2.66~2.79	1.04~9.30	0.14~4.10	60~110	0.65~0.79	4000~5500	2.5~4.0	6.5~16.5	4.00~12.40	0.20~0.28	0.92~1.46	1.8~3.5	0.78~1.13	0.05~0.50
	钙质胶结的砂岩	2.55~2.70	2.64~2.78	0.5~6.7	0.2~5.4	60~90	0.70~0.85	3500~5000	2.0~3.0	6.0~14.8	3.50~11.50	0.25~0.30	0.90~1.28	0.8~2.5	0.65~0.85	0.03~0.10
	泥质砂岩或泥质粉砂岩	2.35~2.65	2.68~2.75	1.2~12.0	0.6~5.6	20~45	0.55~0.80	2000~3800	1.0~2.4	1.5~4.5	0.90~3.20	0.27~0.37	0.63~0.85	0.3~0.9	0.50~0.75	<0.03
	钙质胶结粉细砂岩	2.55~2.67	2.70~2.75	1.0~8.6	0.4~4.8	40~85	0.66~0.86	3500~4800	1.8~3.5	6.5~12.4	3.70~11.00	0.25~0.30	0.65~0.94	0.5~2.0	0.55~0.80	0.01~0.05
	砂质泥(黏土)岩	2.50~2.65	2.66~2.75	1.5~6.7	1.1~5.8	10~26	0.4~0.68	1000~2500	0.7~1.2	1.0~4.2	0.50~1.90	0.35~0.40	0.48~0.60	0.1~0.5	0.45~0.55	<0.03
	泥质砂岩	2.49~2.65	2.68~2.75	1.28~8.5	0.68~5.3	<15	0.35~0.65	800~1500	0.5~0.8	0.5~1.0	0.25~0.60	0.35~0.45	0.45~0.55	<0.3	0.40~0.48	<0.03
	砂质、钙质页岩	2.47~2.70	2.65~2.78	0.6~6.8	1.6~2.4	11~30	0.5~0.65	1500~3000	1.0~1.8	1.2~5.6	0.80~3.40	0.35~0.40	0.50~0.65	0.1~0.5	0.45~0.56	<0.05
	页岩	2.53~2.67	2.63~2.76	1.0~7.8	0.8~3.0	<20	0.45~0.60	1000~2000	0.8~1.5	0.8~1.5	0.30~1.00	0.35~0.45	0.45~0.58	<0.3	0.42~0.52	<0.03
	炭质页岩	2.46~2.68	2.63~2.72	1.8~4.0	0.5~2.9	10~25	0.60~0.65	1200~2500	0.8~1.6	0.3~0.8	0.20~0.46	0.33~0.40	0.45~0.56	<0.3	0.42~0.48	<0.01

注：物理性质、力学性质；抗剪断强度、抗剪强度为成对列项。

续表

类别	岩石名称	物理性质							力学性质							
		密度 ρ/(g/cm³)	比重 G_s	孔隙率 n/%	吸水率 ω_a/%	饱和抗压强度 R_b/MPa	软化系数 η	纵波波速 v_p/(m/s)	抗拉强度 σ_t/MPa	弹性模量 E_e/GPa	变形模量 E_0/GPa	泊松比 μ	抗剪断强度 f'	抗剪断强度 c'/MPa	抗剪强度 f	抗剪强度 c/MPa
化学沉积岩类	石灰岩	2.61~2.73	2.70~2.82	0.8~2.0	0.2~1.0	60~110	0.75~0.90	4500~6500	4.0~6.0	14.0~30.0	10.0~20.0	0.18~0.30	0.80~1.35		0.65~0.85	0.05~0.35
	薄层石灰岩	2.5~2.67	2.70~2.78	1.0~3.5	0.4~2.0	30~60	0.70~0.90	2500~4000	1.5~2.5	5.0~15.0	3.5~10.0	0.22~0.30	0.65~0.85		0.55~0.75	<0.30
	白云质灰岩	2.6~2.75	2.75~2.81	1.20~3.2	0.5~1.60	55~90	0.68~0.95	3800~6000	2.8~5.5	11.0~25.0	8.0~13.5	0.20~0.30	0.72~1.07		0.60~0.80	<0.20
	白云岩	2.64~2.76	2.78~2.90	0.3~2.5	<1.0	55~90	0.66~0.92	3800~6000	3.0~5.5	11.0~26.0	8.0~14.0	0.20~0.30	0.75~1.15		0.65~0.87	<0.20
	泥灰岩	2.35~2.65	2.70~2.75	2.2~8.5	2.0~6.0	10~40	0.46~0.80	1800~3000	1.0~2.5	2.0~9.0	1.0~6.5	0.29~0.40	0.55~0.75		0.45~0.60	<0.05
变质岩类	片麻岩	2.65~2.79	2.69~2.82	0.7~2.0	0.1~0.7	70~150	0.75~0.97	4000~6500	3.5~5.5	11.0~35.0	6.0~21.0	0.20~0.33	0.92~1.27	1.50~4.10	0.70~0.94	0.05~0.50
	石英、角闪石、云母片岩	2.64~2.92	2.72~3.02	0.7~2.0	0.1~0.3	60~110	0.70~0.93	3800~6000	3.0~5.0	10.0~20.0	5.5~17.0	0.22~0.30	0.75~1.15	1.20~3.50	0.65~0.85	<0.30
	云母绿泥石片岩	2.66~2.76	2.75~2.83	0.8~2.5	0.1~0.6	30~60	0.53~0.90	2500~4500	1.5~2.8	5.0~14.0	2.5~8.5	0.25~0.35	0.75~0.92	0.80~2.00	0.55~0.78	<0.10
	片岩	2.50~2.68	2.64~2.90	0.5~1.8	0.3~1.0	30~100	0.55~0.89	2500~5000	1.5~4.0	8.0~18.0	5.0~12.0	0.25~0.30	0.75~1.10	1.00~3.00	0.60~0.85	<0.30
	石英岩	2.65~2.75	2.70~2.82	0.5~2.8	0.1~0.4	100~180	0.94~0.96	4000~6500	3.5~6.0	12.0~36.0	10.0~24.0	0.20~0.30	0.93~1.32	1.80~4.50	0.82~0.93	<0.30
	硅化灰岩	2.69~2.78	2.75~2.87	0.1~2.6	<1.0	50~90	0.80~0.95	4000~6500	4.0~7.0	10.0~34.0	7.5~18.0	0.16~0.30	0.81~1.35	1.50~4.00	0.73~0.91	0.50
	大理岩	2.70~2.72	2.74~2.81	0.3~3.8	0.2~1.0	60~100	0.70~0.85	3500~6000	2.0~3.5	8.0~16.0	5.0~12.0	0.25~0.33	0.75~0.93	1.50~2.80	0.60~0.81	<0.10
	硅质板岩	2.42~2.70	2.68~2.77	2.5~8.5	0.7~4.6	20~50	0.39~0.52	2500~4500	0.8~2.5	2.0~5.5	1.2~2.5	0.25~0.35	0.60~0.85	0.50~1.50	0.48~0.68	<0.10
	砂质板岩	2.40~2.65	2.68~2.72	2.5~7.4	0.5~3.0	45~75	0.75~0.90	3000~5000	1.5~3.0	6.0~15.0	4.5~12.0	0.22~0.35	0.75~1.00	1.20~2.50	0.65~0.80	<0.30
	千枚岩	2.71~2.86	2.81~2.96	1.1~3.6	0.54~3.13	16~40	0.53~0.87	2000~4000	0.7~1.8	1.2~4.3	0.8~1.8	0.25~0.40	0.58~0.69	0.30~0.85	0.48~0.60	<0.10
	绢云母千枚岩	2.68~2.80	2.76~2.80	0.24~1.8		16~42	0.60~0.72	2000~3600	0.7~1.5	1.0~3.6	0.6~1.2	0.28~0.35	0.55~0.65	0.20~0.70	0.45~0.55	<0.10
	变质砂岩	2.68~2.72	2.72~2.76		0.29~0.54	56~172	0.75~0.82	4818~6034	5.5~16.0	33.0~53.0		0.20~0.24	1.70~2.09	1.68~2.38	1.28~1.31	1.28~1.33

2）岩体和结构面力学参数经验值。

a. 坝基岩体力学参数经验值。《水利水电工程地质勘察规范》（GB 50487—2008）提出了坝基岩体抗剪（断）强度及变形参数经验值，见表 12.3-60。

b. 结构面力学参数经验值。GB 50487—2008 提出了结构面抗剪（断）强度参数经验值，见表 12.3-61。

c. 岩体允许承载力经验值。岩体允许承载力宜根据岩石饱和单轴抗压强度，结合岩体结构、裂隙发育程度及其完整程度，做相应折减后确定地质建议值。当软岩的天然饱和度接近100%时，其天然状态下的单轴抗压强度可视为软岩的饱和单轴抗压强度；对软岩还可采用现场载荷试验（取比例极限）、超重型动力触探或三轴压缩试验确定其允许承载力。坝基岩体允许承载力经验值见表 12.3-62。

表 12.3-60 坝基岩体抗剪（断）强度及变形参数经验值

| 岩体分类 | 混凝土与岩体接触面 | | | | 岩 体 | | | | 变形模量 |
| | 抗剪断强度 | | 抗剪强度 | | 抗剪断强度 | | 抗剪强度 | | |
	f'	c'/MPa	f		f'	c'/MPa	f		E_0/GPa
I	1.50～1.30	1.50～1.30	0.85～0.75		1.60～1.40	2.50～2.00	0.90～0.80		＞20
II	1.30～1.10	1.30～1.10	0.75～0.65		1.40～1.20	2.00～1.50	0.80～0.70		20～10
III	1.10～0.90	1.10～0.70	0.65～0.55		1.20～0.80	1.50～0.70	0.70～0.60		10～5
IV	0.90～0.70	0.70～0.30	0.55～0.40		0.80～0.70	0.70～0.30	0.60～0.45		5～2
V	0.70～0.40	0.30～0.05	0.40～0.30		0.55～0.40	0.30～0.05	0.45～0.35		2～0.2

注 1. 表中参数限于硬质岩，软质岩应根据软化系数进行折减。
   2. 岩体分类系坝基岩体工程地质分类。

表 12.3-61 结构面抗剪（断）强度及变形参数经验值

| 结构面类型 | | 抗剪断强度 | | 抗剪强度 | |
		f'	c'/MPa	f	c/MPa
刚性结构面	胶结结构面	0.90～0.70	0.30～0.20	0.70～0.55	0
	无充填结构面	0.70～0.55	0.20～0.10	0.55～0.45	0
软弱结构面	岩块岩屑型	0.55～0.45	0.10～0.08	0.45～0.35	0
	岩屑夹泥型	0.45～0.35	0.08～0.05	0.35～0.28	0
	泥夹岩屑型	0.35～0.25	0.05～0.02	0.28～0.22	0
	泥型	0.25～0.18	0.001～0.005	0.22～0.18	0

注 1. 表中胶结、无充填结构面的抗剪强度参数限于坚硬岩，中硬岩、软质岩中结构面应进行折减。
   2. 胶结、无充填结构面的抗剪断（抗剪）强度参数应根据结构面的胶结程度和粗糙程度选取大值或小值。
   3. 表中软弱结构面各类型自上而下的黏粒（粒径小于0.005mm）含量分别为少或无、小于10%、10%～30%、大于30%。

表 12.3-62 坝基岩体允许承载力经验值

岩体类别	I	II	III	IV	V
岩体完整性系数 K_V	$K_V > 0.75$	$0.75 \geqslant K_V > 0.55$	$0.55 \geqslant K_V > 0.35$	$0.35 \geqslant K_V > 0.15$	$K_V \leqslant 0.15$
岩体允许承载力 R /MPa	$(0.45 \sim 0.55)R_b$	$(0.35 \sim 0.45)R_b$	$(0.25 \sim 0.35)R_b$	$(0.15 \sim 0.25)R_b$	$(0.20 \sim 0.30)R_b$

注 1. 岩体类别指坝基岩体工程地质分类的类别。
   2. 表中 R_b 为岩石饱和单轴抗压强度。

d. 围岩物理力学参数经验值。各类围岩物理力学参数经验值见表 12.3-63。

表 12.3 - 63　　　　　　　　　　**各类围岩物理力学参数经验值（DL 5415）**

围岩类别	密度 ρ /(g/cm³)	内摩擦角 φ /(°)	黏聚力 c /MPa	变形模量 E_0/GPa	泊松比 μ	坚固系数 f_k	单位弹性抗力系数 K_0 /MPa
I	>2.7	>45	>3.5	>20	<0.17	>7	>70
II	2.5～2.7	40～45	1.7～3.5	10～20	0.17～0.23	5～7	50～70
III	2.3～2.5	35～40	0.4～1.7	5～10	0.23～0.29	3～5	30～50
IV	2.1～2.3	25～35	0.1～0.4	0.5～5	0.29～0.35	1～3	10～30
V	<2.1	<25	<0.1	<0.5	>0.35	<1	<10

围岩坚固系数 f_k 可按式（12.3 - 1）估算：

$$f_k = a\frac{R_b}{10} \tag{12.3-1}$$

式中　R_b——岩石饱和单轴抗压强度，MPa；

　　　a——小于 1 的修正系数，与岩类有关，微风化完整的岩石取 $a=0.5\sim0.7$，弱风化的岩石取 $a=0.4\sim0.5$，裂隙发育的岩石取 $a=0.3\sim0.4$，断裂发育但规模较小取 $a=0.2\sim0.3$，断裂较发育但规模大且有地下水时取 $a=0.1$。

围岩单位弹性抗力系数 K_0 可按式(12.3 - 2)估算：

$$K_0 = \frac{E}{(1+\mu)100} \tag{12.3-2}$$

式中　K_0——弹性抗力系数，MPa/cm；

　　　E——围岩的弹性模量，MPa；

　　　μ——围岩的泊松比。

对于各向同性的弹性介质体，围岩坚固系数、单位弹性抗力系数值可根据围岩的强度、岩体结构及完整程度等对估算值进行适当折减后确定地质建议值。

12.3.6　环境水水质分析及腐蚀性评价

环境水主要是指天然地表水和地下水，其化学成分是在循环与滞留过程中，由于溶滤和生物等作用形成的。当环境水中含有某些腐蚀性成分时，可能会对混凝土、金属等建筑材料产生腐蚀。

12.3.6.1　水质分析

1. 水质分析种类及内容

水质分析可分为简分析、全分析、专门分析及对混凝土腐蚀性评价的分析等，各种类的地下水水质分析项目见表 12.3 - 64。

2. 水质分析表示方法

水质分析结果用各种形式的指标值及化学表达式来表示。表示方法介绍如下。

（1）离子含量指标。溶解于地下水中的盐类，以各种形式的阴阳离子存在，其含量一般以单位 mmol/L（毫摩尔/升）、mg/L（毫克/升）、me/L（毫克当量/升）表示。超微量元素的离子，其单位以 $\mu g/L$（微克/升）表示。

表 12.3 - 64　　地下水水质分析项目

水质分析种类		水质分析项目
简分析		颜色、温度、气味、口味、透明度或浑浊度、pH 值、游离二氧化碳、总矿化度、总碱度、总硬度、钙、镁、钠、钾、氯、硫酸根、重碳酸根离子
全分析		颜色、温度、气味、口味、透明度或浑浊度、pH 值、游离二氧化碳、总矿化度、总碱度、总硬度、暂时硬度、永久硬度、负硬度、可溶性二氧化硅、耗氧量、氯、硫酸根、硝酸根、亚硝酸根、重碳酸根、铵根、钙、镁、钠、钾、三价铁、二价铁、硅酸根、硼等离子
专门分析	水文地球化学目的	铜、铅、锌、铁、锰、镍、钴等微量金属组分，^1H、^3H、^{18}O、^{14}C 等同位素及溶解和逸出的氧、氮、一氧化碳、二氧化碳、甲烷、硫化氢、氩、氦等气体或稀有气体成分
	毒理学目的	汞、镉、铬、砷、硒、氰化物、挥发酚类、苯并（α）芘、三氯甲烷、四氯化碳、有机氯、有机磷、总 α 及总 β
	细菌学目的	总大肠菌群、细菌总数
对混凝土腐蚀性评价的分析		氢离子浓度（pH 值）、游离碳酸含量、侵蚀性二氧化碳含量，重碳酸盐碱度（HCO_3^- 离子），氯离子、硫酸根离子、钙离子、镁离子、钠离子和钾离子含量，溶解固形物，氧化能力

（2）分子含量指标。溶解于地下水中的气体和胶体物质，如 CO_2、SiO_2，其单位一般用 mmol/L、mg/L 表示。

（3）综合指标。表示地下水化学性质的综合指标主要有氢离子浓度（pH 值）、酸碱度、硬度和矿化度。

1）pH 值。pH 值用以表示地下水中氢离子的浓度，反映地下水的酸碱性，由酸、碱和盐的水解因素所决定，影响着地下水化学元素的迁移强度。地下水按 pH 值分类见表 12.3 - 65。

表 12.3 - 65 　　　　　　　　　　　　　　　**地下水按 pH 值分类**

水的类别	强酸性水	酸性水	弱酸性水	中性水	弱碱性水	碱性水	强碱性水
pH 值	<4.0	4.0～5.0	5.0～6.0	6.0～7.5	7.5～9.0	9.0～10.0	>10.0

2）酸碱度。酸度是指强碱滴定水样中的酸至一定 pH 值的碱量。地下水中酸度的形成主要是未结合的 CO_2、无机酸、强酸弱碱盐及有机酸。

碱度是指强酸滴定水样中的碱至一定 pH 值的酸量。地下水中碱度的形成主要是氢氧化物、硫化物、氨、硝酸盐、无机和有机弱酸盐以及有机碱。

酸度和碱度一般以单位 mmol/L、me/L 表示。

3）硬度。地下水的硬度可分为总硬度、暂时硬度（碳酸盐硬度）和永久硬度（非碳酸盐硬度）、负硬度（钠、钾硬度）。总硬度是指水中含钙和镁的盐类（重碳酸盐、氯化物、硫酸盐、硝酸盐）总含量。暂时硬度是指水煮沸时，重碳酸盐破坏析出的钙盐（$CaCO_3$）或镁盐（$MgCO_3$）的含量。永久硬度是指水煮沸时，仍旧留存于水中的钙盐和镁盐（主要是硫酸盐和氯化物）的含量。负硬度是指水中碱金属（钠、钾）的碳酸盐、重碳酸盐和氢氧化物的含量。

总硬度为暂时硬度和永久硬度之和；负硬度为总碱度与总硬度之差（总碱度大于总硬度时）。硬度一般以单位 mmol/L、me/L、mg/L、H°（德国度）表示。$1H°$ 相当于在 $1L$ 水中含 $10mg$ 的 CaO 或者含 $7.2mg$ 的 MgO。$1me$ 硬度约等于 $2.8H°$，或等于 $20.04mg/L$ 的 Ca^{2+} 或 $12.16mg/L$ 的 Mg^{2+}。地下水按硬度分类见表 12.3 - 66。

表 12.3 - 66 　　　　　　　　　　　　　　　**地 下 水 按 硬 度 分 类**

水的类别		极软水	软水	微硬水	硬水	极硬水
硬度	H°	<4.2	4.2～8.4	8.4～16.8	16.8～25.2	>25.2
	me/L	<1.5	1.5～3.0	3.0～6.0	6.0～9.0	>9.0
	mg/L	<42	42～84	84～168	168～252	>252

注　mg/L 以 CaO 计，$1H°=0.35663me/L$ 或 $1me/L=2.804H°$。

4）矿化度。矿化度是指地下水含离子、分子与化合物的总量，或称总矿化度。矿化度包括了全部的溶解组分和胶体物质，但不包括游离气体。通常以可滤性蒸发残渣（溶解性固体）含量来表示，也可按水分析所得的全部阴阳离子含量的总和（计算时 HCO_3^- 含量只取一半）表示理论上的可滤性蒸发残渣。矿化度单位一般以 g/L、mg/L 表示。地下水按矿化度分类见表 12.3 - 67。

表 12.3 - 67　地下水按矿化度分类

水的类别	淡水	低矿化度水（微咸水）	中等矿化度水（咸水）	高矿化度水（盐水）	卤水
矿化度/（g/L）	<1	1～3	3～10	10～50	>50

3. 水质分析审核

为了保证水质分析成果的正确性，可依据水化学原理进行下列审核、校正或检查。

（1）离子平衡审核。理论上，水中阴阳离子的毫克当量总数是相等的。直接测定时，实际上由于分析中存在着各方面的误差，两者往往不相等，其误差 δ 按式（12.3 - 3）计算：

$$\delta = \frac{\sum A - \sum C}{\sum A + \sum C} \times 100\% \qquad (12.3 - 3)$$

式中　$\sum A$——阴离子的毫克当量总数，me/L；

　　　$\sum C$——阳离子的毫克当量总数，me/L。

一般全分析，δ 不应超过 $\pm 12\%$；而简分析时，δ 不得大于 $\pm 5\%$。超出此范围，说明分析项目不够全面或分析成果有错误。若 $Na^+ + K^+$ 含量是根据阴离子、阳离子总数按减差法计算求得时，则不能应用阴阳离子的毫克当量总数来校正。

$Na^+ + K^+$ 含量按阴离子减差法计算时，阴离子毫克当量总数小于不包括 $Na^+ + K^+$ 含量的阳离子毫克当量总数时，则分析有误差。

（2）总盐含量与溶解固体的校正。

总盐含量 $= \sum A + \sum C$(me/L)　(12.3 - 4)

总盐含量可以用溶解固体的含量表示，但数值不相等，可概略地表示为

$$溶解固体含量 \approx \sum C + \sum A - \frac{1}{2} HCO_3^- \ (me/L)$$

$$(12.3-5)$$

溶解固体含量的计算值与实测值通常相差 5%，对含盐量很小的水来说，其误差可能要大一些，如含盐量小于 100mg/L 时，允许相差 10%。

一般固体总量常常大于阴阳离子的总和，在简分析的情况下，当矿化度小于 500mg/L 时，固体总量与阴阳离子总和之差不应大于 30～35mg/L；当矿化度大于 500mg/L 时，其差不应大于 6%～7%。

（3）HCO_3^-、CO_3^{2-}、游离 CO_2 含量与 pH 值关系的校正。

$$pH = 6.37 + \lg c_1 - \lg c_2 \quad (12.3-6)$$
$$pH = 10.37 - \lg c_1 + \lg c_3 \quad (12.3-7)$$

式中　c_1——HCO_3^- 含量，mg/L；

　　　c_2——游离 CO_2 含量，mg/L；

　　　c_3——CO_3^{2-} 含量，mg/L。

由式（12.3-6）、式（12.3-7）得出的 pH 值与实测值的差值，一般不应大于 0.1，最大误差不得超过 0.2。

（4）HCO_3^-、$Ca^{2+} + Mg^{2+}$、$HCO_3^- + SO_4^{2-}$ 含量关系的校正。三组离子的毫克当量间的关系是决定天然水类型的标准之一，对于大多数含盐量小于 1000mg/L 的水，最普遍的关系是

$$[HCO_3^-] < [Ca^{2+} + Mg^{2+}] < [HCO_3^- + SO_4^{2-}] \ (me/L)$$

$$(12.3-8)$$

如果在分析淡水时，不符合上述关系式，就应将分析结果与该种水质的其他分析结果相比较，如有不同或得到另外的关系，即属可疑。

（5）总硬度、碱度、离子含量间关系的校正。总硬度（H_0）应为非碳酸盐硬度（H_y）与碳酸盐硬度（H_z）之和，即

$$H_0 = H_y + H_z \quad (12.3-9)$$

1）当有非碳酸盐硬度存在时，应该没有负硬度存在。此时，总硬度大于总碱度；碳酸盐硬度 = HCO_3^- 含量；$[Cl^- + O_4^{2-}] > [Na^+ + K^+] \ (me/L)$。

2）当有负硬度存在时，应没有非碳酸盐硬度存在。此时，总硬度 $\approx$ 碳酸盐硬度；总碱度大于总硬度；负硬度 $\approx$ 总碱度 - 总硬度 $< [Na^+ + K^+] \ (me/L)$。

3）$Ca^{2+} + Mg^{2+}$ 含量的总和，应近于总硬度，即

$$H_0 \approx [Ca^{2+} + Mg^{2+}] \ (me/L)$$

由于试验方法不一，上述计算值和实测值不完全相等，当硬度小于 98.14me/L（35H°）时，相差应在 ± 2.804me/L 以内；当硬度大于 98.14me/L 时，

相差应在 ± 8.41me/L 以内。

如水质分析的上述结果有误，一般可认为总硬度与 Ca^{2+} 含量值分析是正确的，而据此分析修正 Mg^{2+} 含量值。在淡水中，一般 Ca^{2+} 含量大于 Mg^{2+} 含量，甚至会大几倍。

（6）耗氧量、透明度、色度关系的检查。耗氧量的大小一般与透明度、色度相对应，透明度愈小，色度愈大，耗氧量愈大，可以对照检查。

4. 水化学成分表示方法

水化学成分的表示方法很多，其中较通用也较简便的表示方法之一是库尔洛夫式。该表示式是将水中毫克当量百分数大于 10% 的各主要离子，按其相对含量大小，按递减顺序以分式表示，并注明各离子的毫克当量百分数，分子为阴离子，分母为阳离子。水的特殊（微量）元素（Br、F 等）、气体成分和总矿化度（M），以 g/L 为单位，依次排列于分式前，水的温度（$T_{20℃}$）则附于分式之后。如某地下水：

$$Br_{0.08} M_{0.84} \frac{HCO_3^{95.5}}{Ca_{44.9} Mg_{32.9} Na_{18.5}} T_{20℃}$$

$$(12.3-10)$$

离子毫克当量百分数是一种离子毫克当量百分浓度的表示方法，按式（12.3-11）计算：

$$离子毫克当量百分数 = \frac{该离子毫克当量数}{阴（或阳）离子毫克当量总数} \times 100\%$$

$$(12.3-11)$$

5. 水化学类型表示方法

水化学类型的表示方法亦很多，其中较通用的表示方法之一是舒卡列夫分类，以阴离子、阳离子各自毫克当量百分数大于 25% 作为水化学类型定名的界限值，其表示方式为阴离子在前、阳离子在后，并按各自相对含量大小，以递减顺序排列，之间用小短线连接。如式（12.3-10）的地下水化学类型为 $HCO_3 - Ca - Mg$ 型水。

12.3.6.2　环境水腐蚀性评价

环境水腐蚀性评价是指环境水对建筑材料，主要包括对混凝土、钢筋混凝土结构中钢筋、钢结构的腐蚀性评价。判别环境水的腐蚀性时，应收集流域地区或工程建筑物场地的气候条件、冰冻资料、海拔、岩土性质，环境水的补给、排泄、循环、滞留条件和污染情况，以及类似条件下工程建筑物的腐蚀情况。

1. 环境水对混凝土的腐蚀性判别

GB 50487—2008 提出了环境水对混凝土的腐蚀性判别标准，见表 12.3-68。

表 12.3 - 68　环境水对混凝土腐蚀性的判别标准

腐蚀性类型	腐蚀性判定依据		腐蚀程度	界限指标
分解类	一般酸性型	pH 值	无腐蚀	pH>6.5
			弱腐蚀	6.5≥pH>6.0
			中等腐蚀	6.0≥pH>5.5
			强腐蚀	pH≤5.5
	碳酸型	侵蚀性 CO_2 含量 a/(mg/L)	无腐蚀	$a<15$
			弱腐蚀	$15≤a<30$
			中等腐蚀	$30≤a<60$
			强腐蚀	$a≥60$
	重碳酸型（溶出型）	HCO_3^- 含量 b/(mg/L)	无腐蚀	$b>1.07$
			弱腐蚀	$1.07≥b>0.7$
			中等腐蚀	$b≤0.7$
			强腐蚀	—
分解结晶复合类	镁离子型	Mg^{2+} 含量 c/(mg/L)	无腐蚀	$c<1000$
			弱腐蚀	$1000≤c<1500$
			中等腐蚀	$1500≤c<2000$
			强腐蚀	$c≥2000$
结晶类	硫酸盐型	SO_4^{2-} 含量 d/(mg/L)	无腐蚀	$d<250$
			弱腐蚀	$250≤d<400$
			中等腐蚀	$400≤d<500$
			强腐蚀	$d≥500$

注　1. 本表的判别标准所属场地应是不具有干湿交替或冻融交替作用的地区和具有干湿交替或冻融交替作用的半湿润、湿润地区。当所属场地为具有干湿交替或冻融交替作用的干旱、半干旱地区以及高程 3000m 以上的高寒地区时，应进行专门论证。

　　2. 混凝土建筑物不应直接接触污染源。有关污染源对混凝土的直接腐蚀作用应专门研究。

　　2. 环境水对钢筋混凝土结构中钢筋的腐蚀性判别

　　GB 50487—2008 提出了环境水对钢筋混凝土结构中钢筋的腐蚀性判别标准，见表 12.3 - 69。

表 12.3 - 69　环境水对钢筋混凝土结构中钢筋腐蚀性判别标准

腐蚀性判定依据	腐蚀程度	界限指标
Cl^- 含量/(mg/L)	弱腐蚀	100～500
	中等腐蚀	500～5000
	强腐蚀	>5000

注　1. 表中是指干湿交替作用的环境条件。

　　2. 当环境水中同时存在氯化物和硫酸盐时，表中的 Cl^- 含量是指 Cl^- 与硫酸盐折算之后的 Cl^- 之和，即 Cl^- 含量 $= Cl^- + SO_4^{2-} \times 0.25$，单位为 mg/L。

　　3. 环境水对钢结构的腐蚀性判别

　　GB 50487—2008 提出了环境水对钢结构的腐蚀性判别标准，见表 12.3 - 70。

表 12.3 - 70　环境水对钢结构腐蚀性判别标准

腐蚀程度	pH 值	e [（Cl^-+SO_4^{2-} 含量]/(mg/L)
弱腐蚀	3～11	<500
中等腐蚀	3～11	≥500
强腐蚀	<3	任何浓度

注　1. 表中是指氧能自由溶入的环境水。

　　2. 本表亦适用于钢管道。

　　3. 如环境水的沉淀物中有褐色絮状物沉淀（铁）、悬浮物中有褐色生物膜、绿色丛块，或有硫化氢臭味，应做铁细菌、硫酸盐还原细菌的检查，查明有无细菌腐蚀。

12.3.7　勘察成果

12.3.7.1　成果形式

　　工程地质勘察成果包括各种图件、照片、影像、录像、文字报告、三维地质模型等。水土保持工程提交的勘察成果应包括勘察报告正文、附图、附件等。

12.3.7.2　主要图件的编制内容及要求

　　工程地质主要图件的编制内容及要求见表 12.3 - 71～表 12.3 - 74。

12.3.7.3　勘察报告的内容及要求

　　水土保持工程勘察报告正文应包括前言、区域地质概况、工程区及建筑物工程地质条件、天然建筑材料、结论与建议等。

　　1. 拦沙坝、淤地坝勘察报告

　　拦沙坝、淤地坝勘察报告正文应包括下列内容。

　　（1）前言应包括：工程概况，气象水文和设计主要指标，勘察工作过程、方法、内容、完成的主要工作量等。

　　（2）区域地质构造稳定性应包括：区域地质概况，区域构造稳定性评价，提出地震活动性及地震动参数等。

　　（3）库区工程地质条件应包括：地形地貌特征、地层岩性、固体物质来源等，对居民点、桥梁、公路等有安全影响的库岸进行稳定性评价。

　　（4）坝址工程地质条件应包括下列内容：

　　1）建筑物区的地形地貌、地层岩性、地质构造、岩体风化、物理地质现象、水文地质条件、主要岩土体的物理力学参数建议值。

表 12.3－71　　　　　　　　　　　工程地质基本图件编制内容

地质图件	编　制　内　容
钻孔柱状图	（1）包括地层单位、层底高程、层底深度、层厚、柱状图及钻孔结构、岩芯采取率、RQD、裂隙密度、风化程度、地质描述、透水率与渗透系数、不同含水层的地下水位及观测日期、承压水的初见水位和稳定水位及其观测日期、取样点深度及编号、测试点深度及编号、电阻率、纵波波速、钻孔电视、摄影位置及文字说明等栏目。 （2）柱状图栏中宜标明地层岩性、断层、破碎带、岩脉、蚀变带、岩层接触关系、钻孔各段的孔径、套管下入深度、止水位置等。对软弱夹层、岩溶洞穴等应突出表示。 （3）地质描述栏中宜说明岩石名称、颜色、成分、结构、构造，软弱夹层的性状，岩石风化和完整程度，断层、破碎带和节理裂隙密集带的宽度、充填物质、胶结情况，岩溶洞穴的规模和充填情况等；土层名称、颜色、物质成分、结构特征、物理性质、状态、胶结物成分和胶结情况。对土层中的粉细砂、软土和架空结构等应着重描述。 （4）文字说明中宜记录钻进方法、钻进情况、回水颜色及水量的突变情况，不良地质因素引起的卡钻、掉钻、塌孔、漏砂等现象和位置等。 （5）土基钻孔柱状图应反映各种原位测试成果
坑探展示图	坑探包括探坑、探槽、探井（浅井、竖井、斜井）、探洞（平洞），其展示图绘制应包括以下内容： （1）平洞展示图宜绘制洞顶和两壁，采用以洞顶为基准、两壁掀起俯视的展示方式。应标明坐标、高程、方向，洞深以洞顶中心线为准。洞口明挖部分和掌子面应进行描绘。 （2）探井展示图宜绘制相邻两壁或三壁，平列展开，并注明井壁方向。圆井以 90°等分线剖开，取相邻两壁平列展开。应标明井的坐标、高程，井深以井口某一壁固定桩为准。斜井注明其斜度。 （3）地层年代、岩土名称、颜色、成分、结构、构造，岩体完整性，软弱夹层的性状、土层的胶结情况等。 （4）断层及破碎带、挤压带的产状、性质、规模、充填物性质及胶结程度，蚀变带、岩脉的穿插情况。 （5）主要节理裂隙的产状、性质、性状（包括长度、宽度、充填物、壁面的起伏状况、粗糙度等）；节理裂隙发育程度分段统计描述并绘制统计图。 （6）岩体风化程度及风化分带、卸荷裂隙的发育深度及充填情况、岩溶洞穴等。 （7）地下水出露位置、形式、类型、流量、水温。 （8）岩体工程地质分段或围岩工程地质分类。 （9）取样点、测试点、拍摄点等的位置及编号，岩体的测试值或曲线。 （10）施工开挖过程中有关情况，包括开挖方法、掉块、塌方、涌水、片帮、岩爆等发生位置，有害气体及放射性等

表 12.3－72　　　　　　　　　　　工程地质区域综合性图件编制内容

地质图件	编　制　内　容
综合地层柱状图	（1）分地层、代号、柱状图、厚度、地层描述和主要地质特征等栏目。 （2）地质栏中地层单位的划分应根据勘察阶段、绘图比例尺和具体要求而定，自上而下地层从新到老编排。 （3）柱状图栏中应以花纹填充反映各地层单位的岩性、厚度、接触关系、岩浆岩侵入情况和化石等，并以反映的清晰程度选定柱状图比例尺。 （4）厚度栏绘图高度应根据地层厚度和比例尺确定，栏内标注地层厚度的变化范围值。 （5）地层描述栏中，可按如下顺序进行：①地层名称、颜色、结构和构造、矿物成分；②沉积岩的成层状态、胶结状态、胶结物性质、胶结程度、相变情况和化石名称等。对第四系地层，还应说明成因类型和物质成分，岩浆岩的生成顺序、产出形式及与围岩的接触关系，变质岩的岩性、变质程度、变质类型及变质相带；③软弱岩层、软弱夹层、岩溶化岩层等工程地质性质不良岩层；④水文地质特征、分层标志等
区域地质图	（1）区域地貌形态类型、地貌单元，水系变迁情况，与现代构造有关的洪积扇、阶地。 （2）区域内的地层岩性分布、地质构造与水文地质情况。 （3）工程场地位置等
区域构造纲要图	（1）区域构造格架展布，区域性大断裂、活断层、发震断裂及其产状和性质，地热（温泉、热海及其温度）。 （2）已经发生的中、强震震中分布等

地质图件	编 制 内 容
水库区综合地质图	（1）地貌形态。河流阶地及其分级，古河道、埋藏谷、洼地等。 （2）地层岩性。地层、年代、岩性、岩相及接触关系。 （3）地质构造。岩层产状，褶皱形态，断层和破碎带及其产状、性质、延伸情况。 （4）岩溶和物理地质现象。岩溶形态的分布与规模，滑坡体、崩塌体、采空区、塌陷区、潜在不稳定岩土体等。 （5）水文与工程地质。井、泉及其类型、高程、流量或水位（注明观测日期）；渗漏或可能的渗漏地段和渗漏方向；塌岸和浸没的预测范围，以及库岸稳定分段。 （6）其他。勘探点、岩土体位移监测点、地下水动态观测点、地质剖面线、坝轴线、正常蓄水位线及高程，与水库工程有关的城镇、厂矿以及交通线路等

表 12.3－73　　　　　天然建筑材料料场综合性图件编制内容

地质图件	编 制 内 容
天然建筑材料料场位置分布图	（1）料场名称、编号、种类（砂砾料、土料、石料、掺合料）、范围。 （2）主要建筑物、交通线、居民点。 （3）各料场概况一览表，内容包括材料种类、料场名称、分布高程、勘察级别、料场面积、无用层与有用层平均厚度、无用体积、有用层储量及质量，以及距坝址（或主要建筑物）距离、开采与运输条件等
天然建筑材料料场综合地质图	（1）地形地貌、河流阶地，以及耕地、林场范围和其他标志。 （2）土层成因类型，岩层岩性、产状。 （3）主要断层、节理裂隙密集带的分布及产状。 （4）储量计算范围线、储量计算汇总表，以及各料场试验成果汇总表。 （5）质量分区界线。 （6）勘探点（线）位置及编号、孔坑深度、取样点位置及编号、地质剖面线等
天然建筑材料料场纵横地质剖面图	地形、勘探点、地质构造、剖面穿越的不良地质体、储量计算开挖线等

表 12.3－74　　　　　坝址及建筑物区工程地质综合性图件编制内容

地质图件	编 制 内 容
实际材料图	（1）不同比例尺工程地质测绘的范围、地质点、地质剖面线及其编号。 （2）物探点、物探剖面线及其编号。 （3）钻孔、平洞、竖井、坑、槽及其编号、高程。 （4）取样点、测试点、标本和化石采集点及其编号。 （5）岩土体位移监测点、地下水动态观测点、摄影或录像点及其编号。 （6）主要建筑物轴线或轮廓线。 （7）钻孔、平洞等勘探点情况汇总表，以及勘察工作量统计表
坝址及其他建筑物区工程地质图	（1）地形地貌、地层岩性、地质构造、水文地质等一般地质现象。 （2）岩基中的软弱岩层、软弱夹层、易风化岩层、石膏夹层、岩溶化岩层、岩脉等，土基中的软土、膨胀土、湿陷性黄土、冻土、有机质土、粉细砂和架空结构等。 （3）活断层、顺河断层、缓倾角断层及其他缓倾角结构面、节理裂隙密集带、蚀变带、卸荷带，以及褶皱和叠瓦式构造等。 （4）滑坡体、崩塌体、坐落体、蠕变体、潜在不稳定岩土体或不稳定岸坡、泥石流、古河道和河床深潭等。 （5）岩土体工程地质分类或分区。 （6）地质点（含泉水点）、试验点、观测点、取样点、摄像点、勘探点线、物探点线、地质剖面线、建筑物轴线或轮廓线、正常蓄水位线等

地质图件	编 制 内 容
岩溶区水文地质图	(1) 地貌形态。与岩溶发育有关的地形地貌要素，如河谷裂点、阶地、侵蚀面、古河道、地形分水岭、低邻谷等。 (2) 地层岩性。可溶岩、非可溶岩界线，突出表示强岩溶化岩层。 (3) 地质构造。岩层产状、褶皱形态，断裂构造的产状、性质、延伸情况等。 (4) 岩溶现象。各种岩溶形态的分布、高程、规模、延伸连通情况，地下洞穴和暗河应投影表示。 (5) 物理地质现象。滑坡体、崩塌体、坍滑体、潜在不稳定岩土体、蠕变体、泥石流等。 (6) 水文地质。含水层或透水层，相对隔水层，地下水露头点及其性质、高程、流量，地下水流向，地下水分水岭及其高程，渗透通道等。 (7) 岩溶渗透程度分区（段），并附岩溶水文地质剖面图
坝址及其他建筑物区工程地质剖面图	(1) 坝址及其他建筑物区工程地质图中的有关内容全部绘制成剖面形式。 (2) 地下水位，岩体风化、卸荷分带，岩体工程地质分类（级）。 (3) 岩溶形态及充填物。 (4) 坝址轴线剖面图应有岩体渗透性分级界线和建议防渗帷幕范围线
坝（闸）址渗透剖面图	除反映一般地质现象外，尚应包括下列内容： (1) 强透水层和相对隔水层的分布、地下水和河水位的补排关系、岩土体渗透性分级。 (2) 潜水位、承压含水层顶板及其稳定水位、河水位（注明观测日期和高程）、正常蓄水位线。 (3) 可能产生的管涌、潜蚀、软化、液化等现象，应用特殊符号表示。 (4) 水文地质说明，必要时附渗漏计算表和计算公式
专门性工程地质图	除反映常规地质图内容外，尚需反映专门性工程地质问题的相关内容

2）论述各建筑物区基本工程地质条件及主要工程地质问题，对地基变形与抗滑稳定、渗透稳定、坝肩与溢洪道边坡稳定等问题作出评价，并提出处理建议。

（5）天然建筑材料应包括：勘察任务，各料场的基本情况和储量、质量及开采和运输条件等。

（6）结论和建议应包括：主要工程地质结论、下阶段勘察工作重点的建议等。

2. 弃渣场勘察报告

弃渣场勘察报告正文除应包括前述拦沙坝、淤地坝勘察报告正文中的（1）、（2）、（5）、（6）内容外，还应包括以下内容。

（1）弃渣场工程地质条件应包括下列内容：

1）堆渣区的地形地貌、地层岩性、地质构造、物理地质现象、水文地质条件、主要岩土体的物理力学参数建议值。

2）论述堆渣区基本地质条件与主要地质问题，评价场地稳定性，评价堆渣后发生泥石流等次生灾害的可能性，并提出防治建议。

3）论述弃渣工程沿线地基工程地质条件与主要工程地质问题，对地基稳定性作出评价，并提出处理建议。

（2）防洪排导工程地质条件应包括下列内容：

1）论述防洪排导沿线工程地质条件与主要工程

地质问题。

2）评价防洪排导沿线地基稳定性，重点评价丁坝、顺坝、渡槽桩（墩）、排水涵管等工程的地基稳定性，并提出处理建议。

3）分段评价排水洞沿线工程地质条件，进行围岩工程地质分类，对围岩与进出口边坡稳定性作出评价，并提出处理建议。

12.3.7.4　勘察报告的附图、附件要求

水土保持工程的工程地质勘察报告附图宜按《水利水电工程制图标准勘测图》（SL 73.3）的规定执行，并应图面准确、内容实用、数据可靠、图文相符；工程地质勘察报告附件是报告重要内容的补充文件。其所需附图、附件见表 12.3 - 75。

表 12.3 - 75　工程地质勘察报告附图、附件（初步设计阶段）

序号	附 图、附 件 名 称
1	区域构造与地震震中分布图
2	弃渣场区工程地质图（仅限 4 级及以上弃渣场）
3	弃渣场拦渣工程、防洪排导工程区工程地质图（仅限 4 级及以上弃渣场）
4	停淤场周边综合地质图（仅限大型淤地坝）
5	淤地坝及附属建筑物区工程地质图、拦沙坝区工程地质图

续表

序号	附图附件名称
6	基岩顶板等高线图（根据需要）
7	建筑物轴线工程地质剖面图、代表性的工程地质横剖面图
8	滑坡、泥石流等专门性问题工程地质平面图与剖面图
9	天然建筑材料料场位置分布图
10	料场综合地质图
11	钻孔柱状图
12	探坑展示图（根据需要）
13	物探相关图件（根据需要）

参 考 文 献

[1] 国家测绘局测绘标准化研究所. 国家基本比例尺地形图分幅和编号：GB/T 13989—2012 [S]. 北京：中国标准出版社，2012.

[2] 水利部水土保持司，水利部水土保持监测中心，黄河水利委员会上中游管理局，等. 水土保持综合治理规划通则：GB/T 15772—2008 [S]. 北京：中国标准出版社，2009.

[3] 国家测绘局测绘标准化研究所. 遥感影像平面图制作规范：GB/T 15968—2008 [S]. 北京：中国标准出版社，2008.

[4] 国家测绘局测绘标准化研究所，国家测绘产品质量监督检验测试中心，陕西省测绘产品质量监督检验站. 数字测绘成果质量检查与验收：GB/T 18316—2008 [S]. 北京：中国标准出版社，2008.

[5] 水利部水土保持司. 土壤侵蚀分类分级标准：SL 190—2007 [S]. 北京：中国水利水电出版社，2008.

[6] 水利部水土保持司，水利部水土保持监测中心. 水土保持监测技术规程：SL 277—2002 [S]. 北京：中国水利水电出版社，2002.

[7] 水利部水土保持监测中心. 水土保持遥感监测技术规范：SL 592—2012 [S]. 北京：中国水利水电出版社，2012.

[8] 水利部珠江水利委员会. 岩溶地区水土流失综合治理技术标准：SL 461—2009 [S]. 北京：中国水利水电出版社，2010.

[9] 四川省国土资源厅. 泥石流灾害防治工程勘查规范：DZ/T 0220—2006 [S]. 北京：中国标准出版社，2006.

[10] 中国地质调查局. 滑坡防治工程勘查规范：DZ/T 0218—2006 [S]. 北京：中国标准出版社，2006.

[11] 国家测绘局测绘标准化研究所. 基础地理信息数字产品 数字高程模型：CH/T 1008—2001 [S]. 北京：测绘出版社，2001.

[12] 中国有色金属工业协会. 工程测量规范：GB 50026—

2007 [S]. 北京：中国计划出版社，2008.

[13] 长江勘测规划设计研究院，长江空间信息技术工程有限公司（武汉）. 水利水电工程测量规范：SL 197—2013 [S]. 北京：中国水利水电出版社，2013.

[14] 水利部水利水电规划设计总院，长江水利委员会长江勘测规划设计研究院. 水利水电工程地质勘察规范：GB 50487—2008 [S]. 北京：中国计划出版社，2009.

[15] 中国电力企业联合会. 水力发电工程地质勘察规范：GB 50287—2006 [S]. 北京：中国计划出版社，2008.

[16] 水利部湖南省水利水电勘测设计研究总院. 中小型水利水电工程地质勘察规范：SL 55—2005 [S]. 北京：中国水利水电出版社，2005.

[17] 中国水电顾问集团昆明勘测设计研究院. 中小型水力发电工程地质勘察规范：DL/T 5410—2009 [S]. 北京：中国电力出版社，2009.

[18] 中水北方勘测设计研究有限责任公司. 水利水电工程坑探规程：SL 166—2010 [S]. 北京：中国水利水电出版社，2011.

[19] 水利部东北勘测设计研究院. 水利水电工程钻探规程：SL 291—2003 [S]. 北京：中国水利水电出版社，2003.

[20] 水利部天津水利水电勘测设计研究院. 水利水电工程地质测绘规程：SL 299—2004 [S]. 北京：中国水利水电出版社，2004.

[21] 水利部长江水利委员会综合勘测局. 水利水电工程天然建筑材料勘察规程：SL 251—2000 [S]. 北京：中国水利水电出版社，2000.

[22] 武汉水利电力大学. 水利水电工程技术术语标准：SL 26—1992 [S]. 北京：水利电力出版社，1993.

[23] 南京水利科学研究院. 土工试验规程：SL 237—1999 [S]. 北京：中国水利水电出版社，1999.

[24] 长江水利委员会长江科学院. 水利水电工程岩石试验规程：SL 264—2001 [S]. 北京：中国水利水电出版社，2001.

[25] 中国建筑科学研究院. 建筑地基基础设计规范：GB 50007—2011 [S]. 北京：中国建筑工业出版社，2008.

[26] 郭索彦. 水土保持监测理论与方法 [M]. 北京：中国水利水电出版社，2010.

[27] 刘震. 水土保持监测技术 [M]. 北京：中国大地出版社，2004.

[28] 张国辉. 工程测量实用技术手册 [M]. 北京：中国建材工业出版社，2009.

[29] 彭土标，袁建新，王惠明. 水力发电工程地质手册 [M]. 北京：中国水利水电出版社，2011.

[30] 工程地质手册编委会. 工程地质手册 [M]. 4版. 北京：中国建筑工业出版社，2007.

[31] 钱家欢，殷宗泽. 土工原理与计算 [M]. 2版. 北京：中国水利水电出版社，1996.

第 13 章　水土保持试验与监测

章主编　张平仓　胡建民　杨才敏　程冬兵
章主审　左长清　刘　晖　闫俊平　王春红

本章各节编写及审稿人员

节次	编写人					审稿人
13.1	程冬兵　张平仓　杨才敏　胡建民　丁国栋　谢颂华 黄鹏飞　陈晓安					左长清 刘　晖 闫俊平 王春红
13.2	程冬兵　张平仓　陈小平　胡建民　张靖宇　李世锋 张华明　王　晶					

第13章 水土保持试验与监测

13.1 水土保持试验

13.1.1 水力侵蚀试验

13.1.1.1 雨滴溅蚀试验

雨滴溅蚀试验是为了研究土壤与雨滴打击力之间的定性定量关系，为保护土壤提供科学依据。用于溅蚀试验设备的溅蚀盘（杯）结构如图 13.1-1 所示。

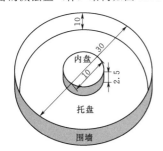

图 13.1-1　溅蚀盘（杯）结构（单位：cm）

放置土样的内盘中间留一小孔，可使土壤水渗出，减少土壤表面积水的影响；直径 10cm，高 2.5cm，承接溅蚀土粒的外盘（托盘），直径 30cm，高 10cm。

雨滴溅蚀试验主要研究内容包括：通过雨滴发生塔（器）形成单个雨滴，研究单个雨滴击溅动能、雨滴动能与土壤溅蚀量的关系、不同土壤溅蚀过程及其机理。雨滴溅蚀试验设计由研究内容确定，试验重复次数不应少于 3 次。

试验包括以下具体步骤。

（1）用环刀采集地表原状土。如果限于试验条件，也可采集 0~20cm 的表层土壤，将采回的散状土风干后过 5mm 筛，除去杂质，将土装入击溅杯，放入内盘中，用手轻压，装平。

（2）将托盘洗干净后，开始溅蚀试验，历时 5min。

（3）时间截止后，将溅蚀杯取出降雨场，并用洗瓶将外盘壁上的泥水洗入托盘中。

（4）用量器量托盘泥水的体积。

（5）摇动搅拌托盘的泥沙，均匀后取 50mL 于烧杯中。

（6）将取出的 50mL 样品过滤，把滤纸及泥沙一起烘干，称样，换算泥沙含量，再根据泥沙总体积，计算溅蚀量。

13.1.1.2 降雨模拟试验

降雨模拟试验是利用人工模拟降雨技术探索不同降雨和下垫面（如地形、土壤、水土保持措施等）条件下，坡面土壤侵蚀过程及其机理，为建立土壤流失预报模型提供基础数据，并为坡面水土保持措施的配置提供科学依据。用于模拟降雨试验的设备为不同型号的降雨机，主要有侧喷式降雨机和下喷式降雨机两类。目前国内野外使用的降雨机大多为侧喷式单喷头降雨机，通过两组以上降雨机的组合，可获得 30~120mm/h 的降雨强度和所需的降雨面积。

用于室内降雨试验的降雨机有下喷式降雨机、Norton 型降雨机和侧喷式降雨机等。试验设备除降雨机外，还包括径流泥沙采集装置。

降雨模拟试验研究内容包括：坡面土壤侵蚀方式（主要是片蚀、细沟、浅沟）及演变过程；不同降雨条件下（降雨量、降雨强度、降雨历时、降雨雨型）坡面侵蚀过程及其机理；不同地形条件下（坡长、坡度、坡形）坡面侵蚀过程及其机理；不同类型土壤可蚀性研究；不同水土保持措施抗蚀机理及保水保土效果等。模拟降雨试验设计由研究内容确定，试验重复次数不应小于两次。

试验包括以下具体步骤。

（1）试验点选定并布置妥当后，试验率定雨强之前对坡面土壤进行取样，测定土壤容重、质地和含水量等。

（2）对试验雨强进行率定，率定雨强前，先用彩条布盖住整个坡面，坡面上、中、下三个部位各放置两个直径为 20cm 的雨量桶，桶口一定要保持水平状态。

（3）上述步骤做完后，两人同时配合，一个人准备好计时用的电子表和记录纸，另一个人准备打开降雨器。在打开降雨器的同时，按下电子表，待降雨进行 5min（或者 10min）时，同时关闭降雨器和电子表，然后分别测量坡面上布设的 6 个雨量桶中的雨量，确定降雨是否均匀，如果误差在 5%~10% 以内，则表明雨强率定完毕，可以准备开始试验，如果误差太大，调整降雨机的喷头同时倒掉坡面上雨量桶中的雨水，重新开始率定，直至合乎要求为止。

（4）根据试验人员分工，检查所需用品是否完备，准备开始试验，各就其位，记录、计时 1 人，采集径流样 1 人，坡面上测量流速 3 人（坡面上、中、下部位各 1 人）。

（5）降雨试验，揭掉坡面上的彩条布，打开降雨器，记录人员同时按下电子表，试验开始。注意，记录人员要准备两块电子表，一块用于记录降雨总时间；另一块用于坡面产流后控制采样人员的采样时间，取样时间间隔确定为前 3min 每 1min 一个样，3～7min 每 2min 一个样，7～10min 每 3min 一个样，10min 后，每隔 5min 取一个样。具体的取样时间为产流后的 1min、2min、3min、5min、7min、10min、15min、20min、25min、30min、35min、40min……

（6）如果坡面上出现细沟，坡面上的测量人员要

及时告知记录人员，记录人员记录下细沟产生的时间，同时，坡面上测量人员要加测细沟中径流流速和细沟径流宽度等数据。同时要测量细沟的形态变化过程。

（7）在试验时间到预定的时间后，及时关闭降雨器，待坡面没有径流流下后，记录人员记录产流终止时间，试验结束。

（8）试验结束后，要对所采集的样品进行称量〔称量取样杯子＋径流的重量（用电子天平，精确到 0.1g），径流的体积（用量筒精确测量）〕，同时记录下每个杯子的净重。

（9）将样品带回实验室，烘干称重，换算土壤流失量和径流量。

降雨模拟试验坡面土壤含水量、容重记录表见表 13.1－1，降雨模拟试验坡面地表产流产沙过程记录表见表 13.1－2。

表 13.1－1　　　　　　　　　降雨模拟试验坡面土壤含水量、容重记录表

日期	年　月　日		天气		坡面坡度	
降雨场次		设计雨强			土壤类型	
降雨率定开始时间			降雨率定终止时间		降雨历时	min
雨量桶中的降雨量/mL	坡面上部		坡面中部		坡面下部	
平均雨强计算						
降雨前土壤含水量						
部位	铝盒编号	铝盒重量/g	铝盒＋湿土重/g	铝盒＋干土重/g	水分重量/g	含水量/%
坡面上部						
坡面中部						
坡面下部						
降雨后土壤含水量						
部位	铝盒编号	铝盒重量/g	铝盒＋湿土重/g	铝盒＋干土重/g	水分重量/g	含水量/%
坡面上部						
坡面中部						
坡面下部						
土壤容重						
部位	环刀编号	环刀重量/g	环刀＋湿土重/g	环刀＋干土重/g	含水量/%	容重/(g/cm³)
坡面上部						
坡面中部						
坡面下部						

记录人：　　　　　　校核人：　　　　　日期：

表 13.1-2　　　　　　　　　　　降雨模拟试验坡面地表产流产沙过程记录表

取样时间 /min	取样所用的杯子号	1m 流长坡面流过时间/s			取样体积 /mL	取样＋杯子重量/g	取样杯子重 /g	每个时段内对应的塑料桶中的径流量 /(mL 或 L)
		上	中	下				
1								
2								
3								
⋮								

记录人：　　　　　　校核人：　　　　　　日期：

13.1.1.3　径流模拟试验

径流模拟试验是为了研究不同水流条件下水力侵蚀过程及水流搬运能力，为水蚀预报提供基础资料；利用人工径流冲刷试验，探索不同汇流和下垫面（地形、土壤、水土保持措施）条件下坡面土壤侵蚀过程及其机理，为建立坡面土壤流失预报模型奠定基础，并为坡面水土保持措施配置提供科学依据。

径流模拟试验设备包括不同尺寸的水流槽、模拟层流或股流冲刷的试验设备及径流泥沙采集装置。水流槽主要用于室内试验，而模拟层流或股流冲刷试验设备，既用于室内，也用于野外。放水流量的设计由研究区次侵蚀性降雨量、降雨强度、降雨历时、试验目的而确定。模拟降雨试验设计由研究内容确定，设计试验重复次数不应少于两次。

径流模拟试验研究内容包括：利用水槽试验装置研究不同水流侵蚀过程及水流搬运能力；通过人工建造细沟发育初期模型，利用人工径流冲刷试验研究细沟侵蚀过程；通过人工建造浅沟发育初期模型，利用人工径流冲刷试验研究浅沟侵蚀过程；利用径流冲刷试验研究坡面土壤侵蚀方式（主要是片蚀、细沟、浅沟）、演变过程；设计汇流冲刷试验研究坡面土壤侵蚀过程。

试验包括以下具体步骤。

（1）试验点选定并布置妥当后，对下垫面进行取样，获取容重、质地、含水量等指标。

（2）放水流量率定。通过特制的储水装置、水泵、控制阀等，将放水量进行率定达设计值。

（3）放水试验，打开控制阀，记录人员同时按下电子表，试验开始。记录人员要准备两块电子表，一块用于记录放水总时间；另一块用于坡面产流后控制采样人员的采样时间，取样时间间隔确定为前 3min 每 1min 一个样，3～7min 每 2min 一个样，7～10min 每 3min 一个样，10min 后每隔 5min 取一个样。具体的取样时间为产流后的 1min、2min、3min、5min、

7min、10min、15min、20min、25min、30min、35min、40min、…

（4）当坡面上土壤流失基本稳定后，及时关闭控制阀，待坡面没有径流流下后，记录人员记录产流终止时间，试验结束。

（5）试验结束后，要对所采集的样品进行称量［称量取样杯子＋径流的重量（用电子天平，精确到 0.1g），径流的体积（用量筒精确测量）］，同时记录下每个杯子的净重。

（6）将样品带回试验室，烘干称重，换算土壤流失量和径流量。

径流模拟试验产流产沙过程记录表见表 13.1-3。

13.1.1.4　小流域实体模型试验

小流域实体模型试验是利用模拟降雨技术，通过建立不同比例尺小流域实体模型，研究降雨（水流）条件下小流域侵蚀产沙过程，定量评价小流域产沙来源，为建立土壤侵蚀预报模型奠定基础，并为水土流失综合治理提供科学依据。

试验设备为不同比例尺的小流域实体模型、降雨机（水流槽）和径流泥沙采集装置。模型设计由原型特征和研究内容而定，试验设计的重复次数不应少于两次。

试验研究内容包括小流域产流和汇流分析、小流域侵蚀产沙过程、支流对全流域侵蚀产沙贡献分析、小流域泥沙来源分析等。

试验步骤参照降雨模拟试验及径流模拟试验执行。

13.1.1.5　坡面径流小区试验

1. 试验目的与内容

通过对不同下垫面条件下降雨过程的水土流失进行对比观测，研究降雨和下垫面条件对水土流失的影响，定量分析各因子的贡献，为坡面水土流失预报模型的建立提供基础资料，为坡面水土保持措施的布置提供理论指导。根据不同的研究目的，研究内容主要

表 13.1 - 3　径流模拟试验产流产沙过程记录表

日期		年　月　日		天气		地点	
放水场次				坡度		坡长	
设计放水流量				土壤类型		土壤质地	
设计放水时间				其他			
放水流量率定		1		2		3	
		时间/s	放水量/L	时间/s	放水量/L	时间/s	放水量/L
实际流量计算/(L/s)							
平均流量/(L/s)							

取样时间/min	取样所用的杯子号	1m 流长坡面流过时间/s			取样体积/mL	编号	取样杯子重/g	每个时段内对应的集流桶中的混水量/(L 或 mL)
		上	中	下				
1								
2								
3								
5								
7								
10								
15								
20								
⋮								

记录人：　　　　　　校核人：　　　　　　日期：

包括土壤侵蚀降雨因子（降雨量、降雨强度、降雨历时、降雨雨型等）、土壤因子（土壤可蚀性）、地形因子（坡长、坡度、坡形等）、管理因子（林草措施、耕作措施、工程措施）等条件下的坡面侵蚀过程及其作用机理。此外，也可以研究坡面土壤侵蚀方式（片蚀、细沟侵蚀、浅沟侵蚀）及演变过程等。

2. 径流小区布设

（1）径流小区类型。径流小区是对坡地水土流失规律和小流域水土流失规律进行定量研究的一种常用测验设施。径流小区一般可分为标准径流小区、非标准径流小区，根据试验目的、内容不同，布设不同措施。

1）标准径流小区。小区坡长（水平投影长）为 20m，宽 5m，坡度 10°，连续休闲耕（至少撂荒 1 年），植被覆盖度小于 5%（即无植被覆盖）。

2）非标准径流小区。用于研究某一特定因素对土壤侵蚀的定量影响，其面积选取应根据小区建设目

的要求进行，要充分考虑坡度、坡长、土地利用方式、耕作制度、水土保持措施等。

（2）径流小区一般由围埝、集水槽、导流管、量水设备、保护带等几部分组成，见图 13.1 - 2。

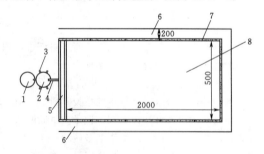

图 13.1 - 2　标准径流小区平面布置图（单位：cm）

1—分流桶；2—集流桶；3—分流管；4—导流管；
5—集流槽；6—保护带；7—围埝；8—径流小区

1）围埝。围埝是设置在径流小区上缘和两侧用

于防止小区内径流外流，也防止外部径流进入小区，将径流小区和保护带隔开并围成矩形的设施。围埂的修建材料要求为不渗水、不吸水的水泥板或金属板等。围埂应高出地表 $10 \sim 20cm$，埋入地下 $20 \sim 30cm$，上缘向小区外呈 $60°$ 倾斜，以防止降落在围埂上的雨水进入径流小区。当径流小区用于水量平衡研究时，整个径流小区必须与周围环境完全隔离。

2）集流槽。集流槽设置在径流小区坡面下缘，垂直于径流流向，一般为矩形，用于承接径流小区产生的径流泥沙，并通过导流管把径流导入量水设备。集流槽可以由混凝土、砌砖水泥护面或铁皮等制成（保证不漏水），长度与径流小区宽度一致，其上缘与径流小区下缘等高，槽底向下、向中间倾斜，倾斜度以不产生泥沙沉积为准。集水槽上要加设盖板，且保证槽身表面光滑。

3）导流管。导流管是连接集水槽与量水设备的管道，可用镀锌铁皮、金属管或 PVC 管等制作，通过导流管将坡面产生的径流和泥沙导入量水设备。设计时应根据最大洪峰流量确定导流管的管径大小。

4）量水设备。量水设备是用于收集和量测径流泥沙量的设施，最常用的量水设施是集流桶，一般可用厚度不小于 0.75 mm 的镀锌铁皮或薄钢板制作（如 1.2mm 厚镀锌铁皮或 $2 \sim 3$mm 厚钢板），主要为圆柱形，直径一般在 $0.6 \sim 0.8$m 之间，高度在 $0.8 \sim 1.0$m 左右。设计规格应根据当地的降雨及产流情况而定，以一次降雨产流过程中不溢流为准，如产流量大，可采用一级或多级分流桶进行分流，分流孔的数量根据产流量而定，常见的分流孔数目为单数（如 3、5、7、9 等），一般分流孔多为 $3 \sim 5$cm 的圆孔，间距在 $10 \sim 15$cm 左右，分流孔大小应一致，排列均匀，并在同一水平面上。在分流桶的前 $1/3$ 处安装纱网（网眼以大于 $1cm^2$ 为宜）或其他过滤设施。集流桶或分流桶均应在顶部加盖及底部开孔，在防止雨水直接进入桶中的同时，保证测量完毕后易于将收集的径流和泥沙排净。集流桶和分流桶的安装应保证水平。

5）保护带。保护带布设在径流小区上方及其两侧，用于防止外来径流侵入径流小区的区域，保护带的宽度和深度视具体地形而定，必须保证上方来水和两侧径流不会进入径流小区。同时需要保证周围环境中的植物根系、树冠等不会影响到径流小区。保护带可以设计成用于管理人员通行的道路，且须在保护带内设置排水渠。

（3）观测项目。

1）降水量观测。在每个径流小区或每组径流小区试验地，布设自记雨量计，观测降雨过程。

2）径流量和泥沙量观测。径流泥沙量的观测方法有体积法、溢流堰法等，含沙量测量方法包括人工搅拌法、振动法、光电法、超声法和激光法等。量水设备为集流桶时，应对所有采集到径流泥沙样的集流桶量取水位高度，采集泥水样品测定含沙量，通过计算获得次降雨过程中径流小区的总侵蚀量。泥沙量的测定一般采用取样法，即在集流桶中用取样器取样后，在室内过滤、烘干，求算泥水样的含沙量，再利用含沙量和泥水总量计算出侵蚀总量。以下以径流小区为例，主要介绍体积法。

a. 浑水径流量的观测与计算。

a) 浑水径流量的量测。每次降雨后立刻用钢尺测定集流桶中的水深，或用安装在集流桶壁上的水尺读取水深，利用水深和集流桶的断面面积计算出浑水径流总量。为了观测径流变化过程，经常在集流桶上安装自记水位计。

b) 分析与计算。

情况一：集流桶及承水槽上有盖子。在无分流池或桶时，浑水径流总量=各集流桶中径流量之和。在有一个或一个以上分流桶时，需从最后一个分流桶算起，向上逐级累加得到浑水总径流量。

$$V_{浑总} = V_集 + \alpha_1 V_{分1} + \alpha_1 \alpha_2 V_{分2} + \cdots$$
$$+ \alpha_1 \alpha_2 \cdots \alpha_{n-2} \alpha_{n-1} V_{分n-1}$$
$$+ \alpha_1 \alpha_2 \cdots \alpha_{n-1} \alpha_n V_{分n} \qquad (13.1-1)$$

式中　$V_集$——集流桶浑水量，m^3；

$\quad V_{分n}$——n 级分流桶浑水量（$n = 1$，2，3，$\cdots$，n），m^3；

$\quad \alpha_n$——n 级分流桶的分流孔数，一般取 3、5、7、9 等奇数。

情况二：集流桶及承水槽上无盖子，需要将集流桶及承水槽上收集的雨水量扣除，即扣除校正径流量。

校正径流量＝降水量×承雨面积

b. 径流与泥沙的观测与计算。

a) 泥沙含量的量测。目前，径流含沙量的常用量测方法为人工搅拌法。

情况一：当集流桶中泥沙量较少时，宜采用结实的木棍等工具将桶中的水体和泥沙搅拌均匀，在搅拌的同时，用取样瓶取 1 个泥水样，重复上述取样过程，依次再采集两个泥水样，每个泥水样采集 1000mL，并在记录纸上做好详细取样记录。

情况二：当集流桶中泥沙较多时，记录水面水尺刻度，用取样瓶取 3 个上层泥水样（各 1000mL），然后，排除上层泥水并用器具将泥沙摊平，记录水尺刻度，用取样筒等工具分别在底部、中部和上部分层采集一定体积的泥样（一般在 500mL 以上），在记录纸上做好详细取样记录，将样品带回实验室进行处理。相关径流量和侵蚀量等计算过程略。

b）样品处理。在室内将装有泥水样的取样瓶外面擦干净，称其总重量后量取体积，当泥水样品静置一定时间后，倒掉上部清水或用滤纸过滤，将过滤所得的泥沙烘干、称重，得到泥沙净重，称取洗净并烘干后的取样瓶重，得到净泥水重。

c）分析与计算。

径流量计算：

清水径流系数＝（净泥水重－泥干重）

　　　　　　／（清水径流密度×泥水体积）

　　　　　　×100%

清水径流总量＝清水径流系数×浑水径流总量

　　径流深＝清水径流总量／径流小区面积

　　径流系数＝径流深／降雨量×100%

侵蚀量计算：

　　径流含沙量＝泥干重／泥水样体积

　　泥沙重量＝径流含沙量×浑水径流总量

　　单位面积侵蚀量＝泥沙重量／径流小区面积

3）土壤水分观测。应按旬观测径流小区的土壤水分，在降水事件前后各观测 1 次。

坡面径流小区试验产流产沙记录表见表13.1－4。

表 13.1－4　　　　　　　　　　坡面径流小区试验产流产沙记录表

序号	降雨时间	历时/min	降雨量/mm	雨强/(mm/h)	池水量/m³	流失泥沙量/kg	含沙量/(kg/m³)	浑水径流流量/m³	清水径流流量/m³	清水径流深/mm	清水径流系数/%	侵蚀模数/(t/km²)	备注
1													
2													
3													
4													
⋮													

记录人：　　　　　　校核人：　　　　　　日期：

13.1.1.6　大型自然坡面径流场

1．试验目的与内容

通过观测不同地形部位或不同侵蚀现象的次降雨径流侵蚀过程，研究坡面不同部位泥沙来源，定量分析坡沟系统侵蚀产沙关系，阐明浅沟侵蚀和切沟侵蚀过程及其对坡面侵蚀产沙的贡献等，为坡面土壤流失预报模型的建立提供基础资料，为坡面水土保持措施的布置提供理论指导。

2．径流场布设

大型自然坡面径流场的布设尺寸，需根据径流场的研究内容、自然坡面的尺寸大小和完整程度，以及径流场勘查数据等具体情况进行确定。目前，径流场的布设规格有许多，一般常见的有 5m×10m、10m×20m、20m×40m、10m×40m 等多种规格。径流场布设时，长边应垂直于坡面等高线，短边一般与等高线平行。

径流场内一般需要修建观测室。观测室是安装观测仪器的小屋，在观测室中需要布置蓄水池、水尺、堰箱、水位计、量水计等观测水量的设备。此外，观测室中必须配置排水设施。

大型自然坡面径流场设计、观测项目等可参考本

书"13.1.1.5　坡面径流小区试验"。

13.1.1.7　小流域侵蚀试验

小流域是最基本的地貌和水文单元，其面积一般小于 30km²，且必须是一个闭合流域。流域径流泥沙等观测一般采用测流建筑物进行量测，再配以必要的附属建筑物构成观测站，又称为径流站观测。对于未设站的小流域，可通过调查得到径流泥沙资料。一般需要在小流域内布设的设施有雨量站、坡地径流场、重力侵蚀场、地下水观测井、干支沟口径流观测站，以观测全流域的降雨量以及各部位的径流量、侵蚀量、沟口输出的径流泥沙量，并探求小流域的径流泥沙来源，以及降雨、地形、地质、土壤、植被等多因素对小流域水土流失的影响。

1．试验目的与内容

通过不同治理流域降雨过程径流侵蚀产沙的观测，研究降雨条件和水土流失综合治理对流域侵蚀产沙的影响，为水土保持措施优化设计提供理论指导，为小流域土壤侵蚀预报模型的建立提供基础资料。小流域侵蚀试验研究包括：小流域侵蚀产流产沙过程；不同治理方式对流域土壤侵蚀的影响；土地利用、土地被覆变化对流域水沙过程变化的影响；降雨和水土

流失综合治理对流域侵蚀产沙的贡献分析；小流域水土流失综合治理效益评价等。

2. 试验设计

（1）径流观测站布置要求。设置对比小流域，并在试验小流域、对比小流域出口附近设置径流观测站，用于观测流域输出的径流泥沙量。测验沟道的顺直长度不宜小于洪水时主槽沟宽的 3～5 倍；测验河段的长度应大于最大断面平均流速的 30～50 倍。沟道或河段应顺直无急弯、无塌岸、无支流汇水、无严重漫滩、无冲淤变化、水流集中等，并便于布设测验设施，当不能满足上述要求时，应进行人工整修。

（2）雨量点布置要求。流域基本雨量点的布设数量，应以能控制流域内平面和垂直方向雨量变化为原则。雨量的分布，除受地形影响外，在微面上呈波状起伏，梯度变化也较大。雨量点的布设，面积小、地形复杂的流域，密度应大一些；面积大、地形变化不大的流域，密度可小一些。流域面积在 50km² 以下，每 1～2km² 布设一个雨量点；流域面积超过 50km² 的，每 3～6km² 布设一个雨量点。

（3）径流场布置要求。在具有代表性的不同类型的坡地上布设土壤侵蚀观测场，用于观测不同类型土地产生的侵蚀量。一般布设自然坡面径流场，既观测径流量，也观测土壤冲刷量，每个试验小流域在每种类型的坡地上布设 2～3 个。径流场设计参考本书"13.1.1.5 坡面径流小区试验"。

（4）侵蚀沟观测要求。应选择沟道侵蚀有代表性的支沟 2～3 条，从沟口至沟头按侵蚀轻重划分成 2～3 段（如果侵蚀情况复杂，亦可增加段数），测定固定断面 2～3 个，测引水准高程于固定处，设置永久水准标志。每次洪水之后和汛期结束，测绘断面变化，比较计算沟道冲淤土方。

（5）地下水观测要求。对地下水进行观测，主要用于了解试验小流域实施水土流失治理过程中水位的变化趋势及其可能对重力侵蚀造成的影响。测井的布设，宜沿着沟道轴线和垂直沟道轴线各两排。每排数量，按流域面积大小确定，有 2～3 个即可，但应均匀分布。井的深度应低于地下最低水位 2m。如果在布设的测井线上或附近，有群众吃水或灌溉用井，或有泉水露头，则应充分利用，并相应减少测井个数。径流试验场中心应布设重点测井进行重点观测。

3. 小流域径流和泥沙观测方法

小流域径流与泥沙的观测常用断面法、流速仪法、浮标法、量水建筑物法等。

（1）断面法。在没有量水建筑物的河道上可以采用断面法进行测流，其测流原理为流速断面法，即将河道断面分成若干部分，分别测定各部分的断面流速

和面积，求得各部分断面的流量，最后将各部分断面的流量累加得出整个观测断面流量。

（2）流速仪法。测验河段的控制断面处应设置水尺，水尺长度应超出最高洪水位 0.50m。当水位变化幅度大，设一根水尺不能满足要求时，可从低到高设置多根。上下水尺读数应有 0.10～0.20m 的重合。条件许可，应安装自记水位计。

（3）浮标法。山区河流，水势涨落迅猛，并常夹带有石块、枯枝、野草等杂物，用流速仪测流，容易被损坏，且因测流速度慢，也不易抓住洪峰流量，在此情况下宜采用浮标法测流。用浮标法测流，基本水尺上、下游应设置上、下浮标断面，间距不得小于最大断面平均流速的 20 倍。

断面法、流速仪法、浮标法具体可参考《河流流量测验规范》（GB 50179）。

（4）量水建筑物法。量水建筑物是用于测定较小流域径流量和径流过程的建筑物，常用的量水建筑物有量水堰和量水槽。当洪水流量和枯水流量较小，泥沙较少时，宜选用量水堰；当洪水流量和枯水流量较大，泥沙较多时，宜选用量水槽。

常用的量水建筑物有多种，设计前需要对测验河段的自然特征、水文特性、水力条件等进行详细调查和实地勘测，开展建堰槽的可行性研究和选择，并编写勘测研究报告。一般水土保持上应用较多的有巴歇尔量水槽、矩形薄壁堰、三角形薄壁堰等，设计和修建量水建筑物可参照《水工建筑物与堰槽测流规范》（SL 537）。

4. 观测项目

（1）太阳辐射、日照、气温、湿度、蒸发、风速等观测参考有关气象观测规程。

（2）降水量观测。应根据试验流域的面积、形状、试验内容等布设自记雨量计，可在每日 8 时、20 时各观测 1 次，加测降水起止时间和一次降水总量。有关降雨气象观测参考《降水量观测规范》（SL 21）。

（3）水位观测。常用的水位观测设施有水尺和自记水位计两种。常用水尺主要有直立式和斜立式两种，直立式可直接读取水位数值，斜立式则需依据斜面倾角换算成垂直距离读数。野外水蚀控制站多采用浮筒式水位计。浮筒式水位计结构完善，能适应各种水位变化和时间比例的要求，除自记水位外，还可适应远传和遥测。此外，自记水位还有压力式、气泡式、超声波式等。水位观测精度要求至 1cm，平均每日 8 时、20 时观测 1 次，洪水时，以测得完整的水位变化过程为原则。需要控制洪水起涨、峰顶、峰腰、落平和其他转折点水位。峰顶附近观测次数不应少于 3 次，落水部分的退水下降缓慢时刻 30min 观测

1 次。

（4）泥沙观测。测定悬移质含沙量通常用悬移质采样器汲取河水水样，经过水样处理后，求得含沙量。悬移质采样器类型多，可归纳为：①瞬时式采样器，如横式采样器；②积时式采样器，如瓶式采样器、抽气式采样器等。此外，还有适用遥测的同位素测沙仪、光电测沙仪等。推移质随水力条件的不同，颗粒粗细变化范围大，从 0.001mm 的细砂，到数十千克的卵石，因此采样器常分为砂质采样器和卵石采样器两类。此外，还有坑测法，该法是在河床断面上埋设测坑，上沿与河床齐平，坑长与测流断面宽一致，坑宽约为最大粒径的 100～200 倍，容积要能容纳一次观测期的全部推移质。上面加盖，留有一定器口，使推移质能进入坑内，又不影响河底水流。一次洪水过后，用挖掘法取出沙样。坑测法是目前直接施测推移质最准确的方法。具体可参照《河流推移质泥沙及床沙测验规程》（SL 43）和《河流悬移质泥沙测验规范》（GB 50159）。

13.1.1.8 核素示踪试验

1. 大气沉降核素示踪试验

（1）测定依据。大气层中的 ^{137}Cs、$^{210}Pb_{ex}$ 和 ^7Be 三种同位素随降水沉降到地面并被表层土壤颗粒吸附，且不被植物吸收或淋溶流失，而是伴随土壤及泥沙颗粒的运动而移动。根据 ^{137}Cs、$^{210}Pb_{ex}$ 和 ^7Be 三种同位素的这一特点，可根据土壤剖面核素流失量测定土壤侵蚀速率；根据不同源地土壤和河流泥沙核素含量的对比，测定不同源地土壤的相对产沙量；根据水库、湖泊、滩地沉积泥沙剖面中核素含量的变化，测定不同深度泥沙的沉积年代。

（2）样品采集。

1）土壤样品采集方法。土壤剖面样品分为层样和全样两种。取样框法采集分层样，将取样框嵌入地面，分层刮取框内一定深度土壤；取样筒法采集分层样，将直径 10.0cm 左右的取样筒垂直打入地面，取出完整土芯，按 2～5cm 间隔分割土芯，装入土样袋。全样，将直径 7.0cm 左右的取样筒垂直打入地面，取出土芯，不分层，装入土样袋。非堆积土壤剖面，取样深度 35cm，堆积土壤剖面，取样深度视堆积情况而定。

源地土壤样品主要用于泥沙来源的研究，应用小土铲直接铲取 1～5cm 表层土壤样品，装入土样袋，样品重量 500g 左右。每个源地土壤样品不应少于 3 个。

2）^{137}Cs 本底值样品的采集。取样地应选择地势平坦、无侵蚀堆积的草地，或地势平坦、面积不少于

0.5hm² 的无灌溉旱作农地。样品数目不应少于 5 个土壤剖面。

3）侵蚀地块样品的采集。

a. 剖面线法。研究地块内，应垂直地面最大坡度方向布置取样剖面线，不应少于两条平行剖面线，每个侵蚀单元地块内每条剖面线不应少于 4 个土样。

b. 网格法。平行、垂直地面最大坡度方向，应按一定间隔将取样地块划分成网格，在网格的节点处取样。网格取样节点的纵横间距应根据研究需要确定，4～20cm 不等。

4）沉积泥沙剖面取样。湖泊、水库沉积泥沙剖面宜钻井采样，钻机打入一定深度后，取出完整土芯，按洪水沉积旋回或一定间隔分割土芯。干枯的塘、库，可开挖探坑或探井，从坑壁或井壁分层采集剖面泥沙样品；垮塌的塘、库，可从下切沟谷的沟壁暴露剖面，直接采集沉积泥沙样品。钻机采样，应主要根据孔径确定样品重量；开挖剖面采样，样品重量应在 500g 左右。

（3）样品处理和测试。

1）样品预处理。野外采集的土壤、泥沙样品风干后，剔除草根和石块，研磨过筛（孔径 2.0mm），分别称取大于 2.0mm 和小于 2.0mm 样品的重量。粒径小于 2.0mm 的样品用于放射性活度的测定。

2）样品测试。样品中 ^{137}Cs、$^{210}Pb_{ex}$ 和 ^7Be 的活度用高纯锗探头的多道 γ 能谱仪测定。γ 能谱仪由保存于液氮中的高纯锗探头（HPGe）和多道分析仪组成。样品中核素衰变产生的 γ 粒子作用于探头中的 Ge 释放出信号传到多道分析仪，多道分析仪自动计数核素衰变释放的 γ 射线的能谱信号，根据测定时间和谱峰面积，求算测定样品的某核素的活度。探头的形状有井形和圆盘形两种。井形探头适用于小剂量样品的测定（小于 100g），圆盘形探头适用于大剂量样品的测定（大于 200g）。

样品测试时，测试样品称重后装入样品盒，放入探头内。^{137}Cs 的测定谱峰为 661.7keV，^7Be 的谱峰为 477.6keV，$^{210}Pb_{ex}$ 的谱峰为 46.5keV，测定 ^{226}Ra 活度的 ^{214}Pb 的谱峰为 351.9keV，样品中 $^{210}Pb_{ex}$ 活度是 ^{210}Pb 和 ^{214}Pb 活度之差值。测试时间越长，样品重量越大，测试精度越高。用于侵蚀量和相对产沙量研究的土壤、泥沙样品，宜用圆盘形探头的 γ 能谱仪，样品测重 200～400g，测量时间不小于 24000s，在 95% 可信度水平上，测量误差 5%～10%。用于沉积物断代研究的泥沙样品，由于样品较少，宜用井形探头，测得的 ^{137}Cs 活度的系统误差可能较大，但相对误差不大，可以满足沉积物断代的要求。

测定 $^{210}Pb_{ex}$ 的样品，需在样品盒中密封 21d 左

右，以防止 ^{222}Rn 逸散，待 ^{222}Rn 和 ^{226}Rn 平衡后，再放入探头测试。通过测定 ^{222}Rn 衰变产物 ^{214}Pb 的活度，求得样品中 ^{226}Rn 的活度。

（4）土壤侵蚀量计算模型（^{137}Cs）。

1）农耕地质量平衡模型。

a. 模型 Ⅰ（mass balance model Ⅰ）。模型 Ⅰ 按式（13.1-2）计算。

$$A = A_{ref} \left(1 - \frac{h}{H} \right)^{T-1963} \qquad (13.1-2)$$

式中　A——取样年份土壤剖面的 ^{137}Cs 面积活度，Bq/m^2；

　　　A_{ref}——^{137}Cs 本底值，Bq/m^2；

　　　h——年土壤流失厚度，cm；

　　　H——犁耕层深度，cm；

　　　T——取样年份。

b. 模型 Ⅱ（mass balance model Ⅱ）。模型 Ⅱ 按式（13.1-3）计算。

$$\frac{\mathrm{d}A(t)}{\mathrm{d}t} = (1-\Gamma)I(t) - \left(1 - \lambda + P\frac{h}{H} \right)A(t)$$

$$(13.1-3)$$

式中　Γ——^{137}Cs 表层富集系数；

　　　I——^{137}Cs 沉降通量，Bq/(m^2·a)；

　　　λ——^{137}Cs 衰变系数（取 $\lambda=0.0233$）；

　　　P——颗粒分选系数；

　　　h——年土壤流失厚度，cm；

　　　H——犁耕层深度，cm；

　　　A——土壤剖面的 ^{137}Cs 面积活度，Bq/m^2；

　　　t——本研究区发现 ^{137}Cs 沉降高峰值的年份与取样时间之间的年份差值，a。

模型 Ⅰ 简单易算；模型 Ⅱ 引入表层富集系数和颗粒分选系数，结果更为合理。

2）非农耕地宜采用剖面模型，按式（13.1-4）计算。

$$A(x) = A_{ref}(1-e^{-ax}) \qquad (13.1-4)$$

式中　$A(x)$——土壤剖面中某一深度（x）以上的 ^{137}Cs 面积活度，Bq/m^2；

　　　A_{ref}——^{137}Cs 本底值，Bq/m^2；

　　　e^{-ax}——^{137}Cs 深度分布系数。

（5）土壤侵蚀量计算稳定态质量平衡模型（^{210}Pb$_{ex}$）。不同于 ^{137}Cs，^{210}Pb$_{ex}$ 为连续沉降天然同位素，在土地利用长期不变的情况下，^{210}Pb$_{ex}$ 在土壤中呈稳定态分布，土壤侵蚀量计算模型为稳定态质量平衡模型。

1）非农耕地模型，应按式（13.1-5）计算。

$$(A_{ref}-A)\lambda = 10C_x h\gamma \qquad (13.1-5)$$

式中　A_{ref}——^{210}Pb$_{ex}$ 本底值，Bq/m^2；

　　　A——侵蚀土壤剖面 ^{210}Pb$_{ex}$ 面积活度，Bq/m^2；

　　　λ——^{210}Pb$_{ex}$ 衰变系数（取 $\lambda=0.031$）；

　　　C_x——表层土壤 ^{210}Pb$_{ex}$ 浓度，Bq/kg；

　　　h——年土壤流失厚度，cm；

　　　γ——土壤干密度，g/cm^3。

2）农耕地模型，按式（13.1-6）计算。

$$A_{ref}\lambda(1-\Gamma) = A\lambda + Ah/H \qquad (13.1-6)$$

式中　h——年土壤流失厚度，cm；

　　　A_{ref}——^{210}Pb$_{ex}$ 本底值，Bq/m^2；

　　　A——侵蚀土壤剖面 ^{210}Pb$_{ex}$ 面积活度，Bq/m^2；

　　　λ——^{210}Pb$_{ex}$ 衰变系数（取 $\lambda=0.031$）；

　　　Γ——^{210}Pb$_{ex}$ 沉降通量的当年流失比例；

　　　H——犁耕层深度，cm。

（6）相对来沙量计算。流域内不同源地土壤的相对产沙量宜按式（13.1-7）的混合模型计算。

$$\begin{cases} S_k = \sum_{i=1}^{n} S_{ki} b_i & (k=1,\cdots,n-1) \\ \sum_{i=1}^{n} b_i = 1 \end{cases} \qquad (13.1-7)$$

式中　S_k——泥沙中 k 种示踪物的含量；

　　　S_{ki}——i 类源地土壤中 k 种示踪物的含量；

　　　b_i——i 类源地土壤的相对来沙量。

（7）沉积速率计算。

1）^{137}Cs 法。沉积物 ^{137}Cs 深度分布剖面中的 ^{137}Cs 峰值深度表征 1963 年沉积，根据峰值深度和时间求算沉积速率。

2）^{210}Pb$_{ex}$ 法。沉积剖面中表层泥沙 ^{210}Pb$_{ex}$ 浓度最大，由于自然衰变，随着深度的增加（年代的久远），^{210}Pb$_{ex}$ 浓度逐渐降低。根据 ^{210}Pb$_{ex}$ 含量的变化，可以求算不同深度沉积物的沉积时间。根据剖面 ^{210}Pb 含量降低斜率可用式（13.1-8）计算出不同深度沉积物的沉积时间，从而计算沉积速率。

$$C_m = C_0 e(1-y\lambda) \qquad (13.1-8)$$

式中　C_m——深度 m 处的 ^{210}Pb$_{ex}$ 浓度，Bq/kg；

　　　C_0——表层沉积物 ^{210}Pb$_{ex}$ 浓度，Bq/kg；

　　　y——深度 m 处沉积物的沉积年龄；

　　　λ——衰变系数，取 $\lambda=0.031$。

2. 人工核素示踪试验

（1）基本原理。在试验地块不同部位、不同层次的土壤中，人工施放稀土元素 REE，包括镧系的 La、Ce、Pr、Nd、Sm、Eu、Gd、Tb、Dy、Ho、Er、

Tm、Yb、Lu 等 14 种。在试验地块不同部位、不同层次的土壤中，人工施放稀土元素（REE），通过降雨（人工、天然）侵蚀，流失泥沙中 REE 含量的变化和试验地块土壤中 REE 的再分布，测定不同部位、不同层次土壤的相对产沙量和研究降雨过程中侵蚀产沙的时空变化。

（2）施放方法。将商售的氧化稀土粉末（200～500 目）与少量 100 目土壤混合后，再与试验地块土壤逐步稀释混合为示踪土。示踪土的稀土元素浓度，应与土壤背景值有明显差异，保证测试精度。常用的稀土元素有 La、Ce、Nd、Sm、Eu、Dy、Yb 等。

主要施放方法：分层法，在试验地块内分层布施含不同稀土元素的示踪土；条带法，在试验地块的不同坡长处，沿等高线挖槽布施含不同稀土元素的示踪土；点穴法，在试验地块不同部位挖穴布施含不同稀土元素的示踪土。

（3）样品采集、处理、测试。根据研究目的，人工或天然降雨前、后用小土铲分别采集试验地块内不同部位、不同层次的土壤，装入土样袋；降雨过程中，用容器收集试验地块流失的径流泥沙。收集的每种土壤和水土分离后的泥沙样品风干后，均匀混合网格法采集 100g 土样，玛瑙研钵研磨后过筛（100 目），称取 50～100mg 样品封装在 1cm×1cm 的铝箔小袋内作为活化靶备用。水土分离后的水样定容后在坩埚内加热蒸发，蒸发后的残留盐分全部收集，粉碎过筛制靶备用。

样品测试时，样品在核反应堆内进行辐照，照射中子积分通量为 $n×10^{13}$ 中子/cm^2。活化后的样品在多道计算机系统上测定，探测器采用 ORTEC 高纯锗探测器（其对 ^{60}Co 的 1332keV 的 γ 射线分辨率为 2.4keV）。每批分析样品中加入国际通用的标准参考物质（SRMs）作为质控样品。分析样品中各元素的浓度由式（13.1-9）给出：

$$C_j = \frac{S_{cj}}{S_{dj}} S_{pj} \quad (j=1,2,\cdots,n) \quad (13.1-9)$$

式中　n——被分析的元素数；

　　　C_j——第 j 种元素的浓度；

　　　S_{cj}——标准样品中单位重量第 j 种元素的计数；

　　　S_{dj}——被测量样品单位重量第 j 种元素的计数；

　　　S_{pj}——标准样品第 j 种元素的浓度保证值，单位为浓度单位。

13.1.2　风力侵蚀试验

13.1.2.1　试验内容

风力侵蚀试验的内容主要包括起动风速、风速廓线、地表粗糙度、输沙量和风沙流结构、沙尘量、地表形态变化等，见表 13.1-5。

表 13.1-5　风力侵蚀试验的主要内容

序号	试验内容	测定指标	主要方法
1	起动风速	起动风速	野外观测、风洞试验
2	风速廓线	高度、风速	野外观测
3	地表粗糙度	高度、风速	野外观测
4	输沙量和风沙流结构	高度、输沙量	野外观测
5	沙尘量	沙尘浓度、降尘量	野外观测
6	地表形态变化	地表风蚀深度、沙丘移动	插钎法、遥感影像监测等

1．起动风速

当风速逐渐增大到某一临界值以后，地表砂粒开始脱离静止状态进入运动状态，这个使砂粒开始运动的临界风速叫作起动风速，一般根据野外观测砂粒是否发生运动来确定砂粒的起动风速。

2．风速廓线

风速随高度的变化称为风速廓线，描述风速随高度变化的方程称为风速廓线方程。气流在近地面层中运动时，由于受下垫面摩擦和热力的作用，具有高度的紊流性。风速沿高度分布与紊流的强弱有密切关系。当大气层结构不稳定时，紊流运动加强，上下层空气容易产生动量交换，使风速的垂直梯度变小；当大气层结构稳定时，紊流运动减弱，上下空气层相互混掺的作用减弱，风速垂直梯度就大。通常讨论的风速的垂直分布都是指中性层结条件下的。因为气流温度在各个高度上都是相同的，在讨论中就不考虑温度的影响，把它当作一般流体处理，减少了自变量的个数，从而简化了方程，也便于在试验中测定。

3．地表粗糙度

地表粗糙度是反映地表的粗糙程度。在流体力学中，通常把固体表面凸出部分的平均高度称为粗糙度。在近地面气流中，风力随高度的增加而增加，这是因为地面对气流的阻力随高度的增加而减小，因此在贴近地面某一高度上，可以找到风力与地面阻力相等的情况，此高度以下的风速为零，这个风速等于零的高度称为地表粗糙度。风速为零的高度是通过间接的方法测定，即

$$\lg z_0 = \frac{\lg z_2 - \frac{v_2}{v_1}\lg z_1}{1 - \frac{v_2}{v_1}} \quad (13.1-10)$$

式中 v_1——高度 z_1 处的风速；

　　　 v_2——高度 z_2 处的风速。

4. 输沙量与风沙流结构

输沙量是风沙流在单位时间内通过单位面积（或单位宽度）所搬运的沙量。风沙流结构是单位面积单位时间输沙量随高度的变化。

风沙流结构可以用结构数和特征值来表达。兹纳门斯基提出了用风沙流结构数 S 来判断地表的蚀积搬运状况，即

$$S = Q_{max}/\overline{Q_{0\sim10}} \qquad (13.1-11)$$

式中 Q_{max}——0～10cm 高度层内的最大输沙量；

　　 $\overline{Q_{0\sim10}}$——0～10cm 高度层内的平均输沙量。

用风沙流结构数判断地表的蚀积，首先必须确定各种下垫面的蚀积转换临界值，兹纳门斯基通过研究提出的临界值 $S_{临}$ 如下：粗糙表面为 3.6，砂质表面为 3.8，平滑表面为 5.6。当 $S > S_{临}$ 时为堆积，当 $S < S_{临}$ 时为风蚀。在实际工作中，不好确定下垫面的临界值 $S_{临}$，所以结构数只能作为理论和试验研究的参数，实际应用尚较困难。

为了进一步说明风沙流的结构特征与沙物质吹蚀、搬运和堆积的关系，吴正、凌裕泉又提出了风沙流特征值 λ，作为判断地表蚀积方向的指标，其公式为

$$\lambda = \frac{Q_{2\sim10}}{Q_{0\sim1}} \qquad (13.1-12)$$

式中 $Q_{0\sim1}$——0～1cm 高度层内风沙流的输沙量；

　　 $Q_{2\sim10}$——2～10cm 高度层内风沙流搬运的总沙量。

在平均情况下，λ 值接近于 1，此时表示由沙面进入气流中的沙量和从气流中落入沙面的沙量，以及气流上下层之间交换的沙量接近相等，沙物质在搬运过程中，无吹蚀亦无堆积现象发生。

当 $\lambda > 1$ 时，表明下层沙量处于饱和状态，气流尚有较大搬运能力，在沙源丰富时，有利于吹蚀；对于沙源不丰富的光滑坚实下垫面来说，仍标志着形成所谓非堆积搬运的条件。

当 $\lambda < 1$ 时，表明沙物质在搬运过程中向近地表面贴紧，下层沙量增大很快，增加了气流能量的消耗，从而造成了有利于砂粒从气流中跌落堆积的条件。

5. 沙尘量

沙尘暴会造成源区地面的吹蚀，而且悬浮在空中的沙尘会长距离运输，在沙尘暴下游地区会发生遇阻沉积或自然沉降。其浓度会随着运输而发生变化，可以通过一定的方法收集沙尘量，以分析其机械组成、沙尘浓度、化学组成，并且根据室内分析来推断沙尘的起源及特点。具体可以通过测定沙尘浓度和降尘量

的观测试验来实现。

6. 地表形态变化

在野外，可通过定位测量地形形态的变化（如某一沙丘高度的变化）来反映一个区域是风蚀还是风积，进而求得该地区的风蚀强度和积沙强度；还可以通过对不同类型的沙丘进行重复多次（每季度 1 次或风季前后）的地形测量来分析沙丘移动的方向和移动速度。该工作一般是在选择典型地段布设的地形变化监测场内进行。通常使用的方法有插钎法、反复地形观测法、纵剖面测量法、GPS 定位观测法等。

13.1.2.2　野外观测试验

1. 起动风速测定

根据野外观测砂粒是否发生运动来确定砂粒的起动风速。在野外调查中，可用手持风速仪进行起沙风速的观测，并在野外笔记簿中作简要记录和描述。目前，野外测定砂粒起动风速的方法仍采用仿真风沙地砂粒起动测定法进行。其具体方法是：在已备好的一块模板上，喷上胶，均匀地撒上一层沙子制成平整的仿真地面，在选择好的地段将仿真地面埋入沙中，使其与地面无缝隙连接，并在其上撒上薄层沙子。然后在紧挨仿真地面的背风向地面平铺一块醒目的白纸。在野外用瞬时风速仪观察风速的变化，并时刻注意仿真床面和白纸上沙粒的动态。随着风力的逐渐增大，当发现仿真床面有个别沙粒开始运动或白纸上有砂粒出现时，记录下此时瞬时风速仪所测定出的风速，则该风速即为砂粒的起动风速。一般地，为了更准确地描述砂粒的起动风速，需要进行多次平行测定，而后求其算术平均值即可得出该状态下的起动风速。

2. 风速廓线测定

选择拟观测下垫面（草地、沙地或农田）的典型部位，按照预先设定的高度把每个风杯固定在支架上，如距地面 10cm、20cm、30cm、40cm、50cm、60cm、80cm、100cm、150cm、200cm、300cm、400cm 等，用传输线将各感应部件与数据采集系统连接，接通电源（电能可来自太阳能电池）并设定好相关数据记录参数，即可进行工作。测定数据记录在仪器的芯片上，可定时用数据线直接传输至计算机上，直接存储为方便用户进行统计、计算、分析的 Excel 文件。

记录观测地点、观测时长、观测时间间隔等指标，并根据由多通道风速仪获取的不同测点高度的风速表格文件整理数据，填入表 13.1-6 中，根据表中的风速值，即可绘制风速曲线，即风速廓线。

表 13.1 - 6　　　　　　　　　　　　　　风 速 测 定 数 据 统 计

观测地点		观测时长 /min		观测时间 间隔/min		备注	
风速高度/cm	风速/(m/s)						
	观测点 1	观测点 2	观测点 3	观测点 4	观测点 5	观测点 6	…
10							
20							
30							
40							
50							
60							
80							
100							
150							
200							
250							
300							
400							

记录人：　　　　　　　校核人：　　　　　　　日期：

3. 地表粗糙度测定

对于某一特定的下垫面，在其不同的部位所测定的地表粗糙度也不尽相同。由于地表局部特征不同，所以观测点的选择一定要具有代表性，能真正反映这种地表的特征。

将长 2.2m 左右的测杆固定在所选好的观测点上，然后将两个风速仪安置在距地表 0.5m 和 2.0m 处，要求风速仪在测杆的上风方向，且两个风速仪不能在一条垂直线上，即两仪器错开位置。

任何两个风速仪都能进行本项测定，但必须保证两个风速仪同时开闭。一般测定 1min 的平均风速，当风速较大时（大于 10m/s）测定其 30s 的平均风速即可。每观察完 1 次，读出风速示值（单位为 m/s），将此值从风速测定曲线图中查出实际风速，取一位小数，即为所测之平均风速，将数据记在记录纸上，每个点观测次数应在 20 次以上。观测完毕，将方位盘制动小套管向左转一小角度，借弹簧的弹力，小套管弹回上方，固定好方位盘。

在测定粗糙度时，由于影响测定精度的元素很多，因而会有个别数据可能偏离较大。因此在代入粗糙度计算公式计算之前，先要对数据进行处理（表 13.1 - 7）。首先计算出每组数据的风速比值（$A = v_{200}/v_{50}$），然后判断和剔除较大误差。上述处理后将有效数据代入式（13.1 - 10）进行计算，即可计算出地表粗糙度。

表 13.1 - 7　地表粗糙度测定及计算

序号	200cm 高处 风速/(m/s)	50cm 高处 风速/(m/s)	风速比 v_{200}/v_{50}
1			
2			
3			
4			
⋮			

4. 输沙量和风沙流结构

选择所要观测的地表面，将集沙仪组合好后，使进沙口面向来流，固定插钉插入地下，主体框架底部与地面齐平。打开进沙口挡板，进行集沙，同时记录时间，10min 后立即转动集沙仪 180°，并将进沙口平面朝上提起，卸下收沙器，倒出其中的沙样，装入准备好的信封或塑封袋，标记清楚，带回室内称重。

记录不同高度、不同观测历时的输沙量，填入表 13.1 - 8，并计算输沙量和风沙流结构。

表 13.1-8 多通道通风集沙仪风沙流结构观测表

高度/cm	集沙仪内沙量/m³								
	通道 1	通道 2	通道 3	通道 4	通道 5	通道 6	通道 7	通道 8	通道 9
0~1									
1~2									
2~3									
⋮									
17~18									
18~19									
19~20									
时间/s									
输沙量/kg									

记录人： 校核人： 日期：

5. 沙尘量测定

(1) 沙尘浓度。沙尘浓度测定采用沙尘浓度采样器法，分为总沙尘浓度采样器和分级采样器。总沙尘浓度采样器与大气污染观测中常见的总悬浮颗粒 (TSP) 采样器基本一样。常用的采样器按采样速率可分为大流量（1m³/min 左右）、中流量（0.1m³/min 左右）、小流量（0.01m³/min 左右）等；分级采样是指在一次采样过程中获取不同粒径段的沙尘样品，常见的安德森（Anderson）分级采样器可分为 6~10 个不同的粒径段。

沙尘浓度采样法的基本原理是抽取一定体积含有沙尘的空气通过已知重量的滤膜，使沙尘被截留在滤膜上，根据分析采样前后滤膜质量之差及采样体积，即可计算沙尘的质量浓度。滤膜经过处理后，可对样品进行化学成分和物理特征分析。

对沙尘浓度进行采样分析时应注意以下几个问题：首先对可能引起样品污染的采样器部分进行严格清洁；根据采样器可能获取样品量的具体情况，选取合适的称重天平，样品量越少，对天平的精度要求也越高；采样时间也应根据实际天气情况具体确定，防止采样滤膜由于样品量过多而堵塞，影响对采样体积的估算。

在采样过程中，应记录气温、湿度、风速、风向、云量、云状和能见度等气象参数，尤为重要的是记录各种沙尘天气（浮尘、扬沙和沙尘暴等）的起始时间和结束时间。

(2) 降尘量。降尘分为干降尘和湿降尘两类。干降尘是利用降尘缸（一般为内径 150mm、高 300mm 的玻璃缸）收集自然沉降的沙尘，样品经蒸发、干燥后，以称重法测定降尘量。然后推算单位面积的自然表面上沉降的沙尘量，一般用每个月每平方千米沉降

的吨数 [t/(km²·月)] 表示。有时候降尘缸也可用长方形的不锈钢片替代，降尘缸底部放置滤膜。样品的物理特征和化学成分可以在实验室内进行。

湿降尘是指由于降水冲刷作用而降到地面的沙尘。一般利用聚乙烯或聚丙乙烯塑料桶来收集湿降尘：降水之前人为开盖，收集一次降水全过程的水样，降水结束后及时取回，在实验室进行物化特征分析。

6. 地表风蚀深度与强度观测

地表风蚀深度与强度的观测，最简便的是应用插钎法（插标杆法）。插钎（标杆）用粗铁丝或木质、塑料标杆，高度依测定地区的风速和蚀积能力而定，一般 1~2m，弱风蚀区用低杆，强风蚀区用高杆。插钎上刻有高度数字（以 cm 为单位）和"0"位，一般最初一次量测原始地形时，插钎的深度置"0"点于地面，便于以后直观的统计风蚀或风积量。

测定时，选择典型的风蚀监测区，在地形变化的关键部位（转折控制点），如沙丘落沙坡新月形上下弧顶、翼角、迎风坡起始转折点、其他坡度转折点等，插钎并对原始地形"0"高度作记录。然后在各转折控制点埋设插钎，以 2m 插钎为例，埋设时埋入地面下一半（1m 深），露出地面上一半（使杆顶与地面高差为 1m）。经过一定时间以后进行观察，视地面与标杆之间垂直距离变化的数值，便可算出地面被吹蚀的深度（读数为负时地表风蚀，读数为正时地表堆积），然后将每一个时期所测得的数值，再和同期风速（在定位观测站，应该架设自记风向、风速仪，进行风的观测；在半定位站，一般不进行风的观测，可利用附近气象台站的测风资料）相比较，就能得出它们之间的关系；利用风蚀深度与时间的比值即可求得风蚀强度。

记录地表风蚀、堆积观测地点（方位）、观测时

间、插钎刻度等内容，填入表 13.1-9，并可根据风蚀资料计算风蚀或堆积深度、风蚀强度等。

表 13.1-9 地表风蚀、堆积观测表

地点（方位）	时间	插钎1刻度	插钎2刻度	插钎3刻度	…

记录人： 校核人： 日期：

7. 沙丘移动观测

沙丘移动观测主要包括反复地形观测法、纵剖面测量法及 GPS 观测法。

（1）反复地形观测法。反复地形观测法一般用于较长时段的地形变化监测。选择不同类型和高度的沙丘，进行重复多次（每季一次或在风季前后）的测量，绘制不同时期沙丘形态的平面图或等高线地形图，经比较便可以得到沙丘移动的方向和速度，以及沙丘移动速度和其本身体积（高度）的关系。再和风速、风向的资料对照，就可看出沙丘移动与风况之间的相互关系。

（2）纵剖面测量法。纵剖面测量法比较简便，但不像前一种方法那样能反映出沙丘全部的动态，而只能反映出剖面变化的特征。因此，此法仅适用于一些半定位观测站。其方法为：选定不同沙丘，在垂直沙丘走向的迎风坡脚、丘顶和背风坡脚埋设标志，重复量测并记录其距离变化，可得出沙丘移动的方向和速度，沙丘移动纵剖面测量记录表见表 13.1-10。

（3）全球定位系统（GPS）观测法。GPS 观测法主要用于大面积测量沙丘移动。采用野外数字化测图平台测定沙丘形状，把数据输入地理信息系统（GIS），同时用 GPS 标定沙丘的位置。经过一段时间后，用 GPS 现地复位观测，并结合 GIS 进行对比，从而确定沙丘移动速度和方向。选择不同性质地面（包括下伏地貌、植被和水分条件等）的沙丘，采用上述方法进行观测，就可以确定沙丘移动和地表性质的关系。

表 13.1-10 沙丘移动纵剖面测量记录表

观测时间			观 测					不同部位移动的数值			起沙风持续时间及风速	
年	月	日	迎风坡长度/m	迎风坡坡度/(°)	背风坡长度/m	背风坡坡度/(°)	高度/m	迎风坡脚线与标杆水平距离/cm	丘顶脊线与标杆水平距离/cm	背风坡脚线与标杆水平距离/cm	时间/h	风速/(m/s)

记录人： 校核人： 日期：

13.1.2.3 风洞模拟试验

1. 起动风速试验

首先，制备试验样品。试验沙样为采自野外的混合石英沙。磨圆度好，不含溶解盐和有机质的试验沙，是样品的较佳选择。取野外试验地点采集的石英沙样品，将其放置在干燥处，并将样品石英沙混合。

然后，用沙样筛对石英混合沙进行分级。对选取好的试验沙样进行过筛处理，将石英混合沙筛分为 10 个粒径级，依次为 0.045～0.054mm、0.054～0.077mm、0.077～0.090mm、0.090～0.100mm、0.100～0.135mm、0.135～0.150mm、0.150～0.200mm、0.200～0.250 mm、0.250～0.400mm 和 0.400～0.500mm。过筛的沙样足够装满试验盘即可，并将筛好的样品按不同的砂粒粒径级做好标记。

将过沙样筛的各粒径级沙样按照试验顺序依次装入底部由 35 个筛孔的不锈钢筛子构成的 50cm×25cm×1cm 的试验盘中，装沙样时，要在试验盘底部放一层过滤纸，随后将沙盘表面的沙样整平，放入风洞试验段入口下风向 18m 处，注意沙盘的摆放位置并确保沙盘表面与洞底平齐，每个沙样粒径级做 3 组重复试验。

起动风洞，观测风洞内风速，逐渐增加风速，观测试验沙盘内沙样的变化，至有砂粒起动后关闭风洞，停止试验。为了准确、及时地观测砂粒的运动情况，在试验时，布设双面胶带在试验沙盘下风向边缘处捕获运动砂粒，并通过肉眼观察来确定砂粒运动情况，胶带上有砂粒时，视为砂粒运动。将沙物质粒径与起动风速试验结果填入表 13.1－11。

表 13.1－11　沙物质粒径与起动风速记录表

粒径/mm	起动风速/(m/s)		
	组 1	组 2	组 3
0.045～0.054			
0.054～0.077			
0.077～0.090			
0.090～0.100			
0.100～0.135			
0.135～0.150			
0.150～0.200			
0.200～0.250			
0.250～0.400			
0.400～0.500			

记录人：　　　　　校核人：　　　　　日期：

2. 风蚀作用试验

在风蚀风洞及室内模拟沙风洞可进行影响土壤风蚀强度因素的研究，包括土壤水分、有机质含量、土壤结构、土壤质地、碳酸钙含量、植被覆盖等诸多因子对土壤特性和抗风蚀力影响的研究，以及防止风蚀措施与风蚀强度、风蚀程度之间关系的研究。此外，也可进行土壤力学特性及其抗风蚀机理研究和风沙对地表物质磨损作用的试验。

3. 风积地貌形态试验

在风洞中，可以进行不同风速、不同地表性质下沙波形成过程试验，沙丘形态的变化及其移动情况，从沙波纹到复合沙丘不同尺度的风沙地形的形成、发育、移动过程和与相应尺度气流之平衡机制与发育模式等风沙地貌形成发育规律的研究；也可进行复杂床面、各种尺度、混合沙物质组成的床面形态（风蚀与风积）的组合规律和与气流的互馈机制以及在风沙地形发育中的作用，沙丘表面的流场，不同部分的表面剪力分布等对沙丘表面物质运动的影响机理及其在床面形态发育中的作用等机制的研究。风成沙丘因尺度较大，尽管在风洞中模拟沙丘的形成有困难，但还可以通过各种沙子堆积形态的试验观测与综合流场分析，探索不同沙丘形态（特别是纵向和横向两大类沙

丘）形成的气流条件和动力过程。

4. 风沙电试验

沙区通信线路目前大都仍用裸线，每当风天起沙时，往往产生大量的静电电压（在甘肃民勤县观测站曾测到 2700V 电压）。这种现象给通信质量及线路维修带来不少危害。在风洞中进行风沙电的试验研究，以便摸清其产生电的原因及其影响因素，为采取防护措施提供依据。

5. 交通线路沙害模拟及合理断面型式试验

西部沙漠的沙地面积广布，随着社会经济的进步，交通事业蓬勃发展。不可避免的一个问题是公路、铁路将可能直接穿越沙漠、沙地，如穿越塔克拉玛干沙漠腹地的石油公路、穿越内蒙古库布齐沙漠的穿沙公路等。这些公路、铁路必然会遭到风沙的袭击和掩埋，因而采取何种路基断面型式（路基、路堑、零路基）、路面宽度、路面高度、边坡比等都会影响风沙流的运动而造成不同程度的沙害。为此，可在风洞中采取模拟路面模型进行风沙流危害的预测、风沙与周围环境对路面积沙影响的模拟等，从而确定出公路不积沙断面型式，合理的路面宽度、高度及边坡比，找出影响路面积沙的关键因子。

6. 防沙工程及材料模拟试验

风洞模拟试验是揭示防沙措施的防风固沙原理、定量评价防风固沙效益的有效手段。防沙工程主要是为了防止风沙埋压公路和铁路，避免中断交通，造成严重危害。工程防治沙害的模拟试验包括：下导风栅板工程和侧导羽毛排、草方格沙障和阻沙栅栏、化学固沙沙障与沙结皮、输沙断面与防护体系、桥涵、隧道、站场房屋等建筑物与道旁障碍物对积沙的影响和探索防沙工程的风洞模拟研究，以便查明其积沙、防沙机制。此外，可对风沙防护工程体系附近流场结构及其风沙运动的抑制机理，防沙固沙新材料的防风、固沙、抗蚀机制等进行研究。

7. 林带、林网及其防风沙效益的试验研究

在风洞内研究不同透风结构林带及不同网眼规格林网的风速流场、速度矢量、有效防护距离、最大防护距离，确定不同结构的林带、林网的阻沙、积沙、固沙效应，确定不同乔灌木的阻沙、积沙和固沙效应，为实践提供最佳的林带结构配置形式、最佳的网眼规格等。

13.1.2.4　核素示踪试验

首先，采集样品。根据地表起伏状况，取样可分别采用网格、平行断线和垂直断线三种格式，样点间距一般为 10m。^{137}Cs 样品包括全样、层样两种类型，用于计算样点的 ^{137}Cs 总量和土壤剖面中的

^{137}Cs。含量深度分布分别采用螺旋式土钻和刮式取样框采集。土钻取样深度根据不同类型的地表或沉积物而异，一般为 30cm，少量样品至 $60\sim90$cm；层样取样的间距为 $1\sim2$cm 或 $5\sim10$cm。同时取相关的粒度样品。

样品经风干后，研磨过筛（孔径为 1.0mm），剔除大颗粒及草根，每个样品称重约 100g 供测试用。^{137}Cs 具有 γ 放射性，其发射的射线能量为 661.6keV，测定仪器为美国堪培拉公司生产的高纯锗（Ge）探测器，经前置放大和数字转换后，接 4096 道多道分析仪，采用道边界法测定。对 ^{60}Co（钴）133MeV 的 γ 射线能量分辨率为 1.9keV，峰康比为 50:1。仪器具有良好的稳定性（道漂大于 1 道/月）和较低的本底（^{137}Cs 峰面积内本底为 2.03×10^{-2}Bq），重复测量相对误差小于 6%。样品测试时间为 30000s。

对于层样，经测试得到样品 ^{137}Cs 的浓度（又称活度，表示单位质量土壤中 ^{137}Cs 的含量，Bq/kg），可应用式（13.1-13）计算出相应样品的 ^{137}Cs 总量（强度值）：

$$CPI = \sum_{i=1}^{n} C_i \gamma_i D_i \times 10^{-3} \qquad (13.1-13)$$

式中　CPI——样点单位面积 ^{137}Cs 的含量（强度值），Bq/m^2；

　　　i——采样层序号；

　　　n——采样层层数；

　　　C_i——i 采样层的 ^{137}Cs 浓度，Bq/kg；

　　　γ_i——i 采样层的土壤容重，t/m^3；

　　　D_i——i 采样层的深度，m。

对于全样，可应用式（13.1-14）计算其 ^{137}Cs 总量（强度值）：

$$CPI = C_i W/S \qquad (13.1-14)$$

式中　C_i——全样的 ^{137}Cs 浓度，Bq/kg；

　　　W——过筛后的细粒（粒径小于 1.0mm）样品重量，kg；

　　　S——取样器横截面积，m^2。

^{137}Cs 总量（强度值）变化率（即再分配率，CPR）可通过式（13.1-15）计算：

$$CPR = \frac{(CPI - kCRI)}{kCRI} \times 100\% \qquad (13.1-15)$$

式中　CPR——样点与对照点（背景值）相比的 ^{137}Cs 总量（强度）变化率，%；

　　　CRI——^{137}Cs 背景值总量（强度），Bq/m^2；

　　　k——由风雪及植被引起的 ^{137}Cs 背景值损失系数，一般 k 取 0.95。

土壤侵蚀引起土壤再分配率与 ^{137}Cs 总量（强度）变化呈线性关系，故土壤风蚀速率（E）可用式（13.1-16）计算：

$$E = CPR\gamma DI \times 10^4 /t \qquad (13.1-16)$$

式中　E——样点土壤风蚀速率（即平均土壤侵蚀模数），t/(hm^2·a)；

　　　γ——样点土壤容重，t/m^3；

　　　t——本研究区发现 ^{137}Cs 沉降高峰值的年份与取样时间之间的年份差值，a；

　　　DI——采样间距，对于耕作土壤，则为耕作层厚度，而对非耕作土壤，即自然风蚀剖面，是指 ^{137}Cs 剖面中 ^{137}Cs 含量为零以上的土层厚度，并减去其间不含 ^{137}Cs 的土层厚度，或为最大风蚀深度，cm。

13.1.3　重力侵蚀试验

13.1.3.1　滑坡试验

1. 滑坡原位动态观测

利用布设在滑坡体或将要发生滑坡的危险斜坡上的观测点，观测滑坡随时间的位移变形特征和滑体内的应力分布随时间的变化特征，为滑坡（含崩塌）形成、发生的预测、预报和滑坡、崩塌转化为土壤侵蚀量的分析计算提供基础资料。

滑坡原位动态观测应由表部位移变形观测和深部应力、应变观测组成。表部变形观测分地表裂缝观测和地表整体变形观测；深部应力、应变观测可分深部应力、应变观测和地下水作用观测。滑坡原位动态观测分类简图如图 13.1-3 所示。

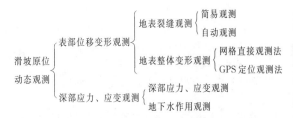

图 13.1-3　滑坡原位动态观测分类简图

（1）滑坡体地表裂缝观测。

1）地表开裂简易观测，在斜坡变形的主裂缝两侧，布置若干成对的观测桩点，间距 $10\sim20$m。裂缝简易观测示意图如图 13.1-4 所示，短期观测用木桩，长期观测用水泥桩，桩中心钉上铁钉作量测参照标准。若裂缝两侧是完整的岩层，可在岩层上用尖刀刻"十"字作量测参照标准，定时用钢尺量测每对桩间的斜距和倾角。观测的时间间隔，最初 1 个月间隔 7d 观测 1 次，目的是确定开裂变形属缓慢变形阶段还是加速变形阶段。若还处在缓慢变形阶段，则观测时间间隔可加长到1月1次。若开裂变形进入加速变形阶段，则观测的时间间隔可立即缩短到7d、5d、3d或1d，并随时向主管部门报告，得到批准后立即作出临滑（塌）报警。斜坡开裂变形观测按表13.1-12的格式进行资料记录整理。

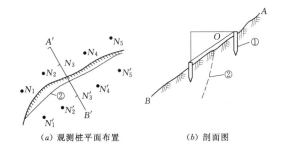

（a）观测桩平面布置　　　（b）剖面图

图 13.1-4　裂缝简易观测示意图

$N_1 \sim N_5$，$N_1' \sim N_5'$—观测桩号；①—观测桩；②—裂缝

表 13.1-12　斜坡开裂变形观测登记表
（点号 N_1—N_1'）

日期	量测值		计算累积变形 /cm		计算变形 /cm		说明
	斜距 /cm	倾角 /(°)	水平 L	垂直 H	水平 Δl	垂直 Δh	

用式（13.1-17）和式（13.1-18）计算两观测桩间的累积水平位移和垂直位移：

$$L = \Delta l \cos\alpha \qquad (13.1-17)$$
$$H = \Delta h \sin\alpha \qquad (13.1-18)$$

式中　L——两桩间的累积水平位移，cm；

　　　H——两桩间累积垂直位移，cm；

Δl、Δh——两桩实测变形增量，cm；

　　　α——两桩间地面倾角。

两桩间的实际变形增量 Δl、Δh，由前、后两次观测计算的水平位移、垂直位移相减即得。

2）库（河、湖）岸开裂与坍岸的简易观测。可采用排桩法。在可能产生坍岸（或滑坡）的地段，垂直于库岸布设若干排桩。排桩一端始于库岸内侧稳定坡体，另一端到库岸边缘。排间距 20～40m，桩间距 10～20m，跨越主要拉裂缝两侧设桩。库岸裂缝、坍岸排桩观测示意图如图13.1-5所示。观测记录、位移计算方法与地表岩、土缝简易观测基本相同。

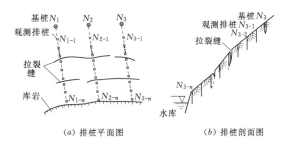

（a）排桩平面图　　　（b）排桩剖面图

图 13.1-5　库岸裂缝、坍岸排桩法观测示意图

3）仪表对斜坡变形的自动观测。根据上述观测原理，在布桩的位置，安放探头，应用仪表对斜坡开裂变形进行自动记录测量。近10多年研制应用的有伸缩仪光纤位移计、地表测斜仪（测量斜坡开裂变形、位移）。应用近代电子技术和遥测系统，可实现自动监测记录信息发送、传输、接收等自动观测。

（2）滑坡体地表整体变形观测。

1）网格直接观测法。

a. 仪器设备选用。6s级普通经纬仪、不锈钢测针。

b. 观测网布设。在滑体上平行滑坡主轴方向布设3条以上纵向观测断面，垂直或接近垂直滑坡主轴方向上布设3条以上横向观测断面。观测剖面穿过滑体，两端置于滑体外围稳定岩、土体上，作为观测基桩。基桩用于安放仪器和参照标准，应用钢筋水泥制作。桩中心钢筋顶端制成"十"字，作对准用。在纵、横剖面的交点处打埋观测桩。若观测桩为临时性桩（1～2年），可用木桩打入，桩中心打入小铁钉，作对准测距、测角用。3年以上的观测桩应用钢筋水泥制成。观测网布设好后应制定保护措施，防止桩损坏、丢失。

c. 位移观测。首先标定基桩位置与高程，然后将经纬仪置于基桩 A_1，…，B_1，…，分别对准另一端的照准桩，测量滑体本观测断面上观测桩的距离与方位角。将纵、横剖面交汇观测桩的位置点绘在最初观测网布置的平面图上，即可量算出观测桩水平位移、垂直位移和位移的方向。

d. 资料整理。依据各观测桩量算出的水平位移和垂直位移，分别在滑坡观测网平面图上点绘出水平位移、垂直位移矢量图，如图13.1-6～图13.1-9所示。从图13.1-7看出，此滑坡水平位移后部大，中部小，前部没有明显变形，说明此滑坡还未整体滑移，滑动的力学特征是推动式；图13.1-8表明此滑坡垂直位移后部下滑量大，中部东部上拱，西部少量下滑，前部全部上拱，但上拱量很小，说明此滑坡有转动的性质，可能发展成推动式快速滑坡；图13.1-9

滑坡水平位移矢量图，表明滑坡横向上分块滑移的特征。

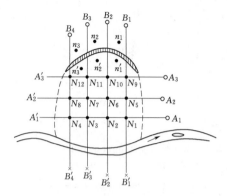

图 13.1-6　滑坡观测网平面布置示意图

A_1、B_1—仪器安置点；A_1'、B_1'—照准点；
N—观测桩；n—裂隙观测桩

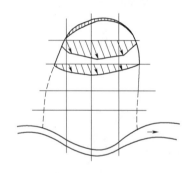

图 13.1-7　滑坡变形水平位移矢量图

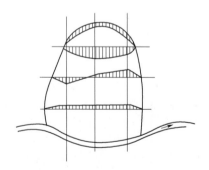

图 13.1-8　滑坡变形垂直位移矢量图

2）滑坡深部变形仪表观测。

a. 滑面计和钻孔测斜仪。滑面计和钻孔测斜仪安放在钻孔中，测定滑体深部变形的位置（滑动面）。

b. 多功能滑面计。多功能滑面计安放在钻孔中，不仅可调得滑动面的位置，而且还可调得变形量的大小、方向和应力。

c. 土压力计。土压力计安放在相对不动的建筑

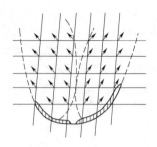

图 13.1-9　斜坡变形横向分块水平位移矢量图

物内侧，如抗滑挡土墙内侧滑动面以上位置、抗滑桩内侧及两侧滑动面以上位置，可测定滑体作用于墙上的推力。

d. 地声计、地震仪、地电仪。地声计、地震仪、地电仪安放在滑体表部，可测定地下某一定深度由于位移变形使岩土体错动发出的声响、地震波和地电异常。

e. 水位计、孔隙水压力计。水位计、孔隙水压力计安放在钻孔内常年地下水位变动的位置，可测定地下水位和孔隙水压力发生异常变化的位置。

（3）滑坡体深部观测。在斜坡变形体纵、横断面上，打 5～6 个钻孔，钻孔直径为 7～8cm，深度大于估计滑动面 3～5m。钻孔内插入直径 5cm 的硬质塑料管，孔壁与塑料管外壁间用粗砂填实，用测绳起始端系上球形重锤放入塑料管内，直抵孔底，另一端固定在孔口处，其目的是测定斜坡深部变形与否和变形位置（可能的滑移面）。从孔口放入另一根测绳系的球形重锤，到某一位置重锤就停止下移，记下测绳读数，若与孔底测球上提位置相差 2m 以上，表明此变形体有上、下两个变形带（滑动面），如图 13.1-10 所示。当斜坡深部某位置变形，可将塑料管剪弯或剪断，拉动提升孔口的测绳，当球形重锤升到变形部位时就会拉不动，记下测绳读数，即为可能滑动面埋深，如图 13.1-10（b）所示。

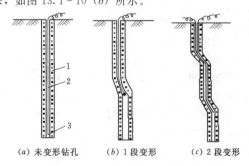

（a）未变形钻孔　　（b）1 段变形　　（c）2 段变形

图 13.1-10　利用钻孔对滑动面进行观测

1—填粗砂；2—测绳；3—重锤球

2. 滑坡室内试验

（1）滑坡岩土物理力学性质试验。在滑体（含危险斜坡）土采取有代表性的原状岩、土样品，并注意密封保持原状结构与水分，立即送实验室试验。样品尺寸，方形 20cm×20cm×15cm；圆柱形直径 110mm，长 20cm。滑体内岩土主要做物理性质常规试验，试验项目由含水量、干密度、液限、塑限、颗粒组成，必要时还可增做渗透试验和结构、矿物、化学成分试验项目。在滑带土十分难取的情况下，可模拟滑带土做抗剪强度试验。

（2）滑带土的力学性质试验。采集滑带土原状样，滑体前后缘可在探坑内取，滑体内可在钻孔中取。如无钻探，可先分析推断滑带土的可能性质特征，在滑体表部选择类似的土坑试挖采取，试坑深度应大于 1.2m，确保试样的原状性，密封后立即送试验室试验。主要试验项目：除常规物理性质试验外，重点做滑带土天然状态、饱和状态土抗剪黏聚力 c、内摩擦角 φ 值的峰值强度试验、滑带土多次剪切和残余强度试验。必要时可增做滑带土流变强度试验。

（3）滑坡模型试验。针对某个具体的滑坡或危险边坡问题设计的，没有固定的方法、模式，但所有的滑坡模型试验都要经历以下阶段（过程）。

1）模型试验的总体构思和设计阶段。

2）模型试验所需仪器设备的购置、加工和试验材料的准备阶段。

3）模型制作阶段。

4）试验操作、记录阶段。

5）试验资料整理与试验报告编写阶段。

13.1.3.2 泥石流试验

1. 泥石流原位观测试验

为确保泥石流的治理工程正常运行，对泥石流的形成、运动、动力、冲淤等方面进行观测，依据泥石流的预测预报理论，以及试验仪器的监测结果，对泥石流灾害进行预测预报。同时，在泥石流工程实施后，对工程的运行进行观测。泥石流野外观测试验项目及仪器见表 13.1-13。

（1）雨量观测。

1）雨量观测主要使用的仪器雨量计包括自记式雨量计、遥测式雨量计和自记录式雨量计。

2）设备的选择应由投资的规模、对数据实时性要求以及观测状况等因素决定。雨量计可使用自记式或自记录式。用于预测预报时，应采用遥测式雨量计。遥测式雨量计的信号传输应参考国家通信信道管理法规，传输间隔时间应依据预测预报模型对降雨量雨强数据（10min 雨强或 1h 雨强）和时间序列长短而定。

表 13.1-13　泥石流野外观测试验项目及仪器

观测试验项目	观测试验细目	主要的观测试验仪器
形成	降水	雨量计
	地下水	自记水位计
	滑坡位移	倾斜仪、水准仪、全站仪、GPS
	土体含水量	时域反射仪 TDR、频域反射仪 FDR
	土体张力	土壤张力计、土壤水势仪
	形成物的成分和性质	水质速测箱
	土体渗透性	双环法原位测试渗透系数
运动	泥位	超声波泥位计
	流宽	经纬仪、全站仪、GPS
	流速	浮标投放器、测速雷达
	流态与流动过程	电视录像机
动力	地声	泥石流地声测定装置
	冲击力	遥测数传、冲击力仪
	弯道超高	水准仪、全站仪、GPS
冲淤	断面冲淤过程	经纬仪、全站仪、GPS
	沟段冲淤幅度	动态立体摄影仪
	堆积形态	经纬仪、全站仪、GPS
预报、警报	预报试验：长期预报、中期预报、短期预报	雨量遥测装置
	警报试验：地声警报 泥位警报	遥测地声警报器
		超声波泥位警报器
防治工程	土木工程	经纬仪、全站仪、GPS
	生态工程	

注　仪器应符合国家气象测量标准的要求。

3）雨量计计量数据应能满足 10min 雨强、1h 雨强、6h 雨强、12h 雨强和 24h 雨强的推算。

4）降雨分布遵循山区降雨随海拔变化的规律，应充分考虑在不同海拔高度安置雨量计。

5）在条件有限地区的雨量观测可只在雨季进行，在旱季应参考相邻地区数据。

（2）土体含水量测量。

1）对泥石流源区土体含水量进行监测的目的是

利用模型进行泥石流活动的预测预报。

2）土体含水量测量，有中子测量法、时域反射仪 TDR 法、频域反射仪 FDR 法等，宜采用 TDR 法和 FDR 法进行测量。为保持土体原状性，不宜从野外取土回实验室用烘干法测量土体含水量。

3）采用 TDR 法和 FDR 法测量时，应进行土壤含盐量分析。如果含盐量超过测试仪器的规定范围，应进行必要的修正，并应对使用的测量传感器进行防盐碱处理。

4）在季节性冻土区，传感器的抗冻性应能满足使用要求，并应对取得的数据进行相应校正。

5）测量精度要求。体积含水量的允许误差为 ±1.5%，重量含水量的允许误差应为 ±1%。

6）采用的测量仪器应配备能进行实时自动记录的数据记录器。记录应使用通用格式（常用软件可以导入的格式，如 Excel、ACESS 等），记录的时间间隔应能满足分析的要求。有条件时，可采用双记录备份。

（3）土体张力测量。

1）土体张力与土体含水量、土体强度密切相关。使用土体张力可用于土体破坏的判断。

2）野外现场测量土体张力应使用张力计和水势仪。可根据使用方便性、投资大小、精度要求等选择。

3）张力计的玻璃管安装应呈垂直状态。

4）当使用石膏型水势仪时，对传感器安装前和安装中的处理应按仪器使用规程进行。

5）有条件时可采用带记录器的测量设备。

（4）流速、流量观测。

1）流速、流量应通过野外观测取得数据。

2）不同类型泥石流进行流速、流量观测应采用不同的方法。观测设计前，应进行野外考察和调查，对泥石流性质作出正确判定。泥石流可简单分为黏性泥石流和稀性泥石流两种。

3）位置测量点的沟道应相对平稳且顶直，沟道的沟床比降应变化小。

4）对于黏性泥石流，可设置双断面进行流速观测，用两断面的距离或阵流流过两断面的时间差，可算出泥石流的流速；也可以用单断面进行观测，用雷达测速仪进行测量。

5）对于泥位可在沟道中设置测流堰进行观测。沟道两岸应用浆砌石护岸，使沟道呈规则形态——矩形或梯形。在上方应设置超声波测量仪器或在岸壁设置刻度尺测量经过泥石流的泥位。当用超声波测量时，应注意区别真实泥位和虚泥位。

6）泥石流的流量可用测量到的流量和泥位数据

进行计算而得出。

（5）冲击力测试。

1）冲击力测试数据作为泥石流防治土木工程设计的必需参数之一，直接关系工程抗冲力的大小、工程规模等。

2）测试位置应选择沟道相对顺直段拟建工程处。

3）应在沟道中设置刚性桩，桩体的刚度可依据过去实施工程的经验确定。

4）冲击力传感器的安装，应能测量到泥石流石块冲击力和浆体压力，安装的高度应根据流域泥石流考察或调查确定。安装数量应依据统计精度的要求确定，宜在 5 个以上。

5）冲击力传感器的量程宜大于 1000kN/m^2，如果流域泥石流颗粒级配、流速、流量等数据清楚，可根据现有理论或计算方法适当增大或减小传感器的量程范围。

（6）泥石流防治工程运行观测。

1）对泥石流防治工程运行观测的目的是保证防治工程的正常运行和防治效益的正常发挥。

2）依据工程类型的不同，可分为土木工程的运行观测和生态工程的运行观测。

3）土木工程运行观测应包括拦沙坝的淤积、坝体位移、溢流口磨蚀、坝体下游沟道下切程度、排导槽的冲淤状况、槽底的磨蚀等。

4）生态工程的运行观测应包括引种的适应性、自然演替能力、水土保持能力等。

2. 泥石流室内模拟试验

（1）土体基本性质的室内试验。

1）泥石流土体包括泥石流源区的土体（这类土体多数为砾石土），泥石流堆积土体和运动过程中取得的土、水、气综合的混合流体。

2）基本性质的试验包括测定泥石流土体的含水量（率）、土体密度、颗分、流变、岩土物性指标、黏土矿物成分、黏度、液限、塑限、孔隙率、渗透率。

3）含水率试验。泥石流土体的天然含水量、配制土样的不同含水量和风干土的含水量，可通过烘干法测定。使用仪器包括电热烘箱、水分测试仪。具体操作方法执行 SL 237 的标准。

4）密度试验。泥石流土体的湿密度和干密度可通过蜡封法测定，也可用体积法、排水法测定，使用电子秤、容积升。

5）干密度试验。土粒在 105～110℃ 下烘到恒值时的质量与土粒同体积 4℃ 纯水质量的比值，可采用比重瓶法测定。使用比重瓶恒温水槽、沙浴锅、电子天平等仪器。

6) 颗粒组成试验。颗粒组成是指泥石流土体的各种粒组所占该土总质量的百分数，同时测定有效粒径、控制粒径、平均粒径、不均匀系数、曲率半径；采用筛分法适用于粒径大于 0.075mm 的土，使用 60～2mm 圆孔粗筛和 2～0.075mm 细筛；比重计法适用于粒径小于 0.075mm 的土；移液管法适用于粒径小于 0.075 mm 的土，使用 0.1～0.075mm 洗筛、漏斗、天平、台秤、量筒、比重计、移液管、烧杯、温度计、冷凝管、分散剂等。

7) 界限含水率试验。测定泥石流土体中小于 0.5mm 颗粒组成及有机质含量小于 5% 的细粒土的液限、塑限、塑性指数和缩限；采用液限、塑限联合测定法，使用液塑限联合测定仪、电子天平、电热烘箱。

8) 击实试验。测定土的密度与含水率的关系，从而确定土的最大干密度与最优含水率。轻型击实试验适用于粒径小于 5mm 的黏性土，重型击实试验适用于粒径小于 20mm 的土，使用仪器有电动击实仪、天平、电子秤和 20～5mm 标准筛。

9) 承载比试验。测定小于 20mm 粒径土在承受标准贯入探头贯入土中时相应的承载力，取得扰动土的承载比。贯入法测定承载比，使用承载比测试仪。

10) 渗透试验。测定泥石流土体粒径小于 20mm 砾石土的渗透系数。采用常水头渗透试验法进行，使用仪器有常水头渗透仪，还有天平、温度计及木锤、秒表等。

11) 黏土矿物鉴定。测定泥石流土体的黏土矿物成分及含量，使用的仪器有 X 射线衍射仪。

12) 泥石流流体泥浆的黏度试验。测定泥石流土体中去除粒径大于 0.05mm 土粒的混合泥浆黏度，取得黏性流体在层流静止状态下的内摩擦系数、剪切力和剪切强度；使用毛细管黏度计和旋转式黏度计测量法进行，仪器有毛细管黏度计、旋转式黏度计。

(2) 土体强度试验。

1) 泥石流土体强度试验按仪器的不同有双轴直剪试验、三轴剪切试验。三轴剪切试验又依据排水条件的不同分为排水和不排水剪切。泥石流土体粗大颗粒较多，以砾石土为主，剪切试验的样品和试验机的孔径均要求较大。

2) 泥石流流体静剪切强度试验。测定泥石流浆体在静止状态下所能承受的极限剪切应力强度，即静剪切强度；取泥石流体中粒径小于 1.0mm 的土粒，配制泥石流浆体，使用 1007 型泥浆静切力计、流变仪进行试验。

3) 粗颗粒土直接剪切试验。测定泥石流土体粒径小于 60mm 的砾石土，分别在不同的垂直压力下，施加水平压力进行剪切直至破坏，确定土体的抗剪强度，其中包括黏聚力、内摩擦角。按不同颗粒级配和不同密度配制试样，在不同含水量及饱和状态下，使用应力控制式大型直接剪切仪进行快剪试验、固结快剪试验、慢剪试验。

4) 粗颗粒土三轴压缩试验。测定泥石流土体分别在不同的恒定围压下施加轴向压力进行剪切直至破坏，确定土体的抗剪强度，其中包括主应力差、有效主应力比、孔隙压力系数、有效黏聚力、有效内摩擦角。按不同颗粒级配和不同密度配制试样，在不同含水量及饱和状态下，进行不固结不排水剪试验、固结不排水剪试验、固结排水剪试验。使用大型应变控制式三轴仪，其中包括主机、静力控制系统。

5) 振动三轴试验。测定饱和土在动应力作用下的应力、应变和孔隙水压力的变化过程，确定其在动力作用下的破坏强度、应变大于 10^{-4} 时的动弹性模量和阻尼比等动力特性指标。应按不同颗粒级配和不同密度配制试样，在饱和状态下，确定不同波形和频率，在不同围压下进行动强度试验。使用电磁式振动三轴仪，整个系统包括主机、静力控制系统、动力控制系统和量测系统。

(3) 泥石流模型试验。

1) 泥石流模型试验是借助于室内的系列试验设备对已发生或可能发生的泥石流进行形成运动堆积性质的模拟和测试。这些性质包括：泥石流的形成条件、形成过程，泥石流运动阻力、流动坡度、流态、流速、流量、动力效应、淤积、固体物质级配、流体干密度、分散介质黏度、河床糙率以及泥石流的冲击力等特征。

2) 一般试验要求模拟流体与原型流体的物理力学特征相同，两种流体的密度相等；两种流体中的土体颗粒组成相似，两者的黏度和静剪切强度相等。

3) 一般试验设备的边界条件与试验流体的规模需满足以下限制条件：

a. 黏性泥石流试验槽的横断面尺寸应满足流体流核区对流深和流宽的要求。试验槽的深度按式 (13.1-19) 计算。

$$H_0 = \tau_0 / \gamma_c \sin\theta_b \qquad (13.1-19)$$

式中　τ_0——流体的静剪切强度，g/cm^2；

γ_c——流体的容重，g/cm^3。

b. 试验槽的宽度应满足式 (13.1-20) 的条件。

$$B \geqslant 5D_{max} \qquad (13.1-20)$$

式中　D_{max}——试验流体中最大石块粒径，cm。

c. 模拟泥石流中最大颗粒粒径与流深之比应不大于原型泥石流中最大石块粒径与流深之比，即满足式（13.1-21）的条件。

$$D_{Mm}/H_{cm} \leqslant D_{Mn}/H_{cn} \qquad (13.1-21)$$

式中　D_{Mm}——模拟流体中最大石块粒径，cm；

　　　D_{Mn}——原型泥石流中最大石块粒径，cm；

　　　H_{cm}——模拟流体的流深，cm；

　　　H_{cn}——原型泥石流的流深，cm。

d. 定量模型试验除应遵守前述的一般模型试验的条件外，还应遵守式（13.1-22）的相似准则，即保证模拟泥石流和原型泥石流的弗劳德数相等。

$$Fr_n/Fr_m = 1$$

或　$$(u_{cn}^2/gL_n)/(u_{cm}^2/gL_m) = 1 \qquad (13.1-22)$$

式中　g——重力加速度，m/s^2；

　　　u_{cn}——原型流体的流速，cm/s；

　　　u_{cm}——模拟流体的流速，cm/s；

　　　L_n——原型流体的线性尺寸，cm；

　　　L_m——模拟流体的线性尺寸，cm。

4）两种流体各个参数比尺系数。

液体线性尺寸比尺：

$$\lambda_l = L_n/L_m$$

河床坡度比尺：

$$\lambda_{i_b} = I_{bn}/I_{bm}$$

流速比尺：

$$\lambda_{v_c} = v_{cn}/v_{cm} = \lambda_l^{0.5}$$

流量比尺：

$$\lambda_{Q_c} = Q_{cn}/Q_{cm} = \lambda_l^{2.5}$$

河床糙率比尺：

$$\lambda_{n_c} = n_{cn}/n_{cm} = \lambda_l^{0.17}$$

过流断面面积比尺：

$$\lambda_{A_{sc}} = A_{scn}/A_{scm} = \lambda_l^2$$

时间比尺：

$$\lambda_T = T_n/T_m = \lambda_l^{0.5}$$

流体容重比尺：

$$\lambda_{\gamma_c} = \gamma_{cn}/\gamma_{cm} = 1$$

流体中各种颗粒的重量百分比比尺：

$$\lambda_{pi} = P_{in}/P_{im} = 1$$

流体中分散介质的黏度比尺：

$$\lambda_{\eta F} = \eta_{cn}/\eta_{cm}$$

13.1.3.3　崩岗试验

崩岗侵蚀因其发生的地形部位和岩土性质的差异，可形成不同的崩岗类型，有瓢形崩岗、条形崩岗、弧形崩岗等，条形崩岗和弧形崩岗规模较小，且不多见；瓢形崩岗分布最广，也是崩岗侵蚀发展最严重的类型。

1. 崩岗室内试验

崩岗试验主要测试内容包括：土壤容重测定，常采用环刀法；土壤比重测定，采用方法有比重瓶法、虹吸筒法等；土壤机械组成测定，采用方法有筛分法、静水沉降法、吸管法、比重计法等；土壤含水量测定，采用方法有烘箱法、中子测量法等；土壤饱和度测定，采用环刀法；土壤液塑性测定，采用方法有蝶式流限仪法、锥式流限仪法等；土壤岩土力学性质测定，采用土壤直接剪切试验法。具体可参照土壤理化性质分析及土工试验方法标准。

2. 崩岗野外试验

（1）崩岗侵蚀动态监测。

1）运用大地测量技术主要采用全站仪、差分GPS 等对崩岗侵蚀区地形地貌进行测量，通过不同时期测量的地形地貌进行对比分析估算崩岗侵蚀量。

2）遥测技术主要采用三维激光扫描仪对崩岗进行扫描生成地形地貌图片，通过不同时期扫描生成的图片叠加分析估算崩岗侵蚀量。

3）崩岗的监测还可以用排桩法，在崩岗区设置基准桩和测桩，测桩间距应该规整，崩岗发生会导致部分测桩被毁坏，需要根据定位测量它的高程变化。布设测桩还要根据该区崩岗的发展，从坡脚布设到坡顶，宽度按一般崩岗宽确定。定期观测崩岗壁扩展的速度和侵蚀厚度。

（2）径流与泥沙流失量观测。在流通道中段较窄的地方，设置卡口站或集流池等，监测崩岗侵蚀的径流量、泥沙量。如设置沉沙池（2m×2m×0.5m），使崩岗下泄的泥水全部流入池内。每次大雨过后将沉沙池中泥沙挖出，测量计算。

13.1.4　水土保持措施及其效果试验

13.1.4.1　水土保持林业措施试验

1. 试验目的与内容

试验目的是为了解决水土保持林营造的技术问题，主要内容包括：水土保持优良树种引种试验，水土保持林体系配置、混交林型、林带结构与密度试验，水土保持造林与营林技术试验等。

2. 试验地选择

水土保持树种引种试验，选择地形坡度比较平缓、土壤肥力差别不大、日照较充足的典型代表性地段作试验地；水土保持林体系及造林营林技术试验，选择地形、地质、土壤有代表性，面积在 $1\sim5km^2$ 的小流域作试验地，或结合试验小流域的综合治理，在土地利用规划所确定的林地上进行。

3. 试验设计

(1) 树种选择。除优良水土保持树种引种试验从国内外其他地区引进新的树种外，其他试验的树种均从本地乡土树种或外地引进但已驯化了的树种中选择。树种选择时，要认真对本地区的天然林和人工林进行调查研究。对于拟选用的树种，除应考察其在不同立地条件下的生长势和生长量外，还应特别注意对其经济价值和蓄水保土作用的分析。

(2) 对照设置。优良水土保持树种试验以当地造林常用的乡土树种为对照，引进的不同树种为处理；造林和营林技术试验，以当地常用的造林营林技术措施为对照，采用不同的造林营林技术措施为处理；水土保持林体系配置试验，以当地常用的配置方式为对照，其他不同配置方式为处理；混交林型试验，以常用造林树种的纯林为对照，不同混交林型为处理。

(3) 种子要求。严禁使用带有森林病虫害检疫对象的种子、苗木和其他繁殖材料。对于选用的种子，应积极推广种源适宜的良种，优先选用优良种源和良种基地生产的种子；播种造林种子的质量要符合《林木种子质量分级》（GB 7908）规定的合格种子标准。为了提高播种造林成效，在播种前对林木种子进行浸种、催芽、拌药等处理。

(4) 苗木要求。裸根苗要使用《主要造林树种苗木质量分级》（GB 6000）规定的Ⅰ级、Ⅱ级苗木；水土保持防护林要选用良种健壮大苗造林。容器苗要执行《容器育苗技术》（LY 1000）容器育苗技术的规定。苗木质量的检验和起苗、包装、运输、储藏等，执行裸根苗和容器苗标准的要求；根据造林任务，就近育苗栽植，尽量避免长途运输。

(5) 小区面积和重复次数。优良水土保持树种引种试验，小区面积视试验地的条件和试材多少而定，宜以 $50\sim100$ 株树木为一个小区，重复 $2\sim3$ 次；造林营林技术试验、混交林型试验，小区面积宜为 $0.1\sim1.0hm^2$，重复 $2\sim3$ 次；水土保持林体系配置试验，一般结合小流域综合治理进行，造林面积 $1\sim5km^2$，只设对照，不设重复。同一重复的试验小区，要配置在土壤肥力水平相近的区段上。若试验地在山坡上，同一重复的试验小区坡向应一致，海拔应相同。

(6) 小区排列方式。引种试验，可采用随机排列；造林营林技术和混交林型试验，可采用顺序排列。

(7) 保护带设置。为防止牲畜和人为破坏，消除边际效应，便于识别不同的重复，在试验地周围宜设置 $4\sim6$ 行保护带，在两个重复的试验小区间宜设置 $2\sim4$ 行保护带，树种应与小区树种相同。

4. 整地和抚育管理

(1) 同一试验、同一重复的整地方式应一致（不同整地方式试验除外）。在可能情况下，山地造林应采用水平阶或反坡梯田整地，防止因水土流失程度不同而造成的试验误差。

(2) 不宜在试验林内间种作物，管理措施应相同，锄草、灌水、灭虫和间伐应在同一日期进行。引种试验，可不进行整枝。从造林开始，建立林地管理档案，并做确切记载。

5. 林班、标准地、标准行的划分

(1) 林班。根据不同水土保持树种建立林班，依林种进行编号。分水岭防护林林班编号为分 A，各处理间编号为分 A_1、分 A_2、……、分 A_n，对照区为 A；混交林型林班编号为混 B，各处理间编号应为混 B_1、混 B_2、……、混 B_n，对照区为纯林 B。依此类推。

(2) 标准地。依据划定的林班，在对照区与试验处理区内，按林地上、中、下部位，随机抽样，选择标准地 $3\sim5$ 块，面积各为 $100\sim200m^2$，作为对照与试验处理区的定位调查和观测标准地。

(3) 标准株行。在标准地内，随机抽样选定观测调查的标准株和标准行，实测株数为 $30\sim50$ 株。小区林木株数在 100 株以下时，可全部观测调查，不另选标准株行。

6. 水土保持林根系固土作用测定

(1) 在相同条件下，对灌木林地和无植物生长的空闲地进行原位直接剪切。剪切箱剪切截面为 $50cm\times50cm$，剪切厚度根据需要确定。

(2) 测定方法。

1) 选择测定地。基本思路是对比研究。在同一种土壤（主要以机械组成为根据）应选择土壤种类、物理性质相同（或相似）的地方作为测定地的对照测定。

测定点应选在测定地里比较平缓、植物生长良好的均一地段。测定前对测定点的情况作详细记载，填入表 13.1-14 中。

表 13.1－14　　　　　测 定 地 基 本 情 况 表

种名			树龄	年	平均密度	株/m²
土壤种类			机械组成情况			
坡度		坡向		树木生长情况评价		
剪切箱内插入的株数			株/m²	剪切截面平均密度		株/m²
测定地：　　省　　县　　乡　　村					年　月　日	

2）测定前的准备。在选定的测定点，用土围成约为 100cm×100cm 见方的土围，测定前 24h 起连续灌水，使土围圈内始终有水，并在灌水的第二天待水渗完后进行测定。

3）测定。采用土体原位直接剪切方法，见图 13.1－11。首先，将剪切箱垂直于地表或坡面慢慢压入土内 20cm。然后，在不扰动剪切箱内原状土的前提下，将剪切箱四周的土轻轻去掉。测定剪切箱外土壁的土壤紧实度（以剪切箱底端深度为准），记录剪切箱内所切入的树木株数及地上部分生物量。将剪切箱前方修成与剪切箱底端齐平（或与坡的倾斜度平行），避免剪切时造成人为阻力。安置固定桩、牵引器、测力器，并连接剪切箱，扳动牵引器，缓缓给力，使剪切箱向前移动，土体剪断。记载最大拉力（剪断时的拉力）和最小拉力（剪切体移动时的摩擦力）。将剪切箱拉离剪断面，使剪断面暴露于地面。计测剪切断面上出露的根数、根径。将露出的 3～5mm 及更粗的根画到坐标纸上，可用小罗盘定位准确地表示它们离开根株的角度，并用分数加以标明。分子表示根的粗度（以 mm 计），分母表示根的角度（有条件时可将其摄影）。绘制根系水平形态图过程中，每条垂直方向根的起点应用圈码顺序标明在坐标纸上。将剪切箱连同被剪断土体轻轻翻倒，计测剪切体底端面上出露的根数、根径。将 G、H 两项填入表 13.1－15 剪切截面根数及直径计测表中。在剪切体底端取样测定土壤含水率（3 次重复，土样中不含树根），将测定结果详细记入表 13.1－16 土壤抗剪力原位剪切计数表中。依次进行第二层、第三层……直至灌木根系分布最深层次的测定（20cm 为一层）。

若测定对象为无植物生长的对照地，除有关根系参数的项目以外，测定程序和其他有关因子（如含水率、硬度等）均与上述测定方法相同，并填写表 13.1－15 和表 13.1－16。

注意：第一，对照地选点时应尽可能与其他立地条件接近或相同；第二，对照地应进行重复测定，宜 3 个平行测定，最后取其平均值。

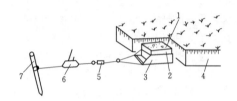

图 13.1－11　土体原位直接剪切示意图

1—剪切体；2—剪切箱（内箱）；3—剪切箱（外箱）；
4—灌木林地；5—测力器；6—牵引器；7—固定桩

表 13.1－15　　剪切截面根数及直径计测表

根长 /cm	出露根的直径/cm （每一数字只代表一个根头）	根截面积 /mm²	根截面积率 /%
	上截面 G：		
	下截面 H：		
	下截面 H：		
	上截面 G：		

注　根截面积率是剪切面根的总截面积与剪切面面积（即剪切箱截面积 2500cm²）的百分比；上截面是剪切箱底端土体截面（G），下截面是指剪切后留在地面上的剪切截面（H）。

（3）灌木林地根系参数调查。

1）调查同一树种几个年龄梯度不同层次（每 20cm 一层）截面上根截面积与根截面积率，调查深度直至根系分布下限。每一年龄梯度调查时应有 3 次重复。根据调查结果算出每一层次土壤抗剪强度增强值，并绘制各层次土壤抗剪强度增强值-树龄关系曲线图。在曲线图上查找出任一年龄时该树种对各层次土壤抗剪强度的增强值。

2）调查时应对密度作记载。采用挖坑法调查截面积，与剪切测定面积相同，为 50cm×50cm。调查应有 3 次重复。

7.　观测记载项目和方法

（1）造林和管理情况。

1）林地概况。分别记载地名、面积、海拔、坡

表 13.1-16 土壤抗剪力原位剪切计数表

| 土层深度/cm | 剪力仪读数/kg | | 土壤抗剪力/(kg/cm²) | 根截面积率/% | 土壤抗剪强度/(kg/cm²) | 土壤含水率/% | 土壤抗剪强度增强值/(kg/cm²) |
	最大	最小					
20							
40							
60							
⋮							
240							
树种	剪切截面上的株数			株	平均密度		株/cm²
测定日期	年　月　日			测定人			

向、坡度、土壤种类、土层厚度、地面植被等情况。

2）造林技术。分别记载树种、苗龄、种苗规格、造林方法、造林密度、混交方式、整地方法和造林时间等。

3）抚育管理。记载施肥与浇水的次数和时间、松土除草的次数和时间、修枝剪叶的次数和时间、间伐的时间、病虫害发生和防治情况、自然灾害的程度和危害情况等。

（2）生长发育。

1）造林成活率和保存率调查。造林的当年秋季，分别调查林种、林班在标准地内造林成活率。成活率在85％以上的不进行补植；成活率为50％～85％的，应在当年秋季或来年春季进行补植；成活率在50％以下的，试验报废。保存率调查应于每年5月进行，连续调查3年。在布设试验的同时，应同步营造一批预备移植的树种，避免用不同地区、不同长势的树种补植。

2）生长发育调查。在每年秋季进行，调查标准地内树高、胸径、地径、冠幅、丛幅、丛高、分枝、郁闭度、密度及果实产量等，计算不同树种地上部分的生物产量。不定期调查根系情况，包括主根深度、侧根数及长度、根群分布、根量等。

3）再生力观测。灌木树种在刈割后，分年度观测记载其再生高度、分枝、冠幅、根径、覆盖度、生物量等。

（3）树木物候观测。在标准地内，对选定的标准株，进行各个发育阶段（如冬芽萌动、展叶、新梢生长、开花、果熟、叶变、落叶等）的出现时间观测。

（4）抗性观测。抗性观测主要包括以下内容。

1）抗寒性。树木越冬受冻害情况，以树木发芽初期顶梢干枯节数表示冻害程度。

2）抗旱性。在久旱情况下树木的生长表现情况。

3）耐瘠薄性。在瘠薄土质上树木的生长表现情况。

4）病虫害情况。发生时期、种类、危害部位及程度。

（5）蓄水保土效益观测。蓄水保土效益观测包括以下内容。

1）树冠截留降水量的测定。

a. 乔木。在林外设置雨量计或在林内竖杆，利用滑轮升降雨量筒观测大气净降雨量；在林内设置雨量筒，观测树下降雨量；利用截引办法测量沿树干下流降雨量。树冠雨量减去树下雨量和沿树干下流雨量，即为树冠截留降雨量。

$$M = \frac{H_1 + H_2 + \cdots + H_n}{n} - \left(\frac{h_1 + h_2 + \cdots + h_n}{n} + \alpha \frac{q_1 + q_2 + \cdots + q_n}{w_1 + w_2 + \cdots + w_n} \right)$$

(13.1-23)

式中　M——树冠截留降雨量，mm；

$H_1, H_2, \cdots, H_n$——树冠上各雨量筒测得的雨量，mm；

$h_1, h_2, \cdots, h_n$——树下各雨量筒测得的雨量，mm；

$w_1, w_2, \cdots, w_n$——树冠投影面积，mm²；

$q_1, q_2, \cdots, q_n$——沿树干下流的雨量，cm³；

α——单位换算系数，等于10^{-3}。

b. 灌木。在灌木林标准地内，随机选定2～5个2m×2m的样方，刈割样方内所有灌木，分别称其枝叶重量，求出每个样方的平均重量。同时采集枝叶样品，就地称重后浸入水中20～30min，取出后待枝叶不再滴水时，重新称重。依此，用不同的样品重复3次，先计算出枝叶最大吸水率P，然后根据P计算出灌木树冠截留量h。

$$P=\frac{G_2-G_1}{G_1}\times100\% \qquad (13.1-24)$$

$$h=\frac{GP}{W} \qquad (13.1-25)$$

式中　P——枝叶最大吸水率，%；

　　　G_1——吸水前的枝叶样品重量，kg；

　　　G_2——吸水后的枝叶样品重量，kg；

　　　h——灌木树冠截留降水量，kg/m²；

　　　G——每个样方枝叶的平均重量，kg；

　　　W——样方面积，m²。

2）枯落物水容量的测定。分别在对照区和处理区标准地内采用随机取样方法，选定面积 $1\sim2m^2$，重复 $2\sim3$ 次。记载树种、树龄，测定枯落物厚度及风干后的重量。称重后浸入水中 8h 或 24h 捞出，不滴水时再称重，以湿重减去干重，除以样方面积，即为枯落物的水容量。

3）林地土壤蓄水能力测定。在进行枯落物水容量的样方地内测定土壤容重、孔隙度、机械组成等。按土壤剖面层次，采用环刀采集原状土，分别测定渗透速度（mm/h）、不同处理区的土壤蓄水能力。

4）坡地造林蓄水保土效益观测。在造林的坡地上设置不同处理的林地径流场和荒坡或坡耕地径流场，重复两次，观测径流量和冲刷量。

5）小流域造林蓄水保土效益观测。在试验小流域内选择两个地形、地质、土壤和形状比较近似，集水面积在 $1km^2$ 以上的对比沟，一个为林区，一个为荒沟或农区，在沟口设置径流测站，观测径流量、含沙量。测站的设置和径流、泥沙观测方法见本书"13.2.4 中小流域监测"。

6）土壤养分和土壤含水量的测定。在试验小区，采土样测定有机质、全氮、全磷、速效磷、速效钾、碳酸钙等。每年测定 1 次，观察土壤养分的变化。土壤含水量每 10d 观测两次。取土深度分别为 $0\sim10cm$、$10\sim20cm$、$20\sim30cm$、$30\sim50cm$、$50\sim100cm$、$100\sim150cm$、$150\sim200cm$。若土层薄时，可减小测深。取土地点选在小区外的保护带中。

7）林地对气象因素影响的观测。在林区和林外设置气象观测设备，观测温度、湿度、地温、蒸发、解冻时间、结冻时间、冻土深度等项目，对比气象因素的变化。

8）林下植物群落演变观测。造林后选择固定样方，逐年观测林下杂草种类、密度、丛（株）高、丛（株）幅、优势种、优势度等。

8. 资料整理与分析

（1）资料整理。试验告一段落后，应将各项观测资料进行系统整理。整理成果包括：①试验地情况资料；②试验设计处理情况资料；③造林整地及造林方法资料；④抚育管理和抗性观测资料；⑤林木生长发育、生物产量、高径生长量、果实、种子和其他林产品产量资料；⑥气象和水、沙观测资料；⑦试验投资投劳统计资料。

（2）资料分析。试验资料应采用数理统计方法分析。不同试验研究项目应有不同的分析重点，分析结果应分别回答试验提出的问题。

1）引种试验。应分析不同引进树种在当地不同立地条件下的适应性，包括抗冻、抗旱、耐瘠薄、抗病虫害的能力；分析生物产量、高径生长、果实或种子产量；分析蓄水保土作用。分析时和本地标准树种比较，判别优劣。本地无适宜的标准树种时，可用引进树种指标的平均值作为判断标准。

2）水土保持林配置和混交林型试验。应系统分析树冠截留降水、枯落物容水、根系分布、固土能力、土壤改良、林地入渗、防止侵蚀等蓄水保土综合效益。结合分析各种树种的生长势以及生物产量、存积量、林产品产量等经济指标，从理论和实践中总结出防护效果好、经济价值高的水土保持林体系配置方法和混交林型。

3）水土保持造林营林技术试验。应分析成活率、生长势、生长速度、出材率、蓄水保土效益以及投入和产出。投入和产出比值小时，试验成果才易于推广。

13.1.4.2　水土保持牧草措施试验

1. 试验目的和内容

试验目的是寻求经济价值大、生态效益高、蓄水保土效果好的优良牧草品种，发展饲料生产，合理利用草地，解决牧草的栽培技术问题。试验内容主要包括：优良牧草引种选育及驯化试验，退耕坡地种草技术试验，天然荒坡育草及封坡育草技术试验，牧草生态产品转化研究等。

2. 试验小区排列

（1）顺序排列。适用于一般性试验。

1）对比法。如以 1，2，3，…代表处理，以 CK 代表对照，其设计排列如图 13.1-12～图 13.1-14 所示。重复不得少于 3 次。重复排列成多排时，不同重复内小区可排成阶梯式。

图 13.1-12　品种或处理数目为偶数时排列图

图 13.1-13　品种或处理数目为奇数时排列图

I	1	CK	2	3	CK	4	5	CK	6
II	5	CK	6	1	CK	2	3	CK	4
III	3	CK	4	5	CK	6	1	CK	2

图 13.1－14　多次重复排列图

2）间比法。4 个或 9 个处理设置一个对照，重复 2～4 次，排成多排时可采用逆向式排列，如图 13.1－15 所示。

I	CK	1	2	3	4	CK	5	6	8	CK	9	10	11	12	12	CK
II	CK	12	11	10	9	CK	8	7	5	CK	4	3	2	1	1	CK
III	CK	1	2	3	4	CK	5	6	5	CK	9	10	11	12	12	CK

图 13.1－15　处理逆向排列图

（2）随机排列。适用于精度要求较高的试验。常用的形式有随机区组设计、拉丁方设计和正交设计。

1）随机区组设计。根据局部控制原理，将试验地按肥力程度，划分等于重复次数的区组，每区组的各个小区完全随机排列。试验处理一般不超过 20 个，以 10 个左右为宜。

2）拉丁方设计。将试验处理从两个方向排列成区组或重复，以控制土壤差异，其重复数、处理数、直行数、横行数均相同。通常限于 4～8 个处理的试验。

3）正交设计。试验因素和水平数目较多时，采用正交设计，可以减少处理个数和试验工作量。

3．试验地选择和试验区设计

（1）试验地选择。土壤类型应有代表性；土壤肥力、坡度、坡向、前作一致；管理方便，四周有相同作物土地；为避免遮阴，要离开森林 200～300m，与建筑物也要保持一定的距离。

（2）试验区设计。

1）试验区面积。试验区面积大，变异系数小；试验区面积小，变异系数大。在决定试验区面积时除考虑土壤差异外，还应考虑下列因素：

a．试验目的。若为品种观察，面积宜在 6.67～11.12m² ；若为品种比较试验，面积宜在 16.68～66.70m² ；若为栽培利用，面积宜在 33.35～66.70m² ；若为生产试验，面积宜在 10000～20000m² 。

b．试验牧草种类。高大牧草面应大些，矮小牧草面积应小些。

c．据试验材料多少和试验地面积大小决定试验区面积。

2）试验区形状。采用长方形，长宽比一般为 3：1～10：1。

3）人行道及保护行设置。试验区之间设立人行道，宽 0.5～1.0m；试验地周围种植试验牧草或对照

品种 3～4 行，作为保护行。

4．试验准备

（1）试验地和区划。试验地区划前要施肥，种类、数量、质量相同，耕深一致，整地均匀。区划时将试验地总长度、宽度量出，划分重复小区、走道和保护行。区划完成后作出田间布设图，每个小区插上标牌，注明编码、品种或处理情况。

（2）试验材料整理和搜集。搜集原始资料，引进野生及国内外栽培品种，对所获品种进行整理分类登记。

1）登记编号。注明中文名、学名、方言名、科别、品种名称、采集或引进时间（年、月、日）及地点、生长年限、生长特性、适应性、抗性、生育期、种子及牧草产量、栽培利用价值等。

2）整理方法。按生长年限整理分类：一年生、越冬一年生、多年生等；按科别整理分类：豆科、禾本科、菊科等；按属整理分类：如豆科中分苜蓿属、野豌豆属、黄芪属等。

（3）种子品质鉴定。

1）种子净度。取种子若干，除去杂质和废弃种子，称重计算。一般重复两次。计算公式见式（13.1－26）。

$$D = \frac{S-(W+I)}{S} \times 100\%　　(13.1-26)$$

式中　D——种子净度，%；

S——试样重量，g；

W——废弃种子重量，g；

I——杂质重量，g。

2）发芽率及发芽势测定。取测过净度的种子中任意两份各 100 粒种子，进行发芽率和发芽势试验。方法有两种。

a．实验室法。在实验室设置发芽皿和恒温箱，发芽皿上放吸水纸，加入适量清水，将种子均匀放在皿内。发芽皿上贴上标签，注明品种、发芽试验日期，然后放入恒温箱内进行发芽。温度控制在 20～30℃，每天早、中、晚三次检查温度和湿度，每天通风 1～2min。种子发芽后，每日按时检查，记载发芽种子数。

b．毛巾发芽法。适于大、中粒种子发芽。将毛巾用开水消毒，把供试种子均匀排列在毛巾上面，在毛巾一端放上根筷子，卷成圆筒状，用橡皮筋扎住，放在温度适宜的地方发芽。每天给毛巾温水润湿，达规定天数打开毛巾检查。一般发芽势时间 3～5d，发芽率时间 7～10d。计算公式见式（13.1－27）。

$$R = \frac{T}{A} \times 100\%　　(13.1-27)$$

式中　R——发芽率，%；

T——规定时间内发芽种子数，粒；

A——供试验种子数，粒。

3）种子播种量的计算。

a. 种子真实价值计算。根据实测种子净度、发芽率进行计算。

$$W = DR \times 100\% \qquad (13.1-28)$$

式中　W——种子真实价值，%；

D——种子净度，%；

R——发芽率，%。

b. 实际播种量计算。根据种子真实价值及单位面积播种量，即可计算出实际播种量。

$$S = \frac{P}{W} \qquad (13.1-29)$$

式中　S——实际播种量，kg；

P——单位面积播种量，kg；

W——真实价值，%。

5. 牧草经济动态调查

（1）产草量测定。

1）平均产量。在牧草地利用期，测定小区 1/2 面积的第一次产草量，至牧草生长可以再利用时，再测定 1 次再生草产草量。再生草可以测 1 次、2 次至多次。齐地面割下的为生物产量，距地面 4cm 割下的为经济产量。各次测定的产草量之和为全年平均产草量。割后将鲜草 500g 装入布袋风干，计干草重，精确到 0.1g。

2）实际产草量（利用前产量）。比测定平均产草量早一些或晚一些测定的产草量。

3）动态产量。在样地上布置样方，每 10d、15d、1 个月定期测定 1 次。

4）测定方法。可用刈割法、测光法或电测法。

（2）产籽量测定。测定 1/2 小区种子产量，风干称重，精确到 0.1g。

（3）千粒重测定。数纯净种子 1000 粒（大粒种子 500 粒），用感量为 1/100 的天平称重，重复 3 次，取平均值。

（4）茎叶比例测定。在测定产草量时取代表性草样 500g，将茎、叶、花分别称重，计算占总重量的百分率。

（5）草层结构测定。在牧草不同生育阶段，用 1.55m 的木棒，由上向下每 10cm 划一刻度，将木棒插入具有代表性样段，木棒上用铁夹固定一小横棍，选择 50cm×50cm 或 20cm×20cm 的面积，由上向下移动横棍，用剪刀将牧草分层剪下，装入塑料袋带回室内，先将牧草各层按茎、叶分成两组（有花序时分成 3 组），然后分层称出叶、茎、花序重量，计算其占各层重量和总重量的百分数。

（6）营养成分分析。在抽穗期（禾本科）、始花期（豆科）分别采样分析粗蛋白、粗脂肪、粗纤维、无氮浸出物、灰分及钙、磷、钾等的含量。

6. 播种和生长期管理

（1）播种顺序。

1）将种子袋依次放入各小区，与种植图核对无误时即可播种。

2）划行开浅沟，沟应开得平直，深浅一致。

3）按行数将种子均分几份，均匀撒于行内，播完覆土耙平。同一试验应在同一天播完，至少同一重复应在同一天内播完。

（2）生长期管理。牧草生长期间的间苗、定苗、锄草、追肥、防治病虫害等，各项管理工作的质量应一致，并在同一天完成。

7. 观测记载项目与内容

（1）一般记载项目。一般记载项目包括以下几个方面。

1）试验单位、主持人、记载人、起讫日期。

2）试验种类或品种名称编号。

3）田间种植图和小区面积及排列。

4）试验田土地类型、坡度、坡向、坡长、土壤类型及物理化学性质、前作等基本情况。

5）播前整地施肥情况。

6）播期、播量、播种方法、播种深度及种子质量等情况。

7）追肥、中耕锄草、病虫害防治等田间管理情况。

8）雨量、早晚霜出现日期以及特大暴雨、冰雹等自然灾害情况。

（2）物候期观察记载。

1）观察时间。以不漏测规定的任何一个物候期为原则，宜 7d 观察 1 次。

2）观察方法。主要有目测法和定株法。

a. 目测法。在试验小区内选 1m² 有代表性植株进行目测，有 20% 植株进入某一物候期的日期为"始期"，80% 植株进入某一物候期的日期为"盛期"。

b. 定株法。在每个试验小区内选出 25 株，用标记标出，进行目测判定。

（3）观察记载项目。

1）禾本科牧草。观察记载播种期、出苗期、分蘖期、拔节期、孕期抽穗期、开花期、成熟期、生育天数、收获期、萌发期、枯黄期。

2）豆科牧草。观察记载播种期、出苗期、分枝期、现蕾期、开花期、结荚期、成熟期、生育天数、萌发期。

3）地上部分生物量。测定方法同前面产草量测定。

（4）生长动态观察。

1）分蘖或分枝数。分蘖或分枝数包括主茎在内，在分蘖、入冬前至返青期、盛花期或刈草期各观察1次。每个试验小区设4个测点，每点查5～10株并取其平均值。调查部位为根茎与茎的离地面10cm以下处。

2）株高增量测定。在试验小区中测定10株并取其平均值，从地面至植株拉直后的最高叶尖为止，精确到0.1cm。

3）再生速度测定。于返青及每次刈割后，定期一天测1次生长高度，每次测10株并取其平均值。

4）再生强度。指一年中可收割草的次数。

5）根系观测。选择不同生长年限的标准植株，挖剖面，用喷雾器冲洗，记载其根系类型、入土深度、幅度、侧根数量、根系集中部位、根颈（分叶节）发育特点（包括度、直径、部位）以及根瘤发育特点（大小、部位、颜色、有无根死亡等）。

6）草层结构测定和营养成分分析。见本书"13.1.4.2 中 5. 牧草经济动态调查"内容。

8. 水土保持效益观测

（1）坡耕地种草水土保持效益。在坡耕地按照不同要求设置径流小区（包括对照区），重复两次以上，进行降雨、径流、泥沙观测。各处理小区的坡度、坡向应一致，宽5m、长20m（水平距），水平投影面积100m²。观测方法按相关标准。

（2）天然荒坡改良水土保持效益。按照不同处理情况（包括对照区）设置天然荒坡地面径流场，不设重复，进行降雨、径流、泥沙观测。径流场面积1000～5000m²，视现场地形情况而定。各径流场坡度、长度、地形、面积应大体一致。

（3）改良土壤效益。在种草前和种草后分别取0～25cm深处土壤，进行土壤物理和土壤化学分析，与对照区进行比较。

9. 覆盖度测定方法

（1）针刺法。选样方1m²，应用1m见方的样方网、每隔10cm的标记，把粗约2mm的细针，顺序在左右间隔10cm的点上（共100点）从植被上方垂直插下，针与植物相接触，即算一次"有"，如不接触则算"无"，在表上登记。最后计算登记的次数，求出覆盖度。计算公式见式（13.1-30）。

$$C = \frac{N-n}{N} \times 100\%\qquad(13.1-30)$$

式中 C——覆盖度，%；

$\quad\quad N$——总次数；

$\quad\quad n$——不接触（"无"）的次数。

（2）线段法。对较大的牧草类灌木可用此法。用测绳在植被上方水平拉过，垂直考察株丛在测绳垂直投影的长度，并用尺测量，计算植物总投影长度和测绳长度之比，即覆盖度。用此法应在不同方向取3条线段，每条线段长100m，求其平均数。计算公式见式（13.1-31）。

$$C = \frac{l}{L} \times 100\%\qquad(1.1-31)$$

式中 C——覆盖度，%；

$\quad\quad l$——植物投影长度，m；

$\quad\quad L$——测绳（测量）长度，m。

10. 抗逆性鉴定

（1）抗旱性。干旱分土壤干旱和大气干旱。在某些情况下，可能两种作用同时发生。土壤干旱表现为植株萎蔫、叶片变黄脱落，此现象由下向上发展；大气干旱表现为叶的萎蔫、青干，由顶部开始向下发展。

同时需指明发生干旱的类型、植株发育阶段以及具体发生时间，测定记载空气温度、相对湿度、持续时间和土壤水分。

鉴定方法有目测法和盆栽法，常用目测法。目测法分五级：植株全没凋萎为5分，植株个别叶子发生凋萎为4分，半数叶子凋萎为3分，大部分叶子凋萎为2分，全部凋萎为1分。

（2）耐寒性。一年生牧草在低温来临后观察植株受害程度，分四级：①一级，无冻害；②二级，叶尖受冻发黄；③三级，一半叶片冻死；④四级，叶片全部枯萎或植株冻死。多年生牧草于翌年返青后用统计的越冬率表示：①一级，100%越冬；②二级，50%越冬；③三级，25%越冬；④四级，越冬率为0。与土壤水分结合观测。

（3）抗湿性。根据植株生长情况分强、中、弱三级：①强，正常生长，生产性能高；②中，植株生长较矮，有危害，生产性能低；③弱，植株黄化与早衰，危害加剧，生产能力显著降低。

（4）落粒性。完熟至收获前测定，分三级：①强，用手触动时穗子上有50%的籽粒脱落；②中，用手触动时穗子上有35%的籽粒脱落；③弱，用手触动时穗子上有5%的籽粒脱落。

（5）耐盐碱性。目的是选择抗盐碱性强的品种，多应用盆栽法，人为制造盐碱土壤条件，来鉴定牧草耐盐碱性强弱。

方法步骤：取土提制纯盐碱物质，分析土壤水分及含盐量。土壤盐碱浓度定为1.2%、1.5%两个标级，土壤水分为16%，然后种植观察牧草植株的耐盐碱强弱。

11. 资料整理与分析

(1) 试验资料整理。试验结束后，将原始观测资料集中在一起，进行校核审查，按项目进行系统整理。

1) 资料整理内容。资料整理内容包括：试验情况资料，物候期观察资料，生育动态、生长动态、经济动态观察调查资料，水土保持效益观测资料，抗逆性能鉴定资料。

2) 资料整理分类。间断变数：如苗数、分枝数等；连续变数：如株高、产量等；质量性状资料：如叶片颜色等不能测量的性状。

3) 资料整理方法。资料整理方法主要为次数分布表法、次数分布图法和平均数法（算术平均数、几何平均数、加权平均数、变异系数）。

(2) 试验成果分析。

1) 产草产籽量分析。按照不同的试验设计方案采用不同的方法进行分析。顺序排列试验设计，采用简单的百分比法进行分析；随机区组、拉丁方和正交试验设计，分别采用其相应的设计分析方法进行分析。牧草有一年生和多年生之分，多年生的生长年份不同，生长盛期也不同，分析时宜采用多年平均值，以年为单位进行分析。

2) 水土保持效益分析。宜采用简单的百分数法进行分析，即以处理径流小区和对照径流小区产水、产沙的差值占对照径流小区产水、产沙的百分数，表示水土保持效益的大小。

13.1.4.3　水土保持工程措施试验

1. 试验目的和内容

试验目的是为了寻求不同地形部位，不同土地类型，不同土壤、地质、降雨条件下，控制水土流失作用大、增加生产效益高的水土保持工程模式。试验的主要内容包括工程的结构形式、工程的规格尺寸、施工方法、建筑材料和最优的配置方案等。

2. 治坡工程试验

(1) 试验地的选择。田间工程和造林工程试验地的地形、土壤、地质条件应具备所代表类型区坡耕地和荒坡的一般特征，面积应在 $1hm^2$ 以上，最少不小于 $0.5hm^2$。

(2) 试验设计方案。田间工程和造林工程试验一般采用大面积对比法，设对照，不设重复。工程形式和工程规格试验，以修筑不同形式、不同规格工程的坡地为处理区，不修工程的坡地为对照区；施工方法试验，以用新的施工方法修工程的坡地为处理区，当地常用的施工方法修工程的坡地为对照区。

(3) 基本资料的收集。

1) 田间工程试验基本资料。实测地形图，比例尺为 1：1000～1：500；实测土层厚度图，按不同土层深度分级绘制实测土壤肥力图；在坡耕地的不同部位采取土样，测定土壤物理、化学性质，按特征值的不同，分级划制制图资料；当地短历时一次暴雨资料和坡耕地径流资料。

2) 造林工程试验基本资料收集。实测地形图，比例尺为 1：5000～1：1000；绘制坡度图、土壤图和植被图；当地短历时一次暴雨资料和荒坡径流资料。

3) 绘制地形图。精度要求达到表 13.1-17 的标准。

表 13.1-17　地形图精度标准

比例	1：500	1：1000	1：2000	1：5000	1：10000
视距/m	70	120	200	300	400
图上点距/cm	1～3	1～3	1～3	1～1.5	1～1.5
地形点注记	高程注至 0.10m				

(4) 技术设计。

1) 步骤。按照研究的工程种类，依据基本资料选择暴雨频率，设计试验的工程结构型式，计算试验的工程尺寸、工程材料造价，绘制工程断面和工程规划布设图，制订施工方案，编写设计书和施工说明书。

2) 设计方法。①工程部分，按照《水土保持综合治理技术规范　坡耕地治理技术》(GB/T 16543.1) 和《水土保持综合治理技术规范　荒地治理技术》(GB/T 16543.2) 进行。②试验研究部分，自行设计。

(5) 试验方法。

1) 现场布设。按设计图纸和施工方案，现场放样测量定线。划分挖方和填方地段，布设机械和工人行走路线。

2) 组织实施步骤。①编排施工程序，绘制施工流程图；②组织好人力、机械，按施工程序施工；③定时进行质量检查；④建立施工日记，记载上工人数、完成工日、机械台班、完成的工程量和材料消耗，测定施工定额等；⑤工程竣工，要测绘竣工图件，编写竣工报告。

3) 田间工程观测调查项目及内容。①土壤肥力。施工结束后，在原测点测定土壤容重、水稳性团粒及有机质、全氮、速效氮、全磷、速效磷、全钾、速效钾，绘制土壤肥力图，以后逐年观测，连测 3～5 年。②土壤含水量。在作物生长期内每月观测 1 次，深度 0～100cm。③作物产量。处理区与对照区种植同种作物，采取同一农业技术措施进行管理，单打单收，统计计算产量。④土壤侵蚀量。在处理区和对照区的适当地段布设径流场，面积、形状因地制宜，观测降雨、径流和泥沙量，并观察土壤侵蚀形态变化。⑤工程拦蓄泥沙和冲毁情况。每次暴雨后调查工程的拦蓄和冲毁情况，分析冲毁原因，并统计修复用工和投资。⑥群众经验调查。在试验区周围，选择3～5个由群众修有同类田间工程的坡段，定期进行调查，收集与试验有关的资料，如坡地土壤性质、施工方法、工程规格（田面宽度、田坎高度等）、作物产量、工程安全情况等，作为试验的补充，对照印证试验资料，充实试验研究成果。

4）造林工程观测调查项目及内容。①树木生长量。处理区和对照区栽植同样树种，进行同样管理，于每年11月停止生长时，调查树木生长量和保存率，测定土壤含水量，逐年同期观测，直至试验结束。②土壤侵蚀量。在处理区和对照区的适当地段，设置径流场，形状、面积因地制宜，观测降雨、径流和泥沙量，并观察土壤侵蚀形态的变化，逐年观测，直至试验结束。③土壤的改良作用。每年于10—11月（或土地封冻前），在处理区和对照区的上、中、下部各选测点2个，测定土壤含水量、水稳性团粒及有机质、氮、磷、钾含量等。

（6）资料整理分析。

1）田间工程观测资料整理分析内容。①工程修建费用。工程量、用工、机械台班、材料消耗量和投资等。②处理区和对照区作物产量。作物种类、生长发育、考种结果和作物产量以及经济收入等。③处理区和对照区的径流量和冲刷量。历次和每年的降雨量、径流量和冲刷量。④处理区土壤肥力变化情况。土壤含水量、水稳性团粒及有机质、氮、磷、钾含量增加幅度。⑤工程投入。根据修建和修复投资，分析不同田间工程、不同施工方法单位面积的投工、投资和维修费用。⑥经济效益。根据作物产量、产值，分析不同降雨年份、不同工程的经济效益。⑦蓄水保土效益。根据径流量和冲刷量资料，分析不同降雨年份、不同工程的蓄水保土作用。⑧综合分析。根据投资、经济效益和蓄水保土作用等资料，综合分析最佳的工程形式、工程规格和施工方法。

2）造林工程观测资料整理分析内容。①工程修建费用。包括工程量、用工、投资、材料消耗量等。②处理区和对照区树木生长情况。树种、保存率、补栽次数、用工、投资、生长发育情况和木材蓄积量等。③单位面积投资。根据修建投资，计算不同工程单位面积的投资。④经济效益分析。根据处理区和对照区的经济收入，分析经济效益。⑤蓄水保土效益。根据径流量和冲刷量观测资料，分析不同降雨年份、不同工程的蓄水保土作用。⑥综合分析。根据各种资料，综合分析最佳的工程结构型式和工程规格。

3. 治沟工程试验

（1）试验地要求。试验所在的侵蚀沟，其侵蚀特点、地质条件、沟道纵横断面均应具有代表性。工程控制的集水面积，谷坊小于0.1km²，淤地坝0.5～3.0km²，骨干工程大于3.0km²。

（2）试验设计方案。

1）治沟工程试验。一般只设对照单元，不设重复。对一些大的治沟工程试验，有条件时，可先在室内进行模型试验，若技术方案可行，再到野外现场结合流域治理进行实地试验。

2）对照单元的设置。根据试验内容而定。淤地坝结构型式试验，以当地最常用的淤地坝结构型式为对照单元，以对某部分做了改进的淤地坝为处理单元。比如，为防止坝顶溢流冲刷坝坡，在坝坡种植草皮、灌木或设置沥青、灰土护面；为防止坝地盐碱化，在坝底设置排水管等。

3）淤地坝施工方法试验。以当地最常用的施工方法（如碾压法、夯实法）修的坝作对照单元，以新的施工方法（如水坠法）修的坝作为处理单元。

4）治沟工程的对照单元。不一定全部新修。现有工程特别是大的治沟工程符合试验条件者，亦可选作对照单元。

（3）坝址选择与基本资料收集。应按试验要求选择坝址，调查坝址地形、地质状况及工程建筑材料；实测流域地形图，比例尺为1:10000～1:5000；实测沟道纵断面图，比例尺为1:5000～1:1000；实测坝址地形图和坝址断面图，比例尺为1:1000～1:100；绘制水位回水面积和水位-库容曲线图；收集降雨资料和水文资料；收集集水区水土流失治理状况和社会经济资料。

（4）技术设计。一般小型治沟工程按《水土保持综合治理技术规范 沟壑治理技术》（GB/T 16543.3）进行；大型骨干工程，按《水土保持治沟骨干工程技术规范》（SL 289）、《水坠坝技术规范》（SL 302）和《碾压式土石坝设计规范》（SL 274）进行。对于拟进行试验研究的部分，自行设计。工程不同施工方法试验，所用土样应相同。

（5）试验方法。

1）现场布设。按技术和施工设计，在现场放样定线，布设施工场地；划分土场开挖顺序，安排运输线路；做好施工导流或截流准备；在不受施工影响的地方，设立施工测量标识。

2）组织实施。除按治沟工程的规定进行外，应特别注意两点：①按规定对施工质量进行严格检查，试验研究部分的施工必须符合试验设计要求；②治沟骨干工程竣工后，按基建程序进行验收。

3）观测项目及内容。主要包括：①干密度（分层观测）；②位移、沉陷、裂缝、坍塌；③坝体浸润线、渗透流量、渗漏水的浑浊度；④坝顶漫溢水深及坝坡冲刷情况；⑤洪水过后，坝系或谷坊群破坏情况；⑥坝地地下水水位、水质；⑦淤地坝拦泥淤地情况；⑧坝地利用情况和作物产量。

4）观测方法。可参照《水工建筑物观测工作手册》（水利出版社，1980 年）及有关规定进行。

（6）资料整理与分析。

1）资料经过整理提出的成果。主要包括：①土坝容重、沉陷资料；②土坝裂缝、坍塌资料；③坝顶漫溢及坝坡冲刷资料；④坝地地下水位、水质变化资料；⑤坝系破坏情况资料；⑥淤地坝拦泥淤地资料；⑦坝地产量及其经济收入；⑧不同施工方法的工效、质量和投资资料。

2）资料分析及内容。主要包括：①根据土坝容重、沉陷、工效、投资等资料，分析施工方法优劣；②根据土坝裂缝、坍塌等资料，分析坝坡设计是否合理；③根据坝地地下水位、水质变化，分析坝体、坝内排除地下水措施的效果；④根据坝顶溢流和坝坡冲刷资料，分析坝坡防护措施的作用大小；⑤根据淤地坝淤积资料，分析拦泥效益；⑥根据坝地生产收入，分析坝地经济效益；⑦根据淤地坝的安全情况、坝地利用情况、经济效益和拦泥效益，分析淤地坝结构设计是否合理。

13.1.4.4　水土保持技术措施综合配置试验

1. 试验目的及内容

试验目的是为探求各类型区有效控制水土流失、不断改善生态环境、合理开发利用水土资源、促进区域经济可持续发展的水土保持措施优化配置模式，作为大面积治理的科学依据。以水力侵蚀为主的小流域水土保持措施优化配置试验是一项综合性水土保持试验。根据我国水土保持区划的一级分区（东北黑土区、北方风沙区、北方土石山区、西北黄土高原区、南方红壤区、西南紫色土区、西南岩溶区、青藏高原区），按需要在每个区选择 1～2 个流域面积为 5～10km² 的有代表性的典型小流域进行试验，有条件的地区可覆盖所有的三级区。主要内容如下：

（1）评价流域的水土资源，合理确定其开发利用方向。主要是摸清水资源总量、地面径流量、地下水储量、可开采量、利用现状等。土地资源评价主要包括坡度、土壤种类、地貌部位、坡向和利用现状等。根据水土资源的评价结果，合理确定水土资源的开发利用方向。

（2）调查研究小流域水土流失现状及特征。水土流失现状包括水土流失面积及其分布、土壤侵蚀强度及其危害等；水土流失特征包括主要侵蚀形式及部位。

（3）水土保持措施优化配置模式试验。在摸清小流域基本情况的基础上，首先采用数学模型，以治理效益和经济效益最佳为目标函数，寻求各项水土保持措施优化配置方案，然后根据优化配置方案布设治理措施进行试验。

（4）风沙区的水土保持措施优化配置试验不宜以小流域为单元进行，应选择有一定面积且具有代表性的区域作为试验区进行试验。

1）评价试验区的水土资源，合理确定其开发利用方向。

2）调查研究试验区风蚀现状及特征。风蚀现状包括风蚀面积及其分布、风蚀强度及其危害等；风蚀特征包括主要侵蚀形式及部位。

3）水土保持措施优化配置模式试验。

（5）生产建设项目水土保持措施配置试验的内容，根据项目的建设和运行管理需要确定。

（6）水土保持措施优化配置试验的同时，应对相应的政策法规、管理机制进行研究，积累和总结经验，为大面积治理提供科学依据。

2. 试验设计

（1）小流域或试验区水土保持措施优化配置试验，一般在省、市（地）水土保持科研所（站）的试验小流域或试验区进行，也可在附近国家或地方确定的重点治理区内选择具有一定代表性的小流域或试验区进行试验。

（2）试验小流域或试验区的条件。

1）地形、地质、植被、土壤、流域形态、水文特征、土壤侵蚀形态等自然条件和人口密度、土地利用、生产状况等社会经济条件，在所在类型区具有代表性。

2）能满足试验要求，流域或试验区面积在 5～10km² 之间；最好有两个以上自然条件比较近似的小流域或试验区，以进行对比试验；有不同坡度的均一天然坡面，能够满足布设农、林、牧及工程各种水土保持措施的需要。

3）当地领导重视，群众要求改变生产条件的愿望迫切，积极参与和支持试验活动。

（3）试验小流域（区）选定后，对试验流域（区）的自然与社会经济情况进行实地调查，为试验设计提供依据。根据调查结果，确定生产发展方向和治理目标。

（4）水土保持措施配置方案。

1）不同土壤侵蚀类型区的地形、地貌、土壤、植被及降雨等自然条件和社会经济基础差异很大，其水土保持措施优化配置方案亦不相同，应因地制宜地进行水土保持措施优化配置方案设计。

2）风沙区的水土保持措施优化配置以林、草植物措施为主，辅以必要的工程措施。

3）生产建设项目区的水土保持措施优化配置根据其水土流失特点，结合项目建设和运行管理的实际，因地制宜、因害设防进行合理配置。

（5）水土保持监测内容与方法。

1）试验流域（区）的径流泥沙动态监测。主要内容包括：①沟口设立观测站，对流域（区）的径流泥沙进行常年观测。②根据试验布设的林、草和农业耕作等措施，布设相应的径流小区，监测各单项措施的蓄水保土效益。有条件的地方，可采用人工模拟降雨试验，获取不同降雨历时和强度下各项试验措施的径流、泥沙资料，以缩短试验周期。③每次暴雨洪水后，对各个淤地坝库区内的淤积量和淤地面积进行实地量测。④风沙区布设观测小区，每次量测剥蚀厚度、堆积厚度及扬尘等。

2）试验流域（区）的生态环境监测。主要内容包括：降雨、蒸发、温度、湿度、风速、风向等气象因子。

3）试验流域（区）的农经动态监测。主要内容包括：①逐年对流域（区）内的作物种类、面积、种植比例、投入、产出等情况进行跟踪和抽样调查；②选择不同经济收入的典型农户，逐年对其经济变化情况进行调查。

（6）建立数据库。将试验流域（区）的所有调查、试验和监测资料全部输入数据库。

（7）试验期限。最低不少于5年。

3. 试验实施与管理

（1）小流域（区）水土保持措施优化配置试验方案确定后，应由有关领导、部门负责人和试验承担单位组成试验领导组，组织各专业科研人员，严格按照试验方案布设各项试验，制定试验实施细则，认真组织实施。

（2）实施过程中，如需改变试验设计，先由实施者提出变更设计报告，领导组召集有关科技人员进行论证，根据论证结论变更。

（3）各专业试验人员，要坚持严肃、认真、求实的科学态度，做好试验记录和原始资料积累。

（4）试验领导组定期或不定期地召开各专业科研人员的碰头会，互通情报，交流经验，研究解决试验中存在的问题。

（5）试验结束后，按分解的课题或专业进行资料分析整理，撰写试验报告，提交试验成果。由试验领导组汇总各专业（或课题）试验成果，提交总的试验报告和试验小流域（区）水土保持措施优化配置典型样板。

4. 试验资料整理与分析

（1）对试验前的所有调查资料进行整理分析，制成图表归档。对试验过程中的调查内容及调查方法要求如下：

1）流域（区）自然条件调查。

a. 地质方面，收集调查流域（区）内地质构造、地层、岩性、矿藏及水文地质等情况资料，说明地质条件对流域（区）水土流失发生发展的影响。

b. 地貌方面，调查各地貌类型的分布，地貌类型与土地利用和水土流失的关系，进行坡度分级，绘制坡度图，分别统计不同地貌单元的各级坡度分布面积。

c. 土壤与地表物质方面，调查土壤类型、理化特性，各类土壤的生成、发育、有效土层厚度与分布面积、肥力水平、利用现状以及主要理化性质和土壤侵蚀的关系，开发利用方向与改良培肥措施。

d. 植被方面，调查流域（区）的主要植被类型、生长习性、空间分布、开发价值与利用现状、发展演替规律及其与人类活动和水土流失的关系，提出保护和合理开发利用流域（区）植物资源的方向与措施。

e. 水文与农业气象方面，调查流域（区）降水状况与农业生产和水土流失的关系，流域（区）光、热资源特征，流域（区）地表和地下资源，流域（区）风力、风向及其与农业生产和水土流失的关系，蒸发量与相对湿度，主要灾害天气出现频率及其危害程度。

2）流域（区）土地利用与社会经济情况调查。

a. 土地利用现状调查，按照《土地利用现状调查技术规程》的有关规定进行，各类土地面积必须采用调绘量测取得的数据。

b. 社会经济情况调查。着重查明：人口与人口增长情况及劳动力的文化素质与技术素质；种植业的种植制度、栽培方法，各种主要作物实际产量；畜牧业的畜禽结构、饲养方式、饲料饲草资源数量与质量，草地栽培管理与产草情况，畜产品的产量与商品量；林业的历年消长情况，现有林地小班调查，宜林地的立地条件类型及其适宜树种，各类林地的产量与产值；现有工副业生产情况及可以促进水土保持又有良好前景的工副业门路；渔业生产现状及可供开发的水面资源；农业生产结构特点及其专业化程度；各业生产的投入和收益；各种农产品（粮、棉、油、肉、蛋、果等）的消费与销售情况；农村能源构成、供耗情况及其与植被的关系，以及解决农村能源问题的途径。

3）流域（区）水土流失现状调查。

a. 弄清土壤侵蚀的主要形式、面积、分布及潜在危害。

b. 调绘并划分流域土壤侵蚀类型与强度分布图。

c. 估算平均土壤侵蚀模数。

d. 调查不同地貌、不同土质、不同土地利用方式的侵蚀状况，以及人为活动（开矿、修路、采石等）导致加剧土壤侵蚀的数量与分布。

e. 水土流失给流域（区）生态环境、生产建设及人民生活造成的危害。

3）流域（区）水土流失治理现状调查。水土保持开展情况，现有各项水土保持措施数量、质量及其分布，各项水土保持措施的投入定额与效益，水土流失治理的主要经验和存在问题等。

4）土地面积与分布调查。选定评价标准，根据土地自然经济地理特性与生产潜力，以及主要限制因子的级差，划分土地资源评价单元，并对其作出适宜性及等级评定。总结土地利用经验教训，提出提高土地利用率与土地生产率的途径和措施。

5）水资源评价调查。流域（区）大气降水、地表水、地下水资源的数量、质量与时空分布特征，以往开发利用的经验和问题，今后进一步开发利用的途径与措施。

6）调查方法。

a. 按上述调查内容与要求，拟订调查提纲后，先向当地有关部门收集流域所在地的农业经济、农田水利、水土保持等方面的区划、规划资料，水文气象观测资料，地质图件，人口、土壤普查成果，社会经济规划与统计资料，以及各业生产、水土保持专题调查研究与定位试验成果资料等。经过校核、鉴别，必要时抽样调查验证，选出可以引用的部分，再组织调查。

b. 各种专业调查填图的工作底图，采用地图出版社出版发行的地形图，经过严密纠正的航片镶嵌图或委托专门测绘单位利用航摄资料测绘的底图。也可根据需要与可能，自行组织实地测绘地形图，不得用放大图作为工作底图。工作底图的比例尺根据流域（区）面积按表 13.1−18 确定。

表 13.1−18　工作底图比例尺要求

流域面积/km²	<5	5～10
制图比例尺	1∶2000 或 1∶5000	1∶5000 或 1∶10000

（2）每年年终对径流泥沙、农业措施、林草措施和工程措施各项试验资料进行整理分析，提出年度试验总结。全部试验结束后，对历年的试验资料进行汇总分析，提出试验研究报告。

13.1.5　生产建设项目中的水土保持试验

13.1.5.1　试验内容

为探索生产建设项目不同侵蚀单元（即原地貌因挖填方形成的边坡和平面）在不同自然条件下的水土流失类型、流失强度、流失量，以及制订水土流失防治方案和进行水土保持措施设计，开展生产建设项目水土保持试验，试验内容主要包括水土流失量、水土保持措施效果等。

13.1.5.2　试验方法

常见的试验方法有径流小区法、侵蚀沟体积量测法、钉子法、沉沙池法及三维激光扫描仪法等。

1. 径流小区法

每个小区的面积建议为 100m²（以斜面面积计），长 20m，宽 5m。小区规格可依现状情况调整，处理数目应根据侵蚀沟体试验内容确定，每一组可设置一个对照小区。

根据测算手段不同，有人工模拟降雨法、天然降雨观测法、人工放水冲刷法。其试验步骤参照本书"13.1.1.5　坡面径流小区试验"执行。

2. 侵蚀沟体积量测法

选择在挖方区或填方区斜坡，固定 10～100m 的线段（长度视坡的长短而定），在坡的上、中、下三个部位，量测侵蚀沟的宽度和深度，并计算出每一条沟的侵蚀量，再换算成土壤侵蚀模数。侵蚀沟形成的时间应由调查确定。

3. 钉子法

选择有代表性的面 100m²（10m×10m），随机打入 5cm 长的铁钉 50 根，钉帽应与地面水平，在每个钉帽上涂上红漆。每次暴雨过后或一定时间量测铁钉出露地面的高度，换算得出土壤流失量。

4. 沉沙池法

多用于测量弃土弃渣的流失量。选择恰当的地形建沉沙池，设计标准为 10 年一遇。根据来沙量多少确定清沙次数。

5. 三维激光扫描仪法

具体参考本书"13.2.1.4　三维激光扫描监测"。

13.2　水土保持监测

13.2.1　监测方法

水土保持监测方法包括调查、地面观测、遥感监测、无人机监测、三维激光扫描监测和核素示踪监测等。其中，"调查"参考本书"12.1　水土保持调查"，"核素示踪监测"基本与"核素示踪试验"内容、方法相同。

13.2.1.1　地面观测

1. 水蚀径流小区观测

径流小区是为定量监测水土流失量，在坡地上围起来的矩形小块地。一般由边埂、汇流槽、小区保护带、导流管和排水系统等组成。径流小区通过径流、泥沙和降水观测设施定量研究坡地和小流域水土流失规律，是坡面水蚀监测的最基本方法，为我国水土流失评价提供翔实的资料，为水土流失治理提供有力的依据。

径流小区从设计、修建到观测实施，技术成熟、可操作性强、工艺简单、成本适当、监测结果精度高，在水土保持监测中被广泛采用。

（1）布设原则。设置径流小区或建立径流观测场，应遵循以下原则。

1）具有典型区域的代表性。为了充分反映该区的水土流失和水土保持特征，小区布设应选择代表性很强的典型区域和地段，即设置区域的地貌类型与形态、土壤类型与特性、植被类型与特征、土地利用与人为生产活动等均是被监测区域具有代表性的典型地段，且小区坡面横向平整，坡度和土壤条件均一，为考虑观测及管理的方便性，在同一小流域内应尽量集中。

2）保持坡面的自然状态。径流场内的径流小区有各种类型，有不同坡度、不同坡长、不同植被等，这些小区应选设在场内不同部位，要求尽量保持原坡面的自然状况，无需人工大挖大填重新修整。植被小区如若进行间伐、更新等管理活动，需要详细记录管理措施实施时间、过程、强度等。

3）小区或观测场设置与监测内容要求相一致。小区设置应能满足监测的内容与要求，并要考虑监测内容中的极值状况，如坡度和坡长的极大值、极小值，极端降雨、植被盖度、各种水土流失防治措施等，以使设置的小区涵盖和适应各种情况。若在同类地区有径流观测场、生态站等，可以采用协同观测、资料共享等方法，实现监测要求。

（2）修建及设施。水蚀小区修建及设施可参考本书"13.1.1.5 坡面径流小区试验"。

（3）数据观测。

1）应采用自记雨量计、人工观测雨量筒观测降水总量及其过程。

2）每场暴雨结束后应观测径流和泥沙量。泥沙量可采用取样烘干称重法测定。有条件时，应观测径流、泥沙过程。

3）对每个小区，每半年应进行一次有机质含量、渗透率、土壤导水率、土壤黏聚力等测定；每3～4年应进行一次机械组成、交换性阳离子含量、土壤团粒含量等测定。

4）坡度对侵蚀影响的观测应有多个小区，至少应有1个标准小区，每个小区坡长垂直投影应为20m，坡度可根据地形条件，连续或断续地分别取

3°、5°、10°、15°、20°、25°和35°等。

5）坡长对侵蚀影响的观测应有多个小区。至少应有1个标准小区，其余小区坡度应为5°或15°，坡长应根据当地地形条件，连续或断续地分别取10m、20m、30m、40m和50m等。

6）作物经营管理对侵蚀影响的观测应有多个小区，至少应有1个标准小区，其余小区应根据当地主要作物及其经营管理情况，分别布设在土地翻耕期、整地播种期、苗期、成熟到收获期及收获以后等不同耕作期进行，观测植株高度、覆盖度、叶面积、容重和地表随机糙度等，并在每场暴雨后观测径流量和土壤流失量。

7）水土保持措施对侵蚀影响的观测应有多个小区，至少应有1个标准小区，其余小区应根据《水土保持综合治理规划通则》（GB/T 15772）及当地主要水土保持措施确定。在每场暴雨后进行观测项目径流量和土壤流失量。

8）小区土壤水分含量应每旬观测1次，并应在降雨前后各有1次观测。

9）根据各地沟蚀实际情况选择典型地段，定期观测沟头前进、沟底下切、沟岸扩张和沟蚀量。

2. 水蚀控制站观测

控制站也称为把口站或卡口站，指在一小流域或者集水区出口部位设立的，可以进行水位、流速和泥沙等量测的水工建筑物。小流域控制站监测的内容一般应包括降雨、径流、泥沙和流域土壤侵蚀影响因子；也可以根据需要设立其他监测内容，如土壤水分、水质等。对观测结果要进行记录和计算。

（1）选址。

1）应避开变动回水、冲淤急剧变化、分流、斜流、严重漫滩等妨碍测验进行的地貌、地物，并应选择沟道顺直、水流集中、便于布设测验设施的沟道段。

2）控制站选址应结合已有的水土保持试验观测站点及国家投入治理的小流域，并应方便观测及管理。

3）控制站实际控制面积宜小于50km²。

（2）修建及设施。水蚀控制站修建及设施可参考本书"13.1.1.7 小流域侵蚀试验"。

（3）数据观测。水蚀控制站的观测内容主要包括水位观测、泥沙观测、气象观测和小流域背景四个方面。水蚀控制站观测内容及观测要求见表13.2-1。

3. 风蚀监测

风蚀监测站应选择能代表土壤侵蚀区划二级类型区的典型地区。有条件时，应利用国家治理小流域或依托已有的野外生态观测站点。还应注意观测与管理的方便性。

733

表 13.2-1　　　　　　　　　　　　水蚀控制站观测内容及观测要求一览表

观测内容	观 测 要 求
水位观测	（1）自记水位计观测水位，要求每场暴雨进行一次校核和检查。水位变化平缓、质量较好的自记水位计，可以适当减少校测和检查次数。水位变化急剧、质量较差的自记水位计，可以适当增加校核和检查次数； （2）人工观测：宜每 5min 观测记录一次，短历时暴雨应每 2～3min 观测记录一次
泥沙观测	每次洪水过程观测不应少于 10 次，应根据水位变化确定观测时间
	应采用瓶式采样器采样，每次采样不得少于 500mL
	泥沙含量采用烘干法，1/100 天平称重测定
	悬移质泥沙的粒级可划分：小于 0.002mm、0.002～0.005mm、0.005～0.05mm、0.05～0.1mm、0.1～0.25mm、0.25～0.5mm、0.5～1.0mm、1.0～2.0mm、大于 2.0mm。每年应选择产流最多、有代表性的降水过程进行 1～2 次采样分析
气象观测	观测项目应包括日照、降水量、降水强度、气温、湿度、蒸发、风向、风速等气候指标的总量及其过程
	场地选择按以下原则： （1）能代表流域小气候特征； （2）四周开阔、平坦，并保证降水成倾斜下降时，四周物体不致影响降水落入雨量器内。四周障碍物与仪器的距离不得少于障碍物顶部与仪器口高差的两倍； （3）观测场地应有适当的专用面积，四周应围一个栅栏。观测场内不应种植对降水观测有影响的作物
	观测雨量可用雨量器、自记雨量计等。观测气温可用温度计、湿度用干湿球温度计。仪器的安装和使用应根据有关气象观测规定进行
小流域背景	小流域背景调查应与控制站观测与调查相配合
	应建立基础数据库，具体指标可参考《水土保持监测技术规程》（SL 277—2002）中的附录 H
	调查应每年进行 1 次

（1）监测内容。风蚀监测应包括风蚀强度、降尘、土壤含水量、土壤坚实度、土壤可蚀性、植被覆盖度、残茬等地面覆盖、土地利用与风蚀防治措施等。

（2）监测方法。

1）降尘量监测。采用降尘管（缸）法。

2）风蚀强度监测。采用地面定位插钎法，每 15d 量取插钎离地面的高度变化。有条件的站可采用高精度地面摄影或高精度全球定位系统技术方法。

3）土壤含水量和土壤紧实度的测定可采用土壤物理学方法，并与风蚀强度监测同步进行。

4）植被覆盖度、土地利用和风蚀防治措施调查应采用地面调查或遥感影像解译方法，应与风蚀强度观测同步进行。

4. 滑坡监测

（1）监测内容。滑坡监测的内容，分为变形监测、形成和变形相关因素监测、变形破坏宏观前兆监测。

1）变形监测。滑坡变形监测一般包括位移监测和倾斜监测，以及与变形有关的物理量监测。

a. 位移监测分为地表的和地下（钻孔、平洞内等）的绝对位移监测和相对位移监测。

绝对位移监测：监测滑坡的三维（X、Y、Z）位移量、位移方向与位移速率。

相对位移监测：监测滑坡重点变形部位裂缝、崩滑面（带）等两侧点与点之间的相对位移量，包括张开、闭合、错位、抬升、下沉等。

b. 倾斜监测分为地面倾斜监测和地下（平洞、竖井、钻孔等）倾斜监测，监测滑坡的角变位与倾倒、倾摆变形、切层蠕滑及滑移-弯曲型滑坡。

c. 与滑坡变形有关的物理量监测一般包括地应力、推力监测和地声、地温监测等。

2）形成和变形相关因素监测。

a. 地表水动态监测。地表水动态监测包括与滑坡形成和活动有关的地表水的水位、流量、含沙量等动态变化，以及地表水冲蚀作用对滑坡的影响，分析地表水动态变化与滑坡内地下水补给、径流、排泄的关系，进行地表水与滑坡形成与稳定性的相关分析。

b. 地下水动态监测。地下水动态监测包括滑坡范围内钻孔、井、洞、坑、盲沟等地下水的水位、水压、水量、水温、水质等动态变化，泉水的流量、水温、水质等动态变化，土体含水量等的动态变化。分析地下水补给、径流、排泄及其与地表水、大气降水的关系，进行地下水与滑坡形成与稳定性的相关分析。

c.气象变化。气象变化包括降雨量、降雪量、融雪量、气温等,进行降水等与滑坡形成与稳定性的相关分析。

d.地震活动。监测或收集附近及外围地震活动情况,分析地震对滑坡形成与稳定性的影响。

e.人类活动。人类活动主要是指与滑坡的形成、活动有关的人类工程活动,包括洞掘、削坡、加载、爆破、振动,以及高山湖、水库或渠道渗漏、溃决等,并据以分析其对滑坡形成与稳定性的影响。

3)监测重点内容。监测的具体内容应根据滑坡特点,针对不同类型和特点的滑坡,其相关因素监测的重点内容是:

a.降雨型土质滑坡,应重点监测地下水、地表水和降水动态变化等内容;降雨型岩质滑坡,除监测上述内容外,还应重点监测裂缝的充水情况、充水高度等。

b.冲蚀型及明挖型滑坡,应重点监测前缘的冲蚀(或开挖)情况,坡脚被切割的宽度、高度、倾角及其变化情况,坡顶及谷肩处裂缝发育程度与充水情况,以及地表水和地下水的动态变化。

c.洞掘型滑坡,应进行洞内、井下地压监测,包括顶板(老顶)下沉量及岩层倾角变化、顶板冒落、侧壁鼓出或剪切、支架变形和位移、底鼓等。有条件时应进行支架上压力值的监测。

4)变形破坏宏观前兆监测。

a.宏观形变。宏观形变包括滑坡变形破坏前常常出现的地表裂缝和前缘岩土体局部拥塌、鼓胀、剪出,以及建筑物或地面的破坏等。测量其产出部位、变形量及其变形速率。

b.宏观地声。监听在滑坡变形破坏前常常发出的宏观地声,及其发声地段。

c.动物异常观察。观察滑坡变形破坏前其上动物(鸡、狗、牛、羊等)常常出现的异常活动现象。

d.地表水和地下水宏观异常。监测滑坡地段地表水、地下水水位突变(上升或下降)或水量突变(增大或减小),泉水突然消失、增大、混浊、突然出现新泉等。

(2)监测方法。滑坡变形监测方法,分为地表变形监测、地下变形监测、与滑坡变形有关的物理量监测和与滑坡形成、活动相关因素监测等,方法很多(表13.2-2),应根据滑坡特点,本着少而精的原则选用。列为群测群防监测的滑坡,宜用地表变形监测中的简易监测法和宏观变形地质监测法监测。

表 13.2 - 2   滑坡变形监测主要内容和主要(常用)方法表

监测内容		监测方法	常用监测仪器	监测特点	监测方法适用性
地表变形监测	滑坡变形绝对位移监测	大地测量法(两方向或三方向前方交汇法、双边距离交汇法、视准线法、小角法、测距法、几何水准和精密三角高程测量法等)	高精度测角、测距光学仪器和光电测量仪器,包括经纬仪、水准仪、测距仪等	监测滑坡二维(X,Y)、三维(X,Y,Z)绝对位移量。量程不受限制,能大范围全面控制滑坡的变形,技术成熟,精度高,成果资料可靠;但受地形、视通条件限制和气象条件(风、雨、雪、雾等)影响,外业工作量大,周期长	适用于所有滑坡不同变形阶段的监测,是一切监测工作的基础
		全球定位系统(GPS)测量法	单频、双频GPS接收机等	可实现与大地测量法相同的监测内容,能同时测出滑坡的三维位移量及其速度,且不受视通条件和气象条件影响,精度在不断提高;缺点是价格稍贵	同大地测量法
		近景摄影测量法	陆摄经纬仪等	将仪器安置在两个不同位置的测点上,同时对滑坡监测摄影,构成立体图像,利用立体坐标仪量测图像上各测点的三维坐标。外业工作简便,获得的图像是滑级变形的真实记录,可随时进行比较;缺点是精度不及常规测量法,设站受地形限制,内业工作量大	主要适用于变形速率较大的滑坡监测,特别适用于陡崖危岩体的变形监测
		遥感(RS)法	地球卫星、飞机和相应的摄影、测量装置	利用地球卫星、飞机等周期性拍摄滑坡的变形	适用于大范围、区域性的滑坡变形监测

续表

监测内容	监测方法		常用监测仪器	监测特点	监测方法适用性
地表变形监测	滑坡变形相对位移监测	地面倾斜法	地面倾斜仪等	监测滑坡地表倾斜变化及其方向，精度高，易操作	主要适用于倾倒和角变位的滑坡（特别是岩质滑级）的变形监测，不适用于顺层滑坡的变形监测
		测缝法　简易监测法	钢尺、水泥砂浆片、玻璃片等	在滑坡裂缝、滑面、软弱面两侧设标记或埋桩（混凝土桩、石桩等）、插筋（钢筋、木筋等），或在裂缝、滑面、软弱带上贴水泥砂浆片、玻璃片等，用钢尺定时量测其变化（张开、闭合、位错、下沉等）。简便易行，投入少，成本低，便于普及，直观性强；但精度稍差	适用于各种滑坡的不同变形阶段的监测，特别适用于群测群防监测
		测缝法　机测法	双向或三向测缝计、收敛计、伸缩计等	监测对象和监测内容同简易监测法。成果资料直观可靠，精度高	同简易监测法，是滑坡变形监测的主要和重要方法
		测缝法　电测法	电感调频式位移计、多功能频率测试仪和位移自动巡回检测系统等	监测对象和监测内容同简易监测法。该法以传感器的电性特征或频率变化来表征裂缝、滑面、软弱面的变形情况，精度高，自动化，数据采集快，可远距离有线传输，并数据微机化；但对监测环境（气象等）有一定的选择性	同简易监测法。特别适用于加速变形、临近破坏的滑坡的变形监测
地下变形监测	滑坡变形相对位移监测	深部横向位移监测法	钻孔倾斜仪	监测滑坡任一深度滑面、软弱面的倾斜变形，反求其横向（水平）位移，以及滑面、软弱面的位置、厚度、变形速率等。精度高，资料可靠，测读方便，易保护；因量程有限，故当变形加剧，变形量大时无法监测	适用于所有滑坡的变形监测，特别适用于变形缓慢、匀速变形阶段的监测，是滑坡深部变形监测的主要和重要方法
		测斜法	地下倾斜仪，多点倒锤仪	在平洞内、竖井中监测不同深度滑面、软弱带的变形情况。精度高，效果好；但成本相对较高	基本同地表测缝法
		测缝法（自动测、人工测、遥测）	基本同地表测缝法，还常用多点位移计、井壁位移计等	基本同地表测缝法。人工测在平洞、竖井中进行；自动测和遥测将仪器埋设于地下。精度高，效果好；缺点是仪器易受地下水、气等的影响和危害	基本同地表测缝法
		重锤法	重锤、极坐标盘、坐标仪、水平位移计等	在平洞、竖井中监测滑面、软弱带上部相对于下部岩体的水平位移。直观、可靠，精度高；但仪器易受地下水、气等的影响和危害	适用于不同滑坡的变形监测，但在临近失稳时慎用
		沉降法	下沉仪、收敛仪、静力水准仪、水管倾斜仪等	在平洞内监测滑面（带）上部相对于下部的垂向变形情况，以及软弱面、软弱带垂向收敛变化情况等。直观，可靠，精度高；但仪器易受地下水、气等的影响和危害	同重锤法

监测内容	监测方法	常用监测仪器	监测特点	监测方法适用性
与滑坡变形有关的物理量测量	声发射监测法	声发射仪、地音仪等	监测岩音频度（单位时间内声发射事件次数）、大事件（单位时间内振幅较大的声发射事件次数）、岩音能率（单位时间内声发射释放能量的相对累计值），用以判断岩质滑坡变形情况和稳定性。灵敏度高，操作简便，能实现有线自动巡回自动检测	适用于岩质滑坡加速变形、临近崩滑阶段的监测。不适用于土质滑坡的监测
	应力、应变监测法	地应力计、压缩应力计、管式应力计、锚索（杆）测力计等	埋设于钻孔、平洞、竖井内，监测滑坡内不同深度应力、应变情况，区分压力区、拉力区等。锚索（杆）测力计用于预应力锚固工程锚固力监测	适用于不同滑坡的变形监测。应力计也可埋设于地表，监测表部岩土体应力变化情况
	深部横向推力监测法	钢弦式传感器、分布式光纤压力传感器、频率仪等	利用钻孔在滑坡的不同深度埋设压力传感器，监测滑坡横向推力及其变化，了解滑坡的稳定性。调整传感器的埋设方向，还可用于垂向压力的监测。均可以自动测和遥测	适用于不同滑坡的变形监测，也可以为防治工程设计提供滑坡推力数据
滑坡形成和变形相关因素监测	地下水动态监测法	测盅、水位自动记录仪、孔隙水压力计、钻孔渗压计、测流仪、水温计、测流堰	监测滑坡内及周边泉、井、钻孔、平洞、竖井等地下水水位、水量、水温和地下水孔隙水压力等动态，掌握地下水变化规律，分析地下水、地表水、大气降水的关系，进行与滑坡变形的相关分析	地下水监测不具普遍性。当滑坡形成和变形破坏与地下水具有相关性，且在雨季或地下水位抬升时滑坡内具有地下水活动时，应予以监测
	地表水动态监测法	水位标尺、水位自动记录仪、流速仪和自动记录流速仪、流量堰等	监测与滑坡相关的江、河或水库等地表水体的水位、流速、流量等，分析其与地下水、大气降水的联系，分析地表水冲蚀与滑坡变形的关系等	主要在地表水、地下水有水力联系，且对滑坡的形成、变形有相关关系时进行
	水质动态监测法	取水样设备和相关设备	监测滑坡及周边地下水、地表水水化学成分变化情况，分析其与滑坡变形的相关关系。分析内容一般为：总固体量、总硬度、暂时硬度、pH值、侵蚀性 CO_2、Ca^{2+}、Mg^{2+}、Na^+、K^+、HCO_3^-、SO_4^{2-}、Cl^- 等，并根据地质环境条件增减监测内容	根据需要确定
	气象监测	温度计、雨量计、风速仪等气象监测常规仪器	监测降水量、气温等，必要时监测风速，分析其与滑坡形成、变形的关系	降雨是滑坡形成和变形的主要环境因素，故在一般情况下均应进行以降雨为主的气象监测（或收集资料），进行地下水监测的滑坡则必须进行气象监测（或收集资料）
	地震监测法	地震仪等	监测滑坡内及外围地震强度、发震时间、震中位置、震源深度、地震烈度等，评价地震作用对滑坡形成、变形和稳定性的影响	地震对滑坡的形成、变形和稳定性起着重要作用，但基于我国设有专门地震台网，故应以收集资料为主
	人类工程活动监测		监测开挖、削坡、加载、洞掘、水利设施运营等对滑坡形成、变形的影响	一般都应进行

监测内容	监测方法	常用监测仪器	监测特点	监测方法适用性
滑坡形成和变形相关因素监测	滑坡宏观变形地质监测	常规地质调查设备	定时、定路线、定点调查滑坡出现的宏观变形情况（裂缝的产生和发展，地面隆起、沉降、坍塌、膨胀，建筑物变形、开裂等），以及与变形有关的异常现象（地声，地下水或地表水异常，动物异常等），并详细记录。必要时加密调查。有平洞等地下工程时，还应进行地下宏观变形调查。该法直观性和适应性强，可信度高，具有准确的预报功能	适用于一切滑坡变形的监测，尤其是加速变形、临近破坏阶段的监测，是滑坡变形监测的主要、重要监测方法

（3）技术要求。主要介绍排桩法以及空间定位系统（GPS）的监测技术要求。

1）排桩法监测。

a. 选址。应布设于滑坡频繁发生而且危害较大、有代表性的地方。同时，站址选择时应考虑已有的基础和条件，且交通便利。

b. 监测设施与布设。

a）测桩。依据性质，测桩分基准桩、置镜桩和照准桩。基准桩设置在滑体以外的不动体上固定不变，要求通视良好，能观测滑体的变化。置镜桩设在不动体上，能观测滑体上设置的照准桩。置镜桩一般在观测期不变，若有特殊预料不到的事情发生，也可重设。照准桩设置在滑体上，用以指示桩位处的地面变化，所以要牢靠、清晰。在设置时，考虑到滑体各部位移动变化的差异，一般沿滑体滑动中心线及两侧，分设上、中、下三排桩；若滑体较大，可以加密。一般桩距为15～30m，最大不超过50m。

b）标桩。标桩是为监测滑体地面破裂线的位移变化而设置的。由于破裂面在滑坡发育过程中变化灵敏，且不同位置变化差异很大。所以，标桩设置密度较大，桩距一般为15m左右，并成对设置，即一桩在滑动体上，另一桩在不动体上，两者间距以不超过5m为好，以提高测量精度。

c）觇标。觇标是用以监测大型滑体上建筑物破坏变形的小设施，为一个不大于20cm×20cm的水泥片。上有锥形小坑3个，成正三角形排列。该觇标铺设在建筑物破裂隙上（墙上或地面上），使其中2个小坑连线与裂缝平行（在破裂面一侧），另一个小坑在破裂面另一侧。设置密度可随建筑物部位不同而变化，无严格限定。

c. 观测与要求。

a）测桩与标桩。由于滑体运动是三维的，所以观测既要有方位（二维）变化，还要有高程变化。一般观测程序：先在要确定观测的滑坡地段作现场踏勘，以初步确定测桩的设置方案；布设基准桩、置镜桩、照准桩和标桩（标桩一般有明显裂隙出现后设置）；由基准桩作控制测量，再由置镜桩精测照准桩和标桩的方位和高程，并用直尺测标桩对的距离；用大比例尺绘制已编号的各桩位置及高程图，作为观测的基础。然后，定期观测照准桩位和高程变化，与前期观测值比较后能知道变形位移量。一般初期可一月测一次，随变形加快可5～10d或1～5d测一次，具体观测期限需视实际情况而定。

b）觇标观测。一般只作两维观测，即由每一个锥形坑测量到裂缝边缘距离和该处裂缝开裂宽度的变化量。观测期限可按排桩法同期进行，也可依据实际情况确定观测期限。

c）滑坡发生后的测量。通常用经纬仪测量出该滑坡体未滑前的大比例尺地形图，作为对比计算的基础。当滑坡发生后，再精测一次，用同样的比例尺绘图。根据两图作若干横断面图，并量算断面面积及高程变化，分别计算部分体积和总体积。由于滑动后岩石破碎，堆积体会有孔隙存在，测量体积偏大。这可通过两种途径解决：一是根据滑体遗留的痕迹，实测滑体宽、长、厚度，并计算予以校核；二是估测堆积物孔隙率，计算后给予扣除。用两者测算体积值修正前述断面量算体积，就能估算出较为准确的滑坡侵蚀体积。

2）空间定位系统（GPS）监测。用于监测滑坡变形的GPS控制网，由若干个独立的三角观测环组成，采用国家GPS测量WGS-84大地坐标系统，对岩体的变形与滑坡位移进行监测。

a. GPS网选点。观测滑坡的GPS网中相邻点最小距离为500m，最大距离为10km。该GPS网的点与点之间不要求通视，但各点的位置应满足两个要求：一是远离大功率无线电发射源，其距离不小于400m，远离高压输电线，距离不得小于200m，远离强烈干扰卫星信号的接收物体；二是地面基础稳定，易于点的保存。

b. GPS观测要求。观测的有效时段长度不小于

150min；观测值的采样间隔应取 15s；每个时段用语获取同步观测值的卫星总数不少于 3 颗；每颗卫星被连续跟踪观测的时间不得少于 15min；每个测段应观测 2 个时段，并应日夜对称安排。

5. 泥石流监测

（1）监测内容。泥石流监测内容，分为形成条件（固体物质来源、气象水文条件等）监测、运动特征（流动动态要素、动力要素和输移冲淤等）监测、流体特征（物质组成及其物理化学性质等）监测。

1）固体物质来源监测。固体物质来源是泥石流形成的物质基础，应在研究其地质环境和固体物质、性质、类型、规模的基础上，进行稳定状态监测。固体物质来源于滑坡、崩塌的，其监测内容按滑坡、崩塌规定的监测内容进行监测；固体物质来源于松散物质（含松散体岩土层和人工弃石、弃渣等堆积物）的，应监测其在受暴雨、洪流冲蚀等作用下的稳定状态。

2）气象水文条件监测。重点监测降雨量和降雨历时等；水源来自冰雪和冻土消融的，监测其消融水量和消融历时等。当上游有高山湖、水库、渠道时，应评估其渗漏的危险性。在固体物质集中分布的地段，应进行降雨入渗和地下水动态监测。

3）动态要素监测。动态要素监测包括爆发时间、历时、龙头、龙尾、过程、类型、流态、流速、泥位、泥面宽、泥深、爬高、阵流次数、测速距离、测速时间、沟床纵横坡度变化、输移冲淤变化和堆积情况等，并取样分析，测定输沙率、输沙量或泥石流流量、总径流量、固体总径流量等。

4）动力要素监测。动力要素监测包括泥石流流体动压力、龙头冲击力、石块冲击力和泥石流地声频谱、振幅等。

5）流体特征监测。流体特征监测包括固体物质组成（岩性或矿物成分）、块度、颗粒组成和流体稠度、容重、重度（重力密度）、可溶盐等物理化学特性，研究其结构、构造和物理化学特性的内在联系与流变模式等。

（2）监测方法。根据泥石流监测内容，泥石流监测方法主要有以下几种。

1）降雨观测。在泥石流沟的形成区或形成区附近设立雨量观测站点，固定专人进行观测。主要监测并分析降雨量和降水过程，及时掌握雨季降水情况，在一次降雨总量或雨强达到一定指标时，根据当地泥石流发生的临界雨量，立即发出预警信号。

2）源区观测。主要观测泥石流形成区和固体物质储量及其动态变化状况，滑坡、崩塌的发育、数量、稳定性等，以及形成区岩石风化、破解程度、植被覆盖、生物状况、类型、坡耕地等的动态变化状况。

3）泥石流观测。泥石流观测的基本方法是断面测流法，在形成区和堆积区也可用测钎法和地貌调查法。以下主要阐述断面测流法。

a. 观测断面的布设。根据泥石流运动时特有的振动频率、振幅，在沟道顺直、沟岸稳定、纵坡平顺、不易被泥石流淹没的流通段区域布设泥石流观测断面，一般选择在流通区段的中下部，观测断面设置 2～3 个，上、下断面间的距离一般为 20～100m，需要布设遥测雨量装置、土壤水分测定仪、水尺等水文气象监测设施设备。

b. 流态观测。泥石流运动有连续流也有阵流，其流态有层流也有紊流；泥石流开始含沙量低，很快含沙量剧增，后期含沙量减少，过渡到常流量，因而观测其运动状态和演变过程，对于正确分析和计算是不可缺少的资料。

泥石流这一过程的观测是由有经验的观测人员，手持计时器，在现场记录泥石流运动状况，并配合以下观测内容作出正确判断。

c. 泥位观测。由于泥石流的泥位深度能直观地反映泥石流的暴发与否、规模大小和可能危害程度，因而，可以利用泥位对泥石流活动进行监测。泥位用断面处的标尺或泥位仪进行观测，观测精度要求至 0.1m。

a）人工观测。泥深的测量是通过悬挂在缆道上的重锤来实现的。但由于缆道的上下晃动，影响了施测精度，因而泥石流过后还要观测断面痕迹，以补充校正。

对连续流的观测，除流速和泥深变化观测外，还应尽可能在泥石流过后，对滩岸的变化进行观测。因为一般黏性泥石流过后，要有一部分铺床落龄，厚度一般不超过 2m。

b）仪器测定。泥位仪通常分为接触型和遥测型两种。UL-1 型超声波泥位计，是利用超声波在空气中以一定的声速传播，碰到障碍物后，即产生反射回波的原理制成。使用时，将一个称为超声换能器的装置吊悬在泥石流上方，并向泥石流液面发射超声脉冲，泥石流液面的反射回波仍被超声换能器接收，由相连的电子仪器算出发射到回收的时差，乘以空气中的声速，得到超声换能器到液面的距离，并以数字显示泥位高程。

d. 流速和过流断面观测。流速观测必须和泥位观测同时进行，其数值记录要和泥位相对应。通常有人工观测和仪器测定两种方法，前者有水面浮标测速法，后者有传感流速法、遥测流速法、测速雷达法等。

a）人工观测：设置测流断面，采用浮标法测量表面中泓流速。方法同水文观测。用设置的水文缆道，测定泥石流表面高程，并在泥石流过后，观测横断面和比降，既可求出泥石流过流断面，又为下一次观测做好准备。

泥石流阵流观测方法，是在布设的上、下游两个断面上，以龙头为标记来观测流速。当龙头到达上断面时，用信号通知下断面以秒表计时，龙头到达下断面时则读出历时 t，用 t 去除上、下断面间的距离 L，即 $L/t=v$，为泥石流龙头速度。

b）仪器测定：中科院成都山地灾害与环境研究所研制开发出 CL-810 型测速雷达和 UL-1 型超声波泥位计，再配以打印机，实现了单断面同步测量流速和泥位。提高了施测精度，保证了资料的完整性。

e. 动力观测。动力观测采用压力计、压电石英晶体传感器、遥测数传冲击力仪、泥石流地声测定仪等方法。

f. 其他观测。其他观测包括容重、物质组成等，主要利用容重仪、摄像机等仪器设备。

4）冲淤观测。

a. 沟道冲淤观测。沿泥石流沟道，每隔 30～100m 布设一个断面，并埋设固定桩，每次泥石流过后测量一次，要同时测量横断面及纵断面。可采用超声波泥位计、动态立体摄影等方法观测。

b. 扇形地冲淤变化观测。泥石流扇形地，除测绘大比例尺地形图外，还应布置 10m×50m 的监测方格网，每次泥石流过后，用经纬仪、全站仪、INSAR 技术或"3S"技术和 TM 影像等其中的一种或几种测定淤积或冲刷范围，并用水准仪测量各方格网点的高程，以了解高程变化和冲淤动态变化状况。

（3）技术要求。

1）泥石流监测设施。

a. 泥石流沟道和监测站址选择应符合《水土保持监测技术规程》（SL 277—2002）的规定：应布设于泥石流频繁发生而且危害较大、有代表性的地区，且站点应具备工作基础，并有便利的交通条件。

b. 泥石流监测设施应配套使用，同时配备通信、报警及其他必要的设施。

c. 泥石流监测必须配备保证监测设施和观测人员安全的设施设备。

2）泥石流监测设施的配置。

a. 泥石流观测段包括 1 个控制断面、1～2 个辅助断面。控制断面设置在流通段中下部，辅助断面设置在控制断面的上游和下游，其间距为 20～100m。

b. 在控制断面和观测段附近应设置固定水准点 3～5 个，校核水准点多个。

c. 在控制断面和辅助断面设置断面桩 5～8 个，

并有保护标志牌。

d. 采用缆道观测泥石流泥位时，依据控制断面特征选用悬索缆道或悬杆缆道。缆道基础设施包括塔架、地锚和索（杆）等配套设施。

e. 采用浮标法测流速时，在辅助断面应设置投放浮标过沟索及支架、锚锭等设施。

f. 当泥石流沟道上有过沟桥或其他建筑物，应尽量利用其进行观测。

g. 观测断面应尽可能选择岩性坚硬、完整、沟道顺直、比降均一的区段，以保证观测顺利、安全地进行。

3）泥石流监测的基本要求。

a. 泥石流观测场必须有安全设施、观测通道和明显标志。

b. 标尺测量精度为 $\pm0.01\text{m}$，泥位仪测定误差为 $\pm5\%$，密度测定误差为 0.01g/cm^3（$\pm2\%$）。流速测量精度为 $\pm0.2\text{m/s}$。

c. 监测设施与设备配置应严密可靠，设备应便于安装调试、携带、维修，易损件应容易更换。

d. 缆道的基座为钢筋混凝土结构，塔架、地锚和索（杆）等为钢结构。

e. 监测设施必须安全可靠，能够连续工作一个汛期。自记监测设备应能够在长期无人看守的工作条件下正常工作。

6. 崩岗监测

（1）监测内容。崩岗监测分为崩塌变形监测、崩岗影响因素监测、崩岗宏观前兆监测。

1）崩塌变形监测。崩岗区各部位（如崩口、崩壁、崩积体、崩岗沟、冲积扇区）的变形位移监测，以此了解崩岗的发育状况及崩塌量。

2）崩岗影响因素监测。

a. 地表径流。主要指与崩岗形成和活动有关的地表径流的水位、流量、含沙量等动态变化，以及地表水冲蚀作用对崩岗的影响，分析地表水动态变化与崩岗地下水补给、径流、排泄的关系。

b. 地下水。主要指花岗岩深厚风化壳地下水的水位、水压、水量等动态变化，土体含水量等的动态变化。

c. 气象。主要是降雨监测，尤其是暴雨监测。

d. 基岩。崩岗主要发生在我国南方丘陵山区，出露地面的组成物质为深厚的花岗岩风化物。在崩岗发展过程中，风化物越厚，形成的陡壁越高，越易发生崩岗，规模也越大。

e. 人类活动。主要是指与崩岗的形成、活动有关的人类工程活动，包括开挖、削坡、爆破、振动破坏植被，导致地表裸露，诱发或加速崩岗的行为。

3）崩岗宏观前兆监测。宏观形变包括崩岗发生前常常出现的地表裂缝和前缘岩土体局部拥塌、鼓胀、剪出，以及建筑物或地面的破坏等。测量其产出部位、变形量及其变形速率。

（2）监测方法。崩岗的监测一般均采用排桩法，即在崩岗区设置基准桩和测桩。应该注意，测桩设置间距应该规整，因为发生崩岗后部分测桩一并被毁，需要根据定位测量它的高程变化。布设测桩还要根据该区崩岗的发展，从坡脚布设到坡顶，宽度按一般崩岗宽确定。

由于崩岗是由暴雨引发的，所以观测应在每场暴雨后进行，若能配以过程观测（录像或人工监测），就能阐明崩岗发生发展的机制与特点。

崩岗影响因素监测方法可参照表 13.2-2 的滑坡监测方法。

7. 冻融侵蚀监测

（1）监测内容。

1）冻融侵蚀影响因子。

a. 气候因子。

a）气温和地温。冻融侵蚀要求监测气温的年平均值、年变化和日均值、日变化，以及消融期 0～15cm 地表的温度及变化。其中气温变化是指极端最高温度和最低温度及其变化过程。

b）风。风既是外部动力，又影响气温和地温变化。冻融侵蚀要求监测风发生的日期、风期天数、风速大小及风向等。

c）降水。降水下渗后参与冻融侵蚀，因而需要监测平均年降水量及月分配，以及消融期次降水和强度变化。

d）其他因子。在一些季节冻融侵蚀区，还需要监测日照时数及分配、地面蒸发量等因子。

b. 地貌地质因子。

a）地形坡度、坡向。凡是坡度大的陡峭地形，缺乏植被覆盖，冻融侵蚀强烈；反之，坡度变缓，侵蚀减弱。坡向尤其阳向坡和阴向坡，通过影响地温的变化而影响冻融侵蚀。

b）构造与岩性。在地质构造变化复杂地区，岩层较破碎，易遭侵蚀。岩石的抗风化性能决定于侵蚀强度，一般胶结松散的陆源碎屑岩易风化，坚硬的花岗岩等难风化。要求监测地质构造和岩性特征，如构造、节理特性、岩石结构及主要矿物组成等。

c）地震。地震能破坏岩体的完整性和改变地形，给冻融侵蚀创造条件，尤其震级高、烈度大的地震。

c. 植被、土壤及其他因子。

a）植被类型与覆盖度。一般森林植被、灌丛植被类型区冻融侵蚀不易发生，草类植被限于根系发育

较浅，在覆盖度低的情况下，易于发生冻融侵蚀，覆盖度高的地区，土壤含水量较低，不易发生。

b）土壤及地表物质组成。地表土壤组成颗粒细小，易吸水饱和，在其他条件具备的情况下易发生冻融侵蚀；若地表物质组成颗粒粗大，则容易排水而变干，就不易发生冻融侵蚀。监测其厚度、组成、含水等特性。

c）人为活动。人为活动改变地形、破坏植被、堆积松散物，或采伐、开矿、放牧等都会影响冻融侵蚀，需监测其方式、范围、强度等。

2）冻融侵蚀。

a. 侵蚀方式与分布调查。

a）侵蚀方式。冻融侵蚀方式有寒冻侵蚀、热融侵蚀和冰雪侵蚀等数种，需根据其特点对照实地情况调查确定。

b）地理位置。冻融侵蚀地理位置包括侵蚀区的行政归属、地理坐标（经度、纬度）以及海拔高度等。

c）分布特征。侵蚀发生的微地貌特征、分布面积及占调查区面积的百分比等。

b. 侵蚀数量。侵蚀发生日期及频数。

侵蚀区域大小，次侵蚀深（厚度）、宽、长及平均值，以及年侵蚀平均深、宽、长和侵蚀面积。

侵蚀物质容重（密度）、含水量及机械组成等。

当在小流域采用量水建筑物测验时，除了测验悬移质，还要测验推移质。

c. 危害及水土保持调查。如破坏土地资源、淹埋道路、引发泥石流灾害等。对已发生的灾害需进行实地调查，包括灾害区受损面积、受灾人口及牲畜等数量、受损设施及折价等。冻融侵蚀防治措施名称、规格、布局及防治效果等。

（2）监测方法。

1）寒冻剥蚀观测。寒冻剥蚀观测可采用容器收集法或测钎法。容器收集法用于本项观测，需要在观测的裸岩坡面坡脚设一收集容器（或收集池），定期收集称重该容器内的剥蚀坠积物，并量测坡面面积和坡度，即可获得剥蚀强度。需要注意的是，收集器（或收集池）边缘砌筑围墙（或设围栏）要可靠，以免洪水冲走或坠积物落出池外。当坡面岩石变化大，剥蚀差异明显或作其他分析研究时，可采用测钎法，也可两法同时使用。由于岩坡风化坠积物可能有石块，所以测钎不能细小且要有较高强度，以免毁坏。布设时，尽量利用岩层裂缝或层间裂缝，使测钎呈排（网）状，间距可控制在 1.5～2.0m，量测钎顶连线到坡面的距离，并比较两期的测量值，即可知剥蚀厚度。

寒冻剥蚀影响因素，除岩性及其破碎程度外，温

度变化、降水多少和风的作用是十分重要的，因此，观测场应有不同岩性差异和坡向（至少有阳坡和阴坡）处理，以及降水、风速、风向的观测。

2）热融侵蚀观测。热融侵蚀从形式上看是地表的变形与位移，这样可应用排桩法结合典型调查来进行。在要观测的坡面布设若干排测桩及几个固定基准桩，由基准桩对测桩逐个作定位和高程测量并绘制平面图，然后，定期观测。当热融侵蚀开始发生或发生后，通过再次观测，并量测侵蚀厚度，由图量算面积，即可算出侵蚀体积。应该注意，测桩埋深要以不超过消融层为准，一般控制在 30cm 以内，否则将影响侵蚀。在不同典型地区作抽样调查，可以估算出热融侵蚀面积比或侵蚀强度。

热融侵蚀受高程、地形、地温、地表覆盖及物质组成等影响，因而，观测场应有不同坡度、不同坡向和不同下垫面特征的处理布设，再配以地温、气温、日照、降水等气候因子观测，就能分析这类侵蚀的基本特征。

排桩布设可成排状或网状，桩距应不超过 10m。热融侵蚀观测在暖季初，可半月观测一次；随着气温升高，观测期应缩短到 10d 或 5d。当热融侵蚀发生后，受气候影响，裸坡可能还有变形或水流冲刷，应持续观测直到 9 月底。

3）冰雪侵蚀观测。冰雪侵蚀观测可采用水文站观测径流、泥沙（含推移质）的方法，结合冰碛垄的形态测量来实现。形态测量实质是大比例尺高精度地形测量，通过年初和年终的测量成果比较，计算出堆积变化量。

冰雪侵蚀受降水、气温及地质、地形因素影响较大，限于观测条件比较严酷、危险，通常在雪线以下沟道有条件的断面设站观测，并配备气象园观测气候因子；而对流域乃至源头，仅在近雪线不同高程处设站一处或几处气象观测点，由这些观测值进行推算。

上述三类观测场应选在具有观测条件、交通便利和基本生活有保障的地方，若有其他生态站或水文站可尽量利用，合作完成。

（3）技术要求。

1）寒冻剥蚀监测设施。

a. 观测场应有代表性，要求坡面规整，无突兀危岩，有设置测钎的条件。

b. 观测场的观测坡脚应设有收集平台及收集栏，并避免洪水威胁和其他干扰破坏。

c. 观测场至少应有阳坡（正南面）和阴坡（正北面）两个标准坡面。

d. 观测场应配置气温、风、降水观测设施。气温、风的观测按《地面气象观测规范》（GB/T

35232）的规定执行，降水观测按《降水量观测规范》（SL 21）的规定执行。若要借用当地气象部门观测资料，两观测场相距应在 10km 以内。

2）寒冻剥蚀监测设施配置。

a. 测钎为测定岩坡剥蚀厚度的设备，布设成网（面观测）或带（条带观测），间距 1.5～2.0m。用直径 10～12mm 的普通圆钢加工，长度 30～50cm，顶端刨光并刻有"十"字刻线，另一端为尖形或偏刃形，表面用红、白漆相间涂刷并编号。

b. 收集栏设在坡脚下平台，用来收集泻积物。一般设置双层，内层用木板、木桩围成骨架，其上铺设耐用织物，封闭严密，收集碎屑泻积物。外层用木桩（或钢筋混凝土桩）及铁丝网围起，收集滚动粗大坠积物。

3）寒冻剥蚀监测设施技术要求。

a. 观测场地观测面不受周围局部地形影响，避免人为活动影响和洪水、泥石流等灾害威胁，应有巡视、观测道路及爬高设施。

b. 观测网（带）设置后，观测时用钢丝连接（或直尺连接），量测相距 10cm，测量精度 ±1mm。用围栏收集法称重的精度为 ±1.0g，面积量算相对误差为 ±1.0%。

c. 观测场整体布局应紧凑，尽量互相靠拢。每一观测场，坡面与坡脚监测设施配套，相互校验。

d. 观测场应采用自然坡面，一般无需人工修整，并设警示牌保护。

4）热融侵蚀监测设施。

a. 观测场应具有代表性，包括不同坡向、植被覆盖及地面物质组成、坡度、高程等。观测场应设置在缓坡上，周围应无高大物体影响，较空旷。观测场顺坡设置成矩形，面积不小于 200m²。观测场在 4 个坡向的情况下，可不重复设置。在 1 个坡向情况下，应有 1～2 个重复设置。

b. 观测场应设置基准桩和校验桩，要求通视良好，观测仰角和俯角在 30° 以内。

c. 观测场标桩应成网（排）状配置，稳定可靠，在人畜（兽）活动区应设围栏保护。

d. 气象监测设施应建在观测场区内，并配备地温、气温、日照等必要的监测设施。

5）热融滑塌监测设施配置。

a. 标桩应用钢筋混凝土制作，直径 7～10cm，长度 30～50cm，桩顶中心设小钉，用红、白彩棒相间涂刷并编号。标桩应成网状或排状打入地下，标桩间距 5～10m，打入深度不应超过 15cm。

b. 基桩及校验桩是用来控制和测定标桩空间变化的桩。直径为 10～12cm，长 50～70cm（大于解冻层厚度），用钢筋混凝土制成，桩顶有出露钉头，并刻"十"字线，埋入不受干扰的观测场附近，埋入深度应大于解冻层厚度。其中校验桩最好选在基岩露头处。

6）热融滑塌监测技术要求。

a. 热融滑塌观测期每年为 5—9 月，观测场应有安全保障、交通便利，分析处理场所应有水电设施。

b. 标桩位置精度±1cm，位移误差±1cm，高度误差±1mm。温度观测精度±0.1℃。

c. 各观测场排列有序，设置严谨，定位准确。

d. 观测场保持自然坡面，设栏保护，无需人工整理。

（4）监测成果。

1）侵蚀速率月变化。无论上述何种侵蚀方式均与暖季气温变化有关，需在 5—9 月的各月末量算统计出本月的侵蚀量、移动量和输沙量。

2）年侵蚀量或侵蚀模数。将各月侵蚀量、移动量和输沙量累加得年总值。根据寒冻剥蚀面调查、热融侵蚀的典型调查和冰川流域面积测算，可以计算年侵蚀模数；若热融侵蚀未作典型面上调查，则不计算侵蚀模数。

3）主要影响因子记录整理。

a. 气温、地温观测最好采用 4 时段，即当地 2 时、8 时、14 时、20 时观测。按气象部门规定，计算日均值、月均值、年均值，若难以实现也应该测出 2 时和 14 时的极端气温和地温值，计算相应值，并摘抄极值。

b. 风力观测以风速为主，可用自记风速仪，按 4 时段和有关规定整理日均风速、月均风速和年均风速，并摘抄大风日数和最大风速。

c. 其他因子可依实际情况整理汇总，冻融侵蚀观测成果列于表 13.2 - 3。

表 13.2 - 3 　　　　　　　　　　　　**冻融侵蚀观测成果表**

观测场（站）名：
所属政区：
地理坐标：东经　　　　　　　　　北纬
观测方法：
调查及观测记录

观测场情况	观测场（流域）面积/m²		观测场（流域）岩性及地面物质组成	
	观测场（流域）长度/m		地面（流域）植被覆盖及人为活动	
	观测场（流域）宽度/m			
	观测场（流域）坡度（沟道比降）		观测场（流域）海拔/m	
观测次序				
起止日期				
平均气温和地温/℃				
日温差（地温差）/℃				
降水量/mm				
平均风速/(m/s)				
寒冻剥蚀量（深）/mm				
热融侵蚀深/cm				
热融侵蚀面积/m²				
含沙量/(kg/m³)				
径流量/m³				
输沙量/(kg 或 t)				
调查情况				
其他说明				

调查人：　　　　　　　审核人：　　　　　　　　　　　　观测日期：　　　年　　月　　日

743

13.2.1.2　遥感监测

1. 监测内容

（1）土壤侵蚀因子。土壤侵蚀因子包括植被、地形和地面组成物质等影响土壤侵蚀的自然因子，以及开矿、修路、陡坡开荒、过度放牧和滥伐等人为活动。

（2）土壤侵蚀状况。土壤侵蚀状况包括类型、强度、分布及其危害等。

（3）水土流失防治现状。水土流失防治现状包括水土保持措施的数量和质量。

2. 技术要求

（1）开展各比例尺水土保持遥感监测的大地基准应按《国家大地测量基本技术规定》（GB/T 22021—2008）中 3.1 的要求，采用 CGCS 2000 国家大地坐标系统；高程基准应按 GB/T 22021—2008 中 5.1 的要求，采用 1985 国家高程基准。

（2）开展各比例尺水土保持遥感监测投影应按《数字地形图产品基本要求》（GB/T 17278—2009）中 10.1 的要求执行。

（3）时间基准采用公元纪年。

（4）水土保持遥感监测成果比例尺参照《国家基本比例尺地形图分幅和编号》（GB/T 13989）规定的国家基本比例尺地形图系列执行，并应符合以下要求。

1）小流域（包括大中型生产建设项目水土保持措施），比例尺不小于 1:10000。

2）县（市、旗），比例尺不小于 1:50000。

3）省（自治区、直辖市）、水土流失重点预防区和重点治理区，比例尺不小于 1:100000。

4）全国与大江大河，比例尺不小于 1:250000。

3. 监测成果

（1）成果汇总。

1）监测成果面积量算与汇总应以图幅理论面积作为控制面积，并进行面积量算。

2）理论面积与实际面积误差范围不得大于理论面积的 1/400。面积应平差到每个图斑，平差后差值应赋予图中面积最大的图斑。

3）全国、区域、流域的面积汇总时，应以县级行政单位为单元，分类分级统计面积。进行县级面积汇总时，应按乡级行政单位为单元进行统计。小流域可根据具体情况确定。

（2）成果管理。

1）在遥感解译、野外验证工作完成后，应进行资料的整理和综合分析，并按对应的工作阶段形成文字报告。

2）中间资料和成果资料应分类整理，并及时归档。

3）原始数据、中间成果和最终成果均应有元数据。

4）最终成果应为数字化产品，并按有关规定进行编码。

5）遥感影像与解译的成果或专题图宜采用地理信息系统技术进行分层管理，符合《水土保持信息管理技术规程》（SL 341）要求，满足水土保持信息化管理的需要。

6）专题影像成果整饰应符合《遥感影像平面图制作规范》（GB/T 15968），专题线划成果整饰应符合《水利水电工程制图标准　水土保持图》（SL 73.6）的要求。

13.2.1.3　无人机监测

应用无人机技术开展水土保持监测，其工作流程包括无人机航空摄影成像、影像数据处理与拼接、水土保持监测数据解译等。

1. 无人机航空摄影成像

无人机航空摄影成像，即利用无人机携带的 CCD 相机、摄像机或高光谱设备对水土保持监测区域开展摄影摄像。具体包括如下操作步骤。

（1）标定测区范围。在相应的软件中标定出水土保持监测区域范围（如施工区、弃渣场区等），并提出航空摄影的精度要求。同时要详查监测区域的天气状况、测区周边的禁飞区域等，以确保无人机的安全飞行。

（2）划定航线路径。结合测区范围、精度要求制订合理的飞机飞行高度、航向重叠度和旁向重叠度等关键飞行控制参数，在此基础上确定无人机的计划飞行航线路径。一般的要求是使用尽可能少的飞行路径覆盖尽可能多的测区范围。

（3）选择起降场地。一般在测区周边 15km 距离内选择起降场地，中心的 40m×15m 区域为飞机飞行跑道，跑道的要求是地面较为平坦，外围的 40m×15m 区域为跑道周边区域，周边区域的要求是较为空旷，无任何遮挡，不能有电线杆、电线、高大树木等。因此起降场地一般选择如下几类地点：①城郊的新修公路且路两侧电线杆还未立起；②城郊正在兴建的工业园、产业园等地，场地已经平整但建筑物还未盖起；③工程的大型取土场或弃渣场，其中至少要有一段平整的跑道。

（4）组装无人机硬件。组装无人机硬件包括安装机翼、混合汽油及机油、注入发动机汽油、安装电池、插入空速管。

（5）调试无人机及摄影摄像设备状态。调试无人机及摄影摄像设备状态包括测试电池电压、测试远距离接收器连接状态、测试遥控手柄状态、置位飞机水平姿态、置位空速测速装置、清洗发动机点火器喷头、调试发动机转速、设置相机快门和进光度、测试照相等。

（6）手工操控起飞。无人机起飞和降落都必须全手工遥控操作。手工操控飞机升空后，一般在头顶盘旋并爬升数分钟，到达预定高度（300～500m）后转入飞机自动飞行模式。

（7）监控自动飞行。实时在地面控制台上监控飞机传回的GPS坐标、飞机俯仰角、发动机转速、飞行速度和风速等参数，遇紧急情况采取干预措施。

（8）手工操控降落。飞机飞回至起点后会自动盘旋下降高度，下降至300m左右转入手工操控模式，手工操控飞机逆风降落至地面。

（9）下载并检查航空影像数据等。取出相机SD卡导入地面控制站，检查照片质量，当照片质量不合格时考虑重新设置参数或重新飞行。

2. 影像数据处理与拼接

影像数据处理与拼接，即对航空影像成果进行后期数据处理，形成可以用于水土保持检查数据解译的成果数据。

在数据录入之前，通过清除异常航片、错误纠正，对航测数据进行预处理，记录相机参数、飞行高度、控制点坐标、航线轨迹图等，并整理POS数据；利用LPS（Leica Photogrammetry Suite）模块进入数据录入，主要包括创建工程、影像导入、内外方位元素导入等三个阶段；参考初始的POS数据，利用LPS模块自动生成同名点；根据生成的同名点及出事的内外方位信息进行空三运算，检查并删除误差较大的同名点，形成空三成果；从空三成果中提取项目区DEM数据，形成DEM成果，并通过正射校正，完成影像拼接。

3. 水土保持监测数据解译

在进行了后期处理与拼接的影像数据基础上，通过建立土地利用类型、植被覆盖、水土保持措施等解译标志库，采用自动解译与人工解译相结合的方法进行土地利用、植被覆盖、水土保持措施的航空影像解译，并采取相关精度控制手段保证精度。

在图像解译过程中，一般遵循"从已知到未知、先易后难、先整体后局部、先宏观后微观、先线形后图形"的工作过程来进行图像解译。从已知到未知是指先解译自己最准确的地类，如施工区域、道路、耕地、林地、居民点等直观的地类，再根据已有的解译标志，来判断不易直接识别的地类、地物。先易后难是指易识别的地类、地物先确认，再根据客观规律和影像特征、权属界线等相关条件，推理、判断确定地

类、地物的过程。先整体后局部，先宏观后微观，先图形后线形等步骤亦属先易后难的组成部分。它主要是指应掌握整个作业区域的基本情况，确定整体的轮廓，根据区域地类组成特点，逐渐深入，逐步细化地类、地物。

13.2.1.4 三维激光扫描监测

应用三维激光扫描技术开展水土保持监测，其工作流程包括三维激光扫描测量、三维数据处理和土壤侵蚀量计算等。

1. 三维激光扫描测量

扫描测量时，仪器和标靶设置的原则应既能保证整个测量区域能被覆盖到，又能使获取的原始数据量最小化和减少设站的次数。仪器的架设应遵循从高至低的原则。标靶的设置应遵循两个原则，一是近似三角形原理，以便能获得测量区域的整体坐标配准精度；二是标靶距离扫描仪的位置不能太远，太远会使得标靶中心的识别精度降低，建议在100m之内。

扫描的同时可以勾画现场注释草图和记录扫描日志，以便有序地记录所有扫描和扫描中生成的标靶，这些信息也非常有助于后期的拼接和建模。测区内沟谷发育深且窄时，由于沟壁遮挡会出现"黑洞"，即扫描仪扫不到的地方，可以结合传统测量仪器如RTK-GPS进行"黑洞"数据的补充和加密测量，同时对特殊地貌和地区进行拍照记录，以便于后期数据的处理和编辑。扫描的过程中应随时观测生成的点云，以便对数据进行实时补充。

每站扫描完后，需要对至少3个标靶进行扫描，为了防止后期数据处理的误差，可设置4个标靶，其中一个作为备用标靶。测区范围比较大时，既要对标靶进行精细扫描，还需要用GPS或者全站仪测出每个标靶中心的三维坐标，以便减少后续利用多站数据的配准和拼接引起的传递误差。为了防止标靶挪动和丢失，标靶测量在每一站扫描结束后立即进行。此外，需要特别注意两点，一是仪器距离测量区域应在1.5m以外；二是标靶不能距离仪器太近，太近会在后期的数据拼接和处理时带来较大的坐标转换误差和拼接误差。

2. 三维数据处理

在使用三维激光扫描仪过程中，由于树木和外侧沟壁的遮挡作用，单站式扫描难以覆盖整个扫描区域，因此一般情况下对扫描区域要进行2～3站扫描。多站数据的拼接实质上是以标靶点的空间位置为纽带将为多站电源数据无缝融合。在依次扫描获取各站点云数据及标靶位置后，进行数据合并拼接，将各站点数据转换到统一坐标系下，得到完整的扫描点云。

利用三维数据处理软件的相关功能，对相邻站点有至少三个相同标靶点的直接采用标靶拼接法进行数据合并，少于三个相同标靶点的采用大地坐标拼接法，将所有测量取得的标靶点大地坐标按规定格式导入到三维数据处理软件中，生成一个新的扫描点云图，然后将用标靶拼接法合并后的扫描点云图及其他站点的扫描点云图同新生成的标靶点云图进行拼接，数据合并后所有相对坐标将转换成大地坐标。

经过拼接得到的点云数据中，包括了扫描监测坡面周边较多的地貌、植物等信息，还需进行进一步处理。在三维数据处理软件中通过点云数据编辑功能，剔除干扰点，实现点云的去噪。

3. 土壤侵蚀量计算

经过去噪后的扫描区域点云数据，在三维数据处理软件中可进行扫描区域体积变化量、侵蚀沟变化量、扫描区域投影面积等特征数据的测算。

对于土壤流失量计算而言，需要在三维数据处理软件中的扫描区域顶部设置计算水平面，并根据三维点云数据生成扫描区域的三角网格（TIN），运用三维数据处理软件计算扫描区域表面与计算水平面之间的体积量。运用该方法计算出不同时间段的体积量，两者相减即可得到该时期内坡面侵蚀的体积变化量。

13.2.2　坡面监测

13.2.2.1　监测项目

坡面监测是随着人类对水土资源的保护、利用、改造实践而发展起来的，至今监测的内容还在不断延伸和扩展中。但其监测的项目有以下几方面。

1. 坡面水土流失影响因素监测

影响坡面水土流失的因素包括自然因素和人为因素。自然因素主要包括地貌、气候、植被、土壤及地面组成物质四个方面；人为因素为人类的生产活动对引发或加剧侵蚀的影响，主要包括大农业生产活动和对坡面自然环境的改变。

自然因素监测要求抓住主导因子及其变化，以阐明影响侵蚀的机理。一些因子的量变并非与坡面侵蚀呈绝对正相关，需要注意临界状态的监测。

人为因素监测要求先区分水土保持（正作用）和加剧水土流失（负作用），再对其作用特性重点监测。

2. 坡面水土流失状况与危害监测

坡面水力侵蚀状况包括侵蚀方式、数量特征及动态变化三个方面。侵蚀方式有雨滴溅蚀，薄层水流冲刷，细沟及浅沟、切沟侵蚀，监测要阐明侵蚀方式及组合，重点说明沟蚀的部位、特征和发展；水土流失数量特征主要有流失的径流量、泥沙量及依此推算出侵蚀强度、径流系数和模数，以及它们在不同坡面特

征下的差异等。对一些重点监测坡面，还应有流失泥沙的颗粒分析、土壤力学性质和水理性质分析、养分流失和有毒有害污染物的分析等；侵蚀动态变化是指坡面侵蚀过程的时空变化，它既与侵蚀动力有关，也与坡面特征有关。就目前的水土保持工作而言，监测的重点是流失的径流泥沙危害、土壤恶化及减产危害、水源污染与生态安全危害等方面。径流泥沙危害有洪水灾害、泥沙淤积等；土壤恶化有土层厚度减薄、渗透持水等性质变化、肥力降低、作物长势减弱及产出量减少和经济收入减少等；生态环境危害有水质污染、土壤污染、大气污染，包括固体颗粒悬浮物、有害有毒重金属含量、水体富营养化及生化性质变化等带来的生物多样性减少、环境组成单一、脆弱性增大等。

3. 水土保持措施及实施效益监测

坡面水土保持措施包括工程防治措施、林草措施和耕作措施三大类。工程防治措施中主要有各类梯田、小型集流蓄水工程；林草措施主要有造林、种草、增加植被覆盖；耕作措施主要有深耕、施肥、水平耕作、合理轮作等，以拦截径流增加入渗。对于各措施监测的主要内容有各措施的数量、质量，以及保存状况、完好情况等。

效益监测包括蓄水保土效益、增产增收效益、生态社会效益等方面的监测。蓄水保土是水土保持措施的直接效益，由减少水土流失量可以得出。增产增收效益又称经济效益，通过产量计算和折现对比可以说明。生态社会效益也可以分为生态环境改善效益和促进社会和谐发展效益，通称间接效益。如生物多样性恢复、生物群落复杂，以及区域国民经济收入、产业组成、恩格尔系数、人均产值等，都反映了社会经济发展状况。

13.2.2.2　适用方法

坡面水土保持监测基本方法：坡面试验监测、调查监测、遥感监测和其他新技术应用监测等。

13.2.3　区域监测

13.2.3.1　监测项目

（1）不同侵蚀类型（风蚀、水蚀和冻融侵蚀）的面积和强度。

（2）重力侵蚀易发区，对崩塌、滑坡、泥石流等进行典型监测。

（3）典型区水土流失危害监测，如土地生产力下降，水库、湖泊、河床及输水干渠淤积量，损坏土地数量。

（4）典型区水土流失防治效果监测，如水土保持工程、生物和耕作等三大措施中各种类型的数量及质

量，蓄水保土、减少河流泥沙、增加植被覆盖度、增加经济收益和增产粮食等防治效果。

13.2.3.2 适用方法

区域监测应主要采用遥感监测，并进行实地勘察和校验。必要时，还应在典型区设立地面监测点进行监测。也可以通过询问、收集资料和抽样调查等获取有关资料。

13.2.4 中小流域监测

中流域指流域面积为 $50\sim1000km^2$ 的流域，主要指江河流域的支流。小流域指流域面积小于 $50km^2$ 的流域，是水土流失综合治理的基本单元，也是水土保持效果监测的基本单元。

13.2.4.1 监测项目

应选择有代表性的流域进行长期定位观测。中小流域监测应包括下列项目。

（1）不同侵蚀类型的面积、强度、流失量和潜在危险度。

（2）水土流失危害监测。

1）土地生产力下降。

2）水库、湖泊和河床、沟渠淤积量。

3）损坏的土地面积。

（3）水土保持措施数量、质量及效果监测。

1）防治措施。防治措施包括水土保持林、经果林、种草、封山育林（草）、梯田、沟坝地的面积、治沟工程和坡面工程的数量及质量。

2）防治效果。防治效果包括蓄水保土、减沙、植被类型与覆盖度变化、增加经济收益、增产粮食等。

（4）小流域监测增加项目。

1）小流域特征值。小流域特征值包括流域长度、宽度、面积、地理位置、海拔、地貌类型、土地及耕地的地面坡度组成。

2）气象。气象包括年降水量及其年内分布、雨强、年均气温、积温和无霜期。

3）土地利用。土地利用包括土地利用类型及结构、植被类型及覆盖度。

4）主要灾害。主要灾害包括干旱、洪涝、沙尘暴等灾害发生次数和造成的危害。

5）水土流失及其防治。水土流失及其防治包括土壤的类型、厚度、质地及理化性状，水土流失的面积、强度分布，防治措施类型与数量。

6）社会经济。社会经济主要包括人口、劳动力、经济结构和经济收入。

7）改良土壤。治理前后土壤质地、厚度和养分。

13.2.4.2 适用方法

（1）小流域监测应采用地面观测方法，同时通过询问、收集资料和抽样调查等获取有关资料。

（2）中流域宜采用遥感监测、地面观测和抽样调查等方法。

13.2.5 生产建设项目监测

13.2.5.1 监测项目

生产建设项目水土保持监测的项目主要包括项目建设区水土流失因子、水土流失状况、水土流失防治效果等。

（1）项目建设区水土流失因子监测应包括下列项目。

1）地形、地貌和水系的变化情况。

2）建设项目征占用地面积、扰动地表面积。

3）项目挖方、填方数量及面积，弃土、弃石、弃渣量及堆放面积。

4）项目区林草覆盖率。

（2）水土流失状况监测应包括下列项目。

1）水土流失面积变化情况。

2）水土流失量变化情况。

3）水土流失程度变化情况。

4）对下游和周边地区造成的危害及其趋势。

（3）水土流失防治效果监测应包括下列项目。

1）防治措施的数量和质量。

2）林草措施成活率、保存率、生长情况及覆盖度。

3）防护工程的稳定性、完好程度和运行情况。

4）各项防治措施的拦渣保土效果。

13.2.5.2 适用方法

一般的生产建设项目多选用地面观测法和调查监测法进行监测，遥感监测主要用于监测区域的水土流失情况，在大型生产建设项目中应用较多。

大中型生产建设项目水土保持监测应有相对固定的观测设施，做到地面监测与调查监测相结合；小型生产建设项目应以调查监测为主。地面监测可采用小区观测法、简易水土流失观测场法、控制站观测法。采用小区观测法和控制站观测法应充分论证。各类生产建设项目的临时转运土石料场或施工过程中的土质开挖面、堆垫面、堆垫面的水蚀，可采用侵蚀沟体积量测法测定。相关方法可参照本书"13.1.5 生产建设项目中的水土保持试验"执行。

除以上方法外，近年来同位素示踪法也较多地应用于监测生产建设项目土壤侵蚀，通过对土壤侵蚀的空间变化、土壤不同层次的形成年代、土壤迁移的空间分配进行研究，估算较长时间的土壤侵蚀量。与传统观测方法相比，可减少监测人员工作量以及现场监测设施投资。

参 考 文 献

[1] 水利部水土保持司，水利部水土保持监测中心. 水土保持监测技术规程：SL 277—2002 [S]. 北京：中国水利水电出版社，2002.

[2] 水利部水土保持监测中心. 水土保持遥感监测技术规范：SL 592—2012 [S]. 北京：中国水利水电出版社，2012.

[3] 水利部水土保持监测中心，水利部黄河水利委员会水土保持局. 水土保持试验规程：SL 419—2007 [S]. 北京：中国水利水电出版社，2007.

[4] 水利部水文局. 水工建筑物与堰槽测流规范：SL 537—2011 [S]. 北京：中国水利水电出版社，2011.

[5] 南京水利科学研究院. 降水量观测规范：SL 21—2006 [S]. 北京：中国水利水电出版社，2006.

[6] 长江水利委员会水文局. 河流推移质泥沙及床沙测验规程：SL 43—1992 [S]. 北京：水利电力出版社，1992.

[7] 水利部长江水利委员会水文局. 河流流量测验规范：GB 50179—1993 [S]. 北京：中国标准出版社，1993.

[8] 水利部黄河水利委员会水文局. 河流悬移质泥沙测验规范：GB 50159—1992 [S]. 北京：中国标准出版社，1992.

[9] 南京水利科学研究院. 土工试验方法标准：GB/T 50123—1999 [S]. 北京：中国计划出版社，1999.

[10] 张建军，朱金兆. 水土保持监测指标的观测方法 [M]. 北京：中国林业出版社，2013.

[11] 郭索彦. 水土保持监测理论与方法 [M]. 北京：中国水利水电出版社，2010.

[12] 刘震. 水土保持监测技术 [M]. 北京：中国大地出版社，2004.

[13] 李维伟，陈浩生. 水土保持监测技术 [M]. 北京：中国水利水电出版社，2014.

[14] 张建军，朱金兆. 水土保持监测指标的观测方法 [M]. 北京：中国林业出版社，2013.

第14章　水土保持设计基础

章主编　王治国　操昌碧　董海钊　闫俊平　王春红
　　　　孟繁斌　王　晶　张习传　袁　宏　赵　成
章主审　马毓淦　贺前进　赵心畅　苗红昌

本章各节编写及审稿人员

节次	编写人	审稿人
14.1	王治国　纪　强　王　晶	
14.2	操昌碧　吴　军　王　晶	
14.3	董海钊　苗红昌　党雪梅　齐国庆　杜全胜　王　晶 杨伟超　李　君　易仲强　赵　谊　卢　瑕	马毓淦 贺前进 赵心畅 苗红昌
14.4	王春红　孟繁斌　王　晶	
14.5	张习传　孙鹏辉　董海钊　吉华伟　纵　霄	
14.6	袁　宏　赵　成　顾小华　闫俊平	
14.7	孟繁斌　李世锋　王　莎	
14.8	闫俊平　王春红　李世锋　刘　晖	

参加编写的人员还有：郑悦华、朱太山、陈杭、张军政、刘铁辉、史明昌、桂慧中、畅益锋

第14章 水土保持设计基础

14.1 设计理念与原则

14.1.1 水土保持设计理念

水土保持的最终目的是以水土资源的可持续利用支撑经济社会的可持续发展，其设计理念的内涵就是将水土流失防治、水土资源合理利用、农业生产、生态改善与恢复、景观重建与工程设计紧密结合起来，通过抽象和归纳形成水土保持总体思路，指导工程规划、总体布置和设计，使得工程设计遵循水土保持理念，符合水土保持要求。

14.1.1.1 水土保持生态建设项目

1. 服务民生，促进农村经济发展

我国山丘区面积约占国土面积的 69%，是水土流失的主要策源地，区内坡耕地广泛分布、侵蚀沟道众多，水土资源时空分布不相匹配，耕地破碎化问题突出，配套基础设施薄弱。水土保持生态建设根本任务之一是解决农业生产问题，必须坚持以人为本，服务民生，统筹工程、林草和农业耕作措施，协调好工程短期效益和长期效益的关系，将水土保持与农村产业发展结合，培育农村特色产业，促进农村经济发展，为农民群众带来实惠，以实现经济效益和社会效益的最大化。

2. 预防为主，保护优先

"预防为主，保护优先"是水土保持方针之一，也是水土流失防治的基本要求，即要求水土流失防治由被动治理向事前控制转变，严格控制人为水土流失，加强潜在水土流失地区的监管，防患于未然。因此，水土保持生态建设应遵循"预防为主，保护优先"的方针，突出对水源涵养、水质维护、生态维护等为主导功能的三级区、国家重要生态功能区、江河源头区、重要水源地、水蚀风蚀交错区等区域的保护，同时，加强对森林、灌丛、草原、荒漠植被以及已建成水土保持设施的封育和管护。

3. 合理利用水资源，提高土地生产力

水土保持生态建设项目是以防治水土流失为切入点，以水土资源的保护、改良和合理利用以及土地生产力的提高为最终目标。因此，水土保持生态建设项目应系统分析项目区水土资源利用方面存在的问题，在土地利用结构优化调整的基础上，因地制宜、因害设防，实施小流域综合治理，开展坡耕地和侵蚀沟道治理，加强对耕作土壤和耕地资源的保护，配套灌溉、排水和田间道路，提高土地生产力，有条件的地区加强农林特色产业发展，提高土地的产出效益，以促进退耕还林还草和现有林草植被的保护。

4. 维护和提高水土保持功能，改善生态

水土资源的保护与合理利用和经济社会发展水平密切联系，不同社会发展阶段和经济发展水平对于水土保持的需求差异明显。水土保持设施在不同自然和经济社会条件下发挥着不同功能，全国水土保持区划确定了水土保持基础功能包括水源涵养、土壤保持、蓄水保水、防风固沙、生态维护、防灾减灾、农田防护、水质维护、拦沙减沙和人居环境维护，并对三级区进行了功能定位。水土保持生态建设项目设计应根据不同分区的功能定位，本着维护和提高水土保持功能、改善生态的理念，确定防治目标、总体布局和措施体系。在经济发达的地区，尤应重视水源地保护、河道生态及人居环境整治与水土保持的结合，将清洁小流域作为一项维护和提高水质功能的重要措施。

14.1.1.2 生产建设项目

生产建设项目水土保持设计理念首先应是工程设计理念的组成部分，贯穿并渗透于整个工程设计中，对优化主体工程设计起到积极作用。在不影响主体运行安全的前提下，水土保持设计应充分利用与保护水土资源，加强弃土弃渣综合利用，应用生态学与美学原理，优化主体工程设计，力争工程设计和生态、地貌、水体、植被等景观相协调与融合。

1. 约束和优化主体工程设计

生产建设项目可行性研究阶段的水土保持方案编制是水土保持"三同时"制度的重要环节，体现水土保持对生产建设项目设计、施工、管理的法律规定和约束性要求，水土保持方案批复也是指导水土保持后续设计的纲领性文件。因此，水土保持设计首先应确立"约束与优化主体工程设计"的理念，即以主体工程设计为基础，本着事前控制原则，从水土保持、生态、景观、地貌、植被等多方面全面评价和论证主体工程设计各个环节的缺陷和不合理性，提出主体工程设计的水土保持约束性因素、相应设计条件及修改和优化意见与要求，重点是主体工程选址选线、方案比选、土石方平衡和调配、取料和弃渣场选址的意见和要求。

2. 优先综合利用弃土弃渣

弃土弃渣是生产建设项目建设生产过程中水土流失最主要的问题，也是水土保持设计的核心内容。特定技术经济条件下，弃土弃渣也可以成为具有某种利用价值的资源，因此，除通过工程总体方案比选和优化施工组织设计减少弃渣量外，在符合循环经济要求的条件下，强化弃土弃渣的综合利用，能够有效减少新增水土流失，且比被动地采取拦挡防护措施更为经济和环保。如煤炭开采过程中的弃渣——煤矸石、中煤、煤泥等低热值燃料，可以通过技术手段用于发电，也可用于制砖、水泥、陶粒或作为混凝土掺合料；水利水电工程及公路铁路工程建设中，弃土弃石可在本工程或其他工程建设中回填利用，或加工成砂石料和混凝土骨料，或回填于荒沟、废弃砖场及采砂坑，甚至还可以通过工程总体规划，充分利用弃渣就势置景，使弃渣场成为景观建设的组成部分。因此，水土保持设计中应优先考虑弃土弃渣综合利用，提出相应意见与建议，并在主体工程设计中加以考虑。

3. 节约和利用水土资源

(1) 节约和利用土地资源。生产建设项目在建设和生产期间需压占大量土地资源，应树立"节约和利用土地资源"，特别保护耕地资源的理念，充分协调规划、设计、施工组织、移民等专业，通过优化主体工程布局和建（构）筑物布置及施工组织设计，重点是优化弃渣场布设，并通过弃渣综合利用、取料与弃渣场联合应用等手段，尽可能减少占压土地面积。同时，对工程建设临时占用土地应采取整治措施，恢复土地的生产力。如青藏铁路通过设立固定取弃土场、限制取土深度、料场与弃土场的联合运用等措施，大大减少了弃土场数量和占地面积，有效保护了沿线植被和景观。山西潞安矿业（集团）有限责任公司司马矿对排矸场进行覆土后绿化，尽可能恢复土地和植被。

(2) 保护和利用表土资源。土壤与植被是水土流失及其防治的关键因素。形成 1cm 厚土壤需要 200～400 年，从裸露的岩石地貌到形成具有生物多样性丰富和群落结构稳定的植物群落则需更长的时间，有的

甚至需用上万年，因此保护和利用土壤，特别是表土资源，是水土保持设计核心理念之一。在生产建设过程中，根据土壤条件，结合现实需求，将表层土壤剥离、单独堆放并进行防护，为整治恢复扰动和损毁地表提供土源，避免为整治土地而增加建设区外取土量，既可减少土地和植被破坏，控制水土流失，又可节约建设资金。

(3) 充分利用降水资源。生产建设过程中土石方挖填不仅改变区内的地形和地表物质组成，而且平整、硬化等人工再塑地貌会导致径流损失加大，破坏了局地正常水循环，加大了降水对周边区域的冲刷。因此，通过拦蓄利用或强化入渗等措施，充分利用降水资源，也是一项重要的水土保持设计理念。在水资源紧缺或降雨较少的地区，采取拦集蓄引设施，充分收集汛期的降水，用于补灌林草，既提高成活率和生长量，又节约水资源，降低运行养护成本。在降雨较多的地区，采用强化入渗的水土保持措施，能够改善局地水循环，减少对工程建设本身及周边的影响；有条件的地区，利用引流入池，建立湿地，净化水质，做到工程建设与水源保护、生态环境改善相结合。

4. 优先保护利用与恢复植被

(1) 保护和利用植被。工程设计中，要树立"保护和利用植被"的理念，特别是生态脆弱的高原高寒和干旱风沙地区，植物一旦破坏将难以恢复。应通过选址选线、总体方案比较、优化主体工程布置等措施保护植被。青藏铁路将剥离后的草皮专门存放并洒水养护，等土方工程完成后再覆盖到裸露面，保护和利用高原草甸；溪洛渡水电站在建设过程中，将淹没区需要砍伐的树木提前移植出来进行假植，为将来建设区植被恢复准备苗木，既保护了林木，又节约了绿化方面的资金；云南省某公路建设根据当地地形地貌条件，增加桥梁、隧道的比重，大大减少了植被破坏，水土保持效果明显。

(2) 保障安全和植被优先。植物是生态系统的主体，林草措施是防治水土流失的治本措施，林草不仅可以自我繁殖和更新，而且可以美化环境，达到人与自然和谐的目的。传统混凝土挡墙、浆砌石拦渣坝、锚杆挂网喷混凝土护坡等硬防护措施既不美观，也不环保，对重建生态和景观更是无从谈起。因此，生产建设项目设计应在确保稳定与安全的前提下，从传统工程设计逐步向生态景观型工程设计发展。从水土保持角度而言，工程设计应在保证工程安全的前提下，依据生态学理论，确立"优先恢复植被"理念，坚持工程措施和植物措施相结合，着力提高林草植被恢复率和林草覆盖率，改善生态和环境。近

年来，我国在边坡处理领域已逐步形成了植物与工程有机结合、安全与生态兼顾、类型多样的技术措施体系。如：渝湛高速公路采用三维网植草生态防护碟形边沟代替传统砌石边沟，排水沟与周围的自然环境更协调；大隆水利枢纽电站厂房后侧高陡边坡采用植物护坡措施。当前正在有更多的水利水电枢纽工程高陡边坡采用植物护坡措施代替传统的工程护坡措施。

5. 恢复和重塑生态景观

(1) 充分利用植物措施重建生态景观。植物措施设计是生态景观型工程设计的灵魂。对工程区各类裸露地进行复绿，与主体工程及周边生态景观相协调是水土保持设计极为重要的理念。生产建设项目水土保持设计应充分利用植物的生态景观效应，在充分把握主体建（构）筑物的造型、色调、外围景观（含水体、土壤、原生植物）等基础上，统筹考虑植物形态、色彩、季相、意境等因素，合理选择和配置植物种及其结构，辅以园林小品，使得植物景观与主体建筑景观相协调，形成符合项目特点、给予工程文化内涵、与周边环境融和的景观特色或主题。景观设计中还可应用"清、露、封、诱、秀"等景观手法，从宏观上优化提升整体景观效果。在植物措施配置上，要求乔、灌、草合理配置，注重乡土植被。植物搭配可营造生物多样且稳定的群落，充分发挥不同植物的水土保持作用，最大限度地防治水土流失，同时也可丰富生态景观。

(2) 人与自然和谐相处，实现近自然生态景观恢复。随着经济社会发展，人们对生态文明的要求越来越高，从发展趋势看，应在工程总体规划与设计中，树立人与自然和谐、工程与生态和谐的理念，实现近自然生态景观恢复。要利用原植物景观，使工程与周边自然生态景观相协调，最终达到人与自然和谐相处的目的。传统的工程追求整齐、光滑、美观、壮观，突出人造奇迹。如河道整治等工程，边坡修得三面光，呈直线形，既不利于地表和地下水分交换、动植物繁衍，陡滑的坡面也不利于乔木、灌木生长和人、水、草相近相亲。在确保稳定前提下，开挖面凸凹不平，便于土壤和水分的保持，有利于植物生长，恢复后的景观自然和谐。排水沟模拟自然植物群落结构的植被恢复方式，生态水沟代替浆砌石水沟及坡顶（脚）折线的弧化处理等，更贴近自然。

14.1.2 水土保持工程设计原则

14.1.2.1 确保水土流失防治基本要求，保障工程安全

《中华人民共和国水土保持法》规定任何单位或个人都有保护水土资源、预防和治理水土流失的义务。

对于生态建设项目，工程主要建设目标涉及水土流失治理、耕地资源保护、水源涵养、减轻山地和风沙灾害、改善农村生产生活条件等方面，主要指标包括水土流失治理程度、水土流失控制量、林草覆盖率、人均基本农田等。从维护和改善水土保持功能角度出发来确定生态建设项目防治标准和目标是发展趋势。

生产建设项目以扩大生产能力或新增工程效益为特定目标，但在实现其特定目标时必须确保水土流失防治的基本要求，重点水土流失防治目标涉及水土流失治理、表土资源保护、弃渣拦挡、林草植被恢复与建设等方面，主要指标包括水土流失治理度、土壤流失控制比、渣土防护率、表土保护率、林草植被恢复率、林草覆盖率等，应依据规范要求分别执行相应防治标准等级和指标值。

在满足水土流失基本要求的同时，必须保障工程安全。首先是保障主体工程构筑物和设施自身安全，并对周边区域的安全影响控制在标准允许范围内；其次水土保持工程或设施也应符合上述安全要求，应严格按照工程级别划分与设计标准的规定进行设计，对于淤地坝、拦沙坝、拦渣坝、防洪排导工程、斜坡防护工程等必须满足相应规范给定的防洪排水及稳定安全要求。

14.1.2.2 坚持因地制宜，因害设防

坚持"因地制宜，因害设防"，不仅适用于小流域综合治理，也同样适用于生产建设项目水土保持。所谓"因地制宜"就是根据项目所在地理区位、气候、气象、水文、地形、地貌、土壤、植被等具体情况，合理布设工程、植物和临时防护措施。不同区域工程的措施设计在满足设防标准要求的前提下，工程地质条件、建筑材料及施工组织设计的地域性要求更强。植物措施尤其要注重"因地制宜"原则，这是我国幅员辽阔、气候类型多样、地域自然条件差异显著、景观生态系统呈现明显的地带性分布特点所决定的，应按照适地（生境）适树（草）的基本原则，合理选择林草种，提高林草适应性，保证植物生长、稳定和长效。所谓"因害设防"就是指系统调查和分析项目区水土流失现状及其危害，采取相对应的综合防治措施。对于生产建设项目则还要对主体工程设计进行分析评价，分析预测项目可能产生的水土流失及其危害，与主体设计中已有措施相衔接，形成有效的水土流失综合防治体系。

14.1.2.3 坚持工程与植物相结合，维护生态和植物多样性

坚持工程措施与植物措施相结合，是水土保持工程区别于一般土木工程的最大特点。生态建设项目注重林草措施，并兼顾经济效益，与农村产业和特色农业发展相结合，注重经济林、草、药材、作物的开发与利用，合理配置高效植物，加强水土保持与资源开发利用建设，充分发挥水土保持设施的生态效益和经济效益；生产建设项目则注重通过工程与林草措施合理配置，使得项目区景观和周边生态相协调，在防治水土流失的同时恢复和改善项目区的生态环境，营造良好生境。水土保持工程本质上是一项生态工程。因此，水土保持工程要从生态角度出发，注重工程措施与林草措施的结合，合理巧妙运用林草措施，寓林草设计于工程设计，同时合理配置乔、灌、草，既维护生态和植物多样性，提升项目区生态功能，又使工程与周边植物绿色景观协调。

14.1.2.4 坚持技术可行，经济合理

经济合理是任何建设项目立项建设的先决条件。不论是生态项目还是生产建设项目，项目的产出和投入都必须符合国家有关技术规定和经济政策的要求。因此，工程设计要确立技术可行和经济合理的原则，在满足有关安全、环保、社会稳定要求的前提下，以期实现项目效益的最大化。水土保持生态建设项目工程措施多小而分散，必须本着经济实用、实施简单、操作方便、后期维护成本低的原则进行设计；植物措施特别是经济林果应按照适应性强、技术简便易行、经济效益高的原则进行设计。对于生产建设项目更要关注其工程成本与防治效果，努力做到费少效宏。例如，有选择地保护剥离表层土，留待后期植被恢复时使用；提高主体工程开挖土石方的回填利用率，加强弃土弃渣的综合利用，以减少工程弃渣；临时措施与永久防护措施相结合，做到经济节约；通过水土保持总体方案及主要措施布置比选，选择取料方便、省时省工、费少效宏的工程设计方案。

14.2 工程类型与结构

14.2.1 工程类型

14.2.1.1 梯田工程

梯田是一种沿等高线修成阶台式或坡式断面的田地，可以改变地形坡度，拦蓄雨水，增加土壤水分，防治水土流失。梯田按断面形式分为水平梯田、坡式梯田、隔坡梯田三大类。按田坎建筑材料可分为土坎梯田、石坎梯田、混凝土坎梯田等型式。

14.2.1.2 淤地坝工程

淤地坝是指在多泥沙沟道修建的以控制侵蚀、拦泥淤地、减少洪水和泥沙灾害为主要目的的工程设施，其总库容不大于 500 万 m^3，坝高不超过 30m，一般由坝体、溢洪道、放水建筑物三部分组成。淤地坝按筑坝材料和施工方法的不同可分为夯碾坝、水力冲填坝、定向爆破坝、堆石坝、干砌石坝和浆砌石坝等；按坝的用途不同分为缓洪骨干坝和拦泥生产坝等。

14.2.1.3 拦沙坝工程

拦沙坝是以拦蓄山洪泥石流沟道中固体物质为主要目的的拦挡建筑物，多修建在主沟或较大的支沟内，坝高多在 5m 以上。主要适用于南方崩岗治理，以及土石山区多沙沟道的治理。按结构型式不同，主要分为重力坝和拱坝两种；按建筑材料不同，又可以分为土坝、干砌石坝、浆砌石坝、混合坝、铁丝石笼坝等类型。

14.2.1.4 塘坝和滚水坝工程

滚水坝和塘坝主要用于拦蓄山丘间的泉水和小洪水，通过壅高水位和汇集水量，以方便自流或抽水供水，供水对象可以是小型灌区，也可以是人畜饮水等。滚水坝和塘坝都应该进行水量平衡，并通过兴利调节计算确定工程规模。

1. 滚水坝

滚水坝是以抬高沟道上游水位、固定沟床、灌溉为主要目的的一种高度较低的挡水建筑物。主要是用于拦蓄山丘间的泉水和小洪水，以集蓄库容、壅高水位，以便自流灌溉或抽灌，同时也具有抬高侵蚀基准、控制沟床下切的作用。滚水坝多为浆砌石重力坝的结构型式。

2. 小型塘坝（山塘）

小型塘坝是在山区或丘陵地区修筑的一种小型蓄水工程，拦截和贮存当地地表径流蓄水量不足 10 万 m^3 的蓄水设施，多用于农业灌溉或农村供水。塘坝顶高程应高于塘内正常最高蓄水位 1.0~1.5m。塘坝坝体可以是土石坝，也可以是砌石坝和混凝土坝。

14.2.1.5 沟道滩岸防护工程

沟道滩岸防护工程是指为了抵抗水流冲刷，防止河流侧向侵蚀及因河道局部冲刷而造成的坍岸等灾害，保滩固堤，保护生产建设项目、周边农田及城镇村庄等设施的安全而修建的保护工程设施。

沟道滩岸防护工程类型主要有坡式护岸、坝式护岸和墙式护岸三种。其中，坡式护岸是在枯水位以下采用抛石、石笼、柴枕等型式护脚，上部采用干砌石、浆砌石、植被等形式护坡；坝式护岸有丁坝、顺

坝两种型式；墙式护岸临水面采用直立式，背水面为直立式、斜坡式、折线式、卸荷台阶式或其他型式。

14.2.1.6 坡面截排水工程

坡面截排水工程的主要作用是将坡面径流排导进入沟渠河流或引入贮水建筑物，控制侵蚀、防涝，保护坡面或者农田等，包括截流沟、排水沟、蓄水沟、沉沙池、蓄水池等设施。按所处空间，坡面截排水工程可分为地面排水工程和地下排水工程。地面排水工程按蓄水排水要求，可分为多蓄少排型、少蓄多排型和全排型。地面排水工程中的截水沟按其功能，可分为蓄水型和排水型。坡面截排水工程以土质结构、砌石结构和混凝土结构为主。

14.2.1.7 弃渣场及拦挡工程

工程建设中对不能利用的开挖土石方、拆除混凝土或其混合物所选择的处置或堆放场地等总称为弃渣场。弃渣场按地形条件、与河（沟）相对位置、洪水处理方式等，可分为沟道型、临河型、坡地型、库区型等。对应不同的渣场类型将拦渣工程分为挡渣墙、拦渣堤、围渣堰和拦渣坝。

1. 挡渣墙

挡渣墙是为防止渣体失稳或坡面滚渣发生水土流失而修建于堆渣坡脚的拦挡建筑物。按断面结构型式及受力特点可分为重力式、衡重式、悬臂式、扶臂式等，常用型式为重力式和衡重式。

2. 拦渣堤

拦渣堤是为防止临河（沟）型弃渣场渣体失稳、堆渣坡脚被冲刷、坡面滚渣发生水土流失而修建于堆渣坡脚的拦挡建筑物。按拦渣堤断面几何形状及受力特点，可分为重力式、衡重式、悬臂式、扶臂式等，按建筑材料又可分为土石堤、砌石堤、混凝土或钢筋混凝土堤及新型材料堤等。

3. 围渣堰

围渣堰是为防止平地型渣场渣体失稳而修建于渣脚的一种封闭式拦挡建筑物。按筑堰材料不同可分为土围渣堰、土石围渣堰、砌石围渣堰等。

4. 拦渣坝

拦渣坝是修筑于沟道中用于拦蓄弃渣的建筑物。拦蓄弃渣的目的是防止弃渣进入河道。修建拦渣坝，应妥善处理上游及周边来水，防止山洪引发泥石流。

常用的拦渣坝为重力坝和土石坝，一般采用低坝（以 6～15m 为宜，一般不超过 30m）。根据上游洪水处理方式，可分为截洪式拦渣坝和滞洪式拦渣坝。

（1）截洪式拦渣坝。截洪式拦渣坝仅拦渣不滞洪，渣体上游的沟道洪水通过排洪涵洞等措施进行排导，坝体不承担挡洪作用。按建筑材料的不同，可以

将截洪式挡渣坝分为混凝土拦渣坝、砌石坝、土石坝等类型。

1）混凝土拦渣坝。坝型多为重力坝，适用于堆渣量大、基础为岩石、岸坡相对稳定的截洪式弃渣场，具有机械化施工便捷、运行维护简单、排水设施布设方便等优点，缺点是筑坝造价相对较高。

2）砌石坝。坝身主要用石料砌筑而成，以浆砌石坝为主。浆砌石坝具有结构简单、主要材料可就地取材或取自弃渣、施工技术简单、维护方便等特点。

3）土石坝。土石坝是由土料、石料或土石混合料经过碾压等方法堆筑而成。坝体材料以土和砂砾为主的，称为土坝；以石渣、卵石、爆破石料等为主的，称为堆石坝；当两类当地材料均占相当比例时，称土石混合坝。

碾压堆石拦渣坝是一种典型的土石坝，主要是用碾压机具将砂、砂砾石和石料等建筑材料或经筛选后的弃石渣分层碾压后建成的一种用于拦挡渣体的建筑物。

（2）滞洪式拦渣坝。滞洪式拦渣坝是指坝体具有拦渣作用，又有滞蓄上游洪水作用的拦挡建筑物，其设计原理与一般水工挡水建筑物相同。按建筑材料的不同，可以将滞洪式挡渣坝分为混凝土坝、浆砌石坝和土石坝等类型。按坝型可分为重力坝和土石坝，重力坝采用坝顶溢流泄洪，土石坝需设专门的溢洪道或其他设施（竖井等）排泄洪水。

14.2.1.8 土地整治工程

土地整治系指对低效利用、不合理利用、未利用以及生产建设活动和自然灾害损毁的土地进行整治，是提高土地利用效率的活动，包含了土地整理、土地复垦和土地开发三项内容。土地整理是指采用工程、生物等措施，对田、水、路、林、村进行综合整治，增加有效耕地面积，提高土地质量和利用效率，改善生产、生活条件和生态环境的活动；土地复垦是指采用工程、生物等措施，对在生产建设过程中因挖损、塌陷、压占造成破坏、废弃的土地和自然灾害造成破坏、废弃的土地进行整治，恢复利用的活动；土地开发是指在保护和改善生态环境、防止水土流失和土地荒漠化的前提下，采用工程、生物等措施，将未利用土地资源开发利用的活动。采取的常用措施有生态建设项目常用的引洪漫地、引水拉沙和生产建设项目常用的表土剥离及堆存、扰动占压土地的平整及翻松、表土回覆、田面平整和犁耕、土壤改良以及灌溉设施等。

引洪漫地工程由引洪渠首、引洪渠系和田间工程组成，主要适用于干旱、半干旱地区的多沙输沙区。根据洪水来源分为引坡洪、路洪、沟洪和河洪漫地 4

755

种类型。

引水拉沙工程适用于有水源条件且地面沙土覆盖层较厚的风沙地区，或河流滩地的整沙造地工程。由引水渠、蓄水池、冲沙壕、围埝、排水口等部分组成。

14.2.1.9 支毛沟治理工程

支毛沟治理工程是固定沟床、防治或减轻山洪及泥石流危害而在支毛沟沟道中修筑的水土保持工程。主要适用于我国北方山地区、丘陵区、高塬区和漫川漫岗区以及南方部分沟蚀严重地区。主要包括沟头防护、谷坊、埝带、削坡、秸秆填沟和暗管排水等。

1. 沟头防护

防止因径流集中下泄冲淘引起沟头前进、沟底下切和沟岸扩张，保护坡面、塬面不受侵蚀的水土保持工程措施，分为蓄水式沟头防护工程和泄水式沟头防护工程两类。

（1）蓄水式沟头防护工程。在黄河中游黄土地区采用比较普遍，分连续式拦水沟埝、断续式拦水沟埝和埝墙涝池式等三种型式。

（2）泄水式沟头防护工程。当沟头以上地形和土质不宜修筑蓄水式沟头防护工程时，可采用泄水工程将沟头上方来水直接宣泄入沟，一般可分悬臂式和台阶式两种。

2. 谷坊

谷坊又名防冲坝、沙土坝、闸山沟等，是水土流失地区沟道治理的一种主要工程措施，多布置在小支沟、冲沟或切沟上，起到截流固床护岸作用。

根据建筑材料不同，谷坊可分为土谷坊、干砌石谷坊、枝梢谷坊、插柳谷坊、浆砌石谷坊、竹笼装石谷坊、木料谷坊、混凝土及钢筋混凝土谷坊等类型；按使用年限不同，分为永久性谷坊和临时性谷坊两类；按谷坊的透水性质，又可分为透水性谷坊和不透水性谷坊。

3. 埝带

埝带护沟适用于东北黑土区，主要分布在低洼侵蚀沟。对侵蚀沟进行修坡整形后，在沟底每隔一定距离横向砌筑1条活草埝带（根据需要由沟底到沟沿可逐渐变窄），插柳不种草水土保持效果更好，春秋两季都可实施。主要措施及工艺如下：

（1）剥离表土，沟道整形。先用推土机将沟边的表土推至一旁，将生土推向沟底，使V形沟变成宽浅式U形沟，回填的生土要达到原沟深的2/3，再将表土回填、铺匀，并碾压夯实。

（2）开挖沟槽，砌筑埝带。从沟头开始每隔15～50m，横向用推土机在沟底推（挖）出沟槽，沟槽为U形沟宽，宽约2.4m（推土机铲宽），深约0.35m。

沟槽内砌筑埝块，砌筑前必须夯实底土，相邻埝块错缝砌筑；埝块规格：长约0.35m，宽约0.2m，厚约0.2m。埝块面覆土2～5cm，并充填埝块之间的空隙，用土压实埝带边缘。埝块要随挖随砌，确保草埝的成活。

（3）插柳种草，植物覆盖。在埝带间的空地及埝块上插植柳条、种草，插柳密度为2株/m²，撒播草籽50kg/hm²，形成林草防冲带，以达到固持沟底、防止冲刷的目的。

4. 削坡

削坡措施主要适用于东北黑土区和南方崩岗区。东北黑土区布设在沟坡较陡（坡角>35°），且植被较少，或沟坡不规整、破碎的侵蚀沟；南方崩岗区布设的适宜条件是崩壁高且陡，崩口四周有一定削坡余地，通过削坡治理才能达到稳定坡面。削坡形式主要有直线形、折线形两种，大型侵蚀沟可采取阶梯形削坡。

5. 秸秆填沟

秸秆填沟是对侵蚀沟进行削坡整形后，在沟底铺秸秆捆，覆盖表土，沿沟横向挖沟筑埝，提高地表水下渗能力。用于治理分布在坡耕地中，且沟深大于1m的侵蚀沟。

6. 暗管排水

沟道上游汇水面积大，坡面径流量大，且流速快、汇流难以在短时间内排除，易产生侵蚀沟或加速侵蚀沟发展的情况下，结合沟头防护、谷坊等治沟措施在沟底埋设排水管，使一部分地表径流由地下排出，地表径流分别由地面、地下排出，减少坡面径流对沟道的侵蚀。暗管排水进入明沟处应采取防冲措施，以防止冲刷沟道。

（1）排水暗管设计流量计算。排水暗管设计流量可按式（14.2-1）、式（14.2-2）计算：

$$Q = CqA \qquad (14.2-1)$$

$$q = \frac{\mu\Omega(H_0 - H_t)}{t} \qquad (14.2-2)$$

式中　Q——排水暗管设计流量，m³/d；

　　　C——排水流量折减系数，可从表14.2-1查得；

　　　q——地下水排水强度，m/d；

　　　A——排水管截面面积，m²；

　　　μ——地下水面变动范围内的土层平均给水度；

　　　Ω——地下水面形状校正系数，取0.7～0.9；

　　　H_0——地下水位降落起始时刻排水地段的作用水头，m；

H_t——地下水位降落到 t 时刻排水暗管排水地
段的作用水头，m；

t——设计要求地下水位由 H_0 到 H_t 的历
时，d。

表 14.2-1 排水流量折减系数 C

排水控制面积/hm²	≤16	16～50	50～100	>100～200
排水流量折减系数 C	1.00	1.00～0.85	0.85～0.75	0.75～0.65

（2）排水管内径计算。排水管内径按式（14.2-3）计算：

$$d = 2(nQ/\alpha\sqrt{i})^{3/8} \quad (14.2-3)$$

式中　d——排水管内径，mm，一般不小于 80mm；

n——管内壁糙率，可从表 14.2-2 查得；

α——与管内水充盈度 a 有关的系数，可从表 14.2-3 查得；

i——管的水力比降，可采用管线的比降。

排水管道的比降 i 应满足管内最小流速不低于 0.3m/s 的要求。管内径 d≤100mm 时，i 可取 1/300～1/600；d>100mm 时，i 可取 1/1000～1/1500。

表 14.2-2　　排水管内壁糙率 n

排水管类别	陶土管	混凝土管	光壁塑料管	波纹塑料管
内壁糙率 n	0.014	0.013	0.011	0.016

表 14.2-3　　系数 α 和 β 取值

a	0.60	0.65	0.70	0.75	0.80
α	1.330	1.497	1.657	1.806	1.934
β	0.425	0.436	0.444	0.450	0.452

注　管内水的充盈度 a 为管内水深与管的内径之比值。管道设计时，可根据管的内径 d 值选取充盈度 a 值：当 d≤100mm 时，取 a=0.6；当 d=100～200mm 时，取 a=0.65～0.75；当 d>200mm 时，取 a=0.8。

（3）排水暗管平均流速。排水暗管平均流速按式（14.2-4）计算：

$$v = \frac{\beta}{n}\left(\frac{d}{2}\right)^{2/3}i^{1/2} \quad (14.2-4)$$

式中　v——排水暗管平均流速，m/s；

β——与管内水的充盈度 a 有关的系数，可从表 14.2-3 查得。

（4）管道外包滤料。排水暗管周围应设置外包滤料，其设计要求如下：

1）外包滤料的渗透系数应比周围土壤大 10 倍以上。

2）外包滤料宜就地取材，选用耐酸、耐碱、不

易腐烂、对农作物无害、不污染环境、方便施工的透水材料。

3）外包滤料厚度可根据当地实践经验选取。散铺外包滤料压实厚度，在土壤淤积倾向较重的地区，不宜小于 8cm；在土壤淤积倾向较轻的地区，宜为 4～6cm；在无土壤淤积倾向的地区，可小于 4cm。

（5）出口护砌。暗管排水进入明沟处应采取防冲措施——石笼干砌石护砌，干砌石厚 0.30m，碎石厚 0.10m，下铺土工布，防止沟道冲刷。

（6）施工。

1）挖沟槽。沿侵蚀沟沟底挖沟槽，沟头部位沟槽深为管径加 0.5m；沟尾（管道出口段）不挖沟槽，沟槽宽为管径加 0.5m。

2）铺设排水暗管。将排水暗管从沟头铺到沟尾，管上半部钻直径为 3mm、间距为 50mm 的导水管，管周围用粗砂砾、砂卵石、麦秸、稻草等外包滤料回填至原沟底线（砂卵石效果较好），覆土压实。

3）护砌。排水管出口处护砌，先进行表面处理，铺设土工布、干砌石 0.30mm、碎石 0.10mm，表面罩石笼网。

14.2.1.10　小型蓄水工程

小型蓄水工程包括蓄水池、水窖（窑）、涝池和雨水集蓄利用等工程。这类工程主要是将坡面径流及地下潜流拦蓄起来，减少水土流失危害，同时可以解决农村人畜用水、小面积浇灌等问题。

1. 蓄水池

蓄水池是人工修建，可防渗的蓄水设施，分为开敞式和封闭式两大类。蓄水池按材料可以分土池、浆砌条石池、浆砌块石池、砖砌池和钢筋混凝土池等；按形状分为圆形池、矩形池和椭圆形池等类型。

2. 水窖

水窖是修建于地下，用以蓄集雨水的罐状（缸状、瓶状等）容器，由进水道、沉沙池、窖筒、窖台、窖身等组成。根据结构型式，可分为井窖、窑窖、竖井式圆弧形混凝土水窖和隧洞形浆砌石窖等；根据防渗材料，水窖分为黏土水窖、水泥砂浆薄壁水窖、混凝土盖碗水窖、砌砖拱顶薄壁水泥砂浆水窖等。

3. 涝池

涝池是在干旱地区，为充分利用地表径流而修筑的蓄水工程。涝池多为土质，大型涝池采用料石（或砖、混凝土板等材料）衬砌。

4. 雨水集蓄利用工程

雨水集蓄利用工程多应用于非城镇建设项目区，以收集蓄存坡面、路面及大范围地面雨水为主，是西

北地区的小流域综合治理和解决人畜饮水的一项重要措施，应用广泛；建筑小区及管理场站雨水收集回用工程主要应用于城镇项目建设区或工程管理场站院内，以收集蓄存场区范围内屋顶、绿地及硬化铺装地面的径流。

14.2.1.11　防风固沙工程

对修建在沙地、沙漠或戈壁等风沙区的生产建设项目遭受风沙危害或引起的土地沙化、荒漠化，必须采取以防风固沙为目的的水土保持措施，建立相应的防风固沙防治体系。防风固沙工程可以分为植物固沙措施和工程固沙措施。

1. 植物固沙措施

植物固沙措施主要是通过人工栽植乔木、灌木或种草，以及封禁治理等手段，提高项目区植被覆盖率，以达到防风固沙的目的。

2. 工程固沙措施

工程固沙措施是通过采取沙障、砾质土覆盖、化学物质等抑制风沙流的形成，达到防风固沙的目的。

沙障一般是采用作物秸秆、活性沙生植物的枝茎、黏土、卵石、砾质土、纤维网、沥青乳剂或高分子聚合物等在沙面上设置各种形式的障碍物或铺压遮蔽物，平铺或直立于风蚀沙丘地面，以增加地面糙度，削弱近地层风速，固定地面砂粒，减缓和制止沙丘流动，从而起到固沙、阻沙、积沙的作用。

14.2.1.12　斜坡防护工程

斜坡防护工程是指对不稳定斜坡、岩体、土体所采取的防护性工程措施，主要包括削坡开级工程、砌石护坡工程、混凝土护坡工程、综合护坡工程等。

1. 削坡开级工程

削坡主要是削掉边坡上的非稳定体部分，减缓坡度，保持坡体稳定；开级是通过开挖边坡，修筑成阶梯或平台，以截短坡长，改变坡型、坡度、坡比，维持边坡稳定。

边坡的形式因边坡组成物、高度、土体的物理力学性质不同而各异。

（1）土质边坡削坡开级分为直线形、折线形、阶梯形和大平台形等 4 种形式。

1）直线形就是从上至下削成同一坡度，使削坡后的坡度变缓，达到该类土质的稳定坡度。直线形适用于高度小于 20m、结构紧密的均值土坡，或高度小于 12m 的非均质土坡。

2）折线形重点对上部边坡进行削坡，削坡后变坡点上部较缓、下部相对较陡。折线形适用于高度 12～20m、结构相对松散的土坡，特别适用于上部结构较松散、下部结构紧密的土坡。上、下部的高度和

坡比，应根据土质结构确定，以削坡后能保证稳定安全为原则。

3）阶梯形削坡就是对非稳定边坡进行开级，形成多级"边坡＋马道"，台坡相间以保证土坡稳定。每一级边坡的高度和马道宽度，应根据当地土质及当地暴雨径流情况确定。阶梯形适用于高度 12m 以上、结构较松散，或高度大于 20m、结构较紧密的均质土坡。

4）大平台形通常是开挖在高土质边坡的中部，形成宽 4m 以上的平台。适用于高度大于 30m，或地震基本烈度在Ⅷ度以上的高烈度地区的边坡。平台具体位置与尺寸，需根据土质及边坡高度等情况分析确定。

（2）石质边坡的削坡开级适用于坡度直立或坡面呈凹凸形，存在软弱夹层的非稳定边坡。岩质边坡除坡面岩质坚硬、不易风化外，一般要求削坡后的坡比缓于 1∶1。石质边坡坡面削坡应留出间距 3～5m、宽度 1～2m 的齿槽。齿槽上方修筑排水明沟和渗沟，一般深 10～30cm，宽 20～50cm。相应的马道宽度不宜小于 1.5m。

2. 砌石护坡工程

砌石护坡主要有干砌石护坡和浆砌石护坡两种。

（1）干砌石护坡。

1）坡面较缓（坡度在 1∶2.5～1∶3.0 之间）、受水流冲刷较轻的稳定土坡或土石混合堆积体边坡，可采用单层干砌块石护坡或双层干砌块石护坡。

2）边坡因雨水冲刷而导致可能出现溜坍、剥落等现象时，可采用干砌块石护坡。

3）干砌石护坡的坡度，应根据防护对象土体的结构性质而定，土质坚实的砌石坡度可陡些，反之则缓些。

（2）浆砌石护坡。

1）坡度较陡，或坡面位于沟岸、河岸，下部可能遭受水流冲刷，且水流冲击力强烈，宜采用浆砌石护坡。

2）浆砌石护坡含面层和起反滤作用的垫层，面层铺砌厚度为 25～35cm；垫层分单层和双层两种，单层厚 5～15cm，双层厚 20～25cm。原坡面为砂、砾、卵石时，可不设垫层。

3）对长度较大的浆砌石护坡，应沿纵向间隔10～15m 设置一道宽约 2cm 的伸缩缝，并用沥青砂浆或沥青木条填塞。

3. 混凝土护坡工程

在边坡坡脚可能遭受洪水冲刷的陡坡段，可采用混凝土或钢筋混凝土护坡，必要时需要加锚固定。

（1）常用的混凝土强度等级有 C15、C20、C25等。可根据坡面可能遭受水流冲刷强烈程度选用，一

般是冲刷强烈程度越严重，护坡的混凝土等级越高。

（2）边坡在1：1～1：1.05之间，高度小于3m的坡面，采用现浇混凝土或混凝土预制块护坡，砌块长宽均为30～50cm；边坡陡于1：0.5的坡面，应采用钢筋混凝土护坡。

（3）坡面有涌水现象时，应用粗砂、碎石或砂砾等设置反滤层。涌水量较大时，需修筑盲沟排水。盲沟水平设置于涌水处下端，宽20～50cm，深20～40cm。

（4）为防止因边坡不均匀沉陷和温度变化引起护坡裂缝，需根据地形、气候条件及弃渣岩土力学性质等，设置伸缩缝和沉降缝，缝内常填塞沥青麻絮、沥青木板、胶泥或其他止水材料。

4. 综合护坡工程

综合护坡工程是指将植被防护技术与工程防护技术有机结合起来，实现共同防护的护坡方法，通常用干/浆砌片（块）石或混凝土等形成框格骨架，也可采用宾格、预制高强度混凝土块等铺面做成护垫，之后在框格内、护垫表面植草或栽植低矮灌木。综合护坡能充分发挥植物防护与工程防护的优点，护坡效果好。根据工程防护材料的不同，主要分为框格护坡、格宾护坡、联锁式护坡等综合护坡形式。

（1）框格护坡。

1）作用。框格护坡主要是用干砌石、浆砌石、混凝土等材料在人工开挖的软质边坡面上，按方形、菱形、人字形、弧形干砌或浆砌形成骨架，并在框格内结合铺草皮、三维土工网、土工格室、喷射混凝土等方法进行防护，以减少地表水对坡面的冲刷，减少水土流失，从而达到护坡和保护环境的目的。该方法在铁路、公路等边坡防护和路堤防护中已经得到广泛应用。

2）特点。框格护坡技术具有布置机动灵活、格构形式多样、截面调整方便、与坡面密贴、可随坡就势等优点。框格内视情况可种植花草绿化美化，或挂网、喷射混凝土进行防护，也可用现浇混凝土板进行加固。

3）运用条件。框格护坡适用性强，适用于各类土质边坡及渣场边坡。强风化边坡应用时要求边坡深层必须稳定。坡面较稳定且边坡较缓的坡体，可采用浆砌石框格；坡面条件较差且边坡较高的，则需采用钢筋混凝土框格；对于稳定性很差的高陡岩石边坡，需布设锚杆或预应力锚杆加固坡体，增强框格抗滑力，保持整体的稳定性。

（2）格宾护坡。格宾是生态格网结构的一种，是近年来广泛运用于交通、水利及水土保持等工程项目中的一种新型材料结构。一般是采用专门设备，遵照相关国际标准，将低碳钢丝或铅丝等制成六边形双绞金属网面，进而将金属网面制成箱体结构，并在内填充符合相关要求的块石或鹅卵石，以达到冲刷防护的目的。与传统护坡结构相比，格宾护坡具有安全性、高效性、环保及施工便捷等优点。

（3）连锁式护坡。连锁式护坡是一种新型连锁式混凝土预制块相互连锁组成的铺面系统，采用一组尺寸、形状和重量一致的混凝土预制块相互连接而形成的连锁结构。

连锁式护坡专门为明渠及受低中型波浪作用的边坡提供有效、耐久的边坡防护。由于采用独特的连锁设计，每个预制块与周围的6个块产生超强连锁，使得铺面系统在水流作用下保持良好的整体稳定性。同时，随着植被在砖孔中生长，一方面提高了铺面的耐久性和稳定性，另一方面起到增加植被、美化环境的作用。

连锁式护坡具有密实度好、强度高、抗冲击能力强、整体稳定性强、抗腐蚀、持久耐用、可重复使用又能恢复生态、提升环境景观等优点，被广泛应用于河岸、河堤、防洪溢洪道等工程以及城市河道护坡改造工程中。

14.2.1.13 防洪排导工程

防洪排导工程的作用是，防止山洪或泥石流等地质灾害危害附近房屋、工矿企业、道路及农田等具有重大经济意义的防护对象。应根据洪水和危害程度等情况，分别采取不同的防洪排导工程，主要包括拦洪坝、排洪工程、泥石流排导工程等。

1. 拦洪坝

拦洪坝是布置在沟道或河道，用以拦沙蓄水，防洪减灾，保障项目区生产建设安全的挡水建筑物，被拦截的来水通过隧洞、明渠、暗涵等设施排至项目区下游或相邻沟谷。拦洪坝按结构分，主要坝型有重力坝、拱坝等；按建筑材料分，有砌石坝（以浆砌石坝为主）、混合坝（土石混合坝和土木混合坝）、混凝土坝等。选择坝型时需综合考虑山洪的规模、地质条件及当地材料等因素。

2. 排洪工程

排洪工程主要分为排洪渠、排洪涵洞和排洪隧洞三大类。

（1）排洪渠。排洪渠多布置在渣场等项目区一侧或两侧，将上游沟道或周边坡面洪水排往项目区下游。

根据排洪渠埋置形式，排洪渠可分为排水明渠和排水暗渠，以排水明渠为主，多采用梯形、矩形断面；按建筑材料分，排洪渠可以分为土质排洪渠、衬砌排洪渠等。

（2）排洪涵洞。排洪涵洞分为无压和有压两种类型，水土保持工程中常用无压涵洞；按建筑材料分，有钢筋混凝土涵洞、混凝土涵洞和浆砌石涵洞三类；按洞身结构型式分，有盖板涵、管涵、拱涵和箱涵四种类型。

（3）排洪隧洞。排洪隧洞是指为排泄上游来水而修建的封闭式输水道。按水力学特点可分为有压隧洞和无压隧洞。

3. 泥石流排导工程

泥石流排导工程主要包括导流堤、急流槽和束流堤三部分。其中，导流堤主要作用是控制泥石流的走向或限制其影响范围，以防止泥石流直接冲击导致河床、河岸等发生变形或破坏；急流槽是坡度陡的水槽，其作用主要是在短距离、大落差情况下进行排水排沙；束流堤的主要作用是控制流向，防止漫流。

14.2.1.14 其他工程

为防治施工期的临时边坡开挖、临时堆料等在施工过程中造成的水土流失，需布设一定的临时拦挡、排水、覆盖、绿化等措施。主要包括草袋（编织袋）、土埂、干砌石挡墙或钢（竹栅）围栏等临时拦挡，土质排水沟、砌石（砖）排水沟、种草排水沟等临时排水沟，苫布、防尘网、密目网、塑料布或大块砾石等临时覆盖措施，临时撒播植草等措施。

14.2.2 工程结构

水土保持工程结构根据施工及材料的不同主要分为堆砌体结构和混凝土结构两大类，其中堆砌体结构包括干砌石结构、浆砌石结构、生态格网结构及堆土石结构等；混凝土结构包括素混凝土结构、钢筋混凝土结构等。

水土保持工程类型、结构及运用条件汇总表见表14.2-4。

表14.2-4　　　　　　　　　　水土保持工程类型、结构及运用条件汇总表

类　别	类　型	应　用　条　件	主要工程结构
梯田工程	水平梯田、坡式梯田、隔坡梯田	适用于全国各地的水蚀地区和水蚀与风蚀交错地区	堆土石结构、砌石结构、混凝土结构
淤地坝工程	缓洪骨干坝和拦泥生产坝	多适用于黄土高原丘陵沟壑区各级沟道拦蓄径流泥沙，控制沟蚀作用	砌石结构、堆土石结构、混凝土结构
拦沙坝工程	重力坝和拱坝	适用于修建在主沟或较大的支沟内，用以拦蓄山洪及泥石流中固体物质	砌石结构、堆土石结构、石笼网结构
塘坝和滚水坝	浆砌石重力坝、土石坝、混凝土坝	适用于拦蓄山丘间的泉水和小洪水	砌石结构、堆土石结构、混凝土结构
沟道滩岸防护工程	坡式护岸、坝式护岸和墙式护岸	适用于防止河流侧向侵蚀及因河道局部冲刷而造成的坍岸等灾害，保滩固堤作用	砌石结构、堆土石结构、石笼网结构、混凝土结构
坡面截排水工程	截流沟、排水沟、蓄水沟、沉沙池、蓄水池	适用于拦截排导坡面径流	砌石结构、土质结构、混凝土结构
弃渣场及拦挡工程	挡渣墙、拦渣堤、拦渣坝和围渣堰	适用于弃渣场防护	砌石结构、堆土石结构、石笼网结构、混凝土结构
土地整治工程	建设项目土地整治、引水拉沙、引洪漫地	工程建设结束后，项目水土流失防治区域内需要复耕或恢复植被的土地整治；对终止使用的弃土（石、渣）场表面的整治；水土流失地区的暴雨时期，引用洪水，淤漫耕地荒滩，以便拦泥造地	
支毛沟治理工程	防护工程、谷坊工程、堡带、削坡、秸秆填沟和暗管排水	适用于支毛沟治理中的固定沟床、防治或减轻山洪及泥石流危害	砌石结构、堆土石结构、石笼网结构、混凝土结构
防风固沙工程	植物固沙、机械沙障、化学固沙、风力治沙、水力治沙	在沙地、沙漠或戈壁等风沙区的生产建设项目遭受风沙危害或引起的土地沙化、荒漠化区域	

类 别	类 型	应 用 条 件	主要工程结构
斜坡防护工程	削坡开级	边坡未达到稳定边坡容许值范围或不满足植物防护措施布设要求等情况	
	综合护坡	在风化严重的岩质边坡或坡面稳定的较高土质边坡均适用	框格植草护坡结构
		受水流冲刷或淘刷的边坡或坡脚，挡墙、护坡的基础等区域，防护的边坡坡体必须稳定，土质边坡坡比不陡于1:1.6，土石边坡不陡于1:1.5，砂质土坡不陡于1:2.0，松散堆体边坡不陡于1:2.0	石笼护垫结构
		用于河道坡脚固岸，施工围堰、边坡抢险等临时工程护坡	石笼坝结构
	混凝土护坡	适用于边坡极不稳定，坡脚可能遭受强烈洪水冲淘的陡坡段	混凝土结构
	砌石护坡	不受主流冲刷河段，流速大于1.8m/s时；或流速小于4.0m/s，受主流冲刷时；不宜用于有流冰的地区；坡面受水流冲刷较轻的沉降稳定的土石混合堆积体边坡等	干砌石结构
		坡比为1:1~1:2，或坡面位于沟岸、河岸，下部可能受水流冲刷，且洪水冲击力强的防护地段	浆砌石结构
防洪排导工程	拦洪坝、排洪工程、泥石流排导工程	防止洪水泛滥，减少泥石流物源，拦截泥石流中粗大石砾和其他固体物质，削弱其破坏力	砌石结构、堆土石结构、混凝土结构

14.3 设 计 计 算

14.3.1 水文计算

14.3.1.1 水文计算的任务和内容

水文计算是为防洪、水资源开发和某些工程的规划、设计、施工和运行提供水文数据的各类水文分析和计算的总称。主要内容包括设计暴雨计算、设计洪水计算、设计年径流计算、设计固体径流计算和其他特殊情况下的水文计算等。

水文计算的基本方法主要是根据水文现象的随机性质，应用概率论、数理统计的原理和方法，通过实测水文资料的统计分析，估算指定设计频率的水文特征值。

本小节以下主要介绍基本资料收集、设计洪水计算、排水水文计算、调洪演算、输沙量计算及淤地坝水文计算。

14.3.1.2 基本资料的收集

1. 水文资料

水文资料包括国家基本站网及专用水文站、水位站的实测资料，历史洪水调查资料和文献，以及有关单位以往进行的水文分析资料等。这些资料主要从水文年鉴、水文图集、各省（自治区、直辖市）及流域机构编制的水文统计、水文手册、历史洪水整编成果、暴雨洪水图集和有关的历史文献档案中收集。

为了保证计算成果质量，对收集到的水文资料，根据需要应进行代表性、可靠性和一致性的检查。

2. 气象资料

主要收集降雨资料，除水文年鉴外，还应注意收集暴雨图集、可能最大暴雨等值线图，历史暴雨调查资料，以及记载有雨情、水情、灾情的历史文献等。对水文、气象系统以外其他部门的观测资料以及各地群众性或专用气象哨观测资料，也应注意收集，后者对观测站点稀少的地区尤其重要。

14.3.1.3 设计洪水计算

1. 一般规定

（1）水土保持工程的水文计算应符合国家现行有关标准的规定。计算设计洪水时，应从实际出发，深入调查了解流域特性，注重基本资料的可靠性。

（2）对于来水面积较大以及重要的防洪排导工

程，必须进行防洪排水水文计算，以确定设计洪水成果，满足防洪排导工程水利和水力计算的需要。当有洪水实测资料时，应根据资料条件及工程设计要求，采取多种方法计算设计洪水，经论证后选用。

（3）设计洪水应充分利用实测水文资料，依据《水利水电工程设计洪水计算规范》（SL 44—2006）进行分析计算，当洪水资料缺乏时，可利用同类地区或工程附近地区的径流站、水文站实测资料，或调查洪水资料，通过综合分析来计算设计洪水。对于无资料地区小流域的设计洪水，可依据 SL 44—2006、各省（自治区、直辖市）编制的暴雨洪水图集以及各地编制的水文手册所提供的方法进行计算，经分析论证后合理选用计算成果。

（4）应按当地试验数值，确定梯田和林草对设计洪水的影响；对于小型淤地坝、塘坝、谷坊等沟道工程对设计洪水的影响一般不考虑。截（排）水工程根据确定的排水标准，按短历时设计暴雨计算排水流量。

2. 设计洪水计算

设计洪水包括设计洪峰流量、不同时段设计洪量以及设计洪水过程线三个要素。根据工程所在地区或流域的资料条件，设计洪水计算可采用下列方法。

（1）由流量资料推求设计洪水（直接法）。工程地址或上下游邻近地点具有 30 年以上实测和插补延长的流量资料，应采用频率分析法计算设计洪水。

1）设计洪峰及洪量推求。由流量资料推求设计洪峰及不同时段的设计洪量，可以使用数理统计方法，计算符合设计标准的数值，一般也称为洪水频率分析。

依据 SL 44—2006 中的规定，当工程所在地区具有 30 年以上实测和插补延长洪水流量资料，并具有历史洪水资料时，应采用频率分析法计算设计洪水。

频率计算中的洪峰流量和不同时段的洪量系列，应由每年最大值组成。当洪水特性在一年内随季节或成因明显不同时，应分别进行选样统计。

在 n 项连序洪水系列中，按大小顺序排位的第 m 项洪水的经验频率 P_m，可采用下列数学期望公式计算：

$$P_m = \frac{m}{n+1} \quad (m=1,2,\cdots,n) \quad (14.3-1)$$

在调查考证期 N 年中有特大洪水 a 个，其中有 1 个发生在 n 项连序系列内，这类不连序洪水系列中各项洪水的经验频率可采用下列数学期望公式计算：

a）a 个特大洪水的经验频率为

$$P_M = \frac{M}{N+1} \quad (M=1,2,\cdots,n) \quad (14.3-2)$$

b）$n-1$ 个连序洪水的经验频率为

$$P_m = \frac{a}{N+1} + \left(1 - \frac{a}{N+1}\right)\frac{m-l}{n-l+1} \quad (m=l+1,\cdots,n)$$

$$(14.3-3)$$

或　　$$P_m = \frac{m}{n+1} \quad (m=1,2,\cdots,n) \quad (14.3-4)$$

频率曲线的线型一般采用皮尔逊-Ⅲ型。

频率曲线的统计参数采用均值 X、变差系数 C_v 和偏态系数 C_s 表示。统计参数的估计可采用矩法或其他参数估计法初步估算统计参数，而后采用适线法调整初步估算的统计参数。当采用经验适线法时，应尽可能拟合全部点距，拟合不好时可侧重考虑较可靠的大洪水点距。

2）设计洪水过程线推求。设计洪水过程线是指具有某一设计标准的洪水过程线。目前一般采用放大典型洪水过程线的方法，使其洪峰流量和时段洪量的数值等于设计标准的频率值，即认为所得的过程线是待求的设计洪水过程线。在选定典型洪水过程线的基础上，目前采用的典型放大方法有峰量同频率控制方法（简称同频率放大法）和按峰或量同倍比控制方法（简称同倍比放大法）。具体计算可参见 SL 44—2006。

（2）由暴雨资料推求设计洪水（间接法）。中国大部分地区的洪水主要由暴雨形成。在实际工作中，中小流域常因流量资料不足无法直接用流量资料推求设计洪水，而暴雨资料一般较多，因此可用暴雨资料推求设计洪水。工程所在地区具有 30 年以上实测和插补延长的暴雨资料，并有暴雨洪水对应关系时，可采用频率分析法计算设计暴雨，并由设计暴雨计算设计洪水。设计暴雨及产流计算参见 SL 44—2006。

洪水汇流可采用净雨单位线、瞬时单位线和推理公式计算。其中推理公式法较为常用。在 SL 44—2006 中也介绍过推理公式，本节重点推荐中国水利水电科学研究院水资源研究所提出的推理公式。

1）推理公式的一般表达式为

$$Q_m = 0.278\left(\frac{S_p}{\tau^n} - \mu\right)F \quad (\text{全面汇流}, t_c \geqslant \tau)$$

$$(14.3-5)$$

$$Q_m = 0.278\left[\frac{S_p(t_c^{1-n} - \mu t_c)}{\tau}\right]F \quad (\text{部分汇流}, t_c < \tau)$$

$$(14.3-6)$$

$$\tau = \frac{0.278L}{mJ^{1/3}Q_m^{1/4}} \quad (14.3-7)$$

$$t_c = \left[(1-n)\frac{S_p}{\mu}\right]^{1/n} \quad (14.3-8)$$

式中　Q_m——设计洪峰流量，$\mathrm{m^3/s}$；

F——汇水面积，km^2；

S_p——设计雨力，即重现期（频率）为 p 的最大 1h 降雨强度，mm/h；

τ——流域汇流历时，h；

t_c——净雨历时，或称产流历时，h；

μ——损失参数，即平均稳定入渗率，mm/h；

n——暴雨衰减指数，反映暴雨在时程分配上的集中（或分散）程度指标；

m——汇流参数，在一定概化条件下，通过对该地区实测暴雨洪水资料综合分析得出；

L——河长，即沿主河道从出口断面至分水岭的最长距离，km；

J——沿河长（流程）L 的平均比降（以小数计）。

2）推理公式中的参数 m、n、μ 等一般通过实测暴雨洪水资料经分析综合得出，或查《中国暴雨统计参数图集》（中国水利水电出版社，2006）或各省经验值。对于无条件进行地区综合分析的流域，汇流参数 m 可参考表 14.3-1 选用。

3）推理公式法推算设计洪水总量，可按式（14.3-9）计算：

$$W_p = aH_pF \qquad (14.3-9)$$

式中 W_p——设计洪水总量，万 m^3；

a——洪水总量径流系数，可采用当地经验值；

其余符号意义同前。

（3）地区综合分析法计算设计洪水。工程所在流域内洪水和暴雨资料短缺时，可利用邻近地区实测或调查洪水和暴雨资料，进行地区综合分析，计算设计洪水。地区综合分析法推算洪峰流量 Q_p，可采用洪峰面积相关法或综合参数法。

表 14.3-1 　　　　　　　　　　　　**汇 流 参 数 m 查 用 表**

类别	雨洪特性、河道特性、土壤植被条件	推理公式洪水汇流参数 m 值（$\theta=L/J^{1/3}$）			
		$\theta=1\sim10$	$\theta=10\sim30$	$\theta=30\sim90$	$\theta=90\sim400$
I	北方半干旱地区，植被条件较差，以荒坡、梯田或少量的稀疏林为主的土石山区，旱作物较多，河道呈宽浅型，间隙性水流，洪水陡涨陡落	1.00~1.30	1.30~1.60	1.60~1.80	1.80~2.20
II	南北方地理景观过渡区，植被条件一般，以稀疏、针叶林、幼林为主的土石山区或流域内耕地较多	0.60~0.70	0.70~0.80	0.80~0.90	0.90~1.30
III	南方、东北湿润山丘区，植被条件良好，以灌木林、竹林为主的石山区，或森林覆盖度达 40%~50%，或流域内多为水稻田、卵石，两岸滩地杂草丛生，大洪水多为尖瘦型，中小洪水多为矮胖型	0.30~0.40	0.40~0.50	0.50~0.60	0.60~0.90
IV1、IV2	雨量丰沛的湿润山区，植被条件优良，森林覆盖度可高达 70% 以上，多为深山原始森林区，枯枝落叶层厚，壤中流较丰富，河床呈山区型，大卵石、大砾石河槽，有跌水，洪水多为陡涨缓落	0.20~0.30	0.30~0.35	0.35~0.40	0.40~0.80

1）采用洪峰面积相关法，可按式（14.3-10）计算：

$$Q_p = CF^n \qquad (14.3-10)$$

式中 F——流域面积，km^2；

C、n——经验参数和指数，可采用当地经验值。

2）采用综合参数法，可按式（14.3-11）～式（14.3-13）计算：

$$Q_p = C_1H_p\alpha\lambda\beta JmF^n \qquad (14.3-11)$$

$$\lambda = \frac{F}{L^2} \qquad (14.3-12)$$

$$H_p = K_p\overline{H}_{24} \qquad (14.3-13)$$

式中 C_1——洪峰地理参数；

H_p——频率为 p 的流域中心点 24h 雨量，mm；

$λ$——流域形状系数；

J——主沟道平均比降；

F——流域面积，km^2；

L——流域长度，m；

$α$、$β$、m、n——经验参数，可采用当地经验值；

K_p——频率为 p 的模比系数，由 C_v 及 C_s 的皮尔逊-Ⅲ型曲线表中查得；

$\overline{H}_{24}$——流域最大暴雨均值，mm，可由当地水文手册或暴雨洪水图集中查得。

3）经验公式法推算设计洪水总量，可按式（14.3-14）计算：

$$W_p = AFm \qquad (14.3-14)$$

式中 A、m——洪水总量地理参数及指数，可由当地水文手册中查得；

其余符号意义同前。

（4）无实测资料中小流域设计洪水过程线推算。

1）宜采用概化三角形过程线法推算设计洪水过程线，如图 14.3-1 所示。

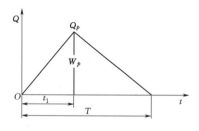

图 14.3-1 概化三角形洪水过程线

2）洪水总历时可按式（14.3-15）计算：

$$T = 5.56 \frac{W_p}{Q_p} \qquad (14.3-15)$$

式中 T——洪水总历时，h；

W_p——设计洪水总量，万 m^3；

Q_p——设计洪峰流量，m^3/s。

涨水历时可按式（14.3-16）计算：

$$t_1 = a_{t1} T \qquad (14.3-16)$$

式中 t_1——涨水历时，h；

a_{t1}——涨水历时系数，视洪水产汇流条件而异，其值变化在 $0.1\sim0.5$ 之间，可根据当地情况取值；

T——洪水总历时，h。

14.3.1.4 排水水文计算

（1）永久截（排）水沟设计排水流量 Q_m 采用式（14.3-17）计算：

$$Q_m = 16.67\phi qF \qquad (14.3-17)$$

式中 q——设计重现期和降雨历时内的平均降雨强度，mm/min；

ϕ——径流系数；

其余符号意义同前。

径流系数 ϕ 按照表 14.3-2 的要求确定。若汇水面积内有两种或两种以上不同地表种类时，应按不同地表种类面积加权求得平均径流系数。

表 14.3-2　　径流系数 ϕ 参考值

地表种类	径流系数 ϕ	地表种类	径流系数 ϕ
沥青混凝土路面	0.95	起伏的山地	$0.60\sim0.80$
水泥混凝土路面	0.90	细粒土坡面	$0.40\sim0.65$
粒料路面	$0.60\sim0.80$	平原草地	$0.40\sim0.65$
粗粒土坡面和路肩	$0.10\sim0.30$	一般耕地	$0.40\sim0.60$
陡峻的山地	$0.75\sim0.90$	落叶林地	$0.35\sim0.60$
硬质岩石坡面	$0.70\sim0.85$	针叶林地	$0.25\sim0.50$
软质岩石坡面	$0.50\sim0.75$	粗砂土坡地	$0.10\sim0.30$
水稻田、水塘	$0.70\sim0.80$	卵石、块石坡地	$0.08\sim0.15$

（2）当工程场址及其邻近地区有 10 年以上自记雨量计资料时，应利用实测资料整理分析得到设计重现期的降雨强度。当缺乏自记雨量计资料时，可利用标准降雨强度等值线图和有关转换系数，按式（14.3-18）计算降雨强度。

$$q = C_p C_t q_{5,10} \qquad (14.3-18)$$

式中 $q_{5,10}$——5 年重现期和 10min 降雨历时的标准降雨强度，mm/min，可按工程所在地区，查中国 5 年一遇 10min 降雨强度（$q_{5,10}$）等值线图；

C_p——重现期转换系数，为设计重现期降雨强度 q_p 同标准重现期降雨强度比值（q_p/q_5），按工程所在地区，由表 14.3-3 确定；

C_t——降雨历时转换系数，为设计重现期降雨历时 t 的降雨强度 q_t 同 10min 降雨历时的降雨强度 q_{10} 的比值（q_t/q_{10}），按工程所在地区的 60min 转换系数（C_{60}），由表 14.3-4 查取，C_{60} 可查中国 60min 降雨强度转换系数（C_{60}）等值线图。

表 14.3-3　　重现期转换系数 C_p 表

工程所在地区	重现期 P			
	3 年	5 年	10 年	15 年
海南、广东、广西、云南、贵州、四川（东）、湖南、湖北、福建、江西、安徽、江苏、浙江、上海、台湾	0.86	1.00	1.17	1.27
黑龙江、吉林、辽宁、北京、天津、河北、山西、河南、山东、四川（西）、西藏	0.83	1.00	1.22	1.36
内蒙古、陕西、甘肃、宁夏、青海、新疆（非干旱区）	0.76	1.00	1.34	1.54
内蒙古、陕西、甘肃、宁夏、青海、新疆（干旱区，约相当于 5 年一遇 10min 降雨强度小于 0.5mm/min 的地区）	0.71	1.00	1.44	1.72

表 14.3-4　　降雨历时转换系数 C_t 表

C_{60}	降雨历时 t/min										
	3	5	10	15	20	30	40	50	60	90	120
0.30	1.40	1.25	1.00	0.77	0.64	0.50	0.40	0.34	0.30	0.22	0.18
0.35	1.40	1.25	1.00	0.8	0.68	0.55	0.45	0.39	0.35	0.26	0.21
0.40	1.40	1.25	1.00	0.82	0.72	0.59	0.50	0.44	0.40	0.30	0.25
0.45	1.40	1.25	1.00	0.84	0.76	0.63	0.55	0.50	0.45	0.34	0.29
0.50	1.40	1.25	1.00	0.87	0.8	0.68	0.60	0.50	0.50	0.39	0.33

（3）降雨历时一般取设计控制点的汇流时间，其值为汇水区最远点到排水设施处的坡面汇流历时 t_1 与在沟（管）内的历时 t_2 之和。在考虑路面表面排水时，可不计沟（管）内的汇流历时 t_2。坡面汇流历时 t_1 按式（14.3-19）计算：

$$t_1 = 1.445\left(\frac{m_1 L_s}{\sqrt{i_s}}\right)^{0.467} \quad (14.3-19)$$

式中　t_1——坡面汇流历时，min；

L_s——坡面流的长度，m；

i_s——坡面流的坡降，以小数计；

m_1——地面粗糙系数，可按地表情况查表 14.3-5 确定。

（4）计算沟（管）内汇流历时 t_2 时，先在断面尺寸、坡度变化点或者有支沟（支管）汇入处分段，分别计算各段的汇流历时后再叠加而得，即

$$t_2 = \sum_{i=1}^{n}\left(\frac{l_i}{60 v_i}\right) \quad (14.3-20)$$

式中　t_2——沟（管）内汇流历时，min；

n、i——分段数和分段序号；

l_i——第 i 段的长度，m；

v_i——第 i 段的平均流速，m/s。

表 14.3-5　　地面粗糙系数 m_1 参考值

地表状况	地面粗糙系数 m_1
光滑的不透水地面	0.02
光滑的压实地面	0.10
稀疏草地、耕地	0.20
牧草地、草地	0.40
落叶树林	0.60
针叶树林	0.80

沟（管）的平均流速 v 可按式（14.3-21）计算。也可采用齐舍（Rziha）公式 $v=20i_g^{3/5}$ 近似估算沟（管）的平均流速，其中，i_g 为该段排水沟（管）的平均坡度。

$$v = \frac{1}{n}R^{2/3}I^{1/2} \quad (14.3-21)$$

$$R = A/\chi$$

式中　n——沟（管）壁的粗糙系数，按表 14.3-6 确定；

R——水力半径，m；

A——过水断面面积，m^2；

χ——过水断面湿周，m；

I——水力坡度，可取沟（管）的底坡，以小数计。

表 14.3-6　　排水沟（管）壁的粗糙系数 n 值

排水沟（管）类别	粗糙系数 n
塑料管（聚氯乙烯）	0.010
石棉水泥管	0.012
铸铁管	0.015
波纹管	0.027
岩石质明沟	0.035
植草皮明沟（$v=0.6$m/s）	0.035~0.050
植草皮明沟（$v=1.8$m/s）	0.050~0.090
浆砌石明沟	0.025
浆砌片石明沟	0.032
水泥混凝土明沟（抹面）	0.015
水泥混凝土明沟（预制）	0.012

14.3.1.5 调洪演算

（1）单坝调洪演算可按式（14.3-22）计算：

$$q_p = Q_p \left(1 - \frac{V_z}{W_p}\right) \qquad (14.3-22)$$

式中　q_p——频率为 p 的洪水时溢洪道最大下泄流量，m^3/s；

　　　V_z——滞洪库容，万 m^3；

　　　W_p——区间面积频率为 p 的设计洪水总量，万 m^3；

　　　Q_p——区间面积频率为 p 的设计洪峰流量，m^3/s。

（2）拟建工程上游设置了溢洪道的骨干坝时，调洪演算可按式（14.3-23）计算：

$$q_p = (q'_p + Q_p)\left(1 - \frac{V_z}{W'_p + W_p}\right) \qquad (14.3-23)$$

式中　q'_p——频率为 p 的上游工程最大下泄流量，m^3/s；

　　　W'_p——本坝泄洪开始至最大泄流量的时段内下游工程的下泄洪水总量，万 m^3；

其余符号意义同前。

14.3.1.6 输沙量计算

（1）输沙量应包括悬移质输沙量和推移质输沙量两部分，可按式（14.3-24）计算：

$$\overline{W}_{sb} = \overline{W}_s + \overline{W}_b \qquad (14.3-24)$$

式中　$\overline{W}_{sb}$——多年平均年输沙量，万 t/a；

　　　$\overline{W}_s$——多年平均年悬移质输沙量，万 t/a；

　　　$\overline{W}_b$——多年平均年推移质输沙量，万 t/a。

（2）悬移质输沙量可采用以下两种方法计算。

1）输沙模数图查算法：

$$\overline{W}_s = \sum F_i M_{si} \qquad (14.3-25)$$

式中　M_{si}——分区年输沙模数，万 $t/(km^2 \cdot a)$，可根据输沙模数等值线图确定；

　　　F_i——分区面积，km^2；

其余符号意义同前。

2）输沙模数经验公式法：

$$\overline{M}_s = K\,\overline{M}_0^b \qquad (14.3-26)$$

式中　$\overline{M}_s$——多年平均输沙模数，万 t/km^2；

　　　$\overline{M}_0$——多年平均径流模数，万 m^3/km^2；

　　　b、K——指数和系数，可采用当地经验值。

（3）推移质输沙量可采用以下两种方法计算。

1）比例系数法：见第2章2.4.3.2。

2）已成坝库淤积调查法：

$$\overline{W}_b = W_1 - (\overline{W}_s - W_2) \qquad (14.3-27)$$

式中　W_1——多年平均坝库年拦沙量，万 t/a；

　　　W_2——多年平均坝库年排沙量，万 t/a；

其余符号意义同前。

（4）缺乏资料地区可采用侵蚀模数计算输沙量。

14.3.1.7 淤地坝水文计算

1. 设计洪水标准与淤积年限

根据坝型确定淤地坝设计洪水标准与淤积年限，见表14.3-7。

表14.3-7　淤地坝设计洪水标准与淤积年限

淤地坝类型		小型	中型	大（2）型	大（1）型
库容/万 m^3		<10	$10\sim50$	$50\sim100$	$100\sim500$
洪水重现期/年	设计	$10\sim20$	$20\sim30$	$30\sim50$	$30\sim50$
	校核	30	50	$50\sim100$	$100\sim300$
淤积年限/年		5	$5\sim10$	$10\sim20$	$20\sim30$

注　大型淤地坝下游如有重要经济建设交通干线或居民密集区，应根据实际情况适当提高设计洪水标准。

2. 洪水总量与洪峰流量计算

根据当地不同条件分别采取不同方法。对大型（和接近大型的中型）淤地坝一般应采用两种以上方法进行计算，并将其结果进行综合分析选定。

各种方法都应以设计频率的暴雨为基础。根据流域面积大小，分别确定设计频率下不同的设计暴雨历时（一般常用3h、6h、12h、24h；流域面积较大的，采用较长的历时），以设计暴雨控制洪水总量（W），合理确定造峰历时以便控制洪峰。

（1）查阅图表法。当小流域所在的省、地区或县各级水利部门已有水文手册时，应按照各类淤地坝的设计频率和已确定的暴雨历时，查阅水文手册中相应的暴雨洪峰模数（M_q）与洪量模数（M_w）乘以坝库以上集水面积（F）即得。

$$Q = FM_q \qquad (14.3-28)$$

$$W = FM_w \qquad (14.3-29)$$

式中　Q——设计洪峰流量，m^3/s；

　　　W——设计洪水总量，m^3；

　　　M_q——洪峰模数，$m^3/(s \cdot km^2)$；

　　　M_w——洪量模数，m^3/km^2；

　　　F——坝库以上集水面积，km^2。

（2）用设计暴雨推算设计洪水。可采用推理公式法计算。

（3）流域年均输沙量计算：

$$S = FM_t \qquad (14.3-30)$$

式中　S——年均输沙量，t；

　　　M_t——年均侵蚀模数，t/km^2；

　　　F——坝库以上集水面积，km^2。

（4）分析坝库以上水土保持措施对洪水泥沙的影

响，在进行坝库水文计算时，如其上游已有其他坝库，或集水面积上已有不同程度的水土保持措施，则应考虑其减小洪峰、洪量和年输沙量的作用，对上述关系式中的 M_q、M_w 和 M_t 等参数给予适当调整。具体有如下要求。

1) 如设计坝库上游有其他坝库且能全部拦蓄洪水、泥沙，则从设计坝库的集水面积中减去其上游坝库的集水面积，再进行前述各项计算。

2) 如上游坝库不能全部拦蓄洪水、泥沙，则应在上述计算基础上，再增加上游坝库排出的洪水、泥沙。

3) 对集水面积上现有水土保持措施减少地表径流和土壤侵蚀作用的计算，参见《水土保持综合治理效益计算方法》（GB/T 15774）。

【例 14.3 - 1】 湖南省湘江某支流欲修建一座以灌溉为主的小（1）型水库，工程位于北纬 28°以南，流域面积 2.93km²，干流长度 2.65km，河道坡率 0.033，用推理公式推求坝址处 100 年一遇设计洪水的洪峰流量。

解：（1）求 S_p、n。由《湖南省小型水库水文手册》（湖南省水文总站）中的雨量参数图表，查得该流域中心多年平均 24h 暴雨量均值 $\overline{H_{24}} = 120$mm，变差系数 $C_v = 0.4$，偏态系数与变差系数之比 $C_s/C_v = 3.5$，$n_2 = 0.76$，$n_1 = 0.62$。

按 $C_s = 3.5C_v = 3.5 \times 0.4 = 1.4$，查 ϕ 值表得离均系数 $\phi_{1\%} = 3.27$，据此计算得 100 年一遇最大 24h 暴雨量为 $H_{24.1\%} = \overline{H_{24}}(\phi_{1\%}C_v + 1) = 277$mm，100 年一遇最大 1h 设计雨力 $S_p = H_{24.1\%}/24^{1-n_2} = 277/24^{(1-0.76)} = 129$（mm/h）。

（2）求 μ。由 μ 值等值线图查得该流域中心 μ 为 2mm/h。

（3）净雨历时 t_c 的计算。

$$t_c = \left[(1-n)\frac{S_p}{\mu}\right]^{1/n} = \left[(1-0.76) \times \frac{129}{2}\right]^{1/0.76}$$
$$= 36.8(h)$$

（4）汇流参数 m。根据《湖南省小型水库水文手册》中的经验公式计算汇流参数 m。

$$m = 0.54 \times \left(\frac{L}{J^{1/3}F^{1/4}}\right) \times 0.15 = 0.71$$

（5）Q_m 的试算。将有关参数代入式（14.3 - 5）、式（14.3 - 6）和式（14.3 - 7）得

$$\tau = \frac{0.278L}{mJ^{1/3}Q_m^{1/4}} = 3.235Q_m^{-0.25} \quad (14.3 - 31)$$

当 $t_c \geq \tau$ 时：

$$Q_m = 0.278\left(\frac{S_p}{\tau^n} - \mu\right)F = 95.03\tau^{-0.76} - 1.47$$
$$(14.3 - 32)$$

当 $t_c < \tau$ 时：

$$Q_m = 0.278\left[\frac{S_p(t_c^{1-n} - \mu t_c)}{\tau}\right]F = 64.74\tau^{-1}$$
$$(14.3 - 33)$$

假设 $Q_m = 90\text{m}^3/\text{s}$，代入式（14.3 - 31）得 $\tau = 1.05\text{h} < t_c$，由式（14.3 - 32）得 $Q_m = 90.1\text{m}^3/\text{s}$，两者相对误差为 0.1%，故 $Q_m = 90\text{m}^3/\text{s}$，$\tau = 1.05\text{h}$ 为本算例所求。

【例 14.3 - 2】 某公路位于陕北地区，路堑开挖边坡为软质岩石坡面，坡面面积 1650m²，坡度为 1:0.2，坡面流长度为 15m，设计排水重现期为 10 年，欲在坡脚处修建一岩石质矩形排水沟，长 210m，底坡 2%，试求排水沟的设计流量。

解：（1）查汇水面积和径流系数。$F = 1650\text{m}^2$，软质岩石坡面的径流系数 $\phi = 0.50$。

（2）查汇流历时和降雨强度。假设汇流历时为 10min，查中国 5 年重现期 10min 降雨强度（$q_{5,10}$）等值线图，该地区 5 年重现期 10min 降雨历时的降雨强度 $q_{5,10} = 1.6$（mm/min）；该地区 10 年重现期时的转换系数 $C_p = 1.34$；该地区 60min 降雨强度转换系数 $C_{60} = 0.38$，10min 降雨历时转换系数 $C_{10} = 1.00$，则 10 年重现期设计降雨强度：

$$q = 1.34 \times 1.00 \times 1.6 = 2.14 \text{（mm/min）}$$

（3）计算设计排水流量。

$$Q_m = 16.67 \times 0.50 \times 2.14 \times 1650 \times 10^{-6}$$
$$= 0.0294（\text{m}^3/\text{s}）$$

（4）检验汇流历时。查表 14.3 - 5 得边坡的地表粗度系数 $m_1 = 0.02$，已知 $L_1 = 15\text{m}$，则

$$t_1 = 1.445 \times \left(\frac{0.02 \times 15}{\sqrt{5}}\right)^{0.467} = 0.57(\text{min})$$

设排水沟底宽为 0.40m，水深为 0.40m，则排水沟过水断面面积 $A = 0.16\text{m}^2$，水力半径 $R = 0.13\text{m}$，岩石边沟的粗糙系数取 $n = 0.035$，按照曼宁公式计算排水边沟内的平均流速：

$$v = \frac{1}{0.035} \times 0.13^{2/3} \times 0.02^{1/2} = 0.73(\text{m/s})$$

因而，沟内汇流历时 $t_2 = l/v = 210/0.73 = 4.8(\text{min})$。

由此，汇流历时为 $t = t_1 + t_2 = 5.37\text{min} < 10\text{min}$，符合原假设，计算结果正确。

【例 14.3 - 3】 某生产建设项目一大型渣场位于牡丹江某支流上，根据规划，渣场上游需建一座拦洪坝，坝址以上流域面积 50km²，河道长 16km，河道坡度 8.75‰，试用推理公式法推求 20 年一遇设计洪峰流量。

解：（1）流域特征参数 F、L、J 的确定。$F = 50\text{km}^2$，$L = 16\text{km}$，$J = 8.75\text{‰} = 0.00875$。

（2）设计暴雨特征参数 n 和 S_p 计算。查该省水文手册，暴雨衰减指数 n 的数值以定点雨量资料代替面雨量资料，暴雨衰减指数 $n=0.50$，不作修正。该流域最大 24h 雨量的统计参数：$H_{24,p}=60\text{mm}$，$C_v=0.60$，$C_s/C_v=3.5$。则 20 年一遇最大 1h 暴雨强度（设计雨力）$S_p=H_{24,p}24^{n_2-1}=60\times2.2\times24^{0.6-1}=37(\text{mm/h})$。

（3）汇流参数 μ、m 的确定。根据水文手册，查得该流域损失参数 $\mu=3.0\text{mm/h}$；根据经验公式计算该流域汇流参数为

$$m=0.0567\times\left(\frac{L}{J^{1/3}F^{1/4}}\right)$$

$$=0.0567\times\left(\frac{16}{0.00875^{1/3}50^{1/4}}\right)=1.63$$

（4）净雨历时 t_c 的计算。

$$t_c=\left[(1-n)\frac{S_p}{\mu}\right]^{1/n}=\left[(1-0.60)\times\frac{37}{3}\right]^{1/0.6}=14.3(\text{h})$$

（5）Q_m 试算。将有关参数代入相关计算式得

$$\tau=\frac{0.278L}{mJ^{1/3}Q_m^{1/4}}=13.22Q_m^{-0.25}\quad(14.3-34)$$

当 $t_c\geqslant\tau$ 时：

$$Q_m=0.278\left(\frac{S_p}{\tau^n}-\mu\right)F=514.3\tau^{-0.5}-41.7\quad(14.3-35)$$

当 $t_c<\tau$ 时：

$$Q_m=0.278\left[\frac{S_p(t_c^{1-n}-\mu^{t_c})}{\tau}\right]F=894.3\tau^{-1}\quad(14.3-36)$$

假设 $Q_m=200\text{m}^3/\text{s}$，代入式（14.3-34）得 $\tau=3.32(\text{h})<t_c$，由式（14.3-36）得 $Q_m=200.2\text{m}^3/\text{s}$，两者相对误差为 0.1%，故 $Q_m=200\text{m}^3/\text{s}$，$\tau=3.32\text{h}$ 即为本算例所求结果。

14.3.2　水力计算

14.3.2.1　水力计算的任务和内容

1. 水力计算的任务

根据水文计算成果，结合地形地质条件，通过计算，确定沟渠建筑物、泄（放）水建筑物及护岸工程的规模大小。

2. 水力计算的内容

（1）沟渠建筑物水力计算，推求沟渠建筑物的规模。

（2）泄（放）水建筑物水力计算，确定泄洪布置规模及相关设计参数。

（3）沟道丁坝水力计算，确定丁坝的布置间距及局部冲坑深度等参数。

（4）泥石流水力计算，确定其主要设计参数。

14.3.2.2　沟渠建筑物

沟渠建筑物水力计算主要是根据截（排）流量的大小，选用渠道衬砌材料，确定沟渠断面型式、尺寸及纵坡等。

1. 沟渠常用断面型式

水土保持工程中沟渠常用断面型式有矩形、梯形和复式断面，如图 14.3-2～图 14.3-4 所示。

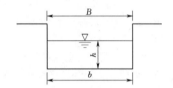

图 14.3-2　矩形断面

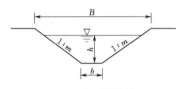

图 14.3-3　梯形断面

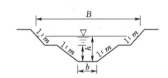

图 14.3-4　复式断面

2. 沟渠材料

根据成渠材料，沟渠一般分为土渠、石渠；根据衬砌型式，可分为浆砌石沟渠和混凝土沟渠。

3. 水力最佳断面

主要是针对梯形断面，在已知 Q、m、i、n 和宽深比 β_m 的情况下，求正常水深 h_0 和底宽 b，则有以下计算公式：

$$\beta_m=\frac{b_m}{h_m}=2(\sqrt{1+m^2}-m)\quad(14.3-37)$$

$$R_m=\frac{h_m}{2}\quad(14.3-38)$$

$$h_m=\left(\frac{nQ}{\sqrt{i}}\right)^{3/8}\frac{(\beta_m+2\sqrt{1+m^2})^{1/4}}{(\beta_m+m)^{5/8}}\quad(14.3-39)$$

$$b_m=\beta_m h_m\quad(14.3-40)$$

式中　Q——流量，m^3/s；

m、i、n——渠道边坡系数、底坡及糙率；

β_m——水力最佳断面的宽深比；

h_m——水力最佳断面的水深，m；

b_m——水力最佳断面的底宽，m；

R_m——水力最佳断面的水力半径，m。

通常水力最佳断面计算出来的断面型式是一种底宽较小、水深较大的窄深型断面。

4. 实用经济断面

实用经济断面是一种宽深比 β 大于 β_m 以满足工程需要的断面，通常比水力最佳断面宽、浅很多，但过水断面 A 仍然十分接近水力最佳断面的断面面积 A_m，两者之间关系有

$$\frac{A}{A_m}=\frac{v_m}{v}=\left(\frac{R_m}{R}\right)^{2/3}=\left(\frac{\chi}{\chi_m}\right)^{2/5} \quad (14.3-41)$$

$$\frac{h}{h_m}=\left(\frac{A}{A_m}\right)^{5/2}\left[1-\sqrt{1-\left(\frac{A_m}{A}\right)^4}\right] \quad (14.3-42)$$

$$\beta=\left(\frac{h_m}{h}\right)^2\frac{A}{A_m}(2\sqrt{1+m^2}-m)-m \quad (14.3-43)$$

式中 β、A、v、R、χ、h——实用经济断面的宽深比、过水面积、断面流速、水力半径、湿周及水深；

A_m、v_m、R_m、χ_m、h_m——水力最佳断面的过水面积、断面流速、水力半径、湿周及水深。

通常计算中，A/A_m 的值在 $1.00\sim1.04$ 之间时，渠道较为经济。

【例 14.3-4】 南水北调中线一期工程某左岸排水建筑物，经实地查勘后，河道萎缩、沟型不明显，最终决定取消该左岸排水建筑物，改用导流沟将该区域洪水导流至临近排水沟。导流沟洪水标准采用 5 年一遇，经水文复核对应的洪水流量为 18.0m³/s，现进行导流沟设计。

解：根据地形地势，导流沟底坡确定为 0.002；导流沟采用混凝土衬砌，综合糙率 $n=0.015$；结合沟段地质条件，导流沟边坡选用 1:1.5；导流沟设计流量为 18.0m³/s。

（1）水力最佳断面参数计算。采用式 (14.3-37)～式 (14.3-40) 进行水力最佳断面有关参数计算，过程如下：

$$\beta_m=\frac{b_m}{h_m}=2\times(\sqrt{1+1.5^2}-1.5)=0.606$$

$$h_m=\left(\frac{0.015\times18}{\sqrt{0.002}}\right)^{3/8}\times\frac{(0.606+2\sqrt{1+1.5^2})^{1/4}}{(0.606+1.5)^{5/8}}$$

$$=1.765(\text{m})$$

$$b_m=\beta_m h_m=0.606\times1.765=1.069(\text{m})$$

$$A_m=h_m(b_m+mh_m)=1.765\times(1.069+1.5\times1.765)$$

$$=6.561(\text{m}^2)$$

$$v_m=\frac{Q}{A_m}=\frac{18.0}{6.561}=2.743(\text{m/s})$$

（2）导流沟断面参数计算。根据试算，结合地形条件，确定导流沟底宽 $b=3.5\text{m}$。

在设计流量、边坡、糙率、底坡等因素不变的前提下，计算出水深 $h=1.257\text{m}$，宽深比 $\beta=2.785$，过水断面面积 $A=6.767\text{m}^2$，流速 $v=2.660\text{m/s}$。

根据式 (14.3-41) 计算出 $A/A_m=1.031$，满足经济断面的要求。

14.3.2.3 泄（放）水建筑物

水土保持工程中涉及的泄（放）水建筑物主要有溢洪道、卧管式或竖井式取水口与输水涵洞组成放水建筑物。

1. 溢洪道水力计算

溢洪道的水力计算主要包括闸室溢流堰宽度计算、泄槽水面线计算、出口消能计算。

（1）溢流堰宽度计算。溢洪道溢流堰通常采用宽顶堰，无闸门控制，采用式 (14.3-44)、式 (14.3-45) 计算堰顶宽度：

$$B=\frac{Q}{m\sqrt{2g}\,H_0^{3/2}}=\frac{Q}{MH_0^{3/2}} \quad (14.3-44)$$

$$H_0=H+\frac{v_0^2}{2g} \quad (14.3-45)$$

式中 B——溢洪道闸室宽度，m；

H_0——计入行近速在内的堰上水头，m；

H——堰顶水头，即设计的滞洪水位 $h_{滞}$，m；

v_0——堰顶上游（3～4）H 处的行近流速，m/s；

m——宽顶堰流量系数；

g——重力加速度，取 9.81m/s²；

M——流量系数，$M=m\sqrt{2g}$。

（2）泄槽水面线计算。

1）临界水深。临界水深的计算可按式 (14.3-46) 进行：

$$1-\frac{\alpha Q^2 B_k}{gA_k^3}=0 \quad (14.3-46)$$

或

$$h_k=\sqrt[3]{\frac{\alpha q^2}{g}} \quad (14.3-47)$$

式中 A_k、B_k——水深为 h_k 时的过水断面面积及水面宽度；

α——流速系数。

2）泄槽水力计算。泄槽水面线应根据能量方程，用分段求和法计算，可按式 (14.3-48)、式 (14.3-49) 进行计算：

$$\Delta L_{1-2}=\frac{\left(h_2\cos\theta+\frac{\alpha_2 v_2^2}{2g}\right)-\left(h_1\cos\theta+\frac{\alpha_1 v_1^2}{2g}\right)}{i-\overline{J}}$$

$$(14.3-48)$$

$$\overline{J}=\frac{n^2\ \overline{v}^2}{\overline{R}^{4/3}} \qquad (14.3-49)$$

$$\overline{v}=(v_1+v_2)/2$$

$$\overline{R}=(R_1+R_2)/2$$

式中　ΔL_{1-2}——分段长度，m；

α_1、α_2——流速分布不均匀系数；

$\overline{J}$——分段内平均摩阻坡降；

h_1、h_2——分段始、末断面水深，m；

v_1、v_2——分段始、末断面流速，m/s；

θ——泄槽底坡角度（°）；

i——泄槽底坡；

n——泄槽槽身糙率系数；

$\overline{v}$——分段内平均流速，m/s；

$\overline{R}$——分段内平均水力半径，m。

溢洪道闸室控制段通常为平底宽顶堰，下游泄槽底坡较陡，基本上水流在陡槽内产生降水曲线，随着陡槽底部高程的降低，槽内水深逐渐减小，因此，陡槽内水深的变化为明渠非均匀流。通常认为变坡处的水深为临界水深 h_k，把泄槽长度均分 n 等份；每小段内，假定水深变化 Δh，计算段尾水深，以此类推，计算泄槽水面线。

3）泄槽段掺气水深计算。如果泄槽流速超过 10m/s，应考虑水流掺气的影响。掺气水深可按式（14.3-50）计算：

$$h_b=\left(1+\frac{\zeta v}{100}\right)h \qquad (14.3-50)$$

式中　h_b——泄槽计算断面掺气后水深，m；

h——不计掺气的水深，m；

v——不计掺气的计算断面平均流速，m/s；

ζ——流速修正系数。

（3）出口消能计算。消能常有底流消能和挑流消能两种。

1）底流消能。

a. 消力池池深计算。消力池深度计算可按式（14.3-51）～式（14.3-54）计算：

$$d=\sigma_0 h_c''-h_s'-\Delta Z \qquad (14.3-51)$$

$$h_c''=\frac{h_c}{2}\left(\sqrt{1+\frac{8\alpha q^2}{gh_c^3}}-1\right)\left(\frac{b_1}{b_2}\right)^{0.25} \qquad (14.3-52)$$

$$h_c^3-T_0\ h_c^2+\frac{\alpha q^2}{2g\phi^2}=0 \qquad (14.3-53)$$

$$\Delta Z=\frac{\alpha q^2}{2g\phi^2 h_s'^2}-\frac{\alpha q^2}{2gh_c''^2} \qquad (14.3-54)$$

式中　d——消力池深度，m；

q——单宽流量，m³/(s·m)；

σ_0——淹没系数；

h_c、h_c''——跃前收缩水深、跃后水深，m；

α——水流动能校正系数；

ϕ——流速系数；

h_s'——消力池下游河道水深，m；

T_0——由消力池底板算起的总势能，m；

b_1、b_2——消力池首、末端宽度，m；

ΔZ——出池水面落差，m。

b. 消力池长度计算。消力池长度可按式（14.3-55）、式（14.3-56）计算：

$$L_{sj}=L_s+\beta L_j \qquad (14.3-55)$$

$$L_j=6.9(h_c''-h_c) \qquad (14.3-56)$$

式中　L_{sj}——消力池长度，m；

L_s——消力池斜坡段水平投影长度，m；

L_j——水跃长度，m；

β——水跃长度校正系数。

c. 消力池底板厚度计算。消力池底板厚度应满足抗冲和抗浮要求，按式（14.3-57）、式（14.3-58）计算：

抗冲：

$$t=k_1\ \sqrt{q\ \sqrt{\Delta H'}} \qquad (14.3-57)$$

抗浮：

$$t=k_2\ \frac{U-W\pm P_m}{\gamma_b} \qquad (14.3-58)$$

式中　t——消力池底板始端厚度，m；

k_1——消力池底板计算系数；

$\Delta H'$——上、下游水位差，m；

k_2——消力池底板安全系数；

U——作用在消力池底板底面的扬压力，kPa；

W——作用在消力池底板顶面的水重，kPa；

P_m——作用在消力池底板上的脉动压力，kPa，其值可取跃前收缩断面流速水头值的 5%；

γ_b——消力池底板的饱和重度，kN/m³。

d. 海漫长度计算。海漫长度计算可按式（14.3-59）计算：

$$L_p=K_s\ \sqrt{q_s\ \sqrt{\Delta H'}} \qquad (14.3-59)$$

式中　L_p——海漫长度，m；

K_s——海漫长度计算系数；

q_s——消力池末端单宽流量，m³/s；

其余符号意义同前。

2）挑流消能。挑流消能水力设计主要包括确定挑流水舌挑距和最大冲坑深度。

a. 挑流水舌挑距计算。挑流水舌外缘挑距可按式（14.3-60）计算：

$$L=\frac{1}{g}\left[v_1^2\sin\theta\cos\theta+v_1\cos\theta\ \sqrt{v_1^2\sin^2\theta+2g(h_1\cos\theta+h_2)}\right] \qquad (14.3-60)$$

式中 L——挑流水舌外缘挑距，自挑流鼻坎末端算起至下游沟床床面的水平距离，m；

v_1——鼻坎坎顶水面流速，可取鼻坎末端断面平均流速 v 的 1.1 倍，m/s；

θ——挑流水舌水面出射角，可近似取鼻坎挑角，($^\circ$)；

h_1——挑流鼻坎末端法向水深，m；

h_2——鼻坎坎顶至下游沟床高程差，如计算冲刷坑最深点距鼻坎的距离，该值可采用坎顶至冲坑最深点高程差，m。

其中，鼻坎末端断面平均流速 v 可按流速公式计算（适用范围 $S < 18q^{\frac{2}{3}}$）：

$$v = \phi \sqrt{2gZ_0} \qquad (14.3-61)$$

$$\phi^2 = 1 - \frac{h_f}{Z_0} - \frac{h_j}{Z_0} \qquad (14.3-62)$$

$$h_f = 0.014 \frac{S^{0.767} Z_0^{1.5}}{q} \qquad (14.3-63)$$

式中 v——鼻坎末端断面平均流速，m/s；

q——泄槽单宽流量，$m^3/(s \cdot m)$；

ϕ——流速系数；

Z_0——鼻坎末端断面水面以上的水头，m；

h_f——泄槽沿程水头损失，m；

h_j——泄槽各局部水头损失之和，h_j/Z_0 可取 0.05，m；

S——泄槽流程长度，m。

b. 冲坑深度计算。冲刷坑深度可按式（14.3-64）计算：

$$T = kq^{1/2} \Delta H^{1/4} \qquad (14.3-64)$$

式中 T——自下游水面至坑底最大水垫深度，m；

k——综合冲刷系数；

q——鼻坎末端断面单宽流量，$m^3/(s \cdot m)$；

ΔH——上、下游水位差，m。

2. 竖井水力学计算

竖井水力学计算有放水孔口面积计算和消力井的容积计算两部分。

（1）放水孔面积计算。

1）单层放水孔放水情况。放水孔尺寸按孔口出流公式计算：

$$\omega = \frac{Q}{2\mu \sqrt{2gH_1}} = 0.174 \frac{Q}{\sqrt{H_1}} \qquad (14.3-65)$$

式中 ω——一级放水孔的孔口面积，m^2；

Q——设计放水流量，m^3/s；

μ——流量系数；

H_1——第 1 级孔口中心至水面距离，m。

2）如果采用上、下两级放水孔同时放水，则有

$$\omega = \frac{Q}{2\mu \sqrt{2g}(\sqrt{H_1} + \sqrt{H_2})} = 0.174 \frac{Q}{\sqrt{H_1} + \sqrt{H_2}} \qquad (14.3-66)$$

式中 H_2——第 2 级孔口中心至水面距离，m。

（2）消力井容积计算。消力井的断面尺寸根据放水流量及竖井高度来计算确定。计算公式如下：

$$E = 9.81QH \qquad (14.3-67)$$

$$V = \frac{E}{8} = \frac{9.81QH}{8} = 1.23QH \qquad (14.3-68)$$

式中 E——放水水流能量，kW；

H——作用水头，近似采用正常蓄水位与竖井底部高程的差值，m；

V——消力井最小容积，m^3。

3. 卧管水力计算

（1）设计放水流量的确定。放水建筑物的放水流量大小，主要根据放空库容和防洪保收的要求确定。对于淤满年限在 5 年以上的淤地坝，根据调洪计算的结果，在 3~5d 内放完相当于拦泥库容的 10%~20% 的水量或者 4~7d 内放完一次设计洪水总量，作为设计放水流量。计算公式计算如下：

$$Q = \frac{(0.1 \sim 0.2)V_{拦}}{(3 \sim 5) \times 86400} \qquad (14.3-69)$$

或

$$Q = \frac{V_{拦}}{(4 \sim 7) \times 86400} \qquad (14.3-70)$$

式中 $V_{拦}$——淤地坝设计拦水总量，由水文计算确定，m^3。

（2）卧管放水孔尺寸的确定。水流从放水孔流入卧管，水流状态为自由孔口出流；一般卧管放水时，多以每次同时开启上、下两孔为宜，两孔同时放水流量计算公式如下：

$$Q = \mu\omega \sqrt{2g}(\sqrt{H_1} + \sqrt{H_2}) \qquad (14.3-71)$$

式中 H_1、H_2——第 1、第 2 孔的作用水头，m；

ω——一个放水孔的面积，m^2。

放水孔一般采用圆形，孔口直径为 D，侧孔口面积为

$$\omega = \frac{1}{4}\pi D^2 \qquad (14.3-72)$$

且 $\sqrt{2g} = 4.43$，代入式（14.3-72）推求圆形放水孔的直径 D 为

$$D = \sqrt{\frac{Q}{2.17(\sqrt{H_1} + \sqrt{H_2})}} = 0.68 \sqrt{\frac{Q}{\sqrt{H_1} + \sqrt{H_2}}} \qquad (14.3-73)$$

（3）卧管加大流量的确定。如果采用上、下开启两孔的运用方式，则需要按 3 孔调节法计算卧管的加大流量；这种调节方法，能保证在任何库水位时，放出的流量均接近或稍大于设计流量，故称为卧管的加

大流量 Q_B。为简化计算，可近似采用设计流量加大 $20\%\sim25\%$ 来考虑，并以此流量设计卧管、涵洞及消力池断面尺寸。

（4）卧管断面尺寸的确定。卧管内的水流流态为无压流，卧管的断面型式有方形、圆形两种，其断面尺寸大小与流量、卧管的纵坡及糙率有关。水流在卧管内流动，一般采用明渠均匀流公式进行计算：

$$Q_B = \omega C \sqrt{Ri} \qquad (14.3-74)$$

式中 i——卧管的纵坡，一般为 $1:2\sim1:4$；

ω——卧管的过水断面面积，卧管断面一般采用矩形，卧管宽度一般采用放水孔直径的 1.5 倍，m^2；

C——曼宁系数；

R——水力半径，m。

为保证水柱跃高不淹没进水孔，卧管高度应较正常水深加高 $3\sim4$ 倍，以保持管内通气顺畅。对于混凝土圆管，正常水深为管径的 0.4 倍。

（5）消力池断面尺寸的确定。消力池是卧管与涵管的连接建筑物。消力池是浆砌石筑成的，流速较高，在水流长方形结构中，其水力计算与溢洪道下游消力池的计算相同。

为保证产生淹没水跃，还应满足 $\dfrac{d+h_t}{h''} \geqslant 1.05\sim1.1$，跃后水深为

$$h'' = \frac{h'}{2}\left(\sqrt{1+8\frac{\alpha Q_B^2}{gB^2 h'^3}} - 1\right) \qquad (14.3-75)$$

式中 h_t——涵洞的均匀流水深，设计涵洞时求得，m；

h'——跃前水深，近似采用卧管均匀流水深，m；

B——卧管的宽度，m；

α——动能系数；

Q_B——卧管的加大流量，m^3/s。

卧管消力池宽度应满足 $B_0 = B + 0.4m$。

4. 输水涵洞水力计算

水流经卧管或竖井消能后，即通过埋设在坝下的涵洞输入坝体下游，输水涵洞常用的断面型式有圆形、矩形和拱顶矩形三种。根据其水流状态可分为有压和无压输水涵洞两种。在淤地坝和小型水库中多采用无压输水涵洞，其中方形涵洞是采用较多的一种型式，它适用于流量较小、洞身填土较低的中小型淤地坝；拱形涵洞，多适用于流量较大、洞身填土较高的大型淤地坝，一般多为等截面半圆形砌拱涵。

水流在涵洞内要求保持无压状态，洞内水深不应超过涵洞净高的 75%。涵洞断面开头确定后，其尺寸大小主要根据设计加大流量及坡度确定，一般按明

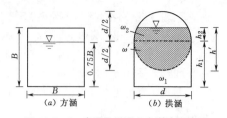

图 14.3-5　方涵及拱涵水力学计算简图

渠均匀流公式试算确定。

方形和拱顶矩形砌石涵洞，其水力要素可按以下简化方法确定。

（1）方涵。方涵如图 14.3-5（a）所示，当充水度（即水深与涵洞高的比值）为 3/4 时，方涵水力要素为

$$\omega = 0.75B^2 \qquad (14.3-76)$$
$$R = 0.3B \qquad (14.3-77)$$

式中 ω——过水断面面积，m^2；

R——水力半径，m。

（2）拱涵。拱涵如图 14.3-5（b）所示，当水流未充满整个断面时，试算比较复杂。为简化计算，可采用下列计算公式。

1）按拟定拱涵矩形部分高度 (h_1) 计算矩形及半圆形过水断面的水深值，拱涵的水深为其高度的 3/4，即

$$h = 0.75\left(h_1 + \frac{d}{2}\right) \qquad (14.3-78)$$

式中 d——拱涵的净宽，m。

2）计算圆断面充水度。

$$\frac{h'}{d} = \frac{d/2 + h_2}{d} \qquad (14.3-79)$$

式中 h'——拱涵内圆断面的水深，m。

3）按拟定的拱涵净宽 d 分别计算圆形断面各水力要素。

圆形断面积：$\omega_d = \dfrac{\pi}{4}d^2 = 0.78d^2 \qquad (14.3-80)$

圆断面湿周：$\chi_d = \pi d \qquad (14.3-81)$

圆断面水力半径：$R_d = \dfrac{\omega_d}{\chi_d} \qquad (14.3-82)$

4）拱涵过水断面面积。

$$\omega = \omega_1 + \omega_2 = h_1 d + \left(\omega' - \frac{\pi}{8}d^2\right) \qquad (14.3-83)$$

式中 ω_1——拱涵矩形面积，m^2；

ω_2——拱涵拱形部分的过水面积，m^2；

ω'——圆形断面阴影部分面积，m^2。

5）求拱涵过水断面湿周 χ。

$$\chi = \chi_1 + \chi_2 = d + 2h_1 + \left(\chi' - \frac{\pi}{2}d\right) \qquad (14.3-84)$$

式中 χ_1——矩形部分湿周，$\chi_1=d+2h$，m；

$\quad\quad$ χ_2——拱形部分湿周，$\chi_2=\chi'-\dfrac{\pi}{2}d$，m；

$\quad\quad$ χ'——圆形断面阴影部分的湿周，m。

6）计算拱涵过水断面的水力半径。

$$R=\frac{\omega}{\chi} \quad\quad (14.3-85)$$

7）校核拟定的拱涵断面所通过的流量 Q，根据确定的水力要素 ω、R 及糙率 n、坡度 i，代入 $Q=\omega C\sqrt{Ri}$ 计算，如果通过流量等于或稍大于设计加大流量，则拟定的断面尺寸合适；反之，需调整拱涵断面尺寸，重新计算。

5. 泄（放）水建筑物工程算例

【例 14.3-5】 某淤地坝工程，坝址以上集水面积为 $5.0km^2$；20 年一遇洪水流量 $Q_{20}=105m^3/s$，洪水总量 $W_{20}=10$ 万 m^3，200 年一遇洪水流量 $Q_{200}=180m^3/s$，洪水总量 $W_{20}=17$ 万 m^3；经水文计算分析，溢洪道设计泄量 $Q=41.19m^3/s$。溢洪道由闸室段、泄槽段及出口消能段组成。溢洪道闸室采用平底堰，堰顶高程为 820.50m，堰上设计水深 $H_0=2.6m$；泄槽底坡 $i=0.3333$，泄槽长度为 35.0m，试进行溢洪道设计。

解：（1）溢洪道闸室宽度计算。由式（14.3-44）得

$$B=\frac{Q}{m\sqrt{2g}H_0^{\frac{3}{2}}}=\frac{Q}{MH^{\frac{3}{2}}}=\frac{41.19}{1.6\times2.6^{\frac{3}{2}}}=6.14(m)$$

（2）计算临界水深。由式（14.3-47）得

$$h_k=\sqrt[3]{\frac{\alpha q^2}{g}}=\sqrt[3]{\frac{1.0\times(41.19/6.14)^2}{9.81}}=1.66(m)$$

（3）计算临界底坡。由 $Q=AC\sqrt{Ri}$ 可知：

$$i_k=\frac{Q_k^2}{A_k^2C_k^2R_k}$$

$$A_k=Bh_k=6.14\times1.66=10.19(m^2)$$

$$\chi_k=B+2h_k=6.14+2\times1.66=9.46(m)$$

$$R_k=\frac{A_k}{\chi_k}=\frac{10.19}{9.46}=1.08(m)$$

$$C_k=\frac{1}{n}R^{\frac{1}{6}}=\frac{1}{0.014}\times1.08^{\frac{1}{6}}=72.35$$

$$i_k=\frac{Q_k^2}{A_k^2C_k^2R_k}=\frac{41.19^2}{10.19^2\times72.35^2\times1.08}=0.00289$$

$i>i_k$，则水流为急流，按陡坡计算。

（4）水面线计算。水流出闸室后接陡坡，认为泄槽段起始水深为临界水深 1.66m，把泄槽长度均分 n 等份；每小段内，假定水深变化 Δh，计算段尾水深；采用式（14.3-48）和式（14.3-49）计算泄槽水面线。

根据计算，泄槽尾端水深 h 为 0.47m，对应流速 $v=14.358m/s$，由式（14.3-50）计算的掺气水深为

$$h_b=\left(1+\frac{\zeta v}{100}\right)h=\left(1+\frac{1.2\times14.358}{100}\right)\times0.47$$
$$=0.55(m)$$

（5）下游消能计算。根据溢洪道下游地形地质条件，采用底流消能。

由式（14.3-52）计算共轭水深：

$$h_c''=\frac{h_c}{2}\left(\sqrt{1+\frac{8\alpha q^2}{gh_c^3}}-1\right)\left(\frac{b_1}{b_2}\right)^{0.25}$$

$$h_c=0.47(m)$$

$$q=\frac{Q}{B}=\frac{41.19}{6.14}=6.71(m^2/s)$$

$$h_c''=\frac{0.47}{2}\times\left(\sqrt{1+\frac{8\times1.03\times6.71^2}{9.81\times0.47^3}}-1\right)$$
$$=4.27(m)$$

下游河道宽度不变，底坡为 0.01，按明渠均匀流计算正常水深 $h_0=1.09m$。

由于 $h_c''>h_0$，水流发生远趋水跃，需修建消力池。

由式（14.3-51）、式（14.3-53）和式（14.3-54）计算消力池深度。

计算选用下游尾水渠水深为 2.0m，计算的消力池深度 $d=1.958m$，设计选用 2.0m。

由式（14.3-55）和式（14.3-56）计算消力池长度：

$$L_j=6.9(h_c''-h_c)=6.9\times(4.27-0.47)=26.24(m)$$
$$L_{sj}=L_s+\beta L_j=35.0+0.75\times26.24=54.68(m)$$

设计选用消力池长度为 20.0m。

由式（14.3-57）和式（14.3-58）计算消力池底板厚度：

$$t_{冲}=k_1\sqrt{q\sqrt{\Delta H'}}=0.2\times\sqrt{6.71\times\sqrt{10.31}}$$
$$=0.93(m)$$

$$t_{浮前}=k_2\frac{U_{浮前}-W_{浮前}-P_m}{\gamma_b}=1.2\times\frac{41.0-23.69-0.525}{24}$$
$$=0.84(m)$$

$$t_{浮后}=k_2\frac{U_{浮后}-W_{浮后}-P_m}{\gamma_b}=1.2\times\frac{43.0-14.18-0.525}{24}$$
$$=1.47(m)$$

设计中前段底板厚度取为 1.0m，后半段取为 1.5m。

14.3.2.4 沟道丁坝

丁坝是由坝头、坝身和坝根三部分组成的一种建筑物，其坝根与河岸相连，坝头伸向河槽，在平面上与河岸相连起来呈"丁"字形，其坝头与坝根之间的

主体部分为坝身，其特点是不与对岸相连。

1. 丁坝的分类

按建筑材料不同，可分为石笼丁坝、砌石丁坝、混凝土丁坝等。

按高度不同，即山洪是否能漫过丁坝，可分为淹没和非淹没两种。

按长度不同，可分为短丁坝与长丁坝。长丁坝可拦塞一部分中水河床，对河槽起显著的束窄作用，并能将水挑向对岸，掩护此岸下游的堤岸不受水流冲刷，但水流紊乱，易使对岸工程遭受破坏，坝头冲坑较大。短丁坝的作用只能逼使水流趋向河心而不致引起对岸水流的显著变化，对束窄河床的作用甚大，在沟床（河床）较窄地区，宜修建短丁坝。

按丁坝与水流所成角度不同，可分为垂直布置型式、下挑布置型式和上挑布置型式。

按透水性能不同，可分为不透水丁坝与透水丁坝，不透水丁坝可采用浆砌石、混凝土等修建，透水丁坝多采用包含空隙的空型结构，如打桩编篱等。

2. 丁坝的水力计算

沟道丁坝的水力计算主要包括丁坝布置间距的计算和丁坝坝头冲刷坑深度的估算。

（1）丁坝布置间距的计算。丁坝理论最大间距 L_{max} 可按式（14.3-86）确定：

$$L_{max} = \frac{B-b}{2}\cot\beta \qquad (14.3-86)$$

式中　β——水流绕过丁坝头部的扩散角，（°）；

　　　B——丁坝布置河道的宽度，m；

　　　b——丁坝的宽度，m。

（2）坝头冲刷坑深度的估算。丁坝的布置，改变了丁坝附近水流流态，尤其出现向下的环流容易造成坝头局部的冲刷。

$$H_{冲} = \left(\frac{1.84H_0}{0.5b+H_0} + 0.0207\frac{v-v_0}{\omega}\right)bk_mk_a$$

$$(14.3-87)$$

式中　$H_{冲}$——局部冲刷后水深，m；

　　　H_0——局部冲刷前水深，m；

　　　b——丁坝在流向垂直线上的投影长度，m；

　　　v——丁坝端头流速，m/s；

　　　v_0——沟道河床质的抗冲刷流速，m/s；

　　　k_a——丁坝布置角度计算系数；

　　　k_m——丁坝端头边坡计算系数；

　　　ω——泥沙在静水中的沉降速度，m/s。

3. 丁坝工程算例

【例 14.3-6】　某丁坝工程所在沟道宽 50.0m，丁坝宽 3.0m，未建丁坝前局部冲刷水深为 4.0m，丁坝轴线与流向的夹角为 75°，试进行丁坝水力计算。

解：（1）丁坝间距的计算。由式（14.3-86）得

$$L_{max} = \frac{B-b}{2}\cot\beta = \frac{50-3.0}{2}\cot6.1° = 219.90(m)$$

水流绕过丁坝头部的扩散角 β 根据实验通常取 $6°6'$。

（2）坝头冲刷坑深度估算。由式（14.3-87）得

$$H_{冲} = \left(\frac{1.84H_0}{0.5b+H_0} + 0.0207\frac{v-v_0}{\omega}\right)bk_mk_a$$

$$H_0 = 3.0m$$

$$b = 6.0m$$

$$v = 6.0m/s$$

$$v_0 = 3.6\sqrt{H_0d} = 3.6\times\sqrt{3.0\times0.015} = 0.764(m/s)$$

$$k_a = \sqrt[3]{\frac{\alpha}{90}} = \sqrt[3]{\frac{75}{90}} = 0.94$$

丁坝坝头坡度系数 $m=2.0$，查表 14.3-8，对应的 $k_m=0.41$。

表 14.3-8　　系数 k_m 值参考表

m	1.0	1.5	2.0	2.5	3.0	3.5
k_m	0.71	0.55	0.41	0.37	0.32	0.28

泥沙在静水中的沉降速度见表 14.3-9，由泥沙粒径为 1.5mm，查表得沉降速度为 0.126m/s。

表 14.3-9　　泥沙沉降速度 ω 值

泥沙粒径 d /mm	沉降速度 ω /(cm/s)	泥沙粒径 d /mm	沉降速度 ω /(cm/s)	泥沙粒径 d /mm	沉降速度 ω /(cm/s)	泥沙粒径 d /mm	沉降速度 ω /(cm/s)
0.01	0.007	0.25	2.70	1.50	12.6	7.00	29.7
0.03	0.062	0.30	3.24	2.00	14.3	10.0	35.2
0.05	0.178	0.40	4.32	2.50	17.7	15.0	43.0
0.08	0.443	0.50	5.40	3.00	19.3	20.0	49.2
0.10	0.692	0.60	6.48	3.50	20.9	25.0	54.8
0.15	1.557	0.80	8.07	4.00	22.3	30.0	60.0
0.20	2.160	1.00	9.44	5.00	24.9	40.0	68.9

计算得

$$H_{冲} = \left(\frac{1.84\times3.0}{0.5\times6+3.0} + 0.0207\times\frac{6.0-0.76}{0.126}\right)\times6.0\times$$

$$0.41\times0.94 = 4.12(m)$$

14.3.2.5　泥石流

泥石流沟整治或对泥石流沟采取防治措施时，要事先对全流域进行全面的勘测调查，以查明泥石流的

发展史、活动现状、发展趋势。在调查资料的基础上，采用多种分析方法，确定合理的泥石流治理工程设计参数，为治理工程的经济、合理设计提供必要的数据。

1. 泥石流设计容重

泥石流容重是泥石流最基本的特征值，它是计算泥石流流速、流量、冲击力等特征值的基础。泥石流容重的确定常用下列方法。

（1）直接取样法。该方法适用于泥石流暴发频率很高的泥石流沟。

（2）调查称重法。选取刚发生的泥石流沉积物样品若干，通过搅拌确定一种最能代表泥石流流动状态的样品，算出该泥石流样品的容重作为设计容重。

$$\gamma_c = \frac{G-G_1}{V} \qquad (14.3-88)$$

式中 γ_c——泥石流设计容重，kg/m³；

$\quad G$——总重量，kg；

$\quad G_1$——桶重量，kg；

$\quad V$——样品体积，m³。

2. 泥石流设计流速

（1）稀性泥石流流速计算。

$$v_c = \frac{m_c}{\alpha} R^{\frac{2}{3}} i^{\frac{1}{2}} \qquad (14.3-89)$$

式中 m_c——泥石流沟糙率系数；

$\quad \alpha$——泥石流阻力系数；

$\quad R$——泥石流水力半径，m；

$\quad i$——泥石流泥面比降。

（2）黏性泥石流流速计算。

1）甘肃省交通科学研究院、中国科学院兰州冰川冻土研究所公式：

$$v_c = m_c H^{\frac{2}{3}} i^{\frac{1}{2}} \qquad (14.3-90)$$

式中 m_c——糙率系数；

$\quad H$——泥深，m；

$\quad i$——沟床比降。

式（14.3-90）适用于西北地区黏性泥石流。

2）云南东川蒋家沟黏性阵性泥石流流速公式：

$$v_c = 28.5 H^{\frac{1}{3}} i^{\frac{1}{2}} \qquad (14.3-91)$$

式（14.3-91）适用于东川地区高黏度阵性黏性泥石流流速计算。

3）弗莱施曼试验公式（泥质黏性泥石流）：

$$v_c = \alpha v_B \qquad (14.3-92)$$

式中 v_B——清水流速，m/s；

$\quad \alpha$——流速折减系数。

4）弯道公式。黏性泥石流弯道超高十分明显，

泥石流过境后，弯道两侧泥痕也十分清晰，在调查中用式（14.3-93）计算：

$$v_c = \sqrt{\frac{ghR}{4B}}\left(1+\frac{R-B}{R}\right) \qquad (14.3-93)$$

式中 R——弯道曲率半径，m；

$\quad B$——泥面宽，m；

$\quad h$——超高，m。

3. 泥石流冲击力

泥石流冲击力包括泥石流的整体冲击力和单个石块的冲击力。

（1）整体冲击力。

1）弗莱施曼公式：

$$P = k\gamma_c v_c^2 \qquad (14.3-94)$$

式中 P——泥石流冲击力，Pa；

$\quad k$——系数，取 1.5。

2）赫尔赫乌利泽公式：

$$P = 0.98\gamma_c(55 H_c + v_c^2) \qquad (14.3-95)$$

式中 H_c——泥石流深度，m。

3）东川公式：

$$P = k\gamma_c v_c^2 \qquad (14.3-96)$$

式中 k——泥石流体的不均质系数。

（2）石块冲击力。

1）池谷浩经验公式：

$$P_d = 47200 v_c^{1.2} R^2 \qquad (14.3-97)$$

式中 P_d——块石冲击力，Pa；

$\quad R$——石块半径，m。

2）理论公式：

$$P_d = \frac{Gv_d}{T\omega} \qquad (14.3-98)$$

式中 G——石块重量，kg；

$\quad v_d$——石块运动流速，m/s；

$\quad T$——撞击时间，s；

$\quad \omega$——石块与被撞击体的接触面积，m²。

4. 泥石流的冲起高度及弯道超高

快速运动中的泥石流具有强大的惯性，尤其是高容重的黏性泥石流，整体性强，行进过程中遇到障碍物时，常顺坡冲起；在弯道处，常有较大的超高。

（1）泥石流的爬高和冲起高。泥石流在前进过程中遇到斜坡，在惯性作用下，沿坡上爬，其爬高由式（14.3-99）计算：

$$\Delta H_c = \alpha \frac{v_c^2}{2g} \qquad (14.3-99)$$

式中 α——迎面坡度的函数，其值小于 1。

云南东川实测资料表明，泥石流的最大冲起高度约为龙头高的 4~5 倍，其经验计算公式为

$$\Delta H_c = 1.6 \frac{v_c^2}{2g} = 0.8 \frac{v_c^2}{g} \qquad (14.3 - 100)$$

（2）弯道超高。弯道超高由离心力造成，可按式（14.3 - 101）计算：

$$\Delta h = \frac{B}{gR} v_m^2 \qquad (14.3 - 101)$$

式中　B——泥面宽，m；

　　　R——弯道曲率半径，m；

　　　v_m——泥石流最大中泓流速，m/s。

14.3.3　稳定计算

14.3.3.1　稳定计算的任务和内容

1. 稳定计算的任务

通过稳定计算，验证建筑物体型设计的合理性，确保建筑物的安全稳定。

2. 稳定计算的主要内容

（1）土石坝稳定计算分析，包含坝坡抗滑稳定计算和坝体渗流稳定计算。

（2）边坡稳定计算分析。

（3）重力坝稳定计算分析。

（4）泄水建筑物稳定计算分析，主要为溢洪道闸室段抗滑稳定计算。

（5）拦渣工程稳定计算。

14.3.3.2　土石坝稳定计算分析

在水土保持工程中，淤地坝和拦沙坝的挡水建筑物多采用土石坝、堆石坝。

土石坝稳定计算分析包括土石坝坝坡稳定计算和坝体渗流稳定计算两部分。

1. 土石坝坝坡稳定计算分析

（1）计算理论和方法。土石坝、堆石坝的坝坡稳定计算应采用刚体极限平衡分析法。刚体极限平衡分析法是建立在摩尔-库仑强度准则基础上的，不考虑土体的本构特性，只考虑静力（力和力矩）平衡条件的稳定分析方法。

结合土石坝计算理论的发展，参考《碾压式土石坝设计规范》（SL 274）相关计算方法，本书采用简化毕肖普法和摩根斯坦-普莱斯法。

1）简化毕肖普法。简化毕肖普法的基本假定有以下几个。

a. 剖面上剪切面是个圆弧。

b. 条间力的方向为水平方向。该法通过垂直方向力的平衡求条底反力，通过同一点的力矩平衡求解安全系数。

简化毕肖普法计算如图 14.3 - 6 所示，安全系数计算公式如下：

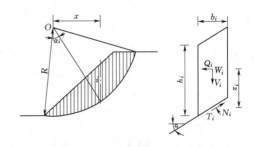

图 14.3 - 6　简化毕肖普法计算简图

$$K = \frac{\sum \left\{ \left[(W_i + V_i)\sec\alpha_i - u_i b_i \sec\alpha_i \right] \tan\varphi_i' + c_i' b_i \sec\alpha_i \right\} \dfrac{1}{1 + \dfrac{\tan\varphi_i'}{K} \tan\alpha_i}}{\sum \left[(W_i + V_i)\sin\alpha_i + \dfrac{M_{Q_i}}{R} \right]}$$

$$(14.3 - 102)$$

式中　W_i——第 i 滑动条块重量；

　　　Q_i、V_i——作用在第 i 滑动条块上的外力（包括地震力、锚索、锚桩提供的加固力和表面荷载）在水平向和垂直向分力（向下为正）；

　　　u_i——第 i 滑动条块底面的孔隙水压力；

　　　α_i——第 i 滑动条块底滑面的倾角；

　　　b_i——第 i 滑动条块的宽度；

　　　c_i'、φ_i'——第 i 滑动条块底面的有效黏聚力和内摩擦角；

　　　M_{Q_i}——第 i 滑动条块水平向外力 Q_i 对圆心的力矩；

　　　R——滑动圆弧半径；

　　　K——抗滑稳定安全系数。

2）摩根斯坦-普莱斯法。摩根斯坦-普莱斯法要求的力学平衡条件：分条底面的法向力平衡，分条底面的切向力平衡，关于分条底面中点的力矩平衡。该法假设条块的竖直切向力与水平推力之比为条间力函数 $f(x)$ 和待定常数 λ 的乘积。

摩根斯坦-普莱斯法计算如图 14.3 - 7 所示，计算公式如下：

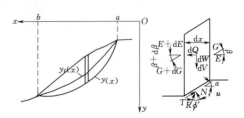

图 14.3 - 7　摩根斯坦-普莱斯法计算简图

$$\int_a^b p(x)s(x)\mathrm{d}x = 0 \qquad (14.3-103)$$

$$\int_a^b p(x)s(x)t(x)\mathrm{d}x - M_e = 0 \qquad (14.3-104)$$

其中：

$$p(x) = \left(\frac{\mathrm{d}W}{\mathrm{d}x} + \frac{\mathrm{d}V}{\mathrm{d}x}\right)\sin(\widetilde{\varphi}' - \alpha) - u\sec\alpha\sin\widetilde{\varphi}' +$$
$$\widetilde{c}'\sec\alpha\cos\widetilde{\varphi}' - \frac{\mathrm{d}Q}{\mathrm{d}x}\cos(\widetilde{\varphi}' - \alpha) \qquad (14.3-105)$$

$$s(x) = \sec(\widetilde{\varphi}' - \alpha + \beta) \times$$
$$\exp\left[-\int_a^x \tan(\widetilde{\varphi}' - \alpha + \beta)\,\frac{\mathrm{d}\beta}{\mathrm{d}\zeta}\mathrm{d}\zeta\right]$$
$$(14.3-106)$$

$$t(x) = \int_a^x (\sin\beta - \cos\beta\tan\alpha) \times$$
$$\exp\left[\int_a^\zeta \tan(\widetilde{\phi}' - \alpha + \beta)\,\frac{\mathrm{d}\beta}{\mathrm{d}\zeta}\mathrm{d}\zeta\right]\mathrm{d}\zeta$$
$$(14.3-107)$$

$$M_e = \int_a^b \frac{\mathrm{d}Q}{\mathrm{d}x}h_e\,\mathrm{d}x \qquad (14.3-108)$$

$$\widetilde{c}' = \frac{c'}{K} \qquad (14.3-109)$$

$$\tan\widetilde{\varphi}' = \frac{\tan\widetilde{\varphi}'}{K} \qquad (14.3-110)$$

$$\tan\beta = \lambda f(x) \qquad (14.3-111)$$

式中　　$\mathrm{d}x$——条块宽度；

$\mathrm{d}W$——条块重量；

u——作用于条块底面的孔隙水压力；

α——条块底滑面与水平面的夹角；

$\mathrm{d}Q$、$\mathrm{d}V$——作用在条块上的外力（包括地震力、锚索、锚桩提供的加固力和表面荷载）在水平向和垂直向分力；

M_e——$\mathrm{d}Q$ 对条块中点的力矩；

h_e——$\mathrm{d}Q$ 的作用点到条块底面中点的垂直距离；

$f(x)$——$\tan\beta$ 在 x 方向的分布形状函数；

λ——确定 $\tan\beta$ 值的待定系数。

（2）计算程序。实际工作中，利用计算机进行土石坝抗滑稳定安全系数的计算，找出潜在滑面及对应的最小安全系数。

随着计算机技术的快速发展，近年来开发出较多的土石坝边坡稳定分析软件。目前国内常用的土石坝边坡计算软件有中国水利水电科学研究院陈祖煜院士的"土质边坡稳定分析程序 STAB"、黄河勘测规划设计有限公司和河海大学共同编写的"土石坝稳定分析系统 HH-Slope""水利水电工程设计计算程序集－土石坝边坡稳定分析程序"等。

2. 土石坝坝体渗流稳定计算分析

（1）计算要求。对无黏性土的允许比降：以土的临界水力比降除以 $1.5\sim2.0$ 的安全系数；当渗透稳定对建筑物的危害较大时，取 2.0 的安全系数。无试验资料时，可根据表 14.3-10 选用经验值。

表 14.3-10　无黏性土允许水力比降

允许水力比降	渗透变形类型					
	流土型			过渡型	管涌型	
	$C_u \leqslant 3$	$3 < C_u \leqslant 5$	$C_u > 5$		级配连续	级配不连续
$J_{允许}$	$0.25\sim0.35$	$0.35\sim0.50$	$0.50\sim0.80$	$0.25\sim0.40$	$0.15\sim0.25$	$0.10\sim0.20$

注　本表不适用于渗流出口有反滤层的情况。

（2）计算理论和方法。根据工程布置，主要介绍不透水地基上均质土坝、不透水地基上斜墙土坝、不透水地基上心墙土坝及透水地基上均质土坝等渗流稳定计算理论和方法。

1）不透水地基上均质土坝的渗流。主要针对下游坝坡有无表面排水的均质土坝。

不透水地基的均质土坝计算简图如图 14.3-8 所示。

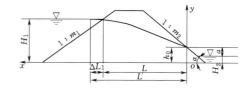

图 14.3-8　不透水地基的均质土坝

计算公式如下：

$$\Delta L_1 = \frac{m_1}{2m_1 + 1}H_1 \qquad (14.3-112)$$

$$L' = \Delta L_1 + L \qquad (14.3-113)$$

$$q = k\left[\frac{(H_1 - H_2)^2}{(L' - m_2 H_2) + \sqrt{(L' - m_2 H_2)^2 - m_2^2(H_1 - H_2)^2}} + \frac{(H_1 - H_2)H_2}{L' - 0.5m_2 H_2}\right]$$
$$(14.3-114)$$

当 $H_2 = 0$ 时：

$$q = k\frac{H_1^2}{L' + \sqrt{L'^2 - (m_2 H_1)^2}} \qquad (14.3-115)$$

$$h_0 = \frac{[2(m_2 + 0.5)^2 a + m_2 H_2](m_2 + 0.5)}{2(m_2 + 0.5)^2(a + H_2) + m_2 H_2}\frac{q}{k} + H_2$$
$$(14.3-116)$$

当 $H_2 \neq 0$ 时：

$$h_0 = \frac{q}{k}(m_2 + 0.5) \qquad (14.3-117)$$

$$y=\sqrt{h_0^2+(H_1^2-h_0^2)\frac{x}{L'-m_2h_0}} \qquad (14.3-118)$$

a. 当 $H_2=0$ 时，浸润线渗出点处水力比降：

$$J=\frac{1}{\sqrt{1+m_2^2}} \qquad (14.3-119)$$

在坝趾处：

$$J=\frac{1}{m_2} \qquad (14.3-120)$$

b. 当 $H_2\neq0$ 时，出渗段水力比降：

$$J=\frac{1}{\sqrt{1+m_2^2}}\left(\frac{h_0-H_2}{y-H_2}\right)^{\frac14}\frac{H_2}{h_0} \qquad (14.3-121)$$

下游水面以下坝坡部分水力比降：

$$J=\frac{(m_2+0.5)\dfrac{h_0-H_2}{H_2}}{\alpha\sqrt{1+m_2^2}\left[m_2+2(m_2+0.5)^2\dfrac{h_0-H_2}{H_2}\right]}\left(\frac{H_2}{y}\right)^{1-\frac{1}{2\alpha}} \qquad (14.3-122)$$

式中　H_1——土坝上游计算水深，m；

　　　H_2——土坝下游计算水深，m；

　　　ΔL_1——虚拟垂直坡至库水面与土坝上游坡交点间的水平距离，m；

　　　L——不透水体的水平长度，m；

　　　h_0——棱体排水上游端渗流水深，m；

　　　q——渗流量，m²/(s·m)；

　　　x、y——浸润线方程对应的坐标；

　　　a——出渗点至下游水面的高差，m；

　　　J——水力比降；

　　　m_1、m_2——土坝上、下游坝坡；

　　　α——下游坝坡坡角，(°)。

2）不透水地基斜墙土坝的渗流。不透水地基上的斜墙土坝计算简图如图14.3-9所示。

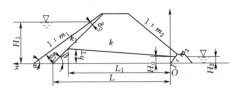

图14.3-9　不透水地基上的斜墙土坝

无论坝体采用何种形式的排水设备，通过斜墙的渗透量按式（14.3-123）计算：

$$q=k_1\left[\frac{(H_1-h_T)^2-(\delta\cos\alpha)^2}{\delta_0+\delta_c}+\frac{2(H_1-h_T)h_T}{\delta_c+\delta_1'}\right]\times\frac{\cos(\beta-\alpha)}{\sin\beta} \qquad (14.3-123)$$

其中

$$\delta_c=\delta_1-h_T\frac{\sin(\beta-\alpha)}{\sin\beta} \qquad (14.3-124)$$

$$\delta_1'=\delta_1+\frac{k_1}{k}h_T\operatorname{ctg}\beta \qquad (14.3-125)$$

式中　δ_0——上游水位处斜墙的厚度，m；

　　　δ_1——不透水地基计算长度处斜墙的厚度，m；

　　　δ——土坝斜墙的厚度，m；

　　　α——上游坝坡坡角，(°)；

　　　β——斜墙下游坡坡角，(°)；

　　　k_1、k——斜墙及墙后坝体的渗透系数；

　　　h_T——斜墙墙后对应的最大渗透水头，m。

通过墙后坝体部分的渗流量计算，按其排水的形式与相应均质坝计算公式相同，只需将式（14.3-114）中的 H_1、L' 以 h_T 与 L_1 代替即可。

斜墙后坝体浸润线及无排水时坝坡出渗坡降的计算与均质土坝计算公式相同，只需将式（14.3-114）中 H_1、L' 以 h_T 与 L_1 代替即可。

3）透水地基上心墙土坝的渗流。透水地基上心墙土坝计算简图如图14.3-10所示。

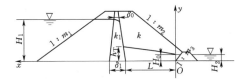

图14.3-10　透水地基上心墙土坝

忽略心墙上游坝体部分的水头损失，通过心墙的渗流量可按式（14.3-126）计算：

$$q=k_1\left[\frac{(H_1-h_T)^2}{\delta_0+\delta_c}+\frac{2(H_1-h_T)h_T}{\delta_c+\delta_1}\right] \qquad (14.3-126)$$

其中

$$\delta_c=\delta_1-(\delta_1-\delta_0)\frac{h_T}{H_1} \qquad (14.3-127)$$

式中　k_1——心墙的渗透系数。

通过心墙下游坝体部分的渗流量计算，与相应均质坝计算公式相同，只需将式（14.3-114）中的 H_1、L' 以 h_T 与 L 代替即可。

墙后坝体浸润线及无排水时坝坡出渗坡降的计算与均质土坝计算公式相同，只需将式（14.3-114）中 H_1、L' 以 h_T 与 L 代替即可。

4）透水地基上均质土坝的渗流。透水地基上均质土坝的渗流主要针对有无表面排水均质土坝计算。

a. 无限深透水地基上的均质土坝。当坝体与地基渗透系数相同时，可用阿拉文、努麦罗夫建议的方法进行计算。无限深透水地基上的均质土坝渗流计算简图如图14.3-11所示。

浸润线方程为

$$\frac{x}{H}=\frac{y}{m_1H}\left(1-\frac{y}{2H}\right)+\left(\frac{L}{H}-\frac{1}{2m_1}\right)\sin^2\frac{\pi y}{2H} \qquad (14.3-128)$$

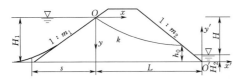

图 14.3-11 无限深透水地基上的均质土坝渗流计算简图

上游有限长地段 s 内的渗流量 q_s 按式（14.3-129）计算：

$$\frac{s}{H}=\frac{q_s}{kH}\left(1-\frac{q_s}{2m_1kH}\right)+\left(\frac{L}{H}-\frac{1}{2m_1}\right)\sin^2\frac{\pi q_s}{2kH}$$

（14.3-129）

$$h_0=\frac{(1.2m_2+0.5)H_1^2}{L'+\sqrt{L'^2-m_2^2H_1^2}}\quad(14.3-130)$$

$$\Delta L_1=\frac{m_1}{2m_1+1}H_1\quad(14.3-131)$$

$$L'=\Delta L_1+L\quad(14.3-132)$$

沿渗出段的出渗坡降：

$$J=\frac{1}{\sqrt{1+m_2^2}}\left(\frac{h_0-H_2}{y'-H_2}\right)^{0.25}\quad(14.3-133)$$

沿下游地基表面：

$$J=\frac{1}{2\sqrt{m_2}}\sqrt{\frac{h_0-H_2}{x'}}\quad(14.3-134)$$

式中 m_1、m_2——土坝上、下游坝坡；

$\quad\quad H$——土坝上、下游水位差，m；

$\quad\quad s$——上游有限地段长度，m；

$\quad\quad h_0$——土坝下游坡出逸高度，m；

其余符号意义同前。

b. 有限深透水地基上的均质土坝。有限深透水地基上均质土坝计算简图如图 14.3-12 所示。

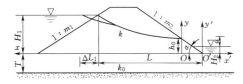

图 14.3-12 有限深透水地基上均质土坝

通过坝体及地基的渗流量：

$$q_D=q+k_0\frac{H_1-H_2}{L+m_1H_1+0.88T}T$$

（14.3-135）

渗流水深 h_0 的计算：

当 $k\leqslant k_0$ 时：

$$h_0=q\bigg/\left\{\frac{k}{m_2}\left[1+\frac{(m_2+0.5)H_2}{(m_2+0.5)a+0.5H_2}\right]\right.$$
$$\left.+\frac{k_0T}{m_2(a+H_2)+0.44T}\right\}+H_2$$

（14.3-136）

当 $k>k_0$ 时：

$$h_0=q\bigg/\left\{\frac{k}{m_2+0.5}\left[1+\frac{(m_2+0.5)H_2}{(m_2+0.5)a+\frac{m_2H_2}{2(m_2+0.5)}}\right]\right.$$
$$\left.+\frac{k_0T}{(m_2+0.5)a+m_2H_2+0.44T}\right\}+H_2$$

（14.3-137）

浸润线方程：

$$x=k_0\,T\frac{y-h_0}{q'}+k\frac{y^2-h_0^2}{2q'}\quad(14.3-138)$$

$$q'=k_0\,T\frac{H_1-h_0}{L+\Delta L_1-m_2h_0}+k\frac{H_1^2-h_0^2}{2(L+\Delta L_1-m_2h_0)}$$

（14.3-139）

沿渗出段的出渗坡降：

$$J=\frac{1}{\sqrt{1+m_2^2}}\left(\frac{h_0-H_2}{y'-H_2}\right)^{0.25}\quad(14.3-140)$$

沿坝坡淹没部分的出渗坡降：

$$J=\frac{0.5\alpha_1\dfrac{a}{H_2}}{\sqrt{1+m_2^2}\left[\left(1+\dfrac{a}{H_2}\right)^{\alpha_1}-1\right]}\frac{\left(\dfrac{H_2}{y'}\right)^{\alpha\alpha_1}}{\sqrt{1-\left(\dfrac{H_2}{y'}\right)^{-\alpha_1}}}$$

（14.3-141）

$$\alpha_1=\frac{1}{1+\alpha}\quad(14.3-142)$$

沿下游地基表面的出渗坡降：

$$J=\frac{\pi a}{2T\mathrm{arch}\left[\exp\left(\dfrac{\pi m_2h_0}{2T}\right)\right]}\times\frac{1}{\sqrt{\exp\left(\dfrac{\pi x'}{T}\right)-1}}$$

（14.3-143）

式中 q——坝体部分渗流量，按不透水地基上的均质土坝计算；

$\quad\quad k_0$——透水地基的渗透系数；

其余符号意义同前。

14.3.3.3 边坡抗滑稳定计算分析

水土保持工程中的边坡根据地质岩性条件可分为土质边坡和岩质边坡。

1. 边坡的级别

边坡的级别应根据相关水工建筑物的级别及边坡与水工建筑物的相互间关系，并对边坡破坏造成的影响进行论证后按《水利水电工程边坡设计规范》（SL 386）的相关规定确定。

2. 计算要求

边坡抗滑稳定安全系数应满足规范的相关要求，根据边坡级别的不同，取值在 1.00~1.30 之间。经论证，破坏后给社会、经济和环境带来重大影响的 1 级边坡，在正常运用条件下的抗滑稳定安全系数可取

1.3～1.5。

3. 土质边坡

根据计算方法在工程中的实际应用情况（应用范围、成熟程度），选用时主要依据边坡体的构造情况确定。当边坡体为相对均质体，可能发生圆弧滑动时，则选用简化毕肖普法和摩根斯坦-普莱斯法均可以；当边坡体呈层状结构且不同地层的抗剪强度有明显差别时，则选用摩根斯坦-普莱斯法较为合适。

土质边坡计算理论和方法与土石坝坝坡抗滑稳定计算公式一致。

4. 岩质边坡

岩质边坡计算方法根据岩石条件大致分两种情况。

（1）呈碎裂结构、散体结构的岩质边坡，计算方法同土质边坡一致。

（2）对块体结构和层状结构的岩质边坡，采用萨

尔玛法对其倾斜结构面的模拟和条块间力的考虑更合乎实际和更全面。

萨尔玛法计算简图如图 14.3-13 所示。当采用萨尔玛法进行岩质边坡抗滑稳定计算时，应按下列公式计算：

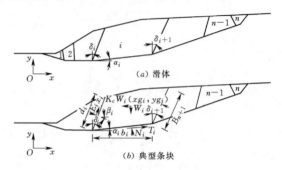

图 14.3-13　萨尔玛法计算简图

$$K_c{}^* = \frac{a_n + a_{n-1}\,e_n + a_{n-2}\,e_n\,e_{n-1} + \cdots + \alpha_1\,e_n\,e_{n-1}\cdots e_3\,e_2 + E_1\,e_n\,e_{n-1}\cdots e_1 - E_{n+1}}{p_n + p_{n-1}\,e_n + p_{n-2}\,e_n\,e_{n-1} + \cdots + p_1\,e_n\,e_{n-1}\cdots e_3\,e_2} \tag{14.3-144}$$

$$\alpha_i = \frac{R_i\cos\widetilde{\varphi}'_{bi} + (W_i + V_i)\sin(\widetilde{\varphi}'_{bi} - \alpha_i) + S_{i+1}\sin(\widetilde{\varphi}'_{bi} - \alpha_i - \delta_{i+1}) - S_i\sin(\widetilde{\varphi}'_{bi} - \alpha_i - \delta_i)}{\cos(\widetilde{\varphi}'_{bi} - \alpha_i + \widetilde{\varphi}'_{si+1} - \delta_{i+1})\sec\widetilde{\varphi}'_{si+1}} \tag{14.3-145}$$

$$p_i = \frac{(W_i + V_i)\cos(\widetilde{\varphi}'_{bi} - \alpha_i)}{\cos(\widetilde{\varphi}'_{bi} - \alpha_i + \widetilde{\varphi}'_{si+1} - \delta_{i+1})\sec\widetilde{\varphi}'_{si+1}} \tag{14.3-146}$$

$$e_i = \frac{\cos(\widetilde{\varphi}'_{bi} - \alpha_i + \widetilde{\varphi}'_{si} - \delta_i)\sec\widetilde{\varphi}'_{si}}{\cos(\widetilde{\varphi}'_{bi} - \alpha_i + \widetilde{\varphi}'_{si+1} - \delta_{i+1})\sec\widetilde{\varphi}'_{si+1}} \tag{14.3-147}$$

$$R_i = \widetilde{c}'_{bi} b_i \sec\alpha_i + P_{fi}\cos(\alpha_i + \beta_i) + [P_{fi}\sin(\alpha_i + \beta_i) - U_{bi}]\tan\widetilde{\varphi}'_{bi} \tag{14.3-148}$$

$$S_i = \widetilde{c}'_{si} d_i - U_{si}\tan\widetilde{\varphi}'_{si} \tag{14.3-149}$$

$$S_{i+1} = \widetilde{c}'_{si+1} d_{i+1} - U_{si+1}\tan\widetilde{\varphi}'_{si+1} \tag{14.3-150}$$

$$\tan\widetilde{\varphi}'_{bi} = \tan\varphi'_{bi}/K \tag{14.3-151}$$

$$\widetilde{c}'_{bi} = c'_{bi}/K \tag{14.3-152}$$

$$\tan\widetilde{\varphi}'_{si} = \tan\varphi'_{si}/K \tag{14.3-153}$$

$$\widetilde{c}'_{si} = c'_{si}/K \tag{14.3-154}$$

$$\tan\widetilde{\varphi}'_{si+1} = \tan\varphi'_{si+1}/K \tag{14.3-155}$$

$$\widetilde{c}'_{si+1} = c'_{si+1}/K \tag{14.3-156}$$

作用于第 i 条块左侧面上的推力 E_i 应按式（14.3-157）计算：

$$E_i = \alpha_{i-1} - p_{i-1}K + E_{i-1}e_{i-1} \tag{14.3-157}$$

式中　c'_{bi}、$\widetilde{c}'_{bi}$——第 i 条块底面上的有效凝聚力、折减后的有效凝聚力，kPa；

σ'_{bi}、$\widetilde{\varphi}'_{bi}$——第 i 条块底面上的内摩擦角、折减后的内摩擦角，(°)；

c'_{si}、$\widetilde{c}'_{si}$——第 i 条块第 i 侧面上的有效黏聚力、折减后的有效黏聚力，kPa；

σ_{si}、$\widetilde{\varphi}'_{si}$——第 i 条块第 i 侧面上的内摩擦角、折减后的内摩擦角，(°)；

c'_{si+1}、$\widetilde{c}'_{si+1}$——第 i 条块第 $i+1$ 侧面上的有效黏聚力、折减后的有效黏聚力，kPa；

$\widetilde{\alpha}'_{si+1}$、$\widetilde{\varphi}'_{si+1}$——第 i 条块第 $i+1$ 侧面上的内摩擦角、折减后的内摩擦角，(°)；

U_{si}、U_{si+1}——第 i 侧面、第 $i+1$ 侧面上的孔隙压力，kN；

U_{bi}——第 i 条块底面上的孔隙压力，kN；

P_{fi}——作用在第 i 条块上的加固力，kN；

δ_i、δ_{i+1}——第 i 条块第 i 侧面和第 $i+1$ 侧面的倾角（以铅垂线为起始线，顺时针为正，逆时针为负），(°)；

E_{n+1}——第 n 条块右侧面总的正压力，kN，一般情况下等于 0kN；

E_1——第 1 条块左侧面总的正压力，kN，一般情况下等于 0kN；

T_i——第 i 滑动条块底面上的滑动力，kN；

$K_c{}^*$——临界水平地震加速度。

岩质边坡抗滑稳定计算可以采用 Slide、EMU 及 Geoslope 进行。

14.3.3.4　重力坝稳定计算分析

在水土保持工程中，拦沙坝和滚水坝工程中挡水

建筑物和过水建筑物多采用重力坝。

重力坝稳定计算主要是核算基底面的抗滑稳定性和自身的应力分析。

1. 重力坝类型

重力坝根据浇筑材料和方法的不同，可分为混凝土重力坝、碾压混凝土重力坝及浆砌石重力坝。

2. 计算要求

根据《混凝土重力坝设计规范》（SL 319—2005）的规定，坝体抗滑稳定按抗剪断强度和按抗剪强度计算时，其抗滑稳定安全系数不应小于表 14.3-11 和表 14.3-12 规定的数值。

表 14.3-11 **重力坝坝基抗剪断**
安全系数 K'

计算公式	荷载组合		K'
抗剪断强度公式	基本组合		3.00
	特殊组合	(1)	2.50
		(2)	2.30

注 特殊组合（2）对应地震工况，其他特殊组合均为特殊组合（1）。

表 14.3-12 **重力坝坝基抗剪**
安全系数 K

计算公式	荷载组合		不同坝级的 K			备注
			1级	2级	3级	
抗剪强度公式	基本组合		1.10	1.05	1.05	岩基
	特殊组合	(1)	1.05	1.00	1.00	
		(2)	1.00	1.00	1.00	

3. 计算理论和方法

（1）抗滑稳定分析。本节内容主要研究重力坝沿基底面的滑动情况，涉及坝基深层滑动时，应进行专门研究，本节不再详述。

坝体抗滑稳定计算主要核算坝基面滑动条件，应按抗剪断强度公式或抗剪强度公式计算坝基面的抗滑稳定安全系数。

1）抗剪断强度计算公式：

$$K' = \frac{f'\sum W + c'A}{\sum P} \qquad (14.3-158)$$

式中　K'——抗剪断强度计算的抗滑稳定安全系数；
　　　f'——坝体与坝基接触面的抗剪断摩擦系数；
　　　c'——坝体与坝基接触面的抗剪断黏聚力，kPa；
　　　A——坝基接触面面积，m^2；

$\sum W$——作用于坝体上全部荷载（包括扬压力）对滑动平面的法向分量，kN；
　$\sum P$——作用于坝体上全部荷载对滑动平面的切向分量，kN。

2）抗剪强度计算公式：

$$K = \frac{f\sum W}{\sum P} \qquad (14.3-159)$$

式中　K——抗剪强度计算的抗滑稳定安全系数；
　　　f——坝体与坝基接触面的抗剪摩擦系数；
　其余符号意义同前。

坝体与坝基接触面之间的抗剪断摩擦系数 f'、黏聚力 c' 和抗剪摩擦系数 f 的取值可参考 SL 319—2005 中附录 D 选定。

（2）坝体应力计算。

1）坝基截面的垂直应力计算。坝基截面的垂直应力应按式（14.5-160）计算：

$$\sigma_y = \frac{\sum W}{A} \pm \frac{\sum Mx}{J} \qquad (14.3-160)$$

式中　σ_y——坝踵、坝趾垂直应力，kPa；
　　　A——坝段或1m坝长的坝基截面积，m^2；
　　　x——坝基截面上计算点到形心轴的距离，m；
　$\sum M$——作用于坝段上或1m坝长上全部荷载对坝基截面形心轴的力矩总和，$kN\cdot m$；
　　　J——坝段或者1m坝长的坝基截面对形心轴的惯性矩，m^4。

2）坝体上、下游面垂直正应力计算。坝体上、下游面垂直正应力应按式（14.3-161）计算：

$$\sigma_y^{u,d} = \frac{\sum W}{T} \pm \frac{6\sum M}{T^2} \qquad (14.3-161)$$

式中　$\sigma_y^{u,d}$——坝体上、下游面垂直正应力，上游面式中取"$+$"，下游面式中取"$-$"，kPa；
　　　T——坝体计算截面上、下游方向的宽度，m；
　$\sum M$——计算截面上全部垂直力与水平力对于计算截面形心的力矩之和，以使上游面产生压应力为正，$kN\cdot m$。

3）坝体上、下游面主应力计算。
上游面主应力：

$$\sigma_1^u = (1+m_1^2)\sigma_y^u - m_1^2(P-P_u^u) \qquad (14.3-162)$$

$$\sigma_2^u = P - P_u^u \qquad (14.3-163)$$

下游面主应力：

$$\sigma_1^d = (1+m_2^2)\sigma_y^d - m_2^2(P'-P_u^d) \qquad (14.3-164)$$

$$\sigma_2^d = P' - P_u^d \qquad (14.3-165)$$

式中 m_1、m_2——上、下游坝坡；

P、P'——计算截面在上、下游坝面所承受的土压力和水压力强度，kPa；

P_u^u、P_u^d——计算截面在上、下游坝面处的扬压力强度，kPa。

4. 应力要求

混凝土坝坝踵、坝趾的垂直应力要求：运行期，在各种荷载（地震荷载除外）组合下，坝踵垂直应力不应出现拉应力，坝趾垂直应力应小于坝基允许压应力；施工期，硬质岩石坝基拉应力不应大于 100kPa。

坝体应力要求：运行期，坝体上游面的垂直应力不出现拉应力（考虑扬压力作用），坝体最大主压应力不应大于混凝土的允许压应力值；施工期，坝体任何截面上的主压应力不应大于混凝土的允许压应力值，坝体下游面主压应力不应大于 200 kPa。

浆砌石拦渣坝坝体应力计算以材料力学法为基本分析方法，计算坝基面和折坡处截面的上、下游应力，对于中低坝，可只计算坝面应力。在基本荷载组合下，砌体抗压强度安全系数不小于 3.5；特殊组合下，不应小于 3.0。用材料力学法计算坝体应力时，在各种荷载（地震荷载除外）组合下，坝基面垂直正应力应小于砌体允许压应力和地基允许承载力；坝基面最小垂直正应力应为压应力，坝体内一般不得出现拉应力。实体坝应计算施工期坝体应力，其下游坝基面的垂直拉应力不大于 100kPa。

5. 重力坝稳定工程实例

【例 14.3-7】 某工程挡水坝段采用混凝土重力坝，坝顶高程 114.00m，坝基底高程 92.00m，坝高 22m，坝顶宽 5m。上游坝面竖直，下游坝坡在高程 107.33m 以上竖直，在高程 107.33m 以下坡度为 1:0.75，体型如图 14.3-14 所示。试进行重力坝稳定分析。

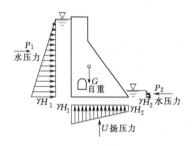

图 14.3-14 挡水坝段体型图

解：（1）计算条件。

正常蓄水位：110.00m。

设计洪水位：112.94m。

校核洪水位：113.30m。

坝址区地震动峰值加速度：0.15g。

混凝土容重 γ_c：24kN/m³。

（2）计算工况组合。基本组合：正常蓄水位情况（上游水位 110.00m）；设计洪水位情况（上游水位 112.94m）。特殊组合：校核洪水位情况（上游水位 113.30m）；地震情况（正常蓄水位＋地震荷载）。

（3）计算参数。坝址区岩体主要为坚硬的辉绿岩和砂岩，大坝的建基面基本上分布在弱风化的辉绿岩和砂岩上。坝基面抗滑稳定计算的岩体及混凝土物理力学参数按表 14.3-13 取值，坝基面抗滑稳定安全系数和坝基容许应力应满足表 14.3-14 规定的数值。

表 14.3-13 抗滑稳定计算岩体及混凝土物理力学参数

岩性	抗剪断强度（岩体）		抗剪强度（岩体）		抗剪断强度（混凝土/岩体）	
	f'	c'/MPa	f	c/MPa	f'	c'/MPa
辉绿岩	1.2	1.5	0.75	0	1.0	1.0
砂岩	1.0	1.1	0.65	0	0.9	0.8

表 14.3-14 抗滑稳定安全系数和坝基容许应力

计算工况		抗滑稳定安全系数		坝基应力/MPa	
		抗剪安全系数 K	抗剪断安全系数 K'	坝踵	坝趾
基本组合	正常蓄水位情况	1.05	3.0	>0	小于坝基容许应力
	设计洪水情况	1.05	3.0	>0	小于坝基容许应力
特殊组合	校核洪水情况	1.00	2.5	>0	小于坝基容许应力
	正常蓄水位＋地震	1.00	2.3	>0	小于坝基容许应力

（4）计算结果。由式（14.3-158）～式（14.3-160）计算，结果见表 14.3-15。由表 14.3-15 可知，各工况下基底应力和抗滑稳定均满足规范要求。

表 14.3-15 安全系数及基底应力计算结果表

工况		正常蓄水位	设计洪水位	校核洪水位	地震
荷载	$\sum W$/kN	3300.7	3060	3033.9	3300.7
	$\sum P$/kN	1587.6	2148.57	2223.08	2590.77
	$\sum M$/(kN·m)	-417.87	5707.22	6574.12	7912.87

续表

工　况		正常蓄水位	设计洪水位	校核洪水位	地震
计算参数	f'	1.0			
	c'/MPa	1.0			
	f	0.75			
安全系数	K'	10.18	7.43	7.16	6.24
	K	1.56	1.07	1.02	—
基底应力	$\sigma_{max}/\mathrm{kPa}$	209.25	311.42	328.76	374.43
	$\sigma_{min}/\mathrm{kPa}$	190.83	59.86	38.99	25.65

14.3.3.5 泄水建筑物稳定计算分析

在淤地坝、土石拦沙坝工程中，溢洪道为主要的泄水建筑物；水土保持工程中溢洪道控制段布置均为无闸门控制，设计中进行控制段闸室抗滑稳定分析即可。

1. 计算要求

（1）抗滑稳定安全系数。控制段闸室基底面抗滑稳定安全系数不小于表 14.3-16 中规定值。

表 14.3-16　控制段抗滑稳定安全系数标准

荷载组合		抗剪断安全系数 K'
基本组合		3.0
特殊组合	（1）	2.5
	（2）	2.3

注　特殊组合（2）对应地震工况，其他特殊组合均为特殊组合（1）。

（2）基底应力要求。控制段闸室基底面上的垂直正应力应满足下列要求。

1）运用期。

a. 在各种计算工况下（地震工况除外），基底面上最大正应力应小于基岩允许压应力，最小正应力大于 0。

b. 地震工况下可允许出现不大于 100kPa 的垂直拉应力。

2）施工期。

a. 基底面上最大正应力应小于基岩允许压应力，最小正应力可允许出现不大于 100kPa 的垂直拉应力。

b. 控制段闸室上游面的铅垂方向最小正压应力（计入扬压力）应大于 0。

2. 计算理论和方法

（1）抗滑稳定计算方法。控制段闸室抗滑稳定安全系数按式（14.3-166）进行计算；

$$K' = \frac{f'\sum W + c'A}{\sum P} \qquad (14.3-166)$$

式中　K'——抗剪断强度计算的抗滑稳定安全系数；

f'——控制段闸室基底面与基岩接触面的抗剪断摩擦系数；

c'——控制段闸室基底面与基岩接触面的抗剪断黏聚力，kPa；

$\sum W$——作用于控制段闸室上的全部荷载对计算滑动面的垂直分量，kN；

$\sum P$——作用于控制段闸室上的全部荷载对计算滑动面的水平分量，kN。

（2）基底应力计算公式。控制段闸室所受垂直正应力按式（14.3-167）进行复核计算。

$$\sigma_{min}^{max} = \frac{\sum G}{BL} \pm \frac{6\sum M}{BL^2} \qquad (14.3-167)$$

式中　σ_{min}^{max}——控制段闸室基底面上应力的最大值和最小值，kPa；

$\sum G$——作用在控制段闸室底板上的全部竖向荷载，kN；

$\sum M$——作用在控制段闸室上的全部竖向和水平向荷载对基础底面垂直水流方向形心轴的力矩，kN·m；

B——控制段闸室基底计算段宽度（垂直水流方向），m；

L——控制段闸室基底板顺水流方向长度，m。

14.3.3.6 挡渣工程稳定计算分析

根据拦渣工程特点，常用的拦渣工程分为挡渣墙、拦渣堤及拦渣坝三种类型。

1. 挡渣墙

水土保持工程中常用的挡渣墙型式有重力式、半重力式和衡重式。

挡渣墙稳定分析计算的内容包含抗滑稳定、抗倾覆稳定及基底应力计算等。

（1）计算要求。

1）挡渣墙抗滑稳定安全系数。挡渣墙安全系数包含抗滑稳定安全系数和抗倾覆稳定安全系数。

挡渣墙抗滑、抗倾覆稳定安全系数允许值应按照《水工挡土墙设计规范》（SL 379）的相关规定取值。

2）基底应力。

a. 土质地基和软质岩土地基的挡渣墙基底应力计算应满足下列要求。

a）在各种计算情况下，挡渣墙平均基底应力不大于地基允许承载力，最大基底应力不大于地基允许承载力的 1.2 倍。

b）挡渣墙基底应力最大值与最小值之比不大于

规范规定的允许值。

b. 硬质岩石地基上的挡渣墙基底应力计算应满足下列要求。

a) 在各种计算情况下，挡渣墙最大基底应力不大于地基允许承载力。

b) 除施工期和地震情况外，挡渣墙基底不应出现拉应力；在施工期和地震情况下，挡渣墙基底拉应力不应大于 100kPa。

（2）计算理论和方法。

1）抗滑稳定计算。挡渣墙的抗滑稳定验算，应根据地基的岩土性质、地基强度指标及建筑物规模等条件的不同采用不同的计算公式。

a. 土质地基上挡渣墙沿基底面的抗滑稳定。土质地基上挡渣墙沿基底面的抗滑稳定安全系数的计算公式为

$$K_c = \frac{f \sum G}{\sum H} \qquad (14.3-168)$$

或

$$K_c = \frac{\tan\varphi_0 \sum G + c_0 A}{\sum H} \qquad (14.3-169)$$

式中 K_c——挡渣墙沿基底面的抗滑稳定安全系数；

f——挡渣墙基底面与地基之间的摩擦系数；

$\sum G$——作用在挡渣墙的全部竖向荷载，kN；

$\sum H$——作用在挡渣墙的全部水平向荷载，kN；

φ_0——挡渣墙基底面与土质地基之间的摩擦角，（°）；

c_0——挡渣墙基底面与土质地基之间的黏聚力，kPa；

A——挡渣墙与地基接触面面积，m^2。

b. 岩石地基上挡渣墙沿基底面的抗滑稳定。岩石地基上挡渣墙沿基底面的抗滑稳定安全系数计算公式为

$$K_c = \frac{f \sum G}{\sum H} \qquad (14.3-170)$$

或

$$K_c = \frac{f' \sum G + c' A}{\sum H} \qquad (14.3-171)$$

式中 f——挡渣墙基底面与岩石地基之间的抗剪摩擦系数；

f'——挡渣墙基底面与岩石地基之间的抗剪断摩擦系数；

c'——挡渣墙基底面与岩石地基之间的抗剪断黏聚力；

其余符号意义同前。

2）抗倾覆稳定计算。挡渣墙的抗倾覆稳定是指挡墙绕前趾向外转动倾覆的力矩，用抗倾覆安全系数 K_0 表示，计算公式为

$$K_0 = \frac{\sum M_v}{\sum M_H} \qquad (14.3-172)$$

式中 K_0——挡渣墙抗倾覆安全系数；

M_v——对挡渣墙基底前趾的抗倾覆力矩，kN·m；

M_H——对挡渣墙基底前趾的倾覆力矩，kN·m。

3）挡渣墙基底应力计算。挡渣墙基底应力的计算公式为

$$P_{\min}^{\max} = \frac{\sum G}{A} \pm \frac{\sum M}{W} \qquad (14.3-173)$$

式中 $P_{\min}^{\max}$——挡渣墙基底应力的最大值或最小值，kPa；

$\sum G$——作用在挡渣墙上的全部垂直荷载，kN；

$\sum M$——作用在挡渣墙上的全部荷载对于水平面平行前墙墙面方向形心轴的力矩之和，kN·m；

A——挡渣墙基底面的面积，m^2；

W——挡渣墙基底面对于基底面平行前墙墙面方向形心轴的截面矩，m^3。

2. 拦渣堤

拦渣堤主要有墙式拦渣堤和非墙式拦渣堤。按建筑材料分土堤、砌石堤、混凝土堤和石笼堤。水土保持工程采用墙式拦渣堤，多采用砌石堤、混凝土堤，断面型式主要有重力式、半重力式和衡重式等。

拦渣堤的稳定计算原理同挡渣墙，但在工程实践中应注意以下几点。

（1）岩基内有软弱结构面时，还要核算沿地基软弱面的深层抗滑稳定。

（2）土基上拦渣堤非常运用状况下，抗滑稳定安全系数容许值、抗倾覆稳定安全系数容许值较与挡渣墙相应增大。

（3）基底与地基之间或软弱结构面之间的摩擦系数，宜采用试验数据。需要注意的是，拦渣堤应考虑水对摩擦系数的影响，按偏于安全处理。

3. 拦渣坝

拦渣坝根据浇筑材料与方式的不同，可分为混凝土拦渣坝、浆砌石拦渣坝与碾压堆石拦渣坝三种类型。计算方法参见本书"14.3.3.4 重力坝稳定计算分析"，本节仅介绍注意事项。

（1）混凝土拦渣坝。混凝土拦渣坝基础要求坐落在基岩上，条件较好的岩石地基一般不涉及地基整体稳定性问题，当地基条件较差时，需对地基进行专门处理后方可建坝。

（2）浆砌石拦渣坝。浆砌石拦渣坝坝体抗滑稳定计算，应考虑下列三种情况：沿垫层混凝土与基岩接

触面滑动、沿砌石体与垫层混凝土接触面滑动及砌石体之间的滑动。

14.3.4 结构计算

14.3.4.1 结构计算的任务和内容

1. 结构计算的任务

对板、梁、柱等构件进行承载力计算分析，确保建筑物构件结构安全。

2. 结构计算的内容

在水土保持工程中，根据建筑物构件浇筑材料不同，可分为土石结构、砖石砌体结构、素混凝土结构及钢筋混凝土结构。

（1）土石结构。结合水土保持工程中土石建筑物的规模和等级，按常规结构要求执行即可。

（2）砖石砌体结构。

（3）素混凝土结构。

（4）钢筋混凝土结构。

14.3.4.2 砖石砌体结构

1. 材料分类及强度等级

砌体结构包括砖砌体、砌块砌体和石砌体结构。砌体的强度计算指标由块体和砂浆的强度等级确定。

（1）块体。常用块体有烧结普通砖、多孔砖，蒸压灰砂砖、粉煤灰砖，砌块等。

（2）砂浆。砂浆分为水泥砂浆（水泥和砂）、混合砂浆（水泥、石灰和砂）和石灰砂浆（石灰和砂）。

（3）强度等级。各类块体和砂浆的强度等级，应按下列规定采用。

1）烧结普通砖、多孔砖等：MU30、MU25、MU20、MU15、MU10。

2）蒸压灰砂砖、粉煤灰砖等：MU25、MU20、MU15、MU10。

3）砌块：MU20、MU15、MU10、MU7.5、MU5。

4）砂浆：M15、M10、M7.5、M5、M2.5。

（4）砌体强度设计值。各类砌体的强度设计值依据施工质量控制等级，根据块体和砂浆的强度等级，以龄期28d的毛截面计算，满足相关规定。强度设计值参见《水工设计手册》（第2版）第3卷第12章的相关数值。

2. 砌体建筑物的功能及安全等级

（1）砌体建筑物的功能。砌体建筑物在规定使用年限内，应满足以下功能要求：

1）在正常施工和使用时，能承受可能出现的所有作用。

2）在正常使用时具有良好的工作性能。

3）在正常维护下具有足够的耐久性能。

4）在设计规定的偶然事件发生时及发生后，仍能保持必需的整体稳定性。

（2）安全等级。建筑结构设计时，应根据结构破坏可能产生的后果（危及人的生命、造成的经济损失、社会影响等）的严重性，采用不同的安全等级。砌体建筑物的安全等级应符合表14.3-17的要求。

表 14.3-17　砌体建筑物安全等级

安全等级	破坏后果	建筑物类型
一	很严重	重要的
二	严重	一般的
三	不严重	次要的

3. 砌体结构计算

砖石砌体构件按受力状态可分为受压构件、轴心受拉构件、受弯构件和受剪构件。

（1）受压构件。受压构件包括轴心受压和偏心受压构件；常见的有墙、柱等构件。受压构件示意图如图14.3-15所示。

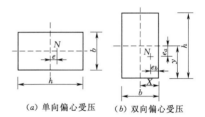

（a）单向偏心受压　（b）双向偏心受压

图 14.3-15　受压构件示意图

1）受压构件承载力计算。受压构件的承载力应按式（14.3-174）计算：

$$N \leqslant \varphi f A \qquad (14.3-174)$$

式中　N——轴向力设计值，N；

　　　φ——高厚比 β 及轴向力的偏心距 e 对受压构件承载力的影响系数；

　　　f——砌体的抗压强度设计值，N/mm²；

　　　A——构件截面面积，mm²。

2）受压构件承载力影响系数 φ 的计算。

a. 无筋砌体矩形截面单向偏心受压构件承载力影响系数 φ，可按表14.3-18～表14.3-20选用或按下列公式计算。

当 $\beta \leqslant 3$ 时：

$$\varphi = \frac{1}{1+12\left(\dfrac{e}{h}\right)^2} \qquad (14.3-175)$$

当 $\beta > 3$ 时：

$$\varphi = \frac{1}{1+12\left[\dfrac{e}{h}+\sqrt{\dfrac{1}{12}\left(\dfrac{1}{\varphi_0}-1\right)}\right]^2}$$

$$(14.3-176)$$

$$\varphi_0 = \frac{1}{\alpha\beta^2} \qquad (14.3-177)$$

$$e = \frac{M}{N} \qquad (14.3-178)$$

$$\beta = \frac{\gamma_\beta H_0}{h} \qquad (14.3-179)$$

式中 e——轴向力偏心距，mm；

h—— 矩形截面的轴向力偏心方向的边长，mm；

φ_0——轴心受压构件的稳定系数；

α——与砂浆强度等级有关的系数，当砂浆强度等级不小于 M5 时，取 $\alpha=0.0015$；当砂浆强度等级为 M2.5 时，取 $\alpha=0.002$；当砂浆强度等级为 0 时，取 $\alpha=0.009$；

β——构件的高厚比；

M——弯矩设计值，N·mm；

N——轴向力设计值，N；

γ_β——不同砌体材料构件的高厚比修正系数，按表 14.3-21 选用；

H_0——受压构件的计算高度，mm，按表 14.3-22 选用。

表 14.3-18　　　　受压构件承载力影响系数 φ（砂浆强度不小于 M5）

β	e/h 或 e/h_T												
	0	0.025	0.05	0.075	0.1	0.125	0.15	0.175	0.2	0.225	0.25	0.275	0.3
≤3	1	0.99	0.97	0.94	0.89	0.84	0.79	0.73	0.68	0.62	0.57	0.52	0.48
4	0.98	0.95	0.90	0.85	0.80	0.74	0.69	0.64	0.58	0.53	0.49	0.45	0.41
6	0.95	0.91	0.86	0.81	0.75	0.69	0.64	0.59	0.54	0.49	0.45	0.42	0.38
8	0.91	0.86	0.81	0.76	0.70	0.64	0.59	0.54	0.50	0.46	0.42	0.39	0.36
10	0.87	0.82	0.76	0.71	0.65	0.60	0.55	0.50	0.46	0.42	0.39	0.36	0.33
12	0.82	0.77	0.71	0.66	0.60	0.55	0.51	0.47	0.43	0.39	0.36	0.33	0.31
14	0.77	0.72	0.66	0.61	0.56	0.51	0.47	0.43	0.40	0.36	0.34	0.31	0.29
16	0.72	0.67	0.61	0.56	0.52	0.47	0.44	0.40	0.37	0.34	0.31	0.29	0.27
18	0.67	0.62	0.57	0.52	0.48	0.44	0.40	0.37	0.34	0.31	0.29	0.27	0.25
20	0.62	0.57	0.53	0.48	0.44	0.40	0.37	0.34	0.32	0.29	0.27	0.25	0.23
22	0.58	0.53	0.49	0.45	0.41	0.38	0.35	0.32	0.30	0.27	0.25	0.24	0.22
24	0.54	0.49	0.45	0.41	0.38	0.35	0.32	0.30	0.28	0.26	0.24	0.22	0.21
26	0.50	0.46	0.42	0.38	0.35	0.33	0.30	0.28	0.26	0.24	0.22	0.21	0.19
28	0.46	0.42	0.39	0.36	0.33	0.30	0.28	0.26	0.24	0.22	0.21	0.19	0.18
30	0.42	0.39	0.36	0.33	0.31	0.28	0.26	0.24	0.22	0.21	0.20	0.18	0.17

表 14.3-19　　　　受压构件承载力影响系数 φ（砂浆强度为 M2.5）

β	e/h 或 e/h_T												
	0	0.025	0.05	0.075	0.1	0.125	0.15	0.175	0.2	0.225	0.25	0.275	0.3
≤3	1	0.99	0.97	0.94	0.89	0.84	0.79	0.73	0.68	0.62	0.57	0.52	0.48
4	0.97	0.94	0.89	0.84	0.78	0.73	0.67	0.62	0.57	0.52	0.48	0.44	0.40
6	0.93	0.89	0.84	0.78	0.73	0.67	0.62	0.57	0.52	0.48	0.44	0.40	0.37
8	0.89	0.84	0.78	0.72	0.67	0.62	0.57	0.52	0.48	0.44	0.40	0.37	0.34
10	0.83	0.78	0.72	0.67	0.61	0.56	0.52	0.47	0.43	0.40	0.37	0.34	0.31
12	0.78	0.72	0.67	0.61	0.56	0.52	0.47	0.43	0.40	0.37	0.34	0.31	0.29
14	0.72	0.66	0.61	0.56	0.51	0.47	0.43	0.40	0.36	0.34	0.31	0.29	0.27
16	0.66	0.61	0.56	0.51	0.47	0.43	0.40	0.36	0.34	0.31	0.29	0.26	0.25
18	0.61	0.56	0.51	0.47	0.43	0.40	0.36	0.33	0.31	0.29	0.26	0.24	0.23
20	0.56	0.51	0.47	0.43	0.39	0.36	0.33	0.31	0.28	0.26	0.24	0.23	0.21
22	0.51	0.47	0.43	0.39	0.36	0.33	0.31	0.28	0.26	0.24	0.23	0.21	0.20
24	0.46	0.43	0.39	0.36	0.33	0.31	0.28	0.26	0.24	0.23	0.21	0.20	0.18
26	0.42	0.39	0.36	0.33	0.31	0.28	0.26	0.24	0.22	0.21	0.20	0.18	0.17
28	0.39	0.36	0.33	0.30	0.28	0.26	0.24	0.22	0.21	0.20	0.18	0.17	0.16
30	0.36	0.33	0.30	0.28	0.26	0.24	0.22	0.21	0.20	0.18	0.17	0.16	0.15

表 14.3-20 　　　　　　　　受压构件承载力影响系数 φ（砂浆强度为 0）

β	e/h 或 e/h_T												
	0	0.025	0.05	0.075	0.1	0.125	0.15	0.175	0.2	0.225	0.25	0.275	0.3
≤3	1	0.99	0.97	0.94	0.89	0.84	0.79	0.73	0.68	0.62	0.57	0.52	0.48
4	0.87	0.82	0.77	0.71	0.66	0.60	0.55	0.51	0.46	0.43	0.39	0.36	0.33
6	0.76	0.70	0.65	0.59	0.54	0.50	0.46	0.42	0.39	0.36	0.33	0.30	0.28
8	0.63	0.58	0.54	0.49	0.45	0.41	0.38	0.35	0.32	0.30	0.28	0.25	0.24
10	0.53	0.48	0.44	0.41	0.37	0.34	0.32	0.29	0.27	0.25	0.23	0.22	0.20
12	0.44	0.40	0.37	0.34	0.31	0.29	0.27	0.25	0.23	0.21	0.20	0.19	0.17
14	0.36	0.33	0.31	0.28	0.26	0.24	0.23	0.21	0.20	0.18	0.17	0.16	0.15
16	0.30	0.28	0.26	0.24	0.22	0.21	0.19	0.18	0.17	0.16	0.15	0.14	0.13
18	0.26	0.24	0.22	0.21	0.19	0.18	0.17	0.16	0.15	0.14	0.13	0.12	0.12
20	0.22	0.20	0.19	0.18	0.17	0.16	0.15	0.14	0.13	0.12	0.12	0.11	0.10
22	0.19	0.18	0.16	0.15	0.14	0.14	0.13	0.12	0.12	0.11	0.10	0.10	0.09
24	0.16	0.15	0.14	0.13	0.13	0.12	0.11	0.11	0.10	0.10	0.09	0.09	0.08
26	0.14	0.13	0.13	0.12	0.11	0.11	0.10	0.10	0.09	0.09	0.08	0.08	0.07
28	0.12	0.12	0.11	0.11	0.10	0.10	0.09	0.09	0.08	0.08	0.08	0.07	0.07
30	0.11	0.10	0.10	0.09	0.09	0.09	0.08	0.08	0.07	0.07	0.07	0.07	0.06

表 14.3-21 　　　　　　　　高 厚 比 修 正 系 数 γ_β

砌体材料类别	γ_β	砌体材料类别	γ_β
烧结普通砖、多孔砖	1.0	蒸压灰砂砖、粉煤灰砖	1.2
混凝土及轻骨料混凝土砌块	1.1	粗料石、毛石	1.5

表 14.3-22 　　　　　　　　受压构件的计算高度 H_0

房屋类别			柱		带壁柱墙或周边拉接的墙		
			排架方向	垂直排架方向	$s>2H$	$2H\geqslant s>H$	$s\leqslant H$
有吊车的单层房屋	变截面柱上段	弹性方案	$2.5H_u$	$1.25H_u$	$2.5H_u$		
		刚性、刚弹性方案	$2.0H_u$	$1.25H_u$	$2.0H_u$		
	变截面柱下段		$1.0H_l$	$0.8H_l$	$1.0H_l$		
无吊车的单层和多层房屋	单跨	弹性方案	$1.5H$	$1.0H$	$1.5H$		
		刚弹性方案	$1.2H$	$1.0H$	$1.2H$		
	多跨	弹性方案	$1.25H$	$1.0H$	$1.25H$		
		刚弹性方案	$1.1H$	$1.0H$	$1.1H$		
	刚性方案		$1.0H$	$1.0H$	$1.0H$	$0.4s+0.2H$	$0.6s$

注　1. H_u 为变截面柱的上段高度，mm；H_l 为变截面柱的下段高度，mm。

　　2. 对于上端为自由端的构件，$H_0=2H$。

　　3. 独立砖柱，当无柱间支撑时，柱在垂直排架方向的 H_0 应按表中数值乘以 1.25 采用。

　　4. s 为相邻横墙间距，mm；

　　5. 自承重墙的计算高度应根据周边支承或拉接条件确定。

b. 无筋砌体矩形截面双向偏心受压构件承载力影响系数 φ 按式（14.3-180）～式（14.3-182）计算：

$$\varphi=\frac{1}{1+12\left[\left(\dfrac{e_b+e_{ib}}{b}\right)^2+\left(\dfrac{e_h+e_{ih}}{h}\right)^2\right]} \quad (14.3-180)$$

$$e_{ib}=\frac{1}{\sqrt{12}}\sqrt{\frac{1}{\varphi_0}-1}\left(\frac{\dfrac{e_b}{b}}{\dfrac{e_b}{b}+\dfrac{e_h}{h}}\right) \quad (14.3-181)$$

$$e_{ih}=\frac{1}{\sqrt{12}}\sqrt{\frac{1}{\varphi_0}-1}\left(\frac{\dfrac{e_h}{h}}{\dfrac{e_b}{b}+\dfrac{e_h}{h}}\right) \quad (14.3-182)$$

式中　e_b、e_h——轴向力对截面重心在 x 轴、y 轴方向的偏心距，mm；

　　　　e_{ib}、e_{ih}——轴向力对截面重心在 x 轴、y 轴方向的附加偏心距，mm。

（2）轴心受拉构件。轴心受拉构件常见有水池。

轴心受拉构件的承载力应按式（14.3-183）计算：

$$N_t \leqslant f_t A \qquad (14.3-183)$$

式中 N_t——轴心拉力设计值，N；

      f_t——砌体的弯曲抗拉强度设计值，N/mm²；

      A——构件截面面积，mm²。

（3）受弯构件。受弯构件常见的有洞口砖拱过梁、挡土墙、水池等。

1）受弯构件的承载力。受弯构件的承载力应按式（14.3-184）计算：

$$M \leqslant f_{tm} W \qquad (14.3-184)$$

式中 f_{tm}——砌体弯曲抗拉强度设计值，N/mm²；

      W——截面抵抗矩，m³。

2）受弯构件的受剪承载力。受弯构件的受剪承载力应按式（14.3-185）计算：

$$V \leqslant f_v bz \qquad (14.3-185)$$

$$z = \frac{I}{S} \qquad (14.3-186)$$

式中 V——剪力设计值，N；

      f_v——砌体的抗剪强度设计值，N/mm²；

      b——截面宽度，mm；

      z——内力臂，mm；

      I——截面惯性矩，mm⁴；

      S——截面面积矩，mm³。

（4）受剪构件。受剪构件常见的有洞口砖过梁、挡土墙、水池以及抗震砌体墙等。

沿通缝或沿阶梯截面破坏时受剪构件的承载力按式（14.3-187）计算：

$$V \leqslant (f_v + \alpha \mu \sigma_0) A \qquad (14.3-187)$$

式中 A——水平截面面积，mm²；

      α——修正系数，当 $\gamma_G = 1.2$ 时，砖砌体取 $\alpha = 0.60$，混凝土砌块砌体取 $\alpha = 0.64$；当 $\gamma_G = 1.35$ 时，砖砌体取 $\alpha = 0.64$，混凝土砌块砌体取 $\alpha = 0.66$；

      μ——剪压复合受力影响系数，当 $\gamma_G = 1.2$ 时，$\mu = 0.26 - 0.082\sigma_0/f$；当 $\gamma_G = 1.35$ 时，$\mu = 0.26 - 0.082\sigma_0/f$；

      σ_0——永久荷载设计值产生的水平截面平均压应力，Pa。

α 与 μ 的乘积可按表 14.3-23 选用。

表 14.3-23 $\gamma_G = 1.2$ 及 $\gamma_G = 1.35$ 时的 $\alpha\mu$

γ_G	σ_0/f	0.1	0.2	0.3	0.4	0.5	0.6	0.7	0.8
1.2	砖砌体	0.15	0.15	0.14	0.14	0.13	0.13	0.12	0.12
	砌块砌体	0.16	0.16	0.15	0.15	0.14	0.13	0.13	0.12
1.35	砖砌体	0.14	0.14	0.13	0.13	0.13	0.12	0.12	0.11
	砌块砌体	0.15	0.14	0.14	0.13	0.13	0.12	0.12	0.12

（5）砖石砌体结构实例。

1）受压构件算例。

【例 14.3-8】 截面尺寸为 370mm×620mm 的偏心受压砖柱，砖的强度等级为 MU10，混合砂浆强度等级为 M5，柱计算高度为 6.0m。柱顶承受永久荷载产生的轴向压力设计值为 $N_G = 80$kN，可变荷载产生的轴向压力设计值 $N_Q = 40$kN，沿长边方向作用的弯矩设计值 $M = 15$kN·m。验算该柱的承载力。

解： $N = N_G + N_Q = 80 + 40 = 120$（kN）

由式（14.3-178）得

$$e = M/N = 15/120 = 125 \text{（mm）}$$

$$y = h/2 = 620/2 = 310 \text{（mm）}$$

$$0.6y = 0.6 \times 310 = 186 \text{（mm）} > e$$

由式（14.3-179）得

$$\beta = \gamma_\beta H_0/h = 1.0 \times 6000/620 = 9.68$$

查对应的影响系数 $\varphi = 0.466$。

$$A = 0.37 \times 0.62 = 0.23 \text{（m}^2\text{）} < 0.3\text{m}^2$$

对无筋砌体构件，当截面面积小于 0.3m² 时，强度设计值调整系数 γ_a 满足：

$$\gamma_a = 0.7 + A = 0.7 + 0.23 = 0.93$$

砌体强度设计值 $f = 1.50$N/mm²，则

$$\gamma_a f = 0.93 \times 1.50 = 1.395 \text{（N/mm}^2\text{）}$$

承载力：

$$\varphi \gamma_a f A = 0.466 \times 1.395 \times 230000 = 149.5 \text{（kN）}$$

计算值大于 $N = 120$kN，承载力满足要求。

2）轴心受拉构件算例。

【例 14.3-9】 一砖砌圆形水池，池壁截面厚度为 490mm，采用 MU10 普通烧结砖和 M10 水泥砂浆砌筑，池壁单位高度承受的最大环向拉力设计值为 $N_t = 70$kN。验算该池壁的受拉承载力。

解： 砌体沿齿缝破坏的抗拉强度设计值为 0.19N/mm²，考虑用水泥砂浆砌筑，砌体抗拉强度设计值调整系数为 0.8，则有

$$f_t=0.8\times0.19=0.152(\text{N/mm}^2)$$

由式（14.3－183）得

$$f_tA=0.152\times1000\times490=74.4(\text{kN})$$

$N_t=70\text{kN}<f_tA$，故承载力满足设计要求，结构安全。

3）受剪构件算例。

【例 14.3－10】 一采用 MU10 普通烧结砖及 M2.5 混合砂浆砌筑的砖墙，其上砖拱过梁，受剪截面尺寸为 370mm×490mm，过梁在支座处的水平推力设计值 $V=16.0\text{kN}$，作用在支座水平截面由恒荷载设计值产生的纵向力 $N=22.5\text{kN}$。验算该支座处水平截面的受剪承载力。

解：砌体抗压强度为 1.30N/mm²，抗剪强度为 0.08N/mm²。

$$\sigma_0=N/A=22500/(370\times490)=0.124(\text{N/mm}^2)$$

查表 14.3－23 得 $\alpha\mu=0.15$。

由式（14.3－187）得

$$V_v=(f_v+\alpha\mu\sigma_0)A=(0.08+0.15\times0.124)\times370\times490$$
$$=17.9\text{kN}$$

$V=16.0\text{kN}<V_v$，故受剪承载力满足设计要求。

14.3.4.3 素混凝土结构

1. 材料性能

（1）混凝土强度标准值。混凝土轴心抗压强度 f_{ck}、轴心抗拉强度 f_{tk} 标准值按表 14.3－24 采用。

表 14.3－24 混凝土轴心抗压强度、轴心抗拉强度标准值

混凝土强度等级	C10	C15	C20	C25	C30	C35	C40	C45	C50	C55	C60
轴心抗压 f_{ck}	6.7	10.0	13.4	16.7	20.1	23.4	26.8	29.6	32.4	35.5	38.5
轴心抗拉 f_{tk}	0.9	1.27	1.54	1.78	2.01	2.20	2.39	2.51	2.64	2.74	2.85

（2）混凝土强度设计值。混凝土轴心抗压强度 f_c、轴心抗拉强度 f_t 设计值按表 14.3－25 采用。

表 14.3－25 混凝土轴心抗压强度、轴心抗拉强度设计值

混凝土强度等级	C10	C15	C20	C25	C30	C35	C40	C45	C50	C55	C60
轴心抗压 f_c	4.8	7.2	9.6	11.9	14.3	16.7	19.1	21.1	23.1	25.3	27.5
轴心抗拉 f_t	0.54	0.91	1.10	1.27	1.48	1.57	1.71	1.80	1.89	1.96	2.04

（3）混凝土不同龄期的抗压强度比值。在混凝土结构构件设计中，不宜利用混凝土的后期强度。但经充分论证后，可根据建筑物的型式、地区的气候条件及开始承受荷载的时间，采用 60d 或 90d 龄期的抗压强度。

混凝土不同龄期的抗压强度增长率，应通过试验确定；当无试验资料时，可参见表 14.3－26。

表 14.3－26 混凝土不同龄期的抗压强度比值

混凝土龄期	7d	28d	60d	90d	180d
普通硅酸盐水泥	0.55～0.65	1.0	1.10	1.20	1.30
矿渣硅酸盐水泥	0.45～0.55	1.0	1.20	1.30	1.40
火山灰质硅酸盐水泥	0.45～0.55	1.0	1.15	1.25	1.30

2. 设计条件

（1）环境条件类别。混凝土结构所处的环境条件可按表 14.3－27 分为五个类别。

表 14.3－27 环 境 条 件 类 别

环境类别	环 境 条 件
一	室内正常环境
二	露天环境；室内潮湿环境；长期处于地下或淡水水下环境
三	淡水水位变动区；弱腐蚀环境；海水水下环境
四	海上大气区；海水水位变动区；轻度盐雾作用区；中等腐蚀环境
五	海水浪溅区及重度盐雾作用区；使用除冰盐的环境；强腐蚀环境

（2）混凝土耐久性要求。混凝土耐久性对强度等级的要求，不宜低于表 14.3－28 所列数值。

表 14.3-28　混凝土最低强度等级

环境类别	素混凝土	钢筋混凝土	
		HPB235、HPB300	HRB335、HRB400、RRB400、HRB500
一	C15	C20	C20
二	C15	C20	C25
三	C15	C20	C25
四	C20	C25	30
五	C25	C30	C35

（3）混凝土抗冻要求。对有抗冻要求的混凝土结构，应按表 14.3-29 根据气候分区、年冻融循环次数、表面局部小气候条件、水分饱和程度、结构重要性和检修条件等选定抗冻等级。

（4）混凝土抗渗等级。混凝土结构所需的混凝土抗渗等级应根据所承受的水头、水力梯度及下游排水条件、水质条件和渗透水的危害程度等因素确定，并不低于表 14.3-30 的混凝土抗渗等级的最小允许值。

3. 素混凝土结构计算

素混凝土构件按受力状态可分为受压构件、受弯构件及局部承压构件。

表 14.3-29　混凝土抗冻等级

项次	气候分区 / 年冻融循环次数	严寒		寒冷		温和
		≥100	<100	≥100	<100	—
1	受冻严重且难于检修的部位： （1）水电站尾水部位、抽水蓄能电站进出口的冬季水位变化区的构件、闸门槽二期混凝土、轨道基础。 （2）冬季通航或受电站尾水位影响的不通航船闸的水位变化区的构件、二期混凝土。 （3）流速大于 25m/s、过冰、多沙或多推移质的溢洪道，深孔或其他输水部位的过水面及二期混凝土。 （4）冬季有水的露天钢筋混凝土压力水管、渡槽、薄壁充水闸门井	F400	F300	F300	F200	F100
2	受冻严重但有检修条件的部位： （1）大体积混凝土结构上游面冬季水位变化区。 （2）水电站或船闸的尾水渠，引航道的挡墙、护坡。 （3）流速小于 25m/s 的溢洪道、输水洞（孔）、引水系统的过水面。 （4）易积雪、结霜或饱和的路面，平台栏杆、挑檐、墙、板、柱、墩、廊道或竖井的薄壁等构件	F300	F250	F200	F150	F50
3	受冻较重部位： （1）大体积混凝土结构外露的阴面部位。 （2）冬季有水或易长期积雪结冰的渠系建筑物	F250	F200	F150	F150	F50
4	受冻较轻部位： （1）大体积混凝土结构外露的阳面部位。 （2）冬季无水干燥的渠系建筑物。 （3）水下薄壁构件。 （4）水下流速大于 25m/s 的过水面	F200	F150	F100	F100	F50
5	表面不结冰、水下、土中及大体积内部混凝土	F50	F50	F50	F50	F50

表 14.3-30　混凝土抗渗等级的最小允许值

项次	结构类型及运用条件		抗渗等级
1	大体积混凝土结构的下游面及建筑物内部		W2
2	大体积混凝土结构的挡水面	$H<30$	W4
		$30{\leqslant}H<70$	W6
		$70{\leqslant}H<150$	W8
		$H{\geqslant}150$	W10
3	素混凝土及钢筋混凝土结构构件的背水面能自由渗水者	$i<0$	W4
		$10{\leqslant}i<30$	W6
		$30{\leqslant}i<50$	W8
		$i{\geqslant}50$	W10

续表

（1）受压构件。

1）不考虑受拉区作用时混凝土受压构件的正截

面受压承载力计算。

对称于弯矩作用平面的任意截面的受压构件，其正截面受压承载力应符合：

$$KN \leqslant \phi f_c A'_c \qquad (14.3-188)$$

式中 K——素混凝土结构承载力安全系数；

N——构件正截面承受轴向压力设计值，N；

ϕ——素混凝土构件的稳定系数；

f_c——混凝土轴心抗压强度设计值，N/mm²；

A'_c——混凝土受压区的截面面积，mm²。

受压区高度应按式（14.3-189）、式（14.3-190）确定：

$$e_c = e_0 \qquad (14.3-189)$$

$$e_0 \leqslant 0.8 y'_c \qquad (14.3-190)$$

式中 e_c——混凝土受压区的合力作用点至截面重心的距离，mm；

e_0——轴向力合力作用点至截面重心的距离，mm；

y'_c——截面重心至受压区边缘的距离，mm。

矩形截面的受压构件，其正截面受压承载力应符合：

$$KN \leqslant \varphi f_c b(h - 2e_0) \qquad (14.3-191)$$

式中 b——矩形截面宽度，mm；

h——矩形截面高度，mm。

2）考虑受拉区作用时混凝土受压构件的正截面受压承载力计算。

受拉区、受压区承载力应分别满足：

$$KN \leqslant \frac{\phi \gamma_m f_t W_t}{e_0 - \dfrac{W_t}{A}} \qquad (14.3-192)$$

$$KN \leqslant \frac{\phi f_c W_c}{e_0 + \dfrac{W_c}{A}} \qquad (14.3-193)$$

式中 W_t、W_c——截面受拉边缘、受压边缘的弹性抵抗矩，mm³；

A——构件截面面积，mm²；

f_t——混凝土轴心抗拉强度设计值，N/mm²；

γ_m——截面抵抗矩的塑性系数。

（2）受弯构件。素混凝土受弯构件的正截面受弯承载力应满足：

$$KM \leqslant \gamma_m f_t W_t \qquad (14.3-194)$$

式中 M——弯矩设计值，N·mm。

（3）局部承压构件。素混凝土构件的局部受压承载力应满足：

$$KF_l \leqslant \omega \beta_l f_c A_l \qquad (14.3-195)$$

$$\beta_l = \sqrt{\frac{A_b}{A_l}} \qquad (14.3-196)$$

式中 F_l——局部受压面上作用的局部荷载或局部压力设计值，N；

A_l——局部受压面积，mm²；

ω——荷载分布的影响系数，当局部受压区内荷载为均匀分布时，取 $\omega = 1.0$；局部荷载为非均匀分布时，取 $\omega = 0.75$；

β_l——混凝土局部受压时的强度提高系数；

A_b——混凝土局部受压时的计算底面积，mm²。

如果在局部受压区还有非局部荷载作用时，应满足：

$$K(F_l + \omega \beta_l \sigma A_l) \leqslant \omega \beta_l f_c A_l \qquad (14.3-197)$$

式中 σ——非局部荷载设计值所产生的压应力，Pa。

14.3.4.4 钢筋混凝土结构

1. 材料性能

混凝土性能指标参考本书"14.3.4.3 素混凝土结构"，本节主要阐述钢筋性能。

（1）钢筋的选用。

1）普通钢筋宜采用 HRB335 级和 HRB400 级钢筋，也可采用 HPB235 级、HPB300 级、RRB400 级和 HRB500 级钢筋。

2）预应力钢筋宜采用钢绞线、钢丝，也可采用螺纹钢筋和钢棒。

（2）钢筋强度。

1）钢筋强度的标准值。钢筋强度标准值应具有不小于 95% 的保证率。

普通热轧钢筋的强度标准值 f_{yk} 应按表 14.3-31 采用；水土保持工程中预应力构件很少使用，不再赘述。

表 14.3-31 普通热轧钢筋强度标准值

钢筋种类	符号	d/mm	f_{yk}/(N/mm²)
HPB235	Φ	6～22	235
HPB300	Φ	6～22	300
HRB335	Φ	6～50	335
HRB400	Φ	6～50	400
RRB400	Φ^R	8～40	400
HRB500	Φ	6～50	500

2）钢筋强度设计值。普通热轧钢筋的抗拉强度设计值 f_y 及抗压强度设计值 f'_y 应按表 14.3-32 采用。

表 14.3 - 32　　普通热轧钢筋强度设计值

单位：N/mm²

钢 筋 种 类		符号	f_y	f'_y
HPB235		Φ	210	210
HPB300		Φ	270	270
HRB335		Φ	300	300
HRB400		Φ	360	360
RRB400		Φ^R	360	360
HRB500	纵筋	Φ	420	400
	箍筋		360	

2. 钢筋混凝土结构计算

钢筋混凝土构件按受力状态可分为受弯构件、受压构件及受拉构件。

（1）受弯构件。正截面受弯承载力计算如图 14.3 - 16 所示，计算公式如下：

$$KM \leqslant f_c bx\left(h_0 - \frac{x}{2}\right) + f'_y A'_s(h_0 - a'_s) \quad (14.3 - 198)$$

$$f_c bx = f_y A_s - f'_y A'_s \quad (14.3 - 199)$$

受压区计算高度 x 应满足下列要求：

$$x \leqslant 0.85\xi_b h_0 \quad (14.3 - 200)$$

$$x \geqslant 2a'_s \quad (14.3 - 201)$$

式中　A_s、A'_s——纵向受拉、受压钢筋的截面面积，mm²；

　　　f_y——钢筋抗拉强度设计值，N/mm²；

　　　f'_y——钢筋抗压强度设计值，N/mm²；

　　　h_0——截面有效高度，mm；

　　　b——矩形截面的宽度，mm；

　　　a'_s——受压钢筋合力作用点至受压区边缘的距离，mm；

　　　ξ_b——相对界限受压区计算高度，mm。

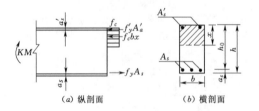

图 14.3 - 16　矩形截面受弯构件正截面受弯承载力计算

（2）受压构件。

1）轴心受压构件。其正截面受压承载力计算公式如下：

$$KN \leqslant \phi(f_c A + f'_y A'_s) \quad (14.3 - 202)$$

式中　ϕ——钢筋混凝土轴心受压构件的稳定系数；

　　　A——构件的截面面积，mm²。

2）矩形截面偏心受压构件正截面受压承载力计算如图 14.3 - 17 所示，计算公式如下：

$$KN \leqslant f_c bx + f'_y A'_s - \sigma_s A_s \quad (14.3 - 203)$$

$$KNe \leqslant f_c bx\left(h_0 - \frac{x}{2}\right) + f'_y A'_s(h_0 - a'_s) \quad (14.3 - 204)$$

$$e = \eta e_0 + \frac{h}{2} - a_s \quad (14.3 - 205)$$

$$\eta = 1 + \frac{1}{1400 e_0/h_0}\left(\frac{l_0}{h}\right)^2 \zeta_1 \zeta_2 \quad (14.3 - 206)$$

$$\zeta_1 = \frac{0.5 f_c A}{KN} \quad (14.3 - 207)$$

$$\zeta_2 = 1.15 - 0.01\frac{l_0}{h} \quad (14.3 - 208)$$

式中　e——轴向压力作用点至受拉边或受压较小边纵向钢筋合力作用点之间的距离，mm；

　　　e_0——轴向压力对截面重心的偏心距，mm；

　　　η——偏心受压构件考虑二阶效应影响的轴向压力偏心距增大系数；

　　　σ_s——受拉边或受压较小边纵向钢筋的应力，N/mm²；

　　　a_s——受拉边或受压较小边纵向钢筋合力作用点至截面近边缘的距离，mm；

　　　a'_s——受压较大边纵向钢筋合力作用点至截面近边缘的距离，mm；

　　　x——受压区计算高度，mm；

　　　l_0——构件的计算长度，mm；

　　　h——构件的截面高度，mm；

　　　ζ_1——考虑截面应变对截面曲率影响的系数，当计算值大于 1.0 时，取 $\zeta_1 = 1.0$，对于大偏心受压构件，直接取 $\zeta_1 = 1.0$；

　　　ζ_2——考虑构件长细比对截面曲率影响的系数，当 l_0/h 小于 15 时，取 $\zeta = 1.0$。

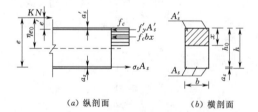

图 14.3 - 17　矩形截面偏心受压构件正截面受压承载力计算

经计算得出 ηe_0 满足以下要求：$\eta e_0 > 0.3 h_0$ 时，按大偏心受压构件计算；$\eta e_0 \leqslant 0.3 h_0$ 时，按小偏心受压构件计算。

3）大偏心受压构件计算公式如下：

$$KN \leqslant f_c bx + f'_y A'_s - f_y A_s \quad (14.3 - 209)$$

a. 受压钢筋 A_s' 和受拉钢筋 A_s 均未知，则

$$x = \xi_b h_0 \quad (14.3-210)$$

$$A_s' = \frac{KNe - f_c b h_0^2 \xi_b (1 - 0.5\xi_b)}{f_y'(h_0 - a_s')} \quad (14.3-211)$$

$$\xi_b = \frac{x_0}{h_0} = \frac{0.8}{1 + \dfrac{f_y}{0.0033E_s}} \quad (14.3-212)$$

$$A_s = \frac{f_c b h_0 \xi_b + f_y' A_s' - KN}{f_y} \quad (14.3-213)$$

b. 受压钢筋 A_s' 已知，则

$$a_s = \frac{KNe - f_y' A_s'(h_0 - a_s')}{f_c b h_0^2} \quad (14.3-214)$$

$$\zeta = 1 - \sqrt{(1 - 2a_s)} \quad (14.3-215)$$

$$x = \zeta h_0 \quad (14.3-216)$$

当 $x \geqslant 2a_s'$ 时：

$$A_s = \frac{f_c b h_0 \xi_b + f_y' A_s' - KN}{f_y} \quad (14.3-217)$$

当 $x < 2a_s'$ 时：

$$A_s = \frac{KNe'}{f_y(h_0 - a_s')} \quad (14.3-218)$$

$$e' = \eta e_0 - \frac{h}{2} + a_s' \quad (14.3-219)$$

式中 x_b——界限受压区计算高度，mm；

E_s——钢筋弹性模量，N/mm^2；

e'——轴向压力作用点至受压区纵向钢筋合力作用点的距离，mm。

当 e' 计算值为负值时，则 A_s 一般可按最小配筋并满足构造要求配置。

4）小偏心受压构件计算公式。当 $KN > f_c bh$ 时，则

$$KN\left(\frac{h}{2} - a_s' - e_0\right) \leqslant f_c bh\left(h_0' - \frac{h}{2}\right) + f_y' A_s'(h_0 - a_s) \quad (14.3-220)$$

$$h_0' = h - a_s' \quad (14.3-221)$$

（3）受拉构件。

1）轴心受拉构件。轴心受拉构件的正截面受拉承载力计算公式如下：

$$KN \leqslant f_y A \quad (14.3-222)$$

2）偏心受拉构件。矩形截面偏心受拉构件，其截面受拉承载力按下列规定计算。

a. 当轴向拉力 N 作用在钢筋 A_s 合力作用点与 A_s' 合力作用点之间时，按小偏心公式计算，如图 14.3-18 所示。

$$KNe \leqslant f_y A_s'(h_0 - a_s') \quad (14.3-223)$$

$$KNe' \leqslant f_y A_s(h_0' - a_s) \quad (14.3-224)$$

式中 e'——轴向受压钢筋合力作用点至受拉边或受压较小边的距离，mm。

b. 当轴向拉力 N 作用在钢筋 A_s 合力作用点、

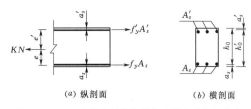

图 14.3-18 小偏心受拉构件的正截面受拉承载力

A_s' 合力作用点之外时，按大偏心公式计算，如图 14.3-19 所示。

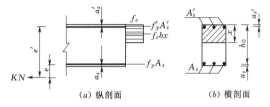

图 14.3-19 大偏心受拉构件的正截面受拉承载力

$$KN \leqslant f_y A_s - f_y' A_s' - f_c bx \quad (14.3-225)$$

$$KNe \leqslant f_c bx\left(h_0 - \frac{x}{2}\right) + f_y' A_s'(h_0 - a_s') \quad (14.3-226)$$

（4）钢筋混凝土构件实例。

1）受弯构件实例。

【例 14.3-11】 已知一结构安全级别为 Ⅱ 级的矩形截面简支梁，截面尺寸为 $b \times h = 250\text{mm} \times 500\text{mm}$，承受弯矩设计值为 196kN·m，采用 C25 混凝土及 HRB335 钢筋（二级钢），保护层厚度 $a = 35\text{mm}$。试进行构件配筋计算。

解： C25 混凝土轴心抗压强度设计值 $f_c = 11.9\text{N/mm}^2$，二级钢筋强度设计值 $f_y = f_y' = 300\text{N/mm}^2$。Ⅱ 级构件对应的安全系数 $K = 1.20$。

a. 计算 a_s。因弯矩较大，估计受拉钢筋需要布置成双排，所以保护层厚度 $a = 70\text{mm}$，则有 $h_0 = h - a = 500 - 70 = 430\text{mm}$。

$$a_s = \frac{KM}{f_c b h_0^2} = \frac{1.20 \times 196.0 \times 10^6}{11.9 \times 250 \times 430^2} = 0.428$$

$a_{sb}^s = 0.358 < a_s$，即 $\xi > 0.85\xi_b$，需按双筋截面配筋。

b. 计算受压钢筋截面面积 A_s'。按双筋截面配筋计算可充分利用受压区混凝土受压而使总的钢筋量最小的原则，即 $x = 0.85\xi_b h_0$，$a_{sb}^s = 0.358$，考虑受压钢筋为单层，取 $a' = 45\text{mm}$，利用式（14.3-198），简化得

$$A_s' = \frac{KM - a_{sb}^s f_c b h_0^2}{f_y'(h_0 - a')}$$

$$= \frac{1.20 \times 196.0 \times 10^6 - 0.358 \times 11.9 \times 250 \times 430^2}{300 \times (430 - 45)}$$

$$= 331 \text{(mm}^2)$$

c. 计算受拉钢筋截面面积 A_s。由式（14.3－199）得

$$A_s = \frac{f_c b a_1 \zeta_b h_0 + f'_y A'_s}{f_y}$$

$$= \frac{11.9 \times 250 \times 0.85 \times 0.55 \times 430 + 300 \times 331}{300}$$

$$= 2324(\text{mm}^2)$$

d. 选配钢筋。计算钢筋量：

$$A_s + A'_s = 331 + 2324 = 2655(\text{mm}^2)$$

受拉钢筋选用 6 根直径为 22mm 的钢筋，对应钢筋面积 $A_s = 2281\text{mm}^2$；受压钢筋采用 2 根直径为 16mm 的钢筋，对应钢筋面积为 $A'_s = 402\text{mm}^2$。

2）轴心受压构件实例。

【例 14.3－12】某现浇的轴心受压柱，柱底固定，顶部为不移动铰接，柱高 6500mm，永久荷载标准值产生的轴向压力 $N_{Gk} = 480\text{kN}$（含自重），可变荷载标准值产生的轴向压力 $N_{Qk} = 520\text{kN}$，该柱安全级别为Ⅱ级，采用 C25 混凝土，HRB335 钢筋。试设计截面及配筋。

解：C25 混凝土轴心抗压强度设计值 $f_c = 11.9\text{N}/\text{mm}^2$，二级钢筋强度设计值 $f_y = f'_y = 300\text{N}/\text{mm}^2$。Ⅱ级构件对应的安全系数 $K = 1.20$。

该柱承受的轴向压力设计值为

$$N = 1.05 N_{Gk} + 1.20 N_{Qk}$$

$$= 1.05 \times 480 + 1.20 \times 520$$

$$= 1128(\text{kN})$$

设柱截面形状为正方形，边长 $b = 300\text{mm}$，计算柱高 $l_0 = 0.7l = 0.7 \times 6500 = 4550$（mm）。

$$l_0/b = 4550/300 = 15.17 > 8$$

需考虑纵向弯曲的影响，查得 $\varphi = 0.89$。

按式（14.3－202）计算受压钢筋 A'_s：

$$A'_s = \frac{KN - \varphi f_c A}{\varphi f'_y}$$

$$= \frac{1.20 \times 1128 \times 10^3 - 0.89 \times 11.9 \times 300^2}{0.89 \times 300}$$

$$= 1500(\text{mm}^2)$$

$$\rho' = \frac{A'_s}{A} = \frac{1500}{300 \times 300} = 1.67\%$$

$\rho'_{\min} = 0.6\% < \rho'$，可以选用 4 根直径为 22mm 钢筋，对应钢筋面积为 1521mm²，布置在柱子四角，箍筋选用Φ 8@250。

3）偏心受压构件实例。

【例 14.3－13】某钢筋混凝土偏心受压柱，Ⅱ级安全级别，$b = 400\text{mm}$，$h = 600\text{mm}$，$a = a' = 40\text{mm}$，计算长度 $l_0 = 5200\text{mm}$。承受内力设计值 $M = 161\text{kN} \cdot \text{m}$，$N = 298\text{kN}$，采用 C30 混凝土，HRB400 钢筋。求钢筋截面面积 A_s 和 A'_s。

解：已知 $f_c = 14.3\text{N}/\text{mm}^2$，$f_y = f'_y = 360\text{N}/\text{mm}^2$，$K = 1.20$。

a. 计算 η 值。

$$\frac{l_0}{b} = \frac{5200}{600} = 8.67 > 8$$

应该考虑纵向弯曲的影响。

$$e_0 = \frac{M}{N} = \frac{161 \times 10^6}{298 \times 10^3} = 540(\text{mm})$$

$$\frac{h_0}{30} = \frac{560}{30} = 19(\text{mm})$$

$e_0 > \dfrac{h_0}{30}$，故按实际偏心距 $e_0 = 540\text{mm}$ 进行计算。

由式（14.3－207）得

$$\zeta_1 = \frac{0.5 f_c A}{KN} = \frac{0.5 \times 14.3 \times 400 \times 600}{1.20 \times 298 \times 10^3} = 4.8 > 1$$

故 $\zeta_1 = 1$。

因为 $l_0/h = 5200/600 = 8.67 < 15$，故 $\zeta_2 = 1$。

由式（14.3－206）得

$$\eta = 1 + \frac{1}{1400 e_0/h_0} \left(\frac{l_0}{h}\right)^2 \zeta_1 \zeta_2$$

$$= 1 + \frac{1}{1400 \times \frac{540}{560}} \times 8.67^2 \times 1 \times 1$$

$$= 1.06$$

b. 判断大小偏心。因为 $\eta e_0 = 1.06 \times 540 = 572(\text{mm})$，$0.3 h_0 = 168\text{mm}$，$\eta e_0 > 0.3 h_0$，所以按大偏心受压构件进行计算。

c. 计算受压钢筋 A'_s。由式（14.3－205）得：

$$e = \eta e_0 + \frac{h}{2} - a_s = 572 + 300 - 40 = 832(\text{mm})$$

HRB400 钢筋对应的 $\zeta_b = 0.518$，$\alpha_{sb} = \zeta_b(1 - 0.5\zeta_b) = 0.384$。

利用式（14.3－211）得

$$A'_s = \frac{KNe - f_c bh_0^2 \zeta_b(1 - 0.5\zeta_b)}{f'_y(h_0 - a'_s)}$$

$$= \frac{1.20 \times 298 \times 10^3 \times 832 - 0.384 \times 14.3 \times 400 \times 560^2}{360 \times (560 - 40)} < 0$$

$$A'_s = \rho_{\min} bh_0 = 0.20\% \times 400 \times 560 = 448(\text{mm}^2)$$

选用 3 根直径为 14mm 的钢筋，对应钢筋面积 $A'_s = 461\text{mm}^2$。

d. 计算受拉钢筋面积 A_s。由式（14.3－214）得

$$a_s = \frac{KNe - f'_y A'_s(h_0 - a'_s)}{f_c bh_0^2}$$

$$= \frac{1.20 \times 298 \times 10^3 \times 832 - 360 \times 461 \times (560 - 40)}{14.3 \times 400 \times 560^2}$$

$$= 0.118(\text{mm})$$

由式（14.3－215）得

$$\zeta = 1 - \sqrt{(1-2a_s)} = 1 - \sqrt{1-2 \times 0.118}$$
$$= 0.126$$

$$\zeta < \zeta_b$$

由式（14.3-216）得

$$x = \zeta h_0 = 0.126 \times 560 = 71 \,(\text{mm})$$

$$2a' = 80\text{mm}$$

$$x < 2a'$$

由式（14.3-219）得

$$e' = \eta e_0 - \frac{h}{2} + a'_s = 572 - \frac{600}{2} + 40 = 312 \,(\text{mm})$$

由式（14.3-218）计算受拉钢筋面积：

$$A_s = \frac{KNe'}{f_y(h_0 - a'_s)} = \frac{1.20 \times 298 \times 10^3 \times 312}{360 \times (560-40)}$$
$$= 596 \,(\text{mm}^2)$$

$$\rho_{\min} bh_0 = 448\text{mm}^2$$

$A_s > \rho_{\min} bh_0$，故选用 3 根直径为 16mm 的钢筋，对应受拉钢筋面积 $A_s = 603\text{mm}^2$。

4）偏心受拉构件实例。

【例 14.3-14】 如图 14.3-20 所示，为一输水涵洞截面图，该涵洞为 3 级水工建筑物；采用 C20 混凝土及 HRB335 钢筋；使用期间，在自重、土压力及动水压力作用下，每米涵洞长度内截面 $A-A$ 的内力设计值为 $M=-33\text{kN} \cdot \text{m}$（以内壁受拉为正），$N=201\text{kN}$（以受拉为正）；截面 $B-B$ 的内力设计值为 $M=66\text{kN} \cdot \text{m}$，$N=201\text{kN}$（以受拉为正）。试计算配置两截面的钢筋。

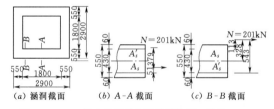

图 14.3-20 输水涵洞截面及计算简图（单位：mm）

解： 已知 $f_c = 9.6\text{N/mm}^2$，$f_y = f'_y = 300\text{N/mm}^2$，$K = 1.20$，$h_0 = h - a(a') = 550 - 60 = 490 \,(\text{mm})$。

a. 截面 $A-A$：

$$e_0 = \frac{M}{N} = \frac{33 \times 10^3}{201} = 164 \,(\text{mm}) < \frac{h}{2} - a = 215 \,(\text{mm})$$

所以 N 作用在 A_s 与 A'_s 之间，属于小偏心受拉构件，则

$$e' = \frac{h}{2} - a' + e_0 = \frac{550}{2} - 60 + 164 = 379 \,(\text{mm})$$

$$e = \frac{h}{2} - a - e_0 = \frac{550}{2} - 60 - 164 = 51 \,(\text{mm})$$

由式（14.3-223）和式（14.3-224）得

$$A'_s = \frac{KNe}{f_y(h_0 - a')} = \frac{1.20 \times 201 \times 10^3 \times 51}{300 \times (490-60)} = 95 \,(\text{mm}^2)$$

$$A_s = \frac{KNe'}{f_y(h_0 - a')} = \frac{1.20 \times 201 \times 10^3 \times 379}{300 \times (490-60)} = 709 \,(\text{mm}^2)$$

内、外侧钢筋各选配 $\Phi 12@150$，对应钢筋面积为 754mm^2，大于构件最小配筋率钢筋面积 735mm^2，满足要求。

b. 截面 $B-B$：

$$e_0 = \frac{M}{N} = \frac{66 \times 10^3}{201} = 328 \,(\text{mm})$$

$$\frac{h}{2} - a = 215\text{mm}$$

$e_0 > \frac{h}{2}$，所以 N 作用纵向钢筋范围之外，属于大偏心受拉构件；洞壁内侧受拉，钢筋为 A_s，外侧钢筋为 A'_s，则

$$e = e_0 - \frac{h}{2} + a = 328 - \frac{550}{2} + 60 = 113 \,(\text{mm})$$

$$A'_s = \frac{KNe - f_c bh_0^2 \zeta_b(1-0.5\zeta_b)}{f'_y(h_0 - a'_s)}$$

$$= \frac{1.2 \times 201 \times 10^3 \times 113 - 0.358 \times 9.6 \times 1000 \times 490^2}{300 \times 430}$$

$$< 0$$

选配 A'_s 为 $\Phi 12@300$，对应钢筋面积为 377mm^2。

$$a_s = \frac{KNe - f'_y A'_s(h_0 - a')}{f_c bh_0^2}$$

$$= \frac{1.2 \times 201 \times 10^3 \times 113 - 300 \times 377 \times 430}{9.6 \times 1000 \times 490^2} < 0$$

说明按所选 A'_s 进行计算就不需要混凝土承担任何内力了，意味着实际上 A'_s 应力不会达到屈服强度，所以按 $x < 2a'$ 计算 A_s。

$$e' = \frac{h}{2} - a' + e_0 = \frac{550}{2} - 60 + 328 = 543 \,(\text{mm})$$

由式（14.3-226）得

$$A_s = \frac{KNe'}{f_y(h_0 - a')} = \frac{1.20 \times 201 \times 10^3 \times 543}{300 \times 430} = 1015 \,(\text{mm}^2)$$

选取 $\Phi 10/12@75$，对应面积 $A_s = 1278\text{mm}^2$，大于构件最小配筋率钢筋面积 735mm^2，满足要求。

14.3.4.5 有限单元法

1. 有限单元法基本概念

有限单元法是 20 世纪 60 年代发展起来的一种基于变分原理和加权余量法的数值计算方法，是解决工程实际问题的一种强有力的计算手段。其分析过程一般包括三个步骤，即结构离散化、单元分析和整体分析。具体为通过将连续的介质（如零件、结构等）离散成有限个节点处连接起来的有限个单元（称为元素）所组成，然后对每个元素通过取定的插值函数，

将其内部每一点的位移（或应力）用元素节点的位移（或应力）来表示，随后根据介质整体的协调关系，建立包括所有节点的这些未知量的联立方程组，最后用计算机求解该联立方程组，以获得所需的解答。当元素足够小时，可以得到十分精确的解答。

2. 有限单元法应用软件

有限单元法是当今工程分析中获得最为广泛应用的数值计算方法，一批大型通用有限元商业软件公开发行和被应用，并成为 CAD/CAE 系统不可缺少的组成部分，常见通用有限元软件包括 ANSYS、ABAQUS、ADINA、MSC/NASTRAN 系列等。下面针对常用的 ANSYS、ABAQUS 及 ADINA 进行重点介绍。

（1）ANSYS 软件。ANSYS 是由美国 ANSYS 公司研制的融结构、流体、电场、磁场、声场分析于一体的大型通用有限元分析软件。可解决线性和非线性问题，适用于静力分析、模态分析、谐波分析、瞬态动力分析、谱分析、特征屈曲分析、显式动力分析、断裂力学分析、复合材料分析及疲劳分析等。

ANSYS 软件体系庞大，其软件体系分为软件平台、核心求解器、前后处理器和专业软件模块四个部分，其中专业软件模块中的 ANSYS CivilFEM 是基于 ANSYS 的土木工程专用软件包，在土木行业中应用广泛。

ANSYS 软件涵盖了大量的计算方法，包括直接解法、稀疏矩阵直接解法、拉格朗日法、雅可比共轭梯度法、不完全乔类斯基共轭梯度法等。一个典型的 ANSYS 分析过程可分为建立模型、加载并求解及查看分析结果三个步骤。

ANSYS 有限元软件已广泛应用于建筑、勘察、地质、水利、交通、电力、测绘、国土、环境、林业、冶金等领域。

（2）ABAQUS 软件。ABAQUS 是一套功能强大的工程模拟的有限元软件，由达索 SIMULIA 公司（原 ABAQUS 公司）开发，其解决问题的范围从相对简单的线性分析到许多复杂的非线性问题，并适用于结构分析、热和连接分析问题。同时在热传导、质量扩散、热电耦合、声学分析、岩土力学（流体渗透-应力耦合分析）及压电介质分析等中得以应用。

ABAQUS 是一个协同、开放、集成的多物理场仿真平台，有 3 个主求解器模块，分别为 ABAQUS/Standard、ABAQUS/Explicit 和 ABAQUS/CFD，还有一个全面支持求解器的图形用户界面，即人机交互前后处理模块 ABAQUS/CAE。

ABAQUS 包括丰富的单元库和材料模型库，可以模拟典型工程材料的性能，包括金属材料、橡胶、高分子材料、复合材料、混凝土、可压缩超弹性泡沫材料、土壤及岩石等地质材料。

ABAQUS 软件适用于岩土工程、道路桥梁、水工结构以及海洋平台和高层建筑物结构分析等领域。

（3）ADINA 软件。ADINA 软件是基于有限元理论的通用仿真平台，由美国 ADINA R&D 公司开发，其应用设计航空航天、国防军工、土木建设、科学研究及大专院校等各个领域。

ADINA 系统是一个全集成系统，可用于求解线性、非线性、稳定性、流-固耦合以及温度-结构耦合等方面的问题。ADINA 系统由 7 个模块组成，包括 ADINA - AUI、ADINA - Structure、ADINA - M、ADINA - CFD、ADINA - Thermal、ADINA - FSI 及 ADINA - TMC。

ADINA 软件通过对固体、结构、流体以及相互作用的流动流体的复杂有限元分析，可用来计算水利水电工程、岩土工程和一般结构工程等各种问题，实现对结构的力学计算、设计校核及动力响应模拟等。

3. 水土保持应用选择

在分析和处理水土保持专业相关问题时，对有限元分析软件的选择提出如下建议。

（1）涉及拦渣坝、挡渣墙等结构型式的静、动力分析，ABAQUS、ANSYS 和 ADINA 均能满足要求，可以任选一种进行模拟分析。

（2）涉及土体的固结沉降计算问题，建议优先选用 ADINA。

（3）涉及土石坝渗流分析问题，建议优先选用 ABAQUS。

（4）涉及多种流体力学问题，如水的流动过程模拟、明渠流动计算和波浪模拟等问题，建议优先选用 ADINA - CFD。

（5）涉及各种流-固耦合问题，例如地震作用下大坝与水体的相互作用问题、大型渡槽结构在地震作用下水体与结构相互作用问题、地下水与岩土骨架的耦合分析等问题，建议优先选用 ADINA - FSI。

14.3.5 工程量计算

14.3.5.1 概述

1. 工程量计算项目划分

水土保持工程各设计阶段的工程量，是设计工作的重要成果和编制水土保持工程投资概（估）算的重要依据。水土保持工程可分为水土保持生态建设项目和生产建设项目水土保持工程两大类，依据水土保持工程的特点和水土保持工程概（估）算编制的要求，水土保持工程量的统计可按工程措施、林草措施（植物措施）、施工临时措施、封育措施和监测措施等分项目统计。水土保持工程量计算简要项目划分见表 14.3 - 33。

表 14.3 - 33 水土保持工程工程量计算简要项目划分表

工程类型	项目划分	工程量计算主要内容
水土保持生态建设项目	工程措施	土方工程、石方工程、砌石工程、混凝土工程、砂石备料工程、基础处理工程、机械固沙工程、梯田工程、谷坊（水窖、蓄水池）工程等
	林草措施	水土保持整地工程、种草工程、造林工程、栽植工程、抚育工程、人工换土工程、假植及树木支撑（绑扎）工程
	封育措施	围栏设施、补植补种、辅助设施（舍饲、节柴灶、沼气池）
	监测措施	监测土建工程、设备及安装工程、观测人工数量
生产建设项目水土保持工程	工程措施	土方工程、石方工程、砌石工程、混凝土工程、砂石备料工程、基础处理工程、机械固沙工程、小型蓄排水工程等
	植物措施	水土保持整地工程、种草工程、造林工程、栽植工程、抚育工程、人工换土工程、假植及树木支撑（绑扎）工程
	施工临时措施	临时防护工程、其他临时工程
	监测措施	监测土建工程、设备及安装工程、观测人工数量

2. 各设计阶段工程量计算的阶段系数

水土保持工程措施、监测措施中的土建工程及临时措施的工程量计算应按《水利水电工程设计工程量计算规定》（SL 328）执行。林草措施工程量计算阶段调整系数在项目建议书阶段、可行性研究阶段、初步设计阶段分别按 1.08、1.05、1.03 取用。水土保持工程各设计阶段工程量计算阶段系数具体见表 14.3 - 34。

14.3.5.2 工程措施工程量计算

（1）土石方开挖工程量，应按岩土分类级别计算，并将明挖、暗挖分开。明挖宜分一般、坑槽、基础、坡面等；暗挖宜分平洞、斜井等。

（2）土石方填（砌）筑、疏浚工程的工程量计算应符合下列规定：

1）土石方填筑工程量应根据建筑物设计断面中不同部位不同填筑材料的设计要求分别计算，以建筑物实体方计量。

2）砌筑工程量按不同砌筑材料、砌筑方式（干砌、浆砌等）和砌筑部位分别计算，以建筑物砌体方计量。

3）疏浚工程量的计算，宜按设计水下方计量，开挖过程中的超挖及回淤量不应计入。

（3）土工合成材料工程量，宜按设计铺设面积或长度计算，不应计入材料搭接及各种型式嵌固的用量。

（4）混凝土工程量计算应以成品实体方计量，并应符合下列规定：

1）项目建议书阶段，混凝土工程量宜按工程各建筑物分项、分强度和级配计算。

2）可行性研究和初步设计阶段，混凝土工程量应根据设计图纸分部位、分强度、分级配计算。

3）碾压混凝土宜提出工法，沥青混凝土宜提出开级配或密级配。

4）钢筋混凝土的钢筋可按含钢率或含钢量计算。混凝土结构中的钢衬工程量应单独列出。

5）混凝土地下连续墙的成槽和混凝土浇筑工程量应分别计算，并应符合下列规定：①成槽工程量，按不同墙厚、孔深和地层，以面积计算；②混凝土浇筑的工程量，按不同墙厚和地层，以成墙面积计算。

6）喷混凝土工程量应按喷射厚度、部位及有无钢筋，以体积计，回弹量不应计入；喷浆工程量应根据喷射对象，以面积计。

（5）混凝土灌注桩的钻孔和灌筑混凝土工程量应分别计算，并应符合下列规定：

1）钻孔工程量，按不同地层类别，以钻孔长度计。

2）灌筑混凝土工程量，按不同桩径，以桩长度计。

（6）梯田工程量按不同坡度下水平投影面积计算，包括田面、田坎、蓄水埂、边沟及田间作业道路，并应符合下列规定：

1）隔坡梯田面积不含隔坡坡地面积。

2）石坎梯田中石坎石料来源若为拣集的，不再计算石料量；若为外购的，要单独计算石料用量。

（7）砂石备料工程中砂石骨料、块石、条石和覆盖层剥离分别计列，覆盖层工程量按土石方开挖计算，砂石骨料、块石、条石按所采成品方计算。

（8）机械固沙工程中，土石压盖工程按措施实施区域的水平投影面积计算；防沙墙工程依据建筑物设计断面按压实方计量；柴草沙障、黏土埂、草把沙障及防沙格栅、其他类型沙障，以长度计算或按延长米计量。

（9）谷坊工程中，土谷坊和砌石谷坊按谷坊的高度和顶宽尺寸分类统计,工程量以谷坊顶长长度计算;植物谷坊按柳(杨)杆(桩)排数分类统计,工程量以谷坊顶长长度计算。

(10)水窖、沉沙池、涝池和蓄水池以不同容积分类计算数量。

(11)道路工程量。项目建议书和可行性研究阶段,可根据1:50000～1:10000的地形图按设计推荐(或选定)的线路,分等级以长度计算工程量;初步设计阶段,应根据不小于1:5000的地形图按设计确定的公路等级提出长度或具体工程量。桥梁、涵洞按工程等级分别计算,提出每延米投资或具体工程量;供电线路工程量,按电压等级、回路数以长度计算。

14.3.5.3 林草(植物)措施工程量计算

(1)整地工程工程量计算应符合下列规定:

1)整地工程中土壤的分类按土、石16级分类法的Ⅰ～Ⅳ级划分。

2)水平阶整地依据不同的地面坡度和不同阶宽,分别统计整地个数;反坡梯田和水平沟整地按不同的地面坡度分别统计整地个数;鱼鳞坑整地按不同长径、短径、坑深的尺寸分别统计整地个数。

3)水平犁沟整地和全面整地按整地区域的水平投影面积计算。

(2)林草措施所需的树草种(籽)按照所需数量统计工程量,造林所需苗木数量按不同的苗木规格统计所需苗木株数。

(3)林草措施栽种工程工程量统计应符合下列规定:

1)种草。按不同的播种方式统计种草面积,草皮铺种按铺种形式和植草方式统计草皮铺种的面积,喷播植草按喷播不同区域统计植草面积。

2)苗圃育苗。按不同育苗年限统计育苗面积。

3)直播造林按不同的播种形式和播种株行距统计造林面积;植苗造林乔木按地径或胸径统计植苗株数,灌木按灌丛高统计植苗株数;分植造林根据苗木

形式和种植方式统计植苗株数;大坑栽植果树和经济林按不同的挖坑大小统计苗木株数;普通果木和经济林可参照植苗造林统计工程量。

4)飞播种林(草)按实施面积统计工程量。

5)栽植带土球乔(灌)木按不同的土球直径和坑穴规格统计栽植苗木株数。

6)栽植单(双)排绿篱按不同绿篱高度和挖沟尺寸统计栽植绿篱的长度。

7)花卉栽植按草本、木本、球(块)根类、花坛等不同栽植形式,统计花卉栽植的面积。

8)抚育工程按每年抚育幼林或成林抚育面积计算抚育工程量。

9)人工换土工程量可参照不同林草栽植方式统计。

10)假植乔木按不同地径或胸径统计假植株数,假植灌木按不同灌丛高度统计假植株数。

11)树木支撑工程按不同树棍长度和支撑形式统计支撑树木株数,树干绑扎按草绳所绕树干的不同胸径统计绑扎的树长。

14.3.5.4 施工临时措施工程量计算

(1)临时工程工程量的计算要求与工程措施和林草措施的计算要求相同,其中永久与临时结合的部分应计入永久工程量中,阶段系数按施工临时工程计取。

(2)临时施工设施及施工机械布置所需土建工程量,按工程措施的要求计算工程量,阶段系数按施工临时工程计取。

(3)施工临时公路的工程量可根据相应设计阶段施工总平面布置图或设计提出的运输线路分等级计算公路长度或具体工程量。

(4)施工供电线路工程量可按设计的线路走向、电压等级和回路数计算。

(5)临时苫盖、拦挡等措施工程量按工程措施的要求计算,阶段系数按施工临时工程计取。

表 14.3-34　　　　水土保持工程各设计阶段工程量计算阶段系数表

类别	设计阶段	土石方开挖填筑砌石工程量/万 m³				混凝土工程量/万 m³				钢筋/t	钢材/t	其他
		>500	500～200	200～50	<50	>300	300～100	100～50	<50			
工程措施	项目建议书	1.03～1.05	1.05～1.07	1.07～1.09	1.09～1.11	1.03～1.05	1.05～1.07	1.07～1.09	1.09～1.11	1.08	1.06	
	可行性研究	1.02～1.03	1.03～1.04	1.04～1.06	1.06～1.08	1.02～1.03	1.03～1.04	1.04～1.06	1.06～1.08	1.06	1.05	
	初步设计	1.01～1.02	1.02～1.03	1.03～1.04	1.04～1.05	1.01～1.02	1.02～1.03	1.03～1.04	1.04～1.05	1.03	1.03	

续表

类别	设计阶段	土石方开挖填筑砌石工程量/万m³				混凝土工程量/万m³				钢筋/t	钢材/t	其他
		>500	500~200	200~50	<50	>300	300~100	100~50	<50			
林草（植物）措施	项目建议书											1.08
	可行性研究											1.05
	初步设计											1.03
临时措施	项目建议书	1.05~1.07	1.07~1.10	1.10~1.12	1.12~1.15	1.05~1.07	1.07~1.10	1.10~1.12	1.12~1.15	1.1	1.1	
	可行性研究	1.04~1.06	1.06~1.08	1.08~1.10	1.10~1.13	1.04~1.06	1.06~1.08	1.08~1.10	1.10~1.13	1.08	1.08	
	初步设计	1.02~1.04	1.04~1.06	1.06~1.08	1.08~1.10	1.02~1.04	1.04~1.06	1.06~1.08	1.08~1.10	1.05	1.05	
监测措施	项目建议书	1.03~1.05	1.05~1.07	1.07~1.09	1.09~1.11	1.03~1.05	1.05~1.07	1.07~1.09	1.09~1.11	1.08	1.06	
	可行性研究	1.02~1.03	1.03~1.04	1.04~1.06	1.06~1.08	1.02~1.03	1.03~1.04	1.04~1.06	1.06~1.08	1.06	1.05	
	初步设计	1.01~1.02	1.02~1.03	1.03~1.04	1.04~1.05	1.01~1.02	1.02~1.03	1.03~1.04	1.04~1.05	1.03	1.03	
封育措施	项目建议书											1.08
	可行性研究											1.05
	初步设计											1.03

注 工程量计算应按《水利水电工程设计工程量计算规定》（SL 328）执行。

14.4 水 土 保 持 制 图

14.4.1 基本概念

图例：示意性地表达某种被绘制对象的图形或图形符号。

图样：在图纸上按一定规则、原理绘制的，能表示被绘物对象的位置、大小、构造、功能、原理、流程、工艺要求等的图。

小班：土地利用调查、水土流失调查、水土保持调查及规划设计时，具有基本相同属性的最小制图单元。水土保持图中经常涉及小班，特别是规划图和平面图的绘制，与小班有着密切的关系。小班，起源于林学，引申到水土保持制图中，将土地利用类型、水土流失类型、水土流失强度、水土保持措施、立地类型、设计条件等相同的划分为一个小班。

色标：用可通用、延续的颜色来表示对象特征的标准颜色语言。随着水土保持工程要求的提高及计算机辅助制图技术的发展，水土保持制图中对色标的要求需进一步规范，《水利水电工程制图标准 水土保持图》（SL 73.6—2015）中补充了色标的定义。

注记：图件上起说明作用的各种文字和数字，水土保持图中除常用的图例、符号外，常需辅以各种文字或数字进行补充说明。

14.4.2 基本要求

14.4.2.1 图件

准确表达规划设计意图，图面布置紧凑、协调、清晰，突出主题，主次分明，内容按照统一要求的图例、注记、色标表示；在标题栏内注明图名，图例宜布置在右侧，表格、说明、比例尺等附加内容可根据图面的具体情况合理布置。

14.4.2.2　标题栏

（1）标题栏放在图纸的右下角，并与图框线两边衔接，如图 14.4-1 所示。

（a）无装订边图纸的图框格式　（b）有装订边图纸的图框格式

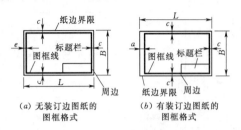

图 14.4-1　图框和标题栏

（2）标题栏外框线为粗实线，A0、A1 图幅线宽 1.00mm，A2、A3 图幅线宽 0.70mm，A4 图幅线宽 0.50mm；分格线为细实线，A0、A1 图幅线宽 0.25mm，A2～A4 图幅线宽 0.18mm。

（3）对于 A0、A1 图幅，可按图 14.4-2 所示式样绘制标题栏；对于 A2～A4 图幅，可按图 14.4-3 所示式样绘制标题栏；涉外水土保持项目规划设计标题栏，按图 14.4-4 所示式样绘制。

（4）需要会签的图纸，可设会签栏，会签栏的位置、内容、格式及尺寸按 14.4-5 所示式样绘制。

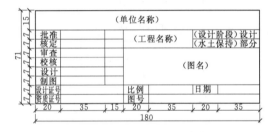

图 14.4-2　标题栏（A0、A1 图幅）（单位：mm）

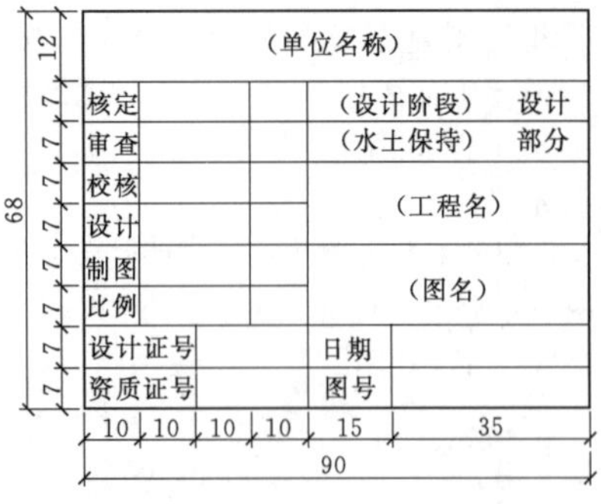

图 14.4-3　标题栏（A2～A4 图幅）（单位：mm）

14.4.2.3　图例

可根据需要选择使用，但在同一工程或同一套图纸中，采用的同类标识应一致。在实际应用中，除本

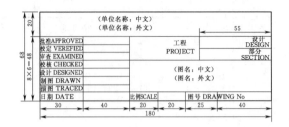

图 14.4-4　涉外项目标题栏（A0、A1 图幅）（单位：mm）

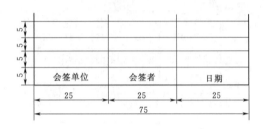

图 14.4-5　会签栏（单位：mm）

书列出的图例外，可按本书表 14.4-19、表 14.4-20 的方法派生所需图形和符号，并标注其作用。

14.4.2.4　其他要求

水土保持工程措施图件的图幅、字体、线条粗细、图纸装订及折叠形式、尺寸标注、剖视图、剖面图等的画法和要求，应按《水利水电工程制图标准　基础制图》（SL 73.1）的要求绘制。其他图件的图框、线条、尺寸标注按本书要求绘制，图幅根据规划设计范围确定，不作严格限制，以可复制和内容完整表达为准。

14.4.3　图件

图件分为三类：综合图件、工程措施图件和植物措施图件。

14.4.3.1　综合图件

综合图件包括水土保持分区图或土壤侵蚀分区图、重点小流域分布图、水土流失类型及现状图、水土保持现状图、土地利用和水土保持措施现状图、土壤侵蚀类型和水土流失强度分布图、水土保持工程总体布置图或综合规划图［水土保持区划或分区图、水土流失重点预防区和重点治理区划分图、地理位置及规划范围图、典型小流域土地利用现状图、水土保持措施总体布置图、项目区地貌与水系图、水土流失防治责任范围图、水土保持监测点位布局（置）图］等综合性图。综合图件要素及要求如下。

1. 比例尺

综合图件常用比例尺可根据表 14.4-1 的要求选用。

表 14.4－1　综合图件常用比例尺

图　类	比　例　尺
区域、流域水土保持区划（分区）图，土壤侵蚀类型及强度分布图	1：2500000、1：1000000、1：500000、1：250000、1：100000、1：50000
区域、流域水土保持工程总体布置图或综合规划图、水土保持现状图	1：1000000、1：500000、1：250000、1：100000、1：50000
小流域土壤侵蚀类型及强度分布图、水土流失类型及现状图、土地利用和水土保持措施现状图	1：50000、1：25000、1：10000、1：5000
小流域水土保持工程总体布置图或综合规划图	1：50000、1：25000、1：10000、1：5000、1：2000、1：1000
生产建设项目土壤侵蚀类型及强度分布图、水土保持措施总体布局图	1：250000、1：100000、1：50000、1：10000、1：5000、1：2000

2. 底图

地理要素是地图的地理内容，包括表示地球表面自然形态所包含的要素，如地貌、水系、植被和土壤等自然地理要素，以及人类在生产活动中改造自然界所形成的要素，如居民地、道路网、通信设备、工农业设施、经济文化和行政标志等社会经济要素。水土保持制图时，底图可根据实际需要对上述地理要素进行取舍。必要时，也可结合卫星影像进行作图。

综合图件的底图根据图件类型不同分别选取。

(1) 地理位置图宜根据图件的实际需求，从国家已正式颁布的地图中选取必要的地理要素作为底图。

(2) 区域的水土流失现状图、土地利用现状图、水土保持规划总体布局图、水土保持区划图、水土流失重点预防区和重点治理区划分图、水土保持监测站网布置图等图件，需以地图为底图，绘制行政界线、政府驻地、必要的居民点、水系及地标等地理要素。区域土壤侵蚀类型及强度分布图可以土壤侵蚀普查成果图件为底图。

(3) 小流域的土壤侵蚀类型及强度分布图、水土流失类型及现状图、土地利用现状图、土地利用规划及水土保持措施总体布置图以地形图为底图，当比例尺不小于 1：5000 时，保留所有等高线；比例尺小于 1：5000 时，可只保留计曲线。

(4) 生产建设项目的水土流失防治责任范围图、水土流失防治分区及措施总体布局图、水土保持监测

点位布局图等图件，以相应比例尺的地形图和主体工程总体布置图为基础，根据实际需要适当简化。土地利用现状图和土壤侵蚀强度分布图可根据建设项目的特点，参照区域或小流域的要求绘制。弃渣（土、石）场、料场等综合防治措施布置图以地形图或实测图为底图。

3. 河流流向及指北针

综合图件绘出各主要地物、建筑物，标注必要的高程及具体内容，当图面比例尺大于 1：50000 时，绘制坐标网。坐标网精度的取舍可根据实际需要确定。按照流向标注河流名称，绘制流向、指北针和必要的图例等，较小比例尺的图件，仅在图件为非正北方向时才绘出指北针。

(1) 河流方向。水流方向箭头符号可按图 14.4－6 的两种方式或图 14.4－7 的式样绘制。

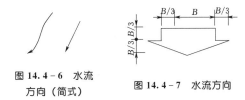

图 14.4－6　水流方向（简式）　　　**图 14.4－7　水流方向**

(2) 指北针。指北针可按图 14.4－8 的两种方式或图 14.4－9 的式样绘制，其位置宜在图的右上角。

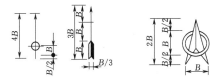

图 14.4－8　指北针（简式）　　　**14.4－9　指北针**

4. 图例栏

标准图例栏格式见表 14.4－2。

表 14.4－2　图　例　栏

图　例	名　称	说　明

5. 图例及小班注记

在小班上填注图例时，根据小班面积大小，确定填注图例的多少，一般填 1～2 个。1 个时，图例符号在左；2 个时则一个在左，一个在右；多个时均匀布置，以美观为原则。小班注记一般是与图例填注一起进行的，做到合理布置。注记格式是在总结水土保持、林业、土地等行业注记的基础上确定的。

(1) 小班注记宜与图例符号结合起来，表示项目区内各地块的土地利用状况及主要属性指标等。

（2）现状小班注记包括小班编号和控制面积，注记格式为 $\dfrac{小班编号}{控制面积}$。小班注记直接标记于小班范围内，但当小班面积较小不易直接标记时，也可只标注小班编号，控制面积（图斑测算平差后的面积）及其主要属性指标等具体内容另以表格表示。

（3）规划和设计小班注记包括小班编号、控制面积和实施时间，注记格式为 $\dfrac{小班编号}{控制面积－实施时间}$。具体注记要求同现状小班注记。

6. 着色

水土保持综合图件习惯上经常着色，目的是为了更加醒目地反映规划设计的内容。由于现在计算机制图已经很普遍，故色标是根据计算机上的调色板制定的，具体应用时色调、饱和度、亮度可作适当的调整，但要求主色调不变，以美观、醒目、能很好地反映规划设计的内容为原则。

（1）根据综合图件的需要，土地利用与水土保持措施现状图、水土保持分区图、水土流失类型及现状图、土壤侵蚀类型和强度分布图、水土保持总体布置图等图件中，不同属性状况可以不同着色表示，但要求色泽协调、清晰。

（2）根据土地利用及水土保持措施现状图、水土保持工程总体布置图要求，按表 14.4-3～表 14.4-6 要求的色标代码绘制。

表 14.4-3　　　　　　　　　　　　　　土地利用类型及水土保持措施色标代码表

序号	名　　　称	色标及图案说明	色标代码（R、G、B）	备　　注
1	水系、泉	蓝色	R60 G220 B255	
2	新修骨干坝、淤地坝或小型蓄水工程	蓝色（波纹图案）	R60 G220 B255	水土保持措施，着色于水面上
3	农田	黄色	R255 G255 B0	
4	新修梯田、引洪漫地或治滩造地	黄色（黑点图案）	R255 G255 B0	水土保持措施
5	林地	绿色	R0 G150 B0	
6	新增林地	绿色（白点图案）	R0 G150 B0	水土保持措施
7	草地	草绿色	R150 G215 B15	
8	新增草地	草绿色（黑杂点图案）	R150 G215 B15	水土保持措施
9	果园和经济林地	酸橙色	R190 G245 B115	
10	新增果园和经济林地	酸橙色（绿竖线图案）	R190 G245 B115	水土保持措施
11	荒草地	灰色	R192 G192 B192	
12	其他未利用地	浅褐色	R150 G100 B50	
13	市、镇及农村居民点	紫棕色	R125 G30 B130	
14	初治面积	黑色图案	R192 G192 B192	大区域小比例尺图，水土保持措施不分类
15	未治面积	红色	R204 G0 B0	大区域小比例尺图，水土保持措施不分类

表 14.4-4　　　　　　　　　　　　水土保持土地利用现状色标代码表

一级类	二级类	三级类	四级类	色标代码（R、G、B）
耕地				R255 G250 B0
	水田			R255 G255 B100
	水浇地			R255 G255 B150
	旱地			R255 G255 B200

一级类	二级类	三级类	四级类	色标代码（R、G、B）
	旱地	旱平地		R250 G240 B190
			<1°	R250 G240 B190
			1°～5°	R250 G240 B190
		梯田		R255 G240 B110
			水平梯田	R255 G240 B110
			坡式梯田	R255 G240 B110
		坡耕地		R240 G230 B100
			5°～8°	R240 G230 B100
			8°～15°	R240 G230 B100
			15°～25°	R240 G230 B100
			25°～35°	R240 G230 B100
			>35°	R240 G230 B100
		沟川坝地		R255 G220 B80
			沟川（台）地	R255 G220 B80
			坝滩地	R255 G220 B80
			坝平地	R255 G220 B80
		撂荒地		R255 G245 B215
园地				R255 G155 B0
	果园			R245 G210 B40
	茶园			R255 G200 B80
	其他园地			R250 G185 B20
		经济林栽培园		R230 G155 B5
		其他园地		R255 G160 B45
林地				R40 G195 B10
	有林地			R40 G140 B0
		用材林		R40 G140 B60
		防护林		R80 G140 B0
		经济林		R100 G140 B0
		薪炭林		R80 G150 B90
		特种用途林		R40 G100 B40
	灌木林地			R85 G180 B100
		……		R85 G180 B80
	其他林地			R120 G200 B120
		疏林地		R130 G200 B130
		未成林造林地		R160 G210 B170
		迹地		R135 G165 B135
		苗圃		R90 G200 B90

一级类	二级类	三级类	四级类	色标代码（R、G、B）
草地				R140 G190 B30
	天然牧草地			R170 G190 B30
	人工牧草地			R150 G210 B50
	其他草地			R200 G220 B100
		天然草地		R155 G240 B90
		人工草地		R120 G235 B45
		荒草地		R150 G165 B5
交通运输用地				R175 G100 B80
	铁路用地			R178 G170 B176
	公路用地			R175 G85 B80
	农村道路			R175 G85 B80
	机场用地			R235 G130 B130
	港口码头用地			R235 G130 B130
	管道运输用地			R235 G130 B130
水域及水利设施用地				R85 G230 B230
	河流水面			R150 G240 B255
	湖泊水面			R150 G240 B255
	水库水面			R150 G240 B255
	坑塘水面			R160 G205 B240
	沿海滩涂			R215 G255 B255
	内陆滩涂			R215 G255 B255
	沟渠			R160 G205 B240
	水工建筑用地			R230 G130 B100
	冰川及永久积雪			R135 G205 B240
城镇村及工矿用地				R230 G140 B155
	城市			R220 G100 B120
	建制镇			R220 G100 B120
	村庄			R230 G140 B160
	采矿用地			R230 G130 B120
	风景名胜及特殊用地			R230 G130 B120
其他土地				R225 G200 B225
	设施农用地			R220 G180 B130
	田坎			R0 G0 B0
	盐碱地			R200 G205 B200
	沼泽地			R185 G185 B190
	沙地			R200 G190 B170
	裸地			R215 G200 B185

表 14.4 - 5   **土壤侵蚀类型色标代码表**

土壤侵蚀类型	色标	色标代码（R、G、B）	土壤侵蚀类型	色标	色标代码（R、G、B）
水力侵蚀	棕色	R240 G125 B80	重力侵蚀	深灰色	R135 G135 B135
风力侵蚀	黄色	R220 G185 B120	泥石流	深蓝色	R0 G80 B165
冻融侵蚀	紫色	R170 G140 B175	人为侵蚀	红色	R255 G0 B0

表 14.4 - 6   **土壤侵蚀强度色标代码表**

侵蚀类型	侵 蚀 强 度					
	微度	轻度	中度	强烈	极强烈	剧烈
水力侵蚀	R230 G240 B210	R250 G205 B175	R240 G160 B120	R240 G125 B80	R220 G90 B15	R195 G80 B30
风力侵蚀	R230 G240 B210	R250 G250 B200	R240 G225 B170	R220 G185 B120	R205 G155 B35	R205 G145 B65
冻融侵蚀	R230 G240 B210	R235 G220 B235	R200 G190 B220	R170 G140 B175	R115 G100 B170	R60 G80 B135

7. 内容表达

（1）区域综合图件。区域综合图件包括地理位置图、水土保持区划图、水土流失重点预防区和重点治理区划分图、水土保持规划总体布局图、区域土壤侵蚀类型及强度分布图、水土保持监测站网（点位）布局（置）图。

1）地理位置图：标示项目所在位置，主要的省、市、县、流域的分界线，主要的公路、铁路等。以清晰表达项目与周边行政区域地理位置的相对关系为准。

2）水土保持区划图、水土流失重点预防区和重点治理区划分图：绘制基本单元界及分区界，并标注各区名称及代码。

3）水土保持规划总体布局图：绘制水土保持区划或分区界，标注重点治理项目的范围、名称及重要的单项工程。

4）区域土壤侵蚀类型及强度分布图：绘制基本单元分界线、类型、强度分级或代码。

5）水土保持监测站网（点位）布局（置）图：分区标出监测站网（点位）位置、名称或代码。

（2）小流域综合图件。小流域综合图件包括小流域水土流失现状图、小流域土地利用及水土保持现状图、小流域水土保持措施总体布置图以及典型小流域相关图件。

1）小流域水土流失现状图：以小班为单元，反映小流域水土流失类型、强度或程度，并附注面积统计汇总表。

2）小流域土地利用及水土保持现状图：以小班为单元，反映土地利用类型和水土保持林草、梯田等，淤地坝、塘坝、蓄水池等以图例形式注记，并附注土地利用现状及水土保设施现状统计汇总表。

3）小流域水土保持措施总体布置图：以小班为单元，反映所采取的水土保持林草措施、坡改梯措施、封禁治理措施等，淤地坝、塘坝、蓄水池等工程措施以图例形式注记，并附注水土保持措施数量统计汇总表。

4）典型小流域土地利用现状、水土流失现状图、水土保持措施布置图：可参照小流域相关图件的要求适当简化。

（3）生产建设项目综合图件。生产建设项目综合图件包括项目区地理位置图、项目区地貌与水系图、水土流失防治责任范围图、水土流失防治分区及措施总体布局图等综合防治措施布置图。

1）项目区地理位置图：标示项目所在位置，主要的省、市、县的分界线，主要的公路、铁路等。以清晰表达项目与周边行政区域地理位置的相对关系为准。

2）项目区地貌与水系图：在项目区所属省（市、县）的地貌、水系图上标出项目所在位置，并用文字注明项目名称。以清晰表达项目周边重要地貌和水系为准。

3）水土流失防治责任范围图：根据比例尺绘制。比例尺小于1∶2000时，以不同防治区内的典型工程所在位置为代表，示意性标出防治区位置；比例尺不小于1∶2000时，应用不同线型或颜色的线条勾画出每个防治区的外部轮廓。图件中需用文字注明各防治区的名称和面积，必要时可用表格形式在图纸说明中加以阐述。

4）水土流失防治分区及措施总体布局图：当比例尺小于1∶2000时，水土流失防治分区和措施总体布置宜采用数字、文字、图形、颜色等示意说明；当比例尺不小于1∶2000时，以分区或小班为单元反映林草措施、土地整治措施，工程措施以图例符号注记。图件中可附注水土保持措施。

8. 示例

本书仅以水土保持措施布局图作为综合图件的简单示例，供水土保持制图时参考，见图14.4-10。

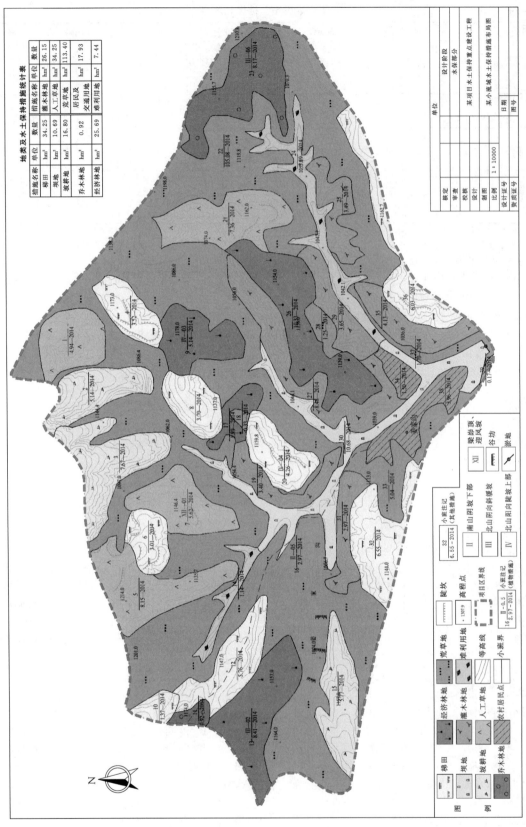

图 14.4-10 某小流域水土保持措施布局图

图 14.4-10 的图例: 小班注记(植物措施)
$16 \dfrac{\text{II} - 05}{2.97 - 2014}$ 中"16"为小班号,"II"为立地类型,"05"为造林典型设计号,"2.97"为小班面积
(hm^2),"2014"为实施年度; 小班注记(其他措施)
$\dfrac{32}{6.55 - 2014}$ 中"32"为小班号,"6.55"为小班面积
(hm^2),"2014"为实施年度。

14.4.3.2 工程措施图件

工程措施图件包括工程措施平面布置图和工程措施设计图。设计图一般包括平面图、正视图、左视图,有些细部构造图也包括断面图和剖面图(含剖视图)等。

1. 比例尺

水土保持工程措施(监测设施)设计图的比例尺可按表 14.4-7 根据实际情况选择确定。设计图件的其他要素执行《水利水电工程制图标准 水工建筑图》(SL 73.2)的要求。

表 14.4-7 水土保持工程措施图件常用比例尺

图 类	比 例 尺
总平面布置图	1:5000、1:2000、1:1000、1:500、1:200
主要建筑物布置图	1:2000、1:1000、1:500、1:200、1:100
基础开挖图、基础处理图	1:1000、1:500、1:200、1:100、1:50
结构图	1:500、1:200、1:100、1:50
钢筋图	1:100、1:50、1:20
细部构造图	1:50、1:20、1:10、1:5

2. 图幅及标题栏

(1)工程图件中的标题栏位置、图框线、标题栏外框线、涉外水土保持项目规划设计标题栏要求同综合图件要求。

(2)A0、A1 图幅,可按图 14.4-2 所示式样绘制;A2~A4 图幅,可按图 14.4-3 所示式样绘制。

3. 图件说明

水土保持工程措施总平面布置图应绘出主要建筑物的中心线和定位线,并标注各建筑物控制点的坐标、河流的名称,绘制流向、指北针和必要的图例等。图件的其他要素按 SL 73.2 的相关要求绘制。

14.4.3.3 植物措施图件

植物措施图件包括植物措施现状图、植物措施平面设计图、造林种草典型设计图、园林式种植工程图、高陡边坡绿化措施设计图等。

1. 水土保持植物措施图件

(1)水土保持植物措施现状图的比例尺和小班注记,按综合图件的注记要求绘制。

(2)水土保持植物措施平面设计图包括以下内容:

1)树种、草种图例按树(草)种图例要求绘制。

2)水土保持植物措施图中的小班注记,标明立地类型、树(草)种典型设计号及相应树(草)种符号。项目建议书、可行性研究阶段可采用
$\dfrac{\text{小班编号}}{\text{控制面积} - \text{实施时间}}$ 注记,初步设计及后续设计采用小
班编号 $\dfrac{\text{立地类型号} - \text{典型设计号}}{\text{控制面积} - \text{实施年度}}$ 注记。若项目本身要求
进行简化设计,也可采用 $\dfrac{\text{小班编号} - \text{典型设计号}}{\text{控制面积} - \text{实施年度}}$ 注记。
若小班太小,可只标注小班编号,其他属性指标列表表达。

3)水土保持植物措施图件根据规划设计的需要,按植被类型着色,要求色泽协调、清晰。植被类型色标绘制按表 14.4-8 的色标代码。要求色标尚不能满足规划设计要求时,可根据表 14.4-9 中的要求调整

表 14.4-8 植被类型色标代码表

序号	名 称	色标代码(R、G、B)
1	乔木	R80 G225 B10
2	针叶树	R55 G235 B115
3	软阔叶树	R5 G160 B140
4	硬阔叶树	R120 G145 B60
5	灌木林	R170 G255 B40
6	草地	R145 G210 B80
7	果树	R195 G195 B0
8	经济林树种(木本粮油树种)	R115 G180 B30
9	特用经济林	R115 G180 B90

表 14.4-9 植被覆盖度色标代码表

覆 盖 度	土壤侵蚀分类分级标准中的非耕地林草盖度	色标代码(R、G、B)
<0.20		R250 G255 B160
0.20~0.30	<0.30	R255 G230 B180
0.31~0.40	0.30~0.45	R200 G220 B125
0.41~0.60	0.45~0.60	R125 G245 B0
0.61~0.80	0.60~0.75	R5 G160 B140
>0.80	≥0.75	R20 G190B70

颜色的色调、饱和度和亮度，但主色调不变。

4）图例栏同综合图件。

（3）造林种草典型设计图。造林种草典型设计不同于工程典型设计或标准设计，其格式是根据生产中经常采用的几种格式总结确定的。典型设计是根据不同的立地类型进行植物措施模式设计，典型设计图按图 14.4－11 所示的示例绘制。图件中的树种、草种图例按树（草）种图例要求绘制。

××树（草）种植典型设计

1）立地类型号。

2）造林或种草图示。

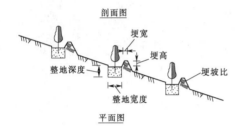

剖面图

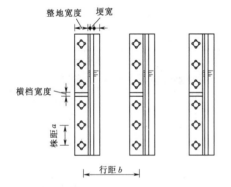

平面图

3）种植密度及需苗量。

林种	树或草种	株距	行距	单位面积定植点数量	苗龄等级	种植方法	需苗量
	针叶树						

4）种植技术措施。

项目	时间	方式	规格与要求
整地		水平阶	
种植			
抚育			

图 14.4－11 树（草）种植典型设计示例图

2．园林式种植工程图件

（1）图幅以可复制和内容完整表达为准。

（2）比例尺可根据需要确定，宜为 1∶2000～1∶200，特殊情况可采用 1∶100 或 1∶50。

（3）图例栏同综合措施图件。

（4）着色参照 SL 73.6—2015 附录 B 绘制。不满足规划设计要求时，可根据附录 B 中表 B.2 的要求调整颜色色调、饱和度和亮度。

3．高陡边坡绿化措施设计图件

（1）高陡边坡绿化设计图以边坡防护工程设计图为底图进行绘制。涉及工程措施时，按照工程措施图件绘制要求绘制。

（2）平面图标注必要的控制点高程和坐标；树（草）种配置按园林制图的相关标准绘制。

（3）剖面图中有坡面分级措施布置情况。

（4）局部详图涉及基质厚度、组成、基质附着物结构等内容时，予以标明。涉及挂网的，标明挂件材料、结构及固定型式等。

4．封育措施设计图件

以地形图作为底图绘制封育措施设计图件。设计详图涉及工程措施时，按照工程措施图件绘制要求绘制。

14.4.4 图例

水土保持图例可分为通用图例、综合图例、工程措施图例、耕作措施图例、植物措施图例、封育措施图例、临时措施图例、监测图例等。

14.4.4.1 通用图例

通用图例包括地界、境界、道路及附属设施、地形地貌、水系及附属建筑物等图例，是根据水土保持制图要求增列的。

（1）水土流失重点防治区和重点治理区区界、大流域或水系界、水土流失（土壤侵蚀）类型区或水土保持分区界则一般适用于比例尺不大于 1∶50000 的图件；村界、厂矿征地或用地界、水土流失防治责任区界则一般适用于比例尺为 1∶10000～1∶1000 的图件。

（2）地界、境界图例中的国界、省（自治区、直辖市）界、地区（自治州、盟、地级市）界、县（自治县、旗、县级市）界、乡（镇）界等，按《水利水电工程制图标准 勘测图》（SL 73.3）中地形图图例要求绘制。其余按表 14.4－10 的要求绘制。

（3）道路及附属设施按表 14.4－11 要求绘制，主要适用于比例尺为 1∶10000～1∶1000 的水土保持措施总体布置图或规划图。

表 14.4－10　　　　　　　　　　地界（或境界）图例　　　　　　　　　　单位：mm

名　　称	图　　例	说　　明
村界	4.0　　　1.0 2.0 ———・———・・———— b/2	b 为图线宽度，b＝0.8～1.0，以下不再说明
大流域界或水系界	2.0　　6.0 ——　—　——　—　——— b	
小流域界	1.0　　4.0　　　3.0 ——・—　——・—　——— b/2～b	小流域界作为外轮廓时，其线可加宽0.6～0.8
水土流失重点预防区和重点治理区界	3.0　　4.0 ——・—・——・—・——— b	国家级宽度 2b，省级 1.5b，县级宽度 b，或用颜色加以区别
厂矿征地或用地界	5.0　　6.0 ｜—｜　｜———｜——— b	
水土流失防治责任区界	1.0 4.0 3.0 ——・・——・・——— b/2	生产建设项目水土流失防治责任范围的边界
水土流失类型区、水土保持分区界	6.0 7.0 ——｜—｜——————— b	
小班或地类界	－－－－－－－－－－－－－－－ b/3～b/2	

表 14.4－11　　　　　　　　　　道路及附属设施图例　　　　　　　　　　单位：mm

名　　称	图　　例	说　　明
铁路	｜8.0｜ ◼□◼□◼□◼ ＝1.0	不分单线或复线均用此符号表示；若分单线或复线，则按地形图图式要求绘制
规划或建筑中铁路	｜8.0｜ ———————⋯⋯＝1.0	不分单线或复线均用此符号表示；若分单线或复线，则按地形图图式要求绘制
铁路附属建筑物（涵洞、隧道、路堑、路堤）	6.0 1.0　　1.0 0.5 ｜a｜b｜　｜c｜ —✕◼———◼—⋯⋯— ＝1.0　 0.5 d ◼∿∿∿∿◼ e ◼∿∿◼ ＝1.0	
架空索道	——I—I—I—I—I—— ＝3.0 ｜5.0｜	
既有公路，既有高速公路	2(G331) ═══↓═══ ＝1.0 ◼◼◼◼◼0◼◼◼◼ ＝1.2	等级公路（指一～四级公路）代号为 1、2、3、4，等外公路代号为 9，高速公路代号为 0。2 为公路技术等级代码，（G331）为国道路线编号

名　　称	图　　例	说　　明
规划或建筑中的公路、规划或建筑中的高速公路	1.0　　9.0 ‖2‖ 9.0 ‖0‖ ≥1.2	等级公路（指一～四级公路）代号为 1、2、3、4，等外公路代号为 9，高速公路代号为 0
公路附属建筑物——涵洞或隧道： (a) 依比例尺； (b) 不依比例尺	涵洞 15.0 (a) 2.0 / 11.0 (b) 隧道 15.0 (a) / 11.0 (b)	1：500～1：5000 的图表示附属建筑物；小于 1：5000 的图是否表示根据需要确定。 涵洞是修建在路基下的过水建筑物。等级公路以下道路上的涵洞一般不表示。 隧道是在山中或地下凿通的路段。图上长度大于 1mm 的用依比例尺符号表示，短于 1mm 的用不依比例尺符号表示
(a) 路堑； (b) 路堤	10.0 (a) 10.0 (b)	路堑是道路低于地面的路段；路堤是道路高于地面的路段。路堑路堤比高在 2 以上，图上长度大于 5mm 的才表示
铁路桥	15.0	
公路桥	15.0	汽车通行的桥
人行桥、便桥	13.0	
机耕路	———— b/4～b/2	路面经过简易修筑，但没有路基，一般为通行拖拉机、大车等的道路，某些地区也可通行汽车
乡村路	4.0　　1.0 — — — —	乡村中不能通行大车、拖拉机的道路，路面不宽，某些地区用石块或石板铺成，是居民点间行人往来的主要道路或单人单骑行走的道路。山地、沙漠、森林等荒僻地区的驮运路也用乡村路符号表示。悬崖绝壁的行人栈道也用相应的乡村路符号或小路符号表示，并加注"栈道"二字

（4）地形地貌按 SL 73.3 中地形图图例要求绘制。

（5）水系及附属建筑物按表 14.4－12 的要求绘制，主要应用于比例尺为 1：1000～ 1：10000 的总体规划或布置图，除此之外，按 SL 73.3 的要求绘制。

表 14.4－12　水系及附属建筑图例　　单位：mm

名　　称	图　例	说　明
岸滩、心滩（水中滩）（沙滩）	0.2	江河、湖泊水浅时露出水面，水深时淹没在水中的地段
石滩	0.2	河床中有很多的岩石，顶部露出水面，水流经过时形成的急滩
石砾滩	0.2	河床中有很多砾石，顶部露出水面的滩地
滚水坝		横断河流，水经常从上面溢过的堤坝式建筑物
堤岸		河道一侧或两侧岸上建有堤防的地段
拦水坝		河流中拦截水流，借以抬高水位的堤坝式水工建筑物

续表

名　　称	图　例	说　明
水闸		设在河流或渠道中有闸门和启闭机的闸，用以调节水流与控制流量的水工建筑物
护岸工程		在岸坡进行的削坡、加固等工程
顺坝	岸 α_2 10	顺河岸修建的保护岸坡的坝
丁坝	α_1 10	坝根与河岸呈一定交角，坝头伸向河床的横向建筑物
干沟	0.2 4.0 1.0 2.0 4.0	经常无水，只在雨后短时间内过水的沟渠

14.4.4.2　综合图例

综合图例包括土地利用类型图例、地面组成物质图例、水土流失类型图例、土壤侵蚀强度与程度图例等，可适用于土地利用与水土保持措施现状图、水土保持分区图或土壤侵蚀分区图、重点小流域分布图、土壤侵蚀类型和水土流失程度分布图、水土保持工程总体布置图或综合规划图等综合图的图例。植物措施图、工程措施图等单项工程设计图需用时也可选用。

1. 土地利用类型图例

土地利用类型图例主要应用于小班填充注记，具体制图时根据设计的内容和精度要求，选择确定地类划分粗细，并选取相应的图例，具体按照表 14.4－13 的要求绘制。

表 14.4－13　　　　**土 地 利 用 类 型 图 例**　　　　单位：mm

一级类	二级类	三级类	四级类	图　例	说　明
耕地				2.0 2.0	种植农作物的土地，包括熟地，新开发、复垦、整理地，休闲地（含轮歇地、轮作地）；以种植农作物（含蔬菜）为主，间有零星果树、桑树或其他树木的土地；平均每年能保证收获一季的已垦滩地和海涂。耕地中包括南方宽度小于 1m 和北方宽度小于 2m 固定的沟、渠、路和土坎（埂）；临时种植药材、草皮、花卉、苗木等的耕地，以及其他临时改变用途的耕地
	水田			3.0 2.0	用于种植水稻、莲藕等水生农作物的耕地，包括实行水生、旱生农作物轮种的耕地
	水浇地			1.5 3.0	有水源保证和灌溉设施，在一般年景能正常灌溉，种植旱生农作物的耕地，包括保浇地、菜地和种植蔬菜等非工业化的大棚用地

续表

一级类	二级类	三级类	四级类	图　例	说　明
耕地	旱地			1.0 (0.8)　⊔⁻1.5 ⊔ 2.5 (2.0)⊔	无灌溉设施，主要靠天然降水种植旱生农作物的耕地，包括没有灌溉设施，仅靠引洪淤灌的耕地
		旱平地		⊔ ⊔1.5 2.0	分布于北方自然形成的小于5°的平缓耕地，小于1°的适用于东北黑土区
			<1°	⊔ ⊔1.5 2.0ᵃ	
			1°~5°	⊔ ⊔1.5 2.0 b	
		梯田			在山坡、沟谷坡上沿等高线修筑的台阶式地块、田面平整或坡度较小，有较为整齐的堤埂
		水平梯田			田面坡度小于1°的梯田
		坡式梯田			田面坡度大于1°的梯田，包括东北漫岗梯地
		坡耕地		⊔ ⊔ 2.0⊔ ⊔2.0	
			5°~8°	⊔ ⊔ 2.0⊔ a ⊔2.0	
			8°~15°	⊔ ⊔ 2.0⊔ b ⊔2.0	分布在自然坡面上的耕地，水土流失严重。为了进行水土保持规划设计，实际应用中可根据情况适当归并
			15°~25°	⊔ ⊔ 2.0⊔ c ⊔2.0	
			25°~35°	⊔ ⊔ 2.0⊔ d ⊔2.0	
			>35°	⊔ ⊔ 2.0⊔ e ⊔2.0	
		沟川坝地		⊓ ⊓ 2.0⊓ ⊓1.5	
			沟川（台）地	⊐ ⊐ 2.0⊐ ⊐2.0	沟川地和沟台地的合称。沟川地是分布在山谷、河沟两岸阶地上，连片地块，面积相对较大、平坦的耕地；沟台地是分布在沟谷、沟道两侧的二级、三级阶地上，较平坦或坡度较小，地块不大，连片性差，呈台阶状的耕地，水肥条件次于沟川地
			坝滩地	⊓ ⊓ 2.0⊓ t ⊓1.5	分布于北方，由淤地坝淤地形成的坝地，包括沟坝地
			坝平地	⊓ ⊓ 2.0⊓ p ⊓1.5	分布于南方的山间小盆地、川台地
		撂荒地		⊘ ⊘ 2.0⊘ ⊘	实行轮种轮荒的耕地，在规划和设计阶段，可根据实际情况，归并为水浇地或旱地

一级类	二级类	三级类	四级类	图 例	说 明
园地					种植以采集果、叶、根、茎、汁等为主的集约经营的多年生木本和草本作物，覆盖度大于50%或每亩株数大于合理株数70%的土地，包括用于育苗的土地
	果园				种植果树的园地。其三级地类可根据实际情况按树种细分。如苹果、梨、葡萄等鲜果果品，包括培育苗木的圃地
	茶园				种植茶树的园地
	其他园地				种植桑树、橡胶、可可、咖啡、油棕、胡椒、花椒、核桃、杏园、药材等其他多年生作物的园地
		经济林栽培园			在耕地上种植的并采取集约经营的木本粮油等其他类的栽培园，四级地类可根据实际情况按树种细分
		其他园地			经济林栽培园以外的园地。四级地类可根据实际情况按树种细分
林地					生长乔木、竹类、灌木的土地，及沿海生长红树林的土地，包括迹地；但不包括居民点内部的绿化林木用地，铁路、公路征地范围内的林木，以及河流、沟渠的护路林、护岸林和护渠林
	有林地				树木郁闭度大于或等于0.2的天然林和人工林等乔木林地，包括红树林地和竹林地
		用材林			以培育和提供木材或竹材为主要目的的森林，以及人工速生丰产用材林
		防护林			种植于铁路、公路征地范围内的林木，以及河流、沟渠、农田周边、田埂上的护路林、护岸林和护渠林、护埂林等
		经济林			种植木本粮油等经济林木的土地（非耕地），如分布在非耕地上的干果林，如杏、核桃、枣、板栗等
		薪炭林			以生产薪材和木炭原料为主要经营目的的森林，林木或灌丛，如阔叶树薪炭林、灌木薪炭林、马尾松鹿角桩薪炭林等
		特种用途林			以国防、保护环境和开展科学实验等特殊用途为主要目的的森林。特种用途林包括母树林、风景林、名胜古迹和革命纪念地的林木、自然保护区的森林
	灌木林地				灌木覆盖度大于或等于40%的灌木林地
		……			三级、四级可依据需要按林业有关标准划分
	其他林地				包括疏林地（指树木郁闭度大于或等于0.1，小于0.2的林地）、未成林地、迹地、苗圃等林地
		疏林地			树木郁闭度大于或等于0.1，小于0.2的林地
		未成林造林			造林成活率大于或等于40%，且分布均匀，尚未郁闭，但有望成为林地的新造林地。一般指植苗造林后不满3～5年，播种造林（或飞播造林）后5～7年内的造林地

续表

一级类	二级类	三级类	四级类	图　例	说　　明
		迹地			森林采伐、火烧后，5年内未更新的土地
		苗圃			固定的林木育苗地
草地					生长草本植物为主的土地
	天然牧草地				以天然草本植物为主，用于放牧或割草的草地
	人工牧草地				人工种植牧草的草地
	其他草地				树木郁闭度小于0.1，表层为土质，生长草本植物为主，不用于畜牧业的草地
		天然草地			覆盖度大于40%的天然生长的、以草本植物为主，不用于畜牧业的草地
		人工草地			覆盖度大于40%的人工种植的、以草本植物为主的，不用于畜牧业的草地
		荒草地			覆盖度小于或等于40%的不用于畜牧业的其他草地
交通运输用地					用于运输通行的地面线路、场站等的土地，包括民用机场、港口、码头、地面运输管道和各种道路用地
	铁路用地				用于铁道线路、轻轨、场站的用地，包括设计内的路堤、路堑、道沟、桥梁、林木等用地
	公路用地				用于国道、省道、县道乡和乡道的用地，包括设计内的路堤、路堑、道沟、桥梁、汽车停靠站、林木及直接为其服务的附属用地
	农村道路				公路用地以外的、南方宽度大于或等于1.0m、北方宽度大于或等于2.0m的村间、田间道路（含机耕道）
	机场用地				用于民用机场的用地
	港口码头用地				用于人工修建的客运、货运、捕捞及工作船舶停靠的场所及其附属建筑物的用地，不包括常水位以下部分
	管道运输用地				用于运输煤炭、石油、天然气等管道及其相应附属设施的地上部分用地
水域及水利设施用地					陆地水域、海涂、沟渠、水工建筑物等用地，不包括滞洪区和已垦滩涂中的耕地、园地、林地、居民点、道路等用地（本类可以根据设计需要适当简化归并）
	河流水面				天然形成或人工开挖河流常水位岸线之间水面，不包括被堤坝拦截后形成的水库水面
	湖泊水面				天然形成的积水区常水位岸线所围成的水面
	水库水面				人工拦截汇集而成的总库容大于或等于10万 m³ 的水库正常蓄水位岸线所围成的水面

一级类	二级类	三级类	四级类	图　例	说　明
	坑塘水面			⌢0.15	人工开挖或天然形成的蓄水量小于 10 万 m³ 的坑塘常水位岸线所围成的水面
	沿海滩涂			─1.6 (1.2) 2.0 (1.5)	沿海大潮高潮位与低潮位之间的潮浸地带，包括海岛的沿海滩涂，不包括已利用的滩涂
	内陆滩涂			─1.6 (1.2) 2.0 (1.5)	河流、湖泊常水位至洪水位之间的滩地；时令湖、河洪水位以下的滩地；水库、坑塘的正常蓄水位与洪水间的滩地。包括海岛的内陆滩地，不包括已利用的滩地
	沟渠			(3.0) 3.5	人工修建，南方宽度大于或等于 1.0m 和北方宽度大于或等于 2.0m，用于引、排、灌的渠道，包括渠槽、渠堤、取土坑、防护林
	水工建筑用地			─5.0 (4.0)	人工修建的闸、坝、堤路林、水电厂房、扬水站等常水位岸线以上的建筑物用地
	冰川及永久积雪			(1.5) △ Λ △ 1.5	表层被冰雪常年覆盖的土地
城镇村及工矿用地					城乡居民点、独立居民点以及居民点以外的工矿、国防、名胜古迹等企事业单位用地，包括其内部交通、绿化用地
	城市			4.0 (3.0)	城市居民点，以及与城市连片的和区级政府、县级政府所在地镇级辖区内的商服、住宅、工业、仓储、机关、学校等单位用地
	建制镇			2.0 (1.5)	建制镇居民点，以及辖区内的商服、住宅、工业、仓储、学校等企事业单位用地
	村庄			4.0 (3.0)	农村居民点，以及所属的商服、住宅、工矿、工业、仓储、学校等用地
	采矿用地			⚒ 2.0 ⚒ 2.0	采矿、采石、采沙场、盐田、砖瓦窑等地面生产用地及尾矿堆放地
	风景名胜及特殊用地			─5.0 (4.0)	城镇村用地以外用于军事设施、涉外、宗教、监教、殡葬等的土地，以及风景名胜（包括名胜古迹、旅游景点、革命遗址等）景点及管理机构的建筑用地
其他土地				─3.0	可以根据设计需要适当简化归并。田坎、盐碱地、沼泽地、沙地、裸地可以归并为未利用地
	设施农用地			5.0 (4.0) ─3.0 (2.5)	直接用于经营性养殖的畜禽舍、工厂化作物栽培或水产养殖的生产设施用地及其相应的附属用地，农村宅基地外的晾晒场等农业设施用地
	田坎			0.2 0.5	主要指耕地中南方宽度大于或等于 1.0m，北方宽度大于或等于 2.0m 的地坎
	盐碱地			2.0 (1.5) 1.2 (1.0)	表层盐碱聚集，生长天然耐盐植物的土地
	沼泽地			2.0 1.0	经常积水或渍水，一般生长沼生、湿生植物的土地
	沙地			2.0 2.0	表层为沙覆盖、基本无植被的土地，不包括滩涂中的沙地
	裸地			1.0 1.0	表层为土质，基本无植被覆盖的土地；或表层为岩石、石砾，其覆盖面积大于或等于 70% 的土地

2. 地面组成物质类型图例

地面组成物质类型图例按表 14.4 - 14 的要求绘制，本图例仅应用于水土流失调查图、水土流失类型分布图和土壤侵蚀强度或程度分布图的绘制，不应在工程地质调查中使用，工程地质调查按 SL 73.3 的要求绘制。

表 14.4 - 14　地面组成物质类型图例表

名　称	图　例	说　明
土状物		
沙质		
壤质		
黏质		
结核状		
薄层残积物		
沙质		
壤质		
泥质		
风化碎屑		地面组成物质为页岩、泥岩、花岗岩等岩石风化成的碎屑物质
裸岩		地面为裸露基岩，几乎没有土壤，植被稀少
表土		地表表层耕植土和腐殖土

3. 水土流失（土壤侵蚀）类型图例

水土流失（土壤侵蚀）类型图例按表 14.4 - 15 的要求绘制，本图例仅应用于水土流失调查图、水土流失类型分布图和土壤侵蚀强度或程度分布图的绘制。

表 14.4 - 15　水土流失（土壤侵蚀）类型图例

单位：mm

名　称	图　例	说　明
水蚀		
面蚀（含细沟侵蚀）		
沟蚀		
河（或沟）岸侵蚀（冲淘）		
海岸侵蚀		
重力侵蚀		
滑坡（含山剥皮）		
崩塌（含边坡坍塌和塌落）		
泻溜		
崩岗		
泥石流		
冻融侵蚀		
风蚀		
风蚀地		
沙地		
沙丘		
固定		
半固定		
流动		
洞穴侵蚀		
人为侵蚀（水土流失）		

4. 水土流失（土壤侵蚀）强度和程度图例

水土流失（土壤侵蚀）强度和程度图例按表 14.4 - 16 的要求绘制。

5. 项目区域特用图例

项目区域特用图例按表 14.4 - 17 的要求绘制，所列图例主要适用于不大于 1∶50000 的大区域小比例尺的水土保持图样。

表 14.4－16   **水土流失（土壤侵蚀）强度和程度图例**

名　称	强度图例	程度图例	备　注
轻度	I	↓I	按《土壤侵蚀分类分级标准》（SL 190）中确定的土壤侵蚀强度和程度划分等级
中度	II	↓II	
强烈	III	↓III	
极强烈	IV	↓IV	
剧烈	V	↓V	

表 14.4－17   **项目区域特用图例**   单位：mm

名　称	图　例	说　明
重点治理流域（片）		列入国家或省水土流失重点防治工程的流域或区域
重点小流域	Z 10 / Z 6.0	在国有或省水土流失重点防治区内，面积小于 $50km^2$ 的实施重点治理的小流域
示范小流域	S 10 / S 6.0	为了探索不同水土流失类型区的水土流失治理模式，选择面积小于 $50km^2$ 的小流域，实施综合防治，创造样板，使之起到示范推广作用
试点（示范）县	D 10 / D 6.0	在国家或省确定的水土流失重点防治区内，选择典型县作为试点，实施水土保持重点防治，创造经验和样板，以便推广
试点城市	C 10 / C 6.0	为了进行城市水土保持生态建设，选择典型城市作为试点创造经验和样板，以便推广
国际援助或贷款项目	G 10 / G 6.0	国际援助或贷款的水土保持项目，包括联合国援助组织、发达国家援助组织的援助项目和世界银行、亚洲开发银行等组织的贷款项目

续表

名　称	图　例	说　明
科技示范园	示范园	
生态小流域	生态	根据流域建设的主导方向来确定小流域的具体名称
景观小流域	景观	
清洁小流域	清洁	
经济小流域	经济	
安全小流域	安全	

6. 生产建设项目水土保持土石渣场图例

生产建设项目水土保持土石渣场图例按表 14.4-18 的要求绘制，所列图例适用于不同设计阶段的生产建设项目水土保持图。

表 14.4-18　土石渣场图例

名称	图　例	说　明
采石场	石	露天开采的石料场地。有明显坎坡的绘出坎坡符号，无明显坎坡的绘出范围。根据需要，场地内的地貌可用等高线表示
取土场	土	露天开采的土料场地
弃渣场（排土场、矸石山）	弃渣	
采沙场	沙	指露天开采的沙料场地
尾矿库		
贮灰场	贮灰	
赤泥库	赤	

7. 水土保持规划设计在特定情况下有加工、贮藏、养畜等特殊要求的图例

水土保持规划设计在特定情况下有加工、贮藏、养畜等特殊要求的图例按表 14.4-19 所列常用图例选用，不能满足应用要求时，遵循国家或行业的有关规范和标准。

表 14.4-19　特 用 图 例

名　称	图　例	说　明
临时房屋		
畜舍或圈		
养畜		
果品贮藏窖（室、窖）		
林场	林	
牧场	牧	
农场	农	
塑料大棚		
农产品加工厂	加	
污水净化湿地		
节柴灶		
沼气池		
垃圾回收站		
垃圾桶	垃圾	
厕所改造	厕	
小型污水处理厂		
生态移民		

续表

名　称	图　例	说　明
以电代柴		
太阳能		
植物过滤带		

14.4.4.3　工程措施图例

工程措施图例包括工程平面图例、建筑材料图例,可在规划阶段和各设计阶段的总体布置图、水土保持工程设计图等图中采用。未列的钢筋图例、焊接接头标注图例、施工机械图例及金属结构图例按 SL 73.2 的要求绘制等。

1.水土保持综合治理工程平面图例

水土保持综合治理工程平面图例按表 14.4－20 的要求绘制,主要适用于比例尺为 1∶10000～1∶1000 的水土保持措施平面布置图。

表 14.4－20　　　　　　水土保持综合治理工程平面图例　　　　　　　单位:mm

名　称	图　例	说　明
治沟骨干工程	(a) 5.0　(b) 8.0	在沟道中修建控制性骨干坝,具有拦洪、调蓄、淤地的综合功能:图(a)适用于比例尺小于 1∶10000;图(b)适用于比例尺不小于 1∶10000
中型淤地坝(拦沙坝)	(a) 5.0　(b) 8.0	在沟道中修建以淤地(拦沙)为主要目的的横向挡拦建筑物:图(a)适用于比例尺小于 1∶10000;图(b)适用于比例尺不小于 1∶10000
小型淤地坝(拦沙坝)	5.0	
谷坊		在小溪或支毛沟中修筑的坝高小于 5m 的沉沙建筑物
沟头防护工程		在沟谷源头顶部修建的排水及拦挡工程
沉沙池(凼)	1.5　5.0	在蓄排水工程中修建的沉沙建筑物
引洪漫地	5.0　10.0	引洪水淤灌沙地或荒滩地,使之复为农田
引水拉沙造地	5.0　10.0	引河水冲刷沙丘,用沙拉平丘间低地,变为平地
石坎梯田	6.0	用条石、块石、卵石砌筑田坎的梯田
土坎梯田	6.0	土坡上直接开挖修筑的梯田
隔坡梯田	6.0	在同一坡面上,隔一段原坡面修筑一段梯田,呈坡、梯相间状

名　　称	图　例	说　　明
窄条梯田		北方 5m 以内，南方 2m 以内
树盘		对林下水土流失采取的水土保持措施
小型水库		在河道上建坝蓄水，库容小于 1000 万 m³ 的水库
抽水泵站		把水从原水面提到一定设计高度的抽水设施
水窖、水窖（旱井）		将地面径流通过集流场，引入人工开挖的窖、窖式蓄水工程
陂塘（山塘）、涝池、蓄水池		拦蓄地表径流的坑塘，南方称陂塘，北方黄土区称涝池

2. 生产建设项目水土保持工程平面图例

生产建设项目水土保持工程平面图例按表 14.4 - 21 的要求绘制。

表 14.4 - 21　生产建设项目水土保持工程平面图例

单位：mm

名　　称	图　例	说　　明
1. 边坡防护工程		
挡土墙		适用于小比例尺平面图，标注长度按实测，被挡土在凸出的一侧。大比例尺平面图例并绘坞工图例
抗滑桩		大比例尺平面图按实际外轮廓尺寸绘制，被挡土在凸出一侧；标注桩的编号
削坡反压		
削坡开级		
植物护坡		
工程护坡		
综合护坡		

名　　称	图　例	说　明
2. 泥石流排导工程		
渡槽		
集流槽		箭头方向表示排导方向
泥石流拦挡工程		
泥石流停淤场		
3. 防洪排水工程		
拦洪坝		沟道中修建的拦蓄洪水的横向拦挡建筑物
排灌（截）洪渠（沟）		
河堤		
明渠（沟）		
暗沟		
竖井		
涵洞（管）		
沙障		

续表

名　称	图　例	说　明
4.土地整治		
坑凹回填		图中数字表示回填深度
渣场改造		
覆土		
表土剥离		
透水砖	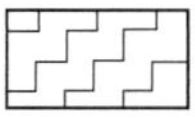	具有多孔结构,自然降水能够迅速透过地表,适时补充地下水资源
5.拦渣工程		
拦渣坝		
挡渣墙		
拦渣堤	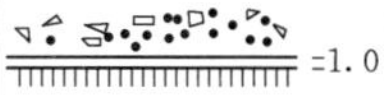	
拦渣围堰	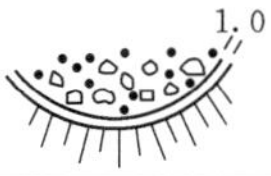	

3.建筑材料图例

水土保持建筑材料以土石为主,混凝土、钢材等其他建筑材料使用较少,按表 14.4-22 要求绘制。除此之外,其他建筑材料按 SL 73.2 的要求绘制。

表 14.4-22　建筑材料图例

名　称	图　例	说　明
天然土	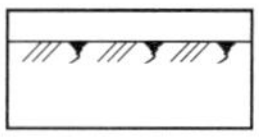	
粉土	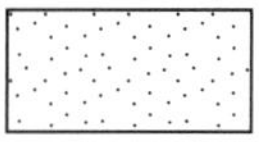	
砂壤土		在每两个短线间加一个"·"为轻砂壤土;加两个"·"为中砂壤土;加三个"·"为重砂壤土

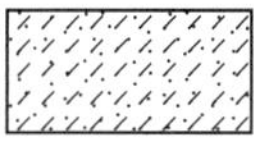

续表

名　称	图　例	说　明
壤土	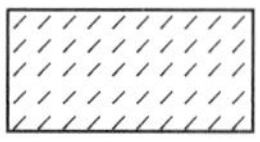	在两平行短线间加一行粉土符号为重粉质壤土;每间隔两行短线加一行粉土符号为中粉质壤土;每间隔三行短线加一行粉土符号为轻粉质壤土
黏土		
夯实土	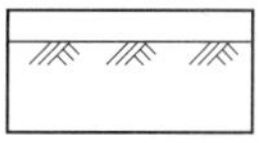	
回填土	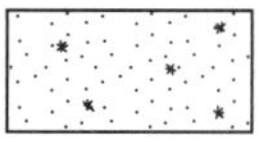	
冲填土	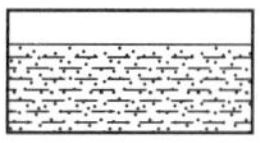	
回填石渣、炉渣、废弃土石等	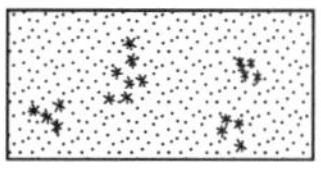	
岩石	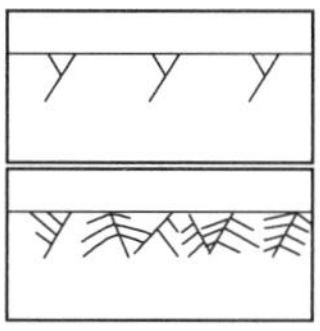	
碎石	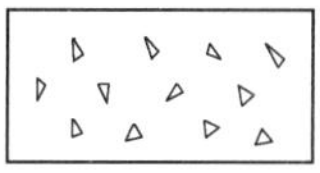	
卵石	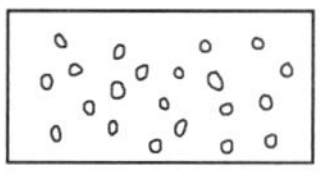	
砂卵石和砂砾石	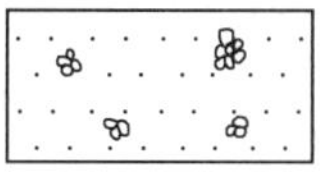	
堆石	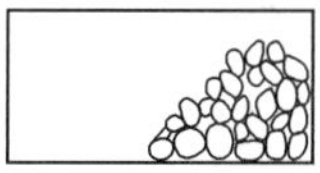	
干砌块石	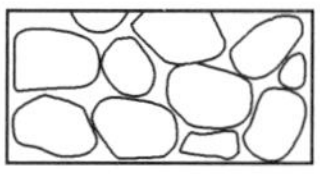	
浆砌块石	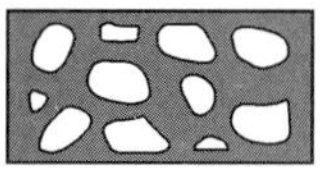	
干砌料石(条石)	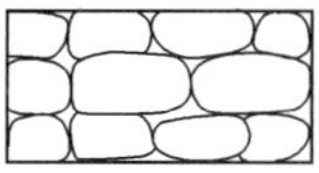	

续表

名 称	图 例	说 明
浆砌料石 （条石）		
水或液体		
水泥砂浆		
混合砂浆		
三合土		
混凝土		
钢筋混凝土		
防水材料		
土工织物		
水泥喷浆		
加筋喷涂		
加筋锚固 喷涂		
铅丝石笼 （竹筐石笼）		
砂（土）袋		
生态袋		
梢捆		
沉枕		

14.4.4.4 耕作措施图例

耕作措施图例按表14.4-23的要求绘制。

表14.4-23　耕作措施图例　　单位：mm

名称	图 例		说 明
改变微 地形		7.0 20.0	等高带状耕作
		7.0 20.0	等高沟垄耕作
	7.0 20.0		横坡耕作
增加地 面覆盖			密植
			轮作
			间作套种
			深耕
			免耕少耕
改良 土壤			抽槽聚肥
	S S S s		蓄水聚肥
			增施肥料

14.4.4.5 植物措施图例

水土保持植物工程图例包括常规水土保持植物措施图例、园林式种植工程大比例尺平面设计图例、高陡边坡绿化注记图例。

1. 常规水土保持植物措施图例

常规水土保持植物措施图例包括林种图例、树种图例（包括小班注记、平面设计、典型设计）、草种图例、整地图例。

（1）林种图例。林种图例按表14.4-24的要求绘制，使用时根据规划设计要求的内容和精度选择。林种图例适用于大区域小比例尺的规划设计，一般相当于县级以上的区域，比例尺不大于1：50000。

表 14.4－24 　　　　　　　　　　　　林 种 图 例 　　　　　　　　　　　单位：mm

名　　称	图　　例	说　　明
防护林		具有生态防护功能的森林、林木和灌丛
水土保持林		防治水土流失的森林、林木和灌丛
梁峁顶、塬面、分水山脊防护林		在黄土丘陵梁峁顶、黄土塬区或残塬区的塬面及土石山区的分水山脊，具有水土保持功能的森林、林木和灌丛
沟边（塬边、梁峁边）防护林		防止沟边蚕食的水土保持林，包括黄土区塬边、梁峁边水土保持林
护坡林		水土流失地区斜坡面用以控制水土流失的森林、林木和灌丛
护岸护滩林		河流或沟道岸边防止滩岸冲刷的森林、林木和灌丛
沟底防冲林		沟道中防止冲刷的森林、林木和灌丛
水源涵养林		在江河、湖泊、牧场防止水土流失和风沙的森林、林木和灌丛
农田牧场防护林		保护农田、牧场，防止水土流失和风沙的森林、林木和灌丛
梯田地坎防护林		在梯田地坎上种植的防止地坎崩塌和冲刷的林木和灌丛
植物地埂或水流调节林带		斜坡面隔一定距离种植的呈带状的，具有拦截泥沙、径流作用的林木、灌木和草本
农田林网		农田上按一定规格设计营造的呈网状的林带
牧场防护林		保护牧场免受风沙危害、雪害、水土流失的森林、林木和灌丛
放牧林		专门用于放牧或刈割的森林、林木和灌丛
防风固沙林		防止风沙危害和固定沙丘移动的森林、林木和灌丛
防风林带		防止寒潮、台风、干热风等危害的呈带状的森林、林木和灌丛
防风片林		防止寒潮、台风、干热风等危害的呈片状的森林、林木和灌丛
固沙林		固定沙丘移动的森林、林木和灌丛

续表

名　称	图　例	说　明
护路林、护渠林	5.0 1.0	种植在道路或渠道两侧的呈带状的林木和灌丛
用材林	5.0	主要用于生产木材的森林或林木，包括竹林
薪炭林	5.0	以生产燃料为目的的森林、林木和灌丛
经济林	7.0	以生产干果、油料、调料、工业原料、药材等为主要目的的林木
果树林	4.0 2.0	以生产鲜果为主要目的的林木

（2）小班注记树（草）种图例。小班注记树（草）种图例按表14.4-25的要求绘制，表中未涉及树种的符号先选用树种名称首字汉语拼音的第1个字母；如有重复再加注树种名称中第2个汉字拼音的第1个字母；如果仍有重复，采用树种名称首字的前两个字母表达。具体树（草）种图例代码见表14.4-26。如南洋杉属于针叶树类先选用N，无重复，即采用。又如黄山松，选用H，与红松重复，再选用HS，与华山松重复，则选用HU。

表14.4-25　小班注记树（草）种图例 单位：mm

名　称	小班注记图例	说明
针叶树种	6.0	
硬阔叶树种	6.0	
软阔叶树种	6.0	
灌木树种	6.0	
竹类	6.0	
果树	6.0	
木本粮油树种	6.0	
特用经济树种	6.0	

续表

名　称	小班注记图例	说明
禾本科草	2.0	
豆科草	2.0	
其他科草	2.0	

表14.4-26　树（草）种图例代码表

名称	符号	名称	符号
针叶树种			
白皮松	B	落羽杉	LY
柏属（其他）	BS	马尾松	M
侧柏	C	水杉	S
池杉	CS	湿地松	SD
杜松	D	思茅松	SM
红松	H	雪松	X
华山松	HS	油松	Y
黄山松	HU	圆柏	YB
落叶松	L	云杉	YS
冷杉	LE	云南松	YN
罗汉松	LH	樟子松	Z
柳杉	LS	紫杉	ZS

续表

名称	符号	名称	符号
软阔叶树种			
桉	A	琪桐	G
白桦	B	木麻黄	M
刺槐	C	泡桐	P
臭椿	CC	桤木	Q
椴类	D	杨	Y
枫树	F		
硬阔叶树种			
橡	C	楠	N
复叶槭	F	水曲柳	S
黄菠萝	H	铁力木	T
黄连木	HL	相思	X
桦	J	悬铃木	XL
栲	K	榆	Y
栎类	L		
果树			
柑橘	J	苹果	P
梨	L	葡萄	PT
龙眼	LY	桃	T
荔枝	LZ	香蕉	X
芒果	M	椰子	Y
木本粮油			
板栗	B	文冠果	W
核桃	H	乌桕	WJ
花椒	HJ	杏	X
李	L	油桐	Y
柿子	S	油橄榄	YG
沙枣	SA	枣	Z
石榴	SL	榛子	ZZ
山楂	SZ		
特用经济林树种			
白蜡	B	桑	S
茶	C	山茱萸	SZ
杜仲	D	橡胶	X
枸杞	G	香椿	XC
黑荆树	H	油茶	Y
玫瑰	M	银杏	YX
蒲葵	P	棕榈	Z
漆树	Q		

续表

名称	符号	名称	符号
竹类树种			
大径竹	D	小径竹	X
灌木（或小乔木）树种			
柽柳	C	女贞	NZ
花棒	H	杞柳	Q
火炬树	HJ	沙棘	S
黄柳	HL	沙柳	SL
胡枝子	HZ	踏郎	T
马桑	M	桃金娘	TJ
柠条	N	紫穗槐	Z
禾本科			
扁穗冰草	B	狼尾草	LW
地毯草	D	糖蜜草	T
狗牙根	G	苏丹草	S
黑麦草	H	羊草	Y
结缕草	J	羊茅	YM
剪股颖	JG	无芒雀麦	W
老麦芒	L	苇状羊茅	WZ
芦苇	LU	早熟禾	Z
豆科			
百（白）脉根	B	山野豌豆	SH
草木樨	C	三叶草	SY
葛藤	G	小冠花	X
红豆草	H	紫花苜蓿	Z
铺地木兰	P	紫云英	ZY
沙打旺	S		

（3）树（草）种种植典型设计图中的剖面及平面设计图例。树（草）种种植典型设计图中的剖面及平面设计图例按表 14.4-27 的要求绘制。

（4）整地图例。整地图例按表 14.4-28 的要求绘制，本图例适用于水土保持植物工程施工设计的平面布置图，整地方式主要列入在生产中已成熟的方式，近年来出现的一些新的整地方式，如"径流整地""双坡整地"等尚未在生产中广泛应用，故未列入。在施工图中，整地方式与树种可联合使用。如树种为油松，其整地方式为水平沟，可表示为⛏。

表 14.4-27　树（草）种种植典型
设计图例

名　称	剖面设计图例	平面设计图例	说明
针叶树种			
阔叶树种			
灌木树种			
果树、经济林			
竹类			
草			

表 14.4-28　整地图例　　　单位：mm

名　称	图　例	说　明
1. 全面整地	2.0　7.0　15.0	对造林种草地段进行全面整地
2. 局部整地		
鱼鳞坑	5.0	在地形较陡和破碎的坡面上沿等高线修筑的"品"字形排列的半月形坑穴
大坑（果树坑）	6.0　10.0	栽植果树或大苗时一般采用长、宽各 1m 的大坑
小坑	3.0　6.0	普通造林时采用的小穴
水平阶	5.0　2.0	沿等高线将坡面修筑成阶状台面。台面一般稍向内倾斜
竹节式水平阶	6.0　2.0　1.0	
水平沟（撩壕、山边沟）	2.0　1.0	沿等高线开挖成沟，挖方堆到外侧筑埂
隔坡整地	2.0　6.0　2.0	每隔一道原坡面修筑一条水平阶或水平沟

2. 园林式种植工程大比例尺平面设计图例

园林式种植工程大比例尺平面设计图例按表 14.4-29 的要求绘制，本图例主要应用于 1：500～1：20 的大比例尺平面设计图，若不能满足要求，遵循园林设计有关规范确定。

表 14.4-29　园林式种植工程大比例尺
平面设计图例

名　称	图　例	说明
落叶阔叶乔木		
常绿阔叶乔木		
落叶针叶乔木		
常绿针叶乔木		
落叶灌木		
常绿灌木		
阔叶乔木疏林		
针叶乔木疏林		
阔叶乔木密林		
针叶乔木密林		
落叶灌木疏林		
落叶花灌木疏林		
常绿灌木密林		
常绿花灌木密林		
自然绿篱		
整形绿篱		
镶边植物		
一、二年生草本花卉		
多年生及宿根草本花卉		

续表

名　称	图　例	说明
一般草皮（坪）		
缀花草皮坪		
整形树木		
竹丛		
棕榈植物		
仙人掌植物		
藤本植物		
水生植物		
花境		
花坛		
花架		
花带		

3. 高陡边坡绿化注记图例

高陡边坡绿化按表 14.4-30 的要求绘制。

表 14.4-30　高陡边坡绿化注记图例

名　称	图　例	说明
喷混植生		
客土植生		
植生带（植生毯）		

14.4.4.6　封育措施图例

封育措施图例按表 14.4-31 的要求绘制。

表 14.4-31　封育措施图例　　单位：mm

名　称	图　例	说明
1. 封山育林育草		
封山育林		
疏林补植		
封山育草		
2. 草场改良		
3. 草库仑		为防草场退化、恢复草场生产力而将草原以不同的围篱方式逐块地围起来，加以保护
4. 围网		
5. 标志牌		为防草场退化、恢复草场生产力而将草原以不同的围篱方式逐块地围起来，加以保护

14.4.4.7　临时措施图例

临时措施主要指常用临时拦挡措施，按表 14.4-32 的要求绘制。涉及工程措施时，图例按表 14.2-21～表 14.2-23 的有关要求绘制；涉及植物措施时，图例按表 14.4-24～表 14.4-30 的有关要求绘制。

表 14.4-32　临时措施注记图例　　单位：mm

名　称	图　例	说明
填土草袋		
土埂		
钢围栏		
竹栅围栏		
防风罩		

续表

名　称	图　例	说　明
临时覆盖		可采用防尘网、防雨布、塑料布、苫布、草帘进行临时覆盖。可用文字区别覆盖材料
砾石覆盖	⊙ 6.0	

14.4.4.8　监测图例

监测图例按表 14.4－33 的要求绘制，主要应用于监测站点布局图。具体监测站（点）设计图的绘制按工程措施、植物措施的有关要求绘制。

表 14.4－33　　监 测 图 例　　单位：mm

名　称	图　例	说　明
1. 水蚀综合监测场	3.0 5.0 6.0	对土壤侵蚀有关因子监测的站
小区监测点	6.0 2.0 6.0	在坡面上设置径流观测场，采用小区监测产流产沙的监测站
断面观测点	6.0 2.0 6.0	在河流或沟道选定固定断面，实测水位、流量、泥沙含量的站
简易水蚀观测场	6.0 2.0 6.0	
2. 风蚀综合观测场	6.0 2.0 6.0	
3. 气象观测点	14.0	

14.5　施工组织设计

14.5.1　概述

通过研究规划或主体设计，充分利用规划区或主体工程施工条件，结合水土保持分区及措施设计，依据有关规范、规程、标准，编制水土保持施工组织设计，简述水土保持规划或施工总平面布置、主要材料来源和用量、施工程序和施工方法、施工进度计划、工程质量、工程总工期和开工日期、完工日期等。

生态建设项目是根据水土保持规划而进行的区域建设工程，根据规划结合当地条件进行，而生产建设项目水土保持工程是针对因生产建设活动造成水土流失及其危害而进行的建设工程，水土保持工程的实施可根据主体工程建设统筹考虑。

14.5.2　施工条件

生态建设项目及生产建设项目的水土保持施工组织设计均需简述项目区自然条件（地形地貌、地质、水文气象等）、交通条件（对外交通、场内交通）、材料来源等。

14.5.2.1　自然条件

1. 地形地貌

简述项目区或工程区的地形地貌情况。

2. 地质

简述项目区或工程区区域地质构造、地层岩性、不良地质现象、地震烈度、地下水活动情况及对水土保持工程的影响。

3. 水文气象

（1）简述项目区或工程区多年平均降水量，最大降水强度，及 10min、1h、6h、24h 降水特征值。

（2）简述项目区或工程区地表水系分布，径流特征，主要河、湖及其他地表水体（包括湿地、季节性积水洼地）的流量和水位动态，枯水期水位和汛期洪水特征等。对于受洪水影响的工程，还需说明河道施工期洪水及工程所在位置的水位流量关系等。

（3）简述项目区或工程区多年平均气温、活动积温、多年平均风速、最大风速、春冬季月平均风速、大风日数、沙尘日数、干热风日数、风频和风向，特别是主害风方向等。

（4）简述项目区或工程区灾害性气候如霜冻、冰雹、干热风、风暴、风沙等分布范围、出现季节与规律、灾害程度等。

14.5.2.2　交通条件

1. 对外交通

生态建设项目水土保持对外交通道路可利用当地现有交通道路、乡村路和田间道路。生产建设项目水土保持工程主要以利用主体工程对外交通为主。

对外交通负责连接项目区或施工工地和国家（或地方）公路、铁路、水运港口等，根据交通道路类型，可分为永久道路和临时道路。

2. 场内交通

场内交通负责连接项目区内各施工区及辅助设施

（料场、弃渣场、施工生产生活区等）区。场内交通系统应以便捷方式衔接对外交通，多以临时道路为主。

生态建设项目水土保持场内交通应在现有交通条件基础上，分析其是否满足水土保持施工需要，若不满足，则需对场内交通另行设计，但应以减少扰动、节约用地为原则。

生产建设项目主体设计的场内交通布置，一般情况下可满足水土保持施工需要，若不满足，则需另行设计简易交通道路，以不新增征占地、减小扰动地表为原则。

14.5.2.3 材料来源

1. 工程措施材料来源

列出生态建设项目或生产建设项目的水土保持工程措施所需建筑材料种类、数量及质量要求。结合生态建设项目或主体工程建筑材料供应，说明水土保持工程措施所需各种材料的供应方式。

生态建设项目料场开采可参照《水利水电工程施工组织设计规范》（SL 303—2004）"3.3 料场规划与开采"执行。

生产建设项目水土保持工程措施建筑材料应与主体工程施工组织相协调，统一配送。在不满足要求的条件下可考虑开采或外购。

2. 植物措施材料来源

树种、苗木、草籽及肥料等应由附近苗圃或其他地方购进；有条件且需求量不大时，草籽可人工采集，有特殊要求的还应对施工压占林草采取剥离、堆存、抚育养护后，加以利用。

14.5.3 施工布置

14.5.3.1 布置原则

（1）生态建设项目施工布置时首先考虑利用现有的交通、风、水、电条件，利用现有的砂石料源、弃渣场地等。

（2）生产建设项目施工布置主要有以下原则：

1）与主体工程相协调，在不影响主体工程施工的前提下，尽可能利用主体工程布置的施工场地、仓库及管理用房等临建设施，避免重复建设。

2）应控制施工占地范围，避开植被良好区；施工结束后及时清理、平整、复耕或植被恢复。

3）需考虑施工期洪水对靠近河道施工设施的影响；规模较大、施工期跨越汛期的项目，其防洪标准宜按5～20年重现期选定。

4）砂石料加工系统、混凝土拌和系统可利用主体工程已建系统。若不满足需求时，可采用简易系统。

5）需结合环境影响评价结论，避开或远离环境敏感区域，并按规定设置安全距离。

14.5.3.2 施工总平面布置

生态建设项目及生产建设项目的施工总平面布置以方便施工、便于管理、节约用地、文明建设为要求，充分利用现场条件，综合考虑项目特点、施工方案、工期等因素，严格执行设计文件要求和相关设计规范、标准，因地制宜、科学利用原有或主体设计布置的生活区、施工临时生产区、场内施工道路、供水、供电等临时设施，应做到科学、实用、灵活。水土保持施工应控制在项目占地范围内，尽可能不新增占地。

14.5.3.3 施工布置

1. 施工场地布置

水土保持施工场地布置应因地制宜，生产建设项目需紧密结合主体工程的分布及占地情况设定，以不影响主体工程施工、尽量利用主体工程征地、不新增扰动地表为原则。水土保持工程施工工期一般较短，优先利用主体工程施工的临时场地、营地等生产生活设施，具体根据各个项目的实际情况进行组织设计。

布置原则主要有以下几个方面：

（1）施工总布置应统筹兼顾主体工程与水土保持工程的关系，控制施工场地范围，综合平衡、协调各分项工程的施工，减少土石方倒运。

（2）施工布置应考虑临时建筑与永久设施的结合。施工布置应在确保场地安全且不危及工程安全的前提下进行。

（3）施工生产生活设施一般为临时房屋，采用组装式的彩板房比较方便、灵活。现场临时设施布置时宜选择非耕地布置，并应避开可能发生山洪、滑坡、泥石流等易发生地质灾害的地区。

（4）施工场地可结合主体工程施工场地布置。如需另辟施工场地，应根据主体工程布置特点及附近场地的相对位置、高程、面积和征地范围等主要指标，研究对外交通进入施工场地与内部交通的衔接条件和高程、场地内部地形条件、各种设施及物流方向，确定场内交通道路方案。再以交通道路为纽带，结合地形条件，布设各类临时设施。

2. 场内交通布置

生态建设项目尽量利用当地交通道路，生产建设项目尽量利用主体工程的场内交通道路，确需单独设置时应根据使用需求布设，并避免与主体工程产生施工干扰。临时道路布置及设计参照 SL 303—2004 "附录F 施工交通运输主要技术标准"。

水土保持工程增设的场内交通道路一般为临时道路，道路多为矿山公路等级，道路宜采用碎石路面或改善土路面，路面宽度3.5～4.5m。

3. 施工导流布置

生态建设项目在施工导流设计中考虑：沟道治理

工程的拦沙坝、淤地坝一般采用涵管（洞）的水流控制方式。导流建筑物度汛洪水重现期宜选取 5 年，施工期坝体防洪度汛标准应达到能防御 20 年一遇的洪水。塘坝和滚水坝，应利用垭口、小冲沟、现有灌渠进行导流，导流建筑物度汛洪水重现期取 1～3 年。

生产建设项目水土保持工程施工导流应充分掌握基础资料，全面分析各因素，选择技术可行、经济合理并能使工程效益尽早得以发挥的导流方案。水土保持施工导流设计可参照 SL 303—2004 的"2 施工导流"有关内容和要求。

4. 施工风、水、电布置

生态建设项目施工所需的风、水、电优先考虑利用项目区已有条件，或采取移动发电等设备。生产建设项目主要利用主体工程的设施设备。

（1）施工用风。施工用风主要用于局部风钻开挖、喷锚或液压喷播工程等，首选利用主体工程设备。当不具备条件时，配备移动式空压机施工。

（2）施工用电。生态建设项目尽可能利用网电。生产建设项目优先选用主体工程施工生产用电、检修加工用电和生活区的生活用电。当不具备条件时，配备移动发电机组作为电源。

（3）施工用水。水土保持工程的用水量一般较小。生态建设项目可从河道、坑塘、沟渠等引水，生产建设项目优先选用施工区主体工程生产用水，局部区域无供水的，可采用水车运输解决。

14.5.4 施工工艺和方法

14.5.4.1 工程措施

1. 梯田（坡面治理）工程

坡面治理工程主要有梯田、沟头防护、山坡截流沟等工程。以下以梯田工程为例。

（1）土坎梯田。土坎梯田主要包括施工定线、田坎清基、修筑田坎、保留表土、修平田面、覆表土等工序。

1）施工定线。

a. 根据梯田规划确定梯田区坡面，在其正中（距左右两端大致相等）从上到下划一中轴线。

b. 根据梯田断面设计的田面斜宽 H_b，在中轴线上划出各梯田的 H_b 基点。

c. 从各梯田的 H_b 基点出发，用手持水准仪向左右两端分别测定其等高点；连各等高点成线，即为各台梯田的施工线。

d. 定线过程中，遇局部地形复杂处，应根据大弯就势、小弯取直原则处理，为保持田面等宽，可适当调整埂线位置。

2）田坎清基。

a. 以各梯田的施工线为中心，上下各划出 50～60cm 宽，作为清基线。

b. 在清基线范围内清除表土，暂时堆在清基线下方，施工中与整个田面保留表土结合处理。

c. 将清基线内的地面翻松约 10cm，清除石砾等杂物（如有洞穴，及时填塞），整平，夯实。

3）修筑田坎、蓄水埂。

a. 田坎用生土填筑，土中不含有石砾、树根、草皮等杂物。

b. 修筑时应分层夯实，每层虚土厚约 20cm，夯实后约 15cm。

c. 修筑中每道埂坎应全面均匀地同时升高，不应出现各段参差不齐，影响接茬处质量。

d. 田坎升高过程中应根据设计的田坎坡度，逐层向内收缩，并将坎面拍光。

e. 随着田坎升高，坎后的田面也应相应升高，将坎后填实，使田面与田坎紧密结合在一起。

f. 田坎修筑完成后，按相同方法在田坎基础上修建蓄水埂。

4）保留表土。根据实际情况，采用逐台下移法，逐台从下向上修，先将最下面的一台梯田修平，不保留表土。将第二台拟修梯田田面的表土取起，推到第一台田面上，第二台梯田修平后，将第三台拟修梯田田面的表土取起，推到第二台田面上，依次逐台进行，直到各台修平。

5）修平田面。将田面分成下挖上填与上挖下填两部分：田坎线以下各 1.5m 范围，采取下挖上填法，从田坎下方取土，填到田坎上方。其余田面采取上挖下填法，从田面中心线以上取土，填到中心线以下。

6）覆表土。将保留的表土，使用机械均匀铺运在修平的田面上。

7）梯田管理。

a. 维修管护。每年汛后和每次较大暴雨后对梯田区及时进行检查，发现田坎有缺口穿洞等损毁现象及时进行补修；田面平整后，地中原有浅沟处在雨后会产生不均匀沉陷，田面出现浅沟集流，在庄稼收割后及时取土填平；随着坎后泥沙淤积情况，每年从田坎下方取土加高田坎，以保持坎后满足设计要求，有足够的拦蓄容量。

b. 促进生土熟化。完工后在挖方部位多施有机肥，施肥量较一般施肥高一倍左右，同时深耕以促进生土熟化；新修梯田第一年应选种能适应生土的作物如豆类、牧草或种一季绿肥作物与豆科牧草。

c. 田坎利用。搞好田坎利用与田坎的维修养护，保证田坎安全。

（2）石坎梯田。

1) 定线。同土坎梯田。

2) 清基。

a. 以各台梯田的施工线为中心，根据各图斑内梯坎设计的断面，再结合现场实际，上下划出清基线宽度。

b. 根据设计断面在清基线范围内清除表土厚30～40cm，暂堆在清基线下，施工中与整个田面保留表土结合处理。

c. 将清基线内的地面浮土及草根杂物清除，埂坎清基到石底或硬土层上，平台应成倒坡。

3) 修筑石坎。

a. 先备好石料，大小搭配均匀，堆放在田坎下侧。

b. 逐层向上修筑，每层用比较规整的较大石块（长40cm以上，宽20cm以上，厚15cm以上），砌成田坎外坡，各块之间上、下、左、右都应挤紧，上、下两层之间的中缝要错开成"品"字形，较长的石坎每隔10m要留一层浅缝。

c. 石坎外坡以内各层，要求与外坡相同，但所用石料在尺寸、规整程度上不作严格要求。

d. 石坎外坡坡度一般要求1:0.75，内坡一般接近垂直，顶宽0.4m，根据不同坎高，石坎底宽相应加大清基宽度。

4) 石坎填膛与修平田面。

a. 两道工序结合进行，在下挖上填或上挖下填修平田面过程中，将夹在土内的石块、石砾拾起，分层堆放在石坎后，形成一个三角形断面来对石坎进行支撑。

b. 堆放石块、石砾的顺序是从上到下，先大后小，然后填土进行田面平整。

c. 通过坎后填膛，平整后的田面40cm深以内没有石块、石砾，以利耕作。

5) 保留表土。同土坎梯田。

2. 沟道治理工程

沟道治理工程主要有淤地坝、拦沙坝、塘坝、谷坊、治滩造田和堤坝等工程。

(1) 淤地坝等土石坝施工参考《土石坝施工组织设计规范》（SL 648）。采用碾压式土石坝时，碾压坝坝体填筑土料含水量应按最优含水量控制。碾压施工应沿坝轴方向铺土，厚度均匀，每层铺土厚度不宜超过0.25m，碾压迹重叠应达到0.10～0.15m。若采用大型机械，其铺土厚度应根据土壤性质、含水量、最大干密度、压实遍数、机械吨位等经试验确定，压实后土壤干容重根据压实度控制。

(2) 淤地坝采用水力冲填筑坝施工工艺。

1) 清基。土沟床，清除沟底和岸坡杂草、腐殖土；石沟床，须清除岩石风化层，岸坡清除堆积虚土。

2) 修筑围埝。为控制冲填泥浆的流动，在坝体前后坝脚修筑围埝，坝高在15m以下的小淤地坝，每层围埝高0.7m、顶宽0.5m、底宽2m、内坡1:1，外坡与设计坝坡一致，人工分层夯实。

3) 冲填泥浆。在冲填泥浆时，要掌握好泥浆的稠度。泥浆水土比为2.2～2.6，泥浆含水率为37%～41%。

在施工时注意控制冲填速度，需根据泥浆脱水、沟道岸坡排水情况确定。

4) 排水。在土坝背水坡脚修筑反滤层，采用管道等措施排出泥浆表面的自由水，以加速冲填土的脱水固结。

(3) 谷坊工程施工工艺。

1) 土谷坊。土谷坊施工工艺包括定线、消基、挖结合槽、填土夯实等。

定线：根据规划测定的谷坊位置（坝轴线），按设计的谷坊尺寸，在地面画出坝基轮廓线。

清基：将轮廓线以内的浮土、草皮、乱石、树根等全部清除。

挖结合槽：沿坝轴线中心，从沟底至两岸沟坡开挖结合槽，宽、深各0.5～1.0m。

填土夯实：填土前先将坚实土层挖松3～5cm，以利结合。每层填土厚0.25～0.30m，夯实一次；将夯实土表面刨松3～5cm，再上新土夯实，要求干容重1.4～1.5t/m²。如此分层填筑至设计坝高。

开挖溢洪口，并用草皮或砖、石砌护。

2) 石谷坊。定线和土沟床清基要求与土谷坊相同。

岩基沟床清基：先清除表面的强风化层。基岩面需凿成向上游倾斜的锯齿状，两岸沟壑凿成竖向结合槽。

砌石：根据设计尺寸，从下向上分层垒砌，逐层向内收坡，块石首尾相接，错缝砌筑，大石压顶。要求石料厚度不小于30cm，接缝宽度不大于2.5cm。同时要做到"平、稳、紧、满"（砌石顶部要平，每层铺砌要稳，相邻石料要靠紧，缝间砂浆要饱满）。

3) 柳谷坊。柳谷坊施工工艺包括桩料选择、埋桩、编篱与填石等。

桩料选择：按设计要求的长度和桩径，选生长能力强的活立木。

埋桩：按设计深度打入土内；注意桩深与地面垂直，打桩时勿伤柳桩外皮，牙眼向上，各排桩位呈"品"字形错开。

编篱与填石：以柳桩为经，从地表以下0.2m开始，安排横向编篱。与地面齐平时，在背水面最后一排桩间铺柳枝厚 0.1~0.2m，桩外露枝梢约 1.5m，作为海漫。各排编篱中填入卵石（或块石）靠篱处填大块，中间填小块。编篱（及其中填石）顶部做成下凹弧形溢水口。编篱与填石完成后，在迎水面填土，高与厚各约 0.5m。

3. 小型蓄引水工程

小型蓄引水工程主要有水窖、蓄水池、沉沙池和滚水坝等工程。小型蓄引水工程的土石方工程、钢筋混凝土和砌石工程的施工工艺和方法参考本书 "14.5.4.1　工程措施" 中 "6. 其他工程措施"。

（1）蓄水池。

1）按选定的池址和设计形状及断面尺寸进行放线开挖。在放线时，下池梯应靠路边，朝着下池方便的方向，进出口位置应与灌排沟连接。

2）池墙清基至硬基上，开挖放线时留足衬砌厚度，对易垮塌的破碎岩石和松软地层应边开挖边衬砌边回填，池底必须夯实，并进行防渗处理。

3）蓄水池周围需留 1m 左右过道。

（2）沉沙池。

1）沉沙池的施工以开挖方为主，必须填方时须用石料、混凝土衬砌。

2）沉沙池的进水口与出水口不宜布置在一条直线上，其断面尺寸应相同。

3）进水口与出水口的底部高程一致或出水口高程略高于进水口。

（3）水窖。

1）窖体开挖。窖体开挖一般分为井式水窖开挖和窑式水窖开挖两种。

井式水窖开挖：从窖口开始，按照各部分设计尺寸垂直下挖，在窖口处吊一中心线，每向下挖深 1m，校核一次直径。

窑式水窖开挖：从窑门开始，先刷齐窑面，根据设计尺寸挖好标准断面，并逐层向里挖进，挖至设计的长度为止。在窑门顶部吊一中心线，并做一个半圆形标准尺寸木架，每向里挖进 1m，校核一次断面尺寸。

对需用胶泥防渗的水窖和水窑，在窖体开挖完成后，还需开挖供钉胶泥用的码眼。码眼在窖壁呈 "品" 字形分布，上下、左右眼距各约 20cm，口径 5~8cm，深 10~15cm，眼深略向下方倾斜。地面部分的沉沙池、取水管、取水井筒都按设计要求开挖，及时校核断面尺寸。

2）窖体防渗。

a. 胶泥捶壁防渗。取胶泥与黄土拌和均匀（砂粒：粉粒：黏粒的体积比为 1：2：1），制成长约 18cm，直径 5~8cm 的胶泥钉和直径 20cm、厚 2~5cm 的胶泥饼。

将胶泥钉用力塞入码眼，外留 3cm，将胶泥饼用力摔到胶泥钉上，使之连成整体。

用木棒连续捶打胶泥饼，使之与窖壁紧密结合，直到窖壁上全部胶泥坚实光滑为止。窖壁胶泥厚度，从上到下依次为 2cm、3cm、4cm 和 5cm。

b. 水泥抹面防渗。调好水泥砂浆和白灰砂浆。水泥砂浆中水泥：砂：水的体积比为 1.0：2.0：2.5；白灰砂浆中白灰：砂：水的体积比为 1.0：1.5：2.0。

先在窖壁上抹一层白灰砂浆 "打底"，再用水泥砂浆抹面，抹面厚度不小于 2~3cm。

有条件的地方，可先用铆钉将铅丝网锚固在窖壁上；或先在窖壁上均匀地打入钢钎，再用铅丝连接成网，然后用水泥砂浆抹面；随着水泥的固结，进行抹实，直到牢固光滑为止。

c. 其他防渗措施。在石料方便的地方，窖底、窖壁可用 1：3 的水泥砂浆砌粗料石，并用 1：3 的水泥砂浆勾缝。

有条件的可采用混凝土或钢筋混凝土防渗。

3）地面部分。窖口处用砖或块石砌台，高出地面 30~50cm，并设置能上锁的木板盖；有条件的可在窖口设手压式抽水泵。

沉沙池与进水管连接处设置铅丝网拦污栅，防止杂物流入。

进水管应伸进窖内，离窖壁 30~50cm，管口出水处设铅丝蓬头，防止水流冲坏窖壁。

4. 固沙与治沙工程

防风固沙工程包括固沙造林、防风固沙种草、沙障、砾石覆盖和化学固沙等。

（1）防风固沙造林。

1）北方风沙区造林整地，时间宜选在春季，为防止风蚀，应随整地随造林。一般宜采用穴状整地方式，机械或人工开挖，穴坑规格为 0.60m×0.60m 或 1.00m×1.00m。半固定风沙可采用机械开沟造林。不宜进行全面整地。

2）沿海造林、北方盐碱地造林，要客土换填，客土中掺施有机肥，土、肥比至少为 3：1。穴状整地规格为 1.00m×1.00m。

3）黄泛区及古河道沙地，可采用机械将下层淤土翻起，翻淤压沙整地。

4）不能及时栽植的苗木应进行假植，防止暴晒、风干或堆放发热。

（2）防风固沙种草。无灌溉设施地区，应实施雨季撒播，种子宜实施包衣。

（3）沙障。

1）平铺式沙障。

a. 带状平铺式。带的走向垂直于主风方向。带宽 0.6~1.0m，带间距 4.0~5.0m。将覆盖材料平铺在沙丘上，厚 3.0~5.0cm。覆盖材料有柴草、秸秆、枝条或黏土、卵石等。覆盖物为柴草和枝条时，上面需用枝条横压，用小木桩固定，或在草带中线上铺压湿沙，柴草的梢端要迎风向。

b. 全面平铺式。适用于小而孤立的沙丘和受流沙埋压或威胁的道路两侧与农田、村镇四周。将覆盖物在沙丘上紧密平铺。其余要求与带状平铺式相同。

2）直立式沙障。

a. 高立式沙障。在设计好的沙障条带位置上，人工挖沟深 0.2~0.3m，将柴草均匀直立埋入，扶正踩实，填沙 0.1m，柴草露出地面 0.5~1.0m。

b. 低立式沙障。将柴草按设计长度切好，顺设计沙障条带线均匀放置线上，草的方向与带线正交。用脚在柴草中部用力踩压，柴草进入沙内 0.1~0.15m，两端翘起，高 0.2~0.3m，用手扶正，基部培沙。

（4）砾石覆盖。

1）采用机械或人工覆盖时，要先进行覆盖面平整。长度小于 3m 的边坡，宜削坡后再布设混凝土或浆砌石骨架，人工铺设并平整砾石。砾石层厚4~8cm。

2）对于面积较大的砾石覆盖，可采用平地机施工。

（5）化学固沙。采用全面喷洒或局部带状喷洒化学溶剂，使之在沙面形成 0.5cm 左右的结皮层。化学药剂喷洒宜在微风天气进行。

5. 斜坡防护工程

斜坡防护工程包括削坡开级、砌石护坡、综合护坡等。

削坡开级施工中按设计要求进行土石方开挖，其施工方法参考本书"14.5.4.1 工程措施"中"6. 其他工程措施"中的"（1）土石方工程"。

砌石护坡施工，其施工方法参考本书"14.5.4.1 工程措施"中"6. 其他工程措施"中的"（3）砌石工程"。

综合护坡工程由工程措施和植物措施组合而成。其中工程措施主要有钢筋混凝土框架、预应力锚索框架地梁、预应力锚索地梁等，其施工方法参照《建筑边坡工程技术规范》（GB 50330）和《水电水利工程边坡施工技术规范》（DL/T 5255）。对已采取钢筋混凝土框架边坡的绿化需回填客土才能满足植物生长条件，固土型式可根据工程的具体情况选取，常用型式如下：

（1）空心六棱砖。空心六棱砖即在框架内铺满浆砌预制的空心六棱砖，然后在空心六棱砖内填土。其主要适用于坡率达到 1:0.3 的岩质边坡。

施工方法：整平坡面至设计要求并清除坡面危石；浇注钢筋混凝土框架；框架内砌筑预制空心六棱砖；空心六棱砖内填土。其中预制砖块混凝土强度不宜低于 C20。空心六棱砖施工时应按自下而上的顺序进行，并尽可能挤紧，做到横、竖和斜线对齐。砌筑的坡面应平顺，要求整齐、顺直，无凹凸不平现象，并与相邻坡面顺接。若有砌筑块松动或脱落之处必须及时修整。

空心砖植草也可单独运用，主要用于低矮边坡植草防护，一般边坡坡率不超过 1:1.0，高度不超过 10m。

（2）土工格室固土。框格内固定土工格室，并在格室内填土 20~50cm。

施工方法：整平坡面至满足设计要求并清除坡面危石；浇注钢筋混凝土框格；展开土工格室并将锚梁上钢筋、箍筋绑扎牢固；在格室内填土。填土时应防止格室出现胀肚现象。

（3）框格内加筋固土。对于边坡坡率超过 1:0.5 的边坡，骨架内加筋填土后可挂三维网喷播植草进行绿化；对于边坡坡率低于 1:0.75 的边坡，骨架内加筋填土后直接喷播植草绿化，可不挂三维网。

施工方法：用机械或人工的方法整平坡面至满足设计要求，清除坡面危石；预制埋于横向框架梁中的土工格栅；按一定的纵横间距施工锚杆框架梁，竖向锚梁钢筋上预系土工绳，以备与土工格室绑扎用，视边坡具体情况选择框架梁的固定方式；将作为加筋的土工格栅预埋于横向框架梁中，并固定绑扎在横梁箍筋上，然后浇注混凝土，留在外部的用作填土加筋；按由上而下的顺序在框架内填土，根据填土厚度可设二道或三道加筋格栅，以确保加筋固土效果。

6. 其他工程措施

（1）土石方工程。

1）土石方开挖级别。土石方开挖的难易程度通常简单分为土方开挖和岩石开挖两类。具体可根据实际地质条件，参照 SL 303—2004 附录 D 中"岩土开挖级别划分"确定。

2）土方开挖。开挖时应注意附近构筑物、道路、管线等的下沉与变形，必要时采取防护措施。

开挖应从上到下分层分段进行，保持一定的坡势以利排水，并采取措施防止地面水流入挖方场地、基坑。

挖方上侧弃土时，弃土边缘与挖方上缘应保持一定距离，以利边坡稳定；挖方下侧弃土时，应整平弃土堆表面并低于挖方场地标高，同时堆土边坡向外倾斜；必要时在弃土堆与挖方场地之间设排水沟，以利场地排水。

临时弃土、堆土不得影响建筑物和其他设施的安全。

采用机械开挖基坑（沟槽）时，为了不破坏地基土的结构，基底设计标高以上需预留一层用人工挖除。若人工挖土后不能立即砌筑基础时，应在基底设计标高以上预留 15～30cm 保护层，待砌筑开始前挖除。

当开挖施工受地表水或地下水位影响时，施工前须做好地面排水，降低地下水位，地下水位应降至地基以下 0.5～1.0m 后方可开挖。降水工作应持续至回填完毕。

3）土方回填。

a. 一般要求。回填土料应保证填方的强度和稳定性，不得选用淤泥质土、膨胀土及有机物含量大于 8% 的土、含水溶性硫酸盐大于 5% 的土。

根据工程特点、填料种类、设计压实系数、施工条件等合理选择土方填筑压实机具，并确定填料含水量控制范围、分层压实厚度和压实遍数等参数。

回填前应清除基地的树根、积水、淤泥和有机杂物，并将基底充分夯实和碾压密实。

回填应分层铺筑碾压或夯实，并尽量采用同类土填筑。当填方位于倾斜地面时，应先将斜坡挖成阶梯状，分层填筑，以防止填土横向移动，但当作业面较长需分段填筑时，每层接缝处应做成斜坡形（坡度不陡于 1:1.5）碾迹重叠 0.5～1.0m，上下层错缝距离不应小于 1m。

b. 作业要求。对于有密实度要求的填方，按所选用的土料、压实机械的性能，通过实验确定含水量的控制范围和压实程度，包括每层铺土厚度、压实遍数及检验方法等。

对于无密实度要求或允许自然沉实的填方，可直接填筑不压（夯）实，但应预留一定的沉降量。

对于填筑路基、土堤、坝等土工构筑物，要严格按照设计规定的要求进行作业，保证其有足够的强度和稳定性。

填方如采用两种透水性不同的土填筑时，应分层填筑，不得掺杂，并将透水性较小的土料填筑在上层，且边坡不得用透水性较小的土封闭，以免形成水囊。

回填材料运入坑槽内时，不得损伤应验收的地下建筑物、构筑物等。

需要拌和的回填材料，在运入坑槽前拌和均匀，不得在槽内拌和。

在雨季、冬季进行压实填土施工时，采取防雨、防冻措施，防止填料受雨水淋湿或冻结，并采取措施防止出现橡皮土。

c. 填土的压实。填土压实时，使回填土的含水量在最优含水量范围内。各种土的最优含水量和最大干容重的参考值见表 14.5-1。黏性土料施工含水量和最优含水量之差，可控制为 -4%～2%。工地简单检测一般以手握成团、落地开花为宜。

表 14.5-1　土的最优含水量和最大干容重参考值

土类	最优含水量（质量比）/%	最大干容重/（kN/m³）
砂土	8～12	18.0～18.8
黏土	19～23	15.8～17.0
粉质砂土	12～15	18.5～19.5
粉土	15～22	16.1～18.0

注　1. 土的最大干容重应以现场实际测量达到的数字为准。
　　2. 一般性的回填土可不做此项测定。

铺土厚度和压实遍数一般应进行现场碾压夯实试验确定。如无试验依据，压实机具或工具、每层铺土厚度和碾压夯实遍数可参照表 14.5-2 的规定。

表 14.5-2　填方每层铺土厚度和碾压夯实遍数

压实机具或工具	每层铺土厚度/mm	每层碾压夯实遍数
平碾	200～300	6～8
羊足碾	200～859	8～16
柴油打夯机	200～250	3～4
推土机	200～300	6～8
拖拉机	200～300	8～16
人工打夯（木夯、铁夯）	<200	3～4
振动压实机	250～350	3～4

注　人工打夯时，大块粒径应不大于 5cm。

利用运土工具碾压压实填方时，每层铺土厚度不宜超过表 14.5-3 规定的数值。

表 14.5-3　利用运土工具碾压压实填方时每层填土的最大厚度

填土方法、采用的运土工具	厚度/m		
	粉质黏土和黏土	亚砂土	砂土
拖拉机机车和其他填土方法并用，机械平土	0.7	2.0	1.5
汽车或轮式铲运机	0.5	0.8	1.2
人推小车或马车运土	0.3	0.6	1.0

d. 填土的压实方法。填土压实有碾压、夯实和振动三种方法，此外还可以用运土工具压实。

碾压法是利用沿着表面滚动的滚筒或轮子的压力压实土壤。常用的碾压机具有平碾、羊足碾和气胎碾等，主要用于大面积填土。

夯实法是利用夯锤自由下落的冲击力夯实土壤，主要用于小面积回填土，在小型土方工程中应用最广。

振动法是将重锤放在土层表面或内部，借助振动设备振动重锤，使土壤颗粒发生相对位移达到紧密状态。此法用于振实非黏性土效果最好。

4) 石方工程。石方工程主要采用爆破施工，爆破方法参照《土方与爆破工程施工及验收规范》（GB 50201）。

5) 地基加固。在施工中，地基应同时满足容许承载力和容许沉降量的要求。如不满足时，应采取措施对地基进行加固处理。常用的人工地基处理方法有换填法、重锤夯实法和机械碾压法、振冲法、预压法等，具体的施工工艺和方法可参考《水工程施工手册》（化学工业出版社，尹士君主编，2010 年）中 3.5 相关内容。

(2) 钢筋混凝土工程。钢筋混凝土工程由模板工程、钢筋工程及混凝土工程等组成。一般施工顺序：模板制作、安装→钢筋成型、安装、绑扎→混凝土搅拌、浇灌、振捣、养护→模板拆除、修理。

1) 模板工程。模板是新浇筑混凝土成形的模型。模板工程包括模板、支持和紧固件。根据材料不同可分为木模板、钢模板、钢木组合模板、竹木模板等。

2) 钢筋工程。钢筋工程包括钢筋加工和钢筋连接。具体施工工艺和方法可参考《水工程施工手册》。

3) 混凝土工程。混凝土工程包括混凝土的制备、运输、浇筑捣实和养护等施工过程。具体的施工工艺和方法可参考《水工程施工手册》。水土保持工程施工一般使用现场搅拌站，通常采用流动性组合方式，将机械设备组成装配连接结构，以便于拆装和搬运；混凝土多用载重约 1t 的小型机动翻斗车运输，近距离宜采用双轮手推车。

(3) 砌石工程。砌筑用石材主要有毛石、料石、卵石等。砌石工程包括干砌石工程和浆砌石工程。

1) 干砌石工程。干砌石的砌筑方法一般包括平缝砌筑法和花缝砌筑法。

平缝砌筑法：多用于干砌块石施工。砌筑时，石块水平分层砌筑，横向保持通缝，层间纵向缝应错开，避免纵缝相对形成通缝。

花缝砌筑法：多用于干砌片（毛）石。砌筑时，依石块原有形状，使尖对拐、拐对尖，相互联系砌成。

2) 浆砌石工程。

a. 砌筑砂浆。砌筑砂浆通常有水泥砂浆、石灰砂浆和混合砂浆。砂浆种类选择及等级应根据设计要求确定。

b. 砂浆拌制和使用。砂浆现场拌制时，各组分材料应用质量计量，以确保砂浆强度和均匀性。

拌制水泥砂浆和混合砂浆时，应先将砂与水泥干拌均匀。再加掺加料（石灰膏、黏土膏）和水拌和均匀。

掺用外加剂时，应先将外加剂按规定浓度溶于水中，在拌和水投入时投入外加剂溶液。外加剂溶液不得直接投入拌制的砂浆中。

c. 砌筑要点。浆砌石工程应在基础验收及结合面处理检验合格后，方可施工。

砌筑前应放样立标，拉线砌筑，并将石料表面的泥垢、水锈等杂质清洗干净。

砌石砌体必须采用铺浆法砌筑。砌筑时，石块宜分层外砌，同层相邻砌筑石块高差宜小于 2～3cm。上下错缝，内外搭砌。必要时应设置拉结石，不得采用外面侧立石块、中间填心的方法，不得有空缝。浆砌石挡墙、护坡的外露面均应勾缝。

d. 砌体养护。砌体外露面宜在砌筑后 12～18h 之内及时养护。通常砂浆砌体养护时间为 14d，混凝土灌砌体为 21d。当勾缝完成、砂浆初凝后，砌体表面应刷洗干净，至少用浸湿物覆盖保持 21d。在养护期间应经常洒水，保持砌体湿润，避免碰撞和震动。

14.5.4.2 林草措施

林草措施施工包括林草措施建设及施工结束后 2～3 年的管护，包括浇水、松土除草、补植、补播、适时施肥、幼树管理等。

1. 水土保持造林种草工程

(1) 整地。整地可分为造林整地、种草整地和草坪建植整地。

1) 造林整地。造林整地可改善造林的立地条件和幼林生长情况，提高造林成活率，并能保持水土，减少土壤侵蚀。造林整地可采用人工整地，地形开阔、具备条件时可采用机械整地。

整地方式分为全面整地和局部整地。全面整地是翻垦造林地全部土壤，主要应用于草原、草地、盐碱地及无风蚀危险的固定沙地。局部整地是翻垦造林地部分土壤，包括带状整地和块状整地。

a. 带状整地。整地面与地面基本持平，其适用于山地、丘陵和北方草原地区。

a) 水平阶整地。阶面水平或稍向内倾斜。阶宽因地而异，石质及土石山可为 0.5～0.6m，黄土地区可为 1.5m。阶长不限。适用于土层较厚的缓坡。

b) 水平沟整地。特点是横断面呈梯形或矩形，整地面低于原地面。沟口宽 0.5～1m，沟底宽 0.3m，沟深 0.4～0.6m。适用于黄土高原需控制水

c）反坡梯田。地面向内倾斜成反坡，内侧蓄水，外侧栽树。田面宽约 1～3m，反坡坡度 3°～15°。能蓄水、保墒、保土，但工程量大，较费工。反坡梯田适用于黄土高原等坡面平坦完整的地方。

b．块状整地。形状呈方形，边长 0.3～0.5m，乃至 1.0m 不等，规格较小的块状整地适用于坡地及地形破碎的地方。

a）穴状整地。一般为直径 0.3～0.5m 的圆形穴。这种整地方法灵活性大，省工。

b）鱼鳞坑整地。近似半月形的坑穴，坑的长径为 0.6～1.0m，短径略小于长径。蓄水保土力强，使用机动灵活，适用于水土流失严重的山地和黄土地区。

c）高台整地。将地面整成正方形、矩形或圆形的高台，利于排除土壤中过多的水分。

2）种草整地。种草整地主要由耙地、浇耕灭茬、糖地、镇压、中耕等工序组成，根据设计要求可适当简化工序。

3）草坪建植整地。草坪建植整地主要是清理、翻耕、平整、土壤改良、排水灌溉系统的设置及施肥。

（2）种植。

1）乔灌木栽植方法。栽植方法按照栽植穴的形态分为穴植、缝植和沟植三类。

穴植是在经过整地的造林地上挖穴栽苗，适用于各种苗木，是应用比较普遍的栽植方法。

缝植是在经过整地的造林地或土壤深厚湿润的未整地造林地上，用锄、锹等工具开成窄缝，植入苗木后从侧方挤压，使苗根与土壤紧密结合的方法。此法造林速度快、工效高，造林成活率高；缺点是根系被挤在一个平面上，生长发育受到一定影响。

沟植是在经过整地的造林地上，以植树机或畜力拉犁开沟，将苗木按照一定距离摆放在沟底，再覆土、扶正和压实。此法效率高，但要求地势比较平坦。

栽植方法还可按照每穴栽植 1 株或多株而分为单植和丛植；按照苗木根系是否带土而分为带土栽植和裸根栽植；按照使用工具可分为手工栽植和机械栽植，手工栽植是用镐、锹或畜力牵引机具进行的栽植，机械栽植是用植树机或其他机械完成开沟、栽植、培土、镇压等作业的栽植方法。

苗木出圃后若不能及时栽植，需进行假植，以防根系失水。苗木假植分为临时假植和越冬假植两种。

临时假植：适用于假植时间短的苗木。选背阴、排水良好的地方挖假植沟，沟规格是深、宽各 30～50cm，长度依苗木量多少而定。将苗木成捆地排列在沟内，用湿土覆盖根系和苗茎下部并踩实，以防透风失水。

越冬假植：适用于在秋季起苗、需假植越冬的苗木。在土壤结冻前，选排水良好、背阴、背风的地方挖一条与当地主风方向垂直的沟，沟的规格因苗木大小而异。假植 1 年生苗时，沟深、宽一般为 30～50cm，假植大苗时还应加大。迎风面的沟壁做成 45°的斜壁，然后将苗木单株均匀地排在斜壁上，使苗木根系在沟内舒展开，再用湿土将苗木根和苗茎下半部盖严、踩实，使根系与土壤密接。

2）草种植方法。条播、撒播、点播或育苗栽均可。播种深度 2～4cm。播后覆土镇压可提高种草成活率。

3）草坪建植的播种方法。

a．草坪播种。按播种方式分为撒播、条播、点播、纵横式播种、回纹式播种。大面积播种可利用播种机，小面积则常采用手播。此外也可采用水力播种，即借助水力播种机将种子喷播在坪床上，是远距离播种和陡壁绿化的有效手段。

b．养护管理。在播种后可覆盖草帘或草袋，覆盖后要浇足水，并经常检查墒情，及时补水。

4）草坪铺设。水土保持工程常用的草坪铺设方法包括密铺和散铺两种形式，见表 14.5-4。

表 14.5-4 水土保持工程草坪铺设方法

名称	操 作	优 缺 点
密铺法	将草皮切成长 22～30cm、宽 4～5cm 的草皮条，以 1～2cm 的间距，邻块接缝错开，铺装于场地内，然后充分浇水并在草面上用重的滚轮压实	能在 1 年的任何时间内有效地形成"瞬间"草坪，但建坪成本较高
散铺法	此法有两种形式：①铺块式，即草皮块间隔 3～6cm，铺装面积为总面积的 1/3；②梅花式，即草皮块相间排列，所呈图案较美观，铺装面积为总面积的 1/2。铺装时将坪床面挖下草皮的厚度，草皮镶入后与坪床面齐平，铺装后应振压和充分浇水	草皮用量较密铺法少 2/3～1/2，成本相应降低，但坪床面全部覆盖所需时间较长

a．铺设。平整坡面，清除石块、杂草、枯枝等杂物，使坡面符合设计要求；草坪移植前应提前 24h 修剪并喷水，镇压保持土壤湿润，这样较好起皮。当草皮铺于地面时，草皮间留 1～2cm 的间距，采用 0.5～1.0t 重的滚筒压平，使草皮与土壤紧拉、无空隙，易于生根，保证草皮成活。

b．养护管理。草皮压紧后要及时浇透水，以使草皮下面的土壤能够完全浸湿。

5）植株分栽建植。

a. 分栽建植。按坪床准备要求平整场地，并按一定行距开凿 5cm 左右的浅沟或坑；分株栽植应选择每年 3—10 月。分栽时，从圃地里挖出草苗，分成带根小草丛，按一定株行距栽入沟或坑，一般 3～10 株分为一丛。栽植株距通常为 15cm×20cm，如果要求形成草坪的时间紧，可按 5cm×5cm 株距密植。栽后覆土压实，及时浇水。

b. 养护管理。栽后浇水是关键，每次浇水须浇透，以利于植株定根。栽后 1～3 个月即形成新草坪。

6）插枝建植。

a. 准备营养体材料。将匍匐茎或根茎切成节段，长 7～15cm，每一段至少有两节活节，并将节段浸在水中准备栽种。

b. 坪床上做沟。沟距一般为 15～30cm，沟深 2.5～7.5cm。具体的沟距和沟深均应根据草坪草种生长特性确定。如不需做沟，可利用工具将节段一头埋入疏松的土壤中，另一头留在地表外面，压紧节段周围的土即可。

c. 栽植。为了加快建坪速度，节段可竖着成行放置，行距 15cm 左右，后将土壤推进沟内，并压实节段周围。往沟内填土时，不要将节段完全覆盖，留出约 1/4 的节段在土壤外面，以利顶端生长。

d. 养护管理。栽植后须经常浇水或灌水；节段一旦开始生长，可施少量肥料，以利匍匐茎扩展。

2. 水土保持边坡植物工程

（1）一般边坡。一般边坡常用的植物措施包括铺草皮、植生带、液压喷播植草、三维植被网、挖沟植草等。

1）铺草皮。铺草皮一般在春季、夏季、秋季均可施工，适宜施工季节为春、秋两季。其施工工序为平整坡面→准备草皮→铺草皮→前期养护。

2）植生带。植生带一般选在春季或秋季施工，应尽量避免暴雨季节施工。其施工工序为平整坡面→开挖沟槽→铺植生带→覆土、洒水→前期养护。

3）液压喷播植草。液压喷播植草一般在春季或秋季进行施工，应尽量避免在暴雨季节施工。其施工工序为平整坡面→排水设施工→喷播施工→盖无纺布→前期养护。

4）三维植被网。三维植被网一般应在春季和秋季进行施工，应尽量避免在暴雨季节施工。其施工工序为平整坡面→铺网→覆土→播种→前期养护。

5）挖沟植草。挖沟植草一般应在春季和秋季进行施工，应尽量避免在暴雨季节施工。其施工工序为平整坡面→水设施工→楔形沟施工→回填客土→三维植被网施工→喷播施工→盖无纺布→前期养护。

（2）高边坡。高边坡植物护坡通常结合高边坡防护工程措施而设，主要有钢筋混凝土内填土植被护坡、预应力锚索框架地梁植被护坡、预应力锚索地梁植被护坡等。其中植被部分的施工可采用三维植被网和厚层基材喷射植被护坡。厚层基材喷射植被护坡施工主要包括锚杆、防护网和基材混合物等的施工。

1）锚杆。根据岩石坡面破碎状况，锚杆场地一般为 30～60cm，其主要作用是将网固定在坡面上。

2）防护网。根据边坡类型可选用普通铁丝网、镀锌铁丝网或土工网。

3）基材混合物。基材混合物由绿化基材、种植土、纤维和植被种子按一定的比例混合而成。其中，绿化基材由有机物、肥料、保水剂、稳定剂、团粒剂、酸度调节剂、消毒剂等按一定比例混合而成。

施工时首先通过混凝土搅拌机或砂浆搅拌机把绿化基材、种植土、纤维及混合植被种子搅拌均匀，形成基材混合物，然后输送到混凝土喷射机的料斗，在压缩空气的作用下，基材混合物由输水管到达喷枪口与来自水泵的水流汇合使基材混合物团粒化，并通过喷枪喷射到坡面，在坡面上形成植被的生长层。

14.5.4.3 封育治理措施

封育治理措施主要包括拦护设施与补植补种等。拦护设施主要包括木桩或混凝土等刺铁围栏。补植补种主要是在封育范围内补植乔木、灌木、经济林、果树苗木或草、草皮；撒播乔木、灌木、经济林、果树种子及草籽。

14.5.4.4 临时防护措施

根据防护对象所处地形、地表裸露时间和项目区降水、大风等气象条件确定相应的临时防护措施，主要包括临时拦挡、排水、绿化和覆盖等措施。其中临时拦挡措施包括彩钢板、袋装土（石渣）、砌石、石笼、砌砖、修筑土埂等，临时排水措施主要有简易土沟、素混凝土抹面沟等，临时绿化措施包括临时种草或作物，临时覆盖措施包括彩条布（防尘网、土工布）苫盖、砾石覆盖等。

临时措施主要适用于施工期间和易造成水土流失的地段和部位，因地制宜设置可收到良好的防护效果。临时措施宜简便易行，注重永临结合，主要布置于工程建设中形成的土质边坡和其他裸露土地、施工生产生活区、施工道路、临时堆料场、渣场、料场、道路等。

（1）临时拦挡措施。临时拦挡措施布置于土质边坡、临时堆料场、弃渣场、料场等对周围造成水土流失危害的区域。施工中应结合具体情况选定。临时工程措施中袋装土、砌石、砌砖、修筑土埂、土沟等施工以人工为主，其施工方法参考本书"14.5.4.1 工

837

程措施"中"6.其他工程措施"中的"（1）土石方工程"和"（3）砌石工程"。石笼挡护工程施工工艺如下：

1）按设计要求将铁（铅）丝或聚合物丝编制石笼网。常用的编织石笼网格尺寸为 60mm×80mm～100mm×120mm。

2）石笼网内部用抗风化的坚硬石块作填料，填料的一般尺寸为平均网格尺寸的1.5倍。单个块石不小于标准网格尺寸，对填置于内部、远离石笼外表的块石来说，有时可放宽最小块石尺寸的要求。

3）将石笼网沉排，沉排后石笼网笼之间进一步串接，按"以小拼大"方式形成更大整体。

（2）临时排水措施。临时排水措施应布设在工程征占地范围内，并与周边排水沟渠连通，必要时应布置沉沙池。临时排水沟一般采用梯形断面土质排水沟，急流段用防雨布衬垫、素混凝土抹面、土袋叠砌、砌石等防冲措施。

（3）临时绿化措施。裸露超过1年且多年平均年降水量在800mm以上的区域，宜采取低标准的临时绿化措施。一般选用适生灌木和普通绿化用草，时间较短的亦可采用小麦、谷类作物等。高寒草甸区施工期应对草甸层进行移植养护，工程结束后回植。临时种草以撒播草种为主，其施工方法参考本书"14.5.4.2 林草措施"中"1.水土保持造林种草工程"中的"（2）种植。"

（4）临时覆盖措施。表土存放场、临时堆料场等应结合具体情况，采用苫布、彩条布、密目网、防尘网等苫盖；根据施工时序安排，应尽可能重复利用苫布、防尘网等临时苫盖材料；西北风沙区施工中的裸露地表宜采用砾石覆盖。临时苫盖采用人工方式铺设，边角和相接处用卵石块或土压实，防止遮盖物被风吹走。砾石覆盖施工参考本书"14.5.4.1 工程措施"中"4.固沙与治沙工程"中的"（4）砾石覆盖"。

14.5.5 施工组织形式

生态建设项目施工组织形式应按水利部《水利工程建设项目管理规定》（水建〔1995〕128号，2016年水利部令第48号修改）的规定，建设管理模式应采用"三制"。

14.5.5.1 项目法人负责制

项目法人是项目建设的责任主体，对项目建设的工程质量、工程进度、资金管理和生产安全负总责，并对项目主管部门负责。

项目法人在建设阶段的主要职责包括以下几个方面。

（1）组织初步设计文件的编制、审核、申报等工作。

（2）按照基本建设程序和批准的建设规模、内容、标准组织工程建设。

（3）负责办理工程质量监督、工程报建和主体工程开工报告的报批手续。

（4）负责与项目所在地地方人民政府及有关部门协调解决好工程建设外部条件。

（5）依法对工程项目的勘察、设计、监理、施工和材料及设备等组织招标，并签订有关合同。

（6）组织编制、审核、上报项目年度建设计划，落实年度工程建设资金，严格按照概算控制工程投资，用好、管好建设资金。

（7）负责组织编制竣工决算。

（8）负责按照有关验收规程组织或参与验收工作。

（9）负责工程档案资料的管理，包括对各参建单位所形成档案资料的收集、整理、归档工作进行监督、检查。

14.5.5.2 招标投标制

沟道治理工程、小型蓄引水工程跟小型水利工程相同，可采用招标方式建设。林草工程、坡面治理工程和固沙治沙工程面积大，可采用招标和委托地方相结合的方式建设。

14.5.5.3 建设监理制

依据《水利工程建设监理规定》（水利部令〔2006〕28号，〔2017〕49号修订），项目法人依法通过招标选择建设监理单位，监理单位依据国家有关工程建设的法律、法规、规章和批准的项目建设文件、工程建设合同以及建设监理合同，对工程建设实行管理。其主要工作内容是进行工程建设的合同管理，按照合同控制工程建设的投资、工期和质量，并协调建设各方的工作关系。

生产建设项目的水土保持工程是主体工程的组成部分，施工组织形式要结合项目实际，宜采取与主体工程一致的施工组织形式。

14.5.6 施工进度安排

14.5.6.1 安排原则

1.生态建设项目水土保持施工进度

生态建设项目水土保持施工进度一般按以下原则安排：

（1）施工进度安排一般根据关键路线法进行。

（2）根据施工条件、资源供应等分析各单项工程的进度，并根据各单项工程之间的逻辑关系合理安排搭接时间，优化施工总工期。

（3）对于面积大、范围广的生态建设水土保持项目，可分区分片同时施工，以满足施工总进度要求。

（4）梯田宜在秋、冬季节施工。

（5）拦沙坝宜在枯水期施工。

（6）生态型工程措施应选择适宜植物生长的季节施工，并保证植物生长所需的土层厚度和灌水要求。

2. 生产建设项目水土保持施工进度

生产建设项目水土保持施工进度一般按以下原则安排：

（1）与主体工程施工进度相协调的原则。

（2）采用国内平均先进施工水平、合理安排工期的原则。

（3）资源（人力、物资和资金等）均衡分配原则。

（4）在保证工程施工质量和工期的前提下，充分发挥投资效益的原则。

14.5.6.2 进度安排

水土保持工程施工进度安排应遵循"三同时"制度，按照主体工程安排施工组织设计、建设工期、工艺流程，并按水土保持分区布设水土保持措施；根据水土保持措施施工的季节性、施工顺序分期实施、合理安排，保证水土保持工程施工的组织性、计划性和有序性，对资金、材料和机械设备等资源有效配置，确保工程按期完成。

分期实施是进度安排的一项重要内容，应与主体工程相协调、相一致，根据工程量组织劳动力，使其相互协调，避免窝工浪费。

水土保持工程施工进度安排应与主体工程施工计划相协调，先工程措施再植物措施，并结合水土保持工程特点，弃渣要遵循"先拦后弃"原则，按照工程措施、植物措施和临时防护措施分别确定施工工期和进度安排，绘制水土保持措施施工进度图。

（1）工程措施。工程措施应与主体工程同步实施，应安排在非主汛期，大的土方工程应避开雨季。水下施工的工程措施一般尽量安排在枯水期。

（2）植物措施。植物措施应在主体工程完工后及时实施，并根据不同季节植物生长特性安排施工期，北方宜以春季、秋季为主，南方地区应避开夏季。

（3）临时防护措施。应先于主体工程或与主体工程同时安排临时防护措施的实施。

水土保持措施施工进度安排还应结合工程区自然环境和工程建设特点及水土流失类型，在适宜的季节进行相应的措施布设，风蚀区应避开大风季节，水蚀区应避开暴雨洪水等危害。

水土保持措施施工进度应按尽量缩短扰动后土地裸露时间、尽快发挥保土保水效益的原则安排。具体应根据主体施工进度计划，结合水土保持工程量确定施工工期和进度安排，绘制施工进度双横道图。水库工程水土保持措施施工进度双横道图如图14.5-1所示。生态建设工程施工进度双横道图如图14.5-2所示。

项目组成		单位	工程量	2014 年		2015 年				2016 年				2017 年	
				7月9日	10月12日	1月3日	4月6日	7月9日	10月12日	1月3日	4月6日	7月9日	10月12日	1月3日	4月6日
大坝枢纽区	主体工程			———											
	表土剥离	m³	13455	- - - - - -											
	排水沟	m	4608	- - - -											
	临时种草	hm²	0.47		- -										
施工生产生活区	主体工程			——————											
	表土剥离	m³	3675	- - - - -											
	种植乔木	株	53											- -	
	撒播草种	hm²	0.49											- -	
	临时种草	hm²	0.5		- -										
道路工程区	主体工程			————											
	表土剥离	m³	660	- - - -											
	挡土墙	m	380	- - - -											
	综合护坡	hm²	0.12	- - - -											
	排水沟	m	1400	- - - -											
	覆土整治	m³	660											- - -	
	临时土袋拦挡	m	1280	- - - - - - - -											
	临时种草	hm²	0.31									- -			
⋮	⋮	⋮	⋮												
图例：—— 主体工程；- - - 水土保持工程；															

图 14.5-1 某水库工程水土保持措施施工进度双横道图

项目组成		单位	工程量	2015年				2016年				2017年			
				1月3日	4月6日	7月9日	10月12日	1月3日	4月6日	7月9日	10月12日	1月3日	4月6日	7月9日	10月12日
	施工准备														
治沟骨干工程	新建骨干工程	座	5												
	淤地坝	座	24												
	谷坊	座	160												
	沟头防护	m	6300												
	⋮														
造林工程	坡改梯	hm²	104												
	人工造林及果园	hm²	2010												
	陡坡(坎)防护	hm²	15.8												
	⋮														
小型蓄排引水工程及其他	蓄水池	座	6												
	水窖	眼	360												
	集雨工程	处	87												
	打井灌溉	眼	20												
	道路	km	20.3												
	监测房	m²	2600												
⋮	⋮	⋮	⋮												
	工程尾工	项	1												

图 14.5-2 某生态建设工程施工进度双横道图

14.6 工程管理

14.6.1 建设期管理

14.6.1.1 管理机构及编制定员

1. 生产建设项目

工程建设管理单位要设立专职机构或人员负责水土保持工程管理，明确水土保持职责、水土保持议事办法、水土保持责任到位的管理办法，进行水土保持工程建设期全面管理，并且作为整个工程水土保持的归口管理部门，负责各项水土保持制度的落实。建设单位要通过合同管理、宣传培训和检查验收等手段进行水土保持管理。水土保持监理、监测、施工等单位也要明确专职人员进行水土保持工程专项管理。

根据工程建设管理单位机构的定员人数以及建设期间水土保持实际需要确定水土保持工程管理人员的配备，负责建设期水土保持工程管理。

2. 水土保持生态建设项目

水土保持生态工程的建设与管理正逐步纳入以项目法人责任制为核心的国家基本建设管理体制。水土保持生态工程项目法人可采取以下组建方式：县级水行政主管部门组建项目法人、乡村集体组织组建项目法人、社会力量组建项目法人、现有法人作为项目法人。

鼓励采取受益村级集体经济组织自行建设管理模式，投资、任务、责任全部到村，由村民代表大会民主选举产生村级集体经济组织项目理事会（项目建设小组），作为项目建设主体，受村民代表大会委托负责项目的组织实施。项目理事会成员选举要做到直选、票选、现场宣布结果和村内公示，其中群众代表要占理事会成员总数的2/3以上，村委会主要负责人不参加理事会。村民代表大会要制订章程，确定项目理事会成员选举、增补、罢免、调换等相关程序规定。村级集体经济组织项目理事会属于非常设机构，一般下设工程、财务和监督三个工作小组，项目竣工验收后自动解散；各小组成员原则上不得交叉任职。村委会是项目实施的监督管理责任主体（项目法人），主要负责监督项目理事会，以及协调用地拆迁等建设条件、审查工程账务、制订落实项目管控制度等工作。项目理事会在村委会领导下，独立进行项目建设和财务管理。

根据水土保持生态建设项目规模及实际情况，按照"因事设岗，以岗定责，以工作量定员"的原则定岗及配备岗位定员。

14.6.1.2 建设管理

1. 生产建设项目

（1）招标投标。建设单位在招标前要制订完整、严密的招标工作计划，并按项目管理权限向上级招标投标管理部门提出招标申请，经过审批后方可招标。

水土保持工程建设的设计、监理、施工可以与主体工程一起招标，必要时可单独进行招标，具体招标内容由建设单位与监理负责人协商确定。招标文件中要明确水土保持相关条款和责任主体，建设单位的招标工作小组对投标单位进行资格审查时要求建设单位的水土保持管理机构全程参与，具体招标程序严格按相关法律法规执行。

（2）监理。监理工作从招投标阶段开始并贯穿于工程建设的全过程，所有水土保持工程均要实行建设监理制。

水土保持监理工作可单独进行，也可以纳入主体工程一起监理。纳入主体工程监理的，要有专职水土保持监理人员或明确监理责任人，并通过与工程建设监理的专职监理工程师相协调，完成主体工程具有水土保持功能工程的监理。从事水土保持监理工作的人员要取得水土保持监理工程师证书或监理资格培训结业证书。建设项目的水土保持投资在3000万元以上（含主体工程中已列的水土保持投资）的，承担水土保持工程监理工作的单位还要具有水土保持监理资质。承担水土保持监理工作的单位要定期向建设单位和有关水行政主管部门报送监理报告，其监理报告的质量将作为考核监理单位的依据。

（3）合同管理。水土保持工程合同可以单独签订，也可以与主体工程一起签订。合同中要明确水土保持相关条款、义务和职责，建设单位要设立合同管理专职部门或人员来负责合同管理工作，建立合同档案。

（4）监测。

1）监测网络。

a. 水利部统一管理全国的水土保持监测工作，负责制定有关规章、规程和技术标准，组织全国水土保持生态环境监测、国内外技术交流，发布全国水土保持公告。

b. 全国水土保持生态环境监测网络由水利部水土保持生态环境监测中心、流域机构水土保持监测中心站、省级水土保持监测总站、省级重点防治区监测分站4级组成。

c. 水土保持生态环境监测工作，要由具有水土保持监测资格证书的单位承担，从事水土保持监测的专业技术人员要经专门技术培训，具体管理办法由水利部规定。

d. 省级以上水土保持监测机构的主要职责：编制水土保持监测规划和实施计划；建立水土保持监测信息网，承担并完成水土保持监测任务，负责对监测工作的技术指导、技术培训和质量保证；开展监测技术、监测方法的研究及国内外科技合作和交流；负责汇总和管理监测数据，对下级监测成果进行鉴定和质量认证，及时掌握和预报水土流失动态；编制水土保持监测报告。

水利部水土保持监测中心对全国水土保持监测工作实施具体管理。负责拟定水土保持监测技术规范、标准，组织对全国性、重点区域、重大生产建设项目的水土保持监测，负责对监测仪器、设备的质量和技术认证，承担对申报水土保持监测资质单位的考核、验证工作。

流域机构水土保持监测中心站参与所管辖流域水土保持监测、管理和协调工作，负责组织和开展跨省际区域、对水土保持有较大影响的生产建设项目的监测工作。

e. 省级水土保持监测总站负责对重点防治区监测分站的管理，承担本省生产建设项目水土保持监测工作。

省级重点防治区监测分站的主要职责：按国家、流域及省级水土保持监测规划和计划，对列入国家及省级水土流失重点预防区、重点治理区的水土保持动态变化进行监测、汇总和管理监测数据，编制监测报告。

监测点的主要职责：按有关技术规程对监测区域进行长期定位观测，整编监测数据，编报监测报告。

2）项目监测。工程开工前，建设单位要根据工程建设征占地和挖填土石方总量情况委托具备相应监测能力的单位或自行安排水土保持监测工作。

监测单位依据相关规程、规范和水土保持技术文件编制监测实施方案，建设单位督促监测单位按照监测实施方案开展水土保持监测工作；监测单位要协助建设单位做好水土保持技术文件的落实工作，把工程施工中存在的水土流失问题及时反映给建设单位。

建设单位根据立项级别定期向有管辖权的水行政主管部门报送监测单位提交的监测季表、年报、总结报告，作为工程水土保持验收的依据。水利部批复水土保持建设工程的，建设单位要向工程所在地流域机构上报上述报告，同时抄送工程所涉省级水行政主管部门；工程跨越两个以上流域的，要当分别报送所在流域机构；地方水行政主管部门批复的水土保持方案，建设单位向下达批复的水行政主管部门报送上述报告。

（5）资金管理。

1）资金来源。工程建设期水土保持投资要在工程基本建设投资中列支，全部费用由建设单位承担。建设单位要积极开展工作，落实资金，保证水土保持工程的实施。

2）资金管理专员。建设单位要指定水土保持资金管理专员，资金管理专员参与水土保持工程资金阶段审计和年终审计，对水土保持工程资金拨付、使用情况定期进行审核，全程进行监督，保证水土保持资金正常运行。

3）资金管理方式。建设单位严格执行申请、拨款制度，实行水土保持工程资金专款专用、专户管理、专账核算制度。资金管理机构按照事前审核、事中监控、事后检查的要求，建立健全水土保持工程资金跟踪检查制度和重大问题的上报制度，定期或不定期地开展水土保持工程资金专项检查，全程跟踪检查水土保持工程资金的拨付、使用情况，对擅自变更工程预算或截留、挪用、坐支工程资金的，按相关法律法规的规定严肃查处。

4）资金拨付方式。水土保持工程费可以根据施工期长短采用一次性付款和分期付款的方式。水土保持工程施工期在 12 个月以内的可以采用一次性付款；水土保持工程施工期在 12 个月以上的采用分期付款的方式拨付，即工程开工前预付款，工程施工中根据工程进度和质量拨付，工程竣工后根据验收结果和工程竣工决算拨付。

（6）设计变更管理。由于国家政策调整、上级主管部门的要求或根据现场实际施工情况建设单位、监理单位、施工单位等提出由于主体工程规模、位置、布局、投资等发生变更要求水土保持进行设计变更，要由建设单位根据设计变更需求，原则上委托原设计单位或具有相应资质的单位进行设计变更文件的编制。

设计单位要结合工程建设实际，复核工程设计方案和主要参数，综合考虑施工水平和管理水平的影响，在进行技术、经济论证后，及时提出必要的设计变更文件。设计变更文件不得擅自扩大工程建设规模，增加建设内容，提高建设标准；严禁借设计变更，降低安全质量标准，损害和削弱工程应有的功能和作用；严禁肢解设计变更内容，规避审查。设计变更文件要达到或超过初步设计阶段的深度要求。

一般的水土保持设计变更可不编制水土保持设计变更报告，水土保持设计变更文件要在当地水行政主管部门备案；发生重大变更的要编制水土保持设计变更报告，提出主要变更原因，复核水土流失防治责任范围、防治分区和水土保持措施布局，对照原设计进行水土保持措施变更设计，并分析投资变化原因，水土保持设计变更报告要报原审批单位进行审查。

（7）检查督查。建设单位在施工过程中出现重大的水土流失危害，要及时上报给当地水行政主管部门，并根据水行政主管部门意见对造成的水土流失危害进行补救、防治。水行政主管部门及其所属的水土保持监督管理机构，在辖区内依法建设的生产建设项目定时进行监督检查，对工程存在的水土流失问题给出防治意见，以书面形式发送到建设单位。工程施工区周边群众可对工程建设造成的水土流失，上报、投诉到建设单位和当地水行政主管部门，建设单位和当地水行政主管部门要对上报、投诉的水土流失情况及时处理。

（8）专项验收。水土保持分项、分部工程主要由建设单位、施工单位和监理单位三方控制工程质量。水土保持单位工程在建设单位、施工单位和监理单位自查初验后，由工程质量监督部门对水土保持工程进行验收，并提出水土保持工程质量评定报告，确保水土保持工程质量。

在主体工程阶段验收及竣工验收时，要同时验收水土保持设施，水土保持设施验收合格后，主体工程方可正式投入生产或使用，验收不合格，主体工程不得投入运行。

水土保持设施竣工验收要以初步设计批复内容和投资为依据，对照批复的水土保持方案，充分结合实施阶段水土保持设计变更情况进行。

验收前，首先由业主编报"水土保持自验报告"及筹备相关的一系列报告（包括水土保持监理总结报告、水土保持监测总结报告等），向原审批的水行政主管部门提出验收申请并由该水行政主管部门组织行政验收，通过验收后，组织验收部门签发验收鉴定书。

2. 水土保持生态建设项目

（1）项目法人负责制。根据水土保持生态建设工程的特点，实行项目法人制可采用以下几种形式：县级行政主管部门主体法人负责制，专业队项目法人负责制，股份公司形式的项目法人负责制，专项工程建设项目法人负责制，村级集体经济组织自主建设管理模式。

1）县级行政主管部门主体法人负责制。实际是一种行政负责制，但其可以代理业主职能，对项目实施招投标和监理。

2）专业队项目法人负责制。政府采取免税、投资建设苗木基地等多种优惠政策，由当地农民组建水土保持专业队伍，由专业队作为项目法人。进入农闲或造林季节实施项目，进入农忙和冬季则解散，设有常设管理人员。此种形式一般与县级行政主管部门主体法人负责制相结合。专业队本身只具有施工法人性质，招投标和监理仍由主体法人负责。

3）股份公司形式的项目法人负责制。在经济相对发达地区，组建股份公司，国家给予一部分投资，以法人负责形式完成项目，此种形式适用于生态经济型水土保持项目的管理，即股份公司在项目完成后应有稳定的经济收入。

4）专项工程建设项目法人制。投资额度大，基本接近全额投资的专项项目，可组建项目法人，负责项目实施管理。

5）村级集体经济组织自主建设管理模式。国家对于小型项目鼓励采取受益村级集体经济组织自主建设管理模式，投资、任务、责任全部到村，由村民民主产生项目理事会作为项目建设主体组织村民自建，项目建设资金管理实行公示制和报账制。对受益群众直接实施的项目，县级水利水土保持部门提供技术指导。

（2）招标投标制。水土保持生态建设项目招标投标主要发生在项目前期，包括勘察设计招标投标、设备材料招标投标、项目监理招标投标和施工招标投标。

1）水土保持生态建设项目由受益群众投工投劳实施属于以工代赈性质的部分，经批准可不进行施工招标。

2）根据《工程建设项目招标范围和规模标准规定》（国家发展计划委员会令第3号）及《水利工程建设项目招标投标管理规定》（水利部发布第14号令），国家规划各类工程建设项目均实施项目招标制，对于水利工程关系社会公共利益、公共安全的防洪、排涝、灌溉、水力发电、引（供）水、滩涂治理、水土保持、水资源保护等水利工程建设项目，包括使用国有资金投资或者国家融资的水利工程建设项目和使用国际组织或者外国政府贷款、援助资金的水利工程建设项目，都必须进行招标。

（3）产权确认制。在水土保持工程项目前期工作阶段或水土保持工程建成后，应按原有土地权属关系及国家有关政策，落实治理成果的产权或使用权，能落实到农户的一律落实到农户，并明确相应的责权利，落实管护责任，确保工程能长期发挥效益。治理成果产权或使用权是否落实，要作为项目是否立项的重要依据。

（4）监理制。水土保持生态建设项目中主要工程的施工要由具备相应资质条件的监理单位进行监理。实施建设监理是对各种行为和活动进行监督、监控、检查、确认，并采取相应的措施使建设活动符合行为准则，防止在建设中仅凭主观盲目决断，来达到项目的预期目标。

建设监理的主要任务是进行建设工程的合同管理，按照合同控制工程建设的资金、进度和质量，并协调建设各方的工作关系，监理主要任务包括下列几项：

1）开工条件的控制。严格审查工程开工应具备

的各项条件，并审批开工申请。

2）工程质量控制。按照有关工程建设标准和强制性条文及施工合同约定，对所有施工质量活动及与质量活动相关的人员、材料、工程设备和施工设备、施工工法和施工环境进行监督和控制，按照事前审批、事中监督和事后检验等监理工作环节控制工程质量。

3）进度控制。开工前制订开工计划，对工程整个过程的进度进行控制。

4）资金控制。资金控制主要是在施工阶段，按照合同对施工各阶段进行严格计量，对资金进行支付管理，控制投资，工程完工阶段审核工程结算。

5）施工安全。督促承包人建立健全施工安全保障体系和安全管理规章制度，协助发包人进行施工安全的检查、监督。

6）合同管理。依据各方签订的合同，对合同的执行进行管理。

7）信息管理。及时了解、掌握项目的各类信息，并对其进行管理。

8）组织协调。在项目实施过程中，对项目法人与承包方发生的矛盾和纠纷组织协调。

（5）合同制。项目建设实行合同管理。建设各方依照符合法律法规、平等自愿、公平、诚实信用、等价有偿的原则签订合同，确立其相互间的经济关系，并按合同要求履行各自职责。

（6）资金报账制。项目法人必须在银行开设工程项目专户，建立专账，专户储存，专款专用，并由金融单位出具建设单位所配套资金的相关证明。任何单位、个人不得挪用工程项目资金。工程实地验收合格后，由项目办公室出具报账单据，并经项目法人审签后，按项目资金管理办法向上级机构报账。

（7）公示制。由工程实施的县级水利水土保持部门和乡级人民政府联合向工程所在地群众公示，并纳入水土保持工程建设管理的范围，作为工程监督检查与竣工验收的重要内容。公示要体现客观、真实、公开的原则，接受群众和社会的监督。公示分工程施工前公示和竣工自验后公示。

1）施工前公示。工程正式开工前，项目先根据下达的投资计划、治理任务及批准的初步设计，在项目建设地点显要位置以公告牌形式公示，内容包括工程建设项目法人（或项目责任主体）、设计单位、施工单位和监理单位的名称、责任人、联系人和联系电话、建设地点、建设任务、建设工期、中央补助资金、地方配套资金、群众投劳数量、分项措施资金补助标准等。

2）竣工自验后公示。工程在县级水利水土保持

部门竣工自验后，根据工程验收结果，将完成的各项措施的工程数量、中央补助资金和地方配套资金使用情况、群众投劳数量、群众补助兑现情况、工程管护责任单位（人）等主要内容以标志牌的形式公示。

（8）承诺制。国家水土保持重点工程建设中，应积极试行群众投工投劳承诺制，把国家补助经费同群众投工投劳结合起来。在项目可行性研究阶段，应以拟实施小流域为单元，把项目建设的目标、规模、中央补助投资、所需群众投工及投工数量向项目区群众公开，征求群众意见，并就工程所需投工数量作出承诺。项目区必须有2/3以上群众同意投工投劳，并由所在村民委员会以书面形式向县水利局作出承诺后，方可立项建设，做到一事一议，不搞强迫命令。对于群众投工实行承诺的方式方法，各地应积极开展试点，取得经验后逐步推广。

（9）项目验收。根据验收的时间和内容分单项措施验收、阶段验收和竣工验收三类。

1）单项措施验收。在小流域综合治理实施过程中，施工承包单位按合同完成了某一单项治理措施或重点工程的某一分部工程，并由监理单位复核后，由项目实施主持单位及时组织验收，对各项措施质量和数量进行验收。对工程较大的治理措施（如大型淤地坝治沟骨干工程等），施工单位在完成其中某项分部工程（如土坝、溢洪道、泄水洞等）时，实施主持单位也应及时组织验收。

a. 验收组织。由小流域综合治理实施主持单位负责组织验收，有关技术人员参加具体验收工作。

b. 验收内容。单项措施验收重点包括质量和数量。质量不符合标准的，不计其数量；其中经过返工、重新验收质量符合标准时，可补计其数量。具体按以下5个方面，完成一项，及时验收一项。

a）坡耕地治理措施，包括各类梯田（梯地）与保土耕作。

b）荒地治理措施，包括造林（含经济林、果园）、种草和封禁治理（育林、育草）。

c）沟壑治理措施，包括沟头防护工程、谷坊、淤地坝、治沟骨干工程及崩岗治理等。

d）风沙治理措施，包括沙障、林带、林网、成片林、草及引水拉沙造田等。

e）小型蓄排引水工程，包括坡面截水沟、蓄水池、排水沟、水窖、塘坝及引洪漫地等。

c. 验收成果。验收合格的，实施主持单位发给施工承包单位验收单，写明验收措施项目、位置、数量、质量和验收时间等；验收人员还要根据验收情况，在施工现场绘制验收图；填写验收表，验收表内容基本与验收单内容一致。

2）阶段验收。小流域综合治理实施主持单位，每年按年度实施计划完成治理任务后，由项目主管单位组织阶段验收，并对年度治理成果作出评价。

a. 验收组织。由项目主管单位主持，该单位有关技术人员参加，同时请有关财务及金融部门人员配合验收，并请上级主管部门派员参加检查指导。

b. 验收内容。根据年度计划和《阶段验收申请报告》中要求验收的措施项目，在单项措施所列5方面治理措施项目范围内，逐项进行验收；阶段验收的验收重点仍然是各项治理措施的质量和数量。对于汛前施工的工程措施，还应检查其经受暴雨考验情况；对于春季种植的林草，还应检查其成活情况；对当年完成的各项措施的位置和数量，应与当年的验收图对照，防止和历年完成的措施混淆。

c. 验收程序。项目提出部门对项目主管单位上报的《竣工验收申请报告》和《水土保持综合治理竣工总结报告》的文字报告、附表、附图、附件等进行全面审查。

对本年度实施的各项治理措施选择有代表性的若干现场，按各项治理措施验收规定的抽样比例，对照年度治理成果验收图，逐项进行抽样复查其数量与质量，验证实施主持单位自查初验情况的可靠程度。各项治理措施验收抽样比例参照《水土保持综合治理验收规范》（GB/T 15773—2008）附录D中表D.1的规定执行。

对各项治沟工程进行专项验收，结合抽样复查造林、种草的成活率与保存率，在对各类措施的各类效益进行审查的基础上，按验收评价标准作出评价，并评定其等级。以上工作完成后由项目提出部门向项目主管单位发给水土保持综合治理《竣工验收合格证书》。

d. 验收成果。《水土保持小流域综合治理阶段验收报告》包括必要的附表、附图，由项目主管单位根据阶段验收情况编写。

实施主持单位提出《水土保持小流域综合治理年度工作总结》及其有关附表、附图。

3）竣工验收。

a. 验收条件。项目主管单位按水土保持综合治理规定完成规划期内的治理任务，经自查初验，认为质量和数量均达到了规划、设计与合同的要求后，提出附《水土保持综合治理竣工总结报告》和工程监理单位的监理报告的《竣工验收申请报告》，向项目提出单位申请竣工验收。

b. 验收组织。由项目提出部门主持，该部门有关工程技术人员参加，并邀请有关财务、金融部门配合验收，有关科技专家参加指导。

c. 验收内容。根据《小流域综合治理规划》和《竣工验收申请报告》要求验收的措施项目，在前述所列5方面治理措施项目范围内，逐项进行验收；验收重点内容包括各项治理措施在小流域内的综合配置是否合理，是否按照规划实施；各项治理措施的质量和数量；质量验收中，包括造林、种草的成活率与保存率，各类工程措施经汛期暴雨考验的情况；小流域综合治理的基础效益（保水、保土）、经济效益、社会效益与生态效益。

d. 验收成果。《水土保持综合治理竣工验收报告》包括竣工验收图和各项竣工验收表，由项目提出部门根据验收情况编写。项目主管单位上报《水土保持综合治理竣工总结报告》及其附表、附图、附件。

以上三类验收的共性要求是都应有相应的验收条件、组织、内容、程序和成果；以相应的合同、文件和有关的规划、设计为验收依据；重点都是各项治理措施的质量和数量（质量不符合标准的不计其数量）。

4）验收标准。

a. 一级标准。

a）全面完成规划目标确定的治理任务，按照各项治理措施的验收质量要求，治理程度达到70%以上，林草保存面积占宜林宜草面积80%以上（经济林草面积占林草总面积的20%～50%），综合治理措施保存率80%以上，人为水土流失得到控制并有良好的管理，没有发生毁林毁草、陡坡开荒等破坏事件。

b）各项治理措施配置合理，工程与林草、治坡与治沟紧密结合，建成完整的水土流失防御体系；各项措施充分发挥了保水、保土效益，实施期末与实施前比较，流域泥沙减少70%以上，生态环境有明显改善。

c）通过治理调整了不合理的土地利用结构，做到农、林、牧、副、渔各业用地比例、布局合理，建成了能满足群众粮食需要的基本农田和能适应市场经济发展的林、果、牧、副等商品生产基地，土地利用率80%以上，小流域经济与农村经济初具规模，土地产出增长率50%以上，商品率达50%以上。到实施期末人均粮食达到自给有余（400～500kg），现金收入比当地平均水平增长水平高30%以上，条件较好的地区应达到小康水平，进入人口、资源、环境和经济的良性循环。

b. 二级标准。

a）全面完成规划治理任务，各项治理措施符合质量标准，治理程度达到60%以上，林草保存面积占宜林宜草面积的70%以上。

b）各项治理措施配置合理，建成有效的水土流失防御体系；实施期末与实施前比较，流域泥沙减少

60%以上。

c）合理利用土地，建成了能满足群众粮食需要的基本农田，解决群众所需燃料、饲料、肥料，增加经济收入的林、果、饲草基地。到实施期末人均粮食达到400kg左右，现金收入比实施前提高30%以上，生态系统开始进入良性循环。

c. 列入国家重点和各级重点治理的小流域或村，都应达到一级标准；一般治理小流域或村，都应达到二级标准；达不到的为不合格。

14.6.2 运行期管理

14.6.2.1 机构及编制定员

（1）生产建设项目。根据主体工程运行期管理单位的性质，设立水土保持管理机构或专职人员负责水土保持工程运行期专项管理。若存在建设期与运行期管理单位的交接，应明确水土保持管理部门的职责交接。

根据工程运行管理单位机构的定员人数以及工程管护实际需要确定水土保持工程管理人员的配备，负责运行期水土保持工程管理。

（2）水土保持生态建设项目。根据水土保持生态建设项目规模成立工程运行管理单位，负责对项目运行的监管。工程完工后要及时进行产权移交，签订产权移交书，落实管护主体，制订相应管护办法，把工程建后管护责任落实给受益群众。

根据水土保持生态建设项目规模及实际情况，按照"因事设岗，以岗定责，以工作量定员"的原则定岗及配备岗位定员。

14.6.2.2 水土保持工程运行管理

1. 生产建设项目

（1）水土保持工程验收后，由项目法人负责对永久征收土地内的水土保持设施进行后续管护与维修；临时占地区内的水土保持设施应由项目法人移交土地权属单位或个人继续管理维护，提出预防性管护措施或恢复原状。

（2）位于工程管理范围和工程永久办公生活区的水土保持设施归属工程建设单位所有，运行管理由建设单位负责。

（3）明确运行期水土保持工程管理的设施内容和数量。

（4）明确运行期水土保持工程管理单位需要的各类交通工具数量。

（5）明确运行期的水土保持监测设施和技术要求。

（6）提出工程维护所需的年运行费，重点说明各项费用的来源。

（7）对于在原管理单位基础上组建新管理单位的改扩建项目，需调查原有管理单位现有的管理设施和交通工具状况，并说明使用状况，提出需更新、增设的内容和数量。

2. 水土保持生态建设项目

运行管理单位对水土保持工程建成后实行管护责任制，对存在重大质量事故的责任人要追究责任。对水土保持设施的管护实行"谁受益，谁管护"的原则；引入承包、租赁等机制，将经济利益与水土保持设施的管护工作挂钩。

（1）健全水土保持工程运行技术管理制度，加强工程的统一管理，保证各项工程安全运行。

（2）坚持"谁受益，谁管理"，落实工程管护的责任主体。

（3）坚持日常维护管理和重点检查维护相结合的原则。对淤地坝、塘坝、拦沙坝等重点工程，除管护责任主体进行日常管理外，县级水土保持主管部门每年要进行重点检查和督查。其他水土保持工程，以工程管护责任主体为主进行日常管理。

（4）注重对水土保持工程进行合理开发利用，与水土保持工程监测紧密结合。

（5）提出水土保持工程主要建筑物和设施的安全运行管理要求，按照《水土保持工程运行技术管理规程》（SL 312）执行。

14.6.2.3 运行管理维护费用和资金来源

1. 运行管理维护费

运行管理维护费是指为保证水土保持工程设施正常运行，发挥应有效能所需的经常性费用。以年为计算时段的称为年运行费用，通常包括以下费用：

（1）管理费。管理费指日常管理工作必需的费用，包括管理机构的行政管理、必需的观测和试验等费用，一般可根据工程设施的具体情况，参照类似工程或按有关规定确定。水土保持工程设施正常运行期各年的管理费基本相同。

（2）维修费。维修费指日常的维修、养护、清理和检修等的费用，一般按投资的一定费率估算。水土保持工程设施正常运行期各年的维修费也基本相同。

（3）燃料动力费。燃料动力费指水土保持工程设施运行所消耗的燃料、电力等的费用，根据各年消耗的数量和价格估算。

水土保持属公益事业性质的工程，没有或只有很少经济收入，其运行费用，一般由国家给予补助。年运行费是反映维持水土保持工程设施正常运行支出费用的综合指标，尽量减少或节省这部分开支，是提高水土保持工程设施经济效益的措施之一。

2. 资金来源

根据"谁开发，谁保护""谁造成水土流失，谁负责治理"的原则，生产建设项目在运行过程中发生的水土保持费用，由工程管理单位在工程运行费中计列，按照国家统一的财务会计制度处理，并组织协调统筹安排，按时到位，保证工程正常运行。水土保持生态建设项目运行资金包括中央财政资金、地方财政配套资金、乡村集体及农民自筹资金，以及受益群众投劳等。

（1）建立健全资金管理、使用、监督制度。

（2）确保水土保持资金专款专用，严禁挤占、挪用水土保持资金，从资金上保证水土保持工程正常运行并发挥作用。

（3）财务监察部门及水土保持监督部门，对工程的水土保持资金落实使用情况进行监督管理，做好资金使用的预警工作，防患于未然，保证水土保持资金逐项落实。

14.6.3 工程管理与保护范围和要求

14.6.3.1 管理范围

水土保持工程管理范围是指水土保持生态工程建成后，工程建设或工程管理单位对水土保持生态工程，即水土保持工程措施、植物措施、耕作措施、封育措施周围的一定区域进行运行管理的范围。根据水土保持工程规模和管理需要，结合自然地理条件和当地情况，划定水土保持工程管理范围。同时，根据工程管理的要求和有关法规制订水土保持工程管理范围的管理办法。

生产建设项目的水土保持工程管理范围指水土保持工程建成后，工程建设或工程管理单位对永久征收土地范围内的水土保持工程措施、植物措施周围的一定区域进行运行管理的范围。

14.6.3.2 保护范围

水土保持工程保护范围为工程管理范围边界线外延的一定区域。根据水土保持工程规模和需要，确定水土保持工程设施保护范围。同时，提出土地利用限制要求，确定相应的管理办法。水土保持工程设施保护范围可参考表14.6-1确定。

表14.6-1 水土保持工程设施保护范围确定表

工程名称		保护范围
拦渣工程	拦渣坝	上游 10～20m，下游 30～100m，左右岸 20～30m
	拦渣堤	上下游 10～20m，左右岸 10～20m
	拦渣墙	上游 5～10m，下游 10～20m

续表

工程名称		保护范围
斜坡防护工程	削坡防护	上游 2～5m，下游 5～10m
	砌石、混凝土、网格防护	上游 2～3m，下游 5～8m
	植物防护	上游 2～3m，下游 5～8m
防洪排导工程	拦洪坝	上游 20～30m，下游 30～100m，左右岸 20～30m
	护岸、护滩工程	上游 5～10m，下游 10～20m
	提防工程	上游 5～10m，下游 10～20m
	排导工程	上游 5～10m，下游 10～20m，左右岸 5～10m

14.6.3.3 管理保护要求

（1）建设单位需要接受各级水行政主管部门的监督、检查。在主体工程竣工验收之前，按照《开发建设项目水土保持验收技术规程》（GB/T 22490）的规定，开展水土保持设施专项验收的自查自检工作。

（2）项目管理单位需要负责对永久征地内的水土保持设施进行管护和维修。

（3）临时占地内的水土保持设施移交给地方后，土地权属单位或个人，需要负责临时占地内的水土保持设施进行管理维护。

（4）提出水土保持工程主要建筑物和设施的安全运行管理要求，禁止人为破坏。

（5）加强汛前和每次暴雨后的水土保持工程检查维护，确保工程在设计防洪标准内安全度汛。

（6）开展水土保持工程的经济效益、生态效益、社会效益监测工作。

（7）落实工程的管护责任主体，健全技术管护制度。

14.7 水土保持投资编制

14.7.1 工程造价

工程造价，是指一个建设项目从工程项目开始筹建直至竣工验收为止的整个建设期间所支付的全部费用。水土保持工程设计各阶段由于工程深度不同、要求不同，其工程造价文件类型也不同。

根据我国现行基本建设程序的规定，在项目建议书和可行性研究阶段编制投资估算；在初步设计阶段编制工程设计概算，在施工图设计阶段编制施工图预算；在工程实施阶段，施工单位编制施工预算。实行招标承包制进行工程建设时，发包单位（或委托设计单位）编制标底；投标单位编制投标报价。单项工程完工后，由施工单位编制竣工结算；建设项目全费用由建设单位编制竣工决算。当工程建设过程中出现因各种原因，发生较大的投资变化时，还需编制调整概算。

14.7.1.1 投资估算

投资估算是项目建议书及可行性研究阶段对建设工程造价的预测，是项目建议书和可行性研究报告的重要组成部分，是项目法人为选定的近期开发项目作出科学决策和初步设计的重要依据。项目建议书、可行性研究报告一经批复，投资估算将作为下一设计阶段工程造价控制性指标，即限额依据，不得突破规定的限额。

14.7.1.2 设计概算

设计概算，是初步设计阶段根据设计图纸及说明书、设备清单、概算定额或概算指标、各项费用定额等资料或参照类似工程预（决）算文件，用科学的方法预先计算和确定工程造价的文件。

初步设计阶段，建筑物的布置、结构型式、主要尺寸以及机电设备的型号、规格等均已确定，所以概算对建设工程造价不是一般的测算，而是带有定位性质的测算。设计概算是在已经批准的可行性研究阶段投资估算静态总投资的控制下编制。一经批复，设计概算将作为政府或投资法人及建设单位控制工程造价的依据。建设项目实施过程中，由于某些原因突破被批准的概算投资时，项目法人需编制调整概算，并重新报批。

14.7.1.3 施工图预算和施工预算

施工图预算是施工图设计预算的简称，又称为设计预算，是指在施工图设计阶段，设计全部完成并经过会审。单位工程开工之前，根据施工图纸、施工组织设计、现行预算定额、各项费用取费标准、地区设备、材料、人工、施工机械台时等预算价格以及国家和地方有关规定，预先计算和确定单位工程和单项工程全部建设费用的经济文件。施工图预算在批准的初步设计概算控制下，由设计单位编制。

施工预算是承担项目施工的单位，根据施工图纸、施工措施及施工定额自行编制的人工、材料、机械台时消耗量及其费用总额。一般来说，这个消耗的限额不能超过施工图预算所限定的数额。

施工预算是在施工图预算的控制下，套用施工定额编制而成的，作为施工单位内部各部门进行备工备料、安排计划、签发任务、控制成本和班组经济核算的依据。

施工图预算与施工预算是两个不同概念的预算，前者属于对外经济管理系统，是以货币形式直接表示；后者属于企业内部生产管理系统，以分部分项所消耗的人工、材料、机械的数量来表示。

14.7.1.4　标底与报价

标底是招标人对发包工程项目投资的预期价格。一般由项目法人委托具有相应资质的单位，根据招标文件、图纸，按照有关规定，结合工程的具体情况，计算出的合理价格。编制标底一般参照预算定额（乘以小于 1.0 的系数）。

报价是施工企业（或厂家）对建筑安装工程施工产品或设备的自主定价。报价是由投标单位（施工企业或厂家）来编制。编制报价多使用企业定额。

14.7.1.5　结算和决算

工程结算是施工单位与建设单位结算工程款的一项经常性管理工作，按工程施工阶段的不同分为中间结算和竣工结算。中间结算是施工单位按月进度工程统计报表列明的当期已完成的实物工程量（一般须经建设单位核定认可）和合同中的相应价格向建设单位办理工程价款结算的一种过渡性结算，它是整个工程竣工后全面竣工结算的基础。

1. 结算

竣工结算是指工程项目或单项工程竣工验收后，施工单位（承包人）与建设单位（发包人）对承建的项目办理工程价款的最终结算过程。竣工结算由施工单位负责编制。

2. 决算

竣工决算是建设单位向国家（或项目法人）汇报建设成果和财务状况的总结性文件，是竣工报告的重要组成部分，它反映了工程的实际造价。竣工决算由建设单位负责编制。

14.7.2　水土保持工程概（估）算

14.7.2.1　水土保持工程投资的分类

水土保持工程投资根据其编制阶段、编制依据和编制目的的不同，可分为工程建设项目投资估算、设计概算、业主预算、招投标价格、施工图预算、施工预算、工程结算、竣工决算等，有时根据实际情况可简化或合并。

14.7.2.2　编制依据

水土保持工程投资主要依据和参考以下内容进行编制：

（1）国家和上级主管部门颁发的有关法令、制度、规定。

（2）《水土保持工程概（估）算编制规定》《水土保持工程概算定额》《水土保持施工机械台时费定额》及有关指标采用的依据。

（3）《建设工程监理与相关服务收费管理规定》。

（4）《工程勘察设计收费管理规定》。

（5）设计文件和图纸。

（6）国家及各省、自治区、直辖市关于水土保持补偿费征收、使用的相关规定（适用于生产建设项目）。

（7）其他有关资料。

14.7.2.3　编制方法

水土保持工程投资概（估）算主要编制方法有以下两种。

1. 概算定额法

概算定额法又称为扩大单价法或扩大结构定额法。它是采用概算定额编制水土保持工程概算的方法，根据设计图纸资料和概算定额的项目划分计算出工程量，然后套用概算定额单价（基价），计算汇总后，再计取有关费用，从而得出水土保持工程投资概（估）算。

概算定额法要求水土保持工程达到设计深度，平面布置和典型设计等比较明确，能按照设计计算工程量时，才可采用。

2. 概算指标法

当设计深度不够、主要工程量和辅助工程量难以最终确定时，可采用概算指标法。如植物措施设计中的园林绿化部分，在可行性研究阶段该部分的内容还没有达到相应的设计深度，为不漏计该部分投资，可用概算指标法进行估算。概算指标法与概算定额法不同，是以技术条件相同或基本相同的其他工程的直接费指标平摊到单位面积或单位长度来计算概算指标，是一种较为粗略的估算方法。在其他工程直接费的基础上，按当地和行业的规定计算出其他直接费、现场经费、间接费、利润和税金等，计算出单位面积或单位长度的修正概算指标。然后，用拟建水土保持工程的面积或长度乘以计算出的修正概算指标得出工程投资估算。

概算指标法的适用范围是设计深度不够、不能准确地计算出工程量，但工程设计是采用技术比较成熟而又有类似工程概算指标可以利用时，可采用此法。

由于拟建工程（设计对象）往往与类似工程概算指标的技术条件不尽相同，而且概算指标编制年份的设备、材料、人工等价格与拟建工程当时当地的价格存在不同，因此，还需对其进行一定的调整。

14.7.2.4　编制规定

经原国家计划委员会同意，水利部于 2003 年以

《关于颁发水土保持工程概（估）算编制规定和定额的通知》（水总〔2003〕67号）颁布实施了《开发建设项目水土保持工程概（估）算编制规定》《水土保持生态建设工程概（估）算编制规定》和《水土保持工程概算定额》《水土保持施工机械台时费定额》。目前修订的《水土保持工程概（估）算编制规定》和《水土保持工程概算定额》正处于报审和修订过程中，将于14.7.3小节予以介绍，新标准未经国家批准前，总体上仍按照水总〔2003〕67号文要求进行水土保持投资概（估）算编制。

水土保持工程造价体系由水土保持概（估）算编制规定和水土保持工程概算定额组成。水土保持概（估）算编制规定包括生产建设项目水土保持概（估）算编制规定和水土保持生态建设工程概（估）算编制规定两项内容。水土保持工程概算定额中包含了生产建设项目和水土保持生态建设工程的定额子目内容，在使用时根据施工组织、施工工艺和施工方法以及分部分项确定定额子目。由于生产建设项目水土保持和水土保持生态建设工程的特点和适用范围不同，两个编制规定内容有较大差异，在使用时应把握以下几个要点：

（1）适用范围。生产建设项目水土保持工程主要适用于中央投资、国家补贴、地方投资或其他投资的矿业开发、工矿企业建设、交通运输、水利工程建设、电力建设、荒地开垦、林木采伐以及城镇建设等一切可能引起水土流失的建设项目水土保持工程。

水土保持生态建设工程概（估）算编制办法主要适用于中央投资、国家补贴、地方投资或其他投资的水土保持生态建设工程。

（2）项目划分。两者都将投资分成四大部分，但又各有特点。生产建设项目水土保持，分为第一部分工程措施、第二部分植物措施、第三部分施工临时工程及第四部分独立费用；而生态建设工程水土保持，分为第一部分工程措施、第二部分林草措施、第三部分封育治理措施及第四部分独立费用。

同样是三级项目划分，但内容不同。开发建设项目水土保持第一部分一级项目，分为拦渣、护坡、防洪、泥石流防治、土地整治、机械固沙和设备安装工程；而生态建设工程水土保持第一部分一级项目，分为梯田、谷坊、水窖、蓄水池、小型蓄排引水工程、治沟骨干工程、机械固沙工程、设备安装和其他工程。

同样是植物措施，生产建设项目水土保持第二部分一级项目，以植物防护、植物恢复和美化绿化为主划分；而生态建设工程水土保持第二部分一级项目，以水土保持造林、水土保持种草和苗圃建设为主划分。

（3）费用构成。费用构成基本相同，单价构成不同。

1）费用构成。生产建设项目水土保持，将工程费用分为建安工程费、植物措施费、设备费、独立费用、预备费和建设期贷款利息；而生态建设工程水土保持，将工程费用分为建安工程费、林草措施费、设备费、独立费用和预备费。

2）单价构成。生产建设项目水土保持，由直接工程费（包括直接费、其他直接费及现场经费）、间接费、企业利润和税金组成；而生态建设工程水土保持，由直接费（包括基本直接费、其他直接费）、间接费、企业利润和税金组成。

14.7.2.5 编制程序

水土保持投资主要按照以下程序编制：

（1）了解工程情况，进行实地调查，掌握概算计算中使用当地定额的资料。

（2）编制概算编写工作大纲。

（3）编制基础价格。

（4）编制建筑工程及植物措施单价。

（5）编制材料、施工机械台班费、建筑和植物工程单价汇总表。

（6）编制建筑工程等各部分的概算。

（7）编制分年度投资。根据水土保持工程进度的安排，编制分年度投资。

（8）编制编写说明和总概算。

14.7.2.6 基础单价编制

在编制水土保持投资概（估）算时，需要根据材料来源、施工技术、工程所在地区有关规定及工程具体特点等编制人工预算单价，材料预算价格，施工用电、水、风预算价格，施工机械使用费，砂石料单价及混凝土料单价，作为计算工程单价的基本依据。这些预算价格统称为基础单价，是水土保持投资概（估）算编制的基础工作。

1. 人工预算单价

人工预算单价是指全行业平均的生产工人工作单位时间（工时）的费用，是计算工程单价和施工机械台时费的基础单价。

生产建设项目水土保持工程和生态建设水土保持工程都按工程措施和植物措施划分人工预算单价，但是计算方法及标准不一样。生产建设项目水土保持工程需要按水利工程的人工预算单价计算方式列表计算，由基本工资、辅助工资和工资附加费组成，比较复杂；而生态建设项目水土保持工程直接给出了人工预算单价范围值，工程措施为1.5～1.9元/工时，林草措施及封山育林措施为1.2～1.5元/工时。生态建设项目水土保持工程人工预算单价比生产建设项目水土保持工程人工预算单价标准低。

2. 材料预算价格

材料预算价格一般包括材料原价、包装费、运杂费、运输保险费和采购及保管费等5项。

（1）材料原价指材料指定交货地点的价格。

（2）包装费指材料在运输和保管过程中的包装费及包装材料的折旧摊销费。

（3）运杂费指材料从供货地至工地分仓库或材料堆放场所发生的全部费用。包括运输费、装卸费、调车费及其他杂费。

（4）运输保险费指材料在运输途中的保险而发生的费用。

（5）采购及保管费指材料在采购、供应和保管过程中发生的各项费用，主要包括材料的采购、供应和保管部门工作人员的基本工资、辅助工资、工资附加费、教育经费、办公费、差旅交通费及工具用具使用费；仓库、转运站等设施的检修费、固定资产折旧费、技术安全措施费和材料检验费；材料在运输、保管过程中发生的损耗等。

主要材料预算价格编制方法基本相同，仅采购保管费率不一样。生产建设项目水土保持工程采购保管费率不分工程类别均采用2%；而生态建设项目水土保持工程要求工程措施按1.5%～2%，林草措施、封育措施按1%计算。

3. 电、水、风单价

生产建设项目水土保持工程，电、水、风要求按工时计算；而生态建设项目水土保持工程直接给出了电、水、风的单价，分别为0.6元/(kW·h)、1.0元/(kW·h)、0.12元/(kW·h)，如果条件允许，也可根据当地实际情况进行水价、电价计算。

4. 施工机械使用费

施工机械使用费指消耗在建筑安装工程项目上的机械磨损、维修和动力燃料费用等。施工机械使用费以台时为计算单位。台时是计算建筑安装工程单价中机械使用费的基础单价。随着工程机械化施工程度的提高，施工机械使用费在工程投资中所占比例越来越大，目前已达到20%～30%，因此，计算台时费非常重要。

施工机械台时费由两类费用组成：一类费用和二类费用。一类费用用金额编制，其大小主要取决于机械的价格和年工作制度，是按特定年物价水平确定的，由折旧费、修理及替换设备费（含大修理费、经常性修理费）、安装拆卸费组成。二类费用在施工机械台班定额中以实物量形式表示，是指机械所需人工费和机械所消耗的燃料费、动力费，其数量定额一

般不允许调整，但因工程所在地的人工预算价格、材料市场价格各异，所以，此项费用一般随工程地点不同而变化。

施工机械台时费按《水土保持工程概算定额》中附录一"施工机械台时费定额"计算。

5. 混凝土材料单价

根据设计确定的不同工程部位的混凝土标号、级配和龄期，分别计算出单位体积混凝土的单价，同机械台时费的计算一样，从《水土保持工程概算定额》附录中查混凝土中水泥、掺合料、砂石料、外加剂和水的配合比，乘以材料单价计算得出。混凝土的配合比，还可依据工程试验资料确定。

14.7.2.7　工程单价编制

水土保持可行性研究阶段与后期设计阶段的工程单价编制方法基本相同，只是取费有所区别，生产建设项目投资估算单价在概算单价的基础上扩大10%，生态建设项目投资估算单价在概算单价的基础上扩大5%。

1. 主要工程单价编制

（1）直接工程费。直接工程费指工程施工过程中直接消耗在工程项目上的活劳动和物化劳动。由直接费、其他直接费、现场经费组成。

1）直接费。直接费指施工过程中耗费的构成工程实体和有助于工程形成的各项费用，包括人工费、材料费、施工机械使用费。

a. 人工费，指直接从事工程施工的生产工人开支的各项费用。

b. 材料费，指施工过程中耗费的构成工程实体的原材料、辅助材料、构配件、零件、半成品的费用。

c. 机械使用费，指消耗在工程上的机械磨损、维修安装、拆除和动力燃料及其他有关费用等，包括折旧费、修理费、替换设备费、安装拆卸费、保管费、机上人工费和动力燃料费以及运输车辆养路费、车辆使用税、车辆保险费和利息等。

2）其他直接费。其他直接费是指为完成工程项目施工，发生于该工程施工前和施工过程中非工程实体项目的费用，以直接费为基础，按费率计取。

生产建设项目其他直接费由冬雨季施工增加费、夜间施工增加费、特殊地区施工增加费及其他组成。可按地区类别及当地规定计取，计算基础为直接费。而生态建设项目其他直接费包括冬雨季施工增加费、仓库、简易路、涵洞、工棚、小型临时设施摊销费及其他组成，按工程措施、林草措施和封育治理措施等不同工程类别选择费率，可分别按基本直接费的3%～4%、1.5%和1%计取。工程措施中的梯田工程取

基本直接费的 2%，设备及安装工程和其他工程不再计其他直接费。

3）现场经费。现场经费包括临时设施费和现场管理费，计算基础为直接费，按不同工程类别选择费率计算。注意，现场经费只针对生产建设项目，生态建设项目无此项费用。

（2）间接费。间接费指承包商为进行工程施工而进行组织与经营管理所发生的各项费用。它构成产品成本，但又不便直接计量。

生产建设项目间接费包括企业管理费、财务费用和其他费用，按不同工程类别选择费率计算，计算基础为直接工程费。生态建设项目间接费包括施工单位管理人员工资、办公、差旅、交通、固定资产使用、管理用具使用和其他费用，按工程措施、林草措施和封育治理措施等不同工程类别选择费率，可分别按直接费的 5%～7%、5% 和 4% 计取。

（3）企业利润。企业利润（计划利润）指施工企业完成所承包工程获得的盈利。

企业利润按工程类别实行差别利率，并按直接费和间接费之和的百分率计取。生产建设项目水土保持工程的工程措施为 7%，植物措施为 5%。生态建设项目水土保持工程的工程措施为 3%～4%，林草措施为 2%，封育治理措施为 1%～2%。

（4）税金。税金指国家税法规定应计入建筑安装等各类工程造价内的营业税、城市维护建设税和教育费附加。

生产建设项目水土保持工程按建设项目所在不同地点，市区、城镇以及城镇以外的费率计算：税金＝（直接工程费＋间接费＋企业利润）×税率，税率分别为 3.41%、3.35%、3.22%。生态建设项目水土保持治理区均在县级城镇以外，所以按直接费、间接费和企业利润之和的 3.22% 计算（目前税金费率各地全部为 10%）。

2. 安装工程单价编制

考虑水土保持工程机电设备及金属结构设备投资比重较小，安装费不再按定额计算，直接按设备费的百分率计算。

排灌设备安装费按占排灌设备的 6% 计算。

水土保持监测设备安装费按占监测设备费的 10% 计算。

14.7.2.8 其他费用计取

1. 独立费用

独立费用又称其他基本建设支出，指在生产准备和施工过程中与工程建设直接有关而又难以直接摊入某个单位工程的其他费用。

（1）生产建设项目水土保持工程的费用包括以下几种：

1）建设管理费，按第一至第三部分之和的 1%～2% 计算。

2）工程建设监理费，按国家发展与改革委员会、住房和城乡建设部发改价格〔2007〕670 号文《建设工程监理与相关服务收费管理规定》计算或按建设工程所在地省、自治区、直辖市的有关规定计算。

3）科研勘测设计费，按原国家计划委员会、住房和城乡建设部计价格〔2002〕10 号文等计算。

4）水土流失监测费，按第一至第三部分的 1%～1.5% 计列（目前名称调整为水土保持监测费，暂参考类似工程计列）。

5）工程质量监督费，按国家及建设工程所在地省、自治区、直辖市的有关规定计算（目前已取消）。

6）水土保持设施竣工验收费，暂参考类似工程计列。

（2）生态建设项目水土保持工程的费用包括以下几种：

1）建设管理费，含有项目经常费（按第一至第三部分之和的 0.8%～1.6% 计算）及技术支持培训费（按第一至第三部分之和的 0.4%～0.8% 计算）。

2）工程建设监理费，按国家发展与改革委员会、住房和城乡建设部发改价格〔2007〕670 号文《建设工程监理与相关服务收费管理规定》计算或按建设工程所在地省、自治区、直辖市的有关规定计算。

3）科研勘测设计费，按原国家计划委员会、住房和城乡建设部计价格〔2002〕10 号文等计算。

4）征地及淹没补偿费，按工程建设及施工占地和地面附着物等的实物量乘以相应的补偿标准计算。

5）水土流失监测费（目前名称调整为水土保持监测费），按第一至第三部分之和的 0.3%～0.6% 计算。

6）工程质量监督费，按国家及建设工程所在地省、自治区、直辖市的有关规定计算（目前已取消）。

2. 预备费

预备费包括基本预备费和价差预备费。基本预备费主要是为解决在施工过程中，经上级批准的设计变更和为预防意外事故而采取的措施所增加的工程项目和费用；价差预备费主要为解决在工程施工过程中，因人工工资、材料和设备价格上涨以及费用标准调整而增加的投资。概算基本预备费生产建设项目和生态建设项目均按第一至第四部分之和的 3% 计取，可行性研究阶段投资估算基本预备费按第一至第四部分之和的 6% 计取。价差预备费以分年度投资为计算基数，按国家规定的物价上涨指数计算（目前不计此项费用）。

3. 水土保持补偿费

根据各省、自治区、直辖市的有关水土保持补偿费计取规定合理计算。

注意：该费用只针对生产建设项目，生态建设项目无此项费用。

4. 建设期融资利息

建设期融资利息按国家财政金融政策规定计算。

14.7.2.9 概（估）算文件

1. 概算文件

（1）生产建设项目水土保持的概算文件主要由总概算表、分部工程概算表、分年度投资表、概算附表、概算附件表格组成。

（2）生态建设项目水土保持概算文件主要由总概算表，分部工程概算表，分年度投资表，独立费用计算表，单价汇总表，主要材料、林草（种子）预算价格汇总表，施工机械台时费汇总表，主要材料量汇总表，设备、仪器及工具购置表，概算附件组成。

2. 估算文件

投资估算在组成内容、项目划分和费用构成上与投资概算基本相同，但工程单价扩大系数及基本预备费率与概算不同。

生产建设项目水土保持工程，采用概算定额编制估算单价时，扩大 10%，基本预备费率取 6%。

生态建设项目水土保持工程，采用概算定额编制估算单价时，扩大 5%，基本预备费率取 6%。

【例 14.7-1】 某生态建设项目水土保持工程概算编制。

某生态建设项目水土保持工程，需修建农用水平梯田 200hm²，已知地面平均坡度为 9°，田面宽度为 16m，Ⅲ类土，采用人工修筑。经现场勘察，当地无可利用块石作为修筑石坎梯田的材料，需从外地采购，要求根据水总〔2003〕67 号文规定编制水平梯田概算单价及投资。

解：（1）根据题意选用人工修筑石坎梯田（购买石料）定额，田面宽度 16m，介于〔09104〕和〔09105〕子目之间，用插入法计算，计算结果见表 14.7-1。

表 14.7-1 石坎水平梯田单价

定额编号：〔09105b〕　　　　　定额单位：1hm²

施工方法：人工修筑石坎水平梯田，土类级别Ⅲ，田面宽度 16m。

编号	项目名称	单位	数量	单价/元	合价/元
一	直接费				34157.40
（一）	基本直接费				33652.61

续表

编号	项目名称	单位	数量	单价/元	合价/元
1	人工费				11345.51
	人工（工程措施）	工时	7563.67	1.5	11345.51
2	材料费				22089.60
	块石	m²	472	45	21240.00
	其他材料费	%	4		849.60
3	机械使用费				217.50
	胶轮车	台时	241.67	0.9	217.50
（二）	其他直接费	%	1.5		504.79
二	间接费	%	5		1707.87
三	企业利润	%	3		1075.96
四	税金	%	3.28		1211.67
	合计				38152.90

（2）计算概算投资。200hm²×38152.90 元/hm² = 7630580 元。

14.7.3 修编的水土保持工程概（估）算编制规定

水土保持工程概（估）算编制规定及定额已经修编完成，以下内容为对修编完成的编制规定的简要介绍。

14.7.3.1 生产建设项目水土保持工程概（估）算编制规定

1. 投资编制范围

投资编制范围，仅包括水土流失防治责任范围内的水土保持工程专项投资和按照有关规定依法缴纳的水土保持补偿费，不包括虽具有水土保持功能，但以主体设计功能为主并由主体工程设计列项的工程投资。

2. 项目划分

生产建设项目水土保持工程总投资由工程措施费、植物措施费、监测措施费、施工临时工程费、独立费用、预备费、水土保持补偿费等 7 项构成。

（1）工程措施。工程措施指为减轻或避免因开发建设造成植被破坏和水土流失而兴建的永久性水土保持工程，包括拦渣工程、斜坡防护工程、土地整治工程、防洪排导工程、降水蓄渗工程、机械固沙工程、设备及安装工程等。

（2）植物措施。植物措施指为防治水土流失而采取的植物防护工程、植被恢复工程及绿化美化工程等。

（3）监测措施。监测措施指项目建设期间为观测水土流失的发生、发展、危害及水土保持效益而修建的土建设施、配置的设备仪表，以及建设期间的运行观测等。

（4）施工临时工程。施工临时工程包括临时防护工程和其他临时工程。

1）临时防护工程，指为防止施工期水土流失而采取的各项防护措施。

2）其他临时工程，指施工期的临时仓库、生活用房、架设输电线路、施工道路等。

（5）独立费用。独立费用由建设管理费、方案编制费、科研勘测设计费、工程建设监理费、竣工验收费等五项组成。

1）建设管理费，指建设单位从工程项目筹建到竣工期间所发生的各种管理性费用。

2）方案编制费，指在可行性研究阶段按照有关规程、规范编制水土保持方案报告所发生的费用。

3）科研勘测设计费，指为建设该工程所发生的科研、勘测设计等费用，包括工程科学研究试验费和勘测设计费。

a. 工程科学研究试验费，指在工程建设过程中，为解决工程的技术问题，而进行必要的科学研究试验所需的费用。

b. 工程勘测设计费，指工程项目建议书阶段、可行性研究阶段、初步设计阶段、招标设计和施工图设计阶段发生的勘测费、设计费和为设计服务的科研试验费用。

4）工程建设监理费，指在项目建设过程中聘请监理单位，对工程的质量、进度、投资、安全进行控制，实行项目的合同管理和信息管理，协调有关各方的关系所发生的全部费用。

5）竣工验收费，指建设单位根据有关规定，在水土保持竣工验收过程中所发生的费用。

（6）预备费。预备费包括基本预备费和价差预备费。

1）基本预备费，指在批准的设计范围内设计变更以及为预防一般自然灾害和其他不确定因素可能造成的损失而预留的工程建设资金。

2）价差预备费，指工程建设期间内由于价格变化等引起工程投资增加而预留的费用。

（7）水土保持补偿费。水土保持补偿费是对损坏水土保持设施和地貌植被、不能恢复原有水土保持功能的生产建设单位和个人征收并专项用于水土流失预防治理的资金。

14.7.3.2 生态建设项目水土保持工程概（估）算编制规定

1. 投资编制范围

投资编制范围，包括以治理水土流失、改善农业生产生活条件和生态环境为目标的生态建设项目水土保持工程。

2. 项目划分

生态建设项目工程总投资由工程措施费、林草措施费、封育措施费、监测措施费、独立费用、预备费、建设期融资利息等7项组成。

（1）工程措施。工程措施由坡耕地治理工程、小型蓄排引水工程、沟道治理工程、机械固沙工程、设备及安装工程以及其他工程6项组成。

1）坡耕地治理工程，包括梯田、垄向区田、横坡改垄等。

2）小型蓄排引水工程，包括塘坝、蓄水池、水窖、涝池、截（排）水沟、排洪（灌溉）渠道等。

3）沟道治理工程，包括谷坊、淤地坝、拦沙坝、沟头防护工程、滩岸防护工程等。

4）机械固沙工程，包括土石压盖、防沙土墙、沙障、防沙栅栏等。

5）设备及安装工程，指排灌及监测等构成固定资产的全部设备及安装工程。

6）其他工程，包括永久性动力、通信线路、房屋建筑、生产道路及其他配套设施工程等。

（2）林草措施。林草措施由造林工程、种草工程及苗圃等组成。

1）造林工程，包括整地、换土、假植、栽植、播种乔（灌）木和种子，以及建设期的幼林抚育等。

2）种草工程，包括栽植草、草皮和播种草籽等。

3）苗圃，包括苗圃育苗、育苗棚、围栏及管护房屋等。

（3）封育措施。封育措施由拦护设施、补植补种和辅助设施等组成。

1）拦护设施，包括围栏、标志牌等。

2）补植补种，指封育范围内补植和补种乔木、灌木、种子以及草籽等。

3）辅助设施，指配合封育治理的舍饲、节柴灶、沼气池等设施。

（4）监测措施。监测措施由土建设施、设备及安装等组成。

（5）独立费用。独立费用由项目建设管理费、招标业务费、工程建设监理费、科研勘测设计费、征地及淹没补偿费、其他费用等六项组成。

1）项目建设管理费，项目建设管理费包括项目建设管理经常费，以及审查论证、技术推广、人员培训、检查评估、竣工验收等费用。

2）招标业务费，指建设单位组织招标业务所发生的费用。

3）工程建设监理费，指在项目建设过程中聘请监理单位，对工程的质量、进度、投资、安全进行控制，实行项目的合同管理和信息管理，协调有关各方的关系所发生的全部费用。

4）科研勘测设计费，包括科学研究试验费和勘测设计费。

a．科学研究试验费，指在工程建设过程中，为解决工程中的特殊技术难题，而进行必要科学研究所需的经费。

b．勘测设计费，指工程项目建议书阶段、可行性研究阶段、初步设计阶段、招标设计和施工图设计阶段发生的勘测费、设计费和为设计服务的科研试验费用。

5）征地及淹没补偿费，指工程建设中为征收、征用土地及地面附着物补偿等所需支付的费用。

6）其他费用，指工程建设过程中发生的不能归入以上项目的有关费用。如工程质量检测费，指建设单位根据有关规定，委托具备资质的工程质量检测机构，对涉及结构安全和使用功能的抽样检测和对进入施工现场的建筑材料、构配件的见证取样等项目的检测所需的费用。

（6）预备费。预备费包括基本预备费和价差预备费。

（7）建设期融资利息。根据国家财政金融政策规定，工程在建设期内需偿还并应计入工程总投资的融资利息。

14.8　效益分析与经济评价

14.8.1　效益分析

14.8.1.1　效益分类及指标体系

1．效益分类

水土保持效益是指人类进行水土保持活动（单项、多项或综合性项目）给人类自身及其自然、生产环境等带来的各种有效结果。通常将水土保持效益划分为生态效益、经济效益和社会效益。《水土保持综合治理　效益计算方法》（GB/T 15774）将生态效益中的减少水土流失的效益单独列出，称调水保土效益。

（1）生态效益。水土保持生态效益是指通过实施水土保持措施，生态系统（包括水、土、生物及局地气候等要素）得到改善，及其向良性循环转化所取得

的效益。

（2）经济效益。水土保持经济效益是指实施水土保持措施后，项目区内国民经济因此而增加的经济财富，包括直接经济效益和间接经济效益。直接经济效益主要是指促进农、林、牧、副、渔等各业发展所增加的经济效益；间接经济效益主要是指上述产品加工后所衍生的经济效益。

（3）社会效益。水土保持社会效益是指实施水土保持措施后对社会发展所作的贡献，主要包括促进农业生产发展，增加社会就业机会，减少洪涝、干旱及山地灾害，减轻对河道、库塘及湖泊淤积，保护交通、工矿、水利、电力、旅游设施及城乡建设、人民生命财产安全等方面的效益。

（4）调水保土效益。实施水土保持措施后，在保水、保土、保肥以及改良土壤方面所获得的实际效果。

2．指标体系

《水土保持综合治理　效益计算方法》（GB/T 15774—2008）中规定的指标体系见表14.8-1。

表14.8-1　水土保持综合治理效益分析指标体系表

效益分类	效益分析内容	具体项目
调水保土效益	调水（一）增加土壤入渗	（1）改变微地形增加土壤入渗。（2）增加地面植被减轻面蚀。（3）改良土壤性质增加土壤入渗
	调水（二）拦蓄地表径流	（1）坡面小型蓄水工程拦蓄地表径流。（2）四旁小型蓄水工程拦蓄地表径流。（3）沟底谷坊坝库工程拦蓄地表径流
	调水（三）坡面排水	改善坡面排水的能力
	调水（四）调节小流域径流	（1）调节年际径流。（2）调节旱季径流。（3）调节雨季径流
	保土（一）减轻土壤侵蚀（面蚀）	（1）改变微地形减轻面蚀。（2）增加地面植被减轻面蚀。（3）改良土壤性质减轻面蚀
	保土（二）减轻土壤侵蚀（沟蚀）	（1）制止沟头前进减轻沟蚀。（2）制止沟底下切减轻沟蚀。（3）制止沟岸扩张减轻沟蚀
	保土（三）拦蓄坡沟泥沙	（1）小型蓄水工程拦蓄泥沙。（2）谷坊坝库工程拦蓄泥沙

续表

效益分类	效益分析内容	具体项目
经济效益	直接经济效益	(1) 增产粮食、果品、饲草、枝条、木材。 (2) 上述增产各类产品相应增加经济收入。 (3) 增加的收入超过投入资金（产投比）。 (4) 投入的资金可以定期收回（回收年限）
经济效益	间接经济效益	(1) 各类产品就地加工转化增值。 (2) 种基本农田比种坡耕地节约土地和劳工。 (3) 人工种草养畜比天然牧场节约土地。 (4) 水土保持工程增加蓄、引水。 (5) 土地资源增值
社会效益	减轻自然灾害	(1) 保护土地不遭沟蚀破坏与石化、沙化。 (2) 减轻下游洪涝灾害。 (3) 减轻下游泥沙危害。 (4) 减轻风蚀与风沙危害。 (5) 减轻干旱对农业生产的威胁。 (6) 减轻滑坡、泥石流的危害。 (7) 减轻面源污染
社会效益	促进社会进步	(1) 改善农业基础设施，提高土地生产率。 (2) 剩余劳力有用武之地，提高劳动生产率。 (3) 调整土地利用结构，合理利用土地。 (4) 调整农村生产结构，适应市场经济。 (5) 提高环境容量，缓解人地矛盾。 (6) 促进良性循环，制止恶性循环。 (7) 促进脱贫致富奔小康
生态效益	水圈生态效益	(1) 减少洪水流量。 (2) 增加常水流量
生态效益	土圈生态效益	(1) 改善土壤物理化学性质。 (2) 提高土壤肥力
生态效益	气圈生态效益	(1) 改善贴地层的温度、湿度。 (2) 改善贴地层的风力
生态效益	生物圈生态效益	(1) 提高地面林草植被覆盖程度。 (2) 促进生物多样性。 (3) 增加植物固碳量

14.8.1.2 效益计算

1. 效益计算的参数选取

水土保持效益计算，以观测和调查研究的数据资料为基础，采用的数据资料必须经过分析、核实，做到确切可靠，才能纳入计算。

(1) 观测资料，由水土保持综合治理小流域内直接布设试验取得；计算大、中流域的效益时，除在控制性水文站进行观测外，还需在流域内选若干条有代表性的小流域布设观测。如引用附近其他流域的观测资料时，其主要影响因素（地形、降雨、土壤、植被、人类活动等）应基本一致或有较好的相关性。

各项效益的观测布设与观测方法见 GB/T 15774—2008 中附录 A。

(2) 调查研究资料，在本流域内进行多点调查，调查点的分布要能反映流域内各类不同情况。

(3) 观测资料或调查资料，都要进行综合分析，用统计分析与成因分析相结合的方法，确定其有代表性，然后使用。

(4) 水土保持效益计算以观测和调查研究的数据资料为基础，采用的数据资料要经过分析、核实，做到确切可靠。观测资料如在时间和空间上有某些漏缺，需采取适当方法进行插补。

2. 根据治理措施的保存数量计算效益

(1) 水土保持效益中的各项治理措施数量，采用实有保存量进行计算。对统计上报的治理措施数量，分别在不同情况下，弄清其保存率，进行折算，然后采用。

(2) 小流域综合治理效益，根据正式验收成果中各项治理措施的保存数量进行计算。

3. 根据治理措施的生效时间计算效益

(1) 调水保土效益的计算分为两种情况：

1) 有整地工程的，包括其调水保土效益，从有工程时起就可开始计算；没有整地工程的，应在林草成活、郁闭并开始有调水保土效益时开始计算。

2) 造林、种草的经济效益应在开始有果品、枝条、饲草等收入时才能开始计算效益。

(2) 梯田（梯地）、坝地的调水保土效益，从有工程之时起就可开始计算；梯田的增产效益在"生土熟化"后，确有增产效益时开始计算；坝地的增产效益，在坝地已淤成并开始种植后开始计算。

(3) 淤地坝和谷坊的拦泥效益，在库容淤满后就不再计算。修在原来有沟底下切、沟岸扩张位置的淤地坝和谷坊，其减轻沟蚀（巩固并抬高沟床、稳定沟坡）的效益应长期计算。

4. 根据治理措施的研究分析计算效益

有条件的可对各项治理措施减少（或拦蓄）的泥沙进行颗粒组成分析，为进一步分析水土保持措施对减轻河道、水库淤积的作用提供科学依据。

14.8.1.3　生态建设项目效益的计算

1. 调水保土效益的计算

水土保持调水保土效益按就地入渗、就地拦蓄、减轻沟蚀、坡面排水和调节小流域径流等情况分别计算。

（1）就地入渗措施的效益计算。就地入渗的水土保持措施包括造林、种草和各种形式的梯田（梯地），其作用包括：增加土壤入渗，减少地表径流，减轻土壤侵蚀，解决"面蚀"问题。

1）计算项目。一是减少地表径流量，以 m^3 计；二是减少土壤侵蚀量，以 t 计。

2）计算方法。第一步先求得减少径流与侵蚀的模数；第二步再计算减少径流与减少侵蚀的总量。

a. 减流、减蚀模数的计算。用有措施（梯田、林、草）坡面的径流模数、侵蚀模数与无措施（坡耕地、荒地）坡面的相应模数对比而得，其关系式如下：

$$\Delta W_m = W_{mb} - W_{ma} \qquad (14.8-1)$$

$$\Delta S_m = S_{mb} - S_{ma} \qquad (14.8-2)$$

式中　ΔW_m——减少径流模数，m^3/hm^2；

ΔS_m——减少侵蚀模数，t/hm^2；

W_{mb}——治理前（无措施）径流模数，m^3/hm^2；

W_{ma}——治理后（有措施）径流模数，m^3/hm^2；

S_{mb}——治理前（无措施）侵蚀模数，t/hm^2；

S_{ma}——治理后（有措施）侵蚀模数，t/hm^2。

b. 各项措施减流、减蚀总量的计算。用各项措施的减流、减蚀有效面积，与相应的减流、减蚀模数相乘而得。其关系式如下：

$$\Delta W = F_e \Delta W_m \qquad (14.8-3)$$

$$\Delta S = F_e \Delta S_m \qquad (14.8-4)$$

式中　ΔW——某项措施的减流总量，m^3；

ΔS——某项措施的减蚀总量，t；

F_e——某项措施的有效面积，hm^2；

其余符号意义同前。

c. 计算减流模数与减蚀模数需考虑下列因素：

a）当治理前、后的径流模数和侵蚀模数是从 20m（或其他长度）小区观测得来时，与自然坡长相差很大，需考虑坡长因素的影响，治理前侵蚀模数的观测值偏小。

b）一般小区上的治理措施比大面上完好，这一因素影响治理后减蚀模数的观测值偏大。

c）二者都需采取辅助性全坡长观测和面上措施情况的调查研究，取得科学资料，进行分析，予以适当修正。

d. 减流、减蚀有效面积（F_{ea}）的确定：

a）根据计算时段内各项措施实施后减流、减蚀生效所需时间（年）扣除本时段内未生效时间（年）

的措施面积，求得减流、减蚀有效面积。

b）一般情况下，梯田（梯地）、保土耕作和淤地坝等当年实施当年有效；有整地工程的造林当年有效；没有整地工程的，灌木需 3 年以上，乔木需 5 年以上有效；种草第二年有效。

c）保土耕作当年实施当年有效，第二年不再实施，原有实施面积不复存在，不能再计算其减流、减蚀作用。

d）一个时段的治理措施，如是逐年均匀增加，则可用此时段的年均有效面积来表示，具体计算方法按 GB/T 15774 的规定执行。

（2）就近拦蓄措施的效益计算。就近拦蓄措施包括水窖、蓄水池、截水沟、沉沙池、沟头防护、谷坊、塘坝、淤地坝、小水库和引洪漫地。其作用包括拦蓄暴雨的地表径流及其挟带的泥沙，在减轻水土流失的同时，还可供当地生产、生活中利用。计算中要全面研究各项措施的具体作用。

1）计算项目。一是减少的径流量，以 m^3 计；二是减少的泥沙量，以 t 计。

2）计算方法。

a. 典型推算法。对于数量较多，而每个容量较小的水窖、蓄水池、谷坊、塘坝及小型淤地坝等措施，可采用此法。通过典型调查，求得有代表性的单个（座）工程拦蓄（径流、泥沙）量，再乘以该项措施的数量，即得总量。

b. 具体量算法。对于数量较少，而每座容量较大的大型淤地坝、治沟骨干工程和小（2）型以上的小水库等措施，采用此法。其拦蓄（径流、泥沙）量，应到现场逐座具体量算求得。

c. 坝、库淤满后拦泥量计算。对未淤满以前的淤地坝、小水库，可计算其拦泥、蓄水作用；在淤满以后，如不加高，可不再计算此两项作用。淤满后的拦泥量 ΔV 用式（14.8-5）计算：

$$\Delta V = \Delta m_s F_e \qquad (14.8-5)$$

式中　ΔV——坝地拦泥总量，t；

Δm_s——单位面积坝地拦泥量，t/hm^2；

F_e——坝地拦泥有效面积，hm^2。

在一段时期内（例如 n 年）坝地的年均拦泥有效面积 F_{ea} 用式（14.8-6）计算：

$$F_{ea} = F_{eb} + \frac{1}{n}(F_{ee} - F_{eb}) \qquad (14.8-6)$$

式中　F_{ea}——时段年均坝地拦泥的有效面积，hm^2；

F_{eb}——时段初坝地拦泥的有效面积，hm^2；

F_{ee}——时段末坝地拦泥的有效面积，hm^2。

（3）坡沟兼治减轻沟蚀的效益计算。减轻沟蚀的效益包括 4 个方面，计算式如下：

$$\sum \Delta G = \Delta G_1 + \Delta G_2 + \Delta G_3 + \Delta G_4 \quad (14.8-7)$$

式中　$\sum \Delta G$——减轻沟蚀效益，m^3；

　　　　ΔG_1——沟头防护工程制止沟头前进的保土量，m^3；

　　　　ΔG_2——谷坊、淤地坝等制止沟底下切的保土量，m^3；

　　　　ΔG_3——稳定沟坡制止沟岸扩张的保土量，m^3；

　　　　ΔG_4——塬面、坡面水不下沟（或少下沟）而减轻沟蚀的保土量，m^3。

这 4 个方面的作用，分别采取不同的方法计算。计算所得保土量后均应将 m^3 折算为 t。

1）制止沟头前进效益（ΔG_1）的计算。对于治理后不再前进的沟头，可通过调查和量算，求得未治理前若干年内平均每年沟头前进的长度（m）和相应的宽度（m）与深度（m），从而算得治理前平均每年损失的土量（m^3），即为治理后平均每年的减蚀量（或保土量）。

2）制止沟底下切效益（ΔG_2）的计算。对于治理后不再下切的沟底，可通过调查和量算求得在治理前若干年内每年沟底下切深度（m）和相应的长度（m）与宽度（m），从而算出治理前平均每年损失的土量（m^3），即为治理后制止沟底下切的减蚀量（或保土量）。

3）制止沟岸扩张效益（ΔG_3）的计算。对于治理后不再扩张的沟岸，可通过调查和量算求得在治理前若干年内平均每年沟岸扩张的长度（顺沟方向，m）、高度（从岸边到沟底，m）、厚度（即对沟壑横断面加大的宽度，m），从而算得治理前平均每年损失的土量（m^3），即为治理后平均每年的减蚀量（或保土量）。

4）水不下沟对减轻沟蚀效益（ΔG_4）的计算。根据不同的资料情况，分别采取直接运用观测成果和流域减蚀总量，反求两种不同的计算方法。

a. 布设水对沟蚀影响试验观测的小流域，可直接运用观测成果进行计算，但其成果应与全流域减蚀总量的计算成果互相校核，取得协调。

b. 在没有布设上述试验观测的小流域，可采用流域减蚀总量反求的方法，其计算式如下：

$$\Delta G_4 = \Delta S - \sum \Delta S_i \quad (14.8-8)$$

式中　ΔG_4——水不下沟减轻的沟蚀量，m^3；

　　　　ΔS——流域出口处测得的减蚀总量，m^3；

　　　　$\sum \Delta S_i$——流域内各项措施计算减蚀量之和，m^3。

采用式（14.8-8）计算 ΔG_4 时，要求 ΔS 的观测和 $\sum \Delta S_i$ 的计算允许误差为±20%；流域内无较大

的其他天然冲淤变化影响，或者虽有这样的变化，但已通过专门计算，消除了其影响。

（4）坡面排水和调节小流域径流。根据 GB/T 15774—2008 的规定，减轻沟蚀的效益还包括治理前后坡面排水能力的变化（ΔQ）以及调节小流域径流量的计算，这些效益计算一般需要通过水土保持监测或试验获得，具体计算方法执行该标准的规定。

2. 经济效益的计算

（1）经济效益的类别与性质。水土保持的经济效益有直接经济效益与间接经济效益两类，分别采取不同的计算方法。

1）直接经济效益。直接经济效益包括实施水土保持措施的土地上生长的植物产品（未经任何加工转化）与未实施水土保持措施的土地上的产品对比。其增产量和增产值计算包括以下方面：

a. 梯田、坝地、小片水地、引洪漫地、保土耕作法等增产的粮食与经济作物。

b. 果园、经济林等增产的果品。

c. 种草、育草和水土保持林增产的饲草（树叶与灌木林间放牧）及其他草产品。

d. 水土保持林增产的枝条和木材蓄积量。

2）间接经济效益。在直接经济效益基础上，经过加工转化进一步产生的经济效益，其主要内容包括以下两方面：

a. 基本农田增产后，促进陡坡退耕，改广种薄收为少种高产多收，节约出的土地和劳工，计算其数量和价值，但不计算其用于林、牧、副业后增加的产品和产值。

b. 直接经济效益的各类产品，经过就地一次性加工转化后提高的产值（如饲草养畜、枝条编筐、果品加工、粮食再加工等），计算其间接经济效益。此外的任何二次加工，其产值可不计入。

（2）直接经济效益的计算。以单项措施增产量与增产值的计算为基础，将各个单项措施算得的经济效益相加，即为综合措施的经济效益。

单项措施经济效益的计算包括以下 5 个步骤。

1）单位面积年增产量（ΔP）与年毛增产值（Z）和年净增产值（J）的计算。

2）治理（或规划）期末，有效面积（F_e）、上年增产量（ΔP_e）与年毛增产值（Z_e）和年净增产值（J_e）的计算。

3）治理（或规划）期末，累计有效面积（F_r）、上年累计增产量（ΔP_r）与累计毛增产值（Z_r）和累计净增产值（J_r）的计算。

4）措施全部充分生效时，有效面积（F_t）、年增产量（ΔP_t）与年毛增产值（Z_t）和年净增产值（J_t）

的计算。

5）措施全部充分生效时，累计有效面积（F_{tr}）、上年累计增产量（ΔP_{tr}）与累计毛增产值（Z_{tr}）和累计净增产值（J_{tr}）的计算。

通过1）、2）、4）三项的计算，了解该措施一年内的增产能力；通过3）与5）两项的计算，了解在某一阶段已有的实际增产效益。

5个步骤的具体计算方法见《水土保持综合治理效益计算方法》（GB/T 15774—2008）中附录B。

（3）间接经济效益的计算。水土保持的间接经济效益主要有以下两类，分别采取不同的计算要求和方法。

1）对水土保持产品（饲草、枝条、果品、粮食等）在农村当地分别用于饲养（牲畜、蜂、蚕等）、编织（筐、席等）、加工（果脯、果酱、果汁、糕点等）后，其提高产值部分，可计算其间接经济效益，但需在加工转化以后，结合当地牧业、副业生产情况进行计算，GB/T 15774—2008没有规定其计算方法。

2）建设基本农田与种草提高了农地的单位面积产量和牧地的载畜量，由于增产而节约出的土地和劳工应计算其间接经济效益，GB/T 15774—2008着重规定此类效益的计算方法。

a. 基本农田（梯田、坝地、引洪漫地等）间接经济效益的计算方法。

a）计算节约的土地面积ΔF（hm^2）。
$$\Delta F = F_b - F_a = V/P_b - V/P_a \quad (14.8-9)$$
式中　V——需要的粮食总产量，kg；

F_b——坡耕地的面积，hm^2；

F_a——基本农田的面积，hm^2；

P_b——坡耕地的粮食单位面积产量，kg/hm^2；

P_a——基本农田的粮食单位面积产量，kg/hm^2。

b）计算节约的劳工ΔE（工日）。
$$\Delta E = E_b - E_a = F_b e_b - F_a e_a \quad (14.8-10)$$
式中　e_b——坡耕地单位面积需劳工，工日/hm^2；

e_a——基本农田单位面积需劳工，工日/hm^2；

E_b——坡耕地总需劳工，工日；

E_a——基本农田总需劳工，工日。

节约出的土地和劳工只按规定单价计算其价值，不再计算用于林业、牧业等的增产值。

b. 种草的间接经济效益。种草的间接经济效益应该分别计算其以草养畜和提高载畜量节约土地两方面。

a）以草养畜。只计算增产的饲草可饲养的牲畜数量（或折算成羊单位）以及这些牲畜出栏后，肉、皮、毛、绒的单价，不再计算畜产品加工后提高的产值。种草养畜的效益结合当地畜牧业生产计算，GB/T 15774—2008没有具体规定。

b）提高土地载畜量，节约牧业用地，采用式（14.8-11）进行计算：
$$\Delta F = F_c - F_d = V/P_d - V/P_c \quad (14.8-11)$$
式中　ΔF——节约牧业用地面积，hm^2；

V——发展牧畜总需饲草量，kg；

P_c——天然草地单位面积产草量，kg/hm^2；

P_d——人工草地单位面积产草量，kg/hm^2；

F_c——天然草地总需土地面积，hm^2；

F_d——人工草地总需土地面积，hm^2。

c. 工程蓄、引水的经济效益计算。只计算小型水利水土保持工程提供的用于生产、生活的水的价值，可按人畜饮水及灌溉用水水价分类计算：
$$S = W(P-C) \quad (14.8-12)$$
$$W = VQ \quad (14.8-13)$$
式中　S——工程的水资源增值，元/a；

W——蓄水或引水量，m^3；

P——生活用水或灌溉用水水价，元/（$m^3 \cdot a$）；

C——管理成本，元/（$m^3 \cdot a$）；

V——蓄水容积，m^3；

Q——年利用率，%。

d. 土地资源增值的效益计算。水土流失治理后生产用地土地等级提高，导致土地增值，由此而产生的经济效益可根据当地的实际情况，在考虑土地资源情况、人均耕地面积、土地补偿费和征用耕地的安置补助费，以及不同等级的土地价格等的情况下，参照《中华人民共和国土地管理法》的相关规定进行计算，GB 15774—2008没有统一规定。

3. 社会效益的计算

（1）社会效益的类别与性质。对水土保持的社会效益，有条件的可进行定量计算，不能作定量计算的可根据实际情况作定性描述。社会效益主要包括减轻自然灾害和促进社会进步，详见表14.8-1。

（2）减轻自然灾害的效益计算。其效益有的在当地，有的在治理区下游。

1）减轻水土流失对土地破坏的效益。通过调查和量测，取得治理前若干年内和治理后若干年内，因沟蚀割切或面蚀造成"石化"破坏土地面积的总量与年均破坏土地面积数量，计算保护土地免遭水土流失破坏的年均面积，可按式（14.8-14）进行计算：
$$\Delta f = f_b - f_a \quad (14.8-14)$$
式中　Δf——免遭水土流失破坏的年均面积，hm^2；

f_b——治理前年均损失的土地，hm^2；

f_a——治理后年均损失的土地，hm^2。

水土流失损失的土地，包括沟蚀破坏地面和面蚀使土地"石化""沙化"，f_b与f_a数值通过调查取得。

2）减轻沟道、河道洪水危害的效益。一般是在沟道出口处与河流适当位置设径流站和水文站进行监测，取得治理前、后洪水变化数据资料；同时，在某些较大暴雨后，对综合治理小流域和未治理小流域分别调查其洪水危害情况，对比分析水土保持的削洪效益。

减轻洪水危害的效益计算可按下述步骤进行。

a. 用 GB 15774—2008 中 7.1.1 所述式（28）算得治理后与治理前一次暴雨情况相近条件下，流域不同的洪水总量 W_{a1} 与 W_{b1} 的差值，即减少的洪水总量 ΔW_1：

$$\Delta W_1 = W_{b1} - W_{a1} \qquad (14.8-15)$$

式中　W_{b1}——治理前洪水总量；

　　　W_{a1}——治理后洪水总量。

b. 根据计算区自然地理条件，分别算得上述治理后与治理前不同洪水总量相应的洪峰流量 Q_a 与 Q_b 的差值以及相应的最高洪水位 H_a 与 H_b 的差值，即洪峰流量变化值及最高洪水位变化值。

c. 调查 H_a 与 H_b 水位以下的耕地、房屋等财产，折算为人民币（元），分别计算出治理后与治理前两次不同洪水的淹没损失，按式（14.8-16）计算减轻洪水危害的经济损失 ΔX：

$$\Delta X = X_b - X_a \qquad (14.8-16)$$

式中　X_b——治理前洪水淹没损失，元；

　　　X_a——治理后洪水淹没损失，元。

3）减少沟道、河流泥沙的效益计算。可根据观测与调查资料，用水文资料统计分析法（简称水文法）与单项措施效益累加法（简称水保法）分别进行计算，并将两种方法的计算结果互相校核验证，二者差值一般不超过 20%。具体计算方法参见 GB 15774—2008 中附录 D。

4）减轻风蚀和风沙危害的效益。

a. 保护现有土地不被沙化的效益。可用治理前、后每年沙化损失的土地面积表达。

b. 改造原有沙地为农、林、牧生产用地的效益。通过造林、种草固定沙丘，治理后由于减轻风沙危害的效益。可根据经正式验收的治理措施面积进行计算，主要包括把沙丘改造为农田，以及造林种草使林草覆盖率达 50% 以上两个方面。

c. 减轻风暴、保护生产、交通等效益。

a）减轻风暴的计算。根据调查资料了解治理前、后风暴的天数和风力，进行治理前、后对比，计算治理后减少风暴的时间（天数）和程度（风力）。

b）保护现有耕地正常生产的效益计算。根据调查资料，按以下两个步骤进行计算：计算治理前由于风沙危害损失的劳工、种子、产量；计算治理后由于减轻风沙危害所省的劳工、种子、产量。以上二者都折算为人民币（元）。

c）减轻风沙对交通危害的效益计算。根据观测或调查资料，按以下两个步骤进行计算：①计算治理前每年由于风沙埋压影响交通的里程（km）和时间（d），清理压沙恢复交通所耗的人力（工日）和经费（元）；②计算治理后由于减轻风沙危害所减少的各项相应损失，折算为人民币（元）。

具体计算方法见 GB/T 15774—2008 中附录 C。

d. 减轻干旱危害的效益。在当地发生旱情（或旱灾）时进行调查。用梯田（梯地）、坝地、引洪漫地、保土耕作法等有水土保持措施农地的单位面积产量（kg/hm²）与无水土保持措施坡耕地的单位面积产量（kg/hm²）进行对比，计算抗旱增产作用。

e. 减轻滑坡、泥石流危害的效益。在滑坡、泥石流多发地区进行调查，选有治理措施地段与无治理措施地段，分别了解其危害情况（土地、房屋和财产等损失，折合为人民币）进行对比，计算治理的效益。

（3）促进社会进步。

1）提高土地生产率。提高土地生产率的计算分土地利用类型和总土地面积两方面。

a. 调查统计治理前和治理后的农地、林地、果园、草地等各类土地的单位面积实物产量（kg/hm²），进行对比，分别计算其提高土地生产率情况。

b. 以整个治理区的土地总面积为单元（km²），调查统计治理前和治理后的土地总产值（元），进行对比，计算其提高的土地生产率（元/hm²）。

2）提高劳动生产率。提高劳动生产率的计算分粮食生产和农村各业总产值两方面。

a. 调查统计治理前和治理后的全部农地（面积可能有变化）从种到收需用的总劳工（工·日）所获得的粮食总产量（kg），从而求得治理前和治理后单位劳工生产的粮食[kg/（工·日）]，进行对比，计算其提高的劳动生产率。

b. 以整个治理区为单元，调查统计治理前与治理后农村各业（农、林、牧、副、渔、第三产业等）的总产值（元）和投入的总劳工（工·日），从而求得治理前与治理后单位劳工的产值[元/（工·日）]，进行对比，计算其提高的劳动生产率。

3）改善土地利用结构与农村生产结构。以整个治理区为单元，分土地利用结构与农村生产结构两方面。

a. 调查统计治理前与治理后农地、林地、牧地、其他用地、未利用地等的面积（hm²）和各类用地分别占土地总面积的比例（%），进行对比，并分析未调整前存在的问题和调整后的合理性。

b. 调查统计治理前与治理后农业（种植业）、林业、牧业、副业、渔业、第三产业等分别的年产值（元）和各占总产值的比例（%），进行对比，并分析未调整前存在的问题与调整后的合理性。

4）促进群众脱贫致富奔小康。以整个治理区为单元，分总体与农户两方面。

a. 调查统计治理前与治理后全区人均产值与纯收入（元/人），进行对比，并用国家和地方政府规定的脱贫与小康标准衡量，确定全区贫、富、小康状况的变化。

b. 根据国家和地方政府规定的标准，调查统计治理前与治理后区内的贫困户、富裕户、小康户的数量（户）进行对比，说明其变化。

5）提高环境容量。以整个治理区为单元，分人与牲畜两方面。

a. 调查统计治理前与治理后全区的人口密度（人/km²），结合人均粮食（kg/人）、人均收入（元/人），进行对比，计算提高环境容量的程度。

b. 调查统计治理前与治理后全区的牧地（天然草地与人工草地，面积可能有变化）面积（hm²）、产草量（kg）和牲畜头数（羊单位，每一大牲畜折合五个羊单位），分别计算其载畜量（羊单位/hm²）和饲草量（kg/羊单位），进行对比，计算提高环境容量的程度。

6）促进社会进步的其他效益。通过调查统计，对治理前和治理后群众的生活水平、燃料、饲料、肥料、人畜饮水等问题解决的程度，以及教育文化状况等，进行定量对比或定性描述，反映其改善、提高和变化情况。

4. 生态效益的计算

（1）生态效益的分类。生态效益包括水圈生态效益、土圈生态效益、气圈生态效益、生物圈生态效益等。水圈生态效益主要计算改善地表径流状况；土圈生态效益主要计算改善土壤物理化学性质；气圈生态效益主要计算改善贴地层小气候；生物圈生态效益主要计算提高地面植物被覆程度，并描述野生动物的增加。

（2）生态效益的分类计算。

1）水圈生态效益（改善地表径流状况）。

a. 减少洪水流量。根据小流域监测资料，采用式（14.8-17）进行计算：

$$\Delta W_1 = W_{b1} - W_{a1} \qquad (14.8-17)$$

式中 ΔW_1——减少的洪水年总量（或次总量），m³；

$\quad W_{b1}$——未治理小流域（或治理前）洪水年总量（或一次洪水总量），m³；

$\quad W_{a1}$——治理小流域（或治理后）洪水年总量（或一次洪水总量），m³。

b. 增加常水流量。根据小流域监测资料，采用式（14.8.18）进行计算：

$$\Delta W_2 = W_{a2} - W_{b2} \qquad (14.8-18)$$

式中 ΔW_2——增加的常水年径流量，m³；

$\quad W_{b2}$——治理前小流域常水年径流量，m³；

$\quad W_{a2}$——治理后小流域常水年径流量，m³。

c. 上述两项计算要选治理前与治理后年降雨量（或次降雨量）相近的情况进行。

2）土圈生态效益（改善土壤物理化学性质）。

a. 计算的措施范围包括梯田、坝地、引洪漫地、保土耕作、造林、种草等。

b. 计算的项目内容包括土壤水分、氮、磷、钾、有机质、团粒结构、空隙率等。

c. 计算的基本方法。在实施治理措施前、后，分别取土样，进行物理化学性质分析，将分析结果进行前、后对比，取得改良土壤的定量数据。

对比内容：梯田与坡耕地对比，保土耕作法与一般耕作法对比，坝地、引洪漫地与旱平地对比，造林种草与荒坡或退耕地对比。

取样深度及土壤物理化学性质分析方法，可按土壤物理化学性质分析的有关规定执行。

改良土壤计算项目的增减量 Δq，可按式（14.8-19）计算：

$$\Delta q = q_a - q_b \qquad (14.8-19)$$

式中 Δq——改良土壤计算项目的增减量；

$\quad q_a$——有措施地块中计算项目的含量；

$\quad q_b$——无措施地块中计算项目的含量。

3）气圈生态效益（改善贴地层小气候）。

a. 计算包括以下措施范畴与项目内容。

a）农田防护林网内温度、湿度、风力等的变化，减轻霜、冻和干热风危害，提高农业产量等。

b）大面积成片造林后，林区内部及其四周一定距离内小气候的变化。

b. 计算的基本方法。利用历年农田防护林网内、外，治理前、后观测的温度、湿度、风力、作物产量等资料，进行对比分析，对改善小气候的作用进行定量计算。

a）小气候（温度、湿度、风力等）的变化，采用式（14.8-20）计算：

$$\Delta q = q_c - q_d \qquad (14.8-20)$$

式中 Δq——林网内、外小气候的变化量；

$\quad q_c$——林网内的小气候观测量；

$\quad q_d$——林网外的小气候观测量。

b）由于改善小气候提高作物的产量，采用式（14.8-21）进行计算：

$$\Delta P = P_a - P_b \qquad (14.8-21)$$

式中 ΔP——林网内、外单位面积作物产量的变化量，kg/hm²；

$\quad P_a$——林网内单位面积的作物产量，kg/hm²；

P_b——林网外单位面积的作物产量，kg/hm²。

4）生物圈生态效益（提高地面植物覆盖程度）。

a. 计算项目。主要计算人工林草和封育林草新增加的林草覆盖率、植物固碳量、野生动物变化情况。

b. 计算方法。

a）先求得原有林草对地面的覆盖度，再计算新增林草对地面的覆盖度和累计达到的地面覆盖度。计算公式如下：

$$C_b = f_b/F \qquad (14.8-22)$$
$$C_a = f_a/F \qquad (14.8-23)$$
$$C_{ab} = (f_b+f_a)/F \qquad (14.8-24)$$

式中　f_b——原有林草（包括人工林草和天然林草）面积（实有保存面积），km²；

f_a——新增林草（包括人工林草和天然林草）面积（实有保存面积），km²；

F——流域总面积，km²；

C_b——原有林草的地面覆盖度，%；

C_a——新增林草增加的林草地面覆盖度，%；

C_{ab}——累计达到的地面覆盖度，%。

b）植物固碳量可采用 GB/T 15774—2008 中的公式计算。

c）野生动物变化情况的描述。对流域内由于提高林草覆盖度以后，山鸡、野兔、蛇等野生动物的增加，可通过观察进行定性描述。

14.8.1.4　生产建设项目效益的计算

生产建设项目水土保持效益包括生态效益、社会效益和经济效益等三个方面。水土保持效益分析主要根据"水土保持综合治理效益计算方法"，结合本项目水土流失特点及项目区环境状况，着重分析生态效益和社会效益，包括提高植被覆盖度、保水保土、减少泥沙等效益，简要分析经济效益。

（1）水土保持生态效益。水土保持生态效益主要是通过水土保持措施的实施，预测防治责任范围内扰动土地整治面积、水土保持措施防治面积、治理后平均土壤侵蚀模数、采取的植物措施面积、实施的林草面积等效益值，并进一步测算扰动土地整治率、水土流失总治理度、土壤流失控制比、拦渣率、林草植被恢复系数、林草覆盖率等指标的效益值。

1）6项防治指标分别按下列公式计算。下列各式中面积均为项目建设区范围内的相应面积。

$$扰动土地整治率(\%) = \frac{水土保持措施面积+永久建筑物占地面积}{建设区扰动地表面积} \times 100\%$$
$$(14.8-25)$$

$$水土流失总治理度(\%) = \frac{水土保持措施面积}{建设区水土流失总面积} \times 100\%$$
$$(14.8-26)$$

其中

水土保持措施面积＝工程措施面积＋植物措施面积

建设区水土流失总面积＝项目建设区面积
　　－永久建筑物占地面积
　　－场地道路硬化面积
　　－水面面积
　　－建设区内未扰动的微度侵蚀面积

$$土壤流失控制比 = \frac{项目区容许土壤流失量}{方案实施后土壤侵蚀强度}$$
$$(14.8-27)$$

$$拦渣率(\%) = \frac{采取措施后实际拦挡的弃土(石、渣)量}{弃土(石、渣)总量} \times 100\%$$
$$(14.8-28)$$

$$林草植被恢复率(\%) = \frac{林草植被面积}{可恢复林草植被面积} \times 100\%$$
$$(14.8-29)$$

式中　林草植被面积——采取植物措施的面积；
可恢复林草植被面积——目前经济、技术条件下适宜恢复林草植被的面积（不含耕地或复耕面积）。

$$林草覆盖率(\%) = \frac{林草植被面积}{项目建设区总面积} \times 100\%$$
$$(14.8-30)$$

项目建设区总面积中，可扣除水利枢纽、水电站类项目的水库淹没面积。

2）需要说明的几个问题。

a. 经过上述计算所获得的效益指标达到值，与6项防治目标值进行列表比较，以分析说明效益计算值达到的程度。

b. 效益计算表格中的有关参数应与工程量表中的数据一致，但植物措施面积应转化为投影面积，乔、灌、草（特别是乔、灌、草结合布设的）的面积不能重复计算。

c. 工程措施面积即指工程措施所占压的面积，包括土地整治（与植物措施面积和复耕面积在投资估算时可以重复计算，但在面积计算时只能取其一）或者复耕面积和排水沟、挡土墙、拦渣坝、工程护坡等措施的投影面积之和。

d. 对于实际拦渣数量，应列表说明各处弃渣（包括临时堆土或渣）数量，以及所设计拦挡措施和渣场容量。

e. 实施后土壤侵蚀强度指项目区平均土壤侵蚀模数，应以各分区布设的水土流失防治措施为参考依据，分别给出各分区的土壤侵蚀模数，以面积加权计算项目区平均土壤侵蚀模数。

结合预测的效益值，综合分析实施水土保持措施后，对改善防治责任范围及影响范围内的环境质量，控制项目建设造成的水土流失，恢复被破坏的植被，以及对保护区域生态环境所起到的作用。

（2）水土保持社会效益。通过水土保持各项措施的实施，从保护和改善当地的环境质量、提高居民的生活水平和维护地方安定团结等方面，综合评价对当地居民生活和发展所产生的社会效益。

（3）水土保持经济效益。由于水土保持的特殊性，导致各类水土保持措施具有投入大、投资回收期长的特点。如果单从投入产出的角度进行分析，就不能完全体现其效益价值。其水土保持经济效益应主要从两个方面进行分析：一是水土流失防治措施栽植的用材林、经济林、风景林等乔、灌、草，都具有一定的经济效益，且经济效益在逐年递增；二是水土保持方案实施后，有效控制水土流失的发生，减少对环境的破坏，获得间接的经济效益。

14.8.1.5 案例

【例 14.8-1】 某水土保持项目区共治理水土流失面积 16.5km²，主要措施有坡改梯 195hm²，营造核桃、花椒复合经果林面积 85hm²，紫穗槐水土保持林面积 545hm²，封禁治理面积 825hm²。实测资料显示，该项目区无措施（坡耕地、荒地）坡面的径流模数 679m³/hm²，年侵蚀模数 69.96t/hm²；梯田平均径流模数 15m³/hm²，年平均侵蚀模数 1.23t/hm²；经果林平均径流模数 354m³/hm²，年平均侵蚀模数 23.83t/hm²；水土保持林平均径流模数 272m³/hm²，年平均侵蚀模数 18.48t/hm²；自然恢复期平均径流模数 371m³/hm²，年平均侵蚀模数 27.27t/hm²。

经过水土保持治理后，坡改梯粮食单位增产 2200kg/hm²；经果林核桃单位增产 1000kg/hm²，花椒单位增产 417kg/hm²；水土保持林薪柴单位增产 3000kg/hm²，水土保持林木材单位增产 2m³/hm²；自然恢复薪柴单位增产 2000kg/hm²。据当年市场价格，粮食综合价格 1.9 元/kg，核桃综合价格 30 元/kg，花椒综合价格 50 元/kg，木材综合价格 500 元/m³，薪柴综合价格 0.1 元/kg。

请根据以上资料，计算并分析项目区水土保持的基础效益和经济效益。

解：（1）基础效益。项目区水土保持基础效益主要指调水保土效益，即减流、减蚀效益。减流减蚀量按式（14.8-1）～式（14.8-4）计算，不同措施实施前后的有效面积、径流模数和侵蚀模数计算结果具体见表 14.8-2。

根据减流减蚀量计算公式，估算项目区年减流总量 63.30 万 m³，减蚀总量 8.06 万 t。具体计算见表 14.8-3。

表 14.8-2 不同措施实施前后有效面积、径流模数和侵蚀模数计算表

项 目	单位	措施类型			
		坡改梯	经果林	水土保持林	封禁治理
有效面积	hm²	195	85	545	825
实施前径流模数	m³/hm²	679	679	679	679
实施后径流模数	m³/hm²	15	354	272	371
实施前侵蚀模数	t/hm²	69.96	69.96	69.96	69.96
实施后侵蚀模数	t/hm²	1.23	23.83	18.48	27.27

表 14.8-3 项目区年度减流减蚀计算表

项目	单位	措施类型				合计
		坡改梯	经果林	水土保持林	封禁治理	
减流量	万 m³	12.95	2.76	22.18	25.41	63.30
减蚀量	万 t	1.34	0.39	2.81	3.52	8.06

（2）经济效益。水土保持措施产生的直接经济效益包括实施水土保持措施生产的植物产品，与未实施水土保持措施时土地上的产品对比所得增产量和增产值。按不同措施产生的产品不同，分别进行计算，项目区各项治理措施实施并稳定发挥效益后，每年经济效益为 601.09 万元。具体计算见表 14.8-4。

表 14.8-4 项目区年度经济效益计算表

序号	项目	实物增产量				新增产值/万元
		粮食/万 kg	木材/万 m³	薪柴/万 kg	果品/万 kg	
一	坡改梯	42.90				81.51
二	经果林					
1	核桃				8.50	255.00
2	花椒				3.54	177.23
三	水土保持林					
1	紫穗槐		0.109	163.50		70.85
四	封禁治理			165.00		16.50
	合计					601.09

【例 14.8-2】 南方某火电厂工程，装机容量为 2×1000MW，机组编号为 1 号、2 号，采用超超临界发电机组和烟塔合一技术，同时安装烟气脱硫、脱硝设备和高效静电除尘器。项目组成及占地见表 14.8-5。本项目水土流失防治标准执行生产类项目一级标准，防治目标值按《开发建设项目水土流失防治标准》（GB 50434—2008）确定。项目区容许土壤流失量为 500t/(km²·a)，项目区多年平均年降水量为 750mm。具体确定的水土流失防治目标值见表 14.8-6。

请根据以上资料，计算并分析项目区水土保持的基础效益和经济效益。

表 14.8-5　项目组成及占地

项目组成	面积/hm²	项目组成	面积/hm²
厂区	39.6	厂外供水管线区	7
施工区	11.14	贮灰场区	0.54
厂外道路区	0.84	小计	59.12

注　本项目灰场与其他项目使用，仅扰动 0.54hm² 建设分格堤。

表 14.8-6　本项目水土流失防治目标值

防治指标	标准规定	按降水量修正	按土壤侵蚀强度修正	按地形修正	采用的目标值
扰动土地整治率/%	95				95
水土流失总治理度/%	95	2			97
土壤流失控制比	0.8		0.2		1
拦渣率/%	95				95
植被恢复系数/%	97	1			98
林草覆盖率/%	25	1			26

解：（1）生态效益。水土保持方案实施后，水土流失防治责任范围内的开发建设引发的水土流失将得到有效控制，随着林草生长、郁闭度的不断提高，拦截降雨能力和固土作用在逐渐增强，同时，美化和改善项目区的生产和生活环境。

生态效益通过以下下 6 项指标来体现：

6 项防治指标按式（14.8-25）～式（14.8-30）计算。下列各式中面积均为项目建设区范围内的相应面积。

$$扰动土地整治率(\%)=\frac{水土保持措施面积+永久建筑物占地面积}{建设区扰动地表面积}\times100\%$$

$$=58.59/59.12\times100\%$$

$$=99.10\%$$

扰动土地整治率计算成果见表 14.8-7。

$$水土流失总治理度(\%)=\frac{水土保持措施面积}{建设区水土流失总面积}\times100\%$$

$$=28.74/28.92\times100\%$$

$$=99.38\%$$

其中：

水土保持措施面积＝工程措施面积＋植物措施面积

建设区水土流失总面积＝项目建设区面积

　　　　　　　　－永久建筑物占地面积

　　　　　　　　－场地道路硬化面积

　　　　　　　　－水面面积

　　　　　　　　－建设区内未扰动的微度侵蚀面积

水土流失总治理度计算成果见表 14.8-8。

表 14.8-7　扰动土地整治率计算表

防治分区	项目建设区面积/hm²	扰动面积/hm²	扰动土地整治面积/hm²				扰动土地整治率/%
			植物措施	工程措施	永久建筑物及道路	合计	
厂区	39.60	39.6	10.47	0.36	28.48	39.31	99.27
施工区	11.14	11.14	3.52	7.33	0.15	11.00	98.74
厂外道路区	0.84	0.84	0.12		0.72	0.84	100.00
厂外供水管线区	7.00	7.00	3.00	3.40	0.50	6.90	98.57
贮灰场区	0.54	0.54	0.30	0.24		0.54	100.00
小计	59.12	59.12	17.41	11.33	29.85	58.59	99.10

表 14.8-8　水土流失总治理度计算表

防治分区	水土流失面积/hm²	水土流失治理面积/hm²			总治理度/%
		植物措施	工程措施	合计	
厂区	10.87	10.47	0.36	10.83	99.63
施工区	10.99	3.52	7.33	10.85	98.73
厂外道路区	0.12	0.12		0.12	100.00
厂外供水管线区	6.4	3.0	3.4	6.4	100.00
贮灰场区	0.54	0.30	0.24	0.54	100.00
小计	28.92	17.65	11.09	28.74	99.38

$$土壤流失控制比=\frac{项目区容许土壤流失量}{方案实施后土壤侵蚀强度}$$

$$=500/380$$

$$=1.32$$

根据水土流失监测结果，本工程试运行期平均侵蚀模数为 380t/(km²·a)。

$$拦渣率(\%)=\frac{采取措施后实际拦挡的弃土(石、渣)量}{弃土(石、渣)总量}\times100\%$$

$$=59.6/62\times100\%$$

$$=96.1\%$$

根据水土保持监测总结报告结果，项目区建设过程中弃渣总量为 62 万 m^3，采取拦挡措施的土石方总量为 59.6 万 m^3，拦渣率为 96.1%。

$$林草植被恢复系数(\%) = \frac{林草植被面积}{可恢复林草植被面积} \times 100\%$$
$$= 17.41/17.55 \times 100\%$$
$$= 99.20\%$$

式中　林草植被面积——采取植物措施的面积；
可恢复林草植被面积——目前经济、技术条件下适宜恢复林草植被的面积（不含耕地或复耕面积）。

林草植被恢复率计算成果见表 14.8-9。

表 14.8-9　林草植被恢复率计算表

项目分区	可恢复面积 /hm²	植物措施 /hm²	林草植被恢复率/%
厂区	10.50	10.47	99.71
施工区	3.58	3.52	98.32
厂外道路区	0.12	0.12	100.00
厂外供水管线区	3.05	3.00	98.36
贮灰场区	0.30	0.30	100.00
小计	17.55	17.41	99.20

$$林草覆盖率(\%) = \frac{林草植被面积}{项目建设区总面积} \times 100\%$$
$$= 17.41/59.12 \times 100\%$$
$$= 29.45\%$$

林草覆盖率计算成果见表 14.8-10。

表 14.8-10　林草覆盖率计算表

项目分区	项目建设区面积 /hm²	植物措施 /hm²	林草覆盖率 /%
厂区	39.60	10.47	26.44
施工区	11.14	3.52	31.60
厂外道路区	0.84	0.12	14.29
厂外供水管线区	7.00	3.00	42.86
贮灰场区	0.54	0.30	55.56
小计	59.12	17.41	29.45

根据以上效益分析计算结果，水土流失防治的 6 项指标均达到了生产类项目一级防治标准的目标值，水土保持措施实施后，项目区水土流失可得到有效控制。

（2）社会效益。

1）工程开挖土石方基本得到利用和治理，防止弃渣流失，减少淤积。通过对开挖面实施防护，防止开挖面造成崩塌等隐患，确保本工程正常运行，保障电力供应，改善地区电源结构，加快当地经济发展。

2）施工过程中对水土流失的防护措施，减少了工程区开挖面的水土流失，减少了泥沙淤积，保证了水环境质量。

3）本项目水土保持林草植被建设，加上工程本身的景观建设，改善了当地的自然景色，为整个项目区创造了良好的环境和舒适的视觉空间。

（3）经济效益。本方案实施后，将对建设区产生明显的经济效益，主要表现在：

1）开挖土石方的充分利用，一方面，减少了弃渣占地及防护投资，节约了工程投资；另一方面，减免了堆渣可能造成的灾害损失。

2）项目区水土流失得到有效控制，主体工程安全运营更有保障，减少了电厂设施的维修养护，使用年限延长。

14.8.2　经济评价

经济评价就是预先估算拟建项目的经济效益，水土保持项目的管理现已纳入国家基本建设管理程序，目前水土保持项目既要根据《水土保持综合治理效益计算方法》（GB/T 15774）中的规定计算经济效益，还要根据《水利建设项目经济评价规范》（SL 72）进行经济评价，对建设项目的费用、效益、经济合理性及财务可行性等作分析评估，水土保持项目的经济评价包括经济分析（国民经济评价）和财务分析（财务评价）。

14.8.2.1　经济分析（国民经济评价）

国民经济评价是按照资源优化配置的原则，从国家整体角度考察项目的效益和费用，用影子价格、影子工资、影子汇率和社会基准收益率（贴现率）等经济参数，分析和计算项目给国民经济带来的净贡献，从而评价项目的经济合理性。

建设项目国民经济评价中的费用和效益应尽可能用货币表示；不能用货币表示的，应用其他定量指标表示；确实难以定量的，可定性描述。属于国民经济内部转移的税金、计划利润、国内借款利息以及各种补贴等，均不应计入项目的费用或效益。

1．基本概念

（1）经济分析（国民经济评价），在合理配置社会资源的前提下，从国家经济整体利益的角度出发，计算项目对国民经济的贡献，分析项目的经济效益、效果和对社会的影响，评价项目的经济合理性。

（2）影子价格，社会处于某种最优状态下，能够反映社会劳动消耗、资源稀缺程度和最终产品需求情况的价格。

（3）影子汇率，是指能反映外汇增加或减少对国民经济贡献或损失的汇率，也可以说是外汇的影子价格，它体现了从国家角度对外汇价格的估量。国民经济评价中涉及外汇与人民币之间的换算均应采用影子汇率。同时，影子汇率又是经济换汇成本或经济节汇成本指标的判断依据。

（4）社会折现率，表征社会对资金时间价值的估算，从整个国民经济角度所要求的资金投资收益率标准，代表占用社会资金所应获得的最低收益率。

社会折现率是根据我国在一定时间内的投资效益水平、资金机会成本、资金供求状况、合理的投资规模以及项目国民经济评价的实际情况进行测定的，它体现了国家的经济发展目标和宏观调控意图。

2. 资金时间价值

（1）利率。

1）复利计算。复利就是某一计息周期的利息是由本金加上先前计息周期所累积利息总额之和来计算的，该利息称为复利，即通常所说的"利生利""利滚利"的计息方式。其计算公式如下：

$$I_t = F_{t-1} i \qquad (14.8-31)$$

式中 i——计息期复利利率；

F_{t-1}——第 $(t-1)$ 年末复利本利和。

而第 t 年末复利本利和（简称复本利和）的计算公式如下：

$$F = P(1+i)^n \qquad (14.8-32)$$

复利计算比较符合资金在社会生产过程中运动的实际状况。因此，在经济评价中，一般采用复利计算。

2）名义利率与有效利率。名义利率为计息周期利率乘以一年内的计息周期数所得年利率（也就是通常说的年利率），计算公式：

$$r = im \qquad (14.8-33)$$

或

$$i = \frac{r}{m} \qquad (14.8-34)$$

式中 i——计息周期利率；

m——一年内的计息次数；

r——名义利率。

名义利率与单利计算相同。

有效利率，按照复利计算方法，考虑利息的时间再生因素，这时所得的年利率为有效利率（即年实际利率）。有效利率与复利计算相同。计算公式为

$$i_{eff} = \left(1 + \frac{r}{m}\right)^m - 1 \qquad (14.8-35)$$

式中 i_{eff}——有效利率；

其余符号意义同前。

（2）资金等值换算。经济评价中，把任一时点上的资金换算成另一个特定时点上的值，这两个时点上的两个不同数额的资金量在经济方面的作用是相等的。通常把特定利率下不同时点上绝对数额不等而经济价值相等的若干资金称为等值资金。

利用等值概念，把建设项目计算期内任一时点的现金流量换算为另一时点上的现金流量进行比较，这种换算过程称为资金等值换算。

1）现值与终值间的互相变换。

a. 现值换算为终值（将 P 换算为 F）。

$$F = P(1+i)^n \qquad (14.8-36)$$

式中 F——终值，即 n 期末的资金价值或本利和，指资金发生在（或折算为）某一特定时间序列终点时的价值；

P——现值，即现在的资金价值或本金，指资金发生在（或折算为）某一特定时间序列起点时的价值；

i——计算期复利率；

n——计算期数；

$(1+i)^n$——现值 P 与终值 F 的等值换算系数，称为整付（即一次支付）本利和系数，又称一次支付终值系数或终值系数，记为 $(F/P, i, n)$。

式 (14.8-36) 又可写为

$$F = P(F/P, i, n) \qquad (14.8-37)$$

在 $(F/P, i, n)$ 这类符号中，括号内斜线左侧的符号表示待求的未知数，斜线右侧的符号表示已知数，$(F/P, i, n)$ 就表示在已知 i、n 和 P 的情况下求解 F 的值。为了计算方便，通常按照不同的利率 i 和计息期 n 计算出终值系数，并列表。在计算 F 时，只要从终值系数表（复利表）中查出相应的终值系数再乘以本金即可。

b. 终值换算为现值（将 F 换算为 P）。由式 (14.8-36) 可求出现值 P。

$$P = F(1+i)^{-n} \qquad (14.8-38)$$

其中：$(1+i)^{-n}$ 称为一次支付现值系数，用符号 $(P/F, i, n)$ 表示，并按不同的利率 i 和计息期 n 列表。一次支付现值系数是指未来一笔资金乘以该系数就可求出其现值。在国民经济评价中，一般是将未来值折现到零期。计算现值 P 的过程称为"折现"或"贴现"，其所使用的利率通常称为折现率或贴现率。故 $(1+i)^{-n}$ 或 $(P/F, i, n)$ 也可称为折现系数或贴现

系数。式（14.8-38）可写为

$$P=F(P/F,i,n) \qquad (14.8-39)$$

2）年值与终值的相互换算。

a. 年值换算为终值（将 A 换算为 F）。年值表示发生在某一特定时间序列各计算期末的等额资金系列的价值。计算公式为

$$F=A\frac{(1+i)^n-1}{i} \qquad (14.8-40)$$

式中　　　A——年值；

$\frac{(1+i)^n-1}{i}$——年金终值系数，记为 $(F/A, i, n)$；

其余符号意义同前。

b. 终值换算为年值（将 F 换算为 A）。

$$A=F\frac{i}{(1+i)^n-1} \qquad (14.8-41)$$

式中　$\frac{i}{(1+i)^n-1}$——偿债基金系数，记为 $(A/F, i, n)$。

3）年值与现值的相互换算。

a. 年值换算为现值（将 A 换算为 P）。

$$P=F(1+i)^{-n}=A\frac{(1+i)^n-1}{i(1+i)^n} \qquad (14.8-42)$$

式中　$\frac{(1+i)^n-1}{i(1+i)^n}$——年金现值系数，记为 $(P/A, i, n)$。

b. 现值换算为年值（将 P 换算为 A）。

$$A=P\frac{i(1+i)^n}{(1+i)^n-1} \qquad (14.8-43)$$

式中　$\frac{i(1+i)^n}{(1+i)^n-1}$——资金回收系数，记为 $(A/P, i, n)$。

从以上介绍的资金时间价值计算的 6 个基本公式中，前两个现值与终值公式为复利计算的一次支付情况公式，后 4 个即年值与终值、年值与现值换算公式为等额系列公式。可以用基本的一次支付情况公式推导出后面的等额支付系列公式。

在项目国民经济评价中，现值比终值使用更为广泛。因为用终值进行分析，会使人感到评价结论的可信度较低，而用现值概念容易被决策者接受。因此，在项目国民经济评价时应当注意以下两点：

一是正确选取折现率。折现率是决定现值大小的一个重要因素，必须根据实际情况灵活选用。

二是注意现金流量的分布情况，从收益方面来看，获得的时间越早、数额越大，其现值就越大。因此，建设项目早日投产，可早日达到设计生产能力，早获收益，多获收益，才能达到最佳经济利益。从投资方面看，投资支出的时间越晚、数额越小，其现值就越小。因此，应合理分配各年投资额，在不影响项目正常实施的前提下，尽量减少建设初期投资额，加大建设项目后期投资比重。

3. 基本方法

（1）遵循"有无对比"原则，采用"有无对比"方法进行效益与费用的识别。

（2）采用影子价格（或称计算价格）估算各项效益与费用。

（3）采用经济费用效益分析方法和经济费用效果分析方法，寻求以最小的费用获取最大的效益或效果。

（4）经济费用效益分析方法采用费用效益流量分析方法，计算经济内部收益率和经济净现值等指标，从资源配置角度评价项目的经济效益是否达到要求；经济费用效果分析对费用和效果采用不同的度量方法，计算效果费用比或费用效果比指标。

4. 评价参数的确定

（1）社会折现率（i_s）。《建设项目经济评价方法与参数》（第三版）规定的社会折现率为 8%，水利建设项目按国家规定采用 8%。对于受益期长的建设项目，如果远期效益较大，效益实现的风险较小，社会折现率可适当降低，但不应低于 6%。属于或主要为社会公益性质的水土保持生态建设项目，可采用 6% 的社会折现率进行经济评价，供项目决策参考。

（2）影子汇率及影子汇率折算系数。影子汇率是指能正确反映外汇真实价值的汇率，即外汇的影子价格。影子汇率通过影子汇率折算系数计算。影子汇率折算系数是影子汇率与国家外汇牌价的比值，由国家统一发布。目前我国影子汇率折算系数为 1.08。

影子汇率=影子汇率折算系数×国家外汇牌价

（3）影子工资及影子工资换算系数。影子工资是指项目使用劳动力，社会为此付出的代价。影子工资包括劳动力的边际产出和劳动力转移而引起的社会资源耗费。国民经济评价中，影子工资作为项目使用的劳动力的费用。《建设项目经济评价方法与参数》（第三版）规定非熟练劳动力的影子工资换算系数为 0.25~0.8，其余按市场价格。

5. 效益与费用的计算

效益和费用识别的原则为项目对国民经济作出的贡献均计为项目的效益，包括直接效益和间接效益；国民经济为项目所付出的代价均计为项目的费用，包括直接费用和间接费用。遵循"有无对比"的原则，将"有项目"和"无项目"的情况加以对比，以识别计算项目的效益和费用。经济评价要遵循效益和费用计算口径一致的原则，计算项目的效益和费用时，既

不能遗漏，又要避免重复。合理确定经济效益和费用识别的时间跨度，不完全受财务评价计算期的限制，包括项目所产生的重要效益和费用，不仅包括项目近期影响，还要包括中期影响、远期影响。项目向政府缴纳的税费、政府给予项目的补贴、项目在国内贷款和存款利息等，为国民经济内部的"转移支付"，均不应计入项目的费用或效益。对于利用外资项目，对本国之外的其他成员也产生影响的项目，重点分析项目对本国社会成员带来的效益和费用。利用外资产生的借款利息应计入经济费用中。

（1）直接效益与直接费用。直接效益是指由项目产出物产生并在项目计算范围内的经济效益，一般表现为项目为社会生产提供的物质产品、科技文化成果和各种各样的服务所产生的效益。直接效益大多在财务评价中能够得以反映，但有时这些反映会有一定程度的失真，这就需要用影子价格等来调整。

直接费用是指项目使用投入物所产生并在项目范围内计算的经济费用，一般表现为投入项目的各种物料、人工、资金、技术以及自然资源而带来的社会资源的消耗。直接费用一般在财务评价中能够得以反映，但有时这些反映会有一定程度的失真，这就需要用影子价格等来调整。

（2）间接效益与间接费用。间接效益是由项目引起而在直接效益中没有得到反映的效益。间接费用是由项目引起而在直接费用中没有得到反映的费用。间接效益和间接费用一般在财务评价中不能够得以反映。

间接效益和间接费用又统称为外部效果，包括环境影响、技术扩散效果、"上、下游"企业相邻效果、乘数效果、价格影响等。

进行水土保持生态建设项目的效益计算时，将可量化的间接效益计入效益中。

（3）费用（C）计算。水土保持生态建设项目的费用包括项目的固定资产投资、流动资金、年运行费和更新改造费。

1）固定资产投资。固定资产投资包括水土保持生态建设项目达到设计规模所需由国家、企业和个人以各种方式投入的主体工程和相应配套工程的全部建设费用。水土保持生态建设项目的主体工程投资在工程设计概（估）算投资编制的基础上按影子价格进行调整，并增加工程设计概（估）算中未计入的间接费用。

国民经济评价中，水土保持生态建设项目费用中不计列作为转移支付的国内贷款利息、税金和补贴等，不计列价差预备费；对于利用外资的建设项目要增列外资贷款利息。

2）流动资金。水土保持生态建设项目的流动资金包括维持项目正常运行所需购买燃料、材料、备品、备件和支付职工工资等的周转资金，按有关规定或参照类似项目分析确定，可采用扩大指标估算法计算。流动资金从项目运行的第一年开始，根据其投产规模分析确定。

3）年运行费。水土保持生态建设项目的年运行费包括项目运行初期和正常运行期每年所需支出的全部运行费用，可根据项目总成本费用、投产规模及实际需要分析确定。

4）更新改造费。水土保持生态建设项目的更新改造费包括维持项目正常运行的设备第一次更新改造费用，可根据项目设备的固定资产投资分析确定；还应包括水土保持生态项目正常发挥效益的平茬、更新等费用，根据有关规定分析确定。

（4）效益（B）计算。建设项目的效益按有、无项目对比可获得的直接效益和间接效益计算。水土保持生态建设项目的效益可与农、林、牧等措施结合进行计算，其直接效益和间接效益的计算具体见本书"14.8.1　效益分析"的相关内容。项目运行初期和正常运行期各年的效益，应根据项目投产计划和配套程度合理计算。项目对社会、经济、环境造成的不利影响，采取措施减免，未能减免的应计算其负效益。项目的固定资产余值和流动资金，要在项目计算期末一次回收，并计入项目的效益流量。除根据项目功能计算各分项效益外，还应计算项目的整体效益流量。

（5）经济费用效益分析主要指标和评价准则。

1）经济净现值（ENPV）。所谓经济净现值是指用社会折现率将项目计算期内各年的经济净效益流量折算到建设期初的现值之和，是经济效益费用分析的主要指标。其具体表达式为

$$ENPV = \sum_{t=1}^{n} (B - C)_t (1 + i_s)^{-t}$$

$$(14.8 - 44)$$

式中　t——计算各年的年序，基准年的序号为1；

　　　n——项目的计算期，年；

　　　B——年经济效益流量；

　　　C——年经济费用流量；

$(B - C)_t$——项目第 t 年的经济净效益流量；

　　　i_s——社会折现率。

项目的经济合理性应根据经济净现值（ENPV）的大小确定，当 $ENPV \geqslant 0$ 时，确定该项目在经济上是合理的。

2）经济内部收益率（EIRR）。经济内部收益率是项目国民经济评价的主要指标，从资源配置角度反

映经济效益相对量指标，表示项目占用的资金所能获得的动态收益率，反映资源配置的经济效益，是经济效益费用分析的辅助指标。

经济内部收益率是项目在计算期内资金流入现值总额与资金流出现值总额相等或净现值等于零时的折现率，其表达式为

$$\sum_{t=1}^{n}(B-C)_t(1+EIRR)^{-t}=0$$

(14.8-45)

式中　B——年经济效益流量；

C——年经济费用流量；

$(B-C)_t$——项目第 t 年的净现金流量；

其余符号意义同前。

项目的经济合理性按经济内部收益率（$EIRR$）与社会折现率（i_s）的对比确定。当 $EIRR \geqslant i_s$ 时，该项目在经济上是合理的。

3）经济效益费用比（R_{BC}）。经济效益费用比以项目计算期内效益现值与费用现值之比表示，计算公式为

$$R_{BC}=\frac{\sum_{t=1}^{n}B_t(1+i_s)^{-t}}{\sum_{t=1}^{n}C_t(1+i_s)^{-t}}$$

(14.8-46)

式中　B_t——项目第 t 年的收益；

C_t——项目第 t 年的成本；

其余符号意义同前。

当 $R_{BC} \geqslant 1$ 时，该项目在经济上是合理的。

进行国民经济评价，编制反映项目计算期内各年的效益、费用和净效益的国民经济效益费用流量表，计算该项目的各项国民经济评价指标。

（6）费用效果分析。

1）费用效果分析是将效果与费用采取不同的度量方法和度量单位，在以货币度量费用的同时，采用某种非货币单位度量效果。费用效果分析遵循多方案比选的原则，通过对多方案的费用和效果进行比较，从中选择最优或较好的方案。因此，采用费用效果分析方法需具备以下条件：

a. 备选方案是互斥方案或可转化为互斥方案，且不少于 2 个方案。

b. 备选方案目标要相同，并且要均能满足项目最低效果标准的要求，否则无可比性。

c. 备选方案的费用可以货币化，且资金用量不能超过预算限额。

d. 备选方案的效果要采用同一非货币单位度量。如果有多个效果，可通过采取加权的方法处理为同一

度量单位表示的综合效果。

e. 备选方案寿命周期要有可比性。

2）效果费用比（RE/C）是费用效果分析的基本指标。费用效果分析方法包括最小费用法、最大效果法和增量分析法。

a. 最小费用法。在效果相同的条件下，选择能够达到同样效果的各种方案中费用最小的方案。这种满足固定效果寻求费用最小的方案，称为最小费用法，也叫固定效果法。

b. 最大效果法。若将费用固定，追求最大化效果的方法，称为最大效果法，也叫固定费用法。

c. 增量分析法。当备选方案效果和费用都不能固定时，且分别具有较大幅度的差别时，则比较备选方案之间费用差额和效果差额，分析获得增量效果所花费的增量费用是否合算，这时不能盲目选择效果费用比大的方案或费用效果比小的方案。

采取增量分析法，需事先确定基准指标（或称截止指标）$[E/C]$ 或 $[C/E]$，若增量效果超过增量费用，即 $\Delta E/\Delta C \geqslant [E/C]$ 或者 $\Delta C/\Delta E \leqslant [C/E]$，则选择费用高的方案，否则选择费用低的方案。

14.8.2.2　财务分析（财务评价）

对于年财务收入大于年总成本费用的项目，进行全面的财务评价，包括财务生存能力分析、偿债能力分析和盈利能力分析，判别项目的财务可行性；对于无财务收入或年财务收入小于年运行费用的项目，只进行财务生存能力分析，提出维持项目正常运营需要采取的政策措施；对于年财务收入大于年运行费用但小于年总成本费用的项目，重点进行财务生存能力分析，根据具体情况进行偿债能力分析。

通过财务评价，可以获得该项目的盈利能力、变现能力、财务生存能力，形成多个方案的优化比较与优选，将财务特定评价指标作为决策标准或依据。

1. 财务评价的要求

进行财务评价时，有以下要求：

（1）财务评价的费用与效益计算口径要一致。只有将投入物与产出物的估算限定在同一范围内，计算的净效益才是投入的真实回报。

（2）费用与效益识别应遵循有无对比原则。有无对比是项目评价中通用的费用与效益识别的基本原则。

（3）财务评价中动态分析与静态分析相结合，但以动态分析为主。根据资金时间价值原理，考查项目整个计算期内各年的效益与费用，采用现金流量分析的方法，计算财务内部收益率和财务净现值等评价指标。

（4）基础数据要准确稳妥。财务评价结果的准确

性取决于基础数据的可靠性。

2. 评价参数的确定

财务评价涉及三种价格体系：基价（或称固定价格）、时价和实价。

（1）基价（或称固定价格）。基价是以基年价格水平表示的，不考虑其后价格变动的情况，也称固定价格。采取基价时，计算期内各年的价格都是相同的。一般选择评价工作进行的年份为基年，也可采用建设开始的年份作为基年。基价是确定项目涉及的各种货物预测价格的基础，建设投资估算的基础。

（2）时价。时价是指任何时候当时的市场价格。时价包含了相对价格变动与绝对价格变动的因素，以当时的价格水平表示。时价的计算是以基价为基础，按照预计的各种货物不同的价格上涨率（称时价上涨率），分别求出各种货物在计算期内任何一年的时价。

（3）实价。实价是以基年价格水平表示，只反映相对价格变动的影响的价格。可以由时价中扣除物价总水平变动的影响来求得实价。

（4）三种价格的关系。

1）设基价为 P_b，时价为 P_c，各年的时价上涨率为 $c_i (i=1, 2, \cdots, n)$，c_i 可以各年相同，也可以不同，则第 n 年的时价为

$$P_c = P_b (1+c_1)(1+c_2)\cdots(1+c_n) \qquad (14.8-47)$$

若各年的时价上涨率 c_i 相同，则

$$P_c = P_b (1+c_i)^n \qquad (14.8-48)$$

2）设第 i 年的实价上涨率为 r_i，物价总水平上涨率为 f_i，若各年的时价上涨率 c_i 和物价总水平上涨率 f_i 都不变，则

$$第 i 年的实价 = \frac{第 i 年的时价}{1+f_i} \qquad (14.8-49)$$

$$r_i = \frac{(1+c_i)^i}{(1+f_i)^i} \qquad (14.8-50)$$

（5）财务评价的取价原则。

1）财务评价应采取预测价格。预测价格应在选定的基价基础上预测。

2）现金流量分析原则上采用实价体系。采用实价计算净现值和内部收益率，可排除通货膨胀因素带来的影响，能够相对真实地反映投资的盈利能力。

3）偿债能力分析和财务生存能力分析原则上采用时价体系。采用时价价值进行投资费用、融资数额等预测，有利于描述项目计算期内各年当时的财务状况，能够真实地反映项目的偿债能力和财务生存能力。

4）实际运用中可对于价格体系进行简化处理。

5）对于产出物适用增值税的项目，其投入物和产出物价格按不含税价格处理。

3. 现金流量分析的基准参数

现金流量分析指标的判别基准称为基准参数，最重要的基准参数为财务基准收益率或最低可接受收益率，它用于判别财务内部收益率是否满足要求，同时它也是计算财务净现值的折现率。

基准参数由以下几方面确定：

（1）基准参数的确定要与指标的内涵相对应，选择最低内部收益率要明确对谁而言，针对不同的对象采取的参数不同。因此，财务评价中不应总是用同一个最低可接受收益率作为各种财务内部收益率的差别标准。

（2）基准参数的确定要与所采用的价格体系相协调，若计算期内考虑通货膨胀，并采用时价计算财务内部收益率，则确定差别基准参数也应考虑通货膨胀，反之亦然。

（3）基准参数的确定要考虑资金成本和投资机会成本，投资获益既要大于资金成本，又要大于投资机会成本。通常把资金成本和投资机会成本作为基准参数的确定基础，但资金成本作为第一参考值。

（4）项目投资财务内部收益率的基准参数可采用国家、行业或专业（总）公司统一发布的财务基准收效率，或者评价者自行设定。

（5）项目资本金财务内部收益率的基准参数应为项目资本金所有者整体的最低可接受收益率。可通过计算得到，也可参照同类项目的净资产收益率确定。

（6）投资各方财务内部收益率的判别基准参数为投资各方对于投资收益水平的最低期望值，由各方投资者自行确定。

4. 效益与费用的计算

（1）费用与收入估算。

1）财务支出。水土保持生态建设项目的财务支出包括建设项目总投资、年运行费、流动资金、更新改造费和税金等费用。

a. 项目总投资包括固定资产投资和建设期贷款利息。

a）固定资产投资包括项目建设期的全部投资。投资概（估）算根据不同设计阶段的深度要求，按有关规范进行编制。

b）建设项目借款应按年计息。建设期利息应计入固定资产，运行初期和正常运行期利息应计入项目总成本费用。

b. 年运行费包括工资及福利费、材料费、燃料

及动力费、维护费、管理费和其他费用等，可分项计算，也可按项目总成本费用扣除折旧费、摊销费和财务费用（利息净支出）计算。

c. 流动资金包括维持项目正常运行所需的全部周转资金。

d. 更新改造费包括水土保持生态建设项目运行期内设备、设施等需要更新或拓展项目的投资费用。

e. 税金包括产品的增值税、营业税、销售税金及附加费、所得税等。根据项目性质，按照国家现行税法规定的税目、税率进行计算。

2）总成本费用。水土保持生态建设项目总成本费用包括项目在一定时期内为生产、运行以及销售产品和提供服务所花费的全部成本与费用。

水土保持生态建设项目的总成本费用包括年运行费、折旧费、摊销费和财务费用等。

折旧费根据有关标准，按各类固定资产的折旧年限，采用平均年限法计取；也可参照已建类似项目的实际年综合折旧费率，乘以本项目的固定资产原值计算。

3）财务收入。水土保持生态建设项目的财务收入包括出售水土保持项目产品和提供服务所获得的收入以及可能获得的各种补贴或补助收入。年利润总额包括出售水土保持项目产品和提供服务所获得的年利润，按年财务收入扣除年总成本费用和年销售税金及附加费计算。年盈利能力、年利润总额大于 0 的水土保持生态建设项目应依法缴纳所得税。年利润总额首先弥补上年度的亏损，再按有关规定缴纳所得税，而后再按财务制度进行分配。年利润总额弥补上年度的亏损和应缴纳所得税后为税后利润。

税后利润和期初未分配利润组成可供分配利润。可供分配利润扣除提取的法定盈余公积金后为可分配利润。可分配利润再向投资各方分配利润。

（2）财务报表。基本财务报表包括全部投资现金流量表、资本金现金流量表、投资各方现金流量表、损益表、财务计划现金流量表、资产负债表和贷款还本付息计划表等。水土保持生态建设项目属于社会公益性质或财务收入很少的建设项目，财务报表可根据项目性质进行简化。

1）全部投资现金流量表。现金流量是把项目看作一个独立的系统，反映项目在整个计算期内的现金流入和流出。净现金流量是指在一定时期内现金流入和现金流出的代数和。

现金流量只计算现金收支，因此在进行项目整个计算期的动态评价时，投资按其实际发生的事件作为一次性支出计入现金流量。

全部投资现金流量表不分投资资金来源，即以全部投资为计算基础，用来计算项目全部投资的所得税前和所得税后的财务内部收益率、财务净现值、投资回收期等评价指标，考察项目全部投资的盈利能力。

2）资本金现金流量表。资本金现金流量表是项目资本金现金流量分析的基础，此表的净现金流量包括了本项目缴税和还本付息之后所剩余的收益，也就是企业的净收益。根据净现金流量计算得到的资本金内部收益率指标能够反映从投资者整体角度考察项目盈利能力的要求，也就是从企业角度对盈利能力进行判断的要求。

3）投资各方现金流量表。投资各方现金流量表是从投资各方角度出发的现金流量表，用来计算投资各方的内部收益率指标的基础。计算投资各方的内部收益率可以看出各方收益的非均衡性是否在一个合理的水平上，有助于促成投资各方在合作谈判是否达成平等互利的协议，是一个相对次要的指标。

4）损益表。损益表反映项目计算期内各年的利润总额和所得税总额计税后的利润分配，用来计算投资利润率、投资利税率和投资回收期等静态评价指标。

5）财务计划现金流量表。财务计划现金流量表是在财务评价辅助表和损益表的基础上编制，考察计算期内的投资、融资和经营活动所产生的各项现金流入与流出，计算净现金流量和累计盈余资金，分析项目是否有足够的净现金流量维持正常运营，以及各年累计盈余资金是否出现负值。若累计盈余资金出现负值，则需考虑短期借款，并分析短期借款的年份（一般不超过 5 年）、数额和可靠性。

6）资产负债表。资产负债表综合反映项目历年来的资产、负债和资本的增减变化情况等，以考察项目资产、负债、所有者权益结构是否合理，用以计算资产负债率、流动比率和速动比率等指标。资产负债表依据会计平衡原理"资产＝负债＋所有者权益"编制。

7）贷款还本付息计划表。贷款还本付息计划表用于估算建设期利息和投产后的还本付息，同时可以计算出按最大能力方式的借款偿还期。本表与损益表、资产负债表均是计算利息备付率、偿债备付率和资产负债率等指标的基础。

水土保持生态建设项目财务评价指标包括全部投资财务内部收益率、资本金财务内部收益率、投资各方财务内部收益率、财务净现值、投资回收期、总投资利润率、项目资本金净利润率、利息备付率、偿债备付率和资产负债率等，用以评价财务生存能力分析、偿债能力分析和盈利能力分析，判断项目财务可行性。

a. 财务内部收益率（FIRR），以项目计算期内各年净现金流量现值累计等于 0 时的折现率表示。其计算公式为

$$\sum_{t=1}^{n}(CI-CO)_t(1+FIRR)^{-t}=0$$

(14.8 - 51)

式中　　$(CI-CO)_t$——项目第 t 年的净现金流量；

CI——现金流入量；

CO——现金流出量；

t——计算各年的年序，基准年的序号为 1；

n——项目的计算期，年。

财务内部收益率可根据现金流量表中的净现金流量，用试算法计算。当财务内部收益率大于或等于行业财务基准收益率（i_c）或设定的折现率（i）时，该项目在财务上是可行的。

b. 财务净现值（FNPV），通过行业财务基准收益率（i_c）或设定的折现率（i），将项目计算期内各年净现金流量折算到计算期初的现值之和。其表达式为

$$FNPV=\sum_{t=1}^{n}(CI-CO)_t(1+i_c)^{-t}$$

(14.8 - 52)

式中　符号意义同前。

项目的财务可行性应根据项目财务净现值的大小确定。当 $FNPV \geqslant 0$ 时，该项目在财务上是可行的。选择 i_c 时要注意所得税前与所得税后指标是不同的。

c. 投资回收期（P_t），投资回收期以项目的净现金流量累计等于 0 时所需要的时间（以年计）表示，从建设开始年起算。如果从运行开始年起算，应予以说明。其表达式为

$$\sum_{t=1}^{P_t}(CI-CO)_t=0 \qquad (14.8-53)$$

式中符号意义同前。

d. 总投资收效率（ROI）（也称总投资利润率），表示总投资的盈利水平，以项目达到设计能力后正常运行年份的年息税前利润或运行期内年平均息税前利润（EBIT）与项目总投资（TI）的比率表示，公式为

$$ROI=\frac{EBIT}{TI}\times100\% \qquad (14.8-54)$$

总投资收效率（总投资利润率）应与行业平均投资收效率比较，判别项目单位投资盈利能力是否达到本行业的平均水平，即总投资收效率大于同行业的收效率参考值，则表明项目总投资收效率满足要求。

e. 效果费用比（$R_{E/C}$），其含义为单位费用所达到的效果，表达式为

$$R_{E/C}=\frac{E}{C} \qquad (14.8-55)$$

式中　　E——项目效果；

C——项目费用。

也可用费用效果比（$R_{C/E}$）表示，即单位效果所花费的费用，表达式为

$$R_{C/E}=\frac{C}{E} \qquad (14.8-56)$$

水土保持生态建设项目为非盈利性项目，这类项目的建设目的主要是发挥其使用功能，服务于社会，对其进行财务评价的目的不作为投资决策的依据，而是为考察项目的财务状况，了解盈亏情况，以便采取措施使其能维持正常运营，正常发挥功能。非盈利性项目财务评价的实质是进行方案比选，以使所选取方案能够在满足项目目标的前提下，投资最少。

非盈利性项目的财务评价相对简单，一般不需要计算财务内部收益率、财务净现值、投资回收期指标，只需进行财务运行成本分析，并对投资、总成本费用和收入进行估算。对于无财务收入或财务收入小于年运行费用的水土保持生态建设项目，要估算项目总成本费用和年运行费，对年运行费不足的，需提出维持项目正常运行的资金来源渠道。

14.8.2.3　不确定性分析

不确定性分析方法包括分析因素对经济效益指标的影响趋势、分析因素在不同估计值的情况下对经济效益指标的影响程度、分析因素在出现变化的各种可能情况下对经济效益指标的综合影响等。水土保持项目的不确定性分析一般包括敏感性分析和盈亏平衡分析。一般水土保持生态建设项目只进行敏感性分析。

1. 盈亏平衡分析方法

该方法适应于企业财务评价，运用产量-成本-利润的关系和盈亏平衡点，来分析项目财务上的经营安全性。

2. 敏感性分析

该方法适应于国民经济评价和企业财务评价。通过分析，找出影响经济效益的最敏感因素和数据，以便加以控制的方法。

敏感性分析是根据项目特点，分析、测算固定资产投资、效益、主要投入物的价格、产出物的产量和价格、建设期年限及汇率等主要因素中，一项指标浮动或多项指标同时发生浮动对主要经济评价指标的影响。必要时可计算敏感度系数（SAF）和临界点，找出敏感因素。

敏感度系数（SAF）以项目评价指标变化率与不确定因素变化率的比值表示，公式为

$$SAF = \frac{\Delta A/A}{\Delta F/F} \qquad (14.8-57)$$

式中　SAF——评价指标 A 对于不正确性因素 F 的敏感度系数；

　　　$\Delta F/F$——不确定因素 F 的变化率；

　　　$\Delta A/A$——不确定因素 F 发生 ΔF 变化时，评价指标 A 的相应的变化率。

临界点以不确定因素使内部收益率等于基准收益率或净现值等于 0 时，相对基本方案的变化率或其对应的具体数值表示。

选取哪些浮动因素，可根据项目的具体情况，按可能发生对经济评价较为不利的原则分析确定。主要因素浮动的幅度，可根据项目的具体情况确定，也可参照下列变化幅度选用：

（1）固定资产投资，$\pm 10\% \sim \pm 20\%$。

（2）效益，$\pm 15\% \sim \pm 25\%$。

（3）建设期年限，增加或减少 $1 \sim 2$ 年。

一般可只对主要经济评价指标，如国民经济评价中的经济内部收益率（$EIRR$）、经济净现值（$ENPV$）、投资回收期（P_t）等进行分析，选取时应根据项目需要研究确定。

敏感性分析计算结果，一般以列表分析或采用敏感性分析图表示。对最敏感的因素，要研究提出减少其浮动的措施。

对于具有一定财务效益的重大水土保持生态建设项目可进行盈亏平衡分析，特别重大水土保持生态建设项目也可进行风险分析。水土保持生态建设项目的敏感性分析、盈亏平衡分析与风险分析可参照 SL 72 进行。

14.8.2.4　案例

【例 14.8-3】　山西某小流域治理工程，根据流域土地利用调整和工程设计，项目 3 年内完成初治面积：基本农田建设 18.55hm²（包括新修梯田 15.33hm²，滩地开发 3.22hm²），补修淤地坝和消力池 1 处，谷坊 42 座，沟头防护 20 处，营造水土保持林 534.06hm²（包括乔木林和灌木林），经济林 39.08hm²，栽植树木 190.93 万株，种草 106.45hm²（包括人工草地和改良草地）。提蓄水工程 1 处；修道路全长 800m，景点 1 处；建设径流小区 12 个。完成投资总额 529.11 万元［投资概算表（略）不含流域外地方自筹］，工程实施分年度计划见表 14.8-11，乔木林在原来的林地上实施，灌木林刈割周期为 3 年，经济林中的仁用杏、人工草地、改良草地及机修梯田是在原来的坡耕地上实施（即无项目收益为坡耕

地收益），滩地整治是在原来的滩地上实施（即无项目收益为零），本项目年运行费为年投入。对该项目进行经济分析（国民经济评价）。

表 14.8-11　　工程实施分年度计划

项目		第一年	第二年	第三年	合计
乔木林	油松/hm²	75.76	159.02	22.68	257.46
	落叶松/hm²	27.36	90.92	66.12	184.40
	杨树/hm²	0	4	1	5
	柳树/hm²	0	0	1	1
经济林	仁用杏/hm²	0	0	39.08	39.08
灌木林	柠条/hm²	70.80	15.40	0	86.20
人工草地	紫花苜蓿/hm²	15.96	0	0	26.28
	草木樨/hm²	0	0	2.98	
	山野豌豆/hm²	0	0	7.34	
改良草地	无芒雀麦＋老芒麦＋沙打旺（5:4:1）/hm²	8.00	26.59	45.58	80.17
林草面积小计		197.88	295.93	185.78	679.59
提蓄水工程/处		1			1
径流小区/处		12			12
沟头防护/处		16			20
谷坊/处		42			42
机修梯田/hm²			15.33		15.33
道路拓宽/m		800			800
滩地整治/hm²			3.22		3.22
溢洪道维修/处			1		1
景点/处		1			1

解：采用国民经济评价中效益费用分析法，计算期 20 年；计算价格：投工为 10 元/工日，粮食、油料、杏仁按市场价格计。

水土保持措施投产模式单公顷坡耕地（无项目）种植运行模式见表 14.8-12，单公顷梯田（有项目）种植运行模式见表 14.8-13，单公顷滩地（有项目）种植运行模式见表 14.8-14，单公顷油松（乔木，有项目）效益分析见表 14.8-15，单公顷紫花苜蓿（人工种草）运行模式见表 14.8-16，单公顷柠条（灌木，有项目）效益分析见表 14.8-17，单公顷仁用杏（经济林，有项目）效益分析见表 14.8-18，落叶松、山野豌豆、草木樨等的分析略。模式综合简表见表 14.8-19。

表 14.8 - 12　　单公顷坡耕地（无项目）种植运行模式

产/投项目	谷类			豆类			荞麦			油料			土豆		
	单价/元	数量	金额/元	单价/元	数量	金额/元	单价/元	数量	金额/元	单价/元	数量	金额/元	单价/元	数量	金额/元
一、产出			2475			2784			1860			2655			5250
（一）主产品	1.6	1125kg	1800	2	1200kg	2400	2	750kg	1500	2.8	900kg	2520	0.3	15000kg	4500
（二）副产品	0.6	1125kg	675	0.2	1920kg	384	0.3	1200kg	360	0.1	1350kg	135	0.1	7500kg	750
二、投入			1590			1080			792			945			2235
（一）材料			615			600			192			345			1185
1. 种子	3	30kg	90	4	150kg	600	1.6	120kg	192	4	30kg	120	1.2	300kg	360
2. 农肥	25	6	150										25	3	75
3. 化肥	1	375	375							1	225	225	1	750	750
（二）劳务			975			480			600			600			1050
1. 春耕	10	15工日	150	10	15工日	150	10	15工日	150	10	15工日	150	10	15工日	150
2. 播种	10	7.5工日	75	10	7.5工日	75	10	7.5工日	75	10	15工日	150	10	15工日	150
3. 追肥	10	7.5工日	75							10	15工日	150	10	30工日	300
4. 中耕锄草	10	45工日	450	10	15工日	150	10	15工日	150				10	15工日	150
5. 收获	10	15工日	150	10	7.5工日	75	10	15工日	150	10	7.5工日	75	10	30工日	300
6. 晾晒	10	7.5工日	75	10	3工日	30	10	7.5工日	75	10	7.5工日	75			0
三、净产值			885			1704			1068			1710			3015
四、播种面积比		20%			20%			25%			10%			25%	
五、比配效益①			177			340.8			267			171			753.75
六、综合收益									1709.55 元						

① 比配效益＝净产值×播种面积比。

表14.8-13　　单公顷梯田（有项目）种植运行模式

产/投项目	谷类			豆类			莜麦			油料			土豆		
	数量	单价/元	金额/元	数量	单价/元	金额/元	数量	单价/元	金额/元	数量	单价/元	金额/元	数量	单价/元	金额/元
一、产出			4950			4080			3675			4425			10235
（一）主产品	2250kg	1.6	3600	1800kg	2	3600	1500kg	2	3000	1500kg	2.8	4200	30000kg	0.3	9000
（二）副产品	2250kg	0.6	1350	2400kg	0.2	480	2250kg	0.3	675	2250kg	0.1	225	12350kg	0.1	1235
二、投入			2085			1225			1027.5			1280			2452.5
（一）材料			1110			720			352.5			480			1402.5
1. 种子	45kg	3	135	180kg	4	720	150kg	1.6	240	45kg	4	180	450kg	1.2	540
2. 农肥	9kg	25	225				4.5kg	25	112.5				4.5kg	25	112.5
3. 化肥	750kg	1	750							300	1	300	750kg	1	750
（二）劳务			975			505			675			800			1050
1. 春耕	15工日	10	150	15工日	10	150	15工日	10	150	15工日	10	150	15工日	10	150
2. 播种	7.5工日	10	75	9工日	10	90	15工日	10	150	15工日	10	150	15工日	10	150
3. 追肥	7.5工日	10	75	1.5工日	10	15							15工日	10	150
4. 锄草	30工日	10	300	17.5工日	10	175	7.5工日	10	75	17.5工日	10	175	30工日	10	300
5. 收获	7.5工日	10	75	7.5工日	10	75	15工日	10	150	17.5工日	10	175	30工日	10	300
6. 晾晒	30工日	10	300				15工日	10	150	15工日	10	150			0
三、净产值			2865			2855			2647.5			3145			7782.5
四、播种面积比	35%			15%			10%			10%			30%		
五、比配效益①			1002.75	0	0	428.25	0	0	264.75	0	0	314.5	0	0	2334.75
六、综合效益						4345 元									

注　本表所列梯田效益为第3年正常收益，第1年按坡地无项目计，第2年按梯田的70%计。
① 比配效益＝净产值×播种面积比。

表 14.8-14　　单公顷滩地（有项目）种植运行模式

产/投项目	高粱			玉米			蔬菜			葵花		
	数量	单价/元	金额/元	数量	单价/元	金额/元	数量	单价/元	金额/元	数量	单价/元	金额/元
一、产出			8400			7440			18000			4680
（一）主产品	7500kg	1	7500	6000kg	1	6000	90000kg	0.2	18000	1500kg	2.8	4200
（二）副产品	9000kg	0.1	900	7200kg	0.2	1440				2400kg	0.2	480
二、投入			4087.5			4935			6825			1419
（一）材料			3037.5			3735			4275			894
1. 种子	45kg	2.5	112.5	60kg	3.5	210	7.5kg	20	150	23kg	3	69
2. 农肥	9kg	25	225	9kg	25	225	15kg	25	375	3kg	25	75
3. 化肥	1500kg	1	1500	1500kg	1	1500	1500kg	1	1500	750kg	1	750
4. 水	2400kg	0.5	1200	3600kg	0.5	1800	4500kg	0.5	2250			
（二）劳务			1050			1200			2550			525
1. 春耕	7.5工日	10	75	7.5工日	10	75	30工日	10	300	7.5工日	10	75
2. 播种	7.5工日	10	75	7.5工日	10	75	30工日	10	300	7.5工日	10	75
3. 追肥	15工日	10	150	15工日	10	150	45工日	10	450			
4. 锄草	15工日	10	150	30工日	10	300	45工日	10	450	15工日	10	150
5. 收割	30工日	10	300	15工日	10	150	75工日	10	750	7.5工日	10	75
6. 晾晒	15工日	10	150	30工日	10	300	30工日	10	0	15工日	10	150
7. 灌溉	15工日	10	150	15工日	10	150	30工日	10	300			
三、净产值			5662.5			4305			13725			3261
四、播种面积比	30%			50%			5%			15%		
五、比配效益①	0	0	1698.75	0	0	2152.5	0	0	686.25	0	0	489.15
六、综合效益	5026.65 元											

① 比配效益＝净产值×播种面积比。

表14.8-15 单公顷油松（乔木，有项目）效益分析

产/投项目	第1年			第2～第3年			第4～第14年			第15年			第16～第19年			第20年		
	单价/元	数量	金额/元	单价/元	数量	金额/元	单价/元	数量	金额/元	单价/元	数量	金额/元	单价/元	数量	金额/元	单价/元	数量	金额/元
一、产出												4245			100			10000
（一）椽材										5	833根	4165						
（二）薪柴							0.2	200kg	40	0.2	400kg	80	0.2	500kg	100			
（三）蓄积量																200	50m³	10000
二、投入			150			225			150			40			40			
（一）劳务			150															
1. 锄草	10	15工日	150	10	7.5工日	75												
2. 扩穴				10	15工日	150												
3. 修枝							10	15工日	150									
4. 间伐										10	4工日	40	10	4工日	40			
三、净产值			−150			−225			−110			4205			60			10000

表14.8-16 单公顷紫花苜蓿（人工种草）运行模式

产/投项目	第1年			第2年			第3～第6年			第7年		
	单价/元	数量	金额/元	单价/元	数量	金额/元	单价/元	数量	金额/元	单价/元	数量	金额/元
一、产出			1500			1800			2250			1500
（一）主产品	50	30t	1500	50	36t	1800	50	45t	2250	50	30t	1500
二、投入			503			475			550			1975
（一）材料			0			100			100			1125
1. 种子										10	15kg	150
2. 化肥				1000	0.1t	100	1000	0.1t	100	1000	0.35t	350
3. 农肥										25	25t	625
（二）劳务			503			375			450			850
1. 耕播										10	45工日	450
2. 追肥				10	7.5工日	75	10	7.5工日	75	10	15工日	150
3. 锄草												
4. 收割	20.12	25工日	503	10	30工日	300	10	37.5工日	375	10	25工日	250
三、净产值			997			1325			1700			−475

表 14.8－17　单公顷柠条（灌木，有项目）效益分析

产/投项目	第1~第2年 单价/元	数量	金额/元	第3年 单价/元	数量	金额/元
一、产出						2250
（一）椽材						
（二）薪柴	0.15		2250		15000kg	2250
（三）蓄积量						
二、投入						
（一）劳务	10		750		75工日	750
三、净产值						
1. 平茬			0			1500

表 14.8－18　单公顷仁用杏（经济林，有项目）效益分析

产/投项目	第1年 单价/元	数量	金额/元	第2~第4年 单价/元	数量	金额/元	第5~第10年 单价/元	数量	金额/元	第11~第19年 单价/元	数量	金额/元	第20年 单价/元	数量	金额/元
一、产出			2880			1920			57000			70500			73590
（一）木材													300	10根	3000
（二）薪柴													0.2	450kg	90
（三）杏仁							45	1200kg	54000	45	1500kg	67500	45	1500kg	67500
（三）杏脯							2	1500kg	3000	2	1500kg	3000	2	1500kg	3000
（四）粮食	2.4	1200kg	2880	2.4	800kg	1920									
二、投入			1050			2170			2790			4455			4005
（一）材料			600			820			840			2055			2055
1. 种子	4	150kg	600	4	100kg	400									
2. 农肥															
3. 化肥				1	420kg	420	1	840kg	840	1	1680kg	1680	1	1680kg	1680
4. 农药							10	15kg	150	10	22.5kg	225	10	22.5kg	225
5. 水							5	20m³	100	5	30m³	150	5	30m³	150
（二）劳务			450			1350			1950			2400			1950
1. 锄草	10	30工日	300	10	30工日	300	10	30工日	300	10	30工日	300	10	30工日	300
2. 施肥				10	30工日	300	10	30工日	300	10	30工日	300	10	30工日	300
3. 浇水				10	15工日	150	10	15工日	150	10	30工日	300	10	30工日	300
4. 扩穴				10	30工日	300	10	45工日	450	10	45工日	450	10	30工日	300
5. 修枝				10	15工日	150	10	15工日	150	10	15工日	150	10	30工日	300
6. 收获	10	15工日	150	10	15工日	150	10	60工日	600	10	90工日	900	10	45工日	450
三、净产值			1830			-250			54210			66045			69585

表 14.8－19

模 式 综 合 简 表

单位：元

时间	油松 投入	油松 收益	油松 无项目净收益	华北落叶松 投入	华北落叶松 收益	华北落叶松 无项目净收益	仁用杏 投入	仁用杏 收益	仁用杏 无项目净收益	杞条 投入	杞条 收益	杞条 无项目净收益	苜蓿 投入	苜蓿 收益	苜蓿 无项目净收益	山野豌豆 投入	山野豌豆 收益	山野豌豆 无项目净收益
第1年	11363.25	0	5681.63	8255.74	0	2051.63	0.00	0.00	0	0	0	4248.12	8040.46	23977.5	1198.875	0	0	0
第2年	28408.13	0	5681.63	33595.44	1094.20	8870.85	0.00	0.00	0	0	0	5172.24	7592.88	28773	1198.875	0	0	0
第3年	54524.78	0	18458.40	57234.17	4731.12	13830.08	41034.00	112550.40	59892.05	53101.5	159305	5172.24	8791.75	35966.3	1198.875	3689.51	11002.5	550.125
第4年	49693.58	3030.2	18458.40	75197.97	8470.24	13830.08	84803.60	75033.60	59892.05	11551.5	34654.5	5172.24	8791.75	35966.3	1198.875	3484.13	13203	550.125
第5年	37767.23	9390.92	18458.40	47675.58	12107.16	13830.08	84803.60	75033.60	59892.05	53101.5	159305	5172.24	8791.75	35966.3	1198.875	4034.25	16503.8	550.125
第6年	36916.80	9844.48	18458.40	27660.15	14752.08	13830.08	109033.20	2227560.00	59892.05	11551.5	34654.5	5172.24	8791.75	35966.3	1198.875	4034.25	16503.8	550.125
第7年	36916.80	9844.48	18458.40	27660.15	14752.08	13830.08	109033.20	2227560.00	59892.05	53101.5	159305	5172.24	31570.4	23977.5	1198.875	4034.25	16503.8	550.125
第8年	36916.80	9844.48	18458.40	27660.15	14752.08	13830.08	109033.20	2227560.00	59892.05	11551.5	34654.5	5172.24	8040.46	23977.5	1198.875	4034.25	16503.8	550.125
第9年	36916.80	9844.48	18458.40	27660.15	14752.08	13830.08	109033.20	2227560.00	59892.05	53101.5	159305	5172.24	7592.88	28773	1198.875	15146.8	11002.5	550.125
第10年	36916.80	9844.48	18458.40	27660.15	14752.08	13830.08	109033.20	2227560.00	59892.05	11551.5	34654.5	5172.24	8791.75	35966.3	1198.875	3689.51	11002.5	550.125
第11年	36916.80	9844.48	18458.40	27660.15	14752.08	13830.08	174101.40	2755140.00	59892.05	53101.5	159305	5172.24	8791.75	35966.3	1198.875	3484.13	13203	550.125
第12年	36916.80	9844.48	18458.40	27660.15	14752.08	13830.08	174101.40	2755140.00	59892.05	11551.5	34654.5	5172.24	8791.75	35966.3	1198.875	4034.25	16503.8	550.125
第13年	36916.80	9844.48	18458.40	27660.15	14752.08	13830.08	174101.40	2755140.00	59892.05	53101.5	159305	5172.24	8791.75	35966.3	1198.875	4034.25	16503.8	550.125
第14年	36916.80	9844.48	18458.40	27660.15	14752.08	13830.08	174101.40	2755140.00	59892.05	11551.5	34654.5	5172.24	31570.4	23977.5	1198.875	4034.25	16503.8	550.125
第15年	28583.75	328394.26	18458.40	24651.10	197592.90	13830.08	174101.40	2755140.00	59892.05	53101.5	159305	5172.24	8040.46	23977.5	1198.875	4034.25	16503.8	550.125
第16年	11091.77	683060.47	18458.40	16468.03	623028.51	13830.08	174101.40	2755140.00	59892.05	11551.5	34654.5	5172.24	7592.88	28773	1198.875	15146.8	11002.5	550.125
第17年	9844.48	71611.36	18458.40	8698.50	459083.77	13830.08	174101.40	2755140.00	59892.05	53101.5	159305	5172.24	8791.75	35966.3	1198.875	3689.51	13203	550.125
第18年	9844.48	24611.2	18458.40	7376.04	18440.10	13830.08	174101.40	2755140.00	59892.05	11551.5	34654.5	5172.24	8791.75	35966.3	1198.875	3484.13	16503.8	550.125
第19年	9844.48	24611.2	18458.40	7376.04	18440.10	13830.08	174101.40	2755140.00	59892.05	53101.5	159305	5172.24	8791.75	35966.3	1198.875	4034.25	16503.8	550.125
第20年	6814.28	774585.7	18458.40	6281.84	1164614.60	13830.08	174101.40	2755140.00	59892.05	11551.5	34654.5	5172.24	8791.75	35966.3	1198.875	4034.25	16503.8	550.125

时间	草木樨 投入	草木樨 收益	草木樨 无项目净收益	改良草地 投入	改良草地 收益	改良草地 无项目净收益	梯田 投入	梯田 收益	梯田 无项目净收益	坝地 投入	坝地 收益	坝地 无项目净收益	灌地 投入	灌地 收益	灌地 无项目净收益
第1年	0	0	0	1999.5	11997	599.85	18836.96	45886.47		9065.43	25251.24	27049.51	29658.94	35974.50	13780.10
第2年	0	0	0	8646.8	51881	2594.025	23227.40	76909.88		9065.43	25251.24	27049.51	106145.58	152885.41	50567.12
第3年	745.8	4474.5	223.725	20043	120255	6012.75	33182.00	109871.25		9065.43	25251.24	27049.51	271456.77	550445.39	132387.75
第4年	1656	6711.8	223.725	20043	120255	6012.75	33182.00	109871.25		9065.43	25251.24	27049.51	297468.02	432447.03	132387.75
第5年	5780	4474.5	223.725	20043	120255	6012.75	33182.00	109871.25		9065.43	25251.24	27049.51	251141.90	408853.67	132387.75
第6年	745.8	4474.5	223.725	35439	120255	6012.75	33182.00	109871.25		9065.43	25251.24	27049.51	278343.73	571256.65	132387.75
第7年	1656	6711.8	223.725	71226	120255	6012.75	33182.00	109871.25		9065.43	25251.24	27049.51	300107.92	2589381.55	132387.75
第8年	5780	4474.5	223.725	107790	120255	6012.75	33182.00	109871.25		9065.43	25251.24	27049.51	304938.17	2552489.80	132387.75
第9年	745.8	4474.5	223.725	20043	120255	6012.75	33182.00	109871.25		9065.43	25251.24	27049.51	400234.25	2711088.55	132387.75
第10年	1656	6711.8	223.725	20043	120255	6012.75	33182.00	109871.25		9065.43	25251.24	27049.51	261588.40	2595869.05	132387.75
第11年	5780	4474.5	223.725	35439	120255	6012.75	33182.00	109871.25		9065.43	25251.24	27049.51	253955.51	2561177.80	132387.75
第12年	745.8	4474.5	223.725	71226	120255	6012.75	33182.00	109871.25		9065.43	25251.24	27049.51	302573.33	2723783.05	132387.75
第13年	1656	6711.8	223.725	107790	120255	6012.75	33182.00	109871.25		9065.43	25251.24	27049.51	327001.34	3128950.30	132387.75
第14年	5780	4474.5	223.725	20043	120255	6012.75	33182.00	109871.25		9065.43	25251.24	27049.51	357748.61	3080069.80	132387.75
第15年	745.8	4474.5	223.725	20043	120255	6012.75	33182.00	109871.25		9065.43	25251.24	27049.51	406731.96	3740764.90	132387.75
第16年	1656	6711.8	223.725	35439	120255	6012.75	33182.00	109871.25		9065.43	25251.24	27049.51	387645.12	4397748.22	132387.75
第17年	5780	4474.5	223.725	71226	120255	6012.75	33182.00	109871.25		9065.43	25251.24	27049.51	273195.12	3592655.87	132387.75
第18年	745.8	4474.5	223.725	107790	120255	6012.75	33182.00	109871.25		9065.43	25251.24	27049.51	319734.97	3266517.04	132387.75
第19年	1656	6711.8	223.725	20043	120255	6012.75	33182.00	109871.25		9065.43	25251.24	27049.51	279644.91	3147405.04	132387.75
第20年	5780	4474.5	223.725	20043	120255	6012.75	33182.00	109871.25		9065.43	25251.24	27049.51	268093.01	5006662.29	132387.75

1. 经济费用效益分析

考虑无项目条件下的经济效益，有项目净效益为产出与投入的差值；有项目净增长效益为有项目净效益扣除无项目净效益之后的值。

贴现基准点选在开始投资的第 2 年，即第 2 年开始贴现。折现率选用 6%。

项目经济费用效益流量表见表 14.8-20。

表 14.8-20 项目经济费用效益流量表 单位：元

时间	费用				效益							
	投资	年运行费	投入	投入现值	有项目收益			无项目净收益	净增长收益	净增长收益现值	增量增长收益	增量增长收益现值
					收益	收益现值	净收益					
	①	②	③＝①＋②	④	⑤	⑥	⑦＝⑤－③	⑧	⑨＝⑦－⑧	⑩	⑪＝⑨相邻两项累计	⑫＝⑩相邻两项累计
第 1 年	237.05	2.97	240.02	240.02	3.60	3.60	−236.42	1.38	−237.80	−237.80	−237.80	−237.80
第 2 年	228.69	10.61	239.31	225.76	15.29	14.42	−224.02	5.06	−229.08	−216.11	−466.88	−453.91
第 3 年	63.37	27.15	90.52	80.56	55.04	48.99	−35.47	13.24	−48.71	−43.35	−515.59	−497.26
第 4 年		29.75	29.75	24.99	43.24	36.31	13.49	13.24	0.25	0.21	−515.34	−497.05
第 5 年		25.11	25.11	19.89	40.89	32.39	15.77	13.24	2.53	2.01	−512.81	−495.04
第 6 年		27.83	27.83	20.80	57.13	42.69	29.29	13.24	16.05	12.00	−496.76	−483.04
第 7 年		30.01	30.01	21.16	258.94	182.54	228.93	13.24	215.69	152.05	−281.07	−330.99
第 8 年		30.49	30.49	20.28	255.25	169.76	224.76	13.24	211.52	140.67	−69.55	−190.32
第 9 年		40.02	40.02	25.11	271.11	170.10	231.09	13.24	217.85	136.68	148.30	−53.64
第 10 年		26.16	26.16	15.48	259.59	153.65	233.43	13.24	220.19	130.33	368.49	76.69
第 11 年		25.40	25.40	14.18	256.12	143.01	230.72	13.24	217.48	121.44	585.97	198.13
第 12 年		30.26	30.26	15.94	272.38	143.01	242.12	13.24	228.88	120.57	814.85	318.70
第 13 年		32.70	32.70	16.25	312.90	155.50	280.19	13.24	266.95	132.67	1081.80	451.37
第 14 年		35.77	35.77	16.77	308.01	144.41	272.23	13.24	258.99	121.43	1340.79	572.80
第 15 年		40.67	40.67	17.99	374.08	165.45	333.40	13.24	320.16	141.61	1660.95	714.41
第 16 年		38.76	38.76	16.18	439.77	183.54	401.01	13.24	387.77	161.80	2048.72	876.21
第 17 年		27.32	27.32	10.75	359.27	141.42	331.95	13.24	318.71	125.46	2367.43	1001.67
第 18 年		31.97	31.97	11.87	326.65	121.31	294.68	13.24	281.44	104.52	2648.87	1106.19
第 19 年		27.96	27.96	9.80	314.74	110.27	286.78	13.24	273.54	95.83	2922.41	1202.02
第 20 年		26.81	26.81	8.86	500.67	165.48	473.86	13.24	460.62	152.24	3383.03	1354.26
合计	529.11	567.72	1096.84	832.64	4724.67	2328.29	3627.79	244.76	3383.03	1354.26		

计算结果如下：

经济净现值：$ENPV=1354.26$ 万元。

效益费用比：$i_s=0$（不考虑资金时间价值），$R_0=3383.03/1096.84=3.08$；$i_s=6\%$，$R_{6\%}=1354.26/832.64=1.63$。

投资回收年限：$i_s=0$，$T_0=9.3$ 年；$i_s=6\%$，$T_{6\%}=10.2$ 年。

经济内部收益率：$EIRR=19.8\%$。

从计算结果来看，经济净现值大于 0 表示社会经济为项目付出代价后，可以得到超过社会折现率要求的以现值表示的社会盈余，从经济效益来看，本项目可以被接受；而经济内部收益率 19.8% 大于社会折现率 6%，说明该项目对社会的净贡献超过了社会折现率要求，本项目的效益是显著的。

2. 敏感性分析

采用增加投资 10% 或减少收益 10% 进行计算，

结果（表 14.8-21）表明：无论是增加投资或还是减少收益，经济内部收益率均大于社会折现率 6%，经济净现值均大于 0，因此，本项目建设在经济上是合理的。

表 14.8-21 敏感性分析表

敏感因素	贴现率 i_s/%	投资回收年 T/年	经济净现值/万元	经济内部收益率 $EIRR$/%
增加投资 10%	6	10.8	1303.4	18.7
减少收益 10%	6	11.1	1148.7	18.0

【例 14.8-4】 某流域上中游坡耕地多，水土流失严重，每年汛期河道下游淤积后需要清淤。为减少灾害损失，拟对该流域进行综合治理。共有三个建设方案，寿命均按 25 年计。根据统计资料分析及专家论证，如果不进行治理，每年灾害、河道清淤经济损失为 5200 万元；如果进行治理，除需要初始建设投资外，每年还需要支付工程维护费用，但可降低每年预期灾害损失。各方案的初始投资、每年运营维护费用及预期年损失等资料见表 14.8-22。设定基准收益率为 8%，$(P/F, 8\%, 1) = 0.92593$，$(P/A, 8\%, 25) = 10.67478$。

表 14.8-22 各方案投资、费用及预期损失表

单位：万元

方案	初始投资	年运营维护费用	预期年损失
1	4500	430	3000
2	5600	600	4200
3	8800	800	1700

问题：利用净现值法判断哪个方案不可行，哪个方案可行，并从中选择一个最优方案。

解：

1. 各方案费用现值

建设期 1 年，运行期 25 年。

（1）方案 1：$4500 \times (P/F, 8\%, 1) + 430 \times (P/A, 8\%, 25) \times (P/F, 8\%, 1) = 4500 \times 0.92593 + 430 \times 10.67478 \times 0.92593 = 8416.85$（万元）。

（2）方案 2：$5600 \times (P/F, 8\%, 1) + 600 \times (P/A, 8\%, 25) \times (P/F, 8\%, 1) = 5600 \times 0.92593 + 600 \times 10.67478 \times 0.92593 = 11115.67$（万元）。

（3）方案 2：$8800 \times (P/F, 8\%, 1) + 800 \times (P/A,$

$8\%, 25) \times (P/F, 8\%, 1) = 8800 \times 0.92593 + 800 \times 10.67478 \times 0.92593 = 16055.46$（万元）。

2. 各方案预期每年减少损失的效益

（1）方案 1：$5200 - 3000 = 2200$（万元）。

（2）方案 2：$5200 - 4200 = 1000$（万元）。

（3）方案 3：$5200 - 1700 = 3500$（万元）。

3. 各方案效益现值

（1）方案 1：$2200 \times (P/A, 8\%, 25) \times (P/F, 8\%, 1) = 2200 \times 10.67478 \times 0.92593 = 21745.02$（万元）。

（2）方案 2：$1000 \times (P/A, 8\%, 25) \times (P/F, 8\%, 1) = 1000 \times 10.67478 \times 0.92593 = 9884.10$（万元）。

（3）方案 3：$3500 \times (P/A, 8\%, 25) \times (P/F, 8\%, 1) = 3500 \times 10.67478 \times 0.92593 = 34594.35$（万元）。

4. 各方案财务净现值

（1）方案 1：$21745.02 - 8416.85 = 13328.17$（万元）。

（2）方案 2：$9884.10 - 11115.67 = -1231.57$（万元）。

（3）方案 3：$34594.35 - 16055.46 = 18538.89$（万元）。

5. 方案比选

按财务净现值计算结果，方案 2 的净现值小于 0，是不可行的；方案 1 和方案 3 的净现值大于 0 是可行的，并且方案 3 的净现值大于方案 1，方案 3 最优。

参 考 文 献

[1] 李炜. 水力计算手册 [M]. 2 版. 北京：中国水利水电出版社，2007.

[2] 水利部天津水利水电勘测设计研究院. 溢洪道设计规范：SL 253—2000 [S]. 北京：中国水利水电出版社，2000.

[3] 王礼先. 水土保持工程学 [M]. 北京：中国林业出版社，2007.

[4] 关志诚. 水工设计手册 第 6 卷 土石坝 [M]. 2 版. 北京：中国水利水电出版社，2013.

[5] 水利部水利水电规划设计总院. 水利水电工程水土保持技术规范：SL 575—2012 [S]. 北京：中国水利水电出版社，2012.

[6] 赵廷宁，赵永军. 水土保持项目管理 [M]. 北京：中国林业出版社，2011.

[7] 赵永军，陈康. 生产建设项目水土保持专项验收管理 [M]. 北京：中国水利水电出版社，2013.

附录 植物名录

种名	科别	属别	拉丁名
马褂木	木兰科 Magnoliaceae	鹅掌楸属 Liriodendron	*Liriodendron chinense*（Hemsl.）Sargent.
白兰花	木兰科 Magnoliaceae	含笑属 Michelia	*Michelia×alba* DC.
含笑	木兰科 Magnoliaceae	含笑属 Michelia	*Michelia figo*（Lour.）Spreng.
玉兰	木兰科 Magnoliaceae	木兰属 Magnolia	*Magnolia denudata* Desr.
厚朴	木兰科 Magnoliaceae	木兰属 Magnolia	*Houpoea officinalis*（Rehder et E. H. Wilson）N. H. Xia et C. Y. Wu
檫树	樟科 Lauraceae	檫木属 Sassafras	*Sassafras tzumu*（Hemsl.）Hemsl.
厚壳桂	樟科 Lauraceae	厚壳桂属 Cryptocarya	*Cryptocarya chinensis*（Hance）Hemsl.
木姜子	樟科 Lauraceae	木姜子属 Litsea	*Litsea pungens* Hemsl.
山苍子	樟科 Lauraceae	木姜子属 Litsea	*Litsea mollis* Hemsl.
白楠	樟科 Lauraceae	楠属 PhoebeNees	*Phoebe neurantha*（Hemsl.）Gamble
山胡椒	樟科 Lauraceae	山胡椒属 Lindera	*Lindera glauca*（Sieb. et Zucc.）Bl.
狭叶山胡椒	樟科 Lauraceae	山胡椒属 Lindera	*Lindera angustifolia* Cheng
香叶树	樟科 Lauraceae	山胡椒属 Lindera	*Lindera communis* Hemsl.
樟	樟科 Lauraceae	樟属 Cinnamomum	*Cinnamomum camphora*（L.）J. Presl
构樟	樟科 Lauraceae	樟属 Cinnamomum	*Cinnamomum camphora*（L.）J. Presl
肉桂	樟科 Lauraceae	樟属 Cinnamomum	*Cinnamomum cassia* Nees ex Blume
香樟	樟科 Lauraceae	樟属 Cinnamomum	*Cinnamomum camphora*（L.）Presl.
油樟	樟科 Lauraceae	樟属 Cinnamomum	*Cinnamomum longepaniculatum*（Gamble）N. Chao ex H. W. Li
樟树	樟科 Lauraceae	樟属 Cinnamomum	*Cinnamomum camphora*（L.）J. Presl
珠兰	金粟兰科 Chloranthaceae	金粟兰属 Chloranthus	*Chloranthus spicatus*（Thunb.）Makino
胡椒	胡椒科 Piperaceae	胡椒属 Piper	*Piper nigrum* Linn.
细辛	马兜铃科 Aristolochiaceae	细辛属 Asarum	*Asarum sieboldii* Miq.
八角	八角茴香科 Illiciaceae	八角属 Illicium	*Illicium verum* Hook. f.
滇八角	八角茴香科 Illiciaceae	八角属 Illicium	*Illicium henryi* Diels
北五味子	五味子科 Schisandraceae	五味子属 Schisandra	*Schisandra chinensis*（Turcz.）Baill.
五味子	五味子科 Schisandraceae	五味子属 Schisandra	*Schisandra chinensis*（Turcz.）Baill.
莲	莲科 Nelumbonaceae	莲属 Nelumbo	*Nelumbo nucifera* Gaertn.
睡莲	睡莲科 Nymphaeaceae	睡莲属 Nymphaea	*Nymphaea tetragona* Georgi
金鱼藻	金鱼藻科 Ceratophyllaceae	金鱼藻属 Ceratophyllum	*Ceratophyllum demersum* Linn.
翠雀	毛茛科 Ranunculaceae	翠雀属 Delphinium	*Delphinium grandiflorum* L.
飞燕草	毛茛科 Ranunculaceae	飞燕草属 Consolida	*Consolida ajacis*（Linn.）Schur
黄连	毛茛科 Ranunculaceae	黄连属 Coptis	*Coptis chinensis* Franch.
唐松草	毛茛科 Ranunculaceae	唐松草属 Thalictrum	*Thalictrum aquilegiifolium var. sibiricum* Regel et Tiling
金银花	毛茛科 Ranunculaceae	铁线莲属 Clematis	*Clematis leschenaultiana* DC.
铁线莲	毛茛科 Ranunculaceae	铁线莲属 Clematis	*Clematis florida* Thunb.
牛扁	毛茛科 Ranunculaceae	乌头属 Aconitum	*Aconitum barbatum var. puberulum* Ledeb.
山荷叶	小檗科 Berberidaceae	八角莲属 Dysosma Woodson	*Astilboides tabularis*（Hemsl.）Engler

种名	科 别	属 别	拉 丁 名
紫叶小檗	小檗科 Berberidaceae	小檗属 Berbens	*Berberis thunbergii* DC.
马桑	马桑科 Coriariaceae	马桑属 Coriaria	*Coriaria nepalensis* Wall.
悬铃木	悬铃木科 Platanaceae	悬铃木属 Platanus	*Platanus orientalis* Linn.
檵木	金缕梅科 Hamamelidaceae	檵木属 Loropetalum	*Loropetalum chinense*（R. Br.）Oliv.
阿丁枫	金缕梅科 Hamamelidaceae	蕈树属 Altingia	*Altingia chinensis*（Champ.）Oliv. ex Hance
杜仲	杜仲科 Eucommiaceae	杜仲属 Eucommia	*Eucommia ulmoides* Oliv.
榉树	榆科 Ulmaceae	榉属 Zelkova	*Zelkova serrata*（Thunb.）Makino
青檀	榆科 Ulmaceae	青檀属 Pteroceltis	*Pteroceltis tatarinowii* Maxim.
春榆	榆科 Ulmaceae	榆属 Ulmus	*Ulmus davidiana* var. *japonica*（Rehd.）Nakai
金叶榆	榆科 Ulmaceae	榆属 Ulmus	*Ulmus pumila* 'Jinye'
榔榆	榆科 Ulmaceae	榆属 Ulmus	*Ulmus parvifolia* Jacq.
榆树	榆科 Ulmaceae	榆属 Ulmus	*Ulmus pumila* L.
构树	桑科 Moraceae	构属 Broussonetia	*Broussonetia papyrifera*（Linn.）L'Hér. ex Vent.
薜荔	桑科 Moraceae	榕属 Ficus	*Ficus pumila* L.
榕树	桑科 Moraceae	榕属 Ficus	*Ficus microcarpa* L. f.
橡树、印度榕	桑科 Moraceae	榕属 Ficus	*Ficus elastica* Roxb. ex Hornem.
桑树	桑科 Moraceae	桑属 Morus	*Morus alba* L.
枫杨	胡桃科 Juglandaceae	枫杨属 Pterocarya	*Pterocarya stenoptera* C. DC.
元宝枫	胡桃科 Juglandaceae	枫杨属 Pterocarya	*Pterocarya stenoptera* C. DC.
核桃	胡桃科 Juglandaceae	胡桃属 Juglans	*Juglans regia* Linn.
核桃楸	胡桃科 Juglandaceae	胡桃属 Juglans	*Juglans mandshurica* Maxim.
胡桃	胡桃科 Juglandaceae	胡桃属 Juglans	*Juglans regia* Linn.
化香	胡桃科 Juglandaceae	化香树属 Platycarya	*Platycarya strobilacea* Sieb. et Zucc.
山核桃	胡桃科 Juglandaceae	山核桃属 Carya	*Carya cathayensis* Sarg.
杨梅	杨梅科 Myricaceae	杨梅属 Myrica	*Myrica rubra*（Lour.）Siebold et Zucc.
栎	山毛榉科 Fagaceae	栎属 Quercus	*Quercus acutissima* Carruth.
辽东栎	山毛榉科 Fagaceae	栎属 Quercus	*Quercus wutaishanica* Mayr
麻栎	山毛榉科 Fagaceae	栎属 Quercus	*Quercus acutissima* Carruth.
蒙古栎	山毛榉科 Fagaceae	栎属 Quercus	*Quercus wutaishanica* Mayr
板栗	山毛榉科 Fagaceae	栗属 Castanea	*Castanea mollissima* Bl.
滇青冈	山毛榉科 Fagaceae	青冈属 Cyclobalanopsis	*Cyclobalanopsis glaucoides* Schott.
山毛榉	山毛榉科 Fagaceae	水青冈属 Fagus	*Fagus longipetiolata* Seem.
滇锥栗	山毛榉科 Fagaceae	锥属 Castanopsis	*Castanopsis delavayi* Franch.
甜槠	山毛榉科 Fagaceae	锥属 Castanopsis	*Castanopsis eyrei*（Champ.）Tutch.
川滇高山栎	壳斗科 Fagaceae	栎属 Quercus	*Quercus aquifolioides* Rehd. et Wils.
栓皮栎	壳斗科 Fagaceae	栎属 Quercus	*Quercus variabilis* Bl.
锥栗	壳斗科 Fagaceae	栗属 Castanea	*Castanea henryi*（Skan）Rehd. et Wils.
红锥	壳斗科 Fagaceae	锥属 Castanopsis	*Castanopsis hystrix* Hook. f. & Thomson ex A. DC.
米槠	壳斗科 Fagaceae	锥属 Castanopsis	*Castanopsis carlesii*（Hemsl.）Hayata
千金榆	桦木科 Betulaceae	鹅耳枥属 Carpinus	*Carpinus cordata* Bl.
白桦	桦木科 Betulaceae	桦木属 Betula	*Betula platyphylla* Suk.
枫桦	桦木科 Betulaceae	桦木属 Betula	*Betula costata* Trautv.
黑桦	桦木科 Betulaceae	桦木属 Betula	*Betula dahurica* Pall.
桦	桦木科 Betulaceae	桦木属 Betula	*Betula platyphylla* Suk.
桦木	桦木科 Betulaceae	桦木属 Betula	*Betula platyphylla* var. *japonica* H. Hara
旱冬瓜	桦木科 Betulaceae	桤木属 Alnus	*Alnus nepalensis* D. Don
桤木	桦木科 Betulaceae	桤木属 Alnus	*Alnus cremastogyne* Burk.
毛榛	桦木科 Betulaceae	榛属 Corylus	*Corylus mandshurica* Maxim. et Rupr.

续表

种名	科 别	属 别	拉 丁 名
榛子	桦木科 Betulaceae	榛属 Corylus	*Corylus heterophylla* Fisch. ex Trautv.
木麻黄	木麻黄科 Casuarinaceae	木麻黄属 Casuarina	*Casuarina equisetifolia* J. R. Forst. & G. Forst.
仙人掌	仙人掌科 Cactaceae	仙人掌属 Opuntia	*Opuntia dillenii*（Ker Gawl.）Haw.
绵蓬	藜科 Chenopodiaceae	虫实属 Corispermum	*Corispermum patelliforme* Iljin
地肤	藜科 Chenopodiaceae	地肤属 Kochia	*Kochia scoparia*（Linn.）Schrad.
伏地肤	藜科 Chenopodiaceae	地肤属 Kochia	*Kochia prostrata*（Linn.）Schrad.
木地肤	藜科 Chenopodiaceae	地肤属 Kochia	*Kochia prostrata*（Linn.）Schrad.
合头草	藜科 Chenopodiaceae	合头草属 Sympegma	*Sympegma regelii* Bunge
短叶假木贼	藜科 Chenopodiaceae	假木贼属 Anabasis	*Anabasis brevifolia* C. A. Mey.
无叶假木贼	藜科 Chenopodiaceae	假木贼属 Anabasis	*Anabasis aphylla* Linn.
盐生假木贼	藜科 Chenopodiaceae	假木贼属 Anabasis	*Anabasis salsa*（C. A. Mey.）Benth. ex Volkens
碱蓬	藜科 Chenopodiaceae	碱蓬属 Suaeda	*Suaeda glauca*（Bunge）Bunge
尖针藜	藜科 Chenopodiaceae	藜属 Chenopodium	*Chenopodium aristatum* Linn.
沙米	藜科 Chenopodiaceae	沙蓬属 Agriophyllum	*Agriophyllum arenarium* M. Bieb.
白梭梭	藜科 Chenopodiaceae	梭梭属 Haloxylon	*Haloxylon persicum* Bunge ex Boiss. et Buhse
梭梭	藜科 Chenopodiaceae	梭梭属 Haloxylon	*Haloxylon ammodendron*（C. A. Mey.）Bunge
垫状驼绒藜	藜科 Chenopodiaceae	驼绒藜属 Ceratoides	*Ceratoides compacta*（Losinsk.）C. P. Tsien et C. G. Ma
驼绒藜	藜科 Chenopodiaceae	驼绒藜属 Ceratoides	*Krascheninnikovia ceratoides*（Linn.）Gueldenst.
优若藜	藜科 Chenopodiaceae	驼绒藜属 Ceratoides	*Krascheninnikovia ceratoides*（Linn.）Gueldenst.
小蓬	藜科 Chenopodiaceae	小蓬属 Nanophyton	*Nanophyton erinaceum*（Pall.）Bunge
尖叶盐爪爪	藜科 Chenopodiaceae	盐爪爪属 Kalidium	*Kalidium cuspidatum*（Ung. －Sternb.）Grub.
木本猪毛菜	藜科 Chenopodiaceae	猪毛菜属 Salsola	*Salsola arbuscula* Pall.
刺叶	石竹科 Caryophyllaceae	刺石竹属 Acanthophyllum	*Acanthophyllum pungens*（Bunge）Boiss.
裸果木	石竹科 Caryophyllaceae	裸果木属 Gymnocarpos	*Gymnocarpos przewalskii* Maxim.
囊种草	石竹科 Caryophyllaceae	囊种草属 Thylacospermum	*Thylacospermum caespitosum*（Camb.）Schischk.
苔状蚤缀	石竹科 Caryophyllaceae	无心菜属 Arenaria	*Arenaria musciformis* Triana & Planch.
坚硬女娄菜	石竹科 Caryophyllaceae	蝇子草属 Silene	*Silene firma* Sieb. et Zucc.
萹蓄	蓼科 Polygonaceae	萹蓄属 Polygonum	*Polygonum aviculare* Linn.
圆穗蓼	蓼科 Polygonaceae	萹蓄属 Polygonum	*Polygonum macrophyllum* D. Don
珠芽蓼	蓼科 Polygonaceae	萹蓄属 Polygonum	*Polygonum viviparum* Linn.
冰岛蓼	蓼科 Polygonaceae	冰岛蓼属 Koenigia	*Koenigia islandica* Linn.
柴达木沙拐枣	蓼科 Polygonaceae	沙拐枣属 Calligonum	*Calligonum zaidamense* A. Los.
沙拐枣	蓼科 Polygonaceae	沙拐枣属 Calligonum	*Calligonum mongolicum* Turcz.
酸模	蓼科 Polygonaceae	酸模属 Rumex	*Rumex acetosa* Linn.
龙脑香	龙脑香科 Dipterocarpaceae	龙脑香属 Dipterocarpus	*Dipterocarpus turbinatus* Gaertn. f.
柃木	山茶科 Theaceae	柃木属 Eurya	*Eurya japonica* Thunb.
木荷	山茶科 Theaceae	木荷属 Schima	*Schima superba* Gardn. et Champ.
山茶	山茶科 Theaceae	山茶属 Camellia	*Camellia japonica* Linn.
油茶	山茶科 Theaceae	山茶属 Camellia	*Camellia oleifera* Abel
猕猴桃	猕猴桃科 Actinidiaceae	猕猴桃属 Actinidia	*Actinidia chinensis* Planch.
杜英	杜英科 Elaeocarpaceae	杜英属 Elaeocarpus	*Elaeocarpus decipiens* Hemsl.
扁担杆	椴树科 Tiliaceae	扁担杆属 Grewia	*Grewia biloba* G. Don
椴树	椴树科 Tiliaceae	椴树属 Tilia	*Tilia tuan* Szyszyl.
糠椴	椴树科 Tiliaceae	椴树属 Tilia	*Tilia mandshurica* Rupr. et Maxim.
紫椴	椴树科 Tiliaceae	椴树属 Tilia	*Tilia amurensis* Rupr.

种名	科 别	属 别	拉 丁 名
青桐	梧桐科 Sterculiaceae	梧桐属 Firmiana	*Firmiana simplex*（L.）W. Wight
木棉	木棉科 Bombacaceae	木棉属 Bombax	*Bombax ceiba* L.
木槿	锦葵科 Malvaceae	木槿属 Hibiscus	*Hibiscus syriacus* Linn.
紫花地丁	堇菜科 Violaceae	堇菜属 Viola	*Viola philippica* Cav.
柽柳	柽柳科 Tamaricaceae	柽柳属 Tamarix	*Tamarix chinensis* Lour.
红砂	柽柳科 Tamaricaceae	红砂属 Reaumuria	*Reaumuria songarica*（Pall.）Maxim.
垂柳	杨柳科 Salicaceae	柳属 Salix	*Salix babylonica* Linn.
大青杨	杨柳科 Salicaceae	杨属 Populus	*Populus ussuriensis* Kom.
旱柳	杨柳科 Salicaceae	柳属 Salix	*Salix matsudana* Koidz.
胡杨	杨柳科 Salicaceae	杨属 Populus	*Populus euphratica* Oliv.
灰杨	杨柳科 Salicaceae	杨属 Populus	*Populus pruinosa* Schrenk
箭杆杨	杨柳科 Salicaceae	杨属 Populus	*Populus nigra var. thevestina*（Dode）Bean
毛白杨	杨柳科 Salicaceae	杨属 Populus	*Populus tomentosa* Carrière
欧美杨	杨柳科 Salicaceae	杨属 Populus	*Populus × canadensis* Moench
杞柳	杨柳科 Salicaceae	柳属 Salix	*Salix integra* Thunb.
沙柳	杨柳科 Salicaceae	柳属 Salix	*Salix psammophila* C. Wang et Ch. Y. Yang
山生柳	杨柳科 Salicaceae	柳属 Salix	*Salix oritrepha* Schneid.
山杨	杨柳科 Salicaceae	杨属 Populus	*Populus davidiana* Dode
甜杨	杨柳科 Salicaceae	杨属 Populus	*Populus suaveolens* Fisch.
香杨	杨柳科 Salicaceae	杨属 Populus	*Populus koreana* Rehd.
新疆杨	杨柳科 Salicaceae	杨属 Populus	*Populus alba var. pyramidalis* Bunge
钻天柳	杨柳科 Salicaceae	钻天柳属 Chosenia	*Chosenia arbutifolia*（Pall.）A. Skv.
岩高兰	岩高兰科 Empetraceae	岩高兰属 Empetrum	*Empetrum nigrum* Linn.
杜鹃	杜鹃花科 Ericaceae	杜鹃属 Rhododendron	*Rhododendron simsii* Planch.
刚毛杜鹃	杜鹃花科 Ericaceae	杜鹃属 Rhododendron	*Rhododendron setosum* D. Don
毛冠杜鹃	杜鹃花科 Ericaceae	杜鹃属 Rhododendron	*Rhododendron laudandum* Cowan
毛嘴杜鹃	杜鹃花科 Ericaceae	杜鹃属 Rhododendron	*Rhododendron trichostomum* Franch.
雪层杜鹃	杜鹃花科 Ericaceae	杜鹃属 Rhododendron	*Rhododendron nivale* Hook. f.
映山红	杜鹃花科 Ericaceae	杜鹃属 Rhododendron	*Rhododendron simsii* Planch.
杜香	杜鹃花科 Ericaceae	杜香属 Ledum	*Ledum palustre* Linn.
狭叶杜香	杜鹃花科 Ericaceae	杜香属 Ledum	*Ledum palustre* Linn.
笃斯越橘	杜鹃花科 Ericaceae	越橘属 Vaccinium	*Vaccinium uliginosum* Linn.
乌饭树	杜鹃花科 Ericaceae	越橘属 Vaccinium	*Vaccinium bracteatum* Thunb.
越橘	杜鹃花科 Ericaceae	越橘属 Vaccinium	*Vaccinium vitis－idaea* Linn.
君迁子	柿树科 Ebenaceae	柿属 Diospyros	*Diospyros lotus* L.
柿树	柿树科 Ebenaceae	柿属 Diospyros	*Diospyros kaki* Thunb.
白檀	山矾科 Symplocaceae	山矾属 Symplocos	*Symplocos paniculata*（Thunb.）Miq.
紫金牛	紫金牛科 Myrsinaceae	紫金牛属 Ardisia	*Ardisia japonica*（Thunb.）Bl.
报春花	报春花科 Primulaceae	报春花属 Primula	*Primula malacoides* Franch.
垫状点地梅	报春花科 Primulaceae	点地梅属 Androsace	*Androsace tapete* Maxim.
海乳草	报春花科 Primulaceae	海乳草属 Glaux	*Glaux maritima* Linn.
海桐	海桐花科 Pittosporaceae	海桐花属 Pittosporum	*Pittosporum tobira*（Thunb.）Ait.
刺果茶藨子	茶藨子科 Grossulariaceae	茶藨子属 Ribes	*Ribes burejense* Fr. Schmidt
小雪莲	景天科 Crassulaceae	石莲花属 Echeveria	*Echeveria laui* Moran & J. Meyrán
鸡脚豆	虎耳草科 Saxifragaceae	梅花草属 Parnassia	*Parnassia wightiana* Wall. ex Wight et Arn.
地榆	蔷薇科 Rosaceae	地榆属 Sanguisorba	*Sanguisorba officinalis* L.
棣棠	蔷薇科 Rosaceae	棣棠属 Kerria	*Kerria japonica*（Linn.）DC.

种名	科 别	属 别	拉 丁 名
火棘	蔷薇科 Rosaceae	火棘属 Pyracantha	*Pyracantha fortuneana*（Maxim.）Li
杜梨	蔷薇科 Rosaceae	梨属 Pyrus	*Pyrus betulifolia* Bunge
梨	蔷薇科 Rosaceae	梨属 Pyrus	*Pyrus × michauxii*
李	蔷薇科 Rosaceae	李属 Prunus	*Prunus salicina* Lindl.
紫叶李	蔷薇科 Rosaceae	李属 Prunus	*Prunus cerasifera* 'Pissardii'
绵刺	蔷薇科 Rosaceae	绵刺属 Potaninia	*Potaninia mongolica* Maxim.
木瓜	蔷薇科 Rosaceae	木瓜属 Chaenomeles	*Chaenomeles sinensis*（Thouin）Koehne
海棠	蔷薇科 Rosaceae	苹果属 Malus	*Malus spectabilis*（Ait.）Borkh.
花檎	蔷薇科 Rosaceae	苹果属 Malus	*Malus asiatica* Nakai
林檎	蔷薇科 Rosaceae	苹果属 Malus	*Malus prunifolia var. rinki*（Koidz.）Rehder
苹果	蔷薇科 Rosaceae	苹果属 Malus	*Malus pumila* Mill.
山荆子	蔷薇科 Rosaceae	苹果属 Malus	*Malus baccata*（Linn.）Borkh.
蔷薇	蔷薇科 Rosaceae	蔷薇属 Rosa	*Rosa multiflora* Thunb.
月季	蔷薇科 Rosaceae	蔷薇属 Rosa	*Rosa chinensis* Jacq.
山楂	蔷薇科 Rosaceae	山楂属 Crataegus	*Crataegus pinnatifida* Bunge
扁桃	蔷薇科 Rosaceae	桃属 Amygdalus	*Prunus amygdalus* Batsch
桃	蔷薇科 Rosaceae	桃属 Amygdalus	*Amygdalus persica* Linn.
矮金露梅	蔷薇科 Rosaceae	委陵菜属 Potentilla	*Potentilla arbuscula var. pumila*（Hook. f.）Hand.—Mazz.
金露梅	蔷薇科 Rosaceae	委陵菜属 Potentilla	*Potentilla fruticosa* L.
委陵菜	蔷薇科 Rosaceae	委陵菜属 Potentilla	*Potentilla chinensis* Ser.
银露梅	蔷薇科 Rosaceae	委陵菜属 Potentilla	*Potentilla glabra* Lodd.
山杏	蔷薇科 Rosaceae	杏属 Armeniaca	*Armeniaca sibirica*（Linn.）Lam.
杏	蔷薇科 Rosaceae	杏属 Armeniaca	*Armeniaca vulgaris* Lam.
绣线菊	蔷薇科 Rosaceae	绣线菊属 Spiraea	*Spiraea salicifolia* Linn.
珍珠梅	蔷薇科 Rosaceae	绣线菊属 Spiraea	*Spiraea salicifolia* Linn.
牛叠肚	蔷薇科 Rosaceae	悬钩子属 Rubus	*Rubus crataegifolius* Bunge
樱花	蔷薇科 Rosaceae	樱属 Cerasus	*Cerasus yedoensis*（Matsum.）T. T. Yu & C. L. Li
樱桃	蔷薇科 Rosaceae	樱属 Cerasus	*Cerasus pseudocerasus*（Lindl.）G. Don
无刺含羞草	含羞草科 Mimosaceae	含羞草属 Mimosa	*Mimosa invisa var. inermis* Adelb.
合欢	含羞草科 Mimosaceae	合欢属 Albizia	*Albizia julibrissin* Durazz.
山槐	含羞草科 Mimosaceae	合欢属 Albizia	*Albizia kalkora*（Roxb.）Prain
黑荆	含羞草科 Mimosaceae	金合欢属 Acacia	*Acacia mearnsii* De Wilde
相思树	含羞草科 Mimosaceae	金合欢属 Acacia	*Acacia confusa* Merr.
银合欢	含羞草科 Mimosaceae	银合欢属 Leucaena	*Leucaena leucocephala*（Lam.）de Wit
凤凰木	云实科 Caesalpiniaceae	凤凰木属 Delonix	*Delonix regia*（Boj.）Raf.
羊蹄甲	云实科 Caesalpiniaceae	羊蹄甲属 Bauhinia	*Bauhinia purpurea* DC. ex Walp.
皂荚	云实科 Caesalpiniaceae	皂荚属 Gleditsia	*Gleditsia sinensis* Lam.
百脉根	蝶形花科 Fabaceae	百脉根属 Lotus	*Lotus corniculatus* Linn.
圭亚那柱花草	蝶形花科 Fabaceae	笔花豆属 Stylosanthes	*Stylosanthes guianensis*（Aubl.）Sw.
扁豆	蝶形花科 Fabaceae	扁豆属 Lablab	*Lablab purpureus*（Linn.）Sweet
扁蓿豆	蝶形花科 Fabaceae	扁蓿豆属 Melissitus	*Melissitus ruthenicus*（L.）Peschkova
白花草木樨	蝶形花科 Fabaceae	草木樨属 Melilotus	*Melilotus officinalis*（L.）Lam.
黄花草木樨	蝶形花科 Fabaceae	草木樨属 Melilotus	*Melilotus officinalis*（L.）Lam.
白车轴草	蝶形花科 Fabaceae	车轴草属 Trifolium	*Trifolium repens* L.
白三叶	蝶形花科 Fabaceae	车轴草属 Trifolium	*Trifolium repens* L.
草莓三叶草	蝶形花科 Fabaceae	车轴草属 Trifolium	*Trifolium fragiferum* Linn.
车轴草	蝶形花科 Fabaceae	车轴草属 Trifolium	*Trifolium repens* L.
红三叶	蝶形花科 Fabaceae	车轴草属 Trifolium	*Trifolium pratense* Linn.

种 名	科 别	属 别	拉 丁 名
杂三叶	蝶形花科 Fabaceae	车轴草属 Trifolium	*Trifolium hybridum* Linn.
刺槐	蝶形花科 Fabaceae	刺槐属 Robinia	*Robinia pseudoacacia* Linn.
野大豆	蝶形花科 Fabaceae	大豆属 Glycine	*Glycine soja* Sieb. et Zucc.
大翼豆	蝶形花科 Fabaceae	大翼豆属 Macroptilium	*Macroptilium lathyroides*（Linn.）Urban
蝴蝶豆	蝶形花科 Fabaceae	蝶豆属 Clitoria	*Clitoria ternatea* Linn.
甘草	蝶形花科 Fabaceae	甘草属 Glycyrrhiza	*Glycyrrhiza uralensis* Fisch. ex DC.
二色胡枝子	蝶形花科 Fabaceae	胡枝子属 Lespedeza	*Lespedeza bicolor* Turcz.
胡枝子	蝶形花科 Fabaceae	胡枝子属 Lespedeza	*Lespedeza bicolor* Turcz.
白刺花	蝶形花科 Fabaceae	槐属 Sophora	*Sophora davidii*（Franch.）Skeels
国槐	蝶形花科 Fabaceae	槐属 Sophora	*Sophora japonica* Linn.
槐	蝶形花科 Fabaceae	槐属 Sophora	*Sophora japonica* Linn.
龙爪槐	蝶形花科 Fabaceae	槐属 Sophora	*Sophora japonica f. pendula* Hort.
西藏狼牙刺	蝶形花科 Fabaceae	槐属 Sophora	*Sophora moorcroftiana*（Benth.）Baker
黄芪	蝶形花科 Fabaceae	黄芪属 Astragalus	*Astragalus membranaceus* Moench
沙打旺	蝶形花科 Fabaceae	黄芪属 Astragalus	*Astragalus laxmannii* Jacq.
鹰嘴紫云英	蝶形花科 Fabaceae	黄芪属 Astragalu	*Astragalus cicer* L.
紫云英	蝶形花科 Fabaceae	黄芪属 Astragalus	*Astragalus sinicus* Linn.
黄檀	蝶形花科 Fabaceae	黄檀属 Dalbergia	*Dalbergia hupeana* Hance
山毛豆	蝶形花科 Fabaceae	灰毛豆属 Tephrosia	*Tephrosia candida* DC.
臭棘豆	蝶形花科 Fabaceae	棘豆属 Oxytropis	*Oxytropis chiliophylla* Benth.
尖叶棘豆	蝶形花科 Fabaceae	棘豆属 Oxytropis	*Oxytropis oxyphylla*（Pall.）DC.
腰豆	蝶形花科 Fabaceae	豇豆属 Vigna	*Vigna unguiculata*（Linn.）Walp.
变色锦鸡儿	蝶形花科 Fabaceae	锦鸡儿属 Caragana	*Caragana versicolor* Benth.
鬼箭锦鸡儿	蝶形花科 Fabaceae	锦鸡儿属 Caragana	*Caragana jubata*（Pall.）Poir.
锦鸡儿	蝶形花科 Fabaceae	锦鸡儿属 Caragana	*Caragana sinica*（Buc' hoz）Rehd.
猫头刺	蝶形花科 Fabaceae	锦鸡儿属 Caragana	*Caragana jubata*（Pall.）Poir.
毛条	蝶形花科 Fabaceae	锦鸡儿属 Caragana	*Caragana korshinskii* Kom.
柠条	蝶形花科 Fabaceae	锦鸡儿属 Caragana	*Caragana korshinskii* Kom.
苦参	蝶形花科 Fabaceae	苦参属 Sophora	*Sophora flavescens* Ait.
红豆草	蝶形花科 Fabaceae	驴食豆属 Onobrychis	*Onobrychis viciifolia* Scop.
骆驼刺	蝶形花科 Fabaceae	骆驼刺属 Alhagi	*Alhagi sparsifolia* Shap. ex Keller & Shap.
木豆	蝶形花科 Fabaceae	木豆属 Cajanus	*Cajanus cajan*（L.）Millsp.
花苜蓿	蝶形花科 Fabaceae	苜蓿属 Medicago	*Medicago ruthenica*（L.）Trautv.
黄花苜蓿	蝶形花科 Fabaceae	苜蓿属 Medicago	*Medicago falcata* L.
苜蓿	蝶形花科 Fabaceae	苜蓿属 Medicago	*Medicago falcata* L.
紫花苜蓿	蝶形花科 Fabaceae	苜蓿属 Medicago	*Medicago sativa* Linn.
紫苜蓿	蝶形花科 Fabaceae	苜蓿属 Medicago	*Medicago sativa* Linn.
沙冬青	蝶形花科 Fabaceae	沙冬青属 Ammopiptanthus	*Ammopiptanthus mongolicus*（Maxim. ex Kom.）Cheng f.
五脉山黧豆	蝶形花科 Fabaceae	山黧豆属 Lathyrus	*Lathyrus quinquenervius*（Miq.）Litv.
田菁	蝶形花科 Fabaceae	田菁属 Sesbania	*Sesbania cannabina*（Retz.）Poir.
多变小冠花	蝶形花科 Fabaceae	小冠花属 Coronilla	*Coronilla varia* Linn.
小冠花	蝶形花科 Fabaceae	小冠花属 Coronilla	*Coronilla varia* Linn.
花棒	蝶形花科 Fabaceae	岩黄耆属 Hedysarum	*Hedysarum scoparium* Fisch. et C. A. Mey.
蒙古岩黄芪	蝶形花科 Fabaceae	岩黄耆属 Hedysarum	*Hedysarum fruticosum var. mongolicum*（Turcz.）Turcz. ex B. Fedtsch.
长柔毛野豌豆	蝶形花科 Fabaceae	野豌豆属 Vicia	*Vicia villosa* Brot.
山野豌豆	蝶形花科 Fabaceae	野豌豆属 Vicia	*Vicia amoena* Fisch.

种名	科 别	属 别	拉 丁 名
大结豆	蝶形花科 Fabaceae	硬皮豆属 Macrotyloma	*Macrotyloma axillaris* (E. Mey) Verdc
鱼鳔槐	蝶形花科 Fabaceae	鱼鳔槐属 Colutea	*Colutea arborescens* L.
猪屎豆	蝶形花科 Fabaceae	猪屎豆属 Crotalaria	*Crotalaria pallida* Blanco
有钩柱花草	蝶形花科 Fabaceae	柱花草属 Stylosanthes	*Stylosanthes hamata* (L.) Taub.
紫穗槐	蝶形花科 Fabaceae	紫穗槐属 Amorpha	*Amorpha fruticosa* Linn.
葛藤、紫藤	蝶形花科 Fabaceae	紫藤属 Wisteria	*Wisteria sinensis* (Sims) Sweet
翅果油树	胡颓子科 Elaeagnaceae	胡颓子属 Elaeagnus	*Elaeagnus mollis* Diels
大叶胡颓子	胡颓子科 Elaeagnaceae	胡颓子属 Elaeagnus	*Elaeagnus macrophyllav* Thunb.
沙枣	胡颓子科 Elaeagnaceae	胡颓子属 Elaeagnus	*Elaeagnus angustifolia* L.
沙棘	胡颓子科 Elaeagnaceae	沙棘属 Hippophae	*Hippophae rhamnoides* Linn.
狼毒	瑞香科 Thymelaeaceae	狼毒属 Stellera	*Stellera chamaejasme* L.
河朔荛花	瑞香科 Thymelaeaceae	荛花属 Wikstroemia	*Wikstroemia chamaedaphne* Meisn.
山棉皮	瑞香科 Thymelaeaceae	荛花属 Wikstroemia	*Wikstroemia nutans* Champion ex Benth
杉树	瑞香科 Thymelaeaceae	荛花属 Wikstroemia	*Wikstroemia angustifolia* Hemsl.
雪花皮	瑞香科 Thymelaeaceae	瑞香属 Daphne	*Daphne odora* Thunb.
桉树	桃金娘科 Myrtaceae	桉属 Eucalyptus	*Eucalyptus robusta* Smith
潘石榴	桃金娘科 Myrtaceae	番石榴属 Psidium	*Psidium guajava* Linn.
桃金娘	桃金娘科 Myrtaceae	桃金娘属 Rhodomyrtus	*Rhodomyrtus tomentosa* (Ait.) Hassk.
丁香	柳叶菜科 Onagraceae	丁香蓼属 Ludwigia	*Ludwigia prostrata* Roxb.
深山露珠草	柳叶菜科 Onagraceae	露珠草属 Circaea	*Circaea alpina subsp. caulescens* (Komarov) Tatewaki
千果榄仁	使君子科 Combretaceae	诃子属 Terminalia	*Terminalia myriocarpa* Van Huerck et Muell. – Arg.
红树	红树科 Rhizophoraceae	红树属 Rhizophora	*Rhizophora apiculata* Bl.
红瑞木	山茱萸科 Cornaceae	山茱萸属 Cornus	*Cornus alba* L.
山茱萸	山茱萸科 Cornaceae	山茱萸属 Cornus	*Cornus officinalis* Sieb. et Zucc.
四照花	山茱萸科 Cornaceae	四照花属 Dendrobenthamia Hutch	*Cornus kousa subsp. chinensis* (Osborn) Q. Y. Xiang
洒金珊瑚	山茱萸科 Cornaceae	桃叶珊瑚属 Aucuba	*Aucuba japonica var. variegata* D'ombr.
桃叶珊瑚	山茱萸科 Cornaceae	桃叶珊瑚属 Aucuba	*Aucuba chinensis* Benth.
南蛇藤	卫矛科 Celastraceae	南蛇藤属 Celastrus	*Celastrus orbiculatus* Thunb.
大花卫矛	卫矛科 Celastraceae	卫矛属 Euonymus	*Euonymus grandiflorus* Wall.
扶芳藤	卫矛科 Celastraceae	卫矛属 Euonymus	*Euonymus fortunei* (Turcz.) Hand. —Mazz.
胶东卫矛	卫矛科 Celastraceae	卫矛属 Euonymus	*Euonymus kiautschovica* Loes.
构骨冬青	冬青科 Aquifoliaceae	冬青属 Ilex	*Ilex cornuta* Lindl. et Paxt.
大叶黄杨	黄杨科 Buxaceae	黄杨属 Buxus	*Buxus megistophylla* Lévl.
蝴蝶果	大戟科 Euphorbiaceae	蝴蝶果属 Cleidiocarpon	*Cleidiocarpon cavaleriei* (Lévl.) Airy shaw
雀儿舌头	大戟科 Euphorbiaceae	雀舌木属 Leptopus	*Leptopus chinensis* (Bunge) Pojark.
乌桕	大戟科 Euphorbiaceae	乌桕属 Triadica	*Triadica sebifera* (L.) Small
橡胶	大戟科 Euphorbiaceae	橡胶树属 Hevea	*Hevea brasiliensis* (Willd. ex A. Juss.) Muell. Arg.
余甘子	大戟科 Euphorbiaceae	叶下珠属 Phyllanthus	*Phyllanthus emblica* Linn.
千年桐	大戟科 Euphorbiaceae	油桐属 Vernicia	*Vernicia montana* Lour.
油桐	大戟科 Euphorbiaceae	油桐属 Vernicia	*Vernicia fordii* (Hemsl.) Airy Shaw
酸枣	鼠李科 Rhamnaceae	枣属 Ziziphus	*Ziziphus jujuba var. spinosa* (Bunge) Hu ex H. F. Chow
枣	鼠李科 Rhamnaceae	枣属 Ziziphus	*Ziziphus jujuba* Mill.
地锦	葡萄科 Vitaceae	地锦属 Parthenocissus	*Parthenocissus tricuspidata* (Sieb. et Zucc.) Planch.
爬山虎	葡萄科 Vitaceae	地锦属 Parthenocissus	*Parthenocissus tricuspidata* (Sieb. et Zucc.) Planch.
五叶地锦	葡萄科 Vitaceae	地锦属 Parthenocissus	*Parthenocissus quinquefolia* (Linn.) Planch.
葡萄	葡萄科 Vitaceae	葡萄属 Vitis	*Vitis vinifera* Linn.
山葡萄	葡萄科 Vitaceae	葡萄属 Vitis	*Vitis vinifera* Linn.

种名	科 别	属 别	拉 丁 名
荔枝	无患子科 Sapindaceae	荔枝属 Litchi	*Litchi chinensis* Sonn.
龙眼	无患子科 Sapindaceae	龙眼属 Dimocarpus	*Dimocarpus longan* Lour.
栾	无患子科 Sapindaceae	栾树属 Koelreuteria	*Koelreuteria paniculata* Laxm.
文冠果	无患子科 Sapindaceae	文冠果属 Xanthoceras	*Xanthoceras sorbifolium* Bunge
东北槭	槭树科 Aceraceae	槭属 Acer	*Acer mandshuricum* Maxim.
鸡爪槭	槭树科 Aceraceae	槭属 Acer	*Acer palmatum* Thunb.
假色槭	槭树科 Aceraceae	槭属 Acer	*Acer pseudo−sieboldianum* (Pax) Komarov
槭树	槭树科 Aceraceae	槭属 Acer	*Acer truncatum* Bunge
三花槭	槭树科 Aceraceae	槭属 Acer	*Acer triflorum* Komarov
糖槭	槭树科 Aceraceae	槭属 Acer	*Acer negundo* Linn.
五角枫	槭树科 Aceraceae	槭属 Acer	*Acer oliverianum* Pax
橄榄	橄榄科 Burseraceae	橄榄属 Canarium	*Canarium album* (Lour.) DC.
乌榄	橄榄科 Burseraceae	橄榄属 Canarium	*Canarium pimela* Leenh.
阿月浑子	漆树科 Anacardiaceae	黄连木属 Pistacia	*Pistacia vera* Linn.
黄连木	漆树科 Anacardiaceae	黄连木属 Pistacia	*Pistacia chinensis* Bunge
黄栌	漆树科 Anacardiaceae	黄栌属 Cotinus	*Cotinus coggygria* Scop.
芒果	漆树科 Anacardiaceae	杧果属 Mangifera	*Mangifera indica* Linn.
漆	漆树科 Anacardiaceae	漆属 Toxicodendron	*Toxicodendron vernicifluum* (Stokes) F. A. Barkl.
漆树	漆树科 Anacardiaceae	漆属 Toxicodendron	*Toxicodendron delavayi* (Franch.) F. A. Barkl.
野漆树	漆树科 Anacardiaceae	漆属 Toxicodendron	*Toxicodendron succedaneum* (Linn.) O. Kuntze
火炬树	漆树科 Anacardiaceae	盐肤木属 Rhus	*Rhus typhina* Linn.
五倍子	漆树科 Anacardiaceae	盐肤木属 Rhus	*Rhus chinensis* Mill.
盐肤木	漆树科 Anacardiaceae	盐肤木属 Rhus	*Rhus chinensis* Mill.
臭椿	苦木科 Simaroubaceae	臭椿属 Ailanthus	*Ailanthus altissima* (Mill.) Swingle
苦木	苦木科 Simaroubaceae	苦树属 Picrasma	*Picrasma quassioides* (D. Don) Benn.
樫木	楝科 Meliaceae	樫木属 Dysoxylum	*Dysoxylum excelsum* Bl.
苦楝	楝科 Meliaceae	楝属 Melia	*Melia azedarach* Linn.
香椿	楝科 Meliaceae	香椿属 Toona	*Toona sinensis* (A. Juss.) Roem.
佛手	芸香科 Rutaceae	柑橘属 Citrus.	*Citrus medica* var. *sarcodactylis* (Noot.) Swingle
柑橘	芸香科 Rutaceae	柑橘属 Citrus	*Citrus reticulata* ·Blanco
柚	芸香科 Rutaceae	柑橘属 Citrus	*Citrus maxima* (Burm.) Osbeck
花椒	芸香科 Rutaceae	花椒属 Zanthoxylum	*Zanthoxylum bungeanum* Maxim.
竹叶椒	芸香科 Rutaceae	花椒属 Zanthoxylum	*Zanthoxylum armatum* DC.
黄檗	芸香科 Rutaceae	黄檗属 Phellodendron	*Phellodendron amurense* Rupr.
黄皮	芸香科 Rutaceae	黄皮属 Clausena	*Clausena lansium* (Lour.) Skeels
臭檀	芸香科 Rutaceae	吴茱萸属 Evodia	*Evodia daniellii* var. *delavayi* (Dode) C. C. Huang
枸橘	芸香科 Rutaceae	枳属 Poncirus	*Poncirus trifoliata* (Linn.) Raf.
霸王	蒺藜科 Zygophyllaceae	霸王属 Zygophyllum	*Zygophyllum xanthoxylon* (Bunge) Maxim.
泡泡刺	蒺藜科 Zygophyllaceae	白刺属 Nitraria	*Nitraria sphaerocarpa* Maxim.
四合木	蒺藜科 Zygophyllaceae	四合木属 Tetraena	*Tetraena mongolica* Maxim.
三叶草	酢浆草科 Oxalidaceae	酢浆草属 Oxalis	*Oxalis rubra* St.−Hil.
酢浆草	酢浆草科 Oxalidaceae	酢浆草属 Oxalis	*Oxalis corniculata* Linn.
八角金盘	五加科 Araliaceae	八角金盘属 Fatsia	*Fatsia japonica* (Thunb.) Decne. et Planch.
常春藤	五加科 Araliaceae	常春藤属 Hedera	*Hedera sinensis* (Tobler) Hand.−Mazz.
中华常春藤	五加科 Araliaceae	常春藤属 Hedera	*Hedera nepalensis* K. Koch
人参	五加科 Araliaceae	人参属 Panax	*Panax ginseng* C. A. Mey.
刺五加	五加科 Araliaceae	五加属 Eleutherococcus	*Eleutherococcus senticosus* (Rupr. et Maxim.) Maxim.
罗布麻	夹竹桃科 Apocynaceae	罗布麻属 Apocynum	*Apocynum venetum* L.

种名	科别	属别	拉丁名
萝芙木	夹竹桃科 Apocynaceae	萝芙木属 Rauvolfia	lfia verticillata（Lour.）Baill.
枸杞	茄科 Solanaceae	枸杞属 Lycium	Lycium chinense Mill.
菟丝子	菟丝子科 Cuscutaceae	菟丝子属 Cuscuta	Cuscuta chinensis Lam.
沙引草	紫草科 Boraginaceae	砂引草属 Messerschmidia L	Messerschmidia sibirica var. angustior（DC.）W. T. Wang
蔓荆	马鞭草科 Verbenaceae	牡荆属 Vitex	Vitex trifolia Linn.
冬凌草	唇形科 Lamiaceae	香茶菜属 Rabdosia	Isodon rubescens（Hemsl.）H. Hara
车前	车前科 Plantaginaceae	车前属 Plantago	Plantago asiatica Ledeb.
互叶醉鱼草	醉鱼草科 Buddlejaceae	醉鱼草属 Buddleja	Buddleja alternifolia Maxim.
水曲柳	木犀科 Oleaceae	白蜡树属 Fraxinus	Fraxinus mandshurica Rupr.
白蜡	木犀科 Oleaceae	梣属 Fraxinus	Fraxinus chinensis Roxb.
白蜡树	木犀科 Oleaceae	梣属 Fraxinus	Fraxinus paxiana Lingelsh.
暴马丁香	木犀科 Oleaceae	丁香属 Syringa	Syringa reticulata（Blume）Hara var. amurensis（Rupr.）Pringle
连翘	木犀科 Oleaceae	连翘属 Forsythia	Forsythia suspensa（Thunb.）Vahl
油橄榄	木犀科 Oleaceae	木犀榄属 Olea	Olea europaea Linn.
桂花	木犀科 Oleaceae	木犀属 Osmanthus	Osmanthus fragrans Lour.
金鱼草	玄参科 Scrophulariaceae	金鱼草属 Antirrhinum	Antirrhinum majus Linn.
泡桐	玄参科 Scrophulariaceae	泡桐属 Paulownia	Paulownia fortunei（Seem.）Hemsl.
小米草	玄参科 Scrophulariaceae	小米草属 Euphrasia	Euphrasia pectinata Ten.
狸藻	狸藻科 Lentibulariaceae	狸藻属 Utricularia	Utricularia vulgaris Linn.
半边莲	桔梗科 Campanulaceae	半边莲属 Lobelia	Lobelia chinensis Lour.
桔梗	桔梗科 Campanulaceae	桔梗属 Platycodon	Platycodon grandiflorus（Jacq.）A. DC.
六月雪	茜草科 Rubiaceae	白马骨属 Serissa	Serissa japonica（Thunb.）Thunb.
虎刺	茜草科 Rubiaceae	虎刺属 Damnacanthus	Damnacanthus indicus Gaertn. f.
咖啡	茜草科 Rubiaceae	咖啡属 Coffea	Coffea arabica Linn.
拉拉藤	茜草科 Rubiaceae	拉拉藤属 Aparine	Aparine spuria（L.）Fourr.
薄皮木	茜草科 Rubiaceae	野丁香属 Leptodermis	Leptodermis oblonga Bunge
黄栀子	茜草科 Rubiaceae	栀子属 Gardenia	Gardenia jasminoides Ellis
栀子	茜草科 Rubiaceae	栀子属 Gardenia	Gardenia jasminoides Ellis
珊瑚树	忍冬科 Caprifoliaceae	荚蒾属 Viburnum	Viburnum odoratissimum Ker－Gawl.
天目琼花	忍冬科 Caprifoliaceae	荚蒾属 Viburnum	Viburnum sargentii f. calvescens（Rehder）Rehder
假苞忍冬	忍冬科 Caprifoliaceae	忍冬属 Lonicera	Lonicera japonica Thunb.
忍冬	忍冬科 Caprifoliaceae	忍冬属 Lonicera	Lonicera japonica Thunb.
高山火绒草	菊科 Asteraceae	火绒草属 Leontopodium	Leontopodium alpinum Cass.
泽泻	泽泻科 Alismataceae	泽泻属 Alisma	Alisma plantago－aquatica Linn.
黑藻	水鳖科 Hydrocharitaceae	黑藻属 Hydrilla	Hydrilla verticillata（Linn. f.）Royle
苦草	水鳖科 Hydrocharitaceae	苦草属 Vallisneria	Vallisneria natans（Lour.）Hara
水麦冬	水麦冬科 Juncaginaceae	水麦冬属 Triglochin	Triglochin palustris L.
槟榔	槟榔科 Arecaceae	槟榔属 Areca	Areca catechu L.
蒲葵	槟榔科 Arecaceae	蒲葵属 Livistona	Livistona chinensis（Jacq.）R. Br. ex Mart.
椰子	槟榔科 Arecaceae	椰子属 Cocos	Cocos nucifera Linn.
油棕	槟榔科 Arecaceae	油棕属 Elaeis	Elaeis guineensis Jacq.
棕榈	槟榔科 Arecaceae	棕榈属 Trachycarpus	Trachycarpus fortunei（Hook.）H. Wendl.
糖棕	棕榈科 Palmae	糖棕属 Borassus	Borassus flabellifer Linn.
浮萍	浮萍科 Lemnaceae	浮萍属 Lemna	Lemna minor L.
灯芯草	灯芯草科 Juncaceae	灯心草属 Juncus	Juncus effusus Linn.
扁穗草	莎草科 Cyperaceae	扁穗草属 Blysmus	Blysmus compressus（Linn.）Panz.
头状穗莎草	莎草科 Cyperaceae	莎草属 Cyperus	Cyperus glomeratus L.

种名	科 别	属 别	拉 丁 名
藏北嵩草	莎草科 Cyperaceae	嵩草属 Kobresia	*Kobresia littledalei* C. B. Clarke
大青山嵩草	莎草科 Cyperaceae	嵩草属 Kobresia	*Kobresia daqingshanica* X. Y. Mao
高山嵩草	莎草科 Cyperaceae	嵩草属 Kobresia	*Kobresia pygmaea* C. B. Clarke
喜马拉雅嵩草	莎草科 Cyperaceae	嵩草属 Kobresia	*Kobresia royleana*（Nees）Bocklr.
苔草	莎草科 Cyperaceae	苔草属 Carex	*Carex dispalata* Boott ex A. Gray
寸草	莎草科 Cyperaceae	薹草属 Carex Linn.	*Carex duriuscula* C. A. Mey.
青藏苔草	莎草科 Cyperaceae	薹草属 Carex	*Carex moorcroftii* Falc. ex Boott
异穗苔草	莎草科 Cyperaceae	薹草属 Carex	*Carex heterostachya* Bunge
羊胡子草	莎草科 Cyperaceae	羊胡子草属 Eriophorum	*Eriophorum scheuchzeri* Hoppe
蒲草	香蒲科 Typhaceae	香蒲属 Typha	*Typha angustifolia* L.
水烛	香蒲科 Typhaceae	香蒲属 Typha	*Typha angustifolia* L.
香蒲	香蒲科 Typhaceae	香蒲属 Typha	*Typha orientalis* Presl
凤梨	凤梨科 Bromeliaceae	凤梨属 Ananas	*Ananas comosus*（Linn.）Merr.
香蕉	芭蕉科 Musaceae	芭蕉属 Musa	*Musa acuminata*（AAA）
草果	姜科 Zingiberaceae	豆蔻属 Amomum	*Amomum tsaoko* Crevost et Lem.
凤眼莲	雨久花科 Pontederiaceae	凤眼蓝属 Eichhornia	*Eichhornia crassipes*（Mart.）Solms
韭	百合科 Liliaceae	葱属 Allium	*Allium tuberosum* Rottler ex Spreng.
黄花菜	百合科 Liliaceae	萱草属 Hemerocallis	*Hemerocallis citrina* Baroni
麦冬	百合科 Liliaceae	沿阶草属 Ophiopogon	*Ophiopogon japonicus*（Linn. f.）Ker－Gawl.
蝴蝶花	鸢尾科 Iridaceae	鸢尾属 Iris	*Iris japonica* Thunb.
马蔺	鸢尾科 Iridaceae	鸢尾属 Iris	*Iris lactea* Pall.
鸢尾	鸢尾科 Iridaceae	鸢尾属 Iris	*Iris tectorum* Maxim.
剑麻	龙舌兰科 Agavaceae	龙舌兰属 Agave	*Agave sisalana* Perrine ex Engelm.
兰花	兰科 Orchidaceae	兰属 Cymbidium	*Cymbidium virescens* Lindl.
沼兰	兰科 Orchidaceae	原沼兰属 Malaxis	*Malaxis monophyllos*（Linn.）Sw.
黄花补血草	白花丹科 Plumbaginaceae	补血草属 Limonium	*Limonium aureum*（Linn.）Hill
毛蓝雪花	白花丹科 Plumbaginaceae	蓝雪花属 Ceratostigma	*Ceratostigma griffithii* Clarke
芒草	唇形科 Labiatae	广防风属 Epimeredi	*Epimeredi indica*（Linn.）Rothm.
金疮小草	唇形科 Labiatae	筋骨草属 Ajuga	*Ajuga decumbens* Thunb.
牛尾草	唇形科 Labiatae	香茶菜属 Isodon	*Isodon ternifolius*（D. Don）Kudo
头花香薷	唇形科 Labiatae	香薷属 Elsholtzia	*Elsholtzia capituligera* C. Y. Wu
白茅	禾本科 Gramineae	白茅属 Imperata	*Imperata cylindrica*（L.）Raeusch.
稗草	禾本科 Gramineae	稗属 Echinochloa	*Echinochloa crus－galli*（L.）Beauv.
扁穗冰草	禾本科 Gramineae	冰草属 Agropyron	*Agropyron cristatum* P. Beauv.
冰草	禾本科 Gramineae	冰草属 Agropyron	*Agropyron cristatum* P. Beauv.
毛沙芦草	禾本科 Graminea	冰草属 Agropyron	*Agropyron mongolicum var. villosum* H. L. Yang
沙生冰草	禾本科 Gramineae	冰草属 Agropyron	*Agropyron desertorum*（Fisch.）Schult.
地毯草	禾本科 Gramineae	地毯草属 Axonopus	*Axonopus compressus*（Sw.）Beauv.
钝叶草	禾本科 Gramineae	钝叶草属 Stenotaphrum Trin	*Stenotaphrum helferi* Munro ex Hook. f.
糙毛鹅观草	禾本科 Gramineae	鹅观草属 Roegneria	*Roegneria hirsuta* Keng
短柄鹅观草	禾本科 Gramineae	鹅观草属 Roegneria	*Roegneria brevipes* Keng
鹅观草	禾本科 Gramineae	鹅观草属 Roegneria	*Roegneria kamoji* Ohwi
鹅冠草	禾本科 Gramineae	鹅观草属 Roegneria	*Roegneria kamoji* Ohwi
鹅毛竹	禾本科 Gramineae	鹅毛竹属 Shibataea	*Shibataea chinensis* Nakai
发草	禾本科 Gramineae	发草属 Deschampsia	*Deschampsia cespitosa*（L.）P. Beauv.

续表

种名	科别	属别	拉丁名
大拂子茅	禾本科 Gramineae	拂子茅属 Calamagrostis	*Calamagrostis macrolepis* Litv.
拂子茅	禾本科 Gramineae	拂子茅属 Calamagrostis	*Calamagrostis epigeios* (Linn.) Roth
淡竹	禾本科 Gramineae	刚竹属 Phyllostachys	*Phyllostachys glauca* McClure
毛竹	禾本科 Gramineae	刚竹属 Phyllostachys	*Phyllostachys edulis* (Carrière) J. Houz.
竹笋	禾本科 Gramineae	刚竹属 Phyllostachys	*Phyllostachys vivax* McClure
竹子	禾本科 Gramineae	刚竹属 Phyllostachys	*Phyllostachys glauca* McClure
紫竹	禾本科 Gramineae	刚竹属 Phyllostachys	*Phyllostachys nigra* (Lodd. ex Lindl.) Munro
番麦	禾本科 Gramineae	高粱属 Sorghum	*Sorghum vulgare* Pers
苏丹草	禾本科 Gramineae	高粱属 Sorghum	*Sorghum sudanense* (Piper) Stapf
格兰马草	禾本科 Gramineae	格兰马草属 Bouteloua	*Bouteloua simplex* Lag.
狗尾草	禾本科 Gramineae	狗尾草属 Setaria	*Setaria anceps* Stapf ex Massey
狗牙根	禾本科 Gramineae	狗牙根属 Cynodon	*Cynodon dactylon* (Linn.) Pers.
多花黑麦草	禾本科 Gramineae	黑麦草属 Lolium	*Lolium multiflorum* Lamk.
黑麦草	禾本科 Gramineae	黑麦草属 Lolium	*Lolium perenne* Linn.
盖氏虎尾草	禾本科 Gramineae	虎尾草属 Chloris	*Chloris gayana* Kunth
弯叶画眉草	禾本科 Gramineae	画眉草属 Eragrostis	*Eragrostis curvula* (Schrad.) Nees
知风草	禾本科 Gramineae	画眉草属 Eragrostis	*Eragrostis ferruginea* (Thunb.) Beauv.
龚氏金茅	禾本科 Gramineae	黄金茅属 Eulalia	*Eulalia leschenaultiana* (Decne.) Ohwi
扭黄茅	禾本科 Gramineae	黄茅属 Heteropogon	*Heteropogon contortus* (Linn.) Beauv. ex Roem. et Schult.
芨芨草	禾本科 Gramineae	芨芨草属 Achnatherum	*Achnatherum splendens* (Trin.) Nevski
羽茅	禾本科 Gramineae	芨芨草属 Achnatherum	*Achnatherum sibiricum* (Linn.) Keng
醉马草	禾本科 Gramineae	芨芨草属 Achnatherum	*Achnatherum inebrians* (Hance) Keng
菅草	禾本科 Gramineae	菅属 Themeda	*Themeda villosa* (Poir.) A. Camus
黄背草	禾本科 Gramineae	菅属 Themeda	*Themeda triandra* Forsk.
剪股颖	禾本科 Gramineae	剪股颖属 Agrostis	*Agrostis matsumurae* Hack. ex Honda
匍匐剪股颖	禾本科 Gramineae	剪股颖属 Agrostis	*Agrostis gigantea* Roth
细弱剪股颖	禾本科 Gramineae	剪股颖属 Agrostis	*Agrostis tenuis* Sibth.
小糠草	禾本科 Gramineae	剪股颖属 Agrostis	*Agrostis alba* L.
碱茅	禾本科 Gramineae	碱茅属 Puccinellia	*Puccinellia distans* (Linn.) Parl.
沟叶结缕草	禾本科 Gramineae	结缕草属 Zoysia	*Zoysia matrella* (Linn.) Merr.
结缕草	禾本科 Gramineae	结缕草属 Zoysia	*Zoysia japonica* Steud.
马尼拉结缕草	禾本科 Gramineae	结缕草属 Zoysia	*Zoysia matrella* (Linn.) Merr.
细叶结缕草	禾本科 Gramineae	结缕草属 Zoysia	*Zoysia pacifica* (Goudswaard) M. Hotta et S. Kuroki
猫尾草	禾本科 Gramineae	金发草属 Pogonatherum	*Pogonatherum crinitum* (Thunb.) Kunth
香根草	禾本科 Gramineae	金须茅属 Chrysopogon	*Chrysopogon zizanioides* (L.) Roberty
九顶草	禾本科 Gramineae	九顶草属 Enneapogon	*Enneapogon desvauxii* P. Beauv.
看麦娘	禾本科 Gramineae	看麦娘属 Alopecurus	*Alopecurus aequalis* Sobol.
白羊草	禾本科 Gramineae	孔颖草属 Bothriochloa	*Bothriochloa ischaemum* (L.) Keng
赖草	禾本科 Gramineae	赖草属 Leymus	*Leymus secalinus* (Georgi) Tzvel.
羊草	禾本科 Gramineae	赖草属 Leymus	*Leymus chinensis* (Trin. ex Bunge) Tzvelev
白草	禾本科 Gramineae	狼尾草属 Pennisetum	*Pennisetum centrasiaticum* Tzvel.
狼尾草	禾本科 Gramineae	狼尾草属 Pennisetum	*Pennisetum alopecuroides* (L.) Spreng.
象草	禾本科 Gramineae	狼尾草属 Pennisetum	*Pennisetum purpureum* Schum.
粉单竹	禾本科 Gramineae	簕竹属 Bambusa	*Bambusa chungii* McClure
佛肚竹	禾本科 Gramineae	簕竹属 Bambusa	*Bambusa ventricosa* McClure
芒竹	禾本科 Gramineae	簕竹属 Bambusa	*Bambusa intermedia* Hsueh et Yi
芦苇	禾本科 Gramineae	芦苇属 Phragmites	*Phragmites australis* (Cav.) Trin. ex Steud.
芦竹	禾本科 Gramineae	芦竹属 Arundo	*Arundo donax* L.

种名	科　别	属　别	拉　丁　名
俯仰马唐	禾本科 Gramineae	马唐属 Digitaria	*Digitaria decumbens* Stent
芭茅	禾本科 Gramineae	芒属 Miscanthus	*Miscanthus sinensis* Anderss.
荻草	禾本科 Gramineae	芒属 Miscanthus	*Miscanthus sacchariflorus*（Maxim.）Hackel
芒	禾本科 Gramineae	芒属 Miscanthus	*Miscanthus sinensis* Anderss.
五节芒	禾本科 Gramineae	芒属 Miscanthus	*Miscanthus floridulus*（Lab.）Warb. ex Schum. et Laut.
大米草	禾本科 Gramineae	米草属 Spartina	*Spartina anglica* Hubb.
龙须草	禾本科 Gramineae	拟金茅属 Eulaliopsis	*Eulaliopsis binata*（Retz.）C. E. Hubb.
牛鞭草	禾本科 Gramineae	牛鞭草属 Rottboellia	*Rottboellia compressa* L. f.
垂穗披碱草	禾本科 Gramineae	披碱草属 Elymus	*Elymus nutans* Griseb.
老芒麦	禾本科 Gramineae	披碱草属 Elymus	*Elymus sibiricus* Linn.
披碱草	禾本科 Gramineae	披碱草属 Elymus	*Elymus dahuricus* Turcz.
溚草	禾本科 Gramineae	溚草属 Koeleria	*Koeleria cristata*（Linn.）Pers.
百喜草	禾本科 Gramineae	雀稗属 Paspalum	*Paspalum notatum* Flugge
宽叶雀稗	禾本科 Gramineae	雀稗属 Paspalum	*Paspalum scrobiculatum* Linn.
毛花雀稗	禾本科 Gramineae	雀稗属 Paspalum	*Paspalum dilatatum* Poir.
雀稗	禾本科 Gramineae	雀稗属 Paspalum	*Paspalum thunbergii* Kunth ex Steud.
双穗雀稗	禾本科 Gramineae	雀稗属 Paspalum	*Paspalum distichum* L.
光雀麦	禾本科 Gramineae	雀麦属 Bromus	*Bromus inermis* Leyss.
雀麦	禾本科 Gramineae	雀麦属 Bromus	*Bromus japonicus* Houtt.
无芒雀麦	禾本科 Gramineae	雀麦属 Bromus	*Bromus inermis* Leyss.
野大麦	禾本科 Gramineae	雀麦属 Bromus	*Bromus japonicus* Houtt.
阔叶箬竹	禾本科 Gramineae	箬竹属 Indocalamus	*Indocalamus latifolius*（Keng）McClure
箬竹	禾本科 Gramineae	箬竹属 Indocalamus	*Indocalamus tessellatus*（Munro）Keng f.
华三芒	禾本科 Gramineae	三芒草属 Aristida	*Aristida chinensis* Munro
三刺草	禾本科 Gramineae	三芒草属 Aristida	*Aristida triseta* Keng
三毛草	禾本科 Gramineae	三毛草属 Trisetum	*Trisetum bifidum*（Thunb.）Ohwi
沙鞭	禾本科 Gramineae	沙鞭属 Psammochloa	*Psammochloa mongolica* Hitchc.
稷	禾本科 Gramineae	黍属 Panicum	*Panicum miliaceum* L.
坚尼草	禾本科 Gramineae	黍属 Panicum	*Panicum maximum* Jacq.
粟草	禾本科 Gramineae	粟草属 Milium	*Milium effusum* L.
糖密草	禾本科 Gramineae	糖蜜草属 Melinis	*Melinis minutiflora* Beauv.
假俭草	禾本科 Gramineae	蜈蚣草属 Eremochloa	*Eremochloa ophiuroides*（Munro）Hack.
蜈蚣草	禾本科 Gramineae	蜈蚣草属 Eremochloa	*Eremochloa ciliaris*（Linn.）Merr.
橘	禾本科 Gramineae	香茅属 Cymbopogon	*Cymbopogon goeringii*（Steud.）A. Camus
青香茅	禾本科 Gramineae	香茅属 Cymbopogon	*Cymbopogon caesius*（Nees ex Hook. et Arn.）Stapf
香茅	禾本科 Gramineae	香茅属 Cymbopogon	*Cymbopogon nardus*（Linn.）Rendle
新麦草	禾本科 Gramineae	新麦草属 Psathyrostachys	*Psathyrostachys juncea*（Fisch.）Nevski
须芒草	禾本科 Gramineae	须芒草属 Andropogon	*Andropogon munroi* C. B. Clarke
鸭茅	禾本科 Gramineae	鸭茅属 Dactylis	*Dactylis glomerata* Linn.
鸭嘴草	禾本科 Gramineae	鸭嘴草属 Ischaemum	*Ischaemum aristatum var. glaucum*（Honda）T. Koyama
史氏偃麦草	禾本科 Gramineae	偃麦草属 Elytrigia	*Elytrigia smithii*（Rydb.）Nevski
偃麦草	禾本科 Gramineae	偃麦草属 Elytrigia	*Elytrigia repens subsp. repens*
变异紫羊茅	禾本科 Gramineae	羊茅属 Festuca	*Festuca rubra subsp. commutata* Gaudin
草地羊茅	禾本科 Gramineae	羊茅属 Festuca	*Festuca pratensis* Huds.
高羊茅	禾本科 Gramineae	羊茅属 Festuca	*Festuca elata* Keng ex E. Alexeev
狐茅	禾本科 Gramineae	羊茅属 Festuca	*Festuca ovina* Linn.
苇状羊茅	禾本科 Gramineae	羊茅属 Festuca	*Festuca arundinacea* Schreb.
细芒羊茅	禾本科 Gramineae	羊茅属 Festuca	*Festuca stapfii* E. Alexeev

种名	科 别	属 别	拉 丁 名
细羊茅	禾本科 Gramineae	羊茅属 Festuca	*Festuca airoides* Lam.
羊茅	禾本科 Gramineae	羊茅属 Festuca	*Festuca ovina* Linn.
硬序羊茅	禾本科 Gramineae	羊茅属 Festuca	*Festuca durata* B. X. Sun et H. Peng
中华羊茅	禾本科 Gramineae	羊茅属 Festuca	*Festuca sinensis* Keng f. & S. L. Lu
紫羊茅	禾本科 Gramineae	羊茅属 Festuca	*Festuca rubra* Linn.
刺芒野古草	禾本科 Gramineae	野古草属 Arundinella	*Arundinella setosa* Trin.
孟加拉野古草	禾本科 Gramineae	野古草属 Arundinella	*Arundinella bengalensis* (Spreng.) Druce
石珍芒	禾本科 Gramineae	野古草属 Arundinella	*Arundinella nepalensis* Trin.
野古草	禾本科 Gramineae	野古草属 Arundinella	*Arundinella hirta* (Thunb.) Tanaka
丈野古草	禾本科 Gramineae	野古草属 Arundinella	*Arundinella decempadalis* (O. Kuntze) Janow.
野牛草	禾本科 Gramineae	野牛草属 Buchloe	*Buchloe dactyloides* (Nutt.) Engelm.
野青茅	禾本科 Gramineae	野青茅属 Deyeuxia	*Deyeuxia arundinacea* (Linn.) Beauv.
异燕麦	禾本科 Gramineae	异燕麦属 Helictotrichon	*Helictotrichon hookeri* (Scribn.) Henrard
糙隐子草	禾本科 Gramineae	隐子草属 Cleistogenes	*Cleistogenes squarrosa* (Trin.) Keng
无芒隐子草	禾本科 Gramineae	隐子草属 Cleistogenes	*Cleistogenes songorica* (Roshev.) Ohwi
隐子草	禾本科 Gramineae	隐子草属 Cleistogenes	*Cleistogenes serotina* (L.) Keng
草地早熟禾	禾本科 Gramineae	早熟禾属 Poa	*Poa pratensis* Linn.
加拿大早熟禾	禾本科 Gramineae	早熟禾属 Poa	*Poa compressa* L.
普通早熟禾	禾本科 Gramineae	早熟禾属 Poa	*Poa trivialis* Linn.
早熟禾	禾本科 Gramineae	早熟禾属 Poa	*Poa annua* L.
贝加尔针茅	禾本科 Gramineae	针茅属 Stipa	*Stipa baicalensis* Roshev.
长芒草	禾本科 Gramineae	针茅属 Stipa	*Stipa bungeana* Trin.
大针茅	禾本科 Gramineae	针茅属 Stipa	*Stipa grandis* P. Smirn.
短花针茅	禾本科 Gramineae	针茅属 Stipa	*Stipa breviflora* Griseb.
戈壁针茅	禾本科 Gramineae	针茅属 Stipa	*Stipa tianschanica var. gobica* (Roshev.) P. C. Kuo et Y. H. Sun
昆仑针茅	禾本科 Gramineae	针茅属 Stipa	*Stipa roborowskyi* Roshev.
沙生针茅	禾本科 Gramineae	针茅属 Stipa	*Stipa caucasica subsp. glareosa* (P. A. Smirn.) Tzvelev
羽状针茅	禾本科 Gramineae	针茅属 Stipa	*Stipa pennata* L.
针茅	禾本科 Gramineae	针茅属 Stipa	*Stipa capillata* Linn.
紫花针茅	禾本科 Gramineae	针茅属 Stipa	*Stipa purpurea* Griseb.
座花针茅	禾本科 Gramineae	针茅属 Stipa	*Stipa subsessiliflora* (Rupr.) Roshev.
大丁草	菊科 Compositae	大丁草属 Gerbera	*Gerbera anandria* (Linn.) Sch. —Bip.
木香	菊科 Compositae	风毛菊属 Saussurea	*Saussurea costus* (Falc.) Lipsch.
藏白蒿	菊科 Compositae	蒿属 Artemisia	*Artemisia younghusbandii* J. R. Drumm. ex Pamp.
藏沙蒿	菊科 Compositae	蒿属 Artemisia	*Artemisia wellbyi* Hemsl. et Pears. ex Deasy
冻原白蒿	菊科 Compositae	蒿属 Artemisia	*Artemisia stracheyi* Hook. f. et Thoms. ex C. B. Clarke
粉花蒿	菊科 Compositae	蒿属 Artemisia	*Artemisia rhodantha* Rupr.
高原蒿	菊科 Compositae	蒿属 Artemisia	*Artemisia youngii* Y. R. Ling
旱蒿	菊科 Compositae	蒿属 Artemisia	*Artemisia xerophytica* Krasch.
蒿属	菊科 Compositae	蒿属 Artemisia	*Artemisia* Linn.
冷蒿	菊科 Compositae	蒿属 Artemisia	*Artemisia frigida* Willd.
青藏蒿	菊科 Compositae	蒿属 Artemisia	*Artemisia duthreuil—de—rhinsi* Krasch.
沙蒿	菊科 Compositae	蒿属 Artemisia	*Artemisia desertorum* C. B. Clarke
铁杆蒿	菊科 Compositae	蒿属 Artemisia	*Artemisia sacrorum* Ledeb. ex Hook. f.
盐蒿	菊科 Compositae	蒿属 Artemisia	*Artemisia halodendron* Turcz.
茵陈蒿	菊科 Compositae	蒿属 Artemisia	*Artemisia capillaris* Thunb.
蓟	菊科 Compositae	蓟属 Cirsium	*Cirsium japonicum* Fisch. ex DC.

种名	科　别	属　别	拉　丁　名
菊花	菊科 Compositae	菊属 Chrysanthemum	*Chrysanthemum morifolium* Ramat.
女蒿	菊科 Compositae	女蒿属 Hippolytia	*Hippolytia trifida*（Turcz.）Poljak.
蒲公英	菊科 Compositae	蒲公英属 Taraxacum	*Taraxacum mongolicum* Hand.－Mazz.
雪莲	菊科 Compositae	石莲花属 Echeveria	*Echeveria laui* Moran & J. Meyrán
串叶松香草	菊科 Compositae	松香草属 Silphium	*Silphium perfoliatum* Linn.
线叶菊	菊科 Compositae	线叶菊属 Filifolium	*Filifolium sibiricum*（Linn.）Kitam.
山尖子	菊科 Compositae	蟹甲草属 Parasenecio	*Parasenecio hastatus*（Linn.）H. Koyama
鸦葱	菊科 Compositae	鸦葱属 Scorzonera	*Scorzonera austriaca* Balb.
藏亚菊	菊科 Compositae	亚菊属 Ajania	*Ajania tibetica*（Hook. f. et Thoms. ex C. B. Clarke）Tzvel.
灌木亚菊	菊科 Compositae	亚菊属 Ajania	*Ajania fruticulosa*（Ledeb.）Poljak.
蓍状亚菊	菊科 Compositae	亚菊属 Ajania	*Ajania achilleoides*（Turcz.）Poljakov ex Grubov
紫菀	菊科 Compositae	紫菀属 Aster	*Aster tataricus* L. f.
花曲柳	木犀科 Oleaceae	梣属 Fraxinus	*Fraxinus rhynchophylla* Hance
绒毛白蜡	木犀科 Oleaceae	梣属 Fraxinus	*Fraxinus velutina* Torr.
女贞	木犀科 Oleaceae	女贞属 Ligustrum	*Ligustrum lucidum* Ait.
茉莉花	木犀科 Oleaceae	素馨属 Jasminum	*Jasminum sambac* Soland. ex Ait.
梅花	蔷薇科 Rosaceae	杏属 Armeniaca	*Armeniaca mume* Sieb.
波罗蜜	桑科 Moraceae	波罗蜜属 Artocarpus	*Artocarpus heterophyllus* Lam.
矮生嵩草	莎草科 Cyperaceae	嵩草属 Kobresia	*Kobresia humilis*（C. A. Mey. ex Trautv.）Sergiev
独行菜	十字花科 Cruciferae	独行菜属 Lepidium	*Lepidium apetalum* Willd.
舟果荠	十字花科 Cruciferae	舟果荠属 Tauscheria	*Tauscheria lasiocarpa* Fisch. ex DC.
二月兰	十字花科 Cruciferae	诸葛菜属 Orychophragmus	*Orychophragmus violaceus*（Linn.）O. E. Schulz
铺地蜈蚣	石松科 Lycopodiaceae	石松属 Lycopodium	*Lycopodium japonicum* Thunb. ex Murray
鸡脚草	卷柏科 Selaginellaceae	卷柏属 Selaginella	*Selaginella picta* A. Braun ex Baker
柏木	柏科 Cupressaceae	柏木属 Cupressus	*Cupressus funebris* Endl.
巨柏	柏科 Cupressaceae	柏木属 Cupressus	*Cupressus torulosa var. gigantea*（W. C. Cheng et L. K. Fu）Farjon
侧柏	柏科 Cupressaceae	侧柏属 Platycladus	*Platycladus orientalis*（Linn.）Franco
千头柏	柏科 Cupressaceae	侧柏属 Platycladus	*Platycladus orientalis* Sieboldii
杜松	柏科 Cupressaceae	刺柏属 Juniperus	*Juniperus rigida* Siebold & Zucc.
龙柏	柏科 Cupressaceae	刺柏属 Juniperus	*Juniperus chinensis* Kaizuka
铺地柏	柏科 Cupressaceae	刺柏属 Juniperus	*Juniperus procumbens*（Siebold ex Endl.）Miq.
铅笔柏	柏科 Cupressaceae	刺柏属 Juniperus	*Juniperus chinensis* L.
沙地柏	柏科 Cupressaceae	刺柏属 Juniperus	*Juniperus sabina* L.
圆柏	柏科 Cupressaceae	刺柏属 Juniperus	*Juniperus chinensis* L.
香榧	红豆杉科 Taxaceae	榧树属 Torreya	*Torreya grandis* Merrillii
建柏	柏科 Cupressaceae	福建柏属 Fokienia	*Fokienia hodginsii*（Dunn）Henry et Thomas
红豆杉	红豆杉科 Taxaceae	红豆杉属 Taxus	*Taxus wallichiana var. chinensis*（Pilg.）Florin
紫杉	红豆杉科 Taxaceae	红豆杉属 Taxus	*Taxus chinensis*（Pilger）Rehd.
急尖长苞冷杉	松科 Pinaceae	冷杉属 Abies	*Abies georgei var. smithii*（Viguie et Gaussen）Cheng et L. K. Fu
冷杉	松科 Pinaceae	冷杉属 Abies	*Abies fabri*（Mast.）Craib
辽东冷杉	松科 Pinaceae	冷杉属 Abies	*Abies holophylla* Maxim.
鳞皮冷杉	松科 Pinaceae	冷杉属 Abies	*Abies squamata* Mast.
沙冷杉	松科 Pinaceae	冷杉属 Abies	*Abies holophylla* Maxim.
西伯利亚冷杉	松科 Pinaceae	冷杉属 Abies	*Abies sibirica* Ledeb.
喜马拉雅冷杉	松科 Pinaceae	冷杉属 Abies	*Abies pindrow*（Royle ex D. Don）Royle

种名	科　别	属　别	拉　丁　名
中甸冷杉	松科 Pinaceae	冷杉属 Abies	*Abies ferreana* Borderes et Gaussen
柳杉	杉科 Taxodiaceae	柳杉属 Cryptomeria	*Cryptomeria japonica var. sinensis* Miq.
罗汉松	罗汉松科 Podocarpaceae	罗汉松属 Podocarpus	*Podocarpus macrophyllus* D. Don
华北落叶松	松科 Pinaceae	落叶松属 Larix	*Larix gmelinii var. principis-rupprechtii* (Mayr) Pilg.
落叶松	松科 Pinaceae	落叶松属 Larix	*Larix gmelinii* (Rupr.) Kuzen.
兴安落叶松	松科 Pinaceae	落叶松属 Larix	*Larix dahurica* Turcz. ex Trautv.
池杉	杉科 Taxodiaceae	落羽杉属 Taxodium	*Taxodium distichum var. imbricatum* (Nutt.) Croom
落羽杉	杉科 Taxodiaceae	落羽杉属 Taxodium	*Taxodium distichum* (L.) Rich.
膜果麻黄	麻黄科 Ephedraceae	麻黄属 Ephedra	*Ephedra przewalskii* Stapf
粗榧	三尖杉科 Cephalotaxaceae	三尖杉属 Cephalotaxus	*Cephalotaxus sinensis* (Rehd. et Wils.) Li
三尖杉	三尖杉科 Cephalotaxaceae	三尖杉属 Cephalotaxus	*Cephalotaxus fortunei* Hook.
杉木	杉科 Taxodiaceae	杉木属 hamia	*Cunninghamia lanceolata* (Lamb.) Hook.
水杉	杉科 Taxodiaceae	水杉属 Metasequoia	*Metasequoia glyptostroboides* Hu et Cheng
水松	杉科 Taxodiaceae	水松属 Glyptostrobus	*Glyptostrobus pensilis* (Staunt.) Koch
白皮松	松科 Pinaceae	松属 Pinus	*Pinus bungeana* Zucc. ex Endl.
赤松	松科 Pinaceae	松属 Pinus	*Pinus densiflora* Sieb. et Zucc.
高山松	松科 Pinaceae	松属 Pinus	*Pinus densata* Mast.
黑松	松科 Pinaceae	松属 Pinus	*Pinus thunbergii* Parl.
红松	松科 Pinaceae	松属 Pinus	*Pinus koraiensis* Sieb. et Zucc.
华山松	松科 Pinaceae	松属 Pinus	*Pinus armandii* Franch.
马尾松	松科 Pinaceae	松属 Pinus	*Pinus massoniana* Lamb.
湿地松	松科 Pinaceae	松属 Pinus	*Pinus elliottii* Engelm.
五叶松	松科 Pinaceae	松属 Pinus	*Pinus armandi* Franch.
油松	松科 Pinaceae	松属 Pinus	*Pinus tabuliformis* Carrière
云南松	松科 Pinaceae	松属 Pinus	*Pinus yunnanensis* Franch.
樟子松	松科 Pinaceae	松属 Pinus	*Pinus sylvestris var. mongolica* Litv.
铁杉	松科 Pinaceae	铁杉属 Tsuga	*Tsuga chinensis* (Franch.) Pritz.
雪松	松科 Pinaceae	雪松属 Cedrus	*Cedrus deodara* (Roxb.) G. Don
朝鲜崖柏	柏科 Cupressaceae	崖柏属 Thuja	*Thuja koraiensis* Nakai
银杏	银杏科 Ginkgoaceae	银杏属 Ginkgo	*Ginkgo biloba* Linn.
大果圆柏	柏科 Cupressaceae	圆柏属 Sabina	*Sabina tibetica* Kom.
密枝圆柏	柏科 Cupressaceae	圆柏属 Juniperus	*Juniperus convallium* Rehder et E. H. Wilson
小龙柏	柏科 Cupressaceae	圆柏属 Sabina	*Sabina chinensis* (L.) Ant. var. chinensis cv. Kaizuca
川西云杉	松科 Pinaceae	云杉属 Picea	*Picea likiangensis var. rubescens* Rehd. et Wils.
红皮云杉	松科 Pinaceae	云杉属 Picea	*Picea koraiensis* Nakai
丽江云杉	松科 Pinaceae	云杉属 Picea	*Picea likiangensis* (Franch.) Pritz.
林芝云杉	松科 Pinaceae	云杉属 Picea	*Picea linzhiensis* (W. C. Cheng & L. K. Fu) Rushforth
云杉	松科 Pinaceae	云杉属 Picea	*Picea asperata* Mast.
竹柏	罗汉松科 Podocarpaceae	竹柏属 Nageia	*Nageia nagi* (Thunb.) O. Kuntze

索　引

《水土保持设计手册》编辑出版人员名单

总责任编辑：胡昌支

副总责任编辑：黄会明　李丽艳

项目总负责人：李丽艳

项目总执行人：王若明

《水土保持设计手册　专业基础卷》

责任编辑：李丽艳

文字编辑：王若明　孙瑞刚　王艳燕　李丽辉

索引制作：李丽辉

封面设计：李　菲

版式设计：吴建军　孙　静　郭会东　丁英玲　聂彦环

插图设计：樊启玲

责任校对：黄　梅　吴翠翠　张伟娜

责任印制：焦　岩　王　凌

排　　版：中国水利水电出版社微机排版中心